JN153165

成できないような“合成化学者”が増えてきたのでは，わが国のハイ・テク産業も先行き不安といわざるをえない．

本書は，実際に“ある化合物”を合成しようとする際に，その合成操作を行う上で必要な事柄を具体的事例に則して記述したものである．本書の編集を企画した際のキャッチフレーズは“mg から kg まで”であった．確実に，ある化合物を手にするための実験書を目ざしたものである．したがって合成用の器具や装置の取り扱い方，秤量，原料や生成物の純度検定，反応溶媒選択の指針，生成物の分離，精製，乾燥法などの最も基礎的なテクニックから高度な合成反応操作に至るまで，通常出会う合成反応操作を詳述した．本書は有機合成化学にたずさわる研究者・技術者にとっては新しい分野への挑戦を容易にするであろう．また有機合成に手を染めようとしている人たちには実験を始める際の指針となるものと信じる．本書が広く世に受け入れられれば幸いである．

1990 年 2 月

編集委員長　石　川　延　男

第 2 版

有機合成実験法ハンドブック

有機合成化学協会

編

丸　善　出　版

序

人間の知的活動を，科学，技術，および芸術の3つの分野に分けて考えると，“有機合成化学”といわれる分野は主として技術に属するものと私は信じている．もちろん“化学”そのものが，錬金術（アルケミー）から発展してきたものであるから，もともと技術的な色彩が濃い学問体系であるが，なかでも“有機合成化学”は実用的な合成反応を確立するためにはもちろんのこと，有機化学を理論立て，体系づけるためにも，さまざまな反応を実験し，その結果から理論を実証していかなければならない．したがって合成化学実験がきちんと行われているか否かは，その研究結果の価値判断，ひいてはその研究者の世間的な評価にもつながるものであるから，有機合成化学にたずさわるものにとっては実験のテクニックの正確さ，結果の再現性がきわめて重要なものである．

有機化学の母国ともいえるドイツにあっては，少なくとも第二次世界大戦以前の有機合成化学者たちはこの意味できわめてきびしい態度をもって処していたように思われる．私事にわたって恐縮であるが，筆者らと同年配の合成化学者が若い頃に教わったドイツ仕込みの恩師たちは，実験のテクニックや結果に関してはきわめて峻厳であった．かつて“ガッターマンの有機実験書”は有機合成を志す学生にとってはバイブルであったし，その後もドイツからは“オルガニクム”や“ヒューニヒ”のような有機合成実験に関する名著が現れている．現代の偉大なドイツ化学工業の基礎は，このような実験書によってトレーニングされ，生れた実験結果のうえに積み上げられてきたのではないかと考えられる．かくして，確実に物質を作り上げる科学的方法論と“腕”とが相俟って現在の世界の化学工業が築き上げられている．

一方で，現代の便利なアメリカ流合成実験になれた若い日本の化学者たちは，結果を急ぐあまりにエレクトロニクスをベースにしたさまざまな機器分析のデータのうえにあまりにも安住しているようにみえる．たしかに反応生成物の分析などに関しては二，三十年前に比べると格段に進歩して，もはや融点を測定したり，いろいろな誘導体を作らせて確認するといった古典的な手法から脱却できるようになったのは喜ばしいことである．しかし一方，純粋な物質を確実に手にするための合成実験のテクニックの低下が危惧されている．最近の産業界ではいろいろな機能を求めて，複雑な構造の化合物を合成し，その物性を評価する需要が増えているにもかかわらず，わずか100gの化合物も合

第2版　序

本書は，1990年に出版された「有機合成実験法ハンドブック」の改訂版である．前版は，25年前，石川延男先生（東京工業大学名誉教授）を編集委員長として，まさに有機合成化学協会の総力（編集委員16名，執筆者120人）をあげて企画・出版された．筆者も編集委員の一人として参画したが，その刊行の趣旨（方針）は，「実際に“ある化合物”を合成しようとする際に，その合成操作を行ううえで必要な事柄を具体的事例に則して記述して，有機合成化学に携わる研究者・技術者に役に立つ標準的実験書を提供する」ことであった．そのキャッチフレーズが，“mgからkgまで”であったことは，いまでは驚きである（プロセス化学の登場を予言？）．

多くの読者の要望に応えるかたちで4年前に着手した今回の改訂では，前版のこの編集方針の堅持を確認し，内容の最新化を図ることを主目標にした．電子出版が広まる今日，書籍の形で改訂版を出すことを疑問視する向きもあろうが，今後10年間は有用と思われる基礎的で信頼性のある内容にして実験室に必須の一冊を提供しようと企画した．この改訂版では，最新の有機合成法を追加掲載するとともに，汎用性をより重視して反応例を選ぶ一方，技術的に古くても現在汎用されている実験法，時代が変わっても伝承すべき装置や実験法などは前版を踏襲して掲載することにした．もちろん，あまりにも現状にそぐわない装置や実験法は削除した．改訂版の構成は，前版をほぼ踏襲したが，前版の最後の章「一般的な合成反応実験例（おもに人名反応）」は，改訂版では削除することにした．改訂版では索引をより充実させることによって，これらの実験例のほとんどは他章のどこかで見出せると思われるからである．

本書の読者対象は，高専以上の有機合成を行う学生・研究者・技術者を考えている．本書の性格上，個人購入は多くはないと思われるが，図書館や大学・研究所・企業の研究室に必須の一冊となることが期待される．近年，有機合成化学の進歩はめざましい．本書が広く世に受け入れられ，この分野の進展に寄与すれば幸いである．

2015年10月

編集委員長　中　井　　武

第２版　編集委員会

委員長	中井　　武	東京工業大学名誉教授
副委員長	檜山爲次郎	中央大学研究開発機構，京都大学名誉教授
編集委員	赤井周司	大阪大学大学院薬学研究科
	秋山隆彦	学習院大学理学部
	浅野泰久	富山県立大学工学部
	淺見真年	横浜国立大学大学院工学研究院
	市川淳士	筑波大学数理物質系
	今本恒雄	千葉大学名誉教授
	岩澤伸治	東京工業大学大学院理工学研究科
	大熊　毅	北海道大学大学院工学研究院
	小川昭弥	大阪府立大学大学院工学研究科
	菅　敏幸	静岡県立大学大学院薬学研究科
	小林　進	東京理科大学薬学部
	今　喜裕	産業技術総合研究所触媒化学融合研究センター
	坂本昌巳	千葉大学大学院工学研究科
	柴田高範	早稲田大学先進理工学部
	須貝　威	慶應義塾大学薬学部
	鈴木孝洋	北海道大学大学院理学研究院
	関口　章	筑波大学数理物質系
	関口文男	東京化成工業株式会社
	武田　猛	東京農工大学名誉教授
	田中　健	東京工業大学大学院理工学研究科
	土井隆行	東北大学大学院薬学研究科
	友岡克彦	九州大学先導物質化学研究所
	西口郁三	科学技術振興機構産学連携展開部
	西田篤司	千葉大学大学院薬学研究院
	林雄二郎	東北大学大学院理学研究科

初版　編集委員会

執筆者一覧

第2版 執筆者

赤井周司	淺見真年	浅野泰久	東屋功
新井則義	井川和宣	池田浩	石神健
石川勉	石原一彰	稲井誠	伊津野真一
伊藤敏幸	伊藤伸哉	伊藤肇	稲木信介
稲永純二	井上佳久	今本恒雄	今吉隆治
岩澤伸治	上仲正朗	宇梶裕	江木正浩
依馬正	大石真也	大井秀一	大内秋比古
大窪章宏	大熊毅	大栗博毅	大谷(市場)郁子
小川昭弥	小川順	小田忍	尾野村治
垣内喜代三	垣内史敏	柏村成史	狩野佑介
川端猛夫	菅敏幸	木村正成	草間博之
楠見武徳	國信洋一郎	熊谷直哉	小畠誠也
小林進	今喜裕	根東義則	坂本昌巳
佐藤隆章	椎名勇	下田恵	白上努
須貝威	鈴木孝洋	鈴木啓介	関根光雄
高井和彦	高尾賢一	高橋厚	瀧川紘
田口晴彦	武田猛	田中浩士	田中克典
田中健	田村修	千田憲孝	千葉一裕
塚本裕一	辻勇人	土川博史	土本晃久
坪内彰	土井隆行	徳山英利	友岡克彦
中尾佳亮	仲嶋翔	中島誠	中村達
中村正治	難波康祐	新留琢郎	西川俊夫
西口郁三	西原康師	西村貴洋	西山繁
西山靖浩	橋爪大輔	畠山琢次	濱田博喜
羽村季之	平井剛	平井克幸	平野誉

廣瀬卓司　藤岡弘道　藤谷忠博　冨宿賢一
藤原哲晶　淵上寿雄　渕辺耕平　古田未有
細川誠二郎　前川博史　前多肇　松井康哲
松永茂樹　松原誠二郎　松本浩一　水野一彦
宮本和範　宮本憲二　室井髙城　森直
森裕二　矢島知子　保田昌秀　柳澤章
山崎孝　山田徹　山本靖典　横島聡
吉田潤一　吉田昭介　吉野達彦　吉村智之
依光英樹　柳日馨　和田猛　渡邉秀典
渡辺裕

初版執筆者

浅岡守夫　淺見真年　新垣和信　池田博　池田正澄
板垣孝治　伊藤卓　伊藤廣記　伊藤眞人　伊藤嘉彦
岩田虔治　上田隆夫　上原陽一　植村榮　内田高峰
梅本照雄　惠畑隆　大内英良　大勝靖一　大沢昭緒
大嶌幸一郎　大島隆一　太田博道　小笠原国郎　岡本博明
小川誠一郎　岡田勝英　尾島辰彦　香月昜　上方宣政
川島隆幸　木瀬秀夫　北泰行　北爪智哉　北原武
桑嶋功　桑原重文　小杉正紀　後藤俊夫　小林啓二
小林進　小林多喜男　斉藤烈　坂本安司　櫻木宏親
佐藤史衛　清水昌　清水真　首藤紘一　庄野達哉
白石振作　須貝威　鈴木章　鈴木喜隆　鈴木正昭
関根光雄　関屋章　高須到　武井尚　竹内敬人
武田猛　多田全宏　立屋敷哲　竜田邦明　田中渥夫
田中克己　田中正人　玉浦裕　玉尾皓平　露木孝彦
辻二郎　徳丸克己　戸田不二緒　富岡清　友岡克彦
鳥居滋　中井武　長尾善光　永野肇　中原義昭
中村栄一　中山重蔵　中山伸一　楢橋昭彦　西口毅
西村重夫　野出学　野平博之　菱田忠士　檜山爲次郎
廣田洋　廣田穰　藤田榮一　渕上高正　古内秀雄
北條貴代美　北條剛　増田昭三　松枝礼　松本澄
松本正勝　右田俊彦　三上幸一　三澤弘明　宮浦憲夫
村江達士　村橋俊一　持田邦夫　森謙治　山田幸子
山田晴夫　山田泰司　山本隆一　山本尚　山本嘉則
吉澤正夫　吉田政幸　吉越昭　渡部良久　和田眞

目　次

I　基本操作

II　実　験　法

略号一覧

Ac	acetyl (group)　アセチル（基）
acac	acetylacetonato　アセチルアセトナト
ACE	bis[2-(acetoxy)ethoxy]methyl　ビス[2-(アセトキシ)エトキシ] メチル
AchE	acetylcholinesterase　アセチルコリンエステラーゼ
ADH	alcohol dehydrogenase　アルコールデヒドロゲナーゼ（脱水素酵素）
AIBN	2,2′-azobis(isobutyronitrile)　2,2′-アゾビス(イソブチロニトリル)
Alloc	allyloxycarbonyl (group)　アリルオキシカルボニル（基）
AMP	adenosine monophosphate　アデノシン一リン酸
APCI	atmospheric pressure chemical ionization　大気圧化学イオン化
Ar	aryl (group)　アリール（基）
Asn	asparagine　アスパラギン
ATCC	American Type Culture Collection　米国微生物系統保存機関　アメリカン・タイプ・カルチャー・コレクション
ATP	adenosine triphosphate　アデノシン三リン酸
ATR	attenuated total reflection　全反射法
AZADO	2-azaadamantane *N*-oxyl　2-アザアダマンタン *N*-オキシル
9-BBN	9-borabicyclo[3.3.1]nonane　9-ボラビシクロ[3.3.1]ノナン
BDD	boron doped diamond　ホウ素ドープダイヤモンド
BHT	2,6-di-*t*-butyl-*p*-cresol, butylated hydroxytoluene　2,6-ジ-*t*-ブチル-*p*-クレソル，ブチル化ヒドロキシトルエン
BINAP	2,2′-bis (diphenylphosphino)-1,1′-binaphtyl　2,2′-ビス(ジフェニルホスフィノ)-1,1′-ビナフチル
binaphos	[2-(diphenylphosphino-1,1′-binaphthalen-2′-yl)-1,1′-binaphthalen-2,2′-yl] phosphite　[2-(ジフェニルホスフィノ-1,1′-ビナフタレン-2′-イル)-1,1′-ビナフタレン-2,2′-イル]ホスファイト
BINOL	1,1′-bi-2-naphthol　1,1′-ビ-2-ナフトール
BIPAM	bisphosphoramidite　ビスホスホロアミダイト
BIT	benzimidazolium triflate　トリフルオロメタンスルホン酸ベンズイミダゾリウム
Bn	benzyl (group)　ベンジル（基）
Boc	*t*-butoxycarbonyl (group)　*t*-ブトキシカルボニル（基）
bod	bicyclo[2.2.2]octadiene　ビシクロ[2.2.2]オクタジエン
BOM	benzyloxymethyl (group)　ベンジルオキシメチル（基）
BOP-Cl	bis(2-*oxo*-3-oxazolidinyl)phosphinic chloride　ビス(2-オキソ-3-オキサゾリジニル)ホスフィン酸クロリド
BPO	benzoyl peroxide　過酸化ベンゾイル

BPS	*t*-butyl diphenyl silyl（group）　*t*-ブチルジフェニルシリル（基）
BSA	*N,O*-bis(trimethylsilyl)acetamide　*N,O*-ビス(トリメチルシリル)アセトアミド
BTF	benzotrifluoride　ベンゾトリフルオリド
Bu	butyl（group）　ブチル（基）
i-Bu	isobutyl（group）　イソブチル（基）
Bz	benzoyl（group）　ベンゾイル（基）
CAL-B	*Candida antarctica* lipase B　*Candida antarctica* リパーゼB
CAN	cerium(Ⅳ) ammonium nitrate　硝酸セリウム(Ⅳ) アンモニウム
Cbz	benzyloxycarbonyl（group）または carbobenzoxy（group）　ベンジルオキシカルボニル（基）または カルボベンゾキシ（基）
CD	circular dichroism　円二色性
CDI	1,1′-carbonyldiimidazole　1,1′-カルボニルジイミダゾール
CDS	chromatography data systems　クロマトグラフィーデータ処理装置
CE	2-cyanoethyl（group）　2-シアノエチル（基）
CEM	2-cyanoethoxymethyl（group）　2-シアノエトキシメチル（基）
CF	correction factor　補正率
CHCA	α-cyano-4-hydroxycinnamic acid　α-シアノ-4-ヒドロキシケイ皮酸
CI	chemical ionization　化学イオン化
CIDNP	chemically induced dynamic nuclear polarization
CM	cross metathesis　クロスメタセシス
CMD	chemical manganese dioxide　化学処理した活性二酸化マンガン
CMPI	2-chloro-1-methylpyridinium iodide　ヨウ化2-クロロ-1-メチルピリジニウム
COD	1,5-cyclooctadiene　1,5-シクロオクタジエン
COMU	(1-cyano-2-ethoxy-2-oxoethylidenaminooxy) dimethylamino-morpholino-carbenium hexafluorophosphate　(1-シアノ-2-エトキシ-2-オキソエチリデンアミノオキシ)ジメチルアミノ-モルホリノ-カルベニウムヘキサフルオロホスファート
Cp	cyclopentadienyl（group）　シクロペンタジエニル（基）
Cp*	pentamethylcyclopentadienyl（group）　ペンタメチルシクロペンタジエニル（基）
*m*CPBA	*m*-chloroperoxybenzoic acid　*m*-クロロ過安息香酸
CPG	controlled porous glass　多孔質ガラス
CSA	camphorsulfonic acid　カンファースルホン酸
CSI	chlorosulfonyl isocyanate　イソシアン酸クロロスルホニル
CTX	ciguatoxin　シガトキシン
CV	cyclic voltammetry　サイクリックボルタンメトリー
Cy	cyclohexyl（group）　シクロヘキシル（基）

d_4^{20}	specific gravity　比重（基準物質と比べた相対密度）
DAIB	3-*exo*-(dimethylamino)isoborneol　3-*exo*-(ジメチルアミノ)イソボルネオール
DART	direct analysis in real time
DAST	diethylaminosulfur trifluoride　ジエチルアミノ三フッ化硫黄
dba	1,5-diphenyl-1,4-pentadien-3-one，dibenzylideneacetone　1,5-ジフェニル-1,4-ペンタジエン-3-オン，ジベンジリデンアセトン
DBB	4,4′-di-*t*-butylbiphenyl　4,4′-ジ-*t*-ブチルビフェニル
DBFOX	(*R,R*)-4,6-dibenzofurandiyl-2,2′-bis(4-phenyloxazoline) (*R,R*)-4,6-ジベンゾフランジイル-2,2′-ビス(4-フェニルオキサゾリン)
DBH	dibromohydantoin　ジブロモヒダントイン
DBN	1,5-diazabicyclo[4.3.0]-5-nonene　1,5-ジアザビシクロ[4.3.0]-5-ノネン
DBP	dibutyl phthalate　フタル酸ジブチル
DBU	1,8-diazabicyclo[5.4.0]undec-7-ene　1,8-ジアザビシクロ[5.4.0]ウンデカ-7-エン
DCC	dicyclohexylcarbodiimide　ジシクロヘキシルカルボジイミド
DCM	dichloromethane　ジクロロメタン
DCR	dielectrically controlled optical resolution　誘電率制御分割
DCUrea	dicyclohexylurea　ジシクロヘキシル尿素
DDBJ	DNA Data Bank of Japan　日本 DNA データバンク
DDQ	2,3-dichloro-5,6-dicyano-*p*-benzoquinone　2,3-ジクロロ-5,6-ジシアノ-*p*-ベンゾキノン
de	diastereomeric excess　ジアステレオマー過剰率
DEAD	diethyl azodicarboxylate　アゾジカルボン酸ジエチル
DEPC	シアノホスホン酸ジエチル
DERA	2-deoxyribose 5-phosphate aldolase　2-デオキシリボース 5-リン酸アルドラーゼ
DET	diethyl tartrate　酒石酸ジエチル
DFI	2,2-difluoro-1,3-dimethylimidazolidine　2,2-ジフルオロ-1,3-ジメチルイミダゾリジン
DG	directing group　配向基
DHQ	dihydroquininyl（group）　ジヒドロキニニル（基）
DIBAH または DIBALH	diisobutylaluminum hydride　水素化ジイソブチルアルミニウム
DIOP	(−)-2,3-*O*-isopropylidene-2,3-dihydroxy-1,4-bis(diphenylphosphino)butane (−)-2,3-*O*-イソプロピリデン-2,3-ジヒドロキシ-1,4-ビス(ジフェニルホスフィノ)ブタン
DIPEA	*N,N*-diisopropylethylamine　*N,N*-ジイソプロピルエチルアミン
DIPOF	[2-(4,5-diphenyloxazolin-2′-yl)ferrocenyl](diphenyl)phosphine　[2-(4,5-ジフェニルオキサゾリン-2′-イル)フェロセニル]ジフェニルホスフィン
DKR	dynamic kinetic resolution　動的光学分割

DMAc	dimethylacetamide　ジメチルアセトアミド
DMAN	1-(*N*,*N*-dimethylamino)naphthalene　1-(*N*,*N*-ジメチルアミノ)ナフタレン
DMAP	4-(dimethylamino)pyridine　4-(ジメチルアミノ)ピリジン
DME	1,2-dimethoxyethane　1,2-ジメトキシエタン
DMF	*N*,*N*-dimethylformamide　*N*,*N*-ジメチルホルムアミド
DMI	1,3-dimethyl-2-imidazolidinone　1,3-ジメチル-2-イミダゾリジノン
DMP	Dess-Martin periodinane　Dess-Martin ペルヨージナン
dmp	1,3-bis(4-methoxyphenyl)-1,3-propanedione　1,3-ビス(*p*-メトキシフェニル)-1,3-プロパンジオン
DMSO	dimethyl sulfoxide　ジメチルスルホキシド
DNP	dinitrophenyl (group)　ジニトロフェニル (基)
DNs	2,4-dinitrobenzenesulfonyl (group)　2,4-ジニトロベンゼンスルホニル (基)
DOD	bis(trimethylsilyloxy)cyclododecyloxysilyl　ビス (トリメチルシロキシ) シクロドデシロキシシリル
Dodec	dodecyl (group)　ドデシル (基)
DODT	3,6-dioxa-1,8-octanedithiol　3,6-ジオキサ-1,8-オクタンジチオール
DOP	dioctyl phthalate　フタル酸ジオクチル
DOPS	L-threo-3,4-dihydroxyphenylserine　L-トレオ-3,4-ジヒドロキシフェニルセリン
DPP-Cl	diphenylphosphinyl choloride　塩化ジフェニルホスフィニル
DPPA	diphenylphosphoryl azide　ジフェニルホスホリルアジド
dppb	1,4-bis(diphenylphosphino)butane　1,4-ビス(ジフェニルホスフィノ) ブタン
dppe	1,2-bis(diphenylphosphino)ethane　1,2-ビス(ジフェニルホスフィノ)エタン
dppf	1,1′-bis(diphenylphosphino)ferrocene　1,1′-ビス(ジフェニルホスフィノ) フェロセン
dppm	1,1-bis(diphenylphosphino)methane　1,1-ビス(ジフェニルホスフィノ) メタン
dppp	1,3-bis(diphenylphosphino)propane　1,3-ビス(ジフェニルホスフィノ)プロパン
dr	diastereomer ratio　ジアステレオマー比
ds	diastereoselectivity　ジアステレオ選択性
DSC	differential scanning calorimeter　示差走査熱量計
DTA	differential thermal analysis　示差熱分析
DTBM	di-*t*-butylmethoxyphenyl　ジ-*t*-ブチルメトキシフェニル
DTBN	hyponitrous acid di-*t*-butyl ester　次亜硝酸 ジ-*t*-ブチル
dtbpy	4,4′-di-*t*-butyl-2,2′-bipyridine　4,4′-ジ-*t*-ブチル-2,2′-ビピリジン
DTPO	di-*t*-butyl peroxide　過酸化ジ-*t*-ブチル
DTR	diazotransfer reagent　ジアゾ転移剤 (試薬)
dvds	divinyl(tetramethyl)disiloxane　ジビニル(テトラメチル)ジシロキサン

EBI	European Bioinformatics Institute　欧州バイオインフォマティクス研究所
EC	enzyme commission numbers　酵素番号
EDA	ethylenediamine　エチレンジアミン
EDC	1-ethyl-3-(3-dimethylaminopropyl) carbodiimide　1-エチル-3-(3-ジメチルアミノプロピル) カルボジイミド
EDCI	*N*-(3-dimethylaminopropyl)-*N'*-ethylcarbodiimide hydrochloride　*N*-(3-ジメチルアミノプロピル)-*N'*-エチルカルボジイミド塩酸塩
EDG	electron-donating group　電子供与基
EDT	1,2-ethanedithiol　1,2-エタンジチオール
EDTA	ethylenediaminetetraacetic acid　エチレンジアミン四酢酸
ee	enantiomeric excess　エナンチオマー（鏡像体，鏡像異性体）過剰率
EE	1-ethoxyethyl　1-エトキシエチル（基）
EGA	electrogenerated acid　電解発生酸
EGB	electrogenerated base　電解発生塩基
EI	electron ionization　電子イオン化
er	enantiomer ratio　エナンチオマー（鏡像体，鏡像異性体）比
ESI	electrospray ionization　エレクトロスプレーイオン化
ESR	electron spin resonance　電子スピン共鳴
Et	ethyl (group)　エチル（基）
Et_3B	triethylborane　トリエチルボラン
EtOAc	ethyl acetate　酢酸エチル
EWG	electron-withdrawing group　電子求引基
FAB	fast atom bombardment　高速原子衝撃
FAD	flavin adenine dinucleotide　フラビンアデニンジヌクレオチド
FEP	fluorocarbon polymers　フッ素樹脂
FID	flame ionization detector　水素炎イオン化検出器
Fm	9-fluorenylmethyl (group)　9-フルオレニルメチル（基）
FMO	frontier molecular orbital theory　フロンティア分子軌道理論
Fmoc	9-fluorenylmethoxycarbonyl (group)　9-フルオレニルメトキシカルボニル（基）
FSA	fructose 6-phosphate aldolase　フルクトース 6-リン酸アルドラーゼ
FT	Fourier transform　フーリエ変換
FTIR	Fourier transform infrared spectroscopy　フーリエ変換赤外分光法
FT-NMR	fourier transform-nuclear magnetic resonance　フーリエ変換核磁気共鳴
G3P	glyceraldehyde 3-phosphate　グリセルアルデヒド 3-リン酸
GC	gas chromatography　ガスクロマトグラフィー
	glassy carbon　グラッシーカーボン
GC-MS	gas chromatography-mass spectrometry　ガスクロマトグラフ-質量分析計
Glc	glucose　グルコース

Gln	glutamine　グルタミン
Glu	glutamic acid　グルタミン酸
GPC	gel permeation chromatography　ゲル浸透クロマトグラフィー
H-Bcat	catecholborane　カテコールボラン
H-Bpin	pinacol borane　ピナコールボラン
HCP	highly cross-linked polyethylene　高架橋度ポリスチレン
HDPE	high-density polyethylene　高密度ポリエチレン
HETP	height equivalent to a theoretical plate　理論段相当高さ
Hex	hexyl（group）　ヘキシル（基）
HFIP	hexafluoroisopropyl alcohol　ヘキサフルオロイソプロピルアルコール
HkpA	4-hydroxy-3-methyl-2-ketopentan aldolase　4-ヒドロキシ-3-メチル-2-ケトペンタン酸アルドラーゼ
Hmb	3-hydroxy-3-methyl butyric acid　3-ヒドロキシ-3-メチル酪酸
HMPA	hexamethylphosphoric triamide　ヘキサメチルリン酸トリアミド
HOAt	1-hydroxy-7-azabenzotriazole　1-ヒドロキシ-7-アザベンゾトリアゾール
HOBt（HOBT）	1-hydroxybenzotriazole（*N*-hydroxybenzotriazole）　1-ヒドロキシベンゾトリアゾール（*N*-ヒドロキシベンゾトリアゾール）
HOMO	highest occupied molecular orbital　最高被占軌道
HOMSi	(2-hydroxymethylphenyl)dimethylsilanes　(2-ヒドロキシメチルフェニル)ジメチルシラン
HONB	*N*-hydroxy-5-norbornene-2,3-dicarboximide　*N*-ヒドロキシ-5-ノルボルネン-2,3-ジカルボキシイミド
HOSu	*N*-hydroxysuccinimide　*N*-ヒドロキシスクシンイミド
HPLC	high-performance liquid chromatography　高速液体クロマトグラフィー
HSAB	hard and soft acids and bases　硬い酸塩基，軟らかい酸塩基
$h\nu$	irradiation with light　光照射
i.s.	internal standard　内標準
IBAO	isobutyl aluminoxane　イソブチルアルミノキサン
IBX	2-iodoxybenzoic acid　2-ヨードキシ安息香酸
ICl	iodine monochloride　一塩化ヨウ素
IPA	isopropyl alcohol　イソプロピルアルコール
Ipc	isopinocampheyl（group）　イソピノカンフェイル（基）
IR	infrared absorption　赤外吸収
JIS	Japanese Industrial Standards　日本工業規格
KCN	potassium cyanide　シアン化カリウム
KF	potassium fluoride　フッ化カリウム
KHMDS	potassium bis(trimethylsilyl)amide　ビス(トリメチルシリル)アミドカリウ

	ム
K_m	Michaelis constant　ミカエリス定数
LAH	lithium alminum hydride　水素化アルミニウムリチウム
LC	liquid chromatography　液体クロマトグラフィー
LC_{50}	lethal concentration 50　半数致死濃度
LD_{50}	lethal dose 50　半数致死量
LDA	lithium diisopropylamide　リチウムジイソプロピルアミド
LED	light emitting diode　発光ダイオード
LHMDS	lithium hexamethyldisilazide　リチウムヘキサメチルジシラジド
LLB	La-Li_3-tris(binaphthoxide)　La-Li_3-トリス（ビナフトキシド）
LSV	linear sweep voltammetry　リニアスイープ（直線掃引）ボルタンメトリー
LTMP	lithium tetramethylpiperidide　リチウムテトラメチルピペリジド
LUMO	lowest unoccupied molecular orbital　最低空軌道
MAO	methylaluminoxane　メチルアルミノキサン
MB	methylene blue　メチレンブルー
Me	methyl（group）　メチル（基）
Me-BIPAM	bisphosphoramidite　二座ホスホロアミダイト型キラル配位子
MEM	2-methoxyethoxymethyl（group）　2-メトキシエトキシメチル（基）
MF	membrane filter　メンブランフィルター
MIBC	4-methyl-2-pentanol　4-メチル-2-ペンタノール
MIBK	methyl isobutyl ketone　メチルイソブチルケトン
MMTrS	4-monomethoxytrityl（group）　4-モノメトキシトリチルチオ（基）
MNBA	2-methyl-6-nitrobenzoic anhydride　2-メチル-6-ニトロ安息香酸無水物
MOF	metal-organic flamework　金属有機構造体
MOM	methoxymethyl（group）　メトキシメチル（基）
mp	melting point　融点
MP	*p*-methoxyphenyl（group）　*p*-メトキシフェニル（基）
MPA	methoxyphenylacetic acid　メトキシフェニル酢酸，Trost 試薬
MPLC	medium pressure liquid chromatography　中圧液体クロマトグラフィー
MPM	methoxyphenyl（group）　メトキシフェニルメチル（基）
MPV	Meerwein-Ponndorf-Verlay　メーヤワイン・ポンドルフ・バーレー
Ms	mesyl（group）　メシル（基）
MS	molecular sieves　モレキュラーシーブ
	mass spectrometry　質量分析法
MSNT	1-(2-mesitylenesulfonyl)-3-nitro-1*H*-1,2,4-triazole　1-(2-メシチレンスルホニル)-3-ニトロ-1*H*-1,2,4-トリアゾール
MTB	4-methylthio butyl（group）　4-メチルチオブチル（基）
MTBE	methyl *t*-butyl ether，*t*-butyl methyl ether　メチル *t*-ブチルエーテル，*t*-ブチルメチルエーテル

MTM	methylthiomethyl (group)　メチルチオメチル（基）
MTPA	α-methoxy-α-(trifluoromethyl)phenylacetic acid　α-メトキシ-α-トリフルオロメチルフェニル酢酸，Mosher 試薬
n_D^{20}	refractive index　屈折率（波長 589 nm の光（ナトリウムの D 線）について示すのが慣用）
NA	naphthalene　ナフタレン
NAD	nicotinamide-adenine dinucleotide　ニコチンアミドアデニンジヌクレオチド
NADH	reduced form of nicotinamide-adenine dinucleotide　還元型ニコチンアミドアデニンジヌクレオチド
NBRC	NITE Biological Resource Center　製品評価技術基盤機構（NITE）バイオテクノロジーセンター
NBS	*N*-bromosuccinimide　*N*-ブロモスクシンイミド
NCBI	National Center of Biotechnology Information　米国国立生物工学情報センター
NCS	*N*-chlorosuccinimide　*N*-クロロスクシンイミド
NeuA	*N*-Acetylneuraminic acid aldolase　*N*-アセチルノイラミン酸アルドラーゼ
Nf	nonafluorobutanesulfonyl (group)　ノナフルオロブタンスルホニル（基）
NHC	*N*-heterocyclic carbene　*N*-ヘテロ環状カルベン
NHPI	*N*-hydroxyphthalimide　*N*-ヒドロキシフタルイミド
NIS	*N*-iodosuccinimide　*N*-ヨードスクシンイミド
NMI	neomenthyl (group)　ネオメンチル（基）
NMO	*N*-methylmorpholine *N*-oxide　*N*-メチルモルホリン *N*-オキシド
NMP	*N*-methylpyrrolidone　*N*-メチルピロリドン
NMR	nuclear magnetic resonance　核磁気共鳴
NOE	nuclear Overhauser effect　核オーバーハウザー効果
NPE	4-nitrophenylethyl (group)　4-ニトロフェニルエチル（基）
Ns	2-nitrobenzenesulfonyl (group), nosyl (group)　2-ニトロベンゼンスルホニル（基），ノシル（基）
p-Ns	4-nitrobenzenesulfonyl (group)　4-ニトロベンゼンスルホニル（基）
NsCl	2-nitrobenzenesulfonyl chloride　2-ニトロベンゼンスルホニルクロリド
NT	3-nitro-1*H*-1,2,4-triazole　3-ニトロ-1*H*-1,2,4-トリアゾール
ODS	octadecylsilica　オクタデシルジメチルシリル基で修飾したシリカ
ORD	optical rotatory dispersion　旋光分散
Pac	phenoxyacetyl (group)　フェノキシアセチル（基）
PAGE	polyacrylamide gel　ポリアクリルアミドゲル
PCC	pyridinium chlorochromate　クロロクロム酸ピリジニウム
PCR	polymerase chain reaction　ポリメラーゼ連鎖反応

PEG	polyethylene glycol　ポリエチレングリコール
PEM	phenoxy-ethoxymethyl-polystyrene　フェノキシ-エトキシメチル-ポリスチレン
PGME	phenylglycine methyl ester　フェニルグリシンメチルエステル
pH	hydrogen ion concentration　水素イオン濃度
PHAL	phthalazine　フタラジン
phen	1,10-phenanthroline　1,10-フェナントロリン
PhIMT	*N*-phenylimidazolium triflate　*N*-フェニルイミダゾリウムトリフラート
Pht	phthaloyl（group）　フタロイル（基）
p*I*	isoelectric point　等電点
pic	picolinate　ピコリン酸
PINO	phthalimido-*N*-oxyl　フタルイミド-*N*-オキシル
Piv	pivaloyl（group）　ピバロイル（基）
p*K*	dissociation constant　解離定数
PMB	*p*-methoxybenzyl（group）　*p*-メトキシベンジル（基）
PMDTA	*N*,*N*,*N*′,*N*′,*N*″-pentamethyldiethylenetriamine　*N*,*N*,*N*′,*N*′,*N*″-ペンタメチルジエチルトリアミン
PMHS	polymethylhydrosiloxane　ポリメチルヒドロシロキサン
PPh_3	triphenylphosphine　トリフェニルホスフィン
ppm	parts per million　百万分率(10^{-6})
PPTS	pyridinium *p*-toluenesulfonate　*p*-トルエンスルホン酸ピリジニウム
ppy	2-phenylpyridine　2-フェニルピリジン
i-Pr	isopropyl（group）　イソプロピル（基）
(*R*,*R*)-*i*-Pr-DuPhos	(＋)-1,2-bis((2*R*,5*R*)-2,5-di-*i*-propylphospholano)benzene　(＋)-1,2-ビス((2*R*,5*R*)-2,5-ジイソプロピルホスホラノ)ベンゼン
PTAD	4-phenyl-1,2,4-triazoline-3,5-dione　4-フェニル-1,2,4-トリアゾリン-3,5-ジオン
PTC	phase transfer catalyst　相関移動触媒
PTFE	poly(tetrafluoroethylene)　ポリテトラフルオロエチレン
PVT	physical vapor transport　物理的気相輸送
Py	pyridine　ピリジン
PyBox	optically active bis(oxazolinyl)pyridine　光学活性ビスオキサゾリニルピリジン
(*R*,*R*)-QuinoxP*	(*R*,*R*)-2,3-bis(*t*-butylmethylphosphino)quinoxaline　(*R*,*R*)-2,3-ビス(*t*-ブチルメチルホスフィノ)キノキサリン
RB	rose bengal　ローズベンガル
RCM	ring-closing metathesis　閉環メタセシス
RE	rare earth metal　希土類金属
Red-Al	sodium bis(2-methoxyethoxy)aluminum hydride　水素化ビス(2-メトキシエ

トキシ）アルミニウムナトリウム

Rf	retention factor, retardation factor　保持因子，遅延係数
RNA	ribonucleic acid　リボ核酸
ROM	ring-opening metathesis　開環メタセシス
rpm	revolutions per minute　回転速度（回毎分）
SCE	saturated calomel electrode　飽和カロメル電極
SDS	sodium dodecyl sulfate　硫酸ドデシルナトリウム
SEC	size-exclusion chromatography　サイズ排除クロマトグラフィー
SEGPHOS	(*R*)-(+)-5,5′-bis(diphenylphosphino)-4,4′-bi-1,3-benzodioxole　セグフォス，(*R*)-(+)-5,5′-ビス(ジフェニルホスフィノ)-4,4′-ビ-1,3-ベンゾジオキソール
SEM	2-(trimethylsilyl)ethoxymethyl (group)　2-トリメチルシリルエトキシメチル（基）
Ser	serine　セリン
SES	2-trimethylsilylethansulfonyl (group)　2-トリメチルシリルエタンスルホニル（基）
SIPr	1,3-bis(2,6-di-*i*-propylphenyl)imidazolidin-2-ylidene　1,3-ビス(2,6-ジ-*i*-プロピルフェニル)イミダゾリジン-2-イリデン（配位子）
SMO	styrene monooxygenase　スチレンモノオキシゲナーゼ
SN	signal-noise ratio　信号雑音比
SOMO	singly occupied molecular orbital　単電子被占軌道
STY	space time yield　空時収量
SV	space velocity　空間速度
TASF	tris(dimethylamino)sulfonium difluorotrimethylsilicate　トリス(ジメチルアミノ)スルホニウムジフルオロトリメチルシリカート
TBAF	tetrabutylammonium fluoride　フッ化テトラブチルアンモニウム
TBDMS	*t*-butyldimethylsilyl (group)　*t*-ブチルジメチルシリル（基）
TBDPS	*t*-butyl diphenyl silyl (group)　*t*-ブチルジフェニルシリル（基）
TBHP	*t*-butyl hydroperoxide　*t*-ブチルヒドロペルオキシド
TBME	*t*-butyl methyl ether　*t*-ブチルメチルエーテル
TBS	*t*-butyldimethylsilyl (group)　*t*-ブチルジメチルシリル（基）
TBSOTf	*t*-butyldimethylsilyl trifluromethanesulfonate　トリフルオロメタンスルホン酸 *t*-ブチルジメチルシリル
TCBC	2,4,6-trichlorobenzoyl chloride　2,4,6-トリクロロ安息香酸塩化物
TCE	trichloroethyl (group)　トリクトロロエチル（基）
TCF	trichloromethyl chloroformate　クロロギ酸トリクロロメチル
TDAE	tetrakis(dimethylamino)ethylene　テトラキス(ジメチルアミノ)エチレン
TEBA	benzyltriethylammonium bromide　臭化ベンジルトリエチルアンモニウム
TEMPO	2,2,6,6-tetramethylpiperidine 1-oxyl　2,2,6,6-テトラメチルピペリジン 1-オ

キシル

Teoc	2-(trimethylsilyl)ethoxycarbonyl (group)　2-トリメチルシリルエトキシカルボニル（基）
Teoc-NT	2-(trimethylsilyl)ethyl 3-nitro-1*H*-1,2,4-triazole-1-carboxylate　3-ニトロ-1*H*-1,2,4-トリアゾール-1-カルボン酸2-(トリメチルシリル)エチル
Teoc-OSu	*N*-[2-(trimethylsilyl)ethoxycarbonyloxy] succinimide　*N*-[2-(トリメチルシリル)エトキシカルボニルオキシ] スクシンイミド
TES	triethylsilyl (group)　トリエチルシリル（基）
Tet	1*H*-tetrazole　1*H*-テトラゾール
Tf	trifluoromethanesulfonyl (group)　トリフルオロメタンスルホニル（基）
TFA	trifluoroacetic acid　トリフルオロ酢酸
	trifluoroacetyl (group)　トリフルオロアセチル（基）
TFSI	(trifluoromethanesulfonyl)imide　(トリフルオロメタンスルホニル)イミド
THF	tetrahydrofuran　テトラヒドロフラン
THP	tetrahydropyranyl (group)　テトラヒドロピラニル（基）
ThrA	threonine aldolase　トレオニンアルドラーゼ
TIPS	triisopropylsilyl, *i*-Pr_3Si-　トリイソプロピルシリル
TIS	triisopropylsilane　トリイソプロピルシラン
TLC	thin-layer chromatography　薄層クロマトグラフィー
TMAF	tetramethylammonium fluoride　テトラメチルアンモニウムフルオリド，フッ化テトラメチルアンモニウム
TMDS	tetramethyldisiloxane　テトラメチルジシロキサン
TMEDA	*N,N,N′,N′*-tetramethylethylenediamine　*N,N,N′,N′*-テトラメチルエチレンジアミン
TMP	2,2,6,6-tetramethyl piperidyl (group)　2,2,6,6-テトラメチルピペリジル（基）
TMS	trimethylsilyl (group)　トリメチルシリル（基）
	tetramethylsilane　テトラメチルシラン
TMSCN	trimethylsilyl cyanide　トリメチルシリルシアニド，シアン化トリメチルシリル
TMSE	2-(trimethylsilyl)ethyl (group)　2-(トリメチルシリル)エチル（基）
TMSOTf	trimethylsilyl trifluoromethanesulfonate, trimethylsilyl triflate　トリフルオロメタンスルホン酸トリメチルシリル
Tol	tolyl (group)　トリル（基）
TOM	triisopropylsilyloxymethyl (group)　トリイソプロピルシリルオキシメチル（基）
TON	turnover number　触媒回転数
TPAP	tetrapropylammonium perruthenate　過ルテニウム酸テトラプロピルアンモニウム
TPC	3-(trifluoromethyl)phenoxycarbonyl (group)　3-(トリフルオロメチル) フェノキシカルボニル基

TPP	tetraphenylporphyrin　テトラフェニルポルフィリン
TPPTS	trisodium triphenylphosphine-3,3′,3″-trisulfonate　トリフェニルホスフィン-3,3′,3″-トリスルホナート三ナトリウム塩
t_R	retention time　保持時間
Tr または Trt	trityl（group）　トリチル（基）
Troc	2,2,2-trichloroethoxycarbonyl（group）　2,2,2-トリクロロエトキシカルボニル（基）
Ts	*p*-toluenesulfonyl（group）　*p*-トルエンスルホニル（基）
TsCl	*p*-toluenesulfonyl chloride　*p*-トルエンスルホニルクロリド，塩化*p*-トルエンスルホニル
TSE	2-tosylethyl　2-トシルエチル（基）
TTMSS	tris(trimethylsilyl)silane　トリス(トリメチルシリル)シラン
TWA	time weight average　時間荷（加）重平均値
UV	ultraviolet radiation　紫外線（吸収）
Val	valine　バリン
VCD	vibrational circular dichroism　赤外（または振動）円二色性
WHSV	weight hourly space velocity　重量空間速度
WSC	water soluble carbodiimide　水溶性カルボジイミド
Xantphos	4,5-bis(diphenylphosphino)-9,9-dimethylxanthene　4,5-ビス(ジフェニルホスフィノ)-9,9-ジメチルキサンテン，キサントホス
Z	benzyloxycarbonyl（group）　ベンジルオキシカルボニル（基）
ZACA	Zr-catalyzed asymmetric carboalumination　Zr 触媒不斉カルボアルミニウム化
ZMA	Zr-catalyzed methylalumination　Zr 触媒メチルアルミニウム化

I 基　本　操　作

Chapter 1

実験器具

有機合成実験に用いる器具には，ガラス製，プラスチック製，ステンレス製のものなどがあるが，もっともよく使われるのはガラス器具である．ガラス器具には用途によってさまざまな形のものがあり，器具の大小，器具の連結の方式（ゴム栓またはコルク栓による方式，共通すり合せ方式，ねじ口方式）とその大きさ，ガラスの材質なども含めると膨大な種類がある．それらの中から実験計画に適合するガラス器具を選択するか，場合によっては新しくつくることになる．

1.1 ガラス器具とその名称

化学実験でよく使用されるガラス器具を図 1.1 に示す．ガラス器具の組立て方と使用法および特殊な実験装置については関連する項目を参照されたい．

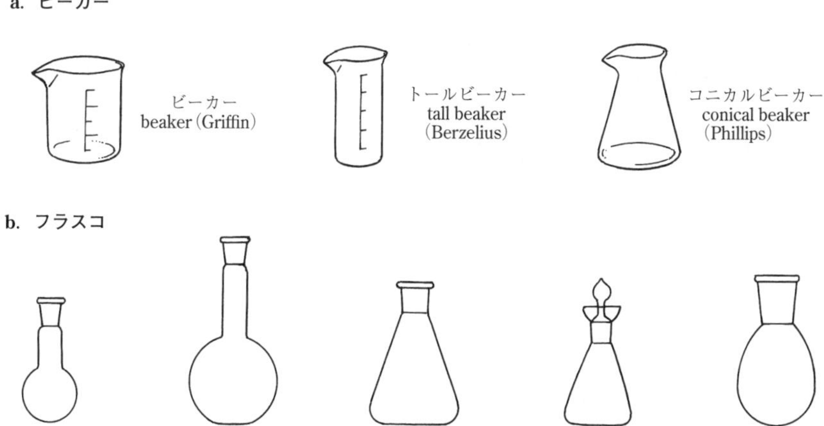

図 1.1 ガラス器具とその名称（1）

b.　フラスコ（つづき）

ナシ形フラスコ
pear shape flask

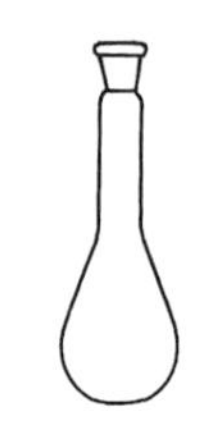

ケルダールフラスコ
Kjeldahl flask

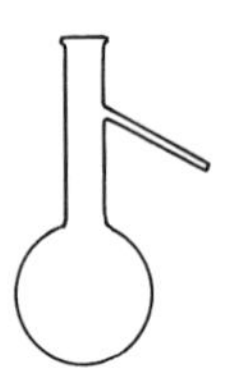

枝付きフラスコ
side-arm flask

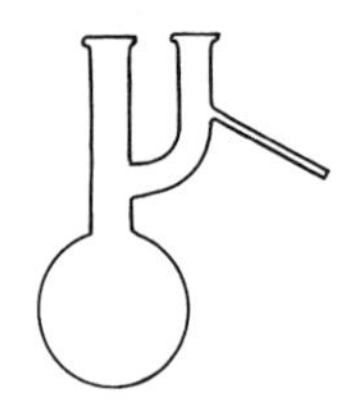

クライゼンフラスコ
Claisen flask

二つ口ナシ形フラスコ
two neck pear shape flask

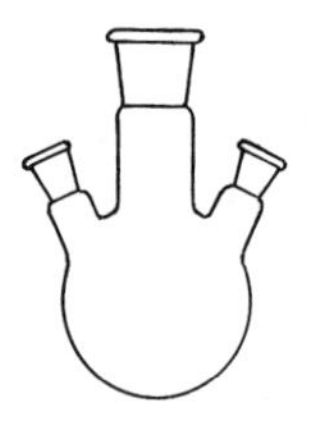

三つ口フラスコ
three neck flask

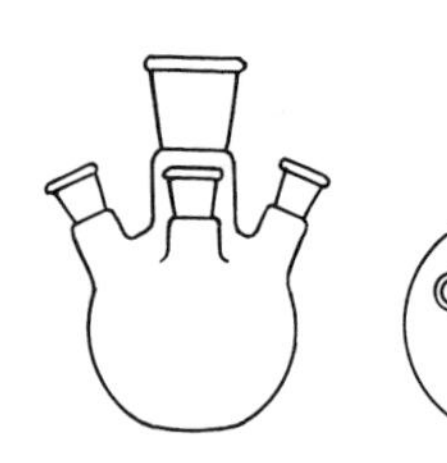

四つ口フラスコ
four neck flask

セパラブルフラスコ
separable reaction flask

図 1.1　ガラス器具とその名称（2）

c. 冷却器

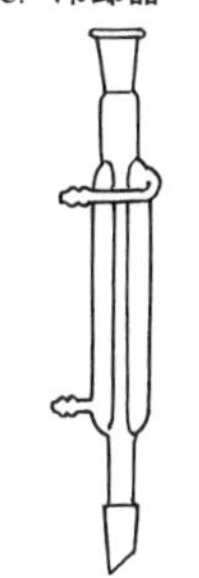

リービッヒ冷却器
Liebig condenser

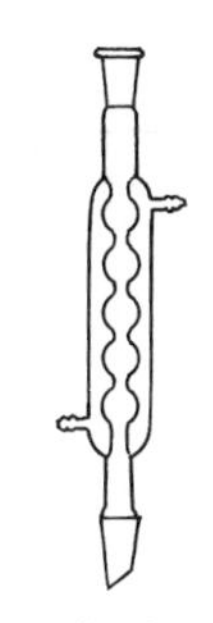

球管冷却器
（アリン冷却器）
Allihn condenser

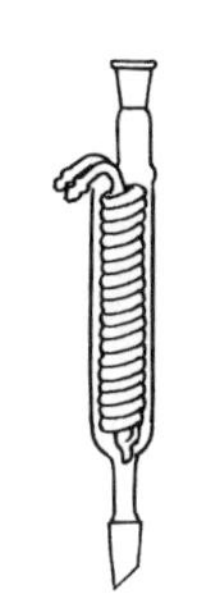

ジムロート冷却器
Dimroth condenser

グラハム冷却器
（じゃ（蛇）管冷却器）
Graham condenser

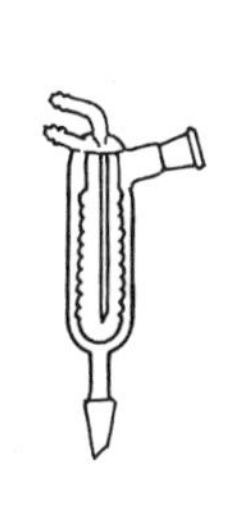

フリードリッヒ冷却器
Friedlich condenser

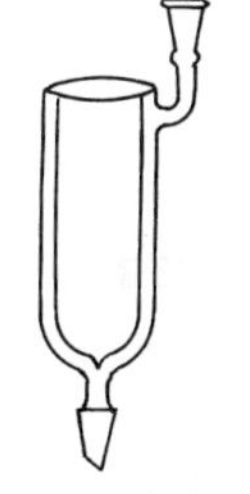

ジュワー冷却器
Dewar condenser

d. 漏　斗

漏　斗
funnel

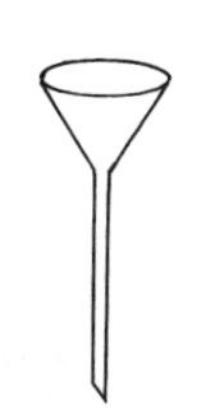

足長漏斗
long stem funnel

筋目漏斗
fluted funnel

ブフナー型漏斗
Büchner type funnel

目皿漏斗
Hirsch funnel

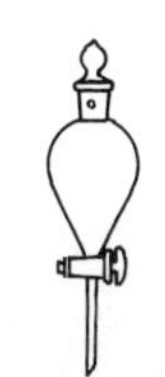

分液漏斗（丸形）
separatory funnel
（globe shape）

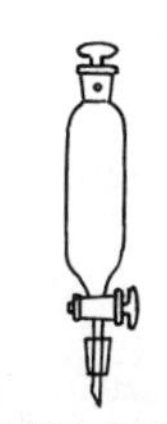

分液漏斗（円筒形）
separatory funnel
（cylindrical type）

分液漏斗（スキーブ型）
separatory funnel
（Squibb type, pear-shape）

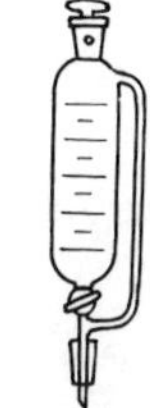

分液漏斗（圧力平衡用測管付き）
separatory funnel
（pressure equalizing）

図 1.1　ガラス器具とその名称（3）

e. ガラスフィルター（沪過器）

ガラスフィルター

ガラスフィルター
（球形）

ガラスフィルター
（ガス拡散用）

フィルターの細孔規格（JIS R 3503：1994）

細孔記号	細孔の大きさ［μm］
1	100～120
2	40～50
3	20～30
4	5～10

ガラスフィルター
（円筒漏斗形）
glass filter
(cylindrical type)

ガラスフィルター
（るつぼ形）
glass gooch crucible

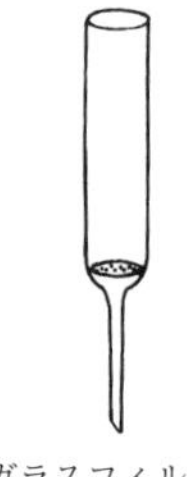

ガラスフィルター
（アリン管形）
Allihn tube filter

f. 分留管

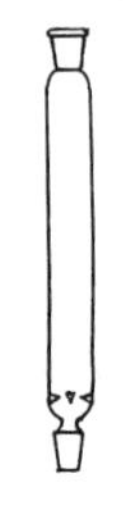

分留管（充填式）
distilling column

ウィドマー分留管
Widmer distilling column

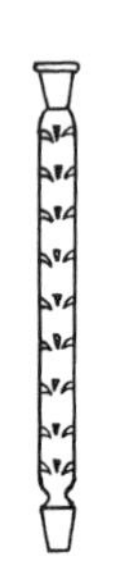

ビグロー分留管
Vigreaux distilling column

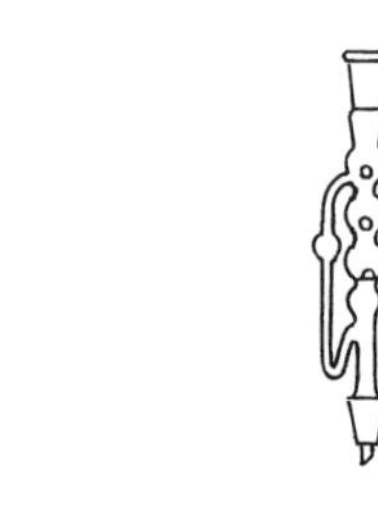

グリンスキー分留管
Glinsky distilling column

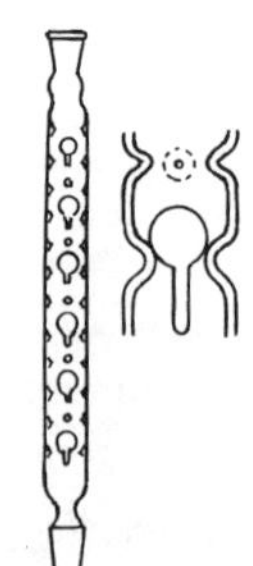

スニーダー分留管
Snyder distilling column

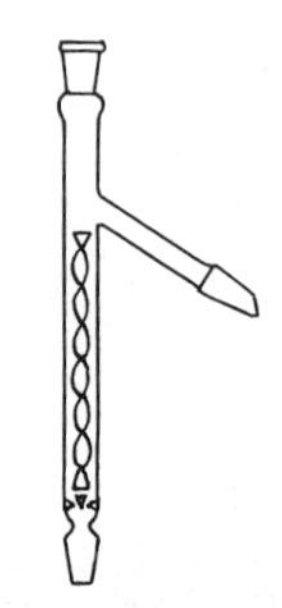

ヘンペル分留管
Hempel distilling column

図 1.1　ガラス器具とその名称（4）

g. 分留頭

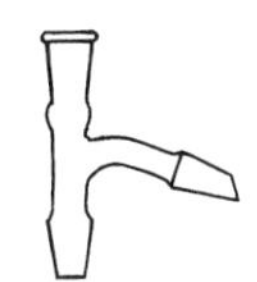

分留頭（枝付き）
distilling head (side arm)

分留頭（曲管付き）
distilling head (parallel side)

分留頭（流下量調節コック付き）
distilling head (take-off)

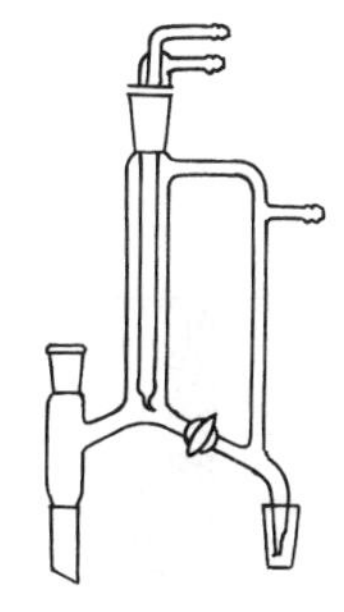

分留頭（還流冷却器付き）
distilling head (reflux ratio regulating)

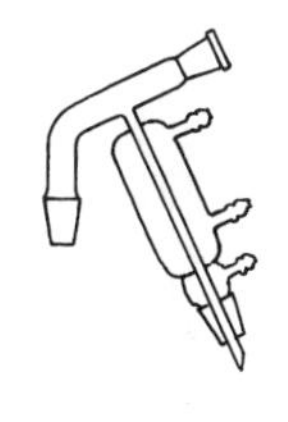

分留頭（セミミクロ）
distilling head (semi micro)

h. 連結管

径違い管（縮小用）
adapter (reducing)

径違い管（拡大用）
adapter (enlarging)

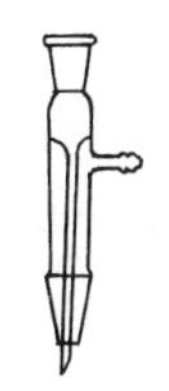

連結管（減圧用）
adapter
(vacuum take-off type)

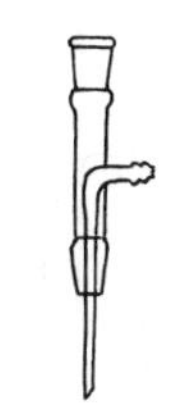

導入管
adapter
(gas inlet type)

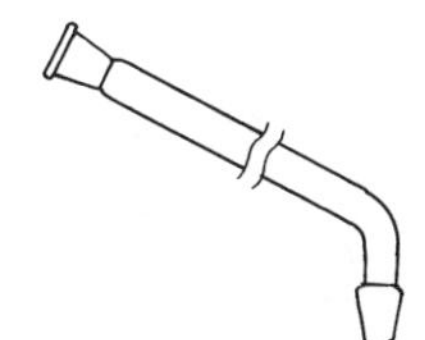

連結管（分留用曲管）
adapter (distilling angle type)

連結管（曲管）
adapter (angle,
vacuum take-off type)

連結管（曲管120°吸引口付き）
adapter (120°angle vacuum type)

図 1.1　ガラス器具とその名称（5）

h. 連結管（つづき）

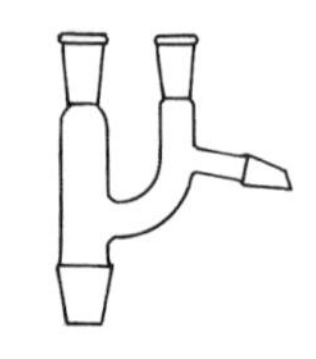

連結管（クライゼン型）
adapter (Claisen type)

連結管（曲管 90°, コック付き）
adapter (90° angle with stopcock)

連結管（減圧用二又）
adapter (distilling, two outlet tubes)

i. トラップ

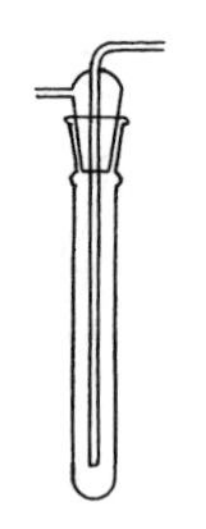

真空トラップ
trap, vacuum

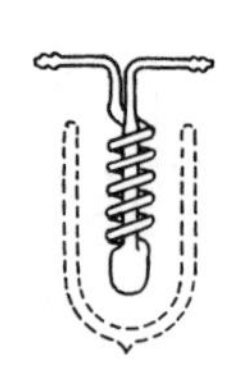

凝縮用トラップ
trap, condensation

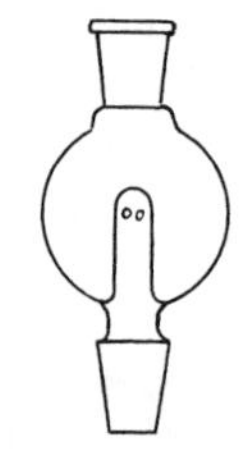

トラップ球
connecting bulb

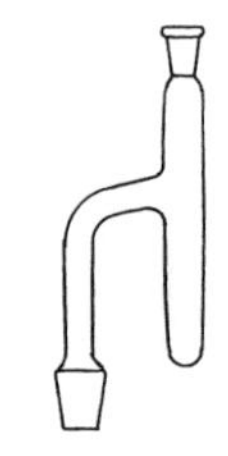

ディーン-スターク型水取り
Dean–Stark water type
(distilling receiver)

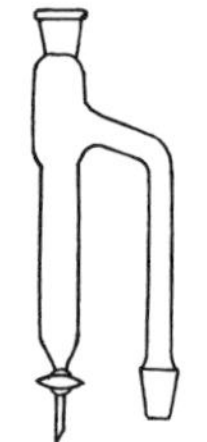

水分定量受け器
distilling receiver with stopcock

j. 乾燥器具

デシケーター（玉蓋）
desiccator with knob top

デシケーター（上口）
desiccator with
top opening cover

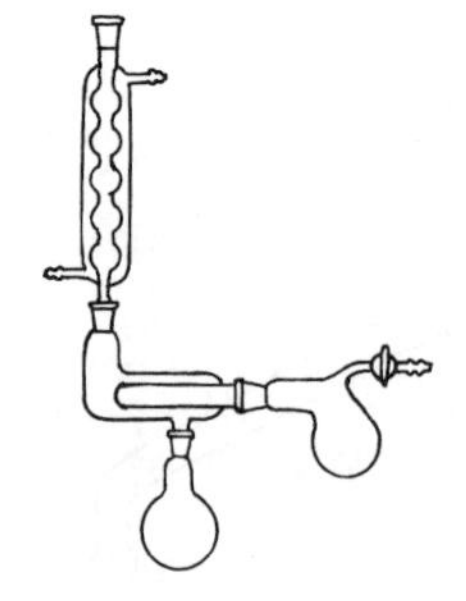

アブデルハルデン乾燥器
Abderhalden vacuum
drying apparatus

図 1.1　ガラス器具とその名称（6）

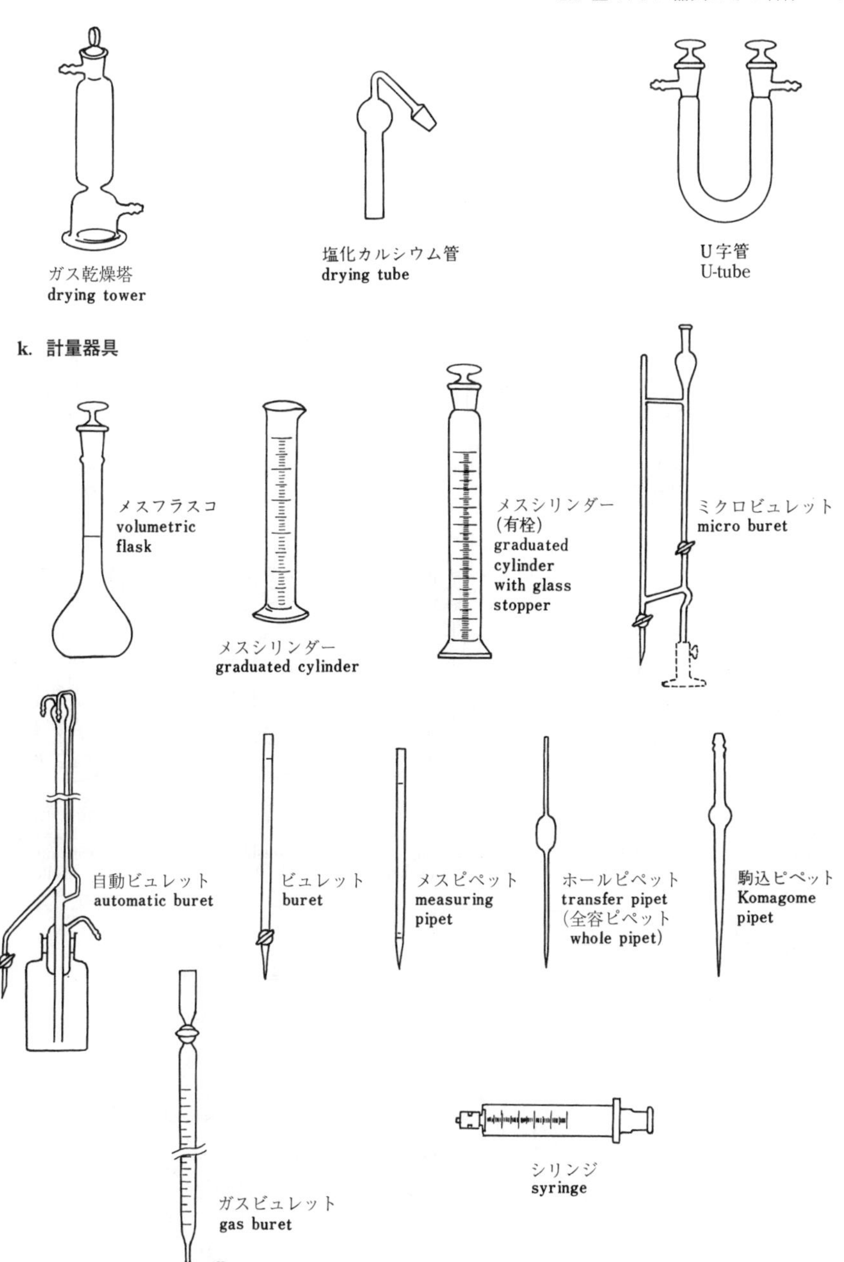

k. 計量器具

図 1.1　ガラス器具とその名称（7）

l. コック

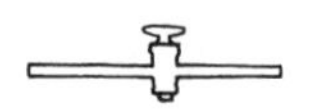

二方コック stopcock
(straight bore)

三方コック stopcock
(three-way T-shape)

m. 瓶

細口試薬瓶
narrow mouth
reagent bottle

広口試薬瓶
wide mouth
reagent
bottle

秤量瓶
weighing
bottle

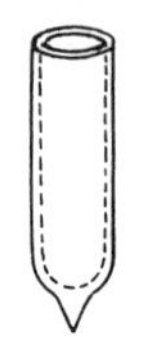

ジュワー瓶
Dewar
flask

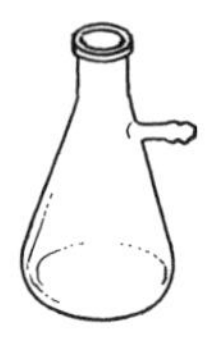

吸引瓶
filter flask

試料瓶
sample
container

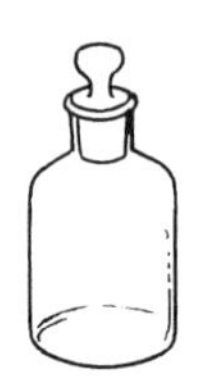

フラン瓶
incubator
bottle

滴　瓶
dropping
bottle

ガス洗浄瓶
(ドレッセル式)
gas washing
bottle (Drechel)

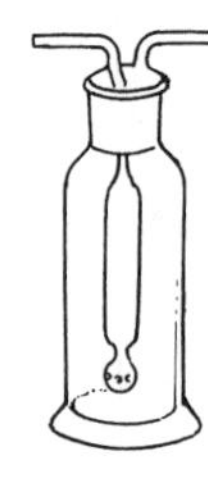

ガス洗浄瓶
(ムエンケ式)
gas washing
bottle (Muenck)

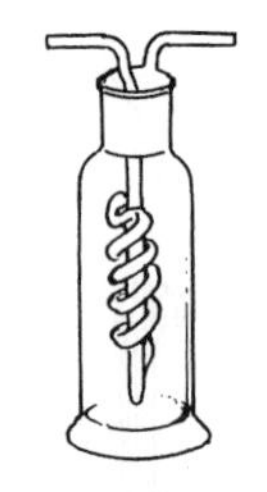

ガス洗浄瓶
(ウォルター式)
gas washing
bottle (Walter)

n. 試験管

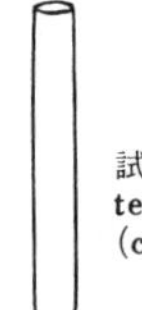

試験管
test tube
(culture tube)

共通すり合せ
試験管
test tube
with stopper

シュレンク管
Schlenk flask

図 1.1　ガラス器具とその名称 (8)

o. 遠心沈殿管

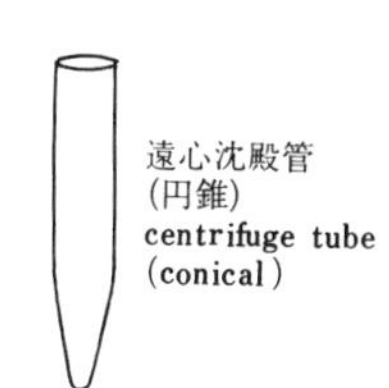

遠心沈殿管
(円錐)
centrifuge tube
(conical)

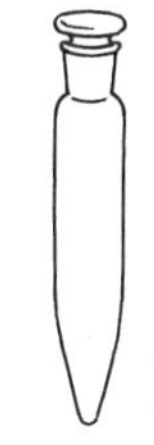

共通すり合せ
遠心沈殿管
(円錐)
centrifuge
tube with
stopper
(conical)

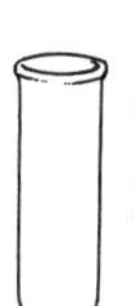

遠心沈殿管
(丸底)
centrifuge
tube
(round bottle)

共通すり合せ
遠心沈殿管
(丸底)
centrifuge
tube with
stopper

p. 皿

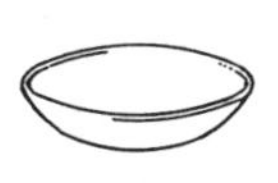

時計皿
watch glass

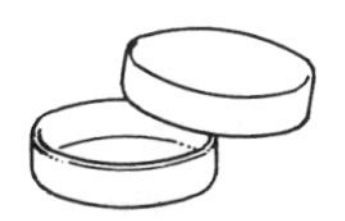

シャーレ(ペトリ皿)
schale
(Petri dish, culture dish)

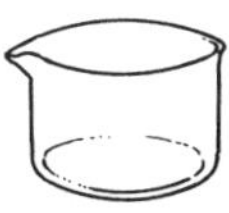

結晶皿
crystallizing
dish

蒸発皿
evaporating dish

q. その他

ソックスレー抽出器
Soxhlet extraction
apparatus

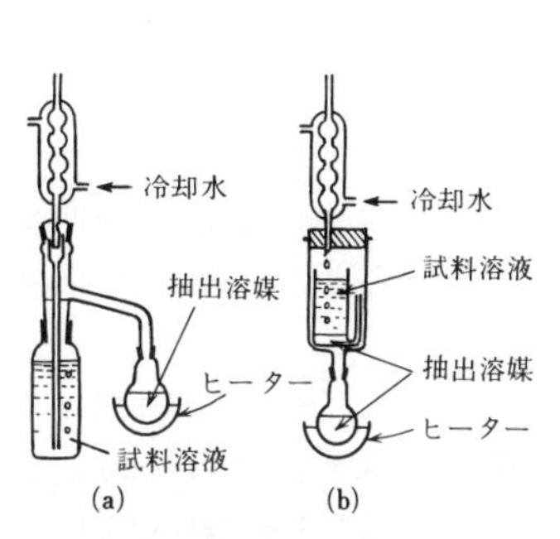

液–液抽出装置 liquid–liquid extractor
(a) 水より軽い溶媒で抽出する装置
(b) 水より重い溶媒で抽出する装置

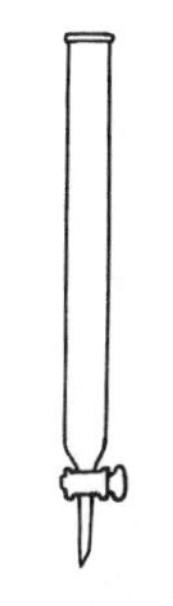

クロマト管
chromatographic
column

水流ポンプ
water-jet
aspirator

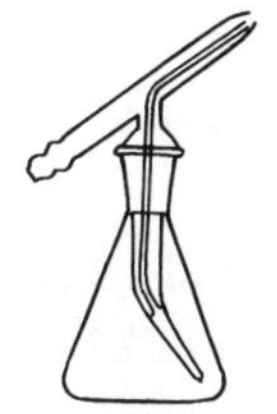

噴霧器
nebulizer

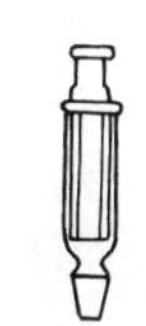

攪拌シール
stirring apparatus

攪拌棒
stirring rod

吸引沪過鐘
bell jar
(with tubulation hole
bored on top)

図 1.1　ガラス器具とその名称 (9)

1.2　器具の洗浄，乾燥，保管

器具類はいつでもすぐ使えるように，使い終わったら洗って乾かしておくようにつねに心がけ，汚れた器具を実験台や流しにほったらかしにしておいてはいけない．汚れた器具を用いて実験をしたのでは，再現性に乏しく，まったく意味のない実験を行ったことになる場合すらある．また，有機化学の実験操作には水分を嫌うものが多いので，器具の乾燥にも十分な注意が必要である．

共栓付きの器具（たとえば，分液漏斗）や一揃いになった器具セット（たとえば，ジアゾメタン発生用のキット）は，各部分がばらばらになり紛失しないように気をつける．そのため，テフロンテープなどで結びつけておくとよい．ただし，洗浄のさいに互いをいきおいよくぶつけて破損しないようとくに気をつける．また，必要のある場合以外は，すり合せ部分をくっつけたままにしない（汚れたまますり合せをくっつけておかないこと，洗浄後の乾燥や保管のさいにも注意すること）．

定容器具は，洗浄のさいにも乾燥のさいにも加熱してはならない．

1.2.1　器 具 の 洗 浄

器具の洗浄にさいして，汚れの性質や器具の種類（ガラスかプラスチックか，あるいは洗いやすい形状のものか否か）によって，最適の洗浄の方法（物理的か化学的か，あるいはその組合せ方）が異なってくる．また，いわゆる自動洗浄機や超音波洗浄機を用いる場合にも洗剤の種類が異なる．

実験器具は，使用後ただちにすり合せ部分などをはずして洗浄することが望ましい．どういう性質の汚れかがわかっているので最適の洗浄方法がとれるし，また，早いうちほど汚れは落としやすい．一般的に，まず，油など紙類でふきとれるものはふきとる．ついで，ブラシ，スポンジあるいはタワシを使い，クレンザーや台所用などの一般家庭用洗剤を用いて洗浄する．器具の外側もよく洗浄し，内部の汚れがとれたか否かが目で確認できるようにする．水切れが悪く液滴がつく場合は，有機物がまだ付着していることを意味するので洗浄しなおす．ステンレス製などの物理的力に丈夫な器具は，アルミニウムや真ちゅう製の洗浄鎖をブラシの代わりに用いるのもよい．物理的な洗い方でいちばん強力なものは，超音波洗浄機だろう．

超音波洗浄機とは，数十 kHz の周波数の超音波エネルギーを洗浄に応用した装置で，洗浄槽には水あるいは市販の洗浄剤（なるべく低発泡性のもの）を加えた水溶液をいれ，そのなかに被洗浄器具を浸し洗浄する．複雑な形の器具のブラシなどの届かない部分も，この超音波洗浄機を用いれば均一かつ高度に洗浄できる．下記の洗浄剤の中にただ浸漬放置しておく場合と比べ，数十倍の洗浄速度があるといわれている．

以上のような物理的な洗い方で汚れが落ちないときは，以下に記すような化学的方法も併用する．

a.　有機溶媒

反応残留物などのタール状物質は，適当な有機溶媒に溶解することによって除去する．器具洗浄専用の洗瓶（アセトンなど）を用意しておくと便利であるが，引火などには十分に気をつける必要がある．すり合せなどに付着しているグリースは，ヘキサンなどの有機溶媒をしみ込ませた紙や脱脂綿で，容器の内部にグリースを広げないように注意して，ていねいにふきとるとよい．

b.　クロム酸混液

硫酸と二クロム酸カリウム（二クロム酸ナトリウムでもよい）の混合液のことで，強い酸化力により強力な洗浄能力があるが，微量のクロムイオンを器具から除去することに手間がかかること，廃液の処理，クロム汚染の問題などがあり，現在では特別の場合を除き，ほとんど使用されていない．二クロム酸カリウムの飽和水溶液にその半容量の濃硫酸を撹拌しながら加えることによって調製できる（発熱が激しいときには冷却せよ）．この混液のなかに器具を適当な時間つけておき，そのあとよく水洗する．混液の色が赤褐色から緑色になると洗浄力がなくなっているので，新しいものと取り替える．混液を皮膚や衣類につけないよう十分に注意する．

c.　濃硫酸-発煙硝酸

濃硫酸-発煙硝酸（1：1）混合液は，クロム酸混液に代わり得る強い洗浄力がある．蒸気を吸入しないよう，ドラフト内での使用が望まれる．浸漬後水洗し，アンモニア水で仕上げ洗いをする．

d.　アルコールカリ

水酸化カリウム（あるいは水酸化ナトリウム）約 100 g を水 100 mL に溶かした溶液に，エタノール（メタノールあるいはイソプロピルアルコールでもよい）1 L を加えた溶液で（必ずしも水は加えなくてもよいが，その場合にはよく撹拌して水酸化カリウムを完全に溶かすこと），器具をこの中に浸漬する．強い洗浄力があるが，長時間浸漬すると強アルカリ性のためガラス，とくにすり合せ部分を傷めることがあるので注意を要する．また，浸漬後には十分に水洗する．加水分解力が強いので油脂や樹脂などの洗浄に適している．たとえば，グリースを落とすのには，数時間から一晩かかる．

e.　希フッ化水素酸水溶液

フッ化水素酸はガラスを溶かす唯一の酸であり，汚れはガラスといっしょにはげ落ちる．そのため文字や刻度線などのはいったガラス器具には不向きである．ガラス器具を 1% 程度の希フッ化水素酸水溶液で短時間すすいだのち，十分に水洗する．また，腐食性があるので皮膚などにつけないよう十分に注意する．

f. 硝　酸

器具に付着した微量の金属を除去する必要のある場合は（b. 項のクロム酸混液を使用した場合も該当する），1 mol L^{-1} 程度の硝酸水溶液に器具を長時間浸漬させたのち，よく水洗する．

g. 希塩酸

冷却管などに付着した鉄さびの除去には，器具を希塩酸に浸すか，器具に希塩酸を通すと有効である．

h. 市販の洗浄剤

対象とする汚れの種類，洗浄方法，毒性の強弱などでさまざまの洗浄剤がさまざまな会社から市販されている．固体状の洗浄剤も液体状のものも市販されているが，たいていの場合，水で溶解ないし希釈して用いる．自動洗浄機の場合は強い浸透性を必要としないが，その他の場合は洗うべき器具を洗浄剤を含んだ水溶液の中に数分から数日間つけておくので，浸透性，すなわち界面活性力のある洗浄剤が望まれる．また，自動洗浄機の場合，先に述べた超音波洗浄機の場合と同様，発泡性の少ない洗浄剤を用いる（消泡剤も別売されている）．

なお，洗浄のさいの温度は，一般的には高温のほうが洗浄力が上昇する．洗浄剤によっては煮沸を勧めるものもある．酵素系の洗浄剤には適温が存在するのでとくに注意を要する．

シリンジ類は，圧着あるいは薬品接着されている部分が物理的にも化学的にも壊れやすいので洗浄のさいには注意が必要である．すなわち，細かい部分が洗浄しにくいのでよく超音波洗浄機が用いられるが，この超音波洗浄機には長時間つけてはならない．適当な有機溶媒で洗浄するのがよく，また，金属部分由来のかすは水洗いで落とせる．

NMR 用の試料管は，入口部分などが破損しやすいうえ，常磁性物質の付着は避けなければならないため，それに適した洗浄剤を用い（クロム酸混液などは使わないこと），十分に水洗したのちアセトンで洗う．また，NMR 試料管洗浄用の器具も市販されている．

プラスチック器具専用の洗浄方法や洗浄剤というのは，ほとんど存在しない．テフロン製のものはガラス製のものとほとんど同様に扱える．ポリエチレン製器具はガラスほど薬品に強くはないので注意が必要であるが，酸性には比較的耐えるので酸性洗浄剤ですばやく洗うのがよい．

ガラス器具のすり合せ部分が密着して離れなくなった場合は，なるべく早く処置したほうがよい．アセトンを染み込ませて根気よく繰り返しねじるようにするか，浸透性洗浄液の入った超音波洗浄機を用いるとうまくはずれることが多い．熱湯につけるかドライヤーを用いて外側のすり合せ部分を加熱し，内側のすり合せ部分まで熱くならないうちに（ガラスの熱膨張の利用）強く回すか，木づちなどでかるくたたくこともよく行われるが，器具の破損に十分の注意を要する．木づちでたたくさいに有効な専用の木製小道具も考案されている．

1.2.2 器具の乾燥

実験器具の乾燥方法には，(1) 放置による自然乾燥，(2) 電熱乾燥器による乾燥，(3) 熱風による乾燥，(4) 薬品による乾燥，などがある．どの場合にもほこりの少ない清潔な場所で，器具の口を下にして乾燥させることが望まれる．

(1) 自然乾燥：　ステンレス製やプラスチック製のかごに入れたり，十文字の桟のついた乾燥棚に置くとよい．棒の出た板を壁につけてその棒に器具をさしておくこともよく行われるが，その場合には器具の内壁と棒とが直接接触するので，棒が汚れていないことを確認する．自然乾燥すると，水切れの善し悪しがよくわかり，それにより洗浄の善し悪しがよく判断できる．

(2) 電熱乾燥器：　短時間でよく乾燥できるが，熱に弱い器具類（たとえば，肉厚のガラス器具，塩化ビニルなどのある種のプラスチックなど）を乾燥させる場合には，その設定温度に十分注意をする．また，熱をかけてはならない器具（定容器具やきわめて精巧なガラス器具）の乾燥には使えない．

(3) 熱風による乾燥：　ヒートガンやヘアードライヤー様の器具がよく用いられる．水洗後，アセトンなどですすぐと早く乾かすことができるが，蒸気の吸入，洗液の処理に注意する必要がある．器具の外側を温めるだけではなくて，器具の内側に積極的に熱風を送り込むようにする．熱に弱い器具や熱をかけてはいけない器具には不向きである．

(4) 薬品（揮発性溶剤）による乾燥：　熱をかけられない場合の迅速乾燥といった特殊な場合に行う．たとえば，水洗した器具をアセトンやエタノールなどの水溶性溶媒で洗い，次にエーテルで洗うとまもなく乾燥する．溶媒はきれいでなければならないし，引火しないように注意し，廃液の回収も忘れないようにする．薬品に弱いプラスチック類には注意を要する．

すり合せの器具をつけたまま乾燥させると，はずれなくなるおそれがあるので，必ずばらばらにし，かつ，紛失しないようにする．

NMR 用試料管の乾燥に電熱乾燥器を用いる場合，とくに古い電熱乾燥器だと鉄さびなどの常磁性物質が混入するおそれがあるので，必要以上に長時間乾燥器の中にいれておかないなどの注意をする必要がある．別の乾燥法として，アセトンなどの有機溶媒で洗ったのちに，細くて長いガラス管を用いて減圧下（アスピレーターまたはポンプを使用）に乾燥させるのも一方法である．

特別に水分を嫌う反応操作を行う場合には，反応装置を組み立てたのちに，系を乾燥不活性ガスで置換，ついでポンプによる脱気という操作を何度か繰り返す．

1.2.3 器 具 の 保 管

a. 短期的な器具の保管

数時間後とか翌日実験に使用するなどの短期的に器具を保管する場合には，乾燥棚や電熱乾燥器にゆとりがあればそこに保管しておいてもよい．

実験台の上に置いておく場合には，ほこりなどで汚染されないようにし，また，上から，あるいは下への落下などによる破損に十分に気をつける．具体的には，汚染よけにはフラスコ類にパラフィン紙やアルミニウム箔などをかぶせておく．上からの物の落下による破損に対しては，実験台のまわりを日ごろから整理整頓し，棚などには転倒防止用の桟をつけておく．下への落下などによる破損に対しては，ナス形フラスコ，丸底フラスコなどの不安定な器具は適当な台座にのせたり，クランプなどで柱に固定する．転がらないような工夫がしてあれば，横にして寝かせておいてもよい．

b. 長期間の器具の保管

短期的保管の場合以上に汚染や破損への注意が必要で，ふつうは引出しや戸棚に整理してしまっておく．器具の出し入れや扉の開閉のさいには，ガラスどうしがぶつかりあって破損しないようにていねいに行い，さらに，紙片をガラス類の間に挟んだり，適当な紙や木製の桟をいれておく．

共栓付きの器具や一揃いになった器具セットは，保管しているうちに各部分がばらばらになり紛失してしまうことが多いので，そうならないようにとくに注意をする．また，すり合せ部分には間にパラフィン紙を挟んでおく．

薬品などで変質しやすいゴム類やプラスチック類は，薬品の蒸気などにも気をつける．市販のプラスチックデシケーターに乾燥保存するのも一方法である．

参考文献

[1] 日本化学会 編，“新 実験化学講座 2”，pp.579-583，丸善出版（1975）；“第 4 版 実験化学講座 2”，pp.181-185，丸善出版（1990）．
[2] D. F. Shriver 著, 竹内敬人，三国 均，友田修司 共訳，“不安定化合物操作法”，廣川書店（1972）．
[3] 日本化学会 編，“化学実験の安全指針　第 4 版”，丸善出版（1999）．
[4] 田村正平，分析化学，**21**，1663（1972）．
[5] W. G. Mikell, L. R. Hobss, *J. Chem. Educ.*, **58**, A165（1981）．
[6] 研究所事典編集委員会 編，“研究所事典”，第三編，産業調査会（1985）．

秤　　量

2.1　有機化合物の秤量

実験室規模での秤量とは，反応原料および得られた物質をはかり瓶，はかりビュレットを用いて容積をはかる場合と，てんびんを用いて質量または重量を測定する場合がある．質量をはかる化学てんびん（上皿てんびん）の原理は，基本的には腕とよばれる剛体と支点から構成され，試料と質量既知の分銅をそれぞれ腕の両側にかけ両側の力のモーメントが等しくなる点を決定して試料の質量を求める．また手動式化学てんびんと比較して，測定時間が短縮化でき操作の簡便な直示てんびんが，ほとんどの実験室で常備されている．直示てんびんの原理は，最初から腕の両側の力のモーメントが等しくなるように両側にそれぞれ固定分銅と加除可能な分銅をかけて調節しておき，試料を加除可能な分銅側にのせたとき，余分に加わった力のモーメントを，分銅を除いて両側のモーメントを等しくすることによって質量を測定するもので，除いた分銅の数値を直読する．化学てんびん，直示てんびんに関する詳細な解説にはすぐれた成書[1] がある．直示てんびんが普及したとはいえ，化学てんびんのもつ重要性は従来と変わらない．その理由は，このてんびんで補正された分銅を用いて直示てんびんの精度を検討するからである．その他の秤量手段として実験目的に応じて，熱てんびん，ガスてんびんなどがある．日常の操作では質量（以下，重量と記す）測定が一般的なので，ここではてんびんを用いた液体および固体の重量測定法について述べる．物質の重量を

表 2.1　てんびんの種類と読取り限度

名　称	秤　量	読取り限度	目　的
上皿てんびん	0.1～10 kg	0.1～1 g	試料の粗秤量，予備秤量
直示上皿てんびん	5～20 kg	1 mg～1 g	有機合成薬品の秤量，一般的
直示てんびん	20.0 g	0.1 mg	やや精密な重量測定
標準型精密てんびん	100～500 g	0.1 mg	定量分析など
準微量精密てんびん	50～200 g	0.01 mg	定量分析など
微量精密てんびん	20 g 以下	1 μg	元素分析用試料の測定など

秤量とは，てんびんが安全かつ正確にはかり得る最大重量．

測定するとき，あまり精度を必要としなくてもよい場合とマイクロスケールの合成を行うときのように，かなりの精度で秤量しなければならない場合があり，目的に応じて，てんびんを使い分ける必要が生じる．表 2.1 にてんびんの種類と精度（読取り限度：はかりうる最後の桁の数値）を示す．

表 2.1 に示したように，これまでは精密な重量測定には化学てんびんを使用してきたが，直示てんびんの性能が向上し，読取り限度が分析用微量てんびんに相当する機種も市販されている．以上のてんびんは，手動式かあるいは重量表示が直示といっても投影目盛直読式である．これらのわずらわしさを避けるため，試料を皿の上にのせるだけで重量がデジタル表示される電子てんびんもある．精度はともかく読取り限界が 0.1 mg の機種もある．

2.2　固体の秤量

化学てんびん，直示てんびんで秤量するときは，必ず秤量瓶などの秤量容器を用いて行うように心がける．試料が少量で測定終了後に試料を他の容器に移すとき，損失が大きいと思われる場合にはその容器の重量がてんびんの秤量範囲内ならば，直接容器に入れて秤量する．

電子てんびんを用いるとき，固体試料が特殊なもの（たとえば，昇華性など）以外は，実際的には薬包紙，沪紙，ビーカーなどを用いて測定することが多い．

2.2.1　揮発性物質の秤量

揮発性があまり大きくない固体試料では，密閉性のよい容器，たとえば秤量瓶，すり合せのよい共栓付き三角フラスコなどで測定するのが原則である．揮発性の大きな試料ではアンプル中に封入して測定するか，あるいはよく乾燥した，一端を溶融して閉じたガラス管に入れてから他端を密封して測定する．

2.2.2　吸湿性物質の秤量

密閉容器で測定するのは当然であり，測定には迅速性が要求される．吸湿性の程度の違いにより測定容器を考慮しなければならないが，結晶水定量，結晶溶媒定量のような微量分析操作と異なり，日常の合成実験で使用する有機薬品は極端に吸湿性の大きな化合物は少ない．したがって，電子てんびん上ですり合せの程度がよい密閉容器中で手早く測定すればよい．とくに吸湿性の大きい化合物の場合にはドライボックスの中で，電子てんびんで測定するとよい．

2.2.3　不安定物質の秤量

不安定性化合物に対して不安定要因となっている条件には酸化，湿度および温度などがある．ここでは酸化および湿度に対して不安定な化合物に限る．原理的には，乾燥した窒素やアルゴンのような不活性気体雰囲気中で秤量すれば通常の化合物と同じように取り扱うことができる．実際に秤量する場合，ドライボックス（またはグローブボックス）中に電子てんびんを入れて測定するのが最適である．気密性のよい箱の中に乾燥剤（五酸化リン，シリカゲル，酸化バリウムなど）を入れ，除湿下で秤量するだけでもかなり条件は改善される．ともあれ，この種の化合物では秤量することよりも，それ以前に化合物の取扱い方に熟練を要する．取扱い方については成書[2)] を参照されたい．

2.3　液体の秤量

液体の秤量には有機化合物の必要量を秤量，分取する場合と一定体積の液体の質量を秤量する場合とがある．必要量の液体を秤量するとき，固体に比べて揮発性が大きく，また吸湿性が大きいことがあるので密閉容器で秤量する．実際的には共栓付き三角フラスコか，毛管付きの蓋がついたガラス容器で秤量する．

2.3.1　密度，比重の測定

密度とは単位体積あたりの質量で，記号 ρ，単位 $kg\ m^{-3}$ で示されるが，日常的には $g\ cm^{-3}$ で表すことが多い．比重 d は相対密度であり，物質の質量とこれと同体積の基準物質の質量との比で表される．物質の体積は温度の関数で，温度によって変化するので比重も温度によって変化する．したがって，比重には温度も同時に付記する．液体の比重を表すとき，1 atm（101 325 Pa）下の純水を基準物質とし，その密度が最大値（$0.999\ 97\ g\ cm^{-3}$）を示す温度（4 ℃）を基準とする．これは密度と比重の数値をほぼ同じにするためである．物質の測定温度 t ℃とすると，比重 d は d_4^t のように示す．実験目的により物質の比重測定温度はさまざまなので，そのときには基準物質および物質の測定温度をそれぞれ t，t'として明記すればよい．

a.　比重計による測定

少量の液体試料，または高い精度が要求される比重の測定には比重計（ピクノメーター）を使用する．密度または比重をはかるために一定体積の液体をはかり取ることによって比重を測定する．実験目的に応じてさまざまな容器が工夫されている．代表的な容器を図 2.1 に示す．

（i）**オストワルド（Ostwald）比重計**　原理的には両端に目盛線が刻まれた，ガラス製の液だめをもった U 字管で，これに一定体積の液体を満たし，てんびんに針金で吊して重量をはかり，密度を求める．測定に必要な液体量は通常 1～5 mL で，これは液だめの容量によって加減できるので，実験目的によって選択すればよい．オストワルド比重計の標準型は図 2.1(a) であるが，図(b) や(c) のような変形オストワルド比重計もある．

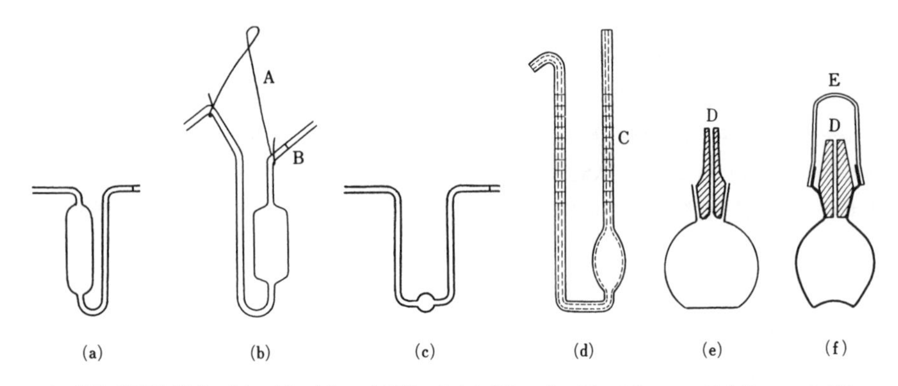

A：吊下げ秤量用針金，(a)，(c)，(d) でも同様に針金を巻きつけて吊り下げる，B：目盛線，C：目盛線（1 mm 刻みで 6〜8 cm)，D：中栓，E：外栓．

図 2.1　比重計と比重瓶
(a)　オストワルド比重計　(b),(c)　変形オストワルド比重計　(d)　リプキン-デビソン比重計
(e),(f)　比重瓶
((b) (d) (f)：日本化学会 編，“第 4 版 実験化学講座 1”，p.69，丸善出版（1991))

【測定手順】　まず比重計の空の重量を測定する．これには内部を乾燥した比重計を一定の温度平衡に達するまで（約 10 分程度）定温槽に浸したのち引き上げ，外部を乾いた布，または沪紙などでふきとり，吊下げ用針金によっててんびんにかけ重量を秤量する．この重量を W_0 とする．次に比重計に液体を満たす．目盛線のある方の口にゴム管をつけ，もう一方の口を蒸留水につけて静かに吸い込む．蒸留水は目盛線より多めに吸い込み，定温槽に入れ一定温度になったら引き上げ，外部をふきとる．目盛線のない口の方に沪紙をかるくあてると，蒸留水が吸われて徐々に水面が目盛線に近づく．水面が目盛線上になるまで続ける．この点で蒸留水の重量を秤量する．この重量を W_W とする．以上の操作から比重計の目盛線までの体積 V は，$V=(W_W-W_0)/d_W$ で求められる．d_W は測定温度における水の密度である．

この d_W は表 2.2 によって求めればよい．目盛線までの体積 V をあらかじめ決めておけば試料の比重測定の短縮化をはかることができる．試料についても水と同じように上記操作を繰り返す．試料を満たしたときの重量を W とすると，試料溶液の比重 d は $d=(W-W_0)/V=[(W-W_0)d_W]/(W_W-W_0)$ によってそのおおよその値が求まる．より精密な値を求めるには水の体積に相当する空気の浮力の補正を W_0 にしなければならない．空気の密度は常温常圧下で 0.0012 g cm^{-3} であるので上式の W_0 に $W_0-[0.0012(W_W-W_0)/d_W]$ を代入すれば空気の浮力を補正した精密な比重 d が求まる．

(ii)　リプキン-デビソン比重計　　構造はオストワルド型とほとんど同じである．試料の体積を測定する場合，両側の側管に目盛線があり，それぞれの目盛線で液面を読み取る．

液量の読みが容易で，かなり正確に読み取れる．目盛の読みは拡大鏡で1目盛の10分の1まで読み取ることが可能である．比重の測定手順はオストワルド比重計の場合と同じである．

b.　比重瓶による測定

比重瓶は図2.1 (e)，(f) に示した形のものが一般的である．(e) はゲイ-リュサック (Gay-Lussac) 比重瓶とよばれ，比重瓶の原形である．いずれも毛管付きのすり合せの中栓をもつ．比重瓶の体積は毛管の上端までであり，試料溶液を毛管からあふれ出るまでいっぱいに満たし，一定の温度平衡に達した条件下で重量を測定する．測定手順はオストワイド比重計の場合と同じである．

2.4　気体の秤量

前節の固体および液体の秤量とは異なり気体を秤量する場合，実験的にはガスだめに気体を導入しその気体の占める容積，そのときの温度および圧力から計算により求めて定量するのが一般的である．

2.4.1　一定量の気体の採取法

一定量の気体を採取する場合，(1) 分析などを目的とした比較的小容量の一定量の気体を採取する．(2) 反応および速度論などの実験を行うために一定量の気体を採取，貯蔵または捕集する場合がある．(1) の場合，一般的に気体の成分分析などの目的で採取することが多く，図2.2(a) に示すような気密性のよい気体採取管を用いる．図(b)～(d) に示す装置もある．いずれにせよ気体採取時には容器内部を真空にしておかなければならない．

図(b) の装置では気体の封液面の移動により採取気体を取り出す．封液としては取扱いが

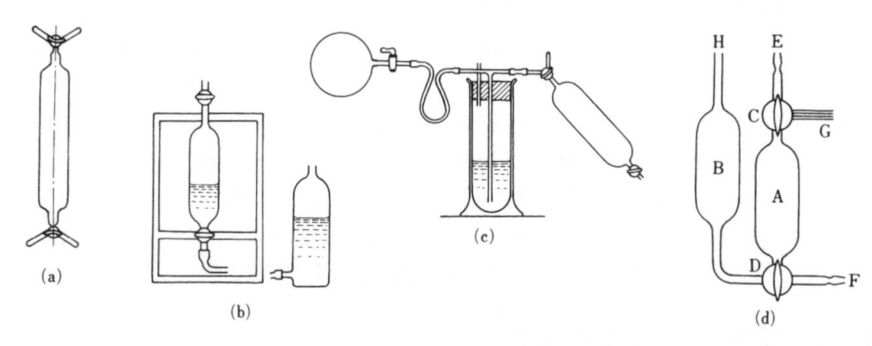

図2.2　気体試料採取装置
（日本化学会 編，“実験化学講座2”，p.46，丸善出版（1956））

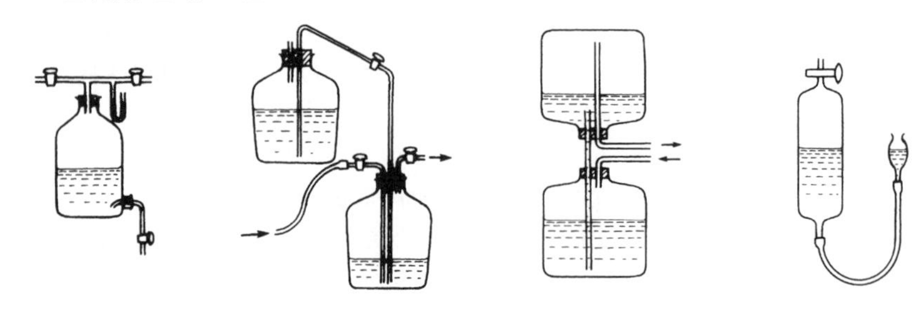

図 2.3　気体の捕集，貯蔵装置
（日本化学会 編，“新 実験化学講座 1”，p.570，丸善出版（1975）；末廣唯史ほか 編，“現代の有機化学実験”，p.168，技報堂出版（1982））

簡単なところから水がよく用いられる．気体の種類によっては水に溶解しやすいものがあり，この場合水の代わりに煮沸，脱気した飽和塩化ナトリウム水溶液，流動パラフィンを用いる．図(d) は静止ガスと流通ガスの一定量が採取できる．静止気体は GCADBH で，流通気体は ECADF 経路で採取する．

(2) の場合，基本的には液体を満たした容器に採取気体を導入し，液体を気体で置換してその容積をはかる．このときも (1) で述べたように液体の種類は気体の液体に対する溶解度を考慮して選択すべきである．一般的な採取，貯蔵装置を図 2.3 に示す．これらの装置は大量の気体の採取には便利である．

精確な気体容量の測定には図 1.1(7) に示したガスビュレットを用いる．

2.4.2　流量計の使い方

前項での気体の一定量の採取法はいわば閉鎖系での一定量の採取法である．一方，動的な状況下で気体容積を定量する，すなわち一定時間内に流れる気体の容積を測定する必要が生じた場合のために，さまざまな流量計が考案されている．もっとも簡便で正確なのは石けん膜流量計である（図 2.4）．これは石けん膜の移動する速さで気体流量を測定する．A に石けん液を入れたゴム袋 B を付け，このスポイトをかるく 2，3 回押し，目盛付きシリンダー C の位置 D 付近に石けん膜をつくる．E より流入した気体とともに膜はシリンダー上部に移動する．目盛間の膜の移動時間をはかれば気体の流量を測定することができる．

なお流量計として，従来は毛管流量計や石けん膜流量計などの手動で計測する機器が一般的であったが，現在は気体流路に小型流量センサを取り付けたデジタル流量計が主流となっている．測定したい気体に応じた，小型で高性能な機種が多数市販されている．

2.4.3　反応で発生する気体の定量

反応中に発生した気体の捕集，その容積定量には気体の発生量に応じて 2.4.1 項で述べた

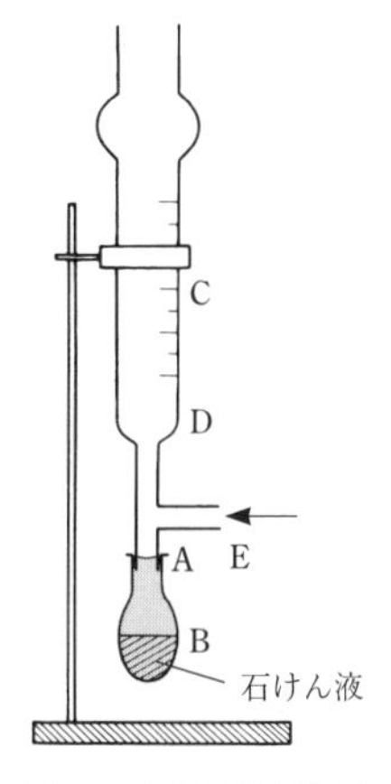

図 2.4　石けん膜流量計

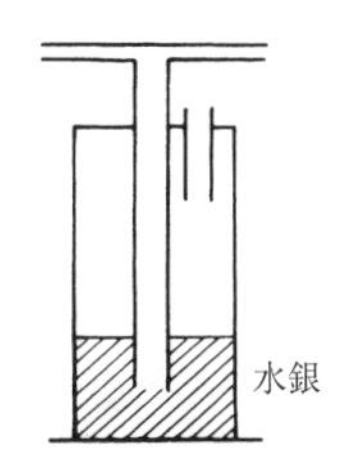

図 2.5　安全弁

気体捕集装置を用いるか，またはこれらを適当に組み合わせて利用する．ここでの操作が 2.4.1 項での操作と異なる点は，反応系に捕集装置を直接に接続するため，反応中に急激な力の上昇が起こり危険が生ずる場合があることである．これを防止するために図 2.5 に示す安全弁を中間に入れるとよい．

反応で発生した気体の成分の定量には，従来から有機化学の分野で行われてきたガス分析法として，(1) それぞれの気体に特有の選択性をもつ吸収剤と反応，吸収させたのち，残存する気体の容積から各成分の量を知る方法（定量ガス分析法），(2) 気体と試薬を反応させたのち，滴定により反応したガス量を知る方法（間接ガス分析法）などがある．以上の化学的方法は実験者の実験技術の修得度により差が出る．一方，気体の物理的性質を利用した物理的ガス分析法，たとえばそれぞれの気体に特有の吸収剤を用いてその吸収熱を測定する方法や，その溶液の電気伝導度を測定して成分ガスの定量を行う方法がある．以上述べた化学的，物理的方法では測定に要する時間が長く，操作上わずらわしい点が多い．現在，ほとんどの実験室に常備されているといっても過言ではないガスクロマトグラフによる分析法は前述の方法の欠点が除かれ微量試料の分析，定量も可能である．ここでガスクロマトグラフによる気体成分の定量分析法の概略について述べる．詳細についてはすぐれた成書があるので参照されたい．図 2.6 にガスクロマトグラフの基本的部分を示す．

基本的にはキャリヤーガス流量調節バルブ，恒温槽，試料導入系，カラム，検出器，増幅器および記録計から構成されている．ボンベから供給されたキャリヤーガスは恒温槽の設定温度下で一定の流量値を示すように流量調節バルブで調節され，検出器の補償側を流れて試料導入系に入る．ここで試料が注入されキャリヤーガスとともにカラムに入り，各成分に分離されて検出器を通過して放出される．検出器からの電気的信号を増幅器を通して記録計で記録するとクロマトグラムが得られる．つまり，ガスクロマトグラフィーは試料の気体-固

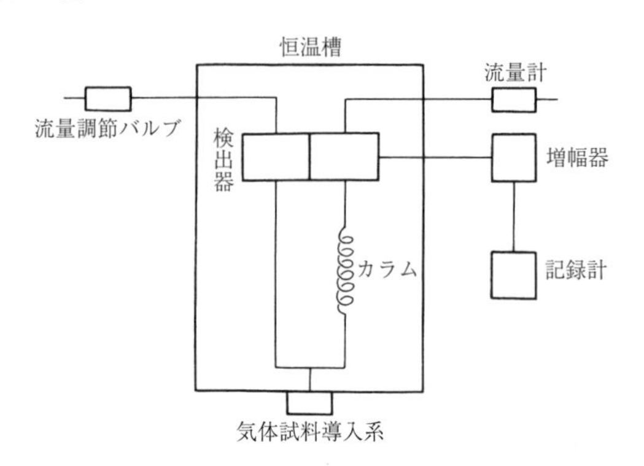

図 2.6　ガスクロマトグラフ概略図

体吸着平衡や気体-液体分配平衡の差を利用する分離法で，移動相として気体，固定相として固体または液体を用いる．移動相として気体を用いるために両相間での平衡に達する時間が速く，このため分析時間が短縮される．検出器には大別して 2 種類ある．一つは熱伝導度検出器（thermal conductivity detector：TCD），他方は水素炎イオン化検出器（flame ionization detector：FID）である．FID の検出方法はキャリヤーガスとともに流れる物質を水素炎中で燃焼させ，生じたイオン量を高圧電極間の電流増加量として検出する．したがって，低級炭化水素のような可燃性気体の分析には使用できるが，気体には不燃性のものも多いため気体の分析では一般的でない．TCD の場合，物質とキャリヤーガス混合気体の熱伝導度とキャリヤーガスのみの熱伝導度との差を金属フィラメントやサーミスターの電気抵抗の変化量として検出するため，キャリヤーガス以外をすべて検出できるので，気体の分析には適している．感度は TCD で数 mg～数 μg，FID で 1 mg～数 ng 程度である．表 2.3 に FID で検出されない物質を示す．

ヘリウムは他の化合物に比較して大きな熱伝導度をもつので TCD 用キャリヤーガスとして用いられる．気体試料の導入には付属品としての試料導入系が必要で，気体計量管にキャリヤーガスを導入してカラムに送り込む．得られたガスクロマトグラム上のおのおののピークは各成分に対応し，ピーク面積は成分量に比例する．図 2.7 にガスクロマトグラムの用語の定義を簡単に示す．

ピークの形は左右対称が理想的であるが，キャリヤーガス流速，恒温槽の温度制御などの良否がピークの形に微妙に反映する．分離能やピークの形にもっとも大きな影響を与えるのがカラムの選択であるが，その種類，固定相液体および作製法の詳しいことは 3.5.3 項を参照されたい．カラムには充填カラム（パックドカラム）とキャピラリーカラムがあるが，気体の分析，定量には充填カラムが多用されている．表 2.4 に気体の分離に用いられるおもな吸着剤および固定相液体の種類と分離化合物を示す．

各成分の定量法はピークの面積を測定すればよい．その方法として，(1) 絶対検量線法，(2) 面積百分率法，(3) 補正面積百分率法，(4) 内標準法，(5) 被検成分追加法などがある．詳細は“JIS K 0114：2012（ガスクロマトグラフィー通則）”を参照されたい．実験室で手軽に行える方法としてピークを直接またはコピーして切り抜き，その重量を測定する方法と，ピークがガウス（Gauss）分布している場合，ピークの高さと半値幅の積から求める半値幅法がある．検出器の出力をデジタルインテグレーターによって積算する装置も市販されており，いっそう分析時間が短縮された．

表 2.3　FID で検出されない物質

He，Ne，Ar，Kr，Xe，N_2，O_2，CO，CO_2，H_2O，HCN，H_2S，COS，CS_2，SO_2，SO_3，NO，NO_2，N_2O，N_2O_3，NH_3，CCl_4，CFC，CH_3SiCl_3，$SiCl_4$，$SiHCl_3$，SiF_4，HCHO，HCO_2H

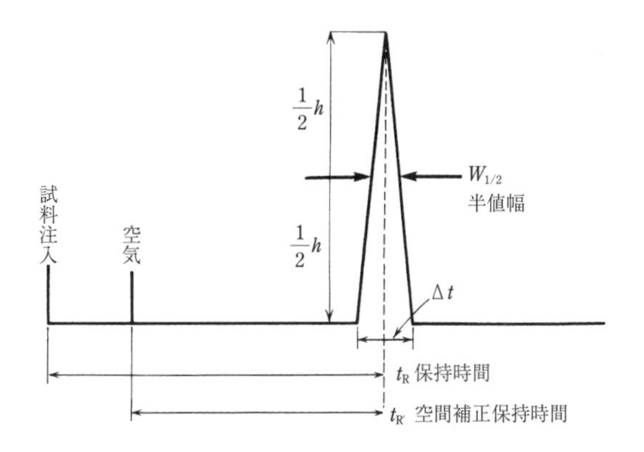

図 2.7　ガスクロマトグラムの基本的な用語

表 2.4　吸着剤と固定相液体の種類と分離化合物

種　類	分離化合物
モレキュラーシーブ 5A	不活性ガス，H_2，O_2，N_2，NO，CH_4，CO
活性炭，シリカゲル	H_2，O_2+N_2，CO+NO，CH_4，CO_2，N_2O
DMSO	C_2H_2，C_2H_4，C_2H_6
炭酸プロピレン	CO_2，N_2O，O_2
ベンジルセロソルブ	H_2S，SO_2，CO_2，H_2O
THEED-テトラエチレン	NH_3，メチルアミン，空気
ペンタミン 15% クワドール-5% KOH	
フタル酸エステル，シリカゲル，アルミナ，炭酸プロピレン	脂肪族炭化水素（C_1～C_5）
ジメチルホルムアミド	脂肪族炭化水素（C_1～C_5）

DMSO：ジメチルスルホキシド，THEED：テトラ(ヒドロキシメチル)エチレンジアミン．

このほかの気体成分の分析，定量法としてガスクロマトグラフと質量分析計を直結した，いわゆる GC-MS がある．

文　献

1)　日本化学会 編，“新 実験化学講座 1”，p.65，丸善出版（1975）；“第 5 版 実験化学講座 1”，p.124，丸善出版（2003）．
2)　D. F. Shriver 著，竹内敬人，三国 均，友田修司 共訳，“不安定化合物操作法”，廣川書店（1972）．

参考文献

[1]　化学実験操作法便覧編集委員会 編，“化学実験操作法便覧”，誠文堂新光社（1960）．

Chapter 3

純度と純度検定

有機合成においては，用いる薬品，溶媒，触媒などがしばしば結果に重大な影響を及ぼす．また，生成物の精製操作の過程での純度検定や，単離，精製後の化合物の物性測定にさいしての純度の確認は重要な操作である．

有機化合物の純度検定手段は，精製度の上昇とともに一定値に近づく，測定の容易な物性値を測定することで行われてきた．すなわち，固体では融点，液体では屈折率が純度を判定する目安として用いられる．現在では種々の機器分析手段，とくにクロマトグラフィー，NMR などにより組成分析や純度検定を行うことができるが，融点や屈折率測定は手軽でもあり，既知物質の場合には同定法としても有力な手段である．

なお，物質の純度は，目的に応じて考慮すべきものであり，通常の有機合成における新規生成物の純度確認は，元素分析結果が許容誤差範囲内（分子式からの計算値との誤差 ±0.3% 以内）にあることで確認され，その純度はほぼ 99.9% が保証される．合成したものの用途目的によってはさらに高純度に精製する必要がある．市販の試薬，溶媒の場合は，分析用標準試薬などでは 99.99% 以上の純度が保証されるものがある一方，化合物名で記載されている物質でありながら，はじめから混合物（多くの場合は同族体混合物）であるもの，貯蔵安定性を高めるために異種物質を安定剤として加えているものがあるので注意を要する．

3.1 融　点

融点は大気圧の変動程度の圧力変化ではほとんど変化しない物性値であるため，結晶性有機化合物の純度検定や同定に古くから用いられてきた．純度の低い固体では融点降下と固体内の組成変動のために融解開始から終了までの温度幅（融点幅）が大きく，かつ融解温度そのものが純物質に比べて低い．純度が高くなるとともに融点が高くなり，融点幅が狭くなる（1～2 ℃ min^{-1} の昇温速度で温度を上げていくと，純物質であれば融点幅は 0.5～1 ℃ の範囲になる）．このことを利用して精製の進み具合を調べ，精製操作によって融点に変化がみられなくなったときをもって純物質になったとの判定ができる．また，既知物質であれば，既知融点との比較ならびに既知物質とよく混ぜ合わせて融点を測定する混融試験により融点降下がないことで同定することができる．

3.1.1 融点測定

a. ガラスキャピラリー法

薄肉の径 10 mm 前後のガラス管を引き伸ばし，外径 1～1.5 mm のキャピラリー（毛管）とし，長さ 6～7 cm に切り[*1]，一端を溶封する．そのさい，端が厚くなりすぎたり，ガラス玉様になったりしないように，できるだけ小さい炎にし，また，管内に水蒸気が入らないように，キャピラリーをバーナーにほぼ直角に近いかたちで青炎に近づけて溶封する（図 3.1）．薄肉のガラス管がないときには，よく洗った試験管を用いるとよい．長さ 15 cm 前後の普通の試験管から 50 本以上のキャピラリーをつくることができる．

キャピラリーに，素焼き板などの上でよくすりつぶした測定試料を 2～3 mm 程度入れ，図 3.2 のような加熱浴に入れて加熱する．試料の部分が温度計の水銀だめの部分に密着するように置く．予想される融点より 10～15 ℃ 低い温度までは比較的速く（測定時間短縮のため），それ以後は 1～2 ℃ min^{-1} 程度の速さでゆっくり昇温し，融け始めてから完全に融け終わるまでの温度を記録する．

通常は T_A 1 本のみの温度計を用いて測定し，未補正の融点を記載することが多いが，温度計は，全温度範囲が同一温度の浴に浸っているときに正しい温度を表示するように検定されているので，このような融点測定浴では 200 ℃ の融点で約 2 ℃ 程度の誤差を示す．したがって，正しい融点を測定するためには 2 本目の温度計 T_B をその水銀だめが T_A の目盛の中間くらいに位置するように置き，次式により測定温度の補正を行い，補正融点とする．

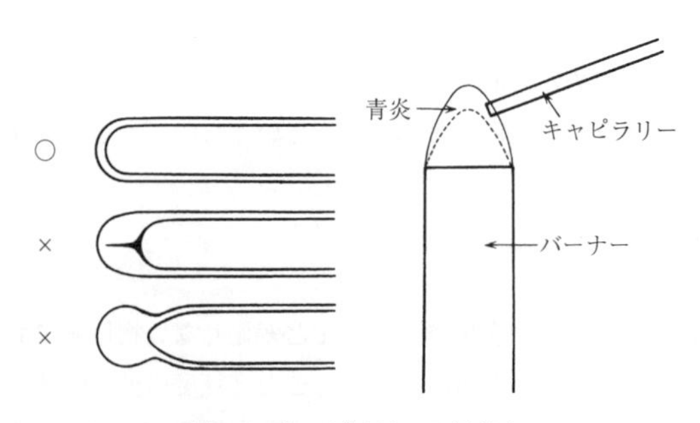

図 3.1　キャピラリーの封じ方

*1　アンプルカットを用いると切りやすい．目立てやすりを用いるときはキャピラリーをつぶさないように軽く傷をつける．

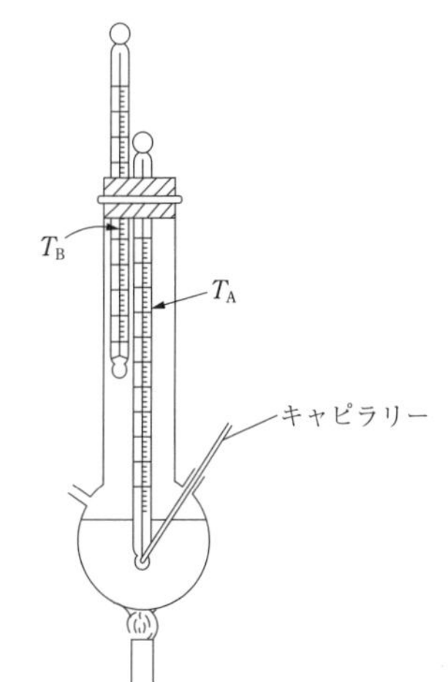

図 3.2　ガラスキャピラリー法

$$補正融点\ [℃] = 0.000\,154N(t_A - t_B) + t_A$$

ここで，t_A，t_Bはそれぞれ温度計 T_A，T_B の指示温度，Nは加熱浴液面から T_B の水銀だめまでの T_A の温度目盛換算度数である．

用いる加熱浴は一般には濃硫酸を用いるが，危険が大きいのでシリコーン油を用いることがある．しかし，シリコーン油は粘度が高いために対流が十分でなく，強制攪拌するほうがよく，電気加熱方式の測定装置が市販されている．いずれの場合も測定温度範囲は 250 ℃までである．濃硫酸に硫酸カリウムを加えたもの（約 40%）は 350 ℃ くらいまで加熱可能であるが，冷却すると硫酸水素カリウムが析出，固化するので，測定後は温度計を液面より上に引き上げておく．それ以上高温が必要なときには，硝酸ナトリウムと硝酸カリウムの等量混合物からなる塩浴を用いるか，後述する加熱ブロックやホットプレートを用いる．塩浴の場合は融点フラスコは丸底のものを用い，温度計は測定後すぐに引き上げておく．

電気加熱による加熱ブロックを用いて同時にキャピラリーに詰めた試料 3 本の融点を測定できる装置も市販されている（図 3.3）．混融試験を行うのに便利である．加熱速度はスライダックまたは可変抵抗の調節で行う．組込みの加熱調節装置の目盛は任意目盛であるので，各目盛に固定して加熱したときの昇温曲線（時間-温度曲線）を書いておくと便利である（取扱い説明書に添付されている場合もある）．この装置では，温度計の指示は温度計全体が同一温度におかれていないこと，加熱ブロック温度と試料温度に若干の差があることなどから，試料温度を正確に表しているとは限らないので，融点標準試料（表 3.1）を用いて補正曲線を書いておくことが望ましい．しかし，一般には上記二つの事柄は互いに相殺し合ってそれほど大きな誤差とはならない．

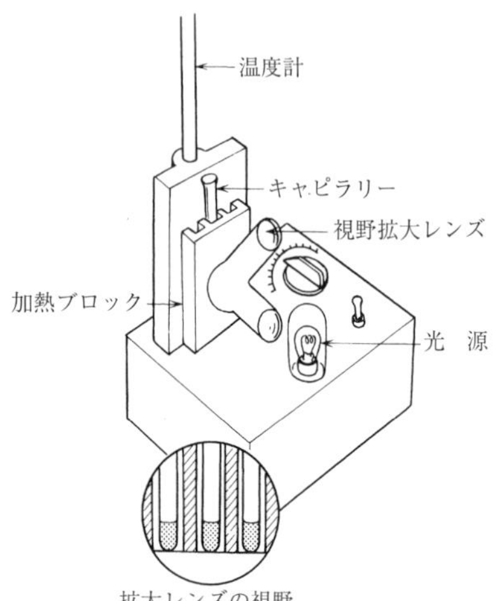

図 3.3　加熱ブロックを用いた融点測定装置

表 3.1　融点測定用標準化合物の例

化　合　物	融　点 [℃]	化　合　物	融　点 [℃]
アゾベンゼン	68.5	ジシアンジアミド	207
フェナントレン	103.0	ジフェニル尿素	240.0
アセトアニリド	114.2	フェノールフタレイン	262
尿　素	132.6	イソニコチン酸	317.0
サリチル酸	159.0	アクリドン	354.0
コハク酸	185		

空気中で酸化されやすい物質や湿気を吸いやすい物質などの融点を測定するためには，試料管を真空下で溶封して測定する．すみやかにキャピラリーに試料を詰めたのち，適当なアダプターを介してキャピラリーを真空系に接続し，内部を真空にする．そのさい，底部に詰めた試料が飛び出さないようにゆっくりと真空度を上げる．底から 1.5 cm くらいのところをミクロバーナーを用いてキャピラリーを切らないように溶封する．必要なら溶封する前に真空下で試料を加熱乾燥してもよい．底から 1.5 cm くらいのところとは，空洞部全体が加熱浴中に浸るようにするためであり，ラスト（Rast）法による分子量測定（ショウノウの融点降下による分子量測定）にさいしてはこのことが重要となる．昇華性のない試料ではもっと上のほうを溶封しても差し支えない．

b.　顕微鏡法（微量融点測定法）

Kofler の顕微鏡を用いる微量融点測定装置が種々の工夫をこらして市販されている（図 3.4）．ホットプレート上に顕微鏡観察用のカバーガラスを置き，その上に微量の試料をのせて顕微鏡下で融点を測定するものであり，試料部分に上方から光を当てられるようにしたも

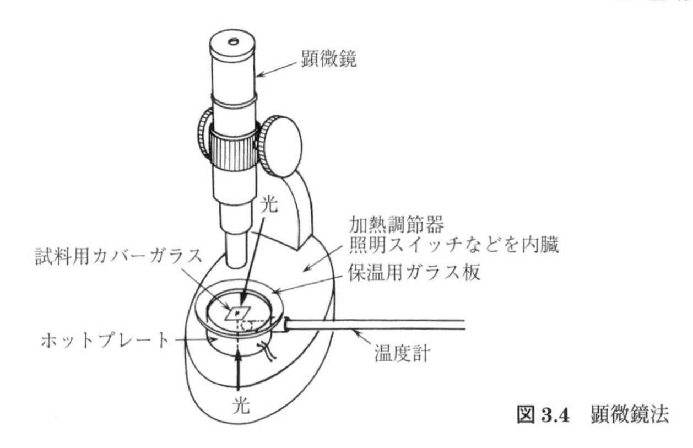

図 3.4　顕微鏡法

の，さらにはホットプレートの中心に小さい孔をあけて下方からも光を当てられるようにしたものなどがある．これは次のような長所と短所を有している．

長　所：(1)　試料量がきわめて微量ですむ．

(2)　試料の結晶形が観察でき，また加熱中の結晶形の変化，結晶水などの脱離，昇華，分解などの様子が観察できる．

短　所：(1)　一般に高めの融点を与えるので，融点標準試料を用いて補正曲線を書いておく必要がある．

(2)　混融試験には不適当である．

(3)　潮解性のある物質や酸化しやすい物質の融点測定はできない．ただし，ガラスキャピラリーに溶封した試料を直接ホットプレート上に置けば測定可能であるが，加熱浴を用いる場合に比べて不正確な値を与える．

c.　その他の融点測定法

示差熱分析（differential thermal analysis：DTA）計，示差走査熱量計（differential scanning calorimeter：DSC）などを用いれば，当然融点を測定することができる．結晶変態，結晶溶媒の脱離，分解など種々の熱の出入りを伴う現象をほとんどすべて検知するが，融解現象はきわめてシャープな（温度幅の小さい）大きな吸熱ピークとして観測されるので，容易に判別できる．

自動融点測定装置も市販されているが，融点測定手段としては高価であり，特殊な分野にしか普及していなので，これ以上記述しない．

d.　混融試験

二つの結晶性化合物が同一物質であるか否かのもっとも簡便な測定法が混融試験である．各種の機器分析法が手軽に利用できるようになり，その重要性は相対的に低下したとはいえ，有用な手法であることに変わりはない．試料と対照試料を少量ずつ（ほぼ同量）素焼き板あるいは時計皿の上で押しつぶすようにしてよく混ぜ合わせ，キャピラリーに詰めて，一方または両方の試料と同時に融点測定を行う．図3.2のガラスキャピラリー法を用いて3本同時に測定するためには，1本を温度計にはりつけ（小さい輪ゴムかキャピラリーを浴液で濡らしてつける），他の2本をつのの部分から差し入れ，3本の底の部分が温度計の水銀だめにきちんと接触するようにする．三つとも同じ融点を示せば，二つの物質は同一物質とみなせ，混融物の融点がいずれよりも低ければ二つは異なる物質と判断できる．混融物の融点が両方の中間位の値を示すときは，一方の純度が他方よりもかなり低いと判断でき，そのときは，低い温度から融け始めたものはかなり広い融点幅を示すはずである．

3.2　沸　　点

沸点は大気圧の変動に対して敏感であり，また，減圧下での沸点測定では圧力測定にも誤差が伴い，しかも沸点測定自体が簡単ではないので純度検定に用いられることはない．蒸留により精製するさいに，おおよその沸点を知ることは時に有効である．沸点の推定や蒸留可能か否かの判定をするにさいして，融点測定におけるガラスキャピラリー法を利用することができる．とくに，常温付近で固体であるものの沸点判定に有効である．融点測定の場合よりも長めのキャピラリーを用い，少量の試料を入れて加熱融解し，さらに加熱していくとキャピラリー壁で蒸気が冷却され還流するのが観測されれば，その温度付近に沸点があると推定できる．キャピラリーを真空下で溶封しておくと，同様の操作で真空蒸留時の沸点が推定できる．ただし，この場合の溶封位置は融点測定の場合とは異なり，口に近い方で封じる．

3.3　屈　折　率

光は均質な媒質中では直進する．媒質1から媒質2に光が進むとき，その境界面に直角に入射すれば直進するが，図3.5のように法線となす角 i で入射すると境界面で進行方向が変化する．媒質2へ進入する光の法線となす角 r を屈折角という．媒質1と2の屈折率を n_1 と n_2 と定義すると以下の関係が成立する．

$$\frac{n_2}{n_1}=\frac{\sin i}{\sin r}$$

n_2/n_1 は媒質1に対する媒質2の相対的屈折率であるが，媒質1を空気として媒質2の空気に対する相対的屈折率を n と定義すると次式となる．

$$n=\frac{\sin i}{\sin r}$$

一般に有機化学で用いられる屈折率は空気に対する相対的屈折率をいう．

固体有機化合物の同定，純度検定の指標としての物性値が融点であるのに対し，液体では屈折率が用いられる．精製操作を繰り返し，一定の屈折率になったときに純粋になったとの

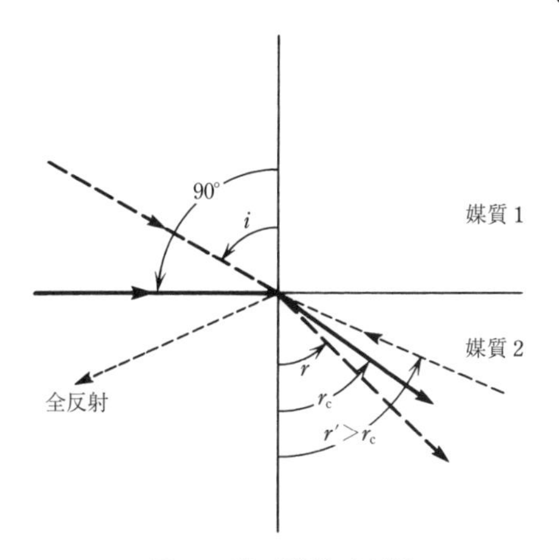

図 3.5　光の屈折と全反射

一応の目安となる．有機物の屈折率はその構成元素と構造に依存し，ローレンツ-ローレンス（Lorentz-Lorenz）のモル屈折 R，

$$R = \frac{n^2-1}{n^2+1}\frac{M}{d} \qquad (\text{ここで，} M \text{ は分子量，} d \text{ は密度})$$

が構成原子に固有の原子屈折と関係づけられ，屈折率から有機化合物の構造研究が行われたが，現在では構造決定のための役割は他の分光分析などにとってかわられている．しかし，液体の純度や混合物の組成の指標としては，測定が容易なことから有用なものである．

3.3.1　屈折率の測定

a.　アッベ屈折計

屈折率の測定は臨界角を利用して行われる．図 3.5 で入射角 i が 90°のときに屈折角 r は最大となり，そのときの屈折角を臨界角 r_c という．光が逆に媒質 2 から 1 に入るとすると，この臨界角より大きな角度で入射する光は媒質 1 へは入らず境界面で全反射されるので，媒質 1 の側からみたときの視野は入射光の入射角が臨界角より大きいか小さいかで明るくなったり暗くなったりする．アッベ（Abbe）屈折計は下方のプリズムの上面はすりガラス，上方のプリズムの下面は平滑な，二つの直角プリズムの間に液体試料をはさみ，下方から光を入射し，試料に散乱光が入射されるようにして，望遠鏡の視野に明暗の境界が観察できるようにしたものである（図 3.6）．屈折率は光の波長によって異なり，したがって臨界角も異なるので光の波長を決めて測定する必要がある．通常はナトリウム D 線（589.3nm）の屈折率 n_D で表示する．アッベ屈折計はアミチプリズム[*2]が組み込まれているので，白色光を用いたとき分散による境界線がぼやけるのを防ぐとともに，D 線の光だけは偏角を与えずまっすぐ通すようにつくられており，白色光を用いても n_D が求められる．

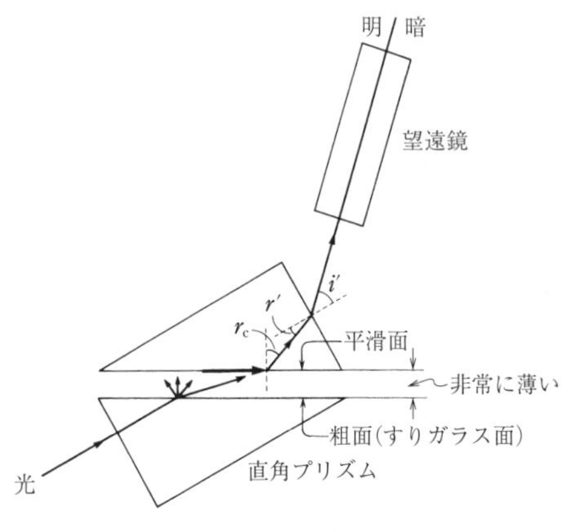

図 3.6　アッベの屈折計の原理

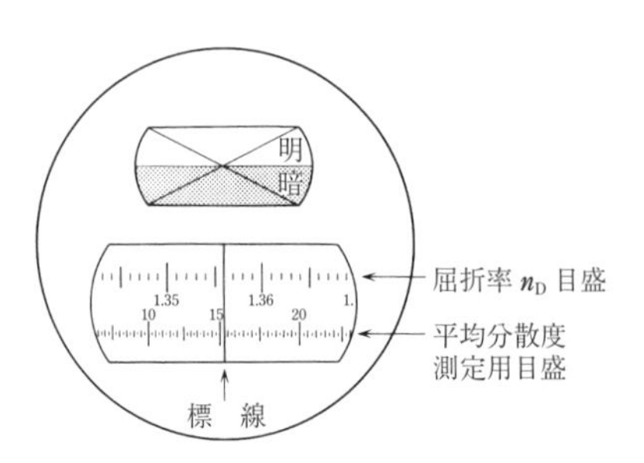

図 3.7　アッベ屈折計の望遠鏡視野の一例
アミチプリズムを調整し，明暗の境界をはっきりさせ，屈折率目盛調整つまみで境界を十字線の交点に合わせる．

有機液体の屈折率は温度の上昇とともに常に減少し，$\mathrm{d}n/\mathrm{d}t$ は一般に $(-3.5\sim5.5)\times10^{-4}\,\mathrm{deg}^{-1}$ の間にあり，二硫化炭素のように $-8\times10^{-4}\,\mathrm{deg}^{-1}$ と例外的に小さなものもある．したがって，有機液体の測定では温度を±0.1 ℃ 以内に制御する必要があるが，アッベ屈折計ではプリズムのまわりに恒温水が循環できるようになっている．

測定は，プリズムの間に試料液体を 1 滴はさみ，屈折率目盛調節つまみ（つまみ 1）を回して明暗が見えそうな位置に合わせ，アミチプリズム調節つまみ（つまみ 2）を回して明暗の境界をはっきりさせ，再びつまみ 1 でその境界線が十字線の交点にくるようにする（図 3.7）．そのときの標線上の値が求める屈折率である．測定後は，プリズム面をクロロホルム，アセトン，エタノールなどの揮発性溶媒を脱脂綿につけたものでよくぬぐい，きれいにしておく．揮発性の高い液体の場合は試料が揮発し測定しにくいことがあるので，温度を下げるか，次項の液浸屈折法を用いる．

b.　液浸法

アッベ屈折計の上方のプリズムを望遠鏡に組み込み，下方のプリズムをなくしたものであり，筒先をビーカーに入れた試料溶液をつけて測定する．望遠鏡視野内に屈折率の目盛があり，明暗の境界線の位置が求める屈折率である．アッベ屈折計と同様にアミチプリズムが内蔵されているので，太陽光や室内光で n_D が求められる．測定範囲は非常に狭く，必要な測定範囲のものを選んで用いる必要がある．溶媒を基準にして溶質の濃度を精確に測定するのに適しており，糖度計，食塩濃度計など，溶質濃度が直接目盛られているものもある．

---

*2（前ページ）　屈折によって波長分散した光の進む方向を，すべてナトリウム D 線の進む方向に補正するように設計されたプリズム．

3.4　元素分析試料の精製

有機・無機合成や天然有機化合物の抽出によって得られる化合物の構造を決定するためには，有機元素分析か高分解能質量分析の結果を必要とする．純粋な化合物からは必ず理論値に合致する精確な結果が得られるものであることを認識し，物質の単離，精製を念入りに行い，高純度の試料をつねに調製しなければならない．

3.4.1　再結晶法による精製

カラムクロマトグラフィーなどによって分離された結晶試料は再結晶法を繰り返すことによって元素分析用試料とすることができる．昇華法を適用する場合もある．再結晶の各段階における純度は，融点測定によって検定する．判定の基準としては，融点幅が狭く，いわゆる“シャープ”な融け方（0.5℃ 以内）を示し，またそれ以上再結晶を重ねても融点上昇が認められなくなった段階をもって純粋と判定する．補助手段として不純物が簡単に検出できる場合は，各種クロマトグラフ法，UV，IR，NMR などのスペクトル法も併用する．不純物のなかにはこれらの方法で検知されない沪紙繊維，実験室のほこり，真空系の操作で混入するグリース類，吸着溶媒および水分があり，スペクトル的には純粋でも，元素分析試料として不純な場合がある．

a.　再結晶溶媒

再結晶溶媒には脱水精製した純度の高いものを用いるべきである．極性，非極性溶媒または混合溶媒で溶解度試験をし，熱時の溶解度が高く冷時溶解度の低い溶媒を選ぶ．同系列化合物の文献記載の溶媒も参考にし，再結晶法を確立しておく．

b.　再結晶上の厳禁事項

実験室で得られる結晶中には元素分析用試料として好ましくない不純物が混入しがちである．先にあげたほかに活性炭，ガラス片，クロマトグラフ用吸着剤（シリカゲルなど），吸着したハロゲン系溶媒（$CHCl_3$ など）などがあり，分析結果を高くしたり低くしたりする．活性炭は元素分析用試料精製にあたって絶対に使用してはならない．活性炭のコロイド状微粉末は沪紙，ガラス沪過管も容易に通過し，生成する結晶中に包含され，炭素の分析値を高める．また沪紙も使用しないほうがよく，少なくとも最終の再結晶の沪過には使用してはならず，代わりに図 3.8 のガラス沪過管を使って吸引沪過，結晶沪別などを行う．

c.　再結晶法による結晶の粒度

元素分析用の結晶粒度はできるだけ均一な微細結晶が望ましい．結晶成長の様子も化合物によって異なるが，一般に再結晶母液を急冷すれば目的物が得られる．母液の温度を徐々に下げながら大きく成長させた結晶は，しばしば再結晶溶媒を取り込み，元素分析結果を狂わせる．減圧下に加熱しても結晶格子中の溶媒を定量的に除去することはできない．このよう

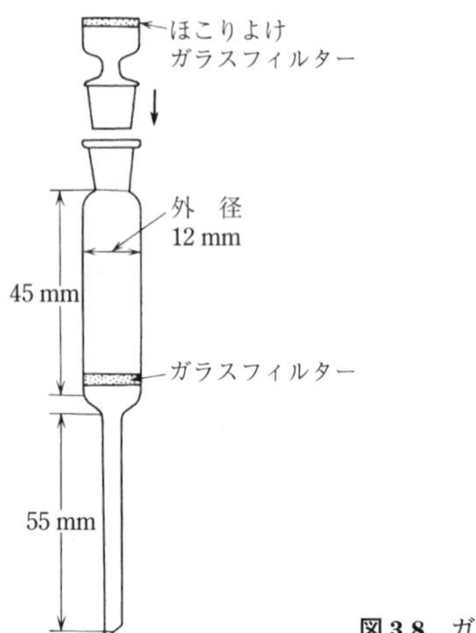

図 3.8　ガラス沪過管

な諸注意を守りながら，再結晶を 3〜5 回行ったのち，減圧下加熱乾燥を行い，結晶表面の吸着溶媒，吸着水を除去乾燥してから元素分析を依頼する．

3.4.2　分析用試料の乾燥

この目的のためには図 3.9 のアブデルハルデン（Abderhalden）型結晶試料乾燥器を使用する．これはバイメタルの温度調節装置を備えた減圧乾燥器で，横型，縦型などがある．乾燥にあたって精製結晶試料 10〜20 mg を試料管（径 8〜10 mm，長さ約 5 cm のガラス管ポリエチレン栓付き，図 3.10(a)）にとり，小薬包紙で口の部分を包み，ピンホールを若干あけ，糸または細い針金で軽く結び，引出し用に少し伸ばし図 3.9 のようにセットする．乾燥剤の五酸化リンはガラスウールで覆う．真空ポンプで 1 mmHg（133.32 Pa）に減圧にし，化合物の融点，分解点，再結晶溶媒などを考慮して常温から 150 ℃ 付近までの任意の温度に設定し加温する（通常 3〜5 時間）．終了後放冷して常温に戻すが，そのさい，外気を予備の塩化カルシウム管を通して乾燥させながら徐々に導入する．急激にコックを開いて結晶を舞い上がらせてはならない．試料管を引き出し，ポリエチレン栓をし，化合物名，融点，精製年月日，氏名などを記入した小ラベルを貼る．光に不安定な化合物は褐色の試料管を使用するか，アルミニウム箔で十分遮光する．酸素に不安定な試料や吸湿性の強いものはドライボックス中で操作するか，ビニル製簡易“窒素テント”中にボンベから乾燥窒素を導入し，この中で操作するとよい．

3.4.3　液体試料の精製法

液体試料が比較的多量にある場合は常圧または減圧蒸留し，前留，後留を十分カットした

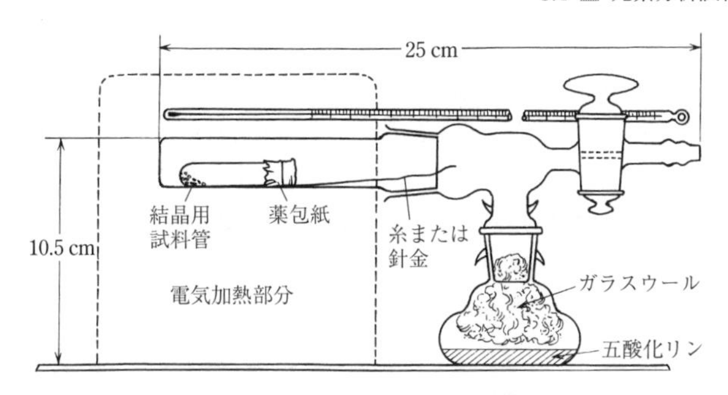

図 3.9　アブデルハルデン型結晶試料乾燥器

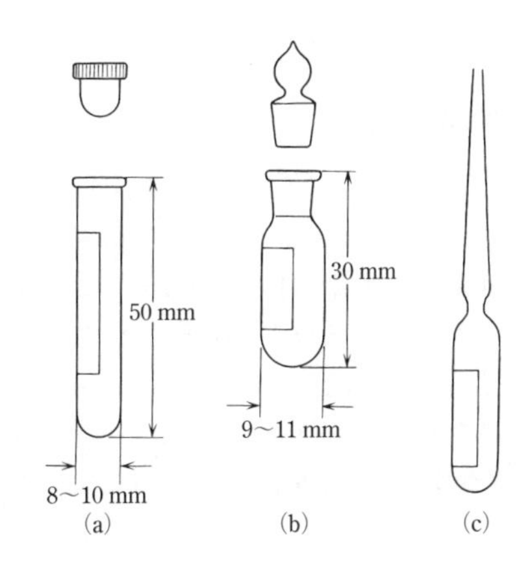

図 3.10　試料管
(a)　結晶用試料管　(b)　液体用試料管　(c)　アンプル（1 mL 用）

中留を試料とする．再蒸留を繰り返し，1℃以内で前回の留分と一致し，屈折率を測定して合致すれば純粋と判定する．試料が少量の場合，初めからミクロ蒸留しても精製が困難なので，カラムクロマトグラフィーで分離精製したのちミクロ蒸留するのも一法である．分取ガスクロマトグラフィーで分離精製した場合，水分の混入することが多いので，乾燥してから元素分析する．精製された液体試料は図 3.10(b) のガラス共栓付き液体用試料管に収める．ポリエチレン栓は液体用試料管には不適当である．揮発性，吸湿性，空気に不安定な液体試料は図 (c) のアンプルに入れ，ときには窒素置換して封入する．

3.4.4　有機金属化合物の精製

この種の化合物は酸素に対して不安定なものや吸湿性の強いものが多いので，予備試験を行って性質を吟味し，特性にあった精製法を採用する．空気中，溶液中ともに安定な化合物は既述の方法に従って再結晶する．空気中徐々に，またはただちに分解する化合物は，いずれも不活性ガスの雰囲気下で精製の諸操作を行う．またこの種の化合物は溶媒中の溶存酸素および水分にも鋭敏なので，溶媒には脱酸素，脱水を十分行ったものを使用する．脱酸素は不活性ガス（窒素，アルゴンなど）をバブルしたものですむ場合もあるが，正式には凍結・融解法（freez and thaw）を真空ラインで繰り返す．方法は溶媒を入れたガラス容器を外部から液体窒素で冷却し凍結後，真空ポンプで減圧にする．これに不活性ガスを導入したのち凍結した溶媒を融解する．この操作を 3 回繰り返せば，溶媒中の溶存酸素は除去される．

この系列の化合物は温度を上昇させると融点を示さず分解するものが多いので，分解温度は正確に記述する．低原子価の錯体中にはハロゲン系溶媒中で分解するものが多く，またアルコール，DMF，DMSO などの極性溶媒と反応することもあるので，予備試験が大切である．

3.4.5　空気に不安定な試料の精製

前項の有機金属化合物のうち，不活性ガス中での再結晶は通常シュレンク管（図 3.11A）を使用する．この装置は真空ポンプへの接続，不活性ガスの導入，結晶の取扱いなどが容易なように考案されている．再結晶法は図 3.11 A の口の部分に専用のゴム栓 B を取りつけ，不活性ガス雰囲気下，溶媒の導入や結晶と母液の分離，洗浄など，すべてシリンジでゴム栓を突き通して行い，沪過は行わない．結晶の乾燥もシュレンク管中で行う．再結晶終了後窒素雰囲気下のドライボックス中で結晶用試料管（図 3.10(a)）に詰め，予備のシュレンク管に収め窒素置換して分析を依頼する．なお各項に関する詳細は成書[1~3] を参照されたい．

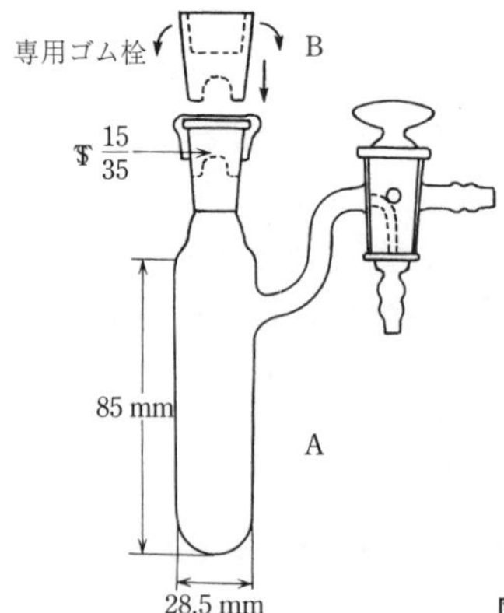

図 3.11　シュレンク管と専用ゴム栓

3.5　クロマトグラフィー

3.5.1　薄層クロマトグラフィー

薄層クロマトグラフィー（thin layer chromatography：TLC）は，特別な装置を必要としないもっとも手軽で適用範囲の広い純度検定の手段ということができる．純度検定の手段としては本章の他の項目をみてわかるとおり種々あり，それぞれの特徴をよく理解したうえで目的に合った方法を選ばなければならない．揮発性の少ない有機化合物の純度を知ろうとする場合には，まず最初に TLC を試みて，その結果を参考にして，他のどの手段で純度を検定するかを判断するのがよい．

GC や HPLC と比較して TLC は分離能も検出感度も劣り，精確な定量分析には不向きな点もあり，かつ揮発性の化合物が扱えないという欠点はあるものの，(1) 特別な装置や設置場所を必要としない，(2) 極端に極性の異なった化合物の混合物でも同時に検出が可能で不純物の見落としが少なく，試料中の不純物の全体的な様子が一目でわかる，(3) 検出方法（紫外線ランプや特異発色試薬）と展開のされ方により化合物の種類や官能基の種類がある程度推定できるなど，他の手段にはない利点をもっている．有機合成における純度の検定にさいしては，薄層クロマトグラフ的に純粋であるだけで事足りる場合もあるが，通常はなるべく多くの手段を併用するのが無難であり，とくに微量の不純物や極性の似た化合物の存在が問題となる場合には，TLC は補助的手段であると考えねばならない．

TLC とは，その名の示すように，平らな板上に固定相を薄く（0.1～1 mm）膜状に塗布したもの（薄層板またはプレートとよぶ）を用いるクロマトグラフィーである．プレートの下端（まれに上端）を移動相となる溶媒に浸し，毛管現象により固定相の微粒子間を移動していく溶媒と固定相との間で起こる試料の吸着，あるいは分配平衡を利用して，物質を分離する．溶媒がプレート上を移動することを展開といい，移動相となる溶媒を展開溶媒と称する．実際に TLC を行うさいの手順は，試料に適したプレート（固定相）の種類を選び，試料を適当な溶媒に溶解し，この溶液をプレートの下端より少し上の位置に点状に染み込ませ（チャージまたは展着するという），チャージしたスポットがつからない程度に展開溶媒を入れた適当なガラス容器（展開槽）にプレートを入れる．展開し終わったらプレート上の溶媒を揮散させ，適当な方法で化合物を検出する．チャージした位置を原点とよび，原点から化合物の移動した距離と原点から溶媒の先端までの距離の比を R_f 値という．R_f 値は化合物の性質を示す一つの目安とされる．以下上記の手順に従って具体的な注意事項を述べる．

a.　固定相の選択

固定相には種々のものが市販されており，それぞれ特有の性質をもっているので，試料の性質に従って選択しなければならない．さほどの性能を必要とせず，頻繁に使用する場合には，薄層プレート作製用の道具と固定相を購入し，自作したほうが安上がりであるが，純度の検定を目的とする場合には，なるべく高分離能であることが望ましく，そのためには既製のプレートを使用したほうがよい．既製品には自作が不可能な高性能なものが各種市販されている．とくに高分離能を目的としたプレートが HPTLC（high performance thin layer chromatography）と称して市販されている．プレートの種類および選択の目安は図 11.5 および表 11.6 に掲げているので参考にされたい．プレートは実験室に放置すると湿度の変動により活性度（吸着型の固定相の吸着能で，逆相型には適用されない）が変化し，さらには表面が汚れて再現性のよい分離ができなくなるので，開封したらただちに目的の湿度に調節した密閉容器（デシケーターなど）に保存する．

b.　チャージ

スポットは展開により移動距離とともに広がるので，試料をチャージするときには極力小さなスポットにする（通常の TLC：量 1～5 μL，直径 3～6 mm，HPTLC：量 0.05～0.2 μL，直径 0.2～1 mm）．そのためには溶媒は試料を十分溶解するもののなかで，できるだけ極性の低いものか揮発性の高いものを用いる．定量を目的とする場合には市販のミクロピペットを用いてチャージするが，それ以外では自作のキャピラリーで十分である．希薄な試料溶液は同じ位置に繰り返しチャージすればよいが，先にチャージした溶媒を十分に揮散させてから再チャージする．既製の固いプレートに試料をチャージするときには，後で原点が不明にならないようにチャージする位置に鉛筆で印をつけておく．多量の試料や希薄な試料溶液をチャージしたり，R_f 値が小さくかつ接近した化合物を分離する場合には，濃縮ゾーン付きのプレート（図 3.12）を用いるとよい．濃縮ゾーンはけいそう土などの吸着活性のほとんどない固定相でできており，試料はこの部分にチャージする．R_f 値の算出にはゾーンの境目を原点とする．純度の検定にさいしては，不純物の量が不明なので，同じプレート上に試料の量を変えていくつかチャージし，同時に展開して検出するのがよい．同一板上に多数個のチャージをした場合に展開時にスポットが広がって横につながり，結果が不明となることがあるが，あらかじめ同一板上に 8 mm 間隔で固定相を除いた筋をつけたものが市販されており，これを使用すると横方向のスポットの重なりの心配がないので，微量の試料から多量

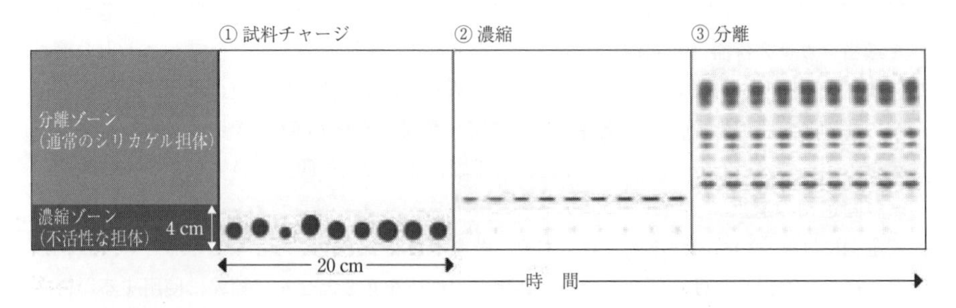

図 3.12　濃縮ゾーン付きプレートと試料の分離例（Merck 社資料）

の試料まで同一板上へのチャージが可能である.

c. 展　開

薄層クロマトグラフィーで展開を行うにさいしては，展開溶媒の種類，展開槽の種類，溶媒蒸気の前吸着の有無および展開の方法を決めなければならない．展開溶媒は目的の試料の R_f 値が 0.5 くらいになる極性のものを選ぶのが普通だが，分離の状況によって変化させる必要がある．極性は溶媒の種類と組合せにより自在に調節できる（図 11.1 参照）．しかし，同じ極性を示す溶媒でも試料の溶解度などが影響して分離の状態が異なるのが普通で，必ず何種類かの溶媒で実際に展開してみなければならない．展開槽にはクロマトグラムの展開時に，すみやかに槽内の溶媒蒸気を吸着させて平衡にしてしまうタイプと，気相からの蒸気の吸着をほとんど完全に起こさないタイプ，およびこれら二者の中間に位置するタイプの 3 種類があり（図 3.13），目的の試料がもっともよく分離されるものを選ぶ.

(1)　飽和 N 展開槽：沪紙を槽の内側に入れ溶媒を染み込ませ，溶媒蒸気を早く，十分に槽内に飽和させるタイプ．気相からの効果が大きい，R_f 値は小さくなる，再現性がよい，展開時間が短くなる.

(2)　不飽和 N 展開槽：槽内に溶媒蒸気が飽和されていないタイプ．再現性はよくない，展開時間は長い，R_f 値は大きくなる.

(3)　サンドイッチ展開槽：展開中における気相からの溶媒蒸気の影響を押さえたタイプ（薄層上に数 mm の間をあけたガラス板をかぶせる）．再現性がよい，展開時間は長い，R_f 値は大きくなる，周縁現象がでる.

飽和 N 展開槽を使用する場合はさらに，溶媒の蒸気を薄層面へ十分に前吸着させてから

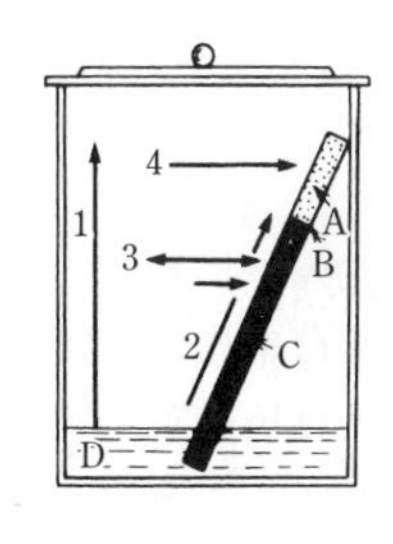

A：乾燥した薄層部分，B：溶媒フロント，C：溶媒でぬれた薄層部分，D：展開溶媒，1：溶媒蒸気の飽和，2：毛管現象による上昇，3：気相との交換，4：前吸着.

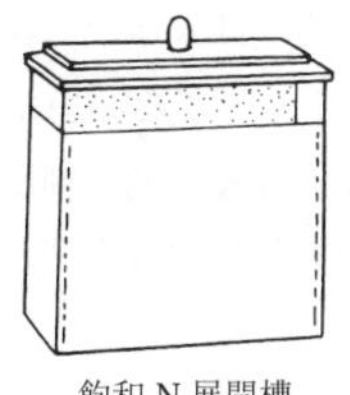

飽和 N 展開槽

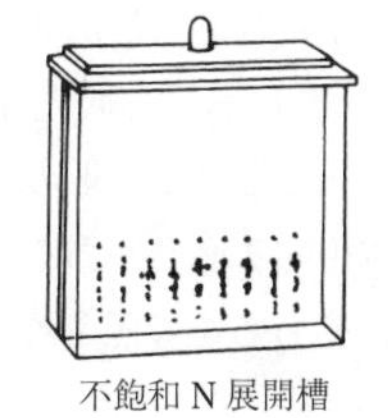

不飽和 N 展開槽

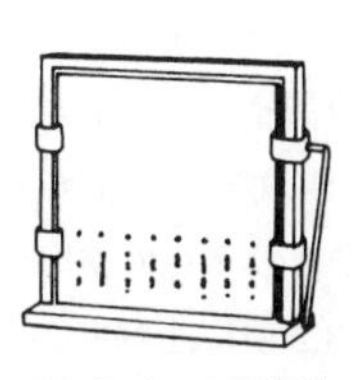

サンドイッチ展開槽

図 3.13　展開槽の種類

展開させる場合と，前吸着を行わず，ただちに展開させる場合とがある．

【各展開槽の使い方の目安】 比較的極性の低い溶媒，あるいは単一溶媒を用いる場合は，サンドイッチ展開槽で良好な結果が得られる．

極性の高い成分を含む混合溶媒系では，飽和あるいは不飽和N展開槽のほうが良好な結果を得ることが多い．とくに混合溶媒系をサンドイッチ展開槽で使用すると，α-，β-フロントなどのデミキシング（demixing）現象が顕著に生じ，不都合な結果となることが多い．

溶媒蒸気を前吸着させるには，試料をチャージしたプレートを展開溶媒を飽和させた容器内に直接溶媒に触れさせないようにして5分間前後保持したのち，下端を溶媒に浸して展開を行う．この方法では安定した再現性のよい分離が得られるが，R_f 値が全体に小さくなり，スポットどうしが近づきすぎることがある．展開距離は通常，HPTLCで3～5 cm，普通のTLCで10～15 cmが適当である．展開の方法には一次元単純展開，一次元多重展開および二次元展開がある．後者にいくほど操作は煩雑になるが，分離の効率は高くなる．一次元多重展開は，一度展開し終わったプレートから展開溶媒を揮散させたのち，再度同じ溶媒（異なった溶媒を用いてよい結果を得ることもあるが，分離したスポットが逆に接近することもある）で同じ方向に展開する方法で，必要に応じて何度か繰り返す．この方法は一部重なったスポットを分離するのに有効である．二次元展開では，一度展開し終わったプレートから溶媒を揮散させたのち，90° 回転させた方向から異なった溶媒で展開する．したがって，二次元展開では1枚のプレートに一つしかチャージできず不経済ではあるが，溶媒の種類によって分離のされ方が異なるいくつかの成分が混ざっている試料に対して威力を発揮する．一次元展開では濃縮ゾーン付きプレートを，二次元展開では逆相と順相の固定相を組み合わせたプレートを使用するとさらに微妙な分離が可能となる．展開し終わったプレートは，後で R_f 値を算出するために展開槽から取り出したらただちに溶媒の先端に印をつけておく．

d. 検　出

プレート上に展開された化合物を検出するには，溶媒を十分揮散させてから行う．検出方法には化合物自体の色，紫外線照射による吸収あるいは発光，各種発色試薬による処理および蛍光発光物質への誘導体化などがある．HPTLCを使用しデンシトメーターを用いると，可視領域の吸収測定でngオーダー，紫外吸収の測定でpgオーダーの試料の検出が可能で定量分析もできる．通常は肉眼で見て不純物の有無あるいは量を判断するが，化合物の紫外吸収極大の位置や254 nmまたは366 nmにおける吸光係数により，また発色試薬に対する反応性の差やスポットの広がり方によってもスポットの濃さが異なるので，純度検定においては可能なかぎり多くの検出手段を併用する必要がある．検出の具体的な方法および注意については11.3.2項に述べてあるので，そちらを参照されたい．

3.5.2 高速液体クロマトグラフィー[4)]

a. 装 置

高速液体クロマトグラフは，送液部，試料導入部，カラム，検出器の四つからなっている．送液部は定流量ポンプ，圧力検出器，ドレインバルブなどよりなるが，場合によっては溶離組成を変化するためのグラジエント装置，脈流防止装置などが必要となる．この部分はもっともトラブルの多い部分であるので，信頼性の高いものを揃えたい．注意すべき点として，流量範囲，使用可能溶媒などのほかに，流路がストレートであり，死容積（dead volume）の小さいことがあげられる．

送液ポンプは多くの場合ピストン式反復運動型であるが，プランジャー部分のO-リング状シールは消耗品である．ポンプヘッドから漏れのあるときにはすみやかに交換する．また負荷をかけても送液しないときには弁座（チェックバルブ）に気泡やゴミがたまっている場合がある．

試料注入方法としては，高圧バルブを用いたループ方式が推奨される．なるべく死容積の小さいもの，洗浄の容易あるいは必要のないものを選ぶことが大切である．死容積 0.3 μL 以下でループ容積 1～20 μL のものが市販されている．

現在もっとも広く用いられている検出器は，紫外可視分光光度計と示差屈折計である．示差屈折計も高感度で安定性の高いものがあるが，温度調節を行うためにセル前に死容積がありピークの広がりは避けられない．感度とともに立ち上がり時間の短いものを選択することが肝要である．紫外可視分光光度計はもっとも使いやすいものであるが，試料によってモル吸光係数は大きく異なるので，波長の選択には十分な注意を要する．

b. カラム

分析用カラムとしては，粒子径 5 μm 程度のシリカゲル系の充填剤に対して，内径 4～4.6 mm，長さ 15～30 cm のものが標準的であるが，内径 6～8 mm のものも用いられる．粒子径 3 μm の充填剤では，操作圧が高くなるので長さ 10 cm のカラムが用いられることもある．内径 1 mm 程度のものはスモールポアカラムとよばれ，流量が低い（10～100 μL min^{-1}）ので使用溶媒量は通常の 10 分の 1 以下となるが，流路配管，送液ポンプ，検出器などに特別のものを要する．

カラムの性能は理論段数（n）により見積もることができる．n は溶質の保持時間（t_R）（図 3.14）とピークの広がりの比より，$n=(t_R/\sigma)^2$ で与えられる．σ はピークの標準偏差で，ガウス（Gauss）型のピークの場合ピーク半値幅（w_h）を用いると，n は式(3.1) で計算される．

$$n = 5.545\left(\frac{t_R}{w_h}\right)^2 \tag{3.1}$$

理論段高さ（h，hight equivalent to a theoretical plate：HETP）はカラムの長さを L とすると，$h=L/n$ である．h と線速度 u の関係はファンディームター（van Deemter）の式によ

り近似的に記述される．

$$h = 2\lambda d_{\mathrm{p}} + \left(\frac{B}{u}\right) + \underbrace{C_{\mathrm{m}}u + C_{\mathrm{s}}u} + (\text{カラム外効果})$$

（渦巻拡散）（総拡散）（物質移動に対する抵抗）

ここで，λ はゲルの充塡状態に関連した因子で理想的には 1 となる．d_{p} は粒子径，$B=2\lambda D_{\mathrm{m}}$ で D_{m} は移動相中の拡散係数，C_{m}，C_{s} は移動相中および固定相中での物質移動に対する抵抗である．HPLC では D_{m} は流速に比べて小さく，上式の第 2 項は無視できるので，h は u とともに徐々に増大し極小を示さないはずであるが，実際にはカラム外の効果があ

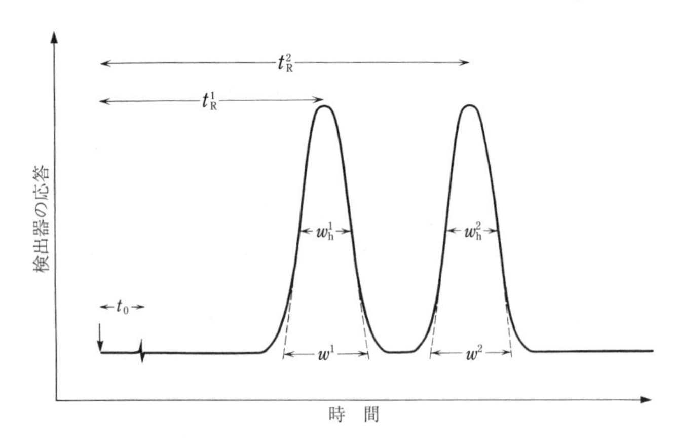

図 3.14　溶出曲線とパラメーター
t_0：移動相のカラム通過時間，t_{R}：保持時間，w_{h}：半値幅．

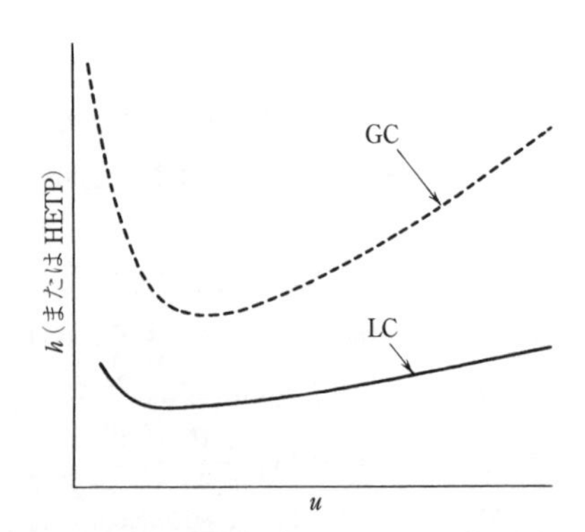

図 3.15　理論段高さ（h）と線速度（u）の関係
LC では GC に比べて h の u 依存性は小さい．

り，システムとしての最適流速がある（図 3.15）．この式より h は d_p に直接比例しており，小さな粒子径のゲルが高い性能を示すことがわかる．通常操作流量は内径 4～4.5 mm のカラムで 0.8～1.25 mL min^{-1}，内径 8 mm で 2.5 mL min^{-1}，2 cm のカラムでは 10～16 mL min^{-1} である．

最近では充塡カラムも安価となりつつあるが，研究室内でも充塡可能である．粒子径 10 μm 以上のシリカゲル系充塡剤のカラム充塡はオープンカラムの充塡と同様，乾式法で行え，またスラリー法の場合でも特別の方法は必要ない．しかし粒子径の小さいゲルの充塡の場合，特別の方法が必要となる．ここでは実験室的に高性能のカラムをつくる方法として，*n*-ヘキサノールをスラリー溶媒として用いる方法を述べる[5)]．

必要量のオクタデシルシリル化シリカゲル（ODS-シリカゲル）（表 3.2）にスラリー溶媒を加え，超音波処理を 1 分間行うと均一なスラリーを得る（強く振とうすれば超音波処理しなくても十分である）．スラリーをパッカー[*3]を装着したカラムに注意深く注ぐ．このときカラム内に気泡が残らないようにテフロンチューブなどのガイドを使う．パッカーをポンプに接続し加圧溶媒を所定の流量で送液する．このとき脈流は問題ない．圧力は徐々に増加し最高圧力を示したのち一定となる．加圧溶媒を 15 分間流したのちメタノールに切り替えさらに 15 分間流す．この間送液は停止せず定流量送液する．流量を徐々に減少させポンプを停止し，完全に流れが停止したらパッカーを注意深くはずしてカラム栓を取りつける．カラム上部に空隙ができていればゲルを追加して完全に埋める．充塡時の圧力が低いと（400 kg cm^{-2} 以下）ピークはテーリングし，逆に高すぎるとリーディングを起こす．この方法は ODS 以外の化学修飾したシリカゲルの充塡にも応用できる．一方無修飾シリカゲルの充塡は定圧操作で行う．すなわちポンプの最大流量を最初から流し 500 kg cm^{-2} に達したら流量を低くして常に 500 kg cm^{-2} の圧力に設定する．定圧送液モードが可能なポンプがあれば便

表 3.2　シリカゲル系充塡剤の充塡

充塡剤	球状 ODS-シリカゲル	球状 ODS-シリカゲル	球状 ODS-シリカゲル	球状 ODS-シリカゲル	球状シリカゲル
粒子径［μm］	5	3	5	5	5
カラムサイズ内径［cm］	0.46	0.46	0.46	0.8	0.46
長さ［cm］	15	15	25	25	25
充塡剤量［g］	2	2	3.3	8	3.3
スラリー溶剤	*n*-ヘキサノール-クロロホルム 1：1（v/v）	*n*-ヘキサノール-ジクロロメタン 1：1（v/v）	*n*-ヘキサノール-クロロホルム 1：1（v/v）	*n*-ヘキサノール-クロロホルム 1：1（v/v）	*n*-ヘキサノール-クロロホルム 1：1（v/v）
加圧溶剤	クロロホルム	ジクロロメタン	クロロホルム	クロロホルム	クロロホルム
流　量［mL min^{-1}］	9	3.5	7	16	変化
到達圧力［kg cm^{-2}］	550	550	650	500	500（定圧）
理論段数	15 000	25 000	25 000	20 000	—

*3　充塡剤をカラムに充塡するための器具（slurry reservoir）．

利である．この場合はメタノールでのコンディショニングの必要はない．ただしこの方法で長さ 15 cm のカラムの充塡を行うとピークのテーリングを起こす．

カラム性能は ODS-シリカゲルの場合，アセトニトリル-水（7：3（v/v））を溶離液とし，多環芳香族炭化水素を試料として式（3.1）より算出する．シリカゲルカラムの場合は，ヘキサン-酢酸エチル（95：5（v/v））を溶離液としフタル酸ジエステルを試料として算出する．h として理論的最小値（$=2d_p$）に達する場合もある．

ポリスチレン系のゲルを GPC（gel permeation chromatography）用として充塡するには，パークレン-アセトン混合溶媒を用い，平衡密度法により行う．加圧溶媒として使用する溶媒は，実際に操作をするときに用いる溶離液（クロロホルム，THF）である．ポリマーゲルは耐圧性が低いので，150 kg cm^{-2} 以下で充塡する．

使用中にカラム圧が上昇することがあるが，入口側のフィルターが不溶物により目詰まりを起こしたことによることが多い．フィルターあるいは栓の交換をすればよい．目詰まりしたフィルターは，10% 硝酸により超音波処理し洗浄することができる．

c.　分離モードと溶離液の選択

二つのピークの分離度合は分離液 R_s (resolution) により定量化される．図 3.16 の定義を用いると，$R_s=(t_R{}^2-t_R{}^1)/[(w^1+w^2)/2]$ である．二つのピークの保持時間の比は選択率 (selectivity) とよばれ，$\alpha=(t_R{}^2-t_0)/(t_R{}^1-t_0)$ で定義される．α を用いると，ピーク幅が等しい（近接した）ガウス型ピークの場合には，式(3.2) となる．

$$R_s=\frac{1}{4}\left(\frac{\alpha-1}{\alpha}\right)\left(\frac{k'}{k'+1}\right)\sqrt{n}\simeq\frac{1}{4}(\alpha-1)\left(\frac{k'}{k'+1}\right)\sqrt{n} \tag{3.2}$$

ここで k' は保持能あるいはキャパシティファクター（capacity factor）である（次式）．

$$k'=\frac{t_R-t_0}{t_0}$$

式(3.2) はピーク分離を考えるうえでもっとも重要である．この式から R_s は選択率（α），キャパシティファクター（k'），カラム性能（n）を増せば大きくなることがわかる．$R_s=1$ で二つのピークは 98% 分離したことになる．k' に関する項は k' が大きくなると漸近的に 1 に近づくので，実際には $0.5<k'<20$ 程度となるように溶離液の強度を調節する．$n=L/h$ であるので R_s はカラム長さ L の 2 分の 1 乗に比例する．

通常用いられるクロマトグラフィーのモードとして，GPC，逆相分配，順相分配クロマトグラフィーがある．

GPC としては特異的な吸着（分配）がなく分子サイズの違いでのみ分離することが望まれる．現在粒子径 5～10 μm のスチレン-ジビニルベンゼン系の多孔質ポリマーゲルが用いられている．これは高分子化合物の分子量測定法として発達したものであるが，分子量 1000 以下の低分子化合物でもわずか（10～20%）の分子量の違いによって分離可能である．

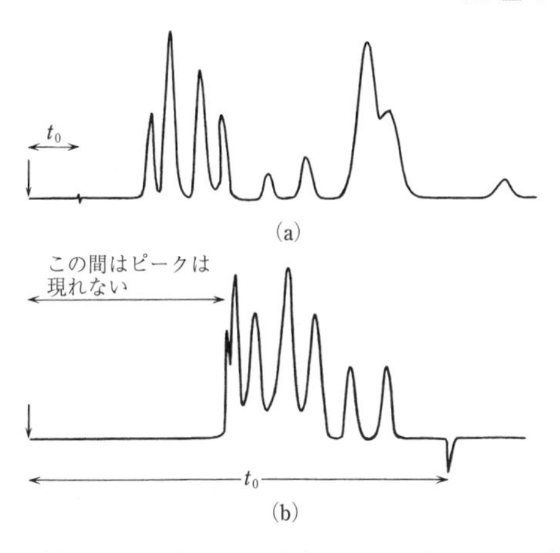

図 3.16　分配クロマトグラフィー（a）と GPC（b）における溶離曲線

溶離液としては THF，クロロホルムなどが用いられるが，THF には安定剤としてフェノール誘導体が含まれており，後述の分取（11.2.3 項）のことを考えると，クロロホルムのほうが使いやすい．溶離液に溶解するものであればどのような試料でも分析できる．さらに溶離液の選択の必要が少ないという点で簡便な方法である．後述の分配もクロマトグラフィーと異なりカラムのボイドボリュームに対応する時間（t_0）内に分析が終わる（図 3.16）．試料の負荷は高く，上述の分析用カラムでも数～数十 mg の試料が分離でき，IR，NMR 測定には十分である．選択性は低いので分子量の近似した成分の分離は難しいが，リサイクル法を用いることなどにより成功することもある．多孔性ポリマーゲルは溶媒の変化により膨潤，収縮するのが欠点であり，溶離液の交換は難しい．カラム性能は充塡法によりかなり異なるので，一般的には充塡カラムを購入したほうがよい．誤って溶離液以外の溶媒を大量に流したり，空気を送ってゲルを乾かしたときは，カラム内でゲルが収縮し性能が急激に低下する．このときには再充塡可能である．ポリマーゲルはこの点を除けば非常に安定なもので，耐久性は非常に高い．

HPLC においてもっとも多く用いられているのが，逆相分配モードである．現在の主流は化学修飾した多孔性シリカゲルである．固定相を支持体のシリカゲルにシロキサン結合を介して結合したものが一般的である．

$$-\mathrm{Si}\,\vdots\,\mathrm{O}-\mathrm{Si}\begin{matrix}\diagup \mathrm{R_1}\\-\mathrm{R}\\\diagdown \mathrm{R_2}\end{matrix}$$

シリカゲル

シロキサン結合（Si－O－Si）はアルカリ加水分解を受けやすいので使用溶離液の pH は 8 以下にしなければならない．粒径 5 μm のシリカゲルが多いが，3 μm のものも使用される．修飾基（R）はオクタデシル基，オクチル基，フェニル基，プロピル基などがあるが，オクタデシル基（ODS-シリカゲル）がもっとも普通に用いられる．ODS 基の結合量の多いほうが分配が大きく溶離液の溶媒強度を強くできるので使いやすい．付着量（carbon content）22% のものが市販されている．残存シラノール基の効果を除くため，トリメチルシリル化処理をしたものもある．このモードでは疎水性（疎溶媒性）相互作用が分配の原因であり，極性分子から先に溶出する．溶離液としてはアセトニトリル，メタノールがベースとなる．

これらのゲルは解離基をもつ溶質はまったく保持しないか，保持してもピークがブロードになることがある．カルボン酸やフェノールのような酸性化合物の分析には，溶離液に 1% 酢酸，0.1% トリフルオロ酢酸，過塩素酸などを添加し解離を抑えることにより，良好な分離が得られることがある．酢酸ナトリウムを添加し pH を調節すれば弱塩基性物質の分析も行える．装置や配管はステンレスであることが多いので，ハロゲン化物イオンの添加は避けるべきである．解離性物質の分析のためには，イオン対クロマトグラフィーという方法が知られている．アニオン性物質にはテトラブチルアンモニウムなどのアルキルアンモニウム塩を，カチオン性物質にはアルキルスルホン酸塩を加え，溶質との間にイオン対を形成し，逆相分配モードで分析する．

カラムを長持ちさせるためには，樹脂状物や不溶物の混入を避けるべきで，場合によっては沪過，オープンカラムでの簡単な精製，GPC での分取などの予備操作を必要とする．

逆相分配クロマトグラフィーでも異性体の分離が可能である．選択性（α）を増すため，第 3 溶媒として THF を加え 3 成分系（あるいは 4 成分系）の溶離液を用いることがある[6]．

順相クロマトグラフィー用の充填剤としては，多孔性シリカゲル，多孔性アルミナが使われる．液-固クロマトグラフィー（liquid-solid chromatography：LSC）ということが多い．この方法は TLC（3.2.1 項）や古典的なオープンカラムクロマトグラフィーに用いられてきたモードで，溶離液の選択にはこれらの知識がそのまま適用できる．シリカゲルにシアノ基，アミノ基，ヒドロキシ基を含む修飾基を化学結合させた充塡剤があり，順相分配クロマトグラフィーに用いられる．

表 3.3 に示した溶媒は LSC においては，(1) 溶媒強度（ε）のゼロに近い不活性な溶媒，(2) 局在化吸着しない溶媒（ジクロロメタンなど），(3) 塩基性で局在化吸着するもの（エーテル類など），(4) 非塩基性で局在化吸着する溶媒（アセトニトリルなど），(5) 極性の強いその他の溶媒（アルコールなど）に分けられる[7]．溶媒液組成の選択は TLC とまったく同様であり TLC を予備的手段に用いることができる．まず $0.5<k'<10$ となる溶媒強度の溶離液を選択する．このさい試料の溶解性や検出器の種類などの因子も考慮する．UV 検出器を用いるときには溶媒の使用可能波長領域に注意する．また屈折計を用いるときの混合溶媒としては屈折率の近いものどうしの組合せ（たとえば，ヘキサン-酢酸エチル）が望ましい．

屈折率が極端に異なる溶媒の混合液は屈折率のゆらぎに起因するベースラインの不安定性をもたらす．カラム性能（n）は逆相系と同様に溶媒粘度の低いほうが高くなる．ヘキサンあるいはペンタンを溶離液としても k' が小さすぎるときにはフッ素系溶媒が用いられる．簡便な k' の予測法としては，逆相分配モードと同様に溶媒極性 P' を用いることができる．多くの場合適当な溶媒強度の選択により十分な分離が達成されることが多い．溶媒強度の設定だけでは分離不十分なときには，上記の溶媒分類に従って，異なる性質を組み合わせる方法がとられる[8]．たとえば，n-ヘキサン-ジクロロメタン-アセトニトリル-t-ブチルエーテルの 4 成分系溶離液の最適化についての報告がある．

このように LSC では溶離液の選定が逆相系に比べて若干難しい．また非極性溶媒のみを溶離液として用いると固定相表面の性質が変化するために，k' が徐々に大きくなる．さらに化学修飾した充填剤に比べて充填が難しいなどの難点があり，逆相分配クロマトグラ

表 3.3　溶媒特性値

溶　媒	溶媒極性 P'	アルミナ LSC における溶媒強度		n_{b}	粘　度［cP］(25 ℃)	UV カットオフ［nm］	屈折率
		$\varepsilon''_{\mathrm{B}}$ [a)]	$\varepsilon''_{\mathrm{B}}$ [b)]				
フレオン	＜−2	−0.25				210	～1.28
n-ヘキサン	0.1	0.01			0.30	190	1.372
四塩化炭素	1.6	0.17		5.0	0.90	265	1.457
トルエン	2.4	0.30		6.8	0.55	285	1.494
ベンゼン	2.7	0.32		6.0	0.60	280	1.498
		0.25(シリカ)					
クロロホルム	4.1	0.36		5.0	0.53	245	1.443
ジクロロメタン	3.1	0.40		4.1	0.41	233	1.421
		0.30(シリカ)					
イソプロピルエーテル	2.4	0.28	0.31	5.1	0.55	220	1.365
エチルエーテル	2.8	0.38	0.50	4.5	0.24	218	1.350
		0.43	0.78(シリカ)				
1,2-ジクロロエタン	3.5	0.44	0.47	4.8	0.78	228	1.442
THF	4.0	0.51	0.76	5.0	0.46	212	1.405
アセトニトリル	5.8	0.55	1.31	3.1	0.34	190	1.341
		0.6	1.0(シリカ)				
アセトン	5.1	0.58	1.01	4.2	0.30	330	1.356
		0.5	1.1(シリカ)				
酢酸エチル	4.4	0.60	0.77	5.2	0.43	256	1.370
		0.48	0.94(シリカ)				
ジオキサン	4.8	0.61	0.79	6.0	1.2	215	1.420
		0.6	0.9(シリカ)				
ピリジン	5.3	0.70	0.95	5.8	0.88		1.507
イソプロピルアルコール	4.0	0.82			1.9	240	1.387
エタノール	4.3	0.88			1.08	210	1.359
メタノール	5.1	0.95			0.54	205	1.326
酢　酸	6.0				1.1		1.370
ジメチルホルムアミド	6.4				0.80	268	1.428
水	10.2				0.89		1.333

a）モル分率 0.75 以下のときの強度，b）モル分率 0.75 以上のときの強度．

フィーより使い方が難しいと考えられている．しかし異性体の分離には逆相系より効果的であり，後述の分取（11.2.2，11.2.3 項）には試料の溶解性の高い溶媒を使用できるという点も利点である．

光学活性化合物の分析（光学純度決定）は従来，旋光度測定，NMR 法などにより行われていたが，HPLC を用いることにより，試料量の大幅な微量化が可能となり，精度も上昇した．光学活性化合物をジアステレオマーに誘導すれば，前記の順相および逆相分配クロマトグラフィーにより分析できる．有効な誘導試薬が種々提案されている[9]．誘導しない場合には，移動相にキラルな添加剤を加えるか[10]，キラルな修飾基をもつ固定相を使う必要がある．とくに最近ではさまざまな種類の光学活性固定相が開発されている．多くはシリカゲルを支持体とし，アミノ酸誘導体[11]，ペプチド類[12] を化学結合させたもの，光学活性合成高分子[13]，セルロース誘導体，ウシ血清アルブミンなどを担持させたものである．これらは充塡カラムとして市販されているが，実験室でも調製できる[11]．

3.5.3　ガスクロマトグラフィー

ガスクロマトグラフィー*4はいわゆるクロマトグラフィーの一種であり，気体を移動相とし，固定相として固体や液体を用いるカラムクロマトグラフ法である．このガスクロマトグラフィーは既知物質のピーク位置を標準にして同定，確認ができ，混合物の定量分析，分離精製が可能であり，ある化合物の純度と純度検定，反応の追跡さらに生成物の分取などに広く利用されており，今日では有機合成化学の分野では不可欠の分析，分離手段の一つとなっている．ガスクロマトグラフィーに関してはすでにすぐれた成書[14] が多数刊行されているので，ガスクロマトグラフィーの沿革，理論，実験上の詳細についてはそれらに譲ることとし，ここではまず簡単にガスクロマトグラフィーについて説明し，純度と純度検定について述べることとする．

a.　装置および概論

図 3.17 に基本的なガスクロマトグラフの概略を示す．検出器の種類，カラム温度制御方式，流路方式，用途などによって，種々のタイプの装置が市販されている．移動相であるキャリヤーガス（通常はヘリウムや窒素が使われる）はボンベから流量制御装置を経て，定速に調整され，試料注入口に入る．ガスクロマトグラフィーは固定相が固体か液体かによって気固吸着法か気液分配法に区別される．カラムは一般にはステンレスあるいはガラスカラムで気固法の場合には活性炭やポーラスポリマーと総称される有機多孔性ポリマーなどの吸着剤を，気液法の場合には不活性な担体上に高沸点液体をコーティングしたものを充塡剤としてカラムに詰める．測定試料は気体状としてカラムに送られ，カラムを通過する間に，試

---

*4　手段をガスクロマトグラフィーとよび，それに必要な装置をガスクロマトグラフとよぶ．ガスクロマトグラフィーは GC と略記される．

料が固定相の親和力すなわち，吸着性，溶解性，化学結合性などの差によって分離されてくる．キャリヤーガスを適当な速度で移動させ，キャリヤーガスといっしょに流出してくる成分を種々の検出器を用いて電気的に検出し，ガスクロマトグラムとして記録する．

ガスクロマトグラムの例を図 3.18 に示す．ここで大事なのは保持時間（t_R：retention time）であり，測定条件が同じ場合には原理的に固有の値となるので，これにより成分の同定，推定が可能であり，ピークの大きさは成分の量に対応するので定量分析も可能である．

混合物の分離能は基本的には固定相液体の種類，測定のさいのカラムの温度，キャリヤーガスの流速などによって影響されるので，もっとも適した測定条件を選ぶには種々の条件で実際にクロマトグラムを記録し，試行錯誤を繰り返し，よりよい条件をみつける以外に方法はない．以下，装置のうち，で検出器ならびにカラムについて若干の説明を加える．

（i）**検出器**　数多くの検出器が考案されているが，もっともよく使用されているのは熱伝導度型検出器（TCD）と水素炎イオン化検出器（FID）である．そのほかに熱イオン化検出器（TID），炎光光度検出器（FPD），電子捕獲検出器（ECD）などがある．

(1)　**熱伝導度型検出器**（TCD）：キャリヤーガスと分離された成分との混合物の熱伝導

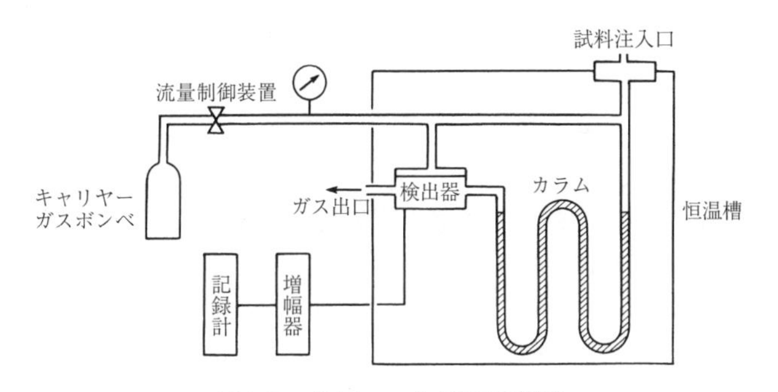

図 3.17　ガスクロマトグラフの概略

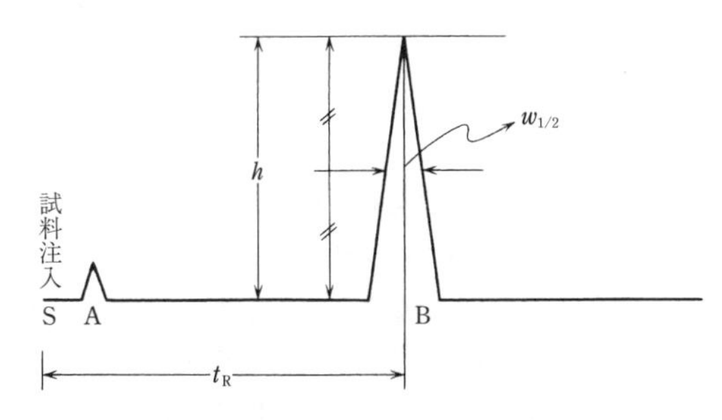

図 3.18　ガスクロマトグラムの実例
t_R：保持時間，試料注入 S からピーク B までに要する時間，
h：ピークの高さ，$w_{t/2}$：半値幅（$h/2$ でのピークの幅）

度とキャリヤーガス自体の熱伝導度との差を金属フィラメントあるいはサーミスターの電気抵抗の変化として検出する方法である．物質が存在するかぎり必ずピークを示す．定量分析に都合がよい．

(2)　**水素炎イオン化検出器**（FID）：分離された成分を水素と混合し，燃焼させて生じるイオンによる電導度の増加を電極間のイオン電流の増大として検出する方法である．ギ酸やホルムアルデヒドを除く多くの有機化合物に対して高感度である．不燃性の物質は感度を示さない．感度は TCD の 10^3～10^4 倍である．分取用に使うことはできない．

（ii）　カラム　　一般に充塡カラム（パックドラカム）とキャピラリーカラムが使われている．充塡カラムは内径 2～4 mm，長さ 1～5 m 程度の金属（ステンレス，銅，アルミニウム）あるいはガラス管に充塡剤を詰めて使う．充塡剤の担体および固定相液体には数多くのものが知られているが，固定相液体については次の b. 項で簡単にふれる．キャピラリーカラムとくにガラスキャピラリーカラムは有機合成化学の分野でもよく使われているが，本質的に充塡カラムとは異なり，内径約 0.1～0.5 mm のキャピラリーの内壁に固定相液体が 1 μm 程度の厚さでコーティングされていて，らせん状に巻いたものである．長さが 100 m 以上，理論段数 15 万以上のものもある．分離能がたいへんよく，充塡カラムでは分離不可能な立体異性体や光学異性体の分離などに使用されている．また充塡カラムとキャピラリーカラムの中間に位置するミクロ充塡カラムを用いた高速ガスクロマトグラフが開発されている[14]．

b.　分析手段

実際にガスクロマトグラフを用いて分析を行う場合，測定試料が反応性の高い化合物ではカラム内で反応したり，装置を損傷するのでガスクロマトグラフィー分析は避けねばならない．また揮発性の低い化合物，熱分解を起こしやすい物質などは適当な揮発性物質に誘導して測定するとよい．さらに試料をそのまま導入できない場合には，酸，塩基などの前処理ののち測定する．よい分離を得るためには，キャリヤーガス流量の調整，カラム温度や試料注入温度の設定，昇温法の場合の昇温プログラムの設定などに注意しなくてはならないが，これらについては成書[14]を参考にしていただきたい．ここでは分析試料の分離の良否を決定するのにもっとも重要と考えられる固定相液体の選択について述べる．よい分離を得るためには試料成分の沸点付近においても使え，かつ試料成分に似た性質をもつ固定相液体を選ぶ必要がある．炭化水素のような非極性物質を非極性固定相液体を用いて分離する場合，成分は一般に沸点順に溶出する．一方，ヒドロキシ基やカルボニル基などを有する極性物質を極性固定相液体で分離する場合は“似たものどうしはよく溶ける”ため，極性が似た成分が遅れて溶出する．数多くの固定相液体をコーティングした充塡剤がすでに市販されているが，それらの選定にさいして必要と思われる固定相液体の極性，使用温度を表 3.4 に示す．その他の固定相液体については成書ならびに新しい充塡剤のカタログを参考にするとよい．

表 3.4　おもな固定相液体

固定相液体	極性	使用温度［℃］（TCD 用）	固定相液体	極性	使用温度［℃］（TCD 用）
スクアラン	無	20～140	フタル酸ジオクチル	中	20～150
Apiezon L	微	50～300	OV-17	中	20～350
SE-30	微	50～300	XE-60	強	20～250
DC-200	微	20～250	Carbowax 20M	強	60～225
Dexsil 300GC	弱	50～450	FFAP	強	50～250
DC-550	弱	20～250	Carbowax 400	強	20～120
フタル酸ジノニル	中	20～150	DEGS	強	20～225

c.　純度と純度検定

ある有機合成反応を行い，合成した化合物の純度を調べるには沸点，融点，屈折率ならびに IR，UV，NMR などのスペクトルデータに加え，同定ならびに少量の不純物の検出には TLC や HPLC，さらに前述した GC が有効である．合成した化合物に不純物が含まれていないかどうかは単純にまず GC によって定性分析を行えばよい．すなわちガスクロマトグラムが 1 本のピークとして得られるかを確認することが必要であるが，不純物がたまたま等しい保持時間を与えることもあるので，特性の異なる 2 種以上のカラムを用いて測定するのが望ましい．合成した化合物が推定できる場合には，試料と推定物質を同じ測定条件で分析し保持時間を比較する．このさい推定物質を試料に添加して他のピークが現れず，目的のピークのみが高くなることを確認して化合物の同定を行う．定性分析は保持時間が物質によって一定であることを利用するが，保持時間はカラムの種類，カラムの温度，キャリヤーガスの流速あるいは試料の注入量およびその濃度，成分の種類によっても異なる．またピークの形が対称的でない場合には保持時間のずれが大きいので，少ない注入量で対称性のよい鋭いピークが得られるように工夫するとよい．

ある化合物の異性体の純度すなわち異性体比を決定するのに GC が威力を発揮する．たとえば，2-メチル-2-ブタノールを 85% リン酸と 80～150 ℃ で反応させると 2-メチル-1-ブテンと 2-メチル-2-ブテンの異体性が生成する．混合物の GC（カラム：2 m，10% SE30/Chromosorb 60～80 メッシュ，カラム温度：30 ℃，注入温度：70 ℃）のそれぞれのピーク面積比 *5から異性体比を決定することができる[15]．なお面積比は，生成物のピークの高さ×半値幅，あるいはピーク面積を切り抜いてその重さから求めることができるが，現在ではクロマトデータ処理装置にインテグレーターが内蔵されているものが多いので，面積比を簡単に求めることができる．またトルエンのニトロ化反応によって生成する異性体の比，ナフタレンのアセチル化反応によって生成する異性体の比も同様にして求めることができる．さらに市販の 4-*t*-ブチルシクロヘキサノールはシスおよびトランス異性体の混合物であるが，これもガスクロマトグラムの面積比から同様にして，異性体比を決定することができる．こ

*5　一般に化合物 A，B の等モル混合物のガスクロマトグラムを得た場合，A，B 両ピークの面積は等しくない．しかし上の反応で生成するのは異性体であるので相対的面積比を 1 と仮定する．

れらの比は ^{1}H NMR から求めるよりも精度が高い．

さて，近年の有機合成化学の進歩は目ざましく，立体選択的，立体特異的な合成反応が数多く開発されているが，これらの反応によって得られる立体異性体の純度決定に GC を用いる例が数多く報告されている．たとえばエナンチオ選択的アルドール反応によって得られるジアステレオマーの純度を決定するのに格段の分離能を有するキャピラリーカラムを用いている例が多い．さらに光学活性な固定相を用いたキャピラリーカラムによって合成した化合物の光学純度を決定する方法も報告され，反応性官能基をもたない化合物の光学純度決定も可能である[16,17]．この GC によって，天然有機化合物の絶対立体配置決定が行われた例もある[16]．以上のように，GC によって合成した化合物の純度と純度決定が容易に行える．

文　献

1) 日本化学会 編，“実験化学講座 16”，丸善出版（1957）．
2) D. F. Shriver 著，竹内敬人，三国 均，友田修司 共訳，“不安定化合物操作法—真空系および不活性気体下の取扱い”，廣川書店（1972）．
3) 末廣唯史，徳丸克己，吉田政幸 共編，“現代の有機化学実験”，技報堂（1971）．
4) a）J. J. Kirkland, “Modern Practice of Liquid Chromatography”, Wiley（1971）；b）平田義正，鴈野重威 訳，“高速液体クロマトグラフィー”，講談社サイエンティフィク（1972）；c）波多野博行，花井俊彦，“実験高速液体クロマトグラフィー”，化学同人（1977）；d）A. M. Krstulović. P. R. Brown 著，波多野博行，牧野圭祐，中野勝之 訳，“逆相高速液体クロマトグラフィー”，東京化学同人（1985）．
5) a）山内芳雄，熊野谿 従，生産研究，**32**，290（1980）；b）Y. Yamauchi, J. Kumanotani, *J. Chromatogr*., **210**, 512（1981）．
6) J. L. Glajch, J. J. Kirkland, K. M. Squire, J. M. Minor, *J. Chromatogr*., **199**, 57（1980）．
7) L. R. Snyder, J. L. Glajch, *J. Chromatogr*., **214**, 1（1981）．
8) J. L. Glajch, J. J. Kirkland, L. R. Snyder, *J. Chromatogr*., **238**, 269（1982）．
9) K. Blau, G. S. King, “Handbook of Derivatives for Chromatography”, Heydon（1978）．
10) Y. Dobashi, S. Hara, *J. Am. Chem. Soc*., **107**, 3406（1985）．
11) W. H. Pirkle, D. W. House, J. M. Finn, *J. Chromatogr*., **192**, 143（1980）．
12) N. Oi, *et al*., *J. Chromatogr*., **257**, 111（1983）．
13) H. Yuki, Y. Okamoto, I. Okamoto, *J. Am. Chem. Soc*., **102**, 6356（1980）．
14) a）武内次夫，拓殖 新 編，“ガスクロマトグラフィー最近の進歩”，化学の領域増刊 120 号，南江堂（1978）；b）松隈 昭，“ガスクロマトグラフィーの実際 第 2 版”，化学同人（1978）；c）荒木 峻，“ガスクロマトグラフィー 第 3 版”，東京化学同人（1981）．
15) S. Hünig, G. Märkl, J. Sauer 著，吉村壽次，野村祐次郎，中川淑郎，橋本弘信 共訳，“総合有機化学実験 I ”，p.117，森北出版（1985）．
16) 向山光昭，土橋源一 編，“有機合成の最前線”，現代化学増刊 3 号，p.1，東京化学同人（1985）．
17) 大塚斉之助，向山光昭 編，“不斉合成と光学分割の進歩”，化学増刊 97 号，p.157，化学同人（1982）．

Chapter 4

乾　　燥

4.1　除湿と除溶媒

化学実験において，乾燥はもっとも基本的な実験操作の一つである．有機合成実験では出発原料や溶媒の乾燥と，反応終了後の抽出物の乾燥は日常的な操作であり，実験の成否が乾燥の仕方によって左右されることもまれではない．空気中の水分にさえ敏感な薬品を用いるような反応では同時に反応容器の乾燥も重要である．物質の乾燥は広い意味での精製法のなかに包括される概念であり，一般には水分を除くこと（除湿）を意味しているが，合成実験においては固体または高沸点の油状物質から低沸点溶媒を除く操作（除溶媒）も乾燥の範ちゅうに入る．

乾燥の方法には種々のものが知られており，場合に応じて組み合せて使用するが，大別すると，物理的手法と化学的手法の二つに分けられる．物理的手法としては種々の温度条件下(常温，加熱，または冷却)，常圧または減圧下で行うものが代表的である．被乾燥物質と除くべき溶媒の沸点が類似している場合は分留が必要となり，特別の配慮が必要となるのはもちろんである．ほかに圧縮，吸着，抽出，遠心分離などの方法もあるが，これらについてはそれぞれの該当項を参照されたい．化学的手段としては各種の乾燥剤を用いる方法が重要である．分子ふるい（モレキュラーシーブ）は正確には物理的手法というべきであるが，本書では通常の乾燥剤と並べて取り扱う．物質が湿っている状態は水や溶媒が何らかの力でその物質と結合しているわけであり，いずれの手段を用いるかは被乾燥物と溶媒の性質をよく考慮して実行すべきである．本章では，物理的乾燥に通常用いられている乾燥器について述べたのちに，乾燥剤，ついで乾燥の具体例を，固体，液体，気体の乾燥に分けて説明する．

4.2　乾燥器の種類と使い方

4.2.1　加熱乾燥器

常圧下に加温して乾燥する装置は，実験室では器具の乾燥などにもよく使われており，多種類のものが市販されている．一般に箱型の電熱器ともいうべきもので，精度の差はあれ，室温から 300 ℃ 程度の温度範囲で一定の内部温度を保つ機能を備えている．内部の空気が循環して乾燥を早める機構を備えるものもあるが，加熱によって中に生じた蒸気が外に排出されにくい構造のものも多く，しかも，熱源がむきだしのものもあり，有機溶媒を揮発させると爆発するおそれがあるので注意が必要である．後述するように電子レンジも固体に強く吸着された水分を蒸発させるのにきわめて有効である．

4.2.2　デシケーター

固体の乾燥にもっとも広く用いられている方法はガラスのデシケーター（図 1.1 (6) 参照）を用いる方法である．水分を除く場合には五酸化リンが吸収剤に用いられることが多いが吸湿するとベタついてくるので，五酸化リンを無機担体上に吸着させたうえに変色指示薬を加えた市販の乾燥剤のほうが使いやすい．減圧下での乾燥ではポンプとの間に冷却トラップが必要であり，これにより水の蒸気圧も減少する．デシケーター内に入れる乾燥剤は当然，不揮発性である必要がある．減圧用デシケーターを図 4.1(a) に示す．減圧したデシケーターを常圧に戻すとき，急にコックを開放すると乾いて軽くなった内容物や乾燥剤が飛び散ることがあるので，コックの空気流入口に沪紙の小片をあてがうなど急激な空気の流入を防ぐ注意をすべきである．普通，コックにはグリース止めと空気調節作用をもったものが使われている（図 4.1(b)）．小規模で固体の乾燥を行う場合，実験用の汎用ガラス器具を組み合わせ

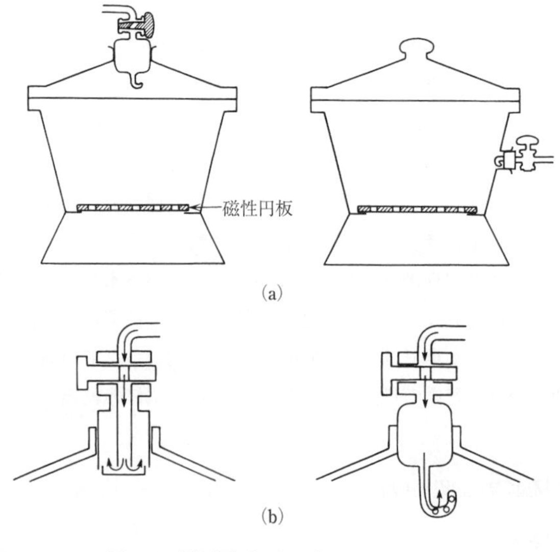

図 4.1　減圧用デシケーター
(a)　デシケーター　　(b)　コック

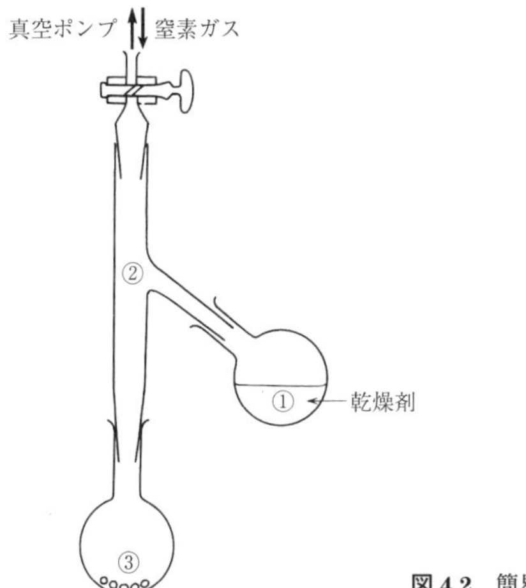

図 4.2　簡易型乾燥装置

て図 4.2 のような装置をつくって用いるのも便利である．①には乾燥剤を入れ，②で綿栓をし，③に被乾燥物をそのまま，または小容器に入れて真空ポンプで引けば，減圧乾燥できる．不活性ガス中で保存したいときは減圧後，不活性ガスを導入する．

器具などを乾燥保存する目的では，シリカゲルを乾燥剤とし，アクリル樹脂製のデシケーターが市販されている．自動的に庫内を低湿度に保つもの，真空乾燥できるものもある．

4.2.3　真空加熱乾燥器

デシケーターを真空にしたうえでさらに加熱できるようにしたのが真空加熱乾燥器である．とくに減圧下では溶媒の沸点が低下し，比較的低温で乾燥できるために不安定な試料の場合に好都合である．溶媒の沸点が一定なことを利用して精密な温度調節を行える装置を図 4.3 に示す．すなわち②に試料，③に乾燥剤を入れ，④で真空にしたところで，①に適当な溶媒を入れ加熱還流させると，②中の試料は一定の温度に保ったまま乾燥できる．加熱部分に関しては現在では電気的に加熱する方式のものが一般的である（アブデルハルデン乾燥器，図 1.1(6)，図 3.9 参照）．

4.2.4　凍 結 乾 燥 器

凍結乾燥（freeze-drying）法とは先述した普通の乾燥法とはかなり異なっており，被乾燥物質の水溶液を凍結し，そのまま水分を昇華させて乾燥する方法である．水溶液からは濃縮，抽出などの方法で物質を分離するのが常法ではあるが，凍結乾燥法には，(1) 0 ℃以下の低温で行えるので不安定な物質も乾燥できる，(2) 得られた乾燥物は軽くふわふわした表面積の大きいものとなるために再溶解しやすい，(3) 乾燥中の泡立ちや突沸がない，な

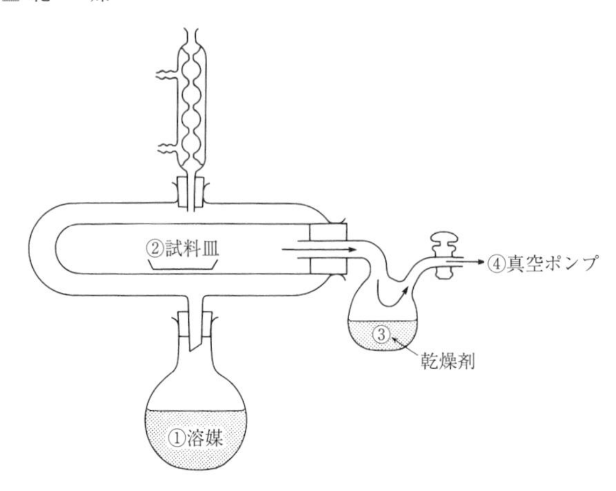

図 4.3　真空加熱乾燥器

どの特徴があるため，それらが有効な場合に用いられている．

凍結乾燥に必要な道具は，高真空ポンプ（0.1 mmHg（133.32 Pa）くらい），容量の比較的大きい冷却トラップ（−70℃くらい）だけなので，実験的に少量のものを乾燥する場合は，二方コック付きのフラスコがあればすぐに実行できる．

試料は水溶液とし，フラスコ容量の 2 割を超えない程度の量を入れる．有機溶媒が混入していると試料の凝固点が下がるので，乾燥中に試料の融解が起きてしまうおそれがある．試料を凍結させるとき，ゆっくり凍らせると水が先に凍結して成分の濃縮が起きるため，できるだけ急速に凍結させるべきである．まずドライアイス-アセトン浴にフラスコをつけ，器壁に試料をつけるように傾けながら回転させ急速に凍らせる．これを取り出してすぐに減圧にすると，フラスコは気化の潜熱により自然に冷却されて，凍結状態のまま脱水される．乾燥中にフラスコに触れると揮発の状態が急に変化して試料が飛散してしまうおそれがある．

凍結乾燥では蒸発表面が比較的小さいので，用いるポンプはあまり大容量のものは必要でないが，冷却用のトラップは蒸発した水をすべて氷として捕捉できるだけの容量のものが必要である．冷却器中に氷が凝結してくると，熱伝導度が低下して実際の冷却効率が落ちることを注意しなければならない．冷却温度が −78℃くらいでは水蒸気圧は 10^{-3} mmHg（0.133 Pa）程度であるが，冷却温度が上がると水蒸気圧の上昇分だけポンプに負担がかかることになる．

市販の乾燥器の構造を図 4.4 に示す．冷却トラップ① を電気的に冷却するような製品では寒剤の面倒をみなくてよい点が楽である．バルブ③ としてはワンタッチで，他の試料に影響を与えることなくフラスコ② の着脱が行えるようなリークバルブが用いられている．

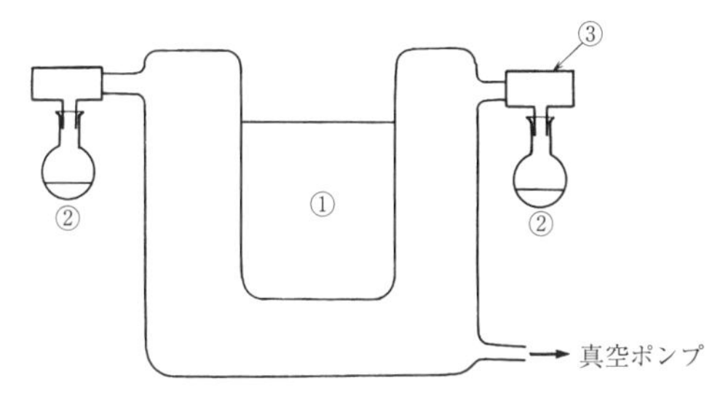

図 4.4　凍結乾燥器

4.3 乾　燥　剤

有機合成実験には以下に述べる多くの化合物が乾燥剤として利用されている．これらの乾燥剤は形状がさまざまであるばかりでなく，その脱水機構も可逆的な吸着，水和物の形成，あるいは不可逆的な化学反応などと異なっている．したがって，実際にこれらの乾燥剤を使用するときはそれぞれの脱水機構を考慮して最適の脱水条件を選択する必要がある．脱水の機構により乾燥剤は次のように大別できる．

a.　化学反応による不可逆的脱水を利用する乾燥剤

ナトリウムなどのアルカリ，アルカリ土類金属，およびその水素化物あるいは五酸化リンなど水と激しく反応し，他の化合物となる乾燥剤は，脱水の速度も大きく強力であるが，反面，反応性が大きいのでいろいろな物質と反応したり，水との反応により生成する化合物（気体の乾燥に水素化カルシウムを使用したときの水素など）の影響を考慮する必要がある．そのため用途は限定的である．

b.　水和物の形成を利用する乾燥剤

硫酸ナトリウム，硝酸カルシウムなどの無機塩類がこれに含まれ，これらの乾燥剤は一般に適用範囲が広い．脱水容量はどのような水和物が安定に形成されるかによって決まる．すなわち塩化カルシウムは最大二水和物を形成するので 1/2 水和物をつくる硫酸カルシウムより脱水容量は大きい．一方，脱水力は水和物形成における平衡蒸気圧に依存するので，常温における平衡蒸気圧が 5×10^{-3} mmHg（0.665 Pa）である硝酸カルシウムは，塩化カルシウム（平衡蒸気圧；0.2 mmHg（26.7 Pa））と比較してはるかに強力な乾燥剤である．多水和物が生成するような場合では，水和反応の系の平衡蒸気圧は水和の程度が進むにつれて増加する．したがって，一般に乾燥剤の使用量を増やすと脱水力は大きくなる．また平衡蒸気圧は温度が上昇すると大きくなるので，乾燥は低温下で行うのが望ましい．水和物形成が温度に依存している場合（一定温度以上では水和物を形成しないなど）もあるので，とくに溶媒の予備乾燥に用いたときには蒸留前に除去する必要がある．また一般に水和物生成が平衡に達するまでに長時間かかることが多いので，粒子の小さいものを使用して振とうするなどの操作が効果的である．

c. 吸着剤，吸収剤などの乾燥剤

モレキュラーシーブ，シリカゲルなどの吸着剤，および硫酸などの液体の乾燥剤の場合，平衡蒸気圧は含水量が増加するに従い連続的に変化するので，使用にあたってはこの点にとくに注意する必要がある．たとえば，95% 硫酸の平衡蒸気圧は 4×10^{-4} mmHg（0.053 Pa）であり強力な乾燥剤であるが，80% 硫酸では 9×10^{-2} mmHg（12 Pa）程度とその脱水力は大幅に低下する．

乾燥剤の使用目的から考えると，(1) 固体物質の乾燥，(2) 液体物質の乾燥，(3) 液体物質の精製のさいの予備乾燥，(4) 溶液の乾燥，(5) 気体の乾燥などが想定されるが，用途に応じて使用する乾燥剤の形状，使用法，乾燥器具を選択する必要がある．これらについては以下の各乾燥剤の項や，次節，および 13 章など関連する項目を参照されたい．

ある化合物，あるいは混合物について具体的にどの乾燥剤を用いるかは重要な問題であり，一般に以下のことを考慮して選択することになる．第一は乾燥しようとする物質と反応しない乾燥剤を使用することである．これにはたとえば酸性物質を含む溶液の乾燥に塩基性の乾燥剤を用いないというようなわかりやすい場合ばかりでなく，モレキュラーシーブが各種の脱水縮合の触媒としてはたらくとか，あるいは硫酸マグネシウムがテトラヒドロピランエーテル化の逆反応を触媒するといった思いがけないはたらきをすることがあるので注意を要する．第二は類似の乾燥剤がいくつかある場合であるが，この場合には必要とする乾燥度，使用後の除去の容易さ，乾燥剤の価格を考慮して決めればよい．第三は使用後の廃棄の問題である．乾燥剤として用いられる化合物のなかには危険な物質，有害な物質もあるが，これらの使用はできるだけ控え，代替しうる方法がない場合のみ使用するのが望ましい．

4.3.1　乾燥剤の種類

(1)　**金属ナトリウム**（Na）：柱状，あるいは球状のものを石油に浸したものが市販されている．通常，石油を沪紙で拭きとり石油エーテルで洗浄したものを，薄片あるいは線状（ナトリウムプレスにより調製）として使用する．発火性があり空気中で容易に水酸化ナトリウムになるので取扱いには注意が必要である．水と激しく反応するので液体物質の乾燥のさいにはあらかじめ塩化カルシウム，硫酸マグネシウム，五酸化リンなどの乾燥剤により予備乾燥を行ったのちに使用することが望ましい．また乾燥溶媒の保存のさいに乾燥剤として用いる場合，表面が水酸化ナトリウムで覆われると乾燥能力を失うので長期保存にあたってはその乾燥効果を過信してはいけない．脂肪族，芳香族炭化水素，エーテル，THF，ジオキサンなどエーテル系溶媒の乾燥に用いる．またベンゾフェノンと組み合わせて（ベンゾフェノンケチル），THF，エーテルの徹底乾燥にも利用されている．決してアルコール，酸，エステル，ケトン，アルデヒド，アミン，ハロゲン化合物，二硫化炭素などの乾燥に用いてはならない．ガラスウールに塗布した金属ナトリウムは気体の乾燥に利用できる（微量の酸素も同時に除去される）．使用後の金属ナトリウムはトルエンなどナトリウムと反応しない高沸点溶媒中で加熱することにより回収再生することができる．廃棄する場合はドラフト内でエタノールの中に少量ずつ注意深く加え，生成したナトリウムエトキシドを酸により中和する．金属ナトリウムは非常に危険であり，研究室の火災の原因の大半は金属ナトリウムの取扱いの誤りによるといわれている．したがって，できるだけ使用を避け，金属ナトリウム-鉛合金，水酸化カルシウム，あるいはモレキュラーシーブなど同等の脱水力をもつ他の乾燥剤を使用するのが望ましい．

（2）　**金属カリウム**（K）：銀白色塊状のものを石油中に浸したものが市販されている．金属ナトリウムに比べ反応性に富むのでいっそうの注意が必要である．脂肪族，芳香族炭化水素，エーテルの乾燥に用いる．アルコール，酸類，エステル，ケトン，アルデヒド，アミン，ハロゲン化合物，二硫化炭素の乾燥に使用してはならない．なお，廃棄のときエタノール中に加えると発火することもあるので，注意深くイソプロピルアルコール中に少量ずつ加える．

（3）　**ナトリウム-カリウム合金**（Na-K）：ナトリウムとカリウムの比が約 1：2 になるように調製したものを使用する．水銀に類似した液状であり，特殊な目的に使用する乾燥剤である．エーテルなどの脱水にはナトリウムより効果的である．またドライボックスの乾燥をはじめ気体の乾燥に用いると，微量の酸素の除去に効果がある．

（4）　**ナトリウム-鉛合金**（Na-Pb）：約 10% のナトリウムを含む鉛合金で粒状のものが市販されている．線状ナトリウムと同様に使用する．酸素，水との反応は遅く，安全，取扱い容易であり，水と反応してくずれるので金属ナトリウムより脱水容量は大きい．各種溶媒の乾燥に使用した場合の残留水分 [wt%] は以下のとおりである：ベンゼン（0.05%），シクロヘキサン（0.06%），エーテル（0.01%），ピリジン（0.03%）．

（5）　**金属カルシウム**（Ca）：エタノールの精製のさいに予備乾燥用に使用する．水とは徐々に反応するので，高価だが金属ナトリウムより脱水力は劣る．

（6）　**金属マグネシウム**（Mg）：切削片状のものをメタノール，エタノールと反応させ，対応するアルコキシドとしてそのアルコールの予備乾燥に用いる．

（7）　**マグネシウムアマルガム**，**アルミニウムアマルガム**：エタノールなどの予備乾燥に，金属ナトリウムの代わりに使用することができる．

（8）　**水素化アルミニウムリチウム**（$LiAlH_4$）：市販品は灰色の粉末で空気中で急速に分解する．水素化アルミニウムリチウム 1 mol は水 4 mol と反応して水酸化アルミニウムと水酸化リチウムを生成するので脱水容量は大きい．水と激しく反応するので取扱いには注意を要する．エーテル，THF，エチレングリコール，ジメチルエーテル（モノグリム）などの徹底脱水にきわめて有効である．酸，アルコールなどの活性水素化合物，ケトン，アルデヒドなど求電子的な置換基をもつ化合物とは反応するので，これらの乾燥には使用できない．また 125 ℃ 以上で分解するので，この分解点を超える沸点をもつジエチレングリコール，ジメチルエーテル（ジグリム）などの化合物と加熱還流してはいけない．使用後は水酸化ナトリウム，塩化アンモニウム水溶液，あるいは酢酸エチルを不活性ガス雰囲気下で徐々に加えて分解し，中和したのちに廃棄する．

(9)　**水素化カルシウム**（CaH_2）：灰色の塊状をしており，目的によっては粉砕したものを使用する．水素化カルシウム 1 mol は水 2 mol と反応して水素と水酸化カルシウムを与えるので脱水容量は大きい．空気中でも比較的安定で取扱いが容易である．また適用範囲も広いので利用価値の高い乾燥剤である．炭化水素，エーテル，テトラヒドロフラン，ジオキサン，アミン，ピリジン，エステル，DMSO，DMF，HMPA，*t*-ブチルアルコールなどの微量の残留水分を除去するのに用いる．塩化物，臭化物を高温下で水素化カルシウムと処理するのは不適当な場合が多い．塩基性であり，アルデヒド，反応性の高いケトン，酸，酸塩化物の乾燥に用いてはいけない．また酸化剤と混合すると発火することがある．水素の発生が問題にならない場合には気体の乾燥にも有効である（平衡蒸気圧；$<10^{-5}$ mmHg（1.33×10^{-2} Pa））．

(10)　**酸化カルシウム**（CaO）：水 1 mol と反応して水酸化カルシウムを生成するので脱水容量は大きいが脱水速度は遅い．また二酸化炭素も吸収するので二酸化炭素存在下では脱水容量は小さくなる．ピリジン類，DMF，DMA，*N*-メチルピロリドンなどの含窒素化合物，アルコールの予備乾燥に使用できる．アルデヒド，ケトン，酸類の乾燥には使用できない．アンモニアガスの乾燥に有効であり（平衡蒸気圧；3×10^{-3} mmHg（0.40 Pa）），またデシケーター用乾燥剤として固体の乾燥にも用いられる．

(11)　**酸化バリウム**（BaO）：乾燥力は強いが（平衡蒸気圧；7×10^{-4} mmHg（0.093 Pa）），脱水容量は小さい．塩基性で高価かつ再生は困難である．エタノールの乾燥（メタノール，アリルアルコールの乾燥には使用できない），ピリジン，DMF，DMA，*N*-メチルピロリドンなどの予備乾燥，気体の乾燥に用いられる．

(12)　**無水ホウ酸（三酸化ホウ素**，B_2O_3）：ガラス状の固体，吸湿によりメタホウ酸になり，脱水容量は大きい．乾燥力は五酸化リンに劣るが塩化カルシウムより強い．

(13)　**五酸化リン**（P_2O_5）：白色の粉末であり，空気中で急速に吸湿するので取扱いはすばやく行う．高価であるが，乾燥力は濃硫酸を上回る（平衡蒸気圧；2×10^{-5} mmHg（0.027 Pa））．脱水速度はきわめて速いが吸収により生成するメタリン酸が表面を覆うので，これを取り除かないと脱水容量は小さくなる．この点を改良した無機担体に五酸化リンをまぶして吸湿の程度を示す指示薬を添加したものが Sicapento の商品名で市販されている．炭化水素，ハロゲン化合物，エーテル，ニトリルの乾燥に用いられている．不純物としてホスフィン，三酸化リン，メタリン酸を含むので，これらの混入が問題となる場合にはできるだけ純度の高いものを使用する．ケトン，アミン，アミド，アルコール，酸類の乾燥には使用できない．デシケーター用乾燥剤として中性，酸性固体の乾燥に汎用されている．また水素，酸素，窒素，一酸化炭素，二酸化炭素，硫化水素，一酸化窒素，二酸化硫黄，炭化水素など中性ガス，塩化水素，臭化水素を除く酸性ガスの乾燥に使用できるが，気体流により五酸化リンが飛散するおそれがあるので使用には注意を要する（4.2.2 項参照）.

（14） **塩化亜鉛**（$ZnCl_2$）：空気中で急速に潮解するので取扱いはすばやく行う．炭化水素，塩化水素の乾燥に使用する．塩化水素の乾燥剤としては塩化カルシウムより優り，濃硫酸に劣る．

（15） **塩化カルシウム**（$CaCl_2$）：乾燥管の充塡剤などに広く用いられている乾燥剤である．最高六水和物を形成し，脱水容量は大きいが脱水力は弱い（平衡蒸気圧；0.2 mmHg（27 Pa））．また乾燥速度は小さく，乾燥には長時間を要する．また加熱により水を放出するので溶媒の予備乾燥に使用する場合には蒸留に先立ち除去する必要がある．わずかに酸性であり，また微量の硫酸が存在すると塩化水素を生成する．一般に粒状のものが使用されているが，デシケーター用としては塊状のものも市販されている．脂肪族，芳香族炭化水素，エーテル類，ハロゲン化合物（ジクロロメタン，クロロホルム，四塩化炭素，1,2-ジクロロエタンなど），二硫化炭素の予備乾燥をはじめほぼすべての有機化合物の乾燥に利用できる．一方，アルコール類，ケトン，アミン，アミノ酸，アミドなどとは分子化合物を形成するので，これらの化合物の乾燥に用いてはならない．また不純物として石灰を含むため，カルボン酸，フェノールなど酸性物質の乾燥には不適当な場合がある．水素，酸素，窒素，一酸化炭素，二酸化炭素，硫化水素，炭化水素，塩化水素，塩化アルキルなどの気体の乾燥には融解によって調製した無水和物を用いる．アンモニアとは分子化合物を形成し，エチレンオキシドと反応してクロロヒドリンを生成するのでこれらの乾燥に用いてはならない．

（16） **臭化カルシウム**（$CaBr_2$）：最高六水和物を形成する．臭化水素の乾燥に利用できる．

（17） **硫酸ナトリウム**（Na_2SO_4）：最高十水和物をつくり脱水容量は大きいが脱水速度，脱水力は小さい．中性であり安価なので乾燥剤として汎用されている．ほとんどすべての液体の有機化合物に適用することができ，とくに反応後の抽出液の乾燥に使用される．脱水力が小さいので気体の乾燥には適当ではない．

（18） **硫酸カルシウム**（$CaSO_4$）：1/2 水和物を形成するので脱水容量は小さいが，脱水力は強い（平衡蒸気圧；5×10^{-3} mmHg（0.67 Pa））．小片状としたものが Drierite の商品名で市販されている（吸湿の程度を示す指示薬として塩化コバルト(II) を加えたものも市販されている）．高価であるが 250 ℃ で 2～3 時間加熱することにより再生が可能である．中性であり硫酸ナトリウムと同様，ほぼすべての有機化合物（固体，液体），各種の気体の乾燥に利用されている．

（19） **硫酸マグネシウム**（$MgSO_4$）：最高七水和物を形成するので脱水容量は大きく，また脱水速度は硫酸ナトリウムに優る．ほとんどすべての液体の有機化合物の乾燥に使用されている．一方，酸触媒として作用する例も知られているので注意が必要である．また水和度の高い硫酸マグネシウムはエーテルに溶解するので，エーテル抽出後の乾燥などの場合には多めに使用することが望ましい．

(20)　**硫酸銅**（$CuSO_4$）：無水物は白色粉末であり，吸湿により着色（藍青色）するので吸湿の程度を知ることができる．最高五水和物をつくるが，200℃に加熱することにより容易に再生できる．中性で取扱いが容易であり，アルコール類（メタノールを除く），エーテル，エステル，低級脂肪酸，ベンゼンの乾燥，溶媒中に含まれる水分の検出に使用されている．また脱水力は小さい（残留水分；1.4 mg L^{-1}）が気体の乾燥にも利用されている．

(21)　**炭酸ナトリウム**（Na_2CO_3）：最大二水和物を形成するので脱水容量は大きい．アルコール，ケトン，エステル，ニトリル，アミノ類などの予備乾燥に用いる．塩基性なので酸性溶媒などの乾燥には不適当である．

(22)　**炭酸カリウム**（K_2CO_3）：潮解性の白色粉末で二水和物を形成する．塩基性物質の乾燥に汎用されているほか，アセトニトリル，酢酸エステルの予備乾燥，ケトン，ハロゲン化物の乾燥に利用できる．塩基性であるので酸類，フェノールなどの乾燥に使えない．

(23)　**過塩素酸マグネシウム**（$Mg(ClO_4)_2$）：最高六水和物をつくり脱水容量は大きく，また乾燥力も強い（平衡蒸気圧；5×10^{-4} mmHg(0.067 Pa)）．無水物，三水和物がそれぞれAnhydrone，Dehydriteの商品名で市販されている．中性であるが液体，固体の有機化合物とともに加熱したり，有機化合物の蒸気と接触すると爆発することがある．真空下で250℃に加熱することにより再生できるが注意を要する．水素，酸素，空気，塩素，塩化水素，硫化水素などの気体の乾燥に使用される．

(24)　**過塩素酸バリウム**（$Ba(ClO_4)_2$）：三水和物を形成するので脱水容量は大きいが，乾燥力は過塩素酸マグネシウムに劣り，塩化カルシウムと同程度である．過塩素酸マグネシウムと同様に利用されている．

(25)　**水酸化ナトリウム**（NaOH）：吸湿により粒子表面に飽和水溶液を形成する．脱水容量は小さく，また脱水力は水酸化カリウムに劣る．アミンなど塩基性溶媒の乾燥，中性，塩基性ガスの乾燥のほか，デシケーター用乾燥剤としても利用されている．

(26)　**水酸化カリウム**（KOH）：表面の吸湿により脱水力を失うので脱水容量は小さいが，乾燥力は水酸化ナトリウムより強い（平衡蒸気圧；約2×10^{-3} mmHg（0.27 Pa））．アミン類の乾燥，テトラヒドロフラン，ジメトキシエタン，ピリジン類の予備乾燥に使用されている．塩基性であるので酸，アルデヒド，ケトンの乾燥に用いてはならない．また中性，塩基性気体の乾燥，デシケーター用乾燥剤としても利用される．

(27)　**ソーダ石灰**：アンモニア，低分子量アミンなどの塩基性気体の乾燥，およびアルコールと接触する可能性のある場合に塩化カルシウムの代わりに乾燥管用の充塡剤として使用されている．また二酸化炭素の除去にも効果がある．

(28)　**硫　酸**（H_2SO_4）：デシケーター用乾燥剤として多用されている．乾燥力は強いが，吸湿により乾燥力は急速に低下する（平衡蒸気圧；濃度95％：4×10^{-4} mmHg（0.05 Pa），90％：5×10^{-3} mmHg（0.67 Pa），80％：8.6×10^{-2} mmHg（11.5 Pa），70％：0.72 mmHg（96

Pa)). 中性，酸性の有機化合物の乾燥，臭素の脱水に用いられている．酸性であり，また酸化力もあるので塩基性化合物，アルコール，フェノール，ケトン，不飽和炭化水素の乾燥に使用してはならない．また真空下で使用することはできない．水素，窒素，一酸化炭素，二酸化炭素，塩素，塩化水素，三フッ化ホウ素，二酸化硫黄，飽和炭化水素などの気体の乾燥にも利用されるが，臭化水素の場合には分解がみられるので使用してはならない．

(29)　**リン酸**（シロップ状，H_3PO_4)）：脱水力は強く（平衡蒸気圧；約 3×10^{-3} mmHg（0.40 Pa)），脱水速度も大きい．水素，窒素，一酸化炭素，二酸化炭素，塩素，三フッ化ホウ素，二酸化硫黄，飽和炭化水素など中性，酸性気体の乾燥に使用できる．

(30)　**シリカゲル**（SiO_2）：粒状のものをデシケーター用乾燥剤，気体の乾燥に用いる．塩化コバルト(II) を含むもの（青ゲル）は吸湿すると淡紅色を呈するので吸湿の程度を知ることができる．乾燥力も強く（平衡蒸気圧；約 2×10^{-3} mmHg（0.27 Pa)），また 300 ℃に加熱することにより容易に再生できる．ほぼあらゆる種類の気体の乾燥に使用されていて，吸湿による詰まりがないのが利点である．

(31)　**酸化アルミニウム（アルミナ**，Al_2O_3）：脱水力は強く（平衡蒸気圧；約 1×10^{-3} mmHg（0.13 Pa)），脱水容量も大きい．取扱いが容易であり，また 175 ℃ で 6～7 時間加熱することにより容易に再生できる（800 ℃ 以上に加熱すると活性が低下するので注意が必要である）．色の変化により吸湿の程度を指示するものも市販されている．化学的に不活性で中性ガス，ヨウ化水素，臭化水素の乾燥に利用されているが，二酸化硫黄，塩素の乾燥には用いないほうがよい．他の気体の乾燥剤と異なり有機化合物の蒸気も吸収除去される．

(32)　**カラムクロマトグラフィー用アルミナ，シリカゲル**：カラムに充填したものを溶媒の乾燥，精製に使用する．塩基性アルミナはクロロホルム，エーテル，ピリジン，ベンゼンなどの乾燥，DMF，DMA，NMP の予備乾燥に利用されている．酢酸エチルの乾燥には中性アルミナが適している．カラム用シリカゲルの使用はアルミナに準ずる．

(33)　**モレキュラーシーブ**（molecular sieves：MS，**合成ゼオライト**）：含水アルミノケイ酸アルカリ，アルカリ土類金属塩からなり，規則的結晶構造といろいろなサイズの均一な細孔をもっている．モレキュラーシーブは“分子ふるい”の効果によることが他の吸着剤と異なる．すなわち細孔の径より小さい分子のみを吸着するので細孔のサイズを選択することにより脱水ばかりでなく，他の比較的小さな分子も分離除去することが可能である．熱に強く，一般に 700 ℃ まで安定であり高温でも乾燥力は低下しない．一方，強酸，強塩基には弱い（使用限界は pH 5～11）．乾燥力は強く（平衡蒸気圧；約 1×10^{-3} mmHg（0.13 Pa)），脱水容量も大きい．使用にあたっては市販品を 350 ℃ で 3 時間加熱し，よく脱水して用いる．また使用後も洗浄したのち，同様の操作で再生することができる．メタノール，エタノール，アセトン，アセトニトリル（MS 3A），キシレン，クロロホルム，ジクロロメタン，DMSO，ニトロメタン（MS 4A），THF，ジオキサン（MS 5A），HMPA（MS 13X）など，ほぼあらゆる溶媒の乾燥に使用できる．乾燥を効率的に行うためにはカラム，あるいはソックスレー（Soxhlet）抽出器を利用するとよい．いくつかの溶媒について残留水分［wt%］を示す：エーテル（0.001%），ベンゼン（0.003%），シクロヘキサン（0.002%），ピリジン（0.004%），ジクロロメタン（0.002%），モレキュラーシーブ 4A を触媒とするN-アミノトリフェニルホスフィンイミンと芳香族アルデヒドやケトンの縮合反応，n-ブチルアミンとステロイドケトンの反応などが知られており，またアセトンとともに長時間放置するとアセトンの化学反応が進行し，かえって残留水分が増加することが報告されている．したがって，カルボニル化合物の乾燥に使用する場合にはこの点に配慮する必要がある．吸湿による詰まりがないので気体の乾燥にも便利である．あらゆる気体の乾燥に利用できるが，モレキュラーシーブ 4A は硫化水素，二酸化炭素，二酸化硫黄，エタン，エチレンなどを吸着するので用途により用いるモレキュラーシーブの種類を選択する必要がある．

4.4　乾燥操作の具体例

4.4.1　固体の乾燥

固体の乾燥法は種々あるが，主として（1）風乾法，（2）減圧法，（3）加熱法，（4）デシケーター法，（5）凍結法，（6）非沸法の六つの方法があげられる．

もっとも簡単な方法は風乾法であり，乾燥したい物質を圧搾し，薄い層にして沪紙などの上に広げ，さらにもう 1 枚の沪紙をかぶせ，できれば三脚のような台に金網をのせ，その上に置く．そうすれば下面からも乾燥が促進され，乾燥時間が短縮される．また下方から加温すれば，さらに乾燥能率が上がる．

水を含んだ無機塩類などで有機溶媒に不溶なものは，アルコール，アセトンで洗浄したのち，エーテルで洗い乾燥させれば速く乾かすことができる．

さらに少量の化合物を急速に乾燥して融点をはかりたい場合などには，素焼板の上に化合物をのせてスパチュラで押しつける方法が便利である．素焼板は化合物についた粘性の高い油分も吸収するので，少量の乾燥試料をつくる場合に好適である．

固体を加温あるいは加熱して乾燥させる装置には加熱乾燥器がある．加熱乾燥器を用いて固体を乾燥させるには，前述したように沪紙の上にできるだけ薄く化合物を広げて用いる．

実験室でもっとも一般的にまた効果的に用いられている乾燥法はデシケーターによる方法である（図 4.1）．さらにデシケーター内の空気をポンプなどで吸引して減圧に保つと（図 4.2），固体に付着している液は常圧のときよりはるかに早く蒸発し，蒸気となった液は乾燥剤に吸着されるので高い乾燥効果をもたらす．もし化合物が日光で変化するおそれのあるときは，着色ガラス製のものを用いるとよい．また化合物を三角フラスコなどの容器に入れたままでは乾燥の能率が低下するので，できるかぎり表面積を大きくするように薄く広げるのが好ましい．

一般に酸性固体の乾燥には塩化カルシウム，五酸化リン，濃硫酸などを用いる．これらの酸性乾燥剤を用いれば，アミンなどの塩基性揮発物質も除くことができる．五酸化リンを使用するさいは，五酸化リンをビーカーなどの容器に入れデシケーター内に入れる．こうすれば乾燥剤を取り替えるさいに非常に便利である．濃硫酸を用いるときは，持ち運びのさい，濃硫酸がはねることがあるので，両端を閉じた小さなガラス管などを数多く浮かせておくとよい．塩基性の固体の乾燥には固体の水酸化カリウム，水酸化ナトリウム，生石灰などが用いられる．これらの乾燥剤を用いた場合，揮発性の酸も吸収される．アルコールの吸収には塩化カルシウムが，またベンゼンやトルエンの吸収には固体パラフィンが用いられたが，実際には減圧下での乾燥が効率的である．

凍結乾燥とは，いろいろな物質の水溶液を冷却して凍結し，凍結した状態のままで水分を昇華乾燥してしまう方法である．この方法によれば低温でしかも表面積の非常に大きい固体を得ることができる（4.2.4 項参照）．

固体から水をとり乾燥させる方法に非沸法という方法がある．この方法は水と共沸混合物をつくる液体を用いて水分を除去するものである．一般にはベンゼン，トルエン，1,2-ジクロロエタンなどの溶媒を用い，装置としては図 4.5 に示すディーン-スターク（Dean-Stark）トラップが簡便である．乾燥しようとする固体をフラスコの中に入れ，溶媒を加えたのち加熱し，図中 B の部分に共沸して出てきた水分がたまってくるので，それが出なくなるまで加熱還流を続ける．水分がたまらなくなったところで，B の部分にモレキュラーシーブを入れ，さらに加熱還流すると乾燥度が上がる．

以上述べてきたように，固体の乾燥法にはいろいろな方法があるが，一つの方法だけを偏用せず上記各種方法を併用すれば，より効果的に乾燥させることができる．

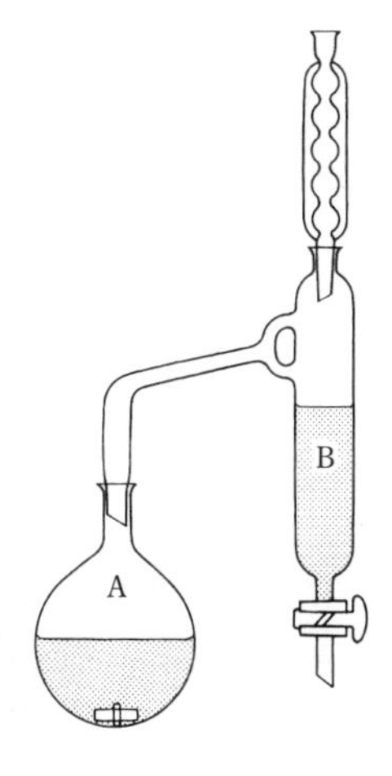

図 4.5　ディーン-スターク（Dean-Stark）トラップ

4.4.2 液体の乾燥

液体の乾燥法は主として (1) 蒸発，蒸留による方法，(2) 共沸蒸留による方法，(3) 凍結による方法，(4) 乾燥した気体，液体による方法，(5) 乾燥剤による方法の五つがあげられる．

乾燥しようとする液体が非常に揮発しにくい場合には，これを蒸留すれば水分だけが先に蒸発してしまう．たとえば，グリセリンから水分を除去するときなどに蒸発皿中で加熱濃縮するか，蒸留フラスコを用いて減圧濃縮または蒸留して水分を除く方法は好例である．この方法は水と共沸混合物をつくらない場合に限られ，とくに多量の水分を含む場合に能率がよい．

液体の共沸蒸留による乾燥法として代表的なものにエタノールの乾燥法がある．この方法は Young によるアルコール脱水法とよばれており，エタノール，水，ベンゼンが 3 成分共沸混合物をつくることを利用したものである．3 成分共沸混合物が留出して水分が除かれると次にエタノール，ベンゼンの 2 成分共沸混合物が留出し，それが留出し終わると最後に純エタノールが留出する．脱水したいエタノールにベンゼンを加え蒸留し，沸点が純アルコールのものになったときそれを集めれば純粋なアルコールを得ることができる．この蒸留のさいの初留分はさらに次の脱水に用いることができる．この方法はイソプロピルアルコール，アリルアルコールにもあてはめることができる．しかし，メタノールは水と共沸混合物をつくらないので，乾燥剤を用いて行うか，精留塔を用いて精留する．また少量の水を含むベンゼン，トルエン，四塩化炭素も 2 成分共沸混合物をつくるので，初留分として水を含む成分を除去したのち，脱水された物質を得ることができる．また *t*-ブチルヒドロペルオキシドは単に蒸留して精製した場合は分解しやすく純度を上げるのが難しいことが多いが，ベンゼンを用いて共沸混合物として水分を除去すれば，分解を抑えつつ乾燥することができる．しかし実験室では合成した化合物の乾燥に 3 成分および 2 成分系の共沸混合物を利用することはあまりなく，工業的な規模で利用されている．

凍結による乾燥は予備的な乾燥法として用いられている．乾燥剤を利用する場合，吸着による損失があるが，凍結によればそれを避けることができる．たとえば炭化水素などは，水分が水滴となり器壁に付着するため分離が困難なことがあるが，凍結によればたやすく分離できる．こうして脱水した物質は，次に蒸留などによりさらに乾燥することができる．

よく乾燥された気体や液体は湿気をよく吸収する．この性質を利用することにより，他の物質を乾燥することができる．ここでは乾燥しようとする物質が揮発性でなく，また使用する気体が十分乾燥されており，それが乾燥する液体に作用しない場合に限る．

図 4.6 のようにフラスコの中に乾燥しようとする液体を入れて加熱し，沸騰させながらガスの吹込み口からよく乾燥した気体を送り込めば，気体は液体中の湿気を奪って乾燥管から放出される．この方法は固体の乾燥剤を用いることができない場合などに使うが，非常に効

率がよい．また無水エタノール，メタノールなどを用い，それらを少量の試料に加え蒸留を繰り返せば効率よく乾燥することができ，試料の損失も少ない．

液体の乾燥法でもっとも多用されている方法は乾燥剤を使う方法である．

乾燥剤はそれ自身，水を吸収する物質で，多くは無機塩類である．乾燥剤の種類と試料との相性については4.3節で触れたので，ここでは実際の操作について詳しく述べる．

どのような乾燥剤を用いる場合も，その乾燥剤の特性に注意して用いる．新物質を合成したさいはその物質の性質を予測し適切な乾燥剤を選ぶ．乾燥剤の選択を誤ると，ときとして大切な試料を損うことがあるので十分注意する必要がある．

乾燥剤が水を吸着するには概して時間がかかる．また，液体に乾燥剤を加えて放置するより，よくかき混ぜたほうが効率がよい．さらに加温したほうが早く乾燥する場合が多いが，あまり温度を上げると脱水能力が低下するので，使用する乾燥剤の性質を調べてから行う．微量の物質の乾燥は，溶媒に溶かしたのち行うのが普通である．溶媒を乾燥するには，吸湿能力があまり高くないが吸湿量の多いものと，吸湿能力の高いものとを組み合わせて用いることが多い．たとえば，エーテル系溶媒などは，水酸化ナトリウム（カリウム）で乾燥させたのち，金属ナトリウムで乾燥させ，または市販のNa-Pd合金で予備乾燥させたうえで，さらに用いる直前に図4.7に示す装置を用いてナトリウム/ベンゾフェノン，あるいは水素化アルミニウムリチウムから蒸留すれば，非常に乾燥した状態の溶媒を得ることができる．この場合，図のように，シリンジによって少量の溶媒を取り出すためにゴムのセプタムをつけた側管と，直接，大量の溶媒を取り出すことのできる管を備えたものが便利である．

乾燥終了後，乾燥剤を分離しなければならないが，一般の反応溶液はひだ折り沪紙を利用して沪別することがもっとも多い．多量の溶媒を乾燥するために用いられた乾燥剤はデカン

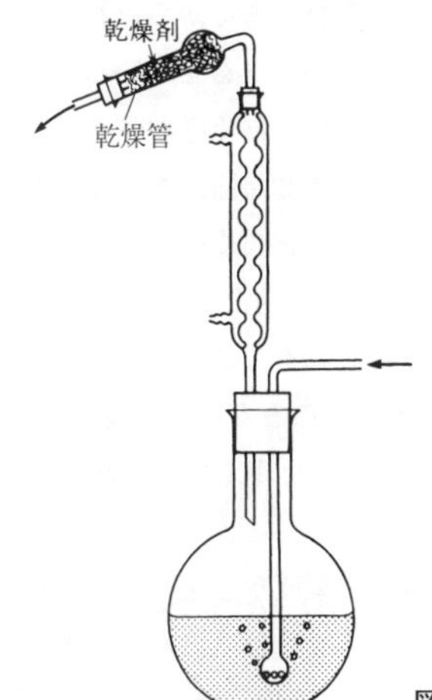

図 4.6　液体の蒸留による乾燥

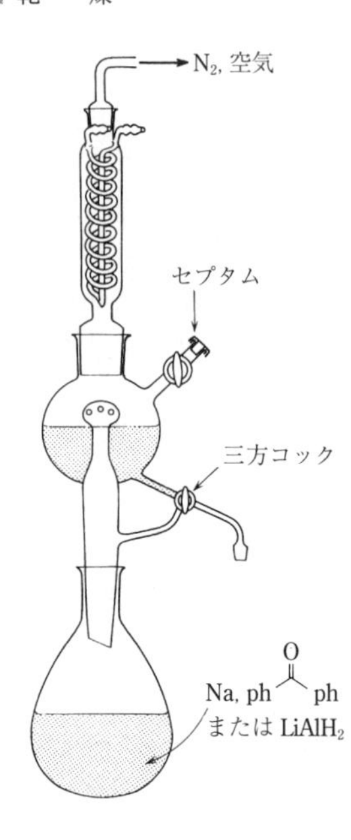

図 4.7　溶媒の蒸留装置の一例

テーションや綿栓沪過で分ける場合もある．

乾燥した液体は非常に吸湿性が大きいので保存には十分注意が必要である．少量のものはアンプルに入れ封じてしまえばいちばん効果的だが，光などで分解して気体を放出するような化合物の保存には不適当である．液体を試薬瓶などに入れ，不活性ガスで系内を置換したのち保存すれば，酸化を受けやすいアルデヒド類などの保存に適している．

乾燥した液体はしばしば乾燥剤を入れて保存するが，古くから行われている金属ナトリウム線を用いる方法は危険でもあり，効率も悪い．ナトリウムを用いる場合には，ときどきナトリウム線をガラス棒などでつつき，表面を新しくしておく必要がある．水素化カルシウムは非常にすぐれた乾燥剤であるが，ナトリウムのときと同様，水と反応して水素ガスを発生するので，試薬瓶の蓋に塩化カルシウム管かガラス管を細く引いたものをつけ，内圧が上がらないようにする（図 4.8）．液体の保存のさいの乾燥剤としては，モレキュラーシーブが乾燥能力と取扱いのよさと安全性でもっとも優れている．このとき，あらかじめよく乾燥したうえで，溶媒量にあったサイズのものを使用することが重要である（4.3.1 項の（33）参照）．モレキュラーシーブの乾燥は，乾燥器で加熱したうえで，さらに減圧して水分を除去する．

反応に用いる少量の乾燥溶媒が必要なときは，試薬瓶から出した溶媒にモレキュラーシーブを加え数時間放置すれば，ほとんどの溶媒は十分な乾燥度になることが多い．

またクロロホルム，ベンゼン，アセトンなどはクロマトグラフィー用の活性アルミナです

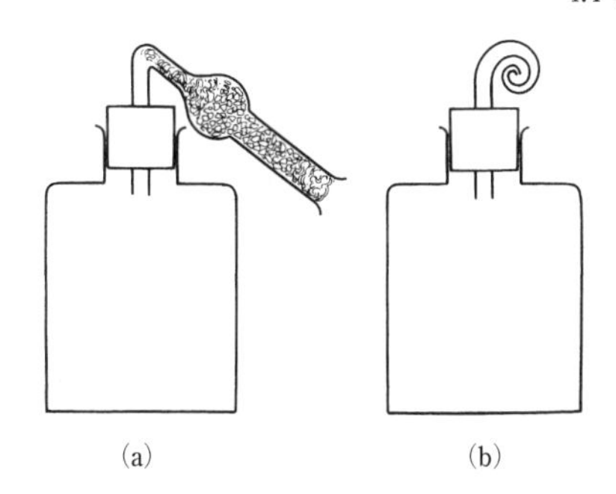

図 4.8　内圧が上がらないための工夫
(a) 塩化カルシウム管　(b) 引いて先を細くしたガラス管

ばやく乾燥できる.

4.4.3 気体の乾燥

気体の乾燥法には主として（1）固体乾燥剤を用いる方法,（2）液体乾燥剤を用いる方法,（3）両者の併用の三つの方法がある. 気体の乾燥にもっとも広く用いられているものに, いわゆる塩化カルシウム管がある.

図 4.9 に示すように両端に脱脂綿あるいはガラスウールを詰めた中に, 塩化カルシウム, ソーダ石灰, 水酸化ナトリウムなどを詰める. 冷却管の上部につける場合は塩化カルシウム管の下部を曲げておくことが必要である. こうすれば乾燥剤が潮解したとき冷却管内への潮解した液の流入を防ぐことができる. この塩化カルシウム管の一種に U 字管ならびに乾燥塔がある. これらは大きな乾燥面積をもつ. U 字管にコックのついているものは, 使用しないときそれを閉じておけば内部の乾燥剤が湿気を吸収せずに保存できる. コックのないものは, 使わないときに端を閉じたゴム栓などをかぶせておくとよい. 図 4.9 に示した乾燥塔は大型なので比較的大量のガスを乾燥するのに適している.

五酸化リンは非常に強力な乾燥剤で, 液体や固体の乾燥に広く多用されているが, 粉末であるため気体の乾燥には利用しにくい. しかし, ガラスウールまたはガラス球と混合し, 吸収表面を均一に広くして用いることができる. 図 4.10 に示す乾燥管はかき混ぜ棒を有した五酸化リン専用のものであり, ときどきかき混ぜては新しい表面を出せるようになっている.

液体の乾燥剤を使用する器具は一般にガス洗浄瓶とよばれるものであり, ドレッセル（Drechel）式, ウォルター（Walter）式, ムエンケ（Muenck）式などがある（図 1.1（8）参照).

Woulffe の瓶（図 4.11）とよばれるものは, 二つ口, 三つ口と 2 種類ある. 三つ口のものは中央に圧力調整用のガラス管があり, 逆流を防ぐことができる. またドレッセル式洗浄瓶

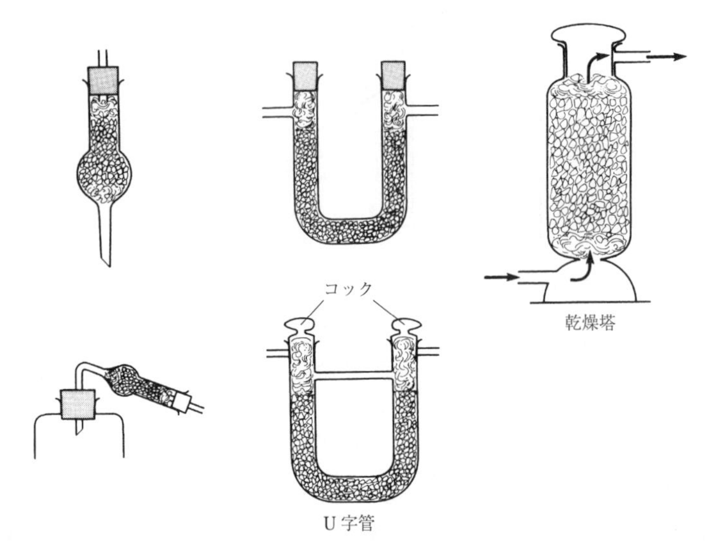

図 4.9　塩化カルシウム管

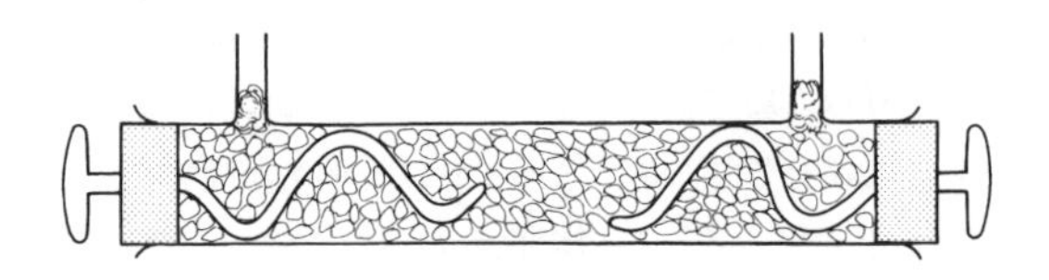

図 4.10　乾燥管

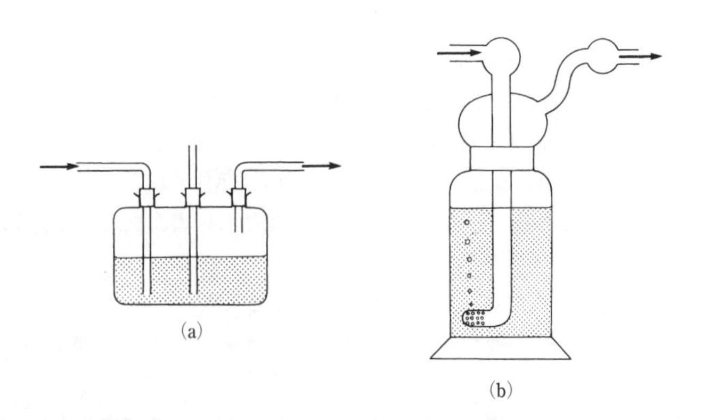

図 4.11　Woulffe の瓶（a）と Schott-Gen 型洗浄瓶（b）

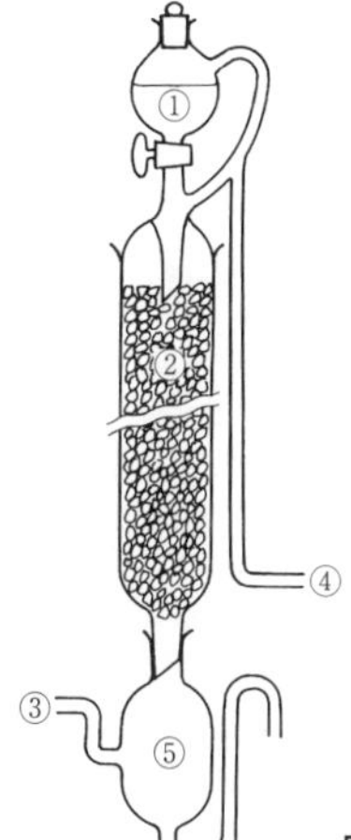

図 4.12　Heusgen の充塡塔

は，われわれが広く用いられているもので，種々の工夫が施されている．ムエンケ式は比較的大量の気体を吹き込んでも小さな泡となるため，効率よく乾燥することができる．Schott-Gen 型は噴出口にガラスフィルターを使ったもので，さらに効率がよい．またウォルター式は液体中に出た気泡が，らせん状のガラス板にそって上昇するので乾燥液に接触する時間が長く，非常に乾燥効率がよい．しかし大量の気体を流すことはできない．実験室で簡単につくれるものに液体用 U 字管がある．これは濃硫酸などを湾曲部に入れるだけでよく便利である．多量の気体をすばやく乾燥させるためには図 4.12 の装置がある．これは Heusgen の充塡塔とよばれるもので，②の部分に軽石，ガラス球，素焼板のかけらなどを詰め，①から液体乾燥剤を滴下して②の詰めものにまんべんなくかけながら③から気体を流すものである．③から入った気体は②を通過する間に十分乾燥剤に接し，流量が大きくても十分に使用することができる．下方にたまった乾燥剤はサイホン作用により下から出る．

固体，液体の両方の乾燥剤を併用する装置を図 4.13 に示す．Woytaceck 型乾燥器は塩化カルシウム管二つを Woulffe 型の二つ口瓶につけたものである．Dufty 型は Woytaceck 型とほぼ同様である．Fucks 型は全体をコンパクトにまとめてあり，持ち運びに便利である．

以上のように種々の装置があるが，中に入れる乾燥剤と気体の性質をよく吟味して使用することが必要である．

4.4.4　容器および反応系の乾燥

最近の有機合成化学の進歩により種々の新しい型式の反応が見出されているが，その多くは非水系で行う反応である．一般に数ミリモルスケール以下で行う反応は，一つ口や二つ口のナス形または丸底フラスコ，あるいはシュレンク管（図 1.1(8)）を用いて行う場合が多

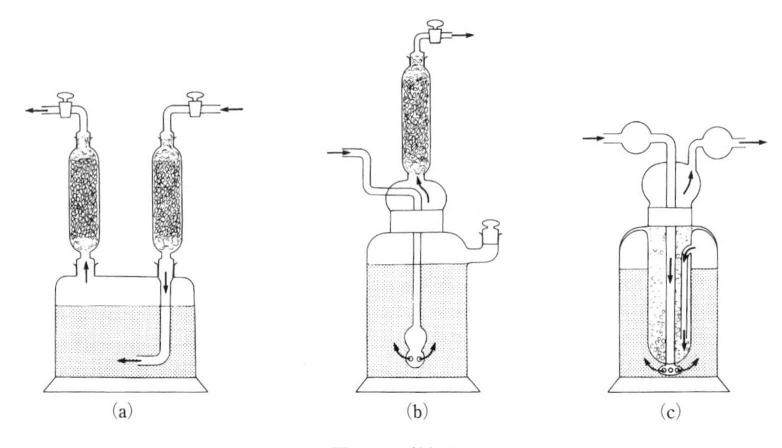

図 4.13　乾燥器

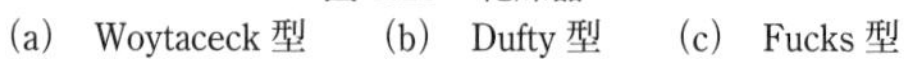
(a)　Woytaceck 型　　(b)　Dufty 型　　(c)　Fucks 型

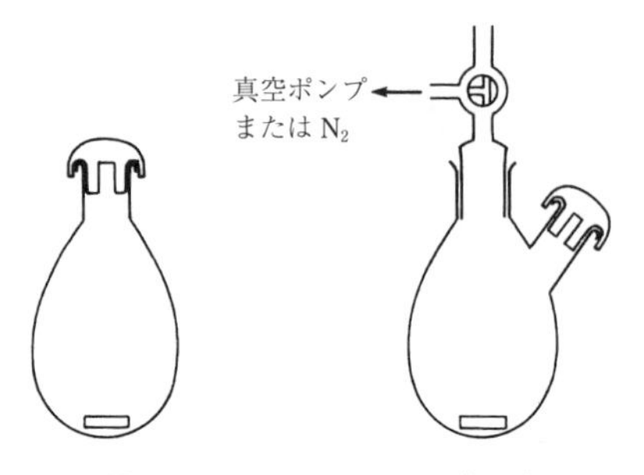

図 4.14　フラスコを用いた乾燥法

い（図 4.14）．この種の器具のいちばん確実な乾燥法はフラスコをガスバーナーなどの炎か乾燥器で熱し，すぐに真空ポンプで減圧にして内部の水分を除去する方法である．フラスコが室温に冷えたのち，乾燥した不活性ガスを入れ，さらにまた減圧するという操作を 2,3 回繰り返し，系内を乾燥気体で満たす．あるいは減圧にする代わりに，乾燥した気体をフラスコ内にガス管で導き，フラスコが室温に冷えるまで流し続けるとよい（図 4.15）．

また，高温に加熱することのできるヒートガン（1 kW 程度）が市販されているので，それを用いて反応容器を減圧ラインにつないだまま加熱，乾燥することができたいへん便利である．

比較的大きなスケールで反応を行う場合，反応装置を乾燥器などで熱してほぼ乾燥させたのち，五酸化リンの入った乾燥管をつけて数時間から一晩放置しておけば十分に乾燥したものが得られる（図 4.16）．また反応容器のすり合せの部分に真空グリースを塗っておけば，

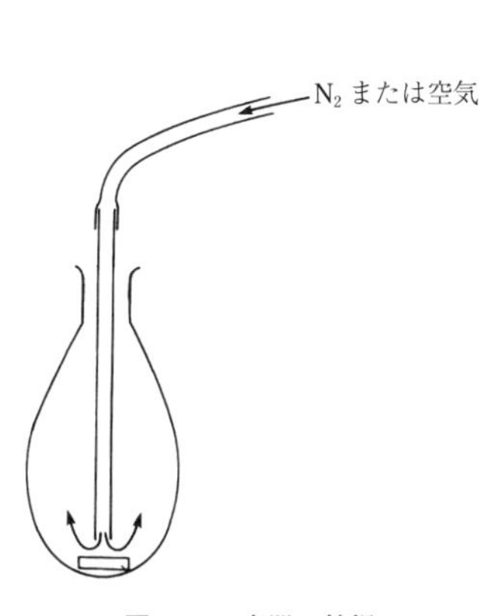

図 4.15　容器の乾燥

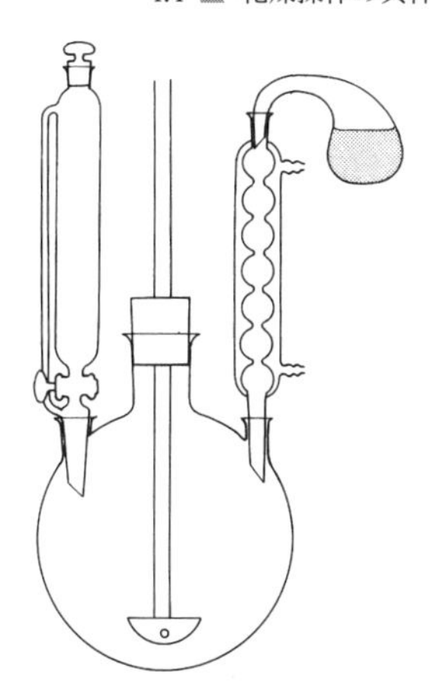

図 4.16　大型の容器の乾燥

気密度が上がりより確実である．反応はよく乾いた不活性ガス雰囲気下で行うことが多く，その場合，4.4.3 項で述べた方法で十分乾燥したものを用いる．いうまでもないが，反応中は容器内部の圧力が上がらないよう，内部の気体を風船またはトラップを経て大気中に逃がすことが必須である．

溶解，添加，撹拌

5.1 溶　　解

本節では，有機合成実験を行ううえで必要と思われる溶解の原理，溶液の調製や取扱い法などの基礎事項について述べる．

一般に，二つ以上の成分を含み均一な相を形成した混合物を溶体という．相の種類は，気相，液相，固相の 3 種類であるから，溶体には気体だけからできた混合物，液体に気体，固体または別の液体が混合した溶液，そして固体に気体，液体または他の固体が溶け込んだ固溶体とがある．溶液をつくる現象が溶解である．溶液では液体を溶媒，液体に溶けている気体や固体を溶質という．溶液の状態をつくる溶質はイオンや分子状からコロイド状までのさまざまな存在状態をとる可能性がある．溶質粒子はいずれの場合も溶媒分子と密接な相互作用をしており，本質的には化学的な結合をしている場合もある．溶質粒子が溶媒分子の間に入り込んで均一な分布をしているものは非電解質溶液であり，それがイオンの場合は電解質溶液である．高分子溶液では，溶質の分子量は幅広く分布して多分散系の溶液となる．

ある物質が溶媒に溶解するとき，2 成分が任意の割合で完全に混合して均一な溶液ができる場合と，一部は溶けないで残ったり，また 2 液相となる場合がある．固体は液体にある限度まで溶けると，それ以上加えても溶けずに溶液中で残る場合が多い．このような溶液と溶質とが平衡状態で存在している溶液を飽和溶液といい，そのときの濃度は温度によって一定の値をとる．これが溶解度である．液体と液体とが均一に混ざり合わずに 2 液相となって存在するときには，各相にそれぞれの成分が溶け込んで平衡状態をとっている．その各相における溶解度を相互溶解度という．これも一定温度で一定の値を示し，温度を上げると相互溶解度は増大する．気体が液体に溶ける場合は，その溶解度は温度と圧力によって異なってくる．すなわち，一定温度における気体の溶解度は分圧に比例する（ヘンリー（Henry）の法則：$p=kx$，p は気体の分圧，k はヘンリーの定数，x は溶液中の気体のモル分率）．

ある物質がどのような溶媒にどれほど溶解するかということを予測する一般的な法則はな

い．溶解性は，溶質の構造や性質，溶媒との相互作用の大きさ，溶液中でとりうる状態などさまざまな因子が関わり合って決まるものである．しかし，多数の有機化合物の種々の溶媒に対する溶解性が知られており，それらのデータをもとに，構造と溶解性の経験則が導かれている．また，実験室に常備されている一般の溶媒については，それらと他の溶媒との相互溶解度や，通常の気体の溶解度などの詳細なデータが文献 1）に記載されている．

実験室で，2 種類以上の異なる物質を混ぜて溶液を調製する目的は，(1) 旋光度などの物性値を決定するため，(2) 各種のスペクトルなど機器分析データを得るため，(3) 再結晶法によって固体物質を精製するため，(4) 抽出によって物質を精製したり，不純物を除去するため，(5) 化学反応の温度制御を容易にするため，(6) 分析試薬や反応試薬を調製したり，定量するため，などいろいろあげることができる．

簡単な有機化合物の水に対する溶解度を官能基別にながめてみる．ハロゲン化物は相当する炭化水素に比べて極性が増しているが溶解度は増加しているとはいえない．しかし，ほとんどの有機溶媒に溶け，それ自身，低分子量のものは溶媒として使われている．アルコール，アミンは第一級，第二級，第三級の順に水に溶けにくくなる．アミンは塩基性を示すので，対応するアルコールよりも水に溶けやすい．低分子のエーテルは溶ける．これは，ルイス (Lewis) 塩基としてはたらく酸素原子が存在するためであり，硫酸にもよく溶ける．ジエチルエーテルや THF は，有機金属化合物の良溶媒である．しかし，エーテルはアルコールのように水素結合の供与体とならないので水溶性はアルコールに劣る．アルデヒドやケトンは水に中程度溶ける．ケトンのほうが溶けやすい．カルボン酸は相当するアルコールより水に溶けやすい．酸の一部が解離してカルボキシラートイオンとプロトンが生成し，水との溶媒和が容易となるためである．アミドは相当するアミン，アルコールおよびエステルよりも水溶性である．これは，水素結合において水素供与体と受容体の両方としてはたらくことができるからである．

5.1.1　固体の溶解

異なる物質が 2 種類以上混合して均一な溶液となることは，溶液となった状態が混合前の状態よりも安定な状態であるからである．溶解の現象では，エネルギー的な因子とエントロピー的な因子を考える必要がある，固体が液体に溶ける場合は前者が重要である．固体をつくる分子にはたらいている力は，同種の分子間にはたらいているが，溶解状態では異種分子との間に新しい分子間力がはたらくようになる．したがって，前者の力が後者より大きいときには，もとの分子間の相互作用から失われたエネルギーは，溶媒分子との間に生じた溶媒和のエネルギーによって補われないので安定な溶液とはならない．前者より後者が優る場合は，安定な状態をつくる溶解が起こる．すなわち，分子間力が同じくらいのとき，強いものは強いもの，弱いものは弱いものどうし混ざり合って溶解するということができる．

非イオン性の分子結晶内の分子間にはたらく力はおもにファンデルワールス（van der

Waals）力と水素結合であるから，これらを分断して液体中へ分散させる操作は，それほど大きなエネルギーを必要としない．イオン結晶をイオンに分割するには大きなエネルギーがいる．少なくとも 1 mol につき，400 kJ 以上のエネルギーが必要で，分子結晶の場合の 10 倍にもなる．したがって，ばらばらになったイオンを溶媒中へ分散させるためには，大きな安定化が起こらなければならない．したがって，イオン性結晶は水に溶けるが，有機溶媒への溶解度はきわめて小さい．

その物質と化学的性質のよく似た溶媒がその物質の良溶媒である．これは溶解性に関するもっとも一般化された経験則である．無極性物質は無極性溶媒に溶け，極性物質は無極性溶媒よりも極性溶媒に溶けやすい．たとえば，無極性物質の炭化水素パラフィンは同族体の無極性溶媒リグロインにはよく溶けるが，極性溶媒のメタノールには溶けない．炭化水素のように弱い分子間力（ファンデルワールス力）でできている固体の分子は，メタノールのような，強固な水素結合で会合している分子を相互に引き離して，その中へ分散していくことはできない．

アルコールの同族体についてみると，炭素数の少ないメタノール，エタノール，プロピルアルコールは水に対して無限大の溶解度を示す．しかし炭素数が増加していき，無極性部分であるアルキル鎖が分子内で大きな空間を占めるようになると，無極性溶媒に溶けるようになる．一方，水に対する溶解度は減少する．このように分子内に無極性部分と極性部分が共存する場合は，それらと溶媒の相互作用の大きさや分子の形状などが溶解性を決める．しかし，極性基をもつ物質が極性溶媒に必ずしも溶けるとはいえない．グリセリンは水によく溶ける．グリセリンにヒドロキシメチレン鎖 3 個を加えると炭素数 6 個の糖アルコールであるソルビットができる．これも水に易溶である．ところが，同じ炭素数の環状糖アルコールであるイノシット（シクロヘキサン環にヒドロキシ基を 6 つもつ）となると事情が変わってくる．自然界に広く分布しているミオ配置の立体異性体は水によく溶けるが，ネオおよびシロ配置の立体異性体では冷水にわずかしか溶けない（それぞれ 0.1%，1%）．これは，溶解度が物質に含まれる官能基や原子団の性質ばかりでなく，強固な結晶格子を形成するのに都合のよい，分子の立体的な形や対称性，それに伴う水素結合の大きさなどに大きく影響される例である．

構造のよく似た物質や異性体の関係にある物質どうしを比べてみると，融点の低い物質のほうが高い物質よりも溶媒に溶けやすいといえる．さらに，溶解の理論から導かれた通則として，融解熱が等しい固体の場合，融点の低いもののほうがよく溶ける．また，融点がほぼ等しい固体のうちでは，融解熱が小さいものほどよく溶けるといえる．

固体物質の溶解は，その目的や固体の溶解度の大小によって操作が異なってくるが，いずれにしても固体をできるだけすみやかに溶解させることが望まれる．固体は表面の分子から溶媒中へ溶解していくので，表面積（比表面積 $cm^2\ g^{-1}$）に比例して相対的に溶解速度が増大する．そこで，溶解度の小さい固体物質は，溶媒に加える前に粉砕して微細な粒子にしておくのがよい．再結晶のようなときは，最適な結晶化溶媒の選定とともに，物質を粉砕して粒子の大きさをある程度そろえておくことが必要である．大きな粒子が溶け残ると，かき混ぜても効果がなくなり，飽和点に達したかどうかを判定するのがむずかしくなる．これは，溶液を長時間高温にさらしたり，溶媒を必要以上用いて再結晶収率を低下させることにつながる．熱に不安定な物質あるいは粗製のため微量の酸や塩基が含まれる場合などは，溶解操作はとくに注意を要する．物質の熱分解，溶媒との反応（溶媒に含まれる水，その他の不純物との反応も含めて）など，加熱によって予期せぬ不都合を招くことが少なくない．

固体物質に含まれる有用物質や不純物を溶媒に溶かし出して抽出するときなどは，固体を微細にすれば抽出の効率は増す．固体物質を微細化すると見かけの溶解度が高まることが知られている．この現象は，表面エネルギーの増大の結果と説明できる．

ここで，固体物質の粉砕方法と注意する点にふれることにする．実験室で少量の固体物質を粉砕するのにめのう乳鉢や陶製の乳鉢が用いられる．硬い無機化合物には前者が適している．試料が 50 mg 程度の少量になると 5～20 mg の損失が起こる．大部分は乳鉢表面に付着しているので溶媒に溶かして回収できる．無極性の有機化合物を微粉にすると静電気を帯びて，粒子どうしが反発し合い，非常に集めにくくなる．乳鉢の代わりに，肉厚の小試験管に入れ，先を丸めたガラス棒でついたり，スライドガラスの上でスパチュラを用いて押しつぶすのもよい．場合によっては，少量の溶媒で湿らせスラリー状にして粉砕することもできる．吸湿性物質の粉砕は，プラスチック製のドライボックスや袋の中で行うべきである．乾燥した不活性ガスを満たした中で粉砕することができる．物質側からみると，粉砕するときに発生する摩擦熱による熱分解や，表面積の増大によって酸化が促進されることなどがある．破砕を受け，新たに生じた物質表面は，ある程度活性化されるので，吸湿性物質や分解しやすい物質は，必要の都度粉砕したほうがよい．機械的な刺激に対し敏感な物質，とくに関連物質の中に爆発性のものが知られている場合は，その取扱いに細心の注意を払うべきである．また毒性物質（シアン化物など）の粉砕では，微粉を誤って吸入したり，また毒性ガスの発生を伴うことがあるので防御に配慮すべきである．

次に，溶解性の点から反応に用いる溶媒を考える．各合成反応に適した溶媒については反応の各論を参照されたい．

反応物と生成物とが両方よく溶ける溶媒中で行われる反応は，装置が簡単で制御が楽である．反応物と生成物の溶解度に大きな相違のあるときがある．反応物が溶媒に溶けにくく，生成物がよく溶けるときは，反応の進行につれて，不均一なスラリー状の反応混合物はしだいに均一溶液に変化する．その逆の場合は，生成物が反応液中に析出してくることになる．前者では，反応物をあらかじめ粉砕して粒子の大きさをそろえ，反応混合物を効率よくかき混ぜられるような装置を組む必要がある．後者の場合は，反応の進行は速く，しかも平衡反応のようなときは反応を完結させることができ，また生成物の単離が容易である．しかし，生成物によってはゲル状になったり，かさ高い結晶として析出することもあって，反応混合物のかき混ぜや温度コントロールが妨げられることがあるので，装置の大きさや溶媒の量には十分配慮しなければならない．

再結晶の溶媒は，温度差による溶解度の差の大きなものがよい．溶解操作に適した沸点をもち，容易に留去して物質を回収でき，しかも毒性の少ない溶媒が好ましい．溶質と溶媒とが反応するおそれのあるものは避ける．アセトン，2-ブタノンなどのケトンは，アミンやグリコール類の再結晶溶媒には不適当である．微量の酸や塩基に対して敏感な物質の再結晶は，溶媒をあらかじめ弱塩基性あるいは弱酸性に保って行うとよい．酸に不安定なアセタールの再結晶にはごく少量のアンモニア水やトリエチルアミンを添加したアルコールがよく用いられている．精製することによって安定剤が除去されるとハロアルカンは分解して酸を発生するので注意したい．エステル類は，エステル交換反応が起こりやすいので，エステル部に対応するアルコールを使うのがよい．適当な単一溶媒が得られないときは，溶媒を 2 種以上混ぜて溶解能を調節することができる．アルコール，アセトン，酢酸などに適量の水を加えたものを用いることが多い．熱に弱い物質の再結晶は，溶媒を 2 種以上組み合わせ，室温以下で行うことができる．まず，物質をよく溶ける溶媒のほうに飽和するまで溶かし，ついで溶けにくい溶媒をにごりの消えなくなるまで加えて，室温に放置するか冷却して結晶を析出させる．このような組合せとして，水-アルコール，アルコール-エーテル，アルコール-ケトン，アルコール-クロロホルム，クロロホルム-エーテル，酢酸エチル-ヘキサンなどがよく用いられる．純溶媒には溶けないが，混合溶媒になると溶ける物質もある．

5.1.2　液体の溶解

よく似た液体どうしは任意の割合で混ざり合う．このときは，エントロピーの項が重要である．一般的に理想液体でありえない 2 種以上の液体の溶解では，必ずエネルギーの出入りが観察できる．水に硫酸を加えると大きな溶解熱が発生するのはよく知られているが，有機溶媒を混合するときも，組合せによっては両者を一気に加えて混ぜることによって液温が急上昇し，低沸点溶媒の損失を招いたり，容器を破損することがあるので，徐々に様子をみながら加えるほうがよい．溶解する液体の体積の和が，溶液の体積とは必ずしも等しくならないことに注意したい．クロマトグラフィーの展開溶媒には混合溶媒を用いることが多い．それぞれの溶媒を分液漏斗にはかりとり，十分ふり混ぜて混合してから用いる．静置して 2 層に分離したときは，上層と下層のどちらを用いるのか明確にしてから取り出す．他方の相は，すべての操作が終了してから廃棄するのが望ましい．誤って判断した場合に備えるためである．

二つの液体が溶け合わず 2 層に分離しているとき，第 3 成分の液体を加えると均一な溶液となることがある．これは，第 3 成分が，混ざり合わない 2 成分に対し親和性をもつため，これを加えていくと 2 層の組成がしだいに近づいて安定性が増し，ついにある点で組成が等しくなって一様な溶液となるからである．

表 5.1　25 ℃における水に対する溶解度

		H_2	N_2	O_2	CO	NO	CH_4
(a)	α [mL mL^{-1}]	0.0175	0.0143	0.0283	0.0214	0.0430	0.0301
	沸点 [K] (1 atm)*		78	90	83	121	111
		NH_3	SO_2	CO_2	HCl		
(b)	*q* [g] (100 g あたり)	46.0	9.41	0.1445	71.9†		
	α [mL mL^{-1}]	624		0.756	442†		

*　1 atm＝101.325 kPa
†　20 ℃における溶解度.

表 5.2　高圧における気体の溶解度（0 ℃，1 atm）（単位：mL（gH_2O あたり））

温度 [℃]		圧 力 [atm] 5	25	50	100	200
H_2	20	—	0.4498	0.895	1.785	3.499
N_2	25	—	0.348	0.674	1.264	2.257
O_2	25	0.14	0.70	—	—	—
CO_2	18	—	19.51	32.03	33.98	37.17

1 atm＝101.325 kPa

表 5.3　貴ガスの溶解度（α，25 ℃）

	He	Ne	Ar
水	0.0087	0.0101	0.0311
メタノール	0.0328	0.0444	0.245
エタノール	0.0294	0.0417	0.237
シクロヘキサン	0.0252	0.0373	0.305
アセトン	0.0331	0.048	0.274
ベンゼン	0.0192	0.0417	0.237

ブンゼン（Bunsen）の吸収係数（α）：気体の分圧が 1 atm であるとき，*t* ℃の溶媒 1 mL に溶解する気体の体積の 0 ℃，1 atm に換算して，mL 単位で表した値.

種々の溶媒の水に対する相互溶解度は，有機化合物の水への溶解度と同様，水層に塩化ナトリウム，塩化カルシウムなどの電解質を溶かし込み，変化させることができる（塩析）.

5.1.3　気体の溶解

まず水に対する溶解度についてみると，水は会合の程度の高い液体なので，一般の気体の溶解度は小さい.

水に溶けて，強く溶媒和できる気体，また塩酸のように解離する気体の溶解度は大きい.

高圧下における溶解度については，溶解度が低く，理想気体に近い気体の場合，ヘンリー（Henry）の法則が成り立つ.

実験室では，市販の気体を溶媒に溶解し，この溶液をしばしば用いる．無水メタノールに，塩化水素やアンモニアなどを吹き込んで溶解し，適当に希釈して所定の濃度とする．ボンベから吹込みガラス管への間に安全瓶とともに必要に応じた乾燥塔を入れる．気体が液体に溶解するとき，多量の熱が発生するので十分冷却できるような装置に組むのがよい．

塩素化剤として，塩素のベンゼン溶液を用いることがある．実験室で調製した不安定な気体物質は，溶媒に溶解して捕集し，溶液のかたちで次の反応に使用することが多い．少量のホスゲンは，トルエン溶液にして反応に使う．市販されている気体状の有機金属化合物は，ヘキサン，トルエン，THF などの溶液として，安全に取り扱われている．

塩基性の溶液を中和する目的で，二酸化炭素を直接溶液中へ吹き込んでもよい．また，溶液中に溶け込んだ不要の気体を，不活性ガスを通じることによって効果的に除去することが行われる．水溶液中に存在する少量のメルカプタンや硫化水素は，窒素ガスをしばらく吹き込むと容易に除くことができる．この方法は，合成反応で副成する気体物質，たとえば塩素化反応などで生成する塩酸を反応系外に追い出すことにも応用できる．

溶媒に溶け込んでいる酸素のような，ある特定の反応の妨げになる気体を除くには，貴ガス気流中で慎重に蒸留するのがよい．参考までに表 5.1〜5.3 に実験室で用いる代表的気体の溶解度を示しておく．

5.2　反応剤の加え方[1)]

フラスコ中の反応溶液中に，あるいは反応槽に反応させるもの（反応剤）を加える場合，その反応剤は液体（ニート，あるいは溶媒に溶かしたもの），固体（普通ではあまり行われない），気体（ガス）状態の三つの場合がある．もっとも頻繁に用いられる方法は液体の場合であり，不安定な固体の反応剤も溶液にすると正確にはかりとることができ，またシリンジなどを使うことにより変質を避けることもできる．ほとんどの反応は溶液中で行うのがもっとも普通なので，溶液にするのがもっとも好都合である．以下に述べる滴下漏斗，シリンジ，シリンジポンプなどはすべて液体の場合である．

5.2.1　滴下漏斗による滴下

大気中で安定な化合物を大量反応させるさいには，普通の分液漏斗の足にゴム栓を取りつけて用いてもよい（図 5.1）．分液漏斗の上の口に乾燥管をつけるときは空気取入口の穴をテープなどでふさぐ．しかし内外圧力差が生じないよう等圧側管付きの滴下漏斗を使うのが普通であり，乾燥管をつける必要もなく便利である（図 5.2）．コックがガラス製のときはくっついて開かなくなることが往々にして起こるので注意を要する．また臭素などの重い液体を加えるときは，重さや振動でコックが自然に抜けたり，回転したりするので，コック止めか輪ゴムで固定する必要がある．できれば高価であるがテフロン製コックが理想的である．室温では不安定な試薬を加えるときには，漏斗の外側に冷却管のついたものがある．冷却管には水または冷水を通すが，さらに低温にするため外側に冷却用のジャケットがついた

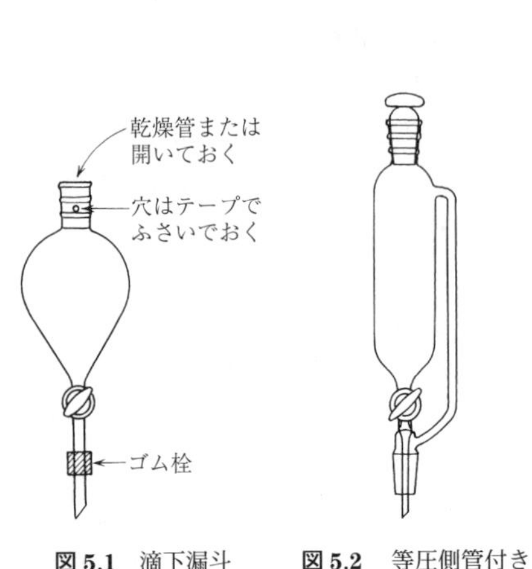

図 5.1　滴下漏斗

図 5.2　等圧側管付き滴下漏斗

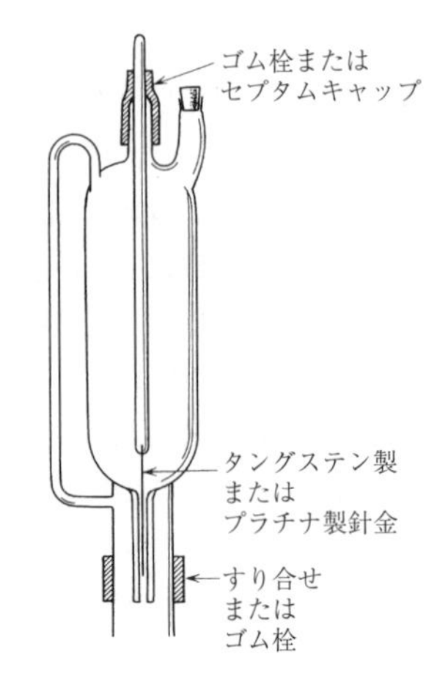

図 5.3　滴下速度を一定にする装置
(A. B. Mekler, S. Ramachandran, S. Swaminathan, M. S. Newman, *Org. Synth.*, Coll. Vol., **5**, 746 (1963))

ものもある．滴下液は反応溶液に直接落ちるようにする．フラスコの壁につたわらせると壁で反応し固まって撹拌が不十分になったり，不均一になったりする場合がある．滴下漏斗で均一の量を少しずつ同じ速さで加えようとする場合，初めと中ほど，終わりとではその速さが変わってくるので，図 5.3 のような装置が便利である．この装置を使うと大量の反応剤をも滴下速度を制御することができる．

5.2.2　シリンジ（注射器）の利用

不安定な化合物を不活性ガス中で反応させるとき，あるいは少量の基質，貴重な天然物を微量扱うとき，また工程数の進んだ合成を行うときはシリンジを使用すると便利である．シリンジにはガスクロマトグラフ用，液体クロマトグラフ用，ガラス製，テフロン製，プラスチック製使い捨て（ディスポーザブル）のものと種々あるが，液体クロマトグラフ用は針の先端がとがっていないので注意を要する．シリンジの針は固定されたものではなく，針の交換ができるもので，シリンジにロックしてはずれないように固定できる図 5.4 のようなロック付きのものが望ましい．これにより装置の状態によって針の太さ，長さを変えて試薬の量による滴下速度を調整することができる．反応溶液に加えるときは図 5.5 のようなセプタムキャップをかぶせた入口からキャップを突き刺して行う．このようなセプタムキャップを何回か使用するときは，刺す場所を変える．同じ場所を何度も刺すと孔がふさがらなくなり，不活性ガスが漏れたり，空気が入ることとなる．反応剤溶液を吸い上げて反応フラスコ上のゴムキャップを刺す場合，試薬の重さや刺す力，またはシリンジ内の圧力が上がって試薬が針からこぼれるので，図 5.6 のようなストップコック付きジョイントを用いるとよい．通常の

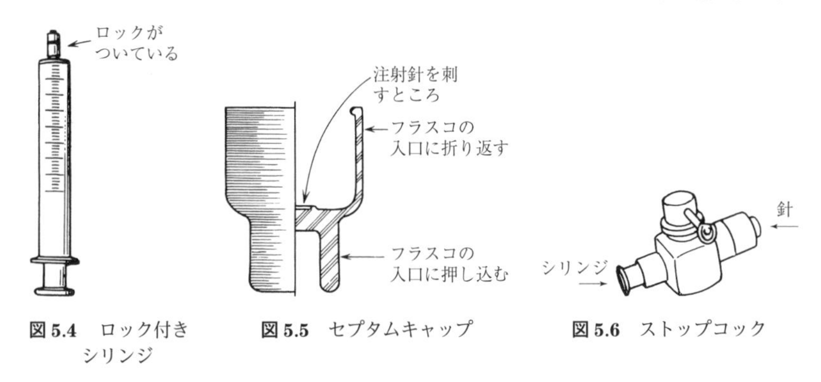

図 5.4　ロック付き
シリンジ

図 5.5　セプタムキャップ

図 5.6　ストップコック

シリンジではシリンジとプランジャー（シリンダー内を往復する円筒形のもの）の間からしみ出すことがあるので，慎重に行いたいときは高価ではあるが，すり合せのよく合った密なものを選ぶ (ガスタイト型のシリンジが最適である)．シリンジは使用後ただちに洗浄し (使用した薬品の性質に応じて酸，塩基，水，溶媒などで)，よく乾燥してドライボックスまたはデシケーター内にシリンジからプランジャーを離して別々にして保管する．すぐ洗わずに放置しておくと針が詰まったり，シリンジとプランジャーがくっついてとれなくなり，使用できなくなる．また使用するときはシリンジとプランジャーの組合せを間違えないようにしないと，漏れたりして失敗の原因となる．リチウム化合物などの強塩基を用いるときは，できればプラスチック製のシリンジが望ましい．ガラス製ではくっついてプランジャーが動かなくなることが往々にして起こる．

【実験例　*n*-ブチルリチウムの加え方】

市販の*n*-ブチルリチウム溶液瓶の蓋を窒素ガスを満たしたドライボックスまたは手袋ボックスの中でセプタムキャップに取り替える．もしこれらの装置がないときは漏斗を逆さにして瓶の上に吊し，窒素ガスまたはアルゴンガスを吹き出させながらすばやく蓋を取り去りセプタムキャップをかぶせる (図 5.7)．使用回数の多いときは，セプタムキャップを二重にするとよい．一つ目は普通に蓋をし，二つ目は逆さにしてかぶせる．キャップが簡単にはずれないように周囲をテープで固定する．シリンジの中を数回窒素ガスで満たし，必要とするブチルリチウムの量よりわずかに多くの窒素を入れる．そのままストップコックを閉め，セプタムキャップを突き刺してコックを開き，ブチルリチウム溶液より上に針先を置いてプランジャーを押しシリンジ内の窒素を注入する．ついで針先を溶液中につけプランジャーを離すと瓶の中は加圧になっているので自動的にプランジャーは上がり出す．必要量の溶液をとったらコックを閉める．針をキャップから抜き，反応フラスコ上のゴムキャップを突き刺してコックを開き，反応温度をみながらゆっくり加える．加え終わったら引き抜いて以下の方法でシリンジをすぐ洗浄する．

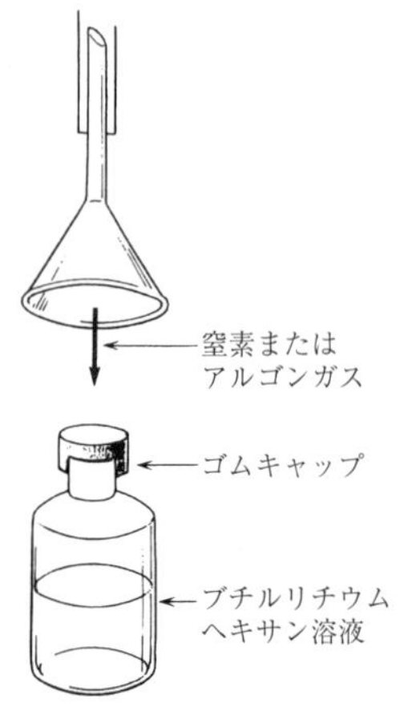

図 5.7

(1)　乾燥した無水 *n*-ヘキサン，*n*-ペンタンもしくは反応に用いた溶媒で洗う．

(2)　5% の希塩酸または 5% のフッ化水素酸で洗い，そのあと水でよく洗う．

(3)　水，アセトン，メタノールなどでよくすすぐ．

(4)　乾燥器でよく乾燥し，デシケーター中に保管する．

その他の試料溶液の加え方として 2 例を示す．

【実験例　シリンジポンプの使用】

マクロライド系化合物のような大環状化合物の閉環反応では，通常高度に希釈して長時間反応させる例が多い．そのとき反応の初めと終わりで濃度が違ったり，途中で反応剤や反応物の加え方が変化して濃度が大きく変化するようでは，収率，選択性に影響が出るので，図 5.8 に示すようなシリンジポンプを用いる．これは自動注入装置あるいは定量自動注入ポンプともよばれているが，反応剤を一定量長時間にわたって等速注入することができる．

・圧送の方法　　ある反応を行い，その反応溶液をほかの装置に移したり，別の滴下漏斗に加えたり，または反応の上澄溶液だけを移し換えたりするとき，大気にさらしてよいものは

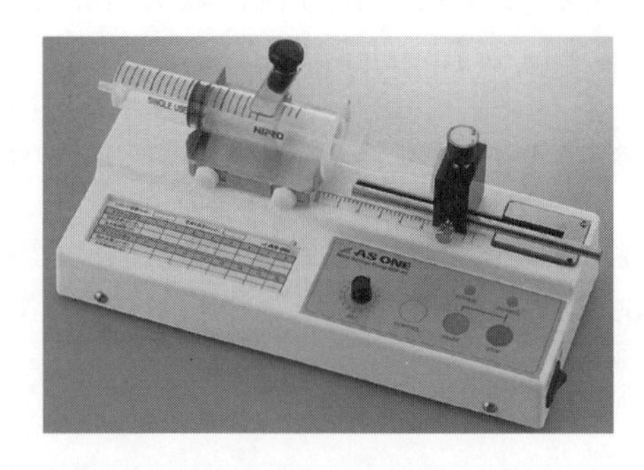

図 5.8　シリンジポンプの一例
（アズワン株式会社資料）

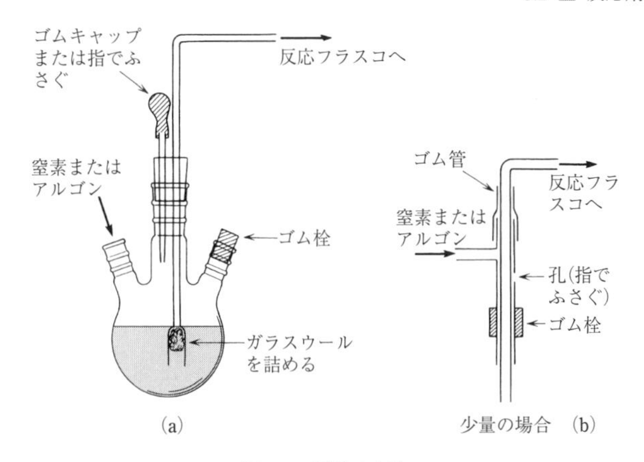

図 5.9　圧送の方法

そのまま移せばよいが，不安定な化合物の場合は圧送を行う．図 5.9 のような装置を用いるのがよい．

図 5.9(a) では窒素ガスまたはアルゴンを送り込む．あまり圧力を上げないようガラス管の上部は普段はピペットのゴムキャップなどで蓋をしておく．溶液につかるところにはガラスウールか綿を詰めておくとよいが，よく目詰まりを起こすことがあるので注意を要する．ゴムキャップをとり指で蓋をすると，中の溶液がガラス管を通って外へ出ていく．図 5.9(b) は少量の化合物に適している．二重のガラス管を用い，(a) と同様に窒素ガスまたはアルゴンを送り込み孔を指でふさぐと液は外へ出ていく．ウィッティヒ (Wittig) 反応の salt free 条件に適した方法である[3]．中間部にテフロン製チューブを用い，両端に太い注射針をつけたカニューラはこの目的に利用できる．

5.2.3　固体の加え方

合成反応を行うときに固体反応剤をそのまま加えることは通常あまりない．一般に固体は液体と違って加え方が不均一となり，一定にすることはむずかしいし，多くは反応容器の蓋をそのたびに開いて加えることが多い．水素化アルミニウムリチウムをエーテルや THF 中に加えて懸濁させるにはこの方法でよいが，不安定な薬品には適切でない．なるべく反応剤は液体にして（溶媒に溶かす）おくと精確に計量でき移し換えも容易である．たとえばナトリウムメトキシド，カリウム *t*-ブトキシドなどは溶液として保存すれば安定で長時間使用可能で，移し換え，計量も容易である．しかしながらやむをえない場合には図 5.10 のようにする．三角フラスコを傾けて少しずつ加えるのである．またゴム管やプラスチック管を使えないときは図 5.11 のような器具を用いる．市販はされていないので自製するか業者につくってもらう．いずれの場合にも加熱したりすると溶媒の蒸気が管に付着して湿った状態と

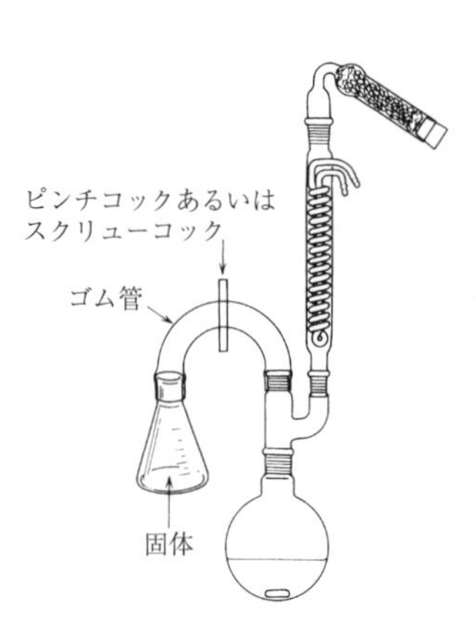

図 5.10　固体の加え方
(R. C. Fuson, E. C. Horning, S. P. Rowland, L. Ward, *Org. Synth.*, Coll. Vol., **3**, 549 (1955))

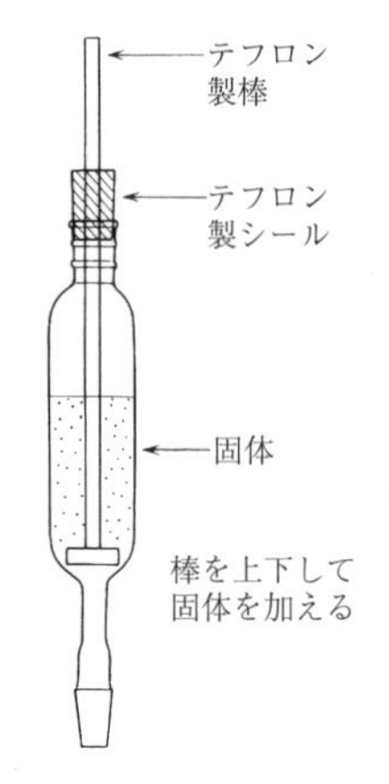

図 5.11　固体用滴下漏斗

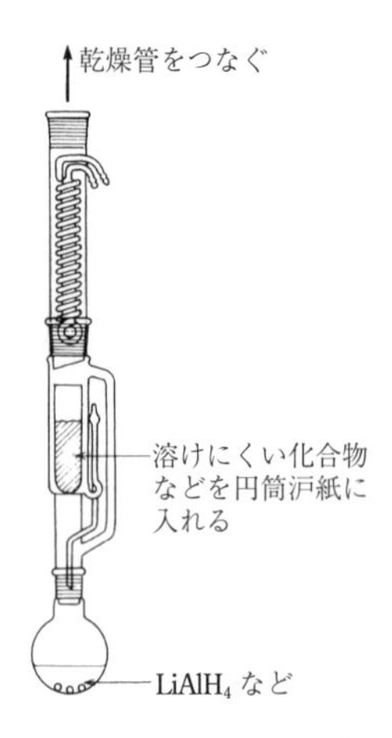

図 5.12　ソックスレー抽出器

なり，結晶や固体が付着して反応フラスコ内に落ちなくなるので少量，微量の実験にはあまり適さない．

例外的な方法としてソックスレー（Soxhlet）抽出器（図 5.12）を使う方法がある[4]．これは溶媒に溶けにくい化合物を少量ずつ加えていくのに適しているが，反応はすべて溶媒の沸点以上で行わねばならない．

5.2.4　気体の導入法

合成反応に用いる気体化合物としては，一般に，窒素，アルゴン，水素，酸素，オゾン，塩化水素，アンモニア，塩素，ジアゾメタン，アセチレンなどがある．合成反応でこれらの気体を用いる場合は，その気体自身を反応に用いる場合，および通気による撹拌，反応による生成ガスを廃棄するなどがある．普通の反応に用いるこれらのガスは市販のボンベか気体発生装置から導入できるので，ここでは発生方法については述べない．おのおのの専門書を参照してガスの性質を調べることが重要である．一般にガスは有毒であるか，もしくは引火性，爆発性があるので，窒素，アルゴン，ヘリウムガスなどの安全な気体を除いては能率のよいドラフト内もしくは通気，通風のよいところで行うよう心がける．また高圧ガスボンベの取扱いについては 7.2 節を参照されたい．ここでは一般的な導入法と操作上の注意点について述べる．ホスゲン，シアン化水素は猛毒であり，細心の注意を要する．できれば他の方法を用いることを勧める．気体を精確に定量して加えることは困難なので，TLC や GC によって原料物質の消失を調べて反応の終点とする方法がよい．窒素は反応系内の不活性ガスによる置換，乾燥に用いられ，また水素ガスは接触還元に用いることが多いので，ともに25.1節を参照されたい．

a.　塩化水素

圧力に注意しながらボンベから直接パイプを通じて反応溶液内に導入すればよい．メタノールのようによく溶かす溶媒のときは逆流してボンベ内にメタノールが入ることがあるので注意を要する．ある程度の勢いをもって空気中でガスを出しそれから溶媒内に導入する．よく観察して逆流し始めたらすぐにバルブを閉めるか，途中のゴム管を押さえて止める．いったんブクブクと溶媒内に導入できるようになったらその後は心配ない．また導入された溶液は発熱するのでまわりを氷浴で冷却すること．またバルブは腐食されやすいのでステンレス製のバルブを使い，1回ごとに取りはずして水で洗い乾燥する．バルブ内に窒素ガスを流して腐食を防ぐ方法もあるが，あまり長持ちしない．また酸に強い特別製のバルブも市販されているが，ある程度の期間をおくと腐食して詰まってしまうので，結局は上の方法が最良といえる．

b.　アンモニア

アンモニアガスは通常液体アンモニアとして反応フラスコにため，リチウム，ナトリウム，カリウムアミド，アセチリドをつくったり，還元に用いる．フラスコをドライアイス-アセトン浴につけて冷却しながら少しずつボンベからアンモニアガスを流出させる．フラスコのもう一方の出口には水酸化カリウムの乾燥管をつけておく．ただしドライアイスはかなりの量を必要とする．またボンベ内の量が少なかったり冬場のような低温の場合には，ガスの出方が悪くなるので，ボンベを湯浴につけるとよく出るようになる．熟練者や，慣れてくるとバルブをはずしてボンベをもち，出口から直接反応フラスコへ液体アンモニアを注ぐこともできる．こうするとドライアイスの消費量も少なくてすみ，また短時間でためることができるが，初めは経験者にみてもらったほうが無難である．

c.　オゾン[1f]

オゾナイザーとよばれるオゾンを発生させる機械が市販されているので，そこから直接導入すればよい．ゴム管，ゴム栓は固くなって必ずひび割れするのでプラスチック製かシリコーン製の管，栓を用いる．やむをえないときはゴム栓をアルミニウム箔で覆うとよい．ジクロロメタンやメタノールでは飽和に達すると青い色がつく．オゾニドのTLCはいくつかスポットが出てきて明確ではないので，原料が消失したかどうかで終点を判断する．反応が終了後は窒素を溶液内に通じて過剰のオゾンを追い出す．

d.　アセチレン[5]

ボンベの中には必ずアセトンが入っているのでこれを除かなければならない．−75℃以下のトラップを二つ通せばほぼ完璧に除けるが，濃硫酸の瓶，ついでソーダ石灰のカラムを通すとよい．濃硫酸を通すときは冷却トラップは一つでよい．

e. ジアゾメタン[6)]

ジアゾメタンは毒性が強くまた爆発性があり，原料となる化合物の*N*-メチル-*N*-ニトロソトルエンスルホンアミド，*N*-メチル-*N*-ニトロソ尿素，*N*-メチル-*N*-ニトロ-*N*-ニトロソグアニジンなどはいずれも変異原として知られている化合物であるので，取扱いには十分注意する必要がある．大量に扱うことはできないがカルボン酸のメチルエステル化には最良である．同じ目的に使えるトリメチルシリルジアゾメタンは安定性に優れているので使いやすい．市販もされている．

【実験例　ジアゾメタンの作製法】 ジアゾメタンは猛毒なのでドラフト内で扱い，*N*-メチル-*N*-ニトロソ尿素は手袋をして扱うこと．

50% 水酸化カリウム水溶液 15 mL にエーテル 70 mL を加え氷浴でよく冷却する．手で振りながらニトロソメチル尿素 5 g（秤量するさいは金属スパチュラを使わない）を少しずつ加える．エーテル層は発生するジアゾメタンを吸収して黄色くなる．エーテル溶液が橙色にならないうちに上澄のエーテル溶液をデカントして別の容器に移し，水層にはさらに冷エーテルを加える．エーテル層が無色になるまで繰り返す．合わせたエーテル溶液に水酸化カリウムを加えて乾燥する．これでジアゾメタン約 1.4 g が得られる．普通の反応にはこのエーテル溶液で十分であるが，より純粋なジアゾメタン溶液を得るにはこの溶液をクライゼン（Claisen）フラスコに移し，約 40 ℃ 程度で蒸留するとジアゾメタンとエーテルが共沸し，黄色いエーテル溶液が去留する．ジアゾメタンは，先の鋭いものやすり合せガラス器具は爆発を誘引するおそれがあるので，ガラス断面を焼きなましたり，使用を控えたほうがよい．エーテルを多めに使い，低温で扱えばそれほど危険はないと思われる．

5.3　撹　　拌

有機合成実験を進めるうえで，撹拌の効率は反応の成否に大きく関わってくる．通常の反応には反応液が均一な場合ばかりでなく，混ざり合わない液体と液体あるいは固体や気体が共存する 2 層（相）系の不均一な状態で行うものがある．均一状態では拡散運動が反応分子の衝突を助けるので，撹拌操作が果たす役割は小さい．しかしながら加熱あるいは冷却下に反応を進める場合には，熱の伝達を均一にするために撹拌は不可欠な操作となる．一方，不均一な反応系では反応の進行にかき混ぜ操作が果たす役割は大きい．たとえば，(1) 有機層と水層との 2 層系での反応や抽出，(2) 反応の進行に伴って固体物質が溶解する，あるいは析出する場合，(3) イオン交換樹脂のような不溶性の反応剤や触媒を用いる反応，(4) 気体を通じて行う反応，などは激しい撹拌や振とうがしばしば好結果をもたらす．ひとくちに撹拌といってもそれぞれ目的に応じた方法をとる必要があり，それに伴って器具や装置の工夫を加える．

5.3.1　撹拌の器具と装置

撹拌でもっとも単純な方法は，容器ごと手でもって振り混ぜるかまたはガラス棒などを反応液に突っ込んでかき回すかである．これらは日常的な操作であり，詳しい説明を必要としないが，つねに容器を傷つけたり破損することのないよう注意すべきである．ガラス棒を用いてビーカー内の液をかき混ぜる場合，棒の先端に 3 cm くらいのゴム管をはめると側壁や底面がガラス棒との衝突で傷つくのを防ぐことができる．ただし，ゴムが腐食するような反応液には使えない．ガラス棒の代わりに温度計を用いて温度を調べながら撹拌を行うこともあるが，温度計は玉の部分がとくに弱いのでさらに細心の注意が必要である．手で行う撹拌や振とうは，比較的短時間にその操作が完結する場合には手軽な方法であるが，長時間を要する反応では機械的な方法に頼らざるをえない．

モーターなどの動力を用いて撹拌棒を回転させる方法，あるいは磁力を利用して撹拌子（回転子）を運動させる方法などが一般的である．とくに後者は反応器内に撹拌子のみを投入すればよいという手軽さから，実験室でもっとも頻繁に使われる撹拌手段となっている．以下具体的に説明する．

a.　撹拌棒

モーターなどの動力で撹拌棒を回す方法は，レギュレーターなどとの接続によりその回転速度をコントロールできるので，手で行うよりはるかに均一な撹拌状態をつくる．そして後述するマグネチックスターラーよりも強力に撹拌できるので，不均一系の反応には有効な手

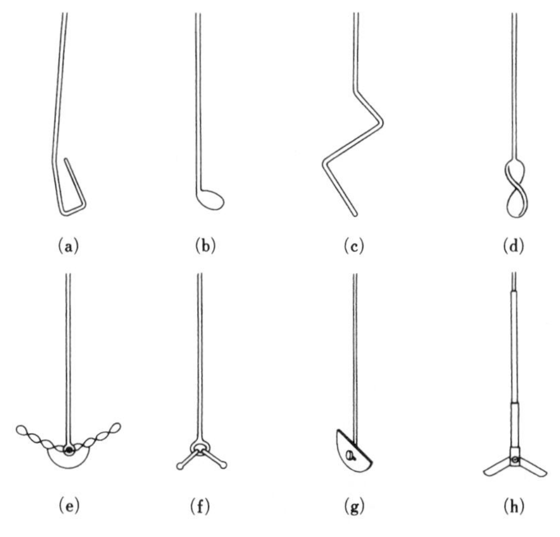

図 5.13　さまざまな撹拌棒

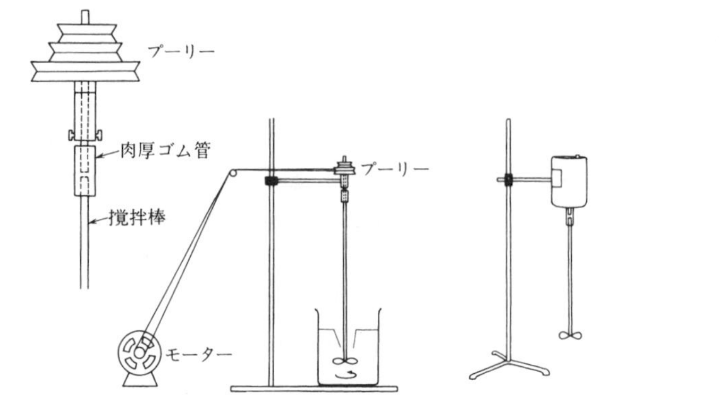

図 5.14　撹拌装置と動力（写真は池本理化工業株式会社資料）

段である．ただし装置の関係上，あまり小さなスケールでの撹拌には向かない．

撹拌棒には種々の形状をしたものが考案されている（図 5.13）．材質もガラス，金属，テフロンなどそれぞれ一長一短があるが，手作りが容易な（a）や（b），またテフロンの半月板が取り替え可能な（g），棒部分もテフロンで覆われた（h）など，後述の密封装置（シール）とセットで市販されているので利用しやすく，形や大きさは目的に応じて選択できる．

b.　動力の伝達

撹拌棒を回転させるには一般にモーターを動力とする．その伝達には滑車（プーリー）を介して行うものと，モーターの回転軸に直接撹拌棒を固定する方法とがある（図 5.14）．

滑車を用いるものは，さらにいくつかの滑車と連結することにより，一つの動力源を同時に 2 カ所以上の撹拌に利用することもできる．モーターと滑車はベルトで結ばれるが，回転や連結の仕方が悪いと，切れたり，からんでスタンドごと引き倒すことがある．したがって空間的に無理のない場所に組み立てることが必要である．これに対しモーターと撹拌棒を直結させるタイプは比較的空間を必要としないので便利であるが，反応器中より発生するガスや飛まつで汚されてモーター本体に支障をきたすことがある．また回転にさいしてモーターから火花が生じる場合もあるので，引火性の溶媒の撹拌は開放系で行わないほうがよい．スタンドとモーターと撹拌棒を組み合わせた撹拌機（図 5.14）も各種市販されており，用途に応じてこれを利用するのもよい．引火を避ける目的では，圧力空気を動力とするエアモーターを取りつけた撹拌装置も市販されている．

c.　密封装置（シール）

有機合成実験は，図 5.14 に示したような開放系よりもむしろ密封した反応容器の中で行うことが多い．このため撹拌棒の回転を円滑安定化させ，かつ周辺から内容物が逃げ出さないよう工夫された器具を用いる．図 5.15 に代表的な密封装置と反応容器に取りつけた例を

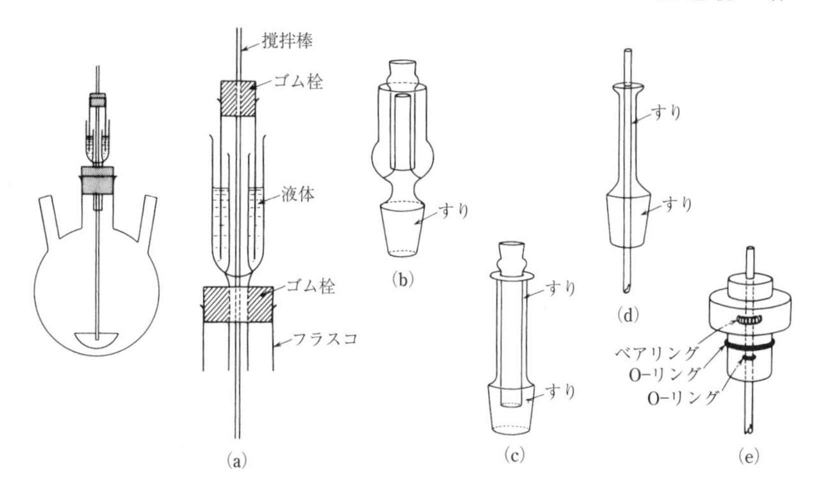

図 5.15　さまざまな密封装置

示す．(a) は従来より広く用いられてきたもので液体を使って封をする．液体として水銀（現在は使わない），濃硫酸，流動パラフィン，水などが使用されるが，行う反応の性質に即して選択する必要がある．すり合せ器具が普及しているが，ゴム栓を用いずにフラスコに取りつけられるタイプの (b) はゴムの膨潤や劣化によるトラブルの心配がない．液体シールを使う場合，激しい撹拌によって液体が外に飛び出したり，水や溶媒が激しく還流するような実験では蒸気が凝縮してシール液に混入することもあるので，シール液量，還流冷却器の能力や取りつけ位置には十分注意を払う必要がある．

液体を必要としない密封装置もある．(c) はシリンジのすり合せを利用するもの，(d) は撹拌棒自身が密封器とすり合せになったもので，これらのタイプではすり合せ部が回転により削れたり，すりついたりするのを防ぐため，ごく少量のエチレングリコールあるいは流動パラフィンを塗って回転を円滑にするとよい．テフロン製で撹拌棒が密封器に内蔵されたベアリングと O–リングで固定されているもの (e) も市販されている．

d.　マグネチックスターラー

これはモーター軸に取りつけた磁石を回転することにより磁場を回転させ，それに応えてフラスコ内に投入した撹拌子（回転子）が回るのを利用する撹拌装置である．機械本体，撹拌子ともに取扱いが容易で，移動も手軽にできるため，もっとも一般的な撹拌手段となっている．反応液ばかりでなく油浴の撹拌にも便利である．また蒸留フラスコの撹拌に用いればキャピラリーや沸石の使用も免れる．

撹拌子は棒状の永久磁石をテフロンで被覆したものが用いられ，長さも数 mm の微小なものから 150 mm 程度の長大なものまである（図 5.16）．(a) 以外に (b) のオクタゴン型，(c) のフットボール型などが一般的で，特殊な形をした (d)～(f) も購入できる．フラスコ

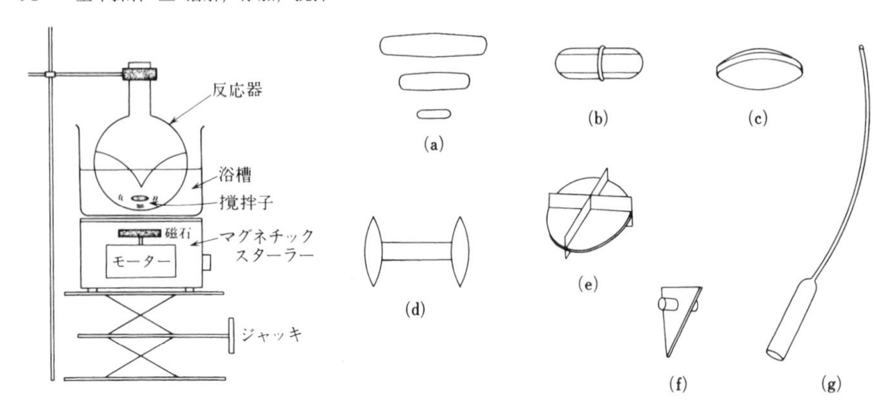

図 5.16　マグネチックスターラーと撹拌子

内から撹拌子を取り出すのに便利な（g）も市販されている．

機械本体は小型軽量のものから強力な磁石を装着した大型のものまであり，反転機構を備えたものや並列にいくつも撹拌できるよう特殊な工夫がなされたものもある．一般的には機械より上方 5 cm くらいまでが有効な磁力の及ぶ範囲である．したがって加熱あるいは冷却用の浴槽を使用する実験では，機械本体と撹拌子との距離があまり離れないようにしなければならないし，磁力を妨げる材質のものは使用できない．機械自身にホットプレートがついた加熱型あるいは特殊なものとして浴槽付きや冷却板付きのものもある．しかしながら加熱実験のさい機械に装備されたホットプレートでは，一般に精密な制御を行うことが困難なので，別に加熱用の浴槽を用いるほうがよい．このとき注意すべき事柄はスターラーの機械本体が耐熱用に設計されたものであることの確認である．なおこれらの装置を組み合わせるとき，反応器，浴槽，スターラーのそれぞれが自由に脱着できるよう十分な広さをもつジャッキの上に組み立てると便利である（図 5.16）．マグネチックスターラーは長時間一定の撹拌を得るのに非常に優れた方法であるが，回転にぶれがあると，中央に置いたはずのビーカーや三角フラスコがわきへずれたり，転落してしまうこともあるので，容器は固定して使うほうがよい．また長時間の回転で機械が過熱して不必要な熱が反応器に伝わることがある．このようなときは容器の底とスターラーとがじかに接するのを避けたほうがよい．マグネチックスターラーによる撹拌は簡便であり，小スケール実験にも向いているが，粘稠な液体の撹拌や固体が共存する系の撹拌には十分な力を発揮できないことがある．撹拌棒をセットして行うほうがより適切である場合も少なくない．

e.　振とう装置

実験室で液をかき混ぜる方法として上記のような撹拌以外に振とう操作もよく用いられる．分液漏斗による抽出などはごく日常的な振とう操作の例である（8 章参照）．分液漏斗，試験管，フラスコなどで，同時に多くの試料を同一条件で機械的な振とうをするには図

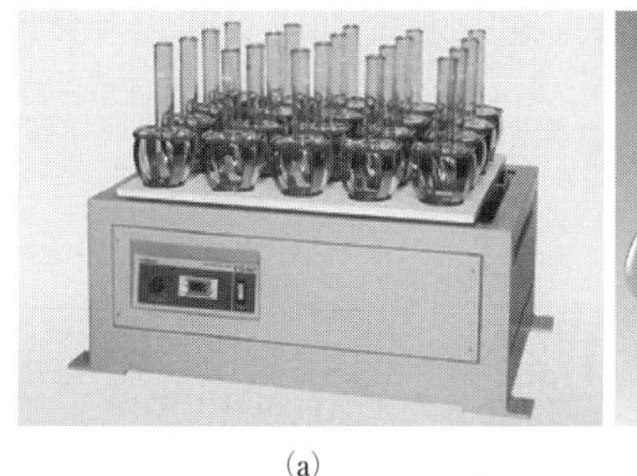
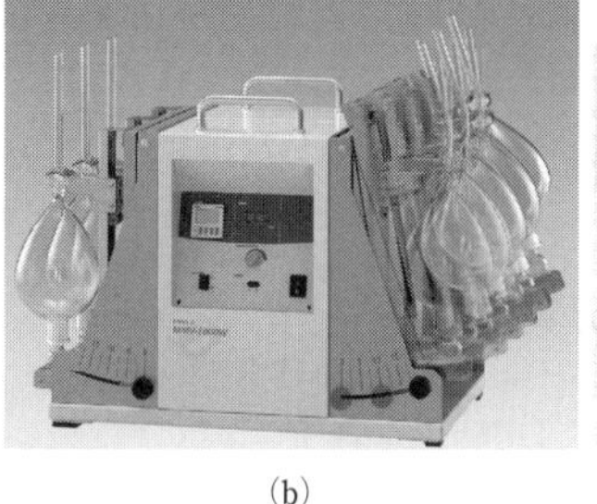

(a)　(b)　(c)

図 5.17　振とう装置
((a) 株式会社池田理化，(b) 東京理化器械株式会社，(c) 池本理化工業株式会社資料)

5.17(a)，(b) のようなシェーカーとよばれる振とう装置がある．また試験管などを 1 本ずつ押しつけると偏心円運動が伝わって内部が混ざるミキサー (c) もある．これはシリカゲルなどのクロマトグラフ用充塡剤を乾式でカラムに均一に詰めるさいにも利用できる．

接触還元反応は小スケールの場合はマグネチックスターラーによる撹拌を利用することが多い．しかし，中スケール以上の場合で，反応器内に試料溶液，水素，そして不溶性の固体触媒が存在するときには，液-気-固の 3 相が反応に関与するので，激しいかき混ぜ操作が求められる．常圧，中圧，高圧いずれの場合にも機械的な振とうを利用する場合が多い．

f.　その他の装置

通常の合成実験ではほとんど使用されないが，互いに溶け合わない二つの液体を混合，乳化させるのにホモジナイザーとよばれる装置がある．おもに動植物組織や細胞の撹拌に用いられる．

固体の液体への溶解，固体表面への液体の吸着，あるいは固体どうしの混合には，ロータリーエバポレーターの回転を利用するのも便利である．ただし，エバポレーターがその重さを十分に支えられる場合に限る．

5.3.2　超音波の応用

撹拌 (分散) の手段として超音波も利用されている．従来，超音波は計測的な応用面から発達してきたが，現在では超音波のもつエネルギーを利用した動力的応用も活発に行われている．その破砕，分散作用を使った工学，医学への応用も盛んであるが，もっとも多く利用されているのが超音波洗浄である．化学実験室でも器具洗浄用に開発された装置があり，強固な汚れの除去や微細部の洗浄に効果を発揮している．

ところで，この超音波エネルギーを化学反応に利用し，従来の加熱および撹拌方法では得られなかった反応の促進を得ている例が報告されている[9]．マイクロ波を利用した化学反応と反応装置については，6.1.1 項 (iv) を参照されたい．

超音波洗浄器は器具洗浄以外にも溶媒の手軽な脱気手段としてよく用いられる．脱気すべき溶媒を浴槽につけ，超音波照射しながら容器内をアスピレーターで引くと，数秒から数分で発泡しなくなる．HPLC 用溶媒の脱気に便利である．

5.4　通気反応実験法

通気操作には，(1) 試料と気体とを反応させる目的で溶液中に気体を通じる場合，(2) 水蒸気蒸留のように，溶液中に気体を通じて必要とする化合物あるいは不要物を分離する場合，(3) 反応液を空気中の水分や酸素または二酸化炭素から保護する目的で不活性ガスを通じる場合，などがある．このうち水蒸気蒸留については改めて記述する（10.4 節参照）．(3) の不活性雰囲気の設定については有機金属を用いる合成反応に関連する実験法としても後述する（19 章）．したがって一部内容の重複は免れないが，有機金属を利用する実験だけでなく現代合成化学の重要な基本操作となっているので，実験室で割合，簡単に用意できる装置などについてここで述べる．

5.4.1　通気反応と実験法

気体と試料溶液を接触させて反応させる方法には，(1) 図 5.18(a) に示すように気密な反応器の空間を反応気体で満たし，撹拌あるいは振とうして反応を促すもの，(2) 図(b) のように反応容器の一方の口から気体導入管を溶液中に引き込み，連続的に気体を通じて過剰の気体は他の口から排出するもの，(3) あらかじめ気体を溶媒に溶解（飽和）させておき（5.1.3 項参照）この溶液に試料を加える，またはこれを試料の溶液に加えるというものがある．以下おのおのの場合について述べる．

(1) の代表的なものとして接触還元反応がある（25.1 節参照）．装置には，図 25.2 に示したものやオートクレーブ（図 25.5 参照）を用いる．常圧の装置ではビュレット内にためた水素ガスの消費量を測定することにより反応の進行をチェックしながら行う．反応液が少量

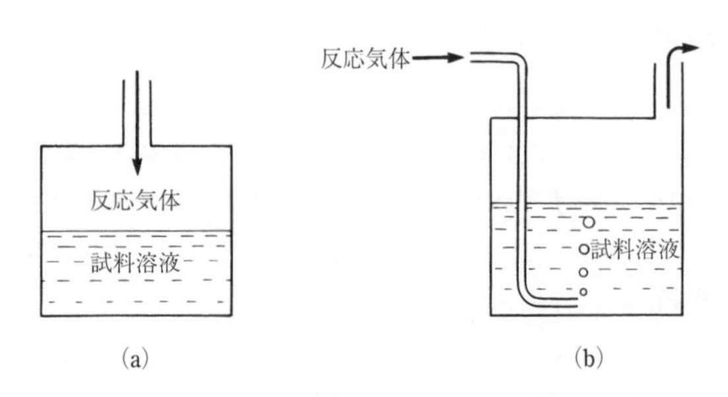

図 5.18　通気反応
(a)，(b) は本文参照．

の場合には，振とう式のフラスコ類を使用するよりも，通常のナス形フラスコに三方コックを取りつけた容器を用いてマグネチックスターラーで撹拌するほうが便利であることが多い．

また小スケールの反応では水素だめとして風船が利用することもあるが，丈夫な材質の風船でなければ危険である．反応器に水素を導入する場合，まず容器内を減圧にして次に水素だめ（あるいはビュレット）からガスを供給する．2，3 回この操作を繰り返したのち振とうを始める．反応が終了して試料溶液を取り出すさいも，いったん容器内を減圧にして水素ガスを排出してから空気と置換する．

(2) は通気反応のうちでもっとも一般的であり市販のボンベあるいは実験室的に発生させた気体を前出の導入法（5.2.4 項）に従って反応液に通じるものである．

このとき気体中に含まれる不純物あるいは水を取り除く目的で気体発生源（ボンベ）と反応器との間に洗気瓶や乾燥管を組み込むことがある．乾燥剤は気体の性質に応じて選択する (4.3.1 項参照)，また反応液が逆流したときのために導入管の前に適当な容積をもつ空瓶をつないでおくことも必要である．逆流は，気体の発生が突然止まった場合や，反応終了時に導入管を反応液面より引き上げずにうっかりボンベを閉じてしまった場合に経験するので，導入する気体が反応液に易溶性である場合はとくに注意しなければならない．

装置を組むときガラス器具を接続する管の材質にも注意しなければならない．通常ゴム管，塩化ビニル管，テフロン管などが使われる．ゴムや塩化ビニルは伸縮性に富み使いやすいが，気体の性質によっては硬化したり脆くなったりすることがあるので注意する．たとえば，ゴム管はオゾン化の反応ではまったく使用に耐えない．図 5.19 に一般的な通気反応装

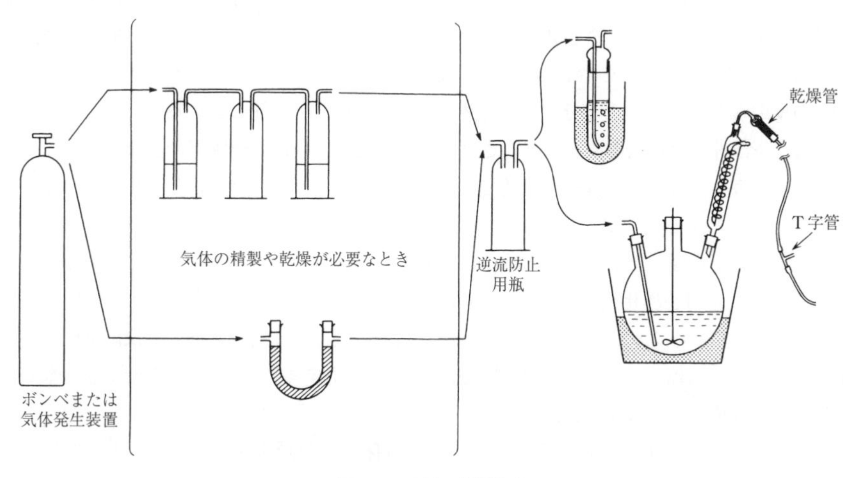

図 5.19　通気反応装置

置を示す．このような装置で行う通気実験では気体を当量だけ導入して行うことはほとんどなく，気体が反応系に捕捉される効率は反応によっておおいに異なり，通常は気体を過剰に使用する．しかしながら流量（流速）は測定しながら行うこともある（2.4 節参照）．反応の進行と終結は通気を一時止めて反応液を一部取り出し，他の反応の場合と同様 GC や TLC などの手段によって追跡するのが便利である．

一方，反応で消費されなかった過剰の気体は反応器の他方の口から排出される．排出口にも乾燥管を取りつけることがあるが，乾燥剤を選ぶ場合通気する気体の性質ばかりでなく，ここには気流にのった溶媒も運ばれてくることを考慮しておかなければならない．

排出される気体が酸素や窒素の場合は問題ないが，実験室で反応に使われる気体は有毒であったり，引火性をもつ危険なものが大部分を占める．したがって消費されなかった気体が実験室に充満したり，実験者の身体に触れるようなことがあってはならない．通気反応実験は必ず排気能率のよいドラフト中で行うべきであり，通常の実験室スケールの反応で排出される気体はドラフトを通して大気中に拡散，廃棄するのが便利である．しかしながらその種類や量によっては，刺激性，催涙性，悪臭などの空気汚染を招くことになるので，しかるべき処理が必要となる（付録参照）．通気実験に限らないが塩化水素など激しく排出する反応では装置やドラフト内の金属部分を腐食することがある．この場合，水に溶かし込んで廃棄することも可能である．水に溶解して流す専用の器具も設計されているが，通常の水流アスピレーターを利用するのも便利である．ただし金属製のものは不適当である．

反応器とアスピレーターとの中間に T 字管を入れ，反応器を減圧にしないようにして用いる．アスピレーターには十分の水量を流し，排水中の廃棄物濃度を極力低くする．

通気反応では，反応容器に撹拌器具を取りつける場合とそうでない場合がある．通常は通気による泡立ちで反応液がかき混ぜられるので，液が均一でかつ導入管が反応器中央の底部に導かれているかぎり撹拌を必要としない場合も多い．導入管の先端は切りっ放しのガラス管でもよいが，細かい泡を生じることのできる焼結ガラス製のものであればなおよい．図 5.19 の反応容器は外側から十分冷却してオゾン酸化を行うのに適している．

一方，不溶性の固体（触媒）を共存させて行う反応あるいは気体流量の少ない反応などでは泡立ちによる十分なかき混ぜを期待できない場合がある．また外部よりの加熱や冷却を効率的に行おうとする場合には撹拌装置が必要となる．図 5.19 の装置はオレフィンやケトンの塩素化反応，金属アセチリドの合成，接触酸素化反応などを行うのにも適している．

このほか，光増感酸化反応のように特殊な光化学反応装置（27.1 節参照）を用いる実験法もある．非常に小スケールの反応では風船に封じた気体を注射針を通して反応液中に導入することもある（器具は次項に示す図 5.20，5.21 を利用する）．ただし，風船や注射針が侵されるような種類の気体は使えない．

(3) の気体溶液を用いる合成反応では，まず気体溶液を調製するが，装置としては上記 (2) に示した方法に準ずる．気体を溶媒に溶解する場合，通常発熱を伴う．溶解した気体の重さを秤量して行うような場合，溶媒が気流にのって失われないよう十分な冷却と流速の調整を行うことが大切である．気体溶液は通常の試薬溶液と同じように用いることができるが，気体が溶媒と複合体（コンプレックス）をつくって安定化している場合を除けば，通常は気化して失われやすいものであるので保存して使うことは避けたほうがよい．密封して行う反応では相当の加圧状態に耐えうる器具を使用することが大切である．

気体が多量に溶け込んだ溶液はピペットやシリンジではかりとることが困難である．容器を移すときにも温度の変化で激しく気化するので，試料溶液との混合にさいしては十分な注意が必要である．また，(2) および (3) の反応で終了時に過剰の気体が反応液中に残っているような状態のときは，窒素など反応に関与しない気体を吹き込んで反応気体を追い出し，後処理するとよい．

5.4.2 不活性雰囲気の設定

合成反応によっては空気中に含まれる水分，酸素，二酸化炭素などの存在が障害となるものがある．とくに有機金属，不安定なイリドなどのように水や酸素ときわめて容易に反応し分解してしまうような反応剤や試料を用いる場合には，以下のように不活性雰囲気を設定して実験を行う．

基本的には反応器の空間を反応系に関与しない窒素やアルゴンで置換し，空気が進入するのを極力排除する操作方法である．図 5.18(a) または (b) の状態をつくり，反応気体の代わりに不活性ガスを使用する．ただし (b) の場合は，反応気体を通じるときとは異なり，導入管を反応液中に引き込む必要はない．しかしながら不活性ガスを激しく流すと，溶媒や試料が気流にのって損失してしまう．また反応液が大量の気体と接することになるのでごく微量の不純物（酸素や水分）といえども，敏感な反応には障害となる．したがって一般的には気流のない (a) の状態を選ぶほうがよい．不活性ガスとして通常は窒素あるいはアルゴンを用いる．通常の反応で水分の進入を防ぐ目的であれば，より安価な窒素が使いやすい．さらに乾燥操作をすることもある（4.4.3 項参照）．酸素が微量存在しても障害となる場合，より純度の高いアルゴンや高純度窒素を使う．これらはいずれも通常の窒素よりもかなり高価であるため，窒素を脱酸素処理して用いてもよい．アルゴンはまた比重が大きいということで，密封系が瞬間的開閉によって中断されたときにも空気の流入防止効果が窒素より優れていることが期待される．

反応器具は気密が保てるものであれば通常のものでかまわない．すり合せ器具を用いるさいはグリースを塗り，さらに外側からテフロンテープを巻くなどして接合部の気密性を高めることが必要である．不活性雰囲気下の反応では試料や反応剤の移動あるいは添加（滴下）にはシリンジを利用するのが便利である（5.2.2 節参照）．これはセプタムあるいは三方コックを通して使用する．ゴム製のセプタムが反応液に侵されてしまうおそれがある場合や，セプタムに注射針であく孔が問題になる場合は，三方コックを利用するほうがよい．このとき

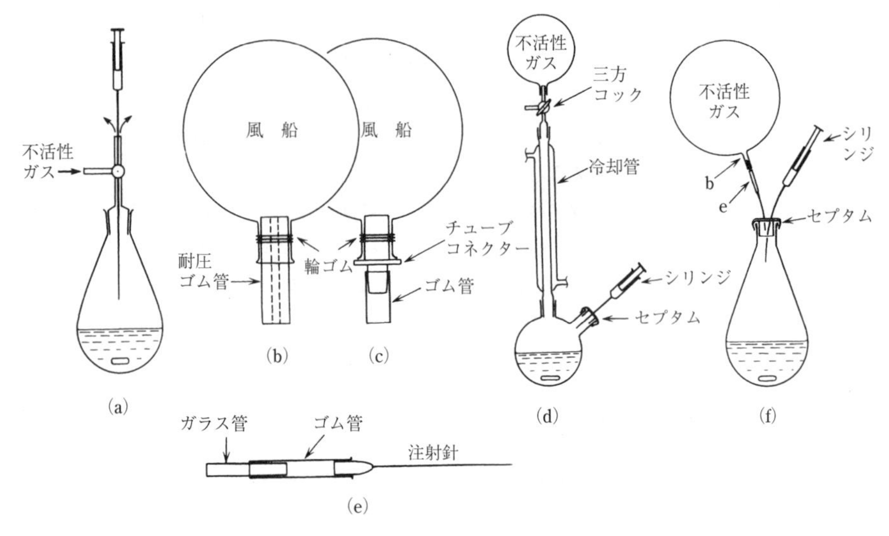

図 5.20　不活性雰囲気（風船の利用）
(a) ～ (f) は本文参照.

三方コックの側管のほうから不活性ガスを強く吹き込み，上方の管よりシリンジを操作する(図 5.20(a))．

一方セプタムを用いた密封型でシリンジ操作を行うときは，容器の内圧と外圧との差に十分注意して行わないとミスを招く場合がある．後に述べる風船を利用した装置ではとくに注意する．

不活性雰囲気をつくり出すには容器内を減圧にして内部の空気を排除し，次に不活性ガスを導入する．この操作を数回繰り返すと容器内が不活性ガスで置換される．不活性ガスの供給法としては，風船の利用，あるいは不活性ガス供給ラインを実験台に組み立てて行う方法が一般的である．風船は持ち運びが自由で装置への組込みも容易である．通常の実験には，ゴムにあまりひずみのないものであれば安価なもので十分である．ただし，溶媒の蒸気が風船内に激しく流れ込むおそれのある反応を行うときや，長時間連続して使用する場合には，割れない丈夫なものを選んだほうがよい．風船の取付けは漏れのない状態が保てるのであればいかなる方法であってもよい．図 5.20(b) や (c) に示すように，風船を耐圧ゴム管やプラスチック製のチューブコネクターにかぶせ，輪ゴムで固定して使うと気体の充塡や反応器への取付けが容易である．反応器とつなぐ場合には (d) のように三方コックを用いると，置換のさいに必要な減圧操作との切替えが容易に行える．また，注射針を利用してつくった (e) のような導入管をつくっておくと便利である．容器に口が一つしかない (f) でもセプタムならびにシリンジの使用によって不活性雰囲気で反応が行える．

不活性ガス供給ラインは窒素ガスや減圧ラインの口が実験台に備わっている場合には非常に設定しやすい．しかし専用に使えるボンベとポンプとがあれば実験台に組み立てることができ，同時にいくつもの反応器を不活性雰囲気下におくことも可能である．

実験者によって好みや流儀が異なり，反応や実験台の状況によってそれぞれ何らかの工夫がなされているが，平均的には図 5.21 に示すようなものが採用されている．(a) はボンベの気体をいったん丈夫な風船（ガス採集袋）に送ってため，あらかじめポンプで減圧にしておいたラインおよびフラスコにコックの切替えで不活性ガスを供給するものである．基本的には図 5.20 で示した反応器ごとに風船をつけるものと変わらないが，並列の実験には便利

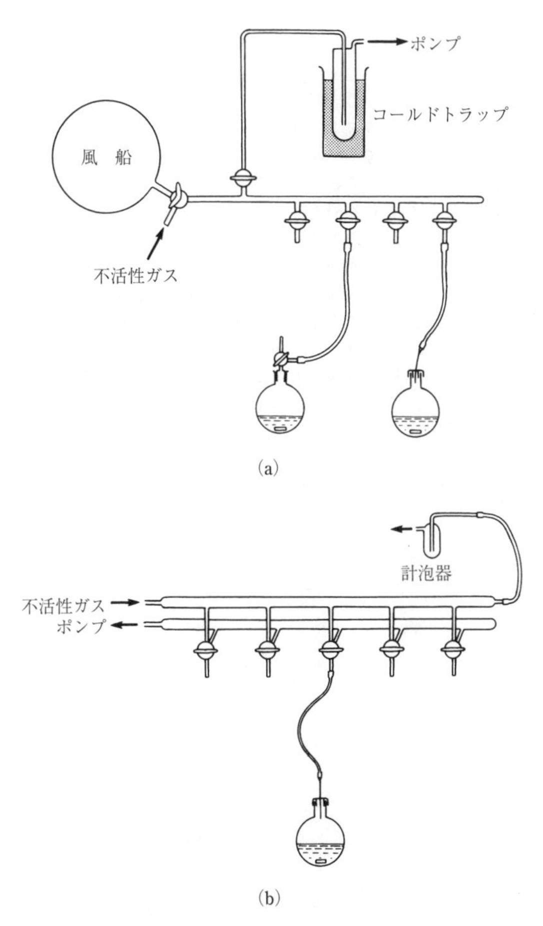

図 5.21　不活性ガスライン
(a)，(b) は本文参照．

である．フラスコへの接続はゴム管あるいはテフロン管を用い，先端に注射針を取りつけたものもつくっておくとよい．(b) は気体供給ラインと減圧用のラインを別系統とし，不活性ガスはたえず緩やかに（場合によっては激しく）流し続ける．このとき反応器へ導く真空コックの部分を工夫して，切替えによっておのおのの口がそれぞれ独立にどちらかのラインを選択できるようにしておく．この方式での気体の流量については，反応に用いる容器の大きさにもよるが，いったん減圧にした容器に気体を供給したとき，ただちにその減圧状態を解消できるものでなければならない．このようなラインは減圧系統を利用して試料の乾燥にも使えるので便利である．

また，三方コックをいくつかつなぎ合わせただけでもこのようなラインを組むことは可能なので，常時，実験台に設定しておくとよい．

文　献

1) a) 日本化学会 編，"化学便覧 基礎編　改訂 5 版"，丸善出版 (2004)；浅原照三，戸倉仁一郎，大河原信，妹尾 学，熊野谿従 編，"溶剤ハンドブック"，講談社サイエンティフィク (1976)．
2) a) 日本化学会 編，"新 実験化学講座 1"，丸善出版 (1975)；b) 化学同人編集部 編，"続 実験を安全に行うために"，化学同人 (1985)；c) 畑 一夫，渡辺健一，"基礎有機化学実験 新版"，丸善出版 (1989)；d) L.-F. Tietze, T. Eicher 著，高野誠一，小笠原国夫 共訳，"精密有機合成"，南江堂 (1983)；e) L. Fieser, K. L. Williamson, "Organic Experiments", D. C. Heath and Company (1975)；f) L. F. Fieser, M. Fieser, "Reagents for Organic Synthesis", John Willey (1967)；g) H. J. E. Loewenthal 著，中崎昌雄 訳，"有機化学実験法　指針と助言"，化学同人 (1982)．
3) L. Crombie, P. Hemesley, G. Pattenden, *J. Chem. Soc. C*, **1969**, 1016.
4) V. Schurig, B. Koppenhoefer, W. Buerkle, *J. Org. Chem.*, **45**, 538 (1980).
5) L. Brandsma, H. D. Veruijsse, "Synthesis of Acetylenes, Allenes and Cumulenes", Elsevier (1981).
6) a) 東京大学農学部有機化学教室，"有機化合物合成実験法 技報堂全書 7"，技報堂 (1959)；b) Catalog Handbook of Fine Chemicals (MNNG-Diazomethane Apparatus) (Aldrich) (*Anal. Chem.*, **45**, 2302 (1973))；c) J. S. Pizey, "Synthetic Reagents, Vol. 2", p.65, Ellis Horwood (1974).

加熱と冷却

6.1 加　　熱

ほとんどすべての化学反応は自由エネルギーの変化を伴って起こる．それゆえ，反応の温度調節，すなわち加熱や冷却による反応の制御は，反応の成否を決めるもっとも重要な因子の一つである．加熱の方法としてはもっとも古くから用いられている燃焼熱を利用する方法（前版参照），現在主流をなしている電気的方法，および浴を用いる方法などがある．

6.1.1 加　熱　法

a. 電気による加熱法

電気による加熱法は，目的に応じて種々の様式が工夫されており，浴を電気的に加熱する方法と組み合わせれば，実験室でのほとんどすべての加熱の目的を達することができる．

(i) ホットプレート　電熱器を金属板あるいはセラミック板で覆ったかたちの加熱器である．ホットプレートは正確な温度調節装置および磁気撹拌装置付きのもの（図 6.1）が市販され，実験室の加熱器として便利である．セラミック製の熱板を有するものは耐薬品性にすぐれ，強酸や強酸化剤を散布した TLC 板の加熱に有用である．ホットプレートは再結晶のさいの溶液の加熱などに水浴の代わりに使うこともできる．撹拌器付きのホットプレートは加熱と撹拌を要する反応に有用であるが，油浴や空気浴と組み合わせるとさらに用途は

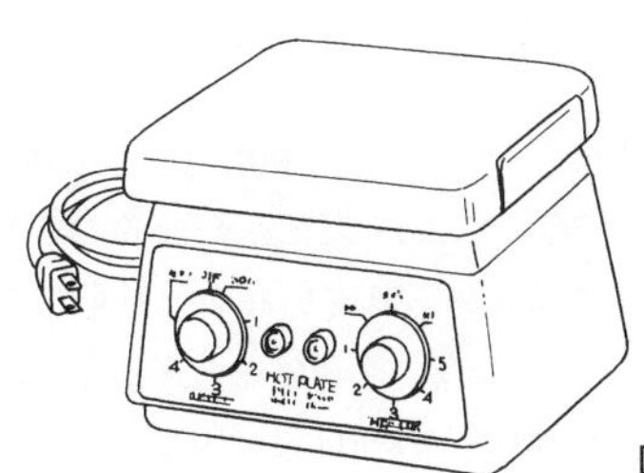

図 6.1　ホットプレートスターラー

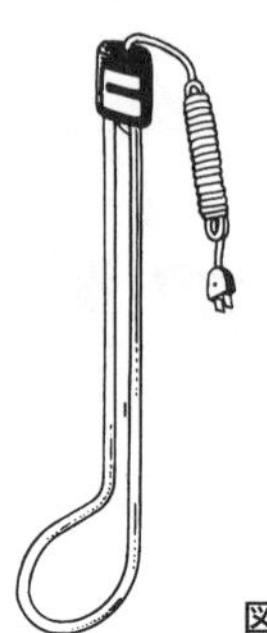

図 6.2　投込みヒーター

増す．使用温度範囲は低温用で 200 ℃くらいまで，高温用で 500 ℃くらいまでである．温度および攪拌を遠隔操作できるようなホットプレートも市販されている．

(ii) リボンヒーター，チューブヒーター　リボンヒーターは断熱材でつくられたテープに電熱線を組み込んだもので，フレキシブルヒーターともいわれ，曲がりのある分留管などに包帯のように巻きつけて加熱する．

チューブヒーターは，断熱材の細いチューブに電熱線を通したもので，リボンヒーターより外径が小さいので狭いところにも巻きつけられる．

(iii) 投込みヒーター　電熱線をパイプでくるんだかたちの加熱器で，浴を加熱するために使われる．ポケットヒーターのような小型のもの（図 6.2，300 W くらい）から大型のもの（15 kW くらい），温度調節装置および攪拌装置付きの恒温槽用のもの，ヒーター部分をテフロンで被膜した耐薬品性のものなどが市販されている．これらのヒーターは熱伝導率が悪いので高い電気容量が必要である．このためヒーター部分は高温になり，油浴を加熱する場合，ヒーター部分が浴より露出し，空気に触れると発火する危険があるので注意を要する．一般に，ヒーターには液面表示ラベルがつけられている．加熱に必要な電気容量は次式で概算される．

$$\frac{\text{水の量 [L]} \times \text{温度差}}{\text{(温度を上昇させるに要する) 時間} \times 860} = \text{必要電気容量 [kW h}^{-1}\text{]}$$

ただし油浴の場合，水の約半分の容量でよい．

(iv) マイクロ波　レーダーや通信に広く使われているマイクロ波は誘電体に照射すると物体内部から発熱することから，家庭用では電子レンジとして広く普及している．有機合成用の加熱装置としての利用は 1986 年の報告にさかのぼる[1]．利用可能な波長は，IMS（産業医療科学）周波数帯として国際的に割り当てられて 2.45 GHz が一般的である．産業用には 5.8 GHz も利用されるが，915 MHz は日本では認められていない．いずれも通信電波帯域であることから，マイクロ波合成装置の導入には所管の総務省総合通信局に高周波利用設備申請書を提出し，許可状の交付を受ける必要がある．以前は家庭用電子レンジの改造による合成実験が行われていたが，実験の安全やデータの再現性の確保*の観点から化学合成目的に開発された専用装置を利用するのが望ましい．国内では，東京理化器械，四国計測，ジェイ・サイエンス・ラボなど，輸入品では，CEM 社，Biotage 社，Anton-Paar 社，Milestone General 社などの製品が入手しやすく一般的である．

マイクロ波照射の方式はおもに二つに分類される．一般的なガラスフラスコの利用も可能で，家庭用電子レンジと同様の方式のマルチモードと，反応溶液を入れた専用のバイアルを使用するシングルモードがある．大量合成が可能な大型反応器が使える装置やオプションで冷却装置の併用により反応温度の管理が可能な機種も利用できる．通常用いられる反応溶媒は，誘電率と関係づけられる誘電正接（$\tan\delta$）の大きな溶媒であり，迅速な加熱効果が期待できる．誘電正接の小さい溶媒に対してはマイクロ波照射モードのプログラム制御により加熱効果を促進する工夫も行われている．また，マイクロ波吸収が大きな炭化ケイ素を素材とする反応容器を用いても加熱効果は大きい．マイクロ波照射により，複素環化合物の合成反応，各種の縮合反応，重合反応などで反応加速が報告されている．温度管理条件では酵素反応への適用も可能である．標的化合物の合成研究においても，加熱の全工程をマイクロ波加熱で行って，反応時間の短縮に成功した研究も報告されている[2]．テルペン類などの水蒸気蒸留の熱源としても利用されており，産業利用も進んでいる．また，反応加速のほか，選択性向上がみられることもある．反応加速の機構は，一般には反応系内部からの迅速加熱（熱的効果）とされている[3]．しかし，いわゆる非熱的効果を考慮すべき実験結果も報告されており，いまだ議論が尽きない．最近では，熱電対のほか，蛍光ファイバー温度計による反応系の精密な温度測定や温度管理が可能になっており，合成実験の再現性も得られやすくなっている．

（v）赤外線　赤外線による加熱法では，空間を通す輻射によって物体を加熱する．伝導による方法と比べて，この方法の利点は迅速性にある．蒸留中に冷却管に結晶が析出した場合などの急場の臨時の加熱，浴に浸せない部分の加熱，断続的に行いたい加熱，局所的加熱などに適している．しかし，温度制御は難しく，比較的低い温度での長時間の加熱，一定温度での加熱，熱伝導性の悪い物質の加熱には適していない．また熱を吸収せず，反射してしまうような磨いた金属性の容器などは使えない．赤外線を溶液の上から照射すると，溶媒を溶液の表面のみから蒸発させることができるので，突沸しやすい溶液，泡立ちやすい溶液からの溶媒，とくに水の留去に適している．ヘアドライヤーによる加熱法も，赤外線による方法と同様の特徴をもち，同様の目的に使われる．

（vi）電気炉　600 ℃ 以上の高温に加熱したい場合，電気炉が用いられる．炉には，形状によってマッフル炉，管状炉，るつぼ炉などがある．電気炉の最高使用温度は発熱体の種

* 学術雑誌によっては，家庭用電子レンジ改造装置による実験結果は受けつけないことを投稿規定で明示している．

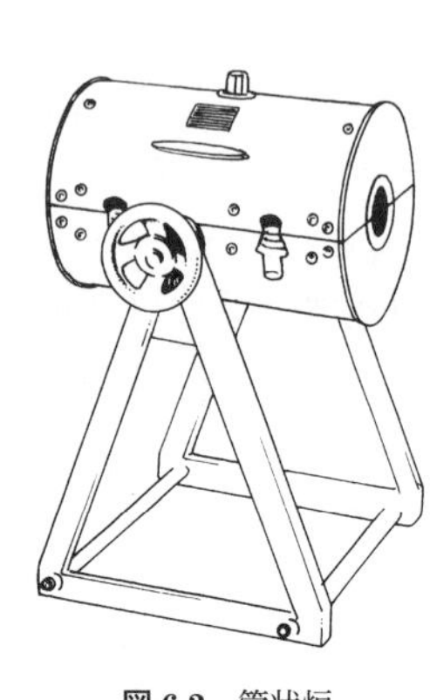

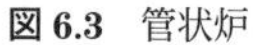

図 6.3　管状炉

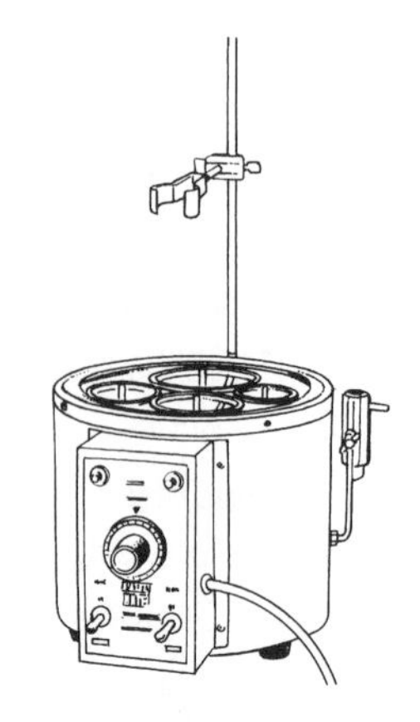

図 6.4　水　浴

類による．ニクロム線で 1000 ℃，カンタル線で 1100 ℃，シリコニットで 1400 ℃ 前後である．

マッフル炉は前面に扉のついた箱型の炉で，かなり大きなものまで加熱できる．正確な温度制御ができるようなものも市販されている．管状炉（図 6.3）は，名が示すように，硬質ガラス，石英，金属などでできた管状の容器類を加熱するための炉である．元素分析の試料の燃焼管や熱分解反応の反応管の加熱に使われる．炉の内部の大きさ（径と長さ）と加熱管の大きさは一致しなければならない．炉内寸法として直径 3～5 cm，長さ 30～60 cm のものが市販されている．図 6.3 に示したものは炉の角度を変えられる回転式のものである．るつぼ炉はるつぼを加熱するための小型の電気炉で，上部に蓋がついている．るつぼに入れた試料の灰化，溶融などに使われる．

b.　浴による加熱

正確な温度調節が必要な場合，および一定温度で長時間加熱する場合，浴による加熱が適している．浴に用いる熱媒体は，必要とする温度に依存して定められる．100 ℃ 以下の場合水浴がもっとも適している．100～300 ℃ くらいまでは，種々の油を用いる油浴がもっともよく用いられる．さらに高温では，塩浴，金属浴，砂浴などが用いられる．表 6.1 に種々の熱媒体とその特徴を示す．

（i）水　浴　　水は無色透明，無毒，非可燃性であるうえ，高い熱伝導率，高い比熱容量，低い粘度をもつ安価で理想的な熱媒体である．実験室用の水浴として，電熱式で温度調節器付きの便利なものが市販されている．図 6.4 に示した水浴はフラスコ台付きの中棚およびオーバーフロー式の水準調節器を付属させたものである．この形式のものは水を沸騰させ，容器を浴に浸さないようにして使用すれば，水蒸気浴としても使用できる．温度調節器のみ付属させた簡単な桶型の電熱式水浴は，スターラーにのせて用いれば撹拌しながらの加熱に

表 6.1　加熱に用いられる熱媒体

浴　型	媒　　体	主使用温度範囲［℃］	引火点［℃］	特　　徴
水　浴	水	0～80	――	高融点，低沸点である以外理想的
油　浴	ゴマ油	60～320	＞300	可燃性
	シリコーン油（KF_{54}）	−30～250	＞300	無色，無臭，安定
	シリコーン油（KF_{965}）	−50～300	＞300	茶褐色，無臭，安定
	潤滑油（モービル B）	20～175	――	安価，可燃性
	パラフィン	60～300	199	可燃性
	グリセリン	−20～260	160	水溶性，無毒
塩　浴	KNO_3-$NaNO_3$（51.3：48.7）	230～500	――	空気中で安定，強い酸化性
	HTS 混合物 {$NaNO_2$-$NaNO_3$-KNO_3（40：7：53）}	150～500	――	非腐食性，非可燃性
金属浴	ウッド（Wood）合金（Bi：Pb：Sn：Cd＝4：2：1：1）	150～800	――	融点 71 ℃
	ローズ（Rose）合金（Bi：Pb：Sn＝9：1：1）	150～800	――	融点 94 ℃
	スズ・鉛合金（Sn：Pb＝1：1）	250～800	――	融点 200 ℃

使用でき，ラボラトリージャッキとの組合せでエバポレーター用の水浴としても使える．このタイプの水浴は手持ちの容器（蒸発皿やポリ容器），投込みヒーターおよび可変抵抗器を組み合わせて，種々の大きさのものを簡単に自作できる．

(ii) 油　浴　　熱媒体に油を用いる浴である．使用最高温度は油の種類によるが 300 ℃くらいまでである．古くから使われているナタネ油，ゴマ油などの食用油は 300 ℃ くらいまでの加熱に耐えるが，250 ℃ 以上になると発煙し，着色が著しい．安価であるが，においがある，質の低下が早いなどの欠点がある．シリコーン油は無臭，無毒で，耐熱性，耐酸化性，化学安定性，難燃性，電気絶縁性など，すぐれた性質をもつ熱媒体であるが，高価な点が欠点である．種々の構造をもったさまざまな粘度のシリコーン油が市販されている．使用温度範囲は種類によって異なるが，最高 300 ℃ くらいまで使用できる．ほかに潤滑油，パラフィン，グリセリンなども使われる（表 6.1）．油浴は容器にビーカーや蒸発皿を用い，加熱に投込みヒーターと可変抵抗器の組合せ，あるいはホットプレートスターラーを用いれば種々の大きさのものを簡単につくることができる．水浴と同形式の温度調節器付きの電熱式油浴も市販されている．

(iii) 塩　浴　　油浴で得られる温度よりさらに高温に加熱したい場合，硝酸や亜硝酸のアルカリ塩の混合物を熱媒体として用いることができる（表 6.1）．HTS（heat transfer salt）混合物は工業的に広く使われている．塩浴は実験室においても使われるが硝酸塩は酸化性があり，可燃物との接触や過熱によって爆発する危険もあるので，取扱いには十分な注意が必要である．鉄製の容器は高温（＞460 ℃）では硝酸塩と反応するので使用できない．ステンレス製の容器は 600 ℃ くらいまでの使用に耐えうる．

(iv) 空気浴　　空気浴は，浴剤を用いないので，浴剤に基づく種々の煩わしさ，不便さを避けることができる．古くはガスバーナーを利用する金属製の Babo の空気浴が使われた．ミクロ蒸留装置と組み合わされた電熱式の空気浴も市販されている．透明な半導体を発熱体としてガラス管内部にコーティングした，透明なガラス製の空気浴もあり，（室温＋5）～250 ℃ まで使える．

（v）**金属浴**　さらに高温に加熱したい場合，低融点の金属あるいは合金を熱媒体とする金属浴が用いられる．金属浴に用いられる合金の代表的なものを表 6.1 に示す．容器には普通，鉄製やステンレス製のものが用いられる．金属は熱伝導性がよいので浴は撹拌する必要はない．鉛あるいは鉛を含む合金では，高温に熱すると有毒な鉛蒸気を発生するので換気には十分な注意が必要である．金属浴で加熱した容器は冷えるまで浴に浸しておくと浴が固化し取り出せなくなる．とくにガラス容器の場合は破損するので，熱いうちに取り出しておくことに注意すべきである．

（vi）**砂　浴**　砂を熱媒体とする浴である．鉄皿に砂を入れ，これを下からバーナーで加熱して使う．直火で加熱するより緩やかに平均して熱することができる．しかし砂は熱の伝達性がきわめて悪いので，浴の温度は各部で異なり，正確な加熱温度を知ることが難しい．

6.1.2　封管での加熱

反応溶液を溶媒の沸点以上に加熱する場合，ガス状あるいは低沸点物質の溶液を加熱する場合，少量の低沸点溶媒中で微量物質を溶媒の沸点近くで反応させる場合など，封管あるいは密閉した容器中で反応を行う必要がある．このような場合，ガラス製の封管，あるいはガラス製や金属製の耐圧密閉容器が使われる．封管中で溶液を高温に加熱すると管の内圧が非常に高くなるので，ガラス製の容器は爆発する危険もある．封管中で反応を行う場合，反応条件下で管の内圧がどのくらいになるか，そしてそれが管の許容圧力以下であるかどうか確めておくことが必要である．封管中で溶液を加熱する場合，内部に生じる圧力は，溶媒の蒸気圧によって決定されるので，溶媒の蒸気圧曲線から内圧を推定することができる．表 6.2 に溶媒の蒸気圧の例を示す．一方，ガラス封管の許容内圧は以下の式から計算できる．

$$a = \frac{DP}{2t}$$

ここで，a は封管壁に発生する張力，D は封管の内径，P は封管内圧力，t は封管壁の厚さを示す．

ガラスの抗張力はだいたい，硬質ガラスで 400 kg cm^{-2}，Pyrex で 450 kg cm^{-2}，石英ガラスで 600 kg cm^{-2} であることが知られている．そこで上式を用いて計算すると内径 26 mm 厚さ 1.8 mm の硬質ガラスは約 56 kg cm^{-2} の圧力で爆発することになる．しかしガラスには微細な傷が存在すること，壁の厚さは一定とは限らないことなどを考慮に入れ，安全度 4 すなわち $a = 100$ で計算すると内圧は 14 kg に留めておいたほうが安全であるということがわかる．溶媒が水の場合 200 ℃ で内圧は 15.3 atm になるから，上記の封管では，加熱は

表 6.2　溶媒の蒸気圧

温度[℃]	水	エタノール	エチルエーテル	ヘキサン	ベンゼン	トルエン
0	4.5 mmHg	12.2 mmHg	185 mmHg			
20	17.5	43.9	442.0			
40	55.3	135.0	1.2 atm			
60	149.0	352.0	2.0			
80	355.0	812.6	4.0	2.0 atm	1.0 atm	
100	760.0	2.2 atm	6.4	2.4	1.3	
120	2.0 atm	4.2	10.0	3.0		1.3 atm
140	3.6	7.5	14.6	7.0	5.0	2.2
160	6.1	12.0	20.0	10.0		3.4
180	9.9	20.0	30.0	13.0	10.0	5.1
200	15.3	29.2		17.5	14.0	7.4
220	22.9	40.0		20.0	20.0	
240	33.0				25.0	
260	46.3				35.0	
280	63.4				45.0	
300	84.8				55.0	
320	111.4					
340	144.1					
360	184.0					
380	207.0					
400						

1 mmHg＝133.32 Pa，1 atm＝101 325 Pa.

200 ℃ 以下にしたほうがよい．内圧は溶液の絶対量とは無関係であるが，原則として溶液は管の半分以下に保つべきである．ガスを発生する場合，空間容積が圧力に関係する．

封管用の硬質ガラスあるいは Pyrex 製容器は，注文生産しているが，自作してもよい[4]．

(i) 封管の加熱　爆発の危険性がない場合，封管は 250 ℃ くらいまでは油浴に浸して加熱することができる．爆発の危険がある場合や高温に加熱したい場合，ボンベ炉とよばれる封管用の炉が用いられる．ボンベ炉では，爆発しても危険がないように，封管を鉄製の管に入れて加熱する．ボンベ炉は注文生産してもらえるが，鉄管と管状炉（図 6.3）で代用することもできる．この場合，鉄管は封管より少し太めの鉄製の管を用いてつくる．管の両端にねじ山を切り，これにあう鉄製の閉止板二つを用意し，一方は底に，他方は空気孔をあけ，蓋にする．封管は新聞紙にくるんで管に入れ，蓋をして管状炉で加熱する．加熱は急激に行うと管が割れることもあるので，時間をかけてゆっくりと温度を上げる．反応中に封管が割れると空気孔からガスが吹き出すので，危険のない場所で反応を行う．反応が終わったら，少し熱いうちにねじに油をさし，よく冷えてから万力で鉄管を固定し，蓋をはずす．この操作も危険を伴うので万全の注意を払って行う．

(ii) 封管の開け方　反応中にガス状物質を発生する可能性がまったくなく，冷時常圧に戻ることが確かな場合のみ通常のガラス切りの方法で開けてもよい．しかしこの場合も，封管をよく冷却すること，保護めがねをつける，封管の先端を危険のない方向に向けるなど十分の注意を払って行うことが必要である．少しでも内圧が高まっている可能性がある場合，封管の開口は鉄管に入れたまま行う．封管の先端を少し外に出し，封管の先端に炎の高温部があたるようにバーナーを置き，少し遠ざかって封管の先端が溶融し始めるのを待つ．このときも封管の先端は危険のない方向に向ける．内圧があるとガラスが融けると同時にガスが噴出する．内圧が非常に高いと爆音とともに頭部が吹き飛んだりする．内圧がない場合は，先端が垂れ下がってくるのでわかる．この場合はやすりで傷をつけ，焼き玉法で切断できる．

(iii) 耐圧反応容器　封管は開け閉めができないので反応を追跡することができない．この点，耐圧密閉容器は便利である．耐圧容器は，品質のよいものが市販されており，多くの場合，ガラス製の封管を使う必要がない．耐圧密閉容器にはガラス製のものと金属製のものがある．ガラス製のものは化学安定性がある，反応を肉眼で観察できる，撹拌が容易などの利点があるが，密閉度の点に問題がある．すなわち，高温高圧において，パッキング部分での漏れが問題となる．大体，内圧 10 kg，加熱温度 200 ℃ くらいまでの使用が限界である．それ以上の圧力および温度が必要となる場合，金属製容器を使うと安全である．

ガラス製の耐圧密閉容器としては，図 6.5(a)，(b) に示したものが市販されている．図(a)の容器は Pyrex 製で，金属のねじ込み式の蓋がついており，パッキングはテフロン製である．内圧 10 kg，最高温度 150 ℃ まで保証されており，かなり信頼性のある耐圧容器である．容量 5～500 mL のものが市販されている．図(b) に示した容器はボンベンロールとよばれているもので，上部のつば A と金属円板 B の間に合成ゴムあるいはシリコーンゴムの板 C を入れ，スクリュークランプ D で締めつけるようになっている．トルエン溶液で 150 ℃ くらいまで加熱できるが，溶媒がゴム板やシリコーンゴム板に吸収され，徐々に蒸発するのが欠点である．

高温高圧で反応を行いたい場合，金属性密閉容器が安全で使いやすい．図(c) に示した容器はステンレス製の耐圧反応容器で，オートクレーブの簡易型である．上蓋 B の上部に十字形ニードルバルブ C がついていて，ガスを封入することもできる．この部分はニードル

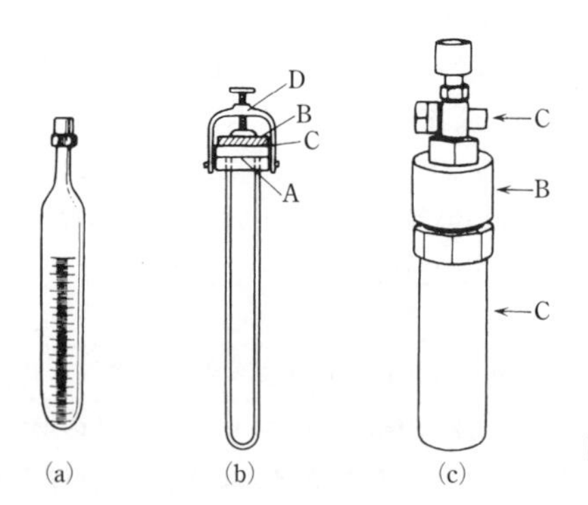

図 6.5　耐圧密閉容器
(a)，(b) ガラス製　(c) 金属性

バルブの代わりに閉止板で閉じることもできる．容量は5～500 mLのものが市販されている．最高圧力100 kg，温度200 ℃まで保証されている．腐食性の高い物質を反応させる場合のために，ガラスやテフロン製の内筒あるいはテフロンコーティングした容器も市販されている．類似の耐圧容器で最高圧力200 kg，最高温度400 ℃まで保証された型もある．この場合，上蓋はボルトで締めつけるようになっている．

6.1.3 熱分解反応

熱分解反応の実験法には，大きく分けて次の2通りの方法がある．(1) 物質を生（neat）の液体状態，あるいは溶媒に溶解した状態で一定の容器内で加熱分解する方法，および (2) ガス化させた物質を高温に加熱した熱分解管を通すか，赤熱した金属フィラメントと接触させることにより瞬時に分解させる，フロー熱分解（flow pyrolysis）の方法である．第一の方法は簡便であるが，基質および生成物が互いに長時間接触するため，比較的低い温度で進行する熱分解反応や，生成物が反応性が低く安定な化合物である場合に限られる．生成物が反応性に富む化合物で，高温で互いに接触すると分子間反応を起こすような場合，希薄な状態で行い，加熱時間の短いフロー熱分解の方法が優れている．しかしフロー熱分解法では，物質を気化しなければならないので揮発性の低い化合物では難しい．

a. 液状態の熱分解反応

（i）生の状態で行う方法　常温で液体の物質や低融点の物質は溶媒に溶解せず，生の状態で加熱分解する例が多い．生成物は，多くの場合，熱分解後そのまま蒸留して精製する．基質の沸点が低い場合，熱分解は封管中で行われる．加熱には，ガスバーナー，マントルヒーター，油浴，塩浴などが用いられる．このような熱分解法は，脱炭酸反応[5]，脱CO反応[6]，脱水閉環反応[7] など多くの例が *Organic Synthesis* 誌に収載されているほか，クライゼン (Claisen) 転位[8,9]，コープ (Cope) 転位[9]，チュガエフ (Chugaev) 反応[10]，エルプス (Elbs) 反応[11] なども多数の例が報告されている．熱分解を減圧下に行い，揮発性生成物をただちに留去し，冷却したトラップに捕捉する方法[12] は，生成物が不安定であったり，酸化されやすい場合，有利な方法である．熱分解反応によって生成する化合物をただちに反応に利用するため，試薬を共存させて行う方法もある．シクロペンタジエンとエチレンのディールス-アルダー（Diels-Alder）反応によるノルボルニレンの合成（下式）はエチレンガス存在下ジシクロペンタジエンをオートクレーブ中で熱分解させることによって行われる[13]．金属粉[14]，ガラス粉[15]，酸[16] などの触媒を共存させ熱分解する方法もある．基質あるいは生成物が酸化されやすい場合の不活性ガスの導入，抗酸化剤（ヒドロキノン類）の添加，酸を副生する場合の塩基の添加などは，溶液状態の熱分解も含めて液状態の熱分解反応での留意すべき点である．

$CH_2=CH_2$

表 6.3　熱分解反応に使用される高沸点溶媒

化合物名	沸点［℃］	化合物名	沸点［℃］
トルエン	110.6	ジエチルシュウ酸	184
クロロベンゼン	131～132	ジエチルベンゼン	180～182
o-キシレン	143～145	ジメチルスルホキシド	189
N,*N*-ジメチルホルムアミド	153	*N*,*N*-ジメチルアセトアミド	195
ジグリム	162	ジフェニルエーテル	259
o-ジクロロベンゼン	179	ベンゾフェノン	305.4

(ii) 溶液中での熱分解反応　基質が高融点の固体の場合，少量の場合，溶媒効果が期待される場合などは，溶媒中で熱分解反応を行う．熱分解反応は単分子反応であるので，一般に溶媒の種類による影響は少ない．それゆえ，溶媒はその沸点および溶解度によって選択されることが多い．熱分解反応に用いられる高沸点溶媒を表 6.3 に示す．

溶媒効果の大きい熱分解反応もある．たとえば，カルボン酸の脱炭酸反応によく用いられるキノリンの場合，沸点が適当であることのほか，その塩基性によってカルボキシラートアニオンの濃度を高めることが重要な因子となっている．芳香族アリルエーテルのクライゼン転位反応によく用いられる芳香族第三級アミン類は副反応を抑え，オルト転位生成物の収率を向上させる．また極性溶媒はケトン型中間体のエタノール化を促進させ，パラ転位体に対するオルト転位体の生成比を上昇させるという報告もある．

フロー熱分解法との中間的な方法として，高温に熱した溶媒中に基質を少しずつ滴下し，熱分解させ，生成する揮発性物質をただちに気化させ，冷却した受け器に捕捉する方法もある．この方法は生成物が反応性に富む化合物である場合に適している．*Organic Synthesis* 誌に収載してあるジシクロペンタジエンの逆ディールス-アルダー反応によるシクロペンタジエンの合成はこの例である[16]．

b.　フロー熱分解反応

フロー熱分解反応（flow pyrolysis）の方法には，(1) 常圧で行う方法，(2) ロータリーポンプで得られる程度の減圧下に行う方法，(3) 高真空下で行う瞬間真空熱分解法（flash vacuum pyrolysis：FVP）がある．本項では (1) および (2) の方法について解説し，FVP については次項で述べる．

(i) 常圧でのフロー熱分解　低沸点の液体の熱分解の例として，アセトンの熱分解によるケテンの合成の例を示す．図 6.6 に示すのは *Organic Synthesis* 誌に記載されている反応装置である[17]．この場合，アセトンは滴下漏斗 A より水浴で加熱された空の容器 B に滴下され，気化する．蒸気は水平に設置された熱分解管 C に導入され分解される．熱分解管はガラスまたは Pyrex 製で中には保熱のため砕いた磁器が詰められており，管状炉で約 650 ℃ に加熱されている．未反応のアセトンは冷却管 E で凝縮され，容器 D に回収される．ケテンガスは反応容器 F で試薬との反応に用いられる．この装置での熱分解反応によるケ

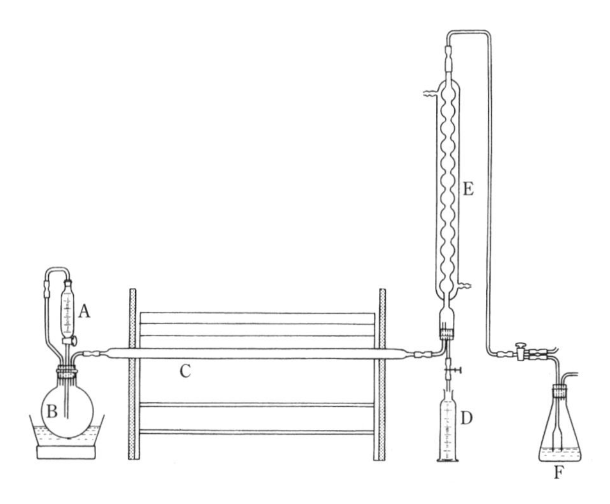

図 6.6 アセトンの熱分解によるケテンの発生装置

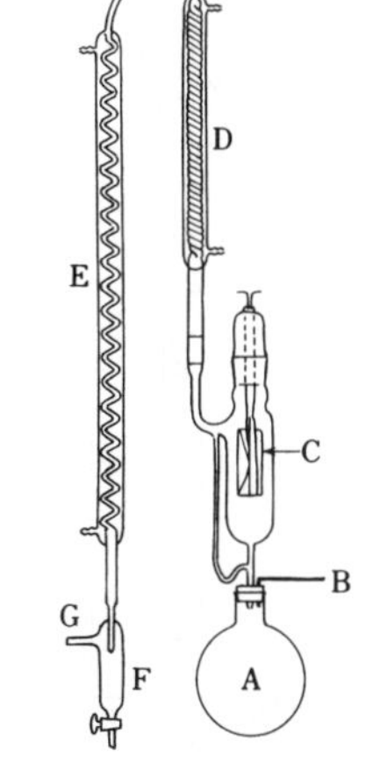

図 6.7 ケテンランプを用いるアセトンの熱分解装置

テンの収率は約 25% である．図 6.7 に示す装置は Williams と Hurd によって報告されたケテン合成の改良装置である[18]．この場合アセトンは B から導入され，A で気化され，赤熱したクロメル（ニッケル：クロム（8：2）の合金）製のフィラメント C（ケテンランプ）と接触し熱分解される．未反応のアセトンは冷却器 D および E で凝縮され，容器 A に戻るか容器 F に回収される．ガス状のケテンは G を経て反応管に導かれる．この装置では 90% 近い収率でケテンが生成する．この装置はジシクロペンタジエンの熱分解にも使われている[18]．

より沸点の高い物質の場合，図 6.8 に示す装置が一般に用いられる．この場合，基質は滴下漏斗 A より熱分解管 B の上部に滴下される．熱分解管は Pyrex，Vycor（バイコール），石英などでつくられ，ガラスまたは Pyrex 製のビーズが詰められている．加熱は電気管状炉 C で行う．気化した基質は窒素ガスによって熱分解管を送られて分解し，冷却した受け器 D に捕捉される．アクリル酸エステルの熱分解反応によるアクリル酸の合成[19] にはこのような装置が用いられている．

(ii) 減圧下の熱分解　常圧での熱分解反応では，熱分解管や熱分解管に詰められたガラスや Pyrex のパッキングにタールや炭素が付着してくる．このような炭素やタールは副反応を誘発し，目的物の生成率を低下させる．熱分解を減圧下，あるいは減圧下，窒素ガス気流中で行うことにより，タール化を防ぎ，反応の収率を向上させることができる．たとえば，2-アセトキシシクロヘキサノンの脱酢酸反応は，図 6.8 に示した常圧の熱分解反応装置を用いると，目的のシクロヘキセノンの収率は低く，シクロペンテンが多量に生成する（下式）．しかし，減圧下，図 6.9 に示すリサイクル式の熱分解装置を用いると，シクロヘキセノンの

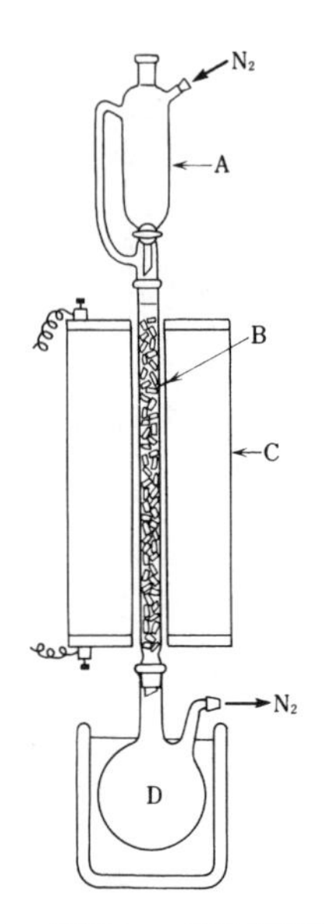

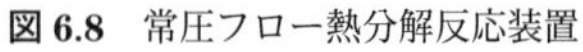
図 6.8　常圧フロー熱分解反応装置

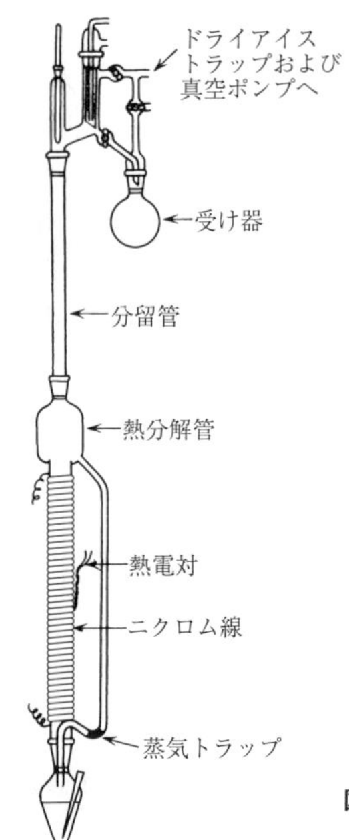

図 6.9　減圧フロー熱分解反応装置

収率が飛躍的に向上することが報告されている[20].

OAc

490～510℃
1 atm N_2
22～36%　25～62%

450℃
10 mmHg
リサイクル装置
91%

図 6.10(a) は減圧下，窒素気流中で行う熱分解反応装置である．この装置ではニクロム線フィラメントが熱分解に用いられる．基質は昇華フラスコ G の底のガラスフィルター上に置かれ，周囲を油浴で加熱されている．気化した基質は，昇華フラスコの下からフィルターを通して送り込まれる窒素ガスにより反応管 H に運ばれ，赤熱したフィラメントと接触して熱分解され，生成物はただちに冷却したトラップ J に送られ捕捉される．熱分解管内の温度は熱電対 I によって測定される．この装置では，生成物はトラップ J から K へ“bulb-to-bulb” 蒸留によって精製することもできる．この装置を用いて，3-イソクロマノン類の熱分解でベンゾシクロブテン類の合成が高収率で達成されている（式(6.1)）[21]．この装

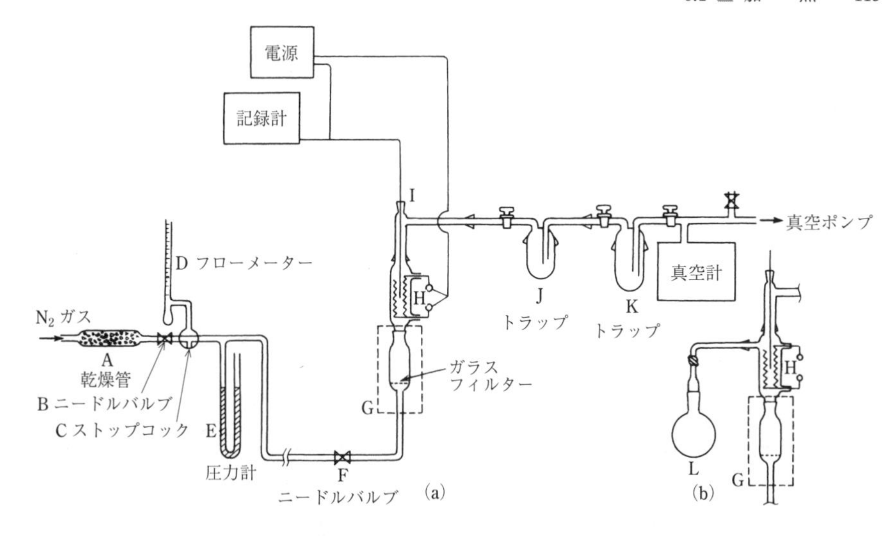

図 6.10　不活性ガス気流下の減圧フロー熱分解反応装置

置の反応管で生じる反応性に富む化合物を，この反応管内でただちに反応剤で捕捉可能な装置も考案されている．図 6.10(b) はその反応管部分を示している．反応管は上部で反応剤を含むフラスコ L に接続されている．反応剤は加熱により気化して反応管に送られ，熱分解生成物と反応する．この装置は，ジアゾインダノンの熱分解により生成するケテン類の捕捉（式(6.2)）に用いられている[22]．

R^1, R^2　　$\xrightarrow[\text{3 mmHg } N_2]{\text{500℃（ニクロム線）}}$　　R^1, R^2　+ CO_2　　(6.1)

$=N_2$　　$\xrightarrow[\text{25 mmHg } N_2 \text{, ROH}]{\text{680℃（ニクロム線）}}$　　COOR　　(6.2)

$R = CH_3, CH(CH_3)_2, C(CH_3)_3$

6.1.4　瞬間真空熱分解法

有機化合物を，減圧下（しばしば高真空下）で連続的に気化させ熱分解する方法であり，歴史的には flow pyrolysis あるいは vapour cracking の応用とみることができ，方法論的にもこれらと一部重複する．したがって，本書中の関連事項としては，通気反応（5.4 節），本節の前項，冷却法（6.2 節），真空技術（7.1 節）などがある．

用語として，flash vacuum pyrolysis（FVP），または flash vacuum thermolysis（FVT）が用いられる．この瞬間真空熱分解法は，通常の有機合成における使用頻度は低いが，ほかの方法では達成困難な変換反応を行うことができる手法なので，本項にて概念と反応例を簡単に紹介する．

一般に，化合物の減圧下での反応は，そのものの分圧が真空度に伴って低下するので，その濃度が溶液反応における無限希釈に近い状態になっている．この場合，着目する物質分子間の間隙が溶媒分子によって充填されていないので，ほぼ完全な無極性溶媒中での溶液反応に擬することができる．しかも，無極性の環境にありながら，反応分子間の会合や相互作用は無視できる．その結果として，原料分子間の反応が抑制される（純粋に単分子的な機構に近い反応が期待できる）とともに，反応生成物や，中間体の分子間の（二次的な）反応も抑制されるといった利点が期待される．

しかし，この方法を通常の容器中で行おうとすると，目的化合物の量に対して大容量の容器，したがってこれを加熱するには巨大な装置が必要となり，また，目的物の加熱効率も非常に低下する．そして何よりも，蒸気圧の低い化合物（揮発性の低い化合物）では，気化以前に固相または液相での熱分解が先行してしまう．そこで連続的に原料を気化，供給するフローシステムを採用することにより，上記の問題点を解決する方法が工夫されている．さらに，FVP には次のような利点があげられる．(1) 低濃度の反応であってしかも，後処理として反応溶媒の除去を考える必要がない．(2) 設定する反応温度の可変幅が，溶液反応に比べ非常に大きい（溶媒の沸点などの制約がないので，高温での反応が容易である）．(3) 溶液反応とはまったく異なるタイプの反応が起こることがあり，溶液反応からは獲得困難な化合物の，独特な合成法が開発される可能性がある．(4) 後述するように，トラップ法を工夫することにより，溶液反応では捕捉困難な，高反応性の化合物（中間体や熱的に不安定な生成物）が検出，または捕捉されることがある．(5) トラップ剤による高反応性化合物の捕捉実験が比較的容易に行える．図 6.11 に FVP 装置の概念図を示す．

反応温度は加熱部分（A）の温度で表すものとし，ふつう 300～1200 ℃ の範囲，真空度は B または C 部分で測定し，10^{-5}～10 mmHg の範囲である．一つの分子が加熱されることの

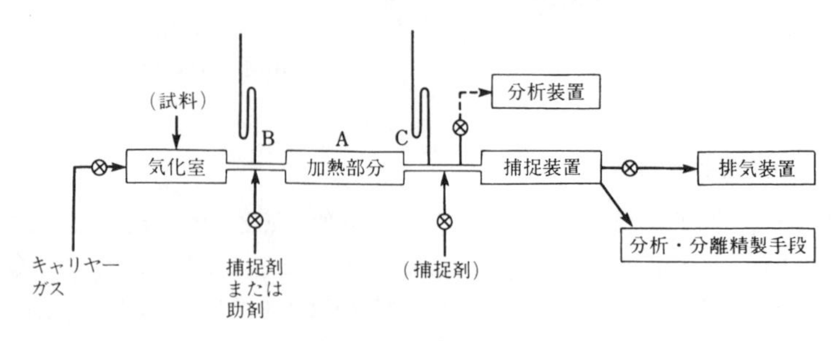

図 6.11　FVP 装置の概念図

できる時間，すなわち，分子の加熱部分中での平均的滞在時間を接触時間（contact time または residence time）とよぶ．これは真空度10^{-3} mmHg 以下のオーダーでは Kundsen の式[25)]，10^{-1} mmHg 以上では Poiseuille の式を用いて算出可能であるが[24)]，実際にはこれらにあてはめる種々のパラメーターの計測は必ずしも容易ではない．そこで通常は，下記の近似式で求めた値を目安として用いることが多い[23)]．

$$\text{接触時間} = \frac{PVt}{RTm} \ [\mathrm{s}]$$

ここで，P は加熱部分中のガスの圧力（[mmHg] 通常は B または C 部分の圧力），V は A 部分の体積，t は FVP に要した時間 [s]，T は加熱部分中のガスの絶対温度（通常は A 部分の温度），m は t 秒の間に FVP に付された試料のモル数 [mol] である．この式が用いられるためには，FVP が安定した条件下で，連続的に行われる必要がある．通常，接触時間が 1 マイクロ秒～1 秒となるように条件設定して実験を行う．

一般的な FVP における反応は次のように示すことができる．

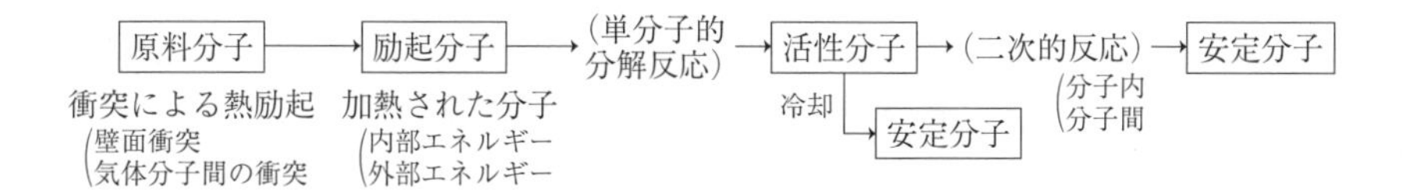

気化した原料分子の熱励起は，10^{-3} mmHg 以下の圧力下では主として壁面との衝突により，10^{-1} mmHg 以上では主として気体分子間の衝突により，その中間ではその両者による[23)]．熱励起された分子のもつエネルギーのうち，内部エネルギーが単分子的（unimolecular）な反応に使われる．ここでみられる反応形式は，結合解離（ラジカルの発生），中性低分子の脱離反応，転移反応，逆環状付加反応，分子間の開環反応などである．この場合，通常の溶液反応との比較においてみられる類似性よりも，むしろ，見かけ上，質量スペクトルにおける分子陽イオンの分解，プラズマ分解，光分解などにおける反応様式に近い分解形式をとる例がしばしばみられる．

生じた活性分子はトラップで冷却されて安定分子となるか，加熱部分中の気相反応，加熱部分以後の気相反応，加熱部分以後の壁面反応によって生成物となるか，あるいはトラップで冷却されたのちに二次的産物に変化し生成物として得られることになる．また，二次的産物に変化する余地のある活性物質がコールドトラップで捕捉，検出される場合もある．

この実験には，装置の工夫および反応条件の設定だけでなく，原料となる反応基質の設計が重要である．FVP の反応例を図 6.12 に示す．

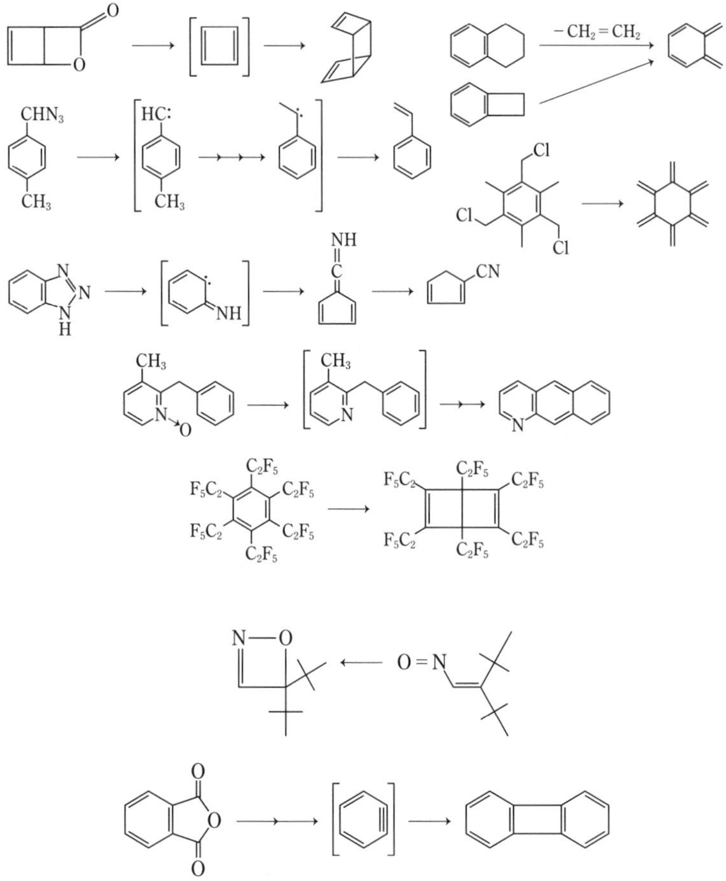

図 6.12　FVP の反応例

6.2 冷　　却

有機化学実験を行うさい，冷却操作は加熱操作とともにもっとも頻繁に行う操作の一つである．冷却の目的は実に多岐にわたっている．低温下での反応，加熱還流，蒸留，低沸点溶媒，試薬の捕集，ガスの溶解などが冷却操作の代表的な例である．それぞれの目的に応じて装置，器具を使い分けることが，有機化学実験を安全に行うためにも，また，よい結果を得るためにも必要なことである．本節では冷却操作一般について通常用いる器具，ガラス器具（6.2.1 項），冷媒の種類とつくり方（6.2.2 項），さらに，恒温槽などの冷却機器（6.2.3 項）について解説する．

6.2.1　冷却浴と冷却用ガラス器具

a.　溶液の冷却

冷却浴を必要とするのは，反応を低温で行う場合，あるいは液体アンモニア（バーチ(Birch) 還元などのため)，イソブテン（*t*-ブチルエステル合成のため）などの低沸点の溶媒，試薬を捕集，吸収する場合がもっとも代表的な例である．そのほかにもたとえば凍結乾燥，脱気の操作にも冷却浴を必要とする．

冷却浴の容器としては熱伝導の悪いものが適している．アルミニウム，銅などの金属性の容器はよくない．液体窒素を用いて冷却するようなときはジュワー（Dewar）瓶を使用しなければならない．しかし，通常には，ドライアイス冷媒を用いるときでもガラス浴のまわりをウレタンなどの断熱材で囲ったものを冷却浴として用いても十分である．より手軽なものとしては，プラスチック製のボール，洗面器，あるいはバケツといった家庭用品が便利である．

反応容器を冷却するときに重要なことは，容器は冷媒の中にどっぷりと浸し，反応溶液の液面は冷媒の面よりつねに下になるようにすることである．このことは反応温度が低ければ低いほど重要である（図 6.13).

また，試薬の加え方に関することであるが，冷却した溶液に上から試薬や溶媒を加えるときは，反応熱などで液温が急激に上昇しすぎないようにゆっくりと加えねばならない．そのさい，試薬の加わった場所付近だけが局所的に温度が上がるのを防ぐためには反応溶液はよく撹拌することが必要である．また，試薬を加えるさいの温度上昇を極力抑えるために，試薬を反応溶液中に直接上から滴下せず，反応容器の内壁を伝わらせるようにして加えるのもよく行われるテクニックの一つである．試薬が十分冷却されてから反応溶液に導入されるのである．

さて，低温下で再結晶を行うとき，融点が低い化合物，あるいは室温では不安定な化合物を沪過するときなど，冷却しながら沪過したい場合がある．そのようなときには熱沪過と逆に，ガラスフィルターをまわりから冷やしてやればよい．図 6.14 に示すようにガラスフィ

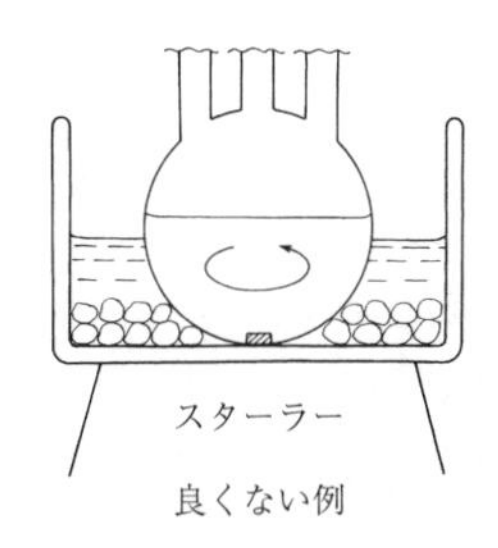

図 6.13　反応容器の冷し方

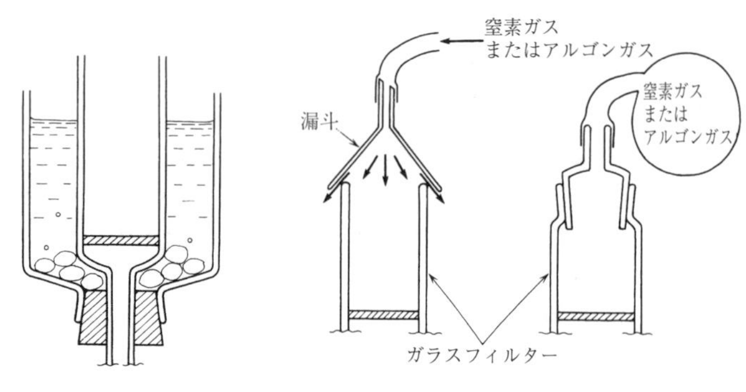

図 6.14　ガラスフィルターの冷却

ルターの大きさに応じて適当なガラス瓶，あるいはプラスチック製の瓶を輪切りにして接続して用いればよい．冷媒としては氷–塩化ナトリウムよりはドライアイス–アセトンがよい．小さく砕いたドライアイスの小片を少しずつ加え，必要な温度を保つ．アセトンの代わりにエタノールなどを用いてもかまわないが，アルコールの場合はアセトンに比べてドライアイスを加えたときの発泡が激しいので，冷媒がガラスフィルターの中に飛び散らないように注意しなければならない．また，低温で沪過するとき，開放系で行うと空気中の湿気が凝縮し，結晶に付着しやすい．したがって，湿気を嫌う化合物の場合には，窒素あるいはアルゴンなどのガス雰囲気下になるように工夫する必要がある．

b.　冷却器

冷却器は反応溶液を加熱還流するとき，蒸留するときなど，気化した蒸気を凝縮捕集するために用いられる．実験室には必ず備えられている器具であり，用途に応じていろいろなタイプの冷却管がある（図 1.1(3) 参照）．代表的なものとしては，リービッヒ（Liebig）型，じゃ（蛇）管型，球管（アリン（Allihn））型，ジムロート（Dimroth）型の 4 種類があげられる（図 6.15）．前者二つのタイプは主として蒸留のさい，また後の二つのタイプは加熱還流のさいに用いられる．

リービッヒ型は通常の常圧，減圧蒸留のさい，冷却管を斜めに保って用いるのにもっとも適している．しかし，リービッヒ型の内管は単なる直管で表面積が小さく，熱交換効率がよくないのが弱点である．したがって，沸点の低い化合物の蒸留のときには，かなり長いリービッヒ管を用いなければならないことになる．しかし，あまり長いとスペース的に邪魔にもなるし，また余分なひずみがかかり，かえって危険となる場合もある．むしろ，冷水，あるいはドライアイスで冷却したアルコールを外套管内に流通させたほうがよい．いろいろなタイプの送液ポンプが市販されており，これらをうまく活用すると便利である．

じゃ（蛇）管型はエバポレーターと組み合わせたり，溶媒の蒸留精製のときのように蒸気を通過させながら凝集する場合に用いられる．通常の加熱還流に用いると上昇してくる蒸気

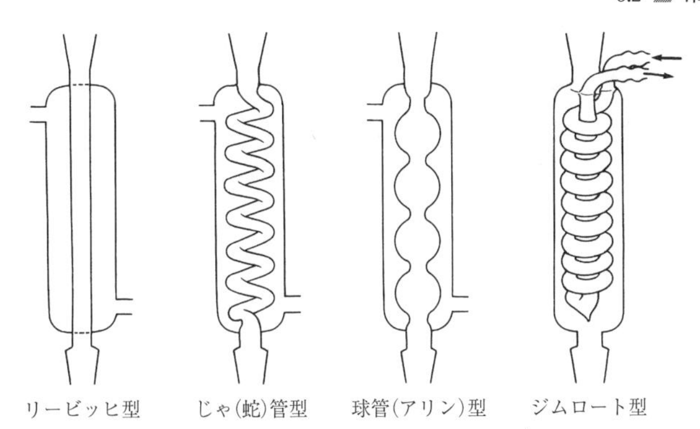

図 6.15　冷却器

のために凝縮された液体が蛇管の中に停滞しやすくなり，激しすぎると上から吹き出すこともあるので使用するさいは注意が必要である．

一方，球管（アリン）型，ジムロート型は加熱還流用として用いる．ジムロート型のほうが球管型より熱交換面積が大きいぶん冷却効果が大きいので，低沸点溶媒の還流に適している．還流温度が高い場合（とくに目安はないがだいたい 130～140 ℃ 以上）にはあえて冷却管に水を通す必要はない．空冷でも十分であり，ガラス管を還流管として用いてもよい．

また，液体アンモニア中で反応を行うとき，あるいは臭化ビニルとマグネシウムからグリニャール（Grignard）試薬を調製する場合など，低沸点の溶媒，試薬を使用するケースがよくある．このようなときにはドライアイス冷却器（図 6.16）を用いるとよい．加熱還流だけでなく，ガスの捕集のときにもドライアイス冷却器をつけるとガスの逸失を防ぐことができる．

冷却管としては上記 5 種類のタイプを備えておけば，たいていの有機化学実験は問題なく行うことができる．

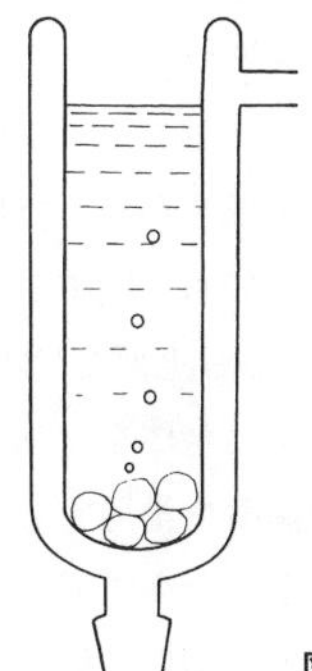

図 6.16　ドライアイス冷却器

そのほかにも上の基本タイプを改良した冷却管がいろいろ考案され工夫されている．それらについては参考書[26]を参照されたい．しかし，あまり特殊な形状をもつものは特別注文となり高価格となる．また，そのようなものは一般に洗浄が困難であったり，あるいは，ちょっとしたショック，ひずみで簡単に破損してしまうことがよくある．

6.2.2　冷　媒

有機化学実験を行ううえで必要とする低温はせいぜい−100℃前後までである．温度に応じて氷，ドライアイス，液体窒素がよく用いられている．本項ではこれらの寒剤を用いた冷媒の種類，調整法について説明する．

a.　氷

氷はもっとも手軽に，かつ頻繁に用いられている寒剤である．氷水として0℃の温度は簡単に得られ，また保つことができる．そのほか，氷と塩類を混ぜることにより，0℃より低い温度を得ることができる．よく用いられているのが，氷–塩化ナトリウム（3：1）の混合物である．約−20℃の低温になる．この温度は塩化ナトリウム二水和物 $NaCl \cdot 2H_2O$ と氷の共晶点である．塩化カルシウムを用いると約−50℃まで下げることができる（塩化カルシウム–氷（3：2））．これらの共晶化合物は固い塊になりやすいので，ときどき棒などで砕きながら冷やす必要がある．また，これらの氷–塩類の組合せによる冷媒で注意しなければならないのは，温度は一定でないということである．氷と塩類の比率はもちろん，温度計を入れた場所によっても異なる温度を示す．したがって，冷媒の温度よりもかんじんの反応溶液そのものの温度をたえずチェックすることがいちばん大切である．

b.　ドライアイス

安価に手に入るドライアイスは幅広い温度をカバーすることができる便利な寒剤である．ハンディタイプのドライアイス製造器も市販されており，二酸化炭素ボンベがあれば必要なとき，必要な量をつくることができる．

ドライアイスは固体なので，融点の低い有機溶媒に溶解して低温を得る．アルコール，アセトン，ヘキサンなどが使いやすく，−78℃の低温にすることができる．しかし，冷却中にはつねに周囲から熱を吸収したり，あるいは水分が入ったりするので，よほどよい条件でないと最低到達温度にはなりにくい．真空ポンプのコールドトラップのように，長時間低温を維持するときは断熱性の高いジュワー瓶を使用し，上部を布などで覆ってやるとドライアイスの消費は少なくてすむ．また，そのようにすると夏でも一晩中ポンプを運転しても大丈夫である．冷却浴の底にまだドライアイスの塊があっても上部では温度は高いのが普通である．ときどきかき混ぜたり，ドライアイスを補充すると全体を−78℃にすることができる．

ドライアイス冷媒は0℃から−78℃までの間の温度を維持するためにも使われる．ある一定の温度範囲を維持するためには，面倒ではあるが，たえずドライアイスを補充する必要がある．上述の有機溶媒を用いれば，−78℃においても粘性の低い冷媒が得られるので，中間温度においては冷浴中に攪拌子を入れ反応溶液とともにスターラーで攪拌すれば均一な温度とすることができる．しかし，ここでも大事なのは冷媒の温度ではなく，反応溶液の温度であるということを忘れてはならない．

また，冷媒の温度がまだ高いときに多量のドライアイスを一度に加えると，激しく発泡する．溶媒がいっぱい入っているときなど吹きこぼれることがあるので，いくら低温であるからといって近くで火を使うのは危険である．

c.　液体窒素

−78 ℃ 以下の低温を得たいときは液体窒素を使用する．ドライアイスと同様，後に何も残らないので使いやすい．実験室では 5～20 L の金属性ジュワー瓶で供給され，使用するときも断熱性の高いジュワー瓶の中で用いる．さもないと，液体窒素はどんどん蒸発していき不経済である．

液体窒素は −196 ℃ という低温の液体であるので当然その取扱いには十分な注意を払わねばならない．しかし，液体窒素が素手に直接かかっても瞬間的に沸騰状態となるのでそれほど危険ではない．もっとも安全なのは皮製の手袋を着用することである．布製の手袋，軍手などを着けていたり，あるいは布製の運動靴をはいていて，その上から液体窒素がかかるほうがかえって危険である．布製品に液体窒素が染み込むと布は瞬時に固まり，はずせなくなって，ひどい凍傷になるおそれがある．

有機化学実験で液体窒素そのものを冷媒として用いるケースはそれほどない．その温度ではほとんどの有機溶媒は凍結してしまうからである．溶媒の脱気，あるいは真空ポンプのコールドトラップに利用するのが数少ない例である．通常の真空ポンプのコールドトラップであれば，ドライアイス-アセトン冷媒でもよいが，油拡散ポンプなどで高真空を必要とするようなときは液体窒素で冷却したほうがポンプのためによい．コールドトラップを開放系のまま放置しておくと，トラップの中に液体窒素（沸点 −183 ℃）が凝集してくることがある．また，トラップの中に非常に酸化されやすい有機化合物があると，爆発することがある．非常にまれなケースではあるが，実際にこのような事故が発生したこともあるので，トラップの中はつねにきれいにしておいたほうがよい．また，トラップを洗浄してから使用するということは単に安全性のためばかりではない．揮発性の高い化合物を蒸留したとき，そのほとんどがトラップの中で凝縮していたというのはよくあるケースである．

−78 ℃ では不安定な反応剤の調製と，反応あるいはより高い選択性を得ることを目的として，−78 ℃ より低い温度を必要とするケースも多い．たとえば，エーテル，THF，トルエンの融点はそれぞれ −116 ℃，−109 ℃，−95 ℃ であり，−100 ℃ 前後の低温が必要とされる．液体窒素-有機溶媒の組合せとしては，石油エーテル（凝固点 −105～−108 ℃），メタノール-エタノール（3：1）の混合溶媒（凝固点 −120 ℃）などが実用的な溶媒である．液体窒素を加えすぎると冷媒は完全に固まってしまうので，ペースト状を保つように液体窒素を少量ずつ加えなければならない．

溶媒がまだ十分に冷えていないときに液体窒素を一度に加えると，ドライアイスの場合と同様に，激しく発泡するので少しずつ加える．大きなジュワー瓶から直接冷浴に少量ずつ注ぐのは難しいし，また危険なので，トラップ用のジュワー瓶など適当な冷浴にある程度移し，そこから小出しするほうがよい．

6.2.3　冷却機器

a.　低温恒温槽

氷，ドライアイス，液体窒素などの寒剤を用いる冷媒の種類とつくり方について前項で述べたが，中間温度である一定の温度を維持するためには完全に手作業となる．これに対し，電子制御による低温恒温槽を用いれば −100 ℃ 程度までの任意の温度を精度 ±1 ℃ 以内で維持することができる．

一方，循環式の低温恒温槽では，外部循環させることにより，UV，旋光度，屈折率などを一定の温度で測定することができる．

b.　投込み型冷却器

冷凍機部分と冷却器部分とからなっており，冷却器部分（冷却コイル）を冷浴に入れればよいので簡単である．低温恒温槽同様，最低到達温度が −20～−30 ℃ の機種から−80 ℃以下の性能を有する機種まである．

冷却コイルの大きさは機種，冷凍能力により異なっているが，フレキシブルチューブを冷却コイルに採用しているものもある．反応容器，冷浴の形状にあわせて冷却コイルを自由に折り曲げることができるので便利である．フレキシブルではあっても，冷却コイル自体かなり大きいので，小さいスケールの反応の冷浴には適さない．最低到達温度が −20～−30 ℃の機種はエバポレーター用の水循環式アスピレーターの水槽に入れ，水を冷却するのに便利である．また，−60～−70 ℃ 以下の能力をもつ機種は，長時間にわたる凍結乾燥機，ポンプのコールドトラップに利用すると便利である．

さらに，投込み型冷却器と温度制御装置を組み合わせることによって，簡易型の低温恒温槽とすることもできる．すなわち，冷却器はつねに稼働させておき，ヒーターのスイッチのオン・オフを制御すればよい．価格的には低温恒温槽より大幅に安価になる．

文　献

1） R. Gedye, F. Smith, K. Westaway, H. Ali, L. Baldisera, L. Leberge, J. Rousell, *Tetrahedron Lett*., **27**, 279 (1986).
2） M. M. Hossain, Y. Kawamura, K. Yamashita, M. Tsukayama, *Tetrahedron*, **62**, 8625 (2006).
3） M. A. Herrero, J. M. Kremsner, C. O. Kappe, *J. Org. Chem*, **73**, 36 (2008).
4） 飯田武夫，“ガラス細工法”，p.107，廣川書店（1977）.
5） T. W. Abbott, J. R. Johnson, *Org. Synth*., Coll. Vol., **1**, 440 (1941).
6） R. F. B. Cox, S. M. McElvain, *Org. Synth*., Coll. Vol., **2**, 279 (1943).
7） G. Parie, L. Berlinguet, R. Gaudry, Org. *Synth.,* Coll. Vol., **4**, 496 (1963).

8) D. S. Tarbell, *Org. React.*, **2**, 1 (1944).
9) S. J. Rhoads, N. R. Raulins, *Org. React.*, **22**, 1 (1975).
10) H. R. Nace, *Org. React.*, **12**, 57 (1962).
11) L. F. Fieser, *Org. React.*, **1**, 129 (1942).
12) A. C. Cope, E. Ciganek, *Org. Synth.*, Coll. Vol., **4**, 612 (1963).
13) J. Meinwald, N. J. Hudak, *Org. Synth.*, Coll. Vol., **4**, 738 (1963).
14) H. R. Snyder, L. A. Brooks, S. H. Shapiro, *Org. Synth.*, Coll. Vol., **2**, 531 (1943).
15) C. Frisell, S.-O. Lawesson, *Org. Synth.*, Coll. Vol., **5**, 642 (1973).
16) M. Korach, D. R. Nielsen, W. H. Rideout, *Org. Synth.*, Coll. Vol., **5**, 414 (1973).
17) C. D. Hurd, *Org. Synth.*, Coll. Vol., **1**, 330 (1941).
18) J. W. Williams, C. D. Hurd, *J. Org. Chem.*, **5**, 122 (1940).
19) W. P. Ratchford, *Org. Synth.*, Coll. Vol., **3**, 30 (1955).
20) K. L. Williamson, R. T. Keller, G. S. Fonken, J. Szmuszkovicz, W. S. Johnson, *J. Org. Chem.*, **27**, 1612 (1962).
21) R. J. Spangler, B. G. Beckmann, J. H. Kim, *J. Org. Chem.*, **42**, 2989 (1977).
22) R. J. Spangler, J. H. Kim, *J. Org. Chem.*, **42**, 1697 (1977).
23) R. F. C. Brown, "Pyrolytic Methods in Organic Chemistry", Organic Chemistry Monograph Vol. 41, Academic Press (1980).
24) G. Seybold, *Angew. Chem., Int. Ed. Engl.*, **16**, 365 (1977).
25) D. M. Golden, G. N. Spokes, S. W. Benson, *Angew. Chem., Int. Ed. Engl.*, **12**, 534 (1973).
26) A. Weissberger, ed., "Technique of Organic Chemistry", Vol. 3, Interscience (1950).

減圧と加圧

7.1 真空実験法

有機合成実験において，真空系を必要とするのはおもに，(1) 反応系を空気から遮断し，酸素，水蒸気，二酸化炭素などの影響を除外する，(2) 反応がガスの発生を伴う場合に，その反応の進行を円滑にし，かつ必要に応じて反応によって発生したガスを定量する，の二つの理由による．このうち (1) については，たとえばアルゴンのような不活性ガスを用いる通気反応操作（5.4 節）および微加圧下での反応操作（19.1 節）で置き換えることもできるが，どの方法がよいかは，扱う物質の性質や反応条件などによって決まる．一般に蒸気圧の高い試薬や溶媒は通気反応や微加圧反応には不向きであり，一方，高温反応は真空下での反応にあまり向いていない．また，(2) についてはGC の標準物質添加法で発生ガスの量を知ることもできるが，気相の拡散速度や相対感度などの問題もあるため，精確な発生ガスの測定には真空反応により，次項で述べるマノメーターやテプラー（Toepler）ポンプを用いた定量法が不可欠である．

7.1.1 真空装置

有機合成における真空実験に用いられる真空装置は，a. 油回転真空ポンプや拡散ポンプのような排気装置，b. 真空操作を容易にするために工夫されたガラス製の真空ライン，c. 真空度測定装置から構成される．さらに，使用目的によってはマノメーターやテプラーポンプのような付帯設備が必要になる．

a. 排気装置

到達真空度と排気速度により種々の排気装置，いわゆる真空ポンプが使われる．もっとも簡便なものではアスピレーターがある．この到達真空度はその温度での水の蒸気圧が限度であり，せいぜい 10 Torr（13.33 Pa）程度であるので本節で述べる真空操作には適さない．油回転真空ポンプには，排気速度 10～20 L min^{-1}，到達真空度 1～0.1 Torr 程度のハンディタイプのものから，数千 L min^{-1} の排気速度で 10^{-3}～10^{-4} Torr の到達真空度をもつ大型のものまで多種類のものが市販されている．本節で述べる程度の真空操作には，排気速度が $150 \sim 350\ \mathrm{L\ min^{-1}}$，到達真空度が $10^{-3} \sim 10^{-4}$ Torr 程度の真空ポンプを液体窒素のトラップを介して直接真空ラインに接続して用いれば十分である．しかし，カルボアニオンやラジカルのような不安定中間体のように，痕跡の空気の混入も許されない実験では，油回転真空ポンプだけでは不十分で，これと油拡散ポンプとを組み合わせることによって到達真空度を 10^{-7} Torr 程度に上げる必要がある．ガラス製の Hickman 油拡散ポンプがこの目的によく使われるが，空気の導入を絶対に避けなければならないなど，取扱いには細心の注意を払う必要がある[1]．油回転真空ポンプに代わるものとして，モレキュラーシーブの気体吸着を利用したソープションポンプ，10^{-8} Torr 以上の高真空を得るためのイオンポンプなどもあるが，本節で述べる真空操作には必要度が低いので省略する．

b.　真空ライン

排気装置と真空反応容器または操作容器との間にあって，いわばインターフェイスの役目をするのが，真空ラインである．種々の型の真空ラインが工夫されているが，図 7.1 にもっとも単純で汎用型のものの一例を示す．これを実験台の上にステンレスパイプの支柱を用いて組み立てる．図では平面的に書いてあるが，実際には設置する場所に応じて立体的に組み上げるのがよい．拡散ポンプを用いて，10^{-7} Torr 以上の高真空下で作業するためには図中のボールジョイント部をガラス溶接によって一体構造に仕上げる必要があるが，10^{-3} Torr 程度の操作にはその必要はなく，適当な箇所にボールジョイント（$J_{1/2} \sim J_{3/4}$）を設けて分解できるようにしておけば掃除のしやすさや一部分破損時の対応のしやすさなどから，ずっと便利である．図 7.1 で，(a) は真空ポンプとの接合部であり，① の部分で，肉厚ゴム管を用

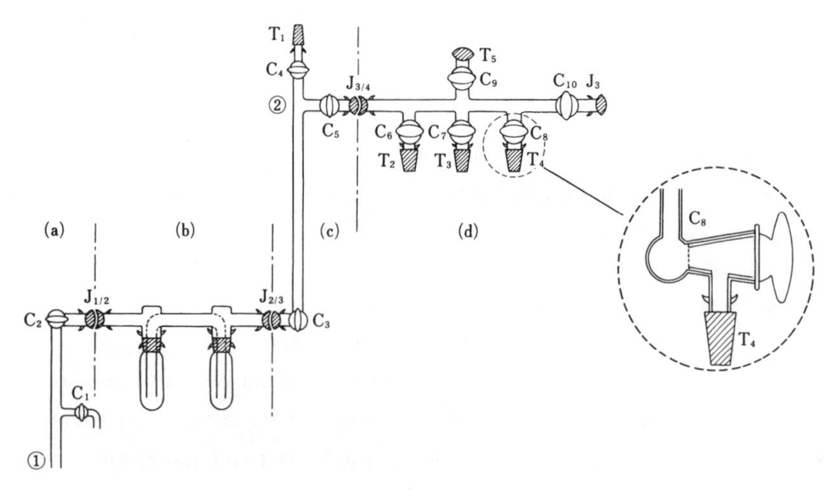

図 7.1　もっとも単純な真空ラインの一例

いて油回転真空ポンプの吸引口とつなぐ．C_1 はポンプを停止したさいに空気を導入してポンプの油の吸上げを防止するためのリークコックである．(b) はトラップ部分で，念のために 2 本直列に並べたトラップ管を，2 L のジュワー（Dewar）瓶に入れた液体窒素でそれぞれ冷却する．トラップの部分までは比較的低い位置のほうが操作しやすいが，端末のコック部分は高い位置にあるほうが邪魔にもならず，操作もしやすい．そのために (c) の部分でラインを立ち上げる．

(d) は，両端にボールジョイントをもち，片端にコック C_{10} のついた本管と，それから枝分かれしてコック C_6～C_8 が下向きに，C_9 が上向きに，それぞれテーパージョイントとボールジョイントを備えて結合したものである．これを 1 ユニットとして，必要に応じてこのユニットを連結させれば希望の数の端末ジョイントをもった真空ラインを組み立てることができる．さらに，向かい合せの実験台にも真空ラインを設置したいときには，図の ② の部分から奥に枝を伸ばして折り曲げ，もう一つの C_5 を介して今度は反対向きのボールジョイントを備えておけばよい．なお，上向きに出ている端末ボールジョイント T_5 は，ガスの反応を行う場合に，ガスだめを接続するためのもので，必要がなければ省略して差し支えない．

このように一つの真空ラインをいくつかのブロックに分け，決まった規格でつくるようにしておけばレイアウトの変更も容易であるし，複数の真空ラインがあった場合には相互に互換性があることから融通がつけられ便利である．また，(d) の代わりにあとで述べるマノメーターやテプラーポンプのユニットを接続すれば，同じ真空ラインを使ってガスの定量が容易に行える利点もある．

コック類は 20 mm 程度の Z 形または L 形の高真空コックを用い，端末の C_6～C_8 は図中に示したように Z 形コックに $\mathfrak{T}$ 15/35 の共通すりジョイントをつけてつくる．コックやジョイントは高真空用シリコーングリースを塗布して用いる．グリースの塗り替えはこまめに行うようにしなければならない．すり合せコックの代わりにテフロン製のニードルバルブを用いればグリースレスの実験を行うことができ，グリースの塗り直しの手間も省けて便利である．必要な真空度が 10^{-3} Torr 程度であればまったく問題ないようである．

c.　真空度計

真空度計としては，10^{-4} Torr 程度までの測定には水銀を用いる回転マクラウド（MacLeod）真空計が一般的であった．しかし，最近では，人体に有毒な水銀を使用しない耐薬品性圧力センサーを備えたデジタル真空計が主流となっている．測定したい真空度に応じたさまざまな機種が市販されている．

7.1.2　真空系での試薬および溶媒の移動

痕跡量の酸素の共存を嫌うある種の反応系，たとえばアニオン重合とかラジカル生成系では，高真空の真空ラインを用いてブレイカブルシール法によって試薬や溶媒の混合を行う場合が多い．これは，図 7.2 に示すようなブレイカブルシールをガラス細工でつくり，これで高真空下にある二つの反応容器（封管）を結ぶ．内部に仕込んだガラス製のハンマー（撹拌子のようなもの）でブレイカブルシールを破ることによって ① と ② を混合し，反応を開始させる．空気にきわめて敏感な試料溶液をあらかじめ調製しておき，その一部分ずつを反応に供しようというときには，この試料溶液をブレイカブルシールのついた小容器に分けて貯留しておく．普通の有機合成でこれほどの厳密な高真空を必要とすることは比較的少なく，ある程度の蒸気圧をもった試薬や溶媒の移動には，このようなこみ入ったガラス細工を必要とせずに通常のナス形フラスコやシュレンク管を使って行うことのできる，trap-to-trap 法（真空蒸留仕込み法）がたいへん有用である．

trap-to-trap 法を行うには，図 7.3 に示すような，テーパージョイントのついた真空コック 3 個と，これもテーパージョイントのついた Y 字管を逆にしたようなガラス管（仕込み管）があればよい．もちろん，これらの器具がなくても，真空ラインの末端ジョイントを 2 カ所用いてほぼ同じ操作を行うことができるが，真空ライン内の汚損や，それによる反応系への影響などを気にしないですむ点，図 7.3 の装置を用いるほうが便利である．図では容器の一つに Schlenk 管を用いているが，扱う物質が空気に不安定な場合を除き，普通のナス形フラスコや丸底フラスコで差し支えない．容器 ① に液体の試薬を入れ，これを反応容器 ② に入れてある固体試薬に加えて反応を開始させようとする場合の操作を次に記す．

まず，図 7.3 のように組んだ装置を，コック C_3 上部のテーパージョイントによって図 7.1 の真空ラインの末端ジョイントの一つ，T_2 に接続する．C_1 を閉じ，C_3，C_2 を開いて仕込み管およびフラスコ ② を真空にする．ピラニ（Pirani）真空計によって十分な真空度に到達したことを確認してから C_2 を閉じる．次に液体試料の入っているフラスコ ① を液体窒素で冷

図 7.2　ブレイカブルシールの使用例

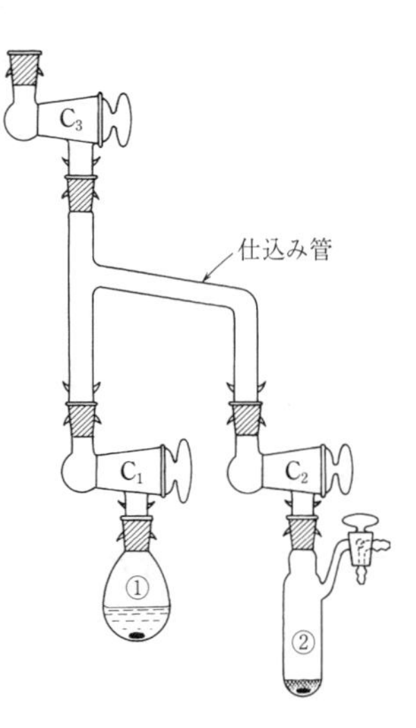

図 7.3　trap-to-trap 法装置図

却し固化させる．固化を確認してからそのままゆっくりとコック C_1 を開き，フラスコ ① 内を排気する．ピラニ真空計で真空になったことを確認してから C_1 を閉じ，液体窒素をはずして ① 内の試料を室温にもどして融解する．このとき，融解とともに発泡が観察される．このような試料に溶解したまま固化していた気体を取り除くために，通常は凍結，排気，融解の操作（脱気操作）を 3 回くらい繰り返す．ここでこの脱気操作を十分に行い，液体窒素で固化したときの ① の真空度を十分に高くしておくことが，trap-to-trap 操作をスムーズに行うのに不可欠である．なお，フラスコ ① の中にあらかじめマグネチックスターラーの撹拌子（スピナー）を入れておくことは，融解操作だけではなく次の trap-to-trap による液体の移動のさいにもスピードアップのために重要である．

こうして脱気されたフラスコ ① 中の試料を ② に移すには，コック C_3 を閉じ，C_1 と C_2 を開いた状態で ① をマグネチックスターラーでよく撹拌しながら，② を底部から少しずつ液体窒素で冷却していく．② をあまり急激に冷やすと ① の沸騰が激しすぎて，ときに液体のまま仕込み管を通過してしまったり，また，ベンゼンの場合のように，蒸発潜熱を奪われて ① 内の液体が固化してしまったりする場合がある．② の冷却速度を調節するか，コック C_1 の開き方を加減して移動速度を調節する必要がある．フラスコ ② はコック C_2 を閉じてから仕込み管から取りはずし，そのまま真空下で，またはアルゴンや窒素の不活性ガスを側管コックから導入したうえで所定の温度に上げて内容物を融解し，反応を行わせることができる．比較的沸点の高いトルエンや酢酸なども上述の方法で移動することができる．さらに沸点の高いもの，蒸気圧の低いもののときには，仕込み管をできる限り小さくし，場合によっては真空コック C_1，C_2 を省くことによって蒸気の経路を短くしてやればよい．また，場合によってはフラスコ ① をドライヤーや湯浴で加温するのも有効であるが，このときは途中の経路に凝縮しない程度にゆっくりと加熱することが大切である．

この trap-to-trap 法は，脱水のための予備操作の簡略化にも役立つ．たとえば，図 7.3 のフラスコ ② に，高度に脱水したエーテルを加えたい場合，常法に従って乾燥，精製したエーテルの必要量をフラスコ ① にとり，これに乾燥剤として水素化カルシウム CaH_2，水素化アルミニウムリチウム $LiAlH_4$，あるいはモレキュラーシーブ 4A などを加えて乾燥し，それを仕込み管につないで上述の移動操作を行う．THF のような親水性の溶媒を $LiAlH_4$ で乾燥した系は長い時間にわたって水素が出続け，真空度が十分に上がらない場合がある．真空度が下がってしまって蒸留仕込みの速度が遅くなったときには，いったん ①，② とも液体窒素で固化して C_3 を開き，系をよく排気してから再び続行するとよい．

使用頻度の高い溶媒や試薬は，乾燥剤とともにフラスコ ① に蓄えておき，必要に応じて，必要な量だけを trap-to-trap 法によって ① に移すことができる．このとき，フラスコ ① に目盛をうった細長い円筒状の容器を用いると，その減少量からフラスコ ② に移されたおよその量を知ることができる．

trap-to-trap 法の応用で，空気に対して敏感な固体試料の NMR 試料を作製することができる．5 または 10 mmϕ の NMR 試料管にテーパージョイントを溶接し，これに三方コックのついたト字管を接続して図 7.4 の装置を組む．これを，微加圧下の操作により窒素置換して固体試料を採取する．その後，ト字管上部に真空コックを装着し，これを図 7.3 におけるフラスコ ② の位置で仕込み管に接続する．図 7.3 のフラスコ ① には，あらかじめ乾燥剤を加えて脱水してある重水素化溶媒が入れてあり，これから前述の trap-to-trap 法によって必要量の重水素化溶媒を NMR 試料管に移す．溶媒が入ったら，フラスコ ① を TMS の入っているフラスコに取り替え，再び trap-to-trap 法により少量の TMS を標準物質として試料管に移す．その後，念のために試料管を液体窒素で冷却しながら十分に真空にしてから，コック C_2 を閉じてこの部分でラインから離し，図 7.4 の ① の部分をバーナーで溶封する．液体窒素温度から次第に温度が上昇し，試料が溶解してから何らかの反応が開始するような系では，この方法で反応開始時からのスペクトル変化を追跡することができる．NMR スペクトロメーターのプローブの温度調節が行えれば，反応の動力学的研究を行うことも容易である．

ところで，蒸気圧の極度に低い物質や，固体を溶解した溶液などの移動には trap-to-trap 法は使えない．このときには微加圧法の技術によるのがよいが，たとえば，図 1.1 (8) に示した側管付きのシュレンク管を用い，側管にかぶせたセプタムを通して真空下の反応系にシリンジによって必要な試薬を注入してもよい．あるいは図 7.5 のように側管付きのフラスコ ① とインナージョイント付きのフラスコ ② とを，曲り管 ③ を介して接続し，たとえば ① には固体試料，② には溶液試料を入れる．この状態で真空ラインにつなぎ，溶液 ② を脱気

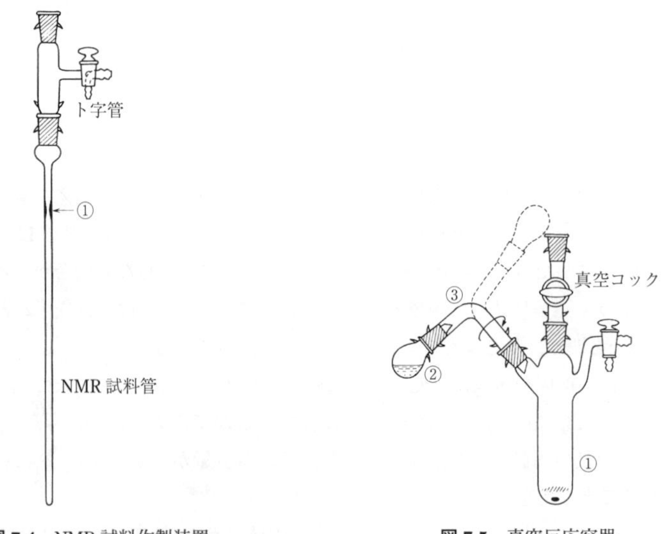

図 7.4　NMR 試料作製装置

図 7.5　真空反応容器

後 ③ を回転し，② を上方にもっていくことによって ② の内部の溶液を ① に加えることができる．② の内容物が不揮発性の場合には，液体窒素による冷却の必要もなく脱気することができる．具体的な例としては，② に所要量の濃硫酸を，① にその約 2 倍量の塩化ナトリウムと撹拌子を入れて真空ラインで十分にひいたのち，上部のコックを閉じて閉鎖系とする．その後に ③ を静かに回すと濃硫酸が塩化ナトリウムに混ざり，ただちに塩化水素が発生する．こうして生成した乾燥塩化水素ガスは，真空ラインの操作によって，ほかの系に移して反応に供することができる．

7.1.3　真空系でのその他の操作

a.　沪　過

側管付きのシュレンク管 ① と二つ口フラスコ ② とを，3〜4 号のガラスフィルター付きの曲がり管でつないで図 7.6 のような装置を組む．trap-to-trap 法によって ① で反応試薬を混合し，反応させたのち，真空ラインから離して全体を傾け，反応溶液をフラスコ ② に沪取することができる．このような真空の密封系で沪過を行う場合に注意することは，沪過操作中にガラスフィルターを隔てた両系で圧力が変化する場合があることである．受け器 ② の側の圧が ① 側よりも高くなると沪過ができなくなるだけでなく，ときには ② から ① の方向にガスが流れて，フィルター部に堆積した沈殿をかき混ぜてしまうおそれがある．このようなことを避けるために，沪過中，時折，フラスコ ② の一部にドライアイスの小片をあてて ② の温度を ① よりも下げてやるとよい．沪過の速度はドライアイスのあて方によって制御することができる．ただし，蒸気圧の高い溶媒を用いているときは，沪過の速度が非常に遅いときに，むやみに ② を冷やすと，フィルターの下面が乾いてしまい，純溶媒のみがフラスコ ② に濃縮して沪過が行われないので注意を要する．

b.　濃　縮

真空ラインの末端ジョイントの一つに，図 7.7 に示すトラップ装置をセットしておくと，

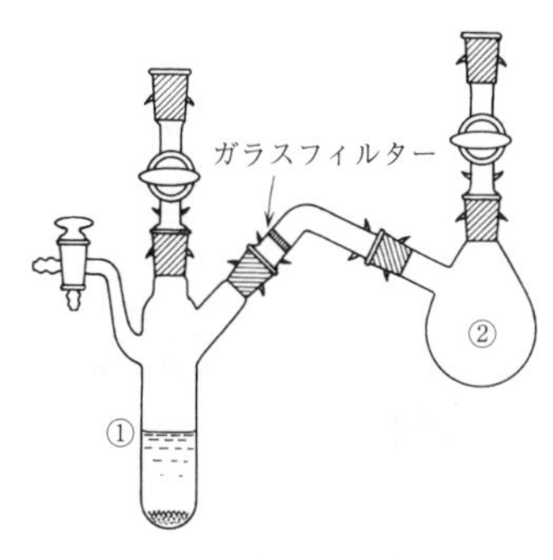

図 7.6　真空沪過装置

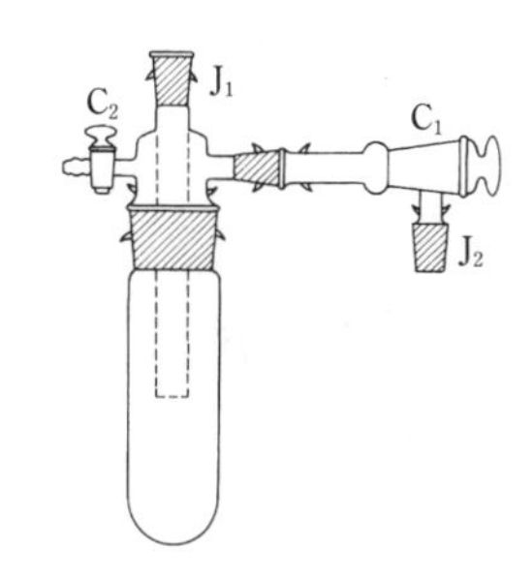

図 7.7　真空ライン用濃縮装置

空気に不安定な試料溶液の濃縮に便利である．図で，J_1 は真空ラインに接続するテーパージョイント，J_2 は試料溶液の入ったフラスコを装着するためのジョイントで，これらの間に大きめのトラップを備え，使用時はこれを液体窒素で冷却する．このトラップは通常とは逆のつなぎ方で，多量の溶媒が器壁に濃縮できるようになっている．トラップ内の溶媒が多くなりすぎたら，真空ラインのコックと C_1 を閉じて液体窒素をはずし，C_2 から空気を入れてたまった溶媒を除去してから再び同じようにセットして濃縮を継続することができる．また，この装置を用いれば，真空ラインに直結してあるために，必要に応じて，濃縮からさらに蒸発乾固まで継続して行うこともできるので便利である．

c. 乾　燥

乾燥したい固体試料をフラスコに入れ，真空ラインの末端ジョイントに接続して真空乾燥を行うことができる．加熱乾燥が必要な場合には，上記のフラスコを，所定の温度に設定した油浴に浸して乾燥する．逆に，室温では分解してしまうような固体を乾燥する場合には，所定温度以下に冷却しながら長い時間をかけて乾燥する．固体試料が溶媒を多量に含んでいる場合には，図 7.7 に示したトラップを介して乾燥するようにする．

d. 昇　華

図 7.8 に示す装置を真空ラインにセットして真空昇華精製を行うことができる．この装置は空気に対して不安定なものも扱えるように，昇華物の取出し方に工夫がしてある．昇華物を凝縮させるためのコールドフィンガーは，昇華温度に応じてアスピレーターを用いて空気を通したり，冷却水を通したりして冷却する．コールドフィンガーに付着した昇華生成物は，窒素やアルゴンの不活性ガス流通下に ③ からフラスコ ② にかき落とすことができる．

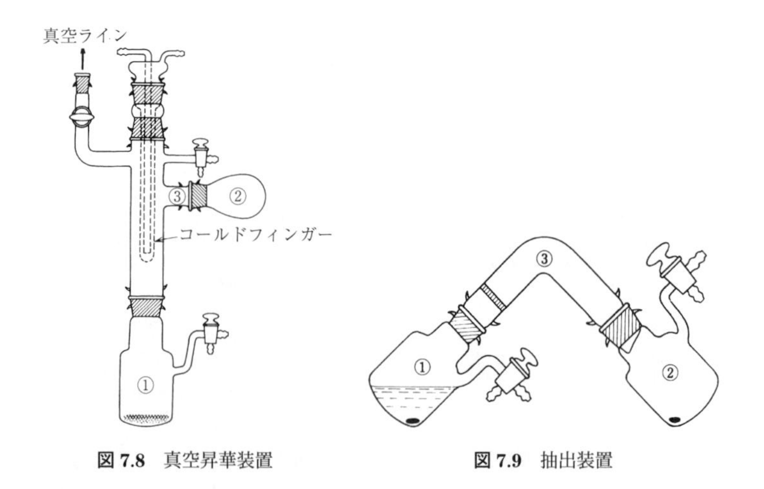

図 7.8　真空昇華装置

図 7.9　抽出装置

e. 抽　出

trap-to-trap 法で溶媒を加えて撹拌後，前出の a. の方法で沪過をする．これを繰り返すことによって抽出をすることができる．ここでは化学的にも熱的にもそれほど安定でない物質を少量の溶媒で抽出する方法を説明する．装置は簡単で，図 7.9 に示すように，二つのシュレンク管 ①，② を，途中にガラスフィルターを備えた直角に曲がった曲り管 ③ でつなぐ．① に抽出したい固体試料を入れ，抽出溶媒を適当量加える．どちらの容器にもあらかじめマグネチックスターラーの撹拌子を入れておく．不活性ガス下に ① と ② を ③ を介して接続し，① の内容物を液体窒素で固化させてから ① または ② の側枝から肉厚ゴム管を経て，真空ラインによって系全体を真空にする．液体窒素をはずし，室温にして ① の内容物をマグネチックスターラーで十分に撹拌してから系を傾けて，上澄み部分をガラスフィルターを経て ② に沪過する（7.1.3 a. 項参照）．沪過し終わったら，② 中の沪液をマグネチックスターラーで撹拌しながら ① を液体窒素で冷却する．② の溶媒のみが ① に濃縮して溶質のみが②に残る（一種の trap-to-trap 法）．このような操作（沪過-trap-to-trap）を，① に可溶分がなくなるまで繰り返すと，① には不溶分が，② には可溶分がたまることになる．この方法は，装置の形からやじろべえ抽出法とよばれ，不安定物質を比較的少量の溶媒で分別抽出するのに有効である．

7.2　高圧合成反応[2~6)]

有機合成実験，あるいは有機合成化学工業において，加圧下に反応を実施することの必要性または有利な点は，以下の諸点に要約される．

(1)　液相反応の反応温度を反応剤や溶媒の沸点以上に設定できる．この意味で反応温度の上限から解放される．

(2)　容積が減少する多くの合成反応を平衡的に有利にする．

(3)　ガスの溶解速度や溶解度を高めることで，速度面でも有利となる．

(4)　反応器容積を小さくできる．

(5)　触媒反応では，触媒の活性維持・安定化にも有利な場合が多い．

このような面から，実際の化学工業では高圧法ポリエチレン，アンモニア，メタノールなどの合成をはじめ，オキソ合成，各種の酸化または水素化などは，加圧下で実施されている合成が多い．したがって研究の過程で単発的に加圧条件での合成を行う場合のほか，触媒開発などで日常的に加圧下で実験を繰り返す場合も多い．なお，ガスを用いずしかも反応物の沸点以下で実施する純然たる液相反応でも，遷移状態において活性化容積 $\Delta V^{\neq}$ が減少する場合には，加圧によって反応が著しく促進されることがある（7.2.3 項参照）．

7.2.1　高圧ガスの取扱い方

高圧ガス類に関しては，「高圧ガス保安法」，容器保安規則，一般高圧ガス保安規則などの法令で，その製造，消費，貯蔵などが厳しく規制されている．万一事故が発生すれば重大な危害の及ぶおそれがあり，万全の保安対策と慎重な扱いを期するべきである．

a.　高圧ガス

「高圧ガス保安法」では，次のガスまたはガスの状態を高圧ガスと定めている．

(1)　常用の温度（通常使用している温度）で圧力が 1 MPa（ゲージ圧，以下同じ）以上の圧縮ガス，または温度 35 ℃ で圧力が 1 MPa 以上となる圧縮ガス．

(2)　常用の温度で圧力が 0.2 MPa 以上の圧縮アセチレンガス，または温度 15 ℃ で圧力が 0.2 MPa 以上となる圧縮アセチレンガス．

(3)　常用の温度で圧力が 0.2 MPa 以上の液化ガス，または圧力（蒸気圧）が 0.2 MPa となる場合の温度が 35 ℃ 以下である液化ガス．

(4)　温度 35 ℃ において圧力 0 Pa を超える液化ガスのうち，液化シアン化水素，液化臭化メチルおよびその他の液化ガス．

b.　高圧ガス容器（ボンベ）

(i) 高圧ガス容器の種類　　高圧ガス容器には，圧縮ガスや蒸気圧の高い液化ガスに用いられる継ぎ目なし容器と，溶解アセチレンや液化石油ガス（LPG）など蒸気圧の低い液化ガスに用いられる溶接容器とがある．いずれについてもその肩部または薄板に，㋑ 容器製造業者の名称またはその符号，㋺ 充塡すべきガスの名称，㋩ 容器の記号および番号，㊁ 内容積（記号 V，単位 L），㋭ 質量（記号 W，単位 kg），㋬ 容器検査（耐圧試験）に合格した年月，㋣ 耐圧試験圧力（記号 TP，単位 MPa），㋠ 圧縮ガス容器では，最高充塡圧力（記号 FP，単位 MPa）などが刻印されている（図 7.10）．さらにガスの識別を容易にし万一に備えるために，高圧ガス容器には充塡ガスの種類を示す定められた塗色が施され，ガス名が表示されている．

高圧ガス容器には，材質，試験成績，所有者などを明記した容器証明書が交付されており，

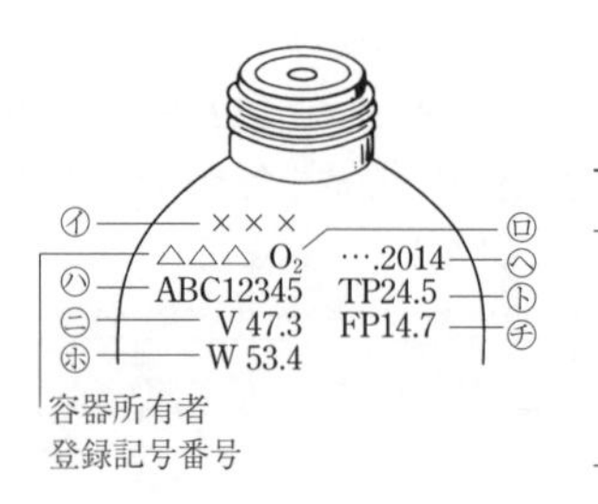

容器の塗色

ガスの種類	色	ガスの種類	色
酸　素	黒	塩　素	黄
水　素	赤	アセチレン	褐色
二酸化炭素	緑	その他	灰色
アンモニア	白		

図 7.10　高圧ガス容器の刻印と塗色

容器所有者が保管することとされている．容器は度重なるガスの消費と再充塡による金属疲労や，腐食による脆化を受けるため，内容積が500 L以下の継目なし容器は5年（1989年3月31日以前の容器検査に合格した容器は3年），耐圧試験圧力が3 MPa以下で内容積が25 L以下，製造経過年数が20年未満の溶接容器は6年（例外規定多し）などと，ガスの再充塡が許される再検査期間が定められている．したがって，再検査期間を経過した容器の取扱いはとくに慎重にすべきである．

(ii) 高圧ガス容器バルブ　容器バルブは高圧ガスの取出し量を調節し，あるいは充塡するのに用いられ，ここに減圧弁や配管を接続して使用する．ガス充塡口のねじは，液化アンモニア，液化臭化メチルを除く可燃性ガス容器のバルブでは左ねじ（逆ねじ）となっている．高圧ガス容器には容器バルブと一体に，かつ容器バルブの開閉と無関係に高圧ガスと接触する構造で安全弁が付属しており，異常な圧力の上昇により容器が破裂することを防ぐ役目をしている．破裂板（ラプチャディスク）方式，60～100℃で溶融する可溶合金（フューズ）方式，これらの併用，およびプロパンガスボンベ用バルブなどで用いられるスプリング方式などがあるが，いずれも容器の耐圧試験圧力の8/10以下の圧力で作動し，またはその圧力となる温度で溶融し作動するよう設定されている．したがって正常に作動しなくなることのないよう，不用意に触れてはならない．

容器バルブは，ガスの特性に応じて図7.11の構造のものが用いられている．一般の圧縮ガスに用いられる(a)の型式では，スピンドルまたはグランドナットの周辺にガスの漏洩がみられる場合がある．このような場合には，バルブを全開にしてスピンドルを完全に引き上げガスケットに強く押しつけるようにするか，またはいったんバルブを閉じてグランドナットを増し締め，ガスケットの緩みをなくすことで，たいていの漏れを止めることができる．液化ガス用としては，(b)のような構造のものが用いられ，漏れに対しては同様にグラ

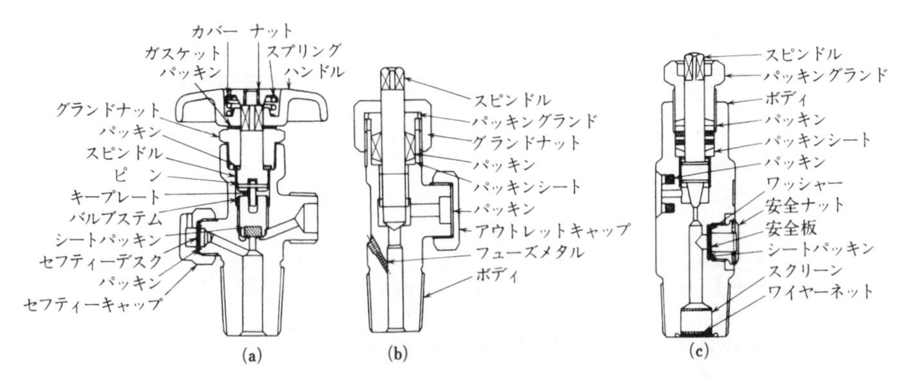

図7.11　高圧ガス容器バルブの構造例
(a) 圧縮ガス用　(b) 塩素ガス用　(c) アセチレン用

ンドナットの増し締めで対処できる．しかし塩素，塩化水素，亜硫酸ガスなどでは弁先付近の腐食により漏れを止めることが不可能な場合があり，一時的には閉止板で止めるにせよ，早急に修理を依頼したほうが安全である．(c) のアセチレン用バルブの充塡口は，爆発に対する安全のため，ねじでなく枠締め式となっている．なお，これら容器弁に減圧弁や配管を接続するにさいしては，酸素では禁油のもの，アセチレンでは銅の含有率 62% 以下の材料でつくられたものを用い，爆発に配慮すべきことはいうまでもない．

c.　高圧ガスの性質

高圧ガスの使用にあたっては，そのガスの爆発限界，発火点，空気に対する比重，毒性などの物理的または化学的性質を熟知し，危険を避けるとともに，万一のさいの処置を誤まらないようにする．毒性については表 7.1 に作業環境における許容濃度（8 時間労働において健康上支障をきたさない濃度）を示す．その他の高圧ガスの基本的性質については，表 7.2 や参考書を参照のこととし，防災上とくに注意を要するもののみを，以下に各論的に述べる．

(i) 酸　素　不用意に油や金属に接触させない．酸素中における爆発範囲，爆ごう限界は，一般に空気中より広い．支燃性が強く，酸素中では発火点が低下し，燃焼温度および燃焼速度も増加し，爆発の危険性が高い．

(ii) 水　素　拡散速度が大で微小な間隙から漏洩しやすい．鋼材中の炭素または金属を侵食し（脱炭，水素脆性），材料組織を脆くする．爆発範囲が広い．

(iii) アセチレン　爆発範囲が広い．吸熱化合物であり，圧縮すると分解爆発するため，石綿，木炭などの多孔性物質にアセトンを染み込ませ，これに溶解充塡して貯蔵，運搬する．

(iv) エチレンオキシド　爆発範囲が広い．同時に，熱や衝撃による分解爆発，酸，アルカリ，金属塩などで開始される重合による急速な発熱のため，重合爆発に至る危険もある．爆発の可能性を抑えるために圧入してある窒素ガスを抜かないよう，必ず横にして液体を直接取り出すようにする．

表 7.1　有毒ガスの許容濃度＊

ガ ス 名	許容限度 [ppm]	ガ ス 名	許容限度 [ppm]
アンモニア	25	硫化水素	1 (10[b])
一酸化炭素	25	シアン化水素	4.7[a]
二酸化炭素	5000	臭化メチル	1
塩　素	0.5	一酸化窒素	25
フッ素	1	オゾン	0.05～0.20
臭　素	0.1	ホスゲン	0.1
エチレンオキシド	1	二酸化硫黄	0.25（短時間ばく露限界）
塩化水素（暫定）	2[a]	ホルムアルデヒド	0.3[a]
フッ化水素	3[b]	メチルアミン	5

ppm の単位表示における気体容積は 25℃，1 atm におけるものとする．

a)　最大許容濃度（常時この濃度以下に保つこと）

b)　酸素欠乏症等防止規則（第二条の二）より．

＊　ACGIH 2015 年 TLV-TWA（時間加重平均値）．

表 7.2 気体の諸性質

種類		名称	爆発範囲 [空気中 vol%]	発火点 [℃]	気体比重* (空気＝1)	臨界温度 [℃]	臨界圧力 [atm]	臨界密度 [g mL^{-1}]
圧縮ガス		ヘリウム			0.1	−267.9	2.2	0.0693
		ネオン			0.6	−228.7	26.9	0.484
		アルゴン			1.4	−122.4	48.0	0.531
		クリプトン			2.868	− 63.8	54.3	0.9078
		キセノン					58.0	1.155
	燃	水素	4.0～75	500	0.1	−239.9	12.8	0.0310
		窒素			0.9669	−147	33.5	0.311
		酸素			1.1	−118.4	50.1	0.41
	毒・燃	一酸化炭素	12.5～74	609	1.0	−139	34.5	0.301
		一酸化窒素			1.3	−93	64	0.5174
	燃	メタン	5.0～15.0	537	0.6	−82.1	45.8	0.162
	燃	アセチレン	2.5～100	305	0.9	35.5	61.6	0.231
液化ガス（無機）	毒	フッ素				−155.0	25.0	
	毒	塩素			1.6	144.0	76.1	0.573
		フッ化水素			1.0	230.2		0.2704～0.3127
	毒	塩化水素				51.4	81.5	0.42
		臭化水素			2.7	90.0	84.0	0.7356
	毒・燃	シアン化水素	5.6～40.0	537	0.9	183.5	53	0.20
	毒・燃	硫化水素	4.0～44	260	1.2	100.4	88.9	0.3587
		塩化ホウ素			1.4338	178.8	38.2	
	毒	二酸化炭素			1.5290	31.0	72.8	0.460
	毒	ホスゲン			1.392	182	56	0.52
	毒・燃	アンモニア	15～28	651	0.6	132.3	111.3	0.235
		一酸化二窒素			1.5	36.5	71.7	0.45
		二酸化窒素				158	100	0.5611
	毒	二酸化硫黄			2.3	157.5	77.8	0.524
		六フッ化硫黄				45.5	37.1	0.730
液化ガス（有機）	毒・燃	アクリロニトリル	3.0～17	481	1.8			
	毒・燃	アクロレイン	2.8～31	277.8（不安定）	1.9			
	燃	アセトアルデヒド	4.0～60	175	1.5	188	54.7	0.2622
	燃	エタン	3.0～12.5	472	1.0	32.3	48.2	0.21
	燃	エチルアミン	3.5～14.0	384	1.6	183.2	55.5	0.2437
	燃	エチレン	2.7～36.0	450	1.0	9.2	50.0	0.22
	燃	塩化エチル	3.8～15.4	519	2.2	187.2	52	0.33
	燃	塩化ビニル	3.6～23	472	2.2	156.5	55.2	
	毒・燃	塩化メチル	10.7～17.4	632	1.78	143.1	65.9	0.37
	毒	クロロプレン			(0.958)^{20}			
	毒・燃	エチレンオキシド	3.0～100	429	1.5	195.8	7.2	
	燃	プロピレンオキシド	2.8～37	449	2.0			
		四フッ化エチレン						
		臭化ビニル			(1.529)^{11}			
	毒・燃	臭化メチル	10～16	537.2	3.27	194.0	51.6	
	毒	ジエチルアミン	1.8～10.1	312.2	2.5	223.5	36.2	0.246
	燃	ジクロロプロパン	2.4～10.4	498	1.48	124.6	54.9	
	燃	ジメチルアミン	2.8～14.4		1.6	164.5	52.4	

つづく

表 7.2　気体の諸性質（つづき）

種類		名称	爆発限界 [空気中 vol%]	発火温度 [℃]	気体比重[a] (空気=1)	臨界温度 [℃]	臨界圧力 [atm]	臨界密度 [g mL^{-1}]
液化ガス（有機）	毒・燃	トリメチルアミン	2.0～11.6		2.0	161.1	40.2	
	燃	1.3-ブタジエン	2.0～12.0	420	1.9	152	42.7	
	燃	ブタン	1.6～8.5	365	2.0	152.0	37.5	0.2279
	燃	イソブタン	1.8～8.4	460	2.0	134.9	36.0	0.2210
	燃	1-ブテン	1.6～10.0	384	1.9	146.4	39.7	0.2338
	燃	プロパン	2.1～9.5	432	1.6	96.8	42.0	0.2205
	燃	プロピレン	2.0～11.0	455	1.49	91.8	45.6	
		フロン 11			$(1.494)^{17}$	198.0	43.2	0.554
		フロン 12			$(1.486)^{-30}$	111.7	39.4	0.555
		フロン 13				28.8	38.2	0.581
		フロン 13B1			$(1.538)^{25}$	67.0	39.1	0.745
		フロン 21			$(1.426)^{0}$	178.5	51.0	0.522
		フロン 22			1.41	96.4	48.5	0.525
		フロン 113			$(1.576)^{20}$	214.05	33.7	0.576
		フロン 114			$(1.5312)^{0}$	146.1	35.5	0.582
		フロン 115			$(1.291)^{25}$	80.0	30.8	0.596
		フロン 152			$(0.911)^{21.1}$	113.5	44.3	0.335
		フロン C318			$(1.480)^{25}$	115.3	27.5	0.620
		フロン 500			$(1.141)^{30}$	105.1	42.97	0.498
		フロン 502			$(1.242)^{25}$	90.1	42.1	0.559
	燃	メチルエーテル	3.4～18.0	350	1.59	126.9	53	
	毒・燃	モノメチルアミン	4.9～20.7	430	1.1	156.9	73.6	

a)（ ）内は液体の密度 [g mL^{-1}] で肩の数字は温度 [℃] である．
（数値はおもに日本化学会 編，“第 5 版 実験化学講座 30”，丸善出版（2004）と産業安全研究所，工場電気設備防爆指針ガス蒸気防爆 2006 および前版による）

（v）シアン化水素　湿気を含むものでは重合爆発のおそれがあり，容器に充塡後 60 日を超えて貯蔵してはならないとされている．ただし，純度>98% で着色していないものは，この限りでない．

d. 高圧ガスおよび高圧ガス容器取扱い上の注意事項

高圧ガスの消費，貯蔵，運搬などにあたっての一般的注意事項は以下のとおりである．

(1)　容器は直立状態で使用，貯蔵するのが好ましく，転倒防止のためチェーンなどで固定しておく．とくに溶解アセチレン容器は必ず直立状態とする．ただし，一般の液化ガス容器から直接液体を取り出す場合はこの限りでない．

(2)　バルブの開閉時には，危害の及ぶ方向に充塡口を向けてはならない．また静電気や摩擦による着火のおそれがあるので，静かに開閉する．

(3)　バルブは全開状態で使用する．ただし，溶解アセチレンでは，溶剤の噴出防止のため，半開きの状態で操作する．

(4)　酸素を使用するさいには，付属器具，配管などに油の付着がないことを確認し，圧力計も酸素用または禁油表示のものを使用することとし，他のものと混同してはならない．

(5) 液化ガスの大量使用にさいしガス放出を速めたい場合の加温には，熱湿布または40 ℃以下の温湯によるものとする．

(6) 腐食性ガス（HCl，Cl_2，SO_2 など）の使用後は，充塡口まわりの水分を完全に拭き取り閉止板を付しておく．それでも腐食による漏洩のおそれがあるので，なるべく早く使用し，長期にわたり放置することは避ける．

(7) 容器内部に空気などが混入することを避けるため，容器内に少し残圧のある状態で使用を中止し，再充塡に出す．

(8) 通風または換気状態に注意するとともに，湿気，電気配線，大気，直射日光，危険薬品などを避けて貯蔵または使用する．

(9) 多数の容器の貯蔵にさいしては，可燃性ガス，毒性ガス，酸素は区分し，可燃性ガス容器置場には消火設備を設ける．

(10) 日常的に高圧ガスを使用する実験室では，可燃性ガス検知警報装置を設置し，毒性ガスについても検出管を用いるなどして，作業環境の安全管理を実施する．

7.2.2 オートクレーブ

オートクレーブ実験はもっとも操作の容易な高圧実験であり，液相反応，気液反応，気固反応など広範な高圧回分反応試験が実施できる．ここではオートクレーブの種類と構造，および取扱い方について述べる．

a. オートクレーブの基本的構造

今日市販のカタログ製品としてもっとも一般的に普及しているオートクレーブは，電磁誘

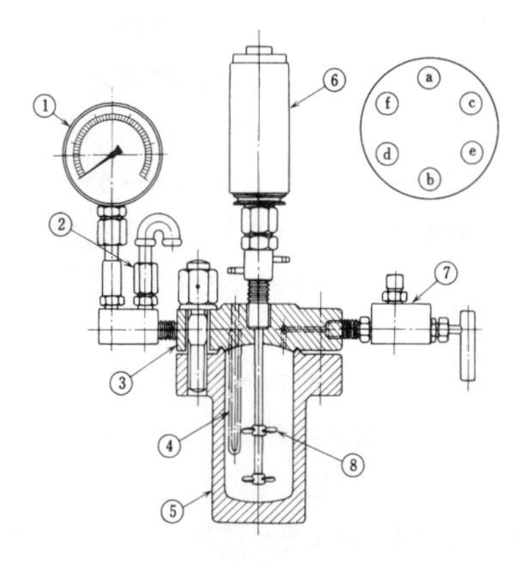

図 7.12　オートクレーブの構造例
①：圧力計，②：安全弁，③：蓋，④：温度計鞘，
⑤：胴体，⑥：撹拌装置，⑦：高圧弁，⑧：撹拌羽根
（化学工業協会 編，"化学装置便覧"，p.968，丸善出版（1970））

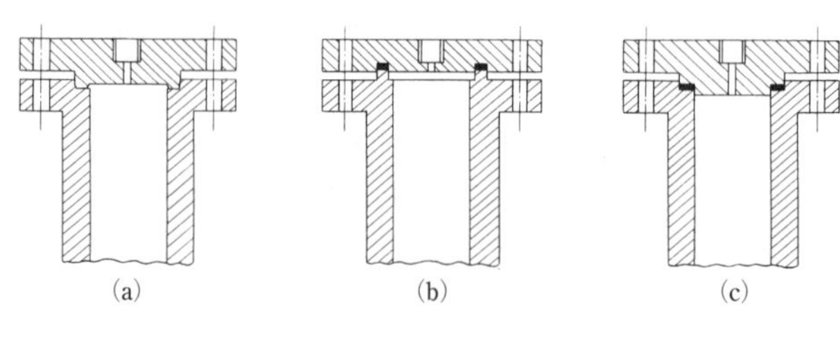

図 7.13　フランジ式蓋

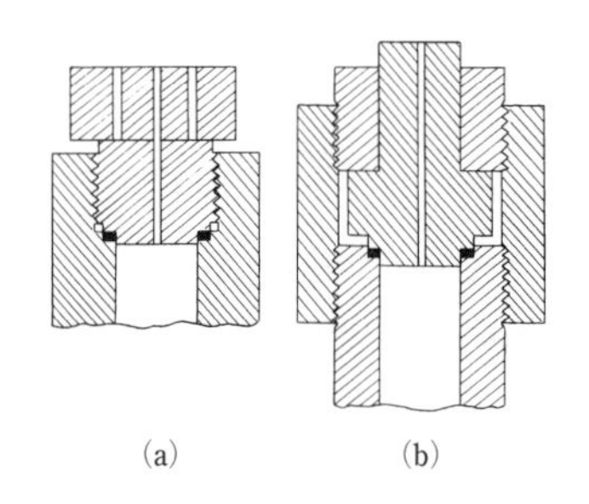

図 7.14　ねじ込み式蓋
(a)（b）は本文参照.

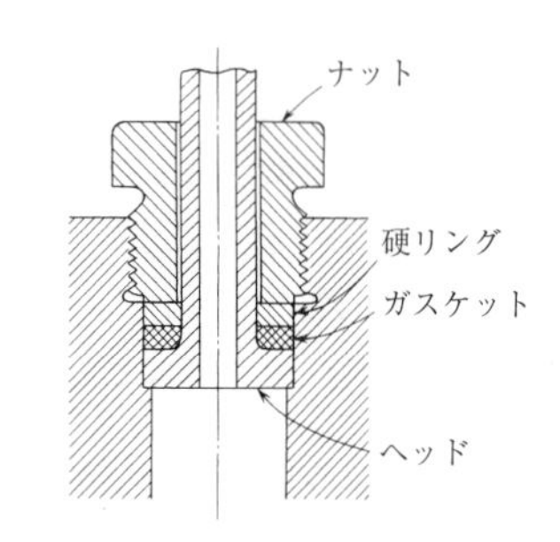

図 7.15　Bridgman 型自緊式蓋
（化学工業協会 編，"化学装置便覧"，p.1022，丸善出版（1970））

導攪拌式でフランジによる締付けるものであり，その構造は基本的に図 7.12 のようなものである.

（i）蓋接合部の構造　オートクレーブの蓋と胴体の接合部（や配管）の接手の構造としては，① フランジ式，②ねじ込み式，③ 自緊式の 3 種がある.

フランジ式蓋（図 7.13）は，蓋と胴体上部の"つば"をボルトで強く締めつけて気密を保つものであり，頻繁に蓋をはずすオートクレーブでは，接合部にパッキンをはさむのが普通である．ボルトは互いに対角方向の順（図 7.12 では a → b → c → d → e → f → b → a →…）に少しずつ締め増して，片締めが起こらないようにする．通常の方法で締めても気密が保てない場合は，接合面またはパッキングの傷によるものであるので，無理な力で締めすぎてはならない.

ねじ込み式蓋（図 7.14）は，比較的小型のオートクレーブに用いられるもので，片締めのおそれがなく使いやすい．(a) の構造のものでは，パッキンにねじりの力がかかるためオートクレーブには不向きで，(b) の構造のものが好ましい.

フランジ式またはねじ込み式では，内圧をかけるとパッキンにかかる圧力は低下し，気密が保てなくなるおそれがある．これに対し，自緊式蓋では内圧上昇とともに蓋と胴体との接合は緊密となり，Bridgman 式（図 7.15）のほか，三角リングを用いるものなど，いろいろの形式がある.

なお接合部に用いるパッキング材として銅を用いる場合には，赤熱後シャーレに入れたメタノールで焼きなます（このさい火がつくので，ただちにシャーレに蓋をすること）ことで，何度も繰り返し使用できる．アセチレンに銅は禁物である．薄いアルミニウム製のものは使い捨てである．比較的低温（~150℃）においては，接合部を図 7.13(b) または (c) の構造とし，隙間なく，かつ互いにかじらない程度に精密に加工しておけば，テフロン製パッキングがそのまま繰り返し使えて便利である．

b. 撹拌の方式

オートクレーブによる反応では局部過熱を避け，かつ反応物の接触を効率化するため，目的に応じて以下の撹拌方式がとられる（図 7.16）．

（i）**振とう式撹拌**（図 7.16(a)）　水平または斜めに架台上に固定された電気炉にオートクレーブを装着し，電気炉ごと前後に振とうする．簡単な合成目的には便利であるが，ガ

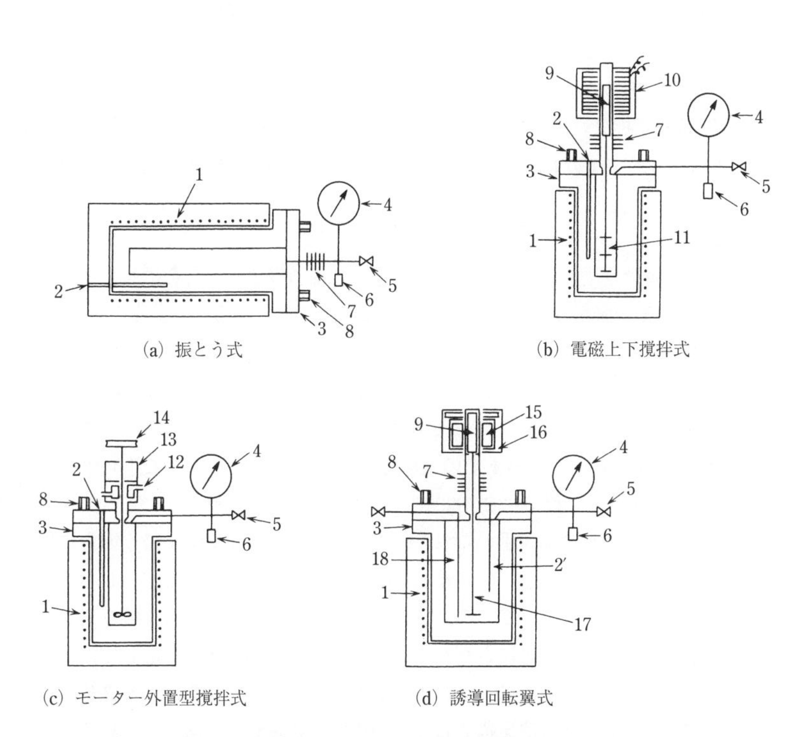

図 7.16　オートクレーブの撹拌方式

1：電気炉，2：温度計挿入位置，2′：内部温度測定のための温度計挿入管，3：オートクレーブ，4：圧力計，5：バルブ，6：安全弁，7：放熱用つば，8：蓋板締付け用ボルト，ナット，9：高磁性金属棒，10：電磁コイル，11：上下撹拌棒，12：冷却水導入ボックス，13：スタフィンボックス，14：モーター連結用プーリー，15：マグネット，16：アルミニウムケース（マグネット保持用），17：撹拌翼，18：液抜出用パイプ

（日本材料学会高圧力部門委員会 編，“高圧実験技術とその応用”，p.532，丸善出版（1969））

ス導入孔などが内容物で汚染されるおそれがあり，振動，騒音に悩まされる．回転翼式のものに比べ撹拌効率は低い．この変形に首振り式のものもあるが，撹拌効率はさらに低い．

（ii）**電磁上下撹拌**（図 7.19(b)）　オートクレーブ内の高磁性金属棒を外部の電磁コイルの断続による上下運動させる．ガスの漏洩のおそれは少ない．撹拌に伴う液の随伴運動もないため強力な撹拌が得られ，広く用いられている．

（iii）**モーターによる直接撹拌**（図 7.19(c)）　オートクレーブ外部のモーターで直接撹拌するもので，強力に撹拌できるが，回転数を高めると撹拌軸のシール部分からガス漏洩しやすい．しかしオートクレーブ内にモーターを内封したものでは，高速かつ強力な撹拌が達せられる．

（iv）**誘導回転翼式撹拌**　オートクレーブ内の磁石回転棒を，外部の磁石の回転によって電磁誘導撹拌するもので，気密性が高く，1000 rpm 以上の高速撹拌も可能であるため，広く普及している．この変形として，通常のフラスコ実験と同様にテフロン被覆磁気回転子をオートクレーブに入れておき，マグネチックスターラーで撹拌する方法も，小型のオートクレーブでは便利である．しかし，高粘性流体の撹拌はできない．

（v）**自己回転型撹拌**　オートクレーブ自体が回転するもので，固液または固気反応などに用いられる．撹拌効果が低いので，金属球を入れたり容器壁に邪魔板をつけたりすることがある．

c. 材　質

高圧反応装置の腐食は破壊に至る一原因である．各種の鋼または合金に対する腐食作用には，① 水素による鋼の脱炭（メタン生成）または金属水素化物形成による水素脆性，② アンモニアによる窒化作用，③ 一酸化炭素や炭化水素による侵炭作用，④ 酸化，⑤ ハロゲン，酸などによる腐食がある．材料の選定にさいしては機械的性質も考慮しなければならない．しかし一般の実験室で用いるオートクレーブは，不特定多種の化合物を扱い，ことに有機合成実験ではせいぜい 300 ℃ くらいまでの温度であるので，このような条件で広い耐食性と耐熱性を示すものとして，一般には SUS304（Cr 18%，Ni 8%）や SUS316（Cr 18%，Ni 12%，Mo 2.5%）などのステンレス鋼が用いられる．ただし，ハロゲンや酸を扱う場合には，これらのステンレス鋼でも腐食が著しく，Hastelloy C（ニッケル超合金で Cr 16%，Mo 17%，Fe 5%，Co 2.5% を含む）が優れている．さらに過酷な条件や特殊な腐食性ガスを扱う場合には，文献に示す試験結果を参考にされたい．このほか，反応の状況に応じて，ステンレス鋼内壁を，チタン，金，銀，ガラス，テフロンなどでライニングしたオートクレーブも用いられ，さらに簡便にはガラス容器を挿入し，その中で反応させる方法もとられる．

なお，20 kg cm^{-2} 程度までの圧力であれば，ガラス製オートクレーブを用いることが可能である．耐薬品性が大きく軽量で，何より反応の進行状態を観察しうる点に特徴がある．重合反応などでよく用いられる．

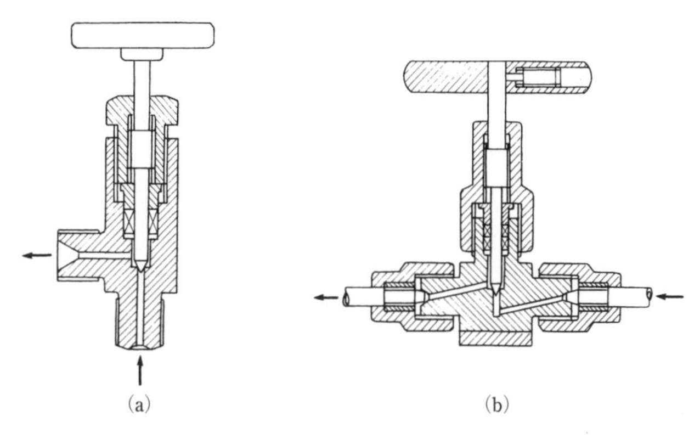

図 7.17 高圧弁の構造

d. 高圧弁の構造

オートクレーブのガス導入口に用いられる弁（ストップバルブ）は図 7.17 のような構造のものが用いられる．弁先は度重なる開閉による弁座との接触で傷つきやすく，とくに弁先が針状のニードル弁となっているものでは，必要以上に締めつけないことが重要である．また，傷ついて気密が保てなくなる場合があるので，予備の弁を用意しておくべきである．ごくわずかの漏れに対しては，閉止板で対処できる．弁棒と弁本体との間にはパッキングが詰められており，パッキングと弁棒の間に隙間ができて，バルブを開けたときにガスが漏れることがある．この場合には，バルブを全開にした状態でグランドナットを締め増せばよい．

なおオートクレーブ用ではないが，一般の高圧配管用ストップバルブとしては図 7.17(b) のものが使用される．

e. 圧力および温度の測定

円弧状のブルドン（Bourdon）管が圧力による変形で指針を回転させるブルドン管式圧力計が，もっとも一般的に使用されている（図 7.18）．酸素，アセチレン，アンモニアに対しては，爆発または侵食作用を避けるため，それぞれ専用のものを用いるべきである．ブルドン管は，万一安全弁が正常に作動しない場合には，オートクレーブ中もっとも破裂の危険の

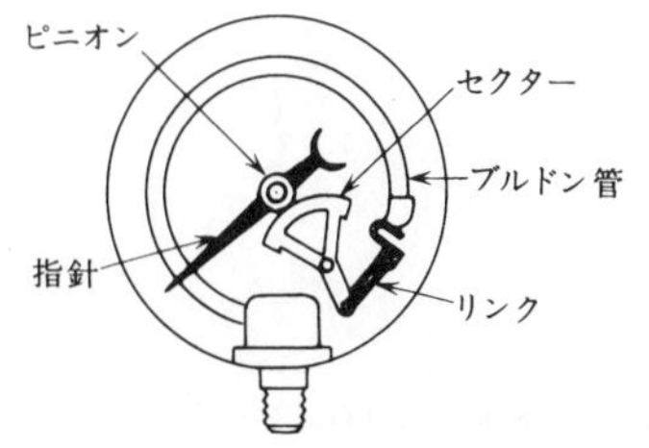

図 7.18 ブルドン管式圧力計
（高圧ガス保安協会 編，“高圧ガス技術”，p.262，共立出版（1980））

高い部品である．指針を定期的に較正し，ゲージ面のガラスは飛散しないプラスチック製のものに取り替えて指針などで覆う．ガスの導入，排出操作はゆっくり行う．選定にあたっては，反応圧の 1.5～3 倍の目盛のついたものを選ぶのがよい．圧力の検出には，ピエゾ圧電効果やピエゾ抵抗効果を利用した圧力検出器（ストレインゲージ）も利用され，圧力の自記記録に広く用いられている．

温度の測定は，オートクレーブ胴壁部などに掘った温度計挿入孔に，温度計を挿入して行う．精密に，しかも長時間にわたって温度を測定・制御したい場合には，反応液中に到達する鞘に挿入した熱電対によるのが好ましい．この場合，多ペン記録調節計を用いて，温度や圧力を記録しておくと，反応の進行の解析に役立つ．

f.　実験方法

もっとも簡単には，反応物質を仕込み，加圧ガス下の反応では，当該ガスの導入-パージを繰り返して空気を置換したのち所定圧を張り，電気炉や油浴などで加熱する．触媒反応などで，空気に不安定な化合物を扱う場合には，仕込み操作は窒素気流下で行う必要がある．とくに，オートクレーブ実験の目的が合成自体でなく，触媒の性能試験であるような場合には，温度や圧力などの要因以上に結果に影響することとなるので，空気や湿気の遮断は入念に行うべきである．シリンジを用いて溶液を仕込めるようにオートクレーブの蓋の部分などに，窒素気流下でシリンジの針を挿入できる孔を設けておくとよい（図 7.19）．この孔は，反応液中に開口端をもつサンプリングバルブを装着することで，反応の進行中高圧下に反応液を取り出すためにも用いることができる．

一般にオートクレーブの加熱にさいしては，内容物の温度が所定温度に達するのに，かなりの時間を要する．したがって，昇温中にも反応が少しずつ進行するため，いつをもって反応開始時刻とするかに任意性を生じ，厳密さを欠く．このような場合には，触媒や出発原料の安定性にもよるが，昇温後に所定圧のガスを導入する方法，ガスを張り込み，所定温度に達したのちに原料を高圧注入ポンプで圧入する方法，あるいは，仕込みにさいして 1 成分だけはガラス器などに別にとり，これを圧力容器内に装着し，所定条件で振とう混合する方

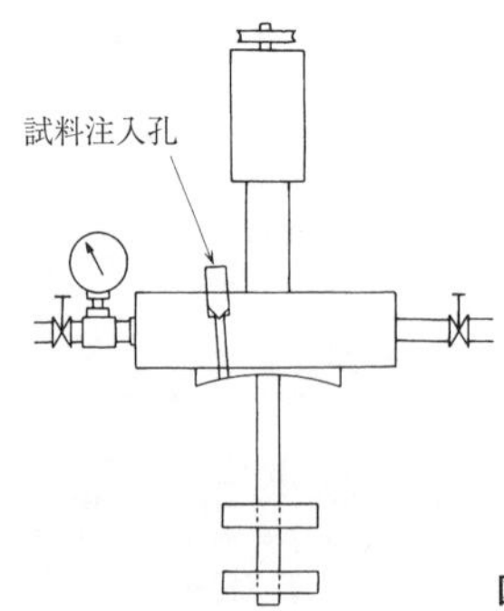

図 7.19　試料注入孔付きフランジ

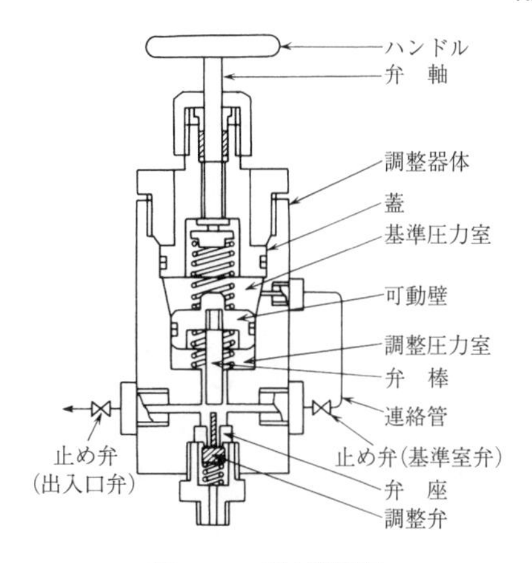

図 7.20　二次圧調整器
(日本材料学会高圧力部門委員会 編，"高圧実験技術とその応用"，p.255，丸善出版 (1969))

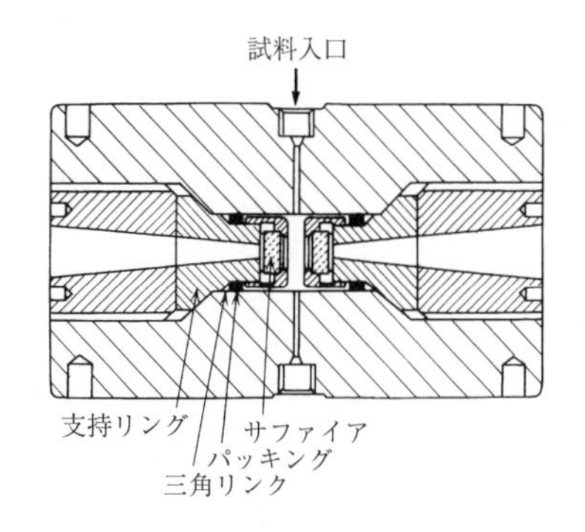

図 7.21　高圧 UV セルの構造
(日本材料学会高圧力部門委員会 編，"高圧実験技術とその応用"，p.185，丸善出版 (1969))

法など，状況に応じた工夫がいる．これにより反応開始時刻の問題は解決できるが，いずれにせよ定容反応であり，反応の進行とともに圧力も次第に低下（上昇）するため，速度論の取扱いは困難となる．

高圧反応を定圧条件で実施するには，オートクレーブのガス導入口に二次圧調整器と蓄圧管を設置する．二次圧調整器はたとえば図 7.20 の構造をしており，反応器圧が基準室に設定された圧を下まわると，調節弁が開き蓄圧器からガスが補給される．反応完結に必要なガス量との関係を考慮して蓄圧器の容積を選べば，蓄圧器圧の大きな変化から，動力学的解析

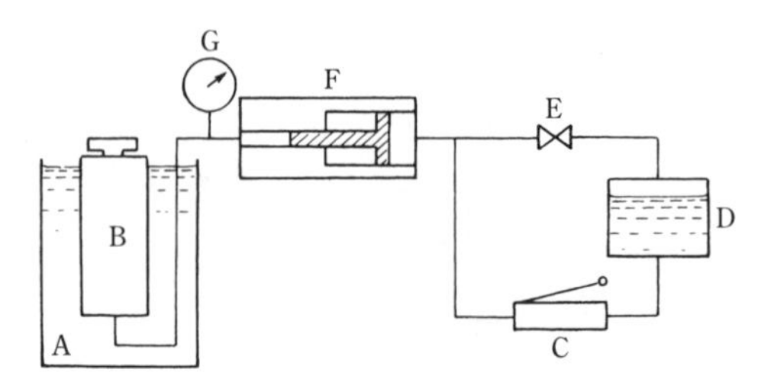

A：恒温槽，B：反応容器，C：加圧ハンドポンプ，D：油槽，
E：バルブ，F：増圧器，G：圧力計

図 7.22　超高圧反応装置の概略
（K. Matsumoto, *et. al.*, *Synthesis*, **1985**, 3）

を容易に行うことができる．

反応終了後の冷却にも時間を要する．しかし水槽などにつけて急冷するのは，材質の強度を弱めるので避けるべきであり，緊急時の非常手段に限るべきである．急速に冷却したい場合でも，まず扇風機などで 100 ℃ 程度以下に冷やしたのち，水槽に浸す程度にする．

なお，錯体触媒反応の研究などにおいては，高圧条件下の触媒の作用状態を分光学的手段で観察する場合がある．UV については 100000 psi までの耐圧のセル（図 7.22）が市販されている．また UV，IR 用の高圧セル，またはセル型オートクレーブの試作図面もいくつか公表されているので，参考にされたい[7~10]．

7.2.3　超高圧合成反応

有機合成の反応を促進または達成する方法の一つとして，数百 MPa 以上の超高圧の利用がある[11]．この超高圧を用いる有機合成を行う場合に必要な留意事項は，(1) 装置の使用法（入手または設計，加圧・実験操作，維持・管理法など）と，(2) 反応および反応条件（圧力，温度，時間，溶媒，濃度など）の選択とに大別できる．超高圧合成を効率的に行うためには，活性化体積などの物理定数を求めておく必要があるが，それらの物理化学的な測定実験を行うための装置や方法については他の文献[12] を参照されたい．また，本項では圧力の単位として kbar を用いるが，国際単位（SI）系ではパスカル（Pa；1 bar＝10^5 Pa）で表示することになっている．表 7.3 に圧力単位の換算表を示す．

a.　超高圧反応装置

通常の液体は 30 kbar を超える加圧下では室温でほとんど固化してしまうので，溶液反応を中心とする有機合成反応のためには，数 kbar から約 30 kbar までの超高圧反応装置が用いられる．市販の装置も入手できるようになっているが，合成に必要な圧力や容量，あるいは反応温度などの条件に応じて特別に注文製作しなければならない場合も多い．一般的な実験室での合成の試みには，できれば 20 kbar 程度まで加圧でき，容量が 5～20 mL の装置が都

表 7.3 圧力単位の換算表

	Pa	mbar	Torr	atm	kg cm^{-2}	lb in^{-2}
1 Pa (=N m^{-2})	1	10^{-2}	7.5006×10^{-3}	9.8692×10^{-6}	1.0197×10^{-5}	1.4504×10^{-4}
1 mbar	10^{2}	1	0.750 06	9.8692×10^{-4}	1.0197×10^{-3}	1.4504×10^{-2}
1 Torr (mmHg)	133.32	1.3332	1	1.3158×10^{-3}	1.3595×10^{-3}	1.9337×10^{-2}
1 atm	$1.013\ 25\times10^{5}$	$0.013\ 25\times10^{3}$	760	1	1.0332	14.696
1 kg cm^{-2}	$9.806\ 65\times10^{4}$	980.665	735.56	0.967 84	1	14.223
1 lb in^{-2}	6.8948×10^{3}	68.948	51.715	6.8046×10^{-2}	7.0307×10^{-2}	1

合がよい．図 7.22 に装置の概略を示す．試料室の加圧の方式によっていくつかに分類され，おもなものは，増圧器によって得られた油圧が直接試料室へ導かれ，試料容器を加圧する形式と，油圧によってシリンダーとピストンを下から直接押しつける形式である．油圧媒体にはケロセン（灯油），シリコーン油，ヘキセン，メタノール，エタノールなどが用いられる．

b. 装置の使用上の注意

(1) 加圧前に装置の各部を点検し，シール用の O-リングなどはなるべく新しくし，接続部分のねじなどが確実に締まっていることを確認する．(2) 油圧ポンプによる加圧は静かに行う．(3) 加圧後はときどき点検し，圧が定常状態になっていることを確認する．(4) 反応終了後は圧が完全に開放されたことを確認してから反応容器を開ける．とくに，固体が析出する反応では反応容器の口が詰まって，器内の圧が開放されていないことがあるので注意する．また，反応装置は万一の事故に備えて，間仕切りや衝立によって危害がほかに及ばないようにした場所に設置しなければならない．

c. 反応および反応条件の選択

超高圧が有機合成に効果をもたらすのは，反応の活性化体積（$\Delta V^{\neq}$；負値）が大きい場合である．表 7.4 に活性化体積の違いによる圧力と反応速度の関係の目安を示したが，実際の反応で活性化体積が大きく[13]，反応収率の向上や反応速度の促進が期待できるのは次のような場合である．

(1) 付加環化反応や縮合反応のように試薬から生成物への反応で分子数が減少する場合，(2) 環状の遷移状態を経る場合―クライゼン（Claisen）転位，コープ（Cope）転位など，(3) 双極性の遷移状態を経る場合―メンシュトキン（Menschutkin）反応，芳香族求電子置換反応など，(4) 立体障害が大きい場合．

また，活性化体積は試薬自身の占める体積（分子容）や反応溶媒の影響（溶媒和など）を強く受ける．反応の物理化学的データが得られていなければ，試行錯誤的に温度，時間，溶媒，濃度などの反応条件を定めて実験を行うことになる．とくに，溶媒の融点は加圧すると上昇し反応溶液は固化することがあるので，それらを配慮して選ばなければならない．表 7.5 におもな有機溶媒の融点（凝固点）を示す．このほか，加圧下では反応溶液の粘度，溶解度，誘電率なども変化するので注意を要する．

表 7.4　圧力と反応速度定数との関係

活性化体積 $\Delta V^{\neq}$ [$cm^3\ mol^{-1}$]	温度 [℃]	k_p/k_1 [a]			
		5 kbar	10 kbar	15 kbar	20 kbar
−10	25	7.5	57	430	3200
	50	6.4	41	270	1700
−20	25	57	3200	1.8×10^5	1.0×10^7
	50	41	1700	7.1×10^4	2.9×10^6
−30	25	430	1.8×10^5	7.7×10^7	2.3×10^{10}
	50	270	7.1×10^4	1.9×10^7	5.0×10^9

a)　圧力 p kbar と 1 kbar における反応速度定数の比.

表 7.5　有機溶媒の凝固点と凝固圧 *

名　　称	融点 [℃] (常圧)	凝固点 [℃] (kbar)	凝固圧 [kbar] (25℃)
アセトン	−95	20　(8)	—
エタノール	−115	109　(35)	20
クロロホルム	−64	32.4　(6)	5.5
酢酸エチル	−84	25　(12.1)	12.1
ジエチルエーテル	−116	35　(12)	—
四塩化炭素	−23	102.7　(4)	1.462
ジクロロメタン	−95	42　(15)	13.0
トルエン	−95	30　(9.6)	—
プロピルアルコール	−126	25　(30)	—
ヘキサン	−95	10.2　(30)	—
ベンゼン	5.5	114　(5.1)	0.72
ペンタン	−130	0　(12)	—
メタノール	−98	25　(30)	30

*　N. S. Issacs, “Liquid Phase High Pressure Chemistry”, John Wiley (1981).

文　　献

1)　日本化学会 編, “新 実験化学講座 1”, p.107, 867, 丸善出版 (1975).
2)　末沢慶忠, 狩野三郎, 玉置明善, 内藤雅喜, 門奈五兵 編, “高圧技術ハンドブック”, 朝倉書店 (1965).
3)　高圧ガス保安協会 編, “高圧ガス工業技術”, 共立出版 (1972).
4)　太田暢人, 高圧ガス協会誌, **22**, 26 (1958).
5)　内田 溦, 大隈義男, 化学と工業, **19**, 17 (1966).
6)　峰岸俊郎, 触媒, **10**, 50 (1968).
7)　溝呂木 勉, 中山幹丈, 触媒, **5**, 203 (1963).
8)　H. B. Tinker, D. E. Morris, *Rev. Sei. Instrum.*, **43**, 1024 (1972).
9)　R. B. King, A. D. King, Jr., M. Z. Iqbal, C. C. Frazier, *J. Am. Chem. Soc.*, **100**, 1687 (1978).
10)　J. L. Vidal, W. E. Walker, *Inorg. Chem.*, **19**, 896 (1980).
11)　K. Matsumoto, A. Sera, T. Uchida, *Synthesis*, **1985**, 1.
12)　N. S. Issacs, “Liquid Phase High Pressure Chemistry”, John Wiley & Sons (1981).
13)　T. Asano, W. J. le Noble, *Chem. Rev.*, **78**, 407 (1978).

参考文献

[1] 大津隆行，木下雅悦，“高分子合成の実験法”，p.261，化学同人（1972）.

[2] A. Ohno, Y. Ishihara, S. Uchida, S. Oka, *Tetrahedron Lett.*, **23**, 3185（1982），および未発表結果.

[3] K. Matsumoto, *Angew. Chem., Int. Ed. Engl.*, **19**, 1013（1980）.

[4] T. Yamada, Y. Manabe, T. Miyazawa, S. Kuwata, A. Sera, *J. Chem. Soc., Chem. Commun.*, **1984**, 1500.

[5] W. G. Dauben, H. O. Krabbenhoft, *J. Org. Chem.*, **42**, 282（1977）.

[6] W. G. Danben, H. O. Krabbenhoft, *J. Am. Chem. Soc.*, **98**, 1992（1976）.

[7] J. E. Rice, P. S. Wojciechowski, Y. Okamoto, *Heterocycles*, **18**, 191（1982）.

抽　出

有機化学反応において生成物を純粋に得るには，目的物を副生成物あるいは反応に用いた試薬などから分離する操作が必要である．抽出は，液体あるいは固体の混合物の中から目的とする成分を液体（抽出溶媒）の中に取り出す分離操作で，有機化学実験において用いられるもっとも基礎的で重要な実験操作の一つである．一般に，抽出操作だけで目的とする成分のみを選択的に得ることはきわめてまれで，抽出操作後に再結晶（9 章），蒸留（10 章）あるいはクロマトグラフィー（11 章）などにより目的とする成分の単離・精製を行う必要がある．抽出操作ではきわめて微量の成分から大量の試料までを取り扱うことができ，本操作によって目的物以外の成分をできるだけ取り除くと，その後のクロマトグラフィーなどによる単離・精製操作の労力が軽減される．

8.1　液-液抽出

本節では，水に溶解している，あるいは浮遊している有機化合物を適当な有機溶媒を用いて抽出し，水溶性の無機化合物などから分離する操作について述べる．液-液抽出にはおもに分液漏斗を用いる方法（バッチ法）と連続抽出器を用いる方法の二つがある．抽出溶媒は，対になる相が水であることから，水と相分離することが必要である．さらに，抽出したい化合物をよく溶かすこと，低沸点で抽出後容易に留去できること，毒性がないこと，安価であること，反応性が低く安定であることなどの条件を満たすことが望ましい．しかし実際には，これらの条件をすべて満足するような溶媒は存在しない．また，多くの場合，有機合成反応で用いた有機溶媒との混合溶媒系となることから，反応溶媒の性質も考慮する必要がある．一般に用いられる有機溶媒とその代表的な物性値を表 8.1 に示す．

これらの溶媒の選択は，目的とする化合物の性質に依存している．既知の化合物であったり，類似の化合物の性質が明らかであれば，前例にならって溶媒を選べばよい．一般的には，極性の高い化合物は極性溶媒を用いて，極性の低い化合物は非極性溶媒を用いて抽出する．溶媒を加えることにより結晶が析出したり，乳濁して相分離が起こらなくなることがあるので，抽出溶媒の選択が判断できないときには，あらかじめ少量の試料を用いて予備実験をし

表 8.1　おもな有機溶媒とその物性値

有機溶媒	比　重 (20/4℃)	沸　点 [℃]	融　点 [℃]	水への溶解性, 水の溶解性 (wt%, 20℃)	水との共沸混合物	
					共沸温度 [℃]	水の組成 (wt%)
炭化水素						
ペンタン	0.63	36.1	−129.7	不　溶	34.6	1.4
ヘキサン	0.66	68.7	−95.3	不　溶	61.6	5.6
シクロヘキサン	0.78	80.7	6.5	不　溶	69.5	8.4
ヘプタン	0.68	98.4	−90.6	不　溶	79.2	12.9
ベンゼン	0.87	80.1	5.53	0.18, 0.06	69.3	8.8
トルエン	0.87[a]	110.6	−95.0	0.05, 0.05	85.0	19.9
テトラリン	0.97	207.7	−35.7	不　溶	99.1	80
ハロゲン化物						
クロロホルム	1.49	61.2	−63.6	0.82, 0.08[b]	56.1	2.8
ジクロロメタン	1.33	39.8	−95.1	2.00, 0.17[c]	38.1	1.5
1,2-ジクロロエタン	1.26	83.5	−35.4	0.87, 0.16	71.6	8.2
含酸素化合物						
ジエチルエーテル	0.71	34.5	−116.3	6.5, 1.2	34.2	1.3
テトラヒドロフラン	0.89	66	−108.5	∞, ∞	64	5.3
酢酸エチル	0.90	77.1	−83.8	8.1[c], 2.9[c]	70.4	8.5
n-ブタノール	0.81[a]	117.7	−89.8	7.8, 20.0	92.7	57.5
メタノール	0.79	64.5	−97.5	∞, ∞	共沸しない	−
エタノール	0.79	78.3	−114.5	∞, ∞	78.2	4.0
アセトン	0.79	56.1	−94.7	∞, ∞	共沸しない	−
N,N-ジメチルホルムアミド	0.94	153.0	−60.4	∞, ∞	共沸しない	−
ジメチルスルホキシド	1.10	189.0	18.5	∞, ∞	共沸しない	

a) 20℃, b) 22℃, c) 25℃.

ておくとよい．また，低沸点の化合物の抽出では，抽出液からの溶媒の留去がなるべく容易にできるように目的とする化合物と溶媒の沸点の差が大きくなるような溶媒を選ぶとよい．具体的にはペンタン，ジエチルエーテルのような低沸点の溶媒を用いるか，逆にテトラリンのような高沸点の溶媒を用いる．溶媒は，原則的には蒸留により精製したものを使用する．微量成分の抽出では，プラスチック容器から溶け出した可塑剤のフタル酸エステル類の混入が問題となることがあるので注意が必要である．ジエチルエーテルは，時として空気酸化によって生成した過酸化物（ジエチルエーテル留去後に高沸点成分として残り，爆発する危険がある）を含んでいることがある．そのため，ジエチルエーテルを使用する前には 1 滴をすりガラスにつけた後に過酸化物が残らないことを確認する，あるいはヨウ化カリウムデンプン紙を用いて過酸化物が検出されないことを確認するなどの簡易試験を行うことが重要である．たとえこのような簡易試験に合格したジエチルエーテルを用いても，溶媒量が大量の場合は，濃縮時に注意が必要である．過酸化物が含まれているときには，還元性のある亜硫酸ナトリウム，硫酸鉄(II) などの水溶液と分液漏斗内でよく振り混ぜ，過酸化物を分解してから使用する．クロロホルムは，保存中に分解によって生じた塩化水素やホスゲンを含んでいることがあるので，酸に対して不安定な化合物の抽出に使用することは避けたほうがよい．メタノール，エタノール，テトラヒドロフラン，アセトンなどの水溶性溶媒を大量に含んでいる水溶液からの抽出では，水層と有機層とが分離せずに均一な溶液となることがある（8.1.4 項参照）．たとえ 2 層に分離したとしても，このような場合，抽出効率が低下するので水溶性有機溶媒をあらかじめ留去しておいてから抽出にとりかかったほうがよい．ジメチルスルホキシドあるいはジメチルホルムアミドのような高沸点の水溶性溶媒についても，高真空で留去してから抽出操作をしたほうがよい．

8.1.1　分液漏斗を用いる抽出

分液漏斗による抽出は，有機化学反応を行ったのちに生成物である有機化合物を無機塩類などから分離するために行う最初の精製操作である．分液漏斗内で生成物を含む水溶液と抽出溶媒を振り混ぜると，水層には無機塩類，有機層には生成物が分配される．生成物の分配比が有機層に偏っているときには，この方法により短時間で簡便に生成物を抽出することができる．分液漏斗には，丸形，スキーブ（Squibb）型，それに円筒形があるが（1.1 節参照），有機化学実験では振り混ぜ効果のすぐれた丸形やスキーブ型がよく使われる．また，大きさも 50 mL から 5 L まで大小さまざまな分液漏斗が市販されているので，反応のスケールに応じて適当な大きさのものが使用可能である．テフロン製活栓のついた分液漏斗を用いる場合，シリカゲルなどがついたまま活栓を閉じるとテフロンに傷がつき，液漏れの原因となる．すり合せには真空グリースやワセリンを塗らずに使用する．抽出溶媒の選択が難しい場合には，分液漏斗に試料を入れる前にナス形フラスコの中で溶媒を加えて様子をみるのがよい．溶媒の選択が悪くて結晶が析出したり，乳濁したとしてもロータリーエバポレーターを用いて簡単にこの溶媒を留去できるからである．分液操作では 2 層を十分振り混ぜることのできる空間が必要であることから，水層と有機層をあわせた総液量が分液漏斗の 3/4 以下になる大きさの分液漏斗を使用する．また抽出操作では一般に，水層を有機溶媒で 2，3 回抽出し，あわせた抽出液をさらに水などで洗浄するので，分液漏斗の大きさはこうしたことも考慮して選ぶとよい．大量の溶媒を用いる場合や気温の高いときに低沸点溶媒を用いる場合には溶媒の蒸気を吸い込まないように抽出操作をドラフト内で行う．また，試料溶液と抽出溶媒が大量の場合には分液漏斗を振ることを避け，フラスコなどの別の容器で 2 層を十分に撹拌したのちに，その混合液を分液漏斗に移してから分液操作を行うと安全である．

分液漏斗の持ち方，振り方については実験書によりさまざまであるが，次のようにすれば大きな分液漏斗であっても問題なく振り混ぜることができる．まず，試料溶液と抽出溶媒とが入った分液漏斗を，止め栓の通気孔が開いた状態で，ガスの発生がほぼなくなるまで軽く液を回転させるようにして振る．ついで通気孔を閉じたなら右の掌で止め栓を包み込むようにしてにぎり，分液漏斗の脚を上に向ける．活栓を開きガスを抜く．次に，活栓を閉じたなら左の掌で活栓をおさえるようにしてにぎり，液を激しく振り混ぜる．ときどき活栓を開いて分液漏斗内のガスを抜く．分液漏斗内の圧力が高くなって液が吹き出すことがあるので，決して脚を人のいる方に向けてはならない．気温の高いときにジエチルエーテルなどの低沸点溶媒を用いて抽出する場合には，氷を加えて液の温度を下げるとよい．十分に振り混ぜたら（あまり長時間振り混ぜていても無意味である）通気孔を開き，静置して2層に分離するのを待つ．2層に分離したら活栓を静かに開いて下層を三角フラスコにゆっくりと流し出す．クロロホルムなどの水よりも比重の大きいハロゲン系溶媒が下層になっているときには，下層のつくる渦により上層が引き込まれやすいので，とくにゆっくり流し出すか，活栓の開閉を繰り返し行うようにして流し出す．上層は，下層の液が混入しないよう分液漏斗の上の口から三角フラスコに取り出す．有機層と水層のいずれが上層になるかは抽出溶媒と水の比重の大小によって決まるが，高濃度の試料の抽出では上下が逆になることもあるので注意を要する．目的物が抽出できたことを確認するまでは，必ず両層とも保存しておく．一般的な抽出では水層を2，3回抽出するので，水層と思われるほうに抽出溶媒を加える．2層に分離するようであれば水層であることを確認できるので，抽出を繰り返す．抽出液をあわせ，それを必要に応じて酸，あるいはアルカリなどで洗浄したのち，さらに水で洗浄する．塩酸などの酸を抽出液の中から除くには，繰り返し水洗する必要がある．こうした場合には，抽出液を一度炭酸水素ナトリウム水溶液と振ってから水洗したほうが手間がかからない．pH試験紙を用いて洗液が中性になったことを確認したら，抽出液を飽和塩化ナトリウム水溶液と振り混ぜ，塩析により抽出液中の水分を除く．希塩酸，炭酸水素ナトリウム水溶液，炭酸ナトリウム水溶液および飽和塩化ナトリウム水溶液は抽出操作でよく使うので，いつでも使えるよう試薬瓶に用意しておくとよい．抽出液は，分液漏斗から三角フラスコに移してから乾燥剤を加えて乾燥する．抽出が終わりしだい，分液漏斗の栓は取り外す．そのままにしておくと（とくにアルカリ液がついているときには）すり合せ部分が動かなくなり，取り外せなくなるおそれがあるからである．テフロン製の活栓が取り外せなくなった場合，テフロンの温度に対する膨張係数がガラスのそれより大きいので，氷水で活栓部分を冷やせば簡単に取り外すことができる．

抽出の効率は2溶媒間での溶質の分配係数によって変化する．同じ量の溶媒を用いて抽出する場合，1回に全量を使うよりも何回かに分けたほうが効率はよい．

$$\text{分配係数} = \frac{\text{被抽出物の有機層における濃度}}{\text{被抽出物の水層における濃度}} \fallingdotseq \frac{\text{被抽出物の有機溶媒に対する溶解度}}{\text{被抽出物の水に対する溶解度}}$$

一般的に，分配比が有機層に偏っている（すなわち分配係数が大きい）場合，2，3回の抽出で目的物のほとんどが抽出される．分配比が水層に偏っている水溶性物質の抽出については8.5節を参照されたい．液量が少ない試料の抽出には，分液漏斗の代わりにすり合せの栓がついた試験管を用いることができる．試料溶液と抽出溶媒の入った試験管に栓をして上下に激しく振る．静置して2層に分離したら，ピペットを用いて上層と下層とをそれぞれ吸い上げて分離する．このほか，マグネチックスターラーによる撹拌で抽出を行うこともできる．液-液抽出は水溶液からの抽出にもっぱら用いられるが，互いに混合しない有機溶媒間での分配による分離操作も行われる．

8.1.2 抽出による酸，塩基および中性物質の分離

本項では分液漏斗を用いてカルボン酸，フェノールのような酸，アミンのような塩基ならびに中性物質を，互いに分離する操作について説明する．カルボン酸およびフェノールの多くは中性条件では水に溶けないが，アルカリと反応することで塩を形成し，水に可溶なイオン性化合物となる．一方，アミンは硫酸あるいは塩酸のような強酸と塩を形成し，水に可溶なイオン性化合物となる．したがって，アルカリ性条件下でカルボン酸，フェノールを水層に抽出し，酸性条件下でアミンを水層に抽出することにより，酸，塩基および中性物質をそれぞれ分離可能である．カルボン酸（pK_a 約 5）ならびにニトロフェノールのように電子求引基の置換したフェノールは，水酸化物イオン，炭酸イオンだけでなく，弱アルカリの炭酸水素イオンとも塩を形成する．一方，弱酸である多くのフェノール（pK_a 約 10）の塩形成には，水酸化アルカリのような強塩基を必要とする．こうしたカルボン酸とフェノールの酸性度の相違を利用して，カルボン酸とフェノールを分離できる．このほか，分子内に酸性と塩基性の両方の官能基をもつ両性物質は，酸およびアルカリどちらの水溶液にも可溶である．分子内塩を形成しているアミノスルホン酸のような化合物は，アルカリ水溶液には溶けるが酸には不溶である．

水酸化アルカリ，炭酸アルカリ，硫酸，塩酸などは 5～20% の水溶液として用いる．抽出にあたっては，pH 試験紙を用いて十分に酸あるいはアルカリが加えられていることを確認する．また，中性物質であっても水層に溶け込むことがあるので，水層は有機溶媒で 2, 3 回洗浄する．洗液は中性物質を含む有機層とあわせる．塩として水層に抽出されたカルボン酸およびフェノールは，希硫酸などの酸を十分加えることで遊離のカルボン酸あるいはフェノールとなるので，これを有機溶媒を用いて抽出する．加える酸が不十分であると，カルボン酸，フェノールの抽出効率が大きく低下するので注意が必要である．アミンの塩については，水酸化アルカリあるいはアンモニアを加えることにより遊離してくるアミンを有機溶媒を用いて抽出する．

この抽出操作では，生成した塩が固体として析出することがある．析出した塩が結晶性であれば，沪別して塩を取り出す．泥状の沈殿が生じたときには，遠心分離器にかけるか，あるいは中性条件に戻してから別の分離法を検討する．また，分子量の大きいカルボン酸あるいは第三級炭素にカルボキシ基が結合している，立体障害の大きいカルボン酸などの水溶性の低い塩は，水層に抽出されてこないことがある．このような場合，有機層として極性の低い有機溶媒を用いると，水層への分配比が大きくなり抽出効率を改善できることがある．カルボン酸の塩は界面活性剤としてのはたらきがあるので，乳濁しやすい傾向にある．乳濁したときの処理法については 8.1.4 項を参照のこと．

8.1.3　液-液連続抽出

分配比が大きく水層に偏っている化合物の抽出には，液-液連続抽出器を用いるとよい．また，分液漏斗を用いた抽出では乳濁して相分離がうまくいかない場合でも，この抽出法では微細な液滴ができないので2相は比較的よく分離する．この抽出操作では長時間抽出溶媒を加熱還流するので，熱にあまり安定でない物質の抽出には，なるべく低沸点の溶媒を使用する．水よりも比重の小さい抽出溶媒を用いる場合には，一般に図8.1に示すような連続抽出器が使われている．フラスコ内の抽出溶媒を加熱沸騰させると，溶媒蒸気は冷却器で凝縮し，液滴となって漏斗内に落ちてくる．この液滴が漏斗管を通って試料溶液の中に押し出され，試料溶液中を昇っていく間に抽出が行われる．このようにして連続的に抽出がなされ，抽出された不揮発性物質は，フラスコ内にしだいにたまってくる．試料溶液の上にたまる抽出溶媒の量は，少なくしたほうが効率よく抽出できる．図8.2のような容量可変液-液連続抽出器は，いろいろな大きさのフラスコを試料溶液の量にあわせて取りつけることができるので便利である．テフロンチューブは，フラスコの大きさにあわせて長さを調節すればよい．抽出効率を上げるためマグネチックスターラーで試料溶液を撹拌しながら抽出するので，テフロンチューブの下端はフラスコの底から離しておく．クロロホルムなど水よりも比重の大きい溶媒を用いた連続抽出には，図8.3のような抽出器を用いる．フラスコ内の抽出溶媒を加熱沸騰させると，溶媒蒸気は冷却器で凝縮し試料溶液に液滴となって落ちてくる．この液滴が試料溶液を通過する間に連続的に抽出が行われる．この抽出器の場合も，試料溶液の下の抽出溶媒の量は少ないほうが効率よく抽出できる．これらの連続抽出器は市販されていないので，特別に注文しなければならない．

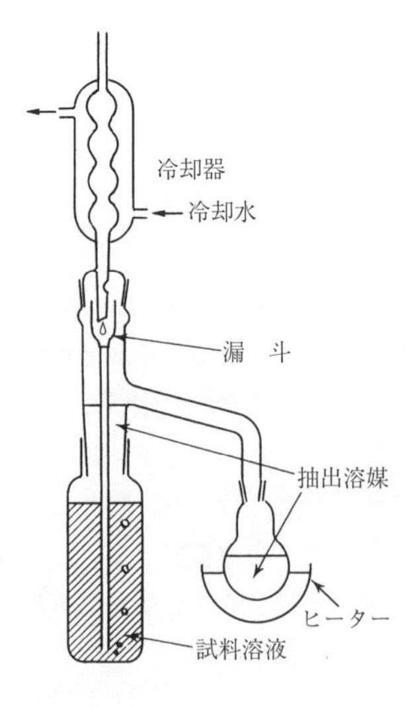

図8.1　液-液連続抽出器（水より比重の小さい抽出溶媒）
（日本化学会 編，“新 実験化学講座 1-Ⅰ”，p.294，丸善出版（1975））

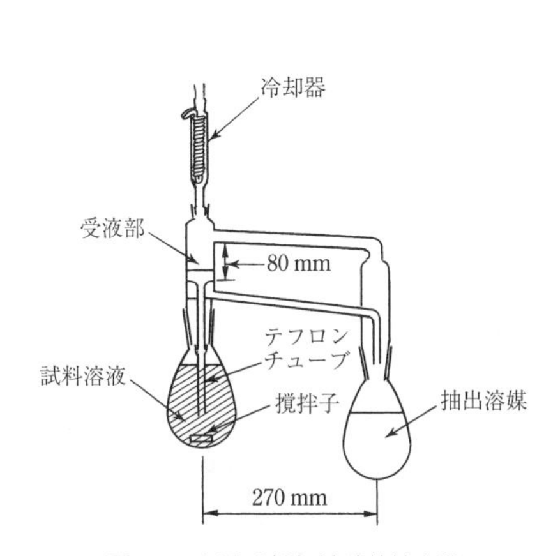

図 8.2　容量可変液-液連続抽出器
（村田静昭，田川辰美，化学と工業，**38**, 313(1985)）

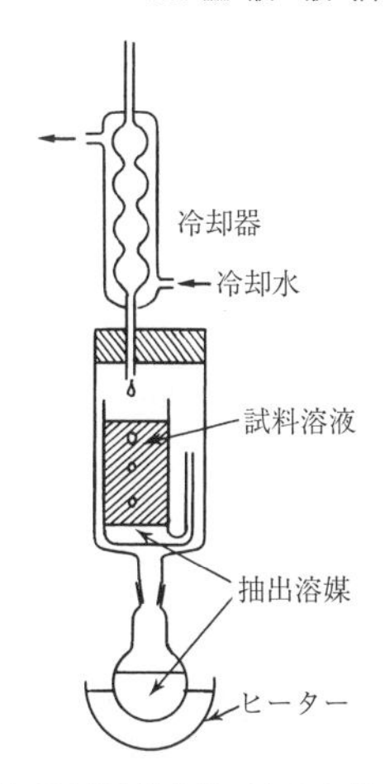

図 8.3　液-液連続抽出器（水より比重の大きい抽出溶媒）
（日本化学会 編，"新 実験化学講座 1-I", p.294, 丸善出版（1975））

8.1.4　層分離の促進の仕方

分液漏斗を用いた抽出操作では，時として 2 液相がうまく分離しないことがある．絶対的な方法はないが，2 相が分離しないときには以下にあげる処置を試みるとよい．抽出効率が多少悪くとも相分離のよい溶媒を用いたほうが結果的には効率よく抽出できるので，なるべく相分離のよい抽出溶媒を探すのが先決である．

(1) 水あるいは抽出溶媒の量を増やし，静かに振る．

(2) 水層に塩化ナトリウム，硫酸ナトリウムなどの中性塩を加える．

(3) 抽出溶媒よりも極性の大きい有機溶媒を加える．後の分離操作に支障とならないならば，少量のアルコールあるいはシリコーンなどの消泡剤を加えてもよい．

(4) 超音波洗浄器を用いて超音波を照射する．

(5) 一晩放置して 2 相の分離を待つ．この場合，活栓が緩んで液が漏れたときのことを考えて，分液漏斗の下には十分に大きなビーカーなどの受け器を置いておく．

(6) ブフナー（Buchner）漏斗を用いてゆっくり吸引沪過し，固体の不純物を除く．このさい，ブフナー漏斗にセライト，活性炭などを敷くとよい．

(7) 分離がうまくいかない部分を取り出して，遠心分離器にかける．

(8) 目的物が水蒸気蒸留により留出するならば，水蒸気蒸留をしてから抽出を行う．

(1)～(8) のいずれかの操作を行ってもうまく 2 相が分離しないときには，透明になった抽出液部分のみを取り出して，繰り返し抽出を行う．この労力を省くには，液-液連続抽出器を用いるとよい．このほかには，乳濁した液に大量のシリカゲル，セライトあるいは無水硫酸ナトリウムなどを加え固体状にし，これをカラムに詰めて有機溶媒で目的物を溶出する方法をとることもできる．この場合，ソックスレー（Soxhlet）抽出器にかけて溶出（図 8.4 参照）してもよい．

8.2　固-液 抽 出

固-液抽出は，固体の混合物あるいは種子などの生体試料から目的とする成分を有機溶媒中に抽出するのに用いられることが多い．また，抽出により固体試料中に含まれている不純物を取り除いて固体試料を精製する場合にも用いられる．抽出溶媒としては前節の液-液抽出で記した有機溶媒だけでなく，水あるいはメタノール，エタノール，アセトンなどのように水溶性有機溶媒も使用できる．無機塩類はアルコールやアセトンに相当量溶解するので注意が必要である．極性物質の抽出にはジメチルスルホキシドあるいはジエチレングリコールのような極性溶媒が，また，香料などの低沸点化合物の抽出には液化二酸化炭素が用いられる．一般的に，極性物質の抽出には極性溶媒を，非極性物質の抽出には非極性溶媒を用いる．アルコールのような極性溶媒とクロロホルム，あるいはジエチルエーテルのような非極性溶媒との混合溶媒を用いると，極性，非極性両方の物質を同時に抽出することができる．また，非極性物質が固体の表面を覆っている場合には，あらかじめ非極性溶媒で表面の非極性物質を取り除き，アルコールなどの極性溶媒が固体試料の中まで浸透できるようにしておく．このほか，抽出後の分離，精製の煩雑さや困難さを避けるために，抽出効率は低くとも不純物が溶出してこない溶媒を選んだほうがよい場合がある．

固-液抽出のもっとも簡単な操作として，抽出試料を適当な大きさの三角フラスコないしは丸底フラスコに入れ，抽出溶媒を十分試料が浸るまで加え，栓をして放置する方法（冷浸法）がある．適当な抽出時間（ふつう冷浸法では一昼夜）をおいてからデカンテーションあるいは沪過により抽出液を得る．抽出試料には，再び溶媒を加え抽出を繰り返す．抽出効率を高めるには溶媒の選択のほか，以下のような操作をするとよい．

(1) 試料を細片ないしは粉末にし，抽出溶媒との接触面積を大きくすることによって抽出溶媒を浸透しやすくする．ただし，粉末を細かくしすぎると沪別の時間が長くなるとともに，不純物が溶け出して後の分離操作に支障をきたすことがあるので注意を要する．

(2) 撹拌をしながら抽出する．

(3) 超音波洗浄器を用いて超音波を照射しながら抽出する．

(4) 加熱によって目的物が分解しないのであれば，冷却器を取りつけて抽出溶媒を加熱還流しながら抽出する（熱抽出法）．加熱によって不純物が溶け出し，後の分離操作に支障をきたすようであれば冷浸法を用いる．また，アルコールを抽出溶媒として

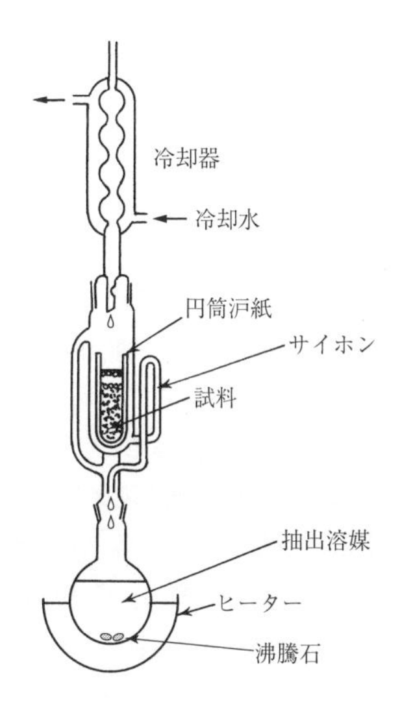

図 8.4 ソックスレー抽出器
(日本化学会 編, “新 実験化学講座 1-Ⅰ”, p.292, 丸善出版 (1975))

用いると，エステル交換やエステル化などの反応が起こるおそれのある場合には，熱抽出は避けたほうがよい．粉末試料の抽出では突沸しやすいので，突沸防止のため撹拌をしながら抽出するとよい．

固体からの抽出を連続して行うための抽出装置がいろいろと考案されているが，一般的にはソックスレー抽出器（図 8.4）がよく使われている．この抽出器は固体試料からの連続抽出に広く用いられ，いろいろな大きさの抽出器が市販されている．有機化合物の抽出ではセルロース製の円筒沪紙が用いられ，大きさもさまざまなものが市販されており（直径 20 mm×高さ 90 mm～直径 75 mm×高さ 210 mm），固体試料を円筒沪紙内に詰め込み，抽出器に取りつける．フラスコ内の抽出溶媒を沸騰させると，側管を通って昇っていった溶媒蒸気は冷却器で凝縮し，固体試料の上に滴下する．固体試料を置いた部分にはしだいに抽出溶液がたまっていき，液面の高さがサイホンの頂点に達すると抽出液がフラスコに流れ込む．こうして繰り返し抽出がなされ，しだいにフラスコ内に抽出された不揮発性の成分がたまってくる．この連続抽出法を用いれば，難溶性の物質であっても時間をかけることで抽出される．ただし，冷えた抽出液がサイホンを通して一度にフラスコ内に戻ってくるのでフラスコ内の液温が下がり，沸騰石が失活することがある．このため，沸騰が順調に起こっているかどうかをときどき確認する必要がある．沸騰石の失活を防ぐには，沸騰を激しくするか，あるいはフラスコ内の液温が急に下がらないように抽出溶媒の量を多くするとよい．マグネチックスターラーを用いてフラスコ内の液をよく撹拌することにより，沸騰を連続して起こすこともできる．

8.3　抽出液の乾燥

水と混ざり合わない有機溶媒であっても，抽出液の中にはかなりの量の水が溶け込んでいる．抽出液をよく乾燥しておかないと溶媒を留去した後の残渣に水が残ったり，無機塩類が析出したりして抽出操作後の分離，精製に障害となることがある．一般的に抽出液の乾燥は，以下のようにして行う．分液漏斗を用いる抽出では，最後の段階で抽出液を飽和塩化ナトリウム水溶液と振り混ぜ，塩析により抽出液中の水分を除く．さらに乾燥剤（4 章参照）を抽出液に加え，残った水分を取り除き乾燥する．液-液連続抽出およびソックスレー抽出器による抽出液についても乾燥剤を加えて十分に水を除いておく．乾燥剤としては，中性の無水硫酸ナトリウムあるいは無水硫酸マグネシウムがよく使われる．抽出液中の水分は結晶水として取り除かれる．抽出液は分液漏斗から三角フラスコに移し替え，その中に乾燥剤を固体のまま加える．三角フラスコを傾けたとき，底にある乾燥剤がすべり落ちるくらいであれば乾燥するに十分な量である．水和度の高い硫酸マグネシウムはジエチルエーテルなどに溶解するので，無水硫酸マグネシウムを加えるときは，一度に大量に加えるようにする．無水硫酸ナトリウムや無水硫酸マグネシウムの乾燥速度はあまり速くないが，ときどき抽出液を振り混ぜるようにし，10～20 分間乾燥すれば十分である．乾燥剤はひだ付き沪紙や綿栓を用いて沪別するか，乾燥剤を詰めたカラムに抽出液を通して沪別する．次に沪液から溶媒を留去することを考慮して，適当な大きさのナス形フラスコに沪液を入れるとよい．湿度が高いときにジエチルエーテルのような低沸点の抽出溶媒を用いると，沪別のさいにジエチルエーテルの気化熱で水蒸気が凝縮して乾燥後の抽出液に水が入ることがある．このような場合には，溶媒を留去し終わった段階でトルエンなどの水と効率的に共沸する溶媒を加え，共沸により水を除くとよい．

8.4　溶媒の留去

乾燥した抽出液から溶媒を留去すれば，目的とした化合物あるいはそれを含んだ混合物が得られる．現在ではどこの実験室にもロータリーエバポレーターが置かれており，溶媒の留去にはこれがもっともよく使われている．ロータリーエバポレーターは図 8.5 に示すようないくつかのタイプのものが市販されているが，標準型（a）がもっともよく使用されている．図(b) に示したタイプのエバポレーターは，吸引口が冷却器の上にあるので蒸気の流れが速く，効果的に濃縮できる．図(c) のエバポレーターは，氷やドライアイスなどの冷剤を用いて冷却するので，低沸点溶媒の回収に適している．抽出液を入れた濃縮フラスコを加熱しながら減圧下で回転させる．これによりフラスコの内面にできた抽出液の液膜から効率よく溶媒を蒸発させることができる．蒸発した溶媒は冷却器で凝縮し，溶媒受けにたまる．抽出液

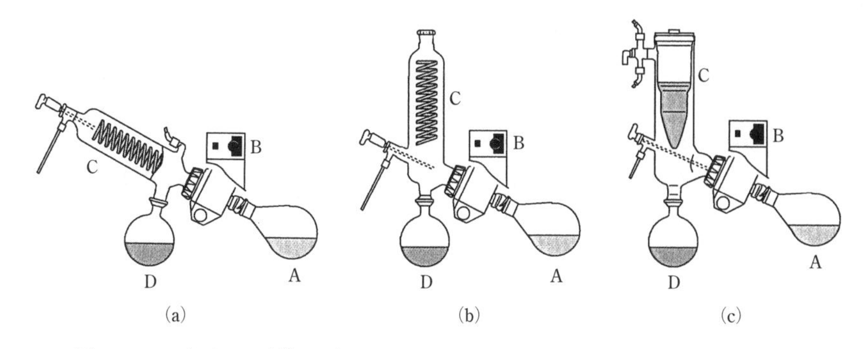

図 8.5　ロータリーエバポレーター
(a) 標準型　(b) 短時間濃縮用　(c) 低沸点溶媒用
A：濃縮フラスコ，B：フラスコを回転させる駆動部，C：冷却器，D：溶媒受け器.
(柴田科学総合カタログ 2600 号，p.198)

の入ったフラスコの加熱は湯浴を用いて行い，水温は溶媒の沸点よりも低くする．30～50 ℃に加熱することで，たいていの抽出溶媒は効率よく留去できる．濃縮フラスコが湯浴につかるように，ジャッキを用いてロータリーエバポレーターを上下するか，あるいは湯浴を上下して高さを調節する．フラスコの回転はフラスコ内面の液膜の面積を広げて蒸発速度を高めるとともに，突沸を防止しているので，抽出液の量はフラスコの 1/3 以下にしておいたほうがよい．フラスコの回転が遅すぎると突沸を起こすが，逆に速すぎると蒸発速度は低下する．ロータリーエバポレーターによる溶媒の留去では，沸騰石を入れるようなことはしてならない．冷却器に付着した汚れがフラスコ内に入らないよう，また突沸によって抽出液が冷却器の中まで飛び散ることのないよう，エバポレータートラップをフラスコとロータリージョイントの間にクランプで取りつけるとよい．通常，冷却器は水道水を通して冷やすが，冷却水を循環させたほうが濃縮速度を高めることができる．氷水を循環ポンプを用いて冷却器に通してもよいが，冷凍機と循環ポンプを組み合わせた低温水供給装置も市販されている．ロータリーエバポレーター内を減圧にするには水循環式のアスピレーターやダイヤフラムポンプが一般に用いられる．水道を使用するアスピレーターは，冷却器で回収しきれなかった抽出溶媒が下水に排出されるので使用を避ける．水循環式のアスピレーターの循環水も同様に抽出溶媒が混入することから，抽出溶媒の種類によって適切に廃棄処理を行う必要がある．ダイヤフラムポンプを用いる場合には，排気口に溶媒回収装置や活性炭フィルターを取りつけて実験室内に抽出溶媒が飛散することを防止する．結晶化しやすい抽出物の場合，フラスコ内の溶媒が少なくなったとき結晶が析出して突沸を起こしたり，溶媒がなくなったときに結晶が飛び散ることがあるので，ときどきエバポレーター内に空気を入れるようにして結晶が飛び散らないよう注意しながら濃縮する．また，飛び散った結晶がフラスコから外に飛び出さないよう少し大きめのフラスコを使用したり，結晶の析出しにくい溶媒を加えておくとよい．抽出液の粘性が高く，発泡する場合には，後に分離が可能であるならばn-オクタノールのような界面活性剤を加えるとよい．

このほか，フラッシュエバポレーター（図8.6），遠心エバポレーターあるいは連続作動エバポレーター（図8.7）のようなエバポレーターが市販されている．粘性の高い，あるいは発泡性のある抽出液の濃縮には，フラッシュエバポレーターが適している．また，このエバポレーターでは短時間で抽出液に熱がかかるので，熱に不安定な物質の入った抽出液の濃

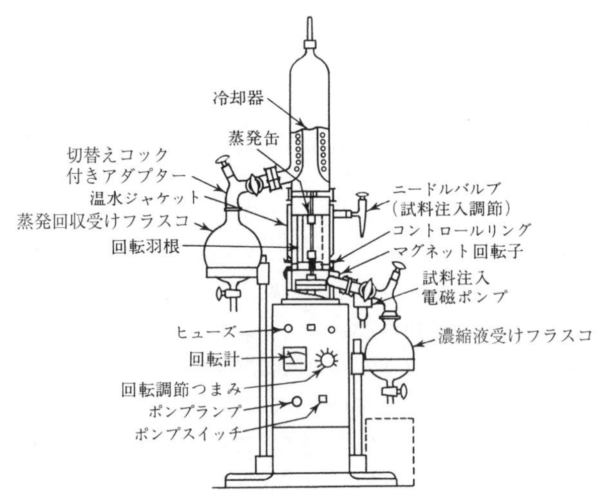

図8.6　フラッシュエバポレーター
（日本化学会 編，"実験化学ガイドブック"，p.133，丸善出版（1984））

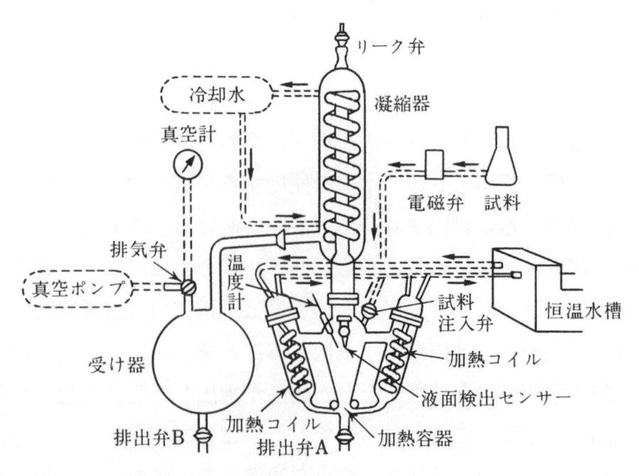

図8.7　連続作動エバポレーター
（日本化学会 編，"実験化学ガイドブック"，p.133，丸善出版（1984））

縮にも適している．遠心エバポレーターでは，遠心力をかけながら減圧するので，突沸や発泡が抑えられる．大量の抽出液を処理するための減圧濃縮釜も市販されている．目的物の沸点が低い場合には，分留塔を用いて注意深く抽出溶媒を分留する（10 章参照）．とくに，目的物が微量であるときには，溶媒を完全に留去すると目的物がいっしょに蒸発する可能性が高いので，ある程度濃縮したところで次の分離，精製あるいは分析に移るようにする．酸化されやすい物質については，窒素やアルゴンなどの不活性ガスの雰囲気下で溶媒を留去し，空気酸化を妨止する．抽出液の量が少ない場合には，溶媒の沸点より低い温度に加熱しながら，乾燥空気あるいは窒素ガスを吹きつけて溶媒を除いてもよい．この方法では空気中に溶媒の蒸気が飛散するので，ドラフト内で操作する．

8.5　水溶性物質の取扱い

化合物の水に対する溶解度は，分子内に占める親水性の官能基と疎水性の官能基との割合によって決まる．ヒドロキシ基やカルボキシ基，ニトリル基のような極性の高い親水性の官能基が増えるに従って水に対する溶解度は増大する．親水性官能基が少ない化合物であっても，分子量が小さい場合には水溶性が高いことがあるので注意が必要である．一般的に有機溶媒に溶けない水溶性の化合物は取扱いが面倒である．したがって，できれば親水性の官能基を保護することにより有機溶媒に溶けるような誘導体としたほうが取扱いが容易となる（15 章参照）．分配比が水層に大きく偏っているときには，分液漏斗を用いて 2，3 回抽出を行っても目的物はわずかしか得られない．このようなときには，まず塩化ナトリウムを飽和点近くまで加えて塩析をしてみるとよい．加えられた塩が水和されることにより，親水性基に水和する割合が減少して有機層に抽出されやすくなる．塩析を行っても抽出されないときには，液-液連続抽出器を用いて抽出する（8.1.3 項参照）．水溶液の量があまり多くないときには，大量の無水硫酸ナトリウムを加えて固体状にした後で，これをソックスレー抽出器（図 8.4 参照）にかけて連続抽出をしてもよい．また，極性の高い物質は極性溶媒に溶けやすいので，極性が高く，かつ水と相分離する *n*-ブタノールのような溶媒を用いて抽出することもある．水，アルコールには溶けるが，有機溶媒には溶けない糖類などの場合，有機溶媒による抽出が困難であるので，ロータリーエバポレーターを用いて水を留去するか，あるいは凍結乾燥（4 章参照）により水を除いたのち，残渣について分離，精製を行う．11.4.4 項“イオン交換クロマトグラフィー”もあわせて参照されたい．

参考文献

[1]　化学同人編集部 編，“第 3 版 続 実験を安全に行うために”，pp.51-54，化学同人（2007）．
[2]　浅原照三，戸倉仁一郎，大河原 信，妹尾 学，熊野谿従 編，“溶剤ハンドブック”，講談社サイエンティフィク（1976）．
[3]　日本化学会 編，“第 5 版 実験化学講座 4”，丸善出版（2003）．

Chapter 9

結晶と沪過

9.1　一般的再結晶法

再結晶は純粋な固体有機物を得るもっとも優れた分離精製法である．各種クロマトグラフィーによる分離手段の目ざましい進歩にもかかわらず，分離の原理が本質的に異なるため，その重要性は昔と変わることがない．通常特別な装置を必要とせず，操作も簡単で安価であるという長所を有するが，ある程度の経験と勘を要することが多い．

再結晶による精製を行う場合，まず目的物が固体であることが必要である．しかし再結晶前の試料に油状物が混ざっている場合や混合によって融点が室温以下に下がっている場合，または目的物の融点が室温に近い場合は必ずしも固体になっていないので，試料が粘稠性の油状物の場合でも，一度は再結晶を試みる価値がある．次に目的物が，主成分であるか，特異的に結晶性がよい必要がある．多種類の物質の混合物から再結晶のみによって純粋な物質を得るのは困難なことが多く，このような場合にはカラムクロマトグラフィーなど他の手段で目的物を分離してから再結晶するのが普通である．大量の試料を精製する場合には最初からクロマトグラフィーに頼ると充塡剤や溶媒が多量に必要となるので，とにかく再結晶を行い，母液をクロマトグラフィーで粗分けし，目的物が主成分となる分画を再結晶するという操作を繰り返すと比較的安価に高回収率で目的物を精製することが可能である．

要求される純度が得られるまで再結晶を繰り返す必要があるが，一般に，繰り返し再結晶して融点の差が 0.5 ℃ 以内に収まれば純粋になったと考えてよいとされている．

市販試薬にはしばしば微量の不純物が含まれており，反応の収率が極端に低下したり，副反応が優先することがある．通常のクロマトグラフィーでは主成分に比べて相対的に微量な不純物の検出が困難なことが多いことから，はじめて反応を行う場合は，不純物が検出されなくても試薬が固体であれば一度は再結晶してから用いるほうがよい．

再結晶操作は次の手順で行うのが一般的である．(1) 試料を適当な溶媒（9.1.1 項参照）に沸点付近でかき混ぜて溶かし，飽和に近い溶液をつくる．(2) 得られた熱溶液に必要に応じて脱色剤を加える（9.1.2 項参照）．(3) 熱溶液を沪過し不溶物を除く（9.1.3 項参照）．

(4) 沪液を冷却して結晶を析出させる．(5) 析出した結晶を沪取する．(6) 少量の冷たい溶媒で沪取した結晶から母液を洗い除く．

9.1.1 溶媒の選択

再結晶を行うにさいして，溶媒によっては結晶が析出しないだけでなく，試料が分解したり変化することがあるので，溶媒の選択は重要である．再結晶溶媒としては以下の条件を満たすものが好ましい（すべての条件を満足する溶媒が見つかるとは限らないので，状況に応じて条件を検討する）．(1) 目的物の溶解度が熱時に大きく冷時に小さい．その比は少なくとも 5：1 程度ある．(2) 不純物をよく溶かすか，または熱時においてもほとんど溶かさない．(3) 溶質と反応しない．(4) 精製物から容易に除ける．(5) あまり沸点が低すぎたり，引火性が強すぎたりしない．(6) 形がよく大きすぎない結晶が得られる．

a. 化合物の官能基と再結晶

結晶性の問題は格子間力の大きさと種類に帰着できるが，定性的に分子の大きさ，空間的広がり，自由度，置換基の数と種類に依存している．分子全体の形としては対称性のよいものほど結晶性がよい．一般に直鎖状化合物や大環状化合物などのようにフレキシブルな分子は結晶化が困難である．再結晶により精製しようとしている化合物がどのような目的に使用されるかによって異なるが，絶対立体配置を決定するなどの目的のために結晶性のよい誘導体に変換してから再結晶することも有効である場合がある．

再結晶溶媒の条件として，まず目的物を適度に溶解することが必要である．一般的に化合物は化学的および物理的性質が似た溶媒に溶解する性質をもっている．極性化合物は非極性溶媒よりも極性溶媒に溶ける．脂肪族化合物はヘキサン，シクロヘキサンに，芳香族化合物はベンゼン，トルエンに溶け，ヒドロキシ基をもつ化合物はエタノール，メタノールに，カルボン酸，スルホン酸は水に溶ける．同じ官能基をもつ同族体では分子が大きくなるに従ってその骨格を構成する炭化水素の性質に似てくる．常温で容易に溶解してしまう溶媒は再結晶には用いることができないので，同族体や異性体など関連化合物の例を文献で探して再結晶溶媒を知り，それを目安として類似の溶媒で試してみる．

化合物によっては，再結晶に使用する溶媒と反応する場合があるので注意が必要である．カルボン酸をアルコール類から再結晶しようとする場合，とくにカルボン酸の塩から酸を遊離し，これを直接アルコールから再結晶したりすると，かなりの量のエステル化が進行する．エステルをアルコールから再結晶する場合にはアルコールによるエステル交換が起こる可能性があるので，異種のアルコールを用いる場合には十分注意する必要がある．このようなエステル化やエステル交換は，反応に使用した試薬や後処理に使用した酸や塩基が反応生成物の中に痕跡量含まれていて触媒となって進行する場合が多いので，純粋な溶媒を用いることは当然として，どのような反応と処理によって得られた試料を再結晶しようとしているのかよく理解しておく．第三級アルコールやベンジル型アルコールはヒドロキシ基をもつ化合物と加熱するとエーテルとなりやすく，エポキシドをアルコールや水から再結晶すると開環してアルコキシアルコールやジオールを与える場合もある．酸無水物の再結晶に水やアルコールは使用できない．アセトンをオキシムやヒドラゾンの再結晶に用いるのもケトン交換の可能性があるので避けたい．

平衡反応で合成した化合物を再結晶する場合には，逆反応が起こらないような溶媒を選択したり，痕跡量の触媒の残留に注意する必要がある．通常の再結晶では溶媒の沸点近くまで加熱するため，熱に不安定な官能基や骨格をもった化合物の再結晶はできない．このような場合は，室温で混合溶媒を用いる方法や溶解後深冷する方法（9.1.4 b. 項参照）がある．また，空気酸化されやすい化合物や吸湿性のある物質の再結晶には工夫が必要である（9.2.2 項参照）．

b.　溶媒（溶解度の温度勾配）

実際に再結晶を行う場合，最初から適当な溶媒がみつかるとは限らない．ある程度の予備的考慮をしたら種々の溶媒で実際に試してみる必要がある．通常の溶解度試験は小さな試験管に少量（約 100 mg）の試料を入れ，ついで試料を十分覆うだけの溶媒（約 1 mL）を加える．もしこの状態で室温またはわずかに温める程度で簡単に溶ける場合は，この溶媒は不適当である．また溶媒を沸騰するまで加熱し，必要に応じて少量の溶媒を加えても試料が溶解しない場合，この溶媒も不適当である．もし加熱によって試料が溶解したら，しばらく放冷する．結晶が析出しないようならば他の溶媒を検討してみたほうがよい．

表 9.1 によく使用される溶媒とその沸点を示す．再結晶溶媒としては一般には沸点の高いほうが蒸発による損失が少なく，また結晶生成の温度差が大きいので望ましいが，150 ℃以上の沸点をもつ溶媒では再結晶後にこれを除きにくくなる．ジエチルエーテル，ジイソプロピルエーテル，1,4-ジオキサンなどは過酸化物をつくりやすく，多量の場合爆発することもあるので，加熱濃縮が必要になった場合などは十分に注意し，同様にクメンやテトラリンを用いるときにも注意する．

表 9.1　再結晶に使用される一般的溶媒とその沸点

溶媒	沸点[℃]	溶媒	沸点[℃]
ジエチルエーテル	34.5	水	100
アセトン	56	ジオキサン	101
クロロホルム	61	トルエン	110
メタノール	64.5	ピリジン	115.5
テトラヒドロフラン	65	メチルイソブチルケトン	116
n-ヘキサン	69	*n*-ブタノール	118
四塩化炭素	77	酢　酸	118
酢酸エチル	78	クロロベンゼン	132
エタノール	78	セロソルブ	135
メテルエチルケトン	80	ジメチルホルムアミド	153
ベンゼン	80	γ-ブチロラクトン	206
シクロヘキサン	81	ニトロベンゼン	210

使用する溶媒が決まったら，粗結晶はなるべく細かく粉砕しておく．試料が固い粗結晶の場合，溶解するのに時間がかかるため，溶解度が低いものと勘違いして必要以上に溶媒を加えがちだからである．粉砕した粗結晶は三角フラスコやナス形フラスコ（水を溶媒とするとき以外，ビーカーは使用しないこと）にとり，溶媒を少量ずつ加えながら，水浴または油浴上（水を溶媒とするとき以外，直火による加熱はしてはならない）で，手で振り混ぜながら加熱して溶解の様子を観察する．加熱にさいしては上に還流冷却器をつけて溶媒の蒸発を防ぐ．溶媒の沸点付近で溶媒の量が飽和よりやや多めとなるまで加える．不溶性の物質が不純物と思われたら溶媒を加えるのを止めて沪過する（9.1.3 項参照）．加熱は量が少ないときは手で振り混ぜてよいが，多量のときには上に還流冷却器をつけて還流させながら，ときどき器壁に析出した結晶を振り落としつつ行うのがよい．

c.　混合溶媒による再結晶

再結晶に使用する溶媒としては単一溶媒を用いたほうが操作性，再現性など種々の点に関してよいが，必ずしもそのような溶媒が存在するとは限らないし，また試料によっては熱的に不安定で加熱溶解が不可能な場合もある．試料がある溶媒には溶けすぎるが，他の溶媒には熱時でもほとんど溶けない（たとえば，メタノールには室温でも溶けてしまうが，水には

表 9.2　相互に溶ける溶媒の組合せ

酢　酸	クロロホルム，エタノール，酢酸エチル，石油エーテル，水
アセトン	ベンゼン，酢酸ブチル，ブタノール，四塩化炭素，クロロホルム，シクロヘキサン，エタノール，酢酸エチル，エチルエーテル，石油エーテル，水
ベンゼン	アセトン，ブタノール，四塩化炭素，クロロホルム，シクロヘキサン，エタノール，石油エーテル，ピリジン
ブタノール	アセトン，酢酸エチル
四塩化炭素	シクロヘキサン
クロロホルム	酢酸，アセトン，ベンゼン，エタノール，酢酸エチル，ヘキサン，メタノール，ピリジン
シクロヘキサン	アセトン，ベンゼン，四塩化炭素，エタノール，エチルエーテル
ジメチルホルムアミド	ベンゼン，エタノール，水
ジオキサン	ベンゼン，四塩化炭素，クロロホルム，エタノール，エチルエーテル，石油エーテル，ピリジン，水
エタノール	酢酸，アセトン，ベンゼン，クロロホルム，シクロヘキサン，ジオキサン，エチルエーテル，ペンタン，トルエン，水，キシレン
酢酸エチル	酢酸，アセトン，ブタノール，クロロホルム，メタノール
エチルエーテル	アセトン，シクロヘキサン，エタノール，メタノール，ペンタン，ヘキサン
ヘキサン	ベンゼン，クロロホルム，エタノール，エチルエーテル
メタノール	クロロホルム，エチルエーテル，水
ピリジン	アセトン，アンモニア，ベンゼン，クロロホルム，ジオキサン，石油エーテル，トルエン，水
トルエン	エタノール，ピリジン
水	酢酸，アセトン，エタノール，メタノール，ピリジン
キシレン	エタノール，フェノール

加熱しても溶けない）という場合，両方の溶媒を混ぜて使用するとうまくいくことがある．混合溶媒でも共沸性の溶媒を共沸点で蒸留したもの（たとえば，95% エタノール）ならば単一溶媒と同様の操作で再結晶すればよいが，通常は沸点が異なり，加熱冷却で混合比が変動するため，操作に工夫を要する．混合溶媒で再結晶する場合，溶媒が相互に溶ける必要がある．表 9.2 に相互に溶ける溶媒の一般的組合せを示す．

熱に安定な試料に対して通常行われる混合溶媒による再結晶の操作を以下に示す．試料を易溶性溶媒に加熱溶解しておき（必要に応じて脱色，沪過をしておく），これに難溶性の溶媒を少量ずつ加え，生じた濁りが加熱によって消えてなくなるまでこの操作を続け，最後に易溶性の溶媒を数滴加えて透明な溶液をつくり，放置冷却して結晶を析出させる．

試料が熱に不安定な場合は試料を易溶性の溶媒に室温で溶解しておき（必要に応じて脱色，沪過をする），その溶液に少量の難溶性溶媒（多量に加えると油状物が析出して結晶化が困難になるので注意）を加えて振り混ぜ，結晶性物質を析出させる．さらに少量の難溶性溶媒を加えて結晶を増やし，この操作を繰り返す．この場合，最初や最後に析出してくる結晶に不純物が含まれていることが多いので，難溶性溶媒を加えるごとに結晶を沪取して不純物の有無を確認したほうがよい．混合溶媒からの再結晶法として，試料が低沸点の溶媒（たとえば，エーテルやジクロロメタン）に易溶で高沸点の難溶性溶媒が存在する場合，混合溶媒に溶解後加熱して易溶性溶媒を追い出して結晶を析出させる方法もある．

9.1.2 脱　色

新しく一つの化合物を得た場合に色がついていると，それが物質固有の色であるか不純物に基づいているのか判定が困難な場合がある．カラムクロマトグラフィーで精製しても本来無色のはずの化合物がいつまでも着色していることがよくあり，このような試料は結晶化させてもなかなか色が除けない場合が多い．再結晶で得られた結晶は多少着色していても見かけほど不純でなく，NMR や IR では不純物のシグナルは検出されないことが多い．構造の明らかな物質の場合，着色していても目的によっては十分使用可能なことが多いが，物性を明らかにする場合や，構造が不明の場合には，結晶を析出させる前の溶液状態で脱色をする．

脱色にさいしてもっともよく使用されるのは活性炭である．ここで用いる活性炭は十分にきれいなものでなければ，かえって不純物を加えることになる．現在試薬として市販されている粉末活性炭は，そのままで使用が可能である．操作としてはまず結晶の析出を防ぐためにやや多めの溶媒を用いて溶液をつくり，少量の活性炭を加える．熱溶液に加えるときは加熱を止めて突沸が起こらないように気をつけながら少量ずつ加えては少し温め，上澄み液が脱色されるのを確かめる（加熱は数分でよい）．活性炭は目的物も同時に吸着するので，過剰の使用は避け，できるだけ少量にとどめる．活性炭の脱色能力は溶媒によって異なり，水＞エタノール＞メタノール＞酢酸エチル＞アセトン＞クロロホルムの順に小さくなる．石油エーテルにもきわめて有効である．コロイド状の炭素の微粒子が沪紙を通ってしまうため，活性炭処理した溶液は通常，吸引沪過しないほうがよい．元素分析用の試料をつくる場合は，自然沪過法でも肉眼で認めにくいほどの炭素粒子が混入して炭素の比率が過大に出る原因となるので，脱色した溶液から得た結晶をそのままただちに分析することは避け，もう一度活性炭を用いずに溶媒に溶かして煮沸し，熱溶液を沪過して結晶を析出させる．そのさいの溶媒は，できればヒドロキシ基をもたないものを選ぶ．水，メタノール，エタノールなど一般にヒドロキシ基のある液体は炭素粒子をコロイド状に保持しやすいからである．元素分析ほど厳密に純粋である必要がない場合，脱色した溶液を同じ沪紙で数回沪過すればほとんどの炭素粒子は除かれる．このさい沪液は2～3分間沸騰させてから沪過するほうがよい．

活性炭を用いた脱色法としては，ほかに室温で放置する方法と溶液を蒸発乾燥する方法がある．試料がエーテル溶液のときには，活性炭を加えときどき振り動かしながら，24時間室温に放置するだけで完全に脱色されることが多い．この場合には溶液はあらかじめ $CaCl_2$，Na_2SO_4，あるいはモレキュラーシーブ4Aのような乾燥剤で脱水して行うと好結果が得られる．脱水剤と活性炭を同時に加えて放置する仕方もある．溶液に活性炭を加えたまま溶媒を蒸発させ，残留物を十分に乾燥してから，適当な溶媒で抽出すると，よく脱色された液を得ることがある．

活性炭以外にシリカゲルやアルミナも極性の小さい化合物の溶液の脱色には使用できることもあり，酸性白土（acid clay）も使用される．

9.1.3　沪　過

沪過とは液体と固体を小さな孔を通すことにより分離することであり，液体の状態および固体の状態（粒子径など）により，種々の操作法や器具が考案され，実用に供されている．通常使用される小さい孔に相当するものとして沪紙，沪布，脱脂綿，石綿，ガラスウール，ガラスフィルターなどがある．現在，沪紙として市販されているものにはセルロース繊維，ガラス繊維，シリカ繊維およびポリテトラフルオロエチレン（PTFE，四フッ化エチレン樹脂）繊維を材料としたものがあり，それぞれ独特の特徴を備えている．価格的には同じサイズのものでも材質により差があるが，耐酸性，耐塩基性，繰返し使用の可否などを考慮すると，高価なものでも案外安くつくこともある．ただし折りたたんで普通の漏斗で使用する場合はセルロース繊維製のものしか使用できない．セルロース製の沪紙は普段から使用され，もっとも安価であり，現在でももっとも広く使用されている．厚さ，目の大きさ，繊維の純度などで種々の規格のものがあり，日本工業規格（JIS）も定められている．表9.3にJIS，東洋沪紙（アドバンテック東洋），Whatman 沪紙（GEヘルスケア・ジャパン）の場合を示した．

a.　自然沪過

無機化学で沈殿物を沪取したりするときに，円形沪紙を4分円に折り，これを円錐形に開いて普通の漏斗に密着させて沪過することが多い．これは水のように密度が大きく粘性が

表 9.3　化学分析用セルロース沪紙*

種類	沪紙の規格 JIS P 3801	東洋沪紙	Whatman 沪紙	特性および適用例（東洋沪紙の例）
定性沪紙	1 種	No.1	グレード 1	粗大なゼラチン状沈殿用. 定性沪紙で沪過速度がもっとも速い. 硫酸バリウムなどを自然沪過したときの保留粒子径は約 6 μm.
	2 種	No.2	グレード 2	中くらいの大きさの沈殿用. 定性分析で一般的に使われる. 硫酸バリウムなどを自然沪過したときの保留粒子径は約 5 μm.
	−	No.101	グレード 4	性能は，No.1 に近い. 沪紙表面に凹凸をつけたクレープ状沪紙で，粘稠液の沪過に使われる. 硫酸バリウムなどを自然沪過したときの保留粒子径は約 5 μm.
	3 種	No.131	グレード 6	微細沈殿用. 強度があり，減圧，加圧沪過に適している. 定性沪紙では沪過速度がもっとも遅い. 硫酸バリウムなどを自然沪過したときの保留粒子径は約 3 μm.
	4 種（硬質沪紙）	No.4A	グレード 50	微細沈殿用. 化学的処理を施し，沪紙の表面を硬化させ，紙質を強靭にしてある. 減圧，加圧沪過に適している. 硫酸バリウムなどを自然沪過したときの保留粒子径は約 1 μm.
定量沪紙	−	No.3	グレード 43	灰分が 0.01% と低レベルなため，精密な定量分析ができる. 沪過速度は，No.5A より遅く No.5B より速い. 硫酸バリウムなどを自然沪過したときの保留粒子径は約 5 μm.
	5 種 A	No.5A	グレード 41	粗大なゼラチン状沈殿用. 灰分が 0.01% と低レベルなため，精密な定量分析ができる. 定量沪紙では沪過速度がもっとも速い. 硫酸バリウムなどを自然沪過したときの保留粒子径は約 7 μm.
	5 種 B	No.5B	グレード 40	中くらいの大きさの沈殿用. 灰分が 0.01% と低レベルなため，精密な定量分析ができる. 沪過速度は，No.5A より遅く No.5C より速い. 硫酸バリウムなどを自然沪過したときの保留粒子径は約 4 μm.
	5 種 C	No.5C	グレード 42	微細沈殿用. 灰分が 0.01% と低レベルなため，精密な定量分析ができる. 定量沪紙では沪過速度がもっとも遅い. 硫酸バリウムなどを自然沪過したときの保留粒子径は約 1 μm.
	6 種	No.6	グレード 44	微細沈殿用の薄い沪紙. 灰分が 0.01% と低レベルなため，精密な定量分析ができる. 沪過速度は，No.5B より遅く No.5C より速い. 硫酸バリウムなどを自然沪過したときの保留粒子径は約 3 μm.
	−	No.7	−	灰分が 0.01% と低レベルなため，精密な定量分析ができる. 定量沪紙のなかでは，紙厚がもっとも薄い. 沪過速度は，No.5B に近い. 硫酸バリウムなどを自然沪過したときの保留粒子径は約 4 μm.

*　アドバンテック東洋株式会社のカタログおよび GE ヘルスケア・ジャパン株式会社のホームページ（http://www.gelifesciences.co.jp/）より改変.

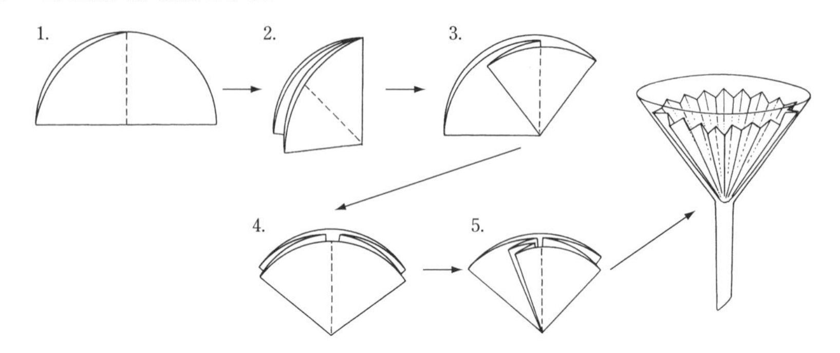

図 9.1　ひだ付き沪紙の折り方
1. 二つ折りにし，2. さらに二つに折り，3. 開いて，4. 四つ折りにし，
5. 同様の折り方を繰返し，6. 16 折りにして開く．

高い液体の場合，脚管中を満たした沪液の重さによって，沪紙上の液を下方に吸引し，沪過を速めるためであって，通常の有機溶媒を用いた溶液の沪過には適さない．沪過のさい，液の重さのために沪紙が漏斗の内面に密着して，沪過速度が遅くなることを避けるため漏斗の面に筋をつけたものが筋目漏斗として市販されている．これに普通にたたんだ沪紙を置いて使う．沪過面の大きさからいえば，ひだ付き沪紙のほうが優れている．ひだ付き沪紙の折り方の一例を図 9.1 に示す．ひだ付き沪紙を折るときには沪紙の中心を傷つけないため最下部に相当する先端部分までは折りたたまないほうがよい．自然沪過の場合，目の細かい沪紙を使うと時間がかかる．通常の有機化学の実験では No.2（東洋沪紙）の定性沪紙が使いやすい．

再結晶を行う場合の熱溶液の沪過には，溶液が管部で冷えて結晶が析出しやすいので，管部が太くしかもなるべく短いものを使う．このような漏斗を用いても溶液が冷えて漏斗中に結晶が析出してしまうことが多い．そのような場合に熱漏斗を用いる．もっとも簡単なのは熱乾燥器などの中で肉厚の漏斗を十分に加熱しておいて，使用直前に取り出し，すばやく沪過することである．試料が少量ならこの方法でたいてい間に合う．漏斗のまわりに湯などの熱媒を流しながら使用できる恒温ジャケット付きの漏斗（図 9.2(a)）も市販されており，多量の試料を熱沪過するときに役に立つ．熱沪過を目的とした漏斗用マントルヒーターも市販されているので，漏斗の径に合わせて購入するとよい．マントルヒーターはスライダックにつないで溶媒の沸点を考慮して温度を調節する（図 9.2(b)）．

沪紙は折った状態でゆとりをもって漏斗の内部に収まる大きさのものを使う．沪紙の折りたたみ線を伝わって溶質が上昇し，沪紙の上端の洗浄が必要となることが多いからである．細かい活性炭の粒子などが折りたたみ線に沿って押し上げられ，沪紙の外側へまわり，沪液へ入ってしまうことがあるが，このようなときにはひだ付き沪紙を 2 枚重ねて用いると有効である．

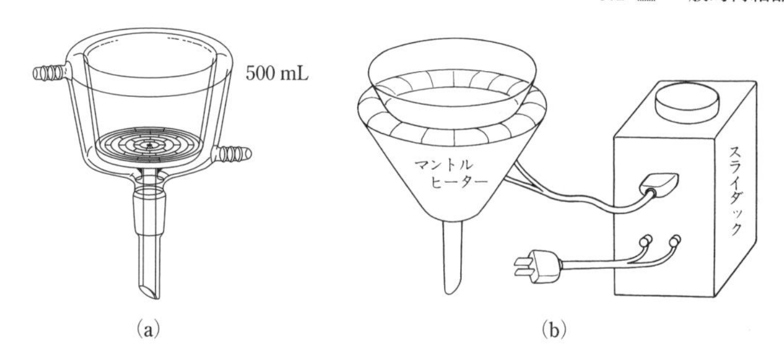

図 9.2　熱沪過用漏斗
(a) 恒温ジャケット付き漏斗（有限会社桐山製作所資料）　(b) 漏斗用マントルヒーター

b.　吸引沪過

真空ポンプで沪液の受け器内を減圧にし，沪過器中の液面に大気圧力を加え，沪過を促進する方法である．この操作は多量の液を短時間に沪過するため，または沪過しにくい液を速く沪すため，もしくは少量の沈殿を損失少なく取り出すために行う．実験室で吸引沪過を行うには，水流ポンプの使用が簡便ではあるが，蒸気として排水に有機溶媒が混入する可能性があるので，電動ポンプを使用することが望ましい．ダイアフラム方式のポンプなどが市販されている．沪過装置とポンプの間に真空トラップやウルフ（Woulff）瓶，二つ口フラスコなどを接続し，ポンプに沪液が入らないように保護する．ポンプの排気側からは蒸気として有機溶媒が排出されるので，適切な場所へと排気を導く．吸引は最初ゆるくし，沪過する液は静置して固形分をできるだけ沈殿させ（必要に応じて遠心分離），上澄み液を沪過器内に流し始める．沪紙の目が詰まると，沪液が減圧下で突沸することがあるので十分注意を払う．

図 9.3 に，吸引沪過に使用される器具の例を示す．吸引沪過用の漏斗は，(a) ブフナー(Buchner)，(b) ガラス製ブフナー，(c) Hirsch 型，(d) るつぼ形，(e, f) 桐山漏斗とそれぞれ称されている．扱う結晶の量は，(a)＞(b)＞(c) の順に数百 g～100 mg 程度まで処理できる．(e) はサイズが多種ある．(d) は同種類の定量実験を繰り返すときに向いている．

吸引沪過用の受け器の例として (i) 沪過瓶，(j) 沪過鐘（filter bell または Glocke），(k) Witt 沪過装置などがあり，漏斗との接続には各サイズ一組になっているゴム製の漏斗アダプター (l) が用いられる．ガラス製の漏斗には足の部分に共通すりをつけたもの（例：(e)～(h)）が市販されている．(e)～(g) のような漏斗には共通すり付き吸引アダプター（例：(m)～(o)）を組み合わせると，共通すりの口をもち耐圧性のあるフラスコならどのようなものでも直接受け器として使用可能になり，沪液を濃縮したり，加熱したりするときに便利である．るつぼ形の漏斗には (p) のような特殊なアダプターが必要になるが，(h) と (m) を組み合わせれば通常のアダプターが使用でき，かつ漏斗の交換が迅速に行える．(q) のように吸引口のついたるつぼ形漏斗用のアダプターも市販されている．

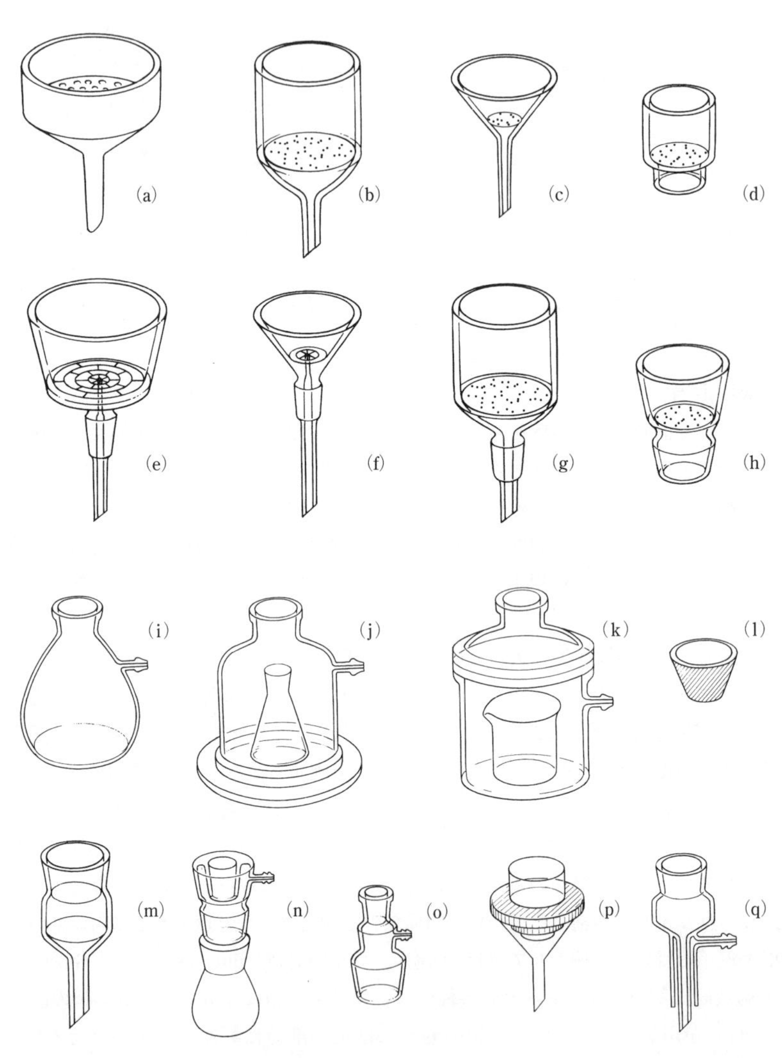

図 9.3　吸引沪過に用いられる器具

漏　斗：(a) ブフナー漏斗, (b) ガラスフィルター (ブフナー型), (c) ガラスフィルター (Hirsch 型), (d) ガラスフィルター (るつぼ形), (e, f) 桐山漏斗, (e)～(h) 共通すり付き沪過器.

受け器：(i) 沪過瓶, (j) 沪過鐘, (k) Witt 沪過装置.

アダプター：(l) ゴム製漏斗アダプター, (m)～(o) 共通すり付き吸引アダプター, (p),(q) るつぼ形漏斗用アダプター.

ガラスフィルターを備えた沪過器はフィルター部分の細孔径の異なるものが種々市販されている．ガラスフィルターは使用後すぐに洗浄する．目詰まりを起こした場合はクロム酸混液につけ込むか，超音波洗浄後，フィルターの裏側から水を通すとよい．強塩基性水溶液，フッ化水素酸および熱リン酸以外のほとんどの溶液に使用可能である．

ガラスフィルターを備えたもの以外は沪紙を用いる．セルロース沪紙の場合，吸引沪過には硬質沪紙（JIS 4 種に相当）が向いている．通常の沪紙は用いる漏斗の径に合わせて切る必要があり，ブフナー型（図 9.3(a) および (b)）には目のあいた部分を完全に覆い，かつ漏斗の底面より小さめに，Hirsch 型（図 9.3(c)）では底面よりわずかに大きめに切る．桐山漏斗（図 9.3(e, f)）の場合は桐山沪紙と称してサイズに合わせた沪紙が市販されている．桐山漏斗は底面の溝の切り方に工夫がしてあり，沪紙の密着性がよい．吸引沪過にはガラス繊維および PTFE 製の沪紙も使用可能であるが，漏斗に工夫が必要である．吸引によって沪紙を底面に密着させる方法以外に，底頭部分（ベース）とカップ部分を切り離し，間に沪紙をはさみ込む方式のものがある．すべての種類の沪紙の使用が可能で，フィルターホルダーおよびセパローと称して市販されている．

c.　加圧沪過

吸引沪過によると，外部から液面にかかる圧力は 1 atm（1.01×10^5 Pa）以下である．1 atm 以上の圧力で沪過したり，低沸点溶媒を使用しているため受け器を減圧にしたくない場合などは加圧沪過が必要となる．受け器を減圧にしたくない場合の加圧沪過にはさほどの圧力を必要としない場合が多く，少量の場合はガラス管の先を細くし，そこに脱脂綿やガラスウールまたは石綿を詰めたものに試料を入れ，セプタムなどで栓をしてシリンジで圧力をかける（図 9.4(a)）．綿は固く詰めないと綿の部分に液が残るので注意すること．シリンジは溶媒に触れない限り，プラスチック製のほうが気密性がよく使いやすい．ピストンを引くときは必ず系から外すこと．ある程度量が多くなったらクロマトグラフ用のガラスカラム（下方にガラスフィルターを備えたものがよい）を使用し，スプレー用二連球や観賞魚用のエアーポンプまたは加圧吸引両用のユニバーサルポンプを接続して圧力をかける（図 9.4(b)）．これらのポンプは到達圧力が低いので安全に操作が行えるが，ガラス器具に傷があったり，肉が薄い場合には破裂するので十分な注意を要する．高圧ボンベに入った気体で圧力をかける場合は必ず圧力ゲージのついたものを使用し，圧力のかけすぎにとくに注意する．かなりの圧力（3～10 kg cm^{-2}）をかけて沪過する必要がある場合は，中圧液体クロマトグラフ用のカラムで両端を絞っていないものが使える．図 9.4(c) の装置を用いれば通常の吸引沪過の漏斗を使用して加圧沪過が行える．Witt 沪過装置（図 9.3(k)）を上下逆さにし，蓋の内外で漏斗を固定するとともに，本体と蓋を固定し，吸引口から圧力をかける．これにより，簡単に低圧での加圧沪過を行うことが可能であり，とくに固体を得るときの加圧沪過に向いている．

遠心分離機を使用した沪過も加圧沪過であり，フィルターと受け器が同一部に懸垂できる

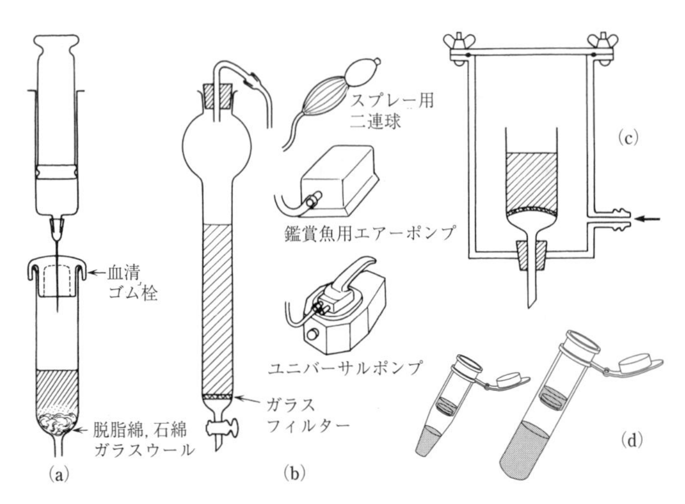

図 9.4　加圧沪過用器具（(a)～(d) は本文参照）
((d) メルク株式会社資料)

ようにした装置が考案されている．図 9.4(d) は，高速液体クロマトグラフの試料の前処理用に市販されているディスポーザブルフィルターの例である．また，大量の液を沪過するため，沪布を使用した遠心沪過機もある．

ディスポーザブルフィルターとシリンジの組合せ（図 9.5(a)）は，高速液体クロマトグラフなどに用いる少量試料の吸引・加圧沪過の両方に使用できる．ガラス管の先に綿を詰めたものに比較すると沪過面積が大きいので，目詰まりを起こしやすい試料の沪過に適している．注射針をつけ試料を吸い取れば吸引沪過が，シリンジ内部に入れた試料を押し出せば加圧沪過ができる．同様な器具で内部沪紙の交換が可能なものも市販されている．図 9.5(b)

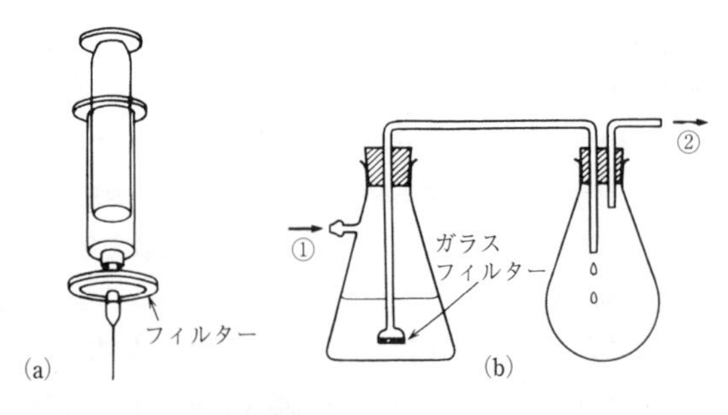

図 9.5　吸引および加圧両用装置
(a) ディスポーザブルフィルターとシリンジの組合せ
(b) フィルター付きガラス管（沪過管）を使った装置

のようなフィルター付きガラス管（沪過管）を使った装置を組めば，①からガスの圧をかければ加圧沪過，②から減圧にすれば吸引沪過ができる．

d.　沪過助剤の利用

ごく細かい浮遊性の不純物で溶液が濁っていて通常の沪過では除けない場合がある．このような試料でも遠心分離をしたり，高性能の沪紙を使うことによって沪過が可能になることが多いが，試料が多いと時間がかかりすぎ実用的でない．このような場合，ある種の吸着性物質を加えて微細な粒子をその面に吸着させ，通常の器具で沪過する方法が有効であり，反応混合物中の微粒子の除去などにもこの方法がよく使われる．この目的で用いる物質は沪過助剤（filter aid）と称され多種用いられているが，原理的には多孔質で透水性があり，また格子空間がきっちりと保たれているものであればよい．通常この目的で使用されるものとしてCelite503，Celite535，Celite545，Hyflo Super-Cell，Kieselgur（けいそう土），酸性白土(acid clay)，沪紙粉末などが活性炭と同様に市販されている．

実際に使用する場合は懸濁液に直接加え，かき混ぜて沪過すればよいが，反応液中の微粒子を除いたりする場合は，一度通常の沪紙で大きめの粒子を除いたのち，沪過助剤を加えて撹拌し，同種の沪過助剤を詰めたガラス管（クロマトグラフ用のものが使いよい）に注いで，カラムクロマトグラフィーの要領で通過させ，流出液を2枚重ねにしたひだ付き沪紙で沪過すると，ほぼ完全に粒子が除かれる．試料が粘着性の不溶物を含んでいる場合，粘着性物質が沪過面に付着して，沪過が著しく遅くなる場合がある．このようなときにも沪過助剤で処理して，不溶物をその面に集めると，沪過が促進されることが多い．

9.1.4　結晶析出

溶解，脱色，沪過の手順を経て得られた溶液は，結晶を析出させる準備ができた溶液といえる．結晶は使用する目的によって望ましい大きさがあり，それに従って結晶の析出のさせ方も異なる．元素分析用にはなるべく小さな結晶のほうが好ましい．一般的にはゆっくり析出させれば大きめの結晶が得られる．同じ物質でも，用いる溶媒によって析出する結晶の形，大きさとも異なる．結晶にはそれぞれ固有の結晶形があり，再結晶に用いた溶媒の種類と結晶形を記録しておくことは物質の同定にも役立つ．通常は板状（plate），プリズム状(prism)，針状（needle）の3種程度に大別する．

a.　放冷析出

もっとも一般的な再結晶手順での結晶析出の方法は，飽和に近い熱溶液をただ放置し，室温付近で結晶を得る方法である．一度析出させた結晶を用い，その結晶を析出させるときに用いたのと同じ種類の溶媒を使用すると，ほとんどの場合，上記の方法で結晶が得られる．液が十分冷えたのに結晶が析出してこないことがあるが，これは過飽和になっているための場合が多い．このような溶液に外部からの刺激を与える，たとえばピペットを入れたり，フラスコを動かしたりすると，急激に結晶が析出してくる．結晶の成長があまりに速すぎると，その周囲の不純物の拡散速度が追いつかなくなって不純物の濃度が相対的に高まり，結晶に取り込まれて不純になりやすい．したがって，結晶が析出しやすい場合はゆっくりと冷却していくことが必要である．過飽和になりやすい場合は，冷却の途中で振り混ぜたり，かき混ぜたりすると純度の高い結晶を得ることが可能である．冷却して過飽和状態になってしまった溶液は，通常は刺激を与えないように静置しておけば，徐々に純粋な結晶を生じるので，結晶が析出しないからといってあせっていじらず，一晩ぐらいじっくり待つことも必要である．純度の高い結晶が必要な場合，収率は落ちるが，希薄な溶液を静置してゆっくり冷却させればよい．多くの化合物で結晶の核ができる最適温度は，その物質の融点より 90 ℃ぐらい下であるといわれているので，目的物の融点がわかっている場合には，その温度に保って結晶を析出させるのも一法である．

一度結晶化させて性質のわかったものを再結晶する場合は，上記の点を注意すれば容易に純粋な結晶が得られるが，反応生成物を初めて結晶化させる場合など，なかなか結晶が析出せず苦労することが多い．溶解度が不明な場合，どうしても溶媒を多く使ってしまいがちであり，濃縮の必要が生じる．溶液を蒸発濃縮して結晶を析出させることは，飽和溶液を冷却して結晶させる方法より好ましくはないが，溶媒を多量に用いたとき，その物質が加熱によって分解しにくいとき，あるいは加熱による溶解度差が小さい場合などには，溶液を適当に蒸発濃縮して結晶を析出させる方法がとられる．長時間の加熱が望ましくない場合は，ロータリーエバポレーターなどを使用して濁りが出るまで減圧濃縮し，濃縮液を短時間加熱して透明にしたのち放置する．減圧濃縮は加熱時の飽和状態がわかりにくいので，時間はかかるが可能なかぎり常圧濃縮のほうが好ましい．

過飽和溶液になっていると考えられるにもかかわらず，結晶が析出してこない場合がある．このような場合，まず結晶核となる微片を加えてみる．核は結晶化させようとしている化合物と同じものが望ましいが，ときには構造や結晶形の似ているもので代用することがある．多量の試料を再結晶する場合は，一部を少量とって少々不純でよいのでとにかく結晶化させ，それを結晶核とする．それでも結晶が析出しない場合は，ガラス棒やスパチュラで器壁をこすってみる．溶媒の沸点が目的物の融点より高い場合は，熱溶液を放冷すると油状物が析出することがしばしばある．そのまま放置して油滴から結晶が一部でも出れば，その結晶をとっておき，もとの懸濁液を再度加熱して放冷し，油滴が生ずる直前にさきほどの結晶を入れるとうまく結晶が析出することがある．油滴が固化しない場合は，より沸点の低い溶媒に変えるか，9.1.4 c. 項の操作をしてみる．

もとの試料が固形物であれば，ほとんどの場合結晶化が可能であるが，溶解度が小さい物質であるにもかかわらず，結晶が析出しにくい場合がある．このような場合について考えられるいくつかの原因をあげる．(1) 2 種類あるいはそれ以上の混合溶媒を用いていて，沸点が低く溶解能力が小さいほうの溶媒が先に蒸散している．(2) 精製しようとしている物質に溶媒が付加して抱水化合物や結晶アルコール化合物を形成したり，その他溶媒に可溶なかたちに変化している．(3) 溶質と溶媒が反応している．(4) 溶質の溶解あるいは溶媒の濃縮の目的で加熱したさい，溶質が熱によって分解され，その分解生成物がより可溶性となっている．

b. 深冷析出

融点が 70 ℃ 以下の物質は放置冷却しても結晶が析出してこない場合が多い．このようなときには通常の処理をした溶液を冷蔵庫（融点の低いものは製氷室）に放置し，放冷析出の例にならって結晶を析出させる．ただし，冷蔵庫の温度で固化する溶媒は使用できない．試料をアセトン，メタノール，ペンタン，エチルエーテルまたはクロロホルム-四塩化炭素の希薄溶液とし，容器をジュワー（Deuwar）瓶に入れ，ジュワー瓶と容器の間にドライアイスを少しずつ加え，−78 ℃ まで冷却してスラリーをつくり，あらかじめ冷却しておいた漏斗で沪過し，得られた結晶を−78 ℃ に冷却した溶媒で洗う方法がある．室温で液体の物質を，この方法で再結晶によって精製した例もある．あらかじめ寒剤を入れたジュワー瓶などで溶液を冷却して結晶を析出させる場合には，急激な冷却を避けるため，溶液の入った容器を別の容器に入れ，口にひっかけるとか，底に綿などを入れて内側の容器を浮かせ，寒剤と溶液の間に空気の層をおくとよい．

c. 結晶性が低い試料の取扱い

反応生成物で後処理後，TLC では単一と思われるものや，カラムクロマトグラフィーでほぼ単一にしたと思われるものでも，シロップ状，油状あるいはガム状になるものがある．このような試料に前記の種々の手段を試みてもうまく結晶が得られないときには，以下の方法を試みると効果的である．通常は混合物に少量の溶媒を加えて室温に放置し，ときどきガラス棒などでよくこね混ぜる．タール状に得られた反応物からも，この方法によって結晶が得られることがある．これは目的物よりも夾雑物，不純物を溶解し除去することを目的としている．糖をアセチル化した場合，水中におくと水により酢酸やその他の不純物が溶けさり結晶が得られることがあるが，これも一例である．あまり粘性が高いと結晶化が妨げられるが，溶媒の存在で粘性が低くなれば結晶化しやすくなる．

9.1.5 沪取，乾燥

析出した結晶を沪取する場合，原則的には 9.1.3 項で述べた沪過方法を使用する．沪過では沪液を必要とするのに対し，沪取は結晶の採取を目的とするので，多少異なった注意が必要になる．ごく微量の結晶の扱いは 9.2.1 項で述べるので，本項ではある程度の量（100 mg）以上の結晶の扱いについて述べる．

結晶の沪取は吸引沪過によるのが通常で，漏斗は結晶の量に合わせた沪過面の大きさのものを使用しないと損失が多くなる．ガラスフィルターは，目が細かく沪過面の小さいものを選び，セルロース沪紙の場合は繊維が結晶に混ざらないよう硬質沪紙（JIS 4 種）を使用する．適当な大きさの漏斗を選んだら，沪紙を再結晶溶媒と同じ溶媒で湿らせながら吸引して，スパチュラなどを使って隙間なく密着させる．弱く吸引しながら結晶を含む液を注ぎ込む．容器の壁についた結晶は母液で漏斗に流し込む．結晶の層にひび割れができないよう，先を平らにしたガラス俸やスパチュラなどで結晶を平均して押しつける．

吸引を強くしても液が落ちなくなったら減圧を切り，少量の洗浄液でもとのフラスコを洗いながら漏斗に落とし，結晶層全体にしみわたらせ，ついで吸引する．結晶の洗浄はこのようにして少量ずつ 2，3 回行うと効果的である．洗浄に使用する溶媒は，再結晶に使用したのと同じ溶媒か，少し難溶の溶媒を加えた同じ溶媒，または高沸点の再結晶溶媒を用いたときは結晶の乾燥を早めるために低沸点の難溶性溶媒がよい．洗浄した結晶は先を平らにしたガラス棒や，結晶の量が多いときには三角フラスコの底などを使って液をしぼり出すようにする．沪液（母液）を濃縮し，先に沪取した結晶の数片を核として植えて放置するとさらに目的の結晶が得られる．この操作を 2，3 回繰り返せば，目的物を効率よく回収できる．しかし母液からの結晶は最初の結晶より多くの不純物を含むことが通常で，元素分析などには適さない．10 mg くらいの結晶は 8 mm 径の沪紙を使用した桐山漏斗（図 9.3(f)）で沪取が可能だが，それ以下の結晶に関しては 9.2.1 項の方法に従う．

低温で結晶を析出させた場合，結晶を低温で沪取することが必要になる場合が多い．手軽な方法としては，冷却し結晶が析出した状態のままフィルター付きガラス管（沪過管）（図 9.5(b)）で母液を除き，あらかじめ冷却した洗浄溶媒をそのままの容器に入れて結晶を洗い，同様にフィルター付きガラス管で洗液を除いたのち，減圧または乾燥空気や窒素を軽く吹きつけて乾燥する．図 9.6(a) のようにプラスチック製の試薬瓶の底を切り取ってブフナー漏斗に取りつけ，寒剤で冷やしながら沪過する方法もある．低温沪過を行う場合は空気中の湿気が水滴となって器壁にたまり試料を濡らすので，空気の吸入口には塩化カルシウム管をつけたり，図 9.6(b) のように薄いゴムシートで漏斗の上部を密閉して吸引したりすることが

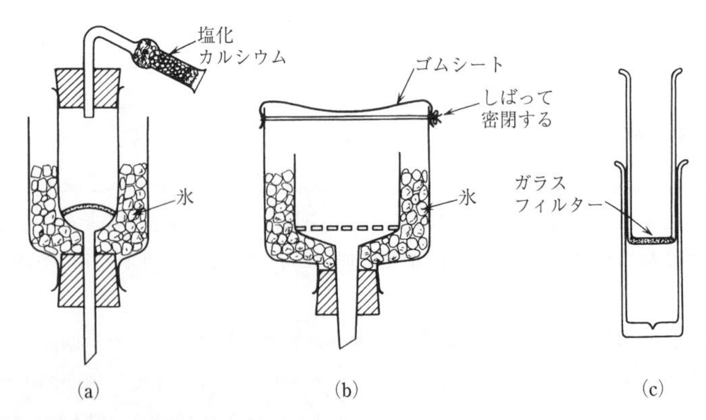

図 9.6　低温沪過の例（(a)～(c) は本文参照）
（末廣唯史，徳丸克己，吉田政幸 編，"現代の有機化学実験"，p.36，技報堂出版（1971））

行われている．図 9.6(c) に示すように，低温で再結晶と沪取を行う器具として，シリンジのように外筒と内筒がすり合せでできていて，内筒の底にガラスフィルターがついたものが考案されている．内筒を除き，外筒に溶液を入れ，蓋をして深冷析出の要領（9.1.4 b. 項）で結晶を出し，外筒の蓋をとって内筒を押し込む．内筒に分離してきた沪液をデカンテーションで分ける．融点が室温付近以下の結晶を取り出すときは，手から体温が伝わらないようにスパチュラに断熱材を巻いたり，特殊な場合には常時ごく低温に保持できる仕組みになったスパチュラを使用する注意が必要である．

通常の操作で得られた結晶は，表面，とくに結晶と結晶の間に溶媒や水分が残っている場合が多い．このように溶媒を取り除くもっとも簡単な方法は，結晶を沪紙にはさんでよく押しつけたのち，風通しのよい場所に広げて放置し，自然に乾燥するのを待つこと（風乾）である．揮発性の溶媒を除いたり，多量の試料をおおざっぱに乾燥させるにはこれでよいが，沪取にさいして表面についた水分は取り除くのが困難である．そのようなときには適当な乾燥剤を入れたデシケーターの中のシャーレまたは沪紙で折った箱に，細かく砕いた結晶を広げて放置する．

真空デシケーターを用いて減圧下放置すると，より効率よく乾燥できる．乾燥剤としては濃硫酸，五酸化リン，塩化カルシウム，シリカゲルなどがある．元素分析用の試料のように完全に乾燥する必要がある場合は，アブデルハルデン（Abderhalden）真空乾燥器（図 9.7）を用いて減圧下加熱乾燥する．結晶は小型の試料管に入れ，軽く蓋をして内側の管の加熱される部分にねかせる．多量の結晶を減圧下加熱乾燥する必要がある場合は電気炉に真空デシケーターを組み込んだ装置が市販されているので，それを使用するとよい．通常の電気乾燥器中で加熱乾燥するのは，熱が局所的にかかりすぎたり，蒸発した溶媒に引火したりするので避けたほうがよい．結晶の入った小型試料管をナス形フラスコに入れ，真空ポンプで引きながら，結晶の融点以下に加熱した油浴（または湯浴）中で加熱するのも簡便な方法である．

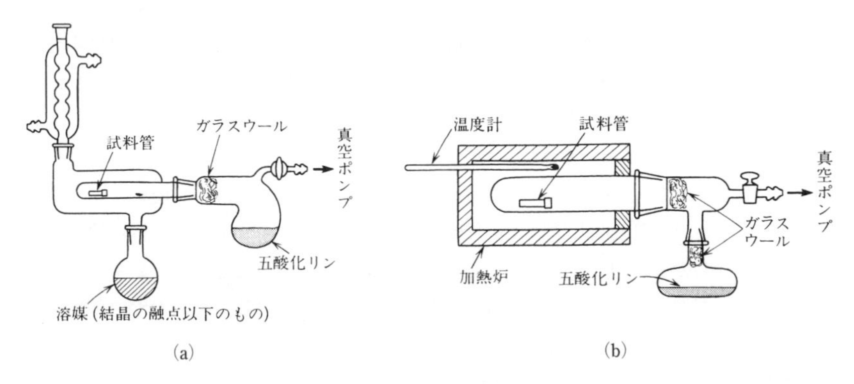

図 9.7　アブデルハルデン真空乾燥器
(a) 溶媒加熱型　(b) 電気炉加熱型

真空加熱乾燥をする場合は，結晶の融点のほかに昇華性にも注意をする必要がある．真空度の急激な変化は結晶を飛散させる原因になるので，注意深くコックを操作する．

結晶溶媒として結晶格子に取り込まれた溶媒は，上記の方法でも完全には除けないことがあり，元素分析の結果が一定とならなかったり，中途半端な値が出ることがある．このようなときには再結晶をやり直して，なるべく細かい結晶を出すか，溶媒を変える．

9.2　特殊な試料の再結晶

9.2.1　少量試料の再結晶

少量試料の再結晶も本質的には普通の再結晶と変わらないが，微量であるため，いかに試料の損失を少なくするかという点に特別な注意と工夫が必要とされる．少量試料の再結晶における一般的な注意としては，(1) 器壁につく物質の量が無視できないので，できるだけ容器を移し替えないで結晶あるいは溶液を操作する．(2) 再結晶後の処理を考えて無駄な操作がないようにする．(3) 再結晶の母液は全操作が済むまで保存しておく．(4) 少量の場合は，ときには 80～90% もの物質が沪液に残ることがあるので注意する．(5) 溶媒は十分に精製したものを用い，溶解度試験をした試料も溶媒を留去して回収し，元のものと合わせて再結晶を行う．ただし試験試料が加熱あるいは溶媒との反応で変化した形跡のあるときには元のものと混ぜないようにする．

溶解度試験では，0.1～0.5 mg の試料を図 9.8(a) に示すように一端を封じた毛管に融点測定を行うときの要領で詰める．溶媒は径の細い毛管を用いて開口部に触れないようにして試料の上約 10 mm のところまで入れる．これを細いガラス棒かステンレス線などでかき混ぜてから上端を閉じる．ルーペで観察しながら溶媒の沸点近くまで加熱し，溶解の状態をみたら，冷却して結晶の析出状態をみる．加熱は数秒間加熱浴に浸すだけで十分である．

数十 mg 程度の物質を再結晶するには，ガラスの取手のついた容量 5 mL くらいのミクロビーカー（図 9.8(b)）が便利である．溶媒は 2～3 mL しか用いないので冷却器は不要である．溶媒の蒸発を防ぐにはビーカーの取手の付近を湿した沪紙または布で巻けばよい．加熱溶解した試料の溶液は必要に応じて沪過をする．この程度の量の溶液の沪過には直径 1～2 cm の漏斗に，漏斗の脚より長い釘状のガラス棒（細いガラス捧の先をバーナーで焼いてすばやく素焼板の上に押しつけてつくったもの）を入れたもの（図(c)）が使いよい．頭部の径は 5 mm くらいで目皿と同じように沪紙を用いて沪過を行うが，大きめの固形物を除くときなどは沪紙なしでも使用できる．受け器は小型の沪過鐘を用いてもよく，吸引には水流ポンプなどよりピペッターを使用するほうが調節しやすい．沪液は軽く温めながら乾燥空気や窒素を弱く吹きつけて，適度に濃縮したのち冷却して結晶を析出させる．

結晶析出後，フィルター付きガラス管（沪過管）で母液を吸い上げ，少量の溶媒で洗い，再び沪過管を用いて十分に溶媒を除いて乾燥する．結晶の量に応じて漏斗を用いて沪過して

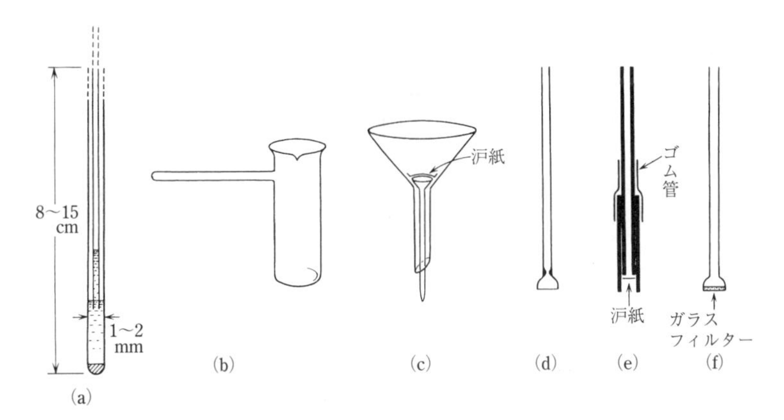

図 9.8　少量試料の再結晶に用いる器具
(a) 溶解度試験　(b) ミクロビーカー　(c) 沪過装置
(d)～(f) フィルター付きガラス管（沪過管）

もよい．図 9.8(d)～(f) にフィルター付きガラス管の例を示した．(d) は石綿を詰め，(e) は小さなコルクボーラー（ゴム栓などに孔を開ける道具）で打ち抜いた沪紙円板をつけて使用する．(f) はガラスフィルターである．先端をキャピラリー状に伸ばしたパスツール (Pasteur) ピペットで，結晶を吸わないように注意して母液を除くのも簡便な方法である．

図 9.9(a), (b) に示すような尖形試験管を用い遠心分離を行いながら再結晶を行うと，数～100 mg の試料を損失も少なく扱うことができる．試料を試験管に入れ，溶媒を少しずつ加えながら加熱する．完全に溶解したときはそのまま冷却する．不溶物があるか活性炭を加えたときには，熱いうちに手早く遠心分離するか，過剰の溶媒を加えて遠心分離する．固体が完全に沈着したのち，上澄み液をフィルター付きガラス管で吸い上げて，同じ大きさの試験管に移す．図(c)～(f) に示すような遠心沪過用の器具も考案されており，(c)～(e) は小孔を沪紙で覆って使用する．沈殿物を少量の溶媒で洗い，もう一度遠心分離して上澄み液をとり，沪液と合わせて適度に濃縮後冷却して結晶を析出させる．結晶は遠心分離して器底に沈着させ，上澄みをピペットかフィルター付きガラス管で除き，結晶を少量の冷溶媒で洗って同様の処理をする．溶媒をかなり含んだ結晶の乾燥には，細長い硬質の沪紙片を押しつけて吸いとる．ある程度乾燥した結晶は，そのままの容器でアブデルハルデン乾燥器などに入れて乾燥する．以上の操作を径 1～3 mm 長さ 9 cm 内外の毛管の一端を閉じたもので，加熱時だけ上端を封じて行うと，1～5 mg の試料の再結晶も可能である．毛管を使った再結晶において途中で沪過が必要な場合，毛管に試料と溶媒を入れ，第 1 の狭部をつくって石綿を詰めたのち，第 2 の狭部をつくる．上部を封じて加熱し，熱いうちに上下を逆さにし手早く遠心分離して不溶物を沪過する（図(g)）．冷却して結晶を析出させてから再度倒立して遠心分離し，結晶を分ける（図(h)），矢印のところで切断し，結晶を乾燥後取り出す．毛管の

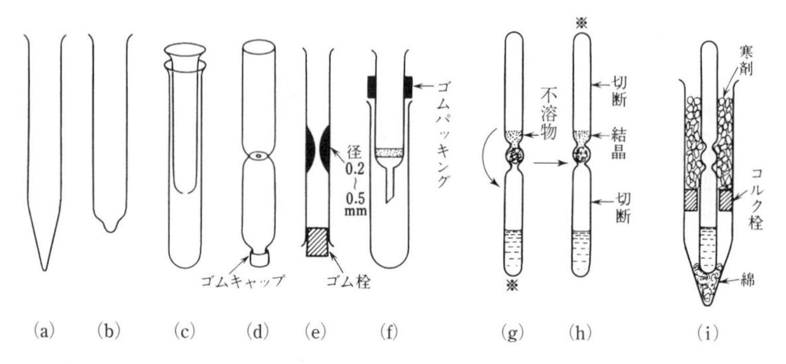

図 9.9　遠心分離による微量試料の処理器具
(a)～(i) は本文参照．※は (g) から (h) へ操作したとき，上下逆さになることを示す．

遠心分離を行うときは，尖形試験管の底に綿を詰め，小孔を開けたコルク栓を入れて毛管を垂直に立てる．必要なら上部に寒剤を入れる（図 9.9(i)）．

9.2.2　吸湿性や不安定試料の再結晶

吸湿性や不安定な試料を再結晶する場合，溶媒はなるべく直前に乾燥蒸留したものを用い，器具も乾燥器で乾燥した直後か，五酸化リンのデシケーター中に保存しておいたものを使用する．原理的には通常の再結晶と同じ操作をするが，試料や溶媒を空気に触れさせないための工夫がなされている．

手軽に行える方法として，図 9.6(a) の装置を使用した図 9.10(a) のような装置がある．下方より窒素ガスを少量流し，溶液内を窒素置換する．このさい，溶液はガス圧でガラスフィルター上に保たれる．外側をゆっくりと冷却して結晶を析出させる．塩化カルシウム管を下方に付け替え，窒素ガスを上方より流し結晶を沪別する．寒剤を除き，乾燥窒素を流し続けて結晶を乾燥する．

加熱溶解も窒素下で行う装置として図 9.10(b) に示したものがある．装置内を窒素置換したのち，B に試料と溶媒を入れ温めて溶解し，180° 回転して窒素圧で溶液を A に移し，不溶物を沪過する．冷却して結晶が析出したら再び 180° 回転して窒素圧で母液を B に移し，結晶を集める．側管から溶媒を入れて結晶を洗い，A の口から窒素を流して結晶を乾燥させる．

通常の有機合成に用いる器具を組み合わせて少量の試料から多量の試料まで扱える装置を図 9.10(c) に示す．G の還流冷却器は，試料の加熱溶解にさいして溶媒を沸点まで加熱する必要がなければ不要である．H, I は片端にガラスフィルターをつけたテフロンチューブ（内径 4 mm×外径 5 mm くらい）である．テフロンチューブとガラスフィルターは図(d) に示すようにガラスフィルターの先端をテフロンチューブの内径よりやや細めに伸ばし，コブを

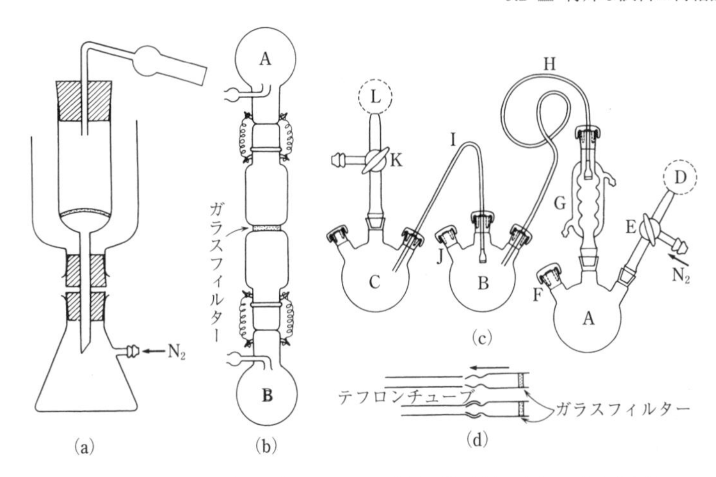

図 9.10　不安定物質の再結晶に用いる装置の例（(a)～(d) は本文参照）

つけ，バーナーで加熱して冷めないうちにテフロンチューブに押し込むことによって接続する．セプタムにテフロンチューブを通すときには，チューブの外径より細めの孔をゴムボーラーで開け，チューブの先を斜めに切って押し込めば，密閉性よく，自由に動かすことができる．図 9.10(c) の D と L にはゴムやビニールの風船をつけ，急激な圧力の変化を吸収する．試料を A に入れ，コック E を閉じ，コック K より吸引し，系全体を真空としたのち K を閉じ，E より乾燥窒素を導入する．この操作を数度繰り返して系全体を窒素置換する．E は閉じ，K は窒素で弱く加圧になる程度にふくらませた風船 L にのみ通じておく．F のセプタムよりシリンジを使って乾燥溶媒を入れ，加熱溶解する（A 内の H の先端は G の上部に引き上げておく）．試料が溶解したら，溶液の温度が下がらない程度に A の加熱を続け，H の先端を A の底部までおろす．E と K を開け，E より窒素圧をかけ，すばやく溶液を B に送る（B 内の I の先端は上部に引き上げておく）．送液が終了したら E を閉じ K を風船とのみつないで放置し，B 内に結晶を析出させる．結晶が析出し終わったら I の先端を B の底部までおろし，E と K を開け，E からの窒素圧で B 内の母液を C に送る．E を閉じ，K を風船に通じて，J よりシリンジで洗浄液を B 内に入れ，結晶を洗ったのち，さきほどと同様に洗液を C に送り，窒素を流し続けることによって結晶を乾燥する．窒素を流しながら，I, H の順に他の器具に付け替えれば，結晶を空気にさらすことなく秤量し，そのまま B を容器として反応が行える．また，低温での再結晶も同装置で行える．

9.2.3　X 線結晶構造解析用試料の晶出法

X 線結晶構造解析には特別整った外部結晶面をもつ必要はないが，どの部分からみても，0.1～0.3 mm の大きさをもつ単結晶である必要がある．通常の結晶化でこの条件を満たすも

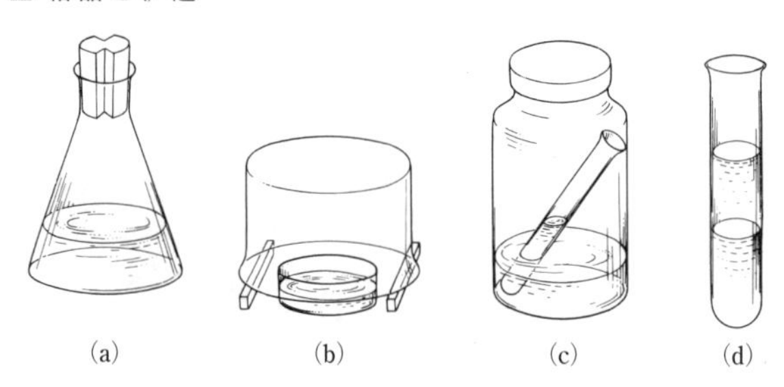

図 9.11　X 線結晶構造解析用試料の晶出例（(a)～(d) は本文参照）

のが得られない場合は以下に示す晶出法を試みる．(1) 室温で飽和または飽和に近い溶液を，溶媒の揮発性に応じて適度に通気性のある蓋をした容器に入れ，機械的振動のない状態に静置し，溶媒を徐々に蒸発させる（図 9.11(a)，(b)）．著しく過飽和になりやすい溶液は結晶片を種として加える．(2) 熱溶液を徐々に冷やす．徐冷には，温湯を入れた大きな容器に入れたり，加熱溶媒の入ったジュワー瓶の中に入れたり，十分な断熱材で包んだりする．(3) 溶液を入れた容器の一部を冷却板や冷水を通したパイプに触れさせて，わずかに温度勾配をつける．

上記の方法で満足すべき結果が得られないときには混合溶媒による方法を用いる．試料がより揮発性の大きな溶媒に易溶で，他の溶媒に難溶な場合は放置濃縮によってもよい結果が得られるが，数 mg の試料から簡単によい結晶を得る方法として，図 9.11(c) に示したものがある．目的物の溶液を入れた小試験管を難溶性の溶媒を入れた大きめの容器（広口の試薬瓶が便利）に入れて密閉しておく．双方の溶媒が拡散してゆっくりと混合され，順調にいけば比較的大きめの単結晶を得る．両方の溶媒の密度が近いか，外側の溶媒の密度が高いほうが有効である．易溶性の溶媒と難溶性の溶媒の組合せで，試験管中に密度の高い溶媒をまず入れ，その上に密度の低い溶媒を静かに入れて 2 層に分かれた状態をつくり，溶質が拡散して境界面に晶出するのを利用する方法もある（図 9.11(d)）．試料は易溶性の溶媒にあらかじめ溶解しておく．

X 線結晶構造解析用の結晶は元素分析や反応に用いる結晶と異なり，表面の溶媒や結晶水，結晶溶媒の存在は問題にならないので，とくに乾燥する必要はない．強く乾燥すると，せっかく得た単結晶中に気泡ができたり，ひび割れたりするので逆効果になる．不安定物質の X 線結晶構造解析用の結晶をつくる場合，図 9.11(c) で用いた器具の内部をアルゴン置換（吹きつけでもかなり効果がある）してから密封するとよい．

参考文献

[1]　滝山博志，"晶析の強化書：有機合成者でもわかる晶析操作と結晶品質の最適化"，S&T 出版 (2013)．
[2]　平山令明 編著，"有機化合物結晶作製ハンドブック―原理とノウハウ―"，丸善出版 (2008)．

Chapter 10

蒸留と昇華

10.1 常圧蒸留

10.1.1 単蒸留と精製

単蒸留は，有機溶媒の精製，反応混合物からの溶媒の留去と回収，反応生成物の精製などに頻繁に用いられる蒸留である．図 10.1 に代表的な単蒸留の装置を示す．両装置の使用方法や性能に差はない．縦型に組まれた図(b) は横型の (a) よりもコンパクトで実験台の節約になる．頻繁に用いる溶媒の精製などには (b) のようなしっかりしたものをセットしておくと便利である．

加熱は油浴またはマントルヒーターによるのが普通である．油浴に用いる油は，やや高価であるが，シリコーン油が耐久性，使いやすさの点で優れている．油浴の加熱には投込み式の市販のパイプヒーターが便利である．500 mL 程度の蒸留であれば，ホットプレート付きのマグネチックスターラーも利用できる．スターラーによる撹拌を行えば沸騰石は不要である．水浴や油浴をガスバーナーで加熱することは，引火の危険性があるので避けるべきである．油浴や水浴の温度は，目的物の沸点より 20～40 ℃ 程度高くする．マントルヒーターでの蒸留ではフラスコとの接触面が局所的な過熱をうける．エーテル系の溶媒のように過酸化物を生成しやすい化合物の蒸留や，無水溶媒を得るために水素化アルミニウムリチウムのような金属水素化物を加えての蒸留では，乾固させることのないよう十分気をつける．また，マントルヒーターは二硫化炭素のような引火性の強い溶媒の蒸留にも向かない．

常圧蒸留が行えるのは沸点がせいぜい 200 ℃ 以下の化合物である．加熱が困難となるし，有機化合物は多かれ少なかれ熱により分解する．沸点が 150 ℃ を超えるような化合物の蒸留は減圧下に行うほうが望ましい．

蒸留にはナス形または丸底フラスコを用いる．有機溶媒は熱すると膨張するので，フラスコに入れられる液体の量はフラスコの容量の 3 分の 1 くらいが限界である．入れすぎたために，沸騰させることができなくなったり，あふれ出させてしまうことがよくある．蒸留に沸騰石が必要なことはいうまでもない．陶土板を砕いたもの，粒状のカーボンランダム，竹

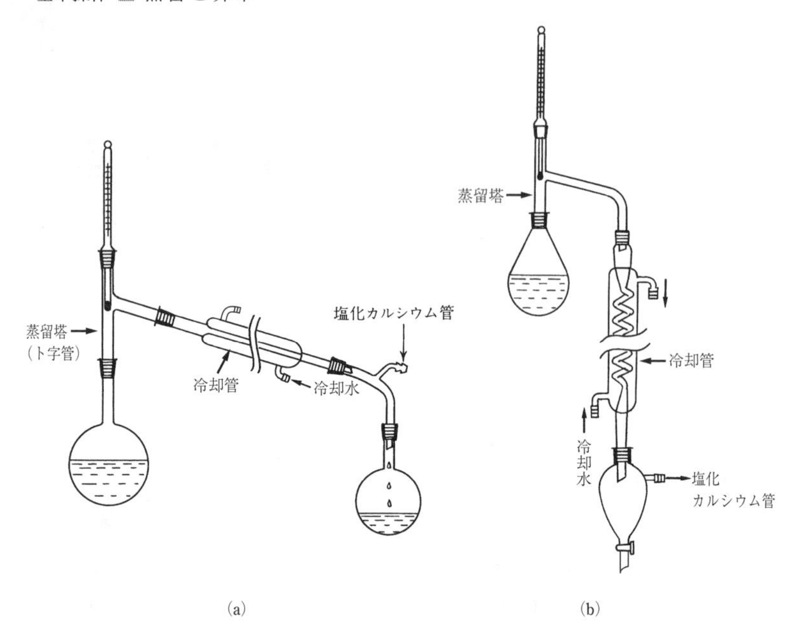

図 10.1　典型的な常圧単蒸留装置 横型 (a) と縦型 (b)

ひごの類い，ガラス管やガラス棒をバーナーで溶融させて練りあげ，ガラス繊維を束ねたようにしたものなどが沸騰石として常用されている．乾燥剤としてのゼオライトもよい沸騰石の役目をする．

単蒸留で冷却管 (condenser) に導く蒸留ヘッド (distilling head) は図 10.2(a)，(b) に示したト字管や K 字管で十分である．低沸点化合物や飛まつの飛びやすい化合物の蒸留には (c) のようなトラップのついたものを用いるとよい．

冷却管として図 10.3 に示した各種のものが市販されている．(a) はリービッヒ (Liebig) 冷却器，(b) は玉入り冷却管 (アリン (Allihn) 冷却器)，(c) はじゃ (蛇) 管 (グラハム (Graham) 冷却器)，(d) はジムロート (Dimroth) 冷却器，(e) は Valley Tail 冷却器とよばれる．(a) と (c) は主として蒸留に，(b)，(d)，(e) は反応用還流冷却器として使用される．(a) は横にして，(c) は立てて使用する．また，最近では蒸留塔と冷却管が連結されたものも市販されており，頻繁に使う場合には組立ての手間が省けて重宝である．高沸点の化合物では冷却水を必要としない場合もある．また，冷却により留出物が固化する場合もある．そのような場合には単なるガラス管である空気冷却管を用いる．あるいは図 10.20 のような Anschütz 型フラスコを用いる．沸点が室温に近いような低沸点化合物の蒸留には，循環ポンプを用いて冷却管に氷水を流すようにする．

単蒸留に用いられるアダプターを図 10.4 に示す．(d) は冷却管を立てて使用する場合の

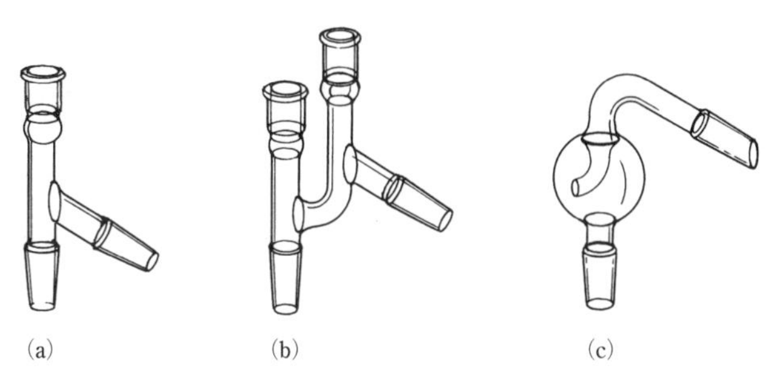

図 10.2　単蒸留の蒸留ヘッド
(a) ト字管　(b) K 字管　(c) トラップ付き蒸留ヘッド

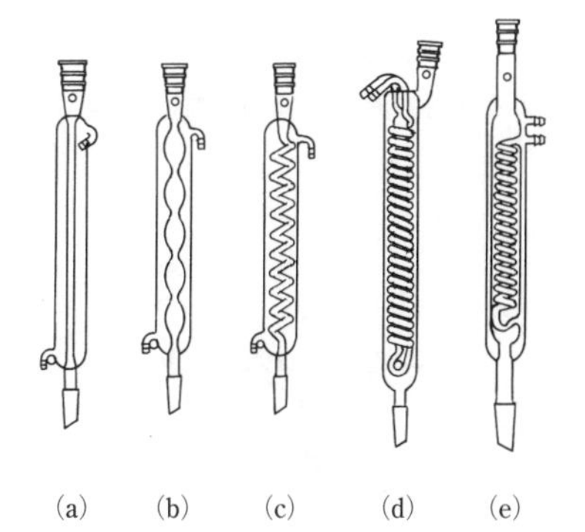

図 10.3　冷却管
(a) リービッヒ冷却器
(b) 玉入り冷却管（アリン冷却器）
(c) じゃ管（グラハム冷却器）
(d) ジムロート冷却器
(e) Valley Tail 冷却器

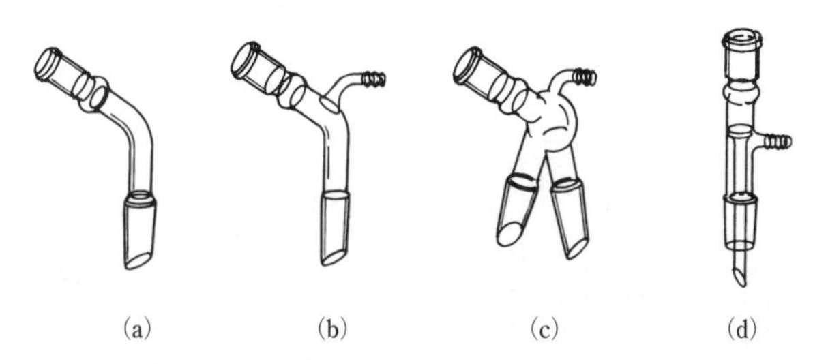

図 10.4　単蒸留のアダプター
(a) アダプター（曲）　(b) アダプター吸引付き　(c) 二又アダプター吸引付き
(d) 連結管（減圧用）

アダプターである．(c) では受け器の交換なしに初留をとることができる．無水溶媒の調製，吸湿性物質の蒸留にあたっては，(b)，(c)，(d) のゴム留の部分に塩化カルシウム管を取りつける．これらのアダプターは減圧蒸留にも兼用できる．

図 10.5 に，溶存酸素を含まない溶媒を得るためや，酸素に対して不安定な物質を精製するために行う，不活性ガス雰囲気下での蒸留装置を示す．まず，フラスコ内の試料をマグネチックスターラーで攪拌しながら，不活性ガス（窒素やアルゴン）は流さず，三方コックを開いて，アスピレーターにより系全体を減圧にし，試料および系内に含まれる酸素を追い出す．次に三方コックを閉じてアスピレーターから遮断したのち，ボンベより不活性ガスを系内に流す．余分の不活性ガスはパラフィントラップ（バブラー）を通って系外に流出する．再びコックを閉じ，減圧にする．これらの操作を必要に応じて，数回繰り返したのち，ごくわずかの不活性ガスを流しつつ蒸留を行う．また，ガスを流さずに不活性ガスの入った風船をボンベの代わりにつけて密閉系で蒸留してもよい．

低沸点物質の単蒸留には図 10.6 のような装置が便利である．C 部分を接合し，A と B 部分にそれぞれ蒸留フラスコと受け器を取りつける．D 部分に氷，ドライアイス-アセトンなどを入れて冷却する．A に取りつけられたフラスコ内の揮発性物質は加温により沸騰し，D

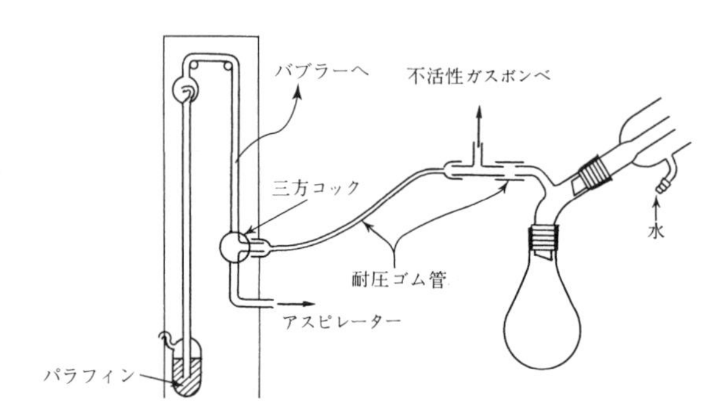

図 10.5　不活性ガス雰囲気下における蒸留
（末廣唯史，徳丸克己，吉田政幸 編，“現代の有機化学実験”，p. 6，技報堂出版（1971）をもとに作成）

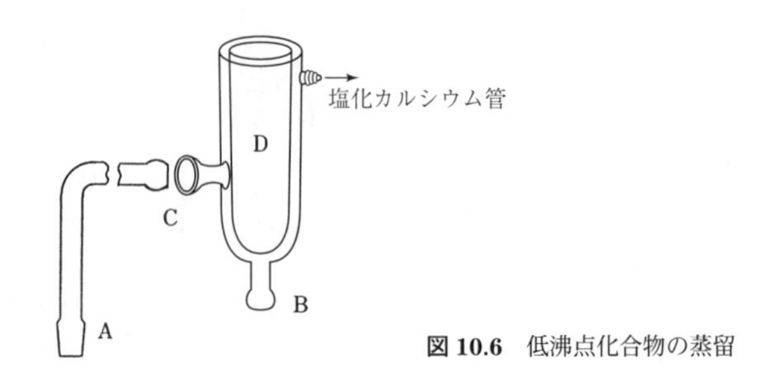

図 10.6　低沸点化合物の蒸留

部分で冷却されて，B の受け器に集められる．

10.1.2　分別蒸留（分留，精留）

分別蒸留（分留）の装置は，(1) 蒸留フラスコの加熱装置，(2) 分留管（塔）とその断熱ないし保温装置，(3) 還流冷却器，(4) アダプターと受け器の四つからなっている．

加熱装置は単蒸留に準ずる．分留管と還流冷却器が分留装置の心臓部である．加熱により気化した蒸気は分留管を上昇する間に液化と気化を繰り返し，塔頂に達する．さらに上昇して，還流冷却器に達した蒸気は，ここで冷却され，一部はアダプターを通して受け器に流れ，残りは再び分留管に戻される．分留管に戻る液量と受け器に留出する液量の比を還流比(reflux ratio) という．

よい分留管の条件は，(1) 理論段数（3.2.2 項参照）が大きく，したがって理論段相当高さ（height equivalent to a theoretical plate：HETP）*1 の小さいこと，(2) 蒸気上昇速度(throughput) が大きいこと，(3) 停滞液量（hold-up）の小さいことである．この目的を達するために種々の分留管が考案されている．分留管は分離の過程からフィルム型とプレート型に大別される．前者が実験台で広く利用されている分留管である．フィルム型は還流液による薄膜を広範囲に展開させて，蒸気との接触面積を大きくし，相間での熱と物質の交換を効率よく行わせるよう工夫されたものである．

図 10.7 に種々のフィルム型の分留管を示す．図 10.7(a) の Jantzen スパイラル分留管は空管の長さを長くして，薄膜と蒸気との接触面積を大きくしたものである．ビグロー（Vig-

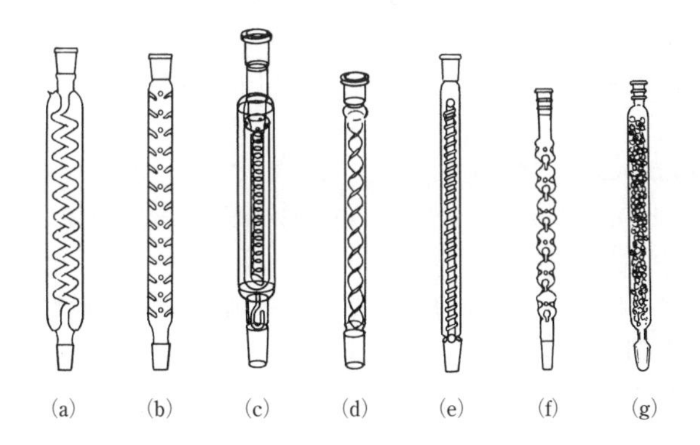

図 10.7　種々のフィルム型分留管と充塡塔
(a) Jantzen スパイラル分留管，(b) ビグロー（Vigreux）分留管，(c) ウィドマー（Widmer）分留管，(d) ヘンペル（Hempel）分留管，(e) Duften 分留管，(f) シュナイダー（Snyder）分留管，(g) 充塡塔．

＊1　平衡状態を 1 回つくり出すのに必要な分留管の長さ

reux）分留管(b）とウィドマー（Widmer）分留管(c）が実験台で多用されている分留管である．(b）は空管の内壁に，やや下向きに管径の半分より長めの多くの突起をつけた分留管である．取り扱いやすく，停滞液量の小さい実用的なカラムである．理論段数は通常 30 cm あたり 2 段以上である．ウィドマー分留管には種々の改良型がある．(c）に示したものでは，一番外側の管壁に沿って上昇した蒸気の一部が中心のスパイラルを包む管壁に沿って降下し，ついでスパイラル中をくぐりぬけて上昇し，還流冷却器に導かれる．塔中で液化した蒸気は，下方の突起部分よりフラスコに戻される．ヘンペル（Hempel）分留管（d）は管内に捻った細長いガラス板を挿入したものである．Duften 分留管（e）は上部に向かうほどピッチの小さくなったガラスのらせんをもつ塔である．HETP は 10 cm 程度である．シュナイダー（Snyder）分留管（f）は管の数カ所を絞り，中空のガラス球を封入し，かつビグロー型の突起を入れた分留管である．飛まつの混入を防ぐように工夫されている．

充塡塔（g）は内径が一様な空管に充塡物を詰め，還流してくる液が充塡物の表面を濡らして，上昇してくる蒸気との接触面積を大きくしたものである．充塡物として，種々の形をした大きさの異なるものが市販されている．図 10.8 に代表的な充塡物を示す．充塡塔は製作や操作も容易で分留効果も大きいので，実験室的な蒸留に最適の分留管である（図 10.9）．最高の性能を引き出すためには，空管の大きさにあった充塡物をランダムかつ一様に詰めることが大切である．

回転バンド型分留管（spinning-band column）は，市販の分留装置の主流を占める．塔管の中心に回転帯があって，これを急速に回転させることにより，凝縮液を中心から外に向けて飛散させると同時に，上昇蒸気を十分拡散させることによって，気液の接触効果を高める方式の分留管である．停滞液量が小さい，少量の液体の蒸留にも向いた性能のよい分留管である．理論段数が 15～20 程度のものから，100 段以上に及ぶ精密なものまで各種市販されている．

プレート型のカラムとして，比較的よく用いられているものに，泡鐘型分留管（bubble-cap column）と Oldershow 型分留管（図 10.10）がある．後者の精密分留装置が数社から市販されている．

分留効果を上げるために，分留管は厳密に断熱ないし保温（補償的加熱）する必要がある．そのために，塔部を断熱材で覆ったり，ジャケットを取りつけたりしている．とくに内面に銀めっきを施した真空ジャケットが優れた断熱効果を示す．大きな塔では，ニクロム線など

Rasching リング　ヘリックス（helix）　McMahon パッキン　Dixon パッキン　ヘリパックパッキン（Helipack packing）

図 10.8　分留管の充塡物

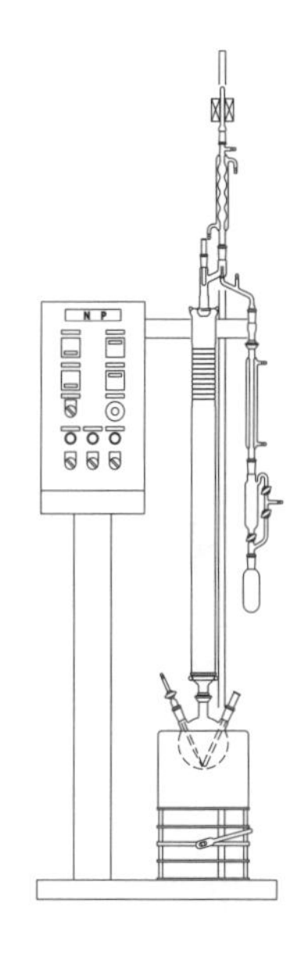

図 10.9　充塡塔分留装置図
(HP-1000-T 型)
(柴田科学株式会社資料)

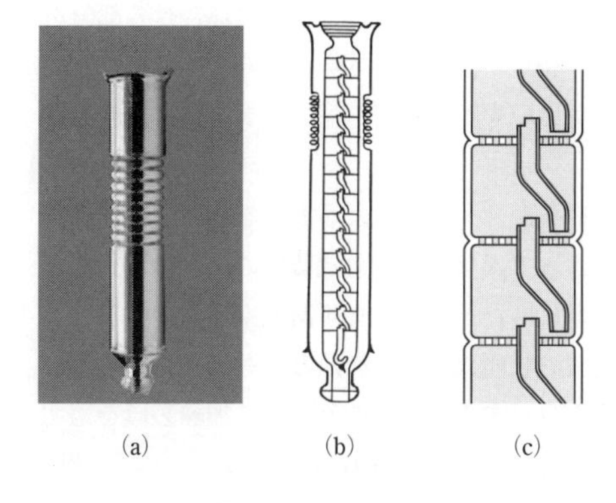

(a)　(b)　(c)

図 10.10　Oldershow 型分留管
真空ジャケット付き (a) の中に蒸留塔 (b) が内臓されている．(c) は蒸留塔の拡大図
(柴田科学株式会社資料)

を巻いて，加熱を過不足なく行うようにしている．

分留では塔部に，分留管に戻る液量と受け器に留出する液量（還流比）を調節できる還流冷却器を必要とする．一般に還流比が大きく還流の量が多いほど分留精度は大きい．図 10.11(a) は分縮型の冷却器で，大部分の蒸気を液化させて分留管に戻し，残りの蒸気を通過させて留分としてとる仕組みになっている．この部分で多少の分留機能をもつが，一定の還流比を保つのが難しい．図(b),(c) は全縮型の冷却器で，蒸気をすべて凝縮させ，その一部を留液としてとる．還流比の調節が容易で多用されている．(b) では，コックを調節することにより一定量の液が受け器に流れ，残りが還流液となる．(c) は冷却器に取りつけた磁

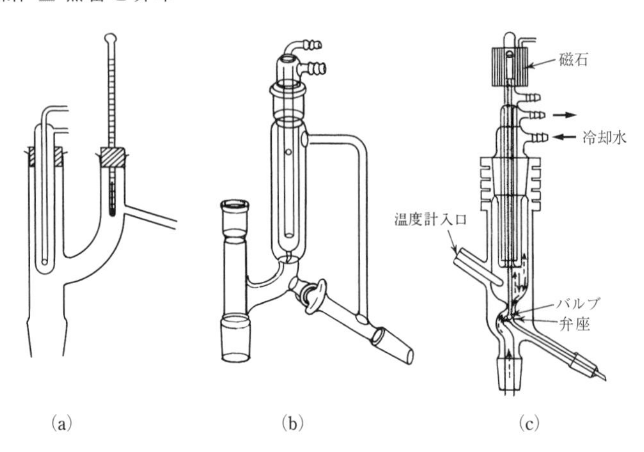

図 10.11　分留用還流冷却器
(a) 分縮型の冷却器　(b, c) 全縮型の冷却器（有限会社桐山製作所資料）

石により，バルブを同期的に上下させ，還流比を任意に調節することができる．

アダプターおよび受け器は単蒸留の場合と大差ない．しかし，分留は減圧下で行われることも多い．常圧，減圧いずれにも適した受け器を図 10.12 に示す．(a) はすり合せの部分を回転させることによって受け器の変更が行える．(b) では下のすり合せ部分にフラスコを取りつけ，蒸気の温度に変動があった場合に，常圧に戻すことなく下部のフラスコに留液を移動しうるようにしたものである．

分留にさいして，いかなる精度の分留塔を用いるかは，分離しようとする化合物の沸点差や精製しようとする化合物に要求される純度によって異なる．労力と費用の点からも目的に即した分留塔を選択することが肝要である．蒸留にあたっては，まず還流冷却器のコックないしバルブを閉じ，十分に冷却水を流し，全還流の状態にする．加熱とともに蒸気が塔頂に達し，やがて還流が起こる．単蒸留の場合と異なり，すぐに留分をとらずに加熱装置を適切な条件に設定して分留管が平衡に達するのを待つ．カラムが平衡に達するのに要する時間は，分留塔の理論段数，停滞液量，蒸気上昇速度，揮発性成分の濃度，混合物の沸点差などの要因に支配される．平衡に近づくにつれ沸点が下がり，一定の温度に達する．平衡状態に達したら還流比を適切に設定して蒸留を開始する．還流比は理論段数と同程度とするのが一般的である．第 1 留分が留出している間は沸点はほとんど一定である．沸点に変化がみられたら受け器を取り替え，第 1 成分と第 2 成分の中間留分をとり，次に一定沸点を示す第 2 成分をとる．蒸留中は，塔の中に多量の蒸気が送り込まれ，十分に還流しているようにするが，沸騰が強すぎると塔中に液体がたまり，分留の効率を低下させるので注意を要する．停滞液や残渣を精製するには，小さな分留管を用いてさらに分留を行うか，チェイサー (chaser) *2 を加えて分留を行う．チェイサーは少量の液体を蒸留するときにも有効である．

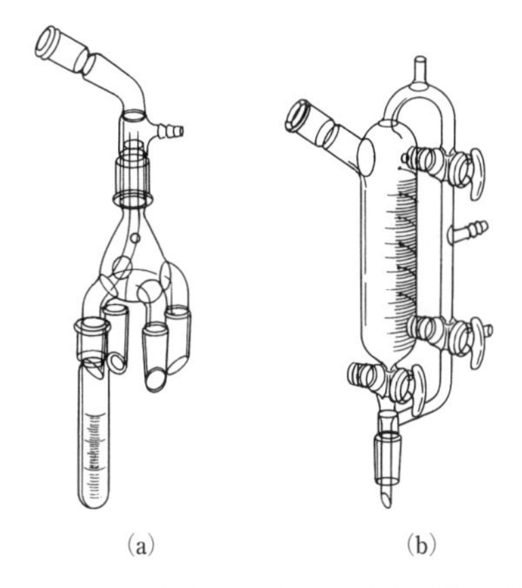

図 10.12　分留用アダプターと受け器（(a)，(b) は本文参照）
（有限会社桐山製作所資料）

10.2　減 圧 蒸 留

10.2.1　減圧蒸留の方法

常圧で蒸留すると変化しやすいような物質，あるいは沸点が高すぎて常圧蒸留が困難な物質は減圧にし，沸点を降下させて蒸留する．ある物質の 760 mmHg（1.01×10^5 Pa）での沸点から，ある減圧における沸点を算出することはできない．沸点と圧力との関係は類似した傾向を有するが，物質によって異なるからである．760 mmHg で 150～250 ℃ の範囲に沸点を有する物質は 20 mmHg では 100～120 ℃ 低くなる．圧力が減少したとき沸点の低下する度合は，高い圧のときよりも低い圧のときのほうが大きい．たとえば大気圧から 10 mmHg 減圧しても，沸点はせいぜい 1 ℃ くらいしか低下しないが，20 mmHg から 10 mmHg に減圧すると沸点はおよそ 15 ℃ 低下する．ある圧力下での沸点が知られているとき，他の圧力での沸点を図 10.13 のモノグラフを使うと推定することができる．すなわち，常圧の沸点，減圧の沸点，減圧度のうち二つがわかっていれば，これを結ぶ直線上から他の 1 つを予想することができる．しかしこの予想点は正確なものではないので，すこし幅をもたせて解釈すればよい．

沸点が著しく異なる不純物を含んでいる液体の減圧蒸留には，図 10.14 に示す単蒸留型のクライゼン（Claisen）フラスコが用いられる．常圧蒸留に比べて減圧蒸留では蒸気密度が

＊2（前ページ）　追い出し物質：目的とする最終成分と分留可能な，したがってこれより沸点が 20 ℃ 以上高く，共沸混合物を形成したり，化学反応を起こさない化合物．

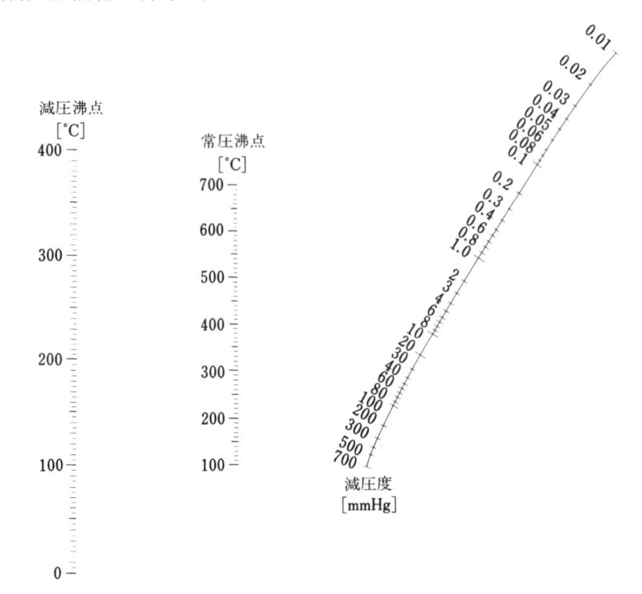

図 10.13　減圧沸点表

著しく小さくなるので，蒸留速度を常圧の場合と同じくらいにしようとすると，側管を通過する蒸気の体積は著しく大きくなる（7.6 mmHg で 100 倍）．このためクライゼンフラスコの首部や側管などは太いものを用い，あまり細いものは避けたほうがよい．フラスコには図 10.14 のように毛管をつけ，常圧蒸留のさいの沸騰石の役目をさせる．毛管の太さは，毛管の先端をヘキサン，メタノールなどの溶媒に入れ，管の反対側にゴムスポイトをつけてこれを押したとき，微細な気泡が少しずつ出てくる程度がよい．アルデヒドやアミンなどのように空気中の酸素によって酸化されやすい物質を蒸留するときには，毛管の上部に窒素ガスでふくらませたゴム風船をつけ，フラスコ内に窒素の気泡が入るようにする．加水分解されやすい物質の場合の蒸留は，毛管の上部に塩化カルシウム管をつけるか，上記の風船に乾燥窒素を詰める．毛管を用いる代わりにフラスコ内の液をマグネチックスターラーで撹拌しながら蒸留して突沸を防ぐ簡便な方法もある．液体の量はフラスコ容量の半分以下にとどめる．

減圧蒸留では先に述べたように蒸気密度が低いので，蒸留フラスコ全体を油浴の中につけ，さらに必要なときはフラスコの首部をアルミニウム箔などで保温するか，またはヒーティングバンドを巻きつけて適当に加熱する．温度計の水銀球は側管の下までくるようにし，冷却器はふつうリービッヒ冷却器を用いる．アダプターは分けるべき物質の成分の数に応じて 2 脚または 3 脚のものを用い，受け器はナス形フラスコを使い，三角フラスコは使用しない．

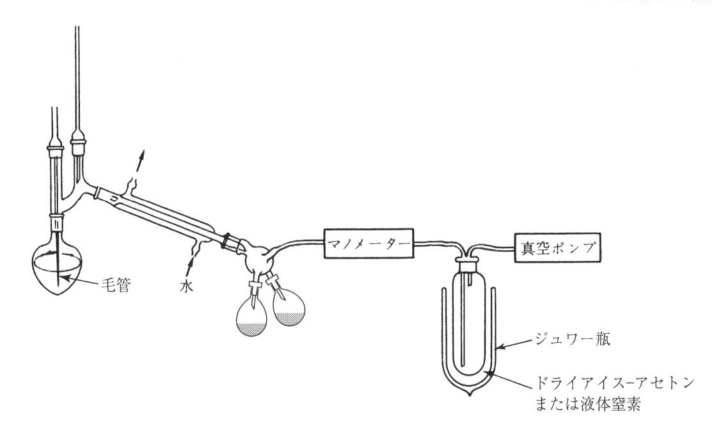

図 10.14　減圧蒸留装置

真空ポンプを用いて減圧蒸留するときは，その前にまずアスピレーターを用い，適切に加熱し，できるだけ低沸点物質を除去してから行い，ポンプの汚れを防ぐ．また図 10.14 のようにトラップをつけ，ドライアイス-アセトンまたは液体窒素で冷却して低沸点物質を捕捉する（ドライアイス-アセトン混合物を用いて冷却するときは，ジュワー瓶にまずドライアイスを入れてからアセトンを少しずつ加える．反対に室温の状態にあるアセトンにドライアイスを加えると激しく発泡し，アセトンが瓶からあふれ出る．十分に冷えている混合物にドライアイスを追加するのは問題ない）．さらに抽出物が酸を含むときは，トラップとポンプの間に粒状の水酸化ナトリウムを詰めた太いガラス管をつけて酸を捕捉する．

トラップ管とアダプターの間にマノメーター（圧力計）をつけ真空度を測定する．マノメーターは，次項で述べるように，測定する真空度に適したものを用いる．減圧にする方法は要求される真空度によって異なる．0.05～数 mmHg 程度のときは油回転ポンプを用いる．真空度を調節するためのレギュレーターが種々考案されている．10.2.4 項で述べる分子蒸留は 10^{-5} mmHg 程度の高真空で行うので，油拡散ポンプまたは水銀拡散ポンプが用いられる．通常の減圧蒸留は 0.1～10 mmHg で行うことが多いので，油回転ポンプがもっともよく用いられる．油回転ポンプで 0.1 mmHg 以下の真空度を得るには真空ポンプの油をまめに交換し，最良の状態にしておくことが必要であり，またガラス装置の気密をよくしなければならない．

蒸留を開始するときはまずポンプで引き，真空度が一定になってから加熱を始める．加熱してから排気を行うと，急に沸騰し，あふれるおそれがある．蒸留速度をあまり大きくするとフラスコ内の圧がマノメーターの読みより著しく高くなり，沸点が上昇する．また蒸気の流速が大きすぎると温度計の水銀球についている液滴が吹き飛ばされ，正しい沸点を示さなくなる．0.5 mmHg 以下で蒸留する場合は，これらの点に注意しなければならない．いずれにしても，トラップより先についているマノメーターの読みと蒸留フラスコ内の圧力は一致しない．減圧蒸留の沸点が文献値と一致しないのは，これらの理由によることが多い．浴温は沸点より 20 ℃ くらい高めにする．減圧蒸留では沸騰液が激しく飛びはね，これ以上の温度差に加熱すると突沸の原因となる．初留を一つの受け器にとり，求める成分の沸点（その減圧度における沸点）に達して一定になったら，アダプターを回し，別の受け器に集める．沸点が未知の場合は，温度計の目盛が一定になったら受け器を換えるようにする．同一成分かどうかは“シュリーレン”でみることもできる．温度計の温度が変化したら後留分とし，二叉アダプターを用いているときは前留をとった受け器に入れる．蒸留を止めるときは，まず加熱を止め，浴をフラスコから取り除く．フラスコの温度が冷えたら，フラスコ内に空気を入れて常圧に戻し，排気を止める．受け器にたまった留出物を，こぼさないように装置から外して安全な場所に移し，フラスコの外側についた油浴の油はよく拭き取る．

10.2.2　調圧法と真空度測定法

真空ポンプで減圧するさいに，一定の減圧度に圧力を調節するための方法が考案されている．簡単な方法としては，ポンプと蒸留装置の間に三方コックを取りつけて空気漏れをつくり，適切に外気を入れて圧力を調節する方法があるが，これによってごくわずかな調圧をすることはなかなか難しい．そこで図 10.15(a) のようにガスバーナーの煙筒部を取り外してガス導入口を三方コックの空気取入れ口につなぎ，バーナーの円板 A を適切に回して隙間を加減すると，ごくわずかの圧力が調節できるようになる．この方法では 1 mmHg 程度の精度の調圧も可能である．しかし，これらの方法では多量の空気が油ポンプに入るので好ましくない．

閉じた系の圧力を調整する装置として，マノスタットがある．これらを真空ポンプと蒸留装置の間に取りつける．最近では，水銀を使わないものや，デジタル表示のものが市販されているが，原理的なことを理解するために図(b), (c) のような水銀柱を用いたものについて説明する．図(b) の使い方は，まずコックを開いた状態で減圧にしていき，マノメーターが目的の圧力を示したときにコックを閉じる．こうすることで，蒸留装置内の気体はマノスタットの底の水銀部を通過してポンプへ排気され，マノスタット内の水銀が高さ h mm 異なった状態となる．この差が真空ポンプの到達真空度と蒸留装置側の真空度の圧力差（h mmHg）となる．圧力の調節の程度が比較的小さいときは，マノスタットを適当に傾けることによって高さ h を調節できる．大きな圧力差が必要なときは水銀の量を変えなければならない．図 10.15(c) の使い方は，まずコック a，c，d，e を開き，コック b を閉じた状態で減圧にしていき，マノメーターが目的の圧力を示したときに，コック c，d を閉じ，コック a，e は開いた状態にしておく（図(c) の状態)．蒸留装置内の圧力が上がってくると右側の管の水銀が左の管に押し出され，シンタードガラスが水銀面の上に出るので，蒸留装置内の気体は真空ポンプによって排気されるようになり，減圧になっていく．全体の圧力が最初に

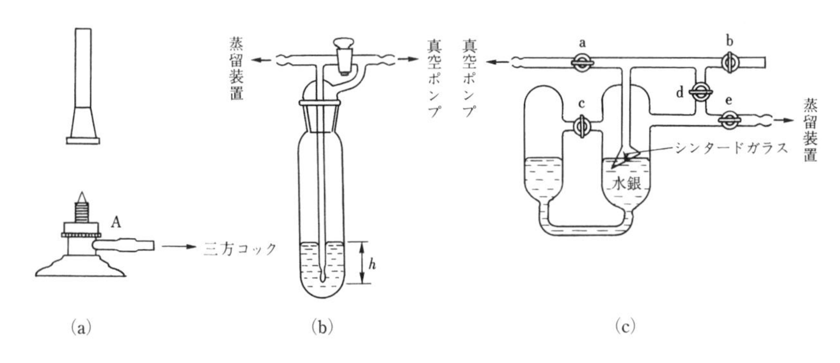

図 10.15　圧力調節装置

セットしたときと同じになると，左右の水銀面が水平になってシンタードガラスの面が水銀で覆われ，真空ポンプによる蒸留装置からの排気は遮断される．この装置はポンプの到達真空度との差が約 40 mmHg であっても十分調節でき，利用価値がある．

減圧蒸留における圧力（真空度）の測定には，おもに水銀マノメーターおよびマクラウド（MacLeod）真空計が用いられる．U 字形マノメーター（図 10.16(a)）は 760 mmHg から数 mmHg までの広い範囲が測定できる．左右両管中の水銀の高さの差 h を読み，これを大気圧から減ずると真空度がわかる．したがって，これを用いるときは大気圧を測っておかなければならない．図 10.16(b) のような一端を封じた位牌形マノメーターを用いると左右両管の水銀の高さの差 h' がそのまま真空度になり，小型で使い方が簡便であるので広く使われている．しかし，1～150 mmHg までの真空度しか測ることができない．減圧蒸留が終了後，蒸留装置を常圧に戻すときは必ずコック b を閉じて行い，常圧になったらコック b をゆっくり開いて水銀を a の位置に戻す．これを無造作に行うと水銀が戻るときの力によってマノメーターの a の部分のガラスを壊すので注意を要する．マクラウド真空計はマノメーターよりもさらに高い感度で，かつより低い圧力を測定するさいに用いられる．10^{-3} mmHg の圧力まで測れるが，精密に測れるのは 1～10^{-2} mmHg の範囲である．気体の種類のいかんにかかわらず，装置の寸法と水銀面の測定だけから圧力が求められるので，他の真空計の校正にも使用できる絶対圧力計である．図 10.16(c) のような回転式のものが取り扱いやすく便利である．

また最近，水銀を用いない安全面に優れた電子式真空計が利用されるようになっている．真空度の測定には静電容量式やピラニー（Pirani）式などが採用されており，蒸留装置に組み込むだけで真空度がデジタル表示されるので，便利である．測定範囲は機種にも依存するが，たいていの場合は大気圧から 10^{-2} mmHg の範囲である．

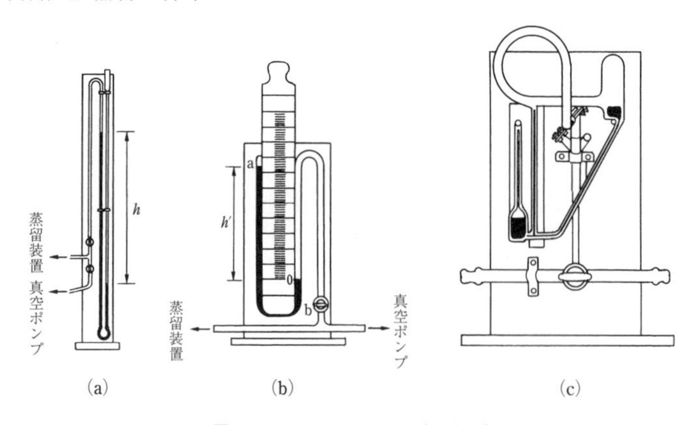

図 10.16　マノメーター（圧力計）
(a) U 字形マノメーター　(b) 位牌形マノメーター　(c) マクラウド真空計

10.2.3　ミクロ減圧蒸留

セミミクロの単蒸留の装置として，図 10.17(a) に示したようなものがキットとして市販されている．これにより 1～20 mL 程度の液体の蒸留ができる．また，正確な沸点を知ることができないが，図(b) のような装置を利用することもできる．この装置では一番下のポットに入れた試料を加熱して上部のガラス球の凹部に留出液をためる．この装置により多少の分留も可能である．

図 10.18 に示したクーゲルロール（Kugelrohr）とよばれる蒸留装置も少量の液体および固体の精製に有効である．加熱炉内の左端のガラス球（クーゲル球）に試料を入れ，蒸留中の突沸を防ぐため，ガラス球とそれに連結されたガラス球全体をたえず回転させながら加熱を行う．揮発性のもっとも高い物質が最初に炉外のガラス球に留出する．必要があれば，冷却は露出しているガラス球にドライアイスや冷水を含ませた脱脂綿などを巻きつけることによって行う．第 1 留分を取り終えたら，ガラス球を 1 個右に引き出し，再び温度を上げて蒸留を行うことにより，ある程度の分留が可能である．本装置では正確な沸点を知ることはできない．とくに，炉内に温度勾配があり，入口付近と最深部でかなりの温度差ができているので注意を要する．

さらに蒸留する化合物の量が少なく，約 100 mg ほどの液体を蒸留する場合は図 10.17(c) に示したようにガラス管の数カ所を球状にふくらませたものを用いる．いちばん奥の球に蒸留する物質を毛管ピペットで入れ，この部分を浴液につけ，ガラス管を真空装置につないで蒸留する．必要な場合はガラス管のまっすぐな部分を冷水を含ませた綿で包んで冷却し，蒸留中はガラス管を手で回転させて突沸を防ぐ．蒸留が終わったら球と球の間を切って蒸留物を取り出す．この方法は球と球の間隔が短いので，損失が少なくまた最低の温度で蒸留がで

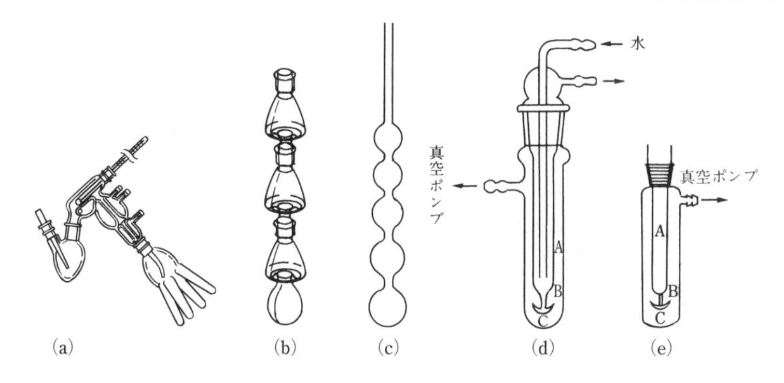

図 10.17 ミクロ蒸留装置

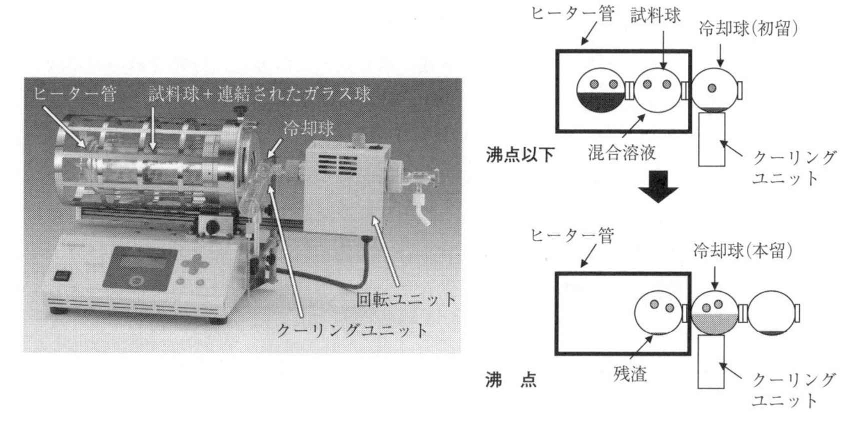

図 10.18 クーゲルロール（ガラスチューブオーブン）
（柴田科学株式会社資料）

き，熱分解を防ぐことができるが，分離の精度はよくない．樹脂状高沸点化合物の除去には適し，沸点差が 30 ℃以上ある試料に対しててていねいに行えば分離も可能である．図(d),(e)の昇華用の装置を利用することもできる．C の部分に試料を入れて加熱し，A 部分をドライアイスや氷で冷却して，B 部分に留出物をためる．さらに小スケールでの蒸留法も種々考案されているが，熟練を要するし，蒸発などによる機械的な損失が大きいので，むしろ，ガスクロマトグラフ，カラムクロマトグラフによる分取を勧めたい．

10.2.4 分子蒸留[1~3]

真空度がきわめて高くなると，単位空間容積内に存在する分子数が減少するので，蒸発した分子が他の空気分子や蒸気分子と衝突する間に飛行する空間距離（平均自由行程）が長くなる．常圧では分子の平均自由行程は約 10^{-5} cm と小さく，大部分の分子は再び元の液に戻ってしまうが，高真空（10^{-4}～10^{-5} mmHg）にすると数 cm と大きくなる．したがって沸点まで温度を上げなくても，蒸留器の加熱面と凝縮面との距離を平均自由行程より短くとれば，蒸発面より飛び出した分子が 1 回も衝突することなしに凝縮面に到達する確率が大きくなる．このような状態で行う蒸留を分子蒸留とよび，沸点以下の低温（通常の真空蒸留より 50～150 ℃ 低い温度）で液体の表面から静かに蒸発させるという点で，通常の蒸留とは異なる．分子蒸留は一種の単蒸留であるので，理論段数はせいぜい 0.8 段程度といわれ，1 回の分離効果はよくないが，分子量が大きい高沸点化合物で通常の真空蒸留では蒸留が難しい場合や熱に不安定でなるべく低温で蒸留したい場合に用いられる．

分子蒸留の装置に必要な条件として，(1) 蒸発面と凝縮面が 5 cm 以下であること，(2) 液の深さに比べて表面積が広いこと，(3) 蒸発面がつねに入れ代わり新しい面となること，(4) 10^{-4} mmHg（10^{-2} Pa）以下の真空がつねに保たれることなどである．分子蒸留装置として現在使用されているのはポット式，流下式，遠心式の三つの型に分類される．ポット式蒸留装置は図 10.19(a) に示すように簡単な装置で，取り扱いやすいので，実験室で少量の物質を蒸留するときにしばしば用いられる．試料を図(a) の装置の底に入れて，真空系に連結して蒸留するが，液の表面のみから蒸発し，蒸留試料全体を加熱し続けるので，熱に不安定な物質は分解しやすいなどの弱点がある．流下式蒸留装置は試料を少しずつ蒸留装置に注入し，加熱時間を短くするようにした装置である．図(b) は試料を左上のフラスコから外側の円筒の内面を流下する間に加熱され，気化した分子は中心にある冷却器に凝縮する．蒸留液は左下のフラスコにたまり，気化しなかった試料は右下のフラスコに回収される．試料がすべて落下したのち，装置の上下を逆にして繰り返し蒸留することができる．

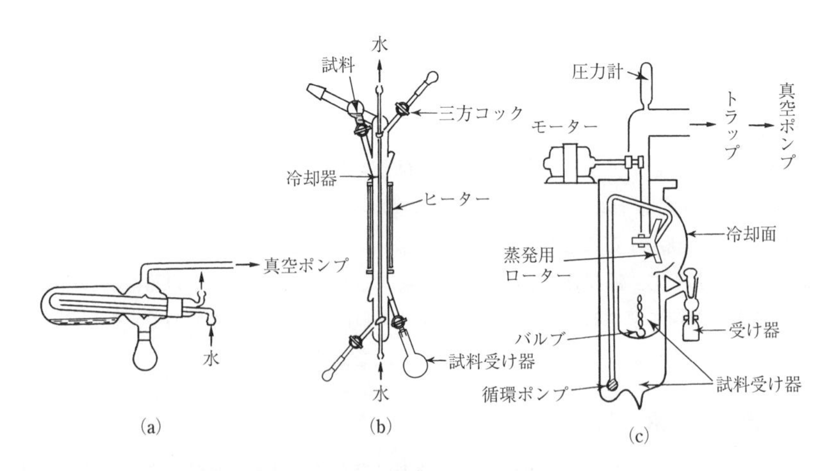

図 10.19　分子蒸留装置
(a) ポット式　(b) 流下式　(c) 遠心式

遠心式蒸留装置は図 10.19(c) に示すように，円錐形のローターを高速度で回転させ，円錐の内側の頂点のところに試料溶液を少しずつ流すと，液は遠心力によりローター全面に薄膜状に広がって流れる．ローターを加熱して試料を蒸発させ，反対側の冷却器に凝縮させる．ローターは高速度（毎秒 25～30 回）で回転しているので，ローターに送られた試料は 1 秒以内に流れ過ぎ，露熱時間が短いので熱分解の危険度が少ない．

分子蒸留には 10^{-4} mmHg（10^{-2} Pa）の真空度が必要になり，回転ポンプと拡散ポンプを組み合わせて用いる．拡散ポンプとしては Hickman 型あるいは金属製の油拡散ポンプが用いられるが，実験室で行う少量試料の蒸留には水銀拡散ポンプを用いることもできる．蒸留装置とポンプの間には液体窒素またはドライアイス-アセトンで冷却したトラップをつけ，揮発性物質がポンプに入るのを防止する．最初は回転ポンプだけをはたらかせて，蒸留装置内を徐々に減圧にして，試料中に含まれている揮発性物質を揮発させる．急激に減圧にすると，激しく発泡して凝縮面が汚れる．脱気が進み回転ポンプの到達真空度になったら，拡散ポンプをはたらかせて再び脱気を行い 10^{-3}～10^{-4} mmHg（10^{-1}～10^{-2} Pa）の真空度にする．冷却液を流し油浴の温度を上げて蒸留を行う．蒸留が終了したら，油浴と拡散ポンプの加熱を止め，回転ポンプは作動させたままで蒸留装置の温度を下げる．室温近くなったら回転ポンプを止め，蒸留装置に空気を入れて常圧に戻す．

10.3　固化しやすい物質の蒸留

常温で固体の物質も真空蒸留によって精製することができる．しかし，この場合は沸点差による分別蒸留ではなく，混在している着色物質やタールを除くために用いられることが多い．再結晶を繰り返して精製すると損失が大きいが，一度蒸留し，それから結晶化させると，一般に再結晶のさいに行われる熱沪過や脱色の必要がなく，損失も少なくまた時間の短縮ができる．固体は乾燥し，まず使用するポンプの真空度で熱分解せずに蒸留できるかどうか試してみる．化合物の構造から蒸留精製に耐えられる程度に安定であるか否かをある程度推定できるが，融点が高い化合物は蒸留できないとは限らない．

固体物質の蒸留では，蒸留したのちに結晶化させてその融点を測定することにより純度がわかり，同定もできるので沸点の測定をしなくてもよい．通常の蒸留では温度計をつけるが，これを省くことによって装置は簡単になる．留出物が冷却器の中で固化して冷却管中に詰まってしまい，フラスコ内の圧力が高くなって破裂することがあるので，蒸留には枝の短いフラスコを，また内径 30 mm くらいの太い冷却管を用いる．フラスコの球部から枝管までの距離も短いほうがよい（図 10.20(a)）．冷却管を水冷する必要はないが，冷却器が徐々に温まって留出物が凝縮しきれないときは，冷却器の外側を濡れた布で冷却する．蒸留中に冷却管の中で留出物が固化し，管をふさいでしまうような場合は，ヒートガンを用いて溶かす．冷却器中で固化しやすい場合は Anschütz 型のフラスコ（図(b)）を用いるとよい．留出

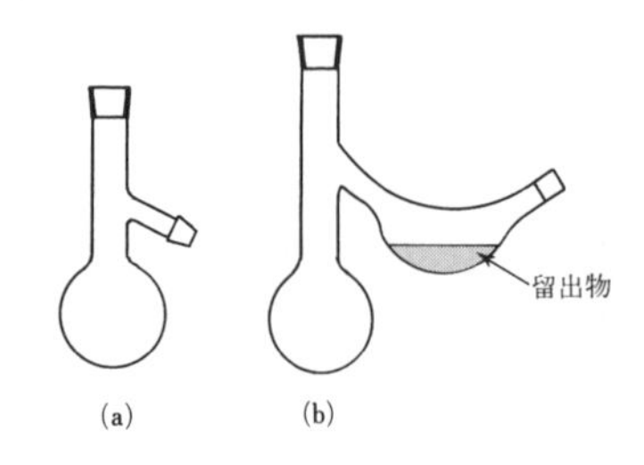

図 10.20　固体蒸留用フラスコ
(a) 枝管の短いフラスコ
(b) Anschütz 型フラスコ

物はサーベル（枝管のふくらんだ部分）中で固化し，たまるので，管をふさぐことはない．

蒸留が終わったら，10.2 節で述べた減圧蒸留のときと同様に注意して大気圧に戻し，受け器中の留出物を加熱して適当な容器へ流し出す．

10.4　水蒸気蒸留

水蒸気蒸留は有機物をできるだけ低い温度で水蒸気とともに蒸留する方法で，熱分解しやすい物質を分解させずに精製することができる点でその目的は減圧蒸留に似ているが，減圧蒸留より装置も操作も簡単である．有機物はどれでも水蒸気蒸留されるとは限らず，容易に留出する物質とそうでないものがある．水蒸気蒸留されるか否かは，その物質の分子構造に関係があり，正確に予想することはできない．芳香族化合物では，とくにキレート環をもつオルト化合物は容易に水蒸気蒸留され，パラ化合物は留出しないので，混合物の分離にも利用される．たとえば *o*-ニトロフェノールと *p*-ニトロフェノールはフェノールのニトロ化によって生成するが，これらを再結晶によって分離することはできない．しかし水蒸気蒸留すると *o*-ニトロフェノールだけが留出するので容易に分離できる．またパーキン（Perkin）反応の場合のように，反応生成物であるケイ皮酸は水蒸気蒸留されないので，未反応のベンズアルデヒドを水蒸気蒸留によって，その沸点まで加熱しないで取り除くことにも利用される．水蒸気蒸留は液体に限らず，固体でも行うことができる．

水蒸気蒸留は，水に不溶性の有機物と水とを混ぜ合わせた不均一な混合物が示す蒸気圧 P_T は互いに共存する物質の影響を受けず，有機物の蒸気圧 P_O と水の蒸気圧 P_W の和になり，それが 1 atm（1.01×10^5 Pa）になると沸騰することを利用して，混合物に水蒸気を吹き込み，蒸留する方法である．

$$P_T = P_O + P_W$$

物質 1 g を留出させるのに要する水の量は物質によって異なり，蒸気圧の高い物質ほど水量が少なくてよい．この量は，留出液の沸点における水の蒸気圧 P_W を数値表から調べれば次式によって求められる．

$$\frac{\text{水重量}}{\text{試料重量}} = \frac{18 \times P_W}{(\text{試料の分子量}) \times (760 - P_W)}$$

水の分子量は小さいので，必要な水量は少ない．たとえば，ニトロベンゼン（沸点210 ℃）は99 ℃で留出し，1 gを蒸留するのに必要な水は4 gであり，ヨードベンゼン（沸点188 ℃）は98.2 ℃で留出し，1 gあたりの所要水量は1.3 gである．

水蒸気蒸留を行うためには水蒸気発生器，蒸留試料を含む丸底フラスコおよびリービッヒ冷却器を用いて図10.21(a) に示すような装置を組み立てる．

水蒸気発生器に高く立てたガラス管は，安全弁に相当する．このフラスコと蒸留フラスコを結ぶガラス管（水蒸気導入管）は，できるだけ太く短くする．フラスコを傾けて固定したとき，その下端がフラスコの底へ垂直に向かうように曲げておく．蒸留試料は丸底フラスコの容量の3分の1以下にする．蒸留中に水蒸気が凝縮して丸底フラスコ内の液量が増えないように注意する．必要に応じて丸底フラスコを外部から加熱する．他の蒸留と異なり，ゆっくり蒸留する必要はなく，冷却器の冷却能力の許すかぎり短時間ですみやかに蒸留する．したがってリービッヒ冷却器は大型のものを用いる．冷却器によって凝縮されて留出してくる液が油滴あるいは乳濁液を含まなくなったら蒸留を終える．蒸留を停止する（あるいは水蒸気発生用フラスコの水を補給するため一時蒸留を中断する）ときは，まず水蒸気発生器に取りつけた二方コックを開いて空気を入れ，丸底フラスコの液が逆流しないようにする．留出物の有機物が水と混ざり合って白濁し，分離しにくいときは，塩化ナトリウムを加えると分離できることが多い．あるいはエーテルなどで抽出する．

水蒸気蒸留する物質は液体に限らない．固体物質を水蒸気蒸留するときは，フラスコに試料を入れ，水蒸気との混ざりをよくするため，あらかじめ少量の水を入れておく．蒸留中に冷却器の中で結晶が析出することがあるので固体物質の水蒸気蒸留には，あまり長い冷却器は使わないほうがよい．冷却管の中で固化して詰まった場合は，冷却器に通している水を一

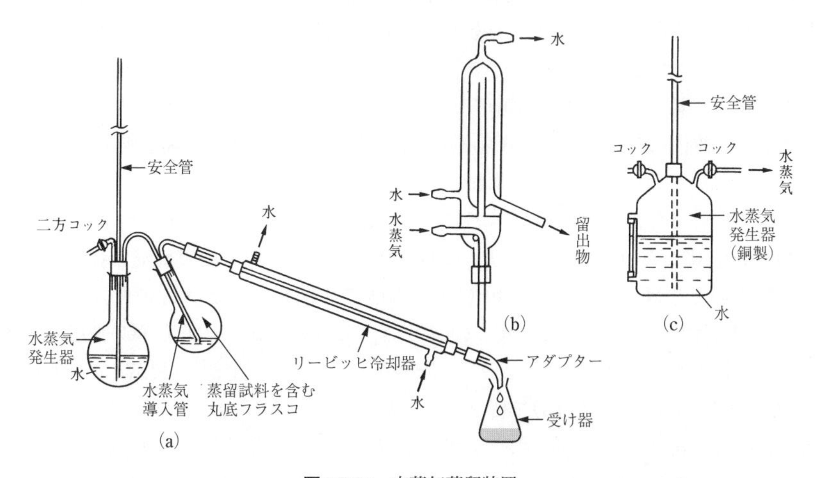

図 10.21　水蒸気蒸留装置

時止めるか，あるいは流し方を弱くして結晶を融かし出し，再び水量を適当に調節して流す．

水に溶ける物質を水蒸気蒸留するとき，あるいは水の量に対して有機物を多量に得たい場合には，フラスコ内の液に無機塩類を相当量溶かしておくとよい．加える塩は水によく溶け，不揮発性であり，しかも蒸留試料とまったく作用しないものでなくてはならず，一般には塩化ナトリウムや硫酸ナトリウムなどが用いられる．

水蒸気蒸留では多量の水蒸気を有効に凝縮させるため，大型のリービッヒ冷却器を使う必要があり，装置を組むのに広い実験台がいる．なるべく狭い場所で水蒸気蒸留を行うために工夫されたのが図 10.21(b) のような冷却器で，この装置の先に小型のリービッヒ冷却器をつければよい．装置の下端はすり合せ式になっていて，この下に蒸留試料を入れたフラスコを連結する．水蒸気発生にはフラスコの代わりに図(c) のような銅製の水蒸気発生器を用いると多量の試料の蒸留に便利である．

水蒸気蒸留する物質が少量のときは，普通の蒸留と同じ形式で，丸底フラスコに試料と水とをいっしょに入れて蒸留することもできる．

10.5　昇　　華[4~6]

高い蒸気圧をもつ固体物質は，加熱すると液体にならずに徐々に気化して，冷えると再び固体になる．このような性質をもつ物質を昇華性物質といい，昇華法によって精製される．多環芳香族炭化水素，カルボン酸，フェノール類，テルペン類などは昇華しやすいが，原理的には常圧または減圧下で分解することなく蒸留できる固体は，適当な圧力と温度のもとですべて昇華し，精製することができる．しかし，蒸気圧が低い固体では最適条件下でも昇華の速度はきわめて遅くなる．昇華精製は蒸留や再結晶ほど利用されていないが，操作に伴う損失が少なく，溶媒を使わないので溶媒から不純物が混入するおそれもなく，再結晶よりも手軽ですぐれた精製法となる場合がある．

昇華によって精製するときの注意事項は，第 1 に試料はできるだけ粉砕して表面積を大きくさせ，装置内に薄く広げて昇華速度が上がるようにする．また結晶溶媒を含むときは，あらかじめ除いておく．第 2 に固体は液体と異なり対流による熱の伝導がないので，徐々に加熱して試料が均一に加温されるようにする．急激な加熱は試料が局所的に温められ，その部分だけ液化したり，分解したりするおそれがある．加熱温度の目安としては，融点 100 ℃ 以下のものは，融点より約 10 ℃ 低い温度で，融点 100～200 ℃ のものは融点より 50～80 ℃ 低い温度で，融点が 200 ℃ 以上のときは融点より 100～130 ℃ 低い温度で昇華させる．混合物や融点未知の場合には最初減圧下で 40～50 ℃ に加熱し，昇華しないときはさらに 10～15 ℃ くらい温度を上げて行う．

昇華には常圧昇華，減圧昇華，キャリヤーガスによる昇華，擬昇華の 4 種類の方法がある．擬昇華は融解された結晶や液体から発生した蒸気を冷却面で直接結晶化させる方法であるが詳細は略し，前 3 方法について述べる．

a.　常圧昇華

比較的大きな蒸気圧を有する固体は，常圧下で固体表面から気体分子を拡散させ，それを冷却して直接結晶化させることができる．このとき冷却面における温度と圧力はその固体の三重点以下でなければならない．装置は空冷式の場合は図 10.22(a) のように蒸発皿とガラス板を使う方法が便利である．水冷式のもっとも簡単な装置は図(b) のように蒸発皿をビーカーに入れ，フラスコを冷却面として利用したものである．

b.　減圧（真空）昇華

蒸気圧が低い固体は加熱しても昇華は難しく，とくに熱に不安定な試料は高い温度での昇華をさせることができない．しかし，減圧下で昇華させると固体表面にできた飽和蒸気の拡散が速くなり，気体分子が移動するさいの抵抗が減少するので，その結果昇華速度が速くなり，常圧では昇華しにくいものも減圧下では昇華できるようになる．装置としてはいろいろな形，大きさのものが用途に応じて市販されている．図 10.22(c) に示すようなものは単純な精製に用いられる．有機エレクトロニクス材料のように高純度化が必要なさいには，図 10.23(a) に示すような装置を用いるとよい．この装置は，温度勾配形成型昇華精製装置またはトレインサブリメーション（train sublimation）型精製装置とよばれている．石英管の中に置いた試料をヒーターで加熱し，反対側から真空ポンプで引くことで，温度勾配に沿って帯状に物質が析出する（図(b)）．低温側（析出させる箇所）にヒーターを設置することで温度勾配を制御することもできる．この方法は，単結晶作製にもしばしば用いられる．また，管内に隔壁を設けることで，効率良くかつ高純度で精製物を得ることもできる[7]．

c.　キャリヤーガスを用いた昇華装置

図 10.23(a) の装置で，減圧する代わりに A → B 方向にキャリヤーガスを流すことで，高温部で生じた試料蒸気を低温部に移動させて固体として析出させることもできる．この方法は物理的気相輸送法（physical vapor transport : PVT）とよばれる．キャリヤーガスには，一

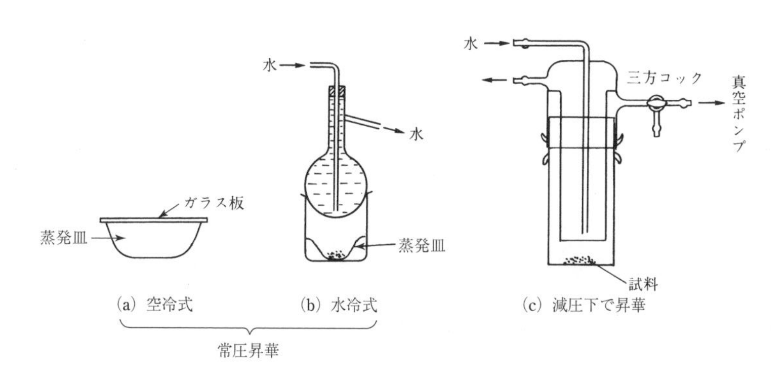

図 10.22　昇華装置

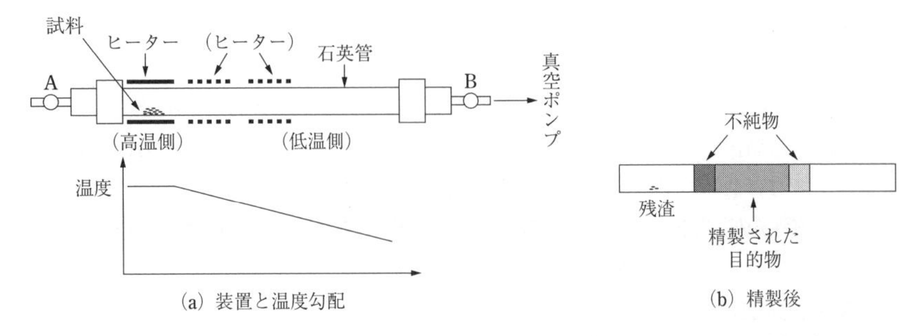

図 10.23　温度勾配形成型昇華精製装置（トレインサブリメーション型精製装置）

般にアルゴンのような不活性ガスが用いられる．キャリヤーガスの流量やヒーターの加熱温度を変えることで単結晶作製にも用いられる．

文　献

1） G. Burrows, "Molecular Distillation", Oxford Clarendon Press (1960).
2） P. R. Watt, "Molecular Stills", Reinhold (1963).
3） A. Weissberger, "Technique of Organic Chemistry", Vol. 4, p. 535, Interscience (1951).
4） A. Weissberger, "Technique of Organic Chemistry", Vol. 4, p. 661 (1951): Vol. 6, p. 84, Interscience (1954).
5） A. Morton, "Laboratory Techinque in Organic Chemistry", McGraw-Hill (1938).
6） J. A. Elvidge, P. G. Sammes, R. P. Linstead, "A Course in Modern Techniques of Organic Chemistry", 2nd Ed., Butterworth (1966).
7） 全 現九，近藤喜成，牧 修治，松本栄一，谷口彬雄，市川 結，2010 年秋季 第 71 回 応用物理学会学術講演会予稿集，17a-ZK-8.

Chapter 11

クロマトグラフィーによる分析と分取

11.1 カラムクロマトグラフィー

本節では，加圧しない，いわゆる静水圧あるいは開管式とよばれる狭義のカラムクロマトグラフィーの使い方について解説する．そのうちでも，分離の原理が吸着によるものと分配によるものとに限る．その他の原理のもの，たとえばイオン交換，分子ふるい，アフィニティーなどによるものは，11.4 節を参照されたい．また，詳しい原理などについては，専門書など[1)]を参照されたい．

このカラムクロマトグラフィーは，クロマトグラフィーのうちで最初に発見された方法であり，現在では比較的大量の混合物の分離や不純物の除去によく用いられている．

11.1.1 充塡剤と溶離液の選択

a. 分離の原理：吸着と分配

吸着は，吸着剤の表面の分子と溶離液分子との分子間相互作用によって生じ，物理的な相互作用（双極子間引力，水素結合，分極化など）によって生じる物理吸着と，化学的な相互作用によって生じる化学吸着とに大別できる．一般に，前者は吸着・脱着が可逆的でかつ比較的すみやかに行われる．後者は，より強固であり，場合によっては不可逆的である．したがって，通常の吸着クロマトグラフィーにおいては前者の物理吸着の吸着平衡を利用している．

吸着を支配する要素として，物質の極性の強弱が問題とされる．クロマトグラフィーにおいて，さまざまな物質（充塡剤，溶離液，被吸着物質）の極性は概して経験的事実に基づいて議論されている．おおざっぱな溶離液，被吸着物質の極性の定性的強弱を表 11.1 に示す．

分配クロマトグラフィーは，2 相（固定相と移動相）間への試料の溶解度の違い，分配平衡を利用している．この分配クロマトグラフィーはさらに順相系と逆相系とよばれる二つに

表 11.1　溶離液，被吸着物質の極性（溶出力，吸着力）の強弱

溶出力	溶離液（溶媒）	極性	被吸着物質（試料）	吸着力
小		弱（小；低）		小
↑	ヘキサン	↑	RH	↑
	シクロヘキサン		RCl	
	四塩化炭素		RNO_2	
	ベンゼン		ROR′	
	クロロホルム		RCO_2R'	
	ジクロロメタン		RR′CO	
	ジエチルエーテル		RNH_2	
	酢酸エチル		ROH	
	アセトン		RCO_2H	
	エタノール		NH_2RCO_2H	
	メタノール			
	水			
↓	酢　酸	↓		↓
大		強（大；高）		大

分類される．人によっては，分配クロマトグラフィーといえば順相系をさし，逆相クロマトグラフィーといえば逆相系の分配クロマトグラフィーのことをさしていることもある．順相系とは，固定相のほうが高極性，移動相のほうが低極性のもので，したがって，吸着型の場合と同様，低極性試料のほうが高極性のものよりさきに溶離されてくる．逆相系では，順相系とは逆で，固定相のほうが低極性，移動相が高極性で，高極性の試料のほうがさきにカラムから溶離されてくる．吸着クロマトグラフィーと比べると，吸着による物質の変化も不可逆的吸着もないので，試料の損失は原理的にはない．

一つのクロマトグラフィーで，吸着，分配，イオン交換など複数の原理に従って分離が行われていることもよくある．たとえば，吸着クロマトグラフィーを行っているつもりであっても，水分を含んだ溶離液を用いていれば吸着剤の表面が水で覆われた部分もでき，そこでは水と溶離液との間の分配平衡が起こっていることもある．

また，とくに分配クロマトグラフィーにおいては，ほとんどの場合，分配比が温度に依存するので，なるべく温度が変化しないように注意する必要がある．

b.　充塡剤

吸着クロマトグラフィーの場合は，吸着剤ともよばれ，表面積が大きく吸着力の強い粉末固体が用いられる．シリカゲル，アルミナ，フロリジルなどが代表的である．

分配クロマトグラフィーの場合は，シリカゲル，セルロース，けいそう土などが固定相担体によく用いられる．この担体に液体をつけて固定相液体とする．吸着型と同じ充塡剤を同じ分量用いると表面積が小さくなっていることもあり，理論段数が低く，したがって分離できる（カラムにのせられる）試料の量は，吸着型と比べると少ない．

充塡剤の粒度（メッシュ）は揃っている（粒度分布が狭い）ほうがきれいに充塡でき，したがって分離能も上がる．また，粒度が細かいほど分離能はよくなるが，流出速度は遅くな

る．外から圧力をかけるクロマトグラフィー（11.2 節）の場合には，より細かい粒度のものが使用できるが，静水圧の場合にはほぼ 100～200 メッシュのアルミナやシリカゲルが一般に用いられている．

また，多孔性の充塡剤については一つの粒子の中の孔の大きさ（細孔直径：ポアサイズ）もいろいろあり，さまざまなものが市販されている．一般に細孔直径が小さいほど比表面積が大きく，吸着活性部分が多くなるので吸着力が強くなる．

さまざまな充塡剤が知られており，おもなものはほとんど市販されている．各試薬メーカーがパンフレットを出しており，使用法の詳細に関してはそれらを参照されたい．ここでは概略だけにとどめる．

（i）アルミナ（酸化アルミニウム；Al_2O_3）　吸着能力が高く，表面積も大きく，吸着型クロマトグラフィーによく用いられる充塡剤であるが，試料によっては化学的（非可逆的）吸着を起こし脱水反応や異性化反応を伴うこともあるので注意を要する．とくに塩基性物質の分離に用いられる．溶離液についても，アセトンを用いるとアセトンのアルドール反応が起こる場合もあるので，不適当な溶媒である．そのほかのケトンやエステル系溶媒も要注意である．また，酢酸もアルミナと反応して酢酸アルミニウムとなり溶出してくる．すべての吸着剤について含有水分量によってその吸着活性度が変化するものであるが，とくにアルミナにおいては，その中に含まれる水分の量で活性度が著しく異なる．この活性度（吸着力）の違いによって分離の良否も大きく左右され，逆に水分を含ませることによってアルミナの活性化度，すなわち分離能を操作することが実際の実験ではよく行われる．活性度の尺度として Brockmann の活性度[2] がよく用いられる．これは，アゾ色素を用いた実験から，アルミナの活性度を高いほうから I，II，III，IV，V と 5 段階に分類したものである．表 11.2 に Brockmann の活性度ごとのアルミナの水分含量を示す．また，アルミナは本来塩基性であるが，化学処理をした酸性アルミナや中性アルミナも市販されている．塩基性に弱い試料の場合には，使用する前に水に浸したアルミナの pH を調べて再確認したほうがよい．

（ii）シリカゲル（SiO_2）　アルミナとともに広く使用されている充塡剤で，ほぼ中性（や

表 11.2　吸着剤の活性度と水分含量

活性度	アルミナの水分含量[1]（%）	シリカゲルの水分含量[2]（%）
I	0	0
II	3	5
III	8	15
IV	10	25
V	15	38

1）H. Brockmann, H. Schodder, *Ber. Dtsch. Chem. Ges.*, **74**, 73 (1941).
2）R. Hernandez, R. Hernandez, Jr., L. R. Axelrod, *Anal. Chem.*, **33**, 370 (1961).

や酸性寄り）でさまざまな種類（活性度，粒度，細孔直径）のものが市販されている．アルミナの活性度をもとにして，Hernandez ら[3]はシリカゲルの活性度ごとの水分含量を表 11.2 のように決めている．また，シリカゲルはメタノールに若干溶けるので注意を要する．

(iii) フロリジル（ケイ酸マグネシウム；x MgO·y SiO_2）　もともとは商品名であるが，一般名としても用いられることが多い．ほぼ中性（やや酸性寄り）でシリカゲルよりやや吸着力が弱いので，シリカゲルでは分解しそうな不安定な試料の分離に適している．

(iv) セルロース　生化学の分野でよく用いられる．以前は吸着クロマトグラフィーにも用いられたが，吸着力が弱いので，現在では分配クロマトグラフィーに多く使用されている．

(v) けいそう土　セライト（celite），キーゼルグール（Kieselguhr）ともよばれ，吸着力はきわめて弱い．表面積が広いので分配クロマトグラフィーに有用であり，また，きわめて極性の高い試料の吸着クロマトグラフィーにも用いられる．他の吸着剤と混合して，溶離液の流出速度を速める．いわゆる沪過助剤としても有用である．

(vi) シラナイズドシリカ　シリカゲル（担体）をケイ素化合物で化学的に修飾したもの（固定相液体）で，親油性であり，そのまま逆相系分配クロマトグラフィー用固定相として用いる．

(vii) マグネシア（酸化マグネシウム）　不飽和結合に対する吸着力の強いことが特徴であり，したがって，ベンゼンがきわめて強力な溶出液となる．

(viii) 活性炭　非極性吸着剤であるが，芳香族化合物に対してとくに強い親和力を示すので，芳香族化合物と非芳香族化合物との分離にはきわめて有効である．試料の脱色などにもよく利用される．

c.　添加剤

吸着剤に別の物質を加えると，吸着能や流出速度が変化することがある．前者を変化させる例として硝酸銀が代表的であり，後者は沪過助剤とよばれる．

(i) 硝酸銀　硝酸銀は不飽和結合との相互作用が強いので，これを吸着剤に添加すると不飽和結合を有する化合物の充塡剤への吸着が強くなる．このことより，飽和-不飽和化合物の分離，あるいは不飽和化合物間の異性体の分離に有効な場合が多い．

硝酸銀入りシリカゲルの調製法は，シリカゲルの量の 5～25% の硝酸銀を水溶液として加え，よく撹拌したのち，ロータリーエバポレーターで減圧乾燥させる．これを約 120℃ で数時間加熱して活性化させる．

以上の操作中および分離操作中には，ハロゲン化銀の生成および金属銀の析出を防ぐため，ハロゲン化物イオンの混入の防止および光の遮断などに十分の注意が必要である．

(ii) 沪過助剤　前述の b.(v)項で記したように，吸着力の強すぎる系や溶離速度が速すぎる系において，粒子の大きさなどは吸着剤と似ているが吸着能のきわめて弱い添加物を加えて溶離を促進させる．そのさいの添加物が沪過助剤とよばれる．代表的なものはけいそう土である．

d. 溶離液

溶離液として使用する溶媒は，まず試料や吸着剤と反応しないことが必須であり，かつ使用後，容易に分離可能であることが望ましい．表 11.3 によく使用される溶媒の特性を溶出順に示す．おおよそ誘電率や溶媒強度パラメーター ε^o の値が大きいほど溶出力が大きくなる傾向があるが，吸着クロマトグラフィーにおける溶離能は，充填剤との相性（親和力や

表 11.3 おもな溶媒の特性*

溶出順位	溶離液	蒸発ナンバー[a]	誘電率[b] DC	双極子モーメント[c] DM [D]	溶媒極性パラメーター E_r[d] [kcal mol^{-1}] (25℃)	分離特性パラメーター ρ'[e]	溶媒強度パラメーター ε^o[f]
1	n-ヘキサン	1.4	1.9	0	30.9	0.0	0.01
2	シクロヘキサン	3.5	2.0	0	31.2	0.0	0.04
3	二硫化炭素	1.8	2.6	0	32.6	1.0	0.15
4	四塩化炭素	4	2.2	0	32.5	1.7	0.18
5	トリクロロエチレン	3	3.4				
6	トルエン	6.1	2.4	0.4	33.9	2.3	0.29
7	ベンゼン	3	2.3	0	34.5	3.0	0.32
8	クロロホルム	2.5	4.7	1.1	39.1	4.4	0.40
9	ジクロロメタン	1.8	8.9	1.5	41.1	3.4	0.42
10	ジイソプロピルエーテル	1.6	3.9	1.3	34.0	2.2	0.28
11	t-ブチルアルコール	11	12.2	1.7	43.9	3.9	
12	ジエチルエーテル	1	4.2	1.3	34.6	2.9	0.38
13	イソブチルアルコール	24	18.2				
14	アセトニトリル		37.5	3.5	46.0	6.2	0.65
15	イソプロピルアルコール	10	18.3	1.7	48.6	4.3	0.82
16	酢酸エチル	2.9	6.0	1.9	38.1	4.3	0.58
17	プロピルアルコール	16	20.1	1.7	50.7	3.9	0.82
18	エチルメチルケトン	2.8	18.5	2.7	41.3	4.5	0.51
19	アセトン	2.1	20.7	2.7	42.2	5.4	0.56
20	エタノール	8.3	24.3	1.7	51.9	5.2	0.88
21	ジオキサン	7.3	2.2	0.4	36.0	4.8	0.56
22	テトラヒドロフラン	2.3	7.4	1.7	37.4	4.2	0.45
23	メタノール	6.3	32.6	1.7	55.5	6.6	0.95
24	ピリジン	12.7	12.3	2.2	40.2	5.3	0.71
25	水		80.2				

* 本表は前版の表 8.2 のデータのうち，溶出能に関わるパラメーターを一部抜粋している．

a) ジエチルエーテル＝1 とする相対値（数値が大きいほど蒸発しにくい）．

b) H. Wollmann, B. Skaletzki, A. Schaaf, *Pharmazie*, **29**, 708 (1974).

c) デバイ（Debye）の式で算出，ベンゼン中で測定（C. Reichardt, “Lösungsmittel-Effekt in der organischen Chemie”, Verlag Chemie (1969)).

d) O. Dimroth らによる測定，上記 c)の文献参照．

e) 分離特性（極性と選択性を考慮）(L. R. Snyder, *J. Chromatogr.*, **92**, 223 (1974)).

f) アルミナを吸着剤としたときの溶媒強度，ε^o(シリカ)≒ 0.77×ε^o(アルミナ) (L. R. Snyder, “Advances in Analytical Chemistry and Instrumentation, Vol. 3 ”, C. N. Reilly, ed., John Wiley (1964)) .

pH）にも依存するので，表 11.3 の溶出順位と溶離能の順序は必ずしも対応しない．

吸着型でも分配型でも単一の溶媒でクロマトグラフィーを行う場合よりも，混合溶媒を用いることのほうが多い．これは単一の溶媒では得られない微妙な溶出力の異なる溶離液を調製することが可能であるからである．しかも，溶離液の極性を徐々に変えていきたい場合には，吸着型や順相系の分配型では極性の低い溶媒に徐々に極性の高い溶媒を加えていく（逆相系の分配型では逆）こともできる．段階的にも，連続的（直線的ないし指数的）にも，溶離液の比率を変化させることが可能である．

単一溶媒の特性は表 11.3 に示したとおりで，順相系での混合溶媒の溶離能の便宜的な目安を図 11.1 に示す．極性は左から右に増加し，垂直な線は類似展開力をもつ混合溶媒の組成比を示している．逆相系では通常展開溶媒として，水，メタノール，アセトニトリル，アセトンのいずれかの混合溶媒が用いられ，試料がカルボン酸を含む場合は少量の酸（たとえば酢酸）を，アミンを含む場合は少量の塩基（たとえば，トリエチルアミン）をそれぞれ添加する．

溶離液中に含まれる水分が，分離の様相を大きく変える場合もある．たとえば吸着クロマトグラフィーにおいて，活性化が不十分とか，湿度の高いところに保存していたなど水分を多く含んだシリカゲルを吸着剤に用いると，十分に乾燥させた溶離液を流したとき，吸着剤の吸着能がだんだん上昇し分離の悪い結果を与える．したがって，再現性のよいクロマトグラフィーを行うには，溶離液および充塡剤の両方の含水率（乾燥の度合，活性の強さ）にも注意が必要である．

e.　試料との組合せ

効率のよいクロマトグラフィーを行うには，試料，充塡剤，溶離液の 3 条件の関係を十分に検討するべきである．Stahl は，吸着クロマトグラフィーにおいて，それらの関係を図 11.2 のように模式的に表し，三者の関係が正三角形になることが望ましいとした[4)]．たとえば，吸着性の弱い試料の場合には，活性の強い充塡剤を用い極性の低い溶離液を流すとよい．

溶離液について極性と溶離能との対応が完全ではないことを述べたが，試料（被吸着物質）も表 11.1 の極性の順番に吸着が強くなるとは必ずしもいえない．分子の大きさ，立体配置，空間配列なども吸着能に対する大きな要因である．たとえば，ベンゼン環をもつ化合物は疎水性であるものの，同様のベンゼン環をもつ充塡剤や溶離液と π-π 相互作用により予想以上に強い相互作用を示すことが多々みられる．また，糖鎖試料はベンゼンをもつ化合物と比較的強い疎水性相互作用を示すため，ヘキサンよりもベンゼンやトルエンを溶離液に使用したほうが，分離能が高いことが多い．そのため，試料の構造的特徴を化学的に解析するとともに，その化合物や類似化合物に対してどのような充塡剤や溶離液が用いられているかをあらかじめ文献で調べて参考にするとよい．

一方，カラムクロマトグラフィーの充塡剤と同じタイプの TLC（11.3 節参照）を用いて，どういう溶離液を用いればよいかのだいたいの目安（R_f 値（3.2.1 項参照）が 0.2 以下にな

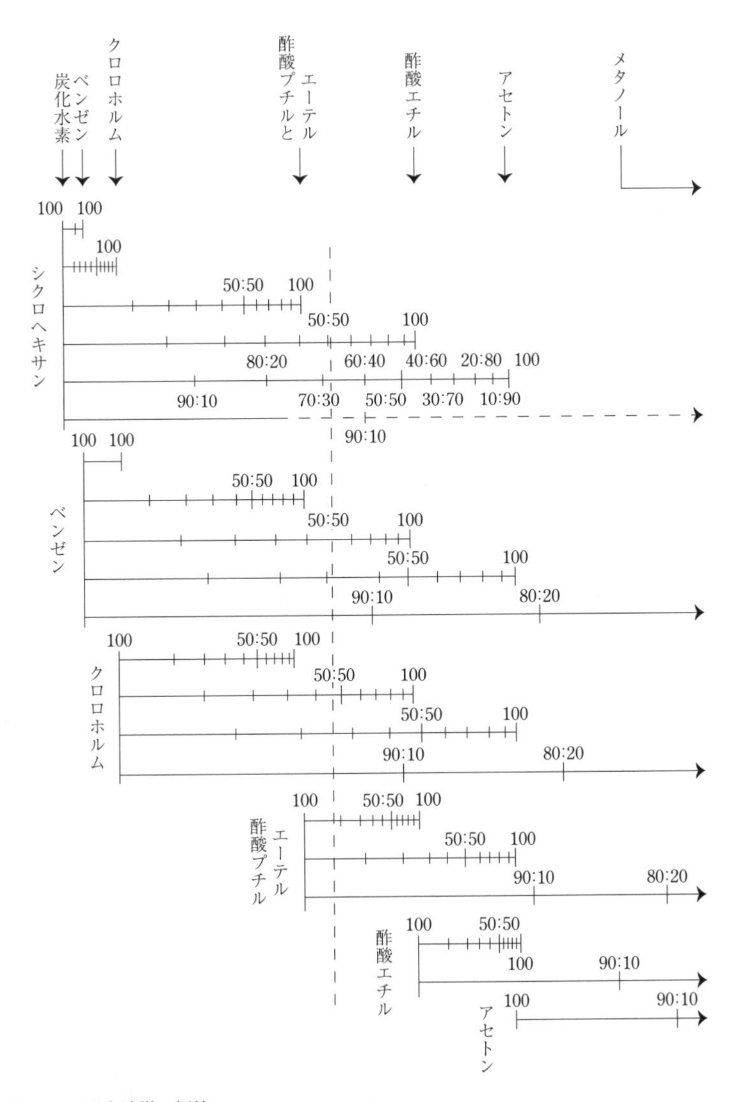

図 11.1　混合溶媒の極性
(石川正幸，原 昭二，古谷 力，中沢泰男 編，"薄層クロマトグラフィー 第5版"，p.32，南山堂 (1972)；R. Neber, "Steroid Chromatography", p.249, Elsevier (1964) をもとに作成)

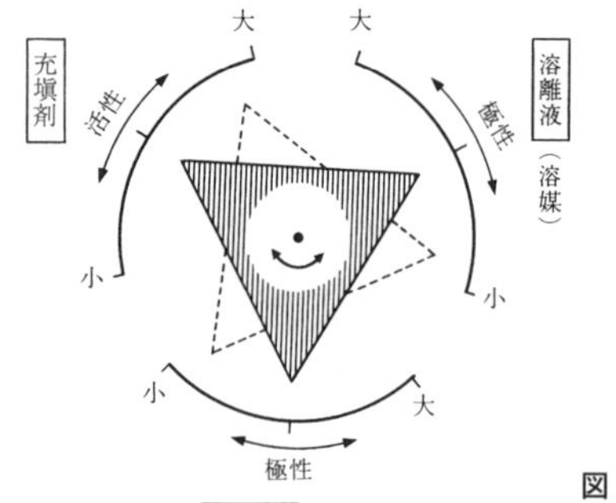

図 11.2　試料，充填剤，溶離液の関係
（E. Stahl, *Angew. Chem.*, **73**, 646（1961））

る程度の溶離液がよい）をつけておくとよい．ただしカラムクロマトグラフィーの結果とTLC の結果は，必ずしも完全には対応しないことに注意する必要がある．

11.1.2　充填剤の充填法およびクロマトグラフィー

a.　カラムの準備

用いるべき充填剤の量は充填剤の種類によっても異なるが，標準的には試料の量および分離の難易に応じて試料の約 30 倍の量を用いる．充填剤をカラムに充填したさいにカラムの内径に対してその高さが 10〜20 倍程度になるようなカラムを用いる．一般にこの範囲の比率の場合にもっとも効率よく分離操作が行えるとされている．それぞれの充填剤について，実際に充填したときの充填剤の重さとカラム中での高さ・カラムの内径から，いわゆる“密度”を求めておくと便利である．

カラムの形にもいくつかの種類があり，おもなものを図 11.3 に示す．充填剤が流出してしまわないように，下端に溶融ガラスのついているカラムの場合にはそのまま次項で記す方法に従って充填剤を詰めてよい．その他の場合には下端に脱脂綿あるいはガラスウールを詰

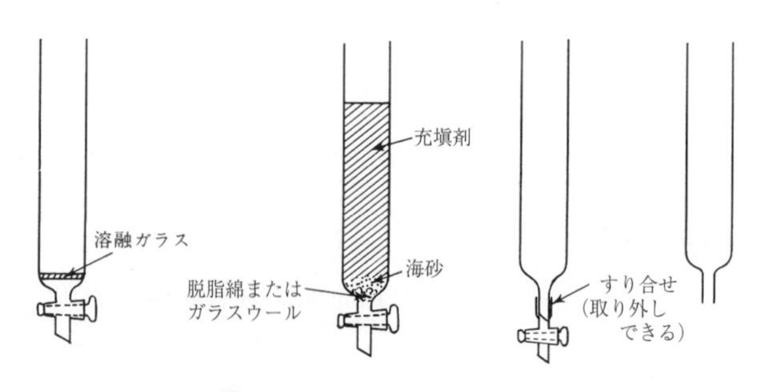

図 11.3　カラム用ガラス管の例

める．下にコックがないものでもよい．原則的には一度溶離を始めたら途中で流出を止めるべきではないので，コックは流量の調整のためにあるとするのがよい．

b. 充塡剤の充塡法

湿式法と乾式法の二つの充塡法がある（分配クロマトグラフィーの場合はその性質上湿式法しか行えない．ただし固定相液体が担体と化学的に結合したシラナイズドシリカなどは例外）．

吸着クロマトグラフィーの場合，乾式法で充塡したカラムは TLC ときわめて似た性質を有するので TLC での分離状況がほとんどそのまま利用できるという利点をもつ．しかし，均一に充塡するのが湿式法に比べて難しい，試料を添加してからでないと流速がわからないなどの短所もある．

(i) 湿式充塡法　結果として，充塡剤が溶離の最初に用いる溶媒で満たされているカラムである．充塡されたカラム中に空気が含まれているとそこで吸着帯が乱れるので，カラム作製中にも空気が取り込まれないように注意しなければならない．下端に溶融ガラスが付いていない場合には，垂直に立てたガラス管の 4 分の 1 程度の高さまで溶媒を満たし，その後で脱脂綿（あるいはガラスウール）を上から入れてガラス管の下端の狭部に押しつける．このとき脱脂綿を強く詰めすぎると流出速度が遅くなり，弱すぎると充塡剤が漏れ出てしまう．充塡剤が漏れないように脱脂綿の上に少量の海砂（直管部で厚さ 3 mm 程度）を加える場合もある．次に充塡剤の充塡であるが，アルミナのように密度の高いものの場合は，粉末のまま静かに溶媒の中に加え均一に充塡する．充塡剤の中に空気がはいり込まないようにガラス棒でかき混ぜながら行うとよい．シリカゲルのように密度の比較的低い充塡剤の場合にはビーカーの中であらかじめ移動相溶媒と懸濁液をつくっておき（このさい，よく撹拌して充塡剤のまわりに付着している空気（気泡）を除去する），下端から溶媒を流しながらその懸濁液を流し込む．シリカゲルを担体とし固定相液体に水を用いる分配クロマトグラフィーの場合には上から棒などで押さないとうまく充塡できない．シリカゲルの充塡が終了し高さが変わらなくなれば，海砂を厚さ 3 mm 程度になるように加えて上面を水平に保つ．このさいに，シリカゲル（充塡剤）の上層面を乱さないようにゆっくりと液面を伝わせて海砂を導入する．カラム作製中も溶離中も充塡剤上層を溶媒で覆い，吸着表面を空気にさらしてはならない．カラム充塡に用いた溶媒は展開用に再使用する．

(ii) 乾式充塡法　下端に溶融ガラスなどがついていない場合は，乾いた脱脂綿を下端に詰める．充塡剤を乾いた粉末のままカラム管に加えていき，軽く叩きながら均一に詰める．溶離液を加えたときに激しく発熱するおそれもあるので，試料が熱に弱い場合やガラス管の耐熱性が弱い場合には注意を要する．

c. 試料の添加と溶離

よい分離結果を得るには試料の吸着帯は狭い（細い）ほうがよい．試料が液体の場合はそのまま充塡剤に添加し，それが不可能な場合や固体試料の場合は，できるだけ少量の溶離液あるいはそれよりも少し極性の高い溶媒で溶解させてから添加する．共洗いに使用する溶媒も最小限にとどめる．試料を注入するさいには，直接ピペットで充塡剤の上層面に滴下してもよいし，試料が多い場合にはカラムの壁面を伝わせて導入してもよいが，充塡剤の上層面を乱してはならない．充塡剤に試料を全部しみ込ませたところで，溶離溶媒を注ぎ込む．このときにも，充塡剤表面を乱さないように，器壁を伝わせて液体を加えるとよい．溶媒に非常に溶けにくい試料の場合には，いったん可溶性溶媒に溶かして少量の充塡剤ないしは沪過助剤を加えてよく撹拌後，減圧下に溶媒を完全に除き，得られる乾燥粉末をカラムの上に静かに添加するという方法もある．一度溶離を開始したら極力中断を避け，できるだけ短時間で試料を溶出させる．これは拡散による分離能の低下や試料の分解を最小限に抑えるために重要である．また，充塡剤上層の溶媒を枯らすなどして，充塡剤の中に気泡をつくらないように注意する．溶離液は，適当量ずつ（表 11.4 参照）試験管に取り，TLC で成分のチェックをするのが一般的である．

11.2　加圧カラムクロマトグラフィー

11.2.1　フラッシュクロマトグラフィー

a.　特　色

1978 年，米国 Columbia 大学の Still らによって，圧縮空気を加圧源とするカラムクロマトグラフィーが発表され，フラッシュクロマトグラフィーと命名された[5]．Still らの実験によれば，用いたシリカゲル 60 の粒径が 40～63 μm（230～400 メッシュ）のとき，分離能は最高となり，通常のカラムクロマトグラフィーに用いられる粒径 63～200 μm（70～230 メッシュ）のとき，分離能はもっとも低い．また，粒径を 40 μm 以下にしても分離能は上がらない．展開溶媒の流下速度も重要な因子であり，液面が 1 分間に 5 cm 程度下降する速度がもっともよい．この結果に基づき工夫されたフラッシュクロマトグラフィーの特色としては，(1) カラム製作開始から展開終了までの時間が 15 分程度と短いこと，(2) 分離能は，分析用 TLC での R_f 値の差（ΔR_f）が 0.15 程度の 2 物質を確実に分離できる程度であること（$\Delta R_f = 0.1$ 程度の混合物を分離できる場合も多い），(3) 大量（10 g 程度）の試料を処理しても分離能も展開終了までの時間もさほど変わらないこと，(4) 装置，ランニングコストがともに安価であること，などがあげられる．分離能は HPLC（11.2.3 項参照）などには劣るが，迅速安価に行えるので，HPLC のプレカラムにも適している．現在では多くの化学合成を行う研究室の標準的な精製法として汎用されている．

b.　装　置

Still らによって示された装置は，直管部の長さが 45 cm 程度の底部の平らなクロマト管 (a) と流量制御部 (b) とから成り立っている（図 11.4）．(a) の上部には 24/40 の雌グランドジョイントがついている．(b) はテフロンニードルバルブと 24/40 の雄ジョイントとで

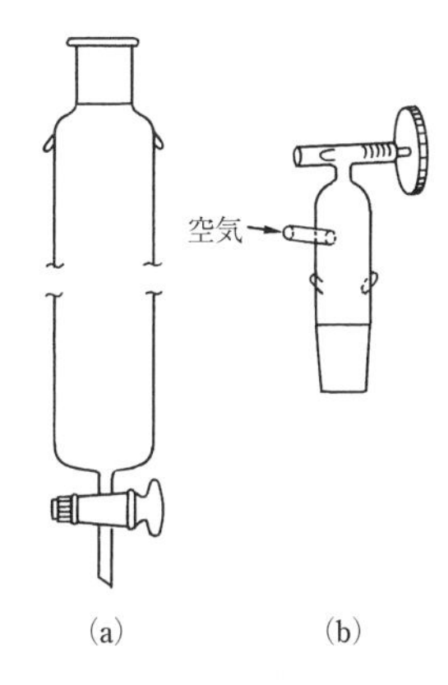

図 11.4　フラッシュクロマトグラフィー用器具
(a) クロマト管　(b) 流量制御部
(W. C. Still, M. Kahn, A. Mitra, *J. Org. Chem.*, **43**, 2923 (1978))

できており，空気の漏出量（リーク量）を制御することにより展開液の流速を調節する．これを参考にしてさまざまな流量制御装置が考案されており，圧力が高くなるとセプタム部が持ち上がることでガス抜きを行えるフラッシュバルブ[6]や，雄ジョイント付き三方コックにビニールチューブをつけ，スクリューコックで調節を行う簡単なものなどもある．

また，丸底フラスコと雄ジョイントからなる溶媒溜を図 (a) と (b) の間に連結することで，カラム操作時の溶媒の追加の手間を軽減することができる．溶媒だめの大きさはカラムの大きさと溶媒量に合わせて用いればよいが，100 mL，500 mL の容量がよく用いられる．

圧縮空気源としては，卓上型のコンプレッサーを用い，リーク弁（リーク調節バルブ）をつけて圧力を制御すればよい．加圧に窒素ガスを用いる場合もあるが，どのような方法によるものであれ 1.5～2.0 kg cm^{-2} 程度の圧力の気体が使用できれば十分である．また，シリカゲルの充填を湿式で行えば，観賞魚用ポンプでも十分である．

c. 操　作

加圧する以外の基本的な操作は 11.1.2 項で示した方法とほぼ同じである．標準的には分析用 TLC プレート（シリカゲル）で目的成分の R_f 値が 0.2 以下になるような溶媒を選ぶ．分離すべき成分の R_f 値が近接している場合には，それらの中点を 0.2 以下にする．試料の量，ΔR_f に応じて，適当な太さのカラムを選ぶ．表 11.4 は試料量とカラムの直径，溶媒量，

表 11.4　試料量とカラムの直径，溶媒量，画分量の関係

試料量 [g]		カラムの直径 [cm]	溶媒量 [mL]	画分量 [mL]
$\Delta R_f > 0.2$	$\Delta R_f > 0.1$			
0.1	0.04	1	100	5
0.4	0.16	2	200	10
0.9	0.36	3	400	20
1.6	0.6	4	600	30
2.5	1	5	1000	50

画分量（フラクションサイズ）との関係の目安を示す．ここで溶媒量とはカラム充塡に使う量も含めた量である．ΔR_f が大きいときは試料量を増やしてもよい．使用済のカラムのシリカゲルはカラム下部よりアスピレーターで吸引して乾燥させ，カラム上部より出す．脱脂綿やガラスウールの栓は取り出さずにそのまま再使用してもよい．カラムは再使用も可能であり，混合展開溶媒のもっとも極性の高い成分を毎分 5 cm の流速で 3 分ほど流す．次に，展開溶媒を 3 分ほど流して再使用する．分離能を上げるには，負荷量を少なくするか，シリカゲル柱を長くする．

11.2.2　中圧液体クロマトグラフィー

粒子径が 40～100 μm 程度の充塡剤を用いて中圧で使用する液体クロマトグラフィーのことを中圧液体クロマトグラフィー（medium-pressure liquid chromatography：MPLC）とよんでおり，一般にポンプを用いる分取フラッシュカラムクロマトグラフィーのことをさす．カラム性能は HPLC（次項）に用いるものより低いが，充塡剤は安価でカラム充塡（乾式法）も容易であり，分取には有効である．通常操作圧力は 10 kg cm^{-2} 以下であり，ガラス製のカラムが用いられる．分取操作は後述の HPLC と同じであり，装置も互換性がある．MPLC のみを行う場合は安価な中圧用送液ポンプで十分である．分離モードとしては，ODS-シリカゲルを固定相として用いる逆相分配クロマトグラフィーと，シリカゲルやアルミナを用いる順相クロマトグラフィーが一般に用いられる．

現在，良質の MPLC 用充塡カラムが多くの製造業者により販売されている．ディスポーザブル（使い捨て）のカラムが一般的ではあるが，多種類のサイズが入手可能であり，さらに最近では再利用も可能なカラムが市販されていることから，合成化合物の大量分取精製に頻繁に用いられている．また，フラクションコレクターや紫外線，屈折率などの検出器と連携したコンピューター制御の自動 MPLC システムとしても市販されており，非常に簡便かつ効率的に液体クロマトグラフィー精製が行えるようになっている．

11.2.3　高速液体クロマトグラフィー

本項では，おもに分取を目的とした HPLC の利用法に焦点を当てて概説する．分析を目的とする場合の利用法や分離モードの詳細などに関しては 3.2.2 項を参照されたい．

a.　装　置

分取用液体クロマトグラフィーカラムには内径 8 mm のセミ分取用（試料量約 10 mg）から，工業的に用いられる数メートル径のものまであり，後者には専用の装置も市販されている．実験室的には内径 2～5 cm 程度までのカラムを用いることができ，これを操作するには流量 5～60 mL min^{-1}，耐圧 100～200 kg cm^{-2} 程度の送液ポンプが必要となる．用いる充塡剤の粒子径は 10～20 μm でカラム充塡には大流量（300 mL min^{-1}）のポンプが必要となるが，最近では多種多様な充塡カラムが数多く市販されているため，これらを購入して使用する場合がほとんどである．高濃度の溶出液をモニターするので，紫外・可視検出器を使う場合は光路長の短い（0.5～2 mm）フローセルを装着する．検出感度は低くてよいので示差屈折計も用いることができる．

試料注入には，全自動分取装置以外にはループ式の注入装置（バルブ）が用いられる．分析用装置と同じバルブで，ループを容量 1～10 mL のものにつけ換えればよいが，デッドボリューム（死容積）は問題にならないので六方バルブでもよい．分取操作は記録計（レコーダー）出力を確認しながら手動で行えばよいが，記録計出力と同期したフラクションコレクターがあれば便利である．現在では試料注入から分取まで全自動で行えるシステムも開発，販売されている．

b.　分離モードと溶離液，固定相の選択

分取液体クロマトグラフィーには，極性（順相と逆相），電荷，分子サイズ（ゲル浸透クロマトグラフィー，gel permeation chromatogrphy：GPC）のいずれの分離モードも使われる．逆相分配クロマトグラフィーの場合，溶離液として水を含む混合溶媒を用いることが多く，試料の溶解性が低いため操作性が悪くなると同時に負荷量も大きくなるという問題が生じることがある．順相モード（あるいは液相-固相クロマトグラフィー）の場合にも，分析クロマトグラフィーあるいは TLC（11.3 節参照）により溶媒選択を行うさいには試料の溶解性の高いものを選ぶ必要がある．たとえば *n*-ヘキサン-エタノールよりはベンゼン-酢酸エチルのほうが一般的には溶解性が高いので，溶媒強度が同じであれば後者の系のほうが望ましい．GPC には THF，クロロホルムが一般に使われるが THF には安定剤が入っており，分取後に取り除く必要がある．HPLC 固定相の種類別にその応用対象の例を表 11.5 に示すので，カラム選択の目安にされたい．

c.　試料の回収

得られた分画から試料を回収する方法としては，減圧エバポレーションが普通である．逆相モードで分取を行ったときには，凍結乾燥を行って水系溶媒を除去する．迅速に水系溶液から有機物を取り出したい場合には，試料がヘキサンに溶解するものであれば分画からヘキサンにより抽出できる（メタノール，アセトニトリルはヘキサンに混和しない）．そうでない場合には，アセトニトリル（メタノール）のみを低温（30℃前後）で留去し，残った懸濁液を適当な有機溶媒で抽出する．

11.3　薄層クロマトグラフィー

薄層クロマトグラフィー（thin layer chromatography：TLC）は非常に簡便に利用することができ分離能も高いことから，反応の追跡やカラムクロマトグラフィー時の分画の検出，あるいは純度の検定に汎用される．さらに，不純物や 2 種類以上の成分が TLC で検出された場合に，分取用の大きな TLC プレートを用いることによって，1 g 以内の試料であれば分析

表 11.5　HPLC 固定相の種類と応用対象

固定相	別　名	官能基	順相	逆相	イオン交換	逆逆相	応　用
シリカ	シリカ	$-OH$	✓			✓	非極性～中極性試料の分離に適する．
C1	SAS	$-(CH_3)_3$		✓			アルキル基結合カラム中，もっとも保持力が弱く，通常，中極性あるいは複数の官能基をもつ試料の分析に使用
C4	ブチル	$-C_4H_9$		✓			ペプチド，タンパク質の分離用．C8，C18 に比べ保持力は弱い．
C8	MOS	$-C_8H_{17}$		✓			C18 より保持力が弱く，一般に分子量の小さいペプチド，タンパク質の分離に使用する．医薬品，ステロイド，環境試料の分析にも使用される．
C18	ODS	$-C_{18}H_{37}$		✓			アルキル結合カラム中，保持力がもっとも強い．医薬品，ステロイド，脂肪酸フタル酸エステル，環境試料などに幅広く使用される．
シアノ	CPS. CN	$-(CH_2)_3CN$	✓	✓			極性試料に対し，ユニークな分離選択性を示す．順相グラジエント（勾配）での使用は，シリカカラムより適している．逆相で使用の場合，C8，C18 とは分離選択性が異なる．医薬品分析，多種類の化合物を含む試料の分析に適する．
アミノ	APS	$-(CH_2)_3NH_2$	✓	✓	✓	✓	逆逆相（HILIC）モードで炭水化物や高極性試料の分析に適する．弱陰イオン交換モードは，陰イオンや有機酸の分析に適する．
フェニル		$-(CH_3)C_6H_6$		✓			芳香族化合物，中極性試料の分析に適する．
ペンタフルオロフェニル	PFP	$-C_6F_5$		✓			他のカラムに比べて，分離選択性が異なり，保守力も強い．含ハロゲン化合物，極性化合物，異性体分離に適する．
ジオール		$-(CH_2)_2O$ $CH_2(CH_2OH)_2$	✓	✓		✓	逆相では，タンパク質，ペプチドの分離に適する．順相ではシリカカラムと同様の分離選択性を示す．ただし，シリカに比べ極性は弱い．
SCX	強陽イオン交換	$-RSO_3H^-$			✓		有機塩基の分離
SAX	強陰イオン交換	$-RN^+(CH_3)_3$			✓		有機酸，ヌクレオチド，ヌクレオシドの分離
AX	陰イオン交換ポリエチレンイミン（PEI）	$-(CH_2CH_2NH)_n-$			✓	✓	有機酸，ヌクレオチド，オリゴヌクレオチドの分析
多孔質グラファイトカーボン	PGC	100% 炭素	✓	✓			汎用のシリカ ODS 系カラムなどで保持が困難な高極性試料の分離や構造が似通った化合物（異体性）などの分離に優れる．

（ThermoScientific クロマトグラフィーカラム・消耗品総合カタログ，p.4-002（2014））

を行ったときの条件で分離することができる．このようにTLCは，有機合成を行ううえで必要不可欠な手段である．TLCに関する一般的事項については純度検定の項（3.2.1項）で述べたので最初にそちらを一読されたい．本節では実際に実験を行う立場から，TLCの操作法を概説する．

11.3.1　プレートの種類と作製法

固定相には現在，種々のタイプのものが市販されており，目的の化合物の性質に適した固定相を選ぶことが必要である．化合物の性質による固定相の選択の目安を図11.5に，既製薄層プレート（薄層板）の種類とおもなメーカーを表11.6に示すので参考にされたい．通常もっとも頻繁に使用される固定相はシリカゲルであるが，極端に極性の低い化合物どうしや逆に高い化合物どうしを分離する場合や，イオン性の化合物を対象とする場合には不適当である．このような化合物を用いた反応で，出発物質と生成物との極性の差があまりない場合にはシリカゲルの極性表面（Si-OH，シラノール基）を化学的処理した化学修飾シリカゲルを用いるとよい．表11.6でC2，C8，C18，CN，NH_2，ジフェニルと記してあるのはそれぞれシラノール基のHをジメチルシリル基，n-オクチルシリル基，n-オクタデシルシリル基，γ-シアノプロピル基，アルキルアミノ基，ジフェニルシリル基で置換したものである．通常のシリカゲルが順相吸着型（極性の高い化合物ほどR_f値が小さくなる）であるのに対比して，C2，C8，C18，ジフェニルは逆相分配型とよばれ，極性の高い化合物ほどR_f値が大きくなる．展開には一般に極性溶媒が使われ，試料中の成分は2相への溶解度の差で分離される．低極性の同一の試料を同じ溶媒で展開した場合，C18＜C8＜C2の順でR_f値が大きくなる．C18は脂溶性の高い化合物に，C2は極性化合物に，ジフェニルは芳香族化合物やアミノ酸の分離に適している．CNは順相，逆相いずれの分離モードでも使用でき，固定相の極性としてはNH_2とC2の中間である．NH_2は弱い塩基性イオン交換体の機能と吸着/分配用担体の機能をもち，カルボン酸，スルホン酸，核酸塩基，ヌクレオシド，ヌクレオチドの分離に適する．

分取を目的とした場合にも，表11.6に示したような分析用固定相がそのまま使用可能であるが，試料を多く処理するために分析用のものに比べて固定相が厚く塗布（0.5～10 mm）された分取用プレートが市販されている．一方，自作して層の厚さを任意に調節することもできる．以下にMerck社の吸着剤の場合を例に，標準的な調製法を述べる．

プラスチック製架板に洗浄・乾燥させた5枚のガラス板を隙間なく並べる．スプレッダー（アプリケーター）を厚さ2 mmに調節し，1枚目のガラス板の端にセットする．フラスコ内に市販の吸着剤（シリカゲル60 PF_{254}，ギプス（gips）不含）200 gと蒸留水480 mLを入れ，ゆっくり回転させて混ぜる．1時間放置後，スプレッダーにシリカゲルのスラリーを注ぎ込み，ガラス板上にすばやく均一に塗布する（ギプスを含む場合は吸着剤に水を加えてから数分以内に塗布まで終了させる）．ほこりや振動のない部屋で2日間自然乾燥後，乾燥器を用

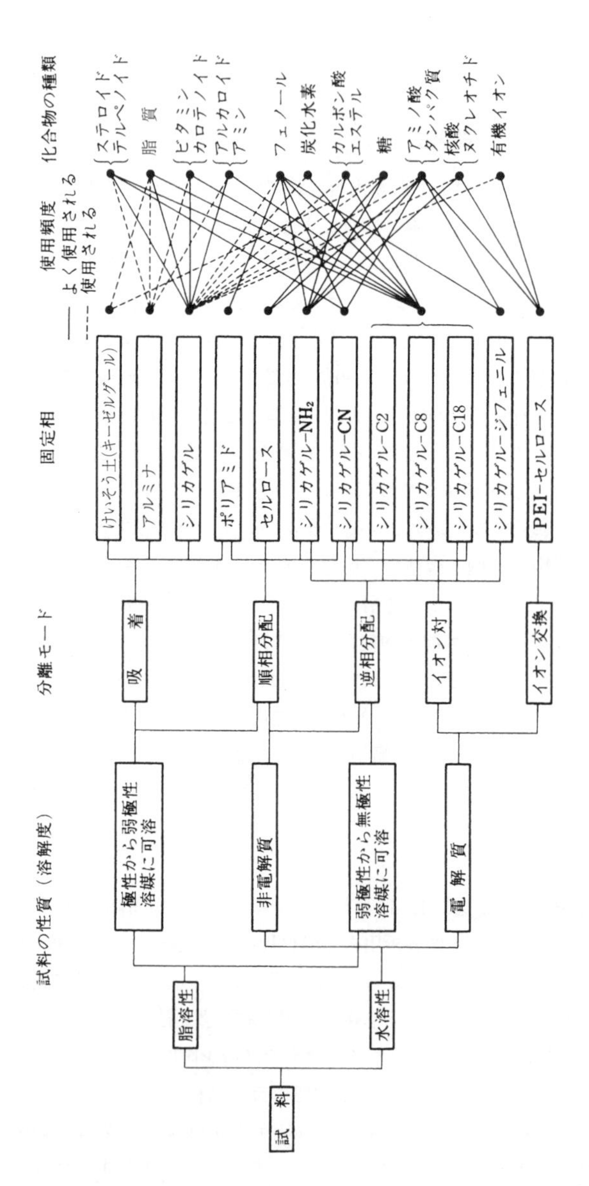

図 11.5　固定相の選択の目安
(Whatman 社資料，Merck 社資料をもとに作成)

表 11.6　おもな市販既製薄層プレート

		平均細孔直径［nm］または化学修飾基	蛍光剤		HPTLC	アルミシート	プラスチックシート	濃縮ゾーン付き
			無添加	含有				
吸着	アルミナ（酸化アルミニウム）	6		M，N		M	M，ト	
		15		M		M		
	けいそう土（キーゼルグール）		ヤ	M				
	シリカゲルけいそう土（キーゼルグール）			M				
	シリカゲル	4		M				
		6	M，W，N	M，ヤ	M，W，N	M，N	M，N，ト	M，W，N
		7	ワ	ワ	M			
		10		M				
		15	W	W				W
	ポリアミド			M, N, ワ, ト		M		
分配	化学修飾シリカゲル	C2	M，W	M，W	M			
		C8	W	M，W	M			
		C18	M，W，N	M，W，N	M，N			M，W
		NH_2		M	M			
		CN		M	M			
		ジフェニル	W	W				
	セルロース	粒子	M，W	M，W	M	M	M	W
		繊維	N	N		N		
イオン交換	PEI-セルロース		M	N		M，N，ト	N	

M：Merck 社，W：Whatman 社，N：M. Nagel 社，ト：東京化成，ヤ：ヤマト科学，ワ：和光純薬．
HPTLC：高性能薄層クロマトグラフィー．

いて 2 時間 120℃ で活性化させる．このさい，層が厚いと内部の水分が抜けにくく，加熱して活性化するときに大量の水分が出て層が乱れる原因になるので，長時間かけて十分に風乾してから活性化を行う必要がある．蛍光指示薬は入っていてもいなくても調製法は同じである．固着剤（ギプス，$CaSO_4$）は試料に対する吸着性がないので，固着剤の含有量が増加すると有効吸着量は減少する．

11.3.2　試料のチャージと検出

a.　分析を目的とした場合

反応の追跡を TLC で行う場合，R_f 値の変化が反応の進行状況を知るうえでもっとも明確な目安となる．同一プレート上でも溶媒の先端が水平に展開されるとは限らず，また反応溶液の溶媒の影響により展開位置も若干変化する可能性がある．そこで，原料のみ，原料と反応溶液の混合物，反応溶液のみ，の 3 点を一つのプレートで分析することで正しく判断することができる．

反応を追跡する場合，反応混合物溶液を直接チャージするのがほとんどであるが，予期せぬ反応が薄層板上で起こったり，反応の中間体が中途半端に分解されて展開されたりして，その結果誤った結論を下すことがある．このような場合は反応溶液を試料管に少量取って後処理を行ったのち，試料をチャージすればよい．また，低温反応の場合にはチャージの段階（キャピラリー中）で昇温してしまい反応が進行する場合もあるので，TLC にチャージするまでの時間を変化させるなどして注意深く観察する必要がある．難揮発性の溶媒を使って反応を行っている場合，スポットが押し上げられて本来の R_f 値より大きくなったり，反応溶媒が大きなスポットとなって目的物のスポットと重なったりすることがあるので，前述のように原料などのリファレンスと同プレートで解析するとともに，展開の前に減圧乾燥もしくはドライヤーなどで空気を吹きつけ，なるべく反応溶媒を除く．

展開溶媒の選択については，カラムクロマトグラフィーの場合とほぼ同じであるので 11.1.1 項を，また展開方法については詳細に記載されている 3.2.1 項を，それぞれ参照されたい．

検出方法には，蛍光剤を含有した薄層板を用い紫外線を照射する方法や発色試薬を噴霧する方法がある．薄層板に含有させる蛍光指示薬には，不溶性無機蛍光指示薬（マンガン活性化ケイ酸亜鉛：短波長紫外線 λ_{max} 254 nm で励起され，緑黄色の蛍光 λ_{max} 523 nm を発する），耐酸性の不溶性無機蛍光指示薬（短波長紫外線 λ_{max} 254 nm で励起され青白い蛍光を発する），有機蛍光指示薬（長波長紫外線 λ_{max} 366 nm で励起され青色の蛍光を発する）があり，紫外部に吸収をもつ物質の検出に適する．紫外線ランプは手に持てるものや暗箱に組み込んだもの，短波長と長波長の両方のランプを組み込んだものなど，種々の形のものが TLC 用検出器として市販されている．蛍光剤入りの薄層板上に紫外吸収をもつ化合物が存在すると，紫外線を照射したときに明るい蛍光による背景色の中に黒色の部分として検出される．

紫外部に吸収をもたない化合物の検出には，発色試薬を噴霧する．よく用いられる発色試薬を表 11.7 に示す．表に示したもの以外にも非常に多くの発色試薬が開発されており，Merck 社より出版されている "Dyeing Reagents for Thin Layer and Paper Chromatography" には 335 種類が掲載されている．それぞれの試薬は化合物の種類や官能基によって独特の呈色をするものが多く，うまく発色試薬を選ぶと目的の反応が進行しているか否かを効率よく迅速に判定できる．有機化合物全般を検出するには有機物を炭化させ，その褐色のスポットを検出する方法が多く使われている．展開が終わり溶媒をよく除いたプレートに，硫酸あるいは硫酸–硫酸セリウム(III) 溶液を噴霧し加熱する．炭化する前に現れる色の変化にも注意する．高温で長時間加熱しすぎると，スポットが消えてしまったり，プレート全体が着色してスポットの検出が困難になったりするので注意する．通常は，蛍光剤入りの薄層板を用

表 11.7　おもな発色試薬

検出薬	調製法	使用法	呈色	おもな適用化合物
濃硫酸		噴霧後，加熱	褐色	有機化合物全般
硫酸-硫酸セリウム(Ⅲ)	硫酸セリウム(Ⅲ)の 2% 硫酸 (2 mol L^{-1}) 溶液	噴霧後，加熱	褐色	有機化合物全般
ニンヒドリン	ニンヒドリンの 0.2% ブタノール溶液 95 mL＋10% 酢酸水溶液 5 mL	噴霧後，10～15 分間，120～150℃ に加熱	赤～青	アミノ酸，アミン含有化合物
Dragendorff 試薬	Ⅰ液：次硝酸ビスマス 1.7 g＋酢酸 20 mL＋蒸留水 80 mL，Ⅱ液：ヨウ化カリウム 40 g＋蒸留水 100 mL（両液は暗中に保存）	使用直前にⅠ液 15 mL，Ⅱ液 5 mL，酢酸 20 mL，蒸留水 70 mL の混液を噴霧	橙色	アミン，アルカロイド，含窒素化合物
リンモリブデン酸 (PMA)	5～10% エタノール溶液	噴霧後，加熱	種々の色	有機化合物全般
モリブデン酸アンモニウムセリウム	濃硫酸 50 mL，蒸留水 450 mL，モリブデン酸アンモニウム 25 g＋硫酸セリウム 5 g	噴霧後，加熱	種々の色	有機化合物全般
p-アニスアルデヒド	エタノール 478 mL，*p*-アニスアルデヒド 13 mL，酢酸 5 mL＋濃硫酸 18 mL を滴下（遮光冷蔵保存）	噴霧後，加熱	種々の色	有機化合物全般
2,4-ジニトロフェニルヒドラジン	0.5% 塩酸 (2 mol L^{-1}) 溶液	噴霧	黄～赤	アルデヒド，ケトン
塩化鉄(Ⅱ)	1% 水溶液	噴霧	種々の色	フェノール，タンニン
過マンガン酸カリウム	過マンガン酸カリウム 1.5 g，炭酸カリウム 10 g，水酸化ナトリウム 0.125 g，蒸留水 200 mL	噴霧	種々の色	有機化合物全般
ブロモクレゾールグリーン	水-メタノール (20：80) の 0.3% 溶液 100 mL に 30% NaOH を 8 滴添加	噴霧	黄～赤	カルボン酸
ヨウ素	ヨウ素とシリカゲルを適量ずつ混合	TLC を混合物中につけおく	褐色	有機化合物全般

い，展開溶媒をよく揮散させたのち，まず紫外線照射により検出を行い，スポットに印をつけ，ついで発色試薬による検出を行う．原料と生成物の R_f 値が同一の場合でも紫外吸収の有無，発色の仕方の違いによって反応の進行状況を知ることができる場合もあるので，普段から注意深く観察するように心掛ける．

官能基の種類による吸着力の強さの目安は，$-Cl, -Br < -H < -OCH_3 < -NO_2 < -N(CH_3)_2 < -CO_2CH_3 < -OCOCH_3 < =CO < -NH_2 < -NHCOCH_3 < -OH < -CONH_2 < -CO_2H$ の順で，順相系では吸着力が大きいほど R_f 値は小さくなり，逆相系では吸着力が大きいほど極性が高くなるため R_f 値は大きくなる．

b.　分取を目的とした場合

分取を目的として薄層プレートに試料をチャージする場合には，プレートの下辺と平行に直線状に均一に行う必要がある．初心者が確実にチャージするには，キャピラリーと定規を用いるのがよい（図 11.6(a)）．すなわち両端に脚をつけた定規に沿い点状に少しずつずらしながらスポットし，一定の幅をもった直線状に試料をチャージする．多量の試料を短時間にチャージする簡便な方法として，図(b) のような駒込ピペットやパスツールピペットの先端に脱脂綿を詰め，一定の試料を含ませたうえで，筆で文字を描くように少しずつ連続的に出していく方法もある．これは，細長いチップをつけたピペットマンを用いても可能である．

すなわち，適当な溶媒に溶かした試料（20～500 mg の試料では 0.5～2 mL）を上記の道具を用いてなるべく均一に直線状に細いバンドとしてチャージする．チャージしたときのバンドが太すぎると接近した R_f 値をもつ化合物の分離が困難となる．溶かす溶媒の極性が低すぎると部分的に試料が析出しテーリングを起こすことがある．1 枚のプレートにチャージできる試料の量は，試料の溶解性や分離の難易度など種々の要因により異なる．R_f 値の差が大きい成分どうしを分離する場合には，多量の試料がチャージできるが，R_f 値の差が小さければ小さいほどチャージする量を減らさなければならない．一般的な目安としては，20×20 cm のシリカゲルプレートにおいて，約 0.2 mm の層厚では数 mg，0.5 mm の層厚では ～20 mg，1 mm の層厚では ～100 mg の試料をチャージすることができる．

分取薄層クロマトグラフィーでは市販の専用の展開槽を用いる．展開溶媒（同種の固定相を用いた分析用 TLC であらかじめ決めておく）を約 1 cm の深さになるように（通常 100～150 mL）展開槽に入れる．展開槽の側面に展開溶媒で湿らせた沪紙をめぐらせて槽内を溶媒蒸気で飽和させておくと，R_f 値の再現性がよく，展開時間も短い．一度の展開で目的のゾーンが十分に分離する場合は，そのまま次の操作に移ればよいが，分取を目的とする場合は多量の試料をチャージしているために，一度の展開ではゾーンが広がり，ゾーンとゾーンの間が明確にならない場合が多い．このようなときにはより極性の低い溶媒（目的物の R_f 値が 0.2～0.3 になる溶媒がよい）を用い，数回展開を繰り返す多重展開を行うとよい．展開溶媒がプレートの上端に達したら，プレートを展開槽から取り出し，溶媒を迅速に乾燥除去したのち，再度展開を行う．

展開後目的物を分取するには，目的物のゾーンがどこにあるかを検出する必要がある．検出にさいしては，前述の分析の場合とは異なり，目的物を変化させてはならない．目的物が芳香族系の化合物あるいは共役ケトンや共役二重結合などの紫外部に吸収をもつ官能基を含

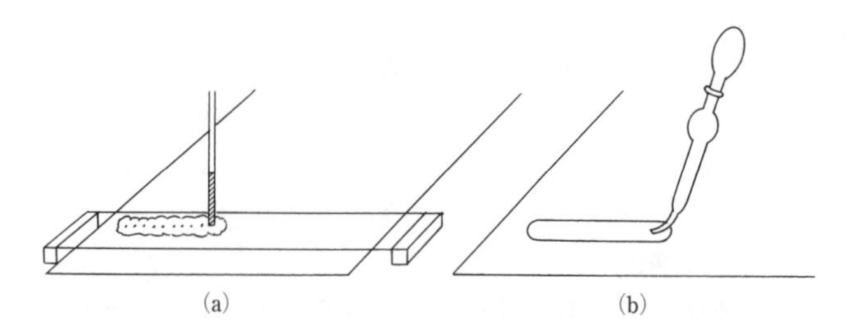

図 11.6　試料のチャージの仕方

んだ化合物の場合，蛍光指示薬を添加したプレートを使用するのがもっともよい．蛍光指示薬の種類については 11.3.2 a. 項を参照されたい．

紫外部に吸収をもたず着色もしていない化合物を検出するには，プレートのごく一部を展開方向に切断し，この断片を適当な発色剤で処理して目的物のゾーンの幅と R_f 値を読み取り，残りのプレートの相当する部分をかき取る．ゾーンは必ずしも水平に均一になっているとは限らないので，同一プレート上で目的以外の成分が蛍光を示すものがあるときには，それを利用してゾーンの曲がり方に見当をつける．プレートにヨウ素の蒸気を吹き付けて，黄色または黄褐色の着色を観察し，のちにヨウ素を揮散させる方法もあるが，化合物によってはヨウ素と直接化学反応するものもあるので注意を要する．

11.3.3 分取の仕方

分取のさい，展開し終わったプレートは，前項の要領で必要なゾーンを検出し印をつけておく．印に従って目的とするゾーンをスパチュラでかき取る．かき取るさいにはプレートより大きめのきれいな紙の上にプレートを置き，印の外を削らないように注意して行う．次に，かき取った粉末を適当な大きさのフラスコに入れ，展開溶媒よりも極性の高い溶媒を加える．よくかき混ぜて懸濁させたのち，固定相物質を沪別し，固定相物質は溶媒でよく洗って，洗液は沪液といっしょにする．懸濁液をつくるさいに塊があったら，ガラス棒などでよくつぶしておく．市販のプレートをかき取ったときには固い塊が多くできるので，乳鉢で擦りつぶしてから懸濁液をつくったほうがよく，また懸濁液を超音波洗浄器で処理すると，さらに効率のよい抽出ができる．極性の高い試料が吸着している場合には，固体ソックスレー（Soxhlet）抽出器を使用することが望ましい．得られた沪液と洗液を合わせた溶液から溶媒を減圧留去すると目的の化合物が得られてくる．しかしこの段階で得られる残渣中には細かい固定相物質が混ざっている場合が多く，その場合には再度目の細かい沪紙を用いて沪過を行う．有機蛍光物質を含有したプレートを使用した場合に蛍光物質もわずかに抽出されるが，シリカゲルかアルミナの短いカラムを通せば容易に除去できる．

11.4 その他のクロマトグラフィー

11.4.1 ガスクロマトグラフィー[7~10)]

ガスクロマトグラフィー（gas chromatography：GC）について，3.2.3 項では装置と概論および純度検定について述べた．本項では，定量分析と反応の追跡，混合物の分離の手段としての GC の利用について述べる．

a. ガスクロマトグラフィーによる定量分析

ある有機反応を行い，原料の消費，反応の進行状況をみるには，11.3 節で解説した TLC を使うのがもっとも手軽であるが，原料や生成物が低沸点の場合，あるいは反応の追跡を定量化したいときにはGCが便利である．一般に定量分析を行うさい，分析条件の変動が大きな誤差を生じるので，分析を行う間は測定条件を一定に保たなければならないし，またガスクロマトグラフ内で分解する物質や他の物質の分解や異性化により生成して含有量が変化するおそれのある物質は定量することができない．定量法としてよく使われるのは絶対検量線法および内標準法である．このほかに面積百分率法，補正面積百分率法，被検成分追加法などがある．

（i）**絶対検量線法**　標準試料の一定量を正確に導入して，絶対量とピーク面積または高さとの検量関係を求め，同一条件で試料の一定量を正確に導入し試料成分のピーク面積または高さから成分の絶対量を知る方法である．測定条件などが厳密に再現できればもっとも正確な方法である．

（ii）**内標準法**　一般の定量分析でもっともよく使われる方法である．試料中の含有成分と重ならない標準物質（内標準物質，internal standard）を選び，まず一定量の内標準物質を試料に加え内標準物質のピーク面積と成分のピーク面積の比を求める．別に内標準物質と成分の標品の一定量を混合し，ピーク面積比を求め，試料の結果とあわせて試料中の含有成分の量を決定することができる．この方法は絶対検量線法のように試料の量が正確である必要がない．内標準物質はその保持時間が含有成分の保持時間に近く，両者の感度が類似しているものがよく，また定量にさいしては，内標準物質と成分のピーク面積が同じくらいになるようにするとよい．以下に内標準法による定量のための式を示す．すなわちモル数既知の内標準物質とモル数既知の成分の標品の混合物をガスクロマトグラフに導入し，それぞれの面積からまず補正率（correction factor ：CF）を求める．次に定量しようとする試料にモル数既知の内標準物質を加え，それぞれの面積を求め，CFを用いて試料中の成分のモル数を求めることができる．

$$\mathrm{CF} = \frac{\text{成分物質のモル数}}{\text{内標準物質のモル数}} \times \frac{\text{内標準物質の面積}}{\text{成分物質の面積}}$$

$$\begin{matrix}\text{成分物質のモル数}\\(\text{試料中の成分のモル数})\end{matrix} = \mathrm{CF} \times \text{内標準物質のモル数} \times \frac{\text{内標準物質の面積}}{\text{成分物質の面積}}$$

以上のような定量分析は，現在クロマトデータ処理装置（CDS）を用いることによって容易にしかも迅速に行うことができる．これらの装置は各社から市販されているが，詳しい取扱いについてはそれぞれのマニュアルを参照されたい．

b.　ガスクロマトグラフィーによる反応の追跡

GCを用いて，ある反応時間ごとの生成物の収率を求めるには，まず純粋な生成物を入手し，このものの保持時間に近い保持時間を有する内標準物質を選び，内標準法のところで述べたCFを求める．反応混合物に一定物質量の内標準物質を加え，内標準法に従って定量すれば，生成物の物質量（モル）を求めることができ，これによって収率が計算できる．GC

による反応の追跡は，同時に多成分を分析できる強みがあるが，気化室で予期せぬ反応が起こらないか，カラム中で変化しないか，またどのような標準物質が適当かなどの問題をつねに意識する必要がある．

11.4.2　ゲル沪過

ゲル沪過（gel filtration）は，カラム充塡剤として多孔性の粒子を用いる液体クロマトグラフィーの一つであり，サイズ排除クロマトグラフィー（size－exclusion chromatography：SEC），あるいは分子ふるいともよばれる．充塡剤細孔内への溶質の浸透性の差違（溶質のサイズの違い）に基づいているため，分子サイズ（流体力学的体積）の大きいものから順次溶出される．おもな用途は，タンパク質，酵素，核酸，多糖類といった生体関連高分子化合物の分子量測定，脱塩，粗精製であり，この場合溶離液として水溶液が用いられる．これら生体高分子のゲル沪過に関しては他の実験書[11~16]に詳細な記載があるので，それらを参照されたい．最近はゴム，繊維など合成高分子の分子量測定や合成有機化合物の分離にも適用されており，分子量100程度の有機物，無機物から数百万に及ぶ高分子にわたり幅広く適用されている．SECの利点としては，分離原理と操作が単純で，化学的・物理的に安定な充塡剤（吸着などの溶質との相互作用が小さい）を用いているため，試料の回収率が高いことなどがあげられるが，分離できる分子量範囲が使用する充塡剤によって制限されるといった欠点もある．SECのカラム充塡剤は，さまざまな素材，母体のものが市販されており，その一例を表11.8に示す．

一般にデキストランを母体とする担体は，分子量の選択性が高いという性質をもつ反面，軟質充塡剤であるため，層高を高くしたり，圧力をかけて分離速度を上げることはできない．一方アガロース担体は，デキストランより多孔質で強度が高く，中高圧システムでも使用できるという特徴をもつ．素材として合成高分子，無機化合物を使用している他の例はいずれも硬質充塡剤に分類されるものであり，溶媒の透過性に優れており，高速分離に適している．ポリスチレン-ジビニルベンゼン系の充塡剤は有機溶媒を溶離液に用いることができ，合成高分子の分子量測定や合成有機化合物の分離に用いられている．高架橋度のポリメタクリル酸エステルや，ビス(メタクリル酸)ポリエチレングリコール系の充塡剤では，水溶液と有機溶媒の双方に用いることができる．ゲル沪過用充塡剤は，その孔径（分画範囲）の違いにより，おのおの商品として3~10種類程度が用意されており，その選択には各社より出されているパンフレットやデータ集を参考にするのがよい．

溶離液の条件としては，原理的には試料が溶ける溶媒なら何でもよいはずであるが，実際には，分子ふるい以外の吸着やイオン交換などの副次的な効果もはたらくので，最適な溶離液を選ぶ必要がある．また充塡剤と溶離液の適合がよくないと，充塡剤が十分に膨潤せず，分離能の低下が生じるおそれがある．

表 11.8　ゲル沪過クロマトグラフィー用充塡剤

溶離液	素材	商品名	母体化合物	メーカー
水溶液	天然高分子	Sephadex G	デキストラン	GE ヘルスケア・ジャパン
	天然高分子	Superdex	高度架橋アガロース-デキストラン	GE ヘルスケア・ジャパン
	天然高分子	Superose	高度架橋アガロース	GE ヘルスケア・ジャパン
	天然高分子	Sepharose	アガロース	GE ヘルスケア・ジャパン
	天然高分子	Bio-Gel A	アガロース	Bio-Rad 社
	天然高分子	セルファイン	セルロース，架橋セルロース	JNC 社
	天然高分子＋合成高分子	Sephacryl	アリルデキストラン-*N*,*N'*-メチレンビスアクリルアミド	GE ヘルスケア・ジャパン
	合成高分子	Bio-Gel P	アクリルアミド-*N*,*N'*-メチレンビスアクリルアミド	Bio-Rad 社
	合成高分子	TOYOPEARL HW TSKgel PW	メタクリル酸エステル	東ソー
	合成高分子	Ultrahydrogel	ヒドロキシル化ポリメタクリル酸	Waters 社
	無機化合物	Bio-Glas	ガラス	Bio-Rad 社
	無機化合物	TSKgel SW	シリカゲル	東ソー
有機溶媒＋水溶液	天然高分子	Sephadex LH	ヒドロキシプロピル修飾デキストラン	GE ヘルスケア・ジャパン
	合成高分子	TSKgel α TSKgel SuperAW	メタクリル酸エステル（高架橋度）	東ソー
	合成高分子	ダイヤイオン HP2MG	メタクリル酸メチル-ビス(メタクリル酸)エチレングリコール	三菱化学
有機溶媒	合成高分子	TSKgel H	スチレン-ジビニルベンゼン	東ソー
	合成高分子	Styragel	スチレン-ジビニルベンゼン	Waters 社
	合成高分子	Bio-Beads S-X	スチレン-ジビニルベンゼン	Bio-Rad 社
	合成高分子	ダイヤイオン HP	スチレン-ジビニルベンゼン	三菱化学
	合成高分子	セパビーズ SP	ジビニルベンゼン	三菱化学
	合成高分子	セパビーズ SP207	ブロモベンゼン-ジビニルベンゼン	三菱化学

11.4.3　電気泳動法

荷電した分子やコロイドは電場をかけることによって溶液中を移動する．この現象が電気泳動であり，生化学，とくにタンパク質や核酸の分野でもっとも重要かつ頻用される分離分析手段である．ここでは，タンパク質の電気泳動法について簡単に解説するが，詳細は他書[17~19]を参照されたい．

現在，タンパク質の分離分析法としてまず行われるのは，SDS-ポリアクリルアミドゲル電気泳動法である．この方法は，試料タンパク質を 2-メルカプトエタノールと SDS（硫酸ドデシルナトリウム）とを含む溶液で還元処理したのち，SDS の存在下でポリアクリルアミドゲルを担体として電気泳動するもので，一部の特殊なタンパク質を例外として，きわめて高い分解能で，分子量の順に分画することができる．とくに，Laemmli の開発した不連続緩衝液法[20]はもっとも広く採用されており，多成分系の高度分離に最適である．図 11.7 に模式図，表 11.9 に代表的なゲル組成と液組成を示す．使用する試薬は，電気泳動用または生化学用として市販されているものが望ましい．ゲル形状としては，平板状のスラブゲルが主流であり，同一板上で複数試料を並行して泳動できるので，比較分析もきわめて容易であるが，分析よりも分取を目的として，より多量の試料を泳動させたいときには，ディスクゲルといわれる円柱状のゲルも用いられる．試料タンパク質の S–S 結合の切断を嫌う場合は，還元処理をせずに泳動する場合もあるが，その泳動位置から分子量を推定することは危険であり，また，バンドもブロードになる傾向がある．泳動後は，クマジーブリリアントブルーによる染色や銀染色によって検出される．またはブロッティングしたのち，目的とする抗体で高感度検出される．

SDS を用いないポリアクリルアミドゲル電気泳動法は，タンパク質本来の電荷による泳

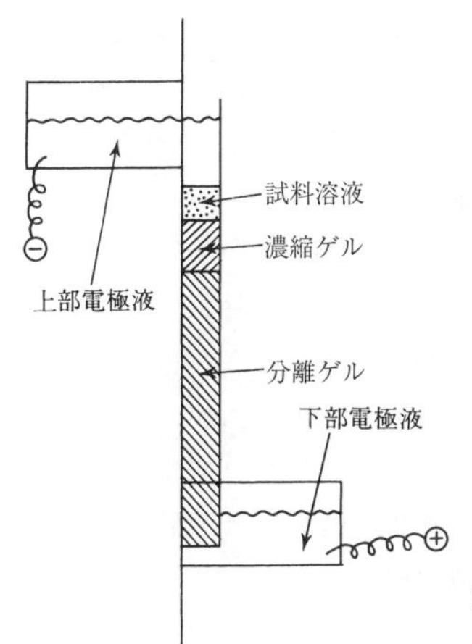

図 11.7 不連続緩衝液法 SDS-ポリアクリルアミドゲル電気泳動法（スラブゲル）の模式図

表 11.9 SDS-ポリアクリルアミド電気泳動法における代表的なゲル組成および液組成

試料溶液	タンパク質 10～100 μg，0.0625 mol L^{-1} トリス塩酸緩衝液（pH 6.8） 5% 2-メルカプトエタノール，2% 硫酸ドデシルナトリウム 10% グリセリン，0.001% ブロモフェノールブルー
電極液	0.025 mol L^{-1} トリス(ヒドロキシメチル)アミノメタン 0.192 mol L^{-1} グリシン，0.1% 硫酸ドデシルナトリウム，pH 8.3
濃縮ゲル	3% アクリルアミド，0.08% *N,N'*-メチレンビスアクリルアミド 0.125 mol L^{-1} トリス塩酸緩衝液（pH 6.8），0.025% 過硫酸アンモニウム 0.1% *N,N,N',N'*-テトラメチルエチレンジアミン 0.1% 硫酸ドデシルナトリウム
分離ゲル	7～20% アクリルアミド，0.2～0.5% *N,N'*-メチレンビスアクリルアミド 0.375 mol L^{-1} トリス塩酸緩衝液（pH 8.9），0.025% 過硫酸アンモニウム 0.1% *N,N,N',N'*-テトラメチルエチレンジアミン 0.1% 硫酸ドデシルナトリウム

動を利用するもので，純粋なタンパク質どうしの移動度の比較，非変性状態での分離などを目的として行われる．一方，種々の等電点を有する低分子両性電解質混合溶液を含むゲルに電場をかけて，ゲル内に pH 勾配をつけたのち，試料タンパク質を泳動させると，そのタンパク質の等電点近傍で泳動が停止することを利用したものが，等電点電気泳動であり，試料タンパク質の等電点を推定する方法として有用であるばかりでなく，この泳動を一次元目に，SDS-ポリアクリルアミド電気泳動を二次元目に用いる二次元電気泳動法[21]は，非常に多種類のタンパク質が混合した試料の分離分析にきわめて有効である．

11.4.4　イオン交換クロマトグラフィー

イオン交換クロマトグラフィーは，試料と充塡剤との間の静電力により，物質を分離，精製するカラムクロマトグラフィーである．カラムにイオン交換樹脂（表 11.10）を詰めてクロマトグラフィーを行う．分離能力が高く，精密分離が可能であるが，これはイオン交換クロマトグラフィーにおいては，静電相互作用以外にファンデルワールス（van der Waals）力や水素結合もはたらくためである．おもな用途は，タンパク質，酵素，核酸などの生体高分子の分離，精製である．生体高分子用イオン交換樹脂を用いると，穏やかな条件でクロマトグラフィーができるため，酵素などの失活が起きにくい．生体高分子のイオン交換クロマトグラフィーに関しては，他の実験書[22~24]に詳細な記載があるので参照されたい．生体高分子以外の有機化合物では，アミノ酸の精製，核酸分解物の精製などで，工業的に使用されている．抽出法や再結晶法で精製困難な場合には，大量分取の有効な手段となりうる．イオン交換クロマトグラフィーの応用分野と使用するイオン交換樹脂を表 11.11 にまとめる．

従来から水処理分野で用いられているポリスチレン系の汎用イオン交換樹脂は，交換容量が大きいため，イオン性化合物を非イオン性化合物から吸着分離したり，イオン性化合物の対イオンを変換したりするときに用いられることが多く，クロマトグラフィーとして用いられることは少ない．これに対し，生体高分子用イオン交換樹脂は交換容量を必要最小限におさえ，クロマトグラフィーを行いやすくしてある．また最近はソフトゲルの操作性の悪さを改良したハードゲルも売り出されており，迅速な高分離精製が可能となった．

イオン交換クロマトグラフィーでは，溶離後にグラジエント（勾配）を用いることが多い．アミノ酸の分離では，pH 勾配を，タンパク質，核酸では，塩濃度の勾配をよく用いる．個々の化合物の分離においては，HPLC の結果を参考にして，溶離液組成，濃度流速を決めればよい．

11.4.5　交流分配クロマトグラフィー

交流分配法をカラム（クロマト管）を用いて行うことができるようにしたものが，交流分配クロマトグラフィーである．固定相担体を用いない分配クロマトグラフィーともいえる．交流分配クロマトグラフィーにもいくつかのタイプがあるが，ここでは装置が市販されてい

表 11.10 おもなイオン交換樹脂

		官能基		母体化合物
汎用イオン交換樹脂	陰イオン交換	強塩基	$-CH_2N(CH_3)_3$	ポリスチレン（一部，ポリメタクリル酸エステル）
			$-CH_2N(CH_3)_2CH_2CH_2OH$	
		弱塩基	$-CH_2N(CH_3)_2$	
			$-CH_2NHCH_2CH_2N(CH_3)_2$	
	陽イオン交換	強　酸	$-SO_3H$	
		弱　酸	$+COOH)$	ポリ(メタ)アクリル酸
生体高分子用イオン交換樹脂	陰イオン交換	強塩基	$-CH_2CH_2N(C_2H_5)_3$	デキストラン
			$-CH_2CH_2N(C_2H_5)_2CH_2CH(OH)CH_3$	セルロール
		弱塩基	$-CH_2CH_2N(C_2H_5)_2$	
			$-CH_2CH_2NH_2$	アガロース
			$-C_5H_4NH_2$	脱水性ビニルポリマー
	陽イオン交換	強　酸	$-CH_2CH_2CH_2SO_3H$	
			$-CH_2CH_2SO_3H$	
		弱　酸	$-CH_2COOH$	
			$-OPO_3H_2$	

表 11.11 イオン交換クロマトグラフィーのおもな応用分野と充塡剤，溶離液

応用分野	溶離液 pH	使用する充塡剤	溶離液
スルホン酸		陰イオン交換樹脂	塩　基
カルボン酸	p*K* より大		
ヌクレオチド			
核　酸	p*I* より大		塩基性緩衝液
タンパク質	↑		
	p*I*		
酵　素	↓	陽イオン交換樹脂	
アミノ酸	p*I* より小		酸性緩衝液
ヌクレオシド			
核酸塩基			
アミン	p*K* より小		酸
アンモニウム			

る（たとえば，東京理化）液滴交流分配クロマトグラフィーを中心に述べる．交流分配クロマトグラフィーについては総説[25~28]を参照されたい．

図 11.8 に，液滴交流分配クロマトグラフィーのフローシートを示す．カラムは内径 2～4 mm，長さ 400 mm のガラスまたはテフロンチューブを，250～500 本，直列につないで使用される．固定相となる溶媒をカラムの下端より充塡したのち，試料を固定相：移動相＝1：1 の混合溶媒に溶かしたものをチャージし，移動相を管の上端（移動相の密度>固定相の密

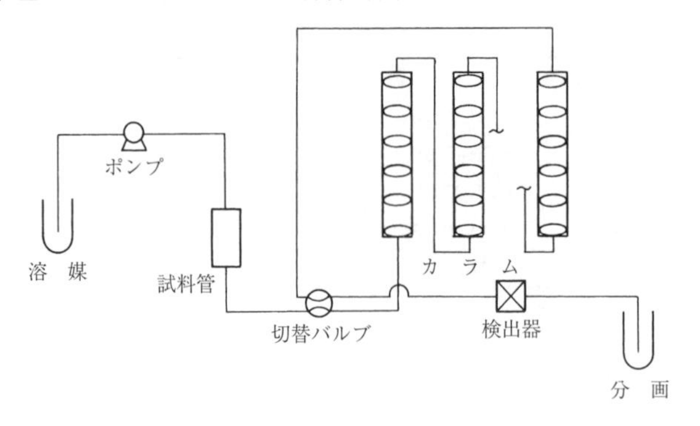

図 11.8　液滴交流分配クロマトグラフィーのフローシート

度）または下端（移動相の密度＜固定相の密度）より液滴として送り込み，クロマトグラフィーを行う．

固定相および移動相として用いることのできる溶媒系は，2 相間の界面張力が約 10^{-4} N cm^{-2} のものといわれており，ヘキサン-水のように界面張力が大きすぎると，内径の小さなカラム内では液滴を形成することができず，ポンプにより送り込まれる移動相によって固定相が押し出されてしまう．溶媒系としては，たとえばクロロホルム-メタノール-水系がある．分液漏斗で振って，上下 2 層に分離されたものを，固定相および移動相として用いる．分離する化合物と溶媒系については文献[28]に一覧表が出ている．

交流分配クロマトグラフィーの利点として，(1) 固定相担体を用いないので試料のロスがない，(2) 同一溶媒系で，順相と逆相のどちらも行える，(3) 不純物を含む試料を直接クロマトグラフィーにかけられるなどがあげられる．

交流分配クロマトグラフィーの応用例としては，単糖類：糖脂質：サポニン，ブラボノイド配糖体などの配糖体：DNP-アミノ酸：ポリペプチド：アルカロイド：脂質などを分離した例が報告されている．実験例についても，他書[26,28]に詳細な記載があるのでそれらを参考にされたい．

11.4.6　アフィニティークロマトグラフィー

アフィニティークロマトグラフィーとは，目的物質と不純物とを分離するさい，目的物質に対して特異的な親和力を有する物質を固定相として用いるクロマトグラフィーであり，主として，タンパク質の精製において，とくに目的物質が出発原料中に微量にしか含まれない場合のきわめて高能率の精製法として，近年とみに頻繁に利用されるようになった．

特異的な親和力として利用されるものは，(1) 酵素と基質，コファクター，阻害剤およびそれらの類似体，(2) 抗原と抗体，(3) ホルモンと受容体が代表的なものであるが，それ以外にも (4) 糖タンパク質とレクチン，(5) 細胞とレクチン，(6) 核酸どうしなども含むことができる．

したがって，これらの親和力は，すぐれて物質特異的なものから群特異的なものまで，さらには，疎水性相互作用や金属キレート作用のように，どちらかといえば非特異的なものまで含む場合もあり，それぞれの利点を生かして活用される．

群特異的なリガンド（固定相側の物質）としては，(1) アデノシン一リン酸（AMP），アデノシン三リン酸（ATP），還元型ニコチンアミドアデニンジヌクレオチド（NADH）などの関与する酵素類に対するブルー色素，(2) 糖タンパク質に対する各種レクチン類，(3) 免疫グロブリン（G タイプ）に対するプロテイン A，(4) 核酸関連酵素に対する核酸類などがあげられ，これら群特異的吸着体は市販されているものが多い．しかし，物質特異的なリガンドの場合は，実験者みずから吸着体を調製する必要があり，その手順は，(1) リガンドの精製または合成，(2) 担体の活性化およびスペーサーの導入，(3) 活性化担体へのリガンドの固定化（カップリング）である．

このうち，活性化担体は臭化シアン活性化物，アミノアルキル化物，エポキシ化物，*N*-ヒドロキシスクシミドエステル化物など，多種類の製品が市販されており，一般の実験にはこれらを利用することで，ほとんどの場合間に合う．しかし，担体の物性，スペーサーの非特異相互作用，リガンドの漏れ（リーク）などの理由により，担体，スペーサー，活性基のいずれかが，市販品で満足されない場合も多々ある．

吸着体を調製すれば，通常の吸着クロマトグラフィーと同様に行えばよいが，そのさい，溶離法としては，リガンド類似体による競合的溶離，イオン強度の変化，pH の変化などが用いられる．目的物質やリガンドが変性する条件は好ましくないので，その観点から目的物質と適度の親和力をもつリガンドを選定し，特異性の高い適切な溶離条件を見出すことが肝要である．

実験手法については，成書[29~32]およびメーカーの発行している解説を参照されたい．

文　献

1) a) R. Gritter, J. M. Bobbitt, A. E. Schwarting 著，原 昭二 訳，“入門クロマトグラフィー 第 2 版”，東京化学同人（1988）；b) K. Hostettmann, M. Hostettmann, A. Marston 著，小村 啓，橘 和夫 訳，“分取クロマトグラフィーの実際：天然物を中心に”，東京化学同人（1990）．
2) H. Brockmann, H. Schodder, *Ber. Dtsch. Chem. Ges.,* **74**, 73（1941）．
3) R. Hernandez, R. Hernandez, Jr., L. R. Axelrod, *Anal. Chem.,* **33**, 370（1961）．
4) E. Stahl, *Angew. Chem.,* **73**, 646（1961）．
5) W. C. Still, M. Khan, A. Mitra, *J. Org. Chem.,* **43**, 2923（1978）．
6) J. Leonard, B. Lygo, G. Procter 著，田川義展 訳，“研究室で役立つ有機化学反応の実験テクニック”，丸善出版（2012）．
7) 荒木 峻，“ガスクロマトグラフィー 第 3 版”，東京化学同人（1981）．
8) 日本分析化学会ガスクロマトグラフィー研究懇談会 編，“キャピラリーガスクロマトグラフィー”，朝倉書店（1997）．
9) 日本分析化学会ガスクロマトグラフィー研究懇談会 編，“役にたつガスクロ分析”，みみずく舎（2010）．

10) 日本化学会 編,“第5版 実験化学講座 20-1”, 丸善出版 (2007).
11) 阿南功一ら 編,“基礎生化学実験法 2. 抽出・分離・精製”, 丸善出版 (1974).
12) 阿南功一ら 編,“基礎生化学実験法 3. 分子量と分離分析”, 丸善出版 (1975).
13) 日本生化学会 編,“基礎生化学実験法 3. 検出・構造解析法”, 東京化学同人 (2001).
14) 日本生化学会 編,“新生化学実験講座 1. 分離・精製・性質”, 東京化学同人 (1990).
15) 日本生化学会 編,“新生化学実験講座 2. 分離精製”, 東京化学同人 (1991).
16) 日本化学会 編,“新 実験化学講座 19-2”, 丸善出版 (1978).
17) 日本電気泳動学会 編,“最新 電気泳動実験法”, 医歯薬出版 (1999).
18) 堀尾武一, 山下仁平 編,“蛋白質・酵素の基礎実験法”, pp. 229-381, 南江堂 (1981).
19) 日本生化学会 編,“生化学実験講座 1. タンパク質の化学 I”, pp. 211-312, 469-492, 東京化学同人 (1976).
20) U. K. Laemmli, *Nature,* **227**, 680 (1970).
21) P. H. O'Farrell, *J. Biol. Chem.,* **250**, 4007 (1975).
22) 日本生化学会 編,“生化学実験講座 1. タンパク質の化学 I”, 東京化学同人 (1976).
23) 日本生化学会 編,“生化学実験講座 2. 核援の化学 1”, 東京化学同人 (1976).
24) 日本生化学会 編,“生化学実験講座 5. 酵素研究法 上”, 東京化学同人 (1976).
25) 谷村恵徳, 分析機器, 臨時増刊号(74-7), 85 (1974).
26) 泉屋信夫, 岡元孝二, 分析機器, 臨時増刊号(74-7), 143 (1974).
27) 谷村恵徳, 大塚英昭, 荻原幸夫, 化学の領域, **29**, 895 (1975).
28) K. Hostettmann, *J. Med. Plant Res.,* **39**, 1 (1980).
29) 日本生化学会 編,“生化学実験講座 1. タンパク質の化学 I”, pp. 140-171, 東京化学同人 (1976).
30) 堀尾武一, 山下仁平 編,“蛋白質・酵素の基礎実験法”, pp. 136-180, 南江堂 (1981).
31) 山崎 誠, 石井信一, 岩井浩一 編,“アフィニティークロマトグラフィー”, 講談社サイエンティフィク (1975).
32) 大沢利昭, 寺尾允男 編,“アフィニティクロマトとアフィニティラベル”, 共立出版 (1980).

Chapter 12

機器分析

12.1 赤外吸収スペクトル

赤外吸収（infrared absorption：IR）スペクトルは，分子振動遷移に起因する吸収スペクトルで，通常，赤外部の波数 4000～400 cm^{-1}（波長 2.5～25 μm）の範囲で測定を行う．分子振動には，伸縮振動，変角振動，ねじれ振動がある．このうち，純粋なねじれ振動の吸収帯は重要ではない．有機化合物の構造決定の目的で IR スペクトルを用いる場合は，各官能基の特性吸収帯に着目することが多い．分子振動は，分子全体の現象であるので，対称性など分子全体としての性質に支配される面もあるが，他方で分子の局部的な性質，すなわち，原子団により決まる振動も多く現れる．これらが，特性吸収帯あるいはグループ振動数とよばれるもので，分子内に特定の原子団があるか否かを探る有力な手懸りになる[1,2]．

12.1.1 分光光度計とチャート

赤外分光光度計は，回折格子を用いて単色光を取り出し，波数掃引を行って各波数ごとに吸収の強さを測定していく分散型のものが主流であったが，現在では，干渉計によって光源からの連続光の一部に光路差を与えて，得られる干渉波をフーリエ変換（Fourier transformation：FT）して成分波のスペクトルを得る FTIR を用いるのが一般的である．赤外部の測定には，光源として高輝度セラミックを利用し，検出器として通常熱電対を用いる．

IR スペクトルは，ほとんどすべての分光光度計で，縦軸が透過度［%］，横軸が波数［cm^{-1}］を表したチャートに記録される．吸収強度を正確に読み取りたい場合には，ピークの吸収強度は透過率で 20～40% くらいが望ましいが，通常の測定では，官能基の検出や化合物の同定を目的としているので，チャート中の最強の吸収帯の透過率は 5% くらいにして，弱い吸収帯も観測できるような条件で測定するのがよい．とくに弱い吸収帯だけを目的とした測定の場合を除いては，強いピークが飽和して先端が平らになるような条件は避けるべきである．

測定は比較的簡単で，バックグラウンドの測定を行ったのちに，試料セルを試料室にセッ

表 12.1　IR スペクトル用セルの窓材として使われる赤外線透過材料

赤外線透過窓板材料（化学式）	色	使用可能な波数範囲 [cm^{-1}]	使用上の注意事項
塩化ナトリウム（NaCl）	無	＞600	水分に対して弱く，試料中の少量の水でも窓板を溶かすおそれがある．板の表面に傷がついた場合の磨き直しは容易
臭化カリウム[a)]（KBr）	無	＞400	（同上）
臭化セシウム[a)]（CsBr）	無	＞250	（同上）
KRS-5（TlBr・TlI）	橙赤	＞250	毒性あり．試料に多少の水分が含まれていても使用可
二酸化ケイ素（SiO_2）	無	＞2500	水には強いが，使えるのは X−H 伸縮領域だけ
塩化銀（AgCl）	無	＞400	水溶液用．光に弱いので使用のさいは要注意
三セレン化二ヒ素（As_2Se_3）	黒	＞650	水溶液で使用可能（毒性あり）

a）これらの塩の粉末は固体測定用の錠剤（ペレット）をつくるのに使われる．

トして，測定を開始すればよい．

12.1.2　試 料 の 調 製[3,4)]

試料が気体の場合には，気体セル，液体の場合には，通常の定性的な目的では組立てセル，固体の場合には，臭化カリウムと混ぜて透明な錠剤（ペレット）として測定するのが便利である．このほかに，液体や固体の場合には溶液としての測定，固体ではペースト法，高分子では薄膜（フィルム）法による測定がある．錠剤法と薄膜法を除いては，それぞれの目的に応じて設計された赤外線透過材料の窓をもつ試料セルを用いる．セルの窓材として用いられるおもな赤外線透過材料を表 12.1 に示す．ハロゲン化アルカリが多くを占めるので，水溶液の測定には特殊な窓材を用いたセルが必要になる．一方，赤外領域に透明な高屈折率媒質（プリズム）に密着させた液体および粉末試料表面で全反射する光を測定する手法は，全反射（attenuated total reflection：ATR）法とよばれる．この手法は，上記のようなペレットやフィルムの作製あるいはセルの使用などをまったく必要とせず，試料を化学的あるいは物理的に前処理することなく直接測定することができるため，簡便である．次に有機化学でよく使われる固体と液体の試料の調製法について述べる．

a.　固体試料の調製

（i）錠剤法（ペレット法）　試料 1～2 mg，乾燥した臭化カリウム（KBr）粉末（錠剤成形用として市販）300 mg を用いる．まず，試料をめのう乳鉢でよくすりつぶして細かい粉にしておき，KBr 粉末を乳鉢に加えてよくすりつぶし混ぜ合わせる．すりつぶす間に KBr が吸湿するおそれがあるので，操作は手早く行う注意が必要で，とくに湿気の多い季節には除湿された空調室またはドライボックス（ビニール製など簡単なものでよい）中で行うことを勧める．次の図 12.1(a), (b) の錠剤成形器を用いて錠剤（ペレット）にする．錠剤成形器は (1)～(10) の各部分がばらばらになっているものを図のように組み立てて使用する．まず (1) のケースの中に底型 (7) を置き，その上に外型 (6) をはめ込む．次に試料粉をできるだけ層の厚さが均一になるように注意して入れ，上型 (8) を研磨面が下側になるように入れる．試料に接する (7) の上面と (8) の下面は研磨されているので，スパチュ

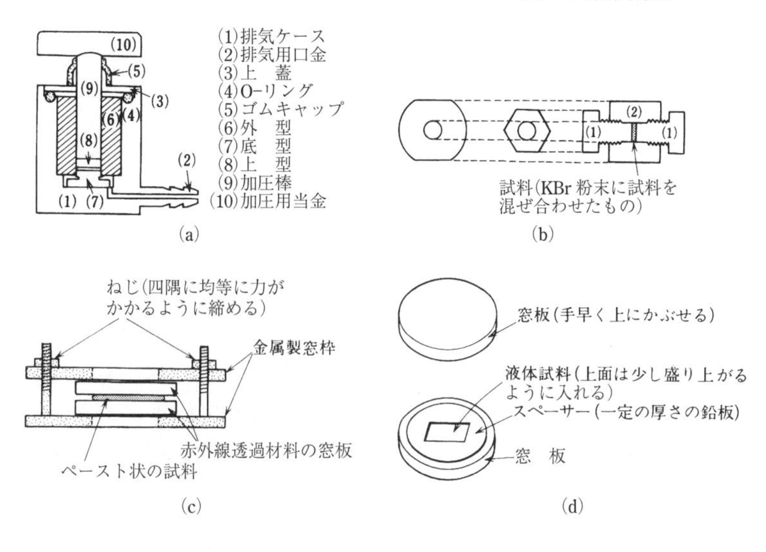

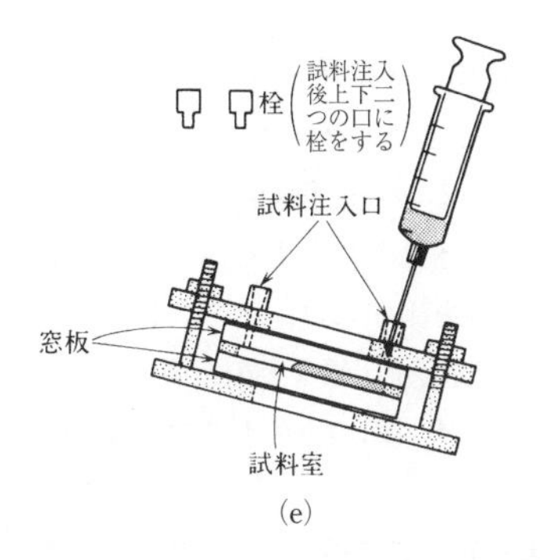

図 12.1　IR スペクトルの試料調製法
(a) 錠剤成形器，(b) 錠剤成形器（簡易型），(c) 組立てセル（ペースト法），(d) 液体試料の調製（組立てセル (c) に挟んで測定，(e) 固定セル（溶液の注入法）：セルを図のように傾けて，溶液を下側の口から入れる：一方のねじ (1) をねじ込んでおいてから試料粉を入れて，両方のねじ (1) を強く締める．

ラでこすったりして面を傷つけないように注意する．最後に，加圧棒 (9) を入れ，ゴム製パッキング（O-リング (4)）を入れ，上蓋にゴムキャップを施して内部が気密になるようにして，真空ポンプで 2~3 mmHg 以下に減圧しながら油圧機で $5\,\mathrm{t\,cm^{-2}}$ ($1\,\mathrm{t\,cm^{-2}} = 9.806\,65\times10^{4}\,\mathrm{Pa}$) 程度に数分間加圧すると，透明な錠剤が得られる．簡易型の錠剤成形器（図 12.1(b)）も市販されていて，油圧機なしで手軽に使える．

もっとも一般的な固体の試料調製法であり，微量の試料で $4000\sim400\,\mathrm{cm^{-1}}$ の領域が測定可能で，測定後に試料の回収も可能である．定量の目的には，粒子の大きさの影響に注意する必要がある．

(ii) ヌジョール法（ペースト法）　錠剤成形器などを必要とせず，試料調製は容易であるが，$4000\sim650\,\mathrm{cm^{-1}}$ の全領域の測定にはペースト化剤（mulling agent：固体試料をペースト状にするための高沸点油状液体）としてヌジョール（nujor）あるいはヘキサクロロブタジエン（毒性注意）を使う．

試料 5～10 mg をめのう乳鉢で細かくすりつぶしてから，1 滴のペースト化剤を加えてさらに混ぜ合わせてかゆ状にする．これを，組立てセルを用いて 2 枚の窓板に挟み，窓枠で固定して測定する．窓枠のねじを締めるときには，四隅に均等な力がかかるように 4 本のねじを順次少しずつ締めていく（図 12.1(c)）．

b.　液体試料の調製（液膜法）

常温でそれほど揮発性のない液体試料は，純液体のままで窓板に挟んで，組立てセルを用いて測定するのがもっとも簡単で，しかも全領域のスペクトルが得られるよい方法である．ペースト法に比べて，粘度の低い液体についての測定であるので，スペーサーとよばれる薄い鉛の枠板を用いることが多い．スペーサーを用いると，液膜の厚さが定まるので，半定量的な測定も可能である．スペーサーは，0.01 mm，0.1 mm，0.5 mm の厚さのものがよく用いられ，鉛のほかにスズ，アルミニウム，ポリエチレンなどの材質も用いられる（図 12.1(d)）．

c.　溶液試料の調製

有機溶媒の溶液を液体セルに入れて測定する．液体用のセルは，固体セルと可変セルの 2 種類がある．前者はセルの厚さが一定であるが，後者ではマイクロスクリューによりセルの厚さを 0～5（または 10）mm の範囲で自由に変えられるので便利である．どちらの型のセルでも，通常上下 2 カ所の液体注入口をもつので，液体はセルを少し傾けて下のほうの口からシリンジなどを用いて入れる（図 12.1(e)）．溶液を出すには，一方の栓を開けて下に向けて受け器をあて，上側の栓を開ける．使用後は，四塩化炭素などの溶媒をセルに入れて 2，3 回洗ったのちに，真空ポンプで軽く吸引して乾かす．ふつうのセルは，水溶液には使用できない．

溶液での測定は，多量に存在する溶媒の吸収により妨害されるので，溶媒の吸収がない波数領域を選んで行わねばならない．このような欠点があるので，溶液での測定は，定量を目的とする場合や，分子間相互作用の研究など，特定の波数領域についての，どちらかというと特殊な場合に利用される．溶媒としてよく用いられるのは四塩化炭素，クロロホルムなどである．図 12.2 に溶媒とペースト化剤の使用可能な波数範囲を掲げる．

12.1.3　検　　出

高波数側から注目すべき吸収について述べる．3500 cm^{-1} 付近には，O−H や N−H の伸縮振動が観測される．水素結合をしていない O−H は 3600 cm^{-1} 付近に鋭い吸収を示すが，これは溶液試料の濃度を薄くした場合に観測されることがある．O−H と N−H の吸収の区別は容易ではないが，1250 cm^{-1} 付近の C−O 伸縮の有無などが判断材料になる．C−H 伸縮吸収は，3300～2700 cm^{-1} に観測されるが，官能基の特定に利用できるのは 3300 cm^{-1} に

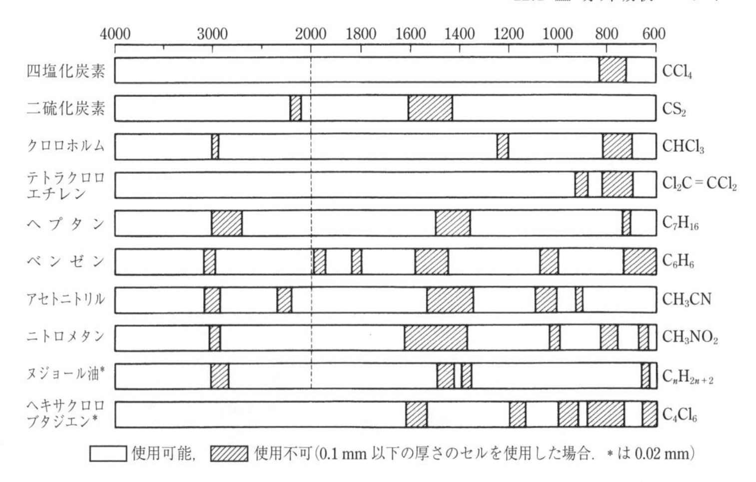

図 12.2 IR スペクトル用溶媒およびペースト化剤の使用可能な波数範囲

鋭く強い吸収を示す末端アセチレンの C−H である．カルボニルの C=O 伸縮は 1700 cm^{-1} 付近に吸収を示し，一般に酸無水物（1850～1740 cm^{-1}）や酸ハロゲン化物（1815～1785 cm^{-1}），エステル（1750～1735 cm^{-1}），ケトン（1725～1705 cm^{-1}），アルデヒド（1720～1700 cm^{-1}），アミド（1690～1630 cm^{-1}）の順に低波数シフトするが，その種類の判別には ^{13}C NMR を用いるほうが明確である．そのほか，ニトリルやアジド，イソニトリルの伸縮は 2270～2120 cm^{-1} に特徴的な吸収を示す．また S=O の対称および逆対称伸縮振動に由来する硫酸エステルの吸収は，それぞれ 1200～1185 cm^{-1} および 1415～1380 cm^{-1} に観測され，リン酸エステルの P=O 伸縮は，1299～1250 cm^{-1} に吸収を示す．900～680 cm^{-1} には芳香族化合物の C−H 変角振動が観測され，この領域の吸収帯の数および位置からベンゼン環の置換パターンもある程度見積もることができる[5)]．

12.1.4 反応の追跡と生成物の定量

IR スペクトルによる反応追跡の長所は，反応を停止（クエンチ）せずに反応混合物中の反応物，中間体，生成物などの各成分を時々刻々と観測できること，反応をスペクトル測定用セル中で行うことにより，反応系の変化を試料を採取することなく追跡できることなどである．フーリエ変換赤外分光法（FTIR）は全領域のスペクトルをきわめて短時間で得ることができる点で，比較的速い反応過程の追跡に有力な手段となりつつある．とくに ReactIR とよばれる装置を利用すると，反応フラスコ中にプローブを挿入して，反応溶液の IR スペクトルをその場測定することが可能である．サンプリングや反応を停止させる必要がなく，きわめて高精度に IR スペクトルを得ることができるため，反応速度論解析などに有用である．

定量分析および反応速度の決定などについては，IR スペクトルと UV スペクトルで本質的に変わらないので，次節で詳細を記述する．

12.2　紫外・可視吸収スペクトル

紫外・可視吸収（ultraviolet-visible absorption：UV）スペクトルは分子の電子遷移に起因するスペクトルで，有機化学で通常用いるのは 200 nm より長波長の，いわゆる近紫外領域に現れる吸収スペクトルである[6,7]．強度が大きいのは，芳香環ないしは共役系の $\pi \rightarrow \pi^*$ 吸収帯で，モル吸光係数が 10 万以上になる場合も知られている．近紫外・可視部に現れる試料の吸収帯の数はそれほど多くないので，得られる情報量は赤外や NMR（12.3 節参照）に比べて少ないが，π 電子系や非共有電子対の状態について価値の高い情報が得られる場合が多い．UV スペクトルでは，強度が重要であるので，赤外領域の分光測定に比べて吸収強度を精密に測定する．したがって，定量分析への応用に好都合である．

12.2.1　分光光度計とチャート

測定には，紫外・可視分光光度計を用いる．この領域の分光器としては，回折格子が使われている．光源としては，可視部用のタングステンランプ，紫外部用の重水素ランプが多く使われている．したがって，360 nm 付近の波長で両光源を切り替えて測定を行うことが多い．

UV スペクトルのチャートは，縦軸に吸光度（$A=-\log T$，T は透過率），横軸に波長をとったものが多い．波長の補正は，とくに行わないのがふつうである．

分光光度計の測定操作は簡単で，試料および参照物質の入ったセルをセルホルダーに入れて光路中にセットして，測定を開始するだけである．

12.2.2　試料の調製

UV スペクトルの測定は，もっぱら溶液について行われる．難溶性の固体については，分光反射率の測定により吸収ピークの位置を測定できるが，強度についての定量的知見は得られない．

a.　溶液試料

測定には，石英製のセルが用いられ，厚さ（光路の長さ）1 cm のセルが標準で，もっとも頻繁に使われている．可視部専用のガラスセルもある．セルの内側寸法は，かなり高精度でつくられているので，通常の測定では補正の必要はないが，吸収強度（モル吸光係数）を精密に決める場合には補正が必要になる．測定用セルは，試料用セルと参照物質用セルを一対として揃えておく．使用するときには，必ず前者に試料溶液を，後者には溶液をつくるのに使ったものと同種の溶媒を入れる．両者を入れ替えたり，ほかのセルと混用したりしない

表 12.2　おもな溶媒の紫外領域での誘電率と透過範囲

溶媒	誘電率 (20 ℃)	透過限界[a] [nm]	溶媒	誘電率 (20 ℃)	透過限界[a] [nm]
ヘキサン	1.880	195	アセトン	20.7	325
ヘプタン	1.924	197	エタノール	24.58	205
シクロヘキサン	2.023	205	メタノール	32.70	205
1,4-ジオキサン	2.209	215	*N*,*N*-ジメチルホルムアミド	36.71	270
ベンゼン	2.275	280	アセトニトリル	37.5	190
四塩化炭素	2.238	265	ジメチルスルホキシド	46.68	262
クロロホルム	4.806	245	水	80.20	185
ピリジン	12.4	305			

a) 透過率が 10% になる波長，これより短波長側の測定には使用できない．
(S. L. Murov, “Handbook of Photochemistry”, p.88, Marcel Dekker (1973))

ほうが，再現性のよいデータが得られるうえ，強度の補正を行うにも便利である．とくに，紫外部のスペクトルの測定では，セルのわずかな汚れが誤差の原因になりうるので，セルはよく洗って汚れを完全に落として使用する，セルを取り扱うさいに光路面は絶対に手を触れない，などの注意が必要である．

測定に使う溶液の濃度は，観測しようとする吸収帯の予想強度に基づいて吸光度が 0.3～0.5 の範囲になるように概算して決めるのがよい．1 cm セルを用いた $\pi \rightarrow \pi^*$ 吸収帯の測定には，5×10^{-5}～10^{-4} mol L^{-1} くらいが目安である．溶媒としては，水，エタノール，ヘキサンなどが近紫外・可視全領域（200～800 nm）を測定できる優れた溶媒であり，広く使われている．このほかに，クロロホルム，アセトニトリルなども頻繁に使われる．表 12.2 におもな溶媒の透過限界を示す．この波長より短波長側では吸収が強いので，溶媒として使えない．

b.　粉末固定試料[8)]

粉末層に光をあてて反射スペクトルを測定する拡散反射法により，溶媒に溶かすことができない固体の吸収スペクトルを測定できる．このさいに，試料をできるだけ微粉末にすることが重要である．

12.2.3　検　出

UV スペクトルにおいてもっとも特徴的な吸収を示すのは，発色団とよばれる C=C，C=O，N=N，N=O などの多重結合を有する化合物である．ポリエンや縮合多環芳香族化合物のように共役系の広い分子の観測にとくに有効であり，共役系が伸長するに従って HOMO-LUMO（highest occupied molecular orbital-lowest unoccupied molecular orbital，最高被占軌道-最低空軌道）ギャップが狭くなり，長波長側に吸収を示すようになる．窒素，酸素，硫黄などのヘテロ原子が共役系に含まれると，ヘテロ原子上の非共有電子対が関与して共役が広がる．一方 C=O 構造にこれらのヘテロ原子が直接結合すると，π^* 軌道のエネルギーの増加により n → π* 遷移の短波長シフトが観測される．そのほかの特徴的な孤立発色団としては，ジスルフィド結合（n → σ* 遷移，λ_{max} 250 nm）やヨウ素化物（n → σ* 遷移，λ_{max} 258 nm）などがあげられる[5)]．

12.2.4　反応の追跡と定量分析

本項では，反応の定量的な追跡への光吸収スペクトルの応用と，それに付随したスペクトル法による定量分析の実験を行うにあたって注意すべき要点について述べる．

a.　定量分析を行うにあたっての注意事項

UV スペクトルにより反応を追跡するには，吸収強度の定量的取扱いが不可欠である．したがって，まず定量的測定を行ううえでの一般的な注意事項を述べる．

反応系内に混合して存在する反応物，中間体，生成物の追跡は，“速さ”という時間の因子を除外して考えると，混合物の定量分析である．したがって，ベール（Beer）の法則が近似的に成立することが，その基本になっている．すなわち，数種の吸収物質の混合物があり，それらのモル吸光係数が ε_1，ε_2，… ε_n，濃度が c_1，c_2，… c_n であるとすると，溶液の吸光度 A は，下記の関係が成立しなければならない（l：セルの光路の長さ）．

$$A = (\varepsilon_1 c_1 + \varepsilon_2 c_2 + \cdots\cdots + \varepsilon_n c_n)l \qquad (12.1)$$

式(12.1) が成立するのは，(1) 完全な単色光を用い，(2) 光学的に均質な媒質を光路とし，(3) 完全な平行光線が媒質中を通過し，(4) 吸収分子が溶媒以外の他の分子（他の同種分子や不純物）と相互作用をもたないという条件が満たされている場合である．これらは，いずれも理想であり，現実の分光測定では近似的に成り立つにすぎない．(3)の光束の平行性は分光器の設計にかかわることで，誤差の主因にはならないように設計されているので問題はないが，(1)，(2)，(4) については反応系の測定のさいにつねに留意すべきである．

赤外，可視，紫外のいずれの領域でも連続光源を分光して一定のスリット幅の光を取り出しているので，単色光での測定ということは理想にすぎない．これに加えて，分光器中の迷光も問題になる．実際の分光器では，上述のように指示波長または波数（分光光度計の目盛）を中心として有限の波長（波数）幅をもった連続光を用いて測定している．この場合，吸収ピークの位置では真の吸光度よりも小さい見かけの吸光度が実測され，実測値と真の値の差は吸光度が大きくなるほど，また鋭いピークほど大きくなる傾向がある．したがって，定量の精度だけを考えれば，できるだけ幅の広い吸収帯を用いて，その吸光度が 0.4～0.7 ぐらいになるように調製した試料を用いて測定するのが望ましい．また，自記式分光光度計では，光源のスリット幅が検出器の感度に応じて自動的に調節されるので，透過率の小さい試料ではスリット幅による誤差が増大し，測定する光の波長によっても誤差が変化する．スリット幅をできるだけ小さい値に設定した測定により，この誤差を減らせる．とくに，IR スペクトルでは鋭い吸収ピークが数多く出現し，吸収帯の幅が光源のスペクトルのスリット

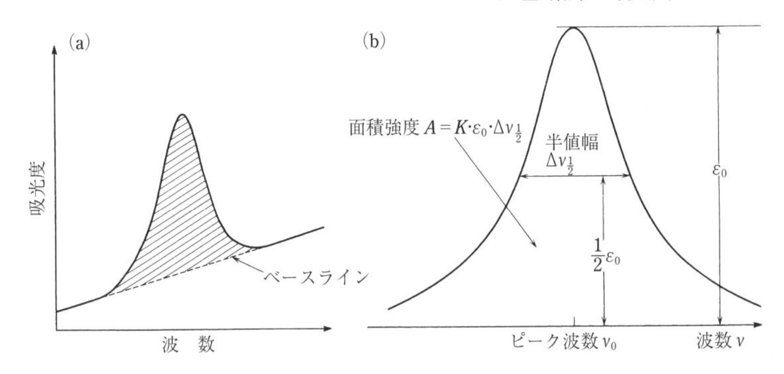

図 12.3　面積強度の求め方
(a) 面積強度の求め方，横軸に波数（振動数），縦軸に吸光度をとった吸収曲線のベースラインより上の面積（図の斜線部分）をはかる．吸収曲線が非対称でも可．
(b) 面積強度の求め方．十分な分解能をもつ分光光度計で測定された対称な吸収帯の面積は $\varepsilon_0\times\Delta\nu_{1/2}$ に比例する．多くの例で吸収帯の型はローレンツ（Lorentz）関数で近似でき，この場合は $K=1.57$ である．

幅と同程度になるので，精密な定量分析をする場合にはスリット幅をできるだけ狭くして測定しなければならない．その結果，分光光度計の応答が遅くなるので掃引速度を下げて時間をかけて測定せざるをえなくなる．

ピーク高さ（線強度）ではなく面積強度を用いると，上述のスリット幅による誤差は大幅に減らすことができる．面積強度（積分強度）を求める簡単な方法は，スペクトルを均一な紙質のチャートに記録（縦軸に吸光度，横軸に波数をとる）し，吸収帯の裾を結んだ線から上の部分を切り取り，重さを測る方法である（積分計があればそれを用いればよい）．また，対称な吸収帯の面積強度（A）は，ピーク高さ（ε_0）と半値幅（ピーク高さの 1/2 のところの幅 $\Delta\nu_{1/2}$）の積に比例するので，この方法で定量できる（図 12.3）．

必要とする波長の光とまったく異なる波長の光が分光器系を通過してくることがあり，これを迷光という．試料が迷光を透過する場合には，そのまま検出器に入ってしまうので誤差の原因になる．迷光（S）がある場合の見かけの吸光度は $A_{SP}=\log_{10}\{(I_0+S)/(I+S)\}$（ただし，$I_0$ は測定波長の入射光の強度，I は透過光の強度）で表されるので，I_0 や I が小さい場合には重大な誤差の原因となりうる．すなわち，検知器の感度が悪い領域（紫外部の短波長の端である 220～200 nm など）での測定や，極度に吸光度が大きい試料（$A\geq 2$）を測定する場合には要注意である．

b.　平衡定数と反応の化学量論の決定

UV スペクトルは，酸・塩基の解離定数など，速い平衡反応の平衡定数の決定にしばしば使われる．一般に，反応物と生成物がそれぞれ他と重なり合わない吸収帯をもっていて，それらが吸収強度の測定に適当な条件を備えていれば，これらの吸収帯を用いて容易に反応物と生成物の量を決定できるので，平衡定数が求められる．現実には両者の吸収帯が重なり合っている場合が多いが，このような場合でも両者の吸光度の差が大きい波長（波数）を選んで測定すれば平衡定数が決定できる．この場合に，いくつかの波長（$\lambda_1\cdots, \lambda_m$）で吸光度（$A_1\cdots, A_m$）を測定し，式(12.2) の関係式から，最小二乗法により反応物および生成物の濃度（$c_1\cdots\cdots, c_k$）を決めると精度は高くなる．

$$\frac{A_i}{l} = c_1\varepsilon_{1,\lambda_i} + c_2\varepsilon_{2,\lambda_i} + \cdots + c_k\varepsilon_{k,\lambda_i} \quad (i=1, 2, \cdots\cdots, m) \tag{12.2}$$

ここで，$\varepsilon_{1,\lambda i}\cdots\cdots, \varepsilon_{\kappa,\lambda i}$ は化合物 1……, k の波長 λ_1 におけるモル吸光係数で，測定波長の数 m が k より大きくなるように多くの波長で測定し，最小二乗法（ガウス（Gauss）法）で濃度を求めると，精度が向上する．

反応物のうち 1 種類と生成物のうち 1 種類だけが測定波長領域に吸収をもつ場合には，平衡の移動に伴って系全体のスペクトルが変化するさいに，平衡が移動しても吸収強度が変わらない等吸収点（isosbestic point）が観察されるので，反応の解析に利用できる．上の式から $\delta A_i/l = \delta c_1\varepsilon_{1,\lambda i} + \delta c_2\varepsilon_{2,\lambda i}$ であり，もしも反応方程式の両成分の係数が n_1, n_2 であると $\delta c_2 = -(n_2/n_1)\delta c_1$ であるので，$n_1\varepsilon_{1,\lambda_{iso}} = n_2\varepsilon_{2,\lambda_{iso}}$ の場合（等吸収点）には $\delta A_i = 0$ となり，平衡が移動してもその波長での吸光度は変わらない（λ_{iso} は等吸収点の波長）．

次に，錯体の生成反応を例にとって，反応の化学量論の決定へのスペクトル法の応用について述べよう．

$$\mathrm{M} + n\,\mathrm{L} \longrightarrow \mathrm{ML}_n \tag{12.3}$$

金属イオン（M）と配位子（L）との反応により錯体（ML_n）を生成する式(12.3) の反応について，生成する錯体 ML_n だけの吸収帯が存在する波長領域での吸収強度測定を行って，反応の化学量論をスペクトル法で決めるおもな方法として，次の (1)～(4) が知られている[9]．これらの方法のうちいくつかはベール則の成立を前提としているので，まずベール則が成立するかどうかを調べておく必要がある．そのためには，横軸に錯体の濃度［ML_n］，縦軸に吸光度をとり，原点を通る直線になることを確かめる．

(1) 連続変化法：両成分のモル濃度の和を一定（[M]＋[L]＝一定）として［M］と［L］の比率を変化させたときの錯体（ML_n）の吸光度の変化を調べる．［L］と［M］の比率が錯体の組成比に等しくなったときに吸光度が最大になる（図 12.4(a)）．この方法はベール則が不成立でも使える．

(2) モル比法：M または L の一方の濃度を一定にして他方の濃度を変化させ，横軸にモル比，縦軸に吸光度をとりプロットが水平になる点（屈曲点）に対応するモル比として錯体の組成を決める（図 12.4(b)）．ベール則が成立するときだけ使える．

(3) 傾斜比法：M または L の一方を大過剰にしておいて他方の濃度を変化させ，横軸に変化させる成分の濃度，縦軸に吸光度をとって得られた直線の勾配を求め，次に両者を入れ換えて同様に勾配を求め，その比から組成比を決める（図(c)）．ベール則が成立するときだ

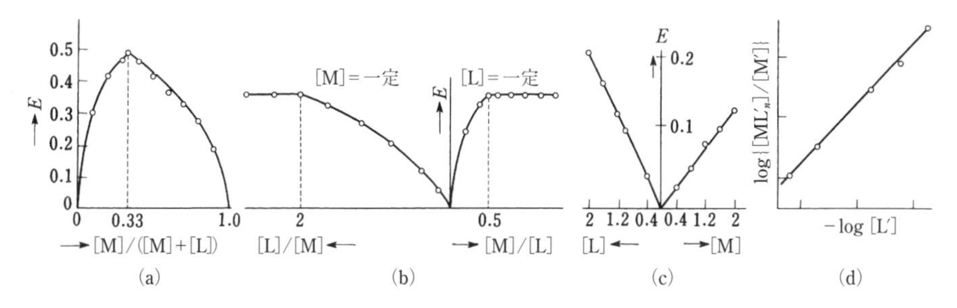

図 12.4　錯体の組成比の決定法

(a) **連続変化法**：[M]+[L]=一定として，組成比を変えて錯体による吸収帯の吸光度を測定し，吸光度が最大のときの組成が錯体の組成に相当する，(b) **モル比法**：一方の成分の濃度を一定に保ち，他の成分の濃度を変えて吸光度を測定した場合に，吸光度の屈曲点に相当する濃度と一定量の成分の濃度との比から組成を求める，(c) **傾斜比法**：一方の成分を大過剰にして一定量に保ち，他成分の濃度を変化させて吸光度と濃度の関係を示す直線の勾配を求め，次に過剰の成分と濃度を変える成分を逆にして勾配を求め，両勾配の比から組成を決定する，(d) **対数プロット法**：この直線勾配から組成比，切片から平衡定数(安定度定数)が求められる．

(廣田　穣，化学と工業，**24**，582 (1971))

け使える．

(4) 対数プロット法：図(d) に示すように，組成比と平衡定数が求められる．この場合の濃度は (1)～(3) と異なり量論濃度ではなく，実際の濃度である点で使いにくい．

c.　反応速度の決定

UV スペクトルによる反応速度の決定は，(1) ある波長領域で通常のスペクトルを記録してその領域にあるキーバンド (定量分析に適当な吸収帯) の強度変化を追跡する方法と，(2) 分光器の波長 (波数) をキーバンドのピークに合わせて (掃引せずに) その位置での強度の経時変化を記録する方法の 2 通りに大別できる．

前者では，反応の進行に追いつくように迅速にスペクトルを記録する工夫が必要であるが，この点を除けば，キーバンドについての定量分析にすぎない．後者は，できるだけ他の成分の吸収の重なり合わない反応物または生成物のピークを選んで (幅の広い吸収帯ならば必ずしもピークでなくてもよい) 分光器の波長 (波数) をその位置に固定して，吸収強度が時間とともにどのように変わるかを追跡する．分光器の掃引を必要としないので，安価な手動分光光度計も利用できる．反応速度が速い場合には，すみやかに記録する工夫とともに，流動法などの高速サンプリング法がとられる．反応速度の決定は，一連の実験で波長 (波数) だけでなくスリット幅も一定にして行うのが望ましい．反応速度の精度を向上させるには，予備実験により測定波長での吸光度をチェックして，強すぎたり弱すぎたりしない (速度決定に重要なデータが吸光度 0.2～0.8 の範囲で得られる) ように，実験計画を立てるべきである．

【UV スペクトルによる反応追跡の実例】　*N*,*N*′-ジフェニル-4,4′-ジフェノキノンイミン

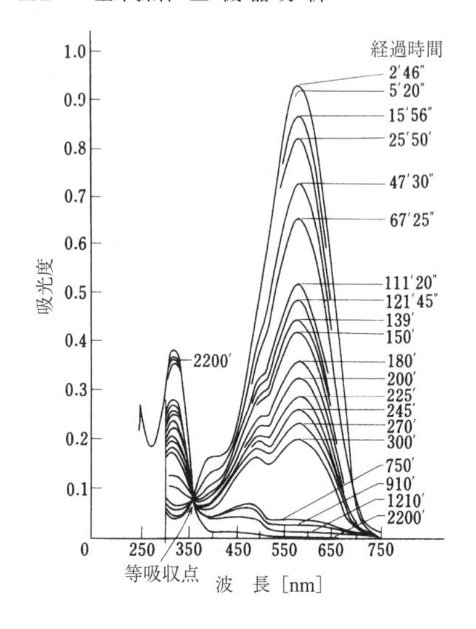

図 12.5　*N*,*N*′-ジフェニル-4,4′-ジフェノキノンイミンの酸化的二量化の反応速度の決定への UV スペクトルの応用
(B. Seidel, G. S. Hammond, *J. Org. Chem.*, **28**, 3280 (1963))

の酸化的二量化の UV スペクトルによる研究の例をあげよう．出発物キノンイミンの初濃度 2×10^{-5} mol L^{-1}，酸化剤 $K_2Cr_2O_7$ の初濃度 4×10^{-5} mol L^{-1} の酢酸溶液に触媒として硫酸を添加し，二量化反応に伴うスペクトルの経時変化を示したのが図 12.5 である．出発物キノンイミンは 580 nm 付近に吸収をもたないので，この波長の吸収帯の強度の減少を時間に対してプロットして反応速度を求めた．図 12.5 のスペクトルで，350 nm 付近に等吸収点がみられる．

12.3　核 磁 気 共 鳴

核磁気共鳴（nuclear magnetic resonance：NMR）は，現代有機化学においてもっとも重要なスペクトル分析法の一つであり，とくに有機化合物の構造決定には必要不可欠な分析法といえる．構造決定を目的とした NMR スペクトル解析法についてはすでに数多くの教科書が出版されていることから，本節では NMR を用いた定量法や反応追跡法，および絶対立体配置決定法を中心に述べる．

12.3.1　NMR による定量分析[10~12)]

いくつかの付帯的な制約はあるにせよ，信号強度がそのシグナルのもとになっている核の数に直接比例する，という特徴をもつ NMR は，きわめて魅力的な定量法である．試料の純度の検定も一種の定量分析なので，NMR も有力な手段となる．NMR の使い方には以下の 2 通りがある．

まず第 1 の使い方は，試料がきわめて純粋であることを簡便に検出する目的である．スペクトルを測定し，目的物以外の不純物，あるいは反応に用いた溶媒などによるピークがシグナルとして検出されないか，あるいは見えたにしてもほとんど無視できる場合，これを論文などで，“spectroscopically pure（分光学的に純粋）” と表現する．この表現がどこまで妥当であるかは，スペクトルのSN比による．SN比がよく，ベースラインがほとんど直線の場合は，分子量の小さい不純物の場合は1% かそれ以下のものでも容易に検出できる．しかし，SN比が悪いと，不純物が数パーセントあってもノイズに埋もれてしまう．NMRで混入しやすい不純物としてまずは使用した溶媒があげられるが，これらの化学シフトをまとめた論文[13]も報告されているので参考にするとよい．また溶媒以外の代表的な不純物としては，フタル酸のジエステル構造を主とする可塑剤，およびブチル化ヒドロキシトルエン（BHT）などの *t*-ブチルフェノール系の抗酸化剤などがあげられる．これらは精製操作を行った後でも，保存用試料管の蓋などから容易に混入する．そのため，これらの化合物のNMRスペクトルの特徴をあらかじめ知っておくことが望ましい．

第2の使い方は，純度を定量的に求める目的である．これは濃度比がかなり偏っている場合，混合物の定量にほかならない．以下に，純度検定を念頭において，NMRによる定量分析の一般的注意を述べる．はじめに定量分析の手段としてNMRの利点を強調したが，大きな弱点があることも述べておく必要があろう．それはNMRの弱点の一つである “低感度” である．たんにスペクトルを記録できればよいというのと違って，定量の場合に必要な濃度はかなり高い．そのほかのより高感度の方法との優劣をつねに考えるべきである．なお，現在の測定の主流はフーリエ変換（FT）-NMRであることから，以下の記述はFT-NMR装置を前提として行う．

(1) 静磁場 $\boldsymbol{B}_0$ の均一性：$\boldsymbol{B}_0$ を正しく調整する必要がある．これに関連して，試料管の回転速度を適切に保ち，もしくは回転を停止して回転サイドバンドを出なくする．

(2) 観測用パルス磁場 $\boldsymbol{B}_1$ の強さとパルス幅：パルス幅の誤差が信号強度に影響することがある．とくに，べつべつに測定したスペクトルのピーク強度を比較するときは，90°パルスを用いて測定するとよい．プローブを正確にチューニングしたのち，0.1 μs刻みで観測対象の信号強度が最小になるパルス幅を求め，それを180°パルスとして用いると比較的簡単に正確な90°パルス幅を定めることができる．

(3) ^{13}C サテライト：強いプロトン（^{1}H）シグナルの両脇にこのピークが現れる．天然同位体存在度が1.1% であることを考慮して積算にさいしてはこのピークの補正が必要となる場合がある．

(4) 試料の調製：SN比をよくするためには，溶液の液量を適正にする必要がある．試料の量が少ない場合にはミクロ試料管を用いる．

(5) 積算の方法：もっともよく用いられるのは，装置に付属した積算計算ソフトを用いた積分である．しかし，ベースラインが完全な直線でない場合や位相合せが悪くピークが必ずしも対称でない場合には，積分の精度はよくない．一般にはシグナルを拡大測定によって記録し，これを厚めの紙に複写し，ピークごとに注意深く切り取って秤量するのがもっとも正確といわれる．条件さえよければ，積分もよい結果を与える．熟練により実験の再現性は0.5% 以下になる．

(6) 緩和時間：FT-NMR の主目的は速い積算による感度の向上である．測定核の緩和時間に幅があると，待ち時間の短い通常の測定条件（0～2 秒)では，緩和時間の長い核が選択的に飽和してしまう．緩和時間の短いプロトンの場合はさほど問題ではないが，一般には緩和時間が長い ^{13}C 核などの測定時には，長い待ち時間が必要になる（^{13}C シグナルの定量測定は ^{1}H シグナルと比べて困難であり，正確な値を求めるのはほぼ不可能である)．この種の飽和を防ぐには，待ち時間 τ を 5 T_1 以上に保つ必要がある．プロトンが少なくとも 1 個結合している炭素に関してはこの条件はさして厳しくなく，分子量にもよるが，2～5 秒程度の待ち時間ですむ場合が多い．しかし，第四級炭素の場合，緩和時間はしばしば数十秒に達する．この場合，待ち時間は数分のオーダーに達するので，濃度が低く，積算回数が大きい場合には，致命的な難点となる．

(7) 緩和試薬：このような場合の対策として，緩和時間を短縮する効果のある常磁性試薬，いわゆる緩和試薬を少量加える方法がある．代表的な緩和試薬は，$Cr(acac)_3$，$Cu(acac)_3$，$Gd(dpm)_3$，$Gd(fod)_3$ のような遷移金属，希土類元素のジケトン錯体である．常磁性緩和試薬は，原則としてシフトレス，すなわち添加によって化学シフトが変化しないものを選ぶ必要がある．

(8) オフセット効果：積分すべきシグナルが広い周波数範囲に及んでいる場合，$\boldsymbol{B}_1$ がすべての核に必ずしも一様に掛けられないことがある．同じことがデカップル用のパワーについてもいえる．

これらの諸注意に関連して，FT-NMR 装置のパラメーター設定のさいの諸注意を表 12.3 にまとめておく．

(9) 比較法：この方法は，特定の場合にはかなりの成功をおさめている．定量すべき試料の炭素の緩和時間に近い緩和時間をもち，ピーク数の少ない標準試料を選び，その一定量を含む標準液のスペクトルを測定して一種の検量線をつくり，試料にほぼ同量の標準試料を加えてスペクトルを測定し，シグナルの強度比から定量する方法である．

測定試料の自動調製も可能であるから，製品管理など，同一または同種の化合物の分析に適する．緩和時間が似ていれば，仮にかなり長い緩和時間の核であっても，短い待ち時間で測定した場合の誤差は案外小さい．炭水化物の ^{13}C 定量分析では，2-ヒドロキシメチル-2-メチルプロパン-1,3-ジオールが標準物質として用いられている．

パラメーターの設定がスペクトルに与える影響を示す例として，次ページの図 12.6 にアセナフテンの種々の条件下での ^{13}C スペクトル（積分付き）を示す．

表 12.3　FT-NMR による定量でのパラメーター設定にさいしての注意

a) **データ取得時間**：十分長くとり，デジタル化に伴う強度の異常を防ぐ．これに関連して注意すべきことは，データポイントを低くしないことである．データポイントの不足はピークの高さに大きく影響する．
b) **待ち時間**：ゲート付きモードのときは，6～8 T_1 くらいとるのが望ましい．ただし，緩和試薬使用のさいは，とくに待ち時間を挿入しなくてもよい．
c) **フリップ角**（パルス角）：ゲート付きデカップリングモードのときは，90°パルスを用いる．
d) **スペクトル幅**：最小に保つ．必要なシグナルをカバーするだけにとどめる．
e) **積算回数**：時間との兼ね合いだが．SN 比を最低 20 以上にするのが良い結果をうる秘訣である．

12.3.2　NMR による反応追跡

NMR で反応を追跡するさい，その目的は大きく 2 種類に分けられる．第 1 の目的は，単純に反応の進行度，ないし反応が完結したかどうかのチェックである．第 2 の目的は，NMR の測定によって，反応機構，反応速度，あるいは反応中間体などに関する情報をうることである．実際には，この二つは厳密には切り放せない．

a.　反応の進行度のチェック

目的の反応がどのくらい進行したか，もう完結したかどうかを知るために（もちろん，それ以上の情報が得られればなおよいが）反応混合物からその一部を適当な方法で取り出し，NMR でモニターすることは広く行われている．しかし，実行にさいしては，まず反応溶媒を除き，NMR 溶媒を加えて測定する必要がある．沸点の高い溶媒（DMSO，H_2O など）では反応溶媒を完全に除くのが困難である．

上記の目的のためには，むしろ反応を NMR 試料管の中で行うのがよい．表 12.4 にこの方法の利点と難点をまとめる．

反応の追跡を NMR で行う場合には，試料管を脱気封管するのが望ましい．その理由は，(a) 前述のように，特定の雰囲気で反応させるためには必要，(b) 加温による溶媒の気化を

表 12.4　NMR による反応追跡の利点と難点

利　点	難　点
(1) NMR では，強度の変化からかなり定量的に反応を追跡できる． (2) 実験に必要な雰囲気下で（NMR 管を封じる）実験を行える． (3) 比較的少量の試料を用いるだけでよい． (4) 反応生成物のみならず，副生成物についての情報が得られる． (5) 分離することなく混合物の分析ができる． (6) ほとんどの NMR 分光器には温度可変装置がついているので，反応の温度制御が比較的容易である．	(1) NMR の感度は他の分析手段（たとえば MS，IR）に比較してかなり低い． (2) 混合物のピークが，いつもよく分離されているとは限らない． (3) ^{1}H または ^{13}C NMR でモニターする場合には，重水素溶媒を用いる必要があるので，溶媒の利用が制限される． (4) 反応物の一つ（以上）がほかの反応物に比べて大過剰にあると，ほかの反応物が見にくくなる．実際，平衡の関係から，反応物の一つを大過剰に用いることは多いので，この場合には問題がある．

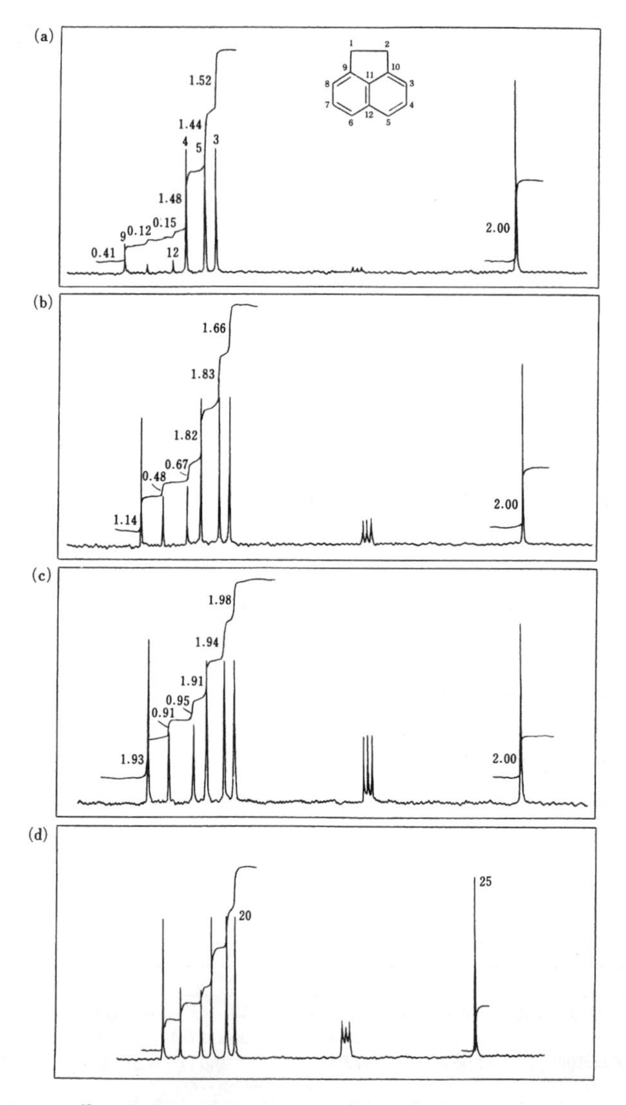

図 12.6　アセナフテン ^{13}C NMR スペクトル（25.2 MHz デカップル条件）

(a) パルス角 22°，データ取得時間 1 s，待ち時間なし（第四級炭素の強度が著しく小さい）．(b) パルス角 90°，待ち時間 400 s，積算 16 回（かなり改善したが，核オーバーハウザー効果（NOE）の差は残る），(c) ゲート付きデカップリング（非 NOE モード）．他の設定は (b) に同じ．積算 400 回(定量性は改善されたが．NOE を失ったので積算回数を大きくする必要がある，(d) 緩和試薬 $Cr(acac)_3$ 1 mol L^{-1} を添加．他の設定は (a) に同じ．積算 1000 回．

（R. J. Abraham, P. Loftus 著，竹内敬人 訳，"^{1}H および ^{13}C NMR 概説"，pp.182–194，化学同人(1979)）

防ぐ，(c) 溶媒の気化，気体の発生などによる圧力の増加にある程度対応できる，(d) 空気酸化などの望ましくない副反応を防ぐためである．脱気封管は通常の凍結融解法を用いる．反応追跡のもっとも簡便な方法は，反応物の特徴的なシグナルの追跡である．反応物にも対応するシグナルがあるとまぎらわしいので，望みの反応が起こればどのシグナルが完全に消失するかを事前に確認する必要がある．

【実験例　インドメタシン生成反応の ^{13}C NMR による追跡[14)]】

R_1=4′-ClC_6H_4CO,
R_2=CH_3O
(**2**)

(**3**)　+ H_2O

(**4**)

(**1**)

アシルヒドラジン (**2**) とレブリン酸から生じるヒドラゾン (**3**) のフィッシャー (Fischer) インドール合成型の反応によるインドメタシン (**1**) の生成反応を ^{13}C NMR で追跡してみる．**3** について 1 mol L^{-1} (HCl を飽和させた酢酸溶媒) の溶液 (3 mol L^{-1} レブリン酸を含む) を NMR 管にとり，密栓して 50 ℃ に保った油浴に浸して反応させ，適当な間隙で NMR を測定する．図 12.7 には，97.75～177.25 ppm の範囲の時間経過スペクトルを示す．**3** から **1** が生成する様子がよくみてとれる．はじめ図 12.7(a) は **3** のシグナルのみが観測されるが 1 時間後 (d) にはほとんど **1** のシグナルしか観測されない．

中間体が生成することは，途中 (b)，(c) で **1** でも **3** でもないピークが生じ，それが消えていくことから明白である．条件をいろいろ変えて実験してもいつも同じ一群のピークが生じるので，単一の化学種によるものと推定される．これに基づいて，各シグナルの強度の時間変化 (図 12.8) から，反応速度論的にもこの推定が妥当な前提であることが示される．この中間体はこれまでその存在が仮定されていたイミン (**4**) であることが ^{13}C NMR スペクトルから確認できた．

この実験例がうまくいっているのには，いくつかの理由がある．レブリン酸が過剰に存在するとはいえ，反応物と生成物が一種ずつであり，かつインドール環が生成したため両者のスペクトルがかなり異なっており，反応速度が 50 ℃，1 時間で完結するくらいの手ごろな速さであったなどの利点である．

しかし，この成功の前提となっているのは，測定の定量性であり，定量性を確かめるために，緩和時間に関するていねいな予備的研究を行っているのに注意されたい．この例の場合

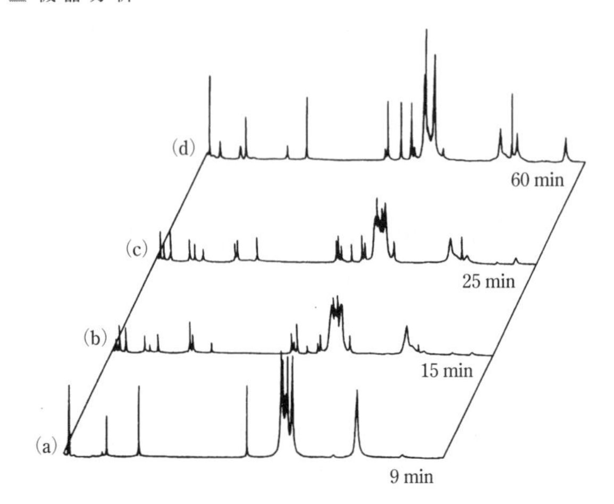

図 12.7　インドメタシン生成反応の ^{13}C NMR による追跡
(A. W. Douglas, *J. Am. Chem. Soc.*, **100**, 6463 (1978))

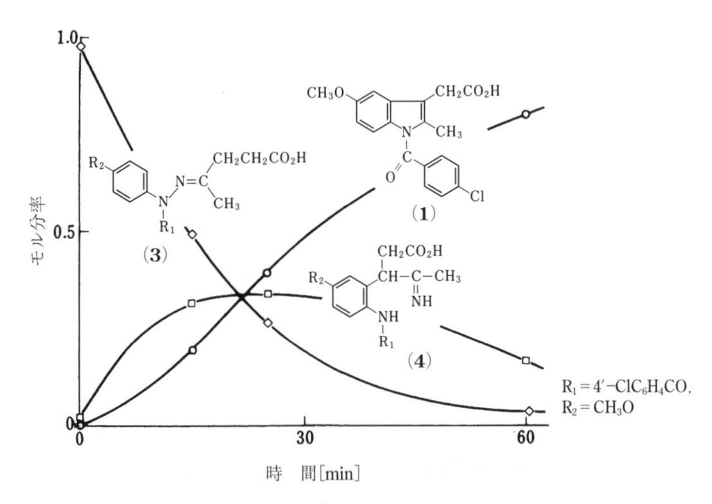

図 12.8　インドメタシン生成反応の時間経過（図 12.7 による）
(A. W. Douglas, *J. Am. Chem. Soc.*, **100**, 6463 (1978))

では，反応物 **3**，中間体 **4**，生成物 **1** の大きさがほぼ等しく，したがって溶液中の分子の再配向の相関時間 τ_R がほぼ等しいため，定量性が比較的よかったことにも助けられている．すなわち，この例のような場合だと，反応を NMR 試料管中で行い，それをモニターするだけで反応速度や反応機構に関する貴重な情報が得られる．合成を目的とした反応に関しても，このような実験を試みると，反応の完結の確認以上の情報が得られる可能性がある．

b.　反応速度定数および平衡定数の決定[15)]

NMR の測定対象になっている物質の構造が何らかの意味で変化していると，NMR スペクトルの温度依存性（スペクトルの温度変化）が起こる．ここでいう変化は，普通の化学反応だけではなく，環の反転や単結合のまわりの回転など，分子内のいわゆる化学交換をも含む．

NMR スペクトルの温度変化から得られる情報は，以下の 3 種にまとめられる．

(1) 化学交換している化学種の構造に関する研究
(2) 自由エネルギー ΔG に基づく相対的熱力学的安定性の決定
(3) 速度パラメーターの決定

問題となるパラメーターは，2 サイトの化学交換　$A \underset{k_B}{\overset{k_A}{\rightleftarrows}} B$　において，平衡定数 K は式(12.4) であり，反応速度定数 k_A（同様にして k_B）で表される．ここで，$\Delta G^{\ddagger}$ は活性化自由エネルギーを表す．

$$K = \frac{k_B}{k_A} = \frac{[B]}{[A]} = \exp\left(\frac{-\Delta G}{RT}\right) \tag{12.4}$$

$$k_A = \frac{RT}{Nh}\exp\left(\frac{-\Delta G^{\ddagger}}{RT}\right) \tag{12.5}$$

実際には交換速度と NMR のタイムスケールとの比較が問題となる．2 サイトの交換で [A]＝[B] の場合，$k \ll (\nu_A - \nu_B)^2$（ここで ν_A，ν_B は Hz 単位で表した核 A と B のシフト）では A，B おのおののシグナルが観測できる．$k \fallingdotseq (\pi/\sqrt{2})(\nu_A - \nu_B)$ のとき，2 本のシグナルは 1 本に重なり合う．この点を融合点という．$k \gg (\nu_A - \nu_B)^2$ のとき，A と B はもはや区別できなくなり，$(\nu_A + \nu_B)/2$ の位置にただ 1 本のシグナルが現れる．

アミドの C−N 結合の束縛回転のように障壁が高い（62.8～83.7 kJ mol^{-1}）場合には，室温において $k \ll (\nu_A - \nu_B)^2$ の条件が成立している．これに対してシクロヘキサン環の反転や通常の C−C 結合の束縛回転は障壁が低い（41.8 kJ mol^{-1} 以下）ので，室温では $k \gg (\nu_A - \nu_B)^2$ となっている．

そこで温度を変化させて，すなわちアミドなどの場合には温度を上げて k を大きくし，シクロヘキサンなどの場合には温度を下げて k を小さくして融合点になるようにする．このときの温度（融合温度）を T_c とすると近似的に式(12.6) が成立し，$\Delta G^{\ddagger}$ を求めることができる．

$$\frac{\Delta G^{\ddagger}}{RT_c} = 22.96 + \exp\left(\frac{T_c}{\nu_A - \nu_B}\right) \tag{12.6}$$

より一般的には，温度変化に伴うシグナルの線幅の変化を追跡する線形解析を行うことによって，動的過程の熱力学パラメーターを求めることができる．この手法は [A]≠[B] の場合にも適用できる．

表 12.5　^{13}C NMR における重水素置換効果

化学シフト	α 効果　~0.3 ppm β 効果　~0.1 ppm γ 効果　~0.01 ppm	C−D スピン結合定数	^{1}J 38~44 [Hz] ^{2}J 小さい ^{3}J 小さい

c.　同位体標識[16)]

反応の進行度を知るだけではなく，反応機構や反応中間体についての情報を得たい場合に，安定同位体による標識を行った試料の NMR スペクトルは，同位体標識されていない化合物のスペクトルに比べてはるかに多くの情報を与える．一般的には ^{13}C 標識，および ^{2}H（D）標識が考えられる．合成上の問題からいえば，前者は高価でかつ高度の技術を要する実験となるが，有用な情報を得るという点からいうと，^{13}C 標識のほうがすぐれている．

重水素標識した化合物の NMR による研究法としては ^{2}H NMR による直接観測，および ^{13}C NMR などで重水素置換効果（表 12.5）を観察する方法がある．

一般に $J_{CH}:J_{CD} \fallingdotseq \gamma_H:\gamma_D \fallingdotseq 6.55:1$．ここで，$\gamma_H:\gamma_D$ はそれぞれ ^{1}H 核，D 核の磁気回転比である．C−D スピン結合についていえば，その大きさもさることながら，D 核が核スピン $I=1$ であるため，R_3CD，R_2CD_2，RCD_3 においては直接スピン結合によって，^{13}C 核のシグナルはそれぞれ 3，5，7 本に分裂するのが特徴的である．これらは日常，重水素化溶媒の ^{13}C 核のシグナルで観測していることであるが，分子が交換可能な酸性水素を有する場合，必ずしも標識体を別途合成する必要がなく *in situ* で重水素化物に変換したものを観測すればよいのも，この方法の大きな利点である．

【実験例　フェンコンのホモエノール化機構の解析】

ショウノウ（カンファー）類のホモエノール化機構の研究では，アニオン交換が起こる場所をおさえることが重要である．フェンコン（**5**）と *t*-BuO$^-$/*t*-BuOD を 185 ℃ に加熱し，60 時間後 ^{13}C NMR スペクトル（図 12.9(a)）を測定した．C-6 が 1 置換体に特徴的な三重線（と同位体シフト），C-5 にジェミナル重水素 1 個に対応するスピン結合が現れた．400 時間後には C-8 が重水素置換されていることを示す（図(b)）．800 時間後にスペクトルを測定しても，もはやこれ以上別の炭素に重水素が置換されることはない．以上から生じるホモエノラートアニオンは（**6**）または（**7**）であると結論できた．

d.　反応中間体の検出[17)]

カルボカチオンは求電子反応やソルボリシスの中間体として重要であるが，通常の反応条件では短寿命であり，NMR の測定は難しい．しかし −100 ℃ 程度の低温では ^{1}H および ^{13}C NMR が測定できる程度に十分安定になるものが多い．カルボカチオンの多くは，縮重構造の間の速い平衡にあり，古典的な 3 価のカルボニウムイオン，あるいは非古典的な 4 価および 5 価の架橋カルボニウムイオンのどれかのかたちをとっている．

カルボカチオンは低温条件下，SO_2，$ClF\text{-}SbF_5$，あるいは $SO_2ClF\text{-}FSO_3H\text{-}SbF_5$ など，いわゆる "超酸" 系の混合溶媒でとくに安定であり，NMR による研究に適している．とくに

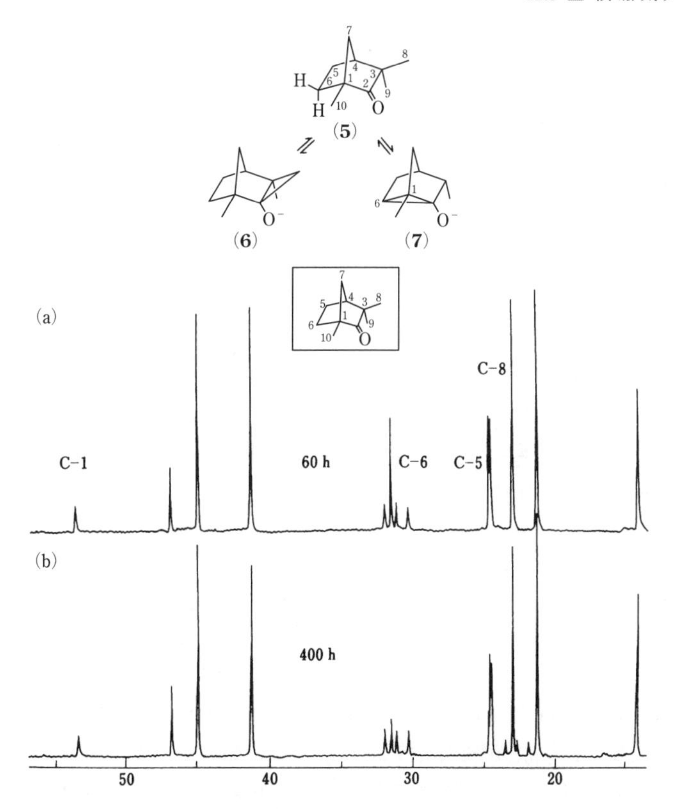

図 12.9　フェンコンの ^{13}C NMR スペクトル
t-BuO$^-$/*t*-BuOD で処理（185℃）．(a) 60 時間後．(b) 400 時間後．
(G. C. Levy, ed., "Topics in C-13 NMR Spectroscopy", p.253, John Wiley (1980))

^{13}C 化学シフトは電子密度に依存するので，非局在化カチオンの δ 値は 200 以上と大きく，カチオンの確認に役立つ．

同じことがカルボアニオンについてもいえる．ただし，アニオンの ^{13}C 化学シフトは電子密度から予想されるほど高磁場ではない．ラジカル反応機構の追跡は CIDNP（chemically induced dynamic nuclear polarization）が有効である．CIDNP は ^{1}H 核，^{13}C 核どちらででも観測できる．ラジカルが発生すると，ラジカル中心に近い核の強度が増大したり位相が逆転（下向きのシグナル）する．これが CIDNP であるが，近年ではフリーラジカルの検出には電子スピン共鳴（electron spin resonance：ESR）を用いるのが一般的である．

12.3.3　NMR による絶対立体配置決定（新 Mosher 法）[18)]

NMR は，立体化学の解析においても，詳細かつ信頼性の高い分析が可能である．立体配座が固定されている環状化合物は，スピン-スピン結合定数と NOE（nuclear Overhauser effect，核オーバーハウザー効果）との組合せにより，相対立体配置を比較的容易に決定できる．一方，複数の不斉炭素を有する直鎖状化合物の相対立体配置を NMR で決定することは従来困難であったが，*J* 基準立体配置解析法（*J*-based configuration analysis method，JBCA 法）やユニバーサル NMR データベース法の開発などにより，直鎖状化合物の相対立体配置の決定が近年可能となってきている．また，絶対立体配置の決定においても NMR は重要な役割を果たし，Mosher 試薬（α-メトキシ-α-トリフルオロメチル-α-フェニル酢酸：MTPA）や Trost 試薬（メトキシフェニル酢酸：MPA）を用いた第二級アルコールの絶対立体配置決定法，および PGME（フェニルグリシンメチルエステル）法によるキラルカルボン酸の絶対立体配置決定法などが用いられている．本項では，多くの化合物に適用されてきた新 Mosher 法について述べる．

新 Mosher 法は，Mosher が見出した MTPA エステルの立体配座の概念[18c)] をもとにしている．すなわち，MTPA エステルは原理的には多数の立体配座を取りうるものの，実際には図 12.10(a) に示すように，エステル酸素の付け根のプロトン（カルビニルプロトン），エステルカルボニル，およびトリフルオロメチル基がエクリプスである立体配座を取るというものである．新 Mosher 法で得られた多数の結果および X 線結晶構造解析の結果は，Mosher が提出したこの立体配座を支持している．この Mosher のアイデアを近代的に体系化し，大谷・楠見らによって提案された第二級アルコールの絶対立体配置決定法が新 Mosher 法[18d)] である．

新 Mosher 法では図 12.10(a) のこの立体配座を “理想的立体配座（ideal conformation）” とよび，MTPA エステルにおけるカルビニルプロトン，エステルカルボニル，トリフルオロメチルの三者を含む平面を “MTPA 平面” と名づける．$H_{a,b,c}$ および $H_{x,y,z}$ はそれぞれ δ，γ，β および δ'，γ'，β' 位の炭素上のプロトンを示している．ここで，$H_{a,b,c}$ の化学シフトを（*R*)-MTPA エステルと（*S*)-MTPA エステルで比較してみる．(*R*)-MTPA エステルの場合，図か

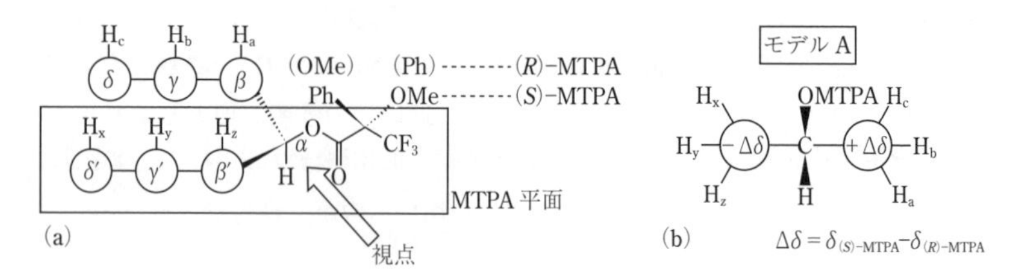

図 12.10　新 Mosher 法の模式図

らわかるように $H_{a,b,c}$ はフェニル基と同じ側に位置しているため，ベンゼン環の異方性効果により（*S*)-MTPA エステルの $H_{a,b,c}$ より高磁場シフトを示す（X 線回折や力場計算の結果から，ベンゼン環はつねに第二級アルコール残基の方向を向いている（垂直方向）ため，フェニル基と同じ側にあるプロトンは高磁場シフトを示す）．すなわち，$H_{a,b,c}$ は（*S*)-MTPA エステルで低磁場シフト（δ 値が大きい)，(*R*)-MTPA エステルで高磁場シフト（δ 値が小さい）であるから，(*S*)-MTPA エステルの化学シフト（δ 大）から（*R*)-MTPA エステルの化学シフト（δ 小）を引くと正の値となる．一方，$H_{x,y,z}$ はこの逆となり，(*S*)-MTPA−(*R*)-MTPA の化学シフトの差は負の値となる．

この差を $\Delta\delta$ と定義すると式(12.7）であり，それを模式化したものが図 12.10(b）である．

$$\Delta\delta = \delta_{(S)\text{-MTPA}} - \delta_{(R)\text{-MTPA}} \tag{12.7}$$

これは，α 炭素を矢印で示した方向から見た模式図であり，**OMTPA が上で手前側，カルビニルプロトンが下で手前側**にあることに注意する．すなわち，OMTPA が上手前側，カルビニルプロトンが下手前側にあるとき，**正の Δδ 値をもつプロトン群は右側負の Δδ をもつプロトン群は左側**に配置されるこの模式図(b)（便宜的にモデル A と名づけられている）に合致するように立体配置を考えることで，第二級アルコールの絶対立体配置を決定することができる．

【実験例　新 Mosher 法による光学活性アルコール **8**（R＝H）の絶対立体配置決定】

絶対立体配置が不明なアルコール **8** を（*S*)- および（*R*)-MTPA エステルへと誘導し，それぞれについてできるだけ多数のプロトンの帰属を行う．下式の左の構造式において，上段に書かれた数値が重クロロホルム中の（*S*)-MTPA の化学シフト，下段に書かれた数値が (*R*)-MTPA の化学シフトである．ついで，$\Delta\delta$（$\delta_{(S)\text{-MTPA}}-\delta_{(R)\text{-MTPA}}$）を求める．これは，上の数値から下の数値を引いた値であり，下式の右の構造式上に示してある．これをモデル A のように，OMTPA が上手前側，カルビニルプロトンが下手前側に配置したとき，正の $\Delta\delta$ が右側，負の $\Delta\delta$ が左側になる立体配置を考えると，ヒドロキシ基が図の絶対立体配置，すなわち *R* 配置であることが必要である．これにより，*R* 配置と決定できる．このエナンチオマー（*S* 配置）では正負の位置が逆になってしまい，モデル A に合致しない結果となる．

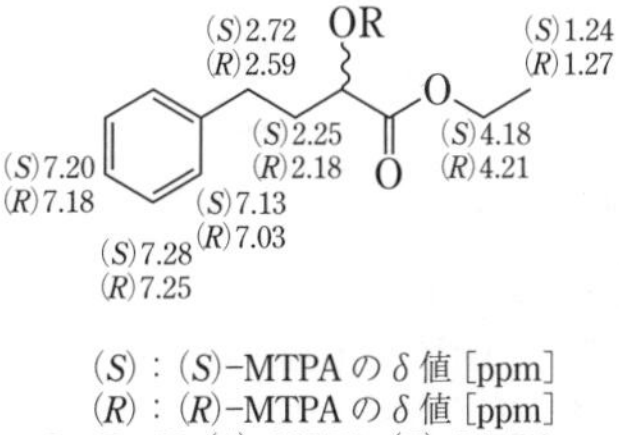

(*S*)2.72 (*R*)2.59　OR　(*S*)1.24 (*R*)1.27
(*S*)2.25 (*R*)2.18　(*S*)4.18 (*R*)4.21
(*S*)7.20 (*R*)7.18　(*S*)7.13 (*R*)7.03　(*S*)7.28 (*R*)7.25

(*S*)：(*S*)-MTPA の δ 値 [ppm]
(*R*)：(*R*)-MTPA の δ 値 [ppm]
8：R＝H, (*S*)-MTPA, (*R*)-MTPA

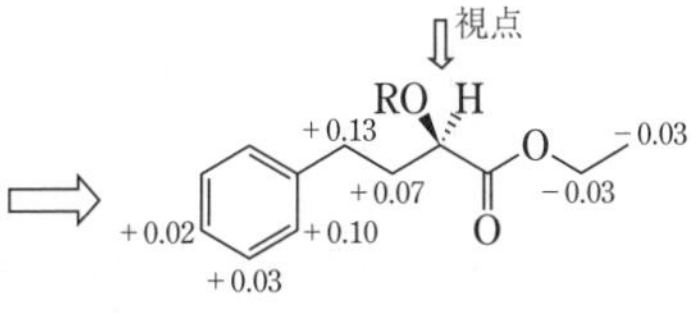

視点
RO H
+0.13　−0.03　+0.07　−0.03　+0.02　+0.10　+0.03

$\Delta\delta = \delta_{(S)\text{-MTPA}} - \delta_{(R)\text{-MTPA}}$
8′：R＝H, MTPA

なお，第二級アルコールの MTPA エステル部分が図 12.10(a) の立体配座から大きくずれた場合には，$\Delta\delta$ がすべて正（負）または，正・負入り乱れるようなことが起こり，この方法が適用できないので注意する.

12.4　質 量 分 析 法[19~23)]

従来，質量分析（mass spectrometry：MS）は，有機物に関しては特殊な場合を除き純度決定には不向きな機器分析法であり，ほかによい手段のない場合に限って考慮すべきものと考えられる．従来より，微量試料の定性，分子量の決定に主として用いられてきた．しかし近年は，ガスクロマトグラフ（GC）と接続した GC-MS，高速液体クロマトグラフ（HPLC）と接続した HPLC-MS が手軽に利用できるようになり，クロマトグラフィーの検出器として純度決定や定量用として活用されるようになってきた．高分解能分析によるデータは，純度を保証するための NMR データと合わせて，化合物同定における元素分析の代替データとして利用されるようになっている．また，試料を大気圧下，接地電位のもとで非接触で分析可能な DART（direct analysis in real time）イオン源を装着した DART-MS を活用すると，TLC プレート上のスポットを直接質量分析することも可能である.

MS による純度検定や定量分析は，(1) 超微量の試料で MS 以外では検知できない場合（他の機器分析法との検出，定量限界の比較を表 12.6 に示す），(2) 不純物が MS で検出できることがわかっている場合，などがとくに有用である.

純度検定とは，微量不純物を想定しながらの目的物の定量と考えられるが，MS による定量一般については他の手引書や総説[19~21,23)] に譲ることにして，主として GC-MS および

表 12.6　機器分析の検出，定量限界

機器分析	定量限界 [g]	
	検　出	同　定
GC	$10^{-13}\sim10^{-6}$	……
IR	10^{-7}	10^{-6}
UV	10^{-7}	10^{-6}
FT-NMR	10^{-7}	10^{-5}
MS（通常の）	10^{-6}	10^{-5}
MS（直接導入）	10^{-12}	10^{-11}
GC/MS	10^{-11}	10^{-11}
GC/MS（API）[a,b)]		10^{-13}
GC/MS（NICI）[a,c)]		10^{-14}

a）マスフラグメントグラフィー（MF）.
b）大気圧化学イオン化（API）質量分析法.
c）負イオン化学イオン化（NICI）質量分析法.
（立松晃，土屋利一，山川民夫，山科郁男，山村雄一 共編，“GC-MS の医学・生化学への応用”，化学増刊 88，化学同人(1980)）

HPLC-MS による純度や不純物検定に絞って解説する．共通の特徴として，ごく微量な試料で分析可能である点，試料を事前に分離することなく分析，定量ができる点があげられる．GC-MS による分析の特徴として，分子量の差で物質を区別でき，分子量が同じでもフラグメンテーションの様式が異なれば分析，定量が可能である．一方，HPLC-MS による分析の特徴は，試料の気化が必要なく，したがって加熱を必要としないので，GC-MS では分析困難であるペプチドやタンパク質，糖に代表されるような高極性試料や高分子量試料を分解させることなく分析可能である点にある．

12.4.1 装置と操作

GC-MS もしくは HPLC-MS のイオン化法としては，通常の電子イオン化（electron ionization：EI）法や化学イオン化（chemical ionization：CI）法がよく用いられる．一方，HPLC-MS のイオン化法としては，エレクトロスプレーイオン化（electron spray ionization：ESI）法，大気圧化学イオン化（atomospheric pressure chemical ionization：APCI）法が代表的である．また，GC や LC を適用できない不揮発性化合物に対しては，高速原子衝撃（fast atom bombardment：FAB）法や，マトリックス支援レーザー脱離イオン化（matrix assisted Laser desorption/ionization：MALDI）法が有効である．とくに MALDI は分子量が 10 000 を超える高分子にも適用可能であり，現在もっとも汎用されているイオン化法の一つといえる．質量分離には，磁場によってイオンを分離する磁場型質量分析計や，4 本の電極内にイオンを通過させて，ある一定の範囲の質量電荷比 (m/z) のイオンだけを取り出す四重極 (Q) 質量分析計，検出器までの到達時間の差によってイオンを分離する飛行時間 (time-of-flight：TOF) 質量分析計がよく利用される．

GC-MS では，試料を GC に注入してから，秒単位で連続的に全 MS 範囲をスキャンし，試料が流出し終わるまでの大量の MS チャートをコンピューターに保存し，測定終了後に，これを質量クロマトグラム（MC：図 12.11，12.12）として取り出し，m/z ごとのクロマトグラムとして描かせる方法（MC 法）（定性，同定に適す）と，MS をスキャンせず，目的物質に特徴的な分子イオンピークまたはフラグメントイオンの m/z（数種の m/z を同時に記録できる）に検出器を固定し，このイオンだけを連続的に検出しながらクロマトグラフィーを行う方法（マスフラグメントグラフィー（MF），図 12.13）（定量，純度検定に最適）とがある．

MF は，いわば m/z という情報をもった GC で，GC/MS 特有の手法であり（HPLC-MS にも応用可能），混合試料中の特定の化合物の検出や定量を目的とするとき，とくに，GC で分離できず，重なって溶出してくる成分の分析に威力を発揮する．この方法によれば，薬物の代謝物や生体微量成分の検出，定量を ng～pg で行うことができる．定量には濃度既知の内標準（internal standard：i.s.）を用い，これと目的物質の特徴的ピークとの MF スペクトルから検量線を描き，定量を行う．内標準物質としては，目的物質を安定同位体（^{2}H や

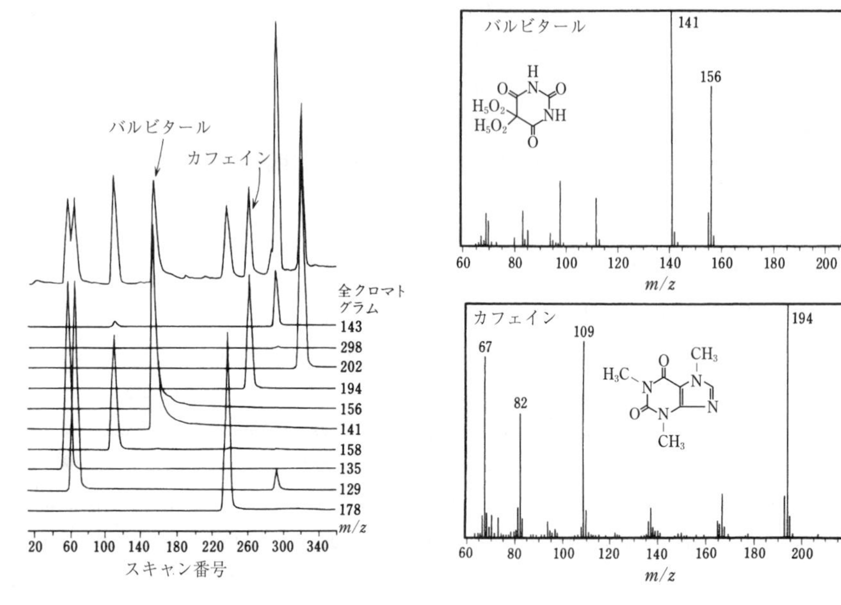

図 12.11　アミン類混合物の質量クロマトグラム応用例
(GCMS-QP1000 型；PAC-100 型，株式会社島津製作所による)

図 12.12　アミン類混合物の質量スペクトル

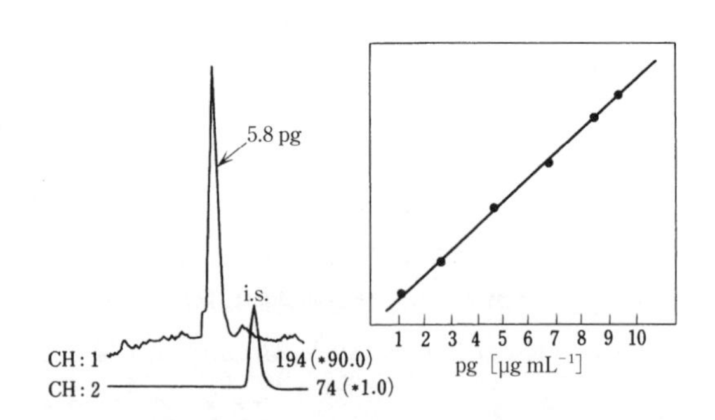

図 12.13　図 12.12 の混合物中のカフェインを MF 法で定量
右はコンピューターの描いた検量線．10 pg で定量可能．*m/z* 74 のピークは内標準 (GCMS-QP1000 型；SCAP-1123 型，株式会社島津製作所による)

^{13}C など）で標識したものが多用されているが，同族体や化学的類似化合物でも用いることができる．

12.4.2　試料の前処理

GC-MS の試料としては，カルボキシ基，アミノ基，ヒドロキシ基などをもつ比較的不揮発性のものはそのままでは不適であり，適当な前処理により気化しやすいかたちに変える必要がある．このような化学的前処理を表 12.7 にまとめる．これらを前処理なしに測定したい場合には，HPLC-MS を用いればよい．高速原子衝撃法（fast atom bombardment：FAB）や ESI のようなソフトイオン化法では，ナトリウムやカリウムなどの無機塩の除去によって $[M+Na]^+$ などの分子量関連イオンの生成を防ぎ，より単純な質量スペクトルを得ることができるようになる．試料を脱塩するためのピペットチップやフィルター，カラムを利用することができる．

12.4.3　検　　出

EI および CI では，通常分子量関連イオン M^+ に加え，フラグメンテーションに由来するフラグメントイオンのピークが観測される．未知試料の構造解析においては，このフラグメントイオンの正しい同定が重要となる．フラグメンテーションの引き金は，イオン化によって生じる不対電子であり，これは非共有電子対や芳香環の二重結合などに生じやすいので，これを踏まえてフラグメントイオンの構造を合理的に考察することができる．FAB では，正イオンモードでは $[M+H]^+$，$[M+Na]^+$，負イオンモードでは $[M-H]^-$ が分子量関連イオンとして観測される．Na^+ は，ガラス製試料管に由来するものである．試料の容器に由来する不純物としてほかにも，ポリプロピレン中の可塑剤であるフタル酸エステル類などに由来するピークが観測されることがある．APCI でも，正イオンおよび負イオンそれぞれのモードにおいて分子量関連イオン $[M+H]^+$ および $[M-H]^-$ が検出される．MALI でもマトリックスイオンやプロトンが付加した 1 価の分子量関連イオンがおもに観測される．ESI では，$[M+nH]^{n+}$ や $[M-nH]^{n-}$ などの多価イオンの生成がみられる．この場合観測される m/z は，実際の分子量の $1/n$ となるので注意が必要である．

フラグメンテーションに加え，同位体イオンのピークが分子構造解析のためのよい指標と

表 12.7　化学的前処理（活性水素の置換）

前処理の反応	対象となる基	用いる試薬（略称）	導入される基
シリル化	$-OH$, $-SH$, $-NH_2$, $>NH$, $-COOH$	$(CH_3)_3SiCl$（$=$TMCS） $(CH_3)_3SiNHSi(CH_3)_3$（$=$HMDS） $CH_3COSi(CH_3)_3=NSi(CH_3)_3$（$=$BSA）	$(CH_3)_3Si-$
アシル化	$-OH$, $-SH$, $-NH_2$, $>NH$	$(CH_3CO)_2O$ $(ClCH_2CO)_2O$ $(CF_3CO)_2O$ など	CH_3CO- $ClCH_2CO-$ CF_3CO-
エステル化	$-COOH$	CH_2N_2 など	CH_3-

なる．とくに，塩素と臭素を含む分子では同位体イオンピークが顕著に現れる．塩素では，^{35}Cl と ^{37}Cl の天然同位体存在度はそれぞれ 75.78%，24.22% であるので，塩素を一つ含んだ分子では分子量関連ピークの強度比は，$M^+ : [M+2]^+ = 3 : 1$，二つ含む分子では，$M^+ : [M+2]^+ : [M+4]^+ = 10 : 6 : 1$，三つ含む分子では，$M^+ : [M+2]^+ : [M+4]^+ : [M+6]^+ = 31 : 29 : 9 : 1$ となる．同様に臭素では，^{79}Br と ^{81}Br の天然同位体存在度は 50.69%，49.31% である．したがって，臭素を一つ含めば $M^+ : [M+2]^+ = 1 : 1$，二つ含む分子では，$M^+ : [M+2]^+ : [M+4]^+ = 1 : 2 : 1$，三つ含む分子では，$M^+ : [M+2]^+ : [M+4]^+ : [M+6]^+ = 1 : 3 : 3 : 1$ となる．硫黄でも，^{32}S と ^{34}S の天然同位体存在度がそれぞれ 94.93% と 4.29% であるので，同位体ピークをはっきり確認できる．これらに比べ，炭素，水素，窒素，酸素の同位体存在度は小さいが，測定対象にしている分子に含まれる元素数が多くなればなるほどに，同位体イオンピークの相対的な強度が大きくなる．

12.4.4　定性的な不純物の検定

物質の純度を考える場合，不純物が何であるか明らかになっている場合と，そうでない場合とがあり，前者の場合にも，その分子量（M′）が目的物（主成分）のもの（M）と同じである場合（すなわち異性体である場合：M′=M）と大きい場合（M′>M）および小さい場合（M′<M）とがありうる．

同位体ピークを除く M より大きなピークは当然不純物の存在を示すが，フラグメントピークである［M−R］のピークは，R=4～14，19（R=19 は F を含む化合物にのみ可能），21～25，37 および 38 の値をとることはない．もしこれらに相当するピークが出る場合，試料中に不純物が含まれるか，または，分子イオンピークと考えられているものが，実はフラグメントピークであることを示している．

分子イオンピーク［M］に付随する同位体ピーク［M+1］および［M+2］の強度は，化合物の組成 $C_xH_yN_zO_n$ では，

$$\frac{[M+1]}{[M]} \sim 1.1x + 0.36z\ [\%] \qquad \frac{[M+2]}{[M]} = \frac{(1.1x)^2}{200} + 0.20n\ [\%]$$

でほぼ表される．もし測定値がこれに合致しない場合，イオン量が多すぎる（すなわち，測定方法の不備）か，不純物によるピークが重なっているものと考えてよい．ただし，Cl や Br を含む場合にはそれぞれに特徴的な同位体ピーク群が現れる[19b]．よく現れる不純物のピークとしては，文献[19b] を参照．MS 試料中に混在する可能性が大きい不純物の MS についての総説[22] が出されている．それによると，不純物は（1）溶媒由来の不純物，（2）安定化剤由来のもの，（3）実験装置・器具由来のもの，（4）試薬由来のもの，に分類される．また，いかにして不純物の混入を防止するかについても論じられている．

MS による不純物検出のさいには，分析計内に残留している物質によるバックグラウンドの測定を試料測定の直前と直後に必ず行うことが必要である．重水素化物を測定した後で

は，残存する重水素（D_2O など）によって試料の活性水素が置換されるおそれについても留意しなければならない．

12.5 旋光度と円二色性スペクトル

キラル分光法である旋光度および円二色性（circular dichroism：CD）は，有機合成実験において，おもに化合物の光学純度や絶対立体配置の決定に用いられる．旋光度については，24.3.2 項で詳しい測定法を述べるので，本節では旋光度を用いた反応追跡法について紹介する．CD スペクトルについては，その立体構造解析への適用手法を中心に概説する．

12.5.1 旋 光 度

本法は光学活性物質を含む液相反応，すなわちラセミ化反応，変旋光反応，光学活性なエステル，アセタール，グルコシドの酸加水分解などの旋光度の変化を伴う反応の研究に用いられる．これらの反応の進行を追跡するには物質の同定，および純度の検定，濃度決定の場合と異なり，比旋光度によらなくても，その反応溶液の旋光角の経時変化を測定するだけで十分である．たとえば一次反応の反応速度定数 k は，反応開始時，時間 t，および反応終了時における反応溶液の旋光角の測定値，α_0，α_t，および α_∞ をもとに式(12.8) から求められる．

$$\log(\alpha_t-\alpha_\infty) = -\frac{kt}{2.303} + \log(\alpha_0-\alpha_\infty) \tag{12.8}$$

左辺を時間 t に対しプロットすれば直線が得られ，その勾配から k が求まる．

光学活性物質の希薄溶液の旋光度はその濃度に比例することが知られているが，反応速度を測定する前に旋光度と試料濃度との比例関係を確認しておいたほうがよい．とくに強く着色した試料では注意を要する．旋光度の測定精度は目読式旋光計では 0.1～0.01°，自動旋光計では 0.01～0.001°，旋光分散（optical rotatory dispersion：ORD）測定装置では 0.0001° である．

旋光度の測定波長は従来は装置との関係で Na の D 線（589 nm）を用いたが，実験精度からいえばもっとも大きな旋光度を示す波長を利用すべきである．従来の目読式の旋光計と異なり自動旋光計では光源としてナトリウムランプのほか，水銀ランプ，ハロゲンランプなどが用いられており，フィルターを利用することにより数種の波長の選択が可能である．ORD 測定装置を利用できれば任意の波長での測定ができる．反応の追跡には特別の目的以外には 1 波長での測定で十分である．ただし，反応に伴う ORD 曲線の経時変化を予備的に測定しておくことは，測定最適波長を選択するためだけでなく，旋光度変化がいかなる反応に基づいているかを知るうえでも有用である．また 2 種類の光学活性物質が共存する場合，一方の物質の旋光度が 0 となる波長を知ることができれば，もう一方の物質の旋光度変化を追跡することもできる．反応の追跡に旋光度変化を測定する代わりに，より低濃度領域での追跡が可能なCDの強度の経時変化を測定してもよいが，旋光度と異なりCDは可視・紫外光の吸収がある波長領域に限って観察される．

試料用セルとして，目読式旋光計では両端がねじ式になった円筒セルを使用する．このねじを強く締めつけすぎるとエンドプレートにひずみを生じ誤差を与えるので注意を要する．自動旋光計，ORD，CDの測定装置では試料用セルとして角形セルを使用する場合と筒形セルを使用する場合とがあるが，試料の出し入れには角形セルのほうが便利である．とくに，反応の追跡にさいして反応容器中の試料を分取，測定する方法を用いる場合には角形セルを用いたほうがよい．セルにウォータージャケットを施してセル中試料の旋光度の経時変化を追跡する場合には筒形セルが保温性の面で優れている．セルはいずれの場合も必ず定まった面をつねに光源側に向け，かつセルホルダーの一方の端に片寄せて置き，位置再現性を高めるようにする．筒形セルでは回転位置もつねに定めておくべきである．セルの光路長は旋光度の大きさによって使い分ける．比旋光度の測定では薄いセルの場合，セル長を校正する必要があるが，反応の追跡に使用する場合には一つの反応について同一のセルを用いればその必要はない．

いずれの装置のベースラインも時間の経過に伴ってしばしば変化するので，試料の測定の前後には必ず毎回使用する溶媒を用いてブランクを測定する．試料の入ったセルを装置に入れたままで旋光度の経時変化を測定する場合には，反応開始時と終了後にブランクを測定し，反応途中のブランクはこれらの値を用いて補間法により求める．吸収の大きい（吸光度≧2）試料の場合にはベースラインが吸光度の大きさとともに変化することがあるので注意を要する．

12.5.2　円二色性スペクトル[24,25]

有機合成化学，とりわけ天然物化学においてCDスペクトルは化合物の絶対立体配置の決定に有用である．エナンチオマーの関係にあるキラル分子のCDスペクトルは完全な鏡像のスペクトルを与えるので，既知の光学異性体の識別は容易である．また立体配置が未知の化合物に対しても，経験則を利用した偏光分析によりその構造を決定することができる．たとえば飽和ケトンの絶対立体配置は，$n \rightarrow \pi^*$ 遷移により生じるコットン（Cotton）効果をオクタント則に基づき分析することで予測できる．また，非経験的に絶対立体配置を決定する手法として，CD励起子キラリティー法[26]があり，現在，生理活性天然物の絶対立体配置の決定に重用されている．この手法を適用するには，電気遷移モーメントが大きくかつ方向が明確な発色団の存在が重要であり，分子骨格にない場合は安息香酸エステルなどの発色団を導入する必要がある．最近ではより汎用性が高いカルボニル基の赤外（または振動）円二色性（vibrational CD：VCD）を利用したVCD励起子キラリティー法[27]も開発され，新たな方法論として期待されている．

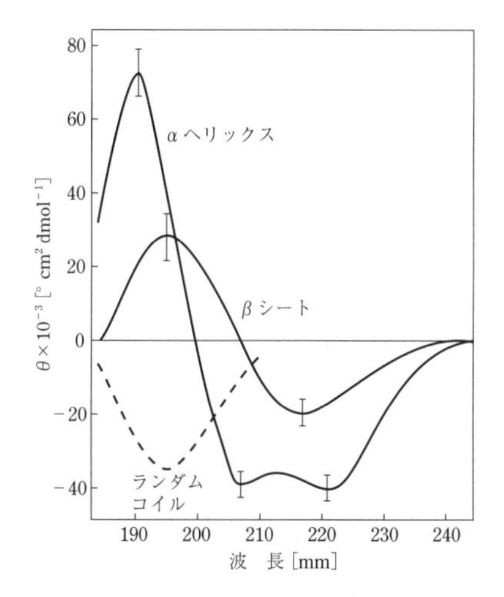

図 12.14　ポリ-L-リシンの二次構造を示す CD スペクトル
(R. Townend, B. Davidson, *et al.*, *Biochem. Biophys. Res. Comm.*, **23**, 163 (1966))

さらに絶対立体配置の決定のみならず，CD スペクトルは生体高分子の構造解析にも応用されている．たとえば CD スペクトルではポリペプチドの二次構造の違いにより特徴的なパターンが観測される（図 12.14）[28]．すなわちポリ-L-リシンを例にあげると，α ヘリックスでは 190 nm 付近に正の極大，207 および 222 nm 付近に二つの負の極大をもち，β シートでは 195 nm 付近に正の極大，および 217 nm 付近に負の極大をもつ．またランダムコイルでは 196 nm 付近に負の極大をもつ．したがって CD スペクトルからポリペプチド・タンパク質の構造変化を読み取ることが可能であり，その変性状態や他の分子との相互作用を解析するための一つの手段となる．

文　献

1) L. J. Bellamy, “The Infrared Spectra of Complex Molecules”, Vo1. 1, 2, Chapman and Hall (1975, 1980).
2) 大木道則，“赤外線スペクトル”，東京大学出版会 (1967).
3) 日本化学会 編，“続 実験化学講座 10”，pp.209-241，丸善出版 (1964).
4) 日本化学会 編，“新 実験化学講座 13”，pp.136-147，丸善出版 (1977).
5) M. Hesse, H. Meier, B. Zeeh 著，野村正勝 監訳，“有機化学のためのスペクトル解析法”，化学同人 (2000).
6) 半田 隆，相川秀夫，“入門紫外・可視部吸収スペクトル”，南江堂 (1968).
7) 日本化学会 編，“新 実験化学講座 14”, pp.647-782，丸善出版 (1977).
8) 日本化学会 編，“続 実験化学講座 11”, pp.141-155，丸善出版 (1965).
9) 廣田 穰，化学と工業，**24**，578 (1971).
10) M. L. Martin, G. J. Martin, J.-J. Delpuech, “Practical NMR Spectroscopy”, pp. 350-376. Heyden & Son (1980).

11）R. J. Abraham, P. Loftus 著, 竹内敬人 訳, “^{1}H および ^{13}C NMR 概説”, pp.182-194, 化学同人（1979）.
12）通 和夫, 竹内敬人, 吉川研一, “実用 NMR”, p.197, 216, 講談社サイエンティフィク（1984）.
13）G. R. Fulmer, K. I. Goldberg, *et al.*, *Organometallics*, **29**, 2176（2010）.
14）A. W. Douglas, *J. Am. Chem. Soc.*, **100**, 6463（1978）.
15）標準的な NMR の教科書, 参考書には必ず動的 NMR に関する章がある. ここではとくに動的 NMR に関する単行本の主要なものを列記する.
a）L. M. Jackman, F. A. Cotton, eds., “Dynamic Nuclear Magnetic Resonance Spectroscopy”, Academic Press（1975）.
b）J. I. Kaplan, G. Fraenkel, “NMR of Chemically Exchanging Systems”, Academic Press（1980）.
c）J. Sandström, “Dynamic NMR Spectroscopy”, Academic Press（1982）.
d）M. Ōki, “Applications of Dynamic NMR Spectroscopy to Organic Chemistry”, VCH Publishers（1985）.
16）標準的な NMR の教科書, とくに ^{13}C NMR の教科書には必ずこのテーマに関する章がある.
a）竹内敬人, 石塚英弘, “C-13 NMR 基礎と応用”, 講談社サイエンティフィク（1976）.
b）R. J. Abraham, P. Loftus 著, 竹内敬人 訳, “^{1}H および ^{13}C NMR 概説”, 7 章, 化学同人（1979）.
その他, 有用な総説としては,
c）G. C. Levy, ed., “Topics in Carbon-13 NMR Spectroscopy”, Vol. 1, ch. 6, John Wiley（1974）.
d）麻生芳郎, 池川信夫, 宮崎 浩 編, “安定同位体のライフサイエンスへの応用”, 講談社サイエンティフィク（1981）.
17）標準的な NMR の教科書には簡単な説明が載っている. そのほかに主要なものを列記する.
a）カルボカチオン：G. A. Olah, P. von R. Schleyer, eds., “Carbomium Ions: General aspects and methods of investigation”, Vo1. 1, ch. 7, Interscience（1968）; G. A. Olah, G. K. S. Prakash, J. Sommer, “Superacid”, John Wiley（1985）.
b）カルボアニオン：E. Buncel, “Carbanions : Mechanistic and Isotopic Aspects”, p.195, Elsevier（1975）.
c）CIDNP: H. R. Ward, *Accounts Chem. Res.*, **5**, 18（1972）; R. G. Lawler, *ibid.*, **5**, 25（1972）.
18）a）楠見武徳, 有機合成化学, **51**, 462（1993）; b）岩下 孝, 楠見武徳, 村田道雄, “特論 NMR 立体化学”, 講談社サイエンティフィク（2012）; c）J. A. Dale, H. S. Mosher, *J. Am. Chem. Soc.*, **95**, 512（1973）; d）I. Ohtani, T. Kusumi, Y. Kashman, H. Kakisawa, *J. Am. Chem. Soc.*, **113**, 4092（1991）.
19）a）中田尚男, “有機マススペクトロメトリー入門”, 講談社サイエンティフィク（1981）; b）日本化学会 編, “実験化学ガイドブック”, pp.284-292, 丸善出版（1984）.
20）日本化学会 編, “続 実験化学講座 14”, pp.216-227, 235, 丸善出版（1966）.
21）荒木 峻, “質量分析法 第 3 版”, 現代化学シリーズ, Vol.2, pp.88-99, 東京化学同人（1978）.
22）M. Ende, G. Spiteller, *Mass Spectrom. Rev.*, **1**, 29-62（1982）.
23）日本化学会 編, “第 5 版 実験化学講座 20-1”, pp.414-456, 丸善出版（2007）.
24）日本化学会 編, “新 実験化学講座 13”, pp.783-879, 丸善出版（1977）.
25）日本化学会 編, “第 5 版 実験化学講座 20-1”, pp.276-293, 丸善出版（2007）
26）原田宣之, 有機合成化学, **51**, 127（1993）.
27）T. Taniguchi, K. Monde, *J. Am. Chem. Soc.*, **134**, 3695（2012）.
28）R. Townend, T. F. Kumosinski, S. N. Timasheff, G. D. Fasman, B. Davidson, *Biochem. Biophys. Res. Comm.*, **23**, 163（1966）.

II 実 験 法

Chapter 13

代表的溶媒の精製法

13.1　有機溶媒取扱い上の注意

本節では，有機溶媒を安全に取り扱うための注意事項を解説する．有機溶媒は日常的に比較的多量に使用するものであることを念頭において，その人体に対する毒性と火災の危険には十分注意しなければならない．

通常使用される有機溶媒のほとんどは何らかの毒性をもっており，「毒物及び劇物取締法」「労働安全衛生法」などの法令によって規制されている．一般に有機溶媒は脂溶性が高いので，接触によって皮膚から吸収されやすい．また，気化しやすいものは吸気といっしょに体内に入る．このようにして体内に入った有機溶媒は，神経，肝臓，腎臓などの器官に急性，慢性の毒性を及ぼす．とくに，ベンゼン，クロロホルム，四塩化炭素，トリフルオロ酢酸（TFA），アセトニトリル，*N*, *N*-ジメチルホルムアミド（DMF），二硫化炭素などは毒性が強い（許容濃度 <100 mg m^{-3}）．発がん性が問題となっている溶媒としては，ベンゼン，クロロホルム，四塩化炭素，ジクロロエテン，トリクロロエテン（トリクレン），1,4-ジオキサン，ヘキサメチルリン酸トリアミド（HMPA）などがある．また，フェノールや TFA などの酸，トリエチルアミン，ピペリジンなどは皮膚や粘膜に対して腐食性を示す．

有機溶媒による中毒を回避するためには，次のような注意が必要である．

(1) できるだけドラフト内で操作を行う．実験室の換気に努め，溶媒蒸気（一般に空気より重い）が滞留しないようにする．

(2) 皮膚との接触や吸気からの吸入を避けるため，必要に応じてゴム手袋や防毒マスクを着用する．

(3) 使用後は，うがい，洗顔などを励行する．

一方，大部分の有機溶媒は引火性物質であり，「消防法」で第 4 類危険物（引火性液体）として規制されている．なかでも，特殊引火物（発火点が 100 ℃ 以下，または引火点が −20 ℃ 以下で沸点が 40 ℃ 以下）に指定されているペンタン，ジエチルエーテル，二硫化炭素などはきわめて引火しやすく，自然発火温度も低いジエチルエーテル（160～180 ℃）

や二硫化炭素（90℃）はもっとも危険な溶媒である．

有機溶媒による火災を防ぐためには次のような注意が必要である．

(1) 近くで裸火を使用しない．静電気やスイッチによる火花，たばこの火なども引火の原因となることがあるので注意を要する．

(2) 通風をよくし，溶媒蒸気が滞留するのを防ぐ．

(3) 溶媒の乾燥（13.2 節）には「消防法」で第 3 類危険物に分類される自然発火性物質および禁水性物質*を用いることが多いので，それらが着火源とならないように取扱いに注意する．通常アルゴンまたは窒素雰囲気下で操作する．

(4) 万一の場合は，CO_2（禁水性物質が共存するときは不可）または粉末消火器を用いる．さらに，ハロゲン化炭化水素（13.2.2 項）の分解によるホスゲン中毒，エーテル系溶媒（13.2.3 項）の分解によって生じる過酸化物の爆発といった二次的な危険性にも注意を要する．

13.2 各　　論

有機合成反応は，反応基質に対して大過剰の溶媒中で行われることが多い．したがって，溶媒中の不純物は低濃度であっても多くの場合，反応に悪影響を与える．とくに，溶媒中の水や酸素は有機金属試薬を用いた反応では大敵であり，実験に用いられる溶媒の精製・脱水法は重要である．

近年，試薬会社から種々の合成反応を行うのに十分な多種の脱水溶媒が手ごろな値段で市販されており，多くの場合それらの脱水溶媒は開封直後であればさらに精製することなく問題なく使用できる．開封後はたとえばシュレンク管に移し替えて保存することなどが望ましい．これらの精製溶媒や以下の項で示す方法により精製した溶媒に，各種溶媒に適した細孔をもつモレキュラーシーブ（表 13.1）を活性化処理（一般的には好ましくは真空下で数時

表 13.1　モレキュラーシーブの種類と乾燥適応化合物

種　類	乾燥適応化合物
モレキュラーシーブ 3A（孔径 0.3 nm）	メタノール，エタノール，アセトン（長時間の保存ではアセトンの反応が進行する），アセトニトリル
モレキュラーシーブ 4A（孔径 0.4 nm）	シクロヘキサン，ベンゼン，トルエン，ジクロロメタン，クロロホルム，四塩化炭素，ジエチルエーテル，ジイソプロピルエーテル，酢酸エチル，ピリジン，DMF，DMSO，ニトロメタン
モレキュラーシーブ 5A（孔径 0.5 nm）	THF，1,4-ジオキサン
モレキュラーシーブ 13X（孔径 1 nm）	HMPA

＊　空気にさらされることにより自然に発火，または水と接触して発火したり可燃性ガスを発生する物質．

間 300～350 ℃ に加熱する）したのちに加えて（通常有機溶媒 1 L につき約 100 g）保存することにより，ある程度の期間，十分な無水状態を保つことができる．

また，かなり多量に精製溶媒が必要なときは，ステンレス鋼（SUS）などの金属容器入りの精製溶媒も市販されるようになった．実験室では圧送用の不活性ガスボンベ，ガス配管とバルブ付きの送液管を準備し，不活性ガスによる“圧送取出し”を行えば，かなりの期間一定の純度を保つことができる．

このように以前と比べてより簡便に精製溶媒を使用できるようになったが，溶媒精製の基本的考え方と操作を理解することは，合成反応を行ううえでも有意義である．次項以下には，従来用いられている代表的な溶媒の精製法を示す．不活性ガス雰囲気下で行う反応に用いる場合は，溶媒の精製，蒸留なども不活性ガス下で行うことが望ましい．

下記本文中，引火点はとくに記載がない場合は密閉式における数値である．

13.2.1　炭化水素溶媒

炭化水素溶媒はおもに石油の分留などによって製造されており，不純物として他の石油留分や硫黄化合物（チオフェン類）および水分を含んでいる．多くの場合，乾燥蒸留するだけで十分である．一般に吸湿性は乏しく，光や空気に対して安定なので，貯蔵は比較的容易である．

（i）ヘキサン（C_6H_{14}）　式量 86.18，沸点 68.7 ℃，融点 −95.3 ℃，引火点 −22 ℃，d_4^{20} 0.6594，屈折率 n_D^{20} 1.3749，半数致死量 LD_{50} 15.8～32.4 g kg^{-1}（ラット，経口）．近沸点の炭化水素化合物などを不純物として含む．飽和の炭化水素は除去が困難であるが，共存したままで通常問題はない．微量の硫黄化合物を除くには，濃硫酸で着色しなくなるまで洗浄を繰り返し，水，つづいて 10% Na_2CO_3 水溶液で振り，最後に再び水で十分洗浄する．不飽和炭化水素を除くためには，濃硫酸による洗浄ののちに，硫酸酸性の $KMnO_4$ 水溶液と数時間よくかき混ぜる．$CaSO_4$，$MgSO_4$ または $CaCl_2$ で予備乾燥したのち，金属ナトリウム，$LiAlH_4$，CaH_2 あるいは P_2O_5 で乾燥し蒸留する．

（ii）石油エーテル　沸点 35～60 ℃ の炭化水素の混合物，融点 < −73 ℃，引火点 > −17.8 ℃，d_4^{20} 0.62～0.67．芳香族炭化水素を少量含むことがある．ヘキサンの精製と同様にして，濃硫酸，水，アルカリ，水で順次洗浄したのち，乾燥し蒸留する．

（iii）シクロヘキサン（C_6H_{12}）　式量 84.16，沸点 80.7 ℃，融点 6.7 ℃，引火点 −18 ℃，d_4^{20} 0.7781～0.7785，n_D^{20} 1.4262，LD_{50} 5.0～30.4 g kg^{-1}（ラット，経口）．ベンゼンの接触水素添加によって製造されており，その過程で硫黄化合物はほぼ完全に除去されているが，ベンゼンを不純物として含んでいる．これを除くためには，混酸（濃硝酸 3：濃硫酸 7）と氷冷下で 15 分，室温で 1 時間激しくかき混ぜる．水，25% NaOH 水溶液で数回振り，最後に再び水で洗浄する．$CaCl_2$ または $MgSO_4$ で予備乾燥したのち，金属ナトリウム，$LiAlH_4$，CaH_2 あるいは P_2O_5 で乾燥し蒸留する．

(iv) **ベンゼン** (C_6H_6)　式量 78.11，沸点 80.1 ℃，融点 5.5 ℃，引火点 −11 ℃，d_4^{15} 0.8787，n_D^{20} 1.5011，LD_{50} 0.81～4.9 mL kg^{-1}（ラット（若い成体），経口）．問題となる不純物は硫黄化合物および水分である．濃硫酸で着色しなくなるまで洗浄を繰り返し，水，続いて希水酸化ナトリウム水溶液で振り，最後に再び水で十分洗浄する．$CaCl_2$ で予備乾燥したのち，金属ナトリウム，$LiAlH_4$，CaH_2 あるいは P_2O_5 で乾燥し蒸留する（特別管理物質に指定されている特定化学物質である）．

(v) **トルエン** (C_7H_8)　式量 92.14，沸点 110.6 ℃，融点−95.0 ℃，引火点 4.4 ℃，d_4^{20} 0.8669，n_D^{20} 1.4969，LD_{50} 5.0～7.3 g kg^{-1}（ラット，経口）．ベンゼンの精製と同様にして，濃硫酸，アルカリ，水で順次洗浄したのち，乾燥し蒸留する．

(vi) **キシレン** (C_8H_{10})　式量 106.17，沸点 144.4 ℃ (*o*-)，139.1 ℃ (*m*-)，138.4 ℃ (*p*-)，融点 −25.2 ℃ (*o*-)，−47.9 ℃ (*m*-)，13.3 ℃ (*p*-)，引火点 32 ℃ (*o*-)，27 ℃ (*m*-)，27 ℃ (*p*-)，d_4^{20} 0.8802 (*o*-)，0.8642 (*m*-)，0.8611 (*p*-)，n_D^{20} 1.5054 (*o*-)，1.4973 (*m*-)，1.4958 (*p*-)，LD_{50} 3.61 g kg^{-1} (*o*-)，5.01～6.70 g kg^{-1} (*m*-)，4.03 g kg^{-1} (*p*-)（ラット，経口）．市販のキシレンは *o*-，*m*-，*p*-キシレンの混合物であり，少量のエチルベンゼン，トルエンなどと硫黄化合物を不純物として含んでいるが，*o*-，*m*-，*p*- の異性体は分離せずに使用することが多い．異性体分離が必要なときは，*o*-キシレンを精密蒸留によって分けたのちに，冷却してパラ体を結晶分離する．さらにメタ体の精製法として，4 mol L^{-1} HNO_3 と煮沸することにより残存する異性体を選択的に酸化する方法もある．硫黄化合物の除去と乾燥は，ベンゼンの精製と同様にして行う．

13.2.2　ハロゲン化炭化水素系溶媒

ハロゲン化炭化水素は一般に光，空気，水分などによって分解を受けて，ハロゲン，ハロゲン化水素，ホスゲンなどを生じやすい．化合物によっては安定化剤を加えて市販されている．使用目的によっては，これらの不純物や安定剤を除去する必要がある．貯蔵には濃褐色瓶を用い，密栓して冷暗所に置く．ハロゲン化炭化水素は金属ナトリウムと反応するので，金属ナトリウムを乾燥剤に用いてはならない．

(i) **ジクロロメタン** (CH_2Cl_2)　式量 84.93，沸点 39.8 ℃，融点 −95.1 ℃，d_4^{20} 1.3255～1.3266，n_D^{20} 1.4244，LD_{50} 1.6～2.1 mL kg^{-1}（ラット，経口）．濃硫酸で着色しなくなるまで洗浄を繰り返し，水，続いて希アルカリ水溶液（Na_2CO_3，NaOH あるいは $NaHCO_3$ の 5% 水溶液）で振り，最後に再び水で十分洗浄する．$CaCl_2$ で予備乾燥後，$CaSO_4$，CaH_2 あるいは P_2O_5 で乾燥し蒸留する．褐色瓶で暗所貯蔵する．

(ii) **クロロホルム** ($CHCl_3$)　式量 119.38，沸点 61.2 ℃，融点 −63.5 ℃，d_{20}^{20} 1.4835，n_D^{20} 1.4476，LD_{50} 0.45～2.18 g kg^{-1}（ラット，経口）．光，空気などによって分解を受けてホスゲン，Cl_2 および HCl などを生じやすい．安定化剤として 1% 以下のエタノールを混入してある製品もある．

(1) 十分な水洗いをし，K_2CO_3 あるいは $CaCl_2$ で予備乾燥させ，P_2O_5 あるいは $CaCl_2$ 上で還流乾燥後直接蒸留する精製法で，多くの場合十分である．

(2) 水洗いでなく，濃硫酸で着色しなくなるまで洗浄を繰り返し，次に NaOH 水溶液で酸を除き，最後に冷水で十分に洗浄後，乾燥，精留することも行われる．貯蔵は濃褐色瓶に入れ冷暗所に置く．

(iii) **四塩化炭素**（CCl_4）　式量 153.82，沸点 76.7 ℃，融点 −22.9 ℃，d_4^{20} 1.594，n_D^{20} 1.4607，LD_{50} 2.35～10.2 g kg^{-1}（ラット，経口）．二硫化炭素，ホスゲン，塩酸などを不純物として含むことがある．二硫化炭素は分留によっては除きがたく，KOH の飽和水溶液と数時間よくかき混ぜたのち，水洗することを数回繰り返して除く，あるいは水銀と煮沸することによっても除去される．二硫化炭素除去後，濃硫酸で着色しなくなるまで洗浄を繰り返し，水で洗浄したのち $CaCl_2$ あるいは $MgSO_4$ で乾燥後蒸留し精製する．1995 年末に製造が全廃されており，実験室においても使用を避けるべきである．

(iv) **クロロベンゼン**（C_6H_5Cl）　式量 112.56，沸点 131.7 ℃，融点 −45.0 ℃，引火点 27 ℃，d_4^{20} 1.1058～1.107，n_D^{20} 1.5248，LD_{50} 2.91 g kg^{-1}（ラット，経口）．不純物としては Cl_2，原料のベンゼン中に含まれる炭化水素およびその塩素化された化合物が含まれる．濃硫酸で数回洗浄したのち，水，つづいて希アルカリ水溶液（$NaHCO_3$ あるいは Na_2CO_3 水溶液）と振り，最後に水で洗浄し，乾燥後蒸留する．乾燥剤としては $CaCl_2$，K_2CO_3 あるいは $CaSO_4$ で予備乾燥したのち P_2O_5 を用いる．

(v) **1,2-ジクロロエタン**（$C_2H_4Cl_2$）　式量 98.96，沸点 83.5 ℃，融点 −35.7 ℃，引火点 13 ℃，d_4^{20} 1.2529～1.2569，n_D^{20} 1.4443～1.4447，LD_{50} 0.68～0.97 g kg^{-1}（ラット，経口）．エチレンの塩素化で合成するのでエチレン中に含まれている不純物が塩素化されたもの，およびエチレンの多塩化物が不純物として含まれている．濃硫酸で着色しなくなるまで洗浄を繰り返してアルコールなどの不純物を除き，水につづいて希アルカリ水溶液（KOH あるいは Na_2CO_3 水溶液）と振り，最後に水で十分洗浄，$CaCl_2$ あるいは $MgSO_4$ で予備乾燥させたのち，P_2O_5，$CaSO_4$ あるいは CaH_2 の存在下加熱還流させ，そのまま蒸留する．

13.2.3　エーテル系溶媒

エーテル類は，酸素，光などの作用で過酸化物を生ずる傾向がある．過酸化物以外に原料のアルコールとその酸化物であるアルデヒドがおもな不純物として含まれている．これら不純物の除去の方法としてはアルカリ性 $KMnO_4$ 水溶液で数時間振とうしたのち，水，濃硫酸そして再び水で洗浄する方法が用いられる．過酸化物の除去の方法としては，乾燥エーテルを活性アルミナのカラムを通す方法，あるいは硫酸酸性にした $FeSO_4$ 溶液（$FeSO_4$ 6 g を濃硫酸 6 mL と水 110 mL に溶かした溶液）で繰り返し洗浄する方法が用いられる．過酸化物は濃縮すると爆発するので，過酸化物の除去が不十分な場合は，蒸留のさいに液量の 4 分の 1 くらいを残した段階で蒸留を止めると安全である．

エーテル類のなかでもジエチルエーテルとTHFはきわめて使用頻度が高い．日常的に無水ジエチルエーテル，無水THFを使用する場合には，下記に示す精製法により精製し貯蔵した溶媒を，使用直前に図4.7に示す装置を用いてナトリウム/ベンゾフェノン，あるいは $LiAlH_4$ から蒸留すれば，非常に乾燥した状態の溶媒が得られる．

（i）**ジエチルエーテル**（$C_4H_{10}O$）　式量74.12，沸点34.6℃，融点 −116.3℃，引火点 −45℃，d_4^{20} 0.7134，n_D^{20} 1.3530，LD_{50} 1.21～1.70 g kg^{-1}（ラット，経口）．水，エタノール，ジエチル過酸化物，アルデヒドが不純物として含まれる．アルカリ性 $KMnO_4$ 水溶液，水で順次洗浄し，$CaCl_2$ で予備乾燥させたのち，ナトリウムワイヤー存在下で加熱還流し蒸留する．貯蔵には褐色瓶を用いる．保存にはナトリウムワイヤーを用いることもある．

（ii）**ジイソプロピルエーテル**（$C_6H_{14}O$）　式量102.17，沸点69℃，融点 −87.8℃，引火点 −28～−6.7℃，d_4^{20} 0.7241～0.7281，n_D^{20} 1.3689，LD_{50} 4.6～12.1 g kg^{-1}（ラット，経口）．水と過酸化物が不純物として含まれる．硫酸酸性 $FeSO_4$ 水溶液で振ったのち，水洗し，$CaCl_2$ で予備乾燥させる．予備乾燥後ナトリウムワイヤー存在下加熱還流し，蒸留する．

（iii）**テトラヒドロフラン**（THF，C_4H_8O）　式量72.11，沸点66℃，融点 −108.5℃，引火点−21.5～−14.5℃，d_4^{20} 0.8892，n_D^{20} 1.4070，LD_{50} 1.65～3.20 g kg^{-1}（ラット，経口）．不純物として水，過酸化物などが含まれる．$LiAlH_4$ 存在下で加熱還流後蒸留することにより，不純物を除くことができる．活性アルミナを通したのち，ナトリウムワイヤー存在下加熱還流し，つづいて蒸留する方法も用いられる．

（iv）**1,4-ジオキサン**（$C_4H_8O_2$）　式量88.11，沸点101.4℃，融点11.8℃，引火点5～18℃，d_4^{20} 1.0329，n_D^{20} 1.4175～1.4224，LD_{50} 4.2～7.34 g kg^{-1}（ラット，経口）．不純物としては，アセトアルデヒド，2-メチル-1,3-ジオキソラン（アセタール），酢酸，水および過酸化物が含まれる．窒素雰囲気下，$FeSO_4$ を加えて2日以上放置する．つづいて，1,4-ジオキサン1Lに対して水100 mLと濃塩酸14 mLを加えて N_2 を激しくバブリングさせながら8～12時間加熱還流させる．まだ温かい溶液に固体のKOHを加えると液が2層に分離する．冷却後撹拌しながらさらにKOHを溶けなくなるまで加える．この状態で4～12時間放置したのち，水層を分離し，ナトリウムワイヤー存在下加熱還流し，蒸留する．

（v）**ジエチレングリコールジメチルエーテル**（ジグリム，$C_6H_{14}O_3$）　式量134.17，沸点162℃，融点 −68℃，引火点51℃（密閉），70.0℃（開放），d_{20}^{20} 0.9451，n_D^{20} 1.4097，LD_{50} 4.76～5.0 g kg^{-1}（ラット，経口）．固体のNaOHで乾燥させたのち，金属ナトリウム，$LiAlH_4$ あるいは CaH_2 存在下で加熱還流し，つづいて減圧下蒸留する．なお，これらの操作は N_2 などの不活性ガス雰囲気下で行う．蒸留後は過酸化物の生成を抑えるためジグリムに対し0.01% $NaBH_4$ を加えて褐色瓶中で保存する．

（vi）**アニソール**（メトキシベンゼン，C_7H_8O）　式量108.14，沸点155.5℃，融点 −37.5℃，引火点41℃（密閉），52℃（開放），d_4^{18} 0.9956，n_D^{20} 1.5170～1.5179，LD_{50} 3.70 g kg^{-1}（ラット，経口）．アニソールの半分量の2 mol L^{-1} NaOH水溶液で3回振ったの

ち，水で 2 回洗浄し，$CaCl_2$ で乾燥させる．沪過後ナトリウムワイヤー存在下で乾燥し，N_2 などの不活性ガス雰囲気下蒸留する．

13.2.4 アルコールおよびフェノール系溶媒

アルコールに含まれるおもな不純物はアルデヒドあるいはケトン，そして水である．アルデヒドおよびケトンは少量の金属ナトリウムを加え，数時間加熱還流後蒸留することにより除去できる．この操作により水も除くことができるが，金属ナトリウムの代わりに金属マグネシウムを用いるほうがより効率的である．

（i）**メタノール**（CH_4O）　式量 32.04，沸点 64.7 ℃，融点 −77.8 ℃，引火点 12 ℃，d_4^{20} 0.7915，n_D^{20} 1.3286～1.3292，LD_{50} 6.2～9.1 g kg^{-1}（ラット，経口）．不純物として，水，アセトン，ホルムアルデヒド，エタノール，ジメチルエーテル，アセトアルデヒドが含まれる．メタノールは水と共沸混合物をつくらないので，精留によって水の含量を 0.1% 以下にすることができる．それ以上の脱水が必要なときは乾燥剤によらなければならない．メタノールを CaO や BaO と煮沸する方法は効果が少なく，メタノールの損失も大きい．一般には，CaH_2，少量の金属ナトリウムあるいは金属マグネシウムを乾燥剤として用いる．金属マグネシウムを用いる脱水の方法は次のように行う．

(1) メタノール 50～70 mL をマグネシウム 5 g，ヨウ素 0.5 g とともに還流冷却器を付して加温し，マグネシウムメトキシドとして溶解させる．なお，マグネシウムメトキシドの形成が始まると急激に反応が進行するので注意する．その後，この溶液にメタノールを 1 L まで加え，N_2 などの不活性ガス雰囲気下 2～3 時間還流後，蒸留する．

次の方法も簡単であり，推奨される．

(2) メタノール 1.51 mL に $NaBH_4$ 2 g を加え，Ar をゆっくりとバブリングさせながら 1 日還流させる．その後 Na 2 g を加えて，さらに 1 日還流したのち，蒸留する．

（ii）**エタノール**（C_2H_6O）　式量 46.07，沸点 78.3 ℃，共沸点（水）78.2 ℃（96.0% エタノール），融点 −114.5 ℃，引火点 13 ℃，d_4^{20} 0.7893，n_D^{20} 1.3614，LD_{50} 6.2～17.8 g kg^{-1}（ラット（若い成体），経口）．おもな不純物として，アルデヒド，アセトン，ジエチルエーテルおよび各種不飽和化合物が含まれる．通常入手できるエタノールには水との共沸物として得られる約 96% のものと，種々の方法で製造された無水エタノールがある．無水エタノールは非常に吸湿性が大きい．不純物として含まれるアルデヒドは分留によって除きにくく，エタノール 1 L について KOH 8～10 g および Al（あるいは Zn）5～10 g を加えて放置したのち，蒸留して除く．エタノールは水と共沸混合物をつくるので分留のみで無水エタノールをつくることはできず，脱水剤を用いて行う．脱水剤としては CaO あるいは I_2 で酸化した Mg が一般に用いられる．

(1) CaO による脱水は次のようにして行う．92% エタノール 10 L に CaO 2 kg を加え 24 時間加熱還流し，蒸留する．ここで得られた約 99% エタノールに CaO 350 g を加えて同様に処理すると約 99.7% エタノールが得られる．しばしば蒸留して得たものが少し白濁することがあるが，もう一度注意深く蒸留すれば除去される．

(2) Mg-I_2 を用いる場合は 2 L のフラスコに Mg 5 g と I_2 0.5 g，つづいて無水エタノール 50～75 mL を加え，激しく反応するまで加熱し，さらに 1 L くらいまでのエタノールを加え数時間還流させ，蒸留する．

(iii) イソプロピルアルコール (2-プロパノール，C_3H_8O)　　式量 60.1，沸点 82.5 ℃，共沸点（水）80.4 ℃ (87.7% イソプロピルアルコール)，融点 −89.5 ℃，引火点 11.7 ℃，d_4^{20} 0.783～0.7864，n_D^{20} 1.3772，LD_{50} 1.87～5.8 g kg^{-1}（ラット，経口）．アセトンを還元してつくられたものにはアセトンが，プロピレンの水和によってつくられたものには高級アルコールが不純物として含まれる．水との共沸化合物 1 L に CaO 約 200 g を加えて数時間煮沸還流したのち蒸留し，これに無水 $CuSO_4$，CaH_2，BaO あるいは Ca を加えて乾燥し蒸留すると水の含量 0.1% 以下のものが得られる．大量の水を含んだイソプロピルアルコールからは，まず NaOH あるいは K_2CO_3，$CaSO_4$ で乾燥し，つづいて Al-Hg，I_2 で活性化された Mg，あるいは少量の Na で乾燥する．

(iv) *t*-ブタノール（トリメチルカルビノール，$C_4H_{10}O$）　　式量 74.12，沸点 82.4 ℃，共沸点（水）79.9 ℃ (88.2% *t*-ブタノール)，融点 25.6 ℃，引火点 11.1 ℃，d_4^{20} 0.7858～0.7887，n_D^{20} 1.3823～1.3878，LD_{50} 2.2～3.5 g kg^{-1}（ラット，経口）．CaO，K_2CO_3 あるいは $MgSO_4$ で乾燥し，沪過後蒸留する．さらに水を除きたいときは，I_2 で活性化させた Mg か Na を用いて，N_2 などの不活性ガス雰囲気下煮沸還流し，つづいて蒸留する．水を多量含んでいる場合は，ベンゼンを加えて蒸留することによって除く．すなわち，水-ベンゼン-*t*-ブタノールの 3 成分混合系での共沸（沸点 67.3 ℃）を利用して除く．あるいは，含まれる水の約半量の $CaCl_2$ を加えて振り混ぜ，その層を除くことによって大部分の水を取り除く．

(v) フェノール (C_6H_6O)　　式量 94.11，沸点 181.8 ℃，融点 40.9 ℃，引火点 79 ℃，d_4^{41} 1.0576，d_4^{50} 1.0499，n_D^{41} 1.5418～1.5425，LD_{50} 340～512 mg kg^{-1}（ラット，経口）．水 5 L に 1 mol フェノールおよび 1.5～2.0 mol NaOH を溶解し，煮沸しながら水蒸気を通し，非酸性の不純物を蒸留で除去する．残液を冷却し，20% H_2SO_4 を加えて酸性にし，フェノールを分離する．$CaSO_4$ で乾燥後減圧蒸留し，必要に応じて融解-再結晶を繰り返す．

13.2.5　ケトン系溶媒

(i) アセトン (C_3H_6O)　　式量 58.08，沸点 56.2～56.5 ℃，融点 −94.8 ℃，引火点 −20～−18 ℃．d_4^{20} 0.7906～0.7908，n_D^{20} 1.3591，LD_{50} > 5.0 g kg^{-1}（ラット，経口）．おもな工業的製法はワッカー (Wacker) 法を利用したプロピレンの直接酸化，クメンやシメンの空気酸化，酸分解によるフェノール類との併産法が広く知られており，そのほかにもイソプロピルアルコールを酸化する方法などもある．

双極子モーメントや誘電率が大きく，非プロトン性極性溶剤（ドナー性溶剤）に属する．

そのため水をはじめ多くの有機溶媒とよく混和し，有機化合物の溶解度も大きい．500～1000℃で熱分解してケテンを生成する．アセトンは引火点が低いため，その取扱いにさいしては火気および換気に十分注意する必要がある．

市販のアセトンは通常99%以上の純度を有し，不純物としては水および微量のアセトアルデヒドなどが含まれている．アセトンは吸湿性があり，また微量の酸，アルカリのどちらによっても脱水縮合するので，完全に無水にすることは比較的困難である．一般に広く用いられている精製法を次に列挙する．

(1) アセトンを還流させながら，$KMnO_4$を少量ずつ加え，紫色が消えなくなるまで追加していく．2～3時間加熱還流後蒸留する．ついでこれに$CaCl_2$を加えて再度蒸留する．

かなりの量の$KMnO_4$がアセトンに溶解し，蒸留開始後，溶液量が2分の1程度になると多量の沈殿物が生じて突沸する場合が多いので，一度途中で蒸留を中止し，沈殿物を沪別したのちに再び蒸留するとよい．

(2) 比較的少量の高純度アセトンが必要な場合にはアセトンとNaIとの付加物をつくり，これを−10℃で結晶化させ，沪別する．これは25～30℃にすると分解して，もとの成分に分かれるので，蒸留により高純度のアセトンを得ることができる．これをさらに無水$CaSO_4$で乾燥してから蒸留する．

(3) アセトン700 mLに$AgNO_3$ 3 gを水20 mLに溶かしたものを加え，ついで1 mol L^{-1} NaOH水溶液20 mLを加え十分振とうする．これを沪過し，無水$CaSO_4$で乾燥してから蒸留する．

(ii) エチルメチルケトン (2-ブタノン，C_4H_8O)　　式量72.11，沸点79.6℃，融点−86℃，引火点−6～9℃，d_4^{20} 0.8049，n_D^{20} 1.3785～1.3788，LD_{50} 2.48～5.52 g kg^{-1} (ラット，経口)．ブテンの硫酸水和法によって得られた2-ブタノールを銅-亜鉛合金触媒で脱水素して工業的に製造されている．

アセトン様臭気をもつ無色の液体で，溶解性などはアセトンとよく似ているが，アセトンに比べると水への溶解度が小さいこと，蒸気圧が低いことなどが特徴である．ジエチルエーテル，アルコール，ベンゼンなど大部分の有機溶媒と混合する．引火しやすく，また中枢神経系の機能を低下させる作用があるため，取扱いには火気と換気に十分留意する必要がある．

(1) 無水K_2CO_3，無水Na_2SO_4，無水$CaSO_4$などを加えて脱水したのちに精留する．

(2) さらに高純度のものを入手したいときは，エチルメチルケトンの$NaHSO_3$付加物をつくり，これを沪過してジエチルエーテルで洗浄したのち，Na_2CO_3水溶液で付加物を分解し，無水K_2CO_3で脱水沪過して蒸留する．

(iii) 2-ペンタノン ($C_5H_{10}O$)　　式量86.13，沸点101.92～101.94℃，融点−77.5℃，引火点7℃，d_4^{20} 0.8089，n_D^{20} 1.3895，LD_{50} 1.6～3.73 g kg^{-1} (ラット，経口)．2-ペンタノンは2-ペンタノールの接触脱水素，2-ペンテンの酸化やアセトンとエタノールの接触縮合反

応などによって合成される．水とはあまり混合しないが，大部分の有機溶媒とは自由に混合する．熱，光，湿気に対してはかなり安定であるが，引火点が低いため，大量の保存や取扱いには火気と換気に十分留意しなければならない．おもな精製法を次に示す．

(1) BaO や無水 $CaSO_4$ などを加えて脱水したのちに精留する．

(2) より高純度のものを入手したいときは2-ペンタノンの $NaHSO_3$ 付加物をつくり，沪過しジエチルエーテル洗浄したのち，Na_2CO_3 水溶液で付加物を分解し，無水 K_2CO_3 で脱水沪過してから蒸留する．

(iv) 3-ペンタノン (ジエチルケトン，$C_5H_{10}O$)　式量 86.13，沸点 101.5 ℃，融点 −42 ℃，引火点 6 ℃ (密閉)，13 ℃ (開放)，d_4^{20} 0.8138，n_D^{20} 1.3922～1.3924，LD_{50} 2.14 g kg^{-1} (ラット，経口)．3-ペンタノンの製法は，プロパン酸バリウムの加熱分解，プロパン酸またはプロパン酸無水物の蒸気を $CaCO_3$ 上に通じる方法，3-ペンタノールの脱水素，エチレンと一酸化炭素からニッケルカルボニルを触媒として用いる方法などがある．

BaO や無水 $CaSO_4$ で乾燥したのち蒸留する．さらに高純度のものを必要とするときは，理論段数 100 の精留管を用いて，700 mmHg，還流比 100：1 で精密蒸留したのち，CaH_2 を加え再蒸留する．

13.2.6 カルボン酸

(i) ギ　酸 (CH_2O_2)　式量 46.03，沸点 100.8 ℃，融点 8.4 ℃，引火点 45 ℃，d_4^{20} 1.2202，n_D^{20} 1.3714，LD_{50} 0.73～1.83 g kg^{-1} (ラット，経口)．NaOH に CO を加圧条件下，加熱反応させてギ酸ナトリウムをつくり，これを希酸で分解して合成する．刺激臭のある無色の液体で強い還元作用がある．解離定数は 2.1×10^{-4} と飽和脂肪酸のなかではもっとも強い酸性を示す．ギ酸は室温においてゆっくりと分解して CO と H_2O になる．これを防ぐためには冷却固化して保存すればよい．また非常に吸湿性であり，密栓して冷暗所に貯蔵する．

減圧下に室温で蒸留する．このさい空気中の水分を吸わないように注意することが必要である．またギ酸の乾燥には，B_2O_3 (オルトホウ酸を 300 ℃ 以上に加熱脱水して得られる無色ガラス状の固体をデシケーター中で冷却したのち粉砕して用いる) か無水 $CuSO_4$ が用いられるが，P_2O_5 や無水 $CaCl_2$ はギ酸と反応するので用いられない．不純物として微量含まれる酢酸を除くにはシクロペンタンやシクロヘキサンを共沸剤として用いるのがもっとも効果的である．

(ii) 酢　酸 ($C_2H_4O_2$)　式量 60.05，沸点 118 ℃，融点 16.7 ℃，引火点 39～40 ℃，d_4^{20} 1.0492，n_D^{20} 1.3715～1.3719，LD_{50} 3.31 g kg^{-1} (ラット，経口)．アセトアルデヒドを常圧下酢酸マンガン(II) または酢酸コバルト(II) を触媒として酸素酸化する方法，軽質ナフサをナフテン酸マンガン，Co，Ni などを触媒として 160～175 ℃，20 atm で液相空気酸化する方法，メタノールと一酸化炭素を Rh と I_2 を含む触媒のもと 175 ℃，28 atm で反応させる方法などによって製造される．酢酸臭とよばれる特有の刺激臭を有する無色の液体で，安定に保存できる．水とはあらゆる割合で混合する．99% 酢酸は冬季氷結するので一般に氷酢酸といわれる．市販の酢酸は微量のギ酸，アセトアルデヒドやその他の酸化されうる不純物を含む．

酢酸に対し 2～5% $KMnO_4$ を加え，約 6 時間加熱還流後蒸留する．これにトリアセトキシボランを加え，1 時間加熱還流後蒸留する．このさい約 10% を初留として除き，本留分は密栓して保存する．

トリアセトキシボランの合成は必ずドラフト内で行う．また乾燥すると爆発するおそれがあるので絶対に保存してはならない．したがって使用するさいに必要量を合成するようにする．酢酸 1 L の乾燥に用いるトリアセトキシボランの調製は以下のとおりである．H_3BO_3 20 g，無水酢酸 100 g の溶液を徐々に加熱する．このとき反応容器には冷却器を必ずつけておく．また水浴温度は絶対に 60 ℃ 以上にしてはならない．高温では瞬時に反応が進み，突沸の原因になる．生成した結晶を冷却下沪別し，酢酸で洗浄してから使用する．

(iii) トリフルオロ酢酸（TFA，$C_2HF_3O_2$）　式量 114.02，沸点 72.4 ℃，融点 −15.4 ℃，d_4^{20} 1.489～1.5351，n_D^{20} 1.2850，LD_{50} 0.2～1.2 g kg^{-1}（マウス，静脈）．3,3,3-トリフルオロ-2-プロペンや 2,3-ジクロロヘキサフルオロ-2-ブテンのようなフルオロオレフィン類の酸化によりつくられる．また酢酸をフッ化水素酸中で電解フッ素化してもつくられる．無色の液体で激しい刺激臭をもつ．窒素雰囲気下で蒸留する．

13.2.7 エステル

(i) ギ酸エチル（$C_3H_6O_2$）　式量 74.08，沸点 54.2 ℃，融点 −79 ℃，引火点 −20.0 ℃，d_4^{20} 0.917～0.9229，n_D^{20} 1.3598～1.3599，LD_{50} 1.85～4.29 g kg^{-1}（ラット，経口）．ギ酸とエタノールとから濃硫酸存在下エステル化することにより合成される．芳香を有する無色の液体で空気中の湿気により加水分解してギ酸とエタノールを生じる．300 ℃ 以上に加熱すると分解してエチレン，ギ酸，CO，CO_2，H_2，H_2O のほか，少量のホルムアルデヒドを生じる．水にはわずかに溶け，有機溶媒とは自由に混合する．引火点が低いので取扱いにさいしては火気と換気に十分注意する必要がある．

ギ酸エチルをまず K_2CO_3 水溶液で洗浄し，次に無水 K_2CO_3 または P_2O_5 を加えて脱水後，蒸留する．無水 $CaCl_2$ はギ酸エチルと結晶性化合物をつくるため乾燥剤としては使用できない．

(ii) 酢酸エチル（$C_4H_8O_2$）　式量 88.11，沸点 77.1 ℃，共沸点（水）70.4 ℃（91.5% 酢酸エチル），融点 −83.6 ℃，引火点 −4 ℃，d_4^{20} 0.9006～0.902，n_D^{20} 1.3719～1.3724，LD_{50} 4.94～11.0 g kg^{-1}（ラット，経口）．酸触媒の存在下にエタノールを酢酸でエステル化する方法，および固体酸触媒存在下酢酸のエチレンへの付加による方法で合成される．また，アルミニウムエチラート触媒存在下，アセトアルデヒドの Tischenko 反応により合成することもできる．酢酸エチルは芳香を有する無色透明な可燃性液体で，ほとんどの有機溶媒と自由に混合し，水にもわずかに溶ける．加水分解されやすく，水により常温でも徐々に分解して酢酸とエタノールを生じる．酢酸エチルはきわめて引火しやすく，取扱いにさいしては火気と換気に十分注意する必要がある．

$NaHCO_3$ または Na_2CO_3 飽和水溶液で洗浄し，さらに NaCl 飽和水溶液で洗浄する．これを無水 K_2CO_3 で乾燥し，蒸留して前後留分を除き，本留分をさらに P_2O_5 を加えて乾燥後，デカンテーションする．これに再び P_2O_5 を加え，蒸留して本留分のみを集める．

(iii) 酢酸ブチル ($C_6H_2O_2$)　　式量 116.16，沸点 126 ℃，融点 −77 ℃，引火点 22 ℃，d^{20}_{20} 0.8826，n^{20}_{D} 1.3941〜1.3951，LD_{50} 14.13 g kg^{-1}（ラット，経口）．酢酸と 1-ブタノールを少量の硫酸存在下で反応させて合成される．引火しやすいので火気には十分注意する必要がある．

$NaHCO_3$ もしくは Na_2CO_3 の飽和水溶液で洗浄し，微量含まれる酸を除き，ついで NaCl 飽和水溶液で洗浄し，無水 Na_2SO_4 もしくは無水 $MgSO_4$ により乾燥後精留する．

13.2.8 アミン系

(i) トリエチルアミン (C_6H_5N)　　式量 101.19，沸点 89.6 ℃，融点 −114.5 ℃，引火点 −17 ℃，d^{20}_{4} 0.7275，d^{25}_{25} 0.7255，n^{20}_{D} 1.4003〜1.4005，LD_{50} 0.46〜1.03 g kg^{-1}（ラット，経口）．エタノールとアンモニアを高温高圧のもと脱水触媒存在下で反応させるか，もしくはアセトアルデヒドを還元条件下アンモニアと反応させ，得られた混合エチルアミンを分留する．無色透明で強いアンモニア様臭気を有する可燃性液体で，水に溶けて塩基性を示す．18.7 ℃以下では水と混合するがそれ以上ではわずかしか溶けない．アセトン，ベンゼン，クロロホルムには易溶，エタノール，ジエチルエーテルに溶ける．引火性，爆発性が強くまた有毒であるので取扱いには注意を要する．一般的に用いられている精製法を次に示す．

(1) エチルアミン，ジエチルアミンおよびアセトアルデヒドが不純物として含まれやすいので，まず無水酢酸との混合物から分留することにより，低級エチルアミン類を除去したのち，活性アルミナによって脱水後さらに蒸留する．

(2) 塩化トリエチルアンモニウムをつくり，エタノールから再結晶して融点 254 ℃ の結晶とする．これを NaOH 水溶液で遊離のアミンとし，KOH で乾燥し，最後に Na 存在下，窒素雰囲気下で蒸留する．

(ii) ピペリジン ($C_5H_{11}N$)　　式量 85.15，沸点 105.6 ℃，融点 −11.3〜−7 ℃，引火点 16 ℃，d^{20}_{4} 0.8622，n^{20}_{D} 1.4524〜1.4534，LD_{50} 133〜447 mg kg^{-1}（ラット，経口）．ピペリジンはピリジンの水素添加，電気的還元などにより得られる．アンモニア臭を有する無色の液体で，水と自由に混合する．アルコール，ジエチルエーテル，ベンゼン，クロロホルムなどとよく混合するほか，いろいろな有機物をよく溶かす．有毒であるので取扱いには十分注意する必要がある．

水とテトラヒドロピリジンが微量の不純物として含まれる．しかしこれらの不純物は精留することにより除ける．BaO，KOH，CaH_2，あるいは金属ナトリウムで乾燥したのち，場合によっては金属ナトリウム，CaH_2，あるいは P_2O_5 を加え，初留，後留を十分とって蒸留する．

(iii) ピリジン（C_5H_5N）　式量 79.1，沸点 115.3 ℃，融点 −41.6 ℃，引火点 20 ℃，d_4^{20} 0.9827～0.9831，n_D^{20} 1.5092～1.5102，LD_{50} 0.87～1.58 g kg^{-1}（ラット，経口）．コークス炉ガスを原料とし，H_2SO_4 による抽出および分留によって単離できるが，現在では大部分は合成法により生産されており，β-ピコリンを併産する．ピリジンは特有の不快臭を有する無色の可燃性液体で，水，アルコール，ジエチルエーテル，ベンゼン，石油エーテルなど多くの有機溶媒と混合する．有毒であり，引火点も低いことから火気と換気に注意する必要がある．また強酸化剤（過酸化物，HNO_3 など）とはいっしょに置いてはいけない．

不純物は主として水およびピリジン同族体である．水分を除くにはベンゼンとの共沸留去が手軽であるが，厳密な無水ピリジンを必要とする場合は KOH，BaO，$CaSO_4$ などを加え，一晩以上放置したのちにデカンテーションして上澄みを精留する．さらに必要があれば CaH_2 を加え再度精留すると，より厳密な無水ピリジンが得られる．

13.2.9　非プロトン性溶媒

(i) アセトニトリル（C_2H_3N）　式量 41.05，沸点 81.6 ℃，共沸点（水）76.5 ℃（83.7% アセトニトリル），融点 −45.72 ℃，引火点 2～12.8 ℃，d_4^{20} 0.7843，n_D^{20} 1.3441，LD_{50} 0.16～6.74 g kg^{-1}（ラット，経口）．おもな不純物は水，アセトアミド，アクリロニトリル，酢酸，酢酸アンモニウム，NH_3 などである．シリカゲルまたはモレキュラーシーブ 4A とともに振とうして予備乾燥する．一般的に用いられている精製法を次に列挙する．

(1) CaH_2 粉末を加えて水素の発生がなくなるまで撹拌する．この操作により酢酸とほとんどの水が除かれる．このまま加熱して分留してもよいが，デカンテーションしてフラスコに移し，P_2O_5 を加えて（過剰の P_2O_5 は相当量のポリマーを生成し収量を下げるので 0.5～1 w/v% にとどめる）手早く蒸留することによりほぼ完全に水を除くことができる．さらに無水 K_2CO_3 上で還流後蒸留する．このとき突沸に注意し，装置をよく固定する．還流および蒸留中は塩化カルシウム管などで湿気を防止する．

痕跡量の不飽和ニトリルは，1 L あたり 1 mL の 1% KOH 水溶液を加えて還流後蒸留することにより除かれる．この後上記の方法により精製する．

(2) 活性アルミナ（約 70 g L^{-1}）で 24 時間振とうして酢酸を除き，デカンテーション後再び活性アルミナ，$CaCl_2$（約 40 g L^{-1}，5 回），P_2O_5（約 3 g L^{-1}）とそれぞれ振とうしたのち，分留する．

(3) アルカリ性 $KMnO_4$（$KMnO_4+Li_2CO_3$），$KHSO_4$（アミン類の除去），CaH_2 上でそれぞれ還流後，分留する．

乾燥剤として $CaSO_4$ や $CaCl_2$ を用いることは不十分であり，また P_2O_5 を用いて繰り返し蒸留したのち，K_2CO_3 上で還流し分留する方法は，ポリマー生成による収量の低下を念頭におくべきである．アセトニトリルは皮膚を刺激することがあり，また毒性は小さいが蒸気の吸入は避けるべきである．純品は密栓して冷暗所に保存する．

(ii) *N,N*-ジメチルホルムアミド（DMF，C_3H_7NO）　式量 73.09，沸点 153 ℃，融点 −60.4 ℃，引火点 58 ℃，d_4^{25} 0.9445，n_D^{25} 1.4269～1.4282，LD_{50} 3.00～7.17 g kg^{-1}（ラット，経口）．不純物として水，アミン，アルコールなどを含んでいる．DMF は加熱により分解し，ジメチルアミンと CO を生成する．この分解は酸または塩基により触媒されるため，KOH，NaOH，CaH_2 上で数時間放置された場合は室温でも分解が進行する．したがって，これらの乾燥剤を使用する場合には，いっしょに加熱還流することは好ましくない．一般的に用いられている精製法を次に列挙する．

(1) 市販品をモレキュラーシーブ 4A 上で 3 日間乾燥後，新しいモレキュラーシーブを充塡したカラムを通し，窒素またはアルゴン雰囲気下 2 mmHg で蒸留する．

(2) 大部分の水を，あらかじめ CaH_2 で乾燥したベンゼンを加えて（10 v/v%）常圧で共沸蒸留することにより除く．このさいには過度の加熱は好ましくない（沸点 80 ℃ 以下）．蒸留フラスコに残った DMF（ベンゼン乾燥 DMF とよばれる）に $MgSO_4$（あらかじめ 300～400 ℃ で一夜加熱したもの，25 g L^{-1}）を加えて 1 日振とうし，さらに適当量の $MgSO_4$ を加えて窒素またはアルゴン雰囲気下 15～20 mmHg で分留する．しかし $MgSO_4$ での乾燥ではまだ若干の水が残っている．さらに有効な方法は BaO を加えて放置し，デカンテーション後減圧蒸留する．またはアルミナ粉末（クロマトグラフ用，あらかじめ 500～600 ℃ で一晩加熱したもの）を 50 g L^{-1} の割合で加えて振とう後，さらにアルミナ粉末を加えて減圧蒸留する．

(3) P_2O_5 上で乾燥後，減圧で分留を繰り返し，さらにギ酸を除くために KOH で中性とし（ブロモチモールブルーを指示薬としてもよい），窒素またはアルゴン雰囲気下減圧して 2 回分留する．遊離アミン，水を除くためには，P_2O_5 を 50 g L^{-1} の割合で加えて一晩放置し，デカンテーション後 3 mmHg で蒸留する．

(4) トリフェニルクロロシランを 5～10 g L^{-1} の割合で加えて 120～140 ℃ に 24 時間加温後，5 mmHg で蒸留する．

いずれの方法を用いる場合も，蒸留にさいしては温度を上げすぎると分解しやすいので十分注意し，また低沸点で蒸留するさいにはトラップは 2 段にするのが好ましい．皮膚，目，粘膜に対し刺激性があり，蒸気は有害である．純品は密栓して冷暗所に保存する．

(iii) *N,N*-ジメチルアセトアミド（DMAc，C_4H_9NO）　式量 87.12，沸点 165 ℃，融点 −20 ℃，引火点 63～66 ℃，d_4^{20} 0.9429，n_D^{20} 1.4373，LD_{50} >5.0 g kg^{-1}（ラット，経口）．DMAc は DMF と非常によく似た性質をもっているが，DMF と違い，酸，塩基が存在しないかぎりその沸点においても安定である．したがって精製もより容易である．考えられる不純物は水，酢酸，ジメチルアミンなどである．BaO，CaO を加えてときどき振とうしながら数日間放置したのち，1 時間ほど還流してから減圧下（10～30 mmHg）で分留する．これに CaH_2 を加えて分留すればさらによい．蒸気の吸入または皮膚からの吸収が容易であり，慢性的に接触すると肝障害をひき起こすので，取扱いには十分注意する．

(iv) ジメチルスルホキシド（DMSO，C_2H_6OS）　式量 78.13，沸点 189 ℃，融点 18.5 ℃，引火点 87 ℃（密閉）95.0 ℃（開放），d_4^{20} 1.100 g cm^{-3}，n_D^{20} 1.4783～1.4795，LD_{50} 17.9 mL kg^{-1}（ラット，経口）．DMSO は長時間加熱すると部分的に分解するので減圧蒸留するさいには油浴の温度に注意する必要がある．酸の存在は分解を速め，弱塩基，塩基性塩および中性塩は分解を抑える．純品の DMSO は無色無臭である．一般的に用いられている精製法を次に列挙する．

(1) 市販品をモレキュラーシーブ 4A で乾燥後，モレキュラーシーブを充塡したカラムを通し減圧蒸留する．

(2) アルミナ（クロマトグラフ用，加熱後冷却したもの）で一晩乾燥後，CaO を加えて 4 時間還流し，さらに CaH_2 を加えて減圧下（3～5 mmHg）蒸留する．

(3) CaH_2 25 g L^{-1} と数時間加熱撹拌または 2 日間ほど放置したのち，減圧蒸留する．これをモレキュラーシーブで乾燥後，窒素雰囲気下で減圧蒸留すればさらによい．

(4) BaO とときどき振とうしながら，数日間放置し，減圧下 90 ℃ 以下で蒸留する．

(5) NaOH 存在下 90 ℃，3 時間加温後減圧蒸留する．

以上の方法で蒸留した DMSO をモレキュラーシーブで乾燥後，窒素雰囲気下で減圧蒸留すればさらによい．

(6) 無水 $CaSO_4$ で 24 時間振とうしたものを 5 ℃ に冷却し，約 75% が結晶化したところで沪過し，結晶を溶解後約 10 mmHg で蒸留し，これにモレキュラーシーブ 4A を加えて 24 時間乾燥する．

DMSO は吸湿性が大きいので塩化カルシウム管を適宜使用して湿気の侵入を防ぐ．液を移すさいには，必要に応じてサイホンを用いてもよい．また冬季は蒸留中に冷却管内で固化することがあるので十分注意する．皮膚につくと赤変，かゆみを起こすことがある．純品は密栓して冷暗所に保存する．

(v) ヘキサメチルリン酸トリアミド（HMPA，$C_6H_{18}N_3OP$）　式量 179.2，沸点 233 ℃，融点 4～7.2 ℃，引火点 105 ℃，d_4^{20} 1.0253～1.03，n_D^{20} 1.4582，LD_{50} 2.65～3.36 g kg^{-1}（雄ラット，経口），3.36 g kg^{-1}（雌ラット，経口）．おもな不純物は，水，ジメチルアミンおよびその塩酸塩などである．熱に対して安定であるが，150 ℃ では一部分解する．酸性条件では不安定であり加水分解を受けるが，アルカリには安定である．一般的に用いられている精製法を次に示す．

(1) 細粉した CaH_2 を加えて暗所に 2～3 日放置後，減圧下蒸留する．

(2) 約 4 mmHg の窒素雰囲気下，BaO または CaO 存在下で数時間還流したのち，同じ減圧度で金属ナトリウム存在下分留する．得られた HMPA を再度金属ナトリウム存在下，窒素雰囲気下減圧しながら還流後分留するとさらによい.

蒸留にさいしては，キャピラリーにアルゴン風船をつけるのがよい．本留分にはモレキュラーシーブ 13X または 4A を加えて密栓し，暗所に保存する．上記の方法で得られた HMPA を低温室で結晶化することにより精製する方法もある.

(3) あらかじめ液体窒素で結晶化させた種を用いて 0℃ の室で結晶化させる．約 3 分の 2 が凍結したところで残りの液を捨てる.

HMPA には強い発がん性が認められるので，取り扱うさいには手袋を使用し，使用後はせっけんでよく手を洗うこと.

(vi) ***N*-メチル-2-ピロリドン**（*N*-メチルピロリドン，C_5H_9NO）　式量 99.13，沸点 202℃，融点 −24.4℃，引火点 92.8℃，d_4^{25} 1.0279，n_D^{25} 1.4680～1.4690，LD_{50} 3.8～7.9 g kg^{-1}（ラット，経口)．熱的にも化学的にも比較的安定であるが，4% NaOH 水溶液，濃塩酸などで徐々に加水分解される．おもな不純物として水，γ-ブチロラクトン，メチルアミンなどが考えられる．ベンゼンとの共沸により水を除いたのち，10 mmHg でガラスヘリックスを充塡したカラム（1 m，図 10.7 参照）を用いて蒸留し，中間の約 60% 程度をとる．モレキュラーシーブ 4A を入れてときどき振とうしながら数日間放置後，同様に精留する方法もある.

13.2.10　そ　の　他

(i) **ニトロメタン**（CH_3NO_2）　式量 61.04，沸点 101.2℃，融点 −29℃，引火点 35～44.4℃，d_4^{20} 1.1371～1.3375，n_D^{20} 1.3819，LD_{50} 0.94～1.21 g kg^{-1}（マウス，経口)．不純物として，水，ニトロエタン，アルデヒド，アルコールなどを含んでいる．大部分の水は無水 $CaCl_2$ で乾燥するかまたは水-ニトロメタンの共沸（共沸点 84℃（76% ニトロメタン)）により除かれる．P_2O_5 も使われてきたが，ホルムアルデヒドを含むものは蒸留中に白色固体が冷却管に析出するため適当ではない．一般的に用いられている精製法を次に示す.

(1) ニトロメタン 1 L に対し，濃硫酸 150 mL を加えて 1～2 日間放置後分液し，水，Na_2CO_3 水溶液，水で洗浄し，$MgSO_4$ を加えて数日間放置し，沪過後再び $CaSO_4$ 上で乾燥する．これを使用前に分留する.

(2) $NaHCO_3$ 水溶液，$NaHSO_3$ 水溶液，水，5% H_2SO_4，水，$NaHCO_3$ 水溶液の順に洗浄し，無水 $CaSO_4$ で乾燥後，モレキュラーシーブ 4A のカラムを通して，粉末モレキュラーシーブを加えて蒸留する.

(3) 活性炭を加えて窒素をバブリングしながら 24 時間還流し，沪過後無水 Na_2SO_4 で乾燥してから蒸留する．さらに中性アルミナを充塡したカラム（クロマトグラフ用，活性度 I）を通したのち，蒸留する.

炭素数の多いニトロアルカン類や痕跡量のシアノアルカンは，ドライアイスを用いて −60℃ でジエチルエーテルから結晶化させることにより除去することもできる．ニトロメタンはその沸点付近で長時間加熱すると徐々に分解するので，蒸留のさい，ホウ酸，ホウ酸塩あるいはヒドロキノンなどの酸化防止剤を加えることもある．アルカリと作用し爆発性の塩を生成するため，両者をいっしょに加熱することは避けるべきである．またニトロアルカン類のうちニトロメタンだけは激しい衝撃により爆発することがある．長時間ニトロメタンの蒸気にさらされると気管を刺激し，頭痛，吐き気を起こすことがある．

(ii) **ニトロベンゼン** ($C_6H_5NO_2$)　式量 123.11，沸点 210～211 ℃，融点 5.85 ℃，引火点 88 ℃，d_4^{20} 1.2037～1.206，n_D^{20} 1.5525～1.5529，LD_{50} 0.35～0.78 g kg^{-1}（ラット，経口）．おもな不純物はニトロトルエン，ジニトロチオフェン，ジニトロベンゼン，アニリン，水などである．一般的に用いられている精製法を次に示す．

(1) 希硫酸存在下，水蒸気蒸留することによりほとんどの不純物は除かれる．これを無水 $CaCl_2$ で乾燥し，BaO，P_2O_5，$AlCl_3$ または活性アルミナと振とう後，蒸留する．

(2) 2 mol L^{-1} NaOH 水溶液，水，希塩酸，水の順に洗浄し，無水 $CaCl_2$，無水 $MgSO_4$，無水 $CaSO_4$ などで乾燥したのち，減圧蒸留する．

(3) 冷却により結晶化させたり，無水エタノールから冷蔵庫中で結晶化させることにより精製することもできる．これをさらに 2 mmHg で分留を繰り返し，P_2O_5 で乾燥後，窒素雰囲気下で減圧蒸留する．

純品は密栓して冷暗所に保存する．有毒であり頭痛，吐き気などを催すことがあり，また皮膚から吸収されやすく肝臓，腎臓などに障害を起こす．またメトヘモグロビン血症をひき起こすことが知られている．

13.2.11　無機溶媒

(i) **アンモニア** (NH_3)　式量 17.03，沸点 −33.35 ℃，融点 −77.7 ℃，引火点 132 ℃，密度（液体アンモニア，−33.5 ℃，1 atm）0.6818 g cm^{-3}，LC_{50} 3670～8300 ppm（ラット，4 h）．市販の NH_3 の純度は非常に高いが（99.8% 以上），H_2O，CO_2，痕跡量の機械油などを含んでいる．またボンベ由来の酸化鉄が混入していることもある．これらを除くためには，活性炭上にアンモニアガスを通し，さらにソーダ石灰，KOH，金属ナトリウムワイヤーを充填した一連の乾燥管を通してドライアイス-アセトン浴などで十分に冷却された反応容器中に静かに蒸留する．この蒸留を繰り返せば，さらに高純度のものが得られる．ガスの排出口にも水酸化カリウム管などをつけて湿気の混入を防ぐ．NH_3 は目や粘膜を侵すので取扱いには十分注意する．また液体アンモニアが皮膚につくと凍傷の危険がある．

(ii) **純　水** (H_2O)　式量 18.02，沸点 100 ℃，融点 0 ℃，$d^{3.98}$ 1.0000，d^0 0.917（氷），n_D^{20} 1.333．水道水を蒸留あるいはイオン交換樹脂カラム（たとえば，アンバーライト IR-120 と IRA-400 または MB-1）を用いて精製する．しかし水道水を 1 回程度蒸留しただけでは，まだかなりの塩素分が含まれているし，脱イオン水でも有機物，コロイドなどが入っている．一般的には，脱イオン水または蒸留水に NaOH（0.25%）と $KMnO_4$（0.05%）を加えて硬質ガラス容器を用いて蒸留する．そのさい，BaO などの二酸化炭素吸収管をつけて外気から保護する．

13.2.12　イオン液体

近年，イオンのみからなるにもかかわらず常温で液体である，イオン液体とよばれる物質が創製され，有機合成の反応溶媒としても利用されるようになった．イオン液体は，空気中で安定に存在し，蒸気圧がゼロであり，さまざまな物質を溶解させ，イオン伝導度も大きいなどの特性をもち，リサイクルも可能である．有機合成に用いられる代表的なものとして，1-ブチル-3-メチルイミダゾリウムビス(トリフルオロメタンスルホニル)アミド（[Bmim][NTf_2]）があり，最近（2-メトキシエチル)トリブチルホスホニウムビス(トリフルオロメタンスルホニル)アミド（[P_{444ME}][NTf_2]）も用いられている．合成法，精製法については，22.5 および 23.3 節を参照されたい．

参考文献

[1]　有機合成化学協会 編，“有機合成実験法ハンドブック”，13 章，丸善出版（1990）．
[2]　W. L. F. Armarego, C. L. L. Chai, “Purification of Laboratory Chemicals”, 7 Ed., Elsevier（2013）．
[3]　日本化学会 編，“化学便覧 基礎編 改訂 5 版”，丸善出版（2004）．
[4]　国立医薬品食品衛生研究所，国際化学物質安全性カード（ICSC）日本語版；http://www.nihs.go.jp/ICSC/
[5]　厚生労働省，職場のあんぜんサイト：GHS 対応モデルラベル・モデル SDS 情報；http://anzeninfo.mhlw.go.jp/anzen_pg/GHS_MSD_FND.aspx
[4]　M. J. O'Neil, ed., “The Merck Index, 14th. Ed.”, Merck Research Laboratories（2006）．

Chapter 14

金属および酸・塩基の取扱い方

現代の有機合成においては，周期表のほとんどすべての元素が利用されている．金属についてもランタノイド，アクチノイド類にいたるまで個々の金属の特性，さらにその有機金属化合物の反応性が詳しく研究されている．本章では金属元素のうち有機合成上，とくに重要と思われるものを取り上げ，金属自身の特性，その取扱いと利用について述べる．さらに，これらの金属を対カチオンとする種々の塩基や有機塩基，最後に種々の酸の取扱いと有機合成への利用について述べる．

14.1　アルカリ金属

アルカリ金属は周期表の中でもっとも化学的に反応しやすい元素で，これらの金属のうちリチウム，ナトリウム，カリウムは有機合成上有用である．

(i) リチウム (Li)　原子量 6.94，沸点 1347 ℃，融点 180.54 ℃，密度 0.534 g cm^{-3} (20 ℃)．リチウムは軟らかい銀色の金属である．皮膚に対して腐食性あるいは強度の刺激性を示す．また，Li^+ は肝臓を傷める．固体元素のうちでもっとも軽く，炭化水素系液体中で浮く．水との反応は他のアルカリ金属に比べてはるかにゆっくり進行するが，酸素や水を含まない石油エーテル，リグロインなどの不活性液体中に保存する．塊状，ワイヤー，粉末状のものが市販されている．高純度の製品が手に入るので，通常はそのまま利用できる．

有機合成には還元剤として芳香族（バーチ（Birch）還元）やポリエン化合物の部分還元，アルキンの *trans*-アルケンへの還元，ケトンの立体選択的還元，極性結合の還元的開裂などの反応に用いられる（25.2.1 項参照）ほか，有機リチウム化合物の調製に用いられる（19.1.1 項参照）．

(ii) ナトリウム (Na)　原子量 22.99，沸点 881.4 ℃，融点 97.81 ℃，密度 0.968〜0.971 g cm^{-3} (20 ℃)．ナトリウムも銀色の金属である．接触したすべての組織，器官を侵す．軟らかく，ナイフで切れる．空気中で酸化され，水とは激しく反応し H_2 を発生して Na^+ となり，発生した H_2 に引火するので注意が必要である．保存には酸素や水を含まない石油エーテル，リグロインなどの不活性液体中に浸しておかねばならない．各種有機溶媒の乾燥剤としても用いられる．

有機合成にはバーチ還元などの還元剤（25.2.1 項参照），シクロペンタジエニルナトリウムやナトリウムアミドなど，反応性の高いナトリウム化合物の合成に用いられる．

(iii) カリウム（K）　原子量 39.10，沸点 765.5 ℃，融点 63.2～63.7 ℃，沸点 765.5 ℃，密度 0.856～0.862 g cm^{-3}（20 ℃）．カリウムは他のアルカリ金属よりはるかに反応性が高い．接触したすべての組織，器官を侵す．常温において空気に触れると，ただちに紫色の炎を発し燃え出すので，酸素や水を含まない流動パラフィン，石油などの液体中に保存する．空気に触れると K_2O と同時に K_2O_2 も生成する．さらに少量の超過酸化物 KO_2 が生成する．これらが K の高い化学活性の原因となる．超過酸化物が有機物と接触すると爆発が起こる．水との反応は Na に比べてかなり激しく，爆発を起こして金属がとび散るので，取扱いには Na 以上に厳重な注意が必要である．

有機合成には，Na と同様にバーチ還元（式(14.1)）に使用される[1] ほか，カリウムアミドや Rieke 金属などの合成に用いられる．

1) K, NH_3 −33 ℃　2) H_3O^+　(14.1)

HO　HO

55%

14.2　アルカリ土類金属

アルカリ土類金属のうち，金属として有機合成にもっとも多く用いられるのはマグネシウムである．アルカリ土類金属は，粉末あるいは微粉状態では爆発および火災を起こす性質がある．しかし，表面が酸化物で覆われた場合にはその危険はなくなる．粉末は刺激性をもち，吸引すると炎症を起こす．

マグネシウム（Mg）　原子量 24.30，沸点 1090～1105 ℃，融点 649～651 ℃，密度 1.738 g cm^{-3}（20 ℃）．マグネシウムを空気中に置くと，酸化物がゆっくりと生成する．そしてその酸化物は保護被膜として作用し，それ以上金属が化学的腐食を受けることを防止する．切削，リボン，粉末などの形態で一般的な有機合成には十分な純度のものが入手可能である．

有機合成においてはグリニャール（Grignard）反応剤の調製にもっともよく用いられるが（19.3 節参照），そのさい表面の活性化が問題となる．そのほか，金属の還元や官能基の還元に用いられる．

カルシウムもグリニャール反応剤と同様に，ハロゲン化アルキルと反応して有機カルシウム化合物が得られることが報告されている．しかしながら，表面の活性化が Mg に比べて困難なので，ほとんど利用されていない（19.1.2 項参照）．また，ストロンチウムやバリウムを用いる類似の反応も報告されている（19.1.3 項参照）．

14.3 その他の金属

亜鉛（Zn） 原子量 65.38，沸点 907 ℃，融点 419.53 ℃，密度 7.134～7.14 g cm^{-3}（25 ℃），LD_{50} >2.0 g kg^{-1}（ラット 経口）．亜鉛は古くからクレメンゼン（Clemmensen）還元，レフォルマトスキー（Reformatsky）反応，シモンズ-スミス（Simmons-Smith）反応，脱ハロゲン化反応など有機合成によく用いられている．Mg と同様にその表面の活性化が問題であり，種々の方法がとられている．希塩酸で洗うという簡単なもののほか，他の金属とカップルをつくる方法がある．Zn-Cu カップル，Zn-Hg カップル，Zn-Ag カップルなどが知られており，電池を形成して電子が出るのを促進すると説明されている．また，ハロゲン化亜鉛をカリウムで還元して得る方法も報告されている．近年では，有機亜鉛化合物を用いた反応も広く用いられるようになった（19.1.7 項参照）．

銅，アルミニウムなども有機合成において重要な役割を演じているが，有機銅（19.2.1 項参照）あるいは有機アルミニウム化合物（19.1.5 項参照）として用いられるのが常であり，金属そのものを反応に用いることは少ない．銅触媒によるジアゾ化合物の分解反応があげられる程度である．

14.4 塩 基 類

塩基（base）とは，ブレンステッド（Brønsted）の定義ではプロトンを他の物質から受け取ることのできる物質をいい，さらに一般的なルイス（Lewis）の定義では，電子対を他の物質に提供できる物質を塩基と定める．

塩基を用いる反応においては，塩基性（通常プロトンに対する親和性）と求核性（プロトン以外，とくに炭素原子に対する親和性）の二つの性質を考慮する必要があり，これらの性質の強さを表す尺度として塩基性度あるいは塩基度（basicity），求核性あるいは求核性度（nucleophilicity）が用いられる．たとえばシクロヘキサノンに対して塩基を作用させる場合，カルボニル基の α 位の水素を引き抜いてエノラートを生成する反応と，カルボニル炭素を攻撃して付加するという二つの反応が考えられる．実際，リチウムジイソプロピルアミドのような塩基性の大きい塩基を用いると，エノラートが生成する．これに対しアルキルリチウムやグリニャール反応剤のように求核性の大きいものを用いると，カルボニル炭素に付加してアルコールを生成する．このように，用いる塩基の種類によって反応は大きく影響される．

塩基の塩基性度は，その共役酸の pK_a によって判断することができる．代表的な酸の pK_a

は，CH_3COOH（5），HCN（9），CH_3OH（16），CH_3COCH_3（19），CH_4（48）である．それぞれの共役塩基である CH_3COO^-，^-CN，CH_3O^-，$CH_3COC^-H_2$，$^-CH_3$ の塩基性度は，共役酸の pK_a の大きなもの，すなわち酸性度の弱い酸から得られる塩基ほど強い．上記5つの塩基では $^-CH_3$ がもっとも強い塩基性度をもち，CH_3COO^- がもっとも弱い．一般には塩基性の大きいものは求核性も大きい．しかし，ハロゲン化物イオンでは $I^- > Br^- > Cl^- > F^-$ の順に求核性が大きいのに対して，塩基性度は $F^- > Cl^- > Br^- > I^-$ となるなど，例外もある．アルキルリチウムのような塩基は塩基性が大きく，求核性も大きい．これに対しリチウムジイソプロピルアミドは求核性の小さい強塩基である．

14.4.1　金属水酸化物

水酸化ナトリウム，水酸化カリウムが代表的な水酸化物である．いずれも強い塩基で，濃い水溶液は動物の組織を溶解する．目や皮膚に触れないように十分な注意を払わなければならない．皮膚に触れた場合には5～10% の硫酸マグネシウム水溶液で洗浄する．目に入った場合にはホウ酸水でよく洗い，飲んだ場合には水または5倍ほどに薄めた酢を服用したのち，医師の手当てを受ける．

（i）**水酸化ナトリウム**（NaOH）　式量 40.00，沸点 1388～1390 ℃，融点 318～318.4 ℃，密度 2.13 g cm^{-3}（25 ℃），溶解度 1.11 g mL^{-1}（20 ℃），3.33 g mL^{-1}（100 ℃），LD_{50} 0.14～4.09 g kg^{-1}（ラット，経口），325 mg kg^{-1}（ウサギ，経口）．NaOH は吸湿性で容易に大気中の水蒸気を吸収する．貯蔵や取扱いは，空気から遮断されるようにしておかなければならない．二酸化炭素ともよく反応し，ガラスも侵すので，乾燥条件下，蓋のついたプラスチック製容器に保存することが望ましい．

水酸化物イオン源となり，カルボン酸誘導体の加水分解のほか，フェノール，アルコール，アルデヒド，ケトンのアルキル化，カルベンの生成（式(14.2)）[2]，ホフマン（Hofmann）転位反応（式(14.3)）[3] などの反応のほか，アミンからの脱水にも用いられる．

$$\text{(adamantane)} + CHCl_3 + NaOH \xrightarrow[\text{PhH–H}_2\text{O},\ 43\ ℃]{Et_3BnN^+Cl^-} \text{1-(dichloromethyl)adamantane} \quad 54\%\ (41\%\ 回収) \tag{14.2}$$

$$(CH_3)_3CCH_2CONH_2 + Br_2 + NaOH \xrightarrow[0→室温→50\ ℃]{H_2O} (CH_3)_3CCH_2NH_2 \quad 96\% \tag{14.3}$$

（ii）**水酸化カリウム**（KOH）　式量 56.10，沸点 1320～1324 ℃，融点 380 ℃（無水物），密度 2.044 g cm^{-3}（20 ℃），溶解度 1.10 g mL^{-1}（25 ℃），1.78 g mL^{-1}（100 ℃），LD_{50} 0.28～

$1.23\ \mathrm{g\ kg^{-1}}$（ラット，経口）．KOH はもっとも強い塩基で化学的性質は NaOH とよく似ているが，腐食性，二酸化炭素や水の吸収能は，NaOH よりも強い．

乾燥剤として用いられるほか，アルドール型反応の触媒（式(14.4)）[4] やハロゲン化物からの脱ハロゲン化水素剤（KOH エタノール溶液）（式(14.5)）[5] などとして有機合成によく用いられる．

$$\text{(R}^1\text{, R}^2\text{-substituted keto-aldehyde)} \xrightarrow[\text{MeOH, 2〜3 h}]{\text{KOH}} \text{(R}^1\text{, R}^2\text{-substituted phenol)} \quad (14.4)$$

R^1	R^2	収率
H	$-CH_2CH_2CH(t\text{-Bu})CH_2-$	92%
Me	$-CH_2CH_2CH(t\text{-Bu})CH_2-$	96%
Me	$-CH_2CH_2CH_2-$	80%
Me	$-CH_2CH_2CH_2CH_2CH_2-$	74%

$$\text{PhCH(Br)CH(Br)Ph} \xrightarrow[\text{EtOH, 還流, 24 h}]{\text{KOH}} \text{Ph}-\!\equiv\!-\text{Ph}\ \ (85\%) \quad (14.5)$$

14.4.2　金属アルコキシド

(i) ナトリウムエトキシド (NaOEt)　　式量 68.06，融点 260 ℃（分解）．エチルアルコールに金属ナトリウムを反応させるとナトリウムエトキシドが得られる．吸湿性の白色粉末で，可燃性，腐食性，毒性があり，空気中で徐々に分解する．水によって NaOH とエチルアルコールに分解するので，密閉し，乾燥した冷暗所に保管する．

アルカリ金属エトキシドのメタンスルホン酸 *p*-ニトロフェニルとの反応性の順番は LiOEt < NaOEt < CsOEt ≈ KOEt である．NaOEt はアセト酢酸エステル合成やマロン酸エステル合成，さらにダルツェンス（Darzens）反応やストッブ（Stobbe）反応などの縮合反応の触媒として用いられる．その他，置換反応や転位反応，ハロゲン化物からの脱ハロゲン化水素反応，各種アミドの *N*-プロトンの脱離，ビニルスルフィド，芳香族スルホンへの置換反応，ウイリアムソン（Williamson）のエーテル合成など，幅広い反応に用いられる．

ナトリウムメトキシド（NaOMe）も NaOEt と性質の似た塩基であり，縮合反応の触媒，脱ハロゲン化水素反応などに用いられる．またコルベ（Kolbe）反応の電解質にも利用される．

(ii) カリウム *t*-ブトキシド (KO*t*-Bu)　　式量 112.2，沸点 220 ℃/1 mmHg（昇華）融点 256〜258 ℃（分解）．*t*-ブタノールとカリウムから得られる．粉末を吸ったり，目や皮膚などに触れないようにする．市販のものは，使用する前に 220 ℃/1 mmHg の条件で昇華精製して使用する．精度を必要とするときは，無水 *t*-ブタノールとカリウムから調製するのがよい．*t*-ブタノールは，反応後 150〜160 ℃/2 mmHg 条件下で加熱することにより除くことができる．空気にさらすと *t*-ブタノールと水酸化カリウムに分解し，炭酸カリウムも生成するので，密閉容器中で窒素などの不活性ガス雰囲気下で保存する．

カリウム *t*-ブトキシドは，アルカリ金属アミドや有機アミドより弱いが，アルカリ金属水酸化物や第一級および第二級アルコールのアルコキシドより強い塩基である．一方，その立体障害のため求核性が乏しい．たとえば，2-ブロモ-2-メチルブタンの脱 HBr によるオレフィン生成反応において，カリウムエトキシドを用いると 2-メチル-1-ブテンと 2-メチル-2-ブテンの生成比は 29：71 であるが，*t*-ブトキシドでは 72：28 となる[6]．活性メチレン化合物から定量的にエノラートを生成し，効率的なアルキル化反応が可能になる．そのほか，アルドール反応（式(14.6)）などの縮合反応[7]，マイケル（Michael）反応，ハロゲン化アルキルの脱離反応などに用いられる．

AcO　CO_2Me　O　CHO　O　O　O　O

1) *t*-BuKO, DME, −78℃
2) 2-$FC_5H_4NMeOTs$, Et_3N, CH_2Cl_2

AcO　CO_2Me　O　O　O　O　O

54%

(14.6)

14.4.3　金属アミド

アンモニアやアミン類の水素を金属で置き換えた化合物をいう．ナトリウムアミド，リチウムジエチルアミドやリチウムジイソプロピルアミドなどが代表的なものである．

(i) ナトリウムアミド（$NaNH_2$）　式量 39.02，沸点 400 ℃，融点 210 ℃，密度 1.39 g cm^{-3}（25 ℃）．皮膚や目，粘膜を強く刺激し，炎症を起こす．市販されているが，Na と NH_3 の反応あるいは硝酸鉄(II) を触媒とする Na と液体 NH_3 の反応で合成できる．具体的には，液体 NH_3 500 mL に −33 ℃ で $Fe(NO_3)_3 \cdot 6H_2O$ 0.3 g，つづいて Na 1 g を加える．少し空気を導入して溶液の青色が消え，黒い触媒が沈殿するのを待つ．触媒が生成したのち，残りの Na 25 g を数回に分けて加える．20 分ほどすると青色が消失し，$NaNH_2$ の灰色の懸濁液が生成する．

NH_3 のプロトンの pK_a は 36 であり，その共役塩基である $^-NH_2$ は強塩基である．市販されている $NaNH_2$ を一部使用し残りを保存しておくと，湿気を吸って一部分解して，爆発する危険がある．したがって市販品を使用するときには 1 瓶すべてを使いきるか，そうでなければ残りはただちに塩化アンモニウムで処理しなければならない．必要量をそのつど調製して使用するのが賢明である．

強塩基として作用し，アセチレンからナトリウムアセチリドの生成，各種ハロゲン化物からのアルケン，アルキン，アリーンの生成（式(14.7)）[8] などに用いられる．また，求核剤としても用いられる．

Br　OMe　$NaNH_2$　OMe　$R-NH_2$ 還流，1 h　H N R　OMe　82～89%　(14.7)

(ii) リチウムジイソプロピルアミド（LDA，$LiN\mathit{i}\text{-}Pr_2$）　式量 107.13．皮膚，粘膜に有害であるのでドラフト中で扱い，皮膚，目，その他の組織に触れないように手袋など適切な保護が必要である．

ヘプタン-THF-エチルベンゼンの溶液，10% のヘキサン懸濁液，THF 錯体の溶液などとして市販されている．精度を必要とするときは，使用する直前にジイソプロピルアミンにブチルリチウムを作用させることにより，簡単に調製できる．ジエチルエーテル，THF などの非プロトン性溶媒中で用いる塩基として，有機合成上不可欠な試薬である．アルキルリチウムやグリニャール反応剤など有機金属化合物も塩基として用いられる場合があるが，これらは同時に強い求核剤でもあり，その利用は制限される．これに対しかさ高い $LiN\mathit{i}\text{-}Pr_2$（LDA）は求核性が小さく，強塩基として用いるのに便利である．カルボニル化合物からの速度論的エノラート生成（式(14.8)）[9] をはじめとして，α-ヘテロ原子，アリル，芳香族，ヘテロ芳香族など広範な化合物からのアニオン生成に用いられる．また，比較的酸性度の弱い化合物の脱プロトン化（式(14.9)）[10] も可能であり，Ireland-Claisen 転位，ウィッティヒ（Wittig）転位，スティーブンス（Stevens）転位，あるいはエポキシドからアリルアルコールへの異性化などにも用いられる．

O　1) LDA, THF, −78℃　2) PhCHO　O　OH　Ph　75～80%　(14.8)

O　O　1) LDA, THF, −70℃　2) Me_2CHCHO　OH　O　O　60%　(14.9)

LDA の溶液をカウム *t*-ブトキシドで処理すると，さらに強力な塩基である $KN\mathit{i}\text{-}Pr_2$（KDA）が得られる．一般に，KDA を用いると LDA より低温，短時間でより反応性の高いアニオンを生成し，また LDA では反応が進行しない場合に用いられたりする．

(iii) リチウムビス(トリメチルシリル)アジド（リチウムヘキサメチルジシラジド，$LiN(SiMe_3)_2$，LHMDS）　式量 167.33，沸点 115 ℃/1 mmHg，融点 70～72 ℃．可燃性で，水分で容易に分解するのでドラフト中で用いること．無色，結晶性の固体で窒素雰囲気下では安定で保存できる．固体，あるいはTHFやヘキサン溶液として市販されている．固体状態では三量体として，ベンゼン中では単量体-二量体の平衡状態として存在する．ほとんどの非極性溶媒，芳香族炭化水素，THFなどに溶解する．多くの場合，ヘキサン溶液中でヘキサメチルジシラザンとブチルリチウムから調製し，ヘキサンを留去したのちTHF溶液として用いる．LDAより溶解性は低く塩基性もやや低いが，空気に対してはより安定である．

エノラートとくに速度論的エノラートの生成（式(14.10)）[11]，アルキル化反応，脱離反応などに用いられる．

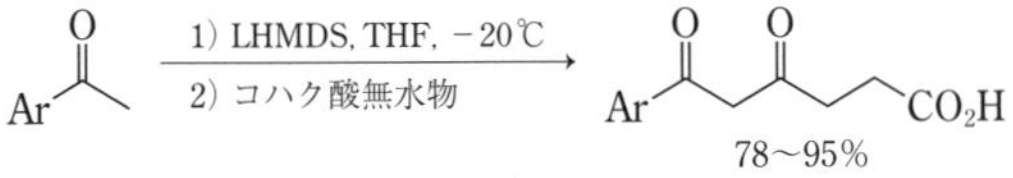

1）LHMDS, THF, −20℃
2）コハク酸無水物

CO_2H

78〜95%

(14.10)

Ar＝4-ClC_6H_4，2-チエニル，3-ピリジル，4-MeC_6H_4

14.4.4 有機塩基

アンモニアの水素をアルキル基で置き換えたアミン，窒素を含む複素環化合物やアミジン化合物などをいう．トリエチルアミン，ピリジンをはじめとして有機合成において非常に重要な合成試薬である．

(i) トリエチルアミン（$C_6H_{15}N$）　物性は13.2.8項を参照．可燃性で，皮膚や粘膜を刺激し，皮膚から吸収されるので直接触れないように注意が必要である．純度の高いものが市販されている．*N,N*-ジエチルアセトアミドの水素化アルミニウムリチウムによる還元で合成することもできる．アルコール，ジエチルエーテル，18.7℃以下の水にも溶解する．二酸化炭素に触れないように，N_2やArなど不活性ガス雰囲気下で保存する．

有機合成でもっとも広く用いられる有機塩基で，酸化，脱ハロゲン化水素，置換（式(14.11)）[12]，付加反応など，さまざまな反応に利用される．蒸留により容易に除去され（沸点88.8℃），塩化水素，臭化水素の塩はエーテルなどにも溶けにくく，沪過により除去できる．

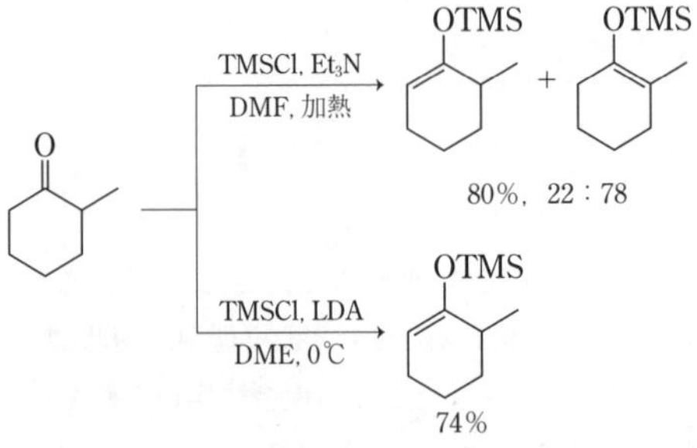

TMSCl, Et_3N
DMF, 加熱

OTMS　＋　OTMS

80%，22：78

(14.11)

TMSCl, LDA
DME, 0℃

OTMS

74%

(ii) ピリジン（C_5H_5N）　物性は13.2.8項参照．皮膚や呼吸器系を刺激する．大量に飲むと胃腸，肝臓，腎臓に障害を生じる．水，アルコール，ジエチルエーテル，石油エーテルほか，多くの有機溶媒に溶解する．弱い塩基であるが，酸の捕捉剤としてアシル化反応（式(14.12)）[13]，縮合反応，酸化反応，ハロゲン化などに，溶媒や触媒としても利用される．

$$\mathrm{H_3C{-}CO{-}CH(OH){-}CH_3} + \mathrm{(EtO)_2P(O){-}CH_2CH_2{-}COCl} \xrightarrow[\mathrm{Et_2O,\ -15℃ \to 室温}]{\text{ピリジン}} \mathrm{H_3C{-}CO{-}CH(CH_3){-}O{-}CO{-}CH_2CH_2{-}P(O)(OEt)_2}\ \ 72\% \quad (14.12)$$

(iii) ジイソプロピルエチルアミン　式量 129.3，沸点 127 ℃，融点 −50～−45 ℃，引火点 10～12 ℃，d_4^{20} 0.742～0.758，n_D^{20} 1.412，溶解度 3.9 g L^{-1} (20 ℃)，LD_{50} 200～517 mg kg^{-1}（ラット，経口）．ニンヒドリン存在下で蒸留したのち，水酸化カリウム存在下で蒸留する．強い塩基であり，二酸化炭素を避けて保存する．かさ高いために求核性のないアミンで，アルキル化，選択的エノール化（式(14.13)）[14]，アルドール型縮合反応，脱離反応に用いる．

$$\mathrm{PhCOCH_2CH_3} \xrightarrow[i\text{-}\mathrm{Pr_2NEt,\ エーテル,\ -78℃}]{B\text{-}\mathrm{Cl\text{-}9\text{-}BBN}} \mathrm{Ph(O{-}9{-}BBN)C{=}CHCH_3}\ \ >99\%\ Z$$

$$\mathrm{PhCOCH_2CH_3} \xrightarrow[\mathrm{Et_3N,\ エーテル,\ 0℃}]{\mathrm{Chx_2BCl}} \mathrm{Ph(OBChx_2)C{=}CHCH_3}\ \ >99\%\ E \quad (14.13)$$

(iv) 1,8-ジアザビシクロ[5.4.0]ウンデカ-7-エン（DBU，$C_9H_{16}N_2$）　式量 152.2，沸点 259.8，80～83/0.6 mmHg，融点 −70 ℃，引火点 116 ℃，d_4^{20} 1.018～1.0192，n_D^{20} 1.5219，LD_{50} 215～681 mg kg^{-1}（ラット，経口）．刺激性をもち，接触すると炎症を起こすことがある．室温で安定であるが，吸湿性があり，エタノール，ベンゼン，ジクロロメタン，クロロホルム，THF，DMSO などの極性溶媒に溶解する．

比較的穏やかな条件下で脱離反応（式(14.14)）[15]，異性化，エステル化，アミド化，エーテル化，縮合反応などに幅広く利用されるアミジン系強塩基である．1,5-ジアザビシクロ[4.3.0]ノナ-5-エン（DBN）も同様の性質をもち，同様の反応に用いられる．

$$\mathrm{CH_3CH_2CH_2CHBrCH_2CH_2CH_3} \xrightarrow[80\sim90℃]{\text{塩基}} \mathrm{CH_3CH_2CH{=}CHCH_2CH_2CH_3} \quad \text{DBU : 91\%, DBN : 60\%} \quad (14.14)$$

(v) **ホスファゼン塩基**（P_4-t-Bu）　式量 633.9，融点約 207 ℃（分解）．120 ℃ 程度までは熱的に安定であり，加水分解や乾燥した酸素に対しても不活性である．しかし，安全性の指標が報告されていないので，注意して扱うことが望ましい．

多くの使用目的において厳格に無水であることが必要であるが，きわめて吸湿性が高いので厳密に湿気を除いた状態で保管し，取り扱う必要がある．THF，ジエチルエーテル，ヘキサン，ベンゼン，トルエンに易溶，プロトン化するとアセトニトリル，プロトン性溶媒に可溶．フルオロアルカン以外のハロアルカンとは容易に反応する．ヘキサン溶液が市販されている．

非常にかさ高くきわめて強力な速度論的塩基であり，幅広い有機化合物から非常に求核性の大きなカルボアニオンを生成させる（式(14.15)）[16]．プロトンを捕獲したあとのカチオンのルイス（Lewis）酸性が非常に小さいので，アルドール反応，エステル縮合，あるいは β 脱離などで，他の塩基を用いたときにしばしば問題となる副反応を抑えることができる．

t-Bu / O O / O　—RX / P_4-t-Bu, THF, −95℃→　t-Bu / O O / O / R　収率：45〜67%　ds：75〜>95%　(14.15)

R：Et, i-Pr, CH_2=$CHCH_2$, Bu, Bn
X：Br, I

14.4.5　有 機 強 塩 基

アセトン（pK_a 19）やアセトニトリル（pK_a 25）のプロトンのように，カルボニル基やシアノ基などの電子求引基によって活性化されたプロトンは，比較的容易に引き抜くことができる．これに対し，ベンゼンやメタン，エタンのような炭化水素からのプロトン引き抜きは非常に難しい．これらのプロトンの pK_a（ベンゼンは 43，メタンでは 48）は非常に大きい．したがって，これらの共役塩基であるフェニルアニオンやメチルアニオンは，もっとも強い有機塩基となりうる．対カチオンの種類によってその反応性は多少異なるが，いずれも求核性の大きい強塩基であるので，その塩基としての利用は限られる．これらの反応については，19.1.1 項および 19.1.2 項を参照．

14.5　酸

有機合成にしばしば用いられている酸触媒[17]としては，塩酸，硫酸，リン酸，ポリリン酸などの鉱酸，およびギ酸，酢酸，プロピオン酸，トリフルオロ酢酸，p-トルエンスルホン酸，カンファー-10-スルホン酸，メタンスルホン酸，トリフルオロメタンスルホン酸などの有機酸，これらの酸官能基を高分子に付与したイオン交換樹脂[18]，さらにはハロゲン化

表 14.1　種々の溶媒中における酸の酸解離定数 pK_a（25℃）

溶　媒	メタノール	アセトニトリル	DMF	DMSO	ピリジン	酢　酸	水
比誘電率（ε）	32.66	35.94	36.71	46.45	12.91	6.17[a]	78.36
$HClO_4$		(2.1)[b]	(強)[c]	0.4	3.3	4.9	(強)[c]
HCl	1.2	8.9[d]	3.3	2.1	5.7	8.6	−3.7
HBr	0.8	5.5[d]	1.8	1.1	4.4	6.1〜6.7	−4.1
HNO_3	3.2	8.9[d]	(分解)	1.4	4.1	9.4	−1.8
H_2SO_4 (pK_1)		7.8[d]	3.1	1.4		7.2	
(pK_2)		25.9[d]	17.2	14.7			1.96
CH_3COOH	9.7	22.3[d]	13.5	12.6	10.1		4.76
PhCOOH	9.4	20.7[d]	12.3	11.0	9.8		4.19
C_6H_5OH	14.2	27.2[d]	>16	16.5			9.89
p-$MeC_6H_4SO_3H$		8.7[d]	2.6	0.9		8.4	

a) 20℃，b) 同一溶媒中の pK_a は，（　）で囲んだ数値を除いて，互いに比較することができる．c) 解離定数が測定し難いほどの強酸，d) 酸（HA）の解離 $HA \rightleftharpoons H^+ + A^-$ と同時に，ホモ共役反応 $A^- + HA \rightleftharpoons HA_2^-$ がかなりの程度起こる場合．
（日本化学会 編，“化学便覧 基礎編　改訂 5 版”，p.Ⅱ-354，丸善出版（1993）より抜粋）

表 14.2　共役塩基の求核性

試　薬	求核性 n	試　薬	求核性 n	試　薬	求核性 n
ClO_3^-，ClO_4^-	<0	$HOCH_2CO_2^-$	2.5†	OH^-	4.20
BrO_3^-，IO_3^-	<0	$CH_3CO_2^-$	2.72	SCN^-	4.77 (4.41†)
H_2O	0.00	HCO_2^-	2.75†	I^-	5.04
p-$CH_3C_6H_4SO_3^-$	<1.0	Cl^-	3.04 (2.70†)	SO_3^{2-}	5.1
NO_3^-	1.03	$C_6H_5O^-$	3.5	SH^-	5.1
ピクラートイオン	1.9	HCO_3^-	3.8	CN^-	5.1
F^-	2.0	HPO_4^{2-}	3.8	$S_2O_3^{2-}$	6.36
$ClCH_2CO_2^-$	2.2	Br^-	3.89 (3.53†)	$HPSO_3^{2-}$	6.6
SO_4^{2-}	2.5	N_3^-	4.00		

数値は主として以下の a) による．†は b) からの引用．
a) J. Hine, “Physical organic chemistry, 2ed. Ed.”, McGraw-Hill (1962).
b) P. R. Wells, *Chem. Rev.*, **63**, 171 (1963).
（浅原照三 編，“有機化学反応における溶媒効果”，p. 110，産業図書（1970）より抜粋）

リチウム，ハロゲン化マグネシウム，ハロゲン化亜鉛，ハロゲン化ホウ素，ハロゲン化アルミニウム，アルキルアルミニウム，塩化チタン(IV)，塩化スズ(II) および (IV)，塩化鉄(III)や塩化タングステン(VI) などの金属塩をあげることができる．鉱酸や有機酸は解離した H^+ が作用するのでブレンステッド（Brϕnsted）酸であり，上記金属塩は非共有電子対に作用して反応を開始させるのでルイス（Lewis）酸である．

酸の強さを表すのに，解離定数の逆数の対数 pK_a がある．表 14.1 に種々の溶媒中における種々の酸の pK_a を示す．強酸になると，その溶液中の溶質に H^+ を与える能力の尺度である酸度関数 H_0 が指標になる[19]．硫酸より強い酸性をもつ酸は超強酸[20] とよばれている．超強酸に SbF_5 や TaF_5 のようなルイス酸を加えると，よりいっそう強い酸になる[21]．酸の作

表 14.3　硬い酸と軟らかい酸

(a) 硬い酸
H^+, Li^+, Na^+, K^+, Be^{2+}, Mg^{2+}, Ca^{2+}, Sr^{2+}, Mn^{2+}, Al^{3+}, Sc^{3+}, Ga^{3+}, In^{3+}, La^{3+}, Cr^{3+}, Co^{3+}, Fe^{3+}, As^{3+}, Ce^{3+}, Ce^{4+}, Si^{4+}, Ti^{4+}, Zr^{4+}, Th^{4+}, Pu^{4+}, VO^{2+}, ${UO_2}^{2+}$, $(CH_3)_2Sn^{2+}$, $Be(CH_3)_2$, BF_3, BCl_3, $B(OR)_3$, $Al(CH_3)_3$, $Ga(CH_3)_3$, $In(CH_3)_3$, ${RPO_2}^+$, ${ROPO_2}^+$, ${RSO_2}^+$, ${ROSO_2}^+$, SO_3, I^{7+}, I^{5+}, Cl^{7+}, Cr^{6+}, R_3C^+, PCO^+, CO_2, NC^+
(b) 軟らかい酸
Cu^+, Ag^+, Au^+, Tl^+, Hg^+, Cs^+, Pd^{2+}, Cd^{2+}, Pt^{2+}, Hg^{2+}, CH_3Hg^+, Tl^{3+}, Au^{3+}, $Tl(CH_3)_3$, BH_3, ${CO(CN)_5}^{2-}$, RS^+, RSe^+, RTe^+, I^+, Br^+, HO^+, RO^+, I_2, Br_2, ICN, トリニトロベンゼン, テトラシアノエチレン, クロロアニル, キノン類
(c) 中間に属するもの
Fe^{2+}, Co^{2+}, Ni^{2+}, Cu^{2+}, Zn^{2+}, Pb^{2+}, Sn^{2+}, Sb^{3+}, Bi^{3+}, Ir^{3+}, $B(CH_3)_3$, SO_2, NO^+

（岡本善之, “酸と塩基”, p. 102, 東京化学同人（1967）より抜粋）

用を考えるとき，共役塩基のはたらきも無視できない場合がある．これら共役塩基の求核性指数 n を表 14.2 に示す．酸・塩基反応においては，硬い酸塩基，軟らかい酸塩基（HSAB）理論[22] がある．硬い酸は硬い塩基を好み，軟らかい酸は軟らかい塩基を好んで塩をつくるというものである．用いようとする基質にどの酸が有効かを判断するさいに有用であろう．表 14.3 に例をいくつか示す．

酸と塩基との作用を併せもつ多官能性反応剤や，酸・塩基複合反応剤[23] をデザインし，目的の変換を高選択的に行わせる概念が提案されている．また，ブレンステッド酸をトリメチルシリルエステルとすることにより，もとの酸よりも有機溶媒に容易に溶解するようになり，穏和な条件下に反応を起こさせることができる．$(CH_3)_3SiBr$，$(CH_3)_3SiI$，$(CH_3)_3SiOSO_2CF_3$，$((CH_3)_3SiO)_2SO_2$，$((CH_3)_3SiO)_3P=O$，$(CH_3)_3SiOClO_3$ などは各種化合物のシリル化剤として用いられる一方，有機合成反応剤としても興味ある新しい反応が見出されている．とくに，ヨウ化物イオン（I^-）やトリフルオロメタンスルホナート（OTf^-）のような軟らかいルイス塩基を配位子としてもつケイ素化合物（Me_3SiI，Me_3SiOTf）は大きなルイス酸性をもち，酸素原子をはじめとする種々のヘテロ原子と強く相互作用し，炭素－ヘテロ原子結合を活性化する．近年，Me_3SiI や Me_3SiOTf を触媒として用いる穏和な条件下，効率のよい合成反応が多く開発された．同様に OTf^- を配位子にもつルイス酸として，水溶液中でも安定で回収，再利用可能であるという特徴をもつ $Sc(OTf)_3$ や $Yb(OTf)_3$，不斉合成反応の分野で有用な $Sn(OTf)_2$ も開発された．

以下，主として試薬別に具体例を解説する．基質に応じて，酸や反応条件を微妙に変えることによって好結果が得られることも多い．なお，前版においてはさらに多くの酸を用いた反応が紹介されているので，ぜひ参考にしてほしい．

14.5.1 酸の扱い方

たいていの酸は市販されていて，強酸以外は取扱いに特別の注意は不要である．ただし，皮膚に接触させたときはただちに流水でよく洗い，中和するなど，酸に対する処置を行う必要がある．強酸，超強酸は吸湿性が強いので，湿気を遮断した容器内で反応させなければならない．ルイス酸は水と激しく反応するものが多いので，乾燥有機溶媒に溶かしてモル濃度のわかった溶液をつくり，シリンジを用いてはかりとるのが便利である．酸素と激しく反応するアルキルアルミニウムも，適当な溶液をつくって使用するのが便利である．溶液として市販されているものもある．

（i）**硫　酸**（H_2SO_4）　式量 98.09，沸点 340 ℃（分解），融点 10.36 ℃，d_4^{20} 1.8356，LD_{50} 2.14 g kg^{-1}（ラット，経口）．強酸性を示し，直接触れたり誤飲により重篤な皮膚の薬傷や目の損傷などの障害を起こし，非常に危険である．適切な保護手袋，保護衣，保護めがねなどを着用し，ドラフトなど換気の良いところで取り扱う．また，水と急激に接触すると多量の熱を発生し，突沸して酸が飛散することがある．

硫酸は安価で入手容易なプロトン酸であり，触媒や反応溶媒として広く有機合成に用いられる．脱水反応，ニトロアルカン（式(14.16)）[24]，ハロゲン化ビニル，あるいは各種保護基の加水分解，アルキンの水和反応のほか，脂肪族および芳香族炭化水素の酸化，芳香環のスルホン化反応などが代表的なものである．

$$\text{CH}_3\text{CH}_2\text{CH}_2\text{NO}_2 \xrightarrow[120\to140\,℃,\ 8\ \text{h}]{85\%\ 硫酸（水溶液）} \text{CH}_3\text{CH}_2\text{CO}_2\text{H}\ \ (92\%) \qquad (14.16)$$

（ii）**臭化水素**（HBr）　式量 80.91，沸点 −67 ℃，融点 −88.5～−86.9 ℃，密度 3.64 g dm^{-3}（気体），LC_{50} 5165 mg m^{-3}（ラット，吸入，4 h）．強酸性の気体で，吸入すると有毒であり，皮膚や粘膜との接触により薬傷，重篤な損傷をひき起こす．誤飲や接触を防ぐため，保護手袋，保護衣，保護めがねを着用し，ドラフトなど換気の良いところで使用すること．臭化水素酸は 48% の水溶液や 30% の酢酸あるいはプロピオン酸の溶液として市販されている．

アルケン，アルキンへの付加反応，アルコールや塩化物の臭化物への変換に用いられる．アリールアルキルエーテルの解裂反応（保護されたフェノール類の脱保護），トリチルエーテルからのトリチル基の除去（式(14.17)）[25]，エポキシドやシクロプロパン環の開環反応にも用いられる．

$$\text{(AcO)}_4\text{-糖-CH}_2\text{OCPh}_3 \xrightarrow[2)\ \text{H}_2\text{O}]{1)\ \text{HBr, CH}_3\text{CO}_2\text{H},\ 10\,℃,\ 45\ \text{s}} \text{(AcO)}_4\text{-糖-CH}_2\text{OH}\ \ (55\%) \qquad (14.17)$$

(iii) マジック酸（フルオロスルホン酸-フッ化アンチモン(V)）　FSO_3H-SbF_5：式量 316.83．FSO_3H：式量 100.07，沸点 162.7～165.5℃，融点 −89.0～−87.3℃，d_4^{18} 1.740，SbF_5　式量 216.75，沸点 141～150℃，融点 8.3℃，$d_4^{25.8}$ 3.097．マジック酸は湿気に敏感で，腐食性があり高毒性なので，適切な保護手袋，保護衣，保護めがねなどを着用し，ドラフトなど換気の良いところで取り扱う．湿気のない条件下では，反応や保存にガラス器具を用いることが可能であるが，長期間の保存にはテフロン製の保管器具が望ましい．

無色の液体で市販されている．市販品は 50：50 mol% の 2 成分の混合物で，HF を含んでいる．窒素あるいはアルゴン雰囲気下，室温で FSO_3H と SbF_5 を混合することによって調製できる．SO_2ClF や液体 SO_2 に溶解する．FSO_3H 中に種々の割合で溶解して使うことができる．

マジック酸は超強酸のなかでもっとも広く用いられており，カルボカチオンを経由するアルキル化，異性化，転位（式(14.18)）[26]，環化，酸素官能基化（式(14.19)）[27]，ホルミル化，スルホン化の反応剤や触媒に用いられるほか，広く安定カルボカチオンの研究に利用される．超強酸としては，マジック酸のほかに FSO_3H や $ClSO_3H$ のような単純プロトン酸，HF-SbF_5（式(14.20)）[28]，HF-SbF_5-SO_2ClF，HF-TaF_5 のようなプロトン酸-ルイス酸混合系がある．

HSO_3F-SbF_5, SO_2ClF, −78℃　(14.18)

HSO_3F-SbF_5, 0℃　RO　O　92～96%　(14.19)

HF-SbF_5, 100℃　47.2%（37.5%転換における回収物質に基づく）　(14.20)

(iv) トリフルオロ酢酸（$C_2HF_3O_2$）　物性は 13.2.6 項参照．非常に強い酸で，とくに粘膜の組織に破壊的に作用する．急性毒性はないが，適切な保護手袋，保護衣，保護めがねなどを着用し，ドラフトなど換気の良いところで取り扱う．透明な流動性の高い液体で，水やほとんどの有機溶媒に溶解するが，アルカンへの溶解性は低い．

加溶媒分解，転位反応（式(14.21)）[29]，還元反応，酸化反応，トリフルオロメチル化反応など数々の有機反応において酸触媒としてはたらく．

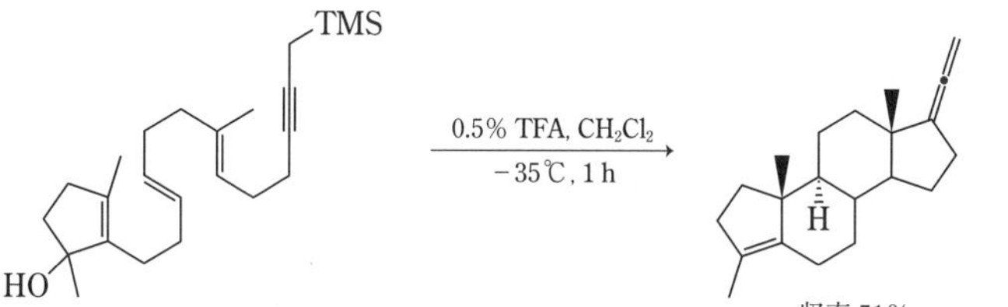

TMS

HO

0.5% TFA, CH_2Cl_2
−35℃, 1 h

H

収率 51%
（+13α−エピマー（7%））

(14.21)

(v) ナフィオン-H　ペルフルオロ化された高分子スルホン酸で，市販されている．図 14.1 に示す構造で，Amberlyst など従来型カチオン交換樹脂に比べ，耐熱性，耐薬品性にすぐれている．酸性度は 96～100% H_2SO_4 に匹敵する強酸である．アルキル化，アロイル化（式（14.22））[30]，ニトロ化のほか，エーテル，エステルおよびアセタール合成などに用いられる．

R−C₆H₄−COCl + C₆H₅−X →（ナフィオン-H，還流）→ R−C₆H₄−C(=O)−C₆H₄−X　63～88%

R：H, F, Cl, Me, NO_2
X：H, Cl, Me, 1,3-Me_2, 1,3,5-Me_3

(14.22)

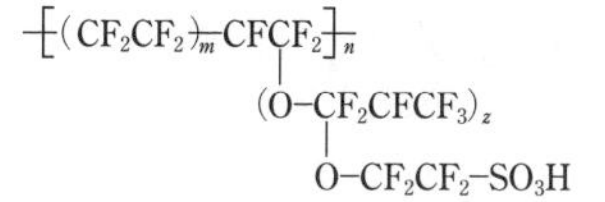

$$-\!\!\left[(CF_2CF_2)_m\!-\!CFCF_2\right]_n-$$
$$(O\!-\!CF_2CFCF_3)_z$$
$$O\!-\!CF_2CF_2\!-\!SO_3H$$

図 14.1　ナフィオン-H

イオン交換容量（ポリマー 1 g あたりに含まれるスルホン酸基の数をモル単位で表したもの）を求めるには，減圧下に 90～100 ℃ で 1 時間乾燥したもの（2 g）を塩化ナトリウム（1～2 g）を含むイオン交換水（50 mL）に懸濁させておき，フェノールフタレイン指示薬を用いて 0.1 mol L^{-1} 水酸化ナトリウム水溶液で滴定して求める．赤色が 10 分間色あせなければ滴定終了である．

触媒として使用した後は，これを沪別したのちアセトン，ついでイオン交換水で洗浄し，105 ℃ にて一晩乾燥する．こうして再生した触媒を用いると同じ結果が得られる．

(vi) モンモリロナイト K10　黄色みを帯びた灰色の微粉末で，吸い込まないように注意する．揮発物質や湿気に触れないように保管する．水と混合すると沪過困難な泥状になるので，遠心分離により分離する．多くの有機溶媒中では，容易に沪過できる懸濁液となる．

モンモリロナイトは層構造を有する粘土であり，層間のカチオンを交換することにより，酸性を変化させることができる．カチオン交換を行うことにより，モンモリロナイトの酸触媒としての活性はしばしば超強酸よりも強くなる．

精密有機合成においては，カルボニル基やヒドロキシ基への保護基の導入，エン反応，縮合反応，および付加反応（式(14.23)）[31] を促進する酸触媒として用いられる．

$$\text{t-AmOH} + \text{DHP} \xrightarrow[\text{CH}_2\text{Cl}_2,\ 室温,\ 30\ \text{min}]{\text{K10}} \text{t-AmO-THP}\ (83\%) \tag{14.23}$$

(vii) 塩化亜鉛（$ZnCl_2$）　式量 136.29，沸点 732 ℃，融点 283～293 ℃，密度 2.907 g cm^{-3}（25 ℃），溶解度 4.32 g mL^{-1}（25 ℃），6.14 g mL^{-1}（100 ℃），LD_{50} 60～90 mg kg^{-1}（ラット，静脈内），LD_{50} 1.10 g kg^{-1}（ラット，経口）．皮膚や粘膜に対する刺激性がある．白色固体として市販されている．潮解性が大きいので，乾燥状態で保管する．

付加反応，環付加反応（式(14.24)）[32]，置換反応や還元反応を促進する穏やかなルイス酸として用いる．また，トランスメタル化による有機亜鉛試薬の調製にも利用する．$ZnBr_2$ や ZnI_2（式(14.25)）[33] も類似の反応に用いられる．

$$\text{TMSO-C(=CH}_2\text{)-CH=CH-OMe} + \text{H-CO-CH}_2\text{OPh} \xrightarrow[\text{PhH},\ 室温,\ 1\sim2\ \text{d}]{\text{ZnCl}_2} \text{2,3-dihydro-4H-pyran-4-one (2-CH}_2\text{OPh)}\ (87\%) \tag{14.24}$$

$$\text{cyclohexanone} + \text{Me}_3\text{SiCN} \xrightarrow{\text{ZnI}_2} \text{1-(OSiMe}_3\text{)-1-CN-cyclohexane} \tag{14.25}$$

(viii) 三フッ化ホウ素-ジエチルエーテル錯体（$BF_3 \cdot OEt_2$）　式量 141.94，沸点 125.7 ℃，融点 −60.4 ℃，引火点 59 ℃（密閉），d_4^{25} 1.125，n_D^{20} 1.344，LD_{50} 1.207～1.704 g kg^{-1}（ラット，経口），LC_{50} 1180～1210 mg m^{-3}（ラット，吸入，4 h）．皮膚に触れないように注意し，ドラフトなど換気の良い場所で取り扱う．薄黄色の液体として市販されている．ベンゼン，トルエン，ジクロロメタン，クロロホルム，1,4-ジオキサン，エーテル，THF などに可溶．

三フッ化ホウ素源として便利な試薬である．比較的求核性の小さい求核剤の求電子剤への付加反応の促進（式(14.26)[34]，(14.27)[35]），縮合反応，立体選択的なエーテルやエポキシドの開裂反応，各種の転位反応などにもっとも汎用されるルイス酸，ルイス酸触媒である．

$$\text{MeCH(OEt)}_2 + \text{Et-CH=CH-OEt} \xrightarrow[\text{2) Na}_2\text{CO}_3]{\text{1) BF}_3\cdot\text{OEt}_2,\ 45\sim48\ ℃} \text{MeCH(OEt)-CH(Et)-CH(OEt)}_2\ (48\%) \tag{14.26}$$

$$\mathrm{R-\underset{OR^2}{\overset{R^1}{C}}-OR^2 + Me_3SiCN \xrightarrow[0℃,\ 2\,h]{BF_3\cdot OEt_2} R-\underset{OR^2}{\overset{R^1}{C}}-CN} \tag{14.27}$$

R^1 = H, OMe
R^2 = Me, Et

70〜97%

(ix) 三臭化ホウ素 (BBr_3)　式量 250.52，沸点 90〜91.7 ℃ 融点 −46 ℃，密度 2.650 g cm^{-3} (20 ℃)，n_D^{20} 1.5312（液体）．腐食性をもつ強い酸性物質．使用するさいには皮膚や粘膜への接触を避けるため保護手袋，保護衣などを着用すること．無色のフュームを発生する液体で，ジクロロメタン溶液やヘキサン溶液として入手できる．また，$BBr_3 \cdot Me_2S$ が白色固体やジクロロメタン溶液として入手できる．水で容易に分解し，空気中では臭化水素を発生する．乾燥した不活性気体中で保存し，シリンジやテフロン性のチューブで移し替えて使用する．プロトン性の溶媒と激しく反応し，またエーテル性溶媒とも反応する．

ヒドロキシ基やアミノ基の脱保護，エーテル結合，エステル結合を切断し，臭化物，臭化ボラートなどを生成する．

(x) 塩化アルミニウム ($AlCl_3$)　式量 133.34，沸点 180 ℃（昇華），融点 193〜194 ℃（封管），密度 2.44 g cm^{-3} (20 ℃)，LD_{50} 0.37〜3.73 g kg^{-1}（ラット，経口）．空気中では強い HCl や $AlCl_3$ の刺激臭とともにフュームを発生するので，ドラフト中で扱い，密閉して保管する．水と激しく反応する．純粋なものは無色であるが，通常薄い灰色から黄色の固体である．使用前に昇華精製するとよい．ニトロベンゼン，四塩化炭素，クロロホルム，ジクロロメタン，ニトロメタンなど多くの有機溶媒に溶解する．

フリーデル-クラフツ（Friedel-Crafts）反応（式(14.28)[36]，(14.29)[37]），ディールス-アルダー（Diels-Alder）反応，[2+2]環化反応，エン反応，転位反応などのルイス酸として使用される．

$$\text{PhCH}_2\text{CH(NHCO}_2\text{Me)COCl} \xrightarrow[\mathrm{CH_2Cl_2},\ \text{室温}]{\mathrm{AlCl_3}} \text{2-(NHCO}_2\text{Me)-1-indanone} \tag{14.28}$$

55〜75%, >98% ee

$$\mathrm{Me_3SiC{\equiv}C(CH_2)_{12}COCl} \xrightarrow[\text{2) HCl 水溶液, 0℃}]{\text{1) AlCl}_3\text{, CH}_2\text{Cl}_2\text{, 還流}} \text{cyclo-[C(=O)-C}{\equiv}\text{C-(CH}_2)_{12}] \tag{14.29}$$

77%

(xi) 塩化チタン(IV) ($TiCl_4$)　式量 189.7，沸点 136.4 ℃，融点 −25〜−24.1 ℃，密度 1.726 g cm^{-3} (20 ℃)，n_D^{20} 1.612，LC_{50} 400〜460 mg m^{-3}（ラット，吸入，4 h）．毒性が強い

ので，吸引や誤飲に注意が必要である．また皮膚に触れると薬傷を生じるので，ドラフト中で取り扱うこと．無色の液体として市販されているほか，ジクロロメタンやトルエン溶液としても入手できる．水分と激しく反応する．少量の純度の高い銅の切削片とともに還流したのち，N_2 などの不活性ガス存在下で蒸留する．

環化反応，アルドール反応（式(14.30)）[38]，求電子置換反応，マイケル反応（式(14.31)）[39] などのルイス酸触媒として利用するほか，脱水剤としても使用する．また，低原子価に還元したものは，還元的な C−C 結合生成反応や官能基の還元反応に用いられる．

OSiMe3 + PhCHO —1) $TiCl_4$, CH_2Cl_2, −78℃, 1 h; 2) H_2O→ (2-(hydroxy(phenyl)methyl)cyclohexanone, O, OH, Ph) 92%　(14.30)

+ SiMe3 —1) $TiCl_4$, CH_2Cl_2, −78℃, 18 h → −30℃, 5 h; 2) H_2O→ H, O, 92%　(14.31)

(xii) トリメチルシリルトリフラート（トリフルオロメタンスルホン酸トリメチルシリル，$Me_3SiOSO_2CF_3$）　式量 222.26，沸点 140 ℃，36.5 ℃/10 mmHg），引火点 25 ℃，d_4^{20} 1.225，n_D^{20} 1.360．可燃性で腐食性があり，吸湿性が高いので，ドラフト中で使用する．無色の液体として市販されている．脂肪族および芳香族炭化水素，ハロゲン化物，エーテル類に溶解する．

シリル化反応，ケトンやエステル中のカルボニル基の活性化（式(14.32)[40]，(14.33)[41]）やエノールエーテル類への変換などに用いられる．このほかシアノヒドリンシリルエーテル，アルドール付加，ヒドロシランによるアセタールの還元などがトリメチルシリルトリフラート触媒で可能である[42]．ビス(トリメチルシリル)ペルオキシドを用いるバイヤー-ビリガー（Baeyer-Villiger）酸化も報告されている[43]．

$$\mathrm{PhCHO + 2\,Me_3SiOMe \xrightarrow[\text{2) ピリジン}]{\text{1) 1 mol\% Me}_3\text{SiOTf, CH}_2\text{Cl}_2,\ -78℃,\ 3\,h}} PhCH(OMe)_2}\quad 94\% \tag{14.32}$$

O (cyclohexenone) + ZnBr—≡—Ph —Me_3SiOTf, Et_2O–THF, −40℃→ OSiMe3 (3-(phenylethynyl)cyclohexenyl silyl ether), Ph, 77%　(14.33)

(xiii) ビス(トリフルオロメタンスルホン酸)スズ ($Sn(OSO_2CF_3)_2$)　式量 416.87，融点 >300 ℃．安全性の指標は報告されていないが，注意して扱うことが必要である．白色粉末．水分，空気に触れると分解するので，取扱いおよび保存とも窒素などの不活性気体中で行う．

ジエチルエーテルで洗浄することができる．穏和なルイス酸で，スズ(II) エノラートを生成し，立体選択的アルドール反応（式(14.34)）[44]，マイケル（Michael）反応に用いられる．そのほか，転位反応（式(14.35)）[45]，アルデヒドへのスズ(II) アセチリドの付加反応，不斉付加反応にも利用される．

$OSiMe_3$ / SEt + RCHO → [$Sn(OTf)_2$ (20 mol%)，(24 mol%)，C_2H_5CN，−78 ℃] → Me_3SiO / O / R / SEt　(14.34)

71〜83%
90〜>98% ee（シン付加物）
アンチ/シン＝13：87〜0：100

CO_2Me / O / CH_3 → [$Sn(OTf)_2$，i-Pr_2NEt，−78→25 ℃] → HO / CO_2Me / CH_3 + HO / CO_2Me / CH_3　(14.35)

40%
アンチ/シン＝0.5：99.5

(xiv) トリフルオロメタンスルホン酸スカンジウム ($Sc(OSO_2CF_3)_3$)　式量 492.16，融点 >300 ℃．安全性の指標は報告されていないが，注意して扱うことが必要である．市販されているが，酸化スカンジウムとトリフルオロメタンスルホン酸水溶液を反応させ，溶液を沪過，濃縮することで調製できる．無水物は減圧下（<1 mmHg）200 ℃ で乾燥することにより得られる．吸湿性で，一水和物を形成するため五酸化リン存在下で保存する．水のほか，アルコール，アセトニトリルなど，ほとんどの極性有機溶媒に溶解する．

典型的なルイス酸と異なり，水を含む溶液中でも安定であり，水溶媒中で使用可能なルイス酸触媒である．またイミンやヒドラゾンなどの含窒素化合物の活性化にも用いられ，アルドール反応（式(14.36)）[46]，マンニッヒ（Mannich）型反応，フリーデル-クラフツ反応（式(14.37)）[47]，ディールス-アルダー反応（式(14.38)）[48] など多くの反応に触媒として用いられる．反応後ほぼ定量的に回収され，再利用できる．

PhCHO + $OSiMe_3$ / OMe → [5 mol% $Sc(OTf)_3$，CH_2Cl_2，−78 ℃，1 h] → OH / O / PH / OMe　(14.36)

1 回目 88%
2 回目 89%

$$+ \ Ac_2O \xrightarrow[CH_3NO_2,\ 50℃,\ 1\ h]{20\ mol\%\ Sc(OTf)_3} CH_3C(=O)- \quad (14.37)$$

$LiClO_4$：なし　12%
8当量　88%

$$+ \xrightarrow[CH_3CN,\ 室温]{触媒.\ Sc(OTf)_3} \quad (14.38)$$

N, Ph, H　　H, H, Ph, N, H

85%

文　献

1) D. J. Marshall, R. Deghenghi, *Can. J. Chem.*, **47**, 3127 (1969).
2) I. Tabushi, Z. Yoshida, N. Takahashi, *J. Am. Chem. Soc.*, **92**, 6670 (1970).
3) F. C. Whitmore, August H. Homeyer, *J. Am. Chem. Soc.*, **54**, 3435 (1932).
4) M. A. Tius, A. Thurkauf, J. W. Truesdell, *Tetrahedron Lett.*, **23**, 2823 (1982).
5) L. I. Smith, M. M. Falkof, *Org. Synth.*, Coll. Vol., **3**, 350 (1955).
6) H. C. Brown, I. Moritani, *J. Am. Chem. Soc.*, **75**, 4112 (1953).
7) A. Murai, N. Tanimoto, N. Sakamoto, T. Masamune, *J. Am. Chem. Soc.*, **110**, 1985 (1988).
8) E. R. Bichl, R. Patrizi, P. Reeves, *J. Org. Chem.*, **36**, 3252 (1971).
9) G. Stork, G. A. Kraus, G. A. Garcia, *J. Org. Chem.*, **39**, 3459 (1974).
10) S. H. Montgomery, M. C. Pirrung, C. H. Heathcock, *Org. Synth.*, Coll. Vol., **7**, 190 (1990).,
11) W. Murray, M. Wachter, D. Barton, Y. Forero-Kelly, *Synthesis*, **1991**, 18.
12) H. O. House, L. J. Czuba, M. Gall, H. D. Olmstead, *J. Org. Chem.*, **34**, 2324 (1969).
13) T. Janecki, R. Bodalski, *Synthesis*, **1989**, 506.
14) H. C. Brown, R. K. Dhar, R. K. Bakshi, P. K. Pandiarajan, B. Singaram, *J. Am. Chem. Soc.*, **111**, 3441 (1989).
15) V. H. Oediger, F. Möller, *Angew. Chem. Int. Ed.*, **6**, 76 (1967).
16) T. Pietzonka D. Seebach, *Chem. Ber.*, **124**, 1837 (1990).
17) a) 岡本善之, "酸と塩基", 東京化学同人 (1967); b) 和田悟朗, 有機合成化学, **33**, 809 (1975).
18) 中村好男, 有機合成化学, **33**, 903 (1975).
19) 日本化学会 編, "化学便覧 基礎編 改訂4版", p. II-323, 丸善出版 (1993).
20) a) G. A. Olah, G. K. S. Prakash, J. Sommer, "Super Acids", John Wiley (1985); b) 田部浩三, 野依良治, "超強酸・超強塩基", 講談社サイエンティフィク (1980).
21) 日本化学会 編, "化学便覧 基礎編 改訂4版", p. II-324, 丸善出版 (1993).
22) a) 田中元治, 森田 桂, 斉藤一夫, 化学と工業, **26**, 184 (1973); b) T.-L. Ho, *Chem. Rev.*, **75**, 1 (1975); c) *id. Tetrahedron*, **41**, 3 (1985).
23) a) 野崎 一, 化学, **39**, 770 (1984); b) 大嶌幸一郎, 野崎 一, 有機合成化学, **38**, 460 (1980).
24) S. B. Lippincott, H. B. Hass, *Ind. Eng. Chem.*, **31**, 118 (1939).
25) D. D. Reynolds, W. L. Evans, *Org. Synth.*, Coll. Vol., **3**, 432 (1955).
26) G. A. Olah, G. D. Mateescu, Y. K. Mo, *J. Am. Chem. Soc.*, **95**, 1865 (1973).
27) J.-M. Coustard, J.-C. Jacquesy, *Tetrahedron Lett.*, **13**, 1341 (1972).
28) J. A. Olah, G. A. Olah, *Synthesis*, **1973**, 488.
29) R. Schmid, P. L. Huesmann, W. S. Johnson, *J. Am. Chem. Soc.*, **102**, 5122 (1980).
30) G. A. Olah, R. Malhotra, S. C. Narang, J. A. Olah, *Synthesis*, **1978**, 672.

31) S. Hoyer, P. Laszlo, M. Orlović, E. Polla, *Synthesis*, **1986**, 655.
32) S. J. Danishefsky, J. F. Kerwin, Jr., S. Kobayshi, *J. Am. Chem. Soc.*, **104**, 358 (1982).
33) D. A. Evans, G. L. Carroll, L. K. Truesdale, *J. Org. Chem.*, **39**, 914 (1974).
34) R. I. Hoaglin, D. H. Hirsh, *J. Am. Chem. Soc.*, **71**, 3468 (1949).
35) K. Utimoto, Y. Wakabayashi, T. Horiie, M. Inoue, Y. Shishiyama, M.Obayashi, H. Nozaki, *Tetrahedron*, **39**, 967 (1983).
36) D. E. McClure, B. H. Arison, J. H. Jones, J. J. Baldwin, *J. Org. Chem.*, **46**, 2431 (1981).
37) K. Utimoto, M. Tanaka, M. Kitai, H. Nozaki, *Tetrahedron Lett.*, **19**, 2301 (1978).
38) a) T. Mukaiyama, K. Banno, K. Narasaka, *J. Am. Chem. Soc.*, **96**, 7503 (1974); b) T. Mukaiyama, *Angew. Chem., Int. Ed. Engl.*, **16**, 817 (1977).
39) A. Hosomi, H. Sakurai, *J. Am. Chem. Soc.*, **99**, 1673 (1977).
40) R. Noyori, S. Murata, M. Suzuki, *Tetrahedron*, **37**, 3899 (1981).
41) S. Kim, M. L. Joo, *Tetrahedron Lett.*, **31**, 7627 (1990).
42) T. Tsunoda, M. Suzuki, R. Noyori, *Tetrahedron Lett.*, **20**, 4679 (1979).
43) M. Suzuki, H. Takada, R. Noyori, *J. Org. Chem.*, **47**, 902 (1982).
44) S. Kobayashi, H. Uchiro, I. Shiina, T. Mukaiyama, *Tetrahedron*, **49**, 1761 (1993).
45) T. Oh, Z. Wrobel, S. M. Rubenstein, *Tetrahedron Lett.*, **32**, 4647 (1991).
46) S. Kobayashi, *Synlett*, **1994**, 689.
47) A. Kawada, S. Mitamura, J. Matsuo, T. Tsuchiya, S. Kobayashi, *Bull. Chem. Soc. Jpn.*, **73**, 2325 (2000).
48) S. Kobayashi, M. Araki, H. Ishitani, S. Nagayama, I. Hachiya, *Synlett*, **1995**, 233.

Chapter 15

官能基の保護と脱保護

15.1 官能基の保護

同一分子内に複数の官能基が含まれている化合物に何らかの変換反応を施すとき，利用する反応剤が十分な官能基選択性を示す場合は保護基を利用する必要はない．しかし，複雑骨格と多くの官能基を含む（天然）有機化合物の合成においては，保護基を使わないで合成することはきわめて困難で，場合によっては，保護基の選択が全合成の成否を左右することさえある．そのためさまざまな保護基とその導入・脱保護法が開発されてきている[1,2]．本章の以下の項目では，各官能基に対する保護基の各論を述べるので，ここでは多段階合成における保護基の要件，役割，保護基の戦略的利用について例をあげて概説する．

（i）保護基の要件　保護基は導入するだけで，保護，脱保護の 2 工程が加わって合成の効率を落とすので，その利用には十分慎重であるべきである．理想的には，保護・脱保護の収率は定量的であるべきだが，現実には脱保護で問題が生じることが多い．そこで，保護基には以下のような条件が要求される．(1) 導入が容易（穏和な条件で高収率で進行すること，また保護したい官能基に高い選択性を示すこと）．(2) 安定性に優れていること．(3) 必要なくなったら，特定の保護基だけを高収率で除去（脱保護）できること．しかし，実際の合成では，このような条件をすべて満たす保護基を見出すのは容易ではない．下式に，ブレフェルジン（brefeldin）の全合成で行われたヒドロキシ基の選択的な脱保護の例を示す[3]．四つの異なったヒドロキシ基の保護基（メチルチオメチル（MTM）基，*t*-ブチルジメチルシリル（TBS）基，テトラヒドロピラニル（THP）基，2-メトキシエトキシメチル（MEM）基）が必要に応じて，一つずつ脱保護されている．

MEMO ‥ H OTHP OMTM OTBS H $\xrightarrow[CH_3CN\text{-}H_2O]{HgCl_2,\ CaCO_3}$ MEMO ‥ H OTHP OH OTBS H 95% $\xrightarrow[2)\ Ag_2O]{1)\ CrO_3Py_2}$

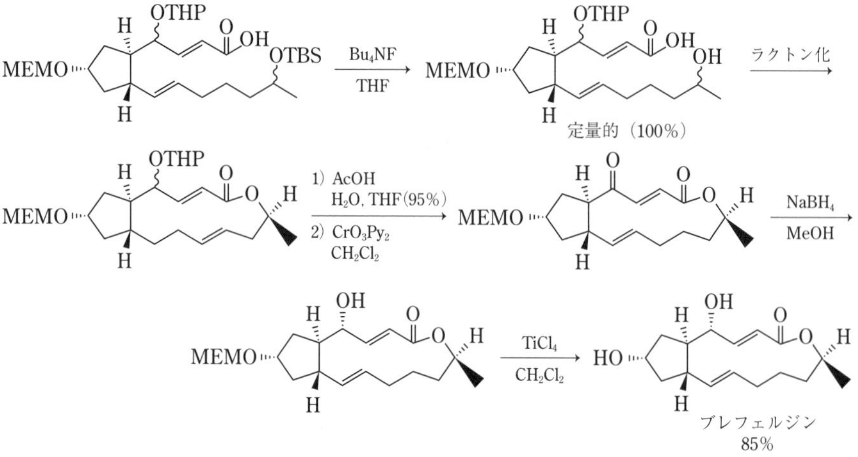

Bu_4NF / THF　定量的（100%）　ラクトン化

1) AcOH, H_2O, THF (95%)　2) CrO_3Py_2, CH_2Cl_2　$NaBH_4$ / MeOH　$TiCl_4$ / CH_2Cl_2

ブレフェルジン 85%

(ii) 保護基の役割と重要性　保護基は，もともと反応点が複数ある分子の特定の官能基だけを反応させるために，反応させたくない官能基を保護するという役割をもつが，有機溶媒への溶解性の向上，揮発性化合物の沸点上昇，結晶性の向上など，有機化合物の取扱いを容易にするなどの役割もある．

(iii) 保護基の戦略的利用　官能基の多い複雑な天然物を合成するさいには，保護基は中間体の反応性を変化させ，さまざまな選択性を制御するという重要な役割を果たす．これは，保護基の戦略的な利用法の一つで，以下にその例をあげる．

(1) 立体配座の制御：マクロリド抗生物質の合成では，マクロラクトン化の前駆体セコ酸の保護基がしばしば決定的な役割を果たすことが知られている．たとえば，ジヒドロエリスロノリドAの全合成では，保護基が鎖状化合物であるセコ酸の立体配座を規定しており，環化に適した配座がとりやすいように適切に保護基を導入することが必要であることがわかる[4)]．

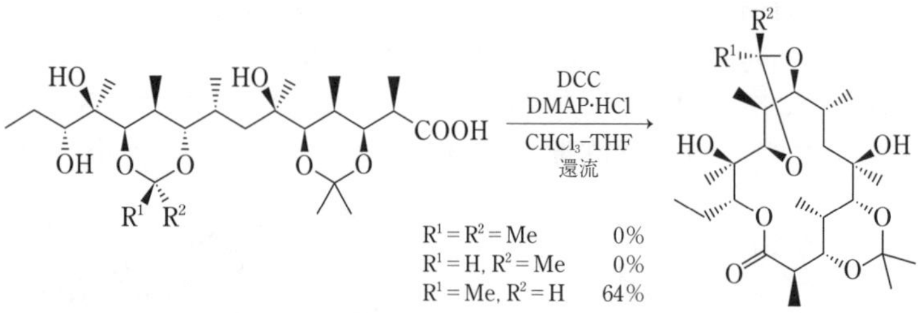

DCC, DMAP·HCl / $CHCl_3$–THF 還流

$R^1 = R^2 = Me$　0%
$R^1 = H$, $R^2 = Me$　0%
$R^1 = Me$, $R^2 = H$　64%

ピラノース糖は，一般にエクアトリアル配位したヒドロキシ基がより多いいす形立体配座

($^{4}C_{1}$) をとるが，立体的にかさ高い保護基を導入すると 1,2-ゴーシュ反発が大きくなって配座の反転が起こる．エラジタンニンの一つダビジン（davidin）の全合成では，グルコースの 2,3,4 位ヒドロキシ基にトリイソプロピルシリル（TIPS）基を導入することでアキシアル配位した置換基がより多い立体配座にピラノース環を変換し，フェノールカップリング反応を行っている[5]．この環化反応は，グルコース本来の立体配座 ($^{4}C_{1}$) をとる中間体では進行しない．

TIPSOTf, 2,6-ルチジン, DMF, 100℃ — 44%

$CuCl_2$, *n*-$BuNH_2$, MeOH, 室温, 30 min — 75%

環状化合物の合成で頻繁に利用されている閉環メタセシス，エンインメタセシスでは，近傍のヒドロキシ基の保護がその環化反応に大きな影響を与えることが知られている．ヒドロキシ基の保護が必要な場合と無保護で反応が進行する場合がある[6,7]．

Grubbs II, エチレン, CH_2Cl_2

R = H　0%
R = Ac　70%
R = TBS　66%

Grubbs II, CH_2Cl_2

R = PMB　0%
R = MOM　10%
R = H　77%

以下は，11-デオキシテトロドトキシンの全合成における中間体の環内オレフィンのエポキシ化において，近接したジオールの保護基によって反応性がまったく異なる例である[8]．この場合，わずかな配座の違いが大きな反応性の違いとなって現れていると考えられている．

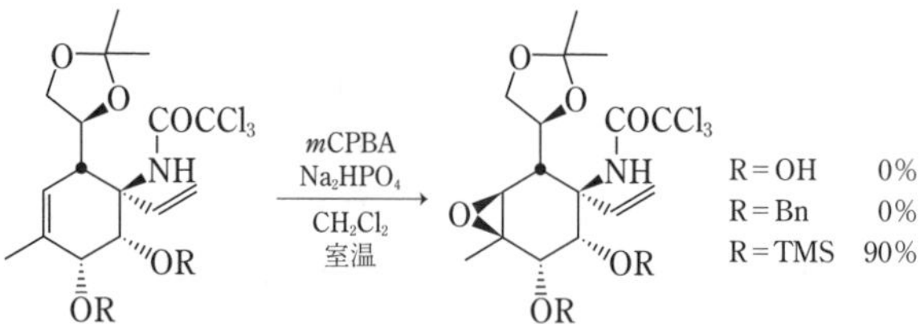

COCCl$_3$ NH OR OR — mCPBA, Na_2HPO_4, CH_2Cl_2, 室温 →

R = OH　0%
R = Bn　0%
R = TMS　90%

(2) 配位効果の利用：保護基による有機金属反応剤の配位の有無を利用した立体制御の例は多い．以下は，ヒドロキシ基をトリメチルシリル（TMS）基で保護したときと無保護のときとでは，リチウムアセチリドの共役付加反応の面選択性が逆転する例であり，反対の立体配置を与える[9]．

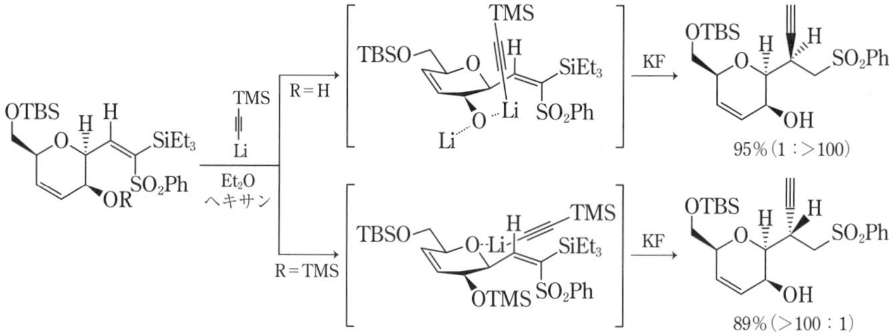

TMS−≡−Li, Et_2O, ヘキサン

R = H → KF → 95%（1：>100）

R = TMS → KF → 89%（>100：1）

(3) 隣接基関与の活用：糖鎖合成の要であるグリコシル化反応では，ピラノース環上に存在するヒドロキシ基の保護基が反応性に大きな影響を及ぼし，収率，立体選択性（α/β）を左右するため保護基の活用が必須である．一般には2位にアシル基がある場合，隣接基関与によって1,2-*trans*-グリコシル化が進行し，エーテル系の保護基の場合は隣接基効果を受けないのでアノマー効果によってβ結合が優先的に生成する．

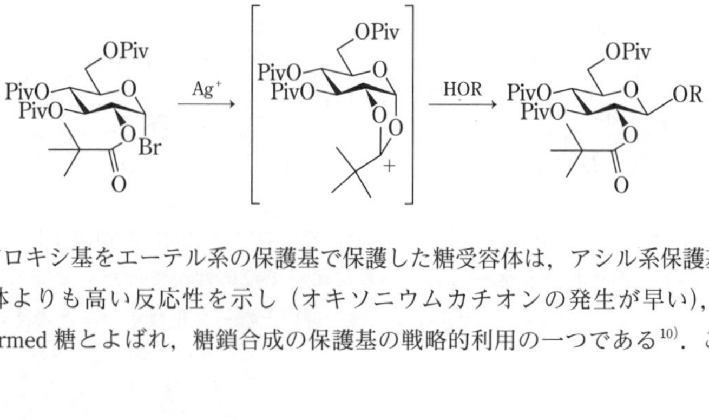

Ag^+ → HOR →

また，ヒドロキシ基をエーテル系の保護基で保護した糖受容体は，アシル系保護基で保護した糖受容体よりも高い反応性を示し（オキソニウムカチオンの発生が早い），それぞれarmed/disarmed糖とよばれ，糖鎖合成の保護基の戦略的利用の一つである[10]．この性質を

利用すると，以下のようにアノマー位に同じ脱離基をもった二つの単糖のうち一方のみを活性化し，グリコシル化を行うことができる．この場合，活性化される左の糖の2位ヒドロキシ基がベンジルエーテルで保護されているので，α体が高い選択性で得られる[11]．

BnO OBn / O SMe / BnO / OBn ＋ AcO OAc / O SMe / HO / OAc —(I_2, K_2CO_3 / MS, CH_2Cl_2 / 室温, 7 h)→ BnO OBn / O / BnO / BnO O / OAc OAc / O SMe / OAc　71%

15.2 保護と脱保護

15.2.1 ヒドロキシ基（アルコール，フェノール）の保護と脱保護

ヒドロキシ基（アルコール，フェノール）の重要な保護基として，アルキルエーテル，シリルエーテル，アセタール，エステルなどがあげられる．本項では，これらの分類に従い，代表的なヒドロキシ基の保護基について，一般的な保護法および脱保護法と，それらの特徴について説明する．さらに，ジオールの保護基についても紹介する．

a. アルキルエーテル型保護基

アルキルエーテル型保護基は，グリニャール（Grignard）反応剤や有機リチウム反応剤などの求核剤，水素化アルミニウムリチウムや水素化ホウ素ナトリウムなどのヒドリド還元剤，クロロクロム酸ピリジニウム（PCC）やDess-Martinペルヨージナン（DMP）などの酸化剤に耐えることができる．塩基性条件に対して安定であるが，酸に対する安定性はさまざまである．

（i）**メチルエーテル**（Meエーテル）　酸・塩基性条件いずれにもきわめて安定である．水素化ナトリウムなどの塩基とヨウ化メチルを用いることにより得られる．別法として酸化銀を用いると，中性条件で合成できる．脱保護には過酷な条件が必要であるが，ヨウ化トリメチルシリルや三臭化ホウ素などがよく用いられている．フェノールのメチルエーテルは，ナトリウムエタンチオラートやヨウ化リチウムなどの求核種によっても脱保護できる[12]．

$$\mathrm{R{-}OH} \xrightarrow[\text{または}\ \mathrm{Ag_2O,\ CH_3I,\ DMF}]{\mathrm{NaH,\ CH_3I,\ THF}} \mathrm{R{-}OMe} \xrightarrow[\text{または}\ \mathrm{BBr_3,\ CH_2Cl_2}]{\mathrm{Me_3SiI,\ CHCl_3}} \mathrm{R{-}OH}$$

$$\mathrm{PhOMe} \xrightarrow[\text{または}\ \mathrm{LiI},\ \text{コリジン（還流）}]{\mathrm{EtSNa,\ DMF}\text{（還流）}} \mathrm{PhOH}$$

（ii）**ベンジルエーテル**（Bnエーテル）　酸・塩基性条件いずれにも安定である．ベン

ジル化は臭化ベンジルを用いて塩基性条件で行うのが一般的であるが，塩基に弱い基質の場合には，ベンジルトリクロロアセトイミデートを用いて酸性条件で行うとよい[13]．脱保護は，パラジウムやニッケルなどの触媒を用いる加水素分解で穏和に行えるので，他種類の保護基の存在下にベンジル基の選択的な除去ができる．バーチ（Birch）還元の条件（液体アンモニア中，金属ナトリウム）でも脱保護できる．

R－OH →［NaH, $PhCH_2Br$, DMF または $PhCH_2OC(=NH)CCl_3$ CF_3SO_3H(触媒) シクロヘキサン, CH_2Cl_2］→ R－OCH_2Ph (R－OBn) →［Pd-C(触媒), H_2, EtOH または ラネー(Raney)ニッケル(触媒), H_2, EtOH または Na, 液体アンモニア］→ R－OH

(iii) *p*-メトキシベンジルエーテル（PMB あるいはメトキシフェニルメチル（MPM）エーテル）　ベンジルエーテルと同様に保護，脱保護できるが，やや酸に不安定である．*p*-メトキシベンジルエーテルは，2,3-ジクロロ-5,6-ジシアノ-1,4-ベンゾキノン（DDQ）によって酸化的に穏和な条件で脱保護できる特徴がある．この条件では，ベンジルエーテルは脱保護されない[14]．

R－OH →［NaH, *p*-$MeOC_6H_4CH_2Br$, DMF または *p*-$MeOC_6H_4CH_2OC(=NH)CCl_3$ CF_3SO_3H(触媒), Et_2O］→ R－O－CH_2－C_6H_4－OMe (R－OMPM または R－OPMB) →［DDQ, CH_2Cl_2, H_2O］→ R－OH

DDQ = (NC, NC, Cl, Cl, O, O)

BnO, Me, H, O, O, MPMO, O →［DDQ, CH_2Cl_2, H_2O］→ BnO, Me, H, O, O, HO, O

(iv) トリチルエーテル（Tr エーテル）　トリチル（トリフェニルメチル）基の導入は，塩化トリチルと 4-ジメチルアミノピリジン（DMAP）を用いることで穏和な条件で行える．立体的なかさ高さのため，第一級アルコールのみを選択的に保護できる[15]．塩基性条件には安定であるが，酸や水素化分解で容易に脱保護される．

R－OH →［Ph_3CCl, Et_3N, DMAP(触媒), CH_2Cl_2］→ R－$OCPh_3$ (R－OTr) →［HCO_2H, H_2O または Pd-C(触媒), H_2 EtOH］→ R－OH

DMAP = N(ピリジン)－NMe_2

HO, O, OMe, HO, OH, OH →［Ph_3CCl, DMAP, DMF］→ TrO, O, OMe, HO, OH, OH

b.　シリルエーテル型保護基

シリルエーテル型保護基の特徴は，導入が容易で脱保護の条件も穏和であることにある[16]．さまざまなシリル化剤が開発されているが，それらの安定性はケイ素上の三つの置換基によって決まる．立体的にもっとも小さいトリメチルシリルエーテルは酸・塩基性条件いずれにも不安定であるが，ケイ素上の置換基のかさ高さが増すとともにその安定性は増加する．一般的にシリルエーテルの脱保護には，酸性水溶液やフッ化物イオンがよく用いられる．酸の濃度を調節したり，フッ化テトラブチルアンモニウムやフッ化水素ピリジンをうまく利用することで，選択的な脱保護が可能となる．

（i）**トリメチルシリルエーテル**（TMS エーテル）　塩化トリメチルシリルとトリエチルアミンを用いることにより得られる．第三級アルコールのような立体障害の大きなヒドロキシ基でも保護できる．しかし，酸や塩基で容易に加水分解（もしくは加溶媒分解）されてしまう．求核剤や酸化剤によっても分解する場合がある．一般的に，トリメチルシリルエーテルとすると，もとの化合物より揮発性が増加するので，質量分析やガスクロマトグラフィーによる分析が容易になる．

$$\mathrm{R{-}OH} \xrightarrow{\mathrm{Me_3SiCl,\ Et_3N,\ THF}} \underset{(\mathrm{R{-}OTMS})}{\mathrm{R{-}OSiMe_3}} \xrightarrow[\text{または}\ \mathrm{K_2CO_3,\ MeOH}]{\text{クエン酸},\ \mathrm{MeOH}} \mathrm{R{-}OH}$$

（ii）**トリエチルシリルエーテル**（TES エーテル）　トリメチルシリルエーテルより安定で，求核剤や酸化剤に耐えることができる．立体障害の大きなヒドロキシ基の場合，シリル化剤としてトリフルオロメタンスルホン酸トリエチルシリル（Et_3SiOTf）を用いるとよい．脱保護は，酸性水溶液やフッ化物イオンを用いて行う．次に説明する *t*-ブチルジメチルシリルエーテル存在下にトリエチルシリルエーテルのみを選択的に脱保護できる[17]．

$$\mathrm{R{-}OH} \xrightarrow[\text{または}\ \mathrm{Et_3SiOTf},\ 2,6\text{-ルチジン}\ \mathrm{CH_2Cl_2}]{\mathrm{Et_3SiCl},\ \text{ピリジン}} \underset{(\mathrm{R{-}OTES})}{\mathrm{R{-}OSiEt_3}} \xrightarrow[\text{または}\ n\text{-}\mathrm{Bu_4NF,\ THF}\ \text{または}\ \mathrm{HF}\cdot\text{ピリジン},\ \mathrm{THF}]{\mathrm{AcOH,\ THF,\ H_2O}} \mathrm{R{-}OH}$$

（iii）***t*-ブチルジメチルシリルエーテル**（TBS あるいは TBDMS エーテル）　シリルエーテル型保護基のなかで，もっとも利用されている．酸性条件には弱いが，塩基性条件，求核剤や酸化剤には安定である．

$$\text{R-OH} \xrightarrow[\substack{\text{または} \\ t\text{-BuMe}_2\text{SiOTf, 2,6-ルチジン} \\ \text{CH}_2\text{Cl}_2}]{\substack{t\text{-BuMe}_2\text{SiCl, イミダゾール} \\ \text{DMF}}} \text{R-O-Si(Me)}_2\text{-}t\text{-Bu} \xrightarrow[\substack{\text{または} \\ n\text{-Bu}_4\text{NF, THF} \\ \text{または} \\ \text{HF·ピリジン, THF}}]{\text{AcOH, THF, H}_2\text{O}} \text{R-OH}$$

(R－OTBS)

t-ブチルジメチルシリル基は，第二級アルコール共存下に第一級アルコールを選択的に保護できる．また，適切な酸性条件を用いることにより，第二級アルコールの *t*-ブチルジメチルシリルエーテル共存下に第一級アルコールの *t*-ブチルジメチルシリルエーテルのみを選択的に脱保護できる[18]．

$$\text{HOCH}_2\text{CH(OH)Me} \xrightarrow[\text{DMAP(触媒), CH}_2\text{Cl}_2]{t\text{-BuMe}_2\text{SiCl, Et}_3\text{N}} \text{TBSOCH}_2\text{CH(OH)Me}$$

BocHN, OTBS, OTBS（ラクトン） —AcOH, THF, H_2O→ BocHN, OTBS, OH（ラクトン）

(iv) *t*-ブチルジフェニルシリルエーテル（BPS あるいは TBDPS エーテル）　多くの反応剤に対し *t*-ブチルジメチルシリルエーテルよりも安定で，酢酸水溶液などの条件にも耐えることができる．*t*-ブチルジフェニルシリル基はかさ高く，立体障害の小さい第一級アルコールのみを選択的に保護できる．

$$\text{R-OH} \xrightarrow[\substack{\text{または} \\ t\text{-BuPh}_2\text{SiCl, Et}_3\text{N} \\ \text{DMAP(触媒), CH}_2\text{Cl}_2}]{\substack{t\text{-BuPh}_2\text{SiCl, イミダゾール} \\ \text{DMF}}} \text{R-O-Si(Ph)}_2\text{-}t\text{-Bu} \xrightarrow[\substack{\text{または} \\ \text{HF·ピリジン, THF}}]{n\text{-Bu}_4\text{NF, THF}} \text{R-OH}$$

（R－OBPS　または　R－OTBDPS）

c.　アセタール型保護基

アセタール型保護基は，塩基性条件のほか，求核剤，還元剤，酸化剤に対して安定であるが，酸には不安定である．よって，酸性条件で脱保護するものが多い．

(i) テトラヒドロピラニルエーテル（THP エーテル）　ジヒドロピランを反応させることで得られる．穏和な酸性条件で保護，脱保護ができる．酸に弱い基質の場合には，*p*-トルエンスルホン酸ピリジニウム（PPTS）を酸触媒として用いるとよい[19]．テトラヒドロピラニル基を導入すると新たな不斉中心を生じるので，キラルなアルコールを保護した場合，ジアステレオマー混合物となる．このため，構造解析には注意を要する．

$$\text{R-OH} \xrightarrow[\text{CH}_2\text{Cl}_2]{\text{ジヒドロピラン}\ p\text{-TsOH または PPTS(触媒)}} \text{R-OTHP} \xrightarrow[\text{または}\ p\text{-TsOH または PPTS(触媒)}\ \text{MeOH}]{\text{AcOH, THF, H}_2\text{O}} \text{R-OH}$$

(R－OTHP)

ジヒドロピラン＝, PPTS＝ $\bar{O}_3S$－C₆H₄－Me (pyridinium)

TBSO, Me / R, OTHP / Me —PPTS(触媒), MeOH→ TBSO, Me / R, OH / Me

(ii) 1-エトキシエチルエーテル（EE エーテル）　エチルビニルエーテルを反応させることで得られる．テトラヒドロピラニルエーテルと同様な性質をもつが，より穏和な酸性条件で脱保護できる．

$$\text{R-OH} \xrightarrow[\text{CH}_2\text{Cl}_2]{\text{エチルビニルエーテル}\ p\text{-TsOH または PPTS(触媒)}} \text{R-O-CH(Me)(OEt)} \xrightarrow[\text{または}\ 0.5\ \text{mol L}^{-1}\ \text{HCl 水溶液, THF}]{\text{酢酸水溶液}} \text{R-OH}$$

エチルビニルエーテル＝ ＝／OEt　(R－OEE)

(iii) メトキシメチルエーテル（MOM エーテル）　クロロメチルメチルエーテルと塩基（i-Pr_2NEt，NaH など）を用いることにより得られる．上記２種のアセタール型保護基と異なり，保護したさいに新たに不斉中心が生じることはない．脱保護には，酸性水溶液がよく用いられる．ベンジルエーテルや t-ブチルジフェニルシリルエーテル存在下，選択的にメトキシメチルエーテルを脱保護したい場合には，臭化トリメチルシリルを用いて行うとよい[20]．

$$\text{R-OH} \xrightarrow[\text{または}\ \text{CH}_3\text{OCH}_2\text{Cl, NaH}\ \text{THF}]{\text{CH}_3\text{OCH}_2\text{Cl}, i\text{-Pr}_2\text{NEt}\ \text{CH}_2\text{Cl}_2} \text{R-OCH}_2\text{OCH}_3 \xrightarrow[\text{または}\ \text{Me}_3\text{SiBr, CH}_2\text{Cl}_2]{6\ \text{mol L}^{-1}\ \text{HCl 水溶液, THF}} \text{R-OH}$$

(R－OMOM)

Me(OMOM)CH–CH₂CH₂–OR —Me_3SiBr, CH_2Cl_2→ Me(OH)CH–CH₂CH₂–OR

R＝Bn もしくは BPS

(iv) 2-メトキシエトキシメチルエーテル（MEM エーテル）　メトキシメチルエーテルよりも酸に対して安定であり，さまざまな反応剤に耐えることができる．臭化亜鉛や四塩化チタンなどのルイス（Lewis）酸によって脱保護される．

$$\mathrm{R{-}OH}\ \xrightarrow[\substack{\text{または}\\ \mathrm{CH_3OCH_2CH_2OCH_2Cl}\\ \mathrm{NaH,\ THF}}]{\substack{\mathrm{CH_3OCH_2CH_2OCH_2Cl}\\ i\text{-}\mathrm{Pr_2NEt,\ CH_2Cl_2}}}\ \underset{(\mathrm{R{-}OMEM})}{\mathrm{R{-}OCH_2OCH_2CH_2OCH_3}}\ \xrightarrow[\substack{\text{または}\\ \mathrm{TiCl_4,\ CH_2Cl_2}}]{\mathrm{ZnBr_2,\ CH_2Cl_2}}\ \mathrm{R{-}OH}$$

d.　エステル型保護基

エステル型保護基は，エーテル型やアセタール型とは異なり，酸性条件には比較的安定である．導入は簡便に行えるので，中性もしくは酸性条件下での反応や酸化反応の保護基としてよく利用されている．ただし，塩基性条件で加水分解，あるいは還元剤によって還元を受ける．求核剤に対する安定性も低い．

（i）**酢酸エステル**（アセチル（Ac）エステル）　アセチル基は，無水酢酸とピリジンを用いて導入するのがもっとも一般的である．立体障害の大きなヒドロキシ基の場合には，触媒量の DMAP を加えるとよい．脱保護は，アルコール中ナトリウムアルコキシドによるエステル交換か，塩基性条件での加水分解によって容易に行うことができる．

$$\mathrm{R{-}OH}\ \xrightarrow[\substack{\text{または}\\ \mathrm{(CH_3CO)_2O,\ DMAP}\ (\text{触媒})\\ \text{ピリジン}}]{\mathrm{(CH_3CO)_2O},\ \text{ピリジン}}\ \underset{(\mathrm{R{-}OAc})}{\mathrm{R{-}O{-}C({=}O){-}Me}}\ \xrightarrow[\substack{\text{または}\\ \mathrm{K_2CO_3,\ MeOH}\\ \text{または}\\ \mathrm{KCN,\ EtOH}\ (\text{還流})}]{\mathrm{NaOMe,\ MeOH}}\ \mathrm{R{-}OH}$$

（ii）**安息香酸エステル**（ベンゾイル（Bz）エステル）　塩化ベンゾイルとピリジンを用いることにより得られる．ベンゾイル基はアセチル基より加水分解されにくく，隣接するヒドロキシ基へのアシル基転位も起こりにくい．アセチル基とは異なり，カルボニル基の α 位に水素をもっていないので，水素化ナトリウムやリチウムジイソプロピルアミド（LDA）などの強塩基にも耐えることができる．

$$\mathrm{R{-}OH}\ \xrightarrow[\substack{\text{または}\\ \mathrm{PhCOCl,\ DMAP}\ (\text{触媒})\\ \text{ピリジン}}]{\mathrm{PhCOCl},\ \text{ピリジン}}\ \underset{(\mathrm{R{-}OBz})}{\mathrm{R{-}O{-}C({=}O){-}Ph}}\ \xrightarrow[\substack{\text{または}\\ \mathrm{NaOH}\ \text{水溶液},\ \mathrm{MeOH}}]{\mathrm{NaOMe,\ MeOH}}\ \mathrm{R{-}OH}$$

種々の糖誘導体から，ビス(トリブチルスズ)オキシドにより位置選択的にスタニレンアセタールを形成し，これを塩化ベンゾイルで処理すると，特定のヒドロキシ基のみをベンゾイ

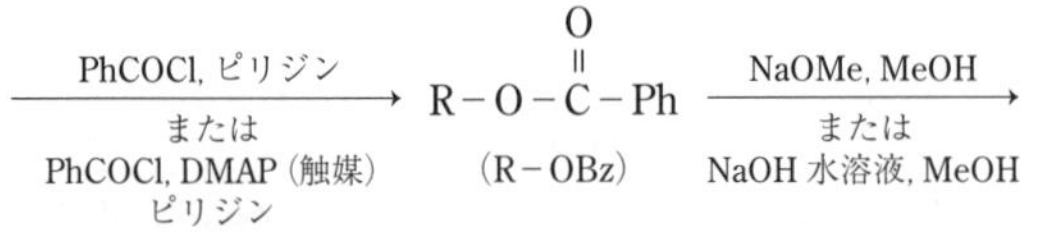

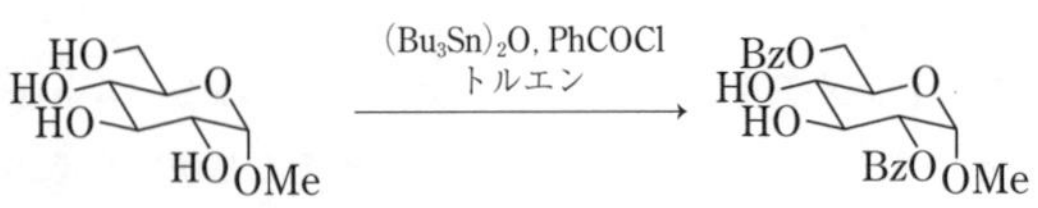

$$\text{メチル }\alpha\text{-グリコシド (HO, HO, HO, OH)} \xrightarrow[\text{トルエン}]{(Bu_3Sn)_2O,\ PhCOCl} \text{(BzO, HO, BzO, OH) OMe}$$

ル化することができる[21].

(iii) ピバル酸エステル（ピバロイル（Piv）エステル）　ピバロイル基は，第二級アルコール共存下に第一級アルコールを選択的に保護できるのが特徴である．一般的に，脱保護にはアセチル基やベンゾイル基よりも過酷な条件が必要となるが，水素化ジイソブチルアルミニウム（DIBAL）などのヒドリド還元剤を用いると，低温で行うことができる．

$$R-OH \xrightarrow[\text{または } t\text{-BuCOCl, DMAP（触媒）ピリジン}]{t\text{-BuCOCl, ピリジン}} R-O-\overset{O}{\overset{\|}{C}}-t\text{-Bu}\ (R-OPiv) \xrightarrow[\text{または DIBAL, } CH_2Cl_2,\ -78℃]{NaOMe,\ MeOH} R-OH$$

$$\text{TESO, OH, Me, Me, Me, OH} \xrightarrow[\text{ピリジン}]{t\text{-BuCOCl, DMAP（触媒）}} \text{TESO, OH, Me, Me, Me, OPiv}$$

e.　ジオールの保護基

1,2-ジオールや 1,3-ジオールは，酸触媒存在下，ケトンまたはアルデヒドとの反応で環状アセタールとして保護できる．生じる水を取り除くことによって，平衡をアセタール側に傾けることができる．ケトンまたはアルデヒドのアセタールあるいはエノールエーテルを用いてアセタール交換させると，水の生成を避けることができ，よりすみやかに反応が進行する．分子内にヒドロキシ基を多くもつ化合物では，アセタール化によって二つのヒドロキシ基を対として選択的に保護できる．環状アセタールは塩基性条件に安定だが，酸には弱い．

(i) イソプロピリデンアセタール（アセトニド）　1,2-ジオールおよび 1,3-ジオールのように，二つのヒドロキシ基が立体的に近い位置にある場合は，アセトンと反応させることでアセトニドとして保護できる．アセトンのほかに，2,2-ジメトキシプロパンもよく用いられる．1,2,4-トリオールのアセトニド化は，1,3-ジオールよりも 1,2-ジオールのアセタール形成が優先される．環状 1,2-ジオールでは，互いにシスの関係にあるヒドロキシ基がアセ

$$\text{(Me, Me, OH, OH, OH)} \xrightarrow[p\text{-TsOH（触媒）}]{\text{アセトン}} \text{1,2-アセトニド} + \text{1,3-アセトニド}\quad 9:1$$

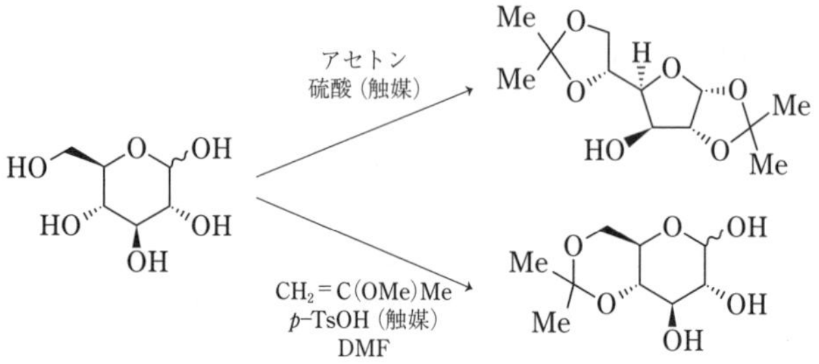

アセトン
硫酸（触媒）

$CH_2=C(OMe)Me$
p-TsOH（触媒）
DMF

タール化を受ける．2-メトキシプロペンを用いて速度論支配下にアセタール化を行うと，アセトンを用いた条件とは異なる生成物が得られることがある[22]．

脱保護は，酸性水溶液を用いて加水分解によって行う．酸の濃度を調節することで，選択的な脱保護ができる場合もある．

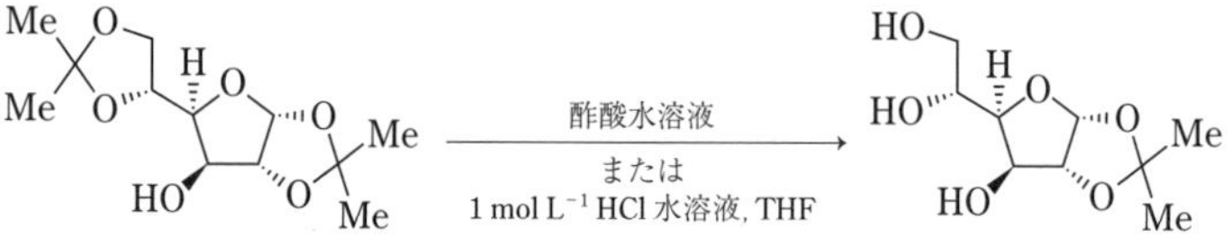

酢酸水溶液
または
$1\ mol\ L^{-1}$ HCl 水溶液，THF

(ii) ベンジリデンアセタール　ベンズアルデヒドあるいはベンズアルデヒドジメチルアセタールを用いることにより得られる．アセトニドとは異なり，1,2-ジオールよりも 1,3-ジオールのアセタール形成が優先される．新しく不斉中心が生じるが，1,3-ジオールを基質とする場合，フェニル基がエクアトリアルとなるようなアセタール形成が有利となる．

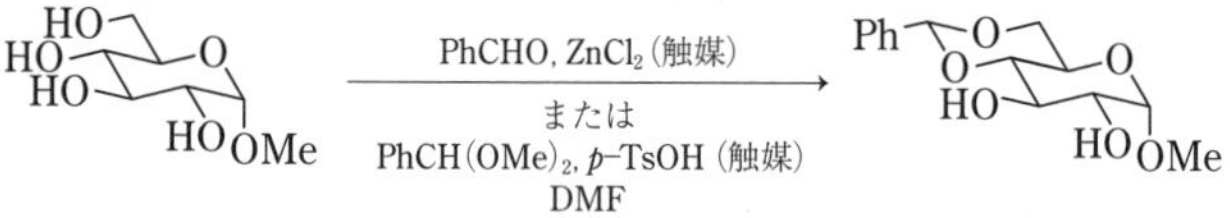

PhCHO, $ZnCl_2$（触媒）
または
$PhCH(OMe)_2$, p-TsOH（触媒）
DMF

脱保護は，酸加水分解のほかにも，パラジウム触媒による水素化分解やバーチ還元の条件でも行うことができる．また，ヒドリド還元剤と酸を組み合わせて用いることで，二つの炭素-酸素結合のうち一つのみを選択的に切断することができる．この場合，切断されずに残ったヒドロキシ基はベンジルエーテルとなる[23]．

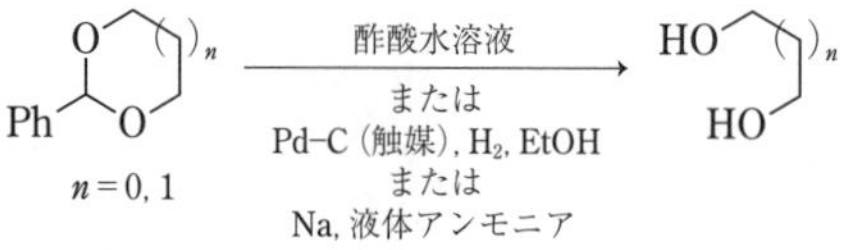

$n = 0, 1$

酢酸水溶液
または
Pd-C（触媒），H_2, EtOH
または
Na, 液体アンモニア

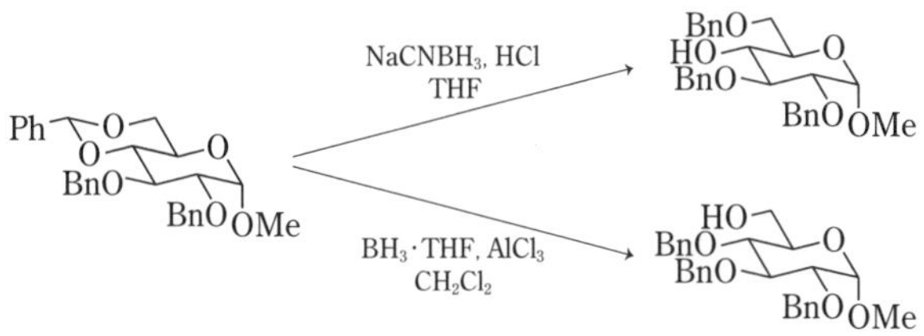

15.2.2　カルボニル基（カルボキシ基を含む）の保護と脱保護

本項では，カルボニル基の効果的な保護と脱保護について，まずカルボン酸，エステルなど，次にケトン，アルデヒドなどの順に概説する．個々の詳細については各論や成書を参照されたい[24,25]．

a.　カルボン酸，エステルなどの保護と脱保護

カルボン酸はさまざまなエステルに変換して保護できる．塩基や求核剤が存在する反応条件に安定であり，後に選択的な脱保護が可能なエステルを選択する必要がある．種々の置換基が導入されたアルコールをカルボン酸と縮合したエステルが各種開発されており，さまざまな条件で脱保護が可能である．表 15.1 にもっとも広く利用されているメチル，*t*-ブチル，ベンジル，アリルエステルについて，エステル化と脱保護条件を示す．

カルボン酸をエステル化する手法としては，縮合剤を用いたアルコールとの脱水反応やアルカリ炭酸塩存在下，ハロゲン化アルキルとの置換反応が一般的である．メチルエステルの形成には，ジアゾメタンの安全な等価体である市販のトリメチルシリルジアゾメタン溶液を用いることもできる[26]．*t*-ブチルエステル化には，カルボン酸を酸性条件下イソブテンと反応させる手法が通常用いられている．

【実験例　メチルエステル（**2**）の合成[27]】

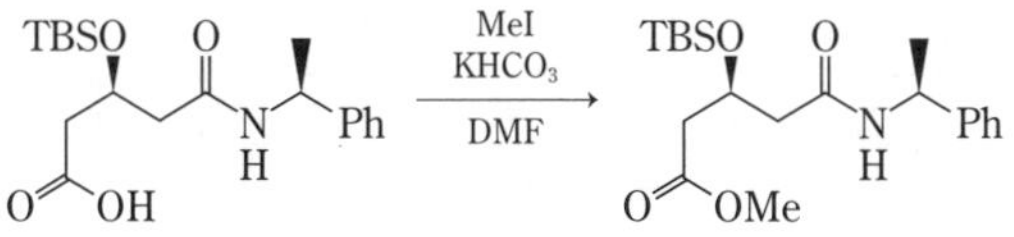

（**1**）　（**2**）96%

カルボン酸（**1**）28.6 g（78.3 mmol）を無水 DMF 100 mL に溶解し，粉末状の無水 $KHCO_3$ 14.4 g（144 mmol），MeI 8.90 mL（143 mmol）を加える．室温で 42 時間撹拌したのち，酢酸エチル 300 mL，水 300 mL を加える．有機層を分配し，水 100 mL で 3 回，飽和塩化ナトリウム水溶液 100 mL で洗浄，Na_2SO_4 で乾燥，濃縮後，シリカゲルカラムで精製するとメチルエステル（**2**）が得られる．収量 28.5 g（収率 96%）．

表 15.1　エステル化によるカルボキシ基の保護と脱保護

保護基	保護条件	脱保護条件
メチルエステル	$LiOH \cdot H_2O$, $(MeO)_2SO_2$ Cs_2CO_3, MeI, DMF CH_2N_2, Et_2O $TMSCHN_2$, MeOH, ベンゼン MeOH, H_2SO_4 $Me_2C(OMe)_2$, HCl TMSCl, MeOH	LiOH, *t*-BuOH, H_2O LiOH, H_2O_2, THF, H_2O LiI, ピリジン, 還流 TMSOK, THF $Ba(OH)_2 \cdot 8H_2O$, MeOH LiCl, H_2O, HMPA, 100 ℃ *n*-PrSLi, HMPA
t-ブチルエステル	イソブテン, H_2SO_4, ジオキサン H_2SO_4, *t*-BuOH, $MgSO_4$,CH_2Cl_2 *t*-BuOC=NH(CCl_3), $BF_3 \cdot OEt_2$, CH_2Cl_2 *t*-BuOH, DCC, DMAP, CH_2Cl_2 1) 2,4,6-トリクロロベンゾイルクロリド, Et_3N, 2) *t*-BuOH, DMAP（山口法）	TFA, チオアニソール, CH_2Cl_2 HCO_2H, 20 ℃ *p*-TsOH, ベンゼン, 還流 AcOH, *i*-PrOH, H_2O, 還流 TMSOTf, Et_3N TBSOTf, 2,6-ルチジン, CH_2Cl_2 熱分解（190～200 ℃, 15 min）
ベンジルエステル	BnOCOCl, Et_3N, DMAP, CH_2Cl_2 $(Boc)_2O$, BnOH, DMAP, CH_2Cl_2 BnBr, Cs_2CO_3, CH_3CN, 還流 BnBr, DBU, CH_3CN BnOC=NH(CCl_3), $BF_3 \cdot OEt_2$, CH_2Cl_2 BnOH, DCC, DMAP, CH_2Cl_2	HCl, AcOH, 還流 $AgNO_3$, NCS, CH_3CN, H_2O ラネー（Raney）ニッケル, AcOK, AcOH, 加熱 $PhI(OCOCF_3)_2$, NaI, CH_2Cl_2 30% H_2O_2, CH_3CN, H_2O, 還流
アリルエステル	臭化アリル, $NaHCO_3$, DMF, 50 ℃ 臭化アリル, Cs_2CO_3, DMF 臭化アリル, $NaHCO_3$, Aliquat 336, CH_2Cl_2-H_2O アリルアルコール, *p*-TsOH, ベンゼン, 還流	$Pd(PPh_3)_4$, モルホリン, CH_3CN $Pd(PPh_3)_4$, PhNHMe, CH_3CN $Pd(OAc)_2$, PPh_3, Et_3N, HCO_2H, ジオキサン $(Ph_3P)_3RhCl$, EtOH, H_2O, 70 ℃

略号は巻頭の略号一覧も参照.

【実験例　ベンジルエステル（**4**）の合成[28]】

(**3**) —— Cs_2CO_3, H_2O, MeOH；次に BnBr, DMF → (**4**) 95%

炭酸セシウム 3.6 g（11 mmol）を水 60 mL に溶解した水溶液を氷冷し，カルボン酸（**3**）5.2 g（22 mmol）のメタノール溶液 90 mL に 0 ℃ で加える．反応溶液をロータリーエバポレーターで濃縮し，残渣に DMF 110 mL を加える．懸濁液を 0 ℃ に冷却したのち，BnBr 2.6 mL（22 mmol）を加える．一晩撹拌後，生じた白色沈殿を沪別する．沪液を減圧濃縮後，得られた白色固体を酢酸エチル 150 mL に溶解させ，有機層を水 50 mL で 3 回洗浄し，$MgSO_4$ で乾燥，濃縮して，ベンジルエステル（**4**）が得られる．収量 6.7 g（収率 95%）.

【実験例　*t*-ブチルエステル（**6**）の合成[29)]】

(**5**)　→ 　H_2SO_4, CH_2Cl_2　(**6**) 80%

カルボン酸（**5**）10.0 g（89.2 mmol）と濃硫酸 1.0 mL を CH_2Cl_2 200 mL に溶解させ，0 ℃に冷却する．イソブテン 60 mL（−78 ℃で濃縮して調製）を加え，0 ℃で 1 時間撹拌したのち，室温で 48 時間撹拌する．飽和 $NaHCO_3$ 水溶液 100 mL で 5 回洗浄したのち，水層を CH_2Cl_2 100 mL で 2 回抽出する．有機層を混合し，飽和塩化ナトリウム水溶液で洗浄，乾燥，濃縮し，シリカゲルカラムで精製すると *t*-ブチルエステル（**6**）が得られる．収量 12.0 g（収率 80%）．

カルボン酸の酸性プロトンをアルキル基で置き換えたメチル，エチルエステルなどは，かなりの範囲の反応条件で安定である．ただし，アミンなどの求核剤と反応する可能性がある系では，立体障害の大きな *t*-ブチルエステルが用いられる．また，*t*-ブチルエステルから発生させたエノラートは，他のエステルから調製したエノラートよりも強塩基性条件下で安定であり，合成化学的な利用価値が高い．*t*-ブチルエステルでは，塩基性での加水分解が起こりにくいので，トリフルオロ酢酸などを用いる酸性条件で除去し，カルボン酸を再生する．

【実験例　*t*-ブチルエステルの脱保護[30)]】

(**7**)　→ 　CF_3CO_2H, H_2O　(**8**) 99%

t-ブチルエステル（**7**）0.55 g（1.7 mmol）を CF_3CO_2H-H_2O（9：1）20 mL に溶解し，室温で 1 時間撹拌する．反応溶液を減圧下で濃縮し，カルボン酸とした **8** が得られる．収量 0.64 g（収率 99%）．

多数の官能基が共存する複雑な分子では，塩基性加水分解や酸性条件でアルキルエステルの除去を試みると副反応が競争するので，中性条件や穏やかな条件で除去できる保護基の選択が重要となる．ベンジルエステルは，さまざまなエステル化条件で導入可能であり，パラジウム触媒を用いる接触加水素分解で還元的に除去できる．ベンゼン環に導入する置換基により，酸化・還元，光反応条件で除去できる種々のベンジルエステルが開発されている．アリルエステルも形成が容易であり，パラジウム錯体との反応で π-アリル中間体を形成するので，適切な求核剤を共存させるきわめて穏和な条件で除去することで，カルボキシ基を再生できる．

【実験例　ベンジルエステルの脱保護[31)]】

H_2, 10% Pd–C, EtOAc

(**9**)　(**10**) 98%

ベンジルエステル（**9**）3.00 g（12.0 mmol）を酢酸エチル 40 mL に溶解し，10% Pd–C 300 mg を加える．反応容器を水素で置換し，室温で 3 時間撹拌する．灰色に懸濁した反応混合物にアセトン約 30 mL を溶液が黒色となるまで加える．セライトで沪過し，アセトンでよく洗浄する．沪液を濃縮すると，カルボン酸（**10**）が得られる．収量 1.89 g（収率 98%）．

【実験例　アリルエステルの脱保護[32)]】

$Pd(PPh_3)_4$, モルホリン, THF

(**11**)　(**12**) 97%

窒素雰囲気下，アリルエステル（**11**）383 mg（0.57 mmol）と $Pd(PPh_3)_4$ 66 mg（10 mol%）を無水 THF 10 mL に溶解し，モルホリン 345 μL（4.0 mmol）を加える．室温で 1 時間撹拌後，減圧濃縮し，残渣を CH_2Cl_2 60 mL に溶解する．1 mol L^{-1} 塩酸 50 mL で 3 回洗浄し，$MgSO_4$ で乾燥，濃縮するとカルボン酸（**12**）が得られる．収量 350 mg（収率 97%）．

表 15.2 に，メチレンアセタール部位を導入したアルコキシアルキルエステルの例をあげる．これらは，ヒドロキシ基の保護基と同様に（15.2.1 項参照），穏和な酸性条件やルイス（Lewis）酸で除去し，カルボン酸を再生できる．メトキシメチル（MOM）エステル化に用いるクロロメチルエーテルは発がん性を有するので，取扱いに注意が必要である．

表 15.3 に，比較的穏和な反応条件で β 脱離が進行し，カルボン酸の再生が可能なエステルの例をあげる．トリクロロエチル（TCE）エステルは，亜鉛で還元的に除去できる．2-(トリメチルシリル)エチル（TMSE）エステルは，フッ化テトラブチルアンモニウム（TBAF）と処理することで，フルオロトリメチルシラン，エチレンを生じながらカルボン酸のテトラアンモニウム塩を形成する．これを酸性としてカルボン酸を再生できる．2-トシルエチル(TSE)エステルは 1,8-ジアザビシクロ [5.4.0] ウンデカ-7-エン（DBU）などの塩基での処理で除去できる．同様に塩基性条件（K_2CO_3，MeOH）で β 脱離を起こす 2-シアノエチル基やピペリジンでの除去が可能な 9-フルオレニルメチル基などが開発されている．

シリルエステルは非水溶媒中では比較的安定であるが，シリルエーテル等価体と比べると弱酸や弱塩基条件に不安定で，容易に酸素-ケイ素結合の開裂を起こす．穏和な条件で脱保護が進行する性質を活用して，一時的にカルボキシ基をマスクする目的で使用できる．

表 15.2　アルコキシエステル形成によるカルボキシ基の保護と脱保護

保護基	保護条件	脱保護条件
R-C(=O)-O-CH₂-OMe メトキシメチル(MOM)エステル	$MeOCH_2Cl$, Et_3N, DMF, 25 ℃ $MeOCH_2OMe$, Zn, $BrCH_2CO_2Et$, 0 ℃, 次に CH_3COCl, 0 → 25 ℃	HCl, THF $MgBr_2$, Et_2O MeOH–H_2O (6 : 4)
R-C(=O)-O-(2-テトラヒドロピラニル) テトラヒドロピラニル(THP)エステル	ジヒドロピラン, p-TsOH, CH_2Cl_2	AcOH–THF–H_2O (4 : 2 : 1), 45 ℃
R-C(=O)-O-CH₂-SMe メチルチオメチル(MTM)エステル	1) KOH, 2) $MeSCH_2Cl$, NaI, 18-クラウン-6, ベンゼン, 還流 $Me_2S^+ClX^-$, Et_3N t-BuBr, DMSO, $NaHCO_3$	1) MeI, アセトン, 還流, 2) 1 mol L^{-1} NaOH 1) H_2O_2, $(NH_4)_6Mo_7O_{24}$, 2) NaOH, 3) H^+ CF_3CO_2H, 25 ℃
R-C(=O)-O-CH₂-O-CH₂CH₂-OMe メトキシエトキシメチル(MEM)エステル	$MeOCH_2CH_2OCH_2Cl$, i-Pr_2NEt, CH_2Cl_2, 0 ℃	3 mol L^{-1} HCl, THF, 40 ℃ $MgBr_2$, Et_2O, 室温 $AlCl_3$, ジメチルアニリン
R-C(=O)-O-CH₂-O-CH₂-Ph ベンジルオキシメチル(BOM)エステル	1) KOH, 2) $BnOCH_2Cl$, HMPA, 25 ℃	H_2, Pd–C, EtOH HCl, THF, 25 ℃
R-C(=O)-O-CH₂-O-CH₂CH₂-SiMe₃ 2-トリメチルシリルエトキシメチル(SEM)エステル	$Me_3SiCH_2CH_2OCH_2Cl$, Et_3N, THF $Me_3SiCH_2CH_2OCH_2Cl$, Li_2CO_3, DMF	48% HF–HCN (1 : 6), −10 ℃ $MgBr_2$・OEt_2, CH_2Cl_2, −20 ℃

略号は巻頭の略号一覧も参照.

TBSO-C₆H₄-CH=CH-C(=O)OTBS →[1) K_2CO_3, THF, MeOH　2) 中和(pH 6)] TBSO-C₆H₄-CH=CH-C(=O)OH　88%

カルボキシ基をエステルに変換してもカルボニル基が残存しているので，求核剤に対する保護基として不十分なことがある．カルボニル基をアセタール型で保護したオルトエステルは，強塩基性条件下で安定であり，穏和な酸性条件下でカルボン酸を再生できる．カルボン酸からのオルトエステル形成法[33]と段階的なカルボン酸再生法[34]を示す.

表 15.3　エステル化によるカルボキシ基の保護と β 脱離による脱保護

保護基	保護条件	脱保護条件
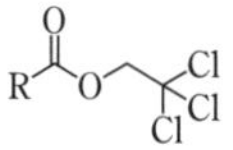 2,2,2-トリクロロエチル(TCE)エステル	$HOCH_2CCl_3$，DCC，DMAP，CH_2Cl_2 $HOCH_2CCl_3$，*p*-TsOH，トルエン，還流	Zn，AcOH，0 ℃ Zn，THF，緩衝液（pH 4.2～7.2） SmI_2，THF
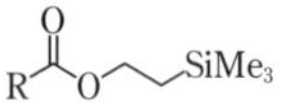 2-トリメチルシリルエチル(TMSE)エステル	$HOCH_2CH_2SiMe_3$，DCC，ピリジン，CH_3CN，0 ℃ $HOCH_2CH_2SiMe_3$，TMSCl，THF，還流	TBAF，THF または CH_3CN $[(Me_2N)_3S]^+[Me_3SiF_2]^-$ (TASF)，THF
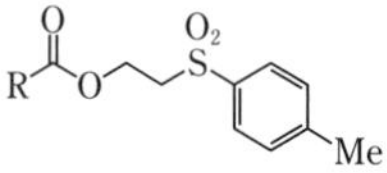 2-トシルエチル(TSE)エステル	$HOCH_2CH_2Ts$，DCC，ピリジン，20 ℃	TBAF，THF DBU，CH_2Cl_2 Na_2CO_3，ジオキサン，H_2O，20 ℃
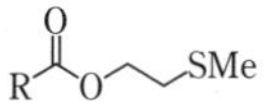 2-メチルチオエチルエステル	$HOCH_2CH_2SMe$，Et_3N，65 ℃ $HOCH_2CH_2SMe$，*p*-TsOH，ベンゼン，還流	1) *m*CPBA，CH_2Cl_2，2) H_2O (pH 10.2) 1) MeI，2) H_2O (pH 10)
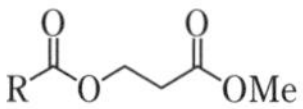 2-メトキシカルボニルエチルエステル	1) 2,4,6-トリクロロベンゾイルクロリド，Et_3N，THF 2) $HOCH_2CH_2CO_2Me$，DMAP（山口法）	DBU，CH_3CN
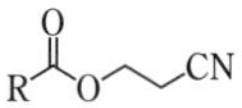 2-シアノエチルエステル	$HOCH_2CH_2CN$，DCC，DMAP，CH_2Cl_2	TBAF，DMF，THF K_2CO_3，MeOH，H_2O
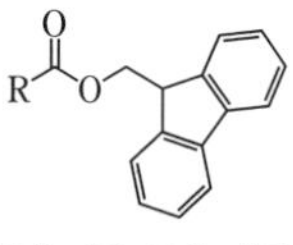 9-フルオレニルメチル(Fm)エステル	9-フルオレニルメタノール，CSA，トルエン，還流 9-フルオレニルメタノール，EDC・HCl，DMAP，CH_2Cl_2	ピペリジン，CH_2Cl_2 TBAF，THF

略号は巻頭の略号一覧も参照．

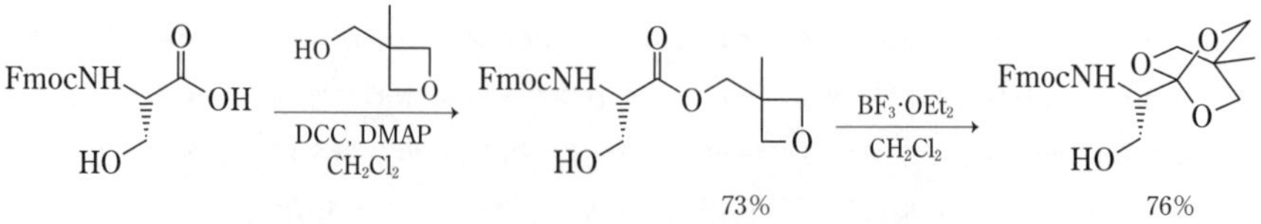

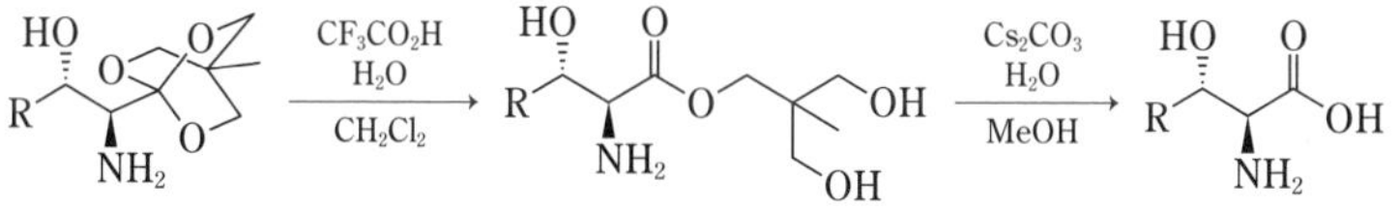

CF_3CO_2H, H_2O, CH_2Cl_2; Cs_2CO_3, H_2O, MeOH

b. ケトン，アルデヒドなどの保護と脱保護

複数の官能基を有する目的化合物を合成する過程では，ケトンやアルデヒドを有機金属試薬，酸化剤，還元剤などの求核攻撃から保護し，のちに穏和な条件で脱保護することが必要となる．ここではカルボニル保護基としてもっとも重要なアセタール類（**13**，**14**）を中心に概説し，シアノヒドリン類（**17**），エノールエーテル（**18**），エナミン（**19**）について簡潔に記載する．ヒドラゾン（**20**），オキシム（**21**），オレフィン（**22**）への変換については，一般の有機化学の実験書を参照されたい．

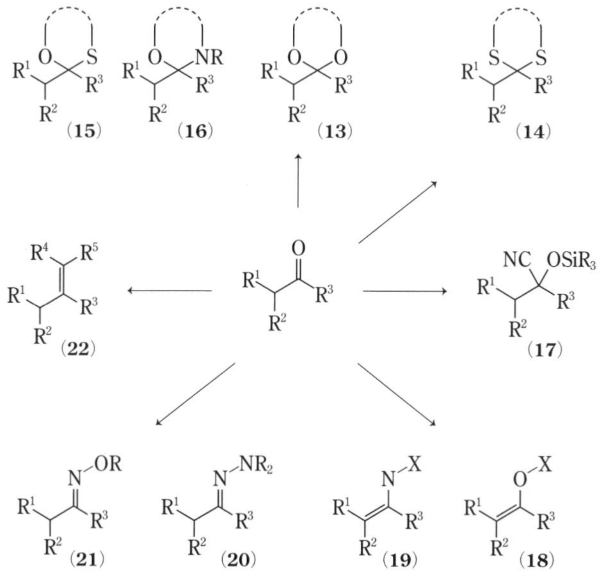

（**15**）（**16**）（**13**）（**14**）（**22**）（**17**）（**21**）（**20**）（**19**）（**18**）

（i）アセタール類による保護と脱保護　表 15.4 にカルボニル基の保護基として汎用されているアセタール類の導入/除去条件をまとめる（アルデヒド，ケトンからそれぞれアセタール，ケタールが生成するが，ここではアセタールと総称する）．

アルデヒドまたはケトンとジオールを酸性条件下で反応させ，平衡反応で生成する水を共沸条件で系内から除去しながらアセタールを得る．環状アセタールが鎖状アセタールよりも容易に形成できる．代表例として，Dean-Stark 装置を用いるアセタール形成法を示す．基質の立体障害や電子的要因を考慮する必要があるが，求核剤に対するカルボニル基の反応性

表 15.4　ケトン，アルデヒドなどの保護と脱保護

保護基	保護条件	脱保護条件
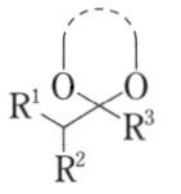 アセタール	$HO(CH_2)_nOH$, p-TsOH，トルエン，還流 $HO(CH_2)_nOH$, PPTS，ベンゼン，還流 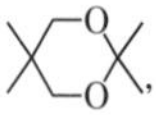 , TsOH，還流 $HO(CH_2)_3OH$, Amberlyst 15, 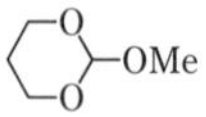 —OMe $TMSO(CH_2)_nOTMS$, TMSOTf, CH_2Cl_2, −78 ℃	1 mol L^{-1} HCl，THF PPTS，アセトン，H_2O，還流 p-TsOH，アセトン 80% AcOH $FeCl_3/SiO_2$，アセトン $CuSO_4/SiO_2$, CH_2Cl_2 $PdCl_2(CH_3CN)_2$，アセトン，H_2O $CeCl_3 \cdot 7H_2O$, NaI, CH_3CN，還流 Me_2BBr, CH_2Cl_2, −78 ℃
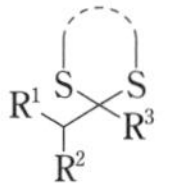 ジチオアセタール	$HS(CH_2)_nSH$, $BF_3 \cdot OEt_2$, CH_2Cl_2 $HS(CH_2)_nSH$, p-TsOH, CH_3CO_2H $HS(CH_2)_nSH$, $TiCl_4$ $HS(CH_2)_nSH$, $Zn(OTf)_2$ または $Mg(OTf)_2$ $TMSS(CH_2)_nSTMS$, ZnI_2	$AgNO_3$, EtOH, H_2O NBS，アセトン I_2, $NaHCO_3$, CH_3CN $PhI(OCOCF_3)_2$, H_2O, MeOH MeI, $CaCO_3$, CH_3CN, H_2O HF, CH_3CN, H_2O $CuCl_2$, CuO
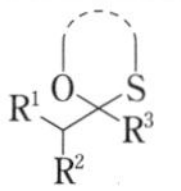 ヘミチオアセタール	$HS(CH_2)_nOH$, $ZnCl_2$, NaOAc $HS(CH_2)_nOH$, TMSOTf $HS(CH_2)_nOH$, $ZrCl_4$ $HS(CH_2)_nOH$, $LiBF_4$ $HS(CH_2)_nOH$, $(n\text{-Bu})_4NBr_3$	HCl, AcOH，還流 $AgNO_3$, NCS, CH_3CN, H_2O ラネーニッケル，AcOH, AcOK，加熱 $PhI(OCOCF_3)_2$, NaI, CH_2Cl_2 30% H_2O_2, CH_3CN, H_2O，還流
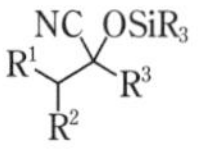 シアノヒドリン	TMSCN, KCN, 18-クラウン-6 TMSCN, PPh_3 TMSCl, KCN, NaI，ピリジン R_3SiCl, KCN, ZnI_2,	Bu_4NF AgF 1) THF, AcOH, H_2O, 2) NaOH

略号は巻頭の略号一覧も参照.

はアルデヒド>鎖状ケトン>環状ケトン>α,β-不飽和ケトン>芳香族ケトンの順であるので，適切な変換条件を適用すれば，これらのカルボニル基を選択的に保護できる．脱水剤として，モレキュラーシーブ（MS 4A），硫酸マグネシウム，硫酸銅(Ⅱ）や環状オルトエステルなどを用いたアセタール化も可能である．酸触媒としては，有機スルホン酸（p-TsOH や CSA）や PPTS，スルホン酸型イオン交換樹脂（Dowex，Amberlyst）などが用いられる．環状の α,β-不飽和ケトンでは，二重結合が β,γ 位に転位したアセタールが主生成物となる場合があるが，触媒の酸性度を調節して異性化を防止することもできる．ジオールの代わりにビス(トリメチルシリル)エーテルを用いると，ルイス酸触媒（トリフルオロメタンスルホン酸トリメチルシリル：TMSOTf）を用いて低温でアセタールが得られる．

【実験例　環状アセタールによる保護[35]】

HO⁀OH
p-TsOH
トルエン
還流, 1.5 h

(**23**)　(**24**) 99%

シクロヘキサノン誘導体（**23**）10 g（46 mmol），エチレングリコール 26 mL（46 mmol），p-TsOH・H_2O 0.5 g（6 mol%）をトルエン 40 mL に加え，Dean-Stark 装置を用いて 1.5 時間加熱還流し，水を共沸させて除去する．反応混合物を室温に冷却後，1 mol L^{-1} NaOH 水溶液 0.15 mL と水 40 mL を加える．有機層を分配し，水 40 mL で洗浄後，減圧濃縮し，アセタール（**24**）を得る．収量 11.9 g（収率 99%）．

【実験例　エノンの保護[36]】

OTMS
OTMS
TMSOTf
CH_2Cl_2, −15℃

(**25**)　(**26**) 99%

エノン（**25**）228 mg（1.3 mmol）を無水 CH_2Cl_2 7 mL に溶解し，−78 ℃ に冷却する．$TMSOCH_2CH_2OTMS$ 0.62 mL（2.5 mmol）と TMSOTf 23 μL（10 mol%）を加えたのち，昇温し，−15 ℃ で 1.5 時間撹拌する．ピリジンを加えたのち，酢酸エチルで希釈して，飽和 $NaHCO_3$ 水溶液と，飽和 NaCl 水溶液で順次洗浄する．有機層を乾燥，濃縮後，シリカゲルカラムで精製し，アセタール（**26**）を得る．収量 282 mg（収率 99%）．

【実験例　アセタールの除去[37]】

OTBS
p-TsOH
アセトン-H_2O
(15：1)
加熱還流
H　OBn

(**27**)　(**28**) 84%

アセタール誘導体（**27**）8.9 g（19 mmol）をアセトン-水（15：1）混合溶媒 950 mL に溶解し，p-TsOH・H_2O 4.6 g（24 mmol）を加え，2.5 時間加熱還流する．反応混合物を室温に冷却後，飽和 $NaHCO_3$ 水溶液を加え，窒素を吹きつけて濃縮する．残渣をエーテル 800 mL に溶解させ，飽和 $NaHCO_3$ 水溶液 300 mL へ注ぎ入れる．分液した水層をエーテル 150 mL，ジクロロメタン 200 mL で再抽出する．有機層を混合し，飽和 $NaHCO_3$ 水溶液，飽和 NaCl

水溶液で洗浄し，$MgSO_4$ で乾燥する．減圧濃縮し，シリカゲルカラムで精製して，ケトン（**28**）を得る．収量 6.8 g（収率 84%）．

ジチオアセタールはカルボニル化合物にチオールやジチオールを直接反応させて得られる．α,β-不飽和ケトンはジチオールと二重結合の移動を起こさずにジチオアセタールを生成することができる．アルデヒドから得られる 1,3-ジチアン類は強塩基によりアシル陰イオン等価体として有用な求核剤となる．アセタールと比較してジチオアセタールはほとんどの塩基や弱酸にかなり安定である．硫黄のソフトな性質を利用して脱保護する条件として従来，水銀塩が利用されていたが，最近では酸化的に加水分解する方法が一般的である．ヨウ素や超原子価ヨウ素試薬［$PhI(OCOCF_3)_2$］，*N*-ブロモスクシンイミド（NBS），クロラミン T，*m*CPBA などを用いると，多官能性の基質でもチオアセタール選択的な変換が達成できる．また，硫黄をヨウ化メチルなどでアルキル化したのちに，穏和な条件で加水分解できる．

【実験例　ジチオアセタールによる保護[38]】

OAc, H, H, H, O, CN, HS, SH, $BF_3 \cdot OEt_2$, CH_2Cl_2, S, S

（**29**）　（**30**）89%

エノン（**29**）12.4 g（35 mmol）を無水 CH_2Cl_2 300 mL に溶解し，0 ℃ に冷却する．エタン-1,2-ジチオール 9.1 mL（108 mmol）を加えたのち，$BF_3 \cdot OEt_2$ 8.2 mL（65 mmol）を滴下する．反応容器を室温へ昇温し，12 時間撹拌する．窒素を吹きつけて溶媒を除去し，残渣をシリカゲルカラムで精製して，ジチオアセタール（**30**）を得る．収量 13.4 g（収率 89%）．

【実験例　ジチオアセタールの除去[39]】

HO, S, S, TBSO, I_2, H_2O, $NaHCO_3$, アセトン, HO, O, TBSO

（**31**）　（**32**）86%

ジチオアセタール（**31**）2.1 g（6.0 mmol），粉砕し（粉状とし）た $NaHCO_3$ 3.3 g（39 mmol）をアセトン 70 mL，水 14 mL に溶解し，氷冷する．固体のヨウ素 4.0 g（16 mmol）を 3 回に分け 5 分以上かけて加え，原料が消失するまで（約 15 分間）撹拌する．エーテル 200 mL を加えて希釈したのち，飽和 $Na_2S_2O_3$ 水溶液を加える．分液した水層をエーテルで 2 回抽出し，あわせた有機層を水，飽和 NaCl 水溶液で順次洗浄する．有機層を Na_2SO_4 で乾燥，濃縮後，シリカゲルカラムで精製して，アセタール（**32**）を得る．収量 1.35 g（収率 86%）．

(ii) シアノヒドリン (17) による保護　*O*-トリメチルシリル化されたシアノヒドリンがアルデヒドやケトンの保護に有用である．ケトンと PPh_3 または，KCN，18-クラウン-6 存在下でトリメチルシリルシアニド (TMSCN) との反応によって得られる．また，ZnI_2，KCN，R_3SiCl を作用させると，さまざまなシリル基 (t-$BuPh_2Si$−，t-$BuPh_2Si$−，i-Pr_3Si−) を導入したシアノヒドリンが合成できる．フッ化物イオンや希酸で処理するとケトンを再生する．アルデヒドより得られるシアノヒドリンは強塩基によりアシルアニオン等価体を生じる．

(iii) エノールエーテル (18)，エナミン (19) による保護　これらの誘導化ではカルボニル基を保護するとともに α 位を活性化できる．ケトンではエノールエーテル，エナミンの導入位置を制御する必要が生じるが，求電子剤を α 位で捕捉しながらカルボニル基を再生し，α-置換ケトンを与えるので合成化学的な有用性が高い．

15.2.3　メルカプト基（チオール）の保護と脱保護

メルカプト基は高い求核性に加えて酸化されやすい性質をもつため，多段階反応では保護が必要となることが多い．メルカプト基の保護は，システインを含むペプチドやタンパク質の合成において重要であるほか，含硫黄天然物の全合成においても重要である．チオールの保護基としてはアルコールやアミンの保護基と共通するものが多いが，おもに (1) チオエーテル，(2) チオエステル，(3) ジスルフィドに分類される（表 15.5）[40]．

含硫黄天然物の全合成においてはチオエーテルとして保護する例がもっとも多く見受けられる．エクチナサイジン 743 (ecteinascidin 743)，FR-901228，スピルコスタチン A (spiruchostatin A) の全合成にみられるように，チオエーテルとしては PMB 基や Tr 基や Fm 基が使われることが多い．

一方，チオエステルであるが，代表的なアセチル基やベンゾイル基をシステインの保護基として用いた場合，塩基での脱保護のさいに β 脱離や S-N アシル転移が副反応として起こりやすく，収率が低下する傾向にある．そのためベンジルオキシカルボニル (Cbz) 基，t-ブトキシカルボニル (Boc) 基，9-フルオレニルメトキシカルボニル (Fmoc) 基や *N*-エチルカルバモイル基など，チオカルボナートやチオカルバマートとして保護するほうが一般的である．

また，酸化されやすい性質を利用しジスルフィドとして保護する方法はメルカプト基特有のものであり，酸化的に対称なジスルフィドにする方法のほか，非対称なジスルフィドとして保護する例も知られる．補酵素 A の合成では，鎖状部分を対称なジスルフィドとして合成し，還元的にジスルフィドを切断することによりメルカプト基を生成させている．

表 15.5　メルカプト基の代表的な保護と脱保護

保護基	保護条件	脱保護条件
(1) チオエーテル		
$RSCH_2Ph$ (Bn 基)	$PhCH_2Cl$, NaOH	HF, PhOMe または Na, NH_3
$RSCH_2C_6H_4$-*p*-OMe (PMB 基)	*p*-$MeOC_6H_4CH_2Cl$, NH_3	HF, PhOMe または $Hg(OAc)_2$, TFA
$RSC(Ph)_3$ (Tr 基)	$(Ph)_3COH$, TFA	HCl, AcOH または TFA または I_2, MeOH
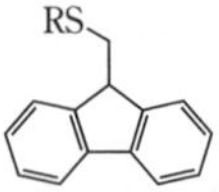 RS (Fm 基)	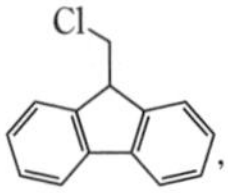 Cl, *i*-Pr_2NEt, DMF	$(Me_2N)_2C=N$-*t*-Bu; ピペリジン, DMF
(2) チオエステル		
RSCOMe (Ac 基)	Ac_2O, $KHCO_3$	0.2 mol L^{-1} NaOH または NH_3 水溶液
RSCOPh (Bz 基)	PhCOCl, NaOH, $KHCO_3$	NaOMe, MeOH
$RSCO_2CH_2Ph$ (Cbz 基)	$PhCH_2OCOCl$, $NaHCO_3$	NaOMe, MeOH
$RSCO_2$*t*-Bu (Boc 基)	*t*-BuOCOCl, Et_3N	HCl, EtOAc
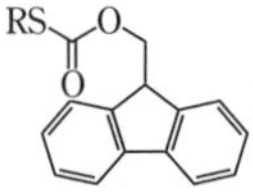 RS O O (Fmoc 基)	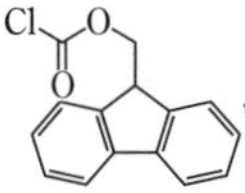 Cl O O, Et_3N	Et_3N, I_2, MeOH, CH_2Cl_2
RSCONHEt	EtN=C=O	1 mol L^{-1} NaOH または $Hg(OAc)_2$, H_2O, MeOH
(3) ジスルフィド		
RSSR (対称)	O_2 または H_2O_2 または I_2	Sn, HCl または Na, NH_3 または $LiAlH_4$ または $NaBH_4$
RSS*t*-Bu	MeOCOSCl, *t*-BuSH	$NaBH_4$ または Bu_3P または $HSCH_2CH_2OH$
$RSSC_6H_4$-*o*-NO_2	*o*-$NO_2C_6H_4SCl$, AcOH	$NaBH_4$ または $HSCH_2CH_2OH$

略号は巻頭の略号一覧も参照．

15.2.4　アミノ基（アミン）の保護と脱保護

生体内機能性物質である核酸，酵素，ある種の補酵素，ポリアミンならびに植物二次代謝産物アルカロイド，微生物二次代謝産物である含窒素抗生物質などの多くはアミノ酸を生合成基質としていることから，それらの分子内にアミノ基あるいは含窒素複素環を有している．また，天然ならびに合成医薬品，機能性有機化合物の多くは含窒素化合物である．それゆえ，これら含窒素有機化合物の合成，構造および機能解析ならびに物性研究のための化学反応が，古くから実施されてきた．

アミンの反応性は，アミノ基の非共有電子対が大きな役割を果たしている．その求核性，塩基性はもちろんのこと，酸化を受けやすいという特徴もアミノ基の非共有電子対が原因である．これらの反応性を積極的に用いることで，効率的な合成を行うことができる一方，アミノ基以外の箇所の変換においては，その反応性が問題となることが多い．そのためにアミノ基の反応性を低下させる目的で，さまざまな保護法が開発されてきた．異なる反応条件を用いて互いに選択的に除去可能な多種類の保護基が開発されており，それらを適切に用いることで多数の窒素原子を有する化合物を効率的に合成することが可能である.

とくに多用されるのが，アミンをカルバミン酸エステルとして保護する方法である．多くのものは，対応するクロロギ酸エステルなどを用いたアシル化で，容易に保護基の導入が可能である．さらにクルチウス（Curtius）転位やホフマン（Hofmann）転位の結果得られるイソシアナートに，対応するアルコールを作用させることで直接カルバミン酸エステルを得ることができる．これは窒素原子の導入とその保護を同時に行うことができ，含窒素化合物の合成において有効な手段である[41]．そのほか，カルボキサミド，スルホンアミドとして保護する方法，アルキル基を用いて保護する方法などが行われており，これらについて述べるとともに，第二級カルボキサミドの窒素原子の保護についても扱う.

a. *t*-ブトキシカルボニル（Boc）基

幅広い条件下で安定に取り扱うことができ，穏和な酸性条件で除去を容易に行うことができることから，ペプチド，ヘテロ環，天然物など，さまざまな含窒素化合物の合成に頻繁に用いられている.

【保護法】（1）種々の溶媒（THF，エタノール，ジクロロメタンなど）中，トリエチルアミンなどの塩基存在下，二炭酸ジ-*t*-ブチル（Boc_2O）を作用させる[42]．（2）水酸化ナトリウム水溶液中，Boc_2O を作用させる（とくにアミノ酸の場合）[43]．（3）アセトニトリルまたはジクロロメタン中，4-(ジメチルアミノ)ピリジン（DMAP）存在下，Boc_2O を作用させる（アミドやインドールの窒素原子の保護）[44]．第一級アミンの場合，DMAP 存在下で反応を行うとイソシアナートの生成を経て，尿素が得られることがある[45]．（4）Boc_2O 存在下接触還元の条件で Cbz 基を除去すると，直接 Boc 保護体に変換することができる[46].

【脱保護法】（1）ジクロロメタン中，TFA を作用させる[47]．電子豊富な芳香環など，生じる *t*-ブチルカチオンと基質が反応する場合，カチオンの捕捉剤としてアニソール，ベンゼンチオール，ジメチルスルフィドなどを共存させる．（2）塩化水素の酢酸エチル溶液，または 1,4-ジオキサン溶液を作用させる[48]．（3）ギ酸を作用させ撹拌する[49]．（4）塩酸を作用させ撹拌する[42,50]．（5）ジクロロメタン中，ルイス（Lewis）酸（$AlCl_3$，$SnCl_4$，$BF_3{\cdot}OEt_2$，$ZnBr_2$ など）を作用させる[51]．（6）180～200 ℃ で加熱する[52]．（7）ジクロロメタン中，2,6-ルチジン存在下，（TMSOTf）を作用させる[53].

b. ベンジルオキシカルボニル（Cbz，Z）基

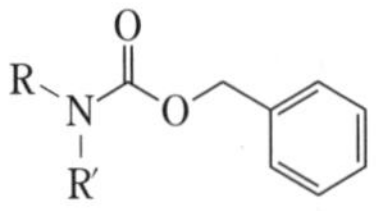

通常の酸性および塩基性条件で安定であり，接触還元を用いて中性条件にて除去が可能である．

【保護法】(1) ジクロロメタン中，トリエチルアミンなどの塩基存在下，クロロギ酸ベンジルを作用させる．(2) 水酸化ナトリウム，炭酸カリウムなどの塩基水溶液存在下，クロロギ酸ベンジルを作用させる[54]．

【脱保護法】(1) 水素雰囲気下，アルコール溶媒中，Pd-C を用いて接触還元を行う[41a,48]．(2) ジクロロメタン中，三塩化ホウ素または三臭化ホウ素を作用させる[55]．(3) ジクロロメタン中，ヨウ化トリメチルシランを作用させる[56]．

c. アリルオキシカルボニル（Alloc）基

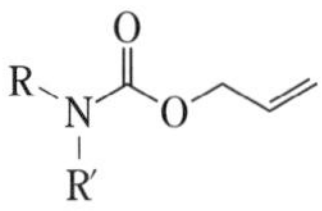

接触水素化や四酸化オスミウムを用いたジヒドロキシ化など，炭素-炭素二重結合が反応する条件では用いることができないが，それ以外では酸性および塩基性条件下で安定であり，パラジウム触媒を用いてきわめて穏和な条件で除去が可能である．

【保護法】塩基存在下，クロロギ酸アリルを作用させる．

【脱保護法】テトラキストリフェニルホスフィンパラジウム（$Pd(PPh_3)_4$）などのパラジウム触媒存在下，生じる π-アリルパラジウム錯体と反応する求核剤を作用させる．求核剤としては，(1) ピロリジン，ジエチルアミンなどの第二級アミン[51]，(2) ジメドン，バルビツール酸誘導体などの 1,3-ジカルボニル化合物[41b]，(3) 水素化トリブチルスズやフェニルシランなどの還元剤[57] などが用いられる．

d. メトキシカルボニル基

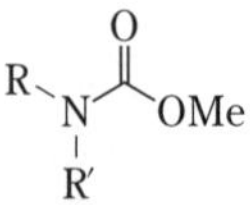

除去には強い塩基性または酸性条件が必要であるが，各種反応条件下に安定な保護基として用いられる．

【保護法】塩基存在下，クロロギ酸メチルを作用させる．

【脱保護法】(1) 水酸化ナトリウム水溶液を作用させ，加熱還流する[58]．(2) 臭化水素（酢酸溶液）を作用させる．(3) ジクロロメタン中，ヨウ化トリメチルシランを作用させる[59]．(4) アセトニトリル中，クロロトリメチルシランとヨウ化ナトリウムを作用させる[60]．(5) リチウムチオラートを作用させる[61]．

e. 9-フルオレニルメトキシカルボニル（Fmoc）基

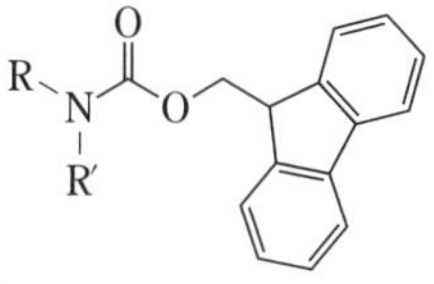

穏和な塩基性条件下，除去可能な保護基．ペプチドの固相合成でも用いられる．

【保護法】塩基存在下，クロロギ酸 9-フルオレニルメチルを作用させる[62]．

【脱保護法】DMF 中，ピペリジン，モルホリンなどの塩基を作用させる[62]．

f. 2,2,2-トリクロロエトキシカルボニル（Troc）基

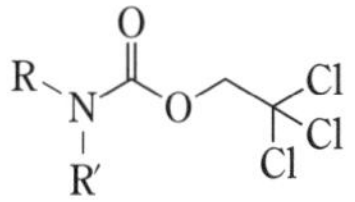

還元条件での除去が可能な保護基である．

【保護法】塩基存在下，クロロギ酸 2,2,2-トリクロロエチルを作用させる[63]．

【脱保護法】(1) 酢酸存在下などの弱酸性条件下，亜鉛末を作用させる[63]．(2) インジウムなど，亜鉛以外の金属を用いた還元条件でも除去可能である．

g. 2-トリメチルシリルエトキシカルボニル（Teoc）基

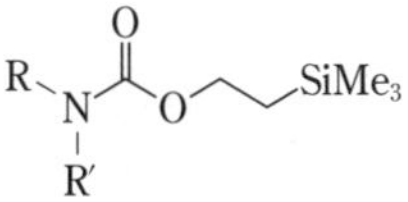

ケイ素の特性を利用した，フッ化物イオンを用いた除去が可能なカルバミン酸エステル型保護基である．

【保護法】(1) 塩基存在下，クロロギ酸 2-トリメチルシリルエチルを作用させる[64]．このクロロギ酸エステルは不安定なので，要時調製をする必要がある[65]．(2) 塩基存在下，Teoc-OSu（スクシンイミド）や Teoc-NT（3-ニトロ-1*H*-1,2,4-トリアゾール）などを作用させる[66]．

【脱保護法】(1) THF 中，フッ化テトラブチルアンモニウム（TBAF）を作用させる[64,66a]．(2) DMF 中，トリス(ジメチルアミノ)スルホニウムジフルオロトリメチルシリカート

(TASF) を作用させる[67]. (3) ジクロロメタン中，トリフルオロ酢酸を作用させる[63].

h. アセチル (Ac) 基

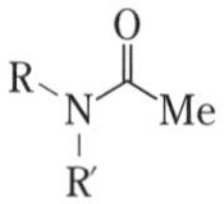

カルボキサミドは，対応するアミンとカルボン酸誘導体との縮合反応で容易に合成できるが，一般的に安定な構造であり，その解裂には過酷な条件が必要となる.

【保護法】(1) ピリジン溶媒中，無水酢酸を作用させる[68]. (2) 塩基存在下，塩化アセチルを作用させる. (3) *N*-(3-ジメチルアミノプロピル)-*N*′-エチルカルボジイミド塩酸塩 (EDCI) などの縮合剤を用いて酢酸と縮合させる.

【脱保護法】(1) 塩酸中で加熱還流する. (2) 水酸化ナトリウム水溶液を作用させて加熱する. (3) 塩化セリウム存在下，メチルリチウムを作用させる[68].

i. ベンゾイル (Bz) 基

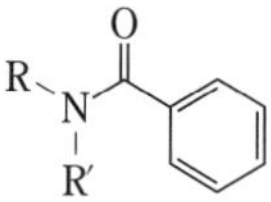

【保護法】(1) 塩基存在下，塩化ベンゾイルを作用させる. (2) EDCI などの縮合剤を用いて安息香酸と縮合させる.

【脱保護法】(1) 塩酸中で加熱還流する. (2) 臭化水素 (酢酸溶液) を作用させる. (3) 水素化アルミニウムリチウムなどで還元しベンジルアミンへと変換したのち，接触還元でベンジル基の除去を行う[69].

j. ホルミル基

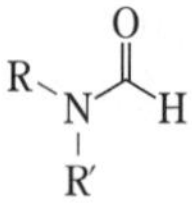

【保護法】(1) 塩基存在下，ギ酸と無水酢酸から調製した混合酸無水物を作用させる[70]. (2) EDCI などの縮合剤を用いてギ酸と縮合させる[71]. (3) ギ酸エチル溶媒中で加熱する[72].

【脱保護法】(1) メタノール中，塩化水素を作用させる[70,73]. (2) 1,4-ジオキサン中，塩酸を作用させる. (3) 水酸化ナトリウム水溶液を作用させ，加熱する.

k. トリフルオロアセチル（TFA）基

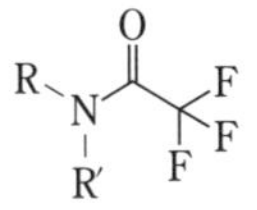

カルボキサミドではあるが，フッ素原子の高い電子求引性のため，比較的容易に塩基性条件下，加水分解による除去が可能である．反応性の高いトリフルオロ酢酸無水物を用いることで，反応性の低いアミンの保護も可能となる．

【保護法】（1）塩基存在下，トリフルオロ酢酸無水物を作用させる[74]．（2）塩基存在下，トリフルオロ酢酸エチルを作用させる．

【脱保護法】（1）含水メタノール中，炭酸カリウムや水酸化リチウムなどの塩基を作用させる[69,74a]．（2）メタノール中，アンモニアを作用させる[75]．（3）エタノール中，水素化ホウ素ナトリウムで還元する[74b]．

l. トリクロロアセチル基

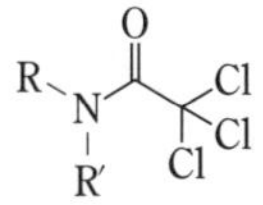

トリクロロ酢酸誘導体を用いたアシル化でも保護基の導入ができるが，アリルトリクロロアセトイミデートの転位反応（Overman 転位）の結果得られる生成物は，トリクロロアセチル基で保護されたアミンである[76]．

【保護法】塩基存在下，トリクロロ酢酸塩化物を作用させる．

【脱保護法】（1）6 mol L^{-1} 塩酸中で加熱する．（2）水酸化ナトリウム水溶液を作用させ，加熱する[54b]．（3）DMF または DMSO 中，炭酸セシウムを作用させ加熱する[77]．（4）DIBAL を用いて還元する[54a]．

m. フタロイル（Pht）基

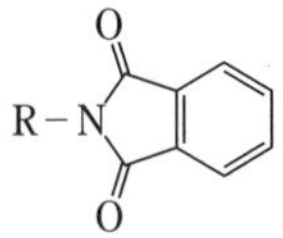

【保護法】（1）フタル酸無水物を作用させる[78]．（2）フタル酸無水物を作用させたのち，無水酢酸を作用させる．（3）ガブリエル（Gabriel）合成法を用いることで，フタロイル基で保護されたアミンが得られる．

【脱保護法】（1）エタノール中，ヒドラジンを作用させる[78]．（2）メチルヒドラジンを作用させる．

n.　ベンジル（Bn）基

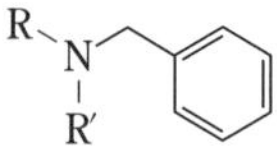

【保護法】（1）炭酸ナトリウムなどの塩基存在下，ベンジルブロミドを作用させる[79]．（2）ベンズアルデヒドとイミンを形成したのち，シアノ水素化ホウ素ナトリウムなどで還元する．

【脱保護法】（1）水素雰囲気下，Pd-C や $Pd(OH)_2$ などを用いて接触還元を行う[73,79,80]．酢酸などの酸を添加することで反応性が向上する．（2）パラジウム触媒存在下，ギ酸アンモニウムを作用させる[69,81]．（3）液体アンモニア中，ナトリウムを作用させる．（4）クロロギ酸エステルを作用させ，対応するカルバミン酸エステルへと変換する[82]．クロロギ酸 1-クロロエチルを作用させて得られるカルバミン酸エステルは，メタノール中で加熱することで除去が可能である[83]．

o.　*p*-トルエンスルホニル（Ts）基

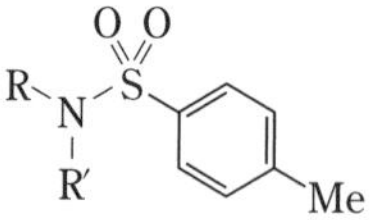

酸性および塩基性条件にきわめて安定な保護基であるが，バーチ（Birch）還元などの還元条件にて除去することができる．

【保護法】（1）ジクロロメタン中，ピリジンなどの塩基存在下，*p*-トルエンスルホニルクロリド（TsCl）を作用させる．（2）炭酸水素ナトリウム水溶液存在下，TsCl を作用させる．

【脱保護法】（1）メタノール中，マグネシウムを作用させる[84]．（2）液体アンモニア中，リチウムまたはナトリウムを作用させる[85]．（3）ナトリウムナフタレニドを作用させる[74a,86]．（4）THF 中で，ジフェニルリン化カリウム（$KPPh_2$）を作用させる[87]．

p.　2-ニトロベンゼンスルホニル（Ns）基[88]

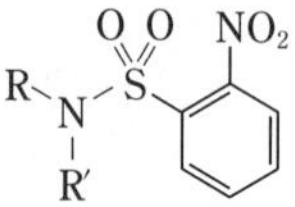

ベンゼン環に電子求引性のニトロ基が置換していることから，スルホンアミドの窒素原子上の水素原子の酸性度が大きくなり，光延反応や塩基性条件下でのハロゲン化アルキルを用いたアルキル化が円滑に進行する．この特徴を利用した第一級アミンから第二級アミンへの変換において汎用されている．2-ニトロベンゼンスルホニル基の除去は，ソフトな求核剤であるチオラートを作用させることで，穏和な条件下に行うことが可能である．ニトロ基を

有していることから，接触還元などのニトロ基が還元される条件では用いることができない．

スルホニル基のパラ位にニトロ基が置換した 4-ニトロベンゼンスルホニル基（*p*-Ns）も同様に用いることが可能である．2-ニトロベンゼンスルホニル基に比べてスルホニル基近傍の立体障害が小さくなり，反応性が向上することがある．一方除去のさいに，チオラートの付加がニトロ基のイプソ位で起こる副反応も報告されている．

【保護法】(1) ジクロロメタン中，ピリジンなどの塩基存在下，2-ニトロベンゼンスルホニルクロリド（NsCl）を作用させる[89]．(2) THF 中，炭酸水素ナトリウム水溶液存在下，NsCl を作用させる[90]．

【脱保護法】(1) DMF 中，炭酸カリウム存在下，ベンゼンチオールを作用させる[89b]．(2) アセトニトリル中，炭酸セシウム存在下，ベンゼンチオールを作用させる[53c,90]．(3) DMF 中，水酸化リチウム存在下，メルカプト酢酸を作用させる[91]．(4) DBU 存在下，メルカプトエタノールを作用させる[92]．

q.　2,4-ジニトロベンゼンスルホニル（DNs）基

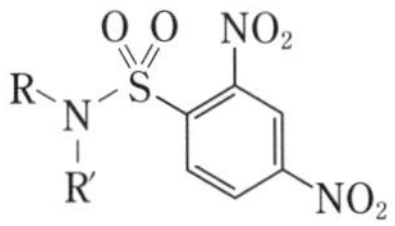

二つのニトロ基が置換していることから，2-ニトロベンゼンスルホニル基よりもさらに穏和な条件での除去が可能である．

【保護法】ジクロロメタン中，ピリジンや 2,6-ルチジン存在下，2,4-ジニトロベンゼンスルホニルクロリド（DNsCl）を作用させる[93]．

【脱保護法】(1) ジクロロメタン中，プロピルアミン，ピロリジンなどの第一級または第二級アミンを作用させる[94]．(2) ジクロロメタン中，トリエチルアミン存在下，メルカプト酢酸を作用させる[93]．(3) アセトニトリル中，カリウムフェノキシドを作用させる[95]．

r.　2-トリメチルシリルエタンスルホニル（SES）基

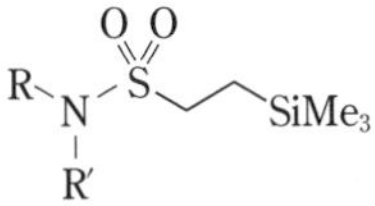

ケイ素の特性を利用した，フッ化物イオンを用いた除去が可能なスルホンアミド型保護基．

【保護法】トリエチルアミンなどの塩基存在下，2-トリメチルシリルエタンスルホニルクロリド（SESCl）を作用させる[96]．

【脱保護法】DMF 中，フッ化セシウムを作用させる[96]．

第二級カルボキサミドの窒素原子の保護

s. ベンジル（Bn）基

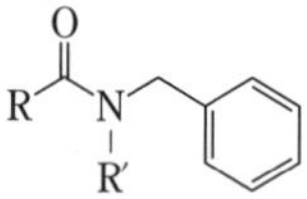

【保護法】水素化ナトリウムや水素化カリウムなどの塩基存在下，ベンジルブロミドを作用させる.

【脱保護法】液体アンモニア中，リチウムやナトリウムを作用させる（バーチ還元）[97]. カルボキサミドの窒素原子に置換したベンジル基は，接触還元の条件で比較的安定であり，その除去にはバーチ還元の条件が用いられることが多い.

t. ***p*-メトキシベンジル（PMB）基**

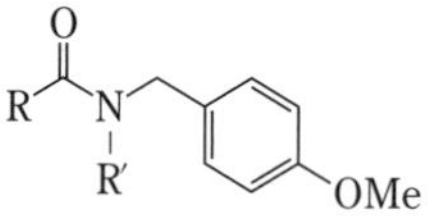

【保護法】水素化ナトリウムや水素化カリウムなどの塩基存在下，*p*-メトキシベンジルブロミドを作用させる.

【脱保護法】（1）アセトニトリル-水混合溶媒中，硝酸セリウム(IV)アンモニウム（CAN）を作用させる[98].（2）トリフルオロ酢酸を作用させる[99].

u. メトキシメチル（MOM）基

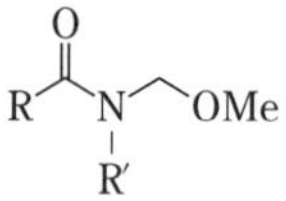

【保護法】カリウムブトキシドなどの塩基存在下，クロロメチルメチルエーテル（MOMCl）を作用させる.

【脱保護法】（1）塩酸などの酸を用いて加水分解を行う[100].（2）アセトニトリル中，クロロトリメチルシランとヨウ化ナトリウムを作用させたのち，生じるヒドロキシメチル体をメタノール中トリエチルアミンで処理する[101].

v. ベンジルオキシメチル（BOM）基

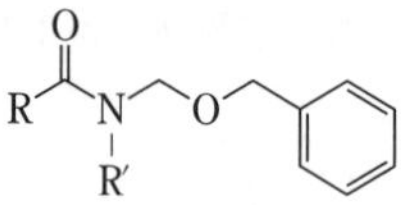

【保護法】カリウムブトキシドなどの塩基存在下，ベンジルクロロメチルエーテル（BOMCl）を作用させる．

【脱保護法】パラジウム触媒存在下，水素雰囲気下撹拌する（接触水素化）[102]．

15.2.5 二重結合，三重結合の保護と脱保護

a. 孤立二重結合の保護と脱保護

二重結合の保護としては，電子豊富な二重結合に対してはハロゲン化やハロエステル化がよく用いられる（表 15.6）．これらは，亜鉛などで二重結合に戻すことができる．そのほか，エポキシ化やディールス-アルダー（Diels-Alder）反応[103]，鉄錯体[104]を使う方法もある（次式）．また，硝酸銀を用いて系中にて Ag^+ で二重結合を保護し，エポキシドを接触還元している例もある[105]．

一方，ステロイド類の合成においては，しばしば B 環の二重結合を A 環のヒドロキシ基を使ってシクロプロピルメチルエーテルとして保護する[106,107]．このシクロプロピルメチルエーテルは，酸触媒存在下，加水分解によって元の構造に戻る．

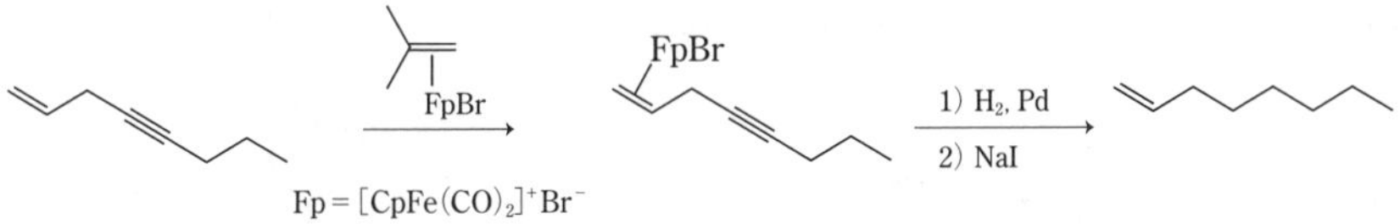

FpBr
FpBr
Fp = $[CpFe(CO)_2]^+Br^-$
1) H_2, Pd
2) NaI

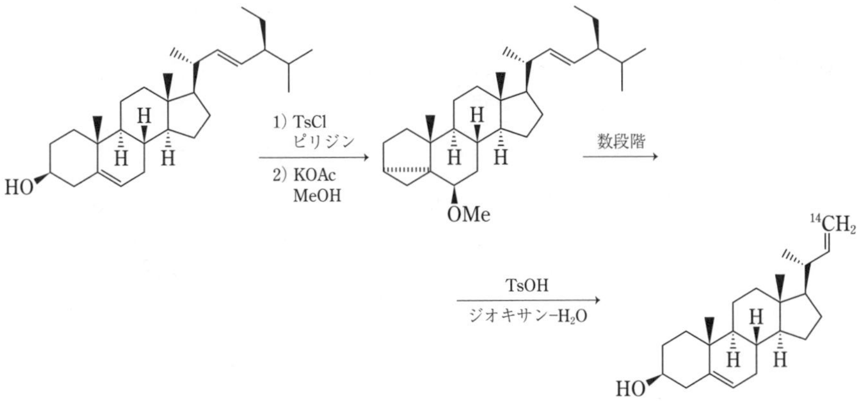

HO
H
H
H
1) TsCl
ピリジン
2) KOAc
MeOH
H
H
H
OMe
数段階

$^{14}CH_2$
TsOH
ジオキサン-H_2O
H
H
H
HO

表 15.6　二重結合の保護と脱保護

保護基	保護条件	脱保護条件
vic-二塩化物	Cl_2, $Cl_2/SbCl_3$, HCl(g)/NCS, $PhICl_2$, $CuCl_2$	Zn/AcOH, $CrCl_2$, $Na/C_{10}H_8$
vic-二臭化物	Br_2, $PyHBr_3$, Me_4NBr_3, $PhIBr_2$	Zn, $Zn/TiCl_4$, NaI, Fe-C, 電解還元, $CrCl_2$, Na-Hg
ハロヒドリンアセテート	NBS/アセトン-H_2O, 次に Ac_2O/ピリジン	$Zn/CuSO_4$, SmI_2
エポキシド	*m*CPBA, HCO_3H	Zn/NaI/AcOH, $(EtO)_3P$, $Na[C_5H_5Fe(CO)_2]$
[4+2] 付加体	アントラセン, シクロペンタジエンなど	加熱
$[C_5H_5Fe(CO)_2]^+$ 錯体	$[C_5H_5Fe((CH_3)_2C{=}CH_2)(CO)_2]^+BF_4^-$	NaI

略号は巻頭の略号一覧も参照.

b.　共役二重結合の保護と脱保護

ジエンを保護するさいには, [4+2] 反応がよく使われる. ステロイドの B 環部のジエンを酸化や還元から保護するさいには, フタルヒドラジドなどのアゾジカルボニル化合物がよく用いられる[108]. また, 鉄カルボニル錯体として保護することもできる. これらの保護基によって, 孤立二重結合と共役二重結合を区別して変換させることができる (表 15.7).

MOMO　Pb(OAc)$_4$　3 段階　*p*-MeOBzO　MOMO　NH　NH　O　O　N　N　O　O　LiAlH$_4$　OH　MOMO

表 15.7　共役二重結合の保護と脱保護

保護基	保護条件	脱保護条件
[4+2] 付加体	4-フェニル-1,2,4-トリアゾリン-3,5-ジオン (PTAD) フタルヒドラジド，$Pb(OAc)_4$	K_2CO_3/DMSO，$LiAlH_4$，KOH，有機塩基
$Fe(CO)_3$ 錯体	$Fe(CO)_5$	加熱，$FeCl_3$，$Et_3N \rightarrow O$

略号は巻頭の略号一覧も参照.

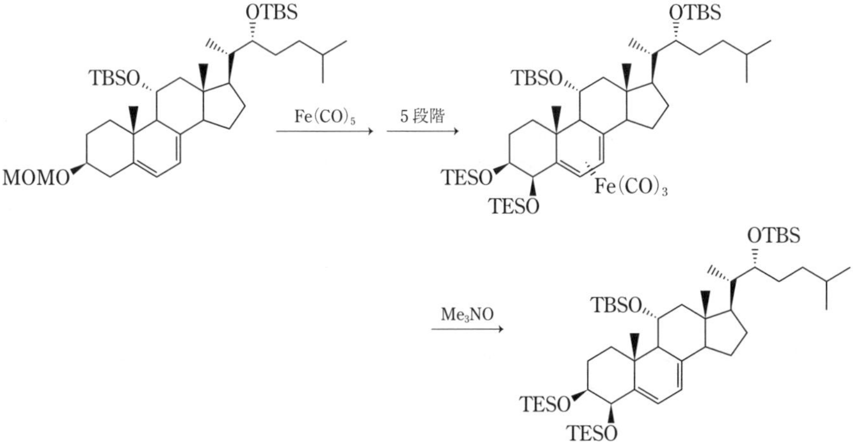

一方，カルボニルと共役した二重結合は，ディールス-アルダー反応[109]や共役付加[110]によって保護を行うことができる．共役付加体から二重結合に戻すさいには，ホフマン（Hofmann）脱離や酸化後加熱による脱離反応が用いられる（表 15.8）.

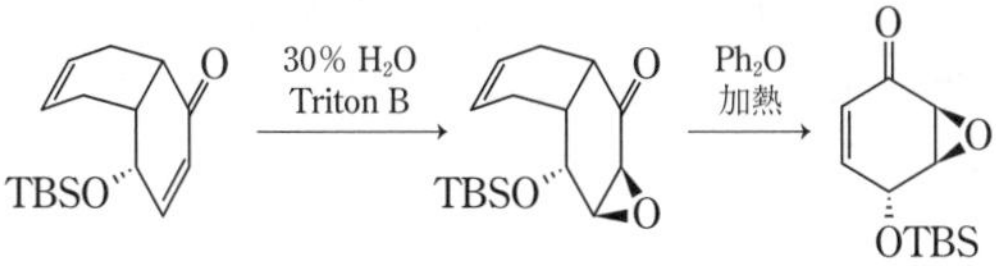

表 15.8　カルボニルと共役した二重結合の保護と脱保護

保護基	保護条件	脱保護条件
マイケル（Michael）付加体	R_2NH	MeI/$NaHCO_3$
	RSNa	K_2CO_3/EtOH，AgOTf，*m*CPBA，加熱，$NaIO_4$，加熱，MeI/$NaHCO_3$
	PhSeNa	H_2O_2/AcOH
ディールス-アルダー付加体	アントラセン，フラン，シクロペンタジエン，ブタジエン	加熱

略号は巻頭の略号一覧も参照.

PhSH
Et_3N
数段階
AgOTf

c. ベンゼン環の保護と脱保護

ベンゼン環の求電子置換反応や酸化的カップリング反応のさいの保護基としてはハロゲンがもっともよく使われる[111]（表 15.9）．目的の置換位置がもっとも置換されやすい位置と異なる場合は，いったん反応性の高い位置をハロゲン化したのち，求電子置換反応を行うことによって，目的の位置で反応させることができる．ヒドロキシ基（−OH）やアミノ基（$-NR_2$）のような強い電子供与基をもつベンゼン環は Br_2 のみでハロゲン化可能であるが，そのほかの場合はルイス（Lewis）酸を共存させる必要がある．芳香族ハロゲンの除去は，加水素分解やラジカル反応を用いて中性条件下で行うことができる．そのほか，スルホン酸なども保護基として用いられる．

$Tl(NO_3)_3$
数段階
H_2/Pd-C

表 15.9　ベンゼン環の保護と脱保護

保護基	保護条件	脱保護条件
ハロゲン	Br_2, NBS, Br_2/$Tl(OAc)_2$, Br_2/Fe, $CuBr_2$, I_2/NH_3 水溶液，I_2/CAN，NIS，ICl/$ZnCl_2$	H_2/Pd-C，n-Bu_3SnH/AIBN，BuLi
$-SO_3Na$	H_2SO_4，次に NaOH	H_2SO_4，加熱

略号は巻頭の略号一覧も参照.

d.　三重結合の保護と脱保護

末端アセチレンの保護としては，トリアルキルシリル基（C≡C−SiR_3）を用いるのが一般的である[112]（表 15.10）. これにより，接触水素添加や酸化的付加，末端アセチレンのプロトン（C≡C−H，pK_a 25）の引抜きを防ぐことができる. さまざまなトリアルキルシリル基が用いられるが，もっともよく用いられるのは TMS 基である. このトリメチルシリル基はフッ化物イオンや炭酸カリウム-メタノールで除去できるほか，硝酸銀や THF-メタノール混合溶媒中で触媒量の TBAF を用いるなどの穏和な条件で除去できる[113]. ヒドロキシ基の保護の場合と同様，アルキル基をかさ高くすれば塩基に対する耐久性が増す. 塩基に弱い官能基が存在する場合，弱酸として 2-ニトロフェノール（pK_a 7.2）を添加することによって t-ブチルジメチルシリル基が除去されている[114]. アセトンの付加物として末端アセチレンをマスクすることもあるが，このさいにははじめから安価な 2-メチル-2-ヒドロキシ-3-ブチン（アセチレンのアセトン付加体）から出発する合成経路をとることが多い.

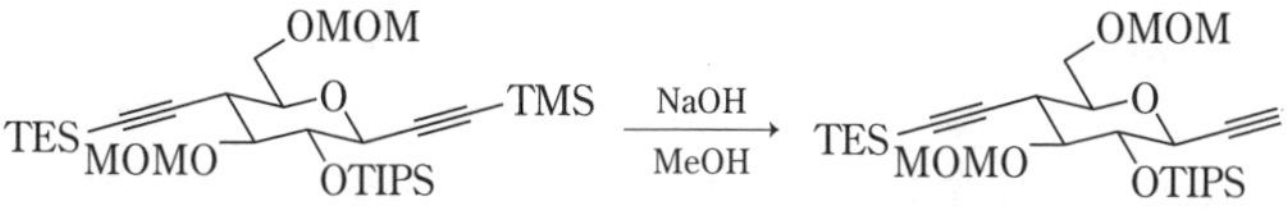

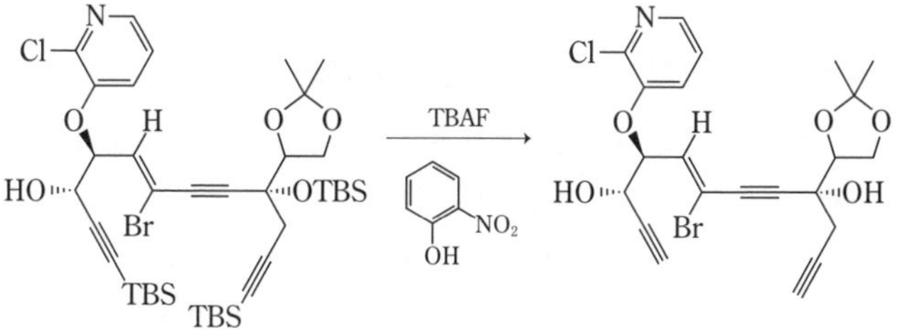

一方，内部三重結合の保護には $Co_2(CO)_8$ による錯体化がよく使われる[115]. この錯体（アセチレンビスコバルトヘキサカルボニル錯体）は，I_2，$Fe(NO_3)_3 \cdot 9\,H_2O$，CAN などを用い酸化的にアセチレンに変換することができる. この錯体は，α 位のカチオンを安定化することから，プロパルギルカチオン等価体としても利用される（Nicholas 反応）. またこの錯体の結合角は約 140° と二重結合の結合角に近く，水素化トリブチルスズやトリエチルシラン

表 15.10　アセチレン類の C-H の保護と脱保護

保護基	保護条件	脱保護条件
$Me_3Si-C\equiv C-$	n-BuLi/Me_3Si-Cl, EtMgBr/Me_3Si-Cl	TBAF, K_2CO_3/MeOH, NaOMe, $AgNO_3$, 次に KCN, KF/MeOH, TBAF
t-$BuMe_2Si-C\equiv C-$	n-BuLi/t-$BuMe_2Si-Cl$, KHMDS/t-$BuMe_2Si-OTf$	TBAF, TBAF/2-ニトロフェノール
$(CH_3)_2C(OH)-C\equiv C$	KOH/アセトン, $(CH_3)_2C(OH)-C\equiv C-H$ より誘導	NaOH 水溶液

略号は巻頭の略号一覧も参照.

によって還元的に二重結合に変換できることから[116a], 二重結合の保護基とみなすこともでき, 環内に二重結合を含む化合物の合成に戦略的に利用される[116b].

$Co_2(CO)_8$　$Co_2(CO)_6$　1) BH_3 次に O_2　2) $Fe(NO_3)_3\cdot 9H_2O$　OH

PivO　AcO　OAc　H　O　1) $Co_2(CO)_8$, CH_2Cl_2　2) Piv_2O, TfOH 次に MeOH　3) K_2CO_3, MeOH　$(CO)_6Co_2$　HO　OMe　OH　OPiv

$BF_3\cdot OEt_2$　$(CO)_6Co_2$　PivO　OPiv　OH　n-Bu_3SnH　ベンゼン　65℃　PivO　OPiv　OH

15.2.6　ホスホリル基（リン酸）の保護と脱保護

保護基（Prt）をもつリン試薬からリン酸モノエステル, ジエステルを得る一般的な方法を図 15.1 に, その適用を表 15.12 に示す[117]. 亜リン酸エステルアミド（アミダイト試薬）を使うリン酸化が反応性, 収率, 選択性（図 15.1（9),（10）のような異なるアルコールの選択的導入）のいずれにもすぐれており, 汎用される[118]. 核酸化学でシアノエチル基が保護基としてよく利用されるが, 塩基に弱く極性も高いので利用には注意を要する. 一方, ベンジル基は最後に加水素分解で簡便に除けるので, 極性の高いリン酸エステルを得るのに都合が良い. ヌクレオチドに関しては 22.1.2 項を参照されたい.

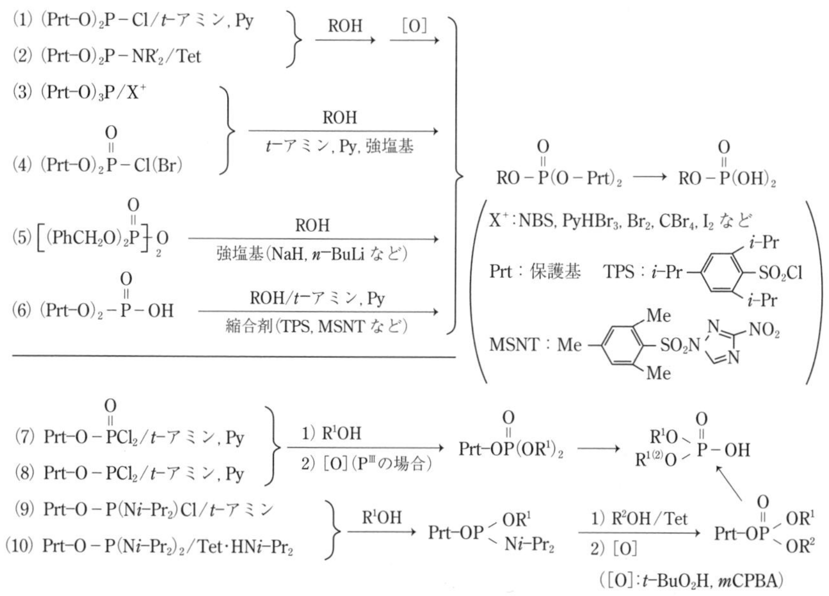

(1) $(Prt\text{–}O)_2P-Cl$/t–アミン, Py
(2) $(Prt\text{–}O)_2P-NR'_2$/Tet
} $\xrightarrow{ROH}$ $\xrightarrow{[O]}$

(3) $(Prt\text{–}O)_3P/X^+$
(4) $(Prt\text{–}O)_2P(=O)-Cl(Br)$
} $\xrightarrow[t\text{–アミン, Py, 強塩基}]{ROH}$

(5) $[(PhCH_2O)_2P(=O)]_2O$ $\xrightarrow[\text{強塩基(NaH, }n\text{–BuLi など)}]{ROH}$

(6) $(Prt\text{–}O)_2-P(=O)-OH$ $\xrightarrow[\text{縮合剤(TPS, MSNT など)}]{ROH/t\text{–アミン, Py}}$

→ $RO-P(=O)(O-Prt)_2 \longrightarrow RO-P(=O)(OH)_2$

(X^+:NBS, $PyHBr_3$, Br_2, CBr_4, I_2 など
Prt：保護基　TPS：i–Pr（2,4,6-トリ-i-Pr-ベンゼン）$-SO_2Cl$
MSNT：Me（2,4,6-トリメチルベンゼン）$-SO_2N$（3-NO_2-1,2,4-トリアゾール）)

(7) $Prt\text{–}O-P(=O)Cl_2$/t–アミン, Py
(8) $Prt\text{–}O-PCl_2$/t–アミン, Py
} $\xrightarrow[\text{2) [O]}(P^{III}\text{の場合})]{\text{1) }R^1OH}$ $Prt\text{–}OP(=O)(OR^1)_2 \longrightarrow R^1O, R^{1(2)}O>P(=O)-OH$

(9) $Prt\text{–}O-P(Ni\text{–}Pr_2)Cl$/$t$–アミン
(10) $Prt\text{–}O-P(Ni\text{–}Pr_2)_2$/Tet·$HNi\text{–}Pr_2$
} $\xrightarrow{R^1OH}$ $Prt\text{–}OP<(OR^1)(Ni\text{–}Pr_2)$ $\xrightarrow[\text{2) [O]}]{\text{1) }R^2OH/Tet}$ $Prt\text{–}OP(=O)<(OR^1)(OR^2)$ → $R^1O, R^{1(2)}O>P(=O)-OH$

([O]:t–BuO_2H, mCPBA)

図 15.1　リン酸モノエステル，ジエステルの合成

表 15.12　リン酸の保護と脱保護

保護基	脱保護法	適用リン試薬（図 15.1）
CH_2CH_2CN	ジエステル合成の場合：Et_3N，t-$BuNH_2$，DBU，c NH_4OH モノエステル合成の場合：c NH_4OH，DBU/$CH_3C(O\text{-}TMS)=N\text{-}TMS$，0.1 mol L^{-1} NaOH	(2)，(8)，(9)，(10)
$CH_2CH_2SO_2Ph$	DBU	(8)
CH_2CH_2p-$NO_2C_6H_4$	DBU	(2)，(9)
CH_2（9-フルオレニル） 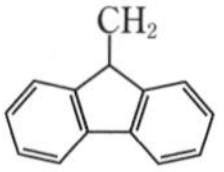	Et_3N	(2)，(8)
$CH_2CH_2SiMeR_2$ (R=Me，Ph)	TBAF，c NH_4OH（R=Ph）	(8)
CH_2CX_3 (X=Cl，Br)	Zn/アセチルアセトン，アントラニル酸など	(4)
$C(Me)_2CCl_3$	Zn/アセチルアセトン，アントラニル酸など	(4)
CH_3（Me）	ArSH/Et_3N，NaI（以上はリン酸ジエステル合成に利用），TMSCl/NaI，TMSBr	(1)，(3)，(4)，(7)，(8)，(9)，(10)
CH_2Ph（Bn）	ArSH/Et_3N，NaI（以上はリン酸ジエステル合成に利用），Na/液体アンモニア，H_2/Pd-C	(2)，(3)，(5)，(6)，(8)，(9)，(10)
1,2-$(CH_2)_2C_6H_4$	H_2/Pd-C	(2)

つづく

表 15.12　リン酸の保護と脱保護（つづき）

保護基	脱保護法	適用リン試薬（図 15.1）
$CH_2CH=CH_2$	$Pd(PPh_3)_4$, PPh_3, n-$BuNH_2$, (HCO_2H)	(1), (4), (8), (9)
CH_2CH_3 (Et)	TMS-Br	(1), (4)
$C(CH_3)_3$ (t-Bu)	1 mol L^{-1} HCl/ジオキサン	(2) (R′=Et), (4) (Br)
2-ClC_6H_4	ArCH=NOH (4-NO_2Ph, 2-Py)/$(Me_2N)_2C=NH$	(7)

略号は巻頭の略号一覧も参照.

文　献

1) P. G. M. Wuts, T. W. Greene, "Greene's Protective Groups in Organic Synthesis, 5th Ed.", John Wiley (2014).
2) P. J. Kocienski, "Protecting Groups, 3rd Ed.", Georg Thieme Verlag (2005).
3) E. J. Corey, R. H. Wollenberg, D. R. Williams, *Tetrahedron Lett.*, **18**, 2243 (1977).
4) G. Stork, S. D. Rychnovsky, *J. Am. Chem. Soc.*, **109**, 1565 (1987).
5) Y. Kasai, N. Michihara, H. Nishimura, T. Hirokane, H. Yamada, *Angew. Chem. Int. Ed.*, **51**, 8 (2012).
6) C. S. Poulsen, R. M. Madsen, *J. Org. Chem.*, **67**, 4441 (2002).
7) T. Kawaguchi, N. Funamori, Y. Matsuya, H. Nemoto, *J. Org. Chem.*, **69**, 505 (2004).
8) T. Nishikawa, M. Asai, M. Isobe, *J. Am. Chem. Soc.*, **124**, 7847 (2002).
9) M. Isobe, Y. Jiang, *Tetrahedron Lett.*, **36**, 567 (1995).
10) B. Fraser-Reid, J. C. Lopez, *Top. Curr. Chem.*, **301**, 1 (2011).
11) K. P. R. Kartha, M. Aloui, R. A. Field, *Tetrahedron Lett.*, **37**, 5175 (1996).
12) G. I. Feutrill, R. N. Mirrington, *Tetrahedron Lett.*, **11**, 1327 (1970).
13) T. Iversen, D. R. Bundle, *J. Chem. Soc., Chem. Commun.*, **1981**, 1240.
14) K. Horita, T. Yoshioka, T. Tanaka, Y. Oikawa, O. Yonemitsu, *Tetrahedron*, **42**, 3021 (1986).
15) S. K. Chaudhary, O. Hernandez, *Tetrahedron Lett.*, **20**, 95 (1979).
16) T. D. Nelson, R. D. Crouch, *Synthesis*, **1996**, 1031.
17) D. Boschelli, T. Takemasa, Y. Nishitani, S. Masamune, *Tetrahedron Lett.*, **26**, 5239 (1985).
18) A. Kawai, O. Hara, Y. Hamada, T. Shioiri, *Tetrahedron Lett.*, **29**, 6331 (1988).
19) M. Miyashita, A. Yoshikoshi, P. A. Grieco, *J. Org. Chem.*, **42**, 3772 (1977).
20) S. Hanessian, D. Delorme, Y. Dufresne, *Tetrahedron Lett.*, **25**, 2515 (1984).
21) S. David, S. Hanessian, *Tetrahedron*, **41**, 643 (1985).
22) J. Gelas, D. Horton, *Heterocycles*, **16**, 1587 (1981).
23) P. J. Garegg, H. Hultberg, S. Wallin, *Carbohydr. Res.*, **108**, 97 (1982).
24) P. G. M. Wuts, T. W. Greene, "Greene's Protective Groups in Organic Synthesis, 4th Ed.", pp.431-646, John Wiley (2006).
25) P. J. Kocienski, "Protective Groups, 3rd Ed.", Chap. 2, Chap. 6, Georg Thime Verlag (2005).
26) T. Shioiri, T. Aoyama, S. Mori, *Org. Synth.*, Coll. Vol., **8**, 612 (1993).
27) D. S. Karanewsky, M. F. Malley, J. Z. Gougoutas, *J. Org. Chem.*, **56**, 3744 (1991).
28) J. A. Hodges, R. T. Raines, *J. Am. Chem. Soc.*, **127**, 15923 (2005).
29) K. Csatayova, S. G. Davies, J. A. Lee, P. M. Roberts, A. J. Russell, J. E. Thomson, D. L. Wilson, *Org. Lett.*, **13**, 2606 (2011).
30) T. Conroy, J. T. Guo, N. H. Hunt, R. J. Payne, *Org. Lett.*, **12**, 5576 (2010).
31) A. P. Goodwin, S. S. Lam, J. M. J. Frechet, *J. Am. Chem. Soc.*, **129**, 6994 (2009).
32) N. Xie, C. M. Tayor, *Org. Lett.*, **12**, 4968 (2010).
33) M. A. Blaskovich, G. A. Lajoie, *J. Am. Chem. Soc.*, **115**, 5021 (1993).
34) M. A. Blaskovich, G. Evindar, N. G. W. Rose, S. Wilkinson, Y. Luo, G. A. Lajoie, *J. Org. Chem.*, **63**,

3631 (1998).
35) S. Abele, R. Inauen, J.-A. Funel, T. Weller, *Org. Process Res. Dev.*, **16**, 129 (2012).
36) A. Ueno, T. Kitawaki, N. Chida, *Org. Lett.,* **10**, 1999 (2008).
37) S. J. Danishefsky, J. J. Masters , W. B. Young , J. T. Link , L. B. Snyder , T. V. Magee , D. K. Jung , R. C. A. Isaacs , W. G. Bornmann , C. A. Alaimo , C. A. Coburn, M. J. Di Grandi, *et al., J. Am. Chem. Soc.,* **118**, 2843 (1996).
38) E. E. Parent, K. E. Carlson, J. A. Katzenellenbogen, *J. Org. Chem.,* **72**, 5546 (2007).
39) Y. Wu, Y.-P. Sun, *Org. Lett.,* **8**, 2831 (2006).
40) P. G. M. Wuts, T ,W. Greene, "Greene's Protective Groups in Organic Synthesis, 4th Ed.", p.647, John Wiley (2006)
41) a) A. Bisai, S. P. West, R. Sarpong, *J. Am. Chem. Soc.,* **130**, 7222 (2008); b) N. Satoh, T. Akiba, S. Yokoshima, T. Fukuyama, *Tetrahedron,* **65**, 3239 (2009).
42) D. F. Fischer, R. Sarpong, *J. Am. Chem. Soc.,* **132**, 5926 (2010).
43) M. S. Kerr, J. Read de Alaniz, T. Rovis, *J. Org. Chem.,* **70**, 5725 (2005).
44) C. Börger, M. P. Krahl, M. Gruner, O. Kataeva, H.-J. Knölker, *Org. Biomol. Chem.,* **10**, 5189 (2012).
45) H. J. Knolker, T. Braxmeier, G. Schlechtingen, *Synlett,* **1996**, 502.
46) M. Sakaitani, K. Hori, Y. Ohfune, *Tetrahedron Lett.,* **29**, 2983 (1988).
47) a) M. Matveenko, G. Liang, E. M. W. Lauterwasser, E. Zubía, D. Trauner, *J. Am. Chem. Soc.,* **134**, 9291 (2012); b) T. Honda, H. Namiki, K. Kaneda, H. Mizutani, *Org. Lett.,* **6**, 87 (2004).
48) N. Gouault, M. Le Roch, G. D. C. Pinto, M. David, *Org. Biomol. Chem.,* **10**, 5541 (2012).
49) a) J. R. Cochrane, J. M. White, U. Wille, C. A. Hutton, *Org. Lett.,* **14**, 2402 (2012); b) R. G. Doveston, R. Steendam, S. Jones, R. J. K. Taylor, *Org. Lett.,* **14**, 1122 (2012).
50) N. W. G. Fairhurst, M. F. Mahon, R. H. Munday, D. R. Carbery, *Org. Lett.,* **14**, 756 (2012).
51) G. He, J. Wang, D. Ma, *Org. Lett.,* **9**, 1367 (2007).
52) P. S. Baran, R. A. Shenvi, *J. Am. Chem. Soc.,***128**, 14028 (2006).
53) a) W. Zi, W. Xie, D. Ma, *J. Am. Chem. Soc.,***134**, 9126 (2012); b) J. Magolan, C. A. Carson, M. A. Kerr, *Org. Lett.,* **10**, 1437 (2008); c) Y. Matsuda, M. Kitajima, H. Takayama, *Org. Lett.,* **10**, 125 (2008).
54) a) Y. Kaiya, J.-I. Hasegawa, T. Momose, T. Sato, N. Chida, *Chem. Asian J.,* **6**, 209 (2011); b) N. Hama, T. Aoki, S. Miwa, M. Yamazaki, T. Sato, N. Chida, *Org. Lett.,***13**, 616 (2011); c) T. Yamakawa, E. Ideue, Y. Iwaki, A. Sato, H. Tokuyama, J. Shimokawa, T. Fukuyama, *Tetrahedron,* **67**, 6547 (2011).
55) T. Fukuyama, R. K. Frank, C. F. Jewell, *J. Am. Chem. Soc.,* **102**, 2122 (1980).
56) M. Movassaghi, M. Tjandra, J. Qi, *J. Am. Chem. Soc.,* **131**, 9648 (2009).
57) A. Endo, A. Yanagisawa, M. Abe, S. Tohma, T. Kan, T. Fukuyama, *J. Am. Chem. Soc.,* **124**, 6552 (2002).
58) S. Takita, S. Yokoshima, T. Fukuyama, *Org. Lett.,* **13**, 2068 (2011).
59) T. Koshiba, S. Yokoshima, T. Fukuyama, *Org. Lett.,* **11**, 5354 (2009).
60) Y. Hayashi, F. Inagaki, C. Mukai, *Org. Lett.,* **13**, 1778 (2011).
61) E. J. Corey, L. O. Weigel, D. Floyd, M. G. Bock, *J. Am. Chem. Soc.,* **100**, 2916 (1978).
62) a) H. Itoh, S. Matsuoka, M. Kreir, M. Inoue, *J. Am. Chem. Soc.,* **134**, 14011 (2012); b) D. Fishlock, R. M. Williams, *J. Org. Chem.,* **73**, 9594 (2008).
63) W. H. Pearson, I. Y. Lee, Y. Mi, P. Stoy, *J. Org. Chem.,* **69**, 9109 (2004).
64) D. A. Evans, T. B. Dunn, L. Kvaernø, A. Beauchemin, B. Raymer, E. J. Olhava, J. A. Mulder, M. Juhl, K. Kagechika, D. A. Favor, *Angew. Chem. Int. Ed.,* **46**, 4698 (2007).
65) R. E. Shute, D. H. Rich, *Synthesis,* **1987**, 346 (2002).
66) a) J. A. Codelli, A. L. A. Puchlopek, S. E. Reisman, *J. Am. Chem. Soc.,* **134**, 1930 (2012); b) M. Shimizu, M. Sodeoka, *Org. Lett.,* **9**, 5231 (2007).

67) K. C. Nicolaou, S. Vyskocil, T. V. Koftis, Y. M. A. Yamada, T. Ling, D. Y. K. Chen, W. Tang, G. Petrovic, M. O. Frederick, Y. Li, M. Satake, *Angew. Chem. Int. Ed.,* **43**, 4312 (2004).
68) M. Kurosu, L. R. Marcin, T. J. Grinsteiner, Y. Kishi, *J. Am. Chem. Soc.,* **120**, 6627 (1998).
69) G. L. Adams, P. J. Carroll, A. B. Smith, Ⅲ, *J. Am. Chem. Soc.,* **134**, 4037 (2012).
70) N. Satoh, S. Yokoshima, T. Fukuyama, *Org. Lett.,* **13**, 3028 (2011).
71) R. J. Rafferty, R. M. Williams, *J. Org. Chem.,* **77**, 519 (2012).
72) X. Qi, H. Bao, U. K. Tambar, *J. Am. Chem. Soc.,* **133**, 10050 (2011).
73) C. Yuan, C.-T. Chang, A. Axelrod, D. Siegel, *J. Am. Chem. Soc.,* **132**, 5924 (2010).
74) a) Y.-R. Yang, Z.-W. Lai, L. Shen, J.-Z. Huang, X.-D. Wu, J.-L. Yin, K. Wei, *Org. Lett.,* **12**, 3430 (2010); b) Y. Matsumura, S. Aoyagi, C. Kibayashi, *Org. Lett.,* **6**, 965 (2004).
75) G. K. Friestad, A. Ji, C. S. Korapala, J. Qin, *Org. Biomol. Chem.,* **9**, 4039 (2011).
76) L. E. Overman, *J. Am. Chem. Soc.,* **96**, 597 (1974).
77) D. Urabe, K. Sugino, T. Nishikawa, M. Isobe, *Tetrahedron Lett.,* **45**, 9405 (2004).
78) a) X. Qi, H. Bao, U. K. Tambar, *J. Am. Chem. Soc.,* **133**, 10050 (2011); b) S. Han, M. Movassaghi, *J. Am. Chem. Soc.,* **133**, 10768 (2011).
79) S.-G. Kim, J. Kim, H. Jung, *Tetrahedron Lett.,* **46**, 2437 (2005).
80) H.-M. Ge, L. D. Zhang, R. X. Tan, Z.-J. Yao, *J. Am. Chem. Soc.,* **134**, 12323 (2012).
81) V. Bisai, R. Sarpong, *Org. Lett.,* **12**, 2551 (2010).
82) H. Kapnang, G. Charles, *Tetrahedron Lett.,* **24**, 3233 (1983).
83) B. V. Yang, D. O'Rourke, J. Li, *Synlett,* **1993**, 195.
84) a) I. P. Andrews, O. Kwon, *Chem. Sci.,* **3**, 2510 (2012); b) H. Chiba, S. Oishi, N. Fujii, H. Ohno, *Angew. Chem. Int. Ed.,* **51**, 9169 (2012); c) X. Zhou, T. Xiao, Y. Iwama, Y. Qin, *Angew. Chem. Int. Ed.,* **51**, 4909 (2012).
85) N. Yamazaki, C. Kibayashi, *J. Am. Chem. Soc.,* **111**, 1396 (1989).
86) a) S. J. Gharpure, J. V. K. Prasad, *J. Org. Chem.,* **76**, 10325 (2011); b) S. Inuki, A. Iwata, S. Oishi, N. Fujii, H. Ohno, *J. Org. Chem.,* **76**, 2072 (2011).
87) S. Yoshida, K. Igawa, K. Tomooka, *J. Am. Chem. Soc.,* **134**, 19358 (2012).
88) T. Kan, T. Fukuyama, *Chem. Commun.,* **2004**, 353.
89) a) L. Petit, M. G. Banwell, A. C. Willis, *Org. Lett.,* **13**, 5800 (2011); b) A. Nakayama, N. Kogure, M. Kitajima, H. Takayama, *Org. Lett.,* **11**, 5554 (2009).
90) K. Okano, H. Tokuyama, T. Fukuyama, *J. Am. Chem. Soc.,* **128**, 7136 (2006).
91) a) Z. Zuo, D. Ma, *Angew. Chem. Int. Ed.,* **50**, 12008 (2011); b) S. Inuki, S. Oishi, N. Fujii, H. Ohno, *Org. Lett.,* **10**, 5239 (2008).
92) S. Yokoshima, T. Ueda, S. Kobayashi, A. Sato, T. Kuboyama, H. Tokuyama, T. Fukuyama, *J. Am. Chem. Soc.,* **124**, 2137 (2002).
93) T. Fukuyama, M. Cheung, C. K. Jow, Y. Hidai, T. Kan, *Tetrahedron Lett.,* **38**, 5831 (1997).
94) Y. Han-ya, H. Tokuyama, T. Fukuyama, *Angew. Chem. Int. Ed.,* **50**, 4884 (2011).
95) S. Kobayashi, G. Peng, T. Fukuyama, *Tetrahedron Lett.,* **40**, 1519 (1999).
96) S. M. Weinreb, D. M. Demko, T. A. Lessen, J. P. Demers, *Tetrahedron Lett.,* **27**, 2099 (1986).
97) a) P. Magdolen, A. Vasella, *Helv. Chim. Acta,* **88**, 2454 (2005); b) D. Balducci, S. Crupi, R. Galeazzi, F. Piccinelli, G. Porzi, S. Sandri, *Tetrahedron : Asymmetry.,* **16**, 1103 (2005).
98) J. S. Bryans, N. E. A. Chessum, N. Huther, A. F. Parsons, F. Ghelfi, *Tetrahedron,* **59**, 6221 (2003).
99) F. C. S. C. Pinto, S. M. M. A. Pereira-Lima, H. L. S. Maia, *Tetrahedron,* **65**, 9165 (2009).
100) T. Lanza, M. Minozzi, A. Monesi, D. Nanni, P. Spagnolo, G. Zanardi, *Adv. Synth. Catal.,* **352**, 2275 (2010).
101) T. Fukuyama, G. Liu, *J. Am. Chem. Soc.,* **118**, 7426 (1996).
102) L. Joucla, F. Popowycz, O. Lozach, L. Meijer, B. Joseph, *Helv. Chim. Acta,* **90**, 753 (2007).

103) M.-C, Lasne, J.-L. Ripoll, *Synthesis*, **1985**, 121.
104) K. M. Nicholas, *J. Am. Chem. Soc.*, **97**, 3254 (1975).
105) R. Subbarao, G. Venkateswara Rao, K. T. Achaya, *Tetrahedron Lett.*, **7**, 379 (1966).
106) G. D. Anderson, T. J. Powers, C. Djerassi, J. Fayos, J. Clardy, *J. Am. Chem. Soc.*, **97**, 338 (1975).
107) M. H. Rabinowitz, C. Djerrasi, *J. Am. Chem. Soc.*, **114**, 304 (1992).
108) N. Murakami, M. Sugimoto, M. Morita, M. Kobayashi, *Chem. Eur. J.*, **7**. 2663 (2001).
109) T. Kamikubo, K. Ogasawara, *Chem. Commun.*, **1996**, 1679.
110) H. Fujioka, Y. Ohta, K. Nakamura, M. Takatsuji, K. Murai, M. Itoh, Y. Kita, *Org. Lett.*, **9**, 5605 (2007).
111) M. Itoh, M. Yamanaka, N. Kutsumura, S. Nishiyama, *Tetrahedron Lett.*, **44**, 7949 (2003).
112) P. G. M. Wuts, T. W. Greene, "Greene's Protective Groups in Organic Synthesis, 4th Ed.", p.927, John Wiley (2006).
113) a) C. Eaborn, R. Eastmond, D. R. M. Walton, *J. Chem. Soc. B*, **1971**, 127；b) J. Alzeer, A. Vasella, *Helv. Chem. Acta*, **78**, 1219 (1966).
114) A. G. Mayers, S. D. Goldberg, *Angew. Chem. Int. Ed.*, **39**, 2732 (2000).
115) K. M. Nicholas, R. Pettit, *Tetrahedron Lett.*, **12**, 3475 (1971).
116) a) S, Hosokawa, M. Isobe, *Tetrahedron Lett.*, **39**, 2609 (1998); b) S, Hosokawa, M. Isobe, *J. Org. Chem.*, **64**, 37 (1999).
117) 日本化学会 編, "第 5 版　実験化学講座 16", p.349, 丸善出版 (2005).
118) a) S. L. Beaucage, R. P. Iyer, *Tetrahedron*, **48**, 2223 (1992); b) *ibid.*, **49**, 1925, 6123, 10441 (1993).

Chapter 16

カルボニル化合物の反応

16.1　カルボン酸誘導体の反応

カルボン酸を直接1段階で他の化合物に導く方法は少なく，BH_3 や $LiAlH_4$ を用いた第一級アルコールへの還元，アルキルリチウムを用いたケトンの合成反応などが知られるのみである．多くの場合，いったんカルボン酸を反応性に富んだカルボン酸誘導体に導いたのち，次の工程で安定な化合物へ変換が行われている．

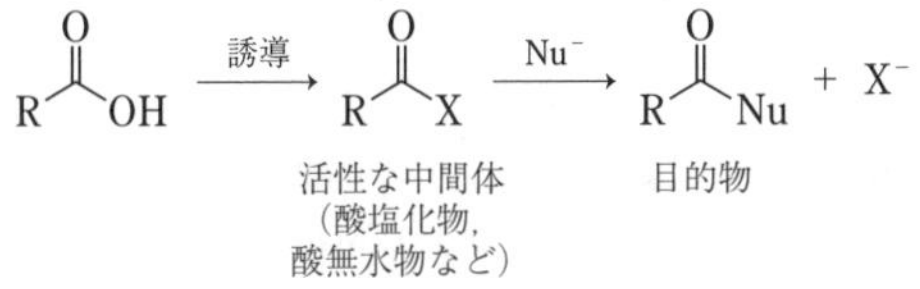

$$\mathrm{RC(=O)OH} \xrightarrow{\text{誘導}} \mathrm{RC(=O)X} \xrightarrow{\mathrm{Nu^-}} \mathrm{RC(=O)Nu} + \mathrm{X^-}$$

活性な中間体（酸塩化物，酸無水物など）　目的物

一般にカルボン酸誘導体として用いられるのは，酸塩化物，対称酸無水物，混合酸無水物，酸イミダゾリド，酸アジド，エステル，アミド，ニトリルなどである．カルボン酸誘導体に含まれる脱離基の活性に応じてそれらの反応性は異なる．一般に求核置換反応の反応性は，酸塩化物＞酸無水物＞エステル＞アミド＞ニトリルの順であると考えてよい．以下それぞれのカルボン酸誘導体の製法，反応について概説し，代表的な実験例を示す．

16.1.1　カルボン酸塩化物の合成

カルボン酸に $SOCl_2$，PCl_5，PCl_3，$(ClCO)_2$ などを作用させると対応する酸塩化物が得られる（式(16.1)～(16.3)）．塩素化のさいにわずかな量の DMF を加えると反応が促進される．低級酸塩化物は刺激臭のある無色液体である．したがって，反応はドラフト中で行う．合成する酸塩化物の沸点に従って反応剤を使い分けることが大切である．塩化チオニル $SOCl_2$ の沸点は 76 ℃ であり，オキシ塩化リン $POCl_3$ の沸点は 107 ℃，亜リン酸 H_3PO_3 は 200 ℃ で分解する．たとえば酢酸塩化物の沸点は 52 ℃ であり，通常過剰に使用する $SOCl_2$ と分留しにくい．

$$RCOOH + SOCl_2 \longrightarrow RCOCl + SO_2 + HCl \tag{16.1}$$

$$RCOOH + PCl_5 \longrightarrow RCOCl + POCl_3 + HCl \tag{16.2}$$

$$3\,RCOOH + PCl_3 \longrightarrow 3\,RCOCl + H_3PO_3 \tag{16.3}$$

カルボン酸の塩類，たとえばナトリウム塩と PCl_3，$POCl_3$ などを反応させた場合にも対応する酸塩化物と Na_3PO_3，$NaCl+NaPO_3$ がそれぞれ生成する．この場合，酸塩化物を容易に蒸留して得ることができる．

酸イミダゾリドは塩化水素と反応して容易に酸塩化物とイミダゾールの塩酸塩を与える．酸性条件下に弱い化合物の酸塩化物合成法として優れている．

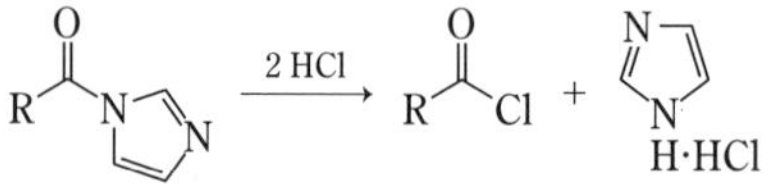

2 HCl
H·HCl

【実験例　酪酸塩化物の合成[1]】

$SOCl_2$
85%

56 g (0.47 mol)の $SOCl_2$ に，35.2 g (0.400 mol)の酪酸を1時間かけて滴下し，その後4時間加熱還流する．蒸留し 70～110 ℃ の留分をとり再度蒸留すると，無色の酪酸塩化物が得られる．収量 36 g (収率 85%，沸点 100～101 ℃)．

16.1.2　カルボン酸塩化物の反応

酸塩化物は反応性に富み，種々の求核剤と反応し対応する置換生成物を与える．水と反応するとカルボン酸ならびに塩化水素が生じる．アルコールやアミンとの反応によりエステルおよびアミドを与える．酸塩化物の還元によりアルデヒドが得られ，酸塩化物に炭素求核剤を作用させてケトンに導くこともできる．

a.　エステルの合成

酸塩化物はアルコールと反応してエステルを与える．トリエチルアミンなどの塩基を当量以上加えると反応は促進される．酸塩化物を用いると立体障害の大きな第三級アルコールも比較的容易にアシル化できる特徴がある．また，4-ジメチルアミノピリジン(DMAP)は反応性に乏しいアルコールのアシル化触媒として汎用される[2]．

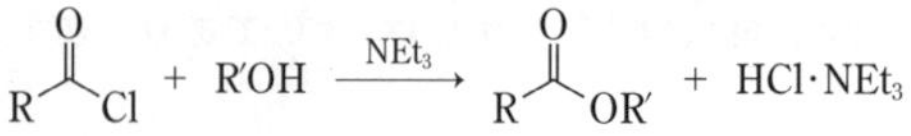

$$RCOCl + R'OH \xrightarrow{NEt_3} RCOOR' + HCl \cdot NEt_3$$

【実験例　酢酸 *t*-ブチルの合成[3)]】

O / Cl + *t*-BuOH —(Me_2N–Ph)→ O / O*t*-Bu + HCl·Me_2N–Ph
63%

74 g(1.0 mol)の *t*-ブチルアルコールと 120 g（1.0 mol）の *N*,*N*-ジメチルアニリンのジエチルエーテル溶液 200 mL に撹拌しながら 78.5 g（1.0 mol）の酢酸塩化物をジエチルエーテルが還流する適切な速度で滴下する．3 時間加熱還流したのち，冷却し不溶物を沪過する．有機層を 10% 硫酸，10% 水酸化ナトリウム水溶液で洗浄し，硫酸ナトリウムで乾燥後，蒸留すると酢酸 *t*-ブチルが得られる．収量 73 g（収率 63%，沸点 93～98 ℃）.

b.　アミドの合成

酸塩化物は，アンモニア，第一級あるいは第二級アミンと反応して酸アミドを与える．副生する塩化水素を除去する当量の塩基が必要である．DMAP はエステル合成のときと同様に触媒効果を示す[2)]．酸アミド生成は一般的に発熱反応であるので，0 ℃ 以下の低温で行うことが望ましい.

アルカリ水溶液を用い，アミンと酸塩化物を原料とするアミドの合成法は，ショッテン-バウマン（Schotten-Baumann）反応として知られる．酸塩化物の加水分解速度よりアミンの反応のほうが速いので，アミド形成が有利に行える．有機溶媒と水の二相系で反応を行うと，酸塩化物の加水分解を抑制して収率良くアミド合成が行える.

【実験例　*N*-ベンゾイルエフェドリンの合成[4)]】

Ph–C(=O)–Cl + NHMe·HCl / Ph / OH —(NaOH 水溶液)→ Ph–C(=O)–NMe / Ph / OH
96%

塩酸エフェドリン 19 g（94 mmol）に 33% 水酸化ナトリウム水溶液 60 mL およびクロロホルム 95 mL を加え，ついで安息香酸塩化物 12 mL（104 mmol)のクロロホルム溶液 40 mL を氷冷下で 10 分間かけて滴下する．4 時間撹拌したのち，クロロホルムで抽出し，有機層を 10% 塩酸および飽和炭酸水素ナトリウム水溶液で洗う．硫酸ナトリウムで乾燥後，減圧濃縮し得られた固体を石油エーテルで洗うと，白色結晶の *N*-ベンゾイルエフェドリンが得られる．収量 24 g（収率 96%，融点 107～108 ℃）.

c.　アルデヒドの合成

被毒したパラジウム触媒を用いて酸塩化物の水素化を行うとアルデヒドが合成できる（ローゼンムント（Rosenmund）還元)[5)]．パラジウム(0) の存在下，酸塩化物に Bu_3SnH を作用させる方法も開発されている[6]．また，$LiAlH(Ot\text{-}Bu)_3$ を使った還元反応もアルデヒドの簡便な合成法である[7,8]．

【実験例　*p*-トリフルオロメチルケイ皮アルデヒドの合成[9]】

$$p\text{-}CF_3C_6H_4CH{=}CHCOCl \xrightarrow{LiAlH(Ot\text{-}Bu)_3} p\text{-}CF_3C_6H_4CH{=}CHCHO \quad 73.5\%$$

p-トリフルオロメチルケイ皮酸塩化物 10.53 g（45.0 mmol）の THF 溶液 90 mL に，−78 ℃ で $LiAlH(Ot\text{-}Bu)_3$ 11.76 g（45.0 mmol）の THF 溶液 220 mL をゆっくり加える．30 分間撹拌したのち，室温に昇温し，粉砕した氷 250 g に注ぎ込む．不溶物を沪過しジエチルエーテル 400 mL でよく洗う．有機層を分離後，5% 水酸化ナトリウム水溶液および飽和塩化ナトリウム水溶液で洗浄する．硫酸ナトリウムで乾燥し，沪過ののち，減圧濃縮し，残渣をカラムクロマトグラフィー（石油エーテル-酢酸エチル（50：1））で精製すると，黄色固体の *p*-トリフルオロメチルケイ皮アルデヒドが得られる．収量 6.60 g（収率 73.5%，融点 59～61 ℃）．

d.　フリーデル-クラフツアシル化反応による芳香族ケトンの合成

$AlCl_3$ などのルイス（Lewis）酸の存在下，芳香族化合物を酸塩化物に作用させるとフリーデル-クラフツ（Friedel-Crafts）アシル化反応が進行し，対応する芳香族ケトンが得られる[10,11]．

【実験例　α-テトラロンの合成[12]】

$$C_6H_5CH_2CH_2CH_2COCl \xrightarrow{AlCl_3} \alpha\text{-tetralone} \quad 74\%$$

4-フェニル酪酸 32.8 g（0.20 mol）から合成した酸塩化物を二硫化炭素 175 mL に溶解する．$AlCl_3$ 30 g（0.23 mol）を 0 ℃ で一挙に加え，塩酸ガスの発生が終了後，ゆっくり加温し還流する．10 分間加熱還流したのち，冷却し，氷 100 g を加える．濃塩酸 25 mL を加え，水蒸気蒸留する．有機層を分離後，水層をベンゼンで抽出する．合わせた有機層を蒸留すると α-テトラロンが得られる．収量 22 g（収率 74%，沸点 105 ℃/2 mmHg）．

e.　アルキルケトンの合成

酸塩化物とグリニャール（Grignard）反応剤を反応させると，第三級アルコールが主生成物となり，ケトンの合成には不向きである．しかし，ジアルキル銅リチウム，あるいは触媒量のパラジウム(0) 錯体の存在下でアルキルスズを作用させると収率良くケトンを得ることができる[13～15]．

【実験例　5,10-テトラデカンジオンの合成[16]】

$$\text{6-oxodecanoyl chloride} \xrightarrow[\text{CuI}]{\text{BuLi}} \text{5,10-tetradecanedione}$$

83%（再結晶後 70%）

CuI 571 mg（3.00 mmol）をフラスコに計り取り，加熱しながら乾燥し，室温に戻してから窒素を充填する．ジエチルエーテル 8 mL を加え −40 ℃ に冷却し，*n*-ブチルリチウム（1.32 mol L^{-1}）のペンタン溶液 4.5 mL（6.0 mmol）を加える．5 分後，−78 ℃ に冷却し，あらかじめ冷やした 6-オキソデカン酸塩化物 213 mg（1.04 mmol）のジエチルエーテル溶液 1 mL を加える．15 分後，メタノール 352 mg (11.0 mmol)を加え室温に昇温し，飽和塩化アンモニウム水溶液 14 mL に注ぎ込む．ジエチルエーテルで分液抽出後，有機層を濃縮すると 5,10-テトラデカンジオンの粗生成物が得られる．収量 193 mg (収率 83%，融点 59～62 ℃)．ペンタンから再結晶すると白色針状晶の 5,10-テトラデカンジオンが得られる．収量 162 mg（収率 70%，融点 65～66 ℃)．

【実験例　1-(*p*-ニトロフェニル)-3-ブテノンの合成[17,18]】

$$p\text{-}O_2NC_6H_4COCl \xrightarrow[\text{Pd(PPh}_3)_4]{\text{CH}_2\text{=CHCH}_2\text{SnMe}_3} p\text{-}O_2NC_6H_4COCH_2CH\text{=}CH_2 + p\text{-}O_2NC_6H_4COCH\text{=}CHCH_3$$

83%

アリルトリメチルスズ 1.25 g（6.20 mmol），*p*-ニトロ安息香酸塩化物 1.12 g（6.00 mmol)，および $Pd(PPh_3)_4$ 40 mg（0.034 mmol）の混合物の THF 5 mL 溶液を脱気して 65 ℃ で 22 時間撹拌する．室温に冷却後，ジエチルエーテル 20 mL に注ぎ込む．水 30 mL で 3 回洗浄したのち，無水硫酸ナトリウムで乾燥する．沪過ののち，減圧濃縮すると 1-(*p*-ニトロフェニル)-3-ブテノンと 1-(*p*-ニトロフェニル)-2-ブテノンの 90：10 混合物が得られる．収量 0.90 g（混合物の収率 83%)．

16.1.3　カルボン酸無水物の合成と反応

二つのカルボン酸の脱水縮合物である酸無水物は反応性に富む化合物であり，多くの官能基変換反応に用いられる．酸塩化物より活性は落ちるが温和な条件で生成すること，操作が簡便なことからよく利用される．酸無水物は同じカルボン酸からなる対称酸無水物と，異なるカルボン酸からなる混合酸無水物の 2 種に大別される．

対称酸無水物を反応剤として用いるさいにカルボン酸が貴重なものであるとき，一方のカルボン酸は利用されず効率が悪い．しかし混合酸無水物を用い，貴重なカルボン酸のみを反応に関与させればこうした無駄がなく，有効な方法となる．

a.　対称酸無水物の合成

対称酸無水物は酸塩化物とカルボン酸あるいはカルボン酸のナトリウム塩とから容易に合成できる．加熱条件下で酢酸無水物を用いて 2 分子のカルボン酸の脱水縮合を行い，カルボン酸を酸無水物に直接変換することも可能である．また，カルボン酸に *N*,*N*-ジシクロヘキシルカルボジイミド（DCC）などの縮合剤を作用させて対称酸無水物を得る方法も用いられる．

【実験例　ヘプタン酸無水物の合成[19]】

ピリジン

Cl　＋　HO　→　C_6H_{13} O C_6H_{13}

78%

ピリジン 15.8 g（0.200 mol）のベンゼン溶液 25 mL にヘプタン酸塩化物 14.8 g（0.100 mol）を加える．ついで，ヘプタン酸 13.0 g（0.100 mol）を 5 分間かけて滴下する．10 分間撹拌したのち，不溶物を沪過し，ベンゼンで洗う．沪液を減圧濃縮し蒸留すると，ヘプタン酸無水物が得られる．収量 19 g（収率 78%，沸点 155～160 ℃/12 mmHg）．

【実験例　ジフェニル酢酸無水物の合成[20]】

Ph　OH　＋　HO　Ph　$\xrightarrow[-2\,AcOH]{Ac_2O}$　Ph　O　Ph

Ph　Ph　Ph　Ph

90%

ジフェニル酢酸 50 g（0.236 mol）に酢酸無水物 50 g（0.49 mol）を加え 2 時間加熱還流する．過剰の酢酸無水物を減圧留去し，残渣にジエチルエーテルを加えて再結晶するとジフェニル酢酸無水物が得られる．収量 43 g（収率 90%，融点 98 ℃）．

b.　対称酸無水物の反応

対称酸無水物の反応性は対応する酸塩化物に比べて劣るが，たとえば，トリエチルアミンなどの塩基の存在下で酢酸無水物をアルコールやアミンに作用させて酢酸誘導体を得ることができる．酢酸塩化物を用いる L-システインのアシル化ではチオール基のアセチル化も同時に起こり選択性に欠けるが，酢酸無水物を用いると収率良くアセトアミドが得られる．

【実験例　*N*-アセチル-L-システインの合成[21]】

L-システイン塩酸塩一水和物 36 g（0.20 mol）の 90% THF 水溶液に酢酸ナトリウム三水和物 55 g（0.40 mol）を加える．20 分撹拌後，氷冷下で 21 g（0.21 mol）の酢酸無水物を滴下し，室温で 20 時間撹拌する．4 時間加熱還流し，氷冷下で塩化水素ガス 8 g を通じたのち，析出する塩化ナトリウムを沪別し，沪液を 45 ℃ で減圧濃縮する．残渣に 45 ℃ の温水

35 mL を加えて結晶化すると *N*-アセチル-L-システインが得られる．収量 26 g（収率 80%，融点 109～110 ℃）．

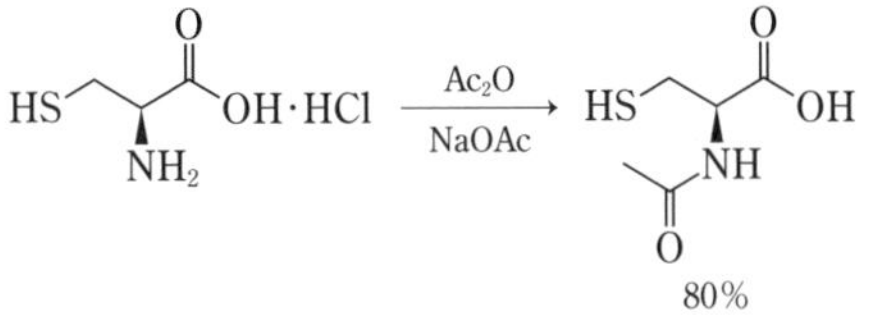

HS–CH₂–CH(NH₂)–COOH·HCl →(Ac₂O, NaOAc)→ HS–CH₂–CH(NHAc)–COOH　80%

環状酸無水物に対するアルコールの求核攻撃では開環によりモノアシル体が生成する[22]．また，環状酸無水物は $NaBH_4$ で還元するとラクトンに変換できる[23]．

$AlCl_3$ などのルイス（Lewis）酸を共存させることにより，酸塩化物の場合と同様に，対称酸無水物を用いたフリーデル-クラフツ（Friedel-Crafts）アシル化反応が進行する．また，低温でグリニャール（Grignard）反応剤を対称酸無水物に作用させることで対応するケトンが合成できる．

【実験例　アセトフェノンの合成[24]】

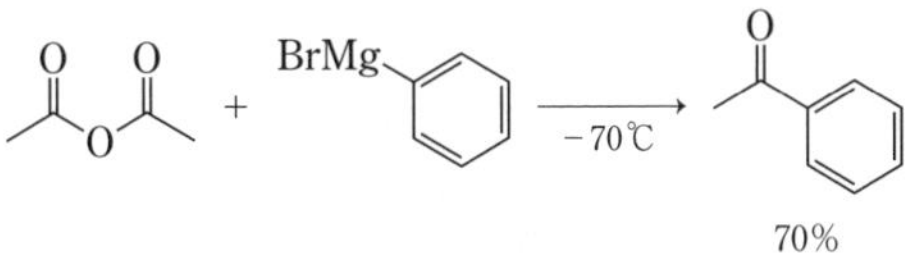

Ac_2O + BrMg–Ph →(−70 ℃)→ PhCOCH₃　70%

酢酸無水物 40 g（0.39 mol）をジエチルエーテル 100 mL に溶かし，0.20 mol のフェニルマグネシウムブロミドのジエチルエーテル溶液を−70 ℃ で滴下する．3 時間撹拌したのち，塩化アンモニウム水溶液を加える．有機層を水およびアルカリ水で洗浄後，溶媒を留去し蒸留するとアセトフェノンが得られる．収量 16.8 g（収率 70%，沸点 202 ℃）．

c.　混合酸無水物の合成

混合酸無水物は 2 種の異なったカルボン酸からなるものと，カルボン酸と炭酸モノアルキルエステルからなるものに大別される．2 種の異なったカルボン酸からなる混合酸無水物は，調製した時点ですみやかに不均化を起こし対称酸無水物との平衡混合物になることが多い．合成は対称酸無水物と同様に行える．混合酸無水物の一方のカルボン酸残基をかさ高いピバル酸残基とすれば，混合酸無水物が反応するさいに不要なアシル化体の生成を抑制することができる．ケテンにピバル酸を作用させると，一方のカルボン酸残基をピバル酸残基として有する混合酸無水物が得られる[25]．カルボン酸と炭酸モノアルキルエステルからなる混合酸無水物の場合は不均化が生じ難く，目的とするカルボン酸残基に選択的な求核置換反応を起こすことが可能である．

d.　混合酸無水物の反応

混合酸無水物は対称酸無水物と同様な反応性を示すが，混合酸無水物に含まれる一方のカルボン酸残基の反応性を低下させ，他方のカルボン酸残基のみを選択的に活性化することができる．DMAP などのアシル化触媒の存在下，アルコールやアミンを求核剤として用いることで対応するエステルならびにアミドを得ることができる．炭素求核剤を用いるとケトンが合成され，還元反応によれば第一級アルコールが得られる．近年では，高度に官能基化された貴重なカルボン酸を反応させるために，2,4,6-トリクロロ安息香酸塩化物（TCBC）を用いる山口法[26,27]（式(16.4)）ならびに 2-メチル-6-ニトロ安息香酸無水物（MNBA）を用いる椎名法[28]（式(16.5)）が多用される．後者のエステル結合形成反応の反応機構は解明されている[29]．MNBA はアミド化反応での利用例も多い．

$$\mathrm{RCOOH} + \text{TCBC} \xrightarrow[-\mathrm{HCl\cdot NEt_3}]{\mathrm{NEt_3}} \mathrm{RCO{-}O{-}CO{-}C_6H_2Cl_3} \xrightarrow[\mathrm{DMAP}]{\mathrm{R'OH}} \mathrm{RCOOR'} \tag{16.4}$$

TCBC

$$\mathrm{RCOOH} + \mathrm{R'OH} + \text{MNBA} \xrightarrow[\mathrm{DMAP}]{\mathrm{Et_3N}} \mathrm{RCOOR'} \tag{16.5}$$

MNBA

【実験例　山口法によるポリオキシエステルの合成[30]】

TBSO, O, OH ＋ $H_{19}C_9$, HO, O, O

［条件 a］DCC, DMAP (66%)
［条件 b］TCBC, DMAP (73%)
［条件 c］MNBA, DMAP (85%)

TBSO, O, $H_{19}C_9$, O, O, O

73%

シロキシカルボン酸 166 mg（0.72 mmol），TCBC 0.113 mL（0.72 mmol），およびイソプロピリデンジオキシアルコール 180 mg（0.60 mmol）の THF 溶液 10 mL に，ジイソプロピルエチルアミン 0.228 mL（1.32 mmol）および DMAP 18.3 mg（0.15 mmol）を加える．室温で 4 時間攪拌したのち，メチル *t*-ブチルエーテル（MTBE）20 mL を加え希釈し，飽和塩化アンモニウム水溶液を加え反応を停止する．MTBE 20 mL で 3 回分液抽出後，有機層を飽和炭酸水素ナトリウム水溶液および飽和塩化アンモニウム水溶液で洗浄し，無水硫酸マグネシウムで乾燥する．沪過ののち，減圧濃縮し，残渣をシリカゲルカラムクロマトグラフィー（ヘキサン-MTBE（20：1））で精製すると，縮合体のエステルが得られる．収量 223 mg（収率 73%）．

【実験例　椎名法によるジエンアミドの合成[31)]】

TBSO, H, H, O, OH, + N, NH_2, MNBA, DMAP, N, H, N, O, TBSO, H, H, 99%

ジエンカルボン酸 16.0 mg（0.038 mmol）および MNBA 18.4 mg（0.053 mmol）のジクロロメタン溶液 1.3 mL に，DMAP 14.0 mg（0.120 mmol）を加える．室温で 10 分間撹拌したのち，3-(アミノメチル)ピリジン 0.040 mL（0.400 mmol）を加える．14 時間撹拌したのち，混合物をそのままシリカゲル薄層クロマトグラフィー(クロロホルム-メタノール（9：1））で精製すると，縮合体のアミドが得られる．収量 19.2 mg（収率 99%）．

【実験例　混合酸無水物を経由する 3-フェニルプロピオン酸の 3-フェニルプロパノールへの還元[32)]】

Ph, O, OH, + Cl, O, OEt, NEt_3, Ph, O, O, O, OEt, $NaBH_4$, Ph, OH, 71%

3-フェニルプロピオン酸 3.0 g（20 mmol）およびトリエチルアミン 2.0 g（20 mmol）の THF 溶液 30 mL にクロロギ酸エチル 1.91 mL（20 mmol）の THF 溶液 5 mL を −5 ℃ で 30 分間かけて滴下し，さらに 30 分間撹拌すると混合酸無水物が生成する．析出した白色沈殿物（トリエチルアミンの塩酸塩）を沪過し，THF 10 mL で洗浄する．沪液を 10 ℃ に冷やした $NaBH_4$ 1.89 g（50 mmol）の水溶液 20 mL に 30 分間かけて滴下する．室温で 4 時間撹拌したのち，ゆっくりと塩酸を加えて酸性にする．水層をジエチルエーテルで抽出し，合わせた有機層を 10% 水酸化ナトリウム水溶液および水で洗浄し，硫酸ナトリウムで乾燥する．沪過ののち減圧濃縮し，蒸留すると 3-フェニル-1-プロパノールが得られる．収量 1.93 g（収率 71%，沸点 124 ℃/15 mmHg）．

16.1.4 カルボン酸イミダゾリドの合成と反応

1,1′-カルボニルジイミダゾール（CDI）をカルボン酸に作用させると酸イミダゾリドが得られる．酸イミダゾリドはアルコール，アミンならびに炭素求核剤と反応し，対応するエステル，アミドならびにケトンを与える[33]．酸イミダゾリドを $LiAlH_4$ で還元するとアルデヒドが得られる[34]．

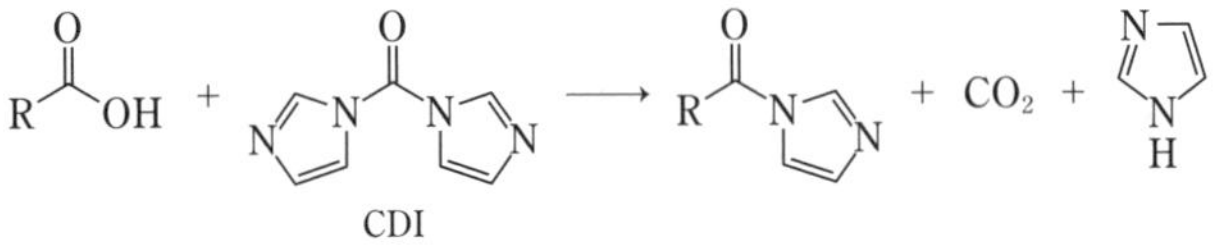

CDI

【実験例　Boc-L-Val-D-Hmb-OBn の合成[33]】

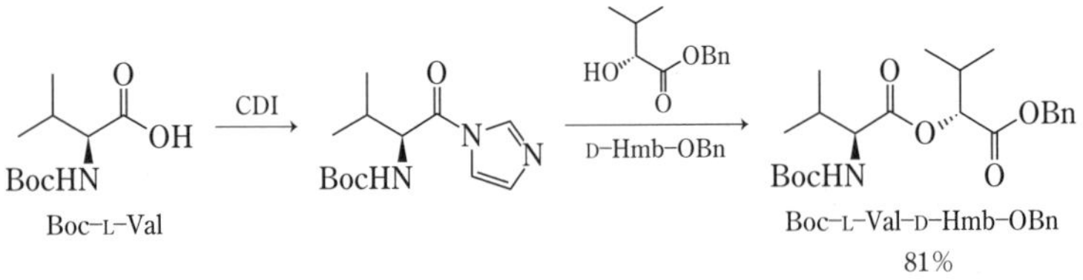

CDI　D-Hmb-OBn　Boc-L-Val　Boc-L-Val-D-Hmb-OBn 81%

Boc-L-Val 1.52 g（7.0 mmol）の THF 溶液 16 mL に CDI 1.07 g（6.6 mmol）を 0℃で加え，1 時間撹拌したのち，二酸化炭素の発生が止んでから D-2-ヒドロキシ-3-メチルブタン酸（Hmb）ベンジルエステル 0.9 g（4.3 mmol）の THF 溶液 14 mL を加える．0℃で 8 時間，室温で 2 日間撹拌したのち，減圧濃縮し，残渣をジエチルエーテルに溶かし，水，10% クエン酸水溶液，および飽和炭酸ナトリウム水溶液で洗浄する．減圧濃縮しシリカゲルクロマトグラフィーで精製すると Boc-L-Val-D-Hmb-OBn が得られる．収量 1.36 g（収率 81%）．

アルコールと CDI から容易に調製できるチオ炭酸イミダゾリドは優れたラジカル補捉剤としてはたらく．この性質を利用し，チオ炭酸イミダゾリドに水素化スズなどを作用させることで，原料のアルコールのデオキシ化を行うことができる[35,36]．

【実験例　3′-デオキシチミジンの合成[37]】

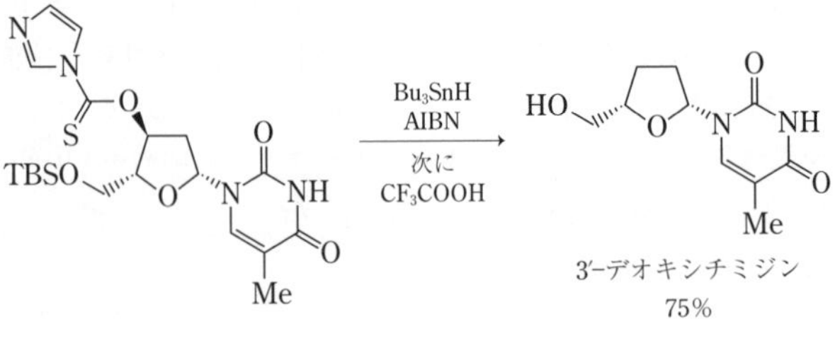

Bu_3SnH, AIBN　次に CF_3COOH

3′-デオキシチミジン 75%

5′-*O*-(*t*-ブチルジメチルシリル)-3′-*O*-(1-イミダゾリルチオカルボニル)チミジン 7.90 g（16.9 mmol），Bu_3SnH 5.9 mL（22 mmol）および AIBN 280 mg（1.7 mmol）の 1,4-ジオキサン溶液 100 mL を，窒素雰囲気下で 7 時間加熱還流する．室温に冷却し，50% トリフルオロ酢酸水溶液 20 mL を加える．4 時間撹拌したのち，減圧下溶媒を留去し，全体量が 3 分の 1 の体積になるまで濃縮する．アセトニトリル 100 mL を加えシクロヘキサン 60 mL で 4 回分液抽出後，下層を 25% 水酸化アンモニウム水溶液 6 mL で中和する．減圧濃縮し，残渣をシリカゲルカラムクロマトグラフィー(0～10% メタノール-ジクロロメタン)で精製すると，3′-デオキシチミジンが得られる．収量 2.86 g（収率 75%）．

16.1.5　Weinreb アミドの合成と反応

カルボン酸誘導体のモノアルキル化，あるいはカルボン酸誘導体の還元によるアルデヒドの合成を達成する手段の一つに，*N*-メトキシ-*N*-メチルカルボン酸アミド（Weinreb アミド）を利用する方法がある[38,39]．Weinreb アミドにグリニャール（Grignard）反応剤やアルキルリチウムを作用させると安定な反応中間体が生じ，これが反応停止時にケトンに変換されモノアルキル化体を高収率で得ることができる．

O
R N OMe
Me
Weinreb アミド
R′MgBr
Br
O-Mg
R OMe
R′ N
Me
H_3O^+
O
R R′

【実験例　(*S*)-1-(アリロキシカルボニル)-2-アセチルピロリジンの合成[40]】

N O
Alloc OMe
(MeO)NHMe·HCl
Me_3Al
N O
Alloc N OMe
Me
Weinreb アミド
95%
MeMgBr
N O
Alloc Me
94%

メトキシメチルアミン塩酸塩 9.95 g（102 mmol）のジクロロメタン 250 mL 溶液に 0℃ でトリメチルアルミニウム（2.00 mol L^{-1}）のヘキサン溶液 51 mL（102 mmol）を加え，10 分間撹拌したのちに室温で 20 分間撹拌する．(*S*)-1-(アリロキシカルボニル)-2-(メトキシカルボニル)ピロリジン((*S*)-プロリンメチルエステルの *N*-Alloc 保護体 7.26 g（34 mmol）を加え室温で 5 時間撹拌したのち，ジエチルエーテル 200 mL およびロッシェル塩 300 mL を加え反応を停止し 2 時間撹拌する．有機層を分取後，水層を酢酸エチル 200 mL で 3 回分液抽出し，有機層を合わせて飽和塩化ナトリウム水溶液 500 mL で洗浄後，硫酸ナトリウムで乾燥する．沪過ののち減圧濃縮し，残渣をカラムクロマトグラフィー（メタノール-酢酸エチル（1：19)）で精製すると，対応するWeinrebアミドが得られる．収量7.84 g（収率95%）．

Weinrebアミド5.33 g（22 mmol）のジエチルエーテル280 mL溶液に0℃でメチルマグネシウムブロミド18 mL（54 mmol）のジエチルエーテル50 mL溶液をよく撹拌しながら加え，室温に昇温し2時間撹拌する．飽和塩化アンモニウム水溶液200 mLを加え反応を停止し，有機層を分取後，水層を酢酸エチル200 mLで3回分液抽出し，有機層を合わせて飽和塩化ナトリウム水溶液500 mLで洗浄後，硫酸ナトリウムで乾燥する．沪過ののち減圧濃縮し，残渣をカラムクロマトグラフィー(酢酸エチル-ヘキサン（3：7)）で精製すると，(*S*)-1-(アリロキシカルボニル)-2-アセチルピロリジンが得られる．収量4.07 g（収率94%）．

16.1.6　カルボン酸アジドの合成と反応

酸塩化物あるいは酸無水物とアジ化ナトリウムを反応させると，酸アジドを合成することができる（式(16.6)）．エステルとヒドラジンからいったん酸ヒドラジドを調製し，これに亜硝酸あるいは亜硝酸アルキルを作用させる方法も利用される（式(16.7)）．

$$\mathrm{RCOCl} + \mathrm{NaN_3} \longrightarrow \mathrm{RCON_3} + \mathrm{NaCl} \tag{16.6}$$

$$\mathrm{RCONHNH_2} + \mathrm{HNO_2} \longrightarrow \mathrm{RCON_3} + 2\,\mathrm{H_2O} \tag{16.7}$$

酸アジドはベンゼン中で加熱するとアルキルイソシアナートに転位し，また，アルコール中で加熱すると生じたアルキルイソシアナートがアルコールと反応し*N*-アルキル置換ウレタン（カルバマート）を与える（クルチウス（Curtius）転位反応）[41]．*t*-ブチルアルコール中でこの反応を行うと，アジ化カルボニル基を*N*-Boc保護されたアミノ基に直接変換することができる．

$$\mathrm{RC(=O)N_3} \xrightarrow[-\,\mathrm{N_2}]{\text{加熱}} [\mathrm{RC(=O)N}:] \longrightarrow \mathrm{R{-}N{=}C{=}O} \xrightarrow{\mathrm{R'OH}} \mathrm{R{-}NH{-}C(=O){-}OR'}$$

【実験例　2-(*t*-ブトキシカルボニルアミノ)ベンゾ[*b*]チオフェンの合成[42]】

$$\text{ベンゾ[b]チオフェン-2-COCl} \xrightarrow[-\,\mathrm{N_2}]{\mathrm{NaN_3}} \text{ベンゾ[b]チオフェン-2-CON}_3 \xrightarrow[t\text{-BuOH},\ -\,\mathrm{N_2}]{\text{加熱}} \text{ベンゾ[b]チオフェン-2-NHBoc}\ (80\%)$$

2-クロロカルボニルベンゾ[*b*]チオフェン9.83 g（50 mmol）のアセトン溶液75 mLにアジ化ナトリウム4.88 g（75 mmol）の水溶液25 mLを加える．15分間撹拌したのち，氷水100 mLを加え反応を停止する．不溶物を沪別し，ヘキサンとジクロロメタンの混合溶媒から再結晶すると，2-アジドカルボニルベンゾ[*b*]チオフェンが得られる．収量8.23 g（収率81%，融点107～108℃）．

2-アジドカルボニルベンゾ[*b*]チオフェン 10.2 g（50 mmol）の *t*-ブチルアルコール 150 mL 溶液を 2 時間加熱還流したのち，減圧濃縮し，残渣をジクロロメタンに溶解して沪過する．沪液にヘキサンを加えると，2-(*t*-ブトキシカルボニルアミノ)ベンゾ[*b*]チオフェンの白色固体が得られる．収量 9.97 g（収率 80%，融点 100～101 ℃）.

アルコール中でカルボン酸にジフェニルホスホリルアジド（DPPA）を作用させて加熱還流すると，酸アジドの生成とクルチウス転位反応が連続的に進行し，*N*-アルキル置換ウレタンが得られる[43]．また，カルボン酸と DPPA から系内でいったん生成する酸アジドに低温でアミンを作用させると，置換反応により対応するアミドが得られる．この方法は，ペプチド結合形成反応にも利用できる．DPPA のアジド基をシアノ基に変換したシアノホスホン酸ジエチル（DEPC）も同様にペプチド結合形成反応剤として用いられる[44].

【実験例　DPPA を用いる *Z*-L-Val-L-Phe-OMe の合成[45]】

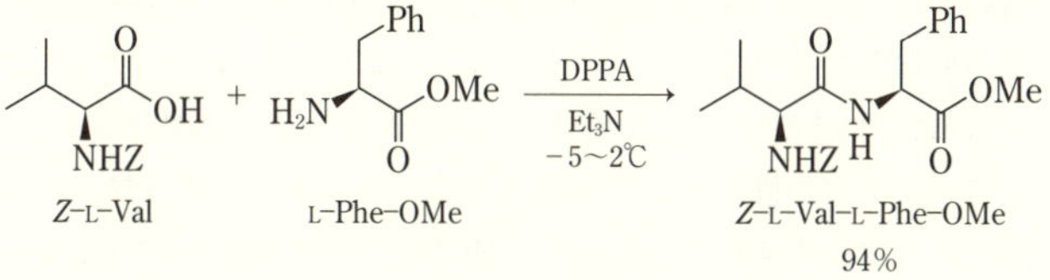

Z-L-Val ＋ L-Phe-OMe $\xrightarrow[\text{Et}_3\text{N},\ -5\sim2\,^\circ\text{C}]{\text{DPPA}}$ *Z*-L-Val-L-Phe-OMe 94%

Z-L-Val 2.52 g（10.0 mmol）および L-Phe-OMe 塩酸塩 2.16 g（10.0 mmol）の DMF 溶液 30 mL に DPPA 3.30 g（12.0 mmol）の DMF 溶液 10 mL を−5～2 ℃で加え，ついでトリエチルアミン 2.23 g（22.0 mmol）の DMF 溶液 10 mL を同温度で加える．0 ℃で 2 時間撹拌したのち，室温で 40 時間撹拌する．酢酸エチル 300 mL を加えて希釈し，10% クエン酸水溶液 100 mL，水 50 mL，飽和塩化ナトリウム水溶液 50 mL，飽和炭酸水素ナトリウム水溶液 100 mL，水 100 mL，および飽和塩化ナトリウム水溶液 100 mL で洗浄し，無水硫酸マグネシウムで乾燥する．沪過ののち，減圧濃縮し，ベンゼンとヘキサンの混合溶液から再結晶すると，*Z*-L-Val-L-Phe-OMe が得られる．収量 3.87 g（収率 94%，融点 130～132 ℃）.

16.2　活性エステル

一般のカルボン酸エステルは，保護されたカルボン酸あるいは保護されたアルコールとして機能するが，電子求引性の高い優れた脱離基を有するカルボン酸エステルは，アシル化剤として機能する．このように，活性な脱離基を有し，アシル化剤としてはたらくカルボン酸エステル誘導体を活性エステル（activated ester）とよぶ[46]．これまでに，シアノメチルエステル，チオフェニルエステル，ニトロまたはハロゲン置換フェニルエステル，ヒドロキシピリジンのエステル，*N*-ヒドロキシ化合物のエステルなど，種々の活性エステルが開発されている[47～49]．アシル化剤として汎用される酸クロリドや酸無水物はきわめて反応性が高く，アミノ基だけでなく，ヒドロキシ基とも反応するが，活性エステルは一般にアミノ基と選択的に反応する．また，再結晶などにより単離・精製することが可能で，長期保存が可能な化合物も多い．反応性が高く，比較的不安定な活性エステルは，カルボン酸と対応するヒドロキシ化合物を脱水縮合剤と反応させて合成し，単離せずに用いられる．とくに，*N*-ヒドロキシベンゾトリアゾール（HOBt）などの*N*-ヒドロキシ化合物の活性エステルを用いるペプチド結合形成反応では，ラセミ化が抑制されることが知られており，オリゴペプチドの合成においてきわめて重要な手法となっている．活性エステルは，アシル化反応の官能基選択性が高い反面，立体障害が大きく求核性の低い基質を用いる場合は反応速度が著しく低下するので注意が必要である．

16.2.1　ペンタフルオロフェニルエステルの合成

保護アミノ酸の*p*-ニトロフェニルエステルやペンタフルオロフェニルエステルは結晶性が良く，低温で長期保存が可能である．ペンタフルオロフェニルエステルは*p*-ニトロフェニルエステルや*N*-ヒドロキシスクシンイミドエステルよりも反応性が高く，Fmoc-アミノ酸エステルとしてペプチドの固相合成に用いられる．ペンタフルオロフェニルエステルは，通常カルボン酸とペンタフルオロフェノール（HOPfp）を縮合剤DCC（*N,N'*-ジシクロヘキシルカルボジイミド）を用いて合成する[50]．また，カルボン酸とトリフルオロ酢酸ペンタフルオロフェニルエステルを反応させても合成することができる[51]．なお，ペンタフルオロフェノールは，刺激性なので取り扱いには十分注意すること．

【実験例　トリフルオロ酢酸ペンタフルオロフェニルの合成[51]】

$$(CF_3CO)_2O + HO\text{-}C_6F_5 \longrightarrow CF_3COO\text{-}C_6F_5 \quad 88\%$$

ペンタフルオロフェノール9.2 g（50 mmol）と無水トリフルオロ酢酸9.8 mL（75 mmol）を混合し，40 ℃で一晩撹拌する．得られた液体を蒸留すると目的物が得られる．収量11.2 g（収率88%，沸点122 ℃, 比重1.63 g mL^{-1}）．

【実験例　Fmoc-フェニルアラニン ペンタフルオロフェニルエステルの合成[51]】

$$\text{Fmoc-NH-CH(CH}_2\text{Ph)-COOH} \xrightarrow{CF_3COO\text{-}C_6F_5} \text{Fmoc-NH-CH(CH}_2\text{Ph)-COO-}C_6F_5 \quad 99\%$$

Fmoc-フェニルアラニン 194 mg（0.5 mmol）を DMF 1 mL に溶かし，ピリジン 0.044 mL（0.55 mmol）とトリフルオロ酢酸ペンタフルオロフェニル 0.1 mL（0.58 mmol）を加え，室温で 45 分間撹拌する．反応液を酢酸エチル 100 mL で希釈し，0.1 mol L^{-1} 塩酸 100 mL で 3 回洗浄する．さらに有機層を 5% 炭酸水素ナトリウム水溶液 100 mL で 3 回洗浄する．有機層を無水硫酸マグネシウムで乾燥後，沪過して乾燥剤を取り除き，沪液を減圧留去して目的物を白色固体として得る．収量 274 mg．（収率 99%，融点 150～153 ℃）．

16.2.2　3-ヒドロキシ-3,4-ジヒドロ-1,2,3-ベンゾトリアジンエステルの合成

もっとも一般的なペプチド結合形成反応は，DCC などの縮合剤の存在下で行われるが，反応系に *N*-ヒドロキシスクシンイミド（HOSu）[52] や *N*-ヒドロキシベンゾトリアゾール（HOBt）[53] を添加すると，縮合剤を単独で用いる場合よりも反応速度が増大し，ラセミ化の副反応が抑制されることが知られている．これらの反応は，HOSu や HOBt の活性エステル経由で進行すると考えられる．実際に，保護アミノ酸の HOSu エステルは単離・精製することが可能であるが，対応する HOBt エステルは活性が高く不安定なため，生成後単離せずにそのまま反応に用いる．HOBt よりも反応の加速効果が大きい添加剤として，7-アザ-1-ヒドロキシベンゾトリアゾール（HOAt）[54] が開発されており，立体障害が大きく，縮合が困難な基質を用いる場合に有効である．一方，3-ヒドロキシ-3,4-ジヒドロ-1,2,3-ベンゾトリアジン（HODhbt）[55] から誘導される活性エステルは単離することができるため，これらの活性エステルをモノマー（単量体）とするペプチドの固相合成に適している．これまでに述べた活性エステルの反応性の序列を脱離基で表記すると，OAt ＞ OBt ＞ ODhbt ＞ OPfp ＞ OSu ＞ ONp（*p*-ニトロフェノキシ）の順である．近年，OBt や OAt を骨格に含むウロニウム型縮合剤[56,57] とホスホニウム型縮合剤[58,59] が開発されており，活性エステル中間体を経由するきわめて効率的な縮合反応が行える．

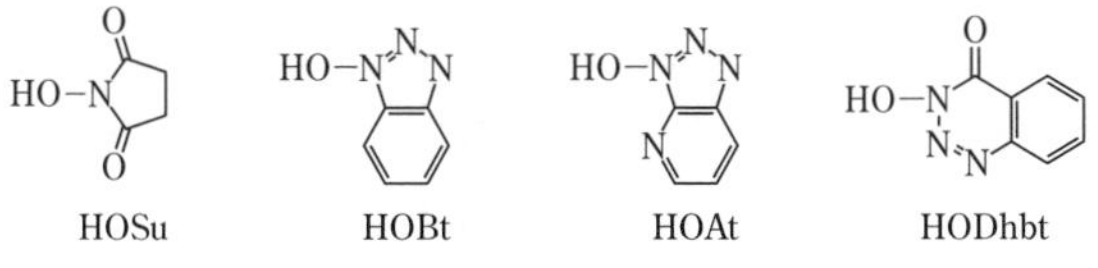

HOSu　HOBt　HOAt　HODhbt

図 16.1　添加剤の例

【実験例　Fmoc-グリシン HODhbt エステルの合成[55]】

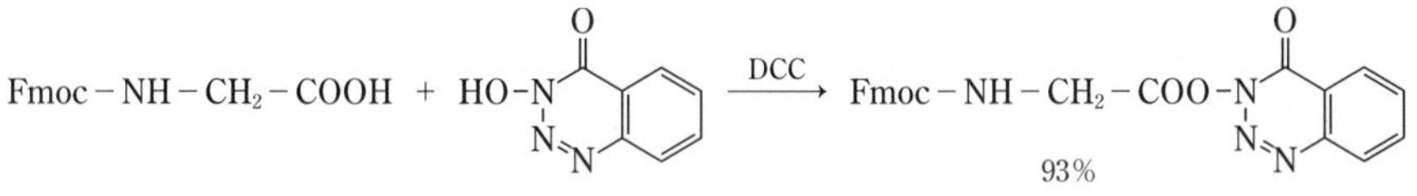

Fmoc − NH − CH_2 − COOH ＋ HO−N(HODhbt) —DCC→ Fmoc − NH − CH_2 − COO−N(Dhbt)　93%

Fmoc-グリシン 1.78 g（6 mmol）を THF 20 mL に溶かし，溶液を −15 ℃ に冷却する．

DCC 1.24 g（6 mmol）を加え，溶液を −15 ℃ で 5 分間攪拌する．HODhbt 0.987 g（6 mmol）を加え，溶液を −10 ℃ で 30 分間，0 ℃ で 4 時間攪拌する．溶液を 0 ℃ で一晩放置し，生成した *N,N′*-ジシクロヘキシルウレアを沪別する．沪液を減圧下濃縮し，得られたシロップにエーテルを加えて目的物を結晶化させる．結晶を沪取して五酸化二リン上で乾燥する．収量 2.48 g（収率 93%，融点 156～159 ℃）．

16.3　ケトン，アルデヒドの反応

16.3.1　ケトン，アルデヒドの活性化：酸触媒反応

カルボニル基は異なった電気陰性度をもつ炭素原子（2.5）と酸素原子（3.5）からなり，この差がカルボニル基を分極させて大きな双極子モーメントを発現させる．ホルムアルデヒドは 2.33 D（7.7×10^{-3} C m），アセトアルデヒドは 2.69 D，そしてアセトンは 2.90 D の双極子モーメントをもつ．アルキル基の置換の増加によってその値は大きくなる．このようにカルボニル化合物は極性分子として特徴づけられるが，この分子への求核付加を行う場合，求核剤（とくに弱い求核剤）に対する反応性は十分とはいえない．カルボニル基はその分極を利用して下式のような求電子的活性化が容易であり，これまでブレンステッド（Brønsted）酸やルイス（Lewis）酸を中心とした種々の活性化剤が開発されている．

$$\mathrm{>C^{\delta+}{=}O^{\delta-}} \xrightarrow[\text{(酸または求電子剤)}]{\mathrm{E^+}} \mathrm{>C{=}\overset{+}{O}{-}E} \longleftrightarrow \mathrm{>\overset{+}{C}{-}O{-}E}$$

a.　ヘテロ原子求核剤との反応

酸素，窒素，硫黄のヘテロ原子求核剤であるアルコール，アミン，チオールなどは，酸触媒存在下カルボニル化合物に付加する．しかし，これらの反応は可逆的であるため，目的とする付加物を選択的に得るためには種々の工夫が必要である．

（i）アルコール類との反応：アセタール化反応　アルデヒドやケトン類は，酸性条件下アルコールと反応し，ヘミアセタールを形成したのち，水の脱離によりオキソカルベニウムイオンを経て，アセタールへと変換される．いずれの過程も可逆的であり，出発物質とアセタールは平衡式で表される．目的とするアセタールを収率良く得るためには，平衡を生成物側へ傾ける必要がある．一般的な方法としては，モレキュラーシーブや硫酸マグネシウムなどの脱水剤を共存させる，または Dean–Stark トラップを取り付けてベンゼンなどとの共沸により反応で生じた水を系外へ除く方法などがある．

【実験例　アセタールの合成[60]】

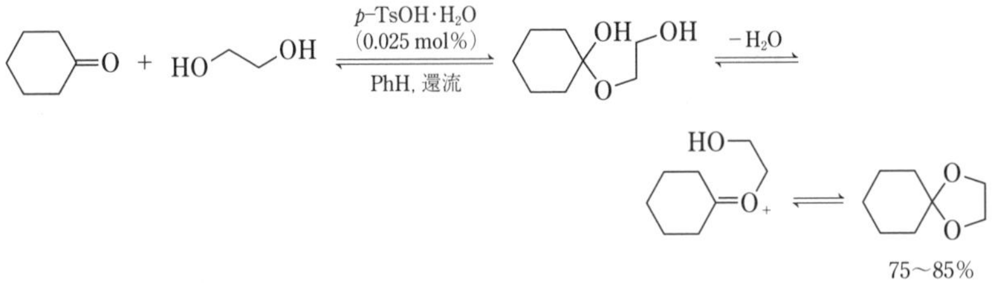

p-TsOH·H_2O (0.025 mol%)　PhH, 還流　$-H_2O$

75〜85%

シクロヘキサノン 118 g（1.2 mol），エチレングリコール 82 g（1.32 mol），ベンゼン 250 mL および p-トルエンスルホン酸一水和物 0.05 g（0.3 mmol）の混合物を Dean-Stark トラップ下に還流する（約 6 時間）．理論量の水 21.6 mL がトラップ内に移動したのを確認後，混合物を 10% 水酸化ナトリウム水溶液 200 mL で 1 回，つづいて水 100 mL で 5 回洗浄する．生成物を無水炭酸カリウムで乾燥後，ビグローカラム（20 cm）を用いて蒸留すると，目的とするアセタールが得られる．収量 128〜145 g（収率 75〜85%，沸点 65〜67 ℃/13 mmHg）．

トリメチルシリルトリフラート（TMSOTf）を触媒としたカルボニル化合物とアルコキシシランとのアセタール化反応は，非プロトン性条件下，穏和にアセタールを形成できる[61]．

【実験例　アセタール（**2**）の合成[62]】

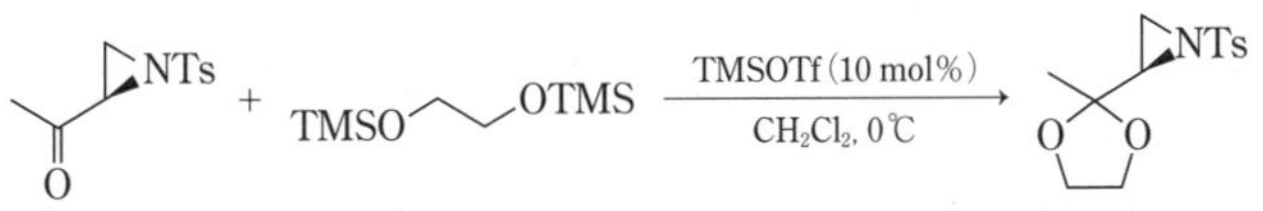

TMSOTf (10 mol%)　CH_2Cl_2, 0 ℃

（**1**）　（**2**）74 (66) %

ケトン（**1**）2.00 g（8.36 mmol）と 1,2-ビス(トリメチルシロキシ)エタン 6.2 mL（24.9 mmol）のジクロロメタン 25 mL 溶液に，0 ℃ にて TMSOTf 0.2 mL（1.0 mmol）を加える．0 ℃ にて 24 時間撹拌したのち，混合物を飽和炭酸水素ナトリウム水溶液 30 mL に注ぎ，ジクロロメタン 30 mL で 3 回抽出する．抽出液を飽和塩化ナトリウム水溶液 20 mL で洗浄したのち，無水硫酸マグネシウムで乾燥し，減圧濃縮する．得られた粗生成物をシリカゲルカラムクロマトグラフィー（ヘキサン-酢酸エチル（2：1））で精製すると，アセタール（**2**）が白色結晶として得られる．収量 1.76 g（収率 74%）．得られた白色結晶をヘキサン-エーテル（5：1）で再結晶すると，アセタール（**2**）が得られる．収量 1.56 g（収率 66%）．

酸として $Sc(OTf)_3$ を用いると，脱水剤を加えることなくジオールとアルデヒドから収率良く環状アセタールを形成できる[63]．実験操作が簡便かつ穏和な反応条件のため，複雑巨大分子の合成における小スケールの反応においても利用可能である[64]．また，生成が容易な五員環・六員環アセタールだけでなく，七員環アセタールの構築にも優れた結果を与える．

【実験例　アセタール（**5**）の合成[64)]】

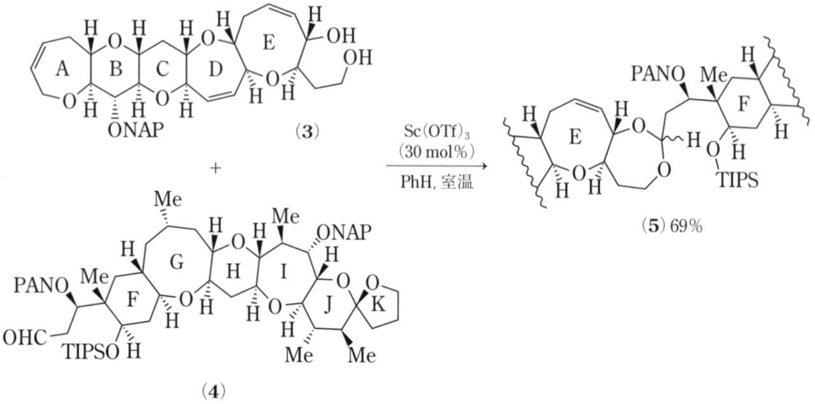

Sc(OTf)$_3$ (30 mol%)
PhH, 室温

(**3**)　(**4**)　(**5**) 69%

ジオール（**3**）15.3 mg（26.5 μmol）とアルデヒド（**4**）29.5 mg（29.0 μmol）のベンゼン0.3 mL 溶液に，室温にて Sc(OTf)$_3$ 3.7 mg（7.5 μmol）を加える．室温にて2時間撹拌したのち，酢酸エチルで希釈し，飽和炭酸水素ナトリウム水溶液を加えて反応を停止し，酢酸エチルで2回抽出する．抽出液を飽和食塩水で洗浄したのち，無水硫酸マグネシウムで乾燥し，減圧濃縮する．得られた粗生成物をシリカゲルカラムクロマトグラフィー（ヘキサン-エーテル（18：1 ～1：5））で精製すると，アセタール（**5**）が得られる．収量29.0 mg（収率69%，dr ＝5：1）．

(ii) チオールとの反応：ジチオアセタールの合成　　アセタール化と同様，酸触媒存在下にケトンあるいはアルデヒドとチオールを混合すると，ジチオアセタールが合成できる．1,3-プロパンジチオールから生成するジチオアセタール1,3-ジチアンを強塩基で処理すると，アシルアニオン等価体であるジチアンアニオンが生成する．求電子剤としてアルデヒド，ハロゲン化アルキル，エポキシドなどを用いる炭素-炭素結合形成反応が開発されている．

【実験例　ジチオアセタール（**7**）の合成[65)]】

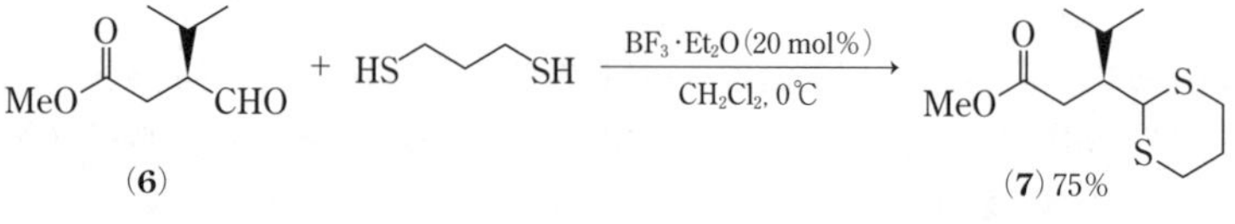

$BF_3 \cdot Et_2O$ (20 mol%)
CH_2Cl_2, 0℃

(**6**)　(**7**) 75%

アルデヒド（**6**）2.50 g（15.8 mmol）のジクロロメタン25 mL 溶液に，0℃にて1,3-プロパンジチオール2.38 mL（23.7 mmol）と $BF_3 \cdot Et_2O$　401 μL（3.16 mmol）を加える．0℃にて2時間撹拌したのち，飽和炭酸水素ナトリウム水溶液10 mL と水10 mL を加えて反応を停止し，クロロホルム15 mL で3回抽出する．抽出液を飽和塩化ナトリウム水溶液20 mL

で洗浄したのち，無水硫酸ナトリウムで乾燥し，減圧濃縮する．得られた粗生成物をシリカゲルカラムクロマトグラフィー（200 g，ヘキサン-酢酸エチル（15：1））で精製すると，ジチオアセタール（**7**）が得られる．収量 2.94 g（収率 75%）．

【実験例　**8** と **9** のカップリング体（**10**）の合成[65]】

（**7**）⇄ TBSO...（**8**）　8, *n*-BuLi/Bu_2Mg (4：1), THF　次に −78℃→室温　（**9**）　→　（**10**）56%

ジチオアセタール（**8**）50.0 mg（149 μmol）の THF 745 μL 溶液に，あらかじめ混合しておいた *n*-BuLi の 1.57 mol L^{-1} ヘキサン溶液 114 μL（179 μmol）と Bu_2Mg の 1.0 mol L^{-1} ヘプタン溶液 44.7 μL（44.7 μmol）を室温にて加える．室温で 30 分間撹拌して黄色の溶液になったら，−78 ℃に冷却し，アリルブロミド（**9**）28.2 mg（74.7 μmol）の THF 377 μL 溶液を加える．反応溶液を 1.5 時間かけて 0 ℃まで昇温し，飽和塩化アンモニウム水溶液 0.1 mL と水 2.0 mL を加えて反応を停止し，酢酸エチル 2.0 mL で 3 回抽出する．抽出液を飽和塩化ナトリウム水溶液 2.0 mL で洗浄したのち，無水硫酸ナトリウムで乾燥し，減圧濃縮する．得られた粗生成物をシリカゲルカラムクロマトグラフィー（3.7 g，ヘキサン-酢酸エチル-トリエチルアミン（66：33：1））で精製すると，カップリング体（**10**）が得られる．収量 26.5 mg（収率 56%）．

（iii）過酸との反応：バイヤー-ビリガー酸化　ケトン類を過酸で処理すると，バイヤー-ビリガー（Baeyer-Villiger）酸化が進行し，エステルを与える．過酸の酸化力は，HOOH < AcO_2H < *m*CPBA < CF_3CO_3H である．非対称ケトンに対するバイヤー-ビリガー酸化では，転位する置換基の位置選択性が重要となる．転位能は，置換基の誘起効果や立体電子効果により決定される[66,67]．触媒量の TMSOTf とビス(トリメチルシリル)ペルオキシドを用いると，炭素-炭素二重結合存在下，カルボニル基選択的にバイヤー-ビリガー酸化が進行する[68,69]．

【実験例　ラクトン（**12**）の合成[67]】

（**11**）　*m*CPBA, $KHCO_3$　$(CH_2Cl)_2$, 室温　→　（**12**）81%

ケトン（**11**）610 mg（2.67 mmol）のジクロロエタン 30 mL 溶液に，0℃にて *m*CPBA 692 mg（70% 含水，2.81 mmol）と炭酸水素カリウム 401 mg（4.01 mmol）を加える．室温にて 5 時間撹拌したのち，20% 亜硫酸水素ナトリウム水溶液を加えて反応を停止し，クロロホルムで抽出する．抽出液を飽和炭酸水素ナトリウム水溶液と飽和塩化ナトリウム水溶液で洗浄したのち，無水硫酸ナトリウムで乾燥し，減圧濃縮する．得られた粗生成物をシリカゲルカラムクロマトグラフィー（15 g，ヘキサン-酢酸エチル（7：1））で精製すると，ラクトン（**12**）が得られる．収量 529 mg（収率 81%）.

【実験例　シロスタチン C（**14**）の合成[70)]】

TMSOOTMS, TMSOTf(10 mol%)
CH_2Cl_2, −50→0℃

（**13**）　　シロスタチン C（**14**）60%

TMSOTf 1 mg（4.4 μmol）のジクロロメタン 0.5 mL 溶液に，−78℃にてビス(トリメチルシリル)ペルオキシド 40 mg（220 μmol），つづいてケトン（**13**）11 mg（44 μmol）のジクロロメタン 0.2 mL 溶液をゆっくり加える．−50℃にて 24 時間撹拌したのち，0℃に冷却した飽和炭酸水素ナトリウム水溶液 5 mL を加えて反応を停止する．混合溶液を酢酸エチルで抽出する．抽出液を飽和塩化ナトリウム水溶液で洗浄したのち，無水硫酸ナトリウムで乾燥し，減圧濃縮する．得られた粗生成物を逆相 HPLC（水-メタノール（1：1～0：1），15 mL min^{-1}）で精製すると，シロスタチン C（**14**）が白色固体として得られる．収量 7 mg（収率 60%）.

b.　炭素求核剤との反応

(i) アルキル基の導入　　アルデヒドやケトンにアルキル基を導入するもっとも標準的な試薬の一つとして，グリニャール（Grignard）反応剤があげられる．α,β-不飽和ケトンに対しては，一般的に 1,2-付加反応が進行する．また，カルボニル基の周辺に配位性官能基が存在すると，マグネシウムによる環状キレート構造を形成し，立体選択的に反応が進行する．

【実験例　アルコール（**16**）の合成[71)]】

MeMgBr
THF, −78℃

（**15**）　　（**16**）98%

α,β-不飽和ケトン（**15**）450 mg（968 μmol）の THF 9 mL 溶液に，−78 ℃ にて MeMgBr の 3.0 mol L^{-1} エーテル溶液 1.6 mL（4.8 mmol）を加える．−78 ℃ にて 1 時間撹拌したのち，エタノール 5 mL を加えて反応を停止する．室温にて，得られた溶液を 1 mol L^{-1} 塩酸 20 mL に注ぎ，酢酸エチル 20 mL で抽出する．抽出液を飽和炭酸水素ナトリウム水溶液 20 mL と飽和塩化ナトリウム水溶液 20 mL で洗浄したのち，無水硫酸ナトリウムで乾燥し，減圧濃縮する．得られた粗生成物をシリカゲルカラムクロマトグラフィー（ヘキサン-酢酸エチル（10：1～6：1）で精製すると，アルコール（**16**）が得られる．収量 458 mg（収率 98%）．

アルデヒドとジアルキル亜鉛の反応はきわめて遅い．しかし，触媒量のルイス塩基配位子を添加すると反応が大幅に加速される．この現象を利用して光学活性 β-アミノアルコールなどのキラルなルイス塩基を添加することにより，第二級アルコールを高エナンチオ選択的に収率良く合成できる[72~74]．また，単純なジアルキル亜鉛以外にも，ヒドロホウ素化を経由した方法など，官能基化されたジアルキル亜鉛のさまざまな調製法が開発されており，カルボニル基へエナンチオ選択的な付加が可能である[75]．

【実験例　(*S*)-1-フェニルプロパナールの合成[72]】

PhCHO →［(−)-DAIB 触媒, Et_2Zn / トルエン, −78℃→0℃］→ Ph–CH(OH)–Et　97%　　(−)-DAIB

加熱乾燥したシュレンク管に，(−)-3-*exo*-ジメチルアミノイソボルネオール（(−)-DAIB）371 mg（1.88 mmol）とトルエン 200 mL を入れる．この反応溶液を脱気したのち，アルゴン雰囲気下にする．この溶液にジエチル亜鉛の 4.19 mol L^{-1} トルエン溶液 27.0 mL（113 mmol）を加え，15 ℃ にて 15 分間撹拌する．−78 ℃ に冷却したのち，ベンズアルデヒド 10.0 g（94.2 mmol）を加える．0 ℃ に昇温して 6 時間撹拌したのち，飽和塩化アンモニウム水溶液を加えて反応を停止する．抽出・蒸留操作により，(*S*)-1-フェニルプロパナールが得られる．収量 12.4 g（収率 97%，98% ee）．エナンチオマー過剰率は HPLC（カラム：Bakerbond DNBPG，溶出液：イソプロピルアルコール-ヘキサン（399：1），流速：1.0 mL min^{-1}，λ：254 nm，保持時間 t_R：47.8 min，(*R*)体 50.0 min）により決定する．

【実験例　アルコール（**18**）の合成[75]】

(**17**) OTIPS →［Et_2BH, 0℃→室温 / 次に Et_2Zn］→ Zn(CH₂CH₂CH₂CH=CH–OTIPS)₂ →［PhCHO, Ti(O*i*-Pr)₄ / Et_2O, −20℃ / 触媒 (NHTf シクロヘキサンジアミン)］→ Ph–CH(OH)–CH₂CH₂CH₂CH=CH–OTIPS (**18**) 77%

セプタムとアルゴン吸入口を取り付けた50 mLの二つ口フラスコに，(*E*)-1-(トリイソプロピルシロキシ)-1,3-ブタジエン（**17**）1.13 g（5.0 mmol）を入れる．これに0℃にてジエチルボラン520 mg（5.6 mmol）を10分間かけて加える．反応溶液を35℃へと昇温したのち，6時間撹拌する．減圧下（0.7 mmHg）にて揮発性物質を取り除くと，アルキルホウ素化合物を与える．生成したアルキルホウ素化合物に，0℃にてジエチル亜鉛1.0 mL（10 mmol）を加え，20分間撹拌する．過剰に加えたジエチル亜鉛と生成したEt_3Bを減圧除去（0.7 mmHg，室温，10時間）したのち，エーテル3 mLで希釈する．$Ti(Oi\text{-}Pr)_4$ 570 mg（2.0 mmol）のエーテル1 mL溶液に，(1*R*,2*R*)-1,2-ビス(トリフルオロメタンスルホンアミド)シクロヘキサン30 mg（80 μmol）を加え，−60℃に冷却する．先ほど調製したジアルキル亜鉛のエーテル溶液をシリンジで15分間かけて加える．緑色の溶液を−60℃にて20分間撹拌したのち，さらに−20℃で10分間撹拌する．この溶液にベンズアルデヒド120 mg（1.13 mmol）を加える．10時間撹拌したのち，飽和塩化ナトリウム水溶液30 mLを加え，反応を停止する．この溶液をエーテルで抽出したのち，無水硫酸マグネシウムで乾燥し，減圧濃縮する．得られた粗生成物をシリカゲルカラムクロマトグラフィー（ヘキサン-エーテル（8：1））で精製すると，アルコール（**18**）が得られる．収量291 mg（収率77%，96% ee）．エナンチオマー過剰率は，対応する*O*-アセチルマンデル酸エステルへと誘導し，決定する．

(ii) アリル基の導入　アルデヒドやケトンは，アリル金属化合物と反応してホモアリルアルコールを与える．置換アリル化剤であるクロチル金属化合物は，1,2-シン付加物と1,2-アンチ付加物を与える可能性があり，用いる金属の種類により生成物の立体選択性が異なる．アリルホウ素化合物は，もっとも研究された有用なアリル化剤の一つである．反応はいす形六員環遷移状態（Zimmerman-Traxler遷移状態）を経由して進行するため，(*E*)-クロチルボランからはアンチ体が，(*Z*)-クロチルボランからはシン体がジアステレオ選択的に生成する（下式）．クロチルジイソピノカンフェイルボラン（$(Ipc)_2BR$）は，高いシン-アンチ選択性とエナンチオ選択性で進行するため，多くの生理活性天然物の不斉全合成に利用されている[76,77]．

Me⌒⌒BX_2 (*E*) —RCHO→ [遷移状態: H, BX_2, O, Me, R] → R–CH(OH)–CH(Me)–CH=CH₂ (アンチ)

Me⌒⌒BX_2 (*Z*) —RCHO→ [遷移状態: H, BX_2, O, R, Me] → R–CH(OH)–CH(Me)–CH=CH₂ (シン)

【実験例　ホモアリルアルコール（**20**）の合成[78]】

MPMO-CH2-CHO (**19**) →[(−)-Ipc_2B-(cis-crotyl), BF_3·Et_2O, THF, −78℃; 次に NaOH 水溶液, H_2O_2] (**20**) 84%　(−)-Ipc_2B

カリウム *t*-ブトキシド約 5.5 g を，一晩かけて高真空下 100 ℃ にて乾燥する．乾燥した固体のうち一部を取り出し，KO*t*-Bu 4.20 g（37.6 mmol）が残っている状態のフラスコにメカニカルスターラーを取り付け，THF 16 mL を加える．−45 ℃ に冷却したのち，*cis*-2-ブテン 3.7 mL（40.2 mmol）をカニューラで加え，つづいて *n*-BuLi の 2.5 mol L^{-1} ヘキサン溶液 15.1 mL（37.7 mmol）を 20 分間かけてゆっくり加えると，オレンジ色の懸濁液が生成する．−45 ℃ にて 5 分間撹拌したのち，反応溶液を −78 ℃ に冷却する．一方，(−)-*B*-メトキシジイピノソカンフェニルボラン（(−)-Ipc_2BOMe）22.5 g をグローブバック中でフラスコに取り，THF 50 mL を加える（全体で 73 mL の溶液となる）．この溶液のうち 44.0 mL（(−)-Ipc_2BOMe：13.5 g，42.7 mmol）を先ほど合成したクロチルカリウム化合物の THF 溶液に，−78 ℃ にて 15 分間かけてゆっくり滴下する．30 分間撹拌したのち，無色のスラリー状の溶液に蒸留精製した BF_3·Et_2O 6.40 mL（50.2 mmol）を 10 分間かけてゆっくり加え，つづいてトルエン共沸したアルデヒド（**19**）4.5 g（25.1 mmol）の THF 溶液 10 mL を，シリンジポンプを用いて 1.5 時間かけてゆっくり滴下する．−78 ℃ にて 3 時間撹拌したのち，3 mol L^{-1} 水酸化ナトリウム水溶液 45 mL を加え，室温にゆっくり昇温する．この間，発泡に気をつけながら 30% 過酸化水素水溶液 14.0 mL を 1.5 mL ずつ加え，反応溶液を 1 時間加熱還流する．室温に冷却したのち，12 時間撹拌し，水 50 mL を加える．混合溶液をエーテル 50 mL で 3 回抽出したのち，抽出液を飽和塩化ナトリウム水溶液 50 mL で洗浄し，無水硫酸マグネシウムで乾燥，減圧濃縮する．Ipc-OH（沸点 ~60 ℃/0.15 mmHg）を減圧蒸留で除去したのち，得られた蒸留残渣をシリカゲルカラムクロマトグラフィー（ジクロロメタン-エーテル（4：1））で精製すると，ホモアリルアルコール（**20**）が得られる．収量 4.90 g（収率 84%，*dr* > 20：1，*er* > 20：1）．エナンチオマー過剰率は，対応する MTPA エステルへと誘導し，決定する．

【実験例　ホモアリルアルコール（**22**）の合成[79]】

(**21**) →[(−)-Ipc_2B-(trans-crotyl), BF_3·Et_2O, THF, −40℃; 次に NaOH 水溶液, H_2O_2] (**22**) 71%

よく撹拌しているカリウム *t*-ブトキシド 455 mg（4.05 mmol）の THF 1.3 mL 溶液に，

trans-2-ブテン 1.20 mL（12.9 mmol）と *n*-BuLi の 1.57 mol L^{-1} ヘキサン溶液 2.55 mL（4.00 mmol）をゆっくり加える．−40 ℃ にて 1 時間撹拌したのち，反応溶液を −78 ℃ に冷却する．この溶液に，(−)-Ipc_2BOMe 2.10 g（6.64 mmol）の THF 2.1 mL 溶液をカニューラで加える．40 分間撹拌したのち，$BF_3 \cdot Et_2O$ 754 μL（6.00 mmol）とアルデヒド（**21**）780 mg（2.05 mmol）の THF 2.3 mL 溶液を加える．反応溶液を−40 ℃ にて 8.3 時間撹拌したのち，ジエチルエーテル/エタノール（1：1）10 mL で希釈する．室温に昇温したのち，20% 過酸化水素水溶液と 20% 水酸化ナトリウム水溶液の混合溶液（1：1）10 mL を加え，13 時間撹拌する．混合溶液を酢酸エチル 15 mL で 3 回抽出したのち，抽出液を飽和塩化ナトリウム水溶液で洗浄し，無水硫酸ナトリウムで乾燥，減圧濃縮する．得られた粗生成物をシリカゲルカラムクロマトグラフィー 25 g（ヘキサン-酢酸エチル（7：1〜3：1））で 3 回精製すると，ホモアリルアルコール（**22**）が得られる．収量 636 mg（収率 71%）.

ジイソピノカンフェニルボランを用いたアリル化では，しばしば反応で副生する Ipc-OH の除去が問題となる．一方，酒石酸由来のクロチルホウ酸エステルを用いた場合，水酸化ナトリウム水溶液による加水分解で容易に除去できる[80,81]．また，ホウ酸エステルのアリル化剤は，トルエン溶液として長期冷凍保存が可能な点も大きな特徴である．

【実験例　ホモアリルアルコール（**25**）の合成[82]】

i-PrO_2C, (**24**)
トルエン, MS 4A, −78℃
次に NaOH 水溶液, 室温
(**23**) → (**25**) 83%
OMPM, OH

トルエン 19 mL にモレキュラーシーブ 4A 380 mg を加えた懸濁液に，(*S*,*S*)-アリルホウ酸エステル（**24**）の 0.73 mol L^{-1} トルエン溶液 14 mL（10 mmol）を加える．反応溶液を−78 ℃ に冷却したのち，アルデヒド（**23**）1.89 g（6.84 mmol）のトルエン 9.5 mL 溶液を加える．−78 ℃ にて 1 時間撹拌したのち，3 mol L^{-1} 水酸化ナトリウム水溶液 20 mL を加え，室温にて 18 時間撹拌する．混合溶液を酢酸エチル 10 mL で 3 回抽出したのち，抽出液を無水硫酸ナトリウムで乾燥し，減圧濃縮する．得られた粗生成物をシリカゲルカラムクロマトグラフィー（トルエン-エーテル（50：1））で精製すると，ホモアリルアルコール（**25**）が得られる．収量 1.88 g（収率 83%）.

上記のキラルアリル化剤は化学量論量の試薬が必要であるのに対し，触媒的な不斉アリル化反応も開発されている．触媒量の 1,1′-ビ-2-ナフトール（BINOL）を配位子としたチタンのキラルルイス酸とアリルトリブチルスズとを組み合わせると，さまざまなアルデヒドに対し高いエナンチオ選択性でアリル化が進行する[83,84]．

【実験例　ホモアリルアルコール（**27**）の合成[85]】

H(C=O)CH2CH2OTBDPS (**26**) → [allylSnBu3, $Ti(O\textit{i}\text{-}Pr)_4$ (10 mol%), MS 4A, CH_2Cl_2, −20℃, BINOL (20 mol%)] → homoallyl alcohol OTBDPS, OH (**27**) 90%

モレキュラーシーブ4A 15.0 g とジクロロメタン80 mL の入った250 mL 丸底フラスコに，(*S*)-BINOL 1.44 g (5.03 mmol)，$Ti(O\textit{i}\text{-}Pr)_4$ の1.0 mol L^{-1} ジクロロメタン溶液2.52 mL (2.52 mmol)，直前に調製した CF_3CO_2H の1.0 mol L^{-1} ジクロロメタン溶液352 μL（352 μmol）を順次加える．反応溶液を1時間加熱還流したのち，室温に冷却する．アルデヒド（**26**）7.86 g（25.2 mmol）のジクロロメタン10 mL 溶液をカニューラで反応用フラスコに加え，さらにジクロロメタン6 mL を用いて残存しているアルデヒドを完全に反応溶液に加える．室温で30分間撹拌したのち，−78℃に冷却し，アリルトリブチルスズ12.5 g (37.7 mmol) をゆっくり加える．−78℃で10分間撹拌したのち，反応フラスコを−20℃の冷凍庫へ移し，24時間ごとに手動で撹拌する．4日後に，反応溶液をセライト沪過し，飽和炭酸水素ナトリウム水溶液100 mL の入った500 mL 三角フラスコへ注ぐ．生じたスラリー状の溶液にジクロロメタン200 mL を加え，1時間撹拌する．2層に分離したのち，水層をジクロロメタン50 mL で2回抽出する．抽出液を飽和塩化ナトリウム水溶液50 mL で4回洗浄したのち，無水硫酸マグネシウムで乾燥し，減圧濃縮する．得られた粗生成物をシリカゲルカラムクロマトグラフィー（ヘキサン-アセトン（19：1））で精製すると，ホモアリルアルコール（**27**）が得られる．収量7.73 g（収率90%，93% ee）．エナンチオマー過剰率はHPLC（カラム：Chiralcel OD-H，溶出液：ヘキサン-イソプロピルアルコール（39：1），流速：0.5 mL min^{-1}，保持時間 t_R：(*S*)体8.13 min，(*R*)体8.92 min）により決定する．

アリルインジウム試薬は，無保護のヒドロキシ基やカルボン酸が共存する基質において，アルデヒドへのアリル化が水系溶媒中で可能であり，糖質など高極性化合物の合成に有用である[86]．

【実験例　（**29**）の合成[86]】

D-mannose (**28**) → [2-(bromomethyl)acrylic acid (CO_2H, Br), In, H_2O, 室温] → HO–polyol–CO_2H (**29**) 64%

D-マンノース（**28**）360 mg（2.0 mmol）と *α*-ブロモメチルアクリル酸1.32 g（8.0 mmol）

の水 20 mL 溶液に，室温にて粉末インジウム 920 mg（8.0 mmol）を加える．11 時間撹拌したのち，反応溶液をセライト沪過する．得られた沪液に Dowex 50X2-100(H^+)樹脂（乾燥重量 3 g）を加える．樹脂を沪過で除去したのち，水溶液を凍結乾燥する．得られた白色結晶をヘキサン-酢酸エチル（3：1）の混合溶媒 15 mL で洗浄し，過剰に加えた α-ブロモエチルアクリル酸を除去すると，5：1 のジアステレオマー混合物を与える．これを酢酸エチル-メタノールで再結晶すると（**29**）が得られる．収量 335 mg（収率 64%）．

(iii) アルキンの導入　トリエチルアミン存在下，末端アルキンと $Zn(OTf)_2$ を反応させると亜鉛アセチリドが生成する．亜鉛アセチリド自体はアルデヒドとは反応しないが，等量または触媒量のキラルアミノアルコール配位子が存在すると，エナンチオ選択的なアルデヒドへの付加が進行する（式(16.8)）[87,88]．この反応では，末端アセチレンを前もってグリニャール反応剤などに活性化しておく必要がなく，直截的にアルデヒドに付加できる．また，末端アルキンとジエチル亜鉛から調製した亜鉛アセチリドは，BINOL 由来のキラルチタン錯体の存在下アルデヒドに付加する（式(16.9)）[89,90]．

OBn, CHO, MeO_2C, NO_2 → [Ph, Me, HO, NMe_2; H—≡—TMS; $Zn(OTf)_2$, Et_3N; トルエン，室温] → OBn, TMS, OH, MeO_2C, NO_2　(16.8)

【実験例　プロパルギルアルコール（**31**）の合成[91]】

(**30**) OTHP → [$ZnEt_2$，トルエン，110℃; 次に CHO; (*R*)-BINOL (10 mol%); Ti(O*i*-Pr)$_4$ (25 mol%); PhOH, Et_2O，室温] → OH, OTHP (**31**) 95%　(16.9)

アセチレン（**30**）1.24 g（10.0 mmol）のトルエン 1 mL 溶液に，室温にてジエチル亜鉛の 1.1 mol L^{-1} トルエン溶液 10 mL（10.0 mmol）を加え，1 時間加熱還流する．一方，キラルルイス酸を調製するため，(*R*)-BINOL 286 mg（1.0 mmol），フェノール 94 mg（1.0 mmol），Ti(O*i*-Pr)$_4$ 740 μL（2.5 mmol）をエーテル 3 mL 中で 30 分間撹拌しておく．生じたキラルルイス酸のジエチルエーテル溶液を，室温にて亜鉛アセチリドの溶液に加え，1 時間撹拌する．この溶液に室温にてペンタナール 260 μL（2.5 mmol）を加える．4 時間撹拌したのち，飽和塩化アンモニウム水溶液 15 mL を加えて反応を停止し，この溶液を酢酸エチル 10 mL で 2 回抽出する．得られた抽出液を 2 mol L^{-1} 塩酸 5 mL で 2 回，飽和炭酸水素ナトリウム 5 mL 水溶液で 2 回，飽和塩化ナトリウム水溶液で 2 回洗浄し，無水硫酸マグネシウムで乾燥，減圧濃縮する．得られた粗生成物をシリカゲルカラムクロマトグラフィー（ジクロロメタン-メタノール（99：1））で精製すると，プロパルギルアルコール（**31**）が得られる．収量 504 mg（収率 95%，93% ee）．エナンチオマー過剰率は HPLC（カラム：DAICEL Chiralpak AD-H，溶出液：ヘキサン-イソプロピルアルコール，流速：1.0 mL min^{-1}，λ：210 nm，保持時間 t_R：(S)体 10.3 min，(R)体 11.7 min）により決定する．

(iv) シアノ基の導入　アルデヒドやケトン類にシアノ基が付加したシアノヒドリンのヒドロキシ基をシリル基やエトキシエチル基で保護した化合物は，脱プロトン化によりアシルアニオン等価体となり，さまざまな求電子剤と反応する．

【実験例　**33** と **34** のカップリング体（**35**）の合成[92)]】

(**32**) → 1) TMSCN, 18-クラウン-6, KCN　2) EtOCH=CH_2, CSA, CH_2Cl_2, 室温 → (**33**)

(**33**) → LiN(TMS)$_2$, THF, −78℃, (**34**) → (**35**) 83%

18-クラウン-6 2.64 g（10.0 mmol）と粉砕したシアン化カリウム 652 mg（10.0 mmol）を脱水メタノール 45 mL に温めながら溶解させる．メタノールをロータリーエバポレーターで除去したのち，生成した白色結晶を高真空下 12 時間乾燥すると 18-クラウン-6/シアン化カリウムの 1：1 錯体が調製できる．シトラール（**32**）1.30 g（8.54 mmol）に，0 ℃にてトリメチルシリルシアニド（TMSCN）1.4 mL（11.3 mmol）と触媒量の 18-クラウン-6/シアン化カリウム錯体 1 mg を加える．室温で 1 時間撹拌したのち，反応溶液を THF で希釈し，0 ℃にて 1 mol L^{-1} 塩酸を加える（**注意！** シアン化水素が発生する）．0 ℃でさらに 30 分間撹拌したのち，この溶液をエーテルで抽出する．抽出液を飽和塩化ナトリウム水溶液で洗浄したのち，無水硫酸マグネシウムで乾燥し，減圧濃縮する．得られた粗生成物は精製せずに次の反応に用いる．シアノヒドリンのジクロロメタン 10.0 mL 溶液に，0 ℃にてエチルビニルエーテル 1.64 mL（17.1 mmol）とカンファースルホン酸（CSA）132 mg（568 μmol）を加える．室温にて 1 時間撹拌したのち，反応溶液を飽和炭酸水素ナトリウム水溶液に注いで反応を停止し，この溶液をエーテルで抽出する．抽出液を飽和塩化ナトリウム水溶液で洗浄したのち，無水硫酸マグネシウムで乾燥し，減圧濃縮する．得られた粗生成物をシリカゲルカラムクロマトグラフィー（ヘキサン-酢酸エチル（19：1））で精製すると，シアノヒドリン保護体（**33**）が得られる．収量 1.78 g（2 工程収率 83%）．シアノヒドリン保護体（**33**）98.9 mg（393 μmol）の THF 5.0 mL 溶液に，−78 ℃にて LiN(TMS)$_2$ の 1.0 mol L^{-1} トルエン溶液 454 μL（454 μmol）をゆっくり滴下する．同温度で 30 分間撹拌したのち，この反応溶液に臭素化ベンジル誘導体（**34**）108 mg（303 μmol）の THF 3.00 mL 溶液をゆっくり加える．0 ℃ にて 30 分間撹拌したのち，反応溶液をエーテルと 1 mol L^{-1} 塩酸の混合溶液に注いで反応を停止し，エーテルで抽出する．得られた抽出液を飽和炭酸水素ナトリウム水溶液と飽和塩化ナトリウム水溶液で洗浄したのち，無水硫酸マグネシウムで乾燥し，減圧濃縮する．得られた粗生成物をシリカゲルカラムクロマトグラフィー（ヘキサン-エーテル（3：1））で精製すると，カップリング体（**35**）が得られる．収量 133 mg（収率 83%）．

光学活性なシアノヒドリンは，α-ヒドロキシ酸，α-ヒドロキシアルデヒドへと容易に誘導できる有用なキラルビルディングブロックであるため，さまざまな不斉合成法が開発されている．アルミニウム由来のルイス酸部位と，ホスフィンオキシドによるルイス塩基部位を同一分子内に有する複合多点認識触媒は，アルデヒドの触媒的シアノシリル化を効率的に進行させる[93]．また，$Ti(O\textit{i}-Pr)_4$ や $Gd(O\textit{i}-Pr)_3$ 由来の多点認識触媒は，ケトンの触媒的シアノシリル化において，優れた結果を与える[94,95]．100 g の反応スケールで，わずか 1 mol% のキラルガドリニウム触媒により，高収率かつ高エナンチオ選択的にシアノシリル化が進行する[96]．

【実験例 シアノヒドリン（**38**）の合成[97]】

加熱乾燥したフラスコにキラル配位子（**37**）64 mg（89.5 μmol）を入れ，高真空下 50 ℃ にて 2 時間乾燥する．この反応容器に室温にてジクロロメタン 3 mL と塩化ジエチルアルミニウムの 0.96 mol L^{-1} ヘキサン溶液 93 μL（89 μmol）を順次加える．10 分間撹拌したのち，トリブチルホスフィンオキシド 78 mg（358 μmol）のジクロロメタン 1.2 mL 溶液を加える．得られた混合物をさらに 1 時間撹拌すると均一な溶液となる．この触媒の溶液に，−40 ℃ にてアルデヒド（**36**）300 mg（1.79 mmol）のジクロロメタン 1.4 mL 溶液を加える．30 分間撹拌したのち，TMSCN 287 μL（2.15 mmol）を，シリンジポンプを用いて 48 時間かけてゆっくり滴下する（TMSCN の融点は 11～12 ℃ のため，凍らないようにフラスコの上部から滴下するようにする）．−40 ℃ にて 39 時間撹拌したのち，生じたシリルエーテルに TFA 2.0 mL を加え，室温に昇温して 1 時間よく撹拌する．酢酸エチル 30 mL を加え，さらに 30

分間撹拌する．得られた反応溶液を水で洗浄する．さらに水層を酢酸エチル 30 mL で 2 回抽出したのち，抽出液を飽和塩化ナトリウム水溶液で洗浄し，無水硫酸ナトリウムで乾燥，減圧濃縮する．得られた粗生成物をシリカゲルカラムクロマトグラフィー（ヘキサン-エーテル（3：1））で精製すると，シアノヒドリン（**38**）が得られる．収量 337 mg（収率 97%，99% ee）．エナンチオマー過剰率は TBS 保護体へ変換したのち，HPLC（カラム：DAICEL Chiralpak AD，溶出液：ヘキサン-イソプロピルアルコール（100：1），流速：1.0 mL min^{-1}，保持時間 t_R：(*R*)体 7.5 min，(*S*)体 8.0 min）により決定する．

【実験例　シアノヒドリン保護体（**41**）の合成[96]】

Gd(O*i*-Pr)$_3$ (1 mol%)
TMS, CN, CH_3CH_2CN
−40℃
(**39**)
(**40**) (2 mol%)
TMSO CN
(**41**) 100%

0 ℃ に冷却したキラル配位子（**40**）4.51 g（10.6 mmol）の THF 106 mL 溶液に，Gd(O*i*-Pr)$_3$ の 0.2 mol L^{-1} THF 26.6 mL（5.31 mmol）溶液を加える．45 ℃ にて 30 分間撹拌したのち，室温に冷却する．THF をロータリーエバポレーターで除去後，残渣を高真空下（5 mmHg）で 6 時間乾燥する．この触媒にケトン（**39**）100 g（531 mmol）を加える．−40 ℃ にてプロピオニトリル 71 mL と TMSCN 85 mL（637 mmol）を順に加える．−40 ℃ にて 40 時間撹拌したのち，水を加えて反応を停止し（**注意！** シアン化水素が発生する），この溶液を酢酸エチルで抽出する．抽出液を飽和塩化ナトリウム水溶液で洗浄したのち，無水硫酸ナトリウムで乾燥し，減圧濃縮する．得られた粗生成物をシリカゲルカラムクロマトグラフィー（450 g，ヘキサン-酢酸エチル（20：1））で精製すると，シアノヒドリン保護体（**41**）が得られる．収量 152 g（収率 100%，94% ee）．また，キラル配位子（**40**）とそのシリル化体は，カラムからクロロホルム-メタノール（15：1）で溶出したのち，塩化水素の THF/H_2O 溶液で処理し，抽出，再結晶により純粋な **40** が回収できる（回収率 95%）．エナンチオマー過剰率はヒドロキシカルボン酸へと誘導したのち，HPLC（カラム：DAICEL Chiralpak AS，溶出液：ヘキサン-イソプロピルアルコール-TFA（95：5：0.1），流速：1.0 mL min^{-1}，保持時間 t_R：(*S*)体 7.3 min，(*R*)体 10.6 min）により決定する．

(v) カルボニル-エン反応　一般にカルボニル-エン反応は，高温かつ過剰のオレフィンの使用が不可欠であるが，ルイス酸の添加により反応速度が加速され，低温で進行するようになる．アルデヒドと 1,1-二置換オレフィンを有する基質をルイス酸で処理すると，分子内カルボニル-エン反応が進行し，環構造が構築できる．

【実験例　8-エピグロシミン（**43**）の合成[98]】

1）Dess-Martin試薬（AcO, OAc, -OAc, I, O, O）
CH_2Cl_2 ピリジン, 室温
2）$BF_3 \cdot Et_2O$, CH_2Cl_2, 室温

（**42**）　→　8-エピグロシミン（**43**）85%

Dess-Martin 試薬 130 mg（310 μmol）のピリジン 1.4 mL-ジクロロメタン 5 mL 溶液に，室温にてアルコール（**42**）70 mg（260 μmol）のジクロロメタン 5 mL 溶液を加える．20 分間撹拌したのち，飽和亜硫酸ナトリウム水溶液 2 mL と飽和炭酸ナトリウム水溶液 3 mL を加えて反応を停止する．20 分間撹拌したのち，この溶液をジクロロメタン 10 mL で 3 回抽出する．得られた抽出液を無水硫酸ナトリウムで乾燥し，沪過したのち，濃縮せずに次の反応に用いる．室温にて沪液に触媒量の $BF_3 \cdot Et_2O$ を加える．3 時間撹拌したのち，飽和炭酸水素ナトリウム水溶液 5 mL を加えて反応を停止し，この溶液をジクロロメタン 5 mL で 3 回抽出する．得られた抽出液を無水硫酸マグネシウムで乾燥し，減圧濃縮する．得られた粗生成物をシリカゲルカラムクロマトグラフィーで精製すると，8-エピグロシミン（**43**）が得られる．収量 59 mg（収率 85%）．

触媒量のビス(オキサゾリン)銅錯体を用いると，一置換，1,1-二置換，1,2-二置換オレフィンとグリオキシル酸エステルとのカルボニル-エン反応が効率良く進行する[99]．20 g 以上の反応スケールにおいて，1 mol% のキラル銅錯体により，高い収率と光学収率で α-ヒドロキシエステルを与えるため，複雑な天然物の全合成に応用されている[100]．三配位シッフ(Schiff) 塩基クロム錯体は，2-メトキシプロペンまたはシリルエノールエーテルとアルデヒドとの触媒的不斉ヘテロエン反応を促進する[101,102]．多置換芳香族アルデヒドと 30 g スケールでヘテロエン反応が高収率かつ高エナンチオ選択性で進行し，実用性が高い[103]．

【実験例　α-ヒドロキシエステル（**46**）の合成[100]】

（1 mol%）キラル銅錯体（**45**）（t-Bu, H_2O, OH_2, Cu, $2\,SbF_6^-$）
EtO_2CCHO, CH_2Cl_2, 室温

TBDPSO（**44**）　→　TBDPSO…OH…OEt（**46**）89%

500 mL 丸底フラスコに，ジクロロメタン 250 mL，グリオキシル酸エチル（トルエン溶液，37.1 g，215 mmol），アルケン（**44**）20.1 g（64.6 mmol），キラル銅錯体（**45**）562 mg（649 μmol）を加える．室温にて青色反応溶液を 12 時間撹拌したのち，反応溶液の溶媒を減圧下

で除去し，得られる粗生成物を減圧カラムクロマトグラフィー[104]（ヘキサン-酢酸エチル（1：0～3.5：1））で精製すると，α-ヒドロキシエステル（**46**）が得られる．収量 23.8 g（収率 89%，98% ee）．エナンチオマー過剰率は，HPLC（カラム：Chiralcel OD-H，溶出液：ヘキサン-イソプロピルアルコール（65：1），流速：1.0 mL min^{-1}，λ：254 nm，保持時間 t_R：(*R*)体 8.0 min，(*S*)体 9.6 min）により決定する．

【実験例　β-ヒドロキシエステル（**49**）の合成[103]】

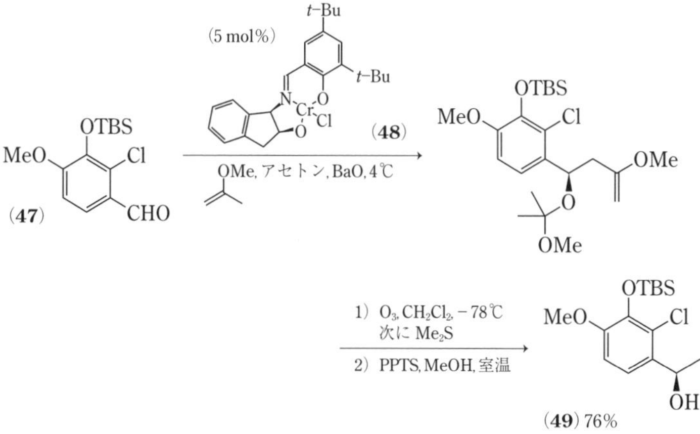

キラルクロム錯体（**48**）2.80 g（6.21 mmol）のアセトン 35 mL 溶液に，室温にて酸化バリウム 80 g を加える．5 時間撹拌したのち，2-メトキシプロペン 20 mL（209 mmol）を加え，反応容器を 4 ℃ まで冷却する．同温度にて，アルデヒド（**47**）30.0 g（99.7 mmol）のアセトン 25 mL 溶液を加え，40 時間撹拌する．反応溶液をジクロロメタンで希釈したのち，セライト沪過し，溶媒を除去する．得られた残渣をジクロロメタン 500 mL に溶かし，反応容器を −78 ℃ まで冷却する．この溶液に，オゾンガスを 2 時間吹き込み，原料が消失したら酸素を吹き込んで溶液内のオゾンを除去する．ジメチルスルフィド 80 mL（1.09 mol）を加え，室温にて 3 時間撹拌する．溶媒を除去したのち，残渣をエーテルで希釈する．このエーテル溶液を飽和炭酸水素ナトリウム水溶液，水，飽和塩化ナトリウム水溶液で洗浄したのち，無水硫酸ナトリウムで乾燥し，減圧濃縮する．得られた残渣をメタノール 500 mL に溶解し，室温にてピリジニウム *p*-トルエンスルホナート（PPTS）100 mg（398 μmol）を加え，2 時間撹拌する．トリエチルアミン 5.0 mL（3.7 mmol）を加え反応を停止し，溶媒を減圧除去する．得られた粗生成物をシリカゲルカラムクロマトグラフィー（ヘキサン-酢酸エチル（20：1～5：1））で精製すると，β-ヒドロキシエステル（**49**）が得られる．収量 28.5 g（3 工程収率 76%，98% ee）．

c.　還元剤との反応

隣接した不斉炭素を利用すると，分子配座が柔軟な鎖状分子においてもジアステレオ選択的にケトンの還元が進行し，第二級アルコールが立体選択的に合成できる．α-ヒドロキシケトンの $LiAlH_4$ 還元では，ヒドロキシ基の保護基と溶媒の組合せにより，1,2-不斉誘導のジアステレオ選択性を制御できる[105]．保護基として TBDPS 基を用い，溶媒を THF とすると，Felkin-Anh モデルで反応が進行するのに対し，ベンジル基とエーテルの組合せではキレートモデルで反応が進行する．

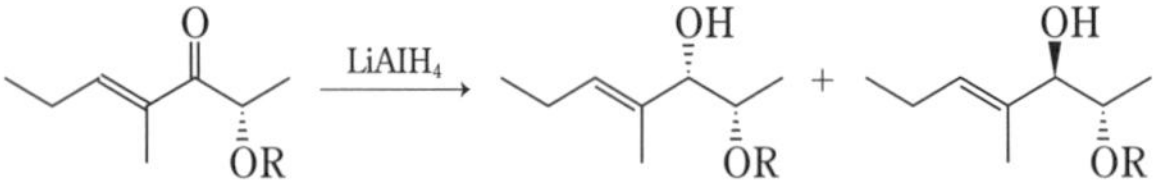

Felkin-Anh モデル経由　キレートモデル経由

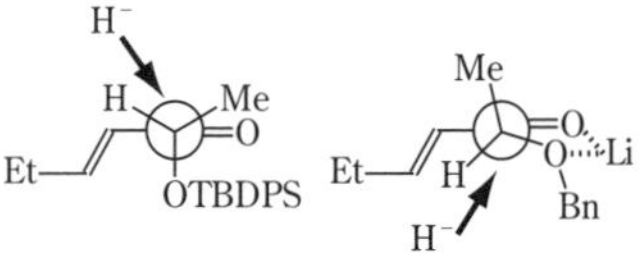

R	溶媒	dr
TBDPS	THF	95：5
Bn	Et_2O	2：98

Felkin-Anh モデル　　キレートモデル

β-ヒドロキシケトンの還元では，用いる還元剤の種類によりジアステレオ選択性を制御できる．Et_2BOMe 存在下での $NaBH_4$ 還元は，六員環遷移状態を経由した分子間ヒドリド付加によりシン体を与える[106]．一方，$Me_4NBH(OAc)_3$ は，いす形六員環遷移状態を経由した分子内ヒドリド付加によりアンチ体が生成する（式(16.10)）[107]．

【実験例　ジオール（**51**）の合成（式(16.10)）[108]】

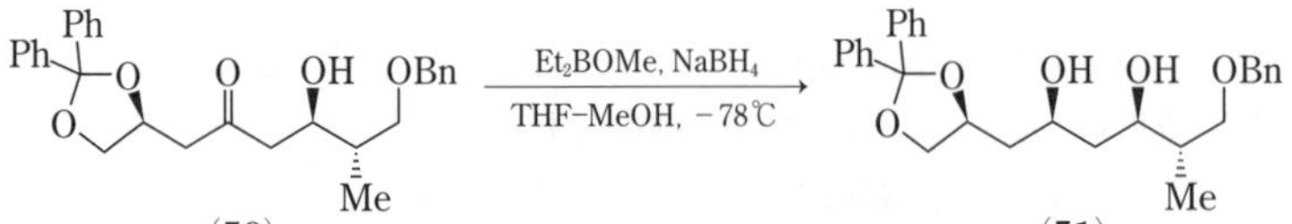

Et_2BOMe, $NaBH_4$ / THF-MeOH, −78℃　(16.10)

（**50**）　（**51**）

β-ヒドロキシケトン（**50**）9.15 g（19.9 mmol）の THF-メタノール（4：1，250 mL）溶液に，−78 ℃にて Et_2BOMe の 1.0 mol L^{-1} THF 溶液 22 mL（21.9 mmol）を加える．15 分間撹拌したのち，テトラヒドロホウ酸ナトリウム 905 mg（23.9 mmol）を加える．−78 ℃にて 2 時間撹拌したのち，水を加えて反応を停止し，この溶液を酢酸エチルで抽出する．抽出液を水と飽和塩化ナトリウム水溶液で洗浄したのち，無水硫酸ナトリウムで乾燥し，減圧濃縮する．得られた残渣をメタノール 80 mL に溶かし，ロータリーエバポレーターで留去する操作を 4~5 回繰り返す．得られた粗生成物をシリカゲルカラムクロマトグラフィー（ヘキサン-酢酸エチル（2：1））で精製すると，ジオール（**51**）が得られる．収量 8.95 g（収率 97%）．

【実験例　ジオール（**53**）の合成[108]】

$Me_4NBH(OAc)_4$
MeCN–AcOH，−25℃
（**52**）
（**53**）95%

$Me_4NBH(OAc)_3$ 10.4 g（39.4 mmol）の MeCN–AcOH（1：1）30 mL 溶液に，−25 ℃ にて β-ヒドロキシケトン（**52**）3.45 g（5.63 mmol）の MeCN 5 mL 溶液を加える．−25 ℃ にて 27 時間撹拌したのち，25% アンモニア水を反応系が塩基性になるまで加えて反応を停止し，この溶液を酢酸エチルで抽出する．抽出液を水と飽和塩化ナトリウム水溶液で洗浄したのち，無水硫酸ナトリウムで乾燥し，減圧濃縮する．得られた粗生成物をシリカゲルカラムクロマトグラフィー（ヘキサン-酢酸エチル（3：1））で精製すると，ジオール（**53**）が得られる．収量 3.29 g（収率 95%）．

触媒量のキラルオキサボロリジンを用いると，ボランによりケトンをエナンチオ選択的に還元できる[109,110]．芳香族・脂肪族・鎖状・環状・不飽和ケトンと多種多様なケトンに対して，高いエナンチオ選択性で還元が進行する．

【実験例　アルコール（**56**）の合成[110]】

（**55**）（15 mol%）
トルエン，−78℃
（**54**）
（**56**）88%

トルエン共沸で乾燥した不飽和ケトン（**54**）50 mg（280 μmol）のトルエン 900 μL 溶液に，キラルオキサボロリジン（**55**）の 0.2 mol L^{-1} トルエン溶液 215 μL（43 μmol）を加える．この溶液を −78 ℃ に冷却すると不均一溶液になるので，激しく撹拌しながらカテコールボラン 51 mg（46 μL，430 μmol）のトルエン 138 μL 溶液を滴下する．−78 ℃ にて 20 時間撹拌すると，はじめ暗赤色であった反応溶液がピンク色となる．メタノール 200 μL を加えて反応を停止し，室温としたのち，エーテル 40 mL で希釈する．混合溶液の水層が無色になるまで，緩衝液（pH 13，1 mol L^{-1} 水酸化ナトリウム-飽和炭酸水素ナトリウム（2：1）水溶液）で洗浄する．暗色の水層をエーテル 10 mL で 2 回逆抽出し，合わせた抽出液を飽和塩化ナトリウム水溶液 5 mL で 2 回洗浄したのち，無水硫酸マグネシウムで乾燥し，溶液が 10 mL になるまで減圧濃縮する．この溶液に塩化水素の 0.5 mol L^{-1} メタノール溶液 86 μL（43 μmol）を加え，生じたアミノアルコールの塩を沪過し，沪液を減圧濃縮する．得られた粗生成物をシリカゲルカラムクロマトグラフィー（ヘキサン-酢酸エチル（4：1））で精製すると，アルコール（**56**）が得られる．収量 44 mg（収率 88%，95% ee）．エナンチオマー過剰率は，HPLC（カラム：Chiralcel OD，溶出液：ヘキサン-イソプロピルアルコール（39：1），流速：1.0 mL min^{-1}，λ：254 nm，保持時間 t_R：(*R*)体 42.2 min，(*S*)体 49.3 min）により決定する．

16.3.2　カルボニル化合物 α 位の活性化：エノラートの発生法と反応

カルボニル基 α 位水素の塩基による引抜きで生じるエノラート種は，ハロゲン化アルキルやアルデヒドなどの各種求電子剤と反応し，炭素-炭素結合や炭素-ヘテロ原子結合を形成するため，合成上非常に有用な活性種である．

エノラート種の発生法は塩基による脱プロトン化をはじめとして種々の方法が報告されているが，そのさいの重要な点を以下にあげる．(1) 位置選択的エノラートの発生，(2) エノラートの立体（*Z*/*E*）選択的発生，(3) エノラート調製時およびその後の反応中における α, α' 間のエノラート交換の阻止．カルボニル化合物の位置，立体選択的反応を行うにはこれらの課題の克服が必須である．

a.　エノラートの発生法

(i) 塩基によるエノラートの直接的発生法　エノラート生成のしやすさは，α 位水素の示す酸性度（pK_a 値）に依存する．カルボニル α 位および水素化物などに関する pK_a 値を表 16.1 に示す．とくに 15 以上の弱酸性化合物に関しての pK_a は，測定方法や溶媒によってか

表 16.1　カルボニル化合物および水素化合物の pK_a 値（DMSO 中）

化合物	pK_a	化合物	pK_a
$CH_2(COCMe)_2$	13.3[1]	H_2O	31.4[4]
$CH_3COCH_2CO_2Et$	14.2[1]	CH_3OH	29.0[4]
$CH_2(CO_2Et)_2$	16.4[2]	EtOH	29.8[4]
$PhCOCH_3$	24.7[3]	*t*-BuOH	32.2[4]
CH_3COCH_3	26.5[1]	Ph_3CH	30.6[3]
$CH_3CH_2COCH_2CH_3$	27.1[3]	NH_3	41[5]
CH_3CO_2*t*-Bu	30.3	*i*-Pr_2NH	36（THF）
		CH_4	56

1) F. G. Bordwell, *Acc. Chem. Res.*, **21**, 456 (1988).
2) W. N. Olmstead, Z. Margolin, F. G. Bordwell, *J. Org. Chem.*, **45**, 3299 (1980).
3) W. S. Matthews, N. R. Vanier *et al.*, *J. Am. Chem. Soc.*, **97**, 7006 (1975).
4) W. N. Olmstead, Z. Margolin, F. G. Bordwell, *J. Org. Chem.*, **45**, 3295 (1980).
5) F. G. Bordwell, G. E. Drucker, H. E. Fried, *J. Org. Chem.*, **46**, 632 (1981).

表 16.2　通常用いられる塩基

EtONa[1]	*t*-BuOK[2]	NaH[3]	KH[4]	Ph_3CLi[5]	*i*-Pr_2NLi (LDA)[6]
c-C_6H_{11}(*i*-Pr)NLi (LICA)[7]		$[Me_3Si]_2NM$ (M = Li, Na, K)[8]		N Li[9]	

1) H. Henecka, Houben-Weyl, "Methoden der Organischen Chemie", Vol. 8, E. Muller, ed., p.600, Georg Thieme Verlag (1952).
2) D. E. Person, C. A. Buehler, *Chem. Rev.*, **74**, 45 (1974).
3) a) J. P. Schaffer, *Org. React.*, **15**, 1 (1967); b) A. P. Krapcho, J. Diamanti, C. Cayen, R. Bingham, *Org. Synth.*, **47**, 20 (1967).
4) a) C. A. Brown, *J. Org. Chem.*, **39**, 3913 (1974); b) R. B. Gammill, T. A. Bryson, *Synthesis*, **1976**, 401; c) E. Buncel, B. Menon, *J. Chem. Soc., Chem. Commun.*, **1976**, 648.
5) a) H. O. House, B. M. Trost, *J. Org. Chem.*, **30**, 2502 (1965); b) H. O. House, B. A. Tefertiller, H. D. Olmstead, *ibid.*, **33**, 935 (1968).
6) a) H. O. House, L. J. Cuba, M. Gall, H. D. Olmstead, *J. Org. Chem.*, **34**, 2324 (1969); b) P. L. Creger, *Org. Synth.*, **50**, 58 (1970); c) G. Wittig, A. Hesse, *ibid.*, **50**, 66 (1970).
7) M. W. Rathke, A. Lindert, *J. Am. Chem. Soc.*, **93**, 2318 (1971).
8) a) U. Wannagat, H. Niederprüm, *Chem. Ber.*, **94**, 1540 (1961); b) S. Masamune, J. W. Ellingboe, W. Choy, *J. Am. Chem. Soc.*, **104**, 5526 (1982); c) H. J. Bestmann, W. Stransky, O. Vostrowsky, *Chem. Ber.*, **109**, 1694, 3378 (1976); 文献 4a) およびその中の文献.
9) R. A. Olofson, C. M. Dougherty, *J. Am. Chem. Soc.*, **95**, 582 (1973).

なりの変動がある．比較的酸性度の高い基質の脱プロトン化には金属アルコキシドや金属ヒドリドを用いるのが良い．エーテル系溶媒に可溶な強塩基性金属アミド（R_2NH，pK_a 41～44，DMSO 中）はカルボニル化合物からほぼ不可逆的に脱プロトン化を行うことができ，かつ立体的にかさ高いため，速度論支配のエノラートの発生に有力である．アミン非存在下にてエノラートを発生させるには金属炭化水素を用いるのが良い．そのほか一般に用いられる塩基を表 16.2 にまとめる．

リチウムジイソプロピルアミド（LDA）はカルボニル化合物からエノラートを調製する目的でもっともよく用いられる標準的な塩基である．最近では市販もされているが，通常はジイソプロピルアミンと *n*-ブチルリチウムから調製する．エノラート交換を抑制し，速度論支配のエノラートを調製するためには，低温（−78 ℃）で小過剰量の塩基に対して基質を滴下する[111]．

【実験例　ジソプロピルアミドの調製とエノラートの発生[112]】

アルゴン下，ジイソプロピルアミン 3.44 g（34.1 mmol）の THF 25 mL 溶液に−78 ℃で *n*-ブチルリチウムの 1.61 mol L^{-1} ヘキサン溶液 21.1 mL（34.0 mmol）を撹拌しながら加える．反応液を 15 分間かけて 0 ℃まで昇温すると LDA 溶液が得られる．通常ジイソプロピルアミンはアルキルリチウムに対し少過剰量用いる．エノラートを調製するにはこの溶液を−78 ℃に冷却し，そこにカルボニル化合物またはその溶液を滴下すれば良い．

LDA やその他のかさ高いアミド塩基を用いたエノラート発生法は応用範囲が広く，各種

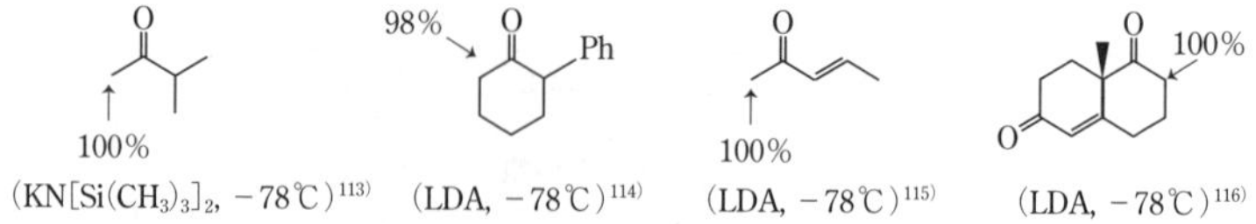

(KN[Si(CH$_3$)$_3$]$_2$, −78℃)[113]　(LDA, −78℃)[114]　(LDA, −78℃)[115]　(LDA, −78℃)[116]

図 16.2　位置選択的エノラート生成例

ケトン類のほか，α,β-不飽和ケトン類も適切な条件を選ぶことで位置選択的に反応させることができる．いくつかの例を図 16.2[113~116] に示す．

【実験例　LiHMDS を用いたエノラート発生とアルキル化[117]】

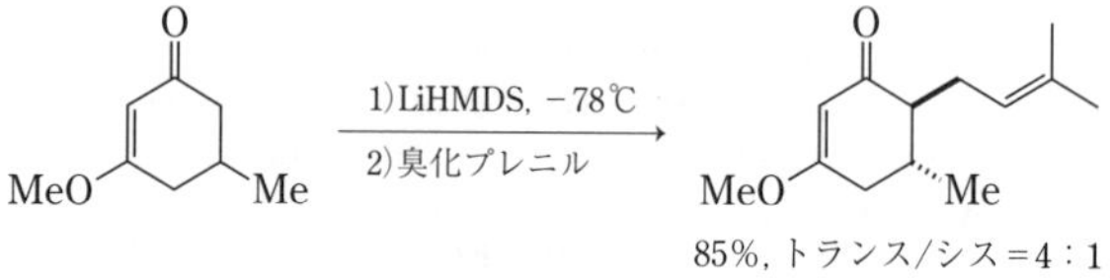

1) LiHMDS, −78℃　2) 臭化プレニル

85%，トランス/シス＝4：1

アルゴン下，リチウムヘキサメチルジシラジドの 1 mol L^{-1} THF 溶液 35.4 mL（35 mmol）を無水 THF 100 mL に加え，−78 ℃に冷却したのち，ここに 3-メトキシ-5-メチル-2-シクロヘキセン-1-オン 4.72 g（33.7 mmol）の THF 溶液 150 mL をゆっくりと滴下する．−78 ℃で 1 時間撹拌後，臭化プレニル 4.28 mL（37.1 mmol）の THF 溶液 10 mL を加える．混合物を 3 時間かけて 0 ℃に昇温し，飽和塩化アンモニウム水溶液 75 mL を加えて反応を停止する．ジエチルエーテル 150 mL で希釈したのち，水層を捨て，さらに有機層を飽和塩化ナトリウム水溶液 100 mL で洗う．有機層を無水硫酸マグネシウムで乾燥，沪過したのち，溶媒を減圧留去する．残渣をシリカゲルカラムクロマトグラフィーで精製すると目的のプレニル化体がトランス/シス＝4：1 の混合物として得られる．収量 5.96 g（収率 85%）．

鎖状ケトンやエステルからのエノラートの発生には立体選択性（Z/E）が問題となる（下式）．とくにアルドール反応ではエノラートの立体化学が生成物のジアステレオ選択性に直接関係するため，非常に重要な問題となる（詳細は 16.3.3 項を参照）．エチルケトン類をリチウムアミド塩基を用いてエノラート化したときの選択性を表 16.3 にまとめる．選択性は基質の構造や用いる塩基，溶媒，添加剤に大きく影響を受ける．たとえばエーテル系溶媒中，LDA を用いた場合，R^1 がかさ高い場合は Z-エノラートが，比較的小さい場合は E-エノラートが優先する．エステルの場合も同様の傾向がみられ，それらは環状遷移状態モデルで説明される[118]．

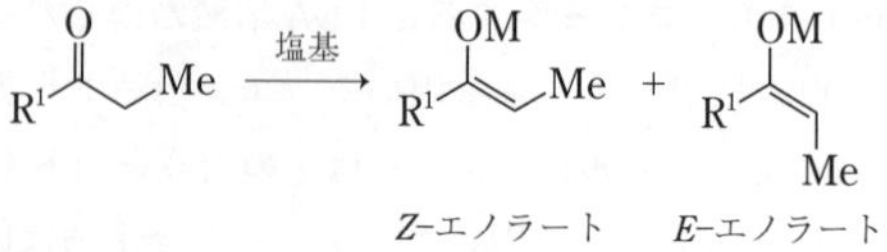

Z-エノラート　E-エノラート

表 16.3　鎖状ケトン類のリチウムアミド類による立体選択的エノラートの発生法

R^1	塩　基（$LiNR_2$）	Z/E 比	R^1	塩　基（$LiNR_2$）	Z/E 比
C_2H_5	LTMP	14：86[1]	i-C_3H_7	$[(CH_3)_3Si]_2NLi$	＞98：2[4]
C_2H_5	LOBA	2：98[a,2]	t-C_4H_9	LDA	＞98：2[4]
C_2H_5	LTMP-HMPA（1 当量）	98：8[1]	C_6H_5	LDA	＞98：2[4]
C_2H_5	LDA	23：77	メシチル	LDA	5：95[4]
C_2H_5	$[(CH_3)_2C_6H_5Si]NLi$	100：0[3]	メシチル	$[(CH_3)_3Si]_2NlLi$	87：13[4]
i-C_3H_7	LDA	60：40			

LTMP：リチウムテトラメチルピペリジド，HMPA：ヘキサメチルリン酸トリアミド，LOBA：リチウム t-ブチル-1,1,3,3-テトラメチルブチルアミド．

a)　トリメチルシリルクロリド存在下での反応．

1)　a) Z. A. Fataftah, I. E. Kopka, M. W. Rathke, *J. Am. Chem. Soc.*, **102**, 3959 (1980); b) R. E. Ireland, R. H. Mueller, A. K. Willard, *ibid.*, **98**, 2868 (1976).
2)　E. J. Corey, A. W. Gross, *Tetrahedron Lett.*, **25**, 495 (1984).
3)　S. Masamune, J. W. Ellingboe, W. Choy, *J. Am. Chem. Soc.*, **104**, 5526 (1982).
4)　C. H. Heathcock, C. T. Buse, W. A. Kleschick, M. A. Pirrung, J. E. Sohn, J. Lampe, *J. Org. Chem.*, **45**, 1066 (1980).

ホウ素エノラートは反応条件により立体選択的な調製が可能である点で優れている．すなわち，ケトン類にジアルキルボロントリフラートと 2,6-ルチジンまたはジイソプロピルエチルアミンを作用させると Z-エノラートが[119]，ジシクロヘキシルクロロボランとトリエチルアミンを作用させると E-エノラートが[120] それぞれ選択的に得られる．これらホウ素エノラートは立体選択的アルドール反応に広く用いられる（16.3.3 項参照）．

OBR_2 / R^1 / Me ←（R_2BOTf，i-Pr_2NEt）— $R^1C(=O)CH_2Me$ —（$(c$-$C_6H_{11})_2BCl$，Et_3N）→ $OB(c$-$C_6H_{11})_2$ / R^1 / Me

Z-エノラート　　　　E-エノラート

【実験例　ジブチルボロントリフラートの調製[119a,b]】

アルゴン下，少量のトリフルオロメタンスルホン酸 1～2 mL をトリブチルボラン 15.16 g（83.3 mmol）に加え，混合物をブタンの発生が認められるまで，50 ℃ 程度に昇温する．発生が始まったのち，反応温度を 25～50 ℃ に保ちながら，残りのトリフルオロメタンスルホン酸（合わせて 12.51 g（83.3 mmol））を滴下する．さらに 25 ℃ で 30 分間撹拌したのち，混合物を減圧蒸留するとジブチルボロントリフラートが得られる．収量 19.15 g（収率 84%，沸点 37 ℃/16 Pa（0.12 mmHg））．

エノールシリルエーテルは金属エノラートと異なり，蒸留やカラムクロマトグラフィーで単離可能な安定な化合物である．速度論的条件で発生させたリチウムエノラートをクロロトリアルキルシランなどのシリル化剤で捕捉すると，対応するエノールシリルエーテルが得られるほか，第三級アミンとシリル化剤を用いることで熱力学支配のエノールシリルエーテルを得ることもできる[121]．ヨードトリメチルシランとヘキサメチルジシラザンを用いた熱力学的エノールシリルエーテルの調製法がよく用いられる[122].

【実験例　リチウムエノラートからのエノールシリルエーテルの調製[123]】

Ph　O　→ 1) LDA, −78℃ 2) Me_3SiCl → Ph　$OSiMe_3$

CH_3

91%

アルゴン下，ジイソプロピルアミン 1.23 mL（8.77 mmol）の THF 溶液 30 mL に *n*-ブチルリチウムの 1.56 mol L^{-1} ヘキサン溶液 5.62 mL（8.77 mmol）を 0 ℃ で滴下し 10 分間撹拌する．得られた LDA 溶液を −78 ℃ に冷却したのち，4-フェニル-6-ヘプテン-2-オン 1.50 g（7.97 mmol）を 5 分間かけて滴下し，さらに 20 分間撹拌する．ここにクロロトリメチルシラン 1.11 mL（8.77 mmol）を加えて反応を停止したのち，室温まで昇温する．飽和炭酸水素ナトリウム水溶液 20 mL を加え，ペンタン 50 mL で 2 回抽出する．有機層を合わせて無水硫酸マグネシウムで乾燥し，沪過したのち，溶媒を減圧留去する．残渣をクーゲルロール蒸留装置で蒸留すると，目的のエノールシリルエーテルが無色の液体として得られる．収量 1.89 g（収率 91%，沸点 75 ℃/1.3 Pa（0.01 mmHg））．クロロトリメチルシランの代わりに，クロロトリエチルシランやクロロトリイソプロピルシランを用いても，同様にして対応するエノールシリルエーテルが得られる．

【実験例　クロロトリメチルシランとアミンを用いた調製法[124]】

H_3C(C=O)CH_3 → Me_3SiCl, Et_3N, NaI / CH_3CN → H_3C(C($OSiMe_3$)=CH_2)

48～54%

メカニカルスターラー，還流冷却管，温度計，窒素導入管，滴下漏斗を備えた 5 L 四つ口フラスコにアセトン 150 g（2.6 mol）とトリエチルアミン 192 g（1.9 mol）を窒素雰囲気下で加える．室温で撹拌しながらクロロトリメチルシラン 200 g（1.84 mol）を滴下漏斗から 10 分間かけて滴下したのち，湯浴上で 35 ℃ まで加熱する．湯浴を取り除き，滴下漏斗にヨウ化ナトリウム 285 g（1.9 mol）のアセトニトリル溶液 2.14 L を入れ，撹拌しながら，内温が 34～40 ℃ になるように約 1 時間かけて滴下する．滴下後，室温で 2 時間撹拌し，反応液を 5 L の氷水に注ぐ．ペンタンで 3 回抽出し，有機層を無水炭酸カリウムで乾燥，沪過する．ビグロー（Vigreaux）分留管を用いて常圧下で分留し，沸点 94～96 ℃ の留分から目的のエノールシリルエーテルが得られる．収量 116～130 g（収率 48～54%）．

単離，精製したエノールシリルエーテルは，ルイス（Lewis）酸存在下でアルデヒドと反応するほか（向山アルドール反応，16.3.3 項を参照），アルキルリチウムを作用させるとリチウムエノラート[125] を，TBAF[126]，トリス(ジメチルアミノ)スルホニウムジフルオロトリメチルシリカート（TASF）[127] などのフッ素アニオン試薬を用いると，いわゆる“裸のエノラート"を生じる．これらは位置特異的なエノラート発生法として有用である．

OSi(CH$_3$)$_3$ Me —TASF / THF→ O$^-$ $^+$S(NR$_2$)$_3$ Me + Me$_3$SiF —PhCH$_2$Br→ O CH$_2$Ph Me 60%

(ii) *α,β*-不飽和ケトンからの位置選択的エノラート発生法

(1) バーチ（Birch）還元による方法：　液体アンモニア中で *α,β*-不飽和ケトンを金属リチウムで還元すると，もとのエノンの *α* 位に位置選択的にエノラートが発生する．このエノラートをハロゲン化アルキルやアルデヒドなどの求電子剤で捕捉すれば，位置選択的に有機基を導入できる．

H O Me —Li/NH$_3$→ [H LiO Me H] —MeI / THF→ H O H 80%　(16.11)[128]

【実験例　バーチ還元によるエノラート発生とアルキル化[129]】

OH O Me —Li/NH$_3$→ [OH LiO Me] —(Br, Cl, OMe, OMe)→ OH O Cl MeO OMe 75%

不活性ガス下，ドライアイス/アセトン冷却管を備えた二つ口フラスコに，リチウムから蒸留した液体アンモニア 200 mL を導入し，そこに金属リチウム 0.37 g（0.053 mol）を加える．生じた青色溶液を 30 分間還流しながら撹拌したのち，*α,β*-不飽和ケトン 2.58 g（10 mmol）の無水 THF 溶液 26 mL を 30 分間かけて滴下する．さらに 1 時間還流したのち，2-クロロ-3,5-ジメトキベンジルブロミド 23.9 g（90 mmol）の無水 THF 溶液 38 mL をすばやく加える．このさい，混合物は激しく還流する．30 分間撹拌したのち，冷却器を水流冷却器に付け替え，固体の塩化アンモニウムとジエチルエーテル 150 mL を加える．アンモニアを蒸発させたのち，飽和塩化アンモニウム水溶液を加える．水層相を分離し，水層に 5% 塩酸を加えて酸性にしたのちに，ジエチルエーテルで 3 回抽出する．有機層を合わせて，飽和炭酸水素ナトリウム水溶液，飽和塩化ナトリウム水溶液で順に洗浄し，無水硫酸ナトリウムで乾燥，沪過する．濃縮後，得られた赤色液体をシリカゲルカラムクロマトグラフィー

(ヘキサン-酢酸エチル (3：2)) で精製すると目的のアルキル化体が得られる．収量 3.81 g (収率 75%)．

(2) 求核剤の 1,4-付加による方法：　非プロトン性溶媒中，α,β-不飽和ケトン類に求核剤を 1,4-付加させると位置選択的にエノラートが発生する．生じたエノラートを種々の求電子剤と反応させることでエノンの隣接位の 2 個の官能基を位置選択的に導入することができる (下式)[130]．求核剤としては有機銅試薬 (または銅触媒/有機金属試薬)[131]，などの炭素求核剤のほか，硫黄[132]，ケイ素[133]，スズ[134] などのヘテロ原子求核剤が用いられる．生じたエノラートを金属交換する手法も，とくにアルキル化反応では有力である (16.3.2a(iv)(2)項で述べる)．

Nu–M → [OM / Nu] → E⁺ → (E, Nu)

【実験例　銅触媒によるグリニャール (Grignard) 反応剤の共役付加-アルキル化[131c]】

CuI, ビニル-MgBr / THF → [OMgBr, Me] → $BrCH_2CO_2t$-Bu / THF, HMPA → (Me, CO_2t-Bu)

78%, 96% 立体選択性

不活性ガス下，臭化ビニルマグネシウムの 1.5 mol L^{-1} THF 溶液 (119 mmol) のジメチルスルフィド 16 mL，THF 100 mL 懸濁液に −78 ℃ でヨウ化銅 650 mg を加え，ついで 2-メチル-2-シクロペンテノン 10.4 g (108 mmol) の THF 溶液 20 mL を −50〜−60 ℃ で 40 分間かけて加える．さらに 50 分間撹拌したのち，再び −78 ℃ に冷却し，ヘキサメチルリン酸トリアミド 47 mL (270 mmol) をゆっくり加え，さらにブロモ酢酸 *t*-ブチル 44 mL (270 mmol) を加える．反応液を撹拌しながら 6 時間かけて 0 ℃ まで昇温し，さらに室温で 18 時間撹拌する．塩化アンモニウム水溶液を加えて反応を停止し，ジエチルエーテルで 3 回抽出する．有機層を合わせて，水で 2 回，飽和塩化ナトリウム水溶液で順に洗浄し，無水硫酸マグネシウムで乾燥する．濃縮後，残渣を分留すると目的物が得られる．収量 20.3 g (沸点 80〜82 ℃，収率 78%，96% 立体選択性)．

(iii) α-ハロカルボニル化合物の還元によるエノラートの発生　α-ハロカルボニル化合物を非プロトン性溶媒中，低原子価金属で還元するとエノラートが位置選択的に発生する (式(16.12))．古典的には亜鉛が頻用され，レフォルマトスキー (Reformatsky) 反応として知られる[135]．そのほかに，塩化ジアルキルアルミニウム/亜鉛（式(16.13)）[136]，塩化クロム(II)[137]を用いた方法や，ヨウ化サマリウム(II)を用いた分子内反応（式(16.14)）[138]方法も報告されている．

R–C(=O)–CH₂–X ─M→ [R–C(OMX)=CH₂] ─E⁺→ R–C(=O)–CH₂–E　(16.12)

X＝ハロゲン

MeO$_2$C–CH(Et)–CH(Br)–CO$_2$Me ＋ OHC–(1-Me-imidazol-5-yl) ─Zn/Ag, Me$_2$AlCl, CuBr 触媒, THF→ 2 種のラクトン（CO$_2$Me, Me-イミダゾール置換）　(16.13)

91：9
94%

BnO–CH$_2$–CH(O–C(=O)–CH$_2$Br)–CH$_2$–CHO ─SmI$_2$, THF, 0℃→ BnO–CH$_2$–(δ-ラクトン)–OH　(16.14)

【実験例　塩化ジアルキルアルミニウム/亜鉛を用いたアルミニウムエノラートの発生と反応（式(16.13)）[136b]】

亜鉛-銀カップル[139] 1.38 g（21.1 mmol）と臭化銅 276 mg（1.9 mmol）を乾燥 THF 30 mL に懸濁し，そこに塩化ジメチルアルミニウムの 1.0 mol L^{-1} ヘキサン溶液 16.7 mL（16.7 mmol）を加え 20 分間撹拌する．反応溶液を－8 ℃に冷却し，α-ハロエステル 3.52 g（13.9 mmol）とアルデヒド 1.53 g（13.9 mmol）の THF 溶液 30 mL を 20 分間かけて滴下する．さらに－8 ℃で 2 時間，室温で 30 分間撹拌する．再び －8 ℃に冷却し，50% メタノール水溶液 20 mL をゆっくりと加え，室温で 20 分間撹拌する．混合物をセライト沪過し，メタノール 500 mL，つづいてメタノール-濃塩酸（10：1）20 mL で洗う．沪液を合わせて濃縮したのち，残渣を 1 mol L^{-1} リン酸水溶液 100 mL に溶かし，ジエチルエーテル 50 mL で 2 回洗う．酢酸エチル 300 mL を加え，激しく撹拌しながら固体の炭酸ナトリウムを少しずつ，気体が発生しなくなるまで加える．水層に飽和するまで塩化ナトリウムを加え，有機層を分離し，さらに酢酸エチル 150 mL で 2 回抽出する．有機層を合わせ，飽和塩化ナトリウム水溶液（50 mL で 2 回洗い，乾燥したのち，濃縮すると目的物が得られる．収量 3.29 g（収率 94%, 91：1 のジアステレオ混合物）．

(iv) エノラートの金属交換による選択的反応　エノラートやエノールシリルエーテル

に異なる金属化合物を加え，金属交換（トランスメタル化）を施すとエノラートの構造や反応性，さらには反応選択性が大きく変化する．とくに高選択的反応のためにこの方法が利用される．エノールシリルエーテルとアルキルリチウムやグリニャール反応剤，もしくはリチウムアミドやカリウムアミド，水素化ナトリウム，水素化カリウムなどの塩基を用いてカルボニル化合物から直接的に発生させたエノラートを用いて種々の金属エノラートが調製される．

OM, R — M′X / −MX → [OM′, R] — E⁺ → O, R, E

OM, R — M′L$_n$ ⇌ [OM′L$_n$, R]⁻ M⁺ — E⁺ → O, R, E

(1) アルドール反応への応用：　リチウムエノラートに臭化マグネシウムや塩化亜鉛を添加すると逆アルドール反応や脱水などの副反応が抑えられ，高収率，高選択性でアルドール体が得られる（式(16.15)[140]）．この方法は複雑な天然物の合成にも広く適用できる（式(16.16)）[141,142]．

OSi(CH$_3$)$_3$ — CH_3Li / THF → OLi — 1) $MgBr_2$ 2) PhCHO → O, OH, Ph　93%　(16.15)

【実験例　塩化亜鉛を添加剤とするアルドール反応[141]】

H, H, O — 1) LDA 2) $ZnCl_2$ 3) アセトン → H, H, O, OH　85%　(16.16)

n-ブチルリチウムの 1.6 mol L^{-1} ヘキサン溶液 21.5 mL（34 mmol）の THF 溶液 25 mL を−78 ℃ に冷却し，ジイソプロピルアミン 5.75 mL（41.0 mmol）の THF 溶液 25 mL を滴下し，40 分間撹拌する．ケトン 2.05 g（11.5 mmol）の THF 溶液 10 mL を滴下し，さらに 45 分間撹拌を続ける．反応液を−45 ℃ まで昇温し，ここに塩化亜鉛 3.06 g（22.5 mmol）の THF 溶液 20 mL を加える．5 分後，乾燥アセトン 10 mL を加え，さらに−45 ℃ で 30 分間撹拌する．飽和塩化アンモニウム水溶液 100 mL を加え，酢酸エチル 75 mL で 4 回抽出する．有機層を合わせ，飽和塩化ナトリウム水溶液 125 mL で洗浄，乾燥，濃縮後，残渣をシリカゲルカラムクロマトグラフィー（石油エーテル-酢酸エチル（25：1～10：1））で精製すると目的のアルドール体が得られる．収量 2.31 g（収率 85%）.

(2) α,β-不飽和ケトン類への共役付加-アルキル化反応への応用：　有機リチウム試薬と銅塩から調製される有機銅試薬による共役付加反応で生じる，複雑な性質を有するエノラートのアルキル化反応には，塩化トリフェニルスズを用いてスズエノラートに変換する方法が適している．この方法はとくにプロスタグランジン類の短工程合成に広く用いられる（式(16.17)）[143]．また同様にジアルキル亜鉛を添加剤として用いる方法も報告されている[144]．

I⁀⁀n-C_5H_{11} (OTBS)　—1) t-BuLi, Et_2O / 2) CuI, PPh_3, THF→　[(Ph_3P)Cu⁀⁀n-C_5H_{11} (OTBS)]　—1) 4-TBSO-シクロペンテノン / 2) Ph_3SnCl, HMPA→

[OSnPh$_3$ エノラート (TBSO, n-C_5H_{11}, OTBS)]　—I⁀≡⁀$(CH_2)_3CO_2CH_3$→　生成物 (O, ≡$(CH_2)_3CO_2CH_3$, TBSO, n-C_5H_{11}, OTBS) 82%　(16.17)

(3) エノールシリルエーテルの金属交換：　エノールシリルエーテルをトリブチルボラントリフラートと混合すると，対応するホウ素エノラートとの平衡が成立し，ここからトリメチルシリルトリフラートを除くとホウ素エノラートが得られる（式(16.18)）[145]．また四塩化チタンによりチタンエノラートが[146]，塩化スズ(Ⅳ)により α-トリクロロスズケトンが得られ[147]，これらはアルデヒドと反応し，立体選択的にアルドール体を与える（式(16.19)）[148]．

$$R^1C(OSi(CH_3)_3)=CHR^2 + n\text{-}Bu_2BOTf \rightleftharpoons R^1C(OB\,n\text{-}Bu_2)=CHR^2 + (CH_3)_3SiOTf \tag{16.18}$$

$$R^1C(OSi(CH_3)_3)=CHR^2 \xrightarrow[\text{2) RCHO}]{\text{1) }TiCl_4\text{ あるいは }SnCl_4} R^1COCH(R^2)CH(OH)R \tag{16.19}$$

b.　エノラートの反応

エノラートと反応する求電子剤は多岐にわたり，アルキル化やアルドール反応のほか，求電子的なハロゲン化，ヒドロキシ化試剤との反応によるヘテロ原子の導入や，酸化による α,β-不飽和カルボニル化合物への変換などが広く利用される．

表 16.4　置換シクロヘキサノンエノラートのアルキル化と立体選択性

M	R^1	R^2	R^3	R^4	R^5	R^6	R^7	収率	α/β 比
Li(Cu)	CH_3	CH_3	H	H	H	H	$CH_2{=}CHCH_2$	75	90：10[1)]
Li(Cu)	H	n-C_4H_9	H	H	H	H	CH_3		88：12[2)]
Li(Cu)	H	$HC{=}CH_2$	H	H	H	H	CH_3		75：25[3)]
Li(Cu)	H	CH_3	H	H	H	H	$CH_2{=}CHCH_2$		89：11[3)]
Li	H	n-C_4H_9	H	H	H	H	$C(OCH_3)_2$[a)]	63	100：0[4)]
Li	H	H	t-C_4H_9	H	H	H	CH_3CH_2[b)]	58	48：52[5)]
Li	H	H	t-C_4H_9	H	H	H	$C(OCH_3)_2$[a)]	72	50：50[6)]
Na	CHO	H	$CH_2{=}C(CH_3)$	H	H	H	CH_3	73	75：25[7)]
Li	CO_2CH_3	H	t-C_4H_9	H	H	H	CH_3		83：17[8)]
Na	CH_3	H	t-C_4H_9	H	H	H	$(CH_3)_2CMCH_2$	88	59：41[9)]
Na	$(CH_3)_2CHCH_2$	H	t-C_4H_9	H	H	H	CH_3	71	73：27[9)]
Na	CH_3	H	H	$(CH_3)_2CH$	H	H	$CH_3(Cl)C{=}CHCH_2$		83：17[10)]
Li	CH_3	H	H	t-C_4H_9	H	H	CD_3		83：17[11)]
$(CH_3)_3Si$	CH_3	H	H	t-C_4H_9	H	H	CD_3	76	80：20[12)]
K	CH_3	H	H	H	C_6H_5	CH_3	$CH_2{=}C(CH_3)CH_2$	95	90：10[13)]
K	CH_3	H	H	H	C_6H_5	$CH_2{=}C(CH_3)CH_2$	CH_3	95	100：0[13)]

a)　BF_3（1 当量）を加える．b)　$(C_2H_5)_3O^+BF_4^-$ を用いる．

1)　R. K. Boeckman, Jr., *J. Org. Chem.*, **38**, 4450 (1973).
2)　G. H. Posner, J. J. Stirring, C. E. Whitten, C. M. Lenz, D. J. Brunelle, *J. Am. Chem. Soc.*, **97**, 107 (1975).
3)　R. M. Coates, L. O. Sandefur, *J. Org. Chem.*, **39**, 275 (1974).
4)　R. Noyori, M. Suzuki, *Angew. Chem., Int. Ed. Engl.*, **23**, 847 (1987).
5)　H. O. House, B. A. Tefertiller, H, D. Olmstead, *J. Org. Chem.*, **33**, 935 (1968).
6)　M. Suzuki, A. Yanagisawa, R. Noyori, *Tetrahedron Lett.*, **23**, 3595 (1982).
7)　M. Pesaro, G. Bozzato, P. Schudel, *J. Chem. Soc., Chem. Commun.*, **1968**, 1152.
8)　M. E. Kuehne, *J. Org. Chem.*, **35**, 171 (1970).
9)　J. -M. Conia, P. Briet, *Bull. Soc. Chim. Fr.*, **3881**, 3886 (1966).
10)　C. Djerassi, J. Burakevich, J. W. Chambelin, D. Elad, T. Toda, G. Stork, *J. Am. Chem. Soc.*, **86**, 465 (1964).
11)　H. O. House. M. J. Umen, *J. Org. Chem.*, **38**, 1000 (1973).
12)　I. Kuwajima, E. Nakamura, M. Shimizu, *J. Am. Chem. Soc.*, **104**, 1025 (1982).
13)　R. E. Ireland, P. S. Grand, R. E. Cickerson, J. Bordner, D. R. Rydjeski, *J. Org. Chem.*, **35**, 570 (1970).

（i）立体選択的アルキル化反応　置換シクロヘキサノンエノラートを用いてアルキル化の立体選択性が検討されている．詳細を表 16.4 にまとめる．デカロン誘導体やシクロヘプタノン，中員環-大環状ケトン類に関しても詳細な研究がある[149)]．また予測の難しい中員環および大環状化合物の立体化学に関しては分子力学計算（MM 計算）による方法もある[150)]．

OM, R^1–R^6　$\xrightarrow{R^7X}$　α-R^7　＋　β-R^7

鎖状のエノラートの立体選択的アルキル化は環状に比べ容易ではないが，不斉補助基を用いた信頼性の高い反応が開発されている．Evans らのキラルオキサゾリジノンを用いた方法[151]は，原料が比較的安価に手に入り，生成物の変換も容易な非常に有用な方法である（式(16.20)[152]，(16.21)[153]）．偽エフェドリンを不斉補助基とする Myers らの方法も有力な手法だが，偽エフェドリンが覚せい剤の原料として規制されているため，日本国内では利用が難しい（式(16.22)）[154,155]．

LDA, allyl Br / THF, −65℃　(16.20)

93%, 95%以上のジアステレオ選択性

NaHMDS, MeI / THF, −78℃　(16.21)

83%

LDA, LiCl, BnO(CH₂)₂I / THF, 0℃　(16.22)

98%

【実験例　キラルオキサゾリジノン補助基を用いた不斉アルキル化（式(16.20)）[152]】

n-ブチルリチウムの 1.6 mol L^{-1} ヘキサン溶液 320 mL（0.51 mol）とジイソプロピルアミン 66 mL（0.70 mol）から 0℃ で調製した LDA の THF 溶液 1500 mL に，オキサゾリジノン 100 g（0.47 mol）の THF 溶液 500 mL を −65℃ でゆっくりと加える．生じた黄色の反応液を −65℃ で 3 時間激しく撹拌したのち，1 時間かけて 0℃ まで昇温する．再び −65℃ に冷却し，蒸留した臭化アリル 120 mL（1.41 mol）を加える．0℃ で一晩撹拌し，その後 −50℃ で飽和塩化アンモニウム水溶液 500 mL を加えて反応を停止する．ジクロロメタン 300 mL で水層を抽出し，有機層を合わせて乾燥，濃縮する．残渣をシリカゲルカラムクロマトグラフィー（10% 酢酸エチル–ヘキサン）で精製すると目的物が無色液体として得られる．収量 110 g（収率 93%）．

(ii) マイケル（Michael）付加反応　単純なケトンなどから発生させたエノラートを，非プロトン性溶媒中，α,β-不飽和ケトンなどで捕捉しようと試みても，生成物は低収率でしか得られないことが多い．多くの場合，付加によって生じたエノラートが引き続き高い反応性をもつことで，ポリマー化が進行してしまう．一方，マロン酸エステルや β-ケトエステ

ルのような高い酸性度を有する求核剤と，アミンやアルコキシドなどの比較的弱い塩基を使った条件では反応は高収率で進行する（16.3.2c. 項参照）.

(iii) 求電子的ハロゲン化　選択的に発生させたエノラートを臭素や *N*-ブロモスクシンイミド（NBS）で処理すると位置選択的な α 臭素化が可能であり，その後に臭化水素を脱離させれば，α,β-不飽和ケトンが得られる（式(16.23)）[156]．またエノールシリルエーテルを NBS で処理しても同様に臭素化が達成される（式(16.24)）[157]．これらの条件では塩基触媒条件下でみられるファボルスキー（Favorskii）転位やポリハロゲン化は起きず，位置選択性も高い．同様に塩素化も可能であるが，一般性は臭素化ほど高くない．

OLi / Me → (Br_2, −78℃, CH_2Cl_2) → O / Me / Br (92%) → (Li_2CO_3, LiBr, DMF, 130℃) → O / Me (89%)　(16.23)

t-Bu / $OSiMe_3$ → (NBS, $NaHCO_3$, THF) → *t*-Bu / O / Br (92%)　(16.24)

【実験例　NBS を用いたエノールシリルエーテルの臭素化（式(16.24)）[157b]】

6-(*t*-ブチル)-1-トリメチルシロキシシクロヘキセン 1.14 g（5.03 mmol）の THF 溶液 30 mL を −78 ℃ に冷却し，ここに粉末の炭酸水素ナトリウム 507 mg（6.03 mmol）と NBS 941 mg（5.29 mmol）を順に加える．1 時間撹拌したのち，室温に昇温し，飽和炭酸水素ナトリウム水溶液 30 mL とジエチルエーテル 50 mL を加える．水層を分離し，さらにジエチルエーテル 50 mL で抽出する．有機層を合わせ，飽和塩化ナトリウム水溶液 50 mL で洗い，無水硫酸マグネシウムで乾燥する．濃縮後，シリカゲルカラムクロマトグラフィー（2% ジエチルエーテル-石油エーテル）で精製すると目的のブロモケトンが得られる．収量 1.07 g（収率 92%）.

(iv) ヒドロキシ化反応　エノールシリルエーテルを *m*-クロロ過安息香酸（*m*CPBA）で酸化すると α 位が選択的に酸化され α-ヒドロキシケトンが得られる[158]．この方法はヒドロキシ基の選択的導入法として，天然物合成にも広く用いられている（式(16.25)）[159]．目的物のシリルエーテルが得られることがあるが，シリル基は簡単に除去できる．金属エノラートの直接酸化には Davis のオキサジリジンを用いる方法がよい（式(16.26)）[160]．とくにキラルなオキサジリジンを用いると立体選択的な酸化が可能である[161].

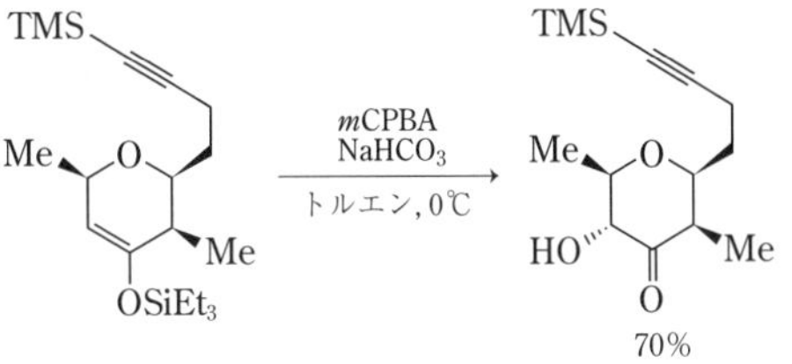

(16.25)

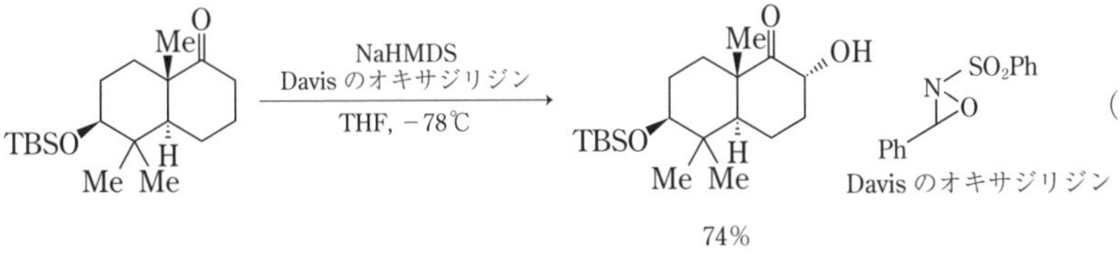

(16.26)

【実験例　*m*CPBA を用いたエノールシリルエーテルの酸化（Rubottom 酸化）（式(16.25)）[159]】

250 mL フラスコにトルエン 70 mL を入れ，そこに *m*CPBA 1.88 g（6.20 mmol, 純度 57%）と炭酸水素ナトリウム 1.08 g（12.4 mmol）を加える．混合物を室温で 15 分間撹拌し，水 14 mL を加え，0 ℃ に冷却する．激しく撹拌しながらエノールシリルエーテル 1.51 g（4.13 mmol）のトルエン溶液 9 mL を滴下する．さらに 0 ℃ で 30 分間撹拌すると，TLC で原料の消失が確認できる．飽和硫酸水素ナトリウム水溶液 100 mL を加え，0 ℃ で 10 分間撹拌したのち，酢酸エチル 200 mL を加えて水層を分離する．有機層を飽和炭酸水素ナトリウム水溶液 100 mL，飽和塩化ナトリウム水溶液 100 mL で順に洗浄し，無水硫酸ナトリウムで乾燥後，沪過，濃縮する．残渣を THF 10 mL に溶かし，水 5 mL，酢酸 5 mL を加え室温で 5 時間撹拌する．酢酸エチル 100 mL，水 50 mL で希釈し，固体の炭酸水素ナトリウム 10 g を撹拌しながらゆっくりと加える．気体の発生が止んだのち，さらに酢酸エチル 100 mL を加え，水層を分離する．有機層を飽和炭酸水素ナトリウム 50 mL，飽和塩化ナトリウム水溶液 50 mL で順に洗浄し，無水硫酸ナトリウムで乾燥，沪過，濃縮し，シリカゲルカラムクロマトグラフィー（10% 酢酸エチル-ヘキサン）で精製すると，目的のヒドロキシケトンが得られる．収量 775 mg（収率 70%）．

（v）**α,β-不飽和ケトンへの酸化反応**　エノラートと塩化-ないし臭化フェレニルセレニルを反応させると，α-セレニルケトンが選択的に得られる．これを過酸化水素や過ヨウ素酸などで酸化すると，生じたセレノキシドがすみやかに β 脱離を起こして α,β-不飽和ケトンが得られる（式(16.27)）[162]．この方法は 1,3-ジケトンも含めて幅広いエノラートに適用できる．アルデヒドの場合には酸性条件によるセレニル化が有効である[163]．このほかにエノールシリルエーテルを酸化して α,β-不飽和ケトンを得る方法として，化学量論量の酢酸パラジウム[164]ないし触媒量の酢酸パラジウムと共酸化剤[165]を用いる方法（式(16.28)）や，2-ヨードキシ安息香酸（IBX）を用いる方法[166]がある．

$$\text{BocN-lactam (Me, OTBS)} \xrightarrow[\text{2) } H_2O_2,\ CH_2Cl_2]{\text{1) LiHMDS, HMPA, THF; PhSeBr, } -78\,^\circ\text{C}} \left[\text{selenoxide intermediate } (\overset{+}{\text{Se}}(\text{Ph})\text{O}^-)\right] \longrightarrow \text{BocN-unsaturated lactam (Me, OTBS)}\ \ 83\% \qquad (16.27)$$

$$R^1C(OSiMe_3)\!=\!CH\text{∼}R^2 \xrightarrow[\text{Pd(OAc)}_2\text{触媒} + p\text{-ベンゾキノン または } O_2]{\text{Pd(OAc)}_2\text{ あるいは}} R^1C(=O)CH\!=\!CHR^2 \qquad (16.28)$$

【実験例　α-セレニル化による α,β-不飽和カルボニル化合物の合成（式(16.27)）[162b)]】

ヘキサメチルジシラザン 2.1 mL（9.85 mmol）の THF 溶液 26 mL に −78 ℃ で *n*-ブチルリチウムの 2.5 mol L^{-1} ヘキサン溶液 3.8 mL（9.5 mmol）を加える．20 分間撹拌したのち，ラクタム 1.30 g（3.8 mmol）の THF 6 mL，ヘキサメチルリン酸トリアミド 3.3 mL 溶液を滴下する．混合物を −78 ℃ で 1 時間撹拌し，臭化フェニルセレニル 1.00 g（4.3 mmol）の THF 溶液 6 mL を加える．さらに混合物を 1 時間撹拌し，飽和塩化アンモニウム水溶液 5 mL を加え反応を停止する．酢酸エチル 10 mL で 3 回抽出し，有機層を合わせて飽和塩化ナトリウム水溶液で洗浄，無水硫酸ナトリウムで乾燥，沪過したのち，濃縮する．残渣をジクロロメタン 12 mL に溶かし，過酸化水素水（30% 水溶液）1 mL を滴下する．飽和炭酸水素ナトリウム水溶液 2 mL を 0 ℃ で加えて反応を停止し，ジクロロメタン 6 mL で 3 回抽出する．有機層を合わせて飽和塩化ナトリウム水溶液で洗浄，無水硫酸ナトリウムで乾燥，沪過，濃縮し，残渣をシリカゲルカラムクロマトグラフィー（酢酸エチル-石油エーテル（1：8））で精製すると，目的物が白色固体として得られる．収量 1.07 g（収率 83%）．

c.　活性メチレン化合物を利用した合成法：マロン酸エステル合成法およびアセト酢酸エステル合成法

（i）活性メチレン化合物の反応　マロン酸エステルや β-ケトエステルのカルボニル基に挟まれた炭素に結合した水素は，非常に酸性度が高く，アルコキシド程度の塩基で容易に脱プロトン化されエノラートを生じ，アルキル化などの反応に用いることができる．生成物のエステルを加水分解して得られるマロン酸誘導体や β-ケトカルボン酸は加熱により脱炭酸を起こし，それぞれ置換されたカルボン酸（式(16.29)）およびケトン（式(16.30)）を与える．これらの方法はマロン酸エステル合成法やアセト酢酸エステル合成法とよばれ，カルボン酸類やケトンの合成法として利用される．塩基としては通常アルコール溶媒中，金属アルコキシドが用いられるが，必要に応じて金属ヒドリドや金属アミドなども用いられる．

$$R^1O_2C\diagup\diagdown CO_2R^1 \xrightarrow[\text{NaOR}^1]{R^2-X} R^1O_2C\text{–CH}(R^2)\text{–}CO_2R^1 \xrightarrow[-CO_2]{H_3O^+,\ 加熱} R^2\diagup\diagdown CO_2H \qquad (16.29)$$

$$R^1O_2C\text{–CH}_2\text{–C(=O)}R^2 \xrightarrow[\text{NaOR}^1]{R^3-X} R^1O_2C\text{–CH}(R^3)\text{–C(=O)}R^2 \xrightarrow[-CO_2]{H_3O^+,\ 加熱} R^3\text{–CH}_2\text{–C(=O)}R^2 \qquad (16.30)$$

【実験例　β-ケトエステルのアルキル化と脱炭酸[167]】

Br–CH_2C≡CCH_3, EtONa / EtOH；NaOH / H_2O, MeOH, 120℃　77%

金属ナトリウム 748 mg（32.5 mmol）とエタノール 73 mL から調製したナトリウムエトキシド溶液に，2-(エトキシカルボニル)シクロヘキサノン 5.55 g（32.6 mmol）を室温でゆっくりと加える．ここに 1-ブロモ-2-ブチン 2.85 mL（32.5 mmol）を 0 ℃で加え，さらに室温で 8 時間撹拌する．1 mol L^{-1} の希塩酸を加えて反応を停止し，酢酸エチル 100 mL で 2 回抽出し，有機層を無水硫酸マグネシウムで乾燥後，濃縮する．得られた粗生成物にメタノール 68 mL と 1 mol L^{-1} 水酸化ナトリウム水溶液 135 mL を加え，120 ℃に加熱し 3 時間撹拌する．室温に戻し，3 mol L^{-1} の塩酸を加えて 10 分間撹拌する．酢酸エチル 100 mL で 3 回抽出し，有機層を合わせて飽和炭酸水素ナトリウム水溶液，飽和塩化ナトリウム水溶液で順に洗浄する．無水硫酸マグネシウムで乾燥，沪過，濃縮後，得られた粗生成物をシリカゲルカラムクロマトグラフィー（15% 酢酸エチル-ヘキサン）で精製すると目的物が得られる．収量 3.76 g（収率 77%）．

アセト酢酸エステルを過剰量の強塩基で処理すると対応するジエノラートが生成する．これに求電子剤を作用させると，ジエノラートはもっとも反応性の高い C4 位で反応する[168]．

1) NaH　2) BuLi / THF；C4　C2；O⊖　O⊖　OEt；3-MeO-C_6H_4-CH_2CH_2Br；OMe　OEt　80%

アルキル化はハロゲン化アルキルを用いる方法のほか，α,β-不飽和カルボニル化合物へのマイケル（Michael）付加反応が頻繁に用いられる．アミンなどの弱塩基または触媒量の強塩基を用いて反応を行う（式(16.31)）[169]．

β-ケトエステルの脱炭酸を行うとき，とくに α 位に水素がない場合に塩基性条件下で加水分解を行うと逆クライゼン（Claisen）縮合が問題となる場合があるが，このような場合は酸性条件下で加水分解を行うのが良い（式(16.32)）[170]．また加水分解を経ない脱炭酸法として，水-DMSO 中[171] ないしコリジン中[172] ハロゲン化リチウムと加熱する方法が便利である（式(16.31)）[169]．

$$MeO_2C\text{-}CH_2\text{-}CO_2Me + \text{2-cyclohexenone} \xrightarrow[CH_2Cl_2]{Et_3N,\ LiClO_4} \text{3-[CH(CO}_2\text{Me)}_2\text{]cyclohexanone (96\%)} \xrightarrow[DMSO,\ \text{加熱}]{LiI\cdot 3\,H_2O} \text{3-(CH}_2\text{CO}_2\text{Me)cyclohexanone (73\%)} \quad (16.31)$$

$$HO_2C\text{-}(CH_2)_3\text{-}CH(CH_2Ph)CO_2H \xleftarrow[2)\ H_3O^+]{1)\ NaOH,\ H_2O,\ \text{加熱}} \text{2-benzyl-2-(CO}_2\text{Et)cyclopentanone} \xrightarrow{HCl,\ \text{加熱}} \text{2-benzylcyclopentanone} \quad (16.32)$$

【実験例　マロン酸エステルのマイケル付加と LiI を用いた脱炭酸反応（式(16.31)）[169]】

還流冷却器を備えたフラスコに，シクロヘキセノン 10.0 g（104 mmol）の無水ジクロロメタン溶液 200 mL とマロン酸ジメチル 20.6 g（156 mmol），トリエチルアミン 2.9 mL（21 mmol）を入れ，氷冷下，無水過塩素酸リチウム 11 g（104 mmol）を 10 分以内に加える．発熱が収まったのち，氷冷浴を除き，さらに 24 時間撹拌する．混合物を水 100 mL に注ぎ，水層を分離し，さらにジクロロメタン 40 mL で 2 回抽出する．有機層を合わせて，飽和塩化ナトリウム水溶液 60 mL で洗浄し，無水硫酸マグネシウムで乾燥する．溶媒と過剰量のマロン酸ジメチルを減圧下，蒸留によって除くと，目的物が 97% 以上の純度で得られ，これをこのまま次に用いる．収量 22.6 g（収率 96%）．得られたジエステル 20.0 g（87.6 mmol）とヨウ化リチウム三水和物 16.5 g（87.6 mmol）の DMSO 溶液 230 mL を還流冷却器を備えたフラスコ中で，二酸化炭素の発生がなくなるまで加熱還流する．室温に戻したのち，反応液を水 290 mL で薄め，ジエチルエーテル 150 mL で 3 回抽出する．有機層を合わせて飽和塩化ナトリウム水溶液 60 mL で洗浄し，無水硫酸マグネシウムで乾燥する．濃縮後，残渣をシリカゲルカラムクロマトグラフィー（酢酸エチル-シクロヘキサン（20：80））で精製すると目的物が無色液体として得られる．収量 10.9 g（収率 73%）．

(ii) 活性メチレン化合物の合成：活性化基としてのカルボニル基の導入法　β-ケトエステルはクライゼン縮合やディークマン（Dieckmann）縮合で合成されるほか，ケトンの α 位を *C*-アシル化することによっても合成できる．ケトンを塩基および炭酸エステルと反応させると *C*-アシル化が進行する．ここでは 1,3-ジカルボニル化合物の安定なエノラートの形成を駆動力として進行するため，メチレン炭素上に選択的にアシル基が導入される（式(16.33)）[173]．選択的に発生させたリチウムエノラートを酸無水物や酸塩化物でトラップしようとしても，通常*C*-アシル化と*O*-アシル化が競合するため良い結果を与えない．代わりにシアノギ酸エステル（Mander 試薬）[174] を用いると選択的な*C*-アシル化が進行する（式(16.34)）[175]．これは選択的*C*-アシル化法として非常に優れている．

$$\text{cyclooctanone} \xrightarrow[\text{ベンゼン, 加熱}]{EtOCO_2Et,\ NaH} \text{(sodium enolate, O-Na chelate, }CO_2Et\text{)} \xrightarrow{H_3O^+} \text{2-}CO_2Et\text{-cyclooctanone} \tag{16.33}$$

$$\text{3-MeO-2-cyclohexen-1-one} \xrightarrow[\text{2) }NCCO_2Me]{\text{1) LiHMDS, THF, }-78\,^\circ C} \text{6-}CO_2Me\text{-3-MeO-2-cyclohexen-1-one (92\%)} \tag{16.34}$$

【実験例　シアノギ酸エステル (Mander 試薬) によるケトエステルの合成（式(16.31)）[175]】

3-メトキシ-2-シクロヘキセン-1-オン 2.0 g（15.9 mmol）の THF 溶液 50 mL にリチウムヘキサメチルジシラジドの 1.0 mol L^{-1} THF 溶液 19 mL（19 mmol）を −78 ℃ で 10 分間かけて滴下する．−78 ℃ で混合物を 30 分間撹拌したのち，シアノギ酸メチル 1.38 mL（17.4 mmol）を加える．反応液を −78 ℃ で 1 時間，さらに 0 ℃ で 1.5 時間撹拌したのち，飽和炭酸水素ナトリウム水溶液 50 mL を加える．酢酸エチル 60 mL で 3 回抽出し，有機層を無水硫酸マグネシウムで乾燥，沪過，濃縮する．残渣をシリカゲルカラムクロマトグラフィー（30% 酢酸エチル-ヘキサン，その後 60% 酢酸エチル-ヘキサン）で精製すると目的の β-ケトケステルが淡黄色液体として得られる．収量 2.68 g（収率 92%）．

16.3.3　アルドール反応

アルドール反応は有機合成化学的に重要な炭素-炭素結合生成反応である．アルドール反応は酸性・塩基性条件下で反応が進行し，β-ヒドロキシケトンまたはアルデヒドを与え，さらに脱水が進行した場合，α,β-不飽和ケトンまたはアルデヒドを得る．古典的アルドール反応およびジアステレオ選択的アルドール反応，エナンチオ選択的アルドール反応について述べる．

a.　古典的アルドール反応

異なるカルボニル化合物間のアルドール反応は，自己縮合や交差反応などが進行し，複数の生成物の混合物となることが多い．そのため，カルボニル化合物の一方をエノラートが生じない基質とするクライゼン-シュミット（Claisen-Schmidt）法か，低温下 LDA などの強塩基で一方のカルボニル化合物を完全にエノラートとする方法がとられる．また，エノラートイオンの等価体として，シリルエノールエーテル（向山アルドール反応）やエナミンが用いられる．

【実験例　向山アルドール反応[176]】

$$\text{Ph-C(OTMS)=CH}_2\ (\mathbf{57}) + \text{CH}_3\text{COCH}_3\ (\mathbf{58}) \xrightarrow[\text{2) H}_2\text{O}]{\text{1) TiCl}_4\text{, CH}_2\text{Cl}_2} \text{PhCOCH}_2\text{C(OH)(CH}_3)_2\ (\mathbf{59})\ 70\sim74\%$$

アルゴン雰囲気下，0 ℃ に冷却した無水ジクロロメタン 140 mL に塩化チタン(Ⅳ) 11.0 mL（0.100 mol）を加える．アセトン（**58**）6.5 g（0.111 mol）のジクロロメタン溶液 30 mL をゆっくり滴下したのち，アセトフェノンシリルエノールエーテル（**57**）19.2 g（0.100 mol）のジクロロメタン溶液 15 mL を 10 分間かけて滴下し，さらに 15 分間撹拌する．反応終了後，反応液を激しく撹拌しながら氷水 200 mL に注ぎ込んだのち，有機層を分離する．水層をジクロロメタン 30 mL で 2 回抽出したのち，有機層を合わせて，飽和炭酸水素ナトリウム水溶液と水の 1：1 溶液 60 mL で 2 回，さらに飽和塩化ナトリウム水溶液で洗浄し，無水硫酸ナトリウムで乾燥後，減圧下溶媒を除去する．シリカゲルカラムクロマトグラフィーにより精製することで，純粋な β-ヒドロキシケトン（**59**）を得る．収量 12.2～12.8 g（収率 70～74%）．

b.　ジアステレオ選択的アルドール反応

マクロリド抗生物質やポリケチド由来の生理活性天然物の合成研究と相まって，アルドール反応の立体化学制御は大幅な進展を遂げた．アルドール反応によって新たに C2 位と C3 位に不斉中心が生じ，シン体もしくはアンチ体を与えるが，この単純なジアステレオ選択性については，ほぼ完全な立体制御が達成されている．

この立体制御は，エノラートの E/Z 選択的な生成段階と，ケトンまたはアルデヒドに対する面選択的な付加段階の 2 段階で生成物が決定する．エノラートの選択的生成法は，対カチオンによって異なる．リチウムエノラートの場合，LDA を用いた速度論的な脱プロトン化により制御するのが一般的である[177]．下式のように，カルボニルの両側の置換基どうしの立体反発 ⓐ と LDA のイソプロピル基との立体反発 ⓑ の差を利用することで，E-エノラートと Z-エノラートをつくり分けることが可能である．また，系中に HMPA を加えると非環状遷移状態を経由し Z 選択的にエノラートが生成する．

【実験例　LDA を用いた *syn* 選択的アルドール反応[178)]】

LDA, THF, −78℃ → [OLi] → OHC–CH₂–R (**61**) → (**62**) 70%

(**60**)　$R = CH_2CH_2C \equiv CCH_3$

ケトン（**60**）0.650 g（3.04 mmol）の THF 溶液 1 mL に用時調製した LDA［*n*-BuLi 1.74 mL（1.66 mol L^{-1}）と *i*-Pr_2NH 0.292 g（2.88 mmol）から調製］を−78 ℃で滴下する．反応溶液を−78 ℃で 1.5 時間撹拌したのち，アルデヒド（**61**）0.419 g（3.04 mmol）を加え，2 時間撹拌する．飽和塩化アンモニウム水溶液 0.5 mL で反応を停止させたのち，ジエチルエーテル 150 mL を用いて反応溶液を希釈する．有機層は飽和塩化ナトリウム水溶液 15 mL で洗浄し，水層はジエチルエーテルで抽出する．有機層を合わせて無水硫酸ナトリウムで乾燥し，減圧下溶媒を除去する．シリカゲルカラムクロマトグラフィーにより精製することで，*β*-ヒドロキシケトン（**62**）を得る．収量 0.748 g（収率 70%）．

一方，ホウ素エノラートの場合は，試薬による制御が可能で，ホウ素上のアルキル基の大小，脱離基の種類，および用いる塩基のかさ高さによって選択性が変化する[179)]．たとえば，*n*-Bu_2BOTf，DIPEA の組合せでは *Z*-エノラートが生成し，Cy_2BCl, Et_3N の組合せでは *E*-エノラートが高選択的に生成する．

付加段階での選択性は Zimmermann-Traxler モデルか非環状遷移状態モデルで説明できる(図 16.3)．エノラートの対カチオンが配位不飽和であり，エノラート酸素との結合が比較的強固である場合，六員環状の Zimmermann-Traxler モデルに従い[180)]，エノラートの立体化学に対応するアルドール体（*E*-エノラートからはアンチ体，*Z*-エノラートからはシン体）を高選択的に与える．それ以外の場合，とくにルイス（Lewis）酸を用いる向山アルドール

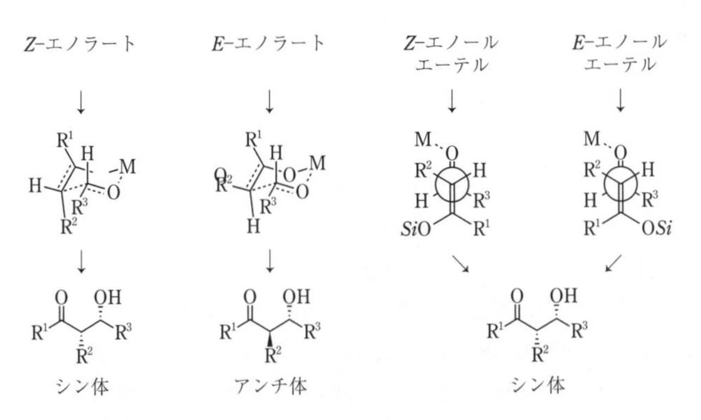

図 16.3　Zimmermann-Traxler モデルと非環状遷移状態モデルによる選択性の説明

反応では，非環状遷移状態を通り，R^2 がかさ高い場合，*E* 体，*Z* 体いずれのエノールエーテルからもシン体のアルドール体を優先的に与える．

c.　不斉補助基を用いたエナンチオ選択的アルドール反応

不斉補助基によりジアステレオ選択的にアルドール反応を行ったのち，不斉補助基を除去することで，エナンチオ選択的なアルドール反応の生成物の等価体を得ることができる．一般的に選択性が高く，得られる生成物の立体化学の予測も容易であるため，不斉合成の確実な手法として広く用いられている．また，アルドール体はジアステレオマー混合物となるため，エナンチオ選択的なアルドール反応では困難なエナンチオマーの除去が容易である．不斉補助基はエノラートとなるカルボニル化合物に導入するのが一般的である．

エチルケトン由来のキラルなエノラートとしては，α-アルコキシケトンが多く用いられている（図 16.4）．*t*-ブチルグリシンやマンデル酸由来の α-シロキシケトン（**63**）[181]，（**64**）[182] を用いたシン選択的アルドールが知られている．また，乳酸由来の α-ベンゾイルオキシケトン（**65**）[183] では，*E* 体のホウ素エノラートからアンチ選択的なアルドール反応が高選択的に進行する．他の方法ではアンチ体のアルドールを確実に得るのは困難なため，しばしば用いられる．

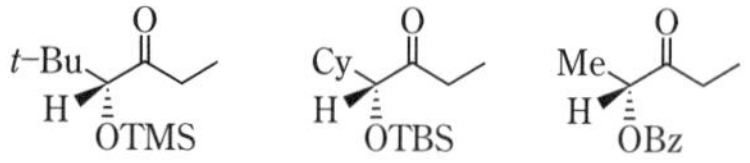

t-Bu, O, H, OTMS (**63**)　Cy, O, H, OTBS (**64**)　Me, O, H, OBz (**65**)

図 16.4　アルコシキケトンの例

【実験例　Paterson の *anti* 選択的アルドールの合成[184]】

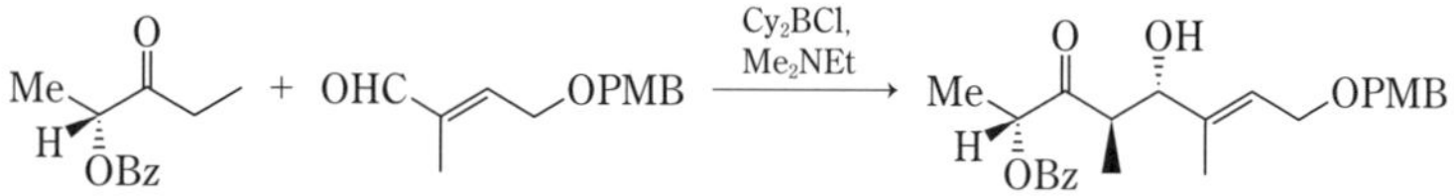

(**65**) + OHC–C(Me)=CH–CH$_2$OPMB (**66**) —[Cy_2BCl, Me_2NEt]→ (**67**) 81%

窒素雰囲気下，−78 ℃ で Cy_2BCl 38.8 mL（177 mmol）のジエチルエーテル溶液 500 mL にジメチルエチルアミン 24.0 mL（221 mmol）を加え，15 分間撹拌する．エチルケトン（**65**）30.4 g（148 mmol）のジエチルエーテル溶液 400 mL を 35 分間かけて滴下し，さらに 10 分間撹拌したのち，0 ℃ に昇温し 2 時間撹拌する．再び −78 ℃ に冷却しアルデヒド（**66**）27.0 g（123 mmol）のジエチルエーテル溶液 400 mL を 20 分間かけて滴下し，2 時間撹拌後，−26 ℃ で終夜撹拌する．反応終了後，反応溶液を 0 ℃ に昇温し，メタノール 400 mL，リン酸緩衝液（pH 7）400 mL，30% 過酸化水素水溶液 350 mL を順次加え，1 時間撹拌する．反応溶液を水に注いだのち，酢酸エチルで抽出する．有機層を水，飽和塩化ナトリウム水溶液で洗浄し，硫酸マグネシウムで乾燥，減圧下溶媒を除去する．シリカゲルカラムクロマト

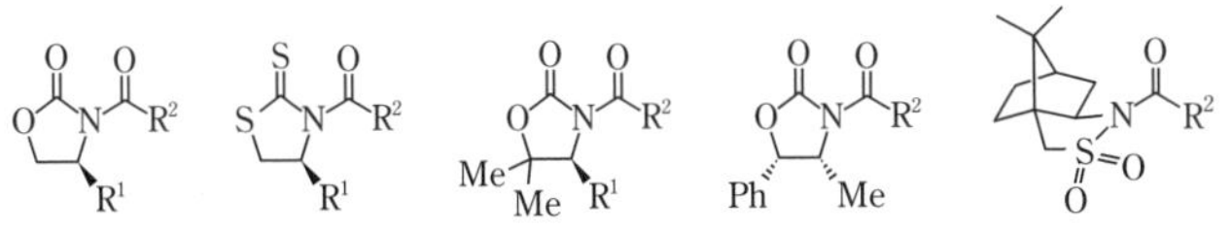

(**68**)　(**69**)　(**70**)　(**71**)　(**72**)

図 16.5　不斉補助基の例

グラフィーにより精製したのち，さらに再結晶を行うことにより無色の針状結晶の（**67**）を得る．収量 42.6 g（収率 81%）．

カルボン酸等価体に不斉補助基を導入したものは，アルドール反応後の変換により不斉源の回収・再利用が可能である．図 16.5 に示す不斉補助基が広く用いられている．これらの不斉補助基を用いたアルドール反応は，さまざまな基質において一般的にシン選択的に進行し，汎用性が高い．アンチ選択的アルドール反応の成功例は基質が限られている．

このうちもっともよく用いられているのは（**68**）[185] であり，不斉源としてアミノ酸由来のアミノアルコールを用い，2-オキサゾリジノンとしたのち，アシル化を行うことで得られる．この 2-オキサゾリジノンを用いるアルドール反応は Evans アルドール反応とよばれ，シン体のアルドール体を高選択的に与え，数多くの天然物合成に用いられている．アルドール反応に限らず，アルキル化などの α 位の官能基化，マイケル付加などの β 位の立体化学の制御にも不斉補助基として利用されている[186]．

【実験例　オキサゾリジノンの合成】

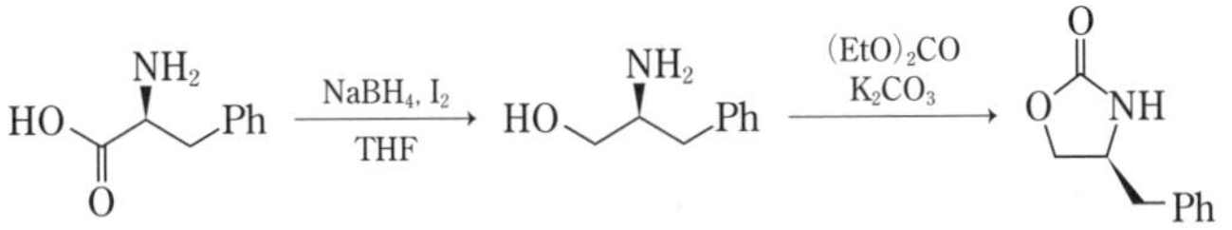

$NaBH_4$, I_2 / THF；$(EtO)_2CO$ / K_2CO_3

(**73**)　(**74**) 72%　(**75**) 78～79%

［アミノアルコールの合成：Meyers の方法[187]］　アルゴン雰囲気下，水素化ホウ素ナトリウム 45.5 g (1.20 mol) の THF 溶液 1.3 L にアミノ酸（**73**）82.6 g（500 mmol）を加え，0 ℃に冷却する．滴下漏斗を用いてヨウ素 127 g（500 mmol）の THF 溶液 330 mL を 30 分かけてゆっくり滴下する．このとき，水素ガスが激しく発生するので注意する．ヨウ素の滴下と水素ガスの発生が終わったら，反応溶液を加熱還流下，18 時間撹拌する．反応終了後，室温まで冷却し，溶液が透明になるまでメタノールをゆっくり加える．30 分間撹拌したのち，ロータリーエバポレーターを用いて溶媒を除去し，ペースト状の残渣に 20% 水酸化カリウム水溶液 1.0 L を加え，4 時間撹拌する．この溶液からジクロロメタン 1.0 L で 3 回抽出し，有機層を硫酸ナトリウムで乾燥し，減圧下溶媒を除去することで半固体状のアミノアルコールを得る．トルエンから再結晶し，無色の結晶としてアミノアルコール（**74**）を得る．収量 54.4 g（収率 72%）．

[オキサゾリジノンの合成：Evans の方法[188]]　アミノアルコール（**74**）151 g（1.00 mol），炭酸カリウム 13.8 g（0.100 mol），炭酸ジエチル 250 mL（2.06 mol）を入れたフラスコに，蒸留塔をつけたビグロー（Vigreux）管を取り付ける．反応溶液を撹拌しながら 135 ℃ に加熱し，エタノールを留去する（2.5 時間で約 120 mL）．エタノールが出終わったら，反応溶液を室温まで冷却し，ジクロロメタン 750 mL で希釈する．水 750 mL で洗浄したのち，有機層を硫酸マグネシウムで乾燥し，減圧下溶媒を除去する．得られた結晶性の固体を，熱酢酸エチル-ヘキサン（2：1）溶液 600 mL から再結晶し，板状結晶の（**75**）を得る．収量 136～138 g（収率 78～79%）．

アシルオキサゾリジノン（**68**）にトリエチルアミン存在下，*n*-Bu_2BOTf を作用させると *Z* 体のホウ素エノラートが高選択的に生成する．引き続き，アルデヒドを加えるとシン体のアルドール体のうち一方のみが得られる．これは Zimmerman-Traxler 遷移状態において，オキサゾリジノンのカルボニル基とエノラート酸素が双極子反発により反対方向を向いた状態になっており，図 16.6 の（**A**）のように，アルデヒドがオキサゾリジノンの 4 位置換基の逆側から接近するためである．

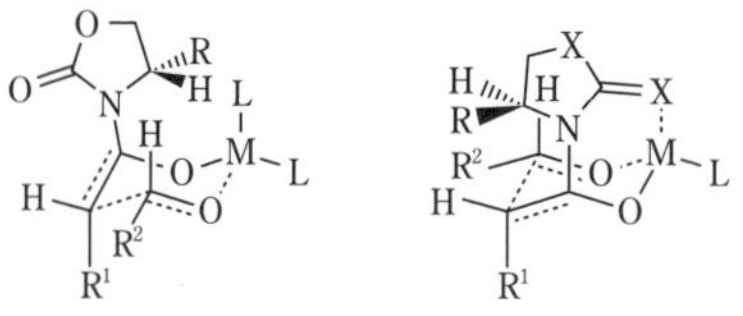

(**A**)　(**B**)

図 16.6　両エナンチオマーを与える Zimmerman-Traxler モデル

一方，アシルチアゾリジンチオン（**69**）[189] を用いると，反応条件によりシン体のアルドール体の両エナンチオマーをつくり分けることができるため，有用である．このチタンエノラートの場合（M=Ti，X=S），Zimmerman-Traxler 遷移状態において図 16.6（**B**）のように，チタンに対してチオカルボニル基の硫黄原子も配位した遷移状態が安定となり，オキサゾリジノンの場合と逆のエナンチオマーが生成する．この反応系に *N*-メチルピロリドン（NMP）などを加えることで Ti-S の配位が弱まり，通常の Zimmerman-Traxler 遷移状態を通って反応が進行する．

反応条件によってオキサゾリジノン上のカルボニル基への求核攻撃が起こり，副生成物が問題となる場合は 5 位にメチル基を導入した “superquats”（**70**）[190] を用いると良い．以前は，非天然型の D-アミノ酸の入手が困難であったため，（+）-ノルエフェドリン由来の 2-オキサゾリジノン（**71**）が利用されていた．ノルエフェドリンは日本では覚せい剤原料に指定されているため，使用にあたっては注意が必要である．現在では D-アミノ酸が比較的安価に入手容易となっている．カンファースルタム（**72**）[191] も両エナンチオマー異性体が入手可能であり，よく使われる．

【実験例　Evans アルドール反応[192]】

1) Bu_2BOTf, Et_3N
2) PhCHO
3) H_2O_2

(**76**)　(**77**) 84%

窒素雰囲気下，アシルオキサゾリジノン（**76**）21.2 g（0.091 mol）を無水ジクロロメタン 200 mL に溶解し，0 ℃ に冷却する．*n*-Bu_2BOTf 27 mL（0.107 mol）とトリエチルアミン 16.7 mL（0.120 mol）を順次加えたのち，−78 ℃ に冷却する．冷却下，ベンズアルデヒド 10.3 mL（0.101 mol）をゆっくりと滴下し，−78 ℃ で 20 分間撹拌したのち，0 ℃ に昇温し 1 時間撹拌する．リン酸緩衝液（pH 7）100 mL とメタノール 300 mL で反応を停止したのち，メタノール-30% 過酸化水素水溶液（2：1）混合液 300 mL を加え，1 時間撹拌する．ロータリーエバポレーターで減圧濃縮後，ジエチルエーテル 500 mL で 3 回抽出し，有機層を 5% 炭酸水素ナトリウム水溶液，飽和塩化ナトリウム水溶液で洗浄し，無水硫酸マグネシウムで乾燥，濃縮すると白色固体のアルドール体（**77**）（35～36 g）が得られる．酢酸エチル-ヘキサン（1：2）溶液 500 mL から再結晶し，純粋なアルドール体（**77**）を得る．収量 25.8 g（収率 84%）．

【実験例　Crimmins アルドール反応[193]】

1) $TiCl_4$
2) (−)-スパルテイン
3) *i*-PrCHO

(**78**)　(**79**) 80%

アルゴン雰囲気下，チアゾリジンチオン（**78**）8.00 g（30.1 mmol）を無水ジクロロメタン 120 mL に溶解し，0 ℃ に冷却する．溶液を激しく撹拌しながら塩化チタン(Ⅳ) 4.97 mL（45.3 mmol）を滴下し，20 分後（−)-スパルテイン 7.63 mL（33.2 mmol）を加える．さらに 20 分後，反応溶液を −78 ℃ に冷却する．冷却下，イソブチルアルデヒド 3.03 mL（33.4 mmol）の無水ジクロロメタン溶液 10 mL を滴下し，30 分間撹拌する．0 ℃ に昇温しさらに 30 分間撹拌したのち，飽和塩化アンモニウム水溶液 10 mL を加え，反応を停止させる．反応液を飽和塩化ナトリウム水溶液で希釈したのち，ジクロロメタン 100 mL で 2 回抽出する．有機層を無水硫酸ナトリウムで乾燥し，減圧下溶媒を除去する．シリカゲルカラムクロマトグラフィーにより純粋な *syn*-アルドール体（**79**）を得る．収量 8.1 g（収率 80%）．

不斉補助基の除去法としては，所望の生成物の酸化度に応じて，① 加溶媒分解もしくは

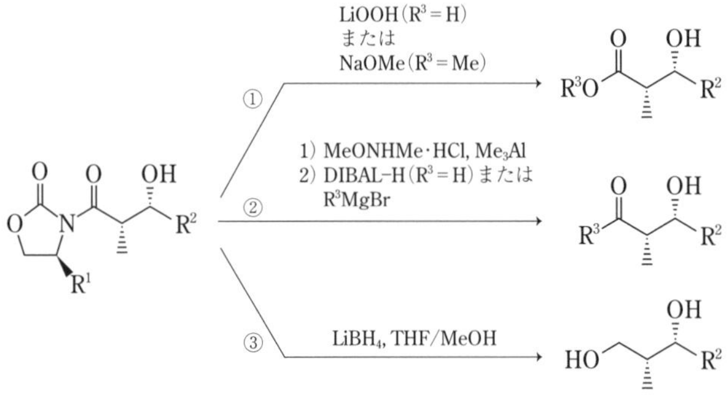

① LiOOH (R^3 = H) または NaOMe (R^3 = Me)

② 1) MeONHMe·HCl, Me_3Al 2) DIBAL-H (R^3 = H) または R^3MgBr

③ $LiBH_4$, THF/MeOH

加水分解，② Weinreb アミドを経由し，ケトンもしくはアルデヒドへの変換，③ 還元によるアルコールへの変換を用いるのが一般的である（上式）．これらの反応では，β-ヒドロキシ基の保護はとくに必要ないことが多いが，反応条件や基質によっては脱水反応やレトロアルドール反応が進行するので，その場合は保護すると良い．

d.　不斉アルドール反応

量論的な不斉アルドール反応は，光学活性な α-ピネンから調製できるホウ素試薬（Ipc_2BOTf）を用いることで達成されている[194]．しかしながら基質一般性に乏しく，高い光学純度でアルドール体が得られる例は限られている．ただし，反応点近傍に不斉中心がある場合では，この試薬由来のジアステレオ選択性と基質由来の選択性で二重の不斉誘導がかかって選択性を向上させることができる[195]．

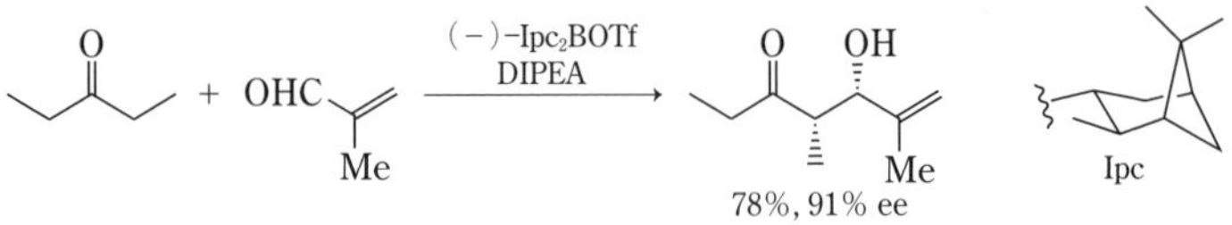

(−)-Ipc_2BOTf, DIPEA　78%, 91% ee　Ipc

e.　触媒的不斉アルドール反応

触媒的不斉アルドール反応は近年目ざましい進歩を遂げている．アミノ酸などの有機分子を触媒とする反応，不斉配位子の金属錯体を触媒とする反応が用いられている．プロリンを触媒として用いる分子内不斉アルドール反応は古くから知られていたが，報告例は限られていた[196]．この反応ではプロリンの第二級アミンがメチルケトンをエナミンとし，カルボン酸が残るプロキラルな環状ジケトンのうち，一方のケトンを選択的に活性化することで反応が進行する．2 環性の生成物は Hajos-Parrish ケトンまたは Wieland-Miescher ケトンとよばれ，さまざまな天然物，とくにステロイドやテルペノイドの光学活性な合成原料として用いられてきた[197]．

【実験例　Hajos-Parrish ケトンの合成[196]】

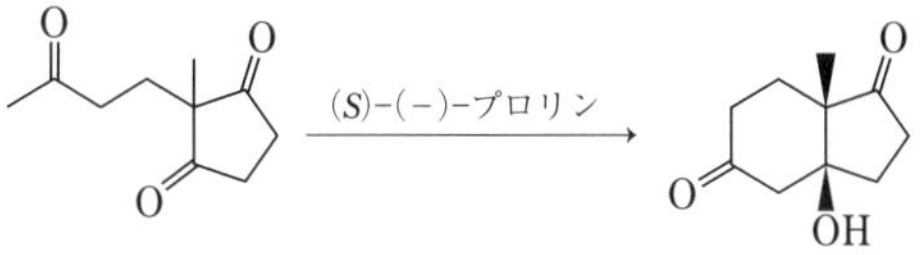

(**80**)　(**81**) 100%

アルゴン雰囲気下，トリケトン（**80**）1.82 g（10.0 mmol）と(*S*)-(−)-プロリン 34.5 mg（0.30 mmol）を無水 DMF 中で 20 時間撹拌する．反応終了後沪過し，沪液を濃縮する．残渣を酢酸エチル 10 mL に溶かしたのち，シリカゲル 8.0 g に通し，さらに酢酸エチル 150 mL で抽出する．溶媒を留去すると結晶が得られ，さらに，残留している DMF を減圧下加熱して除去すると，(+)-ジケトン（**81**）が得られる．収量 1.82 g（収率 100%, 93.7% ee）．

2000 年になり，Claisen-Schmidt 法での分子間アルドール反応[198]やヒドロキシアセトンとアルデヒドとの交差アルドール反応[199]も高選択的に進行することが報告されて以来，有機分子触媒を用いたアルドール反応の利用例が増えている．さらにはアルデヒドどうしの交差アルドール反応も達成され[200]，進展が著しい分野である[201]．アミノ酸誘導体にかぎらず，さまざまな触媒が開発されている．これらの触媒は不斉金属触媒などに比べて安価であり，水や空気に対しても安定で煩雑な操作を必要としないなど，実験面での利点が大きい．また，反応後の廃棄物の処理も容易であり，環境負荷が少ないという面でも有用である．触媒サイクルを図 16.7 に示す．ただし，各段階はすべて平衡反応であり，目的物を得るためには一方のアルデヒドまたはケトンを大量に用いるなど平衡を偏らせる必要がある．また，収率および選択性は pH に依存するため，添加する酸などの反応条件の検討が必要である．

ルイス（Lewis）酸に対して不斉配位子を配位させて光学活性ルイス酸触媒とし，カルボニル化合物を活性化することでエナンチオ選択的なアルドール反応ができる[202]．触媒の回転効率を上げるためには，生成物のアルドールから触媒を解離させる必要があるため，系中

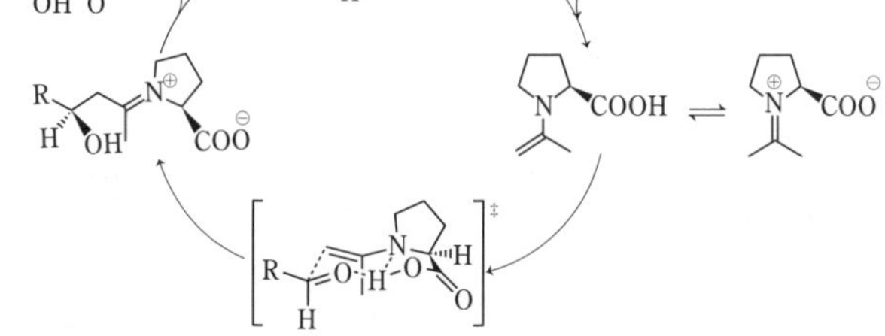

図 16.7　プロリンを用いた不斉アルドール反応における触媒サイクル

で生成物がシリルエーテル化される向山アルドール反応での成功例が多い．一例を下式に示す[203]．ルイス酸として用いられる元素はB, Sc, Ti, Cu, Zr, Ag, Snなどが知られており，それぞれに適した不斉配位子が報告されている．

t-BuCHO + CH_2=C(OTMS)SEt —[(S)-1-methyl-2-(piperidinomethyl)pyrrolidine, $Sn(OTf)_2$; n-Bu_3SnF]→ t-BuCH(OH)CH_2C(=O)SEt

90%, >95% ee

文　献

1) B. Helferich, W. Schaefer, *Org. Synth.,* Coll. Vol., **1**, 147 (1941).
2) W. Steglich, G. Höfle, *Angew. Chem., Int. Ed. Engl.*, **8**, 981 (1969).
3) B. Abramovitch, J. C. Shivers, B. E. Hudson, C. R. Hauser, *J. Am. Chem. Soc.*, **65**, 986 (1943).
4) L. H. Welsh, *J. Am. Chem. Soc.*, **71**, 3500 (1949).
5) E. B. Hershberg, J. Cason, *Org. Synth.,* Coll. Vol., **3**, 627 (1955).
6) P. Four, F. Guibe, *J. Org. Chem.*, **46**, 4439 (1981).
7) J. Málek, *Org. React.*, **36**, 249 (1988).
8) J. E. Siggins, A. A. Larsen, J. H. Ackerman, C. D. Carabateas, *Org. Synth.,* Coll. Vol., **6**, 529 (1988).
9) Z. Wu, G. S. Minhas, D. Wen, H. Jiang, K. Chen, P. Zimniak, J. Zheng, *J. Med. Chem.*, **47**, 3282 (2004).
10) C. F. H. Allen, W. E. Barker, *Org. Synth.,* Coll. Vol., **2**, 156 (1943).
11) R. E. Lutz, *Org. Synth.,* Coll. Vol., **3**, 248 (1955).
12) E. L. Martin, L. F. Fieser, *Org. Synth.,* Coll. Vol., **2**, 569 (1943).
13) G. H. Posner, C. E. Whitten, *Tetrahedron Lett.*, **11**, 4647 (1970).
14) G. H. Posner, *Org. React.*, **22**, 253 (1975).
15) B. H. Lipshutz, S. Sengupta, *Org. React.*, **41**, 135 (1992).
16) G. H. Posner, C. E. Whitten, P. E. McFarland, *J. Am. Chem. Soc.*, **94**, 5106 (1972).
17) J. W. Labadie, D. Tueting, J. K. Stille, *J. Org. Chem.*, **48**, 4634 (1983).
18) J. W. Labadie, J. K. Stille, *J. Am. Chem. Soc.*, **105**, 6129 (1983).
19) C. F. H. Allen, C. J. Kibler, D. M. McLachlin, C. V. Wilson, *Org. Synth.,* Coll. Vol., **3**, 28 (1955).
20) C. D. Hurd, R. Christ, C. L. Thomas, *J. Am. Chem. Soc.*, **55**, 2589 (1933).
21) T. A. Martin, J. R. Corrigan, C. W. Waller, *J. Org. Chem.*, **30**, 2839 (1965).
22) E. L. Eliel, A. W. Burgstahler, *J. Am. Chem. Soc.*, **71**, 2251 (1949).
23) D. M. Bailey, R. E. Johnson, *J. Org. Chem.*, **35**, 3574 (1970).
24) M. S. Newman, W. T. Booth, Jr., *J. Am. Chem. Soc.*, **67**, 154 (1945).
25) W. R. Edwards, Jr., R. J. Eckert, Jr., *J. Org. Chem.*, **31**, 1283 (1966).
26) J. Inanaga, K. Hirata, H. Saeki, T. Katsuki, M. Yamaguchi, *Bull. Chem. Soc. Jpn.*, **52**, 1989 (1979).
27) Y. Zhang, J. Rohanna, J. Zhou, K. Iyer, J. D. Rainier, *J. Am. Chem. Soc.*, **133**, 3208 (2011).
28) I. Shiina, M. Kubota, H. Oshiumi, M. Hashizume, *J. Org. Chem.*, **69**, 1822 (2004).
29) I. Shiina, Y. Umezaki, N. Kuroda, T. Iizumi, S. Nagai, T. Katoh, *J. Org. Chem.*, **77**, 4885 (2012).
30) B. Schmidt, O. Kunz, M. H. Petersen, *J. Org. Chem.*, **77**, 10897 (2012).
31) I. Shiina, Y. Umezaki, Y. Ohashi, Y. Yamazaki, S. Dan, T. Yamori, *J. Med. Chem.*, **56**, 150 (2013).
32) K. Ishizumi, K. Koga, S. Yamada, *Chem. Pharm. Bull.*, **16**, 492 (1968).
33) G. Losse, H. Klengel, *Tetrahedron*, **27**, 1423 (1971).
34) H. A. Staab, *Angew. Chem., Int. Ed. Engl.*, **1**, 351 (1962).
35) D. H. R. Barton, S. W. McCombie, *J. Chem. Soc., Perkin Trans. I*, **1975**, 1574.
36) W. Hartwig, *Tetrahedron*, **39**, 2609 (1983).

37) V. V. Filichev, B. Vester, E. B. Pedersen, *Bioorg. Med. Chem.*, **12**, 2843 (2004).
38) S. Nahm, S. M. Weinreb, *Tetrahedron Lett.*, **22**, 3815 (1981).
39) S. Balasubramaniam, I. S. Aidhen, *Synthesis*, **2008**, 3707.
40) K. S. Woodin, T. F. Jamison, *J. Org. Chem.*, **72**, 7451 (2007).
41) P. A. S. Smith, *Org. React.*, **3**, 337 (1946).
42) C. Gálvez, F. Garcia, M. Veiga, P. Viladoms, *Synthesis*, **1983**, 932.
43) 塩入孝之，山田俊一，有機合成化学，**31**，666 (1973).
44) 塩入孝之，有機合成化学，**37**，856 (1979).
45) Y. Hamada, T. Shioiri, S. Yamada, *Chem. Pharm. Bull.*, **25**, 221 (1977).
46) T. Wieland, W. Schäfer, E. Bokelman, *Justus Liebigs Ann. Chem.*, **573**, 99 (1951).
47) 泉屋信夫，加藤哲雄，青柳東彦，脇 道典，"ペプチド合成の基礎と実験", pp. 91–100, 丸善出版 (1985).
48) M. Bodanski, "The Peptides: Analysis, Synthesis, Biology", Vol. 1, pp. 105–196, Academic Press (1979).
49) N. Sewald, H.-D. Jakubke, "Peptides: Chemistry and Biology", pp. 195–200, Wiley-VCH (2002).
50) L. Kisfaludy, I. Schön, *Synthesis*, **1983**, 325.
51) M. Green, J. Berman, *Tetrahedron Lett.*, **31**, 5851 (1990).
52) W. G. Anderson, J. E. Zimmerman, F. M. Callahan, *J. Am. Chem. Soc.*, **85**, 3039 (1963).
53) W. König, R. Geiger, *Chem. Ber.*, **103**, 788 (1970).
54) L. A. Carpino, *J. Am. Chem. Soc.*, **115**, 4397 (1993).
55) E. Atherton, J. L. Holder, M. Meldal, R. C. Sheppard, R. M. Valerio, *J. Chem. Soc. Perkin Trns. 1*, **1988**, 2887.
56) V. Dourtoglou, B. Gross, V. Lambropoulou, C. Zioudrou, *Synthesis*, **1984**, 572.
57) L. A. Carpino, A. El-Faham, C. A. Minor, F. Albericio, *J. Chem. Soc. Chem. Commun.*, **1994**, 201.
58) B. Castro, J. R. Dormoy, G. Evin, C. Selve, *Tetrahedron Lett.*, **16**, 1219 (1975).
59) J. Coste, D. Le-Nguyen, B. Castro, *Tetrahedron Lett.*, **31**, 205 (1990).
60) R. A. Daignault, E. L. Eliel, *Org. Synth.*, Coll. Vol., **5**, 303 (1973).
61) T. Tsunoda, M. Suzuki, R. Noyori, *Tetrahedron Lett.*, **21**, 1357 (1980).
62) A. B. Smith, III, D.-S. Kim, *J. Org. Chem.*, **71**, 2547 (2006).
63) S. Fukuzawa, T. Tsuchimoto, T. Hotaka, T. Hiyama, *Synlett*, **1995**, 1077.
64) M. Inoue, K. Miyazaki, H. Uehara, M. Maruyama, M. Hirama, *Proc. Natl. Acad. Sci. U.S.A.*, **101**, 12013 (2004).
65) T. Ichige, Y. Okano, N. Kanoh, M. Nakata, *J. Org. Chem.*, **74**, 230 (2009).
66) N. Chida, T. Tobe, S. Ogawa, *Tetrahedron Lett.*, **35**, 7249 (1994).
67) K. Kurosawa, K. Matsuura, T. Nagase, N. Chida, *Bull. Chem. Soc. Jpn.*, **79**, 921 (2006).
68) M. Suzuki, H. Takada, R. Noyori, *J. Org. Chem.*, **47**, 902 (1982).
69) S. Matsubara, K. Takai, H. Nozaki, *Bull. Chem. Soc. Jpn.*, **56**, 2029 (1983).
70) C. Li, S. Tu, S. Wen, S. Li, J. Chang, F. Shao, X. Lei, *J. Org. Chem.*, **76**, 3566 (2011).
71) T. Momose, N. Hama, C. Higashino, H. Sato, N. Chida, *Tetrahedron Lett.*, **49**, 1376 (2008).
72) M. Kitamura, S. Suga, K. Kawai, R. Noyori, *J. Am. Chem. Soc.*, **108**, 6071 (1986).
73) M. Yoshioka, T. Kawakita, M. Ohno, *Tetrahedron Lett.*, **30**, 1657 (1989).
74) H. Takahashi, T. Kawakita, M. Yoshioka, S. Kobayashi, M. Ohno, *Tetrahedron Lett.*, **30**, 7095 (1989).
75) A. Devasagayaraj, L. Schwink, P. Knochel, *J. Org. Chem.*, **60**, 3311 (1995).
76) H. C. Brown, K. S. Bhat, *J. Am. Chem. Soc.*, **108**, 293 (1986).
77) H. C. Brown, K. S. Bhat, *J. Am. Chem. Soc.*, **108**, 5919 (1986).
78) A. B. Smith, III, S. Dong, R. J. Fox, J. B. Brenneman, J. A. Vanecko, T. Maegawa, *Tetrahedron*, **67**, 9809 (2011).

79) I. Hayakawa, T. Takemura, E. Fukusawa, Y. Ebihara, N. Sato, T. Nakamura, K. Suenaga, H. Kigoshi, *Angew. Chem., Int. Ed.,* **49**, 2401 (2010).
80) W. R. Roush, R. L. Halterman, *J. Am. Chem. Soc.*, **108**, 294 (1986).
81) W. R. Roush, K. Ando, D. B. Powers, A. D. Palkowitz, R. L. Halterman, *J. Am. Chem. Soc.*, **112**, 6339 (1990).
82) D. Matsumura, T. Takarabe, T. Toda, T. Hayamizu, K. Sawamura, K. Takao, K. Tadano, *Tetrahedron*, **67**, 6730 (2011).
83) A. L. Costa, M. G. Piazza, E. Tagliavini, C. Trombini, A. Umani-Ronchi, *J. Am. Chem. Soc.*, **115**, 7001 (1993).
84) G. E. Keck, K. H. Tarbet, L. S. Geraci, *J. Am. Chem. Soc.*, **115**, 8467 (1993).
85) G. E. Keck, D. S. Welch, Y. B. Poudel, *Tetrahedron Lett.*, **47**, 8267 (2006).
86) T.-H. Chan, M.-C. Lee, *J. Org. Chem.*, **60**, 4228 (1995).
87) D. E. Frantz, R. Fässler, E. M. Carreira, *J. Am. Chem. Soc.*, **122**, 1806 (2000).
88) N. K. Anand, E. M. Carreira, *J. Am. Chem. Soc.*, **123**, 9687 (2001).
89) D. Moore, L. Pu, *Org. Lett.*, **4**, 1855 (2002).
90) G. Gao, D. Moore, R.-G. Xie, L. Pu, *Org. Lett.*, **4**, 4143 (2002).
91) V. Shekhar, D. K. Reddy, S. P. Reddy, P. Prabhakar, Y. Venkateswarlu, *Eur. J. Org. Chem.,* **2011**, 4460.
92) S. Sugiyama, S. Fuse, T. Takahashi, *Tetrahedron*, **67**, 6654 (2011).
93) Y. Hamashima, D. Sawada, M. Kanai, M. Shibasaki, *J. Am. Chem. Soc.*, **121**, 2641 (1999).
94) Y. Hamashima, M. Kanai, M. Shibasaki, *J. Am. Chem. Soc.*, **122**, 7412 (2000).
95) K. Yabu, S. Masumoto, S. Yamasaki, Y. Hamashima, M. Kanai, W. Du, D. P. Curran, M. Shibasaki, *J. Am. Chem. Soc.*, **123**, 9908 (2001).
96) S. Masumoto, M. Suzuki, M. Kanai, M. Shibasaki, *Tetrahedron Lett.*, **43**, 8647 (2002).
97) D. Sawada, M. Kanai, M. Shibasaki, *J. Am. Chem. Soc.*, **122**, 10521 (2000).
98) H. Yang, Y. Gao, X. Qiao, L. Xie, X. Xu, *Org. Lett.*, **13**, 3670 (2011).
99) D. A. Evans, C. S. Burgey, N. A. Paras, T. Vojkovsky, S. W. Tregay, *J. Am. Chem. Soc.*, **120**, 5824 (1998).
100) D. A. Evans, L. Kværnø, T. B. Dunn, A. Beauchemin, B. Raymer, J. A. Mulder, E. J. Olhava, M. Juhl, K. Kagechika, D. A. Favor, *J. Am. Chem. Soc.*, **130**, 16295 (2008).
101) R. T. Ruck, E. N. Jacobsen, *J. Am. Chem. Soc.*, **124**, 2882 (2002).
102) R. T. Ruck, E. N. Jacobsen, *Angew. Chem. Int. Ed.,* **42**, 4771 (2003).
103) K. Komano, S. Shimamura, M. Inoue, M. Hirama, *J. Am. Chem. Soc.*, **129**, 14184 (2007).
104) D. S. Pedersen, C. Rosenbohm, *Synthesis*, **2001**, 2431.
105) L. E. Overman, R. J. McCready, *Tetrahedron Lett.*, **23**, 2355 (1982).
106) K.-M. Chen, G. E. Hardtmann, K. Prasad, O. Repič, M. J. Shapiro, *Tetrahedron Lett.*, **28**, 155 (1987).
107) D. A. Evans, K. T. Chapman, E. M. Carreira, *J. Am. Chem. Soc.*, **110**, 3560 (1988).
108) Y. Mori, M. Asai, A. Okumura, H. Furukawa, *Tetrahedron*, **51**, 5299 (1995).
109) E. J. Corey, R. K. Bakshi, S. Shibata, C.-P. Chen, V. K. Singh, *J. Am. Chem. Soc.*, **109**, 7925 (1987).
110) E. J. Corey, C. J. Helal, *Angew. Chem., Int. Ed.,* **37**, 1986 (1998).
111) H. O. House, B. M. Trost, *J. Org. Chem.*, **30**, 1341 (1965).
112) D. Enders, R. Pieter, B. Renger, D. Seebach, *Org. Synth.,* Coll. Vol., **6**, 542 (1988).
113) C. A. Brown, *J. Org. Chem.,* **39**, 3913 (1974).
114) E. Vedejs, *J. Am. Chem. Soc.,* **96**, 5945 (1974).
115) G. Stork, G. A. Kraus, G. A. Garcia, *J. Org. Chem.*, **39**, 3459 (1974).
116) P. A. Grieco, S. Ferrino, T. Oguri, *J. Org. Chem.*, **44**, 2593 (1979).
117) K. C. Nicolaou, T. Montagnon, G. Vassilikogiannakis, C. J. N. Mathison, *J. Am. Chem. Soc.,* **127**, 8872

(2005).
118) R. E. Ireland, R. H. Mueller, A. K. Willard, *J. Am. Chem. Soc.*, **98**, 2868 (1976).
119) a) T. Inoue, T. Mukaiyama, *Bull. Chem. Soc. Jpn.*, **53**, 174 (1980); b) E. A. Evans, J. V. Nelson, E. Vogel, T. R. Taber, *J. Am. Chem. Soc.*, **103**, 3099 (1981); c) H. C. Brown, R. K. Dhar, R. K. Bakshi, P. K. Pandiarajan, B. Singaram, *J. Am. Chem. Soc.*, **111**, 3441 (1989).
120) K. Ganesan, H. C. Brown., *J. Org. Chem.*, **58**, 7162 (1993).
121) H. House, L. J. Czuba, M. Gall, H. D. Olmstead, *J. Org. Chem.*, **34**, 2324 (1969).
122) R. D. Miller, D. R. Mckean, *Synthesis*, **1979**, 730.
123) V. K. Aggarwal, A. M. Daly, *Chem. Commun.*, **2002**, 2490.
124) N. D. A. Walshe, G. B. T. Goodwin, G. C. Smith, F. E. Woodward, *Org. Synth.*, Coll. Vol. **8**, 1 (1993).
125) G. Stork, P. F. Hudrlik, *J. Am. Chem. Soc.*, **90**, 4462, 4464 (1968).
126) I. Kuwajima, E. Nakamura, M. Shimizu, *J. Am. Chem. Soc.*, **104**, 1025 (1982).
127) R. Noyori, I, Nishida., J. Sakata, *J. Am. Chem. Soc.*, **105**, 1598 (1983).
128) G. Stork, P. Rosen, N. Goldman, R. V. Coombs, J. Tsuji, *J. Am. Chem. Soc.*, **87**, 275, (1965).
129) S. D. Bruner, H. S. Radeke, J. A. Tallarico, M. L. Snapper, *J. Org. Chem.*, **60**, 1114 (1995).
130) B. B. Touré, D. G. Hall, *Chem. Rev.*, **109**, 4439 (2009).
131) a) R. Noyori, M. Suzuki, *Angew. Chem., Int. Ed. Engl.*, **23**, 847 (1984); b) R. J. K. Taylor, *Synthesis*, **1985**, 364; c) Y. Ito, M. Nakatsuka, T. Saegusa, *J. Am. Chem. Soc.*, **104**, 7609 (1982); 文献 119)も参照.
132) T. Shono, Y. Matsumura, S. Kashimura, K. Hatanaka, *J. Am. Chem. Soc.*, **101**, 4752 (1979).
133) W. C. Still, *J. Org. Chem.*, **41**, 3063 (1976).
134) W. C. Still, *J. Am. Chem. Soc.*, **99**, 4836 (1977).
135) a) R. Noyori, Y. Hayakawa, *Org. React.*, **29**, 163 (1983); b) A. Fürstner, *Synthesis*, **1989**, 571; c) R. Ocampo, W. R. Dolbier, Jr. *Tetrahedron*, **60**, 9325 (2004).
136) a) K. Maruoka, S. Hashimoto, Y. Kitagawa, H. Yamamoto, H. Nozaki, *Bull. Chem. Soc. Jpn.*, **53**, 3301 (1980); b) J. M. Dener, L.-H. Zhang, H. Rapoport, *J. Org. Chem.*, **58**, 1159 (1993).
137) J.-E. Dubois, G. Axiotis, E. Bertounesque, *Tetrahedron Lett.*, **26**, 4371 (1985).
138) a) G. A. Molander, J. B. Etter, *J. Am. Chem. Soc.*, **109**, 6556 (1987); b) P. P. Reddy, K.-F. Yen, B.-J. Uang, *J. Org. Chem.*, **67**, 1034 (2002).
139) G. Rousseau, J. M. Conia, *Tetrahedron Lett.*, **22**, 649 (1981).
140) H. O. House, D. S. Crumrine, A. Y. Teranishi, H. D. Olmstead, *J. Am. Chem. Soc.*, **95**, 3310 (1973).
141) H. J. M. Gijsen, J. B. P. A. Wijnberg, G. A. Stork, A. de Groot, *Tetrahedron*, **47**, 4409 (1991).
142) a) T. Fukuyama, K. Akasaka, D. S. Karanewsky, C.-L. J. Wang, G. Schmid, Y. Kishi, *J. Am. Chem. Soc.*, **101**, 262 (1979); b) N. A. McGrath, C. A. Lee, H. Araki, M. Brichacek, J. T. Njardarson, *Angew. Chem., Int. Ed.*, **47**, 9450 (2008).
143) M. Suzuki, A. Yanagisawa, R. Noyori, *J. Am. Chem. Soc.*, **110**, 4718 (1988).
144) a) M. Suzuki, Y. Morita, H. Koyano, M. Koga, R. Noyori, *Tetrahedron*, **46**, 4809 (1990); b) A. Fürstner, K. Grela, C. Mathes, C. W. Lehmann, *J. Am. Chem. Soc.*, **122**, 11799 (2000).
145) I. Kuwajima, M. Kato, A. Mori, *Tetrahedron Lett.*, **21**, 4291 (1980).
146) E. Nakamura, J. Shimada, Y. Horiguchi, I. Kuwajima, *Tetrahedron Lett.*, **24**, 3341 (1983).
147) E. Nakamura, I. Kuwajima, *Chem. Lett.*, **12**, 59 (1983).
148) E. Nakamura, I. Kuwajima, *Tetrahedron Lett.*, **24**, 3343, 3347 (1983).
149) D. A. Evans, “Asymmetric Synthesis”, Vol. 3, J. D. Morrison, ed., Chap. 1, pp. 73–75, Academic Press (1984).
150) W. C. Still, I. Galynker, *Tetrahedron*, **37**, 3981 (1984).
151) a) D. A. Evans, M. D. Ennis, D. J. Mathre, *J. Am. Chem. Soc.*, **104**, 1737 (1982); 生成物の変換反応については以下も参照：b) D. A. Evans, S. L. Bender, *Tetrahedron Lett.*, **27**, 799 (1986); c) D. A.

Evans, T. C. Britton, J. A. Ellman, *Tetrahedron Lett.*, **28**, 6141 (1987).

152) L. A. Paquette, R. Guevel, S. Sakamoto, I. H. Kim, J. Crawford, *J. Org. Chem.*, **68**, 6096 (2003).

153) C. E. Stivala, A. Zakarian, *Tetrahedron Lett.*, **48**, 6845 (2007).

154) A. G. Myers, B. H. Yang, H. Chen, L. McKinstry, D. J. Kopecky, J. L. Gleason, *J. Am. Chem. Soc.*, **119**, 6496 (1997).

155) J. D. White, C.-S. Lee, Q. Xu, *Chem. Commun.*, **2003**, 2012.

156) P. L. Stotter, K. A. Hill, *J. Org. Chem.*, **38**, 2576 (1973).

157) a) L. Blanco, P. Amice, J. M. Conia, *Synthesis*, **1976**, 194; b) D. C. Harrowven, D. D. Pascoe, I. L. Guy, *Angew. Chem., Int. Ed.*, **46**, 425 (2007).

158) G. M. Rubottom, J. M. Gruber, H. D. Juve Jr., D. A. Charleson, *Org. Synth.*, Coll. Vol., **7**, 282 (1990).

159) C. F. Thompson, T. F. Jamison, E. N. Jacobsen, *J. Am. Chem. Soc.*, **123**, 9974 (2001).

160) a) F. A. Davis, A. C. Sheppard, *Tetrahedron,* **45**, 5703 (1989); b) F. A. Davis, L. C. Vishwakarma, J. M. Billmers, J. Finn, *J. Org. Chem,* **49**, 3241 (1984); c) K. Iwasaki, M. Nakatani, M. Inoue, T. Katoh, *Tetrahedron*, **59**, 8763 (2003).

161) F. A. Davis, B.-C. Chen, *Chem. Rev.*, **92**, 919 (1992).

162) a) H. J. Reich, J. M. Renga, I. L. Reich, *J. Am. Chem. Soc.*, **97**, 5434 (1975); b) R. Fu, J. Chen, L.-C. Guo, J.-L. Ye, Y.-P. Ruan, P.-Q. Huang, *Org. Lett.*, **11**, 5242 (2009).

163) K. B. Sharpless, R. F. Lauer, A. Y. Teranishi, *J. Am. Chem. Soc.*, **95**, 6137 (1973).

164) Y. Ito, T. Hirao, T. Saegusa, *J. Org. Chem.*, **43**, 1011 (1978).

165) R. C. Larock, T. R. Hightower, *Tetrahedron Lett.*, **36**, 2423 (1995).

166) K. C. Nicolaou, D. L. F. Gray, T. Montagnon, S. T. Harrison, *Angew. Chem., Int. Ed.*, **41**, 996 (2002).

167) H. Kusama, E. Watanabe, K. Ishida, N. Iwasawa, *Chem. Asian J.,* **6**, 2273 (2011).

168) K. C. Wang, C.-H. Liang, W.-M. Kan, S.-S. Lee, *Bioorg. Med. Chem.*, **2**, 27 (1994).

169) P. Schmoldt, J. Mattay, *Synthesis*, **2003**, 1071.

170) W. Treibs, R. Mayer, M. Madejski, *Chem. Ber.*, **87**, 356 (1954).

171) A. P. Krapcho, J. F. Weimaster, J. M. Eldridge, E. G. E. Jahngen, Jr., A. J. Lovey, W. P. Stephens, *J. Org. Chem.*, **43**, 138 (1978).

172) C. V. Magatti, J. J. Kaminski, I. Rothberg, *J. Org. Chem.*, **56**, 3102 (1991).

173) A. P. Krapcho, J. Diamanti, C. Cayen, R. Bingham, *Org. Synth.,* Coll. Vol., **5**, 198 (1973).

174) L. N. Mander, S. P. Sethi, *Tetrahedron Lett.*, **24**, 5425 (1983).

175) K. C. Nicolaou, G. S. Tria, D. J. Edmonds, M. Kar, *J. Am. Chem. Soc.*, **131**, 15909 (2009).

176) T. Mukaiyama, K. Narasaka, *Org. Synth.,* Coll. Vol., **8**, 323 (1993).

177) R. E. Ireland, R. H. Mueller, A. K. Willard, *J. Am. Chem. Soc.*, **98**, 2868 (1976).

178) A. Fürstner, C. Mathes, C. W. Lehmann, *Chem. Eur. J.*, **7**, 5299 (2001).

179) a) D. E. Van Horn, S. Masamune, *Tetrahedron Lett.*, **20**, 2229 (1979); b) D. A. Evans, E. Vogel, J. V. Nelson, *J. Am. Chem. Soc.*, **101**, 6120 (1979); c) H. C. Brown, R. K. Dhar, R. K. Bakshi, P. K. Pandiarajan, B. Singaram, *J. Am. Chem. Soc.*, **111**, 3441 (1989).

180) a) H. E. Zimmerman, M. D. Traxler, *J. Am. Chem. Soc.*, **79**, 1920 (1957); b) C. H. Heathcock, C. T. Buse, W. A. Kleschick, M. C. Pirrung, J. E. Sohn, J. Lampe, *J. Org. Chem.*, **45**, 1066 (1980).

181) C. H. Heathcock, M. C. Pirrung, C. T. Buse, J. P. Hagen, S. D. Young, J. E. Sohn, *J. Am. Chem. Soc.*, **101**, 7077 (1979).

182) a) S. Masamune, S. A. Ali, D. L. Snitman, D. S. Garvey, *Angew. Chem., Int. Ed.*, **19**, 557 (1980); b) S. Masamune, W. Choy, F. A. J. Kerdesky, B. Imperiali, *J. Am. Chem. Soc*., **103**, 1566 (1981).

183) I. Paterson, D. J. Wallace, C. J. Cowden, *Synthesis*, **1998**, 639.

184) R. M. Kanada, D. Itoh, M. Nagai, J. Niijima, N. Asai, Y. Mizui, S. Abe, Y. Kotake, *Angew. Chem. Int. Ed.*, **46**, 4350 (2007).

185) D. A. Evans, J. Bartoli, T. L. Shih, *J. Am. Chem. Soc.*, **103**, 2127 (1981).

186) D. J. Ager, I. Prakash, D. R. Schaad, *Chem. Rev.*, **96**, 835 (1996).
187) M. J. McKennon, A. I. Meyers, K. Drauz, M. Schwarm, *J. Org. Chem.*, **58**, 3568 (1993).
188) J. R. Gage, D. A. Evans, *Org. Synth.,* Coll. Vol., **8**, 528 (1993).
189) M. T. Crimmins, B. W. King, E. A. Tabet, K. Chaudhary, *J. Org. Chem.*, **66**, 894 (2001).
190) S. G. Davies, H. J. Sanganee, P. Szolcsanyi, *Tetrahedron*, **55**, 3337 (1999).
191) W. Oppolzer, J. Blagg, I. Rodriguez, E. Walther, *J. Am. Chem. Soc.*, **112**, 2767 (1990).
192) J. R. Gage, D. A. Evans, *Org. Synth.,* Coll. Vol., **8**, 339 (1993).
193) M. T. Crimmins, H. S. Christie, C. O. Hughes, *Org. Synth.,* **88**, 364 (2011).
194) I. Paterson, J. M. Goodman, M. A. Lister, R. C. Schumann, C. K. McClure, R. D. Norcross, *Tetrahedron*, **46**, 4663 (1990).
195) I. Paterson, R. M. Oballa, R. D. Norcross, *Tetrahedron Lett.*, **37**, 8581 (1996).
196) Z. G. Hajos, D. R. Parrish, *J. Org. Chem.*, **39**, 1615 (1974).
197) B. Bradshaw, J. Bonjoch, *Synlett*, **2012**, 337.
198) B. List, R. A. Lerner, C. F. Barbas III, *J. Am. Chem. Soc.*, **122**, 2395 (2000).
199) W. Notz, B. List, *J. Am. Chem. Soc.*, **122**, 7386 (2000).
200) A. B. Northrup, D. W. C. MacMillan, *J. Am. Chem. Soc.*, **124**, 6798 (2002).
201) a) S. Mukherjee, J. W. Yang, S. Hoffmann, B. List, *Chem. Rev.*, **107**, 5471 (2007); b) S. Bertelsen, K. A. Jørgensen, *Chem. Soc. Rev.*, **38**, 2178 (2009).
202) a) T. Mukaiyama, *Aldrichmica Acta*, **29**, 59 (1996); b) D. A. Evans, T. Rovis, J. S. Johnson, *Pure Appl. Chem.*, **71**, 1407 (1999); c) T. D. Machajewski, C.-H. Wong, *Angew. Chem. Int. Ed.*, **39**, 1352 (2000); d) S. Kobayashi, K. Manabe, *Acc. Chem. Res.*, **35**, 209 (2002); e) M. Shibasaki, M. Kanai, *Chem. Rev.*, **108**, 2853 (2008); f) B. M. Trost, C. S. Brindle, *Chem. Soc. Rev.*, **39**, 1600 (2010).
203) S. Kobayashi, T. Mukaiyama, *Chem. Lett.*, **18**, 297 (1989).

Chapter 17

不安定試薬の調製法と取扱い方

有機合成に役立つ試薬のなかには，熱的に不安定で取扱いに特別な注意が必要な化合物や，長期保存が困難なため使用時に調製することが必要な化合物も多い（用時調製試薬）．本章では，これらの化合物について調製法と有機合成への利用について解説する．

17.1　不安定試薬，毒性試薬の取扱い法

用時調製試薬には強い毒性をもつものや，爆発性をもつものも多い．このような危険性を有する化合物は，十分な能力をもつドラフト内で，保護めがね，保護手袋，防じんマスクを装着して取り扱う必要がある．また揮発性の有毒物の取扱いには防毒マスクを使用する．実験室では通常，吸収缶を直結した小型の防毒マスクが用いられる．吸収缶は目的に応じて有機ガス用，ハロゲンガス用，青酸ガス用などを用いる．防毒マスクを使用するさいには，吸収缶の有効時間を確認し，期限が切れている吸収缶は使用してはならない．

ジアゾ化合物やアジド化合物など高い爆発性を有する化合物の取扱いには特別な注意が必要である．爆発に備えて通常の保護めがねなどに加えて，耐火性・耐薬品性の白衣や前掛け，防爆面あるいはシールド付きヘルメット，耐火性グローブや切傷を防止する Kevlar® 製手袋，防爆シールド（防爆板）などを適宜使用する．

ジアゾ化合物やアジド化合物など潜在的に爆発性を有する化合物でも，構造によりその爆発の可能性は大きく異なる．高い爆発性が予測される化合物を取り扱うさいには，爆発を前提とした対処をすることが求められる．窒素を含むこれらの化合物の構造と爆発性の関係について，表 17.1 のような炭素数と窒素数の比に基づくガイドラインが提案されているので，取り扱う試薬の危険性の予測に役立てたい．

爆発性の化合物の安定性はその純度や取扱い方法にも依存している．たとえば，ジアゾメタンは純度が高い場合や，大スケールで合成すると爆発しやすいことが知られている．鋭利なガラス片や微量の金属粉の混入も爆発を誘発する．また，ジアゾメタンはガラス器具のすり合せ部分やガラス器具の傷と接触すると爆発する．

アジド化合物の爆発が，ある種の遷移金属化合物（とくに 3 価の鉄やコバルト化合物）

表 17.1　炭素数と窒素数の比に基づくガイドライン

「6 の法則」に基づく爆発性の予測[1]

1 個のアジド，ジアゾ，ニトロなどの高エネルギー官能基に対して 6 個以上の炭素（あるいはおよそ同じサイズの他の原子）の存在は，その化合物を安定化する．

窒素原子の割合に基づく爆発性の予測[2]

アジドの安定性は，次式の値により予測することができる．

$$\frac{N_{\mathrm{C}}+N_{\mathrm{O}}}{N_{\mathrm{N}}}=X$$

ここで，N_{C} は含まれる炭素原子数，N_{O} は含まれる酸素原子数，N_{N} は含まれる窒素原子数とすると，

(1) $X \geq 3$ を満たす化合物は，20 g 以上の純品を単離し保存することができる．

(2) $3 > X \geq 1$ である化合物は，合成し単離することが可能だが，純品で保存してはいけない．もし保存するなら 5 g 以下の量の化合物を，1 mol L^{-1} 以下の濃度の溶液として室温以下で保存すべきである．

(3) $X < 1$ である化合物を単離してはいけない．1 g 以下の制限試薬（反応の完結時に完全に消費される試薬）として，他の試薬とただちに反応する場合は，反応系中で調製してもよい．

により触媒されることが知られている[1]．また，アジド化合物を合成するさいの副生成物についても注意が必要である．たとえば，過剰量のアジ化ナトリウムを使用した反応の後処理の過程でジクロロメタンを抽出溶媒として使用すると，きわめて爆発性の高いジアジドメタンが生成する可能性があることが指摘されている[3]．これらの化合物の安定性は，純度に依存している場合があるので，純度の低い試薬や長期間保存した試薬の使用は避けることが望ましい．

本章の各項目で解説するように，ジアゾメタン，アジ化ナトリウム，ホスゲンなどのいくつかの有毒性あるいは爆発性の試薬については，より安定で取扱いが容易な代替試薬や合成的に等価な化合物が開発されているので，可能な場合はそれらの使用を考慮すべきである．また，不安定試薬，毒性試薬を取り扱うさいには，その性質を十分熟知し，あらゆる危険に対応できるように，細心の注意を払うことが必要である．

17.2　ジアゾ化合物[4]

ジアゾ化合物はジアゾ基（$=N_2$）をもつ化合物であり，一般に化学的安定性に乏しいものが多く，物理的衝撃により爆発的に窒素分子の脱離を伴って分解する．とくに低分子量のジアゾ化合物は，エーテル希釈溶液の状態では比較的危険性は低いが，固体もしくは高濃縮液体状態では爆発の危険性が高まるので，濃縮してはならない．

ジアゾ化合物の化学的安定性は，ジアゾ基に結合する官能基により大きく変化する．電子的な安定化効果に乏しいアルキル基が置換したジアゾ化合物は一般に不安定であるが，なかでも低分子量のジアゾアルカンはとくに不安定である．一方，α-ジアゾカルボニル化合物は電子求引基であるカルボニル基により安定化され，低温下でなら保存可能なものもある．

さらに，2-ジアゾ-1,3-ジカルボニル化合物にいたっては蒸留できるほど安定である．実験には，取り扱うジアゾ化合物の化学的安定性に合わせて安全対策を講じるとともに，より安全に扱える代替試薬の使用も検討することが望ましい．

17.2.1　ジアゾアルカン[5)]

a.　ジアゾメタン

ジアゾメタンは融点−145 ℃，沸点−23 ℃ の，常温では黄色の気体である．空気より重く地面に蓄積する[6)]．また空気との混合気体は爆発性であり，衝撃，摩擦，振動などを加えると爆発的に分解する．ガラスの粗面は爆発を誘起するので，すり合せ式のガラス実験器具は使用すべきではない．また，用いるガラス器具に傷があったり欠けていると，爆発の原因になるので，バーナーなどで整形しておく．エーテル系溶液は比較的安定であるが，アルコール中や水中では分解するので，用いる溶媒に注意する必要がある．一方，毒性も非常に強く，皮膚を刺激する．また，蒸気を吸引すると胸部不快感，ぜんそく様反応，肺水腫をひき起こすことがあり，これらの症状は 2～3 時間経過するまで現れない場合が多いので，とくに注意する[6)]．長期間のばく露により，発がんの可能性が指摘されている．実験にさいしては爆発性と毒性をつねに意識して作業を行わなければならない．ドラフト内で作業を行うことはもちろん，保護めがね，保護具を着用し，防爆板を設置する．ジアゾメタンの代替試薬[7)] もあり，爆発性，発がん性が抑えられている．用途に合わせて使い分けるとよい．

ジアゾメタンは，通常 *N*-メチル-*N*-ニトロソアミン誘導体（**1**～**3**）を分解することで調製できるが（式(17.1)），とくに *N*-メチル-*N*-ニトロソ-*p*-トルエンスルホンアミド（**1**），1-メチル-3-ニトロ-1-ニトロソグアニジン（**2**）はジアゾメタンの用時調製の前駆体としてよく用いられている．いずれの化合物も試薬メーカーより購入可能である．

$$\mathrm{ON-N(CH_3)-R} \xrightarrow[\mathrm{R'-OH}]{\text{塩基}} \mathrm{CH_2N_2} + \mathrm{R-O-R'} + \mathrm{H_2O} \qquad (17.1)$$

【実験例　ジアゾメタンの調製[8)]】

滴下漏斗および下向き冷却器をつけた 100 mL 首長蒸留フラスコに，水酸化カリウム 6 g を水 10 mL に溶解した溶液を入れ，カルビトール（ジエチレングリコール-モノエチルエー

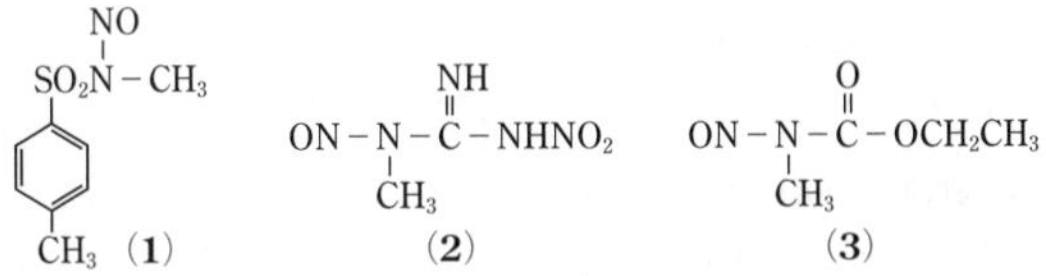

$\mathrm{CH_3C_6H_4SO_2N(NO)-CH_3}$ (**1**)　$\mathrm{ON-N(CH_3)-C(=NH)-NHNO_2}$ (**2**)　$\mathrm{ON-N(CH_3)-C(=O)-OCH_2CH_3}$ (**3**)

図 17.1　*N*-メチル-*N*-ニトロソアミン誘導体

テル）35 mL およびエーテル 10 mL を加える．冷却器には 0 ℃ に冷却した 2 個の受け器を直列に接続し，第 2 の受け器にはエーテル 20～30 mL を入れ，ガス導入管の先端はエーテルの液面下に浸す．フラスコを水浴上 70 ℃ に加温し，エーテルが留出し始めたとき，滴下漏斗から *N*-メチル-*N*-ニトロソ-*p*-トルエンスルホンアミド 21.5 g（0.1 mol）をエーテル 140 mL に溶解した溶液を約 20 分かけて加える．蒸留中はフラスコにテフロンコーティングされたスターラーチップを入れ撹拌する．全エーテル留分中にはジアゾメタンが約 3 g（0.07 mol）含まれる．保存はせずにただちに用いる．

b.　トリメチルシリルジアゾメタン[7)]

ジアゾメタンは有機合成上非常に有用であるが，猛毒でかつ発がん性があるうえに，爆発性を有しているため，使用にあたっては細心の注意を要する．そこでジアゾメタンのメチル基の水素原子をトリメチルシリル基に置き換えたトリメチルシリルジアゾメタン（TMS ジアゾメタン，$(CH_3)_3SiCHN_2$）が代替試薬として多用されている[7b,c)]．TMS ジアゾメタンはケイ素-sp^2 炭素結合が $d\pi$-$p\pi$ 共鳴により安定化されるため，爆発性が抑えられている．また発がん性もなく，遮光下で保管できることから，試薬メーカーから容易に入手することができる．ジアゾメタンに近い反応活性を示し，カルボン酸のメチルエステル化（式(17.2)）[7b)]，フェノール類のメチル化（式(17.3)）[9)]，アルント-アイステルト（Arndt-Eistert）反応（式(17.4) および式(17.5)）[10)] などが，いずれもすみやかに進行する．

$$\mathrm{RCOOH} \xrightarrow[\mathrm{CH_3OH}]{(\mathrm{CH_3})_3\mathrm{SiCHN_2}} \mathrm{RCOOCH_3} \tag{17.2}$$

$$\mathrm{ArOH} \xrightarrow[\mathrm{CH_3OH},\ i\text{-}\mathrm{Pr_2NEt}]{(\mathrm{CH_3})_3\mathrm{SiCHN_2}} \mathrm{ArOCH_3} \tag{17.3}$$

$$\mathrm{RCOCl} \xrightarrow[\mathrm{Et_3N}]{(\mathrm{CH_3})_3\mathrm{SiCHN_2}} \xrightarrow[\text{2,4,6-コリジン}]{\mathrm{R'-XH}} \mathrm{RCH_2COXR'}\quad \mathrm{X=O,\ NH} \tag{17.4}$$

$$\mathrm{ArCOCl} \xrightarrow{2(\mathrm{CH_3})_3\mathrm{SiCHN_2}} \xrightarrow[\text{2,4,6-コリジン}]{\mathrm{R'-XH}} \mathrm{ArCH_2COXR'}\quad \mathrm{X=O,\ NH} \tag{17.5}$$

カルボン酸のメチルエステル化では，脱トリメチルシリル化するためにメタノールを用いる[7b)]．また，フェノール類のメチル化ではジイソプロピルエチルアミンを加える[9)]．芳香族酸ハロゲン化物のアルント-アイステルト反応では，2 当量以上の TMS ジアゾメタンを用いるか，トリエチルアミンを添加する．一方，脂肪族ハロゲン化物の場合は 2 当量以上の TMS ジアゾメタンを用いる必要がある[7a,10)]．

【実験例　TMS ジアゾメタンを用いたオレイン酸のメチル化[7b)]】

オレイン酸 0.28 g（1.0 mmol）をトルエン-メタノール（3：2）混合溶媒 1 L に溶かし，この溶液に TMS ジアゾメタンのエーテル溶液（1.1～1.5 当量）を滴下する．メチル化はすみやかに進行する．その様子は，滴下したときに，TMS ジアゾメタンのエーテル溶液の黄色が消失することで確認できる．黄色い溶液が変色しなくなるまでTMSジアゾメタンを加えたのち，そのまま30分撹拌する．反応液を濃縮したのち，カラムクロマトグラフィー（クロロホルム-酢酸エチル（5：1））で精製することで，オレイン酸メチルが淡黄色液体として得られる（収率96%）．

17.2.2　*α*-ジアゾカルボニル化合物

a.　*α*-ジアゾケトン[4)]

α-ジアゾケトンは，電子求引基であるアシル基により安定化されている．そのため，ジアゾアルカンに比べると安定で取り扱いやすいが，酸，熱，光，金属触媒などによる外部刺激で容易に分解が起こる．よって使用にあたっては用時調製が望ましく，合成はできるかぎり低温で行う必要がある．すべての作業は保護具を着用のうえ，ドラフト内で行い，防爆板を置いて爆発の事態に備える．

α-ジアゾケトンのもっとも一般的な合成法は，酸ハロゲン化物にジアゾメタンを作用させるアルント-アイステルト反応が古くから知られている（式(17.6)）[11)]．この反応では，副生する塩化水素が*α*-ジアゾケトンあるいは未反応のジアゾメタンと反応して*α*-クロロケトン（式(17.7)），クロロメタン（式(17.8)）をそれぞれ与えるので，通常は2当量以上のジアゾメタンを用いるか，あるいは酸を捕捉するためにアミン共存下で行う必要がある．

$$\mathrm{RC(=O)Cl} \xrightarrow{\mathrm{CH_2N_2}} \mathrm{RC(=O)CH{=}N_2} + \mathrm{HCl} \qquad (17.6)$$

$$\mathrm{RC(=O)CH{=}N_2} + \mathrm{HCl} \longrightarrow \mathrm{RC(=O)CH_2Cl} + \mathrm{N_2} \qquad (17.7)$$

$$\mathrm{CH_2N_2} + \mathrm{HCl} \longrightarrow \mathrm{CH_3Cl} + \mathrm{N_2} \qquad (17.8)$$

【実験例　*α*-ナフトイルジアゾメタンの合成[12)]】

塩化*α*-ナフトイル19 g（0.10 mol）の無水エーテル50 mL溶液を，5～10 ℃でジアゾメタンのエーテル溶液（ニトロソメチル尿素35 gより合成，約9.8 g（0.23 mol）のジアゾメタンを含む）に加える．20～25 ℃で数時間反応させたのち，減圧下でエーテルを留去する．*α*-ナフトイルジアゾメタンが黄色結晶として得られる．収量18 g（収率92%）．

α-ジアゾケトンの合成法として，1,2-ジケトンのモノトシルヒドラゾンからのアルカリ分解（Bamford-Stevens反応）もまた比較的よく用いられている[13)]．また（イソシアノイミノ）トリフェニルホスホランと酸ハロゲン化物の反応により生成する*α*-ケトヒドラゾン誘導体は，トシルクロリドで*N*-トシル化したのち，塩基で処理することで対応する*α*-ジアゾケトンを与える（式(17.9)）[14)]．

$$\overset{-}{C}\equiv\overset{+}{N}-N=PPh_3 \xrightarrow[CH_2Cl_2]{R-\overset{\overset{O}{\|}}{C}-Cl} \left[R-C(=O)-C(Cl)=N-N=PPh_3 \right] \xrightarrow{H_2O}$$

$$R-C(=O)-C(Cl)=N-NH_2 \xrightarrow[CH_2Cl_2]{Et_3N,\ TsCl(触媒)} R-C(=O)-CH=N_2 \qquad (17.9)$$

α-ケトヒドラゾン

b. α-ジアゾエステル

α-ジアゾエステルは電子求引基であるエステルにより安定化されており，一般に冷凍庫での保管が可能とされている．一般に α-ジアゾケトンに比べてより安定であり，比較的取り扱いやすいが，分子量の小さい化合物では爆発性や毒性の問題がある．そのため，作業にあたっては保護具を着用のうえ，ドラフト内で防爆板を置いて爆発などの事態に備える必要がある．

c. α-ジアゾ酢酸エチル[15]

α-ジアゾ酢酸エチルは，もっとも単純な構造をもつ α-ジアゾエステル類の一つであり，市販されている．また溶液としても購入できる．市販品にはクロロ酢酸エステルや溶媒が含まれている場合があるため，使用にさいしては注意を要する．また熱分解を抑えるため，低温下（−20 ℃ 以下）で保管する必要がある．α-ジアゾ酢酸エステルは，グリシンエステル塩酸塩を亜硝酸ナトリウムと鉱酸で処理することで，用時調製することも可能である（式(17.10)）[16]．

$$\overset{Cl^-}{H_3N^+}-CH_2-\overset{\overset{O}{\|}}{C}-OC_2H_5 + NaNO_2 \longrightarrow N_2=CH-\overset{\overset{O}{\|}}{C}-OC_2H_5 \qquad (17.10)$$

【実験例　α-ジアゾ酢酸エチルの調製[16]】

2 L 四つ口フラスコに，グリシンエチルエステル塩酸塩 140 g（1 mol）の水 250 mL 溶液とジクロロメタン 600 mL を混合し，内温を−5 ℃ に冷却する．反応系内を窒素で置換したのち，氷冷した亜硝酸ナトリウム 83 g の水 250 mL 溶液を撹拌しながら加える．内温を −9 ℃ に下げ，5% 硫酸 95 g を約 3 分間かけて滴下する．反応は約 10 分間で終結する．反応混合物を氷冷した 2 L 分液漏斗に移し，黄緑色のジクロロメタン層を冷却した 5% 炭酸ナトリウム水溶液 1 L に注ぐ．残った水層をジクロロメタン 75 mL で抽出し，ジクロロメタン層と炭酸ナトリウム水溶液をともに分液漏斗に移し，酸が完全になくなるまで振り混ぜる．有機層を分離し，無水硫酸ナトリウム 15 g で乾燥する．大部分の溶媒を 350 mmHg (46.7 kPa) の減圧下で留去し，最終的には 20 mmHg の減圧下，最高浴温 35 ℃ で完全に除く．ジアゾ酢酸エチルが黄色油状物として得られる．収量 90～100 g（収率 79～88%）．この粗生成物は，ほとんど純粋で通常の合成目的にはこのまま使用することができる．なお，爆発性なので，たとえ減圧下の蒸留でも危険である．蒸留が必要なときは少量ずつ，防爆板を置いて行う（沸点 29～30 ℃/5 mmHg，収率 65%）．

d.　α-アルキル置換ジアゾエステル

各種 α-アミノ酸エステルのアミノ基をジアゾ化すると，α 位に置換基をもつジアゾエステル類が得られる．亜硝酸ナトリウムによるジアゾ化は収率が低く，亜硝酸イソアミルを用いる方法が一般的である（式(17.11)）[17]．

$$\mathrm{RCH(NH_2)COOR'} \xrightarrow[\mathrm{CH_3COOH}]{\text{(CH}_3)_2\text{CHCH}_2\text{CH}_2\text{ONO}} \mathrm{RC(=N_2)COOR'} \qquad (17.11)$$

e.　ジアゾ転移試薬による α-ジアゾカルボニル化合物の合成

マロン酸エステル類，アセト酢酸エステル類，シアノ酢酸エステル類など，1,3-ジカルボニル化合物およびその類縁体のジアゾ化には，ジアゾ転移試薬（DTR：diazo transfer reagent）が利用できる[18]．塩基存在下ですみやかにジアゾ化が進行し，2-ジアゾ-1,3-ジカルボニル化合物などが得られる（式(17.12)）．試薬に由来する副生成物は水に可溶であるため，精製も容易である．

$$\mathrm{RCH_2R'} \xrightarrow[\mathrm{R''_3N},\ \text{溶媒}]{\text{“DTR”}} \mathrm{RC(=N_2)R'} \qquad (17.12)$$

R, R′＝アシル，アルコキシカルボニル，シアノ，R″＝アルキル

DTR＝ 1-(アジドスルホニル)イミダゾール，2-アジド-1,3-ジメチルイミダゾリニウム PF_6^-，1-(アジドスルホニル)ベンゾトリアゾール

DTR：ジアゾ転移試薬

17.2.3　ジアゾメチルホスホン酸エステル

ジアゾメチルホスホン酸エステルは，TMS ジアゾメタンと同様，リン-sp^2 炭素結合が dπ-pπ 共鳴により安定化されるため，爆発性が大きく低下している．α-ジアゾホスホン酸ジメチル[19] は Seyferth–Gilbert 試薬とよばれており，カルベン前駆体としてオレフィン類のシクロプロパン化反応（式(17.13)）[19b,20]，カルボニル化合物のオレフィン化反応（式(17.14)）[19a]，Seyferth–Gilbert アルキン合成（式(17.15) および式(17.16)）[21] などに用いられている．

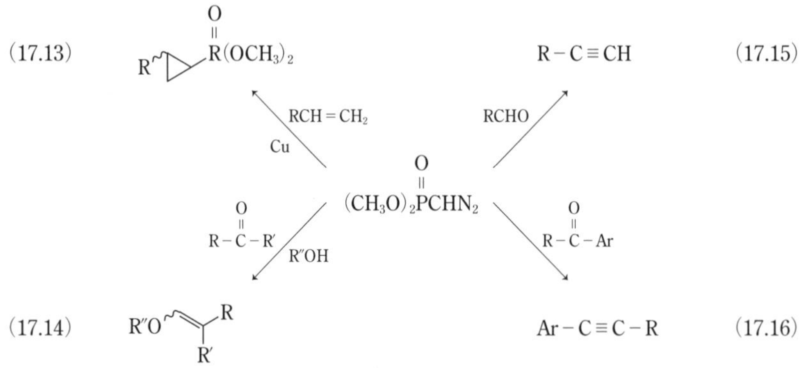

(17.13)　$R'\sim\triangle-P(=O)(OCH_3)_2$　　　$R-C\equiv CH$　(17.15)

$RCH=CH_2$, Cu　　　RCHO

$(CH_3O)_2P(=O)CHN_2$

$R-C(=O)-R'$, R″OH　　　$R-C(=O)-Ar$

(17.14)　$R''O\sim CH=C(R)R'$　　　$Ar-C\equiv C-R$　(17.16)

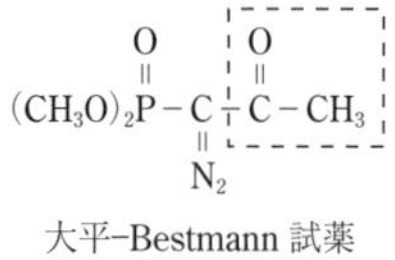

$(CH_3O)_2P(=O)-C(=N_2)-C(=O)-CH_3$

大平–Bestmann 試薬

図 17.2　安定で扱いやすいジアゾメチルホスホン酸エステル類の例

現在，Seyferth–Gilbert 試薬を入手することは難しいが，代替試薬としてアセチルメチルホスホン酸ジメチルの α–ジアゾ化合物（大平–Bestmann 試薬，図 17.2）を用いる方法が考案されている[22]．この試薬は，アルデヒドから末端アルキンを合成するのに非常に有効である．Seyferth–Gilbert 試薬を用いる反応は −78 ℃ の低温下，強塩基を用いて行う必要があったが[21]，大平–Bestmann 試薬を用いると氷冷下，炭酸カリウムなどの弱塩基でも反応は進行するので，より穏和な条件での変換が可能になる．

【実験例　大平–Bestmann 試薬を用いる末端アルキンの合成[22a]】

アルゴン雰囲気下，三つ口フラスコに大平–Bestmann 試薬 144.1 mg（0.75 mmol），デカナール 78.1 mg（0.5 mmol），無水メタノール 2.0 mL を加え，氷浴で冷却しながら撹拌する．この溶液に炭酸カリウム 138.2 mg（1.0 mmol）を加え，氷冷した状態で 30 分間撹拌し，さらに氷浴を外し，室温で 5 時間撹拌する．反応液に飽和塩化アンモニウム水溶液 2 mL を加えて反応を停止し，ペンタン 5 mL を加え，抽出する．有機層を分離し，無水硫酸ナトリウムで乾燥する．乾燥剤を沪別して，沪液を濃縮する．得られた残渣を，シリカゲルカラムクロマトグラフィー（ペンタン）で精製することで，1-ウンデシンが得られる．収量 47.2 mg（収率 62%）．

17.3　アジド類[2b]

アジドは $-N_3$ 基をもつ化合物であり，三つの窒素原子がほぼ直線上に並んだ構造をもつ．

有機アジド類は1,3-双極子付加環化反応の基質として含窒素複素環合成やクリックケミストリーに使われるほか，アシルアジドはクルチウス（Curtius）反応の良い基質になるなど利用範囲は広い．アジド類は一般に，熱や外部からの衝撃に対して不安定であるので，取扱いには注意を要する．実験にあたってはドラフト内で作業を行い，保護具の着用と，万一に備えて防爆板の使用が望ましい．

アジド基導入試薬としては，アジ化ナトリウム（NaN_3）[23]，トリメチルシリルアジド（$TMSN_3$）[24]，ジフェニルホスホリルアジド（DPPA）[25]，ジアゾ転移試薬[18] などがある．このうちアジ化ナトリウムは，酸性条件下，急速に分解して反応性の高いアジド化剤であるアジ化水素が発生する．アジ化水素は，ばく露すると目への刺激，気管支炎，頭痛などをひき起こす[26]．そのため皮膚への接触は避けるとともに排気を十分に行う．また爆発性を抑えた，より安全に取り扱えるアジド化剤も開発されている．こちらについては17.3.3項で解説する．

17.3.1　アルキルおよびアリールアジド

アルキルおよびアリールアジドは有機ハロゲン化物，アリールジアゾニウム塩とアジ化物イオンの求核置換反応により合成するのがもっとも簡便である（式(17.17) および式(17.18)）．また第一級アミンからジアゾ転移試薬を用いてアジドを合成する方法も知られている[18]．従来はトシルアジド[27] がよく用いられていたが，近年，より爆発性が低いジアゾ転移試薬が報告されている[18]．この方法は不安定なアリールジアゾニウム塩を調製する必要がないことから，とくにアリールアジドの合成に有用である（式(17.19)）．

$$R-X + MN_3 \longrightarrow R-N_3 + MX \qquad \text{X = Br, I, OTs, OMs. M = Na, Li など} \tag{17.17}$$

$$Ar-N_2^+X^- + MN_3 \longrightarrow Ar-N_3 + MX + N_2 \tag{17.18}$$

$$R'-NH_2 \xrightarrow{\text{"DTR"}} R'-N_3 \qquad \text{R' = アルキル, アリール} \tag{17.19}$$

【実験例　アジ化ナトリウムを用いるペンチルアジドの合成[28]】

アジ化ナトリウム 16.9 g（0.26 mol），ジエチレングリコールモノエチルエーテル 300 mL および水 50 mL をフラスコに加え，撹拌しながらヨウ化ペンチル 39.6 g（0.20 mol）を一度に加える．数分後，均一になった溶液を 95 ℃ に加熱し，24 時間反応させる．室温に戻したら反応混合物を氷水 1.0 L に注ぎ，有機層を分離する．水層にはエーテルを加えてさらに抽出し，有機層を分離する．二つの有機層をあわせ，無水硫酸ナトリウムで乾燥する．乾燥剤を沪別し，沪液を濃縮後，減圧下で蒸留することで，アジ化ペンチルが得られる．収量 18.9 g（収率 84%，沸点 77～78 ℃/1 mmHg）．

【実験例　ジアゾ転移試薬を用いるアリールアジドの合成[18c)]】

Ac / NH$_2$ —(2-アジド-1,3-ジメチルイミダゾリニウム PF_6^-; CH_2Cl_2, DMAP)→ Ac / N_3　83%

4-アミノアセトフェノン 136 mg（1.0 mmol）および 4-(ジメチルアミノ)ピリジン（DMAP）367 mg（3.0 mmol）のジクロロメタン 2 mL の溶液に，ジアゾ転移試薬（2-アジド-1,3-ジメチルイミダゾリニウムヘキサフルオロホスファート）のジクロロメタン 2 mL 溶液を室温で加え，50 ℃ で 5 時間撹拌する．炭酸水素ナトリウム水溶液 20 mL で反応を停止し，ジクロロメタン 15 mL で 3 回抽出する．有機層を水 30 mL，飽和塩化ナトリウム水溶液 30 mL で洗浄後，無水硫酸ナトリウムで乾燥する．乾燥剤を沪別し，沪液を濃縮して粗生成物を得る．これをカラムクロマトグラフィー（ヘキサン-酢酸エチル（9：1））で精製することでアジドが得られる．収量 134 mg（収率 83%）．

17.3.2　アシルアジド

アシルアジドは従来，酸塩化物とアジ化物イオンの反応により調製されるが，加熱するとクルチウス転位が進行し，イソシアナートを与える[29)]．結晶性が良いものや熱的安定性の高いものを除いては単離することは非常に難しく，危険でもある．アジ化水素酸とカルボン酸を反応させ一炭素減炭したアミンを合成するシュミット(Schmidt)反応は，アシルアジド中間体のクルチウス転位を経て進行する[30)]．上記の反応では各種アジド化剤を用いることができるが，より安全に行える方法も多数報告されている（式(17.20)）．

$$\mathrm{RCOOH} \xrightarrow{\mathrm{H-N_3}} [\mathrm{RCON_3}],\quad \mathrm{RCOCl} \xrightarrow{\mathrm{NaN_3}} [\mathrm{RCON_3}] \xrightarrow{\text{クルチウス転位}} \mathrm{RNCO} \tag{17.20}$$

17.3.3　その他のアジド

$TMSN_3$ と DPPA は爆発性を抑えたアジド化剤であり，アジ化水素やアジ化ナトリウムの代替試薬として用いることができる．たとえば，$TMSN_3$ と酸塩化物からアシルアジドを合成する方法では，加熱することですみやかにクルチウス転位によりイソシアナートが生成する[31]．さらにDPPAとカルボン酸との反応では，穏和な条件でアシルアジドが生成し，加熱処理によりイソシアナートに変換される[25,32]．この方法では熱安定性の高いアシルアジドであれば単離することができる[25a]（式(17.21)）．

$$\mathrm{RCOOH} \xrightarrow{(\mathrm{PhO})_2\mathrm{P(=O)N_3}} [\mathrm{RCON_3}] \xrightarrow{\text{クルチウス転位}} \mathrm{RNCO} \qquad \mathrm{RCOCl} \xrightarrow{(\mathrm{CH_3})_3\mathrm{SiN_3}} [\mathrm{RCON_3}] \tag{17.21}$$

【実験例　DPPAを用いたクルチウス転位[32a]】

冷却器，バブラーを付した三つ口フラスコに，2-(1-プロピニル)安息香酸1.089 g（3.67 mmol）と，無水ベンゼン30 mL（無水トルエンでも可）を入れ，室温で撹拌する．トリエチルアミン1.9 mLとDPPA 2.9 mL（13.5 mmol）を加え，室温で3時間撹拌する．つづいて80 ℃に加熱してさらに2時間撹拌する．この間クルチウス転位が進行し，窒素ガスが発生する．バブラーで窒素ガスの発生が収まったことを確認したら，反応液を室温に戻す．飽和塩化アンモニウム水溶液，水で順次洗浄し，無水硫酸ナトリウムで乾燥する．乾燥剤を沪別し，沪液を濃縮する．得られた残渣をフラッシュクロマトグラフィー（シリカゲル，ヘキサン-エーテル（95：5））で精製することで，2-(1-プロピニル)フェニルイソシアナートが得られる．収量1.65 g（収率78%）．

17.4　ケテン類[33]

ケテン類は一般式RR′C=C=Oで表される不飽和ケトンであり，化学的に不安定なものが多い．とくに低分子量のケテン類は容易に二量化やオリゴマー化が起こり，塩基存在下ではそれが顕著に進む．毒性も強く，目や鼻，喉などを刺激するので，取扱いには細心の注意を要する．ここでは取扱いの難しいケテン，ジメチルケテン，ジハロケテンについて解説する．

17.4.1　ケ　テ　ン[34]

ケテンは$H_2C=C=O$で表される化合物であり，沸点−41 ℃の刺激性ガスである．ホスゲンと同程度の毒性をもち，相対蒸気密度（空気=1.0）は1.4と空気より大きく，滞留しやすい．作業環境における許容濃度は0.5 ppm（TWA*1）である．眼，のど，鼻，呼吸器を刺激し，吸引直後は顕著な症状は現れないが，潜伏期間をおいて呼吸困難，チアノーゼ，肺

*1　本章では，TWA（time weight average：時間荷（加）重平均値）に基づくデータ（8 h/1 dまたは40 h/1 weekでの値（ppm））を使用．

水腫などの症状が現れる[35]．作業にあたっては保護めがね，保護手袋を必ず着用し，排気が十分に取れるドラフト内で行う．

ケテンは市販されておらず，用時調製する必要がある．調製方法にはケテンランプを用いたジケテン，アセトン，あるいは無水酢酸の熱分解がある．このうちアセトンの熱分解ではメチルケテンが，無水酢酸の熱分解ではケテンと酢酸が反応した化合物が副生するため，純度の良いケテンを得るのは困難である．

一方，ジケテンの熱分解は副反応が起こりにくく，純度の高いケテンを得ることが比較的容易である．ジケテンは試薬メーカーから購入することができる．ジケテンにも刺激臭，催涙性があり，吸引すると肺水腫をひき起こすことが指摘されている[36]．ここではジケテンの熱分解による調製法を紹介する．

【実験例　ジケテンの熱分解によるケテンの調製[37]】

$$\begin{array}{l} H_2C=C-O \\ \quad\;\; | \quad\;\; | \\ \quad H_2C-C=O \end{array} \xrightarrow{\text{加熱}} 2\,H_2C=C=O \quad (46\sim55\%)$$

Pyrex ガラス製のケテンランプを用いて図 17.3 に示すような装置を組み，ジケテンの熱分解を行う．空気が残存している状態からジケテンの熱分解を開始すると，引火する可能性がある．必ず装置全体が窒素雰囲気下になったことを確認してから，ケテンランプの電源を入れる．

冷却器（d）と（e）に冷却水を流し，冷却トラップ（f）は氷–塩化ナトリウム水溶液で 0 ℃以下に冷却する．捕集フラスコ（g）はドライアイス–メタノールで冷却し，−60 ℃以下を保つ．アルカリトラップ (i) には水酸化ナトリウム水溶液を入れる．コック A, B を閉じ，コック C を開いたら窒素ガスを流して装置内を窒素ガスで置換する．滴下漏斗（a）にジケ

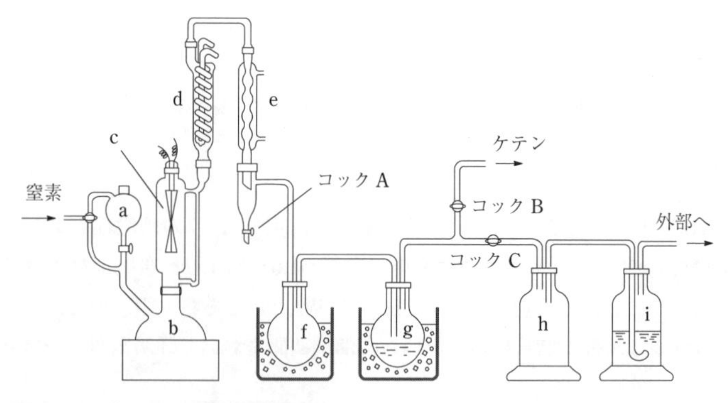

図 17.3　ジケテンの熱分解装置
a：滴下漏斗，b：蒸発フラスコ，c：ケテンランプ，d，e：冷却器，f：冷却トラップ，g：捕集フラスコ，h：逆流防止用空瓶，i：アルカリトラップ．

テン 56 g（0.67 mol）を入れ，ゆっくり滴下する．蒸発フラスコ（b）を加温してジケテンを少しずつ蒸発させ，ジケテン蒸気が冷却器（d）に達すると還流が始まる．還流が安定してきたらケテンランプの電源を入れる．ランプのフィラメントが加熱されるとジケテンの熱分解が始まる．ジケテンの還流が激しくならない程度にジケテンの滴下速度と，蒸発フラスコ（b）の加熱を調整する．分解したケテンは捕集フラスコ（g）で液体として回収される．回収量約 26～31 g（収率 46～55%）．

熱分解終了後は，はじめに蒸発フラスコの熱源とケテンランプの電源を切り，ランプの熱が十分に冷めたことを確認してから窒素ガスを止める．回収したケテンは加圧されると爆発する危険性があるので密栓しないこと．乾燥管を付して吸湿を防ぎ，保存せずただちに反応に用いることが望ましい．引き続きケテンを反応に用いる場合は，コック C を閉じコック B を開いて，捕集したケテンを次の反応器へ導入する．

17.4.2　ジメチルケテン

ジメチルケテンは特異臭のある黄色液体（沸点 34 ℃）で，著しく反応性に富み，室温に放置すると固体の二量体に変化する．空気に触れると白色固体の過酸化物を生じ，わずかな刺激でも爆発する．このため単量体は窒素下 −78 ℃ に保ち，すみやかに使用する．ジメチルケテンはジメチルケテン二量体を熱分解することで得られる（式(17.22)）．

【実験例　ジメチルケテンの調製[38]】

$$\text{2,2,4,4-tetramethylcyclobutane-1,3-dione} \xrightarrow{\text{加熱}} 2\ (H_3C)_2C{=}C{=}O \quad (60\%) \tag{17.22}$$

ジメチルケテン二量体をケテンランプに入れ，120 ℃ で加熱昇華させる．窒素気流中，昇華成分が赤熱したニクロム線を通過するときに熱分解が起こり，ジメチルケテンが生成する．発生したジメチルケテンはドライアイス-アセトンで冷却したトラップで捕集する（収率約 60%）．

17.4.3　ジハロケテン[39]

ジハロケテン類はケテンと同様，さまざまな不飽和結合と付加環化反応し，α,α-ジハロケトンを与える．いずれもジハロケテンの C=C 結合部位で反応が起こるのが特徴である（式(17.23) および式(17.24)）[33]．ジハロケテンは不安定であり重合しやすいので，用時調製してそのまま反応に用いる．

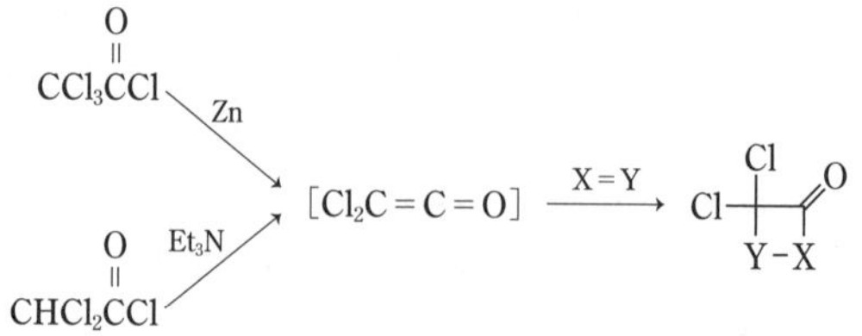

$$\mathrm{CCl_3C(=O)Cl} \xrightarrow{\mathrm{Zn}} [\mathrm{Cl_2C{=}C{=}O}],\quad \mathrm{CHCl_2C(=O)Cl} \xrightarrow{\mathrm{Et_3N}} [\mathrm{Cl_2C{=}C{=}O}] \xrightarrow{\mathrm{X{=}Y}} \text{Cl}_2\text{-substituted four-membered ring (C(=O)–X–Y)} \tag{17.23}$$

$$\mathrm{CHBr_2C(=O)Cl} \xrightarrow{\mathrm{Et_3N}} [\mathrm{Br_2C{=}C{=}O}] \xrightarrow{\mathrm{X{=}Y}} \text{Br}_2\text{-substituted four-membered ring (C(=O)–X–Y)} \tag{17.24}$$

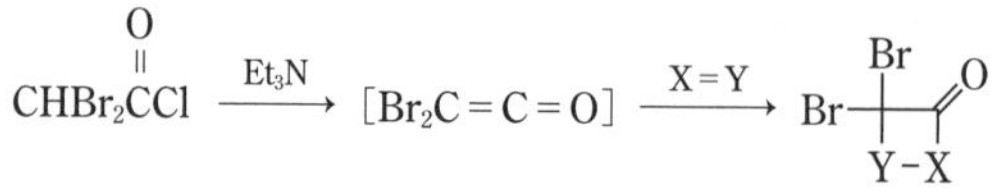

【実験例　3,3-ジクロロ-1-オキサスピロ[3.5]ノナン-2-オンの合成[40]】

シクロヘキサノン 25 mL（23.7 g，0.241 mol）をエーテル 200 mL で希釈し，活性化亜鉛末 15 g とともに反応器に加え，30 ℃ に加温しながら激しく撹拌する．つづいて，塩化トリクロロアセチル 20 mL（33.1 g，0.182 mol）の，エーテル溶液 50 mL を，滴下漏斗を用いて滴下する．滴下終了後，30 ℃ で 6 時間反応させたのち，反応液を沪過する．沪液を濃縮し，残渣に水とヘキサンを加えて分液する．有機層を分離し，濃縮後蒸留する（収率 51%，沸点 62 ℃/0.2 mmHg，IR(C=O) 1850 cm^{-1}）．

17.4.4　ケテン類等価体[41)]

ケテン類の反応性は一部の反応を除き C=C 結合特異的であり，さまざまな不飽和結合と付加環化反応する．そのため，アクリロニトリル誘導体[41b)]やケテンのアセタール保護体は，不飽和結合との付加反応においてケテン等価体（図 17.4）としてはたらく．反応後，加水分解することでケテンを直接付加させたものと同じ化合物が得られる．ケテン等価体は化学的に安定であり，扱いやすいのが特徴である．これらのケテン等価体は市販されている．

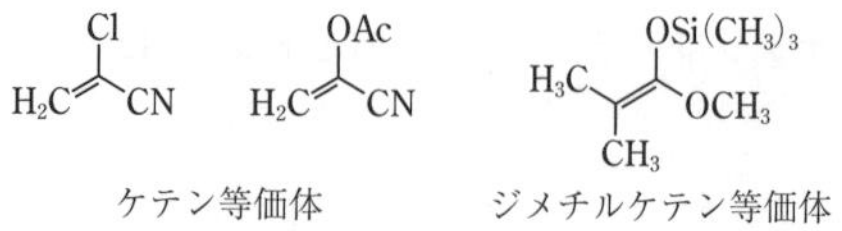

$\mathrm{H_2C{=}C(Cl)CN}$　$\mathrm{H_2C{=}C(OAc)CN}$　　$\mathrm{(H_3C)(CH_3)C{=}C(OSi(CH_3)_3)(OCH_3)}$

ケテン等価体　　　　ジメチルケテン等価体

図 17.4　ケテンおよびジメチルケテン等価体の例

17.5　そ の 他

17.5.1　臭 化 水 素

臭化水素は沸点 −67 ℃ の，常温では無色刺激臭のある気体である．腐食性が非常に強く，目や鼻などの呼吸器系粘膜に対する強い刺激作用をもつ．水に非常に溶けやすく，水溶液は塩酸と同程度の強酸性を示す[42]．作業にあたっては保護めがね，保護手袋を必ず着用し，排気が十分に取れるドラフト内で取り扱う．ボンベ入りの臭化水素を購入でき，精製せずに用いることができる．一方，以下に示す方法で小スケールの合成のために用時調製することもできる（式(17.25)～(17.27)）．

$$NaBr + H_2SO_4 \longrightarrow HBr + NaHSO_4 \quad (17.25)$$

$$\text{(tetralin)} + 4\,Br_2 \xrightarrow{\text{Fe（触媒）}} 4\,HBr + C_{10}H_8Br_4 \quad (17.26)$$

$$Ph_3\overset{+}{P}H\ Br^- \xrightarrow{\text{加熱}} HBr + PPh_3 \quad (17.27)$$

臭化ナトリウムに濃硫酸を反応させる方法は，もっとも簡単な臭化水素の発生法である(式(17.25))[43]．ただしこの方法では発生した臭化水素が濃硫酸で酸化され，臭素が副生することが問題となる．この場合 47% 臭化水素水を溶媒とすることで臭素の副生を抑えることができる．鉄触媒存在下，乾燥テトラリンに臭素を少しずつ滴下するとブロモ化と同時に臭化水素が発生する（式(17.26)）[44]．さらに臭化トリフェニルホスホニウムをキシレン中で加熱還流して熱分解する方法も知られている（式(17.27)）[45]．

【実験例　臭化ナトリウムと硫酸の反応による臭化水素の調製[43]】

図 17.5 に示す装置を組み，四つ口フラスコ（b）に臭化ナトリウム 260 g（2.5 mol）と 47% 臭化水素酸 430 g (2.5 mol) を入れ，滴下漏斗 (a) には濃硫酸 250 g (2.5 mol) を入れる．油浴またはマントルヒーターで 110～120 ℃ に加熱し，還流させながら濃硫酸を 7～8 時間かけて滴下する．この間，断続的に臭化水素が発生するので流動パラフィンを入れたトラッ

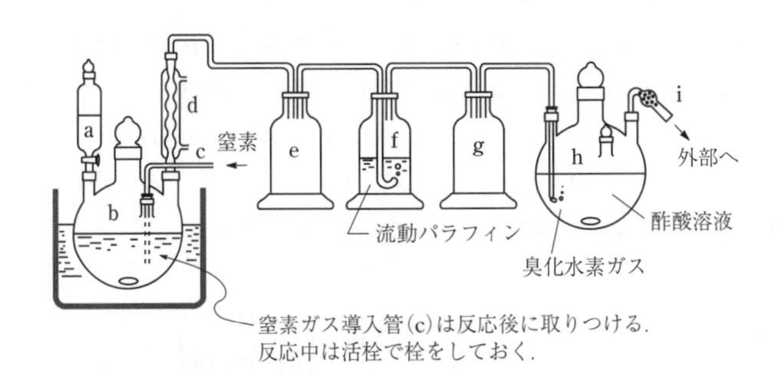

図 17.5　無水臭化水素発生装置
a：滴下漏斗，b：四つ口フラスコ，c：窒素ガス導入管，d：冷却器，e，g：逆流防止用空瓶，f：流動パラフィントラップ，h：臭化水素捕集フラスコ，i：塩化カルシウム管．

プ (f) に生成した臭化水素ガスを誘導して，微量に含まれる臭素を除く．反応終了後は窒素ガス導入管 (c) を取りつけ，窒素ガスを流して臭化水素を完全に追い出す．この方法により，およそ 400 g の臭化水素が得られる．反応系に直接導入するか，あるいは反応溶媒（メタノール，エタノール，酢酸など）を入れたフラスコ (h) に誘導し，吸収させる．たとえば 800 g の酢酸に吸収させた場合，その溶液はおよそ 1200 g であり，濃度約 30% の臭化水素を含む酢酸溶液となる．

【実験例　テトラリンを用いる無水臭化水素の調製[44]】

テトラリン（1,2,3,4-テトラヒドロナフタレン）を丸底フラスコに入れ，純粋な鉄くずを少量加え，徐々に純臭素を滴下する．反応の初期には，フラスコを水で冷却し，反応が緩やかになったのち，30～40 ℃ に温め，一定の速度で臭化水素を発生させる．臭化水素ガスに含まれる微量の臭素を除くため，テトラリン入りの洗瓶に通す．使用するテトラリンは，あらかじめ無水硫酸ナトリウムで乾燥するか，あるいは乾燥空気を少なくとも 20 分間通して，十分乾燥する．なお，テトラリンは乾燥後，蒸留して用いるほうがよい．テトラリンが水分を含む場合には，臭化水素の収量が著しく低下する．

17.5.2　ホスゲン[46]

ホスゲンは青草様の臭気のある，非常に毒性の強い無色透明液体あるいは気体である．沸点は 8.2 ℃ であり，空気（=1.0）に対する相対蒸気密度は 3.4 と非常に重いため床に滞留する．眼，皮膚，気道を刺激し，気体を吸入すると肺水腫をひき起こすことがある．この症状は 2～3 時間経過するまで現れない場合が多いのでとくに注意を要する[47]．そのため許容濃度は 0.1 ppm と非常に低く，作業場の換気を十分に行うのはもちろん，保護めがね，保護手袋を必ず着用する必要がある．

ホスゲンは毒性が強く輸送が禁止されているため，市販されていない．代替品であるクロロギ酸トリクロロメチル（TCF）も入手できない．現在購入できるのはホスゲン三量体であるトリホスゲン（炭酸ビス(トリクロロメチル)）のみである．トリホスゲンは常温で固体であるため安全に取り扱えるのが大きな特徴であり，溶液の状態でアミンや活性炭を作用させると 3 当量のホスゲンに分解してホスゲン溶液になる（式(17.28)）[46a,48]．ジクロロメタン，THF，エーテル，酢酸エチルなどを溶媒として用いることができる．現在，ホスゲンを用いる実験室規模での合成には，ほとんどこの方法が用いられる．

$$\mathrm{Cl_3CO-\overset{\overset{\displaystyle O}{\|}}{C}-OCCl_3} \xrightarrow[\text{溶媒}]{\text{アミンまたは活性炭}} 3\left(\mathrm{Cl-\overset{\overset{\displaystyle O}{\|}}{C}-Cl}\right) \tag{17.28}$$

アミン：Et_3N, i-Pr_2NEt
溶　媒：THF, トルエン, ヘキサン, CH_2Cl_2 など他のホスゲン発生方法として，二塩化オキサリルと塩化アルミニウムから調製する方法[49]がある．また四塩化炭素に発煙硫酸を作用させることでホスゲンが発生する[50]．この方法では加熱することにより気体として取り出すことができる．一方，活性炭に，トリホスゲンの溶液を滴下しながら加熱分解させることでも，気体のホスゲンが生成する．この手法は非常に有用であるが，ホスゲンの発生が爆発的に起こるので制御が難しい．そのため滴下の速さを調整して気体の発生量を制御する必要がある．

【実験例　活性炭とトリホスゲンからのホスゲン含有溶液の調製[51]】

換気のとれたフード内で，よく乾燥させた反応器に THF 300 mL，活性炭 0.5 g を入れ，撹拌しながらトリホスゲン 4.6 g を少しずつ加える．そのまま 2 時間撹拌した溶液をホスゲン溶液として反応に用いる．

【実験例　ニコチン酸無水物の合成[52]】

100 mL 三つ口フラスコに，ニコチン酸 1.0 g（8.12 mmol），ジイソプロピルエチルアミン 1.41 mL（8.12 mmol）と THF 18 mL を入れ，氷浴に浸し冷却しながら 10 分間撹拌する．トリホスゲン 402 mg（1.35 mmol）を THF 2 mL に溶解した溶液を加える（大スケールで行う場合は，反応液の温度が 10 ℃ 以下を保つよう滴下の速度を調整する）．滴下後，氷冷した状態で 1 時間撹拌し，氷浴を外してさらに 1 時間撹拌する．セライトでジイソプロピルエチルアミン塩酸塩を沪別し，少量の THF で洗浄する．沪液を減圧下で濃縮すると白色固形物が析出するのでジクロロメタン 30 mL に溶解する．ジクロロメタン溶液に冷水 15 mL を加えてすばやく洗浄し，有機層を分離して無水硫酸ナトリウムで乾燥する．乾燥剤を沪別し，沪液を濃縮すると，ニコチン酸無水物が白色固形物として得られる．収量 898 mg（収率 97%）．

17.5.3　シアン化水素[53]

シアン化水素はわずかにアーモンド臭をもつ引火性の無色液体である．沸点は 25.7 ℃ であるが飽和蒸気圧が高く揮発しやすいため，液体の状態でも危険である．空気（＝1.0）に対する相対蒸気密度は 0.94 であるため拡散しやすく，作業環境における濃度は一気に最大許容濃度（5 ppm）に達する[54a]．そのため換気が十分行われているドラフト内で扱う必要がある．シアン化水素は肺や皮膚からすばやく吸収され，脱力，めまい，頭痛，悪心，おう吐，呼吸困難などをひき起こす．また液体のシアン化水素も皮膚や眼からすみやかに吸収されるので注意する[54]．ばく露の可能性のあるときは，送気マスク，空気呼吸器，または酸素呼吸器を着用し，防毒マスクには青酸ガス用吸収缶を使用する．表 17.2 に，シアン化水素ガスの各濃度における人体への影響を示す[54b]．

空気中のシアン化水素濃度を知る手段として，各種の検知管が市販されている．表 17.2 に示した濃度を参考に，作業環境の安全に努める必要がある．もしガスを放出してしまった場合は，ドラフト内で排気させるのはもちろん，窓を開けて換気を図り，広範囲に拡散させることで環境濃度を下げる．

シアン化水素を発生させるさいには以下の点に留意する．シアン化水素はエタノール，エーテルに可溶であり，水に混和する．加熱や，塩基，2% を超える水の存在下では，重合することがあり，火災や爆発の危険を伴う．一方，硫酸など無機酸を少量混入することにより安定化する．

【実験例　シアン化ナトリウムと硫酸からの調製[55)]】

$$2\,NaCN + H_2SO_4 \longrightarrow 2\,HCN + Na_2SO_4$$

図 17.6 に示した装置を組み，リービッヒ（Liebig）冷却器（e）には 50 ℃ の水を循環させる．第 1 吸収フラスコ（f）には，1 mol L^{-1} 硫酸 20 mL と沸石数個を入れ，第 2 吸収フラスコ（g）には無水塩化カルシウム 200 g をまぶしたガラスウールを詰める．これら二つの吸収フラスコは，50 ℃ に保温しておく．これにより留出するシアン化水素中の水分を取り除く．シアン化水素捕集フラスコ（h）はドライアイス-メタノールで冷却する．5 L 三つ口フラスコ（b）に水 400 mL を入れ，滴下漏斗（a）には濃硫酸 1000 g を入れ，少しずつ加える（**注意！** 滴下が終了したら，滴下漏斗を取り外して新しい滴下漏斗につけ替える．硫酸

表 17.2　シアン化水素の濃度と人体への影響[54b)]

濃　度（ppm）	人体への影響と現れる症状
18～36	数時間後に軽い自覚症状
200～480	30 分間ばく露で致命的症状
3000	ただちに致命的症状

経口摂取時の致死量 40 mg.

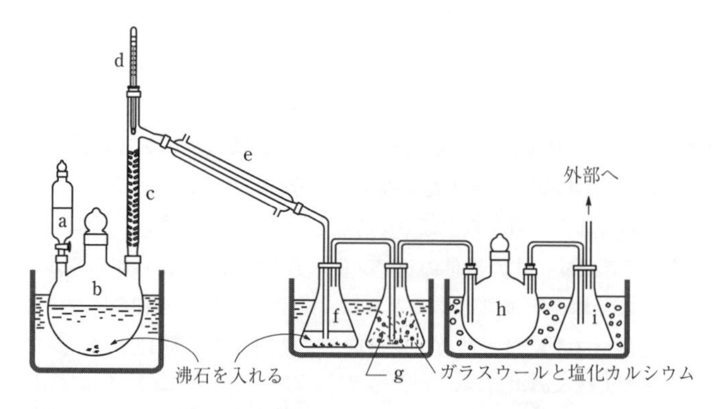

図 17.6　シアン化水素合成装置
a：滴下漏斗，b：5 L 三つ口フラスコ，c：ビグロー管，d：温度計，e：リービッヒ冷却器，f，g：吸収フラスコ．h：シアン化水素捕集フラスコ，i：空フラスコ．

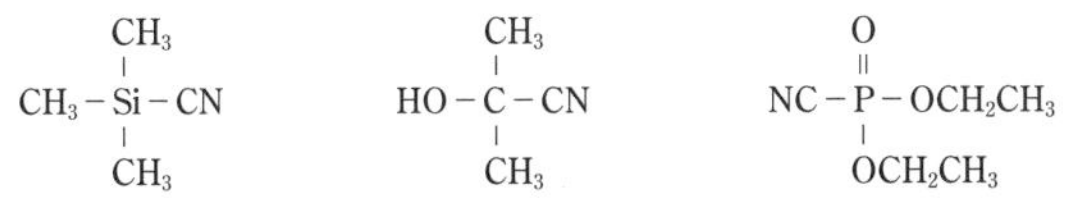

$$\begin{array}{ccc}
CH_3-\overset{\displaystyle CH_3}{\underset{\displaystyle CH_3}{\overset{|}{\underset{|}{Si}}}}-CN & HO-\overset{\displaystyle CH_3}{\underset{\displaystyle CH_3}{\overset{|}{\underset{|}{C}}}}-CN & NC-\overset{\displaystyle O}{\underset{\displaystyle OCH_2CH_3}{\overset{\|}{\underset{|}{P}}}}-OCH_2CH_3
\end{array}$$

トリメチルシリル シアニド　　アセトンシアン ヒドリン　　シアノホスホン酸 ジエチル

図 17.7　シアン化水素代替試薬の例

の滴下に使用した滴下漏斗に，シアン化ナトリウム水溶液を入れてはならない)．硫酸鉄(Ⅱ) 20 g および沸石数片をフラスコ (b) に入れ，90 ℃ の水浴に浸す．新しい滴下漏斗 (a) に，シアン化ナトリウム 1000 g (20.4 mol) を水 1.2 L に溶解した水溶液を加え，注意深く滴下する．滴下中に生じたシアン化水素が，ビグロー管 (c) を通じて留出する．器具 (e～h) は十分機能するよう温度管理を行う．滴下終了後 1～1.5 時間で反応は完了する．フラスコ (b) の水浴を沸騰させ，反応液中のシアン化水素を完全に追い出し，捕集フラスコ (h) で凝縮回収する．シアン化水素ガスは 30 分以内に追い出され，ほぼ定量的に回収することができる．収量 550 g.

シアン化水素代替試薬[56)]

シアン化水素の代替試薬として，トリメチルシリルシアニド[56a)]，アセトンシアンヒドリン[56b)]，シアノホスホン酸ジエチル[56c)] (図 17.7) などが入手可能である．いずれも実験室規模の実験に使用しやすい安全な液体であり，シアン化水素と同等の反応が進行する．不飽和結合への付加反応，シアノヒドリン合成などに用いることができる.

17.5.4　ハロシアン類[57)]

ハロシアン類はシアノ基とハロゲンからなる疑ハロゲンであり，炭素-ヘテロ原子結合の開裂を含むフォンブラウン (von Braun) 反応[58)] や，含窒素環化合物の開裂を伴う環拡大反応に用いられるほか，臭化シアンは生化学実験において，メチオニン選択的な切断 (C−S 結合の開裂) に用いられている[59)]．また親電子的なシアノ化試薬としての用途もある[57)]．臭化シアンは標準状態では固体であるが，塩化シアンの沸点は 13 ℃ であり，非常に毒性の強い気体であるため，特別な理由がないかぎり臭化シアンを用いるほうがよい[60)]．一方，独特の刺激臭を有しているので検知しやすく，シアン化水素に比べると扱いやすい．いずれのハロシアン類も水に可溶であり，水に溶けると有毒なシアン化水素とハロゲン化水素に分解する．換気が十分に行われているドラフト内で扱うとともに，不測の事態に備えて青酸ガス用防毒マスクを準備しておくのがよい．本項では臭化シアンについて述べる.

臭化シアン[57)]

臭化シアンは融点 52 ℃，沸点 62 ℃ の無色針状結晶であるが，蒸気圧が高く常温でも一部気化するため刺激臭，催涙性があり，粘膜を刺激する．合成法を以下に記すが，実験を行うさいは上記概要にあるよう細心の注意を払う必要がある.

【実験例　臭化シアンの調製[61]】

$$\mathrm{NaCN + Br_2 \longrightarrow BrCN + NaBr}$$

撹拌機，滴下漏斗および排気管を付けた 2 L 四つ口フラスコに，臭素 500 g（160 mL，3.1 mol）と臭素の揮散を防ぐための水 50 mL を入れ，氷浴中に浸す．混合物をかき混ぜながら温度を 30 ℃ 以下に保ち，シアン化ナトリウム 170 g（3.5 mol）を温水 1.2 L に溶かした溶液を少しずつ滴下する．反応は 2 時間以内に完結するが，反応終点の判断は臭素の色が消え反応液の色が淡黄色になった時点とする．反応終了後，図 17.8 の装置を用いてシアン化臭素を回収する．

臭化シアン合成装置（a）の大きい口に，内径 10～15 mm かつ流路がなるべく短い蒸留アダプター（c）を付し，その先に 500 mL のフラスコ受け器（d）を連結する．フラスコ受け器（d）は氷浴で冷却しておく．臭化シアン合成装置（a）を水浴中で加熱し，臭化シアンを留出させてフラスコ受け器（d）に回収する．回収後，55 ℃ 前後に加温した湯浴を用いて留出物を液状にし（臭化シアンの蒸気に注意する），そこに無水塩化カルシウム約 100 g を加えてよく振とうしたのち，沪別する．得られた沪液を，図 17.9 に示す装置を用いて再蒸留する．

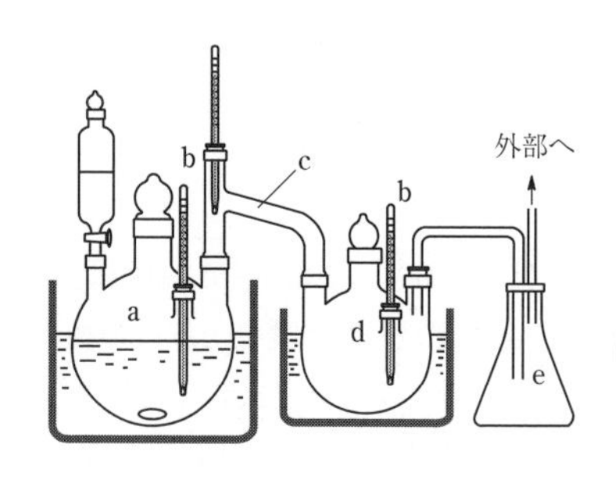

図 17.8　臭化シアン回収装置
a：臭化シアン合成装置，b：温度計，c：蒸留アダプター，d：フラスコ受け器，e：空瓶．

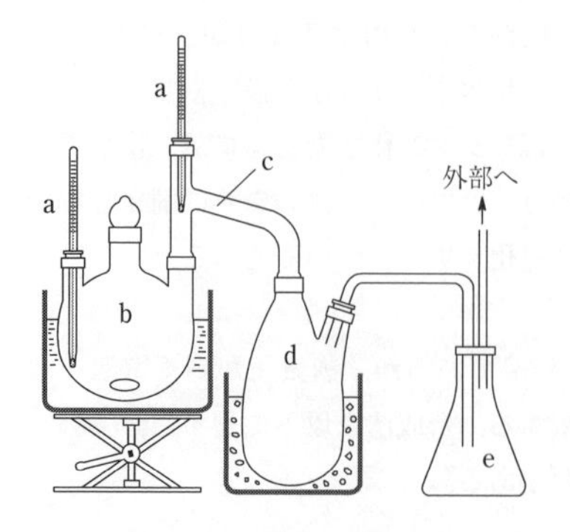

図 17.9　臭化シアン蒸留装置
a：温度計，b：丸底フラスコ，c：蒸留アダプター，d：フラスコ受け器，e：空瓶．

留出する臭化シアンが固化して詰まらないよう，蒸留アダプター（c）は内径 10～15 mm かつ流路がなるべく短いものを用い，フラスコ受け器（d）は氷浴で冷却しておく．丸底フラスコ（b）に臭化シアンを入れて加熱すると，およそ 60～62 ℃ で沸騰する．留分をフラスコ受け器（d）に回収することで，臭化シアンが白色結晶性固体として得られる．収量約 239～280 g（収率 73～85%，融点 49～51 ℃）．

17.5.5　塩化ニトロシル[62)]

塩化ニトロシルは分子式 NOCl で表される無機化合物であり，非爆発性の黄色気体である．−5.5 ℃ で液化して濃赤色の液体となる．室温でも可逆的な分解（0.5%）があるため，つねに少量の一酸化窒素，塩素などを含む[63)]．水により分解され亜硝酸，硝酸，一酸化窒素，塩化水素などを生成する．腐食性が非常に強く，眼，皮膚，粘膜を侵すので保護具を着用のうえ，換気の十分なドラフト内で作業を行う必要がある[64)]．

以前はボンベに充塡した塩化ニトロシルが入手できたが，現在は市販されていない．また塩化ニトロシルの用時調製に必要となる試薬類も，入手困難なものが多い．そのため現在，実験室で行える反応は限られている[65)]．塩化ニトロシルの調製法はいくつか知られているが，亜硝酸ナトリウムと塩化水素の反応により得る方法が非常に簡便であり，原料も入手しやすい（式(17.29)）．この方法では，水溶液として調製してそのまま反応に用いる．また気体の塩化ニトロシルを調製する方法としては，二酸化窒素と塩化カリウムを反応させる方法が比較的簡単である（式(17.33) を参照）[63)]．

塩化ニトロシルを用いる反応としては，二重結合への付加による α-クロロニトロソ化（式(17.30)），第二級アミンの N-ニトロソ化（式(17.31)）のほか，アルコールとの反応による亜硝酸エステル合成（式(17.32)）などがある[62)]．

$$\mathrm{NaNO_2 + 2\,HCl \longrightarrow NOCl + NaCl + H_2O} \tag{17.29}$$

$$\mathrm{R_2C{=}CR_2 + NOCl \longrightarrow ON{-}CR_2{-}CR_2{-}Cl} \tag{17.30}$$

$$\mathrm{RR'NH + NOCl \longrightarrow RR'N{-}N{=}O + HCl} \tag{17.31}$$

$$\mathrm{ROH + NOCl \longrightarrow RO{-}N{=}O + HCl} \tag{17.32}$$

α-クロロニトロソ化は，気体の塩化ニトロシルを必要とせず，塩化ニトロシル水溶液をそのまま反応に用いることができる．生成した α-クロロニトロソ化合物は不安定なので精製せず，そのまま次の反応に用いるのがよい[66)]．また N-ニトロソ化についても系内で塩化ニトロシルを発生させ，そのまま反応に用いる方法がある．この反応については亜硝酸エステルで代替することも可能である．

【実験例　塩化ニトロシルの亜硝酸ナトリウムと塩酸からの調製（オレフィンへの付加反応）[66b)]】

500 mL 三つ口フラスコに 40% 亜硝酸ナトリウム水溶液 87.2 g（0.505 mol）を入れ，さらに 2,3-ジメチル-2-ブテン 42.1 g（0.50 mol）を加え，冷却しながら撹拌する．これに 36% 濃塩酸 153.1 g（1.51 mol）をおよそ 30 分かけて滴下し，その後 0 ℃ 付近で 30 分間撹拌する．反応混合物を沪別することで，2-クロロ-2,3-ジメチル-3-ニトロソブタンが青色固形物として得られる．収量 90 g（収率 96%，純度 80%）．精製は行わず，そのまま次の反応に用いる．

【実験例　塩化ニトロシルの二酸化窒素と塩化カリウムからの調製[63)]】

$$2\,NO_2 + KCl \longrightarrow NOCl + KNO_3$$

塩化カリウム 5 g を 300 ℃ で 3 時間乾燥し，乳鉢で粉末にする．これを 50 mL シュレンク管に入れ，真空ラインに連結する．系内を真空にしてから，二酸化窒素ガス 0.002 mol を導入する．反応は 12～36 時間で完結する．反応の進行具合は二酸化窒素の特徴的な赤褐色の色が消え，塩化ニトロシルの明るい黄色となることを目安にする．収率はほぼ定量的である．調製した塩化ニトロシルは，窒素ガスを流しながら反応系に導入する．

17.5.6　イソシアン酸ヨウ素[67)]

イソシアン酸ヨウ素（INCO）は，シアン酸銀とヨウ素から調製されるが（式(17.33) および式(17.34)），−10 ℃ 以下の低温においても非常に不安定である．式(17.34) に示すようにシアン酸銀とイソシアン酸ヨウ素は平衡関係にあるが，ヨウ化銀が不溶の塩となって析出するため，平衡はイソシアン酸ヨウ素が生成する方向に大きく傾く．

$$AgNO_3 + KOCN \longrightarrow AgOCN + KNO_3 \tag{17.33}$$

$$AgOCN + I_2 \rightleftharpoons INCO + AgI\downarrow \tag{17.34}$$

イソシアン酸ヨウ素が生成する速度は，用いる溶媒により大きく変化する[67)]．たとえば試薬比（$AgOCN : I_2 = 1.7 : 1$）における 0.4～0.5 mol L^{-1} イソシアン酸ヨウ素溶液の生成速度は以下のようになる[68)]．

グリム（30 分，95% 完結）＞ THF（60 分，95% 完結）≫ エーテル

逆に −11 ℃ におけるイソシアン酸ヨウ素の分解速度はグリム中がもっとも速く，24 時間で 75% 分解する．THF やエーテル中では 24 時間後でも分解は 15～25% 程度である．低温下で保存した場合でも少しずつ分解して気体が発生し，保存容器を破損することがあるので，用時調製することが望ましい．

次に，イソシアン酸ヨウ素の反応例を示す．式(17.35) に示したようにさまざまなオレ

フィン類に付加し，β-ヨウ素置換イソシアナートを与える．同様にアセチレン類やジエン類とも反応するが，電子密度の低い共役ジエンとの反応は遅く，収率も下がる傾向にある．反応はアンチ付加が優先し，高位置選択的に進む．三員環ヨードニウムイオン中間体が示唆されており，より置換基の多い炭素にイソシアン酸が付加する．たとえば *cis*-2-ブテンからはトレオ体が，*trans*-2-ブテンからはエリトロ体がそれぞれ選択的に生成する[69]．

$$\mathrm{RHC{=}CR'H} \xrightarrow{\mathrm{INCO}} \mathrm{R(H)C(I){-}C(R')(H)N{=}C{=}O} \qquad (17.35)$$

イソシアン酸ヨウ素は低温下でも少しずつ分解が進むため，通常は反応系にオレフィンを共存させた状態で調製し，そのまま反応させる方法が用いられる．一方，不飽和部位がヨウ素と反応する基質を用いる場合には，この方法は使えない．このような場合は，生成速度の速いグリムか THF を用いてあらかじめイソシアン酸ヨウ素を調製し，分解が進む前に反応基質を加えてすみやかに反応させるのがよい[68,70]．以下にシアン酸銀の調製方法，*in situ* でのオレフィンとの反応例，アセチレンおよびジエンとの反応例をそれぞれ示す．

【実験例　シアン酸銀の調製[71]】

硝酸銀 100 g（0.59 mol）を蒸留水 3 L に溶解し，これをシアン酸カリウム 49.5 g（0.61 mol）の水溶液 700 mL に撹拌しながら加える．生成した白色沈殿を沪別し，水，メタノール，エーテルで順次洗浄する．空気乾燥後，1～2 日間ほど五酸化リン上で減圧乾燥する．このようにして得たものは冷所，デシケーター内で 1 カ月程度保存可能である．純粋なシアン酸銀は白色固体であるが，市販品は灰色である．これに含まれる不純物の中には，調製したイソシアン酸ヨウ素の分解をひき起こすものが含まれている場合があるので注意する．

【実験例　*in situ* でのオレフィンとの反応[70]】

実験には昇華精製したヨウ素を使用する．三つ口フラスコに撹拌機，温度計，乾燥管を付し，エーテル 200 mL，オレフィン（0.1 mol），シアン酸銀 20 g（0.13 mol）を入れる．冷却しながらスラリー状の反応液に精製ヨウ素 25.4 g（0.1 mol）を加える．激しい反応が起これば適宜冷却する．その後，室温で 1～5 時間程度ヨウ素の色が薄くなるまで撹拌する*2．無機塩をセライトに通して沪別し，沪液を減圧乾固する．このようにして得られた β-ヨードイソシアナートは 2250 $\mathrm{cm^{-1}}$ に特徴的な赤外吸収をもち，^{13}C NMR によっても同定できる．また沪液は濃縮せず，そのまま次の反応に用いることもできる．

通常，上記の反応において，シアン酸銀はヨウ素に対し 1.3～3.0 当量用いる．オレフィンの反応性に応じて用いる量を増減する．オレフィンの反応性が低い場合には過剰量用いる

*2　シクロドデセンを用いた場合，8 時間反応させてもヨウ素の色が濃く残っているが，GC による分析では 5 時間ほどで 95% の原料が消費されている．

か，溶媒としてイソシアン酸ヨウ素の生成速度の速い THF を用いる．共役ジエンなど，電子密度の低いオレフィン類との反応や，アルキンなどヨウ素と反応する基質を用いる場合は，以下に示す方法で行うとよい．この方法では，THF あるいはジグリム中でさきにイソシアン化ヨウ素溶液を調製し，不飽和化合物との反応に用いる．

【実験例　電子密度の低いオレフィンおよびアルキンとの反応[68,70]】

アルミニウム箔で遮光した三つ口フラスコに撹拌機，温度計，乾燥管を付し，精製ヨウ素 5 g (0.02 mol) と，乾燥溶媒 100 mL を入れる．−30 ℃ に冷却し，シアン酸銀 5 g (0.034 mol) を入れ，そのまま 30 分間（グリム）あるいは 60 分間（THF）撹拌してイソシアン酸ヨウ素を調製する．0.02 mol の反応基質（アセチレン，ジエン，オレフィンなど）を加えると −30 ℃ でも反応は 10～60 分ほどで完結する．反応の終点は GC で確認する．無機塩をセライトに通して沪別し，沪液を減圧乾固する．また沪液は濃縮せず，そのまま次の反応に用いることもできる（収率 80～90%）．

17.5.7　イソシアナート

イソシアナートは一般式（R−NCO）で表される化合物であり，ケテンと等電子構造をもつので，付加環化反応，求核付加反応などではケテンと類似した反応性を示す．また一般に刺激臭，毒性が強く，催涙性もあるので，その取扱いには注意が必要である[72]．構造が単純ないくつかのイソシアナートは市販されている．またイソシアナート類は第一級アミンとホスゲンの反応[46b]，ハロゲン化アルキルとシアン酸銀の反応[73]，アシルアジドの熱分解（17.3.3 項を参照）などの方法で合成することができる．ホスゲンを用いる方法は，トリホスゲンで代替することが可能である[48a]．通常はトリホスゲンと第一級アミンを 1：3 のモル比で反応させればよく，過剰の第一級アミンを用いると対称尿素が副生する．また，例外的に 1：1 のモル比で反応が完結する場合もある[46a]．反応で生じる塩化水素を中和するため，トリエチルアミンなどの第三級アミンを加えておく．以下にいくつかの合成例を示す．

【実験例　2-(1-プロピニル)フェニルイソシアナートの合成[32a]】

NH_2　$-CH_3$　$\xrightarrow[\text{ベンゼン}]{(Cl_3CO)_2CO,\ Et_3N,\ \text{加熱}}$　$N=C=O$　$-CH_3$

窒素雰囲気下，フラスコにトリホスゲン 1.089 g（3.67 mmol），無水ベンゼン 20 mL（無水トルエンでも可）を入れ，室温で撹拌する．トリエチルアミン 2.78 mL（20.0 mmol）と 2-(1-プロピニル)アニリン 1.310 g（10.0 mmol）の，無水ベンゼン 30 mL（無水トルエンでも可）溶液を滴下する．滴下後，70 ℃ に加熱して 2 時間撹拌する．析出したトリエチルアミン塩酸塩を沪別し，沪液を濃縮する．得られた残渣をシリカゲルカラムクロマトグラフィー（ヘキサン-エーテル（10：1～5：1））で精製すると，2-(1-プロピニル)フェニルイソシアナートが得られる．収量 1.507 g（収率 96%）．

a.　メチルイソシアナート[74)]

メチルイソシアナート（CH_3-NCO）は，刺激性を有する無色透明液体である．揮発性が高く，その蒸気にはきわめて強い毒性があり，眼や皮膚，粘膜を強く刺激する．吸引すると肺が侵され呼吸が苦しくなり，肺に水がたまってごく少量で死に至る．許容濃度は 0.02 ppm（TWA）であるので，換気が十分に取れるドラフト内で取り扱い，必要ならば有機ガス用の防毒マスクなどを使用する[75)]．メチルイソシアナートは現在試薬として入手することはできない．そこで，メチルイソシアナートを系内で発生させ，そのまま反応に供する方法が取られる．

【実験例　メチルイソシアナートの *in situ* 調製[76)]】

$$CH_3COOH \xrightarrow[\text{トルエン}]{\text{DPPA, Et}_3\text{N, 加熱}} CH_3-N=C=O$$

冷却器，バブラーを付した三つ口フラスコに，酢酸 92.3 mg（1.54 mmol），無水トルエン 3 mL を加える．トリエチルアミン 171.3 mg（1.69 mmol），ジフェニルホスホリルアジド（DPPA）595.1 mg（2.16 mmol）を入れ，室温で撹拌する．反応液を 70 ℃ に加熱しながら 1.5 時間反応させる．この間にクルチウス（Curtius）転位が進行し，窒素の発生を伴いながらメチルイソシアナートが生成する．バブラーで窒素の発生が収まったことを確認したら，反応液を室温に戻す．調製した溶液はただちに次の反応に用いる．

メチルイソシアナートが付着した器具はすぐに洗浄せず，メタノールで完全に分解させてから片付けるのが望ましい．

b.　クロロスルファモイルイソシアナート[77)]

クロロスルファモイルイソシアナートは独特の刺激臭をもつ無色透明の液体であり，空気中の水分によりわずかに白煙を生じる．腐食性が非常に強いので，取り扱うときは保護めがね，保護手袋を着用する必要がある[78)]．シリンジで採取を数回行うと金属製針が変色する．メタノール，水とは少量でも破裂音を伴って激しく反応する．そのため洗浄するときは，さきにヘキサンで洗い流してからメタノールで洗浄するとよい．以下にクロロスルファモイルイソシアナートの反応例を示す．

クロロスルファモイルイソシアナートはもっとも反応性の高いイソシアナートであり，イソシアナート特有のカルボニル基への求核付加反応（式(17.37) および式 (17.38)），N=C 部位特異的な不飽和結合との付加環化反応が進行する（式(17.36)）[77)]．スルホニルクロリドへの求核置換反応も起こるが，高温など特殊な条件の場合に限定され，イソシアナート部位への求核付加が優先的に起こる．一方，ギ酸を作用させると脱炭酸を伴って分解し，スルファモイルクロリドが生成する[79)]．スルファモイルクロリドは，末端スルホンアミド誘導体の合成に非常に有用である（式(17.39)）．

$$\text{X}\langle\text{C(=O)}\rangle\text{NSO}_2\text{Cl}\ (\text{X–Y 環}) \xrightarrow{H_2O} \text{X}\langle\text{C(=O)}\rangle\text{NH}\ (\text{X–Y 環}) \qquad \text{X=Y：不飽和化合物} \tag{17.36}$$

$$\text{Cl–SO}_2\text{–N=C=O} \xrightarrow{X=Y} (17.36)$$

$$\text{Cl–SO}_2\text{–N=C=O} \xrightarrow{NuH} \text{Cl–SO}_2\text{–NH–C(=O)–Nu}$$

$$\text{Cl–SO}_2\text{–NH–C(=O)–Nu} \xrightarrow{H_2O} \text{H}_2\text{N–C(=O)–Nu} \tag{17.37}$$

$$\text{Cl–SO}_2\text{–NH–C(=O)–Nu} \xrightarrow{Nu'–H} \text{Nu'–SO}_2\text{–NH–C(=O)–Nu} \tag{17.38}$$

$$\text{Cl–SO}_2\text{–N=C=O} \xrightarrow{HCOOH} \text{Cl–SO}_2\text{–NH}_2$$

$$\text{Cl–SO}_2\text{–NH}_2 \xrightarrow{NuH} \text{Nu–SO}_2\text{–NH}_2 \qquad \text{NuH＝求核剤} \tag{17.39}$$

17.5.8　エチレンイミン[80]

エチレンイミンは無色透明のアンモニア臭のある液体であり，もっとも単純なアジリジン化合物である．沸点 55～56℃ で揮発性が高く引火性，爆発性（爆発範囲 3.6～46%）があるので取扱いには注意を要する．非常に強い毒性をもっており，作業環境における許容濃度は 0.5 ppm（TWA）であるが，OD_{50} 値（半数の人が感知できる濃度の指標）は 0.698 ppm である[81]．そのため独特のアンモニア臭を感知したらすみやかに対処する必要がある．人体への影響は，皮膚や粘膜との接触，吸入，経口摂取いずれの場合でも障害が現れるので，保護めがね，保護手袋を必ず着用する．作業は必ず換気の十分取れるドラフト内で行う．エチレンイミンはその強い毒性のため試薬として入手することはできない．したがって，使用するには用時調製する必要がある．以下にその方法を示す[82]．

$$\text{H}_2\text{NCH}_2\text{CH}_2\text{OH} \xrightarrow{H_2SO_4} \text{H}_3\overset{+}{\text{N}}\text{CH}_2\text{CH}_2\text{OS}\overset{-}{\text{O}_3} \xrightarrow{NaOH} \triangleright\text{NH}$$

【実験例　β-アミノエチル硫酸の合成】

5 L 三つ口フラスコに撹拌機，滴下漏斗，冷却器をつけ，1210 g（20 mol）のエタノールアミンおよび 1200 g の氷を入れ，外部から水冷する．撹拌しながら滴下漏斗より 50% 硫酸（約 1000 g）を滴下し，メチルオレンジを指示薬として中和する．その後さらに中和に要した量と同量の 50% 硫酸を加える．撹拌機，滴下漏斗および冷却器を取り去り，水浴を油浴に換え 30～40 mmHg の減圧下で水を留出させる．このとき浴温はおよそ 130℃ に保つ．水がほとんど除かれると激しく泡立ち始め，結晶が析出し始める．そこで加熱を止め，ただちに内容物を平皿に移し，放冷固化させる．フラスコ内で固化させると取り出しが非常に困難になるので，熱時にすばやく平皿に取り出す．固形物を乳鉢で砕き，メタノール 500 mL を加え，よく混和したのち沪し分けると白色固形物が得られる．沪液を減圧濃縮すると再び結晶が析出し始めるので，同様の操作により白色固体を回収する．両者を合わせて収量およそ 2550 g（収率 91%）となる．

【実験例　エチレンイミンの合成】

図 17.10 に示す装置を組み，冷却器（e）には−5 ℃ 程度に冷やした冷媒を循環させておく．3 L 四つ口フラスコ（b）に 1.06 L の水を加え，撹拌しながら 704 g の水酸化ナトリウムを注意深く加える（およそ 40% 水酸化ナトリウム水溶液になる）．これに β-アミノエチル硫酸 564 g（4 mol）を加え，フラスコの外壁に液面の位置を記録しておく．激しく撹拌しながら，油浴を用いてすみやかに溶液が沸騰するまで加熱する．エチレンイミンおよび水が留出してくるが，留出をはじめてから 5.5 時間加熱を続け，およそ 950 mL の留出液を得る．反応中，硫酸ナトリウムが析出し，撹拌を止めると激しく突沸するので十分注意する．留出量は少なくてもまた多すぎても収率は低下する．この間，滴下漏斗（a）より水を加え，液量を一定に保つ（反応前に記録した液面の高さを参考にする）．反応後，回収した留出液を氷でよく冷却し，400 g の水酸化ナトリウムを，温度が上らぬよう注意しながら少しずつ加えて溶解させると溶液は 2 層に分かれる．上層を分取し，水酸化ナトリウム 40 g を加え，密栓して一晩放置すると，水酸化ナトリウムは溶解し再び 2 層に分かれる．上層を分け取り，新たに水酸化ナトリウム 20 g を加えたまま精留塔を用いて蒸留すると，エチレンイミンが得られる．収量 102 g（収率 60%，沸点 55〜56 ℃）．

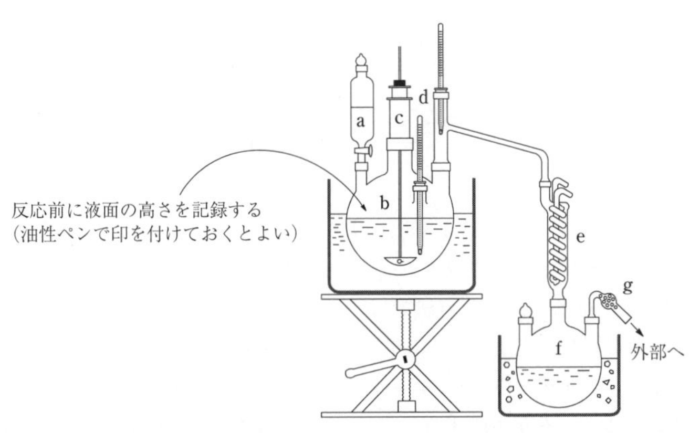

図 17.10　エチレンイミン合成装置
a：滴下漏斗，b：四つ口フラスコ，c：撹拌機，d：温度計，e：冷却器，
f：回収フラスコ，g：塩化カルシウム管．

17.5.9　低分子量アルデヒド

アルデヒドはホルミル基（$-CHO$）を有する化合物であり，第一級アルコールの酸化体である．ホルミル基の際立った性質は，3 分子がアセタール構造を取り，トリオキサン骨格をもつ三量体を形成することである．とくに低分子量のアルデヒドは水に可溶で，重合体を形成しやすい．低分子量アルデヒドの単量体は，独特の刺激臭を有し揮発性，毒性が非常に高いが，有機合成では非常に重要な化合物である．そこで低分子量アルデヒドであるホルムアルデヒド，アセトアルデヒド，アクロレインについて，取扱いの留意点と代替試薬について述べる．

a.　ホルムアルデヒド[83)]

ホルムアルデヒドは分子式 CH_2O で表され，もっとも簡単なアルデヒドである．沸点 −92 ℃ で水によく溶けるので，通常は約 35% 水溶液であるホルマリンとして市販されている．なおホルマリンには重合防止のため，7～13% のメタノールが含まれている．ホルムアルデヒドは刺激性や催涙性を有する気体であり，暴露されると粘膜の刺激などの症状が出る．ホルマリンが皮膚に付着すると激しい刺激とともに炎症を起こし，腫瘍の要因となる[84)]．そのため，ホルムアルデヒドを扱う場合は，ドラフト内で作業を行い，保護具を正しく着用する必要がある．

ホルムアルデヒドの形態は大きく三つに分けられる．一つは水溶液であるホルマリンであり，ほかにアセタール三量体である 1,3,5-トリオキサンや，重合体であるパラホルムアルデヒドがある．このうちホルマリンは水溶液であるため，無水条件を必要とする反応には利用できない．そこで有機溶媒中でホルムアルデヒドを反応させるため，いくつかの方法が用いられる．

$$\left[CH_2O \right]_n \xrightarrow{\text{加熱または } H^+} n\,(CH_2O) \qquad (17.40)$$

$$\text{1,3,5-trioxane} \xrightarrow{\text{加熱または } H^+} 3\,(CH_2O) \qquad (17.41)$$

パラホルムアルデヒドあるいは 1,3,5-トリオキサンを 180～200 ℃ に加熱すると解重合し，気体のホルムアルデヒドが生成する（式(17.40) および式(17.41)）．この気体を窒素ガスとともに反応系に送る[85)]．この方法では一部のホルムアルデヒドが再び重合するため，過剰量（反応基質に対し 2 当量程度）の重合体を用いる必要がある．

一方，パラホルムアルデヒド，1,3,5-トリオキサンに酸触媒を作用させることでも分解が起こり，ホルムアルデヒドが生成する（式(17.40) および式(17.41)）．たとえば硫酸を数滴加えて加熱すると，ホルムアルデヒドを取り出すことができる．この方法は，酸性条件下でのアセタール合成などに向いている．また，よく乾燥させたパラホルムアルデヒドを求核剤と反応させると，ヒドロキシメチル化が進行する．たとえば，リチウムアセチリドとの反応ではプロパルギルアルコールが得られ，グリニャール（Grignard）反応剤との反応では対応する第一級アルコールが生成する[85]．この方法は操作が簡便である反面，収率は中程度である．パラホルムアルデヒドの有機溶媒に対する溶解性の低さが収率を低下させる．これについては，気体のホルムアルデヒドを反応に用いることで大きく改善される．

【実験例　シクロヘキシルカルビノールの合成[85]】

$$\left[CH_2O \right]_n \xrightarrow{\text{加熱}} n\,(CH_2O) \xrightarrow[\text{2) } H_3O^+]{\text{1) } C_6H_{11}\text{–MgCl}} C_6H_{11}CH_2OH$$

パラホルムアルデヒドは，五酸化二リン存在下，2日ほど真空乾燥させてから使用する．また，グリニャール反応用に 118.5 g（121 mL，1.0 mol）の塩化シクロヘキシル，26.7 g（1.1 mol）のマグネシウム片，エーテル 550 mL からグリニャール反応剤を調製しておく（1 L の四つ口フラスコを用いるとよい）．

図 17.11 の 500 mL 三つ口フラスコ（b）に窒素ガス導入用のコック（a）と，内径の大きい蒸留アダプター（c）を接続する．これをホルムアルデヒド発生装置とする．蒸留アダプター（c）の先端にはホルムアルデヒド導入用に，内径 12 mm 程度のガラス管（d）を取りつけ，グリニャール反応用の 1 L 四つ口フラスコ（e）に接続する．このとき，ガラス管の先端がグリニャール反応剤溶液の液面に触れない程度に，少し浮かせた位置で固定する．50 g（1.67 mol ホルムアルデヒド換算）のパラホルムアルデヒドをフラスコ（b）に加え，（a）より窒素ガスを緩やかに流す．グリニャール反応器（e）の撹拌を開始し，フラスコ（b）の油浴を 180～200 ℃程度に加熱すると熱分解が始まり，ホルムアルデヒドが発生する．窒素ガスとともにグリニャール反応器に吹き込む．このとき，気体のホルムアルデヒドが反応溶媒に溶け込むよう激しく撹拌する．反応はおよそ 1.75 時間で完結する．

反応液を 2 L 広口フラスコに移し，300 g の粉砕氷を一度に加え，激しく撹拌してマグネ

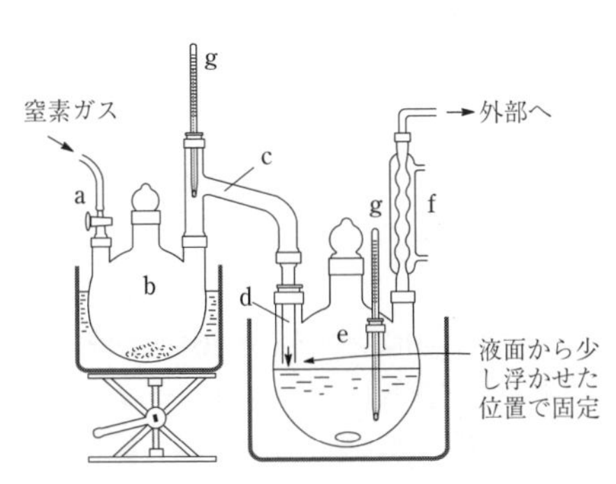

図 17.11　ホルムアルデヒド導入装置
a：窒素ガス導入用コック，b：ホルムアルデヒド発生フラスコ，c：蒸留アダプター，d：ホルムアルデヒド導入管，e：グリニャール反応器，f：冷却器，g：温度計．

シウムアルコキシドを分解する．さらに 30 wt% 硫酸水およそ 600 mL を加え，マグネシウム塩を溶解させる．フラスコにト字管とリービッヒ冷却器を付し，水蒸気蒸留によりシクロヘキシルカルビノールを留出させる．蒸留はオイル状の留出物が出なくなるまで行う．留出量はおよそ 1500 mL 程度である．留出液に飽和するまで食塩を加え，エーテルで抽出する．水層はエーテル 100 mL でさらに 2 回抽出を行い，合わせたエーテル層を無水炭酸カリウムで乾燥する．乾燥剤を沪別し，エバポレーターでエーテルを除去する．残渣に 5 g の乾燥消石灰を加え，1.5 時間ほど加温する．消石灰を沪別し，少量のエーテルで洗浄する．エバポレーターでエーテルを除いたのち，残渣を減圧蒸留（88～93 ℃/18 mmHg）することで，シクロヘキシルカルビノールが得られる．収量 72.5～78.5 g（収率 64～69%）．

この反応において，パラホルムアルデヒドを熱分解せず，直接グリニャール反応剤と反応させた場合，得られるシクロヘキシルカルビノールの収率は 40～50% 程度に低下する[85]．

b.　アセトアルデヒド[86]

アセトアルデヒドは揮発性がきわめて高く，引火しやすい．刺激臭をもち，吸引すると粘膜，皮膚を刺激し，二日酔いの症状をひき起こす．沸点が 20.2 ℃ と低く，使用開始後ただちに作業環境濃度が高まるので換気が十分機能しているドラフト内で取り扱わなければならない[87]．アルコールに弱い体質の場合，作業中に気分が悪くなることがある．そのような場合はすぐに作業場から離れ，濃度が十分に低い場所に退避する．

ホルムアルデヒドと同様，アセトアルデヒドにも三量体（パラアルデヒド）があり，加熱あるいは酸触媒によりアセトアルデヒドに分解される（式(17.42)）[88]．酸触媒によるパラアルデヒドのアセトアルデヒドへの変換[89]は 1,2-ジオールの保護に有用であるが，熱分解でアセトアルデヒドを得る手法は利用価値が失われている．アセトアルデヒドは現在，高純度品が容易に入手できるため，これを使用前に蒸留精製するのがもっとも簡便である．

$$\text{(paraldehyde: 2,4,6-trimethyl-1,3,5-trioxane; } CH_3,\ H_3C,\ CH_3) \xrightarrow{\text{加熱または } H^+} 3\,(CH_3CHO) \qquad (17.42)$$

アセトアルデヒドを用いる反応は，そのほとんどは市販品をそのまま使用しても差し支えない．もし蒸留が必要な場合は，通常用いられている方法により窒素雰囲気下で行う．20 ℃/760 mmHg の留分を分取することで高純度のアセトアルデヒドが得られる．沸点が低いので，冷却器には −10 ℃ 程度に冷やした冷媒を循環し，受け器も氷浴で冷やしておくとよい．なお蒸留はなるべく少量で行い，蒸気に暴露されている時間を短くする．

c.　アクロレイン[90]

アクロレインはもっとも単純な不飽和アルデヒドであり，刺激臭のある無色透明の液体である．また引火点は −18 ℃ であり非常に引火しやすい[91a]．重合しやすいため，市販品には水やヒドロキノンなどの安定剤が含まれている．毒性が強く，催涙性があり，吸引すると気管支炎を起こす．皮膚に付着すると激しい炎症を起こす．許容濃度は 0.1 ppm であることからも作業はドラフト内で行い，保護めがね，保護具をしっかり着用する必要がある[91]．

アクロレインは古くはグリセリンから合成されていたが[92]，現在は高純度のアクロレインが安価に購入できるため，合成する必要性はほとんどない．アクロレインを用いる反応も，そのほとんどは市販品をそのまま使用しても差し支えない．一方，禁水条件が必要な反応の場合や，購入後長期間経過し一部重合が進行したものは，蒸留精製して使用することも可能である．空気中の酸素との接触を避けるため，窒素雰囲気下で単蒸留する．また蒸留中の熱による重合を防ぐため，蒸留装置および受け器にそれぞれアクロレイン 1 g に対し 5 mg 程度のヒドロキノンを加える．52 ℃/760 mmHg の留分を分取することで，高純度のアクロレインが得られる．

d. アクロレイン等価体[93]

アクロレインのカルボニル基をアセタール保護した化合物は，アクロレインで懸念される空気酸化や重合などの心配がなく扱いやすい．そのためアクロレインの代替試薬として，しばしば用いられる．

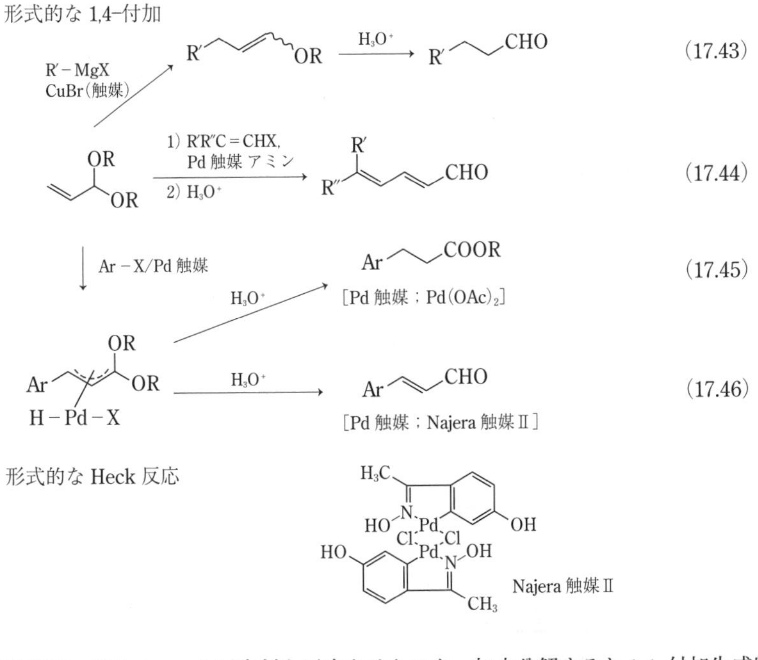

形式的な 1,4-付加

R′−MgX, CuBr（触媒）: アセタール → R′CH=CH~OR；H_3O^+ → R′CH₂CH₂CHO (17.43)

1) R′R″C=CHX, Pd 触媒 アミン 2) H_3O^+ → R′R″C=CH–CH=CH–CHO (17.44)

Ar−X/Pd 触媒 → Ar–CH₂–C(OR)₂ 中間体（H−Pd−X）；H_3O^+ → Ar–CH₂CH₂–COOR ［Pd 触媒；$Pd(OAc)_2$］ (17.45)

H_3O^+ → Ar–CH=CH–CHO ［Pd 触媒；Najera 触媒 II］ (17.46)

形式的な Heck 反応

Najera 触媒 II

臭化銅存在下，グリニャール反応剤を反応させたのち，加水分解すると 1,4-付加生成物が得られる（式(17.43)）[94]．ハロゲン化ビニルとの Heck 反応では，β 位への官能基導入後，脱アセタール化することで，アクロレインから Heck 反応を行った場合と同じ生成物が得られる（式(17.44)）[95]．一方，ハロゲン化アリールとの反応では，二重結合の異性化によりエステル誘導体を与える（式(17.45)）[93]．この場合，パラダサイクル二量体であるNajera触媒IIを用いると，二重結合の異性化が抑えられ，β-アリール-α,β-不飽和アルデヒドが高選択的に得られる（式(17.46)）[96]．

17.5.10　シクロペンタジエン[97]

シクロペンタジエンは沸点42 ℃の無色の引火性の液体であり，揮発しやすい．甘いテルペン臭があり，許容濃度は75 ppm（TWA）と毒性は比較的弱い．水に不溶，エタノール，エーテル，ベンゼンに溶けやすい[98]．シクロペンタジエンはジシクロペンタジエンの解重合によって得られるが，生成したシクロペンタジエンは，常温ですみやかに二量化してジシクロペンタジエンに戻る．そのため，使用直前に調製する必要がある．以下に，シクロペンタジエンの用時調製法を示す．

【実験例　シクロペンタジエンの調製[99]】

図17.12に示すように500 mL三つ口フラスコ（a）に温度計（b），ビグロー管（c）およびリービッヒ冷却器（e）を取りつける．受け器（f）は冷媒または寒剤で冷却する．フラスコ（a）にジシクロペンタジエン196 g（1.48 mol）を入れ，マントルヒーターまたは油浴で約160 ℃に加熱する．熱分解は約150 ℃で始まり，38～46 ℃の留分が得られる（鉄粉を加えるとシクロペンタジエンの熱分解速度が速くなる）．温度計（d）の値を参考に留出温度に注意しながら加熱する．また温度計（b）が示すフラスコ（a）の液温が高すぎると，十分

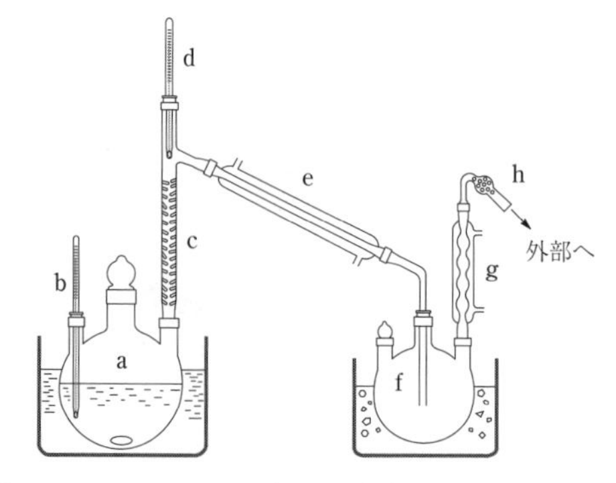

図17.12　シクロペンタジエン発生装置
a：三つ口フラスコ，b，d：温度計，c：ビグロー管，e：リービッヒ冷却器，f：回収フラスコ，g：アリーン冷却器．

に分留されないままジシクロペンタジエン（沸点170℃）が留出するおそれがある．その場合には，再留精製すると純度の高い留分が得られる．

文　献

1) H. C. Kolb, M. G. Finn, K. B. Sharpless, *Angew. Chem. Int. Ed.*, **40**, 2004 (2001).
2) a) University of California Santa Barbara, "Laboratory Safety Fact Sheet #26: http://www.ehs.ucsb.edu/units/labsfty/labrsc/factsheets/Azides_FS26.pdf"; b) S. Bräse, C. Gil, K. Knepper, V. Zimmermann, *Angew. Chem. Int. Ed.*, **44**, 5188 (2005).
3) a) P. P. Norton, *Chem. Eng. News*, **88**, 4 (2010); b) R. E. Conrow, W. D. Dean, *Org. Process Res. Dev.*, **12**, 1285 (2008).
4) 総説：a) T. Ye, M. A. McKervey, *Chem. Rev.*, **94**, 1091 (1994); b) Z. Zhang, J. Wang, *Tetrahedron*, **64**, 6577 (2008); c) G. Maas, *Angew. Chem. Int. Ed.*, **48**, 8186 (2009).
5) T. Sammakia, "EROS : Diazomethane", p.1512, John Wiley (1995).
6) 国際化学物質安全性カード，ジアゾメタン, ICSC 番号: 1256.
7) a) T. Shioiri, T. Aoyama, "EROS : Trimethylsilyldiazomethane", p.5248, John Wiley (1995); b) A. Presser, A. Hüfner, *Monatsh. Chem.*, **135**, 1015 (2004); c) T. Shioiri, T. Aoyama, S. Mori, *Org. Synth.*, **68**, 1 (1990).
8) Th. J. de Boer, H. J. Backer, *Org. Synth.,* Coll. Vol. **4**, 250 (1963).
9) T. Aoyama, S. Terasawa, K. Sudo, T. Shioiri, *Chem. Pharm. Bull.*, **32**, 3759 (1984).
10) T. Aoyama, T. Shioiri, *Chem. Pharm. Bull.*, **29**, 3249 (1981).
11) W. E. Bachmann, W. S. Struve, *Org. React.*, **1**, 38 (1942).
12) F. Arndt, B. Eistert, *Chem. Ber.*, **68**, 200 (1935).
13) R. H. Shapiro, *Org. React.*, **23**, 405 (1976).
14) a) E. Aller, P. Molina, Á. Lorenzo, *Synlett*, **2000**, 526; b) M. M. Bio, G. Javadi, Z. J. Song, *Synthesis*, **2005**, 19.
15) V. V. Popik, "EROS : Ethyl Diazoacetate", p.2419, John Wiley (1995).
16) N. E. Searle, *Org. Synth.,* Coll. Vol., **4**, 424 (1963).
17) N. Takamura, T. Mizoguchi, K. Koga, S. Yamada, *Tetrahedron*, **31**, 227 (1975).
18) a) N. Fischer, E. D. Goddard-Borger, R. Greiner, T. M. Klapötke, B. W. Skelton, J. Stierstorfer, *J. Org. Chem.*, **77**, 1760 (2012); b) M. Kitamura, N. Tashiro, S. Miyagawa, T. Okauchi, *Synthesis*, **2011**, 1037; c) M. Kitamura, M. Yano, N. Tashiro, S. Miyagawa, M. Sando, T. Okauchi, *Eur. J. Org. Chem.*, **2011**, 458; d) A. R. Katritzky, M. E. Khatib, O. Bol'shakov, L. Khelashvili, P. J. Steel, *J. Org. Chem.*, **75**, 6532 (2010); e) E. D. Goddard-Borger, R. V. Stick, *Org. Lett.*, **9**, 3797 (2007).
19) a) K. M. Short, "EROS : Dimethyl Diazomethylphosphonate", p.2050, John Wiley (1995); b) D. Seyferth, R. S. Marmor, *Tetrahedron Lett.*, **11**, 2493 (1970).
20) M. Regits, *Angew. Chem. Int. Ed.*, **14**, 222 (1975).
21) a) J. C. Gilbert, U. Weerasooriya, *J. Org. Chem.*, **44**, 4997 (1979); b) J. C. Gilbert, U. Weerasooriya, *J. Org. Chem.*, **47**, 1837 (1982); c) H. Maehr, H. J. Lee, B. Perry, N. Suh, M. R. Uskokovic, *J. Med. Chem.*, **52**, 5505 (2009).
22) a) S. Ohira, *Synth. Commun.*, **19**, 561 (1989); b) S. Müller, B. Liepold, G. J. Roth, H. J. Bestmann, *Synlett*, **1996**, 521.
23) K. Turnbull, "EROS : Sodium Azide", p.4509, John Wiley (1995).
24) a) K. Nishiyama, "EROS : Azidotrimethylsilane", p.222, John Wiley (1995); b) L. Birkofer, P. Wegner, *Org. Synth.,* Coll. Vol., **6**, 1030 (1988).
25) a) 塩入孝之, TCI メール, **134**, 2 (2007); b) A. V. Thomas, "EROS : Diphenyl Phosphorazidate", p.2242, John Wiley (1995); c) T. Shioiri, S. Yamada, *Org. Synth.,* Coll. Vol., **7**, 206 (1990).
26) a) 国際化学物質安全性カード，アジ化ナトリウム, ICSC 番号：0950；b) 米国国立科学研究審議会

編，村上悠紀雄，今宮俊一郎，川西康博，川西幸子 訳，“危険化学物質の取扱いと安全管理”，p.137，三共出版（1985）.

27) a) H. Heydt, M. Regitz, “EROS : *p*-Toluenesulfonyl Azide”, p.4943, John Wiley (1995); b) M. Regitz, J. Hocker, A. Liedhegener, *Org. Synth.,* Coll. Vol., **5**, 179 (1973).
28) E. Lieber, T. S. Chao, C. N. R. Rao, *J. Org. Chem.*, **22**, 238 (1957).
29) P. A. S. Smith, *Org. React.*, **3**, 337 (1946).
30) H. Wolff, *Org. React.*, **3**, 307 (1946).
31) S. S. Washburne, W. R. Peterson Jr., *Synth. Commun.*, **2**, 227 (1972).
32) a) Q. Zhang, C. Shi, H.-R. Zhang, K. K. Wang, *J. Org. Chem.*, **65**, 7977 (2000); b) K. Ninomiya, T. Shioiri, S. Yamada, *Tetrahedron*, **30**, 2151 (1974); c) T. Shioiri, K. Ninomiya, S. Yamada, *J. Am. Chem. Soc.*, **94**, 6203 (1972).
33) 総説：a) 町口孝久, *CACS forum*, **20**, 29 (2000); b) 町口孝久, 山辺信一, 有機合成化学, **55**, 56 (1997); c) J. A. Hyatt, P. W. Raynolds, *Org. React.*, **45**, 159 (1994).
34) T. M. Mitzel, “EROS : Ketene”, p.2929, John Wiley (1995).
35) a) 国際化学物質安全性カード，ケテン, ICSC 番号：0812；b) 東京化成工業 編，“取り扱い注意試薬ラボガイド”，p.105，講談社サイエンティフィク（1988）.
36) 国際化学物質安全性カード，ジケテン, ICSC 番号：1280．
37) a) 日本化学会 編，“第4版 実験化学講座 21”，p.378, 丸善出版（1991）; b) S. Andreades, H. D. Carlson, *Org. Synth.,* Coll. Vol., **5**, 679 (1973).
38) 山下雄也，布本貞明，工業化学雑誌, **66**, 467 (1963).
39) J. W. Leahy, “EROS : Dichloroketene”, p.1714, John Wiley (1995).
40) W. T. Brady, *Synthesis*, **1971**, 415.
41) a) 日本化学会 編，“第5版 実験化学講座 15”，p.410, 丸善出版（2003）; b) TCI メール, **105**, 24 (2000).
42) a) 国際化学物質安全性カード，臭化水素, ICSC 番号: 0282；b) 東京化成工業 編，“取り扱い注意試薬ラボガイド”，p.96，講談社サイエンティフィク（1988）.
43) 特公昭 47-15455.
44) H. S. Booth, *Inorg, Synth.*, **1**, 149 (1939).
45) A. Hercouet, M. Le Corre, *Synthesis*, **1988**, 157.
46) a) L. Cotarca, P. Delogu, A. Nardelli, V. Šunjić, *Synthesis*, **1996**, 553; b) P. Hamley, “EROS : Phosgene”, p.4107, John Wiley (1995).
47) a) 国際化学物質安全性カード，ホスゲン, ICSC 番号：0007；b) 米国国立科学研究審議会 編，村上悠紀雄，今宮俊一郎，川西康博，川西幸子 訳，“危険化学物質の取扱いと安全管理”，p.135，三共出版（1985）.
48) a) H. Eckert, B. Forster, *Angew. Chem. Int. Ed.*, **26**, 894 (1987); b) L. Pasquato, G. Modena, L. Cotarca, P. Delogu, S. Mantovani, *J. Org. Chem.*, **65**, 8224 (2000).
49) M. E. Neubert, D. L. Fishel, *Org. Synth.,* Coll. Vol., **7**, 420 (1990).
50) H. Erdmann, *Chem. Ber.*, **26**, 1990 (1893).
51) 特許第 4480149 号．
52) T. Mukaiyama, S. Funasaka, *Chem. Lett.*, **36**, 326 (2007).
53) G. Romeder, “EROS : Hydrogen Cyanide”, p.2709, John Wiley (1995).
54) a) 国際化学物質安全性カード，シアン化水素, ICSC 番号: 0492；b) 米国国立科学研究審議会 編，村上悠紀雄，今宮俊一郎，川西康博，川西幸子 訳，“危険化学物質の取扱いと安全管理”，p.43, 125，三共出版（1985）.
55) G. Brauer, “Handbuch der Präparativen Anorganischen Chemie“, p.500, Ferdinand Enke (1954).
56) a) W. C. Groutas, “EROS : Cyanotrimethylsilane”, p.1421, John Wiley (1995); b) S. A. Haroutounian, “EROS : Acetone Cyanohydrin”, p.28, John Wiley (1995); c) H. H. Patel, “EROS : Diethyl Phosphoro-cyanidate”, p.1851, John Wiley (1995).

57) J. Morris, "EROS : Cyanogen Bromide", p.1413, John Wiley (1995).
58) H. A. Hageman, *Org. React*., **7**, 198 (1953).
59) 田村隆明 編, "ライフサイエンス試薬活用ハンドブック", p.494, 羊土社 (2009).
60) 国際化学物質安全性カード, 臭化シアン, ICSC 番号 : 0136 ; 塩化シアン, ICSC 番号: 1053.
61) W. W. Hartman, E. E. Dreger, *Org. Synth.,* Coll. Vol., **2**, 150 (1943).
62) D. Lyn, H. Williams, "EROS : Nitrosyl Chloride", p.3770, John Wiley (1995).
63) C. T. Ratcliffe, J. M. Shreeve, K. J. Wynne, *Inorg. Synth*., **11**, 194 (1968).
64) 国際化学物質安全性カード, 塩化ニトロシル, ICSC 番号 : 1580 .
65) J. R. Morton, H. W. Wilcox, T. Moellerf, D. C. Edwards, *Inorg. Synth*., **4**, 48 (1953).
66) a) S. Chakladar, L. Cheng, M. Choi, J. Liu, A. J. Bennet, *Biochemistry*, **50**, 4298 (2011); b) 特開 2008-74736.
67) A. Hassner, "EROS : Iodine Isocyanate", p.2808, John Wiley (1995).
68) S. Rosen, D. Swern, *Anal. Chem*., **38**, 1392 (1966).
69) A. Hassner, R. P. Hoblitt, C. Heathcock, J. E. Kropp, M. Lorber, *J. Am. Chem. Soc*., **92**, 1326 (1970).
70) A. Hassner, M. E. Lorber, C. Heathcock, *J. Org. Chem*., **32**, 540 (1967).
71) A. Hassner, C. Heathcock, *J. Org. Chem*., **30**, 1748 (1965).
72) 日本化学会 編, "新 実験化学講座 14", p.1490, 丸善出版 (1978).
73) 日本化学会 編, "新 実験化学講座 14", p.1496, 丸善出版 (1978).
74) E. P. Johnson, "EROS : Methyl Isocyanate", p.3517, John Wiley (1995).
75) 国際化学物質安全性カード, イソシアン酸メチル, ICSC 番号 : 0004.
76) 特許第 4565077 号 .
77) D. N. Dhar, K. S. K. Murthy, *Synthesis*, **1986**, 437.
78) 東京化成工業 編, "取り扱い注意試薬ラボガイド", p.51, 講談社サイエンティフィク (1988).
79) R. Appel, G. Berger, *Chem. Ber*., **91**, 1339 (1958).
80) P. Trapencieris, "EROS : Ethylenimine", p.2460, John Wiley (1995).
81) 日本医薬品食品衛生研究所, 急性暴露ガイドライン濃度 (AEGL).
82) C. F. H. Allen, F. W. Spangler, E. R. Webster, *Org. Synth.,* Coll. Vol., **4**, 433 (1963).
83) A. B. Concepcion, H. Yamamoto, "EROS : Formaldehyde", p.2576, John Wiley (1995).
84) 国際化学物質安全性カード, ホルムアルデヒド, ICSC 番号 : 0275 ; ホルマリン, ICSC 番号 : 0695 .
85) H. Gilman, W. E. Catlin, *Org. Synth.,* Coll. Vol., **1**, 188 (1941).
86) T. J. Sowin, L. M. Melcher, "EROS : Acetaldehyde", p.1, John Wiley (1995).
87) 国際化学物質安全性カード, アセトアルデヒド, ICSC 番号: 0009.
88) E. C. Kendall, B. F. McKenzie, W. C. Tobie, G. B. Ayres, *Org. Synth.,* Coll. Vol., **1**, 21 (1941).
89) M. Fengler-Veith, O. Schwardt, U. Kautz, B. Krämer, V. Jäger, *Org. Synth.,* Coll. Vol., **10**, 405 (2004).
90) P. H. M. Delanghe, M. Lautens, "EROS : Acrolein", p.72, John Wiley (1995).
91) a) 国際化学物質安全性カード, アクロレイン, ICSC 番号 : 0090 (2001); b) 米国国立科学研究審議会 編, 村上悠紀雄, 今宮俊一郎, 川西康博, 川西幸子 訳, "危険化学物質の取扱いと安全管理", p.99, 三共出版 (1985).
92) H. Adkins, W. H. Hartung, *Org. Synth.,* Coll. Vol., **1**, 15 (1941).
93) S. K. Shah, "EROS : 3,3-Diethoxy-1-propene", p.1767, John Wiley (1995).
94) J. F. Normant, A. Commercon, M. Bourgain, J. Villieras, *Tetrahedron Lett*., **16**, 3833 (1975).
95) B. A. Patel, J.-I. I. Kim, D. D. Bender, L.-C. Kao, R. F. Heck, *J. Org. Chem*., **46**, 1061 (1981).
96) C. Nájera, L. Botella, *Tetrahedron*, **61**, 9688 (2005).
97) A. C. Krueger, "EROS : Cyclopentadiene", p.1449, John Wiley (1995).
98) 東京化成工業 編, "取り扱い注意試薬ラボガイド", p.57, 講談社サイエンティフィク (1988).
99) R. B. Moffett, *Org. Synth.,* Coll. Vol., **4**, 238 (1963)

Chapter **18**

不安定中間体の合成と反応

18.1 イ リ ド

イリドとは，正電荷をもつヘテロ原子にカルボアニオンが直接結合した一群の化合物をさす名称である．5 族の窒素，リン，ヒ素，および 6 族の硫黄やセレンなどをヘテロ原子としてもつイリドが知られているが，合成化学でよく用いられるイリドはホスホニウムイリドと，硫黄イリドであり，それ以外のイリドはあまり利用されていない．これらイリドを一般式で示せば，下記の極限構造式の左側の構造で表されることになるが，ヘテロ原子が第 3 列以降の元素であればその構造は d 軌道の関与した右側のイレン構造でも表すことができる*．また，イリドのカルボアニオンにアシル基などが置換していれば，次式のような共鳴を書くことができ，しかもイリドの定義からはずれる右側の極限構造式の寄与が大きい．しかし，このような場合も含めて，極限式の一つが冒頭の定義に合致すればイリドとよんでいる．

$$R_n\overset{+}{A}-\overset{-}{C}\begin{matrix}X\\Y\end{matrix} \longleftrightarrow R_nA=C\begin{matrix}X\\Y\end{matrix}$$

$$R_n\overset{+}{A}-\overset{-}{C}\begin{matrix}X\\C(=O)-Y\end{matrix} \longleftrightarrow R_n\overset{+}{A}-C\begin{matrix}X\\=C(-O^-)-Y\end{matrix}$$

一方，ホスフィンオキシド（R=アルキル，アリール）あるいはホスホン酸エステル（R=アルコキシル）などのリン原子の隣がカルボアニオンとなった化合物は，対イオンとして金

---

*　A が 5 族元素なら $n=3$，6 族元素なら $n=2$ となる．左側の極限構造式に由来する名称がイリドであり，たとえばトリフェニルホスホニウムメチリド，ジメチルスルホニウムメチリドなどの名称の由来となっているが，右側のイレン構造によれば上記の化合物はメチレントリフェニルホスホラン，ジメチルメチレンスルフランとなる．“*Chemical Abstract*” では，リンのイリドはホスホラン誘導体として，また硫黄イリドはイリド型の名称で命名されている．

属イオンをもつので厳密な意味ではイリドとはいえないが，リン原子がかなりの陽電荷を帯びており，また，その反応や反応性などもホスホニウムイリドと似ているので，イリドの範ちゅうに含めて議論されることが多い．本書では合成を目的としているのでこれらも含めて解説する．なお，このアニオンと対応する硫黄化合物，たとえばスルホンやスルホキシドのアニオンは特殊な場合を除き，スルホニウムイリド類とその特徴的な反応が異なるので，本節では触れない．

$$\left[\begin{array}{c} R_2P-\overset{-}{C}\lt{}^{X}_{Y} \\ \| \\ O \end{array}\right]M^+ \longleftrightarrow \left[\begin{array}{c} R_2P=C\lt{}^{X}_{Y} \\ | \\ O^- \end{array}\right]M^+ \longleftrightarrow \left[\begin{array}{c} R_2\overset{+}{P}-\overset{-}{C}\lt{}^{X}_{Y} \\ | \\ O^- \end{array}\right]M^+$$

18.1.1　ホスホニウムイリド

ホスホニウムイリドは 1894 年に Michaelis と Gimborn により最初にその合成が報告された．すなわち，塩化メトキシカルボニルメチルトリフェニルホスホニウムを水酸化ナトリウム水溶液と処理することによってメトキシカルボニルメチレントリフェニルホスホランを合成したが，その構造が決定されたのは 1961 年，Aksnes によってである．一方，5 価の等極な窒素およびリン化合物の合成研究の過程で，1919 年に Staudinger と Meyer はトリフェニルホスフィンとジフェニルジアゾメタンから得られるホスファジン誘導体を加熱すると窒素を発生しつつ，ジフェニルメチレントリフェニルホスホランが生成することを見出し，さらに，ジフェニルケテンとの反応でトリフェニルホスフィンオキシド（Ph_3PO）とともに，テトラフェニルアレンが生成することを報告した．

$$Ph_3P + Ph_2C=N_2 \longrightarrow Ph_3P=N-N=CPh_2 \xrightarrow[-N_2]{\text{加熱}} Ph_3P=CPh_2$$

$$Ph_3P=CPh_2 + Ph_2C=C=O \longrightarrow Ph_2C=C=CPh_2 + Ph_3PO$$

この反応はウィッティヒ（Wittig）反応の原形というべきものであるが，このホスホランは反応性が低すぎたため，ごく普通のケトンとは反応しなかった．Wittig は Staudinger の仕事を知らずに同じ課題に取り組み，1949 年，テトラメチルホスホニウム塩にフェニルリチウムを反応させ，黄色のメチレントリメリチルホスホランを得，その後，1953 年に同様にして合成したメチレントリフェニルホスホランとベンゾフェノンとの反応で 1,1-ジフェニルエチレンと Ph_3PO が生成することを見出し，カルボニル化合物をオレフィンに変換するいわゆるウィッティヒ反応を誕生させるに至った[1,2]．

$$Ph_3P=CH_2 + Ph_2C=O \longrightarrow Ph_2C=CH_2 + Ph_3P=O$$

このウィッティヒ反応の有機合成化学における有用性が明らかになるにつれて，数多くのホスホニウムイリドが合成され，オレフィン合成に使用されてきた．1970年までに報告されたホスホニウムイリドは，Kosolapoff と Maier の “Organic Phosphorus Compounds”の第3巻[1] に網羅されている．そのほか，Maercker[3] および Trippett[4] の総説，Cadogan[5] および文献[6] を参照されたい．

ホスホニウムイリドの安定性は，カルボアニオンを安定化する置換基の有無に大きく依存する．メチレントリフェニルホスホランなどのアルキリデンホスホランは，空気や水に対して非常に不安定であるが，アシル基を有するイリドはそれらに対して十分安定である．フェニル基やビニル基を有するイリドは，これらの中間的な安定性を示す．ケトンやアルデヒドとの反応性の差をこの目安とすることがある．すなわち，アルデヒドおよびケトンとともに反応する：$Ph_3P{=}CH{-}R > Ph_3P{=}CH_2 > Ph_3P{=}CHOR > Ph_3P{=}CH{-}CH{=}CH_2 > Ph_3P{=}CHPh$，アルデヒドとは反応するがケトンとは例外的にしか反応しない：$Ph_3P{=}CPh_2 > Ph_3P{=}CHCO_2R > Ph_3P{=}CHCN > Ph_3P{=}CHCOR > Ph_3P{=}$(9-フルオレニリデン)，ともに反応しない：$Ph_3P{=}$(シクロペンタジエニリデン) $> Ph_3P{=}C\langle^{X}_{Y}$ ($X,Y{=}CO_2R$, COR, CN) とに分類する．

a. ホスホニウムイリドの合成法

もっとも一般的な合成法はホスホニウム塩に塩基を作用させるものである．このとき用いる塩基の強さは当然ホスホニウム塩のα-プロトンの酸性度により決まってくる．たとえば，不安定イリドであるアルキリデンホスホランの場合だと，PhLi，n-BuLi，$NaNH_2$，$NaN(SiMe_3)_2$，$KN(SiMe_3)_2$，HMPA-K，NaH＋DMSO などの強塩基が使われ，アセチルメチレンホスホランやベンゾイルメチレンホスホランなどでは水酸化ナトリウムや炭酸ナトリウムでも十分である．固-液の二相系では，THF 中の 18-クラウン-6 とカリウム t-ブトキシド (t-BuOK) または炭酸カリウムの組合せや，DMF 中の水酸化ナトリウムや炭酸カリウムを用いる例がある．また，エポキシドも加熱下で脱ハロゲン化 (HX) 剤として用いられる．

$$Ph_3\overset{+}{P}CHR^1R^2\;X^- + B \rightleftharpoons Ph_3P{=}CR^1R^2 + \overset{+}{B}HX^-$$

ホスフィン存在下にカルベンを発生させて合成する方法もある．この方法はハロゲン置換メチレンホスホランの合成に適している．たとえば，トルフェニルホスフィンとカリウム t-ブトキシドの混合物にクロロホルムを滴下するとジクロロメチレントリフェニルホスホランが得られる．

$$Ph_3P + CHCl_3 \xrightarrow{t\text{-BuOK}} Ph_3P{=}CCl_2$$ （実験例参照）

ビニルホスホニウム塩と求核剤との組合せからもイリドが合成できる．この反応は Schweizer 反応とよばれている[7]．

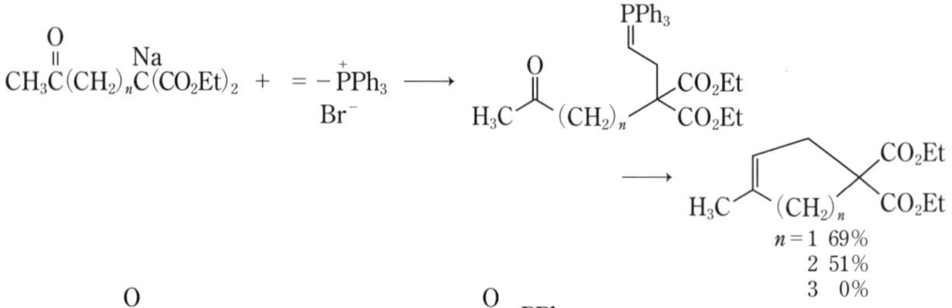

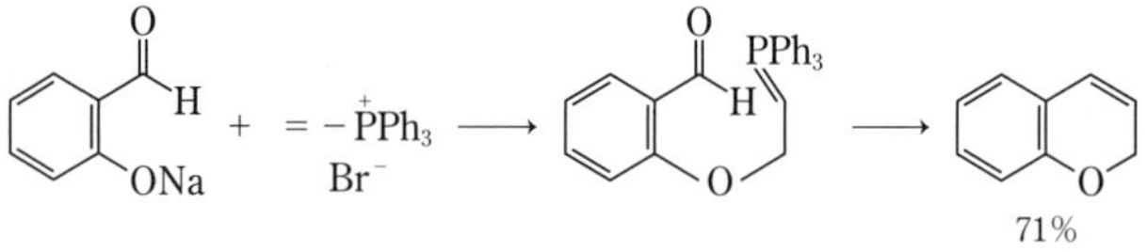

$$CH_3C(=O)(CH_2)_nC(Na)(CO_2Et)_2 + {=}{-}\overset{+}{P}Ph_3\,Br^- \longrightarrow H_3C\text{-}C(=O)\text{-}(CH_2)_n\text{-}C(CO_2Et)_2\text{-}CH_2CH{=}PPh_3 \longrightarrow$$

$n=1$ 69%
2 51%
3 0%

o-NaO-C₆H₄-CHO + =−P⁺Ph₃ Br⁻ ⟶ ⟶ 71%

生成したホスホランが引き続き分子内ウィッティヒ反応するように求核剤にあらかじめカルボニル基を導入しておくのが普通である．

同様に，シクロプロピルホスホニウム塩からも合成できる．α 位に電子求引基があると収率よく反応する．たとえば，

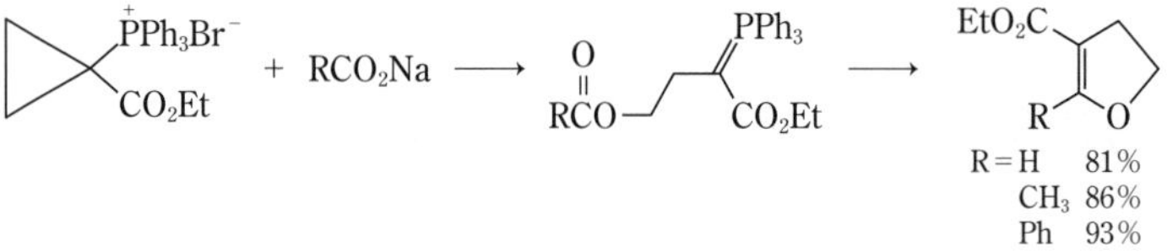

$$\text{(cyclopropyl)}\overset{+}{P}Ph_3Br^-(CO_2Et) + RCO_2Na \longrightarrow RC(=O)O\text{-}CH_2CH_2\text{-}C(=PPh_3)CO_2Et \longrightarrow$$

R = H 81%
CH₃ 86%
Ph 93%

そのほか，かなり特殊になるが，ホスファクムレンに求核剤を付加させて合成する方法もある．

$$Ph_3P{=}C{=}C{=}X + NuH \longrightarrow Ph_3P{=}CH{-}C({=}X){-}Nu \qquad X = O, S, N$$

これも求核剤部位にカルボニル基をもつものを用いて，分子内ウィッティヒ反応させ，最終的に種々のヘテロ環を合成している．

b.　ホスホニウムイリドの反応

ホスホニウムイリドの反応のなかでもっとも報告例も多く，かつ有機合成上重要なものはカルボニル合成物との反応，すなわちウィッティヒ反応である．これについては先にあげた総説および著書にまとめられているので参照されたい．ここでは合成化学上もっとも問題と

なるオレフィンの E/Z 選択性について述べる[8]．

安定イリドの場合にはイリドと中間体との間に解離平衡が存在し，熱力学的に安定な E 体をおもに与える．一方，不安定イリドの場合の生成物の E/Z 比は，反応温度，溶媒，用いた塩基に大きく左右される．なかでも共存するリチウム塩の影響は著しく，存在しないいわゆる "salt free"の状態では高い Z 選択性が認められるが，存在すると選択性は低下する[5]（表 18.1）．THF 中 t-BuOK や $NaN(SiMe_3)_2$，固-液の二相系での 18-クラウン-6-K_2CO_3 の使用も同様の Z 選択性を与える．

逆に，最初に生成したベタインのリチウム錯体にもう 1 当量の有機リチウム試薬を作用させて反転させたのち，1 当量のプロトン供与体を加えるとトレオ体に異性化し，これは選択的に E-オレフィンを与える．"salt free" のイリドを用いた場合にはこの効果は小さい．これを Wittig-Schlosser 反応という[9]（表 18.2）．

Ph_3P^+ $\bar{O}$---LiX, H, R^1, H, R^2 エリトロ $\xrightarrow{PhLi}$ Ph_3P^+ $\bar{O}$---LiX, Li, R^1, H, R^2 エリトロ $\rightleftharpoons$ Ph_3P^+ $\bar{O}$---LiX, R^1, Li, H, R^2 トレオ $\xrightarrow{H^+}$ Ph_3P^+ $\bar{O}$---LiX, R^1, H, H, R^2 トレオ $\longrightarrow$ R^1(H)C=C(H)R^2

表 18.1 E/Z 比に及ぼすリチウム塩の影響

$Ph_3P=CHEt$ + PhCHO ("salt free") $\xrightarrow[\text{PhH/石油エーテル}]{0℃}$ Ph(H)C=C(Et)(H) + Ph(H)C=C(H)(Et)

LiX	収 率 [%]	Z/E	LiX	収 率 [%]	Z/E
salt free	88	96：4	LiI	81	83：17
LiCl	80	90：10	$LiBPh_4$	60	52：48
LiBr	80	86：14			

表 18.2 Wittig-Schlosser 反応による E 選択性

$Ph_3P=CHR$ + R′CHO $\xrightarrow[\text{2) } H^+]{\text{1) PhLi}}$ RCH=CHR′

アルケン	R	R′	収 率 [%]	E/Z
2-オクテン	Me	n-C_5H_{11}	70	99：1
2-オクテン	n-C_5H_{11}	Me	60	96：4
4-オクテン	n-C_3H_7	n-C_3H_7	72	98：2
PhCH=CHMe	Me	Ph	69	99：1
PhCH=CHMe*	Me	Ph	82	76：24[a]
PhCH=CHEt	Et	Ph	72	97：3
PhCH=CH-n-C_4H_9	n-C_4H_9	Ph	75	96：4
PhCH=CH−CH=CHMe	Me	PhCH=CH	63	97：3

a） salt free のイリドを用いた場合．

中間体である Z,E-オキサホスフェタンを独立に観察し，それらから Z-および E-オレフィンが生成すること，芳香族アルデヒドとの反応では解離平衡があり，そのため Z/E 比が低くなることが見出されている[10]．

ホスホニウムイリドはハロゲン化アルキルやハロゲン化アシル，アシルイミダゾールおよびチオールエステルにより容易にアルキル化およびアシル化され，ホスホニウム塩を生成し，これにイリドが塩基として作用しホスホランを与える．この反応はイリド交換反応といわれ，イリド合成法の一つとなっている．

$$Ph_3P=CHR + R'X \longrightarrow Ph_3\overset{+}{P}-CHRR'\ X^- \xrightarrow{PH_4P=CHR} Ph_3P=CRR' + Ph_3\overset{+}{P}-CH_2R\ X^-$$

ホスホニウムイリドは酸素により酸化されてトリフェニルホスフィンオキシドとカルボニル化合物を生成する．カルボニル化合物は残っているイリドとウィッティヒ反応してオレフィンを与える．

$$Ph_3P=CRR' + O_2 \longrightarrow Ph_3P=O + RR'C=O \xrightarrow{PH_3P=CRR'} RR'C=CRR' + Ph_3P=O$$

二置換ホスホランの場合にはウィッティヒ反応が遅いのでケトンが得られる．そのほかに用いられる酸化剤としては，オゾン，四酢酸鉛，過酸化ベンゾイルなどがあるが，過ヨウ素酸塩が優れている．過ヨウ素酸イオン 2 当量で一方のイリドを酸化切断することができるので，オレフィンを得るには酸化剤の当量が誠に都合がよい[11]．ホスファイトのオゾニド，

$(PhO)_3P(O_3)$ や $Et-C(CH_2O)_3P(O_3)$ も酸化剤として優れている．

ホスホニウムイリドはエポキシドおよびアジリジンと反応し，中間にベタインを生成するが置換基の種類により生成物は異なる．エポキシドとの反応で興味あるのはシクロプロパン環の生成である．

$$Ph_3P=CHCO_2Et + RCH(-O-)CH_2 \xrightarrow{-Ph_3PO} R\text{-}C_3H_4\text{-}CO_2Et \qquad \begin{array}{ll} R=n\text{-}C_7H_{13} & 46\% \\ Ph & 30\% \end{array}$$

ホスホニウムイリドはシッフ（Schiff）塩基，イソシアナートおよびイソチオシアナートとウィッティヒ型の反応をし，それぞれオレフィン，ケテンイミンを与える．ニトリルとは中間にベタインを与え，四員環を経て，イミノホスホランを生成する．このベタインを加水分解するとケトンが得られる．

$$R_3P=CHR^1 + R^2C\equiv N \longrightarrow \begin{matrix} R_3\overset{+}{P}-CHR^1 \\ | \\ {}^{-}N=C-R^2 \end{matrix} \xrightarrow{H_3O^+} \begin{cases} \begin{matrix} R_3P & CHR^1 \\ \| & \| \\ N- & CR^2 \end{matrix} \\ R^1CH_2\overset{O}{\overset{\|}{C}}R^2 + Ph_3P=O + NH_4^+ \end{cases}$$

c. 他のホスホニウムイリドの合成と反応

(i) イミノホスホラン おもに二つの経路で合成される．一つは古くから知られている方法で，ホスフィンとアジドから中間にホスファジドを経，窒素を脱離してイミノホスホランを与える方法である．もう一つはジハロホスホランと第一級アミンを2当量の塩基存在下で反応させて得る方法である．

$$R_3P + R'N_3 \longrightarrow R_3P=N-N=N-R' \xrightarrow[-N_2]{} R_3P=NR'$$

$$R_3PX_2 + H_2NR' \xrightarrow{B} R_3P=NR' + 2\,BH^+X^-$$

イミノホスホランは CO_2，CS_2，SO_2，RN=C=O，RN=C=S，$R_2C=C=O$ と反応し，ホスフィンオキシドまたはスルフィドとともに相当するクムレンを与える[12]．カルボニル化合物とはウィッティヒ型の反応をしてシッフ塩基を生成する．イミノトリアリールホスホランは2当量のアリールリチウムと反応して5配位ホスホラン（Ar_5P）を与える．また，ホスホニウムイリドの場合と同様に，ニトロン，ニトリルオキシド，ニトリルイミンなどとの反応も報告されている

(ii) ホスホリル基により安定化されたカルボアニオン ホスホン酸ジエステル，ホスホン酸ジアミド，チオホスホン酸ジエステル，ジフェニルアルキルホスフィンオキシドなどの Horner-Wadsworth-Emmons（HWE）反応[2,5,13]に用いられるホスホリル基により安定化されたカルボアニオンは広い意味でイリドの一種と考えられる．それらは塩基の作用により α-プロトンを引き抜いて発生させることができる．ホスホニウムイリドの場合と同様に置換基によって用いる塩基の強さが決まる．カルボニル基などの電子求引基が α 位にない場合は，*n*-ブチルリチウム，LDA などの比較的強い塩基を用いる必要があるが，電子求引基をもつ場合には，水素化ナトリウム，カリウム *t*-ブトキシド，NaOR，炭酸カリウムなどでよい．α 位に電子求引基を有するカルボアニオンはカルボニル化合物と反応してすみやかにオレフィンを与える．しかしながら，電子求引基が存在しない場合にはリン原子上の置換基によって状況が異なってくる．たとえば，チオホスホン酸の場合にはリチウム塩でもオレフィンを与えるが，ホスホン酸ジアミドではヒドロキシ体としていったん単離して加熱することが必要である[14]．ジフェニルホスフィンオキシドの場合もやはりヒドロキシ体で単離して，DMF 中水素化ナトリウムと処理することでオレフィンに変換できる[15]．また，ホスホン酸ジエステルもヒドロキシ体を DMF 中，F^- または炭酸カリウムなどと作用させれば

オレフィンに導ける[16]，HWE 反応はいずれの場合にも副生成物は水溶性であり，ウィッティヒ反応の場合のトリフェニルホスフィンオキシドの分離に比べて処理が著しく楽であり，この反応の特徴の一つとなっている．また，ウィッティヒ反応剤と比較して，求核性がより大きくなっているため，反応性の低いカルボニル化合物とも反応するという利点もある．

このカルボアニオンはカルボニル化合物以外にも，多くの求電子剤と容易に反応する．

【実験例　メチレントリフェニルホスホランの合成とシクロヘキサノンとの反応：メチレンシクロヘキサンの合成[17]】

500 mL 三つ口フラスコに還流冷却器，滴下漏斗，マグネチックスターラーおよびガス導入管を備え付ける．窒素気流下 *n*-ブチルリチウム約 100 mL（0.1 mol，溶液の濃度による）と無水エーテル 200 mL をフラスコに入れる．撹拌しながらよく乾燥した臭化メチルトリフェニルホスホニウム（融点 232～233 ℃）35.7 g（0.10 mol）を注意深く 5 分間で加える．溶液を 4 時間室温で撹拌する．このとき橙色溶液に少量の沈殿が析出するが，これは生成物のメチレンホスホランである．この懸濁液に蒸留直後のシクロヘキサノン 10.8 g（0.11 mol）を滴下する．溶液は無色になり無色の沈殿が生じる．混合物は一晩加熱還流し，温室まで冷やしたのち，沈殿を吸引沪過によって除く．沈殿をエーテル 100 mL で洗い，沪液と合わせて水 100 mL と中性になるまで振り，無水塩化カルシウムで乾燥する．エーテルはガラスのらせんを詰めた 80 cm の蒸留塔を用いて蒸留する．エーテルを留去したのち，回転バンド型分留管（10.1.2 項参照）などを用いて分別蒸留すると純粋なメチレンシクロヘキサンが得られる．収量 3.4～3.8 g（収率 36～40%，沸点 99～101 ℃/740 Torr，n_D^{25} 1.4470，GLC で 99% 以上の純度を有している）．

【実験例　メトキシメチレントリフェニルホスホランの合成とベンゾフェノンとの反応：1-メトキシ-2,2-ジフェニルエチレンの合成[18]】

トリフェニルホスフィン 50 g（0.19 mol）とクロロメチルメチルエーテル 16.1 g（0.20 mol）を無水ベンセン 120 mL 中で 50 ℃，60 時間加熱する．沈殿をクロロホルム-酢酸エチルから再結晶すると塩化メトキシメチルトリフェニルホスホニウムが得られる（収量 56 g，収率 86%，融点 201～202 ℃（分解））．このホスホニウム塩 6.86 g（20 mmol）の無水エーテル 65 mL 懸濁液に PhLi 20 mmol のエーテル 20 mL 溶液を撹拌しながら，窒素雰囲気下で加える．溶液は深赤色になり，そこからメトキシメチレントリフェニルホスホランが橙黄色の結晶として析出する．1 分間撹拌後，3.64 g（20 mmol）のベンゾフェノンのエーテル 40 mL 溶液を撹拌しながら加える．反応液の橙黄色は消え，無色の沈殿が生じる．2 時間後，沈殿を沪別し，エーテルで洗う．沈殿をベンゼン-希塩酸で処理する．ベンゼン抽出液を濃縮後，石油エーテルを加え，析出した結晶を沪取するとトリフェニルホスフィンオキシド（融点 153～154 ℃）が得られる（収率 63%）．水層はエバポレートし，残渣をクロロホルムに溶かし濃縮後，酢酸エチルを加えると原料のホスホニウム塩が 7% 回収される．

エーテル沪液と洗液は合わせて水と振り，エーテルを除き，残渣を真空蒸留すると 1-メトキシ-2,2-ジフェニルエチレンが得られる（収量 3.45 g，収率 82%，沸点 104～105 ℃/< 0.02 Torr）．石油エーテルに溶かし，中性アルミナカラムを通したのち，メタノールから再結晶すると純品が得られる（融点 38～39 ℃）．先の蒸留残渣から 1.4% トリフェニルホスフィン（融点 78～79 ℃）が得られる．これらのエノールエーテルは酸加水分解により容易に相当するカルボニル化合物に変換できる．

【実験例　アセチルメチレントリフェニルホスホランの合成[19)]】

トリフェニルホスフィン 10.0 g（38.1 mmol）とクロロアセトン 3.25 g（35.1 mmol）のクロロホルム 30 mL 溶液を 45 分間加熱還流する．溶液を無水エーテル 300 mL 中に注ぎ，生じた結晶を沪収する（収量 11.2 g，収率 90%，融点 234～237 ℃）．クロロホルム-ベンゼン-石油エーテルから再結晶すると分析用試料（融点 237～238 ℃）が得られる．塩化アセチルメチルトリフェニルホスホニウム 1.3 g（3.66 mmol）を 10% 炭酸ナトリウム水溶液と 8 時間振り混ぜる．析出した固体を沪取し，乾燥する（収量 1.07 g，収率 92%，融点 199～202 ℃）．分析用試料はメタノール-水から再結晶し，減圧下乾燥（70 ℃/0.1 Torr）すると得られる（融点 205～206 ℃）．塩基として 5% 水酸化ナトリウムを用いるときの収率は 75% である．

【実験例　HWE 反応によるエチルシクロヘキシリデンアセタートの合成[20)]】

乾燥した 500 mL 三つ口フラスコに撹拌機，温度計，冷却器および，滴下漏斗を備え付け，乾燥した窒素で置換し，水素化ナトリウム（鉱油中 50% 分散物）16 g（0.33 mol）と乾燥ベンセン 100 mL を入れる．蒸留したトリエチルホスホノアセタート 74.7 g を滴下漏斗から 45～50 分間かけて滴下する．滴下中，反応温度は 30～35 ℃ に保ち，必要があれば冷やす．激しく水素を発生する．滴下終了後，反応を完結させるため，室温で 1 時間撹拌する．生成した透明な溶液に蒸留したシクロヘキサノン 32.7 g（0.33 mol）を 30～40 分間で滴下する．滴下中，適時冷やすことによって反応温度を 20～30 ℃ に保つ．ケトンの約半分を加えるとジエチルリン酸ナトリウムがガム状となって沈殿し，撹拌が困難となる．反応混液を 15 分間 60～65 ℃ に加温すると撹拌しやすくなる．15～20 ℃ に冷却し，母液を沈殿物からデカンテーションする．ガム状沈殿物を 60 ℃ で 25 mL のベンゼンと数回混ぜて洗い，20 ℃ でデカンテーションする．母液と洗液からベンゼンを常圧で留去し，20 cm のビグロー（Vigreaux）管で蒸留する．エチルシクロヘキシリデンアセタートが留出する．収量 37～43 g（収率 67～77%，沸点 48～49 ℃/0.02 Torr，n_{D}^{25} 1.4755）．

【実験例　2-ヒドロキシ-2,2-ジフェニルエチルホスホン酸ビスジメチルアミドの合成とその分解：1,1-ジフェニルエチレンの合成[14)]】

メチルホスホン酸ビスジメチルアミド 0.90 g（5.59 mmol）の乾燥テトラヒドロフラン 20 mL 溶液に撹拌しながら，窒素雰囲気下，−78 ℃ で 3.90 mL（6.24 mmol）の 1.6 mol n-ブチルリチウムのヘキサン 1 L 溶液を加える．この溶液に−78 ℃ で撹拌しながら，ベンゾフェノン 1.091 g (6 mmol) を一度に加える．反応混合物は−78 ℃ で 30 分間撹拌後，室温に戻す．水 10 mL を加えてエーテルで抽出する．抽出液は水洗，硫酸マグネシウムで乾燥後，エバポレートすると無色の固体が得られる．ペンタン-エーテルから再結晶すると標題の化合物が得られる．収量 1.89 g（収率 93%，融点 155～157 ℃）．

2-ヒドロキシ体 1.55 g（4.66 mmol）をシリカゲル 3.2 g を含むベンゼン 25 mL に溶かし，12 時間加熱還流する．エーテル 25 mL を加え，沪過する．溶媒をエバポレートして残渣を蒸留すると 1,1-ジフェニルエチレンが得られる．収量 0.785 g（収率 93%）．

18.1.2　スルホニウムイリド

スルホニウムイリドの単離は 1930 年[21] にさかのぼるが，合成試薬として利用されるようになったのは，1960 年代はじめの Franzen[22] や Corey[23,24] らのジメチルスルホニウムメチリドやジメチルスルホキソニウムメチリドの反応の報告以後である．

a.　スルホニウム塩およびスルホキソニウム塩の合成

スルホニウム塩の合成には適当なスルフィドをアルキル化すればよいが，スルフィド類の求核性は必ずしも高くなく，また，立体的にかさ高くなるにつれ，急激にその反応性が低下する．もっとも求核反応性の高いジメチルスルフィドのアルキル化でも比較的反応性の高いアルキル化剤が必要である．ヨウ化メチル，ジメチル硫酸はすみやかに塩を生成し，また，α-ブロモ酢酸エステルやブロモメチルケトンなども反応性が高いので，やや過剰のジメチルスルフィドとともにアセトンに溶解し数日間室温に放置すれば，塩は結晶として高収率で生成する．しかし，これらの化合物の α 位にアルキル基が置換した α-ブロモアルキルカルボニル化合物との反応は遅い．このような場合にはテトラフルオロホウ酸銀(I) を共存させると反応はすみやかに進行し，イリド合成に利用できるテトラフルオロホウ酸塩が高収率で得られる．

$$BrCH_2COOC_2H_5 + (CH_3)_2S \xrightarrow[\text{室温, 3 日}]{\text{アセトン}} (CH_3)_2\overset{+}{S}CH_2COOC_2H_5 \cdot Br^-$$

90%

$$\text{2-ブロモシクロヘキサノン} + (CH_3)_2S + AgBF_4 \xrightarrow[\text{室温, 2 日}]{H_2O} \text{2-}\overset{+}{S}(CH_3)_2\text{-シクロヘキサノン} \cdot BF_4^- + AgBr$$

定量的

一方，銀塩を用いずに両者を加熱するといったん生成した塩が分解し，臭素原子の代わりにメチルチオ基が置換された化合物が得られることもある．得られた化合物をメーヤワイン (Meerwein) 試薬などの強力なアルキル化剤でアルキル化すれば目的とする塩が得られるので，この方法もスルホニウム塩の合成法として利用できる[25]．

$$\text{3-ブロモ-}\gamma\text{-ブチロラクトン} + (CH_3)_2S\ (\text{過剰量}) \xrightarrow[\text{加熱還流}]{\text{無溶媒}} \left[\ \text{3-}\overset{+}{S}(CH_3)_2\text{-}\gamma\text{-ブチロラクトン}\cdot Br^-\ \right] \xrightarrow{-CH_3Br} \text{3-}SCH_3\text{-}\gamma\text{-ブチロラクトン}\ (96\%)$$

$$\xrightarrow{(CH_3)_3\overset{+}{O}BF_4^-} \text{3-}\overset{+}{S}(CH_3)_2\text{-}\gamma\text{-ブチロラクトン}\cdot BF_4^-\ (47\%)$$

なお，Johnson らにより主として研究されたアミノ基をもつスルホキソニウムイリドは，下記の経路により合成したスルホキソニウム塩の塩基処理により合成されている[26,27]．

$$R^1-\underset{}{\overset{O\uparrow}{S}}-R^2 \xrightarrow{HN_3} R^1-\overset{O\uparrow}{\underset{\|\ N-H}{S}}-R^2 \xrightarrow{(CH_3)_3\overset{+}{O}BF_4^-} R^1-\overset{O\uparrow}{\underset{|\ N(CH_3)_2}{\overset{+}{S}}}-R^2\cdot BF_4^-$$

【実験例　ジメチル(2-オキソシクロヘキシル)スルホニウムテトラフルオロボラートの合成】

氷冷下 2-ブロモシクロヘキサノン 27.0 g（0.15 mol）とジメチルスルフィド 25.4 g（0.40 mol）の懸濁水溶液にテトラフルオロホウ酸銀(I) 29.3 g（0.15 mol）の水 50 mL 溶液を徐々に滴下する．室温で 2 日間撹拌したのち，生成した臭化銀(I) を沪別，エーテル 100 mL で 2 回洗浄後，水層を減圧で濃縮する．粘稠な油状質としてほぼ定量的に得られる．これ以上精製せずに Payne の方法[28] に従ったイリドの合成に利用できる．

【実験例　トリメチルスルホキソニウムヨージドおよびクロリドの合成[24]】

ジメチルスルホキシド 96 g（1.23 mol）とヨードメタン 180 mL の溶液を窒素雰囲気下 3 日間加熱還流する．結晶を沪別し，トリクロロメタンで洗浄すればヨージドが得られる（収量 145 g，収率 53.6%）．水から再結晶できる．ヨージド 30 g（0.136 mol）を 300 mL の蒸留水に溶解し，50 ℃ に加温する．これに塩素を通じるとヨウ素が析出するが，ヨウ素の析出が終了するまで塩素を通じる．冷却後デカンテーションによりヨウ素を除き，さらにヨウ素を蒸留水 50 mL で 2 回洗浄し，水層を合わせる．水層をヨウ素の色が消えるまでエーテルで洗浄後，減圧下濃縮すると白色結晶状の残渣が得られる．これを熱メタノール 45 mL に溶かし，ベンゼン 45 mL を加えて冷蔵庫で冷却すると，無色結晶のクロリドが得られる（収量 12 g）．沪液にベンゼン 100 mL を加えて冷却すれば，さらに 2 g（合わせて収率 80%）の結晶が得られる．85 ℃ で 5 時間乾燥する（融点 220～222 ℃（dec））．

b. 不安定イリドおよびスルホキソニウムメチリドの合成法と反応

不安定イリドは主として対応するスルホニウム塩にメチルスルフィニルメチルナトリウム

（ジムシルナトリウム，CH_3SOCH_2Na），カリウム t-ブトキシド，ブチルリチウム，ジアルキルアミドリチウムなどの強塩基を不活性気体の雰囲気下，低温で作用させて合成する．通常，溶媒には無水 THF，ジメトキシエタン，エーテルなどのエーテル系溶媒，および DMSO がよく用いられるが，原料として用いるスルホニウム塩の対イオンにより溶解度が異なるので，使用できる溶媒が規制される場合がある．一般に $I<Br<Cl$ の順に用いることのできる溶媒の範囲が広がり，また，テトラフルオロホウ酸塩も望ましい原料であることが多いが，その合成はテトラフルオロホウ酸銀を利用することが多く，必ずしも有利とはいえない．代表的なイリドの調製法を表 18.3 に示すが，不安定スルホニウムイリドは一般に熱的に不安定であるので，反応温度の設定に注意する必要がある．

ジメチルスルホニウムメチリドの DMSO 溶液は 5 ℃ 程度で調製できるが，その室温での半減期は数分以内であり[22~24]，ジフェニルスルホニウムエチリドの半減期は −20 ℃ で 5 時

表 18.3　代表的な硫黄イリドの調製法

イリド	出発原料	反応条件	備　考	文献
$(CH_3)_2\overset{+}{S}-CH_2^-$	$(CH_3)_3\overset{+}{S}\cdot I^-$	塩の DMSO 溶液を 5℃ 以下で CH_3SOCH_2Na の DMSO 溶液中に滴下	DMSO 溶液，室温で不安定	1)
$(CH_3)_2\overset{+}{S}CH_2^-$ ↓ O	$(CH_3)_3\overset{+}{S}\cdot I^-$ $(CH_3)_3\overset{+}{S}\cdot Cl^-$	塩と NaH の混合物に DMCO を滴下．塩と NaH と THF（またはジオキサン）の混合物を加熱	0 ℃ で長期保存可，単離可能	1) 2)
$Ph_2\overset{+-}{S}CHCH_3$	$Ph_2\overset{+}{S}CH_2CH_3\cdot BF_4^-$	THF 中 −76 ℃ で t-BuLi または $LiN(i\text{-}Pr)_2$ と 30 分間処理	−78 ℃ で数時間は安定，半減期 20 ℃ で 5 分	3)
$Ph_2\overset{+-}{S}C(CH_3)_2$	$Ph_2\overset{+}{S}CH(CH_3)_2\cdot I^-$	ジメトキシエタン中 −78 ℃ で $LiN(i\text{-}Pr)_2$ と 0.5～1 h 処理	塩は $Ph_2\overset{+-}{S}CHCH_3$ と CH_3I の反応で合成	4)
$Ph_2\overset{+-}{S}C(CH_2)_2$	$Ph_2\overset{+}{S}CH(CH_2)_2\cdot BF_4^-$	ジメトキシエタン中 −40 ℃ で CH_3SOCH_2Na と処理	室温（25 ℃）で不安定，半減期 2.5 分	5)
$(CH_3)_2\overset{+}{S}C(R^1)-C(=O)-R^2$ $R^1=H$，アルキル	$(CH_3)_2\overset{+}{S}CH(R^1)-C(=O)-R^2$ X^-	塩のクロロホルム溶液に飽和 K_2CO_3 水溶液と 12.5 mol L^{-1} NaOH の混合液を加える	室温で長時間の保存はできない	6)
$(CH_3)_2\overset{+-}{S}CHCOONa$	$(CH_3)_2\overset{+}{S}CH_2CO\overset{-}{O}$	CH_3SOCH_2Na の DMSO 溶液にベタインを加える		7)

1) E. J. Corey, M. Chaykovsky, *J. Am. Chem, Soc.*, **87**, 1353 (1965).
2) H. Schmidbaur, W. Tronich, *Tetrahedron Lett.*, **1968**, 5335.
3) E. J. Corey, W. Oppolzer, *J. Am. Chem, Soc.*, **86**, 1899 (1964).
4) E. J. Corey, M. Jautlat, W. Oppolzar, *Tetrahedron Lett.*, **24**, 2325 (1967).
5) a) B. M. Trost, M. J. Bogdanowicz, *J. Am. Chem, Soc.*, **95**, 5298 (1973) ; b) B. M. Trost, *Acc. Chem. Res.*, **7**, 85 (1974).
6) G. Payne, *J. Org. Chem.*, **32**, 3351 (1967).
7) J. Adams, L. Hoffman. Jr., B. M. Trost, *J. Org. Chem.*, **35**, 1600 (1970).

間，20℃で5分[29]，ジフェニルスルホニウムアリリドの半減期は −15℃で30分[30]と短い．それゆえ，イリドの調製は一般には −50〜−78℃で行い，それにカルボニル化合物などの求電子剤を加えて徐々に加温するという反応条件がよく用いられる．一方，強塩基を用いてあらかじめイリドを調製するのではなく，それより弱塩基の水酸化カリウムなどを用い，塩とイリドとが平衡にあり，しかも平衡が塩に偏っているような反応条件を用いたほうがよい場合もある．このような反応条件下では，イリドの熱分解が抑えられるため，求電子剤が存在すれば目的とする縮合反応が進行する．たとえば，半減期が25℃で2.5分であり，熱的にきわめて不安定なジフェニルスルホニウムシクロプロピリドが系内で生成するような場合でも，DMSO-水酸化カリウム，室温という反応条件で，スルホニウム塩とカルボニル化合物のイリドを経由する縮合反応が収率よく進行する[31]．また，液相-固相の二相系の $CH_3C=N-KOH$ という系もトリアルキルスルホニウム塩と求電子剤とのイリドを経由する反応で好結果が得られ[32]，スルホニウム塩の水溶液にカルボニル化合物と50% 水酸化ナトリウム水溶液を加えて加温する（約50℃）方法も報告されている[33]．アルキル基がメチルまたはエチルであるトリアルキルスルホニウムアルキルスルファートをジクロロメタン-50% 水酸化ナトリウム水溶液の二相系でカルボニル化合物と処理する改良法も報告されている[34]．

スルホニウム塩の反応は主として，メチレン基などのアルキリデン基の導入反応であるが，メチレン基の導入にはスルホキソニウムメチリドも利用することができる[24]．ジメチルスルホキソニウムメチリドはジメチルスルホニウムメチリドと比べ，若干その求核反応性は低下しているが，室温でも安定であり加熱条件下の反応も可能で，また単離できるとの報告[35]もある．ジメチルスルホキソニウムメチリドはDMSO溶液，THF溶液が調製できるが，THF溶液は不活性ガス雰囲気下0℃では長期間保存ができる利点がある[24]．ジメチルスルホニウムイリドもスルホキソニウムイリドもアルデヒドやケトンとの反応ではオキシランを与える[22〜24]．しかし，両者の不飽和カルボニル化合物に対する反応性は対照的である．すなわち，スルホニウムイリドはカルボニル基と反応しアルケニルオキシランを与えるが，スルホキソニウムイリドはC=C二重結合に選択的に反応し，シクロプロパン誘導体を与える．またこれらのイリドはC=NおよびC=S二重結合とも反応し，対応する三員環化合物を与える．

$$R^1_2\overset{+}{S}-\overset{-}{C}R^2_2 \;+\; {>}C{=}X \longrightarrow {>}C\overset{X}{\frown}CR^2_2 \;+\; R^1_2S$$

$$(CH_3)_2\overset{+}{\underset{\downarrow O}{S}}-\overset{-}{C}H_2 \;+\; {>}C{=}X \longrightarrow {>}C\overset{X}{\frown}CH_2 \;+\; CH_3\underset{\downarrow O}{S}CH_3$$

$$R^1_2\overset{+}{S}-\overset{-}{C}R^2_2 \;+\; {>}C{=}\overset{|}{C}-\overset{O}{\overset{\|}{C}}- \longrightarrow {>}C{=}C{<}\;\;{>}C\overset{O}{\frown}CR^2_2 \;+\; R^1_2S$$

$$(CH_3)_2\overset{+}{S}(\rightarrow O)-\overset{-}{C}H_2 + \,>C=C-C(=O)- \longrightarrow \text{cyclopropane}(C-C(-C(=O)-)-CH_2) + CH_3S(\rightarrow O)CH_3$$

c.　安定スルホニウムイリドの合成と反応

1個のアシル基で安定化された安定スルホニウムイリドは，対応するスルホニウム塩をトリエチルアミン，あるいは水酸化ナトリウムなどの塩基で処理すれば容易に合成ができる．イリドと求電子剤との反応はスルホニウム塩と求電子剤とを共存させ，それにトリエチルアミンなどの塩基を加えて行うこともある（式(18.1)）が，これらのイリドは一般に室温でもかなり安定であり，単離することも可能であるので単離したイリドを反応に用いる場合も多い．イリドの単離にはトリクロロメタン-飽和炭酸カリウム水溶液-50% 水酸化ナトリウムで塩を処理し，トリクロロメタン層を炭酸カリウムで乾燥後濃縮する方法[28]が便利である．安定イリドはスルホニウムメチリドと比べ，はるかにその求核反応性が低下しており，一般のケトン，アルデヒドとは縮合反応を起こさない．しかし，不飽和カルボニル化合物とは容易に反応してシクロプロパン誘導体を与える（式(18.2)）．スルホニウムベタインにメチルスルフィニルメチルナトリウムを作用させて合成する化合物（式(18.3)）は，反応性に富みケトンとも反応してオキシランを与えるので，反応性に富むアルコキシカルボニルメチリドの等価体として利用できる[36]．

$$(CH_3)_2\overset{+}{S}CH(R)C(=O)R' \xrightarrow{\text{塩基}} (CH_3)_2\overset{+}{S}-\overset{-}{C}(R)C(=O)R' \qquad (18.1)$$

$$(CH_3)_2\overset{+}{S}-\overset{-}{C}(R)C(=O)R' + \,>C=C<\!\!-C(=O)- \longrightarrow \text{cyclopropane}(>C-C<(C(=O)-),\ C(R)(C(=O)R')) + (CH_3)_2S \qquad (18.2)$$

$$(CH_3)_2\overset{+}{S}CH_2COO^- \xrightarrow{CH_3SOCH_2Na} (CH_3)_2\overset{+}{S}\overset{-}{C}HCOO^-$$

$$\xrightarrow[\text{2) } CH_2N_2]{\text{1) } RR'C=O} \text{oxirane: } RR'C-CH(COOCH_3) \text{ (O-bridged)} \qquad (18.3)$$

18.2　超原子価ヨウ素

17 族元素（ハロゲン）において高周期のヨウ素は，比較的容易にその原子価を拡張して 3 価や 5 価，さらには 7 価の超原子価化合物を形成する．IUPAC 命名法によると，iodine の後半の i を a に変えて iodane（ヨーダン）にするとヨウ化水素 HI をさすが，ラムダ表記に基づくと，高原子価の場合，H_3I を λ^3-ヨーダン，H_5I，H_7I はそれぞれ λ^5-ヨーダン，λ^7-ヨーダンとそれぞれよぶことになる．有機合成化学において，アリール基を少なくとも一つ有する 3 価や 5 価の有機ヨウ素化合物（基本骨格を $ArIL_n$（L は $n=2, 4$）と表現する）は，ここ 30 年ほどの間に急速に用いられるようになった試薬である．これは反応後に生成するヨードアレーンに毒性がほとんどなく，安全な試薬であることがその大きな理由である．しかしさらに重要な理由は，最外殻電子を 10～12 個もつ不安定な超原子価状態から，安定なオクテット状態に還元されることを駆動力とする高い反応性を示すことにある．この特徴のため通常は進行しない，もしくは非常に困難とされている反応が，これらの試薬を用いると円滑に進行することが多い．本節では，これらのうち酸化剤として代表的なものや，求電子的アルキル，ビニル，アリール，アルキニル化試剤の合成，および応用例について解説する．

18.2.1　ジヘテロヨードアレーン

3 価の超原子価有機ヨウ素化合物の化学の歴史は古く，1885 年 Willgerodt によりヨードベンゼンから 3 価の超原子価ジクロロヨードベンゼン(**1**) がはじめて合成されたのが，その始まりとされる[37]．彼はまた，**1** を水酸化ナトリウムで処理すると，ポリマー構造をもつヨードシルベンゼン (**2**) が[38]，さらにそれを酢酸に溶かすことにより，ジアセトキシヨードベンゼン (**3**) が合成できることを見出した[39]．**3** は，今日ではヨードベンゼンを直接過酢酸，過ホウ酸ナトリウムなどで酸化して合成されることが多い[40,41]．しかし **2** や **3** と種々の酸を組み合わせる方法は，のちにジフルオロヨードベンゼン (**4**)[42]，ヒドロキシ(トシロキシ)ヨードベンゼン(**5**)[43]，ビス(トリフルオロアセトキシ)ヨードベンゼン (**6**)[44] など，合成化学的に有用な 3 価のヨウ素化合物の合成に広く適用されるようになった．

これらのジヘテロヨーダンは，後述する炭素置換基を二つもつ多彩な超原子価ヨウ素化合物の合成の出発物質として利用される[45] ほか，パラジウム(II)[46] やロジウム(II)二核錯体[47] を用いた C－H 結合官能基化反応における末端酸化剤として汎用されている．近年，安価な過酸化水素や次亜塩素酸ナトリウムを用いて **1** が簡便に合成できる方法が開発された[48,49]．これらの方法の開発により，爆発の懸念のある過酸や毒性の高い塩素を用いなくても，多彩なジヘテロヨードアレーンを得る道が拓けた．

PhI —[30% H_2O_2 または 6% NaClO 水溶液 / 濃 HCl (TFE)，室温]→ PhI(Cl)Cl (**1**) 89〜99% —[NaOH (3) / H_2O–THF (1：1) 室温，1min]→ $(\text{PhI–O})_n$ (**2**) 73%

【実験例　ジクロロヨードベンゼンの合成[48]】

ドラフト内で水浴に浸した丸底フラスコにヨードベンゼン 204 mg（1 mmol）および 5.84% 次亜塩素酸水溶液 6 mL（4.7 mmol）を加え，激しく撹拌する．つづいて濃塩酸 2 mL を 2 分以上かけてゆっくりと滴下する．ただちに黄色固体が析出し始めるので，これを沪取する．水とヘキサンで洗浄後，遮光下室温で終夜乾燥すると（**注意！** 減圧下乾燥すると突然分解する），純粋なジクロロヨードベンゼン（**1**）が得られる．収量 277 mg（収率 99%）．

【実験例　ヨードシルトルエン（*p*-$CH_3C_6H_4IO$）の合成[50]】

丸底フラスコにジクロロ-*p*-ヨードトルエン 13.8 g（48 mmol）の THF 50 mL 溶液を入れ，3 mol L^{-1} の水酸化ナトリウム水溶液 50 mL を加え 1 分間激しく振とうする．すぐに淡黄色のヨードシルトルエンが析出してくるが，これをブフナー（Büchner）型漏斗で沪取し，残渣をビーカーに移し，水 50 mL を加え分散させる．再びこれをブフナー型漏斗で沪取し，漏斗上で水を 50 mL 用いて沪液が中性になるまで洗浄する．沪別した固体を遮光下に減圧下（<1 mmHg）終夜乾燥し，さらに残留する *p*-ヨードトルエンを除くためヘキサンで洗浄し，再度減圧下乾燥すると，純粋なヨードシルトルエンが得られる．収量 9.1 g（収率 81%）．

これらの試薬は酸化剤として高酸化状態の重金属，たとえば四酢酸鉛(IV) や硝酸タリウム(III) とよく似た挙動を示す．たとえば第一級アミドのホフマン（Hofmann）転位反応[51]，ジチオアセタールの脱硫反応[52]，グリコール開裂反応[53]，オレフィンの酸化的切断反応[54]，フェノールの酸化的脱芳香族化反応[55] などが，その例としてあげられる．詳細は各引用文献もしくは総説[56]，成書[37] を参照されたい．

18.2.2　アリール，アルキル，ビニル，およびアルキニル-λ^3-ヨーダン

炭素配位子を二つもつ 3 価の超原子価ヨウ素化合物は，酸化剤としての用途が多いジヘテロヨードアレーンとは異なり，炭素求電子剤として機能する（下式）．最外殻電子が 10 個の不安定な超原子価状態から，安定なオクテットのヨードベンゼンが脱離するのが推進力である．これらの λ^3-ヨーダンは種々の求核剤と反応し，炭素官能基を導入できるため，容易に極性転換を行うことができる[37,56]．アルキル基以外の置換基は，S_N2 反応では導入困難

なため，各種炭素置換基を導入できる．

$$Nu^{-} + -C-I(Ph)-X \longrightarrow Nu-C- + I-Ph + X^{-}$$

ヨウ素と，残る一つのヘテロ原子配位子間の結合の分極が大きいため，これらはしばしばヨードニウム塩とよばれるが，実際には溶液中でも依然として超原子価結合を有し，T 字構造が保たれているため，実情を表している命名とはいえない[56]．これは，配位子が完全に解離し，最外殻電子を 8 個もつオニウム構造をとれる，リンや硫黄などの元素とは対照的な特徴である．このグループの最古の化合物はジアリール-λ^3-ヨーダンである．ヨードシルベンゼン（**2**）を硫酸と反応させる方法で，*p*-ヨードフェニル(フェニル)(ビスルファト)-λ^3-ヨーダン（**7**）が 1894 年に Hartmann，Meyer らによって合成されている（下式）[57]．ジアリール-λ^3-ヨーダンの基本的な合成法は，ジヘテロヨードアレーンと芳香族炭化水素そのもの，もしくは水素より電気的に陽性なホウ素，ケイ素，スズ，水銀などの元素を導入したアレーンとの反応である[37,58]．前者の方法はフリーデル-クラフツ（Friedel-Crafts）反応と基本的に同じ機構で進行するため，芳香環すべての位置選択的に反応させることは困難である．一方後者では，生成するカチオンが，C−E 結合の超共役により大きく安定化されるイプソ位置換反応が優先する．その結果，位置選択的な反応となる．電子供与性の元素 E によりアレーンが反応活性となるため，比較的穏和な条件で行うことができる点も魅力である．最近では鈴木-宮浦カップリングの普及により多彩なアリールボロン酸が合成され，市販されていることや低毒性であることを考慮すると，ホウ素-ヨウ素交換反応がとくに汎用性が高い[59,60]．

I–C₆H₄–I(Ph)–OSO₃H
（**7**）

X−I(Ph)−X + H–C₆H₄–R → [Wheland intermediate: H, I(X)Ph, R] → R–C₆H₄–I(Ph)–X

X−I(Ph)−X + E–C₆H₄–R（E = B, Si, Sn, Hg など）→ [ipso intermediate: E, I(X)Ph, R] → R–C₆H₄–I(Ph)–X

【実験例　ジフェニル-λ^3-ヨーダンの合成例[59]】

丸底フラスコ内で *o*-(アリルオキシ)フェニルボロン酸 187 mg（1.05 mmol）のジクロロメタン溶液 10 mL に，窒素雰囲気下フッ化ホウ素-ジエチルエーテル錯体 156 mg（1.1 mmol）

を加え，つづいて 0 ℃ で（ジアセトキシ）ヨードメシチレン 364 mg（1.0 mmol）のジクロロメタン溶液 10 mL をゆっくり加え，1.5 時間撹拌する．ボロン酸の消失を TLC で確認後，飽和テトラフルオロホウ酸ナトリウム水溶液 20 mmol を加え，さらに 30 分撹拌する．反応混合物を分液漏斗内で水にあけ，水層をジクロロメタンで 4 回抽出する．合わせた有機層を二重に重ねた沪紙を用いて沪過し，溶媒を減圧下留去する．得られた残渣を −78 ℃ においてジエチルエーテルで数回デカンテーションにより洗浄したのち，ジクロロメタン-ジエチルエーテル混合溶媒から −20 ℃ で再結晶すると，[*o*-(アリルオキシ)フェニル](メシチル)(テトラフルオロボラト)-λ^3-ヨーダンが得られる．収量 407 mg（収率 87%）．

ジアリール-λ^3-ヨーダンは，カルボニル化合物の α 位アリール化反応[61]，パラジウムや銅触媒存在下に芳香族 C−H アリール化反応などに供することができる[62]．硫黄，リンなどのヘテロ原子求核試剤のアリール化も容易に進行する[63,64]．フッ化物イオンのアリール化もすみやかに進行し，これはポジトロン造影法（PET）における陽電子供与体であるフッ化アリール-^{18}F を高速合成するために利用されている[65]．また，(*o*-シリルフェニル)-λ^3-ヨーダン（**8**）にフッ化物イオンを作用させると，シリル基への求核攻撃が引き金となり，ベンザインを発生できる[66]．

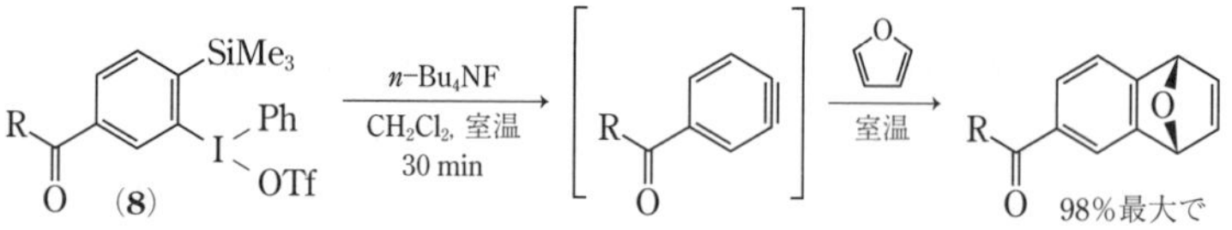

$SiMe_3$　R　Ph　I　OTf　O　(**8**)　n-Bu_4NF　CH_2Cl_2，室温　30 min　R　O　室温　R　O　98%最大で

アルキル-λ^3-ヨーダンは超原子価ヨウ素置換基の高い脱離能のため，求核置換反応を受けやすく，一般に不安定な化合物群である．単純なアルキル基を有するいくつかの化合物はヨードベンゼンに，強いルイス（Lewis）酸である五フッ化アンチモン存在下，モノフルオロアルカンを作用させると合成できる．これらは，溶液中 −20 ℃ 以上では分解する[67]．一方，電子求引基をもち，求核置換を起こりにくくした場合には，単離できるものも少なくない．とくにペルフルオロアルキル基を有するアルキルヨーダン（**9**）は室温でも扱うことができ，市販されているものも存在する（図 18.1）[68]．λ^3-ヨーダン（**9**）について，梅本らは 100 種類を超える広範囲の求核剤のペルフルオロアルキル化反応を精査している[69]．求電子的フルオラスタグの導入法として，合成化学的有用性が高い反応である．また最近，分子内

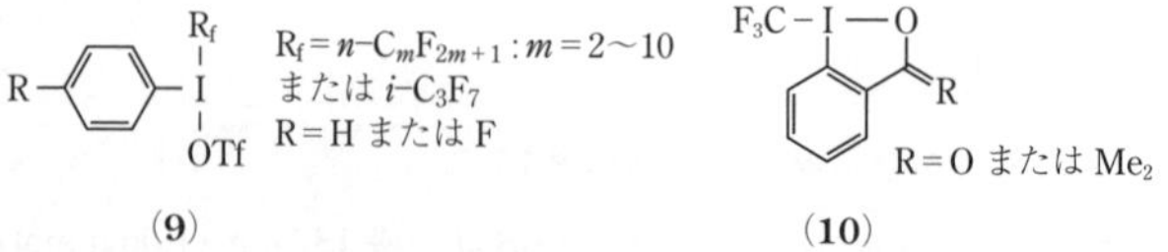

R_f　R　I　OTf　$R_f = n$-C_mF_{2m+1} : $m = 2$〜10 または i-C_3F_7　R = H または F　(**9**)

F_3C−I—O　R　R = O または Me_2　(**10**)

図 18.1　アルキル-λ^3-ヨーダンの例

配位によって安定化されたトリフルオロメチル環状 λ^3-ヨーダン（**10**）が合成された（図18.1）．これも **9** では実現できなかった求電子的トリフルオロメチル化試剤として有用であり，広く注目を集めている[70]．

ビニル-λ^3-ヨーダンは古くから知られる化合物ではあるが，容易に合成されるようになったのは，比較的近年になってからである．最初の報告例は，1909 年に銀アセチリド複塩とジクロロヨーダン（**1**）との反応による (*E*)-2-クロロビニル-λ^3-ヨーダン（**11**）の合成である（下式）[71]．かなり後にビニルスズを用いる反応が報告されているが，そこでは中間体カルボカチオンにおける C−Sn 結合の大きな超共役のため，生成物の立体化学は完全に保持される[72]．

Cl, H, Ph, I, Cl (**11**) ← ≡−Ag・AgCl　PhICl₂ (**1**) —(Me−CH=CH−SnCl₃)→ [Me−CH=CH−I−Ph]₂・SnCl₆　[Me, H, SnCl₃, H, I(Ⅲ)]‡

一方，熱的に不安定なビニルスズよりも，入手容易で安定なビニルケイ素およびホウ素化合物も利用可能であり，これらを用いることにより，多彩なビニル-λ^3-ヨーダンが合成されている（下式）[60,73]．反応条件は先述のジアリールヨーダンの合成反応とよく似ており，いずれも立体保持で進行する．

$R^1R^3C{=}CR^2E$ ($E = SiMe_3, B(OH)_2$) + PhIO (**2**) —(BF_3−Et_2O または Et_3OBF_4)→ $R^1R^3C{=}CR^2$−I(Ph)FBF_3　R^1−R^3: H, Me, *n*-C_8H_{17}, *t*-Bu, Cl, Br, RCO_2, など

【実験例　ビニル-λ^3-ヨーダンの合成[60]】

丸底フラスコ内で(*E*)-1-ヘキセニルボロン酸 12.8 mg（0.1 mmol）のジクロロメタン溶液 1 mL に 0 °C 窒素雰囲気下三フッ素ホウ素-ジエチルエーテル 17.0 mg（0.12 mmol）を加え，15 分間撹拌する．つづいてジアセトキシヨードベンゼン 38.7 mg（0.12 mmol）のジクロロメタン溶液 1 mL を加え，1 時間撹拌する．TLC で反応終点確認後，飽和テトラフルオロホウ酸ナトリウム水溶液 5 mL を加えさらに 15 分間撹拌する．その後，反応混合物をジクロロメタンで 4 回抽出し，合わせた有機層を二重に重ねた沪紙を用いて沪過し，減圧下溶媒を留去する．得られた残渣を −78 °C でヘキサン，つづいてヘキサン-ジエチルエーテル混合溶媒で数回デカンテーションにより洗浄すると(*E*)-1-ヘキセニル(フェニル)(テトラフルオロボラト)- λ^3-ヨーダンが無色油状物として得られる．収量 31 mg（収率 82%）．

α 水素をもつビニル-λ^3-ヨーダンは，超原子価ヨウ素置換基の強い電子求引性（−I(Ph)BF_4, $\sigma_p = 1.37$）[74] のため水素の酸性度が非常に高くなっている．この水素はトリエチルアミ

ン程度の塩基によって容易に引き抜かれ，アルキリデンカルベンを発生する．β位炭素にC3以上のアルキル基を有するヨーダン，たとえば**11**では，このカルベンが1,5-CH挿入反応による環化を起こすため，選択的にシクロペンテンを与える[75]．

(**11**)　Et_3N, THF, 25℃, 20 h → [1,5]-CH → 84%

一方，α位炭素上にアルキル基をもつビニル-λ^3-ヨーダンはやや不安定であり，S_N1型加溶媒分解反応によりビニルカチオンを生じる．シクロヘキセニル-λ^3-ヨーダン（**12**）の加溶媒分解反応の反応速度を測定することにより，超原子価ヨウ素置換基（$-I(Ph)BF_4$）の脱離能（式(18.6)）はトリフラート（OTf）のおよそ8×10^5倍も大きくなることが確かめられた[76]．この優れた脱離能のため，β位炭素上にアルキル基を一つ有する(*E*)-ビニルヨーダンは，ハロゲン化物イオンや各種ヘテロ原子求核剤との反応により，立体反転を伴うビニル位S_N2反応をひき起こす（式(18.7)）[77]．他方β位炭素上に塩素やスルホニル基をもつビニルヨーダンでは，それぞれリガンドカップリング，マイケル（Michael）付加-脱離機構により立体保持の生成物が得られる[78,79]（式(18.8)）．置換様式によって反応経路が虹のように変化する，興味深い反応剤といえよう．

(**12**)　EtOH–H_2O, 50℃, $k_{1(III)}/k_{(OTf)}=8\times10^5$ → t-Bu ... + ... o-体が主生成物　(18.6)

R = アルキル　Nu →　‡　(18.7)

可能な Nu
n-Bu_4NX (X = Cl, Br, I), ArSH,
R_2X (X = S, Se), $RC(S)NH_2$,
DMF, RCO_2H など

n-C_8H_{17} / X / I / Ph / FBF_3　X = Cl, $PhSO_2$　$\xrightarrow[\text{室温}\ \ X' = \text{Cl, Br, I}]{n\text{-}Bu_4NX'}$　[n-C_8H_{17} / $PhSO_2$ / X′ / I / Ph / FBF_3 ; n-C_8H_{17} / Cl / I / Ph / X′]　⟶　n-C_8H_{17} / X / X′　(18.8)

アルキニル-λ^3-ヨーダンはやや不安定なものが多く，その誕生はかなり立ち遅れている．1965 年にジクロロヨーダン (**1**) とリチウムアセチリドとの反応により，はじめて合成されたのを皮切りに[80]，近年では洗練された合成法が確立されてきた．今日アルキニル-λ^3-ヨーダンの合成法として汎用されているのは，前述のケイ素やホウ素，スズなどの電気的に陽性な元素と超原子価ヨウ素置換基の交換反応である[81~83]．アルキニル-λ^3-ヨーダンは，熱的に不安定なものが多いため，低温ですみやかに反応するアルキニルスズやルイス酸の添加を要しないアルキニルボラートを用いる方法は，調製に手間がかかるものの適している場合も多い．一方，ごく少量の酸化水銀(II) 存在下，アルキンをヨードシルベンゼン (**2**) で処理し直接アルキニル-λ^3-ヨーダンを得る反応も知られている[84]．この反応では，おそらく反応性に富むアルキニル水銀が系中で発生していると思われる．

【実験例　アルキニル-λ^3-ヨーダンの合成[84]】

丸底フラスコ内でヨードシルベンゼン 132 mg (0.6 mmol) のジクロロメタン懸濁液 2 mL に，室温下 42 % テトラフルオロホウ酸水溶液 0.62 g (3 mmol)，および酸化水銀(II) 0.54 mg (0.0025 mmol)を加え，数分間固体が消失するまで撹拌する．つづいて 1-ドデシン 83 mg (0.5 mmol)を加え，水層の黄色が退色するまで撹拌する．反応混合物を 5% テトラフルオロホウ酸ナトリウム水溶液にあけ，分離した水層をジクロロメタンで 3 回抽出する．合わせた有機層を硫酸マグネシウムで乾燥し，減圧下溶媒を留去する．その後得られる粗生成物をジクロロメタンに溶かし，大量のヘキサンを加えて結晶化させる．上澄みを除き，ヘキサンで数回デカンテーションにより洗浄すると 1-ドデシニル(フェニル)(テトラフルオロボラト)-λ^3-ヨーダンが得られる．収量 173 mg (収率 76%)．

超原子価ヨウ素置換基の強い電子求引性 ($-I(Ph)BF_4$, $\sigma_p = 1.37$) のため，アルキニル-λ^3-ヨーダンはマイケル受容体として高い反応性をもち，種々の求核剤の β 位炭素への求核攻撃を受け，アルキリデンカルベンを発生する (下式)．孤立 (非共有) 電子対を有するヘテロ原子求核剤を用いた場合，カルベン上での 1,2-転位が優先し，アルキンが生成しやすい．一方，炭素求核剤，たとえばエノラートとの反応では 1,5-CH 挿入反応がもっぱら進行し，シクロペンテンが生成する[55,81]．しかし置換基 R が水素やフェニル基など転位しやすい置換基の場合には，上記同様アルキニル化が進行する[81]．

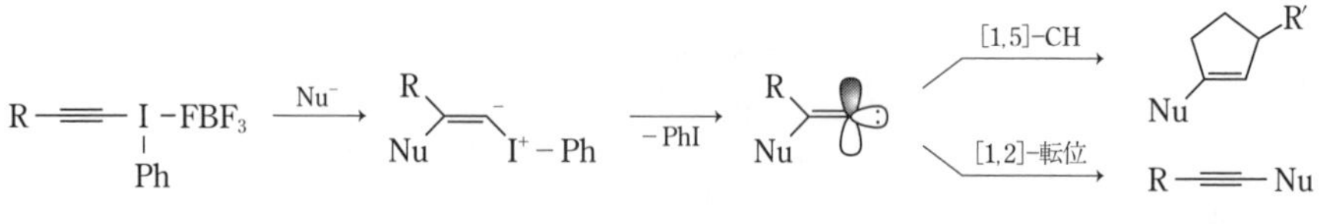

アルキニル-λ^3-ヨーダンの合成化学的価値をさらに高めるため，ヨウ素中心に適度に電子を供与する配位子を設計し，安定化する試みがなされている．分子内配位を利用する例として，オルト位にカルボキシ基を有する環状ヨーダン（**13**）が合成されている（図 18.2）[85]．他方，分子間配位については，クラウンエーテルを配位させて錯体（**14**）（図 18.2）を形成させることにより，安定化させる方法も知られている[86]．いずれの場合も反応性はさほど低下せず，室温で長期間安定な扱いやすい化合物となっている．

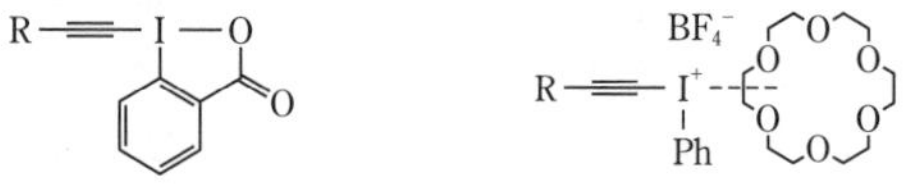

（**13**）
R＝H, $SiMe_3$, Si*i*-Pr_3, アルキル

（**14**）
R＝H, $SiMe_3$, アルキル, Ph

図 18.2　電子を供与する配位子による安定化の例

18.2.3　ヨージルベンゼンおよびその誘導体

5 価の超原子価ヨウ素化合物は IL_5 と表記されるように配位子を五つ有し，うち四つの配位子が直交する 2 対の超原子価結合を形成して平面 4 配位となり，残る一つの配位子はその平面と直交する四角錐型配位構造をとる[37]．ジクロロヨードベンゼン（**1**）やヨードシルベンゼン（**2**）をさらに次亜塩素酸や過酢酸により酸化すると，ヨウ素原子上に酸素を二つもつヨージルベンゼン $PhIO_2$ を生じる．この誘導体，とくにオルト位にカルボキシ基をもつベンズヨードキソロン誘導体（**15**,**16**）（図 18.3）は穏やかな酸化能を有し，官能基選択性に優れた酸化剤である[58,87]．

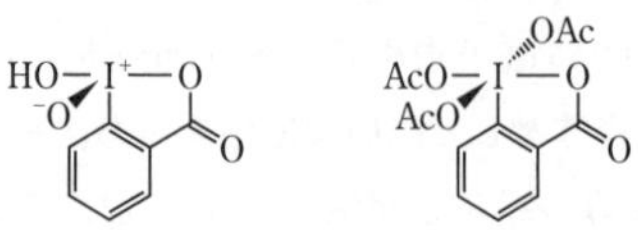

（**15**）　（**16**）

図 18.3　ベンズヨードキソロン誘導体

λ^5-ヨーダン（**15**）は IBX（2-ヨードキシ安息香酸）として 1893 年から知られる化合物であるが，ほとんどの有機溶媒に溶けず，長らく合成化学的価値が見落とされてされていた．ところが 1995 年 Frigerio らによって，DMSO 中でアルコールをケトンやアルデヒドに効率

よく酸化できることが報告されて以降，幅広く用いられる試薬となった[88,89]．このときスルフィドやアミノ基，オレフィンが共存しても，選択的にアルコールを酸化できることは特筆すべき特徴である．また，この試薬は 1,2-ジオールを 1,2-ジケトンへ選択的に酸化でき，脂肪族ケトンを α,β-不飽和ケトンへと変換できる[87,89]．IBX（**15**）は無水酢酸で処理すると，アセトキシ基を三つ有する λ^5-ヨーダン（**16**）を与える[90]．**16** は発見者の名を冠して Dess–Martin 試薬とよばれているが，ジクロロメタンなどの極性の低い溶媒によく溶け，アルコールを室温ですみやかにケトン，アルデヒドへと変換できる．とくに反応性に乏しい α-(トリフルオロメチル)カルビノールをトリフルオロアセチル基に効率よく変換できるのは，他の試薬にはない特徴である[91]．また IBX とは化学選択性の違いも存在し，1,2-ジオールを酸化的に切断することができる[92]．

5 価の超原子価ヨウ素化合物，とくにヨージル化合物は**爆発性について懸念されている**．溶媒のない状態で 200 ℃ 以上に加熱すると爆発することが多い．しばしば融点は爆発点でもある．また衝撃にも弱く，スパチュラによる強い摩擦は爆発の原因となりうるので注意が必要である[93]．しかし最近，イソフタル酸と安息香酸を適量添加した **15** は爆発性がなくなることが報告されている[94]．この混合物は市販されており，IBX（**15**）と反応性はほぼ変わらないため，**15** の代替試薬として使えると期待される．

【実験例　安定化された *o*-ヨードキシ安息香酸（SIBX）の合成[94]】

丸底フラスコ中で *o*-ヨード安息香酸 200 g（0.8 mmol）およびイソフタル酸 133 g（0.8 mmol）を，Oxone 625 g（2.0 mmol）を溶かした水溶液 2 L に加え，70 ℃ で 3 時間撹拌し，安息香酸ナトリウム 128 g（0.89 mmol）の水溶液 500 mL を 40 ℃ で加える．20 ℃ に戻すと沈殿が析出するので，これを沪取しガラスフィルター上で水 700 mL を用いて洗浄する．60 ℃ 下で風乾すると SIBX（49 w/w% IBX）が得られる．収量 420 g（収率 90%）．

18.3　カルベンおよびカルベノイド

18.3.1　カルベンとカルベノイド

ジアゾ化合物やジアジリンを光または熱分解すると，窒素を放出して一重項カルベンが発生する．カルベンの多くは三重項が基底状態であり，一重項と三重項は項間交差によって相互変換するので，二つの状態の化学反応性を理解して有機合成に用いる必要がある[95~98]．一重項カルベンは電子対の入った sp^2 混成軌道と空の p 軌道を有するので，置換基に依存して求電子的にも求核的にも反応が可能である．一般に，一重項カルベンは求電子的で，アルケンに対して立体特異的に付加し，シクロプロパン体を生成する．また，一重項カルベンは C−H 結合や O−H 結合に対して挿入反応を行い，β 水素をもつカルベンは 1,2-水素移動によってアルケンを生成する．一方，三重項カルベンは二つの軌道に 1 個ずつ電子を有する一中心ビラジカル構造をとり，水素引抜き反応や酸素との反応を行う．また，アルケンに対しては段階的に付加するので，得られるシクロプロパンは非立体特異的である．クロロ基のような孤立（非共有）電子対をもつヘテロ原子が置換したカルベンの多くは一重項が基底状態であり，一重項での反応性を示すが，三重項が基底状態であるアリールカルベンは一重項と三重項の両方の反応性を示す．ベンゾフェノンなどの光増感剤を用いると，三重項カルベンを直接発生できる．

$$R_2C{=}N_2 \;\left(\text{または}\; R_2C\langle N{=}N\rangle\right) \xrightarrow{h\nu\,\text{または加熱}} R_2\ddot{C} + N_2$$

カルベンの反応性は非常に高いため，反応の選択性が低い点が合成化学的には問題である．この点を改善するため，有機合成では，反応上はカルベンの等価体とみなせるカルベンの金属錯体，カルベノイドがよく用いられる[97,98]．ここでは，カルベンとカルベノイドを区別せずに代表的なものの応用例を示すことにする．

a.　アルキルカルベン

アルケンにメチレンを付加させてシクロプロパンを合成する方法は有用である．しかし，遊離メチレンは種々の生成物を与えるので，シクロプロパン合成には適当ではなく，ジヨードメタン/亜鉛-銅からカルベノイドを発生させるシモンズ-スミス（Simmons-Smith）反応がよく利用される[99]．アルケンに対する付加は立体特異的で，アリル位やホモアリル位にヒドロキシ基やアルコキシ基があると，シン付加体が優先的に得られる[100]．また，キラル触媒を用いた反応では立体特異的にシクロプロパン化が起こる[101]．アルキルカルベンでは挿入反応や，1,2-水素移動によるアルケンの生成が起こり，シクロプロパン体は満足に得られない．アリールカルベンの反応には $Ar{-}CHN_2$ の光や熱分解，$Ar{-}CH_2X$ の塩基処理や $Ar{-}CHX_2$ のアルキルリチウムによる α 脱離などが用いられる[96,97]．アルキリデンカルベンはハロゲンやトリフラート基などをもつアルケン（$R_2C{=}CH{-}X$，$R_2C{=}CH{-}OSO_2CF_3$，または $R_2C{=}CH{-}I^+{-}Ph$）の塩基による α 脱離で得られる[102]．

【実験例　*trans*-2-フェニルシクロプロピルメタノールの合成[101]】

$$\text{PhCH=CHCH}_2\text{OH} \xrightarrow[\text{CH}_2\text{I}_2,\ \text{Et}_2\text{Zn},\ \text{CH}_2\text{Cl}_2]{\text{Bu-B}(\text{Me}_2\text{NOC}, \text{CONMe}_2\ \text{dioxaborolane})\ (\mathbf{17})} \textit{trans}\text{-2-phenylcyclopropylmethanol}$$

>95%（93% ee）

ジエチル亜鉛 50 μL（0.49 mmol）の無水ジクロロメタン 1.0 mL 溶液に，蒸留したジヨードメタン 80 μL（0.98 mmol）を加える．混合物を 0℃ で 10 分間撹拌し，ジオキサボラン（**17**）68 mg（0.25 mmol）とシンナミルアルコール 30 mg（0.22 mmol）の無水ジクロロメタン 1.5 mL

溶液をカニューレを使ってすばやく加える．室温で2時間攪拌後，0℃に冷やし，飽和塩化アンモニウム水溶液を加える．酢酸エチルで抽出し，飽和塩化ナトリウム水溶液で洗い，硫酸マグネシウムで乾燥する．溶媒を留去し，得られた粗生成物をシリカゲルカラム（溶離液：酢酸エチル–ヘキサン(1：4)）にかけると，*trans*-2-フェニルシクロプロピルメタノールが得られる．収量32.5 mg（定量的，収率＞95%，93% ee）.

b.　ハロカルベン

ジハロカルベンの発生には，(1)トリハロメタンの塩基処理による α 脱離[103]，(2)フェニルトリハロメチル水銀の熱分解（式(18.9)）[104]，(3)トリハロ酢酸誘導体の熱分解や塩基分解反応（式(18.10)）[105] がよく用いられる．ジハロカルベンは一重項カルベンなので，アルケンに立体特異的に付加し，立体障害の大きなアルケンへの付加も容易に起こる．モノハロカルベンの発生には，R－CHX_2 のアルキルリチウムやジエチル亜鉛などによるHX脱離や，R－CX_3 の X_2 脱離が用いられる[106,107]．

$$\text{CH}_3(\text{CH}_2)_3\text{CH}_2\text{CH}{=}\text{CH}_2 + \text{PhHgCF}_3 \xrightarrow[\text{ベンゼン}]{\text{NaI}} \text{1,1-difluorocyclopropane product}\ (70\%) \quad (18.9)^{104)}$$

$$\text{3,4-dihydro-2H-pyran} \xrightarrow[\text{MeONa, ペンタン}]{\text{CCl}_3\text{CO}_2\text{Et}} \text{7,7-dichloro-2-oxabicyclo[4.1.0]heptane}\ (68\sim75\%) \quad (18.10)^{105)}$$

【実験例　1,1-ジブロモ-2,3-ビス(トリメチルシリルメチル)シクロプロパンの合成[103]】

$$\text{Me}_3\text{SiCH}_2\text{CH}{=}\text{CHCH}_2\text{SiMe}_3 \xrightarrow[\text{ペンタン}]{\text{CHBr}_3,\ t\text{-BuOK}} \text{1,1-dibromo-2,3-bis(Me}_3\text{SiCH}_2\text{)cyclopropane}\ (93\%)$$

1,4-ビス(トリメチルシリル)-2-ブテン50.0 g（0.25 mol）とカリウム*t*-ブトキシド84.2 g(0.75 mol)のペンタン300 mL懸濁液に，0℃でトリブロモメタン65.5 mL(0.75 mol）をゆっくりと滴下する．混合物を1時間攪拌後，さらに室温で30分間攪拌する．溶液をセライトで沪過後，飽和塩化ナトリウム水溶液150 mLで洗い，水層をエーテル50 mLで3回抽出し，合わせた有機層を硫酸マグネシウムで乾燥し，溶媒を留去すると，1,1-ジブロモ-2,3-ビス(トリメチルシリルメチル)シクロプロパンが得られる．収量86.6 g（収率93%）.

c.　カルボニルカルベン

α-ジアゾケトンを光や熱分解，あるいは酢酸銀などの金属触媒で分解すると，ウォルフ(Wolff）転位しケテンを生成する．光化学的ウォルフ転位は，カルベンを経由しないRIES (rearrangement in excited state）機構で進行する経路もある．反応系内でケテンは求核剤に捕捉され，カルボン酸誘導体を生成する（式(18.11)）[108]．ケトカルベンにC−H挿入やシクロプロパン化をさせるには，金属触媒によるカルベノイド反応や，光増感によって三重項カルベンを直接発生させる方法が有効である．アルコキシカルボニルカルベンの発生もジアゾ酢酸エステルからの硫酸銅，四酢酸ロジウムや二酢酸パラジウムなどの金属触媒分解が用いられる．キラル配位子をもつ金属錯体を触媒とするカルベノイド反応は不斉合成法として有用である[109]．

AgOAc　H_2O　91%　(18.11)[108]

【実験例　(*R*)-(−)-4-(4-クロロフェニル)ジヒドロ-2(3*H*)-フラノンの合成[109]】

Rh_2(4*S*-MPPIM)$_4$　CH_2Cl_2　81%(95% ee)

還流したRh_2(4*S*-MPPIM)$_4$（Doyle二ロジウム触媒）22 mg（0.016 mmol）の無水ジクロロメタン80 mL溶液に，ジアゾ酢酸2-(4-クロロフェニル)エチル708 mg（3.2 mmol）の無水ジクロロメタン20 mL溶液をシリンジポンプで5時間かけて滴下する．滴下後，溶媒留去し，粗生成物をシリカゲルカラム（溶離液：酢酸エチル-ヘキサン(1：4)）にかけると，(*R*)-(−)-4-(4-クロロフェニル)ジヒドロ-2(3*H*)-フラノンが無色結晶として得られる．収量502 mg（収率81%）．

d.　安定な一重項カルベン

イミダゾリウム塩の塩基による脱プロトン化反応によって，安定な一重項カルベン，イミダゾール-2-イリデンが生成する[110]．このカルベンに代表される*N*-複素環カルベン(*N*-heterocyclic carbene: NHC)は，求核付加と脱離が容易に起こるので，さまざまな反応の触媒として有用である（式(18.12)）[111]．また，NHCは金属触媒の配位子として非常に有用であり，メタセシス反応のGrubbs触媒などに利用されている[112]．

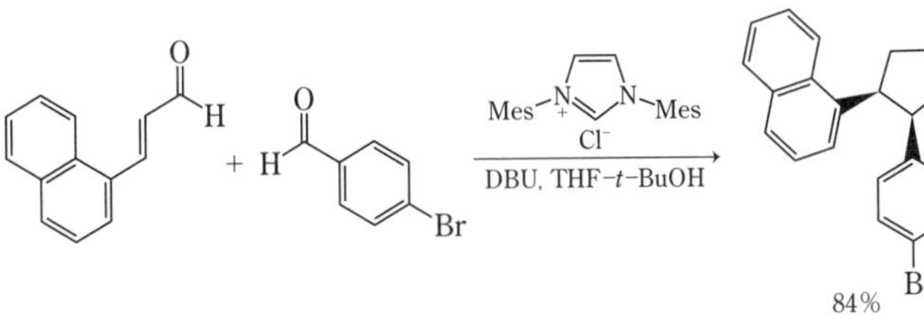

O H + H O Br — Mes−N⁺ N−Mes, Cl⁻, DBU, THF−t−BuOH → O O Br

84%　(18.12)[119]

【実験例　Grubbs 触媒（**18**）の合成[112]】

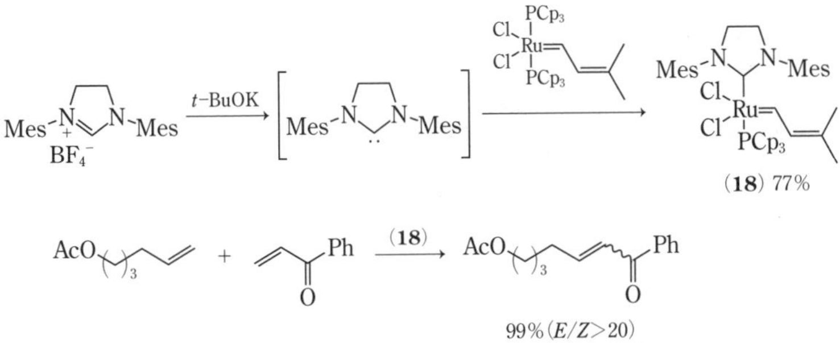

Mes−N⁺ N−Mes BF_4^- —t-BuOK→ [Mes−N N−Mes] —Cl, Cl, PCp_3, Ru=, PCp_3→ Mes−N N−Mes, Cl, Ru=, Cl, PCp_3

(**18**) 77%

AcO( )$_3$ + Ph O —(**18**)→ AcO( )$_3$ Ph O

99% (E/Z>20)

窒素雰囲気下，1,3-ジフェニル-4,5-ジヒドロイミダゾリウムテトラフルオロボレート 3.08 g（7.80 mmol）の無水 THF 30 mL 溶液に，カリウム t-ブトキシド 0.88 g（7.80 mmol）の無水 THF 30 mL 溶液を室温でゆっくりと滴下する．30 分間撹拌後，溶液を $RuCl_2(=CH=C(CH_3)_2)(PCp_3)_2$ 3.50 g（4.88 mmol）の無水トルエン 200 mL 溶液にゆっくりと移す．混合物を 80 ℃ で 15 分間撹拌後，アルゴン雰囲気下，ガラスフィルターで沪過し，溶媒留去する．残留物を −78 ℃ で無水メタノールから 3 回再結晶すると，Grubbs 触媒（**18**）が淡茶色結晶として得られる．収量 2.95 g（収率 77%）．

上記のカルベンのほかにも，酸素，硫黄，リンなどのヘテロ原子と結合した種々のカルベン（R−C−OR′, R−C−SR′, R−C−P(O)(OR′)$_2$ など）が必要に応じて合成されている．

18.3.2　ニトレン

ニトレンはナイトレンともよばれるカルベンの窒素類縁体であり，性質もカルベンによく似ている[113]．ニトレンの多くは三重項が基底状態であるが，一重項状態もとることができるので，両状態の反応性が認められる．有機アジドの熱または光分解による N_2 脱離や，窒素上置換基の α 脱離によって生成する．

$$R-N_3 \xrightarrow{\text{加熱または}\ h\nu} R-N: + N_2$$

$$R-N(OSO_2Ar)(H) \xrightarrow{\text{塩基(B)}} R-N: + BH^+ + ArO_2SO^-$$

ニトレンは，おもに1,2-水素移動やアルキル移動，あるいは水素引抜き反応を行うが，エステル基やシアノ基をもつニトレンはアルケンや芳香環に付加し，アジリジンを与える．たとえば，エトキシカルボニルニトレンはベンゼンに付加したのち，環拡大によって1*H*-アゼピンを生成する（式(18.13)）[114]．一方，フェニルニトレンは芳香環に分子内挿入し，環拡大生成物を与える（式(18.14)）[115]．ニトレンもカルベンと同様に遷移金属に配位した金属ニトレノイドが，有機合成に利用されている[116]．このようなC−H結合への挿入反応はC−N結合形成反応の一つとして有用である．

$$\text{benzene} + N_3CO_2Et \xrightarrow{h\nu} [\text{azanorcaradiene } N-CO_2Et] \longrightarrow \text{1H-azepine } N-CO_2Et \quad 70\% \qquad (18.13)^{114)}$$

$$PhN_3 \xrightarrow{h\nu} [\text{benzazirine または azacycloheptatetraene}] \xrightarrow{Bu_2NH} \text{2-}NBu_2\text{-3H-azepine} \quad 93\% \qquad (18.14)^{115)}$$

【実験例　2-フェニルインドールの合成[116]】

$$\text{(E)-2-azidostilbene} \xrightarrow[\text{トルエン}]{5\text{ mol\%}\ [Rh_2(O_2CC_3F_7)_4]} \text{2-phenylindole (NH)} \quad 94\%$$

(*E*)-1-アジド-2-(2-フェニルエチニル)ベンゼン 0.065 g（0.294 mmol），$Rh_2(O_2CC_3F_7)_4$ 0.015 g（0.014 mmol），と砕いたモレキュラーシーブ 4A 0.065 g にトルエン 0.20 mL を入れ，60 ℃ で 16 時間加熱する．反応混合物を室温まで冷やしたのち，沪過し，沪液を中圧液体クロマトグラフィー（溶離液：ヘキサン，ついで酢酸エチル-ヘキサン(1：9)）にかけると，2-フェニルインドールが無色結晶として得られる．収量 0.053 g（収率 94%）．

18.4　ベンザインおよび *o*-キノジメタン

18.4.1　ベンザイン中間体

ベンザインとは，二つの炭素-炭素二重結合と一つの炭素-炭素三重結合とから形成された炭素六員環であり，大きなひずみのため，短寿命の活性種である．歴史的には1950年ころ，下式の反応においてその中間体としての介在が示された．

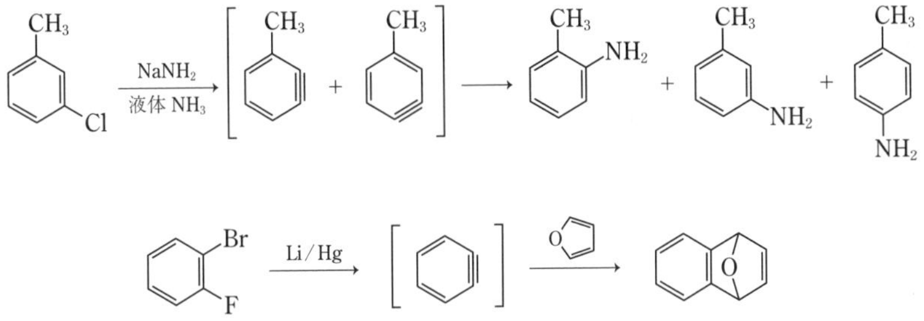

有機合成に用いるには，通常，反応基質をあらかじめ共存させておき，系内で発生させたベンザインと反応させる．図 18.4 に代表的な発生法と反応例とを示す[117~120]．すなわち，アリールアニオン（**20**）から β 脱離による発生法のほか，対応するカチオン(**21**）やラジカル(**22**）を経る方法，逆付加環化反応（**23** → **19**）を活用する方法などがある．一方，ベンザイン(**19**）のおもな反応性としては，求核付加反応（D）やフランとの[4+2]付加環化反応(E)，エン反応（F)，オレフィンとの[2+2]付加環化反応（G）がある．

上述のベンザイン発生法のなかでも，もっとも広く利用されているアリールアニオン(**20**)を経由する手法では，そのアニオン発生に関し，オルトメタル化反応（A)，ハロゲン-金属交換反応（B)，フッ化物イオンによる脱シリル反応（C）など，が用いられている．

a.　オルトメタル化反応によるベンザインの発生

ハロゲン化アリールやアリールトリフラートに対し，有機リチウムやアルカリ金属アミドなどの強塩基を作用させると，脱プロトンに続く β 脱離によってベンザインが発生する．一般に，フルオロベンゼンに有機リチウムを作用させるとフッ素のオルト位のリチオ化が起

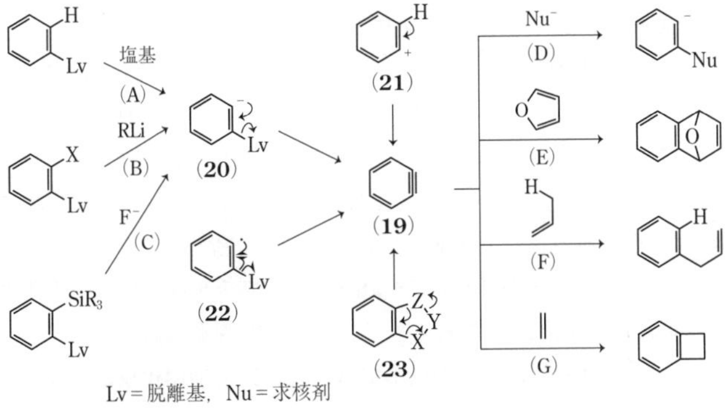

Lv＝脱離基，Nu＝求核剤

図 18.4　ベンザインの代表的な発生法と反応例

こる．が，ブロモベンゼンやヨードベンゼンではハロゲン-リチウム交換反応が優先するため，アルカリ金属アミドの使用が好ましい．なお，脱離基の両オルト位の置換基がいずれも水素である場合，アニオン発生の位置選択性が問題となる．

【実験例　アルコール（**27**）の合成反応[121]】

MeO F MeO (**24**) n-BuLi −78℃ MeO F Li MeO → MeO MeO ClMg −78→25℃ MeO MgCl MeO (**25**)

H O O OTBDPS (**26**) −78→−35℃ MeO MeO OH O OTBDPS (**27**) 65%

窒素雰囲気下，フルオロベンゼン誘導体（**24**）0.65 mL（4.7 mmol）の THF 溶液に−78℃で n-ブチルリチウム（1.54 mol L^{-1} ヘキサン溶液，3.1 mL，4.7 mmol）を滴下したのち，30 分間撹拌する．つづいてメタリルマグネシウムクロリド（0.5 mol L^{-1} THF 溶液，9.0 mL，4.5 mmol）を滴下し，さらに 15 分間撹拌したのち，室温で 1.5 時間撹拌する．生じたアリールマグネシウムクロリド（**25**）の溶液を−78℃に冷却し，アルデヒド（**26**）1.5 g（3.8 mmol）をゆっくり加える．20 分後，反応温度を−35℃まで上げ，飽和塩化アンモニウム水溶液 20 mL で反応を停止させる．常法の抽出操作ののち，得られた粗成物をシリカゲルカラムクロマトグラフィーで精製すると，生成物（**27**）が得られる（収率 65%）．

b.　ハロゲン-金属交換反応によるベンザインの発生

この手法の利点は，位置選択的なアニオンの発生が可能なことにある．すなわち，異なる二つのハロゲンを有するオルトジハロゲン化アリールや，o-ハロアリールトリフラートに対して有機金属化合物を作用させた場合，もっとも求電子的なハロゲンから金属との交換反応が進行する．また，一般にアニオン種の発生は低温で進行し，つづく β 脱離によるベンザインの発生温度は隣接する置換基の脱離能や芳香環の電子密度に依存する．

o-ヨードアリールトリフラート（**28**）に−78℃で n-ブチルリチウムを作用させると，ヨウ素-リチウム交換反応ののち，ただちにトリフラートが脱離し，ベンザインが生じる．ケテンシリルアセタール（**29**）共存下での反応では，[2+2]付加環化反応により，ベンゾシクロブテン（**30**）を与える[122]．

BnO, I, OTf (**28**) → n-BuLi, −78 ℃ → [BnO, Li, OTf → BnO (benzyne)] → TMSO, OMe, OTBS (**29**) → BnO, OTMS, OMe, OTBS (**30**)

c. 脱シリルによるベンザインの発生

上記の二つの方法は強塩基条件の反応であるが，フッ化物イオンによる脱シリル反応を用いる手法は，中性に近い条件下でベンザインを発生させることができる．前駆体としては，*o*-シリルアリールトリフラート（**31**）や *o*-シリルアリールヨードニウム塩がよく用いられる．また，反応温度が室温以上であることも特徴の一つであり，低温ではベンザインと十分な反応性をもたない基質について好結果につながる．下式のアセト酢酸メチル（**32**）とのアシルアルキル化反応は，その好例である[123]．

$SiMe_3$, OTf (**31**) → CsF, 80 ℃ → [F, $^{-}SiMe_3$, OTf → (benzyne)] → O, O, OMe (**32**) → O, CO_2Me (**33**) 67%

18.4.2 *o*-キノジメタン中間体

o-キノジメタン(**34**)は，8π 共役系に由来する特徴的な反応性を示す化学種であり，合成に用いられてきた[124,125]．通常，**34** はすみやかに二量化やポリマー化を起こし，単離することができないため，系中で発生させて用いることが多い．その発生法としては，ベンゾシクロブテンの同旋的開環反応（H）や 1,4-脱離反応（I），異性化反応（J），キレトロピー反応（K），逆ディールス-アルダー（Diels-Alder）反応（L）などが知られている．このなかでも（H）の方法は，基質の調製が比較的容易な点や，熱，光，金属錯体など，さまざまな条件で発生させられる点から広く利用されている．

(H)　(L)　X, Y　(I) X, Y　(**34**)　(K) X = Y

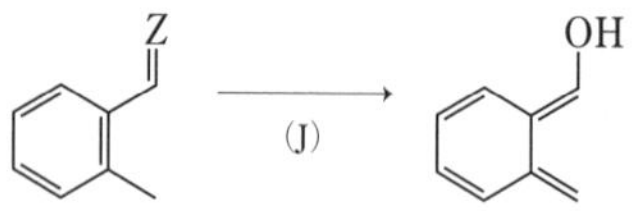

(J)

o-キノジメタン (**34**) の合成的利用はディールス-アルダー反応を中心に研究されてきた．すなわち，**34** を発生させるさいに親ジエン体を共存させておくと，ディールス-アルダー型の付加環化反応が進行し，芳香環を有する二環性化合物を与える（式(18.15)）．この反応の駆動力は，再芳香族化による大きな共役エネルギーの獲得である．また，分子内反応（式(18.16)）にも適用でき，多環式構造を一挙に構築できる．

(**34**)　(18.15)

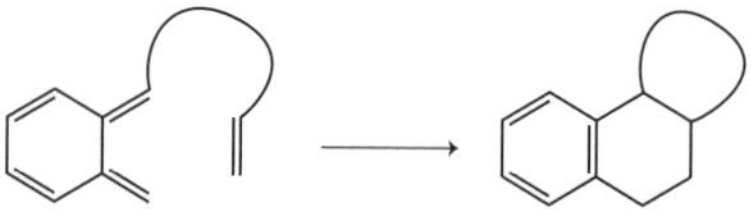

(18.16)

a.　分子間ディールス-アルダー反応

分子間ディールス-アルダー反応における問題点の一つは，位置選択性である．これを解決する方法として，置換基効果を利用するものがある．下式の例では，ベンゾシクロブテン (**35**) の芳香環に置換したシロキシ基による電子供与と，分子内水素結合によるジケトン (**36**) のカルボニル基の活性化により，位置選択的な付加環化反応が進行し，生成物 (**37**) が得られる[126]．なお，この反応では四員環上のシロキシ基が開環反応を促進するため，通常よりも低温でジエン種を発生させられる点も特徴的である．

【実験例　三環性合成物 **38** の合成】

ベンゾシクロブテン (**35**) 20 mg (70 μmol) とエンジオン (**36**) 50 mg (85 μmol) をトルエン-d_8 1 mL に溶解させ，90 ℃ で 12 時間撹拌する．溶媒を減圧留去したのち，得られた残渣をメタノール 10 mL に溶解し，ピリジン 6 mL (70 μmol) とカンファースルホン酸 (CSA) 16 mg (70 μmol) を加える．4 時間加熱還流させたのち，溶媒を減圧留去し，生じた残渣をシリカゲルカラムクロマトグラフィー（ヘキサン-酢酸エチル (95：5)）によって精製すると，無色油状の生成物 (**38**) が得られる．収量 26 mg (収率 72%)．

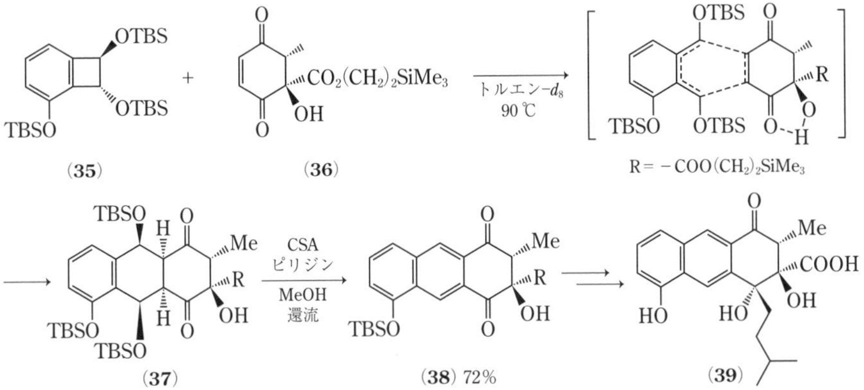

(35)　(36)　トルエン-d_8 90℃　R = −COO(CH$_2$)$_2$SiMe$_3$

(37)　CSA ピリジン MeOH 還流　(38) 72%　(39)

b.　分子内ディールス-アルダー反応

分子内反応は，ステロイド，アルカロイド，芳香族ポリケチドなどの多環式天然有機化合物の合成において繁用されている．下式にエストロン（**44**）の合成を示す[127,128]．ベンゾシクロブテン（**42**）を加熱すると，*o*-キノジメタンの分子内ディールス-アルダー反応が進行し，四環性化合物（**43**）が得られる．なお，この場合のもう一つのポイントはコバルト錯体を用いるジイン（**40**）とビス(トリメチルシリル)アセチレン（**41**）との付加環化反応であり，複雑な前駆体の合成法として興味深い．

【実験例　四環性化合物 **43** の合成反応】

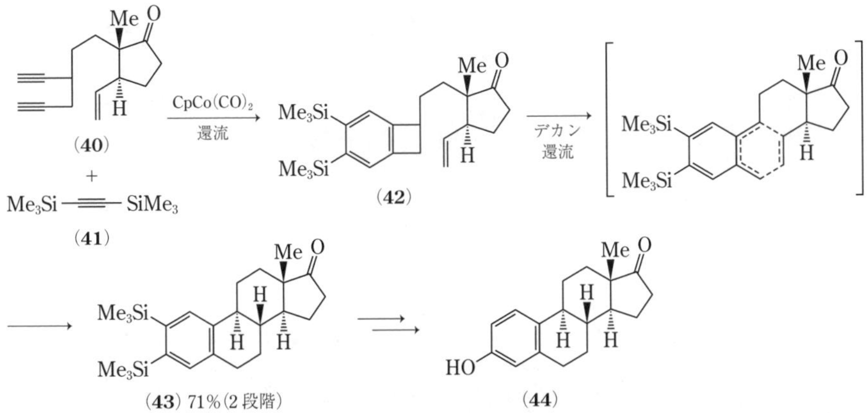

(40) + (41)　CpCo(CO)$_2$ 還流　(42)　デカン 還流

(43) 71%(2段階)　(44)

CpCo(CO)$_2$ 10 μL (0.08 mmol) をアセチレン(**41**) 25 mL に溶解し，加熱還流させる．そこに **41** 10 mL に溶解させたシクロペンタノン(**40**) 146 mg (0.64 mmol) と CpCo(CO)$_2$ 10 μL

(0.08 mmol)を35時間かけて滴下し，さらに6時間加熱還流する．**41**を減圧留去し，生じた赤茶色の残渣をシリカゲルカラムクロマトグラフィーで精製すると，油状のベンゾシクロブテン(**42**)(収量142 mg, 収率56%)と無色結晶状の四環式化合物(**43**)が得られる(収量46 mg, 収率18%)．さらに，この**42**を脱気したデカン35 mLに溶解させ，20時間加熱還流したのち，溶媒を留去する．生じた残渣をシリカゲルに通したのち，石油エーテルから再結晶すると**43**が得られる(総収率71%)．

c.　電子環状反応

四員環にビニル基が置換したベンゾシクロブテンを基質として用いると，*o*-キノジメタンを経由する電子環状反応が進行する[129]．デフコギルボカルシンM(**49**)の合成では，ベンゾシクロブテノン(**45**)とビニルブロミド(**46**)から合成したアルコール(**47**)を加熱すると，開環反応と電子環状反応とが一挙に進行し，ナフタレン(**48**)が生成する[126]．

BnO OMe OMe O (**45**)　Br O O OMe Me (**46**)　*t*-BuLi　→　BnO OMe OMe O HO O OMe Me (**47**)　110℃→　[BnO MeO OMe OMe HO Me O O]　−MeOH→　[BnO OMe OMe HO Me O O]　Ac₂O DMAP ピリジン→　BnO OMe OMe AcO Me O O (**48**)　→→　HO OMe OMe O O Me (**49**)

文　献

1) G. M. Kosolapoff, L., Maier, "Organic Phosphorus Compounds", H. J. Bestmann, R. Zimmermann, eds., vol. 3, pp. 1-183, Wiley-Interscience (1972).
2) A. W. Johnson, "Ylid Chemistry", pp. 1-247, Academic Press (1966).
3) A. Maercker, *Org. React.*, **14**, 270 (1965).
4) S. Trippett, *Quart. Rev.*, **17**, 406 (1963).
5) J. I. G. Cadogan, ed., "Organophosphorus Reagents in Organic Synthesis", pp. 17-268, Academic Press (1979).
6) 日本化学会 編，"新 実験化学講座 12", p. 450, 丸善出版 (1976).

7) E. E. Schweizer, *J. Am. Chem, Soc.,* **86**, 2744 (1964).
8) N. L. Allinger, E. L. Eliel, "Topics in Stereochemistry", M. Schlosser, ed., vol. 5, pp. 1–30, Wiley-Interscience (1970).
9) M. Schlosser, K. F. Christmann, *Angew. Chem., Int. Ed. Engl.,* **5**, 126 (1966).
10) A. B. Reitz, M. S. Mutter, B. E. Maryanoff, *J. Am, Chem. Soc.,* **106**, 1873 (1984).
11) H. J. Bestmann. R. Armsen, H. Wagner, *Chem. Ber.,* **102**, 2259 (1969).
12) L., Horner, H. Hoffmann, *Angew. Chem.,* **68**, 473 (1956).
13) 総説：W. S. Wadsworth, Jr., *Org. React.*, **25**, 73 (1977).
14) E. J. Corey, G. T. Kwiatkowski, *J. Am. Chem. Soc.,* **88**, 5652 (1966); *ibid*, **90**; 6816 (1968).
15) A. H. Davidson, I. Fleming, J. I. Grayson, A. Pearce, R. L. Snowden, S. Warren, *J. Chem. Soc. Perkin Trans., 1,* **1977**, 550.
16) T. Kawashima, T. Ishii, N, Inamoto, *Chem, Lett.,* **1984**, 1097.
17) G. Wittig, U. Schoellkopf, *Org. Synth.,* Coll. Vol., **5**, 751 (1973).
18) G. Wittig, M. Schlosser, *Chem. Ber.,* **94**, 1373 (1961).
19) F. Ramirez, S. Dershowitz, *J. Org. Chem.,* **22**, 41 (1957).
20) W. S. Wadsworth, Jr., W. D. Emmons, *Org. Synth.,* Coll. Vol., **5**, 547 (1973).
21) C. K. Ingold, J. A. Jessop, *J. Chem, Soc.,* **1930**, 713.
22) a) V. Franzen, H. J. Schmidt, C, Mertz, *Chem. Ber.,* **94**, 2942 (1961); b) V. Franzen, H. Driesen, *ibid.,* **96**, 1881 (1963).
23) E. J. Corey, M. Chaykovsky, *J. Am. Chem. Soc.,* **84**, 867, 3782 (1962).
24) E. J. Corey, M. Chaykovsky, *J. Am. Chem. Soc.,* **87**, 1353 (1965).
25) B. M. Trost, H. C. Arndt, *J. Org. Chem.,* **38**, 3140 (1973).
26) a) C. R. Johnson, M. Haake, C. W. Schroeck, *J. Am. Chem. Soc.,* **92**, 6594 (1970); b) C. R. Johnson, P. E. Rogers, *J. Org. Chem.,* **38**, 1793, 1798 (1973); c) C. R. Johnson, E. R. Janiga, *J. Am. Chem. Soc.,* **95**, 7692 (1973).
27) C. R. Johnson, C. W. Schroeck, *J. Am. Chem. Soc.,* **95**, 7418 (1973).
28) G. Payne, *J. Org. Chem.,* **32**, 3351 (1967).
29) E. J. Corey, W. Oppolzer, *J. Am. Chem. Soc.,* **86**, 1899 (1964).
30) R. W. LaRochelle, B. M. Trost, L. Krepski, *J. Org. Chem.,* **36**, 1126 (1971).
31) a) B. M. Trost, M. J. Bogdanowicz, *J. Am. Chem. Soc.,* **95**, 5298 (1973); b) B. M. Trost, *Acc. Chem. Res.,* **7**, 85 (1974).
32) E. Borredon, M. Delmas, A. Gaset, *Tetrahedron Lett.,* **23**, 5283 (1982).
33) M. J. Hatch, *J. Org. Chem.,* **34**, 2133 (1969).
34) P. Mosset, R. Giec, *Synth. Commun.,* **15**, 749 (1985).
35) H. Schmidbaur, W. Tronich, *Tetrahedron Lett.,* **1968**, 5335.
36) J. Adams, L. Hoffman. Jr., B. M. Trost, *J. Org. Chem.,* **35**, 1600 (1970).
37) A. Varvoglis, "The Organic Chemistry of Polycoordinated Iodine", Wiley-VCH (1992).
38) C. Willgerodt, *Ber. Dtsch. Chem. Ges.*, **25**, 3495 (1892).
39) C. Willgerodt, *Ber. Dtsch. Chem. Ges.*, **25**, 3498 (1892).
40) J. G. Sharfkin, H. Saltzman, *Org. Synth.* Coll. Vol., **5**, 660 (1973).
41) A. McKillop, D. Kemp, *Tetrahedron*, **45**, 3299 (1989).
42) B. S. Garvey Jr., L. F. Halley, C. F. H. Allen, *J. Am. Chem. Soc.*, **59**, 1827 (1937).
43) G. F. Koser, R. H. Wettach, *J. Org. Chem.* **42**, 1476 (1977).
44) S. Spyroudis, A. Varvoglis, *Synthesis*, **1975**, 445.
45) V. V. Zhdankin, P. J. Stang, *Chem. Rev.,* **102**, 2523 (2002).
46) N. R. Deprez, M. S. Sanford, *Inorg. Chem.,* **46**, 1925 (2007).
47) P. A. Evans ed., "Modern Rhodium-Catalyzed Organic Reactions", Wiley-VCH (2005).

48） X. F. Zhao, C. Zhang, *Synthesis*, **2007**, 551.
49） A. Podgorsek, J. Iskra, *Molecule*, **15**, 2857 (2010).
50） M. Sawaguchi, S. Ayuba, S. Hara, *Synthesis*, **2002**, 1802.
51） A. S. Radhakrishna, M. E. Parham, R. M. Riggs, G. M. Loudon, *J. Org. Chem.*, **44**, 1746 (1979).
52） G. Stork, K. Zhao, *Tetrahedron Lett.*, **30**, 287 (1989).
53） R. Criegee, H. Beuker, *Justus Liebigs Ann. Chem.*, **541**, 218 (1939).
54） K. Miyamoto, N. Tada, M. Ochiai, *J. Am. Chem. Soc.*, **129**, 2772 (2007).
55） M. Ochiai, *In*: "Hypervalent Iodine Chemistry", Topics in Current Chemistry, Vol. 224, T. Wirth, ed. Springer (2003).
56） G. F. Koser, *In*: "The Chemistry of Halides, Pseudo-Halides and Azides", supplement D2, S. Patai, Z. Rappoport, eds., John Wiley (1995).
57） C. Hartmann, V. Meyer, *Ber. Dtsch. Chem. Ges.*, **27**, 426 (1894).
58） V. V. Zhdankin, P. J. Stang, *Chem. Rev.*, **108**, 5299 (2008).
59） D.-W. Chen, M. Ochiai, *J. Org. Chem.*, **64**, 6804 (1999).
60） M. Ochiai, M. Toyonari, T. Nagaoka, D. Chen, M. Kida, *Tetrahedron Lett.*, **38**, 6709 (1997).
61） a) F. M. Beringer, S. A. Galton, S. J. Huang, *J. Am. Chem. Soc.*, **84**, 2819 (1962); b) D. H. R. Barton, J. P. Finet, C. Giannotti, F. Halley, *J. Chem. Soc., Perkin Trans 1*, **1987**, 241.
62） a) N. R. Deprez, D. Kalyani, A. Krause, M. S. Sanford, *J. Am. Chem. Soc.*, **128**, 4972 (2006); b) R. J. Phipps, M. J. Gaunt, *Science*, **323**, 1593 (2009).
63） O. A. Ptitsyna, M. E. Pudeeva, O. A. Reutov, *Dokl. Akad. Nauk SSSR*, **165**, 582 (1965).
64） A. N. Nesmeyanov, L. G. Makarova, T. P. Tolstaya, *Tetrahedron*, **1**, 145 (1957).
65） V. W. Pike, F. I. Aigbirhio, *J. Chem. Soc., Chem. Commun.*, **1995**, 2215.
66） T. Kitamura, M. Yamane, K. Inoue, M. Todaka, N. Fukatsu, Z. Meng, Y. Fujiwara, *J. Am. Chem. Soc.*, **121**, 11674 (1999).
67） G. A. Olah, E. G. Melby, *J. Am. Chem. Soc.*, **94**, 6220 (1972).
68） T. Umemoto, Y. Kuriu, H. Shuyama, O. Miyano, S. Nakayama, *J. Fluorine Chem.*, **31**, 37 (1986).
69） T. Umemoto, *Chem. Rev.* **96**, 1757 (1996).
70） a) P. Eisenberger, S. Gischig, A. Togni, *Chem. Eur. J.*, **12**, 2579 (2006); b) I. Kieltsch, P. Eisenberger, A. Togni, *Angew. Chem., Int. Ed.*, **46**, 754 (2007).
71） J. Thiele, H. Haakh, *Justus Liebigs Ann. Chem.*, **369**, 131 (1909).
72） A. N. Nesmeyanov, T. P. Tolstaya, N. F. Sokolova, A. N. Goltsev, *Dokl. Akad. Nauk SSSR*, **238**, 591 (1977).
73） M. Ochiai, K. Sumi, Y. Nagao, E. Fujita, *Tetrahedron Lett.*, **26**, 2351 (1985).
74） V. V. Grushin, I. I. Demkina, T. P. Tolstaya, M. V. Galakhov, V. I. Bakhmutov, *Organomet. Chem. USSR*, **2**, 373 (1989).
75） M. Ochiai, M. Kunishima, S. Tani, Y. Nagao, *J. Am. Chem. Soc.*, **113**, 3135 (1991).
76） T. Okuyama, T. Takino, T. Sueda, M. Ochiai, *J. Am. Chem. Soc.*, **117**, 3360 (1995).
77） M. Ochiai, *J. Organomet. Chem.*, **611**, 494 (2000).
78） M. Ochiai, K. Oshima, Y. Masaki, *Tetrahedron Lett.*, **32**, 7711 (1991).
79） M. Ochiai, K. Oshima, Y. Masaki, *Chem. Lett.*, **1994**, 871.
80） F. M. Beringer, S. Galton, *J. Org. Chem.*, **30**, 1930 (1965).
81） M. Ochiai, M. Kunishima, Y. Nagao, K. Fuji, M. Shiro, E. Fujita, *J. Am. Chem. Soc.*, **108**, 8281 (1986).

82） M. Yoshida, K. Osafune, S. Hara, *Synthesis*, **2007**, 1542.
83） P. J. Stang, A. M. Arif, C. M. Crittell, *Angew. Chem., Int. Ed.*, **29**, 287 (1990).
84） M. Yoshida, N. Nishimura, S. Hara, *Chem. Commun.*, **2002**, 1014.
85） a) D. F. Gonzalez, J. P. Brand, J. Waser, *Chem. Eur. J.*, **16**, 9457 (2010); b) V. V. Zhdankin, C. J. Kuehl,

J. T. Bolz, M. S. Formaneck, A. J. Simosen, *Tetrahedron Lett.*, **40**, 7323 (1994).

86) a) K. Miyamoto, Y. Yokota, T. Suefuji, K. Yamaguchi, T. Ozawa, M. Ochiai, *Chem. Eur. J.*, **20**, 5447 (2014); b) M. Ochiai, K. Miyamoto, T. Suefuji, M. Shiro, S. Sakamoto, K. Yamaguchi, *Tetrahedron*, **59**, 10153 (2003); c) M. Ochiai, K. Miyamoto, T. Suefuji, S. Sakamoto, K. Yamaguchi, M. Shiro, *Angew. Chem. Int. Ed.*, **42**, 2191 (2003).

87) a) V. V. Zhdankin, *Sci. Synth.*, **31a**, 161 (2007); b) U. Ladziata, V. V. Zhdankin, *ARKIVOC*, **6**, 26 (2006).

88) M. Frigerio, M. Santagostino, S. Sputore, G. Palmisanoj, *J. Org. Chem.*, **60**, 7272 (1995).

89) T. Wirth, *Angew. Chem. Int. Ed.*, **40**, 2812 (2001).

90) D. B. Dess, J. C. Martin, *J. Org. Chem.*, **48**, 4155 (1983).

91) R. J. Linderman, D. M. Graves, *J. Org. Chem.*, **54**, 661 (1989).

92) S. D. Murani, M. Frigerio, M. Santagostino, *J. Org. Chem.*, **61**, 9272 (1996).

93) R. K. Boeckmann, P. Shao, J. J. Mullins, *Org. Synth.*, **77**, 141 (2000).

94) A. Ozanne, L. Pouységu, D. Depernet, B. François, S. Quideau, *Org Lett.*, **5**, 2903 (2003).

95) W. Kirmse, “Carbene Chemistry”, 2nd Ed., Academic Press (1971).

96) M. Jones, Jr, R. A. Moss., “Carbenes”, Vol. 1, John Wiley (1973), Vol. 2 (1975).

97) 富岡秀雄, “最新のカルベン化学”, 名古屋大学出版会 (2009).

98) 丸岡啓二, 高井和彦, 松原誠二郎, 野崎京子, 白川英二, 忍久保洋 著, “有機合成化学”, 檜山為次郎, 大嶌幸一郎 編, p.65, 東京化学同人 (2012).

99) H. E. Simmons, T. L. Cairns, S. A. Vlanduchick, C. M. Hoiness, *Org. React.*, **20**, 1 (1973).

100) I. Arai, A. Mori, H. Yamamoto, *J. Am. Chem. Soc.*, **107**, 8254 (1985).

101) A. B. Charette, H. Juteau, *J. Am. Chem. Soc.*, **116**, 2651 (1994).

102) R. Knorr, *Chem. Rev.*, **104**, 3795 (2004).

103) M. Roux, M. Santelli, J.-L. Parrain, *Org. Lett.*, **2**, 1701 (2000).

104) D. Seyferth, S. P. Hopper, *J. Org. Chem.*, **37**, 4070 (1972).

105) W. E. Parham, E. E. Schweizer, S. A. Mierzwa Jr. *Org. Synth.*, Coll. Vol. **5**, 874 (1973).

106) K. G. Taylor, J. Chaney, J. C. Deck, *J. Am. Chem. Soc.*, **98**, 4163 (1976).

107) S. Miyano, Y. Matsumoto, H. Hashimoto, *J. Chem. Soc., Chem. Commun.*, **1975**, 364.

108) C. W. Jefford, Q. Tang, A. Zaslona, *J. Am. Chem. Soc.*, **113**, 3513 (1991).

109) M. P. Doyle, W. Hu, *Chirality*, **14**, 169 (2002).

110) F. E. Hahn, M. C. Jahnke, *Angew. Chem. Int. Ed.*, **47**, 3122 (2008).

111) S. S. Sohn, E. L. Rosen, J. W. Bode, *J. Am. Chem. Soc.*, **126**, 14370 (2004).

112) A. K. Chatterjee, J. P. Morgan, M. Scholl, R. H. Grubbs, *J. Am. Chem. Soc.*, **122**, 3783 (2000).

113) M. S. Platz, “Reactive intermediate Chemistry”, p.501, Wiley-VCH (2004).

114) K. Hafuer, C. Konig, *Angew. Chem. Int. Ed.*, **2**, 96 (1963).

115) A. K. Schrock, G. B. Schuster, *J. Am. Chem. Soc.*, **106**, 5228 (1984).

116) M. Shen, B. E. Leslie, T. G. Driver, *Angew. Chem. Int. Ed.*, **47**, 5056 (2008).

117) H. Pellissier, M. Santelli, *Tetrahedron*, **59**, 701 (2003).

118) S. V. Kessar, B. M. Trost, I. Fleming, eds., “Comprehensive Organic Synthesis”, Vol. 4, p 483, Pergamon Press (1991)

119) R. Sanz, *Org. Prep. Proced. Int.*, **40**, 215 (2008).

120) P. M. Tadross, B. M. Stoltz, *Chem. Rev.*, **112**, 3550 (2012).

121) I. Larrosa, M. I. Da Silva, P. M. Gdrnez, P. Hannen, E. Ko, S. R. Lenger, S. R. Linke, A. J. P.White, D. Wilton, A. G. M. Barrett, *J. Am. Chem. Soc.*, **128**, 14042 (2006).

122) S. Tsujiyama, K. Suzuki, *Org. Synth.*, **84**, 272 (2007).

123) D. C. Ebner, U. K. Tambar, B. M. Stoltz, *Org. Synth.*, **86**, 161 (2009).

124) J. L. Segura, N. Martín, *Chem. Rev.*, **99**, 3199 (1999).

125) J. L. Charlton, M. M. Alauddin, *Tetrahedron*, **43**, 2873 (1987).
126) J. G. Allen, S. J. Danishefsky, *J. Am. Chem. Soc.*, **123**, 351 (2001).
127) R. L. Funk, K. P. C. Vollhardt, *J. Am. Chem. Soc.*, **102**, 5253 (1980).
128) H. Nemoto, K. Fukumoto, *Tetrahedron*, **54**, 5425 (1998).
129) I. Takemura, K. Imura, T. Matsumoto, K. Suzuki, *Org. Lett.*, **6**, 2503 (2004).

Chapter 19

有機金属化合物を用いる合成反応実験

19.1 典型元素の有機金属化合物：調製と合成反応

19.1.1 有機リチウム化合物

有機リチウム化合物は有機マグネシウム化合物と並んでもっとも基本的な有機金属反応剤であり，その高い反応性を精密に制御することにより有機合成上の利用範囲は広がりつつある[1~3]．生理活性天然物の全合成においてもさまざまな官能基を有する有機リチウム反応剤が用いられており[4]，また医薬品開発や機能性材料開発に欠かすことのできない芳香族複素環化合物の側鎖導入においても重要な役割を果たしている[5~8]．また有機リチウム化合物は他の有機金属化合物を調製するための原料としてもよく用いられている．有機リチウム化合物は空気中の酸素や水と反応するため，乾燥アルゴンなど不活性ガス雰囲気下に注意深く取り扱う必要がある[2,3]．乾燥窒素も使えるが，金属リチウムを用いる場合には窒素と反応するので必ずアルゴン雰囲気下で操作する．よく用いられる市販の有機リチウム化合物としてはアルキルリチウム類（MeLi，EtLi，*n*-BuLi，*s*-BuLi，*t*-BuLi，$TMSCH_2Li$），アリルリチウム，ビニルリチウム，フェニルリチウム，チエニルリチウムなどがあり，炭化水素系溶媒あるいはエーテル系溶媒に溶かした溶液として市販されている．これらの有機リチウム反応剤は保存状態により濃度が異なることが多いので，使用する直前に滴定を行うことが必須である．その滴定にはさまざまな方法が知られているが，操作が簡単なものとして，指示薬を用いる直接滴定法が種々報告されている[3]．図 19.1 に示す指示薬は，比較的幅広い種類の有機リチウム反応剤の滴定に使用できる．

また，エチニルリチウムは固体のエチレンジアミン錯体として固体で市販されている．有機リチウム化合物の反応溶媒には脱水・脱気処理したジエチルエーテル，THF などのエーテル系溶媒や炭化水素系溶媒が用いられ，最近では高純度の脱水溶媒が市販されている．反応によっては非プロトン性の極性溶媒を溶媒あるいは共溶媒として用いることもある．

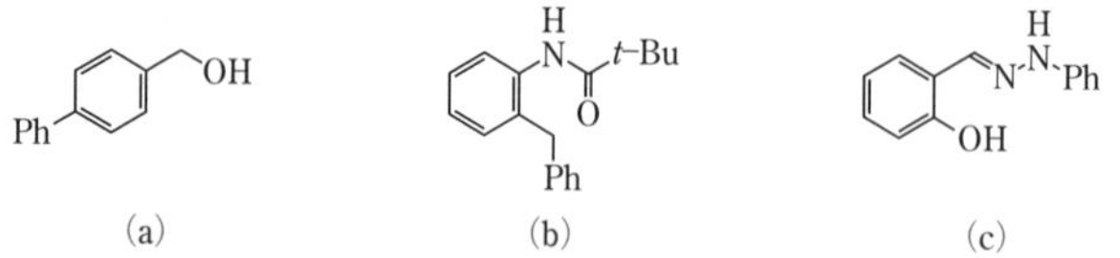

図 19.1　有機リチウム反応剤の滴定指示薬
(a) ビフェニルメタノール[9)]
(b) *N*-ピバロイル-*o*-ベンジルアニリン[10)]
(c) サリチルアルデヒドフェニルヒドラゾン[11)]

a. 有機リチウム反応剤を用いるハロゲン-リチウム交換反応

有機ハロゲン化合物から有機リチウム反応剤を調製する方法の一つとしてハロゲン-リチウム交換反応があり，*n*-ブチルリチウムあるいは*t*-ブチルリチウムをよく用いる．反応を−100 ℃もの極低温でも行えるので，アルコキシカルボニル基などの官能基が共存してもよい[12)]．有機ハロゲン化合物としては有機ヨウ化物や有機臭化物をよく用いる．有機塩化物は反応性が高い場合にまれに用いることがある．ハロゲン-リチウム交換反応を官能基選択性よく行うために，求核性が比較的低いメシチルリチウムを用いることがある[13~15)]．これは臭化メシチルと*n*-BuLi あるいは*t*-BuLi との反応によって容易に得られ，使用直前に調製して使用する．官能基をもつ有機リチウム化合物の調製によく用いられる．

【実験例　メシチルリチウムの調製[13)]】

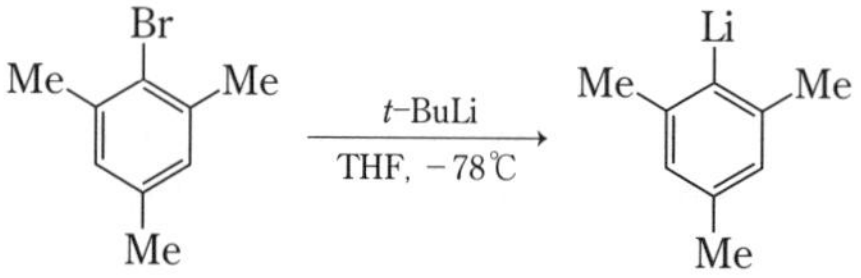

乾燥アルゴン雰囲気下，*t*-ブチルリチウムの 1.44 mol L^{-1} ペンタン溶液 2.8 mL（4.0 mmol）を臭化メシチル 398 mg（2.0 mmol）の乾燥・脱気 THF 7 mL 溶液に−78 ℃にて滴下し，混合物を−20 ℃に昇温して 1 時間撹拌するとメシチルリチウム（2.0 mmol）が調製できる．

【実験例　官能基選択的リチオ化：分子内 1,2-付加[13)]】

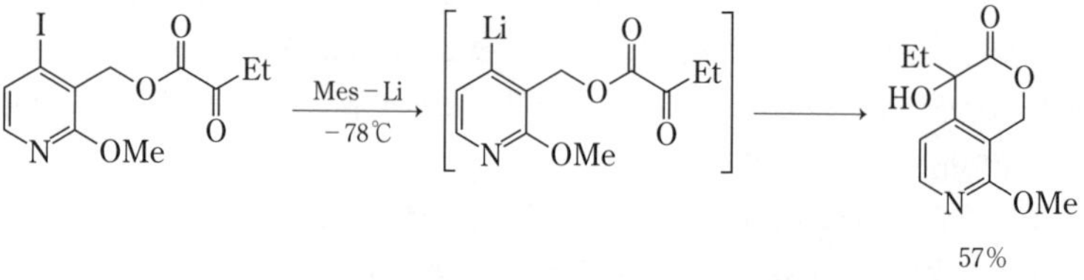

上記の方法で調製したメシチルリチウム（2.0 mmol）の THF 溶液を−78 ℃に冷却し，ここへヨードピリジニルメチルシュウ酸エステル 349 mg（1.0 mmol）の THF 5 mL 溶液を滴

下する．この温度にて5時間撹拌したのち，塩化アンモニウムの飽和水溶液を加え，エーテル30 mLで3回抽出する．硫酸マグネシウムで乾燥したのち，エーテルを留去し，残渣をシリカゲルカラムクロマトグラフィー（ヘキサン-酢酸エチル（5：1））で精製し，油状液体を得る．収量127 mg（収率57%）．

b. リチウムアレーニドを用いるリチオ化反応

有機ハロゲン化合物から有機リチウム化合物を調製するための別の方法として，金属リチウムによるリチオ化反応がある．図19.2のようなナフタレン類あるいはビフェニル類を電子キャリヤーとして触媒量添加することにより，系内にリチウムアレーニドを発生させて円滑にリチオ化を行う手法が開発されている[16,17]．この方法はハロゲン-リチウム交換反応が進行しにくい有機塩化物や有機フッ化物から，有機リチウム化合物を調製する目的に幅広く使えるが，官能基との共存に関しては制約がある．

【実験例　フルオロベンゼン誘導体から置換フェニルリチウムの調製[18]】

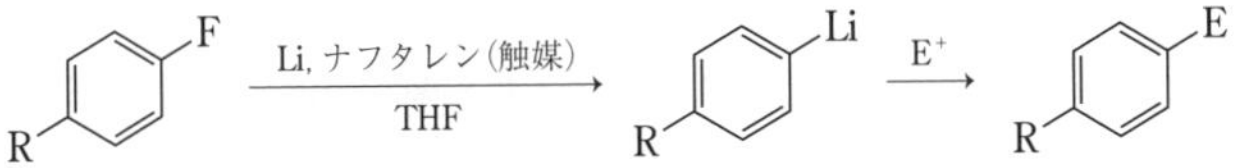

R-C6H4-F —(Li, ナフタレン(触媒) / THF)→ R-C6H4-Li —(E^+)→ R-C6H4-E

乾燥アルゴン雰囲気下，金属リチウム粉末70 mg（10 mmol）をナフタレン18 mg（0.14 mmol）のTHF 5 mL溶液に加えて緑色の懸濁液を調製し，ここにフルオロベンゼン誘導体（1 mmol）のTHF 2 mL溶液を−30℃にて20分かけて滴下する．その温度でさらに15分間撹拌し，求電子剤（E^+，1.2 mmol）を加えて3時間撹拌する．そして反応温度を徐々に0℃まで昇温し，水10 mLを加えて反応を停止させる．2 mol L^{-1} 塩酸で酸性としたのち，酢酸エチル20 mLで3回抽出する．有機層は飽和 $NaHCO_3$ 水溶液5 mL，水5 mL，飽和塩化ナトリウム水溶液5 mLで洗浄したのち，無水硫酸ナトリウムで乾燥する．溶媒を留去し，残渣をシリカゲルカラムクロマトグラフィー（ヘキサン-酢酸エチル）で精製する．

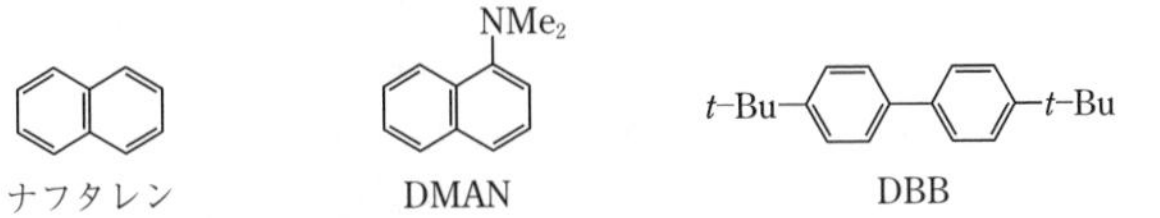

ナフタレン　　DMAN　　DBB

図19.2　リチオ化に用いる電子キャリヤー

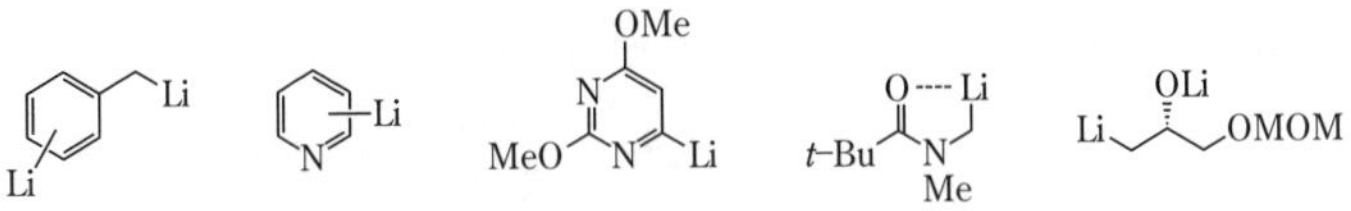

図19.3　有機リチウム化合物

この手法と同様の方法により，図 19.3 のような有機リチウム化合物を対応する有機塩素化合物やエーテル類から容易に調製することができる[16,17]．また有機硫黄化合物からの有機リチウム化合物の調製にも有効であり，合成化学的に有用な有機リチウム化合物を簡便に調製できる[19]．

c.　水素-リチウム交換反応による有機リチウム化合物の合成

水素-リチウム交換反応には，強塩基である *n*-ブチルリチウム，*s*-ブチルリチウム，*t*-ブチルリチウムなどのアルキルリチウム類をよく用いる．添加剤を使用しなくてもよいが，TMEDA や PMDTA などの配位性の高いアミン類を添加すると反応性や選択性が向上することが知られている[2]．塩基性がやや弱いが，リチウム-ハロゲン交換が進行しない LDA や LTMP などのリチウムアミド類も幅広く用いられている[7,8]．また基質によってはメシチルリチウムを用いることにより選択性が向上する場合もある[20~24]．

【実験例　ベンゼン環の部位選択的水素-リチウム交換反応[25]】

F, OMe, COOH　←　1) *n*-BuLi　2) CO_2　3) HCl　—　F, OMe　—　1) *n*-BuLi, PMDTA　2) CO_2　3) HCl　→　COOH, F, OMe

50%　　　　87%

（i）3-フルオロ-2-メトキシ安息香酸　乾燥アルゴン雰囲気下，−75 ℃ にて *n*-ブチルリチウム（50 mmol）を 2-フルオロアニソール 6.3 g（50 mmol）の THF 60 mL 溶液に滴下する．その温度で 50 時間反応させたのち，混合物をドライアイスへ注ぐ．溶媒を留去し塩酸の 2.5 mol L^{-1} エーテル溶液 70 mL で残渣を中和する．溶媒を留去後，トルエンから再結晶し目的物を得る（収率 50%）．

（ii）2-フルオロ-3-メトキシ安息香酸　乾燥アルゴン雰囲気下，−75 ℃ にて 2-フルオロアニソール 6.3 g（50 mmol）を *n*-ブチルリチウム（50 mmol）と PMDTA 8.7 g（50 mmol）を THF 60 mL とヘキサン 40 mL の溶液に加える．2 時間その温度で反応させたのち，混合物をドライアイスへ注ぐ．溶媒を留去し塩酸の 2.5 mol L^{-1} エーテル溶液 70 mL で残渣を中和する．溶媒を留去したのち，トルエンから再結晶して目的物を得る（収率 87%）．

アルキルリチウムとカリウム *t*-ブトキシドの組合せは，超塩基（superbase）とよばれ，高い水素-金属交換反応の能力を示す．アルキルリチウム類やリチウムアミド類単独では調製できないカルボアニオンを発生させることができる[26,27]．この水素引抜き反応では，有機リチウム化合物とカリウム *t*-ブトキシドの錯体が関与することが示唆されている．

【実験例　ベンゼン環の超塩基 BuLi·*t*-BuOK による脱プロトン化[28]】

$$\text{1,3-di-}t\text{-Bu-C}_6\text{H}_4 \xrightarrow[\text{2) CO}_2]{\text{1) }n\text{-BuLi}\cdot t\text{-BuOK}} \text{3,5-di-}t\text{-Bu-C}_6\text{H}_3\text{COOH} \quad 56\%$$

乾燥アルゴン雰囲気下，25 ℃にて 1,3-ジ-*t*-ブチルベンゼン 9.5 g（50 mmol）とカリウム *t*-ブトキシド 5.5 g（50 mmol）を *n*-ブチルリチウムの 1.5 mol L^{-1} ヘキサン溶液 35 mL（53 mmol）に加え，2 時間撹拌したのち，混合物をドライアイスが入った THF 25 mL の中へ注ぐ．溶媒を留去したのち残渣を水 100 mL に溶解し，エーテル 20 mL で 3 回洗浄する．水層を酸性にして析出する結晶を沪取してカルボン酸を得る（収率 56%）．

また，超塩基と同じく，アルキルリチウムとリチウムジメチルアミノエトキシドとの組合せを用いるとピリジンの α 位選択的な水素-リチウム交換反応が可能であり，芳香族複素環を選択的に修飾する場合には利用価値が高い[29]．アルキルリチウムとしては通常 *n*-ブチルリチウムを標準的に用いるが[30]，トリメチルシリルメチルリチウムを用いると，副生物の生成が抑制され選択性が向上することがある[31]．

【実験例　2-クロロ-6-リチオピリジンの合成[30,31]】

$$\text{2-chloropyridine} \xrightarrow[\text{ヘキサン, }-78\,^\circ\text{C}]{n\text{-BuLi/LiDMAE}} \text{2-Li-6-Cl-pyridine} \xrightarrow[\text{THF, 0}\,^\circ\text{C}]{\text{PhCONMe}_2} \text{2-PhCO-6-Cl-pyridine} \quad 84\%$$

$LiDMAE = Me_2NCH_2CH_2OLi$

窒素雰囲気下，2-ジメチルアミノエタノール 0.72 g（8 mmol）のヘキサン溶液 5 mL を 0 ℃に冷却し *n*-ブチルリチウムの 1.6 mol L^{-1} ヘキサン溶液 10 mL（16 mmol）を滴下する．30 分後，反応液を −78 ℃に冷却し 2-クロロピリジン 0.3 g（2.67 mmol）のヘキサン溶液 5 mL を滴下する．この温度で 1 時間撹拌したのち，*N*,*N*-ジメチルベンズアミド（10.67 mmol）の THF 20 mL 溶液を加え，反応温度を徐々に 0 ℃まで上昇させる．そして塩化アンモニウムの飽和水溶液を加え，エーテル 30 mL で 3 回抽出する．硫酸マグネシウムで乾燥後，エーテルを留去し残渣をシリカゲルクロマトグラフィーで精製して目的物を得る（収率 84%）．

有機リチウム化合物を求電子剤の共存下において発生させると，ハロゲン化反応やカルボニル化合物への 1,2-付加反応が円滑に起こる[32,33]．リチウムアルコキシドのような塩基を用いると，比較的酸性度の高い部位の変換が簡単に達成できる．

【実験例　カフェインの脱プロトン化-臭素化[33]】

乾燥アルゴン雰囲気下カフェイン 194 mg（1.0 mmol），ジブロモテトラフルオロエタン 780 mg（3.0 mmol），リチウム t-ブトキシド 320 mg（4.0 mmol），DMF 2.0 mL の混合物を 100 ℃ にて 13 時間撹拌する．室温まで冷却し，溶媒を減圧留去したのち，残渣をシリカゲルカラムクロマトグラフィー（酢酸エチル-ジクロロメタン（1：9））で精製して目的物を無色結晶として得る．収量 176 mg（収率 65%）．

19.1.2　有機マグネシウム化合物と有機カルシウム化合物

有機マグネシウム化合物（グリニャール（Grignard）反応剤）は，多くの種類が THF 溶液またはエーテル溶液として市販されており，入手容易な有機金属化合物の一つである．その化学的性質については，1 族元素化合物である有機リチウム化合物と比べて塩基性が低い反面，マグネシウムに適度なルイス（Lewis）酸性があるので，α 位水素の脱プロトン化を併発することなく，カルボニル基に求核付加を起こすことができる．また，有機マグネシウム化合物の合成法に関しては前版に詳しく書かれているが，ハロゲン化アルキルと金属マグネシウムとの反応による直接法が依然として代表的な方法である．通常，入手容易な削状のマグネシウムにエーテルまたは THF 中，ハロゲン化アルキルをゆっくりと滴下することにより調製する．グリニャール反応剤は酸素や水に敏感であり，これらを除去した容器内で調製や反応を行わねばならない．また，金属マグネシウム表面は酸化物で覆われているので，反応を開始させるためにヨウ素やジブロモエタンなどを少量加えて，マグネシウム表面を活性化させる必要がある．金属マグネシウムを用いたグリニャール反応剤の調製法とその反応については，実験化学講座[34]を参照されたい．最近では，Rieke 法により発生した活性マグネシウムを用いることにより，低温でグリニャール反応剤を調製することもできる．さらに，金属マグネシウムを用いる酸化的付加において塩化リチウムを添加すると，より低温かつ短時間で反応が進行し，エステルなど反応性の高い官能基を含むハロゲン化アリールからも対応するグリニャール反応剤を効率よく発生させることができる[35]．そのほか，トランスメタル化反応（金属交換反応）や不飽和炭化水素への付加反応，Mg-ハロゲン交換反応を利用する方法も用いられている．とくに Mg-ハロゲン交換反応は，官能基をもつグリニャール反応剤を合成するのに効果的である．また，ジアルキルマグネシウムはグリニャール反応剤にジオキサンを加えることにより調製できる．

一方，有機カルシウム化合物はグリニャール反応剤と異なり，市販されているものはない．カルシウムの電気陰性度はマグネシウムと比べて小さいため，有機カルシウム化合物のイオン性はより強く，カルボアニオンとしての反応性はグリニャール反応剤より高い．有機カルシウム化合物は，上述した有機マグネシウム化合物の合成法と基本的に同じ方法で合成することができる．とくに，ハロゲン化アルキルと金属カルシウムとの反応による直接的方法において，Rieke 法で調製した活性カルシウムを使うと，反応性の低い有機ハロゲン化合物からも有機カルシウム化合物を合成できるだけでなく低温でも調製できるため，ハロゲン化アルキルの二量化などの副反応を抑えることができる．以下に，有機マグネシウム化合物および有機カルシウム化合物を用いた実用的な有機合成反応の例を示す．

a. Rieke マグネシウム

Rieke らは当初，高活性マグネシウムを調製するのに，THF 中，ヨウ化カリウムの存在下で塩化マグネシウムを金属カリウムで還元[36]していたが，安全面で問題があり，還元剤をリチウムナフタレニドに置き換えた改良法[37]が登場した．この方法で得た活性マグネシウムを一般的に Rieke マグネシウムとよぶ．Rieke マグネシウムを用いると，通常の金属マグネシウムでは不可能なフッ化アリール化合物からでもグリニャール反応剤を発生させることができる[36b,38]．

【実験例　Rieke マグネシウムの調製[37]】

Li + (naphthalene) —THF, 室温→ Li^+ [(naphthalene)]$^{\bar{\cdot}}$

$MgCl_2$ + 2 Li^+ [(naphthalene)]$^{\bar{\cdot}}$ —THF, 室温→ Mg^* (Rieke マグネシウム)

乾燥した 50 mL シュレンク管にテフロン磁気撹拌子を入れ，アルゴン雰囲気下，リチウム 224 mg（33.0 mmol），塩化マグネシウム 1.57 g（16.5 mmol），ナフタレン 436 mg（3.4 mmol），つづいて無水 THF 10～20 mL を加える．室温で 24 時間激しく撹拌すると，還元反応が完結し，濃い灰色から黒色の Rieke マグネシウムの THF 懸濁液が定量的に得られる．

b. Rieke マグネシウムを用いた官能基を有するアリールグリニャール反応剤の調製とアルデヒドとの反応

グリニャール反応剤はさまざまな官能基に対して高い反応性を示すため，金属マグネシウムとハロゲン化アルキルを用いて行う一般的な直接的発生法では，官能基をもつグリニャール反応剤の調製は通常困難である．これに対して Rieke マグネシウムを用いると，低温でも各種ハロゲン化アルキルから対応するグリニャール反応剤を効率的に合成することができる．たとえば，カルボアニオンに対して活性な官能基であるニトリル基をパラ位にもつブロモベンゼンに対して，THF 中，−78 ℃ で Rieke マグネシウムを作用させ，その後，ベンズアルデヒドを加えると，目的とする第二級アルコールが 65% の収率で得られる[39]．この反応の場合のグリニャール反応剤の調製時間は 15 分もあれば十分である．また，−78 ℃ でグリニャール反応剤と共存可能な基は，ニトリルのほか，エステルや塩素もある．

【実験例　Rieke マグネシウムを用いた 4-(ヒドロキシ(フェニル)メチル)ベンゾニトリルの合成[39]】

$$\mathrm{N{\equiv}C\text{-}C_6H_4\text{-}Br} \xrightarrow[\text{THF, }-78\,^\circ\mathrm{C},\ 15\ \mathrm{min}]{\mathrm{Mg^*}} \left[\mathrm{N{\equiv}C\text{-}C_6H_4\text{-}MgBr}\right] \xrightarrow[-78\,^\circ\mathrm{C},\ 2\ \mathrm{h}]{\mathrm{PhCHO}} \mathrm{N{\equiv}C\text{-}C_6H_4\text{-}CH(OH)Ph}\ \ 65\%$$

アルゴン雰囲気下で，Rieke マグネシウム（3.0 mmol）の THF 5 mL 懸濁液に，−78 ℃ で 4-ブロモベンゾニトリル（1.0 mmol）をゆっくりと加え，−78 ℃ で 15 分間撹拌する．つづいてベンズアルデヒド（1.1 mmol）を加え，この温度でさらに 2 時間撹拌する．次に飽和塩化アンモニウム水溶液を加え，水層をエーテルで 3 回抽出する．有機層を合わせ，無水硫酸マグネシウム上で乾燥し，沪過したのち，減圧下で濃縮する．シリカゲルカラムクロマトグラフィーで精製すると，4-(ヒドロキシ(フェニル)メチル)ベンゾニトリルが得られる（収率 65%）．

c.　Mg-ハロゲン交換反応を用いた官能基をもつアリールグリニャール反応剤の調製と求電子剤との反応

前述の Rieke マグネシウムの代わりに，*i*-PrMgBr または *i*-Pr_2Mg を用いて低温でハロゲン化アリール化合物との間で Mg-ハロゲン交換反応を行っても，ベンゼン環に官能基をもつアリールグリニャール反応剤を効果的に合成することができる[40]．たとえば，4-ヨード安息香酸エチルに対して −40 ℃ で *i*-Pr_2Mg を 1 時間作用させたのち，ベンズアルデヒドを添加すると，エステル基をもつジアリールメタノールが良い収率で生成する．この反応に耐える官能基として，このほかニトリルやアミド，臭素がある．この方法で発生させた官能基化アリールグリニャール反応剤は，さらに，遷移金属触媒存在下でのアルキル化[41]，アリール化[40]，アルケニル化[42]，ヘテロアリール化[43]，マイケル（Michael）付加[44] に利用されている．また，ポリマーに担持した官能基化アリールグリニャール反応剤も合成されている[40]．本項の緒言で紹介した塩化リチウムの添加によるグリニャール反応剤生成の促進効果は，この Mg-ハロゲン交換反応においても認められる．あらかじめ調製した *i*-PrMgCl・LiCl を用いると，さまざまな臭化アリール化合物から対応するグリニャール反応剤を穏和な条件で得ることができる．アート型中間体 *i*-$PrMgCl_2^-$・Li^+ が Mg-Br 交換反応の活性化に重要な役割を演じていると考えられている[45]．

【実験例　Mg-ハロゲン交換反応を用いた 4-(ヒドロキシ(フェニル)メチル)安息香酸エチルの合成[40]】

$$\text{EtO}_2\text{C-C}_6\text{H}_4\text{-I} \xrightarrow[\text{THF, } -40\,^\circ\text{C, 1 h}]{i\text{-Pr}_2\text{Mg}} \left[\text{EtO}_2\text{C-C}_6\text{H}_4\text{-Mg}i\text{-Pr}\right] \xrightarrow[-40\,^\circ\text{C, 1 h}]{\text{PhCHO}} \text{EtO}_2\text{C-C}_6\text{H}_4\text{-CH(OH)Ph} \quad 90\%$$

アルゴン雰囲気下, −40 ℃ で, 4-ヨード安息香酸エチル 552 mg (2.0 mmol) の THF 溶液 40 mL にジイソプロピルマグネシウム 2.3 mL (1.06 mmol) の *t*-ブチルメチルエーテル溶液をゆっくりと加え, −40 ℃ で 1 時間撹拌する. つづいてベンズアルデヒド 233 mg (2.2 mmol) を加え, この温度でさらに 3 時間撹拌する. 常法の後処理ののち, 黄色の油状粗生成物を得る. これをシリカゲルカラムクロマトグラフィー (エーテル-ペンタン (1：4)) で精製すると, 4-(ヒドロキシ(フェニル)メチル)安息香酸エチルが得られる. 収量 460 mg (収率 90%).

d.　炭素-炭素多重結合へのグリニャール反応剤の付加反応

グリニャール反応剤は炭素-炭素多重結合に付加 (カルボメタル化) する. 反応性は, 一般にアルケンよりアルキンのほうが高い. とくに炭素-炭素多重結合の近くにヘテロ原子があると, 反応性が向上する. 一例として, 2-ピリジルジメチルシリル基を有するビニルシランと塩化イソプロピルマグネシウムとの反応は室温で進行し, 目的物が高収率で生成する[46]. この場合, 中間体の α-シリル有機マグネシウム化合物が 2-ピリジル基による分子内配位を受けて安定化されるため, 付加反応が単純なビニルシランと比べて速くなっていると理解されている. 一方, より穏和な反応条件でカルボメタル化を行うために, 銅やジルコニウムなどの遷移金属触媒を用いることもある.

$$\text{2-Py-SiMe}_2\text{-CH=CH}_2 \xrightarrow[\text{Et}_2\text{O, 室温, 3 h}]{i\text{-PrMgCl}} \left[\text{2-Py(N}\cdots\text{MgCl)-SiMe}_2\text{-CH(MgCl)-CH}_2\text{-}i\text{-Pr}\right] \xrightarrow{\text{H}_2\text{O}} \text{2-Py-SiMe}_2\text{-CH}_2\text{-CH}_2\text{-}i\text{-Pr} \quad 91\%$$

e.　グリニャール反応剤によるアリル β-ヨードアセタールのラジカル環化反応

グリニャール反応剤はハロゲン化アルキルとの反応のさいに, 一電子移動することがある. この性質を利用すれば, 適当な位置に炭素-炭素二重結合をもつハロゲン化アルキルをラジカル環化させて環状エーテルに変換することができる. 代表的な例は, アリル β-ヨードアセタール類とエチルグリニャール反応剤との反応である[47]. DME 中, 室温でアリル β-ヨードアセタールに対して臭化エチルマグネシウムを 3 当量作用させると, 環状エーテルであるテトラヒドロフラニルメチルマグネシウム化合物が生成する. つづいて CuCN･2 LiCl 触媒量共存下に臭化アリルと反応させると, アリル化されたテトラヒドロフラン誘導体が得られる（収率 73%）．この反応は原子移動ラジカル機構で進行する．すなわち，まず，中間体としてヨウ素化された環化体が生成する．つづいてこのヨウ素化体が過剰のグリニャール反応剤との間で Mg-ヨウ素交換することにより，環状のマグネシウム中間体となる．もし，この反応を THF 中で行うと，ヨウ素化された環化体が過剰に存在するグリニャール反応剤で還元されることがわかっている[47]．

【実験例　臭化エチルマグネシウム（EtMgBr）を用いるアリル β-ヨードアセタールのラジカル環化とアリル化の連続反応[47]】

ジアステレオマー
1：1 混合物

EtMgBr
DME,
室温, 30 min

CuCN·2 LiCl 触媒
$BrCH_2CH=CH_2$
THF, 室温, 1 h

73%
dr＝47：53

臭化エチルマグネシウムの 1.0 mol L^{-1} エーテル溶液 3.0 mL（3.0 mmol）を減圧下で濃縮し，残渣を DME 5 mL に溶解する．この溶液にアルゴン雰囲気下ヨードエタナールのブチル(1-ビニルヘキシル)アセタール 354 mg（1.0 mmol）の DME 2 mL 溶液を室温で滴下し，30 分間撹拌する．この反応混合物に臭化アリル 0.26 mL（3.0 mmol），つづいて 1.0 mol L^{-1} CuCN·2 LiCl 0.3 mL（3.0 mmol）の THF 溶液を滴下し，室温で 1 時間撹拌する．飽和塩化アンモニウム水溶液 20 mL を加えて反応を終結させ，水層をヘキサン 20 mL で 3 回抽出する．有機層を合わせ，無水硫酸ナトリウムで乾燥し，沪過ののち，減圧濃縮する．残渣を常法に従い精製すると，4-(3-ブテニル)-2-ブトキシ-5-ペンチルテトラヒドロフランが得られる．収量 196 mg（0.73 mmol，収率 73%，47：53 のジアステレオマー混合物）．

f.　活性カルシウムを用いた第三級アルキルカルシウム反応剤の調製とケトンとの反応

Rieke 法すなわちカルシウム塩を還元して調製した活性カルシウムを用いると，低温でも反応性の低いハロゲン化アルキルからアルキルカルシウム反応剤を合成できる．還元剤として，有機溶媒に可溶なリチウムビフェニリドやリチウムナフタレニドが効果的である．たとえば，THF 中，室温で臭化カルシウムまたはヨウ化カルシウムにリチウムビフェニリドを 2 当量作用させると，活性カルシウム（Rieke カルシウム）が得られる．この活性カルシウムを用いると，反応性の低い臭化第三級アルキル化合物，たとえば 1-ブロモアダマンタンからも，−78 ℃ の低温で対応する有機カルシウム反応剤が調製できる．ケトン類に対する有機カルシウム化合物の反応性は高く，この第三級アルキルカルシウム反応剤の場合，シクロヘキサノンと−20℃で反応し，立体的にかさ高い第三級アルコールが良好な収率で生成する[48]．

CaX_2 ($X = Br, I$) + $2\,Li^+[Ph-Ph]^{\bullet-}$ (リチウムビフェニリド) $\xrightarrow{\text{THF, 室温}}$ Ca^* 活性カルシウム (Rieke カルシウム)

【実験例　活性カルシウムを用いた 1-(1-アダマンチル)シクロヘキサノールの合成[48]】

1-ブロモアダマンタン $\xrightarrow[\text{THF, } -78℃\text{, 20 min}]{Ca^*}$ [1-アダマンチル-CaBr] $\xrightarrow[-78\to-20℃\text{, 20 min}]{\text{シクロヘキサノン}}$ 1-(1-アダマンチル)シクロヘキサノール 80%

アルゴン雰囲気下，リチウム 41.7 mg（6.01 mmol），ビフェニル 1.02 g（6.61 mmol），無水 THF 15 mL の混合物を室温で 2 時間撹拌すると，リチウムが完全に溶解し，濃青色のリチウムビフェニリドの THF 溶液を得る．臭化カルシウム 1.21 g（6.07 mmol）の無水 THF 15 mL 懸濁液を別に用意し，リチウムビフェニリドの THF 溶液をアルゴン気流下で，ステンレス製カニューラを通じて室温で滴下する．室温で 1 時間撹拌して，活性カルシウムの THF 懸濁液を定量的に得る．この活性カルシウムの THF 懸濁液を−78℃に冷やし，1-ブロモアダマンタン 543 mg（2.52 mmol）の THF 10 mL 溶液をステンレス製カニューラによって加え，−78℃で 20 分間撹拌する．つづいて，シクロヘキサノン 520 mg（5.30 mmol）を加え，−20℃に昇温し，この温度でさらに 20 分間撹拌する．次に，水 20 mL を加え，室温に昇温する．反応混合物をセライト沪過し，セライトをエーテル 100 mL で洗浄する．水層をエーテル 50 mL で 3 回抽出し，有機層を合わせて水 15 mL で洗い，無水硫酸マグネシウムで乾燥，沪過したのち，減圧濃縮する．シリカゲルカラムクロマトグラフィー（酢酸エチル-ヘキサン（1：5））で精製すると，1-(1-アダマンチル)シクロヘキサノールを白色結晶として得る（収率 80%）．

19.1.3　有機バリウム化合物とストロンチウム化合物

有機バリウム化合物およびストロンチウム化合物は同じ 2 族元素化合物である有機マグネシウム化合物（グリニャール反応剤）と比べて安定性が低く，調製が困難で扱いにくいが，さまざまな求電子剤に対してグリニャール反応剤と同等もしくはそれ以上の反応性を示す．また，グリニャール反応剤と異なる独自の選択性を示すので，しだいに有機合成に利用されるようになってきた．とくに有機バリウム化合物は，Rieke 法により調製した活性バリウムを用いることによって，ハロゲン化アルキルから効率よく調製でき，また，有機ストロンチウム化合物はバルビエール（Barbier）型手法，すなわち金属ストロンチウムを求電子剤共存下にハロゲン化アルキルを作用させることにより，調製と同時に求電子剤と炭素-炭素結合を高収率で生成する．以下に，代表的な有機バリウム化合物および有機ストロンチウム化合物を用いた有機合成反応の例を示す．

a.　活性バリウム

活性バリウムの調製は，活性マグネシウムや活性亜鉛などの発生法として有名な Rieke 法[49] に従う．THF 中，室温で金属リチウムとビフェニルから調製するリチウムビフェニリドを 2 当量用いて，ヨウ化バリウムに作用させると，活性バリウムが得られる[50]．この活性バリウムを用いると，塩化アリル型化合物から低温でアリル型バリウム反応剤を調製することができる．活性バリウムは，15 mmol スケールでの調製が可能である[51]．

$$\mathrm{Li} + \mathrm{Ph{-}Ph} \xrightarrow[\text{THF, 室温}]{} \underset{\text{リチウムビフェニリド}}{\mathrm{Li^+[Ph{-}Ph]^{\cdot-}}}$$

$$\mathrm{BaI_2} + 2\,\mathrm{Li^+[Ph{-}Ph]^{\cdot-}} \xrightarrow[\text{THF, 室温}]{} \underset{\text{活性バリウム}}{\mathrm{Ba^*}}$$

【実験例　活性バリウムの調製[50]】

乾燥した 20 mL シュレンク管に磁気撹拌子を入れ，アルゴン雰囲気下，ビフェニル 365 mg（2.4 mmol），無水 THF 5 mL そしてリチウム 17 mg（2.4 mmol）を加える．20～25 ℃ で 2 時間撹拌すると，リチウムが完全に溶解し，濃青色のリチウムビフェニリドの THF 溶液が得られる．別途，乾燥した 50 mL シュレンク管を用意し，磁気撹拌子を入れ，アルゴン雰囲気下ヨウ化バリウム 458 mg（1.2 mmol）と無水 THF 3 mL を加える．このヨウ化バリウムの THF 懸濁液にリチウムビフェニリドの THF 溶液を，アルゴン気流下ステンレス製カニューラを通じて室温で滴下する．室温で 30 分間撹拌すると，褐色の活性バリウムの THF 懸濁液が定量的に得られる．

b.　活性バリウムによるハロゲン化アリル化合物の α,α' 選択的ホモカップリング反応

低原子価金属でハロゲン化アリルをホモカップリングさせると，1,5-ジエン類が簡便に合成できる[52]．このホモカップリング反応では，低原子価金属としてバリウムがとくに高い α,α' 位置選択性を示す[53,54]．さらに，ハロゲン化アリル化合物の二重結合の立体配置（E/Z）は完全に保持されて反応が進む．このカップリング反応はさまざまなハロゲン化アリルに適用でき，なかでもハロゲン化 γ,γ-二置換アリルの場合に，高い α,α' 位置選択性が得られる．このカップリング反応を利用すると，天然物のスクアレンが選択性よく合成できる[53,54]．

【実験例　(6*E*,10*E*,14*E*,18*E*)-2,6,10,15,19,23-ヘキサメチル-2,6,10,14,18,22-テトラコサヘキサエン（スクアレン）の合成[53,54]】

2 (farnesyl chloride; γ, α, Cl) $\xrightarrow[\text{THF, }-78\,℃\text{, 1 h}]{\mathrm{Ba^*}}$

スクアレン, 64%　+ α, γ′ 異性体 4%

アルゴン雰囲気下活性バリウム（1.1 mmol）の THF 懸濁液 8 mL に，−78 ℃で（*E*, *E*）-塩化ファルネシル 378 mg（1.6 mmol）の THF 溶液 1.5 mL をゆっくり滴下し，反応液を−78 ℃で 1 時間撹拌する．同温度で 2 mol L^{-1} 塩酸 10 mL を加えて反応を停止させ，水層をエーテルで抽出する．有機層を合わせ，1 mol L^{-1} チオ硫酸ナトリウムで洗い，無水硫酸マグネシウムで乾燥し，沪過したのち，減圧濃縮する．シリカゲルカラムクロマトグラフィー（ヘキサン）で精製すると，スクアレンとその α,γ' 位置異性体の 94：6 混合物が無色油状物質として得られる．収量 220 mg（合計収率 68%）．

c.　アリル型バリウム反応剤によるカルボニル化合物の α 選択的アリル化反応

前述の活性バリウムを−78 ℃で塩化 γ 置換アリル化合物に作用させると，その二重結合の立体化学（*E*/*Z*）を 98% 以上保持したアリル型バリウム反応剤を調製することができる．このアリル型バリウム反応剤は，アルデヒドなどのカルボニル化合物と，その α 位（少置換側アリル位）で選択的に反応する[50,55]．γ 選択性が 100% のグリニャール反応剤と対照的である．−78 ℃の反応で得た α 付加体（少置換側アリル位で付加した生成物）の二重結合の立体配置（*E*/*Z*）は，塩化 γ 置換型アリル化合物の立体配置（*E*/*Z*）を完全に保持している．たとえば，塩化(*E*)-ゲラニルから調製したゲラニルバリウム反応剤とベンズアルデヒドを−78 ℃で反応させると，α 付加体と γ 付加体が，それぞれ収率 83% と 7% で得られる．また，α 付加体の *E*/*Z* 比は 98：2 となる．

Ba*, THF, −78 ℃, 30 min → [BaCl]

PhCHO, THF, −78 ℃, 30 min → α 付加体, 83%（*E*/*Z* = 98：2）+ γ 付加体, 7%

さらにアリル型バリウム反応剤は，低温で二酸化炭素とも反応する．この反応も選択的に α 位で進行し，立体化学的に純粋な *E* 体と *Z* 体の β,γ-不飽和カルボン酸をつくり分けることができる．一例として塩化ゲラニルを約 1 g 用いて調製したゲラニルバリウム反応剤のカルボキシル化反応では，目的の β,γ-不飽和カルボン酸が収率 73〜77%，α/γ 比および α 付加体の *E*/*Z* 比はともに 99：1 で得られる[50,51]．

Cl γ α
Ba* / THF, −78℃, 30 min
[BaCl γ α]
CO_2 / THF, −78℃, 10 min
CO_2H α
73～77%（α/γ＝99：1, E/Z＝99：1）

【実験例　ゲラニルバリウム反応剤によるベンズアルデヒドのα選択的アリル化反応[50,55]】

アルゴン雰囲気下で，活性バリウム（1.1 mmol）の THF 10 mL 懸濁液に, −78 ℃ で塩化(*E*)-ゲラニル 170 mg（1.0 mmol）の THF 1.5 mL 溶液をゆっくりと加え, −78 ℃ で 30 分間撹拌する．つづいてベンズアルデヒド 40 μL（0.39 mmol）の THF 1 mL 溶液を加え，この温度でさらに 30 分間撹拌する．次に，1 mol L^{-1} 塩酸 10 mL を加え，水層をエーテル 10 mL で抽出する．有機層を合わせ，1 mol L^{-1} チオ硫酸ナトリウム 20 mL で洗い，無水硫酸マグネシウムで乾燥，沪過したのち，減圧濃縮する．残渣をシリカゲルカラムクロマトグラフィー（酢酸エチル-ヘキサン（1：5））で精製すると，α付加体（*E*/*Z*＝98：2）とγ付加体の混合物を無色油状物質として得る．収量 86 mg（生成比 92：8，合計収率 90%）．

【実験例　ゲラニルバリウム反応剤のα選択的カルボキシル化反応[50,51]】

アルゴン雰囲気下活性バリウム（15.3 mmol）の THF 懸濁液 160 mL に−78 ℃ で塩化(*E*)-ゲラニル 1.19 g（6.87 mmol）の THF 溶液 40 mL を 20 分間かけてゆっくりと加え, −78 ℃ で 30 分間撹拌する．ここへ細かく砕いたドライアイス約 10 g を加え，この温度でさらに 10 分間撹拌する．反応液に 1 mol L^{-1} 塩酸 40 mL を加え，室温まで昇温したのち，水 200 mL と酢酸エチル 200 mL を加える．有機層を 1 mol L^{-1} チオ硫酸ナトリウム 200 mL, ついで水 200 mL で洗い，次に無水硫酸マグネシウムで乾燥，沪過したのち，減圧濃縮する．こうして得た粗生成物をシリカゲルカラムクロマトグラフィー（酢酸エチル-ヘキサン（1：50～1：2）），ついで減圧蒸留（160 ℃/0.7 Torr）で精製すると，目的のβ,γ-不飽和カルボン酸を無色油状物質として得る．収量 0.91～0.96 g（α/γ＝99：1，α付加体の *E*/*Z*＝99：1, 収率 73～77%）．

d.　金属ストロンチウムを用いるバルビエール型アルキル化反応

不安定で分解しやすい有機ストロンチウム化合物を効果的に有機合成反応に利用する方法の一つとして，金属ストロンチウムを用いる低温下でのバルビエール型反応がある[56]．たとえば, −15 ℃ で金属ストロンチウムに，アルデヒドとハロゲン化アルキルの混合物を作用させると，アルキル化反応が円滑に進行する[57]．このバルビエール型手法をハロゲン化アルキルと安息香酸エチルとの反応に用いると，4 位でアルキル基の付加が起こる[57]．たとえば，ヨウ化 *t*-ブチルでアルキル化し，つづいて DDQ で酸化的芳香環化を行うと，4 位が *t*-ブチル化された安息香酸エチルが得られる（収率 55%）．このような 4 位のアルキル化反応の例は少なく，有機ストロンチウム反応剤に特徴的な反応性である．

【実験例　金属ストロンチウムを用いる安息香酸エチルの 4-*t*-ブチル化反応[57]】

$$\text{PhCO}_2\text{Et} + t\text{-BuI} \xrightarrow[\text{THF, }-20\,^\circ\text{C, 36 h}]{\text{Sr}} \left[4\text{-}t\text{-Bu-cyclohexadienyl-CO}_2\text{Et} + 4\text{-}t\text{-Bu-C}_6\text{H}_4\text{CO}_2\text{Et} \right] \xrightarrow[\text{トルエン 還流, 2 h}]{\text{DDQ}} 4\text{-}t\text{-Bu-C}_6\text{H}_4\text{CO}_2\text{Et}\ (55\%)$$

アルゴン雰囲気下で，金属ストロンチウム 355 mg（4.05 mmol）の THF 10 mL 懸濁液に −20 ℃ で安息香酸エチル 362 mg（2.41 mmol），ついでヨウ化 *t*-ブチル 579 mg（3.15 mmol）を加え，この温度で 36 時間撹拌する．1 mol L^{-1} 塩酸 10 mL を加えて反応を停止させ，水層をエーテル 30 mL で 3 回抽出する．有機層を合わせ，水，つづいて塩化ナトリウム水溶液で洗い，無水硫酸ナトリウムで乾燥し，沪過したのち減圧濃縮する．残渣をトルエン 15 mL 中 DDQ 453 mg（1.99 mmol）と混ぜ，2 時間加熱還流する．ここへ水 10 mL を加え，水層をエーテル 30 mL で 3 回抽出する．有機層を合わせ，水，つづいて塩化ナトリウム水溶液で洗い，無水硫酸ナトリウムで乾燥し，沪過したのち，減圧濃縮する．残渣をシリカゲル薄層クロマトグラフィー（エーテル-ヘキサン（1：60））で精製すると，4-*t*-ブチル安息香酸エチルを得る．収量 274 mg（収率 55%）．

19.1.4　有機ホウ素化合物

有機ホウ素化合物のホウ素-炭素結合はイオン結合性が小さく共有結合性が強い．このためホウ素と結合する有機基はそのままではほとんど求核性を示さない．13 族元素の特徴として，オクテット則を満たさず空の p 軌道を有することから，ルイス（Lewis）酸性を示す．この性質により塩基を加えるとアート錯体を形成し，ホウ素上の有機基の求核性が増加する．有機ホウ素化合物の合成は，リチウムやマグネシウムなどの有機金属化合物によるアルキル化やヒドロホウ素化が一般的であるが，遷移金属触媒を用いた付加・カップリング反応による合成は，副生成物が少なく官能基選択性に優れているためよく利用されている．以下に，代表的な有機ホウ素化合物の合成およびそれらを用いた有機合成反応例を示す．

a.　有機金属化合物によるアルキル化（トランスメタル化法）

有機リチウムあるいはマグネシム化合物を調製後，ホウ酸エステルやハロボランをアルキル化すると対応するアルキルホウ素化合物が合成できる．ケイ素，スズ，アルミニウム，亜鉛，ジルコニウム，水銀化合物を経由して合成する方法もある．詳しくは著書や総説[58~60]を参照されたい．

$$R_3B \text{ または } RB(NR_2)_2 \xrightarrow[\ ]{BX_3 \text{ または } ClB(NR_2)_2} R\text{-}Li \text{ または } R\text{-}MgX \xrightarrow[2)\ H_3O^+]{1)\ B(OR)_3} RB(OH)_2$$

b.　ヒドロホウ素化反応[61]

ホウ素-水素結合は炭素-炭素二重結合および三重結合へシス付加する．ヒドロホウ素化剤としては図 19.4 に示すものがよく使われている．通常は無触媒で進行する．遷移金属触媒を使用すると無触媒反応とは異なる官能基，位置および立体選択性を示す．

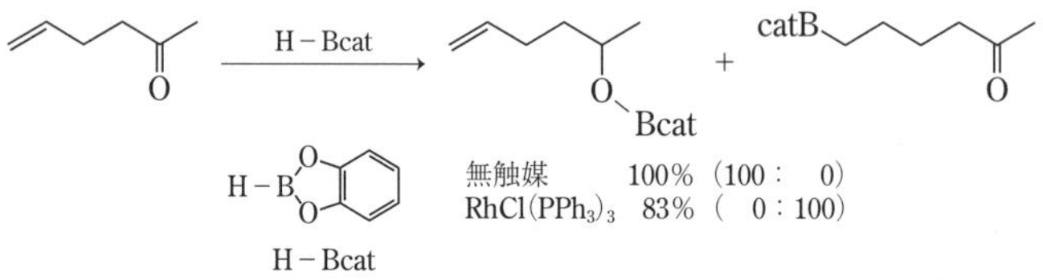

H－Bcat

O，Bcat ＋ catB，O

H－Bcat

無触媒	100％	（100：　0）
$RhCl(PPh_3)_3$	83％	（　0：100）

カテコールボラン（H-Bcat）を用いる触媒的ヒドロホウ素化は，無触媒反応ではケトン，エステル，ニトリルなどが還元されるが，ロジウム触媒反応により不飽和結合への付加が優先する[62]．ピナコールボラン（H-Bpin）の反応から得られるボロン酸ピナコールエステルは，安定で取扱いが便利である．遷移金属触媒を利用すると，スチレン誘導体に対する位置選択的ヒドロホウ素化や脱水素ヒドロホウ素化が進行する[63~65]．さらに光学活性配位子を利用すると，不斉ヒドロホウ素化反応が可能である[64,66]．

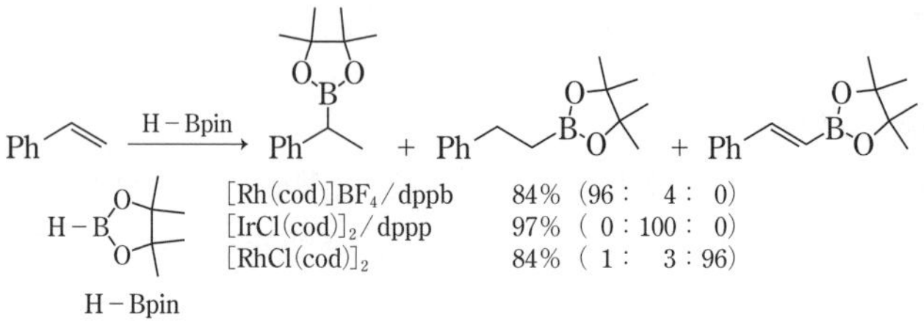

Ph　H－Bpin　Ph ＋ Ph ＋ Ph

H－Bpin

$[Rh(cod)]BF_4$/dppb	84％	（96：　4：　0）
$[IrCl(cod)]_2$/dppp	97％	（　0：100：　0）
$[RhCl(cod)]_2$	84％	（　1：　3：96）

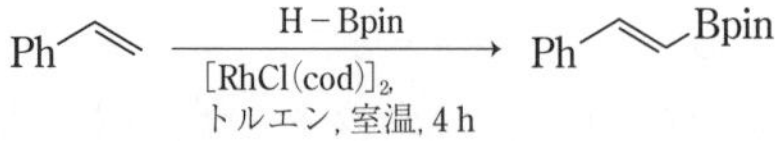

Ph　H－Bpin，$[RhCl(cod)]_2$，トルエン，室温，4 h　Ph～Bpin

また，末端アルキンのシス選択的なヒドロホウ素化が可能となり，*cis*-アルケニルボロン酸エステルが末端アルキンから直接合成できる[67]．

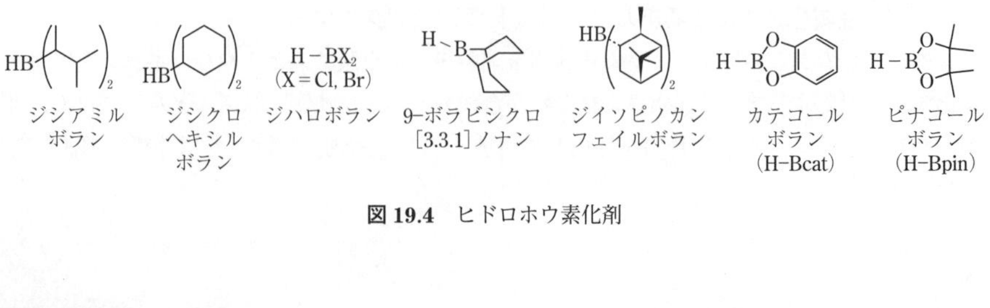

HB　ジシアミルボラン　HB　ジシクロヘキシルボラン　$H-BX_2$ (X＝Cl, Br) ジハロボラン　H-B 9-ボラビシクロ[3.3.1]ノナン　HB ジイソピノカンフェイルボラン　H－B カテコールボラン（H-Bcat）　H－B ピナコールボラン（H-Bpin）

図 19.4　ヒドロホウ素化剤

Ph—≡ ⟶ Ph⁄⁄Bpin + Ph⁄⁄Bpin + Ph(Bpin)C=CH₂

H−Bpin	Cp_2ZrHCl(10 mol%)	96%(98 : 2 : 0)
H−Bpin	Cp_2BH(5 mol%)	93%(100 : 0 : 0)
H−Bpin	[RhCl(cod)]$_2$/4P*i*-Pr_3/Et_3N	67%(2 : 97 : 1)
$(Bpin)_2$	CuCl/KOAc/PBu_3	65%(6 : − : 94)
MeOBpin	$NiCl_2$dppp/*i*-Bu_2AlH	75%(<2 : − : >98)

ジボロン（Bpin)$_2$ の銅触媒による末端アルキンへの付加は，通常のヒドロホウ素化では合成できない 2-ボリルアルケンを生じる[68,69]．同様に，ニッケル触媒によるヒドロアルミニウム化につづくトランスメタル化（transmetallation）でも 2-ボリルアルケンが得られる[70]．白金触媒を用いるアレンのヒドロホウ素化は，配位子により生成物の選択性を制御できる[71]．

【実験例　スチレンの脱水素ヒドロホウ素化[65]】

アルゴン雰囲気下，塩化ロジウムシクロオクタジエン二量体（0.005 mmol）のトルエン溶液 4 mL にスチレン（2 mmol），H-Bpin（1 mmol）を加え，室温で 4 時間撹拌する．トルエン抽出後，クーゲルロール蒸留で精製して（*E*)-4,4,5,5-テトラメチル-2-(*β*-スチリル)-1,3,2-ジオキサボロランを得る（収率 84%，純度 96%）．

【実験例　スチレンの触媒的不斉ヒドロホウ素化[66]】

Ph⁄⁄ —[H−Bcat; [Rh(cod)(*R*)-BINAP]BF_4, DME, −78℃, 2 h]→ PhCH(Bcat)CH₃ 99% —[H_2O_2/NaOH]→ PhCH(OH)CH₃ 92%, 93.5% ee

窒素雰囲気下，[Rh(cod)(*R*)-BINAP]BF_4 92 mg，スチレン（5 mmol）のジメトキシエタン 2 mL 溶液に−78 ℃ で H−Bcat（5.5 mmol）を加え 2 時間撹拌する．クーゲルロール蒸留により精製して（*R*)-1-フェニルエチル-1,3,2-ベンゾオキサボロールを得る（4.99 mmol, 110〜130 ℃/0.15 mmHg，99%）．このホウ素化体（1 mmol）の THF 1 mL 溶液に 0 ℃ で 3 mol L^{-1} 水酸化ナトリウム水溶液 2.4 mL，30% 過酸化水素水 0.24 mL を加えたのち，室温で 3 時間撹拌する．エーテル抽出後，シリカゲルカラムで精製することにより（*R*)-1-フェニルエタノールを得る（0.939 mmol，収率 92%，93.5% ee）．

【実験例　シス選択的ヒドロホウ素化[67]】

Ph—≡ —[H−Bcat; [RhCl(cod)]$_2$/4 P*i*-Pr_3, Et_3N, シクロヘキサン]→ Ph⁄=⁄Bcat —[ピナコール]→ Ph⁄=⁄Bpin 60%

窒素雰囲気下，塩化ロジウムシクロオクタジエン二量体 7 mg（0.015 mmol），トリイソプロピルホスフィン（0.06 mmol），トリエチルアミン（1 mmol）のシクロヘキサン 3 mL 溶液に，カテコールボラン 0.12 g（1 mmol）を加え室温で 30 分間撹拌する．さらにフェニルアセチレン（1.2 mmol）を加えて室温で1時間撹拌したのち，ピナコール 0.177 g（1.5 mmol）のシクロヘキサン 1 mL 溶液を加え，室温で12時間撹拌する．粗生成物をシリカゲルカラムで精製することにより（*Z*）-*β*-スチリルボロン酸ピナコールエステルを得る．収量 138 mg（収率 60%，*Z*>99）．

c. B−X 化合物の付加反応[58〜61,72]

ヒドロホウ素化と同様にハロボラン（BX_3（X=Cl，Br），9-X-9-BBN（X=Br，I））は，無触媒でアルキンやアレンに付加する（ハロボレーション反応）．末端アセチレンにハロボレーションと根岸カップリング反応を連続して行うと，2,2-二置換ビニルホウ素化合物が合成できる．根岸カップリング反応ののち，塩基とハロゲン化物を加えると鈴木カップリング反応により三置換エチレンが合成できる．このほか，プロトン化，ハロゲン化，カルボニル化，ホモロゲーション反応などに利用できる．アレンをハロボレーションすると 2-ブロモアリルボランが得られる．

【実験例　(*E*)-(2-メチル-1-ヘキセニル)ボロン酸ジイソプロピルの合成】

n-Bu—≡ →（BBr_3 / i-Pr_2O）→ n-Bu(Br)C=CH–B(O*i*-Pr)$_2$ 82% →（MeZnCl / $PdCl_2(PPh_3)_2$）→ n-Bu(Me)C=CH–B(O*i*-Pr)$_2$ 88% →（R−X / 塩基）→ n-Bu(Me)C=CH–R

三臭化ホウ素（50 mmol）のジクロロメタン 50 mL 溶液に−78℃で1-ヘキシン（50 mmol）のジクロロメタン 20 mL 溶液を滴下し，1時間撹拌したのち，ドライアイス浴を外し1.5時間反応させる．再び−78℃に冷却しジイソプロピルエーテル（70 mmol）を加えて30分間撹拌したのち，室温で一晩反応させる．濃縮後，減圧蒸留により（*Z*）-(2-ブロモ-1-ヘキセニル)ボロン酸ジイソプロピルを得る．収量 11.9 g（収率 82%，68℃/0.07 mmHg）．

ヨウ化メチルマグネシウム（125 mmol）のエーテル溶液に塩化亜鉛（125 mmol）の THF 溶液を0℃で滴下して塩化メチル亜鉛を調製する．ここへ $PdCl_2(PPh_3)_2$（1.25 mmol，3 mol%）を加えて0℃で10分間撹拌する．（*Z*）-(2-ブロモ-1-ヘキセニル)ボロン酸ジイソプロピル（42 mmol）を加えて4時間加熱還流したのち，イソプロピルアルコール 5 mL を加え，反応液をセライト沪過したのち濃縮し，減圧蒸留により（*E*）-(2-メチル-1-ヘキセニル)ボロン酸ジイソプロピルを得る．収量 8.35 g（収率 88%，60℃/0.07 mmHg）．

このほか，B−B，B−Si，B−Sn，B−Ge，B−S，B−CN，B−Cl 結合を不飽和結合へ触媒的に付加させる反応がある．白金錯体は B−B 結合の酸化的付加を受け，白金-ホウ素錯体を生成する．これは容易に炭素-炭素不飽和結合の挿入を受けるため，アルキンやアルケンに付加して 1,2-ジホウ素化合物を生成する．同様にシリルボランによる立体選択的な付加反応が可能である[73]．

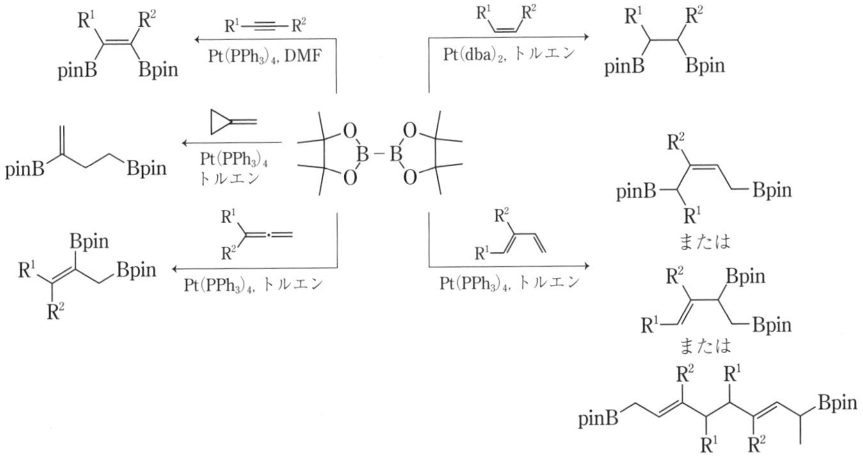

d. B－B，B－H 化合物を用いるクロスカップリング反応（宮浦-石山ホウ素化反応）[58〜61,72,74]

有機ハロゲン化合物から有機ホウ素化合物を合成するには，いったん有機典型金属化合物に変換したのち，トランスメタル化する方法が一般的であり，大量合成に適している．しかし官能基があれば，これを保護することが必要になる．トランスメタル化による直接合成が難しい場合やヒドロホウ素化が使えない場合でも，炭素-ハロゲン結合の触媒的カップリング反応ならホウ素化が可能になることが多い．塩基存在下パラジウム触媒により芳香族，アルケニル，アリル，ベンジルハロゲン化合物のカップリング反応が進行する．ジボロンを使う場合には，塩基として酢酸カリウムが必要になるが，酢酸アリルとの反応では中間に R－Pd－OAc が生成してこのアセトキシ基が塩基としてはたらくため，塩基を加える必要がない．同様にピナコールボランはパラジウム触媒とトリエチルアミン存在下にホウ素化が進行

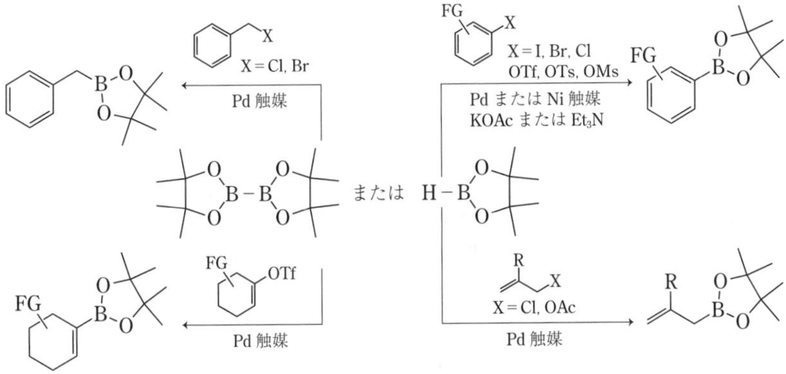

し，安価であることから大量合成に適している．

【実験例　ジボロンと酢酸アリルのカップリング反応と分子内アリルホウ素化[75]】

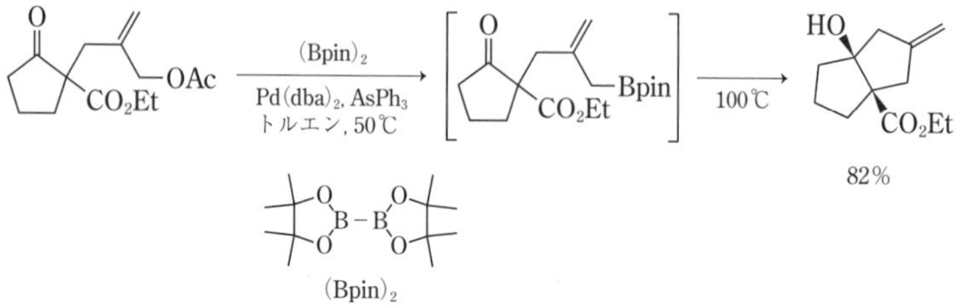

$(Bpin)_2$
$Pd(dba)_2$, $AsPh_3$
トルエン，50℃
OAc
CO_2Et
Bpin
100℃
HO
82%
$(Bpin)_2$

ビスジベンジリデンパラジウム（0.03 mmol）とトリフェニルアルシン（0.06 mmol）をトルエン 6 mL 中 30 分間撹拌したのち，$(Bpin)_2$（1.1 mmol），1-(2-(アセトキシメタリル)-2-オキソシクロペンタンカルボン酸エチル（1 mmol）を加え，50 ℃ で 16 時間反応させる．反応液を 100 ℃ まで昇温し 24 時間反応させたのち，室温で飽和塩化アンモニウム水溶液 10 mL を加え 1 時間撹拌して反応を停止させる．エーテル抽出ののち有機層を合わせ，無水硫酸マグネシウムで乾燥，沪過，濃縮したのち，シリカゲルクロマトグラフィーにより精製して目的物を得る．収量 172.2 mg（収率 82%）．

$(Bpin)_2$ はパラジウム触媒のほかに，塩基存在下銅触媒によってアリル型求電子剤や電子不足アルケンのホウ素化に使える．ボリル銅反応剤による求核的ホウ素化，あるいは不飽和結合の位置選択的付加反応である．脱離基が適当な位置にあると環化してシクロアルキルホウ素化合物が生成する[76]．

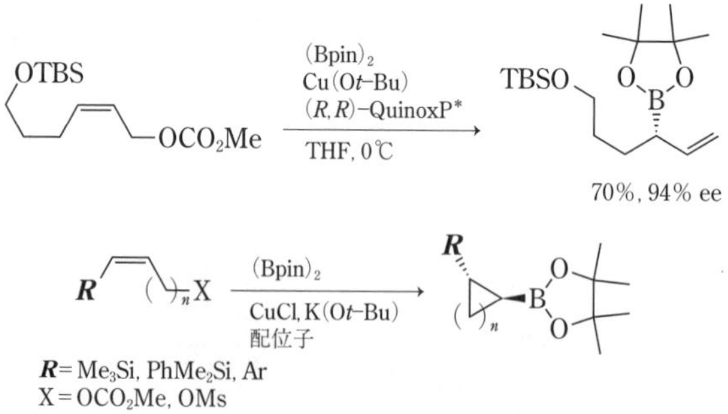

OTBS
OCO_2Me
$(Bpin)_2$
$Cu(O\textit{t}\text{-Bu})$
(R,R)-QuinoxP*
THF, 0℃
TBSO
70%, 94% ee

R　X
$(Bpin)_2$
CuCl, $K(O\textit{t}\text{-Bu})$
配位子
R = Me_3Si, $PhMe_2Si$, Ar
X = OCO_2Me, OMs

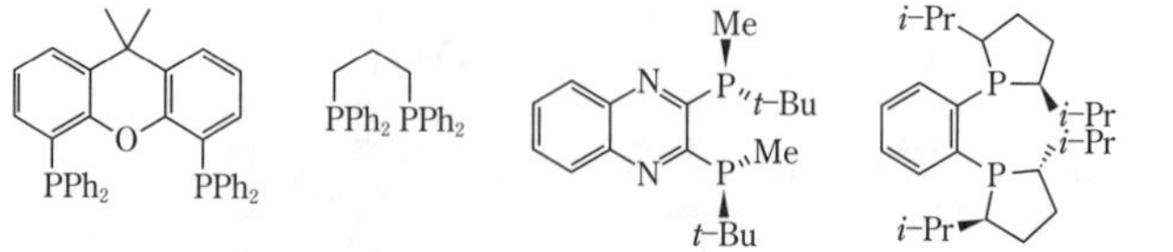

PPh_2　PPh_2
キサントホス

PPh_2 PPh_2
DPPP

Me　t-Bu　Me　t-Bu
(R,R)-QuinoxP*

i-Pr　i-Pr　i-Pr　i-Pr
(R,R)-i-Pr-DuPhos

e.　C－H 結合のホウ素化反応　(宮浦-Hartwig ホウ素化反応)[58~61,72,77]

遷移金属錯体と H-Bpin や (Bpin)$_2$ を用いて炭素-水素結合を直接ホウ素化する反応は，原子効率の面で優れている．レニウム，ロジウム，イリジウムが触媒として活性で，アルカン，アルケン，芳香族化合物を直接ホウ素化することができる．アルカンの場合は末端メチルを，芳香族化合物の場合は立体的に空いている位置（図 19.5 の矢印）をホウ素化できる．また，ヘテロ芳香族やビニルエーテルの場合，ヘテロ原子に隣接する位置をホウ素化する．さらにエステルなどの配向基があるとオルト位選択的ホウ素化が可能である．

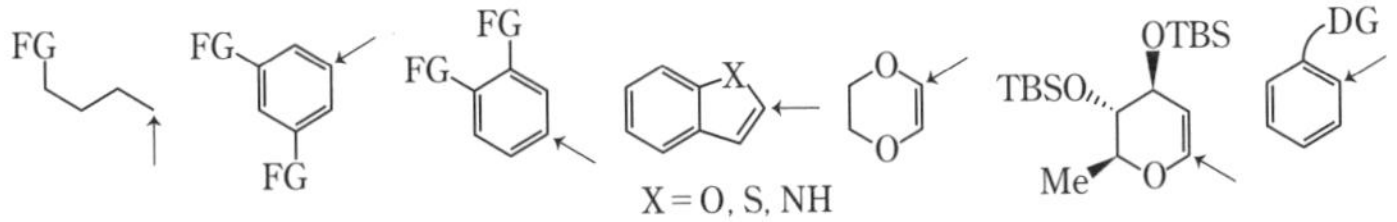

FG　FG　FG　FG　FG　X　X = O, S, NH　O　O　OTBS　TBSO　Me　O　DG

図 19.5　ホウ素化可能な位置

【実験例　イリジウム触媒芳香族 C－H 結合直接ホウ素化反応[78]】

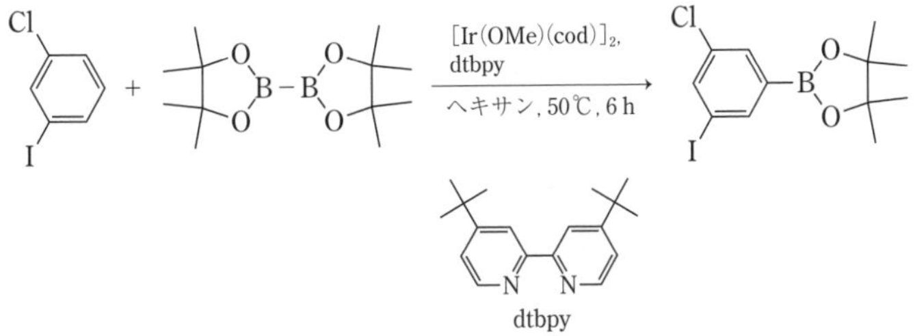

Cl　I　+　O　B－B　O　[Ir(OMe)(cod)]$_2$, dtbpy　ヘキサン, 50℃, 6 h　Cl　I　B　O　O

N　N　dtbpy

シクロオクタジエンメトキシイリジウム二量体（0.05 mmol），4,4′-ジ-*t*-ブチル-2,2-ビピリジル（dtbpy）（0.1 mmol），(Bpin)$_2$（10.5 mmol）のヘキサン 30 mL 溶液を 50 ℃ で 10 分間撹拌したのち，1-クロロ-3-ヨードベンゼン（19.9 mmol）を加えて 50 ℃ で 6 時間反応させる．反応液を室温まで冷却し，後処理，クーゲルロール蒸留で精製することにより，1-クロロ-3-ヨードフェニル-5-(4,4,5,5-テトラメチル-1,3,2-ジオキサボロラン-2-イル)ベンゼンを得る．収量 6.11～6.20 g（収率 84～86%）．

f.　付加環化反応による合成[59,79,80]

合成容易なアルケニルホウ素化合物やアルキニルホウ素化合物を付加環化反応に利用すると，環状ホウ素化合物を簡便に合成できる．ディールス-アルダー（Diels-Alder）反応や 1,3-双極子付加環化反応が利用できる．コバルトやルテニウム触媒によるアルキンの環化三量化による芳香族ホウ素化合物の合成は，多置換芳香族化合物の位置選択的合成に優れている．

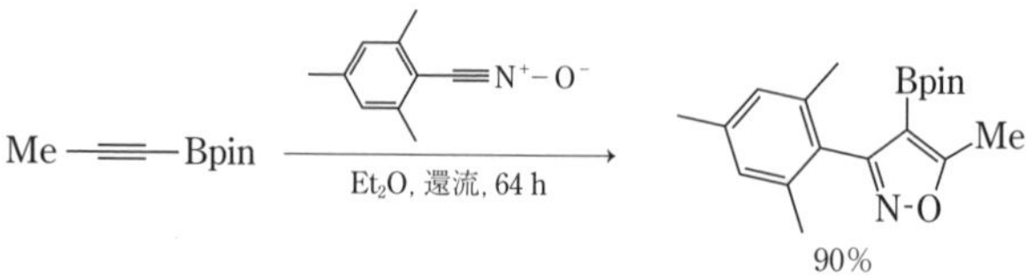

Me—≡—Bpin —(≡N⁺−O⁻ 置換アリール; Et_2O, 還流, 64 h)→ Bpin, Me, N-O　90%

g. メタセシス反応によるアルケニルホウ素化合物の合成[59,79,81]

Grubbs 触媒を用いるメタセシス反応は，分子量や官能基の影響を受けにくいので，環状アルケニルホウ素化合物やアルケニルホウ素化合物，アリルホウ素化合物の合成に適している．

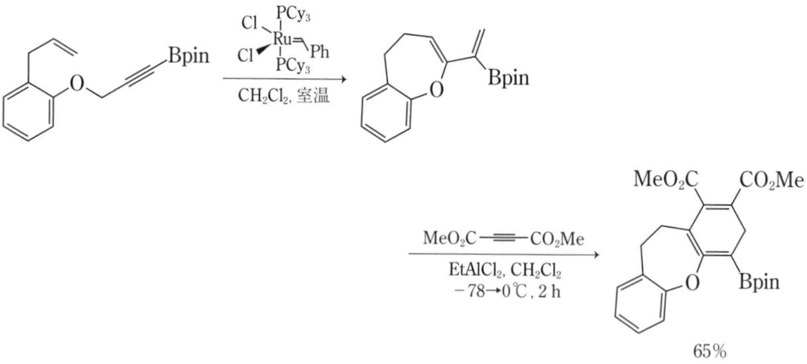

O—≡—Bpin —(Cl, Cl, PCy_3, Ru=, Ph, PCy_3; CH_2Cl_2, 室温)→ O, Bpin

—(MeO_2C—≡—CO_2Me; $EtAlCl_2$, CH_2Cl_2; −78→0℃, 2 h)→ MeO_2C, CO_2Me, O, Bpin　65%

h. ホモロゲーション反応（Matteson 反応）[58~60]

アート錯体の 1,2-転位によりホウ素の α 炭素に置換基を導入することができる．多くの場合，ホウ素の空の 2p 軌道を求核剤が攻撃して 4 配位ボラート錯体が生成し，その結果，ホウ素と結合する有機基の求核性が向上し転位が起こる．有機ホウ素化合物のプロトン化分解，アルカリ性過酸化水素分解，ハロゲン化，アミノ化，カルボニル化なども類似の反応機構で進行する．第一級および第二級カルバマートから調製した光学活性リチウム反応剤を使用すると，立体配置を保って 1,2-転位が進行する．とくに第二級カルバマートの場合，有機ボロン酸エステルでは立体配置保持で反応が進行するのに対して，トリアルキルボランでは立体配置が反転する[82]．

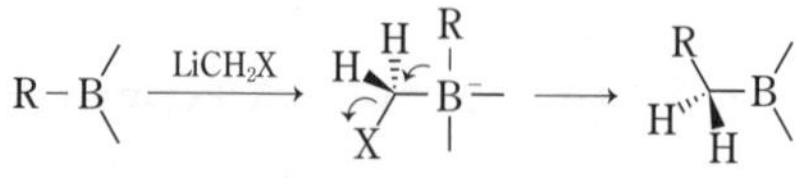

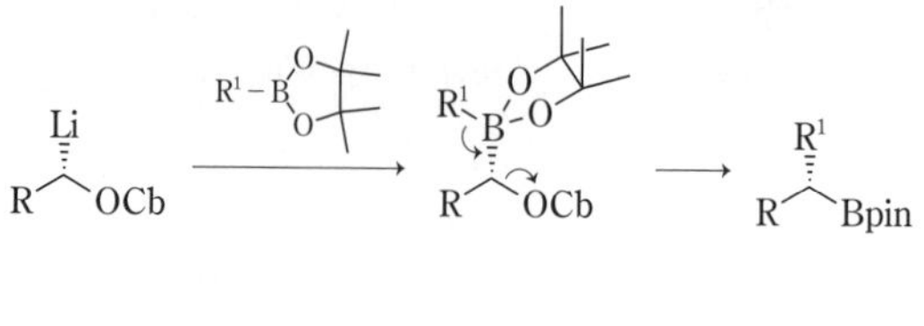

R−B —($LiCH_2X$)→ H, H, X, R, B⁻ ⟶ R, H, H, B

Li, R, OCb —(R^1−B(O)(O))→ R^1, B, O, O, R, OCb ⟶ R^1, R, Bpin

R^1–B(pin)　R^1–Bpin　Me Ar OCb　Me Ar Bpin R^1
Li　Me Ar OCb
R^1–B(9-BBN)　Me Ar OCb　R^1 B　Me Ar B R^1

Ph　O　O　N*i*-Pr_2　(−)-スパルテイン，室温　*s*-BuLi，−78 ℃　N　N　Ph　Li- - -O　H　O　N*i*-Pr_2　*i*-BuBpin　−78 ℃→還流

i-Bu　O O　Ph　B　O　H　O　N*i*-Pr_2　Ph　*i*-Bu　H　Bpin　H_2O_2, NaOH　0 ℃→室温　Ph　*i*-Bu　H　OH　87%

【実験例　Matteson 反応による (*R*)-5-メチル-1-フェニル-3-オールの合成[83]】 *N*,*N*-ジイソプロピルカルバミン酸-3-フェニルプロピル (50 mmol)，(−)-スパルテイン (65 mmol) のエーテル 250 mL 溶液に *s*-ブチルリチウム (65 mmol) のシクロヘキサン溶液を −78 ℃ で加え 5 時間撹拌する．イソブチルボロン酸ピナコールエステル (*i*-BuBpin，65 mmol) を −78 ℃ で加え 30 分間反応させる．室温まで昇温し，12 時間加熱還流させたのち氷浴で冷やしながら 30% 過酸化水素 50 mL，2 mol L^{-1} 水酸化ナトリウム 100 mL を加える．5 分間撹拌ののち，室温で 2 時間反応させる．エーテル抽出，濃縮，蒸留精製により (*R*)-5-メチル-1-フェニル-3-オールを得る．収量 8.34 g (収率 87%，98% ee)．

i.　ボロン-マンニッヒ (Mannich) 反応 (Petasis 反応)[58~60]

アルデヒドやケトンとアミン，芳香族およびアルケニルボロン酸の 3 成分カップリング反応が進行する．反応機構は複雑であるが，形式的にはアミンとカルボニル化合物より生成するイミニウムイオンへアルケニルボロン酸が付加している．

【実験例　(2*S*, 3*R*, *E*)-3-(ジベンジルアミノ)-5-フェニル-4-ペンテン-2-オールの合成[84)]】

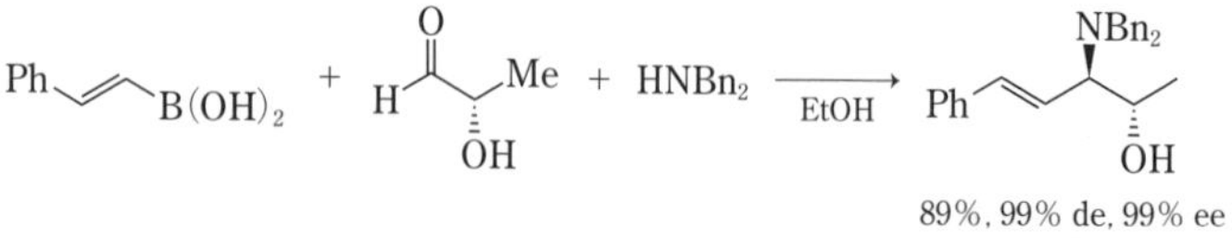

Ph B(OH)$_2$ ＋ H(C=O)Me OH ＋ HNBn$_2$ —EtOH→ Ph (NBn$_2$) (OH)

89%, 99% de, 99% ee

(*S*)-2-ヒドロキシプロパナール（1.76 mmol）のエタノール溶液 7 mL に 2-フェニルエテニルボロン酸（1.76 mmol）とジベンジルアミン（1.76 mmol）を加え室温で 24 時間反応させる．後処理，カラムクロマトグラフィー精製により目的物を得る（収率 89%，99% de, 99% ee）．

j.　アリル, プロパルギル, アレニルホウ素化反応(Roush 不斉アリルホウ素化反応)[58～60)]

ホウ素に不斉補助基が置換したアリル，プロパルギル，アレニル型ホウ素化合物はアルデヒドへγ位で付加する．通常，無触媒でも反応するが，光学活性ジオールや金属触媒を用いると反応が速くなる．環状遷移状態を経て反応が進行するため，高い選択性が認められる．クロチルボランの場合，トランス体からはアンチ体が得られ，シス体からはシン体が生じる．

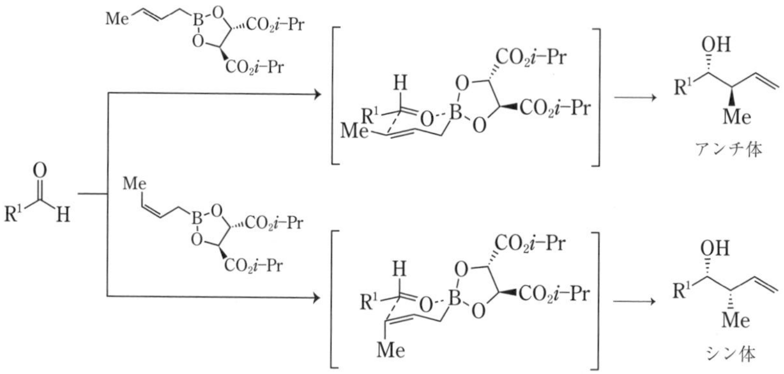

R^{1}CHO; Me B O O CO$_2$*i*-Pr CO$_2$*i*-Pr; H R^1 Me O B O O CO$_2$*i*-Pr CO$_2$*i*-Pr → OH R^1 Me アンチ体

Me B O O CO$_2$*i*-Pr CO$_2$*i*-Pr; H R^1 O B O O CO$_2$*i*-Pr CO$_2$*i*-Pr Me → OH R^1 Me シン体

【実験例　(1*R*,2*R*)-1-[(*R*)-2,2-ジメチル-1,3-ジオキソラン-4-イル]-2-メチル-3-ブテン-1-オールの合成[85)]】

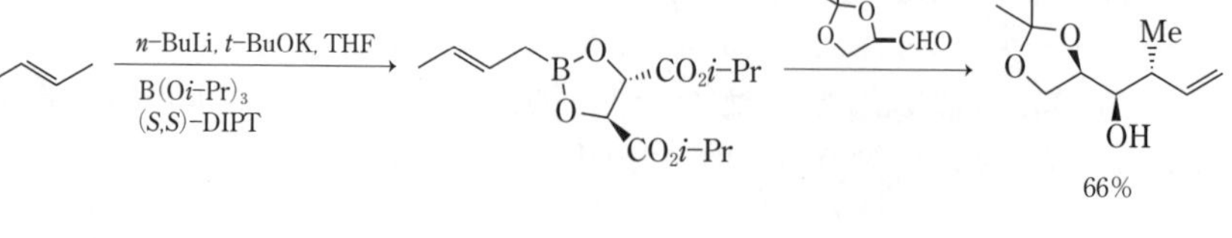

n-BuLi, *t*-BuOK, THF; B(O*i*-Pr)$_3$; (*S,S*)-DIPT → B O O CO$_2$*i*-Pr CO$_2$*i*-Pr; O O CHO → O O Me OH

66%

t-ブトキシカリウム（170 mmol）の THF 85 mL 溶液に *trans*-2-ブテン（204 mmol）

を−78℃で加え，さらに*n*-ブチルリチウム（68 mmol）を50分間かけて滴下して調製した反応液を−50℃まで昇温し25分間撹拌したのち，再び−78℃に冷却しトリイソプロポキシボラン（170 mmol）をゆっくり滴下して10分間反応させる．飽和塩化ナトリウム水溶液と1 mol L^{-1} 塩酸320 mLを加えたのち，酒石酸ジイソプロピルエステル（170 mmol）のエーテル溶液を加える．エーテル抽出後，濃縮すると（*E*)-クロチルボロン酸ジイソプロピル酒石酸エステルが得られる．トルエン溶液として反応に使用する．粉末モレキュラーシーブ4A 12 g，トルエン160 mLにクロチルボロン酸ジイソプロピル酒石酸エステル（49.7 mmol）のトルエン溶液を加え室温で30分間撹拌したのち，(+)-D-グリセルアルデヒドアセトニド（41.5 mmol）のトルエン溶液を−78℃で滴下し，同温度で2時間反応させる．ここへ2 mol L^{-1} 水酸化ナトリウム水溶液130 mLを加え，室温で20分間撹拌したのち，エーテル抽出，有機層の濃縮，カラムクロマトグラフィー精製により目的の付加体を得る．収量5.1 g（収率66%）．

k.　鈴木-宮浦クロスカップリング反応[58〜60,79,86]

遷移金属触媒を用い有機ホウ素化合物と有機求電子剤を結合させるクロスカップリング反応は，立体障害や共存する官能基の影響を受けることが少ないので，汎用性の高い炭素-炭素結合形成反応である．合成化学における利点は，(1) 有機ボロン酸が空気，水に対して安定である．(2) 反応が水溶液中で進行する．(3) 立体選択的，位置選択的に進行する．(4) 副生成物を簡単に除去できることである．従来使われてきたボロン酸に加えて，最近ピナコールエステルが前出の触媒的合成法によって容易に合成できるようになったことから，クロスカップリング反応に多用されている．そのほか，安定なアート錯体としてトリフルオロボラート塩やトリオールボラート塩[87]が使いやすい．また脱着可能なボロン酸の保護基が開発され，連続的クロスカップリング反応が可能になったので，オリゴアレーンの精密有機合成が容易になった[88]．すでに著書，総説で詳しく解説されているので参照いただきたい．

$$\mathrm{R{-}X + R'{-}B \xrightarrow[\text{塩基}]{\text{Pd 触媒}} R{-}R'}$$

B = −9-BBN, $-\mathrm{B(OH)_2}$, −Bcat, −Bpin, $-\mathrm{BF_3K}$,

保護基

l.　Chan-Lam カップリング反応[58〜60,89]

アリールボロン酸やアルケニルボロン酸は銅塩存在下アルコールやアミン，チオールと反応し，炭素-ヘテロ原子結合をもつカップリング生成物を生じる．初期の研究では銅塩を量論量用いたが，酸化剤を使用すると触媒量ですむ．安定で求核性の高いトリオールボラート塩は，ボロン酸やトリフルオロボラート塩よりも反応性が高くピリジン誘導体も利用できるため，用途が広い．

H－OR, $Cu(OAc)_2$ → FG-C6H4-OR
$H-NR^1R^2$, $Cu(OAc)_2$ → FG-C6H4-NR^1R^2
FG-C6H4-$B(OH)_2$
H－SR, $Cu(OAc)_2$ → FG-C6H4-SR

【実験例　有機トリオールボラート塩による銅触媒 *N*-アリール化反応[90)]】

ピペリジン ＋ カリウム 2-ピリジルトリオールボラート塩 →（$Cu(OAc)_2$ (10 mol%)／トルエン, MS 4A, O_2, 60℃, 20 h）→ 1-(2-ピリジル)ピペリジン 70%

酸素雰囲気下，カリウム 2-ピリジルトリオールボラート塩（1.5 mmol），酢酸銅(II)（0.1 mmol），粉末モレキュラーシーブ 4A（0.3 g）のトルエン溶液 6 mL を室温で 5 分間攪拌したのち，ピペリジン（1 mmol）を加え 60 ℃ で 20 時間反応させる．室温まで冷却したのち沪過，濃縮し．残渣をカラムクロマトグラフィーにて精製することにより目的物を得る．収量 113 mg（収率 70%）．

m.　ロジウム触媒不斉アリール化反応（林-宮浦付加反応）[58～60,91)]

ロジウムおよびジカチオン性パラジウム触媒存在下，芳香族およびアルケニルホウ素化合物は種々のマイケル（Michael）受容体に共役付加する．塩基を使うことで反応は加速され，α,β-不飽和ケトンやエステル，アミド，アルデヒドなどの β 位に有機基が付加する．光学活性 BINAP を使うと 90% ee 以上で相当する 1,4-付加生成物が得られる．アルデヒド，ケトンおよびイミンに対する 1,2-付加反応もロジウムおよびルテニウム触媒などで進行する．1,2-付加反応は不斉ジエン配位子や光学活性 2 座ホスホロアミダイト配位子により，それぞれ光学活性アルコールやアミン誘導体を生成する．反応は，ホウ素と結合する有機基が遷移金属錯体へトランスメタル化したのち，この炭素-遷移金属結合へ二重結合が挿入して進行する．

【実験例　(*R*)-3-フェニルシクロヘキサノンの合成[92]】

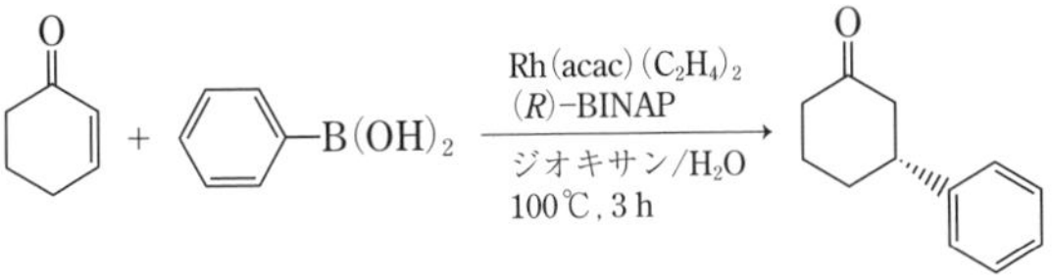

O　+　B(OH)$_2$　Rh(acac)(C$_2$H$_4$)$_2$　(*R*)-BINAP　ジオキサン/H$_2$O　100℃, 3 h　O

83%, 98.6% ee

フェニルボロン酸（100 mmol），(*R*)-BINAP（0.482 mmol），アセチルアセトナトビスエチレンロジウム（0.399 mmol），シクロヘキセノン（40.2 mmol）の 1,4-ジオキサン 200 mL 溶液に水 20 mL を加え 100 ℃ で 3 時間反応させる．室温まで冷却ののち濃縮し，残渣をエーテル抽出する．有機層を 1.2 mol L^{-1} 塩酸，5% 水酸化ナトリウム水溶液，飽和塩化ナトリウム水溶液で洗浄し，無水硫酸マグネシウムで乾燥する．濃縮，カラムクロマトグラフィー精製により共役付加体を得る．収量 5.77 g（収率 83%，98.6% ee）．

【実験例　ルテニウム触媒によるアルデヒドの不斉アリール化反応[93]】

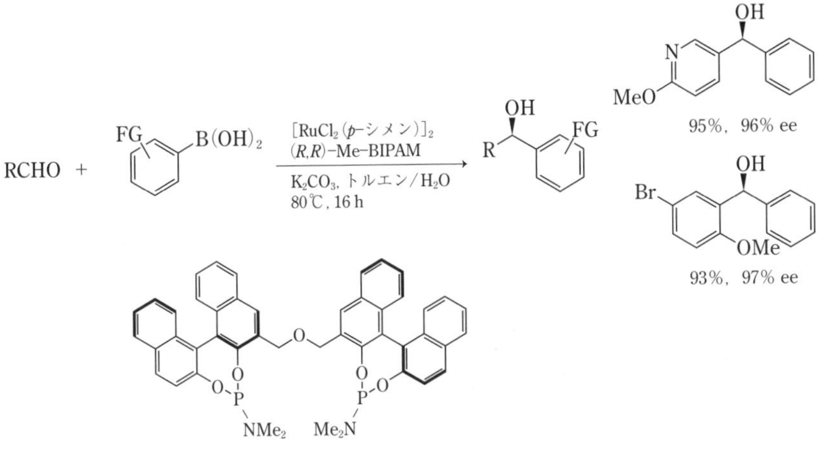

RCHO　+　FG　B(OH)$_2$　[RuCl$_2$(*p*-シメン)]$_2$　(*R*,*R*)-Me-BIPAM　K$_2$CO$_3$, トルエン/H$_2$O　80℃, 16 h　OH　R　FG

OH　N　MeO

95%, 96% ee

OH　Br　OMe

93%, 97% ee

O　O　O　O　O　P　P　NMe$_2$　Me$_2$N

(*R*,*R*)-Me-BIPAM

塩化ルテニウム(*p*-シメン)二量体（0.005 mmol），(*R*, *R*)-Me-BIPAM（0.011 mmol）のトルエン 2.5 mL 溶液を室温で 30 分間撹拌したのち，フェニルボロン酸（0.75 mmol），5-ブロモ-2-メトキシベンズアルデヒド（0.5 mmol），炭酸カリウム（0.5 mmol），水 0.5 mL を加え 80 ℃ で 16 時間反応させる．酢酸エチルで抽出後，有機層を飽和塩化アンモニウム水溶液で洗浄し無水硫酸マグネシウムで乾燥する．濃縮後，カラムクロマトグラフィーで精製することによりカルボニル付加体を得る．収量 136 mg（収率 93%，97% ee）．

19.1.5　有機アルミニウム化合物

有機アルミニウム化合物の多くは空気に触れると発火燃焼し，白色の酸化アルミニウムを含む白煙を発生する．また，水と接触すると激しく爆発的に反応し，可燃性のガスを発生する．そのため，専用の充塡容器にて保管する必要があり，その詳細および操作法については前版に記載されている[94]．近年，数多くの有機アルミニウム化合物（無溶媒あるいは溶液）が市販されており，それらはさまざまな炭素-炭素結合形成反応に利用されている．市販されている代表的なものは，Me_3Al，Et_3Al，i-Bu_3Al，$(C_6H_{13})_3Al$，i-Bu_2AlH，$Et_3Al_2Cl_3$，Et_2AlCl，$EtAlCl_2$，i-$BuAlCl_2$，Et_2AlOEt，$\lbrack MeAlO \rbrack$（MAO），$Li(t\text{-}BuO)_3AlH$ などである．とくに最近では，量論反応だけではなく，触媒反応，さらには触媒的不斉反応にも利用されている．以下に，有機合成反応の代表的な例を示す．

a.　ジルコニウム化合物を触媒とするアルキンのヒドロアルミニウム化反応

ヒドロアルミニウム化は，アルケンやアルキンに水素化アルミニウム化合物が付加する反応である．すなわち，アルキンに水素化ジイソブチルアルミニウム（DIBAH，i-Bu_2AlH）を作用させると，穏和な条件でビニルアルミニウム化合物が生成し，これをさらにさまざまな求電子剤と反応させることにより，種々の置換アルケンが得られる[95]．とくに，隣接した位置にヒドロキシ基をもつプロパルギルアルコールに水素化ビス(2-メトキシエトキシ)アルミニウムナトリウム（Red-Al，$NaAlH_2(OCH_2CH_2OMe)_2$）を用いると効率よくアリルアルコールを合成することができる[96]．

【実験例　Red-Al を用いるプロパルギルアルコールのヒドロアルミニウム化反応[96]】

OH　SPh　O　O
1) Red-Al THF，−78→0℃
2) I_2，0℃
OH　I　SPh　O　O
86%

アルゴン雰囲気下，プロパルギルアルコール 18.4 g（57.4 mmol）を THF 170 mL に溶解し，−78 ℃に冷却したのち，Red-Al の 3.4 mol L^{-1} トルエン溶液 19 mL（65 mmol）を 5 分間かけて少しずつ滴下する．同温度にて 20 分間撹拌したのち，反応温度を 0 ℃に昇温し，さらに 50 分間撹拌する．反応液にヨウ素 29.1 g（115 mmol）を加え，同温度にて 30 分間撹拌したのち，チオ硫酸ナトリウム水溶液を加え，さらに 5 分間撹拌する．反応液に水を加え，酢酸エチルで抽出する．水層を酢酸エチルで一度抽出したのち，有機層を合わせ，飽和塩化ナトリウム水溶液で洗浄，無水硫酸ナトリウムで乾燥後，減圧濃縮する．得られた残渣をカラムクロマトグラフィー（シリカゲル 600 g，ヘキサン-酢酸エチル（4：1~1：1））を用いて精製し，上記（Z）-ヨードアリルアルコールを得る．収量 22.2 g（収率 86%）．

b.　ジルコニウム化合物を触媒とするアルキンの根岸カルボメタル化反応

根岸カルボメタル化反応はアルキルアルミニウム反応剤とジルコニウム触媒を用いて，アルキンにアルキル基とアルミニウムを付加させる反応である[97]．トリメチルアルミニウムとジルコノセンジクロリド（Cp_2ZrCl_2）を用いた ZMA 反応（Zr-catalyzed methylalumination）は天然物合成において広く利用されており，高い位置選択性でアルミニウムを末端に導入できる．通常，メチル基とアルミニウムはアルキンにシス付加するが，隣接基の関与でアンチ付加体へ異性化させる手法も知られている[98]．水を少量添加すると反応が加速するとの報告もある[99]．また，イソブチルアルミノキサン（IBAO）あるいはイソブチルアルコールを添加すると，位置選択性が向上する[100]．この反応で得られるビニルアルミニウム中間体は，さまざまな求電子剤との反応や，Ni や Pd 触媒存在下クロスカップリングに用いることができる[101]．とくに求電子剤としてヨウ素を作用させる反応は，有機合成化学的に利用価値の高い 2,2-二置換 1-ヨードアルケンを合成する有用な方法になる[97,102]．本反応のさらなる展開として，アルケンに対してキラルなジルコニウム触媒を用いて不斉カルボアルミニウム化を行う ZACA 反応（Zr-catalyzed asymmetric carboalumination）が開発されている（19.2.3 d 項参照）[101,103]．

【実験例　ジルコノセンジクロリド（Cp_2ZrCl_2）触媒による根岸カルボメタル化反応[97]】

1) Cp_2ZrCl_2
Me_3Al
$ClCH_2CH_2Cl$
2) I_2, THF, 0℃
OH
OH
I
90%

アルゴン雰囲気下，Cp_2ZrCl_2 0.869 g（2.97 mmol）と 1,2-ジクロロエタン 1.49 mL の懸濁液にトリメチルアルミニウムの約 2 mol L^{-1} トルエン溶液 8.92 mL（17.8 mmol）を室温で適下する．10 分間撹拌ののち，反応液を 0℃ に冷却し，4-ペンチン-1-オール 0.549 mL（5.90 mmol）をゆっくりと滴下する．室温で 18 時間撹拌したのち，0℃ で I_2 1.81 g（7.13 mmol）の THF 8.92 mL 溶液を適下する．0℃ で水を加えて反応を停止させたのち，酢酸エチル 20 mL で 3 回抽出する．合わせた有機層を飽和塩化ナトリウム水溶液 20 mL で洗浄し，無水硫酸ナトリウムで乾燥，沪過し，沪液を減圧濃縮する．残渣をカラムクロマトグラフィー（シリカゲル 67 g，ヘキサン-酢酸エチル（1：1））で精製し，1-ヨードアルケンを得る．収量 1.21 g（収率 90%）．

c.　メチルアルミノキサン（MAO）を助触媒とするエチレンのカチオン重合反応

エチレンの重合には，おもに前周期遷移金属錯体が用いられている[104]．その代表がチーグラー-ナッタ（Ziegler-Natta）触媒や 4 族金属シクロペンタジエニル錯体を主触媒とするメタロセン触媒である．最近では，ポストメタロセン触媒とよばれている非メタロセン系錯体触媒も多数報告されるようになった．また，5族，希土類にも活性を示す錯体が多くある．メタロセン触媒の場合，一般にジルコニウム錯体が高活性を示すことが多く，シクロペンタジエニル基にさまざまな置換基を導入すると，活性や生成ポリマーの分子量が大きく変化する．構造が比較的単純で市販のメタロセン触媒の場合，10～100 kg (mmol 触媒)$^{-1}$ h^{-1} atm^{-1} 生成する程度の活性をもち，分子量数万から数十万のポリエチレンを生じる．ポストメタロセン触媒の場合は構造によって，活性が中程度のものからメタロセン触媒を上回る超高活性のものまで幅広い．両触媒系ともに特殊な場合を除いて助触媒成分が必須であり，MAO がもっとも一般的な助触媒として用いられている．

【実験例　ジルコノセンジメチル（Cp_2ZrMe_2）触媒/MAO 助触媒によるエチレンのカチオン重合反応[105]】

$$n\,H_2C=CH_2 \xrightarrow[\text{トルエン, 90℃}]{Cp_2ZrMe_2/MAO} \left(\overset{H_2}{C}-\overset{H_2}{C}\right)_n$$

MAO

アルゴン置換した 1 L ガラス製オートクレーブにトルエン 330 mL を入れ，70 ℃ に加熱する．ここへ MAO のトルエン溶液（5.1 mmol）とジルコニウム錯体（0.033 μmol）のトルエン溶液を加え，ただちにエチレンを 8 atm まで圧入し重合を開始させる．70 ℃，1 時間重合させたのち，MeOH を加え重合を停止させる．析出したポリマーを沪別し，M_v（粘度平均分子量）166 000 のポリエチレン 19.0 g を得る（活性値 72 kg (mmol 触媒)$^{-1}$ h^{-1} atm^{-1}）．

d.　$EtAl(ODBP)_2$ をルイス（Lewis）酸とするアクリル酸エステル類のラジカル重合反応

ラジカル重合は，反応性の高いラジカル種を成長種とする反応であり，非常に多様なアルケンの重合を可能とし工業的にもっとも広く用いられているが，反応の選択性は乏しい．たとえば，異なる二つの二重結合をもつメタクリル酸ビニルをラジカル重合に使うと，通常は両方の二重結合が反応し，不溶性の架橋生成物を生じる[106]．これに対し，かさ高いアルミニウム化合物 $EtAl(ODBP)_2$ を添加しておくと，メタクリル酸部のみが選択的に重合し，側鎖にビニルエステル部をもつ直鎖状の可溶性ポリマーが生成する[107]．また，通常のルイス酸では微量の水による分解で生じたプロトン酸によりカチオン重合を併発してしまうビニルエーテルにも，このアルミニウム化合物を加えておくと，アクリル酸エステルとの交互的なラジカル共重合が可能になる[108,109]．

AIBN など
$EtAl(ODBP)_2$
トルエン，20→60 ℃
R^1O　O　OR^2
t-Bu　t-Bu　O　Al　O　t-Bu　Et　t-Bu
$EtAl(ODBP)_2$

いずれの場合も，アルミニウムがモノマーとラジカル成長末端のカルボニル基に配位することによってビニル基やラジカルの反応性を制御するので，選択的なラジカル重合が可能になっている．

【実験例　エチルアルミニウム(2,6-ジ-t-ブチルフェノキシド)（$EtAl(ODBP)_2$）触媒によるメタクリル酸ビニルの重合反応[106]】

AIBN など
$EtAl(ODBP)_2$
トルエン, 20→60℃

$EtAl(ODBP)_2$ 0.56 g（1.20 mmol）と 2,2′-アゾビスイソブチロニトリル（AIBN）2.46 mg（0.015 mmol）を反応容器にとり，トルエン 4.52 mL，n-ヘキサン 0.20 mL，メタクリル酸ビニル 0.72 mL（6.0 mmol）を室温，窒素雰囲気下で加える．撹拌して均一溶液にしたのち，反応率を追跡するため 1.1 mL ずつガラス管に小分けし，窒素雰囲気下で溶封して 60 ℃ の温水浴につける．5 時間後，ガラス管を −78 ℃ に冷却し反応を停止させて開封したのち，メタノール 0.2 mL を加える．n-ヘキサンを内標準物質としてガスクロマトグラフィーにより重合率（83%）を測定する．反応溶液をトルエン約 10 mL で希釈後，希塩酸，水酸化ナトリウム水溶液，水で洗浄後，有機層を回収する．揮発分をエバポレーターで留去し，真空乾燥後，ポリマーを得る．収量 0.13 g（M_n（数平均分子量）=45 600，M_w（重量平均分子量）/M_n=3.33）．

19.1.6　有機ケイ素化合物とスズ化合物

有機ケイ素化合物は，安定なために取扱いが容易なうえ毒性が低いなど，有機合成反応剤として望ましい特徴を数多く備えている．炭素-ケイ素結合が安定であるがゆえに反応性に乏しく，しばしば求核性の強い活性化剤の添加が必要で，官能許容性に優れた反応は必ずしも多くなかったが，最近では，現代的な遷移金属触媒や酸触媒を利用することによって，官能基選択性に優れたケイ素反応剤の合成と，これらを利用した多彩かつ立体選択性・官能基選択性に優れた炭素-炭素結合形成反応が可能になった．一方，有機スズ反応剤は，その毒性から利用される機会が最近減る傾向にあるが，適度な安定性と反応性をもつので，天然物の全合成を中心に実験室での合成では依然として多用されている，きわめて有用な反応剤である．不斉触媒反応や，不活性基質のクロスカップリングなど，従来から知られている有機スズの反応をより実用的に改良した手法が最近でも報告されている．

a.　有機ケイ素化合物の合成

炭素-ケイ素結合を活性化して反応させる手法は，競合するものが少ないため，いろいろな有機反応を利用して高度な構造を有する有機ケイ素反応剤の合成が可能である．とくに，遷移金属触媒と有機ケイ素反応剤を用いる合成反応は，最近顕著に進歩しており，高度に官能基化された有機ケイ素反応剤の合成が可能になった．

(i) ヒドロシリル化　遷移金属触媒を用いる有機ケイ素反応剤の代表的手法が，不飽和結合のヒドロシリル化である[110]．アルケンやジエン，アルキンに対するヒドロシリル化に関してきわめて膨大なデータが蓄積されており，触媒を適切に選択することによって直鎖/分岐体，*E*/*Z* 体を自在につくり分けることが可能である．

【実験例　1-(ジメチルフェニルシリル)-1-ブテン-3-オールの合成[111]】

HO, Me　——(H−$SiMe_2Ph$, $Pt(dvds)_2(Pt\text{-}Bu_3)$ 触媒)→　HO, Me, $SiMe_2Ph$　86%

窒素雰囲気下，還流冷却器をつけた 1 L 丸底フラスコに，3-ブチン-2-オール 10.0 g（0.143 mol）の THF 255 mL 溶液を用意する．ここに，ジメチルフェニルシラン 21 g（0.157 mol）と金属ナトリウムの小片約 5 mg を加え，15 分間撹拌する．ビス(ジビニル(テトラメチル)ジシロキサン)(トリ *t*-ブチルホスフィン)白金 $Pt(dvds)_2(Pt\text{-}Bu_3)$[111] 12 mg（21 μmol）を加え，12 時間加熱還流させる．得られたオレンジ色の溶液を室温まで放冷したのち，減圧下，溶媒を留去して，オレンジ色の粗生成物を得る．シリカゲルカラムクロマトグラフィー（ヘキサン-酢酸エチル（5 → 10 → 20 → 35%））により，表題化合物をオレンジ色油状物質として得る（収率 86%）．

【実験例　(*Z*)-1-フェニル-3-(トリエチルシリル)-2-ブテン-1-オールの合成[112]】

HO, Ph, Me　——(H−$SiEt_3$, $[Cp^*Ru(MeCN)_3]PF_6$ 触媒)→　HO, Ph, Me, $SiEt_3$　97%

トリエチルシラン 52 mg（0.44 mmol）と 1-フェニル-2-ブチン-1-オール 50 mg（0.34 mmol）のジクロロメタン 0.7 mL 溶液に，0 ℃ で触媒 $[Cp^*Ru(MeCN)_3]PF_6$ 1.7 mg（3.0 μmol）を加える．室温まで昇温して，1 時間撹拌する．追加のトリエチルシラン 40 mg（0.34 mmol）とルテニウム触媒 5.1 mg（10 μmol）を 0 ℃ で加え，室温で 1 時間撹拌したのち，フロリジルを通して沪過する．シリカゲルクロマトグラフィー（石油エーテル-酢酸エチル（10：1））により，表題化合物を得る（収率 97%）．

(ii) 有機ハロゲン化物のシリル化　クロスカップリング反応の求核剤として，ジシランやヒドロシランを用いると（擬）ハロゲン化アリールや同アルケニルをシリル化できる[113]．パラジウム以外にも，ロジウムや白金も触媒として使える．アリールシランの従来の合成は，求核性の高いアリールマグネシウムやリチウム反応剤とシリル求電子剤との反応が主であったが，これらのクロスカップリング型の反応は，より官能基許容性に優れたアリールシラン反応剤の合成手法として有用になった.

【実験例 4-[(2-ヒドロキシメチルフェニル)ジメチル]シリルアセトフェノンの合成[114)]】

1) THPO, H−Si Me_2 (2-(THPOメチル)フェニルジメチルシラン), $Pb(OAc)_2$ 触媒
2) p-TsOH

58%

試験管に，4-ヨードアセトフェノン 123 mg（0.50 mmol），LiCl 85 mg（2.0 mmol），酢酸パラジウム 4.9 mg（20 μmol）を入れ，アルゴン置換を行う．DMI 2 mL をシリンジで加え，アルゴン置換を 3 回行う．ピリジン 95 mg（1.2 mmol）とジメチル[2-(2-テトラヒドロ-2*H*-ピラノキシメチル)フェニル]シラン 0.20 g（0.75 mmol）を加え，24 時間反応させたのち，ヘキサンで抽出する．ヘキサン層を硫酸マグネシウムで乾燥する．沪過，濃縮後に得られた粗生成物をシリカゲルカラムクロマトグラフィー（ヘキサン-酢酸エチル（10：1））で精製する．得られた残渣をメタノール 10 mL に溶解して，*p*-トルエンスルホン酸を少量加え，終夜撹拌する．濃縮後，シリカゲルカラムクロマトグラフィー（ヘキサン-酢酸エチル（3：1））によって，表題化合物を白色固体として得る（収率 58%，融点 80～82 ℃).

(iii) C−H シリル化　有機ケイ素反応剤の究極の合成法は，C−H 結合のシリル化である．ベンゼン環などの $C(sp^2)-H$ 結合に加え，ごく最近では，$C(sp^3)-H$ 結合のシリル化も可能になった．ルテニウム[115)]，ロジウム[116)]，イリジウム触媒[117)] を用いる系が実用的である．

【実験例 1,1-ジエチル-3-メチル-1,3-ジヒドロベンゾ[*c*][1,2]オキサシロールの合成[117e)]】

1) H_2SiEt_2
[Ir(OMe)(cod)]$_2$ 触媒
2) ノルボルネン
[Ir(OMe)(cod)]$_2$/1,10-phen 触媒

80%

窒素雰囲気下グローブボックス中で，20 mL バイアル瓶に撹拌子とアセトフェノン 600 mg（5.0 mmol），THF 2.5 mL を入れる．ここに，[Ir(OMe)(cod)]$_2$ 1.7 mg（2.5 μmol）の THF 2.5 mL 溶液，つづいてジエチルシラン 0.44 g（5.0 mmol）を加える．グローブボックス中，テフロンライナー付きのスクリューキャップで封をしてから室温で撹拌し，ガスクロマトグラフ-質量分析計（GC-MS）によって原料の転化をモニターする．撹拌子を取り除き，揮発性の成分を減圧下で 1.5 時間かけて留去する．ここに，ノルボルネン 0.56 g（6.0 mmol）の THF 6.0 mL 溶液，[Ir(OMe)(cod)]$_2$ 6.6 mg（10 μmol）の THF 2.0 mL 溶液，1,10-フェナントロリン 5.6 mg（31 μmol）の THF 2.0 mL 溶液をこの順に加え，テフロンライナー

付きのスクリューキャップで封をして1時間撹拌したのち，グローブボックスから取り出し，100℃に加熱したアルミブロックで14時間撹拌する．室温まで放冷したのち，エバポレーターで溶媒を留去する．粗生成物をセライト約2.0gに吸着させて，シリカゲルカラムクロマトグラフィー（ヘキサン-酢酸エチル（0→5%））によって，表題化合物を得る（収率80%）．

b. 有機ケイ素化合物の反応

炭素-ケイ素結合は，通常きわめて安定であるが，ケイ素に親和性の高い酸素やフッ素を活性化剤として用いて高配位ケイ素を生じさせると，有機基の求核性が向上して反応するようになる．最近では，このような活性化法を遷移金属錯体とのトランスメタル化に利用して，有機ケイ素反応剤を炭素求核剤としてより穏和な条件で反応させる手法が多数開発され，それらの不斉反応への展開もよく研究されている．一方，エノールシリルエーテルやアリルシランのように有機基が十分に電子豊富で求核的である反応剤においても，ケイ素上の置換基によってルイス（Lewis）酸性や立体障害を制御することによって，従来法よりも官能基選択性や立体選択性に優れた反応が実現できるようになった．

（i）玉尾-Fleming酸化　玉尾-Fleming酸化は，立体配置を保持したままシリル基をヒドロキシ基に変換できる手法として有用である[118]．とくに，アルキルシランの変換反応として汎用されており，アルケンの位置選択的・立体選択的なヒドロシリル化と合わせて利用すると，きわめて有用なヒドロキシ基の位置および立体選択的な導入法となる．

【実験例　(2*R**,3*S**)-3-ヒドロキシ-2-メチル-3-フェニルプロパン酸メチルの合成[119]】

$SiMe_2Ph$
Ph　CO_2Me
1) $HBF_4 \cdot OEt_2$
2) AcOOH
OH
Ph　CO_2Me
89%

(2*R**,3*S**)-3-ジメチルフェニルシリル-2-メチル-3-フェニルプロパン酸メチル14.9g（50 mmol）のジクロロメタン50mL溶液にテトラフルオロホウ酸ジエチルエーテル付加物7.4g（60mmol）を0℃で加える．反応混合物を室温で終夜撹拌したのち，ジクロロメタン200mLで希釈する．これを氷冷水50mLと飽和塩化ナトリウム水溶液50mLですばやく洗浄したのち，乾燥させ，濃縮する．このようにして得られるフルオロシランの粗生成物に過酢酸の40%酢酸溶液72mLを0℃で加え，ついでトリメチルアミン5.4g（53mmol）を加える．生じた反応混合物を室温で3.25時間撹拌し，2 mol L^{-1} 水酸化カリウム水溶液250mLに注ぎ，水酸化カリウムのペレットを加えてpH11に調整する．混合物をジエチルエテール100mLで2回抽出し，濃硫酸を注意深く加えて水層をpH1に調整する．水層をジエチルエテール100mLで4回さらに抽出したのち，有機層を乾燥，濃縮する．残渣をペンタン-アセトン（3：1）混合溶液によって再結晶して，表題化合物を得る（収率89%，融点92～

94℃).

(ii) カルボニル付加反応　エノールシリルエーテル[120]やアリルシラン[121]のカルボニル付加は，ルイス酸で活性化したカルボニル基の反応が典型的であったが，その後，ケイ素上の有機基を工夫して，これらの反応剤のケイ素にルイス酸性を付与し，六員環遷移状態を経て高立体選択的に炭素-炭素結合を構築できる反応剤や，ルイス塩基によって活性化する手法[122]，遷移金属触媒へのトランスメタル化を経る反応など[123]，多彩な反応条件が開発され，基質や目的生成物に応じて反応条件を適切に選択できるようになった．また，非常にかさ高いトリス(トリメチルシリル)シリル基を利用すると，通常容易ではないアルデヒド由来のエノールシリルエーテルのアルドール反応が高い立体選択性，官能基選択性で進行し，多段階反応をワンポットで一挙に行うことが可能になった[124]．シアン化トリメチルシランを用いたストレッカー（Strecker）型の反応では，イミンやケトンへの不斉付加が高エナンチオ選択性で進行する触媒が多数開発されている[125]．Rupert 反応剤（CF_3-SiMe_3）のカルボニル付加は，CF_3 基導入法として簡便かつ有用である[126]．

【実験例　*syn*-2,4,4-トリメチル-3-トリス(トリメチルシリル)シロキシペンタナールの合成[127]】

OSi(SiMe$_3$)$_3$ + H(C=O)C(CH$_3$)$_3$ —HNTf$_2$ 触媒→ 生成物

78%
シン/アンチ = 95：5

(*Z*)-トリス(トリメチルシリル)シロキシプロペン 0.30 g（1.00 mmol，Aldrich 社）とピバルアルデヒド 86 mg（1.00 mmol）のジクロロメタン 10 mL 溶液をシュレンク管に調製し，ここにビス(トリフルオロメタンスルホン)アミドの 0.10 mol L^{-1} ジクロロメタン溶液 0.50 mL（0.50 μmol）を－78℃で加える．シュレンク管を冷浴から取り出し，15 分間撹拌したのち，水～3 mL を加えて反応を停止させる．有機層を硫酸ナトリウムで乾燥したのち，濃縮する．残渣をシリカゲルカラムクロマトグラフィー（ヘキサン-酢酸エチル（99：1））で精製して，表題化合物を得る（収率 78%，シン/アンチ＝95：5）．

【実験例　光学活性アリルシランを用いたホモアリルアルコールの不斉合成[128]】

4-Br－C$_6$H$_4$ / N / Me / Si / N / 4-Br－C$_6$H$_4$ + H(C=O)CH$_2$CH$_2$Ph —CH$_2$Cl$_2$, －10℃→ OH ... Ph

90%, 98% ee

反応式中のアリルシラン反応剤（Aldrich 社）の 0.2 mol L^{-1} ジクロロメタン溶液に 3-フェ

ニルプロパナール1当量を−10℃で加え，反応容器を冷凍庫中−10℃で20時間静置する．1 mol L^{-1} 塩酸で反応を停止させたのち，酢酸エチルで希釈して，室温で15分間激しく撹拌する．水層を酢酸エチルで3回抽出して，有機層全体をヘキサンで希釈，硫酸マグネシウムで乾燥したのち濃縮する．シリカゲルカラムクロマトグラフィーによって目的のホモアリルコールを得る（たとえば，R＝Ph：収率96%，98% ee；(*E*)-PhCH=CH：収率75%，96% ee；(*E*)-PrCH=CH：収率71%，95% ee；$PhCH_2OCH_2$：収率67%，97% ee；*c*-Hex：収率93%，96% ee）．

【実験例　(*S*)-1-フェニル-2-プロペン-1-オールの合成[129]】

$CuF_2 \cdot 2H_2O$/
(*R*)-DTBM-SEGPHOS 触媒
Si(OMe)$_3$ + PhCHO → 99%，94% ee
P[3, 5-(*t*-Bu)$_2$-4-MeO − C_6H_2]$_2$
P[3, 5-(*t*-Bu)$_2$-4-MeO − C_6H_2]$_2$
(*R*)-DTBM-SEGPHOS

フッ化銅(Ⅱ)二水和物3.0 mg（20 μmol）と（*R*)-DTBM-SEGPHOS 47 mg（40 μmol），メタノール0.7 mLを2時間加熱還流させる．室温まで放冷したのち，濃縮する．残渣をトルエン（0.5 mL×2）と共沸させる．このようにして調製したCuF-キラルホスフィン錯体をDMF 1 mLに溶解する．ここに，ベンズアルデヒド71 mg（0.67 mmol）とビニル(トリメトキシ)シラン199 mg（1.34 mmol）を加え，40℃で30分間撹拌し，1 mol L^{-1} フッ化テトラブチルアンモニウムのTHF溶液0.5 mLで反応を止める．10分間撹拌したのち，水で希釈して，酢酸エチルで抽出する．有機層を合わせて，飽和塩化ナトリウム水溶液で洗浄し，硫酸ナトリウムで乾燥したのち濃縮する．残渣をシリカゲルカラムクロマトグラフィー（ヘキサン-酢酸エチル（9：1→4：1））によって精製して，表題化合物を得る（収率99%，94% ee）．

【実験例　HOMSi反応剤の不斉共役付加反応[130]】

[RhCl(C_2H_4)$_2$]$_2$/
キラルジエン触媒
HO, R^1 − Si Me$_2$ + X → R^1, X
R^2
R^2 = Ph：(*R,R*)-Ph-bod*
Bn：(*R,R*)-Bn-bod*
キラルジエン

キラルジエン（Ph-bod*，11 μmol）配位子（両鏡像体ともにAldrich社）と[RhCl(C_2H_4)$_2$]$_2$

1.7 mg（8.7 μmol Rh）を THF 0.30 mL に溶解させ，室温で 5 分間撹拌する．ここに，マイケル（Michael）受容体（0.30 mmol），HOMSi 反応剤（0.30～0.45 mmol，和光純薬工業）および 1 mol L^{-1} 水酸化カリウム水溶液 45 μL（45 μmol）を加え，40 ℃ で撹拌する．酢酸エチルで希釈し，シリカゲルパッドを通して沪過したのち，濃縮する．残渣をシリカゲルカラムクロマトグラフィーによって精製して，共役付加体を得る（たとえば，R^1/X = Ph/CH_2：収率 91%，99% ee；4-F-C_6H_4/NHCH$_2$：収率 92%，96% ee；H_2C=CMe/$(CH_2)_2$：収率 85%，96% ee）．

【実験例　(*S*)-(シクロヘキシル)(フェニル)(トリメチルシロキシ)アセトニトリルの合成[131]】

NC－$SiMe_3$ + Ph(C=O)(シクロヘキシル) —Gd/GluCAPO 触媒→ Me_3SiO CN Ph (シクロヘキシル)

100%，>99.5% ee

GluCAPO（$Ph_2(O)P$, HO, O, HO, X, X）

Gd(O*i*-Pr)$_3$ の 0.2 mol L^{-1} THF 溶液 27 mL（5.3 mmol）を，氷冷した GluCAPO 配位子 4.5 g（10.6 mmol，純正化学）の THF 106 mL 溶液に加え，45 ℃ で 30 分間撹拌する．室温まで放冷したのち，THF をエバポレーターで留去して，さらに 6 時間真空乾燥する（5 mmHg）．こうして得た触媒の粉末に，シクロヘキシル(フェニル)ケトン 100 g（0.53 mmol）を加える．プロピオニトリル 71 mL とシアン化トリメチルシラン 63 g（0.64 mol）をこの順に－40 ℃ で加え，同温度で 40 時間撹拌する．水を加えて反応を停止させ（**HCN が発生するので注意！**），生成物と配位子を酢酸エチルで抽出する．有機層を合わせて飽和塩化ナトリウム水溶液で洗浄したのち，硫酸ナトリウムで乾燥する．溶媒をエバポレーターで留去して得られる油状物質を，短いシリカゲルカラムによるクロマトグラフィー（シリカゲル 450 g，ヘキサン-酢酸エチル（20：1））によって精製して，表題化合物を得る（収率 100%，99.5% ee 以上）．光学活性配位子とそのシリル化体は，クロロホルム-メタノール混合溶液（15：1）によって同シリカゲルカラムから留出させ，THF 中で塩酸を作用させ，抽出，再結晶によって回収できる（収率 98%）．

【実験例　Rupert 反応剤を用いるカルボニル化合物のトリフルオロメチル化[132]】

F_3C－$SiMe_3$ + R^1(C=O)R^2 —K_2CO_3 触媒→ Me_3SiO CF_3 R^1 R^2

25 mL 丸底フラスコにアルデヒドまたはケトン（1.0 mmol）と Rupert 反応剤 171 mg（1.2 mmol），無水 DMF 3 mL を入れる．ここに室温で炭酸カリウム（1～20 mol%）を加え，反応混合物を室温で激しく撹拌する．これを飽和塩化ナトリウム水溶液 15 mL 中に注ぎ，ジエチルエーテル 30 mL で 3 回抽出する．有機層を合わせて，飽和塩化ナトリウム水溶液で洗浄したのち，無水硫酸ナトリウムで乾燥，濃縮する．残渣をシリカゲルカラムクロマトグラフィー（ヘキサン-酢酸エチル（9：1））によって精製して，目的物を得る（たとえば，R^1/R^2 = Ph/H：収率 80%；Ph/Ph：収率 80%；Ph/Me：収率 67%）．

（iii）クロスカップリング反応　クロスカップリング反応の有用性についてはいうまでもないが，有機ケイ素反応剤を用いるクロスカップリング反応も最近の進歩が著しい[133]．この反応では，反応性の低い炭素-ケイ素結合を活性化してトランスメタル化させる手法の開発が鍵であり，初期には，ハロゲンやアルコキシ基が置換したルイス酸性の高いケイ素を，フッ化物イオンなどの求核剤で活性化して高配位ケイ素種を発生させる手法が一般的であった．しかし最近では，水酸化物イオンや炭酸塩を活性化剤として利用するなど反応条件が改良されるとともに，ヒドロキシ基の分子内配位によりテトラオルガノシラン型反応剤（HOMSi 反応剤）や，自身が活性化剤となり，トランスメタル化できる安定なシラノラート反応剤が開発，市販されるようになって，実用的な有機合成反応として認知されるようになった．

【実験例　アリール(トリメトキシ)シランと臭化アリールのクロスカップリング[134]】

R^1-C6H4-Si(OMe)3 + Br-C6H4-R^2 —[Pd(OAc)2 触媒, NaOH]→ R^1-C6H4-C6H4-R^2

水酸化ナトリウム 0.120 g（3.0 mmol），酢酸パラジウム 4.0 mg（18 μmol），臭化アリール（1.00 mmol），アリール(トリメトキシ)シラン（1.20 mmol），蒸留水 3 mL およびポリエチレングリコール 2000 3 g の混合物を 60 ℃ で撹拌する．反応終了後，反応混合物を室温まで放冷し，ジエチルエーテル 15 mL で 4 回抽出する．シリカゲルカラムクロマトグラフィー精製によってビアリールを得る（たとえば，R^1/R^2 = H/2-NO_2：収率 99%，H/4-MeO：収率 81%，4-CF_3/4-MeO：収率 73%）．

【実験例　フェニル(トリメトキシ)シランと臭化アルキルのクロスカップリング[135]】

PhSi(OMe)3 + Br-(CH2)5-R —[$PdBr_2$/Pt-Bu_2Me 触媒, TBAF]→ Ph-(CH2)5-R

臭化パラジウム 10.6 mg（40 μmol）と［HPt-Bu_2Me］BF_4 25 mg（0.100 mmol）を撹拌子とともにバイアル瓶に入れる．セプタムのついたスクリューキャップを閉じたのち，バイアル瓶内部を 3 回アルゴン置換する．THF 2.4 mL とフッ化テトラブチルアンモニウム（TBAF）の 1.0 mol L^{-1} THF 溶液 0.100 mL（0.100 mmol）を加え，室温で 30 分間激しく撹拌する．

こうして得られたオレンジ～黄色均一溶液に，フェニル(トリメトキシ)シラン 0.24 g（1.20 mmol），TBAF の 1.0 mol L^{-1} THF 溶液 2.3 mL（2.3 mmol）および臭化アルキル（1.00 mmol）を加え，室温で 14 時間激しく撹拌する．シリカゲルパッドを通して沪過したのち，残渣をシリカゲルカラムクロマトグラフィーによって精製し，アルキル化体を得る（たとえば，R＝C_7H_{15}：収率 88%，CO_2Et：収率 66%，CN：収率 47%）．

【実験例　2-(4′-メトキシフェニル)ピロール-1-カルボン酸 *t*-ブチルの合成[136]】

Boc-ピロリル-$SiMe_2ONa$ ＋ 4-ヨードアニソール —[$Pd_2(dba)_3$ 触媒]→ 2-(4-メトキシフェニル)-1-Boc-ピロール　72%

アルゴン雰囲気下グローブボックス中で，水素化ナトリウム 29 mg（1.2 mmol）と無水トルエン 0.2 mL，撹拌子をフレームドライした 5 mL 丸底フラスコに入れる．別に用意した同様のフラスコ中に，*N*-*t*-ブトキシカルボニル(2-ピロリル)ジメチルシラノール 0.29 g（1.20 mmol，Aldrich 社）を無水トルエン 0.4 mL に溶かし，この溶液を水素化ナトリウムの懸濁液にガラス製ピペットを用いて滴下する．シラノール溶液のフラスコは，無水トルエン 0.4 mL で洗浄して，洗液も反応溶液に加える*1．10 分間撹拌したのち，4-ヨードアニソール 0.23 g（1.0 mmol）とトリス(ジベンジリデン)ジパラジウムクロロホルム錯体 $Pd_2(dba)_3$・$CHCl_3$ 52 mg（50 μmol）を加える．ラバーセプタムでフラスコに封をして，グローブボックスから取り出し，50 ℃ で 36 時間撹拌する．脱イオン化水 25 mL と酢酸エチル 20 mL で希釈したのち，水層を酢酸エチル 25 mL で 5 回抽出する．有機層を合わせて，硫酸マグネシウムで乾燥したのち，沪過して濃縮する．濃赤色の残渣をシリカゲルカラムクロマトグラフィー（ヘキサン-酢酸エチル（10：0 → 9：1））で精製して，表題化合物を得る（収率 72%）．

【実験例　(*E*)-4-(1-オクテニル)安息香酸エチルの合成[137]】

(E)-Hex-CH=CH-$SiMe_2$-(2-ヒドロキシメチルフェニル) ＋ 4-ヨード安息香酸エチル —[$PdCl_2$, (2-フリル)$_3$P 触媒, K_2CO_3]→ (E)-Hex-CH=CH-C_6H_4-CO_2Et　97% ＋ 環状シリルエーテル（O–$SiMe_2$）62%

*1　シラノールのナトリウム塩が数種類 Aldrich 社から市販されているので，これらを用いる場合，上記の操作は必要ない．

炭酸カリウム 9.1 g（66 mmol），トリ(2-フリル)ホスフィン 138 mg（0.60 mmol）および塩化パラジウム 54 mg（0.30 mmol）の DMSO 75 mL 溶液に，(*E*)-[2-(ヒドロキシメチル)フェニル]ジメチル(1-オクテニル)シラン 9.1 g（33 mmol）と 4-ヨード安息香酸エチル 8.3 g（30 mmol）をこの順に加え，反応混合物を 35 ℃ で 21 時間撹拌する．ジエチルエーテルで希釈したのち，水，飽和塩化ナトリウム水溶液で洗浄して，硫酸マグネシウムで乾燥する．濃縮後，減圧蒸留（1.0 mmHg）によって，ケイ素部が 1,1-ジメチル-2-オキサ-1-シラインダンとして回収できる（収率 62%）．蒸留残渣をシリカゲルカラムクロマトグラフィー（ヘキサン-酢酸エチル（20：1））によって精製して，表題化合物を得る（収率 97%）．

【実験例　5-([2-(テトラヒドロ-2*H*-ピラノキシメチル)フェニル]ジメチルシリル)-2,2′-ビチオフェンの合成[138]】

HO, S, Si, Me_2, +, Br, S, $SiMe_2$, OTHP

$PdCl_2(dppf)/CuI$ 触媒, K_2CO_3 →

S, S, $SiMe_2$, OTHP

96%

炭酸カリウム 6.9 g（50 mmol），2-([2-(ヒドロキシメチル)フェニル]ジメチルシリル)チオフェン 6.0 g（24 mmol），塩化[1,1′-ビス(ジフェニルホスフィノ)フェロセン]パラジウムジクロロメタン錯体 $PdCl_2(dppf)\cdot CH_2Cl_2$ 163 mg（0.20 mmol）およびヨウ化銅(I) 114 mg（0.60 mmol）の DMF 16 mL-THF 44 mL 混合溶液をシュレンク管に用意して，ここに (2-ブロモ-5-チエニル)ジメチル[2-(テトラヒドロ-2*H*-ピラノキシメチル)フェニル]シラン 8.2 g（20 mmol）を加え，75 ℃ で 6 時間撹拌する．フロリジルパッドを通して沪過したのち，沪液を水と飽和塩化ナトリウム水溶液で洗浄する．硫酸マグネシウムで乾燥したのち，濃縮する．残渣をシリカゲルカラムクロマトグラフィーによって精製して，表題化合物を得る（収率 96%）．

c.　有機スズ化合物の反応

有機スズ反応剤は毒性を示すものがあるが，適度な安定性と反応性を兼ね備えているため，取扱いや廃棄に注意して用途を適切に選択すればきわめて有用な反応剤である．

（i）カルボニル付加反応　アリルスズは，アリルシラン同様，ルイス酸で活性化されたカルボニル基をアリル化できる．これをエナンチオ選択的に行える触媒がいくつか開発されている．反応剤，触媒ともに入手容易なので，ホモアリルアルコールの不斉合成手法の一つとして有用である．

【実験例 (*S*)-1-(フェニルメトキシ)-4-ペンテン-2-オールの合成[139]】

$$\text{CH}_2{=}\text{CHCH}_2\text{SnBu}_3 + \text{HC(=O)CH}_2\text{OBn} \xrightarrow{\text{Ti(O}i\text{-Pr)}_4/(S)\text{-BINOL 触媒}} \text{CH}_2{=}\text{CHCH}_2\text{CH(OH)CH}_2\text{OBn}$$

80〜87%，94〜96% ee

(*S*)-(−)-1,1′-ビ-2-ナフトール((*S*)-BINOL) 1.14 g (4.0 mmol) およびジクロロメタン 40 mL を撹拌子とともに 250 mL 丸底フラスコに入れ，ビナフトールが完全に溶解するまで撹拌する．粉末状のモレキュラーシーブ 4A 16.0 g を加え，生じる懸濁液にチタン(IV) テトライソプロポキシドの 1 mol L^{-1} ジクロロメタン溶液 4.0 mL (4.0 mmol) をシリンジを用いて室温で加える．橙赤色の懸濁液を 1 時間加熱還流させて得られる赤褐色の溶液を室温まで放冷し，ここへベンジルオキシアセトアルデヒド 6.0 g (40 mmol) のジクロロメタン 6 mL 溶液を加える．これを室温で 5 分間撹拌したのち，−78 ℃ に冷却する．ここに，アリル(トリブチル)スズ 15.9 g (48 mmol) を加え，反応溶液を冷凍庫中−20 ℃ で 60 時間静置する*2．飽和炭酸水素ナトリウム水溶液 50 mL で反応を停止させたのち，ジクロロメタン 50 mL で希釈して室温で 2 時間撹拌する．セライトを通して沪過してモレキュラーシーブを取り除き，水層をジクロロメタン 25 mL で 2 回抽出する．有機層を合わせて，硫酸ナトリウムで乾燥したのち，減圧下で濃縮する．残渣をシリカゲルカラムクロマトグラフィー (ヘキサン-アセトン (10：0 → 9：1 → 8：2)) によって精製して，表題化合物を得る (収率 80〜87%，94〜96% ee)．

(ii) クロスカップリング反応　有機スズ反応剤は，トランスメタル化が円滑であるためクロスカップリング反応の官能基選択性が優れているので，きわめて有用である[140]．基質の適用範囲拡大を目指してごく最近まで盛んに研究されてきた．たとえば，配位子として $Pt\text{-}Bu_3$，スズ反応剤の活性化剤としてフッ化セシウムを用いると，反応性の低い塩化アリールとのクロスカップリング反応が円滑に進行するようになる[141]．また，電子的および立体的理由により反応性の低いスズ反応剤を円滑にクロスカップリングさせるための手法として，銅塩を添加する反応条件も報告された[142]．この場合，スズから銅，銅からパラジウムへの 2 段階のトランスメタル化を経て反応が進行すると考えられている．これによって，スズの α 位に置換基を有して立体障害の大きいアルケニルスズ反応剤ですら，シネ置換体を生じることなく位置特異的にクロスカップリングするようになる．さらに，フッ化物イオンによる活性化と触媒量の銅へのトランスメタル化を併用することによって，反応性の低い有機スズ反応剤のクロスカップリングも収率よく進行するようなった[143]．

*2　60 時間後でも，未反応アルデヒドを若干量 TLC で検出することがある．

【実験例　4′-メトキシ-4-ニトロアニソールの合成[143)]】

O_2N-C_6H_4-$SnBu_3$ ＋ Br-C_6H_4-OMe $\xrightarrow[\text{CsF}]{PdCl_2/Pt\text{-}Bu_3/CuI\ 触媒}$ O_2N-C_6H_4-C_6H_4-OMe　97%

4-ブロモアニソール 157 mg（0.84 mmol）と 4-(トリブチルスタニル)ニトロベンゼン 0.38 g（0.93 mmol）を DMF 2 mL に溶解し，ここにフッ化セシウム 0.26 g（1.69 mmol）を加える．塩化パラジウム（2 mol%），トリ(*t*-ブチル)ホスフィン（4 mol%）およびヨウ化銅(I)（4 mol%）を加え，フラスコ内を 5 回アルゴン置換する．反応混合物を 45 ℃ で 15 時間撹拌したのち，ジクロロメタン 50 mL と水 20 mL で希釈する．激しく撹拌したのち，ジクロロメタン-酢酸エチル（1：1）200 mL を用いてセライト沪過する．有機層を硫酸ナトリウム-硫酸マグネシウムで乾燥し，濃縮後，シリカゲルカラムクロマトグラフィー（石油エーテル-ジクロロメタン（1：1））で精製して，表題化合物を得る（収率 97%）．

(iii) カルボスタニル化反応　有機スズ反応剤の有機基とスタニル基を不飽和結合に 1,2-付加させるカルボスタニル化反応は，入手容易な有機スズ反応剤と不飽和化合物から高度な構造を有する有機スズ化合物を一挙に合成できるため有用である．付加体のスタニル基は，上述のカルボニル付加やクロスカップリングによって，炭素骨格の伸長に利用できる．パラジウムやニッケル触媒を用いるカルボスタニル化は，炭素-スズ結合のパラジウム(0) あるいはニッケルへの酸化的付加，不飽和化合物の挿入，還元的脱離を経て進行する反応機構と，メタラサイクル中間体を経る 2 種類の反応機構が，基質の組合せと触媒の種類によってそれぞれ提唱されている．シス付加体が生じること，有機スズ反応剤と不飽和化合物の基質適用範囲が広い点が特徴である[144)]．パラジウムと金の協働触媒による反応も報告されている[145)]．一方，ルイス酸触媒を用いるカルボスタニル化反応では，ルイス酸によって活性化された不飽和結合に対して有機スズ反応剤が求核的に反応したのち，スズの転位を経て反応が進行する．アリルスズ限定であるが，有機基とスズがトランス付加するため，ニッケル触媒反応と相補的である[146)]．ラジカル的に進行するカルボスタニル化反応によっても，アリルスズやスズエノラートをアルキンやアルケンにトランス付加させることができる[147)]．

【実験例　ニッケル触媒によるアルキンのカルボスタニル化反応[148)]】

R^1-SnBu_3 ＋ R^2—≡—R^3 $\xrightarrow{Ni(cod)_2\ 触媒}$ $(R^1)(R^2)C{=}C(SnBu_3)(R^3)$

有機スズ（0.46 mmol）とアルキン（1.38 mmol）を入れたシュレンク管に，アルゴン雰囲気下，$Ni(cod)_2$ 6.3 mg（23 mmol）をトルエン 0.3 mL に溶解したものを加え，撹拌する．濃縮後，リサイクル分取ゲル浸透カラムクロマトグラフィー（クロロホルム）で精製して，カルボスタニル化体を得る（たとえば，R^1, R^2, R^3=アリル，H，H（80℃，14 時間）：収率 80%；アリル，Pr，Pr（80℃，0.5 時間）：収率 77%；アリル，Me_3Si，CO_2Et（100℃，40 時間）：収率 78%；$(CH_2)_5NC(O)$，Pr，Pr（100℃，1.5 時間）：収率 66%）.

【実験例　AIBN を開始剤とするアルキンのアリルスタニル化反応[147)]】

$$CH_2{=}C(CO_2Me)CH_2SnBu_3 + R^1{-}C{\equiv}C{-}R^2 \xrightarrow{AIBN} CH_2{=}C(CO_2Me)CH_2C(R^1){=}C(R^2)SnBu_3$$

アルキン（0.50 mmol または 1.00 mmol）と AIBN（5 mol%）をベンゼン（アルキン 1.00 mmol に対して 5 mL）に溶解させ，ここに 2-[(トリブチルスタニル)メチル]アクリル酸メチル（アルキンに対して 4 当量）を加え，加熱還流する．反応終了後濃縮して，シリカゲルカラムクロマトグラフィーで精製してカルボスタニル化体を得る（たとえば，R^1, R^2=Ph，H（1 時間）：収率 94%；n-$C_{10}H_{21}$，H（6 時間）：収率 44%；$HO(CH_2)_2$，H（2 時間）：収率 69%；MeO_2C，CO_2Me（1 時間）：収率 85%）.

19.1.7　有機亜鉛化合物

有機亜鉛化合物の歴史は，1852 年に Frankland がヨウ化エチルと亜鉛からジエチル亜鉛を合成したことから始まる．1900 年代に入りグリニャール（Grignard）反応剤の発見と台頭があり，有機亜鉛化合物はアルキル化剤としての主役を奪われたが，種々の特異的な性質により，精密有機合成に欠かすことのできない有機金属反応剤である．以下の特徴が有機亜鉛反応剤の存在意義を際立たせている[149)]．(1) 不斉アルキル化反応剤，(2) 求電子基を含む有機亜鉛反応剤，(3) 亜鉛カルベノイド，(4) *gem*-二亜鉛反応剤，(5) 亜鉛アート錯体の五つである．ジエチル亜鉛などの簡単な有機亜鉛化合物は市販品があるが，その他のものは調製が必要である．とくに不斉アルキル化においては，光学活性アミノアルコール誘導体が配位子として有効であり，この研究が端緒となって不斉誘導における非線形効果が発見され，さらに進歩して，硤合（そあい）らの自己不斉触媒現象の発見など，有機亜鉛反応剤は不斉誘導における重要な反応剤として位置づけることもできる[149c)]．

有機亜鉛反応剤の調製においては，有機ハロゲン化物を粉末亜鉛で還元する方法がもっとも多用されている．しかし，市販の亜鉛は，精製法によって微量の鉛を含むことがあり，この微量成分が反応結果に決定的な影響を与える[150)]．湿式処理による電気亜鉛（Sigma-Aldrich 社，Strem 社など）は鉛を含まず高純度であるが，乾式処理による蒸留亜鉛（和光純薬，ナカライテスクなど）は鉛を 0.04～0.07 mol% 含有する．電気亜鉛は蒸留亜鉛と比べて有機ハロゲン化物の還元がきわめて速い．また，ジヨードメタンを THF 中で還元する場合，電気亜鉛がヨウ素一つのみを還元してカルベノイドを生じるのに対し，蒸留亜鉛はヨウ素二つを還元して*gem*-二亜鉛を生じるなど，反応性に大きな差がある．したがって，既報の方法で調製するさいにも，その論文中でどの会社のどのような亜鉛を用いているか十分に確認しないと再現性に問題を生じることがある．また，亜鉛の製法は電気亜鉛が主流になりつつあるので，同一供給会社でも含有微量成分が年々変化している[149c]．

a.　不斉アルキル化

ジエチル亜鉛は，初めて単離された有機金属として知られている．しかし，求核性が低くアルキル化反応剤として用いるには適切ではなく，当初，シモンズ-スミス（Simmons-Smith）反応剤やレフォルマトスキー（Reformatsky）反応剤を調製するさいによく使われた．しかし，1978年にアミノアルコールが触媒量でアルデヒドへのジエチル亜鉛の付加を活性化することが報告されて以来，アルデヒドの触媒的不斉アルキル化の方法としておおいに発展した．それに加え，小国らが本手法における不斉増幅を見つけ，付加体が特定の構造をもつアミノアルコール誘導体である場合には，硤合らの不斉自己触媒反応につながる．不斉増幅と不斉自己触媒反応が組み合わさると，ほんのわずかな鏡像体過剰の環境で光学純度の高い有機化合物を生じる現象が実際に発見されている．

【実験例　ケトアルデヒドに対する官能基選択的不斉エチル化[149d]】

Ph, O, H, O, Ph, Ph, OH, N, Me, H (8 mol%), Et_2Zn, 0℃, 18 h, Ph, O, OH, 93% ee

(*S*)-(1-メチルピロリジン-2-イル)ジフェニルメタノール（0.08 mmol）と4-オキソ-4-フェニルブタナール（1.0 mmol）のトルエン2.0 mL溶液を0℃に十分冷却したのち，1.0 mol L^{-1} ジエチル亜鉛ヘキサン溶液2.2 mLを滴下し，0℃で18時間撹拌する．1 mol L^{-1} 塩酸で反応を停止，ジクロロメタンで抽出する．有機層を硫酸ナトリウムで乾燥，濃縮後，シリカゲルカラムクロマトグラフィーで精製すると，光学活性4-ヒドロキシ-1-フェニルヘキサン-1-オンが定量的に得られる．生成物の鏡像体過剰率は，Mosher反応剤でエステル化し，HPLCによって93% eeと決定した．

b.　求電子性官能基を有する有機亜鉛化合物

有機ハロゲン化物を粉末亜鉛で還元し，有機亜鉛化合物に変換する方法は，Frankland以来の方法である．有機亜鉛化合物は，有機リチウム化合物やグリニャール反応剤に比べ，共有結合性が大きくイオン結合性が小さいので，カルボアニオンとしての求核性と塩基性は若干落ちる．しかし，その穏やかな反応性によって種々の求電子基を有する有機亜鉛反応剤の調製が可能になる．この調製にあたっては，亜鉛金属を作用するさいにできるだけ反応条件を穏和にする必要がある．亜鉛粉末の種々の活性化法が開発されており，塩化亜鉛をリチウムナフチリドで還元するRieke法のように亜鉛金属粉末そのものを使用直前に調製する手法もある．近年，亜鉛粉末による有機ハロゲン化物の還元において，亜鉛金属にリチウム塩を共存させる方法がもっとも効果的であることが報告されている[149a]．また，亜鉛アミドを用いて脱プロトンし，官能基を有する有機亜鉛化合物を合成することも可能である[151]．

【実験例　4-ヨード安息香酸エチルからの有機亜鉛反応剤の合成と臭化アリルとの反応[149a]】

EtO_2C–C₆H₄–I →(Zn·LiCl (1.4 当量), THF, 25℃)→ EtO_2C–C₆H₄–ZnI·LiCl →(臭化アリル (1.1 当量), CuCN·2 LiCl (0.4 mol%))→ EtO_2C–C₆H₄–CH₂CH=CH₂

無水塩化リチウム（5.0 mmol）を減圧（0.1 kPa）下 150～170 ℃ に 20 分間加熱乾燥ののち，粉末亜鉛（325 mesh，7.0 mmol，Strem 社）をアルゴン雰囲気下で加え，この混合物を減圧（0.1 kPa）下 150～170 ℃ でさらに 20 分間乾燥する．アルゴンで常圧に戻し，室温まで冷却して THF 5 mL，1,2-ジブロモエタン（0.25 mmol），およびクロロトリメチルシラン（0.05 mmol）を加えて撹拌する．4-ヨード安息香酸エチル（5.0 mmol）を加え，室温で 24 時間撹拌する．原料の転化率が 98% を超えた時点で静置する．上澄み溶液 3 mL をシリンジにより，乾燥させ，アルゴン置換した別の反応容器に移し，容器を −20 ℃ に冷却し，ここへ臭化アリル（3.3 mmol）さらに CuCN・2 LiCl（0.02 mmol，1.0 mol L^{-1} THF 溶液）を加え，0 ℃ で 1 時間撹拌する．飽和塩化アンモニウム水溶液 5 mL を加え反応を停止させる．混合液を酢酸エチルで抽出し，減圧濃縮後，カラムクロマトグラフィーで精製すると，4-アリル安息香酸エチルが収率 94% で得られる．

【実験例　亜鉛アミドを用いるヘテロ環化合物の直接亜鉛化[151]】

tmp–MgCl·LiCl →($ZnCl_2$ (0.5 当量), THF, 25℃, 15 h)→ $(tmp)_2Zn\cdot 2\,MgCl_2\cdot 2\,LiCl$　>95%

1-メチルインドール-3-カルボアルデヒド (CHO, N–Me) →($(tmp)_2Zn\cdot 2\,MgCl_2\cdot 2\,LiCl$ (0.55 当量), THF, 25℃, 45 min)→ (2-インドリル)$_2$Zn →(臭化アリル, CuCN·2 LiCl (5 mol%))→ 2-アリル-1-メチルインドール-3-カルボアルデヒド　71%

シュレンク管中に塩化亜鉛（53.0 mmol）を加え，140 ℃ で 4 時間減圧乾燥を行う．アルゴンで復圧したのち，室温まで冷却する．tmpMgCl・LiCl（tmp：2,2,6,6-テトラメチルピペリジン，100 mmol，1.0 mol L^{-1} THF 溶液）をここに滴下する．この混合物を 25 ℃ で 15 時間撹拌し，$(tmp)_2Zn\cdot 2\,MgCl_2\cdot 2\,LiCl$ の 0.5 mol L^{-1} THF 溶液を調製する（4-(フェニルアゾ)

ジフェニルアミンを指示薬として滴定）．シュレンク管に 1-メチル-1*H*-インドール-3-カルボアルデヒド（1.0 mmol）の THF 1.0 mL 溶液を入れ，$(tmp)_2Zn \cdot 2\,MgCl_2 \cdot 2\,LiCl$ の 0.5 mol L^{-1} THF 溶液 1.1 mL を 25 ℃で滴下し，同温度で 30 分間撹拌する．混合物を 0 ℃に冷やし，CuCN･2 LiClの 1.0 mol L^{-1} THF 溶液 0.05 mL と臭化アリル（1.2 mmol）を加えて 10 分間撹拌したのち，飽和塩化アンモニウム水溶液を加えて反応を停止させ，エーテルで抽出する．硫酸マグネシウムで乾燥，減圧濃縮ののち，カラムクロマトグラフィーで精製して 2-アリル-1-メチル- 1*H*-インドール-3-カルボアルデヒドを得る（収率 71%）．

c.　亜鉛カルベノイドの反応

アルケンに対する求電子的シクロプロパン化は，シモンズ-スミス反応で知られている亜鉛カルベノイド*3を用いる．活性種の構造は，ICH_2ZnI と考えられているが，活性化剤として銅以外にも銀や水銀などさまざまな方法が試みられた．このさい，先述のように市販の亜鉛粉末の中の鉛含有量により還元速度が異なるので，用いる亜鉛の純度に十分注意しなくてはならない．これに対し，1966 年に古川らが示したジエチル亜鉛をジヨードメタンに作用させる方法では，構造が $EtZnCH_2I$ または ICH_2ZnCH_2I の反応剤がシクロプロパン化剤としてはたらく．これは液体どうしの反応であり，再現性のよい一般的な手法として評価されている．これを契機として多くの研究者により反応剤が改良され，一般式 XCH_2ZnY の X と Y の置換基が反応の収率および立体選択性に大きな影響を及ぼすことが明らかにされている．アリルアルコールのシリルエーテル誘導体をシクロプロパン化する反応剤の構造と収率と立体選択性の関係を表 19.1 にまとめる[152a]．

表 19.1　亜鉛カルベノイド反応剤の構造による影響

Ph／OSi*i*-Pr$_3$／Me —反応剤→ Ph／OSi*i*-Pr$_3$／Me ＋ Ph／OSi*i*-Pr$_3$／Me

反応剤	転化率	アンチ/シン
$IZnCH_2I$	8%	84：16
$EtZnCH_2I$	48	92： 8
$EtZnCH_2Cl$	92	94： 6
$Zn(CH_2I)_2$	44	90：10
$Zn(CH_2Cl)_2$	88	97： 3
$CF_3CO_2ZnCH_2I$	>99	>99： 1

（R. G. Cornwall, O. A. Wong, H. Du, T. A. Ramirez, Y. Shi, *Org. Biomol. Chem*., **10**, 5498 (2012)）

*3　1958 年に Dupont 社の Simmons と Smith が開発した方法で，ジヨードメタンに亜鉛-銅合金を作用させて得られる．

【実験例　シクロドデセンのシクロプロパン化[152b)]】

$ClCH_2I$（4.0 当量）
Et_2Zn（2.0 当量）
$ClCH_2CH_2Cl$, 20℃
15 min
87%

シクロドデセン（2.52 mmol）のジクロロエタン 12.5 mL 溶液に 0℃ でジエチル亜鉛（5.07 mmol）をシリンジで加える．この溶液にシリンジを用いてクロロヨードメタン（10.02 mmol）を滴下し，0℃ で 20 分間撹拌する．ついで飽和塩化アンモニウム水溶液 20 mL をシリンジで加え反応を停止させる．混合液を *t*-ブチルメチルエーテルで抽出する．有機層を順次水と飽和塩化ナトリウム水溶液で洗浄し，炭酸カリウムで乾燥したのちシリカゲルカラムで沪過する．注意深く減圧濃縮したのち，クーゲルロール蒸留（110〜115℃/4.0 kPa）によってシクロプロパン化体を得る（収率 87%）．

【実験例　4-フェニル-3-ブテン-2-オール誘導体のジアステレオ選択的シクロプロパン化[152c)]】

OTES
Ph
$CF_3CO_2ZnCH_2I$
（2.0 当量）
CH_2Cl_2, 0℃
30 min
OTES
Ph
87%

ジエチル亜鉛（2.0 mmol）のジクロロメタン 4.0 mL 溶液に 0℃ でトリフルオロ酢酸（2.0 mmol）のジクロロメタン 1.0 mL 溶液を 10 分間かけて滴下する．さらにジヨードメタン（2.0 mmol）のジクロロメタン 1.0 mL 溶液を 6 分間かけて滴下する．20 分間撹拌すると，白色沈殿が生じる．ここに，アルケン（1.0 mmol）のジクロロメタン 1.0 mL 溶液を 10 分間かけて滴下する．0℃ でさらに 30 分間撹拌し，飽和炭酸水素ナトリウム水溶液を加えて反応を停止させる．混合物をエーテルで希釈したのち，飽和亜硫酸ナトリウム水溶液，飽和炭酸水素ナトリウム水溶液，つづいて飽和塩化ナトリウム水溶液で洗浄する．有機層を硫酸マグネシウムで乾燥，減圧濃縮し，カラムクロマトグラフィーで精製すると，アンチ体のシクロプロパン化体のみを得る（収率 87%）．

d.　*gem*-二亜鉛反応剤

炭素が複数の金属と結合した化合物である *gem*-ポリメタル化合物は，有機合成上非常に有用な反応剤である．ところが，このような化合物は安定性に欠けたり，複雑に会合して失活したりすることがしばしば起こる．一方，ジヨードメタンを鉛触媒存在下に亜鉛粉末を用いて THF 中で還元すると，ヨウ素二つが還元され *gem*-二亜鉛反応剤になる．この有機亜鉛反応剤の THF 溶液は，室温以下で 0.5 mol L^{-1} 以下なら単量体として存在し，種々の選択的分子変換反応に使える．とくに，この反応剤はカルボニル化合物をウィッティヒ（Wittig）

型メチレン化する特徴がある[153a]．同一炭素で求核反応が 2 回起こる可能性があるので，*gem*-ジアニオン等価体である．実際に，1,2-ジケトンと反応してシクロプロパン骨格を形成するなどの特徴的な分子変換が進行する[153b]．

【実験例　メチレン二ヨウ化亜鉛による 1,2-ジケトンの求核的シクロプロパン化[153b]】

$$CH_2I_2 \xrightarrow[\text{THF}]{\text{Zn, 触媒 }PbCl_2} CH_2(ZnI)_2 \xrightarrow[\text{THF, 25℃, 30 min}]{PhC(O)C(O)Me,\ Ac_2O}$$

Ph, Me, OAc, AcO（シクロプロパン）

アルゴン雰囲気下，乾燥した反応容器に，粉末亜鉛*4（25 mmol，和光純薬）にジヨードメタン（1.0 mmol）の THF 2 mL 溶液を加え，反応容器を超音波洗浄器に浸し，1 時間超音波照射を行うと穏やかに発熱する．この混合物を 0 ℃ に冷却し，激しく撹拌しながらジヨードメタン（10 mmol）の THF 20 mL 溶液を 15 分間かけて滴下する．得られた混合物を 0 ℃ で 2 時間撹拌し，数時間静置して未反応の亜鉛粉末を沈降させる．得られた溶液を 1 mL 採取し，ベンゼン（0.2 mmol）を内標準として加え，^{1}H NMR により，メチレン二ヨウ化亜鉛の濃度を積分から求める（−1.5〜−0.7 ppm，bs*5）．こうして得たメチレン二ヨウ化亜鉛は密閉容器中数カ月間変化のない安定な溶液である．アルゴン雰囲気下この溶液（0.5 mol L^{-1}，2.4 mL）を 1-フェニル-1,2-プロパンジオン（1.0 mmol）の THF 溶液 3.0 mL に 25 ℃ で滴下し 30 分間撹拌したのち，さらに酢酸無水物（2.4 mmol）を加えて 30 分間撹拌する．反応混合液を飽和塩化アンモニウム水溶液に加えて反応を停止し，混合液をエーテルで抽出，有機層を飽和塩化ナトリウム水溶液で洗浄，硫酸マグネシウムで乾燥し，減圧濃縮する．シリカゲルクロマトグラフィーで精製してシクロプロパンジオール二酢酸エステルのシス体を得る（収率 98%）．

19.2　遷移金属化合物の量論反応

19.2.1　有機銅化合物

有機銅化合物を用いる有機反応は，きわめて強力な炭素-炭素結合形成の方法として多用されている[154〜160]．なかでも有機銅アート錯体を用いる反応は，穏やかな条件で利用可能である一方，立体障害の大きな基質とも円滑に反応する．有機銅反応剤側でも基質側でも官能基許容性の高い反応として有用である．この反応では，有機銅化合物をいかに調製するかが課題となる（図 19.6）．典型的な調製法は，有機リチウムやグリニャール（Grignard）反応

*4　微量成分として鉛を含む．鉛を含まない高純度の亜鉛粉末を用いる場合は，二塩化鉛を 0.01 mmol 加えておく．

*5　bs：broad singlet.

RM	+ CuX	⟶	RCu	+ MX	モノ有機銅錯体
2 RM	+ CuX	⟶	R_2CuM	+ MX	対称型有機銅アート錯体
RM	+ R′Cu	⟶	RR′CuM		非対称型有機銅アート錯体
RM	+ CuY	⟶	RCu(Y)M		ヘテロ有機銅錯体　Y = CN, OR, SR, PR_2 など
RCu	+ BF_3	⟶	RCu/BF_3		有機銅錯体/ルイス（Lewis）酸複合錯体

図 19.6　おもな有機銅反応錯体の合成スキーム

剤と1価の銅塩との反応を利用するものであるが，有機スズや有機亜鉛などからのトランスメタル化も便利である[161]．有機金属化合物に対して銅塩を化学量論量あるいは触媒量使用する．有機銅アート錯体は，酸ハロゲン化物，α,β-不飽和カルボニル化合物，ハロゲン化アルキル，トシラート，エポキシドと反応する．有機銅アート錯体は，炭素-炭素三重結合にシス付加し[162]，アルケニル銅を立体選択的に生じる．また，有機電子材料として注目されている C_{60} へも付加する[163]．最近では触媒量の銅塩と不斉配位子による触媒的不斉合成が報告されている[164~167]．また，銅塩を化学量論量または触媒量用いたハロゲン化アリールとフェノールやアニリン類とのクロスカップリング反応や，アリールボロン酸とフェノールやアニリン類とのクロスカップリング反応が開発されている[168]．有機銅が関連する反応は近年その数が大きく拡大しており，ここではすべてを紹介できないため，反応の実施にあたってはぜひ成書[154~160]も参照していただきたい．

a.　有機銅(I) 化合物の調製と取扱い上の一般的注意

有機銅化合物は，熱的に不安定で，酸素や水分の混入によって容易に分解するため，乾燥した不活性ガス雰囲気中低温で調製し，通常そのまま次の反応に利用する．反応に用いる銅(I) 塩は十分に精製されたものを使用する必要がある[154~156,159]．使用前にみずから精製するか，高純度の市販品を用いる．十分に純度の高い銅(I) 塩は，多くの場合白色か灰色である．青や緑に着色している場合は純度が不十分な場合が多い．同様に溶媒の脱気や脱水，不活性ガスの純度にも注意が必要である．有機銅化合物の調製に有機リチウムを利用する場合，有機リチウム化合物の濃度を滴定して，銅(I) 塩との混合比を正確に調整する必要がある．

b.　有機銅アート錯体反応剤

低温（−78～−40℃）でヨウ化銅などの1価の銅塩に有機リチウムを2当量反応させると対称有機銅アート錯体が生じる．実際反応に関与するのは有機基二つのうち一つだけなので，有機リチウム反応剤が貴重である場合は，ヘテロ有機銅アート錯体や非対称有機銅アート錯体を利用する．グリニャール反応剤や有機亜鉛反応剤に対して銅塩を触媒量用いて同様の反応を実現できる場合もある．

【実験例　(4*Z*,6*Z*)-ウンデカ-1,4,6-トリエンの合成[162]】

CuBr·SMe$_2$ →(BuLi(2 当量), Et$_2$O, −30℃) Bu$_2$CuLi →(アセチレンガス（過剰量）, −25→0℃) (Bu⌒⌒)$_2$CuLi →(⌒Br, HMPA, −50→0℃) Bu⌒⌒⌒ 62%

窒素雰囲気下，乾燥した反応容器に CuBr・SMe$_2$ 錯体 2.00 g（9.7 mmol）と乾燥 Et$_2$O 45 mL を入れる．反応容器を−40 ℃ に冷却し，*n*-BuLi の 1.6 mol L^{-1} ヘキサン溶液 12.1 mL（19.4 mmol）を反応溶液の温度が上昇しないように撹拌しながらゆっくり滴下する．−30 ℃ で 30 分間撹拌したあと−50 ℃ に冷却し，アセチレンガス 0.46 L をシリンジ針を通じて反応溶液内に吹き込む．−25 ℃ で 30 分間撹拌したのち 0 ℃ に昇温する．さらにアセチレンガス 0.84 L を 10 分間通じ，反応容器を再び−50 ℃ に冷却したのち，3-ブロモ-1-プロペン 1.17 g（9.7 mmol）と HMPA 1.70 mL（9.7 mmol）を加え，室温に昇温して 1 時間撹拌したのち，飽和塩化ナトリウム水溶液-希塩酸（2：1）溶液 25 mL を加える．混合物を石油エーテルで 3 回抽出し，有機層を 5% 水酸化アンモニウム水溶液と飽和塩化アンモニウム水溶液で洗浄し，MgSO$_4$ で乾燥したのち減圧濃縮する．混合物をクーゲルロール蒸留して，目的のカップリング体を無色液体として得る．収量 0.905 g（6.01 mmol，収率 62%）．

【実験例　6,9,12,15,18-ペンタメチル-1,6,9,12,15,18-ヘキサヒドロ(C$_{60}$-*I*$_h$)[5,6]フラーレンの合成[163]】

C$_{60}$ →(MeMgBr（12 当量）, CuBr·SMe$_2$（12 当量）, DMI（12 当量）; 1,2-Cl$_2$C$_6$H$_4$/THF, 35℃, 40 min) [Me H, Me, Me, Me, Me 付加 C$_{60}$] 94%（純度 91%）

窒素雰囲気下 C$_{60}$ 2.00 g（2.78 mmol）を反応容器に入れ，1,2-ジクロロベンゼン 90 mL をシリンジで加えて溶かす．これを氷冷下反応容器を減圧して溶存酸素を除いたのち，再び窒素で満たす．滴下漏斗をつけ，乾燥した別の容器に CuBr・SMe$_2$ 錯体 6.84 g（33.3 mmol）を入れ，窒素置換する．滴下漏斗に上述の 1,2-ジクロロベンゼン溶液を移したのち，乾燥 THF 47 mL を CuBr・SMe$_2$ 錯体へシリンジで加え，撹拌しながら 3 mol L^{-1} MeMgBr の THF 溶液 11.1 mL（33.3 mmol）を加え，さらに DMI 3.62 mL（33.3 mmol）を加える．こうして調製した有機銅反応剤を油浴で 5 分以内に 35 ℃ まで急速に加熱したのち，C$_{60}$ の 1,2-ジクロロベンゼン溶液を一度に加えると，反応溶液の色は黒褐色に変化する．反応溶液を 35 ℃ で 40 分間撹拌したのち，飽和塩化アンモニウム水溶液 3.0 mL をシリンジですばやく加え，減圧下溶媒を半分まで濃縮し，ここへ脱気したトルエン 200 mL を加え，シリカゲルのショートカラムを通す．エバポレーター（40 ℃ / 10 mmHg）でトルエンを除き，さらに減圧して溶液中の固体が結晶化する寸前まで1,2-ジクロロベンゼンを留去する．窒素下で脱気したメタノール約 400 mL をゆっくり加えたのち，析出した目的物の赤色結晶を沪過により得る．収量 2.08 g（2.61 mmol，収率 94%，純度 91%）．

【実験例　2-(1-シクロヘキセン-3-オン-1-イル)ペンタンホスホン酸ジメチルの合成[169]】

$(MeO)_2P(O)$–…–Br　Zn（3 当量），THF / 40 ℃，30 min →　$(MeO)_2P(O)$–…–ZnBr　1) CuCN·2 LiCl / −40→0 ℃，5 min →　2) 3-ヨード-2-シクロヘキセノン / −78→−30 ℃，4 h →　生成物 $P(OMe)_2$ 95%

乾燥した反応容器にアルゴン気流下亜鉛粉末 1.96 g（30 mmol）と THF を入れ，1,2-ジブロモエタン 0.19 g（1 mmol）を加えたのち，容器をヒートガンで加熱していったん沸騰させたのち，室温まで冷やす．この加熱と冷却を数回繰り返したのち，トリメチルクロロシラン 0.11 g（1 mmol）を 15 分間かけて滴下する．2-ブロモペンタンホスホン酸ジメチル 2.59 g（10 mmol）を反応温度が 40～45 ℃ になるよう滴下する．反応が完了したら撹拌を停止して，亜鉛粉末を沈降させる．別途乾燥した容器にシアン化銅 0.72 g（8 mmol）と塩化リチウム 0.68 g（16 mmol）を入れ，減圧（0.1 mmHg）下 150 ℃ で 2 時間加熱乾燥する．室温まで放冷し，アルゴンで置換する．ここへ乾燥 THF 8 mL を加えたのち，懸濁液を−40 ℃ に冷却し，上記で調製したアルキル亜鉛化合物を加える．いったん室温まで昇温して 5 分間撹拌したのち再び−78 ℃ に冷却する．ここへ 3-ヨード-2-シクロヘキセノン 1.33 g（6 mmol）の THF 2 mL 溶液をゆっくり加え，−30 ℃ で 4 時間撹拌する．反応混合物に飽和塩化アンモニウム水溶液を加えて反応を停止させたのち，混合物を酢酸エチルで抽出する．有機層を飽和塩化ナトリウム水溶液で洗浄，$MgSO_4$ で乾燥させたのち，過剰のペンタンホスホン酸ジメチルを蒸留で除き，フラッシュカラムクロマトグラフィー（$CHCl_3$-MeOH（19：1））で精製し目的物を得る．収量 1.56 g（収率 95%）．

c.　高次銅アート錯体を用いる合成反応

シアン化銅(I) に有機リチウム化合物を 2 当量以上加えた反応剤を高次銅アート錯体といい，立体障害の大きな基質でも共役付加するなど，通常の銅アート錯体よりも反応性が高い．

【実験例　3,3,5-トリメチル-5-ビニルシクロヘキサノンの合成[159,170]】

(reaction scheme: isophorone → 3,3,5-trimethyl-5-vinylcyclohexanone; reagent: (vinyl)$_2$Cu(CN)Li$_2$; 82%)

乾燥した反応容器にシアン化銅 89 mg（1 mmol）を加え，減圧下加熱して乾燥させる．アルゴン置換ののち，室温でエーテル 1 mL をシリンジで加えてから，懸濁液を−78 ℃に冷却し，2.07 mol L^{-1} ビニルリチウム反応剤 0.94 mL（1.95 mmol）を加える．およそ−20 ℃に昇温していったんシアン化銅がすべて溶解してから，再び−78 ℃に冷却してイソホロン 69 mg（0.5 mmol）を加える．−50 ℃に昇温して 3.5 時間反応させたのち，飽和塩化アンモニウム-濃アンモニア水混合溶液（90：10） 4 mL を加えて反応を停止させ，室温まで昇温する．エーテル 10 mL で 3 回抽出し，合わせた有機層を水と飽和塩化ナトリウム水溶液で洗浄したのち，無水硫酸ナトリウムで乾燥し，沪過，濃縮後にシリカゲルカラムクロマトグラフィー（エーテル-ペンタン（15：85））で精製すると，目的化合物を得る．収量 68.3 mg（0.41 mmol，収率 82%）．

d.　銅塩によるハロゲン化アリールとアミン類やアルコール類とのカップリング反応

芳香族アミンや同エーテル類は生理活性物質の部分構造として広く分布するため，その合成反応の意義は高い．ウルマン（Ullmann）カップリング反応が古くから知られていたが，反応条件が一般に厳しいものであった．しかし反応条件の最適化によって，最近では穏和な条件でも実施可能な方法が数多く開発されている[168]．

【実験例　*N*-ブチルアニリンの合成[171]】

(reaction scheme: iodobenzene + H_2N-butyl → *N*-butylaniline (96%); CuI（1 当量），CsOAc（2.5 当量），DMSO, 90℃, 24 h)

乾燥した反応容器に CsOAc 8.71 g（45.4 mmol）と CuI 3.46 g（18.2 mmol）を入れ，減圧後アルゴンで満たす．これに未脱気 DMSO 18 mL とヨードベンゼン 2.03 mL（18.2 mmol），ブチルアミン 3.60 mL（36.4 mmol）を加え，90 ℃で 24 時間撹拌する．室温まで冷却したのち，酢酸エチルとアンモニア水-塩化ナトリウム水溶液混合溶液を加え，抽出を 3 回行う．有機層を飽和塩化ナトリウム水溶液で洗浄し，硫酸ナトリウムで乾燥，沪過，減圧濃縮し，残渣をシリカゲルカラムクロマトグラフィーで精製（ヘキサン-ジクロロメタン（4：1→1：1））して目的の *N*-ブチルアニリンを得る．収量 2.59 g（17.4 mmol，収率 96%）．

19.2.2 有機チタン化合物

有機チタン化合物のチタン-炭素結合は比較的安定であり，かさ高いシクロペンタジエニル基をもつ場合はとくに安定性が高い．また，チタンが資源的に豊富で低価格であるうえ有機チタン化合物の毒性が低いので，これを化学量論量用いる反応が広く研究されている．さまざまな有機チタン化合物がルイス（Lewis）酸触媒，水素化触媒，異性化触媒，重合触媒，不斉触媒として用いられている．ここでは，前版刊行以降進展の著しい，アリルチタン化合物およびチタンカルベン錯体を利用する合成，チタナサイクルの形成を経由する合成など，有機チタン化合物に特徴的な炭素-炭素結合形成反応を紹介する．

a. アリルチタン化合物

γ-一置換アリルチタン化合物のアルデヒドへの付加反応については多くの研究が行われており，高立体選択的にアンチ体のホモアリルアルコールを与えることが知られている[172]．酒石酸誘導体などの光学活性な配位子をもつアリルチタンを用いてエナンチオ選択的反応も実現されている[173]．アリルフェニルスルフィドを2価チタノセンで脱硫還元して生じるη^1-アリルチタン化合物は，さまざまなケトンとも高立体選択的に反応する[174]．カルボニル炭素に結合した置換基二つのかさ高さが大きく異なるアセトフェノンやイソプロピルメチルケトンとの反応ではアンチ体のみが生成し，かさ高さの差の小さいメチルエチルケトンとの反応でも選択性90% でアンチ体が得られる[174a]．また，環状エノンに対しては1,2-付加が高立体選択的に進行する[174e]．γ-二置換アリルチタノセンとケトンの立体特異的付加反応による連続する二つの第四級炭素の構築も報告されている[174f]．

【実験例　メチルエチルケトンのアリル化反応[174a]】

Ph⌒⌒SPh —[Cp_2Ti····(1-ブテン)（2当量）; THF, −78℃, 15 min さらに0℃, 45 min]→ Ph⌒⌒$TiCp_2$ —[MeC(O)Et（3当量）; −78℃, 18 h]→ Et(Me)C(OH)–CH(Ph)–CH=CH₂　88%（アンチ/シン＝90：10）

アリルチタノセンの調製：二塩化チタノセン 996 mg（4.0 mmol）を THF 12 mL に懸濁させ，アルゴン雰囲気下−78 ℃でブチルリチウムの 1.54 mol L^{-1} ヘキサン溶液 5.2 mL（8.0 mmol）を滴下する．1時間撹拌したのち，シンナミル(フェニル)スルフィド 453 mg（2.0 mmol）の THF 8 mL 溶液を5分間かけて滴下する．混合物を−78 ℃で15分，0 ℃でさらに45分間撹拌する．

ケトンとの反応：アリルチタノセンの THF 溶液を再度−78 ℃に冷却し，同温度で15分間撹拌する．メチルエチルケトン 433 mg（6.0 mmol）の THF 4 mL 溶液を10分間かけて滴下したのち，−78 ℃で18時間撹拌する．1 mol L^{-1} 水酸化ナトリウム水溶液を加え反応を停止させ，不溶物をセライトで沪過し，ジエチルエーテルで洗浄する．有機層を分離し，水層をエーテルで抽出する．有機層を合わせて硫酸ナトリウムで乾燥したのち，減圧濃縮し，粗生成物を TLC（ヘキサン-酢酸エチル（95：5））で精製して，3-メチル-4-フェニルヘキサン-5-エン-3-オールを得る．収量 334 mg（収率 88%，アンチ / シン＝90：10）．

b.　チタン-カルベン錯体を利用するカルボニル化合物のオレフィン化

Tebbe 反応剤はチタン-メチリデン錯体の前駆体として，種々のカルボニル化合物のオレフィン化に利用できる（前版参照）．Tebbe 反応剤より容易に調製が可能で，取り扱いやすいジメチルチタノセン（Petasis 反応剤）もメチリデン錯体の前駆体として使われている[175a]．この方法は，β 位に水素のないアルキリデン錯体[175b〜d]やアルケニリデン錯体[175e]の調製にも使える．

$$\mathrm{Cp_2TiCl_2} + 2\,\mathrm{MeLi}\ (\text{または MeMgX}) \longrightarrow \mathrm{Cp_2Ti}{<}^{\mathrm{Me}}_{\mathrm{Me}} \xrightarrow{\text{加熱}} \mathrm{Cp_2Ti{=}CH_2}$$

β 位に水素をもつアルキリデン錯体は，チタノセン(II)-亜リン酸トリエチル錯体とチオアセタールの反応により簡便に調製できる[176]．また，不飽和チオアセタールあるいは 1,3-ビス(フェニルチオ)-1-プロペン誘導体からはビニルカルベン錯体が生成する．これらのカルベン錯体はエステル類を含むさまざまなカルボニル化合物のオレフィン化に利用されている．

【実験例　オクタン酸エチルのベンジリデン化反応[177]】

$$\mathrm{PhCH(SPh)_2}\ (1.1\ \text{当量}) \xrightarrow[\text{THF, 室温, 5 min}]{\mathrm{Cp_2Ti[P(OEt)_3]_2}\ (4\ \text{当量})} \mathrm{PhCH{=}TiCp_2} \xrightarrow[\text{室温, 2 h}]{\mathrm{C_7H_{15}COOEt}} \mathrm{PhCH{=}C(OEt)C_7H_{15}}\quad 61\%\ (E/Z = 23:77)$$

モレキュラーシーブ 4A の粉末 200 mg と削状マグネシウム 58 mg（2.4 mmol），二塩化チタノセン 498 mg（2.0 mmol）を反応器に入れ，減圧下ヒートガンで加熱乾燥する．室温まで冷却したのちアルゴン置換し，THF 4 mL と亜リン酸トリエチル 0.69 mL（4.0 mmol）を加える．混合物を室温で 3 時間撹拌したのち，[ビス(フェニルチオ)メチル]ベンゼン 170 mg（0.55 mmol）の THF 1 mL 溶液を加え，5 分間撹拌する．オクタン酸エチル 86 mg（0.5 mmol）の THF 2.5 mL 溶液を 10 分間かけて滴下したのち，さらに 2 時間撹拌する．1 mol L^{-1} 水酸化ナトリウム水溶液 30 mL を加えて反応を停止させ，不溶物をセライトで沪過したのち，ジエチルエーテルで洗浄する．水層を分離し，エーテルで抽出する．有機層を合わせて炭酸カリウムで乾燥したのち，減圧濃縮し，アルミナカラムクロマトグラフィー（ヘキサン）で精製すると 2-エトキシ-1-フェニル-1-ノネンを得る．収量 75 mg（収率 61%，E/Z＝23：77）．

c. チタナシクロプロパンを利用したシクロプロパノール誘導体の合成 （Kulinkovich 反応）

過剰量の臭化エチルマグネシウムを Ti(O*i*-Pr)$_4$ に作用させるとチタナシクロプロパンが生成し，これに当量のカルボン酸エステルを反応させるとシクロプロパノールが得られる[172,178]．Ti(O*i*-Pr)$_4$ を触媒量用いても同様の反応が進行する．この反応を，適当なオレフィンの共存下グリニャール（Grignard）反応剤として塩化シクロペンチル（あるいはシクロヘキシル）マグネシウムを用いて行うと，配位子交換により共存する末端オレフィンに由来する置換シクロプロパノール誘導体が生成する．分子内に二重結合をもつエステルからは二環性のシクロプロパノールが生成する．カルボン酸エステルの代わりにアミドを用いると，シクロプロピルアミンが得られる．

【実験例　シクロプロパノールの合成[179]】

MeC(=O)OEt ＋ CH$_2$=CHCH$_2$CH$_2$OTIPS（1.5 当量） → [ClTi(O*i*-Pr)$_3$, シクロヘキシル-MgCl（4.5 当量）, THF, 室温, 1 h] → HO, Me 置換シクロプロパン–CH$_2$CH$_2$OTIPS　75%

酢酸エチル 70 mg（0.79 mmol）と 4-トリイソプロピルシロキシ-1-ブテン 0.27 g（1.19 mmol）の THF 8 mL 溶液に ClTi(O*i*-Pr)$_3$ の 1.0 mol L^{-1} ヘキサン溶液 0.79 mL（0.79 mmol）を室温で加える．つづいて，塩化シクロヘキシルマグネシウムの 2 mol L^{-1} ジエチルエーテル溶液 1.79 mL（3.58 mmol）を室温で 1 時間かけて滴下する．さらに 1 時間撹拌したのち，反応溶液を水 10 mL に注ぎ，有機層を分離し，水層をジエチルエーテル 10 mL で 3 回抽出する．合わせた有機層を飽和塩化ナトリウム水溶液で洗浄し，無水硫酸マグネシウムで乾燥したのち濃縮する．粗生成物をシリカゲルカラムクロマトグラフィーで精製してシクロプロパノール誘導体を得る．収量 162 mg（収率 75%）．

d. 五員環チタナサイクルを経る有機合成反応

下式に例示するように，2 価チタン化合物にアルキンおよびアルケンを反応させると，五員環チタナサイクルの生成を経て還元カップリング反応が進行する[172]．ジイン，エンイン，ジエンの反応で生成する二環性チタナサイクルはさまざまな環状化合物の合成に利用されている．

【実験例　還元カップリングによるジエンの合成[180]】

3-(トリメチルシリル)プロピン酸(2-フェニル-1-シクロヘキシル）0.500 g（1.66 mmol）と Ti(O*i*-Pr)$_4$ 0.614 mL（2.08 mmol）のジエチルエーテル 25 mL 混合溶液に，塩化イソプロピルマグネシウムの 1.43 mol L^{-1} ジエチルエーテル溶液 2.91 mL（4.16 mmol）をアルゴン雰囲気下 −78 ℃ で滴下する．黄色になった反応溶液を 30 分かけて −50 ℃ まで昇温すると，溶液は赤色に変化する．この溶液を 5 時間撹拌したのち，1-オクチン 0.192 mL（1.33 mmol）

を加えて−50 ℃ で 3 時間反応を続ける．1 mol L^{-1} 塩酸を加え反応を停止させ，生成物をジエチルエーテルで抽出する．有機層を炭酸水素ナトリウム水溶液で洗浄し，硫酸ナトリウムで乾燥，濃縮する．粗生成物をシリカゲルカラムクロマトグラフィー（ヘキサン-エーテル）で精製して共役ジエンを得る．収量 429 mg（収率 78%）．

(1.25 当量)

1) $(i\text{-PrO})_2Ti$ (1.56 当量), Et_2O, −78→−50 ℃, 5 h
2) ≡−Hex, −50 ℃, 3 h

TMS, $Ti(Oi\text{-Pr})_2$, Hex

3) H^+

TMS, O, Ph, Hex

78%

19.2.3　有機ジルコニウム化合物

有機ジルコニウム化合物は毒性がほとんどないため，近年さまざまな炭素-炭素結合形成反応に利用されている．とくに最近では，量論反応だけではなく，触媒反応さらには触媒的不斉合成反応も実現されている．以下に，代表的な有機ジルコニウム化合物の調製とそれらを用いる有機合成反応を紹介する．

a.　Schwartz 反応剤

$Cp_2Zr(H)Cl$（Schwartz 反応剤）は，1974 年 Schwartz により開発され，おもにアルキンのヒドロジルコニウム化反応に利用されてきた[181]．それ以外にも，この反応剤を用いる合成反応が，多数報告されている[182]．Schwartz 反応剤の大量の合成と反応が可能である[183]．

【実験例　$Cp_2Zr(H)Cl$ の合成[183]】

$$Cp_2ZrCl_2 \xrightarrow{LiAlH_4} Cp_2Zr(H)Cl + Cp_2ZrH_2$$

CH_2Cl_2 洗浄

乾燥した 1 L シュレンク管に磁気撹拌子を入れ，ここへアルゴン雰囲気下二塩化ジルコノセン 100 g（0.342 mol）と無水 THF 650 mL を加える．ヒートガンを用いて穏やかに加熱すると，固体の二塩化ジルコノセンが完全に溶解する．この溶液に，不溶物を沪過した $LiAlH_4$ 3.6 g（94 mmol）のエーテル 100 mL 溶液を 35 ℃ で 45 分間かけて滴下する．生じた懸濁液を室温で 90 分間撹拌し，アルゴン雰囲気下混合物をフィルターのついた管で連結した二つのシュレンク管を用いて沪過する．撹拌子を用いて激しくかき混ぜながら，得られた白い固体を THF 75 mL で 4 回，ついでジクロロメタン 100 mL で 2 回，最後にエーテル 50 mL で 4 回洗浄する．減圧下で乾燥すると $Cp_2Zr(H)Cl$ を白色固体として得る．収量 66 g (収率 75%)．

b. ジルコニウム化合物を用いる種類の異なるアルキンの環化三量化反応

ジルコノセン錯体を化学量論量用いると，アルキンの三量化により位置選択的，官能基選択的に多置換ベンゼンが合成できる[184]．この合成では，最初に 2 種類の異なるアルキンと低原子価のジルコノセン錯体から非対称ジルコナシクロペンタジエン錯体が生成する[185]．得られたジルコナシクロペンタジエンに，塩化銅(I) の化学量論量共存下アセチレンジカルボン酸ジメチルを反応させると多置換ベンゼンが得られる．上記の非対称ジルコナシクロペンタジエン錯体にニッケル錯体を化学量論量添加すると，第三のアルキンの適用範囲を拡大することができる[186]．さらに，2 種類の異なるアルキンとニトリルから多置換ピリジンが合成可能である[187]．

【実験例　1,2-ジメチル-3,4-ジプロピル-5,6-ジフェニルベンゼンの合成[186]】

Cp_2ZrCl_2 → 1) EtMgBr (2 当量) (または *n*-BuLi (2 当量)＋エチレン) 2) R^1—≡—R^2 → Cp_2Zr (R^1, R^2) → R^3—≡—R^4 → Cp_2Zr (R^1, R^2, R^3, R^4) → CuCl または $NiBr_2(PPh_3)_2$, R^5—≡—R^6 → (R^1, R^2, R^3, R^4, R^5, R^6 置換ベンゼン) 62%

二塩化ジルコノセンと臭化エチルマグネシウムから調製したジエチルジルコノセン (1.25 mmol) の THF 5 mL 溶液に対し，ジフェニルアセチレン 178 mg (1 mmol) を加え 0℃ で 3 時間撹拌する．ここへ 2-ブチン 108 mg (2 mmol) を加え，室温まで昇温して 1 時間撹拌したのち，減圧下で溶媒と未反応の 2-ブチンを除去する．さらに，THF 10 mL と 4-オクチン 165 mg (1.5 mmol)，$NiBr_2(PPh_3)_2$ 0.74 g (1 mmol) を室温で加える．混合物を室温で 1 時間撹拌し，3 mol L^{-1} 塩酸で処理して反応を停止させ，エーテル抽出する．有機層を無水硫酸マグネシウムで乾燥，沪過，減圧濃縮し，残渣をシリカゲルカラムクロマトグラフィー (ヘキサン) で精製して目的物である六置換ベンゼンを無色油状物質として得る (収率 62%)．

c. ジルコニウム化合物を触媒とするアルケンのカルボマグネシウム化反応

Cp_2ZrCl_2 を触媒として用いると，アルケンのグリニャール (Grignard) 反応剤によるカルボマグネシウム化反応が進行する[188]．また，ジルコナシクロペンタン生成を鍵とする，アルケンのカルボマグネシウム化反応も開発されている[189〜192]．

$$\mathrm{Ph}\diagup\!\!\!\!\diagdown \xrightarrow[\text{THF, 0℃, 24 h}]{\text{EtMgBr, } Cp_2ZrCl_2 \text{ 触媒}} \mathrm{Ph}\text{-}CH(MgBr)\text{-}CH_2Et \quad 80\%$$

さらに，ヘテロ元素を有するアルケンではジアステレオ選択的[193]およびエナンチオ選択的[194]カルボマグネシウム化反応が可能である．しかし，これらの反応は，酸素や窒素などのヘテロ元素を有するアルケンにしか適応できない．

d.　ジルコニウム化合物を触媒とする1-アルケンの不斉カルボアルミニウム化反応（ZACA反応）

不斉配位子NMIを含む二塩化ビス(1-ネオメンチルインデニル)ジルコニウム $(NMI)_2ZrCl_2$[195]を触媒に用いると，単純な1-アルケンをMe_3Alで不斉メチルアルミニウム化する反応が起こる[196]．この反応は，上記のカルボマグネシウム化反応とは異なり，非環状機構で進行し，Et_3AlやPr_3Alを用いるとエチル基やプロピル基も導入できる一般性の高い手法である[197]．さらに，イソブチルアルミノキサン（IBAO）を添加すると，鏡像体過剰率が90～92％まで向上する[198]．この反応は，ZACA（Zr-catalyzed asymmetric carboalumination，ザッカ反応）とよばれている．求電子剤としてヨウ素を作用させる反応も報告されている（19.1.5b項参照）．

【実験例　$(NMI)_2ZrCl_2$触媒による3-ブテン-1-オールの不斉カルボアルミニウム化反応[198]】

3-ブテン-1-オール → 1) n-Pr_3Al（2.5当量），IBAO（1当量），(−)-$(NMI)_2ZrCl_2$（5 mol%）；2) H_3O^+ → (3R)-3-メチル-1-ヘキサノール（OH）　88%, 91% ee

(−)-$(NMI)_2ZrCl_2$（Zr, Cl, Cl）

3-ブテン-1-オール1.50 g（20 mmol）のジクロロメタン20 mL溶液に0℃でトリプロピルアルミニウム9.5 mL（50 mmol）を加え，23℃まで昇温し2時間撹拌する．この混合物を（−)-$(NMI)_2ZrCl_2$ 0.667 g（1 mmol）のジクロロメタン20 mL溶液に0℃で加え，さらに，IBAOの1 mol L^{-1}ジクロロメタン溶液20 mLを滴下する．混合物を0℃で1時間，さらに23℃で12時間撹拌したのち0℃に冷却し，3 mol L^{-1}塩酸で処理する．エーテル抽出し，有機層を炭酸水素ナトリウム水溶液，ついで飽和塩化ナトリウム水溶液で洗い，無水硫酸マグネシウムで乾燥する．沪過，濃縮，シリカゲルクロマトグラフィー（ジクロロメタン）精製により，(3R)-3-メチル-1-ヘキサノールを無色油状物質として得る．収量2.04 g（収率88%，91% ee)．

19.2.4 有機クロム化合物

a. 求核的な有機クロム反応剤[199)]

ハロゲン化アリルや 1,1-ジハロゲン化物などの活性ハロゲン化物は塩化クロム(II) で還元することにより，穏和な条件下に対応する有機クロム(III) 化合物を調製できる．また，ハロゲン化アルケニルやアリール，アルケニルトリフラートではニッケル触媒を添加することにより同様の還元反応が進行する．炭素-クロム結合は炭素-リチウムあるいはマグネシウム結合よりも共有結合性が強く，その炭素の求核性は弱いため，共存するケトンやエステルなどと反応せずにアルデヒドと選択的に反応する．塩化クロム(II) は大気中ですみやかに酸化されるため，市販の塩化クロム(II) は不活性ガス雰囲気下に封入されている．したがって，塩化クロム(II) はグローブボックス中あるいはグローブバッグ（手袋付きのビニール袋）やシュレンク管を用いて秤量し，反応操作もすべてアルゴンあるいは窒素雰囲気下で行うことが必要である．

【実験例　ニッケル触媒によるアルケニルクロム反応剤の調製と反応：野崎-檜山-岸 (NHK) 反応[200)]】

Ph～～CHO　—[TfO(C=CH₂)*n*-C_6H_{13}, $CrCl_2$, $NiCl_2$ 触媒 / DMF, 25℃, 30 min]→　Ph～～CH(OH)C(=CH₂)*n*-C_6H_{13}

82〜94%

アルゴン雰囲気下，無水 $CrCl_2$ 9.8 g（80 mmol）と $NiCl_2$ 52 mg（0.40 mmol）を脱酸素化した DMF 250 mL に，0℃ で撹拌しながら溶解する．このとき，少し発熱がみられる．さらに 0℃ で 10 分間撹拌したのち，ここへ 3-フェニルプロパナール 2.7 g（20 mmol）の DMF 60 mL 溶液を 25℃ で加え，つづいて 1-ヘキシルエテニルトリフラート 10 g（40 mmol）の DMF 60 mL 溶液を 25℃ で 5 分間かけて滴下する．そのまま 25℃ で 30 分間撹拌する．反応混合物にエーテル 200 mL を加えたのち，それらを氷水 400 mL に加える．エーテル 100 mL で 3 回抽出する．有機層を塩化ナトリウム水溶液で洗い，無水硫酸ナトリウムで乾燥，濃縮する．減圧蒸留により目的のアリルアルコールを得る．収量 4.0〜4.6 g（収率 82〜94%，沸点 109〜111℃（浴温，14.7 Pa））．アルケニルクロム反応剤は，(1) 共存する酸素官能基の影響を受けにくい，(2) 微量のスケールでも反応させやすい，(3) 分子内反応が行える，などの特徴がある．

【実験例　アルデヒドの (*E*)-ヨードアルケンへの変換反応：高井反応[201a)]】

PhCHO　—[CHI_3, $CrCl_2$ / THF, 0℃, 3 h]→　Ph～CH=CH～I

87%（*E*/*Z*=94：6）

アルゴン雰囲気下，無水 $CrCl_2$ 0.74 g（6.0 mmol）の THF 10 mL 懸濁液に，0 ℃ でベンズアルデヒド 0.11 g（1.0 mmol）とヨードホルム 0.79 g（2.0 mmol）の THF 5 mL 溶液をゆっくりと滴下する．0 ℃ で 3 時間撹拌したのち，反応混合物を水 25 mL にあけ，エーテル 10 mL で 3 回抽出する．無水硫酸ナトリウムで有機層を乾燥したのち，濃縮する．粗生成物をカラムクロマトグラフィーで精製して (*E*)-*β*-ヨードスチレンを得る．収量 0.20 g（収率 87%，*E*/*Z*＝94：6）．生成するヨードオレフィンの *E*/*Z* 比は，アルデヒド RCHO の R がかさ高いほど向上するが，*α* 位に置換基のないアルデヒド $R'CH_2CHO$ では THF 溶媒で 85：15～90：10 程度である．THF-ジオキサン混合溶媒を用いると反応時間は長くなるが，その比が向上する．なお，ヨードホルムの代わりに，$Br_2CHSiMe_3$，$Cl_2CHB(OCHMe)_2$，1,1-ジヨードアルカンなどを用いることができ，それぞれアルケニルシラン[201b)]，アルケニルホウ酸エステル[201c)]，オレフィン[201d)] が *E* 体選択的に生成する．

b.　クロム-アレーン錯体

クロムヘキサカルボニル $Cr(CO)_6$ は，ベンゼン誘導体と反応して η^6-クロム-アレーン錯体を形成する[202)]．ベンゼン環にクロムが配位すると次のような効果が現れる．(1) ベンゼン環の電子密度が減少するために，ベンゼン環への求核攻撃が促進される．(2) ベンゼンの sp^2 水素の酸性度が増大する．(3) クロムトリカルボニル部分の立体効果により，ベンゼン環やその側鎖への種々の反応が配位しているクロムと逆の面から起こる．(4) ベンジル位のカルボアニオンおよびカルボカチオンが安定化される．クロム-アレーン錯体にアルキルリチウムを作用させたときの典型的な反応を示す．

【実験例　クロム-アレーン錯体への有機リチウム化合物の求核付加反応[203)]】

窒素雰囲気下，イソブチルアルデヒドのシアノヒドリンアセタール 18.8 g（0.11 mol）の THF 200 mL-HMPA 38 mL 溶液に LDA（0.11 mol）を作用させ，そのリチオ塩を調製する．

そこに−78℃で（*o*-メチルアニソール）トリカルボニルクロム(0) 25.8 g（0.10 mol）のTHF 50 mL 溶液を 10 分間かけてゆっくり加える．−78℃で 1 時間，−20℃で 4 時間撹拌したのち，−78℃に冷却し，ヨウ素 70 g の THF 100 mL 溶液を手早く加える．このとき一酸化炭素の発生に注意する．−78℃で 1 時間，25℃で 4 時間撹拌したのち，反応混合物を 5% 亜硫酸水素ナトリウム水溶液 400 mL とエーテル 400 mL にあけ，1 時間撹拌する．有機層を抽出ののち，10% 硫酸水溶液に加え，さらに 25℃で 2 時間撹拌する．ここに炭酸水素ナトリウムを加えて中和し，有機層を分離ののち，さらに 15% 水酸化ナトリウムで塩基性にする．エーテルで抽出し，塩化ナトリウム水溶液で洗浄，無水硫酸マグネシウムで乾燥する．濃縮ののち，減圧蒸留（92〜110℃/5.3 Pa）して目的ケトンを無色液体として得る．収量 16.3 g（収率 83%）．

c.　フィッシャー（Fischer）クロム-カルベン錯体

6〜8 族の低原子価金属のカルベン錯体で，カルベン炭素にヘテロ原子が置換し，金属に一酸化炭素が配位子として結合するものをフィッシャー型の金属-カルベン錯体とよぶ[204]．ヘテロ原子は共鳴により孤立（非共有）電子対を供給し，一酸化炭素は金属 d 電子を求引して錯体を安定化している．クロム-カルベン錯体は，金属カルボニル錯体の一酸化炭素への求核剤（RLi など）の付加で生じたアニオンを求電子剤（$Me_3O^+BF_4^-$ など）で捕捉することにより合成する．クロム-カルベン錯体の例を示す．

$Cr(CO)_6 \xrightarrow{R:^{\ominus}} (OC)_5Cr{=}C(R)O^{\ominus} \xrightarrow{Me_3O^{\oplus}BF_4^{\ominus}} (OC)_5Cr{=}C(R)OMe$

フィッシャー型錯体

このカルベン炭素原子は求電子性をもち，種々の求核剤（RLi，RSH，RR′NH など）の攻撃を受ける．また，カルベン炭素の隣接 α 位水素の酸性度が高いため，これを塩基で引き抜くとカルベンのカルボアニオンが容易に生成する．さらに，カルベン炭素にベンゼン環やアルケニル基が置換した金属-カルベン錯体はアセチレンと反応するが，このとき金属配位子である一酸化炭素 1 分子が反応に関与し，ヒドロキノン誘導体のクロム錯体が生じる（Dötz 反応）．生成した錯体をセリウム(IV) で酸化的に処理すると *p*-キノン誘導体が得られる．

【実験例　クロム-カルベン錯体とアセチレンからのキノン誘導体の合成：Dötz 反応[205]】

1) ヘキサン, 45℃, 48 h
2) $(NH_4)_2Ce(NO_3)_6$

n-Pr　80%

アルゴン雰囲気下ペンタカルボニル[メトキシ(フェニル)]カルベンクロム(0) 0.31 g（1.0 mmol）と 1-ペンチン 0.16 mL（1.5 mmol）のヘキサン 10 mL 溶液を 25 mL 反応容器に入れ，凍結（−196 ℃）と解凍（25 ℃）を繰り返し行い（3 サイクル），溶液の脱酸素処理を行う．反応容器を 45 ℃ に保ち，24 時間撹拌する．反応混合物に 1-ペンチン 0.16 mL（1.5 mmol）を加え，さらに 45 ℃ で加熱撹拌する．48 時間以内に反応は終了する．反応の進行とともに，赤色の反応溶液は退色し黄褐色の沈殿が生成する．反応混合物に空気中でエーテル 20 mL を加え，さらに 0.5 mol L^{-1} セリウム硝酸アンモニウム水溶液 20 mL と 0.1 mol L^{-1} 硝酸を加え，30 分間激しく撹拌する．有機層を分離し，水と塩化ナトリウム水溶液で洗浄し，無水硫酸マグネシウムで乾燥する．濃縮ののち，カラムクロマトグラフィー精製（エーテル-ヘキサン）により，ナフトキノン体を黄色結晶として得る．収量 0.16 g（融点 39 ℃，収率 80%）．

19.2.5　有機マンガン化合物

有機マンガン化合物は，カルボニル化合物や有機ハロゲン化物などとの反応により，さまざまな炭素-炭素結合を形成する[206]．一般に，マンガン(II) 塩と有機リチウムまたはグリニャール（Grignard）反応剤から調製する．塩化マンガン(II)，臭化マンガン(II) は市販品をよく乾燥（200 ℃/1.3 Pa にて 3 時間）させて用いる．ヨウ化マンガン(II) については，市販品はしばしば不純物の影響があるので，粉末状マンガンとヨウ素から自ら調製したものを用いるとよい．

a.　RMnCl の調製[207]

$$\mathrm{MnCl_2} + \mathrm{RLi}\,(\text{または RMgX}) \xrightarrow[\mathrm{THF}]{} \mathrm{RMnCl}$$

塩化マンガン(II) 6.55 g（52 mmol）の THF 80 mL 懸濁液へ，有機リチウムまたはグリニャール反応剤（50 mmol）のヘキサン（またはエーテル）溶液を 0 ℃，窒素雰囲気下にて加える．室温に戻して 15 分間撹拌すると黄色透明溶液が得られる．この溶液をそのまま次の反応に用いる．

加える有機リチウムまたはグリニャール反応剤の量を増やすと，R_4MnLi_2，R_3MnLi などの高次のアート型錯体が生じる．安定性は R_4MnLi_2，$R_4Mn(MgX)_2 \approx R_3MnLi$，$R_3MnMgX >$ $RMnX \gg R_2Mn$ の順である．

b.　有機マンガン化合物を用いるクロスカップリング反応[206]

有機マンガン化合物は，パラジウム，ニッケル，鉄，銅などの錯体を触媒として，ハロゲン化アリールやハロゲン化アルケニルとクロスカップリング反応をする．また，有機マンガン化合物を調製することなく，マンガン(II) 塩を触媒量共存させて有機リチウムや有機マグネシウム反応剤をハロゲン化アリールなどと反応させてもクロスカップリング生成物が得られる[208,209]．

【実験例　有機マンガン化合物を経由するクロスカップリング反応[209]】

$$\text{2-ClC}_6\text{H}_4\text{CH=N-C}_4\text{H}_9 + \text{C}_4\text{H}_9\text{MgCl} \xrightarrow[\text{THF}]{\text{MnCl}_2} \text{2-C}_4\text{H}_9\text{C}_6\text{H}_4\text{CH=N-C}_4\text{H}_9 \quad 92\%$$

(2-クロロベンジリデン)ブチルアミン 392 mg（2 mmol）の THF 5 mL 溶液に，塩化マンガン(II) 26 mg（0.2 mmol）を加える．この混合物に，ブチルマグネシウムクロリドの 1.2 mol L^{-1} THF 溶液（4 mmol）を加える．このさい，反応温度は 0～5 ℃ の間になるように調整する．30 分間撹拌後，反応溶液に飽和塩化アンモニウム水溶液を 10 mL を加えて反応を停止する．水層はジエチルエーテル 30 mL で 2 回抽出し，あわせた有機層を飽和塩化ナトリウム水溶液で洗浄する．有機層は硫酸マグネシウムで乾燥したのちに濃縮すると 444 mg の粗生成物が得られる．粗生成物をカラムクロマトグラフィー（ジクロロメタン-ペンタン(70：30)）で精製することにより，目的とするカップリング生成物が油状物質として得られる．収量 298 mg（収率 92%）.

c.　酸化的ホモカップリング反応[210]

本反応は，アルケニルグリニャール反応剤のほか，アリール，ベンジル，アルキニルグリニャール反応剤を用いることができる．また，異なる 2 種類のグリニャール反応剤からの酸化的クロスカップリング[211]も可能である．

【実験例　有機マンガン化合物を経由する酸化的ホモカップリング反応[210]】

$$2\ \text{C}_6\text{H}_{13}\text{CH=CHMgBr} \xrightarrow[\text{THF, }-40\,^\circ\text{C}]{\text{乾燥空気, MnCl}_2\cdot 2\,\text{LiCl (5 mol\%)}} \text{C}_6\text{H}_{13}\text{CH=CH-CH=CHC}_6\text{H}_{13}$$

$Z/E = 92:8$　　　$Z/Z : Z/E : E/E = 95:3:2$　92%

磁気回転子と温度計をつけ，内部を乾燥窒素で置換した 250 mL 三つ口フラスコにグリニャール反応剤の 0.7 mol L^{-1} THF 溶液 71.5 mL（50 mmol）を加え，−40 ℃ にて撹拌しながら $MnCl_2 \cdot 2\,LiCl$ の 0.5 mol L^{-1} THF 溶液 5 mL（2.5 mmol）を一度に加え撹拌する．ただちに，カニューラを用いて反応溶液内に乾燥空気を吹き込む．このさい，反応溶液の温度が −40 ℃ を保つように注意する．45 分後に乾燥空気の導入を止め，反応溶液に 1 mol L^{-1} 塩酸 100 mL を加えて反応を停止する．水層は酢酸エチル 30 mL で 3 回抽出し，あわせた有機層を飽和塩化ナトリウム水溶液 30 mL で洗浄する．有機層は硫酸マグネシウムで乾燥したのち濃縮する．粗生成物を減圧蒸留（64 ℃/0.2 Torr）で精製することにより，目的とするホモカップリング生成物を得る．収量 5.10 g（収率 92%）.

d.　アート型錯体を用いたラジカル環化反応[212]

トリアルキルマンガナート錯体を用いると，穏和な条件下でラジカル環化反応が進行し，フランまたはピロリジン誘導体が高収率で得られる.

【実験例　トリアルキルマンガナート錯体を用いるラジカル環化反応[212]】

$(C_4H_9)_3MnLi$

THF, 0℃

88%

塩化マンガン(II) 0.19 g（1.5 mmol）の THF 5 mL 懸濁液を 15 分間超音波照射したのち，ブチルリチウムの 1.5 mol L^{-1} ヘキサン溶液 3.0 mL（4.5 mmol）を 0℃ にて加える．混合物はただちに茶色溶液に変化する．0℃ にて 15 分間撹拌後，2-ヨードフェニルプレニルエーテル 0.29 g（1.0 mmol）の THF 2 mL 溶液を 1～2 分かけて加える．0℃ にて 15 分間撹拌したのち，反応溶液に 1 mol L^{-1} 塩酸を加えて反応を停止する．水層は酢酸エチル 20 mL で 3 回抽出し，あわせた有機層を飽和塩化ナトリウム水溶液で洗浄する．有機層は無水硫酸ナトリウムで乾燥し濃縮する．粗生成物をカラムクロマトグラフィーで精製して，ジヒドロベンゾフラン化合物を得る．収量 0.16 g（収率 88%）.

19.2.6　有機セリウム化合物

有機リチウム化合物やグリニャール（Grignard）反応剤は，カルボニル化合物，エステル，ニトリルなどと反応してアルコールやケトンを生じることがよく知られている．これらの求核付加反応は，きわめて有用な物質変換法として有機化学の幅広い分野で盛んに利用されている．しかし，基質や反応剤の種類によっては，エノール化，β-ヒドリド移動による還元，1,4-付加，金属-ハロゲン交換など目的の 1,2-付加反応以外の異常反応が併発するために，目的物が収率よく得られない場合がある．そのような場合に有機セリウム反応剤を用いると，正常カルボニル付加体の収率が著しく向上することが多い[213,214]．また，有機セリウム反応剤はイミンやヒドラゾンに対しても，良好な収率で求核付加する．ニトリルとの反応では，二つのアルキル基が付加して第一級アミンが生成する[215]．

有機セリウム反応剤は，無水塩化セリウムに有機リチウム化合物あるいはグリニャール反応剤を作用させることにより調製する．無水塩化セリウムは市販されているが，実験室では塩化セリウム七水和物を真空中で加熱して得ることができる[214,216～219]．そのさいの加熱温度が重要で，温度を一挙に 100℃ 以上に上げて乾燥すると塩化セリウムの加水分解が併発し，純度の高い無水物が得られない．はじめは 100℃ 以下の温度で乾燥して大部分の結晶水を除去したのちに，いったん乳鉢ですりつぶして粉末にし，その後徐々に 150℃ に上げて乾燥すると反応に適した無水物が得られる．小スケールで実験を行う場合には，クーゲルロールを用いて乾燥させてもよい．無水塩化セリウムは非常に吸湿性があり，グローブボックス中で秤量するのが望ましい．反応スケールに合わせて塩化セリウムを乾燥した系内で反応させるのも一法である．無水塩化セリウムはTHFに溶けにくく，それゆえに懸濁液を用いるが，長時間かき混ぜるか，30分程度超音波照射して乳状の懸濁液にすることが，好結果を得るコツである．

a.　$RLi/CeCl_3$ 反応剤

$RLi/CeCl_3$ 反応剤は，有機リチウム反応剤を無水塩化セリウムの懸濁液に通常−60℃以下で滴下して調製する．生成した有機セリウム反応剤の熱的安定性は有機基によって異なる．すなわち，*n*-ブチル基のようなβ位に水素原子を有する場合には，−20℃以上で徐々に分解する．一方，アリール基やメチル基を有する反応剤は室温においても安定である．次の三つの式に示す反応例のように，$RLi/CeCl_3$ 反応剤を用いることにより，対応する正常付加物である第三級アルコールを高収率で得ることができる（括弧内の数字は，塩化セリウムを用いない場合の収率）[219]．

4-ヨードアセトフェノン + *n*-BuLi/$CeCl_3$ →(THF, −78℃) 2-(4-ヨードフェニル)-2-ヘキサノール（*n*-Bu, OH）
93％（痕跡量）

PhCH=CHC(O)Ph + MeLi/$CeCl_3$ →(THF, 0℃) PhCH=CHC(OH)(CH_3)Ph + PhCH(CH_3)CH_2C(O)Ph
98％（99：1）（89％（70：30））

【実験例　1-ブチル-1,2,3,4-テトラヒドロ-1-ナフトールの合成[218,219]】

α-テトラロン + *n*-BuLi/$CeCl_3$ →(THF, −78℃) 1-ブチル-1,2,3,4-テトラヒドロ-1-ナフトール（*n*-Bu, OH）
92〜97％（26％）

アルゴン置換した三つ口フラスコに無水塩化セリウム29.6 g（0.12 mol）をはかり入れる．フラスコを氷水に浸し内容物を激しく撹拌しながら，無水THF 200 mLを一度に加える．混合物を室温で終夜かき混ぜる．フラスコを冷浴（−65℃以下）に浸し，*n*-ブチルリチウムの1.54 mol L^{-1} ヘキサン溶液78.0 mL（0.12 mol）を約15分間かけて滴下する．30分間かき混ぜたのち，α-テトラロン14.6 g（0.100 mol）を15分以上かけて加える．さらに30分以上撹拌を続けたのち，冷浴を外し，室温までゆっくり昇温する．反応混合物に5％酢酸水溶液200 mLを加え，酢酸エチル100 mLで抽出する．さらに水層を酢酸エチル50 mLで2回抽出し，全抽出液を飽和塩化ナトリウム水溶液，飽和炭酸水素ナトリウム水溶液，飽和塩化ナトリウム水溶液で順次洗浄し，無水硫酸マグネシウムで乾燥する．溶液をエバポレーターで濃縮し，残留物を減圧蒸留（103～104 ℃/0.5 mmHg）して目的付加体を得る．収量 18.8～19.8 g（収率 92～97%）.

b.　RMgX/$CeCl_3$ 反応剤

グリニャール反応剤から調製される有機セリウム反応剤は，有機基がアルケニル基である場合を除いて通常 0 ℃～室温において安定であり，簡便に実験を行うことができる[214)]．次の二つの反応はその典型的な例である[214,216,220)].

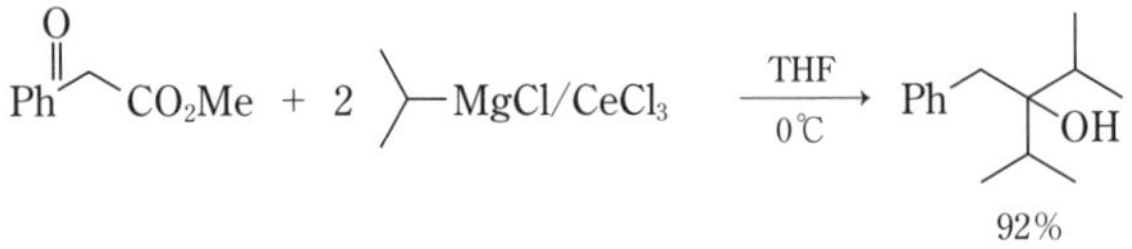

Ph(C=O)CH_2CO_2Me + 2 ⟩—MgCl/$CeCl_3$ —(THF, 0℃)→ Ph, OH 92%

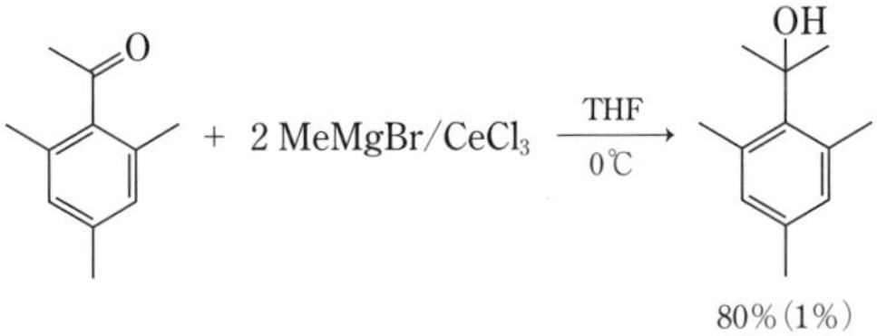

+ 2 MeMgBr/$CeCl_3$ —(THF, 0℃)→ OH 80%（1%）

この種の反応では，通常塩化セリウムをグリニャール反応剤に対して 1 当量用いるが，触媒量に減じても良好な結果が得られる場合がある[217)].

c.　RMgX/$LnCl_3$·2 LiCl（Ln＝La, Ce, Nd）反応剤

無水塩化セリウムは THF に溶けにくいが，塩化リチウムを 2 当量加えると溶解度が増す．塩化ランタンと塩化ネオジムについても同様の性質がみられ，この $LnCl_3$·2 LiCl（Ln＝La, Ce, Nd）の溶液を用いると，$LnCl_3$ のみを用いた場合と比較して，さらに高い収率で正常付加物を得ることができる[221,222)]．代表的な例を以下に示す（括弧内の数字はグリニャール反応剤のみで反応させた場合の収率）．$LaCl_3$·2 LiCl の THF 溶液が市販されており，その溶液を用いると簡便に実験を行うことができる．

O + ⟩—MgCl/$LnCl_3$·2 LiCl —(THF, 0℃)→ HO

$LaCl_3$ 92%
$CeCl_3$ 94%
（3～5%）

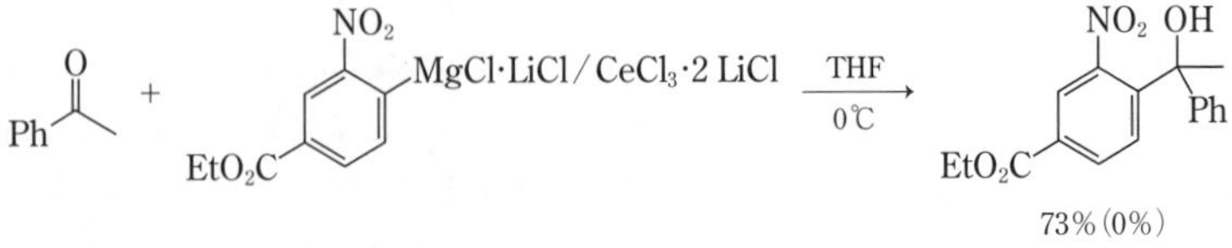

Ph(C=O)Me + NO_2, EtO_2C, MgCl·LiCl/$CeCl_3$·2 LiCl —(THF, 0℃)→ NO_2 OH, Ph, EtO_2C

73%（0%）

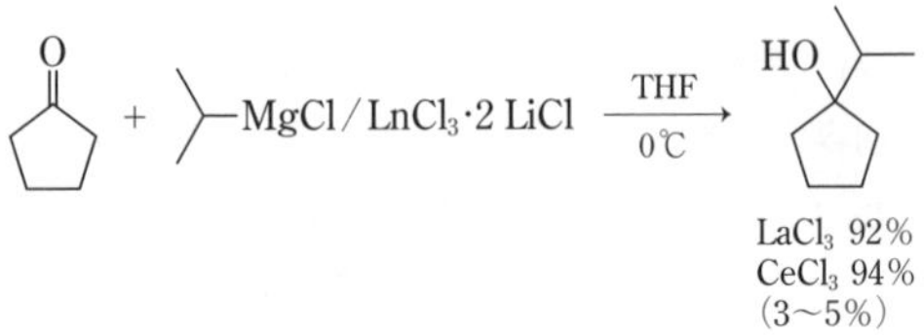

【実験例 $LaCl_3$·2 LiCl を触媒量用いる付加反応：1-フェニル-1-[2-(トリフルオロメチル)フェニル]エタノールの合成[222)]】

Ph(C=O)CH$_3$ + 2-(CF_3)C_6H_4MgCl·LiCl $\xrightarrow[\text{THF, 0℃}]{LaCl_3\cdot 2\,LiCl\ (30\ mol\%)}$ 2-(CF_3)C_6H_4C(OH)(CH$_3$)Ph

72%（13%）

真空下加熱乾燥したフラスコの系内をアルゴン置換し，アセトフェノン 240 mg（2.00 mmol）と $LaCl_3$·2 LiCl の 0.52 mol L^{-1} THF 溶液 1.15 mL（30 mol%）を加え，1 時間撹拌する．この溶液に，2-(トリフルオロメチル)ブロモベンゼン 495 mg（2.20 mmol）と *i*-PrMgCl·LiCl の 1.64 mol L^{-1} THF 溶液 1.32 mL（2.16 mmol）から調製したグリニャール反応剤を 0 ℃ で加える．反応が完結したことを確認したのち，飽和塩化アンモニウム水溶液 50 mL を加えて反応を停止させる．有機層を分離し，水層をエーテル 50 mL で 4 回抽出する．有機層を合わせ，無水硫酸ナトリウムで乾燥し，減圧濃縮する．残渣をフラッシュカラムクロマトグラフィー（ペンタン-エーテル（7：1)+1.0 vol% Et_3N）で精製して目的の第三級アルコールを淡黄色液体として得る．収量 381 mg（収率 72%）．

19.2.7 有機サマリウム化合物

有機サマリウム化合物の調製法には，以下の二つの方法がある．(1) ハロゲン化物などの被還元能を有する有機化合物を SmI_2 などの低原子価サマリウムを用いて二電子還元する[223)]．(2) 有機リチウムなどの他の有機金属化合物を 3 価のサマリウム塩を用いて金属交換する[224)]．こうして得た有機サマリウム(III) 化合物の炭素-サマリウム結合は，熱によりホモリティックな解裂を起こしやすいため[225)]，その調製を低温で行うか求電子剤を共存させて行うことが望ましい．電子移動過程を経る系中での調製法 (1) は，基質適用範囲が広く利用度が高いため，本法を用いてさまざまな炭素-炭素結合形成反応が開発されており[223c,226~232)]，複雑な天然物の全合成にも有効である[233)]．サマリウムイオンの有するルイス(Lewis) 酸性，ヘテロ原子親和性，高配位数などがしばしば有効にはたらき，高い立体選択性が認められる場合が多い．以下に，調製法 (1) による代表的な有機サマリウム化合物の合成と反応例を示す．なお，取扱いはすべて無酸素条件（通常，アルゴン気流下）で行う．

a. SmI_2 反応剤の調製と特徴[223b,229)]

SmI_2 は粉末および THF 溶液が市販されているが，調製法がいくつかあり，THF 以外の溶媒を使うこともできる．SmI_2 は比較的高い酸化還元電位 ($Sm^{3+}/Sm^{2+}=-1.33$ V, THF 中) を有しているが，SmI_2 に臭化リチウムを加えて生成する $SmBr_2$ は還元力 (−2.07 V, THF 中) がさらに高い[234)]．また，HMPA や水とアミンの添加など，塩基性配位子の添加によりこれらの還元能力をいっそう高めることができる[234~236)]．

【実験例　SmI_2 の THF 溶液の調製】

$$Sm + CH_2I_2 \xrightarrow[THF]{} SmI_2 + \frac{1}{2} C_2H_4$$

乾燥したフラスコに，粉末の金属サマリウム 10.0 g（66 mmol）および乾燥脱気した THF 550 mL を加え氷浴で冷却する．ここにジヨードメタン 1.60 g（60 mmol）を乾燥脱気した THF 50 mL に溶かした溶液を撹拌しながらゆっくり滴下する．氷浴を外して室温で 1～5 時間撹拌を続けると，SmI_2 の 0.1 mol L^{-1} THF 溶液（深青色）が定量的に得られる．必要に応じて，ヨウ素の 0.1 mol L^{-1} 無水無酸素トルエン溶液を用いて滴定する．

b.　有機サマリウム種の生成を経る官能基の還元反応

2 V 程度の還元電位を有する有機化合物の官能基は SmI_2 による還元が可能であり，生成する有機サマリウム中間体がプロトン化されて，対応する炭素-水素結合をもつ生成物に変換できる[227,229]．下の応用例は，アルコール保護基の新しい選択的脱保護法として有用である[236b]．

SmI_2（5 当量）, i-$PrNH_2$（20 当量）, H_2O（15 当量）, THF, 室温, 10 min

OBn, BnO, BnO, O, SEt → OBn, OH, BnO, BnO, O, SEt　99%

c.　還元的炭素-炭素結合形成反応[226～233]

（i）レフォルマトスキー-バルビエール（Reformatsky-Barbier）型反応　ハロゲン化アルキルあるいは α 位にハロゲン原子をもつカルボン酸誘導体を SmI_2 2 当量で処理すると，対応する有機サマリウム反応剤あるいはサマリウムエノラートが生成する．これらはカルボニル化合物と反応して炭素-炭素結合を形成し，対応するアルコールあるいは β-ヒドロキシカルボン酸誘導体を与える．

$$R^1X \xrightarrow[-SmI_2X]{2\,SmI_2} [R^1SmI_2] \xrightarrow{R^2COR^3} \xrightarrow{H^+} R^1C(OH)R^2R^3$$

X = I, Br, Cl, OSO_2CF_3 など

$$R^1CH(X)CO_2R^2 \xrightarrow[-SmI_2X]{2\,SmI_2} [R^1CH{=}C(OSmI_2)(OR^2)] \xrightarrow{R^3COR^4} \xrightarrow{H^+} R^3R^4C(OH)CH(R^1)CO_2R^2$$

分子内反応においてはキレーションによる反応性の制御が有効にはたらく場合が多く，高立体選択的反応や，環化反応が一般に難しい中・大員環の構築も達成されている．

【実験例　レフォルマトスキー-バルビエール連続反応による縮環化合物の合成[237)]】

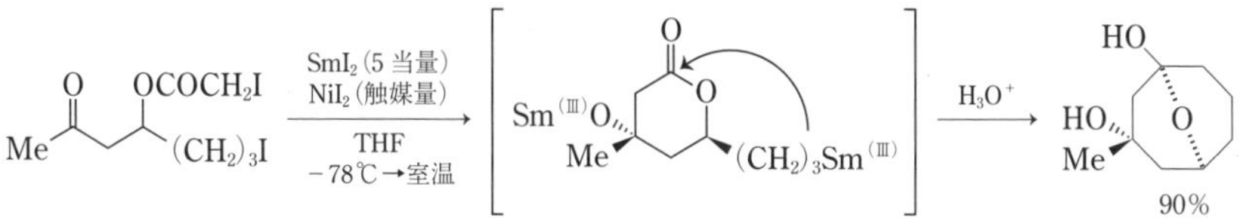

SmI_2 の 0.1 mol L^{-1} THF 溶液 50 mL（5 mmol）に NiI_2 31 mg（2 mol%）を加えて 5 分間撹拌ののち，−78 ℃ に冷却し，これに 7-ヨード-4-(ヨードアセトキシ)ヘプタン-2-オン 424 mg（1 mmol）の THF 10 mL 溶液を 5 分間かけて滴下する．同温度で 10 分間撹拌したのち，室温でさらに 12 時間撹拌する．飽和のロシェル (Rochelle) 塩 (酒石酸カリウムナトリウム) 水溶液を加えて反応を停止させたのち，反応物をエーテルで抽出する．有機層を無水硫酸マグネシウムで乾燥，沪過したのち，減圧濃縮し，シリカゲルクロマトグラフィーで精製して 2 環性化合物を無色油状として得る．収量 155 mg（単一ジアステレオマー，収率 90%）．

(ii) ピナコールカップリング反応　SmI_2 と LiBr から生成する $SmBr_2$ はピナコールカップリング反応にとくに有効であり，下に示すようにヨウ化アルキル基存在下においても優先的にピナコール体を生じる[234a)]．

【実験例　2-オクタノンのピナコールカップリング反応[234a)]】

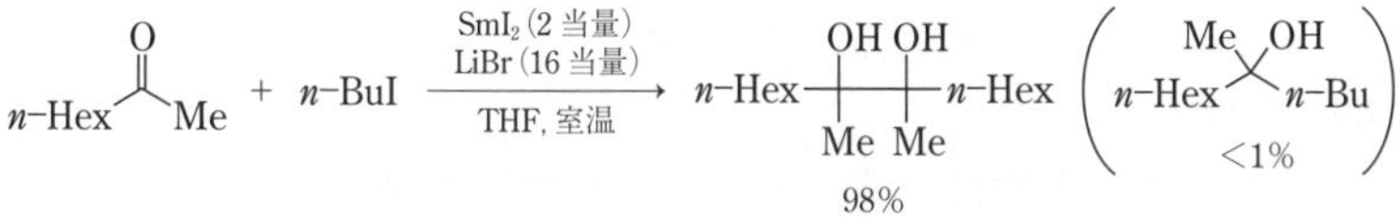

LiBr 2.78 g（32 mmol）に SmI_2 の 0.1 mol L^{-1} THF 溶液 20 mL（2 mmol）を加え 10 分間撹拌したのち，これに 2-オクタノン 128 mg（1 mmol）の THF 10 mL 溶液を加え，室温にて 10 分間撹拌する．空気を吹き込んで未反応の SmI_2 を不活性化したのち，反応物をエーテルで抽出し，チオ硫酸ナトリウム水溶液および飽和塩化ナトリウム水溶液で洗う．有機層を無水硫酸マグネシウムで乾燥，沪過したのち，減圧濃縮するとピナコールカップリング生成物が得られる（GC 収率 98%）．

(iii) カルボニル化合物と不飽和二重結合との反応　低レベルの最低空軌道（LUMO）を有する炭素-炭素あるいは炭素-ヘテロ不飽和結合化合物は，ケトンの一電子還元により生成するケチルのラジカル受容体としてはたらき，対応するクロスカップリング体が生成する．

【実験例　アルデヒドとクロトン酸エステルの反応[235a)]】

$$\text{シクロヘキサンカルボアルデヒド (CHO)} + \text{MeCH=CHCO}_2\text{Me} \xrightarrow[\text{THF, 0℃}]{\text{SmI}_2\ (3\ 当量),\ t\text{-BuOH}\ (1.5\ 当量)} \gamma\text{-ラクトン (74\%)}$$

SmI_2 の 0.1 mol L^{-1} THF 溶液 60 mL（6 mmol）に t-ブチルアルコール 220 mg（3 mmol）およびクロトン酸メチル 400 mg（4 mmol）を加え氷浴で冷却する．これにシクロヘキサンカルボアルデヒド 224 mg（2 mmol）を加え 4 時間撹拌する．反応混合物にシリカゲル 5 g とヘキサン 30 mL を加え，室温で 5 分間撹拌する．これをシリカゲルの短いカラムを通して沪過し，ヘキサン-酢酸エチル（5：1）の混合溶媒で洗う．沪液を濃縮し，シリカゲルカラムクロマトグラフィーで精製して，目的物の γ-ラクトンを得る．収量 270 mg（収率 74%，シス/トランス＝52：1）．少量副生するヒドロキシエステル体を p-トルエンスルホン酸と加熱すると，γ-ラクトン体をさらに得る．収量 10 mg（シス/トランス＝4.5：1）．

19.2.8　バナジウム，ニオブ，タンタルの化合物

バナジウムの高原子価（典型的には 5 価）化合物は酸化反応に，低原子価（典型的には 2 価）のものは還元反応に利用する例が多い[238)]．一方，ニオブおよびタンタルの高原子価（5 価）化合物はルイス（Lewis）酸として利用されることが多く，低原子価（3 価，まれに 4 価）のものは，アルキンやイミンの還元的環化によるメタラサイクル形成に利用されている[239)]．以下に順次典型的な反応例を示す．

a.　バナジウム(V) 錯体を利用するシリルエノールエーテルの酸化的クロスカップリング

バナジウム(V) 錯体（$VOCl_3$，VOF_3，$VO(OR)_nCl_{3-n}$ など）は，フェノールの酸化的カップリング[240)] や環状ケトンの酸化的開裂[241)] など，一電子酸化が関与するさまざまな変換反応に利用できる．また，シリルエノールエーテルの 2 種混合物に $VO(OEt)Cl_2$ を化学量論量作用させると，まず一方の α-ケトラジカルが生じ，これが他方とカップリングして非対称 1,4-ジケトンが得られる[242)]．バナジウム(V) 錯体として $VO(OCH_2CF_3)Cl_2$ を用いると，とくに自己カップリングが抑制され，非対称ジケトンの収率が向上する[243)]．

【実験例　バナジウム(V) 錯体による 1,4-ジケトンの合成[243)]】

$$\text{1-(OSiMe}_3\text{)シクロペンテン} + \text{CH}_2\text{=C(OSiMe}_3\text{)}t\text{-Bu}\ (1.0\ 当量) \xrightarrow[\text{CH}_2\text{Cl}_2,\ -78℃]{\text{VO(OCH}_2\text{CF}_3\text{)Cl}_2\ (2.0\ 当量)} \text{2-(}t\text{-BuCOCH}_2\text{)シクロペンタノン (75\%)}$$

アルゴン雰囲気下，$VO(OCH_2CF_3)Cl_2$ 2.84 g（12.0 mmol）とジクロロメタン 30 mL の混合物を−78 ℃とする．この混合物に，1-トリメチルシロキシシクロペンテン 0.94 g（6.0 mmol）と 3,3-ジメチル-2-トリメチルシロキシ-1-ブテン 1.03 g（6.0 mmol）の両者を含むジクロロメタン 10 mL 溶液を，シリンジを用いて 30 分間かけて滴下する．得られた反応混合物を−78 ℃で 10 分間撹拌したのち，1.5 mol L^{-1} 塩酸 10 mL とエーテル 20 mL を含む分液漏斗にあけて，反応を停止させる．有機層を分離し，水層をエーテル 20 mL で抽出する．合わせた有機層を飽和炭酸ナトリウム水溶液 10 mL と飽和塩化ナトリウム水溶液 10 mL で順次洗浄する．無水硫酸マグネシウムで乾燥後，減圧下で溶媒を留去する．シリカゲルカラムクロマトグラフィー（ヘキサン-エーテル（9：1））により精製して，1,4-ジケトンを得る．収量 819 mg（収率 75%）．

b.　ニオブ(V) をルイス酸として利用するエーテル開裂

塩化ニオブ(V) は高いルイス酸性を有し，ディールス-アルダー（Diels-Alder）反応[244]やフリーデル-クラフツ（Friedel-Crafts）反応[245]など，通常ルイス酸が触媒となって反応を促進する多くの反応に有効である．ニオブ(V) アルコキシドを光学活性ポリオール配位子と組み合わせる不斉マンニッヒ（Mannich）反応などが知られている[246]．

また，アリールアルキルエーテルに塩化ニオブ(V) を化学量論量作用させると，アルキルエーテル部位が開裂しフェノールが生成する[247]．ビナフトールジメチルエーテルから，選択的にモノメチルエーテルを得ることもできる．

【実験例　塩化ニオブ(V) によるビナフトールモノメチルエーテルの合成[247b)]】

OMe
OMe
$NbCl_5$（1.1 当量）
トルエン，還流
OH
OMe
99%

アルゴン雰囲気下，ビナフトールジメチルエーテル 40 mg（0.13 mmol）と塩化ニオブ(V) 38 mg（0.14 mmol）をトルエン 1.3 mL に溶かし，30 分間加熱還流する．室温に放冷したのち水 1 mL を加えて反応を停止させる．酢酸エチル 5 mL で 3 回抽出し，合わせた有機層を飽和塩化ナトリウム水溶液 5 mL で洗浄する．無水硫酸ナトリウムで乾燥後，減圧下で溶媒を留去する．シリカゲルカラムクロマトグラフィー（ヘキサン-酢酸エチル（8：1））により精製して，ビナフトールモノメチルエーテルを得る．収量 38 mg（収率 99%）．

c.　ニオブ(III) を利用するニオバサイクル形成と四置換アルケン合成

塩化ニオブ(V) または臭化ニオブ(V) をトリブチルスズヒドリドで還元して得られるニオブ(III) 塩 NbX_3(dme)（X＝Cl または Br）は，内部アルキンと反応してニオバシクロプロペンを生成する[248]（$NbCl_3$(dme) は Aldrich 社から購入可能）．このニオバサイクルは有用な合成中間体であり，四置換エチレン[249]や1,1,2-三置換インデン[250]，1-ナフトール[251]の合成に利用できる[252]．$NbCl_3$(dme) とイミンからは同様にニオバアザシクロプロパンが生じると考えられており，2-アミノアルコールの合成に利用できる[248b]．

また，塩化タンタル(V) あるいは塩化ニオブ(V) を亜鉛で還元したのちにアルキンを加え，同種のメタラシクロプロペンを調製する手法もある[253]．生成したメタラシクロプロペンを加水分解するとシスアルケンが得られる[254]．アルデヒドやイソシアニド，芳香族オルトジアルデヒドと反応させると，それぞれアリルアルコール[255]や三置換フラン[256]，1-ナフトール[257]を合成できる．

【実験例　ニオブ(III) 錯体による1,1,2-トリフェニル-1-プロペンの合成[249]】

$CH_3C\equiv CPh$ —[$NbCl_3$(dme) (1.2 当量) / $ClCH_2CH_2Cl$, 60℃]→ [CH_3, Ph, $NbCl_3$ (dme)] ニオバシクロプロペン —[Ni(cod)$_2$ (20 mol%) / *i*-PrOLi (3.0 当量) / PhI (4.0 当量) / THF, 50℃]→ CH_3, Ph / Ph, Ph 65%

アルゴン雰囲気下，1-フェニル-1-プロピン 139 mg（1.20 mmol），$NbCl_3$(dme) 405 mg（1.40 mmol），1,2-ジクロロエタン 3 mL の混合物を，60 ℃ において 16 時間撹拌する．得られた溶液から減圧下で溶媒を留去し，暗褐色油状物質を得る．この油状物質を THF 6 mL に溶かし，リチウムイソプロポキシドの 1.0 mol L^{-1} ヘキサン溶液 3.6 mL（3.6 mmol）を 5 分間かけて加える．この混合物を室温にて 30 分間撹拌して得た暗橙色溶液にヨードベンゼン 979 mg（4.80 mmol）を加え，50 ℃ に加温して Ni(cod)$_2$ 66 mg（0.24 mmol）の THF 6 mL 溶液を 10 分間かけて加える．50 ℃ でさらに 16 時間撹拌したのち，10 wt% の水酸化カリウム水溶液 3 mL を加えて反応を停止させ，エーテルで抽出するなど後処理して黄色溶液を得る．シリカゲルカラムクロマトグラフィー（ヘキサン）により精製して，1,1,2-トリフェニル-1-プロペンを得る．収量 211 mg（収率 65%，GC 収率 83%）．

19.3　金属化合物を触媒とする合成反応

19.3.1　ニッケル

ニッケル錯体は，多くの有機合成反応に利用されている有用な遷移金属錯体であり，とりわけ炭素-炭素結合形成反応に大きな威力を発揮する．これまでオレフィン，ジエン，アセチレン，アレンなどのオリゴマー化や重合反応がおもに研究されてきたが，近年ではクロスカップリング反応を筆頭に，C−H 結合活性化を伴う挿入反応や酸化的環化反応が盛んに研究され，合成的用途はきわめて広い．本項では主として，(1) 有機ハロゲン化物と有機金属反応剤とのカップリング反応，(2) 芳香族化合物による直接的カップリング，(3) 酸化的環化反応を伴う炭素-炭素結合形成反応について概説する．なお，この分野では近年数多くの総説[258]が出版されているので，詳細は引用文献も参照していただきたい．

a.　有機ハロゲン化合物のカップリング反応

（i）ホモカップリング反応　有機ハロゲン化物のホモカップリング反応はニッケル(0)錯体によって容易に起こる．反応は式(19.1)のようにニッケル(0)錯体を化学量論量用いて行うか，あるいは式(19.2)のように金属亜鉛をはじめ適当な還元剤共存下で触媒反応として実施することもできる．

$$2\,\mathrm{R-X} + \mathrm{Ni(0)L_4} \longrightarrow \mathrm{R-R} + \mathrm{NiX_2L_2} \tag{19.1}$$

$$\mathrm{Ni(0)} \underset{\mathrm{ZnX_2} \;\leftarrow\; \mathrm{Zn}}{\overset{2\,\mathrm{R-X} \;\rightarrow\; \mathrm{R-R}}{\rightleftarrows}} \mathrm{NiX_2} \tag{19.2}$$

ニッケル(0)錯体として $Ni(CO)_4$ をはじめ $Ni(PPh_3)_4$ や $Ni(cod)_2$ が高い反応性を示すが，毒性が高いことや空気中で扱いにくいことから，反応系中でニッケル(0)活性種を調製する手法がよく利用されている．還元剤（おもに亜鉛粉末）を過剰量用いて系中でニッケル(II)錯体を高活性なニッケル(0)へ還元し，ニッケルを触媒量で反応させる方法が簡便である．この方法は，低原子価ニッケルへの有機ハロゲン化物の典型的な酸化的付加と還元的脱離を経るカップリング反応によって進行し，R＝芳香族，ヘテロ環芳香族，アルケニル，アリルおよびベンジルでは，通常良好な結果が得られるが，R＝アルキルの場合は，アルキル基の不均化などが主反応となるため適用できないこともある．また，エステルやカルボニル基などの官能基も共存しうる．アルケニル基の立体配置は通常保持されるが，立体選択性は量論反応のほうが一般に高い．

【実験例　3-ブロモ安息香酸メチルのホモカップリング反応[259]】

2 (3-MeO_2C-C_6H_4-Br) —[$NiCl_2(PEt_3)_2$ (4 mol%), Zn/KI/NMP]→ 3,3′-(MeO_2C)$_2$-biphenyl　91%

3-ブロモ安息香酸メチル 430 mg（2 mmol），$NiCl_2(PEt_3)_2$ 29.3 mg（0.08 mmol），亜鉛末 134 mg（2 mmol），KI 664 mg（4 mmol）および乾燥 *N*-メチルピロリドン（NMP）4 mL の混合物を窒素雰囲気下 30 ℃ で 3 時間かき混ぜる．0.1 mol L^{-1} 塩酸 30 mL を加えて反応を停止させ，混合物をエーテル 20 mL で 2 回抽出する．エーテル層を塩化ナトリウム水溶液 30 mL で 3 回洗浄後，無水硫酸ナトリウムで乾燥する．溶媒を留去すると，ほぼ純粋な 3,3′-ジフェニルジカルボン酸ジメチルが得られる．収量 247 mg（収率 91%）．エタノールから再結晶して融点 99.5～101 ℃ の純品を得る．

(ii) 芳香族ハロゲン化合物とグリニャール（Grignard）反応剤とのクロスカップリング反応　ニッケル錯体は，グルニャール反応剤と有機ハロゲン化物との選択的クロスカップリング反応の良好な触媒である．触媒は，$NiCl_2(dppp)$，$NiCl_2(PPh_3)_2$，$Ni(acac)_2$ などが代表的である．有機ハロゲン化物のほか，sp^2 混成炭素あるいはアリル炭素と−OH, −OR, −OSiMe$_3$, −OPO(OR)$_2$, −SH, −SR, −SOR, −SO$_2$R, −SeR, −TeR 基などとの結合を炭素-炭素結合へと変換する場合にも有効である．

$$\mathrm{RMgX} + \mathrm{R'X'} \xrightarrow{\mathrm{NiX_2L_2}} \mathrm{R{-}R'} + \mathrm{MgXX'}$$

$$\mathrm{L_2NiX_2} \xrightarrow[2\,\mathrm{MgX_2}]{2\,\mathrm{RMgX}} \mathrm{L_2NiR_2} \xrightarrow[\mathrm{R-R}]{\mathrm{R'X'}} \mathrm{L_2Ni(R')(X')}$$

この反応は熊田-玉尾-Corriu 反応とよばれ，クロスカップリング反応のはじまり（発端）となった．この発見を契機として，さまざまな有機金属化合物とのクロスカップリング反応が盛んに研究されている．有機亜鉛とハロゲン化アリールによるクロスカップリングは，とくに根岸カップリングとよばれている．また，β-ヒドリド脱離によるアルケンの生成など副反応を起こすことなく，ハロゲン化第一級アルキルとさまざまな有機金属反応剤によるクロスカップリング反応が開発されている．

【実験例　*o*-ジクロロベンゼンと臭化 *n*-ブチルマグネシウムとのクロスカップリング：*o*-ジ-*n*-ブチルベンゼンの合成[260]】

$$o\text{-}\mathrm{C_6H_4Cl_2} + 2\,n\text{-}\mathrm{BuMgX} \xrightarrow[\text{エーテル, 0℃}]{\mathrm{NiCl_2(dppp)}\,(10^{-3}\,\text{当量})} o\text{-}\mathrm{C_6H_4}(n\text{-}\mathrm{Bu})_2 + 2\,\mathrm{MgBrCl}$$

79〜83%

$NiCl_2$(dppp) は，$NiCl_2\cdot6\,H_2O$ と DPPP とから合成しておく[260]．窒素雰囲気下，かき混ぜ棒，還流冷却管，等圧滴下漏斗を付した 1 L 三つ口フラスコに，$NiCl_2$(dppp) 0.25 g（約 0.5 mmol），*o*-ジクロロベンゼン 29.5 g（0.20 mol）および乾燥エーテル 150 mL を入れる．別途，窒素雰囲気下，臭化 *n*-ブチル 68.5 g（0.50 mol），Mg 12.2 g（0.50 g 原子）および乾燥エーテル 250 mL から調製した臭化 *n*-ブチルマグネシウムを滴下漏斗に移し，氷冷下かき混ぜながら上記混合物に 10 分間かけて滴下する．不溶性の $NiCl_2$(dppp) はグリニャール反応剤の滴下とともに，ほとんど即座に反応して淡黄褐色の均一溶液が生じる．滴下終了後室温で撹拌を続けると，約 30 分以内に発熱反応が始まり，エーテルが還流し始める．2 時間室温で撹拌したのち，6 時間加熱還流し，反応を完結させる．氷冷下に 2 mol L^{-1} 塩酸約 250 mL をゆっくり滴下し，加水分解する（はじめは激しい発熱反応なので注意を要する）．有機層を分離し，水層をエーテル抽出，炭酸水素ナトリウム水溶液で洗浄，水洗，塩化カルシウムで乾燥したのち，エーテルを留去し，残渣を減圧蒸留して *o*-*n*-ブチルクロロベンゼン約 4 g（沸点 52～54 ℃/460 Pa）を留去後，*o*-ジ-*n*-ブチルベンゼンを得る．収量 30.0～31.5 g（収率 79～83%，沸点 76～81 ℃/460 Pa）．

【実験例　臭化シクロプロピルメチルと塩化 *n*-オクチルマグネシウムとのクロスカップリング反応[261)]】

窒素雰囲気下 50 mL Pyrex 製シュレンク管に撹拌子を入れ，臭化シクロプロピルメチル 270 mg（2 mmol）と塩化 *n*-オクチルマグネシウムの 1 mol L^{-1} THF 溶液 2.6 mL，(2.6 mmol) を加え，反応温度を −78 ℃ に保つ．1,3-ブタジエン 4.48 mL（20 ℃/1 atm，0.2 mmol）と $NiCl_2$ 触媒 2.6 mg（0.02 mmol）を −78 ℃ で加えたのち，0 ℃ で 30 分間反応させる．反応溶液に飽和塩化アンモニウム水溶液 10 mL を加えて反応を停止させ，有機層を分離する．水層をジエチルエーテル 10 mL で抽出し，合わせた有機層を無水硫酸マグネシウムで乾燥する．エバポレーターで有機溶媒を留去し，無色透明の生成物を得る（GC 収率 87%）．

下記の反応は，ブタジエンとニッケル(0) から生成するビス π-アリルニッケル錯体を触媒として進行する．η^1,η^3-オクタジエニルニッケルのアート錯体が β-ヒドリド脱離を抑制するため，ハロゲン化第一級アルキルのカップリング反応が収率よく進行する．

b.　芳香族化合物のC−H結合活性化を活用した直接的カップリング

(i) ハロゲン化アリールとのカップリング

Ni触媒,
配位子
塩基

Z = S, O, NR　　X = Cl, Br, I, OTf, OCO*t*-Bu

ヘテロ芳香環と芳香族化合物による炭素-炭素骨格構築法は，医薬品や生物活性天然物合成の重要な手法である．近年，芳香族炭素-水素結合の直接的化学変換を活用した炭素-炭素結合形成反応が盛んに研究されている．有機マグネシウムや亜鉛化合物などの有機金属反応剤を用いずに，芳香族炭素-水素結合を直接カップリング反応に利用できれば，ビアリール化合物の効率的合成法としてきわめて有用である．そのような化合物として，チアゾリン，イソキサゾリン，イミダゾリンなどの比較的酸性度が高い炭素-水素結合をもつヘテロ芳香族化合物が利用できる．カップリングパートナーとしてハロゲン化アリールが汎用されるが，フェノールのスルホン酸エステルも使用可能である．

【実験例　ハロゲン化アリールとヘテロ芳香族化合物のカップリング反応[262]】

$Ni(OAc)_2\cdot 4\,H_2O$
dppf
LiO*t*-Bu
ジオキサン, 140℃
74%

20 mL シュレンク管に，撹拌子と $Ni(OAc)_2\cdot 4\,H_2O$ 10.6 mg（0.05 mmol）を入れ，アルゴン置換する．dppf 27.7 mg（0.05 mmol），*t*-ブトキシリチウム 60.0 mg（0.75 mmol），ベンゾチアゾール 101.3 mg（0.75 mmol），クロロベンゼン 56.2 mg（0.50 mmol）を添加し，乾燥ジオキサン 2 mL をアルゴン雰囲気下で加える．シュレンク管を密閉し，140 ℃で 40 時間反応させる．反応終了後，反応温度を室温まで下げ，反応溶液を短めのシリカゲルカラム（酢酸エチル）で精製する．濃縮し，分取 TLC（ヘキサン-酢酸エチル）によってさらに精製し，2-フェニルベンゾチアゾールを黄褐色油状物として得る．収量 78.2 mg（収率 74%）．

(ii) アルキンとピリジンとのカップリング

ニッケル触媒とジメチル亜鉛またはトリメチルアルミニウムなどのルイス（Lewis）酸共存下，ピリジンとアルキンを反応させると，ピリジンの 2 位炭素にアルキンが挿入しビニルピリジンが得られる．同様の反応はフルオロアレーンを用いても良好に進行し，ルイス酸非存在下でフルオロアレーンの炭素-水素結合への高選択的なアルキン挿入が可能である[263]．

ルイス酸触媒
Ni触媒
R^1—≡—R^2
LA⁻

【実験例　ピリジンの直接的アルケニル化反応[264]】

+ *n*-Pr—≡—*n*-Pr

$Ni(cod)_2$ / *i*-Pr_3P
Ph_2Zn
トルエン, 50℃

N　H　*n*-Pr　*n*-Pr
96%

グローブボックス内でシュレンク管を用いて，$Ni(cod)_2$ 8.2 mg（0.03 mmol）とトリイソプロピルホスフィン 19.2 mg（0.12 mmol）のトルエン 1.25 mL 溶液を，ピリジン（3.0 mmol），ジフェニル亜鉛 14.3 mg（0.06 mmol），4-オクチン 110.2 mg（1.0 mmol）のトルエン 1.25 mL 溶液へ加える．内標準としてウンデカンを 78 mg（0.50 mmol）加えたのち，シュレンク管をグローブボックスから取り出し，反応混合物を 50℃ で 24 時間加熱撹拌する．反応終了後，反応溶液を短いシリカゲルパッドに通して沪過し，沪液をエバポレーターで濃縮する．残渣をリサイクル GPC または GC で精製あるいは分析し，目的物を得る（単離収率 96%，GC 収率 88%）.

(iii) アルキンとのカップリング　ニッケル(0) 触媒は，アリールまたはアルケンニトリルによるアルキンのカルボシアノ化反応に利用できる．ニッケル(0) 錯体が炭素-シアノ基の結合切断によって有機ニトリル化合物へ酸化的付加をしたのち，カルボニッケル化を経てカルボシアノ化反応が進行する.

【実験例　4-オクチンに対するベンゾニトリル類のアリールシアノ化反応[265]】

F_3C—C₆H₄—CN + Pr—≡—Pr

$Ni(cod)_2$ / 2 PMe_3
100℃, 24 h

F_3C　CN　Pr　Pr
80%

窒素雰囲気下，$Ni(cod)_2$ 27.5 mg（0.1 mmol）とトリメチルホスフィン 15.2 mg（0.2 mmol）のトルエン 2.5 mL 溶液を 4-トリフルオロメチルベンゾニトリル 171.0 mg（1 mmol）へ加える．4-オクチン 110.0 mg（1 mmol）を添加し，反応溶液を 100℃ で 24 時間加熱撹拌する．反応終了後，反応溶液を短いシリカゲルカラムに通して沪過し，沪液をエバポレーターで濃縮する．残渣をシリカゲルカラムクロマトグラフィーで精製して目的物を得る（収率 80%）.

c. 酸化的環化反応を介する炭素-炭素結合形成

(i) ニッケラサイクルと有機金属反応剤とのメタセシスを介した炭素-炭素結合形成
ニッケル触媒存在下，共役ジエンとアルデヒドをトリエチルホウ素とともに反応させると，共役ジエンとアルデヒドによる酸化的環化が進行し，アルデヒドのホモアリル化が進行する．トリエチルホウ素は還元剤およびルイス酸として作用する．促進剤として，トリエチルホウ素の代わりにジエチル亜鉛を用いると，アルデヒドのみならず，ケトンやアルドイミンのホモアリル化反応が進行する[266]．同様な反応は，アルキンとアルデヒドまたはアルドイミンの組合せでも進行し，アリルアルコールやアリルアミンの合成手法として活用できる[267]．また，近年，アルキン，共役ジエン，カルボニル類，有機亜鉛による多成分連結反応も盛んに開発されており，有用性がきわめて高い[268]．

R^1-diene + R^2CHO —(Ni 触媒)→ ニッケラサイクル —(Et_3B または Et_2Zn；σ 結合メタセシス)→ $R^2CH(OH)CH_2CH(R^1)CH=CH_2$

【実験例　トリエチルホウ素を用いたイソプレンのホモアリル化反応[269]】

イソプレン + PhCHO —($Ni(acac)_2$, Et_3B, THF, 室温)→ Ph–CH(OH)–CH₂–CH(CH₃)–CH=CH₂　88%　1, 3–アンチ選択性

窒素雰囲気下，300 mL 二つ口フラスコに，セプタムキャップと，三方コックを先端に取りつけた冷却管を取りつける．ここに $Ni(acac)_2$ 180 mg（0.7 mmol）と撹拌子を入れ，フラスコ内を窒素置換する．THF 100 mL とイソプレン 5 mL（50 mmol），ベンズアルデヒド 2.65 g（25 mmol）をシリンジで加え，トリエチルホウ素の 1 mol L^{-1} ヘキサン溶液（市販）50 mL（50 mmol）を室温で 5 分間かけてゆっくり加える．室温で 30 時間撹拌し，ベンズアルデヒドが消失したのを確認したのち，4 mol L^{-1} KOH 50 mL を加えて反応を停止させる．有機層を分離し，水層をエーテル 60 mL で抽出する．合わせた有機層を飽和塩化アンモニウム，飽和塩化ナトリウム水溶液で洗浄する．無水硫酸マグネシウムで乾燥後，エバポレーターで濃縮し，残渣をクーゲルロール蒸留（90 ℃/4 Pa）またはシリカゲルカラムクロマトグラフィー（ヘキサン–酢酸エチル（20：1））で精製して 3–メチル–1–フェニル–4–ペンテン–1–オールを得る．収量 3.89 g（収率 88%）．

（ii）オキサニッケラサイクル経由の環化異性化による炭素–炭素結合形成　ニッケル触媒存在下，アルキンとアルケンまたはエノンから生じるニッケラサイクル中間体経由の環化異性化反応による炭素–炭素結合形成反応が，数多く研究されている．分子内にアリルアルコールをもつエン–イン化合物は，ケトンとアルケンを側鎖にもつシクロアルカンへ異性化する[270]．メタノールを溶媒に用いると，アルキンとアルケンまたはエノンとの還元的カップリング反応が可能になる．アルキン，エノン，アルデヒドによる三成分連結反応も最近開発されている．いずれの場合にも，酸化的環化反応によって生じるオキサニッケラサイクルからの β–水素脱離，引き続く分子内水素移動を経由してカップリング反応が進行する．

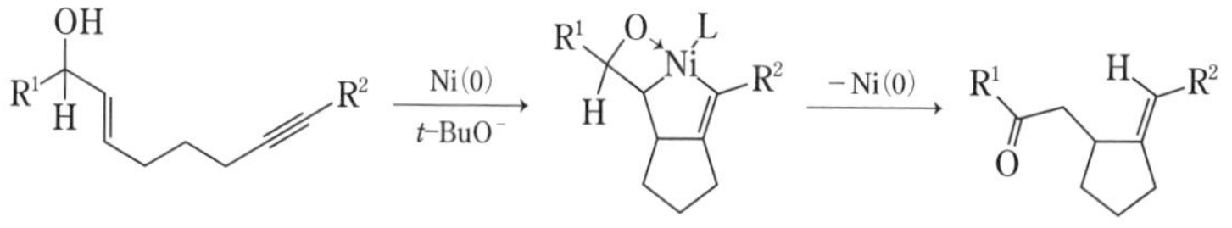

【実験例　メタノールを還元剤としたエノンとアルキンの還元的カップリング反応[271]】

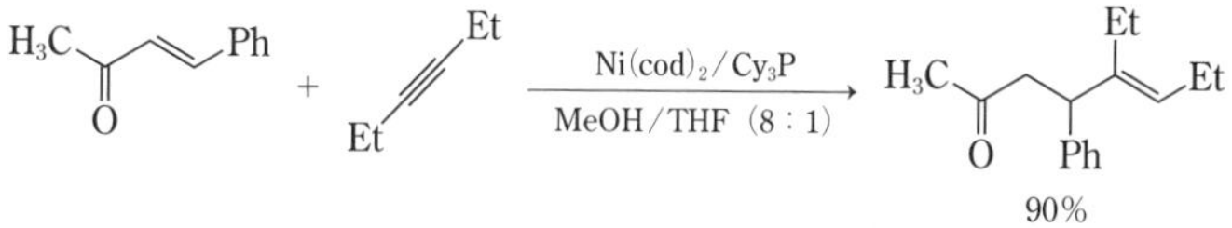

窒素雰囲気下，Ni(cod)$_2$ 80 mg（0.3 mmol）とトリシクロヘキシルホスフィン 170 mg（0.6 mmol）の THF 溶液 5 mL をフラスコへ加え，室温で 5 分間撹拌する．ここへベンジリデンアセトン 440 mg（3.0 mmol）と 3-ヘキシン 370 mg（4.5 mmol）のメタノール溶液 40 mL を加え，50 ℃で 3 時間加熱撹拌する．TLC によって，エノンが消費されたのを確認したのち，反応溶液を飽和塩化アンモニウム溶液に注いで反応を停止させる．酢酸エチルで抽出し，有機層を飽和塩化ナトリウム水溶液で洗浄したのち，無水硫酸マグネシウムで乾燥後，ロータリーエバポレーターで濃縮し，残渣をシリカゲルカラムクロマトグラフィー（ヘキサン-酢酸エチル（95：5））で精製して目的物を得る（収率 90%）．

【実験例　エノン，アルキン，アルデヒドによる三成分連結反応[272]】

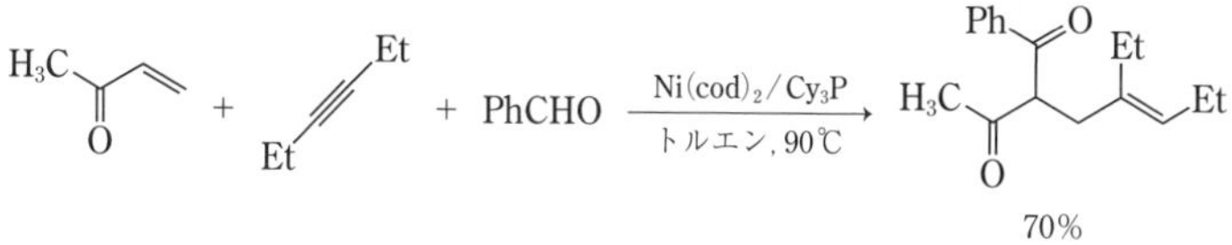

窒素雰囲気下，Ni(cod)$_2$ 80 mg（0.3 mmol）とトリシクロヘキシルホスフィン 170 mg（0.6 mmol）をトルエン 10 mL に溶かし，室温で 10 分間撹拌する．ベンズアルデヒド 640 mg（6.0 mmol）を加えたのち，3-ヘキシン 370 mg（4.5 mmol）とメチルビニルケトン 210 mg（3.0 mmol）のトルエン溶液 20 mL を室温で加え，反応温度を 90 ℃まで上げる．TLC によって，エノンが消費されたのを確認したのち，反応溶液をロータリーエバポレーターで濃縮し，残渣をシリカゲルカラムクロマトグラフィー（ヘキサン-ジエチルエーテル（95：5））で精製して目的物を得る（収率 70%）．

(iii) アルキンと二酸化炭素によるアクリル酸誘導体の合成　アルキンと二酸化炭素による炭素-炭素結合生成反応が研究されている．この反応は，ニッケル(0) 錯体，1 atm の二酸化炭素，およびアルキンから生成するオキサニッケラサイクルを経由して進行する．この反応ではジアザビシクロウンデセン（DBU）の添加が重要である．有機亜鉛反応剤を用いると，ニッケル(0) 錯体が触媒量でも反応が進行する[273]．アルキンとして末端アルキンのみならず内部アルキンも使用可能であり，位置選択的に反応が進行する．

【実験例　アルキンを用いたアクリル酸誘導体の合成[274)]】

$$\mathrm{Ph{-}{\equiv}} + \mathrm{CO_2\,(1\,atm)} \xrightarrow[\mathrm{THF,\ 0\,^\circ C}]{\mathrm{Ni(cod)_2\,(1\,当量)},\ \mathrm{DBU\,(2\,当量)}} \mathrm{Ph{-}CH{=}CH{-}CO_2H}\ \ 85\%$$

二酸化炭素（1 atm）雰囲気下 Ni(cod)$_2$（550 mg，2 mmol）と DBU 0.6 mL（4 mmol）を乾燥 THF 16 mL に溶かし，0 ℃ に保つ．ここへフェニルアセチレン 224 mg（2.2 mmol）の乾燥 THF 16 mL 溶液を 1 時間かけて 0 ℃ でゆっくり加える．反応溶液を 0 ℃ で 2 時間攪拌したのち，2 mol L^{-1} 塩酸を加えて反応を停止させる．反応混合物を酢酸エチル（50 mL）で抽出し，合わせた有機層を飽和塩化ナトリウム水溶液で洗浄し，無水硫酸マグネシウムで乾燥後，ロータリーエバポレーターで濃縮する．残渣をシリカゲルカラムクロマトグラフィー（ヘキサン-酢酸エチル（2：1））によって精製して *E*-フェニルアクリル酸を得る（収率 85%）．

(iv) 環化付加反応による環拡大反応，ヘテロ環合成　ニッケル錯体はアルキンのオリゴマー化を触媒する．近年，ニッケル触媒を用いることにより，アルキンとメチレンシクロプロパン，ニトリル，二酸化炭素との環化付加反応が進行し，シクロヘプタジエン，ピリジン，ピロン類がそれぞれ生成することが報告されている．いずれの環化付加反応も，ニッケラサイクル中間体へのアルキン挿入を経る機構により進行する．

【実験例　アルキンとシクロプロピリデン酢酸エチルとの [3+2+2] 環化付加反応[275)]】

$$\text{シクロプロピリデン酢酸エチル} + 2\,\mathrm{Ph{-}{\equiv}} \xrightarrow[\text{トルエン, 室温}]{\mathrm{Ni(cod)_2},\ \mathrm{PPh_3}} \text{(ジフェニルシクロヘプタジエン誘導体)}\ \ 74\%$$

アルゴン雰囲気下，Ni(cod)$_2$ 27.5 mg（0.1 mmol）とトリフェニルホスフィン 52.5 mg（0.2 mmol）を乾燥トルエン 0.5 mL に溶かし，この溶液にシクロプロピリデン酢酸エチル[276)] 126 mg（1 mmol）とフェニルアセチレン 510 mg（5 mmol）の乾燥トルエン溶液 0.5 mL を，5 時間かけて室温でゆっくり加える．室温でメチレンシクロプロパンがなくなるまで攪拌する．反応溶液を短いアルミナカラム（ジエチルエーテル）を通し，溶出液をロータリーエバポレーターで濃縮する．残渣をシリカゲルカラムクロマトグラフィー（ヘキサン-酢酸エチル（40：1））によって精製して目的物を得る（収率 74%）．

【実験例　アルキンとニトリルによる [2+2+2] 環化付加反応を利用したピリジン合成[277]】

2 Et—≡—Et ＋ PhCN →(Ni(cod)$_2$, SIPr, 室温) 2,3,4,5-テトラエチル-6-フェニルピリジン 82%

窒素雰囲気下，Ni(cod)$_2$ 30 mg（0.11 mmol）と SIPr（1,3-ビス(2,6-ジイソプロピルフェニル)-4,5-ジヒドロイミダゾール-2-イリデン）[278] 86 mg（0.22 mmol）の乾燥トルエン 30 mL 溶液に，ベンゾニトリル 380 mg（3.7 mmol）と 3-ヘキシン 610 mg（7.4 mmol）を加え，室温で 30 分撹拌する．反応溶液をロータリーエバポレーターで濃縮し，残渣をシリカゲルカラムクロマトグラフィー（ヘキサン-酢酸エチル（1：1））によって精製して目的物を無色透明の油状物として得る（収率 82%）．

19.3.2　パラジウム

パラジウム化合物を触媒として用いる有機合成反応は現在までに数多く発見され，その応用例は幅広い．とくに，炭素-炭素結合を形成する付加反応，カップリング反応はきわめて有用である．本項では，触媒として用いられるパラジウム化合物と，それらを用いた触媒的合成反応を炭素-炭素結合形成反応を中心に取り上げる．なお，優れた成書[279~281] も出版されているのでそちらも参照されたい．

a.　触媒反応に用いられるパラジウム化合物

パラジウム化合物としては，2 価の塩化パラジウムや酢酸パラジウムが市販品として容易に入手可能であるが，そのまま触媒反応に用いることは少なく，適切な配位子とともに用いられる場合が多い．また，有機化合物を配位子とするパラジウム錯体も数多く知られており，これらを触媒として使用する例も多い．これらの錯体は，上述の塩化パラジウムや酢酸パラジウムから合成することが可能である．最近では市販品として入手可能な錯体も多い．配位子の役割は，有機溶媒への可溶性の向上，錯体の安定化，触媒効率の向上，パラジウムの電子密度の制御と反応性の向上などであり，適切に選択することがきわめて重要である．市販品として入手可能なパラジウム化合物について以下にいくつか述べる．詳しい調製法は成書を参照されたい[282]．

(i) $PdCl_2$　空気中で安定な赤褐色の固体であり，クロロ配位子で架橋されたポリマー構造をもつため，水や有機溶媒にほとんど溶解しない．パラジウム錯体の合成原料として用いる．

(ii) $Pd(OAc)_2$　空気中で安定な褐色の固体．有機溶媒に溶解するのでそのまま触媒として用いることもあるが，多くの場合は第三級ホスフィンなどの他の配位子と混合して用いる．また，塩化パラジウムと同様，錯体の原料としても用いる．

(iii) $PdCl_2(RCN)_2$　塩化パラジウムをニトリル（RCN）中加熱して調製する．アセトニトリルやベンゾニトリル錯体がよく知られている．空気中で安定な固体であり，有機溶媒にも溶解する．ニトリル配位子は第三級ホスフィンなど他の配位子と容易に交換するため，これらと適当な比率で混合するだけで触媒反応に用いることができる．

(iv) $PdCl_2(PPh_3)_2$　ベンゼンなどの有機溶媒中で $PdCl_2(RCN)_2$ とトリフェニルホスフィンの配位子交換反応により調製する．空気中で安定な黄色の固体であり，このまま触媒に用いる．

(v) $Pd(PPh_3)_4$　代表的なパラジウム(0) 錯体であり，多くの有機溶媒に溶解する．塩化パラジウムとトリフェニルホスフィンをDMSO中で加熱溶解し，これにヒドラジン水和物を加えて還元することにより調製する．空気中では徐々に分解するため，窒素やアルゴンなどの不活性ガス雰囲気下で保存する必要がある．

(vi) $Pd_2(dba)_3 \cdot CHCl_3$　ジベンジリデンアセトンDBAが配位したパラジウム(0) 錯体であり，空気中で比較的安定であるが，保存は不活性ガス雰囲気下で行ったほうがよい．DBAは第三級ホスフィンなど他の配位子と容易に交換するため，反応系で混合してさまざまなパラジウム(0) 種を生成させる．塩化パラジウムとDBAを酢酸ナトリウムの存在下メタノール中で加熱撹拌することにより調製する．クロロホルムから再結晶することにより，$Pd_2(dba)_3 \cdot CHCl_3$ の組成をもつ錯体が得られる[283]．

パラジウム錯体による触媒反応系では，多くの場合，パラジウムは0～2価の価数をとる．触媒サイクルの起点がパラジウム(0) である反応系では，最初に加える錯体は0価でなければ反応は進行しないはずである．ところが，安価で取扱いが容易なパラジウム(II) 錯体を用いても，反応系内の基質や反応剤，配位子などにより容易に還元されてパラジウム(0) 種が生成し，効率よく触媒反応が進行することが多い．

b. ハロゲン化アリールによるアルケンのアリール化反応

$$\mathrm{Ar{-}X} + \mathrm{CH_2{=}CH{-}R} \xrightarrow[\text{塩基}]{\text{Pd 触媒}} \mathrm{Ar{-}CH{=}CH{-}R}$$

パラジウム錯体の触媒量を塩基の共存在下，ハロゲン化アリールとアルケンを反応させると，アリール置換アルケンが生成する[284]．この反応は溝呂木（みぞろき）-Heck反応とよばれている．ハロゲンとしてはヨウ素または臭素が適しており，塩素の場合は反応性が低い．ハロゲン化アリールに代えて，ハロゲン化アルケニルを用いても同様に反応が進行する．

反応機構として，ハロゲン化アリールのパラジウム(0) への酸化的付加，生成したアリールパラジウム種へのオレフィンの挿入，β-水素脱離による生成物とパラジウムヒドリド種の生成，塩基によるパラジウムヒドリドハロゲン種からのハロゲン化水素の解離を経てパラジウム(0) が再生するサイクルで進行する．塩基は生成する酸の中和にはたらく．

塩基·HX　Pd^0　Ar−X

塩基

$H-Pd^{II}-X$　　$Ar-Pd^{II}-X$

Ar⁄⁀R　　R(CH)(CH$_2$Ar)−Pd^{II}−X　　⁀R

【実験例　4-ブロモベンゾニトリルとアクリル酸エチルの反応[285)]】

$$\text{NC-C}_6\text{H}_4\text{-Br} + \text{CH}_2\text{=CHCOOEt} \xrightarrow[\text{AcONa, DMF}]{\text{Pd(OAc)}_2\ \text{触媒},\ \text{P}o\text{-Tol}_3} \text{NC-C}_6\text{H}_4\text{-CH=CHCOOEt}\quad 97\%$$

アルゴン雰囲気下，酢酸パラジウム 22.4 mg（0.1 mmol），トリ(*o*-トリル)ホスフィン 121.6 mg（0.4 mmol）を DMF 20 mL に室温で溶解し，触媒溶液を調製する．4-ブロモベンゾニトリル 9.1 g（50 mmol），アクリル酸エチル 5.96 g（55 mmol），無水酢酸ナトリウム 4.51 g（55 mmol），DMF 49 mL の混合物に，調製した触媒溶液 1 mL（酢酸パラジウム換算 0.005 mmol）を加え，130 ℃ で 1 時間加熱する．GC により反応液を分析すると，4-シアノケイ皮酸エチルの収率は 97%．反応液を室温まで冷却したのち水にあけ，有機物をジエチルエーテルで抽出する．有機層を無水硫酸マグネシウムで乾燥後，溶媒を留去し，残渣を蒸留して純粋な 4-シアノケイ皮酸エチルを得る．

c.　ハロゲン化アリールとアリール金属反応剤のクロスカップリング

$$\text{Ar}-\text{X} + \text{Ar}'-\text{M} \xrightarrow{\text{Pd 触媒}} \text{Ar}-\text{Ar}'$$

パラジウム錯体を触媒として，ハロゲン化アリールとさまざまな有機金属反応剤のクロスカップリング反応が進行する[286)]．とくに，sp^2 炭素間の結合形成の強力な手段となっている．有機金属反応剤としては，マグネシウム，亜鉛，ホウ素，スズ，ケイ素などの化合物を用いる．これらの反応は，熊田-玉尾-Corriu カップリング（Mg），根岸カップリング（Zn），鈴木-宮浦カップリング（B），右田-小杉-Stille カップリング（Sn），檜山カップリング（Si）とよばれていて，それぞれ特徴ある反応性を示す．ハロゲン化アルケニルやアルケニル金属反応剤を用いることもできる．また，ハロゲン化物に代えてトリフラートなどの擬ハロゲン化物を用いることもできる．

反応機構として，ハロゲン化アリールのパラジウム(0) への酸化的付加，生成したアリールパラジウム種とアリール金属反応剤のトランスメタル化，ジアリールパラジウム種からカップリング生成物の還元的脱離とパラジウム(0) の再生というサイクルが提案されている．

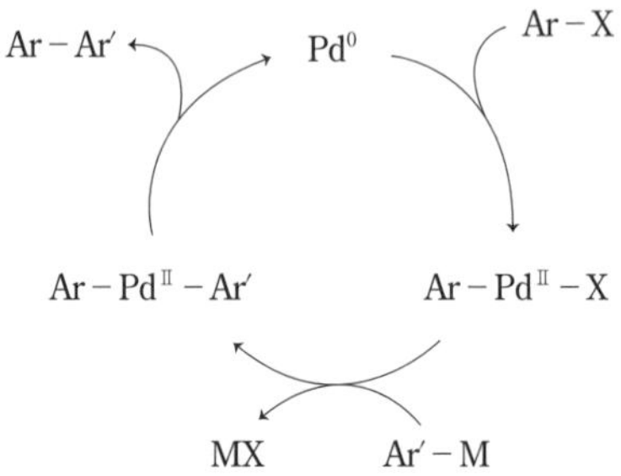

ホウ素やスズ，ケイ素化合物を用いるクロスカップリング反応は，官能基許容性がきわめて高く，応用例が多い．アリールボロン酸を用いる場合には，トランスメタル化を促進させるため，塩基性条件下で反応を行うことが多いが，アリールトリアルキルスズ化合物を用いたカップリング反応では，中性条件で反応を行うことができる．

【実験例　*p*-クロロブロモベンゼンとフェニルボロン酸のクロスカップリング[287]】

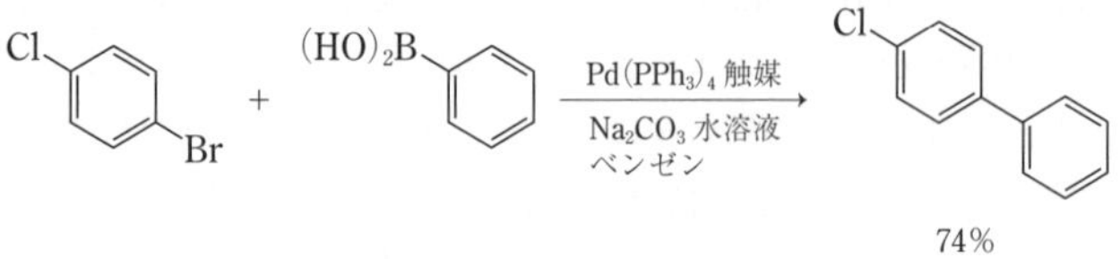

窒素雰囲気下，50 mL フラスコに $Pd(PPh_3)_4$ 346 mg（0.3 mmol），ベンゼン 20 mL，*p*-クロロブロモベンゼン 1.914 g（10 mmol），2 mol L^{-1} 炭酸ナトリウム水溶液 10 mL を入れたのち，フェニルボロン酸 1.341 g（11 mmol）をエタノール 5 mL に溶解させた溶液を加え，混合物を 6 時間よく撹拌しながら加熱還流する．反応液を室温に戻し，30% 過酸化水素水 0.5 mL を加えて室温で 1 時間撹拌し，残存するフェニルボロン酸を酸化する．反応混合物にジエチルエーテルを加え，飽和塩化ナトリウム水溶液で洗浄後，無水硫酸ナトリウム上で乾燥する．溶媒を留去したのち粗生成物を減圧蒸留することにより，*p*-クロロビフェニルを得る．収量 1.4 g（7.4 mmol，収率 74%）．

【実験例　アルケニルトリフラートと *p*-メトキシフェニルトリブチルスタナンのクロスカップリング[288]】

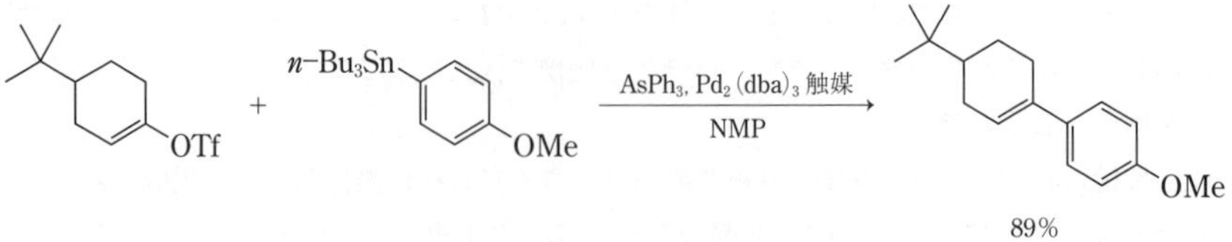

反応はアルゴン雰囲気下で行う．4-*t*-ブチル-1-シクロヘキセニルトリフラート 262.8 mg (0.918 mmol)，トリフェニルアルシン（$AsPh_3$）23 mg（0.0751 mmol），$Pd_2(dba)_3$ 8.3 mg, 0.0181 mmol）を乾燥，脱気した NMP 5 mL に溶解し 5 分間撹拌する．4-メトキシフェニル(トリブチル)スタナン 430 mg（1.083 mmol）を NMP に溶解した溶液 2 mL を加え，室温で 16 時間撹拌する．1 mol L^{-1} フッ化カリウム水溶液 1 mL を反応液に加え 30 分間撹拌したのち，酢酸エチルを加えて希釈する．溶液を沪過して沈殿物を除き，沪液を水で洗浄後，無水硫酸マグネシウムで乾燥する．溶媒を留去後，粗生成物を逆相フラッシュクロマトグラフィー（C-18，10% ジクロロメタン-アセトニトリル）で精製して，カップリング生成物を得る．収量 201 mg（0.823 mmol，収率 89%）．

d. ハロゲン化アリールとアルキンのカップリング

Ar－X ＋ ≡－R —(Pd, CuX 触媒 / 塩基)→ Ar—≡—R

パラジウム錯体と銅(I) 塩を触媒として，ハロゲン化アリールと末端アルキンのカップリングが進行する[289]．この反応は薗頭（そのがしら）カップリングとよばれていて，炭素(sp^2)-炭素（sp）結合形成反応として重要である．第三級アミンなどの塩基の存在下に末端アセチレンと銅塩から銅(I) アセチリドが生成し，これがアリールパラジウム種とトランスメタル化，そして還元的脱離反応により，アリールアセチレンが生成すると考えられている．

Ar－X
Ar－Pd^{II}－X
R—≡—Cu
$HNR_3^+X^-$
Pd^0
CuX
R—≡ ＋ NR_3
Ar－Pd^{II}—≡—R
Ar—≡—R

【実験例　4-ブロモアセトフェノンと 1-ヘキセンのカップリング[290]】

4-ブロモアセトフェノン ＋ 1-ヘキシン —($PdCl_2(PPh_3)_2$ 触媒, PPh_3, CuI / Et_3N, THF)→ 1-(4-(ヘキサ-1-イニル)フェニル)エタノン 91%

窒素雰囲気下反応フラスコに $PdCl_2(PPh_3)_2$ 175 mg（0.25 mmol），トリフェニルホスフィン（PPh_3）33 mg（0.125 mmol）を入れ，乾燥 THF 20 mL を加える．さらに 4-ブロモアセトフェノン 995 mg（5.0 mmol），1-ヘキセン 616 mg（7.5 mmol），トリエチルアミン 1.01 g

（10 mmol）を加え，室温で 20 分間撹拌する．ここへ CuI 12 mg（0.06 mmol）を加えてさらに室温で 16 時間撹拌する．反応終了後，溶媒を減圧留去した残渣にペンタン（ヘキサンでも可）を加えてよく撹拌し，その混合物をセライトに通して不溶物を沪過する．セライトはペンタンでよく洗い流す．溶媒を減圧留去し，粗生成物をシリカゲルクロマトグラフィー（シクロヘキサン-アセトン（15：1））で精製して 1-(4-(1-ヘキシン-1-イル)フェニル)エタノンを得る．収量 909 mg（4.54 mmol，収率 91%）．

e.　ケトンの α 位アリール化反応

$$R^1COCH_2R^2 + Ar{-}X \xrightarrow[\text{塩基}]{\text{Pd 触媒}} R^1COCH(Ar)R^2$$

パラジウム錯体触媒と塩基の存在下，ハロゲン化アリールによりケトンの α 位をアリール化することができる[291]．ケトンと塩基からエノラートが生成し，このエノラートとハロゲン化アリールとのカップリング反応である．電子供与性の強い配位子を適切に選択することにより，塩化アリールを反応に用いることもできる．

【実験例　ブロモベンゼンによるアセトフェノンの α 位アリール化[292]】

$$PhCOCH_3 + Ph{-}Br \xrightarrow[\text{t-BuONa, THF}]{Pd(OAc)_2/P(t\text{-}Bu)_3\ \text{触媒}} PhCOCH_2Ph\ (96\%)$$

グローブボックス中スクリューバイアルに酢酸パラジウム 2.3 mg（0.01 mmol），ナトリウム *t*-ブトキシド 211 mg（2.2 mmol），THF 1 mL，トリ *t*-ブチルホスフィン 2.1 mg（0.01 mmol）を入れ，PTFE 製のセプタムのついたスクリューキャップで密閉する．グローブボックスから反応容器を取り出し，ブロモベンゼン 157 mg（1.0 mmol），アセトフェノン 132 mg（1.1 mmol）をセプタムを通してシリンジで反応器内に加え，室温で 6 時間撹拌する．反応液をジエチルエーテルで希釈し，1 mol L^{-1} 塩酸，水，塩化ナトリウム水溶液で洗浄後，無水硫酸ナトリウムで乾燥する．溶媒を減圧留去し，粗生成物をシリカゲルクロマトグラフィー（ヘキサン-酢酸エチル（95：5））で精製することにより，1,2-ジフェニルエタノンを得る．収量 188 mg（0.96 mmol，収率 96%）．

f.　活性メチレン化合物のアリル化反応

$$R{-}CH{=}CH{-}CH_2OAc + {}^{\ominus}CH(COOR)E \xrightarrow{\text{Pd 触媒}} R{-}CH{=}CH{-}CH_2{-}CH(COOR)E$$

E = COOR, COR

パラジウム(0) 錯体は，カルボン酸，炭酸，リン酸などのアリルエステル類の酸化的付加を受け，π-アリル錯体が生成する．このπ-アリル錯体は炭素，窒素などの求核反応剤と反応し，アリル化生成物を与える．このさい，パラジウムは0価錯体として脱離するため，触媒反応となる[293]．求核剤（$Nu^{\ominus}$）の攻撃は，π-アリル錯体のより立体障害の少ない炭素で起こる．この反応は辻-Trost反応とよばれている．

$$Pd^0L_2 + R\text{CH=CHCH}_2\text{OAc} \xrightarrow[-[\text{H}-\text{塩基}]^+]{\text{NuH}} [\pi\text{-allyl}\ ^{\oplus}Pd^{II}L_2] \xrightarrow[]{{}^{\ominus}Nu,\ -Pd^0L_2} R\text{CH=CHCH}_2\text{Nu}$$

NuH = YCH_2Z, RR′NH　　L：ホスフィン配位子

Y, Z = CO_2R, COR, SO_2R, CN, NO_2

反応の立体化学に関する詳しい研究も行われている．一例として，環状アリルエステルとマロン酸ジメチルの反応では，生成物が出発物質の立体配置を保持して特異的に進行することが明らかとなっている．これはπ-アリル錯体が生成する酸化的付加反応と求核剤の反応がともに立体配置の反転を伴って進行し，その結果，生成物が出発物質の立体配置を保持すると理解されている[294]．不斉反応化に関する詳しい研究については総説[295]を参照されたい．

$$\text{(R, OAc cyclohexene)} \xrightarrow[\text{立体反転}]{Pd^0L_n} \text{(π-allyl } Pd^{II}L_2) \xrightarrow[\text{立体反転}]{{}^{\ominus}CH(COOMe)_2} \text{(R, CH(COOMe)}_2\text{ cyclohexene)}$$

【実験例　環状アリルアセタートとマロン酸ジメチルの立体選択的反応[294]】

$$\text{(COOMe, OAc cyclohexene)} + NaCH(COOMe)_2 \xrightarrow[\text{THF}]{Pd(PPh_3)_4\ \text{触媒},\ PPh_3} \text{(COOMe, CH(COOMe)}_2\text{ cyclohexene)}\ \ 90\%$$

窒素雰囲気下，(1*R*,5*R*)-5-アセトキシ-3-シクロヘキセンカルボン酸メチル 189.6 mg（シス/トランス＝98：2，0.958 mmol），$Pd(PPh_3)_4$ 37.3 mg（0.0323 mmol），PPh_3 74.3 mg（0.283 mmol）を乾燥 THF 1.5 mL に溶解し，室温で 1.5 時間撹拌する．別のフラスコにマロン酸ジメチル 114 mg（3.5 mmol）をあらかじめペンタンで洗浄した水素化ナトリウム 36 mg（2.5 mmol）を乾燥 THF 6.6 mL に懸濁したものに加え，室温で 20 分間撹拌する．この溶液をパラジウムを含む溶液に加え，7.5 時間加熱還流する．反応液を室温まで冷却し，ジエチルエーテルと水を加えて分液操作を行う．水層をジエチルエーテルで 3 回抽出し，ジエチルエーテル層を合わせて無水硫酸マグネシウムで乾燥する．溶媒を減圧留去したのち，粗生成物をシリカゲルクロマトグラフィー（ヘキサン-酢酸エチル（2：1））で精製して，2-((1*R*,5*R*)-5-(メトキシカルボニル)-2-シクロヘキセン-1-イル)マロン酸ジメチルを得る．

収量 231.9 mg（0.858 mmol，収率 90％，E/Z＝2：98）．PPh_3 を添加しなくても反応は同程度の収率で進行するが，生成物の E/Z 比は 12：88 となる．

g.　アルキンの活性化を経る芳香族化合物のアルケニル化反応

$$Ar-H + R^1-\equiv-R^2 \xrightarrow[RCOOH]{Pd(OAc)_2 触媒} (Ar)(R^1)C=CH(R^2)\ (トランス付加)\ および/または\ (Ar)(R^1)C=CH(R^2)\ (シス付加)$$

トランス付加　　シス付加

酢酸パラジウムを触媒量共存させて芳香族化合物とアルキンを反応させると，アルキンのパラジウム(II) による求電子的活性化を経由して，芳香族化合物のアルケニル化生成物が得られる[296)]．反応の立体選択性は用いるアルキンによって異なるが，アセチレンカルボン酸エステル（R^2＝COOR）を用いた場合はトランス付加生成物が優先的に得られる．芳香族化合物は電子豊富なものほど効率よく反応が進行し，フラン，ピロール，インドールなどのヘテロ芳香族化合物も反応に用いることができる．酢酸あるいはトリフルオロ酢酸などの酸性溶媒は反応を進行させるために必須である．

【実験例　ペンタメチルベンゼンによるプロピオール酸エチルのアルケニル化反応[297)]】

$$C_6HMe_5 + HC\equiv C-COOEt \xrightarrow[CF_3COOH,\ CH_2Cl_2]{Pd(OAc)_2 触媒} C_6Me_5-CH=CH-COOEt\ (Z)$$

88％

乾燥した 25 mL ガラス反応器中で酢酸パラジウム 10 mg（0.045 mmol），ペンタメチルベンゼン 1.51 g（10.2 mmol），トリフルオロ酢酸 4 mL，ジクロロメタン 1 mL を混合し，氷水によって冷却する．この混合物へプロピオール酸エチル 0.475 g（4.84 mmol）を加え，氷冷下で 5 分間撹拌したのち，室温で 3 時間撹拌する．反応液を飽和塩化ナトリウム水溶液に注ぎ，ジエチルエーテルで有機物を 3 回抽出する．ジエチルエーテル層を合わせて飽和塩化ナトリウム水溶液，炭酸ナトリウム水溶液で洗浄後，無水硫酸ナトリウムで乾燥する．溶媒を減圧留去したのち，粗生成物をシリカゲルクロマトグラフィー（ヘキサン-酢酸エチル(8：1)）で精製して，Z 体のアルケニル化生成物を得る．収量 1.05 g（4.26 mmol，収率 88％）．

h.　ハロゲン化アリールとヘテロ芳香族化合物のカップリング

$$\text{ヘテロ芳香環} + Ar-X \xrightarrow[塩基]{Pd 触媒} \text{5-アリール体}\ または\ \text{2-アリール体}\ または\ \text{2,5-ジアリール体}$$

X＝CH, N
Y＝NR, S, O

パラジウム錯体を触媒として用いることにより，ピロール，フラン，チオフェン，アゾール類などの五員環ヘテロ芳香族化合物の炭素-水素結合をハロゲン化アリールにより直接アリール化することができる[298]．反応は五員環の C-2 位もしくは C-5 位で起こり，基質の構造や反応条件によって選択性は変わる．銅(I) 塩やカルボン酸の添加により反応が加速されることが知られている．パラジウム(0) 錯体とハロゲン化アリールからアリールパラジウム種が生成し，このアリールパラジウム種とヘテロ芳香族化合物からハロゲン化水素の脱離を経てジアリールパラジウムが生成する機構が提案されている．

$$\mathrm{Pd^0} + \mathrm{Ar-X} \downarrow$$

$$\mathrm{hetAr-H} \xrightarrow[-\mathrm{HX}]{\mathrm{Ar-Pd^{II}-X}} \mathrm{Ar-Pd^{II}-hetAr} \xrightarrow{-\mathrm{Pd^0}} \mathrm{Ar-hetAr}$$

【実験例　ヨードベンゼンによる *N*-メチルインドールのアリール化反応[299]】

$Pd(OAc)_2$ 触媒
Ag_2O
o-$NO_2-C_6H_4-COOH$
DMF

N
Me
+
I
N
Me

窒素雰囲気下，酢酸パラジウム 11.2 mg（0.05 mmol），酸化銀 174 mg（0.75 mmol），2-ニトロ安息香酸 251 mg（1.5 mmol）をフラスコに入れ，再度窒素置換したあと乾燥 DMF 2 mL，ヨードベンゼン 408 mg（2.0 mmol），*N*-メチルインドール 131 mg（1.0 mmol）を加え，25 ℃ で 7 時間撹拌する．反応液を短いシリカゲルカラムに通して沪過する．シリカゲルはジエチルエーテルなどの溶媒でよく洗い流す．合わせた有機層を減圧濃縮したのち，残渣をシリカゲルクロマトグラフィー（ヘキサン-酢酸エチル（98：2））で精製して，2-フェニル-*N*-メチルインドールを得る．収量 192 mg（0.926 mmol，収率 93％）．

i.　オルト位選択的芳香族アリール化反応

DG
+ Ar－X
Pd 触媒
Ar
DG
Ar

DG＝NHCOR, CONHR, OH, COOH, CH_2NH_2, 2-ピリジル

アミドなどの配位性置換基を有する芳香族化合物に対して，パラジウム錯体触媒の存在下にハロゲン化アリールを反応させると，置換基のオルト位で位置選択的にアリール化が進行する．このような置換基は配向基（directing group：DG）とよばれている．オルト位アリール化を受ける化合物として，ベンズアミド類，アニリド類，フェノール類，芳香族カルボン酸，ベンジルアミン類，2-アリールピリジンなどが知られている[300,301]．配向基にパラジウムが配位することにより，オルト位にパラジウムが結合したパラダサイクル中間体が生成し，これがハロゲン化アリールと反応してアリール化が進行すると理解されている．

DG / PdX_2 —(−HX)→ DG / PdX —(Ar−X, $-PdX_2$)→ DG / Ar

【実験例　4-ヨードトルエンによるピバルアニリドのオルト位アリール化反応[302]】

NHCO*t*-Bu + I / Me —($Pd(OAc)_2$ 触媒, AgOAc, CF_3COOH)→ Me / NHCO*t*-Bu / Me　95%

8 mL スクリューバイアル中に酢酸パラジウム 1.3 mg（0.006 mmol），酢酸銀 1.00 g（6.0 mmol），ピバルアニリド 0.53 g（3.0 mmol），4-ヨードトルエン 3.30 g（15.0 mmol）を入れ，トリフルオロ酢酸 2 mL を加える．バイアルのキャップを閉め，混合物を 90 ℃ で 3 日間加熱撹拌する．反応液を別の容器に移し，トルエン 30 mL で希釈する．沈殿物をデカンテーションによって除き，残った沈殿物はトルエンでよく洗浄する．トルエン溶液を合わせて減圧下で溶媒を留去したのち，粗生成物をシリカゲルクロマトグラフィー（トルエン，その後ジクロロメタン-トルエン（1：1））で精製することにより，ジアリール化生成物を得る．収量 1.02 g（2.85 mmol，収率 95%）．

j.　アリールボロン酸の *α,β*-不飽和カルボニル化合物への 1,4-付加反応

R^1 / R^2 / O + $Ar-B(OH)_2$ —(Pd^{2+}触媒, H_2O)→ R^1 / R^2 / Ar / O

アリールボロン酸の *α,β*-不飽和カルボニル化合物への 1,4-付加反応は，ロジウム錯体触媒による研究例が多いが，パラジウム錯体を触媒とすることも可能である．二座ホスフィン配位子を有するカチオン性パラジウム(II) 錯体が高い活性を示す[303]．また，水系の反応溶媒を用いることも重要である．光学活性なホスフィン配位子を用いることにより，不斉反応への応用も可能である．カチオン性パラジウム錯体とアリールボロン酸のトランスメタル化により生成したアリールパラジウム種が *α,β*-不飽和カルボニル化合物へ付加し，生成する

$Ar-B(OH)_2$, H_2O
$[Pd]^{2+}$ → $Ar-[Pd]^+$ —(R^1 / R^2 / O)→ R^1 / R^2 / Ar / O / $[Pd]^+$ —(H^+, $-[Pd]^{2+}$)→ R^1 / R^2 / Ar / O
$B(OH)_3$, H^+

パラジウムエノラートが加水分解されて，1,4-付加生成物が生じると考えられている．

【実験例　フェニルボロン酸の 2-シクロヘキセノンへの 1,4-付加反応[304)]】

$$\text{2-cyclohexenone} + Ph-B(OH)_2 \xrightarrow[\text{THF-}H_2O]{[Pd(dppe)(PhCN)_2](SbF_6)_2\ 触媒} \text{3-phenylcyclohexanone}\ (78\%)$$

フラスコにカチオン性パラジウム錯体 $[Pd(dppe)(PhCN)_2](SbF_6)_2$ 59.1 mg（0.05 mmol）とフェニルボロン酸 182.9 mg（1.5 mmol）を入れアルゴン置換する．THF 6 mL，シクロヘキセン-2-オン 96.1 mg（1.0 mmol），水 0.6 mL を加え，室温で 23 時間撹拌する．反応液をジエチルエーテルで抽出し，有機層を 0.5 mol L^{-1} 炭酸カリウム水溶液で洗浄する．有機層を合わせて乾燥後，減圧下に溶媒を留去し，粗生成物をシリカゲルクロマトグラフィーで精製して 3-フェニルシクロヘキサノンを得る．収量 136 mg（0.78 mmol，収率 78％）．

k.　アミンによるハロゲン化アリールのアミノ化反応

$$Ar-X + R^1R^2NH \xrightarrow[\text{塩基}]{\text{Pd 触媒}} Ar-NR^1R^2$$

パラジウム錯体触媒の存在下，ハロゲン化アリールとアミンがカップリングしてアリールアミンが生成する[286)]．この反応は Buchwald-Hartwig アミノ化反応などとよばれている．パラジウム錯体触媒を用いる反応が開発される以前は，量論量もしくは触媒量の銅(I) 塩を用いる Ulmann 型反応が知られていたが，反応条件が穏和であることや，適応範囲が広いことなどから，パラジウムを用いる本反応が広く用いられるようになってきた．アミンとしてアニリン類を用いればジアリールアミンが，ジアリールアミンを用いればトリアリールアミンが得られることから，医薬，農薬，材料化学の分野で広く応用されている．

Pd^0 + Ar−X → $Ar-Pd^{II}-X$ + R^1R^2NH → $H-NR^1R^2 \cdots Ar-Pd^{II}-X$ + 塩基 → 塩基·HX + $Ar-Pd^{II}-NR^1R^2$ → $Ar-NR^1R^2$ + Pd^0

反応機構として，ハロゲン化アリールのパラジウム(0) への酸化的付加，アリールパラジ

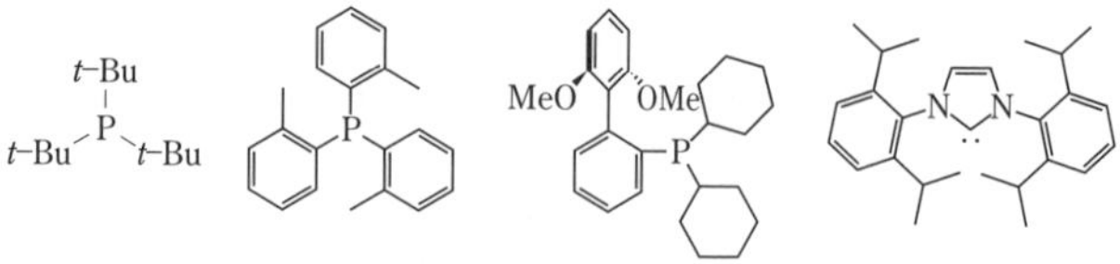

t-Bu
P
t-Bu　t-Bu
MeO　OMe
N　N

図 19.7　Pd 触媒によるアミノ化反応に用いられる配位子

ウム(II) へのアミンの配位，塩基によるアミンの脱プロトン化とパラジウム(II) アミドの生成，還元的脱離によるアリールアミンの生成とパラジウム(0) の再生という触媒サイクルが受け入れられている．一見単純に見える触媒サイクルであるが，酸化的付加の段階ではパラジウム錯体の電子密度の高さが，アミンの脱プロトン化ではパラジウム錯体のルイス酸性が，還元的脱離段階では配位子のかさ高さが重要であるとされており，反応を円滑に進行させるためには，配位子（反応機構の図中では省略してあるが）の選択がきわめて重要である．かさ高いトリアルキルおよびトリアリールホスフィンや Buchwald らによって開発されたビアリールジアルキルホスフィン，*N*-ヘテロ環状カルベン（NHC）配位子などが高い活性を示す．

【実験例　2-ブロモトルエンとジフェニルアミンのカップリング反応[305]】

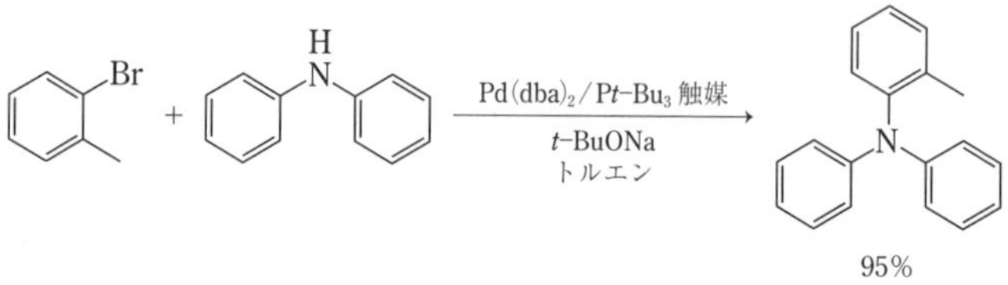

Br　+　H N　Pd(dba)$_2$/P*t*-Bu$_3$ 触媒 / *t*-BuONa / トルエン　→　N　95%

フラスコに Pd(dba)$_2$ 5.8 mg（0.01 mmol），ナトリウム *t*-ブトキシド 144 mg（1.50 mmol），2-ブロモトルエン 188 mg（1.10 mmol），ジフェニルアミン 169 mg（1.00 mmol）を入れ，窒素置換する．フラスコに乾燥，脱気したトルエン 2.0 mL とトリ *t*-ブチルホスフィン 1.6 mg（0.008 mmol，溶液で市販されているものでも可）を加え，窒素雰囲気下，室温で 1 時間撹拌する．TLC で原料のアミンが消失したことを確認し，反応液をそのままシリカゲルクロマトグラフィー（ヘキサン-酢酸エチル(97.5：2.5)）に付すことにより，*N*-(2-トリル)ジフェニルアミンを得る．収量 247 mg（0.95 mmol，収率 95%）．

19.3.3　白金，金，銀，銅

白金・金・銀・銅化合物の触媒作用は多岐にわたるが，これらの金属化合物に共通してみられる特徴の一つは，アルキンやアルケンなどの π 結合に対する親和性が高いことにある．とくに白金(II)，白金(IV)，金(I)，金(III)，銀(I)，銅(I) などは η^2 錯体を形成して π 結合を求電子的に活性化するため，有用な触媒反応が多数実現されている[306]．また銀(I)，銅(I)，銅(II) は典型的なルイス (Lewis) 酸としてカルボニルやイミンを活性化することが知られており，不斉触媒反応へ活発に利用されている．一方白金(0) 化合物は，一般に酸化還元過程を経る典型的な遷移金属触媒としての反応性を示し，水素添加反応やヒドロシリル化反応などに高い触媒活性を示す．

a. 白金触媒を用いる合成反応

白金触媒を用いる合成反応としては，PtO_2 (Adams 触媒) を用いた水素化反応が古くから利用されているほか，白金(0) を活性種とするさまざまな σ 結合 (下式 E−E′) への不飽和結合の挿入反応に利用されている[307].

E−E′ —Pt(0)→ [E−Pt(II)−E′] —≡→ [E⁀Pt(II)E′] → E⁀E′ (Pt(0))

E−E′ = H−H, H−Si, Si−Si, B−B, B−Si など

また最近では，後述する金触媒を用いた反応開発と同様に，白金(II) や白金(IV) によるアルキン，アルケン類と η^2 錯体の形成を基盤とした触媒反応が活発に開発されている．とくにアルキンとの η^2 錯体は下式に示すように双性イオン型構造やビスカルベノイド型構造の寄与があり，さまざまな求核種の付加反応やカルベノイド型中間体を経るタンデム型環形成反応に多用されている[306]．以下に，白金触媒を用いた代表的な反応例を示す．

≡ ⇌(Pt(II)) [≡·Pt(II) ⟷ ⁺⁄⁼Pt⁻(II) ⟷ ∴⁄⁼Pt(II)]

(i) アルキンのヒドロシリル化反応　白金触媒は古くからアルキンのヒドロシリル化に高い触媒活性を示すことが知られていた．H_2PtCl_6 (Speier 触媒) やジビニルジシロキサンを配位子とする白金錯体 (Karsted 触媒) など多数の白金触媒が開発されている[308]．末端アルキンのヒドロシリル化では高い位置選択性で末端にシリル基を有するアルケニルシランを与えるが，非対称内部アルキンのヒドロシリル化では位置選択性の制御が容易でない．しかし，白金に配位可能なビニルシリル基を保護基としてもつプロパルギルアルコールのヒドロシリル化は位置選択的に起こる[309].

【実験例　6-フェニルヘキサ-2-イン-1-オールジメチルビニルシリルエーテルのヒドロシリル化[309]】

Si(ビニル)−O−CH₂−C≡C−(CH₂)₃Ph —(Karsted 触媒, i-Pr_3SiH, 80℃, 1 h)→ —(TBAF, THF, 室温)→ HO−CH₂−C(i-Pr_3Si)=CH−(CH₂)₃Ph 94%

Karsted 触媒

アルゴン雰囲気下，上記アセチレン 0.258 g (1.00 mmol) とトリイソプロピルシラン 205

μL（1.00 mmol）の混合物に，Karsted 触媒の 2% キシレン溶液 19.8 μL（0.002 00 mmol）を室温で加える．この溶液を 80 ℃ で 1 時間加熱したのち室温に冷却し，THF 10 mL と TBAF の約 1.0 mol L^{-1} THF 溶液 1.20 mL（約 1.2 mmol）を加える．室温で 15 分間撹拌後，溶液を減圧下で濃縮し，残渣をシリカゲルカラムクロマトグラフィー（ヘキサン-エーテル（10：1））で精製して（*E*)-2-トリイソプロピルシリル-6-フェニルヘキサ-2-エン-1-オールを無色液体として得る．収量 313 mg（収率 94%）．

(ii) アルキンのジボリル化反応　ヒドロシランに代えてジボロン$(BR_2)_2$を用いると，白金(0) 触媒がアルキンを 1,2-ジボリル化する[310]．末端アルキン，内部アルキンともに用いることが可能であり，ボリル基二つがシス付加した生成が選択的に生成する．この反応はジボロンの白金(0) への酸化的付加，白金-ホウ素結合へのアルキンの挿入と続く還元的脱離により進行する．また，1,3-ジエンの 1,4-ジボリル化[311] やアレンの 1,2-ジボリル化[312] も行うことができる．

【実験例　1-デシンのジボリル化[310]】

$$C_8H_{17}-\equiv \;+\; (Bpin)_2 \xrightarrow[\text{DMF, 80 ℃, 24 h}]{Pt(PPh_3)_4\,(3\text{ mol\%})} \text{pinB}(C_8H_{17})C{=}CH\text{Bpin}\ \ 86\%$$

$(Bpin)_2$

還流冷却器をつけた 25 mL フラスコに磁気撹拌子を入れ，窒素雰囲気下，テトラキストリフェニルホスフィン白金 37 mg（0.03 mmol）とビス(ピナコラート)ジボロン 254 mg（1.0 mmol）を加える．これに DMF 6 mL と 1-デシン（1.1 mmol）を加え，80 ℃ で 24 時間撹拌する．反応溶液をベンゼン 30 mL で希釈したのち，冷水で 5 回洗浄し，有機層を無水硫酸マグネシウムで乾燥する．減圧濃縮したのち，減圧下（0.15 mmHg）クーゲルロール蒸留すると，(*E*)-1,2-ビス(4,4,5,5-テトラメチル-1,3,2-ジオキサボロラン-1-イル)-1-デセンを得る（収率 86%）．

(iii) 塩化白金を触媒とするエンイン類の環化異性化反応　塩化白金をはじめとする白金(II) 化合物や白金(IV) 化合物はアルキン類の求電子的活性化を契機とする環状骨格形成反応に高い触媒活性を示す[306b,c]．たとえば，1,6-エンイン類に $PtCl_2$ を作用させると，環化異性化反応が進行してビニルシクロペンテン誘導体が高収率で生じる[308]．この反応の官能基許容性は高く，分子内にシリルエーテル，エステル，ハロゲンなどが存在してもこれらを損なうことなく進行する．

また，分子内にアルコール，アミン，アルデヒド，イミンなどを有するアルキンに対して白金(II) 触媒を作用させると，求電子的に活性化されたアルキンに対する求核付加が起こり，簡便にヘテロ環を構築することができる[306b,314]．さらに，アルケンやアレンの求電子的活性化を経る環状骨格形成も可能である[315]．

【実験例　1,6-エンインの環化異性化[313)]】

t-BuMe$_2$SiO　PtCl$_2$ (4 mol%)　トルエン, 80℃, 1 h　t-BuMe$_2$SiO　93%

10 mL フラスコに磁気撹拌子を入れ，窒素雰囲気下，二塩化白金 10.6 mg（0.04 mmol），1,6-エンイン（1 mmol）およびトルエン 5 mL を加える．この混合物を 80 ℃ で 1 時間撹拌したのち，溶媒を減圧下留去する．残渣をシリカゲルカラムクロマトグラフィー（ヘキサン-エーテル）で精製してビニルシクロペンテン誘導体を得る（収率 93%）．

b.　金触媒を用いる合成反応

金触媒を用いる有機合成反応は，かつてはアルキンの水和やアルデヒドとイソシアノ酢酸エステルとの不斉アルドール反応など，限られた例にとどまっていたが，カチオン性の金(I)ならびに金(III) がアルキン類の活性化に顕著な触媒活性を示すことが明らかにされて以来，この性質を利用した実用的な環状骨格形成手法が報告されている[316)]．なかでも，求核部位を有するアルキン類の分子内環化や，プロパルギルアセタート誘導体の異性化反応を基盤とする反応例が多く知られている．

(i) Conia-エン反応による五員環形成反応　分子内の適切な位置にアルキン部位を有する 1,3-ジカルボニルやシリルエノールエーテル類の分子内環化反応は，しばしば Conia-エン反応とよばれている[317)]．従来，この反応には水銀塩を化学量論量必要としていたが，近年ではさまざまな金属塩が触媒として使えることが報告されている．なかでもカチオン性の金(I) 触媒が高い活性を示すことが明らかになっている[318)]．この反応は一般に，5-エキソ型環化によるメチレンシクロペンタン合成，ならびに 5-エンド型環化によるシクロペンテン環形成にたいへん有効である．

【実験例　ω-プロパルギルエノールシリルエーテルの 5-エキソ型環化[319)]】

i-Pr$_3$SiO　SEMO　AuCl(PPh$_3$) (2 mol%)　AgBF$_4$ (2 mol%)　トルエン-MeOH (10 : 1)　25℃, 0.5 h　O　SEMO　94%

アルゴン雰囲気下，上記 ω-プロパルギルエノールシリルエーテル 5.30 g（11.76 mmol）のトルエン 31 mL 溶液に AuCl(PPh$_3$) 116 mg（0.24 mmol）を加える．ここへ AgBF$_4$ 46 mg（0.24 mmol）のメタノール 3.1 mL 溶液を室温で約 1 分間かけて滴下し，暗所で 30 分間撹拌したのち反応溶液をエーテル 40 mL で希釈する．シリカゲルを少量用いて沪過，エーテル 175 mL で洗浄し，沪液を減圧濃縮する．残渣をシリカゲルカラムクロマトグラフィー（ヘキサン-エーテル（95：5 → 75：25））で精製して，二環性エノンを無色油状物質として得る．収量 3.25 g（収率 94%）．

(ii) *o*-アルキニルフェニルカルボニル化合物の分子内環化を利用する芳香環形成反応　オルト位にカルボニル基を有するフェニルアセチレン類に，別のアセチレン共存下に塩化金(III) を作用させると，置換ナフタレンが高収率で生成する[320]．この反応は金触媒によって活性化されたアルキン部位に対するカルボニル基の求核攻撃により，まずベンゾピリリウム型骨格をもつ双性イオン種が生成し，この中間体がアセチレンなどの不飽和分子と付加環化反応を起こして生成物になる．この反応は多環式芳香環の簡便な合成法として有用であり，天然物合成などにも利用されている．またタングステン，白金，銅，ロジウム触媒などを用いても類似形式の反応が可能である[321]．

【実験例　*o*-(フェニルエチニル)ベンズアルデヒドとフェニルアセチレンとの反応によるナフタレン形成反応[320]】

$$o\text{-(PhC}\equiv\text{C)C}_6\text{H}_4\text{CHO} + \text{Ph}-\!\equiv \xrightarrow[\text{(ClCH}_2)_2,\ 80\,^\circ\text{C},\ 1.5\ \text{h}]{\text{AuCl}_3\ (3\ \text{mol\%})} \text{1-benzoyl-2-phenylnaphthalene}\ \ 96\%$$

アルゴン雰囲気下，三塩化金 4.5 mg（3 mol%），*o*-(フェニルエチニル)ベンズアルデヒド 103 mg（0.5 mmol）とフェニルアセチレン 0.066 mL（0.6 mmol）の 1,2-ジクロロエタン溶液 1.5 mL を室温で加える．この溶液を 80 ℃ で 1.5 時間撹拌したのち，室温に冷却し，シリカゲルカラムクロマトグラフィー（エーテル）で精製して，1-ベンゾイル-2-フェニルナフタレンを黄色固体として得る．収量 148 mg（収率 96%）．

(iii) プロパルギルエステルの異性化を利用する合成反応　プロパルギルエステル類に適切な金属触媒を作用させると，アルキン-π 錯体形成ののちにエステル部位からの 5-エキソ型環化が進行し，2-カルボキシプロペニリデン錯体を生じる．このカルベン中間体はアルケンのシクロプロパン化など，さまざまな分子変換に利用できる．この形式の反応は初期にはルテニウム触媒を用いるものが知られていた[322]が，近年ではさまざまな金属触媒，なかでも金触媒を利用する例が多く報告されている[323]．

また，アルキン-π 錯体へのエステル部位の求核攻撃が 6-エンド型で進行し，カルボン酸アレニルエステルが生成する例も知られており，これはさらに付加環化反応に利用できる[324]．

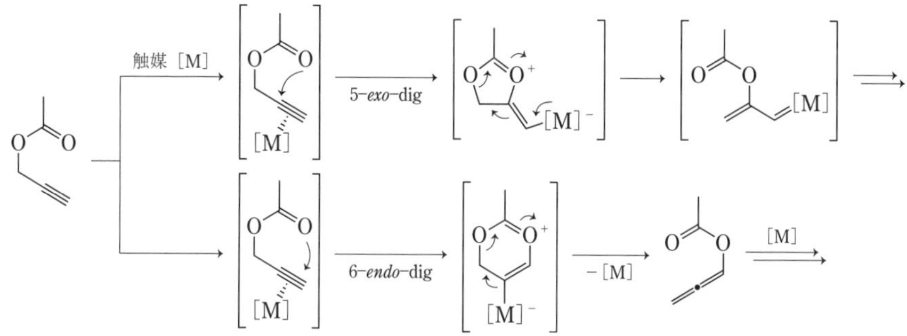

触媒 [M] 5-*exo*-dig [M] [M]⁻ 6-*endo*-dig −[M] [M]

【実験例 酢酸3,7-ジメチルオクタ-6-エン-1-イン-3-イルの環化異性化[325)]】

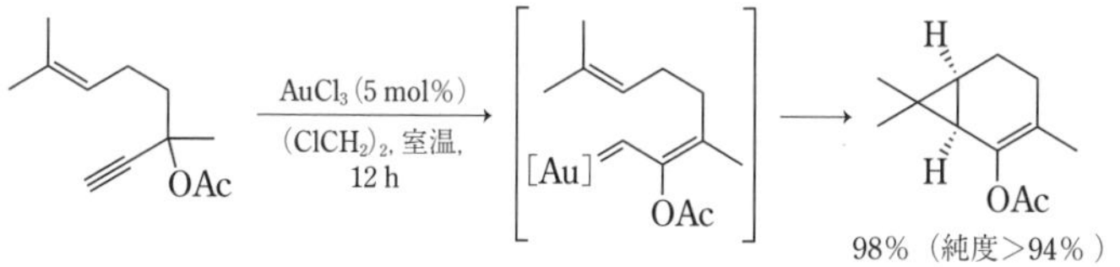

$AuCl_3$ (5 mol%), $(ClCH_2)_2$, 室温, 12 h

98% (純度>94%)

アルゴン雰囲気下，シュレンク管に三塩化金 16 mg（0.052 mmol）を入れ，これに酢酸 3,7-ジメチルオクタ-6-エン-1-イン-3-イル 200 mg（1.03 mmol）の 1,2-ジクロロエタン 10 mL 溶液を加える．室温で 12 時間撹拌したのち，反応混合物をセライトにより沪過し，ヘキサン-エーテル（3：1）で注意深く洗浄する．沪液を減圧下濃縮すると，酢酸 3,7,7-トリメチルビシクロ[4.1.0]ヘプタ-2-エン-2-イルを淡褐色油状物質として得る．収量 197 mg（収率 98%，純度 94% 以上）．

c. 銀触媒を用いる合成反応

銀触媒の用途は多岐にわたるが，主要な特徴と用途は次の三つに集約できる[326)]．

(1) カルボニルやイミンなどを活性化する典型的なルイス酸．光学活性配位子を併用する不斉触媒反応

(2) 炭素-炭素二重結合あるいは三重結合を求電子的に活性化．分子内に求核部位をもつ不飽和分子の環化反応

(3) 銀アセチリドの生成を鍵とする末端アルキン部位の官能基変換

なお銀化合物は，ハロゲンとの親和性を利用して金属ハロゲン化物からカチオン性錯体を調製するさいに多用されているが，ここでは割愛する．

(i) 不斉アルドール型反応　銀(I) 化合物のルイス酸性を利用する不斉反応として，カルボニル化合物のアリル化やアルドール反応，イミン類のマンニッヒ (Mannich) 型反応，

さらにはアゾメチンイリドの1,3-双極子付加環化反応やディールス-アルダー（Diels-Alder）反応などが知られている[327]．ニトロソ化合物を求電子剤とするエノラート類との不斉ニトロソアルドール反応もBINAP[328]やQuinoxP*[329]を配位子にもつ銀触媒を用いて達成されており，高い光学純度でα-オキシカルボニル化合物を合成することができる．

【実験例　トリクロロ酢酸3,4-ジヒドロナフタレン-1-イルとニトロソベンゼンとの不斉ニトロソアルドール反応[329]】

OCOCCl$_3$ ＋ O=N-Ph
(*R*,*R*)-*t*-Bu-QuinoxP*(5 mol%)
AgOAc (5 mol%)
Bu$_2$Sn(OMe)$_2$ (10 mol%)
MeOH (30 当量)
トルエン，−78℃，3 h
O　NHPh　O
92%, 99% ee

t-Bu　Me　N　P　N　P　Me　*t*-Bu
(*R*,*R*)-*t*-Bu-QuinoxP*

アルゴン雰囲気下，酢酸銀4.2 mg（0.025 mmol）と(*R*,*R*)-*t*-Bu-QuinoxP* 8.4 mg（0.025 mmol）を乾燥トルエン2 mLに溶解し，遮光下20℃で10分間撹拌する．この溶液に−78℃でBu$_2$Sn(OMe)$_2$ 12 μL（0.050 mmol）とメタノール0.60 mL（15 mmol）を順次加え同温度で5分間撹拌する．つづいてトリクロロ酢酸3,4-ジヒドロナフタレン-1-イル（1.0 mmol）とニトロソベンゼン（0.50 mmol）のトルエン2 mL溶液を−78℃で滴下し，3時間撹拌する．反応溶液にメタノール2 mLさらに固体フッ化カリウム約1 gと飽和塩化ナトリウム水溶液2 mLを加え，−78℃から20℃へと昇温しながら30分間撹拌する．セライトを充填したガラスフィルターで反応混合物を沪過することにより沈殿物を除去し，沪液を蒸留水，ついで飽和塩化ナトリウム水溶液により洗浄する．有機層を硫酸ナトリウムで乾燥したのち，溶媒を減圧下留去し，残渣をシリカゲルカラムクロマトグラフィーで精製して2-(*N*-フェニルアミノキシ)-1-テトラロンを得る（収率92%，99% ee）．

(ii) アレニルアミンの分子内環化による3-ピロリン誘導体の合成　銀(I) 化合物は，酸素，窒素などのヘテロ元素のみならず，アルキン，アレンなどのπ結合に対する親和性が高く，π錯体を形成してこれらを求電子的に活性化する．求核部位としてアルコール，アミン，カルボニル，イミンなどを有するアルキン，アレン類の分子内環化反応が起こる[326,330]．金，白金触媒を用いる同様の形式の反応と比較すると，銀触媒を用いる反応では触媒量が比較的多い．しかし，下記アレニルアミンの分子内環化は，穏やかな条件下でアミノ基の付加反応が効率よく進行する特徴がある[331]．

【実験例　2-アミノ-2-ベンジルヘキサ-3,4-ジエン酸メチルの環化[331)]】

Bn, MeO_2C, NH_2, H　→ $AgNO_3$ (20 mol%) / 0.05 mol L^{-1} アセトン, 室温, 1 h → Bn, MeO_2C, N, H　95%

磁気撹拌子を入れた 100 mL 丸底フラスコに 2-アミノ-2-ベンジルヘキサ-3,4-ジエン酸メチル（1.86 mmol）とアセトン 36 mL を入れる．反応容器をアルミニウム箔で覆って遮光する．撹拌しながら窒素を 5 分間吹き込む．つづいて暗所で秤量した硝酸銀（0.37 mmol, 0.2 当量）を加え，室温で 1 時間撹拌する．減圧下でアセトンを留去し，粗生成物をジクロロメタン 100 mL に溶解する．この溶液を飽和炭酸水素ナトリウム水溶液 50 mL で 2 回洗浄，有機層を硫酸マグネシウムで乾燥し，減圧下溶媒を留去して 3-ピロリン誘導体を得る（収率 95%）．

(iii) トリメチルシリルアセチレンの臭素化　銀(I) 化合物を用いると，たいへん穏やかな反応条件で末端アセチレン部位を官能基変換することができる[332)]．末端アルキン部位のトリメチルシリル基の除去やハロゲン化など，他の官能基を損わずに効率よく実現できる[333)]．

【実験例　トリメチルシリルアセチレンの臭素化[333)]】

OAc, O, $SiMe_3$, AcO　→ $AgNO_3$ (7 mol%) / NBS (1.2 当量) / アセトン, 室温, 3 h → OAc, O, Br, AcO　92%

上記トリメチルシリルアセチレン 0.60 g（1.95 mmol）のアセトン 12 mL 溶液に NBS 420 mg（2.34 mmol）と硝酸銀 22 mg（0.13 mmol）を加える．反応容器をアルミニウム箔で覆って遮光し室温で 3 時間撹拌する．反応混合物を 0℃ に冷却したのち，冷水を添加して反応を停止させる．エーテル抽出を 3 回したのち，合わせた有機層を水（2 回）および飽和塩化ナトリウム水溶液（2 回）で洗浄し，無水硫酸ナトリウムで乾燥する．溶媒を減圧下留去し，残渣をシリカゲルカラムクロマトグラフィー（エーテル-ヘキサン（3：2））で精製して，ブロモアセチレンを得る．収量 570 mg（収率 92%）．

d. 銅触媒を用いる合成反応

銅触媒を用いる触媒反応は近年大きく発展している．有機銅(I) 反応剤を化学量論量用いる合成反応は古くから知られているが，この不斉触媒反応化が最近達成された．また，触媒として用いられることの少なかった銅(I)-ホスフィン錯体が，有機ケイ素化合物や有機ホウ素化合物と組み合わせるとヒドロシリル化やホウ素化の触媒となることが明らかになってきた．また，有機ハロゲン化物と含ヘテロ元素化合物のクロスカップリング反応にも有効な触媒となる．一方，銅(II) 塩をルイス酸触媒として用いる反応も多数報告されている．

（i）光学活性配位子を用いた有機銅錯体による不斉炭素–炭素結合形成反応　光学活性有機銅錯体を用いた不斉炭素–炭素結合形成反応が数多く開発されており，不斉配位子として光学活性ホスホロアミダイトが汎用されている[334~337]．

【実験例　(*R*)-1,1-ジメトキシ-2-メチル-3-ニトロプロパンの合成[337]】

CH_3O, CH_3O, NO_2 + Me_2Zn → 1 mol% $Cu(OTf)_2$, 2 mol% 配位子, トルエン，−55℃ → Me, CH_3O, NO_2, CH_3O

86%，98% ee

配位子：Ph, O, P, O, Ph

(*S,R,R*)-L1

反応容器に $Cu(OTf)_2$ 3.6 mg（0.01 mmol）を入れて加熱乾燥したのち，室温まで冷却してからホスホロアミダイト配位子（*S,R,R*）-L1 10.8 mg（0.02 mmol）を加え，乾燥トルエン 2 mL に溶解させる．室温で 30 分間撹拌したのち，1,1-ジメトキシ-3-ニトロ-2-プロペン 147.1 mg（1.0 mmol）を加える．反応溶液を−55℃に冷却したのち，ジメチル亜鉛の 2.0 mol L^{-1} トルエン溶液 1.2 mL（1.2 mmol）を加える．反応終了を確認したのち，飽和塩化アンモニウム水溶液 10 mL を加える．酢酸エチル 10 mL を加えて 5 分間激しく撹拌して抽出したのち，同様に酢酸エチル 40 mL を加えてさらに抽出する．有機層を合わせて飽和塩化ナトリウム水溶液で洗浄し，硫酸ナトリウムで乾燥させたのち，濃縮してシリカゲルカラムクロマトグラフィーで精製すると目的物が得られる．収量 140 mg（収率 86%，98% ee）．

（ii）銅(I) 触媒によるアリルホウ素化合物の合成[338,339]　銅(I)-ホスフィン触媒存在下，アリルエステル化合物に対してジボロンを作用させると，形式的に求核的ホウ素置換反応が進行して対応するホウ素化合物が得られる．基質の炭酸エステルを加えるさいの発熱により，選択性や収率が下がることがあるのでゆっくりと加える．生成物のアリルホウ素化合物は，フラッシュクロマトグラフィーで 5 分以内に単離すると収率よく得られる．

【実験例　(*E,S*)-4,4,5,5-テトラメチル-2-(5-フェニルペント-1-エン-2-イル)-1,3,2-ジオキシボロランの合成[339]】

Ph, OCO_2Me + B–B（O, O）2.0 当量 → 5 mol% CuCl, (*R, R*)-*t*-Bu-QuinoxP*, K(O*t*-Bu)（1 当量）, THF, 0℃, 36 h → (*S*)- O, B, O, Ph

81%，93% ee

反応容器にビス(ピナコラート)ジボロン 254 mg（1.0 mmol）と CuCl 2.5 mg（0.025 mmol），

(*R*,*R*)-*t*-Bu-QuinoxP* 8.4 mg（0.025 mmol）を加え，反応容器をセプタムでシールしたのち，減圧して窒素ガスで満たす．K(O*t*-Bu）の 1.0 mol L^{-1} THF 溶液 0.50 mL（0.50 mmol，Sigma-Aldrich 社）および THF 0.50 mL を反応容器に撹拌しながら加え，反応容器を 0℃に冷却する．30 分後，炭酸エステル 110.2 mg（0.5 mmol）を 5 分以上かけてゆっくりと滴下する．反応終了後，反応液をシリカゲルの短いパッドに通し触媒を除く（酢酸エチル-ヘキサン（30：70））．粗生成物から溶媒を除いたのち，シリカゲルカラムクロマトグラフィーで 5 分以内に精製すると目的化合物が得られる．収量 110.2 mg（収率 81%，93% ee）．

(iii) 銅(I) 触媒によるアミドとハロゲン化アルケニルとのクロスカップリング反応[340,341]

アミドとハロゲン化アルケニルの銅(I) 触媒によるカップリング反応により，炭素-窒素結合を選択的に形成する方法が開発されている．この反応は天然物合成にも利用されている．

【実験例　1-(3-メチル-2-ブテン-2-イル)ピロリジン-2-オンの合成[340]】

5 mol% CuI
10 mol% 配位子
K_2CO_3
トルエン，110℃，21 h
91%
配位子：Me－NH HN－Me

シュレンク管に CuI 9.6 mg（0.050 mmol）と K_2CO_3 280 mg（2.0 mmol），2-ピロリジノン 91 μL（1.2 mmol）を入れ封じたのち，反応容器を減圧にしてアルゴンで満たし，*N*,*N*-ジメチルエチレンジアミン 11 μL（0.10 mmol），2-ブロモ-3-メチル-2-ブテン 116 μL（1.0 mmol）のトルエン 1.0 mL 溶液を加え，アルゴン雰囲気下，110℃で 21 時間加熱撹拌する．室温まで冷却してから酢酸エチルを用いてシリカゲルの短いパッドに通して触媒を除く．粗生成物から溶媒を除いたのち，シリカゲルカラムクロマトグラフィーで精製して目的化合物を得る．収量 139.1 mg（収率 91%）．

19.3.4　コバルト

コバルト触媒は特異かつ多彩な反応性を示す．代表的な反応形式として，(1) 低原子価コバルトと不飽和化合物からメタラサイクル中間体が生じる反応，(2) ヒドロホルミル化をはじめとするカルボニル化反応，(3) ラジカル中間体を経由する反応があげられる．

代表的触媒であるオクタカルボニルジコバルト（$Co_2(CO)_8$），ジカルボニルシクロペンタジエニルコバルト（$CpCo(CO)_2$）は市販されており，Pauson-Khand 反応をはじめとする各種環化付加反応ならびにカルボニル化によく利用されている．これらは低原子価のコバルト錯体であり，空気により酸化を受けるので，不活性ガス雰囲気下冷暗所で保存する．また，反応は一酸化炭素雰囲気下で行うことも多いので，ドラフト内で行うべきである．コバルトサレン錯体やコバルトアセチルアセトナト錯体も市販されており，取扱いは容易である．無水ハロゲン化コバルトは取り扱いやすいが，やや吸湿性があるので，使用前に減圧下加熱して脱水しておくとよい.

a.　Pauson–Khand 反応

$Co_2(CO)_8$ を当量用いてアルキンとアルケンからシクロペンテノンを合成する Pauson–Khand 反応はきわめて有用である[342,343]．近年では，高活性コバルト錯体の発見や配位子の添加など反応条件の改善により，その触媒化が達成されている[344]．とくに 1,6–エンインを基質とする分子内 Pauson–Khand 反応が有用である．触媒的分子間 Pauson–Khand 反応の例は少なく，アルケンとしてエチレンやノルボルネンを用いる場合がほとんどである．コバルトカルボニル錯体の純度も重要であり，注意が必要である．同変換は取扱いが容易で触媒活性も高いロジウム錯体触媒でも実施できる[344]．

【実験例　Pauson–Khand 反応[345]】

(CO)$_3$ HO Co Co (CO)$_3$

TsN → TsN =O

Et_3SiH, c–$C_6H_{11}NH_2$

DME, 67℃, 24 h

0.1 MPa CO

86〜93%

250 mL 丸底二つ口フラスコに磁気撹拌子と N–アリル–N–プロパルギルトシルアミド 6.0 g（24 mmol）を入れ，温度計と空冷冷却管を取りつける．一酸化炭素でフラスコ内を置換したのち，DME 120 mL を加え撹拌する．別の 50 mL シュレンク管にヘキサカルボニル(2–メチル–3–ブチン–2–オール)ジコバルト錯体 0.445 g（1.20 mmol）を入れ一酸化炭素で置換する．このコバルト錯体に DME 22.5 mL，シクロヘキシルアミン 0.41 mL（3.6 mmol），トリエチルシランの 0.50 mol L^{-1} キシレン溶液 2.4 mL（1.2 mmol）を加える．これを 67℃ で 15 分間撹拌したのち，カニューラを用いてトシルアミドの溶液に加える．反応混合物を 67℃ で 24 時間撹拌する．室温まで冷却したのち，反応混合物をエバポレーターで濃縮する．得られた固体をジクロロメタン 150 mL に溶かし，10% 硫酸水溶液で 2 回，水と塩化ナトリウム水溶液で各 1 回洗浄する．活性炭 4 g と硫酸ナトリウムを加えて 4 時間放置したのち，セライト沪過し，濃縮する．フラッシュシリカゲルカラムクロマトグラフィーで精製して 2–トシル–2,3,3a,4–テトラヒドロシクロペンタ[c]ピロール–5(1H)–オンを得る．収量 5.8〜6.2 g（収率 86〜93%）．

b.　アルキン類の環化三量化反応

アルキン類の［2+2+2］環化三量化反応は芳香環の構築法としてたいへん有用であり，ステロイド類の合成などによく用いられている[346,347]．とくに，それ自身では環化三量化を起こしにくい内部アルキンと α,ω–ジインの分子間反応を利用すれば，選択的な共環化三量化が進行する．また，トリインを用いれば，複雑な骨格を有する芳香環を一挙に構築できる．アルキンの代わりにニトリルを使うとピリジン類も合成できる[348]．触媒として $CpCo(CO)_2$

がよく使われているが，取扱いがやや難しいため，塩化コバルトを亜鉛で還元する触媒系[349,350]や空気中で安定な低原子価CpCo錯体触媒[351]も最近利用されるようになってきた．より高価ではあるものの，触媒活性に優れたカチオン性ロジウム触媒が次第に汎用されてきている[352]．

【実験例　1,6-ジインと内部アルキンの共環化三量化[350]】

$CoCl_2 \cdot 6H_2O$, DIPIMP, Zn, AgOTf / THF, 室温, 3 h; 82%

2,6-i-$Pr_2C_6H_3$—N=CH-(2-pyridyl)　DIPIMP

アルゴン雰囲気下，亜鉛粉末3.5 mg（0.05 mmol），2,2-ジ(2-ヘプチニル)マロン酸ジエチル174 mg（0.50 mmol），3-ヘキシン-1-オール49 mg（0.50 mmol），トリフルオロメタンスルホン酸銀13 mg（0.05 mmol），THF 0.5 mLを反応容器に加え，撹拌する．ここに塩化コバルト六水和物6 mg（0.025 mmol）とDIPIMP 8 mg（0.03 mmol）をTHF 1.5 mLに溶かして室温で加える．室温で3時間撹拌したのち，エーテルで希釈しセライトで沪過する．濃縮につづきシリカゲルカラムクロマトグラフィー（ヘキサン-エーテル（2：1））で精製して目的物を得る．収量183 mg（収率82%）．

c.　アルキンとアルケンの共環化二量化反応

ハロゲン化コバルトホスフィン錯体を亜鉛で還元して生じる触媒を用いると，環状アルケンとアルキンの共環化二量化が進行し，対応するシクロブテンが得られる[353,354]．環状アルケンとしては，オキサビシクロアルケンやノルボルネンなどのひずんだ二環式アルケンやシクロペンテンが利用できる．アルキンは内部アルキンに限られるなど制約も多いが，実験操作も簡便で一般に収率もよい．

【実験例　環状アルケンと内部アルキンの共環化二量化[354]】

$CoBr_2$(dppp), ZnI_2, Zn / CH_2Cl_2, 室温, 16 h; 100%

窒素雰囲気下，臭化コバルトdppp錯体32 mg（0.05 mmol），ヨウ化亜鉛32 mg（0.10 mmol），亜鉛粉末6.5 mg（0.10 mmol），ジクロロメタン1 mLを反応容器に加え，混合物を撹拌する．ここにノルボルネン94 mg（1.0 mmol）と3-ヘキシン0.114 mL（1.0 mmol）を加え，室温で16時間撹拌する．短いシリカゲルカラムを用いて反応混合物を沪過し，ペンタンで洗い込む．沪液を濃縮すると目的のシクロブテンを定量的に得る．収量176 mg.

d. アルキンと活性アルケンの還元的共二量化反応

ハロゲン化コバルトホスフィン錯体触媒と亜鉛粉末の存在下，内部アルキンと活性アルケンを含水アセトニトリル溶媒中で反応させると，還元的共二量化反応が進行する[355,356]．活性アルケンとしては，α,β-不飽和カルボニル化合物のほかに，ビニルスルホンやアクリロニトリルも利用でき，その適用範囲は広い．分子内環化によりメチレンシクロペンタン骨格を構築することも可能である．

【実験例　1-フェニルプロピンとメチルビニルケトンの還元的共二量化[356]】

Ph—≡—Me ＋ メチルビニルケトン —(CoI_2(dppe), ZnI_2, Zn, H_2O / CH_3CN, 80℃, 24 h)→ (E)-5-メチル-6-フェニル-5-ヘキセン-2-オン 94%

ヨウ化コバルト dppe 錯体 36 mg（0.05 mmol），ヨウ化亜鉛 32 mg（0.10 mmol），亜鉛粉末 179 mg（2.75 mmol）を丸底二つ口フラスコに加え，窒素置換する．蒸留したアセトニトリル 2.0 mL，1-フェニルプロピン 116 mg（1.0 mmol），メチルビニルケトン 84 mg（1.2 mmol），水 36 mg（2.0 mmol）を加え，反応混合物を 80 ℃ で 24 時間撹拌する．冷却したのち，ジクロロメタンを加え，空気中室温で 10 分間撹拌する．反応混合物をセライトとシリカゲルで沪過し，ジクロロメタンで洗い込む．濃縮後シリカゲルカラムクロマトグラフィー（ヘキサン-酢酸エチル）で精製して（*E*）-5-メチル-6-フェニル-5-ヘキセン-2-オンを得る．収量 177 mg（収率 94%）．

e. 1,3-ジエンとアルキンの［4+2］環化付加反応

ハロゲン化コバルト / 亜鉛 / ヨウ化亜鉛系はアルキンとジエンのディールス-アルダー（Diels-Alder）型の環化付加反応を触媒する[357]．アルキンとしては末端アルキン[358]，内部アルキン[359]ともに利用可能である．イソプレンをはじめ電子的に中性なジエンも反応する点が大きな特徴である．

【実験例　1-エチニル-1-シクロヘキセンとイソプレンの環化付加[357]】

イソプレン ＋ 1-エチニル-1-シクロヘキセン —($CoBr_2$(dppe), ZnI_2, Zn / CH_2Cl_2, 室温, 一晩)→ 1-(1-シクロヘキセニル)-4-メチル-1,4-シクロヘキサジエン 96%

臭化コバルト dppe 錯体 300 mg（0.486 mmol），無水ヨウ化亜鉛 950 mg（2.98 mmol），亜鉛粉末 100 mg（1.53 mmol）を丸底二つ口フラスコに加え，窒素置換する．無水ジクロロメタン 10 mL，1-エチニル-1-シクロヘキセン 4.98 g（46.9 mmol），イソプレン 5.11 g（75.0 mmol）をここに加える．室温で 1 時間撹拌すると，反応混合物の色が濃褐色となり発熱反応が起こる．そのまま一晩室温で撹拌を続ける．反応混合物をシリカゲルで沪過（ペンタン-エーテル（20：1），200 mL）し，減圧濃縮して 1-(1-シクロヘキセニル)-4-メチル-1,4-シクロヘキサジエンを得る．収量 7.89 g（収率 96%）．

f. ヒドロホルミル化

コバルト触媒 $Co_2(CO)_8$ と合成ガスを用いるアルケンのヒドロホルミル化はアルデヒドの工業的合成法（オキソ法）としてきわめて重要である[360]．末端炭素に優先的にホルミル基が導入されるが，その選択性はそれほど高くない．近年では触媒活性と選択性の面で優れているロジウム触媒を使うことが多い．

R + CO + H_2 —$Co_2(CO)_8$→ R CHO + R CHO

g. ヒドロシランと一酸化炭素を用いる一炭素増炭反応

第二級アルコールの酢酸エステルに対してコバルト触媒存在下ヒドロシランと一酸化炭素を作用させると，一炭素増炭を伴ってシリルエノラートが生じる[361,362]．酢酸エステル以外のエステルも利用可能であり，ラクトンは開環してシリルエステルをもつシリルエノラートが生成する．ヒドロシランとしては Et_2MeSiH，Me_3SiH，Et_3SiH，Me_2PhSiH を用いることができる．

【実験例　酢酸アダマンチルの増炭反応[361]】

OAc —Et_2MeSiH, CO, $Co_2(CO)_8$ / C_6H_6, 200℃, 6 h→ $OSiEt_2Me$　90%

100 mL のステンレスオートクレーブに磁気撹拌子，Et_2MeSiH 4.4 mL（30 mmol），酢酸アダマンチル 1.94 g（10 mmol），ベンゼン 20 mL，$Co_2(CO)_8$ 136 mg（0.40 mmol）を順番に加え，密封したのち，オートクレーブ内を 25℃ で 5.1 MPa の一酸化炭素で置換する．200℃ に加熱した油浴にオートクレーブを浸け，6 時間撹拌する．油浴からとり出して室温まで放冷ののち，圧を抜く．溶媒をエバポレーターで留去し，残渣を減圧蒸留（103～104.5℃/37 Pa）して目的物を得る．収量 2.38 g（収率 90%）．

エステルの代わりにエポキシド，オキセタン，テトラヒドロフランを基質とした場合には，増炭を伴った開環シリル化が進行する[363]．

O —Et_2MeSiH, CO, $Co_2(CO)_8$ / C_6H_6, 室温, 3 h→ $OSiEt_2Me$, $OSiEt_2Me$

h. 光学活性コバルトサレン錯体によるエポキシドのエナンチオ選択的開環

光学活性コバルトサレン錯体を触媒とする加水分解により，ラセミ体の末端エポキシドを速度論的分割できる[364]．その効率および選択性はきわめて高く，基質適用範囲も広範である．無溶媒で反応が進行し，大スケールの反応も問題ない．触媒は回収再利用が可能であり，回収したコバルト触媒のほうが触媒活性が高い．

【実験例　プロピレンオキシドの速度論的分割[364)]】

t-Bu　t-Bu　t-Bu　t-Bu　Co　N　N　O　O

CH$_3$COOH

+ H_2O ――――→ 5〜25℃, 12 h　44%, 98.6% ee　+　OH OH 50%, 98% ee

コバルトサレン錯体 1.208 g（2.0 mmol），トルエン 10 mL，酢酸 0.23 mL（4.0 mmol）の混合物を空気下 1 時間室温で撹拌する．ロータリーエバポレーターで溶媒を除去したのち真空乾燥して触媒を調製する．ここへプロピレンオキシド 58.7 g（1.0 mol）を加え，氷水浴で冷却する．さらに滴下漏斗を用いて水 9.9 mL（0.55 mol）をゆっくり加え，反応温度が上がり始めるのを確認したら，加えるのを止める．反応温度は 25 ℃ まで上昇し，その後下がりはじめる．15 ℃ まで下がったところで，残りの水を反応温度を 20 ℃ に保つようにゆっくり加える．約 1 時間で滴下は終了する．氷水浴を外し，室温で 11 時間撹拌を続ける．フラスコに蒸留ヘッドと受け器を取りつけ，プロピレンオキシドを窒素下で常圧蒸留する（沸点 34 ℃）．プロピレンオキシドの留出が終わったら，少し減圧して残りのプロピレンオキシドを完全に集める．収量 26.05 g（収率 44%，0.444 mol，98.6% ee）．受け器を取り替え，65 Pa 以下で減圧蒸留を行うと，1,2-プロパンジオールが留出する．収量 38.66 g（0.503 mol，50%，98% ee）．

メソ体のエポキシドと安息香酸を i-Pr$_2$NEt 存在下 t-ブチルメチルエーテル（TBME）溶媒中で反応させると，エナンチオ選択的開環が起こる[365)]．

t-Bu　t-Bu　t-Bu　t-Bu　Co　N　N　O　O

i-Pr$_2$NEt

O + PhCOOH ――――→ TBME, 0〜4℃, 40 h　PhOCO　OH　98%, 77% ee

i.　アルケンの酸化還元的水和

コバルト触媒を用いると，シラン還元剤と分子状酸素を組み合わせてアルケンの二重結合を形式的に水和できる[366)]．この反応は酸化還元的水和とよばれている[367)]．酸化還元的水和は穏和な条件下ラジカル機構で反応が進行する．中間体として対応するシリルペルオキシドが生じており，これを単離することも可能である[368)]．シランの代わりに第二級アルコールを還元剤として用いることもできる[369)]．

【実験例　安息香酸 5-ヘキセニルの酸化還元的水和[366)]】

$PhCO_2$ (5-ヘキセニル) + $PhSiH_3$ —[$Co(acac)_2$, O_2 / THF, 室温, 18 h]→ $PhCO_2$ (5-ヒドロキシヘキシル, OH) 84%

安息香酸 5-ヘキセニル 204 mg (1.0 mmol)，フェニルシラン 216 mg (2.0 mmol)，$Co(acac)_2$ 13 mg（0.05 mmol）を酸素雰囲気下 THF 5.0 mL 中，室温で 18 時間撹拌する．エバポレーターで溶媒を留去し，分取 TLC で精製して安息香酸 5-ヒドロキシヘキシルを得る．収量 188 mg（収率 84%）．このとき安息香酸 5-オキソヘキシルが副生する．収量 31 mg（収率 14%）．

j.　アルケンの酸化還元的水和以外の官能基導入

酸化還元的水和と同様の反応機構により，アルケンのヒドロヒドラジン化[370)]，ヒドロアジド化[371)]，ヒドロシアノ化[372)]，ヒドロクロロ化[373)] が進行する．反応条件が穏和であり，官能基許容性は高い．

【実験例　3-メチル-3-ブテニルベンゼンのヒドロアジド化[374)]】

Ph(3-メチル-3-ブテニル) + $N_3S(=O)_2$-C_6H_4-CO_2Na —[$Co(BF_4)_2\cdot 6H_2O$, 配位子 / t-BuOOH, $(Me_2SiH)_2O$ / EtOH, 室温, 7 h]→ Ph-$CH_2CH_2C(CH_3)_2N_3$ 94%

配位子：t-Bu, t-Bu, OH, N, Ph, Ph, CO_2K

$Co(BF_4)_2\cdot 6H_2O$ 10 mg（0.03 mmol）と配位子 14 mg（0.03 mmol）をフラスコにはかりとり，アルゴン雰囲気下エタノール 1 mL を加え 10 分間室温で撹拌する．3-メチル-3-ブテニルベンゼン 73 mg（0.50 mmol)，4-アジドスルホニル安息香酸ナトリウム 195 mg（0.75 mmol)，t-ブチルヒドロペルオキシドの 5.50 mol L^{-1} デカン溶液 25 μL（0.14 mmol）を順次加える．エタノール 1.5 mL を追加したのち，テトラメチルジシロキサン 182 μL（1.00 mmol）を加える．生じる暗褐色の懸濁液を室温で 7 時間撹拌する．水 0.5 mL を加えて反応を停止し，飽和炭酸水素ナトリウム水溶液 3 mL，飽和塩化ナトリウム水溶液 2 mL を加えたのち，エーテル 10 mL で 3 回抽出する．合わせた有機層を減圧濃縮したのち，残渣をフラッシュカラムクロマトグラフィー（シリカゲル，ヘキサン-エーテル（40：1））で精製して目的生成物を淡黄色液体として得る．収量 89 mg（収率 94%）．

k.　ハロゲン化アルキルとスチレンの溝呂木-Heck 型反応

ハロゲン化アルキルとスチレンの混合物にコバルト触媒存在下で塩化トリメチルシリルメチルマグネシウムを作用させると，スチレンのアルキル化が起こる[375,376)]．パラジウム触媒によるハロゲン化アリールやハロゲン化アルケニルを用いる従来の溝呂木-Heck 反応を補完する反応である．ハロゲン化アルキルとしては，第一級，第二級のみならず，第三級アルキルも利用できる．臭化物や塩化物では生成物が高収率で得られるものの，ヨウ化物では収率がやや低い．グリニャール（Grignard）反応剤の反応性が低いため，芳香族エステルやアミドなどの官能基が共存していても反応が進行する．分子内反応により五員環を構築することも可能である[377]．

【実験例 スチレンのシクロヘキシル化[376]】

$$c\text{-}C_6H_{11}-Br + \text{CH}_2{=}\text{CHPh} \xrightarrow[\text{Et}_2\text{O, 20℃, 8 h}]{\text{CoCl}_2,\ \text{Ph}_2\text{P(CH}_2)_6\text{PPh}_2,\ \text{Me}_3\text{SiCH}_2\text{MgCl}} c\text{-}C_6H_{11}\text{CH}{=}\text{CHPh}\ \ 86\%$$

無水塩化コバルト 6.5 mg（0.050 mmol）を 20 mL 二つ口フラスコに入れ，ドライヤーで加熱しながら 2 分間減圧乾燥する．塩化コバルトの色が青くなったら，アルゴンでフラスコ内を満たし，1,6-ビス(ジフェニルホスフィノ)ヘキサン 27 mg（0.06 mmol）とエーテル 1 mL を加える．室温で 30 分間撹拌すると青色の混合物が得られる．ブロモシクロヘキサン 0.24 g（1.5 mmol），スチレン 0.10 g（1.0 mmol），塩化トリメチルシリルメチルマグネシウムの 1.0 mol L^{-1} エーテル溶液 2.5 mL（2.5 mmol）を 0℃ で順次加える．20℃ で 8 時間撹拌を行ったのち飽和塩化アンモニウム水溶液で反応を停止させる．酢酸エチル 20 mL で 2 回抽出し，有機層を無水硫酸ナトリウムで乾燥する．濃縮したのちヘキサンを用いてシリカゲルカラムクロマトグラフィーで精製して β-シクロヘキシルスチレンを得る．収量 0.16 g（収率 86%）．

l. クロスカップリング反応

コバルト触媒は，グリニャール反応剤とハロゲン化アルキルのクロスカップリング反応に優れた触媒活性を示す[378,379]．反応は，電子豊富なコバルトからハロゲン化アルキルへの一電子移動を経るラジカル機構で進行する．触媒の配位子を適切に選ぶと，アリール[380,381]，アリル[382]，ベンジル[383]，アルケニル[384]，アルキニル[384] グリニャール反応剤を用いることができる．第一級ハロゲン化アルキルだけでなく，β 脱離を起こしやすい第二級ハロゲン化アルキルも利用可能である．アリルグリニャール反応剤は第三級ハロゲン化アルキルとも反応し，第四級炭素を構築できる．とくにジアミンを配位子とするアリール化反応は実験手順も簡便である[381]．ジアミン配位子としては，*trans*-1,2-ビス(ジメチルアミノ)シクロヘキサンがもっとも高い活性を示すが，TMEDA でも代用できる．

【実験例 臭化フェニルマグネシウムとブロモシクロヘキサンのクロスカップリング反応[381]】

$$\text{Br-cyclohexane} + \text{PhMgBr} \xrightarrow[\text{THF, 25℃, 15 min}]{\text{CoCl}_2,\ trans\text{-}(\text{Me}_2\text{N})_2\text{C}_6\text{H}_{10}} \text{Ph-cyclohexane}\ \ 87\%$$

無水塩化コバルト 65 mg（0.50 mmol）を 100 mL 二つ口フラスコに入れ，ドライヤーで加熱しながら 2 分間減圧乾燥する．塩化コバルトの色が青くなったら，フラスコ内をアルゴンで満たし，THF 30 mL と *trans*-1,2-ビス(ジメチルアミノ)シクロヘキサン 0.10 g（0.60 mmol）を加える．室温で 3 分間撹拌すると青色の溶液が得られる．ここへブロモシクロヘキサン 1.6 g（10 mmol）を加え，つづいて臭化フェニルマグネシウムの 1.0 mol L^{-1} THF 溶液 12 mL（12 mmol）を 0 ℃ で 10 秒かけて加えると，発熱するとともに反応混合物は茶色に変色する．25 ℃ で 15 分間撹拌したのち，飽和塩化アンモニウム水溶液で反応を停止させる．生成物をヘキサンで抽出し，有機層を無水硫酸ナトリウムで乾燥する．濃縮ののち，シリカゲルカラムクロマトグラフィー（ヘキサン）で精製してシクロヘキシルベンゼンを得る．収量 1.39 g（収率 87%）．

m.　カルボメタル化

活性化を受けていない単純な内部アルキンのカルボメタル化は容易ではない．コバルトを触媒とすれば，単純内部アルキンのアリール亜鉛化[385]やベンジル亜鉛化[386]がシン付加で進行する．生成するアルケニル亜鉛化合物はクロスカップリングなどの結合生成反応に利用でき，多置換アルケンの立体選択的合成法として有用である．基質がフェニルアセチレン誘導体に限定されるが，アリル亜鉛化も進行する[387]．

【実験例　6-ドデシンのアリール亜鉛化とアルケニル亜鉛中間体の根岸カップリング反応[385]】

$$\mathrm{C_5H_{11}-C{\equiv}C-C_5H_{11}} + \mathrm{3\text{-}MeOC_6H_4ZnI\cdot LiCl} \xrightarrow[\mathrm{CH_3CN,\ 60\,℃,\ 2\,h}]{\mathrm{CoBr_2}} \xrightarrow[\mathrm{25\,℃,\ 3\,h}]{\mathrm{Pd_2(dba)_3,\ P(\mathit{o}\text{-}MeC_6H_4)_3,\ PhI}} \mathrm{(C_5H_{11})(3\text{-}MeOC_6H_4)C{=}C(C_5H_{11})(Ph)}\ \ 68\%$$

無水塩化リチウム 0.21 g（5.0 mmol）をフラスコに入れ，100 Pa，150 ℃ で 20 分間乾燥させる．亜鉛粉末 0.46 g（7.0 mmol）を加えたのち，これを再び 100 Pa，150 ℃ で 20 分間乾燥させる．室温まで冷却し，アルゴンで容器内を置換する．THF 5 mL，1,2-ジブロモエタン 47 mg（0.25 mmol），クロロトリメチルシラン 5.4 mg（0.05 mmol）を加える．3-ヨードアニソール 1.17 g（5.0 mmol）を加えて加熱還流しながら 40 時間撹拌すると，0.54 mol L^{-1} アリール亜鉛反応剤が得られる．この上澄み液 1.67 mL をとり，アルゴン置換した 20 mL 丸底フラスコに移す．THF を減圧留去したのちアセトニトリル 0.50 mL を加えて，アリール亜鉛反応剤の 1.8 mol L^{-1} アセトニトリル溶液を調製する．無水臭化コバルト 3.3 mg（0.015 mmol）を別の 20 mL 反応容器にはかりとり，アルゴン置換する．6-ドデシン 50 mg（0.30 mmol）と調製したアリール亜鉛反応剤の 1.8 mol L^{-1} アセトニトリル溶液 0.50 mL（0.90 mmol）を加える．反応混合物を 60 ℃ で 2 時間撹拌したのち，0 ℃ に冷却する．ヨードベンゼン 0.24 g（1.2 mmol），$Pd_2(dba)_3$ 6.9 mg（0.0075 mmol），トリ-*o*-トリルホスフィン 9.1 mg（0.030 mmol）を反応溶液に加える．反応混合物を 25 ℃ で 3 時間撹拌する．飽和塩化アンモニウム水溶液 2 mL で反応を停止させ，生成物を酢酸エチル 10 mL で 3 回抽出する．有機層を無水硫酸ナトリウムで乾燥する．濃縮ののちにシリカゲルカラムクロマトグラフィー（ヘキサン-酢酸エチル（20：1））と GPC で精製して目的生成物を得る．収量 71.4 mg（収率 68%）．GPC 精製は副生成物である 3-フェニルアニソールの除去のために必要である．

19.3.5 ロジウム

ロジウム錯体は，クロロトリス(トリフェニルホスフィン)ロジウム(I)（$RhCl(PPh_3)_3$，ウィルキンソン（Wilkinson）錯体）を用いるアルケンの水素化をはじめとして，ヒドロホルミル化，ヒドロシリル化，異性化，炭素-炭素結合形成および切断反応，炭素-水素結合の活性化反応など，数多くの高選択的有機合成反応の触媒として高い活性を示す．ここでは，ロジウム触媒を使った代表的有機合成反応について解説する．

酸化反応以外の合成反応触媒の多くは，第三級ホスフィンを配位子とする錯体が広く用いられている．これは次の利点に基づく．(1) 均一系触媒なので，反応が穏和な条件でも進行し選択性が向上する，(2) 配位子を適宜選択すれば，触媒反応の方向，選択性や触媒活性の制御が可能である，(3) 光学活性第三級ホスフィン，とくにビスホスフィン類を利用することにより，エナンチオ選択的不斉合反応に応用できる．

a.　代表的触媒および触媒前駆体の合成法[388)]

ウィルキンソン錯体は，$RhCl_3 \cdot 3H_2O$ とトリフェニルホスフィン 3 当量をアルコール中で加熱することにより容易に合成できる比較的安定な錯体である．一方，反応中に容易に配位子交換できるロジウム(I) 錯体として $[RhCl(CH_2{=}CH_2)_2]_2$ がある．この錯体は，$RhCl_3 \cdot 3H_2O$ のメタノール-水の混合溶液をエチレン雰囲気下加熱すると生成する．また，触媒として多用されているクロロロジウム錯体 $[RhCl(cod)]_2$ は空気中でも安定で取り扱いやすい錯体であり，$RhCl_3 \cdot 3H_2O$ と 1,5-シクロオクタジエンをアルコール中で加熱すれば容易に調製できる．

b.　水素化反応

ウィルキンソン錯体は，広範囲の種類のアルケンを常温常圧の条件で水素化する[389)]．アルケンと比べて共役ジエンは還元されにくく，ケトンカルボニル，エステル，ヒドロキシ，ニトロ，シアノ，アゾ基などはほとんど還元を受けない（ただし，α-ケトエステルは還元されて α-ヒドロキシカルボン酸エステルになり，ホルミル基は還元や脱カルボニル化が起こることがある）．通常，末端アルケンは内部アルケンより速く還元される．*cis*-アルケンは *trans*-アルケンより還元されやすい．また，アルケンはアルキンより還元されやすいので，炭素-炭素二重結合の段階で反応を止めることは困難であるが，トリフルオロエタノールを溶媒に用いると選択的還元が可能である[390)]．ヒドリド錯体 $HRh(CO)(PPh_3)_3$ はウィルキンソン錯体に比べると活性が低いが，末端アルケンのみを選択的に還元する．また，カチオン性のロジウム錯体，たとえば [Rh(diene)L_2]X（X=ClO_4，BF_4 など）を触媒に使うと，ケトンでも還元できる．これらの水素化反応は，一般に常温常圧で進行するのため常圧水素化装置を用いて実施できる．反応溶媒としてはベンゼン，ベンゼン-エタノールをよく用いる．

【実験例　ウィルキンソン錯体を触媒とするカルボンの水素化反応[391)]】

$RhCl(PPh_3)_3$ / H_2 (1 atm) / ベンゼン

90～94%

$RhCl(PPh_3)_3$ 0.87 g（0.94 mmol）とベンゼン 160 mL を入れた 500 mL 二つ口フラスコの一方を常圧水素化装置に接続し，他方はセプタムで閉じる．混合物が均一になるまで撹拌したのち，反応容器内を脱気し，水素で満たす．シリンジでカルボン 10 g（66 mmol）をセプタムを通して注入する．シリンジはベンゼン 20 mL を用いて洗い込む．ただちに水素ガスの吸収が始まり，水素が理論量吸収されるまで撹拌を続ける（3.5 時間）．反応混合物をフロリジルカラムに通して触媒を除去したのち，減圧蒸留（100～102 ℃/14 mmHg）によりジヒドロカルボンを得る（収率 90～94%）．

c.　ヒドロシリル化反応

ウィルキンソン錯体は，ヒドロシリル化反応の均一系触媒として高い活性を示す[392)]．炭素-炭素不飽和結合だけでなくケトンやイミン類のヒドロシリル化でも優れた触媒であることが特徴である．有機合成ではシリル基が有用な保護基であることを考えれば，ヒドロシリル化反応はこれらの官能基の還元と保護を同時に行ったことになる．共役ジエンのヒドロシリル化では，1,4-付加が優先して起こり，α,β-不飽和ニトリルやエステルでは官能基の α 位にシリル基が導入される．また，α,β-不飽和ケトンおよびアルデヒドのヒドロシリル化反応において，モノヒドロシランを用いると 1,4-付加のみが起こるのに対し，ジヒドロシランでは 1,2-付加のみが進行する．これらのヒドロシリル化反応は，通常不活性ガス中無溶媒で行うが，ベンゼンなど芳香族炭化水素を溶媒に選ぶこともできる．

【実験例　ウィルキンソン錯体を触媒とする α-イオノンのヒドロシリル化反応[393)]】

+ Et_3SiH — $RhCl(PPh_3)_3$ → — K_2CO_3 / MeOH →

88%

25 mL 二つ口フラスコに $RhCl(PPh_3)_3$ 9 mg（0.01 mmol）を入れ，窒素置換する．ここへ，α-イオノン 1.91 g（10 mmol）とトリエチルシラン 1.27 g（11 mmol）の混合物をシリンジで加える．50 ℃ で 2 時間撹拌すると α-イオノンは完全に消費される（反応混合物の NMR スペクトルは，1,4-付加反応のみが進行していることを示している）．反応混合物に炭酸カリウム 10 mg とメタノール 10 mL を加え，室温で 1 時間撹拌する．溶媒を減圧留去し，残渣を減圧蒸留することにより，ジヒドロ α-イオノンが得られる．収量 1.70 g（収率 88%，沸点 88 ℃/2.5 mmHg）．

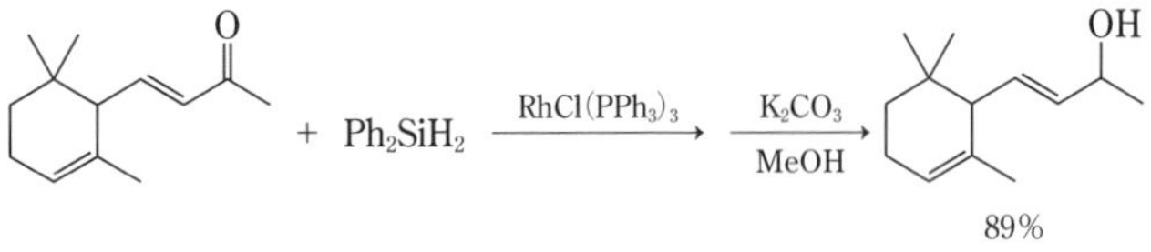

+ Ph_2SiH_2 —$RhCl(PPh_3)_3$→ —K_2CO_3, MeOH→ 89%

窒素雰囲気下，$RhCl(PPh_3)_3$ 9 mg（0.01 mmol），α-イオノン 1.91 g（10 mmol）およびジフェニルシラン 2.02 g（11 mmol）の混合物を室温で 30 分間撹拌する．ヘキサン 50 mL を加えて析出した触媒を沪過により除去したのち，炭酸カリウム 10 mg とメタノール 10 mL を加え，室温で 1 時間撹拌する．溶媒を減圧留去後，残渣を減圧蒸留（99 ℃/2 mm Hg）することにより *trans*-α-イオノールを得る．収量 1.74 g（収率 89%）．

光学活性配位子を用いるとケトンの不斉ヒドロシリル化を行うことができ，シリル基を加水分解で除くと光学活性第二級アルコールが得られる[394]．

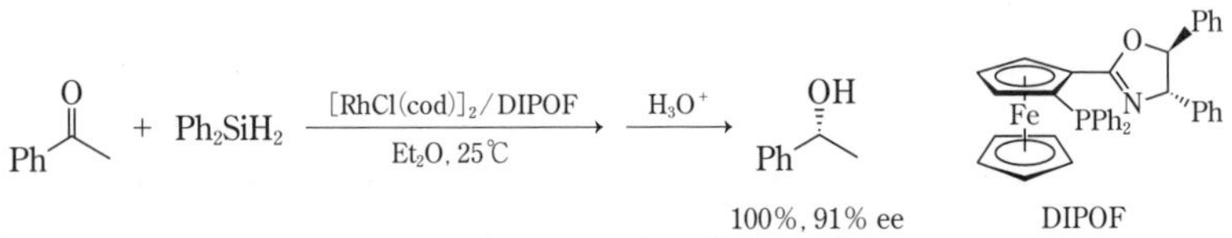

+ Ph_2SiH_2 —$[RhCl(cod)]_2$/DIPOF, Et_2O, 25 ℃→ —H_3O^+→ 100%, 91% ee

DIPOF

光学活性ロジウム(III) 錯体を用いて β-二置換不飽和カルボニル化合物の不斉 1,4-ヒドロシリル化をすると，高いエナンチオ選択性で対応する光学活性ケトンやエステルを得る[395]．

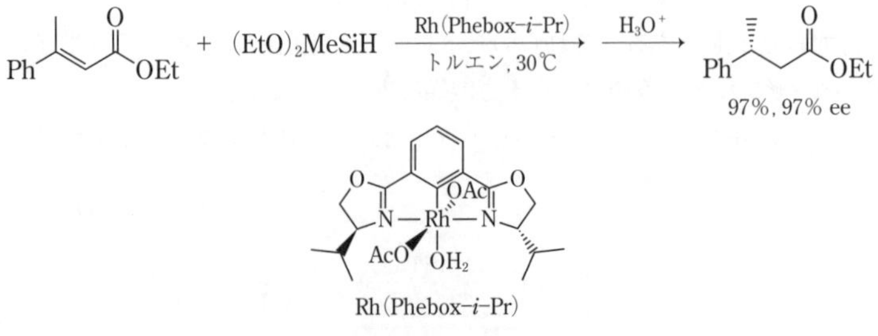

+ $(EtO)_2MeSiH$ —Rh(Phebox-*i*-Pr), トルエン, 30 ℃→ —H_3O^+→ 97%, 97% ee

Rh(Phebox-*i*-Pr)

単純アルケンやアルキンのような炭素-炭素不飽和結合のヒドロシリル化反応は，有機ケイ素化合物を合成するもっとも直接的な反応の一つである．遷移金属錯体のなかでは白金触媒の活性が高く，おもにケイ素に電子求引基をもつヒドロシランを使うヒドロシリル化反応に利用されている．ロジウム触媒は，アルキンの立体選択的なヒドロシリル化反応に有効であり，有機合成の重要な合成中間体であるビニルシラン類が合成できる[396]．

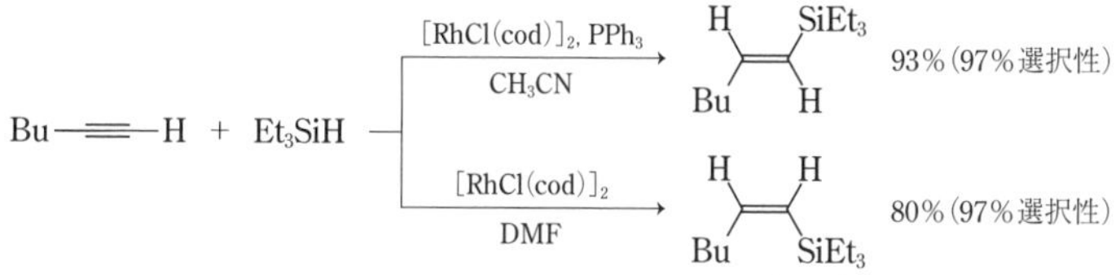

Bu—≡—H ＋ Et_3SiH

$[RhCl(cod)]_2$, PPh_3 / CH_3CN → H, $SiEt_3$, Bu, H　93％（97％選択性）

$[RhCl(cod)]_2$ / DMF → H, H, Bu, $SiEt_3$　80％（97％選択性）

d. アルケンとアルキンのヒドロホウ素化反応

ボラン（BH_3·THF や BH_3·SMe_2）やジアルキルボランは，無触媒でアルケンやアルキンと反応しアルキルまたはアルケニルホウ素化合物を生成する．一方，ピナコールボランやカテコールボランのようなジアルコキシボランは反応性が低く，反応の進行に触媒の添加が効果的である．ウィルキンソン錯体をはじめとするロジウム錯体は，ヒドロホウ素化反応に高い触媒活性をもち[397]，化学および位置選択的なヒドロホウ素化反応[398]や，光学活性配位子を使った不斉反応[399]が報告されている．生成するアルキルホウ素化合物は酸化によってその立体配置を保持したままヒドロキシ基に変換できる．

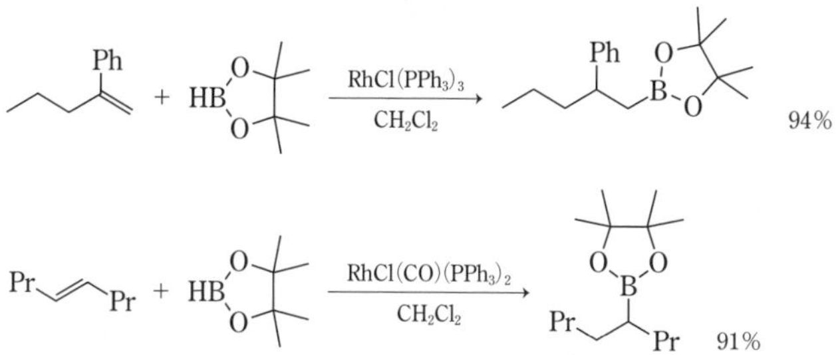

Ph ＋ HB(O)(O) — $RhCl(PPh_3)_3$ / CH_2Cl_2 → Ph, B(O)(O)　94％

Pr, Pr ＋ HB(O)(O) — $RhCl(CO)(PPh_3)_2$ / CH_2Cl_2 → O, B, O, Pr, Pr　91％

スチレン類のヒドロホウ素化反応では，カチオン性のロジウム錯体とビスホスフィン配位子を使うとベンジル位に位置選択的にホウ素を導入でき，それを酸化すると 1-アリールエタノールが得られる．光学活性配位子 BINAP を使った不斉ヒドロホウ素化反応-酸化では，1-アリールエタノールが高いエナンチオ選択性で生成する[399]．

【実験例　スチレンの不斉ヒドロホウ素化反応[399]】

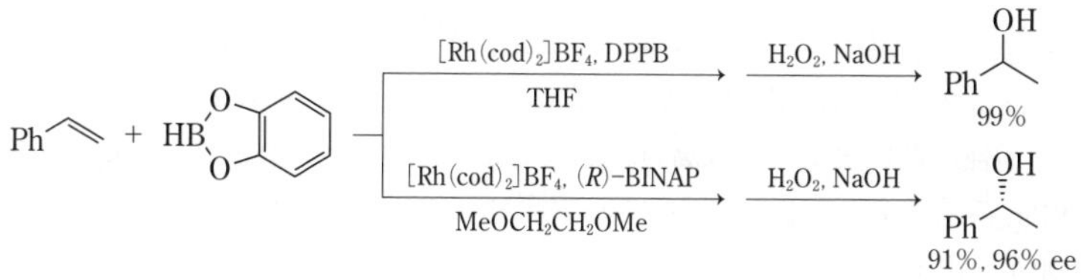

Ph ＋ HB(O)(O)

$[Rh(cod)_2]BF_4$, DPPB / THF → H_2O_2, NaOH → Ph, OH　99％

$[Rh(cod)_2]BF_4$, (*R*)-BINAP / $MeOCH_2CH_2OMe$ → H_2O_2, NaOH → Ph, OH　91％, 96％ ee

Ph_2P～～～PPh_2
DPPB

(*R*)-BINAP

窒素雰囲気下，$[Rh(cod)_2]BF_4$ 8.1 mg（0.020 mmol）と（*R*)-BINAP 13.7 mg（0.022 mmol）を 1,2-ジメトキシエタン 1 mL 中，25 ℃ で 10 分間撹拌し，ここへスチレン 104 mg（1.0 mmol）を加える．この溶液を−78 ℃ に冷却し，カテコールボラン 132 mg（1.1 mmol）を加えて−78 ℃ で 2 時間撹拌する．反応溶液にメタノール 2 mL を加えて 0 ℃ まで昇温し 3 $mol\ L^{-1}$ 水酸化ナトリウム水溶液 2.0 mL と 30% 過酸化水素水 0.24 mL（2.2 mmol）を加え，激しく撹拌しながら 3 時間以上かけて室温まで昇温する．ジエチルエーテルで抽出し，合わせた有機層を 1 $mol\ L^{-1}$ 水酸化ナトリウム水溶液および塩化アンモニウム水溶液でそれぞれ 2 回ずつ洗浄したのち，無水硫酸マグネシウムで乾燥，沪過し濃縮する．残渣をシリカゲル薄層クロマトグラフィー（ヘキサン-酢酸エチル）で精製すると 2-フェニルエタノールを得る（収率 91%，$[\alpha]_D^{23}$+48.6（*c* 1.0，CH_2Cl_2），96% ee（*R*））．

末端アルキンのヒドロホウ素化反応では，触媒となるロジウム錯体の種類を変えることによって生成物であるアルケニルホウ素化合物の幾何異性体をつくり分けることができる[398,400]．

C_6H_{13}—≡ ＋ HB(pin) $\xrightarrow[CH_2Cl_2]{RhCl(CO)(PPh_3)_2}$ (*E*)-C_6H_{13}CH=CH-B(pin)　98%

C_8H_{17}—≡ ＋ HB(cat) $\xrightarrow[CH_2Cl_2]{[RhCl(cod)]_2,\ Pi\text{-}Pr_3,\ Et_3N}$ (*Z*)-C_8H_{17}CH=CH-B(cat)　79%

e. アルケンのヒドロホルミル化反応

末端アルケンに合成ガス（一酸化炭素および水素の混合ガス）を反応させて一炭素増えた飽和アルデヒドを生じるヒドロホルミル化反応では，直鎖型だけでなく分岐型アルデヒドも生成する[401]．この反応には，ウィルキンソン錯体をはじめとするホスフィン錯体のほか，ロジウムクラスターや塩が利用できる．一般に，ロジウム-ホスフィン系触媒は，クラスターなどと比べ活性は低いが選択性は高い．たとえば，1-アルケンのヒドロホルミル化反応では，Rh-PPh_3 系触媒を用いると直鎖のアルデヒドの選択性は 95% にも達する．立体効果のため，アルケン炭素鎖の分岐性が増すに伴い，反応性は低下する．アルキンでは不飽和アルデヒドが生じるが，飽和アルデヒドにまで還元されてしまう．共役エステルやニトリルはそのまま使えるが，共役エノンでは水素化が優先するのでカルボニル基をアセタール化して反応させる．工業的には需要の大きい直鎖型アルデヒドを選択的に合成することが求められている．ホスフィン配位子の添加により直鎖選択性が向上する[402]．とくに，かさ高いホスフィン配位子やはさみ角の大きい二座ホスフィン配位子が直鎖選択性の向上に有効である．

C_4H_9 (1-ヘキセン) + H_2 + CO (H_2/CO = 1, 100 atm) —RhCl(PPh_3)$_3$, ベンゼン, 70℃→ $C_4H_9CH_2CH_2CHO$ (74) + $C_4H_9CH(CH_3)CHO$ (26)

【実験例　1-オクテンのヒドロホルミル化反応[403]】

C_6H_{13} (1-オクテン) + H_2 + CO (H_2/CO = 1, 10 atm) —Rh(acac)(CO)$_2$, キサントホス, トルエン, 80℃→ $C_6H_{13}CH_2CH_2CHO$ (98.2) + C_4H_9 (分岐アルデヒド, CHO) (1.8)

キサントホス（Ph_2P, PPh_2, O）

180 mL ステンレススチール製オートクレーブにキサントホス 19 mg（0.033 mmol）を入れ，オートクレーブ内を合成ガス（H_2/CO=1，10 atm）で置換する．これに，Rh(acac)(CO)$_2$ の 5 mmol L^{-1} トルエン溶液 3.0 mL（0.015 mmol）を加え，合成ガス（H_2/CO＝1，6 atm）雰囲気下 100 ℃ で 16 時間攪拌して触媒活性種を調製する．ここへ 1-オクテン 15 mL（0.10 mol）を加え，合成ガス（H_2/CO＝1，10 atm）雰囲気下 80 ℃ で 16 時間攪拌する．反応は定量的に進行し，対応する直鎖アルデヒドが 98.2：1.8 もの高い選択性で得られる．

末端アルケンの不斉ヒドロホルミル化反応では，分岐アルデヒドを立体選択的に合成することを目的とする．ロジウム触媒を用いた不斉ヒドロホルミル化反応では，二座ホスファイ

Ph (スチレン) + H_2 + CO (H_2/CO = 1, 100 atm) —Rh(acac)(BINAPHOS), ベンゼン, 60℃→ PhCH(CH$_3$)CHO (88, 94% ee) + $PhCH_2CH_2CHO$ (12)

(*S,R*)-BINAPHOS（PPh_2, O–P–O, O）

トやホスフィンホスファイト配位子が分岐アルデヒドを位置選択的に生成する配位子として有効である[404].

f. Pauson-Khand 反応

この反応は，Pauson と Khand らによって 1973 年に初めて報告されたもので，アルキン，アルケンおよび一酸化炭素の［2+2+1］環化付加反応によりシクロペンテノン骨格を構築するものである[405]．当初はコバルト錯体を量論量用いたが，その後さまざまな金属触媒反応が開発された[406]．ロジウム錯体はこの反応に高い触媒活性を示す．とくに，同一分子内エンイン部位をもつ化合物と一酸化炭素の反応によるビシクロ環形成反応の例が多い[407].

（分子間）　CO →
（分子内）　R CO → R O

EtO_2C, EtO_2C —≡—Et　+ CO (1 atm)　$[RhCl(CO)_2]_2$ / Bu_2O, 130℃ →　EtO_2C, EtO_2C, Et, =O　91%

有毒な一酸化炭素ガスの代わりにアルデヒドの脱カルボニル化反応を利用して，反応系中で一酸化炭素を徐々に発生させる方法は効果的である[408]．なかでも，ホルムアルデヒドを使う反応では，ホスフィン配位子を 2 種類加えて，脱カルボニル化と環化の二つの反応それぞれに有効にはたらく触媒を反応系中で調製している.

【実験例　アルデヒドを用いる 1,6-エンインの Pauson-Khand 反応[408]】

EtO_2C, EtO_2C —≡—Ph　+ HCHO　$[RhCl(cod)]_2$, DPPP, TPPTS, SDS / H_2O, 100℃ →　EtO_2C, EtO_2C, Ph, =O　96%

TPPTS = $P(C_6H_4\text{-}3\text{-}SO_3Na)_3$

還流管を備えた反応容器に $[RhCl(cod)]_2$ 6.16 mg（0.0125 mmol），DPPP 13.55 mg（0.025 mmol），TPPTS 14.21 mg（0.025 mmol）および水 0.5 mL を入れ，室温で 15 分間撹拌する．ここへ SDS 144.2 mg（0.5 mmol），ホルマリン 0.100 mL（1.25 mmol），2-アリル-2-(3-フェニル-2-プロピン-1-イル)マロン酸ジエチル 78.6 mg（0.25 mmol）と水 1.4 mL を加えたのちに，反応容器内雰囲気を窒素で置換し，100℃ で 5 時間加熱撹拌する．室温まで放冷ののち，反応溶液にジエチルエーテル 10 mL を加え 15 分間撹拌する．有機層を分離後，水層をジエチルエーテルで抽出する．合わせた有機層を無水硫酸マグネシウムで乾燥，沪過，濃縮する．残渣をシリカゲルカラムクロマトグラフィーで精製して目的シクロペンテノン誘導体を得る．収量 82.1 mg（収率 96%）．

不斉配位子を用いた Pauson–Khand 反応では，低圧の一酸化炭素を使うことで反応性やエナンチオ選択性が向上する例が報告されている[409]．

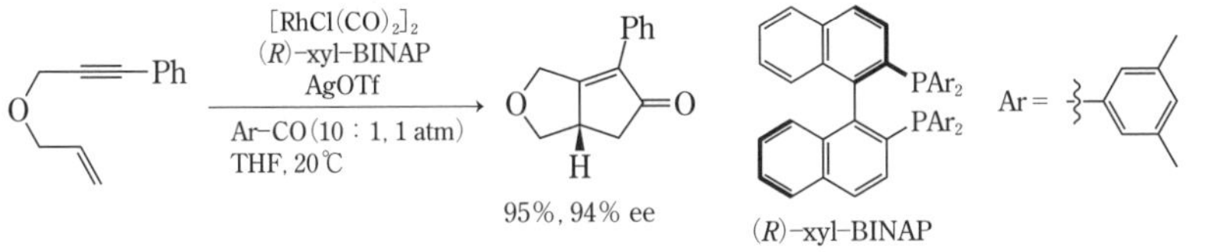

$[RhCl(CO)_2]_2$, (*R*)-xyl-BINAP, AgOTf, Ar–CO (10：1, 1 atm), THF, 20℃

95%, 94% ee

(*R*)-xyl-BINAP　Ar =

g. 脱カルボニル化反応

ウィルキンソン錯体存在下，アルデヒド類を加熱すると一酸化炭素が脱離して対応する炭化水素が生成する反応が起こる[410]．酸ハロゲン化物からは，脱カルボニル化反応によりハロゲン化物が生成する．

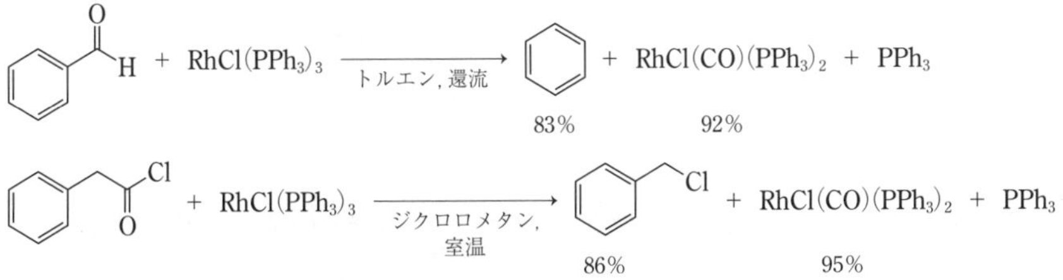

$+ RhCl(PPh_3)_3$ → トルエン，還流 → $+ RhCl(CO)(PPh_3)_2 + PPh_3$

83%　92%

$+ RhCl(PPh_3)_3$ → ジクロロメタン，室温 → $+ RhCl(CO)(PPh_3)_2 + PPh_3$

86%　95%

脱離した一酸化炭素はロジウムに強く配位し，そのロジウム錯体の反応性を著しく下げるため，反応を触媒的に行うには，配位した一酸化炭素を除くために 200℃ 以上の高温が必要である．配位子として DPPP を使うと，比較的穏和な条件で脱カルボニル化が進行する[411]．

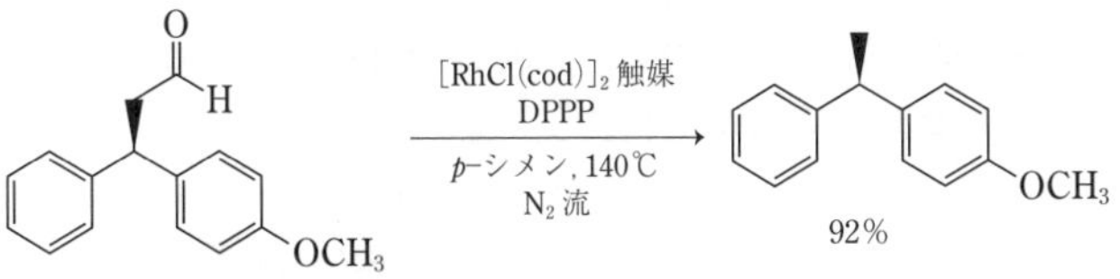

$[RhCl(cod)]_2$ 触媒, DPPP, *p*-シメン, 140℃, N_2 流

OCH_3　92%

【実験例　ロジウム-DPPP 触媒を用いる 2-ナフトアルデヒドの脱カルボニル化反応[411b]】

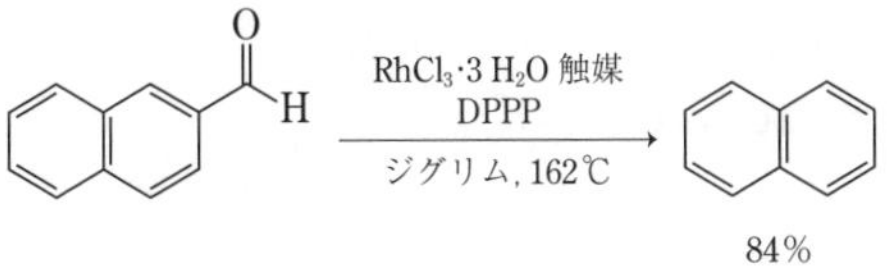

$RhCl_3 \cdot 3H_2O$ 触媒, DPPP, ジグリム, 162℃

84%

アルゴン雰囲気下 2-ナフトアルデヒド 1.56 g（10 mmol），$RhCl_3 \cdot 3H_2O$ 79 mg（0.3 mmol），DPPP 247 mg（0.6 mmol）およびジグリム 25 mL を還流管を備えた反応容器に入れ，162 ℃で 16 時間還流する．反応混合物を冷却後，ペンタン 30 mL を加え，有機層を水 20 mL で 5 回洗浄する．有機層を無水硫酸ナトリウムで乾燥し，沪過する．沪液を濃縮し，残渣をシリカゲルカラムクロマトグラフィーで精製してナフタレンを得る．収量 1.08 g（収率 84%）．

h.　アルキンの［2+2+2］環化付加反応

［2+2+2］環化付加反応は，六員環化合物を 1 段階で合成する有用な反応であり，さまざまな遷移金属による触媒反応が開発されている[412]．アルキンの［2+2+2］環化付加反応では，ロダシクロペンタジエン中間体を経て置換ベンゼンが生成する．さまざまなロジウム錯体を用いて選択的な三量化反応と置換基の位置選択性の制御を目指した研究が行われている．アルキンの環化付加反応では，完全な 3 分子反応だけでなく，ジインとアルキンの反応による部分的分子内反応をさせたりトリインを 1 分子反応させる例がある．関与する分子数が少なくなるほど位置選択性は制御しやすくなる．

［Rh］　［Rh］

ロダシクロペンタジエン中間体

【実験例　ウィルキンソン触媒を用いる 1,6-ジインとアルキンの環化付加反応[413]】

O　O　O　O　OH　$RhCl(PPh_3)_3$　エタノール　70℃　O　O　O　O　OH

64%

窒素雰囲気下，ジプロピニルマロン酸 2,2-プロピリデン 2.16 g（10 mmol），プロピン-3-オール 2.24 g（40 mmol）および $RhCl(PPh_3)_3$ 90 mg（0.1 mmol）のエタノール 150 mL 溶液を 70 ℃で 5 時間加熱撹拌する．溶媒を留去し，残渣をジエチルエーテルに溶かし短いアルミナカラムを通す．沪過した溶液を濃縮し，残渣をジエチルエーテル/アセトンから再結晶して対応するベンゼン誘導体を得る．収量 1.75 g（収率 64%）．

カチオン性のロジウム錯体もアルキンの［2+2+2］環化付加反応に高い触媒活性を示す[414]．位置選択的なアルキンの環化三量化やキラルビスホスフィン配位子を用いる不斉反応が可能になっており，キラルビアリール，シクロファンおよびヘリセン化合物のエナンチオ選択的な合成にも応用されている[415]．

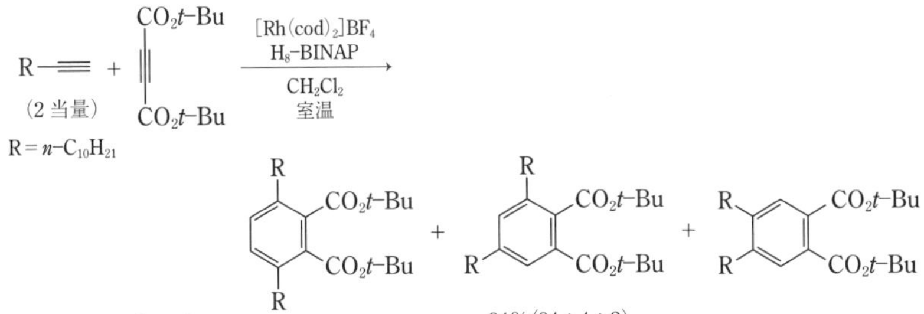

CO_2t-Bu
[Rh(cod)$_2$]BF_4
H_8-BINAP
R—≡ + ≡ →
(2 当量)　CO_2t-Bu　CH_2Cl_2
室温
R = n-$C_{10}H_{21}$

94%(94 : 4 : 2)

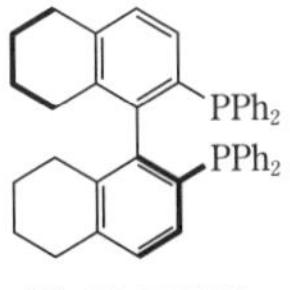

(S)-H_8-BINAP

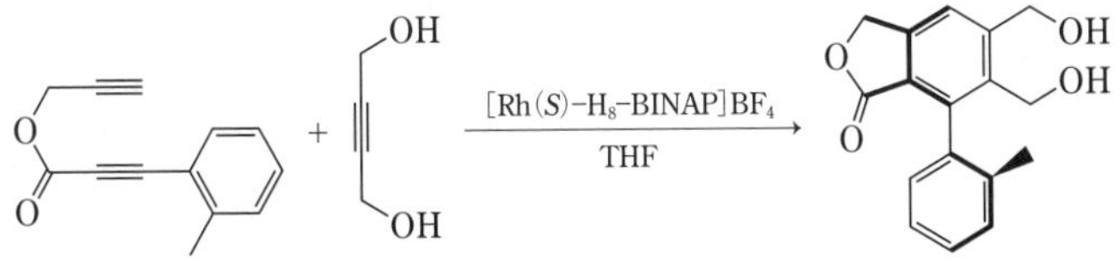

[Rh(S)-H_8-BINAP]BF_4
THF

63%, >99% ee (R)

i. アリールおよびアルケニル金属反応剤の 1,4-付加および 1,2-付加反応

有機金属反応剤が電子不足アルケンへ 1,4-付加する反応は，炭素-炭素結合形成におけるもっとも有用な反応の一つである．有機金属反応剤の反応性が低い場合には，ロジウム触媒がきわめて有効にはたらき，さまざまなアリール基やアルケニル基を 1,4-付加させる[416]．この場合，多様な官能基が基質分子中に共存できる．おもに用いられている反応剤はアリールボロン酸をはじめとする有機ホウ素化合物であり，そのほか，有機ケイ素，スズ，ビスマス，亜鉛，チタン，ジルコニウム化合物も付加反応に使える．電子不足アルケンとしてはアルケニルケトン，アルデヒド，エステル，アミド，スルホン，ホスホナートやニトロアルケンなどがあり，汎用性が高い反応である．

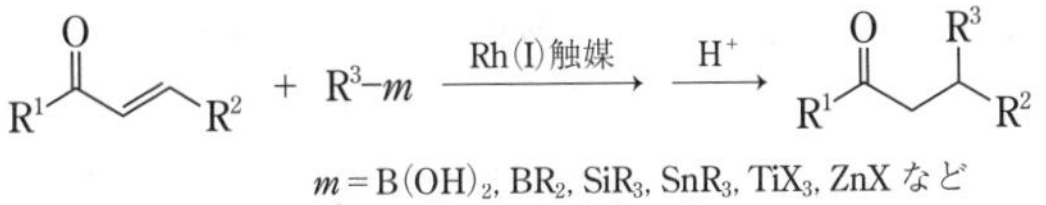

Rh(I)触媒　H^+
R^3-m

m = B(OH)$_2$, BR_2, SiR_3, SnR_3, TiX_3, ZnX など
R^3 = アリール，アルケニル

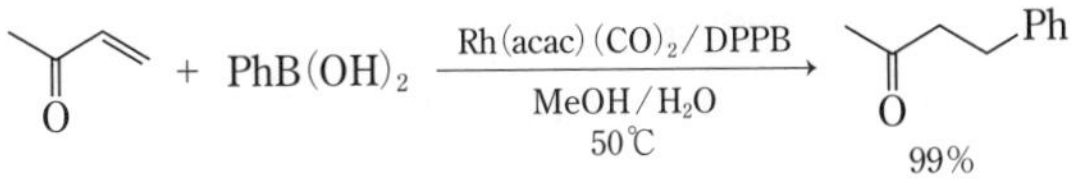

+ PhB(OH)$_2$　Rh(acac)(CO)$_2$/DPPB
MeOH/H_2O
50℃

99%

アリールボロン酸の共役付加に使う典型的な溶媒は，1,4-ジオキサンや1,2-ジメトキシエタンと水との混合溶媒である．また，水酸化カリウムなどの塩基を添加すると反応が加速される．触媒としてはヒドロキソロジウム［Rh(I)(OH)］錯体が高い触媒活性を示す．これはクロロロジウムやカチオン性ロジウム錯体などの触媒前駆体と塩基の反応で系中で発生させるか，ヒドロキソロジウム錯体そのものを触媒として用いる[417]．配位子としては，1,5-シクロオクタジエン（COD）などのジエンやDPPBのようなビスホスフィンなどがあり多岐にわたる．

$[Rh(OH)(cod)]_2$, KOH, 1,4-ジオキサン/H_2O, 0℃ ; 2-シクロヘキセノン + $(HO)_2B$-C_6H_4-CH_3 → 3-(4-メチルフェニル)シクロヘキサノン 99%

BINAPなどの不斉配位子を用いて不斉反応を行うと，高いエナンチオ選択性が達成できる[418]．また，キラルビスホスフィン配位子以外にも，ジエン，ホスホロアミダイト，ホスフィン-アルケン，スルホキシド-アルケンおよびビススルホキシド配位子などの光学活性体が不斉反応によく用いられている．なかでもキラルなジエンを配位子として用いる不斉反応では，高い触媒活性とエナンチオ選択性が達成されている．

【実験例　ロジウム-BINAP触媒を用いるフェニルボロン酸の2-シクロヘキセノンへの不斉1,4-付加反応[418]】

$Rh(acac)(C_2H_4)_2$, (*S*)-BINAP, 1,4-ジオキサン/H_2O, 100℃ ; 2-シクロヘキセノン + $PhB(OH)_2$ → 3-フェニルシクロヘキサノン（Ph） ＞99%, 97% ee (*S*)

PPh₂ / PPh₂　(*S*)-BINAP

窒素雰囲気下$Rh(acac)(C_2H_4)_2$ 3.1 mg（0.012 μmol），(*S*)-BINAP 7.5 mg（0.012 μmol）およびフェニルボロン酸244 mg（2.00 mmol）を反応容器に入れ，ここへ1,4-ジオキサン1.0 mL，水0.1 mLおよび2-シクロヘキセノン39 mg（0.40 mmol）を加える．反応混合物を100℃で5時間加熱撹拌したのち溶媒を留去する．残渣を酢酸エチルに溶かし，その溶液を炭酸水素ナトリウム水溶液で洗浄，無水硫酸ナトリウムで乾燥する．硫酸ナトリウムを沪過で除き，沪液を濃縮する．残渣をシリカゲルカラムクロマトグラフィー（ヘキサン-酢酸エチル）で精製して3-フェニルシクロヘキサノンを定量的に得る（97% ee）．

ロジウム触媒は，アルデヒドやそれから誘導されるイミン（アルジミン）への有機ホウ素反応剤の1,2-付加反応にも高い触媒活性を示す[419]．とくに，*N*-スルホニルイミンへの不斉1,2-付加反応では，高いエナンチオ選択性が達成されている．

$[RhCl(C_2H_4)_2]_2$
(*R,R*)-Ph-BOD*
KOH
1, 4-ジオキサン/H_2O
60℃

96%, 98% ee (*S*)

(*R,R*)-Ph-BOD*

アルキニル基を同様に付加させる反応は，アリール基やアルケニル基の付加に比べて困難であったが，最近ロジウム触媒を使ったエナンチオ選択的な 1,4- または 1,2-付加が報告されている．いずれの場合も，末端アルキンをアルキニル化剤として用いることができ，アルキニル金属反応剤を量論量使う必要がない[420,421]．

$[Rh(OAc)(C_2H_4)_2]_2$
(*R*)-DTBM-SEGPHOS
1,4-ジオキサン，80℃

99%, 91% ee (*S*)

(*R*)-DTBM-SEGPHOS

Rh/Phebox
Et_2O, 25℃

94%, 91% ee (*S*)

Rh/Phebox

j. アリルアミンおよびアリルアルコール類の異性化反応

アリルアミン類やアリルアルコール類は金属触媒によってエナミンやエノールへ異性化する[422,423]．エナミンは加水分解によって，容易にアルデヒドに変換できる．

H_3O^+

X = NR_2, NHR, OH

触媒としてカチオン性のロジウム錯体が高い活性を示し，とくに BINAP などの光学活性ビスホスフィン配位子が配位した錯体は，アリルアミン類の不斉異性化反応において高いエナンチオ選択性を示す．基質としては，γ位に置換基をもつ*N*-アルキルおよび*N,N*-ジアルキルアミンが優れており，*E* 体の光学活性エナミンが高収率で得られる．光学活性 Rh^{+}-BINAP 錯体は，*N,N*-ジエチルゲラニルアミン（*E* 体）あるいは *N,N*-ジエチルネリルアミン（*Z* 体）の異性化反応を利用した（−)-メントールの工業生産に利用されている．また，そのエナンチオ選択性は配位子の絶対配置とエナミンの立体配置によって制御されるため，どちらの立体異性体からも（*S*）もしくは（*R*）の絶対配置をもつエナミンを合成することができる[424]．

NEt$_2$ (*E*) —Rh$^+$/(*S*)-BINAP→ NEt$_2$ (*R*)-(*E*)
Rh$^+$/(*R*)-BINAP
NEt$_2$ (*Z*) —Rh$^+$/(*S*)-BINAP→ NEt$_2$ (*S*)-(*E*)

【実験例　Rh^{+}-BINAP 触媒を用いる *N, N*-ジエチルゲラニルアミンの不斉異性化反応[424]】

アルゴン雰囲気下，[Rh((*S*)-binap)(cod)]ClO_4 373 mg（0.40 mmol）の入った反応容器に *N,N*-ジエチルゲラニルアミン 83.8 g（0.40 mol）と THF 250 mL を加え，21 時間加熱還流する．溶媒を減圧留去（45℃/60 mmHg）し残渣を減圧蒸留すると，対応するエナミンが得られる．収量 78.7 g（収率 94%，96% ee（*R*））．このエナミンは，エーテル溶媒中で酢酸/水によって加水分解することにより（*R*)-シトロネラールへ変換できる（収率 91%）．

ロジウム錯体はアリルアルコール類の異性化触媒としても高い触媒活性をもち，第一級のアリルアルコール類および第二級のアリルアルコール類からはそれぞれ飽和アルデヒドおよび飽和ケトンが生成する．触媒としては，$[RhCl(CO)_2]_2$，$RhH(PPh_3)_3$ などを用いる．Rh^{+}-BINAP 錯体も触媒活性をもつが，その不斉反応におけるエナンチオ選択性は中程度である．アリルアルコール類の不斉異性化反応おいては，基質によっては高いエナンチオ選択性を示す光学活性ホスファフェロセンを用いる反応も報告されている[425]．

Ph　OH —[Rh(cod)((+)-L*)]BF_4, THF, 100℃→ Ph　H　O　97%, 93% ee（*R*）

P　Fe　P(*p*-Tol)$_2$　(+)-L*

k.　ジアゾ化合物の反応：アルケンのシクロプロパン化，C−H 挿入

ジアゾ化合物が金属によって分解されて生じる金属カルベン錯体は，高い反応性をもち，シクロプロパン化やさまざまな結合の挿入反応を起こす[426]．アルキンやアルケンとの反応では，シクロプロペンやシクロプロパン誘導体が得られる．場合によっては，アリル位のC−H結合の挿入が起こることもある．アルカンのC−H結合やO−HおよびN−H結合の挿入反応も起こる．触媒としてロジウム二核錯体 $Rh_2(OAc)_4$ を用い，ジアゾ酢酸エステルなどのジアゾ化合物を使った反応が広く研究されている．光学活性カルボン酸やアミノ酸から誘導した二核ロジウム錯体は不斉反応に高い立体選択性を示す．

【実験例　分子内不斉シクロプロパン化反応[427]】

窒素雰囲気下，$Rh_2((5R)\text{-mepy})_4(CH_3CN)_2(i\text{-PrOH})$ 0.203 g（0.221 mol）のジクロロメタン 150 mL 溶液を加熱還流する．この溶液に滴下漏斗を用いてジアゾ酢酸 3-メチル-2-ブテン-1-イル 14.9 g（96.7 mmol）のジクロロメタン溶液 450 mL を 30 時間以上かけて滴下する．滴下終了後，さらに 1 時間還流を続け，室温まで冷却したのち溶媒を減圧留去する．残渣を蒸留（80 ℃/0.15 mmHg）して得られた透明の液体をシリカゲルカラムクロマトグラフィー（ヘキサン-酢酸エチル）で精製するとシクロプロパン化生成物が得られる．収量 10.2 g（収率 84%）．

ジアゾ酢酸エステルを用いた一置換アルケンの分子間シクロプロパン化反応では，シス体およびトランス体の選択性が問題となり，ロジウム触媒ではその選択性はあまり高くない．一方，アリールおよびアルケニルジアゾ酢酸エステルを使った不斉シクロプロパン化反応では，高いジアステレオおよびエナンチオ選択性が達成されている[428]．

シクロペンタンやシクロヘキサンのようなシクロアルカンや THF などの炭素-水素結合の不斉挿入反応も報告されている[429].

シクロヘキサン ＋ $\mathrm{N_2{=}C(CO_2Me)Ph}$ →[$\mathrm{Rh_2((\mathit{S})\text{-}dosp)_4}$, ヘキサン, 10℃] $\mathrm{C_6H_{11}CH(CO_2Me)Ph}$

80%, 95% ee

l.　C−H アミノ化反応

ロジウム(II) 二核錯体は，超原子価イミノヨージナンとの反応でニトレンをつくり，これがアルカン炭素-水素結合を直接的にアミノ化する反応の触媒としてはたらく[430]．とくに，分子内反応では位置選択的なアミノ化によって環状化合物を収率よく合成できる[431].

R−N=IPh ＋ [Rh] →(−PhI) R−N⟶[Rh]　Rh-ニトレン

N=IPh, O, O, S, H, Me, Me, i-Pr →[$\mathrm{Rh_2(OAc)_4}$, $\mathrm{CH_3CN}$] O, O=S-NH, Me, Me, i-Pr　86%

イミノヨージナンを反応系中で発生させる方法は利用価値が高く，アミド，カルバマート，尿素，スルファマート，およびスルファミドの $-\mathrm{NH_2}$ 部位が 3 価のヨウ素剤によって酸化されてニトレン前駆体となる[432]．反応生成物は，アミノアルコールやジアミンなどへ変換できる.

$\mathrm{H_2N}$, O, O →[$\mathrm{Rh_2(OAc)_4}$, $\mathrm{PhI(OAc)_2}$, MgO, $\mathrm{CH_2Cl_2}$] [PhI=N, O, O] ⟶ H, N, O, O　86%

$\mathrm{Rh_2(esp)_2}$ 錯体は，C−H アミノ化に非常に高い触媒活性を示し，分子内反応だけではなく分子間反応にも利用できる[433].

O, O, $\mathrm{H_2N}$, S, O, Me, Me →[Rh 触媒 (0.15 mol%), $\mathrm{PhI(OAc)_2}$, MgO, $\mathrm{CH_2Cl_2}$] O, O, HN, S, O, Me, Me

$\mathrm{Rh_2(esp)_2}$	92%
$\mathrm{Rh_2(OCO\text{-}\mathit{t}\text{-}Bu)_4}$	20%

Me, Me, Me, Me, O, O, Rh, Rh, O, O, O, O, Me, Me, Me, Me

$\mathrm{Rh_2(esp)_2}$

m.　C−H 結合活性化を経る炭素-炭素結合形成反応

安定で通常不活性な炭素-水素結合を遷移金属を用いて切断する，いわゆる C−H 結合活性化により有機金属種を発生させ，これを利用して新たな炭素-炭素結合などを形成する反応は，有機合成における挑戦的な課題として活発に研究されている．ロジウム錯体は，そのC－H結合活性化反応の触媒として有力な金属の一つである[434]．とくに，ヘテロ原子を配向基とする芳香環の炭素-水素結合を活性化して官能基化する反応では，高い位置選択性が達成されている．低原子価ロジウム錯体を用いる反応では，まず炭素-水素結合が切断されヒドリドロジウム種が生成すると考えられている．

たとえば，ロジウム(I) 触媒存在下，ベンゾフェノンとビニルシランとの反応ではオルト位選択的にアルキル化が起こる[435]．

イミンも配向基としてはたらく．芳香族イミンのアルキル化反応ではオルト位選択的に反応が起こる[436]．

配向基のないヘテロ芳香環では，ヘテロ原子が結合した炭素の炭素-水素結合が選択的に切断されることがある．たとえば，アゾール類はヘテロ原子に挟まれた炭素のC－H結合活性化が選択的に起こりアルキル化される[437]．

$[RhCl(シクロオクテン)_2]_2$, PCy_3, 2,6-ジメチルピリジン HCl, THF, 150℃ 96%

チオフェンやピロール類などのヘテロ芳香環のヨードアレーンとのカップリング反応を利用すると，ヘテロ芳香環の特定の位置にアリール基を導入することができる．この反応では，ロジウム(I) 錯体とヨウ化アレーンとの反応によりアリールロジウム(III) が生じ，それが電子豊富なヘテロ芳香環と求電子反応をする．配位子として，電子不足ホスファイトが反応の進行に不可欠である[438]．

OMe + I–Ph $RhCl(CO)(P(OCH(CF_3)_2)_3)_2$, Ag_2CO_3, *m*-キシレン, 150～200℃（マイクロ波） 73%

ロジウム(III) 錯体は，C－H 結合活性化触媒として高い活性を示し，酢酸銅(II) を酸化剤として，芳香族化合物とアルキンやアルケンとの酸化的なカップリング反応に利用できる[439]．たとえば，アセトアニリドと内部アルキンの酸化的カップリング反応では，インドール誘導体が直接的に合成できる[440]．

$[Cp^*RhCl_2]_2$, $Cu(OAc)_2 \cdot H_2O$, *t*-アミルアルコール, 120℃ Ph, N, Ac, 79% Rh, Cl, Cl, Cp^*RhCl_2

【実験例　ロジウム(III) 錯体を触媒とするピロール誘導体の合成[441]】

N, Ac, H, CO_2Me + Et, Ph $[Cp^*RhCl_2]_2$, $AgSbF_6$, $Cu(OAc)_2$, 1,2-ジクロロエタン, 120℃ Et, MeO_2C, Ph, N, Ac

アルゴン雰囲気下，$[Cp^*RhCl_2]_2$ 15.5 mg（0.025 mmol），$AgSbF_6$ 34.3 mg（0.100 mmol），$Cu(OAc)_2$ 381.0 mg（2.1 mmol），アセトアミド-2-ブテン酸メチル 204 mg（1.3 mmol），1-フェニル-1-ブチン 130 mg（1.0 mmol）および 1,2-ジクロロエタン 5.0 mL をテフロンキャップ付きガラス容器にいれ，120 ℃ で 16 時間撹拌する．反応混合物を酢酸エチル 15 mL で希釈し，短いシリカゲルカラムで沪過する．沪液を濃縮後，残渣をシリカゲルカラムクロマトグラフィー（ペンタン-酢酸エチル）で精製するとピロール誘導体が得られる．収量 172 mg（収率 60%）.

ロジウム(III) 錯体を触媒として用いる芳香族カルボン酸と内部アルキンの酸化的な環化反応では，助触媒として酢酸銅(II) を用いて空気中の酸素を酸化剤に利用すると，イソクマリン誘導体が高収率で生成する[442].

CO_2H + Ph Ph　$[Cp^*RhCl_2]_2$, $Cu(OAc)_2 \cdot H_2O$, DMF, 空気, 120℃　O O Ph Ph　93%

オクタンなどのアルカンの末端炭素に直接ホウ素官能基を導入する反応も報告されている[443]．このホウ素化反応では，ビスピナコラートジボロンがホウ素化剤として使われ，ホウ素化生成物と同時にピナコールボランが副生するが，ピナコールボランそのものもホウ素化剤としてはたらくため，結果としてビスピナコラートジボロンに含まれる二つのホウ素を反応させることができる．また，ベンゼンを直接ホウ素化することもできる．

+ O B-B O O O　$Cp^*Rh(C_2H_4)_2$, 150℃　B O O　84%　+ H_2

ロジウム錯体は，アルデヒドのアシル炭素-水素結合に不飽和結合を挿入するいわゆるヒドロアシル化反応の触媒としても優れている[444]．4-アルケナールの分子内ヒドロアシル化反応では，アシルヒドリドロジウム(III) 種がアルケンへトランス付加し，エンド環化によってシクロペンタノン類が生成する[445].

O H　$[Rh(DPPE)]_2(ClO_4)_2$, CD_3NO_2　[O [Rh]−H ⟶ O [Rh]] ⟶ O　95%

4-アルキナールの分子内ヒドロアシル化では，エンド環化によってシクロペンテノン類が生成し，5- および 6-アルキナールからは，エキソ環化を経て五員環および六員環ケトンがそれぞれ生じる[446].

C_6H_{13} H O　$[Rh(DPPE)]_2(BF_4)_2$, アセトン　C_6H_{13} O　75%

$C_{10}H_{21}$ O H　$[Rh(BINAP)]BF_4$, CH_2Cl_2　$C_{10}H_{21}$ H O　94%

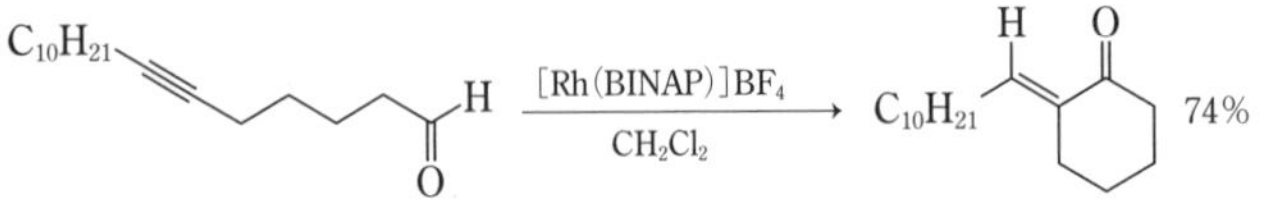

分子間のヒドロアシル化反応は，脱カルボニル化反応が起こりやすくその副反応をいかに防ぐかが重要になるが，硫黄[447]や酸素[448]などの金属に配位する官能基を導入し，中間体のアシルロジウム種を安定化すると反応がうまく進行する．最近では，特殊な官能基を含まないアルデヒドによるアルケンの分子間不斉ヒドロアシル化反応も報告されている[449]．

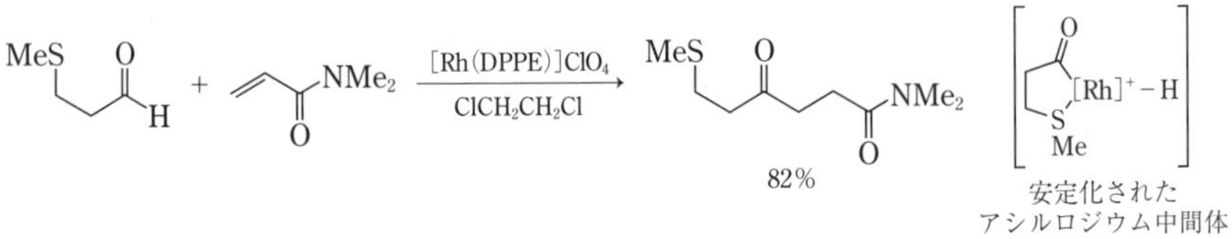

安定化された
アシルロジウム中間体

【実験例　アルキンの分子間ヒドロアシル化反応[448]】

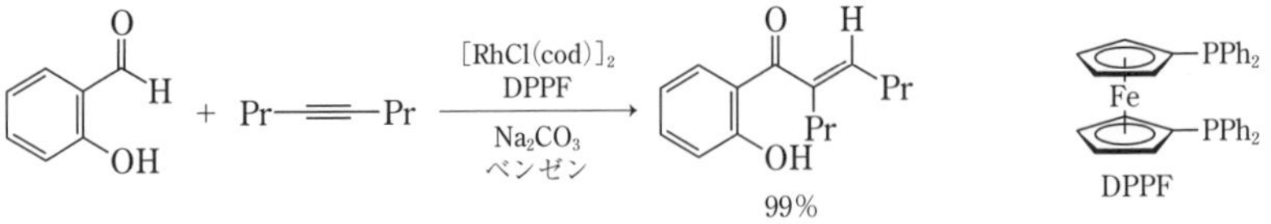

窒素雰囲気下，サリチルアルデヒド 244 mg (2.00 mmol)，4-オクチン 220 mg (2.00 mmol)，$[RhCl(cod)]_2$ 4.9 mg（0.010 mmol)，DPPF 11.1 mg（0.020 mmol）および炭酸ナトリウム 10.6 mg（0.10 mmol）のベンゼン 5 mL 溶液を 2 時間加熱還流させる．反応混合物を濃縮し，残渣をシリカゲルカラムクロマトグラフィー（ヘキサン-酢酸エチル）で精製して付加生成物を得る．収量 460 mg（収率 99%）．

n.　C−C 結合活性化を経る炭素-炭素結合形成反応

不活性な炭素-炭素結合を切断するいわゆる C−C 結合活性化はとくに難しく，それを利用する触媒的な有機合成反応の例は少ない[450]．ロジウム触媒を使った例では，その多くは三員環や四員環のひずみエネルギーの解消による開環を伴う反応である[451]．

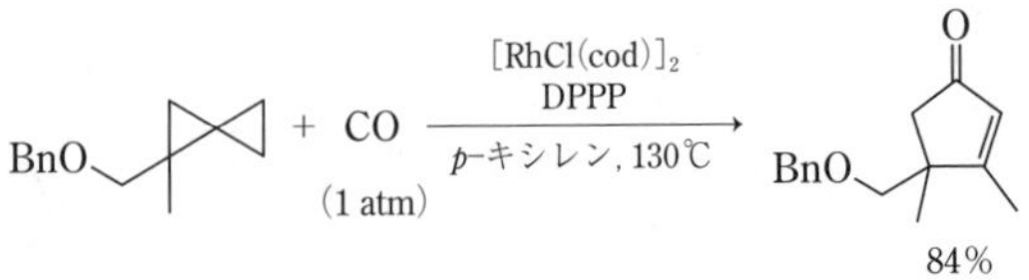

ひずみのない化合物の C−C 結合活性化として，金属に配位する部位を基質に組み込み，ロジウム金属に反応部位を近づけてカルボニル炭素と α 炭素の結合を触媒的に切断する反

応が報告されている[452].

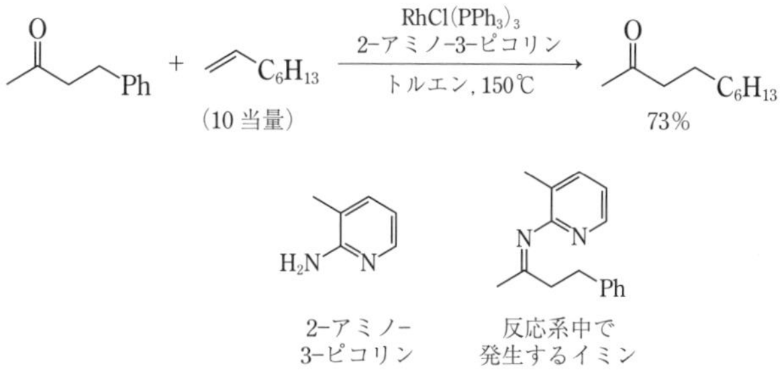

RhCl(PPh$_3$)$_3$
2-アミノ-3-ピコリン
トルエン, 150℃

Ph + C$_6$H$_{13}$ (10 当量) → C$_6$H$_{13}$ 73%

H_2N N
2-アミノ-3-ピコリン

N N Ph
反応系中で発生するイミン

19.3.6 イリジウム化合物

イリジウムは第3周期の遷移金属であり，イリジウム錯体はロジウムやパラジウム錯体と比べて安定である．したがって，古くは同族のロジウム触媒反応の機構解明のために利用されることが多かった．しかし，コスト的にはロジウムと比較して安価であること，また近年になりイリジウムに特徴的な反応性が徐々に明らかとなり，イリジウム触媒が有機合成に利用されるようになってきた．現在，多置換アルケンの水素化反応，炭素-酸素または炭素-窒素二重結合の還元反応，水素移動型反応，炭素-水素結合の活性化を経るホウ素化反応ならびにケイ素化反応，炭素-炭素結合形成反応，環化付加反応など，さまざまな分子変換反応にイリジウム触媒が利用されている[453]．以下に，代表的なイリジウム錯体を用いる触媒的な合成反応の反応例を示す．

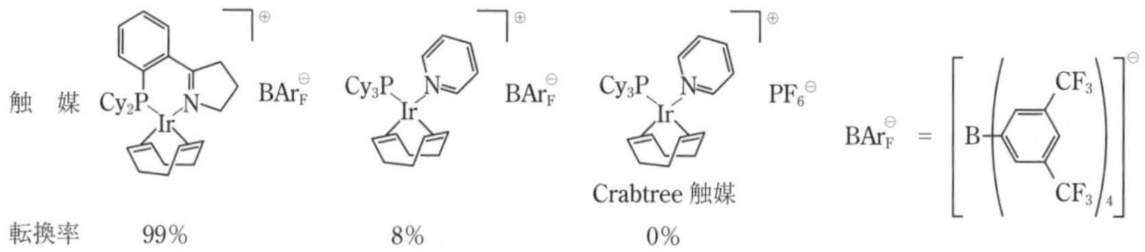

触媒	Cy_2P–Ir–N (cod) $BAr_F^{\ominus}$	Cy_3P–Ir–N (cod) $BAr_F^{\ominus}$	Cy_3P–Ir–N (cod) $PF_6^{\ominus}$ Crabtree 触媒
転換率	99%	8%	0%

$BAr_F^{\ominus}$ = $[B(C_6H_3(CF_3)_2)_4]^{\ominus}$

図 19.7　イリジウム触媒の活性比較

a.　イリジウム触媒を用いる多置換エテンの水素化反応

[Ir(cod)(PCy$_3$)(Py)](PF$_6$)（Crabtree 触媒，Aldrich 社）は，1974 年 Crabtree により最初に報告された[454]．この触媒の特徴の一つが，他の触媒では困難な四置換エテンの水素化反応に適用できる点にある[455]．また，配向基を利用すると立体選択的な水素化反応も進行する[456]．実際，ヒドロキシ基を配向基とする四置換エテン部位の立体選択的な水素化反応が，天然物合成，たとえばタキソール合成，において利用されている[457]．また，不斉配位子を用いる三置換エテンの不斉水素化反応が達成されている[458]．

【実験例　四置換エテンの水素化反応におけるイリジウム触媒の活性[459]】

イリジウム触媒(1 mol%)
H_2 (5×10^6 Pa)
CH_2Cl_2, 室温, 2 h

窒素雰囲気下 60 mL オートクレーブに 2-メチル-3-(4-メトキシフェニル)-2-ブテン 18 mg（0.1 mmol），イリジウム触媒（0.0010 mmol），ジクロロメタン 0.50 mL を加える．水素ガス（5×10^6 Pa）で加圧し，室温で 2 時間撹拌する．水素ガスを注意深く抜いたのち，反応溶液を濃縮する．ヘキサン 3 mL を加えシリンジフィルター（0.2 μm）を用いて沪過し，得られた溶液をガスクロマトグラフィーにより分析する．

図 19.7 に示すように，配位子を工夫すれば Crabtree 触媒でも達成が困難であった四置換エテンの水素化反応が進行する．また，この比較から対イオンが触媒活性に影響を与えることもわかる．

b.　イリジウム触媒を用いる水素移動型反応

イリジウムは，水素移動型反応において高い触媒活性を示す金属の一つである．アルコールからイリジウムへの水素移動によりイリジウムヒドリド種が生成し，このイリジウムヒドリドの水素が水素受容体へ移動することにより反応が触媒的に進行する．基質を適宜組み合わせることにより，アルコールの酸化と炭素-酸素二重結合や炭素-窒素二重結合の還元のワンポット化や，炭素-炭素結合形成や炭素-窒素結合形成を達成することができる[460]．

【実験例　ベンジルアミンと 1,5-ペンタンジオールからの *N*-ベンジルピペリジンの合成[461]】

[Cp*IrCl$_2$]$_2$ (0.25 mol%)
Na_2CO_3 (0.5 mol%)
トルエン, 還流

81～82%

アルゴン雰囲気下，乾燥した 100 mL フラスコに，二塩化(η^5-ペンタメチルシクロペンタジエニル)イリジウム二量体（[Cp*IrCl$_2$]$_2$）199 mg（0.25 mmol，Aldrich 社）[462]，炭酸ナトリウム 41 mg（0.48 mmol）を加える．ここにトルエン 10 mL を加えるとオレンジ色の懸濁液が得られる．ベンジルアミン 10.7 g（99.9 mmol）をシリンジで加えると反応溶液は黄色に変化する．つづいて，1,5-ペンタンジオール 10.4 g（99.8 mmol）を 30 秒かけて加えて生じた黒色溶液を 17.5 時間加熱還流する．減圧蒸留（123～125 ℃/21 mmHg）により精製して，*N*-ベンジルピペリジンを淡黄色の液体として得る（収率 81～82%）．

c.　イリジウム触媒を用いる炭素-水素結合活性化を経るホウ素化反応

イリジウム触媒存在下ピナコールボランとベンゼンを反応させると，炭素（sp^2)-水素結合の活性化を経てホウ素化反応が進行し，フェニルボロン酸誘導体が生成する[463]．さらに，

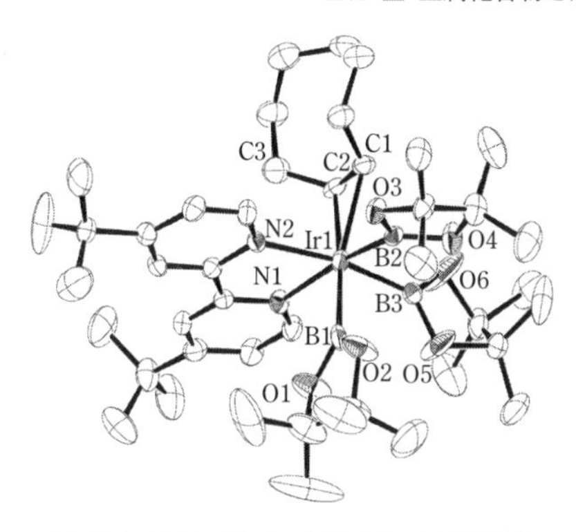

図 19.8　Ir(coe)(dtbpy)(Bpin)$_3$ の結晶構造

高活性なイリジウム触媒系が開発されて，ホウ素反応剤と芳香族化合物を当量用いて室温でホウ素化を行うことのできる実用的合成手法が確立されている[464]．

この反応の鍵はホウ素が三つイリジウムに配位した錯体であることが．化学量論量の反応により明らかにされ，X 線構造解析によりその構造が決定されている（図 19.8）[465]．

【実験例　1-クロロ-3-ヨード-5-(4,4,5,5-テトラメチル-1,3,2-ジオキサボロラン-2-イル)ベンゼンの合成[466]】

[Ir(OMe)(cod)]$_2$ 触媒
dtbpy 触媒
ヘキサン, 25℃

84〜86%

t-Bu　t-Bu
dtbpy

50 mL 二つ口ナス形フラスコに，(1,5-シクロオクタジエン)メトキシイリジウム二量体([Ir(OMe)(cod)]$_2$) 33 mg（0.050 mmol，Aldrich 社）[467]，4,4′-ジ-*t*-ブチル-2,2′-ビピリジン(dtbpy) 27 mg (0.10 mmol)，(Bpin)$_2$ 2.67 g (10.5 mmol) を加え，フラスコ内を窒素置換する．ヘキサン 30 mL をシリンジで加えたのちフラスコを 50 ℃ に加温すると，10 分後には濃赤色の溶液が得られる．ここに，1-クロロ-3-ヨードベンゼン 4.75 g（19.9 mmol）を加え 50 ℃ で 6 時間撹拌する．室温まで冷却したのち反応溶液を分液漏斗に移し，水 30 mL を加え有機層を洗浄する．有機層を無水硫酸ナトリウムで乾燥させたのちに濃縮すると濃茶色の油状物質が得られる．減圧蒸留（145〜148 ℃/0.3 mmHg）により精製すると，目的物が白色固体として得られる．収量 6.09〜6.24 g（収率 84〜86%，融点 58.6〜60.7 ℃）．

d.　イリジウム触媒を用いるアリル位のアルキル化反応

アリル位のアルキル化反応は，遷移金属触媒を用いる炭素-炭素結合生成反応の代表的な反応形式である．もっともよく研究が行われているパラジウム触媒を用いたアリル位のアルキル化反応（辻–Trost 反応）は通常，置換基の少ないほうのアリル末端に炭素求核剤が結合する．一方，イリジウム触媒反応では置換基の多いほうに求核剤が反応する点が大きな特徴である[468]．求核剤としては炭素求核剤のほかにアミンやアルコキシドも利用可能であり，対応するアリルアミンやアリルエーテルが得られる[468]．また，この反応の不斉化も達成されている．

【実験例　酢酸 3-メチル-1-ブテン-3-イルのアルキル化反応[469]】

OAc →（[IrCl(cod)]$_2$ (4 mol%)，P(OPh)$_3$ (8 mol%)，NaCH(COOEt)$_2$ (3 当量)，THF, 室温）→ CH(COOEt)$_2$ + CH(COOEt)$_2$
100 : 0
80%

窒素雰囲気下，(1,5-シクロオクタジエン)クロロイリジウム二量体（[IrCl(cod)]$_2$）27 mg (0.040 mmol，東京化成，Aldrich 社)[470]，亜リン酸トリフェニル（P(OPh)$_3$）50 mg（0.16 mmol）の乾燥 THF 5 mL 溶液に酢酸エステル 0.26 g（2.0 mmol）を加える．別のフラスコに，マロン酸ジエチル 0.96 g（6.0 mmol）と水酸化ナトリウム 0.15 g（6.0 mmol）を乾燥 THF 5 mL に溶かし，求核剤を調製する．これを上記の反応溶液にシリンジを用いて加え，室温で 2 時間反応させる．反応溶液を水とエーテルの混合物に加え，有機層を水で洗浄する．有機層を濃縮して得た粗生成物をシリカゲルカラムクロマトグラフィー（ヘキサン–酢酸エチル）により精製して，2-エトキシカルボニル-3,3-ジメチル-4-ペンテン酸エチルを得る．収量 365 mg（収率 80%）．

e.　イリジウム触媒を用いた環化付加反応

[2+2+2]環化付加反応による置換ベンゼン誘導体の合成反応では，コバルト，ニッケル，ロジウムならびにルテニウム錯体が効率のよい触媒としてはたらく．イリジウム錯体もこの反応を触媒する[471]が，その特徴は，触媒が取り扱いやすいことや位置選択性が高いこと[472]にある．また，ジインとニトリルを用いると置換ピリジン誘導体を選択的に合成でき[473]，さらに Pauson–Khand 型の［2+2+1］不斉環化付加反応[474]の触媒にもなる．

【実験例　アセチレンジカルボン酸ジメチルと 1-ヘキシンとの［2+2+2］環化付加反応[472a)]】

COOMe–C≡C–COOMe (2 mmol) + H–C≡C–Bu (1.2 mmol) →（[IrCl(cod)]$_2$（1 mol%），DPPE（2 mol%），トルエン, 還流）→ MeOOC, MeOOC, COOMe, H, Bu, COOMe 置換ベンゼン
98%

窒素雰囲気下，$[IrCl(cod)]_2$ 13.4 mg（0.020 mmol，東京化成，Aldrich 社）[470] と DPPE 15.9 mg（0.040 mmol）のトルエン 5 mL 溶液に，1-ヘキシン 0.099 g（1.2 mmol）とアセチレンジカルボン酸ジメチル 0.28 g（2.0 mmol）を加える．この反応溶液を 1 時間加熱還流させる．有機層を濃縮して得た粗生成物をシリカゲルカラムクロマトグラフィー（ヘキサン-酢酸エチル）で精製して，ブチルベンゼンテトラカルボン酸テトラメチルを得る（収率 98%）．このとき，アセチレンジカルボン酸ジメチルの三量体はわずか 2% しか生成しない．

そのほか，イリジウム触媒に特徴的な反応として，異性化反応[475]，芳香族酸塩化物と内部アルキンによる多置換ナフタレン誘導体の合成[476]，酸塩化物の末端アルキンへの付加反応による β-クロロ-α,β-不飽和ケトンの合成反応[477] などが達成されている．

19.3.7 鉄

ニッケル錯体触媒によるクロスカップリング反応が 1972 年熊田・玉尾および Corriu から独立に報告され，同反応の隆盛の端緒となった[478]．一方，その前年の 1971 年に Kochi らが鉄触媒クロスカップリング反応を報告していたが[479]，近年になって，鉄のもつ環境負荷や生体毒性が低い性質に注目が集まるまで 30 年以上もの間，鉄の合成化学的応用は限定的であった[480]．最近，鉄触媒の示す特異な反応性や選択性などの化学的な特徴を活かした有機合成技術の開発が活発に行われている[481]．本項では，鉄触媒クロスカップリング反応による炭素-炭素および炭素-窒素結合生成反応について紹介する．

a. 脂肪族グリニャール反応剤と芳香族塩化物のカップリング反応

Cahiez らは，*N*-メチルピロリドン（NMP）を共溶媒として用いると，Kochi らが報告したハロゲン化アルケニルと種々の脂肪族グリニャール（Grignard）反応剤のカップリング反応の収率，および基質適用範囲が格段に改善されることを見出した[482]．その後 Fürstner らが，この手法が芳香族塩化物や芳香族スルホン酸エステルと脂肪族グリニャール反応剤のカップリング反応に有効であることを示した．ただし，芳香族臭化物やヨウ化物を求電子剤に用いた場合は，求電子剤の還元的脱ハロゲン化が優先し，望みのクロスカップリング生成物は低収率でしか得られない．また，β 水素を有する脂肪族グリニャール反応剤以外（たとえば，メチルおよびフェニルグリニャール反応剤）では，収率が低下するなどの制約がある[483]．

【実験例　脂肪族グリニャール反応剤と芳香族塩化物のカップリング反応[484]】

O
OMe
Cl
臭化ノニルマグネシウム（1.3 当量）
$Fe(acac)_3$（5 mol%）
THF, NMP, 7～10 min, 0℃→室温
O
OMe
79～84%

還流冷却器と滴下漏斗とガラス栓を装着した 250 mL 三つ口フラスコに削状マグネシウム 2.95 g（0.121 mol）と磁気撹拌子を入れ，減圧下穏やかに撹拌しながら加熱乾燥する．室温に冷却後，反応容器内をアルゴン雰囲気に置換し，脱水，脱酸素した THF 20 mL と 1,2-ジブロモエタン 0.30 mL（3.6 mmol）を加える．この懸濁液を十分撹拌しながら，滴下漏斗を用いて 1-ブロモノナンの 0.97 mol L^{-1} THF 溶液 100 mL（97.0 mmol）を穏やかな還流状態が維持するよう約 45 分かけて滴下する．滴下終了後，さらに 20 分間加熱還流し，得られた臭化ノニルマグネシウムを室温まで放冷する．別の 2 L 二つ口フラスコにアルゴン雰囲気下，4-クロロ安息香酸メチル 13.0 g（76.2 mmol），$Fe(acac)_3$ 1.35 g（3.82 mmol），THF 450 mL，NMP 25 mL を 0 ℃ で撹拌し，ここに，調製した臭化ノニルマグネシウムの 0.81 mol L^{-1} THF 溶液 120 mL（97 mmol）を乾燥テフロン（あるいはステンレス）チューブを用いてすばやく加える．このさい，反応溶液は赤色から黒紫色にただちに変化する．反応混合物を室温で 7～10 分間撹拌したのち，ジエチルエーテル 200 mL で希釈し，撹拌しながら 1 mol L^{-1} 塩酸 300 mL を注意深く加えて反応を停止させる．反応混合物を分液漏斗へ移し，ジエチルエーテル 200 mL によって抽出する．有機層を飽和炭酸水素ナトリウム水溶液 300 mL，ついで飽和塩化ナトリウム水溶液で洗浄し，硫酸ナトリウムで乾燥したのち，ロータリーエバポレーターで濃縮する．残渣を短経路蒸留（103～105 ℃/0.013 Pa）で精製して 4-ノニル安息香酸メチルを無色のシロップ状液体として得る．収量 15.8～16.9 g（収率 79～84%，純度 95%）．

b.　芳香族グリニャール反応剤と芳香族塩化物のカップリング反応

クロスカップリング反応によるビアリール合成は，非対称ビアリール構造の構築にもっとも実用性の高い技術であり，ニッケルやパラジウムを触媒として用いてクロスカップリングさせる反応が多く開発されてきた．一方，鉄を触媒とするクロスカップリング反応でビアリールを合成する場合，芳香族グリニャール反応剤の酸化的ホモカップリング反応や求電子剤の還元的脱ハロゲン化が競合するため，芳香族グリニャール反応剤をいったん有機銅反応剤に変換する必要がある[485)]．フッ化鉄と *N*-ヘテロ環状カルベン（NHC）配位子を触媒に用いると，クロスカップリングの選択性が向上し，高選択的な鉄触媒クロスカップリング反応によるビアリール合成が実現している[486)]．金属フッ化物を利用してホモカップリング反応を抑制する方法は，フッ化コバルトやフッ化ニッケルでも同様に有効で，高選択的なクロスカップリング技術として利用可能である[487)]．

【実験例　芳香族グリニャール反応剤とクロロベンゼンのカップリング反応[486]】

Me–C6H4–MgBr (1.3 当量) + Cl–C6H5 —[FeF_3·3 H_2O (3 mol%), SiPr·HCl (9 mol%), EtMgBr (18 mol%) / THF, 0→60℃, 24 h]→ Me–C6H4–Ph 98%

SiPr·HCl

アルゴン雰囲気下反応容器に FeF_3・3 H_2O 150 mg（0.90 mmol）と SIPr・HCl 1.15 g（2.70 mmol）を入れ，0℃に冷やしながら臭化エチルマグネシウムの 1.08 mol L^{-1} THF 溶液 5.00 mL（5.40 mmol）を加える．THF 1.0 mL で反応容器の壁についた付着物を洗い込み，室温で 5 時間撹拌して触媒を調製する．ここへ，クロロベンゼン 3.38 g（30.0 mmol）および臭化 4-トリルマグネシウムの 1.02 mol L^{-1} THF 溶液 38.7 mL（36.0 mmol）を 0℃で加えたのち，60℃に昇温し 24 時間加熱撹拌する．室温まで放冷し，酒石酸ナトリウムカリウム飽和水溶液 60 mL を加えて反応を停止させ．ヘキサンで 5 回抽出し，有機層をフロリジルカラムで沪過したのち，沪液をロータリーエバポレーターで濃縮する．残渣をシリカゲルカラムクロマトグラフィー（ペンタン）で精製し 4-メチルビフェニルを白色固体として得る．収量 4.97 g（収率 98%，純度>98%）．

★留意点

FeF_3・3 H_2O は関東化学，Aldrich 社，SIPr・HCl は和光純薬，東京化成，Aldrich 社などで市販されている．無水物を用いるさいは，不活性ガス雰囲気下で乳鉢を用いて細かくすりつぶしてから使用する．フッ化鉄(II) も同様に使える．

c.　芳香族およびアルケニル有機金属反応剤とハロゲン化アルキルのカップリング反応

ハロゲン化アルキルを求電子剤として用いるクロスカップリング反応は，鉄，コバルト，ニッケル，銅などの第一遷移系列金属を触媒に用いることで効率的に進行する．なかでも鉄は反応性の低い第二級ハロゲン化アルキルとグリニャール反応剤のカップリングでも高い触媒活性を示す．この反応にキレートを形成する *N,N,N′,N′*-テトラメチルエチレンジアミン（TMEDA）やビスホスフィン配位子を添加すると，副生成物であるアルカンおよびアルケンの生成を抑制して収率よくクロスカップリング生成物が得られる[488]．また，グリニャール反応剤以外の求核剤として有機亜鉛，有機アルミニウム，有機ホウ素，有機インジウム反応剤などを用いることも可能であり[489,490]，求電子基質および有機金属反応剤双方にさまざまな官能基を導入しておくことができる．これらの鉄触媒クロスカップリング反応は有機ラジカル中間体を経由することが実験的に示されており[488a]，コバルト[491]やニッケル[492]を触媒とする類似反応と同様，炭素-ハロゲン結合の均等開裂を伴う反応機構で進行すると考えられている．

【実験例　芳香族グリニャール反応剤とブロモシクロヘプタンのカップリング反応[488a)]】

Br–シクロヘプタン → ($FeCl_3$ (5 mol%), THF, 0℃) → (PhMgBr, TMEDA（等モル混合物, 1.3 当量）, 0℃) → Ph–シクロヘプタン 90%

アルゴンまたは窒素雰囲気下 500 mL 三つ口フラスコに無水 $FeCl_3$ の 0.10 mol L^{-1} THF 溶液 25.0 mL（2.5 mmol）とブロモシクロヘプタン 8.85 g（50.0 mmol）を入れ，0 ℃にて撹拌しながら臭化フェニルマグネシウムの 0.93 mol L^{-1} THF 溶液 72 mL（67 mmol）と TMEDA 7.78 g（67.0 mmol）の混合物をガスタイトシリンジとシリンジポンプを用いて 60 分間かけて滴下する．滴下終了後，さらに 10 分間撹拌したのち，飽和塩化アンモニウム水溶液 25.0 mL を加えて反応を停止させる．水層をヘキサンで数回抽出し，合わせた有機層をロータリーエバポレーターで濃縮する．残渣を蒸留（85 ℃/210 Pa）で精製してシクロヘプチルベンゼンを無色液体として得る．収量 8.18 g（収率 90%，ビフェニルを 0.37 g 含む）．

★留意点

・$FeCl_3$ および TMEDA は，和光純薬，関東化学，Aldrich 社などで市販されている高純度品を用いる．$FeCl_3$ が変色するほど水和している場合，塩化チオニルで脱水する．

・芳香族グリニャール反応剤と TMEDA を混合するさいに沈殿物が生じる場合は，TMEDA をあらかじめ反応容器に加えておいて，のちにグリニャール反応剤を滴下してもよい．

・グリニャール反応剤を加えるとき，滴下漏斗を使ってもよい．ただし，撹拌が不十分であったり，溶液の滴下速度が速すぎると，溶液の色が薄黄色から濃赤紫色へ変化し，このときは副生成物が大量に生じる．

【実験例　鉄ビスホスフィン錯体を用いるアルケニルホウ素反応剤とブロモシクロヘプタンのカップリング反応[490b)]】

[t-Bu(ピナコラート)B–CH=CH–Ph]$^-$ Li^+（1.4 当量） + Br–シクロヘプタン（1.0 当量） → ($FeCl_2$(TMS-SciOPP)（10 mol%）, $MgBr_2$（20 mol%）, −78℃, 次に −20℃, 24 h) → Ph–CH=CH–シクロヘプタン 88%

$FeCl_2$(TMS-SciOPP)：Me$_3$Si, SiMe$_3$ 置換アリール基をもつ P–Fe–P 錯体（Fe に Cl, Cl）

$FeCl_2$(TMS-SciOPP)

アルゴン雰囲気下−78 ℃で（*E*)-4,4,5,5-テトラメチル-2-(2′-フェニルエテニル)-1,3,2-ジオキサボロランの 0.30 mol L^{-1} THF 溶液 50.0 mL（15.0 mmol）を撹拌しながらここへ *t*-ブチルリチウムの 1.59 mol L^{-1} ペンタン溶液 8.80 mL（14.0 mmol）を 2〜3 分間かけて加え，撹拌を 30 分間続ける．0 ℃に昇温しさらに 30 分間撹拌したのち，0 ℃減圧下で溶媒を留去する．得られた白色固体を THF 50.0 mL を加えて溶かし−78 ℃に冷却したのち，ここへブロモシクロヘプタン 1.78 g（10.1 mmol），臭化マグネシウム 368 mg（2.0 mmol）および塩化鉄(II）ビスホスフィン錯体［$FeCl_2$(TMS-SciOPP)］575 mg（0.50 mmol，5.0 mol%）を加える．−20 ℃に昇温後，24 時間撹拌したのち，室温まで昇温し，飽和塩化アンモニウム水溶液 10.0 mL を加えて反応を停止させる．ヘキサン抽出を 5 回行い，合わせた有機層をフロリジルカラムにより沪過する．沪液をロータリーエバポレーターで濃縮する．残渣をシリカゲルカラムクロマトグラフィー（ヘキサン）で精製して（*E*)-1-シクロヘプチル-2-フェニルエテンを無色油状体として得る．収量 1.79 g（収率 88%，純度＞99%）．

★留意点

・THF はナトリウムとベンゾフェノンを用いてケチル蒸留したものを使用する．
・$FeCl_2$(TMS-SciOPP）の合成法は文献[490a]を参照．
・塩化鉄 $FeCl_2$ と TMS-SciOPP を反応系中で混合して用いてもよい．
・TMS-SciOPP は和光純薬，$FeCl_2$ は和光純薬，Strem 社，Aldrich 社などから購入可能．
・*t*-ブチルリチウムの代わりに *n*-ブチルリチウムを用いてもよい．
・この反応は立体配置保持で進む．(*Z*)-アルケニルホウ素化合物からは，*Z* 体のカップリング生成物が得られる[490b]．また，芳香族ボロン酸エステルを用いてもカップリング反応が収率よく進行する[490a]．

d.　芳香族臭化物の鉄触媒アミノ化反応によるトリアリールアミン合成

電子材料や医薬品，農薬およびこれらの中間体の合成に，触媒的な炭素-窒素結合生成反応の重要性は高い．2000 年代後半から鉄触媒または鉄と銅をともに用いて芳香族ハロゲン化物をアミノ化できる論文が報告された[493]．臭化リチウムと塩化鉄(II）を触媒とすると，ジアリールアミンから調製したマグネシウムアミドによって芳香族臭化物がアミノ化できる[494]．銅を触媒とする芳香族アミノ化反応では芳香族ヨウ化物がおもに用いられ，とくに電子供与基を有する芳香族臭化物は反応性が低く基質“適用範囲”には限界があった[495]．これに対し，鉄触媒を用いる反応は，このような基質に対しても高収率でアミノ化生成物を与える．また，本反応はジアリールアミンあるいは *N*-シリルアリールアミンなどの第二級アミンに特異的な反応であり，従来のパラジウム[496]や銅[497]を触媒とする手法に比べて，基質適用範囲に制限があるものの，電子材料として有用なトリアリールアミンの合成法として有効である．

【実験例　マグネシウムアミドと 4-ブロモトルエンのカップリング反応[494]】

N−H（2 当量）

EtMgBr（2 当量）, Et_2O, 40℃, 2 h, その後, 溶媒留去

Br−C₆H₄−Me, $FeCl_2$（5 mol%）, LiBr（4 当量）, キシレン, 140℃, 24 h

N−C₆H₄−Me　92%

アルゴン雰囲気下反応容器にジフェニルアミンの 1.0 mol L^{-1} ジエチルエーテル溶液 2.0 mL（2.04 mmol）を入れ，0 ℃ で撹拌しながら，ここへ臭化エチルマグネシウムの 1.45 mol L^{-1} ジエチルエーテル溶液 1.38 mL（2.00 mmol）を加える．40 ℃ で 2 時間加熱撹拌したのち，減圧下で溶媒を留去する．固体状のマグネシウムアミドに LiBr 345 mg（4.0 mmol），無水 $FeCl_2$ 6.3 mg（50 μmol），4-ブロモトルエン 171 mg（1.0 mmol）およびキシレン 4.0 mL を加えて，140 ℃ で 24 時間撹拌する．室温まで冷却し，1 mol L^{-1} 塩酸 2.0 mL を加えて反応を停止させる．水層を酢酸エチルで 4 回抽出し，合わせた有機層をフロリジルカラムで沪過する．沪液をロータリーエバポレーターで濃縮後，残渣をシリカゲルカラムクロマトグラフィー（ヘキサン）で精製して 4-トリルジフェニルアミンを白色固体として得る．収量 237 mg（収率 92%，純度＞99%）．

19.3.8　ルテニウム

ルテニウムは＋8 価から−2 価までの酸化数をとることができる金属であり，有機合成反応において触媒として広く使われている．なかでも酸化反応や水素化反応，Grubbs 触媒や Schrock 触媒，Hoveyda-Grubbs 触媒などを用いたアルケンメタセシス反応，アルキンとアルケンのカップリング反応，アルキンの三量化反応，炭素-炭素不飽和結合が複数関与した骨格再配列反応，また不活性な C−H 結合活性化を利用した官能基導入反応など，さまざまな反応が開発されている．

有機合成反応ではパラジウムやロジウムが多用されていて，有機ハロゲン化物や擬似ハロゲン化物が関与するいろいろな反応が開発されているが，ルテニウム錯体を用いる触媒系では，あまり多く知られていないので開発途上にあるといえる．

a.　ルテニウム触媒を用いる水素化反応

ルテニウムを触媒とするアルケンの水素化では，$RuCl_2(PPh_3)_3$ 錯体を触媒前駆体とする反応や，$RuCl_2(PPh_3)_3$ と水素の反応によって調製できる $RuHCl(PPh_3)_3$ 錯体をいったん単離したのち，触媒として利用する反応がよく研究されている．これらの触媒反応では，末端アルケンの反応は内部アルケンより 1000 倍以上速い[498]．

BINAP などの光学活性配位子をもつルテニウム錯体は，アクリル酸誘導体をはじめとするさまざまなアルケンをエナンチオ選択的に水素化する触媒として広く用いられている．ル

テニウム触媒を用いたアルケンの不斉水素化反応は，25 章に記載されているのでそちらを参考にされたい．

b. ケトンおよびイミン類の水素移動型還元反応

均一系のルテニウム触媒を用いてカルボニル基やイミノ基を還元する方法として，アルコールの水素移動を利用したメーヤワイン-ポンドルフ-バーレー（Meerwein-Ponndorf-Verlay：MPV）型還元反応がある．この反応は，ケトンを第二級アルコールへ，またイミンを対応するアミンへ触媒的に還元する．この MPV 型還元反応のなかでも，不斉配位子をもつルテニウムアミドを触媒に利用する野依らの反応は，光学活性第二級アルコールを合成する信頼性のある手法である．

ここでは，$RuCl_2(PPh_3)_3$ と塩基を組み合わせた触媒系を用いる水素移動型化反応について述べる．この反応は，還元触媒活性の $RuH_2(PPh_3)_3$ を調製するため，K_2CO_3 や NaOH などの塩基が共存する必要がある．還元剤としては，安価なイソプロピルアルコール（IPA）を用いることが多い．この反応によってケトンやイミンを還元し，対応するアルコールやアミンが収率よく得られる．

【実験例　*N*,*N*-ジベンジルアミンの合成[499]】

$$\text{PhCH=NCH}_2\text{Ph} \xrightarrow[\text{IPA}]{RuCl_2(PPh_3)_3,\ K_2CO_3} \text{PhCH}_2\text{NHCH}_2\text{Ph}\ \ 93\%$$

冷却管を取りつけたフラスコに（*E*)-*N*-ベンジリデンベンジルアミン 391 mg（2.0 mmol），$RuCl_2(PPh_3)_3$ 9.6 mg（0.01 mmol），K_2CO_3 13.8 mg（0.1 mmol），イソプロピルアルコール 15 mL を加え 18 時間加熱還流する．この間，反応で副生するアセトンを窒素ガスでゆっくり流して留去する．反応を TLC で追跡し原料の消失を確認*7したのち，溶媒を留去する残渣をジエチルエーテルに溶解し，シリカゲルパッドを通して不溶性の無機塩を取り除く．この溶液に 54% HBF_4 のジエチルエーテル溶液（1.1 当量）を加え，生成物をアンモニウム塩として析出させる．生成した固体を沪過し，ジエチルエーテルで洗浄したのち乾燥させる．*N*,*N'*-ベンジルアニリンの HBF_4 塩を得る（収率 93%）．

c. メタセシス反応

メタセシス反応は，アルケン/アルケン，アルケン/アルキン，アルキン/アルキンなど炭素-炭素不飽和結合をもつ化合物を二つ組み合わせることにより，ポリマー，さまざまな環員数をもつシクロアルケンやシクロアルキン，また鎖状構造をもつアルケンや共役ジエン，アルキンを触媒的に合成する有用な方法である．環状アルケンの開環によるポリマー合成（開環メタセシス（ring-opening metathesis：ROM）），1,*n*-ジエンの閉環による環状化合物合

---

*7　反応追跡を GC で行うと熱的に不安定なイミンの場合，原料消失を正しく確認することができない

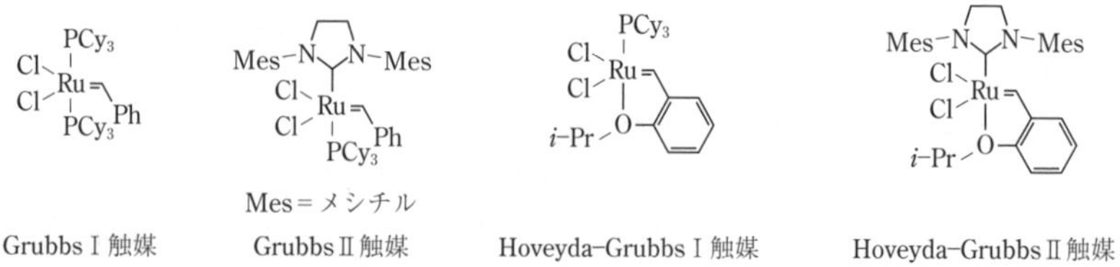

Grubbs Ⅰ 触媒　　Grubbs Ⅱ 触媒（Mes＝メシチル）　　Hoveyda–Grubbs Ⅰ 触媒　　Hoveyda–Grubbs Ⅱ 触媒

図 19.9　代表的な Grubbs 触媒および Hoveyda–Grubbs 触媒

成（閉環メタセシス（ring closing metathesis：RCM）），異なるアルケン間での反応による炭素鎖が伸長したアルケンの合成（クロスメタセシス（cross metathesis：CM））など，多様な炭素–炭素不飽和結合生成に利用されている．これらメタセシス反応は，用いる化合物の構造に応じて触媒を適切に選択する必要がある[500]．たとえば，末端アルケン間でのメタセシス反応には，Grubbs I，II 触媒（図 19.9）の両方とも活性であるが，立体的込合いが大きいアルケンを用いる場合には，Grubbs I 触媒の活性がきわめて低いのに対して，Grubbs II 触媒は高い反応性を示す．Grubbs 触媒をもとにして，反応性は Grubbs I，II 触媒と同等ながらも水や空気に安定でエーテル配位子をもつ Hoveyda–Grubbs I や Hoveyda–Gruss II 触媒（図 19.9）が開発されている[501]．

（i）閉環メタセシス反応

【実験例　1-*t*-ブトキシカルボニル-1,2,3,6-テトラヒドロピリジンカルボン酸メチルの合成[502]】

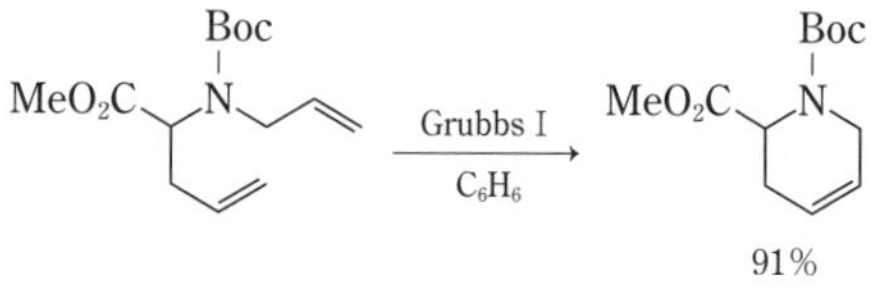

Grubbs Ⅰ, C_6H_6　91%

アルゴン雰囲気下，2-(アリル(*t*-ブトキシカルボニル)アミノ)-4-ペンテン酸メチル 170 mg（0.636 mmol）を脱水，脱気したベンゼン 7 mL に溶解し，ここへ Grubbs I 触媒 29 mg（0.032 mmol）を加え，25 ℃ で 2 時間撹拌する．反応溶液を濃縮し，残渣をシリカゲルカラムクロマトグラフィー（内径 1.5 cm，カラム長 12 cm，展開溶媒：酢酸エチル–ヘキサン（5% → 20%））で精製して，1-*t*-ブトキシカルボニル-1,2,3,6-テトラヒドロピリジンカルボン酸メチルを無色透明な油状物質として得る．収量 139 mg（収率 91%）．

（ii）アルケンのクロスメタセシス反応　　メタセシス反応が有機合成のきわめて重要な手法と考えられている理由の一つは，異種アルケンを選択的に結合させることを可能にしたことである．Grubbs らは，メタセシス反応に関する反応性に応じてアルケンを，（1）ホモメタセシスが速い，（2）ホモメタセシスが遅い，（3）ホモメタセシスは起こらないがクロスメタセシス反応を起こす，（4）メタセシス反応を起こさない，の四つに分類し，それらを適宜組み合わせてアルケンのクロスメタセシス反応を選択的に実施する方法を確立した．

【実験例　酢酸 4-フェニル-2-ブテン-1-イルの合成[503)]】

Grubbs I

CH_2Cl_2

AcO　OAc　OAc

80%

Grubbs I 触媒 11 mg（0.014 mmol）のジクロロメタン溶液 2.5 mL に，二酢酸 *cis*-2-ブテン-1,4-ジイル 160 μL（1.0 mmol）とアリルベンゼン 55 μL（0.5 mmol）をシリンジで一気に加え，12 時間加熱還流したのち，反応混合物を 0.5 mL まで濃縮する．残渣をシリカゲルカラムクロマトグラフィー（シリカゲル 60，メッシュ 230～400，内径 20 mm，カラム長 100 mm，ヘキサン-酢酸エチル（9：1））で精製して目的物を淡黄色油状化合物として得る．収量 76 mg（収率 80%，トランス/シス＝3.2：1）．Grubbs II 触媒を用いて同条件で反応させると同生成物を得る（収率 80%，トランス/シス＝7：1）．

d.　炭素-水素結合の活性化を経る反応

炭素-水素結合はどの有機化合物にも存在する結合であるが，通常は不活性であるため合成の有用官能基として利用できないと考えられていた．1990 年代になって，炭素-水素結合を利用する選択的触媒反応が開発されて，この分野が飛躍的に発展した．2010 年代初頭には有機合成の革新的方法として確立している．これが合成反応に利用できるようになったのは，高い選択性が実現できたからである．そのための工夫としての手法が二つある．一つは基質にあるヘテロ原子が金属へ配位したのち，近傍の炭素-水素結合を低原子価金属が酸化的付加して切断する方法である．

DG　H　MX_n　DG　MX_n　H　または　DG　MX_{n-1}

もう一つは，酸性度の高い炭素-水素結合を金属で切断（メタル化）する方法である．

Z　X　H　MX_n　Z　X　MX_n　H　または　Z　X　MX_{n-1}

Z＝N, CH

X＝NR, O, S, CH_2 など

炭素-水素結合切断を経て導入できる官能基の種類は豊富である．現在では，パラジウム触媒と有機ハロゲン化物を利用する変換反応に耐える官能基はほとんどすべてが，この炭素-水素結合切断でも利用可能である．現時点における解決すべきおもな問題は触媒量の低減化と適用できる基質の範囲拡大に絞られている．

（i）芳香族化合物のアルケンによるアルキル化反応　芳香環にアルキル基を導入する

方法としてフリーデル-クラフツ（Friedel-Crafts）アルキル化，芳香族ハロゲン化物と典型金属のアルキル化合物とのカップリング，芳香族ケトンや芳香族アルケンの還元などがある．しかし反応の選択性が制御困難であったり，結合形成位置に反応性の高い官能基をあらかじめ導入しておく必要がある．このような欠点を克服する合成手法として，芳香族化合物の炭素-水素結合を直接アルケンへ付加させる反応が開発されている．この反応では，芳香族基質の炭素-水素結合の低原子価金属への酸化的付加，アルケンの挿入，還元的脱離を経ることによって生成物になる．触媒活性を示す金属錯体のなかでもルテニウムやロジウム錯体はとくに高い活性を示す．ここでは，芳香族ケトンとアルケンのルテニウム触媒反応によるオルト位アルキル化反応を紹介する．

【実験例　8-[2-(トリエトキシシリル)エチル]-1-テトラロンの合成[504]】

+ $Si(OEt)_3$ —— $RuH_2(CO)(PPh_3)_3$ / トルエン → $(EtO)_3Si$ …

92〜96%

冷却管をつけた 100 mL 二つ口フラスコに $RuH_2(CO)(PPh_3)_3$ 0.918 g（1.00 mmol），CaH_2 で乾燥蒸留した脱水トルエン 20 mL，同じく CaH_2 で乾燥蒸留したトリエトキシビニルシラン 20.93 g（110 mmol），1-テトラロン 14.62 g（100 mmol）をラバーセプタムを通して加える．この混合物を 135 ℃ で 30 分間加熱還流する．反応混合物を減圧下で濃縮し，残渣を減圧蒸留（133〜135 ℃/0.2 mmHg）して 8-[2-(トリエトキシシリル)エチル]-1-テトラロンを得る．収量 31〜32.5 g（収率 92〜96%）．

(ii) 芳香族化合物のアリール化反応　芳香族化合物の炭素-水素結合切断を利用して触媒的にアリール基を導入できる．アリール化剤として，ハロゲン化物，擬ハロゲン化物，カルボン酸類，有機金属反応剤，ならびに芳香族化合物が使える．この型の反応にはパラジウム触媒が多用されているが，ルテニウム触媒もアリール化反応に有効である．芳香族炭素-水素結合のアリール化反応は，水素を有機基で置換するので，酸化剤を共存させて行う必要がある．芳香族ハロゲン化物を用いる反応では，これが金属へ酸化的付加するので，酸化剤として機能する．芳香族化合物どうしのカップリング反応では，銅(II) や銀(I) などを酸化剤として用いて，触媒活性を示す高原子価金属を再生する．ここでは，芳香族ハロゲン化物を用いて芳香族化合物をアリール化する反応の例を紹介する．

【実験例　4,5-ジヒドロ-2-[1,1′:3′,1″-テルフェニル]-2′-イル-オキサゾールの合成[505]】

+ Br —— $[RuCl_2(\eta^6\text{-}C_6H_6)]_2$, PPh_3 / K_2CO_3, NMP → Ph … Ph

>99%

アルゴン雰囲気下，$[RuCl_2(\eta^6\text{-}C_6H_6)]_2$ 6.3 mg（0.0126 mmol），2-フェニルオキサゾール 74 mg（0.503 mmol），ブロモベンゼン 196.2 mg（1.25 mmol），炭酸カリウム 138.6 mg（1.0 mmol）を NMP 1 mL 中で混ぜ，120 ℃ で 20 時間撹拌する．反応液をジエチルエーテル 30 mL で希釈したのち，水 20 mL で 3 回洗浄する．合わせた有機層を硫酸ナトリウムで乾燥，沪過，減圧濃縮する．残渣をシリカゲルフラッシュカラムクロマトグラフィー（ヘキサン-酢酸エチル（2：1））で精製して目的物を結晶として得る．収量 150.5 mg（収率>99%，融点 140.6～141.2 ℃）．

e.　アルケン類の環化異性化反応

同一分子に炭素-炭素不飽和結合部位を複数もつ化合物を，適切な遷移金属錯体触媒存在下で反応させると，環骨格形成と二重結合の異性化が起こり，環状のアルケンや環状のジエンを生成する．この種の反応は，ジエンおよびエンイン，アレンインの環化異性化反応とよばれており，比較的入手容易な出発物質から複雑な環骨格が構築できるため，有用性が高い．ルテニウムだけでなく，パラジウム，白金，ロジウムなどさまざまな遷移金属錯体を触媒に用いることができる．同じ出発物質であっても，用いる触媒や添加剤が異なると反応経路が変わり，別構造の生成物が得られる場合がある．

【実験例　3-エテニル-3-シクロペンテン-1,1-ジカルボン酸ジエチルの合成[506)]】

EtO_2C / EtO_2C —[$[RuCl_2(CO)_3]_2$ / トルエン，CO]→ EtO_2C / EtO_2C

96%

冷却管と吹込み管をとりつけた 10 mL 二つ口フラスコにテフロン製磁気撹拌子を入れ，装置全体を加熱乾燥する．窒素雰囲気下で室温まで冷却したのち，フラスコに $[RuCl_2(CO)_3]_2$ 20 mg（0.04 mmol）を入れる．装置に一酸化炭素風船をつないで装置内を一酸化炭素で置換する．このフラスコの中に，ラバーセプタムを通してトルエン 5 mL と 2-アリル-2-(2-プロピン-1-イル)マロン酸ジエチル 238 mg（1.00 mmol）を入れる．生じた溶液を一酸化炭素 1 気圧雰囲気下 80 ℃ で 12 時間加熱撹拌する．反応液を減圧下で濃縮し，残渣をシリカゲルカラムクロマトグラフィー（ヘキサン-酢酸エチル（7：1））で精製して目的のビニルシクロペンテンジカルボン酸ジエチルを無色油状物として得る．収量 228 mg（収率 96%）．

f.　アルキンを用いた環化反応

アルキンを用いる環形成反応は，カップリングの相手に応じてさまざまな環骨格を形成することができる．たとえば，アルキンの [2+2+2]型環化三量化反応によってベンゼン環やピリジン環ができる．一酸化炭素やイソニトリルを用いると [2+2+1]型の環化反応でシクロペンタジエノンやそのイミンが生成する．

（i）アルキンの環化三量化反応　アルキンの三量化反応で置換ベンゼン環を一挙に構

築することができる．アルキン2分子とニトリル1分子を反応させるとピリジン環が生成する．異なるアルキンを用いて反応を行う生成物に複数の種類ができる可能性があるので，選択性を向上させることが重要である．交差三量化反応の場合，ジインとアルキンの組合せで反応を行うと選択性よく環化させることができる．この場合，非対称のジインを用いるとベンゼン環の置換基の位置が異なる異性体も生成するため，反応条件を適切に設定する必要がある．

【実験例　5-ブチル-1*H*-インデン 2,2(3*H*)-ジカルボキン酸ジエチルの合成[507]】

EtO_2C, EtO_2C + C_4H_9 $\xrightarrow[ClCH_2CH_2Cl]{(\eta^5\text{-}C_5Me_5)RuCl(cod)}$ EtO_2C, EtO_2C, C_4H_9

94%

1-ヘキシン 212 mg（2.0 mmol），$(\eta^5\text{-}C_5Me_5)RuCl(cod)$ 1.9 mg（0.005 mmol）の乾燥脱気した 1,2-ジクロロエタン溶液 2 mL に，2,2-ジ(2-プロピン-1-イル)マロン酸ジエチル 99.2 mg（0.42 mmol）の乾燥脱気 1,2-ジクロロエタン溶液 3 mL を加え，反応混合物を室温で 15 分間撹拌する．反応溶液を減圧下で濃縮したのち，残渣をシリカゲルフラッシュカラムクロマトグラフィーで精製して，目的物を淡黄色油状物として得る．収量 126 mg（収率 94%）．

(ii) アルキン/アルケン/一酸化炭素の［2+2+1］型環化反応（Pauson-Khand 型反応） 遷移金属錯体触媒共存下にアルキンとアルケン，一酸化炭素を反応させると［2+2+1］型環化が進行し，シクロペンテノン類が得られる．この反応は Pauson-Khand 反応とよばれていて，当初は $Co_2(CO)_8$ を化学量論量用いていた（19.3.4 項参照）．入手容易なアルケンやアルキンからシクロペンテン類が1工程で得られる有用な反応であるため，$Co_2(CO)_8$ の触媒化のみならずいろいろな遷移金属錯体を用いて検討され，エンインと一酸化炭素に $Ru_3(CO)_{12}$ を触媒量使うと良好な収率で二環性シクロペンテノンが得られるようになった．

【実験例　3,3a,4,5-テトラヒドロ-5-オキソ-6-(トリメチルシリル)-2,2(1*H*)-ペンタレンジカルボン酸ジエチルの合成[508]】

EtO_2C, EtO_2C, $SiMe_3$ + CO $\xrightarrow[\text{ジオキサン}]{Ru_3(CO)_{12}}$ EtO_2C, EtO_2C, $SiMe_3$, O

90%

50 mL ステンレス製オートクレーブに 1-(トリメチルシリル)-6-ヘプテン-1-イン-4,4-ジカルボン酸ジエチル 310 mg（1.00 mmol），1,4-ジオキサン 5 mL，$Ru_3(CO)_{12}$ 13 mg（0.02 mmol）を入れる．一酸化炭素を 10 atm 圧入したのち，これを放出する操作を3回行い，オートクレーブ内を一酸化炭素で置換する．最後に室温で一酸化炭素を 10 atm 圧入し，160 ℃ で 20 時間加熱して反応させる．反応溶液を室温に戻したのち，一酸化炭素を放出する．内容物を丸底フラスコに移したのち，オートクレーブ内をジクロロメタンで洗浄し，その洗液もフラスコに入れる．これを減圧下濃縮し，残渣をシリカゲルカラムクロマトグラフィー（ヘキサン-ジエチルエーテル（2：1））で精製して目的二環性化合物を白色固体として得る．収量 334 mg（収率 90%）．

(iii) ジインと酸素求核剤との反応　ジインとルテニウムが［2+2+1］型で酸化的環化するとルテナシクロペンタジエンが生成する．この中間体炭素-ルテニウム結合が水と反応して，いったんエノール中間体を経由し，環状の共役エノンが生成する．この反応でアルコールを求核剤に用いると，ビニルエーテルが生成する．この反応にはカチオン性の錯体（$[(\eta^5\text{-}C_5H_5)Ru(CH_3CN)_3]PF_6$）が高い触媒活性をもつ．

【実験例　1-(4-エチル-1-トシル-2,5-ジヒドロ-1*H*-ピロール-3-イル)エタノンの合成[509]】

Ts−N(ジイン) + H_2O —$[(\eta^5\text{-}C_5H_5)Ru(CH_3CN)_3]PF_6$, $ClCH_2CH_2Cl$→ Ts−N(生成物)　99%

キャップ付き試験管に *N,N*-ジ(2-ブチン-1-イル)-4-メチルベンゼンスルホンアミド（0.3 mmol），アセトン 3 mL，水 0.3 mL，$[(\eta^5\text{-}C_5H_5)Ru(CH_3CN)_3]PF_6$ 6.5 mg（0.015 mmol）を入れたのちアルゴン置換する．生成するオレンジ色の溶液を 60 ℃ で 2 時間反応させる．反応の進行を TLC で追跡し，原料消失を確認したのち反応を停止させる．ジエチルエーテルを展開溶媒として，反応混合物すべてをシリカゲルのパッドを通して不溶物を取り除く．沪液を濃縮し，残渣をシリカゲルカラムクロマトグラフィーで精製して目的物を得る（収率 99%）．

g. ビニリデン錯体を経る分子変換

末端アルキンの異性体の一つであるビニリデンの金属錯体はきわめて反応性が高いカルベン錯体である．したがって遊離のビニリデンを調製して直接有機合成に利用することは困難であるが，遷移金属へ配位した安定錯体なら有機合成反応に利用することができる．実際，末端アルキンとルテニウム錯体との反応により，アルキンが異性化したルテニウムビニリデン錯体になることが知られており，その累積二重結合に特徴的な反応を利用した触媒反応がいくつか報告されている．

(i) 末端アルキンとアルケンのカップリング　ビニリデンルテニウム錯体のカルベン部位は，アルケンの炭素-炭素二重結合と［2+2］型の付加反応を起こし，ルテナシクロブタン型中間体を形成する．これが β-水素脱離をして π-アリル(ヒドリド)ルテニウム中間体となり，つづいて還元的脱離を経てアルケンとアルキンのカップリングした共役ジエンが生成する．このさい，炭素-炭素結合生成の立体化学は，アルキンの置換基とシスになる．

【実験例　(1*Z*,3*E*)-デカ-1,3-ジエン-1-イルベンゼンの合成[510)]】

+ C_6H_{13} —[(η^5-C_5H_5)RuCl(PPh_3)$_2$, $NaPF_6$ / ピリジン]→ C_6H_{13} + C_6H_{13}

85 : 15

77%

フラスコに（η^5-C_5H_5）RuCl（PPh_3）$_2$ 17.8 mg（0.0245 mmol），$NaPF_6$ 4.9 mg（0.029 mmol），フェニルアセチレン 50.0 mg（0.49 mmol），1-オクテン 549 mg（4.9 mmol），ピリジン 1.5 mL を加え，不活性ガス雰囲気下 100 ℃ で 10 時間加熱して反応させる．室温まで冷ました反応溶液を，フロリジルパッドを通して不溶物を除去する．沪液をシリカゲル分取 TLC（ヘキサン）で精製して目的ジエンを得る．収量 80.3 mg（収率 77%，85：15 混合物）．この混合物を分取 HPLC により（1*Z*,3*E*)-デカ-1,3-ジエン-1-イルベンゼンと（*Z*)-(3-メチレン-1-ノネン-1-イル)ベンゼンそれぞれを分離することができる．

(ii) 末端アルキンへのヘテロ求核剤の付加　金属に結合したビニリデン配位子部位のカルベン炭素は反応性がケテンとよく似ていて，水やアルコール，カルボン酸の酸素原子やアミンの窒素原子などヘテロ原子が求核攻撃しやすい．ここでは，末端アルキンへの水の付加を経るアルデヒドの触媒的合成反応を紹介する．

【実験例　ヘキサナールの合成[511)]】

H_9C_4 + H_2O —[(η^5-C_5H_5)RuCl(dppm) / IPA]→ H_9C_4 H O

95%

蓋付きの 16 mL バイアルに 1-ヘキシン 82.1 mg（1.00 mmol），（η^5-C_5H_5）RuCl（dppm）5.9 mg（0.01 mmol），水 0.75 mL，イソプロピルアルコール 2.5 mL を加え，アルゴン雰囲気下 100 ℃ で 12 時間加熱して反応させる．反応溶液にジエチルエーテル 5 mL を加えたのち，硫酸ナトリウムを加えて溶液を乾燥する．乾燥剤を沪過したのち，沪液を濃縮し，残渣をクーゲルロール蒸留で精製してヘキサナールを得る（収率 95%，GC 収率＞99%）．

19.3.9　マンガン，レニウム

マンガンやレニウム錯体は昔から数多く知られているが，それらを有機合成反応の触媒として用いる例は，酸化反応以外は少なかった．しかし近年，有機合成反応で多用されているパラジウムやロジウム，ルテニウムなどの遷移金属触媒と同様，マンガンやレニウム錯体もさまざまな反応の触媒としてはたらくことが明らかになり，これらを用いないと進行しない反応もいくつか報告されている[512)]．以下に，代表的な反応例を示す．

a. 芳香族性 C−H 結合活性化を経る変換反応

光照射下 Cp*Re(CO)$_3$ 触媒を用いると，アルカン末端のみが C(sp^3)−H ボリル化反応をする[513]．レニウム触媒を用いる以下のような C (sp^2)−H 結合の変換反応も報告されている．レニウム触媒 [ReBr(CO)$_3$(thf)]$_2$ を用いると，芳香族イミンのオルト位 C−H 結合へ不飽和分子が挿入し，つづいて分子内求核的環化反応が進行する．不飽和分子として，アルキン，アクリル酸エステル，イソシアナートおよびアルデヒドを用いると，アミノインデン誘導体[514]，インデン誘導体[515]，フタルイミジン誘導体[516] およびイソベンゾフラン誘導体[517] がそれぞれ高収率で得られる．

【実験例　1-フェニル-3-(4-メトキシフェニル)イソベンゾフランの合成[517]】

Ph, N, +, O, H, MeO, [ReBr(CO)$_3$(thf)]$_2$ 触媒, MS 4A, O, 91%, OMe

[ReBr(CO)$_3$(thf)]$_2$ 53 mg（0.063 mmol）およびモレキュラーシーブ 4A 1.0 g に *N*-ベンジリデンアニリン 0.64 g（2.5 mmol）と 4-メトキシベンズアルデヒド 0.68 g（5.0 mmol）のトルエン溶液 5.0 mL を加え，全体を 115 ℃ で 24 時間加熱撹拌する．あらかじめアルゴンでバブリングしたシリカゲルとヘキサンを用いてつくったカラム（遮光のためにアルミニウム箔を巻いておく）に反応液を直接流し込み，ヘキサンで展開する．黄色蛍光成分を分取し，減圧下で溶媒を留去すると，目的のイソベンゾフランを黄色蛍光性固体として得る．収量 0.68 g（収率 91%）．

b. オレフィン性 C−H 結合活性化を経る変換反応

レニウム触媒 Re$_2$(CO)$_{10}$ 存在下，α,β-不飽和イミンとアクリル酸エステルを反応させると，金属錯体の配位子前駆体として有用な多置換シクロペンタジエン誘導体が生成する[518]．

c. フェノールのアルキル化反応

レニウム触媒 Re$_2$(CO)$_{10}$ と末端アルケンをフェノールに作用させると，オルト位にアルキル鎖を一つだけ導入できる[519]．1,1-二置換アルケンや共役ジエンでは，パラ位選択的に反応する．

【実験例　4-メトキシ-2-(1-メチルヘプチル)フェノールの合成[519]】

OH, OMe, +, *n*-C$_8$H$_{17}$, Re$_2$(CO)$_{10}$ 触媒, OH, *n*-C$_8$H$_{17}$, OMe, 95%

4-メトキシフェノール 310 mg（2.5 mmol），1-デセン 526 mg（3.75 mmol），$Re_2(CO)_{10}$ 41.0 mg（63 μmol）およびトルエン 1.25 mL の混合物を 135 ℃ で 24 時間撹拌する．減圧下で溶媒を留去し，シリカゲルカラムクロマトグラフィー（ヘキサン-酢酸エチル（10：1））で精製して目的物を得る．収量 0.66 g（収率 95%）．

d.　炭素-炭素結合切断を経る変換反応

レニウムやマンガンを触媒にして，環状 β-ケトエステルを末端アルキンと反応させると，カルボニル炭素と α 炭素との間にアルキンが挿入する[520]．同様の挿入反応は，鎖状 β-ケトエステルでも進行し，対応する不飽和 δ-ケトエステルをオレフィンの位置および立体異性体の混合物として生じるとともに，2-ピラノン誘導体が副生する[521]．反応条件を検討することにより，2-ピラノン誘導体が高収率で得られる[522]．

【実験例　3,6-ジメチル-4-フェニル-2-ピラノンの合成[522]】

+ Ph——H　1) $[ReBr(CO)_3(thf)]_2$ 触媒　MS 4A　2) n-Bu_4NF 触媒

95%

2-メチルアセト酢酸エチル 0.36 g（2.5 mmol），フェニルアセチレン 0.31 g（3.0 mmol），$[ReBr(CO)_3(thf)]_2$ 53 mg（0.063 mmol）および粉末状のモレキュラーシーブ 4A 0.11 g とトルエン 5.0 mL を反応容器に入れ，80 ℃ で 8 時間撹拌する．室温まで冷却し，フッ化テトラブチルアンモニウムの 1 mol L^{-1} THF 溶液 0.12 mL を加え，8 時間撹拌する．反応終了後，減圧下で溶媒を留去する．シリカゲルカラムクロマトグラフィー（ヘキサン-酢酸エチル（5：1））で精製して，目的物を得る．収量 0.48 g（収率 95%）．

e.　環化反応

アルキン部位とシロキシジエンを含む分子に光照射下レニウム触媒 $ReCl(CO)_5$ を作用させると，環化反応が連続的に進行し，ビシクロ[3.3.0]オクタン骨格の化合物が得られる[523]．

【実験例　(((3aR,6aR)-3,3a-ジメチル-3,3a,6,6a-テトラヒドロペンタレン-1-イル)オキシ)トリイソプロピルシランの合成[523]】

TIPSO　$ReCl(CO)_5$ 触媒　$h\nu$　MS 4A　TIPSO H

92%（α/β = 75：25）

$ReCl(CO)_5$ 0.7 mg（0.0029 mmol）とモレキュラーシーブ 4A の混合物に（(2E,4Z)-デカ-

2,4-ジエン-8-イン-4-イロキシ)トリイソプロピルシラン 119 mg（0.39 mmol）のトルエン溶液 1.2 mL を加える．この混合物を撹拌しながら，250 W 超高圧水銀ランプで 1.5 時間光照射する．反応溶液を 5 wt% の水で不活性化したシリカゲルを充填したカラム（ヘキサン）で精製して，目的物を得る．収量 109 mg（収率 92%，α/β=75：25）．

f.　付加環化反応

マンガン触媒 $MnBr(CO)_5$ を用いると，β-ケトエステル 1 分子と末端アルキン 2 分子が [2+2+2] 付加環化反応をして，四置換ベンゼンが位置選択的に生成する[524]．この反応では，アルキン由来の置換基二つがパラ位に選択的に導入される．なお，同様の付加環化反応は，β-ケトエステルの代わりに 1,3-ジケトン[524] や 1,3-ジエステル[525] を用いても進行する．

【実験例　3′-メチル-[1,1′:4′,1″-テルフェニル]-2′-カルボン酸エチルの合成[524a]】

O O / OEt + Ph—≡ → $MnBr(CO)_5$ 触媒, MS 4A → HCl, Et_2O → Ph, O, OEt, Ph

73%

アセト酢酸エチル 1.04 g（8.00 mmol），フェニルアセチレン 2.04 g（20.0 mmol），MnBr-$(CO)_5$ 109 mg（0.400 mmol）およびモレキュラーシーブ 4A 125 mg の混合物を 80 ℃ で 24 時間撹拌する．反応混合物に塩化水素の飽和ジエチルエーテル溶液 8.0 mL を加えて反応を停止させ，減圧下で溶媒を留去する．シリカゲルカラムクロマトグラフィー（ヘキサン-酢酸エチル（20：1））で精製して，目的物を白色固体として得る．収量 1.85 g（収率 73%）．

19.3.10　クロム，モリブデン，タングステン

6 族金属化合物を触媒として用いる反応は，その酸化状態に応じていくつかの種類に分類することができる．以下，それぞれの代表的反応例を紹介する．

a.　金属カルボニル錯体を触媒とする反応

6 族金属 0 価のカルボニル錯体は，そのカルボニル配位子の強い電子求引性によりアルキンを求電子的に活性化する．さらに，これに求核剤が付加して生じるアルケニル金属中間体は，基質によってはその金属の β 位で求電子剤と反応し，カルベン錯体中間体を生じる．これは 1,2-水素移動，C−H 挿入反応などカルベン錯体特有の反応をして，生成物を生じると同時に触媒を再生する．末端アルキンの場合には，π 錯体が可逆的にビニリデン錯体へ異性化する経路が存在する[526]．これらの特徴を活かした触媒反応が，以下に示すように数例報告されている．

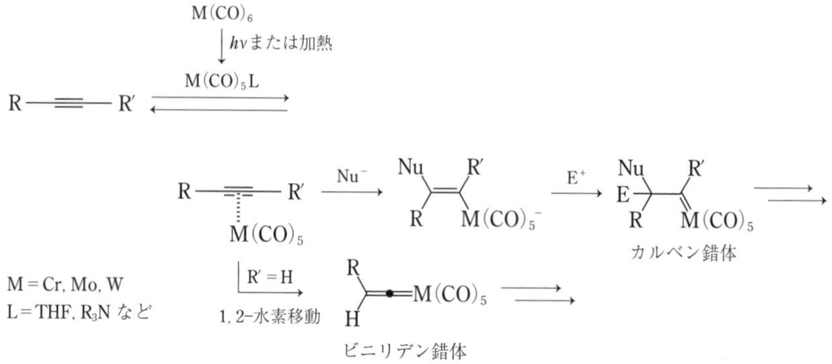

M(CO)$_6$
$h\nu$または加熱
M(CO)$_5$L
R—≡—R′ ⇄

R—≡—R′ (…M(CO)$_5$) → Nu$^-$ → Nu, R′, R, M(CO)$_5^-$ → E$^+$ → Nu, E, R, R′, M(CO)$_5$ ⟶
カルベン錯体

M = Cr, Mo, W
L = THF, R$_3$N など

R′ = H
1, 2−水素移動 → R, H, =•=M(CO)$_5$ ⟶
ビニリデン錯体

たとえば，内部アルキンの求電子的活性化とカルベン錯体生成を利用した触媒反応として，内部アルキン部位をもつシロキシジエンからのビシクロ環化合物の合成が報告されている[527]．

【実験例　アルキンの求電子的活性化を利用する環化反応[527]】

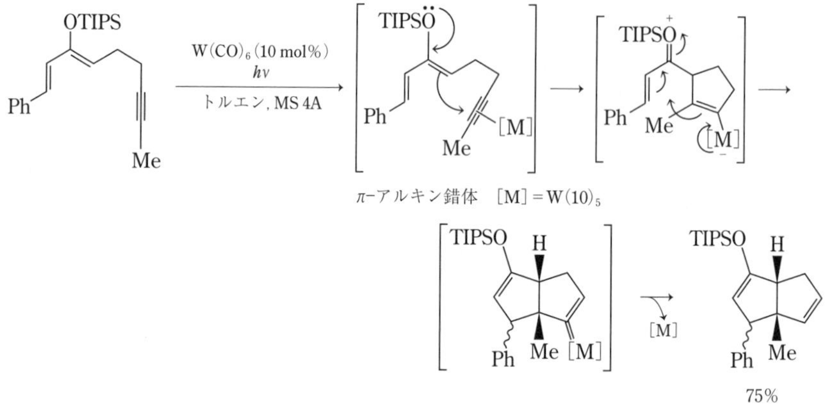

OTIPS, Ph, Me → W(CO)$_6$ (10 mol%), $h\nu$, トルエン, MS 4A → [TIPSÖ, Ph, [M], Me] → [TIPSO$^+$, Ph, Me, [M]$^-$] →

π−アルキン錯体　[M] = W(10)$_5$

[TIPSO, H, Ph, Me, [M]] → −[M] → TIPSO, H, Ph, Me
75%

W(CO)$_6$ 13.6 mg（0.039 mmol，10 mol%）と直前に減圧下ヒートガンで乾燥したモレキュラーシーブ 4A 100 mg の混合物に基質のシロキシジエン 186 mg（0.38 mmol）の直前に脱気したトルエン溶液 1.9 mL を加える．この混合物を，TLC で原料の消失が確認できるまで 250 W 超高圧水銀ランプで光照射する．反応溶液をいったん 5 wt% の水で不活性化したシリカゲルを少量用いて沪過（ヘキサン−酢酸エチル（9：1））したのち，残渣をシリカゲル TLC（ヘキサン−酢酸エチル（9：1））で精製してビシクロ[3.3.0]オクタン誘導体を得る．収量 140 mg（収率 75%，α/β=90：10）．

また，末端アルキンから生成するビニリデン錯体を利用した触媒反応として，芳香族エンインからの縮合芳香族化合物の合成が報告されている[528]．

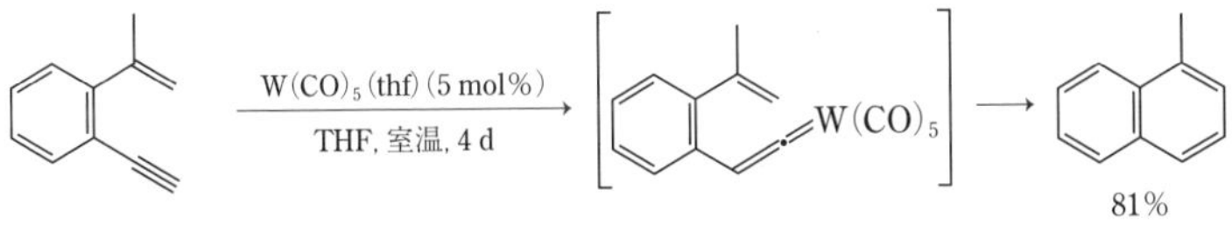

W(CO)$_5$(thf)(5 mol%)
THF, 室温, 4 d
W(CO)$_5$
81%

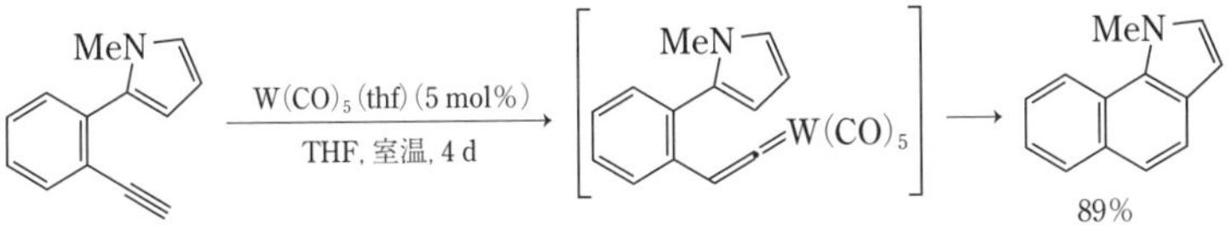

MeN
W(CO)$_5$(thf)(5 mol%)
THF, 室温, 4 d
W(CO)$_5$
89%

アレーンクロム錯体はそれ自身特徴的な反応性を示す錯体であるが，1,3-ジエンのアルケンへの接触水素化反応の触媒としても使える[529]．一般に制御困難な部分還元を実現することのできる有用な反応である．

【実験例　ジエンの部分還元[530]】

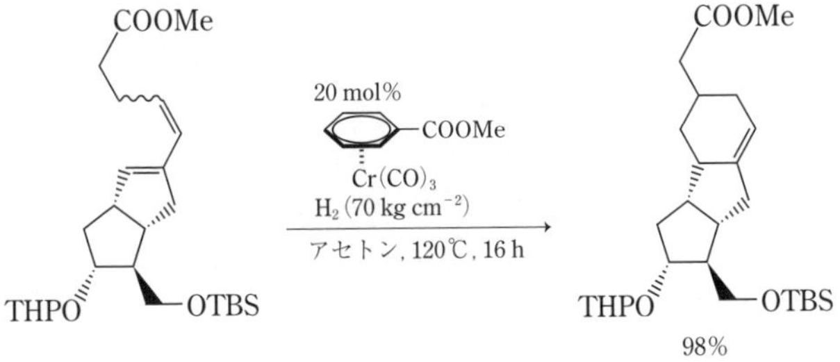

COOMe
20 mol%
COOMe
Cr(CO)$_3$
H_2(70 kg cm^{-2})
アセトン, 120℃, 16 h
THPO　OTBS
98%

表記ジエン 495 mg（1.07 mmol）と安息香酸メチル-トリカルボニルクロム 58 mg（0.21 mmol）のアセトン溶液を脱気したのち，アルゴン雰囲気下ガラス製内挿管（100 mL）付きオートクレーブに移す．オートクレーブ内を数回水素により置換したのち，70 kg cm^{-2} の水素圧下 120 ℃ で 16 時間加熱撹拌する．室温まで冷却後反応混合物を空気と光にばく露して触媒を分解する．溶媒を留去し残渣をシリカゲルカラムクロマトグラフィー（エーテル-ヘキサン（1：10～1：5））で精製してエキソオレフィンを得る．収量 486 mg（収率 98%）．オレフィンの位置異性体が微量含まれている．

b.　メタセシス反応

Schrock らの開発したモリブデンカルベン錯体は，メタセシス反応の触媒として利用されている．汎用性の観点からは Grubbs らのルテニウム錯体のほうが広く使われているが，モリブデン錯体は一般に反応性が高く，Grubbs 触媒に対しては反応性の低い基質でもよい結果が得られることがある[531]．これらは市販されているが，空気や水に対して十分な注意が必要である．

【実験例　閉環メタセシス[532]】

Schrock 触媒 (4 mol%)
ベンゼン, 20℃, 1 h

86%

Schrock 触媒
R = CMe$(CF_3)_2$

アルゴン雰囲気下，Schrock カルベン錯体 15 mg（0.020 mmol）の無水ベンゼン 17 mL 溶液に基質ジエニルアミン 122 mg（0.50 mmol）を加え，20 ℃ で 1 時間撹拌する．反応溶液を空気にばく露したのち濃縮し，残渣をフラッシュカラムクロマトグラフィー（酢酸エチル-ヘキサン（酢酸エチル 0 → 25%））で精製して環化体を得る．収量 81 mg（収率 86%）．

c.　高原子価錯体を触媒とする反応

高原子価 6 族金属錯体を触媒として用いる反応としては，酸化反応が代表的である．タングステン酸塩（Na_2WO_4 など）自身は酸化力が低いが，過酸化水素との反応により生じるペルオキソ錯体は各種有機化合物の優れた酸化剤となる．タングステン酸塩と過酸化水素を組み合わせて用いる酸化反応は改良が加えられ，現在ではアルコールやアルケンの酸化反応のきわめて優れた手法になっている[533]．ごくわずかのタングステン酸を用いるだけでよいこと，副生物が水のみであることなど，化学量論量の金属オキソ錯体を必要とする手法と比べて環境負荷の小さい酸化反応である．

【実験例　アルケンのエポキシ化反応[534]】

$Na_2WO_4 \cdot 2\,H_2O$ (2 mol%)
$NH_2CH_2PO_3H_2$ (1 mol%)
$[CH_3(n\text{-}C_8H_{17})_3N]HSO_4$ (1 mol%)
30% H_2O_2 水溶液 (1.5 当量)
トルエン, 90℃, 4 h

$n\text{-}C_7H_{15}$ → $n\text{-}C_7H_{15}$ 94%

20 mL 丸底フラスコに，$Na_2WO_4 \cdot 2\,H_2O$ 131.9 mg (0.40 mmol)，$NH_2CH_2PO_3H_2$ 22.2 mg (0.20 mmol)，30% H_2O_2 水溶液 3.40 g（30 mmol）および［$CH_3(n\text{-}C_8H_{17})_3N$］$HSO_4$ 93.2 mg（0.20 mmol）を加える．室温で 15 分間激しく撹拌したのち，1-ノネン（20 mmol）のトルエン 4 mL 溶液を加える．混合物を 90 ℃ に加熱し 4 時間激しく撹拌する（1000 rpm）．室温まで冷却したのち，有機層を分離し，飽和 $Na_2S_2O_3$ 水溶液 5 mL で洗浄し，減圧蒸留して純粋なエポキシドを得る（変換率 95%，収率 94%）．

19.3.11　希 土 類 金 属

希土類金属は，周期表 3 族のスカンジウム，イットリウム，ランタンに，セリウムからルテチウムまでを加えた17金属元素の総称である．元来，セリウムからルテチウムの14金属元素をとくにランタニド（lanthanides，Ln）と称するが，実際にはランタンからルテチウムまでの15金属元素の総称であるランタノイドをランタニドとよぶことが多い[535,536]．一般にこれらの金属元素は3価のイオンが安定であり，2価のサマリウム化合物を一電子還元剤，4価のセリウム化合物を酸化剤として用いる当量反応が長年研究されてきた．近年，希土類金属を触媒とする実用的な触媒反応が開発されており，以下にその代表例を示す．

a.　スカンジウムトリフラート

3価のスカンジウムイオン（Sc^{3+}）は希土類金属イオン中で最小のイオン半径を有し，そのトリフラート塩は高いルイス（Lewis）酸性を示す．典型的なルイス酸と異なり，含水溶媒あるいは水中での反応を可能にする点が最大の特徴で，カルボニル化合物，アセタール，イミンなどの触媒的活性化に広く用いられている[537,538]．酸化スカンジウム（Sc_2O_3）を50%トリフルオロメタンスルホン酸水溶液中100℃で1時間撹拌したのち，未反応の酸化スカンジウムを沪別し，沪液を濃縮後200℃で減圧乾燥すると$Sc(OTf)_3$を白色固体として得る[539]．現在では市販もされている．反応後容易に沪過，回収，再利用が可能なマイクロカプセル化スカンジウムトリフラート触媒[540]，水中で特異な触媒作用を発揮する界面活性型硫酸ドデシルスカンジウム触媒[541]，高分子（ポリスチレン）固定化スカンジウム触媒などが開発されている[542]．

【実験例　キラルスカンジウムトリフラート触媒によるホルマリンの不斉アルドール反応[543]】

t-Bu　N　N　*t*-Bu
OH　HO
（12 mol%）
$Sc(OTf)_3$（10 mol%）
HCHO 水溶液　+　OTMS　Ph
DME，−20℃，24 h
O
HO　Ph
80%，90% ee

200℃で1時間加熱減圧乾燥したスカンジウムトリフラート9.8 mg（0.02 mmol）をジメトキシエタン0.5 mLに溶解し，(1*S*,1′*S*)-1,1′-([2,2′-ビピリジン]-6,6′-ジイル)ビス(2,2-ジメチルプロパン-1-オール)7.9 mg（0.024 mmol）を加えて室温で5分間撹拌する．−20℃に冷却したのち，ホルムアルデヒド水溶液86 mg（35%（w/w），1.0 mmol）と(*Z*)-1-トリメチルシリルオキシ-1-フェニル-1-プロペン41 mg（0.2 mmol）を加えて24時間撹拌する．反応液に飽和炭酸水素ナトリウム水溶液を加え，ジクロロメタンで3回抽出し，合わせた有機層を無水硫酸ナトリウムで乾燥する．沪過，減圧濃縮したのち，残渣を分取TLCで精製（ヘキサン-酢酸エチル（2：1））し，(*S*)-3-ヒドロキシ-2-メチル-1-フェニルプロパン-1-オンを得る（収率80%，90% ee）．

b.　ランタニド触媒を用いた不飽和結合に対するヒドロアミノ化反応，ヒドロアルコキシ化反応

ランタニドは通常3価しかとらず，また高い軌道エネルギーを有するため，酸化的付加・還元的脱離の2電子が関与する変換をしないが，Ln－O，Ln－N結合は不飽和結合に対して容易に挿入反応を起こす[544]．ランタニドアルキル錯体を触媒前駆体として，アミノ基とアルキンを有する分子の分子内ヒドロアミノ化反応が報告されている[545,546]．反応系内で生じるLn－N結合へのアルキンの挿入ののち，プロトン化により環化生成物が生成すると同時に触媒が再生する．下記反応例では環化後に二重結合が環内へ異性化する．分子間反応への適用も報告されている[547]．

H_2N / Ph　→　$Cp^*_2SmCH(TMS)_2$ (0.4 mol%)，ベンゼン-d_6, 21℃　→　Ph / N　95%

同様に，ヒドロキシ基含有アルキンの分子内ヒドロアルコキシ化反応が報告されている[548,549]．市販もされているランタントリス(ビストリメチルシリル)アミド（$La[N(TMS)_2]_3$）を触媒前駆体として反応が進行し，環化体のエノールエーテルが生成する．イオン性液体中，高温で希土類金属トリフラートを触媒に用いると，アルケンへのヒドロアルコキシ化が進行する[550,551]．

【実験例　ランタントリス(ビストリメチルシリル)アミド触媒によるヒドロアルコキシ化反応[549]】

OH　→　$La[N(TMS)_2]_3$ (5 mol%)，ベンゼン-d_6, 60℃　→　O　82%

グローブボックス内で$La[N(TMS)_2]_3$ 31 mg（0.05 mmol)をバイアルに秤量し，重ベンゼン*8 0.5 mLに溶解して無色透明の触媒溶液を調製する．本溶液を磁気撹拌子とテフロンバルブを備えた試験管に移して密封し，グローブボックス内よりとり出す．(2-エチニルフェニル)メタノールの1.0 mol L^{-1} 重ベンゼン溶液1 mLをアルゴン気流下にシリンジで導入し，凍結脱気後60℃で5時間撹拌する．反応溶液をショートパッドのシリカゲルに通して触媒を除去し，濃縮後残渣をシリカゲルカラムクロマトグラフィー（ヘキサン-酢酸エチル(3：1)）で精製し，1-メチレン-1,3-ジヒドリドイソベンゾフランを得る．収量108.8 mg（収率82%)．

*8　重ベンゼンはNMRによる反応追跡のために用いており，ベンゼンで反応させてもよい．

c.　希土類金属中心をもつ複合金属触媒

希土類金属と軸不斉ビナフトール配位子に対し，アルカリ金属存在下に錯体形成を行うと希土類金属を中心とする対称性の高い複合金属触媒 Ln-M_3-トリス(ビナフトキシド) が生成する[552,553]（図 19.10）．希土類金属（RE），アルカリ金属（M）の組合せに応じて種々の不斉触媒を調製可能で，数多くの不斉触媒反応に適用されている[554,555]．希土類金属がルイス酸，アルカリ金属ビナフトキシド部位がブレンステッド（Brønsted）塩基として不斉環境下に協働的に触媒作用を発現することが特徴である．金属の組合せだけでなく，ルイス塩基性添加剤による触媒機能のチューニングも可能であり，ジメチルオキソスルホニウムメチリドを用いた Corey–Chaykovsky エポキシ化反応では，触媒である La/Li 複合金属触媒 (*S*)-LLB（(*S*)-La-Li_3-トリス(ビナフトキシド)，RE＝La，M＝Li）にトリス-2,4,6-(トリメトキシフェニル)ホスフィンオキシドが等モル量錯形成し，触媒活性とエナンチオ選択性の向上をもたらす[556]．

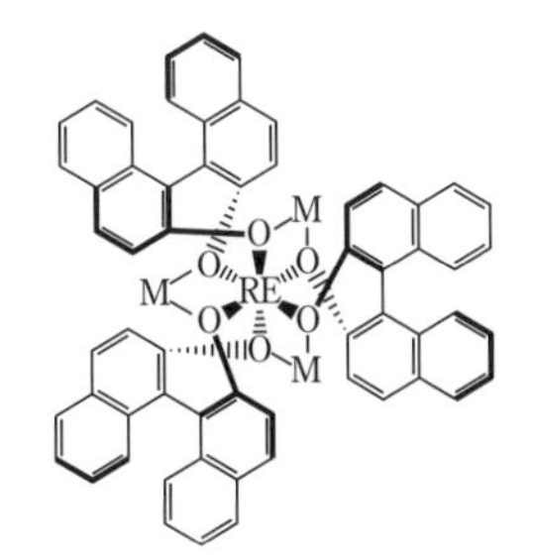

(*S*)-RE-M_3-トリス(ビナフトキシド)

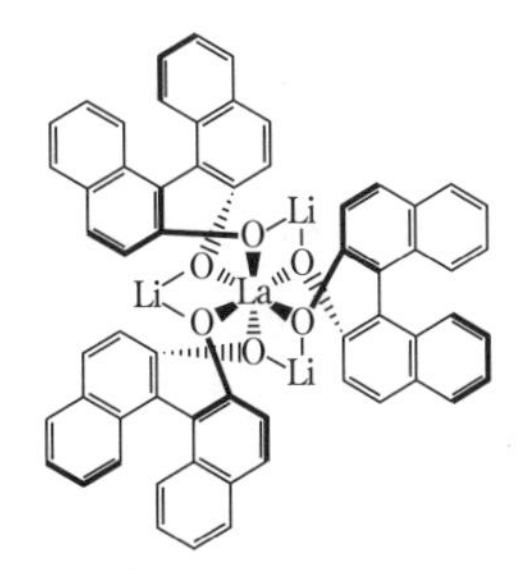

(*S*)-LLB：(*S*)-La-Li_3-トリス(ビナフトキシド)
RE = La, M = Li

図 19.10　複合金属触媒

【実験例　(*S*)-LLB の調製と *β*-アセトナフトンの触媒的不斉 Corey–Chaykovsky エポキシ化反応】

(*S*)-LLB (1 mol%)
$Ar_3P=O$ (1 mol%)
MS 5A, THF, 室温, 60 h
Ar = 2,4,6-$(MeO)_3C_6H_2$
96%, 92% ee

(*S*)-ビナフトール 1.29 g（4.5 mmol）の THF 7.5 mL 溶液を 0 ℃ に冷却し，トリイソプロポキシランタン（La(O*i*-Pr)$_3$）の 0.2 mol L^{-1} THF 溶液 7.5 mL（1.5 mmol）をアルゴン雰囲気下ゆっくり滴下する．室温下 1 時間撹拌したのち，THF とイソプロピルアルコールを減圧留去し，残渣を室温下 8 時間減圧乾燥する．アルゴン雰囲気下 0 ℃ にて THF 7.5 mL を加えて溶解させたのち，メチルリチウムの 1.09 mol L^{-1} ヘキサン溶液 4.13 mL（LiBr 不含，

4.5 mmol）を滴下し，室温下 12 時間撹拌する．再び溶媒を減圧留去し，8 時間減圧乾燥をしたのち，残渣にアルゴン雰囲気下 0℃ にて THF 7.5 mL を加えて溶解し，(*S*)-LLB の 0.1 mol L^{-1} THF 溶液を得る．アルゴン雰囲気下室温にて保存可能である．

モレキュラーシーブ 5A 150 mg をすり付き試験管内で減圧下（1 mmHg）にヒートガンで加熱乾燥し，室温まで放冷したのちトリス-2,4,6-(トリメトキシフェニル)ホスフィンオキシド 1.64 mg（0.003 mmol）を加える．アルゴン雰囲気下に（*S*)-LLB の 0.1 mol L^{-1} THF 溶液 30 μL（0.003 mmol）と THF 2 mL をシリンジで加え，30 分間室温で撹拌する．ジメチルオキソスルホニウムメチリドの 0.75 mol L^{-1} THF 溶液 0.48 mL（0.36 mmol）をシリンジで滴下して 5 分間撹拌したのち，*β*-アセトナフトンの THF 溶液 0.49 mL（0.3 mmol 含有）を加えて 60 時間室温で撹拌する．反応液に塩化アンモニウム水溶液を加えたのちエーテル抽出し，合わせた有機層を無水硫酸ナトリウムで乾燥する．沪過，減圧濃縮後，残渣をシリカゲルカラムクロマトグラフィー（中性シリカゲル，カラムへチャージするさい，シリカゲルの上部をドライアイスで冷却し，生成物の分解を抑制する）で精製し，(*S*)-2-メチル-2-(ナフタレン-2-イル)-オキシランを得る．収量 52.8 mg（収率 96%，92% ee）．

19.3.12　インジウム

有機合成でインジウム化合物が使われた歴史は長くはないが，この金属は，他の金属化合物にはみられない反応性を示すことも多く，現在では有機合成反応に幅広く利用されている[557]．還元剤，ラジカル開始剤，有機金属反応剤，ルイス（Lewis）酸など役割も多岐にわたる．ここでは，インジウム化合物による特徴的な反応を例示する．

a.　有機インジウム化合物を用いる合成反応

有機インジウム化合物のなかで重要なものの一つにアリルインジウムがある．アリルインジウムは，有機溶媒以外に，水などのプロトン性溶媒中でも調製できるため，他のアリル金属反応剤では実現が困難な基質の反応を可能にする．以下に一例を示す．

【実験例　ベンズアルデヒドと *α*-(ブロモメチル)アクリル酸の反応[558]】

PhCHO + $BrCH_2C(=CH_2)CO_2H$ —(In / H_2O, 室温, 8 h)→ $PhCH(OH)CH_2C(=CH_2)CO_2H$　82%

ベンズアルデヒド 106 mg（1.00 mmol）と *α*-(ブロモメチル)アクリル酸 165 mg（1.00 mmol）および水 5 mL の入った丸底フラスコに，純度 99.99% で 150 メッシュのインジウム金属 115 mg（1.00 mmol）を室温で加える．反応混合物を室温で激しく撹拌すると溶液は乳白色に変化する．反応を 8 時間継続したのち，セライトを通して沪過する．沪液にさらに水 10 mL を加え，生成物を酢酸エチルとヘキサンの混合溶液（3：1）15 mL で 2 回抽出する．有機層の硫酸ナトリウムによる乾燥，沪過，濃縮ののち，酢酸エチル-ヘキサンあるいはジクロロメタン-ヘキサンから再結晶して目的生成物を得る（収率 82%）．なお，後処理を強酸性条件下に行えば，分子内脱水縮合反応が進行し，天然物の基本構造としても重要な α-メチレン-γ-ブチロラクトンが合成できる[559]．

一方，臭化インジウム（$InBr_3$）存在下にアルキンとケテンシリルアセタールを反応させると，炭素-炭素結合の形成を伴ってアルケニルインジウム種が位置および立体選択的に生成する．ここでの炭素-インジウム結合は，同一反応容器内で新たな炭素-炭素結合形成反応に利用することができる．以下に一例を示す．

【実験例　フェニルアセチレンとジメチルケテンメチルトリメチルシリルアセタールのインジウム反応とつづくパラジウム触媒炭素-炭素結合伸長反応[560]】

Ph + OSiMe$_3$ / OMe + $InBr_3$ → (CH_2Cl_2, 室温, 2 h) [In / Ph / CO_2Me]

→ ($Pd(PPh_3)_4$ (5 mol%), PhI, DMF, 100℃, 20 h) Ph / Ph / CO_2Me　75%

窒素雰囲気下，$InBr_3$ 355 mg（1.00 mmol）とジメチルケテンメチルトリメチルシリルアセタール 209 mg（1.20 mmol）を含むジクロロメタン 1 mL の溶液に，フェニルアセチレン 102 mg（1.00 mmol）を加える．この溶液を室温で 2 時間撹拌したのち，DMF 3 mL，$Pd(PPh_3)_4$ 58 mg（0.050 mmol）およびヨードベンゼン 408 mg（2.00 mmol）を加えて 100℃でさらに 20 時間撹拌する．酢酸エチル 20 mL で希釈し，飽和塩化ナトリウム水溶液 5 mL で洗浄したのち，有機層を硫酸マグネシウムで乾燥する．沪過，濃縮ののち，シリカゲルカラムクロマトグラフィー（ヘキサン-酢酸エチル（93：7)，内径 21 mm，カラム長 11 cm）と減圧蒸留（171℃/4 mmHg）で精製して，目的物を得る（収率 75%）．中間体のアルケニルインジウム化合物は X 線結晶構造解析によりその構造が確認されている．

b.　ルイス酸としてのインジウム化合物

インジウムは，最外殻軌道に 3 電子有するので（$5s^25p^1$），3 価が安定な元素である．インジウム(III）化合物（InX_3）は空の p 軌道を有しているので，ルイス塩基の配位により，オクテット則を満たした閉殻構造を好む傾向にある．InX_3 がルイス酸として機能するゆえんはここにある．ルイス酸 InX_3 としては，ハロゲン化物（X=F，Cl，Br，I）のほかに $In(OH)_3$ や $In(OAc)_3$，さらには電子求引力が高い配位子をもつ $In(OTf)_3$，$In(ONf)_3$，$In(NTf_2)_3$ などが知られている．これらの多くは市販品として入手できるが，スルホン酸塩やスルホンイミド塩は実験室でも容易に調製できる．以下に一例を示す．

【実験例　ノナフルオロブタンスルホン酸インジウムの合成[561)]】

$$In_2O_3 + 6\,NfOH \xrightarrow[H_2O,\ 100℃,\ 10\ h]{} 2\,In(ONf)_3 \quad 97\%$$

ジムロート（Dimroth）冷却器を取りつけた 50 mL 二つ口丸底フラスコに In_2O_3 597 mg (2.15 mmol)，純水 10 mL，NfOH 2.49 g (8.30 mmol) を加え，100 ℃ で 10 時間加熱撹拌する．過剰の In_2O_3 を沪別し，ロータリーエバポレーターで水を留去して反応溶液を濃縮する．ひきつづき真空ポンプによる減圧下（≤10 Pa)，まずは 5 時間かけて 150 ℃ までゆっくりと昇温し，同温度でさらに 10 時間加熱乾燥を行って $In(ONf)_3$ を白色固体として得る．収量 2.73 g（収率 97%）．$In(ONf)_3$ は空気中での取扱いが可能であるが吸湿性が高いので，アルゴンのような不活性ガス雰囲気下にデシケーター内で保存する．

NfOH の代わりに Tf_2NH を用いれば，$In(NTf_2)_3$[562)] が同様に合成できる．

c.　InX_3 をルイス酸触媒とする合成反応

InX_3 は，他のルイス酸と同様に，炭素-ハロゲン結合やカルボニル基のような含ヘテロ原子官能基の活性化に有効である一方，ヘテロ原子をもたない炭化水素官能基も首尾よく活性化するので，ユニークなルイス酸触媒反応の実現を可能にする．以下に，芳香族複素環化合物を反応相手とするルイス酸触媒反応を二つ示す．

【実験例　ピロール環の還元的 β-アルキル化 : 3-(2-デシル)-1-メチルピロールの合成[563)]】

N-メチルピロール ＋ 1-デシン ＋ $HSiEt_3$ —[$In(NTf_2)_3$ (25 mol%)／1, 4-ジオキサン, 85℃, 3 h]→ 3-(2-デシル)-1-メチルピロール　85%

触媒 $In(NTf_2)_3$ 1.29 g（1.35 mmol）を 100 mL シュレンク管に直接はかりとり，ガラス平栓をとりつける．真空ポンプによる減圧下（≤10 Pa)，$In(NTf_2)_3$ を磁気撹拌子でかき混ぜながら，まずは 30 分間かけて 150 ℃ へと昇温し，同温度においてさらに 1.5 時間加熱して乾燥する．空冷後に反応管内をアルゴン置換し，ガラス平栓はラバーセプタムに置き換える．溶媒 1,4-ジオキサン 10.8 mL を導入し，室温で 10 分間撹拌したのち，1-デシン 747 mg (5.40 mmol)，*N*-メチルピロール 1.31 g（16.2 mmol)，トリエチルシラン 942 mg（8.10 mmol）を加える．ラバーセプタムを再度ガラス平栓へと置き換えたのち，85 ℃ で 3 時間撹拌する．飽和炭酸水素ナトリウム水溶液 5 mL を加えて反応を停止させ，水層を酢酸エチル 40 mL で 3 回抽出する．有機層を飽和塩化ナトリウム水溶液 10 mL で洗浄し，硫酸ナトリウムで乾燥，沪過，濃縮ののち，残渣をシリカゲルカラムクロマトグラフィー（ヘキサン-酢酸エチル（80 : 1)）で精製して，目的物を無色油状物質として得る．収量 1.02 g（収率 85%）．

ピロール環は通常の芳香族求電子置換反応では α 配向性を示すが，この反応では，アルキン由来のアルキル基を位置選択的に β 位に導入できる．この方法論を使えば，アルキンの代わりにアルデヒドを使うことで第一級アルキル基を[564]，また，ヒドリド求核剤としてのトリエチルシランの代わりに炭素求核剤を使うことで第三級アルキル基を[565]，それぞれピロール環のβ位に導入することができる[566]．なお，インドール環の還元的アルキル化も同様の条件下に進行する[567]．

【実験例　2-(2-チエニル)インドールと3-メトキシ-1-プロピンの反応による環形成：5-メチルチエノ[2,3-*a*]カルバゾールの合成[568]】

In(ONf)$_3$ (30 mol%)
Bu$_2$O, 70℃, 25 h
70%

触媒In(ONf)$_3$ 304 mg（0.300 mmol）を100 mLシュレンク管に直接はかりとり，前記実験と同操作によりIn(ONf)$_3$を減圧乾燥する．セプタムを通して溶媒ジブチルエーテル15.0 mLを導入し，室温で10分間撹拌したのち，2-(2-チエニル)インドール199 mg（1.00 mmol）と3-メトキシ-1-プロピン77.1 mg（1.10 mmol）を加える．セプタムを再度ガラス平栓に置き換えてから70℃で25時間加熱撹拌する．反応液を酢酸エチル60 mLで希釈し，有機層を飽和炭酸水素ナトリウム水溶液7 mLと飽和塩化ナトリウム水溶液7 mLで洗浄したのち，硫酸ナトリウムで乾燥する．沪過，濃縮ののち，残渣をシリカゲルカラムクロマトグラフィー（ヘキサン-酢酸エチル（25：1））で精製して目的生成物を白色固体として得る．収量166 mg（収率70%）．

芳香環や芳香族複素環が縮環したカルバゾール誘導体は，多様な生理活性化合物や機能材料に認められる重要な基本構造である．上記のインジウム触媒反応を使えば，さまざまな[*a*]縮環型カルバゾールが合成できる．また，この方法は，3-(ヘテロ)アリールインドールを求核剤とする［*c*］縮環型カルバゾールの合成にも展開できる[569]．

上記二つのルイス酸触媒反応では芳香族複素環化合物が求核剤として作用するが，InX$_3$によって活性化を受ける炭素-炭素三重結合に対しては，1,3-ジカルボニル化合物[570]や含ヘテロ原子官能基[571]なども求核剤として反応する．

d.　複合ルイス酸 InX$_3$-*Si*X を触媒とする合成反応

InX$_3$単独ではなく，InX$_3$とハロシラン*Si*Xを混合して用いると，ユニークなルイス酸触媒反応が実現できる．InX$_3$と*Si*Xが出合うと，ケイ素原子上のハロゲン原子がインジウム中心に配位し，ケイ素原子は電子欠乏状態となる．結果として，ルイス塩基としての有機基質は，ルイス酸性が高められたケイ素原子に配位することで活性化される．

$$\left[\overset{\delta+}{Si}\text{—}\overset{\delta-}{\mathrm{X}\cdots\cdots\mathrm{InX_3}}\right]$$

ケイ素のルイス酸は，本来酸素親和性が高いので，InX_3–*Si*X の複合ルイス酸も含酸素有機化合物の活性化に威力を発揮する．以下に一例を示す．

【実験例　エノールアセテートの α,β–不飽和ケトンへの共役付加反応：(*Z*)–6–アセトキシ–4–メチル–6–フェニル–5–ヘキセン–2–オンの合成[572)]】

Ph(C=O)CH=CHCH₃ ＋ CH₂=C(OAc)CH₃ —[$InCl_3$ (5 mol%), Me_3SiCl (10 mol%) / CH_2Cl_2, 室温, 5 h]→ Ph(OAc)C=CH–CH(CH₃)–CH₂C(=O)CH₃　89%

窒素雰囲気下，触媒 $InCl_3$ 0.011 g（0.050 mmol）と（*E*）–1–フェニル–2–ブテン–1–オン 0.146 g（1.00 mmol）を含むジクロロメタン 1 mL の溶液に，酢酸イソプロペニル 0.500 g（5.00 mmol）とクロロトリメチルシラン 0.011 g（0.10 mmol）を加える．室温において 5 時間撹拌したのち，水 10 mL を加えて反応を停止させる．水層をジエチルエーテル 10 mL で 3 回抽出したのち，有機層を硫酸マグネシウムで乾燥する．沪過，濃縮ののち，残渣をシリカゲルカラムクロマトグラフィー（ヘキサン–酢酸エチル（90：10），カラム内径 2.8 cm，カラム長 10.5 cm）で精製して，目的物を得る．収量 0.219 g（収率 89%）．酢酸イソプロペニルの使用量を 1.5 mmol に減らすと，生成物の収率は 69%（^{1}H NMR による算出）に低下する．

上記反応は，$InCl_3$（収率 6%）や Me_3SiCl（収率 0%）の単独使用ではほとんど進行しない．

文　献

1) H. Yamamoto, K. Oshima, eds., “Main Group Metals in Organic Synthesis”, Vol. 1, p. 1, Wiley–VCH (2004).
2) M. Schlosser, ed., “Organometallics in Synthesis : A Manual”, John Wiley (1994).
3) 友岡克彦，“第 5 版 実験化学講座 18”，日本化学会 編，pp. 7–59，丸善出版（2004）.
4) R. Chinchilla, C. Nájera, M. Yus, *Tetrahedron*, **61**, 3139 (2005).
5) R. Chinchilla, C. Nájera, M. Yus, *Chem. Rev.*, **104**, 2667 (2004).
6) C. Nájera, J. M. Sansano, M. Yus, *Tetrahedron*, **59**, 9255 (2003).
7) F. Mongin, G. Quéguiner, *Tetrahedron*, **57**, 4059 (2001).
8) A. Turck, N. Plé, F. Mongin, G. Quéguiner, *Tetrahedron*, **57**, 4489 (2001).
9) E. Juaristi, A. Martinez-Richa, A. Garcia-Rivera, J. S. Cruz-Sanchez, *J. Org. Chem.*, **48**, 2603 (1983).
10) J. Suffert, *J. Org. Chem.*, **54**, 509 (1989).
11) B. E. Love, E. G. Jones, *J. Org. Chem.*, **64**, 3755 (1999).
12) W. E. Parham, C. K. Bradsher, *Acc. Chem. Res.*, **15**, 300 (1982).
13) Y. Kondo, M. Asai, T. Miura, M. Uchiyama, T. Sakamoto, *Org. Lett.*, **3**, 13 (2001).
14) S. Lage, I. Villaluenga, N. Sotomayor, E. Lete, *Synlett*, **2008**, 3188.
15) Y. Yamamoto, K. Maeda, K. Tomimoto, T. Mase, *Synlett*, **2002**, 561.
16) D. J. Ramón, M. Yus, *Eur. J. Org. Chem.*, **2000**, 225.
17) M. Yus, *Chem. Soc. Rev.*, **1996**, 155.
18) D. Guijarro, M. Yus, *Tetrahedron*, **56**, 1135 (2000).
19) F. Foubelo, M. Yus, *Chem. Soc. Rev.*, **37**, 2620 (2008).
20) D. L. Comins, M. A. Weglarz, *J. Org. Chem.*, **53**, 4437 (1988).

21) D. L. Comins, D. H. LaMunyon, *Tetrahedron Lett.*, **29**, 773 (1988).
22) P. W. Ondachi, D. L. Comins, *Tetrahedron Lett.*, **49**, 569 (2008).
23) S. B. Mhaske, N. P. Argade, *J. Org. Chem.*, **69**, 4563 (2004)；文献 2), p.113.
24) H. Naka, Y. Akagi, K. Yamada, T. Imahori, T. Kasahara, Y. Kondo, *Eur. J. Org. Chem.*, **2007**, 4635.
25) G. Katsoulos, S. Takagishi, M. Schlosser, *Synlett*, **1991**, 731.
26) L. Lochmann, *Eur. J. Inorg. Chem.*, **2000**, 1115.
27) M. Schlosser, F. Faigl, L. Franzini, H. Geneste, G. Katsoulos, G.-F. Zhong, *Pure Appl. Chem.*, **66**, 1439 (1994).
28) M. Schlosser, J. H. Choi, S. Takagishi, *Tetrahedron*, **46**, 5633 (1990).
29) P. C. Gros, Y. Fort, *Eur. J. Org. Chem.*, **2009**, 4199.
30) S. Choppin, P. Gros, Y. Fort, *Org. Lett.*, **2**, 803 (2000).
31) A. Doudouh, P. C. Gros, Y. Fort, C. Woltermann, *Tetrahedron*, **62**, 6166 (2006).
32) H.-Q. Do, O. Daugulis, *Org. Lett.*, **11**, 421 (2009).
33) I. Popov, H.-Q. Do, O. Daugulis, *J. Org. Chem.*, **74**, 8309 (2009).
34) 岩澤伸治, "第 5 版 実験化学講座 18", 日本化学会 編, pp.59-76, 丸善出版 (2004).
35) F. M. Piller, P. Appukkuttan, A. Gavryushin, M. Helm, P. Knochel, *Angew. Chem., Int. Ed.*, **47**, 6802 (2008).
36) a) R. D. Rieke, P. M. Hudnall, *J. Am. Chem. Soc.*, **94**, 7178 (1972); b) R. D. Rieke, S. E. Bales, *J. Am. Chem. Soc.* **96**, 1775 (1974).
37) R. D. Rieke, P. T. Li, T. P. Burns, S. T. Uhm, *J. Org. Chem.*, **46**, 4323 (1981).
38) R. D. Rieke, M. V. Hanson, *Tetrahedron*, **53**, 1925 (1997).
39) J. Lee, R. Velarde-Ortiz, A. Guijarro, J. R. Wurst, R. D. Rieke, *J. Org. Chem.*, **65**, 5428 (2000).
40) L. Boymond, M. Rottländer, G. Cahiez, P. Knochel, *Angew. Chem., Int. Ed.*, **37**, 1701 (1998).
41) W. Dohle, D. M. Lindsay, P. Knochel, *Org. Lett.*, **3**, 2871 (2001).
42) W. Dohle, F. Kopp, G. Cahiez, P. Knochel, *Synlett*, **2001**, 1901.
43) V. Bonnet, F. Mongin, F. Trécourt, G. Quéguiner, P. Knochel, *Tetrahedron Lett.*, **42**, 5717 (2001).
44) G. Varchi, A. Ricci, G. Cahiez, P. Knochel, *Tetrahedron*, **56**, 2727 (2000).
45) A. Krasovskiy, P. Knochel, *Angew. Chem., Int. Ed.*, **43**, 3333 (2004).
46) K. Itami, K. Mitsudo, J. Yoshida, *Angew. Chem., Int. Ed.*, **40**, 2337 (2001).
47) A. Inoue, H. Shinokubo, K. Oshima, *Org. Lett.*, **2**, 651 (2000).
48) a) T.-C. Wu, H. Xiong, R. D. Rieke, *J. Org. Chem.*, **55**, 5045 (1990); b) R. D. Rieke , T.-C. Wu, L. I. Rieke, *Org. Synth.*, **72**, 147 (1995).
49) R. D. Rieke, M. V. Hanson, *Tetrahedron*, **53**, 1925 (1997).
50) A. Yanagisawa, S. Habaue, K. Yasue, H. Yamamoto, *J. Am. Chem. Soc.*, **116**, 6130 (1994).
51) A. Yanagisawa, K. Yasue, H. Yamamoto, *Org. Synth.*, Coll. Vol., **9**, 317 (1998).
52) a) E. J. Corey, E. Hamanaka, *J. Am. Chem. Soc.*, **86**, 1641 (1964); b) G. Courtois, L. Miginiac, *J. Organomet. Chem.*, **69**, 1 (1974).
53) A. Yanagisawa, H. Hibino, S. Habaue, Y. Hisada, H. Yamamoto, *J. Org. Chem.*, **57**, 6386 (1992).
54) A. Yanagisawa, H. Hibino, S. Habaue, Y. Hisada, K. Yasue, H. Yamamoto, *Bull. Chem. Soc. Jpn.*, **68**, 1263 (1995).
55) A. Yanagisawa, S. Habaue, H. Yamamoto, *J. Am. Chem. Soc.*, **113**, 8955 (1991).
56) a) N. Miyoshi, D. Ikehara, T. Matsuo, T. Kohno, A. Matsui, M. Wada, *J. Synth. Org. Chem., Jpn.*, **64**, 845 (2006); b) N. Miyoshi, T. Matsuo, M. Kikuchi, M. Wada, *J. Synth. Org. Chem., Jpn.*, **67**, 1274 (2009).
57) N. Miyoshi, K. Kamiura, H. Oka, A. Kita, R. Kuwata, D. Ikehara, M. Wada, *Bull. Chem. Soc. Jpn.*, **77**, 341 (2004).
58) D. E. Kaufmann, D. S. Matteson, E. Schaumann, M. Regitz, eds., "Science of Synthesis：Houben-Weyl Methods of Molecular Transformations", Vol. 6, Georg Thieme Verlag (2005).

59） Y. Yamamoto, N. Miyaura, "Comprehensive Organometallic Chemistry III,", R. H. Crabtree, D. M. Mingos, P. Knochel, eds., Vol. 9, p. 145, Elsevier（2007）.
60） D. Hall, ed., "Boronic Acids : Preparation and Applications in Organic Synthesis, Medicine and Materials, Second, Completely Revised Edition", Wiley-VCH（2011）.
61） N. Miyaura, "Catalytic Heterofunctionalization : From Hydroamination to Hydrozirconation", A. Togni, H. Grützmacher, eds., p. 1, Wiley-VCH（2001）.
62） D. A. Evans, G. C. Fu, A. H. Hoveyda, *J. Am. Chem. Soc.*, **110**, 6917（1988）.
63） Y. Yamamoto, R. Fujikawa, T. Umemoto, N. Miyaura, *Tetrahedron*, **60**, 10695（2004）.
64） C. M. Crudden, Y. B. Hleba, A. C. Chen, *J. Am. Chem. Soc.*, **126**, 9200（2004）.
65） M. Murata, S. Watanabe, Y. Masuda, *Tetrahedron Lett.*, **40**, 2585（1999）.
66） T. Hayashi, Y. Matsumoto, Y. Ito, *Tetrahedron : Asymmetry*, **2**, 601（1991）.
67） T. Ohmura, Y. Yamamoto, N. Miyaura, *J. Am. Chem. Soc.*, **122**, 4990（2000）.
68） K. Takahashi, T. Ishiyama, N. Miyaura, *J. Organomet. Chem.*, **625**, 47（2001）.
69） H. Jang, A. R. Zhugralin, Y. Lee, A. H. Hoveyda, *J. Am. Chem. Soc.*, **133**, 7859（2011）.
70） F. Gao, A. H. Hoveyda, *J. Am. Chem. Soc.*, **132**, 10961（2010）.
71） Y. Yamamoto, R. Fujikawa, A. Yamada, N. Miyaura, *Chem. Lett.*, **28**, 1069（1999）.
72） 村田美樹，宮浦憲夫，"現代化学増刊 44　有機金属化学の最前線"，宮浦憲夫，鈴木寛治，小澤文幸，山本陽介，永島英夫 編，p. 71，東京化学同人（2011）.
73） T. Ohmura, M. Suginome, *Bull. Chem. Soc. Jpn.*, **82**, 29（2009）.
74） M. Murata, *Heterocycles*, **85**, 1795（2012）.
75） T.-A. Ahiko, T. Ishiyama, N. Miyaura, *Chem. Lett.*, **26**, 811（1997）.
76） a）伊藤 肇，有機合成化学, **66**, 1168（2008）; b）H. Ito, T. Toyoda, M. Sawamura, *J. Am. Chem. Soc.*, **132**, 5990（2010）; c）C. Zhong, S. Kunii, Y. Kosaka, M. Sawamura, H. Ito, *J. Am. Chem. Soc.*, **132**, 11440（2010）.
77） a）I. A. I. Mkhalid, J. H. Barnard, T. B. Marder, J. M. Murphy, J. F. Hartwig, *Chem. Rev.*, **110**, 890（2010）; b）J. F. Hartwig, *Acc. Chem. Res.*, **45**, 864（2012）.
78） T. Ishiyama, J. Takagi, Y. Nobuta, N. Miyaura, *Org. Synth.*, **82**, 126（2005）
79） 山本靖典，宮浦憲夫，有機合成化学, **66**, 194（2008）
80） M. W. Davies, R. A. J. Wybrow, C. N. Johnson, P. A. Harrity, *Chem. Commun.*, **2001**, 1558.
81） J. Renaud, C.-D. Graf, L. Oberer, *Angew. Chem., Int. Ed.*, **39**, 3101（2000）.
82） a）J. L. Stymiest, V. Bagutski, R. M. French, V. K. Aggarwal, *Nature*, **456**, 778（2008）; b）H. K. Scott, V. K. Aggarwal, *Chem. Eur. J.*, **17**, 13124（2011）.
83） M. P. Webster, B. M. Partidge, V. K. Aggarwal, *Org. Synth.*, **88**, 247（2011）.
84） N. A. Petasis, I. A. Zavialov, *J. Am. Chem. Soc.*, **120**, 11798（1998）.
85） H. Sun, W. R. Roush, *Org. Synth.*, **88**, 87（2011）; **88**, 181（2011）.
86） a）A. Suzuki, H. C. Brown, "Organic Synthesis via Boranes", Vol. 3, Aldrich Chemical Company（2003）; b）N. Miyaura, "Metal-Catalyzed Cross-Coupling Reactions, Second, Completely Revised and Enlarged Edition", A. de Meijere, F. Diederich, eds., p. 41, Wiley-VCH（2005）; c）共田弘和，町田 博 編，"クロスカップリング反応　基礎と産業応用"，シーエムシー出版（2010）; d）石山竜生，宮浦憲夫，"第 5 版 実験化学講座 18"，日本化学会 編，pp.327-352，丸善出版（2004）.
87） a）G. A. Molander, D. E. Petrillo, *Org. Synth.*, **84**, 317（2007）; b）G. A. Molander, S. Z. Siddiqui, N. Fleury-Brégeot, *Org. Synth.*, **84**, 317（2007）; c）Y. Yamamoto, J. Sugai, M. Takizawa, N. Miyaura, *Org. Synth.*, **90**, 153（2012）; d）Y. Yamamoto, *Heterocycles*, **85**, 799（2012）.
88） S. G. Ballmer, E. P. Gillis, M. D. Burke, *Org. Synth.*, **86**, 344（2009）.
89） a）J. X. Qiao, P. Y. S. Lam, *Synthesis*, **2011**, 829 ; b）S. V. Ley, A. W. Thomas, *Angew. Chem., Int. Ed.*, **42**, 5400（2003）.
90） X.-Q. Yu, Y. Yamamoto, N. Miyaura, *Chem. Asian J.*, **3**, 1517（2008）.

91) P. Tian, H.-Q. Dong, G.-Q. Lin, *ACS Catal.*, **2**, 95 (2012).
92) T. Hayashi, M. Takahashi, Y. Takaya, M. Ogasawara, *Org. Synth.*, **79**, 84 (2002).
93) Y. Yamamoto, K. Kurihara, N. Miyaura, *Angew. Chem., Int. Ed.*, **48**, 4414 (2009).
94) 山本 尚, "有機合成実験法ハンドブック", 有機合成化学協会 編, pp. 587-591, 丸善出版(1990).
95) S. Saito, "Main Group Metals in Organic Synthesis", H. Yamamoto, K. Oshima, eds., pp. 267-306, Wiley-VCH (2004).
96) S. E. Denmark, T. K. Jones, *J. Org. Chem.*, **47**, 4595 (1982).
97) D. E. Van Horn, E. Negishi, *J. Am. Chem. Soc.*, **100**, 2252 (1978).
98) S. Ma, E. Negishi, *J. Org. Chem.*, **62**, 784 (1997).
99) P. Wipf, S. Lim, *Angew. Chem., Int. Ed. Engl.*, **32**, 1068 (1978).
100) B. H. Lipshutz, T. Butler, A. Lower, J. Servesko, *Org. Lett.*, **9**, 3737 (2007).
101) a) E. Negishi, "Organometallics in Synthesis: A Manual, 2nd Ed", M. Schlosser, ed., pp.925-1002, John Wiley (2002); b) E. Negishi, *Bull. Chem. Soc. Jpn.*, **80**, 233 (2007); c) E. Negishi, G. Wang, H. Rao, Z. Xu, *J. Org. Chem.*, **75**, 3151 (2010).
102) T. Ichige, D. Matsuda, M. Nakata, *Tetrahedron Lett.*, **47**, 4843 (2006).
103) D. Y. Kondakov, E. Negishi, *J. Am. Chem. Soc.*, **117**, 10771 (1995).
104) a) P. C. Möhring, N. J. Coville, *J. Organomet. Chem.*, **479**, 1 (1994); b) G. J. P. Britovsek, V. C. Gibson, D. F. Wass, *Angew. Chem., Int. Ed.*, **38**, 428 (1999); c) S. Matsui, M. Mitani, J. Saito, Y. Tohi, H. Makio, N. Matsukawa, Y. Takagi, K. Tsuru, M. Nitabaru, T. Nakano, H. Tanaka, N. Kashiwa, T. Fujita, *J. Am. Chem. Soc.*, **123**, 6847 (2001); d) D. W. Stephan, F. Guerin, R. E. V. H. Spence, L. Koch, X. Gao, S. J. Brown, J. W. Swabey, Q. Wang, W. Xu, P. Zoricak, D. G. Harrison, *Organometallics*, **18**, 2046 (1999); e) Y. Toshida, S. Matsui, Y. Takagi, M. Mitani, T. Nakano, H. Tanaka, N. Kashiwa, T. Fujita, *Organometallics*, **20**, 2793 (2001); f) S. Murtuza, O. L. Casagranode, Jr., R. F. Jordan, *Organometallics*, **21**, 1882 (2002).
105) H. Sinn, W. Kaminsky, H.-J. Vollmer, R. Woldt, *Angew. Chem., Int. Ed. Engl.*, **19**, 390 (1980).
106) W. Kawai, *J. Polym. Sci., Part A-1*, **4**, 1191 (1966).
107) F. Sugiyama, K. Satoh, M. Kamigaito, *Macromolecules*, **41**, 3042 (2008).
108) H. Hashimoto, K. Satoh, M. Kamigaito, *Polym. Prepr., Jpn.*, **55**, 166 (2006).
109) S. Kumagai, H. Hashimoto, K.. Satoh, M. Kamigaito, *Polym. Prepr. Jpn.*, **58**, 520 (2009).
110) a) T. Hiyama, T. Kusumoto, "Comprehensive Organic Synthesis", B. M. Trost, I. Fleming, eds., Vol. 8, p. 763, Pergamon (1992); b) B. Marciniec, *Silicon Chem.*, **1**, 155 (2002); c) B. M. Trost, Z. T. Ball, *Synthesis*, **2005**, 853; d) B. Marciniec, ed., "Hydrosilylation", Springer (2010).
111) R. T. Beresis, J. S. Solomon, M. G. Yang, N. F. Jain, J. S. Panek, *Org. Synth.*, **75**, 78 (1998).
112) B. M. Trost, Z. T. Ball, *J. Am. Chem. Soc.*, **127**, 17644 (2005).
113) 総説: M. Murata, Y. Masuda, *J. Synth. Org. Chem. Jpn.*, **68**, 845 (2010).
114) M. Izuka, Y. Kondo, *Eur. J. Org. Chem.*, **2008**, 1161.
115) a) F. Kakiuchi, K. Igi, M. Matsumoto, T. Hayamizu, N. Chatani, S. Murai, *Chem. Lett.*, **2002**, 396; b) F. Kakiuchi, M. Matsumoto, K. Tsuchiya, K. Igi, T. Hayamizu, N. Chatani, S. Murai, *J. Organomet. Chem.*, **686**, 134 (2003); c) F. Kakiuchi, K. Tsuchiya, M. Matsumoto, B. Mizushima, N. Chatani, *J. Am. Chem. Soc.*, **126**, 12792 (2004); d) H. Ihara, M. Suginome, *J. Am. Chem. Soc.*, **131**, 7502 (2009); e) H. Ihara, A. Ueda, M. Suginome, *Chem. Lett.*, **40**, 916 (2011).
116) a) M. Tobisu, Y. Ano, N. Chatani, *Chem. Asia. J.*, **3**, 1585 (2008); b) Y. Kuninobu, T. Nakahara, H. Takeshima, K. Takai, *Org. Lett.*, **15**, 426 (2013).
117) a) T. Ishiyama, K. Sato, Y. Nishio, N. Miyaura, *Angew. Chem., Int. Ed.*, **42**, 5346 (2003); b) T. Ishiyama, K. Sato, Y. Nishio, T. Saiki, N. Miyaura, *Chem. Commun.*, **2005**, 5065 ; c) T. Saiki, Y. Nishio, T. Ishiyama, N. Miyaura, *Organometallics*, **25**, 6068 (2006); d) B. Lu, J. R. Falck, *Angew. Chem., Int. Ed.*, **47**, 7508 (2008); e) E. Simmons, J. F. Hartwig, *J. Am. Chem. Soc.*, **132**, 17092 (2010); f) E.

Simmons, J. F. Hartwig, *Nature*, **483**, 70 (2012).

118) 総説: a) K. Tamao, *J. Synth. Org. Chem. Jpn.*, **46**, 861 (1988); b) G. R. Jones, Y. Landais, *Tetrahedron*, **52**, 7599 (1996).

119) I. Fleming, P. E. J. Sanderson, *Tetrahedron Lett.*, **28**, 4229 (1987).

120) 総説: a) T. Mukaiyama, *Org. React.*, **28**, 203 (1982); b) R. Mahrwald, *Chem. Rev.*, **99**, 1095 (1999); c) T. Mukaiyama, J.-i. Matsuo, "Modern Aldol Reactions", R. Mahwald, ed., Vol. 1, p. 127, Wiley-VCH (2004).

121) 総説: I. Fleming, "Comprehensive Organic Synthesis", B. M. Trost, I. Fleming, eds., Vol. 2, p. 563, Pergamon Press (1991).

122) 総説: A. Hosomi, *Rev. Heteroatom Chem.*, **7**, 214 (1992); b) J. W. J. Kennedy, D. G. Hall, *Angew. Chem., Int. Ed.*, **42**, 4732 (2003); c) S. Rendler, M. Oestreich, *Synthesis*, **2005**, 1727; d) Y. Orito, M. Nakajima, *Synthesis*, **2006**, 1391; e) S. E. Denmark, G. L. Beutner, *Angew. Chem., Int. Ed.*, **47**, 1560 (2008).

123) 総説: a) M. Shibasaki, M. Kanai, *Chem. Rev.*, **108**, 2853 (2008); b) M. Naodovic, H. Yamamoto, *Chem. Rev.*, **108**, 3132 (2008).

124) a) M. B. Boxer, H. Yamamoto, *J. Am. Chem. Soc.*, **128**, 48 (2006); b) M. B. Boxer, H. Yamamoto, *J. Am. Chem. Soc.*, **129**, 2762 (2007).

125) 総説: a) H. Gröger, *Chem. Rev.*, **103**, 2795 (2003); b) M. North, D. L. Usanov, C. Young, *Chem. Rev.*, **108**, 5146 (2008).

126) 総説: a) G. K. S. Prakash, A. K. Yudin, *Chem. Rev.*, **97**, 757 (1997); b) R. P. Singh, J. M. Shreeve, *Tetrahedron*, **56**, 7613 (2000); c) G. K. S. Prakash, M. Mandal, *J. Fluorine Chem.*, **112**, 123 (2001).

127) M. B. Boxer, H. Yamamoto, *Nat. Protoc.*, **1**, 2434 (2006).

128) K. Kubota, J. L. Leighton, *Angew. Chem., Int. Ed.*, **42**, 946 (2003).

129) D. Tomita, R. Wada, M. Kanai, M. Shibasaki, *J. Am. Chem. Soc.*, **127**, 4138 (2005).

130) Y. Nakao, J. Chen, H. Imanaka, T. Hiyama, Y. Ichikawa, W. L. Duan, R. Shintani, T. Hayashi, *J. Am. Chem. Soc.*, **129**, 9137 (2007).

131) S. Masumoto, M. Suzuki, M. Kanai, M. Shibasaki, *Tetrahedron Lett.*, **43**, 8647 (2002).

132) G. K. S. Prakash, C. Panja, H. Vaghoo, V. Surampudi, R. Kultyshev, M. Mandal, G. Rasul, T. Mathew, G. A. Olah, *J. Org. Chem.*, **71**, 6806 (2006).

133) a) T. Hiyama, E. Shirakawa, *Top. Curr. Chem.*, **219**, 61 (2002); b) Y. Nakao, T. Hiyama, *Chem. Soc. Rev.*, **40**, 4893 (2011); c) W.-T. T. Chang, R. C. Smith, C. S. Regens, A. D. Bailey, N. S. Werner, S. E. Denmark, *Org. React.*, **75**, 213 (2011).

134) S. Y. Shi, Y. H. Zhang, *J. Org. Chem.*, **72**, 5927 (2007).

135) J. Y. Lee, G. C. Fu, *J. Am. Chem. Soc.*, **125**, 5616 (2003).

136) S. E. Denmark, J. D. Baird, *Org. Lett.*, **8**, 793 (2006).

137) Y. Nakao, H. Imanaka, J. S. Chen, A. Yada, T. Hiyama, *J. Organomet. Chem.*, **692**, 585 (2007).

138) Y. Nakao, J. S. Chen, M. Tanaka, T. Hiyama, *J. Am. Chem. Soc.*, **129**, 11694 (2007).

139) G. E. Keck, D. Krishnamurthy, *Org. Synth.*, **75**, 12 (1998).

140) V. Farina, V. Krishnamurthy, W. J. Scott, *Org. React.*, **50**, 1 (1997).

141) A. F. Littke, G. C. Fu, *Angew. Chem., Int. Ed.*, **38**, 2411 (1999).

142) X. Han, B. M. Stoltz, E. J. Corey, *J. Am. Chem. Soc.*, **121**, 7600 (1999).

143) S. P. H. Mee, V. Lee, J. E. Baldwin, *Chem. Eur. J.*, **11**, 3294 (2005).

144) 総説：E. Shirakawa, *J. Synth. Org. Chem. Jpn*, **62**, 616 (2004).

145) Y. Shi, S. M. Peterson, W. W. Haberaecker III, S. A. Blum, *J. Am. Chem. Soc.*, **130**, 2168 (2008).

146) N. Asao, Y. Masukawa, Y. Yamamoto, *Chem. Commun.*, **1996**, 1513.

147) a) K. Miura, H. Saito, D. Itoh, T. Matsuda, N. Fujisawa, D. Wang, A. Hosomi, *J. Org Chem.*, **66**, 3348 (2001); b) K. Miura, H. Saito, N. Fujisawa, D. Wang, H. Nishikori, A. Hosomi, *Org. Lett.*, **3**, 4055

(2001).

148) E. Shirakawa, K. Yamasaki, H. Yoshida, T. Hiyama, *J. Am. Chem. Soc.*, **121**, 10221 (1999).

149) a) P. Knochel, M. A. Scade, S. Bernhardt, G. Manolikakes, A. Metzger, F. M. Piller, C. J. Rohbogner, M. Mosrin, *Beil. J. Org. Chem.*, **7**, 1261 (2011); b) P. Knochel, J. J. A. Perea, P. Jones, *Tetrahedron,* **54**, 8275 (1998); c) 硤合憲三, 有機合成化学, **62**, 6673 (2004); d) M. Watanabe, K. Soai, *J. Chem. Soc. Perkin, Trans. 1,* **1984**, 3125.

150) a) K. Takai, T. Kakiuchi, Y. Kataoka, K. Utimoto, *J. Org. Chem.*, **59**, 2668 (1994); b) K. Takai, T. Kakiuchi, K. Utimoto, *ibid.*, **59**, 2671 (1994).

151) S. H. Wunderlich, P. Knochel, *Angew. Chem., Int. Ed.,* **46**, 7685 (2007).

152) a) R. G. Cornwall, O. A. Wong, H. Du, T. A. Ramirez, Y. Shi, *Org. Biomol. Chem.,* **10**, 5498 (2012); b) S. E. Denmark, J. P. Edwards, *J. Org. Chem.,* **56**, 6974 (1991); c) A. B. Charette, M.-C. Lacasse. *Org. Lett.,* **4**, 3351 (2002).

153) a) 松原誠二郎, 有機合成化学, **65**, 194 (1995); b) K. Ukai, K. Oshima, S. Matsubara, *J. Am. Chem. Soc.,* **122**, 12047 (2000).

154) 鈴木正昭, "有機合成実験法ハンドブック", 有機合成化学協会 編, pp. 604-613, 丸善出版 (1990).

155) 根本尚夫, 山本嘉則, "第 4 版 実験化学講座 25", 日本化学会 編, pp. 447-486, 丸善出版 (1991).

156) 清水 真, 八谷 巌, "第 5 版 実験化学講座 18", 日本化学会 編, pp. 280-310, 丸善出版 (2004).

157) B. Lipshutz, Y. Yamamoto, *Chem. Rev.*, **108**, 2793 (2008).

158) E. Nakamura, S. Mori, *Angew. Chem., Int. Ed. Engl.* **39**, 3750 (2000).

159) R. J. K. Taylor, ed., "Organocopper Reagents : A Practical Approach", Oxford University Press (1994).

160) N. Krause, ed., "Modern Organocopper Chemistry", Wiley-VCH (2002).

161) P. Knochel, P. Jones, eds., "Organozinc Reagents : A Practical Approach", Oxford University Press (1999).

162) M. Furber, R. J. K. Taylor, S. C. Burford, *J. Chem. Soc., Perkin Trans. 1,* **1986**, 1809.

163) Y. Matsuo, A. Muramatsu, K. Tahara, M. Koide, E. Nakamura, *Org. Synth.,* Coll. Vol., **11**, 319 (2009).

164) A. Alexakis, J. E. Bäckvall, N. Krause, O. Pàmies, M. Diéguez, *Chem. Rev.,* **108**, 2796 (2008).

165) A. Alexakis, C. Benhaim, *Eur. J. Org. Chem.*, **2002**, 3221.

166) B. L. Feringa, *Acc. Chem. Res.*, **33**, 346 (2000).

167) S. R. Harutyunyan, T. den Hartog, K. Geurts, A. J. Minnaard, B. L. Feringa, *Chem. Rev.,* **108**, 2824 (2008).

168) S. V. Ley, A. W. Thomas, *Angew. Chem., Int. Ed. Engl.,* **42**, 5400 (2003).

169) C. Retherford, T.-S. Chou, R. M. Schelkun, P. Knochel, *Tetrahedron Lett.,* **31**, 1833 (1990).

170) B. H. Lipshutz, R. S. Wilhelm, J. Kozlowski, *Tetrahedron Lett.,* **23**, 3755 (1982).

171) K. Okano, H. Tokuyama, T. Fukuyama, *Org. Lett.,* **5**, 4987 (2003).

172) F. Sato, H. Urabe, S. Okamoto, *Chem. Rev.*, **100**, 2835 (2000).

173) R. O. Duthaler, A. Hafner, *Chem. Rev.*, **92**, 807 (1992).

174) a) Y. Yatsumonji, T. Nishimura, A. Tsubouchi, K. Noguchi, T. Takeda, *Chem. Eur. J.*, **15**, 2680 (2009); b) T. Takeda, T. Nishimura, Y. Yatsumonji, K. Noguchi, A. Tsubouchi, *Chem. Eur. J.*, **16**, 4729 (2010); c) T. Takeda, H. Wasa, A. Tsubouchi, *Tetrahedron Lett.*, **52**, 4575 (2011); d) T. Takeda, T. Nishimura, S. Yoshida, F. Saiki, Y. Tajima, A. Tsubouchi, *Org. Lett.*, **14**, 2042 (2012); e) T. Takeda, S.Yoshida, T. Nishimura, A. Tsubouchi, *Tetrahedron Lett.*, **53**, 3930 (2012); f) T. Takeda, M. Yamamoto, S. Yoshida, A. Tsubouchi, *Angew. Chem., Int. Ed.*, **51**, 7263 (2012).

175) a) N. A. Petasis, E. I. Bzowej, *J. Am. Chem. Soc.*, **112**, 6392 (1990); b) N. A. Petasis, E. I. Bzowej, *J. Org. Chem.*, **57**, 1327 (1992); c) N. A. Petasis, I. Akritopoulou, *Synlett*, **1992**, 665; d) N. A. Petasis, E. I. Bzowej, *Tetrahedron Lett.*, **34**, 943 (1993); e) N. A. Petasis, Y.-H. Hu, *J. Org. Chem.*, **62**, 782 (1997).

176) T. Takeda, *Bull. Chem. Soc. Jpn.*, **78**, 195 (2005).

177）Y. Horikawa, M. Watanabe, T. Fujiwara, T. Takeda, *J. Am. Chem. Soc.*, **119**, 1127（1997）.
178）A. de Meijere, S. I. Kozhushkov, A. I. Savchenko, “Titanium and Zirconium in Organic Synthesis”, I. Marek, ed., p.390, Wily-VCH（2000）.
179）J. Lee, H. Kim, J. K. Cha, *J. Am. Chem. Soc.*, **118**, 4198（1996）.
180）T. Hamada, D. Suzuki, H. Urabe, F. Sato, *J. Am. Chem. Soc.*, **121**, 7342（1999）.
181）D. W. Hart, J. Schwartz, *J. Am. Chem. Soc.*, **96**, 8115（1974）.
182）E. Negishi, T. Takahashi, *Aldrichimica Acta*, **18**, 31（1985）.
183）S. L. Buchwald, S. J. LaMaire, R. B. Nielsen, B. T. Watson, S. M. King, *Org. Synth.,* Coll. Vol., **9**, 162（1998）.
184）a）T. Takahashi, M. Kotora, Z. Xi, *J. Chem. Soc., Chem Commun.*, **1995**, 361; b）T. Takahashi, Z. Xi, A. Yamazaki, Y. Liu, K. Nakajima, M. Kotora, *J. Am. Chem., Soc.*, **120**, 1672（1998）.
185）Z. Xi, R. Hara, T. Takahashi, *J. Org. Chem.*, **60**, 4444（1995）.
186）T. Takahashi, F. Tsai, Y. Li, K. Nakajima, M. Kotora, *J. Am. Chem. Soc.*, **121**, 11093（1999）.
187）a）T. Takahashi, F. Tsai, M. Kotora, *J. Am. Chem. Soc.*, **122**, 4994（2000）; b）T. Takahashi, F. Tsai, Y. Li, H. Wang, Y. Kondo, M. Yamanaka, K. Nakajima, M. Kotora, *ibid.,* **124**, 5059（2002）.
188）U. M. Dzhemilev, O. S. Vostrikova, R. M. Sultanov, *Izv. Akad. Nauk SSSR, Ser. Khim.*, **1983**, 213.
189）T. Takahashi, T. Seki, Y. Nitto, M. Saburi, C. J. Rousset, E. Negishi, *J. Am. Chem. Soc.*, **113**, 6266（1991）.
190）K. S. Knight, R. M. Waymouth. *J. Am. Chem. Soc.*, **113**, 6268（1991）.
191）A. H. Hoveyda, Z. Xu. *J. Am. Chem. Soc.*, **113**, 5079（1991）.
192）D. P. Lewis, P. M. Muller, R. J. Whitby, R. V. H. Jones, *Tetrahedron Lett.*, **32**, 6797（1991）.
193）A. F. Houri, M. T. Didiuk, Z. Xu, N. R. Horan, A. H. Hoveyda, *J. Am. Chem. Soc.*, **115**, 6614（1993）.
194）J. P. Morken, M. T. Didiuk, A. H. Hoveyda, *J. Am. Chem. Soc.*, **115**, 6997（1993）.
195）G. Erker, M. Aulback, M. Knickmeier, D. Wingbermuhle, C. Kruger, M. Nolte, S. Werner, *J. Am. Chem. Soc.*, **115**, 4590（1993）.
196）a）D. Y. Kondakov, E. Negishi, *J. Am. Chem. Soc.*, **117**, 10771（1995）; b）E. Negishi, S. Huo, *Pure Appl. Chem.*, **74**, 151（2002）.
197）D. Y. Kondakov, E. Negishi, *J. Am. Chem. Soc.*, **118**, 1577（1996）.
198）E. Negishi, Z. Tan, B. Liang, T. Novak, *Proc. Natl. Acad. Sci. U.S.A.*, **101**, 5782（2004）.
199）a）A. Fürstner, *Chem. Rev.*, **99**, 991（1999）; b）L. A. Wessjohann, G. Scheid, *Synthesis*, **1999**, 1; c）K. Takai, *Org. React*, **64**, 253（2004）.
200）a）K. Takai, K. Kimura, T. Kuroda, T. Hiyama, H. Nozaki, *Tetrahedron Lett.*, **24**, 5281（1983）; b）K. Takai, M. Tagashira, T. Kuroda, K. Oshima, K. Utimoto, H. Nozaki, *J. Am. Chem. Soc.*, **108**, 6048（1986）; c）H. Jin, J. Uenishi, W. J. Christ, Y. Kishi, *J. Am. Chem. Soc.*, **108**, 5644（1986）; d）K. Takai, K. Sakogawa, Y. Kataoka, K. Oshima, K. Utimoto, *Org. Synth.*, **72**, 180（1995）.
201）a）K. Takai, K. Nitta, K. Utimoto, *J. Am. Chem. Soc.*, **108**, 7408（1986）; b）K. Takai, Y. Kataoka, T. Okazoe, K. Utimoto, *Tetrahedron Lett.*, **28**, 1443（1987）; c）K. Takai, N. Shinomiya, H. Kaihara, N. Yoshida, T. Moriwake, K. Utimoto, *Synlett*, **1995**, 963; d）T. Okazoe, K. Takai, K. Utimoto, *J. Am. Chem. Soc.*, **109**, 951（1987）.
202）a）高井和彦, “第 5 版 実験化学講座 21”, 日本化学会 編, pp. 120-121, 丸善出版（2004）; b）M. Uemura, “Advances in Metal-Organic Chemistry”, Vol. 2, p. 195, JAI Press（1991）; c）E. P. Kündig, *Pure Appl. Chem.*, **57**, 1855（1985）.
203）a）M. F. Semmelhack, H. T. Hall, M. Yoshifuji, G. Clark, *J. Am. Chem. Soc.*, **97**, 1247（1975）; b）M. F. Semmelhack, G. R. Clark, J. L. Garcia, J. J. Harrison, Y. Thebtaranonth, W. Wulff, A. Yamashita, *Tetrahedron*, **37**, 3957（1981）.
204）a）K. H. Dötz, *Angew. Chem., Int. Ed. Engl.,* **14**, 644（1975）; b）W. D. Wulff, B. M. Bax, T. A. Brandvold, K. S. Chan, A. M. Gilbert, R. P. Hsung, *Organometallics*, **13**, 102（1994）.

205) K. S. Chan, G. A. Peterson, T. A. Brandvold, K. L. Faron, C. A. Challener, C. Hyldahl, W. D. Wulff, *J. Organomet. Chem.*, **334**, 9 (1987).
206) G. Cahiez, C. Duplais, J. Buendia, *Chem. Rev.*, **109**, 1434 (2009).
207) G. Friour, G. Cahiez, J. F. Normant, *Synthesis*, **1984**, 37.
208) G. Cahiez, D. Bernard, J. F. Normant, *J. Organomet. Chem.*, **113**, 99 (1976).
209) G. Cahiez, F. Lepifre, P. Ramiandrasoa, *Synthesis*, **1999**, 2138.
210) G. Cahiez, A. Moyeux, J. Buendia, C. Duplais, *J. Am. Chem. Soc.*, **129**, 13788 (2007).
211) G. Cahiez, C. Duplais, J. Buendia, *Angew. Chem., Int. Ed.*, **48**, 6731 (2009).
212) J. Nakao, R. Inoue, H. Shinokubo, K. Oshima, *J. Org. Chem.*, **62**, 1910 (1997).
213) T. Imamoto, T. Kusumoto, Y. Tawarayama, Y. Sugiura, T. Mita, Y. Hatanaka, M. Yokoyama, *J. Org. Chem.*, **49**, 3904 (1984).
214) T. Imamoto, N. Takiyama, K. Nakamura, T. Hatajima, Y. Kamiya, *J. Am. Chem. Soc.*, **111**, 4392 (1989).
215) E. Ciganek, *J. Org. Chem.*, **57**, 4521 (1992).
216) 今本恒雄，畑島敏彦，“合成化学者のための実験有機金属化学”，佐藤史衛，山本經二，今本恒雄 編, pp. 224–231，講談社サイエンティフィク (1992).
217) V. Dimitrov, K. Kostova, M. Genov, *Tetrahedron Lett.*, **37**, 6787 (1996).
218) 今本恒雄，“第5版 実験化学講座 18”，日本化学会 編，pp. 202–217, 丸善出版 (2004).
219) N. Takeda, T. Imamoto, *Org. Synth.*, **76**, 228 (1999).
220) J. W. Timberlake, D. Pan, J. Murray, B. S. Jursic, T. Chen, *J. Org. Chem.*, **60**, 5295 (1995).
221) A. Krasovskiy, F. Kopp, P. Knochel, *Angew. Chem., Int. Ed.*, **45**, 497 (2006).
222) A. Metzger, A. Gavryushin, P. Knochel, *Synlett*, **2009**, 1433.
223) a) J.-L. Namy, P. Girard, H. B. Kagan, *New J. Chem.*, **1**, 5 (1977); b) P. Girard, J.-L, Namy, H. B. Kagan, *J. Am. Chem. Soc.*, **102**, 2693 (1980); c) H. B. Kagan, *Tetrahedron*, **59**, 10351 (2003).
224) G. A. Molander, E. R. Burkhardt, P. Weinig, *J. Org. Chem.*, **55**, 4990 (1990).
225) T. Hanamoto, Y. Sugimoto, A. Sugino, J. Inanaga, *Synlett*, **1994**, 337.
226) a) G. A. Molander, C. R. Harris, *Chem. Rev.*, **96**, 307 (1996); b) G. A. Molander, C. R. Harris, *Tetrahedron*, **54**, 3321 (1998).
227) 稲永純二，花本猛士，“季刊化学総説 37 ランタノイドを利用する有機合成”，日本化学会 編, pp. 31–41, 学会出版センター (1998).
228) A. Krief, A.-M, Kavak, *Chem. Rev.*, **99**, 745 (1999).
229) 稲永純二，古野裕史，“第5版 実験化学講座 18”，日本化学会 編，pp.217–234, 丸善出版 (2004).
230) 稲永純二，古野裕史，“希土類の材料技術ハンドブック”，pp.484–490，エヌ・ティー・エス (2007).
231) K. Gopalaiah, H. B. Kagan, *New J. Chem.*, **32**, 607 (2008).
232) M. Szostak, M. Spain, D. Parmar, D. J. Procter, *Chem. Commun.*, **48**, 330 (2012).
233) a) K. C. Nicolaou, S. P. Ellery, J. S. Chen, *Angew. Chem., Int. Ed.*, **48**, 7140 (2009); b) T. Nakata, *Chem. Rec.*, **10**, 159 (2010).
234) a) R. S. Miller, J. M. Sealy, M. Shabangi, M. L. Kuhlman, J. R. Fuchs, R. A. Flowers, II, *J. Am. Chem. Soc.*, **122**, 7718 (2000); b) B. W. Knettle, R. A. Flowers, II, *Org. Lett.*, **3**, 2321 (2001).
235) a) K. Otsubo, J. Inanaga, M. Yamaguchi, *Tetrahedron Lett.*, **27**, 5763 (1986); b) J. Inanaga, M. Ishikawa, M. Yamaguchi, *Chem. Lett.*, **16**, 1485 (1987).
236) a) A. Dahlen, G. Hilmersson, *Tetrahedron Lett.*, **43**, 7197 (2002); b) A. Dahlen, A. Sundgren, M. Lahmann, S. Oscarson, G. Hilmersson, *Org. Lett.*, **5**, 4085 (2003); c) A. Dahlen, G. Hilmersson, *Eur. J. Inorg. Chem.*, **43**, 3393 (2004).
237) G. A. Molander, G. A. Brown, L. S. de Gracia, *J. Org. Chem.*, **67**, 3459 (2002).
238) a) T. Hirao, *Chem. Rev.*, **97**, 2707 (1997); b) T. Hirao, *J. Synth. Org. Chem., Jpn.*, **62**, 1148 (2004).
239) a) C. K. Z. Andrade, *Curr. Org. Synth.*, **1**, 333 (2004); b) J. V. Lacerda, D. A. Santos, L. C. Silva-Filho, S. J. Greco, R. B. Santosa, *Aldrichimica Acta*, **45**, 19 (2012).

240) M. A. Schwartz, R. A. Holton, *J. Am. Chem. Soc.*, **92**, 1090 (1970).
241) T. Hirao, T. Fujii, S. Miyata, Y. Ohshiro, *J. Org. Chem.*, **56**, 2264 (1991).
242) T. Fujii, T. Hirao, Y. Ohshiro, *Tetrahedron Lett.*, **33**, 5823 (1992).
243) K. Ryter, T. Livinghouse, *J. Am. Chem. Soc.*, **120**, 2658 (1998).
244) a) L. C. Silva-Filho, V. Lacerda, Jr., M. G. Constantino, G. V. J. Silva, P. R. Invernize, *Beil. J. Org. Chem.*, **1**, 14 (2005); b) M. G. Constantino, K. T. Oliveira, E. C. Polo, G. V. J. Silva, T. J. Brocksom, *J. Org. Chem.*, **71**, 9880 (2006).
245) S. Arai, Y. Sudo, A. Nishida, *Tetrahedron*, **61**, 4639 (2005).
246) a) S. Kobayashi, K. Arai, H. Shimizu, Y. Ihori, H. Ishitani, Y. Yamashita, *Angew. Chem., Int. Ed.*, **44**, 761 (2005); b) V. Jurčík, K. Arai, M. M. Salter, Y. Yamashita, S. Kobayashi, *Adv. Synth. Catal.*, **350**, 647(2008); c) H. Egami, T. Oguma, T. Katsuki, *J. Am. Chem. Soc.*, **132**, 5886 (2010).
247) a) S. Arai, Y. Sudo, A. Nishida, *Synlett*, **2004**, 1104; b) Y. Sudo, S. Arai, A. Nishida, *Eur. J. Org. Chem.*, **2006**, 752.
248) a) J. B. Hartung, S. F. Pedersen, *Oganometallics*, **9**, 1414 (1990); b) E. J. Roskamp, S. F. Pedersen, *J. Am. Chem. Soc.*, **109**, 6551 (1987).
249) Y. Obora, M. Kimura, T. Ohtake, M. Tokunaga, Y. Tsuji, *Organometallics*, **25**, 2097 (2006).
250) Y. Obora, M. Kimura, M. Tokunaga, Y. Tsuji, *Chem. Commun.*, **2005**, 901.
251) J. B. Hartung, S. F. Pedersen, *J. Am. Chem. Soc.*, **111**, 5468 (1989).
252) $NbCl_3$(dme)による末端アルキンの三量化：文献 248a). Y. Obora, Y. Satoh, Y. Ishii, *J. Org. Chem.*, **75**, 6046 (2010)も参照.
253) K. Utimoto, K. Takai, *J. Synth. Org. Chem., Jpn.*, **48**, 966 (1990).
254) a) M. Sato, K. Oshima, *Chem. Lett.*, **1982**, 157; b) Y. Kataoka, K. Takai, K. Oshima, K. Utimoto, *Tetrahedron Lett.*, **31**, 365 (1990).
255) K. Takai, Y. Kataoka, K. Utimoto, *J. Org. Chem.*, **55**, 1707 (1990).
256) K. Takai, M. Tezuka, Y. Kataoka, K. Utimoto, *J. Org. Chem.*, **55**, 5310 (1990).
257) Y. Kataoka, J. Miyai, M. Tezuka, K. Takai, K. Oshima, K. Utimoto, *Tetrahedron Lett.*, **31**, 369 (1990).
258) a) M. Kumada, *Pure Appl. Chem.*, **52**, 669 (1980); b) P. W. Jolly, "Comprehensive Organometallic Chemistry", G. Wilkinson, F. G. A. Stone, E. W. Abel, eds., Vol. 8, Chap. 56.5, Pergamon Press (1992); c) Y. Tamaru, ed., "Modern Organonickel Chemistry", Wiley-VCH (2005).
259) K. Takagi, N. Hayama, K. Sasaki, *Bull. Chem. Soc. Jpn.*, **57**, 1887 (1984).
260) M. Kumada, K. Tamao, K. Sumitani, *Org. Synth.*, **58**, 669 (1978).
261) J. Terao, H. Watanabe, A. Ikumi, H. Kuniyasu, N. Kambe, *J. Am. Chem. Soc.*, **124**, 4222 (2002).
262) a) J. Canivet, J. Yamaguchi, I. Ban, K. Itami, *Org. Lett.*, **11**, 1733 (2009); b) H. Hachiya, K. Hirano, T. Satoh, M. Miura, *Org. Lett.*, **11**, 1737 (2009); c) T. Yamamoto, K. Muto, M. Komiyama, J. Canivet, J. Yamaguchi, K. Itami, *Chem. Eur. J.*, **17**, 10113 (2011); d) K. Muto, J. Yamaguchi, K. Itami, *J. Am. Chem. Soc.*, **134**, 169 (2012).
263) Y. Nakao, N. Kashihara, K. S. Kanyiva, T. Hiyama, *J. Am. Chem. Soc.*, **130**, 16170 (2008).
264) a) Y. Nakao, K. S. Kanyiva, T. Hiyama, *J. Am. Chem. Soc.*, **130**, 2448 (2008); b) Y. Nakao, Y. Yamada, N. Kashihara, T. Hiyama, *J. Am. Chem. Soc.*, **132**, 13666 (2010).
265) a) Y. Nakao, S. Oda, T. Hiyama, *J. Am. Chem. Soc.*, **126**, 13904 (2004); b) Y. Nakao, S. Ebara, A. Yada, T. Hiyama, M. Ikawa, S. Ogoshi, *J. Am. Chem. Soc.*, **130**, 12874 (2008).
266) a) M. Kimura, A. Ezoe, K. Shibata, Y. Tamaru, *J. Am. Chem. Soc.*, **120**, 4033 (1998); b) M. Kimura, H. Fujimatsu, A. Ezoe, K. Shibata, M. Shimizu, S. Matsumoto, Y. Tamaru, *Angew. Chem., Int. Ed. Engl.*, **38**, 397 (1999).
267) a) W.-S. Huang, J. Chan, T. F. Jamison, *Org. Lett.*, **2**, 4221 (2000); b) S. J. Patel, T. F. Jamison, *Angew. Chem., Int. Ed. Engl.*, **42**, 1364 (2003).
268) a) M. Kimura, K. Kojima, Y. Tatsuyama, Y. Tamaru, *J. Am. Chem. Soc.*, **128**, 6332 (2006); b) M.

Kimura, Y. Tatsuyama, K. Kojima, Y. Tamaru, *Org. Lett.*, **9** 1871 (2007).
269) a) Y. Tamaru, M. Kimura, *Org. Synth.*, **83**, 88 (2006); b) M. Kimura, A. Ezoe, M. Mori, K. Iwata, Y. Tamaru, *J. Am. Chem. Soc.*, **128**, 8559 (2006).
270) J. H. Philip, J. Montgomery, *Org. Lett.*, **12**, 4556 (2010).
271) W. Li, A. Herath, J. Montgomery, *J. Am. Chem. Soc.*, **131**, 17024 (2009).
272) A. Herath, W. Li, J. Montgomery, *J. Am. Chem. Soc.*, **130**, 469 (2008).
273) K. Shimizu, M. Takimoto, Y. Sato, M. Mori, *Org. Lett.*, **7**, 195 (2005).
274) S. Saito, S. Nakagawa, T. Koizumi, K. Hirayama, Y. Yamamoto, *J. Org. Chem.*, **64**, 3975 (1999).
275) S. Saito, M. Masuda, S. Komagawa, *J. Am. Chem. Soc.*, **126**, 10540 (2004).
276) I. Kortmann, B. Westermann, *Synthesis*, **1995**, 931.
277) M. M. McCormick, H. A. Duong, G. Zuo, J. Louie, *J. Am. Chem. Soc.*, **127**, 5030 (2005).
278) a) A. J. Arduengo III, R. Krafczk, R. Schmulzler, H. A. Craig, J. R. Goerlich, W. J. Marshall, M. Unverzagt, *Tetrahedron* **55**, 14523 (1999); b) V. P. W. Böhm, T. Weskammp, W. K. Gstottmayr, W. A. Hermann, *Angew. Chem., Int. Ed. Engl.*, **39**, 1602 (2000).
279) J. C. Fiaud, J.-L. Malleron, J.-Y. Legros, eds., "Handbook of Palladium-Catalysed Organic Reactions", Academic Press (1997).
280) J. Tsuji, "Palladium Reagents and Catalysts: New Perspectives for the 21st Century", John Wiley (2004).
281) J. Tsuji, ed., "Palladium in Organic Synthesis, Topics in Organometallic Chemistry", Vol. 14, Springer (2005).
282) 小澤文幸, 南 達哉, "第5版 実験化学講座 21", 日本化学会 編, pp. 308-327, 丸善出版 (2004).
283) S. S. Zalesskiy, V. P. Ananikov, *Organometallics*, **31**, 2302 (2012).
284) I. P. Beletskaya, A. V. Cheprakov, *Chem. Rev.*, **100**, 3009 (2000).
285) A. Spencer, *J. Organomet. Chem.*, **258**, 101 (1983).
286) N. Miyaura, ed., "Cross-Coupling Reactions: A Practical Guide, Topics in Current Chemistry", Vol. 219, Springer (2002).
287) N. Miyaura, T. Yanagi, A. Suzuki, *Synth. Commun.*, **11**, 513 (1981).
288) V. Farina, B. Krishnan, D. R. Marshall, G. P. Roth, *J. Org. Chem.*, **58**, 5434 (1993).
289) E. Nagishi, L. Anastasia, *Chem. Rev.*, **103**, 1979 (2003).
290) S. Thorand, N. Krause, *J. Org. Chem.*, **63**, 8551 (1998).
291) F. Bellina, R. Rossi, *Chem. Rev.*, **110**, 1082 (2010).
292) M. Kawatsura, J. F. Hartwig, *J. Am. Chem. Soc.*, **121**, 1473 (1999).
293) 辻 二郎, 有機合成化学, **57**, 1036 (1999).
294) B. M. Trost, T. R. Verhoeven, *J. Am. Chem. Soc.*, **102**, 4130 (1980).
295) B. M. Trost, D. L. Van Vranken, *Chem. Rev.*, **96**, 395 (1996).
296) C. Jia, T. Kitamura, Y. Fujiwara, *Acc. Chem. Res.*, **34**, 633 (2001).
297) C. Jia, W. Lu, J. Oyamada, T. Kitamura, K. Matsuda, M. Irie, Y. Fujiwara, *J. Am. Chem. Soc.*, **122**, 7252 (2000).
298) T. Satoh, M. Miura, *Chem. Lett.*, **36**, 200 (2007).
299) N. Lebrasseur, I. Larrosa, *J. Am. Chem. Soc.*, **130**, 2926 (2008).
300) D. Alberico, M. E. Scott, M. Lautens, *Chem. Rev.*, **107**, 174 (2007).
301) O. Daugulis, H.-Q. Do, D. Shabashov, *Acc. Chem. Res.*, **42**, 1074 (2009).
302) O. Daugulis, V. G. Zaitsev, *Angew. Chem., Int. Ed.*, **44**, 4046 (2005).
303) Y. Yamamoto, T. Nishikata, N. Miyaura, *Pure Appl. Chem.*, **80**, 807 (2008).
304) T. Nishikata, Y. Yamamoto, N. Miyaura, *Organometallics*, **23**, 4317 (2004).
305) J. F. Hartwig, M. Kawatsura, S. I. Hauck, K. H. Shaughnessy, L. M. Alcazar-Roman, *J. Org. Chem.*, **64**, 5575 (1999).

306) a) N. T. Patil, Y. Yamamoto, *Chem. Rev.*, **108**, 3395 (2008); b) A. Fürstner, P. W. Davies, *Angew. Chem., Int. Ed.*, **46**, 3410 (2007); c) V. Michelet, P. Y. Toullec, J.-P. Genêt, *Angew. Chem., Int. Ed.*, **47**, 4268 (2008).
307) M. Suginome, T. Matsuda, T. Ohmura, A. Seki, M. Murakami, "Comprehensive Organometallic Chemistry III", R. H. Crabtree, D. M. P. Mingos, eds., Vol. 10, p.725, Elsevier (2007).
308) Z. T. Ball, "Comprehensive Organometallic Chemistry III", R. H. Crabtree, D. M. P. Mingos, eds., Vol. 10, p.789, Elsevier (2007).
309) Y. Kawasaki, Y. Ishikawa, K. Igawa, K. Tomooka, *J. Am. Chem., Soc.*, **133**, 20712 (2011).
310) a) T. Ishiyama, N. Matsuda, N. Miyaura, A. Suzuki, *J. Am. Chem., Soc.*, **115**, 11018 (1993); b) T. Ishiyama, N. Matsuda, M. Murata, F. Ozawa, A. Suzuki, N. Miyaura, *Organometallics*, **15**, 713 (1996).
311) T. Ishiyama, M. Yamamoto, N. Miyaura, *Chem. Commun.*, **1996**, 2073.
312) T. Ishiyama, T. Kitano, N. Miyaura, *Tetrahedron Lett.*, **39**, 2357 (1998).
313) a) N. Chatani, T. Morimoto, T. Muto, S. Murai, *J. Am. Chem., Soc.* **116**, 6049 (1994); b) N. Chatani, N. Furukawa, H. Sakurai, S. Murai, *Organometallics*, **15**, 901 (1996).
314) a) K. Ishida, H. Kusama, N. Iwasawa, *J. Am. Chem. Soc.*, **132**, 8842 (2010); b) K. Saito, H. Sogou, T. Suga, H. Kusama, N. Iwasawa, *J. Am. Chem. Soc.*, **133**, 689 (2011); c) J. Takaya, Y. Miyashita, H. Kusama, N. Iwasawa, *Tetrahedron*, **67**, 4455 (2011).
315) a) A. R. Chianese, S. J. Lee, M. R. Gagné, *Angew. Chem., Int. Ed.*, **46**, 4042 (2007); b) H. Kusama, M. Ebisawa, H. Funami, N. Iwasawa, *J. Am. Chem. Soc.*, **131**, 16352 (2009).
316) a) A. S. Hashmi, *Chem. Rev.*, **107**, 3180 (2007); b) E. Jiménez-Núñez, A. M. Echavarren, *Chem. Rev.*, **108**, 3326 (2008); c) Z. Li, C. Brouwer, C. He, *Chem. Rev.*, **108**, 3239 (2008); d) A. S. Hashmi, F. D. Toste, "Modern Gold Catalyzed Synthesis", Wiley-VCH (2012).
317) J. M. Conia, P. Le Perchec, *Synthesis*, **1975**, 1.
318) a) S. T. Staben, J. J. Kennedy-Smith, F. D. Toste, *Angew. Chem., Int. Ed.*, **43**, 5350 (2004); b) S. T. Staben, J. J. Kennedy-Smith, D. Huang, B. K. Corkey, R. L. LaLonde, F. D. Toste, *Angew. Chem., Int. Ed.*, **45**, 5991 (2006); c) J.-F. Brazeau, S. Zhang, I. Colomer, B. K. Corkey, F. D. Toste, *J. Am. Chem., Soc.* **134**, 2742 (2012).
319) K. C. Nicolaou, G. S. Tria, D. J. Edmonds, *Angew. Chem., Int. Ed.*, **47**, 1780 (2008).
320) N. Asao, K. Takahashi, S. Lee, T. Kasahara, Y. Yamamoto, *J. Am. Chem., Soc.*, **124**, 12650 (2002).
321) a) N. Asao, *Synlett*, **2006**, 1645; b) H. Kusama, N. Iwasawa, *Chem. Lett.*, **35**, 1082 (2006); c) H. Wang, Y. Kuang, J. Wu, *Asian J. Org. Chem.*, **1**, 302 (2012).
322) a) K. Miki, K. Ohe, S. Uemura, *J. Org. Chem.*, **68**, 8505 (2003); b) K. Miki, S. Uemura, K. Ohe, *Chem. Lett.*, **34**, 1068 (2005).
323) J. Marco-Contelles, E. Soriano, *Chem. Eur. J.*, **13**, 1350 (2007).
324) a) A. Buzas, F. Gagosz, *J. Am. Chem., Soc.*, **128**, 12614 (2006); b) G. Zhang, V. J. Catalano, L. Zhang, *J. Am. Chem., Soc.*, **129**, 11358 (2007).
325) A. Fürster, P. Hannen, *Chem. Commun.*, **2004**, 2546.
326) M. Harmata, "Silver in Organic Synthesis", John Wiley (2010).
327) M. Naodovic, H. Yamamoto, *Chem. Rev.*, **108**, 3132 (2008).
328) a) N. Momiyama, H. Yamamoto, *J. Am. Chem. Soc.*, **125**, 6038 (2003); b) N. Momiyama, H. Yamamoto, *J. Am. Chem. Soc.*, **126**, 5360 (2004).
329) A. Yanagisawa, S. Takeshita, Y. Izumi, K. Yoshida, *J. Am. Chem. Soc.*, **132**, 5328 (2010).
330) J.-M. Weibel, A. Blanc, P. Pale, *Chem. Rev.*, **108**, 3149 (2008).
331) B. Mitasev, K. M. Brummond, *Synlett*, **2006**, 3100.
332) Y. Yamamoto, *Chem. Rev.*, **108**, 3199 (2008).
333) T. Nishikawa, S. Shibuya, S. Hosokawa, M. Isobe, *Synlett*, **1994**, 485.
334) A. Alexakis, J. E. Bäckvall, N. Krause, O. Pàmies, M. Diéguez, *Chem. Rev.*, **108**, 2796 (2008).

335) A. Alexakis, C. Benhaim, *Eur. J. Org. Chem.*, **2002**, 3221.
336) B. L. Feringa, *Acc. Chem. Res.*, **33**, 346 (2000).
337) A. Duursma, A. J. Minnaard, B. L. Feringa, *J. Am. Chem. Soc.*, **125**, 3700 (2003).
338) H. Ito, S. Ito, Y. Sasaki, K. Matsuura, M. Sawamura, *J. Am. Chem. Soc.*, **129**, 14856 (2007).
339) H. Ito, T. Miya, M. Sawamura, *Tetrahedron*, **68**, 3423 (2012).
340) L. Jiang, G. E. Job, A. Klapars, S. L. Buchwald, *Org. Lett.*, **5**, 3667 (2003).
341) G. Evano, N. Blanchard, M. Toumi, *Chem. Rev.*, **108**, 3054 (2008).
342) P. L. Pauson, *Tetrahedron*, **41**, 5855 (1985).
343) D. Struebing, M. Beller, *Top. Organomet. Chem.*, **18**, 165 (2006).
344) 柴田高範, 有機合成化学, **61**, 834 (2003).
345) M. C. Patel, T. Livinghouse, B. L. Pagenkopf, K.-H. Kim, M. J. Miller, *Org. Synth.*, **80**, 93 (2009).
346) K. P. C. Vollhardt, *Angew. Chem., Int. Ed. Engl.*, **23**, 539 (1984).
347) G. Domínguez, J. Pérez-Castells, *Chem. Soc. Rev.*, **40**, 3430 (2011).
348) J. A. Varela, C. Saá, *Chem. Rev.*, **103**, 3787 (2003).
349) H.-T. Chang, M. Jeganmohan, C.-H. Cheng, *Chem. Commun.*, **2005**, 4955.
350) A. Goswami, T. Ito, S. Okamoto, *Adv. Synth. Catal.*, **349**, 2368 (2007).
351) A. Geny, N. Agenet, L. Iannazzo, M. Malacria, C. Aubert, V. Gandon, *Angew. Chem., Int. Ed.*, **48**, 1810 (2009).
352) Y. Shibata, K. Tanaka, *Synthesis*, **2012**, 323.
353) K. C. Chao, D. K. Rayabarapu, C.-C. Wang, C.-H. Cheng, *J. Org. Chem.*, **66**, 8804 (2001).
354) J. Treutwein, G. Hilt, *Angew. Chem., Int. Ed.*, **47**, 6811 (2008).
355) C.-C. Wang, P.-S. Lin, C.-H. Cheng, *J. Am. Chem. Soc.*, **124**, 9696 (2002).
356) H.-T. Chang, T. T. Jayanth, C.-C. Wang, C.-H. Cheng, *J. Am. Chem. Soc.*, **129**, 12032 (2007).
357) G. Hilt, S. Lüers, F. Schmidt, *Synthesis*, **2003**, 634.
358) G. Hilt, F.-X. du Mesnil, *Tetrahedron Lett.*, **41**, 6757 (2000).
359) G. Hilt, T. J. Korn, *Tetrahedron Lett.*, **42**, 2783 (2001).
360) F. Hebrard, P. Kalck, *Chem. Rev.*, **109**, 4272 (2009).
361) N. Chatani, S. Fujii, Y. Yamasaki, S. Murai, N. Sonoda, *J. Am. Chem. Soc.*, **108**, 7361 (1986).
362) N. Chatani, S. Murai, *Synlett*, **1996**, 414.
363) T. Murai, E. Yasui, S. Kato, Y. Hatayama, S. Suzuki, Y. Yamasaki, N. Sonoda, H. Kurosawa, Y. Kawasaki, S. Murai, *J. Am. Chem. Soc.*, **111**, 7938 (1989).
364) M. Tokunaga, J. F. Larrow, F. Kakiuchi, E. N. Jacobsen, *Science*, **277**, 936 (1997).
365) E. N. Jacobsen, F. Kakiuchi, R. G. Konsler, J. F. Larrow, M. Tokunaga, *Tetrahedron Lett.*, **38**, 773 (1997).
366) S. Isayama, T. Mukaiyama, *Chem. Lett.*, **1989**, 1071.
367) 諫山 滋, 有機合成化学, **50**, 190 (1992).
368) S. Isayama, T. Mukaiyama, *Chem. Lett.*, **1989**, 573.
369) K. Kato, T. Yamada, T. Takai, S. Inoki, S. Isayama, *Bull. Chem. Soc. Jpn.*, **63**, 179 (1990).
370) J. Waser, E. M. Carreira, *J. Am. Chem. Soc.*, **126**, 5676 (2004).
371) J. Waser, H. Nambu, E. M. Carreira, *J. Am. Chem. Soc.*, **127**, 8294 (2005).
372) B. Gaspar, E. M. Carreira, *Angew. Chem., Int. Ed.*, **46**, 4519 (2007).
373) B. Gaspar, E. M. Carreira, *Angew. Chem., Int. Ed.*, **47**, 5758 (2008).
374) B. Gaspar, J. Waser, E. M. Carreira, *Synthesis*, **2007**, 3839.
375) Y. Ikeda, T. Nakamura, H. Yorimitsu, K. Oshima, *J. Am. Chem. Soc.*, **124**, 6514 (2002).
376) W. Affo, H. Ohmiya, T. Fujioka, Y. Ikeda, T. Nakamura, H. Yorimitsu, K. Oshima, Y. Imamura, T. Mizuta, K. Miyoshi, *J. Am. Chem. Soc.*, **126**, 8068 (2006).
377) T. Fujioka, T. Nakamura, H. Yorimitsu, K. Oshima, *Org. Lett.*, **4**, 2257 (2002).

378） H. Yorimitsu, K. Oshima, *Pure Appl. Chem.*, **78**, 441 (2006).
379） G. Cahiez, A. Moyeux, *Chem. Rev.*, **110**, 1435 (2010).
380） K. Wakabayashi, H. Yorimitsu, K. Oshima, *J. Am. Chem. Soc.,* **123**, 5374 (2001).
381） H. Ohmiya, H. Yorimitsu, K. Oshima, *J. Am. Chem. Soc.,* **128**, 1886 (2006).
382） T. Tsuji, H. Yorimitsu, K. Oshima, *Angew. Chem., Int. Ed.,* **41**, 4137 (2002).
383） H. Ohmiya, T. Tsuji, H. Yorimitsu, K. Oshima, *Chem. Eur. J.,* **10**, 5640 (2004).
384） H. Ohmiya, H. Yorimitsu, K. Oshima, *Org. Lett.,* **8**, 3093 (2006).
385） K. Murakami, H. Yorimitsu, K. Oshima, *Org. Lett.,* **11**, 2373 (2009).
386） K. Murakami, H. Yorimitsu, K. Oshima, *Chem. Eur. J.,* **16**, 7688 (2010).
387） H. Yasui, T. Nishikawa, H. Yorimitsu, K. Oshima, *Bull. Chem. Soc. Jpn.*, **79**, 1271 (2006).
388） 山本育宏，"第5版 実験化学講座21"，日本化学会 編，pp.256-275，丸善出版 (2004).
389） H. Takaya, R. Noyori, "Comprehensive Organic Synthesis", Vol. 8, B. M. Trost, I. Fleming, eds., Chap. 3, Pergamon Press (1991).
390） W. Strohmeier, K. Grünter, *J. Organomet. Chem.,* **90**, C45 (1975).
391） R. E. Ireland, P. Bey, *Org. Synth.*, **53**, 63 (1973).
392） T. Hiyama, K. Kusumoto, "Comprehensive Organic Synthesis", Vol. 8, B. M. Trost, I. Fleming, eds., p.763, Pergamon Press (1991).
393） I. Ojima, T. Kogure, *Organometallics*, **1**, 1390 (1982).
394） Y. Nishibayashi, K. Segawa, K. Ohe, S. Uemura, *Organometallics*, **14**, 5486 (1995).
395） Y. Kanazawa, Y. Tsuchiya, K. Kobayashi, T. Shiomi, J. Itoh, M. Kikuchi, Y. Yamamoto, H. Nishiyama, *Chem. Eur. J.*, **12**, 63 (2006).
396） R. Takeuchi, N. Tanouchi, *J. Chem. Soc., Chem. Commun.,* **1993**, 1319.
397） I. Beletskaya, A. Pelter, *Tetrahedron,* **53**, 4957 (1997).
398） S. Pereira, M. Srebnik, *Tetrahedron Lett.*, **37**, 3283 (1996).
399） T. Hayashi, Y. Matsumoto, Y. Ito, *Tetrahedron* : *Asymmetry*, **2**, 601 (1991).
400） T. Ohmura, Y. Yamamoto, N. Miyaura, *J. Am. Chem. Soc.*, **122**, 4990 (2000).
401） C. D. Frohning, C. W. Kohlpaitner, "Applied Homogenous Catalysis with Organometallic Compounds : A Comprehensive Handbook in Two Volumes", Vol. 1, B. Cornils, W. A. Herrmann, eds., pp. 27-200, Wiley-VCH (1996).
402） D. Evans, J. A. Osborn, G. Wilkinson, *J. Chem. Soc.* (*A*), **1968**, 3133.
403） M. Kranenburg, Y. E. M. van der Burgt, P. C. J. Kamer, P. W. N. M. van Leeuwen, K. Goubitz, J. Fraanje, *Organometallics,* **14**, 3081 (1995).
404） K. Nozaki, N. Sakai, T. Nanno, T. Higashijima, S. Mano, T. Horiuchi, H. Takaya, *J. Am. Chem. Soc.*, **119**, 4413 (1997).
405） I. U. Khand, G. R. Knox, P. L. Pauson, W. E. Watts, M. I. Foreman, *J. Chem. Soc. Perkin Trans. 1,* **1973**, 977.
406） a) N. E. Schore, "Comprehensive Organic Synthesis", Vol. 5, B. M. Trost, I. Fleming, eds., pp. 1037-1064, Pergamon (1991); b) H.-W. Lee, F.-Y. Kwong, *Eur. J. Org. Chem.*, **2010**, 789.
407） T. Kobayashi, Y. Koga, K. Narasaka, *J. Organomet. Chem.*, **624**, 73 (2001).
408） K. Fuji, T. Morimoto, K. Tsutsumi, K. Kakiuchi, *Angew. Chem., Int. Ed.,* **42**, 2409 (2003).
409） D. E. Kim, I. S. Kim, V. Ratovelomanana-Vidal, J.-P. Genêt, N. Jeong, *J. Org. Chem.*, **73**, 7985 (2008).
410） a) J. Tsuji, K. Ohno, *Tetrahedron Lett.*, **44**, 3969 (1965); b) K. Ohno, J. Tsuji, *J. Am. Chem. Soc.*, **90**, 99 (1968).
411） a) T. C. Fessard, S. P. Andrews, H. Motoyoshi, E. M. Carreira, *Angew. Chem., Int. Ed.*, **46**, 9331 (2007); b) M. Kreis, A. Palmelund, L. Bunch, R. Madsen, *Adv. Synth. Catal.,* **348**, 2148 (2006).
412） Y. Shibata, K. Tanaka, *Synthesis*, **44**, 323 (2012).
413） R. Grigg, R. Scott, P. Stevenson, *J. Chem. Soc. Perkin Trans. 1,* **1988**, 1357.

414) K. Tanaka, K. Toyoda, A. Wada, K. Shirasaka, M. Hirano, *Chem. Eur. J.*, **11**, 1145 (2005).
415) K. Tanaka, G. Nishida, A. Wada, K. Noguchi, *Angew. Chem., Int. Ed.*, **43**, 6510 (2004).
416) a) M. Sakai, H. Hayashi, N. Miyaura, *Organometallics*, **16**, 4229 (1997); b) T. Hayashi, K. Yamasaki, *Chem. Rev.*, **103**, 2829 (2003); c) P. Tian, H.-Q. Dong, G.-Q. Lin, *ACS Catal.*, **2**, 95 (2012).
417) R. Itooka, Y. Iguchi, N. Miyaura, *J. Org. Chem.*, **68**, 6000 (2003).
418) Y. Takaya, M. Ogasawara, T. Hayashi, M. Sakai, N. Miyaura, *J. Am. Chem. Soc.*, **120**, 5579 (1998).
419) a) N. Tokunaga, Y. Otomaru, K. Okamoto, K. Ueyama, R. Shintani, T. Hayashi, *J. Am. Chem. Soc.*, **126**, 13584 (2004); b) M. Kuriyama, T. Soeta, X. Hao, Q. Chen, K. Tomioka, *J. Am. Chem. Soc.*, **126**, 8128 (2004).
420) T. Nishimura, X.-X. Guo, N. Uchiyama, T. Katoh, T. Hayashi, *J. Am. Chem. Soc.*, **130**, 1576 (2008).
421) T. Ohshima, T. Kawabata, Y. Takeuchi, T. Kakinuma, T. Iwasaki, T. Yonezawa, H. Murakami, H. Nishiyama, K. Mashima, *Angew. Chem., Int. Ed.*, **50**, 6296 (2011).
422) a) K. Tani, *Pure Appl. Chem.*, **57**, 1845 (1985); b) S. Otsuka, K. Tani, *Synthesis*, **1991**, 665.
423) R. Uma, C. Crévisy, R. Grée, *Chem. Rev.*, **103**, 27 (2003).
424) K. Tani, T. Yamagata, S. Otsuka, H. Kumobayashi, S. Akutagawa, *Org. Synth.*, **67**, 33 (1989).
425) K. Tanaka, G. C. Fu, *J. Org. Chem.*, **66**, 8177 (2001).
426) a) H. Lebel, J.-F. Marcoux, C. Molinaro, A. B. Charette, *Chem. Rev.*, **103**, 977 (2003); b) H. Pellissier, *Tetrahedron*, **64**, 7041 (2008).
427) M. P. Doyle, W. R. Winchester, M. N. Protopopova, A. P. Kazala, L. J. Westrum, *Org. Synth.*, **73**, 13 (1996).
428) H. M. L. Davies, P. R. Bruzinski, D. H. Lake, N. Kong, M. J. Fall, *J. Am. Chem. Soc.*, **118**, 6897 (1996).
429) H. M. L. Davies, T. Hansen, M. R. Churchill, *J. Am. Chem. Soc.*, **122**, 3063 (2000).
430) J. Du Bois, *Org. Process Res. Dev.*, **15**, 758 (2011).
431) R. Breslow, S. H. Gellman, *J. Am. Chem. Soc.*, **105**, 6728 (1983).
432) C. G. Espino, J. Du Bois, *Angew. Chem., Int. Ed.*, **40**, 598 (2001).
433) C. G. Espino, K. W. Fiori, M. Kim, J. Du Bois, *J. Am. Chem. Soc.*, **126**, 15378 (2004).
434) a) D. A. Colby, R. G. Bergman, J. A. Ellman, *Chem. Rev.*, **110**, 624 (2010); b) V. Ritleng, C. Sirlin, M. Pfeffer, *Chem. Rev.*, **102**, 1731 (2002).
435) C. P. Lenges, M. Brookhart, *J. Am. Chem. Soc.*, **121**, 6616 (1999).
436) C.-H. Jun, J.-B. Hong, Y.-H. Kim, K.-Y. Chung, *Angew. Chem., Int. Ed.*, **39**, 3440 (2000).
437) K. L. Tan, R. G. Bergman, J. A. Ellman, *J. Am. Chem. Soc.*, **124**, 13964 (2002).
438) S. Yanagisawa, T. Sudo, R. Noyori, K. Itami, *J. Am. Chem. Soc.*, **128**, 11748 (2006).
439) G. Song, F. Wang, X. Li, *Chem. Soc. Rev.*, **41**, 3651 (2012).
440) D. R. Stuart, M. Bertrand-Laperle, K. M. N. Burgess, K. Fagnou, *J. Am. Chem. Soc.*, **130**, 16474 (2008).
441) S. Rakshit, F. W. Patureau, F. Glorius, *J. Am. Chem. Soc.*, **132**, 9585 (2010).
442) K. Ueura, T. Satoh, M. Miura, *Org. Lett.*, **9**, 1407 (2007).
443) H. Chen, S. Schlecht, T. C. Semple, J. F. Hartwig, *Science*, **287**, 1995 (2000).
444) M. C. Willis, *Chem. Rev.*, **110**, 725 (2010).
445) a) D. P. Fairlie, B. Bosnich, *Organometallics*, **7**, 936 (1988); b) R. W. Barnhart, X. Wang, P. Noheda, S. H. Bergens, J. Whelan, B. Bosnich, *J. Am. Chem. Soc.*, **116**, 1821 (1994).
446) a) K. Tanaka, G. C. Fu, *J. Am. Chem. Soc.*, **123**, 11492 (2001); b) K. Takeishi, K. Sugishima, K. Sasaki, K. Tanaka, *Chem. Eur. J.*, **10**, 5681 (2004).
447) M. C. Willis, S. J. McNally, P. J. Beswick, *Angew. Chem., Int. Ed.*, **43**, 340 (2004).
448) K. Kokubo, K. Matsumasa, Y. Nishinaka, M. Miura, M. Nomura, *Bull. Chem. Soc. Jpn.*, **72**, 303 (1999).
449) Y. Shibata, K. Tanaka, *J. Am. Chem. Soc.*, **131**, 12552 (2009).
450) a) T. Seiser, N. Cramer, *Org. Biomol. Chem.*, **7**, 2835 (2009); b) M. Murakami, M. Makino, S. Ashida,

T. Matsuda, *Bull. Chem. Soc. Jpn.*, **79**, 1315 (2006).
451) T. Matsuda, T. Tsuboi, M. Murakami, *J. Am. Chem. Soc.*, **129**, 12596 (2007).
452) C.-H. Jun, H. Lee, *J. Am. Chem. Soc.*, **121**, 880 (1999).
453) L. A. Oro, C. Claver, eds., "Iridium Complexes in Organic Synthesis", Wiley-VCH (2009).
454) a) R. H. Crabtree, G. E. Morris, *J. Organomet. Chem.*, **135**, 395 (1977); b) R. H. Crabtree, S. M. Morehouse, *Inorg. Synth.*, **24**, 173 (1986).
455) R. H. Crabtree, *Acc. Chem. Res.*, **12**, 331 (1979).
456) R. H. Crabtree, M. D. Davis, *J. Org. Chem.*, **51**, 2655 (1986).
457) P. A. Wender, N. F. Badham, S. P. Conway, P. E. Floreancig, T. E. Glass, C. Gränicher, J. B. Houze, J. Jänichen, D. Lee, D. G. Marquess, P. L. McGrane, W. Meng, T. P. Mucciaro, M. Mühlebach, M. G. Natchus, H. Paulsen, D. B. Rawlins, J. Satkofsky, A. J. Shuker, J. C. Sutton, R. E. Taylor, K. Tomooka, *J. Am. Chem. Soc.*, **119**, 2755 (1997).
458) a) A. J. Roseblade, A. Pfaltz, *Acc. Chem. Res.*, **40**, 1402 (2007); b) S. Bell, B. B. Wüstenberg, S. Kaiser, F. Menges, T. Netscher, A. Pfaltz, *Science*, **311**, 642 (2006).
459) B. Wüstenberg, A. Pfaltz, *Adv. Synth. Catal.*, **350**, 174 (2008).
460) a) Y. Obora, Y. Ishii, *Synlett*, **2011**, 30; b) K. Fujita, R. Yamaguchi, *Synett*, **2005**, 560 ; c) J. F. Bower, I. S. Kim, R. L. Patman, M. J. Krische, *Angew. Chem., Int. Ed.*, **48**, 34 (2009); d) G. E. Dobereiner, R. H. Crabtree, *Chem. Rev.*, **110**, 681 (2010).
461) K. Fujita, Y. Enoki, R. Yamaguchi, *Org. Synth.*, **83**, 217 (2006).
462) a) C. White, A. Yates, P. M. Maitlis, *Inorg. Synth.*, **29**, 228 (1992); b) 武内 亮, "第5版 実験化学講座21", 日本化学会 編, p.283, 丸善出版 (2004).
463) C. N. Iverson, M. R. Smith, III, *J. Am. Chem. Soc.*, **121**, 7696 (1999).
464) T. Ishiyama, J. Takagi, J. F. Hartwig, N. Miyaura, *Angew. Chem., Int. Ed.*, **41**, 3056 (2002).
465) T. Ishiyama, J. Takagi, K. Ishida, N. Miyaura, N. Anastasi, J. F. Hartwig, *J. Am. Chem. Soc.*, **124**, 390 (2002).
466) T. Ishiyama, J. Takagi, Y. Nobuta, N. Miyaura, *Org. Synth.*, **82**, 126 (2005).
467) a) R. Uson, L. A. Oro, J. A. Cabeza, *Inorg. Synth.*, **23**, 126 (1983); b) 武内 亮, "第5版 実験化学講座21", 日本化学会 編, p.276, 丸善出版 (2004).
468) R. Takeuchi, S. Kezuka, *Synthesis*, **2006**, 3349.
469) R. Takeuchi, M. Kashio, *J. Am. Chem. Soc.*, **120**, 8647 (1998).
470) a) J. L. Herde, J. C. Lambert, C. V. Senoff, *Inorg. Synth.*, **15**, 18 (1974); b) 武内 亮, "第5版 実験化学講座21", 日本化学会 編, p.275, 丸善出版 (2004).
471) T. Shibata, "Iridium Complexes in Organic Synthesis", L. A. Oro, C. Claver, eds, p.277, Wiley-VCH (2009).
472) a) R. Takeuchi, Y. Nakaya, *Org. Lett.*, **5**, 3659 (2003); b) E. Farnetti, N. Marsich, *J. Organomet. Chem.*, **689**, 14 (2004).
473) G. Onodera, Y. Shimizu, J.-n. Kimura, J., Y. Ebihara, K. Kondo, K. Sakata, R. Takeuchi, *J. Am. Chem. Soc.*, **134**, 10515 (2012).
474) T. Shibata, K. Takaki, *J. Am. Chem. Soc.*, **122**, 9852 (2000).
475) L. Mantilli, D. Gerard, S. Torche, C. Besnard, C. Mazet, *Angew. Chem., Int. Ed.*, **48**, 5143 (2009).
476) T. Yasukawa, T. Sato, M. Miura, M. Nomura, *J. Am. Chem. Soc.*, **124**, 12680 (2002).
477) T. Iwai, T. Fujihara, J. Terao. Y. Tsuji, *J. Am. Chem. Soc.*, **134**, 1268 (2012).
478) a) Y. Kiso, K. Yamamoto, K. Tamao, M. Kumada, *J. Am. Chem. Soc.,* **92**, 4374 (1976); b) R. J. P. Corriu, J. P. Masse, *J. Chem. Soc. Chem. Commum.,* **1972**, 144.
479) M. Tamura, J. K. Kochi, *J. Am. Chem. Soc.,* **93**, 1487 (1971).
480) a) B. Plietker, ed. "Iron Catalysis in Organic Chemistry", Wiley-VCH (2008); b) 総説: C. Bolm, J. Legros, J. Le Paih, L. Zani, *Chem. Rev.*, **104**, 6217 (2004).

481) a) B. D. Sherry, A. Fürstner, *Acc. Chem. Res.*, **41**, 1500 (2008);b) W. M. Czaplik, M. Mayer, J. Cvengros, A. J. von Wangelin, *ChemSusChem*, **2**, 396 (2009); c) E. Nakamura, N. Yoshikai, *J. Org. Chem.*, **75**, 6061 (2010); d) C.-L. Sun, B.-J. Li, Z.-J. Shi, *Chem. Rev.*, **111**, 1293 (2011); e) E. Nakamura, T. Hatakeyama, S. Ito, K. Ishizuka, L. Ilies, M. Nakamura, *Organic React.*, **83**, 1 (2014); f) I. Bauer, H.-J. Knölker, *Chem. Rev.*, **115**, 3170 (2015).

482) G. Cahiez, H. Avedissian, *Synthesis*, **1998**, 1199.

483) A. Fürstner, A. Leitner, M. Méndez, H. Krause, *J. Am. Chem. Soc.*, **124**, 13856 (2002).

484) A. Fürstner, A. Leitner, G. Seidel, *Org. Synth.*, **81**, 33 (2005).

485) I. Sapountzis, W. Lin, C. C. Kofink, C. Despotopoulou, P. Knochel, *Angew. Chem., Int. Ed.*, **44**, 1654 (2005).

486) T. Hatakeyama, M. Nakamura, *J. Am. Chem. Soc.*, **129**, 9844 (2007).

487) T. Hatakeyama, S. Hashimoto, K. Ishizuka, M. Nakamura, *J. Am. Chem. Soc.*, **131**, 11949 (2009).

488) a) M. Nakamura, K. Matsuo, S. Ito, E. Nakamura, *J. Am. Chem. Soc.*, **126**, 3686 (2004); b) T. Hatakeyama, Y. Fujiwara, Y. Okada, T. Itoh, T. Hashimoto, S. Kawamura, K. Ogata, K. H. Takaya, M. Nakamura, *Chem. Lett.*, **40**, 1030 (2011).

489) R. B. Bedford, E. Carter, P. M. Cogswell, N. J. Gower, M. F. Haddow, J. N. Harvey, D. M. Murphy, E. C. Neeve, J. Nunn, *Angew. Chem., Int. Ed.*, **52**, 1285 (2013).

490) a) T. Hatakeyama, T. Hashimoto, Y. Kondo, Y. Fujiwara, H. Seike, H. Takaya, Y. Tamada, T. Ono, M. Nakamura, *J. Am. Chem. Soc.*, **132**, 10674 (2010); b) T. Hashimoto, T. Hatakeyama, M. Nakamura, *J. Org. Chem.*, **77**, 1168 (2012).

491) H. Ohmiya, H. Yorimitsu, K. Oshima, *J. Am. Chem. Soc.*, **128**, 1886 (2006).

492) X. Hu, *Chem. Sci.*, **2**, 1867 (2011).

493) a) A. Correa, O. García Mancheño, C. Bolm, *Chem. Soc. Rev.*, **37**, 1108 (2008); b) Y. Nakamura, L. Ilies, E. Nakamura, *Org. Lett.*, **13**, 5998 (2011); c) X. Liu, S. Zhang, *Synlett*, **2011**, 1137.

494) T. Hatakeyama, R. Imayoshi, Y. Yoshimoto, S. K. Ghorai, M. Jin, H. Takaya, K. Norisuye, Y. Sohrin, M. Nakamura, *J. Am. Chem. Soc.*, **134**, 20262 (2012).

495) H. Xu, C. Wolf, *Chem. Commun.*, **2009**, 1715.

496) T. Yamamoto, M. Nishiyama, Y. Koie, *Tetrahedron Lett.*, **39**, 2367 (1998).

497) H. B. Goodbrand, N.-X. Hu, *J. Org. Chem.*, **64**, 670 (1999).

498) P. S. Hallman, B. R. McGarvey, G. Wilkinson, *J. Chem. Soc. A*, **1968**, 3143.

499) Z. M. L. S. Almeida, M. Beller, G.-Z. Wang, J.-E. Bäckvall, *Chem. Eur. J.*, **2**, 1533 (1996).

500) a) R. H. Grubbs, *Angew. Chem., Int. Ed.*, **45**, 3760 (2006); b) G. C. Vougioukalakis, R. H. Grubbs, *Chem. Rev.*, **110**, 1746 (2010).

501) A. H. Hoveyda, A. R. Zhugralin, *Nature*, **450**, 243 (2007).

502) S. J. Miller, H. E. Blackwell, R. H. Grubbs, *J. Am. Chem. Soc*, **118**, 9606 (1996).

503) A. K. Chatterjee, T.-L. Choi, D. P. Sanders, R. H. Grubbs, *J. Am. Chem. Soc.*, **125**, 11360 (2003).

504) a) F. Kakiuchi, S. Sekine, Y. Tanaka, A. Kamatani, M. Sonoda, N. Chatani, S. Murai, *Bull. Chem. Soc. Jpn.*, **68**, 62 (1995); b) F. Kakiuchi, S. Murai, *Org. Synth.*, **80**, 104 (2003).

505) S.-i. Oi, E. Aizawa, Y. Ogino, Y. Inoue, *J. Org. Chem.*, **70**, 3113 (2005).

506) N. Chatani, T. Morimoto, T. Muto, S. Murai, *J. Am. Chem. Soc.*, **116**, 6049 (1994).

507) Y. Yamamoto, T. Arakawa, R. Ogawa, K. Itoh, *J. Am. Chem. Soc.*, **125**, 12143 (2003).

508) T. Morimoto, N. Chatani, Y. Fukumoto, S. Murai, *J. Org. Chem.*, **62**, 3762 (1997).

509) B. M. Trost, M. T. Rudd, *J. Am. Chem. Soc.*, **125**, 11516 (2003).

510) M. Murakami, M. Ubukata, Y. Ito, *Tetrahedron Lett.*, **39**, 7361 (1998).

511) a) M. Tokunaga, Y. Wakatsuki, *Angew. Chem., Int. Ed.*, **37**, 2867 (1998); b) T. Suzuki, M. Tokunaga, Y. Wakatsuki, *Org. Lett.*, **3**,735 (2001).

512) a) Y. Kuninobu, K. Takai, *Chem. Rev.*, **111**, 1938 (2011); b) Y. Kuninobu, K. Takai, *Bull. Chem. Soc.*

Jpn., **85**, 656 (2012).

513) H. Chen, J. F. Hartwig, *Angew. Chem., Int. Ed.,* **38**, 3391 (1999).

514) Y. Kuninobu, A. Kawata, K. Takai, *J. Am. Chem. Soc.*, **127**, 13498 (2005).

515) Y. Kuninobu, Y. Nishina, M. Shouho, K. Takai, *Angew. Chem., Int. Ed.*, **45**, 2766 (2006).

516) Y. Kuninobu, Y. Tokunaga, A. Kawata, K. Takai, *J. Am. Chem. Soc.*, **128**, 202 (2006).

517) Y. Kuninobu, Y. Nishina, C. Nakagawa, K. Takai, *J. Am. Chem. Soc.*, **128**, 12376 (2006).

518) Y. Kuninobu, Y. Nishina, T. Matsuki, K. Takai, *J. Am. Chem. Soc.*, **130**, 14062 (2008).

519) Y. Kuninobu, T. Matsuki, K. Takai, *J. Am. Chem. Soc.*, **131**, 9914 (2009).

520) a) Y. Kuninobu, A. Kawata, K. Takai, *J. Am. Chem. Soc.*, **128**, 11368 (2006); b) Y. Kuninobu, A. Kawata, M. Nishi, S. Yudha S., J. Chen, K. Takai, *Chem. Asian J.*, **4**, 1424 (2009).

521) Y. Kuninobu, A. Kawata, M. Nishi, H. Takata, K. Takai, *Chem. Commun.*, **2008**, 6360.

522) Y. Kuninobu, H. Takata, A. Kawata, K. Takai, *Org. Lett.*, **10**, 3133 (2008).

523) H. Kusama, H. Yamabe, Y. Onizawa, T. Hoshino, N. Iwasawa, *Angew. Chem., Int. Ed.*, **44**, 468 (2005).

524) a) Y. Kuninobu, M. Nishi, S. Yudha S., K. Takai, *Org. Lett.*, **10**, 3009 (2008); b) H. Tsuji, K.-i. Yamagata, T. Fujimoto, E. Nakamura, *J. Am. Chem. Soc.*, **130**, 7792 (2008).

525) Y. Kuninobu, T. Iwanaga, N. Nishi, K. Takai, *Chem. Lett.*, **39**, 894 (2010).

526) a) N. Iwasawa, "Metal Vinylidnes and Allenylidenes in Catalysis", C. Bruneau, P. Dixneuf, eds., p.159, Wiley-VCH (2008); b) M. I. Bruce, *Chem. Rev.*, **91**, 197 (1991); c) M. I. Bruce, A. G. Swincer, *Adv. Organomet. Chem.* **22**, 59 (1983); d) Y. Wakatsuki, *J. Organomet. Chem.,* **689**, 4092 (2004).

527) a) H. Kusama, Y. Karibe, R. Imai, Y. Onizawa, H. Yamabe, N. Iwasawa, *Chem. Eur. J.,* **17**, 4839 (2011); b) H. Kusama, H. Yamabe, Y. Onizawa, T. Hoshino, N. Iwasawa, *Angew. Chem., Int. Ed.*, **44**, 468 (2005).

528) K. Maeyama, N. Iwasawa, *J. Org. Chem.*, **64**, 1344 (1999).

529) a) M. F. Semmelhacck, A. Chlenov, "Transition Metal Arene π-Complexes in Organic Synthesis and Catalysis, Topics in Organomet. Chem.", P. E. Kündig, ed., Vol. 7, p.21, Springer (2004); b) 柴崎正勝, 袖岡幹子, 有機合成化学, **43**, 877 (1985).

530) M. Sodeoka, Y. Ogawa, Y. Kirio, M. Shibasaki, *Chem. Pharm. Bull.,* **39**, 309 (1991).

531) a) R. R. Schrock, A. H. Hoveyda, *Angew. Chem., Int. Ed.*, **42**, 4592 (2003); b) R. R. Schrock, *Angew. Chem., Int. Ed.,* **45**, 3748 (2006); c) R. H. Grubbs, ed., "Handbook of Metathesis," Wiley-VCH (2004).

532) G. C. Fu, R. H. Grubbs, *J. Am. Chem. Soc.*, **114**, 7324 (1992).

533) a) G. Strukul, ed., "Catalytic Oxidations with Hydrogen Peroxide as Oxidant", Kluwer (1992); b) J.-E. Bäckvall, ed., "Modern Oxidation Methods", 2nd Ed., Wiley-VCH (2010).

534) K. Sato, M. Aoki, M. Ogawa, T. Hashimoto, D. Panyella, R. Noyori, *Bull. Chem. Soc. Jpn.*, **70**, 905 (1997).

535) S. Cotton, "Lanthanide and Actinide Chemistry", John Wiley (2006).

536) H. G. Friedman Jr., G. R. Choppin, D. G. Feuerbacher, *J. Chem. Edu.*, **41**, 354 (1964).

537) S. Kobayashi, *Eur. J. Org. Chem.*, **1999**, 15.

538) S. Kobayashi, M. Sugiura, H. Kitagawa, W. W.-L. Lam, *Chem. Rev.*, **102**, 2227 (2002).

539) S. Kobayashi, I. Hachiya, M. Araki, H. Ishitani, *Tetrahedron Lett.*, **34**, 3755 (1993).

540) S. Kobayashi, S. Nagayama, *J. Am. Chem. Soc.*, **120**, 2985 (1998).

541) K. Manabe, Y. Mori, T. Wakabayashi, S. Nagayama, S. Kobayashi, *J. Am. Chem. Soc.*, **122**, 7202 (2000).

542) S. Nagayama, S. Kobayashi, *Angew. Chem., Int. Ed.*, **39**, 567 (2000).

543) S. Ishikawa, T. Hamada, K. Manabe, S. Kobayashi, *J. Am. Chem. Soc.*, **126**, 12236 (2004).

544) C. J. Weiss, T. J. Marks, *Dalton Trans.*, **39**, 6576 (2010).

545) Y. Li, P.-F. Fu, T. J. Marks, *Organometallics*, **13**, 439 (1994).

546) Y. Li, T. J. Marks, *J. Am. Chem. Soc.*, **118**, 9295 (1996).
547) J.-S. Ryu, G. Y. Li, T. J. Marks, *J. Am. Chem. Soc.*, **125**, 12584 (2003).
548) X. Yu, S. Seo, T. J. Marks, *J. Am. Chem. Soc.*, **129**, 7244 (2007).
549) S. Seo, X. Yu, T. J. Marks, *J. Am. Chem. Soc.*, **131**, 263 (2009).
550) A. Dzudza, T. J. Marks, *Org. Lett.*, **11**, 1523 (2009).
551) A. Dzudza, T. J. Marks, *Chem. Eur. J.*, **16**, 3403 (2010).
552) H. Sasai, T. Suzuki, S. Arai, T. Arai, M. Shibasaki, *J. Am. Chem. Soc.*, **114**, 4418 (1992).
553) H. Sasai, T. Suzuki, N. Itoh, K. Tanaka, T. Date, M. Okamura, M. Shibasaki, *J. Am. Chem. Soc.*, **115**, 10372 (1993).
554) M. Shibasaki, N. Yoshikawa, *Chem. Rev.*, **102**, 2187 (2002).
555) M. Shibasaki, M. Kanai, S. Matsunaga, N. Kumagai, *Acc. Chem. Res.*, **42**, 1117 (2009).
556) T. Sone, A. Yamaguchi, S. Matsunaga, M. Shibasaki, *J. Am. Chem. Soc.*, **130**, 10078 (2008).
557) 代表的な総説・総合論文：a) T. Tsuchimoto, *J. Synth. Org. Chem., Jpn.*, **64**, 752 (2006); b) M. Nakamura, *Pure Appl. Chem.*, **78**, 425 (2006); c) M. Yasuda, *J. Synth. Org. Chem., Jpn.*, **65**, 99 (2007); d) R. Yanada, Y. Takemoto, *J. Synth. Org. Chem., Jpn.*, **67**, 239 (2009); e) K. Takahashi, S. Hatakeyama, *J. Synth. Org. Chem., Jpn.*, **68**, 951 (2010); f) S. H. Kim, H. S. Lee, K. H. Kim, S. H. Kim, J. N. Kim, *Tetrahedron*, **66**, 7065 (2010); g) N. Sakai, T. Konakahara, *J. Synth. Org. Chem., Jpn.*, **69**, 38 (2011); h) T. Tsuchimoto, *J. Synth. Org. Chem., Jpn.*, **69**, 889 (2011); i) U. Schneider, S. Kobayashi, *Acc. Chem. Res.*, **45**, 1331 (2012); j) Z.-L. Chen, S.-Y. Wang, Y.-K. Chok, Y.-H. Xu, T.-P. Loh, *Chem. Rev.*, **113**, 271 (2013).
558) T.-H. Chan, M.-C. Lee, *J. Org. Chem.*, **60**, 4228 (1995).
559) P. K. Choudhury, F. Foubelo, M. Yus, *Tetrahedron*, **55**, 10779 (1999).
560) Y. Nishimoto, R. Moritoh, M. Yasuda, A. Baba, *Angew. Chem., Int. Ed.*, **48**, 4577 (2009).
561) T. Tsuchimoto, H. Matsubayashi, M. Kaneko, E. Shirakawa, Y. Kawakami, *Angew. Chem., Int. Ed.*, **44**, 1336 (2005).
562) M. Nakamura, K. Endo, E. Nakamura, *Adv. Synth. Catal.*, **347**, 1681 (2005).
563) T. Tsuchimoto, T. Wagatsuma, K. Aoki, J. Shimotori, *Org. Lett.*, **11**, 2129 (2009).
564) T. Tsuchimoto, M. Igarashi, K. Aoki, *Chem. Eur. J.*, **16**, 8975 (2010).
565) T. Tsuchimoto, T. Ainoya, K. Aoki, T. Wagatsuma, E. Shirakawa, *Eur. J. Org. Chem.*, **2009**, 2437.
566) T. Tsuchimoto, *Chem. Eur. J.*, **17**, 4064 (2011).
567) T. Tsuchimoto, M. Kanbara, *Org. Lett.*, **13**, 912 (2011).
568) T. Tsuchimoto, H. Matsubayashi, M. Kaneko, Y. Nagase, T. Miyamura, E. Shirakawa, *J. Am. Chem. Soc.*, **130**, 15823 (2008).
569) Y. Nagase, H. Shirai, M. Kaneko, E. Shirakawa, T. Tsuchimoto, *Org. Biomol. Chem.*, **11**, 1456 (2013).
570) 代表的な例：a) K. Endo, T. Hatakeyama, M. Nakamura, E. Nakamura, *J. Am. Chem. Soc.*, **129**, 5264 (2007); b) Y. Itoh, H. Tsuji, K. Yamagata, K. Endo, I. Tanaka, M. Nakamura, E. Nakamura, *J. Am. Chem. Soc.*, **130**, 17161 (2008).
571) 体表的な例：a) S. Obika, H. Kono, Y. Yasui, R. Yanada, Y. Takemoto, *J. Org. Chem.*, **72**, 4462 (2007); b) N. Sakai, K. Annaka, A. Fujita, A. Sato, T. Konakahara, *J. Org. Chem.*, **73**, 4160 (2008).
572) Y. Onishi, Y. Yoneda, Y. Nishimoto, M. Yasuda, A. Baba, *Org. Lett.*, **14**, 5788 (2012).

Chapter 20

ペリ環状反応および関連反応

20.1　ペリ環状反応の概要

ペリ環状反応は，環状遷移状態を経て複数の結合が協奏的に形成，切断される反応である[1]．反応の成否，生成物の立体化学は分子軌道の対称性に支配される．ウッドワード-ホフマン（Woodward-Hoffmann）則においては電子数が $4m+2$（m は整数）のスプラ型反応成分の数を $(4m+2)_s$，電子数が $4n$（n は整数）のアンタラ型反応成分の数を $(4n)_a$ としたとき，“$(4m+2)_s$ と $(4n)_a$ 反応成分の総数が奇数である場合”に基底状態の熱的反応が，一方，“$(4m+2)_s$ と $(4n)_a$ 反応成分の総数が偶数である場合”に光励起状態の反応が進行すると定義されている．

ペリ環状反応はその形式によって“電子環状反応”“環化付加反応”“シグマトロピー転位”“グループ移動反応”の四つに分類される．合成反応としては，とくに環化付加反応の一種であるディールス-アルダー（Diels-Alder）反応や1,3-双極子付加反応，シグマトロピー転位の一種であるクライゼン（Claisen）転位などが重要である．本章では，ペリ環状反応および関連反応について反応形式ごとに概要と合成反応としての利用方法を示す．

20.2　電子環状反応

20.2.1　概　　要

電子環状反応とは，鎖状共役系（開環体）の両端で σ 結合が形成されて，共役系が一つ減じた環を生成する環化反応とその逆反応の総称である（下式）[2]．環化体と開環体は平衡状態にあり，熱的反応では主として熱力学的に有利な生成物が得られる．反応の立体化学は反応に関与する電子の総数に支配され，熱的反応では反応に関与する電子の総数が $(4n+2)$

m ⇌ $[\ m\ ]^{\ddagger}$ ⇌ m

である場合に逆旋的な反応が，$4n$ である場合には同旋的な反応が進行する．一方，光化学的な反応では，反応に関与する電子の総数が$(4n+2)$である場合に同旋的な反応が，$4n$ である場合には逆旋的な反応が進行する．

たとえば，*E*,*Z*,*E*-2,4,6-オクタトリエンと *E*,*Z*,*Z*-2,4,6-オクタトリエンの 6π 電子環状反応は逆旋的に進行し，それぞれ *cis*-5,6-ジメチル-1,3-シクロヘキサジエンと *trans*-5,6-ジメチル-1,3-シクロヘキサジエンを立体特異的に生じる（式(20.1)，(20.2)）[3]．一方，*cis*-3,4-ジメチルシクロブテンと *trans*-3,4-ジメチルシクロブテンの熱的な 4π 電子環状反応は同旋的に進行し，それぞれ *E*,*Z*-2,4-ヘキサジエンと *E*,*E*-2,4-ヘキサジエンを立体特異的に生じる（式(20.3)，(20.4)）[4]．

加熱　(20.1)

加熱　(20.2)

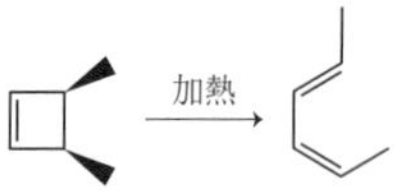

加熱　(20.3)

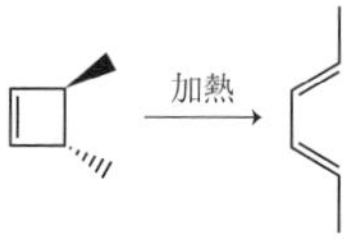

加熱　(20.4)

20.2.2　電子環状反応を用いた合成例

a.　1,3,5-ヘキサトリエンの 6π 電子環状反応

6π 電子環状反応は代表的な電子環状反応の一つである．一例としてエルゴステロールからビタミン D_2 への異性化反応がよく知られている（下式）[5]．本反応は，同旋的に進行する光化学的な 6π 電子環状反応によって 1,3,5-ヘキサトリエン構造を有するプレビタミンが生

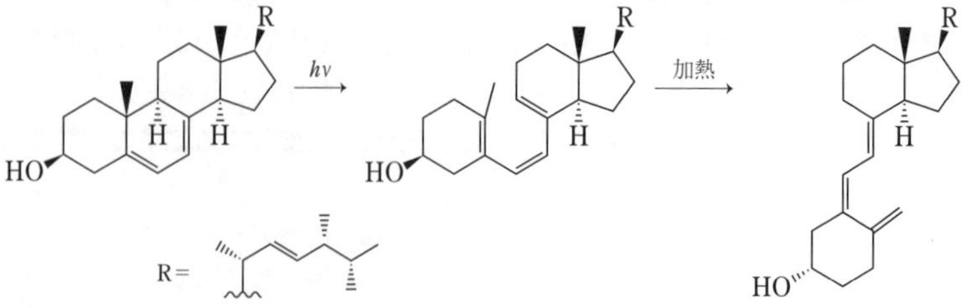

R　*hν*　R　加熱　R

H　H　H　H

HO　HO　HO

R =

じたのちに，これがさらに [1,7]-水素移動反応によって異性化することで進行する．

b. シクロブテンの 4π 電子環状反応

シクロブテン構造は環ひずみが大きく，加熱すると熱力学的に安定な 1,3-ブタジエンを与える．この反応をベンゾシクロブテンに適用するとオルトキノジメタンが生じる．この反応系に適切な親ジエン体を共存させるとディールス-アルダー（Diels-Alder）生成物が得られる[6]．たとえば，無水マレイン酸の共存下，ベンゾシクロブタン-7-カルボニトリルを加熱すると，生じたオルトキノジメタンと無水マレイン酸とのディールス-アルダー生成物が収率良く得られる[7]．

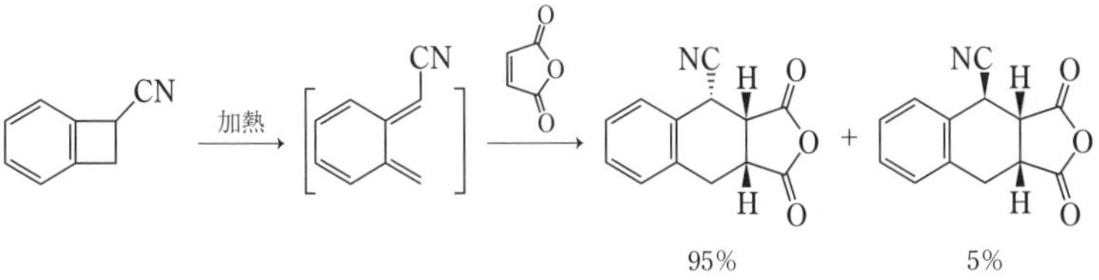

加熱　95%　5%

c. ペンタジエニルカチオンの 4π 電子環状反応

ペンタジエニルカチオンは 4π 電子環状反応によって，シクロペンテンカチオンを生じる．

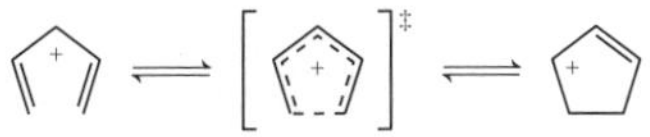

この環化反応のペンタジエニルカチオン前駆体として 1,4-ペンタジエン-3-オンを用いる反応はナザロフ（Nazarov）反応と称され，多環性化合物の合成などに有用である[8]．たとえば，Harding らは(±)-トリコジエン合成の鍵中間体となる三環性化合物をナザロフ反応を用いて立体選択的に合成している[9]．

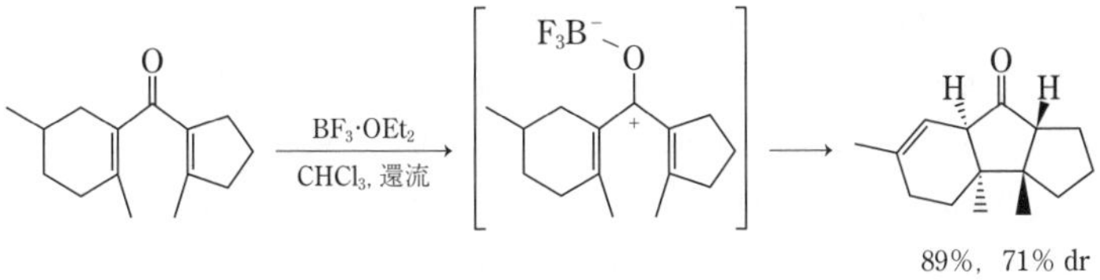

$BF_3 \cdot OEt_2$　$CHCl_3$, 還流　89%，71% dr

d. 正宗-Bergman 反応

エンジインは 6π 電子環状型反応により 1,4-ベンゼンジラジカルを与える．この反応は正宗-Bergman 反応と称され（次式）[10]，多置換ベンゼンや多置換ナフタレンの合成にしばしば利用される．また，ネオカルジノスタチン，エスペラマイシンなどのエンジイン系抗がん剤の DNA 切断作用は，正宗-Bergman 反応により生じる 1,4-ベンゼンジラジカルが DNA と反応することで発現する．

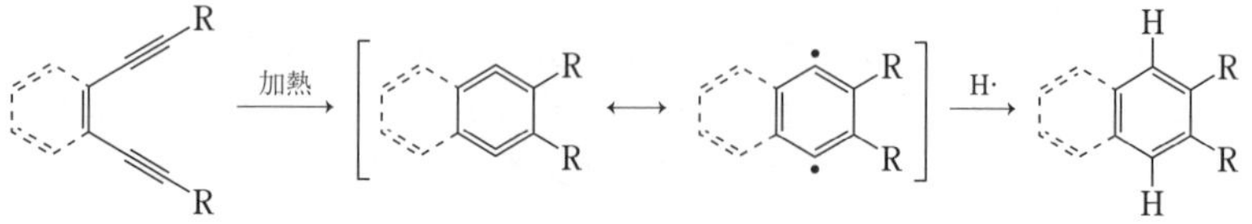

20.3　環化付加反応

20.3.1　概　　要

環化付加反応とは，二つの共役系分子が反応して，それぞれの両端で σ 結合が形成される環形成反応である（下式）[11]．反応に関与する π 電子の総数が $(4n+2)$ である場合に熱的反応が対称許容，$4n$ である場合に対称禁制となる．もっとも代表的な例は 6π 電子系のディールス-アルダー（Diels-Alder）反応であり，置換シクロヘキセンの合成に広く用いられている．また，6π 電子系の 1,3-双極子環化付加反応もヘテロ環合成法として重要である．本節ではそれら代表的な環化付加反応とともに，ケテンの［2+2］環化付加反応，キレトロピー反応についても概説する．

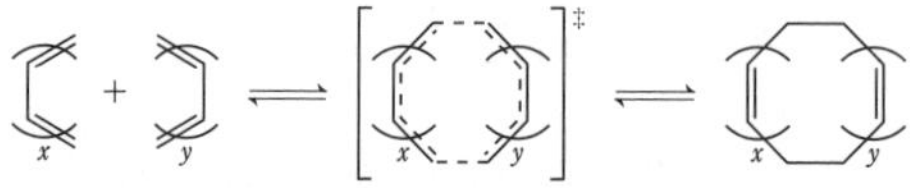

20.3.2　環化付加反応を用いた合成例

a.　ディールス-アルダー反応

ディールス-アルダー反応とは 4π 電子系のジエンと 2π 電子系の親ジエン体間の 6π 電子系環化付加反応であり，置換シクロヘキセンの合成反応として広範に用いられている[12]．一般にジエンの HOMO（highest occupied molecular orbital，最高被占軌道）と親ジエン体の LUMO（lowest unoccupied molecular orbital，最低空軌道）が結合の生成に関与するために，ジエンに電子供与基（EDG：electron-donating group）を，親ジエン体に電子求引基（EWG：electron-withdrawing group）を導入すると反応が促進される．

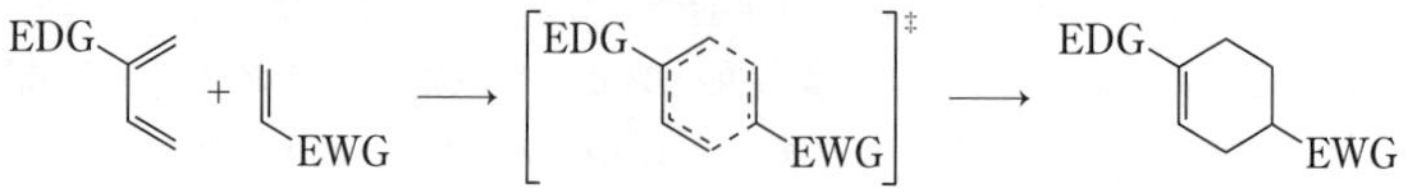

親ジエン体としてはとくに α,β-不飽和カルボニル化合物がよく用いられる．なお，その反応系中にルイス（Lewis）酸を加えるとカルボニル基に配位して，親ジエン体の LUMO のエネルギー準位を低下させ，反応を著しく加速する．

【実験例　ディールス-アルダー反応：*endo*-ビシクロ[2.2.1]ヘプト-5-エン-2-カルボン酸メチルエステルの合成[13]】

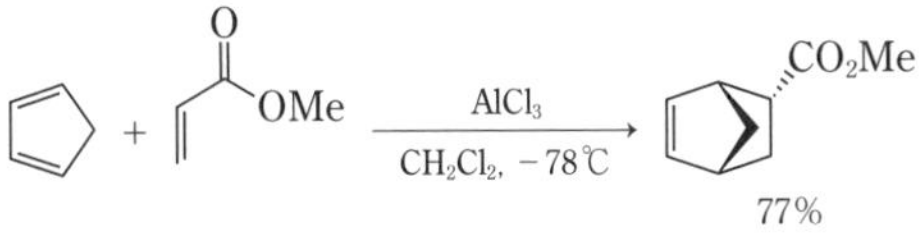

O
OMe
$AlCl_3$
CH_2Cl_2, −78℃
CO_2Me
77%

$AlCl_3$ 0.677 g（5.07 mmol）を CH_2Cl_2 700 mL に溶解し，−78℃ 下，シクロペンタジエン 9.00 mL（110 mmol）を加える．その反応溶液にアクリル酸メチル 5.00 mL（55.0 mmol）をゆっくりと作用させる．2 時間撹拌したのちに，水 20 mL を加えて，室温まで昇温する．有機層を水 300 mL と飽和塩化ナトリウム水溶液 100 mL で洗浄し，無水硫酸ナトリウムで乾燥する．溶媒を留去したのちに，シリカゲルカラムクロマトグラフィー精製（溶離液：酢酸エチル-ヘキサン（1：99～5：95））することによって *endo*-ビシクロ[2.2.1]ヘプト-5-エン-2-カルボン酸メチルが得られる．収量 6.49 g（収率 77%）．

ディールス-アルダー反応は，一般にエンド選択的に進行するが，置換基の効果によってエキソ選択的となる場合も多い．たとえば，シクロペンタジエンとアクリル酸メチルとの反応ではエンド体が主生成物として得られる．これに対して，メタクリル酸メチルとの反応ではエキソ体が主生成物として得られる[14]．

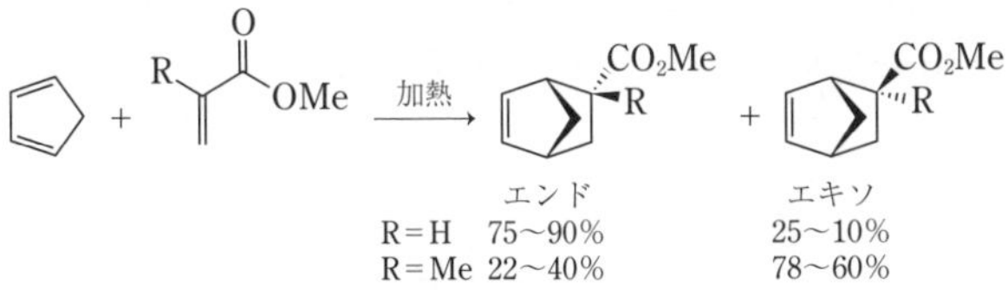

O
R
OMe
加熱
CO_2Me
R
CO_2Me
R

	エンド	エキソ
R＝H	75～90%	25～10%
R＝Me	22～40%	78～60%

Danishefsky-北原ジエンと称されるブタジエンの HOMO のエネルギー準位は，1 位と 3 位に置換した電子供与性のメトキシ基とシロキシ基によって高められ，ディールス-アルダー反応に対して高い活性を示す．この反応は，β-アルコキシシクロヘキサノンのシリルエノールエーテル体を高立体選択的に与えることから，生理活性天然物の合成などに広範に利用されている．

【実験例　Danishefsky-北原ジエンのディールス-アルダー反応：5β-メトキシシクロヘキサン-1-オン-3β,4β-ジカルボン酸無水物の合成[15]】

OMe　Me$_3$SiO　+　0℃→室温　MeO　H　Me$_3$SiO　H　HCl 水溶液　THF, 室温　MeO　H　H　90%

氷浴で0℃に冷却した1-メトキシ-3-トリメチルシロキシ-1,3-ブタジエン 3.00 g（174 mmol）に25分かけてゆっくりと無水マレイン酸 980 mg（10.0 mmol）を加える．無水マレイン酸をすべて加えたのちに反応溶液を室温まで昇温し，15分間撹拌する．THF 35 mL と 0.1 mol L^{-1} 希塩酸 15 mL の混合液を調製し，それを 5 mL ずつ3回に分けて反応液に加える．1分間撹拌したのちに，残る THF と希塩酸の混合液 35 mL を加える．得られた反応混合物を 100 mL のクロロホルムに注ぎ，さらに水 25 mL を加える．分液操作ののちに，クロロホルム 100 mL で4回抽出し，合わせた有機層を無水硫酸マグネシウムで乾燥する．溶媒を留去して，得られた残渣にペンタン 10 mL を加え，さらにジエチルエーテル 6 mL を少しずつ加えると結晶が析出する．それを沪過し，ペンタン-ジエチルエーテル（2：1）の溶液で洗浄，結晶を乾燥すると 5β-メトキシシクロヘキサン-1-オン-3β,4β-ジカルボン酸無水物が得られる．収量 1.75 g（収率 90%）．

ディールス-アルダー反応を分子内のジエン部位と親ジエン部位間で行わせると，多環性分子が立体選択的に得られる．たとえば，宍戸・新藤らは(−)-エキセチンの全合成において，分子内ディールス-アルダー反応を用いて置換トランスデカリンを立体選択的に合成している[16]．

CHO　OMOM　AlMe$_3$　CH$_2$Cl$_2$, 0℃　H　CHO　OMOM　H　67%　+　H　CHO　OMOM　H　8%

ディールス-アルダー反応の立体化学を不斉補助基や不斉反応剤によって制御する不斉ディールス-アルダー反応についても，数多くの研究がなされている（式(20.5)，(20.6)）[17,18]．不斉反応剤としては，キラルルイス酸やキラルブレンステッド（Brønsted）酸が多用される．

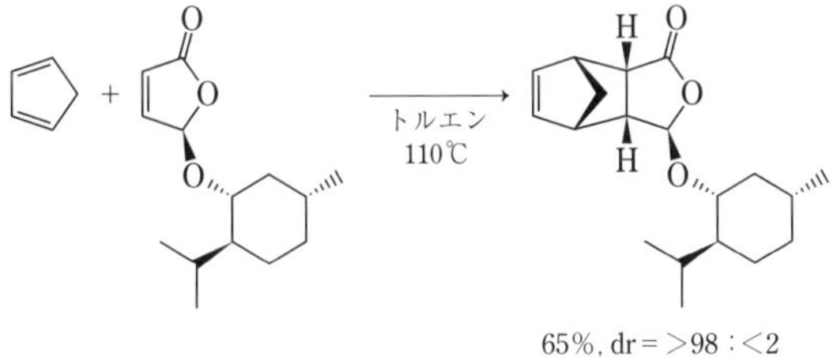

トルエン
110℃

65%, dr = >98 : <2　(20.5)

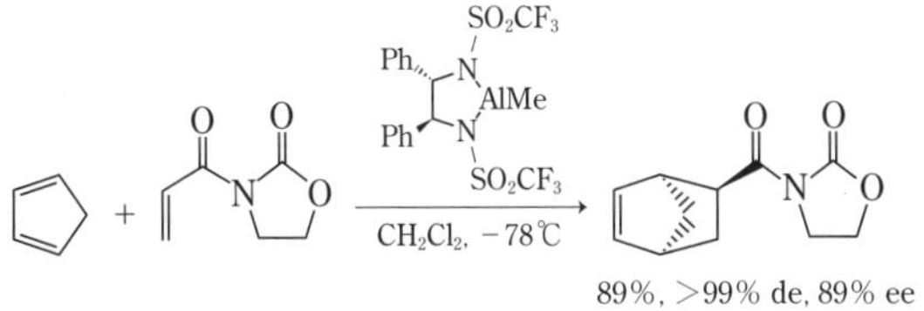

CH_2Cl_2, −78℃

89%, >99% de, 89% ee　(20.6)

ディールス-アルダー反応/逆ディールス-アルダー反応は，アルケンの保護法としても有用である．たとえば，1,4-ベンゾキノンに対してシクロペンタジエンとのディールス-アルダー反応を行い，一方のアルケンを反応させたのちに，水素化，逆ディールス-アルダー反応を行うことで，1,4-ベンゾキノンの一方のアルケンのみが水素化された 2-シクロヘキセン-1,4-ジオンを合成することができる[19]．

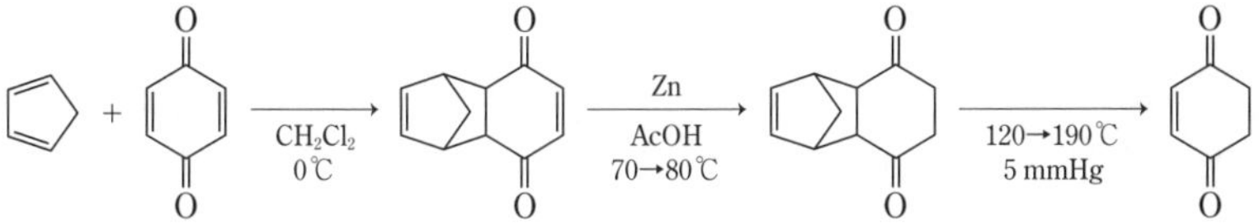

CH_2Cl_2, 0℃ → Zn, AcOH, 70→80℃ → 120→190℃, 5 mmHg

b.　1,3-双極子付加反応を用いた合成反応

1,3-双極子付加反応は三原子成分（1,3-双極子成分）と二原子成分（親双極子成分）の 6π 環化付加反応である．複素環合成に有用であり，幅広く用いられている[20]．

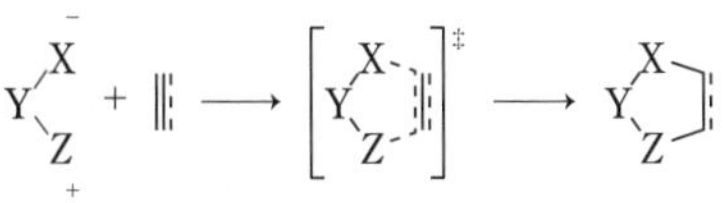

1,3-双極子はその互変異性体の電荷様式によって分類される．代表的なものを表 20.1 に示す．

本項では，合成反応として有用な 1,3-双極子付加反応について，1,3-双極子の調製法を含めて概説する．なお，オゾン，ジアゾアルカン，アジドの反応はそれぞれ 26.5.1 項，17.2 節，

表 20.1　代表的な 1,3-双極子

(1) $\overset{+}{X}=\ddot{Y}-\overset{-}{Z} \longleftrightarrow X\equiv\overset{+}{Y}-\overset{-}{Z}$ 型 1,3-双極子			
A. ニトリリウムベタイン		B. ジアゾニウムベタイン	
$-\overset{+}{C}=\ddot{N}-\overset{-}{C}{<} \longleftrightarrow -C\equiv\overset{+}{N}-\overset{-}{C}{<}$	ニトリルイリド	$\overset{+}{N}=\ddot{N}-\overset{-}{C}{<} \longleftrightarrow N\equiv\overset{+}{N}-\overset{-}{C}{<}$	ジアゾアルカン
$-\overset{+}{C}=\ddot{N}-\overset{-}{N}- \longleftrightarrow -C\equiv\overset{+}{N}-\overset{-}{N}-$	ニトリルイミン	$\overset{+}{N}=\ddot{N}-\overset{-}{N}- \longleftrightarrow N\equiv\overset{+}{N}-\overset{-}{N}-$	アジド
$-\overset{+}{C}=\ddot{N}-\overset{-}{O}: \longleftrightarrow -C\equiv\overset{+}{N}-\overset{-}{O}:$	ニトリルオキシド	$\overset{+}{N}=\ddot{N}-\overset{-}{O}: \longleftrightarrow N\equiv\overset{+}{N}-\overset{-}{O}:$	ニトラスオキシド
(2) $\overset{+}{X}-\ddot{Y}-\overset{-}{Z} \longleftrightarrow X=\overset{+}{Y}-\overset{-}{Z}$ 型 1,3-双極子			
A. **中心原子が窒素の 1,3-双極子**		B. **中心原子が酸素の 1,3-双極子**	
$>\overset{+}{C}-\ddot{N}-\overset{-}{C}{<} \longleftrightarrow >C=\overset{+}{N}-\overset{-}{C}{<}$	アゾメチンイリド	$>\overset{+}{C}-\ddot{O}-\overset{-}{C}{<} \longleftrightarrow >C=\overset{+}{O}-\overset{-}{C}{<}$	カルボニルイリド
$>\overset{+}{C}-\ddot{N}-\overset{-}{N}- \longleftrightarrow >C=\overset{+}{N}-\overset{-}{N}-$	アゾメチンイミン	$>\overset{+}{C}-\ddot{O}-\overset{-}{N}- \longleftrightarrow >C=\overset{+}{O}-\overset{-}{N}-$	カルボニルイミン
$>\overset{+}{C}-\ddot{N}-\overset{-}{O}: \longleftrightarrow >C=\overset{+}{N}-\overset{-}{O}:$	ニトロン	$>\overset{+}{C}-\ddot{O}-\overset{-}{O}: \longleftrightarrow >C=\overset{+}{O}-\overset{-}{O}:$	カルボニルオキシド
$-\overset{+}{N}-\ddot{N}-\overset{-}{O}: \longleftrightarrow -N=\overset{+}{N}-\overset{-}{O}:$	アジミン	$-\overset{+}{N}-\ddot{O}-\overset{-}{O}: \longleftrightarrow -N=\overset{+}{O}-\overset{-}{O}:$	ニトロソイミン
$-\overset{+}{N}-\ddot{N}-\overset{-}{O}: \longleftrightarrow -N=\overset{+}{N}-\overset{-}{O}:$	アゾキシ	$-\overset{+}{N}-\ddot{O}-\overset{-}{O}: \longleftrightarrow -N=\overset{+}{O}-\overset{-}{O}:$	ニトロソオキシド
$:\overset{+}{O}-\ddot{N}-\overset{-}{O}: \longleftrightarrow :O=\overset{+}{N}-\overset{-}{O}:$	ニトロ	$:\overset{+}{O}-\ddot{O}-\overset{-}{O}: \longleftrightarrow :O=\overset{+}{O}-\overset{-}{O}:$	オゾン

17.3 節を参照されたい．

（i）ニトロン　ニトロンは *N*,*N*-二置換ヒドロキシルアミンや *N*,*N*-二置換アミンの酸化[21]，*N*-一置換ヒドロキシルアミンとケトン，アルデヒドとの反応[22]，または，オキシムのアルキル化反応などで容易に調製できる（式(20.7)，(20.8)）．一般にアリールニトロンは安定であり，単離できるものも多い．一方，脂肪族ニトロンは不安定であるものが多い．そのようなニトロンは反応系中で調製して単離せずに，そのまま 1,3-双極子付加反応を行うとよい．ニトロンはアルキン，アルケン，イソシアナート，イソチオシアナート，チオカルボニル，ホスホランなどと反応する．

OH　N　合成法 a　HgO　OHC　CH_2NHOH　合成法 b　$\overset{+}{N}$　O^-　N　O　(20.7)

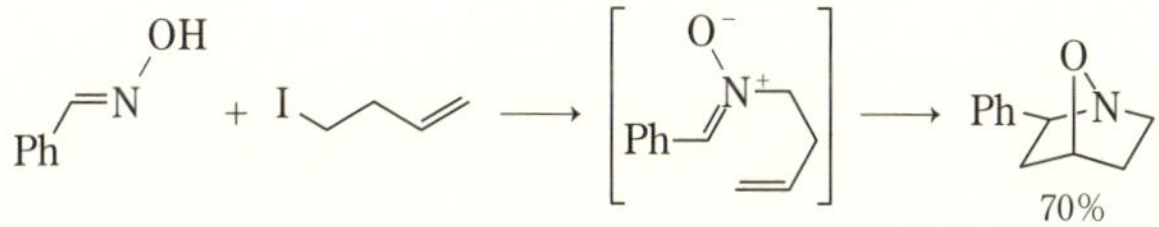

(20.8)

70%

【実験例　ニトロンの 1,3-双極子付加反応：*N*-メチル-*cis*-3-オキサ-2-アザビシクロ[3.3.0]オクタンの合成（式(20.7) 合成法 b）[22]】

エタノール 50 mL に *N*-メチルヒドロキシルアミン 0.960 g（20.0 mmol）と無水硫酸マグネシウム 8 g を加えた懸濁液に 5-ヘキサナール 2.00 g（20.0 mmol）を 2 時間かけて滴下する．反応溶液を 8 時間加熱還流したのちに沪過し，生成物を 10% 塩酸で抽出する．抽出液を塩基性にしたのち，遊離した有機物をペンタンで抽出し，合わせた有機層を水で洗浄する．乾燥後，溶媒を留去し蒸留精製（62～64 ℃/20 mmHg）によって *N*-メチル-*cis*-3-オキサ-2-アザビシクロ[3.3.0]オクタンが得られる．収量 0.980 g（収率 38%）．

(ii) アゾメチンイミン　アゾメチンイミンは不安定であるために調製後ただちに 1,3-双極子付加環化反応を行うことが多い．その調製は 1,2-二置換ヒドラジンとカルボニル化合物の脱水縮合によることが多い[23]．

【実験例　アゾメチンイミンの 1,3-双極子付加反応を用いた合成例：1-メチル-2-フェナセチル-3-フェニルピラゾリジンの合成[23]】

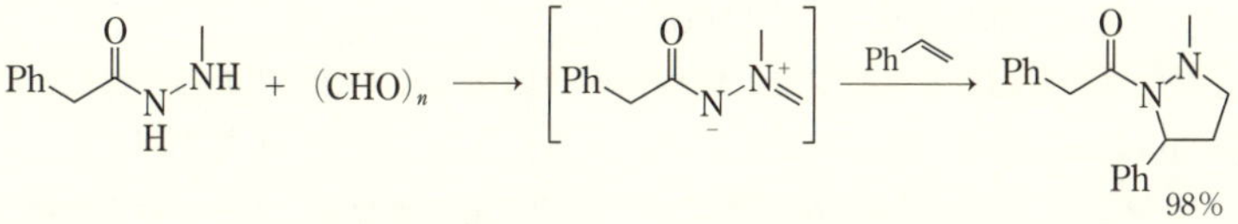

98%

脱水剤としてモレキュラーシーブを入れたソックスレー（Soxhlet）抽出器を反応容器に取りつけ，反応容器内に *N*-メチル-*N'*-フェナセチルヒドラジン 164 g（1.00 mol）とパラホルムアルデヒド 37.7 g（1.30 mol），スチレン 600 mL，トルエン 600 mL を加えて 3 時間加熱還流する．室温まで放冷したのちに溶媒を留去し，残渣にジエチルエーテルを加えて再結晶精製を行うことで，1-メチル-2-フェナセチル-3-フェニルピラゾリジンを得る．収量 275 g（収率 98%，融点 98～99 ℃）．

(iii) ニトリルオキシド　ニトリルオキシドは不安定であるために調製後ただちに 1,3-双極子付加反応を行うことが多い．その調製はアルドキシムの酸化，もしくはニトロ化合物の脱水反応によって行われる[24]．アルドキシムの酸化は四酢酸鉛，次亜塩素酸などにより直接酸化する方法や，NCS などでハロゲン化ヒドロキサム酸とし，これに塩基を作用させて発生させる方法が一般的である（式(20.9)，(20.10)）[25]．一方，ニトロ化合物の脱水反応は塩基存在下でフェニルイソシアナートを用いる方法[26]，オキシ塩化リンを用いる方法が一般的である（式(20.11)）．

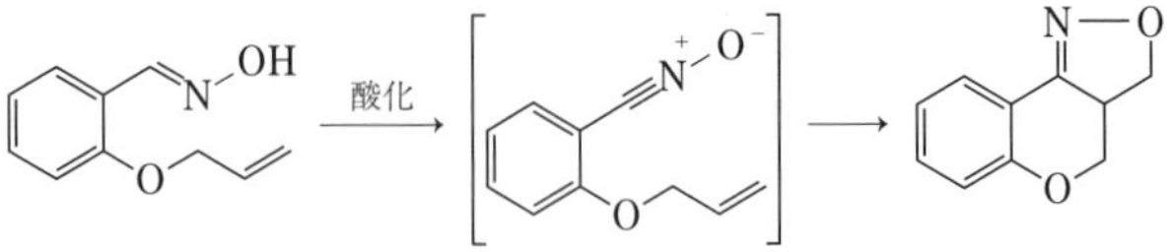

酸化 (20.9)

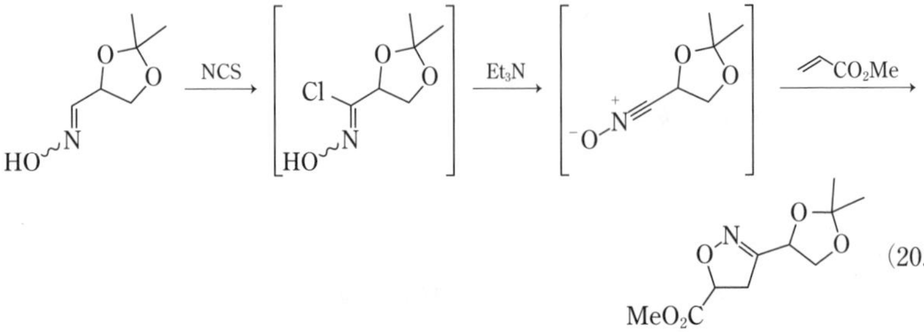

NCS　Et_3N　CO_2Me (20.10)

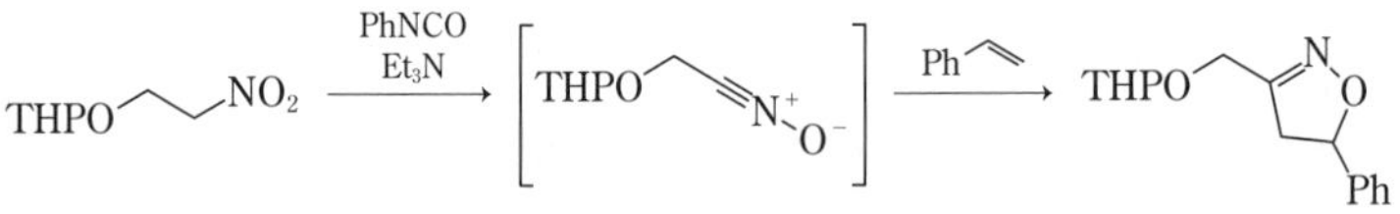

PhNCO, Et_3N　Ph (20.11)

c.　[2+2]環化付加反応を用いた合成反応

[2+2]環化付加反応はシクロブタン誘導体の合成法として有用である．熱的にはアンタラ型（図 20.1）の反応が対称許容となるが，立体化学的にはきわめて不利である．そのため熱的な［2+2]環化付加型反応の大半はペリ環状反応ではなく，イオン反応機構やラジカル反応機構を経て段階的に進行する．ただし，ケテンの熱的な［2+2]環化付加反応は例外的にアンタラ型で協奏的に進行して，シクロブタン誘導体を収率良く与える．ケテンの調製は，酸塩化物に塩基を作用させることで行うことが多い．一方，光化学的な反応では立体化学的に有利なスプラ型の反応が対称許容となり，ペリ環状反応が容易に進行する．

図 20.1　アンタラ型とスプラ型

【実験例　ケテンの［2＋2］環化付加反応：7,7-ジクロロビシクロ[3.2.0]-2-ヘプテン-6-オンの合成[27]】

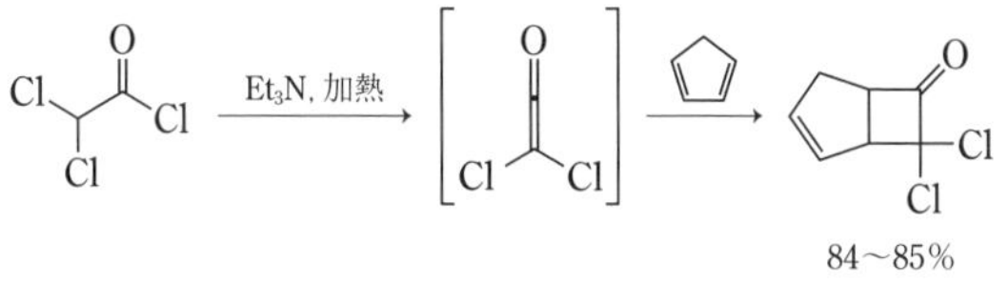

Cl, Cl, O, Cl; Et_3N, 加熱; O, Cl, Cl; O, Cl, Cl; 84～85%

ジクロロ酢酸の酸塩化物 100 g（0.678 mol）とシクロペンタジエン 170 mL（2.00 mol）をペンタン 700 mL に溶解し，これに加熱還流下，トリエチルアミン 70.8 g（0.701 mol）をペンタン 300 mL に溶解した溶液を 4 時間かけて滴下する．さらに 2 時間，加熱還流を行ったのちに水 250 mL を加える．分液操作を行い，さらに 100 mL のペンタンで 2 回抽出する．溶媒と未反応の基質を留去したのちに，減圧蒸留によって沸点 66～68 ℃/2 mmHg の留分を分取すると 7,7-ジクロロビシクロ[3.2.0]-2-ヘプテン-6-オンが得られる．収量 101～102 g（収率 84～85%）．

d.　キレトロピー反応を用いた合成反応

キレトロピー反応は同一の原子上で二つの σ 結合が形成される環化付加反応，もしくはその逆反応の総称である．代表的な反応としてはカルベンとアルケンの反応によるシクロプロパン化反応（式(20.12)，(20.13) および 18.3.1 項を参照）や，ノルボルナジエンからの脱一酸化炭素反応（式(20.14))，環状スルホキシドの二酸化硫黄脱離反応（式(20.15)）などがある．

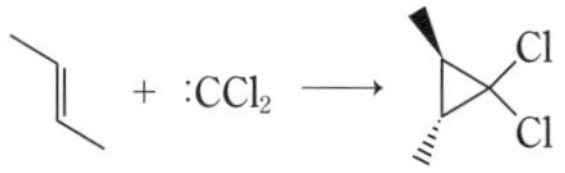

$$+ :CCl_2 \longrightarrow \text{Cl, Cl} \tag{20.12}$$

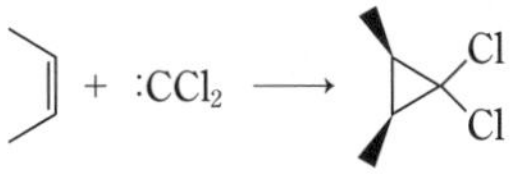

$$+ :CCl_2 \longrightarrow \text{Cl, Cl} \tag{20.13}$$

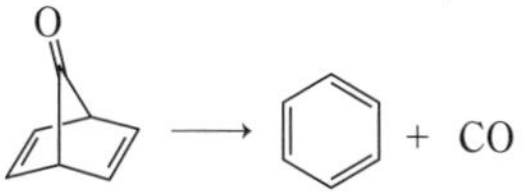

$$\text{O} \longrightarrow + CO \tag{20.14}$$

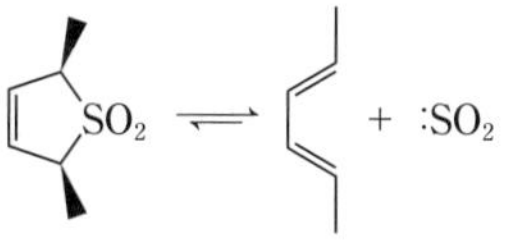

$$SO_2 \rightleftharpoons + :SO_2 \tag{20.15}$$

20.4　シグマトロピー転位

20.4.1　概　　要

シグマトロピー転位とは，σ 結合と π 共役系の移動を伴う異性化反応である．開裂する σ 結合の両端から新たに結合を生じる原子までの原子数 (m, n) によって，$[m, n]$-シグマトロピー転位と称する．シグマトロピー転位の多くは可逆であり，反応の進行は原系と生成系の熱力学的な安定性の差によって決定される（式(20.16)，(20.17)）．対称許容な中性分子の [3,3]-転位やアニオン分子の [2,3]-転位は立体特異的に進行することから，立体選択的な炭素骨格構築反応として多用される．本節では，基本的なシグマトロピー転位である水素移動反応や合成反応として重要なコープ（Cope）転位，クライゼン（Claisen）転位，さらに，ウィッティヒ（Wittig）転位やスティーブンス（Stevens）転位などの関連反応について概説する．

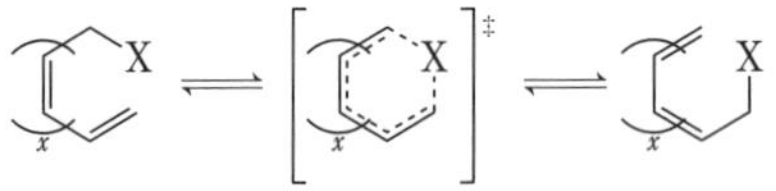

(20.16)

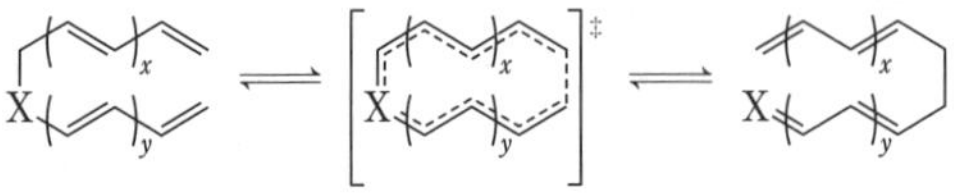

(20.17)

20.4.2　シグマトロピー転位を用いた合成

a.　水素移動反応

水素移動反応は共役系の水素が他所へ移動する異性化反応である．関与する電子の総数が $(4n+2)$ の場合はスプラ型の反応が対称許容となり，$4n$ の場合はアンタラ型の反応が対称許容となる．[1,5]-水素移動反応はスプラ型の六員環遷移状態で進行する（下式）．この形式が水素移動反応としてもっとも一般的であり，合成反応として多用されている．また，しばしば副反応としても見受けられる．

一方，[1,7]-水素移動反応はアンタラ型で進行する．上述のプレビタミンからビタミン D_2 への異性化はこれにあたる．

b.　コープ転位

コープ転位とは 1,5-ジエン系の [3,3]-シグマトロピー転位の総称である[28,29]．炭素-炭素結合の開裂と形成を伴って進行し，各種の1,5-ジエン化合物を与える．転位が進行するためには生成系が原系よりも熱力学的に安定であることが必要である．それゆえに，基質のひずみ解消や，共役系形成による転位生成物の安定化などの工夫を施して反応促進を図ることが多い．反応の進行には一般に高温加熱を要する．コープ転位は主として，いす形遷移状態を経て進行するために，生成物の二重結合および不斉中心に関して高い立体選択性が発現する．

オキシコープ転位は1,5-ジエンのアリル位にヒドロキシ基が導入された基質のコープ転位である[30]．生成物としてエノールを生じたのちに，より熱力学的に安定なアルデヒド，もしくはケトンに異性化するために平衡が生成系に偏る（下式：X＝H）．アニオン型オキシコープ転位は，オキシコープ転位の基質にKHなどの塩基を作用させて，そのヒドロキシ基を金属アルコキシドとしたものであり，これにより反応性が大幅に向上する（反応速度はオキシコープ転位の10^{10}～10^{17}倍）（下式：X＝K, Naなど）．またアニオン型オキシコープ転位はクラウンエーテルを添加することによりさらに加速される．

X＝H：オキシコープ転位
X＝K, Naなど：アニオン型オキシコープ転位

【実験例　アニオン型オキシコープ転位：6-メチル-6-ヘプテン-2-オンの合成[31]】

KH, 18-クラウン-6
THF, 還流, 1 h
72%

窒素雰囲気下，18-クラウン-6 14.0 gと3,5-ジメチル-1,5-ヘキサジエン-3-オール 10.0 g（79.4 mmol）を無水THF 300 mLに溶解する．そこに24.5% 水素化カリウム13.9 g（鉱油中に懸濁，85.0 mmol）を加える．反応溶液を1時間加熱還流したのちに室温まで放冷し，氷150 gに注ぐ．水層を塩化ナトリウムで飽和し，ジエチルエーテル100 mLで3回抽出する．有機層をあわせて水100 mLで洗浄し，乾燥後，5～10 ℃で溶媒を留去，減圧蒸留（49～50 ℃/8.5 mmHg）することによって6-メチル-6-ヘプテン-2-オンが得られる．収量7.79 g（収率72%）．なお，3,5-ジメチル-1,5-ヘキサジエン-3-オールの熱的なオキシコープ転位は，気相450 ℃下でも進行して6-メチル-6-ヘプテン-2-オンが得られる（収率32%）．

c. クライゼン転位

クライゼン（Claisen）転位とはアリルビニルエーテル系の［3,3］-シグマトロピー転位の総称である[32]．炭素-酸素結合の開裂と炭素-炭素結合の形成を伴って進行し，各種の γ,δ-不飽和カルボニル化合物を与える（下式）．その反応は主としていす形六員環遷移状態を経て進行し，生成物の二重結合および不斉中心に関して高い立体選択性が発現する．それゆえ，キラル分子の不斉合成法として多用される．反応の進行には一般に加熱を必要とする．

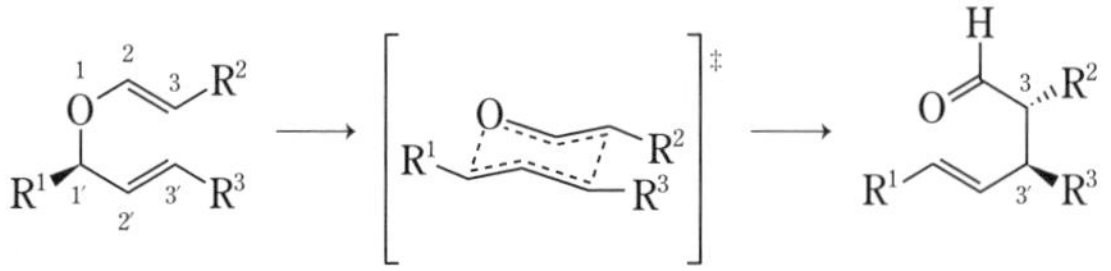

合成反応としてはアリルアルコールエステルのエノール化やアリルアルコールのビニルエーテル化を行い，そのまま単離せずに転位させる場合が多い．ビニルエーテル化の手法によって，クライゼン転位（式(20.18)），Ireland-Claisen 転位（式(20.19)），Johnson-Claisen 転位（式(20.20)），Eschenmoser-Claisen 転位（式(20.21)）などに細分される．

クライゼン転位

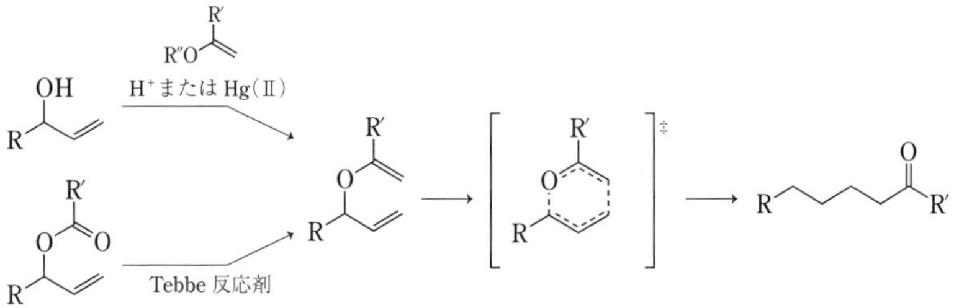

H⁺または Hg(II)

Tebbe 反応剤

(20.18)

Ireland-Claisen 転位

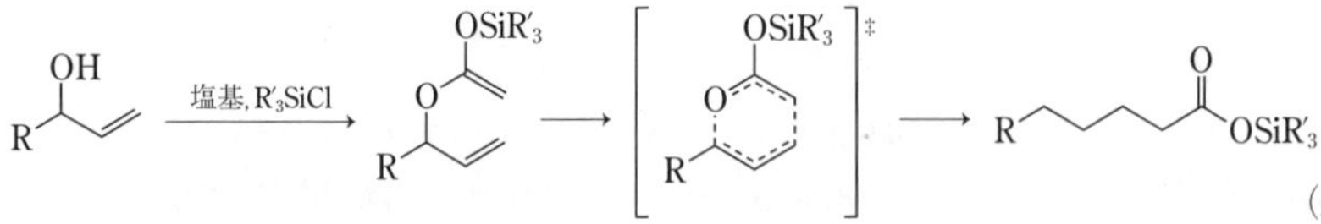

塩基, R'_3SiCl

(20.19)

Johnson-Claisen 転位

, H^+

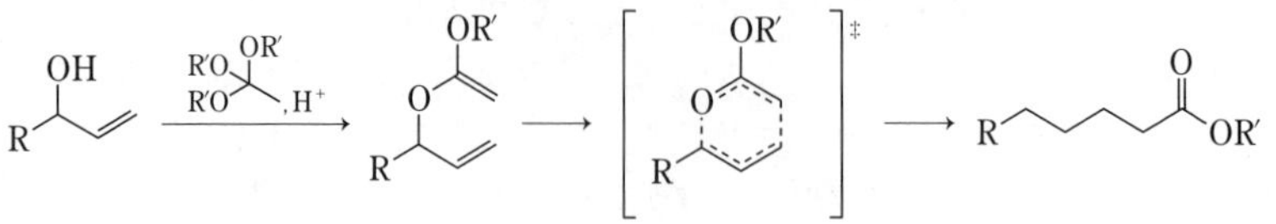

(20.20)

Eshenmoser–Claisen 転位

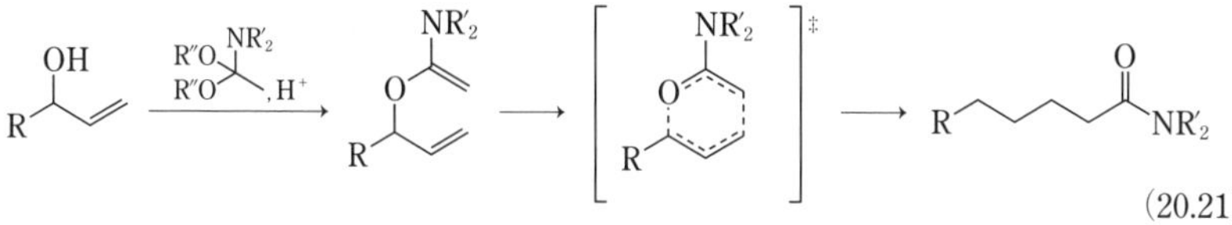

OH
R
R″O, NR′₂ / R″O, H⁺
NR′₂
O
R
NR′₂
O
R
‡
O
R
NR′₂

(20.21)

【実験例　クライゼン転位：2–アリルシクロヘキサノンの合成[33)]】

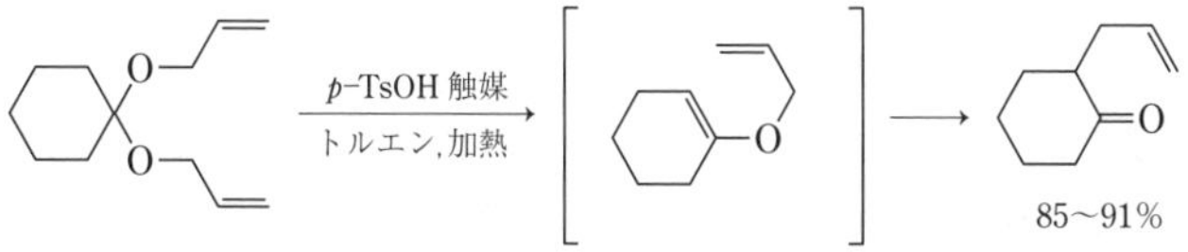

O
O
p–TsOH 触媒
トルエン, 加熱
O
O
85～91%

シクロヘキサノンジアリルアセタール 196 g（1.00 mol）と 100 mg の *p*–トルエンスルホン酸を 150 g のトルエンに溶解し，分溜塔を通して加熱蒸留する．3 時間ほど蒸留を続けると 91～92 ℃ の留分が 110 g ほど得られ，蒸留物の沸点が急激に上がり始めるので，その段階で加熱をやめて放冷する．室温まで冷却したのちに，炭酸カリウム水溶液 5 mL で蒸留残渣を洗浄し，*p*–トルエンスルホン酸を除去する．洗浄した蒸留残渣を無水硫酸マグネシウムで乾燥し，100 mmHg で蒸留残渣に残っているトルエンを留去する（沸点 52 ℃）．蒸留器内を 15 mmHg に減圧してトルエンを除き，高沸点留分（86～88 ℃）を分留することで 2–アリルシクロヘキサノンが得られる．収量 117～126 g（収率 85～91%）．

【実験例　Johnson–Claisen 転位：(*S*)–(*E*)–3–ジメチルフェニルシリル–4–ヘキセン酸メチルの合成[34)]】

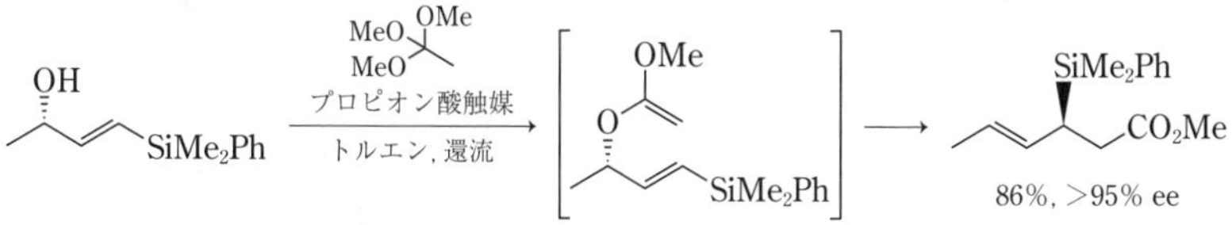

OH
$SiMe_2Ph$
MeO, OMe, MeO
プロピオン酸触媒
トルエン, 還流
OMe
O
$SiMe_2Ph$
$SiMe_2Ph$
CO_2Me
86%, ＞95% ee

(3*S*)–1–ジメチルフェニルシリル–1–ブテン–3–オール 6.00 g（29.1 mmol, ＞ 95% ee）を乾燥したトルエン 60 mL に溶解し，その溶液にトリメトキシエタン 15 mL（118 mmol）とプロピオン酸 0.15 mL（2.01 mmol）を加える．反応溶液を 48 時間，加熱還流したのちに室温まで放冷し，溶媒を含む低沸点成分を留去する．得られた粗生成物をシリカゲルカラム（溶離液：酢酸エチルの 5% ヘキサン溶液）で精製すると，(*S*)–(*E*)–3–ジメチルフェニルシリル–4–ヘキセン酸メチルが得られる．収量 6.58 g（収率 86%，＞ 95% ee）．

d.　ウィッティヒ転位

ウィッティヒ（Wittig）転位とは α-オキシカルボアニオン系転位の総称である[35]．炭素-酸素結合の開裂と炭素-炭素結合の形成を伴って進行し，各種アルコール類を与える（式(20.22)）．アニオン部位を転位末端（migration terminus），転位するアルキル基やアリル基部位を転位基（migrating group）と称する．転位末端にはアニオン生成を促進する置換基（アリル基やアリール基など）を導入するのが一般的である．ウィッティヒ転位は，結合の開裂・形成位置によって［1,2］-，［2,3］-，［1,4］-ウィッティヒ転位などに細別される．［1,2］-ウィッティヒ転位はスプラ型の反応が対称禁制であり，ペリ環状反応ではなくラジカル的に進行する．そのため，転位末端と転位基の酸素 α 位にラジカルを安定化する置換基を導入すると反応が円滑に進行する．多置換，多官能基化された炭素-炭素結合の形成にも有効である．たとえば，ラジカル安定化基として転位基と転位末端にアルキニル基を導入した *O*-グリコシドの［1,2］-ウィッティヒ転位は連続する第三級アルコール不斉を有する *C*-グリコシドを立体選択的に与える（式(20.23)）．これはザラゴジン酸 A 全合成の鍵段階として利用されている[36]．

［1,2］-ウィッティヒ転位

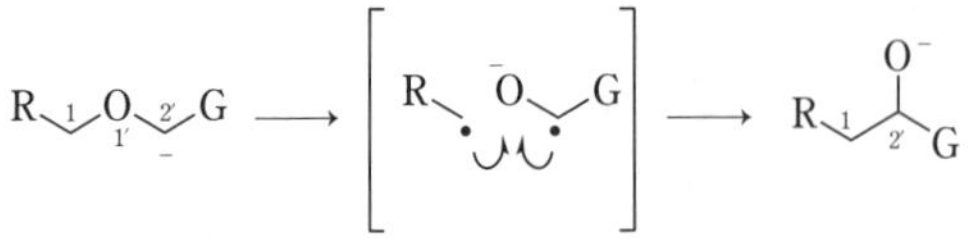

R–1–O(1′)–2′–G (anion at 2′) ⟶ [R• ⁻O •G] ⟶ R–1–C2′(O⁻)–G　(20.22)

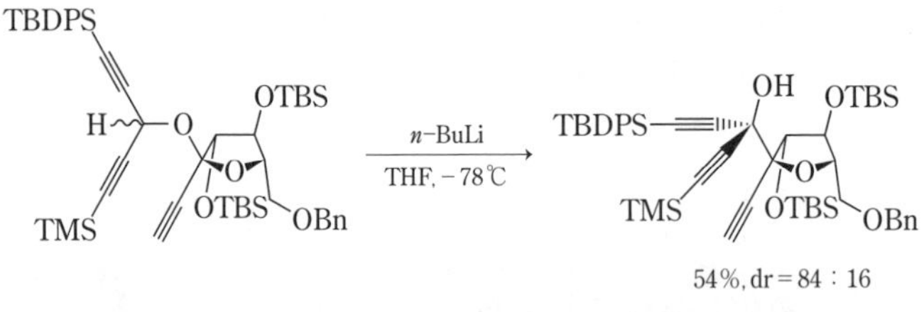

TBDPS / TMS / H / O / OTBS / OTBS / OBn　$\xrightarrow[\text{THF, −78℃}]{n\text{-BuLi}}$　TBDPS / OH / OTBS / TMS / OTBS / OBn　(20.23)

54%, dr = 84：16

一方，［2,3］-ウィッティヒ転位はスプラ型の五員環遷移状態で協奏的に進行する（式(20.24)）．そのために多くの場合に立体選択的に進行する．生理活性天然物の合成への応用例も多い．たとえば，シクロペンテンメタノール由来の転位基を有するプロパルギルエーテルに対して塩基として *n*-BuLi を作用させると［2,3］-転位生成物が立体選択的に得られる（式(20.25)）．これはブレフェルジン A の全合成に利用されている[37]．

[2,3]-ウィッティヒ転位

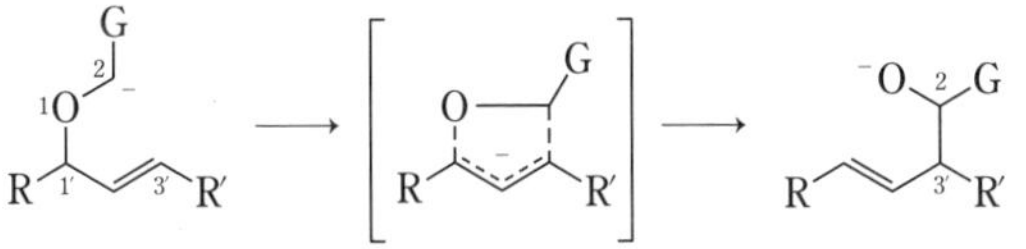

(20.24)

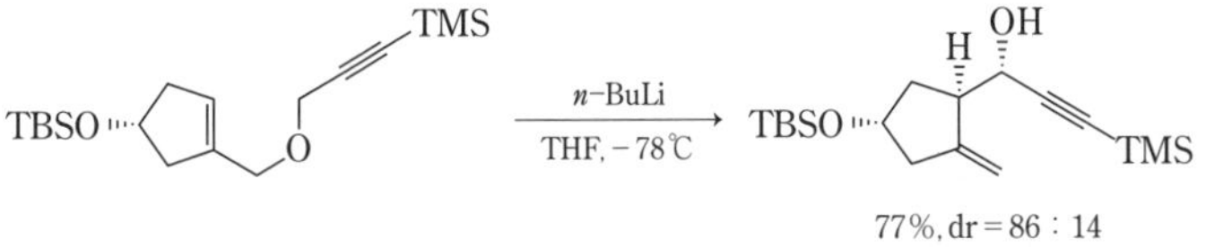

(20.25)

77%, dr = 86 : 14

【実験例　[1,2]-ウィッティヒ転位：1-フェニル-2-ブテン-1-オールの合成[38]】

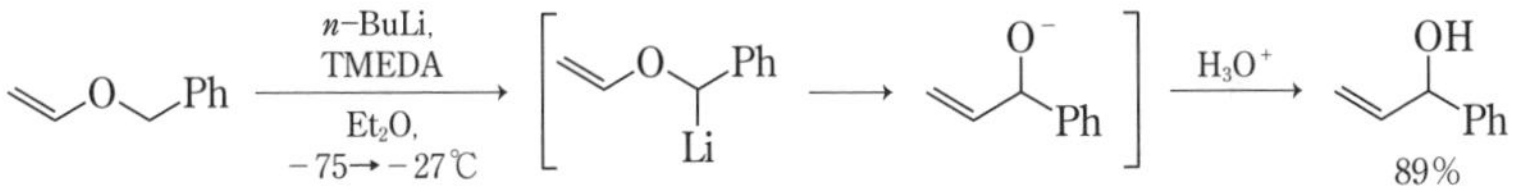

89%

ベンジルビニルエーテル 134 mg（1.00 mmol）とテトラメチルエチレンジアミン（TMEDA）0.25 mL をジエチルエーテル 1.5 mL に溶解し，−75 ℃ 下，n-ブチルリチウムの 1.75 mol L^{-1} ヘキサン溶液 0.850 mL（1.50 mmol）を加える．−27 ℃ で 16 時間反応を行ったのちに，水を加えて反応を停止し，ジエチルエーテルで抽出する．有機層を水で洗浄したのちに，無水硫酸マグネシウムで乾燥，溶媒を留去する．減圧蒸留（92～93 ℃/12 mmHg）によって 1-フェニル-2-ブテン-1-オールが得られる．収量 119 mg（収率 89%）．

e.　スティーブンス転位，ソムレー-ハウザー転位

スティーブンス（Stevens）転位とはアンモニウムイリドのアニオン部位が転位末端，窒素原子上の置換基が転位基となるアニオン転位の総称である[39]．広義にはチオニウムイリド系転位も含まれる．α-アシルアニオンを転位末端とする系は α-アミノケトンや α-アミノ酸誘導体の合成法として有用である．ウィッティヒ転位と同様に [1,2]-，[2,3]-スティーブンス転位などに細分化される．[1,2]-スティーブンス転位はスプラ型の反応が対称禁制であり，ラジカル機構で進行する（式(20.26)）のに対して，[2,3]-スティーブンス転位はスプラ型の五員環遷移状態で協奏的に進行する（式(20.27)）．ベンジル置換アンモニウムイリドの [2,3]-転位はソムレー-ハウザー（Sommelet-Hauser）転位と称される（式(20.28)）．

[1,2]-スティーブンス転位

X = NR′$_2$, SR′

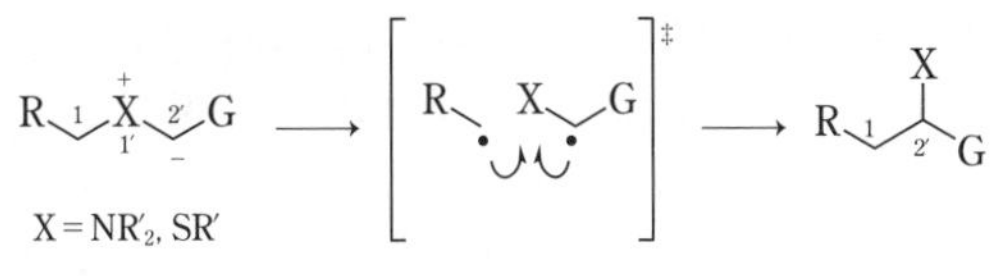

(20.26)

[2,3]-スティーブンス転位

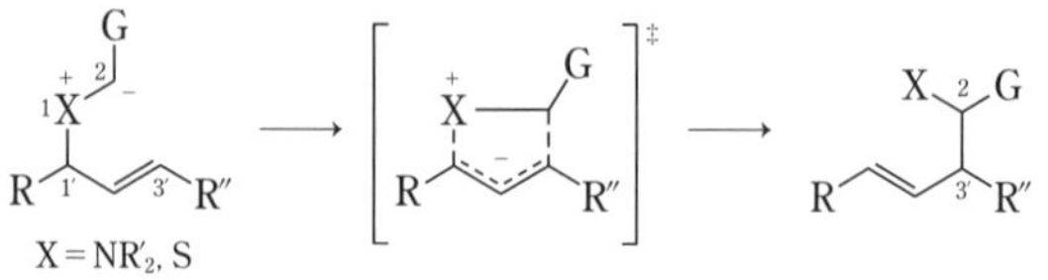

X = NR′$_2$, S　　(20.27)

ソムレー-ハウザー転位

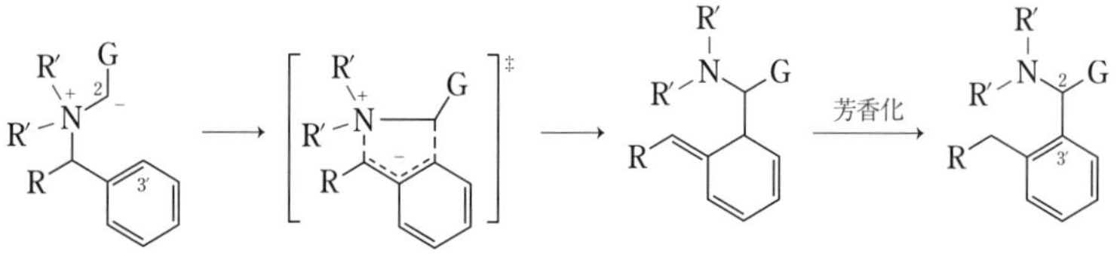

芳香化　　(20.28)

【実験例　[1,2]-スティーブンス転位：α-ジメチルアミノ-α-ベンジルアセトフェノンの合成[40]】

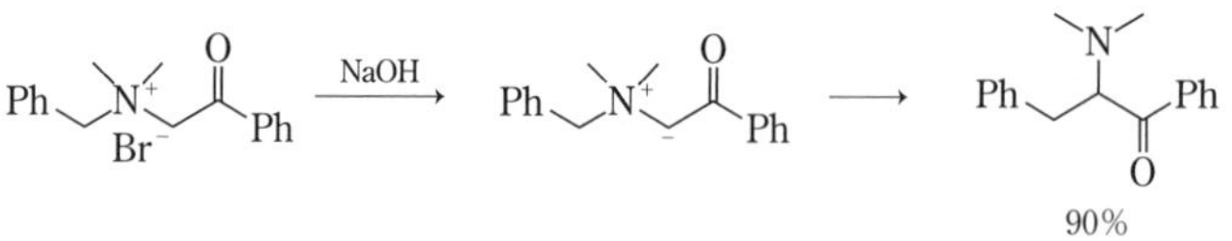

NaOH

90%

臭化フェナシルベンジルジメチルアンモニウム 20.0 g（59.8 mmol）を過剰の 10% 水酸化ナトリウム水溶液に溶解し，100 ℃ で 0.5〜1 時間加熱すると油状物が生成する．これを冷却して得られる固体を水-メタノールで再結晶すると，α-ジメチルアミノ-α-ベンジルアセトフェノンが得られる．収量 13.6 g（収率 90%）.

【実験例　ソムレー-ハウザー転位：2-メチルベンジルジメチルアミンの合成[41]】

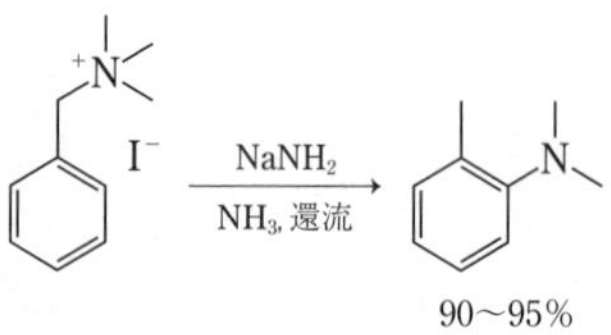

$NaNH_2$ / NH_3, 還流

90〜95%

空冷式の冷却管をつけた 2 L 三つ口フラスコに液体アンモニア 800 mL を溜め，青色を呈するまでナトリウムを少量ずつ加える．さらに，ナトリウム 0.500 g と少量の硝酸鉄（III）を加えたのちに，ナトリウム 27.8 g（1.20 mol）を 15 分間かけて加え，その後 20 分間撹拌する．そこにヨウ化ベンジルトリメチルアンモニウム 277 g（1.00 mol）を 10〜15 分間かけて加え，さらに 2 時間撹拌する．その間に液体アンモニアの量が減った場合には適宜補充する．反応混合物に塩化アンモニウム 27.0 g（0.500 mol）を注意しながら加える．水 100

mL を加え，溶液が室温になるまで撹拌する．ジエチルエーテル 70 mL で 3 回抽出し，有機層を合わせて飽和塩化ナトリウム水溶液で洗浄する．無水硫酸マグネシウムで乾燥したのちに，溶媒を留去，減圧蒸留（沸点 72～73 ℃/9 mmHg）によって 2-メチルベンジルジメチルアミンが得られる．収量 134～142 g（収率 90～95%）．

f. Mislow-Evans 転位

Mislow-Evans 転位とはアリルスルホキシドからアリルスルフェナートを与える [2,3]-シグマトロピー転位である（下式）[42]．対称許容であり，立体特異的に進行する．転位は可逆であるが，リン酸エステルなどを共存させることでスルフェナートが還元され，不可逆的にアリルアルコールが得られる．基質として硫黄 α 炭素にキラリティーを有する光学活性アリルスルホキシドを用いることでキラルアリルアルコールを不斉合成することができる．

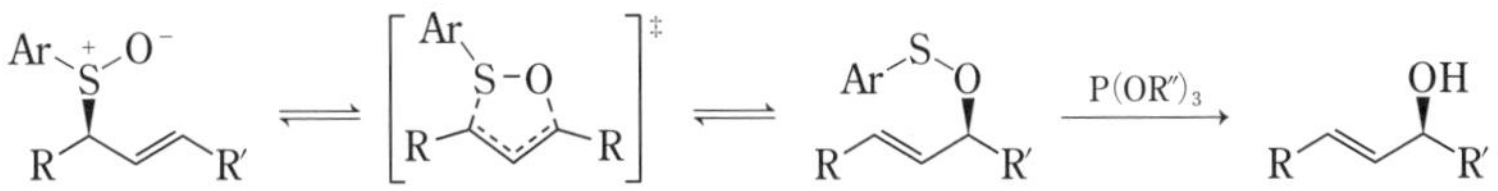

$P(OR'')_3$

g. Brook 転位，逆 Brook 転位

Brook 転位とは，分子内にアルコキシド基を有する有機ケイ素分子におけるケイ素-炭素結合の開裂，ケイ素-酸素結合の形成を伴う転位である（式(20.29)）[43]．その反応はペリ環状反応機構ではなく，ケイ素上での求核置換機構で進行する．そのために，移動する σ 結合の間に共役系が存在する必要はない．アルコキシドアニオンのほうがカルボアニオンよりも安定であるために，逆反応（逆 Brook 反応）のほうが熱力学的に有利である．それゆえに，Brook 転位を収率良く行うには，生成したカルボアニオンを適切なプロトン源によりプロトン化して安定化させるなどの工夫が必要となる．これらの転位は，結合の形成位置によって [1,2]-，[1,3]-，[1,4]-Brook 転位もしくは逆 Brook 転位に細分される[35]．合成反応としては，カルボアニオン種の求電子剤との反応と [1,2]-Brook 転位を組み合わせたシクロペンタン誘導体の合成（式(20.30)）[44]，[1,4]-Brook 転位を組み合わせたキラル鎖状化合物の合成（式(20.31)）[45]，[1,3]-Brook 転位による sp^2 炭素上のシリル基の除去（式(20.32)）[46] などがある．また，アリルシリルエーテルの [1,4]-逆 Brook 転位はエノールシリルエーテルとアリルシラン部位を併せもつ化合物の合成法として有用である（式(20.33)）[47]．

[1,n]-Brook 転位 ⇄ [1,n]-逆 Brook 転位　(20.29)

$Si = SiR_3$

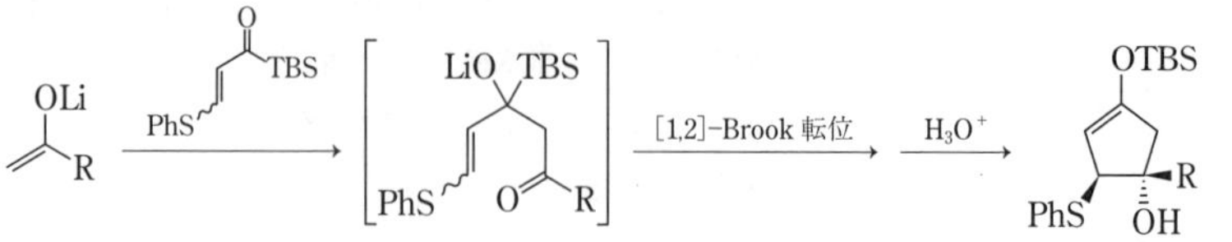

OLi R → (PhS, O, TBS) → [LiO TBS, PhS, O, R] —[1,2]-Brook 転位→ —H_3O^+→ OTBS, PhS, R, OH

TBS：t-ブチルジメチルシリル

(20.30)

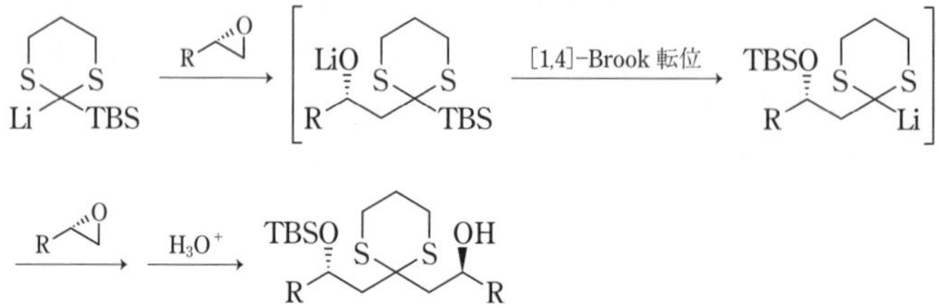

S S Li TBS —R (エポキシド, O)→ [LiO S S R TBS] —[1,4]-Brook 転位→ [TBSO S S R Li]

—R (エポキシド, O)→ —H_3O^+→ TBSO S S OH R R

(20.31)

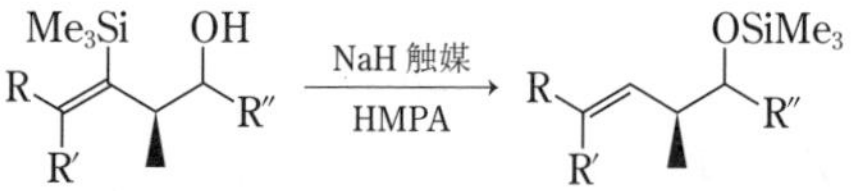

Me_3Si OH R R′ R″ —NaH 触媒 / HMPA→ $OSiMe_3$ R R′ R″

(20.32)

TBDPS O —t-BuLi / THF-HMPA / −78℃→ [TBDPS O Li^+ −] —[1,4]-逆 Brook 転位→ [LiO TBDPS]

—TBSOTf→ TBSO TBDPS

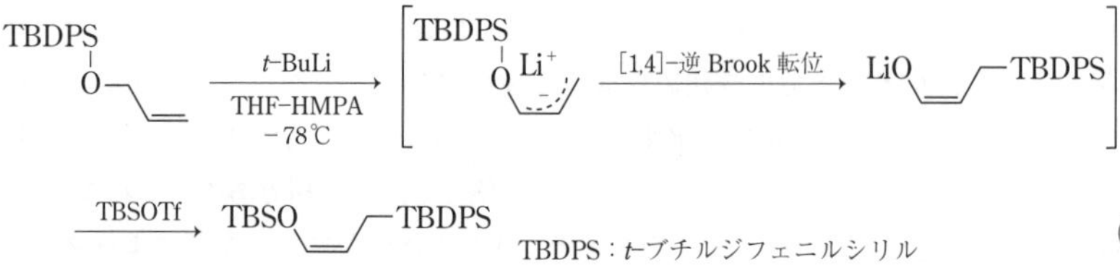

TBDPS：t-ブチルジフェニルシリル

(20.33)

20.5　グループ移動反応

20.5.1　概　　要

グループ移動反応とは，2 分子が環状遷移状態を形成して原子や置換基が移動するペリ環状反応の総称である（式(20.34)）．代表的な反応として，水素移動を伴うアルダー（Alder）のエン反応（式(20.35)：$X=CR_2$）やカルボニル-エン反応（式(20.35)：$X=O$），ジイミド還元（式(20.36)），また，1,3-ケトカルボン酸の脱炭酸反応（式(20.37)）などがあげられる．本節ではアルダーのエン反応とカルボニル-エン反応について概説する．

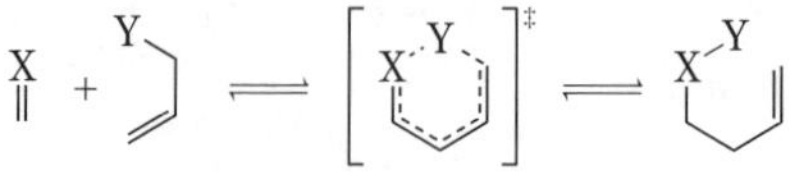

X + Y ⇌ [X Y]‡ ⇌ X Y

(20.34)

エン反応

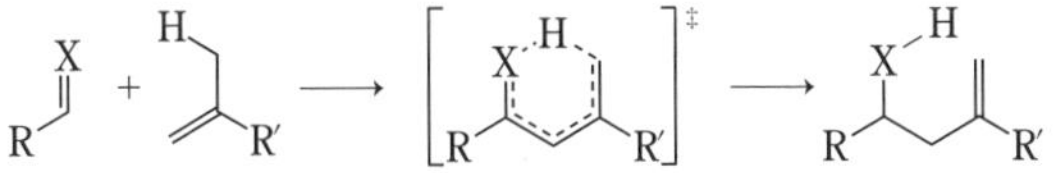

X＝CR″$_2$ アルダーのエン反応
X＝O：カルボニル-エン反応

(20.35)

ジイミド還元

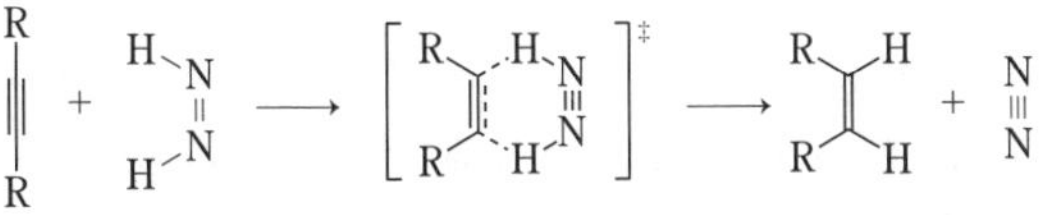

(20.36)

脱炭酸反応

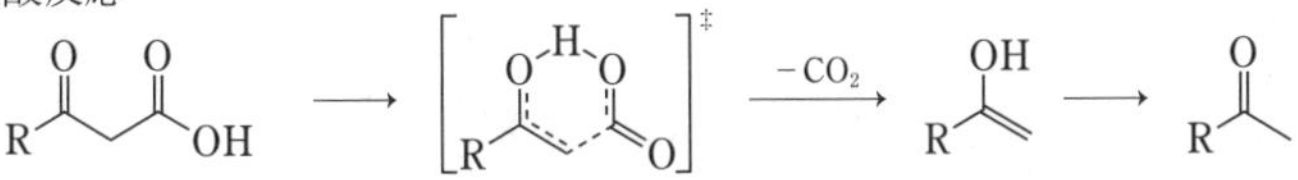

$-CO_2$

(20.37)

20.5.2　グループ移動反応を用いた合成反応

a.　アルダーのエン反応

アルダーのエン反応とは，アルケン（もしくはアルキン）とアリルプロトンを有するエン化合物が水素移動を伴って炭素-炭素結合を形成するペリ環状反応である（下式）[48]．熱的な条件下では一般にディールス-アルダー（Diels-Alder）反応に比べて高温を必要とする．親エン体としては LUMO（最低空軌道）のエネルギー準位が低い α,β-不飽和カルボニル化合物がよく用いられ，これに，反応促進のためにルイス（Lewis）酸を添加することが多い．

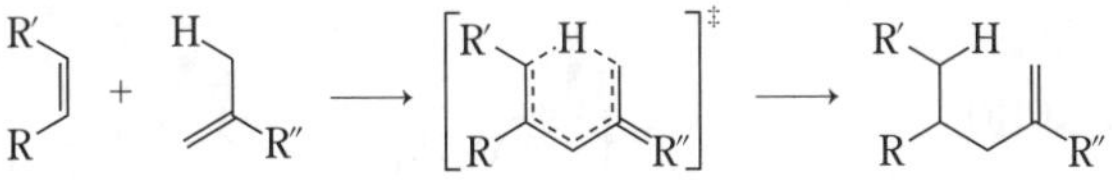

【実験例　アルダーのエン反応：γ-フェニルアリルコハク酸無水物の合成[49]】

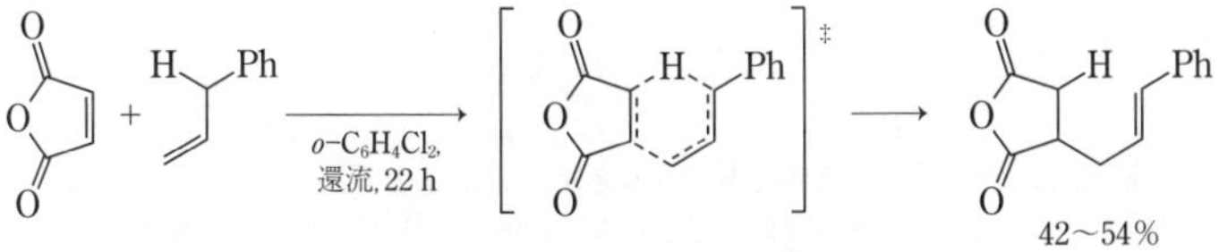

o-$C_6H_4Cl_2$,
還流, 22 h

42～54%

アリルベンゼン 35.4 g (0.300 mol) と無水マレイン酸 29.4 g（0.300 mol）を 50 mL の o-ジクロロベンゼンに溶解し，22 時間加熱還流する．反応溶液を放冷しつつ減圧蒸留（66～77

℃/23 mmHg）し，未反応の基質と溶媒を留去する．得られた残渣をさらに減圧蒸留（199～206 ℃/2 mmHg）することによって，γ-フェニルアリルコハク酸無水物が得られる．収量 27～35 g（収率 42～54%）．

b.　カルボニル-エン反応

カルボニル-エン反応とは，アリルプロトンを有するエン化合物とカルボニル化合物が水素移動を伴って炭素-炭素結合を形成するペリ環状反応であり，ホモアリルアルコールの合成法として有用である（式(20.35)）[48]．親エン体として LUMO のエネルギー準位が低いピルビン酸誘導体やグリオキシル酸誘導体がよく用いられる（式(20.36)）[50]．ルイス酸を用いると反応が促進されるが，その場合，反応機構がペリ環状反応機構からイオン性反応機構に変わり，段階的反応（プリンス（Prins）反応）となる．分子内反応は多環状分子の立体選択的な合成法として有用である（式(30.37)）[51]．

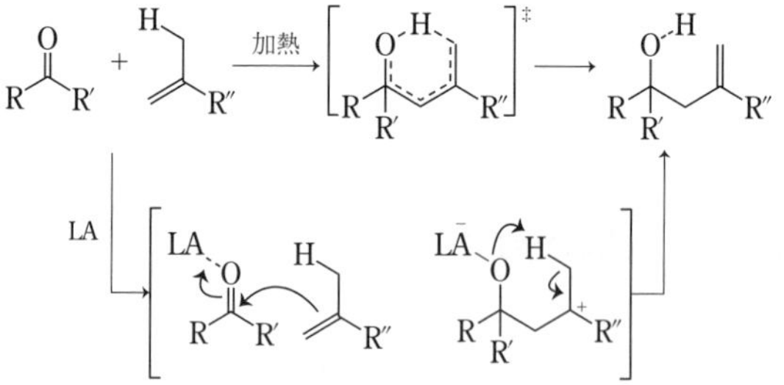

加熱　LA　(20.38)

120℃, 24 h　89%　(20.39)

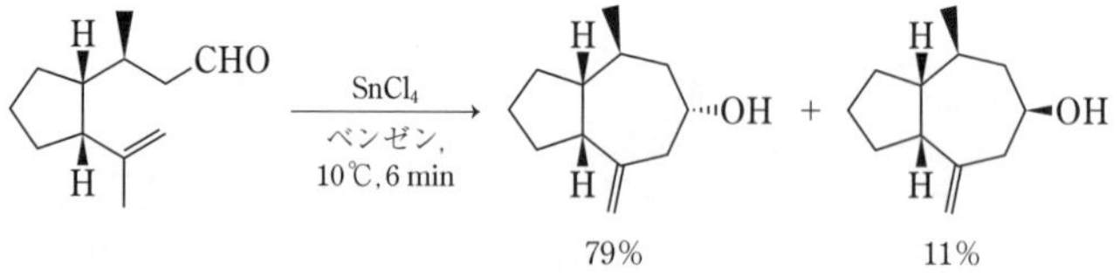

$SnCl_4$　ベンゼン，10℃, 6 min　79%　11%　(20.40)

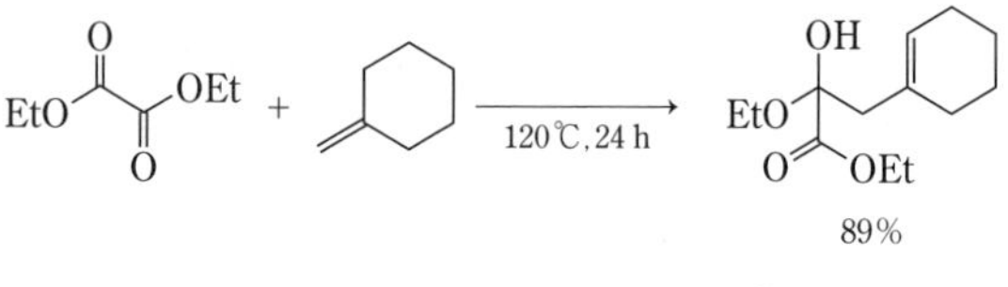

文　献

1）総説・成書：a）野依良治，柴崎正勝，鈴木啓介，玉尾皓平，中筋一弘，奈良坂紘一 編，“大学院講義有機化学 I”，pp. 231-248，東京化学同人（1999）; b）I. Fleming 著，鈴木啓介，千田憲孝 訳，“ペリ環状反応　第三の有機反応機構”，化学同人（2002）; c）F. A. Carey, R. J. Sundberg, “Advanced Organic Chemistry Part A: Structure and Mechanism, 5th Ed.”，pp. 833-964, Springer（2007）．
2）F. L. Ansari, R. Qureshi, M. L. Qureshi, “Electrocyclic Reactions from Fundamentals to Research”,

Wiley-VCH (1999).

3) E. N. Marvell, G. Caple, B. Schatz, *Tetrahedron Lett.*, **6**, 385 (1965).

4) R. E. K. Winter, *Tetrahedron Lett.*, **6**, 1207 (1965).

5) M. Okabe, *Org. Synth.*, Coll. Vol., **10**, 718 (2004).

6) A. K. Sadana, R. K. Saini, W. E. Billups, *Chem. Rev.*, **103**, 1539 (2003).

7) C. W. Jefford, G. Bernardinelli, Y. Wang, D. C. Spellmeyer, A. Buda, K. N. Houk, *J. Am. Chem. Soc.*, **114**, 1157 (1992).

8) K. L. Habermas, S. E. Denmark, T. K. Jones, *Org. React.*, **45**, 1 (1994).

9) K. E. Harding, K. S. Clement, C.-Y. Tseng, *J. Org. Chem.*, **55**, 4403 (1990).

10) a) K. K. Wang, *Chem. Rev.*, **96**, 207 (1996); b) D. S. Rawat, J. M. Zaleski, *Synlett*, **2004**, 393.

11) B. M. Trost, I. Fleming, eds., "Comprehensive Organic Synthesis", Vol. 5, Pergamon Press (1991).

12) W. Oppolzer, "Comprehensive Organic Synthesis", Vol. 5, B. M. Trost, I. Fleming, eds., p. 315, Pergamon Press (1991).

13) T. G. Driver, A. K. Franz, K. A. Woerpel, *J. Am. Chem. Soc.*, **124**, 6524 (2002).

14) J. A. Berson, Z. Hamlet, W. A. Mueller, *J. Am. Chem. Soc.*, **84**, 297 (1962).

15) S. Danishefsky, T. Kitahara, P. F. Schuda, *Org. Synth.*, Coll. Vol., **7**, 312 (1990).

16) K. Yuki, M. Shindo, K. Shishido, *Tetrahedron Lett.*, **42**, 2517 (2001).

17) B. L. Feringa, J. C. de Jong, *J. Org. Chem.*, **53**, 1125 (1988).

18) S. Pikul, E. J. Corey, *Org. Synth.*, Coll. Vol., **9**, 67 (1998).

19) M. Oda, T. Kawase, T. Okada, T. Enomoto, *Org. Synth.*, Coll. Vol., **9**, 186 (1998).

20) a) R. D. Little, "Comprehensive Organic Synthesis", Vol. 5, B. M. Trost, I. Fleming, eds., p.239, Pergamon Press (1991); b) A. Padwa, W. H. Pearson eds., "Chemistry of Heterocyclic Compounds", Vol. 59, John Wiley (2002).

21) a) S. Murahashi, T. Shiota, Y. Imada, *Org. Synth.*, Coll. Vol., **9**, 632 (1998); b) A. Goti, F. Cardona, G. Soldaini, *Org. Synth.*, Coll. Vol., **11**, 114 (2009).

22) N. A. LeBel, D. Hwang, *Org. Synth.*, Coll. Vol., **6**, 670 (1988).

23) W. Oppolzer, *Tetrahedron Lett.*, **11**, 2199 (1970).

24) A. P. Kozikowski, *Acc. Chem. Res.*, **17**, 410 (1984).

25) K. E. Larsen, K. B. G. Torssell, *Tetrahedron*, **40**, 2985 (1984).

26) T. Mukaiyama, T. Hoshino, *J. Am. Chem. Soc.*, **82**, 5339 (1960).

27) R. A. Minns, *Org. Synth.*, Coll. Vol., **6**, 1037 (1988).

28) S. J. Rhoads, N. R. Raulins, *Org. Reac.*, **22**, 1 (1975).

29) A. C. Cope, E. M. Hardy, *J. Am. Chem. Soc.*, **62**, 441 (1940).

30) J. A. Berson, M. Jones, *J. Am. Chem. Soc.*, **86**, 5019 (1964).

31) R. Marshall Wilson, J. W. Rekers, A. B. Packard, R. C. Elder, *J. Am. Chem. Soc.*, **102**, 1633 (1980).

32) M. Hiersemann, U. Nubbemeyer, eds., "The Claisen Rearrangement", Wiley-VCH (2007).

33) W. L. Howard, N. B. Lorette, *Org. Synth.*, Coll. Vol., **5**, 25 (1973).

34) R. T. Beresis, J. S. Solomon, M. G. Yang, N. F. Jain, J. S. Panek, *Org. Synth.*, Coll. Vol., **10**, 531 (2004).

35) K. Tomooka, "The Chemistry of Functional Groups (The Patai Series) : The Chemistry of Organolithium Compounds," Z. Rappoport, I. Marek eds., Chap. 12, pp. 749-828, Wiley-VCH (2004).

36) K. Tomooka, M. Kikuchi, K. Igawa, M. Suzuki, P. -H. Keong, T. Nakai, *Angew. Chem. Int. Ed.*, **39**, 4502 (2000).

37) K. Tomooka, K. Ishikawa, T. Nakai, *Synlett*, **1995**, 901.

38) V. Rautenstrauch, G. Büchi, H. Wüest, *J. Am. Chem. Soc.*, **96**, 2576 (1974).

39) S. H. Pine, *Org. Reac.*, **18**, 403 (1970).

40) T. S. Stevens, E. M. Creighton, A. B. Gordon, M. MacNicol, *J. Chem. Soc.*, **1928**, 3193.

41) W. R. Brasen, C. R. Hauser, *Org. Synth.*, Coll. Vol., **4**, 585 (1963).

42) D. A. Evans, G. C. Andrews, *Acc. Chem. Res.*, **7**, 147 (1974).
43) A. G. Brook, *Acc. Chem. Res.*, **7**, 77 (1974).
44) K. Takeda, M. Fujisawa, T. Makino, E. Yoshii, *J. Am. Chem. Soc.*, **115**, 9351 (1993).
45) a) L. F. Tietze, H. Geissler, J. A. Gewert, U. Jakobi, *Synlett*, **1994**, 511 ; b) A. B. Smith, III, S. M. Pitram, A. M. Boldi, M. J. Gaunt, C. Sfouggatakis, W. H. Moser, *J. Am. Chem. Soc.*, **125**, 14435 (2003).
46) a) F. Sato, Y. Tanaka, M. Sato, *J. Chem. Soc., Chem. Commun.*, **1983**, 165 ; b) K. Suzuki, E. Katayama, G. Tsuchihashi, *Tetrahedron Lett.*, **25**, 2479 (1984).
47) A. Nakazaki, T. Nakai, K. Tomooka, *Angew. Chem. Int. Ed.*, **45**, 2235 (2006).
48) B. B. Snider, *Acc. Chem. Res.*, **13**, 426 (1980).
49) C. S. Rondestvedt, *Org. Synth.*, Coll. Vol., **4**, 766 (1963).
50) P. Beak, Z. Song, J. E. Resek, *J. Org. Chem.*, **57**, 944 (1992).
51) J. A. Marshall, N. H. Andersen, P. C. Johnson, *J. Org. Chem.*, **35**, 186 (1970).

Chapter 21

ラジカル反応法

21.1 炭素ラジカル種の構造と基本反応特性

炭素ラジカルは不対電子をもつ常磁性化学種でありフリーラジカルとも称されるが，有機合成化学において有用な中間体である[1~4]．炭素ラジカルは，価電子数は7であり，オクテット則を満たしてはおらず電子欠損種といえるが，炭素カチオンとは異なり電気的には中性である．一般に炭素ラジカルにおいてはピラミダル構造と平面構造とがともに可能であり，後者においてはp軌道性が100%であり，これをπ-ラジカル，それ以外はσ-ラジカルと定義する．一般にアルキルラジカルはπ-ラジカルであるが，1-アダマンチルラジカルのように平面構造をとれないラジカルはσ-ラジカルとして存在する．フェニルラジカルやアシルラジカルはσ-ラジカルに分類される．一方，ビニルラジカルは，中心炭素の置換基によって分類される．炭素ラジカル種においては立体構造の反転が容易に起こるため，一般に発生時の立体構造は保持されない（図21.1）．これらラジカル種の構造を調べるには電子スピン共鳴（electron spin resonance：ESR）スペクトルが用いられる．

メチルラジカルは不安定なラジカルであるが，アルキル置換基により電子欠損状態が緩和され安定化される．このことから第三級アルキルラジカルはもっとも安定であり，ついで第二級アルキルラジカル，第一級アルキルラジカル，メチルラジカルへと安定性は順に低下する．またπ-ラジカルであるベンジルラジカルやアリルラジカルは，ベンゼン環や二重結合によるπ-π共役による安定化を受ける．一方，立体的なかさ高さも安定化の要因となる．

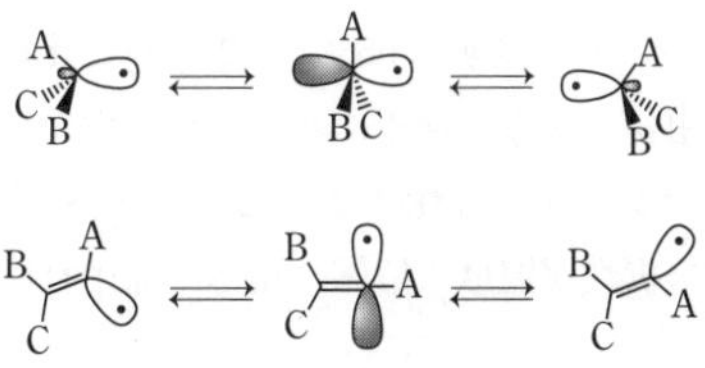

図21.1 炭素ラジカル種の構造と立体反転

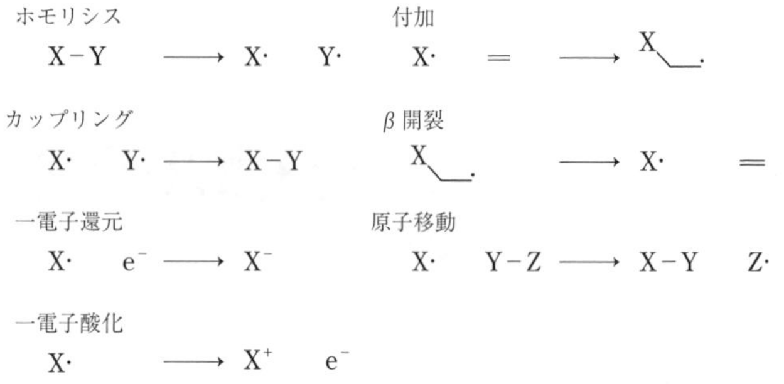

ホモリシス
X−Y ⟶ X·　Y·

付加
X·　＝ ⟶ X＼＿.

カップリング
X·　Y· ⟶ X−Y

β 開裂
X＼＿. ⟶ X·　＝

一電子還元
X·　e^- ⟶ X^-

原子移動
X·　Y−Z ⟶ X−Y　Z·

一電子酸化
X· ⟶ X^+　e^-

図 21.2　典型的なラジカル反応

たとえば TEMPO（2,2,6,6-テトラメチルピペリジン 1-オキシル）は試薬として販売されており，安定なラジカルであるが，隣接する窒素の非共有電子対による共鳴安定化とともに，周囲にある四つのメチル基による立体的なかさ高さがその安定化に貢献している．

典型的なラジカル反応を図 21.2 にまとめる．化合物の単結合が光照射または加熱により，ホモリシス（均等開裂）を起こすとラジカルが発生する．ホモリシスの起こりやすさの尺度は結合解離エネルギーにて得ることができる[5)]．ホモリシスの逆反応はカップリングであるが，ラジカルどうしのカップリングの反応速度は拡散律速に近い．不飽和結合への付加反応とその逆反応である β 開裂反応もラジカル種の典型的な反応である．水素引抜きやハロゲン引抜き反応などは原子移動反応に分類されるが，あらたな結合が形成されるとともに，それまであった結合が消滅する過程でもあり，ラジカル置換反応（S_H2 反応：bimolecular homolytic substitution）として定義される．ラジカル種に 1 電子を与えればアニオン種に，そしてラジカル種より 1 電子を取り去ればカチオン種に変換される．ラジカル種が示す反応パターンはほかにもあるが，多くはこれらの範疇にて分類することができる．

一般に連鎖型のラジカル反応においてはラジカル開始剤が必要である（図 21.3）．AIBN（2,2′-アゾビス(イソブチロニトリル)）は，熱または光で分解し，窒素の脱離とともにシアノイソプロピルラジカルが発生する．80 ℃ での半減期は約 1.5 時間であることから，ベンゼン溶媒を用いた還流条件で用いられることが多い．また過酸化ラウロイルや BPO（過酸化ベンゾイル）や DTPO（過酸化ジ-*t*-ブチル）も代表的なラジカル開始剤である．また，DTBN（次亜硝酸ジ-*t*-ブチル）の半減期は 55 ℃ で 2 時間と比較的低温で分解する．トリエチルボラン（Et_3B）溶液を用い，酸素共存下においてラジカル反応の開始を行う方法も用いられ，この方法ではエチルラジカルが発生する．とくに −78 ℃ といった低温下でもラジカル発生が可能であり，立体選択性が温度に敏感な反応や原子移動反応では，とくに有用なラジカル開始法となる[4)]．

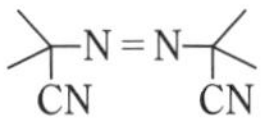

AIBN 1.5 h/80℃（半減期）　$R-O-O-R$

BPO R = PhCO 1 h/95℃

t-Bu − O − N = N − O − t-Bu
DTBN 2 h/55℃

DTPO R = t-BuO 3 h/140℃

BEt_3/空気

過酸化ラウロイル R = $C_{11}H_{23}CO$ 1 h/80℃

図 21.3　よく用いられるラジカル開始剤

21.2　ラジカル還元反応

有機合成に用いられるラジカル反応においては，水素を引き抜くことで生成物に至る反応例が数多く知られる．たとえば 14 族に属するトリブチルスズヒドリドはその Sn−H 結合が 309.6 kJ mol^{-1} と弱く，広範な炭素ラジカル種に水素を供与することができる[5]．このときに生成したトリブチルスズラジカルは，フッ素を除く有機ハロゲン化物からハロゲンを効率よく引き抜くことができるため，新たな炭素ラジカルの生成を果たす．よって有機ハロゲン化物を出発基質として連鎖型のラジカル還元反応が可能となる．ハロゲン化合物以外にも有機セレン化合物，テルル化合物，そしてアルコールから容易に誘導されるキサントゲン酸エステルなどが炭素ラジカル源として用いられる（式(21.1)）．トリブチルスズヒドリドは毒性を有するため，これを触媒量のみ用い，$NaBH_4$ や $NaBH_3CN$ を共存させて系中で再生させながらラジカル還元を行う方法も知られている[6]．また，スタノキサンとポリメチルヒドロシロキサン（PMHS）からスズヒドリドを系中で発生，再生させる反応も知られている[7,8]．さらに二相系処理による後処理が容易なフルオラススズヒドリドを用いる方法も開発されている[9]．

$$R-X + Bu_3SnH \xrightarrow{AIBN} R-H + Bu_3SnX \tag{21.1}$$

R = アルキル，ビニル，アリール
X = Cl, Br, I, SePh, TePh, OC(S)SMe, OC(S)OMe, N = C など

$$\left[\begin{array}{llll} R-X & + Bu_3Sn\cdot & \longrightarrow R\cdot & + Bu_3SnX \\ R\cdot & + Bu_3SnH & \longrightarrow R-H & + Bu_3Sn\cdot \end{array}\right]$$

一方，典型的なチオールであるベンゼンチオールの S−H 結合は 343.1 kJ mol^{-1} と弱く，炭素ラジカル種に水素を円滑に供与することが可能である．このとき，生成するチイルラジ

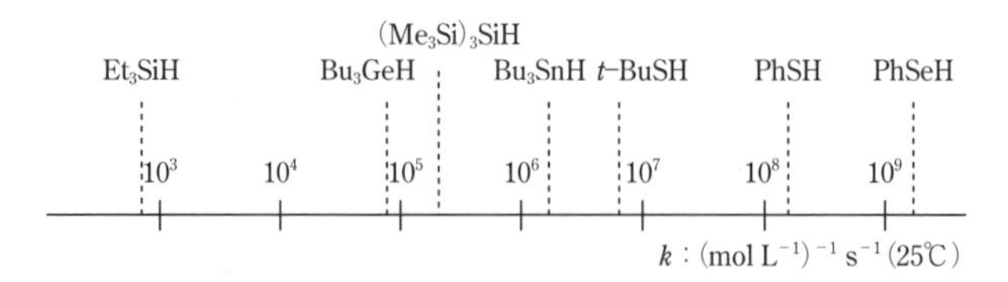

図 21.4　第一級アルキルラジカルによる水素引抜き速度の比較

カルにはハロゲンの引抜き能力はないが，アルケンやアルキンを共存させると，トリブチルスズラジカルと同様に，これらの不飽和結合に可逆的に付加を起こす．生成した炭素ラジカルはチオールから水素を引き抜き，水素供与を含む連鎖型のラジカル付加反応が成立する[10,11]．

ヒドロシランの Si−H 結合は同族のスズヒドリドの Sn−H 結合に比して強いため，一般にラジカル反応に利用することが困難である．たとえば，トリメチルシランの Si−H 結合は 376.6 kJ mol^{-1} と強く，ラジカル還元反応に用いることができない．しかし，ケイ素元素上に三つのケイ素置換をした TTMSS（トリス(トリメチルシリル)シラン，$(Me_3Si)_3SiH$）の場合には，その Si−H 結合は 351.5 kJ mol と比較的に弱く，スズヒドリドの代替試薬としてラジカル反応に用いることができる[12]．図 21.4 に第一級アルキルラジカルの各水素供与型試薬からの水素引抜きの速度定数をまとめたが，ベンゼンセレノール（PhSeH）の水素供与が最速である．

一方，ヒドロシランのチイルラジカルに対する水素供与は，遷移状態において極性効果がうまくはたらくため円滑に進行する．そこでヒドロシランと触媒量のチオールとを組み合わせることにより，有機ハロゲン化物を基質とするラジカル連鎖反応を進行させることができる．このとき，チオールは極性転換触媒（polarity reversal catalyst）としてはたらく[13]．式(21.2) には *t*-ドデカンチオールを極性転換触媒とし，トリプロピルシランを用いてコレステロールのキサントゲン酸エステルからの還元（Barton-McCombie 型アルコールの脱酸素化反応）を行った例を示す[14]．

MeS(S)CO−（コレステリル）＋ Pr_3SiH $\xrightarrow[t\text{-}C_{12}H_{25}SH]{\text{過酸化ジクミル}}$ H−（生成物） 62%　(21.2)

$$\left[\begin{array}{l} \mathrm{ROC(S)SMe} + \mathrm{Pr_3Si\cdot} \longrightarrow \mathrm{R\cdot} + \mathrm{Pr_3SiOC(S)SMe} \\ \mathrm{R\cdot} + t\text{-}\mathrm{C_{12}H_{25}SH} \longrightarrow \mathrm{R{-}H} + t\text{-}\mathrm{C_{12}H_{25}S\cdot} \\ t\text{-}\mathrm{C_{12}H_{25}S\cdot} + \mathrm{Pr_3SiH} \longrightarrow \left[t\text{-}\mathrm{C_{12}H_{25}}\overset{\delta-}{\mathrm{S}}\cdots\mathrm{H}\cdots\overset{\delta+}{\mathrm{Si}}\mathrm{Pr_3} \right]^{\cdot\ddagger} \longrightarrow t\text{-}\mathrm{C_{12}H_{25}SH} + \mathrm{Pr_3Si\cdot} \end{array}\right]$$

また，比較的強い結合であるP−Hを有するホスフィンもラジカル還元反応において水素源として機能することが見出されている．次亜リン酸，亜リン酸やそれらの塩を用いることでBarton-McCombie型アルコールの脱酸素化反応が進行する（式（21.3））[15]．次亜リン酸や亜リン酸は水に容易に溶解するため，水中での反応も可能である[16]．しかしながら，ラジカル連鎖機構が達成されにくいため，他の水素化試薬を用いる反応と比較するとラジカル開始剤，水素化試薬の当量数が多くなる傾向にある．

S, O, O, Me, O, O, O, O + H_3PO_2 —AIBN, Et_3N→ O, O, O, O, O　91%　(21.3)

最近，アルキルヨージドやアリールヨージドを用いるラジカル反応に13族水素化ホウ素化合物が利用できることが明らかとされた．たとえば，含窒素ヘテロサイクリックカルベンボラン（NHC・BH_3）[17]やボロヒドリド試薬[18]は，炭素ラジカル種に対して水素供与能力を示す．またトリブチルボラン-水系でキサントゲン酸エステルをラジカル還元する方法も報告されている[19]．式(21.4）にNHC・BH_3を用いたアルキルハロゲン化物のラジカル還元の例を示すが，この場合にもチオールを極性転換触媒として用いることで，反応が円滑に進行する[20]．なお，ボロヒドリド試薬を用いる場合には，ヒドリド還元も起こすことから，S_H2反応が容易となる第一級のアルキルハロゲン化物を用いる場合には活性種の混在に留意する必要がある．

—I + N, N, $\overset{+}{}$, $\overset{-}{B}H_3$ —$h\nu$, $(t\text{-BuO})_2$, PhSH（5 mol%）→ —H　99%　(21.4)

【実験例　臭化アルキルのヒドロシランによるラジカル還元反応[14)]】

Br　+　H−Si(Et)−Et (Et)　過酸化ラウロイル（2 mol%）、*t*-ドデカンチオール（2 mol%）、チオ尿素 / シクロヘキサン、還流　→　H　89%

SH　*t*-ドデカンチオール

アルゴンガス雰囲気下において 1-ブロモオクタドデカン 1.67 g（5.0 mmol），トリエチルシラン 1.16 g（10.0 mmol），ラジカル開始剤として過酸化ラウロイル 40 mg（0.1 mmol），*t*-ドデカンチオール 20.2 mg（0.1 mmol）をシクロヘキサン 15 mL に溶解させる．混合物を 1 時間，加熱還流する．溶液を室温に冷却後，チオ尿素（加熱減圧下（40 ℃/1 Torr）で 1 時間乾燥させたもの）0.76 g（10.0 mmol）を加え，さらに 1 時間加熱還流を行う．室温まで冷却およびエバポレーターにて溶媒を留去後，シリカゲルカラムクロマトグラフィーにて単離精製を行うとオクタドデカンが得られる．収量 1.13 g（収率 89%）．

【実験例　ヨウ化アルキルの次亜リン酸ナトリウムによるラジカル還元反応[16)]】

I　+　$NaH_2PO_2 \cdot H_2O$　AIBN（20 mol%） / エタノール-H_2O、還流　→　H　84%

1-ヨードドデカン 14.8 g（50 mmol）をエタノール 200 mL に溶解させ，次亜リン酸ナトリウム一水和物 26.5 g（250 mmol），AIBN 1.64 g（10 mmol），水 50 mL を加え，30 分間加熱還流を行う．室温まで放冷後，水 200 mL を加え，3 分間攪拌し，3 分間静置する．有機層を回収し，減圧蒸留によってドデカンが得られる．収量 7.2 g（収率 84%）．

【実験例　キサントゲン酸エステルのトリブチルボラン-水系による還元反応[19)]】

O−C(=S)−SMe　D_2O / C_6H_6　→　Bu_3B / 空気，室温　→　D　83%，92% D

O-シクロドデシル *S*-メチルジチオカルボナート 145 mg（0.53 mmol）および重水 52 mL（2.6 mmol）をベンゼン 17 mL に溶解させる．アルゴンガスを溶液にバブリングしながら 1 時間攪拌する．その後トリブチルボランの 2.65 mol L^{-1} ベンゼン溶液 1 mL（2.65 mmol）をシリンジポンプを用いて 25 分間かけて加える．添加終了後，無水空気 52 mL（O_2 換算で 0.42 mmol）をシリンジポンプにより毎時 1.2 mL の速度でステンレススチールカニューラを用い反応表面下へ加える．その後，過酸化水素の 30% 水溶液 5 mL と 3 mol L^{-1} 水酸化ナトリウム水溶液 5 mL を同時に加える（このさい発熱するので注意が必要である）．10 分間撹拌後，飽和塩化ナトリウム水溶液 10 mL と酢酸エチル 10 mL で希釈する．酢酸エチルを用い抽出後，有機層を無水硫酸マグネシウムにより乾燥させる．固体を沪過しエバポレーターにて溶媒を留去後，シリカゲルカラムクロマトグラフィーにて単離精製を行うと重水素化シクロドデカンが得られる．収量 74 mg（収率 83%，D 比率 92%）．

【実験例　アルキンの $InCl_3$-トリエチルシラン-トリエチルボラン系による還元反応[21]】

$$\text{PhO}\!\!\diagup\!\!\!\equiv \xrightarrow[\text{MeCN, 0 ℃}]{\text{InCl}_3,\ \text{Et}_3\text{SiH},\ \text{Et}_3\text{B}} \xrightarrow{\text{H}_2\text{O}} \text{PhO}\!\!\diagup\!\!=\quad 70\%$$

10 mL ナス形フラスコに $InCl_3$ 442 mg（2.0 mmol）を入れ，110 ℃，減圧下にて 1 時間乾燥させる．その後，窒素下にてアセトニトリル 2 mL およびトリエチルシラン（2.0 mmol）を加え，0 ℃ にて 5 分間撹拌する．つづいてプロパルギルフェニルエーテル 132 mg（1.0 mmol），トリエチルボランの 1 mol L^{-1} ヘキサン溶液 0.1 mL を加え，溶液を 0 ℃ にて 2 時間撹拌する．精製水を加えたのち，ジエチルエーテルで 3 回抽出し，有機層を無水硫酸マグネシウムで乾燥させる．固体を沪過しエバポレーターにて溶媒を留去後，シリカゲルカラムクロマトグラフィーにて単離精製を行うとアリルフェニルエーテルが得られる．収量 94 mg（収率 70%）．

21.3　ラジカル環化反応

5-ヘキセニルラジカルからシクロペンチルメチルラジカルを与える 5-エキソ環化反応の速度定数は，25 ℃ で $2.3\times10^5\ s^{-1}$ であり，シクロヘキシルラジカルを与える六員環環化速度の $4.1\times10^3\ s^{-1}$ より速い[22]．よって 5-ヘキセニルラジカルの環化では 5-エキソ型環化体が優先して生成する（式(21.5)）．6-エンド環化ではより安定な第二級ラジカルを与え，反応の自由エネルギー（ΔG）はより負に大きいが，五員環ラジカルを与える遷移状態はシクロヘキサンのいす形に近い構造をとり（Beckwith-Houk モデル），環化のエネルギー障壁（$\Delta G^{\ddagger}$）がより小さいため，高選択的な環化となる[23,24]．

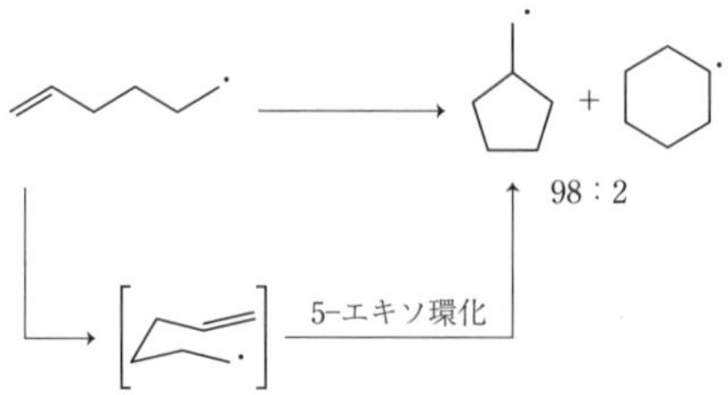

98：2

5-エキソ環化

(21.5)

他のラジカル環化では 3-エキソ環化の速度定数は 10^4 オーダー s^{-1} と比較的速いが，逆反応である開環速度は 10^8 オーダー s^{-1} であり，これを凌駕する[25]．また 4-エキソ環化はきわめて遅く，通常観測されない．6-エキソ環化は 10^3 オーダー s^{-1} であり，合成化学的に利用可能な環化プロセスといえるが，これに対して七員環以上の環化は一般に緩慢である[26]．ただ，炭素ラジカルは求核性をもつことから，電子求引性の置換基を備えたオレフィンへの環化は大きく加速される．よって電子求引性の置換基と分子内反応に有利となる希薄条件を用いることでエンド型環化による大環状化合物の合成も可能である[27]．なお，環化鎖にヘテロ環を配することで，各種の複素環化合物をラジカル環化法で合成することができる[28~34]．

5-ヘキセニルラジカルの環化のように速度定数 k が既知であるラジカル反応と競わせることで相対的にラジカル反応の速度定数 k' を求める間接的方法を，ラジカルクロック法という[35]．式(21.6) の例で k が五員環環化のようなラジカルクロックとする場合，G_3MH の水素供与速度 k' を式(21.7) を用いて相対的に求めることができる．

$$\mathrm{RX} \xrightarrow{G_3M\cdot} \mathrm{R}\cdot \xrightarrow{k\,(\text{既知})} \mathrm{R'}\cdot \tag{21.6}$$

$$\mathrm{R}\cdot \xrightarrow[k'\,(\text{未知})]{G_3MH} \mathrm{RH} \qquad \mathrm{R'}\cdot \xrightarrow{G_3MH} \mathrm{R'H}$$

$$[\mathrm{RH}] = k'[\mathrm{R}\cdot][G_3MH] \qquad [\mathrm{R'H}] = k[\mathrm{R}\cdot]$$

$$\frac{[\mathrm{R'H}]}{[\mathrm{RH}]} = \frac{k}{k'[G_3MH]} \tag{21.7}$$

【実験例　ラジカル環化によるインドールの合成[36]】

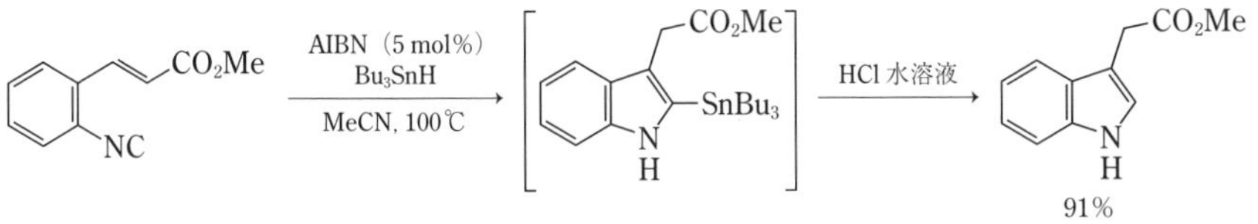

AIBN（5 mol%）, Bu_3SnH, MeCN, 100℃ ／ HCl 水溶液　91%

2-イソシアノケイ皮酸メチル 159 mg（0.85 mmol），トリブチルスズヒドリド 251 μL（0.93 mmol），AIBN 7 mg（0.04 mmol）の脱水アセトニトリル溶液 5 mL をアルゴン雰囲気下でねじ口付き試験管に入れ密閉し，100 ℃ にて 1 時間撹拌する．室温まで放冷後，ジエチルエーテルで希釈し，3 mol L^{-1} 塩酸，飽和フッ化カリウム水溶液で洗浄する．有機層を無水硫酸ナトリウムで乾燥させ，固体を沪過，溶媒をエバポレーターにて留去したのち，シリカゲルカラムクロマトグラフィーにて単離精製を行うと 1*H*-インドール-3-酢酸メチルが得られる．収量 146 mg（収率 91%）．

【実験例　*N*-ヘテロ環カルベンボランによるラジカル環化反応[20]】

DTBN（20 mol%）, *t*-ドデカンチオール（5 mol%）, C_6H_6, 80℃

1,3-ジメチルイミダゾール-2-イリデンボラン 12 mg（0.11 mmol）および 1-アリルオキシ-2-ブロモベンゼン 21 mg（0.1 mmol）をベンゼン 0.45 mL に溶解させる．次に DTBN 3.5 mg（0.02 mmol）を加える．*t*-ドデカンチオールの 0.1 mol L^{-1} ベンゼン溶液 50 μL（0.005 mmol）を加え窒素雰囲気下にて密栓する．溶液を 80 ℃ で 2 時間撹拌する．室温まで冷却およびエバポレーターにて溶媒を留去後，シリカゲルカラムクロマトグラフィーにて単離精製を行うと 3-メチル-2,3-ジヒドロベンゾフランが得られる．収量 11 mg（収率 83%）．

【実験例　ヨウ化サマリウムを一電子還元剤とするアシルラジカルの発生と環化反応[37]】

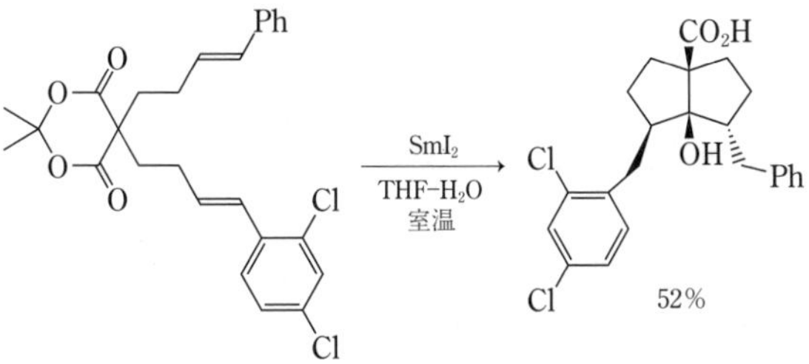

SmI_2, THF-H_2O, 室温　52%

室温で 5-((*E*)-4-(2,4-ジクロロフェニル)-3-ブテニル)-2,2-ジメチル-5-((*E*)-4-フェニル-3-ブテニル)-1,3-ジオキサン-4,6-ジオン 99 mg（0.21 mmol）を THF 4.6 mL および H_2O

4.6 mL に溶解させる．シリンジポンプを用いて SmI_2 の 0.1 mol L^{-1} THF 溶液 17.0 mL（1.70 mmol）を混合溶液に 2 時間かけて滴下する．反応溶液の色が消失したのち，H_2O 10 mL，酒石酸 25 mg を添加する．酢酸エチルを用いて 3 回抽出したのち，有機層を硫酸ナトリウムを用いて乾燥させる．エバポレーターにて溶媒を留去し，シリカゲルカラムクロマトグラフィーにて単離精製を行うと，1-ベンジル-6-(2,4-ジクロロベンジル)-6a-ヒドロキシオクタヒドロペンタレン-3a-カルボン酸が得られる．収量 46 mg（収率 52%）．

【実験例　チオールの 1,6-ジエンへのラジカル付加環化反応[38]】

(diallyl ether) + $C_{10}H_{21}SH$ —— Et_3B（10 mol%）, *t*-ブチルカテコール / CH_2Cl_2, 室温 ——→ (3-methyl-4-($SC_{10}H_{21}$)methyl-tetrahydrofuran)　80%

ジアリルエーテル 99 mg（1.0 mmol），ドデカンチオール 305 mg（1.5 mmol），*t*-ブチルカテコール 200 mg（1.2 mmol）をジクロロメタン 2 mL に溶解させ凍結脱気を行う．次に，トリエチルボランの 1 mol L^{-1} ヘキサン溶液 1.2 mL（1.2 mmol）を加える．そのさい，エタンが生成する．室温にて激しく撹拌する．反応の加速化のために 2 時間後にトリエチルボランの 1 mol L^{-1} ヘキサン溶液 0.1 mL（0.1 mmol）を加える．GC にて原料の消失を確認後，ジエチルエーテルを用いて反応溶液をアルミナ沪過し，*t*-ブチルカテコールおよびトリエチルボラン由来の副生成物を除去する．エバポレーターにて溶媒を留去後，シリカゲルカラムクロマトグラフィーにて単離精製を行うと 3-(1-ドデシルチオメチル)-4-メチル-テトラヒドロフランが得られる．収量 241 mg（収率 80%，シス/トランス＝2：1）．

21.4　ラジカル付加反応

四塩化炭素やブロモトリクロロメタンなどハロゲンにより多置換されたアルカンの炭素-ハロゲン結合は比較的弱く炭素-炭素不飽和結合へのラジカル付加反応を起こす．このラジカル付加反応を一般にカラーシ（Kharasch）型反応とよぶ[39]．たとえば光照射によるホモリシスや開始剤から生成するラジカルによるハロゲン引抜き，あるいは銅(I) やルテニウム(II) を触媒量用いた一電子還元から始まる酸化還元プロセスにより，ハロアルキルラジカルを発生させることができる．式(21.8) に示すように，生成したハロアルキルラジカルはアルケン末端へ付加を起こし，アルキルラジカルを与える．このアルキルラジカルはハロゲン化物からハロゲンを引き抜き再び出発ラジカルを与え，反応は連鎖的に進行する．第 2 ステップの原子移動反応は，ラジカル置換反応あるいは S_H2 反応に分類される．式(21.9) にはヨード酢酸エステルのアルケンへの付加反応を示す．ヨウ素の代わりに PhSe 基や PhTe 基，そしてキサントゲン酸エステル部位をもつ反応基質の場合も同様な付加反応を起こすが，原子団の移動が起こるため，これらはグループ（原子団）移動反応という[40]．キサントゲン酸エステルはアルコールから容易に誘導できるが，そのラジカル反応についてはZardらを中心に取り組まれ，RAFT型リビングラジカル重合（reversible addition/fragmentation chain transfer polymerization）[40]を含め，さまざまな応用例がある（式(21.10)）[41]．

$BrCCl_3$ ＋ (1-octene) $\xrightarrow{h\nu}$ Cl_3C–(chain, Br) 　(21.8)

[$\cdot CCl_3$ → Cl_3C(radical) ＋ Br–CCl_3 → S_H2 → $\cdot CCl_3$]

ICH_2CO_2Et ＋ (1-octene) $\xrightarrow{h\nu}$ EtO_2C–(chain, I) 　(21.9)

NC–S–C(=S)–OEt ＋ (1-decene) $\xrightarrow{\text{過酸化ラウロイル}}$ NC–(chain)–S–C(=S)–OEt 　(21.10)

炭素ラジカルによるアルケンへの付加反応は極性の影響を大きく受ける．上記の例ではアルケン末端に付加を行うラジカルには電子求引基がついており，通常のアルケンやビニルエーテルなどの電子豊富アルケンに対して付加を起こすが，アクリロニトリルのような電子不足アルケンへの付加はきわめて緩慢である．一方，通常のアルキルラジカル，アリールラジカル，ビニルラジカル，アシルラジカルなどはいずれも求核的なラジカルであり，電子不足のアルケンやアルキンに対する付加反応は速い．たとえば*t*-ブチルラジカルのアクリロニトリルへの付加速度定数は $2.4\times10^6\ s^{-1}(mol\ L^{-1})^{-1}$（27℃）であることが求められている[42]．炭素ラジカルによる電子不足アルケンへの付加反応を一般にギーゼ（Giese）型反応とよぶ[43]．式(21.11）にトリブチルスズヒドリドを用いるGiese型反応の例を示す．有機ハロゲン化物から生成した炭素ラジカルがトリブチルスズヒドリドによりそのまま水素化されるラジカル還元が競争反応となることから，これに打ち勝つためにアルケンの当量数を過剰にする必要がある．一方，水素供与能力の低いTTMSS[12]や $(Bu_4N)BH_3CN$[18]を用いると，化学量論量に近い電子不足アルケンを用いた反応の実施が可能である．

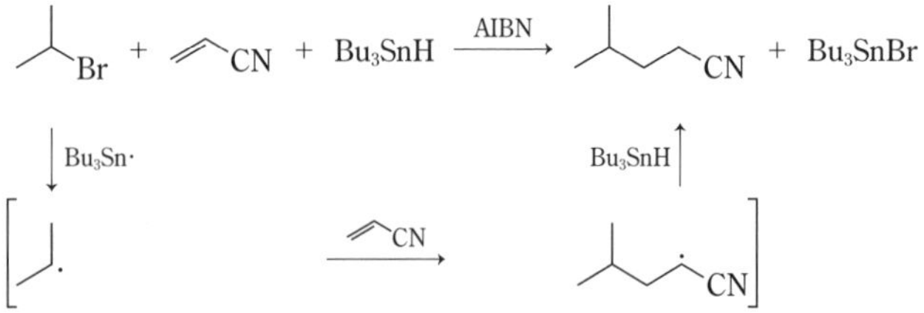

$$\text{}^i\text{PrBr} + \text{CH}_2{=}\text{CHCN} + \text{Bu}_3\text{SnH} \xrightarrow{\text{AIBN}} \text{}^i\text{PrCH}_2\text{CH}_2\text{CN} + \text{Bu}_3\text{SnBr} \tag{21.11}$$

Bu$_3$Sn· ↓　［ ^{i}Pr· $\xrightarrow{\text{CH}_2=\text{CHCN}}$ ^{i}PrCH$_2$ĊHCN ］　↑ Bu$_3$SnH

これらのラジカル種とアルケンの極性による適合性はフロンティア分子軌道理論（frontier molecular orbital theory：FMO）によって合理的に説明される．すなわち，求核的なラジカルはSOMO（singly occupied molecular orbital，単電子被占軌道）のエネルギーレベルが高くなり，エネルギーレベルが低いLUMO（lowest unoccupied molecular orbital，最低空軌道）との相互作用が重要となり，求電子的なラジカルはSOMOのエネルギーレベルが低く，エネルギーレベルが高いHOMO（highest occupied molecular orbital，最高被占軌道）との相互作用が重要となる．

一方，アリルスズ[44~46]やスズエノラート[47,48]のように炭素ラジカルの受容体としてのアルケンとスズラジカルの発生源を兼ねることのできる試薬（図21.5）を用いると，炭素-炭素結合形成を経てスズラジカルが発生するため，連鎖反応が進行する．このように一つの試薬がメディエーターかつ基質であるものを単分子連鎖移動剤（unimolecular chain transfer reagent：UMCT試薬）[49]とよぶ．

(a) CH$_2$=CHCH$_2$SnBu$_3$　(b) CH$_2$=CHOSnBu$_3$

図21.5　UMCT試薬の例
(a) アリルスズ　(b) スズエノラート

最近ではアリル化とともに連鎖伝播を果たす試薬として臭化アリルを用いる反応が開発された[50,51]．式(21.12) にアレンのブロモアリル化反応の例を示す[52]．

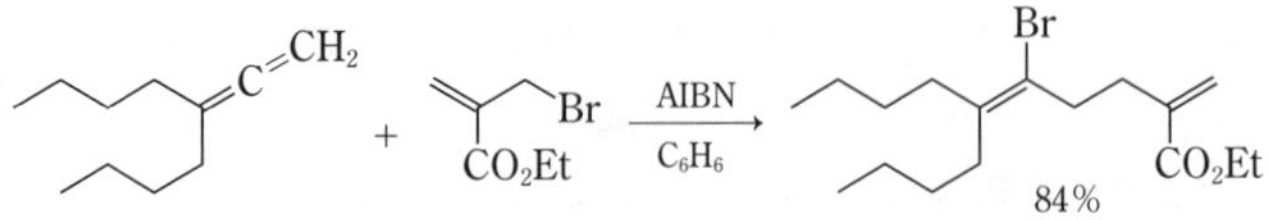

$$(\text{C}_4\text{H}_9)_2\text{C}{=}\text{C}{=}\text{CH}_2 + \text{CH}_2{=}\text{C}(\text{CO}_2\text{Et})\text{CH}_2\text{Br} \xrightarrow[\text{C}_6\text{H}_6]{\text{AIBN}} (\text{C}_4\text{H}_9)_2\text{C}{=}\text{C(Br)CH}_2\text{CH}_2\text{C}({=}\text{CH}_2)\text{CO}_2\text{Et}\ \ 84\% \tag{21.12}$$

ラジカル付加反応はアルケンやアルキンといったC2ラジカル素子を用いる反応系が主であったが，1990年にC1ラジカル素子として一酸化炭素が活用できることが明らかとされて以降，連続型ラジカル付加反応の研究は大きく広がった[53]．イソニトリル[53]やスルホニルオキシムエーテル[54]やホルムアルデヒド[55]もラジカルC1合成素子として活用されている．式(21.13) に一酸化炭素の反応とスルホニルオキシムエーテルがともに関与する反応例を示す[56]．

$$n\text{-}C_8H_{17}\text{-I} + CO + PhO_2S\text{-CH=N-OBn} \xrightarrow[\substack{C_6H_6,\ 90\ ^\circ C \\ 80\ \text{atm}}]{\substack{\text{AIBN} \\ \text{アリルトリブチルスズ}}} n\text{-}C_8H_{17}\text{-CO-CH=N-OBn}\quad 80\% \tag{21.13}$$

【実験例　シアノボロヒドリドを用いる Giese 型ラジカル付加反応[57]】

$$\text{1-ヨードデカン} + CH_2\text{=CHCO}_2\text{Et} \xrightarrow[\text{MeOH, 3 h}]{h\nu,\ NaBH_3CN} \text{ウンデカン酸エチル}\ (75\%)$$

1-ヨードデカン 240 mg（1 mmol），アクリル酸エチル 153 mg（1.5 mmol）および水素化シアノホウ素ナトリウム 311 mg（4.9 mmol）をメタノール 2 mL に溶解させる．混合物に 500 W キセノンランプで光照射を行い，3 時間撹拌する．反応混合物に対し飽和塩化アンモニウム水溶液 1 mL および水 20 mL を加え，Et_2O を用いて抽出する．飽和塩化ナトリウム水溶液 20 mL で有機層を洗浄，無水硫酸ナトリウムで乾燥させる．固体を沪過しエバポレーターにて溶媒を留去後，シリカゲルカラムクロマトグラフィーにて単離精製を行うと，ウンデカン酸エチルが得られる．収量 161 mg（収率 75%）．

【実験例　アルキリデンシクロプロパンへのブロモアリル化反応[58]】

$$\text{(1-ブチルペンチリデン)シクロプロパン} + CH_2\text{=C(CO}_2\text{Et)CH}_2\text{Br} \xrightarrow[C_6H_6,\ 40^\circ C]{\substack{\text{V-70 (10 mol\%)} \\ Na_3PO_4\ \text{(20 mol\%)}}} \text{6-ブロモ-7-ブチル-2-メチレン-6-ウンデセン酸エチルエステル}\ (74\%)$$

V-70

(1-ブチルペンチリデン)シクロプロパン 166.3 mg（1.0 mmol）とエチル 2-(ブロモメチル)アクリル酸 347.5 mg（1.8 mmol）と V-70［2,2′-アゾビス(4-メトキシ-2.4-ジメチルバレロニトリル)］30.9 mg（0.1 mmol）とリン酸三ナトリウム 32.8 mg（0.2 mmol）をベンゼン 1 mL に溶解させる．この混合物を 40 ℃ で 2 時間加熱撹拌する．反応混合液をセライト沪過し，エバポレーターにて溶媒を留去後，カラムクロマトグラフィーおよび HPLC にて単離精製を行うと 6-ブロモ-7-ブチル-2-メチレン-6-ウンデセン酸エチルエステルが得られる．収量 268.3 mg（収率 74%）．

【実験例　不斉ラジカル付加反応[59)]】

$Mg(NTf_2)_2$ (30 mol%)
t-BuI, ヘキシル SiH_3
Et_3B, CH_2Cl_2
空気, 室温
OMe
88%, 90% ee

$Mg(NTf_2)_2$ 17 mg（0.03 mmol）およびビスオキサゾリン配位子 11 mg（0.03 mmol）をジクロロメタン 3 mL に溶解させ，室温で 30 分撹拌する．つづいて，(*E*)-3-(4-メトキシフェニル)-*N*-ピバロイルアクリルアミド 26 mg（0.1 mmol）をジクロロメタン 1 mL に溶解させて加える．30 分間撹拌したのち，ヨウ化-*t*-ブチル 184 mg（1.0 mmol），ヘキシルシラン 349 mg（0.3 mmol），トリエチルボランの 1.0 mol L^{-1} ヘキサン溶液 0.5 mL（0.5 mmol）を室温で加える．シリンジを使い空気 10 mL を入れ，反応溶液を室温で 3 時間撹拌する．反応の終了を TLC で確認し，飽和炭酸水素ナトリウム溶液を加える．ジクロロメタンを用いて抽出し，無水硫酸ナトリウムで乾燥させる．固体を沪過しエバポレーターにて溶媒を留去後，シリカゲルカラムクロマトグラフィーにて単離精製を行うと 3-(4-メトキシフェニル)-4,4-ジメチル-*N*-ピバロイルペンタンアミドが得られる．収量 28 mg（収率 88%，90% ee)．

【実験例　カルボアジド化反応[60)]】

EtO　I　+　n-C_6H_{13}　$PhSO_2N_3$, Et_3B / H_2O, 空気, 25℃ → EtO　n-C_6H_{13}　N_3

85%

開放系で室温にてヨード酢酸エチル 214 mg（1.0 mmol），1-オクテン 0.31 mL（2.0 mmol），$PhSO_2N_3$ 550 mg（3.0 mmol）の水溶液 2.0 mL を激しく撹拌し，シリンジポンプを用いトリエチルボランの 2 mol L^{-1} エタノール溶液 1.25 mL（2.5 mmol）を 1 時間かけてゆっくり加える*1．滴下後さらに 15 分撹拌する．つづいてヘキサン 5 mL を加える．分離した水層をジエチルエーテルで抽出し，合わせた有機層を飽和塩化ナトリウム水溶液で洗浄，無水硫酸ナトリウムで乾燥する．溶媒を留去して得られた粗生成物をシリカゲルカラムクロマトグラフィー（ヘキサン-酢酸エチル（95：5)）で 2 回単離精製すると，4-アジドデカン酸エチルが無色のオイルとして得られる．収量 205 mg（収率 85%)．

---

*1　**注意！**　このとき，トリエチルボランが空気に直接触れないようにシリンジの針先を反応溶液に浸すこと．

21.5　ラジカル置換反応

ラジカル種X·が化合物Y−ZのY原子を攻撃し，化合物X−Yとラジカル種Z·が生成するタイプの反応はラジカル置換（S_H2）反応とよばれる（式(21.14)）.

$$\text{X}\cdot + \text{Y}-\text{Z} \longrightarrow \text{X}-\text{Y} + \text{Z}\cdot \qquad (21.14)$$

S_H2反応は通常，炭素上では起こらずヘテロ元素上で進行する[61]．Yには13族のBR_2や16族のSR，SeR，TeR，17族のBr，Iがおもに利用され，置換反応がY原子上で進行する.

21.1節でも述べたように，トリエチルボラン（Et_3B）は低温でも利用可能なラジカル開始剤として用いられるが，これは酸素分子によりホウ素上でS_H2反応が進行してエチルラジカルが生成し，イニシエーターとしてはたらく（式(21.15)）[62].

$$\cdot\text{O}-\text{O}\cdot + \text{Et}_3\text{B} \longrightarrow \cdot\text{O}-\text{O}-\text{BEt}_2 + \text{Et}\cdot \qquad (21.15)$$

また，前節でも述べたが，カラーシ（Kharasch）反応において，トリクロロメチルラジカル（$Cl_3C\cdot$）が不飽和結合に付加したのち，生成するアルキルラジカルが$BrCCl_3$から臭素原子を引き抜く過程もS_H2反応である．式(21.14)のYに相当する原子が水素の場合には水素移動反応となり，水素原子上でのラジカル置換反応が起こる．このタイプの反応は還元反応に利用され，すでに21.2節で詳しく述べた．また，分子内で水素移動を伴う反応例としては，バートン（Barton）反応が知られている（式(21.16)）[63,64]．光照射によってN−O結合がホモリシスを起こして生成した酸素ラジカルがδ位の水素を引き抜くことによって，酸素のδ位にラジカルが生成する．生成したラジカルはNOと再結合することによってニトロシル化，つづいて異性化し，オキシムとなる．生成したオキシムは水と反応して対応するケトンとなる．本反応は，アルコールのδ位に官能基を導入できる反応として重要である.

ON–O–(CH₂)₃–CH(H)–R —[hν, −NO]→ ·O ··· H–CH(R) (1,5-H移動) → HO–(CH₂)₃–·CH–R —[NO]→ HO–(CH₂)₃–CH(N=O)–R ⇌ HO–(CH₂)₃–C(=N–OH)–R　(21.16)

式(21.17)の一般式に示すようにY−Z結合が熱や光，ラジカル開始剤によりホモリシスを受け，不飽和結合が挿入されるような形式の反応は原子移動型ラジカル付加反応またはグループ移動型ラジカル付加反応とよばれ，ラジカル付加やラジカル環化過程を組み込んだ有用な分子変換法である．この形式の反応ではZが生成物に保持されるので，生成したC−Z結合の均一開裂により再び炭素ラジカルが発生するならば，これを鍵活性種とするリビング重合反応が可能である．テルル官能基[65]を利用したリビングラジカル重合の例について式(21.18)に示す[66,67]．

$$\text{Y}\!-\!\!\{\!\!-\text{Z} + \text{CH}_2\!=\!\text{CHR} \longrightarrow \text{Y-CH}_2\text{-CH(Z)R} \tag{21.17}$$

$$\text{(CH}_3)_2\text{C(COOEt)TeR} \xrightarrow{\text{AIBN}} \left[\,(\text{CH}_3)_2\dot{\text{C}}\text{(COOEt)} + \cdot\text{TeR}\,\right] \xrightarrow{\text{CH}_2=\text{CHR}'} \text{EtOOC-C(CH}_3)_2\text{-(CH}_2\text{-CHR}')_n\text{-TeR} \tag{21.18}$$

【実験例　Se元素上でのS_H2反応の例：ベンゾセレノフェンの合成[68]】

$$\text{2-I-C}_6\text{H}_4\text{-CH(OH)-CH}_2\text{SeCH}_2\text{Ph} \xrightarrow[\text{C}_6\text{H}_6,\ 80\,^\circ\text{C}]{\text{AIBN（2.5 mol\%）, TTMSS}} \text{benzoselenophene}\ \ 80\%$$

2-(ベンジルセレノ)-1-(2-ヨードフェニル)エタノール200 mg（0.48 mmol），TTMSS 120 mg（0.48 mmol），およびAIBN約2 mgをベンゼン100 mLに溶解させ，窒素雰囲気下，80℃で終夜加熱する．反応後，減圧下で溶媒を留去し，これにジクロロメタン10 mLとトリエチルアミン0.2 mLを加えて，終夜撹拌し，副生するヨウ化ベンジルを取り除く．溶液を10% 塩酸および水でそれぞれ2回ずつ洗い，有機層を乾燥（無水硫酸マグネシウム），濃縮し，フラッシュクロマトグラフィー（5% ジエチルエーテル-石油エーテル）で単離すると，ベンゾセレノフェンが得られる．収量70 mg（収率80%，^{77}Se NMR（$CDCl_3$）δ 525）．

【実験例　S_H2反応を用いた反応例：トリエチルボランをラジカル開始剤として用いたカラーシ反応[69]】

$$\text{EtO-C(=O)-CH}_2\text{Br} + \text{CH}_2\!=\!\text{CH-}n\text{-C}_6\text{H}_{13} \xrightarrow[\text{水}]{\text{Et}_3\text{B, 空気}} \text{EtO-C(=O)-CH}_2\text{CH}_2\text{-CH(Br)-}n\text{-C}_6\text{H}_{13}\ \ 74\%$$

アルゴン雰囲気下，ブロモ酢酸エチル0.55 mL（5.0 mmol），1-オクテン0.16 mL（1.0 mmol），および蒸留した水5.0 mLを20 mLフラスコに加える．室温で激しく撹拌しながら，トリエチルボランの1.0 mol L^{-1}エタノール溶液0.5 mL（0.5 mmol）を加える．空気10 mLを反応フラスコにバブリングしないように加える*2．さらに30分ごとに2回，空気10 mLを反応フラスコに加える．反応溶液にヘキサン10 mLを加え，分液し，有機層を無水硫酸

*2　**注意！　トリエチルボランは空気に触れた瞬間発火するおそれがある．**

ナトリウムで乾燥する．有機層をシリカゲルカラムクロマトグラフィーで精製後，4-ブロモデカン酸エチルが得られる（収率 74%）．

【実験例　バートン反応例：ヒドロキシ基の δ 位のオキシム化[64]】

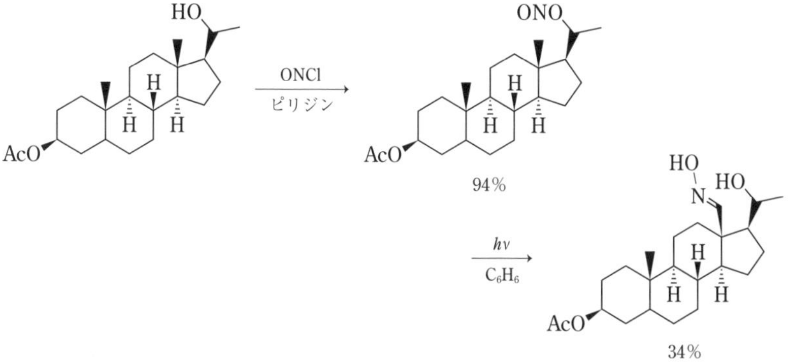

ONCl / ピリジン　94%

$h\nu$ / C_6H_6　34%

30 ℃から−20 ℃に保持した乾燥ピリジン溶液中，上記のアルコールに少過剰の塩化ニトロシルを加えると，対応する亜硝酸エステルが得られる（収率 94%，融点 162～164.5 ℃）．次に，窒素雰囲気下，Pyrex 製の反応容器に合成した亜硝酸エステル（10.0 g），および乾燥ベンゼン 200 mL を加え，10 ℃で 2～5 時間，高圧水銀ランプ（200 W）で光照射を行う．反応後，アセトン-ヘキサン混合溶媒で再結晶することで，針状結晶のアルドステロン酢酸塩が得られる．収量 3.42 g（収率 34%，融点 192～195 ℃）．

21.6　ヘテロ原子ラジカルによるラジカル反応

ラジカル種のラジカル中心としてヘテロ原子を用いると，ヘテロ原子固有の性質が反映したヘテロ原子ラジカルが生成し，さらに，これらを鍵活性種として利用することにより，炭素ラジカル単独では困難な多彩な分子変換が可能となる．たとえば，低周期のヘテロ原子ラジカルである窒素，酸素，フッ素および塩素をラジカル中心に有するヘテロ原子ラジカルは反応性が高く，安定な炭素-水素結合から水素を引き抜き，炭素ラジカルを生成することができる．一方，14 族ヘテロ原子ラジカルは炭素-水素結合から水素を引き抜くことは通常困難であるが，炭素-ハロゲン結合からハロゲン原子を選択的に引き抜き，炭素ラジカルを生成することができる．21.2～21.4 節で示したラジカル還元，ラジカル付加，およびラジカル環化の例では，トリブチルスタンナン（Bu_3SnH）や TTMSS などのメディエータから生成したスズラジカルやケイ素ラジカルが有機ハロゲン化物からハロゲン原子を引き抜いて炭素ラジカルが生成し，反応が進行している．さらに，14 族ヘテロ原子ラジカルは炭素-セレン結合や炭素-テルル結合からもセレノ基やテルロ基を引き抜き，炭素ラジカルを生成することができる．たとえば，セレノールエステルと Bu_3SnH とのラジカル条件下での反応は，アシルラジカルの発生法として有用であり[70)]，式(21.19) の例では，発生したアシルラジカルの連続的な分子内環化付加反応により，三環性ケトンを一挙に合成することができる[71)].

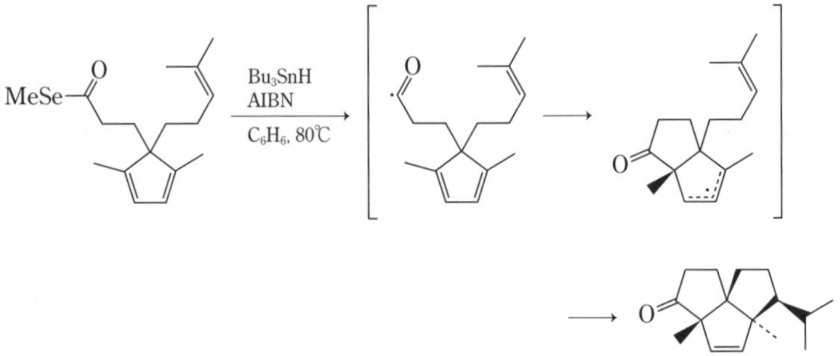

Bu_3SnH, AIBN, C_6H_6, 80℃

(21.19)

これらの反応性の高いヘテロ原子ラジカルに対して，15, 16 族の高周期ヘテロ原子ラジカルは一般に反応性が低く，水素およびハロゲンの引抜き反応は通常進行せず，不飽和結合への付加反応やヘテロ原子ラジカルどうしの二量化反応が優先して進行する.

ヘテロ原子ラジカルの炭素-炭素不飽和結合に対する反応性について 16 族ヘテロ原子ラジカルを例にとって説明すると，低周期の酸素ラジカルは優先的にアルケンのアリル位の水素を引き抜き，アリルラジカルを生成するのに対して，高周期の硫黄，セレン，およびテルルラジカルは，通常アリル位の水素を引き抜く能力はなく，アルケンへの付加が進行する(式(21.20)).

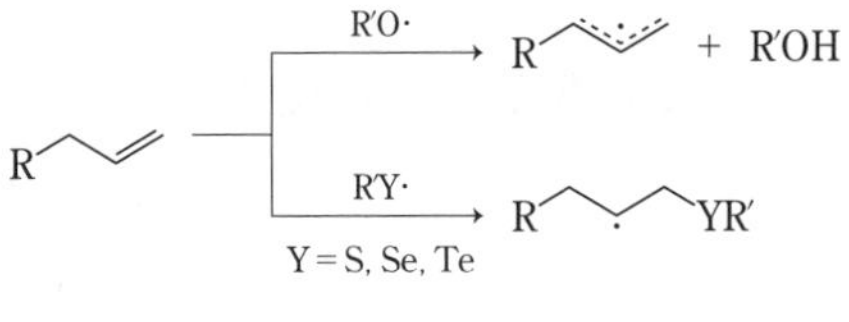

R′O· → + R′OH

R′Y· → YR′

Y = S, Se, Te

(21.20)

チイルラジカルは，チオールやジスルフィドなどの有機硫黄化合物から，熱や光照射，またはラジカル開始剤を用いることによって容易に発生させることができる．チイルラジカルは一般的に求電子的なラジカルであると考えられており，そのため電子豊富な不飽和結合であるアルケンやアルキンに対してすばやく付加が進行する．とくに，チオールのアルケンに対する付加反応は，チオール-エン反応とよばれ，クリックケミストリーの一つ（チオールクリックケミストリー）に分類される[72,73)]．さらに，付加反応が非常に効率よく進行することから，重合反応に応用され，デンドリマーを含め，高機能性ポリマーの合成に広く利用されている.

有機セレン化合物および有機テルル化合物は，その特徴の一つとして炭素ラジカルに対する高い捕捉能力がある．たとえば，ベンゼンセレノール（PhSeH）は図 21.4 にも示したように拡散律速で炭素ラジカルを水素化することができ，ヘテロ原子-水素結合を有する化合物のなかでもっとも高い炭素ラジカル捕捉能力を示す[74]．ジアリールジセレニドおよびジアリールジテルリドの Se－Se 結合，Te－Te 結合はラジカル開始剤や，光照射によって容易にホモリティックに開裂し，対応するセレノラジカルおよびテルロラジカルを生成する．この反応系にアルキンを共存させると高濃度条件で 1,2-付加が進行し，ビシナルジセレノアルケンおよびビシナルジテルロアルケンが生成する[75,76]．希釈条件下では，この付加反応は一般には進行しにくい．一方アルケンへの付加は高濃度条件を用いてもほとんど進行しない．これはセレノラジカルやテルロラジカルのアルケンへの付加反応に対して，その逆反応が速いためである．

セレノラジカルやテルロラジカルに比べて，チイルラジカルは反応性が高く，各種不飽和結合への付加が可能である．そこでジスルフィドとジセレニドの複合系を用いて光照射下で反応を行うと，アルケンやアルキン，アレンなど広範囲の不飽和結合に対してチオセレノ化が位置選択的に進行する[77]．チイルラジカルの付加能力とジセレニドの優れた S_H2 反応剤としての能力を相乗的に活用した結果である．

15 族ヘテロ原子化合物である有機リン化合物についても，ラジカル条件下，炭素-炭素不飽和結合への付加反応が進行する．リンと各種ヘテロ原子を組み合わせることにより，ヘテロ原子の高選択的な複合導入が可能である（式(21.21)）[78,79]．

$$R^1{}_2P-Y + \equiv\!\!-R^2 \xrightarrow[\text{または開始剤}]{\text{加熱}, h\nu} Y\!\sim\!CH\!=\!C(PR^1{}_2)R^2 \tag{21.21}$$

$Y = PR^1{}_2, SnR^3{}_3, SiR^3{}_3, SR^3, SeR^3$

［ $Y\cdot \xrightarrow{\equiv-R^2}$ Y–CH=Ċ–R² ；Y–CH=Ċ–R² + $R^1{}_2P-Y$ → 生成物 + $Y\cdot$ ］

17 族ヘテロ原子である塩素（Cl_2）や臭素（Br_2）は熱もしくは光照射によってホモリティックに開裂し，ラジカル連鎖反応によって有機化合物をハロゲン化する．とくに，臭素の場合には，遷移状態が生成する炭素ラジカルに近いため，その安定性を反映し，塩素の場合よりも生成物の選択性が高い．塩素や臭素に対して，フッ素（F_2）を用いた場合には，反応による発熱が大きく，反応が暴走する危険性があり，ヨウ素（I_2）を用いた場合には，生成する炭素-ヨウ素結合が弱いため，しばしば反応条件下で分解し，未反応となる場合も多い．

フッ素を直接用いるラジカル条件下でのフッ素化反応は，制御の困難な反応であるが，フッ素を有機分子に導入すると，有機分子にはっ水性が付与できたり，また医農薬では，薬の活性が向上することが知られ，有用である．このような観点から，フッ素原子を有機分子中に効率よく導入する手法が注目されている．ペルフルオロアルキルヨージドは，ラジカル開始剤や光照射によって炭素–ヨウ素結合がホモリティックに開裂し，ペルフルオロアルキルラジカルを生成する．通常，フッ素原子団を有機化合物に導入するには複数の段階を必要とする場合が多いが，ラジカル付加型の反応による簡便な導入法が達成されている[80]．

21.1 節で述べた TEMPO はニトロキシルラジカルの一種であり，単離可能な安定ラジカルとして，1960 年，Lebelev と Kazarnovskii により開発された[81]．TEMPO の代表的な合成化学的活用法として，第一級アルコールの酸化反応があり，次亜塩素酸ナトリウムとともに酸化剤として用いられる[82]．さらに安定なラジカル種として種々の反応に共存させて利用することが可能であり，反応系中で生成する炭素ラジカルを有効に捕捉する目的でしばしば用いられている．その最たる応用はリビングラジカル重合である NMP（nitroxide-mediated polymerization）[83] であり，TEMPO を原型として，さまざまなニトロキシルラジカルが調製され，利用されている．

【実験例　チオール–エン反応[74]】

AcO, AcO, AcO, O, SH, OAc ＋ n-C_6H_{13} —AIBN（8 mol%）, MeCN, 80℃→ AcO, AcO, AcO, O, S, OAc, n-C_6H_{13}　93%

アセトニトリル 5 mL に 2,3,4,6-テトラ-O-アセチル-β-D-1-チオグルコピラノース 5 g（13.7 mmol）を溶解させた溶液に，1-オクテン 55 mL，AIBN 175 mg の混合溶液を 80 ℃ でゆっくりと滴下して加え，滴下終了後 15 分間 80 ℃ に保つ．反応終了後，残存する 1-オクテンを減圧留去することで固体が析出し，その固体をジエチルエーテル–ヘキサン混合溶媒によって再結晶することで，純粋なオクチル β-D-1-チオグルコピラノシドテトラアセテートが得られる．収量 6.15 g（収率 93%）．

【実験例　$(PhS)_2$–$(PhSe)_2$ 複合系によるチオセレノ化反応[77]】

Ph—≡ ＋ $(PhS)_2$ ＋ $(PhSe)_2$ —$h\nu$（>300 nm）→ Ph, SPh, PhSe　96%

Pyrex 製のガラス管にフェニルアセチレン 0.25 mmol，ジフェニルジスルフィド 0.25 mmol，ジフェニルジセレニド 0.25 mmol を加え混合する．その後，ガラス管内をアルゴンで置換し密閉する．反応混合液に対して，タングステンランプ（500 W）を用いて光照射し 45 ℃ において 30 時間反応させる．反応終了後，残存するフェニルアセチレンを減圧留去したのち，ヘキサンを展開溶媒として用いたシリカゲルクロマトグラフィーによって未反応のジフェニルジスルフィド，ジフェニルジセレニド，また副生成物のジフェニルセレノスルフィドを取り除く．つづいて展開溶媒をヘキサン–ジエチルエーテル（10：1）に変更し，

α-(フェニルセレノ)-β-(フェニルチオ)スチレンを得る．収量 91 mg（収率 96%，E/Z＝100：0）．

【実験例　系中で発生させたジホスフィンを用いるラジカル付加反応[79]】

$$\mathrm{Ph_2PH} + \mathrm{Ph_2PCl} + \mathrm{HC{\equiv}C\text{-}}n\text{-}\mathrm{C_{10}H_{21}} \xrightarrow[\mathrm{C_6H_6},\ \text{還流}]{\text{V-40 (10 mol\%)},\ \text{TEA}} \xrightarrow{\mathrm{S_8}} \mathrm{Ph_2P(S)CH{=}C(P(S)Ph_2)\text{-}}n\text{-}\mathrm{C_{10}H_{21}}\ \ 84\%$$

V-40

アルゴン気流下，V-40（1,1′-アゾビス(シクロヘキサン-1-カルボニトリル)）0.012 g（0.05 mmol）をフラスコに入れ，脱気ベンゼン 3 mL に溶解させる．トリエチルアミン 0.14 mL（1.0 mmol），クロロジフェニルホスフィン 0.27 mL（1.5 mmol），ジフェニルホスフィン 0.13 mL（0.75 mmol），1-ドデシン 0.11 mL（0.50 mmol）を加える．反応混合物を室温で 10 分間撹拌したのち，10 時間還流する．温度を室温に戻したのち，単体硫黄 0.096 g（3.0 mmol）を加え，一晩撹拌する．撹拌終了後，水 20 mL を加え，酢酸エチルで抽出したのち，有機層を硫酸ナトリウムで乾燥する．エバポレーターを用いて溶媒を留去後，シリカゲルカラムクロマトグラフィーで単離精製を行うと，1,2-ビス(ジフェニルチオホスフィニル)-1-ドデセンが得られる．収量 1.13 g（収率 84%，E/Z＝91：9）．

【実験例　アルキンに対するペルフルオロアルキルヨウ素化反応[80]】

$$n\text{-}\mathrm{C_6H_{13}}\text{-}\mathrm{C{\equiv}CH} + n\text{-}\mathrm{C_{10}F_{21}I} \xrightarrow[\mathrm{BTF}]{h\nu} n\text{-}\mathrm{C_6H_{13}C(I){=}CH}\text{-}n\text{-}\mathrm{C_{10}F_{21}}\ \ 99\%$$

Pyrex 製のガラス管を窒素置換し，1-オクチン 99.2 mg（0.9 mmol），ヘンエイコサフルオロ-n-デシルヨージド 193.8 mg（0.3 mmol）を加えベンゾトリフルオリド 0.2 mL に溶解させる．反応溶液に対してキセノンランプ（500 W）を用いて光照射し，室温で 10 時間反応させる．反応終了後，未反応の原料を減圧留去で取り除き，クロロホルムを展開溶媒とした GPC を用いて単離操作を行うと，2-ヨード-1-ペルフルオロ-n-デシル-1-オクテンが得られる（収率 99%，E/Z＝85：15）．

【実験例　TEMPO をラジカルトラップ剤とするメーヤワイン（Meerwein）型アリール化反応[84]】

$$\text{MeO-C}_6\text{H}_4\text{-N}_2^{+}\text{BF}_4^{-} + \text{CH}_2\text{=CHCN} \xrightarrow[\text{DMSO-H}_2\text{O, 室温}]{\text{FeSO}_4\cdot 7\text{H}_2\text{O, TEMPO}} \text{MeO-C}_6\text{H}_4\text{-CH}_2\text{-CH(CN)-O-N(TMP)}\quad 84\%$$

アルゴン気流下，脱気した DMSO-水（2：1）混合溶液 3 mL に対してアクリロニトリル（3 mmol），$FeSO_4 \cdot 7H_2O$ 834 mg（3 mmol），TEMPO 313 mg（2 mmol）を加える．この溶液に対して *p*-メトキシベンゼンジアゾニウムテトラフルオロボラート（1 mmol）の DMSO-水（2：1）混合溶液 1 mL を 10～15 分かけて滴下し，10 分間攪拌したのち，アスコルビン酸 528 mg（3 mmol）を加える．その後さらに 10 分間攪拌し，水 50 mL を加えてジエチルエーテル 30 mL で 3 回抽出する．有機層を飽和食塩水で洗浄後，硫酸ナトリウムで乾燥する．その後カラムクロマトグラフィーで単離精製を行うと，3-(4-メトキシフェニル)-2-(2,2,6,6-テトラメチルピペリジン-1-イルオキシ)-プロピオニトリルが得られる（収率 84%）．

21.7　電子移動を伴うラジカル反応

金属塩や金属錯体などの一電子酸化剤や一電子還元剤が電気的に中性な有機分子に対して電子の授受を行うと，それぞれラジカルカチオン種やラジカルアニオン種が生成する（式(21.22)）．ラジカルカチオン種やラジカルアニオン種は一般に不安定であり，結合の開裂などにより，カチオン種やアニオン種の脱離を伴ってラジカル種が生成し，これが鍵活性種となってはたらく，合成化学的に有用な種々のラジカル反応が開発されている．

$$\mathrm{RZ}\ \begin{cases} \xrightarrow{-e^{-}} [\mathrm{RZ}]^{\cdot +} \longrightarrow \mathrm{R}\cdot + \mathrm{Z}^{+} \\ \xrightarrow{e^{-}} [\mathrm{RZ}]^{\cdot -} \longrightarrow \mathrm{R}\cdot + \mathrm{Z}^{-} \end{cases} \tag{21.22}$$

21.7.1　一電子酸化によるラジカル反応[85]

一電子酸化によるラジカル反応は，Fe(III)，Cu(II)，Mn(III)，および Ce(IV) を用いた例が数多く報告されている．なかでも Mn(III) を用いた反応は試薬として $Mn(OAc)_3$ に加え，より温和な試薬である $Mn(pic)_3$（トリス(ピリジン-2-カルボン酸)マンガン）を用いて，C−C 結合形成を伴った合成化学的に有用な反応が知られている[86]．

【実験例　酢酸マンガン(III) による酸化的環化反応[87]】

窒素雰囲気下，室温中，2-(3-フェニルプロピル)マロン酸ジエチル（10 mmol）と無水酢酸ナトリウム（20 mmol）を酢酸 30 mL に溶解させ，酢酸マンガン(III) 二水和物（20 mmol）を加える．反応混合物を 70 ℃ で 3 時間加熱する．反応中，溶液はいったん均一の濃い茶色となり，その後色は消える．反応後の溶液を水 25 mL で 2 回，10% 水酸化ナトリウム水溶液 30 mL で 2 回，さらに水 25 mL で 2 回洗浄し，無水硫酸ナトリウムで乾燥させる．シリカゲルフラッシュクロマトグラフィーで精製することで 3,4-ジヒドロ-2*H*-ナフタレン-1,1-ジカルボン酸ジエチルエステルが得られる（収率 85%）.

【実験例　ビニルアジドと 1,3-ジカルボニル化合物からのピロール合成[88]】

α-アジドスチレン 145 mg（1.0 mmol）とアセト酢酸エチル 191 μL（1.5 mmol）をメタノール 10 mL に溶解させ，酢酸 114 μL（2.0 mmol）と酢酸マンガン(III) 二水和物 27.6 mg（0.10 mmol）を加え，40 ℃ で 2 時間撹拌する．反応終了後，反応混合物にアンモニウム緩衝液（pH 9）を加え，酢酸エチルで 2 回抽出する．その後，有機層を飽和塩化ナトリウム水溶液で洗浄し，無水硫酸マグネシウムで乾燥後，溶媒を留去する．粗生成物をシリカゲルカラムクロマトグラフィーで単離生成を行うとエチル 2-メチル-5-フェニル-1*H*-ピロール-3-カルボキシレートが得られる．収量 207 mg（収率 90%）.

21.7.2　一電子還元によるラジカル反応

低原子価金属を用いた一電子還元反応は，Na，Li，K などのアルカリ金属を用いるバーチ（Birch）還元[89] や Cu を用いるサンドマイヤー（Sandmeyer）反応[90]，低原子価チタンを用いるマクマリー（McMurry）カップリング[91] などが知られている．これらの反応では，還元剤は通常固体で，不均一系で反応が進行し，モル比の調整や反応機構が不鮮明となりがちである．これに対して，ヨウ化サマリウム（SmI_2）は，THF などの有機溶媒に可溶な，穏やかな一電子還元剤であり，均一系で反応を行えることから，有機合成に広く利用されるようになった．たとえばアルドール縮合，バルビエール (Barbier) 反応，レフォルマトスキー

(Reformatsky) 型反応，ピナコールカップリング，さらには天然物合成などに用いられている．一般にヨウ化サマリウムは 0 価の金属サマリウムとジヨードエタンなどのヨウ素源から不活性ガス雰囲気下で簡便に調製することができ，その生成は溶液が濃青色に呈色することで確認できる[92]．0.1 mol L^{-1} の THF 溶液が市販されているが，実際の濃度は 0.07 mol L^{-1} 程度である[93]．ヨウ化サマリウムは単独でもさまざまな官能基の還元が可能であるが，HMPA[94]，リン酸溶液[95]，アミンや水[96~98] を添加することでその還元力は大幅に向上する．また，ヨウ化サマリウムの THF 溶液は 565 nm と 617 nm に極大吸収を有しており，可視光の照射によっても還元力が高まる[99,100]．

【ヨウ化サマリウムの調製方法[92]】

THF はアルゴン雰囲気下ベンゾフェノンと金属ナトリウムを用いて蒸留したものを用いる．粉末状のサマリウム金属 3 g（0.02 mol）を不活性ガスで置換した反応容器に入れ，蒸留した THF 250 mL に溶かした 1,2-ジヨードエタン 2.82 g（0.01 mol）溶液を脱気し，ゆっくりと滴下する．混合溶液をヨウ化サマリウムの色である濃青色になるまで室温で撹拌する．

【実験例　ヨウ化サマリウム-トリエチルアミン-水系を用いたニトリルの還元[98]】

CN
SmI_2–Et_3N–H_2O
THF, 室温
NH_2
99%

上述した手法で 0.080 mol L^{-1} ヨウ化サマリウム溶液（0.6 mmol）を調製する．THF 2.0 mL に溶解させたシクロヘプタンカルボニトリル 123 mg（1.0 mmol），つづいてトリエチルアミン 364 mg（3.6 mmol），水 65 mg（3.6 mmol）を不活性ガス雰囲気下室温で加え，激しく撹拌する．5 分後，過剰量のヨウ化サマリウムを，反応溶液に空気をバブリングすることで酸化させる．反応後の溶液をジエチルエーテル 100 mL，10% 水酸化カリウム水溶液 20 mL で薄める．水層をジエチルエーテル 100 mL で 2 回洗い，有機層を飽和チオ硫酸ナトリウム水溶液 10 mL で 2 回洗い，無水硫酸ナトリウムで乾燥後，沪過，濃縮する．シリカゲルカラムクロマトグラフィーで精製すると，シクロヘプチルメタンアミンが得られる（収率 99%）．

【実験例　ヨウ化サマリウム-光照射系を用いたエチル 2-オキソシクロヘキサンアセテートと 1-クロロ-3-ヨードプロパンとのタンデム反応[101]】

O
CO_2Et + I　Cl
$h\nu$, SmI_2
NiI_2 (12 mol%)
Cl　O　O
O　OH
70%

反応はすべてアルゴン雰囲気下で行う．THF 30 mL をサマリウム金属 519 mg（3.45 mmol）とヨウ素 761 mg（3.00 mmol）の混合物に加える．茶色の懸濁液を室温で 2 時間撹拌すると，溶液の色は黄緑色，濃青色へと変化する．NiI_2 20 mg（0.06 mmol）を加え，混合溶液を 0 ℃ に冷やす．溶液を 5 分間撹拌後，エチル 2-オキソシクロヘキサンアセテート 92 mg（0.50 mmol）を加え，すぐに THF 5 mL に溶かした 1-クロロ-3-ヨードプロパン 112 mg（0.55 mmol）を 30 分以上かけて滴下する．試薬添加後，反応温度を 25 ℃ 以下に保ち，クリプトンランプ（250 W）を用いて可視光を 3 時間照射する．反応後の溶液をロシェル（Rochelle）塩の飽和溶液で処理して反応を停止させる．10% 炭酸カリウム水溶液を加え，ジエチルエーテルで数回抽出する．有機物を食塩水で洗い，無水硫酸マグネシウムで乾燥する．25% 酢酸エチル-ヘキサン溶液を用いたフラッシュカラムクロマトグラフィーで処理したのち，クーゲルロール蒸留すると，(1*R**,7*S**)-7-ヒドロキシビシクロ[5.4.0]ウンデカン-3-オンの分子内アセタールが単一のジアステレオマーとして得られる．収量 64 mg（収率 70%）．

21.8　カスケード型ラジカル反応

ラジカル開始段階で発生したラジカル種が，たとえば順次不飽和結合に付加して連続的に結合形成を行うタイプの反応をカスケード型ラジカル反応という．ちょうど，滝（cascade）の水が順次流れ落ちていく様子と類似していることから命名された．タンデム型ラジカル反応またはドミノ型ラジカル反応ともよばれる．

天然物合成への応用

このように連続的な炭素-炭素結合形成が可能なカスケード型のラジカル反応は，有機合成において多数の天然物合成へと応用されている．図 21.6 に示すが，たとえば，その欠損が先天性筋ジストロフィーの原因となる (±)-メロシン[102]，(±)-エピメロシン[102]，抗白血病作用を示す (−)-セファロタキシン[103] やその類似構造をもつセファレゾミン H[104] などがカスケード型のラジカル反応を利用して合成されている．

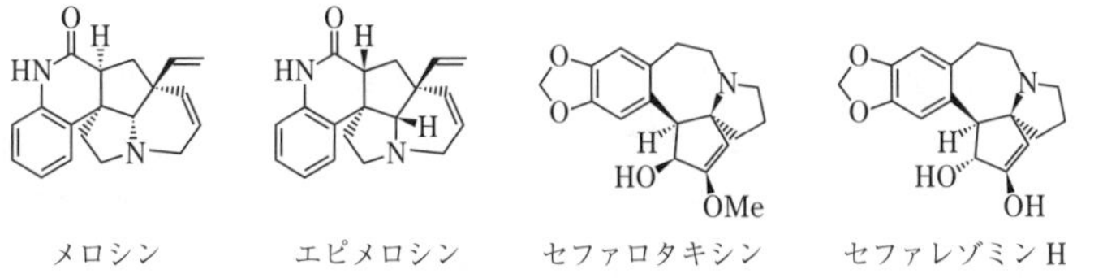

メロシン　エピメロシン　セファロタキシン　セファレゾミン H

図 21.6　カスケード型ラジカル反応により合成される天然物

【実験例　2,3-ジヒドロ-1*H*-シクロペンタ[*b*]キノリンの合成[105)]】

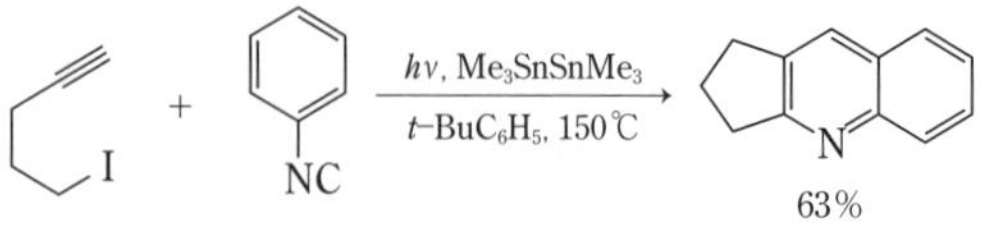

窒素雰囲気下で，平底フラスコ（Pyrex）に 5-ヨード-1-ペンチン（0.25 mmol），フェニルイソシアニド（1.25 mmol），1,1,1,2,2,2-ヘキサメチルジスタンナン（0.375 mmol）および *t*-ブチルベンゼン 10 mL を加える．この混合物を 150 ℃ に加熱しながら 275 W 太陽灯照射を 38 時間行う．反応物を室温になるまで冷却し，ジエチルエーテル 15 mL で希釈し，2 mol L^{-1} 塩酸 10 mL で振とうし，焼結漏斗で沪過したのちに分離する．有機層は 2 mol L^{-1} 塩酸 10 mL で 4 回洗浄し，回収した水層は 6 mol L^{-1} 水酸化ナトリウム水溶液で中和し，エーテル 30 mL で 3 回抽出を行う．抽出したエーテル層をすべて合わせ，炭酸水素ナトリウム水溶液，水，および飽和塩化ナトリウム水溶液（各 30 mL ずつ）で洗浄し，無水硫酸マグネシウムで乾燥させる．溶媒を留去し，残留物をカラムクロマトグラフィー（アルミナ）によって精製することにより，2,3-ジヒドロ-1*H*-シクロペンタ[*b*]キノリンが得られる（収率 63%）．

【実験例　カスケード型ラジカル反応を用いた（±）-メロシンの全合成[102)]】

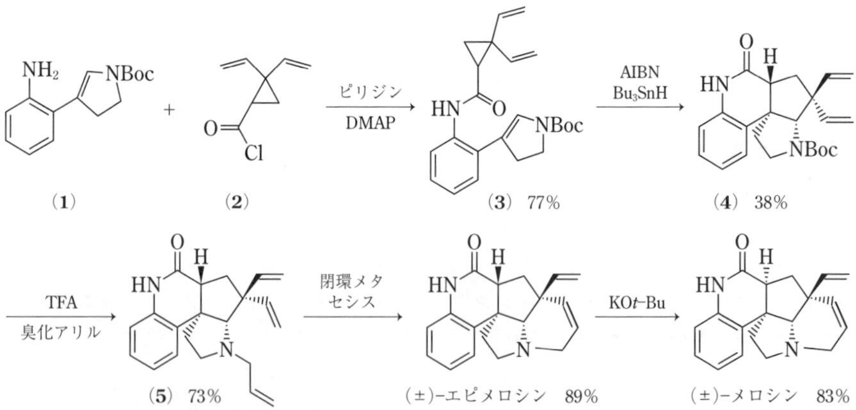

すべての反応はアルゴン下で行う．2,2-ジビニルシクロプロパンカルボン酸クロリド（**2**）は，ジクロロメタン 2 mL の 2,2-ジビニルシクロプロパンカルボン酸 80 mg（0.576 mmol）溶液に Ghosez 試薬 76 mL（0.576 mmol）を加え室温で 2 時間撹拌して系内で発生させる．**2** を *t*-ブチル 4-(2-アミノフェニル)-2,3-ジヒドロ-1*H*-ピロール-1-カルボキシラート（**1**）100 mg（0.348 mmol），ピリジン 94 μL（1.15 mmol），4-(ジメチルアミノ)ピリジン（DMAP）5 mg（0.038 mmol）のジクロロメタン 3 mL 溶液に 0 ℃ で滴下する．混合溶液を室温まで昇

温し，5時間撹拌する．反応後，飽和炭酸水素ナトリウム水溶液でクエンチし，水層をジクロロメタンで抽出する．有機層を無水硫酸マグネシウムで乾燥し，減圧濃縮する．粗生成物をフラッシュクロマトグラフィー（シリカゲル，30% 酢酸エチル–ヘキサン）で精製すると，無色オイル状の *t*–ブチル 4–(2–(2,2–ジビニルシクロプロパンカルボアミド)フェニル)–2,3–ジヒドロ–1*H*–ピロール–1–カルボキシラート（**3**）を得る（収率 77%，回転異性体混合比 1.6：1）．**3** 56 mg（0.147 mmol）をトルエン 9 mL に溶解させる．混合物を還流しながら 3 mL のトルエンに溶解させた AIBN 9 mg（0.054 mmol）とトリブチルスタンナン 57 μL（0.217 mmol）をシリンジポンプで 4 時間かけて加える．反応溶液を室温まで冷却し，エバポレーターを用いて溶媒を留去後，フラッシュカラムクロマトグラフィー（シリカゲル，30% 酢酸エチル–ジクロロメタン）で精製すると，(3a*S**,5a*R**,11b*R**)–*t*–ブチル 6–オキソ–4,4–ジビニル–3a,4,5,5a,6,7–ヘキサヒドロ–1*H*–ピロロ[3′,2′：2,3]シクロペンタ[1,2–*c*]–キノリン–3(2*H*)–カルボキシレート（**4**）が得られる．収量 21 mg（収率 38%，回転異性体混合比 1.5：1）．生成物 **4** 13 mg（0.034 mmol）をジクロロメタン–TFA（15：1）3 mL に溶かし，室温で 3 時間撹拌する．溶媒を減圧留去し，残渣をジクロロメタンに溶かし，1 mol L^{-1} 水酸化ナトリウム水溶液で洗浄し，無水硫酸マグネシウムで乾燥後，減圧濃縮する．粗アミン生成物をアセトニトリル 1 mL に溶かし，つづいて炭酸カリウム 10 mg（0.140 mmol）と臭化アリル 8 μL（0.091 mmol）を添加する．反応混合物を室温で 12 時間撹拌する．水でクエンチし，ジクロロメタンで抽出後，有機層を無水硫酸マグネシウムで乾燥し，減圧濃縮する．粗生成物をフラッシュクロマトグラフィー（シリカゲル，10% 酢酸エチル–ヘキサン）で精製すると，無色オイル状の (3a*S**,5a*R**,11b*R**)–3–アリル–4,4–ジビニル–2,3,3a,4,5,5a–ヘキサヒドロ–1*H*–ピロロ[3′,2′：2,3]シクロペンタ[1,2–*c*]–キノリン–6(7*H*)–オン(**5**) がフラッシュクロマトグラフィー（シリカゲル，15% 酢酸エチル–ヘキサン）後に得られる．収量 8 mg（収率 73%）．得た生成物 **5** 16 mg（0.05 mmol）をトルエン 5 mL に溶かし，Hoveyda-Grubbs II 触媒 2 mg（0.004 mmol）を加え，60 ℃ で 5 時間加熱する．溶媒を減圧留去し，残渣をフラッシュクロマトグラフィー（シリカゲル，5% メタノール–ジクロロメタン）で精製すると，(±)–エピメロシンを黄色オイル状で得る．さらに HPLC で精製すると，(±)–エピメロシンが得られる．収量 13 mg（収率 89%）．(±)–エピメロシン 6 mg（0.021 mmol）を *t*–ブタノール溶液 2 mL に溶かし，そこへカリウム *t*–ブトキシド 5 mg（0.041 mmol）を加え，溶液を 80 ℃ で 12 時間加熱する．溶媒を減圧留去し，残渣を最少量のメタノールに溶かす．フラッシュクロマトグラフィー（シリカゲル，7% メタノール–ジクロロメタン）で精製すると，白色固体で (±)–メロシンが得られる．収量 5 mg（収率 83%）．

文　献

1) a) P. Renaud, M. P. Sibi, eds., "Radicals in Organic Synthesis", Vols. 1 and 2, Wiley-VCH (2001); b) C. Chatgilialoglu, A. Studer, eds., "Encyclopedia of Radicals in Chemistry, Biology and Materials",

Chlchester (2012).
2) 大嶌幸一郎, "第5版 実験化学講座 19", 日本化学会 編, pp. 355-542, 丸善出版 (2004).
3) 東郷秀雄, "有機合成のためのフリーラジカル反応", 丸善出版 (2015).
4) 柳 日馨, "有機ラジカル反応の基礎", 丸善出版 (2015).
5) Y.-R. Luo, "Comprehensive Handbook of Chemical Bond Energies", Taylor & Francis (2007).
6) a) E. J. Corey, J. W. Suggs, *J. Org. Chem.*, **40**, 2554 (1975); b) G. Stork, P. M. Sher, *J. Am. Chem. Soc.*, **108**, 303 (1986).
7) K. Hayashi, J. Iyoda, I. Shiihara, *J. Organomet. Chem.*, **10**, 81 (1967).
8) a) G. L. Grady, H. G. Kuivila, *J. Org. Chem.*, **34**, 2014 (1969); b) I. Terstiege, R. E. Maleczka, Jr., *J. Org. Chem.*, **64**, 342 (1999).
9) D. P. Curran, S. Hadida, *J. Am. Chem. Soc.*, **118**, 2531 (1996).
10) F. Dénès, M. Pichowicz, G. Povie, P. Renaud, *Chem. Rev.*, **114**, 2587 (2014).
11) L. Benati, P. C. Montevecchi, P. Spagnolo, *J. Chem. Soc., Perkin Trans. 1*, **1991**, 2103.
12) a) C. Chatgilialoglu, *Acc. Chem. Res.*, **25**, 188 (1992); b) C. Chatgilialoglu, *Chem. Eur. J.*, **14**, 2310 (2008).
13) B. P. Roberts, *Chem. Soc. Rev.*, **28**, 25 (1999).
14) S. J. Cole, J. N. Kirwan, B. P. Roberts, C. R. Willis, *J. Chem. Soc., Perkin Trans. 1*, **1991**, 103.
15) D. H. R. Barton, D. O. Jang, J. Cs. Jaszberenyi, *Tetrahedron Lett.*, **33**, 5709 (1992).
16) H. Yorimitsu, H. Shinokubo, K. Oshima, *Bull. Chem. Soc. Jpn.*, **74**, 225 (2001).
17) D. P. Curran, A. Solovyev, M. M. Brahmi, L. Fensterbank, M. Malacria, E. Lacôte, *Angew. Chem., Int. Ed.*, **50**, 10294 (2011).
18) T. Kawamoto, S. Uehara, H. Hirao, T. Fukuyama, H. Matsubara, I. Ryu, *J. Org. Chem.*, **79**, 3999 (2014).
19) D. A. Spiegel, K. B. Wiberg, L. N. Schacherer, M. R. Medeiros, J. L. Wood, *J. Am. Chem. Soc.*, **127**, 12513 (2005).
20) X. Pan, E. Lacôte, J. Lalevée, D. P. Curran, *J. Am. Chem. Soc.*, **134**, 5669 (2012).
21) N. Hayashi, I. Shibata, A. Baba, *Org. Lett.*, **6**, 4981 (2004).
22) D. Lal, D. Griller, S. Husband, K. U. Ingold, *J. Am. Chem. Soc.*, **96**, 6355 (1974).
23) A. L. J. Beckwith, C. H. Schiesser, *Tetrahedron*, **41**, 3925 (1985).
24) D. P. Curran, N. A. Porter, B. Giese, eds. "Stereochemistry of Radical Reactions", Wiley-VCH (1996).
25) J. H. Horner, N. Tanaka, M. Newcomb, *J. Am. Chem. Soc.*, **120**, 10379 (1998).
26) A. L. J. Beckwith, *Tetrahedron*, **37**, 3073 (1981).
27) D. L. Boger, R. J. Mathvink, *J. Am. Chem. Soc.*, **112**, 4008 (1990).
28) G. K. Friestad, *Tetrahedron*, **57**, 5461 (2001).
29) W. R. Bowman, A. J. Fletcher, G. B. S. Potts, *J. Chem. Soc., Perkin Trans. 1*, **2002**, 2747.
30) M. Minozzi, D. Nanni, P. Spagnolo, *Chem. Eur. J.*, **15**, 7830 (2009).
31) G. J. Rowlands, *Tetrahedron*, **66**, 1593 (2010).
32) H. Ishibashi, T. Sato, M. Ikeda, *Synthesis*, **2002**, 695.
33) T. Naito, *Heterocycles*, **50**, 505 (1999).
34) C. H. Schiesser, U. Wille, H. Matsubara, I. Ryu, *Acc. Chem. Res.*, **40**, 303 (2007).
35) D. Griller, K. U. Ingold, *Acc. Chem. Res.*, **13**, 317 (1980).
36) T. Fukuyama, X. Chen, G. Peng, *J. Am. Chem. Soc.*, **116**, 3127 (1994).
37) B. Sautier, S. E. Lyons, M. R. Webb, D. J. Procter, *Org. Lett.*, **14**, 146 (2012).
38) G. Povie, A.-T. Tran, D. Bonnaffé, J. Habegger, Z. Hu, C. Le Narvor, P. Renaud, *Angew. Chem., Int. Ed.*, **53**, 3894 (2014).
39) M. S. Kharasch, E. V. Jensen, W. H. Urry, *Science*, **102**, 128 (1945).
40) J. Chiefari, Y. K. Chong, F. Erocole, J. Krstina, J. Jeffery, T. P. T. Le, R. T. A. Mayadunne, G. F. Meijs,

C. L. Moad, G. Moad, E. Rizzardo, S. H. Thang, *Macromolecules*, **31**, 5559 (1998).
41) S. Z. Zard, "Radical Reactions in Organic Synthesis", Oxford University Press (2003).
42) F. Jent, H. Paul, E. Roduner, M. Heming, H. Fischer, *Int. J. Chem. Kinet.*, **18**, 1113 (1986).
43) a) B. Giese, *Angew. Chem., Int. Ed.*, **22**, 753 (1983); b) B. Giese, *Angew. Chem., Int. Ed. Engl.*, **28**, 969 (1989).
44) G. E. Keck, J. B. Yates, *J. Am. Chem. Soc.*, **104**, 5829 (1982).
45) T. Nishiyama, K. Mizuno, Y. Otsuji, H. Inoue, *Tetrahedron*, **51**, 6695 (1995).
46) Y. Uenoyama, T. Fukuyama, I. Ryu, *Synlett*, **14**, 2342 (2006).
47) A. Hosomi, *Acc. Chem. Res.*, **21**, 200 (1988).
48) K. Miura, M. Tojino, N. Fujisawa, A. Hosomi, I. Ryu, *Angew. Chem., Int. Ed.*, **43**, 2423 (2004).
49) D. P. Curran, E. Lazzarini, *J. Chem. Soc., Perkin Trans. 1*, **1995**, 3049.
50) M. S. Kharasch, M. Sage, *J. Org. Chem.*, **14**, 79 (1949).
51) J. M. Tanko, M. Sadeghipour, *Angew. Chem., Int. Ed.*, **38**, 159 (1999).
52) T. Kippo, T. Fukuyama, I. Ryu, *Org. Lett.*, **13**, 3864 (2011).
53) I. Ryu, N. Sonoda, D. P. Curran, *Chem. Rev.*, **96**, 177 (1996).
54) S. Kim, S. Kim, *Bull. Chem. Soc. Jpn.*, **80**, 809 (2007).
55) T. Kawamoto, I. Ryu, *Chimia*, **66**, 372 (2012).
56) I. Ryu, H. Kuriyama, S. Minakata, M. Komatsu, J. -Y. Yoon, S. Kim, *J. Am. Chem. Soc.*, **121**, 12190 (1999).
57) I. Ryu, S. Uehara, H. Hirao, T. Fukuyama, *Org. Lett.*, **10**, 1005 (2008).
58) T. Kippo, K. Hamaoka, I. Ryu, *J. Am. Chem. Soc.*, **135**, 632 (2013).
59) M. P. Sibi, Y.-H. Yang, S. Lee, *Org. Lett.*, **10**, 5349 (2008).
60) P. Panchaud, P. Renaud, *J. Org. Chem.*, **69**, 3205 (2004).
61) S. H. Kyne, C. H. Schiesser, "Encyclopedia of Radicals in Chemistry, Biology and Materials", C. Chatgilialoglu, A. Studer, eds., p. 629–654, John Wiley (2012).
62) K. Nozaki, K. Oshima, K. Utimoto, *J. Am. Chem. Soc.*, **109**, 2547 (1987).
63) D. H. R. Barton, J. M. Beaton, L. E. Geller, M. M. Pechet, *J. Am. Chem. Soc.*, **82**, 2640 (1960).
64) L. Grossi, *Chem. Eur. J.*, **11**, 5419 (2005).
65) L. -B. Han, K. Ishihara, N. Kambe, A. Ogawa, I. Ryu, N. Sonoda, *J. Am. Chem. Soc.*, **114**, 7591 (1992).
66) S. Yamago, Y. Ukai, A. Matsumoto, Y. Nakamura, *J. Am. Chem. Soc.*, **131**, 2100 (2009).
67) S. Yamago, *J. Polym. Sci. A Polym. Chem.*, **44**, 1 (2006).
68) J. E. Lyons, C. H. Schiesser, K. Sutej, *J. Org. Chem.*, **58**, 5632 (1993).
69) H. Yorimitsu, H. Shinokubo, S. Matsubara, K. Oshima, K. Omoto, H. Fujimoto, *J. Org. Chem.*, **66**, 7776 (2001).
70) C. Chatgilialoglu, D. Crich, M. Komatsu, I. Ryu, *Chem. Rev.*, **99**, 1991 (1999).
71) C. E. Schwartz, D. P. Curran, *J. Am. Chem. Soc.*, **112**, 9272 (1990).
72) T. Posner, *Ber. Dtsch. Chem. Ges.*, **38**, 646 (1905).
73) J. M. Lacombe, N. Rakotomanomana, A. A. Pavia, *Tetrahedron Lett.*, **29**, 4293 (1988).
74) M. Newcomb, M. B. Manek, *J. Am. Chem. Soc.*, **112**, 9662 (1990).
75) A. Ogawa, H. Yokoyama, K. Yokoyama, T. Masawaki, N. Kambe, N. Sonoda, *J. Org. Chem.*, **56**, 5721 (1991).
76) A. Ogawa, K. Yokoyama, R. Obayashi, L.-B. Han, N. Kambe, N. Sonoda, *Tetrahedron*, **49**, 1177 (1993).
77) A. Ogawa, R. Obayashi, H. Ine, Y. Tsuboi, N. Sonoda, T. Hirao, *J. Org. Chem.*, **63**, 881 (1998).
78) a) S. Kawaguchi, A. Ogawa, *Synlett*, **24**, 2199 (2013); b) H. Yorimitsu, *Beilstein J. Org. Chem.*, **9**, 1269 (2013).
79) A. Sato, H. Yorimitsu, K. Oshima, *Angew. Chem., Int. Ed.*, **44**, 1694 (2005).
80) K. Tsuchii, M. Imura, N. Kamada, T. Hirao, A. Ogawa, *J. Org. Chem.*, **69**, 6658 (2004).

81) O. L. Lebelev, S. N. Kazarnovskii, *Zhur. Obshch. Khim.*, **30**, 1631 (1960).
82) A. E. J. de Nooy, A. C. Besemer, H. van Bekkum, *Synthesis*, **1996**, 1153.
83) M. K. Georgens, R. P. N. Veregin, P. M. Kazmaier, G. K. Hamer, *Macromolecules*, **26**, 2988 (1993).
84) M. R. Heinrich, A. Wetzel, M. Kirschstein, *Org. Lett.*, **9**, 3833 (2007).
85) B. B. Snider, T. Linker, "Radicals in Organic Synthesis", Vol. 1, P. Renaud, M. P. Sibi, eds., pp. 198-228, Wiley-VCH (2001).
86) N. Iwasawa, M. Funahashi, S. Hayakawa, T. Ikeno, K. Narasaka, *Bull. Chem. Soc. Jpn.*, **72**, 85 (1999).
87) A. Citterio, D. Fancelli, C. Finzi, L. Pesce, R. Santi, *J. Org. Chem.*, **54**, 2713 (1989).
88) Y. -F. Wang, K. K. Toh, S. Chiba, K. Narasaka, *Org. Lett.*, **10**, 5019 (2008).
89) A. J. Birch, *Pure Appl. Chem.*, **68**, 553 (1996).
90) H. H. Hodgson, *Chem. Rev.*, **40**, 251 (1947).
91) J. E. McMurry, *Chem. Rev.*, **89**, 1513 (1989).
92) P. Girard, J. L. Namy, H. B. Kagan, *J. Am. Chem. Soc.*, **102**, 2693 (1980).
93) M. Szostak, M. Spain, D. J. Procter, *J. Org. Chem.*, **77**, 3049 (2012).
94) J. Inanaga, M. Ishikawa, M. Yamaguchi, *Chem. Lett.*, **1987**, 1485.
95) Y. Kamochi, T. Kudo, *Tetrahedron*, **48**, 4301 (1992).
96) E. Hasegawa, D. P. Curran, *J. Org. Chem.*, **58**, 5008 (1993).
97) A. Dahlén, G. Hilmersson, *Eur. J. Inorg. Chem.*, **2004**, 3393.
98) M. Szostak, B. Sautier, M. Spain, D. J. Procter, *Org. Lett.*, **16**, 1092 (2014).
99) A. Ogawa, Y. Sumino, T. Nanke, S. Ohya, N. Sonoda, T. Hirao, *J. Am. Chem. Soc.*, **119**, 2745 (1997).
100) A. Ogawa, S. Ohya, T. Hirao, *Chem. Lett.*, **1997**, 275.
101) G. A. Molander, C. Alonso-Alija, *J. Org. Chem.*, **63**, 4366 (1998).
102) H. Zhang, D. P. Curran, *J. Am. Chem. Soc.*, **133**, 10376 (2011).
103) T. Taniguchi, H. Ishibashi, *Org. Lett.*, **10**, 4129 (2008).
104) T. Taniguchi, S. Yokoyama, H. Ishibashi, *J. Org. Chem.*, **74**, 7592 (2009).
105) D. P. Curran, H. Liu, *J. Am. Chem. Soc.*, **113**, 2127 (1991).

Chapter 22

多相系合成法

22.1 固相合成法

22.1.1 ペプチドの固相合成

ペプチドの固相合成は1963年Merrifieldにより報告された[1]．これは固相担体（樹脂ビーズ）にアミノ酸を順次縮合し，ペプチド鎖を伸長させるものである．液相法によるペプチド合成に比べ格段に容易であり，短時間の合成が可能であるが，1残基欠失している類似ペプチドが混入する問題がある．

ペプチドの固相合成には*t*-ブトキシカルボニル（Boc）基でαアミノ基を保護したアミノ酸を使うBoc法と，9-フルオレニルメトキシカルボニル（Fmoc）基で保護したアミノ酸を使うFmoc法の2種類がある．Boc法では，トリフルオロ酢酸（TFA）によるBoc基の脱保護とアミノ酸の縮合を繰り返し行い，最後に，HFといった強酸による側鎖保護基除去と固相担体からの切離し（脱樹脂）を行う．この方法ではTFAによる酸処理を繰り返し行うため，副反応が生じたり，また，酸性のTFAやHFの利用はある程度の合成技術と特殊な実験装置が必要であることから，ペプチドを材料として扱う生命科学一般の研究者が利用することは難しかった．

そこで，温和な塩基であるピペリジンで脱保護できるFmoc基を利用する方法が開発された[2]．最近ではFmoc保護アミノ酸やFmoc法用の固相担体は，安価で容易に入手可能であることから多くの研究者が自分で必要なペプチドを必要な量だけ合成できるようになり，同時に，自動合成装置の登場や企業によるカスタム合成サービスも多く見られるようになっている．

以下にFmoc基を使った合成法（Fmoc法）の概略を示す（図22.1）．固相担体にFmoc-アミノ酸をカップリングし，ピペリジンによりFmoc基を脱保護する．このとき側鎖の保護基は外れない．脱FmocとFmoc-アミノ酸のカップリングを繰り返し，TFAにより側鎖保護基と固相担体からの切断を行い，目的ペプチドを得る．本項ではペプチド合成に使われる固相担体，Fmoc-アミノ酸，カップリング試薬を紹介しながら，マニュアルによるペプチド

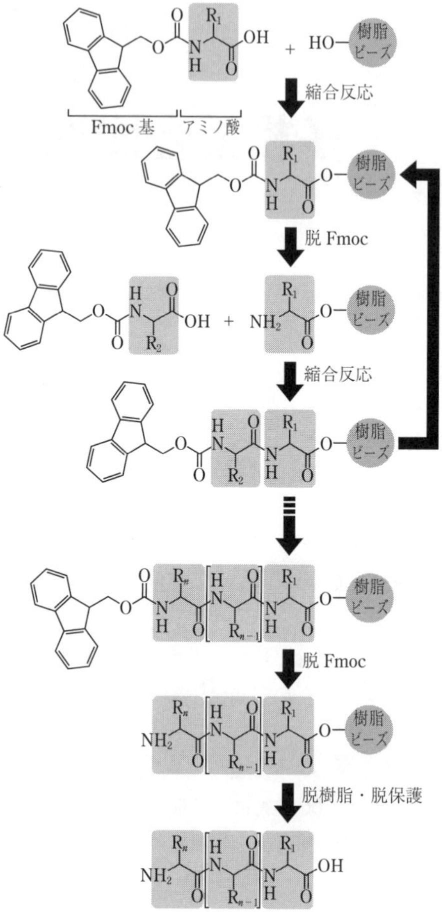

図 22.1　Fmoc-アミノ酸を使ったペプチド固相合成法の概略

鎖の伸長や脱保護・脱樹脂，精製について解説する．自動合成装置を利用して合成する研究者もぜひ本項に目を通し，その原理を理解しながら合成してもらえれば，ちょっとした工夫で難しいペプチドを合成することができ，トラブルが起こったときに正しく対応することができる．

a.　固相担体の選択

ペプチドの固相合成に用いられる担体として，一般的に架橋ポリスチレンの樹脂ビーズが用いられる．これにポリエチレングリコール（PEG）鎖を修飾して，溶媒和を向上させたものがよく利用されている．また，ポリアクリルアミド系の架橋ゲルに PEG 修飾したものや（PEGA 樹脂，Merck 社）や PEG 修飾したポリアクリル酸系の架橋ゲル（CLEAR 樹脂，

表 22.1　固相担体上のリンカーの種類と特徴

リンカー	カルボキシ末端の構造	備　考
4-(ヒドロキシメチル)フェノキシメチル基 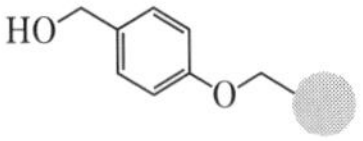 HO, O	フリー $-COOH$	Alko(Wang) 樹脂，Alko-PEG (Wang-PEG) 樹脂，NovaSyn TGA 樹脂，HMPA-PEGA 樹脂，HMPA-NovaGel 樹脂
4-(2′,4′-ジメトキシフェニルアミノメチル)フェノキシメチル基 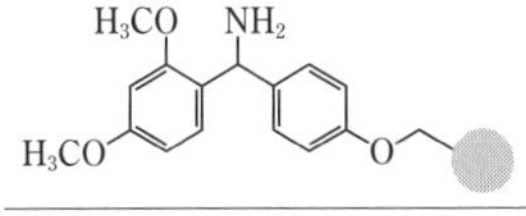 H_3CO　NH_2 H_3CO, O	アミド $-CONH_2$	Rink アミド樹脂，Rink アミド PEGA 樹脂，Rink アミド AM 樹脂，NovaSyn TGR 樹脂
2-クロロトリチルクロリド基 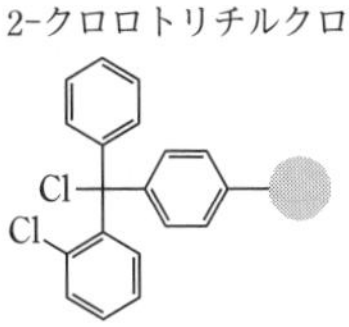 Cl Cl	フリー $-COOH$	2-クロロトリチルクロリド樹脂，NovaSyn TGT アルコール樹脂 希釈した TFA で脱樹脂が可能．保護ペプチドとして切り出せる．
アミノキサンテン-3-イルオキシ基 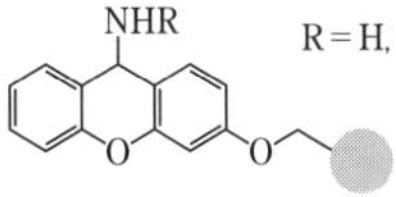 NHR　$R=H, CH_3, C_2H_5$ O, O	アミド $-CONH_2$ メチルアミド $-CONHCH_3$ エチルアミド $-CONHC_2H_5$	Sieber アミド樹脂，NovaSyn TG Sieber 樹脂 希釈した TFA で脱樹脂が可能．保護ペプチドとして切り出せる．さまざまな構造のカルボキシ末端修飾ができる．

Peptides International 社，ペプチド研究所から入手可)，PEG のみからなる樹脂（ChemMatrix 樹脂，Matrix Innovation 社）も市販されており，高い合成効率を謳っている．一般に短いペプチドであれば PEG の導入されていない安価な樹脂でも合成に問題はないが，長いペプチドあるいは樹脂上で伸長しているペプチド（側鎖保護ペプチド）が特殊な構造を形成する性質をもつ場合には，PEG 付きの樹脂の利用が好ましい．

伸長させるペプチドと樹脂の間のリンカーの構造により，合成するペプチドのカルボキシ末端の構造が決まる（表 22.1)．4-(ヒドロキシメチル)フェノキシメチル基であれば，カルボキシ基がフリー（$-COOH$）となり，4-(2′,4′-ジメトキシフェニルアミノメチル)-フェノキシメチル基の場合ではカルボキシ基がアミド（$-CONH_2$）となる．

2-クロロトリチルクロリドリンカー上で合成したペプチドは希釈した TFA を用いて樹脂から切り出すことができるため，アミノ酸の側鎖保護基は切断されず，保護基がついたままのペプチドを得ることができる．Sieber アミド樹脂（Merck 社）はアミノキサンテン-3-イルオキシ基をベースにしたリンカーで，これも保護ペプチドとして切り出すことができるので，カルボキシ末端をアミド基として取り出せる．また，メチルアミド（$-CONHCH_3$），エチルアミド（$-CONHC_2H_5$）のかたちで切り出せるタイプの樹脂も市販されている．

b.　合成用容器と基本操作

市販のゲル沪過用プラスチックカラムが便利である．0.1 mmol スケール以下であれば GE 社から市販されている PD-10 Empty Column（17-0435-01）が，0.1～0.3 mmol スケールについては，バイオ・ラッドラボラトリーズのエコノパックカラム（732-1010）が使いやすい（図 22.2）．ほかにもハイペップ研究所の LibraTube，ムロマチテクノスのムロマックミニカラム（L, M, S）も便利である．

固相合成はこのカラムの中に樹脂ビーズを入れ，その表面で化学反応を行い，沪過することによって過剰の試薬を除き，洗浄する操作からなる．基本操作は“試薬/溶媒を加える”“撹拌する”“吸引して溶媒を除去する”の三つである（図 22.3）．溶媒の容器はピペットを栓として使えるものが便利である．溶媒の *N,N*-ジメチルホルムアミド（DMF）あるいは *N*-メチルピロリドン（NMP）は市販のアミンフリーのペプチド合成用がよく，モレキュラー

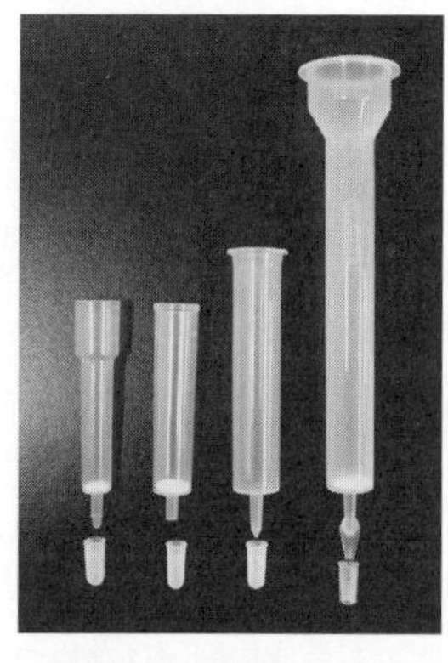

図 22.2　固相合成用容器（プラスチック製カラム）
左からムロマチテクノス ムロマックミニカラム S，株式会社ハイペップ研究所 LibraTube，GE 社 PD-10 Empty Column，バイオ・ラッドラボラトリー株式会社 エコノパックカラム

溶媒を添加する

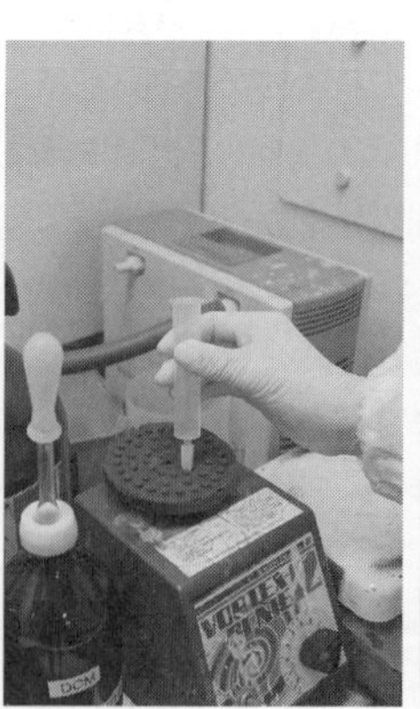

撹拌する

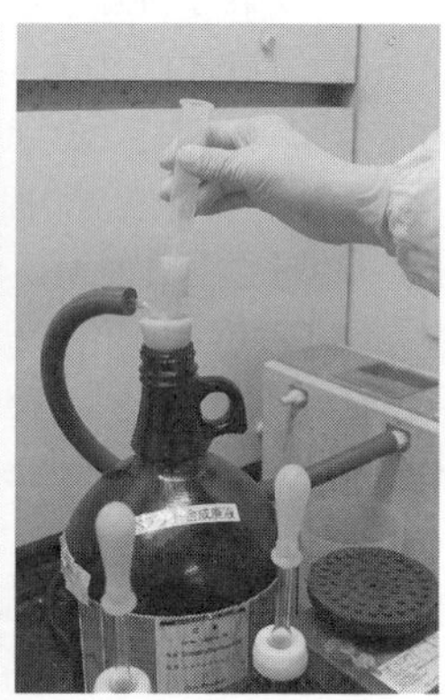

溶媒を除去する

図 22.3　ペプチド固相合成の基本操作

シーブを入れて乾燥させた状態を保つ．しかし，脱水溶媒を購入して，つねに窒素置換するなどしてまで水分の混入に神経質になる必要はない．撹拌はボルテックスミキサーを使う．さまざまなものが市販されているが，Scientific Industries 社の Vortex Genie 2 などが使いやすい．吸引する装置はガロン瓶にシリコンゴム栓，曲げたり，切ったりしたパスツール（Pastour）ピペットを組み合わせた手作り品で十分である．ハイペップ研究所の PetiSyzer を用いると多数のカラムをセットして，同時に撹拌や吸引を簡単に行うことができる．

c. Fmoc-アミノ酸

通常のペプチド合成に使われる Fmoc-アミノ酸を表 22.2 に示す．ビオチンラベルしたペプチドの合成に便利な Lys(Biotin) や，リン酸化ペプチドを合成するためのアミノ酸，さらに，ヒドラジンで脱保護できる 1-(4,4-ジメチル-2,6-ジオキソシクロヘキシリデン)-3-メチルブチル（ivDde）基はペプチド鎖伸長後，樹脂上で特定のリシン側鎖に蛍光基などを修飾したいときに利用される．システインのチオール基の保護基もいくつかあり，選択的なジスルフィド結合形成や化学修飾のさいに利用される．

d. 最初のアミノ酸（カルボキシ末端のアミノ酸）の樹脂への導入

【実験例　ペプチドのカルボキシ末端がフリーとなるペプチドの場合】

4-(ヒドロキシメチル)フェノキシメチル基をもつ樹脂（Alko(Wang) 樹脂，Alko-PEG (Wang-PEG) 樹脂，NovaSyn TGA 樹脂，HMPA-PEGA 樹脂，HMPA-NovaGel 樹脂）はそのヒドロキシ基に最初のアミノ酸をエステル結合で導入する．ここでは *N*,*N*′-ジシクロヘキ

表 22.2　Fmoc 保護アミノ酸誘導体

アミノ酸	側鎖保護基	アミノ酸	側鎖保護基
アラニン，Ala, A	—	ロイシン，Leu, L	—
アルギニン，Arg, R	Pbf	リシン，Lys, K	Boc*, ivDde, ビオチン, ローダミン
アスパラギン，Asn, N	Trt	メチオニン，Met, M	—
アスパラギン酸，Asp, D	O*t*-Bu	フェニルアラニン，Phe, F	—
システイン，Cys, C	Trt*, Acm, tButhio, Tacm	プロリン，Pro, P	—
グルタミン，Gln, Q	Trt	セリン，Ser, S	*t*-Bu*, PO(OBzl)OH
グルタミン酸，Glu, E	O*t*-Bu	スレオニン，Thr, T	*t*-Bu*, PO(OBzl)OH
グリシン，Gly, G	—	トリプトファン，Trp, W	Boc
ヒスチジン，His, H	Trt	チロシン，Tyr, Y	*t*-Bu*, PO(OBzl)OH
イソロイシン，Ile, I	—	バリン，Val, V	—

＊ 保護基が複数示されている場合の一般に使われるアミノ酸．
Pdf：2,2,4,6,7-ペンタメチルジヒドロベンゾフラン-5-スルホニル，Trt：トリチル，*t*-Bu：*t*-ブチル，Acm：アセトアミドメチル，Tacm：トリメチルアセトアミドメチル，Boc：*t*-ブトキシカルボニル，ivDde：1-(4,4-ジメチル-2,6-ジオキソシクロヘキシリデン)-3-メチルブチル．

シルカルボジイミド（DCC）を縮合剤とし，4-(ジメチルアミノ）ピリジン(DMAP）を触媒量用いた例を紹介する．

25 mL ナス形フラスコに Fmoc-アミノ酸（0.5 mmol）と DCC（0.5 mmol）を入れ，氷で冷やした DMF 3～5 mL に溶解し，氷上で 30 分間撹拌する．この反応液をあらかじめ合成カラム内で DMF に膨潤させた樹脂（0.1 mmol（ヒドロキシ基））に加え，さらに，0.05 mmol（0.1 当量）の DMAP を加え，室温で撹拌する（10 分おきに 10 秒程度の撹拌でもよい）．1 時間後，DMF 2 mL で 3 回，ジクロロメタン（DCM)-エタノール（1：1）2 mL で 3 回，DCM 2 mL で 3 回，DMF 2 mL で 3 回，さらに再度 DCM 2 mL で 3 回洗浄する．その後，未反応のヒドロキシ基をマスクするために，無水安息香酸（0.5 mmol）を加え，ピリジン-DMF（1：4）2 mL で溶解させ，室温で 60 分間撹拌する（10 分おきに 10 秒程度の撹拌でもよい）．そして，DMF 2 mL で 3 回，DCM 2 mL で 3 回洗浄する．

この後，通常のアミノ酸の伸長へと進むが（後述），最初の脱 Fmoc のステップで Fmoc の定量を行い，最初のアミノ酸の樹脂への導入率を算出する．

ほかにも，DCC と 1-ヒドロキシベンゾトリアゾール（HOBt）を組み合わせた方法などがあるが，DCC/DMAP 法に比べ，樹脂 1 g あたりのアミノ酸の導入率は低く，長いペプチド合成に適している．一方，DCC/DMAP 法はアミノ酸のラセミ化が指摘されており，よりマイルドな DCC/HOBt 法が好ましい場合もある．この場合，DCC と同じ物質量の HOBt を加え（樹脂のヒドロキシ基に対しては 4 当量），反応は氷上で 30 分間行い，反応液を樹脂に加えたのち，室温で一晩反応させる．

【実験例　2-クロロトリチルクロリド基をもつ樹脂の場合】

2-クロロトリチルクロリド基をもつ樹脂は側鎖保護基をつけたままで，脱樹脂できる．また，導入アミノ酸のラセミ化も抑えられるが，溶媒中のわずかな水分が反応してしまうので，乾燥溶媒を用いる．また，温度が上がると伸長中のペプチドが樹脂から脱落してしまうこともあるので，注意が必要である．

Fmoc-アミノ酸（0.15 mmol）と *N*, *N*-ジイソプロピルエチルアミン（DIPEA）（0.6 mmol）を必要最小量の乾燥 DCM に溶解させる．溶けにくい場合は少量の乾燥 DMF を加える．これに，2-クロロトリチルクロリド樹脂（0.1 mmol）を加え，樹脂が十分に膨潤し，撹拌できるように乾燥 DCM 2 mL 程度を加える．室温で 2 時間撹拌後（10 分おきに 10 秒間程度の撹拌でもよい），DCM-MeOH-DIPEA（17：2：1）2 mL で 3 回（メタノールで未反応の 2-クロロトリチルクロリド基をマスクする），DCM 2 mL で 3 回，DMF 2 mL で 3 回，再度 DCM 2 mL で 3 回洗浄する．アミノ酸の導入率は最初の脱 Fmoc のステップで Fmoc の定量を行い，最初のアミノ酸の樹脂への導入率を算出する．

このようにカルボキシ末端がフリーとなるペプチドの場合，最初のアミノ酸のカップリング操作は通常のアミノ酸の伸長反応（後述）とは異なる．アミノ酸がすでに導入された樹脂が販売されているので，これを利用することもできる．ただし，カルボキシ末端のアミノ酸が異なる複数のペプチドを合成する必要がある場合は，それぞれの樹脂を購入しなければならない．

【実験例　ペプチドのカルボキシ末端がアミドとなるペプチドの場合】

4-(2′,4′-ジメトキシフェニルアミノメチル)フェノキシメチル基をもつ樹脂（Rink アミド樹脂）やアミノキサンテン-3-イルオキシ基をもつ樹脂（Sieber アミド樹脂）は酸で脱樹脂すると，末端カルボキシ基がアミドのかたちで切断される．通常は Fmoc 保護された樹脂を使うので，通常のペプチド伸長サイクル（後述）の脱 Fmoc のステップから始める．

e.　ペプチド伸長サイクル

ペプチド鎖は図 22.1 に示したようにカルボキシ末端からアミノ末端に向けて，順次伸長する．表 22.3 にその方法を示す．20% ピペリジン/DMF 溶液で脱 Fmoc を行い，洗浄後，Fmoc-アミノ酸，縮合剤 *O*-(ベンゾトリアゾール-1-イル)-*N*, *N*, *N′*, *N′*-テトラメチルウロニウムヘキサフルオロホスファート（HBTU), HOBt・H_2O，塩基 DIPEA を加えアミノ酸を縮合する．このとき，樹脂上のアミンに対して，アミノ酸・縮合剤は 3 当量，DIPEA を 6 当量加えるが，必要に応じて，2 当量/4 当量，あるいは 5 当量/10 当量，10 当量/20 当量で縮合させてもよい．表 22.3 には縮合剤をあらかじめ混合したカクテルを使用するプロト

表 22.3　ペプチド鎖の伸長サイクル（0.1 mmol スケール）

操　作 [a]	時　間	目　的
1.　ピペリジン-DMF（1：4）2 mL	—	脱 Fmoc
2.　ピペリジン-DMF（1：4）2 mL	10 分（3 分おきくらいにボルテックス，あるいは振とう機で混合）	脱 Fmoc
3.　DMF 2 mL，5 回	—	洗浄
4.　Fmoc-アミノ酸（0.3 mmol） 縮合剤カクテル 0.7 mL [b] 0.9 mol L^{-1} DIPEA 0.7 mL [c] を加え，必要に応じて DMF を追加し，アミノ酸を溶解させる．	15 分（3 分おきくらいにボルテックス，あるいは振とう機で混合）	Fmoc-アミノ酸の縮合
5.　DMF 2 mL，5 回	—	洗浄
6.　Kaiser テスト	—	縮合のチェック
7.　2 mL 無水酢酸-DCM（1：3）(2, 3 回カップリングして，Kaiser テストで陽性だった場合)	5 分（2 分おきくらいにボルテックス，あるいは振とう機で混合）	未反応アミノ基のアセチル化

a)　表記されている溶液を樹脂に加え，5 秒程度ボルテックスで撹拌し，すぐに，あるいは所定の時間経過後，吸引する．

b)　縮合剤カクテル：0.45 mol L^{-1} HBTU, 0.45 mol L^{-1} HOBt・H_2O の DMF 溶液．HBTU 3.1 g, HOBt・H_2O 1.3 g に DMF を加えて 16 mL にする（16 mL の DMF を加えてはいけない）．0.1 mmol スケールであれば，この量で 20 回程度カップリングできる．使用後は水分が入らないように窒素置換して，冷暗所に保存する．分解しやすいので一度の合成で使い切ることが好ましい．

c)　DIPEA 2.8 mL と NMP 14.2 mL を混合する．0.1 mmol スケールであれば，この量で 20 回程度カップリングできる．

表 22.4　Kaiser テスト用試薬

	溶　液	組　成　例
1	ニンヒドリン/エタノール	ニンヒドリン 0.5 g/エタノール 10 mL
2	フェノール/エタノール	フェノール 8 g/エタノール 2 mL
3	KCN/ピリジン	KCN 0.13 mg/ピリジン 10 mL

コールを示したが，必要量の縮合剤を粉にしてカラムに入れ，適当な量の DMF で溶解させてもよい．短いペプチドや合成を長期間中断するような場合は，粉で加える方法がよい場合もある．縮合反応後，DMF で洗浄し，未反応のアミノ基が残っていないかを Kaiser テスト（ニンヒドリン反応）で確認する．

Kaiser テストは樹脂の一部を試験管に取り出し（数十個の樹脂ビーズをピペットチップの先端で取り出す），三つの Kaiser テスト試薬 20 μL ずつを加え（表 22.4 あるいは市販品（国産化学）），100 ℃ で 2～3 分間加熱する（ヒートブロックに入れてもよいし，ビーカーに水を入れホットプレートで沸騰させたものに入れてもよい）．樹脂ビーズも溶液も黄色のままであれば，未反応のアミノ基はないと判断される．ビーズあるいは溶液が青い場合は陽性となり，未反応のアミノ基が残っていると判断されるので，表 22.3 の操作 4. に戻って，縮合反応を繰り返す．このとき，アミノ酸・縮合剤/DIPEA を 3 当量/6 当量で行ってもよいが，通常は未反応のアミノ基は 10% 以下である場合が多いので，0.5 当量/1 当量あるいは 1 当量/2 当量と量を減らし，節約してもよい．

2 回目の縮合反応後でも Kaiser テストで青くなるようであれば，3 回目の縮合反応を行ってもよいし，ペプチド伸長の初期であれば，無水酢酸を使ってアセチル化し，その後の伸長を止めてもよい．青とも黄色ともつかない微妙な場合もあるが，そのようなときはアセチル化して，先に進めたほうが速い．このように Kaiser テストで陰性と判断される，あるいは，アセチル化した後は，脱 Fmoc の操作に戻り，次のアミノ酸の縮合を行う．ときどきは脱 Fmoc 後の樹脂ビーズの Kaiser テストを行い，Kaiser 試薬のチェックとペプチド自体が樹脂から脱落していないかどうか確認するとよい．

順次，アミノ酸を伸長し，最後のアミノ酸の縮合を確認したら，脱 Fmoc の操作まで行い，DMF 2 mL で 3 回，DCM 2 mL で 3 回，メタノール 2 mL で 3 回洗浄し，キムワイプで合成カラムに蓋をして，デシケーター中で乾燥させる．この重さを測り，合成前の樹脂量と比べることで，ペプチド伸長後のおよその収量を求めることができる．ただし，このときペプチドの分子量は保護ペプチドとして計算する．また，Kaiser テストによる樹脂のロスも考慮しなければならない．

f.　Fmoc 基の定量

Fmoc 基は 260～320 nm に吸収をもつため（図 22.4），脱 Fmoc した溶液の吸収を測定することにより，樹脂上で伸長しているペプチドの量を見積もることが可能である．とくに，

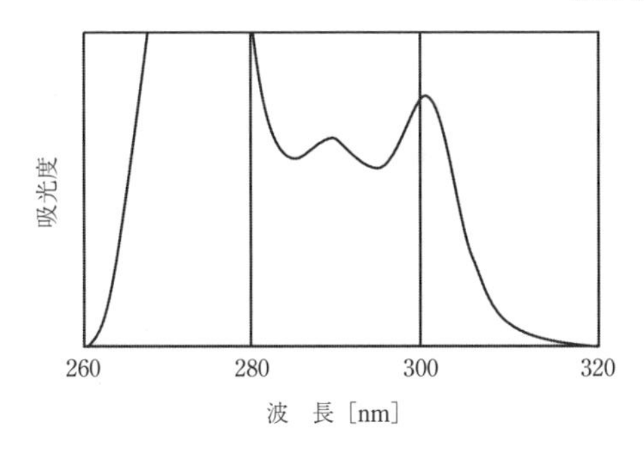

図 22.4　Fmoc 基の吸収スペクトル

ペプチドのカルボキシ末端が遊離となるペプチドの場合，最初のアミノ酸の導入量を知る必要がある．また，伸長サイクルの途中，また，最後のアミノ酸の Fmoc 量を定量することは，ペプチド伸長反応がどれくらいの効率で進んだかを知るために重要である．とくにはじめて合成するペプチドの場合は，いろいろなステップで Fmoc 定量を行い，ペプチド鎖の伸長をモニターしておくと，収率が悪いといったトラブルが生じたときに早く対処できる．

具体的な方法は，脱 Fmoc したさいの沪液と洗浄液（はじめの 3 回分）を回収し，適当な量（15 mL 程度）に希釈し，それを DMF で 100 倍（0.1 mmol スケールの場合）に希釈し，DMF をブランクとして，260～320 nm の吸収スペクトルを測定する．301 nm の吸収値から，モル吸光係数（ε）7800 として，Fmoc 量を算出する．

g.　脱樹脂，脱保護

Fmoc 固相法において，脱樹脂，脱保護を同時に行う場合は TFA を用い，また，2-クロロトリチルクロリド樹脂や Sieber アミド樹脂で，側鎖保護基は外さずに脱樹脂し，保護ペプチドを得たい場合は 1% TFA/DCM を用いる．ここでは，脱樹脂，脱保護を同時に行う手法を紹介し，保護ペプチドを得たい場合はそれぞれの樹脂の資料[3,4]を参照されたい．

乾燥させた樹脂（ペプチド鎖が伸びている）を合成用カラムに入れ，含まれるアミノ酸に応じた脱保護カクテル約 3 mL（0.1 mmol スケールの場合）を加え（表 22.5），室温で 1 時間反応させる．このとき，15 分おきくらいに撹拌する．その後，沪液を 50 mL の遠心管に回収し，TFA 1.5 mL で樹脂を洗浄し，その洗浄液も沪液といっしょにする．この TFA 溶液

表 22.5　脱樹脂，脱保護のカクテルの組成

条　件	組　成
Cys（Trt）あるいは Met を含む場合	TFA-水-TIS-EDT[a]（94：2.5：1.0：2.5）
Cys（Trt）や Met を含まない場合	TFA-水-TIS（95：2.5：2.5）

TIS：トリイソプロピルシラン，EDT：1,2-エタンジチオール．
a)　EDT の代替としてチオール臭がしない DODT（3,6-ジオキサ-1,8-オクタンジチオール）を利用できる．

に8～10倍量の氷冷したジエチルエーテルを滴下し，ペプチドの沈殿を得る．このとき，氷上で滴下することで，溶液の温度上昇を防ぐことができる．また，あらかじめドラフト内で窒素ガスを吹き付けてTFA溶液の容量を減らすことで，良好な沈殿が得られることがある．氷上で1時間程度放置し，しっかり沈殿させたのち，遠心分離（4℃，3500×g，5分間）し，上澄みを除去する．これに冷ジエチルエーテルを加え，沈殿をほぐし，遠心分離して沈殿を洗浄する．この洗浄を3回繰り返し，最後は上澄みを除去後，ドラフト中で10分程度放置し，デシケーター中で乾燥させる．その後，ペプチドの重さを測り，粗ペプチド（未精製ペプチド）の収率を算出する．デシケーターに入れる前の10分間の放置を行わないと，デシケーター内でジエチルエーテルが一気に蒸発し，沈殿が飛び散るので，注意が必要である．また，この脱樹脂，脱保護にはTFAを利用するが，きわめて腐食性が高い液体で，危険である．保護めがね，手袋，実験衣を必ず着用すること．

h.　ペプチドの精製

得られたペプチドを0.1% TFA水溶液に溶かし，Sephadex G10～G25のゲル沪過で粗精製する．このゲル沪過での精製はスキップしてもよい．本精製は逆相HPLCにおいて，水-アセトニトリルのグラジエントを用いて行う．用いるカラムは目的ペプチドの疎水性にもよるが，疎水性の低いC4やC8のカラムがアセトニトリルの消費も少なく経済的である．ペプチド・タンパク質用のポアサイズの大きなカラムも市販されている．また，数十～百数十ミリグラムのペプチドであれば，直径1 cm，長さ25 cm程度のカラムで精製可能である．グラジエントは最初，アセトニトリル0 → 80% を30分かけて上昇させる条件で，どこにペプチドが溶出されるかを確認し，最終的にはアセトニトリル濃度の上昇が0.5～1%/1分という条件で分取する．これ以上グラジエントをゆるやかにしても，ピークはブロードになるばかりで，あまり意味がないことが多い．

リシンやアルギニンといった塩基性アミノ酸を含むペプチドは，この0.1% TFA水溶液によく溶解し，精製も簡単に行えるが．塩基性基をまったく含まない酸性ペプチドの場合は，0.1% TFA水溶液に溶解しない．この場合はpH 5～6の緩衝液に溶かし，逆相HPLCもその条件で行わなければならない．可能であれば，どこかに塩基性アミノ酸を入れておけば，精製時に苦労しない．また，セリンやスレオニンといった水素結合を形成するようなアミノ酸が多い場合，ゲル化することがある．そのさいは酢酸やギ酸を加えると溶けることがあり，逆相HPLCで精製することが可能である．

なお，逆相HPLCで分取した試料は凍結乾燥して固体とし，重量を測り収率を計算する．このとき，アルギニンやリシン，ヒスチジンはTFA塩としての分子量を用いる．この塩や水和水を正確に知りたいときには，元素分析を行う．トリプトファンをもつペプチドであれば，その280 nmの吸収からペプチド量を算出できる．分子量はマトリックス支援レーザー脱離イオン化時間飛行質量分析計（MALDI-TOF-MS）で測定が可能で，一般にα-シアノ-4-ヒドロキシケイ皮酸（CHCA）が使われる．

i. よくあるトラブルと解決策

トラブル 1：縮合剤カクテル調製のさい，試薬が DMF に溶けない．

解決策：HBTU に水分が入ると溶けにくくなることがある．少し薄めて，多めに入れるか，新しい HBTU を用いる．

トラブル 2：何回縮合反応を行っても，Kaiser テストが陰性にならない．

樹脂上で伸長したペプチドが何かしらの構造を形成し，末端アミノ基が反応しづらい場所に位置している可能性がある．溶媒を DMF から NMP に変えたり，あるいは根気強くカップリングを繰り返し行ってペプチド鎖を伸長させるとその構造をとらなくなり，スムーズに縮合が進み始めることもある．

縮合剤を HBTU/HOBt より性能のよいものに変えてみる．*O*-(7-アザベンゾトリアゾール-1-イル)-*N*, *N*, *N′*, *N′*-テトラメチルウロニウムヘキサフルオロホスファート（HATU）/1-ヒドロキシ-7-アザベンゾトリアゾール（HOAt）の組合せや，(1-シアノ-2-エトキシ-2-オキソエチリデンアミノキシ)ジメチルアミノモルホリノカルベニウムヘキサフルオロホスフェート（COMU）と添加剤エチル(ヒドロキシイミノ)シアノアセタート（Oxyma）の組合せなどがある[5]．

トラブル 3：縮合中に反応液が赤黒くなる．

解決策：縮合反応中に起こる副反応のためと考えられる．カラムまで赤黒くなることもあるが，縮合自体が進行する場合は問題ない．

トラブル 4：脱樹脂，脱保護したペプチドが水（あるいは 0.1% TFA）に溶解しない．

解決策：塩基性アミノ酸がまったく含まれていないペプチドによく見られる．そのさいは pH 5～6 の緩衝液に溶解させ，逆相 HPLC で精製する．ゲル沪過での簡易精製で済ませることもある．また，β シート構造を形成しやすいペプチドはゲルになりやすい．酢酸やギ酸を入れると溶けることがある．

トラブル 5：収率が極端に悪い．

解決策：一般に，脱樹脂，脱保護した時点で 60% 以上の粗収率があるが，10% を切るようであれば，その原因を知る必要がある．ペプチド鎖伸長途中で Fmoc 定量を行い，ペプチドが樹脂から脱落していないか，ジエチルエーテルで沈殿を得るときに，十分な量のジエチルエーテルを加えたかなど，いくつかのポイントについて再考する．

22.1.2 オリゴヌクレオチドの固相合成

近年の核酸関連研究の進展は目覚ましく，さまざまな機能をもった人工核酸が合成され，医学分野や分子生物学分野，工学分野にいたる幅広い領域で活用されている[6]．ここでいう人工核酸とは，10～30 のヌクレオシドをホスホジエステル結合で結んだオリゴヌクレオチドのことをさす．一般的なオリゴヌクレオチドの合成では，3′-ヒドロキシ基を亜リン酸化，もしくはリン酸化したヌクレオシドをモノマーユニットとし，固相担体に担持したヌクレオシドの 5′-ヒドロキシ基と反応させることで 3′ → 5′ に一塩基ずつ固相法を用いて鎖伸長させていく（下式）．オリゴヌクレオチドは，加水分解を受けやすいホスホジエステル結合や酸化やアルキル化を受けやすい核酸塩基を含むほか，DNA の場合，強い酸性条件でアデニン塩基やグアニン塩基のグリコシル結合が切れてしまう（デプリネーション）．そのため，オリゴヌクレオチドの合成では，非常に温和な有機反応（加水分解反応，酸化反応など）条件しか用いることができず，これまでにさまざまな保護基や固相担体とオリゴヌクレオチドをつなぐリンカー，ならびに縮合反応が開発されてきた．以下にそれぞれの詳細について記述する．

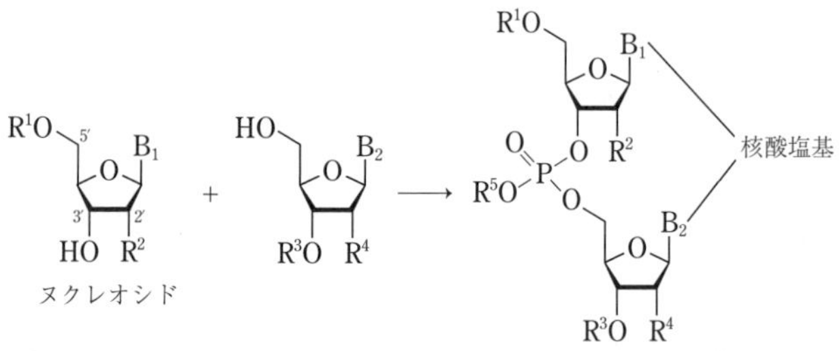

ヌクレオシド　　ヌクレオチド　　核酸塩基

a.　オリゴヌクレオチド合成に必要な保護基およびリンカー

（i）核酸塩基部の保護基　図 22.5 に示すように，チミン（もしくはウラシル）以外のアデニン，グアニン，シトシンは環外アミノ基を有しているため，鎖伸長反応中の副反応を避ける目的で保護基を導入する．一般的には，ベンゾイル（Bz）基やイソブチリル（*i*-Bu）基などのアシル基を対応する酸クロリドを用いてアミノ基に導入し，鎖伸長後は濃アンモニア水を用いて加熱除去する[7]．最近では，室温での濃アンモニア水処理や炭酸カリウム-メタノール溶液などの温和な脱保護条件で除去できるアセチル（Ac）基や，フェノキシアセチル（Pac）基なども核酸塩基部の保護基として用いられている[8]．とくに Pac は，2′-デオキシアデノシンのアミノ基に導入すると，Bz を導入した場合に比べ酸性条件で起きるデプリネーションを 5 分の 1 程度に抑制できることから[9]，酸処理を繰り返し行う長鎖 DNA オリゴヌクレオチドの合成に適している．

一方，複雑な修飾基をもつ機能性人工核酸を迅速かつ高純度で合成することを目的に，さまざまな保護基が開発されている．たとえば，4-ニトロフェニルエトキシカルボニル基（NPEC）は求核性のない 1,8-ジアザビシクロ[5.4.0]-7-ウンデセン（DBU）で除去可能であり[10]，*N*,*N*-ジメチルホルムアミジン（DMF）や *N*,*N*-ジブチルホルムアミジン（DBF）はアンモニア水処理だけでなく[11]，イミダゾリウムトリフラートを用いた弱酸条件でも脱保護できる[12]．さらに，Pd(0) 錯体［$Pd(PPh_3)_4$，$Pd_2(dba)_3 \cdot CHCl_3$］で除去できるアリルオキシカルボニル（AOC）基[13]，フッ化物イオンで除去できる 2-[(*t*-ブチルジフェニルシリル

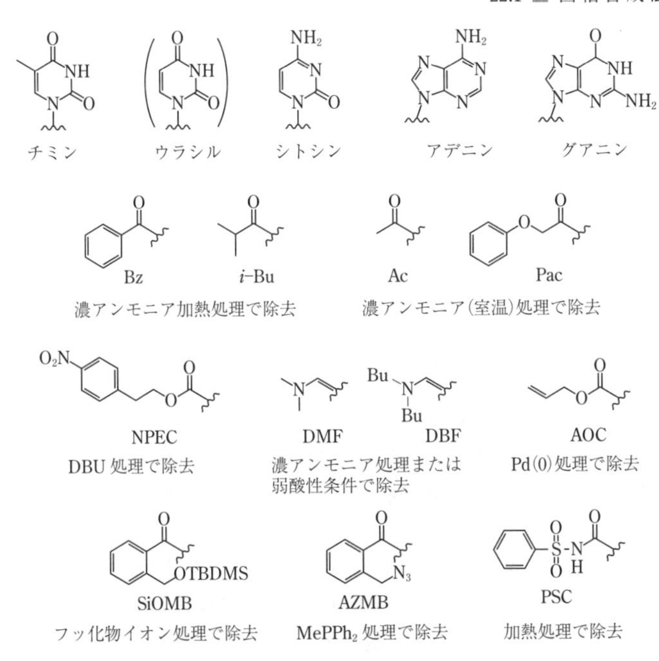

図 22.5　核酸塩基部の保護基

オキシ)メチル]ベンゾイル基（SiOMB）[14]，$MePPh_2$ 処理で除去できる 2-(アジドメチル)ベンゾイル（AZMB）基[15]，加熱処理のみで除去できるフェニルスルホニルカルバモイル（PSC）基[16] などがある．

(ii) 5′-ヒドロキシ基の保護基　オリゴヌクレオチド合成でもっとも汎用される 5′-ヒドロキシ基の保護基は，4,4′-ジメトキシトリチル（DMTr）基である[17]（図 22.6）．このDMTr 基は，鎖伸長のたびに酸性条件，たとえば 3% トリクロロ酢酸-ジクロロメタン溶液や，1% トリフルオロ酢酸-ジクロロメタン溶液などで迅速に除去できる．また，このDMTr 基は第一級ヒドロキシ基である 5′-ヒドロキシ基へ選択的に導入することが容易であり，モノマーユニットの効率合成の観点からも非常に有用な保護基である．

最近では，DMTr 基のほかに鎖伸長サイクルに含まれる酸化工程で，リン部位の酸化と同時に除去できる保護基も開発されている．4-モノメトキシトリチルチオ（MMTrS）基は 0.1 $mol\ L^{-1}$ のヨウ素溶液で処理すると 1 分ほどで除去できるほか[18]，3-(トリフルオロメチル)フェノキシカルボニル（TPC）基は，LiOH 存在下（pH 9.6）メタクロロ過安息香酸（*m*CPBA）で処理すると除去可能である[19]．さらに，Caruthers らは Et_3N 存在下 HF 処理により迅速に除去できるビス(トリメチルシロキシ)ミクロドデシロキシシリル（DOD）基を 5′-ヒドロキシ基の保護基として利用し，RNA オリゴヌクレオチドを効率よく合成している[20]．一方，

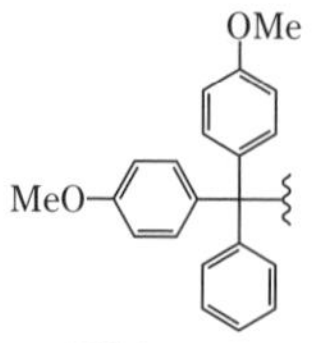

DMTr

酸処理（3%トリクロロ酢酸）で除去

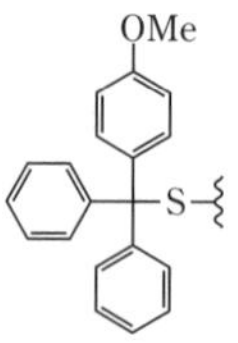

MMTrS

ヨウ素処理で除去

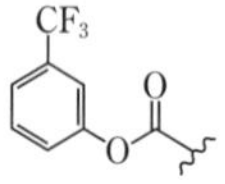

TPC

LiOH 存在下（pH 9.6）*m*CPBA 処理で除去

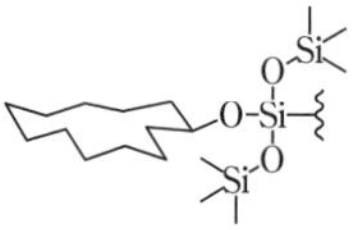

DOD

Et_3N 存在下 HF 処理で除去

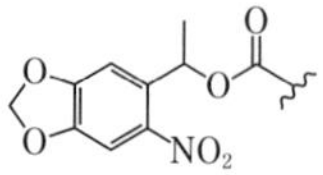

MeNPoc

光照射（365 nm）で除去

図 22.6　5′-ヒドロキシ基の保護基

限られたスペースにさまざまな配列をもったオリゴヌクレオチドを高密度に配置する DNA マイクロアレイの合成では，365 nm の照射光によって除去できる α-メチル-6-ニトロピペロニルオキシカルボニル（MeNPoc）基が利用されている[21]．工学的に光を照射する場所を制御することにより，目的の場所だけを脱保護でき，その後その場所だけに鎖伸長を行うことができる．

（iii）**2′-ヒドロキシ基の保護基**　RNA オリゴヌクレオチドの合成では，副反応を避けるために 2′-ヒドロキシ基にも保護基を導入する．しかし，保護基の除去反応に強い酸性もしくは塩基性条件を用いると，遊離した 2′-ヒドロキシ基が分子内のリン酸を求核攻撃しリン酸エステルが 3′-ヒドロキシ基から 2′-ヒドロキシ基へと転位するか，もしくは加水分解による鎖切断が起きてしまう．そこで，RNA オリゴヌクレオチドの合成では，温和条件で除去

TBDMS

TOM

CEM

CE

フッ化物イオン処理によって除去

ACE

第一級アミン処理後弱酸性条件で除去

TC

エチレンジアミン処理によって除去

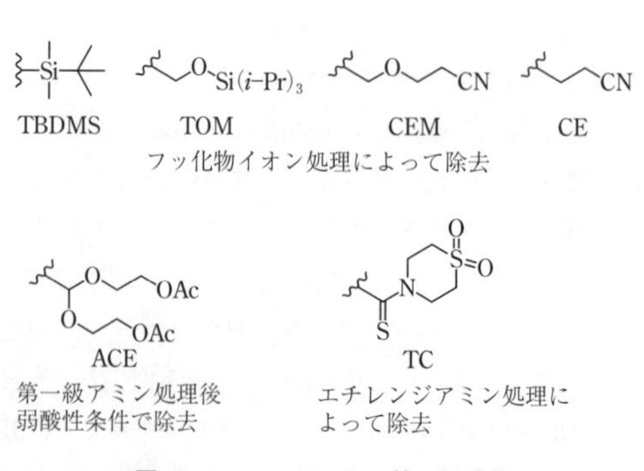

図 22.7　2′-ヒドロキシ基の保護基

できる*t*-ブチルジメチルシリル（TBDMS）基が汎用されている[22)]（図22.7）．TBDMS基の導入は，*t*-ブチルジメチルシリルクロリド（TBDMS-Cl）と2′-および3′-ヒドロキシ基が遊離のヌクレオシドを反応させ，2′-TBDMS体と3′-TBDMS体が混在するなかから目的の2′-TBDMS体をカラムクロマトグラフィーで精製する（式(22.1)）．一方，環状シリルエーテルで5′-および3′-ヒドロキシ基を閉塞すると2′-ヒドロキシ基が選択的に導入できる（式(22.2)）[23)]．ただし，環状シリルエーテルの導入・除去工程が増えるため，大量合成には不向きである．

DMTrO, B, HO OH —TBDMS-Cl→ DMTrO, B, HO O−Si (2′-TBDMS体) + DMTrO, B, Si−O OH (3′-TBDMS体)　(22.1)

t-Bu, *t*-Bu, O, B, O OH —TBDMS-Cl→ *t*-Bu, *t*-Bu, O, B, O O−Si —HF-ピリジン→ HO, B, HO O−Si —DMTrCl→ DMTrO, B, HO O−Si　(22.2)

この TBDMS 基は鎖伸長反応後，オリゴヌクレオチドを固相担体から切り出してから，Bu_4NFなどのフッ化物処理により除去できる．また，リン酸エステルの隣接基関与により，弱酸条件（20% 酢酸水溶液）でもRNAオリゴヌクレオチドを分解させることなく除去できる[24)]（次式）．しかし，2′-ヒドロキシ基に導入したTBDMS基はそのかさ高さから，鎖伸長反応の効率を低下させてしまう問題がある．この保護基の立体障害による鎖伸長効率の低下を改善したのが，図22.7に示すトリイソプロピルシリルオキシメチル（TOM）基[25)]，2-シアノエトキシメチル（CEM）基[26)]，および2-シアノエチル（CE）基[27)]である．どの保護基もフッ化物処理により除去でき，TBDMS基を用いた場合に比べてその縮合効率は向上する．

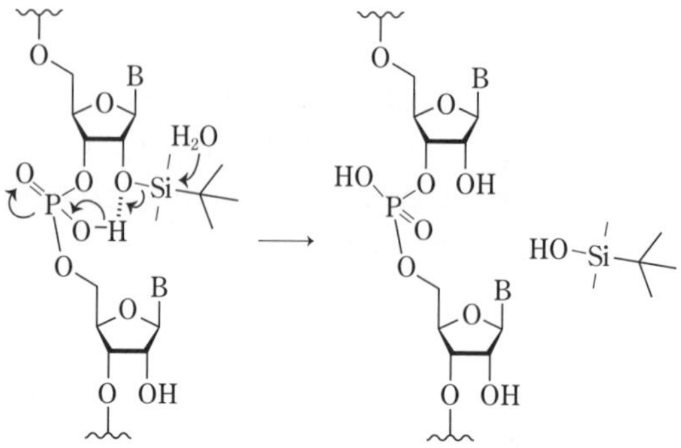

また，ビス[2-(アセトキシ)エトキシ]メチル（ACE）[20] は保護されたオルトエステル型の保護基で，第一級アミンでアセチル基を除去後，pH 3.0 程度の緩衝液で処理することで完全に除去することができる．RNA オリゴヌクレオチドは，2′-ヒドロキシ基が遊離な状態だと核酸分解酵素によって分解されやすいので，ACE を保護基として合成したさいは脱アセチル化後，オルトエステルの状態で保存し，使用する分だけを弱酸性緩衝液で処理して調製するとよい．

さらに，1,1-ジオキソチオモルホリン-4-チオカルボニル（TC）基[28] はエチレンジアミンで処理するとリン酸基の転位を起こすことなく除去することができるため，非常に効率よく RNA を合成することができる．

(iv) リン酸部位の保護基　リン酸部位の保護基は，鎖伸長反応時に安定で核酸塩基部の保護基と同時に除去できることが望ましい．そのため，現在よく使用されているのが CE 基[29] である（図 22.8）．この CE 基は，濃アンモニア水や DBU 処理などの塩基性条件においてβ脱離により除去できる．同様な条件で除去できる保護基として，4-ニトロフェニルエチル（NPE）基[30] がある．また，パラジウム(0) 錯体処理で分解できるアリル（Allyl）基[31] や加熱分解できる 4-メチルチオブチル（MTB）基[32] などもあり，合成したいオリゴヌクレオチドの修飾基の種類によって使い分けができる．

(v) 固相担体とオリゴヌクレオチドをつなぐリンカー　オリゴヌクレオチドの固相合成に用いられる固相担体は，多孔質ガラス（controlled pore glass：CPG）[33]，もしくは高架橋

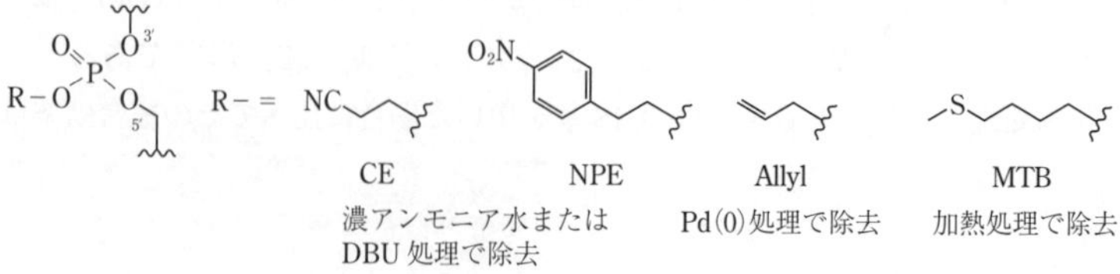

CE
濃アンモニア水または
DBU 処理で除去

NPE

Allyl
Pd(0)処理で除去

MTB
加熱処理で除去

図 22.8　リン酸部位の保護基

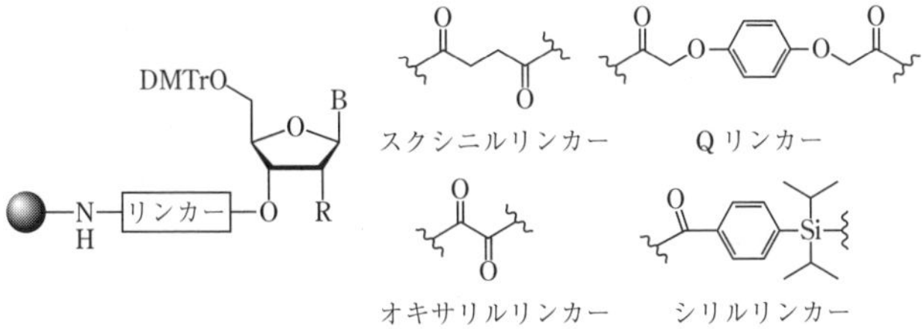

DMTrO B O N H リンカー O R
スクシニルリンカー　Qリンカー　オキサリルリンカー　シリルリンカー

図 22.9 オリゴヌクレチオドと固相担体をつなぐリンカー

度ポリスチレン（highly cross-linked polystyrene：HCP）[34] で，溶媒に対する膨潤度が低く，洗浄が容易な担体である．これら担体に足場となるアミノ基を組み込み，さらにリンカーを介してヌクレオシドを導入する．この末端のヌクレオシドを起点に 1 塩基ずつ鎖伸長を行うが，担体上で鎖伸長しているオリゴヌクレオチドが近づきすぎないように，末端のヌクレオシドの導入量は 20～80 μmol g^{-1} 程度に調整する．また，CPG では細孔径が 50～100 nm のものがよく使われるが，長鎖の合成になればなるほどより大きな孔径をもった CPG を選択するとよい．

固相担体とオリゴヌクレオチドをつなぐリンカーには，スクシニルリンカー[35] が汎用されている（図 22.9）．このリンカーは濃アンモニア水処理により切断でき，オリゴヌクレオチドを固相担体から切り出し可能である．スクシニルリンカーの導入は，下式に示すように，3′-ヒドロキシ基に無水コハク酸を反応させ誘導したヌクレオシドをジシクロヘキシルカルボジイミドなどの縮合剤を用いて行っているほか，スクシニルリンカーの一方のカルボキシ基を活性エステルに変換することでも容易に行うことができる．

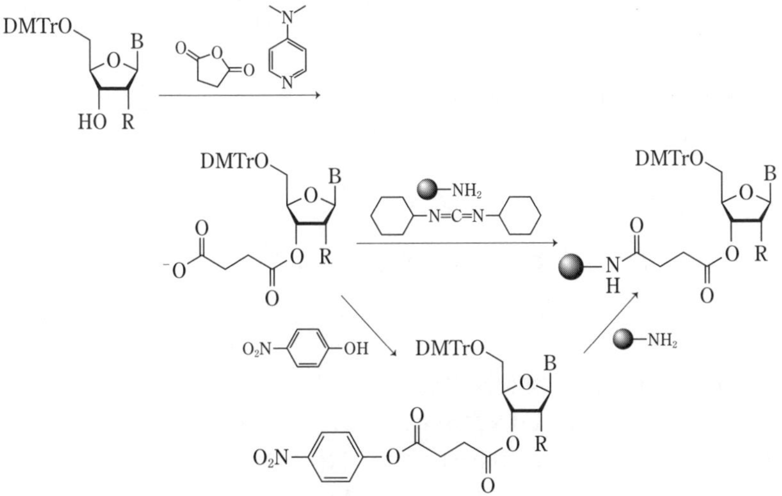

DMTrO B O HO R　N
DMTrO B O O R O $^-$O O　NH_2　N=C=N　DMTrO B O O R O N H O
O_2N OH　DMTrO B O O R O O_2N O O　NH_2

また，リンカーにオキサリルリンカー[36]やＱリンカー[37]を用いると固相担体からの切出し時間が短縮できるほか，アルキルアミン処理による温和な条件での切断が可能になる．塩基性条件で分解する人工核酸の合成では，中性条件下フッ化物イオン処理により切出し可能なシリルリンカー[38]を用いると，目的のオリゴヌクレオチドを効率よく得ることができる．

これまで記したリンカーを用いる場合には，3′-末端のヌクレオシドを導入した固相担体を事前に調製しておかなければならない．一方，下式に示すユニバーサルリンカー[39]を用いると，モノマーユニットとの縮合反応によって，目的のヌクレオシドを3′-末端に効率よく導入できる．このリンカーの切出しは，スクシニルリンカー同様アンモニア水処理で行う．下式に示すように，分子内環化反応より脱リン酸化を伴うリンカーの切断が起きる[40]．

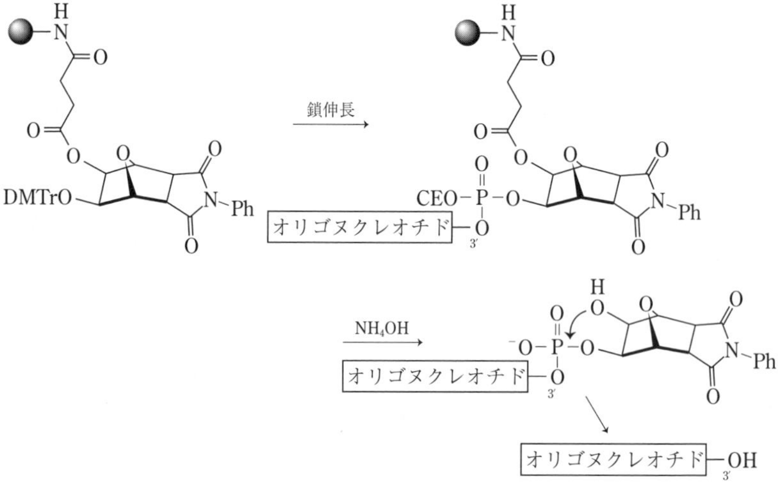

H N O O O O O DMTrO N Ph O 鎖伸長 H N O O O O O CEO P O N Ph オリゴヌクレオチド O 3′ O NH₄OH H O O O O ⁻O P O N Ph オリゴヌクレオチド O 3′ O オリゴヌクレオチド OH 3′

ほかにも図22.10に示すリンカーが，ユニバーサルリンカーとして利用されている．

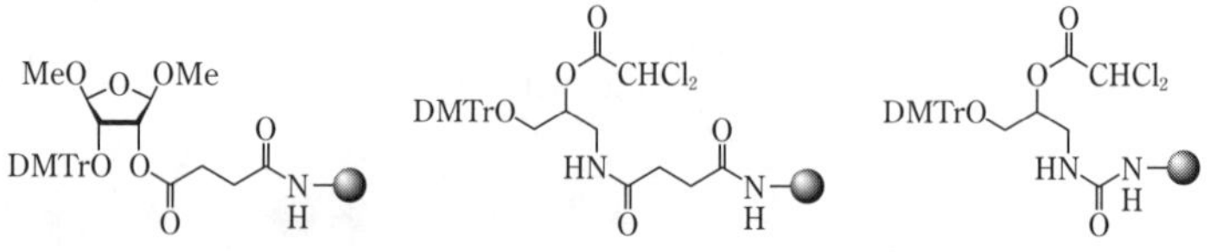

MeO O OMe DMTrO O O N H O O CHCl₂ DMTrO HN O N H O O O CHCl₂ DMTrO HN N H O

図 22.10　ユニバーサルリンカーの化学構造

b.　オリゴヌクレオチドの鎖伸長反応

インターヌクレオチド結合を構築する縮合反応は，オリゴヌクレオチド合成においてもっとも重要な反応の一つである．固相担体上で行う縮合法には，ホスホロアミダイト法，*H*-ホスホネート法，リン酸トリエステル法などがある．以下にそれぞれの反応の特徴について記述する．

（i）**ホスホロアミダイト法**　現在，もっとも汎用されている縮合反応はホスホロアミダイト法[7]である．この縮合法では，P−N 結合をもつ 3 価のリン化合物（ホスホロアミダイト化合物）をモノマーユニットとし，1*H*-テトラゾールのような弱酸性のアゾールで活性化して，ヌクレオシド 5′-ヒドロキシ基と反応させる．次式に示すように 3′-ヒドロキシ基のみが遊離なヌクレオシドに対し，亜リン酸化試薬であるホスホロジアミダイト CEOP[N*i*-Pr_2]$_2$，もしくはホスホロクロリダイト CEOP[N*i*-Pr_2]Cl を用いてモノマーユニットの合成を行う．このモノマーユニットと 1*H*-テトラゾールを用いて縮合反応を行ったのち，得られるホスファイトトリエステルをヨウ素水溶液もしくは *t*-ブチルヒドロペルオキシド（*t*-BuOOH）[41]を用いて酸化する．

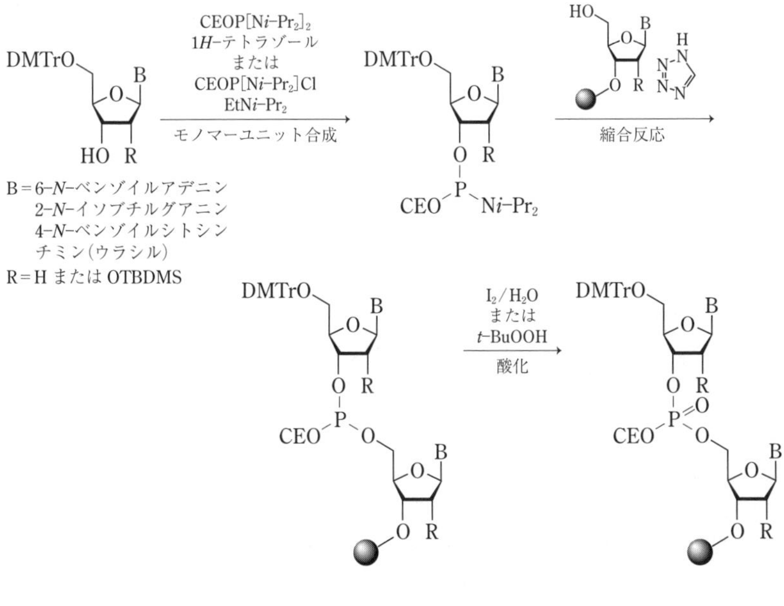

DMTrO　B　O　HO　R

CEOP[N*i*-Pr_2]$_2$
1*H*-テトラゾール
または
CEOP[N*i*-Pr_2]Cl
EtN*i*-Pr_2
モノマーユニット合成

DMTrO　B　O　O　R　P　CEO　N*i*-Pr_2

HO　B　O　O　R　H　N　N　N　N
縮合反応

B＝6-*N*-ベンゾイルアデニン
2-*N*-イソブチルグアニン
4-*N*-ベンゾイルシトシン
チミン（ウラシル）
R＝H または OTBDMS

DMTrO　B　O　O　R　P　CEO　O　B　O　O　R

I_2/H_2O
または
t-BuOOH
酸化

DMTrO　B　O　O　R　P　O　CEO　O　B　O　O　R

ホスホロアミダイトユニットの活性化は，次式に示すように“プロトン化 → アゾリド化 → 縮合”の順で進行する．すなわち，ホスホロアミダイト法での縮合効率は，活性化剤の酸性度や求核性に大きく左右される．そのため，これまでにさまざまな活性化剤を用いた縮合反応が利用されている（図 22.11）．たとえば，1*H*-テトラゾール（Tet）の 5 位にエチルチオ基や 3,5-ビス(トリフルオロメチル)フェニル基を導入すると，活性化剤（ETT[42]や Activator42[43]）の酸性度が上がり，縮合効率も高くなる．一方，4,5-ジシアノイミダゾール（DCI）[44]は Tet より酸性度は落ちるが，求核性が高いため反応効率が上がる．

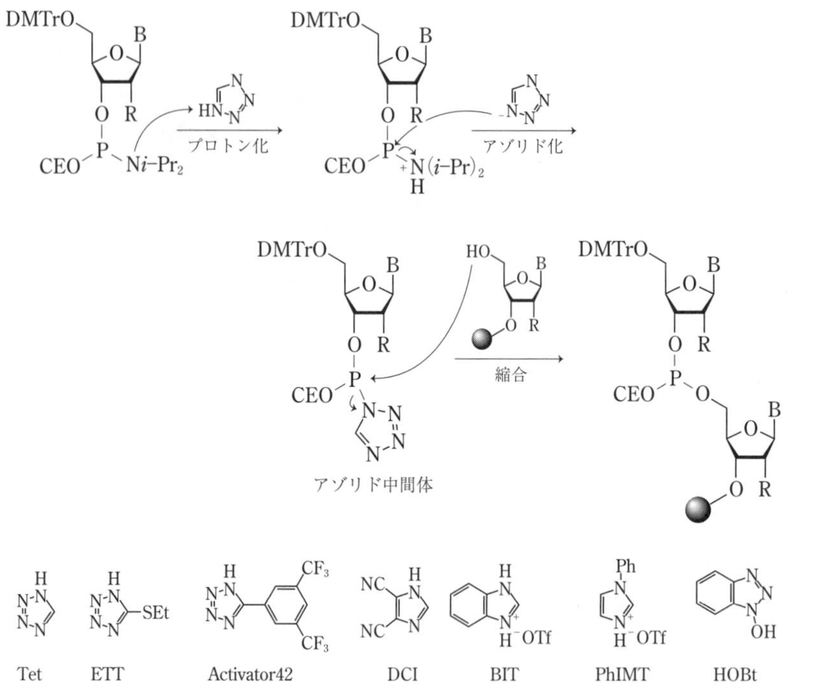

プロトン化　アゾリド化　アゾリド中間体　縮合

Tet　ETT　Activator42　DCI　BIT　PhIMT　HOBt

図 22.11　ホスホロアミダイト法に用いる活性化剤

また，酸アゾール複合塩であるトリフルオロメタンスルホン酸ベンズイミダゾリウム（BIT）[45]や *N*-フェニルイミダゾリウムトリフラート（PhIMT）[46]はモノマーユニットの活性化能が高く，とくに PhIMT は RNA 合成に適した活性化剤である．ただし，酸アゾール複合塩は CPG との相性が悪く，これらを用いるさいは HCP を固相担体として用いるとよい．さらに，1-ヒドロキシベンゾトリアゾール（HOBt）[47]を活性化剤に用いると，反応中間体は一般的なアゾリド体ではなくホスファイト中間体を経由して反応する．このホスファイト中間体の反応性はそれほど高くないが，核酸塩基部のアミノ基とはほとんど反応しないことから（ヒドロキシ基への反応選択性が高い），核酸塩基部を保護しなくても副反応は起こりにくい．

縮合反応後，3 価の亜リン酸トリエステルの状態では化学的に不安定で鎖切断が起きるため，鎖伸長のたびに酸化剤を用いて 5 価のリン酸トリエステルへ変換する．ここで，酸化剤の代わりに図 22.12 に記す 3*H*-1,2-ベンゾジチオール-3-オン-1,1-ジオキシド（Beaucage 反応剤）[48]や 5-(ジメチルアミノメチリデンアミノ)-3*H*-1,2,4-ジチアゾール-3-チオン（DDTT）[49]などの硫化剤を用いるとホスホロチオエート結合を有するオリゴヌクレオチドが容易に合成できる．ホスホロチオエート結合は核酸分解酵素による切断を受けにくいた

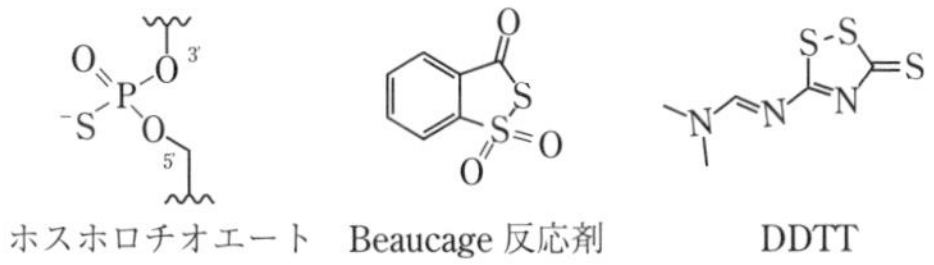

図 22.12　ホスホロアミダイト法で用いる硫化剤

め，現在ではアンチセンス分子や siRNA といった核酸医薬に積極的に取り入れられている[50]．ホスホロチオエートは通常のリン酸ジエステルと違ってリン原子上に不斉点を有することになるが，最近ではこの不斉を制御できる合成法[51]も利用されている．

(ii) *H*-ホスホネート法　*H*-ホスホネート法[7]では，下式に示すように 3′-*H*-ホスホネート化合物をモノマーユニットとして鎖伸長を行う．三塩化リン PCl_3 もしくはジフェニルホスホネート $(PhO)_2PHO$ を用いて 3′-*H*-ホスホネートモノマーユニットを合成する．その後，塩化ピバロイルやアダマンチルカルボニルクロリドを縮合剤とし，*H*-ホスホネート反応剤を活性化しながら 1 塩基ずつ鎖伸長を行う．ホスホロアミダイト法では酸化反応を縮合反応のたびに行うが，*H*-ホスホネート法では，*H*-ホスホネートジエステル結合が比較的安定で鎖伸長段階では分解されないため，P−H 結合は鎖伸長後一挙に行うことができる．また，*H*-ホスホネートジエステル結合は酸化を伴う変換反応が容易で，ホスホジエステル結合や

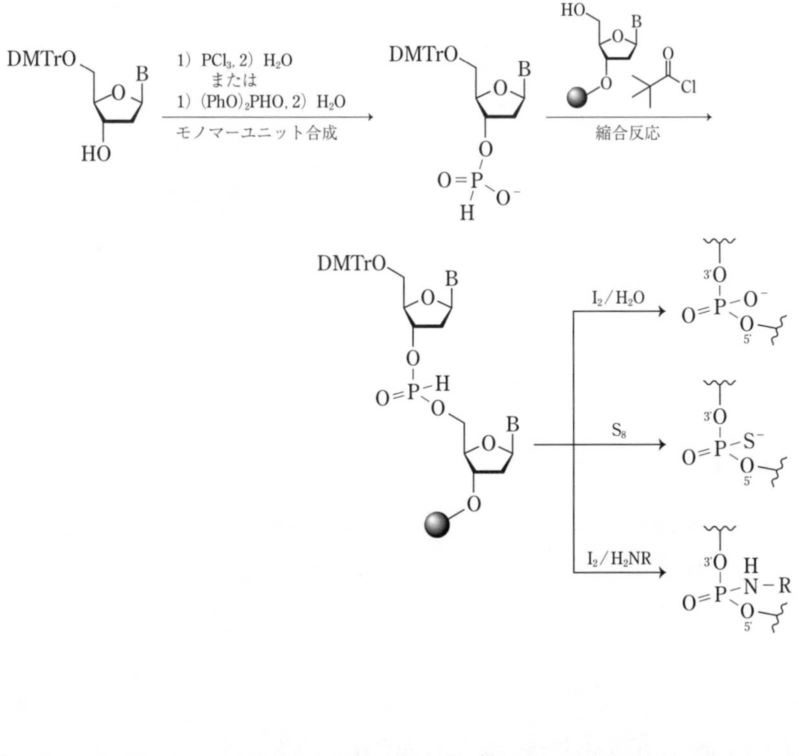

ホスホロチオエート結合への変換のほか，ホスホロアミデート結合にも変換可能である．

しかし，一般的に*H*-ホスホネート法では，ホスホロアミダイト法と比べると鎖長が長くなるにつれて副生成物が目立ち，精製に手間がかかるのが難点である．

(iii)リン酸トリエステル法　リン酸トリエステル法[7,17,52]では，式(22.3)に示すように保護基を有する3′-リン酸ジエステル化合物をモノマーユニットして鎖伸長を行う．このさい，縮合効率はリン酸の保護基の種類に大きく依存する．アルキル基よりもアリール基で保護しているほうが反応性は高く，なかでも2-クロロフェニル基はモノマーユニットの安定性と除去のしやすさから汎用されている保護基である．このリン酸ユニットをスルホン酸アゾール誘導体である1-(2-メシチレンスルホニル)3-ニトロ-1*H*-1,2,4-トリアゾール(MSNT)で活性化しながら，5′-ヒドロキシ基との縮合を行う．鎖伸長後は，クロロフェニル基を4-ニトロベンズアルドオキシムや2-ピリジンアルドオキシムのテトラメチルグアニジウム塩によって除去できる（15.2.6項参照）．また，保護基をフェニルチオ基[53]に変えても同様な反応性を示す（式(22.4)）．

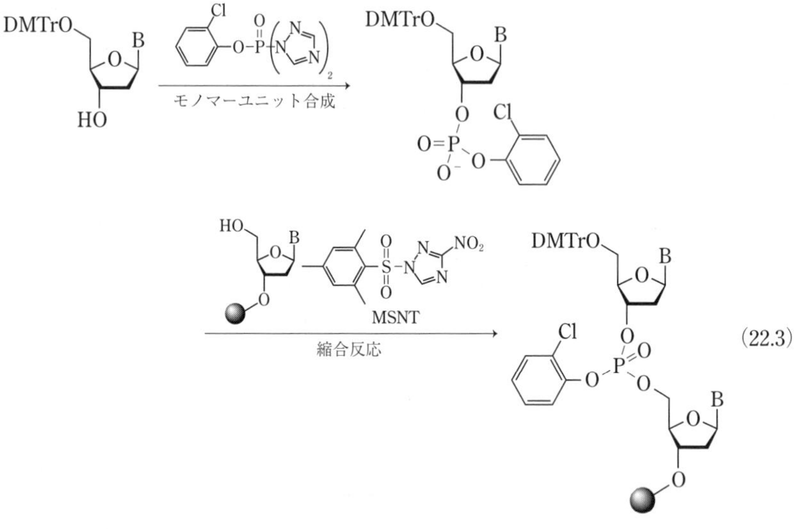

モノマーユニット合成

MSNT

縮合反応　(22.3)

モノマーユニット合成

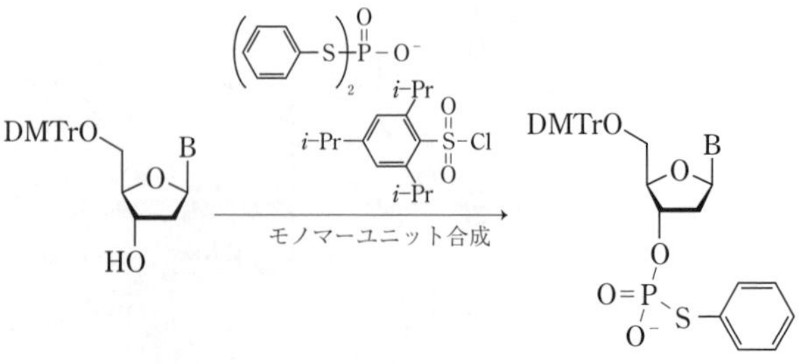

HO　B　O　O　S　N　N　N　NO₂　O　MSNT

縮合反応

DMTrO　B　O　O　O　P　O　S　O　B　O　O　R

(22.4)

リン酸トリエステルモノマーユニットは，前述したホスホロアミダイトモノマーユニットに比べ化学的に安定で調製しやすいが，縮合時間が長いという問題点がある．そのため，現在のオリゴヌクレオチドの固相合成は，ホスホロアミダイト法で行われている．

c.　ホスホロアミダイト法を用いた合成サイクル

ホスホロアミダイト法を用いた固相合成では，“縮合 → キャップ化 → 酸化 → 脱 DMTr 化”を 1 サイクルとして鎖伸長を行い，目的の鎖長になったときに固相担体からの切出しおよび脱保護を行う（図 22.13 および表 22.6）．現在では，鎖伸長および簡易な切出しは核酸

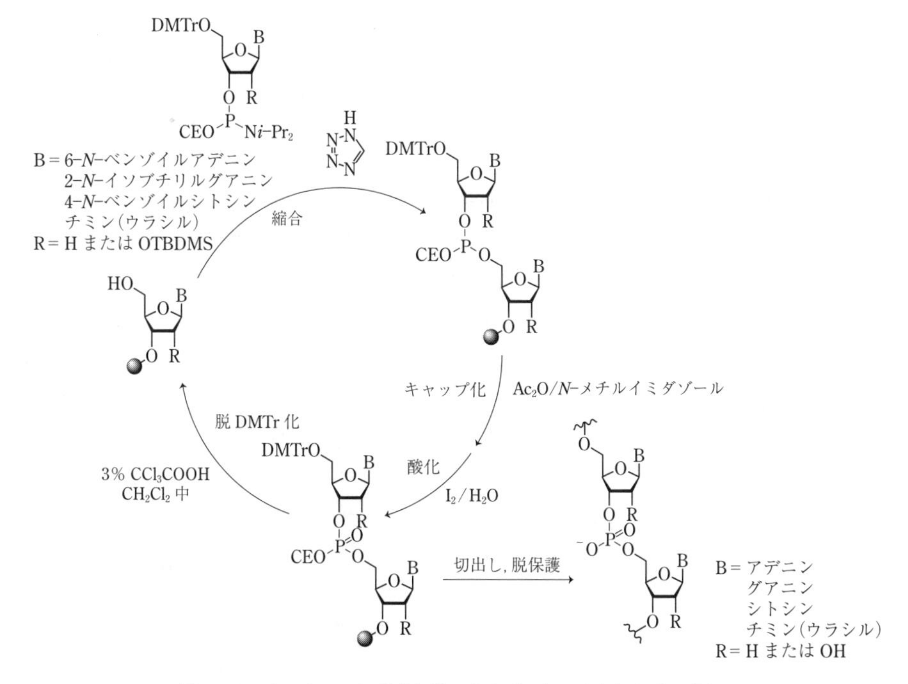

図 22.13　ホスホロアミダイト法のオリゴヌクレチオド合成サイクル

表 22.6　ホスホロアミダイト法におけるオリゴヌクレオチド合成サイクルの反応条件

工　程	反応条件	反応時間[min]
1. 縮　合	3′-モノマーユニット（10～20 当量） ＋活性化剤（20～80 当量）/アセトニトリル	1 (DNA) 10 (RNA)
2. キャップ化	無水酢酸＋*N*-メチルイミダゾール/THF-ピリジン	1
3. 酸　化	0.1～0.2 mol L^{-1} I_2/THF-ピリジン-H_2O	1
4. 脱 DMTr 化	3% トリクロロ酢酸/ジクロロメタン	1

合成機で行うことができ，0.2～10 μmol のスケールで配列によっては 100 量体を超えるオリゴヌクレオチドの合成が可能になっている.

（i）**縮合工程**　前述したように，モノマーユニットを Tet のような酸性活性化剤で活性化しながら固相上のオリゴヌクレオチド 5′-末端ヒドロキシ基と反応させる．この縮合には固相担体の反応点に対して大過剰の試薬が用いられ，おおよそ 10～20 当量のモノマーユニットと 20～80 当量の活性化剤が消費される．縮合時間はそのオリゴヌクレオチドの構造が DNA か RNA かによって，また RNA の場合は 2′-ヒドロキシ基の保護基の種類によっても変わる．一般的に DNA では 1 分程度，2′-OTBDMS RNA では 10 分程度の縮合時間を要する．2′-ヒドロキシ基の保護基を立体障害の少ない TOM や CEM にするとその反応時間は 2 分程度と大幅に短縮できる.

（ii）**キャップ化工程**　一般的なオリゴヌクレオチドの合成において，その鎖伸長効率は 99% 程度と非常に高い．しかし，鎖長が長くなればなるほど縮合反応が不十分なために生じた鎖長の短いオリゴヌクレオチドは無視できず，1 塩基だけしか差のないオリゴヌクレオチドは精製の妨げになる．そこで，縮合できなかった遊離の 5′-ヒドロキシ基に対して酸無水物を反応させることで，それ以上の鎖伸長が起きないようキャップ化を行う．一般的には，無水酢酸と *N*-メチルイミダゾールを用いて 1 分程度固相担体を処理することで 5′-ヒドロキシ基のアセチル化を行う．ただし，塩基部を Pac で保護している場合，とくにグアニンのアミノ基などの保護基がアセチル基に交換されてしまうため[54]，無水フェノキシ酢酸を用いてキャップ化を行うとよい.

(iii) 酸化工程　インターヌクレオチドの酸化は，縮合反応のたびに 0.02～0.1 mol L^{-1} ヨウ素水溶液を用いて 1 分程度反応させる．オリゴヌクレオチド中に 2-チオウラシルなどのチオカルボニル基を有する修飾塩基が含まれる場合には，高濃度のヨウ素溶液を用いると脱硫を起こすため[55]，0.02 mol L^{-1} 溶液を使用する．

(iv) 脱 DMTr 化工程　さらなる鎖伸長を行うためには，5′-ヒドロキシ基をその都度，遊離にしなければならない．そこで，3% トリクロロ酢酸-ジクロロメタン溶液などを用いて 1 分間程度固相担体を処理して DMTr を酸加水分解する．このとき，強い酸性条件で DMTr の脱保護を行うと，DNA の場合はデプリネーションを起こしてしまうため注意しなければならない．また，除去した DMTr の残渣を回収し，溶液の 498 nm での吸収を用いて比色定量を行うと縮合効率を算出することができる．核酸合成機には，この原理を応用し縮合効率をチェックするモニターがついている．

(v) 切出し，脱保護工程　目的の鎖長まで伸長したら，オリゴヌクレオチドを固相担体から切り出し，脱保護を行う．保護基やリンカーの組合せにもよるが，図 22.13 のような場合は固相担体をアンモニア水（RNA の場合アンモニア水-エタノール混合溶媒）で室温にて 1 時間程度処理することで切出しとリン酸のシアノエチル基の除去を行い，溶液を回収したのちにさらに 55 ℃ で 6～8 時間程度処理して核酸塩基部のベンゾイル基やイソブチリル基を除去する．

d. オリゴヌクレオチドの精製および同定

オリゴヌクレオチドの精製は，逆相（C18）簡易カラム，逆相およびイオン交換高速液体クロマトグラフィー，ポリアクリルアミドゲルなどを用いて行う．

(i) 逆相（C18）簡易カラムを用いた DMTr-ON 精製　オリゴヌクレオチドを固相担体から切り出すさい，末端の DMTr を除去しない状態で処理を行えば伸長不完全なオリゴヌクレオチドを脂溶性の差で分けることができる．DMTr が結合していないオリゴヌクレオチドは，C18 のシリカゲルカラムクロマトグラフィーでは 10～15% のアセトニトリル存在下の緩衝液（酢酸アンモニウム水溶液など）で溶出される．一方，DMTr が結合しているオリゴヌクレオチドは脂溶性が高いため，25～30% のアセトニトリル存在下の緩衝液でなければカラムクロマトグラフィーから溶出されない．そこで，未精製の状態の溶液を C18 の簡易カラムに通し，まず 10～15% のアセトニトリル存在下の緩衝液で洗浄することで鎖伸長不十分のオリゴヌクレオチドを除く．その後，このカラムを緩衝液だけで洗浄したのち，2% トリフルオロ酢酸水溶液を 1 分程度流すことで，末端の DMTr を酸加水分解する．さらに，洗浄を行ったのち，10～15% のアセトニトリル存在下の緩衝液を流すと目的のオリゴヌクレオチドが溶出される．

(ii) 逆相およびイオン交換高速液体クロマトグラフィー（HPLC）を用いた精製　高純度なオリゴヌクレオチドを得るためには，HPLC を用いた精製が有効である．逆相カラムを用いた場合は，酢酸アンモニウムとアセトニトリルの溶出溶媒を用いて，アセトニトリルの割合が徐々に増えるように濃度勾配をかける．260 nm 付近の波長の吸収をモニタリングすることで，目的のオリゴヌクレオチドの精製を行う．また，イオン交換カラムではリン酸ナトリウム緩衝液を溶出溶媒として NaCl や NaBr などの塩の濃度勾配をかけながら精製を行う．

(iii) ポリアクリルアミドゲル（PAGE）を用いた精製　オリゴヌクレオチドの鎖長に応じて，ゲルのアクリルアミドの濃度を 10～20% 程度に調節し，ゲル電気泳動を行う．泳動後，ゲルに紫外線を照射して吸収のあるバンドを切り出し，電気溶出を行うことで目的のオリゴヌクレオチドを精製する．

(iv) オリゴヌクレオチドの同定　質量分析技術の発展により，現在はマトリックス支援レーザー脱離イオン化時間飛行質量分析計（MALDI-TOF MS）やエレクトロンスプレーイオン化時間飛行質量分析計（ESI-TOF MS）を利用することでオリゴヌクレオチドを容易に同定することができる．

22.1.3　固相法を用いた炭素-炭素結合形成反応

複数の炭素-炭素結合形成を固相法を用いて行うことで，炭素骨格の構築を含む高い多様性をもつ化合物合成が容易になる．固相担体としてペプチドの固相合成などに用いられる架橋ポリスチレンのビーズ，およびランタン形の樹脂を用いることができる．このさい，用いる溶媒により樹脂の膨潤度が異なるので注意が必要である．一般にポリスチレン樹脂は DMF, CH_2Cl_2 にはよく膨潤するので十分な反応性が得られるが，MeOH, エーテルには膨潤しないため反応が進行しない場合がある．この問題を解決するためには，混合溶媒系を用いるほか，PEG 鎖で修飾された樹脂を用いると良く，幅広い溶媒を用いて有機合成反応を行うことができる[56]．ただし，ルイス（Lewis）酸など PEG に配位する試薬を用いる場合には適さない．また，架橋されたポリマー樹脂の代わりに架橋していないポリマーや PEG は，反応中では可溶な溶媒を使って通常の溶液反応を行い，後処理時には固化する溶媒を用いて，固相合成と同様の洗浄操作が行えることから液相合成に利用されている[57]．

リンカーには用いる有機合成反応に適したものを選択する必要がある[58]．リンカーは合成反応の最後に除去する保護基として考えると合成計画を立てやすい．つまり，用いる有機合成反応条件では反応せず，固相担体からの切出しにおいて，生成物が損壊しないものが求められる．炭素骨格構築を含む固相合成について，用いるリンカーの性質とともに述べる．

a.　インドール誘導体の固相合成[59]

4-アルコキシベンジルアルコールをリンカーにもつ Wang 樹脂に 3-アミノ-4-ヨード安息香酸を導入した **1** に対して，置換基 R^1 を有する末端アセチレンをパラジウム触媒を用いる薗頭反応により導入し，無水トリフルオロ酢酸でアミノ基をアシル化して **2** を得る．つづいてパラジウム触媒存在下 R^2OTf を作用させてインドール環を構築し，R^3X を用いて遊離のインドールアミンをアルキル化する．最後に TFA で処理して固相から生成物を切り出し，

1,2,3-三置換インドール誘導体(**3**)を効率よく合成することができる．Wangリンカーは酸処理によって切断できるため，ペプチドのカルボキシ末端遊離カルボン酸の合成によく利用される．また，**1**の代わりに*o*-ヨードフェノール誘導体を用いて同様にして末端アルキンとのカップリング-環化反応を行うと，ベンゾフラン誘導体を合成することができる[60]．このようにパラジウム触媒反応は広く固相合成に用いることが可能である[61]．

1) ≡—R^1, $PdCl_2(PPh_3)_2$ 触媒, CuI, Et_2NH, DMF
2) $(CF_3CO)_2O$, ピリジン, CH_2Cl_2

(**1**)

1) R^2OTf, $Pd(PPh_3)_4$ 触媒, K_2CO_3, DMF
2) R^3X, NaH, DMF
3) TFA, CH_2Cl_2

(**2**)　(**3**)

b.　プロスタグランジン類縁体の固相合成[62]

シクロペンテンジオールの一方のヒドロキシ基をジ-*t*-ブチルシリルリンカーを介して固相に担持した(*Z*)-臭化ビニル(**4**)に対し，アルキルホウ素化合物との鈴木-宮浦交差カップリング反応を行い，R^1を導入した**5**を合成する．ギ酸を用いてトリメトキシトリチル

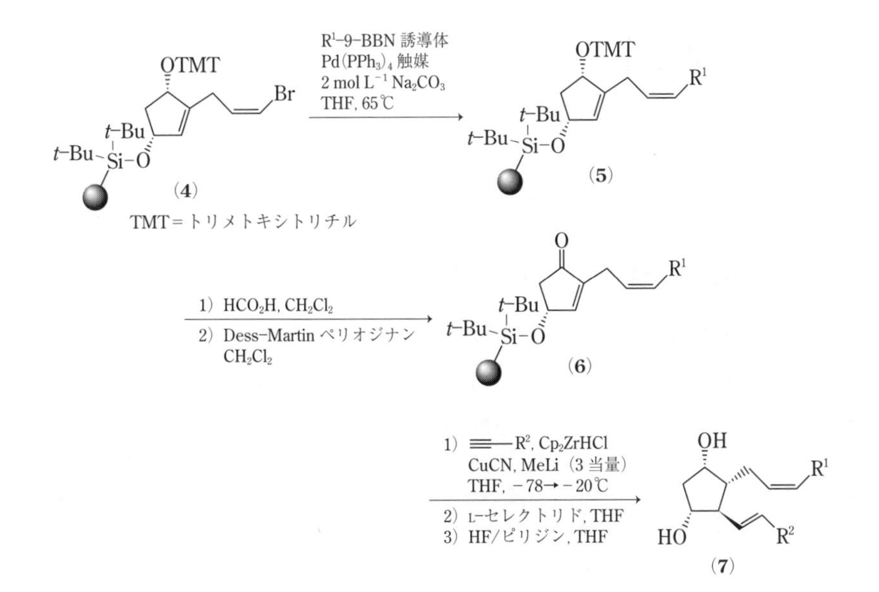

(TMT) 基を選択的に除去したのち，Dess-Martin 試薬によりヒドロキシ基を酸化してエノン(**6**)を得る．THF 中，低温下でビニル銅試薬と処理すると，立体選択的に 1,4-付加体を得ることができ，L-セレクトリドによりケトンの立体選択的な還元を経てプロスタグランジン F_2 類縁体(**7**)が得られる．この還元を行わず固相から切り出せばプロスタグランジン E_2 類縁体も得られる．ジ-*t*-ブチルシリルリンカーは，上記のすべての反応条件に安定で，最終段階において HF・ピリジンを用いる温和な条件で生成物を損なうことなく固相から切り出してアルコールを与えることから有用なリンカーである．

c.　2,4-ジアミノチアゾール誘導体の固相合成[63)]

リンカーを最終段階の反応性基として用いることにより，固相からの切出しとともに骨格合成に利用することができる．たとえば，下式に示すようにチオ尿素リンカーを有する固相担体(**8**)を用いてイソシアナート R^1NCS と反応後，R^2COCH_2Br を用いて塩基性条件でチオアルキル化を行うと，分子内付加-チオ基の脱離を経て 2,4-ジアミノチアゾール(**12**)が固相から切り出される．このほか，ホスホナートリンカーを用いた Horner-Wadsworth-Emmons 反応[64)]，あるいはアルケンリンカーを用いたメタセシス反応[65)]も，固相からの切出しとともにアルケンあるいはシクロアルケンを形成する手法として有用である．

$^+NH_2Cl^-$　S　NH_2　(**8**)　—R^1NCS / 塩基→　NH　S　NH　S　NHR^1　(**9**)　—R^2COCH_2Br / 塩基→

[NH　S　N　R^2　S　NHR^1　O　(**10**)　→　NH_2　S　N　R^2　S　NHR^1　O　(**11**)]　→　H_2N　N　R^2　S　NHR^1　O　(**12**)

22.2　相間移動触媒を用いる合成法

22.2.1　相間移動触媒反応の機構と特徴

相間移動触媒（phase transfer catalyst：PTC）は，有機相-水相あるいは有機相-固相などの異なる 2 相に分離して存在する物質の一方をおもにイオン対のかたちで他相に可溶化させることにより反応を促進する物質である．たとえば 1-ブロモオクタンとシアン化ナトリウム水溶液とから 1-シアノオクタンを合成する反応（下式）は，無触媒では反応速度は非常に小さいが，少量の PTC，たとえば臭化テトラブチルアンモニウムの添加により反応は著しく促進され，高収率でニトリルが得られる．

$$(\mathrm{RBr})_{\mathrm{org}} + (\mathrm{NaCN})_{\mathrm{aq}} \xrightarrow{\mathrm{R'_4NBr}} (\mathrm{RCN})_{\mathrm{org}} + (\mathrm{NaBr})_{\mathrm{aq}} \quad \begin{matrix} \mathrm{R} = \mathrm{C_8H_{17}} \\ \mathrm{R'} = \mathrm{C_4H_9} \end{matrix}$$

図 22.14 に示すように，第四級アンモニウムイオン界面または水中でシアン化物イオンとイオン対 $R'_4N^+ \ {}^-CN$ を形成し，これは有機相への溶解度が大きいため有機相中に入り，そこでブロモアルカンと求核反応を行うと考えられている．つまり PTC は界面を通してのアニオンのキャリヤーとしてはたらくのである．このように実際の反応場は有機相の中と考えられているが，そこでの求核種は遊離のアニオンではなくイオン対であることが各種のイオン対の均一系における反応性の比較から推定されている．動力学的研究もこの結果を支持しているが，これらのイオン対は数分子の水により水和されており，その結果，完全に遊離のイオン対と比べて反応性はかなり低下する．たとえばブロモアルカンのチオフェノキシドイオン PhS^- による求核置換反応で，水–有機相間反応の速度定数は，ベンゼン中で $Bu_4N^+ \ {}^-SPh$ を求核剤とする均一系と比較して 10 分の 1 程度である[66]．水の存在はまた求核剤の相対的な反応性にも大きい影響を与える．

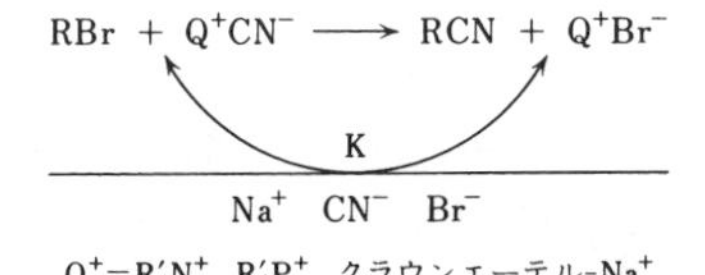

図 22.14　相間移動触媒反応の機構

回転式かきまぜ機を用いた水–有機相間反応では，ある程度（たとえば標準的反応方法で 300～400 rpm）以上の回転数では反応速度は回転数に依存せず，界面を通しての物質移動が律速段階とはならない．このような条件下で Starks ら[67] はクロロアルカンのシアノ化反応に対して次の速度式を導いた．

$$-\frac{\mathrm{d[RCl]}}{\mathrm{d}t} = k_0[\mathrm{RCl}][\mathrm{QCN}]$$

$$= \frac{k_0\phi'}{1+\phi}[\mathrm{Q_0}][\mathrm{RCl}]$$

ここで，k_0 は有機相中での RCl と QCN（Q は第四級アンモニウム基）との反応速度定数，$[Q_0]$ は全触媒濃度，$\phi=[\mathrm{QCN}]_{\mathrm{org}}/[\mathrm{QCl}]_{\mathrm{org}}$ で ϕ＝一定と仮定している．つまり，反応速度は触媒量に関して一次となり，これは実験的に確認された．

後で述べるように，相間移動触媒反応は単なる官能基の変換ばかりでなく，炭素–炭素結合の形成反応にも用いられ，応用範囲の広い手法である．一般的には塩基またはアニオンの関与する反応に適用され，とくにカルボアニオン，カルベン，ニトレン，イリドなどの不安定中間体を経由する反応をアルカリ水溶液を用いて比較的温和な条件下で効率よく行うことができる．DMF などの極性非プロトン溶媒や DBU などの有機強塩基を用いる方法に代わるものとして非常に多数の実施例が報告され，工業プロセスへの応用も広がっている．

22.2.2　触媒の構造と活性

上に述べたPTCの作用機構から，触媒としてはたらくための条件として次のようなことがあげられる．

(1)　カチオンまたはそれに類する官能基あるいはカチオンと安定な錯体を形成する官能基をもち，アニオンのキャリヤーとなるもの

(2)　有機相への分配係数の大きいもの．有機相中で水和の少ないもの

(3)　有機相中でのアニオンとの結合が比較的ゆるいもの

(4)　熱安定性の高いもの

このほか低毒性，経済性も考慮されるべきであるが，これらの条件を満たし現在よく用いられる触媒として，第四級アンモニウム塩，第四級ホスホニウム塩，クラウンエーテル，クリプタンド，鎖状ポリエーテルなどがある．またホスホロアミド，ホスフィンオキシド，スルホキシド，アミンオキシド，ポリアミンなども報告されている．

a.　第四級アンモニウム塩およびホスホニウム塩

Herriottらは，1-ブロモオクタンのチオフェノキシドイオンによる置換反応を，ベンゼン-水の系で各種のアンモニウム塩およびホスホニウム塩を触媒として行い，表22.7の結果を得た[66]．上に述べた条件から予想されるように，親油性が高く，また対称性の高い分子構造を有する第四級塩が高い触媒活性を示す傾向がある．熱安定性の点では，アンモニウム塩よりホスホニウム塩がすぐれているが，アルカリ水溶液を用いる反応の場合にはホスホニウム塩のほうが分解しやすい．また一般にベンジル基を含むものは，アルキル基のみからなるものと比較して安定性が低い．表22.7において触媒活性は，OH^-の有機相への抽出能力とよい相関関係があることが示されている．

触媒の対アニオンも活性に影響を与える．親水性が高く，求核性の低いものが望ましい．この点からHSO_4^-やCl^-がすぐれているが，第四級塩の合成には第三級アミンと臭化アルキルとの反応が多用されることから，実際には臭化物が広く用いられている．ヨウ化物は求

表22.7　1-ブロモオクタンとチオフェノキドイオンの相間反応における触媒活性

触　　媒	炭素数	K	$k\times10^3$ [L mol^{-1} s^{-1}]
$(CH_3)_4NBr$	4	0.027	<0.001
$C_6H_5CH_2N(C_2H_5)_3Cl$	13	0.041	<0.001
$(C_3H_7)_4NBr$	12	0.11	0.034
$C_{16}H_{33}N(CH_3)_3Br$	19	0.15	0.92
$C_5H_5NC_{12}H_{25}Br$	17	0.18	0.56
$C_{10}H_{21}N(C_2H_5)_3Br$	16	0.26	1.5
$C_{12}H_{25}N(C_2H_5)_3Br$	18	0.54	1.7
$(C_4H_9)_4NBr$	16	0.68	31

K＝ベンゼン中 [OH^-]/水中 [OH^-]

核性が高いため避けるべきである．市販品のなかではテトラブチルアンモニウム塩，トリオクチルメチルアンモニウムクロリド（商品名 Aliquat 336 または Adogen 464，ただしこれらはアルキル同族体を含む）が液-液および固-液反応によく用いられている．

b.　クラウンエーテル

クラウンエーテル（CE）やクリプタンド（またはクリプテート）は，アルカリ金属イオンをその空孔に取り込んでカチオン錯体を形成し，これらは各種のアニオンと油溶性イオン対をつくることにより結果として金属塩を有機溶媒中に可溶化する．

$$\mathrm{CE + MX \rightleftharpoons (CE \cdot M)^{+}X^{-}} \qquad \text{M：金属}$$

相間移動触媒反応では，これらのカチオン錯体が上に述べた第四級アンモニウムイオンに相当する作用を行う．代表的なクラウンエーテルおよびクリプタンドを図 22.15 に示す．クラウンエーテルの場合 15 員環と 16 員環はそれぞれ Na^+ および K^+ と安定な錯体をつくり，したがって PTC としてもそれぞれナトリウム塩およびカリウム塩を反応物質に選ぶことが望ましい．

アンモニウム塩の場合と同様に，一般に親油性の大きいクラウンエーテルの触媒活性が高く，(**15**)（R=H）<(**16**)<(**17**)の順である．(**15**)に長鎖アルキル基を導入すると，一般に

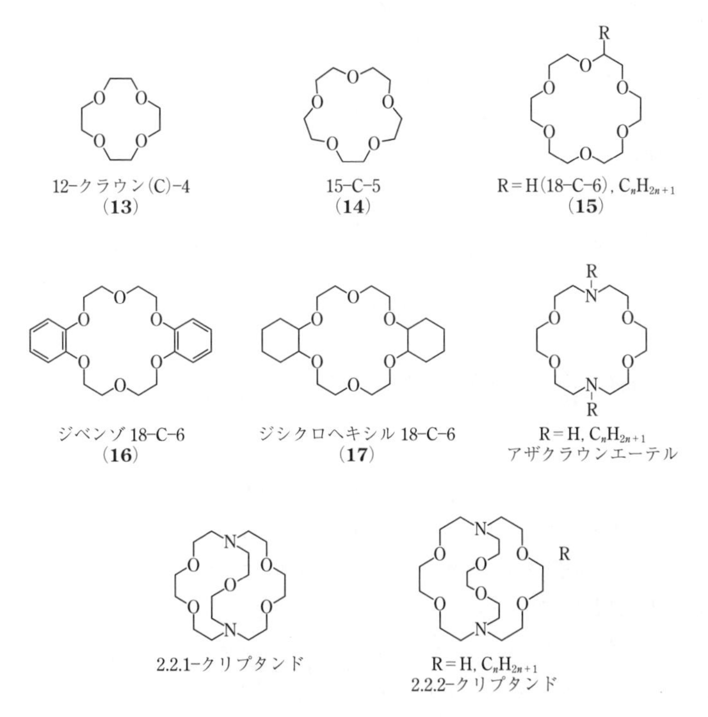

図 22.15　クラウンエーテルとクリプタンド

触媒活性が増大する．クラウンエーテルは無水状態でアルカリ金属塩-有機相の固-液反応に対して有効な場合が多く，また熱安定性もアンモニウム塩やホスホニウム塩と比較してすぐれている．反面，液-液反応において第四級アンモニウム塩より活性が劣る場合がある．

22.2.3　相間移動触媒を用いる反応[68~70]

a.　置換反応

次式で表される一群の脂肪族求核置換反応が PTC 系で行われ，ハロゲン化合物，ニトリル，ニトロ化合物，エーテル，エステル，スルフィド，アミン，アルコール，アセチレン誘導体の合成に利用できる．

$$R'{-}X + Y^- \longrightarrow R'{-}Y + X^-$$

R′＝アルキル
X＝Cl, Br, I, OSO_2R
Y＝F, Cl, Br, I, CN, NO_2, OH, OR, OCOR, SR, NHR, CHX′Y′, C≡CR
R＝アルキル，アリール

またいわゆる活性メチレン化合物からのカルボアニオンの求核置換反応による C−C 結合の形成にも用いられる．この場合メチレン基からのカルボアニオンの生成が第 1 段階の反応で，したがってメチレン水素の酸性度が反応性を決定する重要な要因である．これまでの例では pK_a 20～23 程度までの化合物のアルキル化が報告されている．たとえば，フェニルアセトニトリルおよびその誘導体(**18**)[71]，アセチルアセトン，フェニルアセトン，置換酢酸エステル(**19**)[72] などがある．

$$R{-}C_6H_4{-}CH_2{-}CN + R'X \xrightarrow[\text{TEBA}]{50\%\ \text{NaOH 水溶液}} R{-}C_6H_4{-}CH(CN)R' + R{-}C_6H_4{-}C(R')_2{-}CN$$

(**18**)

$$H_2C(CO_2R)R' + Br{-}CH_2CH_2{-}Br \xrightarrow[\text{TEBA}]{\text{NaOH 水溶液}} \text{cyclopropane-}C(CO_2R)R'$$

(**19**)　　$R' = CO_2H$, CN, $COCH_3$

インデン（pK_a 19.9），フルオレン（pK_a 22.6）は限界に近いがアルキル化が可能である．またアルデヒドの CH[73] やアセトン（pK_a 20）も反応性の高いアルキル化剤を用いれば PTC 条件下でアルキル化される．後者の反応はメチルヘプテノン（テルペン合成の中間体）の工業的合成に応用されている[74]．

$$CH_3{-}\underset{\underset{O}{\|}}{C}{-}CH_3 + (CH_3)_2C{=}CHCH_2Cl \xrightarrow[\text{Bu}_4\text{NBr}]{\text{NaOH 水溶液}} (CH_3)_2C{=}CHCH_2CH_2\underset{\underset{O}{\|}}{C}CH_3$$

b.　カルベンの生成とその反応

ジクロロカルベンは以前はクロロホルムと *t*-BuOK の均一系反応で発生させていたが，現在は Makosza 法が一般的である[75]．

$$Ph_3\overset{+}{P}CH_2RX^- \xrightarrow[\text{ベンゼン, }R_4NX]{\text{NaOH 水溶液}} [Ph_3P=CHR] \xrightarrow{R'CHO} RCH=CHR'$$

$$(CH_3)_2\overset{+}{S}CH_2R \longrightarrow [(CH_3)_2S=CHR] \xrightarrow{R'CHO} R-CH\underset{O}{-}CH-R'$$

$$CHCl_3 \xrightarrow[\text{TEBA}]{\text{50\% NaOH 水溶液}} [:CCl_2] \xrightarrow{\text{シクロヘキセン}} \text{7,7-ジクロロビシクロ[4.1.0]ヘプタン (Cl, Cl)}$$

付加反応のほか C−H への挿入反応，芳香族や環状アルケンの環拡大反応，アミドからのニトリル合成，アミンからのイソニトリルの合成，アルコールから塩化物の合成など，均一系で知られているジクロロカルベンの反応のほとんどに相間反応が適用でき，生成物の単離も容易で収率も均一系と同等かそれ以上である．

c.　イリドの生成とその反応

イリドの前駆体であるホスホニウム塩やスルホニウム塩の pK_a は 4～15 程度であるので，水酸化ナトリウム水溶液を用いる PTC 反応で容易にイリドが生成する．ウィッティッヒ(Wittig) 反応やオキシラン合成における収率は均一系反応と同等かそれ以上である[76,77]．

d.　酸化と還元

過マンガン酸カリウムによる酸化反応を，ベンゼン中の固-液相間反応で行うことができる[78]．

$$RCH=CH_2 \xrightarrow[\text{ベンゼン}]{KMnO_4,\ (C_8H_{17})_3N^+CH_3Cl^-} R-COOH$$

過マンガン酸イオンを可溶化したベンゼン溶液は，パープルベンゼンとよばれる．水を用いて液-液相間反応としてもよい．次亜塩素酸ナトリウム水溶液によるアルコール，アミンからアルデヒド，ケトンへの酸化も知られている[79]．

vic-ジブロモアルカンの脱 Br_2 反応は，通常有機溶媒中の過剰の I^- または亜鉛を用いて行われるが，チオ硫酸ナトリウムと触媒量のヨウ化ナトリウムの水溶液による相間還元反応では 80% 以上の収率でアルケンが得られる[80]．*E/Z* 比は通常の方法で得られるものと同じである．

$$\underset{Br}{R-CH}-\underset{Br}{CH}-R' \xrightarrow[Na_2S_2O_3,\ NaI,\ \text{トルエン}-H_2O]{C_{16}H_{33}P^+Bu_3Br^-} RCH=CHR'$$

また $NaBH_4$ によるケトンの還元も PTC 系では均一系よりも加速される[81]．

e.　その他

Darzens 反応[82]，カニッツァロ（Cannizzaro）反応[83]，ミカエル（Michael）付加反応[84]，アルドール縮合[85]，H－D 交換反応[86]，ニトレンの生成と反応[87]，重縮合[88] などにも広く適用されうる．さらに金属カルボニルを含む反応（式(22.5)，(22.6)）[89,90]，電解反応（式(22.7)）[91]，高分子反応（式(22.8)）[92] などへの利用も可能である．

$$\mathrm{Cl{-}C_6H_4{-}NO_2} + \mathrm{Fe(CO)_{12}} \xrightarrow[\text{TEBA, ベンゼン}]{\text{NaOH 水溶液}} \mathrm{Cl{-}C_6H_4{-}NH_2} \tag{22.5}$$

$$\mathrm{RX} + \mathrm{CO} + \mathrm{NaOH} \xrightarrow[\mathrm{R_4NX,\ H_2O}\text{－キシレン}]{\mathrm{Pd(PPh_3)_4}} \mathrm{RCOONa} + \mathrm{NaX} \tag{22.6}$$

$$\mathrm{ArH} \xrightarrow[\mathrm{Bu_4NHSO_4,\ CH_2Cl_2}]{\text{NaCN 水溶液}} \mathrm{ArCN} \tag{22.7}$$

$$\mathrm{{+}CH_2{-}CHCl{+}_n} \xrightarrow[\text{TBAB}]{\text{NaOH 水溶液}} \mathrm{{+}CH{=}CH{+}_n} \tag{22.8}$$

22.2.4　相関移動触媒を用いる不斉反応

α-アミノ酸の不斉合成

相関移動触媒によるグリシンエステルのシッフ（Schiff）塩基を用いる不斉アルキル化反応は，シンコナアルカロイドの第四級アンモニウム塩を中心に研究されてきたが，触媒が塩基性条件で β 脱離を起こして分解するなど，実用的な手法として用いるには難点がある．下式に示すように，丸岡らが開発したビナフチル骨格をもとにした不斉第四級アンモニウム塩（*S*)-(**20**)は，広範囲な α-アミノ酸の不斉アルキル化触媒として利用されている[93]．ごく少量の触媒を用いたグリシン *t*-ブチルエステル(**21**)の α-アルキル化により α-アルキルアミノ酸エステル(**22**)を高い光学純度で不斉合成できるだけでなく，さらに α-アルキルアミ

$3,4,5\text{-}F_3C_6H_2$　Br^-　N^+　Bu　Bu　$3,4,5\text{-}F_3C_6H_2$

(*S*)-(**20**)

Ph(Ph)C=N–CH₂–C(=O)O*t*-Bu (**21**) → Ph(Ph)C=N–C(H)(R¹)–C(=O)O*t*-Bu

反応条件：(*S*)-(**20**) (0.05 mol%)，R^1-Br，50% KOH 水溶液，トルエン，0℃

(**22a**) $R^1 = CH_2Ph$（97%, 98% ee）
(**22b**) $R^1 = CH_2CH=CH_2$（87%, 98% ee）
(**22c**) $R^1 = CH_2C\equiv CH$（87%, 98% ee）

ノ酸 t-ブチルエステル(**23**)の α 位にアルキル化を行うことで，α,α-ジアルキル-α-アミノ酸エステル(**24**)を高い光学純度で合成できる．

1）(*S*)-(**20**)(0.05 mol%)
R^1-Br
$CsOH\cdot H_2O$（5 当量）
トルエン，−20℃
2）クエン酸水溶液

p-Cl-Ph=N-CH(Me)-C(=O)Ot-Bu (**23**) → H_2N-C(Me)(R^1)-C(=O)Ot-Bu

(**24a**) $R^1=CH_2Ph$（63%, 98% ee）
(**24b**) $R^1=CH_2CH=CH_2$（66%, 98% ee）
(**24c**) $R^1=Et$（60%, 96% ee）

【実験例（**23**）から（**24a**）の合成】

触媒（*S*）-(**20**)の 3 mmol L^{-1} ジクロロメタン溶液 50 μL を減圧乾燥し，アラニン t-ブチルエステルのシッフ塩基（**23**）80 mg を加えたのちにアルゴン置換してトルエン 2 mL に溶かす．臭化ベンジル 43 μL と $CsOH\cdot H_2O$ 252 mg を−20℃で加え，同温度で 1 時間激しく撹拌する．反応溶液を水に注ぎ，ジクロロメタンで抽出する．有機層を減圧濃縮後，残留物を THF 5 mL に溶かし，0.5 mol L^{-1} のクエン酸水溶液 5 mL を加えて室温で 1 時間撹拌する．減圧下 THF を留去し，残った水層をヘキサンで洗浄する．水層に固体の炭酸水素ナトリウムを加え塩基性にしたのち，ジクロロメタンで抽出する．有機層を無水硫酸ナトリウムで乾燥後減圧濃縮する．残留物をシリカゲルカラムクロマトグラフィー（ヘキサン-酢酸エチル（2：1））で精製し，(**24a**)を得る．収量 44 mg（収率 63%，光学純度 98% ee）．

22.3　固相試薬を用いる合成法

合成反応を行ったさいの後処理と精製には，通常煩雑な操作が必要となる．原料および試薬類を容易に除去したい場合に固相試薬を用いる合成法が有用である．たとえば，合成反応に固定化試薬を用いると，反応終了後用いた試薬を沪過により容易に取り除くことができる．また，スカベンジャー試薬を用いると特定の官能基をもつ原料および試薬を反応液から除去することができる．これらの固相試薬を組み合わせて用いることで，合成反応の後処理および精製操作を簡便に行うことができる．

22.3.1　固定化試薬を用いる反応

a.　固定化試薬

固定化試薬は高分子に担持された試薬で一般に不溶であるため，反応後沪過により簡単に除くことができる．イオン交換樹脂に対イオンとして試薬を担持する方法があり二クロム酸イオン(**25**)，過ヨウ素酸イオン(**26**)，過ルテニウム酸イオン(**27**)を担持した酸化剤，水素化ホウ素イオンを担持した還元剤(**28**)，三臭化物イオンを担持したブロモ化剤(**29**)などがある（図 22.16）．また，ポリスチレン樹脂にカルボジイミドを担持した縮合剤(**30**)がある．

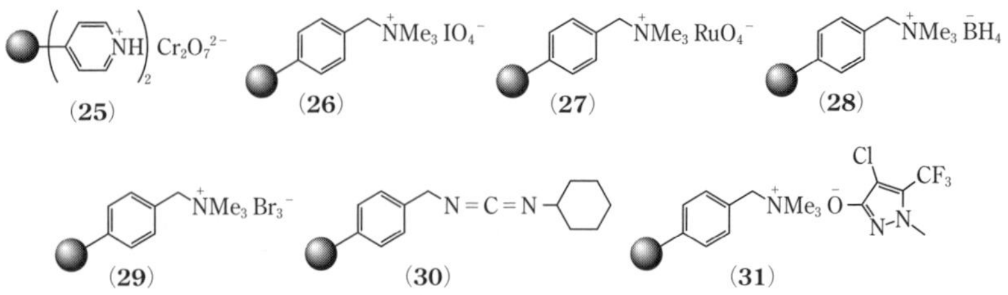

(25)　(26)　(27)　(28)

(29)　(30)　(31)

図 22.16　固定化試薬の例

固相担持試薬はそれどうしが反応しないので，下の実験例に示すようなワンポットの多段階合成が可能になる．

【実験例　ピラゾール(**33**)の合成[94]】

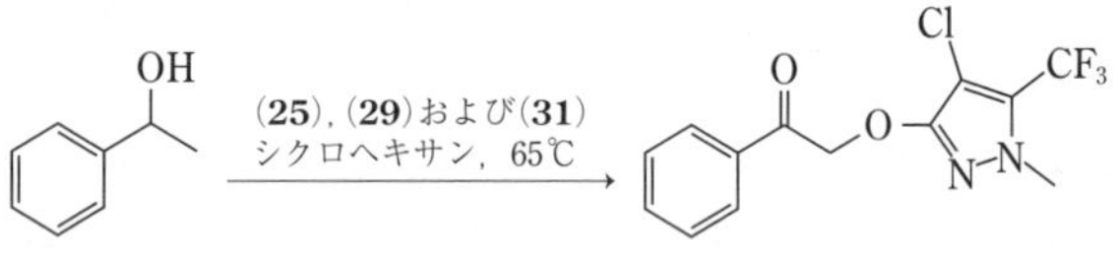

(**25**), (**29**)および(**31**)
シクロヘキサン，65℃

(**32**)　(**33**) 48%

ポリ(4-ビニルピリジニウムジクロマート)(**25**) 0.40 g (0.92 mmol)，Amberlyst A-26 三臭化物(**29**) 1.0 g (1.0 mmol) および Amberlite IRA-900 (4-クロロ-1-メチル-5-(トリフルオロメチル)-1*H*-ピラゾール-3-オール)(**31**) 0.50 g (1.2 mmol) をシクロヘキサン中で撹拌する中に 1-フェニルエタノール(**32**) 0.082 g (0.67 mmol) を加え，65 ℃ に加温して 16 時間反応させる．反応液を沪過し，濃縮後精製して望む生成物(**33**) を得る．収量 0.10 g (0.32 mmol，収率 48%)．

b. 固定化触媒

イオン交換樹脂は酸および塩基触媒として多くの反応に利用されている．また，ゼオライトやシリカなどの固体酸・塩基触媒も連続流通系などを用いた工業プロセスにおいて重要な役割を果たしている．

【実験例　ジオール (**35**) の合成[95]】

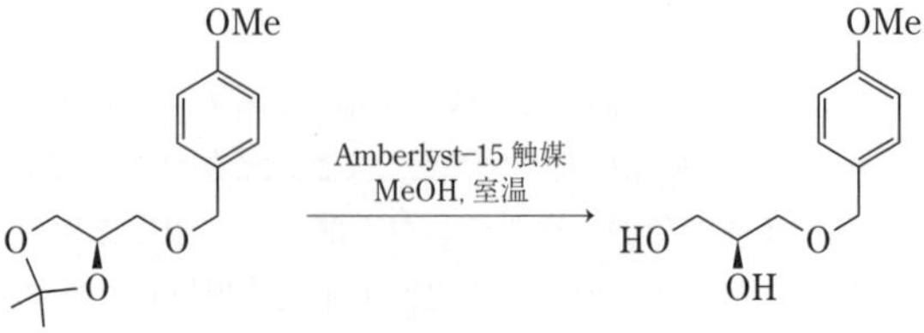

Amberlyst-15 触媒
MeOH, 室温

(**34**)　(**35**) 90%

アセトニド(**34**) 1.00 g (4.20 mmol) をメタノール 150 mL に溶かした溶液に，陽イオン交換樹脂 Amberlyst-15 655 mg を加え，室温で 24 時間撹拌する．樹脂を沪過により除去し，沪液を濃縮後，精製してジオール(**35**)を得る．収量 1.13 g (3.80 mmol，収率 90%)．

金属触媒を固定化して利用できる．たとえば，四酸化オスミウムは，アルケンのジヒドロキシ化反応の触媒として用いられるが，昇華性があり毒性が強い．四酸化オスミウムをポリマーに担持しマイクロカプセル化したのち，ポリマー架橋して調製された高分子カルセランド (polymer-incarcerated) 型触媒 [PI Os II] (**36**) は，オスミウムの漏れ出しが抑制された固定化触媒である．反応終了後，触媒は沪過により回収し，再利用できる．また，アルカロイド塩基を作用させた不斉ジヒドロキシ化にも利用できる．

1) OsO_4, THF–MeOH (4 : 1)　2) 150℃ → 高分子カルセランド型触媒 [PI Os II] (**36**)

【実験例　ジオール(**39**)の合成[96]】

(**37**) —[PI Os II] (**36**) (5 mol%), (DHQD)$_2$PYR (**38**) (5 mol%), $K_3Fe(CN)_6$ (3 当量), K_2CO_3 (3 当量), $CH_3SO_2NH_2$ (1 当量), *t*-BuOH–H_2O (1 : 1), 室温→ (**39**) 97%, 85% ee

(DHQD)$_2$PYR (**38**)

アルケン(**37**) 19.1 g (100 mmol) [PI Os II] (**36**) 0.754 mmol g^{-1} (5 mol%)，(DHQD)$_2$PYR (**38**) 5 mol%，ヘキサシアノ鉄(III)酸カリウム 3 当量，炭酸カリウム 3 当量，およびメタンスルホンアミド 1 当量を *t*-ブチルアルコール-水(1 : 1) 1 L に溶解し，室温で 20 時間撹拌する．沪過して触媒を回収し，分液操作，精製後望むジオール(**39**)を得る．収量 21.8 g (96.9 mmol，収率 97%，85% ee)．

22.3.2　スカベンジャー試薬を用いる合成法

スカベンジャー試薬は，反応系中に存在する原料あるいは試薬を固相試薬と反応させることで，沪過による操作で簡便に系中から除くさいに用いる．たとえば求電子剤と求核剤との反応を行うさい，求電子剤を過剰に用いて求核剤を十分に反応させたのち，系中に固相担持アミンを加えて過剰の求電子剤を固相に担持する．反応溶液を沪過することにより，沪液から生成物のみを得ることができる．一方，求核剤を過剰に用いた場合には，固相に担持したイソシアニドなどを用いて過剰の求核剤を固相に担持する．反応の後処理は固相試薬を加えて沪過し，濃縮するだけであるため，非常に簡単な処理で次の反応に進むことができる．また，生成物のみを固相に保持し，洗浄後固相から溶出する方法をキャッチ&リリースといい，簡便な単離精製法の一つである．

【実験例　アミン(**43**)の合成[97]】

NH_2

N
H
(**40**)（過剰量）
+
CHO
(**41**)

Amberlite IRA-400 BH_4^- (**28**)
-CHO (**42**)

H
N
N
H
(**43**) 88%

4 mL 試料管にメタノール 1 mL，トリプタミン（**40**）80 mg（0.5 mmol）および 1-ナフチルアルデヒド（**41**）51 mg（0.33 mmol）を入れて 3 時間振とうし，イミンを形成させる．Amberlite IRA-400 水素化ホウ素 250 mg（2.5 mmol BH_4^-（g 樹脂）$^{-1}$）を加え，さらに 24 時間振とうさせる．ジクロロメタン 1 mL とポリスチレン担持ベンズアルデヒド(**42**) 350 mg (1 mmol（g 樹脂）$^{-1}$，0.35 mmol)を加え，一昼夜振とうさせて過剰のトリプタミン(**40**)を反応させる．反応液を沪過し，沪液を濃縮して得られた固体をメタノールで洗浄する．乾燥後生成物 **43** を得る．収量 88 mg（0.29 mmol，収率 88%）．

22.4　フルオラスタグを用いる合成法

フルオロカーボン溶媒は有機溶媒と混ざり合わず 2 層になるものがある．フルオロアルキル基をもつ化合物は含フッ素化合物との強い親和性からフルオロカーボン溶媒中に抽出することができる．そこで，フルオロアルキル基をタグとして化合物に連結し（以下，フルオラスタグという），このフルオラスタグをもつ化合物をフルオロカーボン溶媒中に抽出すると，簡便に精製操作を行うことができる．

フルオラスタグを有する触媒はフルオロカーボン溶媒に溶け，加熱反応条件では有機化合物とも溶け合って反応を促進する．反応溶液を冷却するとフルオロカーボンと有機化合物の 2 層に分離することから，有機化合物を有機溶媒で抽出し，フルオラスタグをもつ触媒をフルオロカーボン溶媒中に回収して再利用することができる．

【実験例　*exo*-ノルボルネオールの合成[98]】

$[RhCl(cod)]_2$ ＋ $P[CH_2CH_2(CF_2)_5CF_3]_3$ —ペルフルオロメチルシクロヘキサン→ $Cl-Rh(P[CH_2CH_2(CF_2)_5CF_3]_3)_3$ （**44**）94%

ノルボルネン ＋ カテコールボラン（1）40℃　2）冷却後 **44** の分離　3）H_2O_2, NaOH；**44** 触媒，ペルフルオロメチルシクロヘキサン）→ *exo*-ノルボルネオール 76%

窒素雰囲気下で $P[CH_2CH_2(CF_2)_5CF_3]_3$ 0.643 g（0.600 mmol）をペルフルオロメチルシクロヘキサン($CF_3C_6F_{11}$) 1 mL に溶解し，$[RhCl(cod)]_2$ 0.0490 g（0.0994 mmol）のトルエン溶液 1 mL を加えて 14 時間撹拌する．静置後，オレンジ色の $CF_3C_6F_{11}$ 層を取り出し，濃縮してフルオラスタグをもつロジウム錯体(**44**) 0.620 g（0.186 mmol，収率 94%）を得る．ノルボルネン 0.240 g（2.55 mmol)，カテコールボラン 0.306 g（2.55 mmol）および **44** の 1.79 mmol L^{-1} $CF_3C_6F_{11}$ 溶液 0.5 mL の混合物を窒素雰囲気下 40 ℃ で 6 時間撹拌したのち，室温に冷却する．THF 1 mL で 3 回抽出したのち，その抽出液を 0 ℃ で濃縮して白色固体を得る．$CF_3C_6F_{11}$ 溶液には **44** が回収されるので繰り返し上記の反応に用いることができる．得られた固体をエタノール-THF（1：1)の混合溶媒 5 mL に溶かし，2 mol L^{-1} 水酸化ナトリウム水溶液 5 mL を加えたのち，0 ℃ で 30% 過酸化水素水 0.5 mL（4.4 mmol）を滴下する．30 分後，エーテルで 3 回抽出し，その抽出液を 0.5 mol L^{-1} 水酸化ナトリウム水溶液，水，飽和塩化ナトリウム水溶液で順に洗浄したのち，硫酸マグネシウムを用いて乾燥する．沪過後，溶媒を減圧下留去して白色固体の *exo*-ノルボルネオールを得る．収量 0.182 g（1.94 mmol，収率 76%）．

フルオラスタグを用いて反応を行うと，フルオラスタグを有する生成物をフルオロカーボン溶媒を用いて抽出し，容易に分離することができる．たとえば，酵素存在下，ラセミの第二級アルコールをフルオロエステルによりエステル化して光学分割を行い，生成するフルオラスタグをもつエステルと光学分割された第二級アルコールをフルオロカーボン溶媒を用いる抽出操作により容易に分離できる．

【実験例　(*S*)-1-フェニルエタノールの合成[99]】

rac-(**45**) —(**46**)(1.5 当量)，リパーゼ CAL-B，MeCN，室温→ (*R*)-(**47**) 98% ee ＋ (*S*)-(**45**) 48%, 99% ee

$CF_3(CF_2)_7(CH_2)_2CO_2CH_2CF_3$ (**46**)

rac-1-フェニルエタノール（**45**）1.22 g（10 mmol）をアセトニトリル 65 mL に溶かし，エステル（**46**）8.61 g（15 mmol）とリパーゼ CAL-B 2.00 g を加えて室温で 19 時間撹拌し，転化率が 50％ のところで後処理を行う．リパーゼを沪過により除き，アセトンで洗浄する．沪液を減圧下留去して得られる残渣をメタノール 25 mL に溶かし，ペルフルオロヘキサン 25 mL で 6 回抽出する．有機層を濃縮し，(*S*)-1-フェニルエタノール(**45**)を得る．収量 0.59 g（4.8 mmol，収率 48％，99％ ee）．ペルフルオロヘキサン溶液を濃縮し，(*R*)-(**47**) 98％ ee と(**46**)の混合物 8.50 g を得る．

また，フルオラス逆相シリカゲルを用いたカラムクロマトグラフィーにより，フルオラスタグのフッ素原子の数に応じて分離精製することができる．フルオラスタグをもつ化合物の抽出操作による精製とフルオラス逆相シリカゲルによる分離精製を組み合わせることで，異なるフルオラスタグをもつ多種類の化合物を混合したまま同時に合成を進め，最終段階で分けることが可能となり，反応操作の高効率化が図られている[100]．

22.5　イオン液体を用いる合成法

イオン液体はイオンだけからなる液体であり，蒸気圧がほとんどなく難燃性であること，高温で安定であること，非プロトン性で極性が非常に高いことなどを活かし，有機合成反応に利用できる．

パラジウム触媒による溝呂木-Heck 反応をイオン液体中で行ったのち，後処理で有機溶媒と水を加えると 3 層になり，生成物を有機層に，生成するアンモニウム塩を水層に，そしてパラジウム触媒をイオン液体中に回収することができ，再利用可能である[101]．このさい，酢酸パラジウムをイオン液体臭化 1-ブチル-3-メチルイミダゾリウム（[Bmim][Br]）中で加熱すると容易に含窒素複素環カルベン錯体を形成することがわかっている[102]．

【実験例　*trans*-ケイ皮酸エチルの合成[101]】

I　+　O　OEt　Pd(OAc)$_2$ 触媒　NEt$_3$, 100℃　N　+　N　PF_6^-　[Bmim][PF$_6$]（**48**）　O　OEt　95％

ヘキサフルオロリン酸 1-ブチル-3-メチルイミダゾリウム（[Bmim][PF$_6$]）（**48**）5.0 g，酢酸パラジウム 0.045 g（0.20 mmol），およびトリフェニルホスフィン 0.105 g（0.40 mmol）を混合し，80 ℃ で 5 分間撹拌する．このイオン液体の溶液にアクリル酸エチル 1.25 g（12.5 mmol），ヨウ化ベンゼン 2.04 g（10.0 mmol）およびトリエチルアミン 1.51 g（15.0 mmol）の混合物を加え，100 ℃ で 1 時間撹拌する．反応終結後，室温に戻し反応溶液から生成物をシクロヘキサン 10 mL で数回抽出する．残りの溶液を水で処理してヨウ化トリエチルアンモニウムを除去し，残った触媒を含むイオン液体溶液を再利用する．得られたシクロヘキサン溶液を濃縮後，クーゲルロールで蒸留して *trans*-ケイ皮酸エチルを得る．収量 1.67 g（9.49 mmol，収率 95%）．

塩化アルミニウムを用いたフリーデル-クラフツ（Friedel-Crafts）反応をイオン液体中で行うことができる[103]．またイオン液体中ではルイス（Lewis）酸性の弱い鉄触媒を用いてもフリーデル-クラフツ型の反応が進行する[104]．

【実験例　ケトン（**50**）の合成[104]】

Fe(BF$_4$)$_2$·6 H$_2$O 触媒
室温
NTf$_2^-$
[Bmim][TFSA]（**49**）
（**50**）86%

インドール 117 mg（1.0 mmol）とメチルビニルケトン 84 mg（1.2 mmol）をビス(トリフルオロメタンスルホニル)イミド 1-ブチル-3-メチルイミダゾリウム([Bmim][TFSA])（**49**）1 mL に溶かし，四フッ化ホウ酸鉄六水和物 10 mg（0.036 mmol）を加えて空気中，室温で 2 時間撹拌する．生成物をエーテルで 10 回抽出し，その溶液をフロリジルで沪過する．沪液を濃縮後，シリカゲルカラムクロマトグラフィーにより精製して生成物(**50**)を得る．収量 161 mg（0.86 mmol，収率 86%）．

プロリンを触媒とする不斉アルドール反応，不斉マンニッヒ（Mannich）反応をイオン液体中で行うと効率よく進行し，触媒のプロリンをイオン液体中に回収できる[105~107]．

【実験例　交差アルドール生成物（**51**）の合成[107]】

(*S*)-プロリン触媒
4℃
[Bmim][PF$_6$]（**48**）-DMF
（1.5：1）
（**51**）
76%，dr＞19：1, ＞99% ee

(*S*)-プロリン 12 mg（0.10 mmol，5 mol%）をイオン液体(**48**)-DMF（1.5：1）混合溶媒 2 mL に溶かし，4℃ でイソブチルアルデヒド 144 mg（2 mmol）を加える．つづいてプロピオンアルデヒド 58 mg（1 mmol）を，(**48**)-DMF（1.5：1）混合溶媒 1 mL に溶かした溶液を 4℃ でシリンジポンプを用いてゆっくり滴下する．16 時間後，生成物をエーテル 15 mL で 3 回抽出し，エーテル溶液を濃縮後シリカゲルカラムクロマトグラフィーにより精製して交差アルドール生成物(**51**)を得る．収量 109 mg（0.76 mmol，収率 76%，dr ＞ 19：1，＞ 99% ee）．プロリンを含むイオン液体に DMF を加えて別の不斉アルドール反応に用いることができる.

22.6　マイクロリアクターを用いる合成法

マイクロリアクターは内径 10～1000 μm の流路をもつ反応器で，単位体積あたりの表面積が大きく，熱交換に優れている．連続流通系の反応を行うことで (1) 発熱反応を制御すること，(2) ミリ秒しか存在できない反応活性種を発生させて次の反応に利用すること，(3) 高い毒性の化合物を貯蔵することなく使用すること，ができる.

芳香族化合物のニトロ化反応は大きな発熱を伴うことから，バッチ式反応器では反応温度を制御することが難しい．マイクロリアクターを用いることで反応温度の上昇を数℃以下に抑えて制御することができ，収率も向上する.

【実験例　*o*-, *p*-ニトロフェノール混合物の合成[108]】

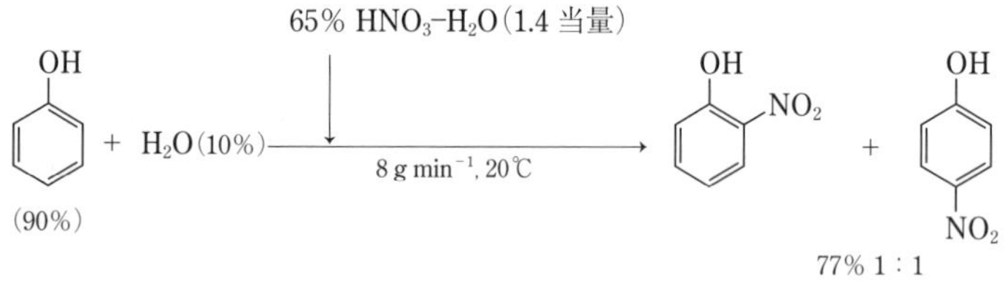

65% HNO_3-H_2O (1.4 当量)

OH (90%) + H_2O (10%) → (8 g min^{-1}, 20℃) → OH, NO_2 + OH, NO_2

77% 1：1

90% フェノール-水と 65% 硝酸-水をポンプを用いて容量 2 mL のガラス製マイクロリアクター（外径 10 mm，内径 0.5 mm）に，20 ℃，流量 8 g min^{-1} (1.6：1) で送液し混合する．後処理後，*o*-，*p*-ニトロフェノールの 1：1 混合物を得る（収率 77%).

フッ素ガスはきわめて反応性が高く，バッチ式反応器ではフッ素化反応を制御することが難しい．ニッケル製のマイクロリアクターを用いることでフッ素化反応を制御し，長時間フッ化水素にさらされることによる腐食を避けることができる．10% のフッ素ガスを含む窒素ガスを流入して，*β*-ケトエステルのモノフルオロ化を効率よく行うことができる.

【実験例　フッ素化されたアセト酢酸エチル (**52**～**54**) の合成[109]】

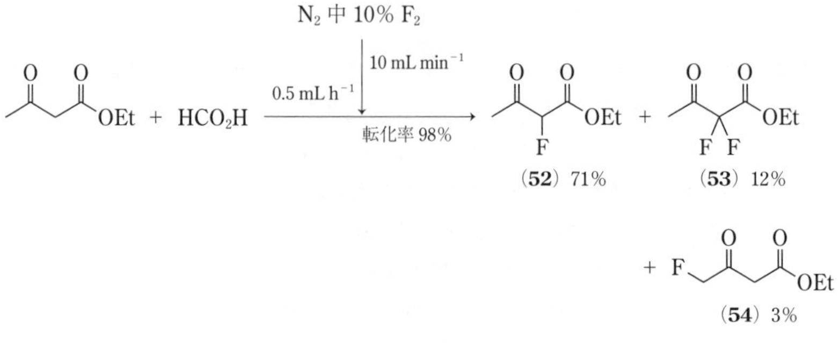

N_2 中 10% F_2

10 mL min^{-1}

O O OEt + HCO_2H (0.5 mL h^{-1}) → 転化率 98% → O O OEt, F (**52**) 71% + O O OEt, F F (**53**) 12%

+ F O O OEt (**54**) 3%

アセト酢酸エチル 2.0 g（15 mmol）とギ酸 2.0 g の混合溶液を 5℃ に冷却したマイクロリアクターに 0.5 mL h^{-1}（2.2 mmol h^{-1}）で送液する．同時に 10% のフッ素ガスを含む窒素ガスを 10 mL min^{-1} でマイクロリアクターにニッケルチューブを通して流入する．反応後のガスは水酸化ナトリウム水溶液を用いてスクラバー内で処理する．得られた反応物を水に注ぎ入れ，ジクロロメタンで抽出する．有機層を炭酸水素ナトリウム水溶液で洗浄後，硫酸マグネシウムを用いて乾燥し，沪過後濃縮して粗生成物を得る．収量 2 g（収率（**52**）71%，（**53**）12%，（**54**）3%）．

通常バッチ式反応器を用いる場合，有機リチウム種は低温下においてもエステルと反応するため，有機リチウム種をエステル存在下に発生させることは難しい．マイクロリアクターを用いると短時間に有機リチウム種を発生させ，求電子剤との反応を行うことができる．

【実験例　**55** の合成[110]】

OMe
Br
0.10 mol L^{-1}
6.0 mL min^{-1}
s-BuLi
0.42 mol L^{-1}
1.5 mL min^{-1}
0.02 s
−48℃
PhCHO
0.60 mol L^{-1}
3.0 mL min^{-1}
−48℃
O
O
Ph
（**55**）85%

2-ブロモ安息香酸メチルの 0.10 mol L^{-1} THF 溶液，および *s*-BuLi の 0.42 mol L^{-1} シクロヘキサン-ヘキサン溶液をそれぞれ 6.0 mL min^{-1}，および 1.5 mL min^{-1} で送液して T 型マイクロミキサーで混合する．その 0.02 秒後にベンズアルデヒドの 0.60 mol L^{-1} THF 溶液を 3.0 mL min^{-1} で送液して T 型マイクロミキサーで混合する．得られた反応溶液を 1 mol L^{-1} の塩酸で処理したのち，抽出，乾燥させる．濃縮して得られる粗生成物をシリカゲルカラムクロマトグラフィーで精製し，化合物 **55** を得る（収率 85%）．

文　献

1）R. B. Merrifield, *J. Am. Chem. Soc.*, **85**, 2149（1963）.
2）E. Atherton, H. Fox, D. Harkiss, R. C. Sheppard, *J. Chem. Soc., Chem. Commun.*, **1978**, 539.
3）B. Dorner, P. White 著, 高橋孝志，田中浩士 監訳，“Novabiochem 固相合成ハンドブック”，メルク（2002）.
4）W. C. Chan, P. D. White, “Fmoc Solid Phase Peptide Synthesis, A Practical Approach”, Oxford University Press（2000）.
5）A. El-Faham, R. S. Funosas, R. Prohens, F. Albericio, *Chem. Eur. J.*, **15**, 9404（2009）.
6）a）M. Schena, D. Shalon, R. W. Davis, P. O. Brown, *Science*, **270**, 467（1995）; b）R. W. Kwiatkowski,

V. Lyamichev, M. de Arruda, B. Neri, *Mol. Diagn.*, **4**, 353 (1999); c) A. J. Schafer, J. R. Hawkins, *Nat. Biotechnol.*, **16**, 33 (1998).

7) S. L. Beaucage, D. E. Bergstrom, G. D. Glick, R. A. Jones, eds, "Current Protocols in Nucleic Acid Chemistry", John Wiley & Sons (2000).

8) J. C. Schulhof, D. Molko, R. Teoule, *Nucleic Acids Res.*, **15**, 397 (1987).

9) Y. Hayakawa, M. Kataoka, *J. Am. Chem. Soc.*, **120**, 12395 (1998).

10) H. Schirmeister, W. Pfleiderer, *Helv. Chim. Acta*, **77**, 10 (1994).

11) L. J. McBride, R. Kierzek, S. L. Beaucage, M. H. Caruthers, *J. Am. Chem. Soc.*, **108**, 2040 (1986).

12) A. Ohkubo, Y. Kuwayama, Y. Nishino, H. Tsunoda, K. Seio, M. Sekine, *Org. Lett.*, **12**, 2496 (2010).

13) Y. Hayakawa, H. Kato, M. Uchiyama, H. Kajino, R. Noyori, *J. Org. Chem.*, **51**, 2400 (1986).

14) C. M. Dreef-Tromp, E. M. A. van Dam, H. van den Elst, J. E. van den Boogaart, G. A. ven der Marel, J. H. van Boom, *Nucleic Acids Res.*, **20**, 2435 (1992).

15) T. Wada, A. Ohkubo, A. Mochizuki, M. Sekine, *Tetrahedron Lett.*, **42**, 1069 (2001).

16) A. Ohkubo, R. Kasuya, K. Miyata, H. Tsunoda, K. Seio, M. Sekine, *Org. Biomol. Chem.*, **7**, 687 (2009).

17) S. Agrawal, ed., "Protocols for Oligonucleotide Conjugates", Humana Press (1994).

18) K. Seio, M. Sekine, *Tetrahedron Lett.*, **42**, 8657 (2001).

19) A. B. Sierzchala, D. J. Dellinger, J. R. Betley, T. K. Wyrzykiewicz, C. M. Yamada, M. H. Caruthers, *J. Am. Chem. Soc.*, **125**, 13427 (2003).

20) S. A. Scaringe, F. E. Wincott, M. H. Caruthers, *J. Am. Chem. Soc.*, **120**, 11820 (1998).

21) A. C. Pease, D. Solas, E. J. Sullivan, M. T. Cronin, C. P. Holmes, S. P. A. Fodor, *Proc. Natl. Acad. Sci. USA*, **91**, 5022 (1994).

22) a) E. Rozners, E. Westman, R. Stromberg, *Nucleic Acids Res.*, **22**, 94 (1994); b) J. Stawinski, R. Stromberg, M. Thelin, E. Westman, *Nucleic Acids Res.*, **16**, 9285 (1988); c) T. Wu, K. K. Ogilvie, *J. Org. Chem.*, **55**, 4717 (1990).

23) V. Serebryany, L. Beigelman, *Nucleosides Nucleotides Nucleic Acids*, **22**, 1007 (2003).

24) S. Kawahara, T. Wada, M. Sekine, *J. Am. Chem. Soc.*, **118**, 9461 (1996).

25) S. Pitsch, P. A. Weiss, L. Jenny, A. Stutz, X. Wu, *Helv. Chim. Acta*, **84**, 3773 (2001).

26) T. Ohgi, Y. Masutomi, K. Ishiyama, H. Kitagawa, Y. Shiba, J. Yano, *Org. Lett.*, **7**, 3477 (2005).

27) H. Saneyoshi, K. Seio, M. Sekine, *J. Org. Chem.*, **70**, 10453 (2005).

28) D. J. Dellinger, Z. Timar, J. Myerson, A. B. Sierzchala, J. Turner, F. Ferreira, Z. Kupihar, G. Dellinger, K. W. Hill, J. A. Powell, J. R. Sampson, M. H. Caruthers, *J. Am. Chem. Soc.*, **113**, 11540 (2011).

29) R. L. Letsinger, K. K. Ogilvie, P. S. Miller, *J. Am. Chem. Soc.*, **91**, 3360 (1969).

30) E. Uhlmann, W. Pfleiderer, *Tetrahedron Lett.*, **21**, 1181 (1980).

31) Y. Hayakawa, M. Uchiyama, H. Kato, R. Noyori, *Tetrahedron Lett.*, **26**, 6505 (1985).

32) J. Cieslak, A. Grajkowski, V. Livengood, S. L. Beaucage, *J. Org. Chem.*, **69**, 2509 (2004).

33) T. Tsukahara, H. Nagasawa, *Sci. Technol. Adv. Mat.*, **5**, 359 (2004).

34) C. McCollum, A. Andrus, *Tetrahedron Lett.*, **32**, 4069 (1991).

35) M. D. Matteucci, M. H. Caruthers, *J. Am. Chem. Soc.*, **103**, 3185 (1981).

36) a) R. H. Alul, C. N. Singman, G. Zhang, R. L. Letsinger, *Nucleic Acids Res.*, **19**, 1527 (1991); b) T. Wada, A. Mochizuki, Y. Sato, M. Sekine, *Tetrahedron Lett.*, **39**, 5593 (1998).

37) R. T. Pon, S. Yu, Y. S. Sanghvi, *Bioconjugate Chem.*, **10**, 1051 (1999).

38) A. Ohkubo, R. Kasuya, K. Aoki, A. Kobori, H. Taguchi, K. Seio, M. Sekine, *Bioorg. Med. Chem.*, **16**, 5345 (2008).

39) V. T. Ravikumar, R. K. Kumar, P. Olsen, M. N. Moore, R. L. Carty, M. Andrade, D. Gorman, X. Zhu, I. Cedillo, Z. Wang, L. Mendez, A. N. Scozzari, G. Aguirre, R. Somanathan, S. Bernees, *Org. Process Res. Dev.*, **12**, 399 (2008).

40) a) A. V. Azhayev, M. L. Antopolsky, *Tetrahedron,* **57**, 4977 (2001); b) A. Yagodkin, A. Azhayev,

PCT/FI2007/050575 (2007).
41) Y. Hayakawa, M. Uchiyama, R. Noyori, *Tetrahedron Lett.*, **27**, 4191 (1986).
42) B. Sproat, F. Colonna, B. Mullah, D. Tsou, A. Andrus, A. Hampel, R. Vinayak, *Nucleosides Nucleotides*, **14**, 255 (1995).
43) M. Leuck, A. Wolter, PCT Int. WO 2006116476 (2006).
44) C. Vargeese, J. Carter, J. Yegge, S. Krivjansky, A. Settle, E. Kropp, K. Peterson, W. Pieken, *Nucleic Acids Res.*, **26**, 1046 (1998).
45) Y. Hayakawa, M. Kataoka, R. Noyori, *J. Org. Chem.*, **61**, 7996 (1996).
46) Y. Hayakawa, R. Kawai, A. Hirata, J. Sugimoto, M. Kataoka, A. Sakakura, M. Hirose, R. Noyori, *J. Am. Chem. Soc.*, **123**, 8165 (2001).
47) A. Ohkubo, Y. Ezawa, K. Seio, M. Sekine, *J. Am. Chem. Soc.*, **126**, 10884 (2004).
48) R. P. Iyer, L. R. Pillips, W. Egan, J. B. Regan, S. L. Beaucage, *J. Org. Chem.*, **55**, 4693 (1990).
49) A. P. Guzaev, *Tetrahedron Lett.*, **52**, 434 (2011).
50) a) C. A. Stein, A. M. Krieg, eds., "Applied Antisense Oligonucleotide Technology", Wiley-Liss (1998); b) S. T. Crooke, ed., "Antisense Drug Technology－Principles, Strategies and Application", Marcel Dekker (2001).
51) N. Oka, T. Wada, K. Saigo, *J. Am. Chem. Soc.*, **124**, 4962 (2002).
52) H. Itoh, Y. Ike, S. Ikuta, K. Itakura, *Nucleic Acids Res.*, **10**, 1755 (1982).
53) M. Sekine, T. Hata, *Curr. Org. Chem.*, **3**, 25 (1999).
54) Q. Zhu, M. O. Delaney, M. M. Greenberg, *Bioorg. Med. Chem. Lett.*, **11**, 1105 (2001).
55) I. Okamoto, K. Seio, M. Sekine, *Tetrahedron Lett.*, **47**, 583 (2006).
56) V. Krchnák, M. W. Holladay, *Chem. Rev.*, **102**, 61 (2002).
57) D. J. Gravert, K. D. Janda, *Chem. Rev.*, **97**, 489 (1997).
58) F. Guillier, D. Orain, M. Bradley, *Chem. Rev.*, **100**, 2091 (2000).
59) M. D. Collini, J. W. Ellingboe, *Tetrahedron Lett.*, **38**, 7963 (1997).
60) D. Fancelli, M. C. Fagnola, D. Severino, A. Bedeschi, *Tetrahedron Lett.*, **38**, 2311 (1997).
61) S. Bräse, J. H. Kirchhoff, J. Köbberling, *Tetrahedron*, **59**, 885 (2003).
62) L. A. Thompson, F. L. Moore, Y.-C. Moon, J. A. Ellman, *J. Org. Chem.*, **63**, 2066 (1998).
63) R. Baer, T. Masquelin, *J. Comb. Chem.*, **3**, 16 (2001).
64) K. C. Nicolaou, J. Pastor, N. Winssinger, F. Murphy, *J. Am. Chem. Soc.*, **120**, 5132 (1998).
65) K. C. Nicolaou, N. Winssinger, J. Pastor, S. Ninkovic, F. Sarabia, Y. He, D. Vourloumis, Z. Yang, T. Li, P. Giannakakou, E. Hamel, *Nature*, **387**, 268 (1997).
66) A. W. Herriott, D. Picker, *J. Am. Chem. Soc.*, **97**, 2345 (1975).
67) C. M. Starks, R. M. Owens, *J. Am. Chem. Soc.*, **95**, 3613 (1973).
68) C. M. Starks, C. Liotta, "Phase Transfer Catalysis", Academic Press (1978).
69) E. V. Dehmlow, S. S. Dehmlow, "Phase Transfer Catalysis", Verlag Chemie (1980).
70) 木瀬秀夫，有機合成化学，**35**, 448 (1977).
71) M. Makosza, *Tetrahedron*, **24**, 175 (1968).
72) R. K. Singh, S. Danishefsky, *J. Org. Chem.*, **40**, 2969 (1975).
73) H. K. Diefl, K. C. Brannock, *Tetrahedron Lett.*, **1973**, 1273.
74) a) 木瀬秀夫，金子良夫，佐藤 瑝，妹尾 学，油化学，**26**, 474 (1977)；b) 西田卓司，玉井洋進，川口卓生，田能村昌久，糸井和男，油化学，**33**, 606 (1984).
75) M. Makosza, M. Wawrzyniewicz, *Tetrahedron Lett.*, **1969**, 4659.
76) W. Tagaki, I. Inoue, Y. Yano, T. Okonogi, *Tetrahedron Lett.*, **1974**, 2587.
77) M. J. Hatch, *J. Org. Chem.*, **34**, 2133 (1969).
78) A. W. Herriott, D. Picker, *Tetrahedron Lett.*, **1974**, 1511.
79) S. Krishnan, D. G. Kuhn, G. A. Hamilton, *J. Am. Chem. Soc.*, **99**, 8121 (1977).

80) D. Landini, S. Quici, F. Rolla, *Synthesis*, **1975**, 397.
81) S. Colonna, R. Fornasier, *Synthesis*, **1975**, 531.
82) A. Jonczyk, K. Banko, M. Makosza, *J. Org. Chem.*, **40**, 266 (1975).
83) G. W. Gokel, H. M. Gordes, N. W. Rebert, *Tetrahedron Lett.*, **1976**, 653.
84) T. Sakakibara, R. Sudoh, *J. Org. Chem.*, **40**, 2823 (1975).
85) V. Dryanska, C. Ivanov, *Tetrahedron Lett.*, **1975**, 3519.
86) C. M. Starks, *J. Am. Chem. Soc.*, **93**, 195 (1971).
87) M. Senō, T. Namba, H. Kise, *J. Org. Chem.*, **43**, 3345 (1978).
88) 今井淑夫，有機合成化学, **42**, 1095 (1984).
89) H. Alper, H. Abbayes, D. Roches, *J. Organometal. Chem.*, **121**, C31 (1976).
90) L. Cassar, M. Foa, A. Gardano, *J. Organometal. Chem.*, **121**, C55 (1976).
91) S. R. Ellis, D. Pletcher, A. Gough, S. R. Korn, *J. Appl. Electronchem.*, **12**, 687 (1982).
92) H. Kise, *J. Polym. Sci. Polym. Chem. Ed.*, **20**, 3189 (1982).
93) M. Kitamura, S. Shirakawa, K. Maruoka, *Angew. Chem. Int. Ed.*, **44**, 1549 (2005).
94) J. J. Parlow, *Tetrahedron Lett.*, **36**, 1395 (1995).
95) M. Iwashita, K. Makide, T. Nonomura, Y. Misumi, Y. Otani, M. Ishida, R. Taguchi, M. Tsujimoto, J. Aoki, T. Ohwada, *J. Med. Chem.*, **52**, 5837 (2009).
96) R. Akiyama, N. Matsuki, H. Nomura, H. Yoshida, T. Yoshida, S. Kobayashi, *RSC Adv.*, **2**, 7456 (2012).
97) S. W. Kaldor, M. G. Siegel, J. E. Fritz, B. A. Dressman, P. J. Hahn, *Tetrahedron Lett.*, **37**, 7193 (1996).
98) J. J. J. Juliette, I. T. Horváth, J. A. Gladysz, *Angew. Chem. Int. Ed.*, **36**, 1610 (1997).
99) B. Hungerhoff, H. Sonnenschein, F. Theil, *Angew. Chem. Int. Ed.*, **40**, 2492 (2001).
100) Z. Y. Luo, Q. S. Zhang, Y. Oderaotoshi, D. P. Curran, *Science*, **291**, 1766 (2001).
101) A. J. Carmichael, M. J. Earle, J. D. Holbrey, P. B. McCormac, K. R. Seddon, *Org. Lett.*, **1**, 997 (1999).
102) L. Xu, W. Chen, J. Xiao, *Organometallics*, **19**, 1123 (2000).
103) C. J. Adams, M. J. Earle, G. Roberts, K. R. Seddon, *Chem. Commun.*, **1998**, 2097.
104) T. Itoh, H. Uehara, K. Ogiso, S. Nomura, S. Hayase, M. Kawatsura, *Chem. Lett.*, **36**, 50 (2007).
105) P. Kotrusz, I. Kmentová, B. Gotov, S. Toma, E. Solcániova, *Chem. Commun.*, **2002**, 2510.
106) N. S. Chowdari, D. B. Ramachary, C. F. Barbas III, *Synlett*, **2003**, 1906.
107) A. Córdova, *Tetrahedron Lett.*, **45**, 3949 (2004).
108) L. Ducry, D. M. Roberge, *Angew. Chem. Int. Ed.*, **44**, 7972 (2005).
109) R. D. Chambers, D. Holling, R. C. H. Spink, G. Sandford, *Lab Chip*, **1**, 132 (2001).
110) A. Nagaki, H. Kim, J. Yoshida, *Angew. Chem. Int. Ed.*, **47**, 7833 (2008).

参考文献

(22.1.1)
[1] 泉屋信夫，加藤哲夫，青柳東彦，脇 道典，“ペプチド合成の基礎と実験”，丸善出版 (1985).
[2] 日本化学会 編，“第5版 実験化学講座16”，丸善出版 (2005).
[3] 木曽良明，“最新ペプチド合成技術とその創薬研究への応用”，遺伝子医学 MOOK 21，メディカルドゥ (2012).
(22.1.3)
[4] B. A. Bunin, “The Combinatorial Index”, Academic Press (1998).
[5] B. Dorner, P. White 著，高橋孝志，田中浩士 監訳，“Novabiochem 固相合成ハンドブック”，メルク (2002).
[6] B. A. Lorsbach, M. J. Kurth, *Chem. Rev.*, **99**, 1549 (1999).
[7] J. A. Ellman, “Handbook of Reagents for Organic Synthesis, Reagents for High-Throughput Solid-Phase and Solution-Phase Organic Synthesis”, Wiely (2005).
[8] P. H. Toy, Y. Lam, eds., “Solid-Phase Organic Synthesis”, Wiley (2012).

(22.2.4)
[9] K. Maruoka, T. Ooi, *Chem. Rev.*, **103**, 3013 (2003).
[10] T. Hashimoto, K. Maruoka, *Chem. Rev.*, **107**, 5656 (2007).
(22.3～22.6)
[11] J. J. Parlow, R. V. Devraj, M. S. South, *Curr. Opin. Chem. Biol.*, **3**, 320 (1999).
[12] S. V. Ley, I. R. Baxendale, R. N. Bream, P. S. Jackson, A. G. Leach, D. A. Longbottom, M. Nesi, J. S. Scott, R. I. Storer, S. J. Taylor, *J. Chem. Soc., Perkin Trans. 1*, **2000**, 3815.
[13] N. E. Leadbeater, M. Marco, *Chem. Rev.*, **102**, 3217 (2002).
[14] M. Benaglia, A. Puglisi, F. Cozzi, *Chem. Rev.*, **103**, 3401 (2003).
[15] R. Akiyama, S. Kobayashi, *Chem. Rev.*, **109**, 594 (2009).
[16] M. R. Buchmeiser, ed.,"Polymeric Materials in Organic Synthesis and Catalysis", Wiley-VCH (2003).
[17] 小林 修, 小山田秀和 監修, "固定化触媒のルネッサンス", シーエムシー出版 (2007).
[18] D. P. Curran, *Synlett*, **2001**, 1488.
[19] J. Yoshida, K. Itami, *Chem. Rev.*, **102**, 3693 (2002).
[20] W. Zhang, *Tetrahedron*, **59**, 4475 (2003).
[21] W. Zhang, *Chem Rev.*, **104**, 2531 (2004).
[22] W. Zhang, D. P. Curran, *Tetrahedron*, **62**, 11837 (2006).
[23] J. A. Gladysz, D. P. Curran, I. T. Horváth, eds., "Handbook of Fluorous Chemistry", Wiley-VCH (2004).
[24] 大寺純蔵 監修, "フルオラスケミストリーの基礎と応用", シーエムシー出版 (2010).
[25] I. T. Horváth, ed., "Fluorous Chemistry", Springer (2012).
[26] T. Welton, *Chem. Rev.*, **99**, 2071 (1999).
[27] P. Wasserscheid, W. Keim, *Angew. Chem. Int. Ed.*, **39**, 3772 (2000).
[28] M. J. Earle, K. R. Seddon, *Pure Appl. Chem.*, **72**, 1365 (2000).
[29] N. Jain, A. Kumar, S. Chauhan, S. M. S. Chauhan, *Tetrahedron*, **61**, 1015 (2005).
[30] S. Lee, *Chem. Commun.*, **2006**, 1049.
[31] V. I. Pârvulescu, C. Hardacre, *Chem. Rev.*, **107**, 2615 (2007).
[32] N. V. Plechkova, K. R. Seddon, *Chem. Soc. Rev.*, **37**, 123 (2008).
[33] 大野弘幸 監修, "イオン液体II—驚異的な進歩と多彩な近未来—", シーエムシー出版 (2006).
[34] P. Wasserscheid, T. Welton, eds., "Ionic Liquids in Synthesis, 2nd Ed.", Wiley-VCH (2008).
[35] 西川恵子, 大内幸雄, 伊藤敏幸, 大野弘幸, 渡邉正義 編, "イオン液体の科学　新世代液体への挑戦", 丸善出版(2012).
[36] P. D. I. Fletcher, S. J. Haswell, E. Pombo-Villar, B. H. Warrington, P. Watts, S. Y. F. Wong, X. Zhang, *Tetrahedron*, **58**, 4735 (2002).
[37] G. Jas, A. Kirschning, *Chem. Eur. J.*, **9**, 5708 (2003).
[38] K. Jähnisch, V. Hessel, H. Löwe, M. Baerns, *Angew. Chem. Int. Ed.*, **43**, 406 (2004).
[39] K. Geyer, J. D. C. Codée, P. H. Seeberger, *Chem. Eur. J.*, **12**, 8434 (2006).
[40] B. P. Mason, K. E. Price, J. L. Steinbacher, A. R. Bogdan, D. T. McQuade, *Chem. Rev.*, **107**, 2300 (2007).
[41] 前 一廣ほか, "マイクロリアクターによる合成技術と工業生産", S&T 出版 (2009).
[42] C. Wiles, P. Watts, "Micro Reaction Technology in Organic Synthesis", CRC Press (2011).
[43] 前 一廣 監修, "マイクロリアクター技術の最前線", シーエムシー出版 (2012).
[44] T. Wirth, ed., "Microreactors in Organic Synthesis and Catalysis, 2nd Ed.", Wiley-VCH (2013).
[45] 吉田潤一 編, "フロー・マイクロ合成", 化学同人 (2014).

Chapter 23

生物化学的合成法

23.1 加水分解酵素を用いるエナンチオマー（鏡像異性体）の速度論的光学分割

加水分解酵素を用いる速度論的光学分割では，同一の容器内において 1 種類の酵素をラセミ体の基質に作用させ，両エナンチオマーに対する加水分解やエステル交換速度の違いと，未反応基質-生成物の性質の違いを利用している[1)]．式(23.1) に示すように，鏡像選択性の指標 E 値は本来，反応速度定数（$k_{\mathrm{cat_{fast}}}$，$k_{\mathrm{cat_{slow}}}$）に加え，酵素-基質複合体を形成する親和性（$1/K_{\mathrm{m_{fast}}}$ $1/K_{\mathrm{m_{slow}}}$ K_{m}：ミカエリス（Michaelis）定数）によって定義され，両鏡像体独立に，それらのパラメーターを評価すればよい．しかし，基質がそもそもラセミ体でしか得られないことが多く，また $k_{\mathrm{cat_{slow}}}$ が非常に小さいと測定が難しいので，ラセミ体を基質として用いたうえ，反応をある時点で停止し，未反応回収物と生成物のエナンチオマー（鏡像体）過剰率を 23.3 節の方法で測定，等価な右辺に代入して算出する．

$$E=\frac{k_{\mathrm{cat_{fast}}}\left(\dfrac{1}{K_{\mathrm{m_{fast}}}}\right)}{k_{\mathrm{cat_{slow}}}\left(\dfrac{1}{K_{\mathrm{m_{slow}}}}\right)}=\frac{\ln\left[(1-c)\left(1-ee(\mathrm{slow})\right)\right]}{\ln\left[(1-c)\left(1+ee(\mathrm{slow})\right)\right]}=\frac{\ln\left[1-c\left(1+ee(\mathrm{fast})\right)\right]}{\ln\left[1-c\left(1-ee(\mathrm{fast})\right)\right]}$$

c：転換率　(23.1)

従来，たんなる実験事実として生成物や未反応回収物のエナンチオマー過剰率（ee），それぞれの収率などが記載されていたケースは，転換率が異なっていれば相互にエナンチオ選択性を比較することは困難であった．たとえば，転換率が低ければ未反応回収原料のエナンチオマー過剰率は本質的に低くなる．この E 値が導入されたおかげで，酵素の種類や反応条件が選択性に及ぼす影響を，統一的に比較することができるようになった．

さらに E 値は以下のように活用できる．予備実験から E 値の大きさが計算できれば，未反応回収原料を目的とするエナンチオマー過剰率で得るには，どこまで反応を進めればよいか予測できる．図 23.1 に E=2～50 までシミュレーションしたグラフを示す．転換率を

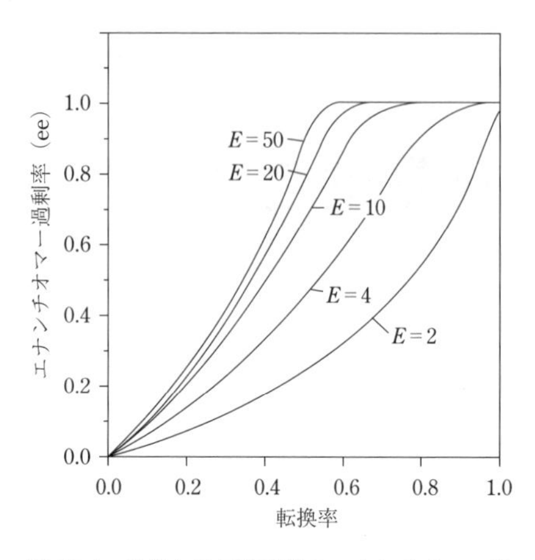

図 23.1　E 値と未反応原料のエナンチオマー過剰率

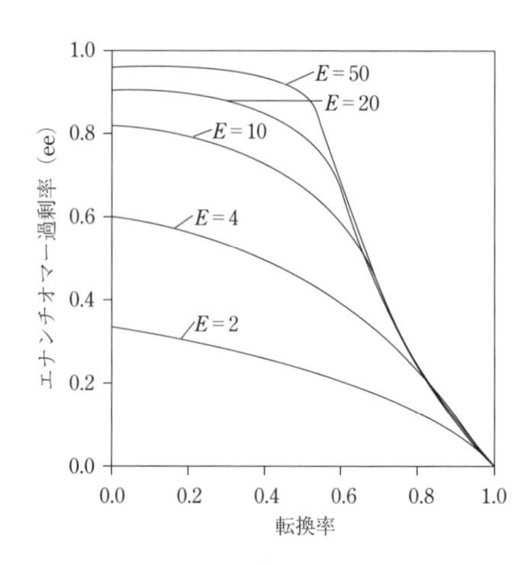

図 23.2　E 値と反応生成物のエナンチオマー過剰率

HPLC などで追跡しながら反応を進めれば，反応の"止めどき"がわかる．図 23.2 には E＝2～50 それぞれの値における，反応の転換率と生成物（反応が速いエナンチオマー）のエナンチオマー過剰率の関係を示す．転換率を上げれば上げるほどエナンチオマー過剰率は低下するうえ，E 値が非常に大きくないかぎり，仮に反応のごく初期で停止したとしても，エナンチオマー過剰率の高い生成物を得るのは困難である．

カルボン酸エステルをリパーゼで加水分解し，エステルとカルボン酸として分割した例を表 23.1 に示す．ラセミ体の（**1**）を鏡像選択的に加水分解する酵素として，担体に固定化した *Candida antarctica* リパーゼ B（CAL-B，Novozymes 社）が見出された．しかし，高い E 値を示しても，転換率 c が 50% に達しないと実用的には不十分である．最適な基質と反応

表 23.1　カルボン酸エステルの分割例

CO_2R (±)-(**1**) —CAL-B→ CO_2H (*S*)-(**2**) + CO_2R (*R*)-(**1**)

R	X	E 値	反応温度 [℃]	補助溶媒	融点 [℃]	転換率（%）	(*R*)-(**1**)の ee(%)
Me	Boc	>200	24	——	54	33.0	49.3
Me	Boc	>200	24	アセトン(70%)	54	反応せず	
Me	Boc	>200	60	——	54	49.9	99.6
Me	Cbz	120	85	——	81	29.8	41.4
Et	Boc	>200	50	——	油状	28.9	40.6

条件は，保護基が t-ブトキシカルボニル基（Boc），エステルはメチル基，60℃という組合せであった[2]．この基質は結晶性が高く，室温では反応が進行せず，補助溶媒を加えても効果がない．融点（54℃）を超える温度で酵素による加水分解が効率よく進行する一方，基質は安定で，非酵素的な加水分解は起こらず，これが反応成功の鍵であった．

これより融点の高い N-ベンジルオキシカルボニル（Cbz）体（mp 81℃）は，さらに高い反応温度が必要とされ，転換率はかえって低下した．室温でも油状のエチルエステルでは反応性向上を期待したが，立体障害が大きい分，反応は遅くなった．メチルエステルでは，加水分解の進行に伴い副生するメタノールが高温ですみやかに揮発し，これが反応を加速した要因の一つである．

23.2 リパーゼのエナンチオ選択性の発現機構：酵素反応の遷移状態の理解と制御

酵素のなかでもリパーゼは，立体化学的に純粋なエナンチオマーを合成するために使われる汎用性の高い生体触媒である．リパーゼは有機溶媒中でも安定であるうえに，酵素とは思えないほど基質適用範囲が広い．リパーゼがもっとも得意とする反応は，第二級アルコールの速度論的光学分割である．エナンチオ選択性の発現機構をある程度理解しておくと，合成経路や反応条件を選択するさいに役立つ．ここでは，リパーゼの第二級アルコールに対するエナンチオ選択性の発現機構をまとめる[3]．

OH / M L —[リパーゼ / アシル供与体 / 有機溶媒]→ OCOR / M L + OH / M L　(23.2)
(*R*)-エステル　(*S*)-アルコール

OCOR / M L —[リパーゼ / 水]→ OH / M L + OCOR / M L　(23.3)
(*R*)-アルコール　(*S*)-エステル

生物起源によりアミノ酸配列の異なる種々のリパーゼが存在するが，活性部位の構造は互いに酷似している．第二級アルコールに対するエナンチオ選択性は，おもにリパーゼの触媒残基の空間配列によって決定づけられている．メカニズムのエッセンスを“遷移状態モデル”で示す（図 23.3）[4]．これは，アルコールからエステルが生成するさい，遅い遷移状態（四面体中間体を経由したのち）に相当する．この遷移状態には，以下に述べる配座に関す

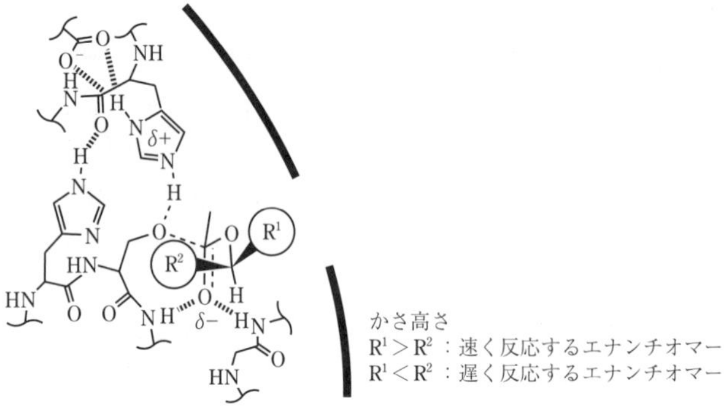

かさ高さ
$R^1 > R^2$ ：速く反応するエナンチオマー
$R^1 < R^2$ ：遅く反応するエナンチオマー

図 23.3　リパーゼの第二級アルコールの速度論的光学分割に対する遷移状態モデル

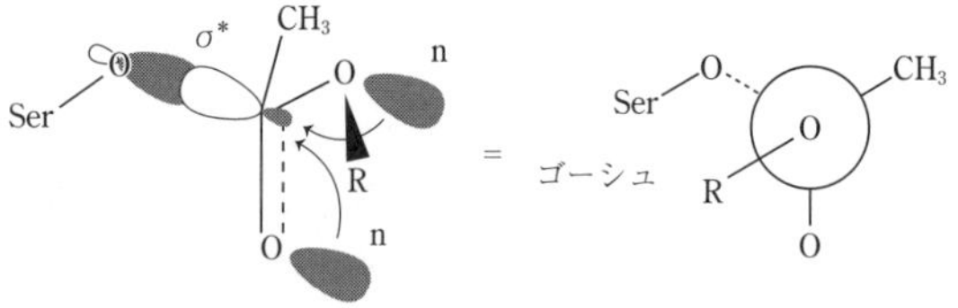

図 23.4　遷移状態ではたらく立体電子効果による配座の要請

る要請が二つ存在する．(1) 立体電子効果によって，アルコールの C−O 結合は，切断されつつある C−O 結合に対してゴーシュ配座をとる（詳しくは，図 23.4 を参照）．(2) 第二級アルコールの立体中心に結合した水素原子は，生成しつつあるエステルのカルボニル酸素原子に対してシン配向する．遷移状態でこのような配座を有利にとれるのは，大きいほうの置換基（R^1=L）が溶媒側を向く(*R*)体である．(*S*)体がこの配座をとると，大きいほうの置換基（R^2=L）と酵素との間に立体反発が生じるため不利である．これ以外の配座は，ねじれひずみや立体反発が大きくなるため，考える必要はない．このように，リパーゼのエナンチオ選択性（*R* 選択性）のおもな要因は局所的な遷移状態構造の配座の要請と立体反発にあり，酵素のポケットに基質の置換基が収容されるか否かは重要ではない．“酵素” というよりは“有機分子触媒” のような性格が強いといういい方もできる．

一般に，第二級アルコールの速度論的光学分割（エステル交換反応）を行うと(*R*)体のエステルと(*S*)体のアルコールを与える（式(23.2)）のに対して，第二級アルコールのエステルの速度論的光学分割（加水分解反応）を行うと(*S*)体のエステルと(*R*)体のアルコールを与える（式(23.3)）．つまり，どちらの場合も，(*R*)体が速く反応する．図 23.3 の遷移状態モデルは，*R* 選択性という経験則（式(23.2)，(23.3)）をすっきりと説明できる．エステル交換反応も加水分解反応も，この遷移状態が律速段階になっている．

図 23.3 の遷移状態モデルに基づけば，(*R*)体の大きいほうの置換基（R^1=L）は，溶媒側を向いているので，かなり大きくても構わないはずである．実際，テトラフェニルポルフィリンを置換基とする大きな第二級アルコールが種々のリパーゼによってうまく光学分割できている[5)]．さらに図 23.3 に基づけば，不斉中心に結合している水素原子が置換基に置き換わった基質（第三級アルコール）は，反応性が低いと予想される．実際，たいていの場合，第三級アルコールはまったく反応性を示さない．さらに図 23.3 に基づけば，(*R*)体の小さいほうの置換基（R^2=M）は，大きさに限界があると予想される．実際，置換基として許容されるのはメチル基程度であり，エチル基，プロピル基と炭素鎖が伸びていくと，どんどん反応性が低下する．すなわち，リパーゼが得意とする基質は，大きいほうの置換基（R^1=L）がかさ高く，小さいほうの置換基（R^2=M）のかさが小さいアンバランスな第二級アルコールということになる．こういった制限があっても，リパーゼの合成化学的有用性は高く，たった 1 種類のリパーゼでも数百種類の第二級アルコールを速度論的に光学分割できる．

最近になって，従来の天然酵素の弱点を克服するために，酵素構造を改変する研究が活発化している[6~8)]．たとえば，第二級アルコールの小さいほうの置換基の大きさには制限があることを述べたが，そういった天然酵素の弱点を改良した変異酵素が創製されている．*Burkholderia cepacia* 由来リパーゼの二重変異体（I287F/I290A）は，天然酵素では困難な，両側にかさ高い置換基をもつ第二級アルコールの速度論的光学分割を可能にした[7)]．酵素を有機化学の立場から理解することにより，酵素反応の遷移状態を自在に制御できる時代になりつつある．

23.3　有機溶媒やイオン液体を溶媒に用いたリパーゼ触媒による光学活性アルコールの合成

酵素反応は緩衝液など水系溶媒の反応と思われがちであるが，有機溶媒中で利用できる酵素もあり，リパーゼはそのような酵素の代表格である．補酵素が不要ということもあり，試薬感覚で利用できる酵素である．リパーゼは生体内では脂質のエステル加水分解反応を担っているが，リパーゼ存在下有機溶媒中で適当なエステルとアルコールを共存させるとエステル交換反応が起こる．このときラセミ体アルコールもしくはプロキラルアルコールを基質に用いるとエナンチオ選択的なアシル化が進行し，酵素が好むエナンチオマーはエステル化されるが好まないエナンチオマーは未反応で残るため，生じたエステルと未反応アルコールを分離すればラセミアルコールの速度論的光学分割が実現する[9)]．

有機合成にリパーゼ触媒反応を利用する場合，反応後の処理が容易になるため有機溶媒を用いるアシル化反応が圧倒的に使いやすい．溶媒としてはジイソプロピルエーテル，トルエン，*t*-ブチルメチルエーテルが一般に良好な結果を与え，イオン液体も有用である[10)]．

リパーゼ触媒によるエステル交換反応のために使用するアシル化剤としては酢酸ビニルが

もっともよく用いられる．この理由は，エステル交換後に生じるビニルアルコールがただちに互変異性してアセトアルデヒドを生じるので逆反応が起こらないためである[9]．アセトアルデヒドは酵素タンパク質中のアミノ基とシッフ（Schiff）塩基を形成する．酢酸ビニルを用いるアシル化にはこつがある[11]．アセトアルデヒドが系内に蓄積すると，酵素が失活しやすくなり，反応が途中で止まってしまうので密閉容器は避ける．またときどき TLC で分析して蓋を開け，アセトアルデヒドを逃がすほうが好ましい．大規模な反応でアセトアルデヒドを除くには，反応容器内を窒素で連続的に換気（パージ）することが有効で，反応が遅いからといって加熱するのは逆効果である．溶媒として THF などを用いる場合には，BHT などの重合防止剤を少量添加するほうがよい．これに対し酢酸イソプロペニルは互変異性でアセトンを生じるため，ビニルエステルより酵素阻害の可能性は少ないが，反応速度は大きく低下する．酢酸(2,2,2-トリフルオロ)エチルも良いアシル化剤になる．代表例な実験例として有機溶媒（ジイソプロピルエーテル）とイオン液体（$[P_{444MEM}][NTf_2]$）を利用する第二級アルコールの速度論的光学分割の例を示す．

【実験例　リパーゼによる 1-フェニルエタノール（(±)-**4a**）の速度論的光学分割】

OH　+　OH　→（リパーゼ PS／酢酸ビニル（1.5 当量）／*i*-Pr_2O, 35℃）　OAc　+　OH　+　CH_2＝CHOH（ビニルアルコール）→ CH_3CHO（アセトアルデヒド）

(*R*)-**4a**　(*R*)-**5a** 47%, ＞99% ee　(*S*)-**4a** 45%, 88% ee

磁気回転子を入れた大型試験管にラセミ体アルコール(±)-**4a** 4.6 g（39 mmol），ジイソプロピルエーテル 37 mL，酢酸ビニル 4.8 g（56 mmol）を順に加え，ついで *Burkholderia cepacia* 由来のリパーゼ PS 粉末（アマノエンザイム）2.3 g を加え，アルミニウムキャップをして 35 ℃ で撹拌する．反応経過をシリカゲル TLC で追跡し，原料アルコール **4a** と生成したアセタート **5a** のスポットがほぼ 1：1 になった時点で酢酸エチルで希釈し，セライトを敷き詰めたガラスフィルターで沪過してリパーゼを除く．沪液はエバポレーターで濃縮したのち，シリカゲルフラッシュカラムクロマトグラフィー（C-300，ヘキサン-酢酸エチル (20：1，10：1，0：1)）でアセタートとアルコールを分離すると，アセタート(*R*)-**5a**（収量 3.0 g, 18.3 mmol, 収率 47%，＞99% ee）とアルコール(*S*)-**4a**（収量 2.1 g, 17.5 mmol, 収率 45%, 88% ee）を得る．(*R*)-**5a** と (*S*)-**4a** のエナンチオマー過剰率（% ee）はキラル HPLC で決定し，*E* 値[12]（23.1 節参照）を算出してエナンチオ選択性を評価する．*Candida antarctica* 由来のリパーゼである CAL-B を触媒に使用した場合も $E>200$ という非常に良い結果が得られる．(*R*)-**5a**：R_f 0.55（ヘキサン-酢酸エチル (4：1))；$[\alpha]^{27}_{D}$ +106（*c* 1.35, $CHCl_3$），HPLC：Chiralcel AD, ヘキサン-イソプロピルアルコール（99：1), 35 ℃, (*R*)-**5a**

では t_R=5.4 min, (*S*)-**5a** では t_R=6.1 min. (*S*)-**4a**：R_f 0.25（ヘキサン-酢酸エチル（4：1））; $[\alpha]_D^{27}$ −45.9（*c* 1.05, $CHCl_3$）, HPLC：Chiralcel OD-H, ヘキサン-イソプロピルアルコール（9：1）, 35 ℃, (*R*)-**4a** では t_R = 9.5 min, (*S*)-**4a** では t_R = 10.1 min.

留意事項 1：HPLC で単一エナンチオマーとされた場合，便宜的に 99% ee として *E* 値を算出しておく．*E*>200 の反応ではエナンチオ選択性はほぼ完璧であるが，わずかな % ee 値で大きく数値が変動する．このため，*E*>200 の数値で酵素のエナンチオ選択性を議論すべきではない[9]．

留意事項 2：効率よい速度論的光学分割のためには，*E* が大きいことはいうまでもないが，とくに$k_{cat_{fast}}$が大きいことが重要であり，そのような酵素-基質-反応条件の組合せを選ぶ必要がある．

留意事項 3：反応溶媒にイソオクタン，ヘキサンも利用できるが酵素の失活が早く，ジイソプロピルエーテル，トルエン，*t*-ブチルメチルエーテルが一般的に良好な結果を与える．

留意事項 4：撹拌のために磁気回転子を入れた例を示したが，数日を超える長時間反応の場合は，振とう撹拌のほうが好ましい．撹拌によって固定化酵素粒子が粉砕してしまう場合がある．

【実験例　イオン液体溶媒を用いるリパーゼによる 4-フェニル-3-ブテン-2-オール（**6b**）の光学分割】

OH + OH (*R*)-**6b** —リパーゼ IL1-PS, 酢酸ビニル（1.5 当量）, $[P_{444MEM}][NTf_2]$, 35 ℃→ OAc (*R*)-**7b** 45%, >99% ee + OH (*S*)-**6b** 47%, 88% ee

Bu, Bu−P⊕(Bu)−O−OMe ⊖NTf_2
$[P_{444MEM}][NTf_2]$

回転子を加えた試験管にイオン液体$[P_{444MEM}][NTf_2]$[13] 10 mL に（±）-**6b** 741 mg（5.0 mmol）と酢酸ビニル 645 mg（7.5 mmol），リパーゼ IL1-PS（アマノエンザイム）16 mg（TCI-B3028, 東京化成工業）を加え，アルミニウムキャップをして 35 ℃ で 1 時間撹拌する．恒温槽から出した反応液にジエチルエーテル 10 mL を加えたのち，ボルテックス振とう後に放置すると 2 層に分離する．上層のエーテル層をデカンテーションで集め（10 回程度繰り返す），減圧濃縮したのちシリカゲルカラムクロマトグラフィーで(*R*)-**7b**（収量 428 mg, 収率 45%, > 99% ee），(*S*)-**6b**（収量 348 mg，収率 47%，88% ee）を単離する．*E*>200．(*R*)-**7b**：R_f 0.48（ヘキサン-酢酸エチル（7：1））; $[\alpha]_D^{25}$ +137.0（*c* 1.00, $CHCl_3$）, HPLC：Chiralcel OJ-H, ヘキサン-イソプロピルアルコール（9：1）, 35 ℃, (*R*)-**7b** では t_R=6.4 min, (*S*)-**7b** では t_R=

6.9 min.　(*S*)-**6b**：$[\alpha]^{26}_{D}$ −53.0 (*c* 1.00, $CHCl_3$)；HPLC：Chiralcel OJ-H, ヘキサン-イソプロピルアルコール（9：1), 35 ℃, (*S*)-**6b** では t_R＝7.8 min, (*R*)-**6b** では t_R＝8.4 min.

留意事項 1：リパーゼとして CAL-B も良い結果を与えるが反応速度は 10 分の 1 程度になり，酵素量は基質を基準として 50 wt% 加える必要がある．なお，反応温度は 60 ℃ 程度まで上げても問題ない．イオン液体をアシル化反応の溶媒に利用した場合には酵素がイオン液体層に残るために繰り返して酵素を利用できる．この場合は抽出操作後に減圧濃縮し抽出溶媒を除いてから新しい基質とアシル化剤を加えるだけで次の反応が始まる．

留意事項 2：イオン液体として $[P_{444ME}][NTf_2]$（TCI-T2564，東京化成工業）も良い結果を与える．他の市販イオン液体 $[C_4mim][NTf_2]$ や $[N_{221ME}][NTf_2]$ も利用できるが，$[P_{444MEM}][NTf_2]$ や $[P_{444ME}][NTf_2]$ に比べると反応速度が低下する[13]．

留意事項 3：イオン液体からの反応物と未反応器質の抽出はジエチルエーテル，もしくはジエチルエーテル，ヘキサン混合液がよい．酢酸エチル，ジクロロメタン，クロロホルム，アセトニトリル，アセトンは一般にイオン液体をよく溶かすために抽出には使用できない．

留意事項 4：イオン液体の含水率が 10% を超えるとアシル化が進行しなくなる場合が多い．イオン液体にモレキュラシーブ 3A（50 wt% 程度）を加えて 12 時間保存すれば実用的に問題ない水分含量になる．徹底的に乾燥するためには，まず凍結乾燥を行い，ついで 133 Pa, 50～60 ℃ で 12 時間程度減圧して乾燥する．イオン液体が着色した場合は，メタノール溶液として活性炭粉末を加えて 50～60 ℃ で 1 時間撹拌後に沪過すればよい．

23.4　有機金属や金属錯体触媒と酵素反応の共存による新機能

加水分解酵素を用いるラセミ体アルコール，アミン，エステル，アミド，ニトリルなどの速度論的光学分割は，高いエナンチオマー過剰率の化合物を入手する簡便な方法であるが，それぞれのエナンチオマーの収率は最大 50% である．この限界を超えようと，基質のラセミ化と光学分割を同一条件下に進行させることで，単一のエナンチオマーを 100% 収率で得る動的速度論的光学分割（dynamic kinetic resolution, 以下 DKR と略記）が精力的に研究されている．DKR が成功するためには，(1) 酵素によるエナンチオ選択性が十分に高いこと [k_1(fast) ≫ k_2(slow)]，(2) 反応性の高い鏡像体のアシル化よりラセミ化が速いこと [k_{rac} > k_1(fast)]，(3) ラセミ化反応と光学分割が同一フラスコ内で共存できること，加えて (4) 生成物のラセミ化や分解が起こらないこと，の四つの条件をすべて満たす必要がある．これまでラセミ化には，pH 調整（酸塩基の利用を含む），有機金属や金属錯体触媒，ラセマーゼなどの酵素の利用が検討されてきたが，その中で有機金属化合物や金属錯体の利用は基質適用性に優れ，操作の簡便性などの利点からもっとも実用的である．

(R)-基質 —[R-選択的酵素 / k_1(fast)]→ (R)-生成物
収率 100%以上
100% ee 以上

ラセミ化触媒
・pH
・金属
・酵素

k_{rac}

(S)-基質 - - - -[k_2(slow)]- - - → (S)-生成物

代表例として，リパーゼとルテニウム錯体を用いる第二級アルコール(±)-**8** の DKR を式(23.4) に示す．速度論的光学分割のさいに系内に残る(S)-**8** はルテニウム錯体による酸化還元反応によってラセミ化する．この反応とリパーゼ触媒によるアシル化が，有機溶媒中，室温から 70℃ で同時進行することによって，エナンチオマー過剰率の高いエステル(R)-**9** が高い収率で得られる．これまで DKR に利用できるルテニウム錯体が多数開発されたが，なかでも図 23.5 に示す **10**～**14** は室温でも高活性であり，多様な第二級アルコールの DKR が報告された[14]．さらにこれらは，第一級アルコール[15]，ジオール[14]，第二級アミン（式(23.5)）[15,17~21] の DKR にも適用された．また，パラジウム，イリジウム錯体，アルミニウム化合物などもラセミ化触媒として DKR に利用できる[14]．

(±)-**8** —[RuL_n, 塩基 / リパーゼ / アシル供与体 / 有機溶媒 / 25～70℃]→ [$R^1C(=O)R^2$ ⋯ RuL_m–H ⇌ (R)-**8** ; ⇌ (S)-**8** (RuL_n 塩基)] —[リパーゼ / アシル供与体]→ (R)-**9**　(23.4)

1-フェニルエチルアミン —[(**11**) (1 mol%) / 2,4-ジメチルペンタン-3-オール / エチルメトキシアセタート / CAL-B / Na_2CO_3 / トルエン, 100℃, 72 h]→ アミド 90%, 97% ee　(23.5)

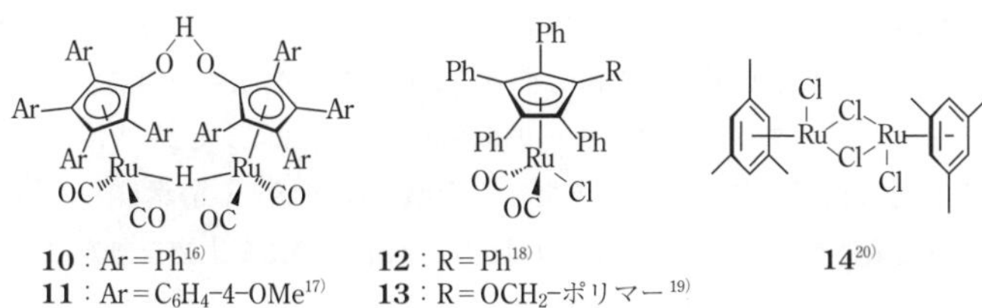

図 23.5　代表的なルテニウム錯体

市販されているほとんどのリパーゼは，(*R*)体の第二級アルコールを優先的にエステル化するため，DKR で得られる光学活性体は(*R*)体である．一方，プロテアーゼの一種ズブチリシンと上記ルテニウム錯体の組合せによって(*S*)体を得る DKR 法も開発されている[22]．

リパーゼとオキソバナジウム（**18**）との組合せは，アリルアルコールの DKR に有用である．この場合，アリルアルコールの 1,3-転位を伴いながらラセミ化が進行するため，**15** と **16** は等価な基質として利用できる[23]．

【実験例　リパーゼを用いる(*R*)-**17** の合成[23]】

OH
Ar
(±)-**15**
または　OH
Ar
(±)-**16**

18(10 mol%)
CAL-B
酢酸ビニル
MeCN
35℃, 1 d

(*S*)-**15** ⇄(F) (*R*)-**15** —リパーゼ／酢酸ビニル→
(*S*)-**16** ⇄(F) (*R*)-**16**
F

OAc
Ar
(*R*)-**17**
97%, 99% ee（**15** より）
99%, 96% ee（**16** より）

Ar = C_6H_4-4-OMe　　O = V(OSiPh$_3$)$_3$ または O = V(O)(O)P(=O)– (担体)
18

窒素気流下，(±)-**15** 0.34 mmol の MeCN 4.2 mL 溶液に *Candida antarctica* リパーゼ B（CAL-B）150 mg (3 w/w), **18** 0.034 mmol と酢酸ビニル 0.68 mmol を室温で加える．反応液を 35 ℃ で 1 日撹拌後，セライトを通して沪過する．沪液を減圧濃縮し，シリカゲルカラムクロマトグラフィー（ヘキサン-EtOAc（10：1））で精製して(*R*)-**17** を得る（収率 97%, > 99% ee)．なお，本品のエナンチオマー過剰率は CHIRALPAK AD-H を装着した HPLC (ヘキサン, 1.0 mL min^{-1}, 20 ℃)で決定した．

23.5　酸化還元酵素を用いる不斉還元・酸化

酵素触媒はそれ自身が L-アミノ酸ができており，多くの場合において不斉反応を触媒する．酵素を含む生体触媒の利用は，こうした理由から純粋な立体化学をもつエナンチオマーの合成に利用されることが多い[24]．近年，不斉還元反応については優れた触媒が多く発見され，これらを遺伝子組換え酵素として大腸菌（*Escherichia coli, E. coli*）などで効率的に発現し，得られた菌体を生体触媒として利用することにより，高収率かつ高い立体選択性で高いエナンチオマー過剰率を有するアルコールの合成が可能となった[25~29]．これらの反応のいくつかは工業的に利用されている．また，不斉酸化に関与する酵素群も近年明らかにされ，以前は微生物菌体を触媒として用いた反応も遺伝子組換え微生物を触媒とする系が可能となっている．

表 23.2　微生物および酵素反応による有機化合物の不斉還元

出発物質	生成物	変換率（%）	エナンチオマー過剰率（% ee）	立体配置	微生物	文献
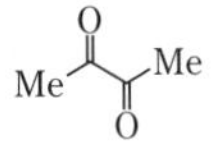	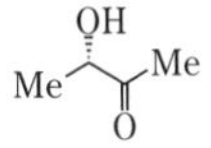	72	87	*S*	パン酵母	1）
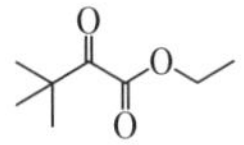	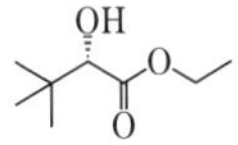	91	99	*R*	*Candida magnoliae*	2）
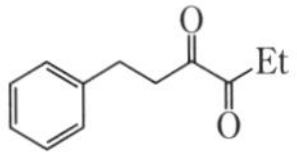	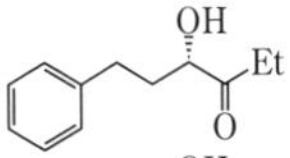	58	91	*S*	パン酵母	3）
	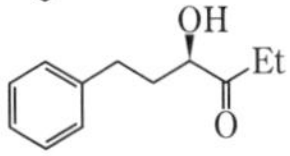	46	87	*R*	パン酵母	3）
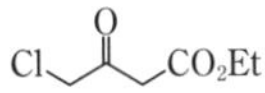	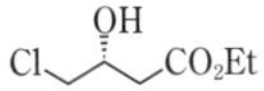	70	100	*R*	*Lactobacillus fermentum*	4）
	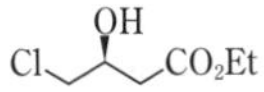	100	98	*S*	*Lactobacillus kefir*	4）
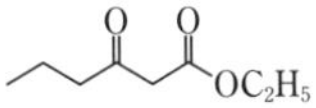	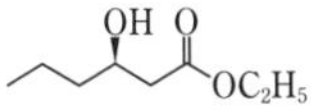	＞92	＞99	*R*	パン酵母	5）
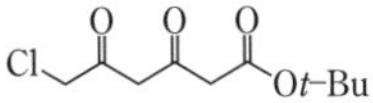	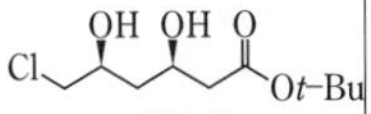	47.5	＞99	3*R*, 5*S*	*Lactobacillus kefir*	6）
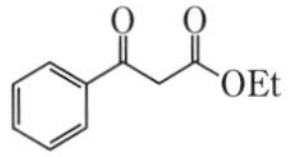	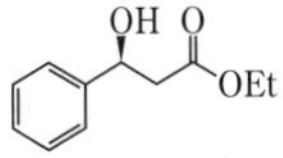	62	98	*S*	パン酵母	7）
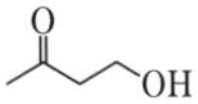	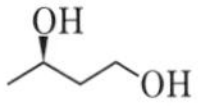	99 99	93 99	*R*	*Kluyveromyces lactis* IFO 1267 *Leifsonia* sp. S749	8）
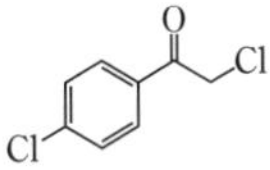	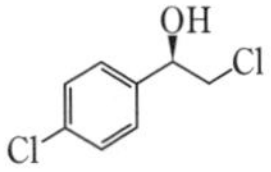	100	＞99	*R*	*Rhodococcus* sp. ST-10	9）
	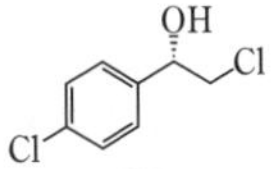	97	＞99	*S*	*Leifsonia* sp. S749	9）
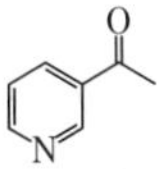	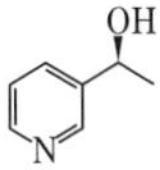	＞85	＞99	*S*	*Candida viswanathii*	10）
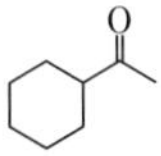	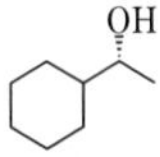	85	97.5	*R*	*Trichothecium* sp.	11）
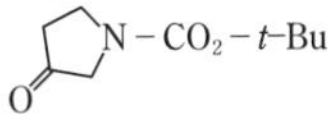	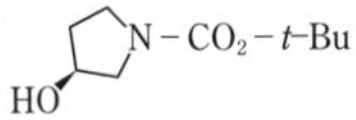	＞86	＞99	*S*	*Rhodococcus* sp. ST-10	9）
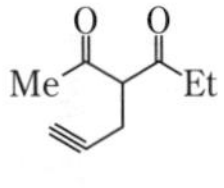	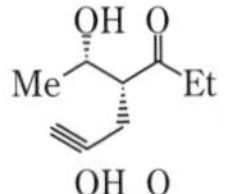	＞85	＞98	2*R*, 3*S*	パン酵母	12）
	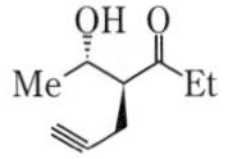	＞85	＞98	2*S*, 3*S*	パン酵母	12）

表 23.2　微生物および酵素反応による有機化合物の不斉還元（つづき）

出発物質	生成物	変換率（%）	エナンチオマー過剰率（% ee）	立体配置	微生物	文献
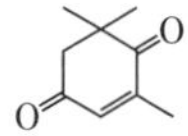	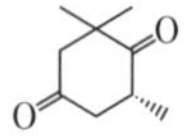	96.4	95.5	*R*	パン酵母	13）
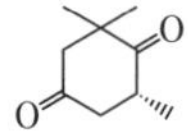	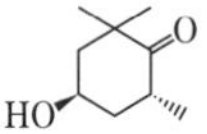	100	94.2	4*R*, 6*R*	*Corynebacterium aquaticum* M-13	13）
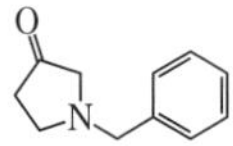	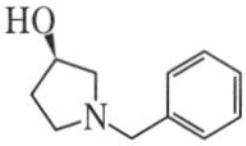	88	97.5	*R*	*Pseudomonas diminuta* KNK10201	14）
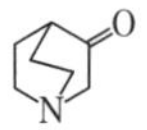	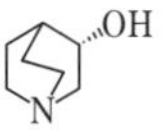	45	＞99	*S*	*Rhodococcus* sp. ST-10	9）
	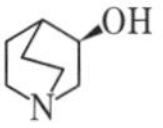	98.6 89	＞99 93.4	*R*	*Rhodotorula rubra* （*mucilaginosa*） *Datura stramonium*	15）

1） M. Katz, T. Frejd, B. H-Hägerdal, M. F. G-Grauslund, *Biotechnol. Bioeng.*, **84**, 573 (2003).
2） D. Zhu, Y. Yang, L. Hua, *J. Org. Chem.*, **71**, 4202 (2006).
3） I. Kaluzna, A. A. Andrew, M. Bonilla, M. R. Martzen, J. D. Stewart, *J. Mol. Catal. B：Enzym.*, **17**, 101 (2002).
4） F. Aragozzini, M. Valenti, E. Santaniello, P. Ferraboschi, P. Grisenti, *Biocatal. Biotransform.*, **5**, 325 (1992).
5） A. C. Dahl, M. Fjeldberg, J. Ø. Madsen, *Tetrahedron：Asymmetry*, **10**, 551 (1999).
6） H. Pfruender, M. Amidjojo, F. Hang, D. W-Botz, *Appl. Microbiol. Biotechnol.*, **67**, 619 (2005).
7） W. Kroutil, H. Mang, K. Edegger, K. Fabe, *Curr. Opin. Chem. Biol.*, **8**, 120 (2004).
8） a） A. Matsuyama, H. Yamamoto, N. Kawada, Y. Kobayashi, *J. Mol. Catal. B：Enzym.*, **11**, 513 (2001)；b） N. Itoh, M. Nakamura, K. Inoue, Y. Makino, *Appl. Microbiol. Biotechnol.*, **75**, 1249 (2007).
9） N. Itoh, K. Isotani, M. Nakamura, K. Inoue, Y. Isogai, Y. Makino, *Appl. Microbiol. Biotechnol.*, **93**, 1075 (2012).
10） P. Soni, G. Kaur, A. K. Chakrabortib, C. Uttam, *Tetrahedron：Asymmetry*, **16**, 2425 (2005).
11） D. Mandal, A. Ahmad, M. I. Khan, R. Kumar, *J. Mol. Catal. B：Enzym.*, **27**, 61 (2004).
12） K. Nakamura, R. Yamanaka, T. Matsuda, T. Harada, *Tetrahedron：Asymmetry.*, **14**, 2659 (2003).
13） M. Wada, A. Yoshizumi, Y. Noda, M. Kataoka, S. Shimizu, H. Takagi, S. Nakamori, *Appl. Environ. Microbiol.*, **69**, 933 (2003).
14） N. Kizaki, Y. Yasohara, N. Nagashima, J. Hasegawa, *J. Mol. Catal. B：Enzym.*, **51**, 73 (2008).
15） a） A. Uzura, F. Nomoto, A. Sakoda, Y. Nishimoto, M. Kataoka, S. Shimizu, *Appl. Microbiol. Biotechnol.*, **83**, 617 (2009)；b） H. Yamamoto, M. Ueda, R. Pan, T. Hamatani, US Patent 2003/0143700A1.

23.5.1　不斉還元

微生物および酵素による還元反応はおもにケトン，ケトエステルおよびエノン類などのアルケンの一部に使用されている．いくつかの例を表 23.2 に示す．微生物および酵素による還元反応は，1970 年代以降，不斉合成の一手段として位置づけられ，多くの報告がなされてきた．従来汎用されてきたのは，パン酵母（*Saccharomyces cerevisiae*）を触媒とするものである．パン酵母は入手が容易であり，実験操作は非常に簡単である．しかし，パン酵母に含まれる複数の酵素が目的とする還元反応に関与するケースも多く，基質によっては生成物エナンチオマー過剰率が一定しない場合がある．近年では，パン酵母以外の微生物を使用した検討もなされているが，培養を伴わずに使用できるという点で，現在でもパン酵母がもっとも簡便な生体触媒であることに変わりはない．

近年は，こうした有用な酵素の遺伝子をそれぞれ発現させ，補酵素 NAD(P)H の再生系も組み込んだ組換え酵素や大腸菌の菌体が生体触媒として使用されている[25~30]．

また，各種有機合成用酵素が市販されており，簡便に安定した結果を得ることが可能となっている．一般的に還元反応に酵素を用いる場合は，基質と当量の補酵素（NAD(P)H）を水素源として添加することが必要となる．しかし，補酵素は高価であるため，とくに工業的スケールでは，グルコース-グルコース脱水素酵素（NADH および NADPH）[28]，ギ酸-ギ酸脱水素酵素（NADH），イソプロピルアルコール-イソプロピルアルコール脱水素酵素（NADH）[29] が目的ケトンの還元反応と共役した補酵素の再生系として導入されることが多い．とくに，イソプロピルアルコール-イソプロピルアルコール脱水素酵素による補酵素再生系は，目的ケトンの還元と補酵素再生系が同じ酵素で触媒されるものがいくつか知られており，高いエナンチオマー過剰率をもつアルコールの高効率生産が可能となっている[29,30]．

【実験例　(*S*)-3-ヒドロキシ酪酸エチルの合成[31]】

3 L フラスコに水道水 2.0 L とパン酵母 250 g およびスクロース 250 g を入れて 30 ℃で 30 分撹拌する．アセト酢酸エチル 19.53 g（150 mmol）を加え，嫌気的条件を保ちながら 30 ℃で 20 時間撹拌を続ける．反応液を遠心し，菌体を水で洗浄する．遠心上清を *t*-ブチルメチルエーテル 250 mL で 3 回抽出する．抽出時にエマルションとなった場合は，遠心分離を行う（**ただし，引火しないよう最新の注意を払う**）．有機層を無水硫酸マグネシウムで乾燥し，減圧下に濃縮し，濃縮残渣を減圧蒸留で精製する（収率 67%, 98.4% ee）．

【実験例　(*R*)-3-キヌクリジノールの合成[32]】

フラスコに，キヌクリジノン塩酸塩 15.0 g（92.8 mmol），K_2HPO_4 15.7 g, K_3PO_4 2.12 g, グルコース 17.5 g（98.1 mmol）を入れて溶解し 100 mL にメスアップする．$NADP^+$ 80 mg, Chiralscreen OH E007（ダイセル）[33] 500 mg を加えて溶解し，25 ℃で終夜静置する．反応液を水酸化ナトリウムで pH 12 以上にし，1-ブタノール 100 mL で抽出する．有機層を 1.05 当量の濃塩酸で中和し，110～130 ℃で濃縮する．濃縮残渣を冷却し，析出した結晶を沪別する（収率 80%, ＞99% ee）．

23.5.2 不斉酸化

反応としては，C−H の不斉ヒドロキシ化，アルケンの不斉エポキシ化，ヒドロキシ基のアルデヒド，ケトン，カルボン酸への酸化，スルフィドの不斉酸化によるスルホキシドの合成，ケトンのバイヤー-ビリガー（Baeyer-Villiger）転位反応によるエステルの合成などがある[24]．いくつかの例を表 23.3 に示す．近年，微生物が触媒するこうした酸化反応に関与する酵素系が明らかになってきている[34~36]．これらの酵素には各種モノオキシゲナーゼ，シトクロム P-450，ジオキシゲナーゼが含まれるが，モノオキシゲナーゼおよびシトクロム

表 23.3　微生物および酵素反応による有機化合物の不斉酸化

反応の種類	出発物質	生成物	関連する酵素	微生物	変換率（%）	立体配置	光学純度（% ee）	文献
ヒドロキシ化反応		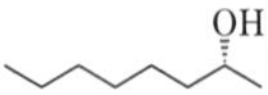 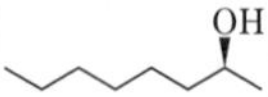	P450-BM3	*Bacillus megaterium*	82 80	*R* *S*	39 40	1)
		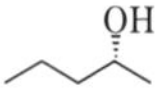	メタンモノオキシゲナーゼ	*Methylosinus trichosporium* OB3b	100	*R*	78	2)
	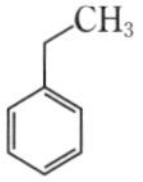	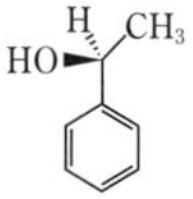	ナフタレンジオキシゲナーゼ	*Pseudomonas* sp. NCIB 9816-4	70.4	*S*	77	3)
	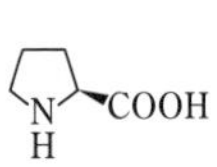	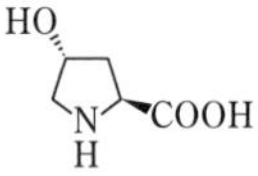	プロリン4-ヒドロキシラーゼ	*Dactylosporangium* sp. RH1	100	*R*	100	4)
	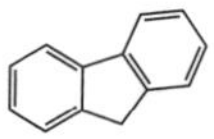	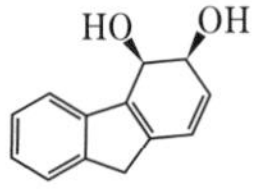	ナフタレンジオキシゲナーゼ	*Pseudomonas* sp. NCIB 9816–4	24～27	3*S*, 4*R*	＞95	5)
エポキシ化反応	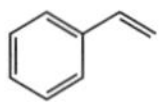	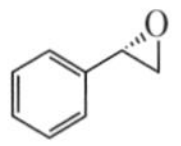	スチレンモノオキシゲナーゼ	*Rhodococcus* sp. ST–5, ST–10 *Pseudomonas* sp. VLB120	— 90	*S*	99 99	6)
	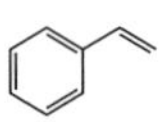	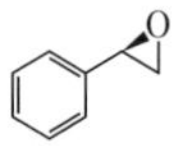	プロペンモノオキシゲナーゼ	*Mycobacterium* sp. M156 *Mycobacterium* strain NBB4	84.9 36	*R*	93 95	7)
	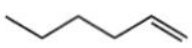	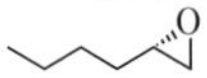	スチレンモノオキシゲナーゼ	*Rhodococcus* sp. ST-5, ST-10	—	*S*	95	6)
	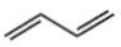	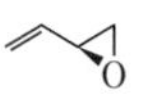	トルエンモノオキシゲナーゼ	*Burkholderia cepacia* G4	＞95	*S*	84	8)
		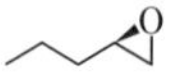	トルエンモノオキシゲナーゼ	*Burkholderia cepacia* G4	—	*R*	100	8)
スルホキシド化反応	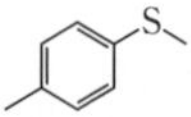	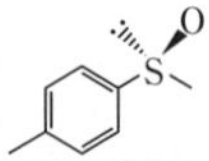	スルフィドモノオキシゲナーゼ	*Rhodococcus* sp. ECU0066	44.2	*S*	97	9)
	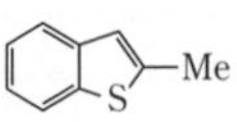	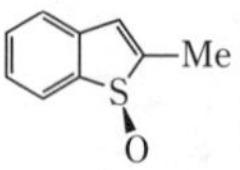	スチレンモノオキシゲナーゼ	*Pseudomonas putida* CA-3	100	*S*	3	10)
			ナフタレンジオキシゲナーゼ	*Pseudomonas putida* NCIMB 8859	90	*S*	56	

表 23.3　微生物および酵素反応による有機化合物の不斉酸化（つづき）

反応の種類	出発物質	生成物	関連する酵素	微生物	変換率（%）	立体配置	光学純度（% ee）	文献
スルホキシド化反応	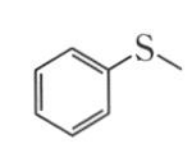	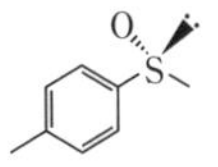	フェニルアセトンモノオキシゲナーゼ	*Thermobifida fusca*	32 94	*R* *R*	89 44	11）
バイヤー-ビリガー反応	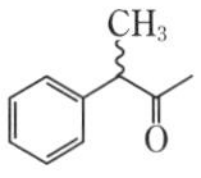	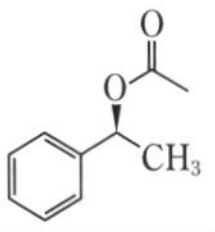	バイヤー-ビリガーモノオキシゲナーゼ	*Pseudomonas putida* KT2440	50	*S*	80	12）
	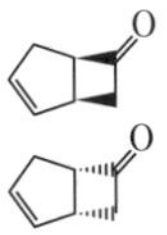	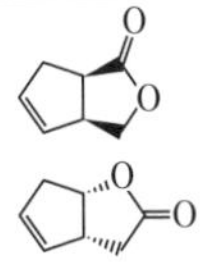	バイヤー-ビリガーモノオキシゲナーゼ	*Acinetobacter calcoaceticus* NCIMB 9871	84	1*R*, 5*S* 1*S*, 5*R*	＞99 ＞99	13）

1） M. W. Peters, P. Meinhold, A. Glieder, F. H. Arnold, *J. Am. Chem. Soc.*, **125**, 13442（2003）.
2） A. Miyaji, T. Miyoshi, K. Motokura, T. Baba, *Biotechnol. Lett.*, **33**, 2241（2011）.
3） K. Lee, D. T. Gibson, *Appl. Environ. Microbiol.*, **62**, 3101（1996）.
4） a）T. Shibasaki, H. Mori, S. Chiba, A. Ozaki, *Appl. Environ. Microbiol.*, **65**, 4028（1999）.; b） T. Shibasaki, H. Mori, A. Ozaki, *Biosci. Biotechnol. Biochem.*, **64**, 746（2000）.
5） S. M. Resnick, D. T. Gibson, *Appl. Environ. Microbiol.*, **62**, 4073（1996）.
6） H. Toda, R. Imae, T. Komio, N. Itoh, *Appl. Microbiol. Biotechnol.*, **96**, 407（2012）.
7） a） S. R. Rigby, C. S. Matthews, D. J. Leak, *Bioorg. Med. Chem.*, **2**, 553（1994）; b） S. Cheung, V. McCarl, A. J. Holmes, N. V. Coleman, P. J. Rutledge, *Appl. Microbiol. Biotechnol.*, **97**, 1131（2013）.
8） K. Mcclay, B. G. Fox, R. J. Steffan, *Appl. Environ. Microbiol.*, **66**, 1877（2000）.
9） A. T. Li, J. D. Zhang, J. H. Xu, W. Y. Lu, G. Q. Lin, *Appl. Environ. Microbiol.*, **75**, 551（2009）.
10） D. R. Boyd, N. D. Sharma, B. McMurray, S. A. Haughey, C. C. Allen, J. T. Hamilton, W. C. McRoberts, R. A. O′Ferrall, J. Nikodinovic-Runic, L. A. Coulombel, K. E. O′Connor, *Org. Biomol. Chem.*, **10**, 782（2012）.
11） G. de Gonzalo, G. Ottolina, F. Zambianchi, M. W. Fraaije, G. Carrea, *J. Mol. Catal. B: Enzym*, **39**, 91（2006）
12） K. Geitner, A. Kirschner, J. Rehdorf, M. Schmidt, M. D. Mihovilovic, U. T. Bornscheuer, *Tetrahedron: Asymmetry* **18**, 892（2007）.
13） a） V. Alphand, G. Carrea, R. Wohlgemuth, R. Furstoss, J. M. Woodley, *Tetrahedron Biotech.*, **21**, 318（2003）; b） I. Hilker, V. Alphand, R. Wohlgemuth, R. Furstoss, *Adv. Synth. Catal.*, **346**, 203（2004）; c） I. Hilker, M. C. Gutiérrez, R. Furstoss, J. Ward, R. Wohlgemuth, V. Alphand., *Nat. Protcols*, **3**, 546（2008）

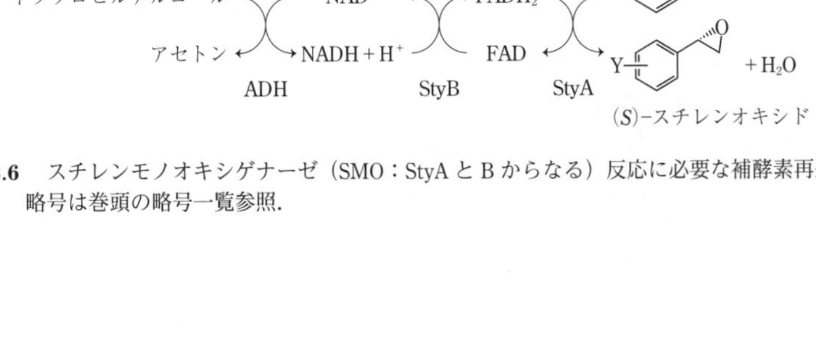

イソプロピルアルコール → アセトン（ADH）；NAD^+ ⇄ $NADH + H^+$（StyB）；$FADH_2$ ⇄ FAD（StyA）；Y-スチレン + O_2 → (*S*)-スチレンオキシド + H_2O

図 23.6　スチレンモノオキシゲナーゼ（SMO：StyA と B からなる）反応に必要な補酵素再生系
略号は巻頭の略号一覧参照.

P-450 の反応の場合は，NAD(P)H などの還元型補酵素や特定の酸化還元酵素を必要とする(図 23.6)[37,38]．したがって，不斉還元と同様に共役する補酵素再生系が遺伝子組換え菌に導入される場合が多い．しかし，工業的スケールでの使用例は，医薬品を除きあまり多くない．

【実験例　(*S*)-2-クロロスチレンオキシドの合成[39]】

LB 培地 10 mL（NaCl 5 g，酵母エキス 5 g，ポリペプトン 10 g，アンピシリンナトリウム 50 mg，水 1 L，pH 7.2）に *Rhodococcus* sp. ST-10 由来スチレンモノオキシゲナーゼ（SMO）を導入した組換え大腸菌を 1 白金耳植菌し，30 ℃ で一晩前培養する．100 mL LB 培地に前述の培養液 100 mL を植菌し，30 ℃ で約 4 時間振とう培養する．OD_{600} が 0.5 に到達した時点でイソプロピル-β-D-チオガラクトピラノシド 2.38 mg（0.01 μmol）を添加し，18 ℃ で 24 時間誘導する．誘導菌体を遠心回収後，0.05 mol L^{-1} リン酸カリウム緩衝液（pH 7.5）で洗菌し，菌体を 300 g L^{-1} になるように再懸濁する．この菌体懸濁液 2 mL を 50 mL スクリューキャップ付試験管に移し NAD^+ 1.32 mg（2 mmol）および FAD 0.31 mg（0.4 mmol）を加える．その上に 2-クロロスチレン 55.4 mg（0.4 mmol），イソプロピルアルコール 240 mg を含む酢酸オクチル 2 mL を重層する．純酸素（99.5%）を試験管に封入し密閉後，300 rpm，25 ℃ で 24 時間振とうする．反応後，遠心により水層および有機溶媒を分離し，有機溶媒相を回収する．さらに，水層の 2 倍容の酢酸エチルで抽出し，酢酸オクチル相と混和する．生成物はシリカゲルクロマトグラフィーにより精製する．ヘキサン-酢酸エチル（9：1）で溶離し，目的の(*S*)-2-クロロスチレンオキシドを得る（$[a]_D^{24.5} = +65.6$（*c* 1.00, $CHCl_3$），収率 70%，＞99.9% ee）．

【実験例　プラバスタチンの合成[40]】

50 mL の培地（酵母エキス 1 g，大豆粉 15 g，$NaNO_3$ 5 g，グルコース 15 g，グリセリン 2.5 g，$CaCO_3$ 4 g，水 1 L）に *Streptomyces* CJPV 975652 株を植菌し，28 ℃ で 2 日間培養する．500 mL フラスコ中の培地 50 mL（酵母エキス 1 g，大豆粉 20 g，ペプトン 5 g，$NaNO_3$ 5 g，グルコース 30 g，グリセリン 2.5 g，$CaCO_3$ 4 g, NaCl 0.5 g, 水 1 L）に前述の前培養液 5 mL を接種し，250 rpm，28 ℃ で 5 日間培養する．培養 2 日目からコンパクチンナトリウムを 0.5 g L^{-1} になるように 1 日 2 回ずつ加え，プラバスタチンへ転換する．3 L 分の培養物を 2 倍容の蒸留水で希釈後，3% 体積のけいそう土を撹拌しながら加え，沪過する．沪液を 500 mL の HP-20 樹脂が満たされたカラムに通し，生成物を吸着させる．十分量の水で洗浄後，50% エタノール溶液で溶出させる．溶出した溶液に活性炭およびアルミナ樹脂を使用して脱色したのち，減圧下で濃縮する．濃縮した粗精製物を 200 mL のアンバーライト XAD-1600 樹脂カラムに吸着させ，10% エタノールで洗浄したのち，40% エタノール溶液でプラバスタチンを分離する．プラバスタチンを含む溶出液を減圧濃縮後，エタノールおよび酢酸エチルを用いて結晶化し，プラバスタチンの白色結晶を得る．収量 1.3 g（転換率 64% 以上）．

23.6 アルドラーゼ，リアーゼなど炭素-炭素結合形成反応の応用，およびアミノ酸の合成

立体選択的な炭素-炭素結合形成反応は，単純な構造の化合物を材料にして複雑な化合物の骨格構造を形成するのに有用である．これらの反応を触媒する酵素としては，アルドラーゼ，カルボキシラーゼに代表されるリアーゼ群（EC 4.1.x），補酵素やリン酸化基質依存的にメチル基，ホルミル基，アルデヒド基，ケト基，プレニル基などを転移するトランスフェラーゼ群（EC 2.-），ATP 依存的なカルボキシ化を触媒するリガーゼ群（EC 6.4.x）などがある．補酵素やリン酸化基質を要求しないアルドラーゼ触媒反応が工業レベルで活用されており，デオキシリボース 5-リン酸アルドラーゼ（DERA）を用いる脂質異常症治療薬アトルバスタチン合成中間体の合成がその好例である．以下にアルドラーゼを中心に応用例を示す．これまでに三十数種類のアルドラーゼ（EC 4.1.2.x, EC 4.1.3.x）が報告されており，いくつかは市販されている．アルドラーゼは求核性ケトン供与体と求電子性アルデヒド受容体とのアルドール反応を触媒し，求核性ケトン供与体に対して高い基質特異性選択性を示すことから，供与体基質のタイプにより分類される[41]．代表的な供与体基質としては，アセトアルデヒド（**19**），ピルビン酸（**20**），ジヒドロキシアセトンリン酸（**21**），グリシン（**22**）があげられる（図 23.7）．反応は可逆的であることが多く，反応平衡の制御が重要である．

・アルドラーゼ触媒反応

R–CHO ＋ X–CH₂–CO–R′ ⇌ R–CH(OH)–CH(X)–CO–R′

求電子性アルデヒド　　求核性ケトン

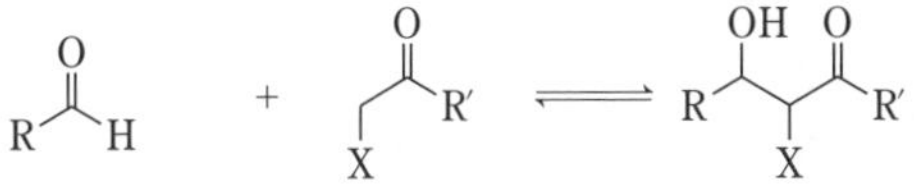

DERA（EC 4.1.2.4）は，アセトアルデヒドを供与体基質とする酵素であり，高濃度 **19** への耐性を示す酵素がグリセルアルデヒド 3-リン酸（G3P，**23**）を受容体とする D-2-デオキシリボース 5-リン酸（**24**）合成に活用されている[42]．本反応は，G3P 供給系としての解糖系ならびにヌクレオシド分解系酵素群との共役により，抗ウイルス薬合成中間体などとなる 2′-デオキシリボヌクレオシド合成に活用されている[43]．また，上述のアトルバスタチン合成中間体の生産では，アセトアルデヒド耐性と高い立体選択性を示す改変型 DERA が，**19**,

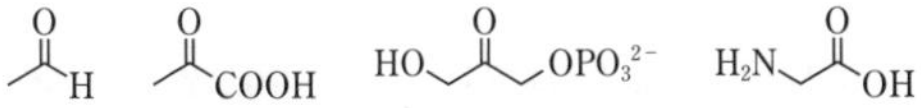

19　**20**　**21**　**22**

図 23.7　代表的な求核性ケトン基質

2-クロロアセトアルデヒド（**25**）からの 6-クロロ-2,4,6-トリデオキシ-デリスロヘキサピラノシド（**26**）合成過程に用いられている[44]．

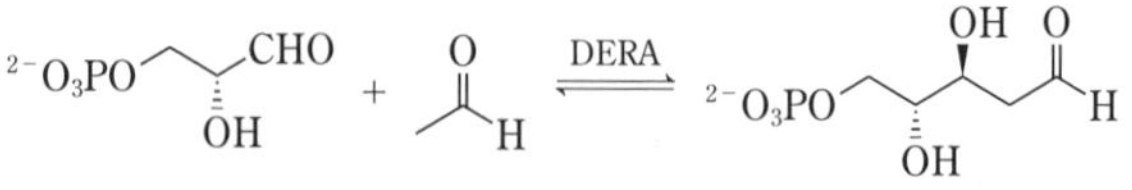

23　19　24

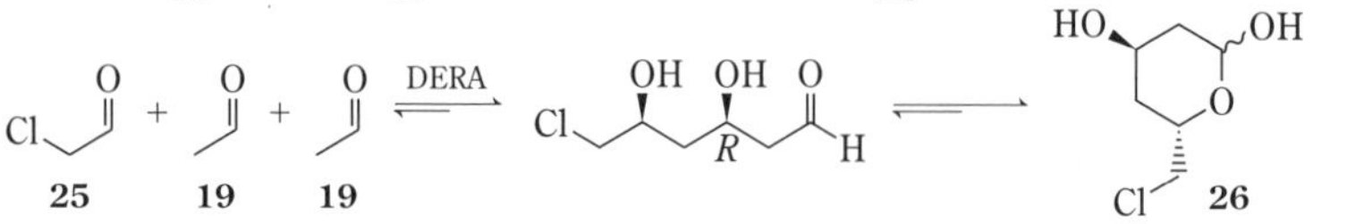

25　19　19　26

【実験例　D-2-デオキシリボース 5-リン酸の合成[45]】

大腸菌（*E. coli*）K12 株由来組換え型 DERA（CAS 9026-97-5，Sigma-Aldrich 社）100 unit，アセトアルデヒド 0.3 mol L^{-1}，グリセルアルデヒド 3-リン酸 0.1 mol L^{-1}，1 mmol L^{-1} EDTA を含む 100 mL の 0.1 mol L^{-1} トリス塩酸緩衝液（pH 9.0）を 30 ℃ にて 6 時間インキュベート後，14 mmol の $BaCl_2$ を添加し，さらにエタノール 200 mL を加え，D-2-デオキシリボース 5-リン酸と無機リン酸を含む沈殿物を得る[45]（D-2-デオキシリボース 5-リン酸 86%，無機リン酸 10%，対グリセルアルデヒド 3-リン酸 収率 80%）．

N-アセチルノイラミン酸アルドラーゼ（NeuA，EC 4.1.3.3）は，ピルビン酸（**20**）を供与体基質とする酵素であり，*N*-アセチル-D-マンノサミン（ManNAc，**27**）を受容体とするアルドール反応が，インフルエンザ治療薬ザナミビル合成中間体としての *N*-アセチルノイラミン酸（**28**）合成に活用されている[46]．本反応の基質となる **27** をより安価な *N*-アセチル-D-グルコサミン（GlcNAc）から供給するべく，エピメラーゼに触媒される反応とカップリングしたプロセスが開発されている[47]．

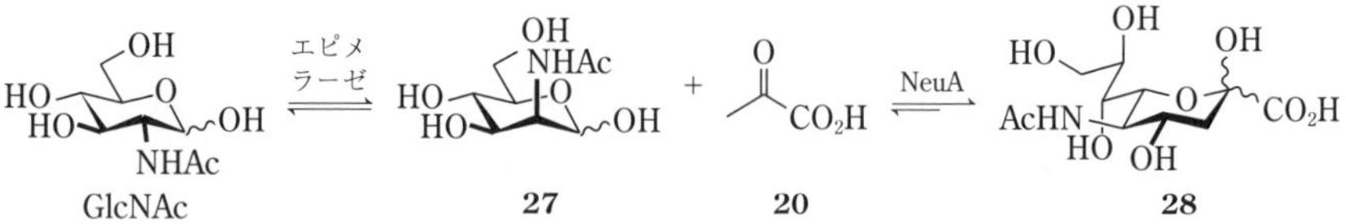

GlcNAc　27　20　28

ジヒドロキシアセトンリン酸を供与体基質とする酵素としてはフルクトース 1,6-二リン酸アルドラーゼ（EC 4.1.2.13）などがあるが，リン酸化基質調製の困難さから利用は限定されていた．最近，ジヒドロキシアセトン（**29**）を供与体基質としうるフルクトース 6-リン酸アルドラーゼ（FSA）が見出され応用展開されている．たとえば，ジヒドロキシアセトンと *N*-カルボキシベンゾイル-3-アミノプロパナール（**30**）とのアルドール反応が，グリコシダーゼ阻害剤であるイミノ糖 D-ファゴミン合成中間体の合成に活用されている[48]．

30　29　FSA　H_2, Pd/C　D-ファゴミン

グリシン（**22**）を供与体基質とする酵素は β-ヒドロキシ-α-アミノ酸の立体選択的合成に有用であり[49]，その代表例としてさまざまな立体選択性を示すトレオニンアルドラーゼ群が開発されている．D-立体選択性を示すトレオニンアルドラーゼ（D-ThrA，EC4.1.2.42）は，L-体の β-ヒドロキシ-α-アミノ酸を得るためのラセミ体分割触媒として有用である．たとえば，パーキンソン（Parkinson）病治療薬であるL-トレオ-3,4-ジヒドロキシフェニルセリン（DOPS）前駆体L-トレオ-3,4-メチレンジオキシフェニルセリン（**31**）の立体選択的合成が，D-ThrA を触媒とするラセミ体（**31**）の速度論的光学分割により達成されている[50]．

【実験例　L-トレオ-3,4-メチレンジオキシフェニルセリン（**31**）の合成[50]】

D-ThrA　ピペロナール＋グリシン　31　DOPS

Alcaligenes xylosoxidans NBRC 12669 株由来組換え型 D-ThrA[50] 2 unit，12 mmol L^{-1} DL-トレオ-3,4-メチレンジオキシフェニルセリン，50 μmol L^{-1} ピリドキサールリン酸，50μmol L^{-1} $MgCl_2$ を含む 1 mL の 50 mmol L^{-1} トリス塩酸緩衝液（pH 8.0）を，30 ℃ にて 20 分間インキュベートする．100 ℃，10 分間の処理にて反応を停止後，シリカゲルカラムクロマトグラフィー（溶離液：*n*-ブタノール-エタノール-水（69：17：14））にてL-トレオ-3,4-メチレンジオキシフェニルセリンを精製する（100% ee，対 DL-トレオ-3,4-メチレンジオキシフェニルセリン収率 50%）．

また，γ-ヒドロキシ-α-アミノ酸の立体選択的合成に 2-オキソブタン酸（**32**）を供与体基質とする新たなアルドラーゼ（4-ヒドロキシ-3-メチル-2-ケトペンタン酸アルドラーゼ：HkpA）が活用されている[51]．HkpA によるアセトアルデヒド（**19**）と 2-オキソブタン酸の縮合物（3*R*,4*S*)-4-ヒドロキシ-3-メチル-2-ケトペンタン酸（**33**）をL-アミノ酸アミノ基転移酵素（BcaT）によりアミノ化することで（2*S*,3*R*,4*S*)-4-ヒドロキシイソロイシン（**34**）が合成されている．

本項では詳しく述べなかったが，アルドラーゼ以外のリアーゼ，トランスフェラーゼを用いる炭素-炭素結合形成反応については本書前版を，また，カルボキシル化反応については参考文献[52] を参照されたい．

L-グルタミン酸　α-ケトグルタル酸

HkpA　BcaT

OH　O　CO_2H　OH　NH_2　CO_2H

19　**32**　**33**　**34**

23.7　特殊環境からの新規酵素のスクリーニング

地球上に存在する微生物のなかで，環境から分離，培養できるものは 0.1% 以下といわれている．従来の純粋培養を基盤とする手法では，残りの 99.9% の難培養微生物が生産する酵素は研究対象とすることは困難であった．したがって，これらの酵素のなかには，従来知られていない優秀な性質をもったり，新規な反応を触媒したりするものが存在することが期待されている．なかでも，地球全体の 7 割を占める海洋環境の難培養微生物は，陸上の微生物よりも手つかずの状態であるため，酵素資源として魅力的である．最近の技術革新により，土壌や海水などから培養操作を経ずに環境微生物の DNA 混合物（メタゲノム）を直接取り出してきて，遺伝子レベルで未知酵素にアプローチする手法が開発されてきた．本節では，メタゲノムや膨大な配列データから目的とする酵素遺伝子を探索する手法について紹介したい．

23.7.1　*in silico* スクリーニング

これまでにさまざまな生物のゲノムや環境 DNA の大規模配列解析が行われ，膨大な量の配列データが蓄積されてきた．近年では，次世代シークエンサーの普及に伴い，その速度は加速している．これらの情報は，データベースに蓄積されて，研究者は自由にアクセスすることができる．たとえば，国立遺伝学研究所が運営している DNA Data Bank of Japan（DDBJ，日本 DNA データバンク）は，EMBL-Bank/EBI（欧州バイオインフォマテイクス研究所）や GenBank/NCBI（米国国立生物工学情報センター）とともに，データベースを構築し，維持している機関の一つである（表 23.4）．
この配列データの中から，キーワード検索や BLAST（basic local alignment search tool）による相同性検索により，目的とする機能や配列をもつ酵素のアミノ酸や遺伝子の配列を入手することが可能である．これらの検索は，UNIX などのプログラムの知識がなくても容易に行

表 23.4　代表的なゲノムや DNA のデータベース

機関名	URL
DNA Data Bank of Japan（DDBJ）	http://www.ddbj.nig.ac.jp/
EMBL-Bank	http://www.ebi.ac.uk/ena/
GenBank	http://www.ncbi.nlm.nih.gov/genbank/

うことができる．望む配列がヒットした場合，従来はアメリカン・タイプ・カルチャー・コレクション（ATCC，American Type Culture Collection）や製品評価技術基盤機構バイオテクノロジーセンター NBRC（NITE Biological Resource Center）などの保存機関から微生物やゲノムを取り寄せて，PCR により目的遺伝子を増幅し，クローニングと発現を行っていた．したがって，微生物が分譲されていない場合は，遺伝子を入手することは困難であった．しかし，現在ではアミノ酸配列の情報さえあれば，各社の委託サービスにより遺伝子の全合成を安価に行うことが可能である．大腸菌などの宿主の適合コドンに最適化することが可能であり，タンパク質の発現におけるリスクを低減することができる．

23.7.2　ライブラリーの構築と表現型によるスクリーニング

メタゲノム中から新規な機能を有する酵素遺伝子を探索する場合，遺伝子ライブラリーを構築し，そのなかからスクリーニングプレートを用いて表現型，つまり酵素の機能による探索を行う手法が行われている．一般的に，1 g の土壌中には数千万から数十億の多種多様な微生物が混在しており，遺伝子の数はその数千倍と見積もることができる．表現型によるスクリーニングでは，これら遺伝子の全長を含み，遺伝子の発現効率が高いものが良いライブラリーである．フォスミドやコスミドベクターは，非常に長い DNA 断片をスクリーニング可能な点で優れている．そして，酵素活性をハローなどで視覚化できるプレートにベクターで形質転換した大腸菌を塗布し，活性をもつクローンを得る．多くの場合，フォスミドベクターを用いてタンパク質の発現を行うときは，多くの場合インサート配列が長いため，発現効率はそれぞれの遺伝子の上流に存在する外来プロモーター配列に依存する．しかし，これらのさまざまな生物種由来のプロモーターがホストの大腸菌に認識されることはまれである．そこで，クローニングできる DNA 断片は短いものの，ベクターのプロモーターを利用した発現効率の高いプラスミドベクターを用いる手法も行われている．

a.　ライブラリーの構築

さまざまな試料を環境中から採集し，市販のゲノム抽出キットを用いてメタゲノムを調製する．そして，制限酵素や物理的な切断処理により，目的の大きさの遺伝子断片を調製する．フォスミド（CopyControl™ Fosmid Library Production Kit, Epicentre 社）やプラスミドベクター（pJOE930）[53] などに遺伝子を連結する．

b.　活性スクリーニング[54]

ベクターにより大腸菌を形質転換し，標的の基質を含む活性スクリーニング用の栄養寒天培地に塗布する．数日間静置培養すると，活性クローンの周りには透明なハローが観察される．

(1) プロテアーゼ：抗生物質と 2% 脱脂粉乳を含む栄養寒天プレートを用いる．

(2) フィターゼ：抗生物質と 40 μg mL^{-1} の 5-ブロモ-4-クロロ-3-インドリルリン酸（X-リン酸）を含む栄養寒天プレートを用いる．

(3) リパーゼ，エステラーゼ：抗生物質と 1 w/v% のトリブチリンを含む LB 寒天プレートを用いる．

(4) アミラーゼ：抗生物質と 1 w/v% のジャガイモ可溶性デンプンを含む LB 寒天プレートを用いる．プレートを KI/I_2 溶液で染色すると，プレートは濃紫色に染まり，活性クローンの周りには透明なハローが観察される．

23.8　微生物や酵素の固定化

高分子や無機材料よりなる担体の表面，あるいは内部に微生物菌体や酵素を物理化学的に固定化することによって，生体触媒の高密度化，安定化，再利用化を達成することができる．さらには，バイオリアクターと固定化技術を組み合わせることにより，繰返しバッチ式反応や連続式反応も容易に行えるという大きなメリットもある．固定化に用いられる高分子担体には，アルギン酸や κ-カラギーナンのような天然高分子と，ポリビニルアルコールやポリエチレングリコールのような合成高分子があり，多くの場合，これら高分子ゲルの内部に菌体や酵素を包括固定化して利用する．一方，無機系担体としては泡ガラスや多孔質セラミックス粒子などがあり，おもに担体表面に菌体や酵素を吸着固定化して用いる．なお，固定化担体表面に化学反応で酵素分子を結合させる架橋法も知られているが，固定化酵素の調製段階で酵素活性の低下が問題になる場合が多い．これらの伝統的な固定化技術の詳細については他の総説[55,56]を参照いただくとして，本書では，微生物を有機溶媒中で生きた状態で，脂溶性基質の生体触媒反応に利用できる界面バイオリアクター[57,58]について，簡便な実験法を紹介する．

栄養源と水を含む寒天平板と *n*-パラフィンや低粘性シリコーンオイルのような疎水性有機溶媒との固-液界面で，多くの微生物は旺盛に増殖することができる．これらの疎水性有機溶媒は水の数十倍の酸素溶解性を有しているため，培養器は静置しておくだけでよい．この疎水性有機溶媒に脂溶性の基質を添加して，固-液界面に増殖している微生物の触媒作用で物質変換するシステムが界面バイオリアクターである．このシステムの原理図と特徴を図 23.8 に示す．実験例に示すように，小さな培養器を 1 週間程度静置培養するだけで著量の変換産物を得ることができ，また，その回収もきわめて容易である．産物の検出に簡便な TLC を用いることにより，培養(反応)/生成物の回収・精製/産物の検出といった物質製造の全工程を容易に学ぶことができる．なお，伝統的な液体培養法や水-有機溶媒二相系反応法との間で，変換率や回収率の比較を行ってもおもしろい．

【実験例　界面バイオリアクターを用いた芳香族ジケトンの不斉還元[59]】

直径 9 cm の寒天平板全面に形成された *Aspergillus sojae* NBRC 32074 のカビマットより，滅菌水 10 mL を使って胞子懸濁液を調製する．光学顕微鏡と Thoma の血球計算盤を用いてこの胞子懸濁液の胞子濃度を計測し，10^7 spores mL^{-1} のオーダーに調整する．この胞子懸

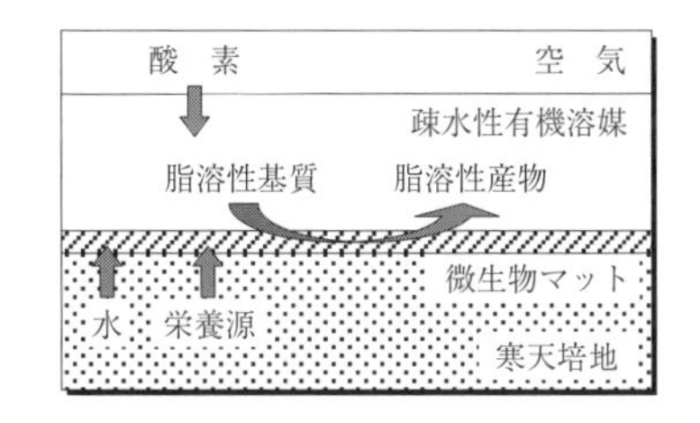

特　徴

① 疎水性の基質と産物の両者を反応溶媒に溶解させられる.
② 基質や産物の毒性を回避して，著量の生成物を得ることができる.
③ 有機溶媒は酸素溶解性が高いため，静置培養で十分である.
④ 微生物は生きているので，代謝の利用や補酵素の再生が自動的に進む.
⑤ 抽出することなく，有機層中の生成物の定量や回収を行うことができる.
⑥ 汎用性が非常に広く，細菌，酵母，カビをさまざまな反応に利用できる.

図 23.8　界面バイオリアクターの原理と特徴

濁液 100 μL を 50 mL ガラス製バイアル（マイティバイアル）中に調製した表面積 7.1 cm^2 のサブロー寒天培地（10 mL）上全面に植菌し，余分な水分をエアーブローによって除去する（コンタミネーションを防ぐため，除菌フィルターを通じてエアーブローを行う）．その後，1 w/v% ベンジル-ジヘキシルエーテル溶液 3 mL を重層し，25 ℃ で 1 週間静置培養する(マイティバイアルの蓋は少し緩めておく)．1 週間後有機層を全量回収し，さらにカビマット表面をヘキサン 3 mL で洗浄して両有機層を混合する．この有機層をワコーゲル C-200 1 g を充填した小型カラムにチャージし，ヘキサン 2 mL で 3 回カラムを洗浄する．その後溶媒受けを新品に交換し，酢酸エチル 6 mL でカラムに吸着された残存基質（ベンジル）と還元産物（(*S*)-ベンゾイン）を溶出させる．得られた溶出液をエアーブローで脱溶媒して固形物を得たのち，酢酸エチル 1 mL に再溶解させる．この再溶解液をシリカゲル $60F_{254}$ TLC プレートに所定量チャージしたのち，ヘキサン-酢酸エチル（2：1）混合溶媒で 20 分程度展開させる．その後，TLC プレートを取り出し，溶媒揮発後に暗箱中で UV_{254} を照射して，スポットを写真撮影したのち，鉛筆でマークする．30 v/v% 硫酸液に TLC プレートを浸漬し，表面温度 190 ℃ のホットプレート上で焼くことにより，全スポットを発色させ，冷却後に写真撮影を行う．UV_{254} と硫酸発色で出現した全スポットについて R_f 値を計測する．また必要であれば，ベンジルと(*S*)-ベンゾインの生成量を HPLC で分析し，両者の回収率を算出する．HPLC 条件: カラム：Zorbax RX-SIL (直径 4.6 mm×長さ 250 mm，Agilent Technologies 社)，カラム温度：25 ℃，溶出液：ヘキサン-イソプロピルアルコール（7：3)，流速：1.5 mL，検出：UV_{254}．なお，さらに必要であれば，(*S*)-ベンゾインのエナンチオマー過剰率の決定を以下の HPLC 条件で行う．カラム：Chiralpak AD-H (直径 2.6 mm×長さ 250 mm)，カラム温度：25 ℃，溶出液：ヘキサン-イソプロピルアルコール（9：1)，流速：0.8 mL min^{-1}，検出：UV_{254}.

Aspergillus sojae
NBRC 32074

ベンジル　→　(*S*)–ベンゾイン

23.9　植物培養細胞を用いた配糖化による物性改良

近年，プロドラッグやプロサプリメントが注目され，機能性化合物の高効率的な化学修飾が切望されている．その有望な反応の候補として，配糖化，とくにグルコシル化による化学修飾があげられる．

近年，生体触媒としての植物培養細胞が有する物質変換機能が注目されている．陸上に生息し，移動する手段をほとんどもたない植物は，自己防衛および情報伝達のため，さまざまな二次代謝産物を生産する．このことから植物細胞は多様の酵素をもち，植物固有の物質変換，合成機能を有していると考えられる．この植物に潜在する物質変換機能については，還元反応，加水分解反応，異性化反応，配糖化反応，エステル化反応，およびヒドロキシ化反応の変換研究の成果が得られている．このなかでも，植物細胞が行う配糖化反応は，細胞内では代謝産物の活性化に関与する重要な反応であり，その特性から，種々の生理活性化合物の安定化と生理機能の活性化への応用が可能である．本節では，植物培養細胞が触媒する配糖化反応を，生理活性化合物の変換へ応用，展開して，安定性と生理活性を有する化合物を合成する試みについて紹介する．

23.9.1　植物培養細胞による変換実験

植物培養細胞は対応する植物の茎や根の組織にオーキシンなどを作用させて脱分化させ，継代培養したものを変換実験に用いる．植物培養細胞は培養用フラスコ内の新鮮な寒天培地に植え継いで，3 週間ごとに継代培養を行う．変換実験に用いるため，培養細胞の一部を，寒天を含まない液体培地に移植し，振とう培養器内において 25 ℃，120 rpm の条件で培養すると，2 週間ほどで均一な懸濁状態の培養細胞が得られる．この培養細胞（約 50 g）を新鮮な液体培地（100 mL）に移植して，同じ培養条件で 1 週間，前培養を行う．培養細胞への基質の投与はクリーンベンチ内において無菌状態で行う．基質 10 mg を前培養した細胞に投与し，一定期間，同じ振とう条件で反応を行う．細胞部分はメタノール浸漬し，メタノール抽出物を有機溶媒と水で分配し，培地部分は有機溶媒で抽出する．変換生成物をシリカゲルカラム，イオン交換カラム，TLC，HPLC を用いる各種クロマトグラフィーにより単離，精製したのちに，スペクトル測定により構造解析を行う．変換反応の経時的追跡は，上記と同様にインキュベートさせた複数のフラスコについて，一定時間ごとにフラスコ 1 本から反応物を抽出することにより行う．生成物の相対量は，抽出物の HPLC 分析により求める．

23.9.2　ビタミン類の配糖化

ビタミン E（トコフェロール）には動脈硬化を防ぐ作用，血栓の生成を防ぐ作用，血行を促進する作用，およびホルモンを調整する作用があり，医薬品，健康食品，食品添加物，動物薬，動物用飼料などに幅広く使用されている．しかし，ビタミン E は光に不安定であり，水溶媒に対する溶解度もきわめて低い．植物培養細胞を用いたビタミン E の配糖化により，安定で水溶性も高く，さらに，汎用性も高いビタミン E 配糖体の合成が可能である．また，化学的な配糖化反応はヒドロキシ基の保護・脱保護の煩雑な工程を必要とするが，植物培養細胞を用いた配糖化反応は 1 段階の工程で配糖体を得ることができるため，合成上，魅力的な手法といえる．

植物培養細胞がもつ，ビタミン E（α- および δ-トコフェロール）に対する配糖化作用を下式に示す[60]．基質である α- および δ-トコフェロールはヨウシュヤマゴボウ培養細胞により，対応する 6-*O*-β-グルコシドへ変換される．これに対し，ユーカリ培養細胞は，これらのビタミン E を二糖体へ変換する能力をもつ．

HO–, $[(CH_2)_3CH(CH_3)]_3CH_3$　—ヨウシュヤマゴボウ→　RO–, $[(CH_2)_3CH(CH_3)]_3CH_3$

α-トコフェロール　　R = Glc：α-トコフェリル 6-*O*-β-グルコシド

HO–, R, $[(CH_2)_3CH(CH_3)]_3CH_3$　—ユーカリ→　R^2O–, R^1, $[(CH_2)_3CH(CH_3)]_3CH_3$

R = CH_3：α-トコフェロール
R = H：δ-トコフェロール

R^1 = CH_3, R^2 = Glc：α-トコフェリル 6-*O*-β-グルコシド
R^1 = CH_3, R^2 = GlcGlc：α-トコフェリル 6-*O*-β-ゲンチオビオシド
R^1 = CH_3, R^2 = GlcRham：α-トコフェリル 6-*O*-β-ルチノシド
R^1 = H, R^2 = Glc：δ-トコフェリル 6-*O*-β-グルコシド
R^1 = H, R^2 = GlcGlc：δ-トコフェリル 6-*O*-β-ゲンチオビオシド
R^1 = H, R^2 = GlcRham：δ-トコフェリル 6-*O*-β-ルチノシド

また，クロマノール環の 2 位の側鎖の炭素鎖長をさまざまに変えたビタミン E 類縁体についても，植物培養細胞を用いた変換を行うと，同様に配糖体が得られる．ビタミン E 類縁体である，2,2,5,7,8-ペンタメチル-6-クロマノール，2,5,7,8-テトラメチル-2-(4-メチルペンチル)-6-クロマノール，および 2,5,7,8-テトラメチル-2-(4,8-ジメチルノニル)-6-クロマノールを基質として用いた植物培養細胞による変換の結果を下式に示す[61,62]．ヨウシュヤマゴボウ培養細胞は，これら 3 種類のビタミン E 類縁体を，それぞれ対応する 6-*O*-β-グルコ

シドへ変換する．これに対し，ニチニチソウ培養細胞は 2,2,5,7,8-ペンタメチル-6-クロマノールを 6-*O*-*β*-グルコシド，6-*O*-*β*-ゲンチオビオシド，および 1 位が加水分解された 6-*O*-*β*-グルコシドへ変換する．さらにニチニチソウ培養細胞は 2,5,7,8-テトラメチル-2-(4-メチルペンチル)-6-クロマノールと 2,5,7,8-テトラメチル-2-(4,8-ジメチルノニル)-6-クロマノールを，それぞれ対応する 6-*O*-*β*-グルコシドおよび 6-*O*-*β*-ゲンチオビオシドへ変換する．この変換では 1 位が加水分解された生成物は得られない．このように，植物培養細胞の種類によって，ビタミン E 類は多様な配糖体へ変換される．

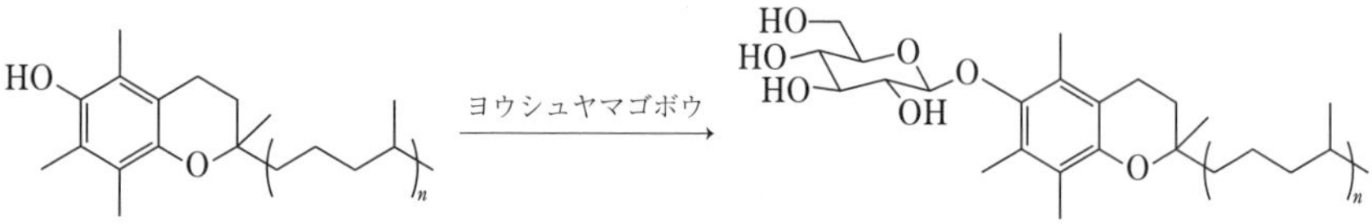

ヨウシュヤマゴボウ

$n=0$：2, 2, 5, 7, 8-ペンタメチル-6-クロマノール
$n=1$：2, 5, 7, 8-テトラメチル-2-(4-メチルペンチル)-6-クロマノール
$n=2$：2, 5, 7, 8-テトラメチル-2-(4, 8-ジメチルノニル)-6-クロマノール

$n=0$：2, 2, 5, 7, 8-ペンタメチル-6-クロマニル 6-*O*-*β*-グルコシド
$n=1$：2, 5, 7, 8-テトラメチル-2-(4-メチルペンチル)-6-クロマニル 6-*O*-*β*-グルコシド
$n=2$：2, 5, 7, 8-テトラメチル-2-(4, 8-ジメチルノニル)-6-クロマニル 6-*O*-*β*-グルコシド

ニチニチソウ

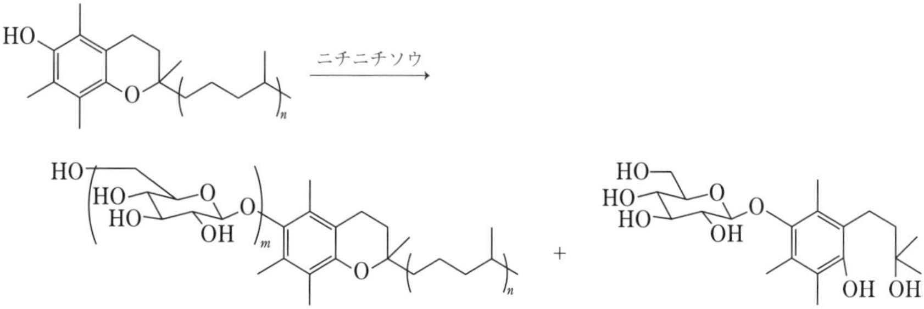

$m=1, n=0$：2, 2, 5, 7, 8-ペンタメチル-6-クロマニル 6-*O*-*β*-グルコシド
$m=1, n=1$：2, 5, 7, 8-テトラメチル-2-(4-メチルペンチル)-6-クロマニル 6-*O*-*β*-グルコシド
$m=1, n=2$：2, 5, 7, 8-テトラメチル-2-(4, 8-ジメチルノニル)-6-クロマニル 6-*O*-*β*-グルコシド
$m=2, n=0$：2, 2, 5, 7, 8-ペンタメチル-6-クロマニル 6-*O*-*β*-ゲンチオビオシド
$m=2, n=1$：2, 5, 7, 8-テトラメチル-2-(4-メチルペンチル)-6-クロマニル 6-*O*-*β*-ゲンチオビオシド
$m=2, n=2$：2, 5, 7, 8-テトラメチル-2-(4, 8-ジメチルノニル)-6-クロマニル 6-*O*-*β*-ゲンチオビオシド

4-ヒドロキシ-3-(3-ヒドロキシ-3-メチルブチル
2, 5, 6-トリメチルフェニル 6-*O*-*β*グルコシド

一方，ビタミン A は成長促進および生殖機能維持に必須のビタミンであり，上皮組織の正常な分化と粘液の合成や，健常な免疫機構の維持，感染予防，細胞の増殖や分化の制御などの作用があり，広く医薬品として利用されている．しかし，ビタミン A は，ビタミン E

と同様に水に対する溶解度がきわめて低い脂溶性ビタミンである．上記と同様に，ビタミンAを植物培養細胞により配糖化した結果を下式に示す[62]．ヨウシュヤマゴボウおよびニチニチソウ培養細胞はビタミンAの第二級ヒドロキシ基を配糖化して対応するβ-グルコシドへ変換する能力をもっている．また，ニチニチソウ培養細胞による変換では，β-ゲンチオビオシドなどの二糖配糖体は得られない．

ヨウシュヤマゴボウ
ニチニチソウ

ビタミンA（レチノール）　　レチニルβ-グルコシド

最近の研究により，ビタミンEの配糖体は抗アレルギー活性を有することが報告されている[63]．また，アレルギー性炎症などの過剰防衛反応は，生体内において生産されたスーパーオキシドにより惹起されることが知られている[64]．ビタミンE配糖体による抗アレルギー作用が，スーパーオキシドラジカルの発生を抑制することに起因するかどうか興味あるところである．ラット好中球におけるスーパーオキシドの発生に対する，ビタミンE配糖体による抑制作用を調べたところ，ビタミンEのβ-グルコシドについて，高いスーパーオキシド発生抑制活性（60％阻害活性）がみられ，このことはビタミンE配糖体の抗アレルギー活性はスーパーオキシド発生抑制により発現することを示している[65]．配糖化により，ビタミンEがこうした新たな生理機能を得たことはきわめて興味深い現象である．

23.9.3　フラボン類の配糖化

フラボン類はフリーラジカルを直接除去することができる強力なラジカルスカベンジャーとして知られている．また，クエルセチン，エピカテキン，カテキンなどのフラボン類は，抗菌作用，抗腫瘍作用，血圧上昇抑制作用などの優れた生理作用を有することから，医薬産業から食品に至るまで幅広い分野で利用されている．

タバコ

クエルセチン

R^1, R^3 = H, R^2 = Glc：クエルセチン 3-*O*-β-グルコシド
R^1, R^3 = H, R^2 = MalonylGlc：クエルセチン 3-*O*-(6-*O*-マロニル)-β-グルコシド
R^1, R^3 = H, R^2 = GlcRham：クエルセチン 3-*O*-β-ルチノシド
R^1, R^2 = Glc, R^3 = H：クエルセチン 3,4′-*O*-β-ジグルコシド
R^1 = H, R^2, R^3 = Glc：クエルセチン 3,7-*O*-β-ジグルコシド

植物培養細胞によるこれらのフラボン類の変換反応により，光酸化に対する色沢安定性や生理作用，および，天然における希少価値の高い水溶性フラボン（配糖化フラボンおよびマロニル配糖化フラボン）の合成が可能である[66~71]．

タバコ培養細胞は，クエルセチンをクエルセチン 3-*O*-β-グルコシド，クエルセチン 3-*O*-(6-*O*-マロニル)-β-グルコシド，クエルセチン 3-*O*-β-ルチノシド，クエルセチン 3,4′-*O*-β-ジグルコシド，およびクエルセチン 3,7-*O*-β-ジグルコシドに変換する[66]．

23.10　酵素および微生物の入手法

本節では，これまでに紹介した (1) 市販の酵素製剤の入手，(2) 公的機関から入手可能な菌株の純粋培養によって，全菌体中に含まれる酵素を得るの 2 点に焦点を絞って解説する．遺伝子組換え的手法および微生物のスクリーニングなどは割愛する．

なお，酵素・試薬のメーカーや製品，製品の名称，微生物菌株保存に関わる公的機関は永続的とはいえず，本情報はあくまでも本書の執筆時のものである．また，微生物菌株の学名も属・種の統合等で変更することがあるので，古い文献記載の名称については注意が必要である．関連の論文複数を年代順に比較参照することが望ましい．

23.10.1　市販酵素の利用

a.　加水分解およびその逆反応など

・**リパーゼ（脂質加水分解酵素）**：食品用の油脂改質，燃料製造，洗剤用などが有機合成用の試薬としても販売され，入手可能である[72]．不溶性の固体に担持（固定化）したものやイオン液体成分と結合させた酵素なども入手可能である．

・**エステラーゼ（エステル加水分解酵素）**：豚肝臓由来の酵素などが入手可能である．

・**アミノアシラーゼ（アミノ酸 *N*-アシルアミド加水分解酵素）**：ラセミ体 *N*-アシルアミノ酸のうち，L-体，D-体をそれぞれ優先して加水分解する酵素が入手可能である．

・**プロテアーゼ（タンパク質加水分解酵素）**：*N*-保護アミノ酸エステル類を広範に加水分解するが，条件によってはペプチド合成も進行する．洗剤用として開発されたスブチリシンなどが入手可能である．

b.　還　元

23.5 節で紹介した，カルボニル還元酵素のスクリーニングキット（Chiralscreen）が入手可能である[32]．大量発現しバイアル瓶に封入してあり，付属の補酵素や緩衝溶液成分とともに水に溶かし，基質を入れて撹拌するのみで，反応進行をチェックできる．一部を抽出，キラル固定相をもつ HPLC で分析すれば選択性も容易に評価できる．

c.　炭素-炭素結合形成

・**アルドラーゼ（リアーゼ）**：ジヒドロキシアセトンリン酸やピルビン酸と，リン酸化糖，アミノ糖などの開環型である鎖状アルデヒドとのアルドール反応[73,74]を触媒するアルドラーゼ類が市販され，入手可能である．

23.10.2　菌株の培養による酵素生産

市販酵素が得られない場合でも，NBRC[75]やJCM[76]など公的機関に供託されている菌株を入手できれば，それらを培養して酵素を調製できる．ニトリルをアミド，カルボン酸に加水分解する酵素の例を示す[77]．図 23.9 の組成をもつ培地（合計体積 20 mL 程度）を，pH 調整後大型試験管内で高圧蒸気滅菌する．グルコースと $MgSO_4$ は高温でそれぞれペプトン，リン酸塩と褐変や沈殿が起こりやすいので，別々に滅菌したものを混合する．さらに，アミダーゼ誘導剤である ε-カプロラクタム，ニトリルヒドラターゼの活性中心を構築する鉄イオンの水溶液を，無菌フィルターを通して加え，クリーンベンチ内で他の雑菌が混入しないよう植菌する．

通気用ウレタン滅菌栓を付した後，試験管を少し傾け軸と垂直方向に往復振とう（210 ストローク / min 程度）する．培養中に，活性中心を構築する鉄イオンを，よりルイス（Lewis）酸性度が高い鉄(Ⅲ) とするため，酸素供給（通気）を終始良好に保つことが大切である．30 ℃ で 42 時間振とう培養すると，増殖した菌体に，目的とする酵素が両者とも含まれている．いったん菌体を遠心分離などで回収し，緩衝液に懸濁した後基質を添加してニトリルの水和・アミドの加水分解を進行させる．

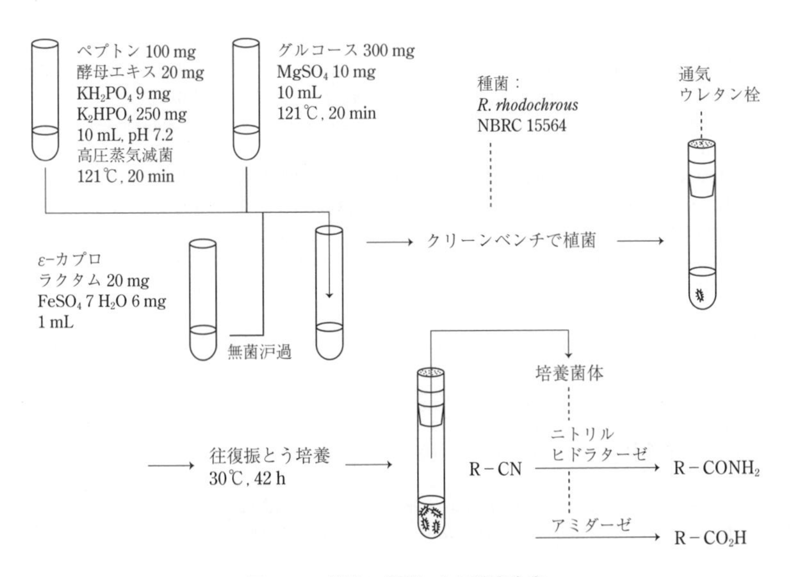

図 23.9　菌株の培養による酵素生産

文　献

1）須貝 威，的石かおり，冨宿賢一，“ライフコンジュゲートケミストリー：暮らしと未来を支える化学”，21 世紀 COE プログラム慶應義塾大学ライフコンジュゲートケミストリー PJ 編，pp.25-43，三共出版（2006）.
2）M. Kurokawa, T. Sugai, *Bull. Chem. Soc. Jpn.*, **77**, 1021（2004）.
3）T. Ema, *Curr. Org. Chem.*, **8**, 1009（2004）.
4）T. Ema, J. Kobayashi, S. Maeno, T. Sakai, M. Utaka, *Bull. Chem. Soc. Jpn.*, **71**, 443（1998）.
5）T. Ema, M. Jittani, K. Furuie, M. Utaka, T. Sakai, *J. Org. Chem.*, **67**, 2144（2002）.
6）T. Ema, T. Fujii, M. Ozaki, T. Korenaga, T. Sakai, *Chem. Commun.*, **37**, 4650（2005）.
7）T. Ema, S. Kamata, M. Takeda, Y. Nakano, T. Sakai, *Chem. Commun.*, **46**, 5440（2010）.
8）T. Ema, Y. Nakano, D. Yoshida, S. Kamata, T. Sakai, *Org. Biomol. Chem.*, **10**, 6299（2012）.
9）K. Faber, “Biotransformations in Organic Chemistry”, 6th revised and corrected Ed., Springer-Verlag（2011）.
10）伊藤敏幸，有機合成化学，**67**, 143（2009）.
11）須貝 威，ファルマシア，**38**, 1168（2002）.
12）C.-S. Chen, Y. Fujimoto, G. Girdaukas, C. J. Sih, *J. Am. Chem. Soc.*, **104**, 7294（1982）.
13）Y. Abe, Y. Yagi, S. Hayase, M. Kawatsura, T. Itoh, *I & EC Res.*, **51**, 9952（2012）.
14）a）総説：廣瀬芳彦，有機合成化学，**69**, 506（2011）; b）M. Ahmed, T. Kelly, A. Ghanem, *Tetrahedron*, **68**, 6781（2012）; c）P. Hoyos, V. Pace, A. R. Alcántara, *Adv. Synth. Catal.*, **354**, 2585（2012）.
15）D. Strübing, P. Krumlinde, J. Piera, J.-E. Bäckvall, *Adv. Synth. Catal.*, **349**, 1577（2007）.
16）B. A. Persson, A. L. E. Larsson, M. L. Ray, J.-E. Bäckvall, *J. Am. Chem. Soc.*, **121**, 1645（1999）.
17）J. Paetzold, J.-E. Bäckvall, *J. Am. Chem. Soc.*, **127**, 17620（2005）.
18）B. Martín-Matute, M. Edin, K. Bogár, F. B. Kaynak, J.-E. Bäckvall. *J. Am. Chem. Soc.*, **127**, 8817（2005）.
19）N. Kim, S.-B. Ko, M. S. Kwon, M.-J. Kim, J. Park, *Org. Lett.*, **7**, 4523（2005）.
20）S. Akai, K. Tanimoto, Y. Kita, *Angew. Chem. Int. Ed.*, **43**, 1407（2004）.
21）L. K. Thalén, J.-E. Bäckvall, *Beilstein J. Org. Chem.* **6**, 823（2010）.
22）a）M.-J. Kim, Y. I. Chung, Y. K. Choi, H. K. Lee, D. Kim, J. Park, *J. Am. Chem. Soc.*, **125**, 11494（2003）; b）L. Borén, B. Martín-Matute, Y. Xu, A. Córdova, J.-E. Bäckvall, *Chem. Eur. J.*, **12**, 225（2006）.
23）S. Akai, R. Hanada, N. Fujiwara, Y. Kita, M. Egi, *Org. Lett.*, **12**, 4900（2010）.
24）M. Breuer, K. Ditrich, T. Habicher, B. Hauer, M. Kesseler, R. Stürmer, T. Zelinski. *Angew. Chem. Int. Ed.*, **43**, 788（2004）.
25）A. Matsuyama, H. Yamamoto, Y. Kobayashi, *Org. Process Res. Dev.*, **6**, 558（2002）.
26）M. Kataoka, K. Kita, M. Wada, Y. Yasohara, J. Hasegawa, S. Shimizu, *Appl. Microbiol. Biotechnol.*, **62**, 437（2003）.
27）K. Goldberg, K. Schroer, S. Lutz, A. Liese, *Appl. Microbiol. Biotechnol.*, **76**, 237（2007）.
28）片岡道彦，清水 昌，“酵素利用技術大系”，p.418，エヌ・ティー・エス（2010）.
29）伊藤伸哉，“酵素利用技術大系”，p.423，エヌ・ティー・エス（2010）.
30）N. Itoh, K. Isotani, M. Nakamura, K. Inoue, Y. Isogai, Y. Makino, *Appl. Microbiol. Biotechnol.*, **93**, 1075（2012）.
31）M. Bertau, M. Bürli, E. Hungerbühler, P. Wagner, *Tetrahedron: Asymmetry*, **12**, 2103（2001）.
32）林 素子，有機合成化学，**69**, 517（2011）.
33）株式会社ダイセルウェブサイト，Chiralscreen の使用方法: http://www.daicelchiral.com/optical/chiral_use.html
34）S. C. Gallagher, R. Cammack, H. Dalton, *Eur. J. Biochem.*, **247**, 635（1997）.
35）E. T. Farinas, M. Alcalde, F. Arnold, *Tetrahedron*, **60**, 525（2004）.
36）S. Montersino, D. Tischler, G. T. Gassner, W. J. H. van Berkel, *Adv. Synth. Catal.*, **353**, 2301（2011）.

37) F. Hollmann, P. C. Lin, B. Witholt, A. Schmid, *J. Am. Chem. Soc.*, **125**, 8209 (2003).
38) H. Toda, R. Imae, T. Komio, N. Itoh, *Appl. Microbiol. Biotechnol.*, **96**, 407 (2012).
39) H. Toda, R. Imae, N. Itoh, *Tetrahedron: Asymmetry*, **23**, 1542 (2012).
40) 李 燦奎, 金 徳烈, 徐 挺宇, 張 準桓 特開 2005-000144
41) S. M. Dean, W. A. Greenberg, C. H. Wong, *Adv. Synth. Catal.*, **349**, 1308 (2007).
42) N. Horinouchi, J. Ogawa, T. Kawano, T. Sakai, K. Saito, S. Matsumoto, M. Sasaki, Y. Mikami, S. Shimizu, *Biosci. Biotechnol. Biochem.*, **70**, 1371 (2006).
43) N. Horinouchi, T. Sakai, T. Kawano, S. Matsumoto, M. Sasaki, M. Hibi, J. Shima, S. Shimizu, J. Ogawa, *Microb. Cell Factories*, **11**, 82 (2012).
44) W. A. Greenberg , A. Varvak, S. R. Hanson, K. Wong, H. Huang, P. Chen, M. J. Burk, *Proc. Natl. Acad. Sci. USA*, **101**, 5788 (2004).
45) F. C. Barbas, Y. F. Wang, C. H. Wong, *J. Am. Chem. Soc.*, **112**, 2013 (1990).
46) T. Sugai, A. Kuboki, S. Hiramatsu, H. Okazaki, H. Ohta, *Bull. Chem. Soc. Jpn.*, **68**, 3581 (1995).
47) P. Xu, J. H. Qiu, Y. N. Zhang, J. Chen, P. G. Wang, B. Yan, J. Song, R. M. Xi, Z.X. Deng, C. Q. Ma. *Adv. Synth. Catal.*, **349**, 1614 (2007).
48) J. A. Castillo, J. Calveras, J. Casas, M. Mitjans, M. P. Vinardell, T. Parella, T. Inoue, G. A. Sprenger, J. Joglar, P. Clapes, *Org. Lett.*, **8**, 6067 (2006).
49) P. Clapes, W. D. Fessner, G. A. Sprenger, A. K. Samland, *Curr. Opin. Chem. Biol.*, **14**, 154 (2010).
50) J. Q. Liu, M. Odani, T. Yasuoka, T. Dairi, N. Itoh, M. Kataoka, S. Shimizu, H. Yamada, *Appl. Microbiol. Biotechnol.*, **54**, 44 (2000).
51) J. Ogawa, H. Yamanaka, J. Mano, Y. Doi, N. Horinouchi, T. Kodera, N. Nio, S. V. Smirnov, N. N. Samsonova, Y. I. Kozlov, S. Shimizu, *Biosci. Biotechnol. Biochem.*, **71**, 1607 (2007).
52) S. M. Glueck, S. Gumus, W. M. F. Fabian, K. Faber, *Chem. Soc. Rev.*, **39**, 313 (2010).
53) J. Altenbuchner, P. Viell, I. Pelletier, *Methods Enzymol.*, **216**, 457 (1992).
54) K. Lämmle, H. Zipper, M. Breuer, B. Hauer, C. Buta, H. Brunner. S. Rupp, *J. Biotechnol.*, **127**, 575 (2007).
55) 千畑一郎, 土佐哲也, 有機合成化学, **36**, 917 (1978).
56) 田中渥夫, 高分子, **46**, 120 (1997).
57) S. Oda, T. Sugai, H. Ohta, "Enzyme in Nonaqueous Solvents: Methods and Protocols", E. N. Vulfson, P. J. Halling, H. L. Holland, ed., pp. 401-416, Humana Press (2001).
58) S. Oda, H. Ohta, *Biosci. Biotechnol. Biochem.*, **56**, 2041 (1992).
59) S. Oda, K. Isshiki, *Biosci. Biotechnol. Biochem.*, **72**, 1364 (2008).
60) K. Shimoda, Y. Kondo, M. Akagi, K. Abe, H. Hamada, H. Hamada, *Phytochemistry*, **68**, 2678 (2007).
61) Y. Kondo, K. Shimoda, J. Takimura, H. Hamada, H. Hamada, *Chem. Lett.*, **35**, 324 (2006).
62) K. Shimoda, Y. Kondo, K. Abe, H. Hamada, H. Hamada, *Tetrahedron Lett.*, **47**, 2695 (2006).
63) T. Satoh, H. Miyataka, K. Yamamoto, T. Hirano, *Chem. Pharm. Bull.*, **49**, 948 (2001).
64) A. Abo, A. Boyhan, I. West, A. G. Thrasher, A. W. Segal, *J. Biol. Chem.*, **267**, 16767 (1992).
65) K. Shimoda, Y. Kondo, K. Abe, H. Hamada, H. Hamada, *Chem. Lett.*, **36**, 570 (2007).
66) K. Shimoda, T. Otsuka, Y. Morimoto, H. Hamada, H. Hamada, *Chem. Lett.*, **36**, 1292 (2007).
67) K. Shimoda, H. Hamada, H. Hamada, *Phytochemistry*, **69**, 1135 (2008).
68) K. Shimoda, N. Sato, T. Kobayashi, H. Hamada, H. Hamada, *Phytochemistry*, **69**, 2303 (2008).
69) K. Shimoda, H. Hamada, *Molecules*, **15**, 5153 (2010).
70) K. Shimoda, N. Kubota, K. Taniuchi, D. Sato, N. Nakajima, H. Hamada, H. Hamada, *Phytochemistry*, **71**, 201 (2010).
71) K. Shimoda, H. Hamada, *Nutrients*, **2**, 171 (2010).
72) 中村 薫, 広瀬芳彦, 有機合成化学, **53**, 668 (1995).
73) M. Brovetto, D. Gamenara, P. S. Méndez, G. A. Seoane, *Chem. Rev.*, **111**, 4346 (2011).

74) P. Clapés, X. Garrabou, *Adv. Synth. Catal.,* **353**, 2263 (2011).
75) 製品評価技術基盤機構，微生物の入手方法；http://www.nite.go.jp/nbrc/cultures/nbrc/order/gene.html
76) 理化学研究所バイオリソースセンター 微生物材料開発室，微生物株の寄託・譲渡申込み；http://jcm.brc.riken.jp/ja/depositing
77) 冨宿賢一，西山 繁，須貝 威，有機合成化学，**64**, 664 (2006).

Chapter 24

光学活性物質の入手，分析利用法

24.1 キラルプール法

24.1.1 テルペン類

光学活性な天然物などの合成の出発原料として光学活性天然物を使用するのは，原料に含まれる不斉構造を保持しながら，その不斉を標的化合物に転写することが一義的な目的である．これをキラルプール法とよぶが，テルペン類，とくに堅固な環構造をもつテルペンを原料として用いると，その分子の立体的環境を利用することで新たに生じる不斉炭素を高立体選択的に導入しつつ合成を進めることができるので有用である．本項では，市販されている光学活性テルペン類のなかで，主として天然物合成の出発原料によく用いられる化合物を選び，それらの利用法に関する実例を示しながら概略を述べる．なお，光学活性なテルペンやその天然物合成への利用については成書[1,2]も参照されたい．テルペンから容易に誘導できる化合物のなかには，合成原料や不斉合成のキラル補助基として用いられる場合もあるが，紙面の都合上省略する．テルペンから出発する合成において注意すべきことは，天然由来のテルペンの鏡像体純度が必ずしも高くない場合があることである．したがって，使用する前に，鏡像体純度をキラルカラムによるGC，あるいはHPLCにより確認しておくことが望ましい．なお本節では，原料であるテルペンの両鏡像体が入手できる場合も，構造式は一方の鏡像体のみを示して比旋光度の符号を付記した．また，実例として図示した化合物の構造式には，組み込まれたテルペン由来の骨格あるいは炭素を太線，あるいは黒丸で示した．

a.　鎖状モノテルペン

シトロネロール（**1**），シトロネラール（**2**），シトロネル酸（**3**）はいずれも両鏡像体が市販されており，その鏡像体純度は高い．また，リナロール（**4**）は（−)体が市販されており，キラルな第三級アルコールであるため合成上有用であるが，その鏡像体純度は必ずしも高くないので注意が必要である．これらのモノテルペンは分子の両端に官能基をもち，それらを

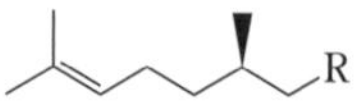

(+)-(**1**) (R = CH_2OH)
(+)-(**2**) (R = CHO)
(+)-(**3**) (R = CO_2H)

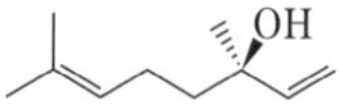

(−)-(**4**)

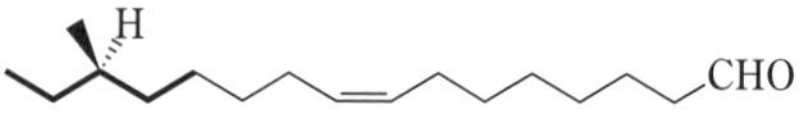

(−)-(**5**) 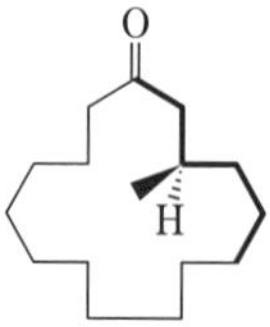　(−)-(**6**) 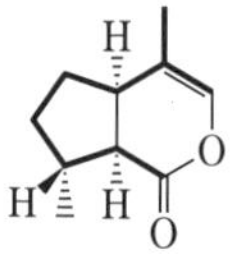　(−)-(**7**)

順次変換することが可能なので合成的な応用性が高い．たとえば，**1**～**3** はカツオブシムシの性フェロモンであるトロゴデルマール（**5**）[3] などのメチル分岐をもつさまざまな昆虫フェロモンの合成に用いられている．また，ジャコウジカが分泌する香気成分で 15 員環を有するムスコン（**6**）[4] や，イヌハッカ成分，アブラムシの性フェロモンとして知られるネペタラクトン（**7**）[5] など，環構造を有する化合物合成にも用いられている．**7** の合成では，鎖状中間体の付加環化反応で二環性骨格を構築するさいに，新たに生じる二つの不斉点が制御されている点が興味深い．

b.　六員環の単環性モノテルペン

六員環の単環性モノテルペンでは，メンタン骨格を有するリモネン（**8**）とカルボン（**9**）が光学活性体原料として多用されている．いずれも両鏡像体が市販されているが，**8** は（+）体が，**9** は（−）体のほうが安価である．**8** では二つの二重結合の反応性の違いを利用して開環したり，それを官能基変換したのちに再環化して新たな環構造を構築することができる．また，**9** は不飽和ケトンに対する共役付加反応やディールス-アルダー（Diels–Alder）反応による新たな環形成などを立体選択的に行うことができるため，多様な構造の化合物合成に用いられている．ペリルアルデヒド（**10**）は（−）体のみが市販されているが，**8** の六員環上のメチル基が酸化された化合物であるため **8** や **9** とは異なる用途が可能である．またプレゴン（**11**）は両鏡像体が市販されており，シトロネル酸（**3**）の原料として用いられる以外にも，逆アルドール縮合や環縮小によって容易に得られる **12** や **13** を合成中間体としている例も多い．**8** から合成されたペリプラノン B（**14**）[6]，**9** から合成されたライルジノール A（**15**）[7] とプラテンシマイシン（**16**）[8]，**10** から合成されたシレニン（**17**）[9] の構造を次ページに示す．

c.　二環性モノテルペン

α-ピネン（**18**）は両鏡像体が市販されているが，β-ピネン（**19**）とベルベノン（**20**）はともに（−）体のみが市販されている．ただし **20** は **18** の空気酸化で容易に調製可能である．

CHO　O　O　O　CO_2H

(+)-(**8**) 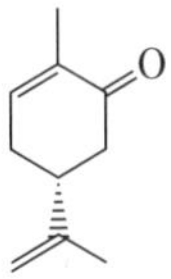　(−)-(**9**) 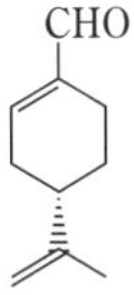　(−)-(**10**) 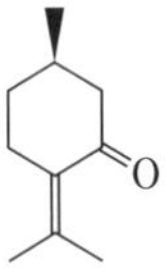　(+)-(**11**) 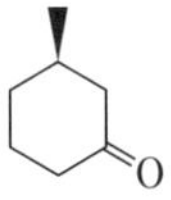　(**12**) 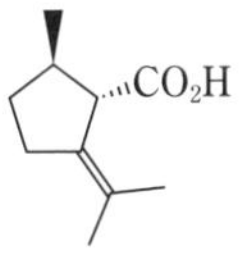　(**13**)

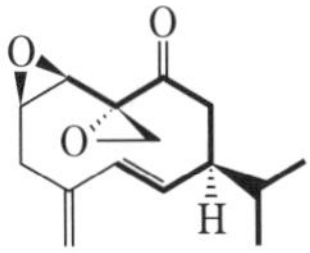

O　O　O　H　OH　HO　H　H

(**14**) 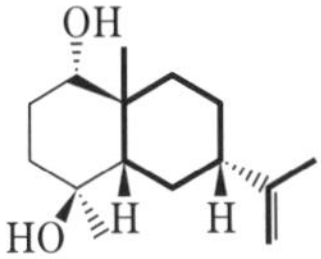　(**15**)

OH　O　HO_2C　N　H　OH　O　O　H　H　OH　OH

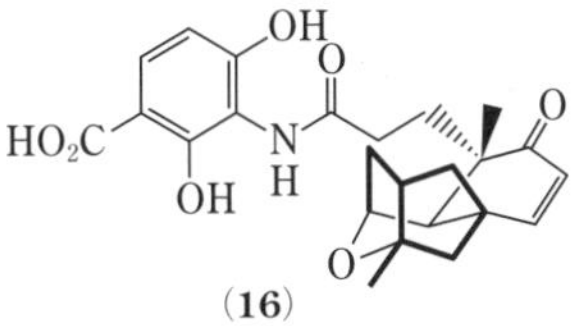

(**16**) 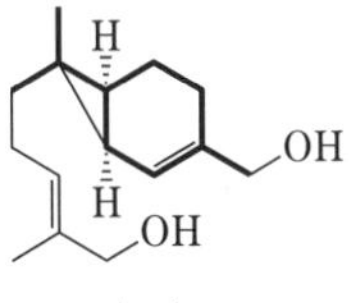　(**17**)

カンファー（ショウノウ，**21**）は両鏡像体が市販されているが（+)体は高価である．これらの化合物は架橋構造を有しているため，厳密な立体制御が可能であることが特徴である．これらを用いた天然物合成の一例としてパクリタキセル（**23**）の構造を示す．テルペンを出発原料としたこの化合物の合成には，(−)-**21** から調製可能で市販もされている β-パチョレンオキシド（**22**）からの報告[10]と（+)-**20** からの報告[11]がある（(**23a**）に（**22**）の骨格を，(**23b**）に（**20**）の骨格を太線で示した）．

O　O　O

(−)-(**18**) 　(−)-(**19**) 　(−)-(**20**) 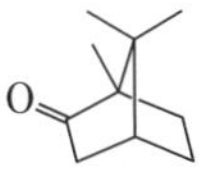　(+)-(**21**)

O　O　PhC　NH　O　Ph　O　OH　AcO　O　HO　H　O　OAc　PhC　O　AcO　O　O　HO　H　O

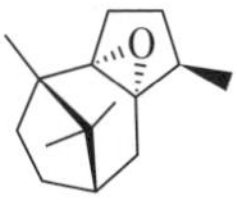

(**22**) 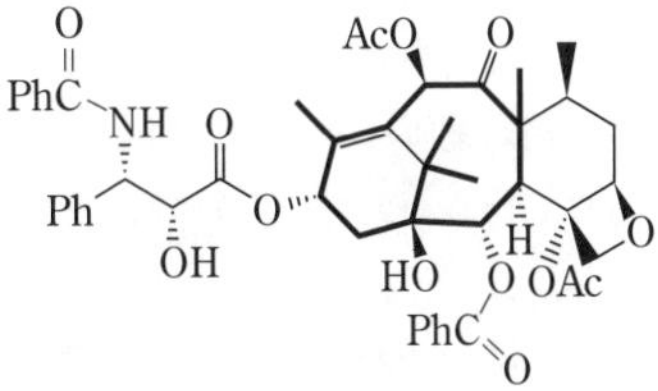　(**23a**) 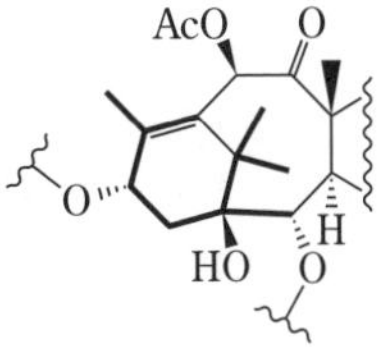　(**23b**)

d.　その他のテルペン

上記のテルペン以外にもさまざまな化合物がキラルプールとして用いられているが，本節ではあと2例を紹介する．(+)-*trans*-菊酸（**24**）は除虫菊の殺虫成分であるピレスロイドのカルボン酸部分として有名であるが，そのシス異性体を用いてベルチアジオノール（**27**）が合成されている[12]．また，α-サントニン（**25**）はゲルマクラン骨格やグアイアン骨格への骨格転位を経てさまざまな化合物合成に用いられているが，デヒドロザルザニンCの二量体であるアインスリアダイマーA（**28**）の合成[13]もその一例である．このほかに松やに中のロジン構成成分のアビエチン酸（**26**）もテルペン合成の原料として用いられている．

(+)-*trans*-(**24**) 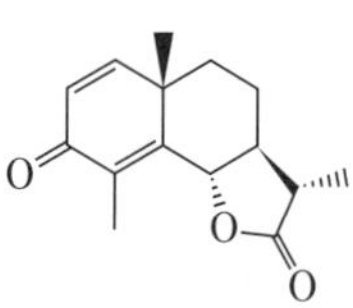　(**25**) 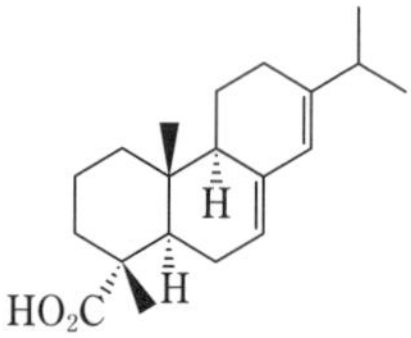　(**26**)

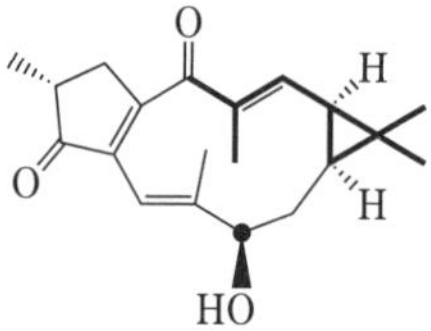

(**27**) 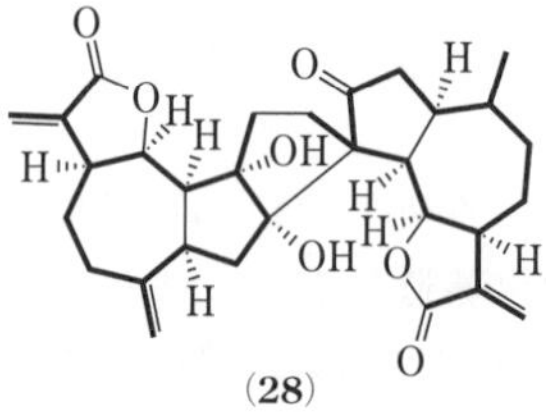　(**28**)

24.1.2　糖　類

本項では，糖類の特性を有効に利用する有機合成の一端を解説する．糖類の特性とは，(1) 立体配座が確立された多くの不斉炭素原子をもっている．(2) 変換可能な種々の長さの炭素鎖を用意できる．(3) 五員環，六員環あるいは直鎖構造として扱うことができる．(4) 安価で大量に入手できる，などである．なかでも最大の特徴は，立体配置が確立されているために，合成中間体はもちろんのこと，最終生成物である天然物などの絶対構造を確証することができる点である．糖類を不斉炭素源として利用する合成法は，種々の糖誘導体が合成ブロックとして市販されるに至って，立体特異的合成における一般的な戦略の一つとしていまや定着しつつあり，実際に，絶対配置をそのまま利用できる天然物の合成だけでなく，置換反応，骨格転位などを駆使して行う複雑な天然物の合成まで多くの研究がなされている[14,15]．

以下に入手容易で合成原料に利用可能な単糖の例を示す（図24.1）．D-グルコースは，もっとも入手容易な単糖であり，炭素-酸素結合を含む四つの不斉中心を有している．D-グ

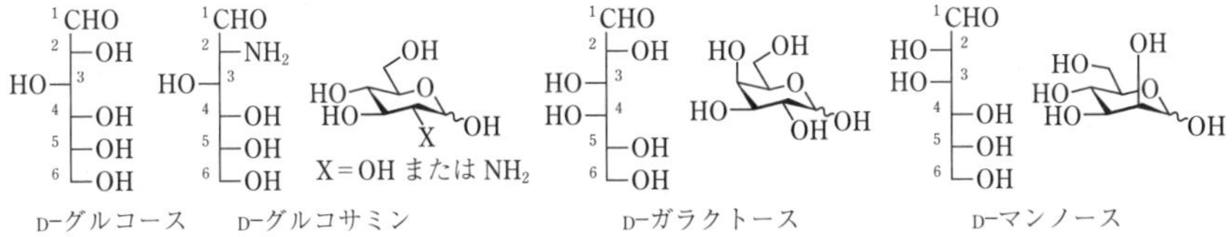

図 24.1　入手容易な単糖

ルコサミンは，D-グルコースの 2 位がアミノ基に置換されたアミノ糖であり，含窒素化合物の原料として利用可能である．D-ガラクトースおよび D-マンノースはそれぞれ，D-グルコースの 4 位および 2 位ヒドロキシ基の立体化学の異なる誘導体である．これらの糖は，鎖状または環状の出発原料として利用可能である．

下式に D-グルコース由来の直鎖中間体 **29** を利用したプロスタグランジン $F_{2\alpha}$（**32**）の合成を示す[16]．本合成は，まず，D-グルコース内のすべての炭素およびヒドロキシ基をむだなく活用し，合成中間体のアリルアルコール（**29**）へと導いている．**29** は，オルトエステル（**30**）とのクライゼン（Claisen）転位反応により，酸素原子の根元の不斉を 12 位炭素へ転写し，同時に α 側鎖と五員環の一部と 13 位と 14 位間のトランス配置の二重結合を導入した化合物（**31**）へと導かれる．その後，五員環と β 側鎖を構築することによりプロスタグランジン $F_{2\alpha}$（**32**）の合成を達成している．

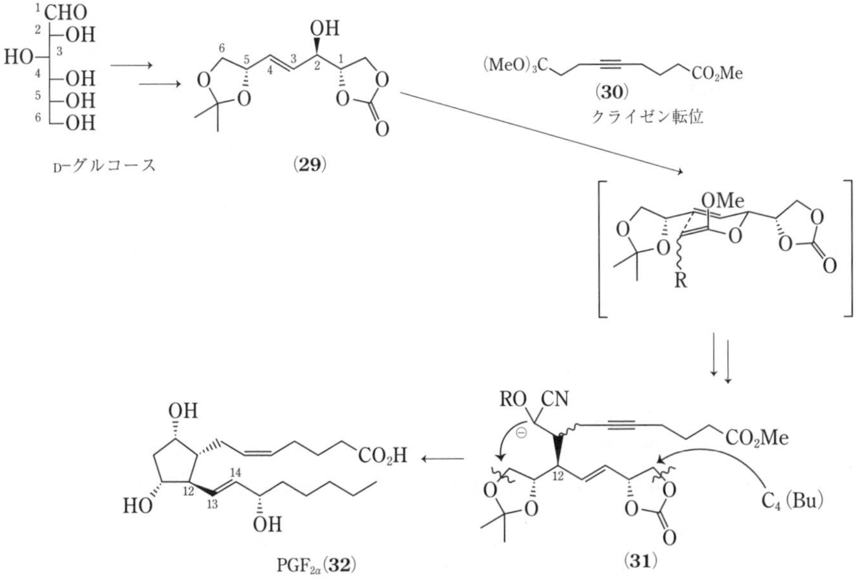

以下にシガトキシン（CTX（**33**））の全合成研究について示す[17,18]．**33** のような巨大な有機化合物の合成では出発原料の入手の容易さも，合成戦略の立案における大きな要因となりうる．**33** の合成では，AB 環部の構築にあたり，六員環構造のグルコースを出発原料として利用している．すなわち，グルコース誘導体のアリル *C*-グリコシル化によって得られるピラン誘導体を合成し，2 位ヒドロキシ基を介してアリル基を導入したジアリル体（**34**）のメタセシス反応により，AB 環（**35**）の合成を達成している．さらに，グルコースの部分保護体（**36**）を酸化開裂することによって得られた C3 ユニット（**37**）を E 環七員環エーテルの出発原料として活用している．

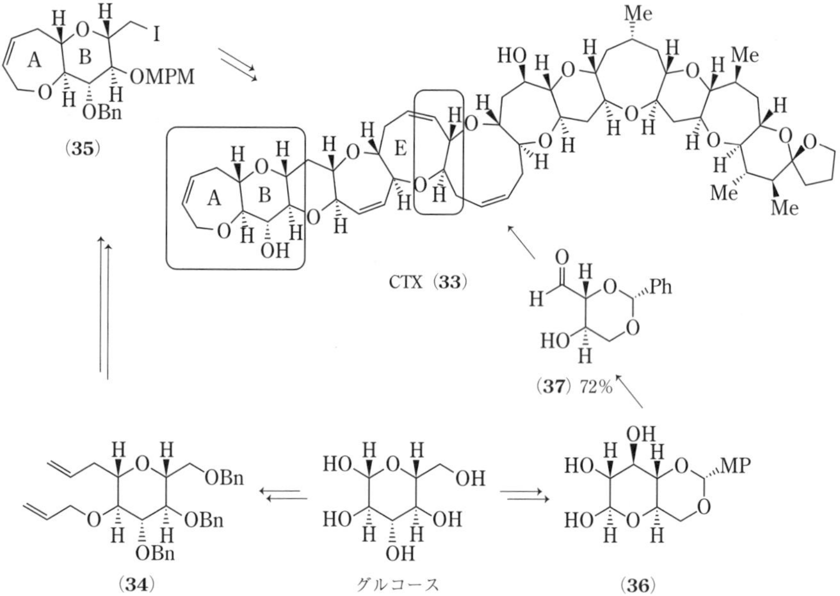

(**35**)

CTX (**33**)

(**37**) 72%

(**34**)　　グルコース　　(**36**)

【実験例　C3 ユニットの合成】

36 150.0 g のメタノール 2.0 L と水 150 mL 溶液の中に酢酸ナトリウム三水和物 205.4 g と酢酸 4.3 mL を加え，その後，過ヨウ素酸ナトリウム 322.8 g を氷冷下加える．2 時間室温下撹拌したのち，反応溶液に氷冷下飽和炭酸水素ナトリウム水溶液 100 mL と炭酸水素ナトリウム 95 g を加えることで反応を停止する．反応溶液を沪過後，沪液の有機層を分離する．水層を酢酸エチルを用いて抽出したのち，飽和塩化ナトリウム水溶液で有機層を洗浄し，硫酸マグネシウムで乾燥したのち，減圧化溶媒を除去する．得られた粗生成物をテトラヒドロピラン 9 L に溶かしたものを，臭化メチルトリフェニルホスホニウムと *t*-ブトキシカリウムのテトラヒドロピラン 1 L の懸濁液の中に氷冷下 2 時間かけて滴下する．その後，反応溶液に，飽和塩化アンモニウム水溶液を加えて反応を停止させる．有機層と水層を分離したのち，水層を酢酸エチルで抽出する．集めた有機層を飽和塩化ナトリウム水溶液で洗浄したのち，減圧下溶媒を除去する．得られた残渣をヘキサン-酢酸エチル（2：1）より再結晶することにより，**37** を得る．収量 85.5 g（収率 72%）．

糖は環状炭化水素化合物の出発原料としても利用可能である．糖から環状炭化水素化合物への優れた反応として Petasis-Ferrier 転位が知られている[19]．下式に，グルコースから導いたシクロヘキサノン（**40**）を利用する（−)-モルフィネ（**43**）の全合成を示す[20]．本合成では，グルコースより誘導したビニルエテール（**39**）の Petasis-Ferrier 転位により，光学活性トランスジオールを有する **40** を合成している[21]．つづいて，化合物（**41**）に導いたのち，2 度のクライゼン転位反応により（−)-モルフィネ（**43**）に含まれる第四級炭素を含む二つの連続する不斉炭素を有する中間体（**42**）へ導くことにより（−)-モルフィネ（**43**）の全合成を達成している．

HO, HO, HO, OH, OH, O
MPMO, TBSO, I, O, OMe
(**38**)
t-BuOK
MPMO, TBSO, O, OMe
(**39**)
Hg(II)触媒，アセトン，酢酸緩衝液
HgX, MPMO, TBSO, O, O
MPMO, TBSO, O, OH
(**40**) 93%
MeO, MeO, MPMO, TBSO
(**41**)
MeO, MeO, CO_2Et, CO_2Et, H
(**42**)
HO, O, HO, H
モルフィネ（**43**）

【実験例　シクロヘキサノン（**40**）の合成】

t-BuOK 3.30 g を **38** 7.70 g の THF 溶液に氷冷下加える．反応溶液を室温まで昇温させたのち，2 時間反応させ，水 100 mL を加えて反応を停止させる．混合溶液に酢酸エチルを加えて抽出し，得られた有機層を飽和塩化ナトリウム水溶液で洗浄し，硫酸ナトリウムで乾燥させる．濃縮後得られた残渣をシリカゲルカラムクロマトグラフィー（1% トリエチルアミンを含む酢酸エチル-ヘキサン（1：15））で簡易精製する．得られた粗生成物（**39**）のアセトン 390 mL と酢酸緩衝液 190 mL（pH 4.8）の溶液に対して，トリフルオロ酢酸水銀 1.25 g

を加える．室温下12時間反応させたのち，トリフルオロ酢酸水銀175 mgをさらに加える．つづいて，4時間反応させたのち，アセトンを減圧下除去し，反応溶液に10% KI水溶液を加えて反応を停止させる．酢酸エチルを用いて抽出し，有機層を20% チオ硫酸ナトリウム水溶液と飽和塩化ナトリウム水溶液で洗浄し，硫酸ナトリウムを用いて乾燥させる．減圧下溶媒を除去したのち，得られた残渣をシリカゲルカラムクロマトグラフィー（ヘキサン-酢酸エチル（5：1））で精製し**40**を得る．収量4.80 g（収率93%）．

下式に，糖由来環化前駆体の分子内ヘンリー（Henry）反応を利用した（−)-テトロドトキシン（**48**）の全合成を示す[22]．本合成では，まず，五員環構造のグルコース誘導体（**44**）[23]に対するエポキシ化反応により不斉第四級炭素を含むエポキシド（**45**）を導いている．二つのアセタールを有する五員環グルコース誘導体は，α面がコンベックス面であるために遮へいされ，3位の位置に対する攻撃はつねにβ面側より進行する．ニトロ誘導体（**46**）へと導いたのち，酸性条件下でのアセタールの加水分解，および塩基性条件下におけるヘンリー反応により，すべての炭素が置換された光学活性シクロヘキサン（**47**）の合成に成功している．

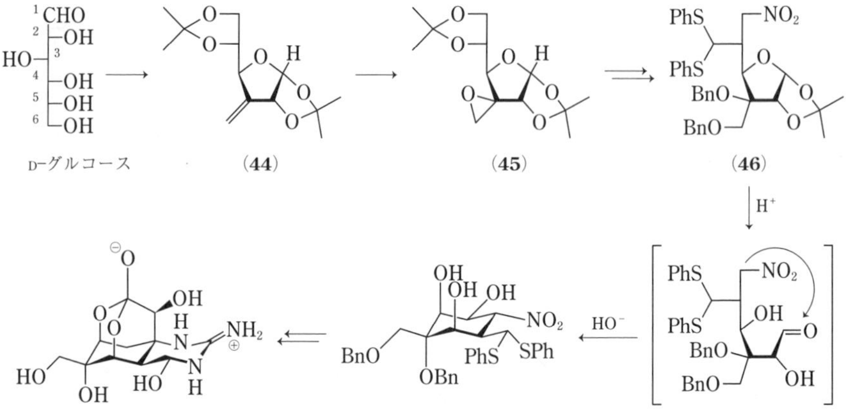

D-グルコース　（**44**）　（**45**）　（**46**）

H^+　HO^-

(−)-テトロドトキシン（**48**）84%　（**47**）

【実験例　(−)-テトロドトキシン（**48**）の合成】

47 820 mgを85% 酢酸水溶液30 mLに溶解させ，還流下6時間反応させる．原料の消失を確認したのち，反応溶液を減圧下濃縮する．得られた残渣をメタノール15 mLで希釈し，炭酸水素ナトリウム200 mgと水5 mLを加え，室温下撹拌する．8時間後，陽イオン交換樹脂（Amberlite IR120B H^+ form）を用いて中和したのち，沪別，濃縮する．得られた残渣をシリカゲルカラムクロマトグラフィー（トルエン-アセトン（8：1））で精製し，**48**を得る．収量650 mg（収率84%）．

下式に，D-アラビノースを利用したヒバリミシノン（**53**）の合成を示す[24]．本合成では，

D-アラビノースより合成した連続する三つの不斉点を有するピラン誘導体（**49**）[25] の反応により 4,5,6 位に不斉炭素を有するシクロヘキサン（**50**）を合成している．このエノンより導いた二環性エノン（**51**）と C2 対称性を有するチオラクトン（**52**）との 2 度の Michael-Dieckmann 型環化反応によって，**53** に含まれるすべての不斉炭素を有する八環性化合物の合成を達成している．

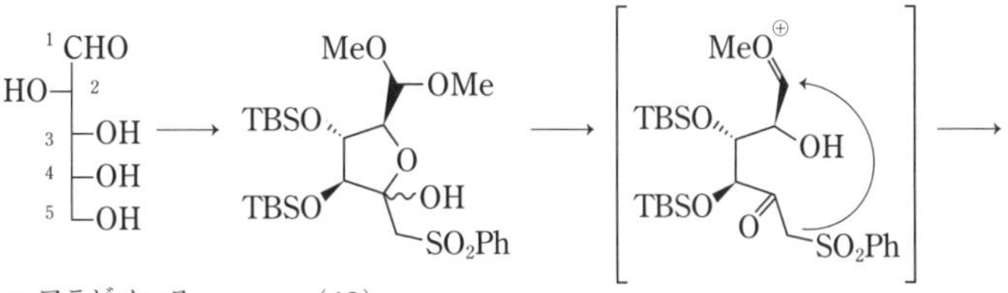

D-アラビノース　(**49**)

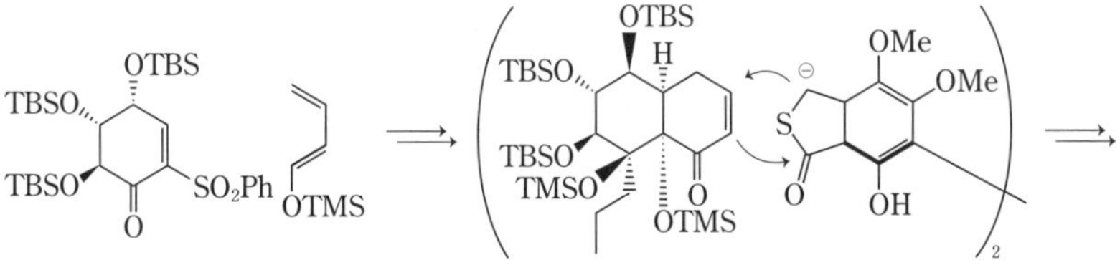

(**50**)　(**51**)　(**52**)

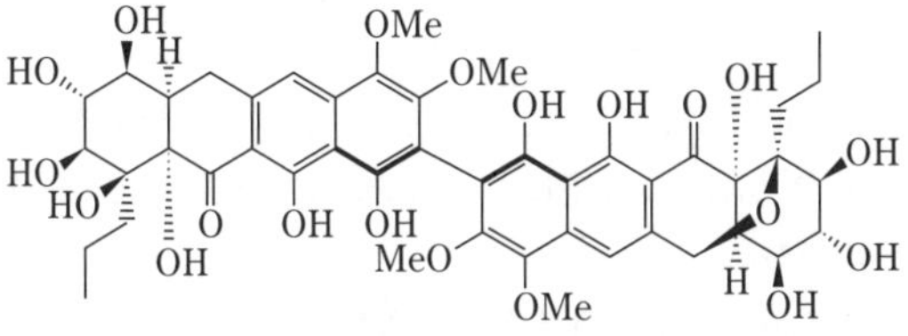

(**53**)

以上，糖は入手容易で，含まれる不斉点が複数あることから，鎖状，環状エーテル，そして環状炭化水素骨格を有する複雑な天然物の出発原料として利用されてきた．しかしながら，複数のヒドロキシ基（反応点）を有し，有機溶媒に難溶性であるため，糖に対して目的の反応を選択的に進行させるためには，保護基の導入や除去の工程を避けることが難しい．これが，糖をキラルプールとする合成の効率を低下させるもっとも大きな原因である．糖をより直接的に合成ユニットとして利用する手法が開発されることにより，その有用性がより高まると考えられる．

24.1.3　アミノ酸

アミノ酸は骨格中にアミノ基（$-NH_2$）とカルボキシ基（$-COOH$）をもつ一群の化合物

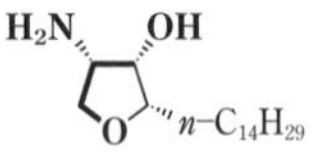

L-Ser
(**54**)[1)]

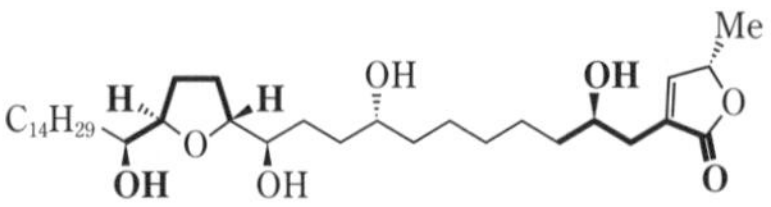

D-Glu, L-Glu
(**55**)[2)]

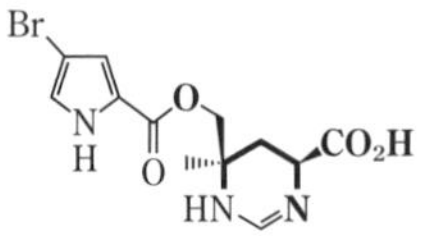

L-Asn, L-Ser
(**56**)[3)]

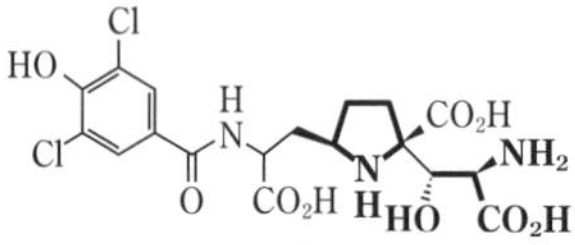

D-Glu, D-Ser
(**57**)[4)]

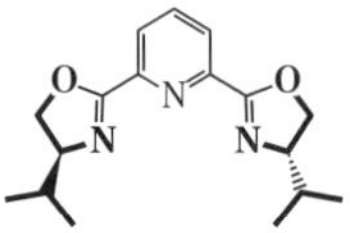

L-Val
(**58**)[5)]

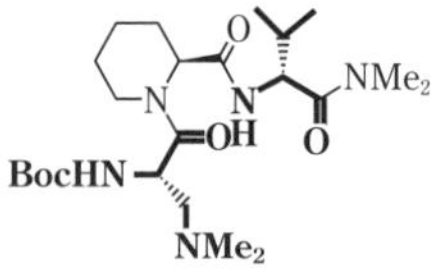

L-Asn, L-Val
(**59**)[6)]

図 24.2　α-アミノ酸を原料とした化合物（太線部分がアミノ酸由来）
Ser：セリン，Glu：グルタミン酸，Asn：アスパラギン，Val：バリン．

1) M. Passiniemi, A. M. P. Koskinen, *Tetrahedron Lett.*, **49**, 980 (2008).
2) S. Hanessian, S. Giroux, M. Buffat, *Org. Lett.*, **7**, 3989 (2005).
3) T. Yoshimura, T. Kinoshita, H. Yoshioka, T. Kawabata, *Org. Lett.*, **15**, 864 (2013).
4) M. Hamada, T. Shinada, Y. Ohfune, *Org. Lett.*, **11**, 4667 (2009).
5) H. Nishiyama, H. Sakaguchi, T. Nakamura, M. Horihata, M. Kondo, K. Itoh, *Organometallics*, **8**, 846 (1989).
6) J. L. Gustafson, D. Lim, S. J. Miller, *Science*, **328**, 1251 (2010).

である．なかでもタンパク質を構成する α-アミノ酸（一般式 R－CH(NH_2)COOH）は，両鏡像体が入手可能であることから，キラル化合物の合成原料として多用される[26)]．L-アミノ酸は抽出法，発酵法，合成法を利用して調製されるため比較的安価であるが，D 体は合成法による供給が主であるため，L 体に比べ高価である．L, D-アミノ酸の α 位不斉炭素はそれぞれ S, R の絶対立体配置で，目的とする標的物質の絶対立体配置に対応して使用することが大切である．

アミノ酸はそれ自体が不斉有機触媒として用いられる場合もあるが[27)]，標的物質を合成する場合には，アミノ基やカルボキシ基を適切な官能基に変換して用いる必要がある．そのさいに，これらの官能基は不斉炭素に直結しているため，つねにラセミ化に注意を払う必要がある．アミノ酸を出発原料として合成された化合物を図 24.2 に示す（太線で示す部分がアミノ酸由来の骨格で，構造式の下に原料のアミノ酸を表示した）．**54**～**57** は生物活性天然物，**58** は金属触媒による不斉反応に用いられる不斉配位子，**59** はハロゲン化に用いられる不斉有機触媒である．**54**，**57**～**59** はアミノ酸由来の骨格および不斉炭素が直接導入された化合物群である．**55** はアミノ酸のアミノ基を立体選択的にヒドロキシ基へ変換して使用し，**56** はアミノ酸の不斉炭素上で炭素-炭素結合形成を行っている．このようにアミノ酸には多彩な利用法がある．

本項では，アミノ酸を合成原料として用いるさいに重要な官能基変換法，ならびにアミノ酸を出発物質とする不斉四置換炭素を有する α-アミノ酸誘導体合成法に焦点を絞り解説する．

a. α-アミノ酸エステルの合成

α-アミノ酸は双性イオンであるため，一般に低極性の有機溶媒に不溶である．そこで取扱いを容易にする，あるいはカルボキシ基を保護するため，エステルに変換して用いる場合が多い．エステル化には種々の方法が知られているが，対応するアルコール溶液中，塩化チオニルによる方法が簡便である．なお，メチルあるいはエチルエステルを室温に放置すると不溶性のジケトピペラジンが副生する場合があるので，塩酸塩として保存したほうがよい[28]．

b. α-アミノアルコールの合成

α-アミノ酸は THF 中 $LiAlH_4$[29]，$BH_3 \cdot SMe_2/BF_3 \cdot OEt_2$[30]，$Zn(BH_4)_2$[31]，$LiBH_4/TMSCl$[32]，$NaBH_4/I_2$[33] などによりラセミ化することなく直接還元できる．またエステル体をエタノール中 $NaBH_4$ 還元[34] する方法もある．小スケールの場合，アミノ酸の直接還元が便利だが($NaBH_4/I_2$ 還元はある種のアミノ酸には大スケールでも適応できる)，大スケールではエステル体の $NaBH_4$ 還元が安全性，簡便さの点で優れている．

【実験例　L-バリノールの合成[29]】

水素化アルミニウムリチウム 47.9 g（1.26 mol）の THF 1.2 L 懸濁液に，氷冷撹拌下 L-バリン 100 g（0.85 mol）を発泡が激しくならない程度に少量ずつ 30 分以上かけて加え，その後 16 時間加熱還流する．氷冷下撹拌しながら，エーテル 1 L を加えて希釈したのち，水 47 mL，15% 水酸化ナトリウム水溶液 47 mL，水 141 mL をそれぞれ 30 分以上かけて順次加え，さらに 30 分間撹拌後，析出する不溶物を沪別する．不溶物をエーテル 150 mL で 3 回洗浄後，洗液と沪液を合わせて減圧濃縮したのちに蒸留すると，L-バリノールが無色液体として得られる．収量 64 g（収率 73%，沸点 63～65 ℃/0.9 mmHg，$[\alpha]_D^{20}$ +14.6（neat））．

【実験例　L-フェニルアラニノールの合成[34]】

L-フェニルアラニンエチルエステル塩酸塩 144 g（0.6 mol）の 50% エタノール水溶液 400 mL を水素化ホウ素ナトリウム 96.4 g（2.6 mol）の懸濁した 50% エタノール水溶液 600 mL に氷冷撹拌下滴下する．5 時間加熱還流ののち，減圧下エタノールを留去する．水層を酢酸エチル 900 mL で抽出し，抽出液を飽和塩化ナトリウム水溶液 200 mL で洗浄後，硫酸ナトリウムで乾燥する．溶媒を留去して得られる残渣をベンゼンから再結晶すると無色針状結晶として得られる．収量 75 g（収率 83%，融点 91 ℃，$[\alpha]_D^{20}$ −24.5（*c* 1.06，EtOH））．

c. α-ヒドロキシカルボン酸の合成

α-アミノ酸は酸性溶媒中，求核剤存在下で亜硝酸によりほぼ完全に立体保持で置換生成物を与える[35]．本手法を用いることで，多様なキラル α-ヒドロキシカルボン酸を合成できる[36]．亜硝酸を用いる置換反応を氷冷下低温で行うことが，高い光学純度の生成物を得るうえで重要である．また NO_2 ガスを吸入すると危険なので，反応はドラフト内で行う．反応終了後，過剰の亜硝酸は尿素を加えて分解する（ヨウ化カリウム-デンプン紙で確認する）．

【実験例　(*S*)-(+)-*γ*-ブチロラクトン-*γ*-カルボン酸の合成[37]】

L-グルタミン酸 294 g（2 mol）の水 2 L 懸濁液に，亜硝酸ナトリウム水溶液 168 g（2.4 mol/水 1.2 L）および 1 mol L^{-1} 硫酸 1.2 L を同時に滴下漏斗で加える．滴下中，反応液を 30～35 ℃ に保つ．15 時間室温で撹拌後，50 ℃ 以下で水を減圧濃縮すると固形物が得られる．沸騰したアセトン 500 mL を加え，固形物を破砕しながら抽出する．沪別した固体に沸騰したアセトン 500 mL を加え，同様に抽出操作を繰り返す．溶液を集め減圧濃縮すると，粗生成物 312 g が液体として得られる．このうち 100 g を減圧濃縮により精製すると，(*S*)-(+)-*γ*-ブチロラクトン-*γ*-カルボン酸が無色液体として得られる．収量 58 g（収率 70%，沸点 146～154 ℃/0.03 mmHg）．放置すると固化する（融点 66～68 ℃）．酢酸エチル-石油エーテルから再結晶し，純品を得る（融点 73 ℃，$[\alpha]_D^{20}$ +16（*c* 2，EtOH））．

d.　不斉四置換炭素を有する *α*-アミノ酸の合成

図 24.2 の化合物 **56** および **57** に代表されるように，不斉四置換炭素を有する *α*-アミノ酸は生理活性物質や医薬品開発のキラルビルディングブロックとして，またペプチドの立体配座制御因子などの用途に用いられる．代表的な合成法として，キラル相間移動触媒（たとえば，丸岡触媒など）を用いる方法[38]や，*α*-アミノ酸を出発物質とする不斉記憶型合成法がある．前者はわずか 0.05 mol% の触媒できわめて高エナンチオ選択的に反応が進行し，基質一般性も広い．一方後者は，*α*-アミノ酸のキラリティーを利用して不斉誘導を行うため，外部不斉源が不要である．本反応は，塩基として KOH を DMSO 中室温で用いると立体保持で進行し[39]，リチウムテトラメチルピペリジド（LTMP）を THF 中で用いると立体反転で進行する[40]．

(1) キラル相間移動触媒（丸岡触媒）を用いる合成

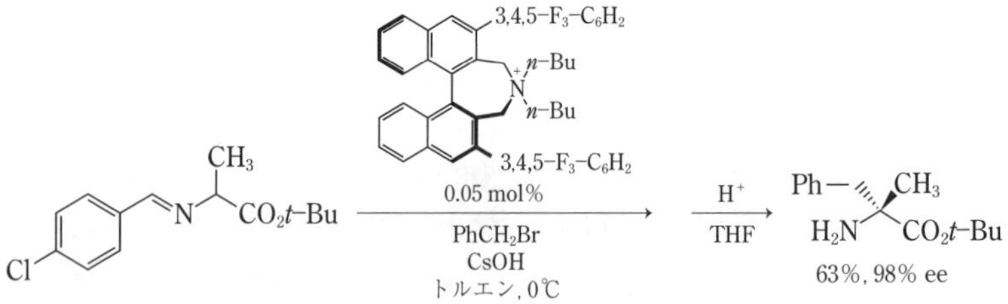

(2) 不斉記憶型合成

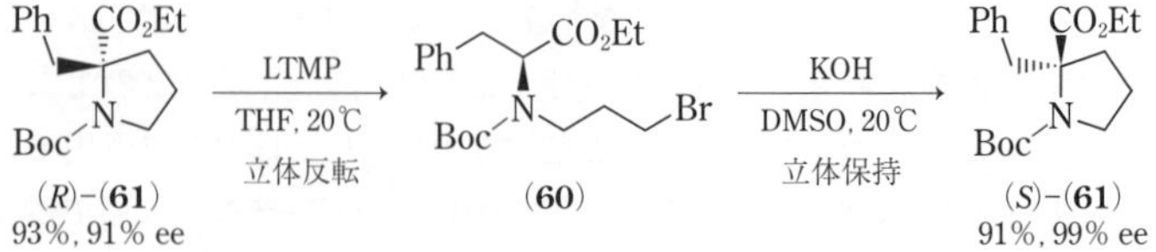

24.1.4 その他の光学活性原料

テルペン，糖，アミノ酸以外にも光学活性体の合成原料として用いられる化合物は多い（図24.3）．リンゴ酸（**62**），酒石酸（**63**）は両末端に合成変換可能な官能基を有し，両鏡像体が入手容易なため汎用されている．とくに酒石酸はその対称性に着目した利用例が多い．また，微生物，酵素を利用した工業的製法の進歩により安価に入手可能になった光学活性体もある．3-ヒドロキシブタン酸エチルエステル（**64**）はその代表例であり，利用例が増えつつある．シンコナアルカロイドのキニン（**65**）とキニジン（**66**）は互いに擬鏡像体として不斉合成に汎用される[41]．**62** および **63** の誘導体は不斉合成の配位子として利用されるのみならず，たとえば，生理活性天然物（**67** および **68**）の全合成の出発物質として用いられるなど，キラルプール法にも有効に利用されている．また **62** および **63** のエステル体はエステルの選択的還元が可能であり[42]，異なる保護基をもつトリオールやテトラオールなど，有用な合成中間体へ誘導可能である．

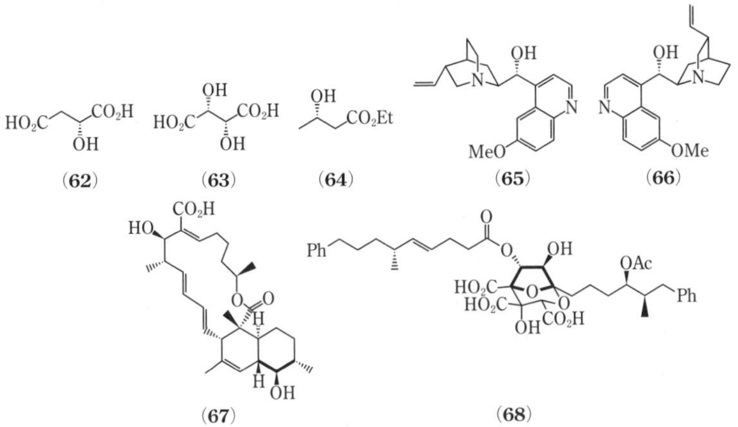

(**62**)　(**63**)　(**64**)　(**65**)　(**66**)

(**67**)　(**68**)

図 24.3　汎用される光学活性原料（**62**）～（**66**），および（**62**），（**63**）を出発物質とする（**67**），（**68**）の合成（太線部分が出発物質由来）

（S. Nakamura, H. Sato, Y. Hirata, N. Watanabe, S. Hashimoto, *Tetrahedron*, **61**, 11078 (2005)；T. Motozaki, K. Sawamura, A. Suzuki, K. Yoshida, T. Ueki, A. Ohara, R. Munakata, K. Takao, K. Tadano, *Org. Lett.*, **7**, 2261 (2005)）

24.2 光学分割法

24.2.1 晶析法

本項では，ラセミ体を結晶化操作により光学分割する方法について述べる．分割を行う化合物が塩基性または酸性官能基をもつ場合は，直接ジアステレオマー塩法を検討できる．また，化合物やその塩がラセミ混合物（ホモキラル結晶）である場合は，優先晶出法も検討すべきである．アキラルな化合物と塩を形成するものについて，優先富化や溶媒の誘電率に依存した分割が起こる場合は，それぞれの機構に対応した結晶化条件の最適化を行う．

a. ジアステレオマー塩法（パスツール（Pasteur）法）

分割しようとする化合物に光学活性な光学分割剤を作用させてジアステレオマー塩を生成し，それらの溶解度の差を利用して分割する方法である．この手法の発展型として，近年開発されたダッチ（Dutch）分割法と誘電率制御分割（DCR）法がある．

（i）分割剤および溶媒のスクリーニング[43,44]　酸性官能基をもつ化合物に対しては塩基性光学分割剤，塩基性官能基をもつ化合物に対しては酸性光学分割剤を用いる．また塩基性基も酸性基もない場合は，化学変換によりいずれかに誘導してから分割剤を検討する．まず，ラセミ体に対して半量または等モル量の分割剤を加え，適当な溶媒に加熱溶解したのち冷却する．そのさいに得られる塩の結晶量が，用いたラセミ体の半量になるように溶媒の種類および量を調節する．分割剤として，一部を分割剤と同様に塩を形成するアキラルな化合物に置き換えても効率よく分割が起こる場合が多い（Pope-Peachey 法）．得られた結晶に対し，適切な酸または塩基を加えて化合物を単離する．分割剤，溶媒，結晶化を行う濃度の選択により，収率（用いたラセミ体の半量が 100%）と光学純度を最適化する．

（ii）ダッチ分割法[45]　ジアステレオマー塩法により光学分割を行うさい，一つではなく，二つ以上の類似した構造をもつ光学分割剤を用いることにより分割効率を高める手法である．

【実験例　ダッチ分割法による 1-(2-クロロフェニル)エタンアミンの光学分割】

ラセミ体の 1-(2-クロロフェニル)エタンアミン（**69**）57.5 g を 800 mL のエタノールに溶解し，(−)-(*R*)-フェンシホス（**70**）84 g と (−)-(*R*)-アニシホス（**71**）4 g の混合物を加えて還流下で加熱する．室温まで冷却後，析出した固体を沪別し，エタノール 1.5 L から再結晶を行い結晶を得る．収量 42 g（90% ee）．この結晶をエタノール 650 mL から再結晶を行い結晶を得る．収量 22.1 g（>98% ee）．

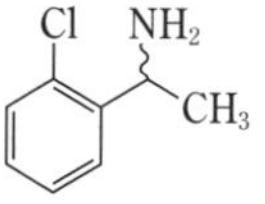

Cl　NH_2　CH_3
（**69**）

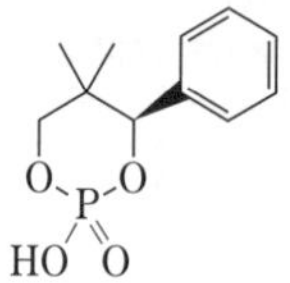

O　P　O　HO　O
（**70**）

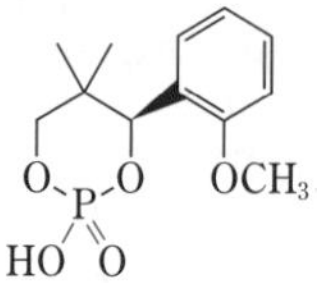

O　P　O　OCH_3　HO　O
（**71**）

（iii）誘電率制御分割（DCR）法[46]　ジアステレオマー塩法により光学分割を行うさい，誘電率の異なる溶媒を用いて，一つの分割剤で両鏡像体を選択的に晶析できる場合がある．誘電率の異なる溶媒は，単一溶媒を用いる以外に，混合系溶媒の混合比を変えて調製する．一例として，ラセミ体の α-アミノ-ε-カプロラクタム（**72**）について，*N*-トシル-(*S*)-フェニルアラニン（**73**）を用いて分割を行うと，中程度の誘電率（ε 29〜58）の溶媒の溶液からは（*S*)-**72**・**73** の塩の結晶が優先的に得られ，誘電率がそれよりも低い（ε 値 27 以下）または高い（ε 62 以上）の場合には（*R*)-**72**・**73** の塩の結晶が優先的に得られる．

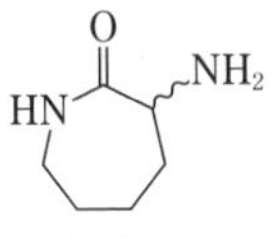

（**72**） 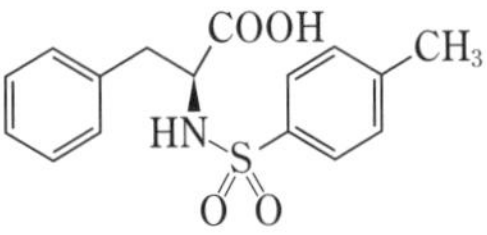　（**73**）

b.　優先晶出法[47)]

分割しようとする化合物がラセミ混合物（ホモキラル結晶）である場合，その過飽和溶液に一方の光学活性体結晶を接種すると，一方の光学活性体のみが優先的に晶析することがある．対象化合物が，結晶化によりラセミ混合物を与える必要がある．しかし，結晶性のラセミ体のなかでラセミ混合物は 10% 未満であり，約 90% 以上はラセミ化合物であるため，最初の結晶化条件の検討，結晶構造解析で，本法が適用可能であるか否かを見極める必要がある[44,48)]．

【実験例　優先晶出法による DL-セリンの光学分割[49)]】

撹拌羽付きの反応容器に DL-セリン・*m*-キシレン-4-スルホン酸塩 94.0 g および L-セリン・*m*-キシレン-4-スルホン酸塩 6.0 g を加えて，水 100 mL に加熱溶解する．その溶液を 25 ℃ に徐冷し，緩やかに撹拌しながら L-セリン・*m*-キシレン-4-スルホン酸塩の二水和物 0.1 g を接種する．同温度で 50 分間撹拌後，析出した結晶をすみやかに沪過し，冷水 4 mL，さらにアセトン 4 mL で洗浄する．得られた結晶を 50 ℃ で乾燥して L-セリン・*m*-キシレン-4-スルホン酸塩を得る．収量 12.7 g（>99% ee）．残った母液に DL-セリン・*m*-キシレン-4-スルホン酸塩 13.9 g と少量の水を加えて加熱溶解し，同様にゆっくり冷却後 D-セリン・*m*-キシレン-4-スルホン酸塩を接種すると，D-セリン・*m*-キシレン-4-スルホン酸塩が得られる．収量 12.5 g, >98% ee)．

c.　包接化合物による分割

包接能をもつ光学活性な化合物を用いた分割法では，官能基をもたない分子でも包接化合物を形成しうるため，塩を形成しにくい化合物の分割にも適用できる可能性がある．

d.　優先富化法

分割しようとする化合物がラセミ化合物である場合も，結晶中の分子配列に基づく混晶間多形転移により，再結晶により光学分割できる場合がある．ラセミ化合物を再結晶すると，鏡像体が低い光学純度（数% ee）の結晶として析出し，母液中では析出した結晶で優先した鏡像体とは反対の鏡像体の濃縮が起こり，高い純度の光学活性体が得られる．得られた低光学純度の結晶も再び結晶化を行うと，同様に反対の鏡像体が低い光学純度で析出する．この母液中でも析出した結晶で優先した鏡像体とは反対の鏡像体の濃縮が起こる．

【実験例　優先富化法による（**74**）の光学分割[50]】

(±)-{2-[4-(3-エトキシ-2-ヒドロキシプロポキシ)フェニルカルバモイル]エチル}ジメチルスルホニウム *p*-トルエンスルホン酸塩（**74**）2.00 g をエタノールに加熱溶解し，過飽和溶液を調製する．この溶液を室温まで冷却し，4 日間撹拌したのち，結晶が析出し始めたところで撹拌を停止し静置する．沪過により（−)体がわずかに優先した結晶が得られ（収量 1.80 g，7.5% ee)，母液から溶媒を留去すると（+)-**74** が高い光学純度で得られる（収量 0.19 g，96.4% ee)．分離した低い光学純度の結晶をエタノールに再び加熱溶解し，室温まで冷却後，2 日間撹拌し，その後静置する．沪過により，(+)体がわずかに優先した結晶が得られ（収量 1.59 g，4.6% ee)，母液から溶媒を留去すると高い光学純度で（−)-**74** が得られる．収量 0.21 g（98.0% ee)．

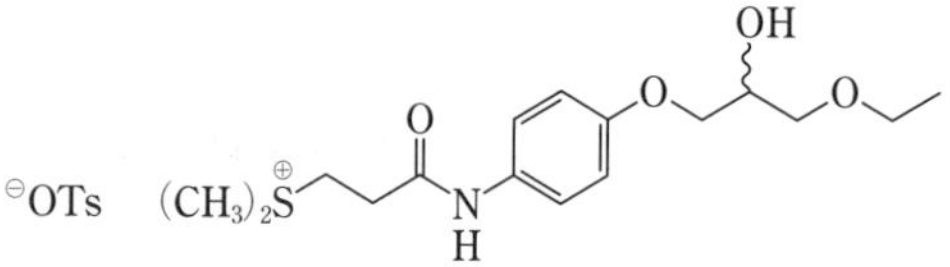

(**74**)

24.2.2　クロマトグラフ法

キラル HPLC カラムの進歩により，最近では多くの種類のラセミ体を直接分離することができる．ほとんどのキラルカラムは，球形のシリカゲルに光学活性体を固定化したものであり，光学活性体の構造を置換基の化学修飾などで微細に変化させることで，さまざまな光学異性体を分離することが可能である．シリカゲルに固定化する光学活性体としては，多糖誘導体[51]，光学活性ポリマレイミド[52] などのキラル高分子，シクロデキストリン誘導体[53]，アミノ酸誘導体[54]，酒石酸誘導体[54] などが用いられる．分離対象となるラセミ体の化学構造（官能基の種類）によって推奨カラムが提案されている場合が多い．代表的な化合物については，実際の分取条件などのデータも示されている．これらの情報をもとに，カラム，移動相，ならびに添加剤の選択を行い，光学異性体を分取する．主要な官能基については，多くの化合物についてそれぞれのカラムによる分離能が示されているので，新規化合物などの分離例がない場合もこれらのデータをもとに分離の可能性をある程度予測できる．現在ではかなりの種類の官能基の組合せが検討されているので，カラムおよび条件を選べば，分離，分取できる可能性は高く，ラセミ体から光学活性体を取得するための有力かつ信頼性の高い手法である．分離が十分ではない場合には，リサイクル分取 HPLC により分離能力を向上させると，分取が可能になる場合が多い．

ラセミ体のセミ分取，分取用として市販されている代表的なキラルカラムを表 24.1 に示す．

表 24.1　おもなキラル HPLC カラム

キラルカラム	基　材	光学活性基	対象化合物	取扱い先
CHIRALPAK A タイプ	シリカゲル	アミロースカルバマート誘導体	分離対象化合物の構造ごとに推奨されるキラル固定相が示されている.	ダイセル
CHIRALPAK O タイプ	シリカゲル	光学活性アクリル系樹脂	分子内に疎水性基をもつ光学異性体，芳香族化合物	ダイセル
CHIRALCEL O タイプ	シリカゲル	セルロース誘導体	芳香環，カルボニル基，ニトロ基，スルホニル基，シアノ基，ヒドロキシ基を有する *β*-ブロッカーなど	ダイセル
TCI Chiral	シリカゲル	光学活性ポリマレイミド誘導体	エステル，ラクトン，ケトン，カルボン酸，*N*-保護アミノ酸のほか，アルコールなど	東京化成工業
CHIROBIOTIC	シリカゲル	大環状グリコペプチド	塩基性・酸性官能基，ヒドロキシ基，ケトンなどの官能基をもつ化合物	Sigma-Aldrich 社
CYCLOBOND	シリカゲル	シクロデキストリン	芳香族，水素結合性官能基を 2 カ所もつ化合物	Sigma-Aldrich 社
P-CAP	シリカゲル	ポリ環状アミン	不斉炭素にヒドロキシ基もしくは水素結合性官能基をもつ化合物	Sigma-Aldrich 社
Kromasil Chiral	シリカゲル	酒石酸誘導体	アミン，アルコール，フェノール，カルボニル化合物，スルホキシド	Eka-Chemicals/ケムコプラス
セラモスフェア (キラル)	多孔質の球状セラミックス	光学活性な金属錯体をカチオン交換によって吸着	とくに中性化合物，酸性化合物	資生堂
キラル CD-Ph	シリカゲル	フェニルカルバマート化 *β*-シクロデキストリン	とくに塩基性化合物，中性化合物	資生堂
LARIHC	シリカゲル	シクロフラクタン誘導体	とくに第一級アミン，アミノアルコール，アミノエステル，アミノアミド (CF6-P)，酸，第三，四級アミンを含む物質，アルコール類など(CF6-RN)	三菱化学/AZYP
SUMICHIRAL OA-2000-5000	シリカゲル	アミノ酸誘導体	カルボン酸(OA-2000, 3000 シリーズ)，芳香環を含むアミンやアミドなど(OA-4000 シリーズ)	住化分析センター
SUMICHIRAL OA-6000	シリカゲル	酒石酸誘導体	*β*-アミノ酸，*β*-ヒドロキシ酸などの化合物	住化分析センター
SUMICHIRAL OA-7000	シリカゲル	シクロデキストリン誘導体	広範囲な化合物，とくに芳香族化合物	住化分析センター
SUMICHIRAL OA-8000	シリカゲル	キラルクラウンエーテル	アミン類，アミノアルコール，アミノ酸など	住化分析センター

24.3　光学純度決定法

24.3.1　単離，精製

光学活性物質の単離，精製に関する方法は，一般の有機化合物と同じであるが，分子内に不斉が1カ所しか存在しない場合には，単離・精製過程で，仮にその立体化学が変化（ラセミ化，部分ラセミ化）してもNMRスペクトルなどに反映されないため，キラル固定相を有するHPLCを用いた分析などで純度を確認する必要がある．たとえば，カルボニル基のα位に，酸性度の高いプロトンを含む不斉炭素があり，エノラートの発生が懸念される場合である．また，β位の置換基が塩基存在下β脱離しうる場合も，逆反応の1,4-付加が起こると部分ラセミ化しうるので要注意である．置換ビアリールなどのアトロプ異性を有する軸不斉化合物では，加熱によりラセミ化が進行することがある．

次項においては，試料の化学的純度が，旋光度の値に直接影響するクロマトグラフィーなどによる精製後さらに蒸留し，元素分析で理論値と比べ ±0.4% 以下にまで精製するなど，純度の高い試料を調製するか，旋光性に影響を与えないアキラルな溶媒が残存する場合には，“内標準法” による純度決定が望ましい．

なお不斉合成反応の立体選択性を求める場合，生成物が固体だと，自然分晶により部分的に光学純度が変化する可能性がある．そのため，いったん全体を均一溶液とし，サンプリングして純度を測定する．再結晶は，純粋な鏡像体の調製を目的とする場合にのみ行う．

24.3.2　旋光度の測定

身近な物質の旋光性に興味がもたれ，それらの測定が19世紀初頭のころから行われるようになり，現在に至るまで数多くの測定記録が残されている．鏡像体純度を直接測定する手法が近年飛躍的に進歩したので，物質の旋光性を測定する現代的な意義は，(1) 既知データに記された旋光性との比較，(2) 不斉中心を有する新規化合物の物性記録，である．公刊論文に報告した旋光性の結果は未来永劫残るにもかかわらず，スペクトル類と異なり一次元データとしてのみ表されるので，測定，計算や記載には細心の注意を払う必要がある．

$$[\alpha]^{t(\text{測定温度})}_{\lambda(\text{測定波長})} = \frac{\alpha(\text{旋光角，}^\circ)}{l(\text{セル長，dm}) \times c(\text{濃度，g mL}^{-1})} \tag{24.1}$$

(c (g/100 mL) ○○○，溶媒)

旋光性は旋光度を標準化し，式(24.1) に示す “比旋光度 $[\alpha]$” として記載される．セル長や濃度など，非常に奇妙な単位が用いられているが，歴史的な測定技法に基づいている．測定値は，正負（+, −）を必ず示す．

(1) 測定波長：多くの場合ナトリウムのD線（λ 589.0 および 589.6 nm）を使い，その場合は［α］$_D$と略記する．一般に波長が短くなると，旋光角は大きくなる．ハロゲンランプを光源とし，フィルターで波長を決めるタイプはランプの寿命も長く，ばらつきも1桁少ない．しかし，重要な試料の場合，単色光を用いた装置で測定し，データを比較する必要がある．測定波長に著しい吸収をもつ着色した液体では，旋光角のばらつきが増大し精度が下がる．

(2) セル長と内径：5 cm または 10 cm の長さのセルが頻用される．測定装置の“絞り”の口径が内径を超えていないことを確認する．

(3) 溶　媒：溶媒の種類により旋光角は変化し，正負の符号が逆転するケースもある．したがって，文献値と絶対値や符号を比較する場合には，必ず文献と同一の溶媒を用いる．新規化合物の測定には，クロロホルムなどの酸性溶媒を避け，中性かつ安定なエタノールなどが推奨される．

(4) 濃　度：濃度は g（100 mL）$^{-1}$ で c と表記される．無溶媒の場合には，密度（＝比重）で割り算する．

(5) 測定のばらつきと精度，データの記述：12回測定し，最大値と最小値を排除し残り10回を平均するのがよい．ばらつきが大きくなるおもな要因は光の散乱である．試料溶液に微粒子が残っている場合には，綿栓沪過をしてセルに充塡する．充塡後は軸方向を光にかざして，濁りや気泡がないことを確認する．

試料の調製のさい，秤量の精度を考えると，たとえば上述のケースでは濃度は有効数字2桁か最大でも3桁である．機器の進歩により，濃度を含む上述のパラメーターをあらかじめ入力しておくと，“比旋光度”をすべて計算したデータが出力されるケースが多いが，濃度の有効数字に加え，旋光度の実測角の有効数字（小数点以下1桁までとして考える）を考慮のうえで記述する．なお，式(24.1)に示す計算からわかるように，比旋光度の単位は°ではないが，°として記載されている場合が多い．

24.3.3　物理化学的手法（NMR）を用いた光学純度決定法

NMR スペクトルを用いて光学純度を決定する方法はいくつか開発されているが，(1) 光学活性試薬存在下での測定，(2) 不斉誘導体化法の2種に大別できる．

鏡像体の関係にある化合物は，このままでは NMR で区別できないので，不斉試薬を使用し両者を区別する．すなわち，(1) では，光学活性シフト試薬，あるいは光学活性試薬を共存させ，スペクトルを測定して鏡像体を区別し，(2) では，光学活性試薬と共有結合させることにより，新たに不斉を導入し，ジアステレオマー混合物に変換して鏡像異性体を区別する．両鏡像体の官能基が異なる化学シフトを示せば，それらの NMR シグナルの積分比により，光学純度を算出できる．

NMR シグナルの積分値の誤差を小さくするために，次の注意を払う必要がある．(1) スペクトルの積算回数を十分多くする．対象シグナルを縦軸の 50% 程度に拡大しても，ベースラインが直線に見える程度に大きなSN比のスペクトルを得る．(2) ベースライン補正を行う．(3) 他のシグナルと重ならない完全に独立したシグナルを積分する．(4) 範囲を少しずらして積分を行い平均値として求める．厳密な値が必要な場合は標準偏差を求める．

a.　光学活性ランタノイドシフト試薬

対象とする化合物が極性官能基をもつ場合，光学活性シフト試薬を用い，両鏡像体をNMRスペクトル的に分離する方法がある．シフト試薬として，ユウロピウム（Eu(III)）やプラセオジム（Pr(III)）などのランタノイド系錯体がよく用いられる．試薬中のランタノイド金属は酸素原子や窒素原子に配位し，近辺のプロトンシグナルを低磁場（Eu）または高磁場（Pr）にシフトさせる．超伝導NMRの高磁場下で，試薬の添加によるシグナルのブロードニングが問題となる．したがって，市販の光学活性シフト試薬から，試料に適した試薬を選ぶ必要がある．実例としてキクイムシの一種のフェロモンであるリネアチンの光学純度の決定を示す（図24.4）[55]．

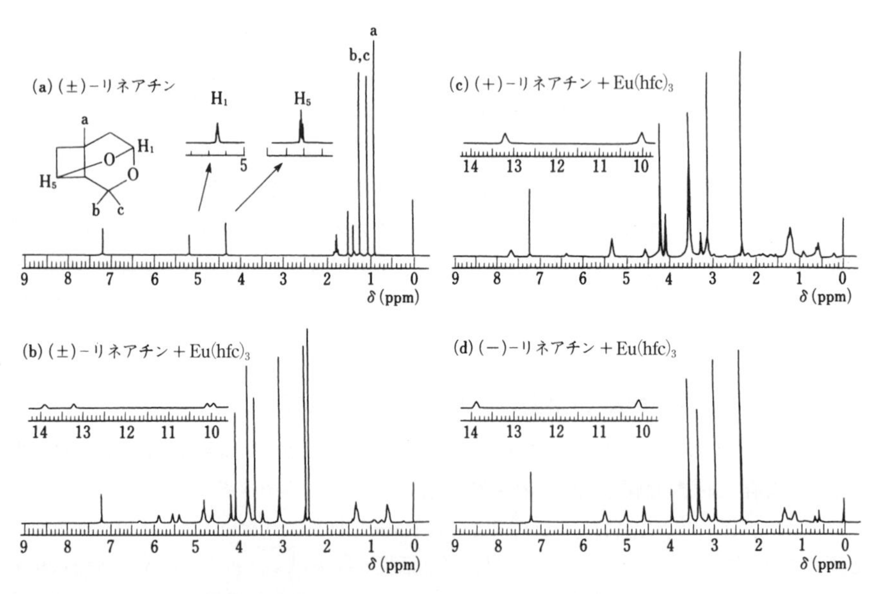

図 24.4　リネアチンの ^{1}H NMRスペクトル（リネアチン38.7 mgを重ベンゼン0.4 mLに溶かし，400 MHzで測定した）

(a) ラセミ体，(b) ラセミ体に光学活性シフト試薬 Eu(hfc)$_3$ を120 mg加えた，(c) (+)体に Eu(hfc)$_3$ を120 mg加えた，(d) (−)体に Eu(hfc)$_3$ を120 mg加えた．

(±)-リネアチンにキラルなシフト試薬トリス[3-ヘプタフルオロブタノイル-*d*-カンホラト]ユウロピウム(III) [Eu(hfc)$_3$] を加えてNMRを測定すると，図のように多くのシグナルが2本に分離する．ところが (+)-リネアチンや (−)-リネアチンでは，シフト試薬を加えてもシグナルは1本のままである．したがって両鏡像異性体ともNMR法の誤差範囲内で光学的に純粋といえる．

b. アミノ酸の光学純度を決定する光学活性ランタノイドシフト試薬

アミノ酸の光学純度決定に有効な光学活性ランタノイドシフト試薬の実験結果を図 24.5 に示す[56)]．図 24.5(c) はアスパラギン（D：L＝1：2）の ^{1}H NMR スペクトルである．これに光学活性ユウロピウムシフト試薬（M＝Eu）を加えて測定すると，ブロードニングが起こり，D-体と L-体のシグナルを分離することは不可能である（図 24.5(b)）．一方，光学活性サマ

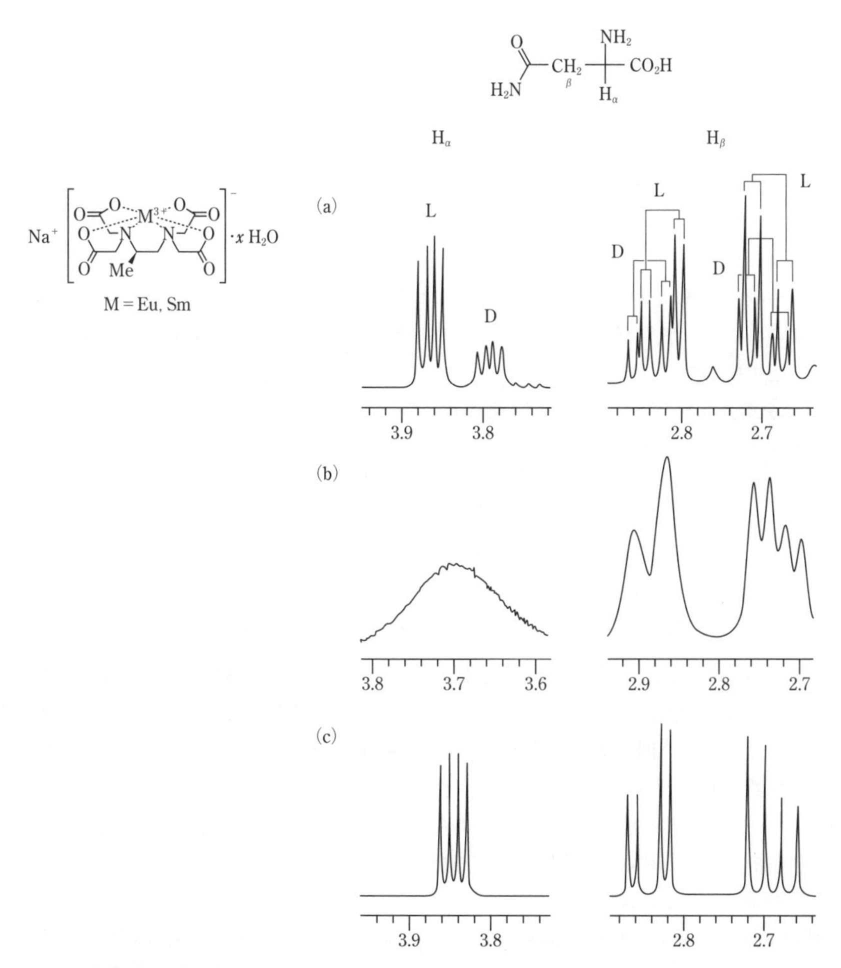

図 24.5　水溶性光学活性ランタノイド試薬存在下で測定したアスパラギン（D：L＝1：2）の ^{1}H NMR スペクトル（400 MHz，D_2O，0.06 mol L^{-1}，25 ℃）．
(a) (*R*)-サマリウムシフト試薬：アスパラギン＝1：10，pH 9.3，(b) (*R*)-ユウロピウムシフト試薬：アスパラギン＝1：50，pH 8.9．(c) シフト試薬なし，pH 9.3．
（A. Inamoto, K. Ogasawara, K. Omata, K. Kabuto, Y. Sasaki, *Org. Lett.*, **2**, 3544 (2000)）

リウムシフト試薬（M＝Sm）を加えて測定すると，D-体，L-体のシグナルが分離する（図24.5(a)）．α-プロトンのシグナルが完全に分離しているので，積分比から光学純度を決定することができる．またシフトの傾向からアミノ酸の絶対配置を決定することも可能である．

c.　金属を含まない光学活性シフト試薬

近年，ブロードニングの原因になる金属を含まない光学活性シフト試薬が開発され，市販されている．一例として，(*R*)-2,2′-[5-ニトロイソフタルアミドビス(2,6-ピリジレンカルバモイルメトキシ)]-1,1′-ビナフチル（商品名：キラバイト-AR）を紹介する[57]．キラバイト-ARは大環状化合物で，分子内の空孔内に化合物をゲスト分子として取り込み，不斉源であるBINOL基の強い磁気異方性効果で，両鏡像体に化学シフトの違いを生じさせる．これにより，種々の官能性化合物の光学純度を測定できる（表24.2）．

d.　不斉誘導体化法

アルコールやアミン類の光学純度を決定するための不斉誘導体化試薬として，MTPA（α-メトキシ-α-トリフルオロメチルフェニル酢酸，Mosher試薬）がもっとも一般的である[58]．ほかにもMαNP酸（メトキシ-α-ナフチルプロピオン酸）[59]をはじめ，多数の不斉誘導化試薬が知られているが，*O*Me-マンデル酸[60]のように，カルボキシ基のα位に水素をもつ試薬は，反応中にα位が一部エピ化する可能性があるので，光学純度決定には適さない．MTPAやMαNP酸を用いると，光学純度とともに，ジアステレオ混合物を分離することなく，両鏡像異性体の絶対配置を決定することができる[61,62]．

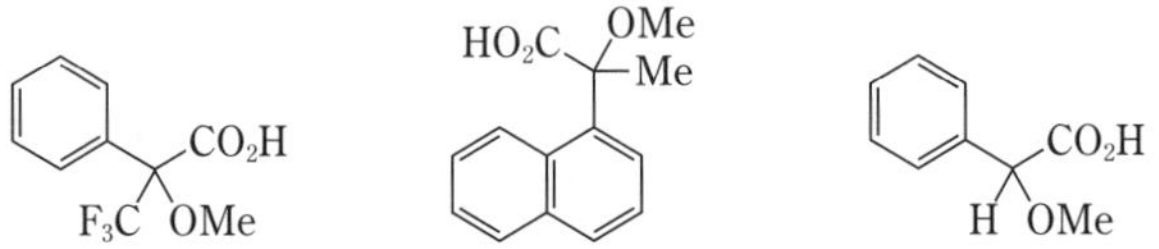

CO_2H　F_3C　OMe　　MTPA

HO_2C　OMe　Me　　MαNP酸

CO_2H　H　OMe　　MPA（*O*Me-マンデル酸）

不斉誘導化法における問題点は，対象化合物の両鏡像体と不斉誘導化試薬で反応速度が異なることによる速度論的光学分割（kinetic resolution）である．そこで，以下の注意が必要である．(1) 反応時間を十分長くする．(2) 原料が完全に消失している．さらに，(3) 逆の絶対配置の不斉誘導化試薬により同一条件で反応を行い，同一の結果が得られれば信用性が高いデータといえるが，結果が異なる場合は，不斉誘導化試薬を変えて再度実験を行う．

速度論的光学分割の問題を解決する方法として，MαNP酸法を質量スペクトルと共用する方法が報告されている[63]．

図24.6はネッタイイエカの産卵誘引フェロモンの光学純度をMTPA法を用いて決定した例である[64]．なお，MTPAを導入する場合，MTPAクロリドを使用するのが便利であるが，(*R*)-MTPAクロリドから得られるエステルは（*S*)-MTPAエステルであることに注意すること．

表 24.2　キラバイト-AR 存在下で測定したラセミ体化合物のスペクトル（^{1}H：300 MHz，600 MHz；^{19}F：565 MHz）

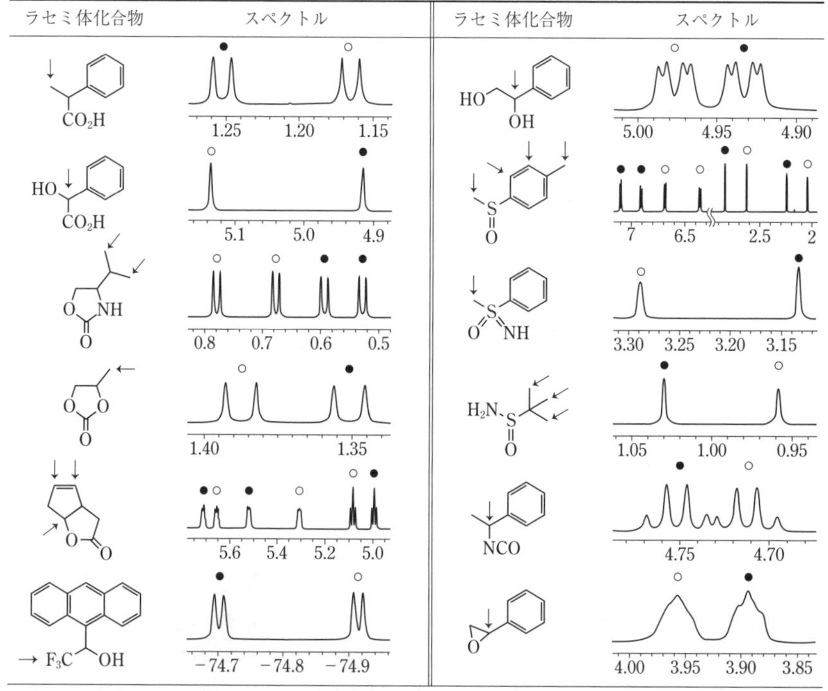

15 mmol L^{-1} の $CDCl_3$ 溶液に 1～2 当量のキラバイト-AR を加えて測定（25 ℃）．ただしエポキシドは−50 ℃ で測定．○と●は両鏡像異性体によるシグナル．

（T. Ema, D. Tanida, T. Sasaki, *J. Am. Chem. Soc.*, **129**, 10593（2007））

24.3.4　絶対立体配置

a.　単結晶 X 線回折法

結晶が対称中心をもたない構造である場合，結晶内の原子配列に絶対構造が考えられる．ここで構成分子が対掌体の一方のみである結晶を考えると，当然ながら結晶は対称中心をもたない．したがって X 線結晶構造解析によって結晶の絶対配置を決定すれば，それを構成

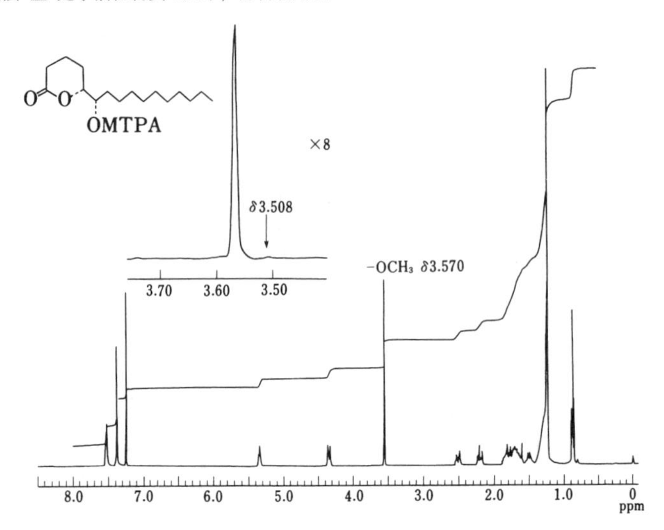

図 24.6　400 MHz NMR 測定によるネッタイイエカの産卵誘引フェロモンの光学純度の決定
(5*R*, 6*S*)-体の (*R*)-MTPA エステルの NMR スペクトルを例示する．MTPA の OCH_3 は，δ 3.570 に強いシグナルを示している．(5*S*, 6*R*)-体の MTPA エステルでは，OCH_3 は δ 3.508 にシグナルを示す．NMR の誤差範囲内で両鏡像異性体は光学的に純粋であった．

する分子の絶対立体配置を決定することができる．

X 線の各原子の散乱を表す原子散乱因子 (f) は，

$$f = f^0 + \Delta f' + i\Delta f''$$

で与えられる．f^0，$\Delta f'$ は実数，$\Delta f''$ は虚数である．f^0 は弾性散乱の原子散乱因子で X 線の波長に依存しない．$\Delta f'$ および $\Delta f''$ は，非弾性散乱の影響を補正する項である．原子に X 線が入射すると内殻電子がはじきとばされ，異なる波長の X 線が散乱される．これらは入射 X 線と同じ波長の散乱 X 線にも影響する．この現象を異常散乱，原子散乱因子中の補正項を異常散乱項とよぶ．異常散乱項は一般に回折角には依存せず，原子番号の大きい元素や長い波長の X 線で大きくなる傾向がある．また，$\Delta f''$ は $\Delta f'$ に対し位相が +90° ずれる．

対称中心のある結晶では，X 線の回折点の強度に点対称の対称性がある（フリーデル (Friedel) の法則）．したがって，構造因子 $F(hkl)$ の大きさは異常散乱の効果を含めても，

$$|F(hkl)| = |F(-h-k-l)|$$

である．一方，対称中心がない場合は $\Delta f''$ の位相がずれるため，これらが異なる値を示す．

$$|F(hkl)| \neq |F(-h-k-l)|$$

$F(hkl)$ と対応する回折強度（$I(hkl)$）の関係は，

$$I(hkl) \propto |F(hkl)|^2$$

であるので，これらの組の回折強度を比較することで，結晶の絶対配置を決定することができる．ただし，異常散乱の回折強度に対する寄与は小さいので，回折強度の比較にはていねいな測定と，適切な吸収補正が必要である．とくに異常散乱の効果が大きい場合は，試料によるX線の吸収も大きくなるので注意が必要である．

絶対配置を決めるための回折データの測定は，通常の構造解析を目的とした測定ととくに変わらない．しかし，異常散乱効果のため等価でない領域が大きくなることと，回折強度の微量な違いの比較を行う必要があるため，以下に示す実験上の注意点がある．

(1) X線の波長を選択する．
(2) 低温で測定する．
(3) 全領域を測定する．
(4) 観測点の冗長性（redundancy）を高くする．
(5) 適切なデータ処理を行う．

測定に用いるX線の波長は，異常散乱効果と吸収効果の双方を勘案して決める．異常散乱効果が高くなると，吸収効果も高くなる．高い吸収はデータ精度の低下をまねくので，絶対配置が決定できても解析の精度が悪くなる．実験室系では線源として MoKα 線と CuKα 線が一般的に用いられる．第4周期以降の元素が結晶中に含まれているならば，MoKα 線を用いた測定で精度よく絶対配置を決定できる．この場合，CuKα 線を用いると試料によるX線の吸収が大きくなるため使用は好ましくない．第3周期元素が結晶中でもっとも重い元素である場合は CuKα 線の使用が望ましいが，Si以降の元素を含んでいれば，MoKα 線での測定でも決定可能である．第2周期元素のみからなる結晶では，CuKα 線の使用が必須であり，かつ非常に高精度の測定が必要である．この場合可能であるならば，構成分子に絶対立体配置が既知の置換基を導入して，相対的に絶対立体配置を決定する，あるいは第3周期以降の元素を導入することが望ましい．測定を低温下で行うことにより，結晶中の分子の熱振動を小さくし，精度の高いデータを得て，構造解析の精度を高くする．

絶対配置を決定するためには，hkl 反射と $-h-k-l$ 反射の双方を測定する必要がある．したがってデータ収集する領域が，絶対構造を考慮しない場合に比べ2倍になる．データの完全性（completeness）も hkl 反射と $-h-k-l$ 反射が独立であるとして計算する．

異常散乱の回折強度への寄与は概して小さいので，回折強度を精度よく測定する必要がある．これには十分な強度が得られる露光を行うだけでなく，等価な反射を数多く測定し平均化することで，各回折強度の確度を高くする．とくに第2周期元素のみからなる結晶の絶対配置を決定する場合は，平均で10以上の冗長性をめざす．吸収補正も回折強度の精度に大きく影響する．経験的および半経験的吸収補正に留まらず，結晶の外形に基づいた数値積分による方法で吸収補正を行うべきである．

解析には測定した回折データをスケーリングして用いる．多くのソフトウエアの標準設定では，対称中心がある結晶を想定している．つまり，hkl 反射と $-h-k-l$ 反射が等価なものとしてスケーリングされる．設定メニューを精査し，hkl 反射と $-h-k-l$ 反射が独立である設定でスケーリングを行う．また，hkl 反射と $-h-k-l$ 反射を平均化してはならない．

回折データが適切に得られたならば，いよいよ絶対構造を決定する．決定法には，(1) いくつかの $I(hkl)$ と $I(-h-k-l)$ の比較による方法，(2) 絶対構造パラメーターによる方法，(3) R 因子法がある．R 因子法は結果が曖昧であることや，系統誤差の影響を受けやすいのでほとんど使われない．

(1) の方法では，$\Delta f''$ を除き構造精密化を完成させ，その後 $\Delta f''$ を入れて，$|F_c(hkl)|$ および，$|F_c(-h-k-l)|$ を計算する．次に以下に示す S の大きい順に並べた表を作成する．

$$S = \frac{||F_c(hkl)| - |F_c(\bar{h}\ \bar{k}\ \bar{l})||}{\sigma(F_o(hkl))}$$

なお，添え字の c，o はそれぞれ精密化して得られた構造の計算値，および実測値であることを示す．この表から 10 個程度の回折点の組を選び，その大小関係を比較する．このとき系統誤差を避けるため，指数が類似していないものを選ぶ．$I(hkl)$ と，$I(-h-k-l)$ の大小関係が $|F_c|^2$ のそれらと一致しているならば，構造精密化時に仮定した絶対構造は正しく，逆転しているならば，仮定した絶対構造が逆である．この場合，原子座標を反転させて（(x, y, z) を $(-x, -y, -z)$ とする）精密化を行う．

(2) の方法で用いる絶対構造パラメーターは，Flack の χ パラメーターとよばれ，おもな結晶構造精密化プログラムのほとんどに導入されている．対称中心のない構造を精密化する場合，自動的に導入されるので，非常に使いやすく，結果も明確であり，近年はほとんどの絶対構造決定はこの方法による．

Flack の χ パラメーターは次式で与えられる[65]．

$$|F(hkl, \chi)|^2 = (1-\chi)|F(hkl)|^2 + \chi|F(-h-k-l)|^2$$

これは結晶構造をラセミ双晶と考え，その占有率（χ）を構造とともに精密化するものである．精密化の結果，χ が 0 に近ければ，絶対構造は正しく，1 に近ければ誤っており，構造を反転させて解析しなおす必要がある．χ パラメーターは最小二乗法により得られる値であるので標準偏差をもつ．これによって値の有意性が明確である．$\chi=0$ で標準偏差が 0.2 程度であれば，絶対構造が決まったといってよいだろう．

文　献

1） W. Liu, "Handbook of Chiral Chemicals", D. J. Ager ed., p.59, CRC Press (2006).

2） T. Gaich, J. Mulzer, "Comprehensive Chirality", H. Yamamoto, E. M. Carreira eds., Vol. 2, p.163, Elsevier Science (2012).

3） K. Mori, T. Suguro, M. Uchida, *Tetrahedron*, **34**, 3119 (1978).

4） V. P. Kamat, H. Hagiwara, T. Katsumi, T. Hoshi, T. Suzuki, M. Ando, *Tetrahedron*, **56**, 4397 (2000).

5） S. L. Schreiber, H. V. Meyers, K. B. Wiberg, *J. Am. Chem. Soc.*, **108**, 8274 (1986).

6） T. Kitahara, M. Mori, K. Mori, *Tetrahedron*, **43**, 2689 (1987).

7） S. G. Pardeshi, D. E. Ward, *J. Org. Chem.*, **73**, 1071 (2008).

8） A. K. Ghosh, K. Xi, *J. Org. Chem.*, **74**, 1163 (2009).

9） T. Kitahara, A. Horiguchi, K. Mori, *Tetrahedron*, **44**, 4713 (1988).

10） a) R. A. Holton, C. Somoza, H. B. Kim, F. Liang, R. J. Biediger, P. D. Boatman, M. Shindo, C. C. Smith, S. Kim, H. Nadizadeh, Y. Suzuki, C. Tao, P. Vu, S. Tang, P. Zhang, K. K. Murthi, L. N. Gentile, J. H. Liu, *J. Am. Chem. Soc.*, **116**, 1597 (1994); b) R. A. Holton, H. B. Kim, C. Somoza, F. Liang, R. J. Biediger, P. D. Boatman, M. Shindo, C. C. Smith, S. Kim, H. Nadizadeh, Y. Suzuki, C. Tao, P. Vu, S. Tang, P. Zhang, K. K. Murthi, L. N. Gentile, J. H. Liu, *J. Am. Chem. Soc.*, **116**, 1599 (1994).

11） a) P. A. Wender, N. F. Badham, S. P. Conway, P. E. Floreancig, T. E. Glass, C. Gränicher, J. B. Houze, J. Jänichen, D. Lee, D. G. Marquess, P. L. McGrane, W. Meng, T. P. Mucciaro, M. Mühlebach, M. G. Natchus, H. Paulsen, D. B. Rawlins, J. Satkofsky, A. J. Shuker, J. C. Sutton, R. E. Taylor, K. Tomooka, *J. Am. Chem. Soc.*, **119**, 2755 (1997); b) P. A. Wender, N. F. Badham, S. P. Conway, P. E. Floreancig, T. E. Glass, J. B. Houze, N. E. Krauss, D. Lee, D. G. Marquess, P. L. McGrane, W. Meng, M. G. Natchus, A. J. Shuker, J. C. Sutton, R. E. Taylor, *J. Am. Chem. Soc.*, **119**, 2757 (1997).

12） A. B. Smith III, B. D. Dorsey, M. Visnick, T. Maeda, M. S. Malamas, *J. Am. Chem. Soc.*, **108**, 3110 (1986).

13） C. Li, X. Yu, X. Lei, *Org. Lett.*, **12**, 4284 (2010).

14） K. Tatsuta, S. Hosokawa, *Sci. Tech. Adv.*, **7**, 397 (2006).

15） K Tatsuta, *Proc. Jpn. Acad. Ser. B Phys. Biol. Sci.*, **84**, 87 (2008).

16） G. Stork, T. Takahashi, I. Kawamoto, T. Suzuki, *J. Am. Chem. Soc.*, **100**, 8272 (1978).

17） M. Hirama, *Chem. Rec.*, **5**, 240 (2005).

18） M. Hirama, T. Oishi, H. Uehara, M. Inoue, M. Maruyama, H. Oguri, M. Satake, *Science*, **294**, 1904 (2001).

19） R. J. Ferrier, *J. Chem. Soc., Perkin Trans. 1*, **1979**, 1455.

20） M. Ichiki, H. Tanimoto, S. Miwa, R. Saito, T. Sato, N. Chida, *Chem. Eur. J.*, **19**, 264 (2013).

21） N. Chida, M. Ohtsuka, K. Ogura, S. Ogawa, *Bull. Chem. Soc. Jpn.*, **64**, 2118 (1991).

22） K. Sato, S. Akai, H. Shoji, N. Sugita, S. Yoshida, Y. Nagai, K. Suzuki, Y. Nakamura, Y. Kajihara, M. Funabashi, J. Yoshimura, *J. Org. Chem.*, **73**, 1234 (2008).

23） J. Yoshimura, K. Kobayashi, K. Sato, M. Funabashi, *Bull. Chem. Soc. Jpn.*, **45**, 1806 (1972).

24） K. Tatsuta, T. Fukuda, T. Ishimori, R. Yachi, S. Yoshida, H. Hashimoto, S. Hosokawa, *Tetrahedron Lett.*, **53**, 422 (2012).

25） K. Tatsuta, M. Kakahashi, N. Tanaka, *J. Antibiot.*, **53**, 88 (2000).

26） 船山信次，"アミノ酸―タンパク質と生命活動の化学"，p.101，東京電機大学出版局 (2009).

27） B. List, R. A. Lerner, C. F. Barbas III, *J. Am. Chem. Soc.*, **122**, 2395 (2000).

28） S. Yamada, K. Koga, H. Matsuo, *Chem. Pharm. Bull.*, **11**, 1140 (1963).

29） D. A. Dickman, A. I. Meyers, G. A. Smith, R. E. Gawley, *Org. Synth.*, **63**, 136 (1985).

30） J. R. Gage, D. A. Evans, *Org. Synth.*, **68**, 77 (1989).

31） R. Dharanipragada, A. Alarcon, V. J. Hruby, *Org. Prep. Proc. Int.*, **23**, 396 (1991).

32） A. Giannis, K. Sandhoff, *Angew. Chem., Int. Ed. Engl.*, **28**, 218 (1989).

33) M. J. McKennon, A. I. Meyers, *J. Org. Chem.*, **58**, 3568 (1993).
34) H. Seki, K. Koga, H. Matsuo, S. Ohki, I. Matsuo, S. Yamada, *Chem. Pharm. Bull.*, **13**, 995 (1965).
35) B. Koppenhoefer, R. Weber, V. Schurig, *Synthesis*, **1982**, 316.
36) S. Deechongkit, S.-L. You, J. W. Kelly, *Org. Lett.*, **6**, 497 (2004).
37) O. H. Gringore, F. P. Rouessac, *Org. Synth.*, **63**, 121 (1985).
38) M. Kitamura, S. Shirakawa, K. Maruoka, *Angew. Chem. Int. Ed.*, **44**, 1549 (2005).
39) T. Kawabata, K. Moriyama, S. Kawakami, K. Tsubaki, *J. Am. Chem. Soc.*, **130**, 4153 (2008).
40) T. Kawabata, S. Matsuda, S. Kawakami, D. Monguchi, K. Moriyama, *J. Am. Chem. Soc.*, **128**, 15394 (2006).
41) T. Marcelli, H. Hiemstra, *Synthesis*, **2010**,1229.
42) S. Saito, T. Ishikawa, A. Kuroda, K. Koga, T. Moriwake, *Tetrahedron*, **48**, 4067 (1992).
43) P. Newman, “Optical Resolution Procedures for Chemical Compounds”, Vol. 1, 2. Optical Resolution Information Center (1978, 1981).
44) 平山令明 編, “有機化合物結晶作製ハンドブック−原理とノウハウ−”, pp.85-167, 丸善出版 (2008).
45) T. Vries, H. Wynberg, E. V. Echten, J. Koek, W. T. Hoeve, R. M. Kellogg, Q. B. Broxterman, A. Minnaard, B. Kaptein, S. V. D. Sluis, L. Hulshof, J. Kooistra, *Angew. Chem. Int. Ed.*, **37**, 2349 (1998).
46) a) K. Sakai, R. Sakurai, A. Yuzawa, N. Hirayama, *Tetrahedron: Asymmetry*, **14**, 3713 (2003); b) K. Sakai, R. Sakurai, N. Hirayama, *Tetrahedron: Asymmetry*, **15**, 1073 (2004).
47) a) L. Pasteur, *Ann. Chim. Phys.*, **24**, 442 (1848); b) M. Gernez, *C. R. Acad. Sci.*, **63**, 843 (1866).
48) E. Eliel, S. H. Wilen, L. N. Mander, “Stereochemistry of Organic Compounds”, pp.153-295, John Wiley (1994).
49) S. Yamada, M. Yamamoto, I. Chibata, *J. Org. Chem.*, **38**, 4408 (1973).
50) a) T. Ushio, R. Tamura, H. Takahashi, N. Azuma, K. Yamamoto, *Angew. Chem. Int. Ed.*, **35**, 2372 (1996); b) 田村 類，高橋弘樹，生塩孝則，日本化学会誌，**2**，71 (2001).
51) a) Y. Okamoto, *J. Polym. Sci. Part A: Polym. Chem.*, **47**, 1731 (2009); b) T. Ikai, Y. Okamoto, *Chem. Rev.*, **109**, 6077 (2009).
52) a) K. Onimura, Y. Zhang, M. Yagyu, T. Oishi, *J. Polym. Sci., Part A: Polym. Chem.*, **42**, 4682 (2004); b) M. Yanase, K. Kawabata, T. Miyata, T. Kagawa, *TOSOH Res. Technol. Rev.*, **49**, 29 (2005).
53) C. R. Mitchell, D. W. Armstrong, “Chiral Separations: Methods in Molecular Biology”, Vol. 243, G. Gübitz, M. G. Schmid, eds., pp. 61-112, Springer (2004).
54) R. Nishioka, *SCAS NEWS 2000-II,* **12**, 7 (2000).
55) K. Mori, T. Uematsu, M. Minobe, K. Yanagi, *Tetrahedron*, **39**, 1735 (1983).
56) A. Inamoto, K. Ogasawara, K. Omata, K. Kabuto, Y. Sasaki, *Org. Lett.*, **2**, 3543 (2000).
57) T. Ema, D.Tanida, T. Sakai, *J. Am. Chem. Soc.*, **129**, 10591 (2007).
58) J. A. Dale, H. S. Mosher, *J. Am. Chem. Soc.*, **95**, 512 (1973).
59) H. Taji, Y. Kasai, A. Sugio, S. Kuwahara, M. Watanabe, N. Harada, A. Ichikawa, *Chirality*, **14**, 81 (2002).
60) B. M. Trost, J. L. Belletire, S. Godleski, P. G. McDougai, *J. Org. Chem.*, **51**, 2371 (1986).
61) I. Ohtani, T. Kusumi, Y. Kashman, H. Kakisawa, *J. Am. Chem. Soc.*, **113**, 4092 (1991).
62) 楠見武徳, 有機合成化学, **51**, 462 (1993).
63) H. Taji, M. Watanabe, N. Harada, H. Naoki, Y. Ueda, *Org. Lett.*, **4**, 2699 (2002).
64) K. Mori, T. Otsuka, *Tetrahedron*, **41**, 547 (1985).
65) H. D. Flack, *Acta Crystallogr., Sect. A*, **39**, 876 (1983).

還　元　法

25.1　水素ガスを用いる還元法

25.1.1　触 媒 の 選 択

a.　水素化触媒金属

水素化触媒金属として Ni, Pd, Pt, Rh, Ru, Ir, Ni, Co, Cu, Zr, Zn, Sn が知られている．多くの総説[1~3]がある．金属により水素化の活性と選択性は異なる．同じ金属でも調製法や担体さらに反応条件や溶媒によって活性も選択性も異なる（表 25.1）．

b.　水素化触媒

(i) スポンジニッケル触媒　スポンジニッケル触媒（ラネー（Raney）ニッケル）は Ni-Al 合金を粉砕し NaOH 水溶液で Al を溶出除去（展開処理）したもので，ニッケル金属はスケルトン構造の多孔質である．Ni は保有水素をもっているので空気中に取り出すと自然発火する．そのため通常水スラリーの状態で販売されている．非水系の有機溶媒を用いるときにはメタノールなどで溶媒置換してから用いられる．還元状態であるので使用前に還元

表 25.1　一般的な金属触媒と水素化活性序列　（◎>○≫×）

	Pd	Pt	Ru	Rh	Ni	Cu	Co	Zn	Zr
アセチレン化合物	◎	◎	○	◎	◎	×	×	×	×
オレフィン化合物	◎	◎	○	◎	◎	×	×	×	×
ニトロ化合物	◎	◎		○	◎	◎	×	×	×
脂肪族カルボニル	×	◎	◎		○	○	×	×	×
芳香族カルボニル	◎	○	○			○	×	×	×
ニトリル化合物	◎	○	○	○	○		◎	×	×
水素化脱ハロゲン	◎	×		◎	○	×	×	×	×
カルボン酸	×	○	○	○	×	×	×	×	○
水素化分解	○	◎	○	×	◎	×			×
エステルの水素化分解	×	×	○	○	×	◎	×	○	×
芳香環	○	○	◎	◎	○	×	×	×	×
還元アルキル化	○	◎			○	○	×	×	×
還元アミノ化	◎	○	○		○		○	×	×
不均化	◎	○	○	○	○	×	×	×	×

処理は必要ない．Ni は水とわずかに反応して酸化され活性が低下するので，長期間の保存はできない．Ni 以外に Co，Cu のスポンジ触媒も用いられている．

(ii) 安定化ニッケル触媒　ニッケル触媒は，けいそう土と $NiCl_2$ などのニッケル塩の水溶液に Na_2CO_3 を加え $NiCO_3$ スラリーとしたのち，洗浄，乾燥後，気相で水素還元して得られる．還元状態であるので空気中で容易に酸化し発熱し危険であるため，安定化ニッケル触媒は，還元後，二酸化炭素を表面に吸着させてあり，室温では酸化されることはない．使用する前に表面の吸着二酸化炭素を脱着してから用いる．活性はスポンジニッケル触媒よりも高いが二酸化炭素の脱着が必要な 130 ℃ 以下の反応では，スポンジニッケル触媒が使われることが多い．油脂の水素化触媒は，水素還元されたニッケル粉末が油脂と混練されフレーク状やドロップレット状に固められているので，空気中で酸化されない．油脂で固められたままの触媒が反応器に投入される．

(iii) 銅触媒　通常 Cu の安定化に Cr が用いられ，$CuCrO_x$ の酸化状態で供給されるので反応前に予備還元が必要である．予備還元は 280 ℃ 前後の水素で数時間かけて行われる．還元のさいの発熱で Cu が焼結（シンタリング）し劣化するので，短時間高温で還元することはできない．予備還元を省略するため，あらかじめ還元しデカリンなどの高沸点溶媒に浸漬された状態にした触媒も供給されている．溶媒を除去すれば還元された状態であるので，すぐ使用することができる．Cr を用いないノンクロム触媒として Cu–Mn や SiO_2 を担体に用いた触媒も開発され，供給されている．

(iv) 貴金属触媒　貴金属を有効に用いるために一般的には活性炭やアルミナの表面に 1～10% 担持して用いられる．製法は貴金属塩を担体に含浸し還元剤や水素を用いて還元し，洗浄，乾燥して調製されている．貴金属触媒は空気中では安定である．水素還元雰囲気では表面に吸着している酸素はただちに水素に置き換わるので予備還元は必要ない．未還元の Pearlman 触媒として知られている 20% $Pd(OH)_2$/活性炭粉末は，系内で反応前に還元されるので高活性である．Pd/炭酸カルシウム粉末を酢酸鉛で修飾した選択水素化触媒（5% Pd–5% Pb/$CaCO_3$ 粉末）はリンドラー（Lindlar）触媒として知られている．無担持の触媒では塩化白金酸と硝酸ナトリウムを溶融，粉砕後水で洗浄して得られる Adams 白金触媒（$PtO_2 \cdot H_2O$）は，もっとも活性の高い触媒として知られている．ほかに RuO_2 やパラジウムブラック，白金ブラックが用いられる．

(v) 均一系触媒　水素化に用いられる均一系触媒はおもに貴金属の錯体である．ロジウムウィルキンソン（Wilkinson）触媒が多くの水素化反応に活性を示すが，リガンドを変えた Pt や Ru など多くの触媒が開発されている．不安定な化合物であるので，トリフェニルホスフィンなどのリガンドを過剰に添加して用いられる．均一系反応では溶媒により活性は大きく異なる．リガンドは生成物を蒸留分離するさい，酸化または分解しやすい．不斉水素化では BINAP などのキラルなリガンドが用いられている．

c. 触媒の選定

触媒を選定する前に反応方式を決めなければならない．気相か液相か固定層か懸濁層か均一系で行うのか，さらに連続プロセスかバッチ反応プロセスかによって最適触媒は異なるからである．触媒プロセスを工業化する手段として最初は懸濁層触媒を選び，生産量が増加したときに固定層触媒に替えることが考えられるが，懸濁層触媒と固定層触媒は使用条件が異なるだけではなく触媒そのものも異なる（表 25.2）．工業化が固定層であれば試験する触媒も固定層触媒でなければならない（25.1.3 e 項参照）．

d. 反応条件

最適触媒は反応条件と溶媒により異なる．水素化反応は溶媒または基質への水素の溶解が律速となるため，高圧ほど反応速度は大きい．通常の反応は水素過剰の条件であるので一次の反応速度式に従う．反応により異なるが，芳香族の水素化など高圧が必要な反応でも Rh を用いると 1.0 MPa 以下で反応が可能であることが多い．Ru の場合は 1.0 MPa 以上で芳香族の水素化に高活性を示す．また，水と共触媒となることが知られている．Pd はカルボキシ基などの極性官能基をもたない芳香環の水素化能力は弱いとされているが，硫黄化合物をまったく含まない系，たとえば α-メチルスチレンは Pd/Al_2O_3 により常温，常圧で水素化され，イソプロピルシクロヘキサンが生成する．水素化分解には Pd，Pt，Ni に SiO_2-Al_2O_3 やゼオライトなどの固体酸が担体として用いられるが，液相反応では無機酸，ヘテロポリ酸または有機酸でも反応は進行する．通常の水素化反応でも酸の添加は効果があることが多い．$CaCO_3$ などの塩基性担体の使用または NaOH などの塩基の添加は，水素化分解を抑制することができる．酸性雰囲気で Ni，Cu などの卑金属は溶出し使用できない．貴金属系は水素雰囲気では溶出しないが，耐酸性担体でなければならない．

表 25.2　懸濁層と固定層触媒の違い

	懸　濁　層	固　定　層	
触媒例	5% Pd/C 粉末	0.5% Pd/C 粒	0.5% Pd/Al_2O_3 成型品
触媒サイズ	10～20 μm	4～8 メッシュ	2～4 mmϕ
触媒担体	オガコ，草炭	ヤシ殻	γ-Al_2O_3
金属含浸位置	内 部	外表面	外表面
かさ密度 [g mL^{-1}]	0.4～0.5	0.4～0.5	0.4～1.0
表面積 [m^2 g^{-1}]	700～1300	700～1300	100～300
平均細孔径 [nm]	5～10	5～10	100～200
不純物	SiO_2，Fe_2O_3，S	高純度，賦活によっては S，Cl が多い	ルイス（Lewis）酸を保有，Na（不純物）
触媒使用量	1～2%	WHSV 1～0.5	WHSV 1～0.5
再 生	不 可	不 可	可

WHSV: 重量空間速度（weight hourly space velocity），反応基質 [kg]/触媒重量 [kg]/時間．
例）1000 kg の n-ヘキセンを水素化するのに必要な触媒量は，懸濁層触媒は 10～20 kg，固定層触媒は 500～1000 kg となる．

25.1.2　水素化反応

水素化には多くの総説[1~5]があるので参照されたい．

a.　水素化精製

製品の品質に悪影響を及ぼす不純物として含まれている官能基は，水素化により悪影響のない化合物に変えることができる．蒸留や晶析など通常の分離法では精製が難しい場合に適用される．多くの場合，着色成分の除去や製品の安定化が目的である．たとえば，高純度テレフタル酸やイソフタル酸の場合，着色などの原因となるアルデヒド類は Pd/C 粒により水素化精製されている．そのほかにも ε-カプロラクタム，オキソアルコール，フタル酸ジオクチル（DOP），ポリグリセリン，フロログルシン，不均化ロジンなどの精製にも応用されている．

b.　炭素-炭素多重結合の水素化

（i）三重結合の水素化　アセチレン結合の水素化は，アセチレンの付加反応後の選択水素化に用いられる．たとえば，合成香料であるリナロールの合成が行われている．ほかにアセチレン化合物の選択水素化は *cis*-3-ヘキセノール（青葉アルコール），ビタミン A などの合成に用いられている．リンドラー触媒や低品位 Pd/C 粉末が温和な条件で用いられる．

（ii）二重結合の水素化　オレフィン性二重結合は貴金属触媒やニッケル触媒により水素化される．活性は Rh＞Pd＞Pt＞Ni の順であるが，Rh は高価であるので Pd が使われている．そのほかスポンジニッケル，安定化ニッケル，けいそう土ニッケルなどのニッケル触媒も用いられる．石油樹脂（C_5 系，C_9 系）やノルボルネン系重合体の不飽和結合の水素化，ファインケミカルズの分野ではマレイン酸，スクアレン，レシチンなどの水素化が行われている．

（iii）油脂の水素化　パーム油やパーム核油は物理的に精製されたのち，トリグリセリドのまま安定化ニッケル触媒によりバッチまたは連続で水素化される．完全に水素化する場合もあるが，オレフィンを一部残した選択水素化が行われている．モノエンへの水素化の目的は脱色，脱臭，酸化安定化と固形化である．反応速度は，トリエン酸＞ジエン酸＞モノエン酸＞飽和酸の順で，反応条件を制御することによりモノエン酸を製造することができる．安定化ニッケル触媒は，トリグリセリドの水素化にも加水分解後の脂肪酸の水素化にも用いられている．固定層による水素化では，活性炭や TiO_2 などの耐酸性担体を用いた Pd が用いられる．

c.　芳香環の水素化

芳香環の水素化は，Ni，Ru，Pt が用いられるが．側鎖にカルボニルやカルボキシル，エステルなどがある場合には Pd が用いられる．ベンゼンの水素化による高純度シクロヘキサンの合成は Ni/Al_2O_3 または Pt/Al_2O_3 で行われているが Ru/Al_2O_3 はアルキルベンゼンを 100 ℃，1.0 MPa，重量空間速度（WHSV，表 25.2 参照）は 1.0 で，ほとんど 100% 水素化

OH / Pd → O(cyclohexanone); Ru, Rh → OH(cyclohexanol); Ni, Pt → cyclohexane

する．ベンゼンのシクロヘキセンへの選択水素化には Ru-La-Zn ブラック触媒が工業化されている．Zn は不均化を抑制している．フェノールの水素化では金属種により生成物が異なる．Pd ではシクロヘキサノン，Ru，Rh ではシクロヘキサノール，Pt，Ni では水素化分解が生じシクロヘキサンと一部水素化分解生成物を与える．

d.　炭素-酸素結合の水素化

（i）カルボニルの水素化　脂肪族カルボニル化合物は Ni，Ru または Pt，芳香族カルボニルは Cu，Pd が活性を示す．溶媒に水を用いると Ru は高活性を示す．Pt への Sn，Zn，Co などの微量添加は促進効果がある．アセトンからイソプロピルアルコール，ブチルアルデヒドからブチルアルコール，2-エチルヘキサナールから 2-エチルヘキシルアルコールへの反応には Ni が用いられている．アルキルアントラキノンのアルキルアントラヒドロキノンへの水素化は Pd/Al_2O_3 または Pd/SiO_2 が用いられている．フルフラールは $CuCrO_x$ 触媒により水素化されてフルフリルアルコールとされる．グルコースの水素化によるソルビットの合成にはスポンジニッケルが使われている．単独の反応で，スポンジニッケル触媒の最大の用途である．固定層では Ru/C 粒触媒が用いられている．*p*-イソブチルアセトフェノンの水素化によるイソブチルフェニルエチルカルビノールの合成では，5% $Pd/CaCO_3$ 粉末は水素化分解を抑制し選択性が高い．ストレプトマイシンのジヒドロストレプトマイシンへの水素化は，硫酸水溶液中 PtO_2 を用いて行われる．

（ii）エポキシドの水素化　エポキシ基は Pd により水素化され，対応するアルコールに転換される．スチレンオキシドは *β*-フェネチルアルコールに水素化される．

（iii）カルボン酸の水素化　カルボン酸は水素化により対応するアルコールに導くことができる．Pd，Rh，Ru のほか，Re を用いることができる．カルボン酸の直接還元は触媒自体が酸に侵食されるので，耐酸性の触媒が開発されている．酢酸は $Pt-Sn/SiO_2$ によりエタノールに還元される[6]．アジピン酸から 1,6-ヘキサンジオール，シクロヘキサン-1,4-ジカルボン酸からシクロヘキサン-1,4-ジメタノール，トリフルオロ酢酸からトリフルオロエタノール，無水マレイン酸から 1,4-ブタンジオールまたはテトラヒドロフランへの合成ができる．芳香族カルボン酸の芳香族カルボニルへの水素化は Pb，In，Cr などを添加した ZrO_2 で進行する．安息香酸からベンズアルデヒドが得られる[7]．

e. 炭素−窒素結合の水素化

ニトリルのアミンへの水素化は，中性溶媒では第二級アミンと第三級アミンが生成する．第一級アミンを得るには，酸性溶媒かアンモニアなどの塩基性溶媒で行われる．Pd や Ru が用いられる．アジポニトリルからヘキサメチレンジアミンの合成にはスポンジコバルト触媒が用いられている．ベンゾニトリルからはベンジルアミンが得られる．ピリジン環はピペリジンに水素化される．無溶媒では Rh，水溶媒では Ru，酢酸溶媒では Pd が活性が高い[8]．

f. 窒素−酸素結合の水素化

（i）ニトロ化合物の水素化　ニトロ基の水素化は Pd，Ni により容易に行われる．ニトロベンゼンからアニリン，ジニトロトルエンからトリレンジアミンの合成が Pd/C 粉末やニッケル触媒により行われている．温和な条件で Pt または Pd/C 粉末を用いると，ヒドロキシルアミンが得られる．触媒と反応条件によって生成物は異なる．

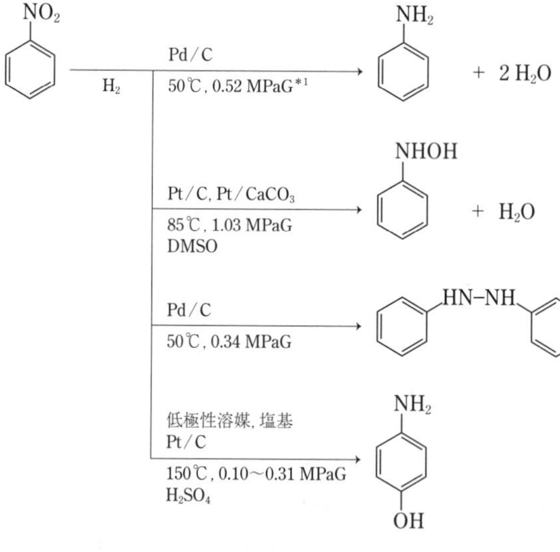

NO_2

H_2

Pd/C
50℃, 0.52 MPaG*1　→　NH_2　+ 2 H_2O

Pt/C, Pt/$CaCO_3$
85℃, 1.03 MPaG
DMSO　→　NHOH　+ H_2O

Pd/C
50℃, 0.34 MPaG　→　HN−NH

低極性溶媒, 塩基
Pt/C
150℃, 0.10〜0.31 MPaG
H_2SO_4　→　NH_2 / OH

（ii）Bamberger 転位反応　*p*-アミノフェノールはニトロベンゼンを Pt/C 粉末を用いて，酸の存在下で温和な条件で水素化すると，ヒドロキシルアミン化合物を経由し，Bamberger 転位反応により *p*-アミノフェノールが生成する．溶媒にメタノールを用いるとパラ位にメトキシ基を導入することができる[9]．*o*-フルオロニトロベンゼンからは 2-フルオロ-4-ヒドロキシアニリン，2,5-ジクロロニトロベンゼンからは 2,5-ジクロロ-4-ヒドロキシ

＊1　絶対圧ではなくゲージ圧である．ゲージ圧は大気圧を 0 としている．

アニリンが得られる．

（iii）**ニトロソ化合物の水素化**　ニトロソ基はニトロ基と同様にアミノ基に水素化される．4-アミノジフェニルアミンは，対応するニトロソ化合物を5% Pd/C粉末により得られる．

g.　水素化分解

（i）**水素化脱ベンジル反応**　Pd/C粉末が活性を示すが，触媒中の酸量により活性は大幅に変化する．また，系内に酸が存在しないと反応は進み難い．酸は鉱酸でも有機酸でもヘテロポリ酸でも有効である．また，Pdに微量Ptを添加した触媒が高活性を示す．ジベンジルエーテルの水素化分解ではPd/C粉末に1/100のPtを添加するとPd/C粉末の10倍近い活性が得られている[10]．高温低圧，極性溶媒が良い．α-フェニルエチルアルコールやクミルアルコールは$CuCrO_x$またはPd/Al_2O_3により固定床で容易に水素化分解して，炭化水素に転換することができる．気相ではPt/SiO_2-Al_2O_3やPt/Y-ゼオライトが用いられる．

（ii）**水素化脱ハロゲン**　過剰に塩素化されたポリクロロヒドロキシベンゼンは，選択的に水素化脱塩素化しジまたはモノクロロヒドロキシベンゼンに戻すことができる．Pd/Cは優れた水素化脱ハロゲン触媒であるが，選択脱塩素化ではSnやAgで修飾した触媒が開発されている[11]．モノクロロ酢酸を合成するさいに副生するジおよびトリクロロ酢酸のモノクロロ酢酸への選択水素化脱塩素化反応ではPd/Cが用いられている．ローゼンムント（Rosenmund）還元として知られている酸クロリドの還元は，脱塩素化により塩化水素が生成するので，耐酸性の2% Pd/C粉末や5% $Pd/BaSO_4$粉末が用いられる．

（iii）**エステルの水素化分解**　天然の油脂から誘導される高級脂肪酸のメチルエステルは，$CuCrO_x$またはCu/SiO_2により水素化分解され高級アルコールとされる．また同様にシクロヘキサンジメチルエステルから1,4-シクロヘキサンジメタノール，アジピン酸のメチルエステルから1,6-ヘキサンジオールが合成される．

h.　官能基選択水素化

重金属や硫黄修飾パラジウムによりシクロペンタジエンはシクロペンテンに選択水素化される．担体はα-Al_2O_3や塩基性担体が用いられる．メジチルオキシドの水素化ではニッケル触媒は4-メチル-2-ペンタノール（MIBC）が副生するが，Pd/C粉末にNaを添加するとMIBCはほとんど生成せずメチルイソブチルケトン（MIBK）が生成する．シンナムアルデヒドのシンナミルアルコールへの水素化は5% Pt/カーボングラファイト粉末により高選択率でシンナミルアルコールを得る[12]．

均一系ではヘプタナールと1-オクテンの混合基質をイソプロピルアルコール-トルエン（6：1）混合溶液を用いて$RuCl_2(PPh_3)_3$に$NH_2(CH_2)_2NH_2$とKOHを添加して水素化すると，ヘプタナールが1-オクテンより1500倍も速く水素化される[13]．

側鎖にオレフィンを含む芳香族ニトロ化合物は，温和な条件下でPt-S_x/C粉末を用いるとオレフィンを残したまま水素化することができる．ハロゲン化ニトロ化合物はPt/C粉末をSで被毒した触媒によりハロゲン化アミノ化合物とすることができる．Ir/C でも収率良く選択水素化可能である．Ni や Pd では水素化脱ハロゲンを同時に生じてしまい，溶媒を選定しても選択性は十分ではない．系内にアンモニア，アルカノールアミン，ピペリジン，モルホリンあるいはそれらの *N*-置換アルキル誘導体を添加すると，脱ハロゲンは抑制することができる．脱ハロゲンのしやすさはハロゲンの種類順では I>Br>Cl>F であり，F はきわめて安定で外し難い．Br は残すのは困難であり，I はほとんど外れてしまい触媒毒となるので，ヨウ化物の水素化は不可能である．2-アミノ-4-ニトロアニリンは Pd-S_x/C 粉末によりジニトロアニリンの選択水素化によって得ることができる．ハロゲン化ニトリル化合物はスポンジニッケル触媒により選択的に水素化が可能である．*N*-(2-クロロピリジニル-5-メチル)アミノアセトニトリルはエタノール溶媒中でスポンジニッケル触媒により脱塩素化させずに *N*-(2-クロロピリジニル-5-メチル)エチレンジアミンとすることができる．5% Ru/C 粉末によりエポキシドを残したまま芳香環を水素化することができる[14]．

シスタミンを 5% Pd/C 粉末で水素化すると，システアミンとすることができる．触媒量を倍量にすると選択性は低下する[15]．脱硫黄により触媒毒が生成してしまうからと考えられる．

i.　還元アルキル化

還元アルキル化は水素加圧下，アミン類とアルデヒドあるいはケトンとの反応である．*p*-アミノ安息香酸の *N*-ジメチル安息酸の合成やジフェニルアミンと MIBK による *N*-イソプロピル-*N'*-フェニル-*p*-フェニレンジアミンの合成には，選択性を上げるため Pt-S_x/C 粉末が用いられる．

j.　還元アミノ化

還元アミノ化反応は，アンモニアとアルデヒドまたはケトンと水素を用いて還元的にカルボニル基の酸素をアミノ基に変換する反応である．ニッケル，パラジウム，ルテニウム触媒が活性を示す．反応機構的に還元アミノ化と共通点のある合成反応としてフェノール性のヒドロキシ基のアミノ基置換反応がある．この反応はシクロヘキサノンの添加が必要である．反応はシッフ（Schiff）塩基を経由して進行する．3-テトラヒドロフリルメチルアミンはホルミルテトラヒドロフランの還元アミノ化により得られる．セリノールはアンモニア水溶媒ジヒドロキシアセトンの 5% Ru/C 粉末により合成される．イソホロンニトリルはアンモニアと 50% Co/SiO_2 によりアンモニア-メタノール溶媒，固定層で還元アミノ化し 3-アミノメチル-3,5,5-トリメチルシクロヘキシルアミンとすることができる．同時にニトリル基も還元される[16]．*N*-エチル-1,2-ジメチルプロピルアミンは 5% Pd/C 粉末を用いてメチルイソプロピルケトンのアミノ化によって合成される．2-アルキル-4-アミノ-5-アミノメチルピリミジンは 5% Pd/C 粉末，溶媒に液体アンモニアを用い 2-アルキル-4-アミノ-5-ホルミルピリジンの還元アミノ化により合成される[17]．

k.　メーヤワイン-ポンドルフ-バーレー（Meerwein-Pondorf-Verley）還元

アセトンとアルミニウムアルコキシドとを反応させると，アルコールが酸化されてアルデヒドおよびケトンが生成する．Mg-SiO_2 触媒により気相でエタノールからブタジエンを生成することができる[18]．

l.　不均化反応

不均化反応は水素化触媒により進行する．シクロヘキセンは Pd，Ru によりベンゼンとシクロヘキセンに不均化される．不均化ロジン（アビエチン酸）は Pd/C 粉末により製造されている．Pd への Zn や Cu の添加は不均化反応を抑制する．

25.1.3　水素化反応装置

水素化反応装置に関して旧い文献であるが優れた総説[19,20]がある．装置の基本的な概念は変わっていないので，貴重な資料である．近年は測定装置やパソコンなどの周辺技術の進歩により測定はより精度よく，短時間で行えるようになった．また，新たな簡易測定方法も行われるようになった．

a.　水　素

(i) 水素ボンベ　通常，高圧のボンベに充塡された水素が用いられる．150 MPa，7 Nm^3 の水素が充塡されている．高圧反応ではボンベ圧を利用できる．通常水素純度は 99.999% であるが，工業グレードの水素が充塡されていると数 ppm の CO，CO_2 が混入していることがあるので注意しなければならい．可燃性の高圧ガスであるので，設置場所や貯蔵量は「高圧ガス保安法」と「消防法」の適用を受ける．

(ii) 水素吸蔵合金キャニスター　水素吸蔵合金を用いた水素吸蔵合金キャニスターが市販されるようになった．水素圧は 1 MPa 以下であるので「高圧ガス保安法」には該当せず，実験室で容易に使用することができる．水素容量は数十～900 NL，重量は 1～8 kg で，メーカーによって何種類かの容量のキャニスターが販売されている．水素を消費したら，キャニスターはメーカーで何度でも再充塡してもらえる．水素純度は 99.999% 以上（CO<1 ppm，CO_2<10 ppm，O_2<4 ppm）で，20℃ における放出水素圧は 0～1 MPaG である．

(iii) 水電解による水素　水の電解を用いた水素発生装置である．KOH などを添加する必要のない固体高分子電解質膜を利用した純水を電気分解する装置も市販されている．0.4 MPa の低圧型，0.85 MPa の高圧型などが市販されている．自己昇圧タイプであり 1 MPa 以下である．水素の純度は 99.999% で CO は含まない．

(iv) 水素中の一酸化炭素　水素のグレードにより異なるが，一般に水素中には CO を微量含有している．水素化反応では CO は触媒毒となる．水素化は水素吸収反応であり，反応の進行により系内に CO が濃縮するので注意しなければならない．Pd の場合，水素中の CO は 25℃ では 10 ppm，40℃ では 100 ppm で被毒するので注意しなければならない[21]．

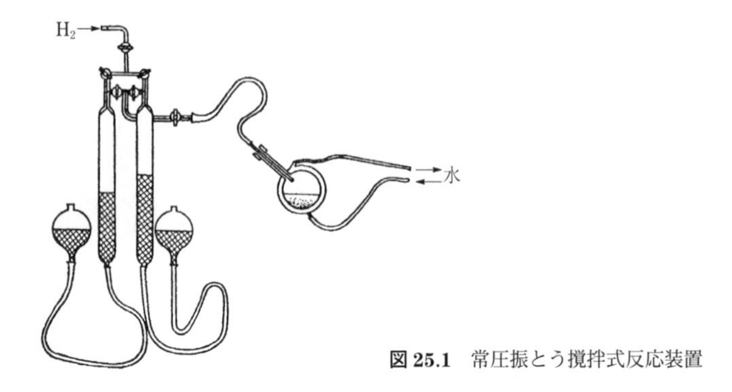

図 25.1　常圧振とう攪拌式反応装置

b.　水素化基本装置

(i) 常圧振とう攪拌式反応装置　常圧で反応が進行する場合に用いられる．水素の溶解が反応律速とならないように反応容器の攪拌をシェーカータイプにするか，高攪拌速度で行う必要がある．これらの測定装置の接続部分や水素の導入管はすべてシリコーンラバーを用い，栓には爪をつけ，シリコーングリースを塗りガス漏れを防止する．図 25.1 は基本の水素化装置である．反応容器は水または温水で恒温にする．100 ℃ 以上であればマントルヒーターを用いる．反応容器全体が振り混ぜられる．水素の消費量はガスビュレットでチェックする．

振とう攪拌装置では被反応物質や溶媒，触媒は反応器上部から注入でき，反応容器全体は恒温槽で温度制御され，恒温槽と反応容器全体が左右に振り混ぜられるように設計されてい

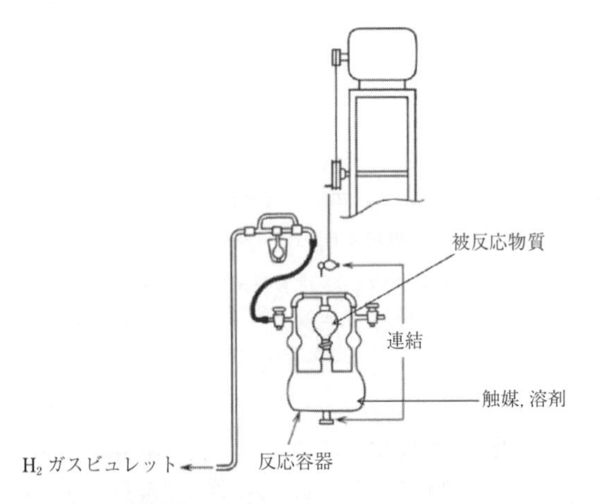

図 25.2　振とう攪拌装置
上図のモーターの回転で下部の反応容器が振とうする．
(西村重雄，高木 弦，“接触水素化反応”，p.70，東京化学同人（1987))

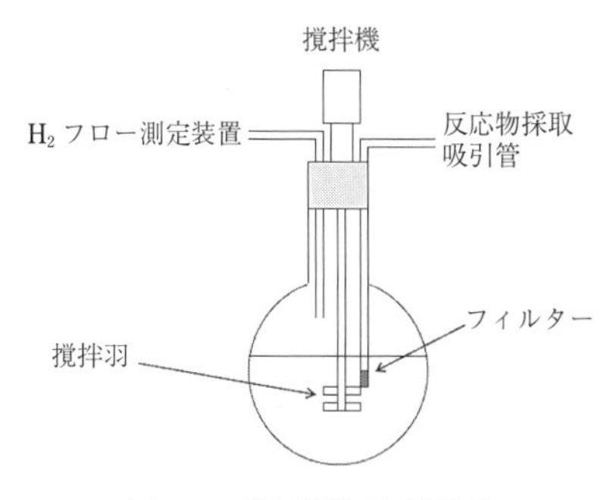

図 25.3　常圧撹拌式反応装置

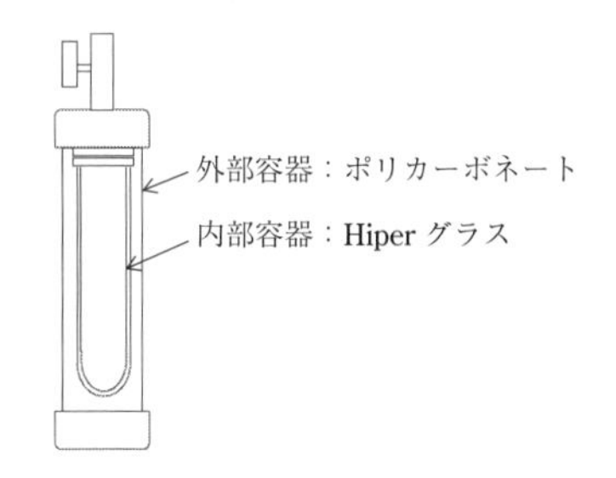

図 25.4　Hiper グラスシリンダー
（耐圧硝子工業株式会社資料）

るものもある（図 25.2）.

（ii）**常圧撹拌式反応装置**　マグネチックスターラーまたは撹拌機により撹拌して行われる．撹拌速度は最適化されなければならない．羽の形状により撹拌効果は異なる．パドル型やプロペラ型が優れている．上下二段羽は効率が高い．図 25.3 は，反応容器内にフィルター付きの吸引管を用いることにより反応途中の生成物の分析が可能な反応装置である．吸引管の先端のフィルターは撹拌羽の近くに設置し，触媒の蓄積を防いでいる．水素の消費速度の測定には，ガスビュレットではなく自動化された水素フロー測定装置が広く普及している．

c.　高圧水素化測定装置

（i）**ポータブル反応器**　耐圧性のポータブル反応器が市販されている．最高使用圧 10 MPa，200 ℃ まで使用可能である．ガラス反応器の場合は容器は 10～100 mL で 5 MPa,

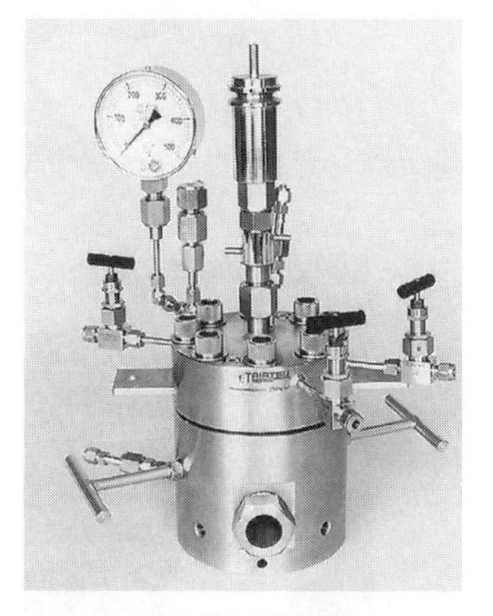

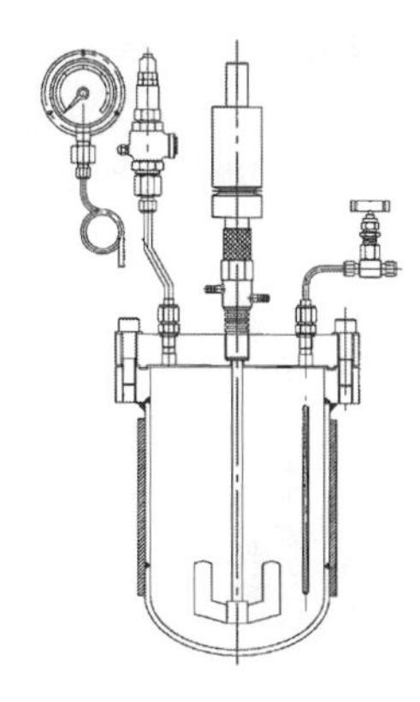

図 25.5　高圧反応装置
（国分 隆，科学機器，**2008**, 723）

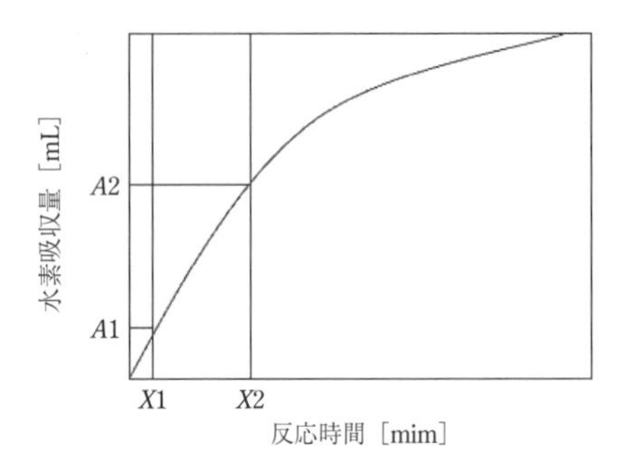

図 25.6　水素化速度

100℃の使用が可能で，内部容器はシリンダー状の耐熱ガラス（Hiper グラス），外部容器はポリカーボネートの耐熱容器で外部から観察できる（図 25.4）．

(ii) 高圧反応装置　高圧反応装置の例を図 25.5 に示す．図は外部から反応を観察することができる反応器である．材質は SUS304 か 316（ステンレス鋼）が使われるが，水素化脱ハロゲン反応や基質や溶媒に酸を使う場合はハステロイ C が用いられる．

d. 反 応 速 度

水素化反応速度は一次の反応として得られる．活性値を表すには反応完結途中の水素の吸収速度（ΔH_2/min g 触媒）が便利である．試験結果の一例を図 25.6 に示す．水素吸収曲線が直線になる時間（$X1 \sim X2$）までの水素吸収量で表す．

$$活性値 = \frac{A2-A1}{X2-X1}$$

単位は　ΔH_2/min/g・Metal・触媒である．

ニトロベンゼンの水素化を用いた評価試験法が文献[22]に開示されている．

e. 固定層触媒試験

固定層触媒を試験するには固定層触媒装置を稼働させなければならない．固定層触媒は反応器の撹拌羽に触媒を充填したかごを取りつけることにより行うことができる．図 25.7 右

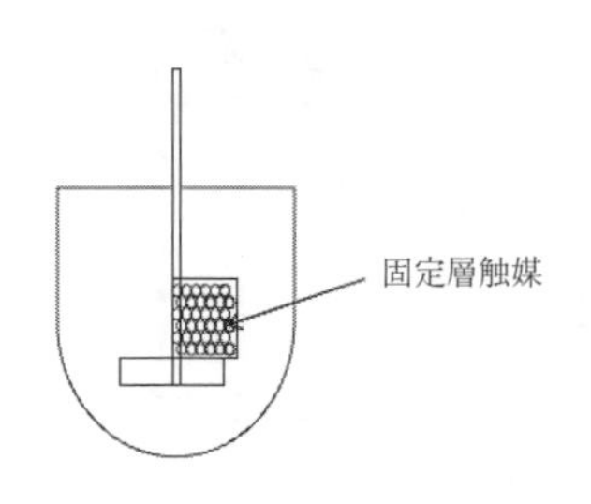

図 25.7　オートクレーブによる固定層触媒試験

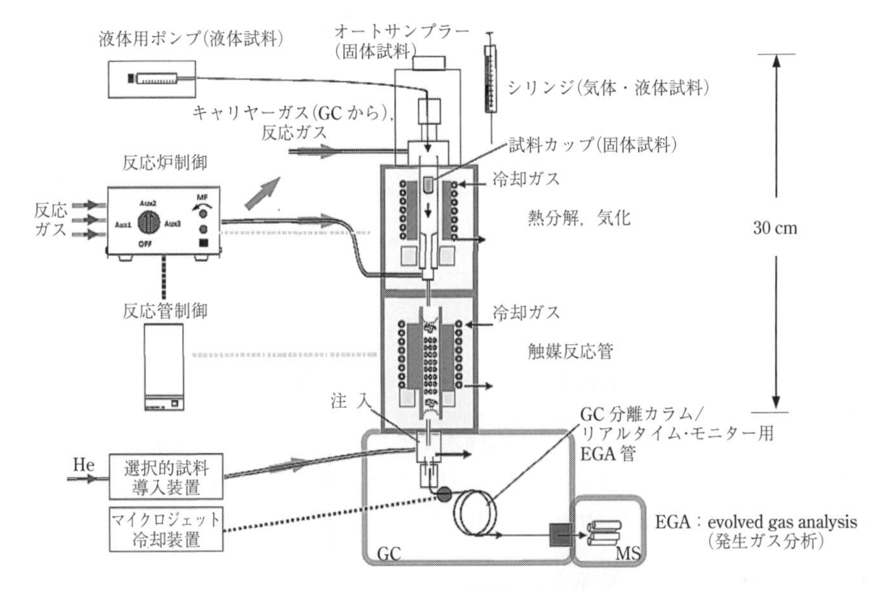

図 25.8　タンデム型触媒試験装置
(フロンティア・ラボ株式会社資料)

ではドーナツ状の SUS のかご内に触媒が充填されている．これらの反応器を用いて水素加圧下で反応させ，1 時間反応したら触媒量に関係なく空間速度（SV）=1，2 時間反応させたら SV=0.5 と決め込む．アップフローの固定層反応装置と類似のデータが採取できる．固定層で用いられている触媒を抜き出して触媒の劣化状況を観測することにも使える．

f.　タンデム型反応装置

反応管をシリーズに連結したタンデム型触媒試験装置が開発されている（図 25.8）．原料は固体でも液体でも用いることができる．最初の反応器で熱分解または気化させ，後段の触媒チューブで反応させ，GC/MS または GC と直結し，瞬時に分析でき，触媒交換も非常に容易な装置である．

g.　カートリッジ型触媒

Pd/C，スポンジニッケル触媒などの触媒数十～数百 mg があらかじめ充填された，カートリッジ型の H-Cube という長さ 30～70 mm の触媒（試験）管（ThalesNano Nanotechnology 社）が市販されている（図 25.9）．測定装置に簡単にボルトを外して取りつけるだけで反応試験を開始することができる．卓上型の連続水素化反応装置で，水の電気分解による水素が連続フローで用いられている．10～150 ℃，10 MPa まで測定できる．流速は 0.3～5 mL min^{-1} である．自分で調製した触媒も充填して使える．触媒のおおよその違いの確認や探索に利用するには便利である．しかし，同じ Pd/C でも調製法によって活性や選択性が異なる

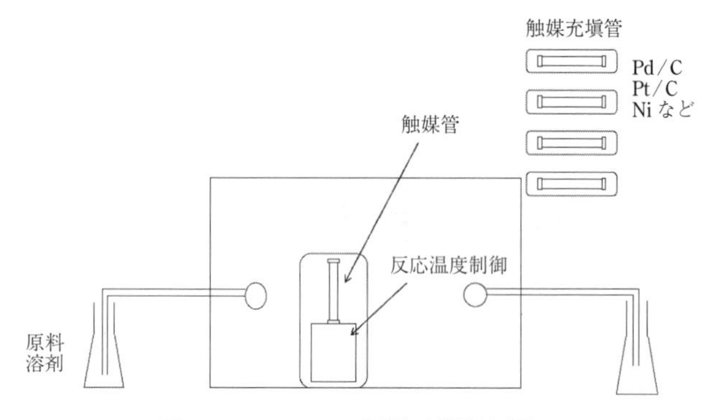

図 25.9　カートリッジ型簡易触媒試験装置

こと，アップフローで気相の水素と溶媒に溶解した基質が接触するさい，触媒粒径の影響やチャンネリング現象が生じるおそれがあるので，そのままのデータを空時収量（STY）やSV などの数字に転換するのは困難と思われる．

25.1.4　触媒の調製と反応例

水素化反応において用いられる触媒は，固相に担持させた貴金属触媒のような不均一系触媒と，金属錯体のような均一系触媒に大別され，それぞれ特徴ある反応が開発されている．それらの選択方法については 25.1.1 項で述べたので，本項では有機合成反応でよく用いられる代表的な触媒について，その調製法と反応例について記述する．なお，不均一系触媒については前版にて詳しく述べられており，本項では前版出版後の進歩が著しい均一系光学活性触媒についておもに記述することとする．

a.　不均一系触媒

水素化反応によく利用される不均一系触媒は，Pd，Ni，Pt，Rh，Ru などの金属およびその酸化物や水酸化物であり，しばしば活性炭やセライト（けいそう土）に担持させた状態で使用される．現在では，多くの種類の触媒が市販品として入手可能であり，反応にさいして調製が必要なものは少なくなってきているが，ラネー（Raney）ニッケルは経時劣化による活性の低下が著しいため，反応の再現性を確保するためには要時調製が望ましい．調製法により W1～W8 の種類があり，それぞれ異なる活性を示す[23]．一般的に反応に用いる触媒の量は，反応基質に対して 1～10 w/w% 程度であることが多い．反応溶媒としては，メタノール，エタノール，酢酸エチル，THF などがよく用いられる．

不均一系水素化反応は，炭素-炭素多重結合に水素を添加する目的で使用されることが多いが，このほかカルボニル基，ハロゲン化物，ニトロ基，ニトリルなどの還元にも利用される．また，ベンジルエーテルとして保護されたアルコールの脱保護にも頻繁に用いられる．一般に反応は高立体選択的に進行し，たとえば二重結合に対する水素添加では，立体障害の少ない側から水素がシス付加した生成物が得られる．また近年では，光学活性化合物で修飾した触媒を用いた不均一系不斉水素化反応においても，高いエナンチオ選択性が報告されている[24]．

【実験例　Pd-活性炭を用いた水素化反応[25]】

(1) → H_2, Pd/C, THF → (2)

α,β-不飽和ケトン（**1**）1.646 g（7.83 mmol）を THF 32 mL に溶解し，10% Pd/C 150 mg を加える．常圧の水素雰囲気下，室温で 6 時間撹拌し，触媒をセライト沪過により沪別する．残った触媒を酢酸エチルで洗浄したのち，合わせた沪液を減圧下溶媒留去することにより，飽和ケトン（**2**）が定量的に得られる．収量 1.660 g（7.82 mmol）．これは精製することなく次の反応に使用可能な純度である．

【実験例　ラネーニッケル W2 触媒の調製[26]】

撹拌機を備えた 4 L のビーカーで水酸化ナトリウム 380 g（9.5 mol）を蒸留水 1.5 L に溶解し，これを氷浴で 10 ℃ に冷却する．氷浴につけたまま，ここへ Ni-Al 合金（ラネー合金）300 g を撹拌しながら少量ずつ，内温が 25 ℃ を超えないように加えていく．すべての合金を加え終わったら（約 2 時間を要する）撹拌を止め，氷浴を取り除き室温まで昇温する．水素の発生が穏やかになったのち，蒸気浴上で加熱し再び水素の発生が収まるのを待つ（約 8～12 時間）．このさい，急速に加熱すると吹きこぼれるおそれがある．加熱している間容積が一定に保たれるよう，適宜蒸留水を追加する．反応後，静置して Ni を沈降させ，溶液の大部分をデカンテーションして除く．元と同量程度の蒸留水を加え，撹拌，沈降，デカンテーションし，蒸留水で洗い込みながら 2 L のビーカーに移し，デカンテーションする．ここへ水酸化ナトリウム水溶液（50 g/蒸留水 500 mL）を加え，同様に撹拌，沈降，デカンテーションする．以降，洗液がリトマス中性となるまで蒸留水で洗浄を繰り返す（20～40 回を要す）．ついで 95% エタノール 200 mL で 3 回，無水エタノールで 3 回洗浄する．この触媒は，容器の上部まで無水エタノールで満たした中に密栓して保存する．収量約 150 g.

【実験例　ラネーニッケル W2 触媒を用いた水素化反応[27]】

(3) → H_2, ラネーニッケル W2, $B(OH)_3$, $MeOH-H_2O$ → (4) 98%

イソオキサゾリン（**3**）351 mg（1.8 mmol）のメタノール-水（5：1）溶液にホウ酸 227

mg（3.7 mmol）とスパチュラ 1 杯分（約 10～20 mg）のラネーニッケル W2 を加え，減圧と水素置換を 5 回繰り返し，容器内を水素雰囲気とする．これを室温で 2.5 時間激しく撹拌したのち，セライトを通して沪過しつつ，ジクロロメタンと水が入った分液漏斗へ移す．2 層を分離したのち，水層をジクロロメタンで 2 回抽出し，合わせた有機層を飽和塩化ナトリウム水溶液で洗浄し，無水硫酸ナトリウムで乾燥させる．この溶液を減圧下濃縮することでヒドロキシケトン（**4**）の粗生成物が得られる．収量 345 mg（収率 98%）．これをクーゲルロール蒸留することで無色油状物 246 mg が得られる（0.4 mmHg/85 ℃）．

b.　均一系触媒

水素化反応に優れた活性を示す均一系触媒としてよく用いられるものに，Ru，Rh，Ir などの金属とリン配位子との錯体があり，その種類や反応条件は多岐にわたる．不均一系触媒に比べ，触媒の分子構造の設計，合成が容易で，さまざまな配位子との組合せにより，触媒性能の調整を行いやすいことが特徴である．そのため，高度な選択性が要求される反応に適しており，とくに不斉水素化反応において優れた成果が報告されている．高い触媒回転数（1000～100 000）を獲得するためには水素加圧下で反応を行うことが好ましいが，比較的小スケールの反応は 1～10 mol% の触媒を用いて常圧の水素下で行われることも多い．均一系水素化反応で還元される化合物は主として，アルケン，アルキン，アルデヒド，ケトン，イミンなどがあり，エステル，アミド，ニトリル，ニトロ化合物を効率よく還元する触媒は比較的少ない．また，複素環を還元する触媒も知られている．後述するように，現在では多くの錯体や配位子が市販品として入手可能である．代表的な配位子の構造を図 25.10 に，反応例を表 25.3，表中イリジウム錯体の構造を図 25.11 に示す．

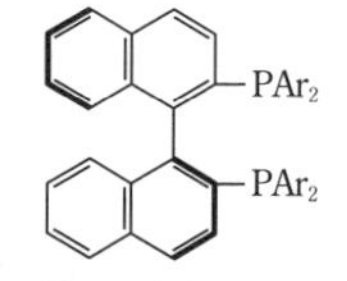

(*S*)-BINAP：Ar = Ph
(*S*)-TolBINAP：Ar = 4-MeC_6H_4
(*S*)-XylBINAP：Ar = 3, 5-$Me_2C_6H_3$

R O O R PPh2 PPh2

(*S*)-SEGPHOS：R = H
(*S*)-DIFLUORPHOS：R = F

MeO MeO PPh2 PPh2

(*S*)-MeO-BIPHEP

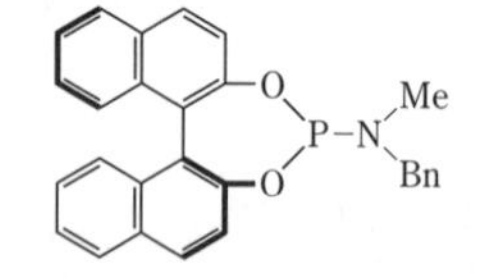

(*S*)-*N*-Bn-*N*-Me-MonoPhos

R P R R P R

(*R*, *R*)-Me-DuPHOS：R = Me
(*R*, *R*)-Et-DuPHOS：R = Et
(*R*, *R*)-Pr-DuPHOS：R = *n*-Pr

t-Bu Me N P N P Me *t*-Bu

(*R*, *R*)-QuinoxP*

図 25.10　不斉水素化反応に利用される代表的配位子（1）

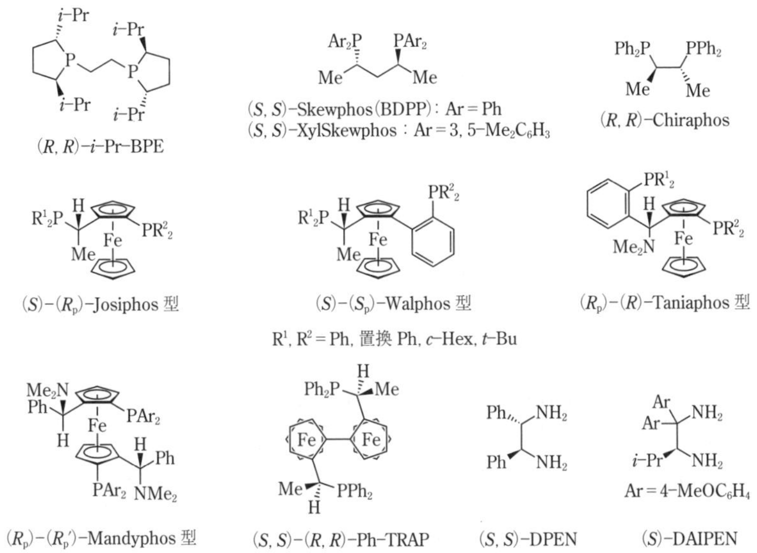

(*R*, *R*)-*i*-Pr-BPE

(*S*, *S*)-Skewphos (BDPP)：Ar = Ph
(*S*, *S*)-XylSkewphos：Ar = 3, 5-$Me_2C_6H_3$

(*R*, *R*)-Chiraphos

(*S*)-(R_p)-Josiphos 型

(*S*)-(S_p)-Walphos 型

(R_p)-(*R*)-Taniaphos 型

R^1, R^2 = Ph, 置換 Ph, *c*-Hex, *t*-Bu

(R_p)-(R_p')-Mandyphos 型

(*S*, *S*)-(*R*, *R*)-Ph-TRAP

(*S*, *S*)-DPEN

Ar = 4-$MeOC_6H_4$
(*S*)-DAIPEN

図 25.10　不斉水素化反応に利用される代表的配位子（2）

表 25.3　不斉水素化反応例

反応基質	触媒 (基質/触媒比)	反応条件	不斉収率 (% ee)	絶対立体配置	文献
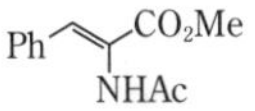 Ph, CO_2Me, NHAc	[Rh(cod){(*R*,*R*)-Pr-duphos}]OTf (2000)	H_2, 0.2 MPa MeOH, 20〜25 ℃	>99	*R*	1)
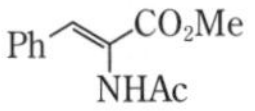 Ph, CO_2Me, NHAc	Ru(OAc)$_2$[(*S*)-binap] (200)	H_2, 0.1 MPa MeOH, 30 ℃	90	*S*	2)
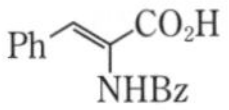 Ph, CO_2H, NHBz	[Rh{(*R*)-binap}]ClO_4 (140)	H_2, 0.3〜0.4 MPa EtOH, 20〜25 ℃	100	*S*	3)
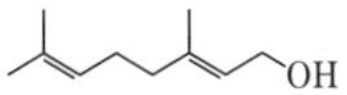 OH	Ru(OAc)$_2$[(*S*)-tolbinap] (10 000)	H_2, 3 MPa MeOH, 18〜20 ℃	96	*R*（アリルアルコール側のみ）	4)
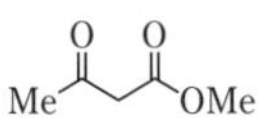 O, O, Me, OMe	$RuCl_2$[(*R*)-binap] (2000)	H_2, 10 MPa MeOH, 23〜30 ℃	>99	*R*	5)
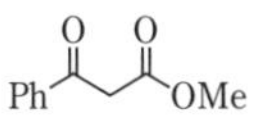 O, O, Ph, OMe	$RuBr_2$[(*S*)-MeO-biphep] (50)	H_2, 0.1 MPa MeOH, 50 ℃	97	*R*	6)
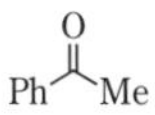 O, Ph, Me	$RuCl_2$[(*S*)-xylbinap][(*S*)-daipen] (100 000)	H_2, 0.8 MPa *t*-BuOK *i*-PrOH, 28 ℃	99	*R*	7)
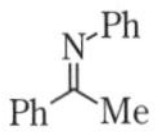 N-Ph, Ph, Me	Ir 触媒（図 25.11(a)） (1000)	H_2, 5 MPa CH_2Cl_2, −20 ℃	96	*R*	8)

つづく

表 25.3　不斉水素化反応例（つづき）

反応基質	触媒（基質/触媒比）	反応条件	不斉収率（% ee）	絶対立体配置	文献
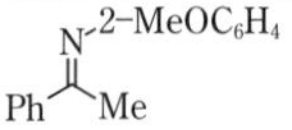 N-2-MeOC$_6$H$_4$, Ph, Me	RuBr$_2$[(*S,S*)-xylskewphos]-[(*S,S*)-dpen] (5000)	H$_2$, 1 MPa *t*-BuOK トルエン, 40 ℃	99	*R*	9)
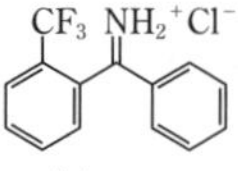 CF$_3$ NH$_2$$^+Cl^-$	[IrCl(cod)]$_2$/(*S*)-*N*-Bn-*N*-Me-MonoPhos (20)	H$_2$, 10 MPa CH$_2$Cl$_2$-MeOH(3 : 1), 室温	98	未検出	10)
Me, Ph, Ph	Ir 触媒（図 25.11(b)） (5000)	H$_2$, 5 MPa CH$_2$Cl$_2$, 室温	99	*R*	11)
N	[Ru{(*R,R*)-Tsdpen}(η^6-C$_6$Me$_6$)]-OTf (5000)	H$_2$, 5 MPa MeOH, 40 ℃	99	*R*（テトラヒドロキノリン）	12)
Ph, N, O, Ph	Ru(η^3-methallyl)$_2$(cod)/(*S,S*)-(*R,R*)-Ph-TRAP	H$_2$, 5 MPa (Me$_2$N)$_2$C=NH (25 mol%) *i*-BuOH, 80 ℃	98	*R*（オキサゾリン）	13)

1) M. J. Burk, J. E. Feaster, W. A. Nugent, R. L. Harlow, *J. Am. Chem. Soc.*, **115**, 10125 (1993).
2) M. Kitamura, M. Tsukamoto, Y. Bessho, M. Yoshimura, U. Kobs, M. Widhalm, R. Noyori, *J. Am. Chem. Soc.*, **124**, 6649 (2002).
3) A. Miyashita, A. Yasuda, H. Takaya, K. Toriumi, T. Ito, T. Souchi, R. Noyori, *J. Am. Chem. Soc.*, **102**, 7932 (1980).
4) H. Takaya, T. Ohta, N. Sayo, H. Kumobayashi, S. Akutagawa, S. Inoue, I. Kasahara, R. Noyori, *J. Am. Chem. Soc.*, **109**, 1596 (1987).
5) R. Noyori, T. Ohkuma, M. Kitamura, H. Takaya, N. Sayo, H. Kumobayashi, S. Akutagawa, *J. Am. Chem. Soc.*, **109**, 5856 (1987).
6) V. Ratovelomanana-Vidal, C. Girard, R. Touati, J. P. Tranchier, B. B. Hassine, J. P. Genêt, *Adv. Synth. Cat.*, **345**, 261 (2003).
7) T. Ohkuma, M. Koizumi, H. Doucet, T. Pham, M. Kozawa, K. Murata, E. Katayama, T. Yokozawa, T. Ikariya, R. Noyori, *J. Am. Chem. Soc.*, **120**, 13529 (1998).
8) A. Baeza, A. Pfaltz, *Chem. Eur. J.*, **16**, 4003 (2010).
9) N. Arai, N. Utsumi, Y. Matsumoto, K. Murata, K, Tsutsumi, T. Ohkuma, *Adv. Synth. Cat.*, **354**, 2089 (2012).
10) G. Hou, R. Tao, Y. Sun, X. Zhang, F. Gosselin, *J. Am. Chem. Soc.*, **132**, 2124 (2010).
11) F. Menges, A. Pfaltz, *Adv. Synth. Cat.*, **344**, 40 (2002).
12) T. Wang, L.-G. Zhuo, Z. Li, F. Chen, Z. Ding, Y. He, Q.-H. Fan, J. Xiang, Z.-X. Yu, A. S. C. Chan, *J. Am. Chem. Soc.*, **133**, 9878 (2011).
13) R. Kuwano, N. Kameyama, R. Ikeda, *J. Am. Chem. Soc.*, **133**, 7312 (2011).

(a) O, Cy$_2$P, N, O, *i*-Pr, BAr$_F$$^-$; (b) Bn Bn H Me, O, Ph$_2P, Ir, N, O, Ph, BAr_F$$^-$

Cy = シクロヘキシル, BAr$_F$$^-$ = [3,5-(CF$_3$)$_2$C$_6$H$_3$]$_4$B$^-$

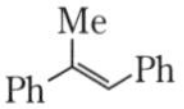

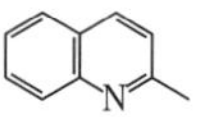

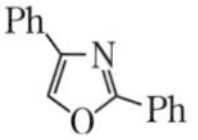

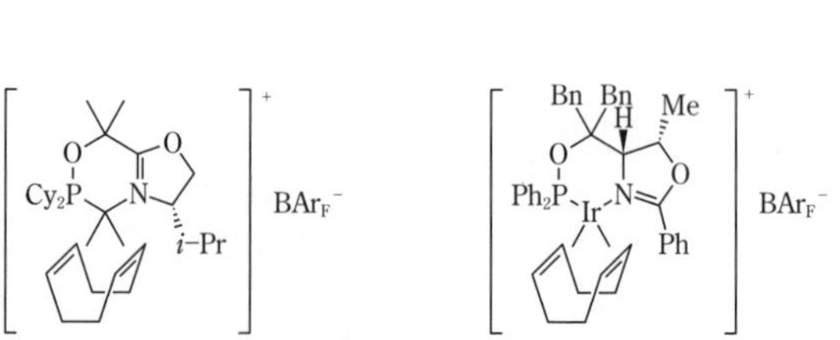

図 25.11　イリジウム錯体の構造式
(a)(b) については表 25.3 参照.

【実験例　ウィルキンソン錯体（$RhCl(PPh_3)_3$）を用いた位置選択的水素化反応[28]】

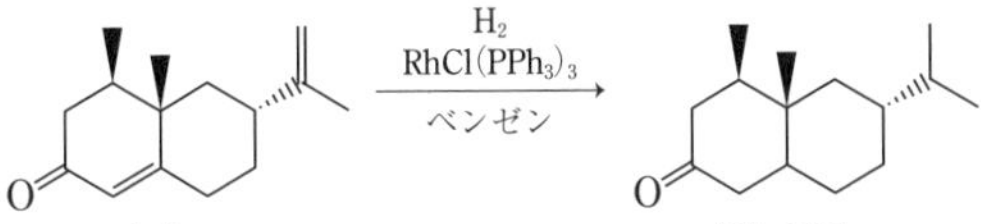

H_2, $RhCl(PPh_3)_3$, ベンゼン

（**5**）→（**6**）96%

不飽和ケトン（**5**）1 g（4.6 mmol）とウィルキンソン（Wilkinson）錯体（$RhCl(PPh_3)_3$，広く市販されている）0.686 g（0.74 mmol）を反応容器に入れ，減圧にしたのちアルゴンで常圧に戻す．乾燥ベンゼン 150 mL をシリンジを用いて加えたのち，水素を強めに通じることで反応容器中のアルゴンを追い出し，水素気流下室温で 8 時間反応させる．反応完結後，溶液をアルミナカラムに通して濃縮し，シリカゲルカラムクロマトグラフィーで精製すると（ヘキサン-酢酸エチル（9：1），R_f=0.31），部分還元されたケトン（**6**）が無色油状物として得られる．収量 0.97 g（収率 96%）．

【実験例　光学活性なカチオン性 Rh(I) 錯体の調製[29]】

不活性ガス雰囲気下，$[Rh(cod)_2]OTf$ 0.149 g（0.32 mmol）の THF 溶液 10 mL に（*R*,*R*)-Et-DuPHOS 0.1 g（0.32 mmol）の THF 溶液 3 mL を室温で滴下して加える．滴下につれ，溶液の色は黄色から橙色に変化する．15 分撹拌後，エーテル 30 mL をゆっくり加えると少量の褐色油状物を生じるので，橙色の上澄みをデカンテーションする．それにさらにエーテルをゆっくりと加えると，明るい橙色の沈殿を生じるので，これを沪別しエーテルで洗浄する．この固体をジクロロメタン 5 mL に溶解して沪過し，エーテル 30 mL をゆっくり加えると［Rh(cod){(*R*,*R*)-Et-duphos}］OTf が明るい橙色の微結晶として得られる．収量 0.125 g（収率 58%）．この錯体は広く市販されている．

【実験例　光学活性なカチオン性 Rh(I) 錯体を用いたエナミドの水素化反応[29]】

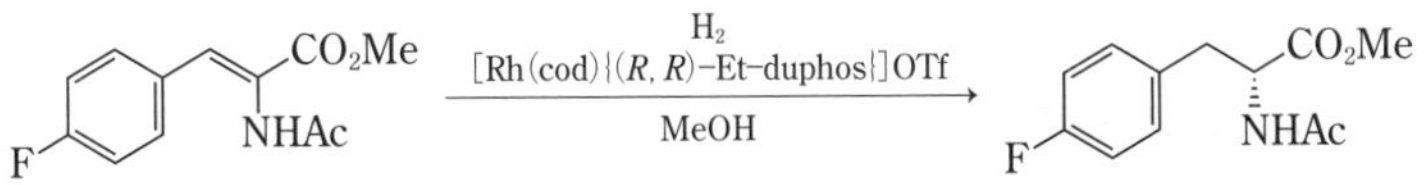

H_2, [Rh(cod){(*R*, *R*)-Et-duphos}]OTf, MeOH

（**7**）→（**8**）95%

不活性ガス雰囲気下，500 mL の耐圧反応容器にエナミド（**7**）36.8 g（0.155 mol），メタノール 200 mL，および［Rh(cod){(*R*,*R*)-Et-duphos}］OTf 0.01 g（0.014 mmol，基質/触媒化（S/C)=11 200）を仕込み，真空/水素充塡を 4 回繰り返したのち，0.2 MPa まで水素を充塡する．この水素圧を保ちながら，溶液を 20～25 ℃ で 24 時間撹拌する．反応完結後，溶液を濃縮し，短いシリカゲルカラム（ヘキサン-酢酸エチル（1：1））を通して触媒を除去することで，水素化生成物（**8**）が得られる．収量 35.2 g（収率 95%，*R* 体，>99% ee）．

【実験例　光学活性なジホスフィン-ジアミン/Ru(II) 錯体の調製[30]】

$[RuCl_2(\eta^6\text{-}C_6H_6)]_2$ 129 mg (0.258 mmol) と (*R*)-BINAP 341 mg (0.55 mmol) を 50 mL シュレンク管に入れ，容器内をアルゴンで置換する．DMF 9 mL を加え，この混合物を脱気したのち，100 ℃ で 10 分間加熱すると赤褐色の溶液となる．25 ℃ まで放冷したのち，(*R*,*R*)-DPEN 117 g（0.55 mmol）を加え 3 時間撹拌する．溶媒を減圧下（133 Pa）留去し，残渣をジクロロメタン 10 mL に溶かし不溶物を沪別する．沪液を約 1 mL まで濃縮し，エーテル 10 mL を加えると明るい褐色の粉体が生じる．上澄みを除去し，生じた固体を減圧下乾燥させることで $RuCl_2$[(*R*)-binap][(*R*,*R*)-dpen] が得られる．収量 0.34 g（収率 66%）．この錯体は関東化学などから市販されている．

【実験例　超高活性 Ru(II) 錯体の調製[31]】

$[RuCl_2(\eta^6\text{-}p\text{-cymene})]_2$ 3.07 g（5.00 mmol）と（*S*）-XylBINAP 7.35 g（10.0 mmol）を，磁気撹拌子と還流冷却器を備えた 200 mL の四つ口フラスコに入れ，容器内をアルゴンで置換する．あらかじめアルゴンをバブリングすることによって脱気したメタノール 110 mL を加え，50 ℃ で 2 時間撹拌すると橙色の溶液を生じる．これを 25 ℃ に冷却したのち，（*S*）-DAIPEN 3.48 g（11.0 mmol）とジエチルアミン 0.74 g（10.0 mmol）を加え，3 時間加熱還流する．メタノールを減圧下留去し，残渣をシリカゲルカラムクロマトグラフィー（トルエン-酢酸エチル（1：2））で精製することにより，RuCl[(*S*)-daipena][(*S*)-xylbinap]（図 25.12）が橙色の粉末として得られる．収量 11.62 g（収率 98%）．この錯体はストレム，東京化成などから市販されている．

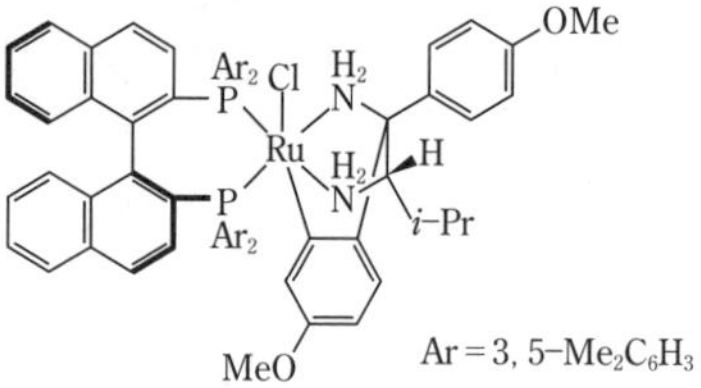

RuCl[(*S*)-daipena][(*S*)-xylbinap]
(daipena = 脱プロトン化 daipen)

図 25.12　ルテニウム錯体の構造式

【実験例　アセトフェノンの不斉水素化反応[31]】

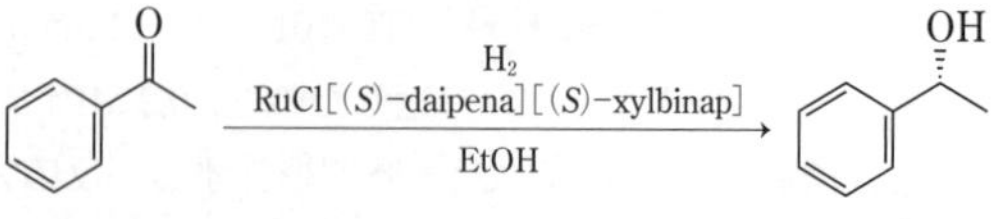

RuCl[(*S*)-daipena][(*S*)-xylbinap] 5.9 mg（0.0050 mmol）と *t*-BuOK 561 mg（5.00 mmol）を，撹拌機，圧力計，水素導入口を備えた 500 mL のオートクレーブ（ハステロイ）に入れ，

容器内をアルゴンで置換する．これを10℃に冷却し（反応熱を抑えるため），そこへあらかじめ凍結脱気を3回施し10℃に冷却したアセトフェノン（**9**）60.08 g（500 mmol，S/C=100 000），エタノール75 mL，イソプロピルアルコール75 mLの混合物を加える．容器に水素を1 MPaまで充塡し放出する操作を5回繰り返したのち，水素を5 MPaまで充塡する．6分間激しく撹拌したのち（反応液の温度は30～40℃に上昇する），水素を注意深く放出し，反応混合物に濃塩酸0.5 gを加えて中和する．この時点でのGC収率は>99%である．溶媒を減圧下留去し残渣を蒸留（99℃/2.7 kPa）することにより，(*R*)-1-フェニルエタノール（**10**）が得られる．収量59.80 g（収率98%，>99% ee）．

c.　市販のスクリーニングキットの利用

触媒的不斉水素化反応において良好な結果を得るためには錯体触媒の配位子の選択が重要である．現在では，上記の例のように一般性の高い手法が開発されてきているものの，万能な触媒というものはなく，反応基質によっては配位子の最適化の検討が必要になることもある．反応におけるエナンチオ面の選択機構に関する知見は蓄積されてきているが，その予測とは反する結果が発現することもあり，実際の検討にさいし最良の結果を得るためには多種類の配位子を用いて反応を検討することが欠かせない．そのようなスクリーニングを効率よく行うために，さまざまな配位子を100 mg程度ずつパッケージしたキット（Solviasキット，Takasagoキットなど）が市販されている（表25.4）．

表25.4　市販のおもな光学活性配位子，錯体キット

キット	内　容
Josiphos リガンドキット	Joshiphos 型の配位子10～14種類を100 mgずつ梱包
Mandyphos リガンドキット	Mandyphos 型の配位子6種類を100 mgずつ梱包
Walphos リガンドキット	Walphos 型の配位子7種類を100 mgずつ梱包
MeO-BIPHEP リガンドキット	MeO-BIPHEP 型の配位子9種類を100 mgずつ梱包
Solvias キラルリガンドキット	Josiphos，Mandyphos，Walphos，Taniaphos，MeO-BIPHEPなど，空気に安定な非吸湿性の80種類の配位子と触媒の両エナンチオマーを100 mgずつ梱包
SEGPHOS，BINAP リガンドキット	SEGPHOS，BINAP 型の配位子8種類を50～250 mgずつ梱包
Ru-OAc キット	$Ru(OAc)_2$[binap]，$Ru(OAc)_2$[segphos]錯体6種類を50～100 mgずつ梱包
Ru-ジホスフィン/ジアミンキット	$RuCl_2$[diphosphine][diamine]タイプの錯体4種類を50 mgずつ梱包

25.2　溶解金属および金属塩を用いる還元法

金属および金属塩を用いる還元は，電子移動により進行する反応であり，一般的には次式で示される[32]．

$$\mathrm{X{=}Y} + \mathrm{M} \longrightarrow \mathrm{X \overset{-\cdot}{=} Y} + \mathrm{M^+} \begin{cases} \xrightarrow{\mathrm{M}} \mathrm{\bar{X}{-}\bar{Y}} + \mathrm{M^+} \xrightarrow{2\,\mathrm{H^+}} \mathrm{XY{-}YH} \\ \longrightarrow \mathrm{\bar{Y}{-}X{-}X{-}\bar{Y}} \xrightarrow{2\,\mathrm{H^+}} \mathrm{HY{-}X{-}X{-}YH} \end{cases}$$

ラジカルカップリング

$$\mathrm{X{=}Y} + \mathrm{M} \longrightarrow \mathrm{X{-}\overset{-\cdot}{Y}} + \mathrm{M^+} \xrightarrow{\mathrm{M}} \mathrm{X^-} + \mathrm{Y^-} + \mathrm{M^+} \xrightarrow{2\,\mathrm{H^+}} \mathrm{HX} + \mathrm{HY}$$

式中Mは適当な酸化状態にある金属または金属塩，X=YおよびX−Yはそれぞれ還元される二重および単結合を示す．プロトンは溶媒から供給され，通常，水，酸，アルカリ，アルコール，アミン，液体アンモニアなどがよく使用される．非プロトン性不活性溶媒（エーテル，ベンゼンなど）が使用される場合もある（例：アシロイン縮合）．Me_3SiCl-Li-THF，Me_3SiCl-Mg-HMPA，Me_3SiCl-Mg-DMF系ではトリメチルシリル基がプロトン等価体となり，還元的シリル化が起こる．金属としては，Li，Na，Na-Hg，K，Mg，Ca，Zn，Zn-Cu，Zn-Hg，Al-Ni，Al-Hg，Fe，Niなどが一般的である．2価あるいはそれ以上の価数をもつ金属は，電子移動に都合のよい価数をもつ金属塩として使用される．たとえば，Crは−2価から6価まで九つの価数をとりうるが，通常は2価のクロム塩が使用され，Smでは2価のサマリウム塩が使用される．電子移動反応による還元という意味では電解還元（28.6節）と原理的に類似している．溶解金属還元を官能基および構造別に表25.5に分類する[33,34]．

25.2.1　アルカリ金属による還元

よく用いられる溶媒と金属の組合せは，(i) 液体アンモニア-アルコール系で主としてLiまたはNa（バーチ（Birch）還元条件（アルコールを用いない場合もある）），(ii) メチルアミンやエチルアミンなどの低級アミンで主としてLi（Benkeser還元条件（アルコールを共存させることもある）），(iii) ヘキサメチルリン酸トリアミド（HMPA）-*t*-ブチルアルコール系でNa，(iv) アルコール中でNa（ブーボー-ブラン（Bouvault-Blanc）還元条件），(v) エーテル系溶媒あるいはベンゼン中でナトリウム（アシロイン縮合条件），などである．前三者の還元力の強さは，一般に (i)＜(ii)＜(iii) の順である．(iv) はエステルをアルコールに還元する古典的方法であるが，今日では金属水素化物を用いてエステルを還元する方法（25.3節）がよく用いられる．

アンモニアを溶媒として用いる場合は，安全面で十分注意することが必要である．アンモニアは有毒であり，必ずドラフト中で取り扱わなければならない．無水の液体アンモニアはスチール製のシリンダー容器で市販されているが，そのまま使用すると鉄を不純物として含み，アルカリ金属アミド生成の触媒として作用するので，NaやKを使用したり，長時間反応を行ったりする場合は，とくに再度精製することが望ましい．アンモニアは−33.4℃の沸点をもつ物質であるが，未精製の液体アンモニアはシリンダーからいったんガスとして蒸

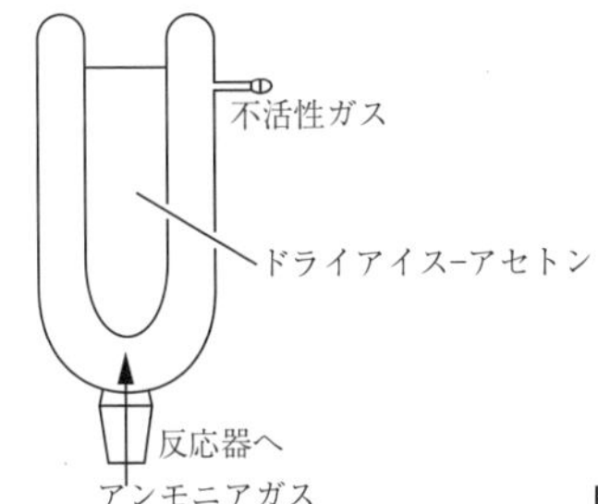

図 25.13　ジュワー型還流器

留して濃縮し，最初の受け器で青色が消えなくなるまで Na で乾燥し，その受け器から蒸留により反応容器に移す．反応ではアンモニアの還流のため，ドライアイス-アセトン系で冷却できるように，ジュワー（Dewar）型の還流器（図 25.13）を使用する[35]．

a.　炭素-炭素単結合の還元的開裂

シクロプロパン，シクロブタンなどの C−C 結合の開裂によって生成するラジカルが，共役などで安定化を受ける場合に開裂が起こる．また，シアノ基やイソニトリル基は還元的に脱離しやすい．

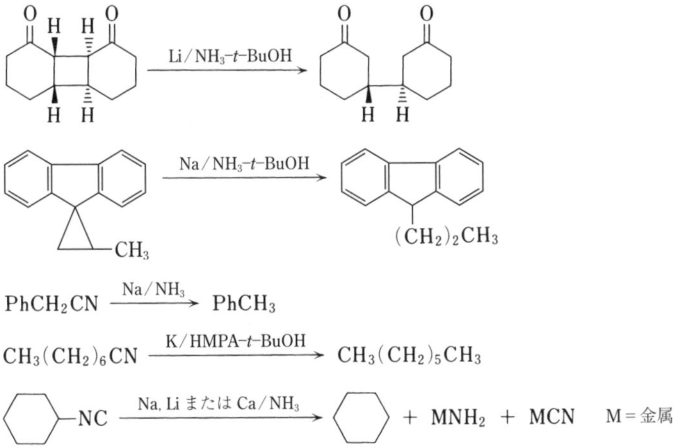

$\xrightarrow{Li/NH_3\text{-}t\text{-}BuOH}$

$\xrightarrow{Na/NH_3\text{-}t\text{-}BuOH}$

CH_3　　$(CH_2)_2CH_3$

$$PhCH_2CN \xrightarrow{Na/NH_3} PhCH_3$$

$$CH_3(CH_2)_6CN \xrightarrow{K/HMPA\text{-}t\text{-}BuOH} CH_3(CH_2)_5CH_3$$

$$\text{C}_6\text{H}_{11}\text{-NC} \xrightarrow{\text{Na, Li または Ca}/NH_3} \text{C}_6\text{H}_{12} + MNH_2 + MCN \quad M = \text{金属}$$

b.　炭素-炭素二重結合の還元

末端二重結合は還元されやすく，バーチ還元条件下でも還元されるが，内部二重結合は Benkeser 還元あるいは HMPA-*t*-BuOH 系で還元される．ただし，ノルボルナジエンなどのひずみのかかった系は，バーチ還元によりノルボルネンを与える．一般的にはオレフィンの立体障害の増加とともに還元されにくく，四置換＜三置換＜二置換＜一置換の順に容易になる．

表 25.5　溶解金属還元および金属塩還元の適用限界*

出発物	→	還元体	金属または金属塩					
			Li	Na	Mg	Ca	Fe	Zn
C−C	→	CH						
R−R		RH	○	○				○
R−CN		RH						
R_2CH−CN		R_2CH_2	○					
Ar−CN		ArCH		○				
C=C	→	C−C						
C=C		CH−CH	○	○	○			○
C=C=C		CH−CH=C	○	○				
(ベンゼン環)		(シクロヘキサジエニルアニオン)	○	○	○	○		
C=C−CO		CH−CH−CO	○	○	○			○
C=C−CO_2H		CH−$CHCO_2H$	○	○				
HO_2C−C=C−CO_2H		$(CH_2CO_2H)_2$						
(ベンゼン環)		(ビシクロヘキサジエニル)						○
C≡C	→	C=C または C−C	○	○				○
C−O	→	CH						
C=C−C−OR		C=C−CH	○	○				
C=C−OR		CH−CH_2	○					
ArOR		ArH	○	○				
CO−C−OCOR		CO−CH				○		○
CO−C−OR		CO−CH	○	○				
C=C−C−OCOR		C=C−CH	○	○				○
Ar−C−OR		Ar−CH	○	○				
$ArC(OR)_2$		$ArCH_2$	○	○				
C=C−C−OH		C=C−CH	○	○				○
COOH		CHO	○					
C=C−$OPO(OR)_2$		C=CH	○					
C—C (O)		CH−C−OH	○	○	○			○
CO—C—C (O)		CO−CH−C−OH		○		○		○
C—C (O)		C=C	○		○			○
C−O	→	C−C						
Ar_2−C−OH		$(Ar_2-C)_2$						
CO_2R		CO−CHOH		○				
C=O	→	CH または C−OH						
Ar−C=O		$ArCH_2$	○	○				○
Ar−CHO		$ArCH_3$	○	○				
R−C=O		RCH_2						○
CO_2R		CH_2OH	○	○				
C=O		C−OH	○	○	○		○	○
CHO		CH_2OH		○	○		○	
CO_2R		CH(OH)−OR						
C=C−CO		C=C−CHOH			○			
C=C−CO		CHCH−CHOH	○	○	○			
O= (ベンゾキノン) =O		HO− (ヒドロキノン) −OH						

Al	Sn(II)塩	Ti(III)塩	Cr(II)塩	SmI_2	その他および備考
					還元的単結合開裂
					K
					二重結合還元
○					
○					K
				○	K
○	○	○			Na^+Ar^-，Ti，Yb
○		○	○	○	
	○	○	○		Na-Hg
		○	○	○	三重結合還元，Na-Hg，Zn-Cu，Yb
					エーテル（C−O）結合還元
○					K
			○	○	
				○	Al-Hg，Sn
				○	Zn-Hg
○					Sn
		○			Ti(III)-K
				○	K
			○	○	Al-Hg
		○	○	○	$TiCl_4$-Zn，Zn-Cu，YbI_2
					還元的二量化
		○			V(II)
					アシロイン縮合，Na-K，K
					カルボニル基還元
○	○				
					クレメンゼン還元
				○	ブーボー-ブラン還元
○					Na-Hg，Fe，Ir(III，IV)，K
					Fe
					Na-Hg，CO_2H は Li で CHO となる
○					
	○	○	○		VCl_2

つづく

表 25.5　溶解金属還元および金属塩還元の適用限界（つづき）

出発物	→	還元体	金属または金属塩					
			Li	Na	Mg	Ca	Fe	Zn
C=O		HO−C−C−OH	○	○				
C−N	→	CH						
R−NC，Ar−NC		RH，ArH	○	○		○		
Ar−C−N		Ar−CH		○				
$Ar-C-N^+$		Ar−CH		○				
$CO-C-N^+$		CO−CH						○
$RCONR'_2$		RCHO	○	○				
C=N	→	C−NH						
C=NR		CH−NHR	○					○
C=N−OH		$CH-NH_2$		○				○
C=N		HN−C−C−NH	○	○	○			○
R−CN		RCH_2NH_2	○	○		○		
Ar−CN		ArCHO						
C−X	→	CH						
RX		RH	○	○	○			○
ArX		ArH	○	○	○			○
C=C−X		C=C−H	○	○	○			
CO−CX		CO−CH					○	○
Ar−C(Cl)=N		ArCH=N			○			
CX_2		CHX		○			○	
X−C−C−X		C=C	○	○	○		○	○
C−S	→	CH						
R−S−R		RH と RSH	○	○		○		
$C(SR)_2$		CH_2	○	○		○		
RO−C−SR		CHOR				○		
RSO_2R'		RSO_2H と R′H	○	○	○			
$ArSO_2Cl$	→	ArSH						○
RSSR	→	RSH						○
S→O	→	S						
R−O−OR	→	ROH		○			○	○
C=N−OH	→	$CHNH_2$		○				
N−OH	→	NH						○
N=N→O	→	N=N						○
$Ar-NO_2$	→	$ArNH_2$	○	○			○	○
$Ar-NO_2$	→	ArNHOH					○	○
$Ar-NO_2$	→	Ar−N=N(O)−Ar			○			
$Ar-NO_2$	→	Ar−N=N−Ar			○			○
$Ar-NO_2$	→	ArNHNHAr						○
$CH-NO_2$	→	C=N−OH						
$C=C-NO_2$	→	CHCO					○	○
N−NO	→	$N-NH_2$						○
C=N−NHAr	→	C=O						
NH−NO	→	$NH-NH_2$						○
N=N	→	NH−NH						○
N_3	→	NH_2			○	○		○

＊　○印は還元例があることを示す．詳しくは文献[33,34]を参照．

					その他および備考
Al	Sn(II)塩	Ti(III)塩	Cr(II)塩	SmI_2	
○		○		○	還元的二量化（ピナコールカップリング）Na-Hg, Mg-Hg, $TiCl_4$-Zn, VCl_3-Zn, Ce, Yb
					イソニトリルの還元開裂, K
					アミンの還元開裂
					第四級アンモニウム塩の還元開裂, Na-Hg
○					Na-Hg
○				○	還元的二量化, K, Ba, Al-Hg, $TiCl_4$-Mg, In
○					ニトリルの還元
	○				
		○	○	○	K, Zn-Cu
○		○	○		Sn, Cu, Na_2Te
○					Na-Hg, Na_2Te
	○	○	○	○	Zn-Cu, VCl_2
	○		○		
			○	○	Al-Hg
○	○		○		Cu
					Ca では CH−SR が生成
				○	$ArSO_2H$ は Al で ArH となる, Na-Hg
	○				
○					
	○	○	○	○	VCl_2
					Fe(II), Ce(III)
	○			○	C=N−Ac は Cr(II) 塩で C=NH となる, Na-Hg
					N-オキシドの脱酸素
○	○	○	○	○	脂肪族ニトロ化合物は Fe で還元, 酸性溶液, Na-Hg, Sn
					アルカリ溶液（Zn, Sn, Fe), Sn, Al-Hg
○					
	○	○	○		
		○	○		C=C−NO_2 では C(OH)−C=N−OH が生成, まずイミンに還元され加水分解される
					Sn(II) では N−NO は NH になる
		○			
		○			Na-Hg
					Al-Hg
	○	○	○	○	VCl_2

【実験例　HMPA-*t*-BuOH 系を用いるノルボルネンのノルボルナンへの還元[36)]】

Na 5.8 g（0.25 mol）を HMPA 100 mL に窒素雰囲気下，室温で加え，溶液が青色になるまで撹拌する．*t*-ブチルアルコール 20 g（0.27 mol）を加え，室温で 5 分間撹拌する．ノルボルネン 9.4 g（0.10 mol）を HMPA 10 mL に溶かした溶液を，6 時間かけて青色が消えない程度の速さで滴下する．さらに 12 時間撹拌し，氷水 400 mL 中に注ぎ，ペンタン 20 mL で 2 回抽出する．抽出液を乾燥後，蒸留塔を用いて蒸留するとノルボルナンが得られる．収量 7.0 g（収率 73%）．

c.　炭素-炭素三重結合の還元

末端アセチレンは Li/EDA（エチレンジアミン）ではアルカンにまで還元され，Na/NH_3-$(NH_4)_2SO_4$ *2ではアルケンに還元される．内部アセチレンのバーチ還元は *trans*-アルケンを与える．Benkeser 還元では，反応条件により一度生成した *trans*-アルケンがさらにアルカンにまで還元されるので，反応温度や Li の当量数で反応を制御する必要がある．Zn-Cu カップルやヨウ化サマリウム（後述）を用いればアルキンから *cis*-アルケンが得られる．*cis*-アルケンを得る方法としてはリンドラー（Lindlar）触媒を用いる前述の水素還元のほうがよく知られている（25.1.1，25.1.2 項参照）．

$$RCH_2CH_2R' \xleftarrow[17\,℃]{\text{過剰 }Li/EtNH_2} R-C\equiv C-R' \xrightarrow[\text{または }Li/EtNH_2,\ -78\,℃]{Na/NH_3,\ -33\,℃} \begin{matrix}R & & H\\ & C=C & \\ H & & R'\end{matrix}$$

d.　芳香環の還元

バーチ還元では一般に 1,4-ジエンが[37)]，Benkeser 還元ではモノオレフィンが生成する[38,39)]．置換基がある場合は二重結合の位置により異性体を生じる可能性がある．

$$\text{1,4-シクロヘキサジエン} \xleftarrow{Na/NH_3\text{-}MeOH} \text{ベンゼン} \xrightarrow[Li/EDA]{Li/EtNH_2} \text{シクロヘキセン} + \text{シクロヘキサン（少量）}$$

一般に，(i) 電子求引基（CO_2H，$CONH_2$，Ph など）がある場合には 1,4-ジヒドロ体（**11**）が，(ii) 電子供与基（OR，NR_2，R など）では 3,6-ジヒドロ体（**12**）が生成する．

（**11**）　（**12**）

置換基が 2 個以上あるときは，X の影響力の強さは $CO_2H > OR > NH_2 > R$ の順である．

---

*2　バーチ還元条件 Na/NH_3-ROH では，未反応の末端アセチレンが生成したアルコキシドと反応し，還元されないアセチリドとなるため，アルコールの代わりにアンモニウム塩をプロトン供与体として用いる．

【実験例　1,2-ジメチル-3,6-シクロヘキサジエンの *o*-キシレンからの合成[37]】

CH_3　CH_3　Na　$NH_3/EtOH/Et_2O$　CH_3　CH_3

77～92%

撹拌機，ジュワー型還流器（ドライアイス冷却器付き），滴下漏斗を備えた 5 L 三つ口フラスコをドライアイス-イソプロピルアルコールで冷却する．液体アンモニア約 2.5 L を入れ（窒素雰囲気下，ドラフト中で全操作を行う．アンモニアボンベからアンモニアガスをフラスコ中に導入し液化させる)，撹拌を開始する．無水エーテル 450 g，無水エタノール 460 g（10 mol)，*o*-キシレン 318.5 g（3 mol）をこの順にゆっくりと加える．Na 207 g（9 mol）の小片を 5 時間かけて徐々に加える（激しい発熱反応に注意)，一晩かけてアンモニアを気化させ，氷水 800 mL をゆっくりと加え，生じた固体を溶解させ（激しい発熱反応に注意)，有機層を水 800 mL で 3 回洗い無水硫酸マグネシウムで乾燥する．20 cm のビグロー（Vigreaux）管をつけて蒸留し，沸点 70～72 ℃（48 mmHg）の留分を集める．収量 250～300 g（収率 77～92%)．

【実験例　1-*t*-ブチル-1-シクロヘキセンの *t*-ブチルベンゼンからの合成】

$C(CH_3)_3$　Li　EDA-モルホリン　$C(CH_3)_3$

77%

1 L 三つ口フラスコに窒素雰囲気下でモルホリン 255 mL，無水エチレンジアミン 45 mL と *t*-ブチルベンゼン 16.75 g（0.125 mol）を入れる．リチウムワイヤー 7 g（1 mol）の小片（1 cm 以下）を加え，しばらくすると温度が上昇し始めるので，ただちに氷でフラスコを冷却する．0 ℃で 24 時間撹拌後，Li 3.5 g（0.5 mol）と無水エチレンジアミン 82.5 mL を追加する．25 ℃で 3 時間撹拌後，エーテル 250 mL を加え，氷で冷却しながら水 300 mL を徐々に加える（激しい発熱反応が起こる)．エーテル層を分取し，水層をエーテル 200 mL で 4 回抽出する．エーテル抽出液をいっしょにして，5% 塩酸 100 mL で 3 回洗浄し，ついで 5% 炭酸水素ナトリウム水溶液 100 mL で洗う．塩化カルシウムで乾燥し，沸点 162～166 ℃の留分を集める．収量 16.9 g（収率 98%)．この留分は目的物（84%）と *t*-ブチルシクロヘキサン（16%）とからなっており，シリカゲルカラムクロマトグラフィーで分離して純粋な目的物を得る（収率 77%)．

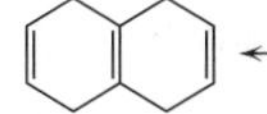

過剰 Na/NH_3-アルコール

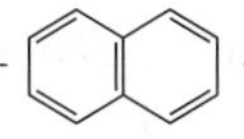

Na/NH_3 ののちアルコールを加える
または，2 Na/NH_3-アルコール

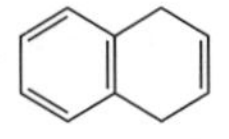

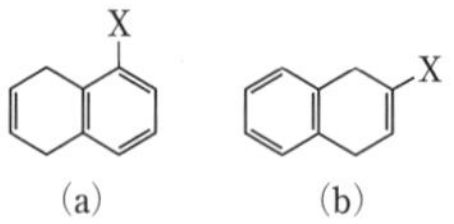

図 25.14　生成するジヒドロ体

ナフタレンなどの芳香環では，反応条件によりジヒドロ体およびテトラヒドロ体が得られる．一般に 1 位に電子供与基があれば 5,8-ジヒドロ体（図 25.14(a)）が，2 位に置換基があれば 1,4-ジヒドロ体（図(b)）が生成する．また THF 中窒素雰囲気下でアルカリ金属とナフタレンやアントラセンなどをかき混ぜるとアニオンラジカル（$ArH^{\ominus}\cdot Na^{\oplus}$）が生成し，同様に電子移動による還元が起こる．

e.　カルボニル化合物の還元

脂肪族ケトンは対応するアルコールに還元され，4-置換シクロヘキサノンは熱力学的に安定なジエクアトリアル体を与える．芳香族ケトンではケトンまたは芳香環が還元される．アルデヒドの還元にはあまり利用されていない．ベンズアルデヒドはバーチ還元でトルエンになる．エノンのバーチ還元でアルコールを共存させないとケトンが生成し，共存させるとアルコールにまで還元される[40]．

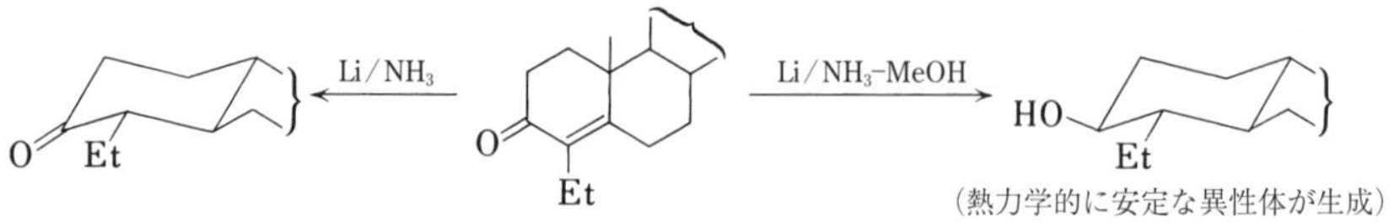

（熱力学的に安定な異性体が生成）

カルボン酸はバーチ還元を受けないが，Benkeser 還元ではアルデヒドを与える．エステルはバーチ還元あるいはブーボー-ブラン還元により通常はアルコールを与えるが，アルコールの共存しないバーチ還元条件ではカルボン酸を与えることもある．

$$RCO_2R' \xrightarrow{Na/NH_3\text{-}R''OH\ \text{または}\ Na/R''OH} RCH_2OH + R'OH$$

酸アミドは Na/NH_3-ROH（または AcOH）の条件下にアルデヒドを与える．

f.　その他の官能基の還元，ベンジル位など活性部位での還元

脂肪族エーテル，アセタールは反応溶媒として用いるほど安定で，ベンジルやアリル位を除けば還元されない．スルフィド，スルホン，チオアセタールなどは還元的開裂を受ける．エポキシドの開裂により生じるラジカルが安定化される場合は，バーチ還元により対応するアルコールを与える．ニトロベンゼンはアニリンを与え，芳香環は還元されない．脂肪族ニトリルやシッフ（Schiff）塩基はアミンに還元される．ベンジル位，第三級炭素などに結合しているシアノ基は還元的に脱離する．一般にアミンおよび第四級アンモニウム塩はバーチ還元およびBenkeser還元に対して安定であるが，活性部位の場合は還元的にC−N結合開裂を起こす．アルコール，エーテル，アセタールなどでも，ベンジル，アリル，α-ケト位などの活性部位に結合している場合は還元される．

$$PhCH_2OH \xrightarrow{Na/NH_3\text{-}EtOH} PhCH_3$$

g.　アマルガムによる還元および合金による還元

Naをトルエン存在下加熱溶融し，これにきわめてゆっくりとHgを加えていくとNa-Hgアマルガムが生成する[41]．同様に電子移動による還元を行うと，ケトンやラクトンのカルボニル基はアルコールに還元され，α,β-不飽和カルボン酸は飽和のカルボン酸に還元される．Na-Te合金（Na_2Te）は脱ハロゲン化に利用される．

$$Cl_2C{=}CCl_2 \xrightarrow[CH_3OH]{Na_2Te} ClHC{=}CClH$$

25.2.2　2族元素による還元

Mgを用いる還元はピナコールカップリングを除くと，その用途は限定的であったが，最近は還元的なカップリング反応などが数多く開発されている．Caの反応はアルカリ金属の反応に準じ，ベンゼン，ナフタレン，アントラセンのバーチ還元型反応などに用いられる．Srによる還元アルキル化も近年報告されている．

a.　マグネシウム還元とシリル化，アシル化，脱フッ素化

ベンゼンなどの不活性溶媒中でMg-Hgアマルガムはケトンの二量化であるピナコールカップリングに利用され，活性マグネシウムを用いれば，Hgなしで反応を行うことができる[42]．単純還元と異なり，還元的シリル化やアシル化は，還元と同時に官能基導入ができることから，一段進化した還元法である．マグネシウム還元では，活性マグネシウムやHMPAのような発がんが疑われる溶媒を用いることなく，還元的官能基導入を行うMe_3SiCl-Mg-DMF系が開発されており，芳香族カルボニル化合物のカルボニル炭素，芳香族α,β-不飽和カルボニル化合物のβ位炭素などがアシル化またはシリル化でき[43]，トリフルオロアセチル基の導入も行うことができる[44]．

マグネシウム還元はトリフルオロアセチル基の還元により，脱フッ素化によるジフルオロアセチル基への変換や脱フッ素シリル化によるジフルオロシリルエノールエーテルへの変換にも利用できる[45]．

【実験例　ケイ皮酸エステルのカルボニル基の β 位炭素のアシル化[43]】

$$\mathrm{Ph{-}CH{=}CH{-}CO_2Et + (CH_3CH_2CO)_2O \xrightarrow[\text{TMSCl, DMF}]{\text{Mg}} PhCH(COCH_2CH_3)CH_2CO_2Et}$$

84%

窒素雰囲気下，5～10 ℃ で乾燥した DMF 50 mL とケイ皮酸エチル（5 mmol），無水プロピオン酸（75 mmol）およびグリニャール（Grignard）反応剤用マグネシウム 15 mmol の混合物に，撹拌しながらクロロトリメチルシラン（15 mmol）を 2，3 回に分けて一気に滴下し，滴下後，常温で終夜撹拌する．反応後，常法により処理し，シリカゲルカラムクロマトグラフィーにより 3-フェニル-4-オキソヘキサン酸エチルを得る（収率 84%）．

b.　カルシウムによる還元

ヘキサアンミンカルシウム $Ca(NH_3)_6$ は，Ca にエーテル中でアンモニアガスを吹き込むと生成する．これは Benkeser 還元系と同程度の還元力を示し，たとえばベンゼンは 1,4-ジヒドロシクロヘキサジエンに還元される．

c.　ストロンチウム還元によるアルキル化[46]

Sr をバルビエール（Barbier）型アルキル化に利用する方法もある．第一級ヨウ化アルキルを反応試薬とし，THF を溶媒に用いることが望ましいが，エステルやイミンに対しては，グリニャール反応と同様な反応を，安息香酸に対しては，芳香環の *p* 位にアルキル基の導入反応を行うことができる．

25.2.3　その他の金属および金属塩による還元

a.　亜鉛，亜鉛アマルガム，亜鉛-銅カップル

酸性，中性，塩基性いずれの溶液中でも Zn による還元は行われ，表 25.5 に示したように多くの官能基に対して適用できる一方で，Zn は活性な還元種を発生させるための還元剤として使用することも多い．芳香族ケトンまたはアルデヒドのカルボニル基は Zn-Hg/HCl 系でメチレン基に還元（クレメンゼン（Clemmensen）還元）されるが[47,48]，反応条件が厳しく，酸や塩基に敏感な官能基をもつケトンでは成功しないことがある．有機溶媒中無水塩酸を用いると温和な条件下でケトンを還元することができ[49]，また Hg を用いず，たんに Zn/HCl，Zn/AcOH を用いる改良法も報告されており[50]，脂肪族ケトンがメチレンに還元されることもある．

【実験例　クレメンゼン還元の Hg を使用しない改良法[50]】

低温（−15～−10 ℃）に維持したエーテル 250 mL に，撹拌しながら 1 秒に 1 泡程度の速さで約 45 分間塩化水素ガスを通じる．−15 ℃ でコレスタン-3-オン（25.9 mmol）を加え，−20 ℃ に冷却したのち，塩酸で活性化した亜鉛末 12.3 g を 2～3 分かけて加える．反応温度を−5 ℃ に上げて，撹拌しながら−4～0 ℃ を 2 時間維持する．反応液を再び−15 ℃ に戻し，反応液を約 130 g の氷に注ぐ．エーテル層を分離し，水層をエーテルで抽出する．生成物を精製して，コレスタンを得る（収率 77%）．

Et_2O, 乾燥 HCl, 0℃, 1 h
活性化した亜鉛末*

89～80%

*市販の亜鉛末を 2% 塩酸と撹拌後水洗し，90℃で乾燥する．

Zn–Cu カップル（2% 硫酸銅水溶液に亜鉛末を加える）[51] はアルキンを *cis*-アルケンに還元する（Li, Na/NH_3 ではトランス体，25.2.1 c. 項参照）．

Ph－C≡C－Ph —(Zn-Cu, MeOH, 還流)→ Ph(H)C=C(Ph)R′　57%

【実験例　Zn–Cu カップルの生成法[51]】

亜鉛末 49.2 g を 3% 塩酸 40 mL で活性化し，さらに同様の操作で 3% 塩酸 40 mL ですばやく 3 回洗浄したのち，蒸留水 100 mL で 5 回洗う．次に 2% 硫酸銅(II) 水溶液 75 mL で洗い，さらに蒸留水 100 mL で 5 回，無水エタノール 100 mL で 4 回，無水エーテル 100 mL で 5 回洗う．Zn–Cu カップルは沪過してエーテルで洗浄し，水分を完全に除去する．

b.　アルミニウムアマルガム，アルミニウム-ニッケル合金

Al–Hg アマルガムまたは Al–Ni のかたちで用いられる．アルミニウム粉末あるいはアルミニウム箔を塩化水銀(II) で処理すればアマルガムが得られる．ラネー（Raney）ニッケル合金として市販されているものが Al–Ni で，アルカリ水溶液中で反応させる．Al–Ni からアルカリでアルミニウムを溶かし出し，多孔質のニッケル触媒としたものがラネーニッケル触媒で水素添加反応などに用いられるが（25.1 節参照），本項の還元反応とは異なるものである．

54 g Ni-Al, NaOH

CO_2H　CO_2H　H　H　0.094 mol　→　CO_2H　CO_2H　92～95%

c.　スズアマルガム，スズ，塩化スズ(II)

スズ粉末–塩酸（10 mol L^{-1} 程度）で還流，塩化水銀(II) 15 g を水 100 mL に溶かした液にスズ粉末（30 メッシュ）100 g を加えて調製した Sn–Hg/HCl で還流，$SnCl_2 \cdot 2H_2O$–HCl で 30℃ 付近に保つ，などの反応条件が用いられる．Sn による還元は塩化スズ(II) による還元で代用できることが多く，Sn 単体による還元はあまり一般的ではない．塩化スズ(II)

は芳香族ニトロ化合物のアミンへの還元によく用いられるが，キノン[52]，ニトリル，オキシム，スルホキシドの還元にも用いることができる．

$$\text{2,4,6-(O}_2\text{N)}_3\text{C}_6\text{H}_2\text{CO}_2\text{H}\ (0.87\ \text{mol}) \xrightarrow{\text{Sn (7 g 原子) / HCl (19.6 mol)}} \text{2,4,6-(H}_2\text{N)}_3\text{C}_6\text{H}_2\text{CO}_2\text{H}\ (46\sim53\%)$$

d.　低原子価チタン，塩化チタン(III)

三塩化チタン（水溶液として市販）はオキシムをイミンに還元し，これは加水分解されてケトンを与える．ニトロ化合物はケトンに還元され（Cr(II) も可，V(II) でも還元されるが収率が低い，Nef 反応の別法）[53]，スルホキシドやアミンオキシドの脱酸素反応にも用いられる．0～2 価の低原子価チタンは四塩化チタンを Li，K，Mg，水素化リチウムアルミニウム，Zn-Cu カップルなどと反応させ，系中で発生させて使用する．ハロゲン化物の還元，エポキシ酸素の還元，アルデヒドやケトンのアルケンへの変換（McMurry カップリング）[54] や各種カップリングに利用できる．

$$\text{H}_3\text{C}\text{CH}_2\text{C}\equiv\text{CCH}_2\text{CH}_2\text{CH(NO}_2\text{)CH}_2\text{CH}_2\text{COCH}_3 \xrightarrow{\text{TiCl}_3} \text{H}_3\text{C}\text{CH}_2\text{C}\equiv\text{CCH}_2\text{CH}_2\text{COCH}_2\text{CH}_2\text{COCH}_3$$

e.　クロム(II) とモリブデン(III) 塩

$CrCl_2$，$CrSO_4$，$Cr(OAc)_2$，$Cr(ClO_4)_2$ など 2 価の Cr が使用される．3 価の Cr を亜鉛末などで還元するか，金属クロムを酸に溶解して調製する[55]．酸化されやすいので窒素下で反応させる．

【実験例　酢酸クロム(II) 粉末の調製】

金属クロムの粉末 9 g を 6 mol L^{-1} 塩酸 100 mL 中で反応が終わるまでかき混ぜる．酢酸ナトリウム 50 g を脱酸素した水 100 mL に窒素雰囲気下で加え，冷却しつつ攪拌する．酢酸クロム(II) の桃色粉末が得られる．収量 10 g．これを窒素下で脱酸素した水で洗浄し真空下で乾燥する．

【実験例　過塩素酸クロム(II)・エチレンジアミンの合成】

N,*N*-ジメチルホルムアミド 40 mL とエチレンジアミン 1 mL の溶液に，窒素下で 0.8 mol L^{-1} 過塩素酸クロム(II)水溶液 5 mL を加えれば得られる（青紫色）．過塩素酸クロム(II)水溶液は，70% 過塩素酸水溶液 70 mL，蒸留水 285 mL，金属クロム片 10 g を室温で窒素下にて数日間かき混ぜると得られる．

アルキンは *trans*-アルケンに，活性化されたアルケンはアルカンに，エポキシケトンは共役エノンに還元される[56]．ハロゲン化物の還元や還元カップリングにも有効である．塩化モリブデン(III) は塩化モリブデン(V) を Zn で還元して系中で発生させることができ，スルホキシドをスルフィドに還元する．

$$CH_3-C\equiv CCH_2OH \xrightarrow{CrSO_4/H_2O} H_3C-CH=CH-CH_2OH \quad 84\%$$

f. 鉄，鉄(II) 塩

Fe/AcOH，Fe/HCl，$FeSO_4$/HCl などの反応系で還元を行う．もっとも典型的な鉄還元の例は芳香族ニトロ化合物のアミノ基への変換であるが，アルデヒド，活性なハロゲン化合物の還元にも用いられ，アミンオキシドの脱酸素化反応も行うことができる．硫酸鉄も水系などでニトロ基の還元に利用できる．

【実験例　*p*-ブロモアニリン塩酸塩の *p*-ブロモニトロベンゼンからの合成[57]】

三つ口フラスコにベンゼン 200 mL を加え，*p*-ブロモニトロベンゼン 5 g（24.8 mmol）を溶解して還流する．還流させ，激しく撹拌しながら，塩酸で活性化した鉄粉 50 g（0.90 mol）を加える．1 時間半還流したのち，反応液に水 1 mL を加え，最終的に 7 時間の還流までに 20 mL の水が系内に導入されるような速度でさらに水を加える．水を加え終わったのち，引き続き 1 時間の還流を行う．反応後，Fe を沪過して常法により抽出し，*p*-ブロモアニリン塩酸塩を得る（収率 96%）.

g. 銅，イリジウム(IV) 塩，セリウム(III) 塩およびバナジウム(II) 塩

Cu はニトロ基を有するハロゲン化アリールの脱ハロゲン反応を行う（Ullmann 反応の変形）．亜リン酸または亜リン酸トリアルキル水溶液中で，四塩化イリジウム，三塩化イリジウム，またはヘキサクロロイリジウム酸をケトンと処理するとアルコールが得られる．六員環ケトンでは熱力学的に不安定なアキシアルアルコールが得られるのが特徴である (25.2.1 e. 項と対比)[58].

4-*tert*-ブチルシクロヘキサノン $\xrightarrow[(CH_3O)_3P,\ H_2O,\ i\text{-}PrOH/還流]{IrCl_4,\ 濃塩酸}$ 4-*tert*-ブチルシクロヘキサノール（アキシアル OH）

93～99%
シス / トランス＝96：4

セリウム(III) 塩は α-ハロケトンの脱ハロゲン化に利用できるが，応用例は少ない．還元試薬としてではなく，α,β-不飽和ケトンの 1,2-還元など選択性を出す反応に用いることが多い（25.1 節参照）．バナジウム(II) 塩の還元剤としての適用限界は広くない．Zn などの還元剤と共存させることで，系中で低原子価バナジウムとして発生させ，ピナコールカップリング反応などでジアステレオ選択性を出す利用法がある[59].

h.　サマリウム(II) 塩，イッテルビウム(II) 塩[60]

サマリウム(II) 塩を用いた還元も有用な手段で，ヨウ化サマリウム(II) を用いた還元反応は数多くの報告がある一般的な手法である．化学量論量のヨウ化サマリウムを要するが，アルキンを *cis*-アルケンに変換できるほか[61]，ニトロ基，カルボニル基，エポキシド，スルホキシドなどの還元もでき，還元カップリングに適した試薬の一つである．イッテルビウム(II) 塩も用いることができるが，サマリウム(II) 塩のほうが一般的である．

【実験例　5-ヨード-2-フェニルペンタン酸エチルの還元環化による 2-フェニルシクロペンタン-1-オンの合成[62]】

I(CH₂)₃CH(Ph)COOEt $\xrightarrow[\text{Fe(CH(COPh)}_2)_3\text{, THF}]{\text{SmI}_2}$ 2-フェニルシクロペンタン-1-オン　74%

フラスコに THF 10 mL とヨウ化サマリウム(II)（1.84 mmol）を加え，トリスジベンゾイルメタン鉄(III)（0.018 mmol）の THF 2 mL 溶液を注ぎ，反応液を −30 ℃ に冷却する．トリピペリジノホスフィン 2.0 g（7.4 mmol）を鉄触媒に向けて加えてから 5-ヨード-2-フェニルペンタン酸エチル（0.83 mmol）の THF 15 mL 溶液をカニューラで加え，反応液を常温まで暖める．約 30 分で反応は終了し，反応液を常法により処理し，生成物を得る（収率 74%）.

25.3　金属水素化物による還元法

25.3.1　BH_3 および R_nBH_{3-n}

ボラン（BH_3）は後述の $NaBH_4$ と異なりルイス（Lewis）酸であることから，特徴ある還元反応を行う[63]．以前は，$NaBH_4$ と $BF_3\cdot OEt_2$ から発生させた THF 溶液としたものを滴定して用いたが，現在は，THF（THF 溶液），Me_2S，および Me_2NH やピリジンなどのアミン類の錯体が市販されている．THF 錯体は他の錯体に比べて不安定であり，−4〜0 ℃ では数週間程度は保存可能であるが，室温では 1 日あたり 3% 程度濃度が低下するというデータもあり，古い試薬を使用するさいには注意が必要である[64]．Me_2S 錯体は粘稠な液体で，還元力は THF 錯体とほぼ同じであるが，安定性に優れ，室温で長期保存可能である[65]．両者は非プロトン性溶媒中で用いる．一方，アミン錯体は非常に安定であり，通常の溶媒のほか，アルコールや水中でも使用可能である．逆に，還元力は多少弱く，たとえばケトンの還元においては高温を要する[66]．

$$3\,NaBH_4 + 4\,BF_3\cdot OEt_2 \longrightarrow 2\,(BH_3)_2 + 3\,NaBF_4 + 4\,OEt_2$$

通常は，THF 錯体や Me_2S 錯体を用い，アルデヒド，ケトンの還元ばかりでなく，THF

加熱還流下ではエステルの還元も可能である．他の還元剤と異なる大きな特徴は，カルボン酸の還元がすみやかに進行し，第一級アルコールを与えることであり，エステル，アミド，エポキシドを残したまま，化学選択的に還元できる[67]．これは，カルボン酸との反応により H_2 を放出して生成するアシルホウ酸において，B の空の軌道に O の孤立電子対が非局在化し，アシル基への電子供与能がなくなることにより，カルボニルの求電子性が増して反応性が増大するからである．

$$3\,R-C(=O)-O-H + BH_3 \xrightarrow[-3\,H_2]{} R-C(=O)-\ddot{O}-B(OCOR)_2 \xrightarrow{BH_3} \xrightarrow{H_2O} R-CH_2OH$$

$$\updownarrow$$

$$R-C(=O)-\overset{+}{O}=\overset{-}{B}(OCOR)_2$$

$$EtO_2C\text{〜〜〜}CO_2H \xrightarrow[THF,\ -18℃\rightarrow 室温]{BH_3\cdot THF} EtO_2C\text{〜〜〜}CH_2OH \quad 88\%$$

ボランの最大の特徴は，不飽和結合に対するヒドロホウ素化であり，酸化的処理により逆マルコウニコフ（anti-Markovnikov）アルコールへと変換でき，またヒドロホウ素化中間体を新たなアルキルボラン還元剤として用いることができる点である（式(25.1)）．1,5-シクロオクタジエンのヒドロホウ素化生成物である 9-BBN-H（式(25.2)）は THF 溶液として市販されており，多くの反応に用いられている．ジシクロヘキシルボランなどに比べて安定性が高いこと，この 2 環部分は反応せず残ることから，ヒドロホウ素化由来のアルキル基のみを選択的に利用することができる．一般にアルキルボランは，かさ高さのため還元力は低下するが，立体選択性が向上する傾向にある．また，ヒドロホウ素化での位置選択性も向上する（式(25.3)）[63]．

$$2\ \text{(2-methyl-2-butene)} \xrightarrow[THF,\ 25℃]{BH_3\cdot THF} (\text{Sia})_2B-H \quad (Sia_2BH) \tag{25.1}$$

$$\text{(1,5-cyclooctadiene)} \xrightarrow{BH_3\cdot SMe_2} H-B\text{(bicyclo)} \quad (\text{9-BBN-H}) \tag{25.2}$$

$$R\text{-CH=CH}_2 + H-B< \longrightarrow R(H)CH-CH_2-B< \xrightarrow{NaOH,\ H_2O_2} R(H)CH-CH_2OH \tag{25.3}$$

H-BH₂·THF : 6 : 94
H-BSia₂ : 1 : 99
H-9BBN : 0.1 : 99.9

光学活性オレフィン類とのヒドロホウ素化により，光学活性試薬を得ることができる．α-ピネンから得られる Ipc_2BH（式(25.4)）は，現在でも有用な光学活性アルコール合成試薬として用いられる[68]（式(25.5)）．一方，ジフェニルプロリノールから得られるオキサザボロリジン触媒存在下，BH_3 によるケトンの還元が高エナンチオ選択的に進行し，光学活性アルコールが得られる（CBS（Corey-Bakshi-Shibata）還元，式(25.6)）．ホウ素がルイス酸として作用しケトンを活性化しつつ，窒素がルイス塩基として作用し還元剤の BH_3 を活性化する機構が提唱されている[69]．

2 (+)-α-ピネン $\xrightarrow[\text{THF}]{BH_3\cdot SMe_2}$ (−)-Ipc_2BH　(25.4)

(Z)-2-ブテン + (−)-Ipc_2BH (99.1% ee) $\xrightarrow[\text{THF, −25℃}]{}$ (−)-Ipc_2B–CH(CH₃)CH₂CH₃ $\xrightarrow{NaOH,\ H_2O_2}$ HO–CH(CH₃)CH₂CH₃　74%, 98.1% ee　(25.5)

プロピオフェノン $\xrightarrow[\text{THF, −10℃}]{\text{10\% オキサザボロリジン (Ph, Ph, N, B, O, Me), } BH_3}$ 1-フェニル-1-プロパノール（OH）96.7% ee　(25.6)

（遷移状態：Ph, Ph, O, B, R′, N, H_2B—H, O, R_S, R_L）

ヒドロホウ素化反応は，有機ホウ素試薬の調製法としてもたいへん重用されている．たとえば，カテコールボランと末端アルキンのヒドロホウ素化によって得られるアルケニルホウ素化合物，ジサイアミルボランや 9-BBN-H とアルケンのヒドロホウ素化によって得られるアルキルホウ素化合物（式(25.7)，(式 25.8)）は，鈴木-宮浦カップリングに用いられる．とくに，sp^3 炭素どうしのカップリングにおいても β 水素脱離を伴わずに生成物を得ることができる[70]．ホウ素から他の金属への金属交換反応も可能であるため，通常では入手が難しい有機亜鉛試薬などの調製にも利用されている（式(25.9)）[71]．

Sia_2B-H + ≡—*n*-Bu → Sia_2B–CH=CH–*n*-Bu

n-Hex—≡—Br + Sia_2B–CH=CH–*n*-Bu $\xrightarrow[\text{ベンゼン, 還流}]{1\%\ Pd(PPh_3)_4,\ 1.4\ NaOMe}$ *n*-Hex–C≡C–CH=CH–*n*-Bu　98%　(25.7)

9-BBN-H + CH₂=CH–*n*-Bu → 9-BBN–CH₂CH₂–*n*-Bu

n-Dodec-Br + 9-BBN–CH₂CH₂–*n*-Bu $\xrightarrow[1.2\ K_2PO_4\cdot H_2O,\ \text{THF, 室温}]{4\%\ Pd(OAc)_2,\ 8\%\ PCy_3}$ *n*-Dodec–CH₂CH₂–*n*-Bu　93%　(25.8)

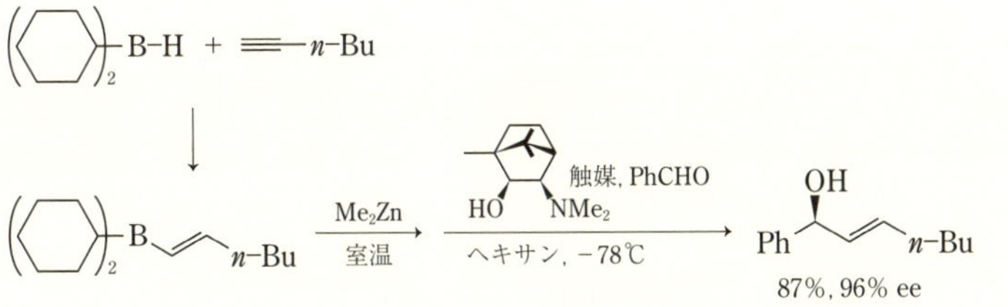

(25.9)

87%, 96% ee

25.3.2 $NaBH_4$，$NaBH_3CN$，$LiBH_4$，その他四配位ボラート

水素化ホウ素ナトリウム（$NaBH_4$）は，ルイス（Lewis）酸性を有する求電子的な BH_3 と異なり，通常空気中でも安定で取扱いも容易な固体である[63a]．同じアート型還元剤である $LiAlH_4$ に比べて還元力は穏やかである．一般にアルコール溶媒中で，アルデヒド，ケトンを還元してアルコールを与えるが，エステル，カルボン酸，ニトリル，エポキシドなどはこの条件では還元されにくい．したがって，アルデヒド，ケトンからアルコールへの選択的還元法として便利である．メタノールを溶媒とした場合，溶解度が大きいが，B－H 結合が加溶媒分解されて水素の発生が観測される．イソプロピルアルコールや NaOH 水溶液中では安定で，長期間保存できる．計算した量のアルコールを添加して反応性を制御することも可能である．イミドの位置選択的還元も $NaBH_4$ を用いることにより，達成されている[72]．

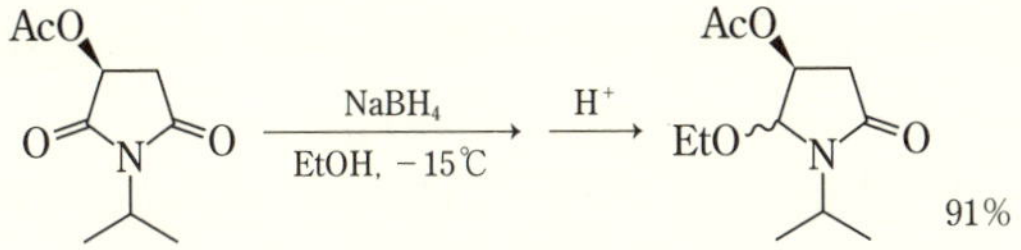

91%

カルボニル化合物をアミン存在下で還元する還元的アミノ化では，後述の $NaBH_3CN$ を用いることが多いが，$NaBH_4$ を用いても可能である．この場合，一度イミンを調製したのちに $NaBH_4$ を作用させる 2 段階での手法が一般的である[73]．

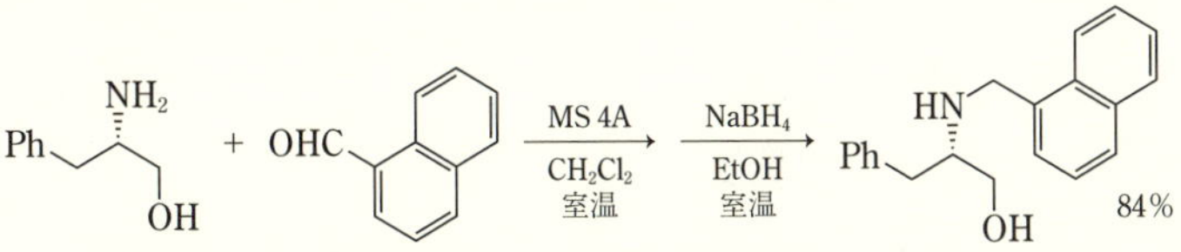

84%

水素化ホウ素還元剤は対カチオンの種類により，反応性が大幅に変化する．リチウム陽イオンは，ナトリウム陽イオンよりルイス酸性が高くカルボニル基を強く活性化するので，還元力が増大する．したがって $NaBH_4$ は湿気に対する注意はほとんど必要ないのに対し，$LiBH_4$ は湿った空気により発火する危険性がある．エーテルや THF への溶解性は $NaBH_4$ よ

り大きい．またとくに立体選択性において優れた結果を示す還元剤として $Zn(BH_4)_2$ が知られている．$Zn(BH_4)_2$ は $NaBH_4$ と $ZnCl_2$ をエーテル中で反応させて調製する．種々の酸素官能基とのキレーションにより，ジアステレオ選択的に還元が進行する[74]（式(25.10)）．同様に $CaCl_2$ より系内で調製される $Ca(BH_4)_2$ では，エステルの還元がスムーズに進行する[75]（式(25.11)）．

O　OMe　$\xrightarrow[\text{Et}_2\text{O, 0℃}]{\text{Zn(BH}_4)_2}$　OH　OMe
99%
シン/アンチ＝33：1　(25.10)

CO₂Me　BocNH　$\xrightarrow[\text{THF, −5℃}]{\text{Ca(BH}_4)_2}$　OH　BocNH　70〜94%　(25.11)

$NaBH_4$ と金属塩などとの組合せにより，特徴ある還元反応が進行することが知られている．さまざまな金属塩の使用例が報告されているが，もっともよく利用される手法の一つが，$NaBH_4$-$Ni(OAc)_2$（または $NiCl_2$）の組合せである．この組合せによると Ni_2B が生成することが知られており，ニトロ基をはじめとするさまざまな官能基の還元が可能となる[76]（式(25.12)）．もう一つの代表例が $NaBH_4$-$CeCl_3$（Luche 還元）である．α,β-不飽和ケトンの還元では，条件によっては 1,2-還元と 1,4-還元が混在して進行する（式(25.13)）が，Luche 法を利用することにより，反応性が向上するとともに 1,2-還元のみが選択的に進行してアリルアルコールを得ることができる[77]（式(25.13)）．1,2-選択性発現には，カルボニル酸素の Ce^{3+} への強い配位が重要であることが示唆されている（式(25.14)）．

NO_2　$\xrightarrow[\text{MeOH, 室温}]{\text{NaBH}_4\text{–NiCl}_2}$　NH_2
95%　(25.12)

O　⟶　OH　＋　OH　(25.13)

MeOH 中 $NaBH_4$	0%	100%
MeOH 中 $NaBH_4$–$CeCl_3$	97%	3%

TBSO　HO　H　H　O　N　$\xrightarrow[\text{MeOH, 0℃}]{\text{NaBH}_4\text{–CeCl}_3}$　TBSO　HO　H　H　OH　N
83%　(25.14)

$NaBH_4$ を I_2 とともに用いるとカルボン酸を対応するアルコールに還元できる．不斉源として用いる光学活性アミノアルコールの合成には後述の $LiAlH_4$ によるアミノ酸の還元が主流であるが，この手法も簡便で便利である[78]．

CO_2H, NH_2 —[$NaBH_4$–I_2 / THF, 還流]→ OH, NH_2　94%

β-ヒドロキシケトンの還元において，n-Bu_3B を作用させたのち THF 中 $NaBH_4$ で還元することにより，立体選択的に *syn*-1,3-ジオールを得ることができる（式(25.15)）．n-Bu_3B の代わりに Et_2BOMe を用いる手法がのちに報告され，Narasaka-Prasad 法として知られている[79]（式(25.15)）．一方，*anti*-1,3-ジオール合成法としては，$Me_4NBH(OAc)_3$ による還元が有効であることが報告されている[80]（式(25.16)）．

O, OH, n-Bu, n-Bu → [H^-, H, n-Bu, n-Bu, O, O, B, n-Bu, n-Bu] → OH, OH, n-Bu, n-Bu　(25.15)

THF 中 n-Bu_3B, $NaBH_4$, −100℃

THF/MeOH 中 Et_2BOMe, $NaBH_4$, −70℃

	シン/アンチ
72%,	97：3
99%,	99：1

O, OH, i-Pr, i-Pr —[$Me_4NBH_4(OAc)_3$ / CH_3CN/AcOH / −40℃]→ [H, $\overset{+}{O}$, H, OAc, B^-, O, OAc, i-Pr, i-Pr, H] → OH, OH, i-Pr, i-Pr　(25.16)

86%

アンチ/シン＝96：4

キレーション制御還元では，酸素官能基によるキレーションが一般的であるが，最近，フッ素原子がキレーション可能であることも報告された[81]．

O, F —[$LiBH_4$, $TiCl_4$ / Et_2O, −78℃]→ [O…$TiCl_4$, F] → OH, F

87%

シン/アンチ＝32：1

アルキル基が三つ置換している還元剤として，Li*s*-Bu_3BH（L-selectride），K*s*-Bu_3BH（K-selectride），および $LiEt_3BH$（superhydride）が市販されている．これらは $NaBH_4$ に比べてヒドリドの求核性が増しており，とくに，$LiEt_3BH$ はもっとも求核性が高いとされており，カルボニル基を低温で還元するほか，ハロゲンやスルホナートの還元も進行する（式(25.17)）．一方，かさ高い還元剤としてケトン類のジアステレオ選択的還元にも用いられる[63,82]（式(25.18)）．

$$\text{1-adamantylmethyl-OTs} \xrightarrow[\text{THF, 65℃}]{\text{LiEt}_3\text{BH}} \text{1-methyladamantane (-CH}_3\text{)}\quad 95\% \tag{25.17}$$

$$\text{3-methylcyclohexanone} \longrightarrow \text{(H, OH)} + \text{(OH, H)} \tag{25.18}$$

LiAlH(O*t*-Bu)$_3$：	90：10
NaBH$_4$：	88：12
BH$_3$：	77：23
LiAlH$_4$：	76：24
Li*s*-Bu$_3$BH：	5：95

一方，$NaBH_3CN$ は，電子求引性のシアノ基で置換されているために求核性が低いが，逆に pH 3 程度の酸性溶液中でも安定である．したがって，他の還元剤では実現困難な還元が可能であり，とくに窒素官能基の還元において有効である場合がある．たとえば，水，メタノール中で pH 7 付近では，アルデヒド，ケトンの還元はほとんど起こらないが，pH 3～4 付近で還元速度が大きくなる．酸性条件では，カルボニル基は還元に優先してアミン類との縮合反応が速く進行するため，還元的アミノ化が進行する[83]（式(25.19)）．オキシムからヒドロキシルアミンへの還元も収率よく進行する．トシルヒドラゾン経由の還元的メチレン化反応（DMF-スルホラン中 100℃）にも有効であり（式(25.20)），とくに，立体障害の大きいケトンではウォルフ-キシュナー（Wolff-Kishner）還元で収率が悪い場合にも適用できる．さらに，$ZnCl_2$ で修飾するとメタノール加熱還流条件でも反応が進行する[84]（式(25.21)）．

$$\text{valine methyl ester (CO}_2\text{Me, NH}_2\text{)} + \text{3-pentanone} \xrightarrow[\text{MeOH, pH 6, 常温}]{\text{NaBH}_3\text{CN}} \text{N-(3-pentyl) valine methyl ester (CO}_2\text{Me, NH)}\quad 97\% \tag{25.19}$$

$$\text{PhCH=NOH} \xrightarrow[\text{MeOH, pH 4, 25℃}]{\text{NaBH}_3\text{CN}} \text{PhCH}_2\text{NHOH}\quad 79\% \tag{25.20}$$

$$t\text{-Bu-C}_6\text{H}_{10}\text{=NNHTs} \xrightarrow[\text{MeOH, 還流}]{\text{NaBH}_3\text{CN, 0.5 ZnCl}_2} t\text{-Bu-C}_6\text{H}_{11}\quad 85\% \tag{25.21}$$

光学活性なケトイミン配位子を有するコバルト(II) 錯体（図 25.15）を用いると，水素化ホウ素ナトリウムを還元剤としてケトン類の触媒的不斉還元[85]が実現される．水素化ホウ素ナトリウムは通常の還元反応ではメタノールやエタノールなどのアルコール溶媒中で用いるのが一般的であるが，この触媒的不斉還元ではクロロホルムを溶媒とすると好成績が得ら

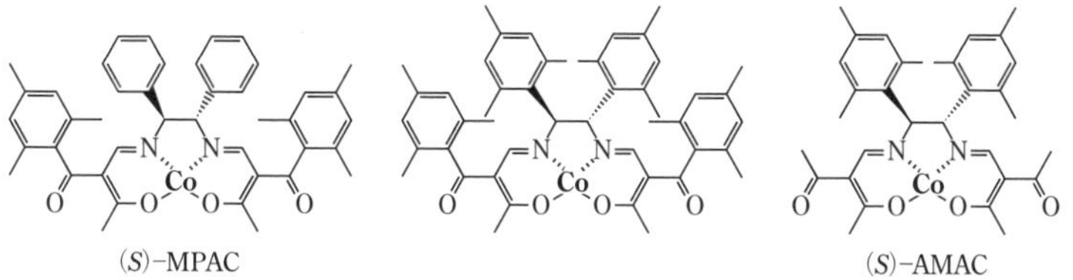

(S)-MPAC　(S)-AMAC

図 25.15　さまざまなケトイミナトコバルト錯体

れる．ただし，市販のクロロホルムは安定化剤としてアルコールが含まれているので，アルコールを含まないグレードのクロロホルムを使う．水素化ホウ素ナトリウムのクロロホルム懸濁液に所定量のテトラヒドロフルフリルアルコールとエタノールないし単独でエタノールを加えると，計算量の水素ガスの発生を伴って，均一溶液として修飾ボロヒドリド溶液が得られる．第二の反応容器に触媒量の光学活性ケトイミナトコバルト(II) 錯体と反応基質カルボニル化合物のクロロホルム溶液を用意し，ここに前述の修飾水素化ホウ素ナトリウム溶液を滴下する．溶液の色調はコバルト(II) 錯体の黄色から濃い赤紫色になる．反応時間は基質の構造によって異なるが，−20 ℃ から氷冷下または室温程度で数分から数時間で完了し，芳香族ケトン類からはほぼ定量的に高いエナンチオ選択性で対応する還元体が得られる．イミン誘導体[86] や α,β-不飽和カルボニル誘導体に対する不斉 1,4-還元の報告[87] もある．基質の構造に応じて錯体触媒の選択が必要であるが，代表的な錯体が市販されている．反応中間体の構造に関する研究[88] も進んでおり，クロロホルム由来のジクロロメチル基を軸配位子にもつコバルトヒドリドが活性種[89] であるとされ，結果に基づいて脂肪族ケトンへの適用[90] について対応法が報告されている．触媒の回収再利用[91] やフローシステム[92] への適用も試みられており，連続運転によるスケールアップの報告もある．

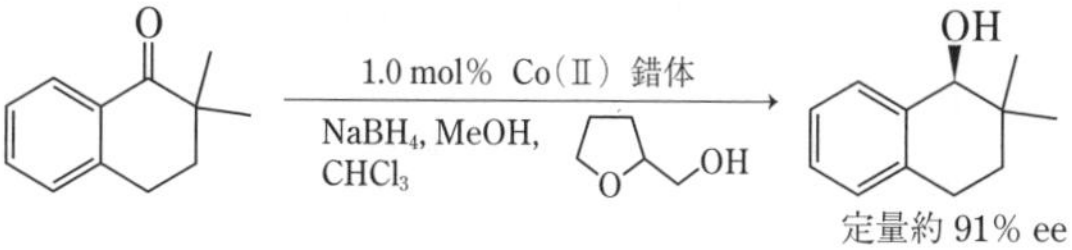

1.0 mol%　Co(II) 錯体
$NaBH_4$, MeOH, $CHCl_3$
定量約 91% ee　(25.22)

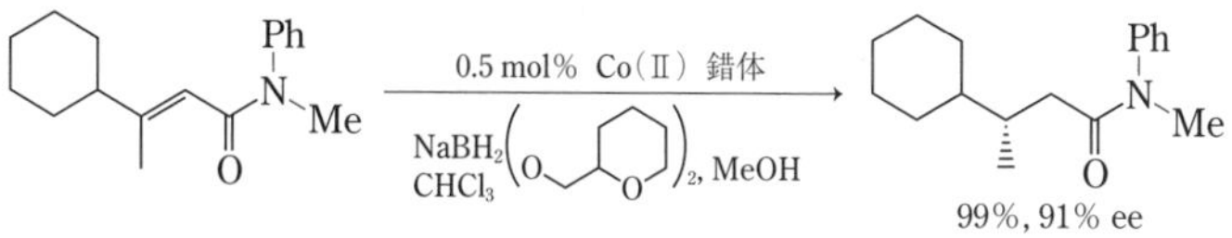

0.5 mol%　Co(II) 錯体
$NaBH_2$( )$_2$, MeOH
$CHCl_3$
99%, 91% ee　(25.23)

25.3.3　AlH_3，i-Bu_2AlH，i-Bu_3Al（三配位アルミニウム）

アラン（AlH_3）は最近用いられることは少ないが，後述のように $LiAlH_4$ と $AlCl_3$ より反応系内で調製して用いることができる．

三配位アルミニウムで代表的な還元剤は，i-Bu_2AlH（DIBALH）である．トルエン，ジクロロメタンなどの溶液が市販されている．後述の $LiAlH_4$ などと異なり，ルイス（Lewis）酸性を有する還元剤であり，特徴ある反応性および立体選択性を示す．酸素（あるいは窒素）-アルミニウム結合が強いために，還元中間体が比較的安定であることが多く，エステルからアルデヒド[93]（式(25.24)），ラクトンからラクトール[94]（式(25.25)），ニトリルからアルデヒドへの還元[95]（式(25.26)）が可能である．とくに，α 位に配位可能な酸素官能基などがある場合には，収率が良い[85]．ただしエステルからの還元は 1 段階で完全に止めることが難しい場合が多く，むしろ積極的に 2 当量用いてアルコールまで還元し（式(25.27)），得られたアルコールを再度酸化してアルデヒドを得ることも多い[96]．α,β-不飽和ケトンの 1,2-選択的還元においては，$NaBH_4$-$CeCl_3$ 法とともに有効である[97]（式(25.28)）．

TESO … DIBALH / CH_2Cl_2, −78℃ → TESO … H, O　100%　(25.24)

H … O, O, H　DIBALH / トルエン, −78℃ → H … O, OH, H　95%　(25.25)

CN … OTBS, H, OMOM　DIBALH / CH_2Cl_2, −78℃ → CHO … OTBS, H, OMOM　93%　(25.26)

EtO_2C … CO_2Et　4.4 DIBALH / PE, −60→−20℃ → HO … OH　80%　(25.27)

OMOM, O, H　DIBALH / THF, −78℃ → OMOM, HO, H　94%　(25.28)

ベンジリデンアセタールの還元においては，立体的にすいている酸素原子への配位を経由した分子内還元的開裂が進行したと考えられる，ベンジル型エーテルを得ることができる[98]．

MeO … O, O, OTBS　DIBALH / CH_2Cl_2, −78℃ → MeO … O, HO, OTBS　93%

DIBALH と *n*-BuLi より生じる錯ヒドリドを用いると低温ですみやかにエステルなどを還元することができるため，アミド共存下でエステルを化学選択的に還元することもできる[99]．

Bu_3Sn　OPMB　MeO_2C　O　Me_2N　O

1) DIBALH, *n*-BuLi THF, −78℃
2) $NaBH_4$ EtOH, −78℃→室温

Bu_3Sn　OPMB　HO　O　Me_2N　O　77%

アセチレンに対するシス付加によるビニルアラン経由で *Z*-アルケンを得ることができる（式(25.29)）．プロパルギルアミンの場合には，*E* 体が生成する[100]（式(25.30)）．

n-Bu—≡—*n*-Bu　DIBALH ヘキサン, 50℃　求電子剤(E^+)　E　*n*-Bu　*n*-Bu　E＝H；82%　I；54%　(25.29)

NBnMe　DIBALH トルエン, 40℃　NBnMe　96%　(25.30)

25.3.4　$LiAlH_4$，$NaAlH_4$ など四配位アルミナート錯体およびその他

水素化アルミニウムリチウム（$LiAlH_4$）は灰白色の粉末結晶で，市販品をそのまま使うことがほとんどである．乾燥空気中室温では安定であるが，$NaBH_4$ より反応性が高く，水と激しく反応して 4 mol の水素を発生して加水分解される[63a]．溶媒としては，ジエチルエーテル（溶解度 30 g/100 g Et_2O）や THF（溶解度 13 g/100 g THF）が用いられ，完全に溶けない状態でも反応を行うことができる．エーテルに溶かして不溶物を沪過により除去し，滴定して濃度を決めることにより，量を制御して利用することもできる．反応停止および後処理については，酸で加水分解したのち抽出することが多いが，酒石酸カリウムナトリウム（ロシェル（Rochelle）塩）や飽和硫酸ナトリウム水溶液を用いる簡便な処理法も知られており，これらの方法は DIBALH 還元の後処理にも適用可能である．

$LiAlH_4$ は還元力が強く，多くの酸素官能基，窒素官能基が還元できるが，逆に官能基選択性は低いという欠点にもなる．カルボン酸やエステルの還元ではアルコールが得られるが，対照的にアミドの還元では，アミド窒素からの電子供与によりアルコキシド酸素の脱離が進行することから，対応するアミンが得られる（式(25.31)）．不斉合成反応において光学活性アミンが不斉源として利用されているが，アミノ酸アミドの $LiAlH_4$ による還元（式(25.32)）は，非常に有効な入手法である[101]．

$RC(=O)NR_2$ —$LiAlH_4$→ [R–C(H)(O–Al)(:NR_2) → $RCH{=}\overset{+}{N}R_2$ —H–Al→] → RCH_2NR_2　(25.31)

—$LiAlH_4$, THF, 還流→ 81%　(25.32)

ヒドリドをアルコキシドに変換することにより，反応性を制御することができる[102]．BINOL より調製した不斉アルミニウム還元剤によるケトンの不斉還元においては，EtOH 1 当量でヒドリド一つをエトキシドに変換することにより，高い光学純度を達成している[103]（式(25.33)）．$LiAlH(O\mathit{t}\text{-}Bu)_3$ は，取扱いも容易で適度な反応性を有すること，また比較的かさ高いことから，立体および化学選択的還元剤として広く利用されている．たとえば，酸塩化物の還元によりアルデヒドが得られる（式(25.34)）が，従来のローゼンムント（Rosenmund）還元より便利な手法である[104]．

—Li^+ [BINOL–Al(H)(OEt)]$^-$, THF, −78℃→ 78%, 100% ee　(25.33)

NC–C_6H_4–COCl —$LiAlH(O\mathit{t}\text{-}Bu)_3$, ジグリム, −78℃→ NC–$C_6H_4$–CHO 87%　(25.34)

一方，$NaAlH_2(OCH_2CH_2OCH_3)_2$ はトルエン溶液として市販されており（Red-Al, Vitride），$LiAlH_4$ とほぼ同様の反応性を示すこと，芳香族炭化水素も溶媒として利用可能なこと，$LiAlH_4$ よりも熱的に安定であること，当量を制御しやすいことから，便利な還元剤である[102]．

$LiAlH_4$ と金属塩の組合せにより，特徴ある還元反応が可能となる．LiI の共存下では，酸素官能基とのキレーション効果により，高ジアステレオ選択的にケトンの還元が進行する例が報告されている[105]（式(25.35)）．オキシムエーテルの還元によりアミンを得ることができるが，KOMe の添加により反応性が向上し，高ジアステレオ選択性が発現することも報告されている[106]（式(25.36)）．

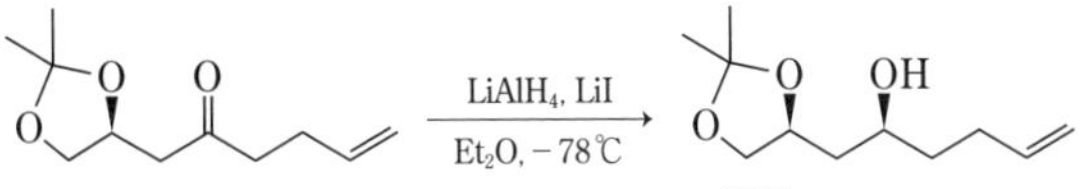

LiAlH$_4$, LiI / Et$_2$O, −78℃

98%
シン/アンチ＝95：5

(25.35)

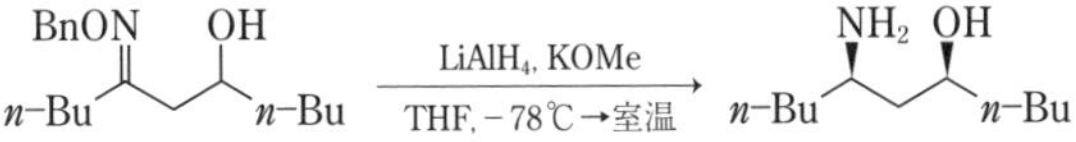

LiAlH$_4$, KOMe / THF, −78℃→室温

87%
シン/アンチ＝95：5

(25.36)

$AlCl_3$との組合せでは，その量関係により種々のアルミニウムヒドリド種が生成する．$LiAlH_4$-$AlCl_3$（3：1）の組合せは系内でAlH_3を発生させる方法（式(25.37)）として知られており，ルイス（Lewis）酸的な還元剤として用いられる[107]．また，これより$AlCl_3$の割合が高い場合には，ルイス酸性の高い塩化アルミニウムヒドリドが生成し，酸素および窒素官能基の強力な還元剤として作用する[108]（式(25.38)～(25.40)）．

$$3\,LiAlH_4 + AlCl_3 \xrightarrow{Et_2O} 4\,AlH_3 + 3\,LiCl \qquad (25.37)$$

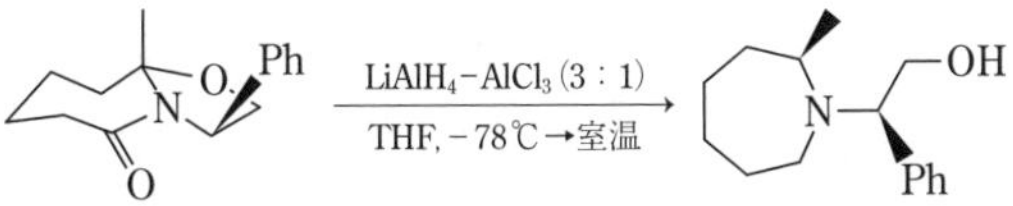

LiAlH$_4$−AlCl$_3$ (3：1) / THF, −78℃→室温

80%, dr＝95.7：4.3

(25.38)

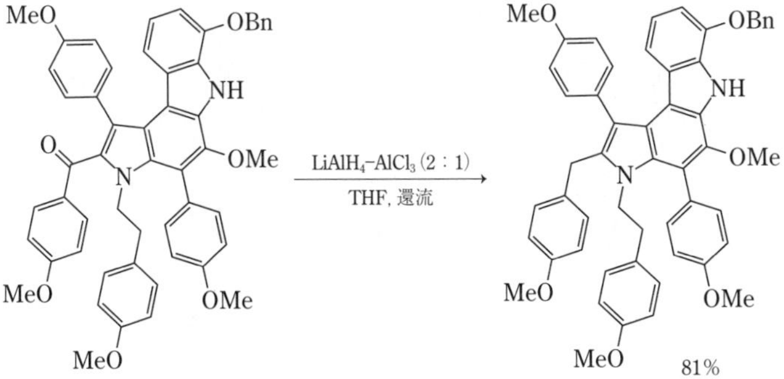

LiAlH$_4$−AlCl$_3$ (2：1) / THF, 還流

81%

(25.39)

LiAlH$_4$−AlCl$_3$ (1：3) / シクロペンチル−OMe, 0℃→室温

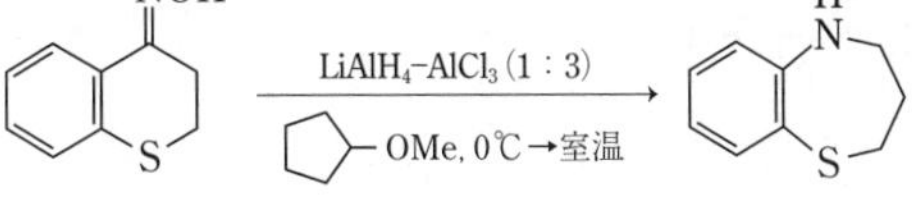

76%

(25.40)

一方，金属塩化物との反応により，金属自身が還元されて低原子価金属が発生し，特色ある還元反応が進行する例がある．チタン塩化物との組合せは低原子価チタンの発生法として有用であり，McMurry カップリング反応に用いることができる[109]（式(25.41)）．ケトエステルの分子内環化反応に適用すると，環状エノールエーテルを経由して大環状ケトンの合成も可能である[110]（式(25.42)）．$LiAlH_4$ と $FeCl_2$ や $CoCl_2$ を組み合わせるとハロゲン化アルキルの還元が進行する[111]（式(25.43)）．最近では，$LiAlH_4$ と $TiCl_4$ の組合せが CF 結合切断に有効であるという報告もなされた[112]（式(25.44)）．一方，$LiAlH_4$ と $NbCl_3$ の組合せにより，芳香族 CF_3 基よりカルベンが生成することが見出され，分子内挿入反応による環状化合物合成に利用されている[113]（式(25.45)）．

$TiCl_4$, $LiAlH_4$ / THF, 還流　90%　(25.41)

OEt　O　O　$TiCl_3$, $LiAlH_4$, Et_3N / DME, 還流　OEt　H_3O^+　O　81%　(25.42)

$$n\text{-}C_9H_{19}-Cl \xrightarrow[\text{THF, 室温}]{CoCl_2\text{ 触媒, }LiAlH_4} n\text{-}C_9H_{19}-H \quad 100\% \tag{25.43}$$

CF_3　$TiCl_4$ 触媒, $LiAlH_4$ / DME, 還流　CH_3　95%　(25.44)

CF_3　$NbCl_3$ 触媒, $LiAlH_4$ / ジオキサン, 還流　83%　(25.45)

$LiAlH_4$ による三重結合の還元は一般に進行しにくく，高温条件で (*E*)-アルケンを与えることが報告されている[114]（式(25.46)）．これに対し，触媒量の $NiCl_2$ 存在下では (*Z*)-アルケンに還元できる[115]（式(25.47)）．

$$C_2H_5-C\equiv C-C_2H_5 \xrightarrow[\text{THF–ジグリム, 108～138℃}]{LiAlH_4} C_2H_5\text{CH=CH}C_2H_5\ (89.6\%) + \text{シス異性体}\ (1.4\%) \tag{25.46}$$

$$n\text{-}C_5H_{11}\text{—≡—}CH_3 \xrightarrow[\text{THF, 室温}]{\text{10\% }NiCl_2,\ LiAlH_4} (Z)\text{-}n\text{-}C_5H_{11}CH{=}CHCH_3\ \ 91\% \tag{25.47}$$

プロパルギルアルコールを基質とする場合には，炭素-炭素三重結合の還元が容易にかつ選択的に進行し，(*E*)-アリルアルコールを立体選択的に合成することができる（式(25.48)）．還元中間体はヨウ素で捕捉され，対応するヨウ化ビニル誘導体が得られる．$LiAlH_4$ による還元では飽和アルコールが副生成物として得られる場合があるが，$NaAlH_2(OCH_2CH_2OCH_3)_2$ を用いるとアリルアルコールのみを選択的に得ることができる[116]（式(25.49)）．

$$\text{HO} \xrightarrow[\text{Et}_2\text{O, 室温}]{LiAlH_4} \text{HO}\ \ 98\% \tag{25.48}$$

$$\xrightarrow[\text{2) }I_2\text{, THF, }-78℃]{\text{1) }NaAlH_2(OCH_2CH_2OCH_3)_2\text{, }Et_2O\text{, }0℃} \ \ 88\% \tag{25.49}$$

OH　OTBS　→　OH　I　OTBS

25.3.5　ヒドロシラン（R_nSiH_{4-n}）[117]

ヒドロシランはシラン上の置換基によって反応性が異なり，通常 $PhSiH_3 > Ph_2SiH_2 > Ph_3SiH > (EtO)_3SiH > Et_2(MeO)SiH >$ ポリメチルヒドロシロキサン（$Me_3SiO[MeHSiO]_nSiMe_3$, PMHS）の順に反応性が低くなる．反応性の高い $PhSiH_3$ は高価なため大スケール実験には適さないが，安価な PMHS やテトラメチルジシロキサン（TMDS, $[Me_2SiH]_2O$）が使用できればコスト的に有利である[118]．ヒドロシランによる還元はブレンステッド（Brønsted）酸，ルイス（Lewis）酸や金属触媒によって促進される．オレフィンは Et_3SiH-CF_3CO_2H により飽和炭化水素に変換されるが，CF_3CO_2H によるプロトン化，生成したカルボカチオンへの Et_3SiH からのヒドリドの移動によって還元される．末端オレフィンやシスオレフィンは PMHS-Pd/C によっても還元される．ハロゲン化アルキルは Et_3SiH-$AlCl_3$ によりアルカンに，ハロゲン化アリールは Et_3SiH-Pd/C により芳香族炭化水素に還元される．脱ハロゲン化は $(Me_3Si)_3SiH$[119] を用いるラジカル反応によっても可能である．$(Me_3Si)_3SiH$-AIBN を用いると，酸塩化物のアルデヒドへの還元やキサンテート基の還元的除去が可能となる．Et_3SiH-Pd/C はチオエステルや酸塩化物のアルデヒドへの還元にも有効である．光学的に純粋な *N*-Boc-アミノアルデヒドや *N*-Cbz-アミノアルデヒドの合成にも利用できる[120]．一方，Et_3SiH-$PdCl_2$-Et_3N を用いて加熱すると，*N*-Cbz 基は還元的に脱保護されアミンになる．

Ac–Leu–Ala–Ala–NH–^{13}CH(CH$_2$CH$_2$CONMe$_2$)–^{13}COSEt →(Et$_3$SiH, 10% Pd/C, DMF, 0℃, 1.5 h)→ Ac–Leu–Ala–Ala–NH–^{13}CH(CH$_2$CH$_2$CONMe$_2$)–^{13}CHO　89%

ケトンは Et_3SiH-CF_3CO_2H によりアルコールに還元される．Pt，Ru，Rh，Ni などの触媒を用いてケトンやアルデヒドをヒドロシリル化すればシリルエーテルが生成し，加水分解によりアルコールを与える．イミンは $RhCl(PPh_3)_3$ 触媒下，Et_2SiH_2 により高収率でアミンを与える．α,β-不飽和ケトン・アルデヒドの Et_3SiH-$RhCl(PPh_3)_3$ によるヒドロシリル化は1,4-付加で進み，シリルエノールエーテルが生成する．加水分解すれば飽和ケトン・アルデヒドが得られる．Ph_2SiH_2-$RhCl(PPh_3)_3$ では1,2-還元によりアリルアルコールが得られる．

1) Et_3SiH-$RhCl(PPh_3)_3$　2) H_3O^+　→ 97%

1) Ph_2SiH_2-$RhCl(PPh_3)_3$　2) K_2CO_3, MeOH　→ OH　97%

ヒドロシランにより不斉還元することもできる．ケトンを DIOP*3，TRAP*4，PYBOX*5 などの不斉配位子存在下，たとえば Ph_2SiH_2-$RhCl(PPh)_3$ でヒドロシリル化後，加水分解すれば光学活性アルコールが得られる．ケトンの不斉還元にはヒドロシラン，金属塩と不斉配位子および添加物についてさまざまな組合せが有効であり，α,β-不飽和ケトンやイミンの不斉還元に使用可能な組合せも数多く開発されている[121,122]．アセタールは Et_3SiH-CF_3CO_2H や Me_3SiH-$ZnCl_2$ によりエーテルに還元される．

PhCOCH$_3$ →(1) Ph_2SiH_2（1.6 当量）, Rh–Pybox（1 mol%）, Pybox（4 mol%）, $AgBF_4$（2 mol%）, THF, 0℃, 2 h　2) H_3O^+)→ PhCH(OH)CH$_3$　91%, 94% ee

Rh–Pybox（$RhCl_3$）　(25.50)

＊3　DIOP：1,4-bis(diphenylphosphino)-2,3-*O*-isopropylidene-2,3-butanediol.

＊4　TRAP：*trans*-chelating chiral diphosphine ligand.

＊5　PYBOX：pyridine bis(oxazoline).

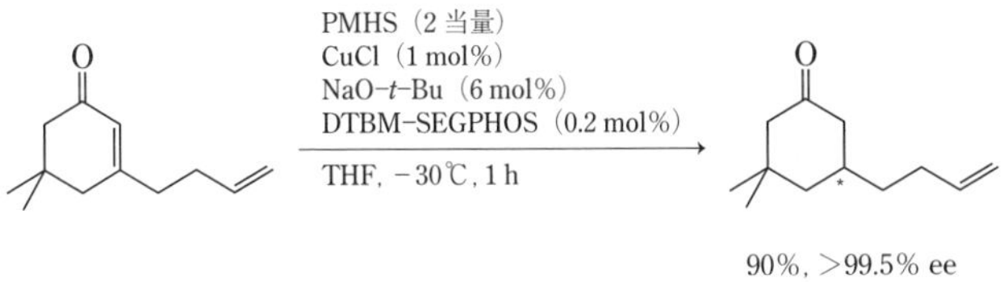

PMHS（2 当量）
CuCl（1 mol%）
NaO-t-Bu（6 mol%）
DTBM-SEGPHOS（0.2 mol%）
THF，−30℃，1 h

90%，>99.5% ee

(25.51)

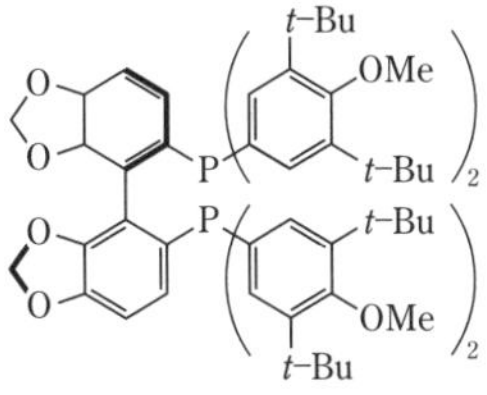

t-Bu, OMe, t-Bu, P, P, t-Bu, OMe, t-Bu

DTBM-SEGPHOS

TMDS（3 当量）
CuCl（6 mol%），NaOMe（6 mol%）
DTBM-SEGPHOS（6 mol%）
t-BuOH（3.3 当量），トルエン，室温，17 h

99%，96.2% ee

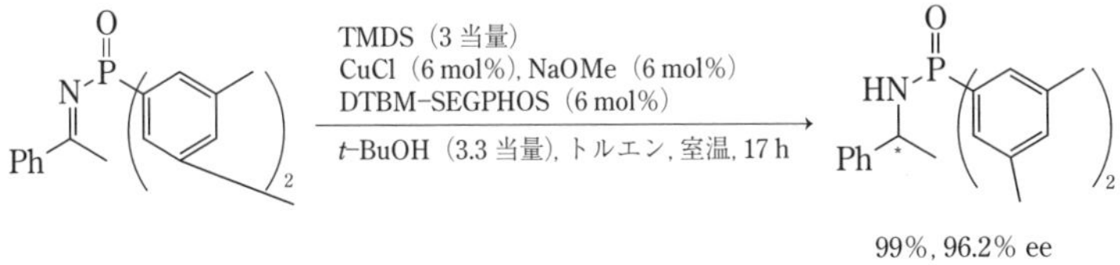

(25.52)

通常，ヒドロシリル化[118]においてカルボン酸誘導体の反応性は，酸塩化物>アルデヒド=ケトン>エステル>カルボン酸>第三級アミド>第二級アミド>第一級アミドの順に低くなる．エステルをアルコールに還元するには，高配位シリケートを形成する $(EtO)_3SiH$-CsF，エステル基を活性化する $(EtO)_3SiH$（または PMHS）-$[Cp_2TiCl_2]$-n-Buli あるいは $(EtO)_3SiH$（または PMHS）-$Ti(O\textit{i}\text{-}Pr)_4$，ラジカル機構で進行する Et_3SiH-$InBr_3$ の組合せが適している．

$$C_8H_{17}CH=CH(CH_2)_7CO_2Me \xrightarrow[25℃,\ 4\ h]{(EtO)_3SiH\,(2.2\ 当量)\ \ CsF\,(1\ 当量)} C_8H_{17}CH=CH(CH_2)_7CH_2OH \quad 90\%$$

反応性の低いアミドについては，Ph_2SiH_2-$RhH(CO)(PPh_3)_2$ を用いると第三級アミドを室温で，TMDS-H_2PtCl_2 を用いると第二級および第三級アミドを 50～70℃ で，$(EtO)_3SiH$-Zn-$(OAc)_2$ を用いると第三級アミドを室温～40℃ で（下式），TMDS（または PMHS）-$Fe(CO)_5$（または $Fe_4(CO)_{12}$）を用いると第三級アミドを 100℃ または光照射で，それぞれ対応するアミンに還元できる．これらの反応は官能基選択性に優れており，反応条件を適切に設定すれば，分子内にエステル，ニトロ基，シアノ基，ケトン基，末端以外のオレフィン，ハロゲン，ジアゾ基などが共存してもアミドの還元が選択的に起こる．アセナフチレンと Ru_3-$(CO)_{12}$ から調製できる三核クラスター触媒を $EtMe_2SiH$ と用いると，ケトン，エステル，カルボン酸，第三級アミドを還元できる．Et_3SiH-$ZnCl_2$ を用いると，芳香族ニトロ化合物はアミンに還元される．

$$\text{PhC(O)-N(CH}_2\text{CH}_2)_2\text{C=O} \xrightarrow[\text{ベンゼン, 室温, 24 h}]{(\text{EtO})_3\text{SiH (3 当量)},\ \text{Zn(OAc)}_2\ (10\ \text{mol\%})} \text{PhCH}_2\text{-N(CH}_2\text{CH}_2)_2\text{C=O}\quad 83\%$$

高純度シリコンの原料となる Cl_3SiH は安価なヒドロシランであり，これを用いるホスフィンオキシドや *N*-アシルイミニウムの還元は工業規模で実施されている[123]．ホスフィンオキシドのホスフィンへの還元においては，ホスフィンオキシドがルイス塩基として Cl_3SiH に配位することにより反応が進行する．光学活性なホスフィンオキシドは立体化学を保持して還元されるが，1 当量の Et_3N を共存させると立体化学を反転して還元される．ここでは Et_3N の配位により活性化された Cl_3SiH が還元剤となっている．ホスホン酸エステル，ホスフィン酸塩，ホスフィン酸エステル，ホスフィン酸塩化物，ジおよびモノハロゲノホスフィンはホスフィンに還元される．芳香族アルデヒドやケトンは Cl_3SiH–Pr_3N により還元的シリル化を受け，加水分解すれば結果的にメチレンに還元される．芳香族カルボン酸は還元的シリル化後，塩基で加水分解するとメチル基にまで還元される．スルホキシドを Cl_3SiH と室温で処理すればスルフィドが得られる．Cl_3SiH–Pr_3N を用いれば，PhSCl，PhS(O)Cl，$PhS(O_2)Cl$，PhSOMe，PhS(O)OMe は PhSSPh に還元される．

Cl_3SiH，$(MeO)_3SiH$，$(EtO)_3SiH$ などによる還元は，ルイス塩基がケイ素に配位し高配位シリケートを形成することによって促進されるので，$(MeO)_3SiH$ や Cl_3SiH をキラルルイス塩基触媒とともに用いれば不斉還元が可能となる（表 25.6）．とくに Cl_3SiH は適切な構造をもつルイス塩基性の有機分子を用いれば活性化できる[124]．

α,β-不飽和ケトンの Cl_3SiH-(*S*)-BINAPO によるヒドロシリル化は 1,4-付加で進み，光学活性ケトンが生成する（式(25.53)）．カルコンの還元において反応中間体であるシリルエノールエーテルをベンズアルデヒドで処理すると，不斉アルドール反応が起こる（式

表 25.6　キラルルイス塩基を用いるシランによるケトンの不斉還元

$$\text{ArC(O)CH}_3 + \text{“SiH”} \xrightarrow{\text{キラルルイス塩基触媒}} \text{ArC}^*\text{H(OH)CH}_3$$

(**13**)　(**14**)　(**15**)　(**16**)

Ar	“SiH”	反応温度 [℃]	キラルルイス塩基 [当量]	収　率 [%]	光学純度 [% ee]（絶対配置）
Ph	$(MeO)_3SiH$	−78	**13**　0.04	62	77 (*R*)
2,4,6-Me_3Ph	$(MeO)_3SiH$	0	**14**　0.05	57	90 (*R*)
Ph	Cl_3SiH	室温	**15**　0.10	90	95 (*R*)
2-Naphth	Cl_3SiH	−20	**16**　0.10	93	94 (*S*)

(25.54)).

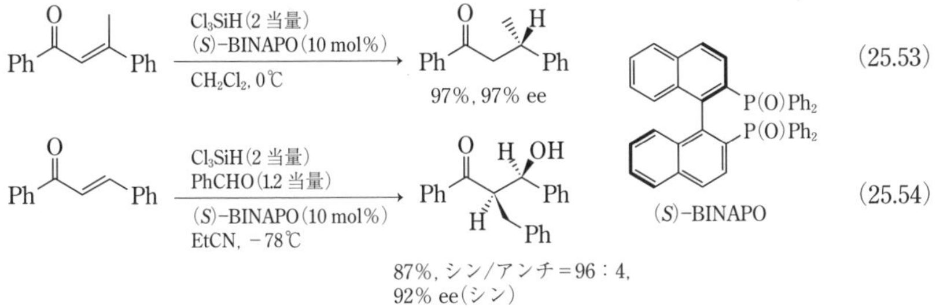

Cl_3SiH(2 当量)
(*S*)-BINAPO(10 mol%)
CH_2Cl_2, 0℃
97%, 97% ee
(25.53)

Cl_3SiH(2 当量)
PhCHO(1.2 当量)
(*S*)-BINAPO(10 mol%)
EtCN, −78℃
87%, シン/アンチ＝96：4,
92% ee(シン)
(*S*)-BINAPO
(25.54)

Cl_3SiH-ルイス塩基触媒はケトンとイミン共存下では，イミンを高選択的に還元する．このイミン選択性は，イミンがルイス塩基として Cl_3SiH に配位することにより発現している．この配位を活かしたイミンの還元に有効なルイス塩基触媒が，ケトンのそれに比べ数多く見つかっている．2-ピコリノイルアミド，ホルミルアミド，スルフィニルアミド，ホスフィンアミドなどのキラルルイス塩基触媒（図 25.16）が開発され，その不斉源はアミノ酸由来のものが多い．

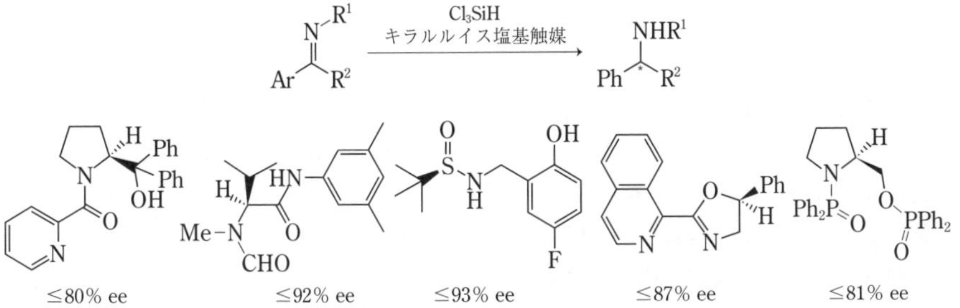

Cl_3SiH
キラルルイス塩基触媒

≦80% ee　≦92% ee　≦93% ee　≦87% ee　≦81% ee

図 25.16　キラルルイス塩基触媒

Cl_3SiH-キラルルイス塩基触媒を用いると，エナミンやエナミノエステルを不斉還元し光学活性アミンや *β*-アミノエステルを合成できる．ケトンとアミンから還元的アミノ化により光学活性アミンを得ることもできる．

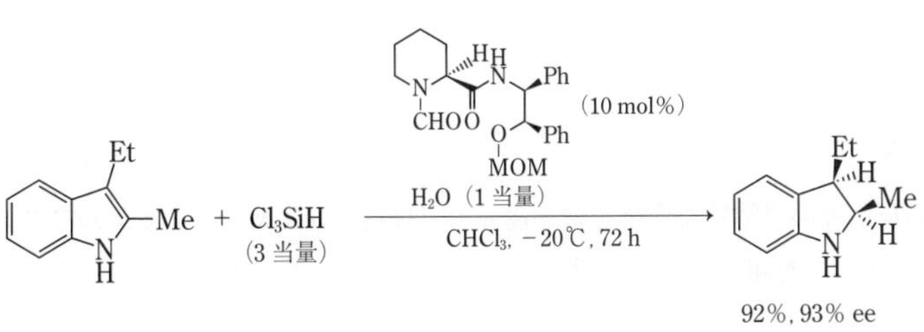

＋ Cl_3SiH (3 当量)
(10 mol%)
H_2O (1 当量)
$CHCl_3$, −20℃, 72 h
92%, 93% ee

【実験例　Et_3SiH-Pd/C によるチオエステルのアルデヒドへの還元[125]】

等圧滴下漏斗を備えた 200 mL の二つ口丸底フラスコにアルゴン風船を取りつけ，撹拌子を入れる．フラスコ内をアルゴンで置換し，Cbz-L-フェニルアラニンエタンチオールエステル 20 g（58.2 mmol），10% Pd/C 3.1 g（5 mol%）とアセトン 58 mL からなる懸濁液を調製する．懸濁液を撹拌し，そこに Et_3SiH 13.9 mL（87.3 mmol）（沸点 107～108 ℃ の液体，市販品が入手できる）を室温で 1 時間かけて等圧滴下漏斗から滴下する．反応の完了を TLC で確認し，溶媒をロータリーエバポレーターで注意深く除去する．残留物にジエチルエーテル 60 mL を加え，不溶物をセライト沪過し，さらにジエチルエーテル 20 mL で 6 回洗浄する．沪液を減圧下に濃縮すると，無色のオイルが得られる．このオイルはヘキサン 30 mL を加えると固化する．この固体を沪過により集め，冷ヘキサン 10 mL で 7 回洗浄し，純粋な Cbz-L-フェニルアラニナールを得る．収量 11.3～11.6 g（39.9～40.9 mmol，収率 68.5～70.3%）．

25.3.6　スズヒドリド（R_nSnH_{4-n}）[121,126]

還元反応には Bu_3SnH がよく用いられるが，代表的なスズヒドリドの反応性は，通常 $Ph_2SnH_2 = BuSnH_3 > Ph_3SnH = Bu_2SnH_2 > Bu_3SnH$ の順に低くなる．低沸点のスズ化合物はとくに有毒で取扱いに注意を要する．市販品もあるが，対応するスズハロゲン化物を $LiAlH_4$ や $NaBH_4$ で還元して，あるいはスズハロゲン化物と Bu_3SnH のヒドリド-ハロゲン交換反応で合成する．Bu_3SnH を用いるハロゲン化アルキルの還元は，ラジカル反応（$R_3Sn\cdot$ が基質（R′X）から X を引き抜き，生じた R′・ が R_3SnH から H・ を引き抜いて連鎖反応となる）で進行するが，ハロゲン化物の反応性は RI＞RBr＞RCl＞RF の順に低くなる．そのため，塩化物の還元には AIBN や紫外線照射などが不可欠である．ハロゲン化アルキルの反応性は，第三級＞第二級＞第一級の順に還元されやすく，ハロゲン化アリルやベンジルは容易に還元される．分子内の適当な位置にオレフィン，カルボニル基，芳香核があればラジカル環化を起こすこともある．フェニルチオ基は塩素と，フェニルセレニル基は臭素と，フェニルテルル基はヨウ素とほぼ同じ反応性を示す．

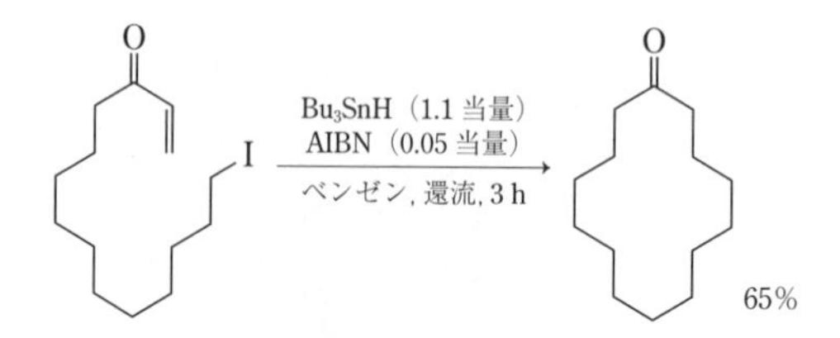

ラジカル反応なので特殊な場合を除き還元の立体選択性は悪いが，キラルスズヒドリドとルイス（Lewis）酸を組み合わせて用いると，第三級ハロゲン化アルキルの不斉還元も可能となる[127]．

$$\text{Br(NHCOCF}_3\text{)C(}t\text{-Bu)CO}_2\text{Et} \xrightarrow[\text{トルエン, }-78\text{℃}\to\text{室温, 5 h}]{\text{2-(H)(Me)C(NM}_2\text{)C}_6\text{H}_4\text{SnH(}l\text{-menthyl)}_2\text{ (1.8 当量), Et}_3\text{B (0.43 当量), MgBr}_2\text{-Et}_2\text{O (2 当量)}} \text{H(NHCOCF}_3\text{)C(}t\text{-Bu)CO}_2\text{Et}$$

65%, 99% ee

ヨウ化アルケニルおよび臭化アルケニルの還元は，スズヒドリドとして Bu_3SnH，ラジカル開始剤としてトリエチルボラン（Et_3B）を用いると温和な条件下に進行する．ここで純粋な *E* 体あるいは *Z* 体のハロゲン化アルケニルを出発原料としても，中間体のアルケニルラジカルの *E* 体と *Z* 体が非常に速い平衡にあるので，−78 ℃ においても還元生成物は *E* 体と *Z* 体の混合物となる．

$$n\text{-C}_{10}\text{H}_{21}\text{CH=C(I)SiEt}_3 \xrightarrow[\text{トルエン, }-78\text{℃, 0.5 h}]{\text{Bu}_3\text{SnH (1.1 当量), Et}_3\text{B (0.1 当量)}} n\text{-C}_{10}\text{H}_{21}\text{CH=CHSiEt}_3$$

E または *Z*

95%（*Z*/*E*＝56：44）*E* から生成
98%（*Z*/*E*＝57：43）*Z* から生成

Bu_3SnH-Et_3B や Bu_3SnH-AIBN を用いると，ヨウ化または臭化アリールは芳香族化合物に収率良く還元される．分子内の適当な位置に二重結合があればラジカル環化を起こすこともある．

Bu$_3$SnH（4 当量）
AIBN（0.4 当量）
トルエン, 90℃, 48 h

58%

カルボニル化合物の還元は，AIBN や紫外線照射により開始された場合にはラジカル反応で，極性溶媒中やルイス酸を用いた場合には極性付加反応（Sn−H 結合の X=Y への付加）によって還元が進行する．キラルルイス酸を用いると不斉還元が可能となる．

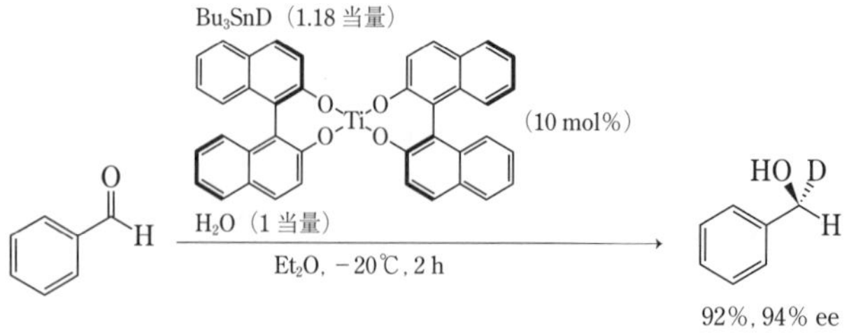

Bu$_3$SnD（1.18 当量）
（10 mol%）
H_2O（1 当量）
Et_2O, －20℃, 2 h
92%, 94% ee

Bu_3SnH-AIBN を用いると，α,β-不飽和ケトン，ニトリル，エステルは 1,4-ヒドロスタニル化を経てケトン，ニトリル，エステルを与える．酸ハロゲン化物の還元ではエステルの副生を伴うことがあるが，$Pd(PPh_3)_4$ を触媒量添加するとアルデヒドだけが得られる．

ヒドロキシ基は C－O 位でラジカル開裂しやすいエステル基，たとえばキサンテート基に変換したのち，Bu_3SnH または Bu_3SnH-AIBN を用いると，収率良く還元除去できる．第二級あるいは第三級ヒドロキシ基の場合は，Et_3B を用いて室温で遂行できる．第一級ヒドロキシ基の場合は，対応するトシラートを NaI 存在下に Bu_3SnH-AIBN を用いて加熱下に還元する方法が優れている．アミノ基はイソニトリル基に，カルボキシ基は *N*-ヒドロキシピリジン-2-チオンエステルに変換したのち，Bu_3SnH-AIBN を用いて加熱すると，それぞれ還元的に脱アミノ化，脱炭酸できる．

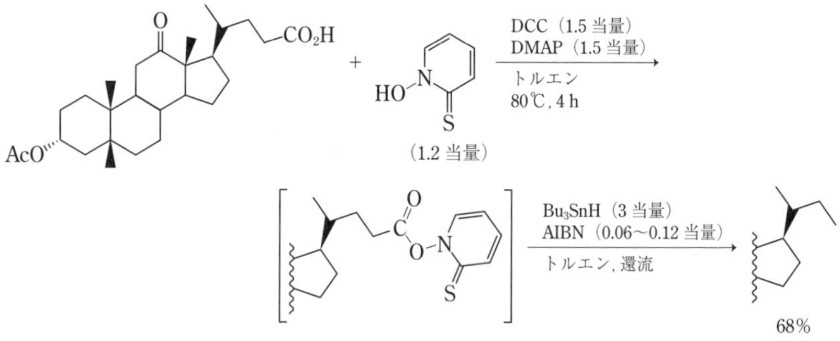

DCC（1.5 当量）
DMAP（1.5 当量）
トルエン
80℃, 4 h
（1.2 当量）
Bu_3SnH（3 当量）
AIBN（0.06～0.12 当量）
トルエン, 還流
68%

カルボジイミドはアミジンに，イソシアナートはホルムアミドに，アジドはアミンに，ニトロソベンゼンはアゾベンゼンに，スルホキシドはスルフィドに，それぞれ還元される．芳香族ジアゾニウム塩は Bu_3SnH を用いてエーテル還流すると還元される．ピリジン *N*-オキシドは Bu_3SnH-AIBN により高収率でピリジンを与える．ニトロ基は Bu_3SnH により他の官能基の存在下に，すみやかに，還元的に脱離される．

Bu_3SnH（1.5 当量）
AIBN（0.5 当量）
ベンゼン
還流，一晩

85%

Bu_2SnCl_2 と Bu_2SnH_2 から調製できる Bu_2SnClH を用いると，アルデヒドとアルジミンが共存してもアルジミンのみを還元できる[128]．Bu_3SnH を用いた結果とは対照的である．HMPA を添加すると，反応が促進される．Bu_2SnClH-HMPA は高いケチミン選択性を示すので，ケトンの還元的アミノ化も可能である．イミンの還元は極性付加で進行する．Bu_2SnClH-HMPA は立体的にかさ高く，ジアステレオ選択性も発現する．

PhCHO（1 当量）＋ $PhNH_2$（1 当量）→［スズヒドリド-HMPA（1 当量），THF，0℃，1 h］→ $PhCH_2NH_2Ph$ ＋ $PhCH_2OH$

	$PhCH_2NH_2Ph$	$PhCH_2OH$
Bu_3SnH：	0%	6%
Bu_3SnH-HMPA：	0%	27%
Bu_2SnClH：	85%	0%
Bu_2SnClH-HMPA：	99%	0%

【実験例　Bu_3SnH-Et_3B によるハロゲン化アルキルの還元[129]】

30 mL の二つ口フラスコにセプタムと三方コックを取りつける．三方コックの一端にアルゴンを満たしたゴム風船を取りつける．フラスコ内をアルゴン置換したのち，2-ブロモドデカン 0.25 g（1.0 mmol）のトルエン溶液 4.0 mL を加え，−78℃ に冷却する．これに Bu_3SnH 0.33 g（1.0 mmol）のトルエン溶液 4.0 mL，つづいて Et_3B の 1.0 mol L^{-1} ヘキサン溶液 0.1 mL（0.1 mmol）をゆっくり加える．−78℃ で 30 分間撹拌し，原料の消失を TLC で確認後，メタノール 25 mL を用いて反応混合物を 100 mL 丸底フラスコに移す．溶媒をロータリーエバポレーターで除去し，残留物をシリカゲルカラムクロマトグラフィー（展開液：ヘキサン）に付すと，ドデカンが得られる（収率 98%）．

25.4　その他の還元法

25.4.1　ウォルフ-キシュナー還元，メーヤワイン-ポンドロフ-バーレー還元

アルデヒドないしケトンのカルボニル基をメチレン基に変換する古典的な反応である．カルボニル化合物をヒドラジンと強塩基条件で数時間加熱する．強酸性条件の同目的の反応に

クレメンゼン（Clemmensen）還元があり，いずれも有機化学の入門の教科書では必ず取り上げられるが，実際の適用には厳しい反応条件を考慮しなければならない．ウォルフ-キシュナー（Wolff-Kischer）還元の機構は，カルボニルとヒドラジンによりいったんヒドラゾンが生成する．引き続き強塩基条件で末端プロトンが引き抜かれるステップが律速とされ，高い反応温度が必須の要因とされている（式(25.55)）．改良法として，いったんヒドラゾンの形成を行ったのち，あらためて強塩基条件による加熱を行う方法（Huang-Minlon 法）や極性非プロトン性溶媒として DMSO 中で *t*-ブトキシカリウムを塩基とし室温条件で第 2 ステップを行う方法が提案されている．また，最近では加熱手段としてマイクロ波照射の適用により，反応時間を 1 時間以下に短縮できるという方法も報告されている[130]（式（25.56））．カルボニル基からメチレン基への変換工程には，最近では，ヒドロキシ基への変換を経由したスルホン酸エステル，またはトシルヒドラジンに変換後のヒドリド還元，チオアセタールに変換後のラネー（Raney）ニッケルによる還元など，温和な反応条件が適用されることが多くなっている．

$$R^1C(=O)R^2 \xrightarrow{NH_2NH_2} R^1C(=O\text{-}NH_2)R^2 \xrightarrow{HO^-} R^1C(=N\text{-}\bar{N}H)R^2 \longrightarrow R^1CH(R^2)\text{-}N{=}\bar{N} \xrightarrow{-N_2} R^1\bar{C}H R^2 \longrightarrow R^1CH_2R^2 \quad (25.55)$$

$$R^1R^2C{=}O + R^3NHNH_2 \xrightarrow[\text{マイクロ波}]{} R^1R^2C{=}NHNHR^3 \xrightarrow[\text{マイクロ波}]{KOH} R^1R^2CH_2 \quad (25.56)$$

カルボニル化合物をイソプロピルアルコール中でアルミニウムイソプロポキシドと加熱すると対応するアルコールが得られる（式(25.57)）．六員環遷移状態を経由しイソプロピルアルコールはヒドリドを放出してアセトンとなる．炭素-炭素二重結合などの官能基が共存してもカルボニル基選択的に還元反応が進行する．シンナムアルデヒド，*o*-ニトロベンズアルデヒド，フェナシルブロミドのメーヤワイン-ポンドルフ-バーレー（Meerwein-Pondorf-Verley）還元ではカルボニル基が選択的に還元されることが報告されている（式(25.58)）．

$$RCHO + (i\text{-}PrO)_2Al\text{-}OCH(CH_3)_2 \rightleftharpoons (i\text{-}PrO)_2Al\text{-}OCH_2R + (CH_3)_2C{=}O \xrightarrow{i\text{-}PrOH} RCH_2OH \quad (25.57)$$

$$PhC(=O)CH_2Br \xrightarrow[i\text{-}PrOH]{Al(Oi\text{-}Pr)_3} PhCH(OH)CH_2Br \;\; 85\% \quad (25.58)$$

LDA などのアルミニウム以外の金属アルコキシドを用いる還元系も試みられているが，塩基性のために縮合反応の併発が問題になる．イソプロピルアルコールを水素源とするカルボニル基の還元反応の発展系としてルテニウム触媒による還元反応をあげることができる．アレーンルテニウム錯体を原料とする触媒により，塩基の存在下，穏和な反応条件でケトンが対応する光学活性アルコールに変換される（式(25.59)）[131]．光学活性 1,2-ジフェニルエチレンジアミン誘導体が有効なキラル配位子であり，下図の構造の錯体が触媒となっていると考えられている．

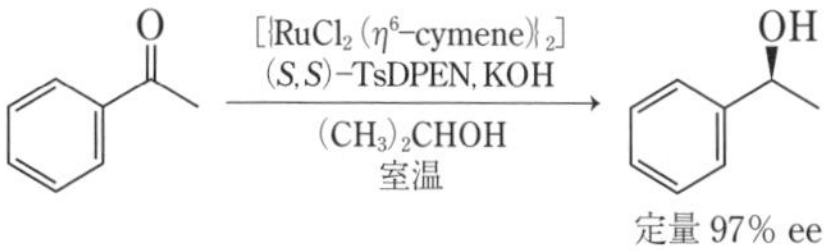

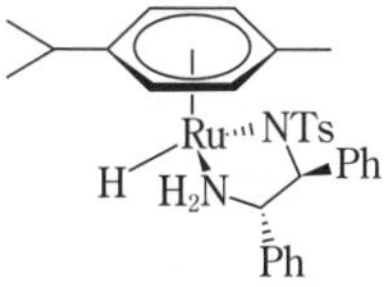

[{RuCl$_2$(η^6-cymene)}$_2$]
(*S*,*S*)-TsDPEN, KOH
(CH$_3$)$_2$CHOH
室温

定量 97% ee

[RuH{(*S*,*S*)-TsDPEN}(η^6-cymene)]

25.4.2　ジイミドによる還元[132]

ジイミドはきわめて不安定な化学種であり，−196 ℃では存在できるものの−180 ℃では窒素ガスとヒドラジンに不均化する．また構造的にはトランス体とシス体が考えられるが活性な水素供与体として作用するのは不安定形の *cis*-ジイミドであるとされている．そのため還元剤として利用する合成目的では反応系中で発生させるのが一般的である．代表的な発生法は，(1) ヒドラジンの酸化（式(25.60)），(2) *N*-アレンスルホニルヒドラジンの熱，酸条件，塩基条件による分解（式(25.61)），(3) アゾジカルボン酸のカルシウムもしくはナトリウム塩の熱分解（式(25.62)），(4) ヒドロキシルアミン-*O*-スルホン酸やクロラミンの塩基性条件の分解などである．

$$NH_2NH_2 \xrightarrow[Cu(II)]{O_2 \text{ または } H_2O_2} HN=NH \tag{25.60}$$

$$TsNHNH_2 \xrightarrow{\text{加熱}} HN=NH \tag{25.61}$$

$$KO_2C{-}N=N{-}CO_2K \xrightarrow{AcOH} HN=NH \tag{25.62}$$

ヒドラジンの酸化では，分子状酸素や過酸化水素を銅(II) 触媒として用いる反応条件がよく用いられる．高原子価ヨウ素酸化剤や酸化水銀(II)，セレン酸化剤，フェリシアニドを酸化剤とする発生法も報告されている．ジイミドによる還元反応は一般には，炭素-炭素二重結合，炭素-炭素三重結合，窒素-窒素二重結合など分極のない対称な多重結合の還元に適している．六員環構造の環状遷移状態を経由するとされており，したがって水素付加はより立体障害の小さい面からシン付加で還元は進行する．

H　H　N=N　→　H　H　N=N　→　H　H　N≡N

一方，カルボニル基やシアノ基など分極の大きな異原子間多重結合に対する還元反応はきわめて遅い，もしくはほとんど反応しない．アルケン類の反応では立体障害の影響を受けやすく多置換体ほど反応性が低下する．共役ジエンは単独オレフィンよりも反応しやすい．また，ノルボルネン骨格に見えるようなひずんだアルケンは高い反応性を示す．このためトランスアルケンの反応活性が対応するシス体よりも高いことがある．アルキンはアルケンよりも反応しやすいが，アルケン合成の目的で利用するのは難しい．ハロゲン化ビニルやビニルエーテルのジイミド還元はきわめて遅いので，これを利用すれば，1-ヨードアルキンのジイミド還元により，*cis*-1-ヨードアルケンが収率良く得られる．

n-C_5H_{11}-CH(OTHP)-C≡C-I　—($KO_2CN=NCO_2K$ / CH_3OH, ピリジン / AcOH, 室温)→　n-C_5H_{11}-CH(OTHP)-CH=CH-I

25.4.3　リン化合物による還元

トリフェニルホスフィンを用いるウィッティヒ（Wittig）反応がリン(III) からリン(V)オキシドへの酸化反応を駆動力とするように，3 価のリン化合物は還元剤として作用する．脱酸素型の還元反応が一般的である．とくにヒドロペルオキシドの還元的処理によるヒドロキシ基への変換反応に有効である．塩基共存条件でカルボニル化合物の酸素酸化で得られる α-ヒドロペルオキシドの還元処理では亜リン酸トリエチルを還元剤とするほうが亜鉛末よりも安定的な収率で α-ヒドロキシ化合物が得られる[133]．

H_3C, O, H_3C, CH_3, H_3C, AcO, CH_3　—(NaH, O_2 / t-BuOH, DMF)→　[H_3C, O, OOH, CH_3]　—($P(OEt)_3$)→　H_3C, O, OH, CH_3

エステルをLDAなどの塩基で処理後，亜リン酸トリエチル共存条件で酸素酸化するとヒドロペルオキシドが収率良く還元され，α位にヒドロキシ基が導入される．オゾン酸化で得られるオゾニドの還元処理にも有効で，ケトンないしアルデヒドを収率良く与える．

O_3 → $P(OCH_3)_3$ → CHO, CH_2CHO

またカルボニル基の還元では，フェニルグリオキシル酸エステルなどのα-ケトカルボン酸エステルは，トリメチルリンまたはジメチルフェニルリンなどの3価リン化合物により，収率よく対応するヒドロキシカルボン酸エステルに変換されることが報告されている[134]（下式）．エポキシドの脱酸素によるオレフィンへの還元的変換も可能だが加熱条件が必要であるのに対し，エピスルフィドではより温和な反応条件で脱硫黄反応を起こす．

O, OEt, O → $P(CH_3)_3$ / CH_3OH / 室温, 2 h → OH, OEt, O　96%

文　献

1）山中龍雄 編著，“有機合成における接触水素化法”，日刊工業新聞社（1963）．
2）R. L. Augustine, “Catalytic Hydrogenation”, Marcel Dekker（1965）．
3）P. N. Rylander, “Catalytic Hydrogenation over Platinum Metals”, Acadimic Press（1967）．
4）S. Nishimura, “Handbook of Heterogeneous Catalytic Hydrogenation for Organic Synthesis”, John Wiley（2001）．
5）室井高城，“工業貴金属触媒―実用金属触媒の実際と反応”，JETI（2003）．
6）米国特許 USP 7863489 Celanese 社．
7）横山壽治，藤井和洋，ペトロテック，**14**, 633（1991）．
8）P. N. Rylander, *Engelhard Ind. Tech. Bull.*, **1**, 133（1961）．
9）特公平 2-12212 マリンクロッド．
10）長谷川光治，櫻井敏彦，加納伸行，第88回触媒討論会，2P35（2002）．
11）特開昭 61-21608 Rhone Poulenc 社．
12）特開昭 62-93247 Stamicarbon.
13）大熊 毅，有機合成化学，**57**, 697（1999）．
14）特開平 10-204002 大日本インキ，エヌ・イーケムキャット．
15）特公昭 63-44741 宇部興産．
16）特開平 7-206786 デグッサ アクチェンゲゼルシャフト．
17）特開昭 58-140079 宇部興産．
18）M. D. Jones, C. G. Keir, C. Di Iulio, R. A. M. Robertson, C. V. Williams, D. C. Apperley, *Catal. Sci. Technol.*, **1**, 267（2011）．
19）山中龍雄，“触媒反応と実験”，日刊工業新聞社（1966）．
20）西村重夫，高木 弦，“接触水素化反応―有機合成への応用”，東京化学同人（1987）．
21）室井高城，“工業貴金属触媒―実用金属触媒の実際と反応”，p. 39, JETI（2003）．
22）G. T. White, R. Testa, I. R. Feins, *Chemical Catalyst News*, Dec.（1993）．

23) 日本化学会 編,“新 実験化学講座 15-II”, p.392, 丸善出版 (1977).
24) H.-y. Jiang, C.-f. Yang, C. Li, H.-y. Fu, H. Chen, R.-x. Li, X.-j. Li, *Angew. Chem. Int. Ed.*, **47**, 9240 (2008).
25) M. Johansson, O. Sterner, *Org. Lett.*, **3**, 2843, (2001).
26) R. Mozingo, *Org. Synth.*, Coll. Vol., **3**, 181 (1955).
27) D. P. Curran, *J. Am. Chem. Soc.*, **105**, 5826 (1983).
28) A. M. Sauer, W. E. Crowe, G. Henderson, R. A. Laine, *Org. Lett.*, **11**, 3530, (2009).
29) M. J. Burk, J. E. Feaster, W. A. Nugent, R. L. Harlow, *J. Am. Chem. Soc.*, **115**, 10125 (1993).
30) H. Doucet, T. Ohkuma, K. Murata, T. Yokozawa, M. Kozawa, E. Katayama, A. F. England, T. Ikariya, R. Noyori, *Angew. Chem. Int. Ed.*, **37**, 1703 (1998).
31) K. Matsumura, N. Arai, K. Hori, T. Saito, N. Sayo, T. Ohkuma, *J. Am. Chem. Soc.*, **133**, 10696 (2011).
32) R. A. W. Johnstone, A. H. Wilby, I. D. Entwistle, *Chem. Rev.*, **85**, 129 (1985).
33) R. C. Larock, “Comprehensive Organic Transformations, A Guide to Functional Group Preparations, 2nd Ed.”, John Wiley (2010).
34) 日本化学会 編,“新 実験化学講座 15-Ⅱ”, p.29, 丸善出版 (1977).
35) P. W. Rabideau, Z. Marcinow, *Org. React.*, **42**, 1 (1992).
36) G. M. Whitesides, W. J. Ehmann, *J. Org. Chem.*, **35**, 3565 (1970).
37) L. A. Paquette, J. H. Barrett, *Org. Synth.*, Coll. Vol., **5**, 467 (1973).
38) R. A. Benkeser, R. E. Robinson, D. M. Sauve, O. H. Thomas, *J. Am. Chem. Soc.*, **77**, 3230 (1955).
39) R. A. Benkeser, E. M. Kaiser, *J. Org. Chem.*, **29**, 955 (1964).
40) D. Caine, *Org. Reac.*, **23**, 1 (1976).
41) A. F. Holleman, *Org. Synth.*, Coll. Vol., **1**, 554 (1941).
42) R. D. Rieke, *Acc. Chem. Res.*, **10**, 301 (1977).
43) T. Ohno, M. Sakai, Y. Ishino, T. Shibata, H. Maekawa, I. Nishiguchi, *Org. Lett.*, **3**, 3439 (2001).
44) H. Maekawa, T. Ozaki, I. Nishiguchi, *Tetrahedron Lett.*, **51**, 796 (2010).
45) G. Takikawa, T. Katagiri, K. Uneyama, *J. Org. Chem.*, **70**, 8811 (2005).
46) N. Miyoshi, K. Kamiura, H. Oka, A. Kita, R. Kuwata, D. Ikehara, M. Wada, *Bull. Chem. Soc. Jpn.*, **77**, 341 (2004).
47) E. L. Martin, *Org. React.*, **1**, 155 (1942).
48) D. Staschewski, *Angew. Chem.*, **71**, 726 (1959).
49) E. Vedejs, *Org. React.*, **22**, 401 (1975).
50) S. Yamamura, M. Toda, Y. Hirata, *Org. Synth.*, Coll. Vol., **6**, 289 (1988).
51) R. D. Smith, H. E. Simmons, *Org. Synth.*, Coll. Vol., **5**, 855 (1973).
52) A. J. Fatiadi, W. F. Sager, *Org. Synth.*, Coll. Vol., **5**, 595 (1973).
53) J. E. McMurry, J. Melton, *J. Org. Chem.*, **38**, 4367 (1973).
54) J. E. McMurry, M. P. Fleming, K. L. Kees, L. R. Krepski, *J. Org. Chem.*, **43**, 3255 (1978).
55) T. L. Ho, *Synthesis*, **1979**, 1.
56) W. Cole, P. L. Julian, *J. Org. Chem.*, **19**, 131 (1954).
57) S. E. Hazlet, C. A. Dornfeld, *J. Am. Chem. Soc.*, **66**, 1781 (1944).
58) E. L. Eliel, T. W. Doyle, R. O. Hutchins, E. C. Gilbert, *Org. Synth.*, Coll. Vol., **6**, 215 (1988).
59) B. Hatano, A. Ogawa, T. Hirao, *J. Org. Chem.*, **63**, 9421 (1998).
60) P. Girard, J. L. Namy, H. B. Kagan, *J. Am. Chem. Soc.*, **102**, 2693 (1980).
61) J. Inanaga, Y. Yokoyama, Y. Baba, M. Yamaguchi, *Tetrahedron Lett.*, **32**, 5559 (1991).
62) G. A. Molander, J. A. McKie, *J. Org. Chem.*, **58**, 7216 (1993).
63) a) H. C. Brown, S. Krishnamurthy, *Tetrahedron*, **35**, 567 (1979); b) A. Pelter, K. Smith, H. C. Brown, “Borane Reagents”, Academic Press (1988).
64) H. C. Brown, P. Heim, N. M. Yoon, *J. Am. Chem. Soc.*, **92**, 1637 (1970).

65) R. O. Hutchins, F. Cistone, *Org. Prep. Proc. Int.*, **13**, 225 (1981).
66) a) H. C. Kelly, M. B. Giusto, F. R. Marchelli, *J. Am. Chem. Soc.*, **86**, 3882 (1964); b) C. Camacho, G. Uribe, R. Contreras, *Synthesis*, **1982**, 1027.
67) N. M. Yoon, C. S. Pak, H. C. Brown, S. Krishnamurthy, T. P. Stocky, *J. Org. Chem.*, **38**, 2786 (1973).
68) H. C. Brown, M. C. Desai, P. K. Jadhav, *J. Org. Chem.*, **47**, 5065 (1982).
69) a) E. J. Corey, R. K. Bakshi, S. Shibata, *J. Am. Chem. Soc.*, **109**, 5551 (1987); b) E. J. Corey, R. K. Bakshi, S. Shibata , C.-P. Chen , V. K. Singh, *J. Am. Chem. Soc.*, **109**, 7925 (1987); c) D. K. Jones, D. C. Liotta, I. Shinkai, D. J. Mathre, *J. Org. Chem.*, **58**, 799 (1993).
70) a) N. Miyaura, K. Yamada, H. Suginome, A. Suzuki, *J. Am. Chem. Soc.*, **107**, 972 (1985); b) M. R. Netherton, C. Dai, K. Neuschütz, G. C. Fu, *J. Am. Chem. Soc.*, **123**, 10099 (2001).
71) W. Oppolzer, R. N. Radinov, *Helv. Chim. Acta*, **75**, 170 (1992).
72) W. J. Klaver, H. Hiemstra, W. N. Speckamp, *J. Am. Chem. Soc.*, **111**, 2588 (1989).
73) B. Duthion, T.-X. Métro, D. G Pardo, J. Cossy, *Tetrahedron*, **65**, 6696 (2009).
74) T. Oishi, T. Nakata, *Acc. Chem. Res.*, **17**, 338 (1984).
75) J. R. Luly, J. F. Dellaria, J. J. Plattner, J. L. Soderquist, N. Yi, *J. Org. Chem.*, **52**, 1487 (1987).
76) a) C. A. Brown, *J. Org. Chem.*, **35**, 1900 (1970); b) A. Nose, T. Kudo, *Chem. Pharm. Bull.*, **29**, 1159 (1981).
77) a) J.-L. Luche, *J. Am. Chem. Soc.*, **100**, 2226 (1978); b) A. L. Gemal, J.-L. Luche, *J. Am. Chem. Soc.*, **103**, 5454 (1981); c) K. Asakura, K. Yamaguchi, T. Imamoto, *Chem. Lett.*, **2000**, 424; d) Y. Nishiyama, Y. Han-ya, S. Yokoshima, T. Fukuyama, *J. Am. Chem. Soc.*, **136**, 6598 (2014).
78) M. J. McKennon, A. I. Meyers, K. Drauz, M. Schwarm, *J. Org. Chem.*, **58**, 3568 (1993).
79) a) K. Narasaka, F.-C. Pai, *Tetrahedron*, **40**, 2233 (1984); b) K.-M. Chen, G. E, Hardtmann, K. Prasad, O. Repič, M. J. Shapiro, *Tetrahedron Lett.*, **28**, 155 (1987).
80) D. A. Evans, K. T. Chapman, E. M. Carreira, *J. Am. Chem. Soc.*, **110**, 3560 (1988).
81) P. K. Mohanta, T. A. Davis, J. R. Gooch, R. A. Flowers, II, *J. Am. Chem. Soc.*, **127**, 11896 (2005).
82) a) S. Krishnamurthy, *J. Organomet. Chem.*, **156**, 171 (1978); b) H. C. Brown, S. Krishnamurthy, *J. Am. Chem. Soc.*, **94**, 7159 (1972).
83) a) R. F. Borch, M. D. Bernstein, H. D. Durst, *J. Am. Chem. Soc.*, **93**, 2897 (1971); b) A. Ando, T. Shioiri, *Tetrahedron*, **45**, 4969 (1989).
84) a) R. O. Hutchins, C. A. Milewski, B. E. Maryanoff, *J. Am. Chem. Soc.*, **95**, 3662 (1973); b) S. Kim, C. H. Oh, J. S. Ko, K. H. Ahn, Y. J. Kim, *J. Org. Chem.*, **50**, 1927 (1985).
85) a) T. Nagata, K. Yorozu, T. Yamada, T. Mukaiyama, *Angew. Chem., Int. Ed. Engl.*, **34**, 2145 (1995); b) T. Yamada, T. Nagata, K. D. Sugi, K. Yorozu, T. Ikeno, Y. Ohtsuka, D. Miyazaki, T. Mukaiyama, *Chem. Eur. J.*, **9**, 4485 (2003).
86) a) K. D. Sugi, T. Nagata, T. Yamada, T. Mukaiyama, *Chem. Lett.*, **1997**, 493; b) D. Miyazaki, K. Nomura, T. Yamashita, I. Iwakura, T. Ikeno, T. Yamada, *Org. Lett.*, **5**, 3555 (2003).
87) T. Yamada, Y. Ohtsuka, T. Ikeno, *Chem. Lett.*, **1998**, 1129.
88) I. Iwakura, M. Hatanaka, A. Kokura, H. Teraoka, T. Ikeno, T. Nagata, T. Yamada, *Chem. Asian J.*, **1**, 656 (2006).
89) T. Tsubo, M. Yokomori, H.-H. Chen, K. Komori-Orisaku, S. Kikuchi, Y. Koide, T. Yamada, *Chem. Lett.*, **41**, 78 (2012).
90) T. Tsubo, H.-H. Chen, M. Yokomori, K. Fukui, S. Kikuchi, T. Yamada, *Chem. Lett.*, **41**, 780 (2012).
91) T. Tsubo, H.-H. Chen, M. Yokomori, S. Kikuchi, T. Yamada, *Bull. Chem. Soc. Jpn.*, **86**, 983 (2013).
92) T. Hayashi, S. Kikuchi, Y. Asano, Y. Endo, T. Yamada, *Org. Proc. Res. Develop.*, **16**, 1235 (2012).
93) M. Nakata, T. Ishiyama, S. Akamatsu, Y. Hirose, H. Maruoka, R. Suzuki, K. Tatsuta, *Bull. Chem. Soc. Jpn.*, **68**, 967 (1995).
94) R. M. Borzilleri, S. M. Weinreb, M. Parvez, *J. Am. Chem. Soc.*, **117**, 10905 (1995).

95）K. Takahashi, K. Komine, Y. Yokoi, J. Ishihara, S. Hatakeyama, *J. Org. Chem.*, **77**, 7364（2012）.
96）A. A. C. van Wijk, J. Lugtenburg, *Eur. J. Org. Chem.*, **2002**, 4217.
97）X. C. González-Avión, A. Mouriño, *Org. Lett.*, **5**, 2291（2003）.
98）a）T. Hirose, T. Sunazuka, S. Tsuchiya, T. Tanaka, Y. Kojima, R. Mori, M. Iwatsuki, S. Ōmura, *Chem. Eur. J.*, **14**, 8220（2008）; b）M. Takasu, Y. Naruse, H. Yamamoto, *Tetrahedron Lett.*, **29**, 1947（1988）.
99）a）G. Kim, T. Sohn, D. Kim, R. S. Paton, *Angew. Chem. Int. Ed.*, **53**, 272（2014）; b）S. Kim, K. H. Ahn, *J. Org. Chem.*, **49**, 1717（1984）.
100）a）W. F. Bailey, M. R. Luderer, D. P. Uccello, A. L. Bartelson, *J. Org. Chem.*, **75**, 2661（2010）; b）A. Stütz, W. Granitzer, S. Roth, *Tetrahedron*, **41**, 5685（1985）.
101）T. Mukaiyama, *Tetrahedron*, **37**, 4111（1981）.
102）a）J. Málek, *Org. React.*, **34**, 1（1985）; b）J. Málek, *Org. React.*, **36**, 249（1988）.
103）R. Noyori, I. Tomino, Y. Tanimoto, *J. Am. Chem. Soc.*, **101**, 3129（1979）.
104）H. C. Brown, B. C. S. Rao, *J. Am. Chem. Soc.*, **80**, 5377（1958）.
105）Y. Mori, M. Kuhara, A. Takeuchi, M. Suzuki, *Tetrahedron Lett.*, **29**, 5419（1988）.
106）K. Narasaka, Y. Ukaji, S. Yamazaki, *Bull. Chem. Soc. Jpn.*, **59**, 525（1986）.
107）a）A. E. Finholt, A. C. Bond, Jr., H. I. Schlesinger, *J. Am. Chem. Soc.*, **69**, 1199（1947）; b）A. I. Meyers, S. V. Downing, M. J. Weiser, *J. Org. Chem.*, **66**, 1413（2001）.
108）a）J. Liang, W. Hu, P. Tao, Y. Jia, *J. Org. Chem.*, **78**, 5810（2013）; b）H. Cho, Y. Iwama, N. Mitsuhashi, K. Sugimoto, K. Okano, H. Tokuyama, *Molecules*, **17**, 7348（2012）.
109）a）J. E. McMurry, *Acc. Chem. Res.*, **16**, 405（1983）; b）A. Ishida, T. Mukaiyama, *Chem. Lett.*, **1976**, 1127.
110）W. Li, Y. Li, Y. Li, *Synthesis*, **1994**, 678.
111）E. C. Ashby, J, J. Lin, *J. Org. Chem.*, **43**, 1263（1978）.
112）T. Akiyama, K. Atobe, M. Shibata, K. Mori, *J. Fluorine Chem.*, **152**, 81（2013）.
113）a）K. Fuchibe, T. Akiyama, *J. Am. Chem. Soc.*, **128**, 1434（2006）; b）K. Fuchibe, T. Akiyama, *J. Synth. Org. Chem. Jpn.*, **67**, 208（2009）.
114）E. F. Magoon, L. H. Slaugh, *Tetrahedron*, **23**, 4509（1967）.
115）E. C. Ashby, J. J. Lin, *J. Org. Chem.*, **43**, 2567（1978）.
116）a）K. L. Jackson, W. Li, C.-L. Chen, Y. Kishi, *Tetrahedron*, **66**, 2263（2010）; b）E. Roulland, C. Monneret, J.-C. Florent, C. Bennejean, P. Renard, S. Léonce, *J. Org. Chem.*, **67**, 4399（2002）.
117）a）日本化学会 編，“第5版 実験化学講座14”，丸善出版（2005）; b）P. L. Fuchs, “Handbook of Reagents for Organic Synthesis, Reagents for Silicon-Mediated Organic Synthesis”, John Wiely（2011）.
118）D. Addis, S. Das, K. Junge, M. Beller, *Angew. Chem. Int. Ed.,* **50**, 6004（2011）.
119）C. Chatgilialoglu, *Chem. Eur. J.*, **14**, 2310（2008）.
120）T. Fukuyama, H. Tokuyama, *Aldrichim. Acta*, **37**, 87（2004）.
121）日本化学会 編，“第5版 実験化学講座19”，丸善出版（2004）.
122）O. Riant, N. Mostefai, J. Courmarcel, *Synthesis*, **2004**, 2943.
123）岩崎史哲，小田開行，有機合成化学，**59**, 1005（2001）.
124）a）S. Guizzetti, M. Benaglia, *Eur. J. Org. Chem.*, **2010**, 5529; b）S. Jones, C. J. A. Warner, *Org. Biomol. Chem.*, **10**, 2189（2012）.
125）H. Tokuyama, S. Yokoshima, S.-C. Lin, L. Li, T. Fukuyama, *Synthesis*, **2002**, 1121.
126）a）日本化学会 編，“第4版 実験化学講座26”，丸善出版（1992）; b）A. J. Clark, “Sciences & Synthesis, Vol. 5 ”, p.205, George Thieme Verlag（2003）; c）日本化学会 編，“第5版 実験化学講座18”，丸善出版（2004）.
127）D. Dakternieks, V. T. Perchyonok, C. H. Schiesser, *Tetrahedron*: *Asymmetry*, **14**, 3057（2003）.
128）T. Suwa, E. Sugiyama, I. Shibata, A. Baba, *Synthesis*, **2000**, 789.

129) K. Miura, Y. Ichinose, K. Nozaki, K. Fugami, K. Oshima, K. Uchimoto, *Bull. Chem. Soc. Jpn.*, **62**, 143 (1989).

130) S. Gadhwal, M. Baruah, J. S. Sandhu, *Synlett*, **1999**, 1573.

131) S. Hashiguchi, A. Fujii, J. Takehara, T. Ikariya, R. Noyori, *J. Am. Chem. Soc.*, **117**, 7562 (1995); K.-J. Haack, S. Hashiguchi, A. Fujii, T. Ikariya, R. Noyori, *Angew. Chem. Int. Ed. Engl.*, **36**, 285 (1997).

132) D. J. Pasto, R. T. Taylor, *Org. React.*, **40**, 91 (1991).

133) J. N. Gardner, F. E. Carlon, O. Gnoj, *J. Org. Chem.*, **33**, 3294 (1968).

134) W. Zhang, M. Shi, *Chem. Commun.*, **2006**, 1218.

Chapter 26

酸　化　法

26.1　酸素ガスを用いる酸化法[1)]

近年，環境負荷低減を意識した化学反応への関心が高まっており[2)]，酸素（空気）が酸化剤として理想的（安価，酸化剤として低毒性，危険性が低い，副生成物は水のみ）であることから，活発に研究がなされている．しかしながら酸素自体の酸化力は，従来知られている酸化剤に比べて低いため，触媒を用いるなど反応条件の工夫が必要である．近年，種々の新規触媒開発により，ある程度実用的な酸化法が実現されるようになってきた[3)]．酸素を酸化剤として用いる酸化反応を有機合成の一手段として用いる場合には，多くの反応因子を考慮することが重要である．反応系は均一系か不均一系か，また液相か気相か，反応圧は常圧か加圧か，触媒を用いるかどうかはもっとも基本的な因子であり，反応温度や反応時間もこれらに付随して重要な因子である．

酸化反応は発熱反応であるので，反応熱を系からすみやかに除去することが必要である．反応熱が蓄積すると，反応速度の増大とその結果の熱の蓄積とが繰り返され，ときに反応の暴走に至ることがある．また反応熱の蓄積は触媒の劣化につながり，副反応を増長させる傾向がある．この点からみると液相反応のほうが有利である．気相反応では発熱反応の大きい酸化反応の場合，熱の除去に留意した固定床反応装置や流動床反応装置が使用される．

酸化生成物の選択性は，一般的に液相酸化のほうが気相酸化よりも良好である．しかし液相酸化の場合には反応物の反応系における滞留時間が長いために，酸化生成物が逐次的な酸化反応を受けやすい．これに対して気相酸化では，触媒の工夫，接触時間，反応物混合割合などを適切に選択することにより，とくに準安定な酸化生成物の選択性を向上させることができる．いずれにしても液相酸化と気相酸化はそれぞれ一長一短があり，物質収支などを考慮しつつ反応系を決定しなければならない．

本節では酸素酸化反応を均一系，不均一系触媒の 2 通りに分類し，それぞれの反応例，実験法，および実験例について記載する．

26.1.1　均一系接触酸化[4)]

基底三重項である酸素分子は，通常活性な化学種ではないが，何らかの開始反応によって極微量のフリーラジカルが生じれば，ラジカル分子と酸素分子が反応して，活性なペルオキシルラジカルが生成する．ペルオキシルラジカルは酸素分子に比べて酸化還元電位が非常に高いため，基質から水素を引き抜くことができる．このためラジカル連鎖反応が起こる．

反応はラジカル開始剤で水素原子が引き抜かれたのち（式(26.1)），ある程度安定化される部分で起こる．引き抜かれやすさは，第三級＞第二級＞第一級＞メタンの順である．ベンジル位やアリル位も酸化されやすく，ヒドロペルオキシドを与える（式(26.2)）．アルデヒドのカルボニル炭素-水素結合も酸化されやすい．カルボアニオンは分子状酸素により容易に一電子酸化を受けるため，塩基を触媒として用いることができる．これらのほかにも，酸素分子と有機分子から発生させたペルオキシドを用いる反応，酸素分子と低原子価の金属イオン間の電子移動に由来する超酸化物または過酸化物を用いる反応（生体内酵素反応の合成への適用），ワッカー（Wacker）反応など，種々の有機化合物，金属塩，金属錯体，金属酸化物が有用な触媒としてはたらくことが知られている．酸素酸化反応は近年多数報告されており，本項では，そのなかでも酸素が直接的に酸化剤として作用し，触媒によって活性化される熱反応に絞って記載する．

$$\text{開　始：}\quad \mathrm{RH} \longrightarrow \mathrm{R\cdot} \tag{26.1}$$

$$\text{成　長：}\quad \mathrm{R\cdot} + \mathrm{O_2} \longrightarrow \mathrm{ROO\cdot} \tag{26.2}$$

$$\mathrm{ROO\cdot} + \mathrm{RH} \longrightarrow \mathrm{ROOH} + \mathrm{R\cdot} \tag{26.3}$$

$$\text{停　止：}\quad \mathrm{ROO\cdot} + \mathrm{R\cdot} \longrightarrow \mathrm{ROOR}\ \text{など} \tag{26.4}$$

a.　反応の種類と反応例

近年，触媒開発が活発に行われ，多様な反応形式の酸素酸化反応が可能になってきた．これまでに，アルコールの酸化，アルデヒドの酸化，アリル位およびベンジル位の酸化，ヒドロキシル化，炭素-炭素結合の開裂を伴うケトンの酸化，アルケンのエポキシ化，アルケンからアルコールおよびカルボニル化合物の生成，アセチレンの酸化，窒素および硫黄化合物の酸化，有機金属化合物の酸化，などが知られている．表 26.1 におもな反応例を示す．

アルコールからアルデヒド，ケトン，またはカルボン酸へと変換する反応は酸素酸化反応のなかでも例が多く，銅，ルテニウム，パラジウム触媒がおもに用いられる．近年ではラセミ体の第二級アルコールの速度論的光学分割も可能である[5)]．また，アルケンからエポキシドを合成する反応も多数知られている．*N*-ヒドロキシフタルイミド（NHPI）が酸素分子による基質水素原子の引抜きを伴って安定なフタルイミド-*N*-オキシル（PINO）を生成する

表 26.1　均一系触媒による酸素酸化のおもな反応例

基　質	触　媒	生成物	収率(%)
R⌒OH R：アルキル，アリール	Cu 錯体[1]，Ru 錯体[2~5]，Pd 錯体[6,7]	R⌒O R：アルキル，アリール	約 80
O, CHO	$CuO+AgO$[8]	O, COOH	86～90
	NHPI[9]	O	80
R, R′	Fe 錯体[10]，Ni 錯体[11]，Mn 錯体[12]，NHPI[13]	R, O, R′	＞80
O, CH_3	$FeCl_3$ (MeOH 共存下)[14]	H_3CO, O, O	93
OAc	Pd 錯体＋Cu 錯体[15,16]	O, OAc	82
OH	CuCl＋TMEDA[17]	OH, HO	93
$-NH_2$	Co_2O_3[18]	$-N=N-$	62

NHPI : *N*-ヒドロキシフタルイミド (O, NOH, O)，TMEDA : *N,N,N′,N′*-テトラメチルエチレンジアミン.

1) I. E. Markó, P. R. Giles, M. Tsukazaki, S. M. Brown, C. J. Urch, *Science*, **274**, 2044 (1996).
2) I. E. Markó, P. R. Giles, M. Tsukazaki, I. Chellé-Regnaut, G. J. Urch, S. M. Brown, *J. Am. Chem. Soc.*, **119**, 12661 (1997).
3) A. Hanyu, E. Takezawa, S. Sakaguchi, Y. Ishii, *Tetrahedron Lett.*, **39**, 5557 (1998).
4) M. Matsumoto, S. Ito, *J. Chem. Soc., Chem. Commun.*, **1981**, 907.
5) A. Dijksman, I. W. C. E. Arends, R. A. Sheldon, *Chem. Commun.*, **1999**, 1591.
6) T. Nishimura, T. Onoue, K. Ohe, S. Uemura, *Tetrahedron Lett.*, **39**, 6011 (1998).
7) N. Harada, H. Uda, H. Ueno, S. Utsumi, *Chem. Lett.*, **1973**, 1173.
8) R. J. Harrisson, M. Moyle, *Org. Synth.,* Coll. Vol., **4**, 493 (1963).
9) Y. Ishii, K. Nakayama, M. Takeno, S. Sakaguchi, T. Iwahama, Y. Nishiyama, *J. Org. Chem.*, **60**, 3934 (1995).
10) S. Ito, K. Inoue, M. Matsumoto, *J. Am. Chem. Soc.*, **104**, 6450 (1982).
11) T. Yamada, T. Takai, O. Rhode, T. Mukaiyama, *Bull. Chem. Soc. Jpn.*, **64**, 2109 (1991).
12) T. Yamada, K. Imagawa, T. Mukaiyama, *Chem. Lett.*, **1992**, 2109.
13) a) T. Iwahama, S. Sakaguchi, Y. Ishii, *Chem. Commun.*, **1999**, 727; b) T. Iwahama, S. Sakaguchi, Y. Ishii, *Heterocycles*, **52**, 693 (2000).
14) S. Ito, M. Matsumoto, *J. Org. Chem.*, **48**, 1133 (1983).
15) a) K. Januszkiewicz, H. Alper, *Tetrahedron Lett.*, **24**, 5159 (1983); b) H. Mimoun, R. Charpentier, A. Mitschler, J. Fischer, R. Weiss, *J. Am. Chem. Soc.*, **102**, 1047 (1980).
16) J. Tsuji, M. Kaito, T. Takahashi, *Bull. Chem. Soc. Jpn.*, **51**, 547 (1978).
17) A. S. Hay, *J. Org. Chem.*, **27**, 3320 (1962).
18) J. S. Belew, C. Garza, J. W. Mathieson, *J. Chem. Soc., Chem. Commun.*, **1970**, 634.

ことを利用したアリル位およびベンジル位の酸化反応，オレフィンのエポキシ化反応，およびヒドロキシル化反応[6]が知られている．構造上，炭素骨格の開裂を起こしやすい環状基質を用いる場合，ケトンからカルボン酸への酸化に伴って炭素骨格の開裂反応が進行する．エチレンからアセトアルデヒドを合成するプロセスはワッカー反応として工業的に重要である．近年，本反応のパラジウム触媒や反応条件を工夫することで，高級末端オレフィンのヒドロキシル化や，内部オレフィンのカルボニル化[7]が可能になった．アセチレンや芳香族アミンは触媒の選択により，それぞれ，酸化カップリング体やアゾベンゼンを与える．

b.　実験法

均一系触媒を用いる酸素酸化反応は，一般的に次のように行われる．最初に基質を反応器に仕込む．これに必要ならば触媒を添加する．ついで反応条件下に攪拌しながら酸素と接触させ，あるいは酸素をバブリングして酸化反応を行う．酸化反応は酸素の拡散が律速とならない程度に，かつすみやかに行うことが重要であり，このために攪拌速度の調節や，予備実験で触媒濃度を決めておくことが重要である．

酸素酸化反応は，ヒドロペルオキシドなどの過酸化物を経由することがあり，しかも連鎖反応であるため，反応の暴走の危険性，爆発の可能性を想定した実験計画を立てる必要がある．スケールを小さくする，各種保護具の着用，保護シールド越しに作業することが，実験室での重大な事故防止に有効である．反応後の処理では，市販の試験紙による過酸化物残存の有無を確認することはもちろん，亜硫酸ナトリウムやチオ硫酸ナトリウムの水溶液で還元処理し，過酸化物を確実に分解することが重要である．とくに，エーテル結合をもつ化合物を基質または溶媒として使用する場合，エーテル結合の α 位が自動酸化によりヒドロペルオキシドとなり，爆発する危険性がある．

【実験例　アルコールの酸素酸化によるアルデヒドの合成[8]】

p-Cl-C_6H_4-CH_2OH —(O_2, Pr_4NRuO_4 触媒 / MS 4A/トルエン)→ p-Cl-C_6H_4-CHO　81%

Pr_4NRuO_4 48 mg と活性化モレキュラーシーブ 4A 200 mg をトルエン 12 mL に溶かし 2～3 分間攪拌する．ここに *p*-クロロベンジルアルコール 270 mg を加え，酸素ガスを穏やかに吹き込む．60～70 ℃ で 30 分間反応させたのち，TLC（酢酸エチル-石油エーテル（1：4））で原料の消失を確認する．室温まで冷ましたのちけいそう土（セライト）を用いて沪過し，ジクロロメタン-ヘキサン（1：1）混合溶媒で洗浄する．沪液を合わせて溶媒留去後，シリカゲルカラムクロマトグラフィー（ジクロロメタン-ヘキサン（1：1））で精製することで，目的とする *p*-クロロベンズアルデヒドが得られる（収率 81%）．

【実験例　NHPI を用いるカルボニル化合物の合成[9)]】

O_2
NHPI 触媒
$Co(OAc)_2$ 触媒
酢酸
85%

酸素ガスを満たした風船を備え付けた三つ口フラスコに NHPI 49 mg，$Co(OAc)_2$ 2.7 mg，および *p*-キシレン 318 mg を酢酸 5 mL に溶解させたものを加え，25 ℃ で 20 時間撹拌する．溶媒を減圧留去後，粗生成物をカラムクロマトグラフィーで精製することで，目的とする *p*-メチル安息香酸（収率 85%）と少量の *p*-メチルベンズアルデヒド（収率 2%）が得られる．

【実験例　ニッケル触媒によるオレフィンのエポキシ化[10)]】

O_2
$Ni(dmp)_2$ 触媒
イソブチルアルデヒド
1,2-ジクロロエタン
95%

$Ni(dmp)_2$ 40 mg，イソブチルアルデヒド 450 mg，および 1,5-ジメチル-4-ヘキセニル安息香酸 696 mg を 1,2-ジクロロエタン 2.0 mL に溶解させ，室温で 0.1 MPa の酸素と一晩反応させる．粗生成物をシリカゲルカラムクロマトグラフィーで精製すると目的とするエポキシドが得られる（収率 95%）．

【実験例　パラジウム触媒による 9-デセン酸から 9-オキソデカン酸の合成[11)]】

O_2
$PdCl_2$ 触媒
$CuCl_2$ 触媒
DMF
70%

$PdCl_2$ 880 mg と $CuCl_2$ 850 mg を含む DMF 12.5 mL と水 1 mL の混合溶媒中に酸素ガスを毎時 3.3 L の速度で通しておく．この溶液に 9-デセン酸 6.8 g を 2 時間かけて加える．反応温度を 60～70 ℃ に保ち，さらに 30 分間反応させる．反応溶液を氷冷した希塩酸に注ぎ，反応物をエーテルで抽出する．有機相を合わせて硫酸ナトリウムで乾燥後，濃縮して得られる固体を石油エーテルから再結晶すると目的とする 9-オキソデカン酸が得られる（収率 70%）．

26.1.2　不均一系接触酸化

不均一系接触酸化では，金属酸化物（V_2O_5，MoO_3，Ag_2O，Fe_2O_3，MnO_2，CoO，CuO）や金属（Pt，Pd，Ag）などの触媒がおもに使用される．均一系液相酸化での触媒は，おもに反応を円滑に進行させることにあったが，不均一系接触酸化でのそれはいくぶん役割が異なる．これは気相反応では高温を用いるために，十分なエネルギーが反応系に供給されることに基づき，触媒は反応を促進するばかりでなく，反応の制御・選択性を向上させることにも重要な役割を果たしている．

反応物の活性化についていうと，反応促進の作用は，酸素の活性化（$O_2^{-\cdot}$，O^-，O^{2-} などの活性酸素種の生成）と被酸化物の活性化（C−H，C−C，C=C 結合の切断，開裂など）が重要である[12]．また触媒自体からみると，酸素の添加反応（たとえば，エチレンからエチレンオキシドの合成），水素の引抜きまたはC−H 結合の切断を伴う酸素化反応（たとえば，エチルベンゼンから α-フェニルエチルアルコール，アセトフェノンの合成），C−C 結合の切断を伴う酸素化反応（たとえば，ベンゼンから無水マレイン酸の合成）などが重要である．反応に対する触媒種は蓄積されたデータから選択しうるが，金属酸化物の多くについては半導体論的立場からもその作用が説明されている．酸素のような電子受容体の吸着活性化には p 型半導体に属するもの，たとえば Cu_2O，Ag_2O，CoO，NiO などが有効であり，電子供与体である被酸化物に対しては n 型半導体である V_2O_5，MoO_3，Fe_2O_3，ZnO などが有効となる．

酸化反応の選択性の向上には，酸化反応全体をみることがまず重要である．反応がいくつかの並列的反応からなる場合には，意図する反応だけを促進する，あるいはそれ以外の反応を抑制する触媒を用いることが必要となる．一方，逐次反応では後続反応の起こらないような条件，あるいはそれを抑制するような負の触媒の存在下に反応が行われる．またこのような中間段階の酸化生成物を合成しようとする場合には，触媒が多孔性でありすぎて，反応熱が蓄積するような形態では反応の選択性にとって不利であるので注意しなければならない．

a.　触媒調製例

不均一系触媒は，上述したような半導体論的にその作用が説明されるものもあるが，全体的には複雑すぎてその機能が統一的に明らかにされてはいない．また金属酸化物が同一であったとしても，その触媒中における存在状態や調製条件，共存物質などによって触媒の活性種の性能がまったく異なってしまうことがある．したがって再現性のよい不均一系触媒を合成するには熟練が必要であり，触媒原料の選択，触媒の焙焼や還元などによる活性化の条件を十分に検討しなければならない．さらに 2 成分以上の触媒系や担体を用いる触媒では，触媒成分または活性点を均一に分布させるために触媒調製条件がいちだんと複雑になる．不均一系固体触媒の調製法はおもに担持法，沈殿法，混合法の三つに分けることができる．さらに，比較的新しい方法として沈殿法や混合法のなかでも活性成分を高分散に担持する析出沈殿法や固相混合法とよばれる方法がある．

（i）担持法　　触媒活性成分を担体上に均一に分散分布させて触媒を調製する方法である．この方法のおもな利点は，触媒金属活性種を，各成分の相互作用を好適に調節しつつ均一に分散させることであり，この点に着目して担体が選択される．担体としては天然物または合成物があり，ゼオライト（モレキュラーシーブ），アルミナ，シリカ，白土，活性炭などが広く使用される．これらの担体への触媒活性成分，たとえば触媒金属などの担持は，浸漬付着によって行われる．これは触媒成分またはその前駆物質の溶液を，粉末状またはあらかじめ成形した担体と接触させることによって，担体の表面やその細孔内部にまで触媒成分を均一に付着または吸着させるものである．ついで必要ならば触媒の成形およびまたは活性化を行う．

(ii) 沈殿法　触媒活性成分の前駆物質の均一溶液を調製し，ついでこれに沈殿剤を添加して触媒成分の沈殿を得る方法である．原料としては水溶性で純度が高く，かつ安価な金属塩，たとえば硝酸塩，炭酸塩，アルカリ金属塩，アンモニウム塩，ときには低級カルボン酸塩などが用いられる．硫酸塩や塩酸塩なども使用しうるが，この陰イオンの痕跡残留物は触媒毒となることがあるので注意が必要である．

沈殿の生成は表面積を大きくして，触媒の活性を高めるように，ふわふわしたフロック* 状につくることが肝要である．一般には触媒成分の水溶液にアルカリ水溶液を添加し，触媒金属を水酸化物として沈降させるが，このときフロックの成長をうながして，続く沪過および洗浄を容易にすることにも留意しなければならない．

さらに，活性成分の高分散化が可能な方法として析出沈殿法がある．この方法においては，前駆体水溶液の pH を調整し，そこに金属酸化物担体を分散させて金属酸化物の担体表面にだけ水酸化物を析出させることで活性成分を選択的に担体上に分散，固定化を行う．この調製法では，担体表面の電荷状態が金属イオンと反発しない状態であることが必要となるため，イオン種と溶液の pH ならびに担体の電荷状態の組合せが鍵となる．

(iii) 混合法　2 種以上の触媒成分や助触媒を含む触媒成分を均質に混合することによって触媒を調製する方法である．均質な混合は，成分粉末の機械的な混合，触媒成分の均一混合溶液からの共沈殿法，触媒成分の混合溶液の蒸発乾固，触媒成分の溶融状態での混合など，いろいろな方法によって行うことができる．これらの方法は触媒成分の量比を適当に選択できるのが特徴である．これらのうち機械的混合はボールミルなどを使用する簡便さはあるが，各成分を均質に混合するのに長時間を要し，それでも均質化が不十分となりがちである欠点をもつ．これに対して他の方法は均一系を経ての触媒調製であるので，かなり均質な触媒をつくることができる．

さらに，固相混合法とよばれる方法により活性成分をクラスターサイズで担体に分散，固定化することができる．この方法は触媒活性成分の昇華性の前駆物質を担体と固相で摩擦を加えながら混合したのち，還元処理または焼成処理する方法である．この方法では担体に関係なく活性成分を高分散で担持することが可能である．

上述のような方法で調製した触媒は，そのままで反応に使用できる場合もあれば，さらに処理の必要な場合もある．たとえば金属酸化物触媒が必要なときには，含浸法で用いた金属塩や沈殿法などによって得た水酸化物などを空気または酸素を通じつつ，またはたんに熱を

---

*　フロック（floc）とは，繊維くず様の沈殿物，凝集体をいう．

かけつつ焙焼することが必要である．一般には焙焼温度が高すぎると結晶の成長や金属粒子などの焼結が起こって触媒活性の低下をまねく．温度が適度に低ければ活性は高くなるが，活性化に長時間を要し，活性の安定性がなくなるという欠点がある．したがって実際の場合には，焙焼温度を慎重に選ばねばならない．

さらに触媒は，固定床で使用できるように成形しなければならないことがある．これはおもに湿式押出し成形や湿式・乾式圧縮成形で行われるが，この成形条件も触媒の活性や寿命に影響するので注意が必要である．

このようにして得た触媒を実際の反応に用いる場合，触媒を直接反応条件にさらすのではなくて，徐々に反応条件に近づける前処理または熟成が行われる．この段階で，触媒の結晶や分子の配列，脱水や重量化，還元などが起こり，好ましい状態の触媒が生成するようになる．前処理の時間は触媒の種類，反応の種類などによって一定ではなく，予備実験によってこれを決定することができる．

【触媒調製例 1　エチレンオキシド合成用銀触媒（沈殿法）[13]】

硝酸銀 220 g を蒸留水 800 mL に溶解した溶液に，水酸化ナトリウム 100 g を蒸留水 150 g に溶解した溶液を撹拌しながら添加する．生成する沈殿を沪別水洗し，蒸留水 600 mL に懸濁させ，水 400 g を加えて撹拌しながら 30% ホルマリン 40 mL を加えて 15 分間還元する．このさい pH を 11（±0.5）に調節するために水酸化ナトリウム溶液を分割して添加する（水酸化ナトリウム所要量 50 g）．ついで沪別水洗後，得られた沪過残渣に水酸化バリウム 30 g と少量の蒸留水を加えてよく練り，これを 5～10 メッシュの溶融アルミナに展着させ，100～110 ℃ で乾燥する．

【触媒調製例 2　酸化バナジウム触媒[14]】

(1) メタバナジン酸アンモニウム 19.5 g をシュウ酸 30 g 水溶液に溶かし，これに軽石粒 150 mL を添加して，蒸発乾固し，これを焙焼する．

(2) 五酸化バナジウムを溶融したのち，厚さ 8～10 mm の平板状に固化し，破砕して触媒とする．これをさらに細かく粉砕し，成形してもよい．

(3) 炭酸カリウム 2.3 g および五酸化バナジウム 10 g を粉砕し，よく混合したのちに溶融する．この中に α-アルミナ担体を浸して引き上げ，余分の触媒物質を落として触媒とする．

【触媒調製例 3　酸化バナジウム系複合触媒[15]】

(1) 濃塩酸 2 L 中に五酸化バナジウム 300 g，四酸化チタン 450 g を加え，よく撹拌して溶解する．この溶液に pH が 7 になるまで濃アンモニア水を撹拌しながら徐々に加え，80 ℃ で 1 時間加熱する．沈殿を水洗し，遠心分離により脱水し，120 ℃ で乾燥後 510 ℃ で 10 時間焼成して V_2O_5-TiO_2 触媒とする（沈殿法）．

(2) 水 2.5 L を加熱し，これにパラタングステン酸アンモニウム 25 g，メタバナジン酸アンモニウム 43 g，モリブデン酸アンモニウム 169 g，硝酸ストロンチウム 8.6 g を撹拌しながら溶解する．別に水 500 mL に硝酸銅 43 g を加えて溶解し，これを先の溶液と混合する．

これに直径3～5 mmの球状α-アルミナ500 mLを加え，よく撹拌しながら蒸発乾固し，ついで400℃で5時間焙焼して，W-V-Mo-Sr-Cu-Al触媒とする（含浸法）．

【触媒調製例4　ソハイオ法触媒[14)]】

水400 mL中に85% リン酸9.3 mL，85% モリブデン酸（MoO_3）272 g，硝酸40 mLおよび硝酸ビスマス（$Bi(NO_3)_3 \cdot 5H_2O$）582 gを含む溶液を，シリカ含有量30% の水性コロイドシリカゾルの水溶液に添加する．この混合物を乾燥し，ついで539℃で16時間加熱する．これを磨砕し，40～140メッシュとして使用する．

【触媒調製例5　ヘテロポリリン酸型触媒[15)]】

2 L三つ口フラスコに還流冷却器と撹拌器を取りつけ，MoO_3の粉末144 gと水1.400 Lを入れる．これに85% H_3PO_4 9.57 gを加え，激しく撹拌しながら3時間沸騰させる．その間液が緑色になったら臭素水を数滴加えると色が消え，加熱の終わりころに黄色がかってくる．沪液を100 mLまで濃縮し，冷却すると黄色の結晶が得られる．これを水から再結晶すると，ヘテロポリ酸である十二モリブドリン酸（$H_3[PMo_{12}O_{40}] \cdot n\ H_2O$）が得られる．

【触媒調製例6　ルテニウム水酸化物触媒[16)]】

8.3×10^{-3} mol L^{-1} 塩化ルテニウム水溶液60 mLにγ-Al_2O_3 2.0 g（JRC-ALO-4）を添加して15分間室温で激しく撹拌する．その間，茶色だった液の色が薄くなる．一方，γ-Al_2O_3粉末の色は暗灰色に変化する．溶液中の粉末を沪別水洗し，真空乾燥する．得られた粉末にイオン交換水30 mLを加え，さらに1.0 mol L^{-1} 水酸化ナトリウム水溶液を加えることによってpH 13.2に調整する．その後，24時間撹拌する．この間，粉末の色は暗灰色から暗緑色に変化する．粉末を沪別水洗し，真空乾燥することにより，暗緑色の粉末である$Ru(OH)_x/Al_2O_3$が得られる．収量2.1 g．

【触媒調製例7　金クラスター触媒[17)]】

20℃で約1.1 Paの蒸気圧を有するジメチル金アセチルアセトナト［$(CH_3)_2Au(acac)$］の固体を室温でめのう乳鉢を用いてアルカリ処理チタノシリケート（TS-1）担体と空気中室温で15分間混合破砕する．混合粉砕後，10% 水素ガス気流中において150℃で1時間還元処理すると，金が2 nm以下のクラスターとして担持された触媒が得られる．混合のさい，$(CH_3)_2Au(acac)$が空気中の湿気に敏感なため，相対湿度50% 以下で行う必要がある（固相混合法）．

b.　接触反応例

不均一系接触酸化はおもに気相酸化反応として行われる．この種の反応は液相自動酸化のような市販の触媒や簡単なフラスコ類を用い，かつ有機合成化学的な簡便な手法で行いうるものではなくて，特殊な合成触媒や反応装置を用いるのが普通である．したがって，これを合成化学的に利用するにはかなりの熟練と費用が必要である．

また不均一系酸化反応の機構は，液相自動酸化の場合のように単純に表すことができない．これは触媒それ自体の作用が複雑なことに基づいている．たとえば触媒は前述したよう

表 26.2　不均一系気相接触酸化反応の例

反応例	反応方法と条件
芳香族側鎖の酸化	
 $-CH_3 \longrightarrow -COOH$	V_2O_5，400～500 ℃
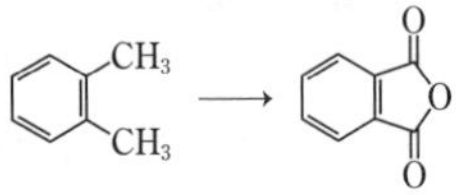 CH_3, CH_3 $\longrightarrow$ O, O, O	V_2O_5-TiO_2，380～410 ℃
芳香族環の開裂	
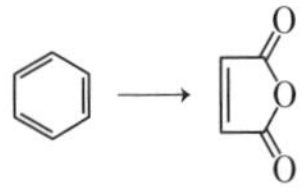 $\longrightarrow$ O, O, O	V_2O_5-MoO_3，400～450 ℃
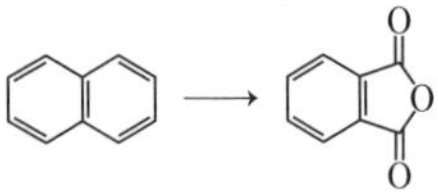 $\longrightarrow$ O, O, O	V_2O_5，400～500 ℃
アルカンの酸化	
$CH_3-CH_2-CH_3 + O_2 \longrightarrow CH_2=CHCOOH$	MoVO 複合酸化物[18]，380 ℃
$CH_3-CH_2-CH_2-CH_3 + O_2 \longrightarrow$ 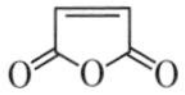 O, O, O	$(VO)_2P_2O_7$[18]，360 ℃
オレフィンの酸化	
$CH_2=CH_2 + O_2 \longrightarrow CH_2-CH_2$ (O) 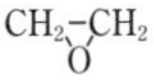	Ag，220～260 ℃，10～20 atm
$CH_2=CH-CH_3 + O_2 \longrightarrow CH_2-CH-CH_3$ (O) 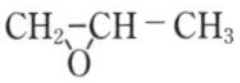	Au/TS-1[17]，H_2[17] または H_2O[19] 共存下，200 ℃
$CH_2=CH-CH_3 + O_2 \longrightarrow CH_2=CHCHO$ または $CH_2=CHCOOH$	CuO または Bi-Mo，350～450 ℃
$CH_2=CH-CH_3 + O_2 + NH_3 \longrightarrow CH_2=CHCN$	Bi-Mo，400～480 ℃
$CH_3CH=CHCH_3$, $CH_3CH_2CH=CH_2$ $+ O_2 \longrightarrow$ O=C–O–C=O 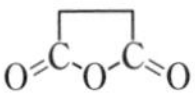	V_2O_5-H_3PO_4，250～450 ℃，2～3 atm
$CH_2=C(CH_3)-CH_3 + O_2 \longrightarrow CH_2=C(CH_3)-COOH$	Bi-Mo
アルコールの酸化	
$CH_3OH + \frac{1}{2}O_2 \longrightarrow HCHO + H_2O$	Fe_2O_3-MoO_3，350～450 ℃
$C_2H_5OH + \frac{1}{2}O_2 \longrightarrow CH_3CHO + H_2O$	Ag，300～500 ℃
$(CH_3)_2CHOH + \frac{1}{2}O_2 \longrightarrow (CH_3)_2CO + H_2O$	Ag または Cu，400～450 ℃
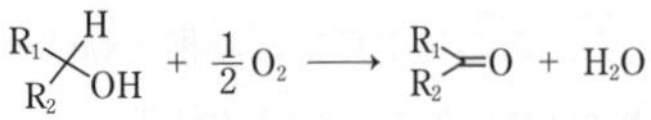 $R_1R_2C(H)OH + \frac{1}{2}O_2 \longrightarrow R_1R_2C=O + H_2O$	Ru-Al_2O_3[16]，80 ℃（液相）
アルデヒドの酸化	
$CH_2=CHCHO + \frac{1}{2}O_2 \longrightarrow CH_2=CHCOOH$	Bi-Mo，260～300 ℃
多価アルコールの酸化	
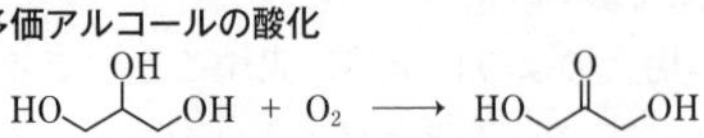 HO, OH, OH $+ O_2 \longrightarrow$ HO, O, OH	貴金属系[20]，80 ℃（液相）

に，酸素の活性化，被酸化物の活性化，不安定中間体の準安定化などの反応に依存しており，また用いる触媒種によっていろいろな反応過程に作用する可能性があるからである．

不均一系接触酸化の反応例を表 26.2 に示す．芳香族側鎖の酸化は，液相自動酸化で行うのが普通であり，気相接触反応ではあまり行われない．芳香族化合物を V_2O_5 を主体とした触媒（触媒調製例 3 参照）を用い，厳しい条件で酸化反応を行うと環の開裂が付随する．ナフタレンの無水フタル酸への酸化反応は，V_2O_5 単独または SO_2，WO_3 などとともに 400～500 ℃ の条件下に行われる．またベンゼンの酸化開裂による無水マレイン酸の合成では V_2O_5-MoO_3 触媒が使用され，接触時間 1 秒で反応を行うのが普通である．

アルカンの酸化反応としては，ブタン酸化による無水マレイン酸合成には $(VO)_2P_2O_7$ が使われ，プロパン酸化には MoVO 複合酸化物触媒が高い触媒活性を示す[18]．

オレフィンの酸化は，二重結合の酸素化とアリル位の酸化とがある．エチレンの酸化によるエチレンオキシドの合成反応は，副反応のエチレンの完全酸化を防止する選択性の優れた銀系触媒（触媒調製例 1 参照）を用いて行われる．これに対してアリル位に水素をもつ化合物，たとえばプロピレンではアリル位の酸化が起こりやすく，酸素で直接エポキシ化することはできない．しかし，金クラスターを担持した触媒（触媒調製例 7 参照）では，水素[17] あるいは水[19] 共存下でプロピレンをエポキシ化することが可能であり，非常に高い選択率でプロピレンオキシドを合成することが可能である．

一方，プロピレンやイソブテンのアリル位酸化もその生成物が高分子の原料となるために重要である．この酸化反応は通常 2 段階，たとえばプロピレンの場合には，アクロレインへの酸化とアクロレインからアクリル酸への酸化の 2 段階で行われる．第 1 段階の反応には Mo-Bi-Fe 系の触媒が用いられ，第 2 段階では Mo-V 系触媒（触媒調製例 3 参照）が有効である．イソブテンの酸化はプロピレンの酸化と微妙な点で異なり，メタクロレインからメタクリル酸への酸化では Mo-V-P 系のヘテロポリリン酸型触媒（触媒調製例 5 参照）が使用される．

プロピレンのアンモ酸化もアリル位酸化の一つであるが，この反応にも Mo-Bi 系触媒（触媒調製例 4 参照）が使用される．

脂肪族アルコールの脱水素によるカルボニル化合物の合成反応は，銀または銅系の触媒が使用され，アルコールの種類に依存して 300～500 ℃ の条件下に反応が行われる．さらに，ルテニウム水酸化物を担持したアルミナ触媒（触媒調製例 6 参照）では，脂肪族アルコールをはじめ，アルコールの種類によらず酸素による酸化反応が効率よく進行する[16]．とくにベンジル型アルコールに対して高い触媒活性を示す．アリル型アルコールの反応では，二重結合の異性化や分子内水素移行反応（飽和ケトンの生成）は進行せず，対応する不飽和カルボニル化合物が高収率で得られる．アルデヒドやケトンの酸化では対応するカルボン酸が生成するが，その多くは液相酸化反応によってこれが合成される．

新しい酸化反応としては，バイオディーゼル製造における副生成物である多価アルコール，グリセリンを酸化して医薬品原料となるジヒドロキシアセトンを合成するものがある．この反応では貴金属担持触媒が用いられる[20]．

26.2　金属酸化物による酸化

26.2.1　マンガンによる酸化[21]

マンガン酸化剤には，二酸化マンガン，過マンガン酸塩，マンガン(III) 塩などが知られているが，過マンガン酸塩などについては，前版にて触れられているため，ここではとくに活性二酸化マンガン（活性 MnO_2）を用いる反応について詳述する[22]．

活性二酸化マンガンは，アリルおよびベンジルアルコールを酸化して，カルボニル化合物を与える．他の酸化剤では分解してしまうような不安定な反応基質を酸化することができる[23]．活性二酸化マンガンは水，有機溶媒いずれにも溶解しない．反応は，活性二酸化マンガンの表面に反応基質が吸着して進行する不均一反応である．同一分子内に数種類のヒドロキシ基がある場合にも，吸着しやすい官能基から優先的に反応するため，高選択的に目的の化合物が得られる．

通常の酸化の方法では，原料に応じて各種有機溶媒を選択し，そこに活性二酸化マンガンを懸濁させたのち，アリルアルコールを加え，室温で所定の時間撹拌する．沪過，反応溶媒の留去により目的物を得る．収率は，加える酸化剤の量や使用する有機溶媒，および反応時間によって大きく影響を受けるため，実験条件の十分な検討が必要である．活性二酸化マンガンは，調製方法により，活性度に大きな差が生じる．市販品はたいていのアリルアルコールを酸化するための十分な活性を示すが，より高い活性かつ選択性の良い反応を行いたい場合には，下の実験例に示す方法[24]で活性二酸化マンガンを調製する（Attenburrow 法）．活性二酸化マンガンを用いる合成反応例を表 26.3 に示す．ゲラニオールなどテルペン類，ベンジルアルコールなどを高選択的に酸化でき，アルカロイドなど天然物合成にも利用されている．クロム酸などの酸化剤と異なり，アリルアルコール類の酸化において，E あるいは Z の立体を保持したまま，α,β-不飽和カルボニル化合物を与えることが知られている[25]．

電池に使用される化学処理された活性二酸化マンガン（chemical manganese dioxide：CMD）を用いると，実験の再現性が高く，ベンジルアルコールやアリルアルコール類の酸化に高活性を示す[26]．

活性二酸化マンガンによる酸化では，反応基質に対し 20 当量以上の過剰の酸化剤を使用するなど問題点もあるが，反応の信頼性が高いうえ，生成したアルデヒドを単離することなくそのままウィッティヒ（Wittig）反応を実施して炭素伸長反応に適用できるなど，利点も多い[27]．

【実験例　Attenburrow 法による活性二酸化マンガンの調製[24]】

$KMnO_4$ 960 g を熱水 6 L に溶かし，$MnSO_4 \cdot 4\,H_2O$ 1110 g の水溶液 1.5 L と 40% NaOH 水

表 26.3　活性二酸化マンガンによる反応例

反応基質	生成物	収率(%)
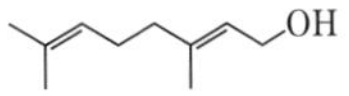 OH	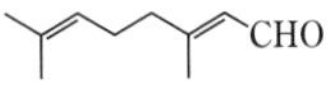 CHO	98[1]
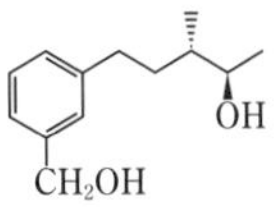 OH, CH_2OH	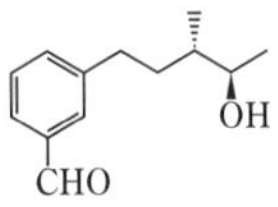 OH, CHO	>75[2]
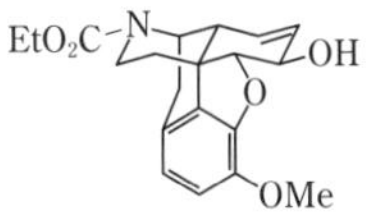 EtO_2C–N, OH, O, OMe	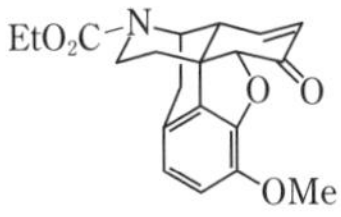 EtO_2C–N, O, O, OMe	79[3]
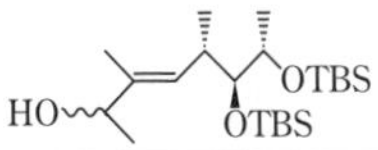 HO, OTBS, OTBS	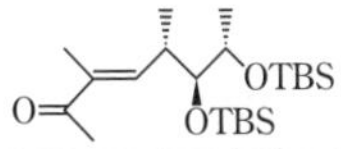 O, OTBS, OTBS	98[4]

1) E. J. Corey, N. W. Gilman, R. E. Ganem, *J. Am. Chem. Soc.*, **90**, 5616 (1968).
2) M. A. Holoboski, E. Koft, *J. Org. Chem.*, **57**, 965 (1992).
3) D. F. Taber, T. D. Neubert, A. L. Rheingold, *J. Am. Chem. Soc.*, **124**, 12416 (2002).
4) CMD 使用: J. Matsubara, K. Nakao, Y. Hamada, T. Shioiri, *Tetrahedron Lett.*, **33**, 4187 (1992).

溶液 1.17 L を同時にここに加え，4 時間撹拌後，沪過し，沪液が無色になるまで水洗する．得られた黒色粉末を 100～120 ℃ で乾燥することで目的とする活性二酸化マンガンが得られる．活性二酸化マンガンは反応前に粉砕して使用する．収量 920 g.

【実験例　ゲラニオールの酸化反応によるゲラニアールの合成[23]】

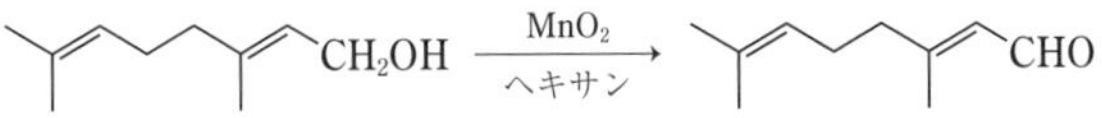

CH_2OH —MnO_2 / ヘキサン→ CHO

純度 95%

ゲラニオール 50 mg と活性二酸化マンガン 575 mg をヘキサン 8 mL に加え，0 ℃ で 30 分間撹拌する．沪過，溶媒を留去することにより，目的とするゲラニアールが得られる．異性体のネラールは検出されず，NMR などにより算出された純度は 95%.

【実験例　3-(1-ヒドロキシブチル)-1-メチルピロールの酸化反応による 3-ブチロイル-1-メチルピロールの合成[28]】

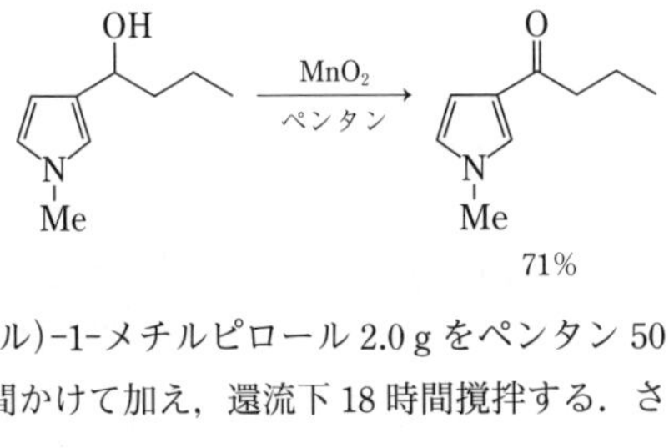

OH, N, Me —MnO_2 / ペンタン→ O, N, Me

71%

3-(1-ヒドロキシブチル)-1-メチルピロール 2.0 g をペンタン 50 mL に溶かし，活性二酸化マンガン 16 g を 5 分間かけて加え，還流下 18 時間撹拌する．さらに，活性二酸化マンガン 8 g を少しずつ加え，24 時間還流したのち沪過し，二酸化マンガンをジクロロメタン 200～300 mL でよく洗い流す．沪液を濃縮すると淡黄色オイル状の生成物が得られる．それを減圧蒸留（100 ℃/0.1 mmHg）することにより，目的とする 3-ブチロイル-1-メチルピロールが得られる（収率 71%）．

26.2.2　オスミウムによる酸化

a.　OsO_4 によるアルケンのジヒドロキシル化

四酸化オスミウム（OsO_4）は，アルケンを 1,2-*cis*-ジオールに導くもっとも信頼性の高い試薬として頻繁に用いられる．古典的な手法では，化学量論量の OsO_4 を用いてオスミウム酸エステル中間体を生成させ，これを還元的に加水分解することによりジオールを得ていた．しかし OsO_4（融点 42 ℃，沸点 130 ℃）は揮発性のみならず毒性も高く，しかも高価である．そこで現在では，中間体として生成するオスミウム酸エステルの加水分解を酸化的に行って OsO_4 を再生させることにより OsO_4 の使用量を低減できる触媒反応が多く用いられている．とくに，*N*-メチルモルホリン *N*-オキシドを共酸化剤とする手法は，Upjohn 法とよばれて汎用されている[29]．ジオールの過剰酸化や生成物の有機溶媒への抽出が問題となる場合は，フェニルボロン酸を添加することによりフェニルボロン酸エステルとして単離するとよい[30]．

OsO_4 (0.3 mol%)
H_2O, アセトン

OH
OH

O−CH_3
N^+
O
(1.1 当量)

CH_3
N^+
O

揮発性や毒性の問題を回避するために，近年では，OsO_4 の代わりに不揮発性の $K_2OsO_2(OH)_2$ を用いることがある．また，OsO_4 を高分子に担持させる試みが行われている．小林らのマイクロカプセル化（MC）法が担持の成功例である．MC OsO_4 は，OsO_4 そのものと同様の活性を示すばかりか，通常の沪過操作により定量的に回収でき，複数回繰り返し使用が可能である[31]．

b.　アルケンの不斉ジヒドロキシル化

炭素-炭素二重結合がなす平面の表裏を OsO_4 が識別することで，二つの連続する不斉炭素中心をもつ *cis*-ジオールをエナンチオ選択的に合成することができる．OsO_4 による酸化はピリジンなどの第三級アミンにより促進されることが知られていたため，さまざまな光学活性アミンを不斉配位子とした不斉ジヒドロキシ化反応が開発された．なかでも，触媒量の OsO_4・不斉配位子を用いて高エナンチオ選択的にジオールを与える Sharpless 不斉ジヒドロ

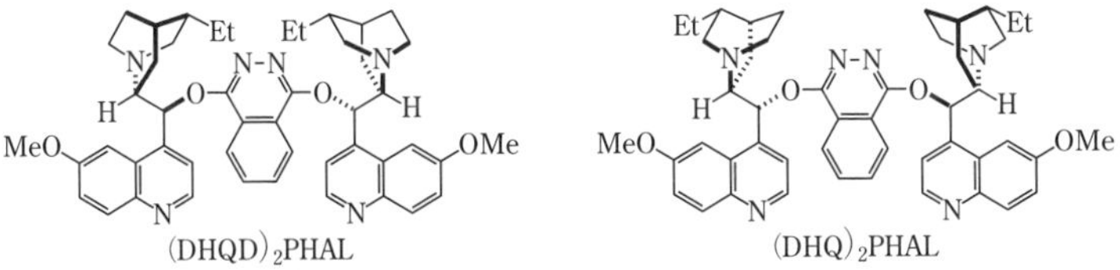

(DHQD)$_2$PHAL　(DHQ)$_2$PHAL

図 26.1　不斉ジヒドロキシル化に用いられる不斉配位子

キシル化反応がその有用性から群を抜いている[32]．不斉配位子としては二つのシンコナアルカロイド誘導体をフタラジンで連結したヒドロキニン 1,4-フタラジンジイルジエーテル [(DHQ)$_2$PHAL] または (DHQD)$_2$PHAL（図 26.1）を利用することが多い．両者は互いにジアステレオマーであるが，あたかもエナンチオマーであるかのように，同等の選択性で逆の絶対配置をもつジオールを与えることが多い．基質によっては，連結部が異なる配位子を用いて高い選択性を与える場合がある．共酸化剤としては，$K_3Fe(CN)_6$ が用いられる．さらに，不揮発性の PEM ポリマーでマイクロカプセル化した OsO_4（PEM-MC OsO_4）をオスミウム源としても用いることができる[33]．

二重結合がなす平面のどちら側から Os が攻撃するかにより “AD-mix-α”，“AD-mix-β” という名称でよばれている市販の反応剤は，不斉配位子（AD-mix-α では (DHQ)$_2$PHAL，AD-mix-β では (DHQD)$_2$PHAL）とともにオスミウム源（$K_2OsO_2(OH)_2$），共酸化剤（$K_3Fe(CN)_6$），塩基（K_2CO_3）がすべて混合されている．扱いが簡便であるため，生物活性物質の合成をはじめ，多くの場面で活躍している．アルケンの置換基を大きい順に R_L，R_M，R_S としたとき，二重結合がなす平面のどちらからヒドロキシ基が導入されるかは，次式に示す一般式で表される．ジオールは，アセトニドを経て容易にエポキシドやアミノアルコールへ誘導できる．これを利用して Sharpless らによりロイコトリエン拮抗薬 SKF104353 や抗がん薬タキソールの C-13 側鎖が不斉合成されている[34]．

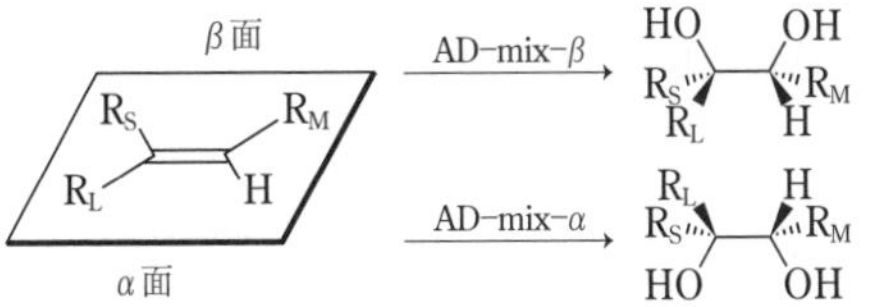

β 面　AD-mix-β　α 面　AD-mix-α

c.　アルケンのアミノヒドロキシル化

不斉ジヒドロキシル化の条件で *N*-ハロアミダートを添加してアルケンを酸化すると，系内でイミドトリオキソオスミウム種が生成することにより，*cis*-アミノアルコール誘導体が得られる[35]．アルケンから連続する二つの不斉中心をもつ多官能基化合物が 1 段階で得られることから，医薬品合成におけるキラルビルディングブロックの調製法として有用であるが，非対称アルケンでは位置選択性に改善の余地を残すことが多い．不斉配位子としてフタラジン誘導体ではなくアントラキノン誘導体を使うと良好な結果を示すことがある[36]．

$$\mathrm{Ph{\sim}CH{=}CH{\sim}CO_2Me} \xrightarrow[\substack{(DHQ)_2PHAL\ (5\ mol\%) \\ K_2OsO_2(OH)_2\ (4\ mol\%)}]{MeSO_2N(Cl)^-Na^+} \mathrm{Ph{-}CH(NHSO_2Me){-}CH(OH){-}CO_2Me}$$

65%，95% ee

26.2.3　パラジウムによる酸化

パラジウムによる酸化の代表的なものに，末端二重結合をアセチル基に変換するワッカー（Wacker）酸化反応がある．本法は，PdX_2（X＝Cl，OAc など）に配位したアルケンに水由来の求核剤が付加し，その後，HPdX 脱離によりメチルケトンを与える．CuX_2 助触媒と O_2 酸化剤により反応は触媒的に進行する．反応条件下で内部アルケンはほとんど酸化されず，末端アルケンが優先的にメチルケトンに変換される．α,β-不飽和ケトンやエステルは，共酸化剤である *t*-ブチルヒドロペルオキシド（TBHP）や H_2O 共存下に触媒量の Na_2PdCl_4 により，β-ケト化合物を与える．アリルエーテルやホモアリルエーテルは位置選択的に β-および γ-アルコキシケトンを与える．分子内ワッカー酸化は複素環化合物の合成法となる．近年では，グリーンケミストリーを目指したワッカー型触媒や酸化を水以外の求核反応剤の存在下で行うワッカー型酸化が開発されている．アルケンの酸化は Pd(II)，Pd(0) の酸化は Cu(II)，Cu(I) の酸化は酸素分子によりなされる．これらのプロセスが協奏的にはたらくことで触媒サイクルが機能する[37～40]．

$$\mathrm{R{-}CH{=}CH_2} \xrightarrow[O_2,\ H_2O]{\substack{PdCl_2\ 触媒 \\ CuCl_2\ 触媒}} \mathrm{R{-}CO{-}CH_3}$$

Redford らはパラジウム(II) ビストリフルオロ酢酸（$Pd(TFA)_2$）を触媒として用い，立体選択的な酸化的環化反応に成功している[41]．

$$\xrightarrow[\substack{O_2\ (1\ atm),\ MS\ 3A \\ DMSO,\ 50℃}]{\substack{Pd(TFA)_2\ (10\ mol\%) \\ LiOAc\ (1\ 当量)}}$$

（基質：Nu, NH–S(=O)–*t*-Bu, R を有するアルケン；生成物：N–S(=O)–*t*-Bu ピロリジン, Nu, R）

＞20：1 dr

Yang らは $Pd(OAc)_2$ と $(MeCN)_2PdCl_2$ を使い分けることにより，位置選択的に Aza-Wacker 酸化環化反応を行うことに成功している[42]．

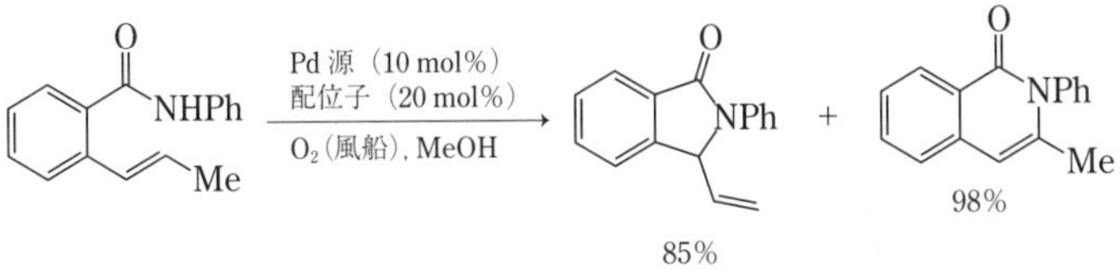

O NHPh Me → [Pd 源（10 mol%）, 配位子（20 mol%）, O_2（風船），MeOH] → O NPh + O NPh Me

85%　　98%

Pd 源：　$Pd(OAc)_2$　　$(MeCN)_2PdCl_2$
配位子：1, 10–フェナントロリン　　Et_3N

また不斉触媒存在下での分子内ワッカー反応は高エナンチオ選択的に進行し，光学活性2,3-ジヒドロベンゾフランを与える[43].

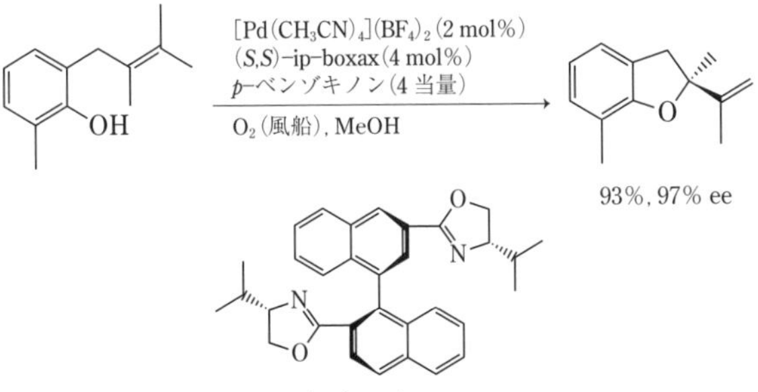

OH → [$[Pd(CH_3CN)_4](BF_4)_2$（2 mol%）, (*S,S*)–ip–boxax（4 mol%）, *p*–ベンゾキノン（4 当量）, O_2（風船），MeOH] → O

93%, 97% ee

O N N O

(*S,S*)–ip–boxax

26.2.4　ルテニウムによる酸化

四酸化ルテニウムは強力な酸化力をもち，炭素-炭素二重結合，芳香環，1,2-ジオールなどの酸化的開裂，アルコールのカルボン酸への酸化，エーテルのエステルへの酸化などを行うことができる．四酸化ルテニウムは，通常，触媒量の前駆体と安価な再酸化剤との反応により，系中で発生させて用いる[44]．とくに，他の酸化剤に比べ，ヘテロ原子の隣接位の酸化に優れ，エーテル酸素からは対応するエステルやラクトンが（式(26.5)）[45]，また環状の第三級アミンやアミドからはラクタムやイミドが得られる（式(26.6)）[46]．またアルコールとアミンから直接アミドを合成することもできる[47].

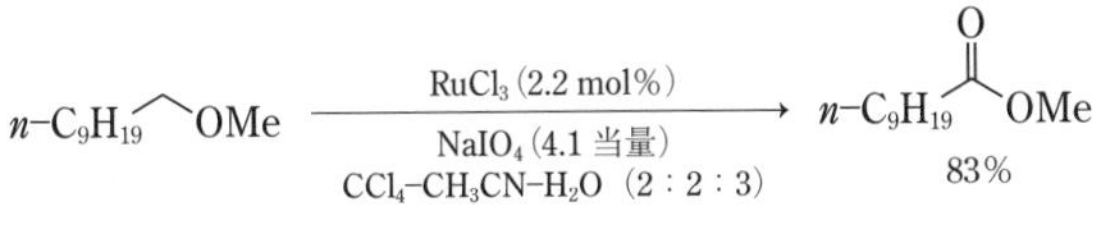

n–C_9H_{19} OMe → [$RuCl_3$（2.2 mol%）, $NaIO_4$（4.1 当量）, CCl_4–CH_3CN–H_2O（2：2：3）] → *n*–C_9H_{19} O OMe　83%　(26.5)

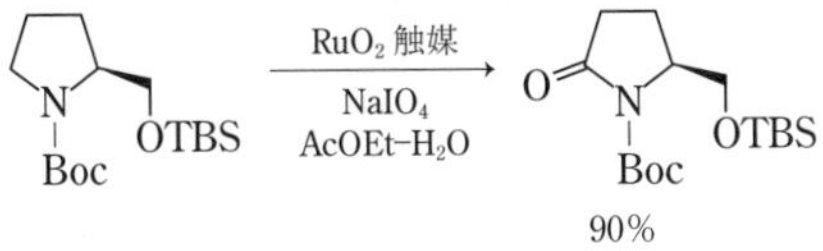

N Boc OTBS → [RuO_2 触媒, $NaIO_4$, AcOEt–H_2O] → O N Boc OTBS　90%　(26.6)

ルテニウム誘導体である過ルテニウム酸テトラプロピルアンモニウム（$n\text{-}Pr_4N^+RuO_4^-$, TPAP）を用いる Ley 酸化もよく用いられる[48]．TPAP は室温で空気や水分に安定な暗緑色固体であり，CH_2Cl_2 や CH_3CN などの有機溶媒に可溶である．補助酸化剤である *N*-メチルモルホリン *N*-オキシド（NMO）の存在下に触媒量ですみやかに進行し，第一級アルコールをアルデヒドに，第二級アルコールをケトンに酸化できる．反応はモレキュラーシーブを添加することにより促進される．非常に緩和な酸化剤であり，二重結合，三重結合，エステル，ラクトン，アセタール，エポキシドなどの官能基とは反応せず，また PCC 酸化や Swern 酸化では分解する基質にも適用可能である．

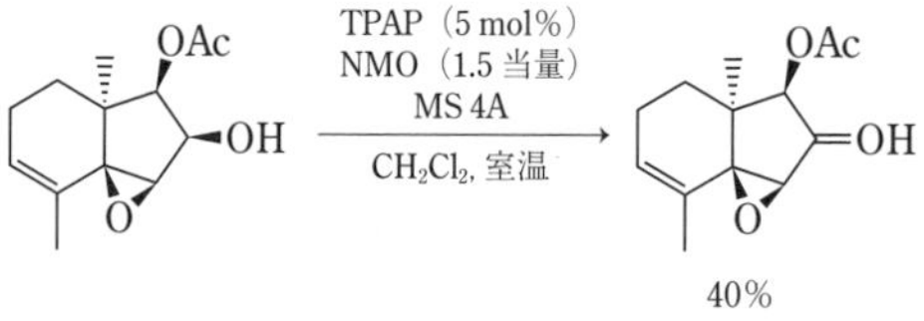

OAc　OH　O

TPAP（5 mol%）
NMO（1.5 当量）
MS 4A
CH_2Cl_2, 室温

OAc　=OH　O

40%

26.3　過酸化物による酸化

26.3.1　有機過酸による酸化

有機過酸としては，過酢酸，過トリフルオロ酢酸，過安息香酸ならびに *m*-クロロ過安息香酸（*m*CPBA）をはじめとする過安息香酸誘導体がもっとも汎用される．これらの酸化剤は二重結合のエポキシ化[49]やケトンのエステルへの変換反応であるバイヤー-ビリガー（Baeyer–Villiger）酸化[50]にはたらく．なお，有機過酸でのエポキシ化は求電子的反応であるため，一般にアルキル置換基の多い二重結合ほど容易にエポキシ化される．過酸は不安定で取扱いに注意を払う必要があるが，*m*CPBA は過安息香酸のメタ位にクロロ基を導入してより安定化したものである．純粋なものは衝撃により爆発する危険性があるが，水を混合して安定化し，安全に取り扱えるようにしたものが市販され，ラボスケールでもっとも頻繁に用いられる酸化剤の一つである．代表的な反応は，二重結合のエポキシ化，カルボニル化合物のエステルへの変換反応（バイヤー-ビリガー反応）である．これらは非常に適用範囲が広く，天然物合成などに汎用される．

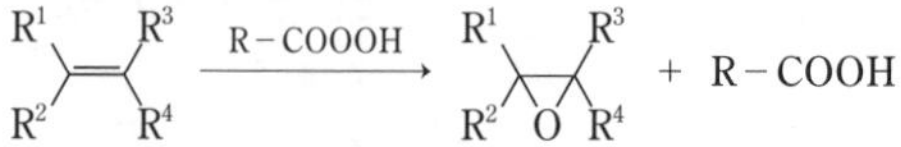

$R^1R^2C{=}CR^3R^4 \xrightarrow{R-COOOH}$ $R^1R^2C\text{–}O\text{–}CR^3R^4$（エポキシド）$+ \; R-COOH$

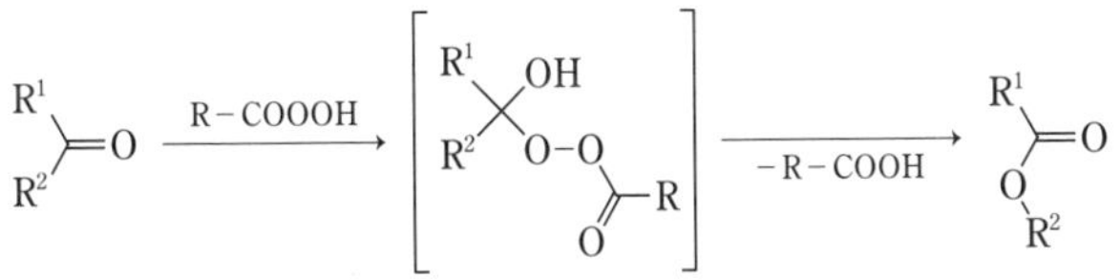

シリルエノールエーテルを *m*CPBA などの過酸で酸化すると，シロキシエポキシドを経由し，ついで加水分解を経て高収率で α-ヒドロキシカルボニル化合物が得られる．本法は Rubottom 酸化とよばれ，カルボニル基は容易にシリルエノールエーテルに変換できることから，カルボニル基の α 位への非常に優れたヒドロキシ基導入法である[51]．シリルエノールエーテルの二重結合は電子が豊富なため酸化反応を受けやすく，単純な二重結合などの酸化されやすい官能基があっても高官能基選択的に進行する．本反応を 26.4.4 項で紹介するキラルなオキサジリジンである Davis 試薬や，キラルなケトンと Oxone を組み合わせた Shi 法などのキラルな酸化剤を用いて行うと，エナンチオ選択的に α-ヒドロキシカルボニル化合物を得ることができる．

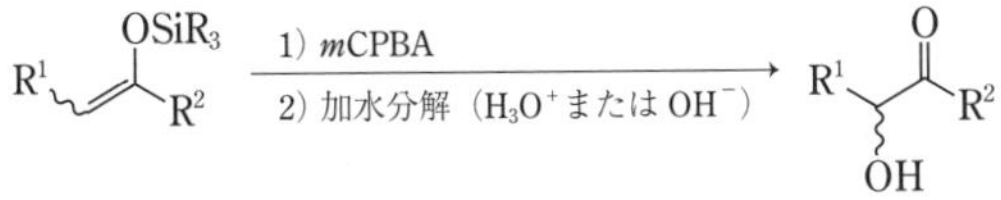

以下には上記の一般的な反応以外の *m*CPBA を用いる最近の反応のいくつかを紹介する．

4-アリール-1,2,5,6-テトラヒドロピリジンから 3 位置換型のピロリジン-4-オンへの変換が *m*CPBA と $BF_3 \cdot Et_2O$ の組合せにより達成されている[52]．本法では *m*CPBA と $BF_3 \cdot Et_2O$ を繰り返し用いることにより，オレフィンのエポキシ化，エポキシドの開環，転位，バイヤー-ビリガー反応とホルミル基の脱離によるオレフィン化，さらに再びエポキシ化と開環，転位を経てケトン体となる．

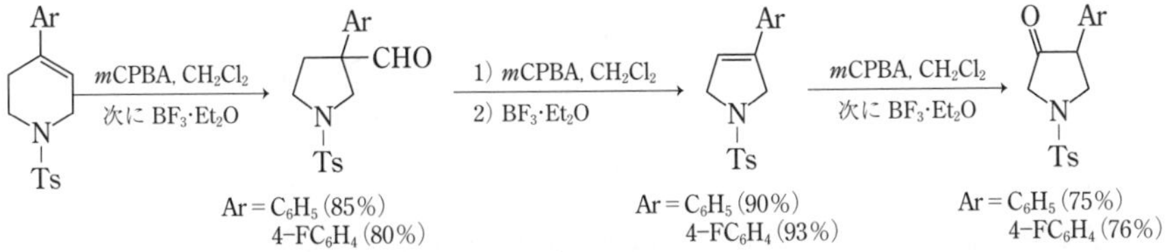

ビニルスルフィドを *m*CPBA で処理すると高収率でアレン体が得られる[53]．

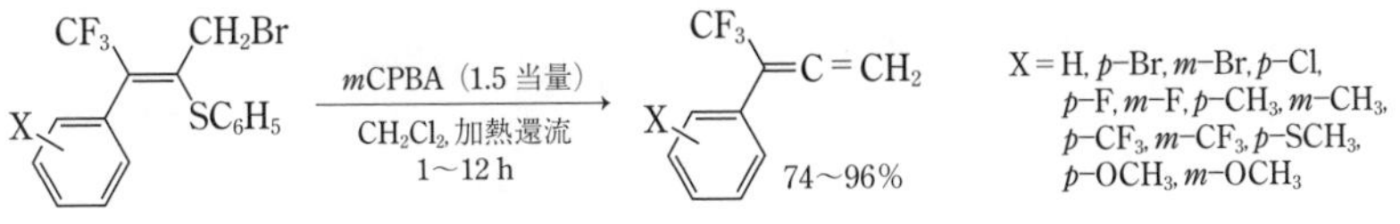

また *m*CPBA の反応性が反応溶媒により劇的に変化することが報告されている[54]．すなわち，MeCN 中では通常のエポキシ化が起こるが，CCl_3CN–MeCN（1：1）の溶媒中では，通常反応しないエーテルをケトンへと酸化できる．反応はラジカル機構により進行すると考えられている．

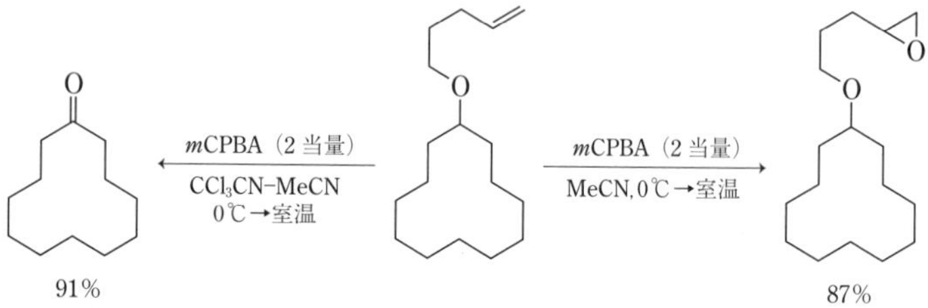

*m*CPBA（2 当量）
CCl_3CN–MeCN
0℃→室温

91%

*m*CPBA（2 当量）
MeCN, 0℃→室温

87%

26.3.2　有機過酸化物による酸化

アルケンの触媒的不斉エポキシ化反応でもっともよく知られている合成法は，Sharpless–香月不斉エポキシ化法[55]である．本法は，TBHP を酸化剤として用い，アリルアルコール類をチタン(IV) テトライソプロポキシド，光学活性酒石酸ジエチル（DET）と反応させると，高収率，高エナンチオ選択的に二重結合が不斉エポキシ化され，光学活性な 2,3–エポキシアルコールが得られる．本法はヒドロキシ基の存在が不可欠で，良好な結果を与える基質はアリルアルコールに限られる．また他の二重結合が存在しても，高化学選択的にアリルアルコールがエポキシ化される．さらに DET は（+）–体と（−）–体の両鏡像体が入手容易なため，2,3–エポキシアルコールについても両鏡像体をつくり分けることができる．なお，Sharpless–香月不斉エポキシ化法では，ホモアリルアルコールの不斉エポキシ化は困難であるが，山本らは光学活性シクロヘキサジアミン誘導体とバナジウム金属を組み合わせ，高い不斉収率が得られる反応に成功している[56]．

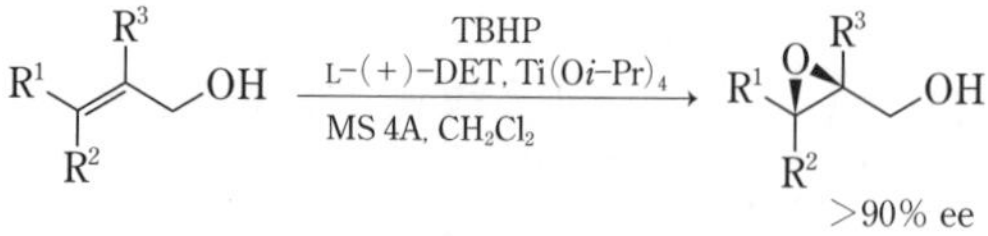

R^1, R^2, R^3, OH
TBHP
L–(+)–DET, Ti(O*i*–Pr)$_4$
MS 4A, CH_2Cl_2
R^1, R^2, R^3, O, OH
>90% ee

上述の Sharpless–香月不斉エポキシ化法は，遊離のオレフィンのエポキシ化では良い結果を与えない．一方，ケトンを Oxone で処理して得られるジオキシラン類もオレフィンのエポキシ化にはたらく[57]．

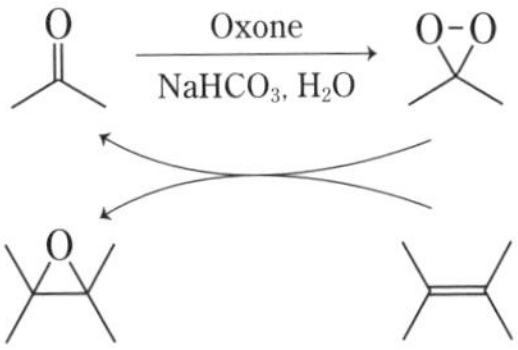

Oxone
NaHCO$_3$, H$_2$O

そこで，光学活性なケトン由来のキラルなジオキシランを用いると遊離のオレフィンのエポキシ化が高エナンチオ選択的に進行することが明らかとなり，種々の光学活性なケトンが開発され利用されている[58]．

とくに Shi らにより開発された D-フルクトースを基本骨格とする種々の光学活性ケトン誘導体は優れた有機触媒として，長年困難とされてきた *trans*-アルケンや，三置換アルケンのエポキシ化を高い光学純度で達成している．反応はキラルなケトンを反応系内で酸化して得られるキラルジオキシランを用いて行い，また二重結合合周辺に特別な官能基を必要としない．ジオキシランはオレフィンをエポキシ化すると同時にケトン体に還元されるが，共酸化剤により再酸化されるため，反応は触媒量で進行する．*trans*-アルケンや特定の *cis*-アルケンをきわめて効率的に不斉エポキシ化できる[59]．酸化剤としては Oxone がよく用いられるが，代わりに過酸化水素を用いることにより，反応に用いる塩や溶媒の量を著しく減らすことにも成功している[60]．

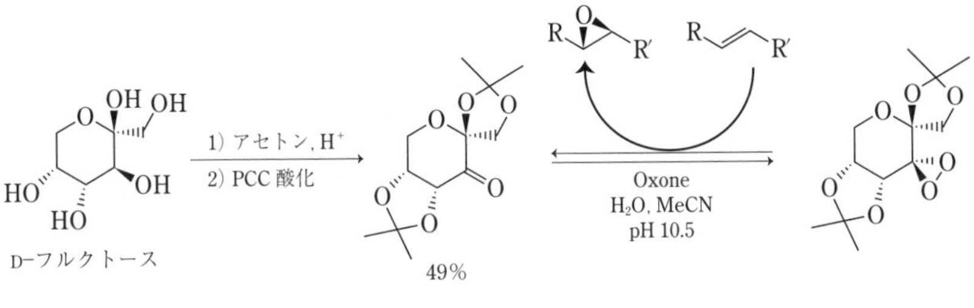

1) アセトン, H$^+$
2) PCC 酸化
D-フルクトース
49%
Oxone
H$_2$O, MeCN
pH 10.5

またこのキラルジオキシランはジスルフィドのエナンチオ選択的な酸化にも有効で，高い光学純度でモノスルホキシドを与える[61]．

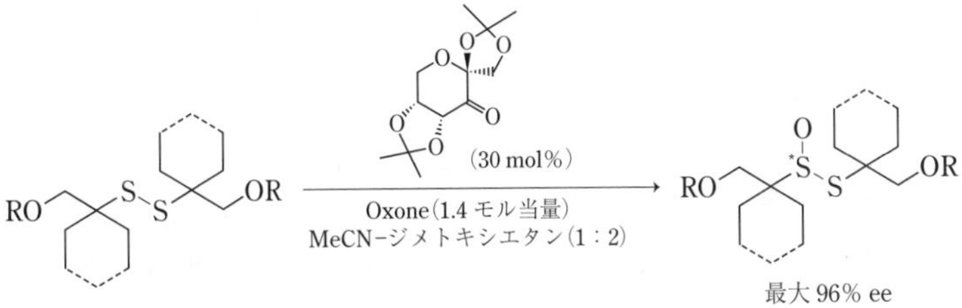

(30 mol%)
Oxone (1.4 モル当量)
MeCN–ジメトキシエタン (1 : 2)
最大 96% ee

26.3.3　過ハロゲン酸塩による酸化

次亜塩素酸ナトリウムを酸化剤として用いるJacobsen-香月エポキシ化反応がある．本法は，C_2 対称キラルジアミンと置換サリチルアルデヒドとの縮合によって容易に合成できるマンガン(Ⅲ) サレン錯体を触媒として用い，配位性置換基をもたない単純アルケン，共役アルケン，環式および非環式 (*Z*)-1,2-二置換アルケンを高いエナンチオ選択性で不斉エポキシ化できる[62]．さらに不溶性ポリマーに固定化した固相担持型サレン錯体などの，回収，再利用ができる多くのサレン錯体が開発され，次亜塩素酸ナトリウムをはじめとする共酸化剤の存在下で効率的な不斉エポキシ化に利用されている[63]．

R^1　R^2 → (Mn サレン錯体: *t*-Bu, *t*-Bu, *t*-Bu, *t*-Bu, N, N, Mn, O, O; NaOCl, 緩衝液, CH_2Cl_2) → O, R^1　R^2

26.3.4　過酸化水素による酸化[64]

過酸化水素（H_2O_2）は，過酸化水素水と基質（溶液）からなる液-液二相系で反応が進み，酸素同様に触媒による活性化によって高い酸化活性を示す．一方で，過酸化水素は有機および無機の過酸化物を製造する原料となる．ここでは，直接的に過酸化水素が酸化剤となり，触媒などによって活性化された反応の例を示す．過酸化水素は反応後の副生成物が水であるため，環境低負荷な反応として注目されている．しかしながら過酸化水素を酸化剤として選択するさいには，収率，選択率，反応に使用する溶媒，後処理も含め，トータルで本当に廃棄物が少ないか否かを精密に確認し，かつ安全性についても従来法と比較検討し，反応に応じて最適な酸化剤を選択するように心掛ける必要がある．

a.　反応の種類と反応例

近年，過酸化水素酸化反応により種々の化合物の合成が可能になってきた．これまでに，アルコールの酸化，カルボニル化合物の酸化，炭素-炭素二重結合の酸化によるエポキシ化，炭素-炭素二重結合の開裂反応，フェノールの酸化，フランの酸化，アミン類の酸化，ニトロ基からカルボニル基への酸化，硫黄の酸化，セレンの酸化，ホウ素化合物の酸化，ケイ素化合物の酸化などが知られている．表26.4 におもな反応例を列挙する．

アルコールからアルデヒド，ケトン，またはカルボン酸へと酸化する反応例は多く，モリブデンまたはタングステン系の触媒がおもに用いられる．第一級と第二級アルコールが共存する場合には，第二級アルコールが選択的に酸化され，また，過酸化水素の量を2倍にすることで第一級アルコールからカルボン酸へ酸化することができる．バイヤー-ビリガー

表 26.4　触媒を用いる過酸化水素酸化技術の反応例

基　質	触　媒	生成物	収率(%)
R‿OH R：アルキル，アリール	Mo 錯体[1]，W 錯体[2]	R‿O R：アルキル，アリール	＞80
O	Sn-zeolite beta[3]	O O	94
R R′	W 錯体[4~6]，Re 錯体[7~9]	O R R′	＞80
	W 錯体[10]	O HO OH O	94
OH	W 錯体[11]	O HO OH O	87
	$PW_{12}O_{40}$[12]	O HO O	90
OH	Ru 錯体[13]	O O	90
O	チタノシリケート (TS-1)[14]	O O	72
R−NH_2	Re 錯体[15]，W 錯体[16,17]，ペルフルオロケトン-シリカ[18]	$(R-NO)_2$，R−NO_2，R=NOH, または R−N^+=N(O^-)−R_2	＞85
R N R′ H	Re 錯体[19]，W 錯体[20,21]，SeO_2[22]	R N^+ R′ O^-	＞74
R S R′	W 錯体[23]	R S R′ O O	＞91

1) B. M. Trost, Y. Masuyama, *Tetrahedron Lett.*, **25**, 173 (1984).
2) K. Sato, M. Aoki, J. Takagi, K. Zimmermann, R. Noyori, *Bull. Chem. Soc. Jpn.*, **72**, 2287 (1999).
3) A. Corma, L. T. Nemeth, M. Renz, S. Valencia, *Nature*, **412**, 423 (2001).
4) C. Venturello, R. D'Aloisio, *J. Org. Chem.*, **53**, 1553 (1988).
5) Y. Ishii, K. Yamawaki, T. Ura, H. Yamada, T. Yoshida, M. Ogawa, *J. Org. Chem.*, **53**, 3587 (1988).
6) K. Sato, M. Aoki, M. Ogawa, T. Hashimoto, D. Panyella, R. Noyori, *Bull. Chem. Soc. Jpn.*, **70**, 905 (1997).
7) H. Adolfsson, C. Coperet, J. P. Chiang, A. K. Yudin, *J. Org. Chem.*, **65**, 8651 (2000).
8) J. Rudolph, K. L. Reddy, J. P. Chiang, K. B. Sharpless, *J. Am. Chem. Soc.*, **119**, 6189 (1997).
9) A. L. Villa de P., D. E. De Vos, C. Montes de C., P. A. Jacobs, *Tetrahedron Lett.*, **39**, 8521 (1998).
10) K. Sato, M. Aoki, R. Noyori, *Science*, **281**, 1646 (1998).
11) Y. Usui, K. Sato, *Green Chem.*, **5**, 373 (2003).
12) Y. Ishii, K. Yamawaki, T. Ura, H. Yamada, T. Yoshida, M. Ogawa, *J. Org. Chem.*, **53**, 3587 (1988).
13) S. Ito, K. Aihara, M. Matsumoto, *Tetrahedron Lett.*, **24**, 5249 (1983).
14) J. Wahlen, B. Moens, D. E. De Vos, P. L. Alsters, P. A. Jacobs, *Adv. Synth. Catal.*, **346**, 333 (2004).
15) S. Yamazaki, *Bull. Chem. Soc. Jpn.*, **70**, 877 (1997).
16) S. Sakaue, T. Tsubakino, Y. Nishiyama, Y. Ishii, *J. Org. Chem.*, **58**, 3633 (1993).

17) D. Sloboda-Rozner, P. Witte, P. L. Alsters, R. Neumann, *Adv. Synth. Catal.*, **346**, 339 (2004).
18) K. Neimann, R. Neumann, *Chem. Commun.*, **2001**, 487.
19) R. W. Murray, K. Iyanar, J. Chen, J. T. Wearing, *J. Org. Chem.*, **61**, 8099 (1996).
20) S.-I. Murahashi, H. Mitsui, T. Shiota, T. Tsuda, S. Watanabe, *J. Org. Chem.*, **55**, 1836 (1990).
21) S. Sakaue, Y. Sakata, Y. Nishiyama, Y. Ishii, *Chem. Lett.*, **1992**, 289.
22) S.-I. Murahashi, T. Shiota, *Tetrahedron Lett.*, **28**, 2383 (1987).
23) K. Sato, M. Hyodo, M. Aoki, X.-Q. Zheng, R. Noyori, *Tetrahedron*, **57**, 2469 (2001).

(Baeyer-Villiger) 反応は触媒による反応のほかに，ヘキサフルオロイソプロピルアルコールを溶媒に用いると，環状ケトンをラクトンへと変換することができる[65]．二重結合のエポキシ化には，タングステン触媒やレニウム触媒による過酸化水素酸化技術が用いられる．α,β-不飽和カルボン酸の場合，タングステン触媒を使用するとエポキシドが得られる[66]．二重結合を切断する反応もタングステン触媒を中心にいくつか知られている．フェノールからキノンへの酸化はルテニウム触媒を用いると効率よく進行する．チタノシリケートゼオライト触媒を用いるとフランから *cis*-2-ブテン-1,4-ジアールへと効率よく酸化される．第一級および第二級アミンは，それぞれ種々の触媒により高効率な酸化反応が知られている．ニトロ基はネフ (Nef) 反応でカルボニル基へと変換でき，とくに過酸化水素を酸化剤に用いると実験操作が簡便であり，アルデヒド生成反応も選択性よく進行するため，有機合成上有用である[67]．スルフィドは金属触媒を用いない条件でスルホキシドへ酸化可能[68]であり，触媒を用いるとさらに酸化されスルホンを合成できる．スルフィド同様にセレニドも酸化によりセレノキシドおよびセレノンが得られる．また生成したセレノキシドが β 水素をもつ場合には，セレノールがシン脱離してアルケンが生成する[69]．アルケンのヒドロホウ素化により生成するアルキルホウ素化合物を，水酸化ナトリウム存在下過酸化水素で処理すると，アルコールが生成する[70]．この反応は見掛け上，アルケンへの水の逆マルコウニコフ (anti-Markovnikov) 付加反応として有機合成上広く利用されている．ケイ素原子上にハロゲン，酸素，あるいは窒素官能基が存在する場合は，過酸化水素で容易に酸化することができ，炭素-ケイ素結合から，対応するアルコールに効率よく変換できる．この酸化反応は多くの種類の基質に適用でき，生成するアルコールの収率も高く，しかも立体選択的に進行することから有機合成上有用な反応である[71]．

b. 実験法

過酸化水素水溶液を合成反応に用いる場合には，濃度に注意する必要がある．90% の過酸化水素水溶液は反応性が高いが爆発性があり危険である．通常は反応に応じて 5～45% 濃度程度の水溶液を選択し，触媒と組み合わせて反応に使用する．また，酸，塩基，あるいは金属塩により過酸化水素の分解による酸素の発生が促進されるため，反応時には保護シールド（防爆板）を隔てて操作し，予備的にごく少量を混合し異常な発熱や発泡がないことを確認する．反応容器が金属製の場合，過酸化水素が分解する危険があるため，できるだけガラス製の容器を使用することが望ましい．反応後の処理では，市販の試験紙により過酸化物残存の有無を確認し，亜硫酸ナトリウムやチオ硫酸ナトリウム水溶液で還元処理し，過酸化水素自体や反応で生成した過酸化物を確実に分解する．とくに溶媒の留去や蒸留のさいには，減圧下にできるかぎり低温で行う．低濃度の過酸化物であっても，濃縮によって濃度が高まり，爆発が起こる危険性があることを認識することが必要である．反応のスケールアップを行うさいには，発熱量が大きくなるため，過酸化水素が分解しやすくなることを考慮して設計する必要がある．

【実験例　2-ヘキセン酸のエポキシ化反応[66]】

30% H_2O_2 水溶液
$Na_2WO_4 \cdot 2\,H_2O$ 触媒
H_2O
72%

Na_2WO_4·2 H_2O 102 mg と 2-ヘキセン酸 234 mg を水 6 mL と混合し 60～65 ℃ に加熱する．カルボン酸がすべて溶けるまで撹拌しながら，1 mol L^{-1} 水酸化カリウム水溶液を加え，pH 6 程度に調節して 10 分間撹拌する．ここに 30% H_2O_2 水溶液 0.23 mL を加え，3 時間撹拌する．この間，反応液の pH を 5.8～6.8 に保つようにする．3 時間撹拌後，50% 硫酸を加えて pH 2 以下にし，硫酸アンモニウムで飽和してジエチルエーテル 12 mL で 5 回抽出する．抽出液を無水硫酸マグネシウムで乾燥したのち，沪過して濃縮すると，目的とするエポキシカルボン酸が 12% の 2-ヘキセン酸を含む混合物として得られる（エポキシカルボン酸の収率 72%）．

【実験例　シクロヘキセンからアジピン酸の合成[72]】

30% H_2O_2 水溶液
$Na_2WO_4 \cdot 2\,H_2O$ 触媒
$[CH_3(n\text{-}C_8H_{17})_3N]HSO_4$ 触媒
H_2O
90%

Na_2WO_4·2 H_2O 4.01 g，硫酸水素メチルトリオクチルアンモニウム 5.67 g，および 30% H_2O_2 水溶液 607 g を混合し，室温で 10 分間激しく撹拌する．続いて，シクロヘキセン 100 g を加え，75 ℃，80 ℃，85 ℃ でそれぞれ 30 分間ずつ撹拌し，さらに 90 ℃ で 6.5 時間撹拌する．反応液を 0 ℃ で 12 時間放置すると白色沈殿物が現れるので，それを沪過したのち，冷水 20 mL で洗浄することで目的とするアジピン酸を得る（収率 78%）．溶液を再度再結晶することで，さらにアジピン酸を得ることができる（総収率 90%）．

【実験例　ニコチンアミド-1-オキシドの合成[73)]】

$$\text{ニコチンアミド} \xrightarrow[\text{酢酸}]{30\%\ H_2O_2\ \text{水溶液}} \text{ニコチンアミド-1-オキシド}\quad 73\sim82\%$$

ニコチンアミド 100 g に酢酸 1 L を加え加熱混合し溶解させた溶液に，0～5 ℃ に冷却しておいた 30% H_2O_2 水溶液 160 mL を加え，還流下，3.5 時間加熱撹拌する．反応後，80～100 mmHg の減圧下に反応溶液を 600 mL 程度まで濃縮し，蒸留水 200 mL 程度を加え，さらに減圧下注意深く濃縮すると固体が析出し始める．さらに 20 mmHg で固体を乾燥し，少量の水で加熱して溶解させたのち，エタノール 50 mL を加える．得られた固体を沪過後，沪液を 5 ℃ で一晩冷却し，析出する固体を再度沪過する．固体を集めて冷エタノール，アセトン，エーテルで順次洗浄することで目的とするニコチンアミド-1-オキシドを得る（収率 73～82%）.

【実験例　1-ニトロヘキサンからヘキサナールの合成[67)]】

$$CH_3(CH_2)_4CH_2NO_2 \xrightarrow[\text{メタノール}]{30\%\ H_2O_2\ \text{水溶液},\ K_2CO_3} CH_3(CH_2)_4CHO\quad 80\%$$

メタノール 10 mL に 1-ニトロヘキサン 1.31 g を溶解させ，0 ℃ に冷却する．そこに 30% H_2O_2 水溶液 20 mL を加え，つづいて炭酸カリウム 8 g を溶かした水 25 mL を加える．室温で 8 時間撹拌後，希硫酸 50 mL を加えて酸性にし，ジクロロメタン 20 mL で 3 回抽出する．有機層を集め，無水硫酸ナトリウムで乾燥後，濃縮し蒸留により精製することで目的とするヘキサナールを得る（収率 80%）.

【実験例　トリヘキシルボランからヘキサノールの合成[70)]】

$$CH_3(CH_2)_3CH{=}CH_2 \xrightarrow[2)\ 30\%\ H_2O_2\ \text{水溶液, NaOH, THF}]{1)\ BH_3,\ THF} CH_3(CH_2)_3CH_2CH_2OH\quad 58\sim77\%$$

トリヘキシルボラン 26 g（1-ヘキセンとボランから調製）の THF 溶液 234 mL に 3 mol L^{-1} の水酸化ナトリウム水溶液 34 mL を入れる．つづいて水浴に反応器を浸し，30% H_2O_2 水溶液 36 mL を反応器が 30 ℃ 程度に保たれるようにゆっくり滴下する．滴下後 1 時間撹拌したのち，水 100 mL を加える．有機層を分液し，水層をジエチルエーテル 50 mL で抽出する．有機層を合わせて飽和塩化ナトリウム水溶液 50 mL で 3 回洗浄し無水硫酸ナトリウムで乾燥する．溶媒を蒸留によって留去後，精密蒸留（沸点 145～153 ℃：純度 95%，沸点

153～155℃：純度＞99%）を行うことで目的とする1-ヘキサノールを得る（収率58～77%，純度＞95%）.

26.4　有機化合物による酸化

26.4.1　ジメチルスルホキシドによる酸化

ジメチルスルホキシド（DMSO）はさまざまな化合物の酸化反応に利用される[74]．α-ハロケトンなどの反応性の高いハロゲン化物と反応した後アルコールと反応すると，アルコキシスルホニウム塩を生成する．塩の酸素原子の付け根に水素原子があれば塩基処理により，ジメチルスルフィドが脱離すると同時にカルボニル体が生成する．そこでDMSOを活性化剤で活性化してアルコールと反応させてアルコキシスルホニウム塩を生成させ，アルコールを酸化するさまざまな手法，塩化オキサリルによる活性化（Swern法），無水トリフルオロ酢酸による活性化（Swern法），*N*-クロロスクシンイミドによる活性化（Corey-Kim法），無水酢酸による活性化（Albright-Goldman法），ジシクロカルボジイミドによる活性化（Pfitzinger-Moffatt法），三酸化硫黄-ピリジン錯体による活性化（Parikh-Doering法）などが報告されている．なかでも塩化オキサリルを用いるSwern法とジシクロカルボジイミドを用いるPfitzinger-Moffatt法が汎用される．本法の特徴は，第二級アルコールは他の酸化法と同様にケトンを与え，第一級アルコールはアルデヒドを与え，カルボン酸までは酸化されないことである．

$$O \leftarrow S(CH_3)_2 \xrightarrow{(COCl)_2} \left[Cl-S^{+}(CH_3)_2 \right] \xrightarrow{R'R''CHOH} \left[H_3C-S^{+}(CH_3)-O-CH(R')(R'') \right] \xrightarrow{Et_3N} R'C(=O)R'' + S(CH_3)_2$$

DMSOによる酸化反応は，環境汚染の原因となりやすい重金属を使用しない酸化反応のため比較的クリーンな酸化反応であるが，強い臭気をもつジメチルスルフィドが副生し，悪臭，公害の原因となりかねないため反応物の処理には細心の注意が必要であり，工業的に使用する場合はその使用が規制されている．この点を改善するために，ジメチルスルホキシドの代用としてSwern酸化の欠点である異臭を発生させないようにさまざまな反応剤が開発されている．

野出らは沸点の比較的高いチオール類の臭いの有無を調べ，無臭チオールであるドデカンチオール，パラ位にヘプチル基をもつベンジルメルカプタンやベンゼンチオール，ドデシルベンゼンチオールを開発した[75]．これらチオール類は種々のチオールを用いる反応に用いることができる．また有機反応に汎用されるが悪臭をもつジメチルスルフィドの代替品として，無臭スルフィドであるドデシルメチルスルフィドを開発した．またSwern酸化などの酸化反応で使用されるDMSOが反応後ジメチルスルフィドとして悪臭を放つため，その酸

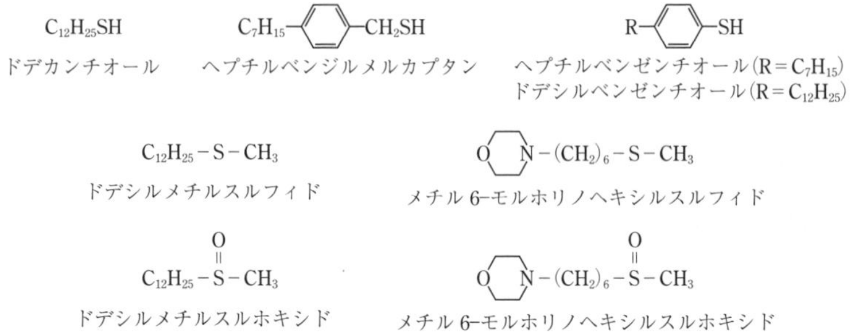

$C_{12}H_{25}SH$
ドデカンチオール

$C_7H_{15}-C_6H_4-CH_2SH$
ヘプチルベンジルメルカプタン

$R-C_6H_4-SH$
ヘプチルベンゼンチオール($R=C_7H_{15}$)
ドデシルベンゼンチオール($R=C_{12}H_{25}$)

$C_{12}H_{25}-S-CH_3$
ドデシルメチルスルフィド

O N$-(CH_2)_6-S-CH_3$
メチル 6–モルホリノヘキシルスルフィド

$C_{12}H_{25}-S(=O)-CH_3$
ドデシルメチルスルホキシド

O N$-(CH_2)_6-S(=O)-CH_3$
メチル 6–モルホリノヘキシルスルホキシド

図 26.2 悪臭のないチオール類，スルフィド，スルホキシド類の例

化体であるドデシルメチルスルホキシドも開発した（図 26.2）．さらにモルホリン骨格アルカンチオール由来のスルフィド，スルホキシドが無臭であることを見出し，これらを用いて悪臭の出ない Swern 酸化，Corey–Kim 酸化を達成している．反応後，スルホキシドの還元体として得られるスルフィド類は，低沸点物質であるジメチルスルフィドと異なり高沸点スルフィドであるので，酸化生成物を分離精製後，再酸化して再利用できる[76]．

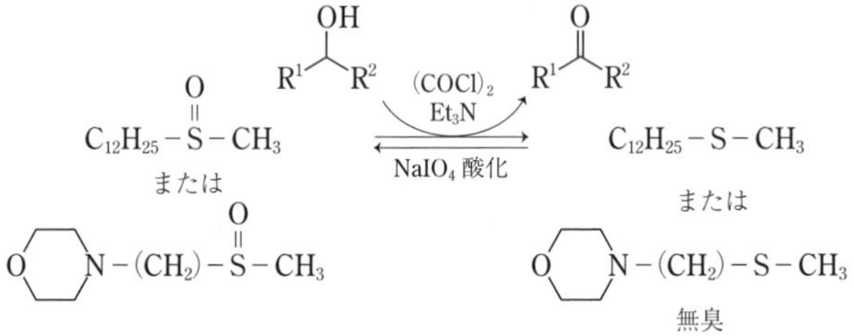

$C_{12}H_{25}-S(=O)-CH_3$ または O N$-(CH_2)-S(=O)-CH_3$ ⇄ $C_{12}H_{25}-S-CH_3$ または O N$-(CH_2)-S-CH_3$（無臭）

（$R^1CH(OH)R^2$ → $R^1C(=O)R^2$：$(COCl)_2$，Et_3N；逆反応：$NaIO_4$ 酸化）

また東郷らはイオン担持硫黄化合物を合成し，これを利用した無臭 Swern 酸化を行っている．イオン担持硫黄化合物も，再酸化して再利用できる[77]．

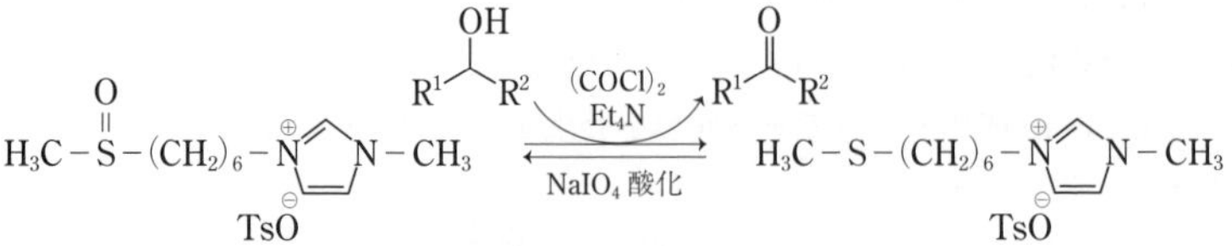

$H_3C-S(=O)-(CH_2)_6-N^{\oplus}$ (イミダゾリウム) $N-CH_3$ $TsO^{\ominus}$ ⇄ $H_3C-S-(CH_2)_6-N^{\oplus}$ (イミダゾリウム) $N-CH_3$ $TsO^{\ominus}$

（$R^1CH(OH)R^2$ → $R^1C(=O)R^2$：$(COCl)_2$，Et_4N；逆反応：$NaIO_4$ 酸化）

26.4.2 超原子価ヨウ素反応剤による酸化

ヨウ素化合物は 1 価の化合物とは異なる 3 価および 5 価の状態も安定に取ることができる．これらの超原子価ヨウ素反応剤は，2 電子を受け取り，より安定な低原子価の状態に戻ろうとするため，優れた酸化剤となる．

a.　5 価の超原子価ヨウ素反応剤による酸化

5 価の超原子価ヨウ素反応剤としてとくに汎用されるのは，2-ヨードキシ安息香酸（IBX）と Dess-Martin ペルヨージナン（DMP）である．これらの反応についてはすでにいくつかの総説[78~81]が出ている．

IBX は，2-ヨード安息香酸の Oxone 酸化で容易に得られる反応剤（式(26.7)）[82]であり，19 世紀末から知られていたが，DMSO 以外の多くの有機溶媒への溶解性が悪いため，有機合成反応にほとんど用いられていなかった．しかしながら Nicolaou らは，2000 年にアルコールまたはケトンに過剰量の IBX を作用させて加熱し，種々の α,β-不飽和カルボニル化合物を合成している．また，使用する IBX の量を調整することで，エノンとジエノンをつくり分けることに成功している（式(26.8)）[83]．また 2003 年には，IBX によるアミンの酸化に成功し，第二級アミンまたはヒドロキシルアミンから，それぞれ対応するイミン，オキシムを合成することに成功している（式(26.9)）[84]．またアニリドの酸化的環化[85]やベンジル位の酸化[86]にも有効である．また Kuhakarn らは，第一級アルコールの存在下に第二級アルコールを選択的に酸化することに成功している（式(26.10)）[87]．

さらに最近，IBX よりも強い酸化力をもつ IBS や 5-Me-IBS が石原らによって見出され（式(26.7)），種々の酸化反応に利用されている．IBS は Oxone を再酸化剤とし，触媒量の 2-ヨードベンゼンスルホン酸から *in situ* で発生させて用いることができる[88,89]．

Oxone®, H_2O → IBX　　IBS（R＝H）　5-Me-IBS（R＝Me）　(26.7)

IBX（2.2 当量）, C_6H_5F-DMSO（2：1）, 55℃ → 77%　　IBX（4.0 当量）, C_6H_5F-DMSO（2：1）, 85℃ → 80%　(26.8)

IBX（1.1 当量）, DMSO, 45℃　(26.9)

IBX（3 当量）, n-Bu_4NBr（0.5 当量）, CH_2Cl_2-H_2O（1：1）, 室温 → ～86%　(26.10)

一方，1983 年に D. B. Dess と J. C. Martin により，IBX のアシル化により合成でき，かつ多くの溶媒に可溶な DMP が開発された（式(26.11)）[90]．DMP は優れた酸化剤として IBX に先駆けて汎用されてきた．本酸化剤は穏やかな条件下にアルコールの酸化反応を行うことができるため，酸に不安定なアルコールも収率よくアルデヒドやケトンに変換できる．最近の展開としてホモアリルアルコールやホモプロパギルアルコールから非常に不安定な β,γ-不飽和アルデヒドへの酸化を行っている（式(26.12)）[91]．またアミドからイミドへの変換（式(26.13)）やアミンからニトリルへの酸化[92]，チミジン誘導体の酸化（式(26.14)）[93]，またジチオアセタールやオキシムの酸化的除去にも有効である[94,95]．

IBX —(TsOH, Ac_2O, 80℃)→ Dess–Martine ペルヨージナン(DMP)　(26.11)

R—≡/=—CH_2CH_2OH —(DMP（1.3 当量）, CH_2Cl_2, 0℃)→ R—≡/=—CH_2CHO　(26.12)

$R^1CH_2NHCOR^2$ —(DMP（2.0 当量）, C_6H_5F–DMSO, 85℃)→ $R^1CONHCOR^2$　(26.13)

—(DMP（1.15 当量）, CH_2Cl_2, 室温)→ 76%　(26.14)

b.　3 価の超原子価ヨウ素反応剤による酸化

5 価の酸化剤である IBX や DMP はアルコール類の選択的な酸化に優れている．一方，フェニルヨージン(III)ジアセタート（$PhI(OCOCH_3)_2$，PIDA）やフェニルヨージン(III)ビス(トリフルオロアセタート)（$PhI(OCOCF_3)_2$，PIFA）などの 3 価の反応剤は，5 価の反応剤に比べてより安定で爆発の懸念がない．さらにこれらの超原子価ヨウ素反応剤は毒性が少なく取り扱いやすいという特徴をもち，かつ，鉛(IV)，タリウム(III)，水銀(II) などの重金属酸化剤と類似の反応性を示す．そのため，創薬研究を目指す生物活性化合物の酸化反応に有用である．北らはこの性質に着目し，これらの反応剤を用いたフェノール類の種々の酸化反応を開発してきた[96]．しかしながらこれらの超原子価ヨウ素反応剤は化学量論量酸化剤である．そこで工業的使用も可能な，より効率的で回収と再利用が可能な反応剤として，北らはアダマンタンやメタンを核にもつリサイクル型反応剤を開発した[97]．

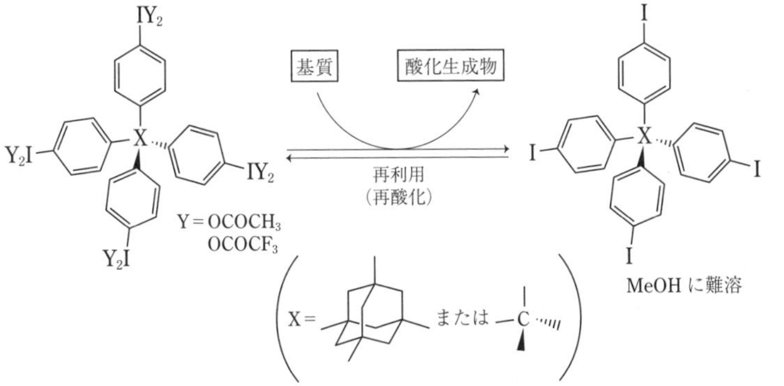

さらに触媒的利用も可能である．1 価のヨードアレン類を *m*CPBA で酸性条件下に酸化すると 3 価のヨウ素反応剤が定量的に合成できる．そこで *m*CPBA 存在下に触媒量のヨードアレン類と反応させると，フェノール類の触媒的酸化反応が進行する[98]．超原子価ヨウ素反応剤の触媒的酸化反応例は，文献[99~103]などにも報告されている．

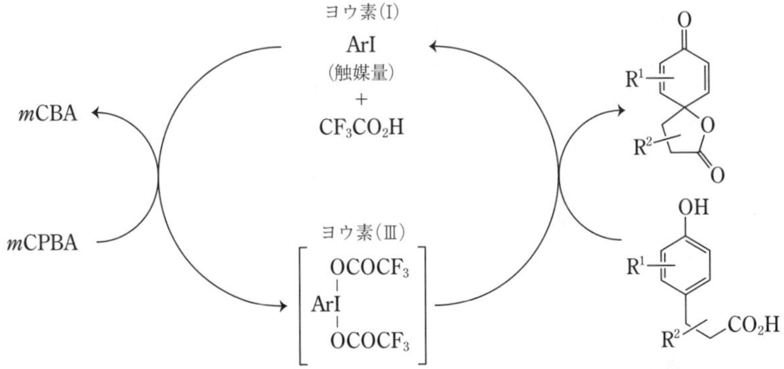

一方，光学活性なヨウ素反応剤を利用する不斉酸化反応では，高いエナンチオ選択性を得ることは困難であったが，北らは光学活性な架橋型超原子価ヨウ素反応剤を開発し，ナフトールカルボン酸の酸化的不斉環化反応に成功している[104]．

OH, R, CO_2H, OAc, I, O, ~86% ee

26.4.3　ニトロキシドによる酸化

a.　TEMPO 酸化

ニトロキシドとして汎用されている 2,2,6,6-テトラメチルピペリジン 1-オキシル（TEMPO）の一電子酸化体であるオキソアンモニウムイオン（$TEMPO^+$）の酸化特性を利用する"TEMPO 酸化"は安全かつ経済性にすぐれている有用な酸化反応としてアルコール類の酸化に汎用されている[105]．反応は NaOCl，$PhI(OAc)_2$ などの共酸化剤の存在下に触媒的な酸化が可能であり，また優れた第一級アルコール選択性を示すため，第二級アルコールを保護することなく，第一級アルコールを酸化できる（式(26.15)）[106]．また岩渕らは TEMPO/$NaIO_4$-SiO_2 組合せの条件で，第三級アリルアルコールの酸化的転位反応による β 置換 α,β-不飽和ケトンの合成に成功している（式(26.16)）[107]．

n-C_6H_{13}, OH, OH — TEMPO（1 mol%）, NaOCl（1.3 mol）, n-Bu_4NCl（5 mol%）, KBr（10 mol%）, $NaHCO_3$, CH_2Cl_2 → n-C_6H_{13}, O, OH, 82%　TEMPO　(26.15)

OH — TEMPO（10 mol%）, $NaIO_4$–SiO_2（4 当量）, CH_2Cl_2, 室温 → O, 81%　(26.16)

b.　AZADO 酸化

TEMPO のニトロキシラジカル部は α 位の 4 個のメチル基により立体的に遮へいされているため，第二級アルコールなどの混み合ったアルコールの酸化では十分な結果が得られないことがある．その欠点を補う酸化剤として，最近，より酸化力の強い 2-アザアダマンタン N-オキシル（AZADO）と 1-メチル-2-アザアダマンタン N-オキシル（1-Me-AZADO）が開発された（式(26.17)）[108]．AZADO は堅ろうなアダマンタン骨格をもつため安定で，かつ TEMPO に比べニトロキシラジカル部の立体障害が小さいため $AZADO^+$ は高い触媒活性を発揮し，ニトロニウム塩存在下，TEMPO 酸化が困難な立体的に込み合ったアルコールの酸化も高効率で実現する（式(26.18)）[109]．また 1-Me-AZADO/$NaClO_2$ の組合せにより第一級アルコールをワンポットでカルボン酸に変換できる（式(26.19)）[110]．

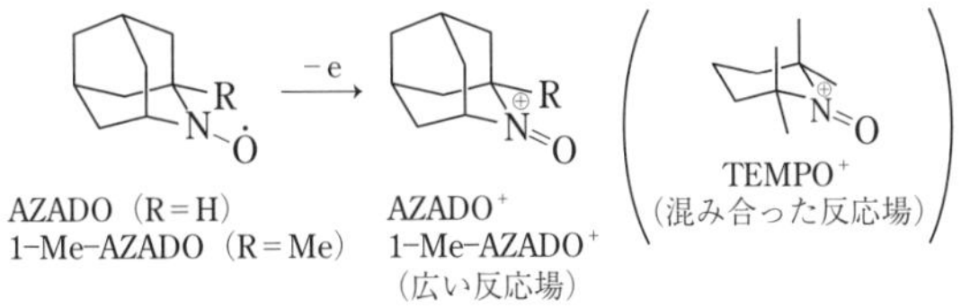

AZADO（R＝H）
1-Me-AZADO（R＝Me）
−e
AZADO$^+$
1-Me-AZADO$^+$
（広い反応場）
TEMPO$^+$
（混み合った反応場）
(26.17)

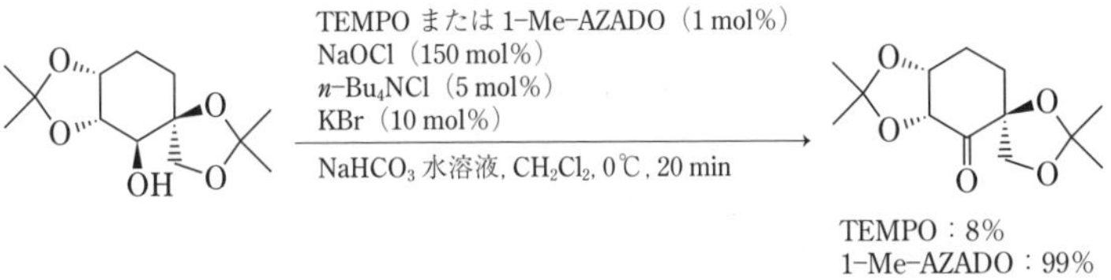

TEMPO または 1-Me-AZADO（1 mol%）
NaOCl（150 mol%）
n-Bu_4NCl（5 mol%）
KBr（10 mol%）
$NaHCO_3$ 水溶液, CH_2Cl_2, 0℃, 20 min
TEMPO：8%
1-Me-AZADO：99%
(26.18)

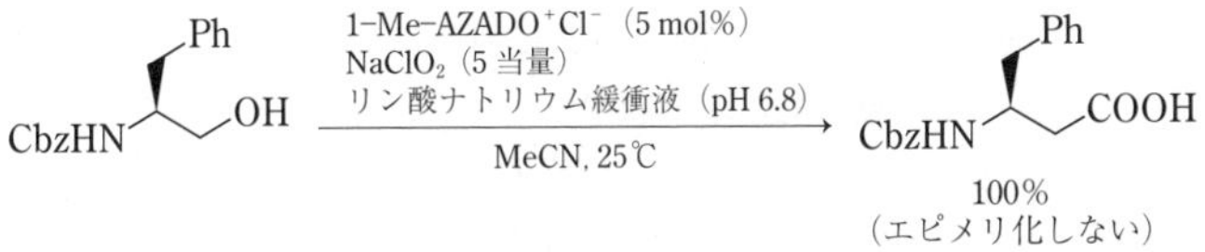

CbzHN, Ph, OH
1-Me-AZADO$^+Cl^-$（5 mol%）
$NaClO_2$（5 当量）
リン酸ナトリウム緩衝液（pH 6.8）
MeCN, 25℃
CbzHN, Ph, COOH
100%
（エピメリ化しない）
(26.19)

さらに岩渕らは，多様な AZADO 誘導体を開発している．そのうちのいくつかを図 26.3 に示すが，そのなかには常温常圧の空気を用いて多様なアルコールを酸化できる高い触媒活性をもつ 5-F-AZADO や 5-F-AZADO と NO_x との 2 機能性の触媒作用をもつ 5-F-AZADO$^+NO_3^-$（式(26.20)）[111]，シリルエノールエーテルからエノンへ酸化できる AZADO$^+BF_4^-$（式(26.21)）[112]，速度論的光学分割酸化により 99% ee の光学純度の第二級アルコールを得ることができる光学活性 AZADOH（式(26.22)）[113] などがある．

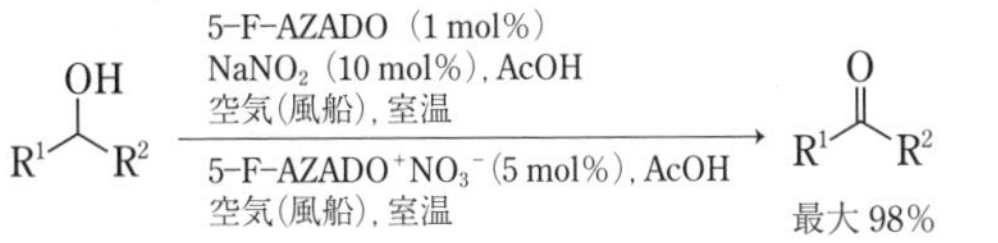

5-F-AZADO（1 mol%）
$NaNO_2$（10 mol%），AcOH
空気(風船)，室温
5-F-AZADO$^+NO_3^-$（5 mol%），AcOH
空気(風船)，室温
最大 98%
(26.20)

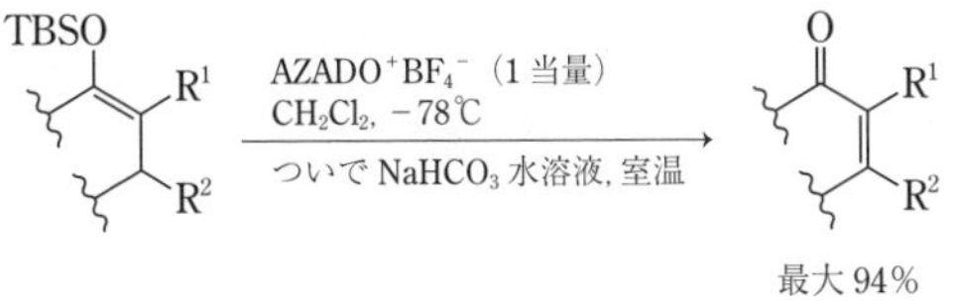

TBSO, R^1, R^2
AZADO$^+BF_4^-$（1 当量）
CH_2Cl_2, −78℃
ついで $NaHCO_3$ 水溶液, 室温
最大 94%
(26.21)

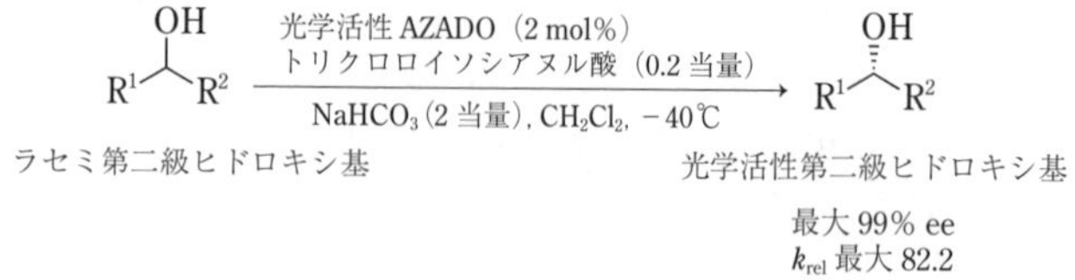

OH
R1 R2
光学活性 AZADO（2 mol%）
トリクロロイソシアヌル酸（0.2 当量）
NaHCO3 (2 当量), CH2Cl2, −40℃
OH
R1 R2
ラセミ第二級ヒドロキシ基
光学活性第二級ヒドロキシ基
最大 99% ee
krel 最大 82.2

(26.22)

5-F-AZADO
5-F-AZADO+NO3−
AZADO+BF4−
光学活性 AZADOH
n-Bu

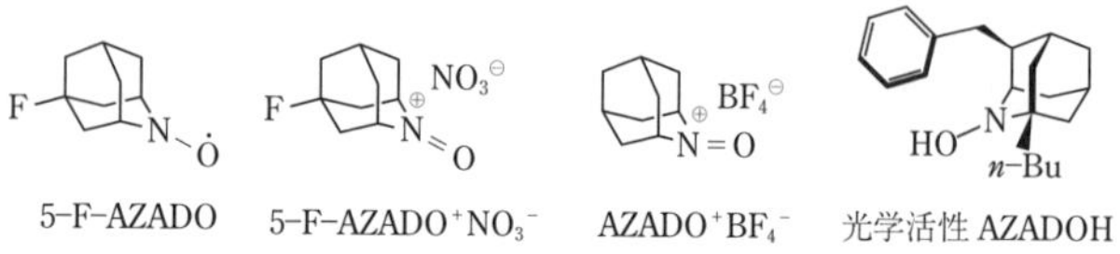

図 26.3　AZADO 誘導体の例

26.4.4　オキサジリジンによる酸化

オキサジリジンは酸素，窒素，炭素原子からなる高度にひずんだ三環性ヘテロ化合物であるため N−O 結合の開裂を伴うアミノ化剤や酸素化剤としてはたらく．とくに窒素原子上の置換基が大きいと酸素原子が選択的に求核攻撃を受ける．Davis らは，窒素原子上の置換基がスルホン基となった種々の *N*-スルホニルオキサジリジン（Davis 反応剤）を合成した．図 26.4 に代表的な Davis 反応剤を示す．これらの反応剤はいずれも高い反応性を示し，スルフィドやセレニドの酸化，アルケンのエポキシ化，アミンからヒドロキシアミンへの変換，有機金属化合物からアルコール，フェノールへの変換，シリルエノールエーテルから α-ヒドロキシカルボニル化合物への酸化などを行うことができる[114]．またカンファースルホン酸由来の光学活性オキサジリジンを用いると不斉ヒドロキシル化反応が進行する（式(26.23)）[115]．一方，柴田らは，不斉触媒の存在下に光学不活性な *N*-スルホニルオキサジリジンを用い，2-オキシインドールならびに β-ケトエステルの高エナンチオ選択的ヒドロキシ化に成功している（式(26.24)）[116]．

ArO2S−N-O
Ar
O2
S
N
O
R
N
S
O
O2
(+)-(カンファースルホニル)-
オキサジリジン

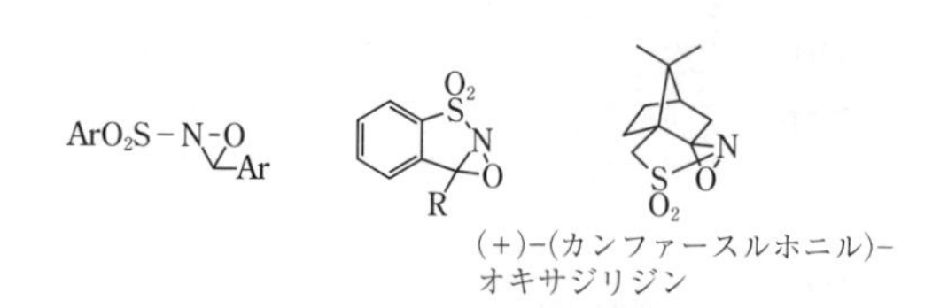

図 26.4　代表的な Davis 反応剤

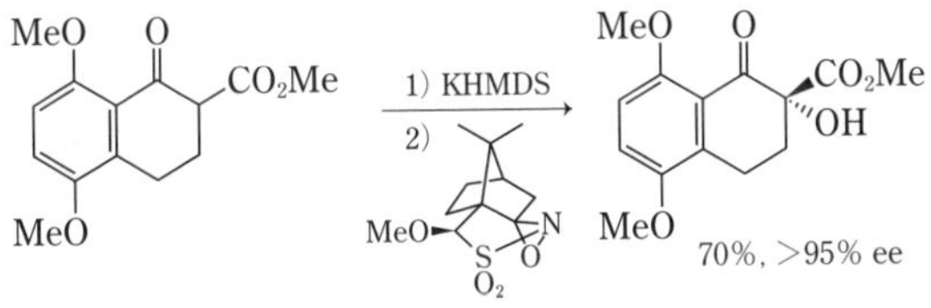

MeO O CO_2Me MeO
1) KHMDS
2) MeO S O_2 N O
MeO O CO_2Me OH MeO
70%，>95% ee

(26.23)

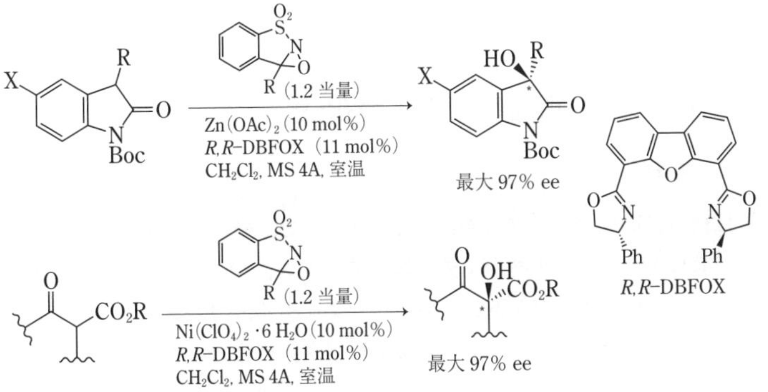

X R O N Boc
O_2 S N O R（1.2 当量）
$Zn(OAc)_2$（10 mol%）
R,R-DBFOX（11 mol%）
CH_2Cl_2, MS 4A, 室温
X HO R * O N Boc
最大 97% ee

O CO_2R
O_2 S N O R（1.2 当量）
$Ni(ClO_4)_2 \cdot 6\,H_2O$（10 mol%）
R,R-DBFOX（11 mol%）
CH_2Cl_2, MS 4A, 室温
O OH * CO_2R
最大 97% ee

O N O N O Ph Ph
R,R-DBFOX

(26.24)

26.4.5 *N*-ハロカルボン酸アミド類による酸化

N-ブロモスクシイミド（NBS）をはじめとする*N*-ハロカルボン酸アミド類もさまざまな酸化反応を行うが，最近，アミナールからイミダゾリンへの酸化反応が報告されている．反応はハロアミナールを経て，ハロゲン化水素が脱離することで進行する．本法はアルデヒドからイミダゾリンをワンポットで合成できる，実用性の高い優れた反応である（式(26.25)）[117]．本法を利用し，ビスインドールアルカロイドであるスポンゴチン A の短工程不斉合成にも成功している（式(26.26)）[118]．

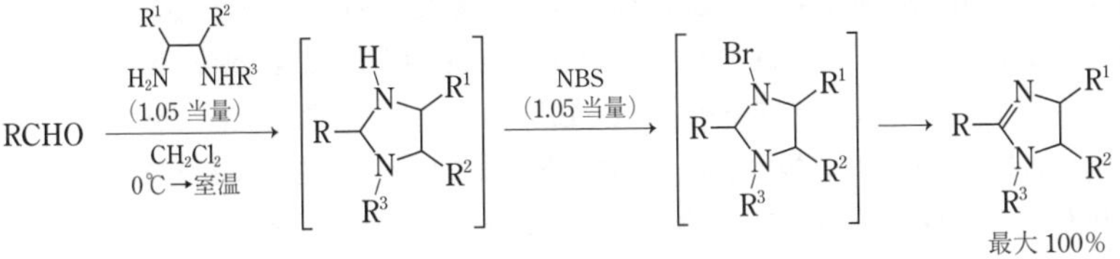

RCHO
R^1 R^2 H_2N NHR^3（1.05 当量）
CH_2Cl_2
0℃→室温
[H N R R^1 N R^2 R^3]
NBS（1.05 当量）
[Br N R R^1 N R^2 R^3]
⟶
N R^1 R N R^2 R^3
最大 100%

(26.25)

1) NCS, (1.05 当量) MeCN
2) NaOH

51% (2 工程)　(−)-スポンゴチン

(26.26)

26.5　オゾンおよび一重項酸素による酸化法

26.5.1　オゾン酸化[4)]

オゾン（O_3）は薄青色の腐食性ガス（沸点 −111.9 ℃）で，酸素から無声放電式オゾン発生機（市販品）で直接得られ，二重結合や芳香環の酸化開裂，炭素-炭素三重結合から α-ジケトンへの酸化，アルデヒドおよびケトンへの酸化，エーテル，アセタール，アミンなどの α 位での酸化，スルフィドおよびホスフィンの酸化などを行う強力な酸化剤である．単純なオレフィンと反応して一次オゾニドを経てオゾニドを与えるが，メタノールなどのアルコール系溶媒では α-アルコキシヒドロペルオキシドを与える．

通常オゾニドを直接単離することはせず，酸化または還元などの反応を行い，より安定な生成物に変換して取り出す．過酸，クロム酸，塩基性酸化銀などで酸化すると，カルボン酸またはケトンが得られ，還元剤で処理するとアルデヒドやケトンまたはアルコールを与える．接触水素添加のほか，亜鉛末-酢酸，ホスフィン類，ジメチルスルフィドなどで還元するとアルデヒドの段階で収率よく止めることができる．二重結合の α 位に電子供与基，フェニル基，カルボニル基を有するものは“異常分解”を起こすことが多い．芳香環はオレフィンより反応性が乏しいがオゾンと反応し，たとえばベンゼン環を分解してカルボキシ基に変えることもできる．電子供与基置換ベンゼン類，ナフタレン，フェナントレンなどの多環式芳香環，多くの複素環化合物などもオゾンにより環開裂を受ける．

オゾン酸化は過酸化物を生成するので，爆発の危険が伴うことを念頭において実験を行う必要がある．換気のよいドラフト内で，1～10% のオゾンを含む酸素気流を冷却した反応容器に吹き込むことでオゾン酸化を行う．酸素を含まないオゾンを必要とするときは，−78 ℃でシリカゲルを充塡したガラス管に通し，オゾンをシリカゲルに吸着させ，ついで窒素により脱着させ，そのまま反応液に通じる．反応容器はゴム栓は避け，すり合せのついた気体導入管および排気管をもつ通常のガラス容器を用い，オゾンを通じる間，−75～−10 ℃ 程度に冷媒で冷却しておく．オゾンの通入量は 2% ヨウ化カリウム水溶液 100 mL に一定量通入したのち，0.1 mol L^{-1} チオ硫酸ナトリウム水溶液で滴定し，計算量のオゾンを反応液中通入するのが望ましいが，通常は排出気体をヨウ化カリウム液に導きヨウ素が遊離する時点，またはより簡便には反応液にオゾンが飽和し青色となった時点でオゾンの通入を止め，乾燥窒素を通じて過剰のオゾンを追い出し，ついで分解反応を行い生成物を単離する．

溶媒として炭化水素類（ペンタン，ヘキサン，ベンゼンなど），ハロゲン系溶媒，アルコール類（メタノール），エステル類（酢酸エチルなど），アセトンなどのほか耐オゾン溶媒として水，酢酸，四塩化炭素などが用いられる．α 位の酸化が起こりやすいエーテル類や第二級アルコールなどは注意して用いなければならない．炭化水素やハロゲン系溶媒では異常反応が起こることがしばしば認められるが，ピリジンやアルコールを添加すると選択性が出ることがある．オレフィンからアルデヒドを生成するもっとも一般的な方法として，酢酸エチル中，−30～−20℃でオゾンを通じ，窒素を流したのち $Pd\text{-}CaCO_3$ を加え，0℃に昇温し，そのまま水素化する方法がとられる．

乾式オゾン酸化（dry ozonation）[119,120] は，シリカゲルなどの固体表面に基質を吸着させてオゾン酸化を行うもので，溶媒の影響がなく選択性が高い場合が多く，1当量のオゾンと反応した生成物のみを与えるなどの優れた点がある．この方法は，飽和炭化水素のメチンやメチレン基から対応するアルコールへの酸化や芳香族アミンからニトロ化合物への変換などに用いられる．

【実験例　9-*t*-ブチル-10-メチルアントラセンから渡環オゾニドの生成[121]】

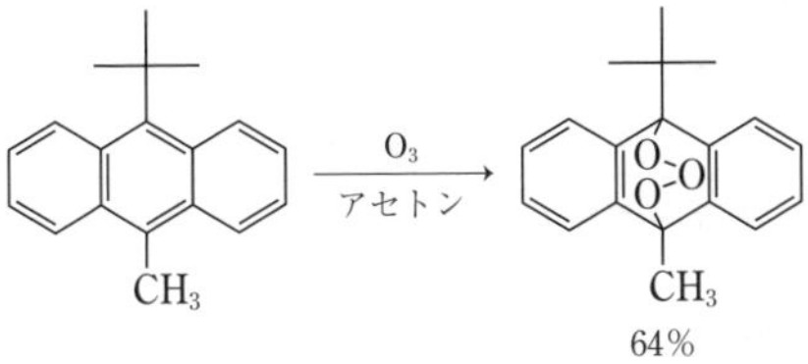

O_3
アセトン
CH_3
CH_3
64%

9-*t*-ブチル-10-メチルアントラセン1gのアセトン溶液10mLを−75℃に冷却し，オゾン酸素気流（1.5 g h^{-1}）を約2時間通入する．TLCで原料の消失を確認したのち，過剰のオゾンを窒素により追い出し，溶媒を20℃以下で減圧留去する．残渣をシリカゲルクロマトグラフィーにかけ，ベンゼンで溶出することで目的とするアントラセンのオゾニドが得られる（収率64%）．

【実験例　3,4-ジブロモ-1-メチルシクロヘキサンから4-ヒドロキシ-4-メチルシクロヘキセンの合成（乾式オゾン酸化）[120]】

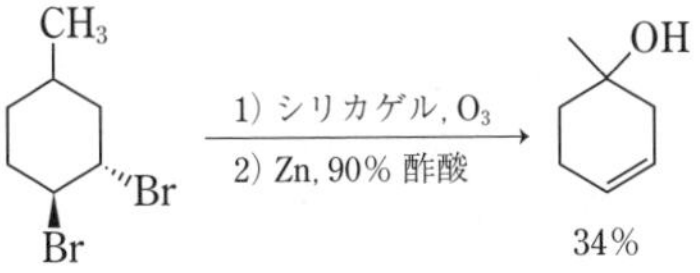

CH_3
Br
Br
1) シリカゲル，O_3
2) Zn，90% 酢酸
OH
34%

3,4-ジブロモ-1-メチルシクロヘキサン1gをシリカゲル75gに吸着させる．シリカゲルを充塡したガラス管を-78 ℃に冷却し，オゾンを通入して飽和させる．冷浴を除き室温に戻したのち，エーテル 200 mL でシリカゲルを洗浄し，エーテル溶液を 50 mL まで濃縮したのち，酢酸 0.25 mL と亜鉛末 1 g を加え室温で撹拌し，沪過および水洗後無水硫酸ナトリウムで乾燥し，減圧下に濃縮して，残渣を GC で分離し，目的とするシクロヘキセノールを得る（収率 34%）．

【実験例　エノールボランから 3-メチルアジピン酸の合成[122]】

OB
CH_3
1) O_3, CH_2Cl_2
2) H_2CrO_4
COOH
COOH
CH_3
81%

乾燥させたジクロロメタン 50 mL に-94 ℃でオゾンを通気し，0.062 mol L^{-1} オゾン飽和溶液を得る．その溶液 15 mL をテフロン製のシリンジにとり，エノールボラン（4-メチルシクロヘキサノン 12 mg からの合成品）に加える．アルゴンガスを通気して過剰のオゾンを除去したのち濃縮する．これをアセトン 2 mL に溶かした溶液に，0 ℃で Jones 反応剤（氷浴で冷却しながら水に CrO_3 と 18 mol L^{-1} 濃硫酸を加えて調製したもの）[123] を加え，溶液が赤褐色になるまで激しく撹拌する．イソプロピルアルコールを加えて過剰の酸化剤を分解後，沪過し，アセトンで洗浄する．沪液を濃縮し，シリカゲルクロマトグラフィー（6% MeOH-CH_2Cl_2）により，目的とする 3-メチルアジピン酸を得る（収率 81%）．

26.5.2　一重項酸素酸化[124]

基底状態で三重項である酸素分子を励起することで得られる一重項酸素分子（$^1O_2$，たとえば，$^1\Delta_g$：94.14 kJ mol^{-1}）は弱い親電子剤としてオレフィン類と反応する．発生方法として，光増感反応，次亜塩素酸塩と過酸化水素，亜リン酸トリフェニル-オゾン付加体や芳香族炭化水素のエンドペルオキシドの熱分解，酸素のマイクロ波放電などさまざまな方法が知られている．一方で励起に必要なエネルギー差が大きいため，熱的に発生させることは難しい．もっとも簡便でかつ大量に $^1O_2$ を発生させる方法としては，色素を用いる光増感酸素酸化がよい．反応形式としておもに次の三つに大別でき，そのほかにヘテロ化合物の酸化反応やスーパーオキシドイオンの生成反応なども知られている．

(1) 共役ジエンへの 1,4-付加によるエンドペルオキシドの合成（ディールス-アルダー（Diels-Alder）型反応）
(2) アリル型不飽和化合物からヒドロペルオキシドの生成（エン型反応）
(3) 電子豊富な二重結合への 1,2-付加による 1,2-ジオキセタンの生成

$^1O_2$ は低温においても十分反応性に富むので，中性条件下 -100 ℃から高温までの広い温

度範囲で反応を行うことができ，とくに低温光増感酸素酸化は不安定な過酸化物の合成に好適である．酸素官能基導入反応として用いる場合には，初期に生成する過酸化物から単離することなしに還元，その他の変換反応を行い，より安定な生成物へと導くことが多い．環状ジエンのエンドペルオキシドからの変換反応の例を示す．

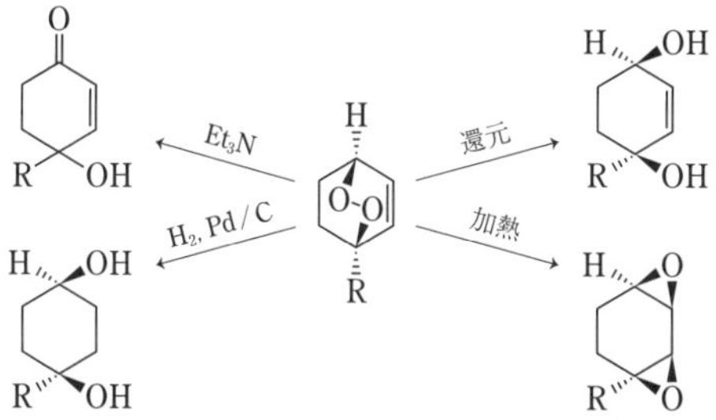

光増感酸素酸化の実験法

（i）反応装置　通常の光反応装置をそのまま用いることができる．内部照射型装置が有効だが，外部照射型装置を用いることもできる．Pyrex または硬質ガラス製の容器が望ましい．光源としてはタングステン-ハロゲンランプ，キセノンランプが用いられるが，通常の超高圧，高圧または中圧水銀ランプを用いてもよい．必要に応じて各種光学フィルターを用いて光照射を行うと，副反応を防ぐことができる．

（ii）増感剤および溶媒　多くの色素類を用いることができるが，もっとも一般的な増感剤としては，ローズベンガル（RB，λ_{max} 555 nm，$\Phi(^1O_2)=0.80$[125]），メチレンブルー（MB，λ_{max} 669 nm，$\Phi(^1O_2)=0.50$[125]），テトラフェニルポルフィリン（TPP，λ_{max} 419，515 nm，$\Phi(^1O_2)=0.89$[125]）などがあり，前二者は水溶液，アルコールなどの極性溶媒中の反応に用いられ，TPP はジクロロメタンなどのハロゲン系溶媒での反応に好適である．増感剤の濃度は一般に 10^{-2}～10^{-4} mol L^{-1} 程度で十分である．なお，基質自身が増感剤となる化合物も多い．

溶媒によって，$^1O_2$ の寿命[126] が異なり，この寿命の長い溶媒であるほど反応速度が増大する．同じ溶媒でも重水素化された溶媒を用いると $^1O_2$ の寿命がより長くなり，反応速度が約 10～20 倍（重水素の数，含有率により異なる）増大するので $^1O_2$ が関与しているかどうかの判別にも用いられる．

（iii）光増感酸素酸化で注意すべき点　光増感酸素酸化では，$^1O_2$ が直接関与する場合と Norrish I 型反応（励起増感剤による水素引抜き，または電子移動に由来するラジカル自動酸化）が共存する場合があるので $^1O_2$ が関与しているかどうかは $^1O_2$ 消光剤による消光実験，重水素溶媒効果などのチェックをしてから結論を出す必要がある．後者の Norrish I 型反応を妨げるためにラジカル捕捉剤（2,6-ジ-*t*-ブチル-*p*-クレゾール，ヒドロキノン）を少量加えて光増感酸素酸化を行ってもよい．なお，有機合成の目的で $^1O_2$ 酸化を行う場合には氷冷温度で光増感酸素酸化を行い，過酸化物を単離することなく，*in situ* で次の反応を行うほうが好結果をもたらす．また，グラムスケール以上の反応の場合には，反応完了後必ず過酸化物の呈色反応（ヨウ化カリウムデンプン紙）を行い，過酸化物の存在をチェックしたうえで過酸化物の分解操作を行い（26.3.4 項を参照），過酸化物が残存していないことを確認してから単離操作を行うべきである．

【実験例 7,8-ジオキサビシクロ[4.2.2]デカ-2,4,9-トリエンの合成[127]】

$^1O_2$

26%

蒸留したシクロオクタテトラエン 15 g，ヒドロキノン 100 mg および TPP 500 mg をアセトン 100 mL に溶かし内部照射型装置を用い −15 ℃ で 14 時間酸素を吹き込みながら光照射を行う．溶媒を 0 ℃ で減圧下留去し（保護シールドを用いる），得られた黄色油状物をジクロロメタン 125 mL に溶かし放置すると，黄緑色の過酸化物ポリマーが析出する．これを注意深く沪過し，ただちに $Na_2S_2O_3$ で還元分解する．沪液を 0 ℃ で濃縮後シリカゲルカラムクロマトグラフィーにのせ，−10 ℃ で，ジクロロメタンで溶出する．溶媒留去後黄色油状物をペンタン 10 mL 中 −25 ℃ で放置すると，無色の結晶が得られる．イソプロピルアルコールで再結晶することで目的とする 7,8-ジオキサビシクロ[4.2.2]デカ-2,4,9-トリエンを得る（収率 26%）．

【実験例 トリシクロ[5.2.1.0^{2,6}]デカ-4,8-ジエン-3-オールの合成[128]】

$^1O_2$ OH + OH

9 : 1

72%

ジシクロペンタジエン 10 g，RB 200 mg をメタノール 230 mL に溶かし，酸素を吹き込みながらタングステン-ハロゲンランプで光照射を行う．反応終了後メタノールを加え 250 mL まで希釈し，氷浴で冷やしながら Na_2SO_3 で還元分解する．沪液を 0 ℃ で濃縮後ヘキサンとエーテルで抽出し溶媒を留去する．減圧蒸留により目的物を異性体混合物として得る（酸素消費量に対し収率 72%）．

文　献

1) 総説：a) 日本化学会 編，“第 5 版 実験化学講座 17”，7 章，丸善出版（2004）; b) 有機合成化学協会 編，“有機合成実験法ハンドブック”，24 章，丸善出版（1990）.

2) P. T. Anastas, J. C. Warner, “Green Chemistry: Theory and Practice”, Oxford University Press (1998).

3) 林 昌彦，川端裕寿，有機合成化学，**60**，137 (2002).
4) 総説：a) 野島正朋，"第5版 実験化学講座17"，日本化学会 編，pp. 357-366，丸善出版 (2004)；b) 文献1) のb) に同じ．
5) E. M. Ferreira, B. M. Stoltz, *J. Am. Chem. Soc.*, **123**, 7725 (2001).
6) Y. Ishii, S. Sakaguchi, T. Iwahama, *Adv. Synth. Catal.*, **343**, 393 (2001).
7) T. Mitsudome, K. Mizumoto, T. Mizugaki, K. Jitsukawa, K. Kaneda, *Angew. Chem. Int. Ed.*, **49**, 1238 (2010).
8) I. E. Markó, P. R. Giles, M. Tsukazaki, I. Chellé-Regnaut, G. J. Urch, S. M. Brown, *J. Am. Chem. Soc.*, **119**, 12661 (1997).
9) Y. Ishii, K. Nakayama, M. Takeno, S. Sakaguchi, T. Iwahama, Y. Nishiyama, *J. Org. Chem.*, **60**, 3934 (1995).
10) T. Yamada, T. Takai, O. Rhode, T. Mukaiyama, *Bull. Chem. Soc. Jpn.*, **64**, 2109 (1991).
11) W. H. Clement, C. M. Selwitz, *J. Org. Chem.*, **29**, 241 (1964).
12) 大勝靖一，"自動酸化の理論と実際"，化学工業社 (1986).
13) 触媒学会 編，"触媒工学講座10"，地人書館 (1967).
14) 触媒学会 編，"触媒工学講座7"，地人書館 (1964).
15) 尾崎 萃ほか 編，"触媒調製化学"，講談社サイエンティフィク (1980).
16) K. Yamaguchi, N. Mizuno, *Angew. Chem. Int. Ed.*, **41**, 4538 (2002).
17) J. Huang, T. Takei, T. Akita, H. Ohashi, M. Haruta, *Appl. Catal. B*, **95**, 430 (2010).
18) 上田 渉，触媒，**46**，2 (2004).
19) S. Lee, , L. M. Molina, M. J. López, J. A. Alonso, B. Hammer, B. Lee, S. Seifert, R. E. Winans, J. W. Elam, M. J. Pellin, S. Vajda, *Angew. Chem. Int. Ed.*, **48**, 1467 (2009).
20) S. Hirasawa, Y. Nakagawa, K. Tomishige, *Catal. Sci. Technol.*, **2**, 1150 (2012).
21) 総説：a) 石井康敬，坂口 聡，"第5版 実験化学講座17"，日本化学会 編，pp.48-54，丸善出版 (2004)；b) 文献1) のb) に同じ．
22) A. J. Fatiadi, *Synthesis*, **1976**, 65.
23) E. J. Corey, N. W. Gilman, R. E. Ganem, *J. Am. Chem. Soc.*, **90**, 5616 (1968).
24) J. Attenburrow, A. F. B. Cameron, J. H. Chapman, R. M. Evans, B. A. Hems, A. B. A. Jansen, T. Walker, *J. Chem. Soc.*, **1952**, 1094.
25) K. C. Chan, R. A. Jewell, W. H. Nutting, H. Rapoport, *J. Org. Chem.*, **33**, 3382 (1968).
26) Y. Hamada, M. Shibata, T. Sugiura, S. Kato, T. Shioiri, *J. Org. Chem.*, **52**, 1252 (1987).
27) X. Wei, R. J. K. Taylor, *J. Org. Chem.*, **65**, 616 (2000).
28) H. M. Gilow, G. Jones, II, *Org. Synth.*, Coll. Vol., **7**, 102 (1990).
29) V. VanRheenen, D. Y. Cha, W. M. Hartley, *Org. Synth.*, Coll. Vol., **6**, 342 (1988).
30) N. Iwasawa, T. Kato, K. Narasaka, *Chem. Lett.*, **1988**, 1721.
31) S. Nagayama, M. Endo, S. Kobayashi, *J. Org. Chem.*, **63**, 6094 (1998).
32) a) K. B. Sharpless, W. Amberg, Y. L. Bennani, G. A. Crispino, J. Hartung, K.-S. Jeong, H.-L. Kwong, K. Morikawa, Z.-M. Wang, D. Xu, X.-L. Zhang, *J. Org. Chem.*, **57**, 2768 (1992)；b) H. C. Kolb, M. S. VanNieuwenhze, K. B. Sharpless, *Chem. Rev.*, **94**, 2483 (1994).
33) S. Kobayashi, T. Ishida, R. Akiyama, *Org. Lett.*, **3**, 2649 (2001).
34) a) H. C. Kolb, K. B. Sharpless, *Tetrahedron*, **48**, 10515 (1992)；b) Z.-M. Wang, H. C. Kolb, K. B. Sharpless, *J. Org. Chem.*, **59**, 5104 (1994).
35) a) G. Li, H.-T. Chang, K. B. Sharpless, *Angew. Chem., Int. Ed. Engl.*, **35**, 451 (1996)；b) J. Rudolph, P. C. Sennhenn, C. P. Vlaar, K. B. Sharpless, *Angew. Chem., Int. Ed. Engl.*, **35**, 2810 (1996).
36) B. Tao, G. Schlingloff, K. B. Sharpless, *Tetrahedron Lett.*, **39**, 2507 (1998).
37) B. W. Michel, M. S. Sigman, *Aldrichimica ACTA*, **44**, 55 (2011).
38) J. Tsuji, *Synthesis*, **1984**, 369.

39) C. N. Cornell, M. S. Sigman, *Inorg. Chem.*, **46**, 1903 (2007).
40) J. A. Keith, P. M. Henry, *Angew. Chem. Int. Ed.*, **48**, 9038 (2009).
41) J. E. Redford, R. I. McDonald, M. L. Rigsby, J. D. Wiensch, S. S. Stahl, *Org. Lett.*, **14**, 1242 (2012).
42) G. Yang, W. Zhang, *Org. Lett.*, **14**, 268 (2011).
43) a) Y. Uozumi, K. Kato, T. Hayashi, *J. Am. Chem. Soc.*, **119**, 5063 (1997); b) Y. Uozumi, K. Kato, T. Hayashi, *J. Org. Chem.*, **63**, 5071 (1998).
44) a) 直田 健, 小宮成義, "第5版 実験化学講座17", 日本化学会 編, pp. 81-101, 丸善出版 (2004); b) M. Hudlicky, "Oxidations in Organic Chemistry", American Chemical Society (1990).
45) P. H. J. Carlsen, T. Katsuki, V. S. Martin, K. B. Sharpless, *J. Org. Chem.*, **46**, 3936 (1981).
46) K. Tanaka, S. Yoshifuji, Y. Nitta, *Chem. Pharm. Bull.*, **34**, 3879 (1986).
47) C. Chen, S. H. Hong, *Org. Biomol. Chem.*, **9**, 20 (2011).
48) S. V. Ley, J. Norman, W. P. Griffith, S. P. Marsden, *Synthesis*, **1994**, 639.
49) J. Rebek, Jr., L. Marshall, J. McManis, R. Wolak, *J. Org. Chem.*, **51**, 1649 (1986).
50) a) H. O. House, "Modern Synthetic Reactions, 2nd Ed.", p.332, W. A. Benjamin (1972); b) Z. Grudzinski, S. M. Roberts, C. Howard, R. F. Newton, *J. Chem. Soc., Perkin Trans. 1*, **1978**, 1182.
51) G. M. Rubottom, J. M. Gruber, H. D. Juve, D. A. Charleson, *Org. Synth.*, Coll. Vol., **7**, 282 (1990).
52) M. Chang, C. Pai, C. Lin, *Tetrahedron Lett.,* **47**, 3641 (2006).
53) H. Y. Han, M. S. Kim, J. B. Son, I. H. Jeong, *Tetrahedron Lett.,* **47**, 209 (2006).
54) S. Kamijo, S. Matsumura, M. Inoue, *Org. Lett.*, **12**, 4195 (2010).
55) a) T. Katsuki, K. B. Sharpless, *J. Am. Chem. Soc.*, **102**, 5974 (1980); b) R. A. Johnson, K. B. Sharpless, "Catalytic Asymmetric Synthesis, 2nd Ed.", I. Ojima, ed,, Chap. 6A, Wiley-VCH (2004).
56) W. Zhang, H. Yamamoto, *J. Am. Chem. Soc.*, **129**, 286 (2007).
57) a) W. Adam, R. Curci, J. O. Edwards, *Acc. Chem. Res.*, **22**, 205 (1989); b) R. W. Murray, *Chem. Rev.*, **89**, 1187 (1989).
58) a) R. Curci, M. Fiorentino, M. R. Serio, *J. Chem. Soc., Chem. Commun.*, **1984**, 155; b) Y. Shi, *Acc. Chem. Res.*, **37**, 488 (2004); c) D. Yang, *Acc. Chem. Res.*, **37**, 497 (2004).
59) a) Z.-X. Wang, Y. Tu, M. Frohn, Y. Shi, *J. Am. Chem. Soc.,* **119**, 11244 (1997); b) M. Forn, Y. Shi, *Synthesis*, **2000**, 1979; c) T. Yong, Z.-X. Wang, Y. Shi, *J. Am. Chem. Soc.*, **118**, 9806 (1996).
60) a) L. Shu, Y. Shi, *Tetrahedron*, **57**, 5213 (2001); b) Z.-X. Wang, Y. Shu, M. Frohn, Y. Tu, Y. Shi, *Org. Synth.*, **80**, 9 (2003).
61) N. Khiar, S. Mallouk, V. Valdivia, K. Bougrin, M. Soufiaoui, I. Fernandez, *Org. Lett.*, **9**, 1255 (2007).
62) T. Linker, *Angew. Chem., Int. Ed. Engl.,* **36**, 2060 (1997).
63) a) Q. H. Fan, Y. M. Li, A. S. C. Chan, *Chem. Rev.*, **102**, 3385 (2002); b) C. E. Song, S.-g. Lee, *Chem. Rev.*, **102**, 3495 (2002).
64) 総説：a) 佐藤一彦, 石井康敬, 坂口 聡, "第5版 実験化学講座17", 日本化学会 編, pp.179-222, 丸善出版 (2004); b) 文献1) のb) に同じ.
65) K. Neimann, R. Neumann, *Org. Lett.*, **2**, 2861 (2000).
66) K. S. Kirshenbaum, K. B. Sharpless, *J. Org. Chem.*, **50**, 1979 (1985).
67) G. A. Olah, M. Arvanaghi, Y. D. Vankar, G. K. S. Prakash, *Synthesis*, **1980**, 662.
68) F. Shi, M. K. Tse, H. M. Kaiser, M. Beller, *Adv. Synth. Catal.*, **349**, 2425 (2007).
69) J. M. Renga, H. J. Reich, *Org. Synth.*, Coll. Vol., **6**, 23 (1988).
70) H. Kono, J. Hooz, *Org. Synth.*, Coll. Vol., **6**, 919 (1988).
71) K. Tamao, E. Nakajo, Y. Ito, *J. Org. Chem.*, **52**, 957 (1987).
72) K. Sato, M. Aoki, R. Noyori, *Science*, **281**, 1646 (1998).
73) E. C. Taylor, Jr., Aldo J. Crovetti, *Org. Synth.*, Coll. Vol., **4**, 704 (1963).
74) 武田 猛, 田中 健, "第5版 実験化学講座17",日本化学会 編, pp. 223-261, 丸善出版 (2004).
75) a) M. Node, K. Kumar, K. Nishide, S. Ohsugi, T. Miyamoto, *Tetrahedron Lett.*, **42**, 9207 (2001); b) K.

Nishide, T. Miyamoto, K. Kumar, S. Ohsugi, M. Node, *Tetrahedron Lett.*, **43**, 8569 (2002).

76) a) S. Ohsugi, K. Nishide, K. Oono, K. Okuyama, M. Fudesaka, S. Kodama, M. Node, *Tetrahedron*, **59**, 8393 (2003) ; b) K. Nishide, P. K. Patra, M. Matoba, K. Shanmugasundaram, M. Node, *Green Chem.*,**6**, 142 (2004).

77) D. Tsuchiya, K. Moriyama, H. Togo, *Synlett*, **2011**, 2701.

78) V. V. Zhdankin, *J. Org. Chem.*, **76**, 1185 (2011).

79) V. Satam, A. Harad, R. Rajule, H. Pati, *Tetrahedron*, **66**, 7659 (2010).

80) M. Uyanik, K. Ishihara, *Chem. Commun.*, **2009**, 2086.

81) A. Duschek, S. F. Kirsch, *Angew. Chem. Int. Ed.,* **50**, 1524 (2011).

82) M. Frigerio, M. Santagostino, S. J. Sputore, *J. Org. Chem.*, **64**, 4537 (1999).

83) K. C. Nicolaou, Y.-L. Zhong, P. S. Baran, *J. Am. Chem. Soc.,* **122**, 7596 (2000).

84) K. C. Nicolaou, C. J. N. Mathison, T. Montagnon, *Angew. Chem. Int. Ed.*,**42**, 4077 (2003).

85) K. C. Nicolaou, Y.-L. Zhong, P. S. Baran, *Angew. Chem. Int. Ed.*, **39**, 625 (2000).

86) K. C. Nicolaou, P. S. Baran, Y.-L. Zhong, *J. Am. Chem. Soc.*, **123**, 3183 (2001).

87) C. Kuhakarn, K. Kittigowittana, M. Pohmakotr, V. Reutrakul, *Tetrahedron*, **61**, 8995 (2005).

88) M. Uyanik, M. Akakura, K. Ishihara, *J. Am. Chem. Soc.*, **131**, 251 (2009).

89) M. Uyanik, R. Fukatsu, K. Ishihara, *Org. Lett.*, **11**, 3470 (2009).

90) D. V. Dess, J. C. Martin, *J. Org. Chem.*, **48**, 4155 (1983).

91) L. Wavrin, J. Viala, *Synthesis*, **2002**, 326.

92) K. C. Nicolaou, C. J. N. Mathison, *Angew. Chem. Int. Ed.,* **44**, 5992 (2005).

93) C. Andersen, P. K. Sharma, M. S. Christensen, S. I. Steffansen, C. M. Madsen, P. Nielsen, *Org. Biomol. Chem.*, **6**, 3983 (2008).

94) N. F. Langille, L. A. Dakin, J. S. Panek, *Org. Lett.*, **5**, 575 (2003).

95) S. S. Chaudhari, K. G. Akamanchi, *Tertrahedrn Lett.*, **39**, 3209 (1998).

96) a) A. Pelter, R. S. Ward, *Tetrahedron*, **57**, 273 (2001); b) H. Tohma, Y. Kita, *Top. Curr. Chem.,* **224**, 209 (2003); b) 北 泰行, 薬学雑誌, **122**, 1011 (2006).

97) a) T. Dohi, Y. Kita, *Chem. Commun.*, **2009**, 2073; b) 土肥寿文, 薬学雑誌, **126**, 757 (2006).

98) a) T. Dohi, A. Maruyama, A. Yoshimura, K. Morimoto, H. Tohma, Y. Kita, *Angew. Chem. Int. Ed.*, **44**, 6193 (2005); b) M. Ochiai, Y. Takeuchi, T. Katayama, T. Sueda, K. Miyamoto, *J. Am. Chem. Soc.*, **127**, 12244 (2005).

99) T. Dohi, A. Maruyama, Y. Minamitsuji, N. Takenaga, Y. Kita, *Chem. Commun.*, **2007**, 1224.

100) T. Dohi, Y. Minamitsuji, A. Maruyama, S. Hirose, Y. Kita, *Org. Lett.*, **10**, 3559 (2008).

101) M. Ochiai, Y. Takeuchi, T. Katayama, T. Sueda, K. Miyamoto, *J. Am. Chem. Soc.*, **127**, 12244 (2005).

102) Y. Yamamoto, H. Togo, *Synlett*, **2006**, 798.

103) T. Yakura, Y. Yamauchi, Y. Tian, M. Omoto, *Chem. Pharm. Bull.*, **56**, 1632 (2008).

104) T. Dohi, A. Maruyama, N. Takenaga, K. Senami, Y. Minamitsuji, H. Fujioka, S. B. Caemmerer, Y. Kita, *Angew. Chem. Int. Ed.*, **47**, 3787 (2008).

105) a) J. M. Bobbitt, C. Bruckner, N. Merbouh, *Org. React.*, **74**, 103 (2009); b) R. A. Sheldon, I. W. C. E. Arends, *Adv. Synth. Catal.*, **346**, 1051 (2004).

106) a) R. Siedlecka, J. Skarzewski, J. Młochowski, *Tetrahedron Lett.*, **31**, 2177 (1990); b) L. D. Luca, G. Giacomelli, A. Porcheddu, *Org. Lett.*, **3**, 3041 (2001).

107) M. Shibuya, M. Tomizawa, Y. Iwabuchi, *Org. Lett.*, **10**, 4715 (2008).

108) a) 岩渕好治, "有機分子触媒の新展開", 柴崎正勝 監修, pp.284-293, シーエムシー出版 (2006); b) 三宅 寛, 有機合成化学, **66**, 1225 (2008) ; c) M. Shibuya, Y. Sasano, M. Tomizawa, T. Hamada, M. Kozawa, N. Nagahama, Y. Iwabuchi, *Synthesis*, **2011**, 3418.

109) M. Shibuya, M. Tomizawa, I. Suzuki, Y. Iwabuchi, *J. Am. Chem. Soc.*, **126**, 8412 (2006).

110) M. Shibuya, T. Sato, M. Tomizawa, Y. Iwabuchi, *Chem. Commun.*, **7**, 1739 (2009).

111) M. Shibuya, Y. Osada , Y. Sasano, M. Tomizawa, Y. Iwabuchi, *J. Am. Chem. Soc.,* **133**, 6497 (2011).

112) M. Hayashi, M. Shibuya, Y. Iwabuchi, *Org. Lett.*, **14**, 154 (2012).

113) M. Tomizawa, M. Shibuya, Y. Iwabuchi, *Org Lett.*, **11**, 1829 (2009).

114) a) F. A. Davis, A. C. Sheppard, *Tetrahedron*, **45**, 5703 (1989); b) J. Christoffers, A. Baro, T. Werner, *Adv. Synth. Catal.*, **346**, 143 (2004).

115) a) F. A. Davis, A. Kumar, B.-C. Chen, *Tetrahedron Lett.*, **32**, 867 (1991); b) F. A. Davis, H. Liu, B.-C. Chen, P. Zhou, *Tetrahedron*, **54**, 10481 (1998).

116) T. Ishimaru, N. Shibata, J. Nagai, S. Nakamura, T. Toru, S. Kanemasa, *J. Am. Chem. Soc.,* **128**, 16488 (2006).

117) a) H. Fujioka, K. Murai, O. Kubo, Y. Ohba, Y. Kita, *Tetrahedron*, **63**, 638 (2007); b) K. Murai, M. Morishita, R. Nakatani, H. Fujioka, Y. Kita, *Chem. Commun.,* **2008**, 4498 ; c) K. Murai, N. Takaichi, Y. Takahara, S. Fukushima, H. Fujioka, *Synthesis,* **2010**, 520.

118) K. Murai, M. Morishita, R. Nakatani, O. Kubo, H. Fujioka, Y. Kita, *J. Org. Chem.*, **72**, 8947 (2007).

119) Z. Cohen, E. Keiman, Y. Mazur, T. H. Varkony, *J. Org. Chem.*, **40**, 2141 (1975).

120) E. Keiman, Y. Mazur, *Synthesis*, **1976**, 523.

121) Y. Ito, A. Matsuura, A. Otani, T. Matsuura, K. Fukuyama, U. Katsube, *J. Am. Chem. Soc.*, **105**, 5699 (1983).

122) D. E. Ward, W.-L. Lu, *J. Am. Chem. Soc.*, **120**, 1098 (1998).

123) 松本正勝, "有機合成実験法ハンドブック", 有機合成化学協会 編, p. 864, 丸善出版 (1990).

124) 総説：a) H. H. Wasserman, R. W. Murray, "Singlet Oxygen", Academic Press (1979); b) R. W. Denny, A. Nickon, *Org. React.*, **20**, 133 (1973); c) 加固昌寛, 赤阪 健, "第 5 版 実験化学講座 17", 日本化学会 編, pp. 341-357, 丸善出版 (2004); d) 文献 1) の b) に同じ.

125) C. Tanieliarn, L. Golder, C. Wolff, *J. Photochem.*, **25**, 117 (1984).

126) D. Belluś, *Adv. Photochem.*, **11**, 105 (1979).

127) W. Adam, G. Klug, E-M. Peters, K. Peters, H. G. von Schnering, *Tetrahedron*, **41**, 2045 (1985).

128) A. Horikawa, R. Nakashima, N. Yoshikawa, T. Matsuura, *Bull. Chem. Soc. Jpn.*, **48**, 2095 (1975).

光化学合成実験法

27.1　光源と反応容器

27.1.1　光源の種類と選択

光化学反応を行うには，基質が吸収する波長の光を照射しなければならない．したがって，光照射実験を行う前にその試料の吸収スペクトルを測定して，どのような波長の光を照射すればよいのかを知る必要がある．この場合，照射する光の波長は，試料の吸収極大に一致しなくてもよく，溶液中の光化学反応では，吸収末端に相当する光でもかまわないことが多い．また当然のことながら，光化学反応を行う反応容器は，照射光を透過する材質で作られていなければならないし，溶媒も照射波長で透明でなければならない．光化学反応の光源としては，太陽光，各種のランプ，レーザーなどが利用される．

a.　太陽光

地表上に到達する太陽光のスペクトルは 500 nm 付近にピークをもち，長波長側に緩やかにすそをひいているが，400 nm 以下の紫外部では極端にその強度が減少する（図 27.1）．太

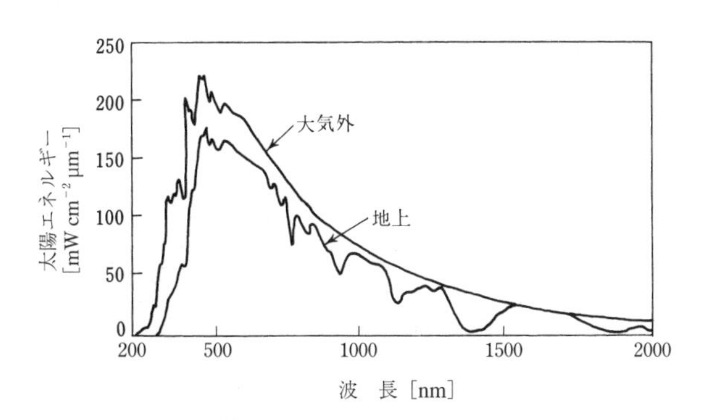

図 27.1　太陽スペクトル
（坪村 宏，“光電気化学とエネルギー変換”，p.232，東京化学同人（1980））

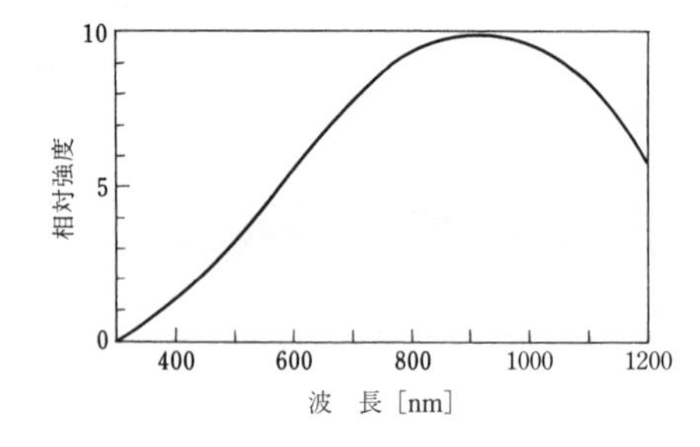

図 27.2　タングステンランプの放射強度の波長特性
（日本化学会 編，"新 実験化学講座 4"，p.54，丸善出版（1978））

陽光を光源として用いれば簡便ではあるが，光量が季節や天候，時刻に左右され，定量的な研究に用いることはできない．また，熱線のため試料が加温されるなどの欠点もある．しかし，よく晴れた日は 300 nm よりも長い波長の光が到達しているので，たとえば，ベンゾフェノンのアルコール中の光照射によるベンズピナコールの合成などの光源として利用することができる．

b.　タングステンランプ

タングステンランプは安価であり，寿命も比較的長く，可視・近赤外領域の波長の光を得るのにたいへん便利である．ランプのスペクトル特性はフィラメントの温度によって異なるが，だいたい 800～1000 nm に極大をもち，400 nm 以下の光はかなり弱い（図 27.2）．この光源は可視光の照射には適しているが熱線も多いため，通常水冷した反応容器の外側から照射を行い，ランプもファンなどで空冷する必要がある．

c.　ハロゲンランプ

タングステンランプの球内にフィラメントの消耗を防止するために，ヨウ素，臭素，塩素などのハロゲンガスを封入したものがハロゲンランプである．このランプの波長特性は，温度によって多少異なるが，タングステンランプとほぼ同じであり（図 27.3），寿命はタングステンランプより長いといわれている．このランプを光源として用いる場合にもタングステ

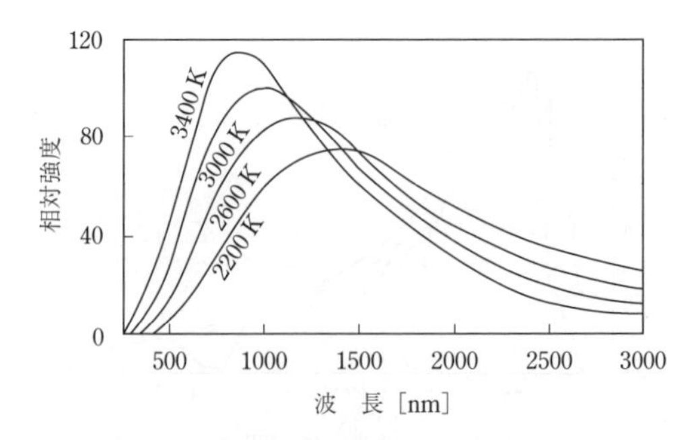

図 27.3　ハロゲンランプの放射強度の波長特性
図中の K は色温度の単位ケルビン（Kelvin）を表す．
（ウシオライティング株式会社資料）

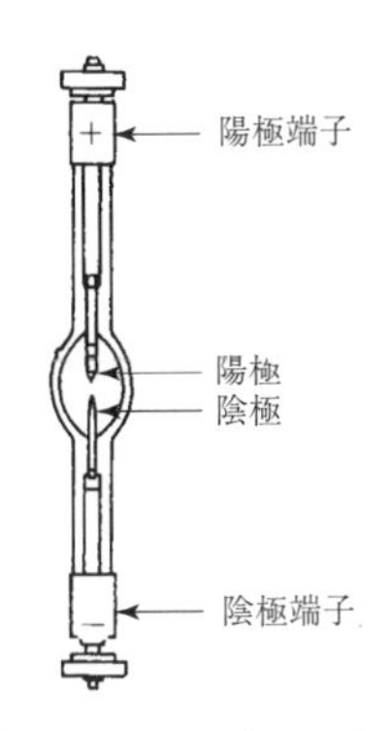

図 27.4　ショートアーク キセノンランプ (オスラム株式会社資料)

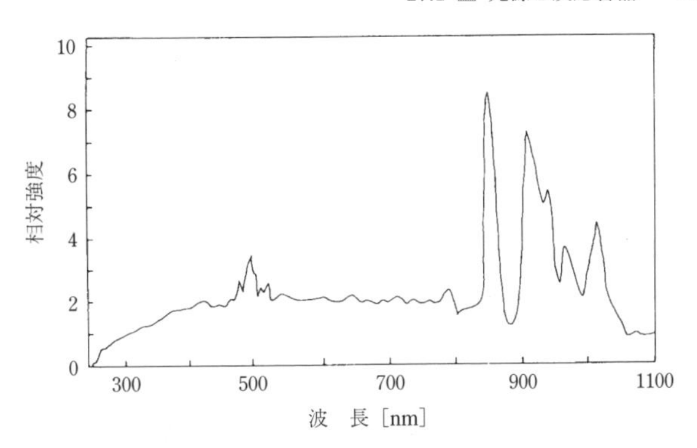

図 27.5　キセノンランプの相対分光エネルギー (ウシオライティング株式会社資料)

ンランプのときと同様に，反応容器の水冷およびランプの空冷が必要である．

d.　キセノンランプ

キセノンガスの放電を利用したランプで，そのスペクトルは近赤外・可視・近紫外全域に幅広く分布し，この波長領域の光照射には，たいへん有用である（図 27.4，27.5）．照射にさいしては，ランプハウスおよびランプ冷却のためのファンが必要であるが，これらをセットにしたものが市販されている．通常，キセノンランプの電源は他の精密測定器やコンピューターとは別にしなくてはならず，測定器とランプを同時に使用するときは，測定器の電源投入に先立ってランプを点灯する．これは，ランプを点灯した瞬間に発生する強烈な電圧・電流変化（バーストノイズ）によって他の測定器などの電気系統が破壊されるおそれがあるためである．また，キセノンランプ点灯中にはオゾンが発生するので十分な換気が必要であるが，現在では，オゾンを発生させないオゾンレスランプも市販されている．

キセノンランプの球内には高圧のキセノンガスが封入されているので，ランプの交換にさいしては保護めがねを着用し，極力指紋などの汚れがランプにつかないように注意する．このような汚れが付着したままランプを点灯すると，ランプが破裂するおそれがある．

e.　水銀ランプ

水銀ランプは放電管内に封入されている水銀の放電時の蒸気圧によって，低圧，中・高圧，超高圧水銀ランプに分類され，それぞれ異なったスペクトルを与えるため，反応に適したランプを選択する必要がある．

(i) 低圧水銀ランプ　低圧水銀ランプより放射される光は，253.7 nm の光がもっとも強く，全発光エネルギーの約 90% にも及び（図 27.6），次に 184.9 nm の光に富んでいる．照射時のランプからの発熱はあまりなく，冷却はファンによる空冷で十分である．これらの波長の光は Pyrex ガラスを透過しないため，反応容器には石英または Suprasil 製のものを使

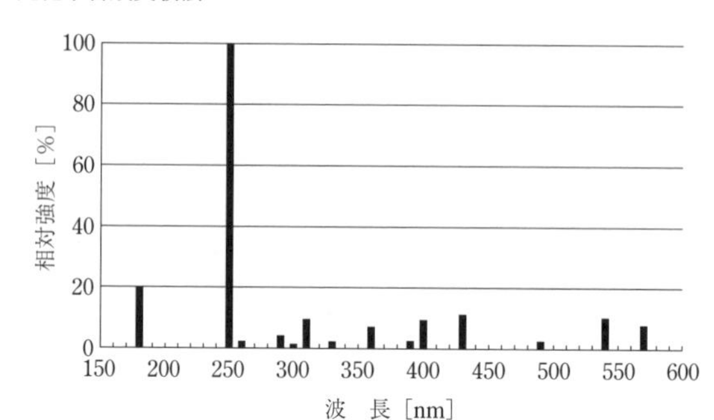

図 27.6　低圧水銀ランプの相対分光エネルギー
（株式会社 GS ユアサ；https://www.gs-yuasa.com/gyl/jp/uv/uvl/lp.html）

用しなければならない．また，184.9 nm 光は酸素によっても吸収されるので，この波長の光を照射する場合は，ランプと試料との間の空気を除去しなければならない．

(ii) 中・高圧水銀ランプ　近紫外・可視領域に多数の輝線スペクトルを示し，なかでも 313，366，405，436，546 および 578 nm のスペクトル線の相対強度が大きく，よく光化学反応に用いられる（図 27.7）．照射中，ランプはかなり発熱するので，ランプの外側に水冷用のジャケットをつけ，冷却しながら使用するのが普通であり，万一冷却用の水が止まった場合，自動的に電源が切れる装置をつけたものも市販されている．何かの事故でランプが立切れを起こした場合は，ランプが冷却されるまで数分間待たないと再び点灯しない．また，低温では水銀ランプは発光しない．

(iii) 超高圧水銀ランプ　一般にランプ管球内の放電時の水銀蒸気圧が 10 atm を超える

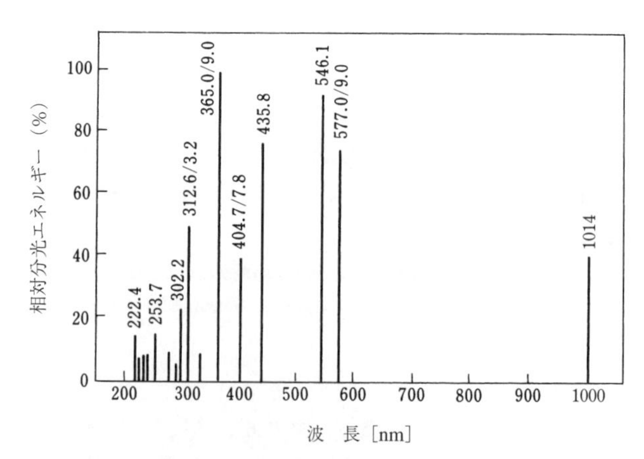

図 27.7　高圧水銀ランプの相対分光エネルギー
（日本化学会 編，“新 実験化学講座 16”，p.459，丸善出版（1978））

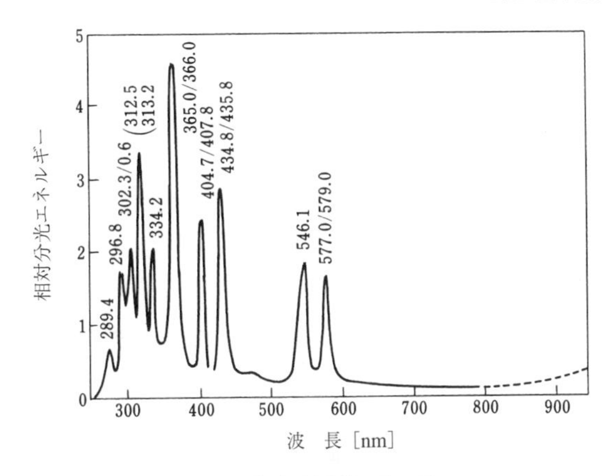

図 27.8　超高圧水銀ランプの相対分光エネルギー
（日本化学会 編，"新 実験化学講座 16"，p.460，丸善出版（1978））

ものを超高圧水銀ランプとよぶ．スペクトル線は，中・高圧水銀ランプに比較して 254 nm などの短波長側の強度が減少し，スペクトル線の幅は広がり連続になる（図 27.8）．また，超高圧水銀ランプは，中・高圧水銀ランプとは比較にならないほどの照度と発熱を伴うので，操作には十分注意する必要がある．

(iv) メタルハライドランプ　水銀と種々の金属ハロゲン化物（メタルハライド）の高圧混合蒸気中のアーク放電による発光を利用したランプのことをいう．基本的な構造は高圧水銀ランプと同じであり，水銀ランプの一種とみなすこともできる．このランプの特徴は，水銀の電子遷移から得られる発光とともに，封入するメタルハライドの金属元素の電子遷移による発光も加わることで，メタルハライドの種類，比率の変化により発光色の調整が可能となり，従来の水銀ランプの演色性を改善できることにある．市販されているメタルハライド光源装置では，太陽光に近いスペクトル（波長領域：400～700 nm）が得られるものが多い．従来の水銀ランプと比較すると，高輝度，省電力，長寿命のランプである．最近，発光管の素材として石英ガラスの代わりに透光性セラミックが用いられたセラミックメタルハライドランプが登場し，従来のメタルハライドランプよりも優れた省電力，長寿命化を実現している．

f.　レーザー

レーザーは，自然放出による光源に比べ一般に強度が高く，単色性に優れ，さらに指向性が高い．また一般にパルスとして発生させるが，連続光としても用いられる（表 27.1～27.3）．これらの性質を利用して，基質を選択的に励起して効率よく反応を起こすことができる．たとえば，キノンやカルボニル化合物をオレフィン，酸素存在下アルゴンイオンレーザーで光励起して酸素化を起こす反応[1]や，7-デヒドロコレステロールを原料とするビタミンDの高選択的合成[2]などにその例をみることができる．レーザーは光化学反応に関与する励起状態や中間体を瞬間的に高濃度に生成させることができるので，モニター用の光源を用いてその吸収スペクトルを測定し，光化学反応の機構を決定し，さらに反応の開発のための示唆を得ることができる．

また，反応させたい基質を特定のエネルギー準位に高密度に励起したり，高い励起状態を生成させることが可能であり，通常の光源を用いた場合とは異なる光化学反応をひき起こす

表 27.1　光化学用として用いられる各種レーザー

レーザー	波長 [nm]		出力	半値幅
巨大パルスルビーレーザー	1st	694	20～200 MW	15～30 ns
（Q-スイッチ型）	2nd	347	≦10 MW	15～30 ns
巨大パルス Nd^{3+} レーザー	1st	1064.8	20～200 MW	15～30 ns
（Q-スイッチ型）	2nd	532.4	20 MW	15～30 ns
	4th	266.2	1～2 MW	15～30 ns
窒素ガスレーザー（パルス）	1st	337	10 kW～1 MW	3～10 ns
モードロックルビーレーザー	1st	694	～1 GW	20 ps
	2nd	347	0.1～0.5 GW	20 ps
Nd：YAG レーザー	1st	1064.8	～1 GW	5 ps
	2nd	532.4	0.1～0.5 GW	5 ps
	4th	266.2	0.01 GW	5 ps
He-Ne レーザー		633	≦200 mW	連　続
アルゴンガスレーザー		488	≦ 2 W	連　続
		515	…	連　続

（日本化学会 編，“新 実験化学講座 16”，p.463，丸善出版（1978））

表 27.2　エキシマレーザーの発振波長

ガス	F_2	ArF	KrF	XeCl	XeF	CO_2
波　長 [nm]	157	193	248	308	351	10 600
出　力 [mJ/パルス]	1	193	15	8	7	—

（株式会社オプトサイエンス資料）

表 27.3　色素レーザーとして用いられる代表的な色素の特徴[a]

色　素	発振波長ピーク [nm]	発振波長範囲 [nm]	発振効率 [%][b]
スチルベン 1	416	405～428	6.0
スチルベン 3	425	412～443	8.8
クマリン 120	441	423～462	14.6
クマリン 47	456	440～484	17.8
クマリン 102	480	460～510	18.2
クマリン 307	500	479～553	16.3
クマリン 153	540	522～600	15.1
ローダミン B	600	588～644	12.4
スルホローダミン B	605	594～642	12.6
DCM	658	632～690	11.8
スチリル 9	840	810～875	8.7

a）ポンプレーザーとしてエキシマレーザーを使用．b）ポンプレーザー光強度を 100% とした場合．
DCM：4-(di-cyanomethylene)-2-methyl-6-*p*-(dimethylamino) styryl-4*H*-pyran
（Spectra-Physics 社資料）

表 27.4　分光分析用 LED 光源

型　番	波長＋半値幅［nm］	型　番	波長＋半値幅［nm］
LLS-240	240±11	LLS-405	405±14
LLS-250	250±12	LLS-455	455±20
LLS-270	270±12	LLS-470	470±25
LLS-290	290±12	LLS-505	505±30
LLS-310	310±12	LLS-530	530+35
LLS-325	325±12	LLS-590	590±14
LLS-345	345±12	LLS-617	617±20
LLS-365	365±9	LLS-627	627±20
LLS-385	385±10		

（Ocean Optics 社ホームページ，http://www.oceanoptics.com/Products/shlsources.asp）

可能性がある．最近では固体，気体，色素，半導体レーザーなど各種レーザーが市販されており，またしばしば波長も可変で，照射波長を自由に変化させることもできるので，光化学反応の光源として多分野で用いられている．

g.　発光ダイオード（LED）ランプ

発光ダイオード（light emitting diode：LED）を分光器および光反応用光源に使う事例が増加してきている．光反応用高出力光源と分析装置に導入する分光分析用光源（表 27.4）とがあり，いずれもグラスファイバーを介して照射されることが多い．また，最近，LED によって色の 3 原色の一つである青色（450 nm）の発光に成功し，LED の用途が広がっている．この功績に対して赤崎 勇，天野 浩，中村修二の 3 名が 2014 年ノーベル物理学賞を受賞した．

h.　無電極プラズマ光源

プラズマ光源（プラズマライト）とは，誘導コイル（フェライトコア）に高周波交流電流を流すと発生する誘導電界から飛び出した電子が，封入されている水銀蒸気と衝突して紫外線が発生し，内部に塗布された蛍光体により可視光線の発光が得られる光源のことである．この光源の特徴は，寿命が LED と同程度の 5 万時間であるにもかかわらず，発光効率が LED の約 2 倍である点である．発光波長範囲は 350～750 nm の連続光である．おもに照明器具用として市販されているが，近年ファイバー仕様の光源装置も市販されている．

27.1.2　フィルター

光化学反応を行ううえで，ある波長の光だけを光源から取り出して試料に照射しなければならない場合がある．たとえば，2 種の化合物の一方を選択的に光励起したい場合である．また，光照射により生じた反応生成物が原料と異なる吸収スペクトルを示す場合には，照射波長を選択することにより，生成物の二次的な光反応を防止することができる．さらに，基質の高い励起状態からの反応が，他の緩和と競争できる場合や基質が基底状態で電荷移動相互作用をしている場合などは，照射光の波長効果が観測されることがある．このように光化学実験では照射光の波長の選択がしばしば必要になる．簡単には，用いる反応容器の材質で

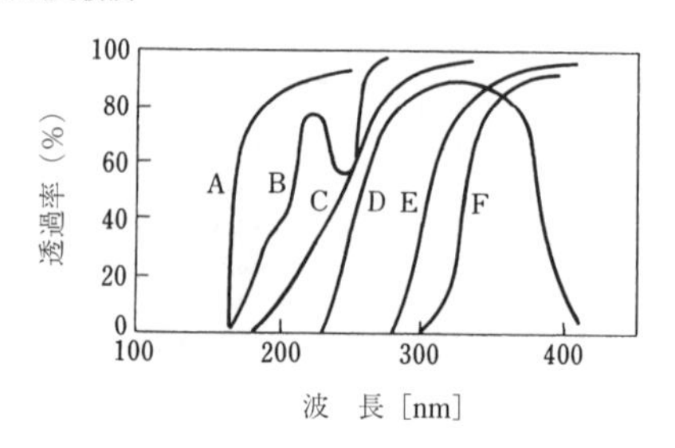

図 27.9　各種ガラス材質の光透過率
A：Suprasil（10 mm），B：石英（10 mm），C：Vycor No.791（1 mm），
D：コーニング 9863（No.7-54）（3 mm），E：化学用 Pyrex，F：窓ガラス（2 mm）
（日本化学会 編，"新 実験化学講座 14"，p.2619，丸善出版（1978））

波長の選択ができる場合もあるが，厳密には溶液フィルター，ガラスフィルターの組合せやモノクロメーターを使用する．光化学反応の量子収量を測定するためには，単色光またはこれに近い狭いバンド幅の光を照射しなければならない．一方，レーザーを光源として用いる光反応では，その光強度が反応に影響を与える場合があり，その光強度を一様に変化させるためにはニュートラルデンシティーフィルター（ND フィルター）が用いられる．

a.　**反応容器の材質**

照射波長は反応容器の材質によってもおおまかに選択することができる．図 27.9 に各種材質の透過率を示す．たとえば，高圧水銀ランプと Pyrex 製の容器の組合せでは 280 nm 以下の紫外光はほとんど試料には照射されない．

b.　**モノクロメーター**

光源から出た光をモノクロメーターによって分光し，単色光に近い光を試料に照射することができる．しかし，モノクロメーターによる分光では通常光強度がかなり小さくなるため，低量子収量の反応に用いるときには機種の選択を注意深く行わなければならない．

c.　**ガラスフィルターおよび溶液フィルター**

ガラスフィルターにはある特定の狭い波長範囲の光だけを透過させる干渉フィルターと，比較的広い波長範囲の光を透過させる色ガラスフィルターとがある（図 27.10）．どちらもモノクロメーターを用いた場合よりも大きい光量が得られる．単色化に用いられる溶液フィルターを図 27.11，図 27.12 に示す．なかでも，クロム酸カリウム水溶液（0.1% NaOH 水溶液 100 mL に 20 mg の K_2CrO_4 を溶解した液，光路長 1 cm）が 313 nm を用いる光反応実験に多用されている．また，硫酸銅水溶液（2.7 mol L^{-1} のアンモニア水 100 mL に $CuSO_4$ 440 mg を溶解した溶液）が高圧水銀ランプの 404 nm の可視光線を取り出すのに用いられている（図 27.11）．溶液フィルターとガラスフィルターを組み合わせた単色化手法がよく用いられる．たとえば，コーニング 7-37 ガラスフィルターと溶液フィルターとして，塩化ビスマス水溶液（10% HCl 水溶液 100 mL に 670 mg の $BiCl_3$ を溶解した液，光路長 1 cm）の組

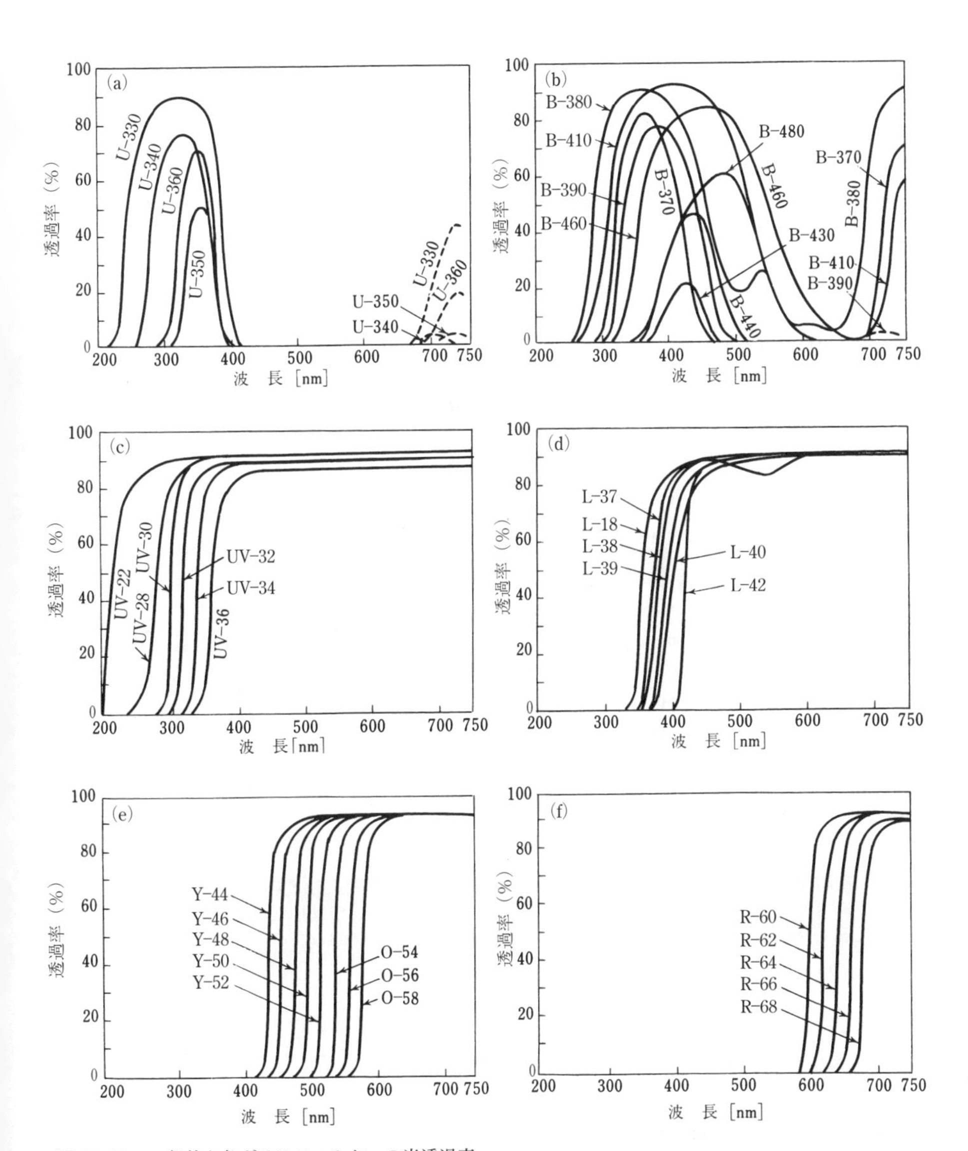

図 27.10　一般的な色ガラスフィルターの光透過率

(a) 紫外透過可視吸収, (b) 青フィルター, (c) 紫外透過, (d) シャープカット (無色), (e) シャープカット (黄色・橙色), (f) シャープカット (赤色).

(株式会社ケンコー・トキナー資料)

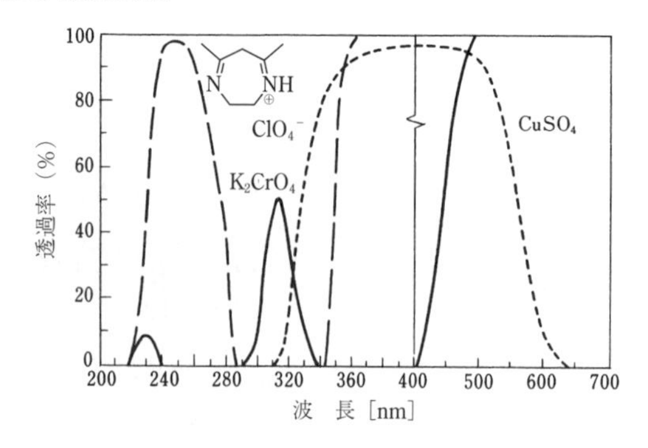

図 27.11　典型的な溶液フィルターの光透過率（測定には光路長 1 cm のセルを使用）
実線：K_2CrO_4 0.27 g L^{-1}＋Na_2CO_3 1 g L^{-1} の水溶液，
破線：5,7-ジメチル-3,6-ジヒドロ-2*H*-1,4-ジアゼピウム過塩素酸塩 0.20 g L^{-1} の水溶液，
点線：$CuSO_4$・5 H_2O 250 g L^{-1} の水溶液
（S. L. Murov，"Handbook of Photochemistry"，p.99，Marcel Dekker（1973））

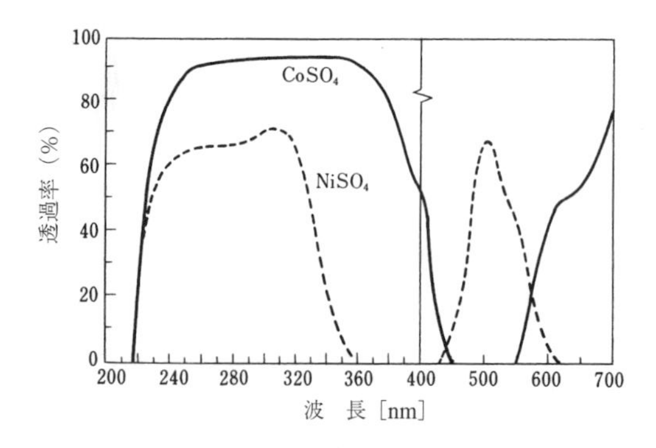

図 27.12　典型的な溶液フィルターの光透過率（測定には光路長 1 cm のセルを使用）
実線：$CoSO_4$・7 H_2O 240 g L^{-1} の水溶液，点線：$NiSO_4$・6 H_2O 500 g L^{-1} の水溶液．
（S. L. Murov，"Handbook of Photochemistry"，p.99，Marcel Dekker（1973））

合せが，366 nm 光を取り出すために用いられる．溶液フィルターは長時間の光照射により，その透過率が変化することがあるので注意しなければならない．

27.1.3　照射法と温度制御法

a.　照射法

（i）溶媒と照射波長　光照射を行う場合，一般には光源の波長領域に吸収をもたない溶媒を選択する（光吸収によって，たとえばクロロホルムは，ホスゲンや塩素，塩化水素を発生する場合があるので注意を要する）．ただし，アセトンなど，溶媒を増感剤として用いる場合には，その限りではない．また，基質の光吸収を妨げる物質を溶媒に用いてはならない．さらに，光反応の中間体（励起状態やラジカルなど）に対して，化学的に不活性な溶媒を選択する．また，溶媒の極性によって，基質の光吸収特性が変わることがあるので，あらかじめ基質の紫外-可視吸収スペクトルを当該溶媒で測定しておく必要がある．また，生成物も光を吸収し，さらなる光反応（後続反応）を起こす可能性があるので，光反応を予備的に行って生成物を単離し，その紫外-可視吸収スペクトルから判断して，後続反応が起こらないよう照射波長などを順次，最適化するのが望ましい．

生成物の溶解度が低く，容器の内側に結晶が付着してしまうと，光反応効率の低下や結晶中の光反応などが起こるので，溶媒の変更や反応途中で結晶を沈降させるなどの工夫が必要である．照射波長の選択にあたっては，用いる容器がフィルターの役割をすることにも注意する．詳しくは 27.1.1～27.1.2 項を参照されたい．

(ii) 照射時間　照射時間は光反応の量子収量にはもちろん，光源の波長特性や照射方法（容器の形状，とりわけ反応断面積）にも大きく依存するので，とくに注意すべきである．反応のスケールに応じて照射（反応）時間を制御すべきことは，熱反応との大きな違いである．すなわち，光子はいわば試薬，すなわち反応剤であるので，用いる光源から反応に使える波長をもつ光子を，単位時間および単位面積あたり，どの程度試料に照射できるのか，ということを考慮する必要がある．これを怠ると，照射時間などを変えずに反応スケールを大きくしたために転換率が低下したり，逆に転換率が 100% になるまで単に長時間照射を行ったために後続反応が起こる問題にしばしば直面する．したがって光反応の実験では，初めての場合だけでなく，反応スケールなど条件を変えた場合にも，反応の経時変化を各種スペクトルなどで追跡し，目的生成物がもっとも高収量で得られる最適な照射時間を決定することが望まれる．なお，長時間照射に起因する後続反応を抑制するための方策として，フローリアクターが古くから知られている．近年ではさらに光源や流路も小型化されたフロー式マイクロリアクターを用いた光反応が精力的に研究され，一定の成果を収めている．

一方，光反応の量子収量を測定する場合には，転換率を極力低く（5% 以下）抑えるように，照射時間を設定する．詳しくは，27.1.6 項を参照されたい．

(iii) 雰囲気　通常，溶液中の光反応の中間体（励起状態やラジカルなど）は，空気から溶け込んだ分子状酸素と相互作用して，基質に戻る（失活），別の多重度をもつ中間体に変わる（項間交差），酸素化生成物を与える（光酸素化）などの反応性を起こす．これらの反応を積極的に利用する場合には，反応溶液中に酸素ガスを通じたり（バブリング），酸素ガスを封入した風船を容器につけるなどして，高い酸素濃度を保つ．

しかし，一般にはこれらの反応を避けるために，溶液中の光反応は脱気下，または窒素やアルゴンなどの不活性ガスの雰囲気下で行う．脱気下で行う場合，試料溶液を凍結したのちに真空引きで脱気を行い，次に解凍するという作業を数回繰り返す．凍結-脱気-解凍（freeze-pump-thaw cycle）とよばれるこの操作は，小スケールならばそれほど困難ではないが，溶媒が水やアルコールなどの場合には小スケールでも作業中に容器が破損する場合があるので注意が必要である．一方，大スケールの場合には凍結-脱気-解凍の操作は危険を伴い，また困難でもあるため，通常は不活性ガスを反応溶液にバブリングすることで代用する．このとき不活性ガスを強くあるいは弱くても長時間通じると，溶媒が揮発して濃度が変化することがある．そこでとくに沸点の低い溶媒を用いるときには，不活性ガスを同じ溶媒に一度通過させたのちに，試料溶液に通じるなどの工夫をして対処する．

（iv）**照射の方法**　光源の種類と形状，容器の量に応じたさまざまな照射方法があるが，光源と容器の位置関係から，外部照射法と内部照射法に大別される．どのような場合にも照射によって少なからず熱が発生するので，後述のように冷却が必要である．

外部照射法は容器を光束にかざすだけでよいので簡単であり，比較的小スケールの実験に適している．しかし，容器として試験管などを用いた場合には反応断面積が小さいので，光源であるランプからの光をすべて反応に使うことはできず，効率が悪いという問題点がある．また，容器に当たらない光を遮断する工夫も必要であり，しばしばランプハウスとよばれるランプを入れる箱を用いる．いずれの場合も，後述のような温度制御が必要である．

内部照射法は，試料溶液が入っている大型容器の中に光源となるランプを直接入れて光照射を行う方法である（図 27.13）．ランプからの光を効率的に利用でき，内部照射法の欠点を補うことができる．古くから，内部照射用の容器および水冷ジャケット付きの水銀ランプが市販され，中～大スケールでの実験に用いられている．これに準ずる簡便な方法として，“ドーナツ管”とよばれる筒型二重ガラス管容器に試料溶液を入れ，“ドーナツ”の孔にランプを入れる方法もあり，中スケールでの実験によく使われる．

前述のフローリアクターやマイクロリアクターを使う方法は，中～大スケールの光反応を

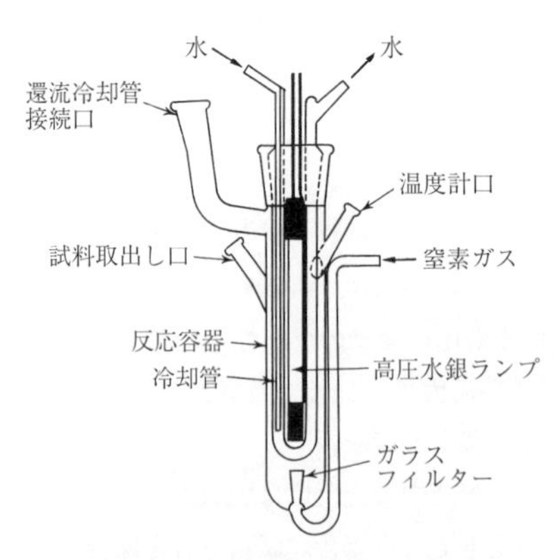

図 27.13　高圧水銀ランプ用反応容器（日本化学会 編，“新 実験化学講座 14”，p. 2622，丸善出版（1978））

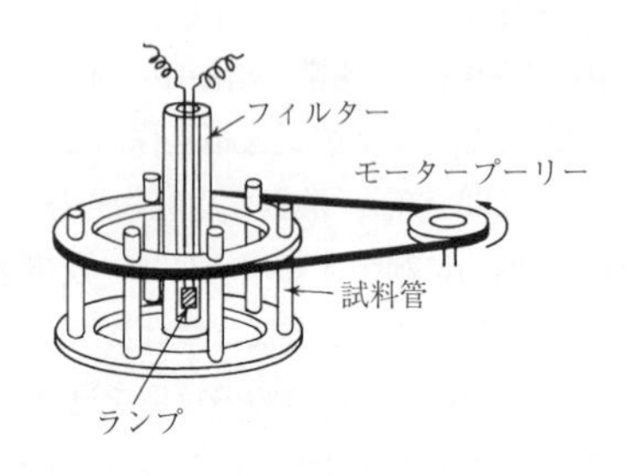

図 27.14　メリーゴーランド型光照射装置（日本化学会 編，“新 実験化学講座 14”，p. 2621，丸善出版（1978））

小さな光源で行うさいにも有用である．光反応の経時変化を追跡するように，小スケールで複数の試料溶液に光照射を行う場合には，メリーゴーランドとよばれる装置を用いると便利である（図27.14）．これは，光源を中心とする同心円上に試料溶液の入った容器を均等に配置し，容器がのる円板を回転（公転）させ，場合によってはさらに各容器を回転（自転）させておのおのの試料溶液に均等に光照射する装置である．

b.　温度制御法

光源として用いられる水銀ランプやキセノンランプなどは，いずれも大量の熱を発することから，ランプだけでなく容器の部分の冷却も行うことは必要不可欠で，多くの場合，外部密閉系冷媒循環装置か送風機による冷却を行う．とくに小型の容器を冷却するには，フィルター装着可能な窓をつけたステンレス製水槽や，石英製窓をつけた中～小型のジュワー（Dewar）冷却器を用意すると汎用性が高く便利である．一方，LEDランプを用いた場合には，ランプ自体の発熱はほとんどないので，小さな送風機で冷却する程度でよいすればよい．

光反応は，しばしば高い反応性をもつ反応中間体を経由して進行する．そのような光反応の機構の解明をする場合には低温で光照射を行い，発生した反応中間体を速度論的に安定化したうえで，紫外-可視吸収，赤外，電子スピン共鳴などのスペクトルにより観測することが有効である．注意すべき点は，多くの光反応の場合，最初の光励起だけが光化学特有の素過程で，その後に起こる反応中間体の反応の多くは熱反応であることである．したがって光化学反応においても温度依存性があり，温度制御は反応中間体の観測や反応の選択性発現など，実験成功の可否を握る重要な因子である．

（i）**80～10 ℃**　　この温度領域では恒温槽を用いて容器の温度を一定に保ちつつ，光照射を行う．容器を密閉することが多いので，溶媒の気化による加圧などに注意する．また，前述のメリーゴーランド型には，恒温槽付きのものが市販されている．

（ii）**10～−80 ℃**　　この温度領域で光反応を行う場合にも，恒温槽を用いて光照射を行う．室温よりも低いため，開放系では空気中の水分が結露などにより反応を阻害することが

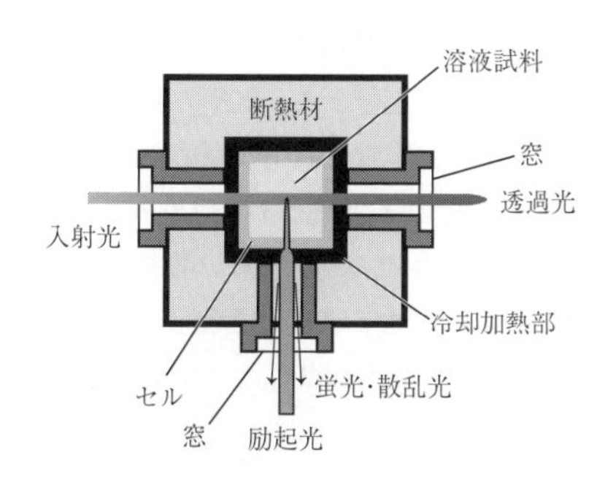

図 27.15　光化学反応に用いられるクライオスタットの例
（株式会社ユニソク資料）

あるので，上述の凍結-脱気-解凍の操作などにより，容器を密閉する．この温度領域で各種スペクトル測定を行う場合には，クライオスタットを用いると便利である．クライオスタットとは加熱冷却できる試料部を断熱材で覆った装置であり，これを光反応に用いる場合には，窓部から光照射を行う．図 27.15 のように複数の窓を取りつければ，さまざまな分光学的測定も可能となる．この場合にも，セルの破損や結露に注意する．

(iii) −80～−273 ºC　この温度領域では，窓をつけたジュワー冷却器を用いてマトリックス（剛性溶媒）中で光照射を行うのが一般的である．照射波長が 280 nm 以下の場合には，容器だけでなく，ジュワー冷却器の窓も石英製にする．マトリックスに使う媒体としては，ジエチルエーテル-イソペンタン-エタノール（5：5：2）の混合物（EPA）や，メチルテトラヒドロフラン，メチルシクロヘキサン，アルゴンなどがよく用いられる．多くの場合，凍結-脱気-解凍の操作によって脱気し，液体窒素などでマトリックスにしてから光照射を行う (開放系では液体酸素が発生するため，非常に危険である)．またこの場合もクライオスタットを用いた各種分光学測定が可能である．

27.1.4　増　感　剤

増感剤とは，反応させたい基質に直接光を照射するのではなく，増感剤のみが吸収する長波長（低エネルギー）の光を照射することで，反応基質の励起状態を誘起する分子をさす．増感剤はエネルギー移動型と電子移動型に大別することができる．エネルギー移動型では三重項エネルギー移動機構がもっとも一般的である．S_1 と T_1 のエネルギー差が非常に大きくほとんど項間交差を起こさない分子（M）では，直接励起しても三重項状態は発生しないため，M の三重項励起状態の挙動を知ることはできない．一方，S_1 と T_1 のエネルギー差が小さく容易に項間交差を起こす分子を増感剤として用いると，長波長の光を照射することで増感剤のみを選択的に励起できることに加え，エネルギー移動により M の三重項状態が高効率で生成する．また，電子移動型においては，光励起された増感剤と基質の間で電荷あるいは電子移動が起こる．これにより，ラジカルイオン種あるいはエキシプレックス (励起錯体) が形成され，それによりさまざまな反応が誘起される．このように，光増感反応は直接励起では反応の進行が困難である反応を誘起できることや，直接励起では生成できない励起状態の挙動を知ることが可能となるため，非常に有用な反応である．さらに，近年では色素を増感剤として用いた次世代型太陽電池の研究が盛んに進められている．色素増感太陽電池は，酸化チタン膜上に色素が塗布されており，この色素が可視光を吸収することで光エネルギーを電気エネルギーへと変換している．色素増感太陽電池に用いられる色素は，クマリン誘導体などの有機色素に加え，光電効率に優れ耐久性が高い遷移金属錯体の無機色素も利用されている．表 27.5 に代表的な増感剤を示す．

表 27.5　増感剤の性質

(a)　**非色素系増感剤**[1)]

増感剤番号	増感剤	溶媒[a)]	励起一重項エネルギー E_S[kJ mol^{-1}]	蛍光量子収量 Φ_F	励起一重項平均寿命 τ_S[ns]	三重項エネルギー E_T[kJ mol^{-1}]	三重項生成量子収量 Φ_T	三重項平均寿命 τ_T[μs]
1	ベンゼン	p	459	0.04	28	353	0.15	
		n	459	0.06	34	353	0.25	
2	トルエン	p		0.13	35	347		
		n	445	0.14	34	346	0.53	
3	アセトン	p		0.01	2.1	332	1.00	47
		n		9.0×10^{-4}	1.7		0.9	6.3
4	ジュレン	p				335		
		n				334		
5	ベンゾニト	p				323		
	リル	n				320		
6	プロピオ	p				313		
	フェノン	n	336			312		
7	アセトフェ	p	338			311	1.0	0.14
	ノン	n	330	$< 10^{-6}$		310	1.0[b)]	0.23
8	キサントン	p			0.008	310		17.9 0.37(P)[c,b)]
		n	324		0.013	310		0.02 0.7 (CTC) ~0.02 (CH)[c,b)]
9	4-メトキシ	p				299	1.0	
	アセトフェ	n	340[b)]			300	1.0[b)]	
	ノン							
10	アントロン	p				301		0.17(B)[c,b)]
		n						
11	ベンズアル	p				298		
	デヒド	n	323	$< 10^{-6}$		301		
12	4, 4-ジメト	p				292	1.0	
	キシベンゾ	n	328[b)]		0.0065[b)]	293[b)]	1.0[b)]	3.6
	フェノン							
13	ベンゾフェ	p	311		0.016	289	1.0	50 0.046(P)[c,b)]
	ノン	n	316	4.0×10^{-6}	0.03[b)]	287	1.0	6.9[b)] 2.5(B)[c,b)] 0.3(CH)[c,b)]
14	フルオレン	p	397	0.68		284	0.32	
		n	397	0.68	10	282	0.22	150
15	トリフェニ	p	352	0.09	37	280	0.89	1000
	レン	n	349	0.066	36.6		0.86	55
16	ビフェニル	p	391			274		
		n	418	0.15	16	274	0.84	130
17	チオキサン	p		0.12	2.0			73
	トン	n				265		95[b)]

つづく

表 27.5　増感剤の性質（つづき）

増感剤番号	増感剤	溶媒[a]	励起一重項エネルギー E_S[kJ mol^{-1}]	蛍光量子収量 Φ_F	励起一重項平均寿命 τ_S[ns]	三重項エネルギー E_T [kJ mol^{-1}]	三重項生成量子収量 Φ_T	三重項平均寿命 τ_T[μs]
18	アントラキノン	p				263		50(CTC)[c]
		n	284[4]			261	0.9[*3,2]	0.11[c,b]
								1.7(AC)[c]
19	4,4-ビス(ジメチルアミノ)ベンゾフェノン	p	295			255	0.47	20(E)[c,b]
		n				275	0.91	25(CH)[c,b]
20	フェナントレン	p	345	0.13	60.7	257	0.85	910
		n	346	0.14	57.5	260	0.73	145
21	ナフタレン	p	384	0.21	105	255	0.8	1800
		n	385	0.19	96	253	0.75	175
22	4-フェニルアセトフェノン	p				254		
		n				255		
23	4-フェニルベンゾフェノン	p	321			254		
		n					1.0	
24	2-ヨードナフタレン	p				252		
		n						
25	アセナフテン	p	376	0.39		248	0.58	3300
		n	374	0.50	46	250	0.46	
26	2-ナフトニトリル	p	363			248		
		n						
27	1-ヨードナフタレン	p				245		
		n						
28	1-ナフトニトリル	p	373		8.9	240		
		n	398[b]				>0.17[b]	
29	クリセン	p	332	0.17	42.6	239	0.85	
		n	331	0.12	44.7		0.85	710
30	コロネン	p	279	0.23	320	228	0.56	
		n	279		307			
31	ベンジル	p			2.0	227		1500
		n	247[d]	0.0013		223	0.92[b]	150
32	フルオランテン	p	295	0.21		221		8500
		n	295	0.35	53	221		
33	ピレン	p	321	0.72	190	202	0.38	11 000
		n	322	0.65	650	203	0.37	180
34	1,2-ベンゾアントラセン	p	307	0.22	40	198	0.79	9400
		n	311	0.19	45	197	0.79	100
35	アクリジン	p	315	0.0079	0.35	188	0.82[e]	14
		n		1.0×10^{-4}	0.045	190	0.5	10 000[b]
36	アントラセン	p	319	0.27	5.8	178	0.66	3300
		n	318	0.30	5.3	178	0.71	670
37	ペリレン	p	273	0.87	6.0	151	0.0088	5000
		n	275	0.75	6.4	148[d]	0.014	

表 27.5 増感剤の性質（つづき）

増感剤番号	増感剤	溶媒[a]	励起一重項エネルギー E_S[kJ mol^{-1}]	蛍光量子収量 Φ_F	励起一重項平均寿命 τ_S[ns]	三重項エネルギー E_T [kJ mol^{-1}]	三重項生成量子収量 Φ_T	三重項平均寿命 τ_T[μs]
38	テトラセン	p	254	0.16			0.66	
		n	254	0.17	6.4	123	0.62[b]	400
39	1-メトキシナフタレン	p	374	0.53	15[e]	250	0.50	5500
		n		0.36[b]			0.45	
40	1,4-ジシアノナフタレン	p			10.1	232	0.19	40
		n	356		3.4			
41	9-シアノアントラセン	p	287		11.9		0.021	1800
		n	297	0.93	15.6		0.04	600
42	9,10-ジシアノアントラセン	p	280	0.87	15.1			
		n	284	0.90	11.7	175	0.23[b]	100
43	フラーレン	n	193	1.5×10^{-4}	1.2[b]	151[b]	1.0	250[b]

a） p：極性溶媒，n：非極性溶媒．

b） 芳香族溶媒中

c） P：イソプロピルアルコール，CTC：四塩化炭素，CH：シクロヘキサン，B：ベンゼン，E：エタノール，AC：アセトニトリル．

d） 結晶中

e） 溶媒に依存する．

1） M. Montalti, A. Credi, L. Prodi, M. T. Gandolfi, "Handbook of Photochemistry, 3rd Ed.", CRC Press (2006).
2） I. Carmichel, G. L. Hug, *J. Phys. Chem. Ref. Data*, **15**, 1 (1986).
3） H. Inoue, K. Ikeda, H. Mihara, M. Hida, N. Nakashima, K. Yoshihara, *Chem. Phys. Lett.*, **95**, 60 (1983).
4） J. B. Birks, "Photophysics of Aromatic Molecules", John Wiley (1970).

(b) **色素系増感剤**

増感剤番号	増感剤	吸収極大(分子吸光係数) λ_{max} (ε)	励起一重項エネルギー E_S[kJ mol^{-1}]	蛍光量子収量 Φ_F	三重項エネルギー E_T [kJ mol^{-1}]	三重項生成量子収量 Φ_T (* りん光量子収量)	三重項平均寿命 τ_T[s] (* りん光寿命, 77 K)	文献
チアジン系								
1	チオニン		196		163	0.62	7.2×10^{-5}	1)
		600(6.95×10^4){1}						2)
2	メチレンブルー		180	0.04	138	0.52	4.5×10^{-4}	1)
		665(9.10×10^4){1}						2)
アジン系								
3	ルミフラビン			0.23	195	6.7×10^{-4}	*0.112	3)
			239		209			4)
4	リボフラビン			0.23	195	12×10^{-4}	*0.113	3)
			242		209			4)
5	ルミクロム		282		232			4)
6	FAD			0.21	195	10×10^{-4}	*0.137	3)
7	FMN			0.21	195	7.7×10^{-4}	*0.158	3)

つづく

表 27.5　増感剤の性質（つづき）

増感剤番号	増感剤	吸収極大(分子吸光係数) λ_{max} (ε)	励起一重項エネルギー E_S[kJ mol^{-1}]	蛍光量子収量 Φ_F	三重項エネルギー E_T [kJ mol^{-1}]	三重項生成量子収量 Φ_T (* りん光量子収量)	三重項平均寿命 τ_T[s] (* りん光寿命, 77 K)	文献
クマリン系								
8	クマリン		350	$<10^{-4}$	261	0.054	1.3×10^{-6}	1)
		313		0.009	261	*0.055	*0.45	5)
9	ソラレン		327	0.01	262	0.06	5×10^{-6}	1)
		330		0.019	262	*0.13	*0.66	5)
10	8-メトキシ		309	0.002	262	0.04	10×10^{-6}	1)
	ソラレン	345		0.013	262	*0.17	*0.72	5)
11	6-メチルク				257			1)
	マリン	325		0.015	257	*0.066	*0.41	5)
12	5-メトキシ		319	0.01	254	0.1	4.2×10^{-6}	1)
	ソラレン	335		0.019	254	*0.22	*1.21	5)
13	5-ヒドロキ				257			1)
	シソラレン	~345		0.023	257	*0.24	*1.34	5)
14	クマリルピ				259			1)
	ロン	354.4		0.20	259	*0.11	*0.44	5)
アクリジン系								
15	アクリジン		234	0.4	206	<0.02	285	1)
	オレンジ		234		206			4)
		492						6)
16	アクリフラ				214			1)
	ビン							
17	フラビン		247		214			4)
		452						6)
18	プロフラビ				214			1)
	ン		247		214			4)
		444						6)
キサンテン系								
19	フルオレセ		230	0.97	197	0.02	2.0×10^{-2}	1)
	イン	490						6)
20	FlBr			0.60{2}	189		*50×10^{-3}{3}	7)
21	$FlBr_2$			0.29{2}	184		*44×10^{-3}{3}	7)
	$FlBr_2$	506 (9.5×10^4)				0.49	10×10^{-6}	8)
22	エオシン Y		209	0.69	177	0.33	*1.7×10^{-3}	1)
			220		190			4)
		518 (7.4×10^4)		0.24	182	0.25		9)
23	エオシン B		218		190			1)
			218		190			4)
		515						6)
24	FlI			0.15{2}	186		*15.8×10^{-3} {3}	7)
25	FlI_2			0.054{2}	179	*0.24	*10.4×10^{-3} {3}	7)
26	FlI_3			0.061{2}	178		*5.1×10^{-3} {3}	7)
27	エリトロシ		212	0.08	184	0.83	6.3×10^{-4}	1)
	ン	530						6)

表 27.5　増感剤の性質（つづき）

増感剤番号	増感剤	吸収極大(分子吸光係数) λ_{max} (ε)	励起一重項エネルギー E_S[kJ mol^{-1}]	蛍光量子収量 Φ_F	三重項エネルギー E_T [kJ mol^{-1}]	三重項生成量子収量 Φ_T (* りん光量子収量)	三重項平均寿命 τ_T[s] (* りん光寿命, 77 K)	文献
28	ローズベンガル		213	0.11	164	0.61	3.0×10^{-5}	1)
		545 (6.8×10^4)		0.04	177	0.18		9)
29	$FlBr_4Cl_4$		210		167	0.22		1)
				0.56	181		$*5.6\times10^{-3}$ {4}	7)
30	2′,7′-ジクロロフルオレセイン				192			1)
			225		192			4)
31	ローダミンB		213	0.65	178	0.0024	1.6×10^{-6}	1)
		555 (8.1×10^4)		0.42	172	0.08		9)
32	スルホローダミンB				175			1)
33	クロロフィル*a*		178	0.33	125	0.53	8.0×10^{-4}	1)
		663			120	0.24	$*0.6\times10^{-3}$ {5}	10)
34	クロロフィル*b*		179	0.12	136	0.81	1.5×10^{-3}	1)
		648			138	0.50	0.9×10^{-3}	10)
35	ポルフィン		195	0.055	151	0.90		1)
36	テトラフェニルポルフィリン		179	0.11	138	0.82	1.5×10^{-3}	1)
37	フタロシアニン		170	0.67	120	0.14	1.3×10^{-4}	1)
遷移金属錯体								
38	トリス(ビピリジン)ルテニウム(II)錯体	450			611($\lambda_{max, em}$)	0.059	0.89×10^{-6} (τ_{em})	1)
39	トリス(ビピリジン)イリジウム(III)錯体	380			530($\lambda_{max, em}$)	0.4	$*5.0\times10^{-6}$	1)

FAD：フラビンアデニンジヌクレオチド，FMN：フラビンモノヌクレオチド，FlBr：フルオレセインモノブロミド，$FlBr_2$：フルオレセインジブロミド，FlI：フルオレセインモノヨージド，FlI_2：フルオレセインジヨージド，FlI_3：フルオレセイントリヨージド，$FlBr_4Cl_4$：フルオレセインテトラブロミドテトラクロリド.

{1} 水溶液中，{2} 25℃，{3} −183℃，{4} −183℃. ただしスペクトル分解能は十分でない，{5} 21℃，プロピレングリコール中.

1) M. Montalti, A. Credi, L. Prodi, M. T. Gandolfi, "Handbook of Photochemistry, 3rd Ed.", CRC Press (2006).

2) P. V. Kamat, N. N. Lichtin, *J. Photochem.*, **18**, 197 (1982).

3) A. Bond, P. Byrom, J. B. Hudson, J. H. Turnbull, *Photochem. Photobiol.*, **8**, 1 (1968).

4) R. W. Chambers, D. R. Kearns, *Photochem. Photobiol.*, **10**, 215 (1969).

5) W. W. Mantulin, P. -S. Song, *J. Am. Chem. Soc.*, **95**, 5122 (1973).

6) M. S. Chan, J. R. Bolton, *Solar Energy*, **24**, 561 (1980).

7) L. S. Forster, D. Dudley, *J. Phys. Chem.*, **66**, 838 (1962).

8) P. G. Bowers, G. Porter, *Proc. Roy. Soc.*, **A299**, 348 (1967).

9) A. W.-H. Mau, O. Johansen, W. H. F. Sasse, *Photochem. Photobiol.*, **41**, 503 (1985).

10) C. A. Parker, T. A. Joyce, *Photochem. Photobiol.*, **6**, 395 (1967).

27.1.5　暗　反　応

暗反応とは文字どおり光照射を行わない反応であり，熱活性による反応をさす．暗反応は光反応の対照実験として非常に重要である．なぜなら，暗反応を検討することで，実施した光反応が光照射により誘起された反応か否か検討することができるからである．具体的には，光反応とすべての条件を同一にし，反応系を暗所に放置することで実施する．

27.1.6　量子収量

光化学反応の研究では，反応効率を相対的に評価する指標として，量子収量 Φ が用いられる．光化学反応には，(1) 直接光照射反応，(2) 光増感エネルギー移動反応あるいは光増感電子移動反応などがあるが，まず 27.1.6 a.,b. 項で，もっとも単純な (1) の量子収量について説明する．次に，27.1.6 c.,d. 項で，(2) の場合について説明する．

a.　量子収量の定義（直接光照射反応の場合）

基質の消失量子収量 $\Phi_{消失}$ とは，光を吸収した基質分子 1 個につき何個分の分子が反応により消失したかを示す量で，式(27.1) で表される．同様に，生成物の生成量子収量 $\Phi_{生成}$ は，光を吸収した基質分子 1 個につき何個分の生成物が生成したかを示す量で，式(27.2) で表され，反応が定量的に進行する場合には，$\Phi_{消失}$ の値と一致する．なお，生成物の種類が複数であれば，生成物ごとの量子収量が定義される．また，連鎖反応でないかぎり反応の量子収量は 1 を超えない．

$$\text{基質の消失量子収量 } \Phi_{消失} = \frac{\text{消失した基質分子の数}}{\text{光を吸収した基質分子の数}} \tag{27.1}$$

$$\text{生成物の生成量子収量 } \Phi_{生成} = \frac{\text{生成物分子の数}}{\text{光を吸収した基質分子の数}} \tag{27.2}$$

光を吸収した基質分子の数は，光源から反応容器に照射された光子を基質が 100% 吸収すれば，その光量と一致する．より正確には単位時間および単位反応断面積あたりの値として光量を求めることになるが，化学光量計（アクチノメーターともいう）を用いて行う相対法（後述）の場合，光量測定のさいに化学光量計を入れる反応容器と基質の溶液を入れる反応容器を同じにすれば（図 27.16 では反応容器 C_1），単位反応断面積を意識しなくてもよい．したがって，このときの光量の単位は，たとえば E min^{-1} となる．ここで E（アインシュタイン）は 1 mol 分の光子を示す物質量の単位であるので，式(27.1)，(27.2) における分子と分母の単位は事実上，相殺し，量子収量は無名数となる．

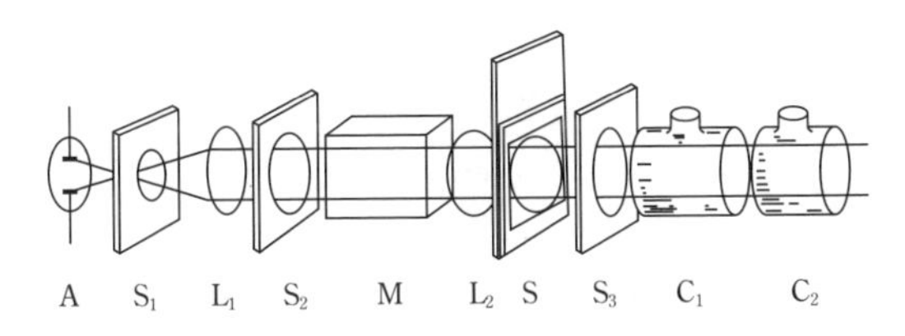

図 27.16　相対法による反応の量子収量測定の装置例
A：光源，S_1，S_2，S_3：スリット，M：モノクロメーター，L_1：焦点距離の短い（約 10 cm）凸レンズ，L_2：焦点距離の長い（約 40 cm）凸レンズ，C_1，C_2：反応容器，S：シャッター．
（徳丸克己，"有機光化学反応論"，p. 24，東京化学同人（1973）の図を一部改変）

b.　相対法による反応の量子収量の測定（直接光照射反応の場合）

（i）測定装置　照射波長によって反応の量子収量は変化するので，これを測定するさいには単色光，またはそれに近い光を化学光量計および基質の溶液に照射し，その波長を測定条件として付記するのが望ましい．図 27.16 に化学光量計を用いて行う相対法（後述）による量子収量の測定装置の構成例を示す．光源 A から発する光は，スリット S_1 を通り焦点距離が約 10 cm の凸レンズ L_1 により集光されて平行光線となり，モノクロメーター M を通過したところで単色光になる．M がない場合には，フィルター（ガラスフィルターや溶液フィルターの組合せ）で代用できる．M を通過した光は，さらに焦点距離が 40 cm 程度のレンズ L_2 により集光されて平行光線となり，反応容器 C_1 に到達する．状況に応じて C_1 には化学光量計の溶液，基質の溶液，あるいは溶媒を入れる．同じく状況に応じて C_1 の直後に反応容器 C_2 を置き，化学光量計の溶液を入れる．また，溶液への光照射を開始ないし停止するためのシャッター S を図に示した位置に置く．S として，ボール紙を黒色に塗ったものを用いても構わない．通常，反応容器には一定の厚さと反応断面積をもつ角形あるいは太鼓形のセルを用い，さらに脱気や窒素，アルゴンなどの不活性ガスのバブリングができるように，コックあるいは枝をつけたものを用いる．試験管などのように，光を照射する部分が曲面の容器は，再現性が劣るので使用しない．

（ii）測定方法

(1) 光を吸収した基質分子の数の決定：　これは式(27.1)，(27.2) の右辺における分母の項の決定に相当する．前述のようにこの項は基質の光励起に使われた光量と一致することから，この操作は単に光量測定ともよばれ，以下の説明でもこれを使うことする．

光量測定の方法は二つに大別される．一つは熱電対ガルバノメーター，光電管などの光量計を用いて物理的に直接，光子の数を計測する絶対法である．また，最近では，国家計量標準にトレーサブルである光量計と分光器が内蔵されたオールインワン型の量子収量測定装置[3]が市販されている．なお，積分球を用いた絶対量子収量測定装置が市販されているが，これは同様に定義される蛍光・りん光量子収量の測定に用いられるもので，反応の量子収量の測定に用いるものではない．光量測定のもう一つの方法は，化学光量計とよばれる標準物質の溶液中の光化学反応を利用して間接的に光量を求める相対法である．この方法は，暗所（暗室中，赤色安全灯下）で標準物質を合成するなど煩雑な操作も多いが，絶対法に比べると安価であり，一般によく用いられる．本項でもこれを後述する．

図 27.16 における測定方法の概略は以下のとおりである．照射波長における吸光度が 2～3 になる基質溶液を調整でき，かつ溶媒が照射光を吸収しない，という条件が満たされるときは，C_1 に化学光量計の溶液を入れ（C_2 には何も入れず），一定時間光照射し，C_1 に入射する光量を測定する．これを照射時間で除すれば，単位時間（および単位反応断面積）あたりに基質に照射された光量が求まる．一方，もしこの条件が満たされないときは，C_1 に基質の反応に使う溶媒を，C_2 に化学光量計の溶液をそれぞれ入れて光照射し，C_1 を透過して C_2 に入射する光量を測定する．これにより，溶媒の吸収による光量低下などを考慮できる．この入射光量から後述する透過光量を減ずれば，基質に吸収された光量が求まるので，これを量子収量の決定に用いる．

(2) 化学光量計：　化学光量計は反応を基にしているので後述の基質の反応と同じく，転換率が低く（5% 程度）なるように照射時間を設定する．化学光量計の一般的な条件は，① 照射波長，温度，濃度などの条件変化に対して量子収量が大きく変化しない，② 光反応生成物の定量が簡単である，③ 反応速度が照射光の強度の一次に比例する，などがあげられる．これらをあらかた満たす例としては，シュウ酸鉄(Ⅲ) カリウム[4]，シュウ酸ウラニル[4b,c]，ライネッケ (Rinecke) 塩[4c]，ベンゾフェノン-ベンズヒドロール[4c]，2-ヘキサノン[4c]，フルギド，ジアリールエテン[5]などがある．次項では化学光量計の例として，シュウ酸鉄(Ⅲ) カリウムおよびフルギドの場合を概説する．

(a) シュウ酸鉄(Ⅲ) カリウム（トリスオキサラト鉄(Ⅲ) 酸カリウム）：化学光量計としてもっともよく用いられる化合物であり，その反応は次のように進行する．すなわち，まず光照射により Fe^{3+} から Fe^{2+} への光還元が起こる．次に 1,10-フェナントロリンを加えることにより Fe^{2+} を赤色の Fe(II)-1,10-フェナントロリン錯体として固定し，510 nm におけるその吸光度を紫外-可視吸光光度法により求める．この光反応の量子収量は，照射波長ごとに測定されており，この値と錯体の溶液の吸光度より，単位時間（および単位反応断面積）あたりの光量を算出できる．

$K_3[Fe^{III}(C_2O_4)_3] \xrightarrow[H_2O]{h\nu} K_2[Fe^{II}(C_2O_4)_2] + \frac{1}{2}K_2C_2O_4, CO_2$

$\xrightarrow{3\ \text{phen}} [Fe^{II}(\text{phen})_3]C_2O_4 + K_2C_2O_4$

錯体(赤色)

シュウ酸鉄(Ⅲ) カリウムの化学光量計としての長所は，① 光に対する感度が高い（したがって取扱いに注意を要する)，② 適用可能な波長範囲が 254～577 nm と広い，③ 暗所ならば熱的に安定であり，生成物の錯体の安定性もきわめて高い，④ 錯体の生成量を紫外-可視吸光光度法で簡単に定量できる，⑤ 量子収量が濃度や温度にあまり影響を受けない，などである．一方，短所は，① 合成をすべて暗所で行う必要がある，② 溶液調製などの操作が煩雑である，③ 錯体形成反応の完結のためには時間を要する（約 60 分)，④ 錯体を含む溶液には未反応のシュウ酸鉄(Ⅲ) カリウムが含まれるため，これの光反応を極力抑えた定量が必要である，などである．シュウ酸(Ⅲ) カリウムの合成例や光量測定の詳細は成書[4]を参照されたい．

(b) フルギド (**1**)：次のように 6π 電子系のフォトクロミズムを示す化合物で，逆向きの光反応を起こす閉環体(**2**) も化学光量計として利用できる．すなわち，**1** に紫外光 (310～370 nm) を照射すると，量子収量 $\Phi_{1\to2}=0.20$[6] で **2**（$\lambda_{max}=342$, 494 nm，$\varepsilon_{342}=830$ $mol^{-1}\ L\ cm^{-1}$，$\varepsilon_{494}=8220\ mol^{-1}\ L\ cm^{-1}$）に閉環する．一方，**2** に可視光（430～550 nm）を照射すると，量子収量 $\Phi_{2\to1}=0.076$ で **1** に開環する．したがって，この紫外領域および可視領域での光量測定に，**1** および **2** の光反応がそれぞれ利用でき，これらの吸光度の変化量から，単位時間（および単位反応断面積）あたりの光量を算出できる．

(**1**) ⇄ (**2**)　$h\nu$（紫外）/ $h\nu$（可視）トルエン

フルギド (**1**) の化学光量計としての長所は，① 結晶で取扱いが容易であり，暗所ならば熱的に安定である，② 溶液調製などの操作が比較的容易である，③ 比較的短時間で光量決定ができる，④ 量子収量が照射波長や温度の影響をあまり受けない，などである．一方，短所は，① 合成に有機化学実験の習熟が必要である，② 適用可能な波長領域が 310～370 ないし 430～550 nm と比較的狭い，③ 生成物の光反応性が高いので，これを極力抑えた定量が必要である，などである．フルキド(**1**) の合成例は文献[7,8] を参照されたい．

【溶液調製】 暗所で **1** の 1.0×10^{-3} mol L^{-1} 乾燥トルエン溶液を調製し，これを A 液とする．紫外領域の光量測定ならば，A 液をこのまま使用する．可視領域の光量測定ならば，A 液に紫外光照射（たとえば，λ_{max} 350 nm の Rayonet ランプで 1 時間照射）し，完全に **2** のみの溶液を調製して B 液とし，これを使用する．

【光量測定】 次のように，波長領域によって方法が異なる．

① 紫外領域（310～370 nm）の場合

V L の A 液を 1 cm 角の石英セルにとり，紫外光を t 秒間照射後，494 nm の吸光度の増加量 $\Delta A_{t,\,494}$ を測定する．照射時間 t を変えてこの操作を複数回行い，それぞれの t における $\Delta A_{t,\,494}$ を求め，さらに総光量 I_t を式(27.3) で求める．この I_t を t に対してプロットし，最小二乗法により求めた傾き $I=I_t/t$ が，単位時間（および単位反応断面積）あたりの光量である．光量に対する吸光度変化の直線性は，$\Delta A_{t,\,494}=0\sim1$ の範囲で確かめられている．

$$I_t = \frac{\Delta A_{t,\,494}\,V}{\Phi_{1\to2}\,\varepsilon_{494}} \tag{27.3}$$

② 可視領域（430～550 nm）の場合

0.5 mL の B 液を 1 cm 角の石英セルにとり，乾燥トルエンで 4 倍に希釈したのち，342 および 494 nm の吸光度，すなわち $A_{0,\,342}$ および $A_{0,\,494}$ を測定する．次に V L の B 液を 1 cm 角の石英セルにとり可視光を t 秒間照射後，ここから 0.5 mL とり，乾燥トルエンで 4 倍に希釈する．この溶液の 342 および 494 nm の吸光度，すなわち $A_{t,\,342}$ および $A_{t,\,494}$ を測定し，それらの変化量，$\Delta A_{t,\,342}=A_{t,\,342}-A_{0,\,342}$，$\Delta A_{t,\,494}=A_{t,\,494}-A_{0,\,494}$ を求める．照射時間 t を変えてこの操作を複数回行う．ここで，$\Delta A_{t,\,342}$ は **1** および **2** の両方の吸光度の変化量を含むので，342 nm における **1** の吸光度の変化量 $\Delta A_{t,\,342}(\mathbf{1})$ を式(27.4) で正確に求める．それぞれの t における総光量 I_t は式(27.5) で示される．この I_t を t に対してプロットし，最小二乗法により求めた傾き $I=I_t/t$ が，単位時間（および単位反応断面積）あたりの光量である．

$$\Delta A_{t,\,342}(\mathbf{1}) = \Delta A_{t,\,342} + \Delta A_{t,\,494}\left(\frac{\varepsilon_{342}}{\varepsilon_{496}}\right) \tag{27.4}$$

$$I_t = \frac{4\,\Delta A_{t,\,342}(\mathbf{1})\,V}{\Phi_{2\to1}\,\varepsilon_{342}} \tag{27.5}$$

(3) 消失した基質あるいは生成した生成物の分子の数の決定：　これは式(27.1)，(27.2) の右辺における分子の項の決定に相当する．基本的には，光量測定の場合とまったく同じ条件で，基質溶液に光照射を行う．しかし，照射時間と濃度については，その基質に応じて適切に設定しなければならない．まず照射時間で注意すべき点は，基質の化学反応の効率は化学光量計のそれとは異なるので，両者の照射時間を同じにする必要はないということである．具体的には，転換率を低く（5% 程度）抑えるために照射時間を短く設定することが重要である．転換率が高くなると生成物の光吸収が無視できなくなり，反応中の基質による光吸収量が一定ではなくなってしまう．実験では，照射時間に対する転換率のプロットを 3 点以上取り，直線関係になっていることで，生成物による光吸収が無視できていることを確認する．次に濃度の設定で注意すべき点は，反応容器に照射される光を基質に事実上 100% 吸収させることである．この状態を完全吸収というが，もしそうでなければ光の一部は基質溶液を透過するので，透過光量も測定（その方法は後述）する必要があり，さらに光吸収により基質の励起状態から発光する場合には，透過光量の正確な測定が困難になるからである．具体的には，照射波長における基質の吸光度が光反応中，つねに 2～3 であるように基質溶液を調製する．

図 27.16 における測定方法の概略は以下のとおりである．照射波長における吸光度が 2～3 になる基質溶液を調整でき，かつ，溶媒が照射光を吸収しない，という条件が満たされるときは，C_1 に基質溶液を入れ（C_2 には何も入れず），一定時間，光照射を行う．反応後は，C_1 の溶液を適切に希釈あるいは濃縮し，紫外可視吸光光度法，GC あるいは HPLC，^{1}H NMR 法などで分析し，消失または生成した物質を定量する．一方，もしこの条件が満たされないときは，C_1 に基質溶液を，C_2 に化学光量計の溶液をそれぞれ入れて光照射を行う．反応後は，C_1 の基質溶液の分析から消失または生成した物質を定量する．また，C_2 の化学光量計の溶液の分析から透過光量を測定する．透過光量を前述の光量測定で求めた入射光量から減ずれば，基質に吸収された光量が求まるので，これを量子収量の決定に用いる．ただし，前述のように基質の励起状態が発光する場合には，C_2 の分析から求めた光量にはその発光分が含まれ，透過光量としては誤差が生ずるので注意を要する．

(4) 量子収量の決定：　最後に，式(27.1) あるいは式(27.2) のように，(3) で求めた分子の数を (2) で求めた分子の数（光量）で除して，反応の量子収量を算出する．前述のように (2) と (3) の決定の過程が複雑であることから，量子収量には 10% 程度の誤差が必ず含まれる．したがって，量子収量は複数回の実験の平均値として求めるのが望ましい．

c.　量子収量の定義（光増感エネルギー移動反応あるいは光増感電子移動反応の場合）

光増感エネルギー移動反応あるいは光増感電子移動反応の場合，生成物の生成量子収量 $\Phi_{\text{生成}}$ は，式(27.6) で表される．基質の消失量子収量 $\Phi_{\text{消失}}$ も同様である．

$$\text{生成物の生成量子収量}\,\Phi_{\text{生成}} = \frac{\text{生成物の分子の数}}{\text{光を吸収した増感剤の分子の数}} \tag{27.6}$$

増感剤が発光性の場合，反応容器 C_2 のところで透過光とその発光を区別することは難しいので，透過光をなくしてしまうのがよい．そこで完全吸収になるよう，照射波長における増感剤の吸光度がつねに 2～3 になる溶液を調製する．しかし，たとえ完全吸収を達成しても，励起増感剤と基質のエネルギーあるいは電子移動の効率，すなわち基質による励起増感剤の消光効率 Q_e を考慮しなければ，基質の真の反応効率を評価したことにならず，式(27.6) の $\Phi_{\text{生成}}$ は，見かけの量子収量にすぎない．したがって，消光実験（たとえば発光測定で発光強度に対する基質の濃度効果）から Q_e を算出し，さらにその値で見かけの量子収量 $\Phi_{生成}$ を除して消光効率を補正した量子収量 $\Phi_{生成,補正} = \Phi_{生成}/Q_e$ を求めるとよい．あるいは，量子収量に対する基質の濃度効果の検討によって，基質濃度無限大に該当する量子収量 $\Phi_{生成,\infty}$ を求めてもよい．理論上，これらの値は互いに一致し，光増感エネルギー移動反応なら励起分子１個あたり，光増感電子移動反応ならばラジカルイオン１個（ラジカルイオン対１個）あたりの量子収量となり，Q_e の大小に関係なく基質の真の反応効率を評価できる．

d.　相対法による反応の量子収量の測定（光増感エネルギー移動反応あるいは光増感電子移動反応の場合）

基本的には，27.1.6 b. 項で述べた概要と同じである．なお，留意すべき後続反応は生成物の光増感反応で，生成物の濃度および消光効率 Q_e の大きさを考慮する．

27.2　光化学合成実験例

27.2.1　二重結合の光異性化によるオレフィン合成

アルケンの光異性化はもっともよく研究された光反応の一つであり，合成化学的にみても重要な変換反応である．熱反応でもアルケンのシス-トランス異性化は可能であるが，光反応を利用する最大の利点は，基底状態の熱力学に依存しないこと，すなわち，熱反応で不利な異性体が優先して（しばしば主生成物として）得られるという点である．また，アルケンの光異性化においては，基質の直接励起，一重項および三重項光増感，電子移動など，さまざまな反応経路を選択することが可能であり，おのおのの基質で適切な反応条件を選択することで，より高い選択性を達成可能である[9]．

エチレンや 2,3-ジメチル-2-ブテンのような単純アルケンの光照射においては，重水素体の実験により光異性化が進んでいることが確認される．しかしながら，異性化以外の分解生成物が副生すること，また，真空紫外領域にしか吸収波長を有しないため直接励起による光異性化には特殊な光源が必要となることなどから，特殊な場合[10]を除いて合成化学的にみた場合，さほど有効ではない．それでも，トランス体が熱力学的に安定な非環状アルケンにおいて，シス体を得ることは困難なため，光異性化がしばしば用いられる．たとえば，熱力学的に平衡にある（シス/トランス≈0.3）2-オクテンのベンゼンによる三重項増感によって，シス/トランス比をほぼ１にまで移動させることが可能である．

$$\mathrm{(D)(H)C{=}C(D)(H)}\ \underset{}{\overset{h\nu}{\rightleftharpoons}}\ \mathrm{(D)(H)C{=}C(H)(D)}$$

共役アルケンの場合には紫外線を用いた直接励起による光異性化が容易であり，たとえば β-イオノールの 7-*cis*-β-イオノールへの異性化により，シス体が収率 86% で得られることが報告されている[11]．なお，視覚神経のロドプシンはこのような共役アルケン（レチナール）の光異性化を生体内でのシグナル変換に巧みに利用しており，興味深い[12)].

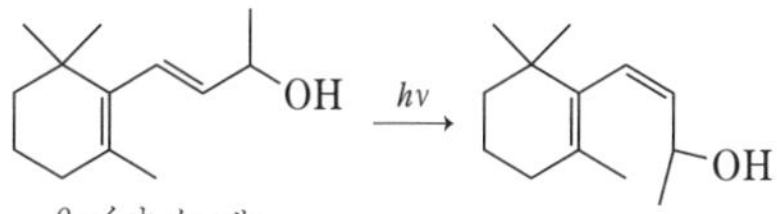

β-イオノール

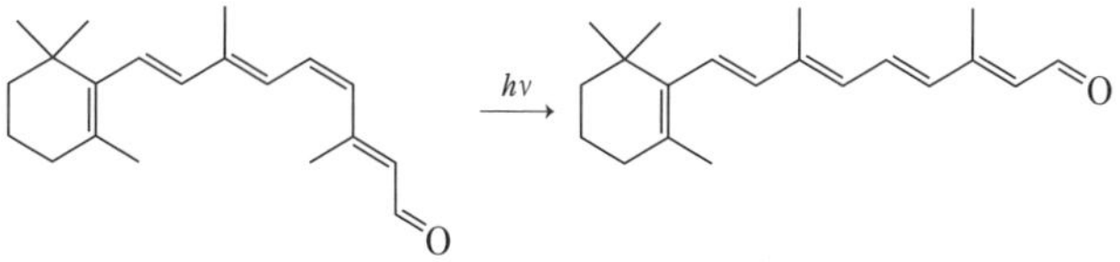

11-*cis*-レチナール　　11-*trans*-レチナール

芳香環が共役したアルケン，すなわちスチレンやスチルベン類は通常の水銀ランプなどによる直接光異性化が容易であり，シス体合成に光異性化反応がよく利用される．スチルベンの光照射下，定常状態でのシス/トランス比は励起波長に依存することが知られており，たとえば 254 nm ではシス/トランス ≈ 1 であるのに対し，313 nm では 10 以上にまで向上する．これはおもに両異性体の相対的な吸光係数，すなわち励起効率に起因する．なお，*cis*-スチルベン誘導体の合成においては，しばしば三重項増感剤が用いられる．たとえば，母体のスチルベンにおいて，三重項エネルギー E_T が 260 kJ mol^{-1} 以上の三重項増感剤を用いた場合にはシス/トランス比は ≈ 1 程度となるが，シス体スチルベンの三重項エネルギーがトランス体より高いことから，E_T<260 kJ mol^{-1} の増感剤を用いると比が向上し，E_T＝200 kJ mol^{-1} 程度の三重項エネルギーを有する増感剤を用いたとき最大のシス/トランス比（≥10）を与える．そのほかの 1,2-ジアリールエテンのシス体合成に関しては前版 25.2.1 項に詳しく述べられている．

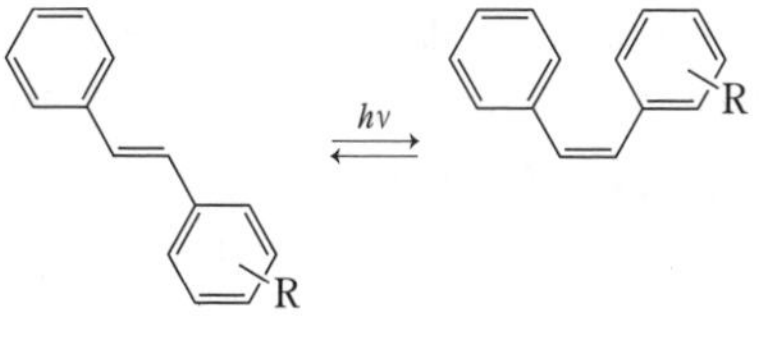

小員環および中員環の環状アルケンにおいては，シス体が熱力学的に安定であり，通常熱反応によってトランス体を得ることは困難である．光異性化反応を用いることで，今度は逆に，熱力学的に不安定なトランス体を生成することができる．*trans*-シクロヘキセン，*trans*-シクロヘプテンは常温で不安定であるため，通常，アルコールなどが付加した状態で単離される．シクロオクテンはトランス体（**4**）が安定に単離可能な最小の環状アルケンであり，シス体（**3**）の直接，または増感光異性化によって容易に合成可能である．この光異性化反応は置換シクロオクテンやシクロオクタジエンへも適用可能である．なお，*trans*-シ

クロオクテン，シクロオクタジエンはキラルな化合物であるため，その不斉合成に関しても精力的な研究がなされている．

(3)　(4)

【実験例　*trans*-シクロオクテン（**4**）の合成[13]】

cis-シクロオクテン(**3**) 13.2 g（120 mmol）のシクロヘキサン溶液 300 mL に増感剤としてイソフタル酸ビストリフルオロメチル 2.0 g（7.3 mmol）を加える．この溶液をアルゴン置換したのち，50 W 低圧水銀ランプで 254 nm 光を 72 時間照射する．反応後，溶液を濃縮し，氷冷した 20% 硝酸銀水溶液でトランス体を抽出する．ペンタンで洗浄後，氷冷したアンモニア水溶液で処理することで銀錯体を解離させ，遊離したトランス体をもう一度ペンタンで抽出する．ペンタンを除去後，トラップ蒸留により純粋なトランス体（**4**）を得る．収量 2.8 g（GC 純度＞99.5%，収率 21%）．

27.2.2　光環化によるフェナントレン同族体ならびにフォトクロミック化合物の合成

スチルベン誘導体を適当な酸化剤の存在下で光照射すると，電子環状反応によって環化を起こし，その後酸化剤によって脱水素され，フェナントレン誘導体が生じる（式(27.7)）．この反応は 1964 年に Mallory らによって報告され，Mallory 反応として知られている[14~16]．光環化生成物であるジヒドロフェナントレンは不安定であり，酸化剤不在下では，もとのスチルベンに戻るか，あるいは水素移動を起こす[17]．酸化反応はラジカルを経由する反応であり，光によって開裂したヨウ素ラジカルが水素を引き抜き，連鎖的に反応は進行する[17]．なお，ヨウ素存在下での光照射では，反応によって生成したヨウ化水素は酸素存在下でヨウ素に戻る．スチルベン誘導体の片方のフェニル基のオルト位にヨウ素，メトキシ，メチル，臭素，塩素などの置換基が存在すると，酸化剤不在下でも脱離反応を伴いフェナントレン誘導体が生成する[18~21]．酸化反応において，プロピレンオキシドを添加すると，生成するヨウ化水素をトラップでき，反応収率は増加する[22]．この条件はカッツ（Katz）条件として知られている．これらの一連の反応は，多環芳香族化合物の合成に応用されている（式(27.8)）[22,23]．

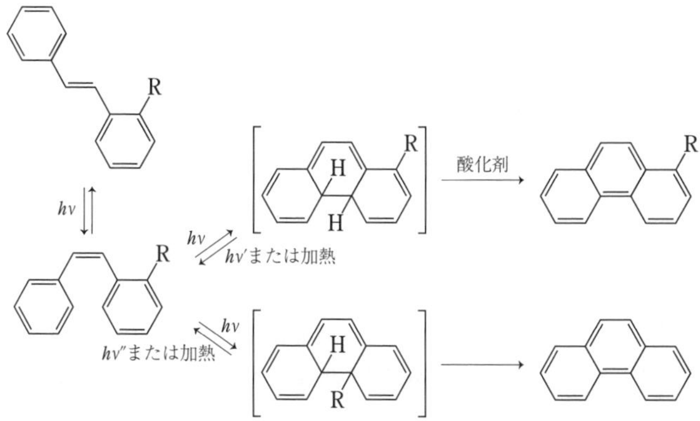

酸化剤

$h\nu$ $h\nu$ $h\nu'$または加熱 $h\nu$ $h\nu''$または加熱

(27.7)

I_2 UV

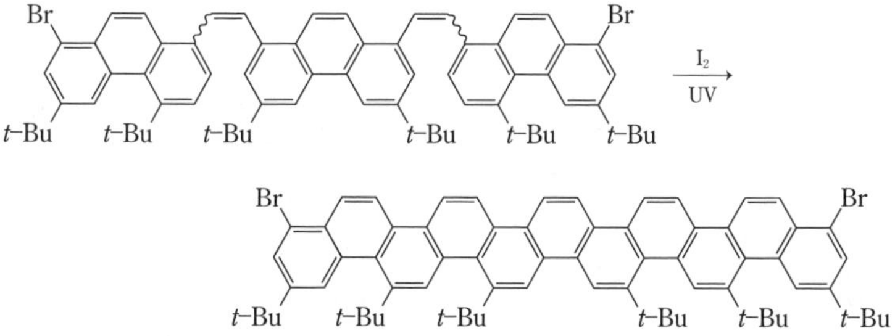

(27.8)

【実験例 9-ブロモ[7]ヘリセンの合成[22)]】

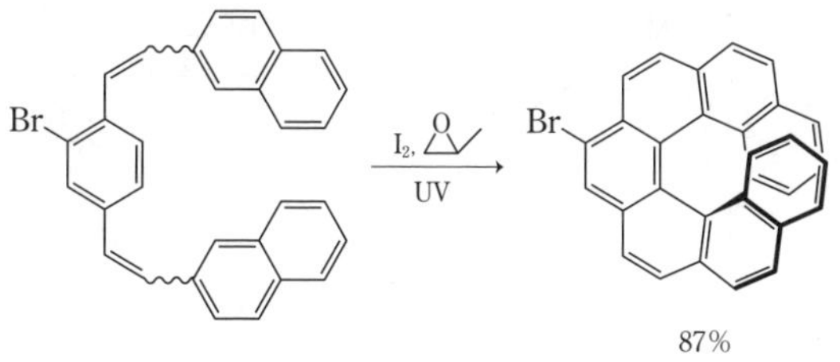

I_2, UV

87%

1-ブロモ-2,5-ビス(2-ナフチルエテニル)ベンゼン 93 mg（0.2 mmol）とヨウ素 103 mg（0.41 mmol）をベンゼン 320 mL に溶解し，アルゴンを通気したのち，プロピレンオキシド 10 mL（143 mmol）を加え，撹拌しながら 450 W 高圧水銀ランプにより 70 分間光照射する．チオ硫酸ナトリウム水溶液で洗浄し，つづいて水および塩化ナトリウム水溶液で洗浄する．硫酸マグネシウムで乾燥させ，溶媒を留去すると茶色の固体が得られる．シリカゲルを用いたショートカラム（ジクロロメタン-四塩化炭素（1：1））により精製し，9-ブロモ[7]ヘリセンが黄色の固体として得られる．収量 80 mg（収率 87%）．

結合を形成する反応部位炭素の両側ともにアルキル基などの置換基が存在すると，光環化に伴いアルキル基の脱離が起こらず，光環化体が安定に得られる．光環化体の熱的安定性はアリール基の種類によって異なり，フェニル環やピロール環を有するものでは熱的にもとに戻るが，チオフェン環，フラン環，チアゾール環を有する場合には熱的に安定であり可視光照射によってもとに戻る（式(27.9)）[24]．光生成した環化体（閉環体）は着色しており，このような可逆な現象をフォトクロミズムという．1,2-ジアリールエテン（以下，ジアリールエテン）やフルギドがこれに相当する．図 27.17 に，ジアリールエテンの光生成物の熱安定性をまとめる[25]．熱安定性に影響する因子としては，アリール基による影響以外に，電子求引基や反応部位のかさ高い置換基の影響などがある．いずれにおいても，反応前の開環体と反応後の閉環体とのエネルギー差（閉環体の生成エネルギーから開環体の生成エネルギーを引いたもの）が小さいほど熱安定性は高い[26]．

10^{-5}～10^{-6} mol L^{-1} の希薄溶液中での代表的なジアリールエテンの光環化生成物の収率を

表 27.6　典型的なジアリールエテンの光環化生成物（閉環体）の λ_{max}，モル吸光係数および変換率

ジアリールエテン	閉環体	閉環体の λ_{max} とモル吸光係数（ヘキサン中）	313 nm 照射における変換率［%］	文献
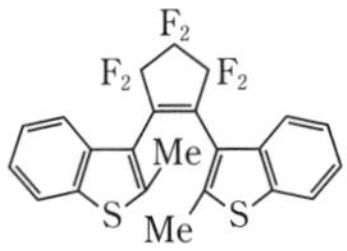	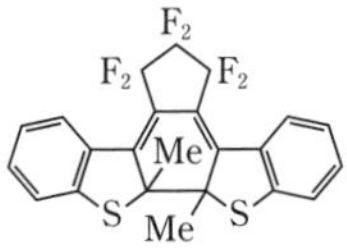	515 nm 10 000 mol^{-1} L cm^{-1}	47	1）
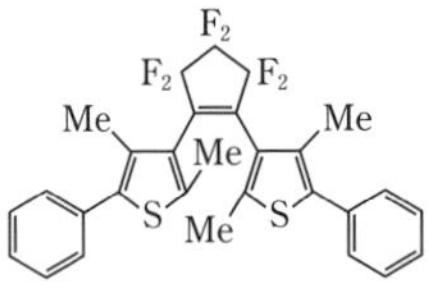	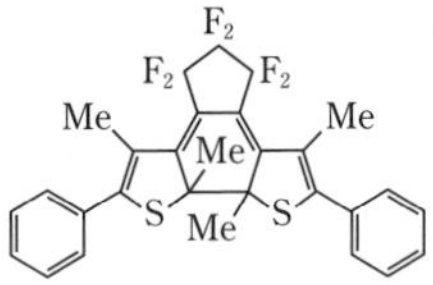	562 nm 11 000 mol^{-1} L cm^{-1}	79	2）
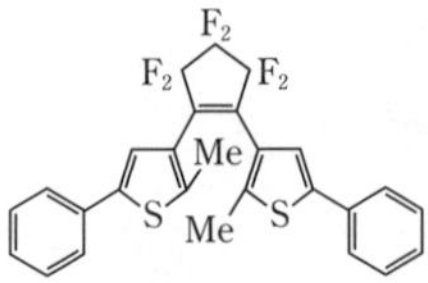	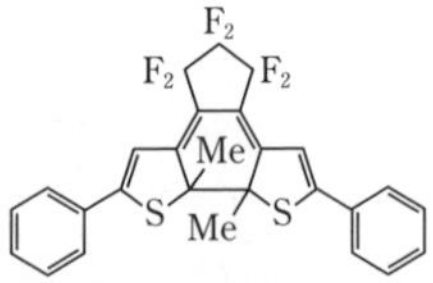	575 nm 15 600 mol^{-1} L cm^{-1}	97	3）
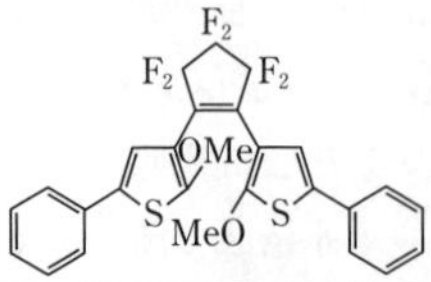	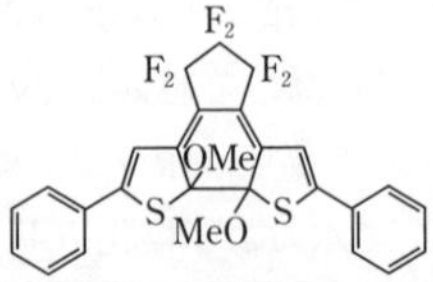	625 nm 15 000 mol^{-1} L cm^{-1}	100	4）

1） T. Sumi, Y. Takagi, A. Yagi, M. Morimoto, M. Jrie, *Chem. Commun.*, **50**, 3928 (2014).
2） M. Irie, K. Sakemura, M. Okinaka, K. Uchida, *J. Org. Chem.*, **60**, 8305 (1995).
3） M. Irie, T. Lifka, S. Kobatake, N. Kato, *J. Am. Chem. Soc.*, **122**, 4871 (2000).
4） K. Shibata, S. Kobatake, M. Irie, *Chem. Lett.*, **30**, 618 (2001).

$$\xrightleftharpoons[h\nu' \text{ または加熱}]{h\nu} \qquad (27.9)$$

(1) 芳香族炭化水素置換基による影響

安　定 ≫ $t_{1/2}$ = 32 min, 20℃ > $t_{1/2}$ = 1.5 min, 20℃

(2) 電子求引基の影響

安　定 ≫ $t_{1/2}$ = 573 min, 60℃ > $t_{1/2}$ = 274 min, 60℃ > $t_{1/2}$ = 3.3 min, 60℃

(3) 反応部位のかさ高い置換基の影響

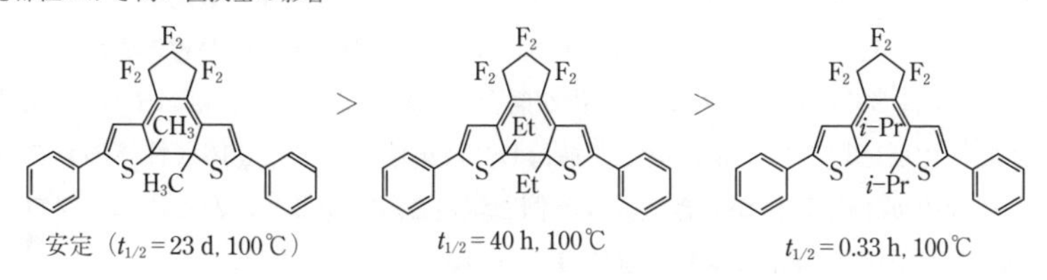

図 27.17　ジアリールエテンの光環化生成物の熱安定性

表 27.6 に示す．なお，希薄溶液ではない場合には，光可逆反応であることや内部フィルター効果により，光環化生成物の収率は低下する．

【実験例　ジアリールエテンの合成と光環化生成物の単離】

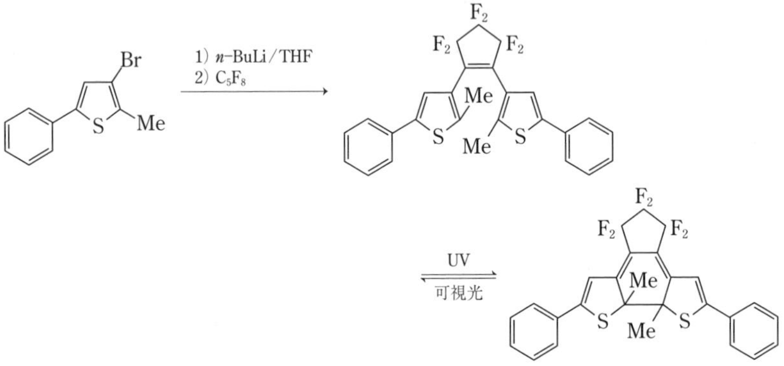

1) n-BuLi/THF
2) C_5F_8

UV
可視光

アルゴン雰囲気下のフラスコに 3-ブロモ-2-メチル-5-フェニルチオフェン 1.0 g（4.0 mmol）と乾燥 THF 9 mL を加え，−78 ℃まで冷却後，15％ n-BuLi ヘキサン溶液 2.6 mL（4.3 mmol）を滴下する．−78 ℃で 20 分間撹拌後，オクタフルオロシクロペンテン 0.27 g（2.0 mmol）をゆっくり加える．3 時間撹拌後，水を加え，中性にしたのち，エーテルで抽出する．硫酸マグネシウムで乾燥させ，溶媒を留去する．シリカゲルカラム（溶離液：ヘキサン）により精製し，1,2-ビス(2-メチル-5-フェニル-3-チエニル)ペルフルオロシクロペンテンが無色の結晶として得られる．紫青色を有するときには，可視光照射によって，無色にすることができる．収量 0.85 g（収率 81％）．

得られたジアリールエテン数十 mg をヘキサン 50 mL に溶かし，石英製の 50 mL 太鼓形セルに入れ，紫外光（高圧水銀ランプ，UVD-33S フィルター）を 30 分間照射する．紫青色に着色した溶液を暗所でフラスコに移し，エバポレーターで濃縮する．順相系の HPLC（溶離液：ヘキサン）で光環化生成物を単離する．

27.2.3　光付加環化反応（オキセタンおよびシクロブタンの合成）

2 分子のアルケンが付加環化して四員環のシクロブタンを生成する反応は，光化学反応に特有の反応であり，分子間および分子内付加環化反応での多数の例が報告されている．鎖状のアルケンでは多くの場合に E,Z 異性化が競合して起こる．たとえばスチルベン誘導体(**5**)は E,Z 異性化反応以外に二量化反応が進行し，反応溶媒により立体異性体のシクロブタン(**6**)～(**9**) の生成物選択性が大きく異なる例も報告されている[27]．たとえばシクロヘキセン(**10**) では三重項増感反応により二量体(**11**)～(**13**) を生成する[28]．

Ph, CN (5) —hν / 溶媒→ (6) + (7) + (8) + (9)

	(6)	(7)	(8)	(9)
H_2O：	36%	21%	12%	11%
MeOH：	22%	12%	4%	3%
ベンゼン：	9%	4%	2%	2%

(10) —hν / *p*-キシレン→ (11) 31% + (12) 51% + (13) 18%

励起活性種の違いにより立体選択性が異なる例もある．アセナフチレン（**14**）は直接照射ではエキシマーを経て二量化し，*syn*-(**15**）が生成するが，三重項増感反応ではビラジカルを経由し，*anti*-(**15**）が主生成物となる[29]．

syn-(**15**) ←hν / 一重項エキシマー— (**14**) —hν / 三重項増感剤→ *anti*-(**15**)

環状エノンはアルケンとの高い位置選択性で付加環化反応を起こすことが知られている．適用範囲が広く天然有機化合物の合成の鍵反応として利用されることも多い．この反応は，おもにエノンの三重項 nπ* 励起状態からの反応であり，たとえばエノン（**16**）では，負に帯電したエノンの末端炭素（基底状態では正に帯電している）が，付加の配向性を支配すると考えられている[30]．電子豊富なエチルビニルエーテルとの反応では **17** が得られ，電子求引性アルケンとの反応では **18** が主生成物として得られる．

(**16**) —hν / エーテル→ [ ]* ^{3}nπ^* → (δ−/δ+ OEt) (**17**) 91%；(δ−/δ+ CN) (**18**) 46%

エノンどうしの環化付加も多くの報告があり，たとえばクマリン（**19**）の光反応の場合には，反応の多重度によって付加の位置および立体選択性が異なり，二量体（**20**）～（**22**）が得られる[31]．また，クロモン誘導体（**23**）の光反応では，三重項励起状態から選択的にアンチ頭-頭型の二量体(**24**) が得られる[32].

(**19**)
クマリン
(ベンゾ-α-ピロン)

$h\nu$

(**20**)
シン頭-頭
(S_1 より)

(**21**)
シン頭-尾
(S_1 より)

(**22**)
アンチ頭-頭
(T_1 より)

(**23**)
クロモンカルボン酸エチル

$h\nu$
MeCN
(T_1 より)

(**24**)
アンチ頭-頭 91%

【実験例　クロモン二量体 (**24**) の合成[32]】

クロモンカルボン酸エチル (**23**) 0.41 g (1.0 mmol) のアセトニトリル溶液 20 mL を Pyrex 容器に入れ，アルゴンガスを 30 分導入して酸素を除き，密栓をする．500 W 高圧水銀ランプを照射し，TLC でクロモンカルボン酸エチルの減少を追跡する．約 1 時間照射で反応が進まなくなる．溶媒を留去し，残留物をシリカゲルカラムで分離し，クロロホルムとヘキサンの混合溶媒から再結晶すると無色の固体 **24** を得る．収量 0.37 g (収率 91%)．

付加反応の反応性や位置および立体選択性を制御するために，さまざまな試みがなされている．たとえば，結晶中での光反応では反応点が接近するので付加環化が起こりやすい．ケイ皮酸 (**25**) は溶液中では E, Z 異性化が進行し二量化反応は起こらないが，固相反応ではシクロブタン(**26**)，(**27**) が得られる[33]．ケイ皮酸には，α，β，γ の三つの多形が存在し，隣接分子の二重結合間の距離 (d) が α 型では 360～410 pm，β 型では 390～410 pm，γ 型は 470～510 pm であり，固相光反応により二量化が起こるのは α 型と β 型である．シクロブタン環が生成するためには，隣接分子の二重結合が 420 pm 以内に接近していることと，互いに平衡に近い配置を取っていることが必要である．そのさいの生成物の構造は結晶の中での分子配列を反映したものになる．α 型の光反応では α-トルキシル酸 (**26**) が得られ，β 型からは β-トルキシン酸 (**27**) が得られる．

$h\nu$

(**25**) α 型 ($360<d<410$ pm)

(**26**)
α-トルキシル酸

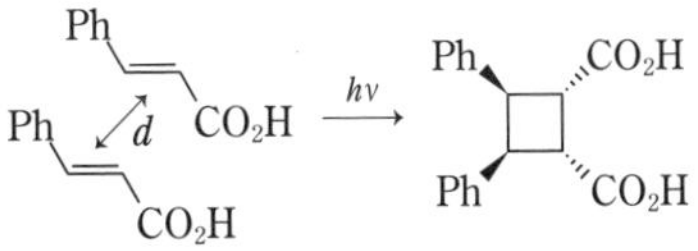

(**25**) β 型（390＜d＜410 pm）　(**27**) β-トルキシン酸

カルボニル化合物とアルケンとの光付加環化反応によりオキセタンを形成する反応は，Paterno-Büchi 反応ともよばれる．一般性のある反応であり，収率も高い場合が多く，生成物のオキセタンは開環反応などにより他の化合物に変換できるので，合成化学的にも有用な反応である．一般にアルキルおよびアリールケトンまたはアリールアルデヒドは，アルキル置換アルケンやビニルエーテルのような電子豊富アルケンとの反応により，三重項 nπ* 励起状態から 1,4-ビラジカル中間体を経由してオキセタンを生成する．

たとえば，ベンゾフェノン (**28**) と 2-メチルプロペンは位置選択的に反応し，オキセタン(**29**) が主生成物として得られる．2-ブテンとの反応では，三重項励起状態の **28** からブテンへのエネルギー移動により異性化が起こるため，シス体とトランス体のいずれを用いても同じ立体異性体混合物のオキセタン (**30**) が得られる[34]．

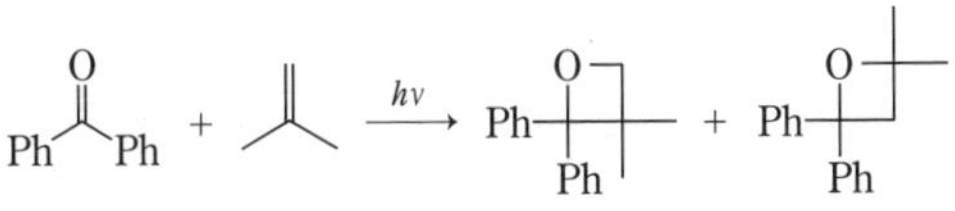

(**28**)　(**29**) 84%　9%

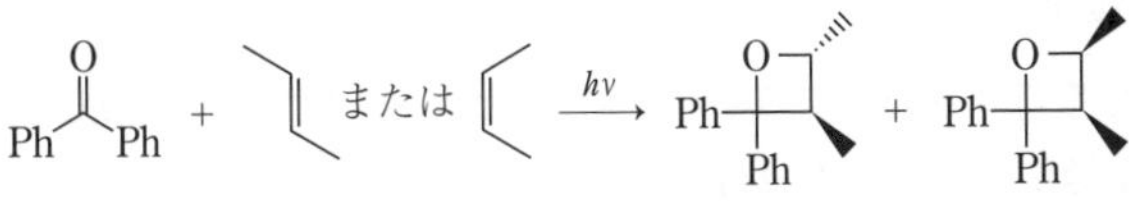

(**28**)　または　*trans*-(**30**)　*cis*-(**30**)　79%

脂肪族ケトンと電子求引性アルケンの場合には，一重項 nπ* 励起状態のケトンがアルケンとエキシプレックスを形成し反応する場合が多い．アセトン (**31**) とメタクリロニトリルの反応では 2-シアノオキセタン (**32**) が生成し，マレオニトリルとの反応では立体選択的にシス体の生成物 (**33**) が得られる[35]．一方，芳香族ケトンと電子求引性アルケンとの反応は，ケトンの三重項励起状態からアルケンへのエネルギー移動により失活してしまうためオキセタンを生じる例は限られている．また，種々のケトンやアルデヒド (**34**) はフランとの反応でオキセタン (**35**) を効率よく生成する[36]．

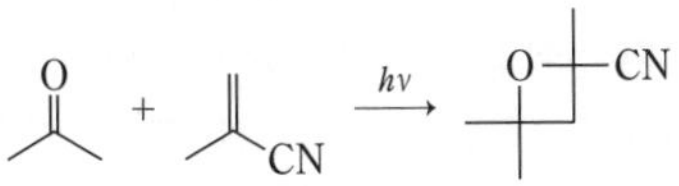

(**31**)　(**32**) 42%

(31) + [cis-NC-CH=CH-CN] $\xrightarrow{h\nu}$ (33) 90%

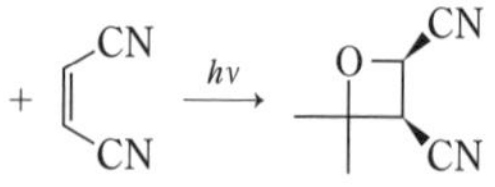

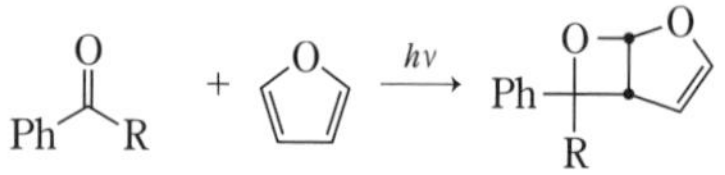

(34) + [furan] $\xrightarrow{h\nu}$ (35)

分子内でオキセタンを生成する反応も多数報告されており，たとえば **36** の反応では二環式化合物 **37** と **38** が得られ[37]，**39** の反応では **40** が高収率で得られる[38]．

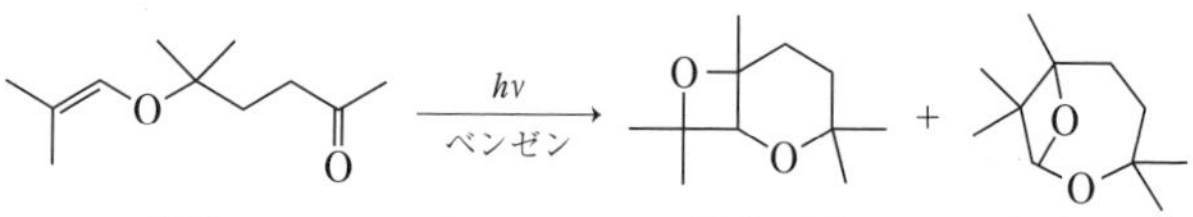

(36) $\xrightarrow[\text{ベンゼン}]{h\nu}$ (37) 40% + (38) 10%

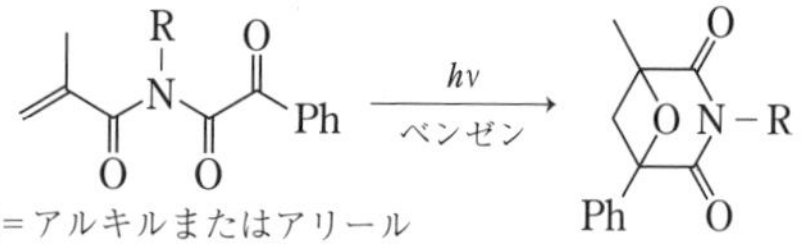

R＝アルキルまたはアリール
(39) $\xrightarrow[\text{ベンゼン}]{h\nu}$ (40) 96～100%

27.2.4　光転位反応

光照射によって進行する転位反応を光転位反応とよぶ．典型的な光転位反応では，吸収した光エネルギーによって結合が均一的に開裂し，生成したラジカル対がもとの位置とは異なる位置で結合を形成する．開裂する結合はC−H，C−C，C−O，N−O，N−N，C−N，C−S，C−Xなど，さまざまである[39]．光誘起電子移動により発生したラジカルイオン種が，ラジカルとイオンに分解して進行する転位反応もある[40]．酸や塩基を触媒とする熱的な転位反応においても，光照射によって配向や収率が異なる場合がある．本項では，代表的な光転位反応3例について述べる．

a.　光フリース転位反応

芳香族エステル類に光照射すると，C−O結合が開裂し，アシル基がオルト位またはパラ位に転位する[41,42]．$AlCl_3$ などの触媒を用いる熱的なフリース（Fries）転位反応では，生成したアシルカチオンからの分子間転位も進行するのに対し，光フリース転位反応ではラジカル対が溶媒かご内で再結合する機構を経由するため，分子内転位のみ進行し，熱反応に比べてオルト/パラ比が高い．$AlCl_3$ 触媒による熱的な転位反応では，パラ位に *t*-Bu基が存在する場合，アシル基がパラ位に転位して *t*-Bu基がはずれる場合があるが，光反応ではすでに存在する置換基を避けて転位が進行する[43]．途中に生成するシクロヘキサジエノンはケト-エノール互変異性によってフェノールへと変換されるが，ナフチルエステルを用いて，転位先の位置にメチル基を導入しておくと，シクロヘキサジエノン型の化合物が単離できることがある[44]．

【実験例　光フリース転位反応[43]】

hν
ベンゼン
t-Bu
(**41**)
(**42**) 45%

安息香酸 4-*t*-ブチルフェニル(**41**) 12.72 g (0.05 mol) をベンゼン 1 L に溶かし，石英製容器中で窒素を通気しながら，硫酸ニッケルと硫酸コバルトのフィルター溶液（硫酸ニッケル水溶液 $NiSO_4 \cdot 6\,H_2O$ 600 g L^{-1} と硫酸コバルト水溶液 $CoSO_4 \cdot 7\,H_2O$ 100 g L^{-1} の混合液）を通して 3 kW 高圧水銀ランプから取り出した 313 nm 光を照射する．反応の進行を紫外線吸収で追跡する．光照射後，溶媒を留去し，残留物をアルミナのカラムクロマトグラフィー (内径 50 mm×長さ 400 mm) によって分離する．展開溶媒（ベンゼン-石油エーテル (1：4)）により未反応の原料が留出し，エーテルにより 5-*t*-ブチル-2-ヒドロキシベンゾフェノン (**42**) が留出する．収量 5.78 g（収率 45%）．

b.　光クライゼン転位反応

アリルフェニルエーテルあるいはベンジルフェニルエーテル型の化合物に光照射すると，*O*-アリルまたは *O*-ベンジル結合が開裂し，アリルまたはベンジル基がオルト位，パラ位に転位した生成物が得られるとともに，転位基を失ったフェノール誘導体が生成する[45]．これに対し，熱的なクライゼン（Claisen）転位反応は六員環遷移状態を経由する [3,3]-シグマトロピー転位であるため，オルト位への転位のみが進行する．光クライゼン転位反応では，オルト位やパラ位が置換されている場合，光フリース転位反応に比べてシクロヘキサジエノン型の化合物が得られやすく，そこからの二次的な転位反応も進行する[46,47]．オルト/パラの選択性は，ゼオライト[48]やシクロデキストリン[49]を加えると向上する．プレニル基などの非対称のアリル基を用いた場合，両方の異性体の混合物が得られるが，置換数の少ない側のアリル炭素で結合が形成された生成物が優先して得られる．

【実験例　光クライゼン転位反応[50]】

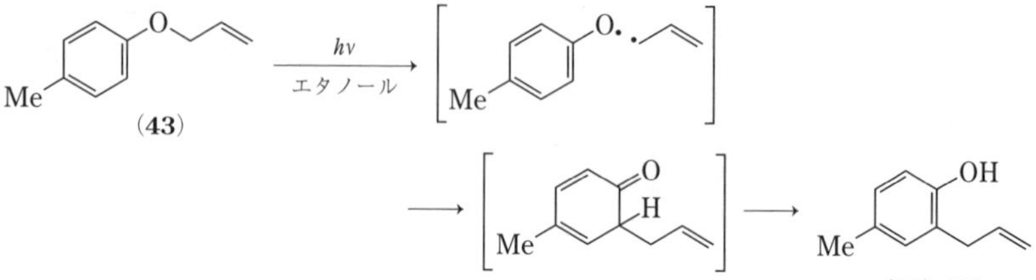

(43)　*hν* エタノール　(44) 35%

アリル*p*-トリルエーテル (**43**) 8 g を 95% エタノール 200 mL に溶かし，石英製容器に入れ，容器を水で冷却しながら，125 W 中圧水銀ランプで 14 時間光照射する．反応の進行を IR で追跡する．光照射後，エタノールを減圧留去し，減圧蒸留 (bp 75～120 ℃/3 mmHg) にて茶色の留分 (5.1 g) を得る．分取 GLC により 2-アリル-4-メチルフェノール (**44**) (収率 35%)，4-メチルフェノール (収率 15%)，未反応の原料 (**43**) (回収率 2%) を得る．

c.　ジ-*π*-メタン転位反応

1,4-ジエン骨格をもつ化合物 (**45**) は光を吸収してビニルシクロプロパン (**46**) へと転位する．これをジ-*π*-メタン転位反応とよぶ[51]．1,4-ジエンの一つの C=C 結合を C=O 結合に置き換えたかたちの *β*,*γ*-不飽和エノン (**47**) からはオキサ-ジ-*π*-メタン転位反応が進行し，アシル基の 1,2-移動を伴ってアシルシクロプロパン (**48**) が得られるが，こちらはカルボニル基の *α* 開裂 (ノリッシュ (Norrish) I 型開裂) から進行していると考えられている[51,52]．

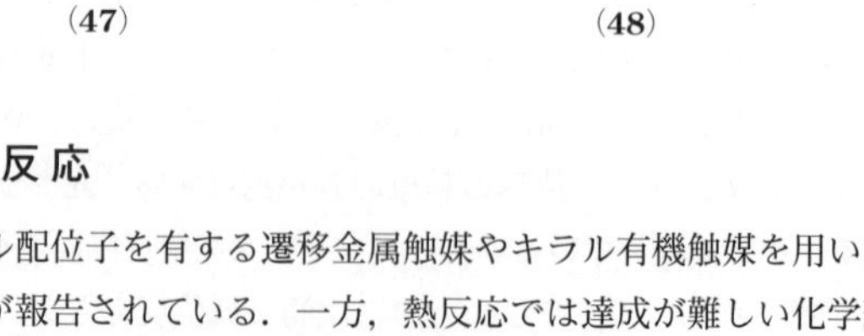

(45)　*hν*　(46)

(47)　*hν*　(48)

27.2.5　不斉光反応

熱反応ではキラル配位子を有する遷移金属触媒やキラル有機触媒を用いた不斉反応において，多くの成功例が報告されている．一方，熱反応では達成が難しい化学変換をひき起こす光反応において不斉合成が可能となれば，複雑なキラル高ひずみ化合物の直接合成が達成されうる．一般的に光反応における励起種は短寿命であるため，反応制御が難しく，立体選択性の高い反応系の構築は容易ではない．しかしながら最近，比較的高い立体選択性で実用的な不斉光反応が報告されるようになってきた．

これら不斉光反応は，キラル化合物自身の変換反応，キラル修飾によるジアステレオ区別反応，キラルな場を利用した超分子不斉光反応，キラル増感剤を用いるエナンチオ選択的反応に大別される．また，円偏光を用いた直接励起による不斉反応（絶対不斉合成）も知られている．

絶対不斉合成とは，キラル化合物が左右の円偏光の吸光係数が異なること（コットン（Cotton）効果）を利用して直接不斉光合成を行うという興味深い反応である[53]．超新星爆発によってできる中性子星を高速周回する電子や星の発生領域から生じる円偏光は，非生物環境下での不斉の起源とも考えられている．もっとも，不斉収率は一般的に低く（下記の6電子環状化反応において0.5% ee以下），合成化学的な実用性は限られる．

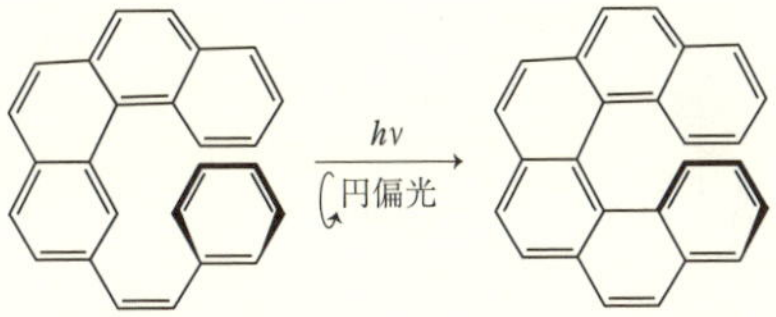

hν
円偏光

キラル化合物の光変換は本質的には不斉反応とはいえないかもしれないが，キラル化合物の合成という観点からしばしば有効な選択肢となりうる．なお，基底状態では安定であるが，光照射により生成する電子的励起状態においてラセミ化が促進される系もあり，注意を要する．ここでは一例としてキラルカルボン酸エステルの光脱炭酸反応をあげる．下式に示すようにキラルなアルキル残基を有するメシチルエステル(**49**）の光照射においては，協奏的な光脱炭酸反応が進行する．すなわち，エステル残基上のアルキル基の立体を完全に保持したまま直接ベンゼン環上へ新たな結合として連結することが可能となる．この反応は，溶媒の種類に依存せずつねにキラリティーが保持されるため，合成化学的にも有用な変換反応の一つといえる．

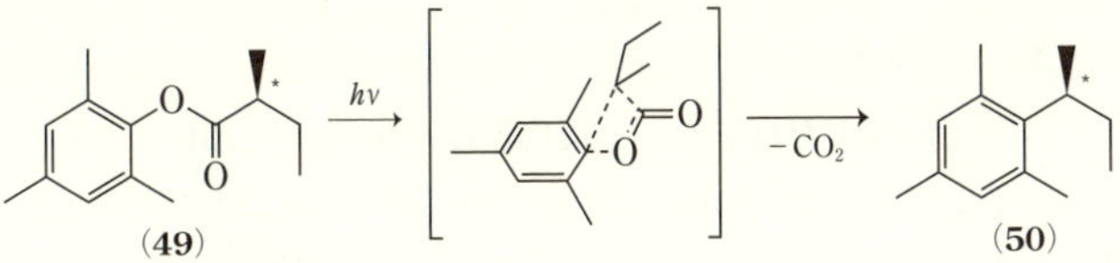

hν　$-CO_2$

(**49**)　(**50**)

【実験例　(*S*)-(2-メチルプロピル)メシチレン(**50**）の合成[54]】

市販のキラルカルボン酸とフェノール誘導体から合成された（*S*)-2-メチル酪酸メシチル（**49**）120 mg（0.6 mmol）のヘキサン溶液150 mLをアルゴン置換し，50 W低圧水銀ランプで254 nm光を12時間照射する．反応後，溶液を濃縮し，シリカゲルカラムクロマトグラフィーで精製すると，原料40 mgが回収され（回収率33%），光学的に純粋な**50**が得られる．収量20 mg（転化率基準で収率31%）．

エノンのアルケンへの付加によるシクロブタン生成は光反応特有の有用な変換反応であ

り，そのジアステレオ選択的，エナンチオ選択的反応が広範に検討されている[55]．下記の例では，乳酸 2 分子をキラルなスペーサー（補助基）としてエノンとアルケンを連結し，ジアステレオ選択的に分子内光付加反応を起こさせたのち，一時的に導入したキラル補助剤を除去することで，シクロブタン生成物を単一のエナンチオマーとして得ることに成功している．また，電子受容体と電子供与体間でのジアステレオ区別光環化反応においては，立体選択性が励起波長によって大きく変化することが，最近見出されている[56]．

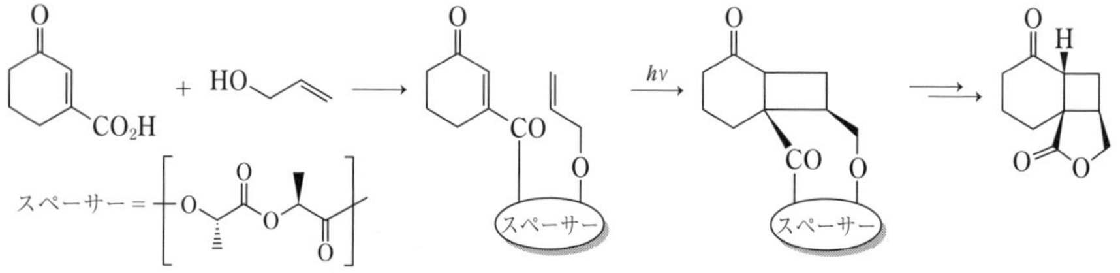

しかし，このような共有結合を利用した光不斉反応は，多段階の変換を要するうえ，不斉源効率も低い．このような観点から，共有結合を用いず，弱い相互作用，いわゆる超分子相互作用を利用して光反応を制御しようという試みが最近精力的に行われている[57]．水素結合性テンプレート，シクロデキストリンやカボチャ形ホストとして最近知られるククルビットウリル（cucurbituril）などの空孔を有する有機分子ホスト，ゼオライトや金属有機構造体（MOF）などの無機系ホスト，さらには天然高分子やタンパク質などの生態系ホストなど，さまざまな超分子ホストが検討されている．たとえば，ヒト血清アルブミンを用いたアントラセンカルボン酸の超分子不斉光二量化反応では 80～90% 程度の光学収率が達成されている[58]．

キラル増感剤を用いた不斉光反応の代表的な例として，キラルなベンゼンポリカルボン酸エステル誘導体を一重項増感剤とする *cis*-シクロオクテンのトランス体への光異性化反応があげられる[59]．増感剤の選択だけでなく，反応温度や溶媒，圧力などさまざまな外的反応条件を複合的に制御することで，90% ee 程度までの高い立体選択性が達成されている．最近では，水素結合性テンプレートを用いた電子移動型不斉光反応に触媒的機能をもたせ，下式に示すような反応系において高い触媒回転率と立体選択性を併せて達成できることが報告されるなど[60]，今後，ますますさまざまな光反応が一般的な不斉反応に適用されるものと期待される．

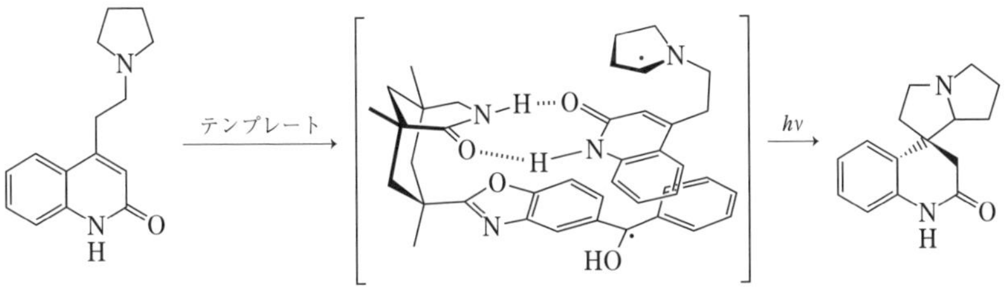

27.2.6　マイクロリアクターを用いる光反応による合成

21 世紀に入って透明ガラス製または樹脂製のチップ（反応装置）を用いるフロー系マイクロリアクター（図 27.18）が有機光化学反応に利用されている．幅，深さ，内径が 1 mm 以下の流路（マイクロチャンネル）をもつこれらの装置の特性は，(1) フロー系なので二次反応や副反応が抑制できること，(2) 比表面積が大きく熱容量が小さいので温度制御が容易であること，(3) 流量調節が容易であること，また，任意の場所で新たにガスや反応剤を導入できること，(4) チャンネル内の流れが層流なので効率よく相間移動および液液抽出が可能なこと，(5) システムの小型化，集積化による省スペース化ができること，(6) 試料，溶媒，廃棄物が低減できること，などである．そのほかにランベルト-ベール (Lambert-Beer) 則に従えば，比較的高濃度の溶液を用いても光を十分に吸収することができることに加えて，反応後すぐに流出されるので副反応や二次反応を抑制することができ，バッチ式光化学反応の従来の問題点が解決できる．これらの観点に基づいて多くの反応例が報告されている[61,62]．

a.　光付加環化反応

不斉誘導を含む 2-シクロヘキセノン類とアルケンとの [2+2] 光付加環化反応[63,64] やベンゾフェノンと 3-メチル-2-ブテノールとのオキセタン生成反応[65] がフロー系マイクロリアクターを用いることによって効率よく進行する．同様に，分子内 [2+2] 光付加環化反応もすみやかに進行し，[3+2] 型の副反応などを大幅に抑制できる[66]．また，テフロンまたは FEP（フッ素化エチレン-プロピレン共重合体）チューブを用いると，ポリイミド合成の

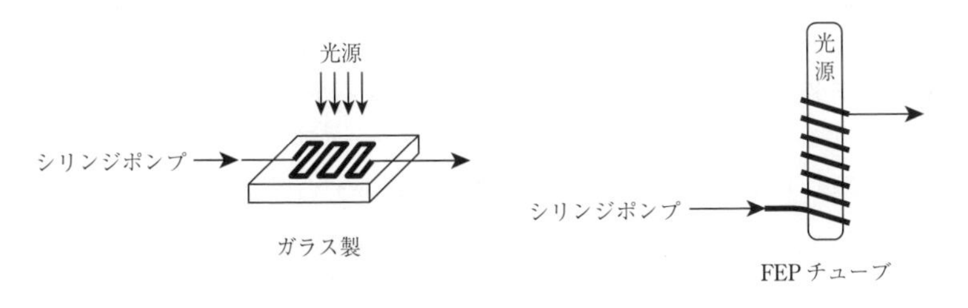

図 27.18　フロー系マイクロリアクターの例

重要な前駆体である無水マレイン酸の二量化によるシクロブタン[67]やアゼピン-6,9-ジオン[68]などを簡便かつ大量に合成できる.

【実験例　7,8-ジメチル-1,2,3,9a-テトラヒドロピロロ[1,2a]アゼピン-6,9-ジオン(**52**)の合成[68]】

3,4-ジメチル-1-ペンタ-4-エニルピロール-2,5-ジオン(**51**) 11.6 g (60 mmol) をアセトニトリル 600 mL に溶かし, その溶液を光源の周りに三重に巻き付けたチューブ (内径 2.7 mm) に 8 mL min^{-1} の流速で流しながら 75 分間光照射する. 溶媒を留去後シリカゲルカラムクロマトグラフィーにより分離精製し, **52** を得る. 収量 9.3 g (収率 80%). **51** 232 g (1.20 mol) を同濃度で 24 時間連続光照射し **52** を得る. 収量 178 g (収率 77%).

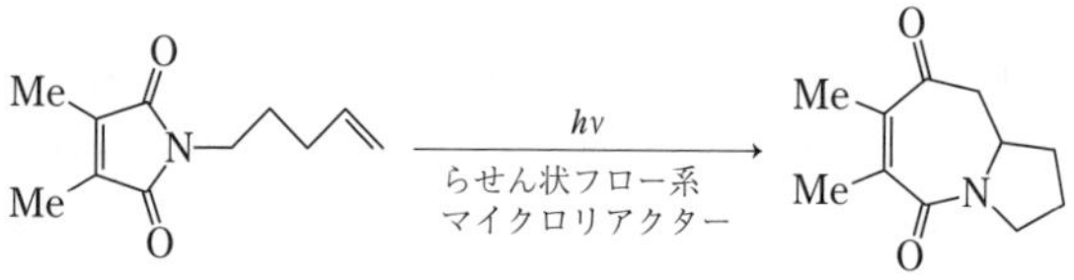

Me Me O O N hν らせん状フロー系 マイクロリアクター Me Me O O N
(**51**)　(**52**)

b.　光酸素酸化反応

ローズベンガルやメチレンブルーなどの色素増感剤を用いる典型的な一重項酸素酸化反応にフロー系マイクロリアクターを適用すると, 短時間で反応が完結し, 基質の濃度を高めても十分転化率を高めることができる. たとえば, α-テルピネン(**53**) からはアスカリドール(**54**)[69]が, (−)-シトロネロールからローズオキシドの前駆体になるヒドロペルオキシド[70]が, 効率よく生成する. また, 抗マラリア活性を有するアルテミシリン合成の鍵段階にフロー系リアクターを用いた一重項酸素化が使われている[71].

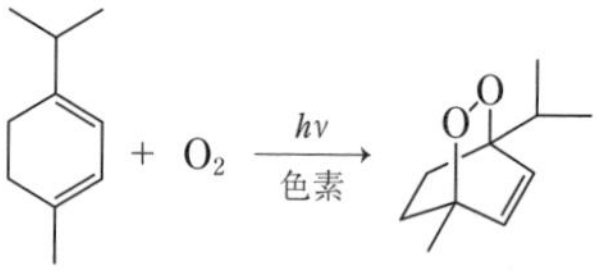

+ O_2 hν 色素 O O
(**53**)　(**54**)

c.　光転位反応

光バートン (Barton) 反応はよく知られたステロイドの位置選択的官能基化反応であるが, フロー系リアクターを用いると, 簡便かつ効率よく光反応が進行し, 亜硝酸エステルからオキシムが生成する[72]. また, 二つのフロー系リアクターを連続して用い, それぞれに 2 種類の光源で光照射することによってビタミン D_3 を選択的に合成できる[73].

【実験例　ステロイドオキシム(**56**) の合成：バートン反応[72)]】

(**55**)　(**56**)

ステロイド亜硝酸エステル(**55**) 5.4 g を DMF 300 mL に溶かし，20 W ブラックライト 8 本を備えた光源を用い，15 mL h^{-1} の流速で流しながら，フロー系マイクロリアクターに 20 時間光照射する（滞留時間 32 分）．シリカゲルカラムクロマトグラフィーにより分離精製してオキシム(**56**) を得る．収量 3.1 g.

d.　光誘起電子移動反応

有機合成を指向した光誘起電子移動反応が数多く知られているが，フロー系マイクロリアクターによる高効率脱炭酸炭素-炭素結合形成反応[74)] や二相系を用いる位置選択的光シアノ化反応[75)] が知られている．

e.　不均一系光触媒反応

フロー系マイクロリアクターは不均一系光触媒反応にも利用できる．TiO_2 薄膜でガラス内壁をコーティングすると，固液界面で光触媒反応が進行し，ベンズアルデヒドの光還元反応[76)] や 1,2-ジアリールシクロプロパンの光酸素酸化反応[77)] が効率よく進行する．

そのほかに，カルボニル化合物による光水素引抜き反応[78)] や 1,2-ジアリールシクロプロパンのシス-トランス光異性化反応[77)] にもフロー系マイクロリアクターが用いられている．

27.2.7　レーザーを用いる有機合成

レーザーは光を制御して照射することができる優れた光源で，連続光とパルス光を出すものがある．光反応を制御するうえで有用なレーザーの特徴は，照射波長の制御，高強度光照射，短時間照射（パルスレーザーの場合）が可能なことである．定常光源はさまざまな波長の光を同時に発するが，光反応のエネルギーは光の波長により決まるので定常光源を用いる光反応は，熱反応でいえば温度制御をせずに反応することに相当する．レーザーは単波長の光が容易に得られるので，光反応のエネルギーを一定にすることにより反応の選択性を高めることができる．また波長の選択により，反応系中の特定物質のみ，あるいは特定物質を除外した反応を起こすことにより反応の選択性を高めることもできる．一方，高強度光照射では多光子反応を起こすことができる．通常の光源を用いた光反応では一光子吸収により生成物が得られる（式(27.10)）のに対し，高強度光照射では複数の光子の吸収（式(27.11)），あるいは一光子吸収により生じたラジカルなどの短寿命中間体が熱反応を起こす前にさらに光子を吸収して（式(27.12)）光反応が起こり，定常光源による生成物とは異なるものが得られる場合が多い．有機反応を行うための具体的な照射手法については総説[79]にまとめられているが，その後開発された新たな手法として，レーザーとマイクロリアクターを組み合わせたものもある[80]．

$$\text{定常光源}\quad \text{基質} \xrightarrow{h\nu} \text{生成物} \tag{27.10}$$

$$\text{レーザー}\begin{cases}\text{基質} \xrightarrow{n\,h\nu} \text{生成物} & (27.11)\\ \text{基質} \xrightarrow{h\nu} [\text{短寿命中間体}] \xrightarrow{h\nu} \text{生成物} & (27.12)\end{cases}$$

照射波長の制御を利用した反応としては，環状アゾ化合物（**57**）の光照射によるプロスタグランジンエンドペルオキシド誘導体(**59**）の合成がある[81]．**57** に直接光照射すると脱窒素して一重項ビラジカルが生成するが，これからは **59** は得られない．それに対し，ベンゾフェノン増感反応により **57** の励起三重項からビラジカル(**58**）を発生させると三重項ビラジカルが発生し，これは酸素と反応して **59** となる．アルゴンイオンレーザー光（351＋364 nm）を用いると，光はおもにベンゾフェノンに吸収され，**57** による吸収が抑制されるため **59** が効率よく生成する．

OH　C_5H_{11}　H　(**57**)　$h\nu$（Ar^+ レーザー）(351＋364 nm)　Ph_2CO, $CFCl_3$　$-N_2$　[OH　C_5H_{11}　H　(**58**)]　O_2　OH　C_5H_{11}　H　(**59**)

【実験例　プロスタグランジンエンドペルオキシド誘導体(**59**）の合成[81]】

環状アゾ化合物(**57**）0.215 g とベンゾフェノン 0.266 g を $CFCl_3$ 10 mL に溶解し，加圧下，−16 ℃で酸素を溶解させる．この溶液にアルゴンイオンレーザーの 351 および 364 nm の光を，**57** の変換率が 50～60% になるまで照射する．生成物は−16 ℃でシリカゲルカラムクロマトグラフィー（AcOEt-CH_2Cl_2（15：85））により分離し，**59** を得る．収量 0.05 g（収率 26%）．

高強度光照射を利用した合成としてステロイドやアントラサイクリン骨格の構築などに用いられている，オルトキノジメタン(**61**）とオレフィン(**62**）とのディールス-アルダー(Diels-Alder）反応によるテトラヒドロナフタレン(**63**）の合成がある[82]．市販のキシリレンジブロミドより 1 段階で収率よく合成できる **60** に，**62** の存在下で KrF エキシマレーザーを 3 パルス照射するだけで **63** が得られた．この反応は **60** の二光子反応により **61** が生成し，これと **62** が反応したものである．

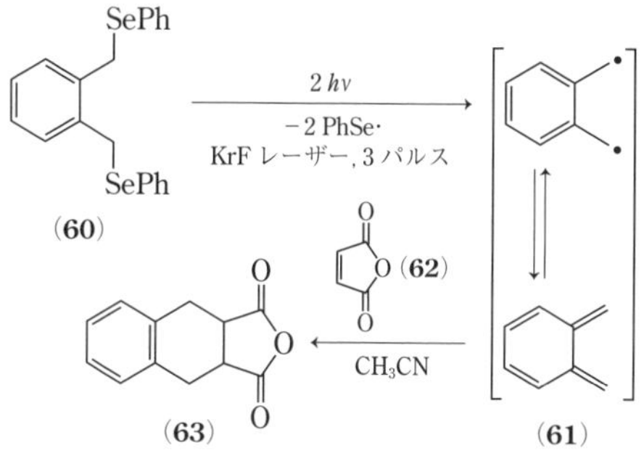

【実験例　レーザー光を利用するテトラヒドロナフタレン(**63**) の合成[82]】

幅 10 mm，光路長 1 mm の合成石英製セルに，10^{-5} mol L^{-1} 1,2-[ビス(フェニルセレノ)メチル]ベンゼン(**60**) と 10^{-3} mol L^{-1} 無水マレイン酸 (**62**) を含む脱気したアセトニトリル溶液 0.1 mL を入れ，KrF エキシマレーザー (1.25×10^{21} 光子 m^{-2} パルス $^{-1}$，1 Hz) を 3 パルス照射すると，**63** が生成する (HPLC 収率 60%)．

27.2.8　色素増感酸素酸化反応とその応用

色素増感酸素酸化反応は，色素を増感剤とするエネルギー移動で一重項酸素 ($^1\Delta_g$) を発生させ，これを反応基質に付加して酸素化生成物を与える反応である[83]．基底状態の酸素はスピン三重項であるため，選択則により反応が限られるのに対し，一重項酸素は同じスピン状態である一般の化合物との反応がスピン許容となり，さまざまな付加反応を起こす．とくに，一重項酸素は求電子性が高いため，電子豊富な化合物に対して反応活性であり，低温でも反応して不安定な酸素化生成物を与えることができる．代表的な反応は，二重結合をもつ化合物との種々の付加反応である．また，スルフィドからスルホンを与えるような酸化反応も知られている．さらに酸素化生成物の還元や脱水，転位などにより，有用な化合物に誘導できる場合がある．なお，得られた酸素化生成物が過酸化物の場合，密封容器内での分解が爆発につながるので，取扱いには注意が必要である．

$$\text{色素} \xrightarrow{h\nu} {}^3(\text{色素})^*$$

$${}^3(\text{色素})^* + {}^3O_2\,(\text{基底状態}) \longrightarrow \text{色素} + {}^1O_2\,({}^1\Delta_g)$$

$$\text{反応基質} + {}^1O_2\,({}^1\Delta_g) \longrightarrow \text{酸素化生成物}$$

色素増感酸素酸化反応を行う前に，実験に用いる増感剤，光源，溶媒について理解する必要がある．まず，増感剤となる色素はローズベンガル，メチレンブルー，テトラフェニルポルフィリンが代表的である．これらは三重項エネルギーが一重項酸素 (94 kJ mol^{-1}) の生成条件を満たすとともに，可視領域に大きなモル吸光係数をもち，励起三重項状態の生成効率が高く，その寿命が長いために有用である．また高分子に結合させたローズベンガルなどの不均一増感剤は，反応後に増感剤の除去が容易である．光源には，色素が吸収する可視領域の光強度が強い高圧水銀ランプやキセノンランプ，ナトリウムランプ，ハロゲンランプがよく用いられる．溶媒の選択では，基質と色素の溶解度とともに酸素の溶解度と一重項酸素の寿命を考慮するとよい．常圧の酸素の室温での溶解度は，ヘキサン中で 15 mmol L^{-1}，ジクロロメタン中 11 mmol L^{-1}，アセトニトリル中 8 mmol L^{-1}，水中 1 mmol L^{-1} であり，低極性になるほど高くなる傾向がある．また一重項酸素の寿命はヘキサン中で 30 μs，ジクロロメタン中 100 μs，アセトニトリル中 75 μs，水中 5 μs であり，ハロゲン化溶媒中で長くなる特徴がある．

反応例として，まず 1,3-ジエンと一重項酸素の［4+2］付加環化反応を紹介する[84]．たとえば，シクロペンタジエン(**64**）は低温で一重項酸素と付加してエンドペルオキシド(**65**）を与える[85]．**65** は還元によりジオール(**66**）に導かれる[86] ほか，ジエポキシドなどに誘導できる．

(**64**) —$h\nu$/色素, O_2, 15℃→ (**65**) —S=C(NH_2)$_2$→ (**66**) 86%

【実験例　*cis*-4-シクロペンテン-1,3-ジオール（**66**）の合成[86]】

Pyrex 製の反応容器を用い，氷冷したシクロペンタジエン(**64**）6.4 g（97 mmol）のメタノール溶液 1.8 L にチオ尿素 5.0 g（66 mmol）とローズベンガル 200 mg を加え，酸素を通気しながら 450 W 高圧水銀ランプで 2.5 時間光照射する．この間，反応液を 15 ℃ 付近に保つ．酸素の通気を止め，反応液を暗所，室温にてさらに 12 時間撹拌する．反応終了後，溶媒を減圧下で留去し，残渣を少量の水に溶かす．この水層をベンゼンで洗浄したのち，水を留去する．残渣を減圧蒸留し，170 Pa の減圧条件で沸点 100～102 ℃ の分画として *cis*-4-シクロペンテン-1,3-ジオール(**66**）が得られる．収量 5.7 g（収率 86%）．生成物は融点が 59～60 ℃ であるため，蒸留中の固化に気をつけるとよい．

フラン誘導体と一重項酸素の［4+2］付加環化体はオゾニドに相当し，これからさまざまな構造変換が可能なために合成的に有用である[87]．たとえば，2,5-ジメチルフラン(**67**）は一重項酸素と付加してオゾニド(**68**）を与え，求核性のメタノール存在下ではヒドロペルオキシド(**69**）を与える[88]．3-置換フラン(**70**）は低温で立体障害の大きい塩基の存在下，一重項酸素付加によりブテノリド(**71**）を位置選択的に与える[89]．

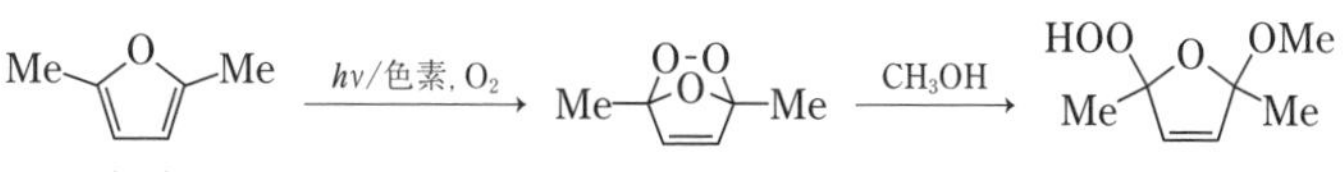

(**67**)　(**68**)　(**69**)

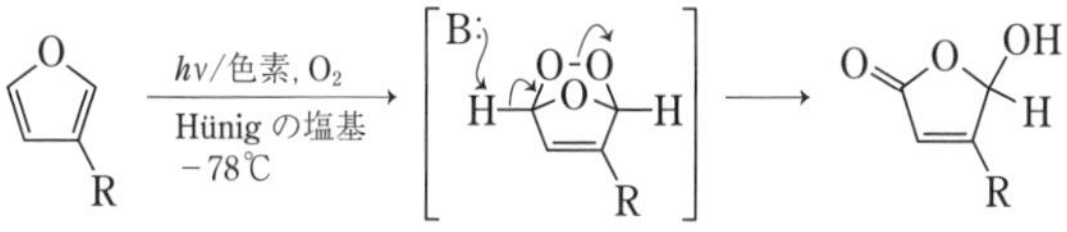

(**70**)　(**71**)

電子供与性の高いベンゼンやナフタレンの誘導体（たとえば **72**）に一重項酸素が付加するとエンドペルオキシド（**73**）が得られる[90]．**73** は加熱すると逆反応で一重項酸素を生成するため，一重項酸素の発生剤として利用できる．

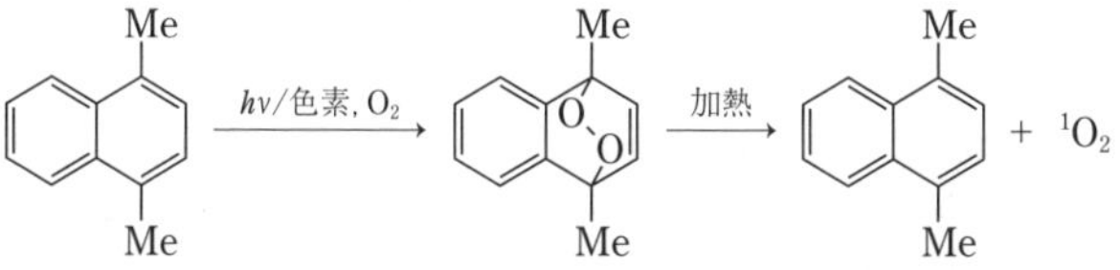

(**72**)　(**73**)　(**72**)

エン反応も有機合成化学的に有用な反応である[91]．この反応では一重項酸素がアルキル置換オレフィン（たとえば **74**）に対してアリル水素引抜きとオレフィンへの付加を起こし，アリルヒドロペルキシド（**75**）を与える[91]．**75** を還元するとアリルアルコール（**76**）が得られる．二重結合に置換するアルキル基の数や構造に応じてエン反応の相対反応性や位置選択性，立体選択性が制御でき，さらにゼオライト反応場による反応制御も可能である．

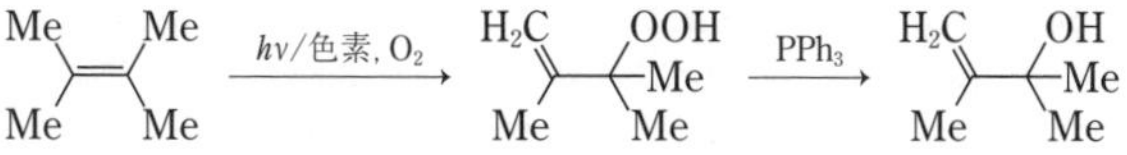

(**74**)　(**75**)　(**76**)

テトラメトキシエチレンなどの電子供与性の高いオレフィンは，一重項酸素と［2+2］付加環化反応を起こしてジオキセタンを与える場合もある[92]．ジオキセタンは熱分解して二つのカルボニル構造を与えるうちの，一方が励起状態として生成して化学発光を示す．たとえば，シリル保護した 3-ヒドロキシフェニル基を有する環状オレフィン（**77**）は一重項酸素が付加してジオキセタン（**78**）を与える[93]．**78** はフッ化物イオンの作用でフェノラートイオンを生成し，その熱分解でケトエステル（**79**）の励起一重項状態を生成して高効率な青色化学発光を示す．

t-BuMe$_2$SiO (77) —hν/色素, O$_2$, −78℃→ t-BuMe$_2$SiO (78)

—F$^-$→ (79)*

文　献

1) R. M. Wilson, R. M. Wilson, S. W. Wunderly, T. F. Walsh, A. K. Musser, R. Outcalt, F. Geiser, S. K. Gee, W. Brabender, L. Yerino, Jr., T. T. Conrad, G. A. Tharp, *J. Am. Chem. Soc.*, **104**, 4429 (1982).
2) V. Malatesta, C. Williams, P. A. Hackett, *J. Am. Chem. Soc.*, **103**, 6781 (1981).
3) 株式会社島津製作所, http://www.shimadzu.co.jp/
4) a) 日本化学会 編, "新 実験化学講座 4", p. 243, 丸善出版 (1978); b) 日本化学会 編, "新 実験化学講座 14", p. 2625, 丸善出版 (1978); c) 日本化学会 編, "新 実験化学講座 16", p. 469, 丸善出版 (1978); d) 日本化学会 編, "第 5 版 実験化学講座 5", p. 365, 丸善出版 (2005).
5) S. Fukumoto, T. Nakashima, T. Kawai, *Angew. Chem. Int. Ed.*, **50**, 1565 (2011).
6) H. G. Heller, J. R. Langan, *J. Chem. Soc., Perkin Trans. 2*, **1981**, 341.
7) C. J. Thomas, M. A. Wolak, R. R. Birge, W. J. Lees, *J. Org. Chem,* **66**, 1914 (2001).
8) P. J. Darcy, H. G. Heller, P. J. Strydom, J. Whittall, *J. Chem. Soc., Perkin Trans. 2*, **1981**, 202.
9) a) G. J. Collin, G. R. De Mare, *J. Photochem.*, **38**, 205 (1987) ; b) P. J. Kropp, *Mol. Photochem.*, **9**, 39 (1978) ; c) J. Saltiel, J. D'Agostino, D. E. Megarity, L. Metts, K. R. Neuberger, M. Wrighton, O. C. Zafiriou, *Org. Photochem.*, **3**, 1 (1973) ; d) P. J. Kropp, *Pure Appl. Chem.*, **24**, 585 (1970) ; e) N. J. Turro, *Photochem. Photobiol.*, **9**, 555 (1966).
10) Y. Inoue, S. Takamuku, H. Sakurai, *Synthesis*, **1977**, 111.
11) V. Ramamurthy, R. S. H. Liu, *Org. Photochem. Synth.,* **2**, 70 (1976).
12) 森　直, "光科学の世界", 大阪大学光科学センター 編, pp.90-105, 朝倉書店 (2014).
13) a) Y. Inoue, H. Tsuneishi, T. Hakushi, A. Tai, "Photochemical Key Steps in Organic Synthesis", J. Mattay, A. G. Griesbeck, eds., pp.207-210, VCH Verlag (1994) ; b) T. Mori, Y. Inoue, "Synthetic Organic Photochemistry", A. G. Griesbeck, J. Mattay, eds., pp.417-452, Marcel Dekker (2005) ; c) T. Mori, Y. Inoue, "CRC Handbook of Organic Photochemistry and Photobiology, 2nd Ed.", W. Horspool, F. Lenci, eds., Chap. 16, CRC Press (2004).
14) F. B. Mallory, C. S. Wood, J. T. Gordon, *J. Am. Chem. Soc.*, **86**, 3094 (1964).
15) C. S. Wood, F. B. Mallory, *J. Org. Chem.*, **29**, 3373 (1964).
16) K. B. Jørgensen, *Molecules*, **15**, 4334 (2010).
17) F. B. Mallory, C. W. Mallory, *Org. React.*, **30**, 1 (1984).
18) S. M. Kupchan, H. C. Wormser, *J. Org. Chem.*, **30**, 3792 (1965).
19) W. Carruthers, H. N. M. Stewart, *J. Chem. Soc.*, **1965**, 6221.
20) F. B. Mallory, M. J. Rudolph, S. M. Oh, *J. Org. Chem.*, **54**, 4619 (1989).
21) R. J. Olsen, S. R. Pruett, *J. Org. Chem.*, **50**, 5457 (1985).
22) L. Liu, B. Yang, T. J. Katz, M. K. Poindexter, *J. Org. Chem.*, **56**, 3769 (1991).
23) F. B. Mallory, K. E. Butler, A. Berube, E. D. Luzik, C. W. Mallory, E. J. Brondyke, R. Hiremath, P. Ngo, P. J. Carroll, *Tetrahedron*, **57**, 3715 (2001).

24) M. Irie, *Chem. Rev.*, **100**, 185 (2000).
25) D. Kitagawa, K. Sasaki, S. Kobatake, *Bull. Chem. Soc. Jpn.*, **84**, 141 (2011).
26) S. Nakamura, S. Yokojima, K. Uchida, T. Tsujioka, A. Goldberg, A. Murakami, K. Shinoda, M. Mikami, T. Kobayashi, S. Kobatake, K. Matsuda, M. Irie, *J. Photochem. Photobio. A: Chem.*, **200**, 10 (2008).
27) Y. Ito, T. Kajita, K. Kunimoto, T. Matsuura, *J. Org. Chem.*, **54**, 587 (1989).
28) P. J. Kropp, J. J. Snyder, P. C. Rawlings, H. G. Fravel, Jr., *J. Org. Chem.*, **45**, 4471 (1980).
29) D. O. Cowan, R. L. E. Drisko, *J. Am. Chem. Soc.*, **92**, 6281, 6286 (1970).
30) T. S. Cantrell, W. S. Haller, J. C. Williams, *J. Org. Chem.*, **34**, 509 (1969).
31) a) G. S. Hammond, C. A. Stout, A. A. Lamola, *J. Am. Chem. Soc.*, **86**, 3103 (1964); b) K. Saigo, K. Sekimoto, N. Yonezawa, M. Hasegawa, *Bull. Chem. Soc. Jpn.*, **58**, 1006 (1985).
32) M. Sakamoto, F. Yagishita, M. Kanehiro, Y. Kasashima, T. Mino, T. Fujita, *Org. Lett.*, **12**, 4435 (2010).
33) a) M. D. Cohen, G. M. J. Schmidt, *J. Chem. Soc.*, **1964**, 1996; b) M. Hasegawa, *Chem. Rev.*, **83**, 507 (1983).
34) D. R. Arnold, R. L. Hinman, A. H. Glick, *Tetrahedron Lett.*, **1964**, 1425.
35) H. A. J. Carless, *Tetrahedron Lett.*, **1973**, 3173.
36) a) K. Shima, H. Sakurai, *Bull. Chem. Soc. Jpn.*, **39**, 1806 (1965); b) M. Abe, "CRC Handbook of Organic Photochemistry and Photobiology, 2nd Ed.", W. Horspool, F. Lenci eds. p. 62, CRC Press (2004).
37) H. A. J. Carless, G. K. Fekarurhobo, *J. Chem. Soc., Chem. Commun.*, **1984**, 667.
38) M. Sakamoto, M. Takahashi, T. Fujita, S. Watanabe, T. Nishio, I. Iida, H. Aoyama, *J. Org. Chem.*, **62**, 6298 (1997).
39) 小方芳郎，高木克彦，伊沢康司，化学の領域，**20**, 165 (1966).
40) P. A. Waske, N. T. Tzvetkov, J. Mattay, *Synlett*, **2007**, 669.
41) D. Bellus, P. Hrdlovic, *Chem. Rev.*, **67**, 599 (1967).
42) W. Gu, R. G. Weiss, *J. Photochem. Photobiol., C*, **2**, 117 (2001).
43) H. Kobsa, *J. Org. Chem.*, **27**, 2293 (1962).
44) T. Mori, M. Takamoto, H. Saito, T. Furo, T. Wada, Y. Inoue, *Chem. Lett.*, **33**, 254 (2004).
45) F. Galindo, *J. Photochem. Photobiol., C*, **6**, 123 (2005).
46) Y. Yoshimi, A. Sugimoto, H. Maeda, K. Mizuno, *Tetrahedron Lett.*, **39**, 4683 (1998).
47) A. L. Pincock, J. A. Pincock, R. Stefanova, *J. Am. Chem. Soc.*, **124**, 9768 (2002).
48) K. Pitchumani, M. Warrier, V. Ramamurthy, *J. Am. Chem. Soc.*, **118**, 9428 (1996).
49) A. M. Sanchez, A. V. Veglia, R. H. de Rossi, *Can. J. Chem.*, **75**, 1151 (1997).
50) D. P. Kelly, J. T. Pinhey, R. D. G. Rigby, *Aust. J. Chem.*, **22**, 977 (1969).
51) S. S. Hixson, P. S. Mariano, H. E. Zimmerman, *Chem. Rev.*, **73**, 531 (1973).
52) V. J. Rao, A. G. Griesbeck, *Mol. Supramol. Photochem.*, **12**, 189 (2005).
53) H. Rau, "Chiral Photochemistry", Y. Inoue, V. Ramamurthy, eds., p.1, Marcel Dekker (2004).
54) T. Mori, R. G. Weiss, Y. Inoue, *J. Am. Chem. Soc.*, **126**, 8961 (2004).
55) a) N. Hoffmann, J.-P. Pete, "Chiral Photochemistry", Y. Inoue, V. Ramamurthy, eds., p.179, Marcel Dekker (2004); b) B. Grosch, T. Bach, "Chiral Photochemistry", Y. Inoue, V. Ramamurthy, eds., p.315, Marcel Dekker (2004).
56) a) E. Nishiuchi, T. Mori, Y. Inoue, *J. Am. Chem. Soc.*, **134**, 8082 (2012); b) K. Matsumura, T. Mori, Y. Inoue *J. Am. Chem. Soc.*, **131**, 17076 (2009).
57) T. Wada, Y. Inoue, "Chiral Photochemistry", Y. Inoue, V. Ramamurthy, eds., p.341, Marcel Dekker (2004).
58) M. Nishijima, T. Wada, T. Mori, T. C. S. Pace, C. Bohne, Y. Inoue, *J. Am. Chem. Soc.* **129**, 3478 (2007).
59) M. Oelgemöller, Y. Inoue, *J. Photosci.*, **10**, 71 (2003).
60) A. Bauer, F. Westkämper, S. Grimme, T. Bach, *Nature*, **436**, 1139 (2005).
61) 水野一彦, "マイクロリアクター技術の最前線", 前 一廣 監修, pp. 89-95, シーエムシー出版

(2012).
62) M. Oelgemöller, O. Shvydkiv, *Molecules,* **16**, 7522 (2011).
63) K. Tsutsumi, K. Terao, H. Yamaguchi, S. Yoshimura, T. Morimoto, K. Kakiuchi, T. Fukuyama, I. Ryu, *Chem. Lett.,* **39**, 828 (2010).
64) K. Terao, Y. Nishiyama, S. Aida, H. Tanimoto, T. Morimoto, K. Kakiuchi, *J. Photochem. Photobiol., A,* **242**, 13 (2012).
65) T. Fukuyama, Y. Kajihara, Y. Hino, I. Ryu, *J. Flow Chem.,* **1**, 40 (2011).
66) a) H. Maeda, H. Mukae, K. Mizuno, *Chem. Lett.,* **34**, 66 (2005); b) H. Mukae, H. Maeda, S. Nashihara, K. Mizuno, *Bull. Chem. Soc. Jpn.,* **80**, 1157 (2007).
67) T. Horie, M. Sumino, T. Tanaka, Y. Matsushita, T. Ichimura, J. Yoshida, *Org. Process Res. Dev.*, **14**, 405 (2010).
68) B. D. A. H. Hook, W. Dohle, P. R. Hirst, M. Pickworth, M. B. Berry, K. I. Booker-Milburn, *J. Org. Chem.,* **70**, 7558 (2005).
69) R. A. Maurya, C. P. Park, D.-P. Kim, *Beilstein J. Org. Chem.,* **7**, 1158 (2011).
70) S. Meyer, D. Tietze, S. Rau, B. Schäfer, G. Kreisel, *J. Photochem. Photobiol. A, Chem.,* **186**, 248 (2007).
71) F. Levesque, P. H. Seeberger, *Angew. Chem. Int. Ed.,* **51**, 1706 (2012).
72) A. Sugimoto, T. Fukuyama, Y. Sumino, M. Takagi, I. Ryu, *Tetrahedron,* **65**, 1953 (2009).
73) S. Fuse, N. Tanabe, M. Yoshida, H. Yoshida, T. Doi, T. Takahashi, *Chem. Commun.,* **46**, 8722 (2010).
74) O. Shvydkiv, S. Gallagher, K. Nolan, M. Oelgemöller, *Org. Lett.,***12**, 5170 (2012).
75) K. Ueno, F. Kitagawa, N. Kitamura, *Lab Chip,* **2**, 231 (2002).
76) Y. Matsushita, S. Kumada, K. Wakabayashi, K. Sakeda, T. Ichimura, *Chem. Lett.,* **35**, 410 (2006).
77) H. Maeda, H. Nakagawa, K. Mizuno, *Photochem. Photobiol. Sci.*, **2**, 1056 (2003).
78) H. Lu, M. A. Schmidt, K. F. Jensen, *Lab Chip*, **1**, 22 (2001).
79) 大内秋比古，有機合成化学，**54**, 410 (1996).
80) A. Ouchi, H. Sakai, T. Oishi, M. Kaneda, T. Suzuki, A. Saruwatari, T. Obata, *J. Photochem. Photobiol., A*, **199**, 261 (2008).
81) R. M. Wilson, K. A. Schnapp, R. K. Merwin, R. Ranganathan, D. L. Moats, T. T. Conrad, *J. Org. Chem.*, **51**, 4028 (1986).
82) A Ouchi, Y. Koga, *J. Org. Chem.*, **62**, 7376 (1997).
83) a) T. J. Turro, V. Ramamurthy, J. C. Sciano, “Modern Molecular Photochemistry of Organic Molecules”, pp. 1001–1042, University Science Books (2010); b) M. Zamadar, A. Greer, “Handbook of Synthetic Photochemistry”, A. Albini, M. Fagnoni, eds., pp. 353–386, Wiley-VCH (2010); c) 日本化学会 編, “第 5 版 実験化学講座 17”, pp. 341–357, 丸善出版 (2004); d) M. Matsumoto, “Singlet O_2”, Vol. II, A. A. Frimer, ed., pp. 205–272, CRC Press (1985); e) H. H. Wasserman, R. W. Murray, ed., “Singlet Oxygen”, Academic Press (1979).
84) a) A. J. Bloodworth, H. J. Eggelte, “Singlet O_2”, Vol. II, A. A. Frimer, ed., pp. 93–203, CRC Press (1985).
85) G. O. Schenck, D. E. Dunlap, *Angew. Chem.*, **68**, 248 (1956).
86) C. Kaneko, A. Sugimoto, S. Tanaka, *Synthesis*, **1974**, 876.
87) a) B. L. Feringa, *Recl. Trav. Chim. Pays-Bas*, **106**, 469 (1987); b) T. Montagnon, M. Tofi, G. Vassilikogiannakis, *Acc. Chem. Res.*, **41**, 1001 (2008).
88) C. S. Foote, M. T. Wuesthoff, S. Wexler, I. G. Burstain, R. Denny, G. O. Schenck, K.-H. Schulte-Elte, *Tetrahedron*, **23**, 2583 (1967).
89) M. R. Kernan, D. J. Faulkner, *J. Org. Chem.*, **53**, 2773 (1988).
90) a) H. H. Wasserman, K. B. Wiberg, D. L. Larsen, J. Parr, *J. Org. Chem.*, **70**, 105 (2005); b) H. H. Wasserman, D. L. Larsen, *Chem. Commun.*, **1972**, 253.
91) a) M. Orfanopoulos, G. C. Vougioukalakis, M. Stratakis, “The Chemistry of Peroxides”, Vol. 2, Part 2,

Z. Rappoport, ed., pp. 831–898, John Wiley (2006); b) A. G. Griesbeck, T. T. El-Idreesy, W. Adam, O. Krebs, "CRC Handbook of Organic Photochemistry and Photobiology", W. M. Horspool, F. Lenci, eds., pp. 8/1–8/20, CRC Press (2004); c) A. A. Frimer, L. M. Stephenson, "Singlet O_2", Vol. II, A. A. Frimer, ed., pp. 67–91, CRC Press (1985); d) G. O. Schenck, K. H. Schulte-Elte, *Liebigs Ann. Chem.*, **618**, 185 (1858).

92) a) W. Adam, A. V. Trofimov, "The Chemistry of Peroxides", Vol. 2, Part 2, Z. Rappoport, ed., pp. 1171–1209, John Wiley (2006); b) A. L. Baumstark, "Singlet O_2", Vol. II, A. A. Frimer, ed., pp. 1–35, CRC Press (1985)

93) a) 松本正勝, "バイオ・ケミルミネッセンスハンドブック", 今井一洋, 近江谷克裕 編著, pp. 94–98, 丸善出版 (2006); b) M. Matsumoto, N. Watanabe, N. C. Kasuga, F. Hamada, K. Tadokoro, *Tetrahedron Lett.*, **38**, 2863 (1997).

電気化学合成実験法

28.1　電解反応装置，電極，電解溶媒，支持塩の選択

28.1.1　電解反応装置[1)]

a.　電　源

有機化合物の電解反応は，通常直流電流により行われ，100 V 交流から直流を得るためのたんなる整流器としての比較的廉価な“直流電源”，または厳密な電位規制が可能であるが，比較的高価な“ポテンショスタット”を用いる．直流電源は二極（陽・陰極）式の“定電流電解”に，ポテンショスタットは三極（陽・陰極と参照電極）式の“定電位電解”（作用電極と参照電極間の電位差を一定に保つ）に，それぞれ用いられる．次節で詳述するように通常，“定電流電解”は合成目的に，“定電位電解”は反応機構解明の目的などに，それぞれおもに用いられる．“定電流電解”に用いる直流電源は，一般により安価であるが，計器の目盛はおおまかであるので，別途“直流用電流計”を用いて正確な電流値（アンペア値）を求めることが必要である．そのほか，電源と電極とを接続するためのコードや接続素子ももち

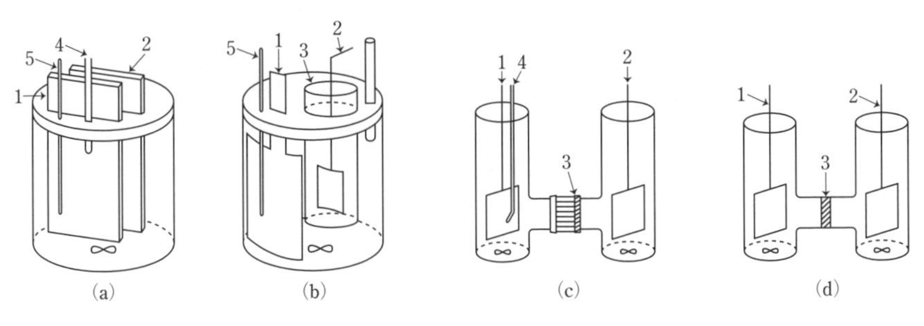

図 28.1　電解セル（電解槽）
(a) ビーカー形（無隔膜法）　(b) ビーカー形（隔膜法）　(c) H 形電解セル（分離型）
(d) H 形電解セル（非分離型）
1：作用電極，2：補助電極（対極），3：隔膜（素焼円筒またはガラスフィルター），4：塩橋，
5：温度計．

ろん必要である.

b.　電解セル（電解槽）

電解セルは，用いる電解方式，とくにバッチ式と循環式，または無隔膜法（1 室型）と隔膜法（2 室型）で大きく異なる．共通して考慮すべき要素として，以下の点があげられる．(1) 有効な電極比表面積ができるだけ大きい．(2) 電解液の撹拌または物質移動が容易で効率的である．(3) 極間距離ができるだけ小さい．(4) 電極類，隔膜，温度計，ガスの出入口などの付帯品がきちんと固定されており，取付け，取外しや交換が容易である．(5) 電解反応セルの洗浄や補修が容易である，(6) 化学的，物理的に安定で，丈夫で廉価である．

実験室で電解合成反応を行う場合は，もっとも簡便にはバッチ式の無隔膜法（図 28.1(a)）および隔膜法（図(b)）に示すように，反応基質や反応溶媒の量に応じた容量のガラス製ビーカーに，電極，隔膜，ガス抜きなどを備えたゴム板などで蓋をしたものを用いる．ガラスフィルターを隔膜として挟み両方からネジで締めつける H 形（分離型）セル（図 (c)），ガラスフィルターを隔膜に用いた H 形（非分離型）セル（図(d)）などが用いられている．反応規模，温度，時間，極間電圧や上記の (1)～(6) を極力満たす条件を考慮して，自ら最適のセル装置を考案することも重要である．

c.　電　極

電極材料の評価基準としては，一般には電導性，機械的強度，加工性，経済性，環境汚染性，などに加えて，酸化還元反応や反応基質，溶媒，生成物などに対する安定性などが要求される．一般に，陽極材料としては，各種炭素材料や Au や Pt などのように容易に酸化溶出しない貴金属のほか，表面に Pt，RuO_2 や TiO_2 などの金属酸化物を被膜したチタン板（Pt/Ti，RuO_2/Ti，TiO_2/Ti）や，PbO_2/Pb（硫酸水溶液中で鉛板を陽極にして通電すれば鉛板の表面に生成する）[2]，NiO(OH)/Ni（アルカリ性水溶液でニッケル板を陽極にして微小電流を通じればニッケル板の表面に生成する）[3] などが用いられ，一方，陰極材料としては，炭素材料や各種の金属が用いられる．形状としては，板状がもっとも一般的であるが，棒状や網目状もしばしば用いられる．

炭素材料は，安価でもっとも使いやすい電極の一つであり，丸棒状または板状のものが入手しやすい．また，特殊な形状やさまざまな表面の軟硬度をもつ炭素材料は，日本カーボンなどから容易に入手できる．ただし，毛管現象で電解液が上昇しやすい炭素材料は，電極として不適である．

d.　参照（照合）電極と塩橋

有機電解反応の反応機構の解明などを目的とした場合は定電位電解反応が望ましいとされるが，まず該当する有機化合物の酸化または還元電位を，有機合成の目的に用いる実際の反応系と，できるだけ同じ参照電極を用いて，同じ溶媒中の同じ支持電解質の種類と濃度の条件で測定しておく必要がある．種々の有機化合物の酸化還元電位は文献などに記載されているが，有機合成化学反応を目的とする定電流電解条件とはかなり異なる場合もあることを留意しておく必要がある．一定の基準電位をもつ参照電極は，通常は有機化合物の酸化還元電位を測定する場合や，電流-電位曲線を求める場合に用いられる．

一般に，参照電極としては市販の飽和カロメル電極（saturated calomel electrode：SCE）や銀電極（Ag/Ag^{+}）などがある．有機電解反応では，参照電極を長時間使用可能にするため，通常電解液に漬けることはせず，別に調製した飽和塩化カリウム溶液などに漬けて電解反応液との間を塩橋で連結する方法をとる．塩橋としては，コの字形に曲げたガラス管による塩橋（寒天ブリッジ）がもっとも調製しやすく，安価であり，電解反応液中の塩橋の先端は，作用電極のごく近傍で対極（補助電極）と向かい合っている側に位置するのが望ましいが，対極と反対側でも実質的に大きな支障のない場合も多い．すなわち，基質の酸化還元電位を測定したときとできるだけ同じ条件で定電位電解を行うことが重要である．

e.　電解隔膜（隔膜）

b. 項で述べたように，実験室で行う電解反応には無隔膜法と隔膜法があるが，隔膜法は，出発物質の同一分子内に電気化学的に酸化されやすい官能基と還元されやすい官能基が共存する場合や，いったん生成した目的とする酸化または還元生成物が反対の極で逆反応か望ましくない反応をする可能性が考えられる場合に用いられる．しかし，この場合は適当な隔膜を準備する必要があるうえに，電解セルの構造も複雑になり，反応規模の拡大も容易ではなく，極間電圧も比較的高くなるため，有機合成を目的とする場合は無隔膜法で行えるなら，それに越したことはない．陽極酸化反応では隔膜なしに行っても支障がない場合が多いが，陰極還元反応ではほとんどの場合，隔膜を必要とする．

隔膜は，両極室間の物質移動を抑制するが，イオン移動はできるだけ抑制せず，しかも化学的および熱的に安定で，ある程度の機械的強度があることが望ましい．具体的な素材としては，ガラスフィルター，素焼材料や多孔性プラスチックフィルムなどの沪過膜と，イオン交換膜に代表される密隔膜などがある．実験室の規模では，素焼円筒（たとえば，“ポーラスカップ”や各種の電解用隔膜が市販されている）が取付け，取替えや洗浄も容易で複数回の使用が可能であるためよく用いられる．工業的規模では，イオン交換膜が用いられるが，陽イオン交換膜としてはスルホン酸型（たとえば，セレミオン CMV（旭硝子））やナフィオン（Nafion）型（Du Pont 社）が，また陰イオン交換膜としては，ネオセプタ膜（アストム）がよく用いられている．

f.　撹拌器（バッチ式と循環式）

有機化合物の電解反応においても，他の有機合成反応と同様に，つねに反応液の組成の均一性を保ち，発生するジュール熱を拡散させるために反応中は効率よく撹拌することが望ましい．実験室ではバッチ式で行うのが通常であり，数十グラムの規模なら簡便に行うことができる．ビーカー型電解セルのような平底のセルを用いるときは，マグネチックスターラーを用いる方法がもっとも簡便で効率性が高い．時には，モーターに連結した撹拌棒を用いて撹拌する場合もあるが，電極や隔膜などに触れないように工夫しなければならない．電極自体をモーターにより回転させて反応液の撹拌を行う場合もある．

工業的には循環式のほうが適しているため，工業化を目指した開発研究の段階では，この方式を試みる必要がある．反応系の中で反応液自体をかなりの速度で循環させることにより十分な撹拌を行うことが可能である．

有機電解反応では一般的には，反応条件が同じなら規模の大きさによって結果が大きく異なることは比較的少ないが，循環式とバッチ式により同じ反応を同じ規模で行った場合，結果に若干の差異が認められることもある．

g.　温度調節器

有機電解反応は通常常温で行うが，反応中通電のさいの電解溶液内の電流値，電気抵抗，電極面積，電極間距離などに応じてジュール熱が発生するので，必要に応じて外部より適宜冷却する必要がある．通常の有機合成反応と同様，低温から高温までそれぞれ外部から冷媒や加熱装置を用いて望ましい温度で電解反応を行うことは，もちろん可能であるが，低温のさいの極間電圧の上昇や，電解溶液や反応物質の凝結，および高温時の溶媒の蒸発に常時留意する必要がある．

h.　ガスの出入口

有機電極反応では，多少の差はあれ，陽・陰極から酸素や水素などの気体が発生するので，ガスの出入り口の確保は考慮しなければならない．時には，窒素やアルゴンなどの不活性ガスを吹き込みながら，またはそれらの雰囲気の中で反応を行うこともあり，それらの場合にはしかるべき導入口と排気口も取りつける必要がある．

28.1.2　反 応 溶 媒

有機電解反応に用いる溶媒の特性としては，(1) 基質（有機化合物）に対する親和性（溶解性），(2) 支持電解質の溶解力，(3) 極性（高い誘電率），(4) 電気化学的に安定，(5) 安価で精製が容易，および (6) 反応剤としての可能性，などがあげられる．通常の有機化学反応でみられるように，反応溶媒が直接有機電解反応に関与する場合も多い．たとえば，陽極酸化反応で生じるカチオン種への求核剤や，陰極還元反応で生じるアニオン種のプロトン化剤があげられる．通常，水以外でよく用いられる有機溶媒としては次のものがある．

陽極酸化用：メタノール，酢酸，アセトニトリル，ジクロロメタン，スルホラン，ピリジン，ニトロメタン，THF，DMF，炭酸プロピレン　など

陰極還元用：メタノール，酢酸，アセトニトリル，DMF，DMAc，*N*-メチルピロリドン，HMPA，DMSO，THF，Et_2NH，ジオキサン，ジグリム　など

通常は，これら有機溶媒の単独系または含水系を含めた混合系を反応溶媒に用い，使用前に精製（場合によれば乾燥も必要）することが望ましい．表 28.1 に種々の溶媒の誘電率（dielectric constant）を示す．

また，有機電解反応では，1 層系よりも 2 層系（たとえば，有機層と水層）を用いると，

表 28.1　溶媒–支持電解質の許容電位範囲[a]

溶　媒	誘電率	支持電解質	カソード限界 [V]	アノード限界 [V]
水	80	Bu_4NClO_4	−2.7	(1.5)[b]
炭酸プロピレン	69	Et_4NClO_4	−1.9	1.7
ジメチルスルホキシド（DMSO）	46.7	Et_4NClO_4	−2.3	2.1
アセトニトリル	37.5	$LiClO_4$	−3.2	2.6
		$NaClO_4$	−1.6	2.6
		Bu_4NClO_4	−2.7	2.6
		Et_4NClO_4		3.5
ジメチルアセトアミド（DMAc）	37.8	Et_4NClO_4	−2.7	1.6
ジメチルホルムアミド（DMF）	36.7	Et_4NClO_4	−2.8	1.9
ニトロメタン	36.7	$LiClO_4$	−2.4	3.0
スルホラン	44	Et_4NClO_4	−2.9	2.3
N–メチルピロリドン（NMP）	32	Et_4NClO_4	−3.3[c,d]	1.4[c]
メタノール	33	$LiClO_4$	−1.0	1.3
		KOH	−1.0	0.6
ヘキサメチルリン酸トリアミド（HMPA）	30	$LiClO_4$	−3.3	1.0
ピリジン	13	Et_4NClO_4	−2.2	3.3
ジクロロメタン	8.9	Bu_4NClO_4	−1.7	1.8
酢　酸	6.2	NaOAc	−1.0	2.0
テトラヒドロフラン（THF）	7.4	$LiClO_4$	−3.2	1.6
1,2–ジメトキシエタン（DME）	3.5	Bu_4NClO_4	−3.0[d]	0.7[d]

a）作用電極：Pt. V *vs*. SCE，b）電解質：$HClO_4$，c）V *vs*. Hg プール，d）作用電極：Hg.

期待する反応が首尾よく進行する場合がときどきある．たとえば種々のメディエーターを用いる間接法[4]や，カルボン酸の対応するアルデヒドへの選択的還元反応[5]のような反応段階の規制を必要とする場合に用いられる．これらについては次節で詳しく解説する．

28.1.3　支持電解質

通常の有機電解反応では，電解溶液にイオン導電性を与えるために，適宜な支持電解質が反応溶媒に加えられる．支持電解質を選択するポイントとしては，(1) 用いる溶媒に対する溶解度が大きく，解離しやすい，(2) 電気化学的に安定である，(3) 反応中間体との相互作用が望む方向にはたらく，(4) 入手が容易で安価，などがあげられる．

水，メタノール，アセトニトリルや DMF などのように誘電率（極性）の高い溶媒には，各種の無機塩，鉱酸や無機塩基なども使用できるが，それが低い有機溶媒を使用するさいには，テトラアルキルアンモニウム塩などの有機塩に限られる場合が多い．表 28.1 におもな支持電解質のアニオン部の陽極酸化反応に対する安定性（アノード限界），およびカチオン部の陰極還元反応に対する安定性（カソード限界）を示す．

通常，数多く用いられる支持電解質としては，アニオン部としては，ハロゲン化物アニオン（X^-），過塩素酸アニオン（ClO_4^-），テトラフルオロホウ素アニオン（BF_4^-）やトシラートアニオン（$^{-}$OTs）が，カチオン部としてはアルカリ金属イオン（Li^{+}，Na^{+}，K^{+}），および第四級アンモニウムイオン（R_4N^{+}，R＝H またはアルキル基）が，よく知られている．このうち，第四級アルキルアンモニウム塩（$R_4N^{+}X^{-}$）は，有機溶媒に対する溶解度や導電性も高く，さらに陰極での還元反応に対しても安定性が大きいために，有機電解反応の支持電解質としては，たいへん有用である．しかし，ほとんどの第四級アルキルアンモニウム塩は市販されているものの，比較的高価である．そのなかでテトラエチルアンモニウムトシラート（Et_4NOTs）は，安価に購入できるトリエチルアミン（Et_3N）とエチルトシラート（EtOTs）から，容易にかつ一度に大量の調製が可能で[6]，精製も簡便なので（エタノールから再結晶），多くの陽極酸化反応や陰極還元反応に頻繁に用いられている．

表 28.1 に示した支持電解質は，通常常温常圧下では固体であるが“イオン液体”とよばれ，水にもジエチルエーテルなどの有機溶媒にも溶けない，液状の有機塩が開発されている．その特徴的な性質としては，(1) 蒸気圧がほとんどゼロ，(2) 難燃性，(3) イオン性であるが低粘性，(4) 高い分解電圧などがあげられ，“環境に優しく，繰り返し使用が可能な溶剤を兼ねた支持電解質”として用いられている．

たとえば，フェニルチオフタリドは，支持電解質として 1 mol L^{-1} のイオン液体 $[Et_3NH]^{+}[H_4F_5]^{-}$ を用いた電解酸化により，ジクロロメタン溶媒では脱硫フッ素化生成物のみを好収率にて生成するが，DMF 溶媒では主生成物として α-フッ素置換体を優先的に与え，脱硫フッ素化生成物は副生成物として得られる．一方，同じ支持電解質を用いたイオン液体 [emim][TfO]（エチルメチルイミダゾリウムトリフラート）溶媒では対応する脱硫フッ素置換体だけを選択的に生成する．これは，イオン液体 [emim][TfO] がジクロロメタンと同様に原料のラジカルカチオンを不安定化し活性化することを示唆している．さらに，有機溶媒をまったく用いずに，支持電解質と溶媒を兼ねてイオン液体 $[Et_3NH]^{+}[H_4F_5]^{-}$ を用いれば，電解脱硫フッ素化反応に繰り返し使用できることが示されている[7]．

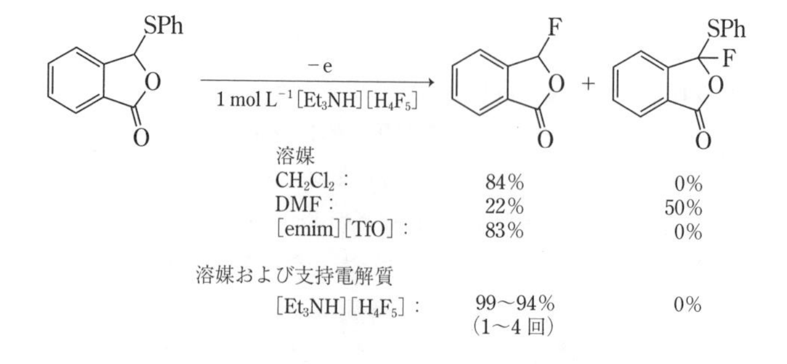

28.2 電解条件と反応条件の選択[8)]

前節で説明したように，電気化学合成は反応を左右する因子が化学合成と比べて多く，複雑である．そのため，有機合成に慣れた者でも電気化学合成を用いるのに抵抗を感じる人も多い．ここではまず，電解条件と反応条件の選択を行ううえでの一般的指針について説明し，ついで具体的な条件選択について述べる．

28.2.1 生成物選択性と関係深い反応因子[9)]

溶媒は支持塩を溶解し，イオン解離させるだけではなく，電解で発生する活性中間種を溶媒和し，安定化あるいは活性化する．また，犠牲溶媒としてもはたらき，過酸化を抑制する作用もある．支持塩は電解液にイオン伝導性を付与するだけでなく，本章 28.8 節で説明するように溶媒との組合せにより効果的な電解発生酸・塩基触媒として機能する．また，水やメタノールのようなプロトン性溶媒は陰極で還元され，水素を発生するので還元側で使用可能な電位が制限されるため，還元されにくい基質を還元する場合には注意が必要である．

電極はたんなる基質との電子移動媒体ではなく電極触媒としてもはたらくことから，電解反応の重要な因子である[10)]．したがって，電極材料の選択を誤ると目的とする反応が進行しないこともあるので注意が必要である．水溶液系では酸素と水素との発生の競合が起こるので，酸素水素過電圧の高い電極材料を用いる．酸素過電圧の大きさはおよそ Au＞Pt，Pd，Cd，Ag＞PbO_2＞Cu＞Fe＞Co＞Ni の順であり，水素過電圧は Hg＞Zn，Pb，Cd＞黒鉛＞Cu＞Fe，Ni＞Ag，Co＞Pt，Pd の順である．一方，非プロトン性の有機溶媒中では，まず，陽・陰極に白金あるいは炭素を用いて検討するのがよい．なお，$LiClO_4$ を支持塩とし，炭素電極を陽極に用いると電極に含まれる粘結剤であるピッチが酸化されて，炭素電極が表面から崩壊していくので注意が必要である．これに対し，グラッシーカーボン（GC）は炭素電極の一種ではあるが，電解酸化に対し耐久性があり，またアミンの電解酸化でしばしば起こる電極の不動態化（非電導性の酸化生成物が電極表面に付着し，電気が流れにくくなる現象）が起こりにくい利点がある．しかしながら，価格は白金並みと高価である．なお，卑金属は陽分極により溶出することから，陽極材料には適さない．ただし，本章 28.6 節でも述べるように Mg，Zn，Al，Cu などは反応性電極や犠牲陽極として用いられることもある．

水溶液中でのコルベ（Kolbe）電解において，白金陽極では一電子酸化によりラジカル中間体を経て二量化体を，一方，グラファイト陽極では二電子酸化によるカルボカチオン中間体経由の生成物を与える傾向が大きい．また，金陽極では水溶液中でのコルベ電解反応はまったく進行しない．このように，目的に合った電極材料の選択が肝要である．

電位と電流密度とは相関性があるので，定電流電解で電流密度を設定するときには基質の濃度を考慮すべきであり，一般に，基質濃度が高い場合には高い電流密度で，基質濃度が低い場合には低い電流密度で電解を行うのがよい．定電位電解では基質濃度を考慮しなくてもよい．

28.2.2　定電流電解と定電位電解

電解合成は，まず一定の電流密度（電流値を作用電極面積で除したもので，mA cm^{-2} などで表記する）で通電する定電流電解で条件を検討するのがよい．電源（ガルバノスタット）の操作も簡単であり，電流密度や通電量を変えることにより反応の選択性や収率の向上が図れる．電流密度は電極電位と相関しており，電流を変えれば電極電位も変わるが，電流密度が独立に電解結果に影響する場合も少なくない．また，基質濃度に応じて電流密度を設定するのがよく，基質濃度が低い場合には電流密度を低めに設定し，濃度が高ければ電流密度は高くできる．通電量は電流［A]×時間[s])＝電気量［C：クーロン］で容易に算出できる．目的とする反応が二電子反応であれば，理論通電量は 1 mol あたり，$2F$（2×96 480 C）となるので，これを実際に流す電流値で割れば，通電に要する時間が求まる．本電解法は図 28.2(a) に示すように電解時間とともに原料が消費され，それに伴い電位が徐々に変化し，とくに反応の終盤に副反応が併起し，選択性や電流効率が低下する場合がある．しかしながら，定電流電解で高選択的かつ高効率的な電解合成が達成できることが多く，工業電解では装置や操作性の簡便性からもっぱら定電流電解が用いられている．

高い選択性を追求したり，反応機構の解明には定電位電解が適している．定電位電解を行うにはあらかじめ基質の酸化電位あるいは還元電位を，データ集や文献あるいはサイクリックボルタンメトリー（CV 測定）により求めておくのがよい．CV 測定機器がない場合には，直接，マクロ電解用セル中での電流−電位曲線の測定から電流が急増する電位を求め，電位を設定することもできる．

電解は図 28.3 に例示するようにキャピラリーの先端（ルギン（Luggin）細管）を作用電

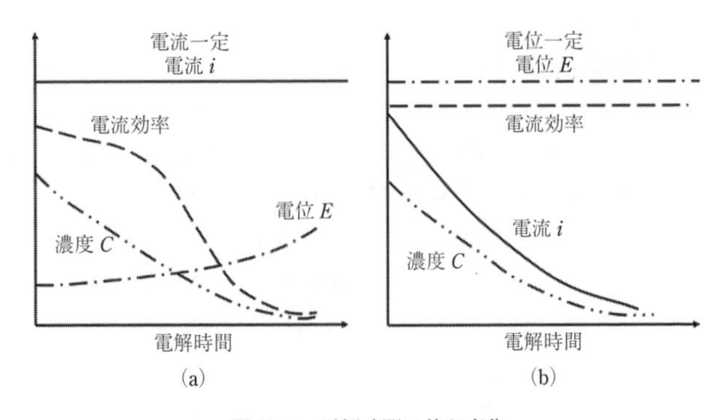

図 28.2　電解時間に伴う変化
(a) 定電流電解　　(b) 定電位電解

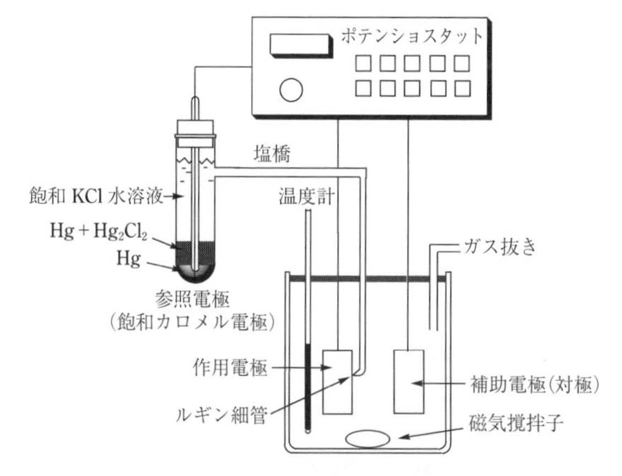

図 28.3　定電位電解装置

極の近くに置き，それを塩橋で参照電極に液絡し，ポテンショスタットにより一定の電位を印加する．この場合，図 28.2(b) に示すように電解時間とともに電流値が変化（減少）していくので通電量はクーロンメーターで測定する．クーロンメーターがなくても，電流値（縦軸）と時間（横軸）をプロットし，積分することにより通電量を求めることもできる．定電位電解では図 28.2(b) に示すように電解の後半には電流値が減少していくので，原料消失までに要する時間が長くなり，かつ電解セルも複雑になるため，スケールアップには適さない．

なお，電源としては，ポテンショスタットとガルバノスタットが一体となったものを用意すれば，定電位電解あるいは定電流電解の両方を行うことができるので便利である．

次に，電気化学的測定を活用した選択的電解合成の例について説明する．

28.2.3　ボルタンメトリー測定を援用する生成物選択的電解合成[8,11)]

一般に有機電解合成では単一生成物が得られることも多いが，複数の生成物が得られ，目的とする生成物の選択性が低下する問題がしばしば生じる．たとえば，酸性条件下において芳香族アルデヒドや芳香族ケトンのような芳香族カルボニル化合物の電解還元を定電流法で行うと，アルコール体とピナコール体の 2 種類の生成物が同時に生成する．

$$\mathrm{Ar-C(=O)-R} \xrightarrow{\mathrm{H^+}} \mathrm{Ar-\overset{+}{C}(OH)-R} \xrightarrow[E_1^\circ]{\mathrm{e^-}} \mathrm{Ar-\dot{C}(OH)-R} \xrightarrow{\text{二量化}} \frac{1}{2}\,\mathrm{ArCR(OH)-CR(OH)Ar}\ \text{（ピナコール体）}$$

$$\mathrm{Ar-\dot{C}(OH)-R} \xrightarrow[E_2^\circ]{\mathrm{e^-}} \mathrm{Ar-\overset{-}{C}(OH)-R} \xrightarrow{\mathrm{H^+}} \mathrm{Ar-CHR(OH)}\ \text{（アルコール体）}$$

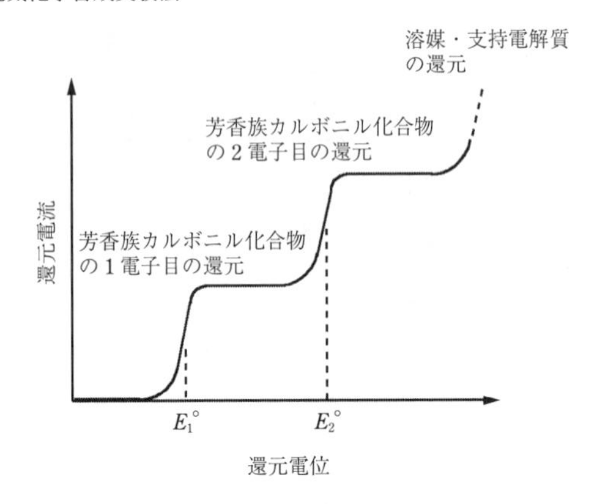

図 28.4　撹拌下における芳香族カルボニル化合物還元の LSV 曲線

このような反応性を示す芳香族カルボニル化合物のリニアスイープボルタンメトリー（linear sweep voltanmetry：LSV）を機械撹拌のような強制対流下で行うと，図 28.4 に示すような 2 段の限界電流から構成されるボルタモグラムが得られる．1 段目の限界電流はカルボニル化合物の 1 電子目の還元に対応しており，また，2 段目の限界電流は 2 電子目の還元過程に対応している．このため，たとえばピナコール体を選択的に得る場合には 1 段目の限界電流が観測される電位範囲において定電位電解を行うのがよい．また，1 段目の限界電流以下の電流値で定電流電解すれば反応初期においてはピナコール体を選択的に得ることができるが，反応の進行に伴い基質濃度が減少してくると，設定電流を保つように電位が負側（図中右側）に変化するため，アルコール体が副生するようになる．したがって，定電流法によりピナコール体を選択的に得る場合には反応を途中で止めなければならない．

一方，アルコール体を得る場合には，2 段目の限界電流が観測される電位範囲において定電位電解するか，あるいは 1 段目の限界電流以上の電流値において定電流電解すればよい．

なお，上述の限界電流値はセルの形状，撹拌強度，電極の形状やサイズなどの影響を受ける．このため，選択的な有機電解合成を目指し，あらかじめボルタンメトリー測定を行う場合には，直接，マクロ電解用のセル中において実施したほうがよい．

28.2.4　ボルタンメトリーによる電極材料の選定[12)]

電極材料の選択を誤ると目的とする反応の電位が電位窓の外側になってしまい，反応自体が進行しないこともあるので，注意が必要である．たとえば，Et_4NF-3 HF を含むジメトキシエタン（DME）電解液中での，ホスホン酸エステル誘導体の電解フッ素化反応は，グラッシーカーボン（GC）陽極では効率よく進行するが，白金陽極を用いると，溶媒である DME の酸化が優先してしまい，目的としたフッ素化体がほとんど得られない．

SPh, OEt, OEt, P, O → (−2e, Et_4NF-3 HF/DME) → PhS, F, OEt, OEt, P, O　81%（GC 陽極）　8%（白金陽極）

これは，マクロ電解用セル中で，GC と白金の電極を用い，電解液のみと基質であるホスホン酸エステル誘導体存在下での電流-電位曲線をそれぞれ測定すると，図 28.5 のようになり，白金電極では基質存在下でもバックグラウンドよりもわずかしか電流が増えないのに対し，GC 電極では基質が存在するとより低い電位で酸化電流が流れ始め，バックグラウンドに比べかなり大きな酸化電流を示すことから，本反応には GC 電極が適していることが容易に予測できる．従来のように試行錯誤で電極材料の選定を行うよりも，このようにして電極材料を選定するほうが効果的である．

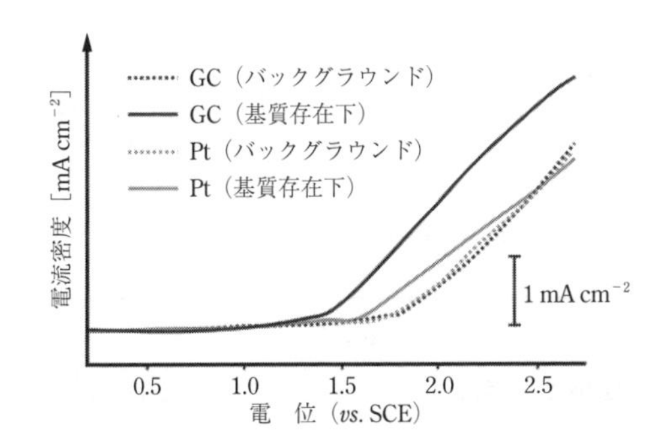

図 28.5　1 mol L^{-1} Et_4NF-3 HF/DME 中でのホスホン酸エステル誘導体（8 mmol L^{-1}）の電流-電位曲線

28.2.5　直接電解と間接電解

電解反応は電解方式により直接電解法と間接電解法に大別される．前者は基質と電極との直接的な電子移動によるものである．一方，後者は電極上での電子移動を酸化・還元能をもつレドックス種（メディエーター）に任せるものであり，基質とメディエーターを共存下で電解する In-cell 法と，メディエーターの再生のみに電解が使用される Ex-cell 法とがある．前者は，メディエーターの酸化還元電位が基質のそれより低い場合にのみ可能であり，基質より高い場合には後者が用いられる．前者はメディエーターが触媒量で済むが，後者は定量的に必要である．図 28.6 で基質と電極間の電子移動が遅い場合（図 28.6(a)），メディエーターと電極間およびメディエーターと基質間の電子移動が速ければ（図(b)），電解電位（活性化エネルギー）を下げることができ，かつより大きな電解電流（より大きな反応速度）が得られることになる（図 28.7）．言い換えるならば，大きな電極触媒作用が得られる．

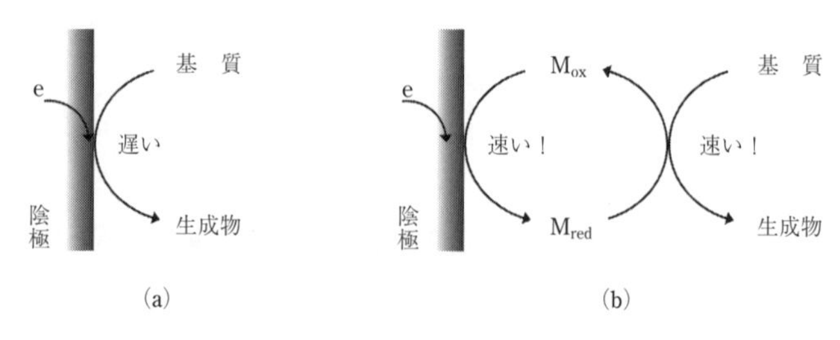

図 28.6　間接電解の原理（陰極還元の場合）
(a) 直接電解（陰極から基質への電子移動が遅い系）
(b) 間接電解（陰極とメディエーター M_{ox} およびメディエーター M_{red} と基質との電子移動がともに速い系）

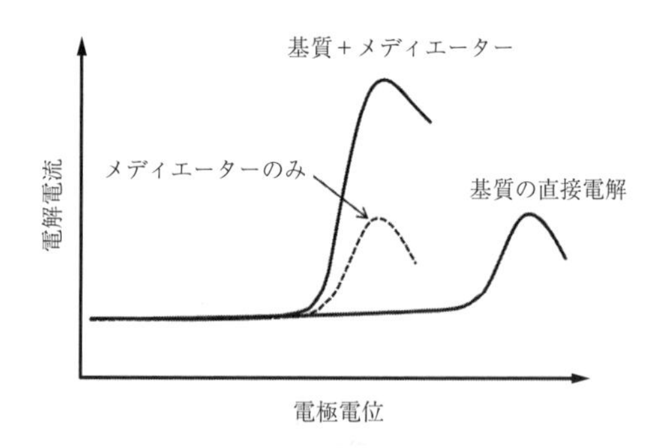

図 28.7　直接および間接電解における電流-電位曲線

メディエーターは種類が豊富なことが一つの特徴であり，目的に合わせたメディエーターを分子設計することにより酸化還元力を調節したり，電解不斉合成に応用することも可能である[13)]．なお，メディエーターは電極の不動態化の抑制にも効果的である．しかしながら，メディエーターを使用すると生成物との分離の問題が新たに生じる．これを解決すべく分離容易で，なおかつ再利用可能なメディエーターが開発されている．たとえば，固体塩基であるポリビニルピリジンの臭化水素塩をメディエーターとするものでは，次式に示すように水中で臭化物イオンが電解酸化されて次亜臭素酸イオンとなり，これがアルコールなどの基質を酸化し，自身は臭化物イオンへ戻る[14)]．メディエーターは固体塩基の塩として回収再利用ができる．さらに，シリカゲルやポリマーなどの固体に TEMPO などを担持したメディエーターが考案されている[15)]．なお，電解フッ素化にもメディエーターが有効なことが知られている[16)]．

$$\text{(polymer)-C}_5\text{H}_4\overset{+}{\text{N}}\text{HBr}^- + H_2O \xrightarrow{-2e} \text{(polymer)-C}_5\text{H}_4\overset{+}{\text{N}}\text{HOBr}^- + H_2$$

$$\text{(polymer)-C}_5\text{H}_4\overset{+}{\text{N}}\text{HOBr}^- + \text{RCH(OH)R}' \longrightarrow \text{(polymer)-C}_5\text{H}_4\overset{+}{\text{N}}\text{HBr}^- + \text{RC(=O)R}' + H_2O$$

28.2.6 二 相 電 解

a. エマルション二相電解

酸化も還元も受けやすい化合物の場合に，生成物を有機層に抽出して電極との電子移動を回避させ，高次の酸化や還元を防止するのに利用する（図 28.8）.

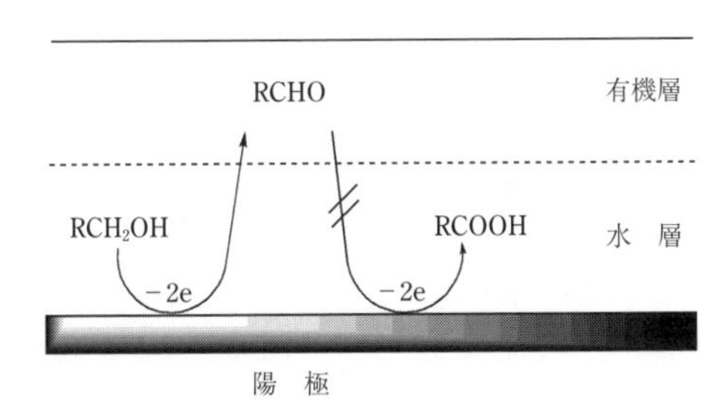

図 28.8　エマルション電解

b. 相関移動触媒を用いた二相電解

第四級アンモニウム塩を相間移動触媒とし，シアン化ナトリウムを用いる水-有機溶媒の二相系電解による陽極シアノ化などが知られている.

c. 相溶性二相電解

28.4 節に詳述しているので参照されたい.

以下に汎用性の広い電気化学合成の例を示す.

【実験例　コルベ反応，アジピン酸モノエステルを出発物とするジエステル合成】

カルボキシラートの脱炭酸を経由する二量化（コルベ（Kolbe）反応）は高級アルカンの合成法として非常に有用である．ここではジカルボン酸モノエステルを出発物とするジエステル合成を行う.

$$2\,CH_3OOC(CH_2)_4COOH \xrightarrow[CH_3ONa/CH_3OH]{-2e} CH_3OOC(CH_2)_8COOCH_3 \quad 70\sim80\%$$

ビーカー形電解セルにアジピン酸モノメチルエステル 120 g（0.75 mol），メタノール

250 mL，ナトリウムメトキシド 4.1 g（0.075 mol），ピリジン 10 mL（0.12 mol）を入れる．白金板（縦 25 mm×横 30 mm）を陽極および陰極（電極間隔は約 5 mm）とし，1.1 A（0.13 mA cm^{-2}）で 23 時間通電する．この条件で通電するとかなり発熱するので，電解槽を水浴中に入れて冷却すると，電解液は還流する．通電後，反応液を冷却し，酢酸 20 mL を加えて酸性にする．減圧濃縮後，固体残渣にエーテル 500 mL を加えて攪拌し，沪過する．沪液を炭酸ナトリウム水溶液，水で洗浄し，無水硫酸カルシウムで乾燥する．溶媒留去後，減圧蒸留により 1,10-オクタンジカルボン酸ジメチルエステルが得られる（収率 70～80%）.

【実験例　ヨウ素メディエーターを用いたアルコールの間接電解酸化反応によるケトン合成】

陽極酸化で生成するヨードニウムイオンは基質を酸化しヨウ化物イオンに戻ることから，これをメディエーターとする電極触媒的酸化反応が可能となる．本手法は金属酸化物を用いずにアルコール類を酸化できる．

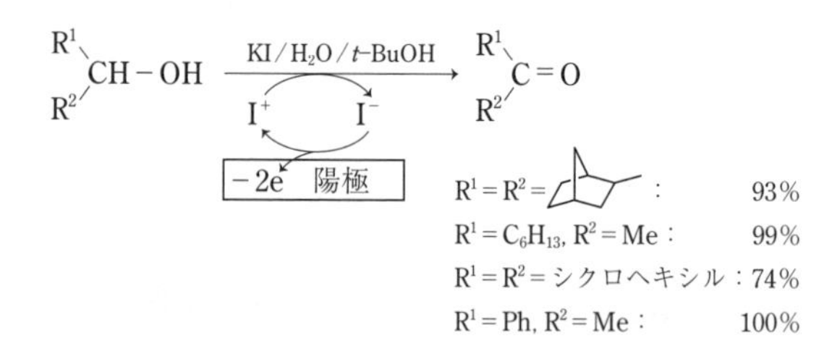

水浴で温度制御された電解セルにヨウ化カリウム水溶液 15 mL（KI：2.49 g，0.015 mol）およびアルコール（0.06 mol）を加える（*t*-ブチルアルコールを加えてもよい．もしくは相分離しても構わない）．陽極として白金もしくはカーボン電極を用い，激しく攪拌しながら定電流電解反応を行う．理論通電量は 2 F mol^{-1} であるが，4～15 F mol^{-1} の過剰の通電量を要する場合が多い．電解後，有機層を分離し，水層はジエチルエーテルで抽出する．得られた有機層はチオ硫酸ナトリウム水溶液で洗浄し，蒸留により生成物を単離する．

28.3　カチオンプール法，マイクロフロー電解システム，コンビナトリアル電解システム

28.3.1　カチオンプール法

カルボカチオンやオニウムイオンなどの有機カチオンを中間体とする反応は有機合成に広く利用されている．有機カチオンは安定なものも存在するが一般に不安定であり，求核剤存在下に発生させて系中ですぐに反応させる方法が用いられてきた．しかし，低温電解酸化反応を利用すると，求核剤を非共存下に有機カチオンを発生させ，その後求核剤を加えて反応させることができる．これがカチオンプール法[17,18]である（図 28.9）．ハロゲンやヒドロキ

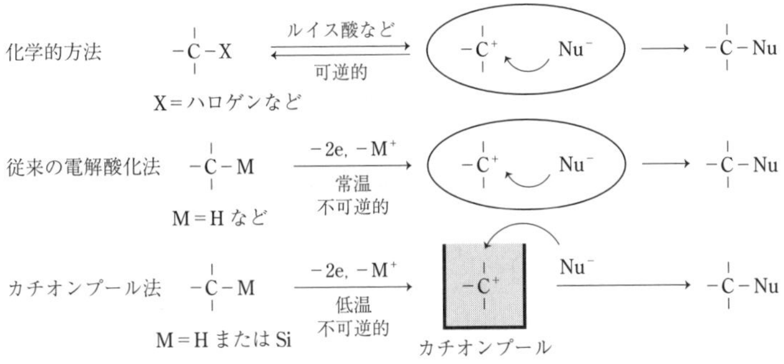

化学的方法　−C−X　⇄（ルイス酸など／可逆的）　−C$^+$　Nu$^-$　⟶　−C−Nu

X＝ハロゲンなど

従来の電解酸化法　−C−M　⟶（−2e，−M$^+$／常温／不可逆的）　−C$^+$　Nu$^-$　⟶　−C−Nu

M＝H など

カチオンプール法　−C−M　⟶（−2e，−M$^+$／低温／不可逆的）　−C$^+$（カチオンプール）　Nu$^-$　⟶　−C−Nu

M＝H または Si

図 28.9　通常の化学的方法，電解酸化法，およびカチオンプール法による有機カチオンの反応

シ基などの脱離基をもった化合物にプロトンやルイス（Lewis）酸などを作用させる化学的方法では，前駆体と生成した有機カチオンの間には平衡が存在し，一般に平衡は前駆体側に偏っているため有機カチオンの濃度は低い．しかしカチオンプール法では，不可逆的な酸化反応で有機カチオンを発生させられるので，比較的高い濃度で有機カチオンを蓄積し，求核剤との反応に利用することができる．また，通常の電解酸化法によるカチオン発生とは異なり，求核剤非共存下で発生，蓄積できるので，カルボアニオン等価体などの酸化を受けやすい求核剤を利用することができるのも利点である．カチオンプール法は，*N*-アシルイミニウムイオン[19]，アルコキシカルベニウムイオン[20]，ジアリールカルベニウムイオン[21]，アリールビス(アリールチオ)スルホニウムイオン[22]，アルコキシスルホニウムイオン[23] などに対して適応することができる（図 28.10）．

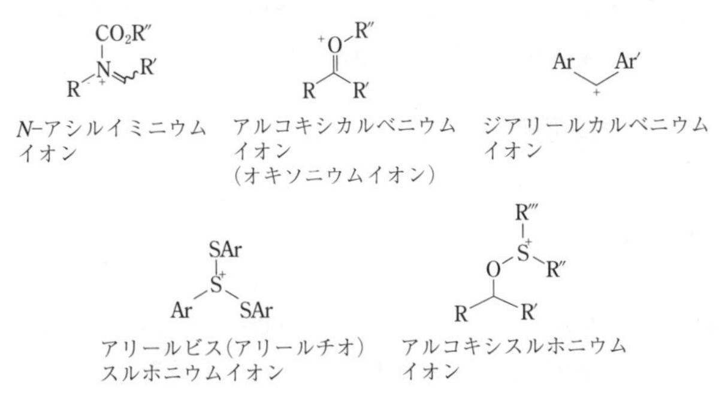

図 28.10　カチオンプール法で発生，蓄積できる有機カチオン

【実験例　カチオンプール法によるカップリング生成物(**4**)の合成[24]】

(**1**) →(アノード酸化, Bu_4NBF_4, CH_2Cl_2, −78℃)→ (**2**)

(**3**) SiMe$_3$, −78℃ → (**4**) 79%

カチオンプール法では，ガラスフィルター（4G）を隔膜とするH形電解セルを反応前によく乾燥し，アルゴン雰囲気下無水条件で，−78℃で電解を行う．たとえば，上式に示すように，4,4′-ジフルオロジフェニルメタン(**1**) 75.1 mg（0.368 mmol）と 0.3 mol L^{-1} Bu_4NBF_4/CH_2Cl_2 8.0 mL を陽極室に入れ，陰極室にはトリフルオロメタンスルホン酸 64 μL (0.72 mmol) および 0.3 mol L^{-1} Bu_4NBF_4/CH_2Cl_2 8.0 mL を入れ，陽極にはアセトンで洗浄したのち減圧下（1 mmHg）250℃で2時間真空乾燥したカーボンフェルトを，陰極には白金板を用いて定電流法（12.0 mA）で電解を行うと（3.0 F mol^{-1}），対応するカルボカチオン(**2**)の溶液が陽極室で得られる．この陽極室溶液に同じ温度で求核剤として（トリメチルシリル)ジフェニルメタン(**3**) 36.2 mg（0.151 mmol）を加え20分間反応させることにより対応するカップリング生成物(**4**)が得られる（収率79%）．通常，陽極室に低温でトリエチルアミンを加え室温に戻し，短いシリカゲルカラムを通して支持塩を除いたのち，フラッシュクロマトグラフィーなど通常の分離，生成操作を行う．

28.3.2　フローマイクロ電解法

マイクロ空間では熱・物質移動が短時間で起こるために，より理想に近い反応環境を得ることができる．また連続フロー系で反応を行うことにより，マイクロ空間を利用しても合成的なスケールでの反応が可能となる[25]．電解合成においても，低温フローマイクロ電解による不安定な有機カチオンの発生と反応（カチオンフロー法）[26]やマイクロ空間での層流を生かした隔膜を用いない電解による有機カチオンの生成と反応[27]など，フローマイクロ合成反応の利点を生かした方法が開発されている[17,28]．

また，フローマイクロ電解では，電極間距離をきわめて短くすることができるので，支持電解質を加えないで電解反応を行える[29,30]．電解後の支持電解質の分離が不必要になるのは，合成上大きな利点である．

【実験例　薄層フロー型セルを用いる*p*-メトキシベンズアルデヒドジメチルアセタール(**6**)の合成[29)]】

PTFE 多孔質膜（直径 20 mm，厚さ 75 μm，細孔径 3 μm）をスペーサーとし，図 28.11 に示す陽極室および陰極室にカーボンフェルトを詰めた 2 室型のテフロン製フロー型マイクロ電解セルを用いて*p*-メトキシトルエン(**5**) をメタノール中で電解酸化し*p*-メトキシベンズアルデヒドジメチルアセタール(**6**) を得る反応を例として示す（図 28.12）．この反応では陽極酸化で生じた H^+ が支持電解質の役割を果たす．電解開始直後は H^+ の濃度が低いため，電解前に，トリフルオロメタンスルホン酸の 0.125 mol L^{-1} メタノール溶液 0.5 mL でセルを満たしておく．電解開始後は **5** 31 mg（0.25 mmol）のメタノール溶液 5 mL を陽極室に導入する（流量：2 mL h^{-1}）．温度制御は，セル全体を室温の水浴につけて行う．通液を行いながら定電流電解（22 mA，**5** に対して 8.0 F mol^{-1} の電気量）を行うと，転換率約 70%，選択率約 90% で **6** が得られる．電極間電圧は 6～8 V である．このような支持電解質なしの電解では電極間距離を保つスペーサーの厚さや細孔径が重要で，反応に最適のものを選ぶ必要がある．

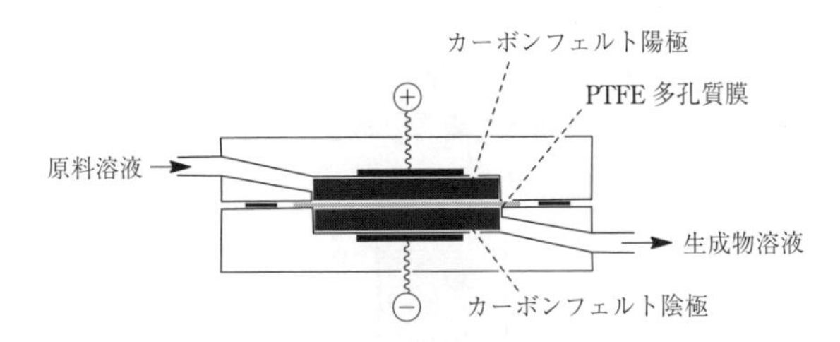

図 28.11　電解質を用いない電解のためのフロー型電解セル

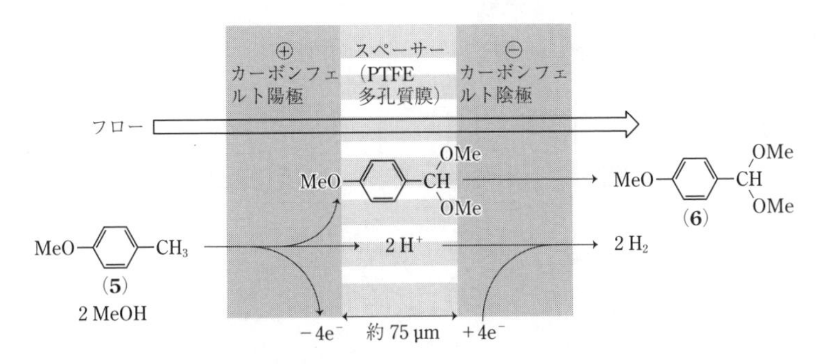

図 28.12　電解質を用いない電解法による*p*-メトキシトルエンの酸化

28.3.3　コンビナトリアル電解システム

多数の化合物を化学ライブラリーとして一挙に合成するコンビナトリアル合成は，新薬や新機能性材料の探索手段としてよく用いられている手法である．同じ操作を繰り返すことが多いので自動合成装置の利用が有効である．カチオンプール法は通常のコンビナトリアル合成にも有効である[26,31]．これは有機カチオン前駆体の低温電解酸化によってカチオンプールを発生させたのち，それを分割し，それぞれに対し異なる求核剤を作用させることによって対応する生成物を一度に得ることができる．さらに前駆体を変えていくことにより，多様な化合物群を効率よく合成することができる．カチオンプールをつくり，これを自動分注型の自動合成装置を用いて低温で各反応槽に分注し，そこに各種求核剤を加えてパラレル合成を行った実際の例を図 28.13 に示す．カルバメートの低温電解酸化により *N*-アシルイミニウムイオンを発生，蓄積させ，その溶液を分割し，それぞれに異なる求核剤を加えて反応させたものである．括弧内は手動で行った場合の収率で，自動合成装置を用いても一部を除きほぼ同等の収率が得られている．

連続フロー系を用いるとシリアルなコンビナトリアル合成ができる．たとえば，図 28.14 に示すようなフロー型電解セルを用いて低温で有機カチオンを発生させ（カチオンフロー法），それに対して，流路を切り替えながら求核剤を反応させると，各種組合せの生成物が順番に得られる．この場合には，陽極室と陰極室を隔膜で分離し，それぞれに別々の溶液を流す方法を用いる．有機カチオン前駆体を変えて同様の操作を行えば，また別の組合せの一

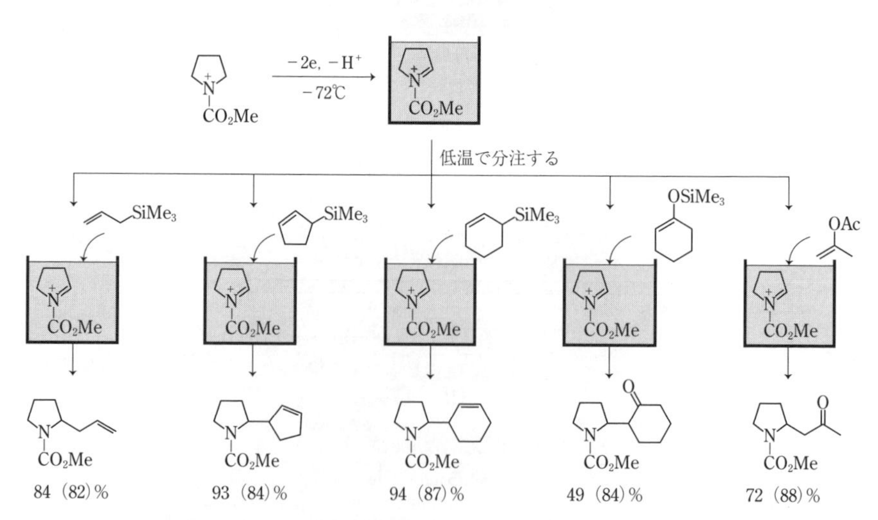

図 28.13　カチオンプール法を利用したパラレルコンビナトリアル合成と収率
（　）の数値は手動で行った場合の収率．

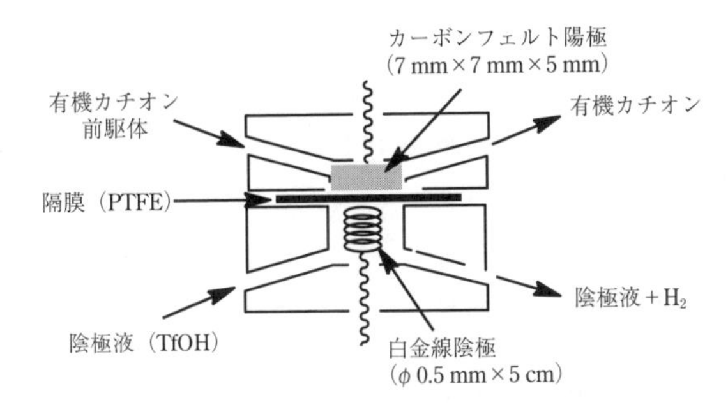

図 28.14　カチオンフロー法のためのフロー型電解セル

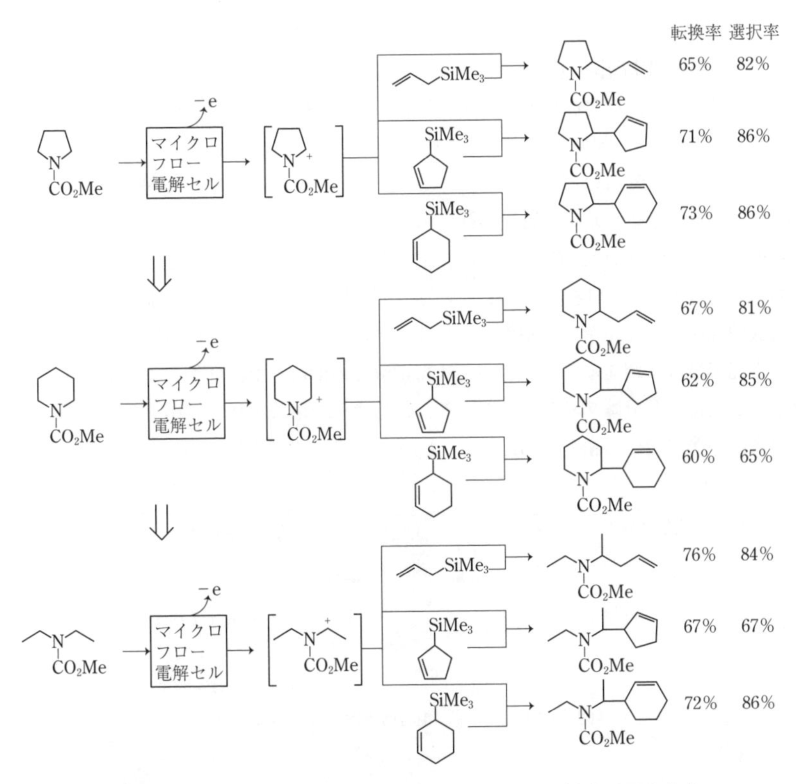

図 28.15　カチオンフロー法を利用したシリアルコンビナトリアル合成

連の生成物が順番に得られる．この操作を繰り返すことによって，m 種類のカチオン前駆体と n 種類の求核剤からシリアルに $m \times n$ 種類の生成物を得ることができる．3 種類のカチオン前駆体（ピロリジン，ピペリジン，ジエチルアミンのカルバメート）と 3 種類の求核剤（直鎖，五員環，六員環のアリルシラン）を用いて 3×3=9 種類の生成物を得るシリアルコンビナトリアル合成を行った例を図 28.15 に示す．このさい，マイクロフロー電解セルは解体洗浄することなく連続的に使用することができる．

28.4　相溶性二相有機電解合成

電気化学合成反応は電極電子移動によって開始される反応プロセスが中心となるため，多くの場合，支持電解質を含む溶液中で反応を行うことになる．ここで支持電解質が電極電子移動によって開始される化学反応の特性を引き出すという重要な役割を果たすこともあり，このことが電気化学合成法の一つの大きな特徴にもなっている．その一方で，反応が終結したのちに生成物を支持電解質溶液と相互に分離する過程の簡易化は，プロセスの迅速化や反応溶液の再処理などの観点から重要な課題になる．相溶性二相有機電解合成法[32,33]（図 28.16）は，このような課題に対応するための一つの方法となるものである．電気化学合成反応に用いられる溶媒は，メタノール，アセトニトリル，*N,N*-ジメチルホルムアミド（DMF）など比較的極性の高い有機溶媒が用いられる．これら極性有機溶媒の多くは，シクロヘキサンと混合すると 2 相に分離するが，混合比率に応じて，一定の温度以上に加温したのちに一度撹拌すると均一な溶液となり，冷却すると再び 2 相に分離する．この現象は極性有機溶媒中に支持電解質が溶解している場合にも発現し，均一溶液状態で電解反応を行い，反応完了後は冷却することによって支持電解質の溶解した極性相とシクロヘキサンを主成分とする相に相互分離することができる．このような溶液特性を利用した相溶性二相有機電解合成法の例について紹介する．

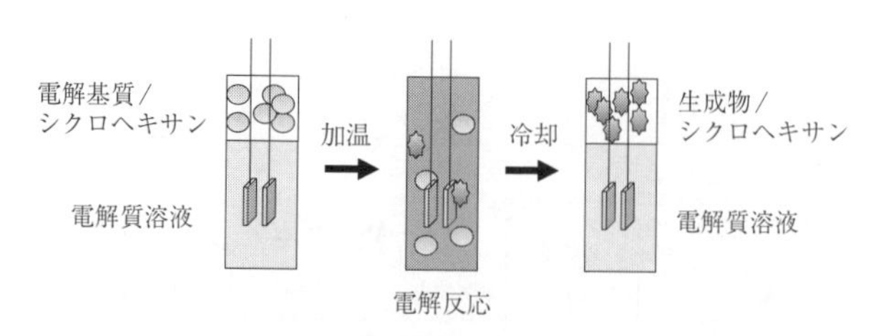

図 28.16　相溶性二相有機電解合成法の概念図

28.4.1　疎水性タグを用いた電解基質の相溶性二相溶液における挙動[34)]

電解のための基質をあらかじめ疎水性の高い保護基（タグ）に結合させることによって，

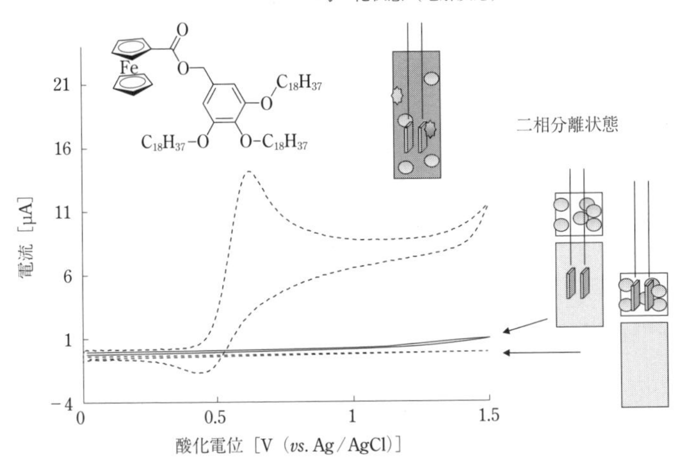

図 28.17　過塩素酸リチウム-プロピオニトリル/シクロヘキサン混合溶液を用いたフェロセン誘導のサイクリック ボルタモグラム

相溶性二相溶液中での挙動を制御し，加温した均一溶液状態で支持電解質溶液中における電子移動を行い，冷却二相溶液分離状態で，基質と支持電解質をそれぞれ分離した状態を形成することができる．たとえばフェロセンカルボン酸を疎水性タグに結合させた 3,4,5-トリス(オクタデシロキシ)ベンジルフェロセンカルボキシラートを過塩素酸リチウム-プロピオニトリル/シクロヘキサン混合二相溶液中に溶解し，40 ℃ で静置し，上層であるシクロヘキサン相，および下層の過塩素酸リチウム-プロピオニトリル電解質溶液相についてそれぞれサイクリック ボルタモグラムを測定すると（図 28.17），いずれもほとんど酸化還元波は観測されない．一方，同じ温度のまま一度攪拌して溶液を完全に均一にしたのちに同様にサイクリック ボルタモグラムを測定するとフェロセンに由来する典型的な酸化還元波が明瞭に観測される．これは，2 相に分離した状態では，電解基質と支持電解質がそれぞれ異なる相に分離しているため，電極電子移動がほとんど起こらなかったものが，均一化することによって電解基質と支持電解質が完全に均一な溶液に溶解し，電極からの電子移動が起こることによるものである．

28.4.2　疎水性タグを用いた相溶性二相有機電解合成[34)]

次に，同様に相溶性現象を示す電解質溶液を用いた電解反応の例を示す．過塩素酸リチウム-メタノール/メチルシクロヘキサン混合溶液を用い，あらかじめ疎水性タグを導入した 3,5-ジドコシロキシベンジルフラニルプロパノアートを基質として電解反応を行った．フラン環および疎水性タグのベンゼン環部分の酸化電位はそれぞれ 1.40 V，1.65 V (*vs.* Ag/AgCl)

であるため，印加電圧を制御することによって選択的にフラン環部分を酸化することができる．この電解酸化完了後に冷却，二相分離を行い，メチルシクロヘキサン相を分離してそのまま水素添加反応に供することによって，テトラヒドロフラン誘導体が得られる（収率78%）．

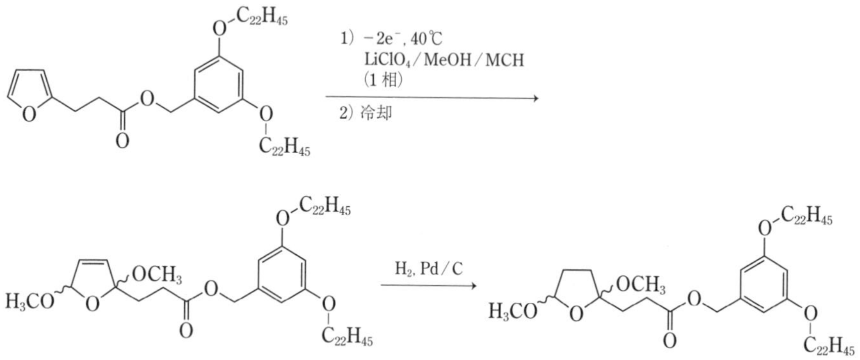

1）$-2e^-$, 40℃
$LiClO_4$/MeOH/MCH
（1 相）
2）冷却

H_2, Pd/C

28.5　PTFE 被覆疎水性電極を用いる有機電解合成[35)]

電気化学合成は通常，均一な電解質溶液に挿入した電極に電圧を印加することにより起こる電極電子移動によって一連の化学反応が開始される．すなわち，均一溶液系で実施する一般の化学反応とは異なり，反応容器内の一部の限定された部位が反応開始に必要な空間となる．したがって電極近傍の物理的な環境を制御することによって，電極表面に到達する化合物に対する選択性を高め，たとえば酸化的に分解されやすい生成物の電極電子移動を効率的に抑制することができる．そのような電気化学合成の特性を利用した方法の一つとして，表面をポリテトラフルオロエチレン（PTFE）繊維で被覆した電極を用いた有機電解合成反応について述べる．

28.5.1　PTFE 被覆疎水性電極を用いたキノン類の付加環化反応[36)]

キノン類はディールス-アルダー（Diels-Alder）反応におけるジエノフィルとしてさまざまな反応に利用されるが，電子求引基を有するものは不安定なものが多い．このような場合，同一容器内で相応するヒドロキノンから酸化的に生成させ，ただちに共存するジエノフィルでトラップすることによって効率的に反応を行うことができる．しかし，たとえばジエノフィルやディールス-アルダー反応生成物が酸化されやすい場合はこの方法は困難になるが，このような問題を克服する一つの方法として PTFE 被覆疎水性電極を用いた電解法がある（図 28.18）．この方法は陽極としてグラッシーカーボン板（60 mm×20 mm×3 mm）の表面を PTFE（テフロン）紐 2.5 g（繊維径約 20 μm）によって接液部を完全に被覆した

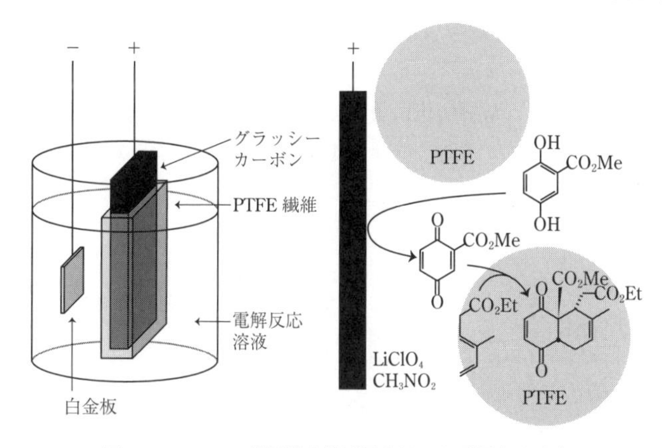

図 28.18　PTFE 被覆疎水性電極を用いた電解合成反応

ものを用い，陰極には通常の白金板（10 mm×10 mm）を使用する．電解溶液は過塩素酸リチウム 500 mg および酢酸 50 mg を溶解したニトロメタン 10 mL を用い，定電位電解法（1.2 V（*vs*. SCE））によって電気化学合成を実施する．図 28.18 に示す *p*-ヒドロキノンから酸化的に得られる *p*-キノンは不安定である．反応系内にジエンが存在するとただちにディールス-アルダー反応によってトラップすることができる．一般に電解質溶液は極性が高いため，電極表面に PTFE 繊維を被覆し疎水的な環境を形成すると，極性の高い *p*-ヒドロキノンがその間隙から選択的に電極表面に到達するため，ジエンが電極表面で酸化されることを抑制することができる．すなわち，同一容器内で極性の高い *p*-ヒドロキノンから *p*-キノンが生成し，さらに PTFE 繊維表面に保持されたジエンによってただちにディールス-アルダー反応を経てトラップされる反応システムが構築できる．

28.5.2　PTFE 被覆疎水性電極を用いたユーグロバール類の電解合成[37)]

ユーカリ（フトモモ科ユーカリ属）には，ユーグロバールとよばれる一連のフェノール性化合物が含まれている．これらの化合物は，相応するフェノール誘導体であるグランジノールから酸化的に生成した *o*-キノメタンが *α*-フェランドレン，*α*-ピネン，*β*-ピネンなどのモノテルペンとの間で分子間ヘテロディールス-アルダー反応が起こることによって生成すると考えられる．このとき，たとえばグランジノールを *α*-フェランドレン存在下，DDQ（2,3-ジクロロ-5,6-ジシアノ-*p*-ベンゾキノン）とともにニトロメタン中で混合すると，*α*-フェランドレンと DDQ との間でディールス-アルダー反応が起こり，目的とするグランジノールの酸化反応はほとんど進行しない．そこで，支持電解質を含むニトロメタン中で PTFE 被覆疎水性電極を用いた電解反応を行うと，電極表面には極性の高い DDQ およびグランジノールが局在し，*α*-フェランドレンは PTFE 繊維表面に保持される．グランジノールは

DDQ による酸化で相応する *o*-キノメタンに変換されたのち，ただちに *α*-フェランドレンによってトラップされ，ユーグロバールが生成する．また，上記酸化反応で生成したある DDQ の還元体（$DDQH_2$）は電解酸化によって再び DDQ となり，繰り返しグランジノールを酸化することができる．この反応システムを利用することによって，各種ユーグロバール誘導体を合成することができる（下式）．

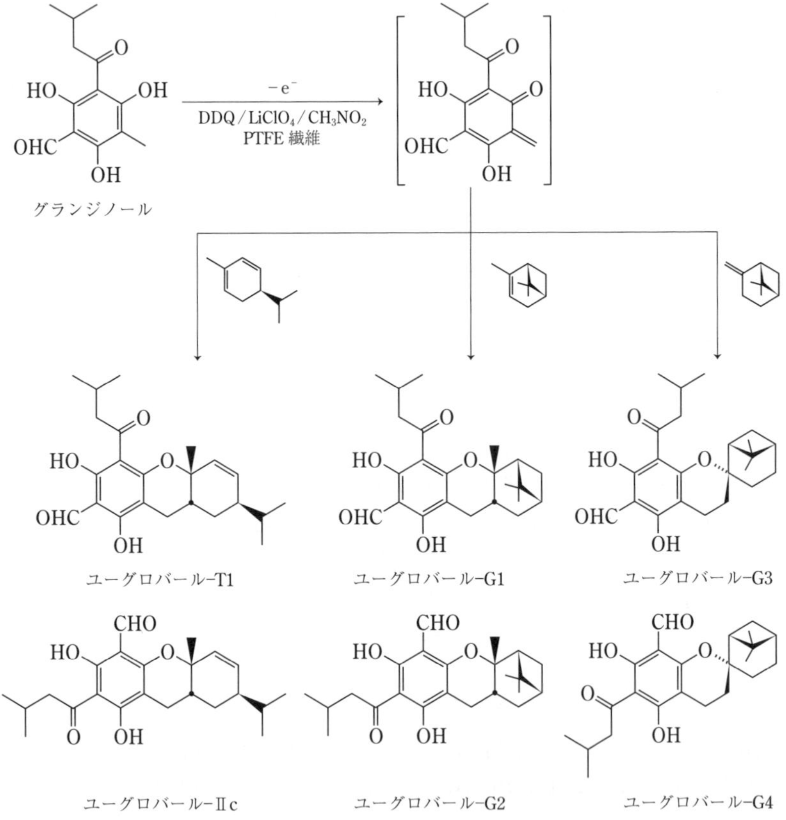

$-e^-$
$DDQ/LiClO_4/CH_3NO_2$
PTFE 繊維

グランジノール

ユーグロバール-T1　ユーグロバール-G1　ユーグロバール-G3

ユーグロバール-Ⅱc　ユーグロバール-G2　ユーグロバール-G4

28.6　反応性電極を用いる有機電解反応

有機電解反応では，有機基質と電極との間の電子授受により対応する活性種が生成し，酸化または還元的な有機化学反応が進行する（図 28.19）．そのさい，通常，電極はたんなる電子授受媒体のはたらきをするだけであるが，Mg，Al や Zn などの溶出性金属を陽極に用いた場合には，電気化学的に金属がイオンとして溶出することにより陽極での酸化電位を抑

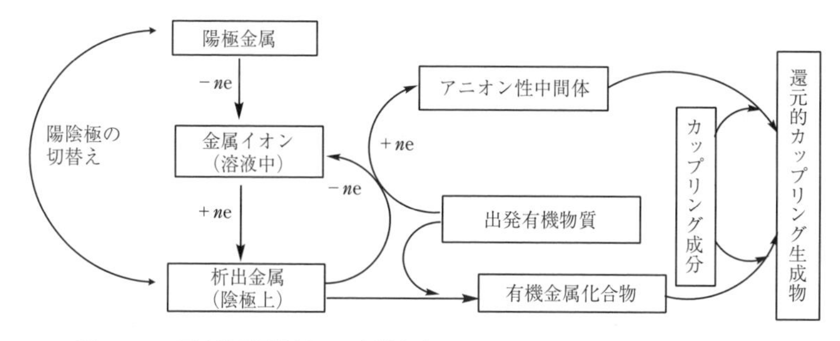

図 28.19　反応性電極を用いる有機合成
陽陰極が同じ金属なら，陽陰極の一定周期の自動切替えのみで進行.

制するとともに，陰極での還元的反応を促進し，通常の金属の単独，または電解反応単独では困難な還元的有機反応が容易に進行することがある．この現象の詳細は必ずしも明確ではないが，Mg，Al や Zn などの金属陽極から酸化的に電解液に溶出する金属イオンの陰極での還元により“高活性”金属が生成し，出発有機物質への電子移動によるアニオン性中間体や，対応する有機金属化合物の生成とカップリング成分との反応が要因であると推測される．

一般に本反応を簡便に行う方法としては，Mg，Al や Zn などの金属を陽陰極の両極に用いて，反応中に陽陰極を比較的短期な一定周期ごとに機械的に自動切替えすればよく，両極金属の損失はほとんどなく反応は容易に進行する[38,39].

たとえば，一室型電解セルを用い，支持電解質として過塩素酸テトラエチルアンモニウムを含む DMF 中で，マグネシウム金属陰極–炭素陽極により，塩化ベンジル（または芳香族ケトン）を二酸化炭素を吹き込みながら電解還元すると，フェニル酢酸（収率 90%）[40]（または対応する α-ヒドロキシフェニル酢酸（収率 60～85%）[41]）がそれぞれ得られる.

$$\mathrm{RX} + \mathrm{CO_2} \xrightarrow[\mathrm{DMF/Bu_4NClO_4}]{\mathrm{C^{\ominus}\text{–}Mg^{\oplus}},\ +2e} \xrightarrow{\mathrm{H^+}} \underset{90\%}{\mathrm{R-COOH}} \qquad \mathrm{R = C_6H_5CH_2}$$

$$\mathrm{Ar-\underset{\underset{O}{\|}}{C}-R} + \mathrm{CO_2} \xrightarrow[\mathrm{DMF/Bu_4NClO_4}]{\mathrm{C^{\ominus}\text{–}Mg^{\oplus}},\ +2e} \xrightarrow{\mathrm{H^+}} \underset{60\sim85\%}{\mathrm{Ar-\overset{\overset{R^1}{|}}{\underset{\underset{OH}{|}}{C}}-COOH}} \qquad \mathrm{R^1} = \text{アルキル, アリル}$$

【実験例　塩化ベンジルからフェニル酢酸の合成[40]】

陰極として炭素棒，陽極としてマグネシウム金属棒（または板）を備えた一室型電解セルに，支持電解質として過塩素酸テトラブチルアンモニウムおよび 0.4 mol $\mathrm{L^{-1}}$ 程度の高濃度の塩化ベンジルを溶かしたDMF溶液を加え，マグネチックスターラーにて撹拌しつつ，二酸化炭素を飽和させたのち，さらにバブリングさせながら水冷にて定電流条件下で通電（電流密度：20～30 mA dm^{-1}）を行う．2～3 F mol^{-1} の通電後，反応液を常法にて後処理すると，フェニル酢酸が得られる（収率90%，電流効率99%）．

また，通常の陰極還元反応や金属マグネシウム還元反応では還元困難である脂肪族エステルやアミド類を，水素源としての*t*-ブタノール（*t*-BuOH）（または*t*-BuOD）を含むDMF中にて陽極および陰極にMgを用いて同様な条件で電解還元反応させた場合には，対応する還元生成物である第一級アルコール（または重水素化アルコール）が高収率にて得られる[42]．一方，マグネシウム金属を陽陰極に用いて非プロトン系溶媒中にて脂肪族エステル類を陰極還元すれば，中間に生成するラジカルアニオンの二量化による1,2-ジケトンが得られ，クロロトリメチルシラン（Me_3SiCl）存在下ではアシロイン縮合型反応により1,2-ビス(トリメチルシロキシ)オレフィンが生成する[43]．

$$RCO_2Me \xrightarrow[THF/LiClO_4]{Mg^{\ominus}\text{-}Mg^{\oplus},\ +e} \left[R\text{-}\dot{C}(O^-)\text{-}OMe \right] \begin{cases} \xrightarrow{\text{二量化}} RC(=O)C(=O)R \\ \xrightarrow{+2e,\ Me_3SiCl} RC(OSiMe_3)=C(OSiMe_3)R \end{cases}$$

さらに，共役ジエンを脂肪酸エステルの共存下にてマグネシウム金属陽陰極を用いて無隔膜セル中にて陰極還元すれば，シクロペンタノール誘導体が好収率で生成する．本反応では中間にジエン-マグネシウム金属錯体が生成すると思われる[43]．また，炭素-炭素結合だけでなくSi－Si結合，Ge－Ge結合およびGe－Si結合の形成にも効果的であり，ポリシランの合成にもたいへん有効であることが見出されている[44]．

$$CH_2=C(R^1)\text{-}C(R^2)=CH_2 + R^3CO_2Me \xrightarrow[THF/LiClO_4]{Mg^{\ominus}\text{-}Mg^{\oplus},\ +2e,\ 4\ F\ mol^{-1}} \text{1-}R^3\text{-3-}R^1\text{-4-}R^2\text{-cyclopent-3-en-1-ol}\quad 56\sim88\%$$

一方，酸無水物または*N*-カルボアルコキシイミダゾールの存在下，亜鉛金属陽陰極を用いて無隔膜セル中にてスチレン誘導体やメタクリル酸誘導体を陰極還元すれば，ワンポットにて二重の炭素-アシル化反応[45]や炭素-カルボアルコキシ化反応[46]が簡便かつ効率的に進行する．また，スチレン類とジフェニルコハク酸やジフェニルグルタル酸とのクロスカップリング反応ではスピロラクトン類が高立体選択的に得られる[47]．

$$\text{X-C}_6\text{H}_4\text{-C(R}^1\text{)=CH}_2 + (\text{R}^2\text{CO})_2\text{O} \xrightarrow[\text{DMF / Bu}_4\text{NBr}]{\text{Zn}^{\oplus}\text{-Zn}^{\ominus},\ +2\text{e}} \text{X-C}_6\text{H}_4\text{-C(R}^1\text{)(COR}^2\text{)CH}_2\text{COR}^2 \quad 63\sim85\%$$

$$\text{X-C}_6\text{H}_4\text{-C(R}^1\text{)=CH}_2 + \text{R}^2\text{O-CO-(imidazol-1-yl)} \xrightarrow[\text{DMF / Bu}_4\text{NBr}]{\text{Zn}^{\oplus}\text{-Zn}^{\ominus},\ +2\text{e}} \text{X-C}_6\text{H}_4\text{-C(R}^1\text{)(CO}_2\text{R}^2\text{)CH}_2\text{CO}_2\text{R}^2 \quad 47\sim82\%$$

【実験例　スチレン類の電気化学的ビシナル二重炭素アシル化反応[45)]】

陽陰極として亜鉛板を備えた 100 mL ビーカー形無隔膜電解セルを用いて，支持電解質としての臭化テトラブチルアンモニウム（16.6 mmol），無水酢酸（100 mmol）およびスチレン（10 mmol）を溶かした無水 DMF 60 mL 溶液をマグネチックスターラーで撹拌しながら，定電流条件下（電流密度：5～10 mA cm^{-2}）で −5～5 ℃ にて電解を行う．6 F mol^{-1} の電流の通電後，反応液を飽和炭酸水素ナトリウム水溶液に注ぎ，常法によりエーテル抽出，洗浄，乾燥，沪過および溶媒除去を行ったのち，生成物の炭素-ジアシル生成物のカラム分離により，ビシナル型の対応するジアシル化生成物を単離する（収率 82%）．

28.7　天然物の電解合成

天然界には多様性に富んだ化学構造とそれに起因する生理活性を示す有機化合物が数多く存在しており，これらを有効に活用するために，あるいはより効果的な活性を示す物質の創製を目指して天然有機化合物の全合成研究が行われている．本節では，目的を達成するために駆使される多くの合成反応のなかで電解反応を用いる酸化・還元反応を紹介する．

28.7.1　フェノール類の酸化反応

フェノール類の酸化反応は，陸産，海産を問わず天然界に広く分布する天然有機化合物の生合成に重要な役割を担っている．本酸化反応は，フェノール誘導体(**7**) の一電子および二電子酸化の 2 段階反応であり，下式に示すようにラジカル種(**8**) とカチオン種(**12**) を前駆体として，前者では二量体(**9**～**11**) および後者ではシクロヘキサジエノン誘導体(**13**, **14**) を与える．とくに，フェノール(**7**) よりカチオン種(**12**) の生成は，芳香族化合物の極性変換に相当する点で特徴的である．有機電極反応においては，溶媒，電極材料，電流，電位の制御など，条件設定により生合成と同様の反応を再現することができる．

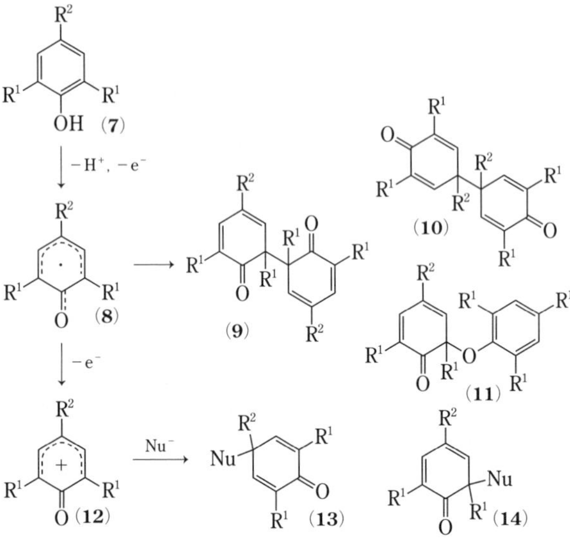

11.7 mmol L^{-1} シナピン酸(**15**) をメタノール中過塩素酸リチウムの存在下に定電位電解酸化反応（+800 mV *vs.* SCE，2.0 F mol^{-1}，陽極：グラッシーカーボン電極，陰極：白金線）に付すとジラクトン型リグナン(**16**，収率 68%) とイソアサトン型生成物(**17**，収率 16%) が得られる．一方，本反応を 1 mmol L^{-1} の低濃度で行うと **17** の生成比が増大する．すなわち，**16** は，一電子酸化成績体である **15** の共鳴において，側鎖の 8 位のラジカルがカップリングして生成したものと考えられる．また，**17** は **15** の型の二電子酸化体の環化付加による二量化を経て合成されたものである[48]．なお，アサトン類は，カンアオイの成分として単離されている[49]．

イソオイゲノール（1 mmol）を，100 mL メタノール中定電位電解酸化（+900 mV *vs.* SCE，1.5 F mol^{-1}，陽極：白金板電極，陰極：白金線）の条件で酸化すると，側鎖の 8 位とフェノキシラジカルがカップリングして二量化し，ネオリグナンの一種であるリカリン A(**19**，収率 25%) および関連する酸化成績体を与える[50]．ホウ素ドープダイヤモンド（boron doped diamond：BDD）電極を用いて本反応を行うと，メトキシラジカルが活性種として生成し，**19** を生成する（収率 40%)．さらに，メトキシ基が基質中に導入された副生成物(**20**) も得られる[51]．

ジアリールエーテル構造は，自然界に広く分布し，広範囲な生物活性を有することが知られている．バンコマイシンなどに代表されるジアリールエーテル部分で閉環した環状ペプチド類は，環状構造によりペプチドの立体化学が固定されるため，比較的小さいペプチド構造でも細胞毒性，抗菌性，酵素阻害活性などの生物活性を示すことが知られている．そのほか，ジアリールヘプタノリド類（図 28.20(a)）のように炭素環，ラクトン，あるいはベルベナカ

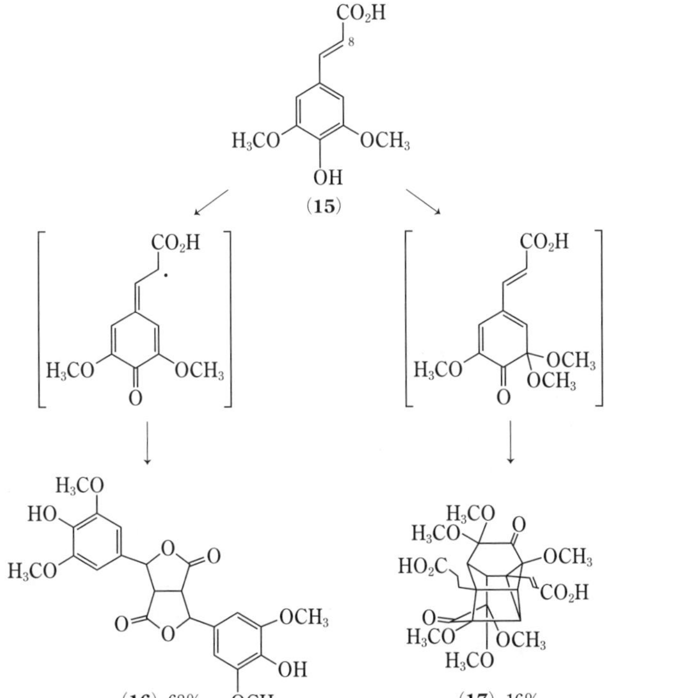

CO_2H 8 H_3CO OCH_3 OH (**15**)

CO_2H H_3CO OCH_3 O

CO_2H H_3CO OCH_3 OCH_3 O

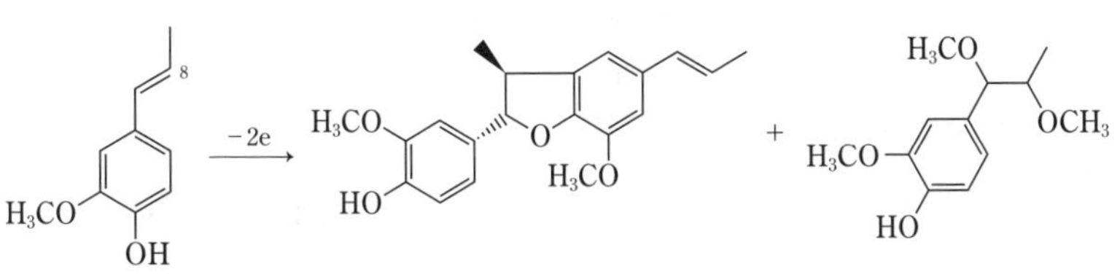

H_3CO HO H_3CO O O O O OCH_3 OH OCH_3

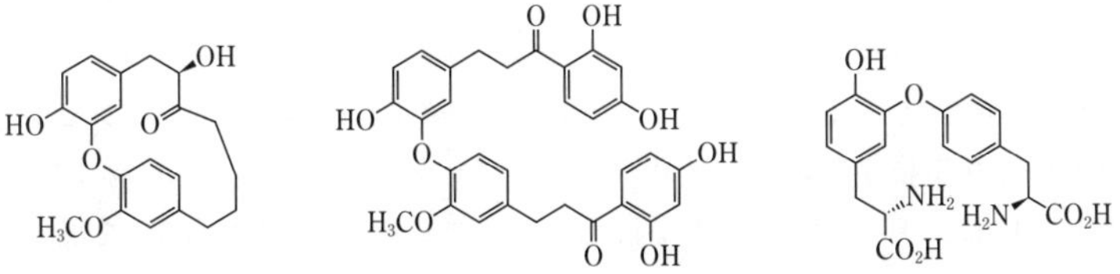

(**16**) 68%

H_3CO H_3CO O HO_2C OCH_3 CO_2H O H_3CO OCH_3 H_3CO

(**17**) 16%

8 H_3CO OH (**18**) $-2e$ H_3CO HO O H_3CO (**19**) 40% + H_3CO OCH_3 H_3CO HO (**20**)

OH HO O O H_3CO (a)

O OH HO OH O OH H_3CO O OH (b)

OH O NH_2 H_2N CO_2H CO_2H (c)

図 28.20　本項で登場する分子
(a) ジアリールヘプタノリド　(b) ベルベナカルコン　(c) イソジチロシン

ルコン（図 28.20(b)）のような二量体など，さまざまな構造が存在する．これらの代表として，L-チロシンに由来する二量体であるイソジチロシン（図(c)）が知られている．本物質は，植物の細胞壁の構成成分であるペプチド鎖の架橋構造の形成に関与している．イソジチロシンは生合成的に L-チロシンのフェノール酸化により生成したものと考えられ，事実 L-チロシンを塩化鉄(Ⅲ）のような酸化剤で処理すると低収率ながら異性体であるジチロシンとともにイソジチロシンが生成することが報告されている[52]．この酸化反応の改良法として，海洋生物由来の天然有機化合物に多くの臭素化誘導体が存在することに着目し，L-チロシン誘導体のフェノールのオルト位に臭素を導入して定電流電解酸化（陽極：グラッシーカーボン電極，陰極：白金線，5 mA cm^{-2}，2 F mol^{-1}）に付してジアリールエーテル誘導体（**21**）とし，つづいて電極を亜鉛板に換え，酢酸を加えて還元すると目的とするイソジチロシン誘導体(**22**，収率 51%）が得られる[53]．本反応は，ジアリールエーテルの基本的な電解合成法であり，溶媒，陽極材料，支持塩の選択により，効率的な反応条件を見出すことができる．この方法により合成されたジアリールエーテル類は，有用な天然物の合成中間体として活用することができる．さらに，フェノールの両オルト位に塩素と臭素を有する誘導体（**23**）の陽極酸化反応によって得られるジアリールエーテル化合物(**24**）は，優先的に臭素の位置でカップリングが起こる．さらに，残された臭素の位置で選択的に反応を起こすことができるため，ベルベナカルコンに見られるようなメトキシ基を，ホウ素化を経て選択的に導入することが可能となる[54,55]．

$-2e$ → [中間体] → $-CH_3OH$, H_2O

(**21**)：R = $CH_2CH(NHCO_2Me)CO_2Me$, X = Br　　(**22**)：R = $CH_2CH(NHCO_2Me)CO_2Me$, X = Br

(**23**)：R = CH_3, X = Cl　　(**24**)：R = CH_3, X = Cl

28.7.2　陽極酸化による超原子価ヨウ素試薬の調製と天然物合成への応用

超原子価ヨウ素試薬は有効な酸化剤であり，広範囲な合成のツールとして活用されている．通常，これらの酸化試薬はヨウ化アリール誘導体を過ヨウ素酸ナトリウムなどで酸化して調製しているが，2,2,2-トリフルオロエタノールを溶媒として，ヨードベンゼンを過塩素酸リチウムの存在下に定電流陽極酸化（陽極：グラッシーカーボン，陰極：白金線，0.3 mA cm^{-2}，2.5 F mol^{-1}）させて得られる反応液に，フェノール誘導体(**25**）を加えると相当するジエノン体(**26**）が得られる（収率 97%）[56~58]．この反応の活性種は，電子イオン化法によりフェニルヨージン(II)ビス(トリフルオロアセタート）（PIFA，$PhI(OCOCF_3)_2$）と類似した構造をもつフェニルヨージン(II)ビス(トリフルオロエトキシド）（PIFE，PhI-

$(OCH_2CF_3)_2$）であると示唆されたが，とくに活性種を単離することなく，反応に供することができる．たとえば，適切な芳香環上に適切な置換基を有するアルコキシアミド誘導体（**27**）は，2.5 当量に相当するヨードベンゼンより調製した活性種の溶液に加えると，芳香環の置換基に依存してキノリノン誘導体(**28**，**29**）とスピロ誘導体(**30**）を生成することができる．とくに，前者はキノリンアルカロイド類に属する海洋生物由来のマカルバミン類(図 28.21(a)) などのテトラヒドロピロロイミノキノンの系統的な合成のための中間体として使用されている[59]．

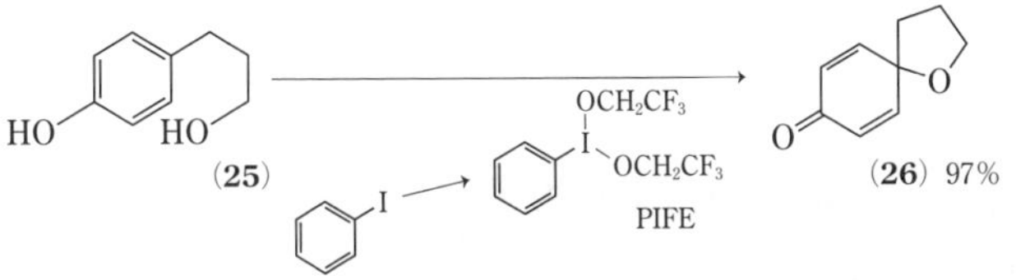

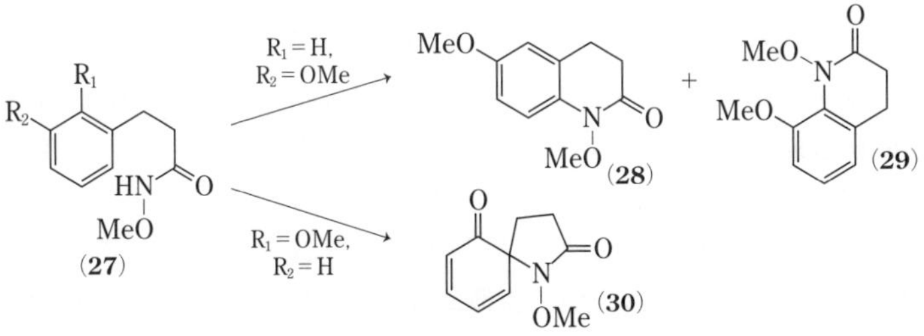

HO HO (**25**) → (**26**) 97%
PIFE: $PhI(OCH_2CF_3)_2$

(**27**) $R_1 = H$, $R_2 = OMe$ → (**28**) + (**29**)
(**27**) $R_1 = OMe$, $R_2 = H$ → (**30**)

また，同酸化剤はグリコゾリン（図(b)）などのカルバゾール類の骨格の合成に活用され，市販の PIFA に比較し，同等あるいはより良好な収率で目的とする環化成績体を合成することができる．電極反応によって合成された超原子価ヨウ素誘導体は，2,2,2-トリフルオロエトキシ基を配位子として有する点で，PIFA あるいはフェニルヨージン(II)ジアセタート（PIDA）などの電子求引性の強い配位子をもつ試薬と異なり，温和な条件の酸化反応を提供できるものと考えられる．たとえば，適切に置換基が配置されたフェニルアセトアニリド（**31**）を上記と同様に電気化学的に調製した酸化剤と混合すると，効率よく環化反応が進行し，カルバゾール類(**32**）が生成する[60]．

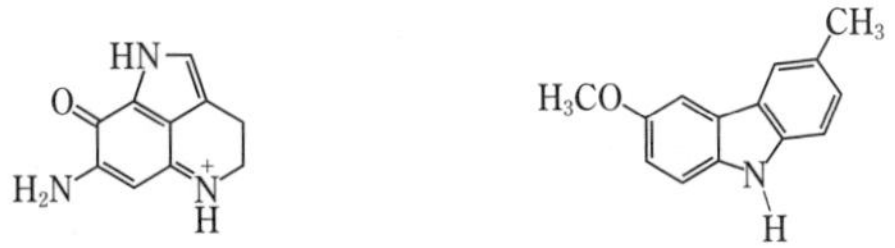

(a)　マカルバミン I：R=H
マカルバミン D：R=HO–C_6H_4–$(CH_2)_2$–

(b)　グリコゾリン

図 28.21　マカルバミン類とグリコゾリンの構造

R1 R2 NHAc (31) —PIFE→ R1 R2 N Ac (32)

有機電極反応はこれまでに数多くの反応が発表されてきたが，個々の反応について論じられる場合が多い．本節では天然物の合成を指向したフェノール酸化と超原子価ヨウ素試薬の調製に限って紹介した．今後，さらに多くの反応例が蓄積され，電解合成のみで真に有用な有機化合物の合成が達成されるものと思われる．

28.8　電解発生酸・塩基を用いる有機電解合成

28.8.1　電解発生酸・塩基とは

電気化学的な酸化や還元を行うと，陽極側は酸性に，陰極側は塩基性になることが知られている[61]．これらの酸，塩基はそれぞれ電解発生酸（electrogenerated acid：EGA），電解発生塩基（electrogenerated base：EGB）とよばれている．また，EGA，EGB を生成する基質（前駆体）はそれぞれ PA（pro-acid），PB（pro-base）とよばれる．

1980 年代になって，酸化，還元を行う基質や条件を工夫することで，その構造が明らかな酸，塩基が生成し，これらが興味深い有機合成反応に活用できることが明らかになった．ここでは代表的な EGA，EGB の生成法とそれらを用いた有機合成反応について述べる．

28.8.2　電解発生酸

無隔膜または陽極と陰極を分離した電解セルに，溶媒（MeOH，THF，CH_2Cl_2，Me_2CO など）と支持電解質（$LiClO_4$，R_4NClO_4，$LiBF_4$ など）を加え，白金板などの電極を用いて通電する（0.05 F mol^{-1} 程度）と陽極に EGA が生成する．EGA が生成する機構は，電解反応に用いた支持電解質と溶媒の組合せによりそれぞれ異なるので，その詳細は文献[61]を参照されたい．

EGA の反応は，下記に示すように使用する溶媒や支持電解質により生成物が大きく異なるので，目的物に合わせて電解条件を変更する必要がある．

【実験例　異なる溶媒と支持電解質による電解発生酸を利用した合成[61,62]】

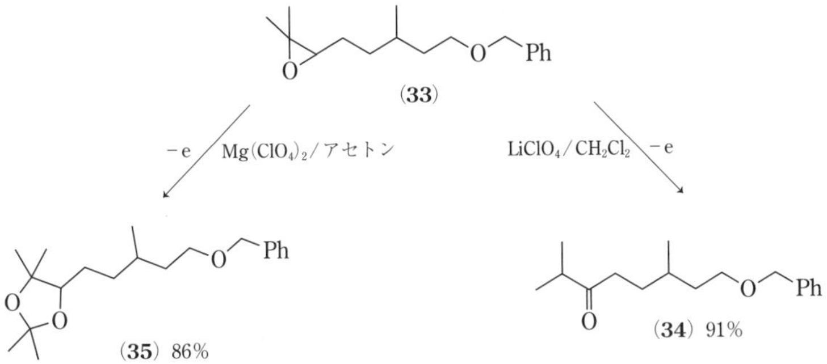

(33)

$-e$ / $Mg(ClO_4)_2$/アセトン　　$LiClO_4/CH_2Cl_2$ \ $-e$

(35) 86%　　(34) 91%

無隔膜電解セルに溶媒として CH_2Cl_2 8 mL，支持電解質として $LiClO_4$（1 mmol），Et_4NClO_4（0.5 mmol），基質(**33**)（0.2 mmol）を加え，白金電極を用いて 0.09 F mol^{-1} を室温で通電すると **34** が生成する（収率 91%）．また，溶媒としてアセトン，支持電解質として $Mg(ClO_4)_2$ を用いると **35** が得られる（収率 86%）．

【実験例　EGA を用いたビサボロールの合成[61,63]】

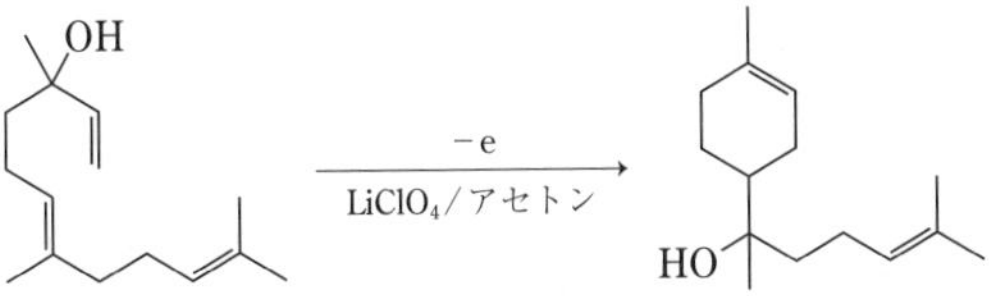

(36) $\xrightarrow[LiClO_4/\text{アセトン}]{-e}$ (37) 52%

$LiClO_4$/アセトン系で生成した EGA を用いるとネロリドール(**36**）を効率よくビサボロール(**37**）に変換できる．無隔膜電解セルに溶媒としてアセトン 8 mL，支持電解質として $LiClO_4$（0.1 mmol），ネロリドール(**36**，1 mmol）を加え，白金電極を用いて定電流で 0.36 F mol^{-1} 通電するとビサボロール(**37**）が生成する（収率 52%）．

28.8.3 電解発生塩基

以前より，DMF 溶媒中，支持電解質に第四級アンモニウム塩を用いて電極還元を行うと，ストッブ（Stobbe）縮合やディークマン（Dieckmann）反応，アルドール反応などが進行することが報告されているが，この塩基の正体は明らかではない．

【実験例　電解発生塩基によるアルドール反応[64]】

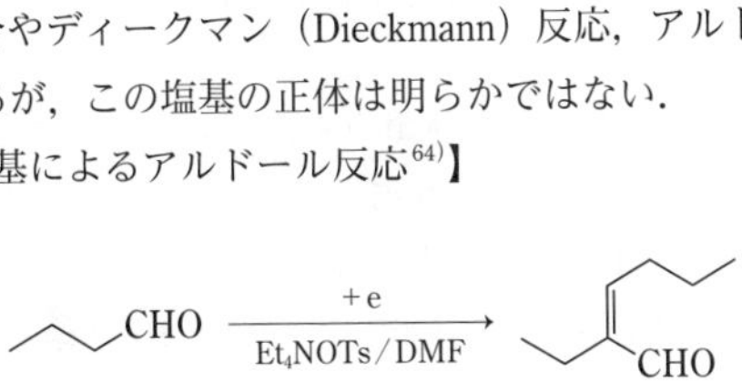

(38) CHO $\xrightarrow[Et_4NOTs/DMF]{+e}$ (39) 76% CHO

n-ブチルアルデヒド(**38**，50 mmol) を Et_4NOTs (10 mmol) と DMF 20 mL の電解溶液に入れて，白金電極をつけた分離型電解セルで電解還元を行うとアルドール反応が進行して，**39** が得られる (収率 76%).

EGB を生成する PB はいくつか知られている．四塩化炭素(**40**) を電解還元すると，炭素-塩素結合の開裂を伴い，EGB として CCl_3^-(**41**) が生成して，これを塩基として **42** と反応させると，それぞれ **43** と **44** が生成する[65].

$$\underset{(\mathbf{40})}{CCl_4} \xrightarrow[Bu_4NBr/DMF]{+e} \underset{(\mathbf{41})}{CCl_3^-} \xrightarrow{(MeO_2C)_2CH(CH_2)_4Br(\mathbf{42})}$$

(**43**) 40%（1,1-シクロペンタンジカルボン酸ジメチル：CO_2Me，CO_2Me） ＋ $Cl_3C(CH_2)_4CH(CO_2CH_3)_2$ (**44**) 44%

また，四塩化炭素の電解還元で生成する CCl_3^- は EGB としてだけでなく，求核剤としてはたらく場合もある．CCl_3^- をアルデヒド類と反応させると，アニオン連鎖型の反応により付加体を効率よく得ることが可能である[66].

【実験例　電解発生塩基によるアニオン連鎖型付加反応[66]】

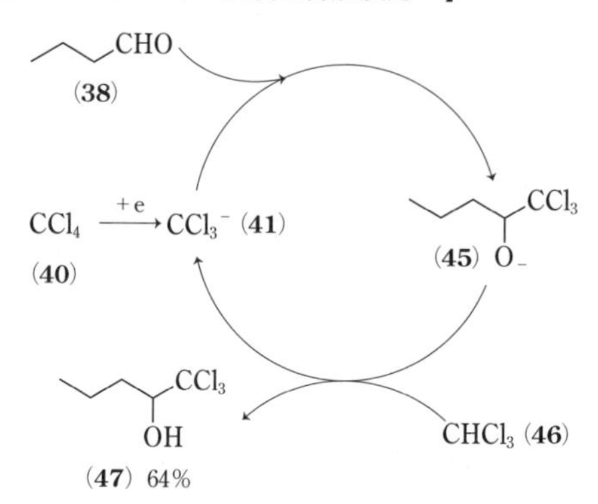

炭素棒の電極をセットした分離型電解セルに対して，陽極室と陰極室にそれぞれ支持電解質 Et_4NOTs (33 mmol) と溶媒 $CHCl_3$ (**46**) 70 mL を入れたのちに，陰極室に **40** (10 mmol) と **38** (100 mmol) を入れて，100 mA の定電流電解で CCl_4 に対して 2 F mol^{-1} の還元を行うと，生成物 **47** が得られる (収率 64%).

EGB の特異な反応性は，EGB 自身の種類や構造に依存する場合もあるが，同じ構造の EGB の場合でも，対カチオンが第四級アンモニウム塩であるときに，そのカチオンの大きさに著しく影響される．これはアンモニウム塩がかさ高いため対アニオン (つまり EGB) の塩基性が大きくなるためである．たとえば，2-ピロリドン(**48**，10 mmol) と支持電解質に R_4NX (R＝Et，Bu，Oct，10 mmol) を含む DMF (30 mL) 溶媒を陰極に入れ，白金電極をつけた分離型セルで室温下還元し（2.0 F mol^{-1}），発生した 2-ピロリドンアニオン（**49**）を用いて，末端基にブロム基を有する長鎖脂肪酸 **50** のラクトン化反応を行うと，生成物 **51** と **52** の生成比率が電解還元反応で用いた支持電解質由来の対カチオン R_4N^+ の大きさにより大きく異なってくる．これは **49** の反応性が対カチオンの大きさにより変化しているためである[67]．

（**48**）→ +e, R_4NX/DMF →（**49**, EGB）R_4N^+

$BrCH_2(CH_2)_9CH_2CO_2H$（**50**）→ $(CH_2)_{11}$（**51**）＋ $(CH_2)_{11}$ $(CH_2)_{11}$（**52**）

	51	:	**52**	（**51**＋**52**）収率
R＝Et	75	:	25	64%
Bu	93	:	7	72%
Oct	100	:	0	66%

49（R＝Et）を用いると，通常法では困難な α-CF_3 エノラート（**54**）を発生させ，求電子剤との反応を行うことが可能である．

【実験例　電解発生 2-ピロリドンアニオン（**49**）を塩基として利用するアルキル化反応[68]】

MeO, OMe, CF_3（**53**）→ **49**（R＝Et）→ [MeO, OMe, CF_3（**54**）] → *n*-BuI（**55**）→ MeO, OMe, *n*-Bu, CF_3（**56**）39%

48（4 mmol）を Et_4NOTs（9.6 mmol）と DMF 8 mL の電解溶液に加え，白金電極をつけた無隔膜電解セルで室温下還元し（1.2 F mol^{-1}），発生した **49** の溶液 2.4 mL を **53**（1 mmol）の DMF 1 mL 溶液と 0℃ で反応させる．その後，*n*-BuI（**55**，1.2 mmol）を加えると **56** が得られる（収率 39%）．

有機電解反応により発生する電解酸，電解塩基を用いた反応は数多く報告されている．本節では代表的なものを取り上げて解説をした．興味のある場合はここに記載した反応を中心に試行していただければ幸いである．

28.9　選択的電解フッ素化

電解酸化により有機化合物を相応するカチオンラジカルあるいはカチオンを発生させ，系中に存在するフッ化物イオン（F^-）と反応させることによりフッ素化を行う（下式）．F^- はきわめて酸化されにくく，原料の基質が優先的に酸化されるため，F^- が酸化されて危険なフッ素ガスが発生することはない．したがって，一般にフッ素ガスもしくはフッ素ガス由来の危険で取り扱いにくい試薬を必要とする化学的フッ素化法に比べ，本法は安全なフッ素化法である．

$$\mathrm{RH} \xrightarrow{-e} \mathrm{RH}^{+\cdot} \begin{cases} \xrightarrow{F^-} \cdot\mathrm{R(F)(H)} \xrightarrow{-e} {}^{+}\mathrm{R(F)(H)} \xrightarrow{-H^+} \\ \xrightarrow{-H^+} \cdot\mathrm{R} \xrightarrow{-e} {}^{+}\mathrm{R} \xrightarrow{F^-} \end{cases} \mathrm{R-F}$$

28.9.1　電解フッ素化

電解フッ素化は一般にアセトニトリルなどの非プロトン性溶媒中で，Et_3N-n HF（n＝3～5）や Et_4NF-n HF（n＝2～5）などのポリ HF 塩を支持塩兼フッ素源とし，陽極として白金やグラッシーカーボン，カーボンフェルトなどで基質を酸化することにより行う．陰極にプロトンを還元しやすい電極を用いると，陰極ではプロトンの還元（水素発生）が優先的に起こるために，無隔膜でフッ素化を行える場合が多い．電解フッ素化のさいに問題となるのはフッ化物イオンの求核性が低いこと，電解中に陽極表面に非導電性の被膜形成が起こり（陽極の不動態化），フッ素化の収率が低下する点である．これらの問題はパルス電解，メディエーターの利用，1,2-ジメトキシエタン（DME）などのエーテル系溶媒を用いることにより解決できる[69,70]．また，上記のポリ HF 塩は低粘性のイオン液体であり，導電性も良いことから，有機溶媒を用いずに電解フッ素化を行うことができる[71]．この系はとくに難酸化性の基質のフッ素化に適しており，しかも陽極の不動態化も回避できる利点がある．一般にポリ HF 塩の HF 含量が多いほど耐酸化性が向上するので，酸化電位の高い基質の電解フッ素化に適している．一方，酸化されやすい基質の場合には HF 含量が少ないポリ HF 塩を用いるとよい．しかしながら，電解フッ素化の条件は用いる基質に依存し，反応溶媒と支持フッ化物塩の組合せを適宜検討し，最適化する必要がある．なお，電解フッ素化では最初に生成するモノフッ素化体の酸化電位が原料に比べ高くなるために，通常モノフッ素化体が選択的に得られる．通電量を増やすか，または設定酸化電位を上げることにより，ジフッ素化体を選択的に得ることもできる．

本手法を用いることにより生理活性が期待される，さまざまな複素環化合物の位置選択的フッ素化も可能である（表 28.2）．

【実験例　フェニルチオ酢酸エチルの電解フッ素化[72]】

$$\mathrm{PhSCH_2CO_2Et} \xrightarrow[\mathrm{Et_3N\text{-}3\,HF/MeCN,\ 2\,F\,mol^{-1}}]{-2e,\ -H^+} \mathrm{PhSCHFCO_2Et}\quad 50\sim70\%$$

表 28.2　複素環化合物の電解フッ素化

基　質	支持電解質/溶媒	生成物	収　率（%）	文　献
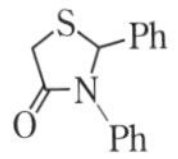	Et_3N-3 HF/MeCN	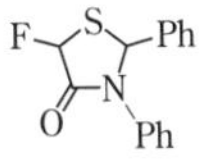	84 （トランス/シス=57：43）	1）
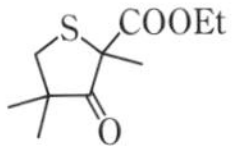	Et_3N-3 HF/MeCN	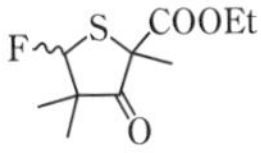	74 （トランス/シス=74：26）	2）
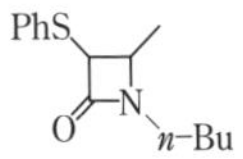	Et_3N-3 HF/MeCN	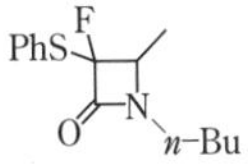	92	3）
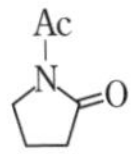	Et_3N-5 HF/MeCN	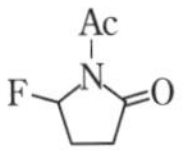	81	4）
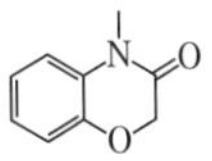	Et_3N-4 HF/DME	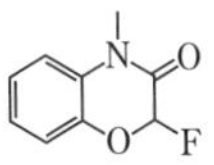	66	5）
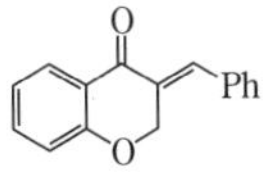	Et_3N-4 HF/DME	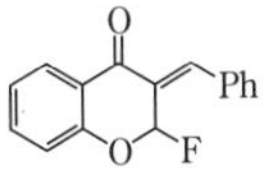	72	6）
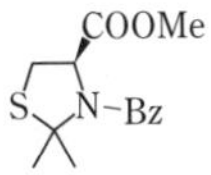	Et_3N-3 HF/DME	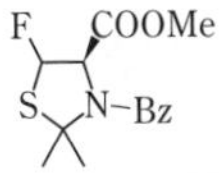	78	7）

1） T. Fuchigami, S. Narizuka, A. Konno, *J. Org. Chem.*, **57**, 3755 (1992).
2） S. Narizuka, T. Fuchigami, *Bioorg. Med. Chem. Lett.*, **5**, 1293 (1993).
3） S. Narizuka, T. Fuchigami, *J. Org. Chem.*, **56**, 4200 (1993).
4） M. Sawaguchi, S. Hara, T. Fukuhara, N. Yoneda, *Isr. J. Chem.*, **39**, 151 (1999).
5） M. R. Shaaban, T. Fuchigami, *Synlett*, **10**, 1644 (2001).
6） K. M. Dawood, T. Fuchigami, *J. Org. Chem.*, **66**, 7691 (2001).
7） D. Baba, H. Ishii, S. Higashiya, K. Fujisawa, T. Fuchigami, *J. Org. Chem.*, **66**, 7020 (2001).

図 28.22 に示すように，ゴム栓を通して白金板陽陰極（20 mm×20 mm）を平行に設置した 20 mL バイアルを用いる．このセルにフェニルチオ酢酸エチル 196 mg（1 mmol），Et_3N-3 HF 1.6 mL（10 mmol），無水アセトニトリル 8.4 mL を入れる．反応液を撹拌しながら室温下，20 mA（電流密度 5 mA cm^{-2}）の定電流を 2 時間 41 分通じる（通じた電気量は 2 F mol^{-1} に相当）．反応終了後，飽和炭酸水素ナトリウム水溶液で中和し，酢酸エチル 30 mL で 3 回抽出を行い，抽出液を飽和塩化ナトリウム水溶液 100 mL で洗浄する．無水 Na_2SO_4 で乾燥後，減圧濃縮し，得られた粗生成物をシリカゲルカラムクロマトグラフィーにより精製すると，フッ素化体が得られる（収率 50～70%）．

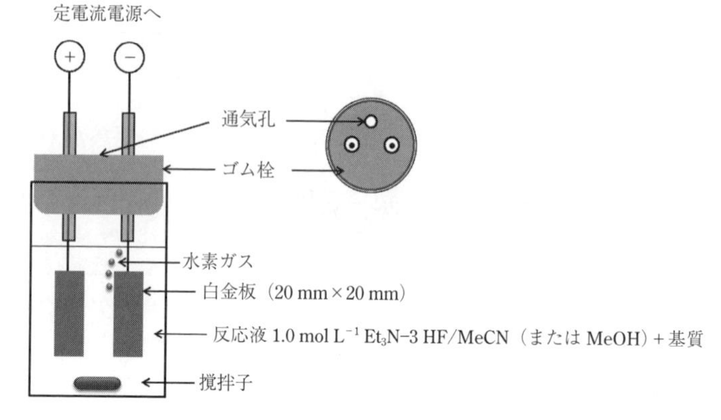

図 28.22　バイアルを容器とする無隔膜電解槽

【実験例　アダマンタンの電解フッ素化[73]】

$-2e, -H^+$
Et_3N-5 HF / CH_2Cl_2
2.3〜3.0 V (*vs.*Ag / Ag^+)
74%

アダマンタンは飽和炭化水素化合物であるにもかかわらず酸化電位が比較的低く，電解フッ素化できる．設定電位を規制することにより橋頭位にフッ素を 1〜4 個選択的に導入できるが，フッ素を 3 個または 4 個導入するには無溶媒系が適している．

白金板陽陰極（20 mm×20 mm）および参照電極（Ag/Ag^+）を設置した内容積 20 mL のテフロン製バイアルに，アダマンタン 136 mg（1.00 mmol），Et_3N-5 HF 8 mL，ジクロロメタン 4 mL を入れる．35 ℃ において反応液を撹拌しながら定電位電解（2.30 V *vs.* Ag/Ag^+）を行う．クーロンメーターにより通じた電気量を観察し，2.2 F mol^{-1} 通電する．反応終了後，電解液を多量の水中に注ぎ，ジクロロメタンで抽出を行う．抽出液を $NaHCO_3$ 水溶液で洗浄し，無水硫酸マグネシウムで乾燥する．この混合物をガスクロマトグラフィーにより解析すると，未反応のアダマンタン/モノフルオロアダマンタン/ジフルオロアダマンタン=5：92.5：2.5 の比で観測される．また，混合物をシリカゲルカラムクロマトグラフィーにより精製すると，モノフルオロアダマンタンが得られる．収量 114 mg（収率 74%，0.74 mmol）．

28.9.2　電解トリフルオロメチル化[74]

NaOH/H_2O-MeCN 中でトリフルオロ酢酸を一電子酸化すると脱炭酸により，トリフルオロメチルラジカル（$CF_3\cdot$）をほぼ定量的に発生させることができる．電子不足オレフィンを系中に存在させることにより，CF_3化を行うことができる．電子豊富なオレフィンは酸化されやすいために原料のトリフルオロ酢酸の酸化と競合し，反応には適さない．下式に示すように，用いるオレフィンの分子構造によりCF_3化後，水や溶媒が関与する反応も起こり，さまざまなCF_3化体が得られる．オレフィンとしてフマロニトリルを用いるとCF_3ラジカルが付加した中間体が陰極で還元され，2-トリフルオロコハク酸ニトリルを与える．

CF_3CO_2H —NaOH / H_2O–MeCN, (Pt)–(Pt)→ $CF_3\cdot$

NC～CN (**57**); ～CO_2Me; ～$CONH_2$; Me, CO_2Me

NC, CN, CF_3

CO_2Me, F_3C, CF_3, CO_2Me

CF_3, F_3C, $CONH_2$

Me NHAc, F_3C, CO_2Me

【実験例　フマロニトリル(**57**) の電解CF_3化[75]】

白金板陽極（15 mm×10 mm）および白金板陰極（15 mm×20 mm）を設置したバイアルに，フマロニトリル 156 mg（2.0 mmol），トリフルオロ酢酸 0.62 mL（8.0 mmol），水酸化ナトリウム 32 mg（0.8 mmol），アセトニトリル 6 mL，水 1 mL を入れる．50 ℃ において反応液を撹拌しながら電流密度 50 mA cm^{-2} の定電流電解により 1.5 F mol^{-1} を通電する．電解液を減圧濃縮し，酢酸エチルで抽出を行い，抽出液を飽和塩化ナトリウム水溶液で洗浄する．無水硫酸ナトリウムで乾燥後，減圧濃縮し，得られた組成生物をシリカゲルカラムクロマトグラフィーにより精製すると 2-トリフルオロコハク酸ニトリルが得られる（収率 65%）．

文　献

1) 西口郁三，有機合成化学，**43**，617 (1985)．
2) a) 鳳　誠，電気化学，**28**，669 (1960)；b) 水野三郎，電気化学，**29**，28，102，290 (1961)．
3) M. Fleishman, K. Korinek, D. Pletcher, *J. Chem. Soc., Perkin Trans. 2.*, **1972**, 1396.
4) a) 宇根山健治，鳥居　滋，有機合成化学，**40**，197 (1982)：b) T. Shono, *Tetrahedron*, **40**, 811 (1984).
5) J. H. Wagenknecht, *J. Org. Chem.*, **37**, 1513 (1972).
6) M. M. Baizer, *J. Electrochem. Soc.*, **111**, 215 (1964).
7) 北爪智哉，淵上寿雄，沢田英夫，伊藤敏幸，“イオン液体−常識を覆す不思議な塩”，pp.112–115，コロナ社 (2005)．

8）淵上寿雄，跡部真人，稲木信介，“有機電気化学－基礎から応用まで”，コロナ社（2012）.
9）有機合成化学協会 編，“有機合成実験法ハンドブック”，26 章，丸善出版（1990）.
10）淵上寿雄，野中 勉，化学工業，**36**, 745（1985）.
11）跡部真人，*Electrochemistry*，**78**, 76（2010）.
12）A. Hidaka, B. Zagipa, H. Nagura, T. Fuchigami, *Synlett*, **2007**, 1148.
13）松村功啓，“有機電解合成の基礎と可能性”，淵上寿雄 監修，II-4 章，シーエムシー出版（2009）.
14）J. Yoshida, R. Nakai, N. Kawabata, *J. Org.Chem.*, **45**, 5269（1980）.
15）田中秀雄，黒星 学，“有機電解合成の基礎と可能性”，淵上寿雄 監修，II-11 章，シーエムシー出版（2009）.
16）T. Fuchigami, S. Inagi, *Chem. Commun.*, **47**, 10211（2012）.
17）J. Yoshida, K. Kataoka, R. Horcajada, A. Nagaki, *Chem. Rev.*, **108**, 2265（2008）
18）J. Yoshida, S. Suga, *Chem. Eur. J.,* **8**, 2651（2002）.
19）a）J. Yoshida, S. Suga, S. Suzuki, N. Kinomura, A. Yamamoto, K. Fujiwara, *J. Am. Chem. Soc.*, **121**, 9546（1999）; b）S. Kim, K. Hayashi, Y. Kitano, M. Tada, K. Chiba, *Org. Lett.*, **4**, 3735（2002）; c）A. Nagaki, M. Togai, S. Suga, N. Aoki, K. Mae, J. Yoshida, *J. Am. Chem. Soc.*, **127**, 11666（2005）; d）S. Suga, D. Yamada, J. Yoshida, *Chem. Lett.*, **39**, 404（2010）.
20）a）S. Suga, S. Suzuki, A. Yamamoto, J. Yoshida, *J. Am. Chem. Soc.*, **122**, 10244（2000）; b）K. Saito, K. Ueoka, K. Matsumoto, S. Suga, T. Nokami, J. Yoshida, *Angew. Chem. Int. Ed.*, **50**, 5153（2011）.
21）a）T. Nokami, K. Ohata, M. Inoue, H. Tsuyama, A. Shibuya, K. Soga, M. Okajima, S. Suga, J. Yoshida, *J. Am. Chem. Soc.*, **130**, 10864（2008）; b）T. Nokami, T. Watanabe, N. Musya, T. Suehiro, T. Morofuji, J. Yoshida, *Tetrahedron*, **67**, 4664（2011）; c）T. Nokami, T. Watanabe, N. Musya, T. Morofuji, K. Tahara, Y. Tobe, J. Yoshida, *Chem. Commun.*, **47**, 5575（2011）.
22）a）S. Suga, K. Matsumoto, K. Ueoka, J. Yoshida, *J. Am. Chem. Soc.*, **128**, 7710（2006）; b）K. Matsumoto, S. Fujie, K. Ueoka, S. Suga, J. Yoshida, *Angew. Chem. Int. Ed.*, **47**, 2506（2008）; c）K. Matsumoto, S. Fujie, S. Suga, T. Nokami, J. Yoshida, *Chem. Commun.*, **2009**, 5448; d）K. Saito, Y. Saigusa, T. Nokami, J. Yoshida, *Chem. Lett.*, **40**, 678（2011）.
23）a）Y. Ashikari, T. Nokami, J. Yoshida, *J. Am. Chem. Soc.*, **133**, 11840（2011）; b）Y. Ashikari, T. Nokami, J. Yoshida, *Org. Lett.*, **14**, 938（2012）.
24）M. Okajima, K. Soga, T. Watanabe, K. Terao, T. Nokami, S. Suga, J. Yoshida, *Bull. Chem. Soc. Jpn.*, **82**, 594（2009）.
25）J. Yoshida, *Chem. Commun.*, **2005**, 4509.
26）S. Suga, M. Okajima, K. Fujiwara, J. Yoshida, *J. Am. Chem. Soc.*, **123**, 7941（2001）.
27）a）D. Horii, T. Fuchigami, M. Atobe, *J. Am. Chem. Soc.*, **129**, 11692（2007）; b）D. Horii, F. Amemiya, T. Fuchigami, M. Atobe, *Chem. Eur. J.*, **14**, 10382（2008）; c）F. Amemiya, K. Fuse, T. Fuchigami, M. Atobe, *Chem. Commun.*, **46**, 2730（2010）; d）F. Amemiya, H. Matsumoto, K. Fuse, T. Kashiwagi, C. Kuroda, T. Fuchigami, M. Atobe, *Org. Biomol. Chem.*, **9**, 4256（2011）; e）T. Kashiwagi, F. Amemiya, T. Fuchigami, M. Atobe, *Chem. Commun.*, **48**, 2806（2012）.
28）a）H. Löwe, W. Ehrfeld, *Electrochim. Acta*, **44**, 3679（1999）; b）M. Küpper, V. Hessel, H. Löwe, W. Stark, J. Kinkel, M. Michel, H. Schmidt-Traub, *Electrochim. Acta*, **48**, 2889（2003）.
29）R. Horcajada, M. Okajima, S. Suga, J. Yoshida, *Chem. Commun.*, **2005**, 1303.
30）a）C. A. Paddon, G. J. Pritchard, T. Thiemann, F. Marken, *Electrochem. Commun.*, **2002**, 825; b）C. A. Paddon, M. Atobe, T. Fuchigami, P. He, P. Watts, S. J. Haswell, G. J. Pritchard, S. D. Bull, F. Marken, *J. Appl. Electrochem.*, **36**, 617（2006）; c）D. Horii, M. Atobe, F. Fuchigami, F. Marken, *Electrochem. Commun.*, **7**, 35（2005）; d）D. Horii, M. Atobe, T. Fuchigami, F. Marken, *J. Electrochem. Soc.*, **153**, D143（2006）.
31）S. Suga, M. Okajima, K. Fujiwara, J. Yoshida, *QSAR Comb. Sci.*, **24**, 728（2005）.
32）S. Kim, A. Tsuruyama, A. Ohmori, K. Chiba, *Chem. Commun.*, **15**, 1816（2008）.

33） K. Chiba, Y. Kono, S. Kim, K. Nishimoto, Y. Kitano, M. Tada, *Chem. Commun.,* **16**, 1766 (2002).
34） T. Nagano, Y. Mikami, S. Kim, K. Chiba, *Electrochemistry*, **76**, 874 (2008).
35） K. Chiba, M. Jinno, R. Kuramoto, M. Tada, *Tetrahedron Lett.,* **39**, 5527 (1998).
36） K. Chiba, M. Tada, *J. Chem. Soc., Chem. Commun.*, **21**, 2485 (1994).
37） K. Chiba, T. Arakawa, M. Tada, *Chem. Commun.*, **15**, 1763(1996).
38） 徳田昌生, 電気化学および工業物理化学, **60**, 9 (1992).
39） 柏村成史, 石船　学, 村井義洋, 有機合成化学, **54**, 675 (1996).
40） G. Silvestri, S. Gambino, G. Filardo, A. Gulotta, *Angew. Chem., Int. Ed. Engl.,* **23**, 979 (1984).
41） G. Silvestri, S. Gambino, G. Filardo, *Tetrahedron Lett.*, **27**, 3429 (1986).
42） T. Shono, H. Masuda, H. Murase, S. Kashimura, *J. Org. Chem.,* **57**, 1061 (1992).
43） T. Shono, M. Ishifune, H. Kinugasa, H. Kashimura, *J. Org. Chem.,* **57**, 5561 (1992).
44） T. Shono, S. Kashimura, M. Ishifune, R. Nishida, *J. Chem. Soc., Chem. Commun.*, **1990**, 1160.
45） Y. Yamamoto, H. Maekawa, S. Goda, I. Nishiguchi, *Org. Lett.,* **5**, 2755 (2003).
46） I. Nishiguchi, P. S. Kendrekar, U. Yamamoto, Y. Yamamoto, H. Maekawa, *Electrochemistry*, **74**, 680 (2006).
47） P. S. Kendrekar, H. Maekawa, I. Nishiguchi, *Electrochemistry,* **75**, 813 (2006).
48） A, Nishiyama, H. Eto, Y. Terada, M. Iguchi, S. Yamamura, *Chem. Pharm. Bull.*, **31**, 2845 (1983).
49） S. Yamamura, Y. Terada, Y.-P. Chen, M. Hong, H.-E. Hsu, K. Sakai, Y. Hirata, *Bull. Chem. Soc. Jpn.*, **49**, 1940 (1976).
50） A, Nishiyama, H. Eto, Y. Terada, M. Iguchi, S. Yamamura, *Chem. Pharm. Bull.*, **31**, 2834 (1983).
51） T. Sumi, T. Saitoh, K. Natsui, T. Yamamoto, M. Atobe, Y. Einaga, S. Nishiyama, *Angew. Chem., Int. Ed. Engl.*, **51**, 5443 (2012).
52） S. C. Fry, *Biochem. J.*, **204**, 449 (1982).
53） K. Uno, T. Tanabe, S. Nishiyama, *ECS Transduction*, **25**, 91 (2009).
54） M. Takahashi, H. Konishi, S. Iida, K. Nakamura, S. Yamamura, S. Nishiyama, *Tetrahedron*, **55**, 5295 (1999).
55） T. Tanabe, F. Doi, T. Ogamino, S. Nishiyama, *Tetrahedron Lett.*, **45**, 3477 (2004).
56） Y. Amano, S. Nishiyama, *Heterocycles*, **75**, 1997 (2008).
57） Y. Amano, S. Nishiyama, *Tetrahedron Lett.*, **47**, 6505 (2006).
58） Y. Amano, K. Inoue, S. Nishiyama, *Synlett*, **2008**, 134.
59） K. Inoue, Y. Ishikawa, S. Nishiyama, *Org. Lett.*, **12**, 436 (2010).
60） D. Kajiyama, Y. Ishikawa, S. Nishiyama, *Tetrahedron*, **66**, 9779 (2010).
61） 宇根山健治, 有機合成化学, **43**, 557 (1985).
62） K. Uneyama, A. Ishimura, K. Fujii, S. Torii, *Tetrahedron Lett.*, **24**, 2857 (1983).
63） K. Uneyama, Y. Masatsugu, T. Ueda, S. Torii, *Chem. Lett.*, **1984**, 529.
64） T. Shono, S. Kashimura, K. Ishizaki, *Electrochim. Acta*, **29**, 603 (1984).
65） S. T. Nugent, M. M. Baizer, R. D. Little, *Tetrahedron Lett.*, **23**, 1339 (1982).
66） T. Shono, H. Ohmizu, S. Kawakami, S. Nakano, N. Kise, *Tetrahedron Lett.*, **22**, 871 (1981).
67） T. Shono, O. Ishige, H. Uyama, S. Kashimura, *J. Org. Chem.*, **51**, 546 (1986).
68） T. Fuchigami, Y. Nakagawa, *J. Org. Chem.*, **52**, 5276 (1987).
69） 稲木信介, 林　正太郎, 淵上寿雄, 科学と工業, **83**, 196 (2009).
70） 淵上寿雄, 昆野昭則, 有機合成化学, **55**, 301 (1997).
71） T. Fuchigami, S. Inagi, *Chem. Commun.*, **47**, 10211 (2011).
72） T. Fuchigami, M. Shimojo, A. Konno, *J. Org. Chem.*, **60**, 3459 (1995).
73） M. Aoyama, T. Fukuhara, S. Hara, *J. Org. Chem.*, **73**, 4186 (2008).
74） 宇根山健治, 有機合成化学, **49**, 612 (1991).
75） K. Uneyama, S. Watanabe, *J. Org. Chem.*, **55**, 3909 (1990).

Chapter 29

ヘテロ環合成法

ヘテロ環はヘテロ原子を含む環状化合物の総称である．天然物の構造中にも数多くみられ，医薬品や農薬，さらに機能性材料の基本骨格としてきわめて重要な化合物群である．ヘテロ環の合成研究は歴史的にも古く，数多くの人名反応がいまでも現役の合成手段として利用されている．一方，古い反応の改良も絶え間なく行われ，さらに金属触媒を用いる，より効率のよい新反応も多数開発されている．

29.1　芳香族ヘテロ環

29.1.1　五員環芳香族化合物およびベンゼン縮合五員環

a.　フラン，ピロール，チオフェンの合成法[1~3]

ヘテロ原子 1 個を含む五員環芳香族化合物として，フラン（furan），ピロール（pyrrole），チオフェン（thiophene）がある．

フラン　ピロール　チオフェン

図 29.1　五員環芳香族化合物

これらの代表的な合成法は Paal-Knorr 法であり，1,4-ジカルボニル化合物を原料として酸触媒で閉環するとフランが，アンモニアや第一級アミン共存下ではピロールが，P_2S_5 や Lawesson 反応剤などの硫化反応剤とともに加熱還流するとチオフェンが，それぞれ得られる．これらの反応は，カルボニル基へのヘテロ原子の求核攻撃と，つづく脱水反応により進行する．

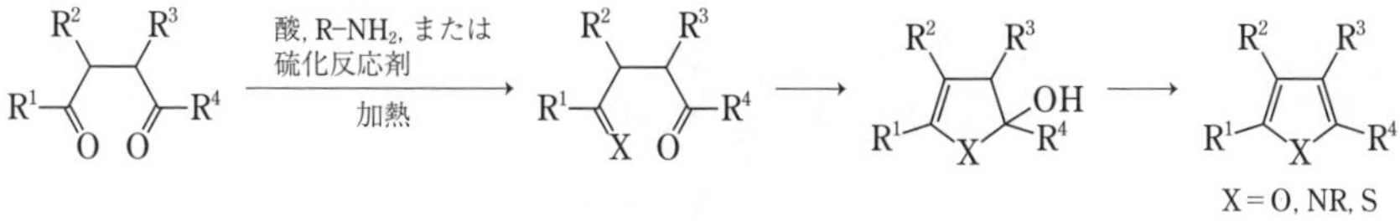

酸，$R\text{-}NH_2$，または硫化反応剤　加熱

X = O, NR, S

2-ハロカルボニル化合物と1,3-ジカルボニル化合物を塩基存在下で反応させるとフランが生成する（ファイスト-ベナリー（Feist-Bénary）反応）[4]．まずアルドール反応が進行し，次にエノラートの*O*-アルキル化が起こり閉環する．しかし，基質の置換様式によっては*C*-アルキル化が優先的に進行し，フランの2位と3位の置換基が逆になるため，注意が必要である．

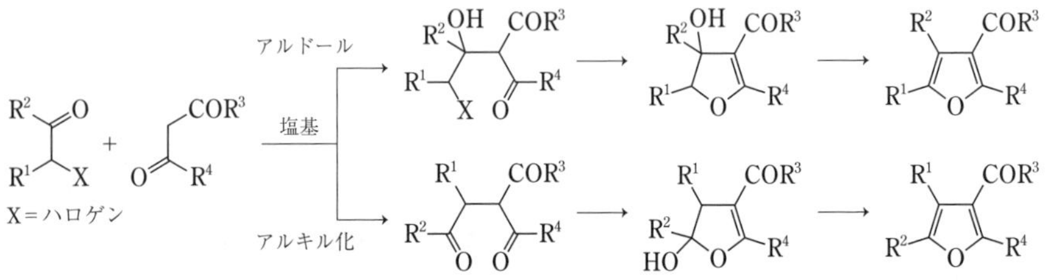

アルドール
塩基
X＝ハロゲン
アルキル化

アンモニアまたは第一級アミン共存下にファイスト-ベナリーフラン合成法と類似の脱水縮合が起こると，ピロールが生成する（ハンチュ（Hantzsch）反応，式(29.1)）．また，2-アミノケトンと3-ケトエステルの脱水縮合でもピロールが生じる（クノル（Knorr）反応，式(29.2)）[5]．このさい，2-アミノケトンはきわめて不安定で自己縮合を起こしやすいので，前駆体のα-ケトオキシムを還元しながら反応させる．

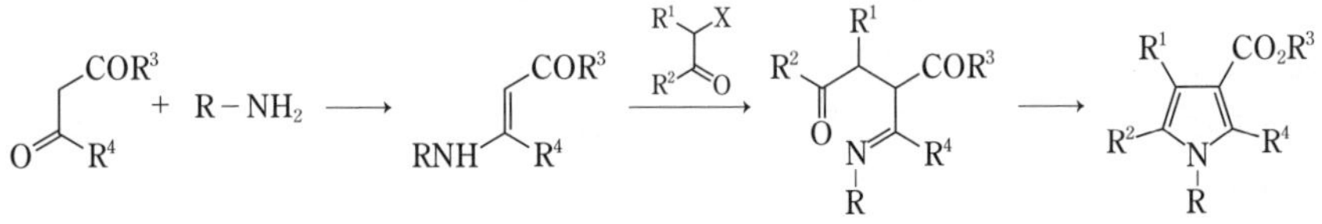

(29.1)

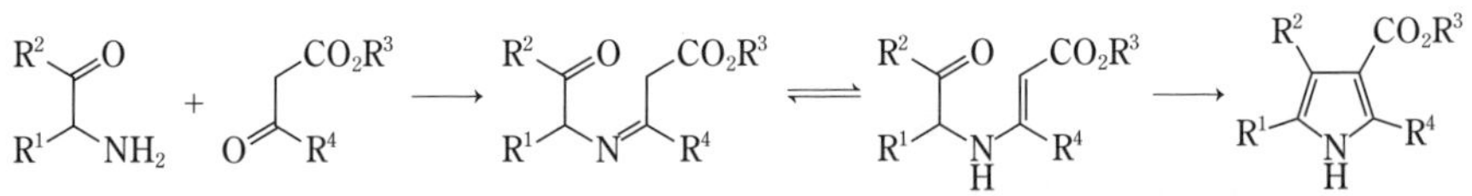

(29.2)

ニトロアルケンとα-イソシアノエステルの縮合反応はBarton-Zardピロール合成法とよばれる[6]．エノラートがニトロアルケンへマイケル（Michael）付加したのち，分子内環化と芳香化が起こり，ピロールが生成する．トシルメチルイソシアニドを用いる変法（van Leusen法）[7]はアルケンへの付加反応や芳香化を容易にするのが特徴である．

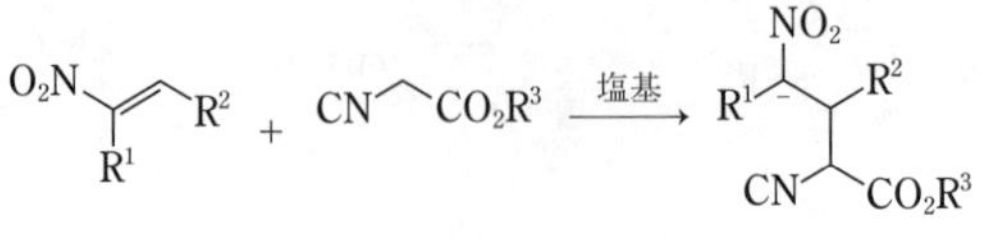

塩基

→ R^1, NO_2, R^2, $^-$, N, CO_2R^3 → R^1, R^2, N, H, CO_2R^3

1,2-ジカルボニル化合物と電子求引基をもつジメチルスルフィドを塩基で処理すると，チオフェンが生成する（ヒンスベルグ（Hinsberg）反応，式(29.3)）．また，2-アミノチオフェンを得る方法として，Gewald 反応がある[8]，（式(29.4)）．カルボニル化合物と β-ケトニトリルがクネベナーゲル（Knoevenagel）縮合を起こし，ついでメチレン基に硫黄が導入されたのち，シアノ基への求核攻撃，異性化によりチオフェンが生じる．

R^1, R^2, O, O + R^3, S, R^4 —塩基→ R^1, R^2, O, R^3, S, R^4 → R^1, R^2, R^3, S, R^4　(29.3)

R^3, R^4 = COR, COOR, CN

R^2, O, R^1 + COR^3, CN —塩基→ R^2, COR^3, R^1, N —S_8/塩基→ R^2, COR^3, R^1, S, S_6–S^-, N → R^2, COR^3, R^1, S, NH_2

(29.4)

b.　インドール，オキシインドール，インドリンの合成法

これらの骨格の構築法については膨大な研究の蓄積[9,10]がある．本項ではインドール骨格構築を中心として頻用されている基本的な合成法について述べる．

2-ニトロトルエンと N,N-ジメチルホルムアミドジメチルアセタールから得られるエナミンのニトロ基を還元すると，環化が進行しインドールを与える（Leimgruber-Batcho インドール合成法）．一方，2-ニトロトルエンとシュウ酸ジエステルを塩基の存在下縮合させるとケトエステル体を与え，つづくニトロ基の還元と環化によりインドール-2-カルボン酸エステルが生成する（Reissert インドール合成法）．これらの方法は，ベンゼン環上に置換基を有するインドールの実用的合成法としてよく用いられる．

CH_3, NO_2 —(MeO, OMe, H, NMe_2)→ NMe_2, NO_2 —H_2, Pd/C→ N, H

CH_3, NO_2 —(CO_2Et, CO_2Et, NaOEt)→ CO_2Et, O, NO_2 —H_2, Pd/C→ N, H, CO_2Et

フェニルヒドラジンとケトンまたはアルデヒドを縮合して得られるヒドラゾンを酸存在下加熱すると，[3,3]シグマトロピー転位が進行し，環化を経てインドールを与える（フィッシャー（Fischer）インドール合成，式(29.5)）．非対称ケトンの場合には位置異性体の混合物が，また α,α-二置換ケトンを用いた場合にはインドレニンが生成する（式(29.6)）ことがあり，選択的合成には酸や溶媒などの検討を要する．変法として，β-ケトエステルのジアゾカップリングによりヒドラゾンを得るヤップ-クリンゲマン（Japp-Klingemann）反応もある（式(29.7)）．

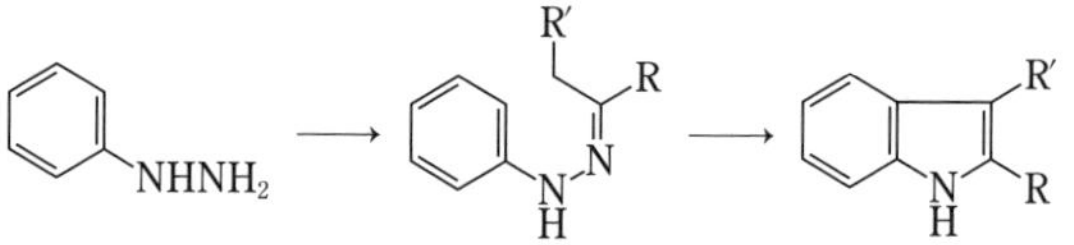

(29.5)

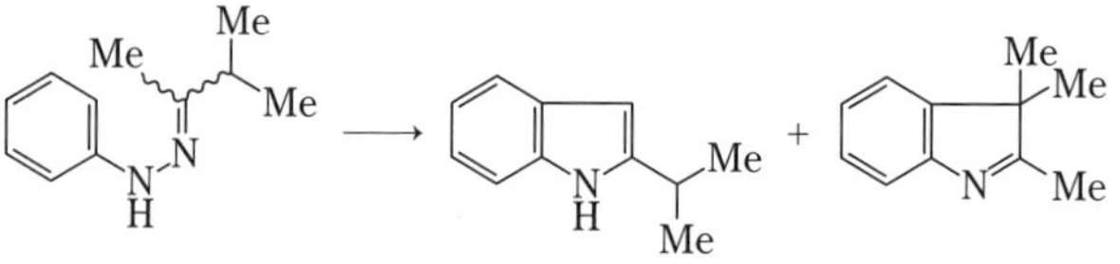

(29.6)

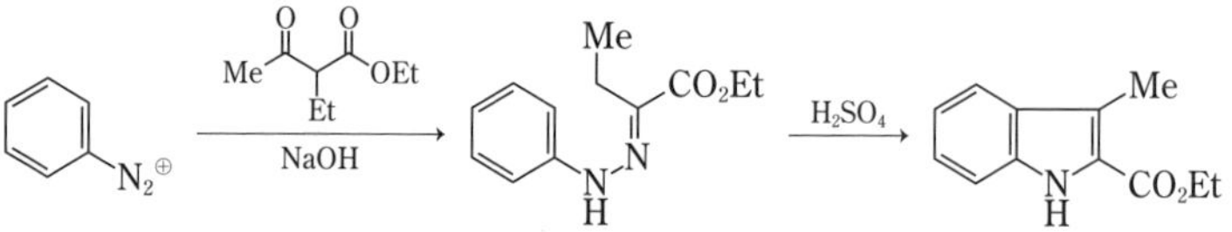

(29.7)

アニリン誘導体をクロラミン誘導体へと変換し，塩基の存在下 α-メチルチオケトンとの反応により *S*-イリドとすると，[2,3]-シグマトロピー転位を経て環化することで3-メチルチオインドールを与える（Gassman インドール合成）．反応は低温下穏和な条件で進行し，アニリンからワンポットでインドール骨格を構築できる．

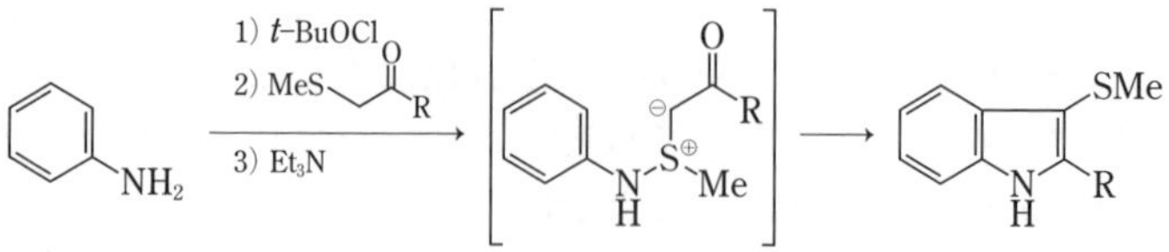

ニトロベンゼンを過剰量のアルケニルグリニャール（Grignard）反応剤と反応させるとインドールを与える（Bartoli インドール合成）．本反応は，ニトロソ体への還元，グリニャール反応剤の付加，[3,3]-シグマトロピー転位を経て進行すると考えられており，とくに7位置換インドールの合成に有用である．

NO_2, R → (MgBr, 3 当量) → [N–O, R → N(MgBr)–O, R → CHO, N–MgBr] → N–H, R

2-アルキニルアニリンを塩基で処理するか，Cu(I) や Pd(II) 触媒により活性化すると 5-*endo*-dig 形式の閉環反応が進行する．パラジウム触媒を用いた場合 3-インドリルパラジウム中間体が生じるため，さらなるカップリング反応によってさまざまな 2,3-二置換インドールをワンポットで与える．

R^1, $NHCOCF_3$ → (R^2X, Pd(0), 塩基) → [PdL_n, N, R^1, $COCF_3$] → R^2, N–H, R^1

N-アリル-2-ハロアニリンの分子内 Heck 反応と続く芳香化により，インドール骨格が形成される（式(29.8)）．一方，2-ヨウ化アニリンと内部アルキンとの分子間反応では，アリールパラジウム種がアセチレンに挿入してビニルパラジウム種を与え，閉環することでインドールを与える．非対称アルキンの反応では，一般に立体的にかさ高い置換基が 2 位に置換した生成物が優先して得られる．一例として，式(29.9) にトリプトファン誘導体の合成を示す．

I, N–H → ($Pd(OAc)_2$, Et_3N) → N–H → Me, N–H　(29.8)

F, I, NH_2 + TBS, CO_2Et, NHBoc → ($Pd(OAc)_2$, PPh_3, Bu_4NCl, Et_3N) → F, CO_2Et, NHBoc, N–H, TBS　(29.9)

芳香族ハロゲン化物のアミノ化反応を分子内反応へ応用したインドール合成法も有用である．アミノアルキル基を有するヨウ化ベンゼン誘導体の分子内アミノ化反応はパラジウム触媒と塩基の存在下で進行する．また，対応するオキシインドール合成にも適用可能である（式(29.10)）．ベンズアルデヒド誘導体から容易に誘導可能なデヒドロアミノ酸誘導体の環化反応は Cu(I) 触媒により進行し，インドールを与える（式(29.11)）．

(O) NHBn Br　$Pd_2(dba)_3$ / P(*o*-tol)$_3$ / 塩基 →　N Bn (O)　(29.10)

CO_2Me NHCbz X　CuI / CsOAc →　N Cbz CO_2Me　(29.11)

2-アシルアニリドを低原子化チタンによって処理すると還元的環化反応が進行し，対応するインドールが得られる．

R^3 O　R^4 N O R^1 R^2　$TiCl_3$, Zn →　R^3 R^4 N R^2 R^1

フェニルイソシアニドをラジカル反応条件に付すと，イミドイルラジカルの 5-*exo*-trig 環化を経て 2-スタニルインドールが生成する．酸性処理によって 3-置換インドールを与え，ワンポットでの Stille カップリングまたは 2-ヨード体を経たクロスカップリングにより 2,3-二置換インドールを与える（式(29.12)）．また，チオアミドを有する基質のラジカル反応では，スズラジカルがチオアミドに付加して生じた sp^3 ラジカルが環化し，インドールが生成する（式(29.13)）．これらの反応は 2 位置換基に関して相補的であり，後者は 2 位への sp^3 炭素の導入に有用である．

CO_2Me NC　*n*-Bu_3SnH / AIBN →　[CO_2Me N H $SnBu_3$]　H_3O^+ →　CO_2Me N H

I_2, 室温 ↓　PhBr / $Pd(PPh_3)_4$ / Et_3N →　CO_2Me N H Ph

CO_2Me N H R′ ←　CO_2Me N H I

(29.12)

R^2 NH S R^1　Bu_3SnH / Et_3B →　R^2 N H R^1　(29.13)

c. ベンゾフラン，ベンゾチオフェンの合成法

ベンゾフラン（ベンゾ[*b*]フラン）やベンゾチオフェン（ベンゾ[*b*]チオフェン）に官能基を直接導入する反応は，インドールに比べ反応性や位置選択性が低い場合が多い．このため，置換基の位置を制御する環構築反応はこれらの化合物の重要な合成手法である．以下，基本的な合成法について述べる．

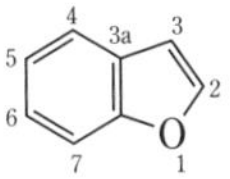

ベンゾフラン（ベンゾ[*b*]フラン）　ベンゾチオフェン（ベンゾ[*b*]チオフェン）

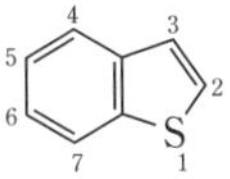

2-ハロフェノールと銅アセチリドとの反応により C−O 結合と C3−C3a 位間の C−C 結合の形成を経てベンゾフランが生成する（式(29.14)）．近年，パラジウム触媒による末端アルキンとのクロスカップリング反応（薗頭反応）と環化のタンデム型反応が，より簡便な手法として汎用されている（式(29.15)）[11]．

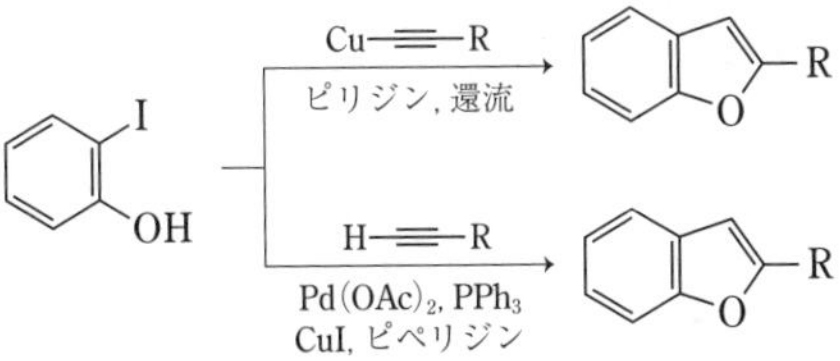

Cu−≡−R, ピリジン, 還流　(29.14)

H−≡−R, $Pd(OAc)_2$, PPh_3, CuI, ピペリジン　(29.15)

2-アルキニルフェニルエーテルを化学量論量のヨウ素求電子剤とともに加熱すると，C−O 結合形成を経て 3-ヨードベンゾフランが効率的に生成する（式(29.16)）[12]．この反応ではフェノール性ヒドロキシ基をメチル基などで保護することにより，生成物が高収率で生じる．また，クロスカップリングにより 3 位のヨウ素基を容易に変換できる．一方，2-ヒドロキシフェニルアセトアルデヒドおよびケトンを，ブレンステッド（Brønsted）酸触媒による C−O 結合の構築を伴う環化-脱水反応によりベンゾフランに変換することができる（式(29.17)）[13]．

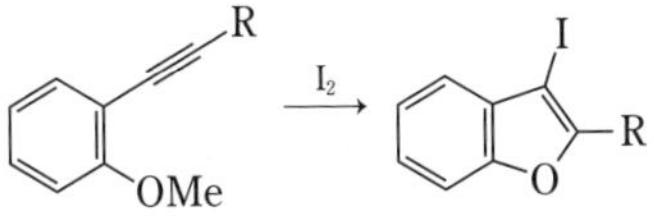

I_2　(29.16)

$H^{\oplus}$　(29.17)

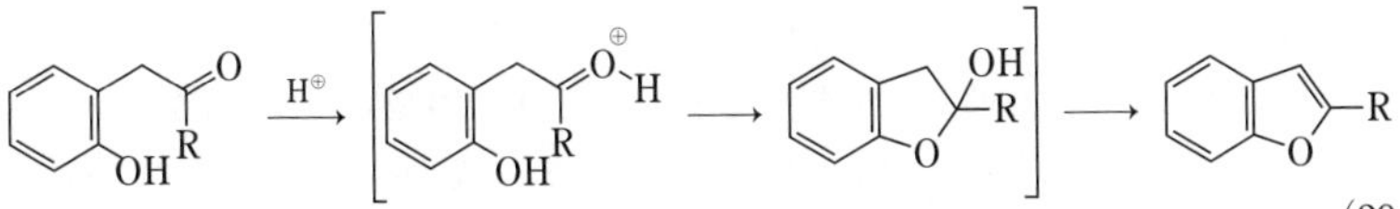

3-ハロクマリンを触媒量の塩基存在下で反応させると，ベンゾフラン-2-カルボン酸が生成する（パーキン（Perkin）転位，式(29.18)）．マイクロ波照射により短時間かつ高収率で目的物が得られる[14]．

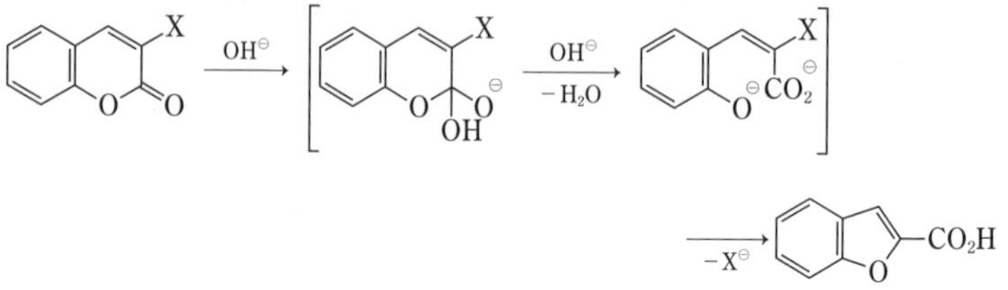

(29.18)

塩基条件下，サリチルアルデヒドを α-ブロモケトンによってエーテル化すると，つづく2位-3位間のC−C結合形成，脱水を経て，ベンゾフランが生成する（Rap-Stoermer縮合，式(29.19)）．α-ブロモケトンの代わりにハロアルデヒド，ブロモニトロメタン，α-ハロエステルを用いると，同様の2位置換体が生成する．一般に，炭酸カリウムなどの塩基を使用し，アセトンやDMSOなど極性溶媒中で反応が進行する[15]．また，ベンゾフランはプロパルギルフェニルエーテルのクライゼン（Claisen）転位と引き続く閉環反応によっても合成可能である（式(29.20)）．とくにオルト位のアルコキシ基の効果により，反応は円滑に進行する[16]．

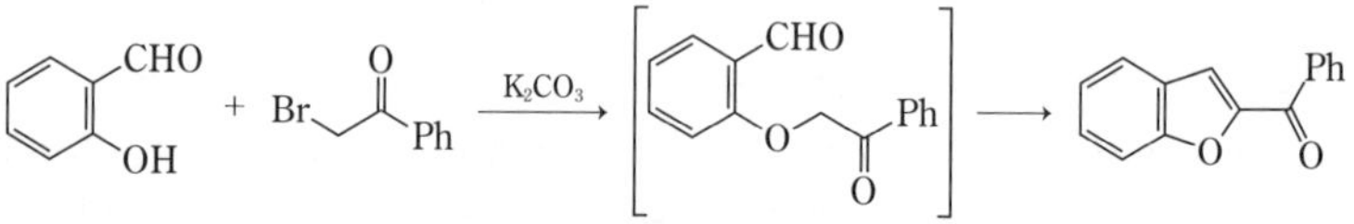

(29.19)

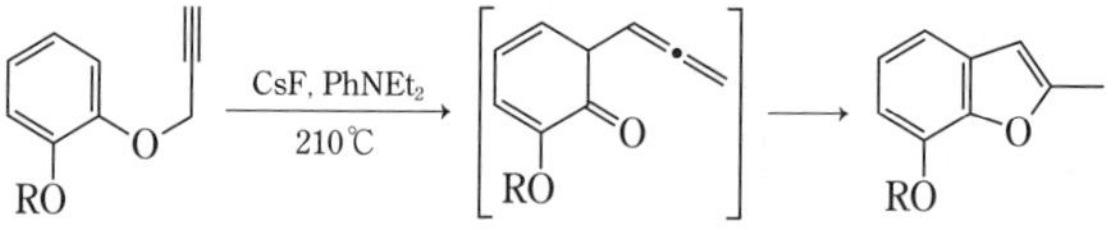

(29.20)

ベンゾチオフェンは，インドール，ベンゾフランと類似の手法で合成される．2-メルカプトフェニルケトンをハロケトンやハロ酢酸と塩基性条件下反応させると，アルキル化ののちに閉環反応が進行し，ベンゾチオフェンが生成する（ヒンスベルク（Hinsberg）法，式(29.21)[17]．とくに，ハロ酢酸との反応によって生じる2-ベンゾチオフェンカルボン酸を塩基性条件下加熱すると，脱炭酸して3位一置換体が生成する．また，2-メルカプトケイ皮酸とハロゲンとの反応により硫黄原子を酸化（ハロゲン化）すると，電子豊富なベンゼン環による分子内求核攻撃によりベンゾチオフェンが生じる（式(29.22)）[18]．この反応はマイクロ波の照射により加速される[19]．

$Cl\diagdown CO_2H$, NaOH →［中間体］→ … (29.21)

I_2 →［中間体］→ … (29.22)

d.　ジアゾール，オキサゾール，トリアゾールの合成法

本項では，図 29.2 に示す 1,3-アゾール系化合物の合成法，ならびに 1,3-双極子付加環化反応による 1,2-アゾールと 1,2,3-トリアゾールの合成法を述べる．

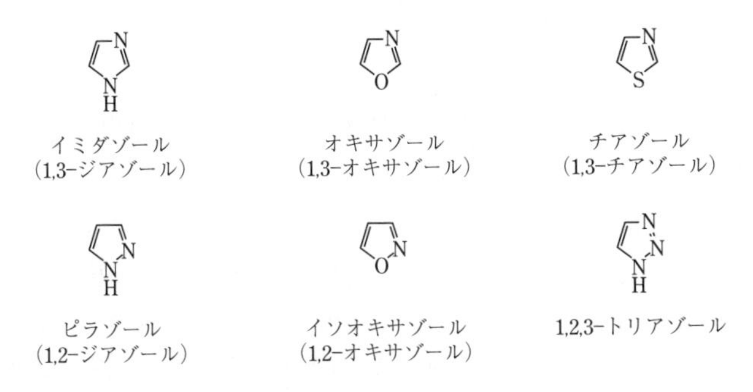

図 29.2　アゾール系化合物

イミダゾール，オキサゾール，チアゾールの 1,3-アゾール系骨格は，ペプチド系の天然物や医薬品によくみられる骨格である．これらは基本的には Paal-Knorr 法で合成できる．

次の反応はイミダゾール形成反応の例である[20]．イミンを形成後に脱水縮合が進行し，イミダゾールが合成できる．このさい，バリン残基の不斉炭素はラセミ化しない．

CF_3CO_2H, $MeNH_2$/EtOH
キシレン，還流

69%

次式の反応はオキサゾールの合成例である[21]．ジペプチドの側鎖ヒドロキシ基をケトンへと酸化し，ついで脱水環化することによってオキサゾールが生じる．この反応においてもシステイン残基の立体化学は保持される．

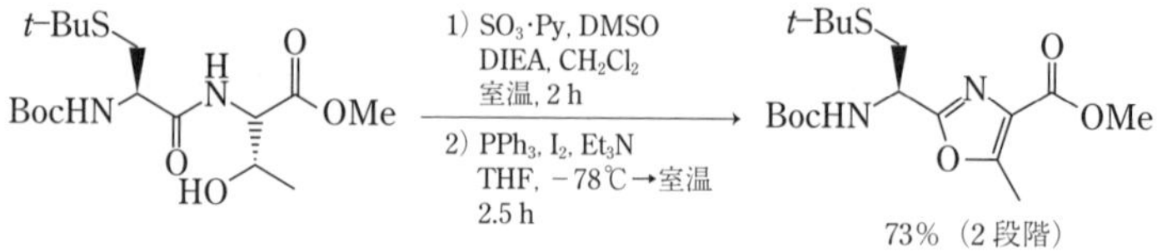

t-BuS　BocHN　H　N　O　OMe　O　HO

1) SO_3·Py, DMSO, DIEA, CH_2Cl_2, 室温, 2 h
2) PPh_3, I_2, Et_3N, THF, −78℃→室温, 2.5 h

t-BuS　BocHN　N　O　O　OMe

73%（2 段階）

次の反応はチアゾールの合成例である[22]．まず，システイン残基からペプチド結合への環化脱水が進行し，ついで酸化芳香化してチアゾール環が生成する．

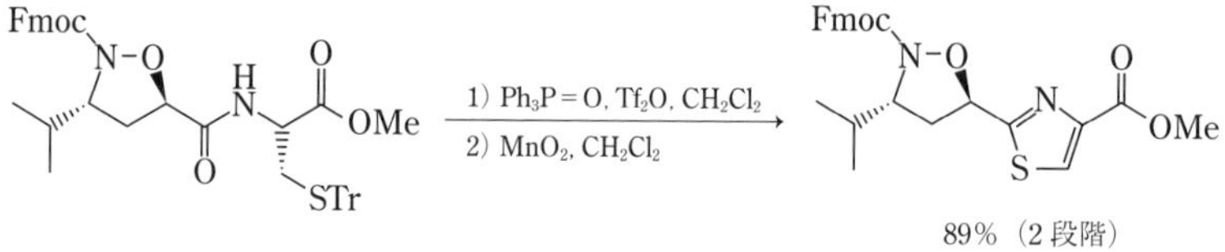

Fmoc　N–O　H　N　O　OMe　O　STr

1) $Ph_3P=O$, Tf_2O, CH_2Cl_2
2) MnO_2, CH_2Cl_2

Fmoc　N–O　N　S　O　OMe

89%（2 段階）

解熱鎮痛系医薬品開発に関連してピラゾールの合成法が研究されている．ニトリルイミンの 1,3-双極子付加環化反応を用いる例をあげる[23]．

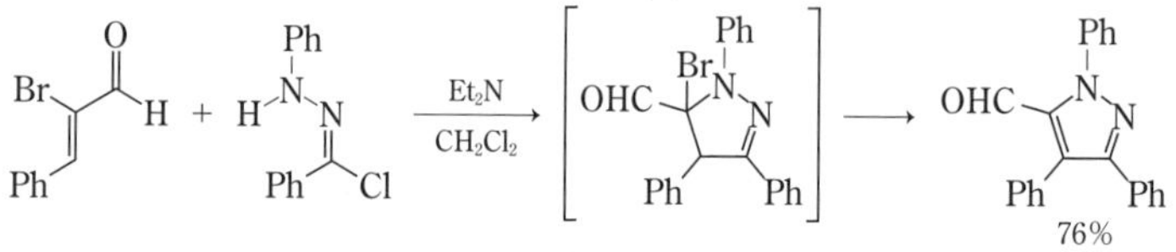

O　Br　H　Ph　+　Ph　H　N　N　Ph　Cl

Et_3N, CH_2Cl_2

[OHC　Br　Ph　N　N　Ph　Ph] ⟶ OHC　Ph　N　N　Ph　Ph

76%

シートベルトを締めるときの“カチャ”という音を意味する“クリック”から“クリックケミストリー”とよばれる一群の反応がある[24]．これらは迅速かつ確実に反応が進行するため，化合物ライブラリー合成に威力を発揮する．また，生成する化合物そのものよりも，二つのユニットを確実に結合することを目的とする場合もある．その代表例の一つは，アルキンとニトリルオキシドとの 1,3-双極子付加環化反応であり，イソオキサゾールが生じる．とくに末端アルキンとの反応では Cu(I) 触媒が反応を加速し，高収率でイソオキサゾールを与える．下式の反応例では，Cu(II) をアスコルビン酸ナトリウムで還元して系中で Cu(I) を発生している[25]．

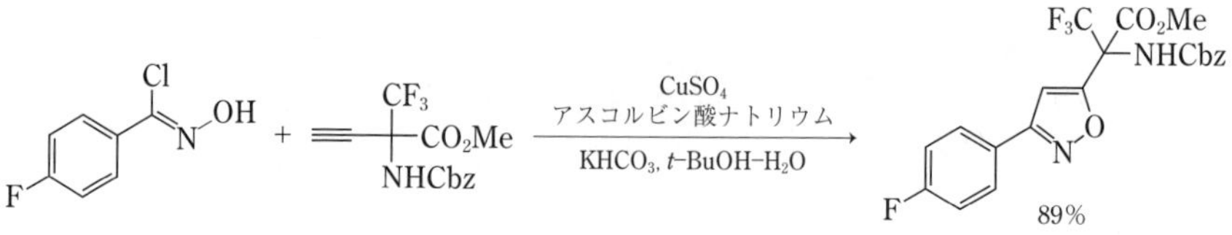

Cl　N　OH　F　+　CF_3　CO_2Me　NHCbz

$CuSO_4$, アスコルビン酸ナトリウム, $KHCO_3$, t-BuOH–H_2O

F_3C　CO_2Me　NHCbz　O　N　F

89%

アセチレンとアジドからトリアゾールを与える1,3-双極子付加環化反応は Hüisgen 反応とよばれ，近年多分野で利用されている[26]．末端アルキンの反応は Cu(I) 触媒で加速される[27]．HIV プロテアーゼ阻害剤探索のためのライブラリー合成に用いられた例をあげる[28]．

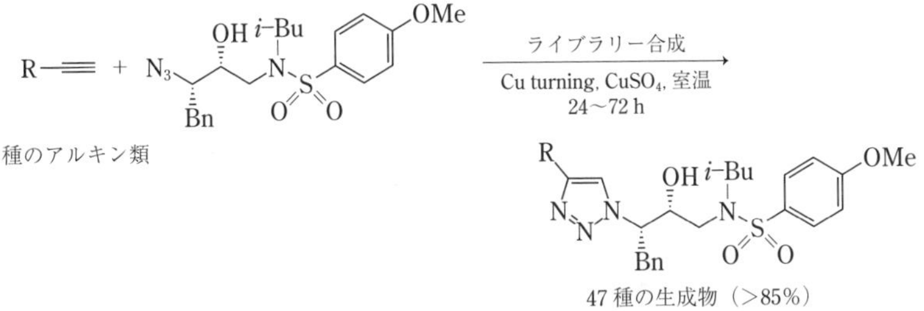

R—≡ ＋ N_3 OH i-Bu N S O O OMe Bn

ライブラリー合成

Cu turning, $CuSO_4$, 室温

24〜72 h

47 種のアルキン類

R N N N OH i-Bu N S O O OMe Bn

47 種の生成物（>85%）

Hüisgen 反応はさまざまな官能基が存在する酵素共存下でも進行する．アセチルコリンエステラーゼ（AchE）の異なる部位に結合する 2 種の阻害剤にさまざまな長さのリンカーを結合し，その片方の端にはアジドを，他方の端にはアセチレンを置換した．これらの 2 種の阻害剤を，AchE を鋳型として Hüisgen 反応により結合させた化合物群を合成した結果，AchE に 2 カ所で結合する強力な阻害剤が見出された[29]．

ひずみの大きな八員環アセチレンは触媒がなくともアジドに対して十分な反応性を示す．これにより，銅触媒非存在下の生体内でアジドとのクリック反応を行うことが可能となり，ケミカルバイオロジーにおいて生体内で選択的（生体直交型，bioorthogonal）な反応として使用されている[30]．

29.1.2　六員環芳香族化合物およびベンゼン縮合六員環

a.　ピリジン，ピリドンの合成法

含一窒素六員環芳香族化合物として，ピリジンおよびピリドンが知られている．ピリドンはカルボニル基の位置により，4-ピリドンと 2-ピリドンに分類される．2-ピリドンにはラクタム-ラクチム互変異性があり，ラクチム型が芳香族性を示し，溶液中では水素結合により二量体を形成することができる．これら含一窒素六員環芳香族化合物は主として，カルボニル化合物とアンモニアあるいはアミンとの縮合反応，アルキンとニトリルあるいはイソシアナートとの付加環化反応により合成される．以下，基本的な合成法について述べる．

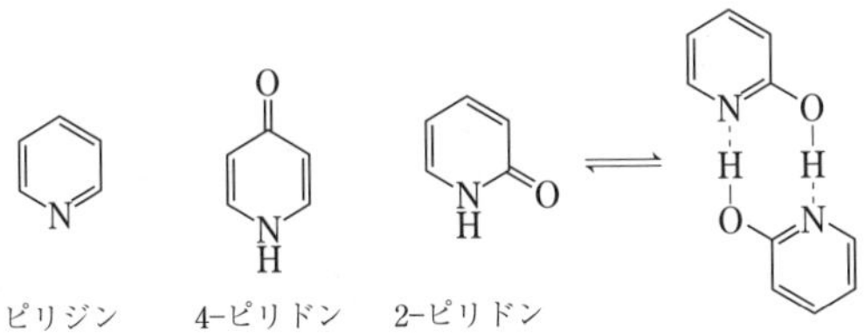

N　O N H　N H O　N O H H O N

ピリジン　4-ピリドン　2-ピリドン

アルデヒドとアンモニアを適当な酸触媒とともに加熱するとジヒドロピリジンが生成し，引き続く酸化（脱水素）反応によりピリジンが生成する（チチバビン（Chichibabin）合成）[31]．単一の異性体が生成することは少なく，多くの場合に複数の異性体が生成する．高温が必要なため実験室的な手法ではないが，工業的には重要な反応である．

$$3\ RCH_2CH_2CHO + NH_3 \xrightarrow[-3\,H_2O]{} \text{dihydropyran} \xrightarrow{[O]} \text{pyridine}$$

β-ケトエステルとアルデヒドをアンモニア存在下に加熱すると，ジヒドロピリジンが生成する．ジヒドロピリジンは，容易に酸化（脱水素）されてピリジンが生成する（ハンチュ（Hantzsch）合成）[32]．アルデヒドとしては，脂肪族および芳香族のいずれも用いることができる．アンモニアに代えてヒドロキシルアミンを用いると，ピリジンが直接得られる（クネベナーゲル（Knoevenagel）合成）[33]．

$$2\ R^1COCH_2CO_2R^2 + R^3CHO + NH_4OAc \xrightarrow[-3\,H_2O]{} \text{1,4-dihydropyridine} \xrightarrow{[O]} \text{pyridine}$$

また，類似の手法として，β-アミノエノンと1,3-ジカルボニル化合物との縮合反応によっても直接ピリジンが得られる[34]．

$$R^1COCH_2COCO_2R^2 + H_2NC(R^3)=CHCO_2R^2 \xrightarrow[-2\,H_2O]{} \text{pyridine}$$

シアノ酢酸エステルと1,3-ジカルボニル化合物をアンモニアと塩基の存在下に加熱すると，縮合反応が進行し2-ピリドンが生成する（グアレシ-ソープ（Guareschi-Thorpe）合成）[35]．非対称1,3-ジカルボニル化合物を用いる場合には位置異性体が副生するが，出発原料が安定であるため有用な合成法である．

$$R^1COCH_2COR^2 + H_2NCOCH_2CN \xrightarrow[-2\,H_2O]{\text{塩基}} \text{3-cyano-2-pyridone}$$

α- および γ-ピロン誘導体にアンモニアを作用させると，O-N 交換反応が進行し2-および4-ピリドン誘導体がそれぞれ生成する[36]．ピロン誘導体の合成が容易な場合には，有用なピリドン合成法である．生成したピリドン誘導体にオキシ塩化リンを作用させることでクロロピリジン誘導体に容易に変換することができる．

遷移金属錯体触媒（Co，Rh，Ir，Ru，Ni など）の存在下，2 分子のアルキンと 1 分子のニトリルとの［2+2+2］付加環化反応が進行し，多置換ピリジン誘導体が得られる[37]．ニトリルに代えてイソシアナートを用いると 2-ピリドンも合成可能である[37]．これらの反応にジイン化合物を用いると，2 環性ピリジンおよび 2-ピリドン誘導体が得られる[37]．また，安価なジルコニウムやチタン錯体を用いた化学量論的な［2+2+2］付加環化反応も，位置選択的な多置換ピリジンおよびピリドン合成に有用である[38]．

b.　キノリン，イソキノリン，ベンゾジアジンの合成法

含一窒素ベンゼン縮合六員環化合物としてキノリン（quinoline）およびイソキノリン（isoquinoline）が，そして対応する含二窒素化合物としてベンゾジアジンが知られている．後者はヘテロ六員環骨格とベンゼン環の縮合様式により，シンノリン（cinnoline），フタラジン（phthalazine），キナゾリン（quinazoline），キノキサリン（quinoxaline）の 4 種類に分類される（図 29.3）．これらベンゼン縮合六員環化合物の大部分は，ベンゼン誘導体から合成され，一置換ベンゼンの隣接位に閉環する方法と，*o*-二置換ベンゼンを利用した置換基間で閉環する方法とに大別される．以下，基本的な合成法について述べる．

（i）キノリンの合成法[39]　アニリンとグリセロールを酸触媒下，適当な酸化剤とともに

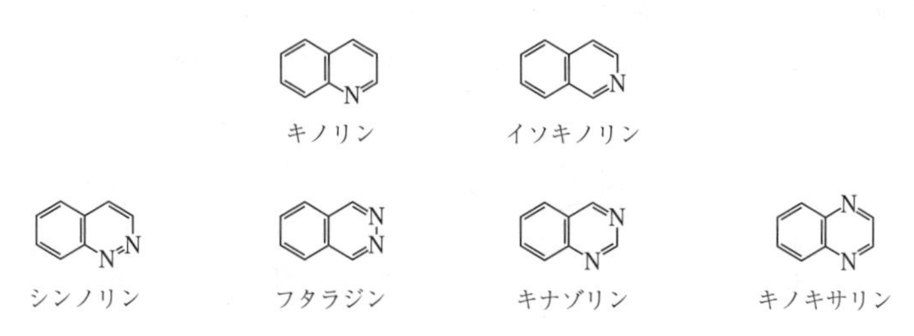

図 29.3　ベンゼン縮合六員環化合物

に加熱するとキノリンが生成する（スクラウプ（Skraup）合成）．本法では，グリセロールの脱水により生成したアクロレインにアニリンがマイケル（Michael）付加したのち，閉環して生じた1,2-ジヒドロキノリンが共存する酸化剤により芳香化してキノリンが生じる（式(29.23)）．グリセロールの代わりに，α,β-不飽和アルデヒドやβ-ケトカルボニル化合物などを用いる変法も知られている．o-二置換ベンゼンからの合成法としては，塩基存在下o-アミノベンズアルデヒドと活性メチレンを反応させるフリードレンダー（Friedländer）法が有名である（式(29.24)）．ベンゼン誘導体としてイサチンやアントラニル酸を用いる変法も知られている．

NH2 + O → N H →(−H2O) N H →(O) N (29.23)

O CH NH2 + R2 O R1 →(塩基 −H2O) O CH R2 N R1 → O CH R2 N H R1 →(−H2O) R2 N R1 (29.24)

(ii) イソキノリンの合成法[40]　イソキノリンは，一置換ベンゼンから出発する合成法が重要である．β-フェネチルアミン由来のアミド体をオキシ塩化リンやポリリン酸のような酸性脱水試薬とともに加熱すると，3,4-ジヒドロイソキノリンが得られる（ビシュラー-ナピラルスキー（Bischler-Napieralski）合成）．3,4-ジヒドロイソキノリンは酸化によりイソキノリンに（式(29.25)），還元によりテトラヒドロ体に誘導できる（式(29.26)）．この反応はベンゼン環への求電子置換反応であり，（とくに閉環部位のパラ位に）電子供与基（electron-donating group：EDG）が存在すると有利となる．類似の合成法として，β-フェネチルアミンとアルデヒドを反応させイミンとしたのち，閉環してテトラヒドロイソキノリンを得るピクテ-スペングラー（Pictet-Spengler）反応がある．一方，アリールアルデヒドまたはケトンをα-アミノアルデヒドアセタールと縮合させ，得られたシッフ（Schiff）塩基を酸触媒で閉環させるポメランツ-フリッツ（Pomeranz-Fritsch）法も知られている（式(29.27)）．これは閉環方向が上記の方法と異なるため，相補的な関係になる．

EDG NH COR →(−H2O) EDG N R →(O) EDG N R (29.25)

→(H) EDG NH R (29.26)

(29.27)

(iii) ベンゾジアジンの合成法　キナゾリン合成の大部分は，オルト位にカルボニル基が置換したアニリンから炭素原子と窒素原子を一つ連結させる方法である．アントラニル酸からの合成はニーメントウスキー（Niementowski）反応として知られている[41]．

キノキサリンは，o-フェニレンジアミンに α-ジカルボニル化合物を作用させて合成する[42]．例は少ないが，o-置換アニリンからも合成可能である．

c. ピラン，ベンゾピラン系化合物の合成法

含一酸素六員環化合物としてピロン（pyrone），ピリリウム（pyrylium），3,4-ジヒドロ-2H-ピランが，そして対応するベンゼン縮合化合物としてベンゾピラノン，ベンゾピリリウム，クロマン（chroman）が知られている（図 29.4）．ベンゼン縮合六員環化合物の大部分は，ベンゼン誘導体から合成され，一置換ベンゼンの隣接位に閉環する方法と，o-二置

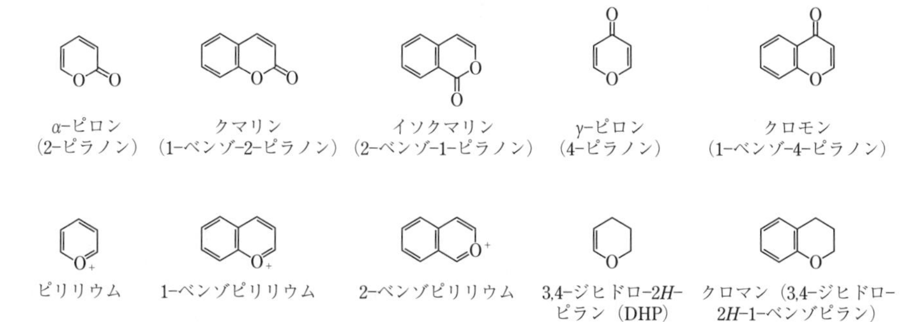

図 29.4　ピラン，ベンゾピラン系化合物

換ベンゼンを利用した置換基間で閉環する方法とに大別される．前者の方法は出発原料の調製が容易であるものの，閉環反応の効率はベンゼン環上の電子密度に大きく依存し，非対称な出発原料を用いたさいには，その位置選択性が問題となる．紙面の都合上，以下，重要なベンゼン縮合六員環化合物であるクマリン（coumarin），クロモン（chromone），ベンゾピリリウムの基本的な合成法について述べる．

（i）クマリン（1-ベンゾ-2-ピラノン）[43,44]　サリチルアルデヒドとマロン酸エステルのクネベナーゲル（Knoevenagel）縮合反応，つづくラクトン化により3位置換クマリンが得られる（式(29.28)）．また，メタ位に電子供与基を有するフェノールと β-ケトエステルを濃硫酸で処理すると，4位置換クマリンが得られる（ペヒマン（Pechmann）反応）．なお，塩化アルミニウムをルイス（Lewis）酸として用いると通常のフェノールでも反応する（式(29.29)）．

CHO, OH → [$CH_2(CO_2Et)_2$, ピペリジン, AcOH, EtOH, 還流] → CO_2Et, CO_2Et, OH → [$-H_2O$] → CO_2Et, O, O　(29.28)

OH → [MeCO–CH_2–CO_2Et, $AlCl_3$, $PhNO_2$, 100〜130℃] → [Me, OH, CO_2Et, OH または Me, O, O, O] → Me, O, O　(29.29)

（ii）クロモン（1-ベンゾ-4-ピラノン）[45,46]　2′-ヒドロキシアセトフェノンとエステルのクライゼン（Claisen）縮合により生成した1,3-ジカルボニルベンゼン中間体を酸性条件下脱水することによって2位置換クロモンが得られる（コスタネッキー-ロビンソン（Kostanecki-Robinson）反応，式(29.30)）．また，電子求引基や，オルト位やパラ位に電子供与基を有するフェノールを，α-置換-β-ケトエステルと五酸化リンで処理するとクロモンが得られる（シモニス（Simonis）反応，式(29.31)）．

O, OH → [$EtCO_2Et$, Na; AcOH, H_2O] → O, O, Et, OH → [HCl, AcOH] → O, O, Et　(29.30)

OH, Me → [EtO_2C–CH(Me)–COMe, P_2O_5, 100℃] → [O, OEt, Me, O, Me, Me] → O, Me, O, Me, Me　(29.31)

(iii) ベンゾピリリウム[47~50]　4-クロモンの *O*-アルキル化，もしくは有機金属試薬の1,2-付加とつづく酸処理によって，4-アルコキシ-1-ベンゾピリリウムと 4-アルキル-1-ベンゾピリリウムがそれぞれ得られる（式(29.32)）．一方，イソクマリンへの有機金属試薬の1,2-付加とつづく酸処理によって，1 位置換-2-ベンゾピリリウムを得ることができる（式(29.33)，右式）．また，本化合物は 2-エチニルベンゾフェノンの酸処理によっても得られる（式(29.33)，左式）．

OMe, Ph, BF_4^- ← $Me_3O^+BF_4^-$ / CH_2Cl_2 — O, Ph — 1) MeMgI 2) $HClO_4$ → Me, Ph, ClO_4^-　(29.32)

Ph, O, Ph — TfOH / CH_2Cl_2 / X = OTf → H, Ph, X^-, Ph ← 1) PhMgBr 2) $HClO_4$ / X = ClO_4 — H, Ph, O, O　(29.33)

29.2 非芳香族ヘテロ環

29.2.1 環状アミン

一般的に環状アミンの pK_b は，対応する非環状の第二級アルキルアミンとほぼ同等の値であるが，アルキル側鎖の自由度が低く立体障害が小さいため，環状アミンの求核性はより高い．このため，アミドや第三級アミン，第四級アンモニウム塩を容易に生成し，医農薬の合成中間体などに多用されている．環状アミンとして三員環のアジリジン（aziridine），四員環のアゼチジン（azetidine），五員環のピロリジン（pyrrolidine），イミダゾリジン（imidazolizine），六員環のピペリジン（piperidine），ピペラジン（piperazine），モルホリン（morpholine）などが代表的である（図 29.5）．以下，基本的な合成法について述べる．

a. アジリジンの合成法[51]

大きな結合角ひずみをもつアジリジン化合物はさまざまな求核剤と反応するため，環状アミンとしてだけでなく，アミノ基を含む二炭素源としても重要である．アジリジン環を 1 段階で構築する方法として，二重結合へのニトレンの付加反応が知られている．ニトレンは

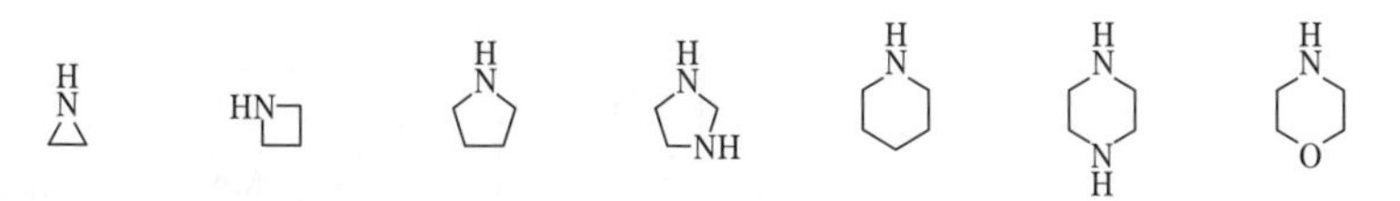

図 29.5　環状アミン系化合物

アジド化合物の熱分解で調製できるが，カルベン種と同様に不安定であるため，遷移金属触媒（Cu，Ru，Fe，Ag など）によって生成する金属ニトレノイド種を合成等価体として用いる方法が一般的である（式(29.34)）[52]．さらに，本法は不斉配位子を用いることで光学活性なアジリジン環の合成に応用されている．また，シュタウディンガー（Staudinger）反応を利用した環化反応（式(29.35)）[53] もアジリジン環の合成によく用いられる．本反応ではエポキシドをアジドアルコールへと変換後，トリフェニルホスフィンで処理することでイミノホスホランの形成と環化反応が連続して進行し，対応するアジリジン化合物が得られる．

$ArSO_2N_3$, 金属, または $PhI=NSO_2Ar$, 金属

金属 = Cu, Ru, Fe, Ag など　(29.34)

NaN_3 → PPh_3 → $O=PPh_3$　(29.35)

b.　ピロリジン，ピペリジンの合成法

五, 六員環アミンは，結合角にひずみがほとんどなく環を構築しやすい．たとえば，ピロリジン環やピペリジン環は対応する直鎖状の化合物の閉環反応によって容易に合成することができる．酸触媒，還元剤存在下，第一級アミンとジアルデヒドを反応させることで 2 度の還元的アミノ化が進行し，対応するピロリジン，ピペリジンが合成できる（式(29.36)）[54]．ピロリジン環は *N*-ハロアルカンからラジカル反応による 5-ハロアミンの生成を経由しても合成される（式(29.37)）[55]．この反応は，熱または光照射で生じた窒素ラジカルが分子内 [1.5] 水素移動により 5-ハロアルキルアミンを優先的に生成するため，ピロリジン環の選択的合成法として有用である（Hofmann-Löffler-Freytag 反応）．また，対応するラクタムをヒドリド還元剤で処理することでも環状アミンを合成することができる（式(29.38)）．しかし，アミドの還元は，一般に加熱など過酷な条件を必要とする．

$MeNH_2$, H^+, $NaBH_3CN$; $n=1, 2$　(29.36)

加熱または $h\nu$; H^+　(29.37)

LAH または $LiBHEt_3$　(29.38)

c. 中・大員環アミンの合成法[56)]

直鎖状化合物から中・大員環アミンへの環化反応では渡環相互作用の影響を受け分子間反応と競合するため，高収率で環状アミンを得ることは一般に困難である．中員環アミンの信頼性の高い合成法としてノシル（Ns）基による窒素原子の活性化法が知られている（下式）．塩基性条件下，*N*-Ns ハロゲン化アルキルを分子内環化させる方法および，*N*-Ns アルコールを光延反応により環化させる方法が報告されている．本反応は，高希釈条件を必要としないことも特徴である．また，本合成法は大員環構築にも有効で，さまざまな天然物合成に応用されている．さらに本法は，非環状の第二級および第三級アミンの合成にも有用である．

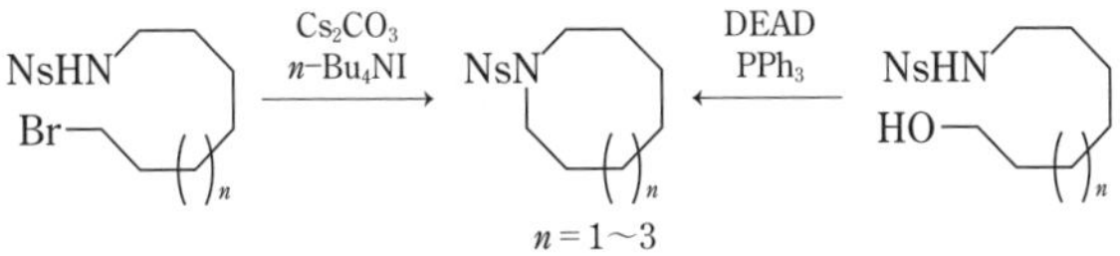

Cs_2CO_3, n-Bu_4NI　DEAD, PPh_3　$n = 1 \sim 3$

29.2.2 環状エーテルの合成法

環状エーテル合成法は，環形成の方法により C−O 結合形成反応と C−C 結合形成反応に大別される．これまでに多くの合成法が報告されているので，詳しくは総説[57)]を参照されたい．以下に代表的な合成例を示す．

a. ヒドロキシエポキシドの酸触媒反応

酸触媒による γ-ヒドロキシエポキシドの 5-エキソあるいは 6-エンド型環化反応によって，テトラヒドロフランやテトラヒドロピランを選択的に合成することができる（式(29.39)）．オキシラン環上の置換基にビニル基を導入すると 6-エンド閉環反応が選択的に進行する（式(29.39)，右）[58)]．

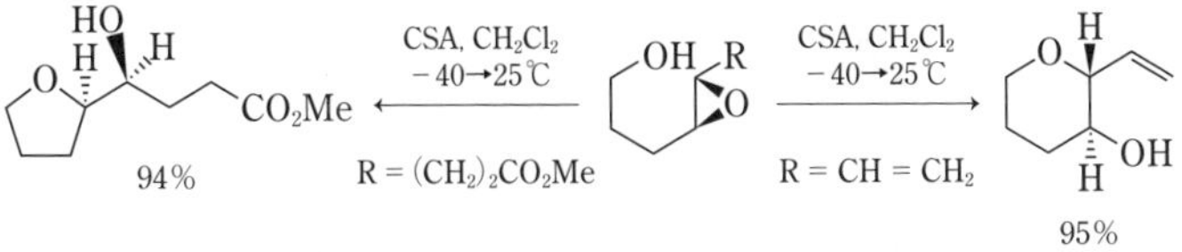

CSA, CH_2Cl_2, −40→25℃　R = $(CH_2)_2CO_2Me$　94%　CSA, CH_2Cl_2, −40→25℃　R = CH = CH_2　95%　(29.39)

b. パラジウム触媒を用いる合成[59)]

アリル位に脱離基を有するヒドロキシアルケンの Pd(0) 触媒を用いる Tsuji-Trost 反応によって，テトラヒドロフランやテトラヒドロピランが生成する．式(29.40) の反応では Trost リガンド (*S*,*S*)-L を用いることにより，シス体が立体選択的に合成されている[60)]．アリルアルコールやアリル位に脱離基をもたない場合の環化反応には Pd(II) 触媒が有効である（式(29.41)）[61]．

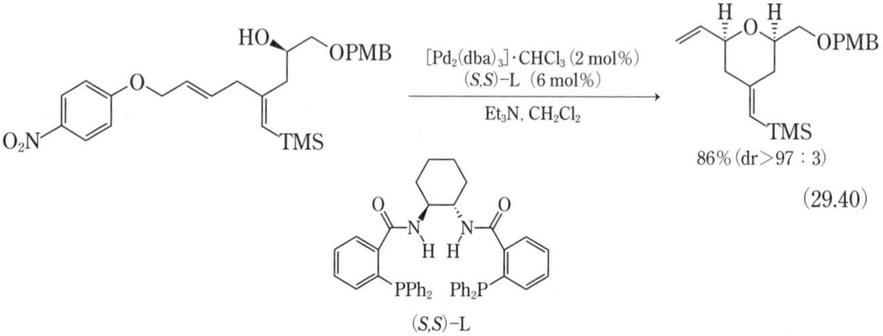

HO　OPMB　O_2N　TMS

$[Pd_2(dba)_3]\cdot CHCl_3$ (2 mol%)
(*S*,*S*)-L (6 mol%)
Et_3N, CH_2Cl_2

H　O　H　OPMB　TMS
86% (dr＞97：3)

(29.40)

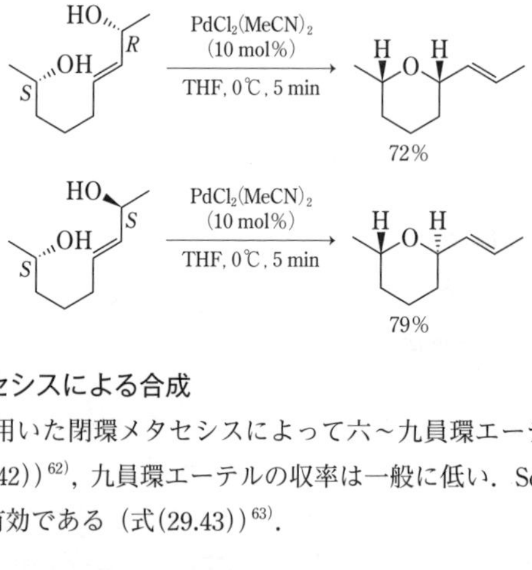

O　N　H　H　N　O　PPh_2　Ph_2P
(*S*,*S*)-L

HO　*R*　OH　*S*
$PdCl_2(MeCN)_2$
(10 mol%)
THF, 0℃, 5 min
H　O　H
72%

(29.41)

HO　*S*　OH　*S*
$PdCl_2(MeCN)_2$
(10 mol%)
THF, 0℃, 5 min
H　O　H
79%

c.　閉環メタセシスによる合成

Grubbs 触媒を用いた閉環メタセシスによって六～九員環エーテルを合成する方法も有用であるが（式(29.42)）[62]，九員環エーテルの収率は一般に低い．Schrock 触媒はエノールエーテル環の合成に有効である（式(29.43)）[63]．

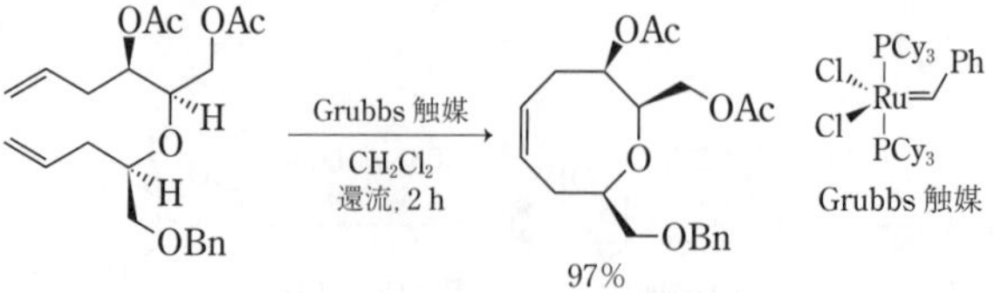

OAc　OAc　H　O　H　OBn
Grubbs 触媒
CH_2Cl_2
還流, 2 h
OAc　OAc　O　OBn
97%

Cl　PCy_3　Ph　Ru　Cl　PCy_3
Grubbs 触媒

(29.42)

BnO　O　BnO　OBn　OBn
Schrock 触媒
(20 mol%)
トルエン, 60℃
BnO　O　BnO　BnO　OBn
92%

N　$H_3C(F_3C)_2CO$　Mo　$H_3C(F_3C)_2CO$　$CHC(CH_3)_2Ph$
Schrock 触媒

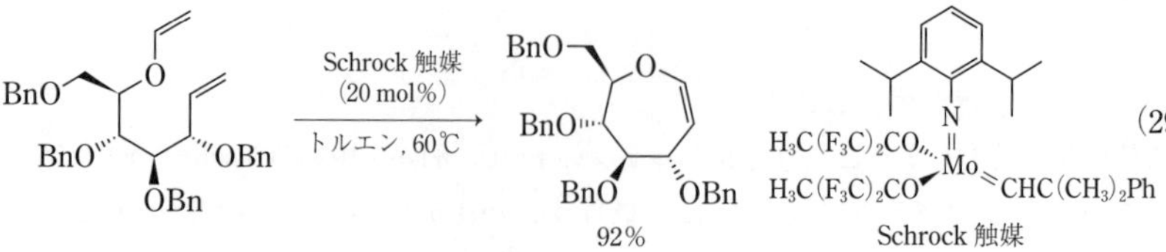

(29.43)

d. ヨウ化サマリウム(Ⅱ)による還元的ラジカル環化反応[64)]

分子内にアルデヒドと β-アルコキシアクリル酸エステルを有する化合物に SmI_2 を作用させると，閉環部位がトランス配置の六員環および七員環エーテルが立体選択的に得られる．アルデヒドの代わりにケトンを用いると対応する第三級アルコール誘導体が生成する．

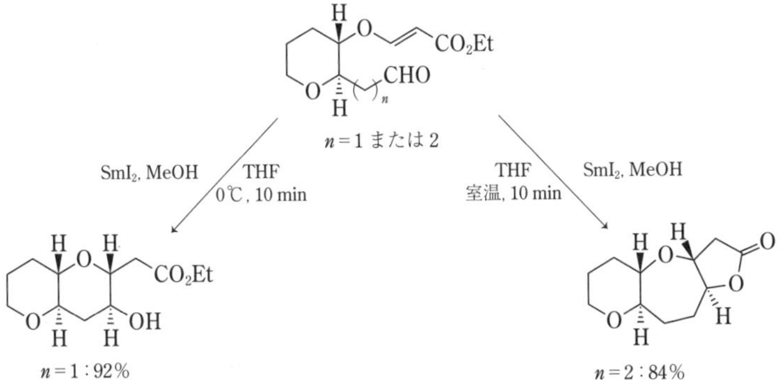

H O CO_2Et O H CHO n
n = 1 または 2
SmI_2, MeOH THF 0℃, 10 min
THF 室温, 10 min SmI_2, MeOH
H O H CO_2Et O H H OH
n = 1 : 92%
H H O O O H O H
n = 2 : 84%

e. プリンス環化反応によるエーテル環合成[65)]

ホモアリルアルコールとアルデヒドをルイス（Lewis）酸やブレンステッド（Brønsted）酸で処理すると，テトラヒドロピランが生成する（プリンス（Prins）環化反応，式(29.44)）[66)]．α-アセトキシエーテルやビニルエーテル誘導体からも収率よく六員環エーテルを合成することができる．ヒドロキシアリルシランを用いると二重結合が導入された六員環エーテルが生成する（式(29.45)）[67)]．

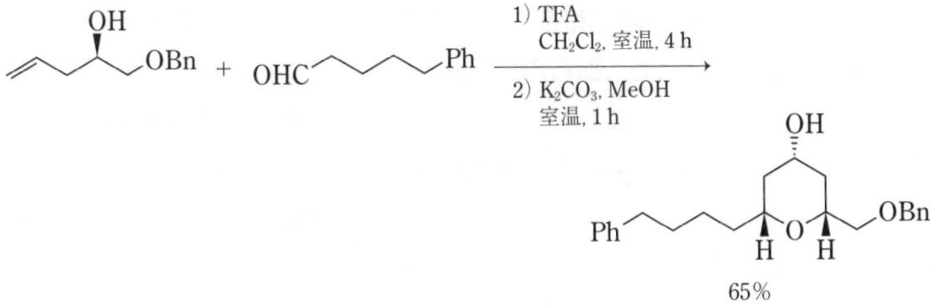

OH OBn ＋ OHC Ph
1) TFA CH_2Cl_2, 室温, 4 h
2) K_2CO_3, MeOH 室温, 1 h
OH Ph O OBn H H (29.44)
65%

EtO_2C CHO TBSO ＋ TMS HO OTBDPS OPMB
TMSOTf
Et_2O, −78℃, 1 h

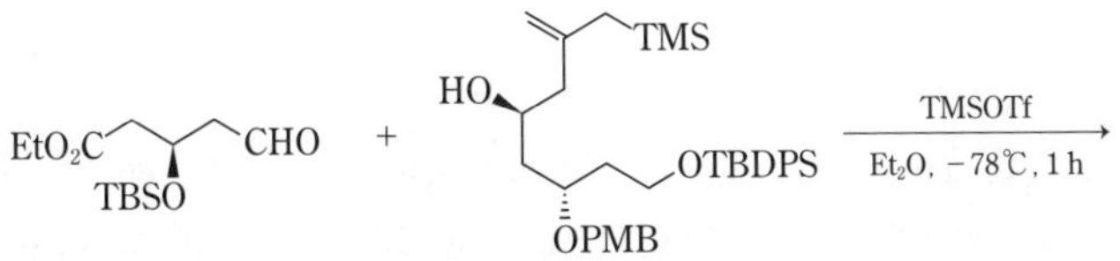

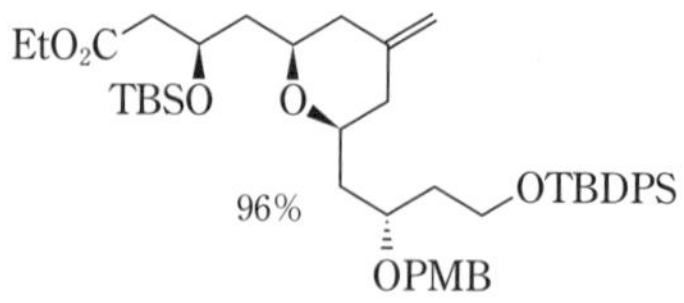

(29.45)

96%

【実験例　ヒドロキシエポキシドの酸触媒閉環反応[58b)]】

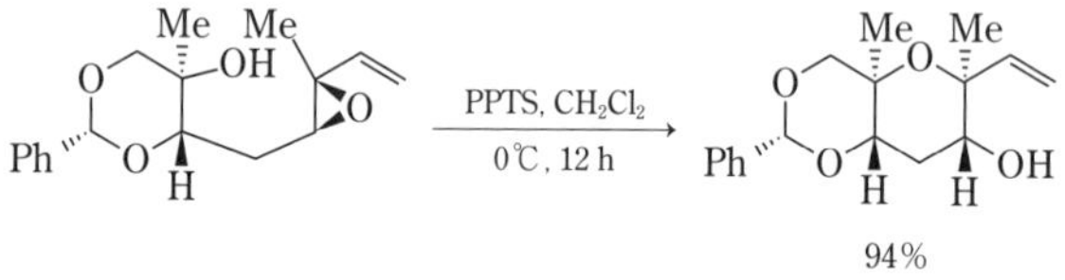

PPTS, CH_2Cl_2
0℃, 12 h

94%

ヒドロキシエポキシド 20.1 g（69.3 mmol）をジクロロメタン 650 mL に溶解し，0℃で *p*-トルエンスルホン酸ピリジウム（PPTS）13.9 g（55.4 mmol）を加えて 12 時間撹拌する．反応液にトリエチルアミン 9.3 mL を加えて反応を停止後，減圧下濃縮する．シリカゲルフラッシュクロマトグラフィー（70% エーテル-石油エーテル）で精製し，六員環エーテルを得る．収量 19 g（収率 94%）．

29.2.3　ラクタムの合成法

ラクタムは環内に酸アミド結合をもっている化合物の総称であり，医薬品や工業原料などに有用な化合物が多い．その合成は，環化反応による方法と環状化合物にアミド結合を導入する方法に大別される．

a.　環を形成する方法

（i）酸アミドの形成による分子内閉環反応　アミノ酸およびその誘導体を酸アミド部位において環化縮合させる合成法で，四員環以上のラクタム構築に汎用されている．中員環では加熱によりラクタムを合成することができるが，カルボン酸を活性誘導体にするか，縮合剤を用いる方法が一般的である．おもな縮合剤には，2-ハロ-*N*-アルキルピリジニウム塩類（CMPI など），カルボジイミド類（DCC，EDC・HCl），5 価有機リン化合物類（DPPA, DPP-Cl, BOP-Cl）があり，分子間反応を防ぐために希薄な条件下で反応を行う必要がある．次に，カルボン酸をオキサゾリジノン誘導体として β 位のアミンと縮合させ β-ラクタムを構築した例を示す．

【実験例　コレステロール吸収阻害薬エゼチミブの中間体の合成[68)]】

オキサゾリジノン化合物 200 g（336 mmol）をトルエン 1.40 L に溶解し，60℃で BSA 120 g（587 mmol）を加え，30 分間保つ．ついで TBAF 3.7 g（12 mmol）を加え，反応が完結するまで 60℃で撹拌する．反応混合物を 40℃に冷却して，酢酸 20 mL で中和したのち濃縮すると，粗製の β-ラクタムが得られる．これにトルエン 200 mL を加え 0℃で 30 分間

OBn
CH_3O O
O HN F
Ph N O O

1) BSA, トルエン, 60℃, 30 min
2) TBAF, 60℃

O OBn
CH_3O
O N F

76%

撹拌し，不溶物を沪過で除く．沪液を濃縮し，メタノールから結晶化させると結晶性固体の *β*-ラクタムが得られる．収量 110 g（収率 76%）．

(ii) カルボン酸アミド化合物の分子内閉環　カルボン酸アミドの分子内 *N*-アルキル化，アルケニル化やヨードラクタム化反応（タミフルの合成中間体となる二環性 *γ*-ラクタムの合成[69] に用いられている）など，多様な方法がある．近年，閉環メタセシスを利用して種々なラクタムやマクロラクタムが合成されている．

(iii) 環化付加反応による合成　汎用されている反応として，ケテンとイミン（シュタウディンガー（Staudinger）反応），アセチレンとニトロン（衣笠反応），イソシアナートとオレフィン[70] の環化付加があり，おもに *β*-ラクタムの構築に用いられる．シュタウディンガー反応ではシンコナアルカロイド[71] や *N*-ヘテロサイクリックカルベン[72] を，衣笠反応においてはビスアザフェロセン[73] を触媒に用いた不斉合成法が開発されている．

イソシアン酸クロルスルホニル（CSI）とシクロペンタジエンの [2+2] 付加反応は，低温では *β*-ラクタムが得られるが，室温では徐々に異性化し [2+4] 付加体の *γ*-ラクタム（Vince ラクタム）が主生成物となる．CSI の代わりにメタンスルホニルシアニドを用いてワンポットで選択的に Vince ラクタムを合成する方法が開発された．

【実験例　抗ウイルス薬アバカビルやペラミビルの合成中間体 Vince ラクタムの合成[74]】

CH_3SO_2Cl

1) Na_2SO_3, $NaHCO_3$, H_2O
25℃, 16 h
2) (シクロペンタジエン), CH_2Cl_2
3) ClCN
30% NaOH 水溶液（pH 5）
15℃, 7 h

NH
O
67.3%

$$\left[\longrightarrow CH_3-\overset{O}{\overset{\|}{S}}-O^{\ominus}Na^{\oplus} \longrightarrow CH_3-\underset{O}{\underset{\|}{\overset{O}{\overset{\|}{S}}}}-CN \longrightarrow \cdots \longrightarrow\right]$$

N
CH_3SO_2

亜硫酸ナトリウム 21.4 g（0.34 mol）と炭酸水素ナトリウム 28.6 g（0.34 mol）の水溶液 333 mL に 18～20 ℃ にて塩化メタンスルホニル 19.5 g（0.17 mol）を 25 分間かけて滴下し，1 時間 25 ℃ で撹拌後，16 時間放置する．次に 15 ℃ に冷却して，新たに蒸留したシクロペンタジエン 88.1 g（1.33 mol）のジクロロメタン 83 mL 溶液を滴下したのち，ガス状のシアン化塩素 116 g（1.90 mol）を 5 時間かけて通じ，さらに 2 時間撹拌する（この間 30% 水酸化ナトリウム水溶液 170 mL を滴下して液性を pH 5 に保つ）．反応終了後，30% 水酸化ナトリウム水溶液 9.2 mL を加え，液性を pH 8 にしてジクロロメタン 167 mL で 3 回抽出する．有機層を合わせ，硫酸マグネシウムで乾燥したのち濃縮すると Vince ラクタムが得られる．収量 102 g（収率 67%，HPLC 純度 95.7%）．

b.　環状化合物に酸アミド結合を導入する方法

代表的な方法として，ベックマン（Beckmann）[70]，シュミット（Schmidt）[70] などの転位反応による環拡大を伴ったラクタムの調製法がある．ベックマン転位反応では有機触媒（塩化シアヌル，BOP-Cl/$ZnCl_2$，TsCl，ブロモジメチルスルホニウムブロミド/$ZnCl_2$）を，シュミット転位反応においては DPPA を用いた簡便で緩和な方法が開発されている．

【実験例　触媒量の塩化シアヌルを用いるベックマン転位によるラウリルラクタムの合成[75]】

NOH　—　塩化シアヌル（5 mol%）, CH_3CN, 還流　→　H N O

シクロドデカノンオキシム 395 mg（2 mmol）と塩化シアヌル 18 mg（5 mol%）をアセトニトリル 2 mL 中，共沸脱水条件下，2 時間反応させる．溶媒を留去したのち残留物をシリカゲルカラムクロマトグラフィーで精製すると定量的にラウリルラクタムが得られる．

29.2.4　ラクトンの合成法

四員環以上のラクトンは単離可能であり，大きなものでは 60 員環に達する大環状物質も存在する．環サイズに応じた名称は小員環（四員環），普通環（五～七員環），中員環（八～11 員環），大員環（>12 員環）ラクトンである．12 員環以上のラクトンはマクロライドと総称される．普通環である五および六員環ラクトンはそれぞれヒドロキシカルボン酸（セコ酸）の自発的な分子内脱水縮合でも合成できるが，安定な原料である五および六員環ラクトールの酸化により簡便に入手できる．以下にその他の代表的なラクトン合成法を記す．

a.　セコ酸の分子内脱水縮合によるラクトンの合成

もっとも実施例の多いラクトン合成法は，セコ酸を原料とする分子内縮合反応であり，向山-Corey 法，向山法，正宗法，Keck 法，山口法，椎名法などが確立されている．いずれも高希釈条件下で実施される．2,4,6-トリクロロ安息香酸塩化物（TCBC）を用いる山口法[76]（式(29.46)），ならびに 2-メチル-6-ニトロ安息香酸無水物（MNBA）を用いる椎名法[77,78]（式

(29.47)) の例を示す．一方，アゾジカルボン酸ジエチル（DEAD）などの脱水素化剤とトリフェニルホスフィンを用いる光延反応はヒドロキシ基を活性化する独特な手段であり，アルコールの立体配置の反転を伴った脱水縮合体を1段階で得ることができる[79]（式(29.48))．

TCBC, Et_3N / THF, 室温 → DMAP / トルエン, 還流　二量体（10%）とともに 67%　(29.46)

MNBA, DMAP / CH_2Cl_2, 室温　二量体（1%）とともに 86%　(29.47)

DEAD, Ph_3P / トルエン, −10→0℃　二量体（29%）とともに 45%　(29.48)

b.　ハロカルボン酸の分子内アルキル化によるラクトンの合成

ハロカルボン酸を金属塩とし，この分子内アルキル化によってラクトンを得る検討が古くからなされている．下式に，ヨードカルボン酸に炭酸セシウムを加えて系内でセシウム塩を発生させ，穏やかに加熱することで目的とするラクトンを良好な収率で得た例を示す[80]．11～17員環の中・大員環ラクトンを与える反応の収率は，環サイズが大きくなるにつれて向上する．

Cs_2CO_3 / DMF, 40℃　二量体（7%）とともに 76%

c.　環状ケトンのバイヤー-ビリガー酸化によるラクトンの合成

環状ケトンに過酸を作用させるとバイヤー-ビリガー（Baeyer-Villiger）酸化が進行し，環サイズが一つ拡大したラクトンが合成できる．この方法により，セコ酸の環化反応では得難い中員環ラクトンが収率良く調製される[81].

CF_3CO_3H
CH_2Cl_2
−10℃

HO　O　OCOCH₂Cl　H

83%

d. 不飽和カルボン酸のヨードラクトン化によるラクトンの合成

遠位に二重結合を有するカルボン酸にヨウ素化剤を作用させると環化が進行し，ヨードラクトンが得られる．五および六員環ラクトンを立体選択的に得るさいに，とくに有効な手法である[82].

TBDPSO　OH　I_2, $NaHCO_3$, $CHCl_3$, H_2O, 0℃　TBDPSO　I

72%

e. 鎖状エステルの調製後に炭素–炭素結合形成反応を行うラクトンの合成

環化の足掛かりとなる部位を有するカルボン酸とアルコールからいったん鎖状エステルを調製し，ついで閉環メタセシスを行うことで不飽和ラクトンを得る手法も近年多く報告されている[83]．同様に，鎖状エステルの分子内レフォルマトスキー（Reformatsky）反応や Horner-Wadsworth-Emmons 反応を用いてラクトン骨格を構築する手段もたびたび採用されている[84].

AcO　Grubbs I 触媒　CH_2Cl_2　還流　AcO

100%

文　献

1) G. Jones, C. A. Ramsden, “Comprehensive Heterocyclic Chemistry III”, Vol. 3, Elsevier (2008).
2) C. Schmuck, D. Rupprecht, *Synthesis*, **2007**, 3095.
3) S. Gronowitz, “The Chemistry of Heterocyclic Compounds, Thiophene and Its Derivatives, Part 1”, Vol. 44, p.1, John Wiley (1985).
4) G. Mross, E. Holtz, P. Langer, *J. Org. Chem*., **71**, 8045 (2006).
5) J. M. Manley, M. J. Kalman, B. G. Conway, C. C. Ball, J. L. Havens, R. Vaidyanathan, *J. Org. Chem*., **68**, 6447 (2003).
6) D. H. R. Barton, J. Kervagoret, S. Z. Zard, *Tetrahedron*, **46**, 7587 (1990).
7) A. M. van Leusen, H. Siderius, B. E. Hoogenboom, D. van Leusen, *Tetrahedron Lett*., **13**, 5337 (1972).

8) Z. Puterová, A. Krutošíková, D. Végh, *Arkivoc*, **2010**, 209.
9) J. A. Joule, "Science of Synthesis: Houben-Weyl Methods of Molecular Transformations," E. J. Thomas, ed., Category 2, Vol. 10, Chap. 10.13, Georg Thieme Verlag (2000).
10) S. Cacchi, G. Fabrizi, A. Goggiamani, *Org. React.*, **76**, 281 (2012).
11) A. Arcadi, F. Marinelli, S. Cacchi, *Synthesis*, **1986**, 749.
12) D. Yue, T. Yao, R. C. Larock, *J. Org. Chem.*, **70**, 10292 (2005).
13) B. Ledoussal, A. Gorgues, A. Le Coq, *Tetrahedron*, **43**, 5841 (1987).
14) K.-S. C. Marriott, R. Bartee, A. Z. Morrison, L. Stewart, J. Wesby, *Tetrahedron Lett.*, **53**, 3319 (2012).
15) A. Carrër, D. Brinet, J.-C. Florent, P. Rousselle, E. Bertounesque, *J. Org. Chem.*, **77**, 1316 (2012).
16) T. Ishikawa, A. Mizutani, C. Miwa, Y. Oku, N. Komano, A. Takami, T. Watanabe, *Heterocycles*, **45**, 2261 (1997).
17) L. K. A. Rahman, R. M. Scrowston, *J. Chem. Soc., Perkin Trans. 1*, **1983**, 2973.
18) E. Campaigne, Y. Abe, *J. Heterocycl. Chem.*, **12**, 889 (1975).
19) D. Allen, O. Callaghan, F. L. Cordier, D. R. Dobson, J. R. Harris, T. M. Hotten, W. M.Owton, R. E. Rathmell, V. A. Wood, *Tetrahedron Lett.*, **45**, 9645 (2004).
20) Á. Pintér, G. Haberhauer, *Tetrahedron*, **65**, 2217 (2009).
21) T. Doi, M. Yoshida, K. Shin-ya, T. Takahashi, *Org. Lett.*, **8**, 4165 (2006).
22) T. Shibue, T. Hirai, I. Okamoto, N. Morita, H. Masu, I. Azumaya, O. Tamura, *Chem. Eur. J.*, **16**, 11678 (2010).
23) S. Dadiboyena, E. J. Valente, A. T. Hamme II, *Tetrahedron Lett.*, **51**, 1341 (2010).
24) H. C. Kolb, M. G. Finn, K. B. Sharpless, *Angew. Chem. Int. Ed.*, **40**, 2004 (2001).
25) D. V. Vorobyeva, N. M. Karimova, I. L. Odinets, G. Röschenthaler, S. N. Osipov, *Org. Biomol. Chem.*, **9**, 7335 (2011).
26) R. Huisgen, *Angew. Chem., Int. Ed. Engl.*, **2**, 565 (1963).
27) P. Wu, V. V. Fokin, *Aldrichimica Acta*, **40**, 7 (2007).
28) A. Brik, J. Muldoon, Y.-C. Lin, J. H. Elder, D. S. Goodsell, A. J. Olson, V. V. Fokin, K. B. Sharpless, C.-H. Wong, *ChemBioChem*, **4**, 1246 (2003).
29) R. Manetsch, A. Krasiński, Z. Radić, J. Raushel, P. Taylor, K. B. Sharpless, H. C. Kolb, *J. Am. Chem. Soc.*, **126**, 12809 (2004).
30) E. M. Sletten, C. R. Bertozzi, *Acc. Chem. Res.*, **44**, 666 (2011).
31) M. Weiss, *J. Am. Chem. Soc.*, **74**, 200 (1952).
32) A. Singer, S. M. McElvain, *Org. Synth.* Coll. Vol., **2**, 214 (1943).
33) R. Budriesi, P. Ioan, A. Leoni, N. Pedemonte, A. Locatelli, M. Micucci, A. Chiarini, L. J. V.Galietta, *J. Med. Chem.*, **54**, 3885 (2011).
34) Y. Oka, K. Omura, A. Miyake, K. Itoh, M. Tomimoto, N. Tada, S. Yurugi, *Chem. Pharm. Bull.*, **23**, 2239 (1975).
35) O. P. J. van Linden, C. Farenc, W. H. Zoutman, L. Hameetman, M. Wijtmans, R. Leurs, C. P. Tensen, G. Siegal, I. J. P. de Esch, *Eur. J. Med. Chem.*, **47**, 493 (2012).
36) H. Shojaei, Z. Li-Boehmer, P. von Zezschwitz, *J. Org. Chem.*, **72**, 5091 (2007).
37) B. Heller, M. Hapke, *Chem. Soc. Rev.*, **36**, 1085 (2007).
38) L. Zhou, S. Li, K.-i. Kanno, T. Takahashi, *Heterocycles*, **80**, 725 (2010).
39) V. V. Kouznetosov, L. Y. V. Mendez, C. M. M. Gomez, *Curr. Org. Chem.*, **9**, 141 (2005).
40) N. Guimond, K. Fagnou, *J. Am. Chem. Soc.*, **131**, 12050 (2009).
41) E. Cuny, F. W. Lichtenthaler, A. Moser, *Tetrahedron Lett.*, **21**, 3029 (1980).
42) P. Ghosh, A. Mandal, *Adv. Appl. Sci. Res.*, **2**, 255 (2011).
43) E. C. Horning, M. G. Horning, D. A. Dimmig, *Org. Synth.* Coll. Vol., **3**, 165 (1955).
44) E. H. Woodruff, *Org. Synth.* Coll. Vol., **3**, 581 (1955).
45) R. Mozingo, *Org. Synth.* Coll. Vol., **3**, 387 (1955).

46) H. Simonis, C. B. A. Lehmann, *Chem. Ber.* **47**, 692 (1914).
47) R. P. Quirk, C. R. Gambill, G. X. Thyvelikakath, *J. Org. Chem.*, **46**, 3181 (1981).
48) R. Wizinger, H. v. Tobel, *Helv. Chim. Acta*, **40**, 1305 (1957).
49) R. L. Shriner, W. R. Knox, *J. Org. Chem.*, **16**, 1064 (1951).
50) J. D. Tovar, T. M. Swager, *J. Org. Chem.*, **64**, 6499 (1999).
51) D. Tanner, *Angew. Chem. Int. Ed.,* **33**, 599 (1994).
52) Y. W. W. Chang, T. M. U. Ton, P. W. Chan, *Chem. Rec.,* **11**, 331 (2011).
53) I. D. G. Watson, N. Afagh, A. K. Yudin, *Org. Synth.,* **87**, 161 (2010).
54) W. S. Emerson, *Org. React.,* **14**, 174 (1948).
55) M. E. Wolff, *Chem. Rev.,* **63**, 55 (1963).
56) T. Kan, T. Fukuyama, *Chem. Commun.,* **2004**, 353.
57) a) I. Larrosa, P. Romea, F. Urpí, *Tetrahedron*, **64**, 2683 (2008); b) K. C. Majumdar, P. Debnath, B. Roy, *Heterocycles*, **78**, 2661 (2009).
58) a) K. C. Nicolaou, C. V. C. Prasad, P. K. Somers, C.-K. Hwang, *J. Am. Chem. Soc.*, **111**, 5330 (1989); b) K. C. Nicolaou, D. A. Nugiel, E. Couladouros, C.-K. Hwang, *Tetrahedron*, **46**, 4517 (1990).
59) J. Muzart, *J. Mol. Catal. A: Chemical*, **319**, 1 (2010).
60) B. M. Trost, M. R. Machacek, B. D. Faulk, *J. Am. Chem. Soc.*, **128**, 6745 (2006).
61) N. Kawai, J.-M. Lagrange, M. Ohmi, J. Uenishi, *J. Org. Chem.*, **71**, 4530 (2006).
62) M. T. Crimmins, A. L. Choy, *J. Am. Chem. Soc.*, **121**, 5653 (1999).
63) M. W. Peczuh, N. L. Snyder, *Tetrahedron Lett.*, **44**, 4057 (2003).
64) T. Nakata, *Chem. Soc. Rev.*, **39**, 1955 (2010).
65) C. Olier, M. Kaafarani, S. Gastaldi, M. P. Bertrand, *Tetrahedron*, **66**, 413 (2010).
66) G. Sabitha, N. Fatima, P. Gopal, C. N. Reddy, J. S. Yadav, *Tetrahedron : Asymmetry*, **20**, 184 (2009).
67) G. E. Keck, M. B. Kraft, A. P. Truong, W. Li, C. C. Sanchez, N. Kedei, N. E. Lewin, P. M. Blumberg, *J. Am. Chem. Soc.*, **130**, 6660 (2008).
68) C. H. V. A. Sasikala, P. R. Padi, V. Sunkara, P. Ramayya, P. K. Dubey, V. B. R. Uppala, C. Praveen, *Org. Proc. Res. Dev.*, **13**, 907 (2009).
69) Y.-Y. Yeung, S. Hong, E. J. Corey, *J. Am. Chem. Soc.*, **128**, 6310 (2006).
70) 有機合成化学協会 編, "有機合成実験法ハンドブック", p.1013, p.1043-1044, 丸善出版 (1990).
71) M. J. Bodner, R. M. Phelan, C. A. Townsend, *Org. Lett.*, **11**, 3606 (2009).
72) Y.-R. Zhang, L. He, X. Wu, P.-L. Shao, S. Ye, *Org. Lett.*, **10**, 277 (2008).
73) M. M.-C. Lo, G. C. Fu, *J. Am. Chem. Soc.*, **124**, 4572 (2002).
74) G. J. Griffiths, F. E. Previdoli, *J. Org. Chem.*, **58**, 6129 (1993).
75) Y. Furuya, K. Ishihara, H. Yamamoto, *J. Am. Chem. Soc.*, **127**, 11240 (2005).
76) J. Inanaga, K. Hirata, H. Saeki, T. Katsuki, M. Yamaguchi, *Bull. Chem. Soc. Jpn.*, **52**, 1989 (1979).
77) I. Shiina, M. Kubota, H. Oshiumi, M. Hashizume, *J. Org. Chem.*, **69**, 1822 (2004).
78) I. Shiina, Y. Umezaki, N. Kuroda, T. Iizumi, S. Nagai, T. Katoh, *J. Org. Chem.*, **77**, 4885 (2012).
79) H. Tsutsui, O. Mitsunobu, *Tetrahedron Lett.*, **25**, 2163 (1984).
80) W. H. Kruizinga, R. M. Kellogg, *J. Chem. Soc., Chem. Commun.*, **1979**, 286.
81) J. C. McWilliams, J. Clardy, *J. Am. Chem. Soc.*, **116**, 8378 (1994).
82) M. S. Oderinde, H. N. Hunter, S. W. Bremner, M. G. Organ, *Eur. J. Org. Chem.*, **2012**, 175.
83) M. Inoue, M. Nakada, *J. Am. Chem. Soc.*, **129**, 4164 (2007).
84) G. Stork, E. Nakamura, *J. Org. Chem.*, **44**, 4010 (1979).

フッ素化合物の合成法[1)]

フッ素を含む有機化合物は，この特異な原子に由来するさまざまな特性のために，生理活性物質をはじめとする，きわめて多様な領域で利用されている．しかしながら，この特性のために合成は必ずしも簡単ではなく，場合によっては，わずか一つのフッ素原子がすべてをきわめて困難にすることさえある．本章では，フッ素を含む物質を合成するための手法，なかでも実験室で容易に試みることが可能なものについてできるだけ広く紹介し，標的とする化合物にアクセスする手法を紹介したり，そのための重要なヒントを提供することを目標としている．フッ素源としてもっとも“上流”に位置する無水フッ化水素やフッ素ガスは，これらの危険性や，専用ラインの構築の必要性など，単なる“有機化学的知識”だけで利用できるものではないことから，本稿では取り扱わないこととした．これらに関する情報が必要な方々は，文献[2)]をあげておくので，参照されたい．

このような目的のため，30.1 節ではフッ素化合物の一般的な性質や取扱い方法を簡単に述べ，30.2 節には各種官能基のフッ素化を反応別にまとめる．つづいて，通常のアルキル（C_nH_{2n+1}）基の水素がフッ素で置換されたペルフルオロアルキル（C_nF_{2n+1}）基の導入方法について 30.3 節で扱い，最後の 30.4 節では，入手容易な各種ビルディング・ブロックの使用法を化合物別にまとめる．なお，上記のコンセプトから，30.2 節以降で扱っている化合物は，2012 年末の時点で主たる薬品業者のカタログに掲載されているものを対象としていることをお断りしておく．また，本章で取り上げる参考文献は，可能なかぎり 2000 年以降の比較的新しいものから選択したため，必ずしもオリジナル文献には直結していない．

30.1　フッ素化合物の一般的な性質と取扱い方法

30.1.1　フッ素化合物の一般的な性質

フッ素化合物の特徴は，フッ素原子の示す（1）あらゆる原子のなかで最大の電気陰性度，（2）水素の次に小さいサイズ，（3）炭素との短い結合距離形成，（4）炭素との結合切断に要する大きなエネルギー，などの特異性に起因する．これらに関する基礎的データを表 30.1 にまとめる．

表　30.1　おもな原子の物性値

元　素（X）	電気陰性度	ファンデルワールス（van der Waals）半径［pm］	H_3C-X 結合長［pm］	H_3C-X 結合解離エネルギー［kJ mol^{-1}］	イオン化ポテンシャル［kJ mol^{-1}］	電子親和性［kJ mol^{-1}］
フッ素（F）	3.98	147	138.2	452.5	1681	332.6
塩　素（Cl）	3.16	175	178.5	339.5	1251	348.8
臭　素（Br）	2.96	185	193.3	384.2	1140	324.7
ヨウ素（I）	2.66	198	213.9	232	1008	295.5
水　素（H）	2.22	120	108.7	461.6	1312	72.8
炭　素（C）	2.55	170	153.5	368.4	1086	122.3
窒　素（N）	3.04	155	147.2	331	1402	52.9
酸　素（O）	3.44	152	142.5	377.6	1314	141.1

図 30.1　フッ素によるさまざまな電子的寄与

sp^3 混成の炭素とフッ素が結合した構造は，フッ素の電気陰性度が高いために，**1** に示すように分極する．そのため直感的には，この炭素がアニオンとなれば安定化されるように思えるが，実際はフッ素原子の非共有電子対と電子反発が生じるため，不安定となる（構造 **2**）．一方，この炭素がカチオンである **3** になると，共鳴構造である **4** によって安定化される．よって，フッ素は結合している炭素のアニオンを不安定化，カチオンを安定化することになる．

また，隣接炭素がカチオンである **5** は，フッ素が他のハロゲンのようにハロニウム中間体 **6** を形成しないため，付加的な安定化を受けることはない．この位置がアニオンである **7** は，フッ素の電子求引性のために安定化されるものの，脱離基であるフッ素を放出して，アルケン **8** に不可逆的に変換されてしまう場合が多い．

sp^2 炭素にフッ素が結合した構造 **9** では，電気陰性度の関係からフッ素が $\delta-$，炭素が $\delta+$ に分極しているが，**9** は **10** のような共鳴構造を含むことを考え合わせると，C^a が $\delta-$ で C^b が $\delta+$ になるものと理解できる．実際，^{13}C NMR において C^a は 90 ppm 近辺に，また C^b は 150 ppm 付近にそれぞれ観測され，上記の分極から予想される遮へい化ならびに非遮へい化に対応する結果として解釈できる．それゆえ，フッ素を有する sp^2 炭素上には求核試薬が攻撃できるが，引き続いてフッ素が脱離する付加脱離型の反応が起こるのが一般的である．

30.1.2　フッ素化合物の取扱い方法

30.2 節で述べるさまざまなフッ素化剤や，30.4 節で登場する各種ビルディング・ブロックは，ほとんどのものが通常のガラス器具を用いて反応を行うことができる．実際筆者は，アルコールなどのフッ素化剤である石川試薬（**11**）[3] に関する研究に従事していたことがあるが，0.5 mol 程度のスケールでの **11** の合成やその反応において，一般的なガラス器具を使用して問題が起きた記憶はない．反応系中でフッ化水素が少量発生すると，ガラス表面のケイ素と反応して白くくもった部分ができるが，このフラスコをさらに使用することも，通常は問題ない．図 30.2 と図 30.3 に示したフッ素化試薬のなかで注意を要するものは，第三級アミンであるピリジンやトリエチルアミンとフッ化水素の付加体である **14a** や **14b** である．筆者は，**14a** の調製とその使用[4] も経験したが，どちらも高密度ポリエチレン（HDPE）容器を反応に用いた．もちろん，比較的高価なフルオロポリマー製の容器を使ってもよいが，HDPE なら高くても数百円で手軽かつ安価に購入できて便利である．ただ，こうした試薬類も適当な溶媒とともに，基質に対して 2 倍モル程度の過剰量を比較的短時間で使用するのであれば，通常のフラスコを使用することは可能である．また，**15**～**17** のような試薬は，形式的に F^+ 種を与えるので問題はないと思われるかもしれないが，微量混入しうる水分などが原因で F^- 種が発生する可能性があることは考慮に入れるべきである．

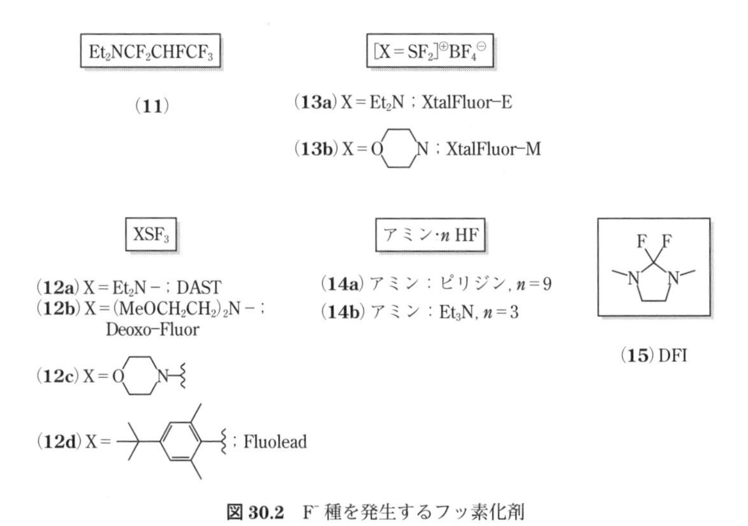

図 30.2　F^- 種を発生するフッ素化剤

30.2　官能基のフッ素化反応

フッ素の導入についてはいくつかのパターンがあり，(1) 炭素-炭素二重結合へのフッ素

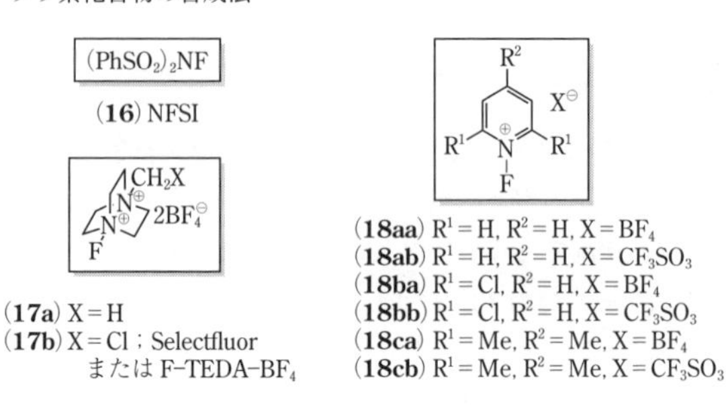

図 30.3　F^+ 種を発生するフッ素化剤
NFSI ：*N*-fluorobenzenesulfonimide,　TEDA ：triethylenediamine, ただし正式名称は 1,4-diazabicyclo[2.2.2]octane.

の付加（適当なカチオン種とフッ化物イオンの付加，または F^+ 発生剤と適当なアニオンの組合せ)，(2) 炭素-酸素結合の炭素-フッ素結合への変換（アルコールやシリルエーテルのフッ素化，カルボニル基の CF_2 基への変換，CF_3 基のカルボキシ基からの構築)，(3) 脱離基を利用した求核的フッ素導入（スルホン酸エステルやハロゲン化アルキルのフッ化物イオンによるフッ素置換，エポキシドの開環的フッ素導入)，(4) カルボニル基などの α 位でのフッ素化などがあげられる．こうした反応に用いられる入手容易なフッ素化剤のうちで，F^- 種を発生するものを図 30.2 に，F^+ 種を与えるものを図 30.3 にまとめる．以下に各反応について概説する．

30.2.1　炭素-炭素二重結合のフッ素化（付加反応）

この範疇に含まれる典型的な反応として，適当なアルケンをピリジン・フッ化水素（**14a**）で処理するものがあげられる（式(30.1))[5]．一方，*N*-ブロモもしくは *N*-ヨードスクシンイミドの存在下で **14a** やその類縁体である **14b** を作用させると，ハロニウムイオン中間体を経由した 1-ハロゲノ-2-フルオロエタン型化合物の構築が可能となる[6]（式(30.2))．こうした経路は，一般的な有機反応と同様，マルコウニコフ（Markovnikov）型付加で進行する．

O　→ **14a**, THF / 0℃, 2 h →　O, F　87%　(30.1)

R → NBS, **14b** / CH_2Cl_2 → F, Br, R → *t*-BuOK / ペンタン → F, R　総収率 60%　(30.2)

R = *n*-C_5H_{11}

F^+ 源を使用すれば，まったく逆のタイプの反応も可能である．すなわち，水と DMF の混合溶媒中で F-TEDA-BF_4（**17b**）をグリカールに作用させると，アキシアル位を占める4位置換基の立体障害を避けるように **17b** が接近するため，電子豊富な2位にフッ素を位置ならびに立体選択的に導入できることが報告されている[7]．

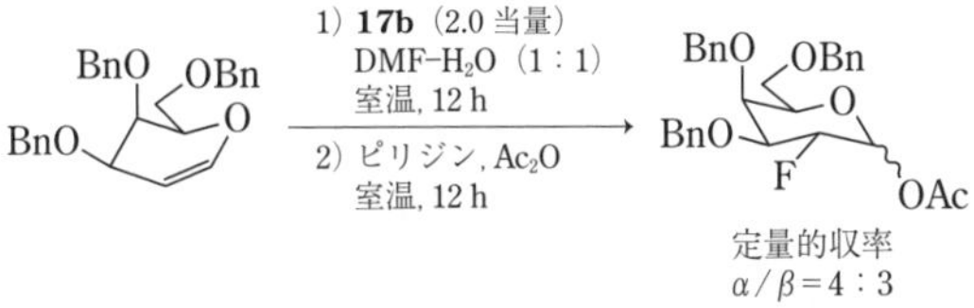

1) **17b**（2.0 当量）DMF-H_2O（1：1）室温, 12 h
2) ピリジン, Ac_2O 室温, 12 h

定量的収率
$\alpha/\beta=4:3$

一方 Liu らは，5-アミノペンテン類に対して $Pd(OAc)_2$ 触媒存在下に3価のヨウ素系酸化剤と AgF を作用させると，アルケンのアミノフッ素化が良好な収率で進行することを見出した（式(30.3)）[8]．彼らはさらに，基質をエンイン化合物に変更して，$Pd(TFA)_2$ 存在下で **16** を作用させると，フルオロパラデーションに引き続く閉環反応が進行する結果，さまざまな γ-ラクタムが合成できることを明らかにしている（式(30.4)）[9]．

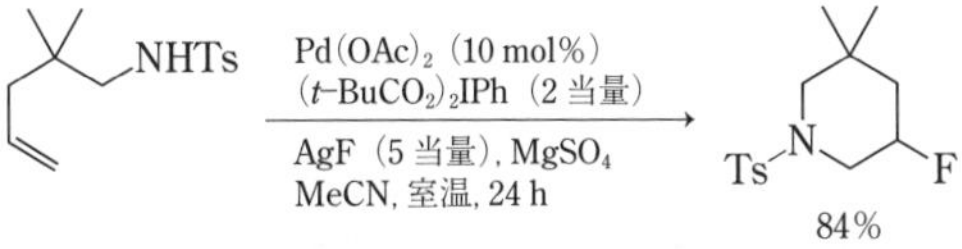

$Pd(OAc)_2$（10 mol%）
(t-$BuCO_2)_2$IPh（2 当量）
AgF（5 当量）, $MgSO_4$
MeCN, 室温, 24 h

84%　(30.3)

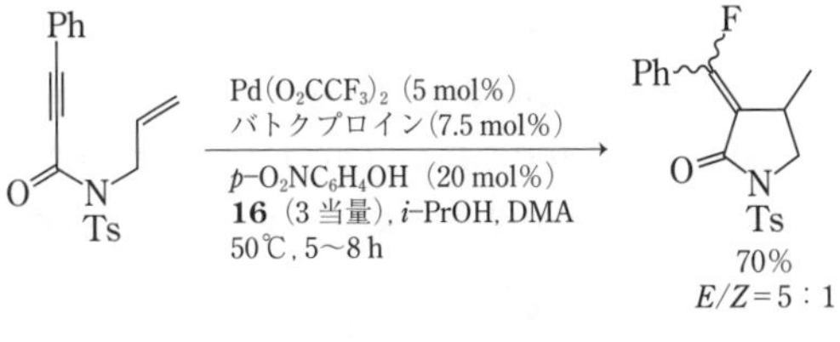

$Pd(O_2CCF_3)_2$（5 mol%）
バトクプロイン(7.5 mol%)
p-$O_2NC_6H_4OH$（20 mol%）
16（3 当量）, i-PrOH, DMA
50℃, 5～8 h

70%
$E/Z=5:1$　(30.4)

30.2.2　炭素-炭素二重結合のフッ素化（置換反応）

近年，F^+ 種を発生できる試薬が比較的容易に入手かつ使用できるようになったことから，フッ素化反応の幅が大きく広がった．たとえば Sanford は，$Pd(OAc)_2$ 触媒とともに N-フル

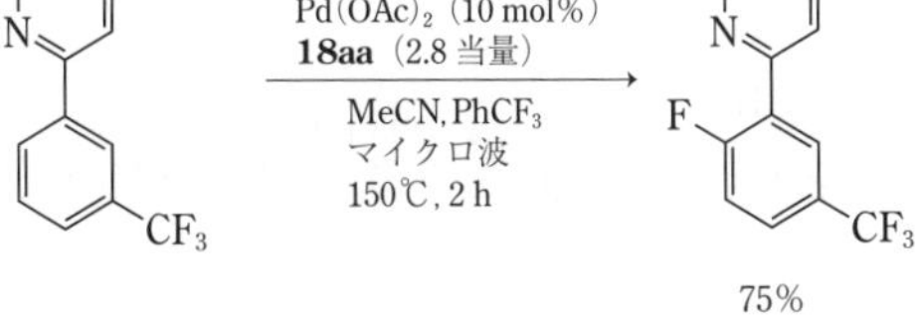

$Pd(OAc)_2$（10 mol%）
18aa（2.8 当量）
MeCN, $PhCF_3$
マイクロ波
150℃, 2 h

75%

オロピリジニウム塩（**18aa**）をマイクロ波照射下で2-フェニルピリジン類と反応させると，良好な収率でベンゼン環のフッ素化が位置特異的に進行することを見出している[10]．

また，適当なベンゼン環を有するトリブチルスズを **17b** ならびに AgOTf で処理すると，スズと銀の金属交換に続く F^+ による酸化，さらに還元的脱離を経て，求電子フッ素化反応が70％程度の収率で生起することも発表されている[11]．ここでは，**17b** 中の BF_4^- が関与した副生物が少量生じるが，対応する PF_6^- 塩ではこの副反応が抑制されるため，収率は83％に向上する．同様の変換は，ボロン酸エステルでも進行することが明らかとなっており，位置特異的な $B(OH)_2$ 基の置換が同じ程度の収率で達成されている[12]．

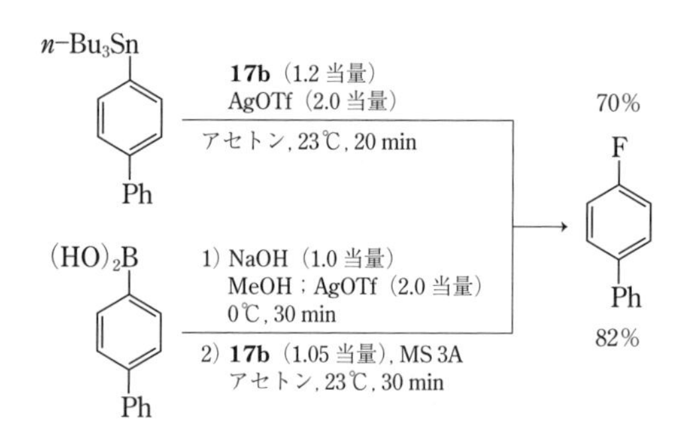

30.2.3　アルコール性ヒドロキシ基やその誘導体のフッ素化

この反応は，フッ素原子導入において，もっとも頻繁に使われるものの一つである．たとえば，前出の石川試薬（**11**）[3] によるフッ素化は通常温和な条件で進行し，ヒドロキシ基のフッ素置換が容易にかつ高収率で実現できる（式(30.5)）[13]．また，DAST（**12a**，式(30.6)）[14] やその誘導体の **12d**[15,16]（式(30.7)），DFI[17]（**15**，式(30.8)）なども同様に使用できる．

HO-CH₂-ピロリジノン（N-Bn） —**11**（1.2 当量），NaF（1.35 当量），CH_2Cl_2, 0℃→室温, 3 d→ F-CH₂-ピロリジノン（N-Bn）　80%　　(30.5)

HO～～～OAc —**12a**, CH_2Cl_2, −78℃, 3 h→ F～～～OAc　82%　　(30.6)

Ph-CH₂-C(OH)(CH₃)₂ —**12d**（1.5 当量）, CH_2Cl_2, 0℃, 0.5 h；室温, 3 h→ Ph-CH₂-CF(CH₃)₂　90%　　(30.7)

$$C_8H_{17}-OH \xrightarrow[25℃,\ 1\ h]{\mathbf{15}\ (1.0\ 当量),\ MeCN} C_8H_{17}-F \quad (87\%) \tag{30.8}$$

こうした試薬によるフッ素化は，第一級ならびに第二級アルコールでは S_N2 型で，また第三級アルコールでは S_N1 型で進行するものと考えられる．一般的な副反応は，脱離反応の併発によるアルケンの生成である．シクロヘキサノールのフッ素化をみてみると（**12a** では，シクロヘキセンは副生するが収量の記載はない）[3,16~19]，アルケンが主生成物となっていることが多いことがわかる．なお，**14a** の反応はつねに S_N1 型で進行するため，第二級や第三級アルコールはよい基質となるが，第一級アルコールのフッ素化には不向きである[18]．

	フッ化シクロヘキシル	シクロヘキセン
(**11**)	0%	78%
(**12a**)	27%	
(**12d**)	30%	12%
(**14a**)	99%	
(**15**)	15%	83%

S_N2 型の機構的な特徴から，光学活性な第二級アルコールのフッ素化もしばしば行われており，さまざまな基質において立体選択的フッ素化の報告例がある（式(30.9)）[20]．ただし，周辺官能基が隣接基関与を起こし，立体保持でフッ素化が進行することもある（式(30.10)）[21]．第二級アルコールのなかでも，ベンジル型カチオンの安定性から α-フェネチルアルコールのフッ素化は S_N1 的に進行しやすいが，フッ素化試薬とともに，ピロリジンやモルホリンの *N*-トリメチルシリル体を共存させると，比較的良好な光学純度でフッ素化体を調製することが可能となる[22]．

12a（1.0 当量）, CH_2Cl_2, −78℃→室温；R＝TBDPS；75%，唯一の異性体 (30.9)

12a（3.5 当量），*i*-Pr_2NEt（3.5 当量），CH_2Cl_2, −78℃→室温, 18 h；AllocO, NHBoc, Ph, OH → F；58%，一つの異性体 (30.10)

アリルアルコールを基質とした場合，位置異性体が生成する可能性がある．DAST（**12a**）をフッ素化剤として用いた場合についてはすでに報告があり[18,23,24]，同じ生成物を与えうる位置異性体のアリルアルコールを基質とすると，より級数の低いフッ素化体を優先して与えるが，溶媒の極性によっても比率は大きな影響を受けることが判明している．また，プロパルギルアルコールの場合には，そのままフッ素化されて，フッ化アレニルにはならないことが多い[25]．

12a（1.0当量）
ジグリム
［イソオクタン］
−78℃→室温

72：28［64：36］
78：22
［91：9］

なお，前出の入手容易なフッ素化試薬のリスト中で，sp^2 混成炭素に結合したヒドロキシ基のフッ素化が可能なのは DFI（**15**）だけであり，一般的な C_{sp^3}−OH のフッ素化よりも条件は厳しくなるが，良好な収率で望む置換生成物を得ることができる．

O_2N−C6H4−OH → **15**（2.0当量），MeCN，85℃，8 h → O_2N−C6H4−F　62％

30.2.4　ハロゲン化物やスルホン酸エステルなどのフッ素化

前項に示したアルコールをスルホン酸エステル[26]やハロゲン化物[27]に変換し，カリウムやセシウム，銀などの金属フッ化物（式(30.11)）や，フッ化テトラブチルアンモニウム（TBAF）などの第四級アンモニウム塩で処理する（式(30.12)）と，フッ素置換を収率よく行うことができる．スルホン酸エステルでは，その反応が S_N2 型で進行することから，キラルなフッ素化合物を調製するためにしばしば用いられる変換法である．

$$\mathrm{Ar_2CHBr} \xrightarrow[\text{MeCN, 0℃, 30 min}]{\text{AgF/CaF}_2\text{ (2.0 当量)}} \mathrm{Ar_2CHF}\ \ 78\% \qquad (30.11)$$

$Ar = 4\text{-Me-}C_6H_4-$

$$\text{N-}C_8H_{17}\text{-3,4-bis(OTf)pyrrolidine} \xrightarrow[\text{THF, }-85\to20℃\text{, 16 h}]{\text{TBAF (3.0 当量)}} \text{N-}C_8H_{17}\text{-3,4-difluoropyrrolidine}\ \ 83\% \qquad (30.12)$$

Doyle らは，不斉リガンドを有するパラジウム触媒とフッ化銀をハロゲン化アリルに作用させると，良好な位置選択性だけでなく高エナンチオ選択性を伴って，望むフッ化アリルを得ることができることを報告している[28]．

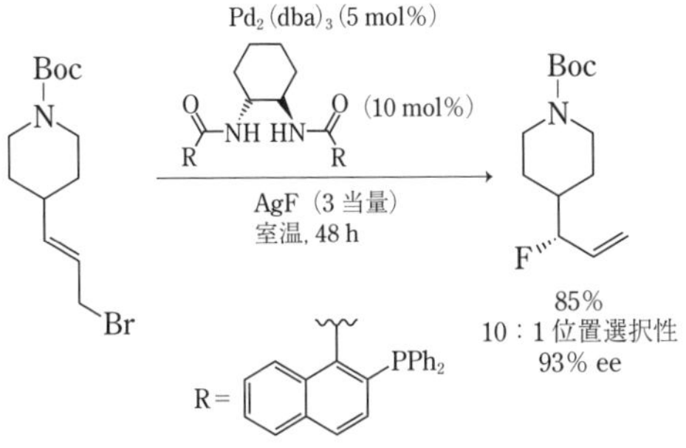

Boc　Br　→　Boc　F

$Pd_2(dba)_3$ (5 mol%)

NH HN　R　R　(10 mol%)

AgF（3 当量）
室温, 48 h

85%
10：1 位置選択性
93% ee

R = PPh$_2$

こうしたフッ素化を TBAF などで行うさいには，塩基性が高いために脱離反応を促進してしまうことがしばしば問題となる．ところが，*t*-BuOH などの第三級アルコールを溶媒に用いることでフッ化物イオンと水素結合を形成し，金属フッ化物をカチオンとアニオンに適度に分離できるために反応性が大きく向上するとともに，脱離反応の抑制効果もある[29]ことが明らかとなっている．また，金属にうまく配位できるエチレングリコールのオリゴマーを添加すると，さらに効果的であることもわかっている[30]．

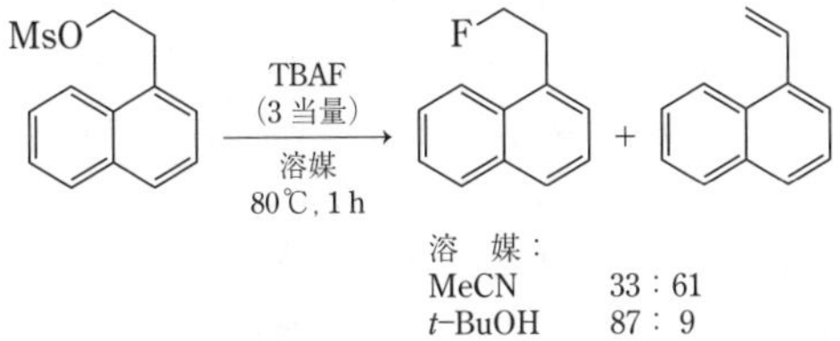

MsO　→　F　+

TBAF
（3 当量）
溶媒
80℃, 1 h

溶　媒：	
MeCN	33：61
t-BuOH	87：9

30.2.5　エポキシドなどの開環フッ素化

三フッ化ホウ素[31]（式(30.13)）や第三級アミン・フッ化水素（**14**）[32,33]（式(30.14)）によるエポキシドの開環を伴うフッ素化反応は，その反応の手軽さから，フルオロヒドリン合成にしばしば用いられている．前者の場合，BF_3 中の三つのフッ素原子すべてがこの開環フッ素化に使用される（式(30.13)）のは興味深い．

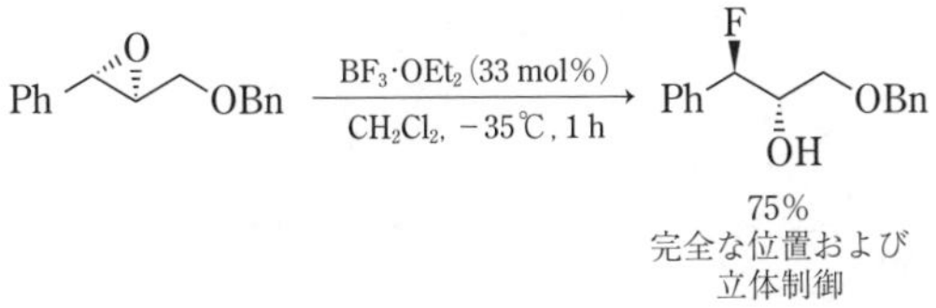

Ph　O　OBn　→　Ph　F　OH　OBn　(30.13)

$BF_3 \cdot OEt_2$ (33 mol%)
CH_2Cl_2, −35℃, 1 h

75%
完全な位置および
立体制御

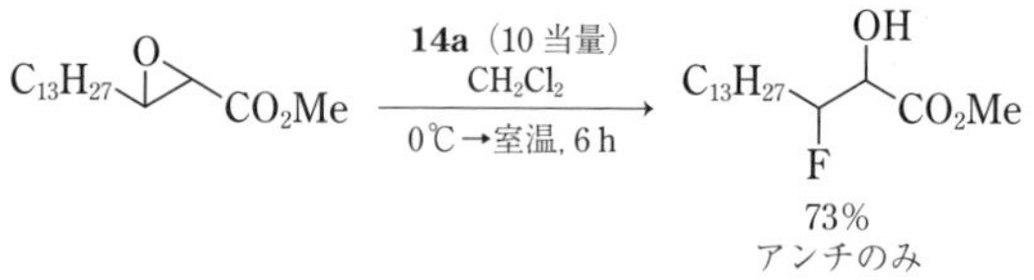

$C_{13}H_{27}$ エポキシド CO_2Me —— **14a**（10 当量）, CH_2Cl_2, 0℃→室温, 6 h → $C_{13}H_{27}CH(F)CH(OH)CO_2Me$　　(30.14)

73%
アンチのみ

Ph エポキシド —— $BF_3\cdot OEt_2$ (33 mol%), CH_2Cl_2, −20℃, 5 min → Ph–CH(F)–CH(OH)–Me　　(30.15)

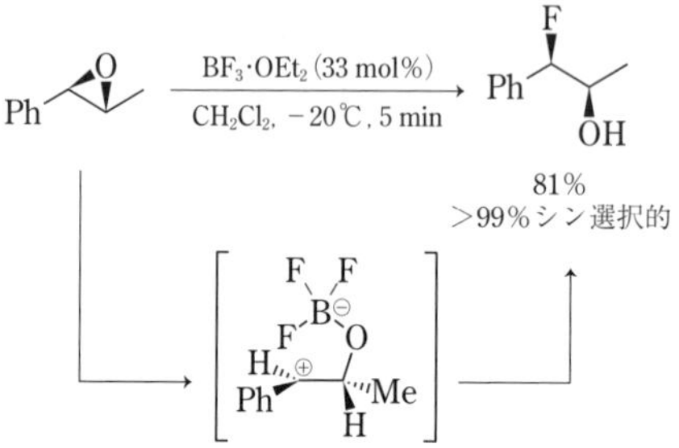

81%
>99%シン選択的

[中間体: F, F, $B^{\ominus}$, F, O, H, ⊕, Ph, Me, H]

上記の $BF_3\cdot OEt_2$ を用いた変換を類似の基質に適用したところ，まったく逆のシン体が高立体選択的に生成することが明らかとなった（式(30.15)）[34]．この生成物の立体構造は，対応する誘導体の X 線結晶構造解析で明確になっており，式(30.15) に示したような中間体を経由する機構が提案されている．なお，式(30.13) の例では，生成物がジアステレオマー的に単一であることから，一般的なエポキシドに対する求核反応と同様，アンチ体が生成しているとと考えられているようである．また，エポキシドの開環に **14** のようなフッ化水素関連の試薬を使用すると，転位を起こすという報告例もある[35]．

Doyle らは，不斉有機触媒存在下に安息香酸由来の酸フッ化物とヘキサフルオロイソプロピルアルコール（HFIP）を混合することで，不斉触媒のフッ化水素塩を系内で生成させることに成功しており，これを使ったメソ体のエポキシドの開環反応によって，高い光学純度のフルオロヒドリンが良好な収率で得られることを報告している[36]．ここで用いている酸フッ化物は，適当なカルボン酸に対する **11**～**15** のような試薬によるフッ素化で，また，対応する酸塩化物のフッ化カリウムなどによるハロゲン交換で容易かつ高収率で調製可能である．

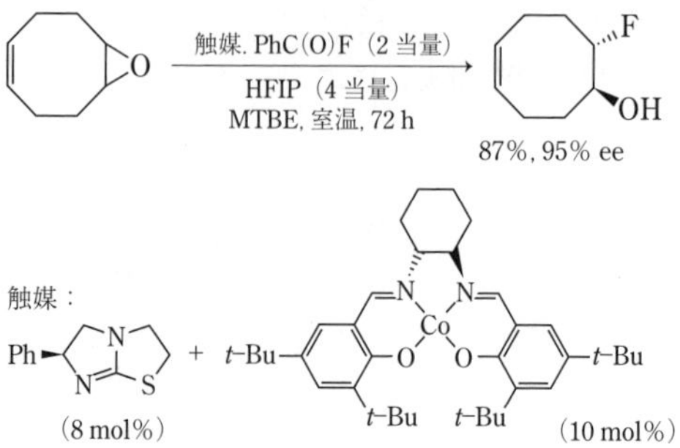

シクロオクテンオキシド —— 触媒, PhC(O)F（2 当量）, HFIP（4 当量）, MTBE, 室温, 72 h → フルオロヒドリン（F, OH）

87%, 95% ee

触媒：Ph（イミダゾチアゾール, N, N, S）（8 mol%）＋ t-Bu, t-Bu, N, N, Co, O, O, t-Bu, t-Bu（サレン Co 錯体）（10 mol%）

30.2.6 カルボニル基のフッ素化

カルボニル基をフッ素化して，ジフルオロメチレン基へと直接的に変換することができるのは，DAST（**12a**，式(30.16)）[37] やその類縁体（**12c**，式(30.17)）[38]，XtalFluor（**13**）[24]，Fluolead（**12d**，式(30.18)）[16] といった比較的強い試薬である．こうした反応においては，望むジフルオロ体が生成するだけでなく，そこからさらにフッ化水素が脱離した構造のフルオロオレフィンの副生を伴う場合がある．α,β-不飽和ケトン[39] のジフルオロメチル化や1,2-ジケトンのテトラフルオロエチレン基への変換[40] も可能であるが，前者の場合には，1,3-ジフルオロ化が副反応として進行することも知られている[41]．

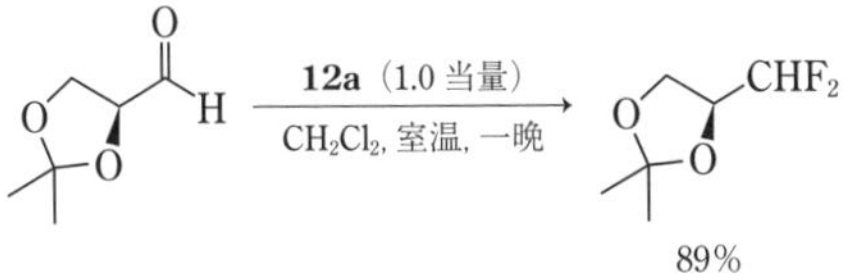

12a（1.0 当量）
CH_2Cl_2, 室温, 一晩
CHF_2
89%
(30.16)

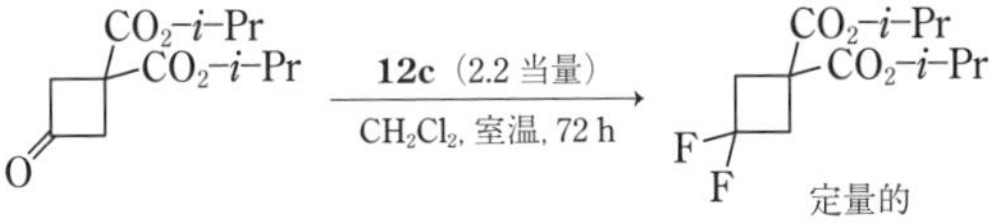

CO_2-*i*-Pr
CO_2-*i*-Pr
12c（2.2 当量）
CH_2Cl_2, 室温, 72 h
F
F
定量的
(30.17)

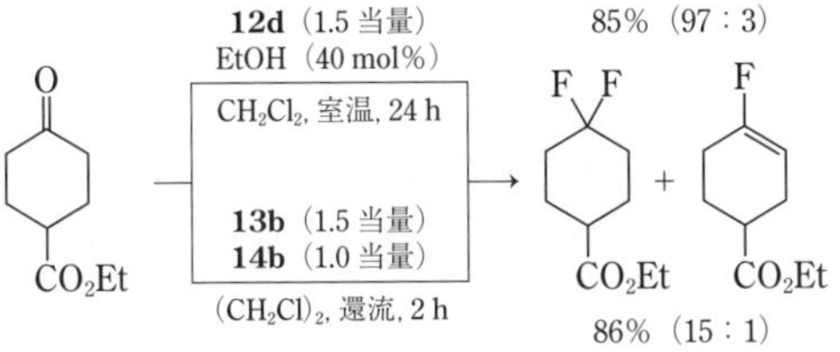

12d（1.5 当量）
EtOH（40 mol%）
CH_2Cl_2, 室温, 24 h
13b（1.5 当量）
14b（1.0 当量）
$(CH_2Cl)_2$, 還流, 2 h
CO_2Et
85%（97：3）
86%（15：1）
(30.18)

なお，カルボニル基をジチオアセタールへと誘導すれば，ジブロモヒダントイン（DBH）などの酸化剤共存下において，ピリジン・フッ化水素 **14a** でジフルオロメチレン化を実行することが可能である[42]．なお，下記の例では DBH を用いるとチオフェン環まで臭素化を受けてしまうが，代わりにテトラフルオロホウ酸ニトロシルを用いると，ジフルオロ化のみを進行させることができる[43]．

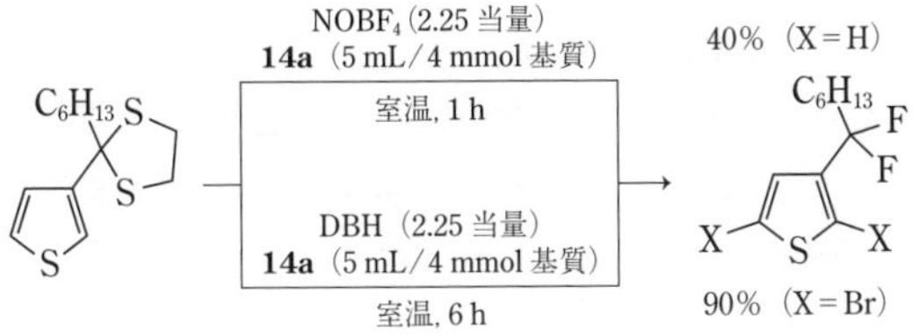

$NOBF_4$ (2.25 当量)
14a（5 mL/4 mmol 基質）
室温, 1 h
DBH（2.25 当量）
14a（5 mL/4 mmol 基質）
室温, 6 h
C_6H_{13}
40%（X＝H）
90%（X＝Br）

こうしたフッ素化試薬のなかで **12d** は，カルボキシ基を CF_3 基にまで変換することができる．温和な条件下では酸フッ化物の形成の段階で反応は止まってしまうが，条件を厳しくすることによって，望むトリフルオロメチル体を定量的に調製する経路が開ける[16)]．

$PhCO_2H$ → **12d**（1 当量），CH_2Cl_2，室温，0.5 h → PhC(O)F　100%

$PhCO_2H$ → **12d**（3 当量），100℃，3 h → $PhCF_3$　100%

30.2.7　エノラートを経由した C−H 結合のフッ素化

F^+ 種を与える安定な試薬が開発されたことから，これまでには困難であったエノラートやエノールシリルエーテルなどのフッ素化を比較的簡単に行えるようになった．たとえば，プロリン誘導体をはじめとする有機塩基を用いた，アルデヒドの α 炭素上における不斉フッ素化については，非フッ素化体での急激な発展もあって[44)]，さまざまな応用例[45)]が報告されている．得られる生成物は，フッ素の電子求引性のためにカルボニル基が活性化されていることと，α 炭素上でのエピマー化が懸念されることなどから，フッ素化終了後に還元でアルコールへ変換してから光学純度などを求めるのが一般的である．なお，条件の選択により，α,α-ジフルオロ化も実現できる[46)]．

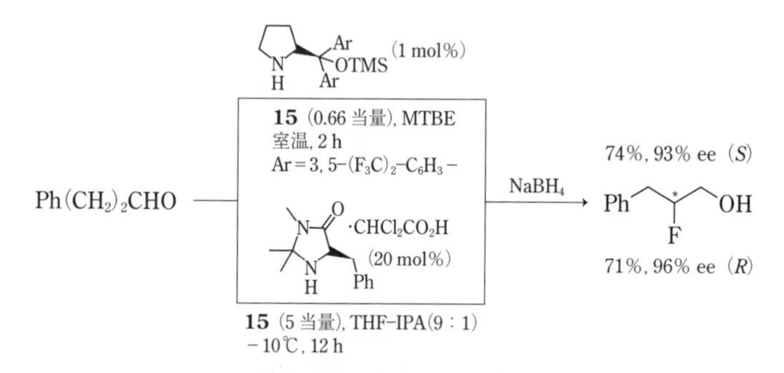

また一方，キラル配位子の存在下における，パラジウム[47)]やニッケル（式(30.19)）[48)]，銅[49)]などの遷移金属やルイス（Lewis）酸を触媒に利用した，β-ケトエステル（式(30.20)[50)]やリン酸エステル（式(30.21)[51)]，α-シアノエステル[47b)]などに含まれる，活性メチレン基のエナンチオ選択的なフッ素化も広汎に行われている．

こちらでは，よりカルボニル基の活性の低いケトンが基質となることが多いものの，やはりエピマー化の問題のために，光学的に安定な第三級フッ化物を与えるような基質に対する検討に集中しているようである．なお，シンコナアルカロイドと F^+ 型フッ素化剤から新たな F^+ 型フッ素化剤が反応系内で調製でき，80% 台のエナンチオ選択性が発現できるという報告もある[52)]．

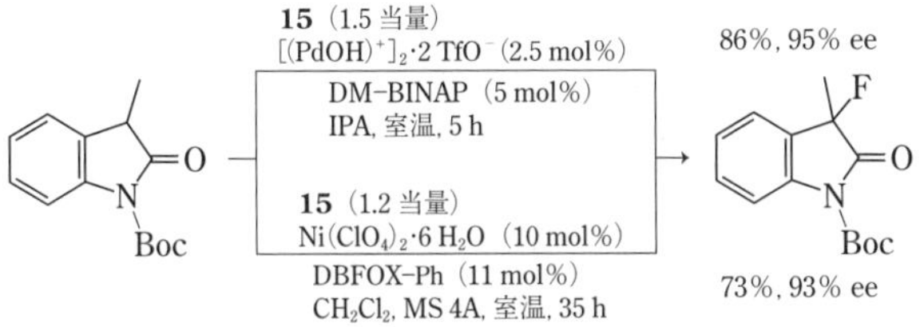

15（1.5 当量）
$[(PdOH)^+]_2 \cdot 2\,TfO^-$（2.5 mol%）
DM-BINAP（5 mol%）
IPA, 室温, 5 h

15（1.2 当量）
$Ni(ClO_4)_2 \cdot 6\,H_2O$（10 mol%）
DBFOX-Ph（11 mol%）
CH_2Cl_2, MS 4A, 室温, 35 h

Boc　→　F, Boc

86%, 95% ee
73%, 93% ee

(30.19)

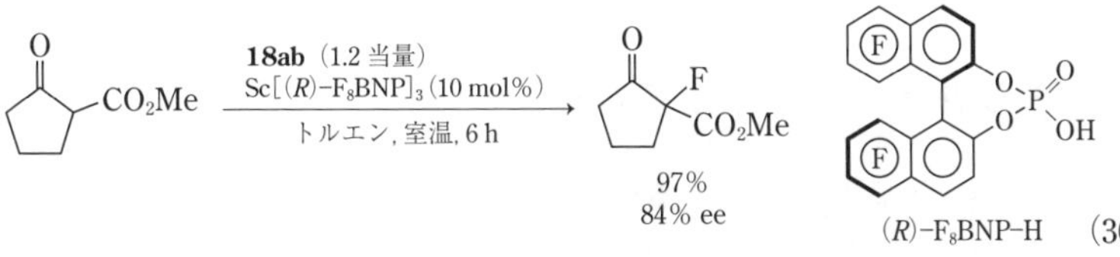

CO_2Me　**18ab**（1.2 当量）　$Sc[(R)\text{-}F_8BNP]_3$ (10 mol%)　トルエン, 室温, 6 h　→　F, CO_2Me

97%
84% ee

OH
(R)-F_8BNP-H　(30.20)

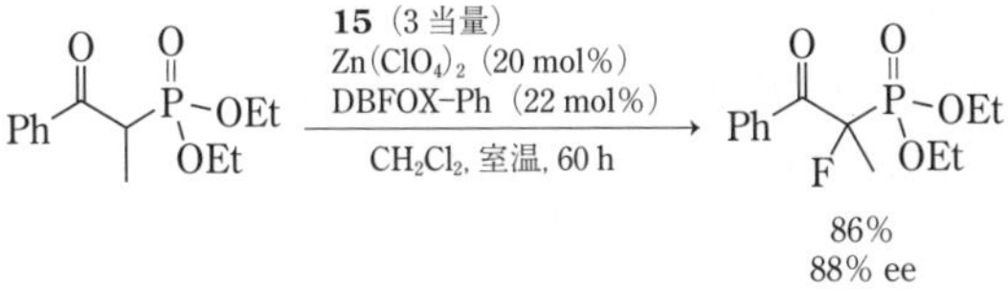

Ph　OEt　OEt　**15**（3 当量）　$Zn(ClO_4)_2$（20 mol%）　DBFOX-Ph（22 mol%）　CH_2Cl_2, 室温, 60 h　→　Ph　OEt　F　OEt

86%
88% ee

(30.21)

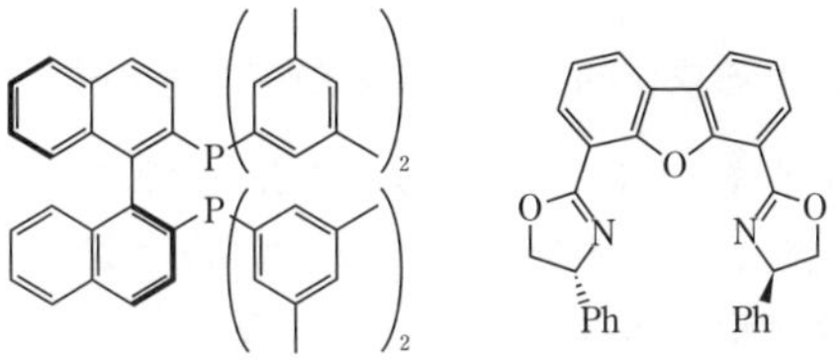

DM-BINAP　DBFOX-Ph

また，不斉素子を有するカルボニル化合物の金属エノラートを経由したジアステレオ選択的フッ素化も知られている（式(30.22)）[53]．ここでは，求電子剤として NFSI（**16**）を用いているだけで，あくまで通常の有機合成反応の延長として捉えることができる（式(30.23)）．こうした範疇には，アリルシラン[54]やアレニルシラン[55]のフッ素化や，グリニャール（Grignard）反応剤のフッ素化[56]などが入ることとなる．

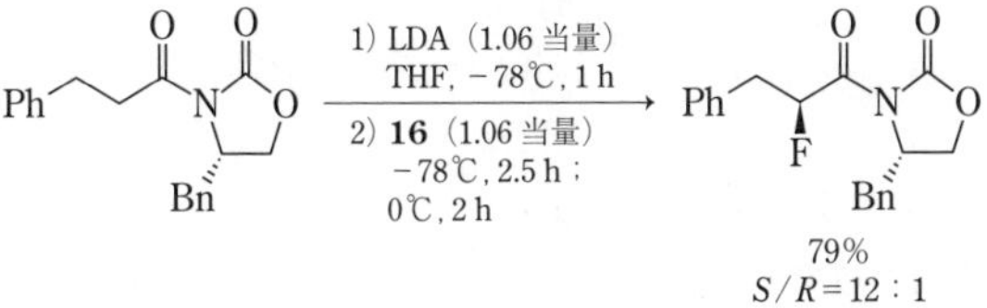

Ph　N　O　Bn　1) LDA（1.06 当量）　THF, −78℃, 1 h　2) **16**（1.06 当量）　−78℃, 2.5 h；0℃, 2 h　→　Ph　F　N　O　Bn

79%
$S/R = 12:1$

(30.22)

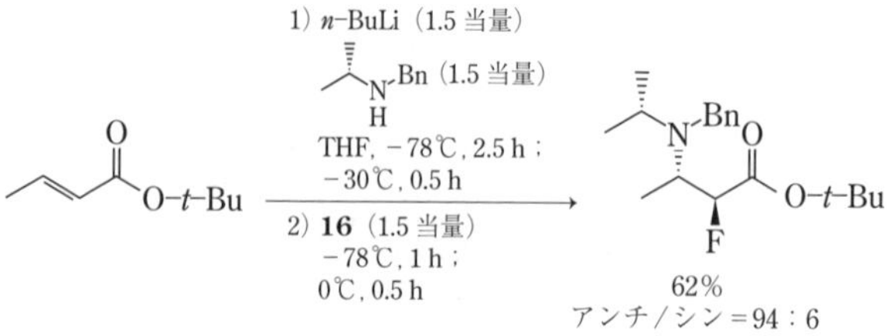

1) n-BuLi（1.5 当量）
Bn（1.5 当量）
N
H
THF，−78℃，2.5 h；
−30℃，0.5 h
2) **16**（1.5 当量）
−78℃，1 h；
0℃，0.5 h

O-t-Bu → N Bn O O-t-Bu F

62%
アンチ/シン＝94：6

(30.23)

30.3　ペルフルオロアルキル基の導入

トリフルオロメチル基をはじめとするペルフルオロアルキル（Rf）基の導入法は，実際に作用する活性種から，(1) カルボアニオン，(2) カルボカチオン，(3) ラジカルの三つの経路に大別される[57]．トリフルオロメチル基とペルフルオロアルキル基は，反応性が比較的異なるために，同様に反応が進行するとは限らず，後者に関する報告例はそれほど多くない．そのため本節では，市販されているトリフルオロメチル化剤を活性種別に取り上げていくこととし，対応するペルフルオロアルキル化体の合成についての報告がある場合には言及する．

30.3.1　アニオン種による求核的ペルフルオロアルキル化

求核的ペルフルオロアルキル化には，古くより RfX を金属で還元する反応が利用されてきた．最近では $TMSCF_3$ による温和な条件での反応の研究が進み，さまざまな基質への適用がなされ，触媒的不斉合成についても報告されている．

a.　RfX の二電子還元によるペルフルオロアルキル化

金属を媒介とする，CF_3Br や CF_3I からの CF_3 種の発生には，安定性や毒性面から亜鉛（式(30.24)）[58]，銅（式(30.25)）[59] が多く用いられてきた．

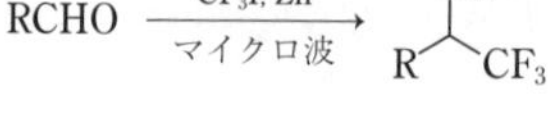

RCHO →(CF_3I, Zn / マイクロ波) R–CH(OH)–CF_3　(30.24)

I, O, O, O →(CF_3I, Cu / HMPA) F_3C, O, O, O　(30.25)

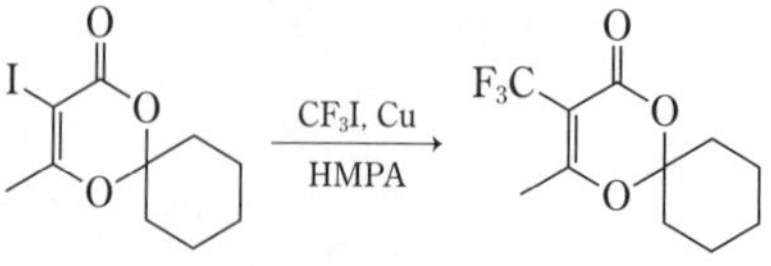

RfI/Cu の組合せは，芳香族ペルフルオロアルキル化[60] にも古くから広く用いられている．Kobayashi らのヨウ化物からのトリフルオロメチル化の反応例（式(30.26)）[61]，ペルフルオロアルキル化は Shen らのボロン酸への反応例（式(30.27)）[62] を示す．

$$\text{R-C}_6\text{H}_4\text{-I} \xrightarrow[130\sim140^\circ\text{C}]{\text{CF}_3\text{I, DMF, Cu}} \text{R-C}_6\text{H}_4\text{-CF}_3 \tag{30.26}$$

X = Me, NO$_2$, Cl, I など　　11〜80%

$$\text{R-C}_6\text{H}_4\text{-B(OH)}_2 \xrightarrow{\text{R}_f\text{I, Cu, DMSO/DMF}} \text{R-C}_6\text{H}_4\text{-C}_4\text{F}_9 \tag{30.27}$$

X = OMe, Ph など　　29〜58%
R$_f$ = C$_2$F$_5$, C$_4$F$_9$ など

近年 Dolbier らは，強い還元剤であるテトラキス(ジメチルアミノ)エチレン（TDAE）を用いて CF$_3$I から発生させたトリフルオロメチルアニオンとアルデヒドやケトンとの反応を報告している[63]．さらに，この反応がイミンや環状スルホンに対しても同様に進行する[64]だけでなく，ジスルフィドやジセレニドとも反応することから，硫黄やセレンに対するトリフルオロメチル化剤としても有効であることを見出している[65]．

$$\text{R}^1\text{C(=O)R}^2 \xrightarrow[\text{CF}_3\text{I, DMF}]{\text{TDAE}} \text{R}^1\text{R}^2\text{C(OH)CF}_3$$

48〜93%

R^1 = Ph, 1−ナフチル, 4−ピリジル, PhCH = CH, i−C$_3$H$_7$ など
R^2 = H, Ph

TDAE: (Me$_2$N)$_2$C=C(NMe$_2$)$_2$

また，多少の収率の低下はみられるものの，さまざまなペルフルオロアルキル化にも有効である．

$$\text{PhCHO} \xrightarrow[\text{DMF}]{\text{TDAE, RfI}} \text{PhCH(OH)Rf}$$

Rf =	
CF$_3$	80%
C$_2$F$_5$	75%
C$_4$F$_9$	35%

同様の生成物は，RfLi と適当な求電子剤の反応で合成されることが多かった．この試薬は，RfI と MeLi・LiBr（LiBr は不可欠）からすみやかに調製できるが，熱的安定性が低いことから，RfI と求電子剤の混合物に低温で MeLi を加えるのが通常である[66]．

b. トリメチル(トリフルオロメチル)シラン（Ruppert-Prakash 試薬）

トリメチル(トリフルオロメチル)シラン（TMSCF$_3$）は 1984 年に Ruppert によって合成され[67]，その後 Prakash によって求核的トリフルオロメチル化反応に応用された[68]．

$$\text{R}^1\text{C(=O)R}^2 \xrightarrow[\text{2) 酸}]{\text{1) TMSCF}_3\text{, TBAF, THF}} \text{R}^1\text{R}^2\text{C(OH)CF}_3$$

72〜92%

R^1 = Ph, アルキル
R^2 = H, Ph, アルキル

この反応は，フッ素源（TBAF，KF，CsF など）から生じるフッ化物イオンが TMSCF$_3$ と反応して 5 価のケイ素アニオンを生じ，トリフルオロメチルアニオン等価体としてケトンを求核攻撃し，生じた酸素上の負電荷が TMS をトラップする．この TMS 化体の単離は

可能であるが，引き続く酸処理により，対応するアルコールを得ることもできる．

フッ素源に代わる求核的触媒として，炭酸カリウムやアミンオキシド，リン酸などを用いた反応についても報告されている[69,70]．

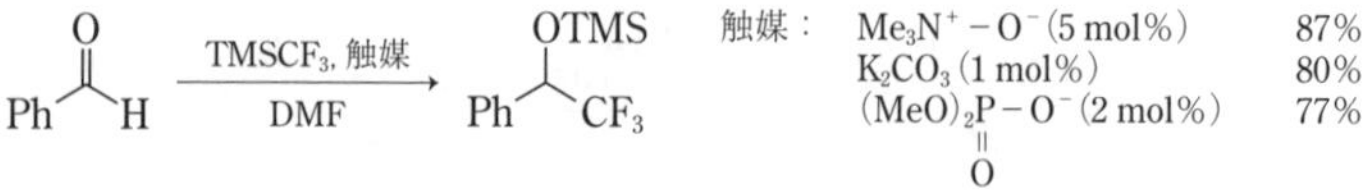

$PhCHO$ —($TMSCF_3$, 触媒 / DMF)→ $PhCH(OTMS)CF_3$

触媒：
$Me_3N^+-O^-$ (5 mol%)　87%
K_2CO_3 (1 mol%)　80%
$(MeO)_2P(=O)-O^-$ (2 mol%)　77%

$TMSCF_3$ を用いたトリフルオロメチル化では，キラルな触媒を利用した不斉反応についても研究がなされている．Iseki らによる 1994 年の論文[71]を皮切りに，キナアルカロイドを用いた一連の検討が行われ，エナンチオ選択的な CF_3 基導入が実現されている．なかでも Shibata らは，ビスキナアルカロイド型相間移動触媒とテトラメチルアンモニウムフルオリド（TMAF）を組み合わせることにより，高い立体選択性を達成している[72]．

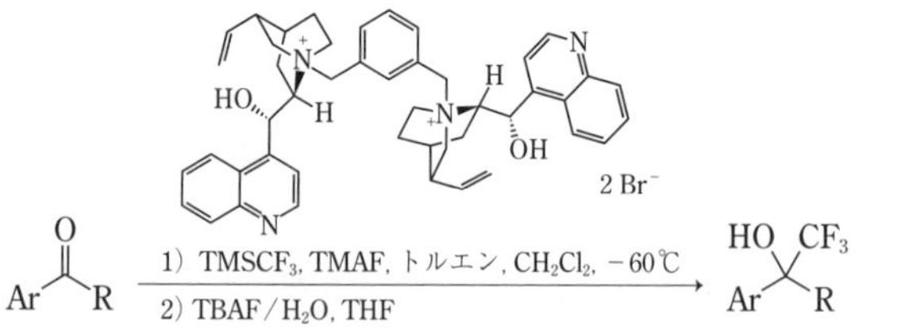

HO, H, N, H, OH, N, 2 Br^-

$ArC(O)R$ —1) $TMSCF_3$, TMAF, トルエン, CH_2Cl_2, −60℃ 2) TBAF / H_2O, THF→ $ArC(OH)(CF_3)R$

R = Me, Et　　65〜96%, 82〜92% ee

このように，$TMSCF_3$ はカルボニル化合物のトリフルオロメチル化に威力を発揮するが，この試薬を利用した芳香族の CF_3 化についても報告がなされている．Amii らは，1,10-フェナントロリンを添加することで，触媒量にまで塩化銅(Ⅰ)を低減できることを報告している[73]．

$R-C_6H_4-I$ —(1,10-フェナントロリン, $TMSCF_3$, CuCl, KF / DMF, NMP)→ $R-C_6H_4-CF_3$

R = NO_2, CN, CO_2Et など　　44〜99%

c.　その他の試薬

ジフルオロカルベンを経由するトリフルオロメチルアニオンの発生法である $FO_2SCF_2CO_2Me$/CuI 系は，温和な条件でのトリフルオロメチル化法として多用されている．同様な変換は，$CClF_2CO_2Me$/KF/CuI 系でも行える[74]．

R^1 R^2 X R^3 —($FO_2SCF_2CO_2Me$, CuI, DMF)→ F_3C R^1 R^2 R^3　X = Br, I　$R^1 = R^2 = R^3$ = アルキル

また，スルホンを用いたカルボニル化合物やイミンのペルフルオロアルキル化も注目される方法といえる[75]．

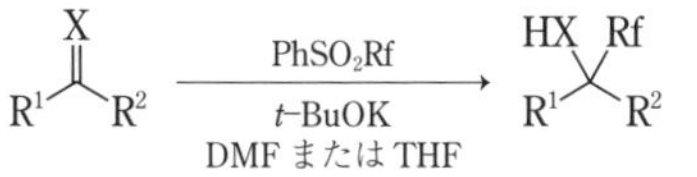

X R^1 R^2 —($PhSO_2Rf$, t-BuOK, DMF または THF)→ HX Rf R^1 R^2　X = O, NPh　$R^1 = R^2$ = アリール，アルキル　Rf = CF_3, C_2F_5

30.3.2　カチオン種による求電子的ペルフルオロアルキル化

求電子的ペルフルオロアルキル化反応の開発は，求核的な反応に対して立ち遅れていたが，Yagupol'skii や Umemoto らのオニウム塩型試薬（図 3.4），Togni らの超原子価ヨウ素試薬の開発により，広い基質への適用が可能となった[76]．

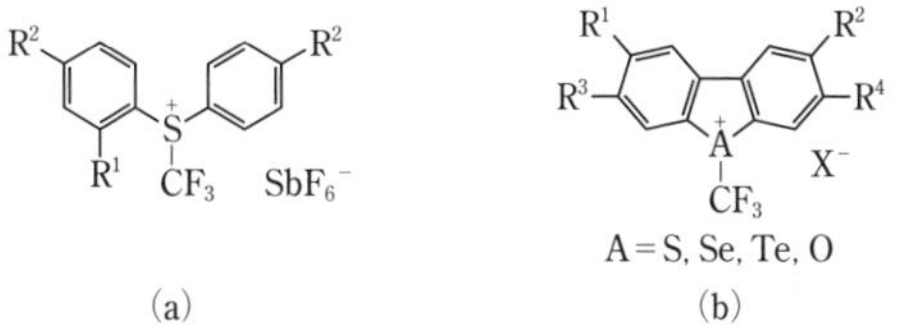

(a) R^2 R^2 $\overset{+}{S}$ R^1 CF_3 SbF_6^-

(b) R^1 R^2 R^3 R^4 $\overset{+}{A}$ CF_3 X^-　A = S, Se, Te, O

図 30.4　Yagupol'skii 試薬（a）と Umemoto 試薬（b）

a.　オニウム塩型試薬

オニウム塩型トリフルオロメチル化剤は，1984 年に Yagupol'skii らによってチオフェノラートのトリフルオロメチル化が実現できる[77]ことが明らかとされたのち，Umemoto らによって改良がなされ，求電子的ペルフルオロアルキル化剤として用いられるようになった（式(30.28)，(30.29)）[78]．オニウム部（A^+）が硫黄である試薬が市販されており，この位置の元素や芳香環上の置換基を換えることにより，トリフルオロメチル化能を調節することができる[79]．

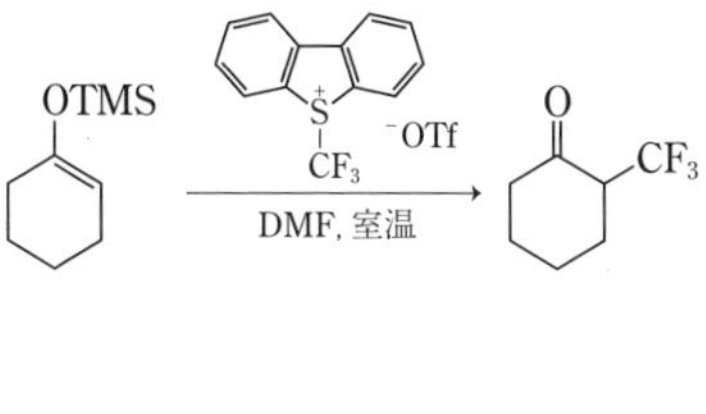

OTMS —($\overset{+}{S}$–CF_3 ^-OTf, DMF, 室温)→ O CF_3　(30.28)

(30.29) pyrrole → 2-CF_3-pyrrole, 90%

最近の芳香族へのトリフルオロメチル化には，Yagupol'skii 試薬と銅をヨードベンゼンと反応させた例がある[80].

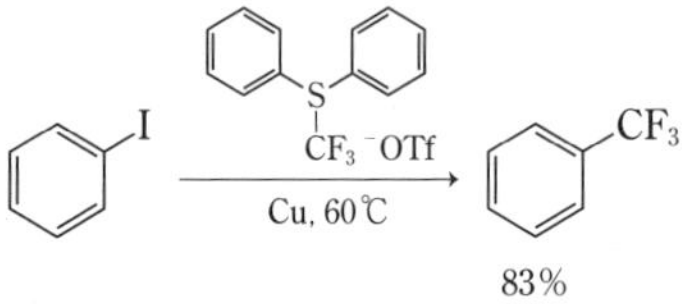

PhI + $Ph_2S^+CF_3$ ^-OTf (Cu, 60℃) → $PhCF_3$ 83%

b.　超原子価ヨウ素型試薬

Togni 試薬は取扱いが容易で，温和な条件下，β-ケトエステルや α-ニトロエステルの α 位にトリフルオロメチル基を導入することができる[81]．β-ケトエステルでは相間移動触媒反応（式(30.30)）により，ニトロエステルでは塩化銅存在下（式(30.31)），それぞれ対応する α 位がトリフルオロメチル化された生成物が得られている．

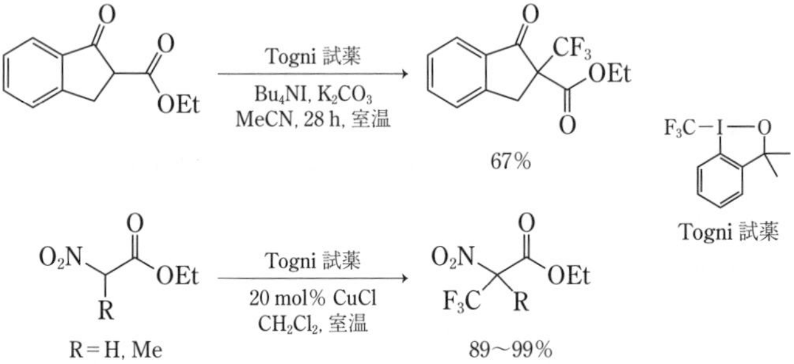

(30.30) Togni 試薬 / Bu_4NI, K_2CO_3 / MeCN, 28 h, 室温 → OEt, CF_3, 67%

Togni 試薬 (F_3C-I-O)

(30.31) O_2N, OEt, R / Togni 試薬 / 20 mol% CuCl / CH_2Cl_2, 室温 → O_2N, OEt, F_3C, R, 89～99%

R＝H, Me

また，Togni 試薬は，硫黄やリンなどのヘテロ原子上にもトリフルオロメチル基を導入することができる[82].

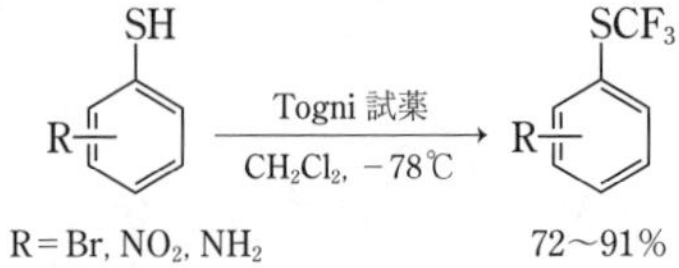

SH, R / Togni 試薬 / CH_2Cl_2, －78℃ → SCF_3, R, 72～91%

R＝Br, NO_2, NH_2

さらに，Togni 試薬の改良版であり，プロピリデン部位がカルボニルで置換されている試薬も，種々の基質へのトリフルオロメチル基の導入が可能であり，とくに，オレフィンとの反応でアリル位をトリフルオロメチル化できるのが特徴である[83].

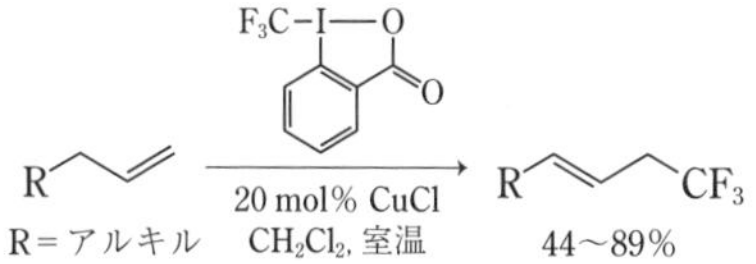

R=アルキル　20 mol% CuCl, CH_2Cl_2, 室温　44～89%

Togni 試薬をトリフルオロメチル源とするエナンチオ選択的な反応については，MacMillan らによる報告[84]がある．キラルなアミンを触媒として利用することで，高エナンチオ選択的にカルボニルの α 位にトリフルオロメチル基を導入することに成功している．

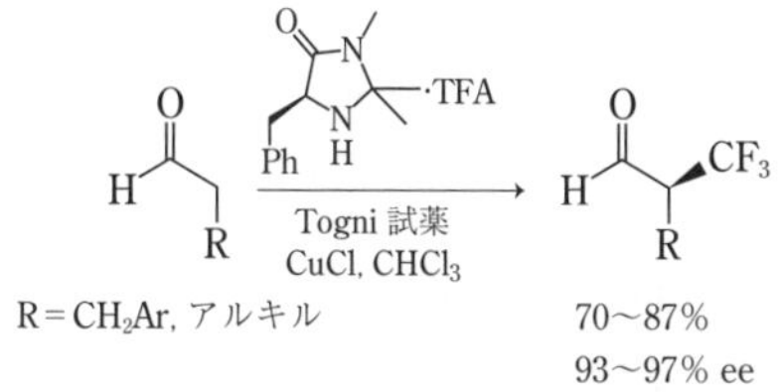

·TFA　Togni 試薬, CuCl, $CHCl_3$

R=CH_2Ar, アルキル　70～87%, 93～97% ee

Togni 試薬による芳香族トリフルオロメチル化は，1,10-フェナントロリン存在下，種々の芳香族ボロン酸と触媒量のヨウ化銅による反応が報告されている[85].

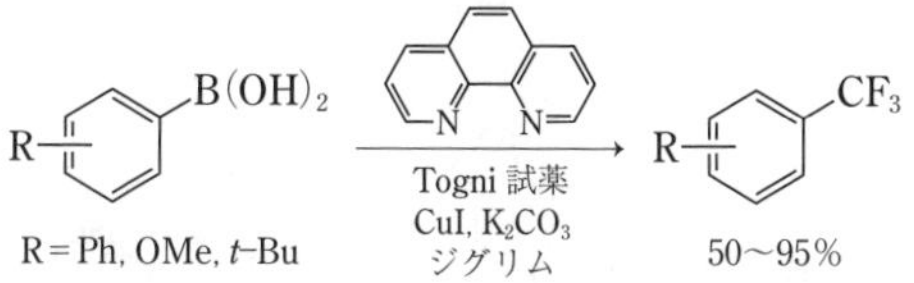

R=Ph, OMe, *t*-Bu　Togni 試薬, CuI, K_2CO_3, ジグリム　50～95%

c. フッ素化 Johnson 試薬

Shibata らは，フッ素化 Johnson 試薬が炭素求核剤への良好なトリフルオロメチル化剤となることを報告している[86].

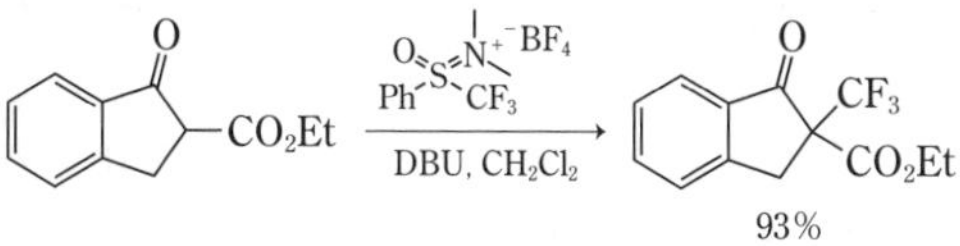

BF_4^-　DBU, CH_2Cl_2　93%

30.3.3 ラジカル種によるペルフルオロアルキル化反応

RfX を一電子還元することで，ペルフルオロアルキルラジカルが生成する．$Na_2S_2O_4$，Zn，SmI_2，Et_3B/O_2[87]，$h\nu$[88] などのさまざまなラジカル開始条件が，ハロゲン化トリフルオロメチルのみでなく，さまざまなペルフルオロアルキル体に対しても有効にはたらき，多重結合への付加を起こすことが知られている[89].

R¹–C≡C(=C)–R² →(条件 / ヘキサン) R¹(Rf)C=C(I)R²

条件：RfI, Et_3B, ヘキサン　46～94%
RfI, $h\nu$, BTF　85～97%

ペルフルオロアルキルラジカルは電子不足であるため，電子豊富なオレフィンとの反応を好むことから，電子不足なオレフィンを基質とした例は少なかった．Yajima らは，チオ硫酸ナトリウム存在下で光反応を行うことにより，さまざまな電子不足オレフィンに対し，ペルフルオロアルキル化が進行することを報告している[90]．

RfI, CH_2Cl_2 / $Na_2S_2O_3$ 水溶液, $h\nu$

R = CO_2Et, CN, COMe など　40～97%
Rf = CF_3, C_2F_5, i-C_3F_7, C_6F_{13} など

不斉触媒を用いたラジカル的トリフルオロメチル化は，MacMillan らによって報告されている．光還元触媒（Ir(ppy)$_2$(dtbpy)）と可視光でラジカルを発生させ，光学活性なイミダゾリジノンを有機触媒とすることで，カルボニル基の α 位のペルフルオロアルキル化がエナミン経由で進行し，高いエナンチオ選択性が発現することを報告している[91]．

t-Bu イミダゾリジノン·TFA, CF_3I, Ir(ppy)$_2$(dtbpy) / 26 W ランプ, 2,6-ルチジン, DMF

R = アルキル　72～86%, 97～99% ee

芳香族へのペルフルオロアルキル化には，さまざまなラジカル条件を適用できる．たとえば Chen らは，単純な置換ベンゼンへの亜次チオン酸をラジカル開始剤とした反応（式(30.32)）を報告しているが，電子求引基がある場合には進行しないなど，基質が限定される[92]．また，Sanford らは，光触媒を用いたボロン酸とのカップリング（式(30.33)）がさまざまな芳香環に有効であることを明らかにしている[93]．

$$\text{p-}C_6H_4(NH_2)_2 + I(CF_2)_4Cl \xrightarrow[\text{DMSO}]{Na_2S_2O_4,\ NaHCO_3} (CF_2)_4Cl\text{-}C_6H_3(NH_2)_2 \quad 47\% \tag{30.32}$$

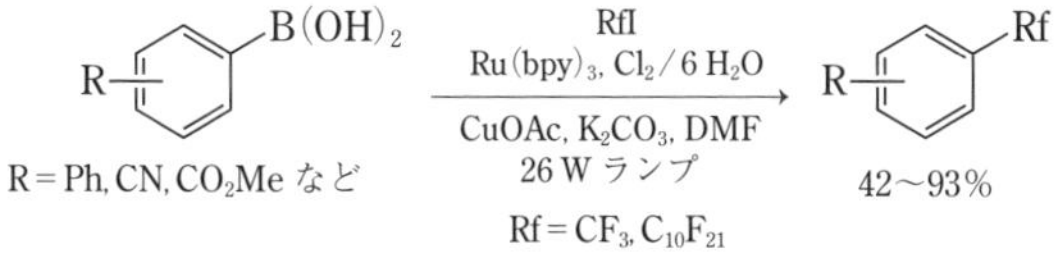

R–C$_6$H$_4$–B(OH)$_2$ →[RfI, Ru(bpy)$_3$, Cl$_2$/6 H$_2$O / CuOAc, K$_2$CO$_3$, DMF, 26 W ランプ] R–C$_6$H$_4$–Rf　(30.33)

R = Ph, CN, CO$_2$Me など　　Rf = CF$_3$, C$_{10}$F$_{21}$　　42〜93%

30.4　さまざまなビルディングブロックの利用

含フッ素ビルディングブロックとして，さまざまな化合物が市販されている．ここでは，炭素数が2〜4の，トリフルオロメチル基を有するいくつかのビルディングブロックについて取り上げる．

30.4.1　C2 合成ブロック

C2 合成ブロック（図 30.5）としては，トリフルオロ酢酸やそのエステル，トリフルオロアセトアルデヒドなどが代表的なものとしてあげられる．

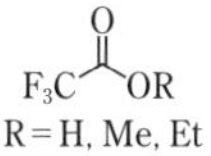

F$_3$C–C(=O)–OR
R = H, Me, Et

図 30.5　C2 合成ブロック

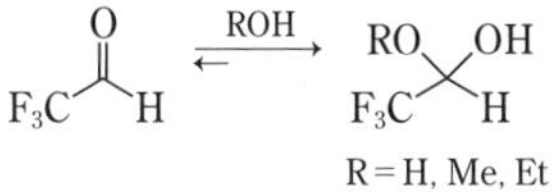

F$_3$C–CHO ⇌(ROH) F$_3$C–CH(OR)(OH)
R = H, Me, Et

トリフルオロアセトアルデヒドは反応性の高いアルデヒドで，常温では気体で存在するが，水やアルコールとすみやかに反応して，水和物やヘミアセタールを与える．そのため，このアルデヒドを使用するさいには，市販されている水和物やヘミアセタールを強酸処理して直接発生させる必要があった．しかし近年，反応系中でヘミアセタールからアルデヒドを発生させる手法が報告されている．以下に不斉有機触媒を利用した例として，フリーデル-クラフツ（Friedel-Crafts）反応（式(30.34)）[94]，アルドール反応（式(30.35)）[95] を示す．

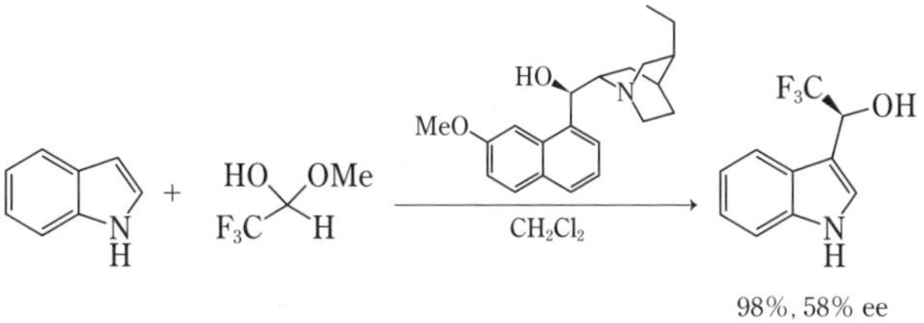

インドール + F$_3$C–CH(OH)(OMe) →[シンコナアルカロイド触媒 (MeO, HO, N), CH$_2$Cl$_2$] 3-[F$_3$C–CH(OH)]インドール　(30.34)

98%, 58% ee

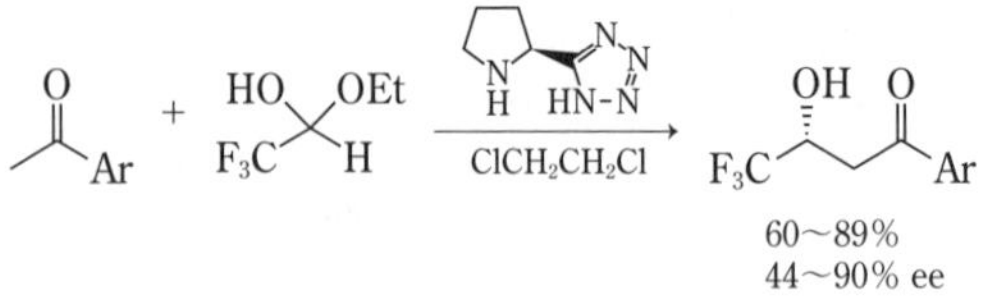

(30.35)

$$\text{ArCOCH}_3 + \text{F}_3\text{C-CH(OH)(OEt)} \xrightarrow[\text{ClCH}_2\text{CH}_2\text{Cl}]{\text{(S)-5-(pyrrolidin-2-yl)tetrazole}} \text{F}_3\text{C-CH(OH)-CH}_2\text{-CO-Ar}$$

60～89%
44～90% ee

30.4.2　C3 合成ブロック

C3 合成ブロック（図 30.6）としては，3,3,3-トリフルオロプロペン，トリフルオロプロペンオキシド，3,3,3-トリフルオロプロピオン酸，トリフルオロピルビン酸などがあげられる．

なかでもトリフルオロピルビン酸エステルは，二つの電子求引基に結合したケトンのカルボニル基が反応性に富んでいるため，種々の求核試薬と反応することができる．ここでは，不斉触媒的なフリーデル-クラフツ反応（式(30.36)）[96]，アルドール反応（式(30.37)）[97]，エン反応（式(30.38)）[98] の例をあげる．

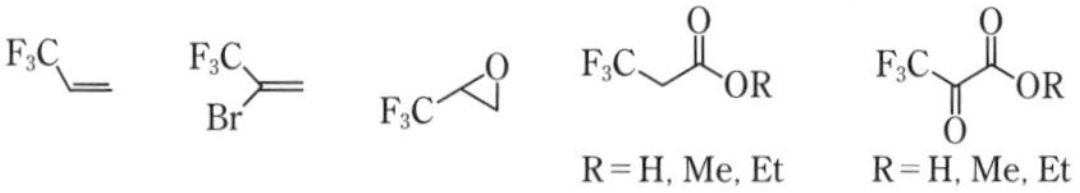

F$_3$C　F$_3$C, Br　F$_3$C　F$_3$C, OR, O　F$_3$C, O, OR, O
R = H, Me, Et　R = H, Me, Et

図 30.6　C3 合成ブロック

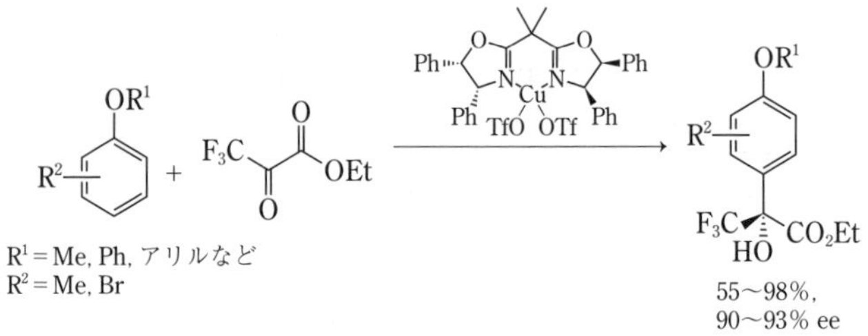

(30.36)

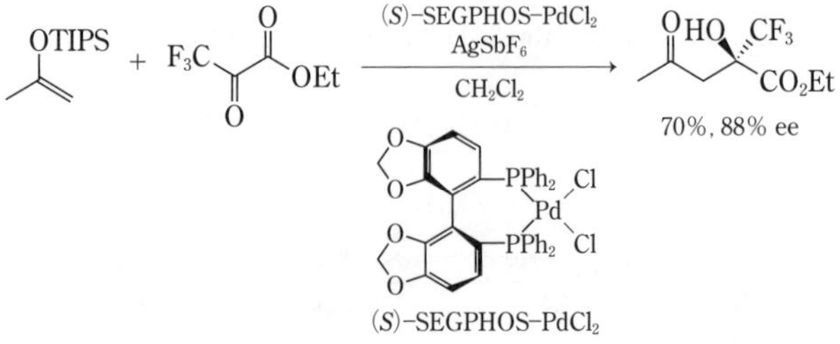

Ph, O, N, Cu, N, O, Ph, Ph, TfO, OTf, Ph

OR^1, R^2 + F$_3$C, O, OEt, O → OR^1, R^2, F$_3$C, HO, CO$_2$Et

R^1 = Me, Ph, アリルなど
R^2 = Me, Br

55～98%,
90～93% ee

(30.37)

OTIPS + F$_3$C, O, OEt, O → O, HO, CF$_3$, CO$_2$Et

(*S*)-SEGPHOS-PdCl$_2$
AgSbF$_6$
CH$_2$Cl$_2$

70%, 88% ee

O, O, PPh$_2$, Cl, Pd, O, O, PPh$_2$, Cl
(*S*)-SEGPHOS-PdCl$_2$

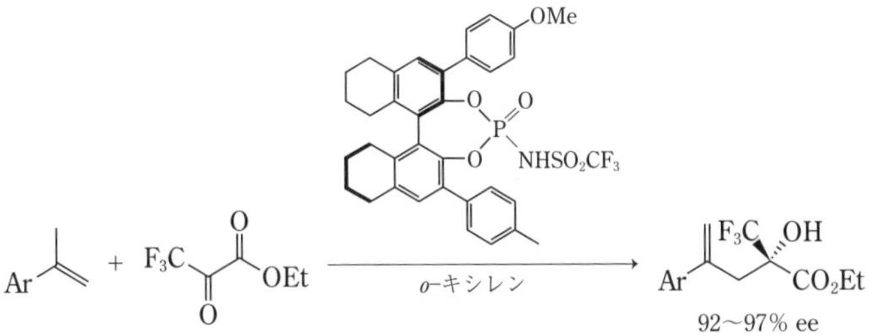

OMe
O　O
P
O　$NHSO_2CF_3$

Ar + F_3C–CO–CO_2Et (O, O, OEt) —— *o*-キシレン ——→ Ar, F_3C, OH, CO_2Et　(30.38)

92〜97% ee

30.4.3 C4 合成ブロック

トリフルオロクロトン酸やメタクリル酸の誘導体も入手容易な含フッ素ビルディングブロックである．これらの化合物は，低い LUMO（最低空軌道）のエネルギー準位をもつことから，高活性な求電子オレフィンとしてはたらくため，さまざまな反応に適用できる．

ここでは，トリフルオロクロトン酸エステルを用いた，最近の立体選択的なディールス-アルダー（Diels-Alder）反応（式(30.39)）[99]，双極子付加環化反応（式(30.40)）[100] の例をあげる．

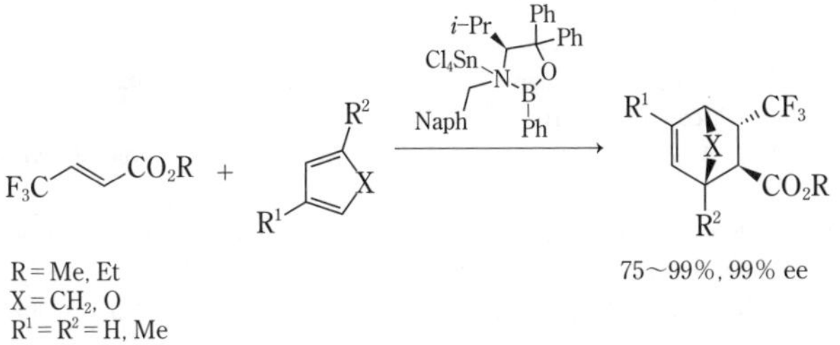

i-Pr, Ph, Ph, Cl_4Sn, N, O, B, Naph, Ph

F_3C–CH=CH–CO_2R + (R^1, R^2, X) ——→ R^1, CF_3, X, CO_2R, R^2　(30.39)

R = Me, Et
X = CH_2, O
$R^1 = R^2$ = H, Me

75〜99%, 99% ee

F_3C, CF_3, F_3C, CF_3, Br, HN, NH_2, Br, PPh_2

F_3C–CH=CH–CO_2*t*-Bu + Ar–CH=N–CH$_2$–CO_2Me —— Et_3N ——→ *t*-BuO_2C, CF_3, Ar, N, H, CO_2Me

65〜90%, 88〜94% ee

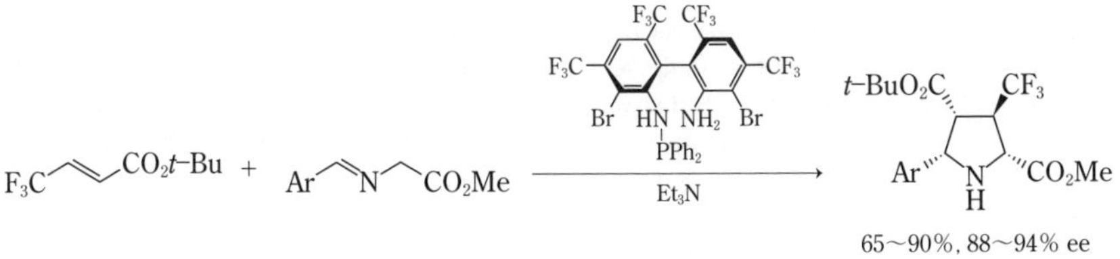

(30.40)

文　献

1) a) J. M. Percy, "Science of Synthesis Vol. 34 Compounds with One Carbon-Heteroatom Bond Fluorine", Thieme (2006); b) L. A. Paquette, "Handbook of Reagents for Organic Synthesis

Fluorine-Containing Reagents", Wiley (2007); c) M. Ueda, T. Kano, K. Maruoka, *Org. Biomol. Chem.*, **7**, 2005 (2009); d) G. Valero, X. Company, R. Rios, *Chem. Eur. J.*, **17**, 2018 (2011); e) S. Roy, B. T. Gregg, G. W. Gribble, V.-D. Le, S. Roy, *Tetrahedron*, **67**, 2161 (2011); f) X.-L. Qiu, F.-L. Qing, *Eur. J. Org. Chem.*, **2011**, 3261.

2) a) 有機合成化学協会 編, "有機合成実験法ハンドブック", 丸善出版 (1990); b) 日本学術振興会フッ素化学第 155 委員会 編, "フッ素化学入門−基礎と実験法−", 日刊工業新聞社 (1997); c) 日本学術振興会フッ素化学第 155 委員会 編, "フッ素化学入門 2010−基礎と応用の最前線−", 三共出版 (2010).

3) A. Takaoka, H. Iwakiri, N. Ishikawa, *Bull. Chem. Soc. Jpn.*, **52**, 3377 (1979).

4) T. Yamazaki, J. T. Welch, J. S. Plummer, R. Gimi, *Tetrahedron Lett.*, **32**, 4267 (1991).

5) A. Solladié-Cavallo, K. Azyat, L. Jierry, D. Cahard, *J. Fluorine Chem.*, **127**, 1510 (2006).

6) a) M. Essers, C. Mück-Lichtenfeld, G. Haufe, *J. Org. Chem.*, **67**, 4715 (2002); b) O. A. Wong, Y. Shi, *J. Org. Chem.*, **74**, 8377 (2009).

7) L. Barbieri, V. Costantino, E. Fattorusso, A. Mangoni, N. Basilico, M. Mondani, D. Taramelli, *Eur. J. Org. Chem.*, **2005**, 3279.

8) T. Wu, G.-Y. Yin, G.-S. Liu, *J. Am. Chem. Soc.*, **131**, 16354 (2009).

9) H.-H. Peng, G.-S. Liu, *Org. Lett.*, **13**, 772 (2011).

10) K. L. Hull, W. Q. Anani, M. S. Sanford, *J. Am. Chem. Soc.*, **128**, 7134 (2006).

11) T. Furuya, A. E. Strom, T. Ritter, *J. Am. Chem. Soc.*, **131**, 1662 (2009).

12) T. Furuya, T. Ritter, *Org. Lett.*, **11**, 2860 (2009).

13) I. I. Gerus, R. V. Mironets, E. N. Shaitanova, V. P. Kukhar, *J. Fluorine Chem.*, **131**, 224 (2010).

14) R. J. M. Goss, H. Hong, *Chem. Commun.*, **2005**, 3983.

15) D. Farran, A. M. Z. Slawin, P. Kirsch, D. O'Hagan, *J. Org. Chem.*, **74**, 7168 (2009).

16) T. Umemoto, R. P. Singh, Y. Xu, N. Saito, *J. Am. Chem. Soc.*, **132**, 18199 (2010).

17) H. Hayashi, H. Sonoda, K. Fukumura, T. Nagata, *Chem. Commun.*, **2002**, 1618.

18) W. J. Middleton, *J. Org. Chem.*, **40**, 574 (1975).

19) G. A. Olah, J. T. Welch, Y. D. Vankar, M. Nojima, I. Kerekes, J. A. Olah, *J. Org. Chem.*, **44**, 3872 (1979).

20) A. Choudhury, F.-Q. Jin, D.-J. Wang, Z. Wang, G.-Y. Xu, D. Nguyen, J. Castoro, M. E. Pierce, P. N. Confalone, *Tetrahedron Lett.*, **44**, 247 (2003).

21) K. Okuda, T. Hirota, D. A. Kingery, H. Nagasawa, *J. Org. Chem.*, **74**, 2609 (2009).

22) S. Bresciani, D. O'Hagan, *Tetrahedron Lett.*, **51**, 5795 (2010).

23) X.-G. Zhang, W.-J. Ni, W. A. van der Donk, *J. Org. Chem.*, **70**, 6685 (2005).

24) アリルアルコール類と **13** との反応：A. L'Heureux, F. Beaulieu, C. Bennett, D. R. Bill, S. Clayton, F. LaFlamme, M. Mirmehrabi, S. Tadayon, D. Tovell, M. Couturier, *J. Org. Chem.*, **75**, 3401 (2010).

25) a) Z.-G. Wang, Y.-H. Gu, A. J. Zapata, G. B. Hammond, *J. Fluorine Chem.*, **107**, 127 (2001); b) P. Bannwarth, A. Valleix, D. Grée, R. Grée, *J. Org. Chem.*, **74**, 4646 (2009).

26) C. M. Marson, R. C. Melling, *J. Org. Chem.*, **70**, 9771 (2005).

27) C. Nolte, J. Ammer, H. Mayr, *J. Org. Chem.*, **77**, 3325 (2012).

28) M. H. Katcher, A. Sha, A. G. Doyle, *J. Am. Chem. Soc.*, **133**, 15902 (2011).

29) a) D.-W. Kim, H.-J. Jeong, S.-T. Lim, M.-H. Sohn, J. A. Katzenellenbogen, D.-Y. Chi, *J. Org. Chem.*, **73**, 957 (2008); b) D.-W. Kim, W.-J. Jeong, S.-T. Lim, M.-H. Sohn, *Tetrahedron Lett.*, **51**, 432 (2010).

30) V. H. Jadhav, S.-H. Jang, H.-J. Jeong, S.-T. Lim, M.-H. Sohn, D.-Y. Chi, D.-W. Kim, *Org. Lett.*, **12**, 3740 (2010).

31) G. Islas-González, C. Puigjaner, A. Vidal-Ferran, A. Moyano, A. Riera, M. A. Pericàs, *Tetrahedron Lett.*, **45**, 6337 (2004).

32) W. S. Husstedt, S. Wiehle, C. Stillig, K. Bergander, S. Grimme, G. Haufe, *Eur. J. Org. Chem.*, **2011**,

355.
33) R. D. Simpson, W. Zhao, *Tetrahedron: Asymmetry*, **20**, 1515 (2009).
34) A. J. Cresswell, S. G. Davies, J. A. Lee, P. M. Roberts, A. J. Russell, J. E. Thomson, M. J. Tyte, *Org. Lett.*, **12**, 2936 (2010).
35) G. Haufe, S. Pietz, D. Wölker, R. Fröhlich, *Eur. J. Org. Chem.*, **2003**, 2166.
36) J. A. Kalow, A. G. Doyle, *J. Am. Chem. Soc.*, **132**, 3268 (2010).
37) G.-Y. Li, W. A. van der Donk, *Org. Lett.*, **9**, 41 (2007).
38) P. K. Mykhailiuk, D. S. Radchenko, I. V. Komarov, *J. Fluorine Chem.*, **131**, 221 (2010).
39) A. Khalaf, D. Grée, H. Abdallah, N. Jaber, A. Hachem, R. Grée, *Tetrahedron*, **67**, 3881 (2011).
40) Y. Chang, A. Tewari, A.-I. Adi, C.-S. Bae, *Tetrahedron*, **64**, 9837 (2008).
41) J. L. Humphreys , D. J. Lowes, K. A. Wesson, R. C. Whitehead, *Tetrahedron Lett.*, **45**, 3429 (2004).
42) V. Hugenberg, R. Fröhlich, G. Haufe, *Org. Biomol. Chem.*, **8**, 5682 (2010).
43) N. Turkman, L.-L. An, M. Pomerantz, *Org. Lett.*, **12**, 4428 (2010).
44) a) S. Mukherjee, J.-W. Yang, S. Hoffmann, B. List, *Chem. Rev.*, **107**, 5471 (2007); b) A. Zamfir, S. Schenker, M. Freund, S. B. Tsogoeva, *Org. Biomol. Chem.*, **8**, 5262 (2010); c) K. Maruoka, *Chem. Rec.*, **10**, 254 (2010).
45) a) M. Marigo, D. Fielenbach, A. Braunton, A. Kjœrsgaard, K. A. Jørgensen, *Angew. Chem. Int. Ed.*, **44**, 3703 (2005); b) T. D. Beeson, D. W. C. MacMillan, *J. Am. Chem. Soc.*, **127**, 8826 (2005); c) D. D. Steiner, N. Mase, C. F. Barbas III, *Angew. Chem. Int. Ed.*, **44**, 3706 (2005); d) K. Shibatomi, H. Yamamoto, *Angew. Chem. Int. Ed.*, **47**, 5796 (2008).
46) O. O. Fadeyi, C. W. Lindsley, *Org. Lett.*, **12**, 4428 (2010).
47) a) Y. Hamashima, T. Suzuki, H. Takano, Y. Shimura, M. Sodeoka, *J. Am. Chem. Soc.*, **127**, 10164 (2005); b) H.-R. Kim, D.-Y. Kim, *Tetrahedron Lett.*, **46**, 3115 (2005); c) D. H. Paull, M. T. Scerba, E. Alden-Danforth, L. R. Widger, T. Lectka, *J. Am. Chem. Soc.*, **130**, 17260 (2008).
48) a) N. Shibata, J. Kohno, K. Takai, T. Ishimaru, S. Nakamura, T. Toru, S. Kanemasa, *Angew. Chem. Int. Ed.*, **44**, 4204 (2005); b) T. Suzuki, Y. Hamashima, M. Sodeoka, *Angew. Chem. Int. Ed.*, **46**, 5435 (2007).
49) a) J.-A. Ma, D. Cahard, *Tetrahedron: Asymmetry*, **15**, 1007 (2004); b) J. Nie, H.-W. Zhu, H.-F. Cui, M.-Q. Hua, J.-A. Ma, *Org. Lett.*, **9**, 3053 (2007).
50) a) L. Hintermann, A. Togni, *Angew. Chem., Int. Ed.,* **39**, 4359 (2000); b) J.-A. Ma, D. Cahard, *Tetrahedron: Asymmetry*, **15**, 1007 (2004); c) S. Suzuki, H. Furuno, Y. Yokoyama, J. Inanaga, *Tetrahedron: Asymmetry*, **17**, 504 (2006); d) D. S. Reddy, N. Shibata, J. Nagai, S. Nakamura, T. Toru, S. Kanemasa, *Angew. Chem. Int. Ed.*, **47**, 164 (2008); e) X.-S. Wang, Q. Lan, S. Shirakawa, K. Maruoka, *Chem. Commun.*, **46**, 321 (2010).
51) a) Y. Hamashima, T. Suzuki, Y. Shimura, T. Shimizu, N. Umebayashi, T. Tamura, N. Sasamoto, M. Sodeoka, *Tetrahedron Lett.*, **46**, 1447 (2005); b) L. Bernardi, K. A. Jørgensen, *Chem. Commun.*, **2005**, 1324.
52) C. Baudequin, J.-F. Loubassou, J.-C. Plaquevent, D. Cahard, *J. Fluorine Chem.*, **122**, 189 (2003).
53) a) F. A. Davis, H.-Y. Qi, G. Sundarababu, *Tetrahedron*, **56**, 5303 (2000); b) V. A. Brunet, D. O'Hagan, A. M. Z. Slawin, *J. Fluorine Chem.*, **128**, 1271 (2007); c) M. K. Edmonds, F. H. M. Graichen, J. Gardiner, A. D. Abell, *Org. Lett.*, **10**, 885 (2008); d) Y. Cen, A. A. Sauve, *J. Org. Chem.*, **74**, 5779 (2009); e) P. J. Duggan, M. Johnston, T. L. March, *Eur. J. Org. Chem.*, **2010**, 7365.
54) B. Greedy, J.-M. Paris, T. Vidal, V. Gouverneur, *Angew. Chem. Int. Ed.*, **42**, 3291 (2003).
55) L. Carroll, M. C. Pacheco, L. Garcia, V. Gouverneur, *Chem. Commun.*, **2006**, 4113.
56) P. Anbarasan, H. Neumann, M. Beller, *Angew. Chem. Int. Ed.*, **49**, 2219 (2010).
57) J.-A. Ma, D. Cahard, *Chem. Rev.*, **108**, RP1 (2008).
58) T. Kitazume, N. Ishikawa, *J. Am. Chem. Soc.*, **107**, 5186 (1985).

59) T. Iwaoka, T. Murohashi, N. Katagiri, M. Sato, C. Kaneko, *J. Chem. Soc., Perkin Trans. 1*, **1992**, 1393.
60) O. A. Tomashenko, V. V. Grushin, *Chem. Rev.*, **111**, 4475 (2011).
61) Y. Kobayashi, I. Kumadaki, *Tetrahedron Lett.*, **10**, 4095 (1969).
62) Q.-Q. Qi, Q.-L. Shen, L. Lu, *J. Am. Chem. Soc.*, **134**, 6548 (2012).
63) S. Aït-Mohand, N. Takeuchi, M. Médebielle, W. R. Dolbier Jr., *Org. Lett.*, **3**, 4271 (2001).
64) N. Takeuchi, S. Aït-Mohand, M. Médebielle, W. R. Dolbier Jr., *Org. Lett.*, **4**, 4671 (2002).
65) C. Pooput, W. R. Dolbier Jr., M. Médebielle, *J. Org. Chem.*, **71**, 3564 (2006).
66) A. Berkessel, S. S. Vormittag, N. E. Schlörer, J.-M. Neudörfl, *J. Org. Chem.*, **77**, 10145 (2012).
67) I. Ruppert, K. Schlich, W. Volbach, *Tetrahedron Lett.*, **25**, 2195 (1984).
68) G. K. S. Prakash, R. Krishnamurti, G. A. Olah, *J. Am. Chem. Soc.*, **111**, 393 (1989).
69) G. K. S. Prakash, C. Panja, H. Vaghoo, V. Surampudi, R. Kultyshev, M. Mandal, G. Rasul, T. Mathew, G. A. Olah, *J. Org. Chem.*, **71**, 6806 (2006).
70) T. Mukaiyama, Y. Kawano, H. Fujisawa, *Chem. Lett.*, **34**, 88 (2005).
71) K. Iseki, T. Nagai, T. Kobayashi, *Tetrahedron Lett.*, **35**, 3137 (1994).
72) S. Mizuta, N. Shibata, S. Akiti, H. Fujimoto, S. Nakamura, T. Toru, *Org. Lett.*, **9**, 3707 (2007).
73) M. Oishi, H. Kondo, H. Amii, *Chem. Commun.,* **2009**, 1909.
74) J.-X. Duan, D.-B. Su, Q.-Y. Chen, *J. Fluorine Chem.*, **61**, 279 (1993).
75) G. K. S. Prakash, Y. Wang, R. Mogi, J.-B. Hu, T. Mathew, G. A. Olah, *Org. Lett.*, **12**, 2932 (2010).
76) Y. Macé, E. Magnier, *Eur. J. Org. Chem.,* **2012**, 2479.
77) L. M. Yagupol'skii, N. V. Kondratenko, G. N. Timofeeva, *J. Org. Chem. USSR*, **20**, 103 (1984).
78) T. Umemoto, S. Ishihara, *Tetrahedron Lett.*, **31**, 3579 (1990).
79) T. Umemoto, S. Ishihara, *J. Am. Chem. Soc.*, **115**, 2156 (1993).
80) C.-P. Zhang, Z.-L. Wang, Q.-Y. Chen, C.-T. Zhang, Y.-C. Gu, J.-C. Xiao, *Angew. Chem. Int. Ed.*, **50**, 1896 (2011).
81) P. Eisenberger, S. Gischig, A. Togni, *Chem. Eur. J.,* **12**, 2579, (2006).
82) I. Kieltsch, P. Eisenberger, A. Togni, *Angew. Chem. Int. Ed.*, **46**, 754 (2007).
83) X. Wang, Y.-X. Ye, S.-N. Zhang, J.-J. Feng, Y. Xu, Y. Zhang, J.-B. Wang, *J. Am. Chem. Soc.*, **133**, 16410 (2011).
84) D. W. C. MacMillan, A. E. Allen, *J. Am. Chem. Soc.*, **132**, 4966 (2010).
85) T.-F. Liu, Q.-L. Shen, *Org. Lett.*, **13**, 2342 (2011).
86) S. Noritake, N. Shibata, S. Nakamura, T. Toru, M. Shiro, *Eur. J. Org. Chem.,* **2008**, 3465.
87) Y. Takeyama, Y. Ichinose, K. Oshima, K. Utimoto, *Tetrahedron Lett.*, **30**, 3159 (1989).
88) K. Tsuchii, M. Imura, N. Kamada, T. Hirao, A. Ogawa, *J. Org. Chem.*, **69**, 6658 (2004).
89) A. Studer, *Angew. Chem. Int. Ed.,* **51**, 8950 (2012).
90) T. Yajima, I. Jahan, T. Tonoi, M. Shinmen, A. Nishikawa, K. Yamaguchi, I. Sekine, H. Nagano, *Tetrahedron*, **68**, 6856 (2012).
91) D. A. Nagib, M. E. Scott, D. W. C. MacMillan, *J. Am. Chem. Soc.*, **131**, 10875 (2009).
92) H.-P. Cao, J.-C. Xiao, Q.-Y. Chen, *J. Fluorine Chem.*, **127**, 1079 (2006).
93) Y.-D. Ye, M. S. Sanford, *J. Am. Chem. Soc.*, **134**, 9034 (2012).
94) D. A. Borkin, S. M. Landge, B. Török, *Chirality*, **23**, 612 (2011).
95) K. Funabiki, Y. Itoh, Y. Kubota, M. Matsui, *J. Org. Chem.*, **76**, 3545 (2011).
96) J.-L. Zhao, L. Liu, Y. Sui, Y.-L, Liu, D. Wang, Y.-J. Chen, *Org. Lett.*, **8**, 6127 (2006).
97) K. Mikami, Y. Kawakami, K. Akiyama, K. Aikawa, *J. Am. Chem. Soc.*, **129**, 12950 (2007).
98) M. Rueping, T. Theismann, A. Kuenkel, R. M. Koenigs, *Angew. Chem. Int. Ed.,* **47**, 6798 (2008).
99) K. Shibatomi, F. Kobayashi, A. Narayama, I. Fujisawa, S. Iwasa, *Chem. Commun.,* **48**, 413 (2012).
100) Q.-H. Li, M.-C. Tong, J. Li, H.-Y, Tao, C.-J. Wang, *Chem. Commun.,* **47**, 11110 (2011).

付　録

合成実験を行うための注意

実験を行うということは，合成実験を成功させるのが目的であって，決して危険を冒すのが目的ではないはずである．新しい物質を合成したり，反応を効率的に行うための知的冒険はあっても，人体に傷害を与えたり，器物を破損するような冒険はしてはならない．しかし，化学物質を扱い，化学反応を行う以上，本質的な危険がいつも伴うことは避けがたい．予想される危険を事前に察知し，可能な安全対策をとり，そして未知の分野に挑戦するのが真の化学者である．無知や手抜きのために，取り返しのつかないことになってしまってからではもう遅いのである．

ここでは，合成実験を安全に行うための最低限の基本と知識について述べる．もとより限られた紙数で述べるため，内容的にも十分とはいえないだろうが，これを基本にし，個々の実験に必要な情報を付け加え，十分な成果をあげていただきたい．

合成実験を行うにあたって予想される危険は，火災と爆発，有害性物質に対するばく露，腐食，環境汚染などである．世人の多くは化学反応を安全に行う方法はなく，また化学物質を安全に廃棄する方法はないと信じて疑わない人が多いのではないだろうか．しかしこれは誤りである．必ず技術的に可能で安全な方法があるはずである．化学実験を安全に行う方法は，取り扱う化学物質の危険性に対する十分な知識と，反応を含む正しいプロセスの習熟である．この基本を忠実に守り，実験室で安全に実験を行い有益な物質を製造するための方法を学ぶことが大切だが，実験室の環境を整え自然環境を汚さないことは化学者の責務である．本項の最後で述べる廃棄物に関する項も合わせて学んでいただくとともに，廃棄物を適切に分別し処理することは，化学者としての責任を果たし社会の真の要求に応える道であることをよく認識していただきたい．

危険物の種類と量

a. 危険物の種類

実験室に入ってまわりをみると，そこにはじつに多くの化学物質があることがわかる．有機溶剤，過酸化物，酸，アルカリ，有機や無機の試薬類が薬品戸棚につまっており，それに水素，酸素，窒素，有機ガス，塩素などのガス容器が置かれていることも多い．これら化学物質の性質を完全に把握しているだろうか．化学物質の多くは潜在的な危険を有しており，ひとたび人間の制御の手を離れると危険な状態になり，事故や災害の原因となる．このような潜在的危険性をとくに強くもつ物質を，危険物という．

危険物は，その危険の種類に応じて分類した方が取り扱いやすい．すでに多くの方法が提案され，また現に規制が実施されている．世界各国が独自に制定している危険物輸送規則類の国際的統一を図るために，国際危険物輸送専門家委員会（現在の国連危険物輸送ならびに分類および表示に関する世界調和システムに関する専門家委員会；UNCETDG/GHS）では，危険物輸送基準を作成し，各国宛に勧告した（国際連合危険物輸送勧告）．以下に国連分類における危険物の性質に応じた九つのクラスを示す．ここでは物質の実験中の危険性について論じるわけだが，物質の潜在的危険性は，輸送中も実験中も変わるところはない．

クラス 1　爆発性物質（explosives）

クラス 2　ガス類（gasses）

クラス 3　引火性液体（flammable liquids）

クラス 4　可燃性物質

　4.1　可燃性固体（flammable solids）

　4.2　自然発火性物質（substance liable to spontaneous combustion）

　4.3　水との接触により引火性ガスを発生する物質（禁水性物質）
　（substances which, on contact with water, emit flammable gases）

クラス 5　酸化性物質および有機過酸化物

　5.1　酸化性物質（oxidizing substances）

　5.2　有機過酸化物（organic peroxides）

クラス 6　毒性および感染性物質

　6.1　毒物（toxic substances）

　6.2　感染性物質（infectious substances）

クラス 7　放射性物質（radioactive material）

クラス 8　腐食性物質（corrosive substances）

クラス 9　その他の危険性物質（miscellaneous dangerous substances）

この分類は，危険物を総合的に取り扱っているが，わが国の法規制による分類とは異なっていることに注意を要する．分類自身にはそれほど差はないのだが，複数の法律などが絡んで複雑になっている．

b.　規制を受ける量

危険物はたとえ同じクラスに分類されても，危険度の高いものから低いものまで広く存在する．わが国の消防法では，これを指定数量という概念で評価しており，この数量を超えて危険物を貯蔵したり，取り扱ったりすると，法規制の対象になる（付表 1）．また 1 品目で

付表 1　消防法の危険物分類

類別	性質	品名	種別と危険物品の例	指定数量
第一類	酸化性固体	1. 塩素酸塩類 2. 過塩素酸塩類 3. 無機化酸化物 4. 亜塩素酸塩類	第一種酸化性固体 ・塩素酸ナトリウム ・過マンガン酸カリウム	50 kg
		5. 臭素酸塩類 6. 硝酸塩類 7. よう素酸塩類 8. 過マンガン酸塩類	第二種酸化性固体 ・亜硝酸アンモニウム（粒状） ・さらし粉	300 kg
		9. 重クロム酸塩類 10. その他のもので政令で定めるもの 11. 前各号に掲げるもののいずれかを含有するもの	第三種酸化性固体 ・硝酸アンモニウム ・重クロム酸カリウム	1000 kg
第二類	可燃性固体	1. 硫化りん 2. 赤りん 3. 硫黄	・硫化りん ・赤りん ・硫黄	100 kg
		4. 鉄粉	・鉄粉	500 kg
		5. 金属粉 6. マグネシウム 7. その他のもので政令で定めるもの（未制定）	第一種可燃性固体 ・アルミニウム（200 メッシュ以下） ・亜鉛（200 メッシュ以下） ・マグネシウム（80～120 メッシュ）	100 kg
		8. 前各号に掲げるもののいずれかを含有するもの	第二種可燃性固体	500 kg
		9. 引火性固体	・固形アルコール	1000 kg
第三類	自然発火性物質及び禁水性物質	1. カリウム 2. ナトリウム 3. アルキルアルミニウム 4. アルキルリチウム	・カリウム ・ナトリウム ・アルキルアルミニウム ・アルキルリチウム	10 kg
		5. 黄りん	・黄りん	20 kg
		6. アルカリ金属（カリウム及びナトリウムを除く）及びアルカリ土類金属 7. 有機金属化合物（アルキルアルミニウム及びアルカリリチウムを除く）	第一種自然発火性物質及び禁水性物質 ・リチウム（粉末）	10 kg
		8. 金属の水素化合物 9. 金属のりん化物 10. カルシウム又はアルミニウムの炭化物	第二種自然発火性物質及び禁水性物質 ・水素化ナトリウム ・水素化リチウム	50 kg
		11. その他のもので政令で定めるもの 12. 前各号に掲げるもののいずれかを含有するもの	第三種自然発火性物質及び禁水性物質 ・水素化ほう素ナトリウム	300 kg
第四類	引火性液体	1. 特殊引火物	・ジエチルエーテル	50 L
		2. 第一石油類	非水溶性液体 ・ガソリン ・ベンゼン 水溶性液体 ・アセトン ・ブチルアルコール	200 L 400 L

つづく

付表 1　消防法の危険物分類（つづき）

類別	性質	品　名	種別と危険物品の例	指定数量
第四類	引火性液体	3.　アルコール類	・エタノール	400 L
		4.　第二石油類	非水溶性液体 ・キシレン ・灯油，軽油	1000 L
			水溶性液体 ・酢酸	2000 L
		5.　第三石油類	非水溶性液体 ・アニリン ・重油	2000 L
			水溶性液体 ・エチレングリコール	4000 L
		6.　第四石油類	・ギヤー油	6000 L
		7.　動植物油類	・やし油	10 000 L
第五類	自己反応性物質	1.　有機過酸化物 2.　硝酸エステル類 3.　ニトロ化合物 4.　ニトロソ化合物	第一種自己反応性物質 ・アジ化ナトリウム ・トリニトロトリエン ・ピクリン酸	10 kg
		5.　アゾ化合物 6.　ジアゾ化合物 7.　ヒドラジンの誘導体 8.　ヒドロキシルアミン 9.　ヒドロキシルアミン塩類 10.　その他のもので政令で定めるもの 11.　前各号に掲げるもののいずれかを含有するもの	第二種自己反応性物質 ・硫酸ヒドラジン ・ニトロエタン	100 kg
第六類	酸化性液体	1.　過塩素酸 2.　過酸化水素 3.　硝酸 4.　その他のもので政令で定めるもの 5.　前各号に掲げるもののいずれかを含有するもの	・過塩素酸 ・過酸化水素 ・硝酸	300 kg

は指定数量以下であっても，多くの種類をもち，その合計が基準を超える場合は，やはり法の規制を受ける．さらに，この指定数量に満たなくとも，5 分の 1 以上の量があれば，市町村条例の対象となる．したがって，実験室においても少しでも危険物を多く置くと，法または条例の規制対象物になる．そうなったときは，実験室といえども法規を守るという社会的責任を果たさねばならない．規制はこのとおりだが，必要以上に危険物を実験室へ持ち込まないことが，安全の第一歩でもある．

危険物各論

a. 爆発性物質

(i) 危険性　爆発性物質とは，その一部に熱または衝撃を加えたとき，化学変化を起こし，熱を遊離するとともに，大量のガスを発生し急激な圧力の上昇を引き起こすものである．爆発性物質はいったん爆発が起こると，大きな災害に結びつく可能性があるので，火薬類を取り扱ったり，製造したりしていないからといって，自分の実験室とはまったく無縁だと簡単に決めつけてはならない．原料も生成物も爆発性物質ではないのに，反応の途中で強力な爆発性物質が中間体として生ずる場合があるからである．次に述べるような物質が，合成実験の全工程中にないかどうかを必ず事前にチェックしなければならない．

(ii) 爆発性物質の種類　爆発性物質には特有の不安定な結合や爆発性の官能基をもっているので，物質名や化学構造がわかれば，ある程度の識別はできる．付表2に爆発性物質特有の結合や官能基を示す．

(iii) 爆発威力と酸素バランス (oxygen balance, O. B.)　爆発性物質の威力と化学構造との関係をみるための目安として，酸素バランスがある．これは物質を，$C_mH_nN_pO_qX_rS_t$ という分子式をもつものとし，この物質の100 gが爆発し，CはCO$_2$に，NはN$_2$に，ハロゲンはHXに，SはSO$_2$になるとしたときの，酸素の過不足量をグラムで表示したもので，次

付表2　爆発性を示す結合および官能基

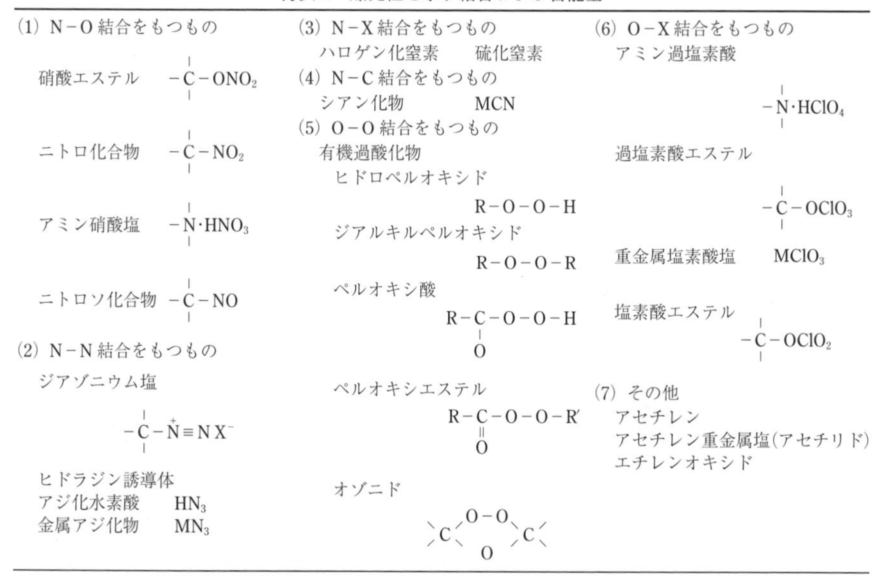

(1) N−O 結合をもつもの
- 硝酸エステル　$-\overset{|}{\underset{|}{C}}-ONO_2$
- ニトロ化合物　$-\overset{|}{\underset{|}{C}}-NO_2$
- アミン硝酸塩　$-\overset{|}{\underset{|}{N}}\cdot HNO_3$
- ニトロソ化合物　$-\overset{|}{\underset{|}{C}}-NO$

(2) N−N 結合をもつもの
- ジアゾニウム塩　$-\overset{|}{\underset{|}{C}}-\overset{+}{N}\equiv N\,X^-$
- ヒドラジン誘導体
- アジ化水素酸　HN_3
- 金属アジ化物　MN_3

(3) N−X 結合をもつもの
- ハロゲン化窒素　硫化窒素

(4) N−C 結合をもつもの
- シアン化物　MCN

(5) O−O 結合をもつもの
- 有機過酸化物
  - ヒドロペルオキシド　R−O−O−H
  - ジアルキルペルオキシド　R−O−O−R
  - ペルオキシ酸　$R-\underset{\underset{O}{\|}}{C}-O-O-H$
  - ペルオキシエステル　$R-\underset{\underset{O}{\|}}{C}-O-O-R'$
  - オゾニド　$>C<^{O-O}_{O}>C<$

(6) O−X 結合をもつもの
- アミン過塩素酸　$-\overset{|}{\underset{|}{N}}\cdot HClO_4$
- 過塩素酸エステル　$-\overset{|}{\underset{|}{C}}-OClO_3$
- 重金属塩素酸塩　$MClO_3$
- 塩素酸エステル　$-\overset{|}{\underset{|}{C}}-OClO_2$

(7) その他
- アセチレン
- アセチレン重金属塩(アセチリド)
- エチレンオキシド

付表 3　おもな含窒素化合物の酸素バランス

化合物	O. B.	爆発危険	化合物	O. B.	爆発危険
硝酸メチル	−10	大	トリニトロトルエン	−74	大
硝酸ブチル	−128	小	ピクリン酸	−45	大
ニトログリコール	0	大	ニトロエタン	−96	大
ニトログリセリン	+4	大	ニトロプロパン	−135	小

式で与えられる．

$$\mathrm{O.B.} = \frac{-1600}{\text{分子量}} \times \left\{ 2(m+t) + \frac{n-r}{2} - q \right\}$$

代表的な爆発性物質の酸素バランスを付表 3 に示す．*O.B.* = 0 のところで爆発威力が最大になり，これを中心にして，プラス側，マイナス側いずれも威力が低下する傾向にある．

【事故事例】　研究者が，アセチレンにシクロペンタジエニル化合物を結合させるつもりで，タリウムのアセチリド（TlC–Cl）をつくってしまった．合成した物質数グラムをスパチュラで採取しようと触れただけで爆発が起こった．これで最初の目的と違ったものをつくってしまったことがわかった．17 階建の建物内の全居住者を丸 1 日避難させたのち，爆発物処理班による処理が行われた．原因は研究者が反応試薬の性質を十分理解しないまま，類似物質合成の処方に従って合成実験を行ったため，目的の反応はまったく進行せず，アセチリドを生じたものである．

b.　ガス類

ガス類とは，常温で気体状の物質をいい，通常ボンベに充填されたかたちで供給される．充填の状態によって，(1) 酸素，窒素，水素のような圧縮ガス，(2) 二酸化炭素，プロパン，塩素のような液化ガス，(3) アセチレンのような溶解ガスに分類される．また，ガスの性質により，(A) メタン，プロパン，アセチレン，水素のような可燃性ガス，(B) 二酸化炭素，窒素，ヘリウムのような不活性ガス，(C) アンモニア，ホスゲン，塩素のような毒性ガスに分けることができる．(C) の毒性ガスについては後に述べることとし，ここではおもに可燃性ガスについて述べる．

（i）**爆発限界**　　可燃性ガスが空気中にあるとき，これに着火源を与えると容易に燃焼，または爆発を起こす．しかし，どんな組成でもそうなるとは限らない．燃料分が少なくても，反対に空気が少なくても着火，爆発しない．爆発または燃焼を起こすガスの濃度限界を，爆発限界または燃焼限界といい，低い方の限界を爆発下限，高い方の限界を爆発上限とよんでいる．爆発下限の低いものは空気中にわずかに漏れても燃焼する危険があり，爆発範囲の広いものは燃焼する機会が多いため火災・爆発危険性の大きい物質である．おもな可燃性ガスや可燃性蒸気の爆発限界を付表 4 に示す．可然性ガスのうち，アセチレンやエチレンオキシドなどは，たとえ空気がなくとも加熱などによる分解爆発を起こす．つまり爆発上

付表 4　可燃性ガスおよび蒸気の火災，爆発危険性一覧

物質	融点 [℃]	沸点 [℃]	発火点 [℃]	引火点 [℃]	爆発限界 [%]		最小発火エネルギー [mL]	断熱火災温度 [℃]	燃焼熱 [kcal g^{-1}]	燃焼速度 [cm s^{-1}]
					下限界	上限界				
アンモニア	−77.3	−33.4	593	70	15	28			5.37	
一酸化炭素	−205.0	−191.5	609		12.5	74			2.41	43
シアン化水素	−13.3	25.7	538	−18	5.6	40				
水素	−259.1	−252.8	400		4.0	75	1.8		28.62	291
硫化水素	−85.5	−60.2	290		4.0	44	7.7			
アクリロニトリル	−83.5	78.3	481	0	3.0	17	16	2188		47
アセチレン	−81.8	−83.6	305		2.5	100	3		11.50	155
アセトアルデヒド	−123.5	20.2	185	−38	4.0	60	37		6.32	
アセトン	−94.8	56.5	465	−18	2.6	13	115	1849	7.73	50
イソブタン	−159.4	−11.7	460	−81	1.8	84			11.79	
エタノール	−114.5	78.4	365	12	3.3	19	240		7.09	
エタン	−182.8	−161.5	515	−130	3.0	12.4	24	1971	11.33	44
エチルアミン	81.0	16.6	385	−18	3.5	14			9.22	
エチルエーテル	−116.3	34.6	160	−45	1.9	36	28	1979	8.80	44
エチルメチルケトン	−86.4	79.6	514	−6	1.9	10			8.08	
エチレン	−169.5	−103.7	490		2.7	36	9.6	2102	11.25	75
エチレンオキシド	−112	10.5	429		3.6	100	6.2	2138		100
塩化ビニル	−159.7	−13.8	472		3.6	33			4.87	
塩化メチル	−97.7	−23.8	632		7.9	18.9			3.26	
オクタン	−56.8	125.6	220	13	0.95	6.5			10.68	
o-キシレン	−25.2	144.4	465	31.5	1.1	6.4				
p-キシレン	13.3	138.4	530	39	1.1	6.6				
シクロヘキサン	6.5	80.7	245	−20	1.3	7.8	22	1979	10.46	42
スチレン	−30.6	145.2	490	31	1.1	6.1			10.08	
トルエン	−95.1	110.6	480	4.4	1.2	7.1		2071	9.76	38
二硫化炭素	−112.0	46.5	90	−30	1.3	50	1.5		3.37	54
1,3-ブタジエン	−108.9	−4.5	620		2.0	12.0	12	2102	10.63	60
ブタン	−138.3	−0.5	405	−72	1.8	8.4	26	1982	10.90	41
プロパン	−187.7	−42.1	450	−102	2.1	9.5	30	1977	11.06	43
プロピレン	−185.3	−47.7	460		2.4	11	28	2065	10.92	48
プロピレンオキシド	液	35.0		−37	2.8	37	14	2043		77
n-ヘキサン	−95.2	68.8	225	−26	1.2	7.4	23	1965	10.76	42
ベンゼン	5.49	80.13	560	−11	1.3	7.9	22	2032	9.68	45
メタノール	−97.8	64.7	385	11	6.7	36	14			52
メタン	−182.5	−161.5	540	−187	5.0	15.0	20	1963	11.93	37

（上原陽一，“化学工場のための安全対策の実務とトラブル防止技術”，オーム社（1980））

限は 100% である．

（**ii**）**爆発圧力**　密閉容器内で爆発が起こると，容器が破壊されなければ，初圧の 7 倍程度の爆発圧力を生じる．これは爆発性物質よりも小さいが，近くにいる人間は爆風圧や壊れた容器の破片などで大きな傷害を受けるおそれがある．

【事故事例】　水素ガスボンベの元バルブを完全に締めていなかったので，ガスが漏洩して室内に滞留し，混度調整器の火花で着火爆発した．

(iii)　安全な取り扱い方法

(1) ボンベについての十分な知識をもつ

(2) ボンベの移動には必ずキャリアーを使用し，落下や転倒をさせない．

(3) ボンベは密栓して室外（冷所）に置き，固定配管で室内に導く．また地震時のことを考えて，十分な転倒防止対策をする．

(4) ホースには必ず耐圧ホースを用いる．ときどき点検し，古くなったものや亀裂や割れ目が発見されたものは，ただちに取り替える．

(5) ホースと器具との接続を確実なものにする．

(6) ガスの種類に応じた漏洩検知器または警報器をつける．

c.　引火性液体

引火性液体は，実験室で反応物質や溶媒などにもっともよく用いられる危険性物質であり，またこのために事故も多い．この種の液体は容易に着火源によって着火し，その蒸気は可燃性ガス同様爆発を引き起こす．引火性液体の危険性は，引火点，発火点によって評価される．蒸気の爆発限界についての考え方はガスの場合と同じであり，すでに述べたとおりである．

(i)　引火点　　引火点とは液体の表面付近に小さい火炎を近づけたときに着火する液体の最低温度をいう．したがって，引火点の低いものほど危険ということになる．代表的な物質についての引火点を付表 4 にあわせて示した．これらのうち，引火点が常温以下のものはとくに危険で，たとえば，引火点が−45 ℃ のエチルエーテルや−26 ℃ の *n*-ヘキサンなどは，室内であれば冬期でも引火する．引火点が高い液体については，常温では着火の危険性はない．しかし，合成実験では液体を加熱して，温度を引火点以上にすることが多いので，このような場合には，当然引火の危険性がある．

引火点は液体の蒸気圧で決まるので，揮発性の高いものほど引火点は低い．

(ii)　発火点　　物質をある温度以上に加熱すると，引火点の場合のように特別に着火源を与えなくとも発火する．この温度を発火点という．代表的物質の発火点も付表 4 に示した．したがって，まわりに着火源がなくても，物質を空気中で発火点以上に加熱してはならない．二硫化炭素の発火点はわずか 90 ℃ である．

発火点は物質の性質のほか，加熱の仕方，発火までの遅れ時間の影響を受けるので，一義的には定まらない．付表 4 に示したのは最低発火点といわれ，遅れ時間の長いものである．また，付図 1 に示すように分子が大きくなるにつれて，発火点は低下する傾向がみられる．

【事故事例】

①　製造した物質を含む加熱した溶媒をろ過しているときに，加熱用の電熱シース線によって引火した．

②　合成反応実験中，還流冷却器の水量に変動があったため，内容液が反応器からあふれ，反応溶媒に引火した．

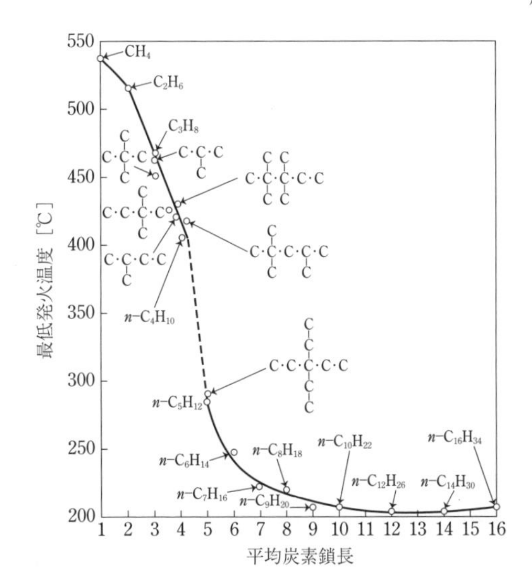

付図 1　分子の大きさと最低発火温度
(M. G. Zabetakis, A. L. Furno, G. W. Jone, *Ind. Eng. Chem.*, **46**, 2173 (1954))

③　漏洩した二硫化炭素がスチーム配管にかかり，発火した．

d.　可燃性固体

固体物質のうち，着火源を与えると容易に着火するのが可燃性固体である．硫黄などが代表例としてあげられる．おもな可燃性固体の性質を付表 5 に示す．可燃性固体のもう一つの危険性は，固体が粉末状であるときに，粉じん爆発を起こす可能性があることである．粉じん爆発の限界については付表 6 のとおりで，粉じんが空間で浮遊し，この濃度範囲にあるときに着火源が存在すると，ガスと同様に爆発を起こす．表から明らかなように，爆発を起こしそうにない食品類までが粉じん爆発を起こす．

e.　自然発火性物質

常温の空気中で，とくにエネルギーを与えなくても，自然に発熱し，熱が蓄積されて発火点に達し発火する物質を自然発火性物質という．

付表 5　可燃性固体の性質

物質名	分子式	状態	融点 [℃]	沸点 [℃]	引火点 [℃]	発火点 [℃]	消火法
黄リン	P_4	淡黄色固体	44.1	280	空気中で発火	30	水
赤リン	P_n	暗赤色粉末	590 (43 気圧)	280 (発火)	—	260	水
硫黄	S_8	黄色粉末	112.8	444.6	207	230	水
マグネシウム	Mg	銀白色金属	651	1107	—	—	金属用消火剤
アルミニウム	Al	同上	660	1800	—	—	同上

付表 6　可燃性固体の粉じん爆発危険性

物質名	爆発限界値 [g L^{-1}]	最小発火エネルギー [mJ]	最大爆発圧力 [kg cm^{-2}]	最大昇圧速度 [kg cm^{-2} s^{-1}]
硫　　黄	0.035	15	5.5	330
水素化ジルコニウム	0.085	60	6.3	668
安 息 香 酸	0.011	12	6.7	724
過酸化ベンゾイル	—	21	—	—
カルボキシメチルセルロース	0.060	140	9.1	352
3,5-ジニトロベンズアミド	0.040	45	11.5	457
ビフェニル	0.015	20	5.8	260
ポリエチレン	0.020	10	5.6	527
コ　コ　ア	0.065	120	4.9	84
脱 脂 粉 乳	0.050	50	6.7	162

自然発火性物質は，大きく 2 種類に分けることができる．一つは空気にさらすとすぐに燃焼または無煙燃焼しはじめる物質で，発火性物質といわれているものである．アルキルアルミニウム，黄リンなどがこれに該当する．もう一つは空気中での酸化，分解反応などで発熱し，その熱が物質内に蓄積されて温度が上昇し，その物質の発火点以上になるために発火に至るもので，活性炭，不飽和脂肪酸，その他不安定な物質がここに含まれる．後者の場合，発火が起こるかどうかは，物質本来の化学的性質のみでなく，物質の置かれている雰囲気温度や，試料の大きさ（粒子の直径など）に大きく左右されるので，少量の試料によるテスト結果のみで，物質を自然発火性でないと軽々しく判断してはならない．

f.　禁水性物質

水と反応して発熱したり，可燃性ガスを発生したり，あるいは発火したりする物質を禁水性物質という．

危険性　水と反応して発熱する物質の例として，酸化カルシウムがある．

$$CaO + H_2O \longrightarrow Ca(OH)_2 \qquad \Delta H = -15.8\ \mathrm{kcal\ mol^{-1}}$$

水と反応して可燃性ガスを発生する物質の例として炭化カルシウムがある．これは水と反応してアセチレンガスを発生する．

$$CaC_2 + 2\ H_2O \longrightarrow C_2H_2 + Ca(OH)_2 \qquad \Delta H = -30.6\ \mathrm{kcal\ mol^{-1}}$$

このほかに炭化アルミニウム（メタンガスを発生），ナトリウムアミド（アンモニアガスを発生）などがある．

水と反応して発火する物質の例として金属ナトリウムがある．これは水と反応して水素ガスを発生し，同時に発火する．

$$Na + H_2O \longrightarrow 1/2\ H_2 + NaOH \qquad \Delta H = -33.6\ \mathrm{kcal\ mol^{-1}}$$

類似物質として金属カリウム，水素化リチウム(いずれも水素発生)などがあり，また先に述べた発火性物質の多くが，同時に禁水性物質でもある．

【事故例】 大学院生が炭化水素混合物にナトリウムを小量加えて蒸留した．2 L のフラスコ内に残った数 mL の炭化水素とナトリウムを処理するため，右手でフラスコの頸部を持ち，左手で水道の蛇口をひねって水をフラスコに注いだとたん，激しい爆発が起こり，我に返ったとき，右手のフラスコの頸部だけが残り，ほかの部分は粉々になってシンクに飛び散っていた．水を加えたときに生じた火が，炭化水素蒸気と発生した水素の混合気に着火，爆発したものである．爆発の方向が下であったために，実験者は幸運にも無傷であった．

g.　酸化性物質(一般)

気体の酸素，窒素酸化物あるいは塩素は，酸化性物質として物質に作用する．これらは直接燃焼したり，爆発したりすることはないが，可燃性物質と混ざると酸化を助ける役割を果たす．また液体，固体にも多くの酸化性物質があり，同様の作用をする．過酸化水素，硝酸アンモニウム，過塩素酸，塩素酸カリウム，次亜塩素酸ナトリウム，過酸化バリウムなどが代表的物質である．可燃性固体と混合した酸化性物質の燃焼特性を付表 7 に示す．激しい燃焼が起こっているのがわかる．

h.　有機過酸化物

危険性　有機過酸化物とは，O−O 結合を有し，過酸化水素の誘導体とみなされるもので，その 1 個ないしは 2 個の水素原子が有機物の基で置換されたものである．熱的に不安定であり，衝撃や摩擦に敏感で，自己発熱分解，さらに爆発的分解を起こしやすく，急速な燃焼または爆発にいたる．g. 項の一般的な酸化性物質とは異なり，自身が酸化性物質と可燃性物質の両方の性質をもっているので，爆発性物質と同じと考えるべきである．

付表 7　酸化性物質混合物の燃焼特性

物　質　名	おが屑 30 mL との混合物中の酸化物質の含有率［重量 %］	燃焼時間 [s]	燃　焼　状　況
過酸化ナトリウム	80	3	黄白色の光輝ある炎をあげて激しく燃焼
過塩素酸（70%）	80	7	橙白色の炎をあげて激しく燃焼
三酸化クロム	80	7	同上
亜硝酸カリウム	80	8	同上
臭素酸カリウム	80	8	紫，白，橙色の入り混じった炎をあげて激しく燃焼
塩素酸ナトリウム	80	17	黄，白，橙色の入り混じった光輝ある火炎をあげて激しく燃焼
二クロム酸アンモニウム	80	29	火の粉を発しながら燃焼，その後無炎燃焼に移行
硝酸ナトリウム	50	23	橙色の炎をあげて激しく燃焼
硝酸アンモニウム	50	50	橙色の炎を約 25 秒あげて燃焼，その後無炎燃焼に移行
ペルオキシ二硫酸アンモニウム	80	169	無炎燃焼するが着火が困難

本来の有機過酸化物のほかに，ジエチルエーテル，イソプロピルエーテル，ジオキサンなどは，長期間の貯蔵，空気に対するばく露，空気とたえず接触する実験室操作などで過酸化物を生成することがあるので，注意が必要である．

【事故事例】

①　2-メチルプロパノイルクロリドと過酸化ナトリウムとから2-メチルプロパノイルペルオキシドを製造していた．反応が終了し，エーテルの蒸発が完了に近づいたとき，激しい爆発が起こった．

②　アリルエーテルを精製するため，アルカリでエーテルを処理した．2週間後にエーテルの蒸留を再開し，フラスコ中に500 mLのエーテルが残るところまで進んだとき，激しい爆発が起こった．

（ii）　安全な取り扱い方法

(1)　純品はなるべく取り扱わないようにし，希釈剤などでできるかぎり濃度を低下させて使用する．どうしても純品を扱いたいときは，量を最小限にし，危険限界条件をよく心得て行う．

(2)　衝撃や熱，摩擦を与えないようにする．

(3)　エーテル類は，空気に触れないように容器に密栓して保存する．また，貯蔵が長期にならないようにする．

有 害 性 物 質

吸入したり，飲み込んだり，あるいは皮膚との接触によって人間を死亡させたり，傷害を与えたりする物質が有害性物質である．ガス類の毒性ガスもここに入る．わが国ではこれはさらに毒物と劇物に分類されており，当然前者の方が危険性が高い．経口による半数致死量(LD_{50}）が30 mg kg^{-1}以下なら毒物，300 mg kg^{-1}以下なら劇物，経皮の場合は毒物でLD_{50}が100 mg kg^{-1}なら毒物，1000 mg kg^{-1}以下なら劇物，そして吸入の場合は半数致死濃度(LC_{50}）が200 ppm（1時間）以下なら毒物，2000 ppmなら劇物に，それぞれ指定される．

実験室で問題になるのは，種々の試薬から発生するガスや蒸気による室内汚染である．人間が働く環境には有害物質がないことが望ましいが，これは化学実験室では不可能なので，せめて人体に影響がでないように管理する必要がある．この管理限界が許容濃度で，これ以上になってはならない濃度限界である．

付表8におもな化学物質の有害性についてのデータを示す．この表では許容濃度，人体に対する作用部位などが示されているが，作用部位は傾向をごく大雑把に表したものなので，詳しくはそれぞれの文献に直接当たっていただきたい．

付表 8　おもな有害物質の性質

物質名	許容濃度（TWA）[1]		許容濃度[2]		有害作用部位[3]			発がん分類[2]
	ACGIH		日本産業衛生学会		皮膚	神経	肝臓	
	[ppm]	[mg m^{-3}]	[ppm]	[mg m^{-3}]				
アクリロニトリル（皮）	2	4.3	2	4.3	○	○	○	2A
アクリルアルデヒド	(c) 0.1	0.23	0.1	0.23	○			
アニリン（皮）	2	7.6	1	3.8	○	○		
アンモニア	25 (ST) 35	17	25	17	○			
一酸化炭素	25	28.6	50	57				
2-アミノエタノール	3	7.5	3	7.5				
アジリジン（皮）	0.05 (ST) 0.1	0.08	0.5	0.88	○			2B
2-クロロエタノール（皮）	(c) 1	3.3			○	○	○	
塩化水素	(c) 2	3.0	2*	3.0*	○			
塩化ビニル	1	2.6	2.5[a)]	6.5[a)]	○	○		1
塩 素	0.5 (ST) 1	1.5	0.5*	1.5*	○			
過酸化水素	1	1.4			○			
キシレン	100 (ST) 150	434	50	217	○			
シアン化水素（皮）	(c) 4.7	5.2	5	5.5		○		
四塩化炭素	5 (ST) 10	31	5	31	○	○	○	2B
1,2−ジクロロエテン	200	793	150	590				
テトラクロロエテン（皮）	25 (ST) 100	170	（検討中）		○		○	2B
トリクロロエテン	10 (ST) 25	54	25	135	○	○	○	2B
トルレンジイソシアネート	0.005 (ST) 0.02	0.035	0.005	0.035				2B
トルエン（皮）	20	75	50	188	○	○		
ナフタレン	10 (ST) 15	52			○	○		
二酸化硫黄	(ST) 0.25	0.66	（検討中）					
ニトログリセリン（皮）	0.05	0.46	0.05*	0.46*	○	○		
ニトロベンゼン（皮）	1	5	1	5	○	○	○	2B
二硫化炭素（皮）	1	3.1	10	31	○	○	○	
ヒドラジン（皮）	0.01	0.01			○	○	○	
ヒドロキノン	—	1			○	○		
ピリジン	1	3.24			○	○		
フェノール（皮）	5	19	5	19	○	○	○	
1,3-ブタジエン	2	4.4			○	○		
フッ化水素	0.5 (ST) 2	0.4	3*	2.5*	○			
2-フルアルデヒド（皮）	2	7.9	2.5	9.8	○			
ベンゼン（皮）	0.5 (ST) 2.5	1.6			○	○		1
ペンタボラン	0.005 (ST) 0.015	0.01				○		
ホスゲン（二塩化カルボニル）	0.1	0.4	0.1	0.4	○			
メタノール（皮）	200 (ST) 250	260	200	260		○		
硫化水素	1 (ST) 5	1.4	5	7		○		
硫酸ジメチル（皮）	0.1	0.52	0.1	0.52	○	○	○	2A

許容濃度はACGIHの値と日本衛生学会の値の両方を示したが，前者のうち，TWAは8時間作業における平均濃度，(ST) は15分ばく露における許容濃度であり，(C) は瞬間的にも超えてはならない濃度，また，物質名欄の（皮）は経皮吸収の危険のある物質を示している．＊は最大許容濃度，a)は暫定値（できる限り検出可能限界以下に保つよう努めるべきこと）．

1) American Conference of Governmental Industrial Hygienists (ACGIH)：Threshold Limit Values for Chemical Substances (2015).
2) 日本産業衛生学会，許容濃度等の勧告．産衛誌，**56**, 162 (2014).
3) 日本化学会編，"化学便覧 応用化学編 第5版", pp. Ⅱ-856～859 (1986).

混合危険と反応の危険

a.　混合危険

（i）　混合危険とその組合せ　　物質は単独で存在するとき，それほどはっきりした危険でない場合も二つまたはそれ以上の物質の混合，混触によって，以下に示すようなもっと危険な状態になることがある．これを混合危険という．

（1）　すぐに発火や爆発が起こる．

（2）　引火性，爆発性の物質を放出し，それによって発火，爆発が起こる．

（3）　急速にガスを放出し，そのガス圧によって被害を与える．

（4）　有毒，有害または腐食性の物質を生成する．

（5）　しばらくしてから発火や爆発が起こる．

（6）　もっと不安定な化合物または混合物を生成する．

付表 9　混合危険の組合せ

1	無　　機　　酸	1																							
2	有　　機　　酸	×	2																						
3	ア　ル　カ　リ	×	×	3																					
4	アミンおよびアルカノールアミン	×	×		4																				
5	ハロゲン化合物	×		×	×	5																			
6	アルコール,グリコールおよびグリコールエーテル	×					6																		
7	ア　ル　デ　ヒ　ド	×	×	×	×		×	7																	
8	ケ　　ト　　ン	×		×	×			×	8																
9	飽和炭化水素									9															
10	芳香族炭化水素	×									10														
11	オ　レ　フ　ィ　ン	×				×						11													
12	石　　　　油												12												
13	エ　ス　テ　ル	×		×	×									13											
14	モノマーなど	×	×	×	×	×	×								14										
15	フ　ェ　ノ　ー　ル			×	×			×							×	15									
16	アルキレンオキシド	×	×	×	×		×	×							×	×	16								
17	シアノヒドリン	×	×	×	×	×			×								×	17							
18	ニ　ト　リ　ル	×	×	×	×												×		18						
19	ア　ン　モ　ニ　ア	×	×					×	×					×	×	×	×	×		19					
20	ハ　ロ　ゲ　ン			×			×	×	×	×	×	×	×	×	×	×				×	20				
21	エ　ー　テ　ル	×													×						×	21			
22	リ　　　ン	×	×	×																	×		22		
23	溶　融　硫　黄									×	×	×	×				×						×	23	
24	酸　無　水　物	×		×	×		×	×							×		×	×	×	×					24

（National Academy of Sciences, “Evaluation of the Hazard of Bulk Water Transportation of Industrial Chemieals”, National Research Council（1973））

付表9は混合によって発火危険のおそれのある物質の組合せである．この表を混合時の参考にするとよい．ただし，表の危険な組合せでも，定量的なことは示されておらず，また反応速度もわからないので，非常に危険なのか，それほどでもないのか，これだけでは明確ではない．

（ii）**混合危険の予測**　混合に関与している物質間の反応熱を熱力学的に求めることによって，ある程度は可能だと考えられる．吉田によって開発されたREITP2もその一つの方法で，最大反応熱と発火危険性との関係を付表10のように関係づけている．

付表10　最大反応熱と混合発火危険

ランク	最大反応熱［cal g^{-1}］	混合発火の可能性
A	$700 \leqq \|Q\|$	激しい発火が起こる可能性
B	$300 \leqq \|Q\| < 700$	発火が起こる可能性
C	$100 \leqq \|Q\| < 300$	反応性が高い場合発火が起こる可能性
D	$\|Q\| < 100$	発火は起こりにくい

この方法の問題点は反応熱は計算するが，反応速度は予測できないことである．これは実験によるしかない．

反応速度とくに発熱速度を比較的簡単に測定するための装置として，加速速度熱量計（accelerating rate calorimeter：ARC）がある．これは断熱条件下で試料を加熱し，試料の温度上昇，発熱速度，容器内の圧力，圧力上昇速度などを直接求めることができるものである．混合物ではないが，過酸化ベンゾイルの発熱速度の測定例を付図2に示す．

b.　反応の危険

（i）**反応の危険とその限界**　化学反応には多くの種類があるが，危険性という立場からみると，(1) 反応速度が大きいほど，(2) 反応熱の大きいほど危険である．したがって，この両者がともに大きいとさらに危険性は増大する．しかし，実際の実験では発熱速度に見合った分だけ，水や冷却剤で冷却してその影響を打ち消している．つまり冷却速度と発熱速度とを平衡させている．この様子を描いたのが付図3である．曲線Aは化学反応による発熱速度と温度との関係を示しており，反応速度がアレニウス式に従うとしている．一方，冷却速度は温度に直線的に比例するので，図中の直線群Ⅰ，Ⅱ，ⅢおよびⅣのように表せる．直線Ⅰでは，温度が低すぎて望む反応は起こらない．直線Ⅳでは逆に冷却がきかず反応は暴走する．その中間の直線Ⅱでは発熱と冷却がつり合う点が二つあり，反応は定常的に遂行する．しかしQは安定解だが，Rは不安定解である．暴走を起こす限界は直線ⅡとⅣとの間にあることになり，それは曲線Aへの接線のⅢで与えられることになる．合成実験をジャケット冷却器あるいは還流装置を用いて行うことが多いが，この原理に従い，冷却能力をⅢより右にもっていってはならない．また撹拌も冷却に関係することが多いので，これも反応中は停止してはならない．なお，図中のT_1とT_0との間の温度差は，もし反応系が撹拌されていれば，わずか数℃程度に過ぎない．

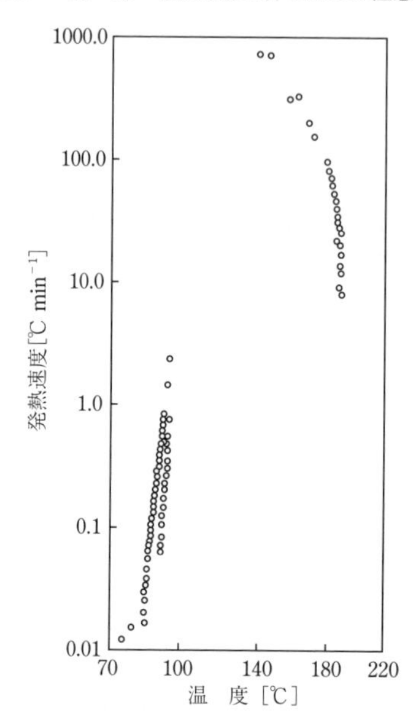

付図 2　過酸化ベンゾイルの断熱条件下での発熱速度
(駒宮功額, 森崎 繁, 若倉正英, "化学物質の危険性予測データ", 施策研究センター (1984))

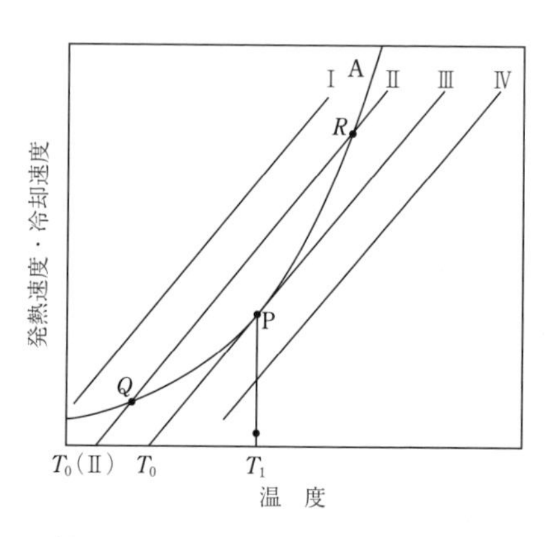

付図 3　温度と発熱および冷却速度の関係
(上原陽一, 安全工学, **19**, 404 (1980))

（ii）**危険な反応**　上からも明らかなように，原理的には発熱速度の大きい反応はすべて本質的に危検である．しかし実際にすべての反応が事故に結びつかないのは，反応が制御されているからである．

よく使われる反応で危険なのは，燃焼，酸化，ニトロ化，ハロゲン化，重合，水素添加などである．このうちの重合反応熱の値を付表 11 に示す．研究室では未開拓の分野の実験を行うことが多いので，このほかにも多くのあるいはもっと危険な反応を行うことがあると考えられる．合成実験を行う前に，十分な情報を得ることが必要である．

付表 11　重合反応熱

単量体	重合熱 [kcal mol^{-1}]	単量体	重合熱 [kcal mol^{-1}]
アクリルアミド	13.8	塩化ビニリデン	17.7
アクリル酸	17.5	酢酸ビニル	20.9
アクリロニトリル	18.4	スチレン	17.0
イソブチレン	10～12.8	ブタジエン (1,4-)	18.7
エチレン	25.6	メタクリル酸メチル	13.3

(日本化学会 編, "化学便覧 基礎編 改訂 2 版", p.921, 丸善出版 (1975))

発　火　源

自然発火性物質や一部の禁水性物質を徐き，危険といえども発火するためには，発火源が必要である．したがって，実験室で用いられている発火源になりそうなものを付表 12 に示す．発火源の本体は，高温あるいは高密度エネルギーである．

このうち火炎はもっとも発火源になりやすいので，原則として加熱源としての使用を避けるべきである．しかし，間接加熱においても浴の加熱源や高温固体の発火源になり得ることに注意しなければならない．

電気火花もしばしば発火源となる．直流モーターの整流子からはいつも火花が出ているし，スイッチや電磁リレーは火花を飛ばしながら ON-OFF をしている．引火性液体を安全のために冷蔵庫に入れて貯蔵することを考える人が多いが，ゆるんだ栓からもれた蒸気が，冷蔵庫内のサーモスタットの火花で着火爆発した事例もある．どうしても引火性物質を冷蔵庫に貯蔵したい場合には，防爆型の電気冷蔵庫を用いなければならない．

付表 12　発火源一覧表

環　境	特　　　徴
火　　炎	1000 ℃ 以上の高温なので，可燃性ガスや蒸気を容易に着火させる．実験室ではもっともポピュラーな着火源である（ガス炎，アルコール炎，マッチやライターの炎，ストーブの炎など）
高温固体	可燃性物質の発火点以上に熱せられた固体に物質が触れると発火する（ニクロム線，高温熱媒体の配管，溶断火花など）
電気火花	電気設備からの火花は，容易に可燃性ガスや蒸気を発火させる（直流モーターの整流子，スイッチ，リレー，配線のショートなど）
静電気火花	静電気の発生および蓄積に伴う放電も重要な発火源である（流体輸送，流体の攪拌，スチーム噴射など）
機械的火花	機械的な衝突によって生じる火花や高温はガスや蒸気の着火源となる（グラインダーや工具の火花，摩擦など）
その他（たばこ）	たばこ自身は着火能力は弱いが，これに火をつけるためのマッチやライターの火は着火源となる．しかし，爆発物や酸化剤との混合物などは，容易に着火する．

危険の検知と保護具

a.　危険の検知

（i）**可燃性ガスの検知**　可燃性ガスや蒸気のほとんどは無色なので，その存在を知ること，とくにその濃度が爆発限界内にあるかどうかを直接目や鼻で知ることは不可能である．そこで，これを検知するために可燃性ガス濃度測定器を使用する．対象とするガスの爆発下限界を 100 として目盛が刻まれており，爆発下限界濃度の 5% からの測定ができる．いずれも携帯用の製品が市販されており，容易に実験室内の可燃性ガス濃度を測定できる.

（ii）**有害ガスの検知**　有害ガスの中には低濃度でも人体に相当な危険をもたらすものがあり，したがって有害物質を扱っている実験室の環境における有害物質の濃度をたえずチェックする必要がある．環境における有害物質濃度を簡単に測定する方法として検知管がある．これは有害ガスの透過によって発色する物質がシリカゲルなどに吸着されて管の中に入っており，発色層の長さまたは色弱の変化から環境濃度を容易に知ることができる．おもな検知管の種類を付表 13 に示す.

付表 13　検知管の使用できるガス類

検知ガスの種類	おもなガスの名称
酸性ガス	塩化水素，二酸化炭素
アルカリ性ガス	アンモニア
酸化性ガス	塩素，二酸化窒素，臭素
還元性ガス	アルコール，n-ヘキサン，エーテル 二酸化硫黄 ホスフィン，アルシン，ニッケルカルボニル 一酸化炭素，エチレン，アセチレン ベンゼン化合物 硫化水素 シアン化水素 ホスゲン ホルムアルデヒド
ハロゲン化炭化水素	トリクロロエテン（トリクレン），テトラクロロエテン（パークレン），臭化メチル
二酸化炭素	二酸化炭素

b.　保護具

実験室では有害物質を排除して，快適な環境で実験を行うべきであるが，局部的に汚染されていたり，あるいは一時的にガスや粉じんが発生，滞留している場所で作業をせざるを得ないことがある．このような場合に人を危害から守るものが保護具である.

（i）**保護めがね**　化学物質の飛沫などから目を守るために，保護めがねは必ず着用する．ゴーグルタイプのものなど，隙間から飛沫が入りにくいものが望ましい.

（ii）**防毒（防じん）マスク**　有害物のある環境では防毒（防じん）マスクを着用するのが効果的である．選定に当たっては，対象とするガス（粉じん）の性質に適した吸収缶のついたものとする必要がある．代表的な防毒マスクの種類と適応吸収缶を付表 14 に示す.

これらの防毒マスクはいずれも所定の濃度の範囲で，しかも酸素が十分存在する場所でのみ使用するもので，この条件に合わない場所では，空気呼吸器，酸素呼吸器などその場所の空気を呼吸しなくともよい器具を用いる必要がある．防毒マスクは酸素欠乏にはまったく効果がなく，そのような場所での使用はむしろ危険であることをよく認識しなければならない.

（iii）**その他**　有害物質を扱ったり，有害環境にいる場合には，そのほか防護手袋，防

付表 14　防毒マスクのガスの種類と適応吸収缶

規格の有無	吸収缶の種類	吸収缶の内容物 ＼ 有害物の種類	四塩化炭素	ベンゼン	クロロピクリン	メチルブロマイド	四アルキル鉛	二硫化炭素	メチルエチルケトン	アクリロトニトリル	タールピッチ	トリクロロエテン	パラチオン	塩素	ホスゲン	フッ化水素酸	塩酸	塩化窒素	硫化水素	二酸化硫黄	青酸	一酸化炭素	アンモニア	鉛・亜鉛
(構造規格 日本工場規格)の定められているもの	ハロゲンガス用	活性炭，アルカリ剤	△	△	△	×	○	○	△	○	○	○	△	◎	◎	×	△	△	△	×	×	×	×	△
	有機ガス用	活性炭	◎	◎	◎	△	◎	◎	◎	△	◎	◎	◎	△	△	×	△	×	△	×	×	×	×	△
	一酸化炭素用	ホプラカイト，脱湿剤	×	×	×	×	×	×	×	×	△	×	×	△	△	△	△	△	△	△	×	◎	×	×
	アンモニア用	キュプラマイト，酸性アルミナ	×	×	×	×	×	×	×	×	×	×	×	×	×	×	△	×	△	×	×	×	◎	×
	亜硫酸・硫黄用	活性炭，アルカリ剤，ダストフィルター	×	×	×	×	×	×	×	×	×	×	×	△	×	○	○	◎	△	◎	×	×	×	×
(日本工業規格)の定められているもの	酸性ガス用	アルカリ剤	×	×	×	×	×	×	×	×	×	×	×	×	×	◎	◎	○	△	△	×	×	×	×
	消防用	活性炭，ホプカライト，脱湿剤，ダストフィルター，アルカリ剤	△	△	×	×	×	×	×	×	△	×	×	△	△	△	△	△	△	△	×	○	×	×
	煙気用	活性炭，ダストフィルター	△	△	△	×	△	△	△	△	◎	△	△	○	○	×	△	△	△	×	×	×	×	◎
	青酸用	酸化金属，アルカリ剤	×	×	×	×	×	×	△	×	△	△	×	○	○	×	○	△	○	○	◎	×	×	×
	硫化水素用	酸化金属，アルカリ剤	×	×	×	×	×	×	△	×	△	△	×	○	○	○	○	△	◎	○	×	×	×	×

◎……最適，○……使用可能，△……使用可能であるが時間短縮，×……使用不能.

(二木久之，労働衛生工学，**19**, 58 (1980))

護服，保護靴など危険の種類や程度に応じた保護具の着用が必要である．

消　　火

火災予防に十分努めたにもかかわらず，不幸にして火災が発生した場合には，それを消火する必要がある．

消火の方法としては，(1) 可燃物を除去する，(2) 酸素を希釈する，(3) 燃えているものを冷却する，の三つの方法がある．ふつうには (2) と (3) が用いられる．たとえば，ビーカーに入った引火性液体が着火したとき，不燃物でふたをすれば消火するが，これは (2) を利用したものである．また可燃性固体の火災に水をかけて消火するのは (3) の方法によっている．この (2) や (3) の役割を果たすのが消火器で，実験室にある試薬類を含む可燃性物質の種類と量に応じた消火器を備え，使用法に習熟しておくことが必要である．付表 15 に消火器の種類と適用対象物を示す．

化学実験室には多くの試薬類が置かれ，また使用されている．少なくとも試薬の種類と操作の数だけの危険が存在している．これらをうまくコントロールして実験をしてこそ真の実験者といえる．危険の存在と対策を十分に知ったうえで合成実験に取り組んでいただきたい．

廃　棄　物

今日，実験室で発生する実験室廃棄物は，適切かつ完全に処理することが要求されており，実験者は廃棄物とその処理に無関係であるわけにはいかなくなっている．これは，地球環境の保全，第三者への危害防止，実験室の安全確保にとっても必要なことが重要視されるようになったからであるが，一方には，法令による規制が行われるようになったことにもよる．しかしながら，内容の複雑な実験室廃棄物に対して，万能な処理法は存在せず，処理に要する時間，労力，経費にも限度があり，実験に支障をきたさないようにしようとすると，その対応にはなかなかの困難を伴う．実験者自身が，実験室廃棄物の処理と関連法令について深い知識をもち，その実践を積み重ねることによって，法令に準拠したもっとも効率のよい処理法を学ぶことが必要である．さらに，法の趣旨が環境汚染を未然に防ぐことにあること，また子孫のために地球環境を保全することは世代の義務でもあることから，廃棄物処理も実験の一環であるという考えに立って積極的に取り組む姿勢が大事である．また一括収集して処理する方法においては，発生源における厳密な分別と保管が要求される．この点を発生者がよく理解しているかどうかが，この方式を円滑に運営できるかどうかの要となる．以下に実験室廃棄物の大まかな分類を示す．

実際の処理および廃棄方法については，個々の研究所，事業所，および自治体により状況

付表 15　消化器の種類と正能

種類	消火薬剤	薬剤容重量 [kg]	総重量 [kg]	適応火災[a)] 能力単位[b)]	放射時間 [s]	放射距離 [m]	放射方式	長所	短所
水	水に浸潤剤などを溶かしたもの	3.0†	約 7	A2	約 35	7〜11	蓄圧式（指示圧力計付），ガス加圧式	冷却力が大きい，浸透力が大きい	浸潤剤の後遺症がでることがある
		6.0†	約 12	A3	約 70				
強化液	K_2CO_3 水溶液	3.0†	約 7	A1，B1，C	15〜25	5〜11	蓄圧式（指示圧力計付），ガス加圧式	水と同様，−20 ℃まで不凍	薬剤の腐食性が大，アルカリ性
		6.0†	約 12	A2，B2，C	40〜50				
化学泡	$NaHCO_3$ 水溶液（A） $Al_2(SO_4)_3$ 水溶液（B）	7.5†	約 12	A1，B3	約 55	5〜9	A 剤と B 剤との反応により発生した CO_2 の圧力	安定した消化力，垂直面にも付着	汚染が大，薬剤の耐久性小
機械泡	界面活性剤，水成膜生成泡剤水溶液	3.0†	約 7	A2，B5	約 35	3〜6	蓄圧式（指示圧力計付），ガス加圧式	化学泡と同等，浸透力が大きい	高価，薬剤の後遺症あり
		6.0†	約 12	A3，B8	約 60				
二酸化炭素	液化 CO_2	2.3	約 10	B2，C	約 20	1〜4	蓄圧式（指示圧力計なし，液化 CO_2 の蒸気圧）	汚染がない，電気絶縁性がよい，低温でも使用可	消化力が小さい，射程が小さい
		4.6	約 18	B3，C	約 25				
		6.8	約 28	B4，C	約 30				
ハロゲン化物	ハロン 1011 CH_2ClBr	1†	約 3	B1，C	約 15	4〜7	蓄圧式（指示圧力計付）	消化力が大	高　価
	ハロン 2402 $C_2F_4Br_2$	1†	約 3	B2，C	約 15			低温でも使用可	有害ガスが発生
	ハロン 1211 CF_2ClBr	1	約 4	B1，C	約 15	1〜3	蓄圧式（指示圧力計なし，ハロンの蒸気圧のみと窒素加圧と両者あり）	汚染が少ない	
	ハロン 1301 CF_3Br	1	約 4	B1，C	約 15				
粉末	$NH_4H_2PO_4$	1.5	約 3	A1，B3，C	約 10	3〜6	蓄圧式（指示圧力計付），ガス加圧式	消化力が大 低温でも使用可 $(NH_4)_3PO_4$ のものは防炎性もある	逆火再燃のおそれあり 浸透性がない
		3.0	約 6	A3，B7，C	約 15				
	$NaHCO_3$	4.0	約 8	B5，C	約 15				
		8.0	約 14	B10，C	約 20	3〜6			
	$KHCO_3$	1.5	約 3	B3，C	約 10	3〜8			
		3.0	約 6	B7，C	約 15	3〜6			
	$KHCO_3$ と尿素との反応物	1.5	約 3	B5，C	約 10				
		3.0	約 6	B12，C	約 15	3〜6			

†　リットル，a）　適応火災が A 火災とは木材，紙，布などの固体可燃物の火災，B 火災とはガソリン，灯油，アルコールなどの可燃性液体の火災，C 火災とは感電のおそれのある電気設備の火災をいう．b）　A 火災の能力単位は木片を井桁状に積み上げた火災で測定する．A1 は木材総重量 27 kg，表面積 8.5 m^2，燃焼速度 4 kg min^{-1} の火災が消火できる．B 火災の能力単位はガソリンの表面火災で測定する．B1（B20）はガソリンの深さ 3 cm，表面積 0.2 m^2（4 m^2），燃焼速度 0.35 kg min^{-1}（14 kg min^{-1}）の火災が消化できる．

（日本化学会編，“化学便覧　応用化学編”，丸善出版（1986））

が異なるので，実験者の所属場所のガイドラインを参照されたい.

（i）**実験室廃棄物**　廃棄とは，“不用として物を棄て去ること”であり，実験に伴って発生する廃棄物とは，実験が終了した時点あるいは実験の目的が達成された時点で，不用として棄て去られる運命となった，あるいは棄て去られた薬品，反応，液などをさすものと考えられる．このような廃棄物をとくに，実験室廃棄物という.

（ii）**固形廃棄物，廃液，廃ガス**　法律上，廃棄物というと固形物と液状のものをさすが，もっと一般的には気体のものまで含めてさし，それぞれ固形廃棄物，廃液，廃ガスとよんでいる．このうち実験活動に伴って発生した廃液は，実験廃液といわれる．実験廃液には，使用済みの反応液，試薬液などが含まれ，固形廃棄物としては，使用済みのカラム吸着体，沪紙，反応によって生成した固形物，温度計，ガラス器具などがある（付図 4).

（iii）**廃棄物の性質による区別**　廃液のうち，水系，油系，溶媒系，酸系，アルカリ系のものを区別して，廃水，廃油，廃溶媒（廃溶剤)，廃酸，廃アルカリとよぶ．また性質に応じて，無機系，有機系，シアン含有，水銀含有などの語を付して，シアン含有廃液，有機系廃液のように区別する．さらに，これらを組み合わせた言葉により細かく区別することもある（たとえば，シアン含有無機系廃液)，実験廃水とは，実験に伴って発生する水系の廃液のことであるが，この言葉は，一般の生活に伴って発生する水系の廃液である生活廃水と区別するときに，よく用いられる(付図 4).

（iv）**一般廃棄物と産業廃棄物**　廃棄物は，一般廃棄物と産業廃棄物とに分類することが通常行われる．これは，「廃棄物の処理及び清掃に関する法律」で定義されているもので，産業廃棄物とは，事業活動（大学，研究機関，企業内研究所での研究，試験，専門教育なども含む）に伴って発生する廃棄物で，燃えがら，汚泥，廃油，廃酸，廃アルカリ，廃プラス

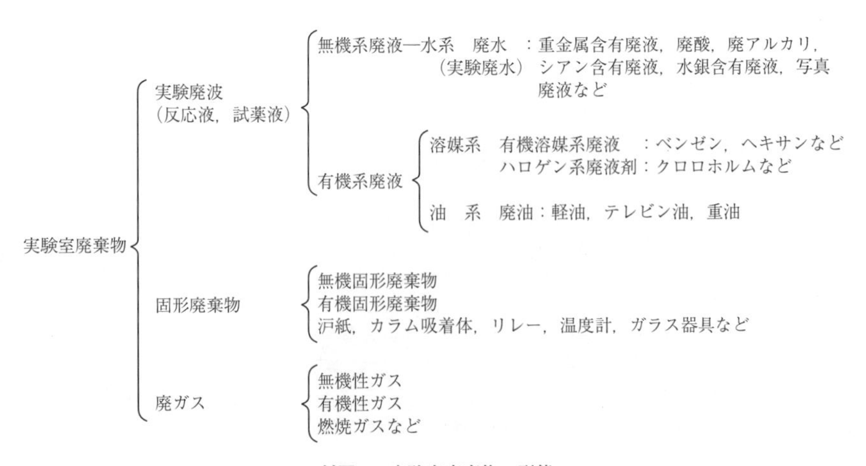

付図 4　実験室廃棄物の形態

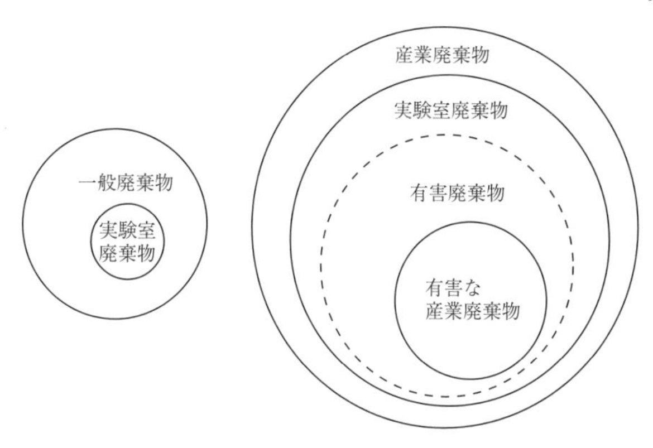

付図 5　廃棄物の関係

チック類，紙くず，木くず，繊維くず，動植物残渣，ゴムくず，金属くず，ガラスくずおよび陶磁器くず，鉱さい，建築廃材，動物糞尿，動物死体，ばいじん，およびこれらの処理に伴って生成する廃棄物などである．これらの産業廃棄物以外のものは一般廃棄物として分類されている．このような分類に従えば，実験室廃棄物のほとんどが産業廃棄物に含まれることになる(付図 5)．

文　献

1)　日本化学会 編，"化学防災指針"，全 7 巻，丸善出版 (1979)．
2)　日本化学会 編，"化学便覧　応用編"，22 章，丸善出版 (1980)．
3)　日本化学会 編，"化学実験の安全指針　改訂 2 版"，丸善出版 (1979)．
4)　日本化学会 訳編，"化学実験の事故と安全"，丸善出版 (1978)．
5)　K. N. Palmer，日本化学会 訳編，"粉じんの爆発と火災"，丸善出版 (1981)．
6)　日本化学会 編，"化学便覧　基礎編　改訂 2 版"，p.21，丸善出版 (1975)．
7)　小林義隆，"実験室の事故例と対策"，大日本図書 (1982)．
8)　北川徹三，"化学安全工学"，日刊工業新開 (1969)．
9)　北川徹三，"爆発災害の解析"，日刊工業新聞 (1980)．
10)　安全工学協会 編，"安全工学講座 2　爆発"，海文堂 (1983)．
11)　吉田忠雄 編著，"化学薬品の安全"，大成出版 (1982)．
12)　米国運輸省・JHU/APL 化学推進情報センター共編，吉田研究室訳，"危険性物質応急措置指針"，大成出版 (1982)．
13)　E. Meyer 著，崎川範行 訳，"危険物の化学"，海文堂 (1979)．
14)　H. H. Fawcett,"Hazardous and Toxic Materials"，Wiley Interscience (1984)．
15)　M. G. Zabetakis, A. L. Furno, G. W. Jones, *Ind. Eng. Chem.*, **46**, 2173 (1954)．
16)　上原陽一，安全工学，**23**, 390 (1984)．
17)　琴 寄崇，上原陽一，安全工学，**24**, 124 (1985)．
18)　駒宮功額，森崎 繁，若倉正英 著，"化学物質の危険性予測データ"，施策研究センター (1984)．
19)　上原陽一，坂口義孝，安全工学，**1988**, 27.

索　引

和文索引

あ

い

う

え

お

か

き

く

け

こ

さ

し

せ

そ

た

ち

つ

て

と

な

に

ぬ

ね

の

は

ひ

ふ

ほ

ま

み

む

め

も

や

ゆ

よ

ら

り

る

れ

ろ

わ

欧文索引

A

B

C

D

E

F

S

T

U

有機合成実験法ハンドブック　第2版

平成27年11月30日　発　行

編　者　公益社団法人
有機合成化学協会

発行者　池　田　和　博

発行所　丸善出版株式会社
〒101-0051 東京都千代田区神田神保町二丁目17番
編集：電話(03)3512-3262／FAX(03)3512-3272
営業：電話(03)3512-3256／FAX(03)3512-3270
http://pub.maruzen.co.jp/

組版印刷・三美印刷株式会社／製本・株式会社 星共社

ISBN 978-4-621-08948-4 C 3043　Printed in Japan